Benedikt-Ulzer

Analyse der Fette und Wachsarten

Fünfte, umgearbeitete Auflage

unter Mitwirkung von

Prof. **E. Baderle**-Wien, **G. Buchner**-München,
Direktor **H. Bull**-Bergen, Direktor **J. Galatzer**-Preßburg, **Dr. K. Glaessner**-Wien,
Prof. Dipl. chem. **J. Klaudy**-Wien, Ing. **J. Neudörfer**-Wien, Ing. **F. Wallen-stein**-Berlin, **Dr. M. Weger**-Erkner-Berlin

bearbeitet von

Ferdinand Ulzer
k. k. Professor an der Technischen Hochschule u. am
Technologischen Gewerbemuseum in Wien, Leiter
der Versuchsanstalt für chemische Gewerbe daselbst

Dipl. chem. P. Pastrovich
Direktor der Oleomargarin-, Kerzen- und
Seifenfabrik „Salvator" in Wien

und

Dr. A. Eisenstein
Assistent am Technologischen Gewerbemuseum in Wien

Mit 113 Textfiguren

Springer-Verlag Berlin Heidelberg GmbH
1908

Vorwort zur fünften Auflage.

Die vorliegende fünfte Auflage dieses Buches hat entsprechend den Fortschritten auf dem Gebiete der Fettchemie, der Fettanalyse und der Fettindustrie eine neuerliche Umarbeitung und Erweiterung erfahren.

Wie in den früheren Auflagen nimmt auch in dieser die Fettanalyse sowohl im allgemeinen wie im speziellen Teile den breitesten Raum ein.

Die allgemeine Chemie der Fette und Wachsarten, welche in dem im gleichen Verlage erschienenen Spezialwerke „Allgemeine und physiologische Chemie der Fette und Wachsarten" von Ulzer und Klimont behandelt wurde, wurde in dieser Auflage in eine knappere Form als in den früheren Auflagen gebracht. Sie wurde jedoch so weit berücksichtigt, daß der selbständige Gebrauch des vorliegenden Buches ermöglicht ist.

Auf dem Gebiete der Technologie der Fette ist in neuerer Zeit von größeren Werken nur der erste Band der Hefterschen Technologie erschienen, welcher im wesentlichen die Gewinnung der Fette und Öle umfaßt, die auch Bornemann eingehend bearbeitet hat. Über die Technologie der größten Fettindustrien, der Kerzen- und Seifenfabrikation, existieren ältere Sammelwerke. Es konnte daher der technologische Teil dieser Industriegebiete etwas kürzer behandelt werden, zumal ein tieferes Eingehen in technische Details den Umfang der Auflage bedeutend vergrößert, wenn nicht vervielfacht hätte. Immerhin wurde auch über diese Gebiete so viel gebracht, daß eine zweckmäßige, verständnisvolle Anwendung der analytischen Methoden sowohl dem Fabrikschemiker, wie dem der Fabrikation ferner stehenden Analytiker einer Untersuchungsanstalt und dem Studierenden ermöglicht ist.

Verschiedene in der Fachliteratur bisher weniger bedachte Industriezweige, wie z. B. die Margarineindustrie, die Firnis-, die Linoleumfabrikation wurden ausführlicher behandelt.

Im zweiten Teile des Buches wurde die Beschreibung von mehr als 100 Fetten und Wachsarten neu aufgenommen, die der meisten übrigen bedeutend erweitert. Bei den Pflanzenfetten und Wachsen wurde, soweit es nach dem Stande der Wissenschaft möglich war, die Abstammung auch im botanischen Sinne genau präzisiert. Analog wurde bei den tierischen Fetten verfahren.

Um das umfangreiche in der Literatur vorfindliche Analysenmaterial übersichtlich zu machen, wurden die von jedem einzelnen Analytiker beobachteten Werte in je eine Zeile der betreffenden Tabelle gebracht. Diese neue Form der Tabellen bringt in zahlreichen Fällen eine Erklärung sonst auffallend abweichender Konstanten. Wird z. B. von einem Beobachter ein Erstarrungspunkt eines Pflanzenöles mitgeteilt, der sich von dem der anderen Analysen durch seine Höhe unterscheidet, so zeigt vielleicht eine kleine Jodzahl in derselben Zeile, daß dieser Unterschied nicht auf einer falschen Beobachtung beruht, sondern etwa in der Gewinnungsweise dieses Öles durch stärkere Pressung oder höhere Temperatur ihre Ursache hat.

Zu erwähnen wäre noch, daß in dem Werke eine Anzahl von Erfahrungen, welche anderwärts nicht veröffentlicht worden sind, untergebracht wurden und daß Quellenstudien durch möglichst zahlreiche Literaturangaben jederzeit ermöglicht werden.

Dem gleichen Zwecke dient ein neu eingefügtes Autorenregister.

Im Interesse der Handlichkeit und Billigkeit wurde eine neue Satzeinteilung gewählt, die es ermöglicht hat, den gegenüber der 4. Auflage um mehr als ein Drittel erweiterten Inhalt in dem vorliegenden Bande zu vereinigen.

In der Hoffnung, daß das Buch die gleiche, freundliche Aufnahme wie die früheren Auflagen finden möge, danken wir noch allen jenen Herren Fachkollegen, welche uns durch Einsendung von Separatabdrücken ihrer Publikationen und durch wertvolle Ratschläge unterstützt haben, und jenen Firmen, welche die Freundlichkeit hatten, uns Klischees zur Verfügung zu stellen.

Wien, Dezember 1907.

Die Verfasser.

Inhaltsverzeichnis.

I. Teil.

Allgemeine Analyse der Fette und Wachsarten und Untersuchung der technischen Produkte der Fettindustrie.

II. Teil.

Die natürlichen Fette und Wachsarten und ihre Untersuchung.

Druckfehler.

Seite 73, Zeile 9 v. o. lies Allen statt Alen.
  „ 104, „ 16 v. o. „ 5 mm statt 5 cm.
  „ 202, „ 9 v. u. „ C_3H_7J statt $C_3H_7J_3$.
  „ 248, „ 4 v. o. „ 0·5 g Ätzkali statt 5 g Ätzkali.
  „ 303, „ 4 v. u. „ Monatshefte 1890. 11. 71. statt Monatshefte 1890. 90.

I. Teil.

Allgemeine Analyse der Fette und Wachsarten und Untersuchung der technischen Produkte der Fettindustrie.

Unter Mitwirkung von

E. Baderle-Wien, **J. Galatzer**-Preßburg, **J. Klaudy**-Wien, **J. Neudörfer**-Wien, **F. Wallenstein**-Berlin, **M. Weger**-Erkner-Berlin,

bearbeitet von

Ferdinand Ulzer und **Peter Pastrovich**.

I. Bestandteile der Fette und Wachsarten.

Unter der Bezeichnung der natürlichen „Fette und Wachsarten" werden alle vom pflanzlichen oder tierischen Organismus gebildeten Substanzen zusammengefaßt, welche ihrer Hauptsache nach aus Glycerin- oder anderen Estern der höheren Glieder der Fettsäurereihen, mit oder ohne Beimischung der freien Säuren selbst bestehen.

Die Fette sind im wesentlichen neutrale Ester des Glycerins und meist nach der allgemeinen Formel $C_3H_5O_3.R_3$ aufgebaut, worin R das Fettsäureradikal bedeutet, welches meist einbasisch ist; die drei Fettsäureradikale können, müssen aber nicht gleich sein (ein- und mehrsäurige Triglyceride). Ihrer Konsistenz nach können sie in

1. flüssige Fette oder Öle und Trane (letztere sind von Seetieren stammende, flüssige Fette),
2. halbweiche Fette (Schmalz- und Butterarten), und
3. feste Fette

eingeteilt werden.

Die Wachsarten enthalten als wesentliche Bestandteile die aus Fettsäuren und meist einwertigen, hochmolekularen Alkoholen gebildeten Ester und sind nach der allgemeinen Formel $R.X$ zusammengesetzt, worin X das Alkoholradikal bezeichnet.

Die drei ersten Gruppen, die Fette, unterscheiden sich von den Wachsarten auch in ihren physikalischen Eigenschaften durch ihren meist niedrigeren Schmelzpunkt, sowie wesentlich dadurch, daß sie sich eigentümlich schlüpfrig, „fettig", anfühlen, während die Wachsarten meist klebrig oder hart und brüchig sind.

Sowohl die auf chemischer Grundlage als auch die auf der Konsistenz basierende Einteilung stimmt jedoch mit dem Sprachgebrauch nicht immer überein. Das „Cocosöl" und „Palmkernöl" sind beispielsweise Fette, welche ihrer Konsistenz nach in die zweite oder dritte der obenerwähnten Gruppen einzureihen sind, das „japanische Wachs" besteht fast ausschließlich aus Glyceriden, der meist zu den Fetten gerechnete Walrat sollte als palmitinsaurer Cetylester den Wachsarten zugezählt werden und das Wollfett desgleichen.

Die die Fette und Wachsarten konstituierenden Glyceride und Ester lassen sich durch Erhitzen mit Basen, mit verdünnten Säuren oder auch mit überhitztem Wasserdampf in Fettsäuren und Glycerin, resp. in Fettsäuren und einwertige Alkohole zerlegen, „verseifen". Diese Spaltung wird bei Fetten, deren Schmelzpunkt nicht zu hoch liegt, auch durch die Einwirkung der Fermente gewisser Pflanzensamen, z. B. Ricinussamen, Schöllkrautsamen usw., herbeigeführt.

Mit Hilfe dieser weiter unten besprochenen Prozesse sind aus den Fetten und Wachsarten folgende Säuren und Alkohole gewonnen worden:

A. Säuren.

1. Säuren von der Zusammensetzung $C_n H_{2n} O_2$ (Essigsäurereihe):

$C_2 H_4 O_2$ Essigsäure	$C_{16} H_{32} O_2$ Palmitinsäure
$C_4 H_8 O_2$ Buttersäure	$C_{17} H_{34} O_2$ Margarinsäure
$C_4 H_8 O_2$ Isobuttersäure	$C_{17} H_{34} O_2$ Daturinsäure
$C_5 H_{10} O_2$ Isovaleriansäure	$C_{18} H_{36} O_2$ Stearinsäure
$C_6 H_{12} O_2$ Capronsäure (Isobutyl-	$C_{20} H_{40} O_2$ Arachinsäure
essigsäure)	$C_{22} H_{44} O_2$ Behensäure
$C_7 H_{16} O_2$ Caprylsäure	$C_{24} H_{48} O_2$ Pisangcerylsäure
$C_{10} H_{20} O_2$ Caprinsäure	$C_{24} H_{48} O_2$ Lignocerinsäure
$C_{11} H_{22} O_2$ Umbellulsäure	$C_{24} H_{48} O_2$ Carnaubasäure
$C_{12} H_{24} O_2$ Laurinsäure	$C_{25} H_{50} O_2$ Hyänasäure
$C_{13} H_{26} O_2$ Ficocerylsäure	$C_{26} H_{52} O_2$ Cerotinsäure
$C_{14} H_{28} O_2$ Myristinsäure	$C_{30} H_{60} O_2$ Melissinsäure
$C_{15} H_{30} O_2$ Isocetinsäure	$C_{33} H_{66} O_2$ Psyllostearinsäure.

2. Säuren von der Zusammensetzung $C_n H_{2n-2} O_2$ (Akrylsäure- oder Ölsäurereihe):

$C_5 H_8 O_2$ Tiglinsäure	$C_{18} H_{34} O_2$ Ölsäure
$C_{16} H_{30} O_2$ Hypogäasäure	$C_{18} H_{34} O_2$ Rapinsäure
$C_{16} H_{30} O_2$ Gaïdinsäure	$C_{19} H_{36} O_2$ Döglingsäure
$C_{16} H_{30} O_2$ Physetölsäure	$C_{19} H_{36} O_2$ Jecoleïnsäure
$C_{16} H_{30} O_2$ Lycopodiumsäure	$C_{20} H_{48} O_2$ Gadoleïnsäure
$C_{16} H_{30} O_2$ unbenannte Säure aus	$C_{22} H_{42} O_2$ Eruca- oder Brassicasäure.
dem Dorschleberöl[1])	

3. Säuren von der Zusammensetzung $C_n H_{2n-4} O_2$ (Linolsäurereihe):

$C_{17} H_{30} O_2$ Eläomargarin-	$C_{18} H_{32} O_2$ Linolsäure	$C_{18} H_{32} O_2$ Chaulmugra-
säure	$C_{18} H_{32} O_2$ Taririnsäure	säure.
	$C_{18} H_{32} O_2$ Telfairiasäure	

4. Säuren von der Zusammensetzung $C_n H_{2n-6} O_2$ (Linolensäurereihe):

$C_{18} H_{30} O_2$ Linolensäure	$C_{18} H_{30} O_2$ Isolinolensäure	$C_{18} H_{30} O_2$ Jecorinsäure

5. Säuren von der Zusammensetzung $C_n H_{2n-8} O_2$ [2]):

$C_{14} H_{20} O_2$ Isansäure	$C_{17} H_{26} O_2$ Therapinsäure	$C_{18} H_{28} O_2$ Clupanodonsäure.

6. Säuren von der Zusammensetzung $C_n H_{2n} O_3$:

$C_{16} H_{32} O_3$ Lanopalminsäure $C_{17} H_{34} O_3$ Oxymargarinsäure
      $C_{31} H_{62} O_3$ Coccerinsäure.

7. Säuren von der Zusammensetzung $C_n H_{2n-2} O_3$:

$C_{18} H_{34} O_3$ Ricinolsäure $C_{18} H_{34} O_3$ Ricinisolsäure.

---

[1]) H. Bull, Ber. d. deutsch. chem. Ges. 1906. 39. 3573.
[2]) Noch ungesättigtere Fettsäuren von der Formel $C_n H_{2n-10} O_2$ wurden von H. Bull in den Tranen gefunden.

8. Säuren von der Zusammensetzung $C_n H_{2n} O_4$:

$C_{18} H_{36} O_4$ Dioxystearinsäure $\qquad$ $C_{30} H_{60} O_4$ Lanocerinsäure.

9. Säuren von der Zusammensetzung $C_n H_{2n}(COOH)_2$:

$C_{20} H_{40}(COOH)_2$ Japansäure.

B. Alkohole.

1. Alkohole von der Zusammensetzung $C_n H_{2n+2} O$:

$C_{13} H_{28} O$ Pisangcerylalkohol $\qquad$ $C_{30} H_{62} O$ Myricylalkohol (Melissil-
$C_{16} H_{34} O$ Cetylalkohol (Äthal) $\qquad$ alkohol)
$C_{18} H_{38} O$ Octadecylalkohol $\qquad$ $C_{33} H_{68} O$ Psyllostearylalkohol
$C_{24} H_{50} O$ Carnaubylalkohol $\qquad$ $C_{50} H_{102} O$? Tarchonylalkohol.
$C_{26} H_{54} O$ Cerylalkohol u. Isocerylalkoh.

2. Alkohole von der Zusammensetzung $\dot{C}_n H_{2n} O$:

$C_{12} H_{24} O$ Lanolinalalkohol $\qquad$ $C_{17} H_{34} O$ Vitol
$C_{15} H_{30} O$ $\qquad$? $\qquad$ $C_{24} H_{48} O$ Cerosin

$C_{36} H_{72} O$?

3. Alkohole von der Zusammensetzung $C_n H_{2n-6} O$:

$C_{17} H_{28} O$ Ficocerylalkohol.

4. Alkohole von der Zusammensetzung $C_n H_{2n+2} O_2$:

$C_{25} H_{52} O_2$ im Carnaubawachs $\qquad$ $C_{30} H_{62} O_2$ Coccerylalkohol.

5. Alkohole von der Zusammensetzung $C_n H_{2n+2} O_3$:

$C_3 H_8 O_3$ Glycerin.

6. Aromatische Alkohole:

$C_{26} H_{44} O$ ($C_{26} H_{42} O$) Cholesterin $\qquad$ $C_{27} H_{44} O + H_2 O$ Sitosterin
$C_{26} H_{44} O$ Isocholesterin $\qquad$ $C_{27} H_{44} O$ Parasitosterin
$C_{26} H_{44} O$ Phytosterin $\qquad$ $C_{28} H_{46} O$ Arnesterin
$C_{26} H_{44} O$ Betasterin $\qquad$ $C_{28} H_{48} O$ Anthesterin.

Vorkommen und Eigenschaften der Fettsäuren.

Vorkommen der Fettsäuren. Die Existenz einer Reihe der angeführten Säuren ist noch nicht über allen Zweifel festgestellt, und es werden sicher einige dieser Säuren eine genaue, erneuerte Untersuchung nicht vertragen und sich als Gemische herausstellen, wie dies schon bei der Medullinsäure[1]), der Moringasäure und der Theobrominsäure[2]) der Fall war.

Die oben verzeichneten Fettsäuren sind durchaus nicht im gleichen Maße an der Zusammensetzung der Fette beteiligt. Das Vorkommen von Fettsäuren, deren Formeln eine ungerade Anzahl von Kohlenstoffatomen enthalten (Isovaleriansäure, Isocetinsäure, Tiglinsäure usw.),

---

[1]) Ber. d. deutsch. chem. Ges. 1890. 23. Ref. 493.
[2]) Ber. d. deutsch. chem. Ges. 1883. 16. Ref. 1103.

ist verhältnismäßig selten und meist auf ein einziges Fett beschränkt. Die meisten Fette enthalten nur Fettsäuren mit einer geraden Anzahl von Kohlenstoffatomen. Unter ihnen wiegen der Quantität nach Palmitinsäure, Stearinsäure und Ölsäure (bei einzelnen Fetten Linolsäure, Laurinsäure, Myristinsäure, Ricinolsäure) bei weitem vor, so daß die meisten Fette ihrer Hauptmasse nach aus einer Mischung der Glycerinester dieser Fettsäuren bestehen. Daneben finden sich sehr häufig Glyceride der niedrigeren Fettsäuren, jedoch nur in geringer Menge. Demzufolge ist ein größerer Gehalt an einer anderen Fettsäure als Palmitinsäure, Stearinsäure und Ölsäure meist ganz charakteristisch für ein bestimmtes Fett, wie folgende Übersicht zeigt.

Buttersäure kommt als Glycerinester (Butyrin) in etwas größerer Menge in der Kuhbutter vor.

Isovaleriansäure findet sich an Glycerin gebunden im Meerschwein- und Delphintran.

Von den Capronsäuren bildet die Isobutylessigsäure als Caproïn einen Bestandteil des Butterfettes und des Cocosöles, in denen außerdem noch Caprylsäure und Caprinsäure als Caprylin und Caprin vorkommen. Übersteigt die Summe der Gehalte eines Fettes an Glyceriden der niedrigeren Fettsäuren (Buttersäure, Valeriansäure, Capronsäure, Caprylsäure und Caprinsäure) 1 bis 2 Prozent, so kann dies als charakteristisches Merkmal zur Erkennung dienen.

So enthält die Kuhbutter ca. 5—6, das Cocosnußfett etwa 2·5 Prozent der Glyceride leichtflüchtiger, wasserlöslicher Säuren, die Kinnbackentrane vom Delphin und Meerschwein bis zu 30 Prozent Valeriansäuretriglycerid.

Umbellulsäuretriglycerid bildet den Hauptbestandteil des kalifornischen Lorbeerfettes.

Das Glycerid der Laurinsäure (Laurin oder Laurostearin) ist der Hauptbestandteil des Tangkallakfettes und ist ferner in größerer Menge im Lorbeerfett und Cocosfett enthalten; die Ficocerylsäure ist ein Bestandteil des Godangwachses.

Myristinsäure findet sich als Myristin in der Muskatbutter, Cocosbutter und in den Fetten der Virola-Arten, Isocetinsäure im Curcasöl, Daturinsäure im Öl von Datura stramonium, Arachinsäure als Glycerid (Arachin) im Erdnußöl, Carnaubasäure im Carnaubawachs und Pisangcerylsäure im Pisangwachs.

Ebenfalls als Glycerinester sind Behensäure im Behenöl, Lignocerinsäure im Erdnußöl und Hyaenasäure in der Analdrüsentasche von Hyaena striata entdeckt worden.

Die Cerotinsäure bildet im freien Zustande neben Melissinsäure einen Hauptbestandteil des Bienenwachses und als cerotinsaurer Cerylester des chinesischen Wachses.

Von den Gliedern der Ölsäurereihe kommen wieder als Glycerinester vor die Tiglinsäure im Crotonöl, die Hypogäasäure im Erdnußöl, Physetölsäure im Walratöl, Döglingsäure im Döglingtran, die Jecoleïnsäure und die Gadoleïnsäure im Dorschlebertran, und Erucasäure und Rapinsäure in Rüböl.

Das Vorkommen größerer Mengen der Glyceride der Linolsäure und der beiden Linolensäuren ist für die meisten trocknenden Öle und dasjenige des Glycerides der Eläomargarinsäure für das Holzöl charakteristisch. Das Glycerid der Taririnsäure wurde in den Samen einer in Guatemala gedeihenden Pikramniaart, und die Jecorinsäure und Therapinsäure sowie die Clupanodonsäure in einigen Tranen aufgefunden.

Lanopalminsäure und Lanocerinsäure finden sich im Wollfett vor, die Coccerinsäure im Cochenillewachs.

Ricinolsäure und Ricinisolsäure bilden den Hauptbestandteil der Fettsäuren des Ricinusöles.

Die zweibasische Japansäure ist ein wichtiger Bestandteil des Japanwachses.

Schmelzpunkte der Fettsäuren. Die ersten Glieder der Essigsäurereihe bis zur Caprinsäure, die Ölsäure, Döglingsäure, die Leinöl- und Ricinusölsäuren sind bei gewöhnlicher Temperatur flüssig, die anderen fest. In folgender Übersicht sind die Schmelzpunkte der wichtigeren Säuren zusammengestellt:

Caprinsäure	31·4° C.	Pisangcerylsäure	71·0° C.
Laurinsäure	43·6 „	Cerotinsäure	78·5 „
Ficocerylsäure	57·0 „	Melissinsäure	90·0 „
Myristinsäure	53·8 „	Tiglinsäure	64·5 „
Isocetinsäure	55·0 „	Hypogäasäure	33—34·0 „
Palmitinsäure	62·0 „	Physetölsäure	30·0 „
Stearinsäure	69·3—71·0 „	Erucasäure	33—34·0 „
Arachinsäure	77·0 „	Eläomargarinsäure	48·5 „
Behensäure	84·0 „	Lanopalminsäure	87—88·0 „
Lignocerinsäure	81·0 „	Lanocerinsäure	104—105·0 „
Carnaubasäure	72·5 „	Japansäure	117·9 „

G. Massot[1]) fand für einige niedrige Fettsäuren die folgenden Schmelz- und Erstarrungspunkte:

	Schmelzpunkt	Erstarrungspunkt
Propionsäure	— 36·5° C.	— 40° C.
Valeriansäure	— 58·5 „	— 64 „
Isovaleriansäure	— 51 „	— 57 „
Isobuttersäure	— 79 „	— 82 „

Siedepunkte. Von den in den natürlichen Fetten häufiger vorkommenden Fettsäuren sind nur die folgenden bei gewöhnlichem Druck unzersetzt flüchtig:

Essigsäure	bei 118 ° C.	Caprylsäure	bei 237° C.
Buttersäure	„ 162·5 „	Caprinsäure	„ 270 „
Capronsäure	„ 205 „		

Alle anderen zersetzen sich, wenn man sie für sich allein unter gewöhnlichem Druck destilliert, mindestens teilweise, dagegen sind viele von ihnen bei vermindertem Druck unzersetzt flüchtig und können auch mit überhitztem Wasserdampf abdestilliert werden.

---

[1]) Bull. Soc. Chim. 3. 13. 758.

Bei einem Drucke von 100 mm, 15 mm und im Vakuum sind die Siedepunkte einiger Fettsäuren wie folgt gefunden worden:

	100 mm	15 mm	im Vakuum
Laurinsäure	227·5° C.	176 ° C.	102 ° C.
Myristinsäure	250·5 „	196·5 „	121—122 „
Palmitinsäure	271·5 .,	215·0 „	138—139 „
Stearinsäure	291 „	232·5 „	154·5—155·5 „
Ölsäure	285·5 „	232·5 „	153 „

Die bei gewöhnlichem Druck unzersetzt destillierenden Säuren bezeichnet man als flüchtige, die andern als nichtflüchtige Fettsäuren.

Löslichkeit der Fettsäuren. Die ersten Glieder der Essigsäurereihe sind mit Wasser in allen Verhältnissen mischbar, Capronsäure ist in Wasser löslich, aber damit nicht mehr mischbar, dann nimmt die Löslichkeit sehr rasch ab. Caprylsäure braucht schon 400 T. siedenden Wassers zur Lösung und scheidet sich beim Erkalten fast vollständig wieder ab, Caprinsäure und Laurinsäure sind auch in kochendem Wasser nur sehr wenig löslich, die anderen Fettsäuren sind so gut wie unlöslich in Wasser. Die Säuren bis zur Caprinsäure werden daher auch als lösliche Fettsäuren bezeichnet, die Laurinsäure steht an der Grenze zwischen den löslichen und unlöslichen Fettsäuren.

Destilliert man wässerige Lösungen der flüchtigen Fettsäuren hinreichend lange, eventuell unter Ersatz des verdampften Wassers, so kann man sie vollständig in das Destillat bringen, und zwar um so leichter, je höher der Siedepunkt der Säure liegt, so daß z. B. bei Gemengen von Buttersäure und Capronsäure die letztere zuerst übergeht. Hindurchleiten von Wasserdampf durch die destillierende Flüssigkeit begünstigt das Übergehen der Fettsäure in das Destillat.

In heißem Alkohol sind sämtliche Fettsäuren löslich.

Reaktion der Fettsäurelösungen. Bei der technischen Untersuchung der Fette werden häufig Titrierungen der freien Fettsäuren vorgenommen; es ist deshalb wichtig, zu wissen, wie dieselben auf die verschiedenen Indikatoren einwirken.

Von den zahlreichen Indikatoren, welche dem Analytiker gegenwärtig zur Verfügung stehen, kann man für die Analyse der Fette und der daraus dargestellten Produkte Phenolphtaleïn, Methylorange und Alkaliblau auswählen, womit man unter Beibehaltung der Lackmustinktur oder des dafür als Ersatz empfohlenen Lackmoïds für die Hilfsoperationen vollständig ausreicht.

Phenolphtaleïn, Dioxyphtalophenon, wird durch 10—12 stündiges Erhitzen einer Lösung von 250 g Phtalsäureanhydrid

$$C_6H_4 \begin{matrix} -CO \\ -CO \end{matrix} \Big\rangle O$$

in 200 ccm konzentrierter Schwefelsäure mit 500 g Phenol C_6H_5 . OH auf 115—120° C. bereitet. Die heiße Schmelze wird in kochendes Wasser gegossen und bis zum Verschwinden des Phenolgeruches mit Wasser ausgekocht. Der Rückstand ist für die Verwendung als Indikator hinreichend rein. Das Phenolphtaleïn hat die Formel

$$CO{<}^{C_6H_4}_{\ \ O}{>}C{<}^{C_6H_4(OH)}_{C_6H_4(OH)}.$$

Die Indikatorlösung enthält 0·5—1 g Phenolphtaleïn in 1 Liter Weingeist. Das Phenolphtaleïn ist ein saurer Indikator, dessen nicht dissoziiertes Molekül farblos ist; sind aber in der Lösung Hydroxylionen im Überschuß vorhanden, so bildet sich das stark dissoziierte Salz des Phenolphtaleïns, dessen negatives Ion intensiv rot gefärbt ist. Der Farbenumschlag ist daher: Säure farblos, Alkali rot. Die Alkalisalze des Phenolphtaleïns werden auch durch schwache Säuren vollständig zerlegt, so daß sich die unlöslichen Fettsäuren in alkoholischer Lösung sehr scharf mit Hilfe von Phenolphtaleïn titrieren lassen. Normale Alkalicarbonate röten die Lösung, Hydrocarbonate sind ohne Einwirkung. Infolgedessen wird die durch Alkalien gerötete Lösung durch Kohlensäure entfärbt. Ammoniak bringt in alkoholischer Phenolphtaleïnlösung keine Rötung hervor; es ist daher zur Titrierung von Fettsäuren nicht geeignet. Dagegen ist Phenolphtaleïn zur Titrierung der wasserlöslichen Fettsäuren ebenso brauchbar wie Lackmus, welcher Indikator jedoch für diesen Zweck noch von einigen vorgezogen wird.

Methylorange[1]) wird aus Diazobenzolsulfosäure

$$C_6H_4{\ }^{-N=N}_{-SO_3}{>}$$

und Dimethylanilin dargestellt. Es ist das Ammonsalz der Dimethylanilin-Azobenzolsulfosäure und hat die Formel

$$C_6H_4{<}^{N=N-C_6H_4N(CH_3)_2}_{SO_3.NH_4}$$

Das Methylorange ist ein Reagens auf Wasserstoffionen; es verhält sich wie eine sehr schwache Säure; das Anion $N(CH_3)_2 — C_6H_4 — N_2 — C_6H_4 — SO_3'$ ist intensiv gelb gefärbt, während das nicht dissoziierte Molekül, nach Küster eine gleichzeitig positiv und negativ geladene Gruppe $\cdot NH(CH_3)_2 — C_6H_4 — N_2 — C_6H_4 — SO_3'$, der Träger der schwachroten Farbe ist. Es löst sich im Wasser mit gelber Farbe auf; sehr verdünnte Lösungen sind schon merklich dissoziiert und zeigen eine Mischfarbe, welche auf Zusatz einer Spur einer starken Säure, wodurch die Dissoziation zurückgeht, in die rote Farbe des nicht dissoziierten Moleküls übergeht. Dieser Farbenübergang von der gelblichweißen in die rote Farbe ist in sehr verdünnten Lösungen ein sehr scharfer, wenn der Farbstoff genügend rein war. Der käufliche Farbstoff wird am

---

[1]) Vgl. über Indikatoren: W. Ostwald, Lehrbuch der allgemeinen Chemie. 1891. 2. Aufl. — Die wissenschaftlichen Grundlagen der analytischen Chemie. 1894. — F. W. Küster, Grundlagen der analytischen Chemie. 1897. 2. Aufl. — Zeitschr. f. anorg. Chem. 1897. 13. 136. — W. Nernst, Theoretische Chemie. 1900. 3. Aufl. 490. — Dr. P. Rohland, Chem. Zeitg. 1905. 29. 602.

besten durch Umkristallisieren gereinigt und kann dann daraufhin untersucht werden, ob beim Zufügen eines Tröpfchens verdünnter Säure zur verdünnten Farbstofflösung der Farbenumschlag mit der nötigen Schärfe eintritt oder nicht.

Schwache Säuren, wie z. B. Kohlensäure, bringen keine Rötung hervor, daher können Carbonate mit Methylorange titriert werden, ohne daß die durch einen Säureüberschuß in Freiheit gesetzte Kohlensäure zuerst durch Kochen vertrieben werden muß. Dieser Indikator eignet sich ferner vortrefflich zur Titrierung der Mineralsäuren.

Ein Überschuß der wasserlöslichen Fettsäuren rötet die Lösung dieses Farbstoffes ebenfalls, beim Titrieren mit Alkali ist der Übergang jedoch nicht scharf, und die saure Reaktion ist schon verschwunden, wenn sich noch beträchtliche Mengen freier Fettsäure vorfinden. Für diesen Zweck ist also Methylorange nicht zu verwenden. Ebensowenig lassen sich Mineralsäuren neben wasserlöslichen Fettsäuren mit Methylorange als Indikator titrieren. Die unlöslichen Fettsäuren, z. B. Stearinsäure oder Ölsäure, bringen dagegen in alkoholischer Lösung gar keine Veränderung hervor, ebensowenig bewirken sie eine Rötung des Methylorange, wenn sie, eventuell im geschmolzenen Zustande mit dessen wässeriger Lösung geschüttelt werden.

Alkaliblau ist ein Gemenge der Natronsalze der Triphenylrosanilinmonosulfosäure und der Triphenylpararosanilinsulfosäure. Es wird fabriksmäßig durch Erwärmen einer Auflösung von Anilinblau in konzentrierter Schwefelsäure auf 35° C. hergestellt. Man gießt die Lösung in Wasser ein, wäscht den Niederschlag und neutralisiert ihn mit Natriumcarbonat. Die Formeln seiner Gemengteile sind

$$
C\left\{\begin{array}{l} C_6H_2\left\{\begin{array}{l} NH.C_6H_5 \\ CH_3 \\ SO_3Na \end{array}\right. \\ C_6H_4.NH.C_6H_5 \\ C_6H_4.N.C_6H_5 \end{array}\right.
\qquad
C\left\{\begin{array}{l} C_6H_3\left\{\begin{array}{l} NH.C_6H_5 \\ SO_3Na \end{array}\right. \\ C_6H_4.NH.C_6H_5 \\ C_6H_4.N.C_6H_5 \end{array}\right.
$$

Triphenylrosanilinmonosulfosaures   Triphenylpararosanilinmonosulfo-
Natron.   saures Natron.

Zur Prüfung des Alkaliblau auf seine Reinheit versetzt man seine wässerige Lösung mit verdünnter Salzsäure. Es entsteht ein blauer Niederschlag unter vollständiger Entfärbung der Flüssigkeit. Erscheint die Flüssigkeit ebenfalls blau, so enthält der Farbstoff Disulfosäure und ist nicht rein.

Zur Verwendung als Indikator löst man 2 g Farbstoff in 100 ccm 90prozentigen Weingeistes und fügt Normallauge tropfenweise bis zum Verschwinden der blauen Farbe zu. Dieser Indikator läßt sich nur in alkoholischen Lösungen verwenden, in welchen er den Übergang von blau in bordeauxrot sehr scharf anzeigt. Die Farbe der wässerigen Lösung bleibt bei Zusatz verdünnter Laugen blau und geht erst mit konzentrierten Laugen in Rotviolett über.

Alkaliblau findet namentlich bei der Titrierung sehr dunkel gefärbter Öle an Stelle des Phenolphtaleïns Anwendung, da die durch das letztere bewirkte Rotfärbung der alkalischen Lösung durch die braune Farbe des Öles verdeckt bleibt.[1]

De Negri und Fabris sowie Holde empfehlen die Alkaliblaumarke 6 B; für Seifenlösungen sollen 3 ccm, für Titerflüssigkeiten 2 ccm einer etwa 2 prozentigen, kaltgesättigten, alkoholischen Lösung verwendet werden. Die zu titrierenden Flüssigkeiten sollen mit 50 ccm neutralisierten Alkohols verdünnt werden. Freundlich[2] empfiehlt die Alkaliblaumarke II. O. L. A. von Meister, Lucius & Brüning; zu jeder Titration werden seinen Angaben gemäß 10 ccm einer 2 prozentigen Lösung des Farbstoffes in 96 prozentigem Alkohol verwendet.

Lackmus. Die nach den bekannten Vorschriften bereitete Lackmustinktur wird in der Fettanalyse zur Titrierung der flüchtigen Fettsäuren und auch zur Titrierung von Mineralsäuren, Alkalien, Carbonaten etc. benutzt. Die Angabe Rechenbergs,[3] daß die Alkali- und Erdalkalisalze der Fettsäuren (speziell der Buttersäure) sich in Wasser mit stark alkalischer Reaktion lösen, fand Benedikt nicht bestätigt; Buttersäure läßt sich mit Lackmustinktur sehr gut titrieren. Der Übergang ist zwar allmählich, doch ist der Endpunkt der Titrierung, welcher erreicht ist, wenn die Flüssigkeit rein blau ist, genau kennbar.

Das Lackmoïd[4] wird durch Erhitzen von Resorcin mit Natriumnitrit gewonnen und aus der Lösung der Schmelze durch Aussalzen als Natriumverbindung ausgeschieden. E. Merck in Darmstadt stellt es in reinem Zustande für analytische Zwecke dar. Seine chemische Konstitution ist noch unbekannt. Es kann nach Thomson[5] zur Titrierung von Alkalien, Ammoniak, alkalischen Erden und Mineralsäuren benutzt werden, ist aber unbrauchbar zur Bestimmung von Fettsäuren, da deren neutrale Salze schon Blaufärbung hervorrufen.

Die in den natürlichen Fetten und Wachsarten vorkommenden Fettsäuren und Alkohole finden sich in „F. Ulzer und J. Klimont, Allgemeine und physiologische Chemie der Fette"[6] eingehend behandelt; sie sind daher nebst ihren für die Fettanalyse wichtigen Derivaten im folgenden nur in Tabellenform angeordnet.

---

[1] De Negri e Fabris, Gli Olii. Roma. 1893.
[2] Österr. Chem. Zeitg. 1901. 442.
[3] Journ. f. prakt. Chem. 224. 519.
[4] Benedikt und Julius, Monatshefte f. Chem. 1884. 534 — Traub und Hock, Ber. d. deutsch. chem. Ges. 1884. 17. 2615.
[5] Chem. News 52. 18. 29.
[6] Verlag von Julius Springer, Berlin 1906.

	Säuren	Formel	Molekulargewicht für $O_2=32$	Molekulargewicht Häufig gebrauchtes	Verseifungszahl für $k=56.16$	Verseifungszahl Häufig gebrauchte	Spezifisches Gewicht °C.	Spezifisches Gewicht
	I. Reihe $C_n H_{2n} O_2$							
1	Essigsäure	$C_2 H_4 O_2$	60·03	60	935·53	935·0	15	1·0518
2	Buttersäure	$C_4 H_8 O_2$	88·06	88	637·75	637·5	0	0·9746
			—	—	—	—	$\frac{20}{4}$	0·9587
3	Isobuttersäure	$(CH_3)_2 CH . COOH$	88·06	88	637·75	637·5	0	0·969
			—	—	—	—	$\frac{20}{4}$	0·9503
4	Isovaleriansäure	$(CH_3)_2 CH . CH_2 . COOH$	102·08	102	550·16	550	0	0·946
			—	—	—	—	20	0·9310
5	Capronsäure	$C_6 H_{12} O_2$	116·10	116	483·73	483·6	$\frac{20}{4}$	0·927
6	Caprylsäure	$C_8 H_{16} O_2$	144·13	144	389·65	389·6	0	0·927
7	Caprinsäure	$C_{10} H_{20} O_2$	172·16	172	326·21	326·2	$\frac{37}{37}$	0·930
8	Umbellulsäure	$C_{11} H_{22} O_2$	186·18	186	301·64	301·6	—	—
9	Laurinsäure	$C_{12} H_{24} O_2$	200·19	200	280·53	280·5	$\frac{20}{4}$	0·883
			—	—	—	—	$\frac{43·6}{4}$	0·875
10	Ficocerylsäure	$C_{13} H_{26} O_2$	214·21	214	262·17	262·2	—	—
11	Myristinsäure	$C_{14} H_{28} O_2$	228·22	228	246·08	246·1	$\frac{53·8}{4}$	0·862
			—	—	—	—	$\frac{60}{4}$	0·858
12	Isocetinsäure	$C_{15} H_{30} O_2$	242·24	242	231·84	231·8	—	—
13	Palmitinsäure	$C_{16} H_{32} O_2$	256·26	256	219·15	219·1	$\frac{62}{4}$	0·852
			—	—	—	—	$\frac{80}{4}$	0·841
14	Margarinsäure	$C_{17} H_{34} O_2$	270·27	270	207·79	207·7	—	—
15	Daturinsäure	$C_{17} H_{34} O_2$	270·27	270	207·79	207·7	—	—
16	Stearinsäure	$C_{18} H_{36} O_2$	284·29	284	197·55	197·5	11	1·000
			—	—	—	—	$\frac{69·2}{4}$	0·848
			—	—	—	—	$\frac{80}{4}$	0·838
17	Arachinsäure	$C_{20} H_{40} O_2$	312·32	312	179·82	179·8	—	—
18	Behensäure	$C_{22} H_{44} O_2$	340·35	340	165·00	165·0	—	—
19	Pisangcerylsäure	$C_{24} H_{48} O_2$	368·41	368	152·44	—	—	—

Erstarrungspunkt °C.	Schmelzpunkt °C.	Siedepunkt Millimeter-Druck	Siedepunkt °C.	Brechungsexponent °C.	Brechungsexponent ^{n}D	Löslichkeit	Vorkommen	
$+17\cdot5$	—	760	118·1	—	—	In allen Verhältnissen m. Wasser, Alkohol und Äther mischbar.	Makassaröl.	1
— 19	— 2 bis + 2	760	162·3	20	1·39906	Ebenso.	Kuhbutter.	2
—	—	748·7	163·2	—	—			
—	—	760	154—155·5	—	—		Sesamöl.	3
—	—	750	153·5—153·8	—	—			
— 57	— 51	760	173·7	—	—	Löslich in 23·6 Teilen Wasser von 20° C.	Delphintran.	4
—	—	11	72·4	—	—			
unter — 18	—	732	199·7	20	1·41635	Teilweise lösl. in Wasser.	Kuhbutter. Cocosöl.	5
—	16·5	761·7	236—237	20	1·42825	Löslich in 400 Teilen kochendem Wasser, in kaltem Wasser fast unlöslich.	Kuhbutter, Cocosfett, Menschenfett.	6
—	31·3—31·4	760	268—270	40	1·42855	Sehr schwer löslich in kochendem, unlöslich in kaltem Wasser.	Kuhbutter, Cocosöl.	7
—	—	100	199·5—200	—	—			
—	21—23	760	275—280	—	—	In Wasser unlöslich.	Amerik. Lorbeeröl.	8
—	43·6	100	227·5	60	1·42665		Cocosöl, Pichurimbohnenfett, Lorbeerfett.	9
—	—	0	102	—	—			
—	57	—	—	—	—		Godangwachs.	10
—	53·8	100	250·5	60	1.43075	In Wasser unlöslich; schwer löslich in kaltem Alkohol u. Äther, noch schwerer löslich in kaltem Petroläther.	Fett der Virolaarten, Muskatbutter, Cocosöl, Walrat usw.	11
—	—	15	196·5	—	—			
—	—	0	121—122	—	—			
—	55	—	—	—	—		Curcasöl.	12
62·6	62	760	339—356	80	1·42693	Schwer löslich in kaltem Alkohol und kaltem Petroläther; leicht in siedendem Alkohol und Petroläther.	In den meisten Tier- und Pflanzenfetten; Bienenwachs, Walrat usw.	13
—	—	100	271·5	—	—			
—	—	15	215	—	—			
—	—	0	138—139	—	—			
—	59·8	—	—	—	—		Olivenöl? Leichenwachs.	14
—	55·0	15	223—225	—	—		Stechapfelsamen.	15
69·32	71·0	760	359—383	80	1·43003	Weniger löslich in kaltem Alkohol als Palmitinsäure.	In den meisten Tier- und Pflanzenfetten.	16
—	—	100	291	—	—			
—	—	15	232	—	—			
—	77·0	—	—	—	—	100 Teile 90 proz. Alkohol lösen bei 15° C. 0·022 g.	Erdnußöl, Rüböl.	17
77—79	83—84	—	—	—	—	100 Teile 90 proz. Alkohol lösen bei 17° C. 0·102 g.	Behenöl.	18
—	71·0	—	—	—	—		Pisangwachs.	19

	Säuren	Formel	Molekulargewicht		Verseifungszahl		Spezifisches Gewicht	
			für $O_2=32$	Häufig gebrauchtes	für $k=56\cdot16$	Häufig gebrauchte	° C.	
20	Lignocerinsäure	$C_{24}H_{48}O_2$	368·41	368	152·44	—	—	—
21	Carnaubasäure	$C_{24}H_{48}O_2$	368·41	368	152·44	—	—	—
22	Hyänasäure	$C_{25}H_{50}O_2$	382·45	382	146·84	—		—
23	Cerotinsäure	$C_{26}H_{32}O_2$	396·47	396	141·65	141·7	$\dfrac{79}{4}$	0·8359
24	Melissinsäure	$C_{30}H_{60}O_2$	452·54	452	124·10	124·1	—	—
25	Psyllostearinsäure	$C_{33}H_{66}O_2$	494·59	494	113·55	—	—	—
	II. Reihe $C_nH_{2n-2}O_2$							
26	Tiglinsäure	$C_5H_8O_2$	100·06	100	561·26	561·0	$\dfrac{76}{4}$	0·9641
27	Hypogäassäure	$C_{16}H_{30}O_2$	254·24	254	220·90	220·8	—	—
28	Gaïdinsäure	$C_{16}H_{30}O_2$	254·24	254	220·90	220·8	—	—
29	Physetölsäure	$C_{16}H_{30}O_2$	254·24	254	220·90	220·8	—	—
30	Lycopodiumsäure	$C_{16}H_{30}O_2$	254.24	254	220·90	220·8	—	—
31	Unbenannte von Bull . .	$C_{16}H_{30}O_2$	254·24	254	220·90	220·8	—	—
32	Ölsäure	$C_{18}H_{34}O_2$	282·27	282	198.96	198·9	14	0·8980
			—	—	—	—	100	0·8760
			—	—	—	—	—	—
			—	—	—	—	—	—
33	Elaïdinsäure	$C_{18}H_{34}O_2$	282·27	282	198·96	198·9	$\dfrac{79\cdot4}{4}$	0·8505
			—	—	—	—	—	—
			—	—	—	—	—	—
			—	—	—	—	—	—
34	Isoölsäure	$C_{18}H_{34}O_2$	282·27	282	198·96	198·9	—	—
35	Rapinsäure	$C_{18}H_{34}O_2$	282·27	282	198·96	198·9	—	—
36	Döglingsäure	$C_{19}H_{36}O_2$	296·29	296	189·55	—	—	—
37	Jecoleïnsäure	$C_{19}H_{36}O_2$	296·29	296	189·55	—	—	—
38	Gadoleïnsäure	$C_{20}H_{38}O_2$	310·30	—	180·99	—	—	—
39	Erucasäure	$C_{22}H_{42}O_2$	338·34	338	165·99	166·0	$\dfrac{55}{4}$	0·8602
			—	—	—	—	—	—
			—	—	—	—	—	—
			—	—	—	—	—	—
40	Brassidinsäure	$C_{22}H_{42}O_2$	338·34	338	165·99	165·9	$\dfrac{57\cdot1}{4}$	0·8585
			—	—	—	—	—	—
41	Isoerucasäure	$C_{22}H_{42}O_2$	338·34	338	165·99	165·9	—	—
	III. Reihe $C_nH_{2n-4}O_2$							
42	Eläomargarinsäure . . .	$C_{17}H_{30}O_2$	266·24	266	210·94	—	—	—
43	Eläostearinsäure	$C_{17}H_{30}O_2$	266·24	266	210·94	—	—	—
44	Linolsäure	$C_{18}H_{32}O_2$	280·26	280	200·39	200·4	14	0·9206
45	Taririnsäure	$C_{18}H_{32}O_2$	280·26	280	200·39	—	—	—
46	Telfairiasäure	$C_{18}H_{32}O_2$	280·26	280	200·39	—	—	—
47	Chaulmugrasäure	$C_{18}H_{32}O_2$	280·26	280	200·39	—	—	—

Erstarrungspunkt °C.	Schmelzpunkt °C.	Siedepunkt Millimeter Druck	Siedepunkt °C.	Brechungsexponent °C.	Brechungsexponent n_D	Löslichkeit	Vorkommen	
—	80·5	—	—	—	—	Sehr wenig löslich in kaltem Alkohol.	Erdnußöl.	20
67—69	72·5	—	—	—	—	Wenig löslich in kaltem Methylalkohol.	Carnaubawachs.	21
—	77—78	—	—	—	—	—	Annaldrüse d. Hyäne.	22
—	78·5	—	—	—	—	Unlöslich in kaltem, leicht in heißem Alkohol.	Bienenwachs.	23
—	90·0	—	—	—	—	Schwer löslich in Äther, leicht in heißem Alkohol.	Bienenwachs.	24
—	—	—	—	—	—	—	—	25
—	64·5	760	198·5	—	—	Schwer löslich in kaltem, leicht in heißem Wasser.	Crotonöl.	26
—	33·0	10	230·0	—	—	—	Erdnußöl, Maisöl.	27
—	39·0	15	236·0	—	—	—	—	28
—	30·0	—	—	—	—	—	Potwalkopffett.	29
—	—	—	—	—	—	—	Lycopodiumsporen	30
—	—	—	—	—	—	—	Dorschleberöl.	31
—1·0	—1·0	—	—	—	—	Unlöslich in Wasser, leicht löslich auch in verdünntem Alkohol.	In den meisten Tier- und Pflanzenfetten.	32
4·0	14·0	100	285·5—286·0	15	1·4638			
—	—	50	264·0	20	1·4620	—	—	
—	—	30	249·5	30	1·4585	—	—	
—	—	10	223·0	60	1·4471	—	—	
44·0—45·0	51·0—52·0	100	287·5—288·0	—	—	—	—	33
—	—	50	226·0	—	—	—	—	
—	—	30	251·5	—	—	—	—	
—	—	10	225·0	—	—	—	—	
—	44·0—45·0	0	179·0	—	—	—	Destillatstearin.	34
—	—	10	254·5	—	—	—	Rüböl.	35
>0·0	—	15	264·0	—	—	—	Döglingtran.	36
—	—	30	281·0	—	—	—	Dorschlebertran.	37
—	24·5	—	—	—	—	—	Dorschlebertran, Heringsöl, Waltran.	38
—	33·0—34·0	0	160·0	—	—	—	Rüböle, Senföle.	39
—	—	10	254·5	—	—	—	—	
—	—	15	264·0	—	—	—	—	
—	—	30	281·0	—	—	—	—	
56·0	65·0	10	256·0	—	—	In kaltem Alkohol schwer, in heißem leicht löslich.	—	40
—	—	15	265·0	—	—	—	—	
—	—	30	282·0	—	—	—	—	
51·0—52·0	54·0—56·0	—	—	—	—	—	—	41
—	48·0	—	—	—	—	—	Chinesisches Holzöl.	42
—	71·0	—	—	—	—	—	—	43
<—18·0	—	—	—	—	—	Leicht löslich in Alkohol und Äther.	Leinöl. Trocknende Öle.	44
—	50·5	—	—	—	—	—	Taririfett.	45
6·0	—	13	220·0—225·0	—	—	—	Coëmeöl.	46
—	68·0	20	247·0—248·0	—	—	—	Chaulmugraöl.	47

	Säuren	Formel	Molekulargewicht		Verseifungszahl		Spezifisches Gewicht	
			für $O_2 = 32$	Häufig gebrauchtes	für $k = 56{\cdot}16$	Häufig gebrauchte	° C.	
	IV. Reihe $C_n H_{2n-6} O_2$							
48	Linolensäure	$C_{18} H_{30} O_2$	278·24	278	201·84	201·8	$\dfrac{15{\cdot}5}{15{\cdot}5}$	0·922
49	Isolinolensäure	$C_{18} H_{30} O_2$	278·24	278	201·84	—	—	—
50	Jecorinsäure (?)	$C_{18} H_{30} O_2$	278·24	278	201·84	—	—	—
	V. Reihe $C_n H_{2n-8} O_2$							
51	Isansäure.	$C_{14} H_{20} O_2$	220·16	220	255·08	—	—	—
52	Terapinsäure	$C_{17} H_{26} O_2$	262·21	262	214·18	—	—	—
53	Clupanodonsäure	$C_{18} H_{28} O_2$	276·22	—	203·32	—	—	—
54		$C_{20} H_{32} O_2$	304·26	304	184·58	—	—	—
55		$C_{21} H_{40} O_2$	362·34	362	154·99	—	—	—
	VI. Reihe $C_n H_{2n} O_3$							
56	Lanopalminsäure	$C_{16} H_{32} O_3$	272·26	272	206·28	—	—	—
57	Oxymargarinsäure. . . .	$C_{17} H_{34} O_3$	286·27	286	196·18	—	—	—
58	Coccerinsäure	$C_{31} H_{62} O_3$	482·50	482	116·40	—	—	—
	VII. Reihe $C_n H_{2n-2} O_3$							
59	Ricinolsäure	$C_{18} H_{34} O_3$	298·27	298	188·29	188·3	15·5	0·950
60	Ricinisolsäure.	$C_{18} H_{34} O_3$	298·27	298	188·29	188·3	—	—
61	Ricinelaïdinsäure	$C_{18} H_{34} O_3$	298·27	298	188·29	188·3	—	—
	VIII. Reihe $C_n H_{2n} O_4$ **Einbasische Säuren**							
62	Dioxystearinsäure	$C_{18} H_{36} O_4$	316·29	316	177·56	—	—	—
63	Lanocerinsäure	$C_{30} H_{60} O_4$	484·48	484	115·92	—	—	—
	IX. Reihe $C_n H_{2n}(COOH)_2$ **Zweibasische Säuren**							
64	Japansäure	$C_{20} H_{40}(COOH)_2$	370·34	370	303·29	—	—	—
	Derivate: **I. Hydroxylierte Säuren** **a. Monohydroxylierte Säuren** $C_n H_{2n} O_3$							
1	1·10-Oxystearinsäure . .	$C_{18} H_{35} O_2 (OH)$	300·29	300	187·92	187	—	—
2	1·11-Oxystearinsäure . .	$C_{18} H_{35} O_2 (OH)$	300·29	300	187·02	187	—	—
3	Stearolacton	$C_{18} H_{34} O_2$	282·27	282	198·96	—	—	—
	b. Dihydroxylierte Säuren $C_n H_{2n} O_4$							
4	Dioxytiglinsäure	$C_5 H_8 O_2 (OH)_2$	134·08	134	418·86	—	—	—
5	Dioxypalmitinsäure . . .	$C_{16} H_{30} O_2 (OH)_2$	288·26	288	194·83	—	—	—

Erstarrungs- punkt °C.	Schmelz- punkt °C.	Siedepunkt		Brechungs- exponent		Löslichkeit	Vorkommen	
		Milli- meter Druck	°C.	°C.	$^n D$			
—	—	—	—	—	—	—	Trocknende Öle.	48
—	—	—	—	—	—	—	Leinöl (?).	49
—.	—	—	—	—	—	—	Sardinentran (?).	50
—	41·0	—	—	—	—	—	Isanosamen.	51
—	—	—	—	—	—	Leicht löslich in Alkohol.	Dorschlebertran.	52
—	—	—	—	—	—	—	Japan. Sardinentran.	53
—	—	—	—	—	—	—	Heringsöl (?).	54
—	—	—	—	—	—	—	Heringsöl (?).	55
83·0—85·0	87·0—88·0	—	—	—	—	Löslich in siedendem Wasser bei Gegenwart von Alkohol.	Wollfett.	56
—	80·0	—	—	—	—	—	Leichenwachs.	57
—	92·0—93·0	—	—	—	—	Schwer löslich in den üb- lichen organischen Lö- sungsmitteln.	Cochenillewachs.	58
—6·0bis—10·0	4·0—5·0	15	250·0	—	—	Leicht löslich in Alkohol und Äther.	Ricinusöl.	59
—	—	—	—	—	—	—	Ricinusöl.	60
—	52·0—53·0	—	—	—	—	—	—	61
—	141·0—143·0	—	—	—	—	Löslich in kochendem Al- kohol, unlöslich in Äther, Petroläther und Benzol.	Ricinusöl.	62
101·0—103·0	104·0—105·0	—	—	—	—	Schwer löslich in Äther und warmem Benzol.	Wollfett.	63
—	117·0—117·9	—	—	—	—	Sehr schwer löslich in den üblich. Lösungsmitteln.	Japanwachs.	64
65·0—68·0	83·0—85·0	—	—	—	—	Leicht löslich in absolu- tem Alkohol, schwer in Äther.	—	1
—	84·0—85·0	—	—	—	—	Leichter löslich in Äther.	—	2
—	51·2	—	—	—	—	Leicht löslich in Äther, Alkohol u. Petroläther.	—	3
—	88·0	—	—	—	—	Leicht löslich in Wasser, löslich in Alkohol; un- löslich in Petroläther, Chloroform und Benzol.	—	4
—	115·0	—	—	—	—	Leicht löslich in Alkohol und Äther.	—	5

	Säuren	Formel	Molekulargewicht		Verseifungszahl		Spezifisches Gewicht	
			für $O_2 = 32$	Häufig gebrauchtes	für $k = 56{\cdot}16$	Häufig gebrauchte	°C.	
6	? Dioxypalmitinsäure ..	$C_{16}H_{30}O_2(OH)_2$	288·26	288	194·83	—	—	—
7	Dioxystearinsäure	$C_{18}H_{34}O_2(OH)_2$	316·29	316	177·56	177·6	—	—
8	Dioxystearidinsäure ...	$C_{18}H_{34}O_2(OH)_2$	316·29	316	177·56	177·6	—	—
9	p-Dioxystearinsäure ...	$C_{18}H_{34}O_2(OH)_2$	316·29	316	177·56	177·6	—	—
10	Dioxyjecoleïnsäure ...	$C_{19}H_{36}O_2(OH)_2$	330·30	330	170·02	—	—	—
11	Dioxygaïdinsäure	$C_{20}H_{38}O_2(OH)_2$	344·32	344	163·10	—	—	—
12	Dioxybehensäure	$C_{22}H_{42}O_2(OH)_2$	372·35	372	150·82	—	—	—
13	Isodioxybehensäure ...	$C_{22}H_{42}O_2(OH)_2$	372·35	372	150·82	—	—	—
14	p-Dioxybehensäure ...	$C_{22}H_{42}O_2(OH)_2$	372·35	372	150·82	—	—	—
	c. Trihydroxylierte Säuren $C_nH_{2n}O_5$							
15	Trioxystearinsäure ...	$C_{18}H_{33}O_2(OH)_3$	332·29	332	169·01	169·0	—	—
16	α-Isotrioxystearinsäure..	$C_{18}H_{33}O_2(OH)_3$	332·29	332	169·01	169·0	—	—
17	β-Isotrioxystearinsäure..	$C_{18}H_{33}O_2(OH)_3$	332·29	332	169·01	169·0	—	—
	d. Tetrahydroxylierte Säuren $C_nH_{2n}O_6$							
18	Sativinsäure	$C_{18}H_{32}O_2(OH)_4$	348·28	348	161·25	161·2	—	—
	e. Hexahydroxylierte Säuren $C_nH_{2n}O_8$							
19	Linusinsäure	$C_{18}H_{30}O_2(OH)_6$	380·29	380	147·68	147·6	—	—
20	Isolinusinsäure	$C_{18}H_{30}O_2(OH)_6$	380·29	380	147.68	147·6	—	—
	II. Zweibasische Säuren							
21	Suberinsäure	$C_6H_{12}(COOH)_2$	174·11	174	645·11	—	—	—
			—	—	—	—	—	—
22	Azelaïnsäure	$C_7H_{14}(COOH)_2$	188·13	188	597·04	—	—	—
			—	—	—	—	—	—
23	Sebacinsäure	$C_8H_{16}(COOH)_2$	220·14	202	555·65	—	—	—
			—	—	—	—	—	—

Erstarrungs-punkt °C.	Schmelz-punkt °C.	Siedepunkt		Brechungs-exponent		Löslichkeit	Vorkommen	
		Milli-meter Druck	°C.	°C.	^{n}D			
—	125·0	—	—	—	—	Löslich in Alkohol.	—	6
119·0—122·0	136·5	—	—	—	—	Leicht löslich in heißem Alkohol, schwer löslich in Äther.	—	7
—	99·5	—	—	—	—		—	8
—	77·0—78·0	—	—	—	—	Leicht löslich in Alkohol und Äther.	—	9
—	114·0—116·0	—	—	—	—		—	10
—	127·5—128·0	—	—	—	—	Löslich in Alkohol.	—	11
—	132·0—134·0	—	—	—	—	Schwer löslich in heißem Alkohol, unlöslich in Äther.	—	12
—	98·0—99·0	—	—	—	—		—	13
—	86·0—88·0	—	—	—	—	—	—	14
—	140·0—142·0	—	—	—	—	Unlöslich in kaltem Wasser, Benzol, Petroläther, Chloroform, Schwefelkohlenstoff; schwer löslich in kochend. Wasser, Äther u. Alkohol, leicht lösl. in heißem Alkohol.	—	15
—	110·0—111·0	—	—	—	—	Leicht löslich in Äther.	—	16
—	114·0—115·0	—	—	—	—	Schwer löslich in heißem Wasser, Äther und Ligroin; leicht löslich in Alkohol.	—	17
—	173·0	—	—	—	—	Unlöslich in kaltem Wasser, Äther, Chloroform; Schwefelkohlenstoff; schwer löslich in siedendem Wasser und kaltem Alkohol; leicht löslich in Eisessig u. in heißem Alkohol.	—	18
—	203·0—205·0	—	—	—	—	Leichter löslich in Wasser als Sativinsäure; schwer löslich in Alkohol, unlöslich in Äther.	—	19
—	173·0—175·0	—	—	—	—	In kaltem Wasser schwer löslich; in heißem Wasser und in Alkohol leicht löslich; unlöslich in Äther, Schwefelkohlenstoff und Chloroform.	—	20
—	140·0	0	152·5	—	—	In kaltem Wasser schwer löslich; löslich in Äther, fast unlöslich in Chloroform.	—	21
—	—	100	279·0	—	—			
—	106·2	0	158·0	—	—	In kaltem Wasser schwer löslich; in Äther leichter löslich wie Suberinsäure; sehr leicht löslich in Alkohol.	—	22
—	—	100	286·5	—	—			
—	133·5	0	164·0	—	—	In kaltem Wasser schwerer löslich; leicht löslich in Alkohol und Äther.	—	23
—	—	100	294·5	—	—			

	Alkohole	Formel	Molekulargewicht $O_3=32$	Spezifisches Gewicht		Erstarrungspunkt °C.	Schmelzpunkt °C.
				°C.			
	I. Reihe $C_n H_{2n+2} O$						
1	Pisangcerylalkohol . . .	$C_{13} H_{28} O$	200·22	—	—	—	78·0
2	Cetylalkohol (Äthal) . . .	$C_{16} H_{34} O$	242·27	$\frac{49\cdot5}{4}$	0·8176	—	50·0
			—	$\frac{60}{4}$	0·8105	—	—
			—	$\frac{98\cdot7}{4}$	0·7837	—	—
3	Octadecylalkohol	$C_{18} H_{38} O$	270·30	$\frac{59}{4}$	0·8124	—	59·0
			—	$\frac{70}{4}$	0·8048	—	—
			—	$\frac{99\cdot1}{4}$	0·7849	—	—
4	Carnaubylalkohol	$C_{24} H_{50} O$	354·40	—	—	67·0—65·0	68·0—69·0
5	Cerylalkohol	$C_{26} H_{54} O$	382·43	—	—	—	79·0
6	Isocerylalkohol	$C_{26} H_{54} O$	382·43	—	—	—	62·0
7	Myricylalkohol	$C_{30} H_{62} O$?	438·50	—	—	—	88·0
8	Psyllostearylalkohol . . .	$C_{33} H_{68} O$	480·54	—	—	—	68·0—70·0
9	Tarchonylalkohol	$C_{50} H_{102} O$?	718·82	—	—	—	82·0
	II. Reihe $C_n H_{2n} O$						
10	Lanolinalkohol	$C_{12} H_{24} O$	184·19	—	—	—	102·0—104·0
11	?	$C_{15} H_{30} O$	226·24	—	—	—	73·0
12	Vitol	$C_{17} H_{34} O$	254·27	—	—	—	74·0
13	Cerosin.	$C_{24} H_{48} O$	352·38	—	—	—	82·0
14	?	$C_{36} H_{72} O$	520·58	—	—	—	66·6
	III. Reihe $C_n H_{2n-6} O$						
15	Ficocerylalkohol	$C_{17} H_{28} O$	248·22	—	—	—	198·0
	IV. Reihe $C_n H_{2n+2} O_2$						
16	?	$C_{25} H_{52} O_2$	384·42	—	—	—	103·5
17	Coccerylalkohol	$C_{30} H_{62} O_2$	454·50	—	—	—	101·0—104·0
	V. Reihe $C_n H_{2n+2} O_3$						
18	Glycerin	$C_3 H_8 O_3$	92·06	$\frac{15}{0}$	1·26353	—	20·0
			—	—	—	—	—
	VI. Aromatische Alkohole						
19	Cholesterin	$C_{26} H_{44} O$?	372·35	—	1·067	—	148·5
20	Isocholesterin	$C_{26} H_{44} O$	372·35	—	—	—	137·0—138·0
21	Phytosterin.	$C_{26} H_{44} O$	372·35	—	—	—	132·0—133·0
22	Betasterin	$C_{26} H_{44} O$	372·35	—	—	—	117·0
23	Sitosterin.	$C_{27} H_{44} O + H_2 O$	402·37	—	—	—	137·5
24	Parasitosterin	$C_{27} H_{44} O$	384·35	—	—	—	127·5
25	Arnesterin	$C_{28} H_{46} O$	398·37	—	—	—	249·0—250·0
26	Anthesterin.	$C_{28} H_{48} O$?	400·38	—	—	—	221·0—223·0
27	Stigmasterin	$C_{30} H_{48} O$	424·38	—	—	—	170·0

Siedepunkt		Löslichkeit	Vorkommen	
Millimeter Druck	⁰ C.			
—	—	—	Pisangwachs.	1
760	344·0	Löslich in Alkohol, sehr leicht löslich in Äther und Benzol, Schwefelkohlenstoff.	Walrat.	2
15	189·5	—	—	
0	119·0	—	—	
15	210·5	Löslich in Alkohol, leicht löslich in Äther u. Benzol.	Walrat.	3
100	Zersetzung	—	—	
—	—	—	—	
—	—	Schwer löslich in kaltem Alkohol; leicht löslich in heißem Alkohol, in Äther und Benzol.	Wollfett.	4
—	—	Löslich in Alkohol.	Chines. Wachs, Opiumwachs.	5
—	—	Löslich in Alkohol; schwer löslich in Äther.	Wachs von Ficus gummiflua.	6
—	—	Fast unlöslich in kaltem, leicht löslich in kochendem Alkohol.	Bienenwachs.	7
—	—	Schwer löslich in Alkohol, leichter löslich in Äther.	Psyllawachs.	8
—	—	Leicht löslich in heißem Alkohol, schwer löslich in kaltem Alkohol und in Äther.	Blätter von Tarchonauthus camphoratus.	9
—	—	Leicht löslich in heißem Alkohol, in Benzol und Chloroform; schwer löslich in Äther.	Wollfett.	10
—	—	Löslich in Äther.	Wachs von Ficus gummiflua.	11
—	—	—	Weinblätter.	12
—	—	Unlöslich in kaltem Alkohol; löslich in heißem Alkohol und in Äther.	Rinde des violetten Zuckerrohrs.	13
—	—	—	Cochenillefett.	14
—	—	—	Godangwachs.	15
—	—	Schwer löslich in siedendem Petroläther; leichter löslich in Äther und Benzol.	Carnaubawachs.	16
—	—	Löslich in heißem Alkohol, Benzol und Eisessig.	Cochenillewachs.	17
50 12·5 0·24	210·0 179·5 118·5	Löslich in Wasser, Alkohol und Aceton; schwer löslich in Äther; unlöslich in Chloroform, Benzol, Petroläther und Schwefelkohlenstoff.	Alle festen und flüssigen Fette. — —	18
0	> 360·0	Unlöslich in Wasser; schwer löslich in kaltem Alkohol; leicht löslich in kochendem Alkohol, Äther, Schwefelkohlenstoff, Petroläther, Chloroform und Benzol.	Wollfett, Galle, Gehirn.	19
—	—	Schwer löslich in kaltem, leicht löslich in siedendem Alkohol, in Äther und Eisessig.	Wollfett.	20
—	—	Leicht löslich in siedendem Alkohol.	Vegetabilische Fette und Öle.	21
—	—	Leicht löslich in Alkohol, Äther, Chloroform, Petroläther, Schwefelkohlenstoff.	Zuckerrübe.	22
—	—	Leicht löslich in Äther, Chloroform, Schwefelkohlenstoff und heißem Alkohol.	Getreidekeime.	23
—	—	—	Getreidekeime.	24
—	—	Löslich in Alkohol, Äther, Benzol.	Arnica.	24
—	—	Löslich in siedendem Alkohol und Petroläther.	Römische Kamille.	26
—	—	Löslich in Alkohol.	Calabarbohnen.	27

II. Physikalische und chemische Eigenschaften der Fette und Wachsarten.

1. Fette.

Gehalt der Fette an fremden Substanzen und freien Fettsäuren.

Die natürlichen Fette und Wachsarten lassen sich durch Waschen mit Wasser (die festen in geschmolzenem Zustande), Trocknen und Filtrieren von den festen, nicht schmelzbaren Verunreinigungen befreien, welche ihnen entweder von ihrer Darstellung her noch anhaften, wie Gewebsteile pflanzlichen oder tierischen Ursprunges, oder als zufällige oder absichtliche Beimengungen in sie hineingeraten sind.

So gereinigte Fette enthalten dann außer den Triglyceriden, welche ihre Hauptmasse ausmachen, meist noch geringe Mengen von aromatischen Alkoholen und Farbstoffen, welche die oft recht charakteristischen Farbenreaktionen einzelner Fette hervorrufen, ferner nach einer Angabe von Yssel de Schepper und Geitel[1]) 1—1·5% Eiweißkörper (in den Fetten tierischen Ursprunges) oder Cellulose (in den Pflanzenfetten). Die letztgenannten Bestandteile scheiden sich erst bei der Zersetzung der aus diesen dargestellten Seifen mit Säuren meist in Form eines grauen, geringen Niederschlages ab, welcher gewöhnlich auf der Oberfläche der wässerigen Schichten schwimmt.

Nach Allen und Thomson[2]) haben alle Fette einen kleinen Gehalt an nicht verseifbaren, in Petroleumäther löslichen Substanzen, aller Wahrscheinlichkeit nach entweder Kohlenwasserstoffe oder höhere Fettalkohole, die letzteren vielleicht durch Verseifung geringerer Anteile in den Fetten enthaltener Wachsarten gebildet. Bei vielen Fetten besteht die unverseifbare Substanz aus Cholesterin, Phytosterin oder Isocholesterin, den oben erwähnten aromatischen Alkoholen.

Allen und Thomson haben folgende Fette auf ihren Gehalt an Unverseifbarem untersucht:

	Unverseifbare Substanz		Unverseifbare Substanz
Olivenöl	0·75%	Schweinefett	0,23%
Rüböl (deutsches)	1·00 „	Lebertran	0·46 und 1·32 „
Cottonöl	1·64 „	Japanwachs	1·14 „

Fahrion[3]) hat in einer größeren Anzahl von Tranen den Gehalt an unverseifbaren Bestandteilen unter 2% gefunden. Öfters steigt der Gehalt an diesen Bestandteilen nach seinen Angaben bis auf 3%, selten auf 5% oder sogar noch etwas darüber.

---

[1]) Dinglers Polyt. Journal 245. 295.
[2]) Chem. News 43. 267.
[3]) Chem. Zeitg. 1899. 23. 161.

Gerard[1]) bestimmte den Gehalt an Unverseifbarem in folgenden Fetten:

Weißer Talg	0·02—0·03%	Knochenfett	0·40—2·42%
Brauner Talg	0·20—0·65 „	Leimfett	1·45—7·10 „
	Wollfett	7·00—50·00% (?).	

Die Fette von Leguminosen und Gramineen und einige tierische Fette enthalten ferner nach Töpler nicht unbeträchtliche Mengen des bei der Verseifung in Fettsäuren, Glycerinphosphorsäure und Cholin zerfallenden Lecithins, welchem Hoppe-Seyler die folgende Formel zuschreibt:

$$C_3H_5 \Big\langle \begin{matrix} (C_{18}H_{35}O_2)_2 \\ OPO \Big\langle \begin{matrix} OHN(CH_3)_3 \\ O\!-\!C_2H_4\!-\!OH \end{matrix} \end{matrix} \,.$$

Das Lecithin wird ebenso wie die Fette durch Pankreassteapsin und durch die fettspaltenden Fermente von Pflanzensamen, besonders des Ricinussamens, unter Abspaltung von Fettsäuren zerlegt; das fettspaltende Ferment des Blutes oder des Blutserums (Serolipase) spaltet Lecithin nicht (Schumoff-Simanowski und Sieber).[2])

Töpler fand z. B. in Erbsenfett 1·17% Phosphor entsprechend 30·4% Lecithin, in Weizenfett 0·25% Phosphor oder 6·5% Lecithin. Nach Schulze und Frankfurt[3]) wird der Lecithingehalt einer Substanz gefunden, wenn man das Gewicht des dem Phosphor entsprechenden Magnesiumpyrophosphates mit 7·27 multipliziert.

Frische animalische Fette enthalten nur äußerst kleine Mengen von freien Fettsäuren. Nach Fr. Hofmann[4]) vermehrt sich aber dieser Gehalt an freien Fettsäuren beim Erwärmen auf 100° C. merklich. E. Dieterich[5]) hat bei Schweinefett und Talgproben beobachtet, daß die Abspaltung der freien Fettsäuren bei den nicht ausgeschmolzenen Fetten weitaus rascher erfolgt, als bei den ausgeschmolzenen. Die sehr interessanten Ergebnisse der diesbezüglichen Versuche sind in der Tabelle auf Seite 22 zusammengestellt.

Außer der früher erwähnten Tatsache, daß die Säurebildung weitaus rascher in unausgeschmolzenen Fetten erfolgt als in ausgeschmolzenen, läßt sich aus der Tabelle noch entnehmen, daß die Gegenwart von Wasser die Säurebildung gleichfalls befördert. Aus den Versuchen von E. Dieterich hat sich außerdem ergeben, daß Sonnenlicht die Fettsäurebildung begünstigt, während die Gegenwart von Kochsalz sie verzögert. Gepökeltes und geräuchertes Fett hat sich weitaus haltbarer gezeigt als nicht gepökeltes und nicht geräuchertes Fett. Die Annahme, daß die Säurebildung in den frischen Rohfetten vor dem Ausschmelzen auf die Einwirkung vorhandener, besonderer Fermente zurückgeführt werden könne, konnte von E. Dieterich nicht bestätigt werden.

---

[1]) Seifensiederzeitg. 32. 586.
[2]) Zeitschr. f. physiol. Chem. 1906. 46. 50.
[3]) Landw. Versuchsstationen 1893. 43. 307.
[4]) Journ. f. prakt. Chem. 24. 512.
[5]) Chem. Rev. üb. d. Fett- u. Harz-Ind. 1899. 168. 181 u. 201.

Versuche:	Schweinefett aus Schmer bzw. roher Schmer	Schweinefett aus Speck bzw. roher Speck	Ausgeschmolzener und roher Rindstalg	Ausgeschmolzener und roher Hammeltalg
	Säurezahlen			
1. Versuche mit dem frisch ausgeschmolzenen Fett:				
a) frisch ausgeschmolzen und sofort untersucht	0·504	0·504	0·952	1·008
b) vier Wochen einer Temperatur von 30º—35º C. ausgesetzt und dann untersucht	0·504	0·616	1·092	1·092
c) acht Wochen ebenso behandelt und untersucht.	0·546	0·683	1·093	1·093
Das frisch geschmolzene Fett schaumig gerührt, so daß es lufthaltig war und dann				
a) vier Wochen einer Temperatur von 30º—35º C. ausgesetzt und dann untersucht	0·504	0·532	1·036	1·064
b) acht Wochen ebenso behandelt und untersucht.	0·546	0·683	1·093	1·093
Dasselbe frisch ausgeschmolzene Fett mit 10 Prozenten Wasser gemischt und				
a) vier Wochen einer Temperatur von 30º—35º C. ausgesetzt und dann untersucht	0·616	0·924	0·952	1·064
b) acht Wochen ebenso behandelt und untersucht.	1·093	2·595	2·185	4·234
2. Versuche mit Rohfett. Das Rohfett wurde auf der Fleischhackmaschine zu Brei gemahlen, in diesem Zustande der höheren Temperatur ausgesetzt, dann erst ausgeschmolzen und untersucht:				
a) vier Wochen einer Temperatur von 30º—35º C. ausgesetzt, ausgeschmolzen und untersucht .	10·920	57·775	59·584	2·744
b) acht Wochen ebenso behandelt und untersucht	16·936	79·688	69·385	5·463

Pastrovich[1]) hat an rohem Rindstalg, welcher im gemahlenen Zustande bei 35º C. sich selbst überlassen wurde, ebenfalls eine starke Spaltung konstatiert; auch bei diesen Versuchen konnte der die Fettsäurebildung fördernde Einfluß der Gegenwart von Wasser bis zu einem gewissen Grade beobachtet werden.

Weiters haben Pastrovich und Ulzer[2]) gefunden, daß die Gegenwart von Eiweißkörpern in Fetten nach längerer Zeit Abspaltung von Fettsäuren bewirkt. Nun enthalten viele rohe Fette Eiweißkörper, und

<hr>

¹) Monatshefte f. Chem. 1904. 25. 355.
²) Ber. d. deutsch. chem. Ges. 1903. 36. 209.

manche oft in beträchtlicher Menge, so daß wohl angenommen werden kann, daß die leichtere Verderblichkeit roher Fette durch die Anwesenheit der Eiweißkörper direkt oder indirekt dadurch bedingt wird, daß sich auf solchen Fetten bald reichlich Bakterien ansiedeln.

Für einen Medizinaltran (Dorschlebertran) fand Fahrion[1]) einmal die Säurezahl 18, mindere Lebertrane besitzen Säurezahlen von 30·9 bis 139·9 (?), bei einem Heringstrane konstatierte derselbe Autor die Säurezahl 44·6 und bei einem Walfischtran letzter Qualität eine Säurezahl 51·4.

Reine Pflanzenfette besitzen in frischem Zustande gleichfalls meist einen ziemlich geringen Gehalt an freien Fettsäuren. Beim Aufbewahren steigert sich aber derselbe oft sehr rasch und bedeutend.

·Verhältnismäßig gut haltbar sind im allgemeinen reine Leinöle, Sesamöle, Arachisöle, Rüb-, Cotton- und Ricinusöle. Weniger gut hält sich Olivenöl. Bei unreinen Ölen (Ölen zweiter Pressung oder Extraktionsölen aus Preßrückständen) erfolgt die Abscheidung freier Säure viel rascher als bei reinen Ölen. Bei reinem Leinöl fand Nördlinger[2]) den auf Ölsäure berechneten Fettsäuregehalt zu $0·41\,^0/_0$, bei reinem Sesamöle zu $0·85\,^0/_0$, bei ebensolchem Rüböle zu $0·53\,^0/_0$. Bei minderen und älteren Olivenölproben steigt der Gehalt an freien Fettsäuren auf Ölsäure berechnet nicht selten bis auf $25\,^0/_0$ (Nördlinger, Ulzer).

Von festen Pflanzenfetten sei erwähnt, daß bestens gereinigtes Cocosnußöl nur äußerst minimale Mengen freier Fettsäuren enthält und sehr haltbar ist. Für Handelsproben von Kakaobutter fand Dieterich den auf Ölsäure berechneten Gehalt an freien Fettsäuren meist zwischen 0·5 und $1·15\,^0/_0$ liegend. Palmöl neigt besonders stark zur Abscheidung freier Fettsäure; Proben mit bis zu $70\,^0/_0$ solcher sind nicht allzu selten.

Auch bei reinen Fetten und Ölen tritt unter der Einwirkung des Sonnenlichts oft ganz beträchtliche Fettsäureabspaltung ein.

Die Spaltung von Fetten durch strömenden, überhitzten Wasserdampf und durch Behandlung im Autoklaven hat Klimont[3]) studiert. Insbesondere Olivenöl zeigte bei relativ geringem Drucke eine verhältnismäßig bedeutende Zersetzlichkeit.

Vorkommen, Darstellung und Eigenschaften der reinen Glyceride.

Die Gesamtmenge der in einem Fett enthaltenen Triglyceride, also der normalen Glycerinfettsäureester wird als Neutralfett bezeichnet. Die nicht gesättigten Ester des Glycerins, die sogenannten Mono- und Diglyceride, scheinen in frischen Fetten nicht vorzukommen. Die Vermutung Allens, daß Japanwachs Dipalmitin enthalte, hat sich als irrig erwiesen. Dagegen haben Reimer und Will gefunden, daß das Stearin aus älterem Rüböl Dierucin sei.

Viele Fette dürften als Gemische der Triglyceride der einzelnen Fettsäuren, also von Tristearin, Tripalmitin, Triolein usw. anzusehen

---

[1]) Chem. Zeitg. 1899. 23. 161.
[2]) Zeitschr. f. analyt. Chem. 1889. 183.
[3]) Zeitschr. f. ang. Chem. 1901. 1269.

sein. Dafür spricht der Umstand, daß die flüssigen Fette beim Stehen Tristearin, Tripalmitin usw. entweder im reinen Zustande oder gemischt abscheiden. Doch gibt es auch Fette, in welchen sich gemischte Ester des Glycerins vorfinden, wie dies Bell beispielsweise für die Butter wahrscheinlich gemacht hat, in welcher er ein Oleopalmitobutyrat von der Zusammensetzung

$$C_3 H_5 O_3 \begin{cases} C_{18} H_{33} O \\ C_{16} H_{31} O \\ C_4 H_7 O \end{cases}$$

annimmt (vergl. Butter). In letzter Zeit hat ferner R. Heise[1]) gezeigt, daß das Mkanifett des ostafrikanischen Talgbaumes Stearodendron Stuhlmanni und die Cocumbutter von Garcinia indica zum größten Teile aus Oleodistearin bestehen, und Henriques und Künne,[2]) welche sich gleichfalls eingehend mit der Untersuchung des Mkanifettes beschäftigt haben, haben die Heiseschen Forschungsergebnisse in allen wesentlichen Teilen bestätigt. Klimont[3]) hat ferner konstatiert, daß die Kakaobutter ein Palmitinstearinsäuretriglycerid, ein Palmitinsäureölsäurestearinsäureglycerid und ein drittes gemischtes Glycerid enthält. Kreis und Hafner[4]) haben aus Rinder- und Hammelfett α-Palmitodistearin und aus Schweinefett Heptadecyldistearin isoliert und weiters eine größere Anzahl gemischter Glyceride synthetisch dargestellt.

Die Mono- und Diglyceride lassen sich, ebenso wie die Triglyceride, synthetisch durch Erhitzen der betreffenden Fettsäuren mit Glycerin darstellen.

Erhitzt man z. B. gleiche Gewichtsteile Stearinsäure und Glycerin 26 Stunden lang im zugeschmolzenen Rohre auf 200° C., so wird ein Teil des Röhreninhaltes nach folgender Gleichung in „Monostearin" umgewandelt

$$\underset{\text{Glycerin}}{C_3 H_5 (OH)_3} + \underset{\text{Stearinsäure}}{C_{18} H_{35} O \cdot OH} = \underset{\text{Monostearin}}{C_3 H_5 (OC_{18} H_{35} O)(OH)_2} + H_2 O.$$

Um das Monostearin zu isolieren, hebt man die auf dem unveränderten Teile des Glycerins schwimmende Schicht ab, setzt etwas Äther, dann gelöschten Kalk hinzu, um den unverbunden gebliebenen Teil der Stearinsäure abzusättigen, erwärmt $^1/_4$ Stunde auf 100° C. und extrahiert schließlich mit siedendem Äther.

Das Monostearin kristallisiert in mikroskopischen Nadeln, welche bei 61° C. schmelzen.[5])

Distearin $C_3 H_5 (OC_{18} H_{35} O)_2 OH$[6]) wird durch Erhitzen äquivalenter Mengen Monostearin und Stearinsäure in einer Retorte auf 150°—180° C. und zuletzt auf 180°—200° C., bis ein Molekül Wasser überdestilliert ist,

---

[1]) Arb. aus d. Kais. Gesundheitsamt 1896. 540 u. ibid. 1897. 302.
[2]) R. Henriques u. H. Künne, Chem. Rev. üb. d. Fett- u. Harz-Ind. 1899. 6. 45.
[3]) Ber. d. deutsch. chem. Ges. 1901. 34. 2636.
[4]) Ber. d. deutsch. chem. Ges. 1903. 36. 1123. 2766. — Chem. Zeitg. 1904. 28. 106.
[5]) Berthelot, Chim. org. synth. 2. 65.
[6]) Hundeshagen, Journ. f. prakt. Chem. [2] 28. 227.

erhalten. Das Reaktionsprodukt wird mit der 50—60fachen Menge absoluten Alkohols erhitzt und die Lösung erkalten gelassen. Der erhaltene Niederschlag wird mit Alkohol gewaschen, abgepreßt, in warmem Ligroïn gelöst und durch Schütteln der Lösung mit Ätzkali die freie Stearinsäure entfernt. Das Ausgeschiedene wird wiederholt aus Ligroïn umkristallisiert. Es kristallisiert aus Alkohol in Nadelbüscheln, welche bei 76·5° C. schmelzen. Es löst sich schwer in kaltem, leichter in heißem Alkohol, leicht in warmem Äther, Chloroform und Benzol.

Wenn man Distearin mit dem 15—20fachen Gewicht Stearinsäure einige Stunden auf 270° C. erhitzt, wird Tristearin erhalten:

$$C_3H_5(OC_{18}H_{35}O)_2 OH + C_{18}H_{35}O . OH = C_3H_5(OC_{18}H_{35}O)_3 + H_2O.$$

$$\quad\text{Distearin} \qquad\qquad\qquad \text{Stearinsäure} \qquad\qquad\qquad \text{Tristearin}$$

H. Pottevin[1]) hat durch Einwirkung des im Pancreasgewebe enthaltenen Fermentes aus Gemengen von Ölsäure und Glycerin Mono-, Di- und Trioleïn erhalten.

Die bekannteren aus Fetten isolierten, sowie auch synthetisch dargestellten ein- und mehrsäurigen Glyceride sind in folgender Tabelle zusammengestellt.

Glyceride	Formel	Mole-kular-gewicht $O_2 = 32$	Verseifungs-zahl KHO=56·16	Feste Fett-säuren (Hehner-Zahl)	Glycerin	Schmelz-punkte °C.	Vorkommen
Triglyceride:							
a) Einsäurige:							
Triacetin	$C_3H_5(C_2H_3O_2)_3$	218·11	772·45	—	42·21	—	Spindelbaumöl
Tributyrin	$C_3H_5(C_4H_7O_2)_3$	302·21	557·50	—	30·46	—	Kuhbutter
Triisovalerin . . .	$C_3H_5(C_5H_9O_2)_3$	344·26	489·40	—	26·74	—	Delphintran
Tricaproïn	$C_3H_5(C_6H_{11}O_2)_3$	386·30	436·13	—	23·83	— 25·0	⎫ Kuhbutter
Tricaprylin	$C_3H_5(C_8H_{15}O_2)_3$	470·40	358·16	—	19·57	8·0	⎰ Cocosöl
Tricaprin	$C_3H_5(C_{10}H_{19}O_2)_3$	554·53	303·83	—	16·60	31·1	
Trilaurin	$C_3H_5(C_{12}H_{23}O_2)_3$	638·59	263·83	—	14·42	46·4	Lorbeeröl
Trimyristin . .	$C_3H_5(C_{14}H_{27}O_2)_3$	722·69	233·13	94·74	12·73	55·0; 49·0	Virolaarten
Tripalmitin . . .	$C_3H_5(C_{16}H_{31}O_2)_3$	806·78	208·83	95·36	11·41	63·0—65·0; 45·0	⎫ In den meisten Tier- und
Tristearin	$C_3H_5(C_{18}H_{35}O_2)_3$	890·88	189·12	95·73	10·33	71·6; 55·0	⎰ Pflanzenfetten
Triarachin	$C_3H_5(C_{20}H_{39}O_2)_3$	974·98	172·80	96·10	9.44	—	Erdnußöl
Tricerotin	$C_3H_5(C_{26}H_{51}O_2)_3$	1227·26	137·28	96·93	7·50	76·0—77·0	—
Trimelissin	$C_3H_5(C_{30}H_{59}O_2)_3$	1395·46	120·74	97·28	6·60	89·0	—
Trioleïn	$C_3H_5(C_{18}H_{33}O_2)_3$	884·83	190·41	95·70	10·40	—	⎱ In den meisten Fetten
Trielaïdin	$C_3H_5(C_{18}H_{33}O_2)_3$	884·83	190·41	95·70	10·40	38·0	—
Trierucin	$C_3H_5(C_{22}H_{41}O_2)_3$	1053·02	160·00	96·39	8·74	31·0	⎱ Kapuziner-kressenöl
Tribrassidin . . .	$C_3H_5(C_{22}H_{41}O_2)_3$	1053·02	160·00	96·39	8·74	54·0—54·5	—
Triricinoleïn . . .	$C_3H_5(C_{18}H_{33}O_3)_3$	932·83	180·61	95·92	9·87	—	Ricinusöl
Triricinelaïdin . .	$C_3H_5(C_{18}H_{33}O_3)_3$	932·83	180·61	95·92	9·87	45·0	—

[1]) Chem. Zeitg. 1904. 28. 201.

Glyceride	Formel	Mole-kular-gewicht $O_2=32$	Verseifungs-zahl $KOH=56{\cdot}16$	Feste Fett-säuren (Hehner-Zahl)	Glycerin	Schmelz-punkte ^{0} C.	Vorkommen
b) Zweisäurige:							
Stearodipalmitin .	$C_3H_5\begin{cases}C_{18}H_{35}O_2\\(C_{16}H_{31}O_2)_2\end{cases}$	834·82	201·82	95·45	11·03	55·0 u.60·0	Talg
Palmitodistearin .	$C_3H_5\begin{cases}(C_{18}H_{35}O_2)_2\\C_{16}H_{31}O_2\end{cases}$	862·85	195·26	95·59	10·67	62·5	Hammel- und Rindstalg
Daturadistearin . .	$C_3H_5\begin{cases}(C_{18}H_{35}O_2)_2\\C_{17}H_{33}O_2\end{cases}$	876·86	192·14	95·66	10·50	66·2	Schweinefett
Oleodipalmitin . .	$C_3H_5\begin{cases}(C_{16}H_{31}O_2)_2\\C_{18}H_{33}O_2\end{cases}$	832·80	202·30	95·43	11·05	43·0 u.38·0	Talg, Borneo-talg, Kakao-butter
Dioleostearin . . .	$C_3H_5\begin{cases}(C_{18}H_{33}O_2)_2\\C_{18}H_{35}O_2\end{cases}$	886·85	189·98	95·71	10·38	—	Menschenfett
Oleodistearin . . .	$C_3H_5\begin{cases}(C_{18}H_{35}O_2)_2\\C_{18}H_{33}O_2\end{cases}$	888·86	189·55	95·72	10·36	44·0	Mkanyfett
c) Dreisäurige:							
Palmitoleostearin .	$C_3H_5\begin{cases}C_{16}H_{31}O_2\\C_{18}H_{33}O_2\\C_{18}H_{35}O_2\end{cases}$	860·83	195·72	95·58	10·69	42·0	Talg
Oleopalmitobutyrin	$C_3H_5\begin{cases}C_{18}H_{33}O_2\\C_{16}H_{31}O_2\\C_4H_7O_2\end{cases}$	664·61	253·50	81·03	13·85	15·5	Kuhbutter
Diglyceride:							
Diacetin	$C_3H_5(OH)(C_2H_3O_2)_2$	176·08	637·90	—	52·29	—	—
α-Dibutyrin . . .	$C_3H_5(OH)(C_4H_7O_2)_2$	232·16	483·80	—	39·65	—	—
β-Dibutyrin . . .	$C_3H_5(OH)(C_4H_7O_2)_2$	232·16	483·80	—	39·65	—	—
Diisovalerin . . .	$C_3H_5(OH)(C_5H_9O_2)_2$	260·19	431·19	—	35·34	—	—
α-Dipalmitin . . .	$C_3H_5(OH)(C_{16}H_{31}O_2)_2$	568·54	197·56	90·14	16·19	69·0	—
β-Dipalmitin . . .	$C_3H_5(OH)(C_{16}H_{31}O_2)_2$	568·54	197·56	90·14	16·19	67·0	—
α-Distearin	$C_3H_5(OH)(C_{18}H_{35}O_2)_2$	624·61	179·83	91·03	14·74	76·5	—
β-Distearin	$C_3H_5(OH)(C_{18}H_{35}O_2)_2$	624·61	179·83	91·03	14·74	74·5	—
Diarachin	$C_3H_5(OH)(C_{20}H_{39}O_2)_2$	680·67	165·01	91·77	13·53	75·0	—
Dierucin	$C_3H_5(OH)(C_{22}H_{41}O_2)_2$	732·70	153·30	92·35	12·56	31·0	Rüböl
Dibrassidin	$C_3H_5(OH)(C_{22}H_{41}O_2)_2$	732·70	153·30	92·35	12·56	65·0	—
Dicerotin	$C_3H_5(OH)(C_{26}H_{51}O_2)_2$	848·86	132·32	93·40	10·84	79·5	—
Dimelissin	$C_3H_5(OH)(C_{30}H_{59}O_2)_2$	960·99	116·88	94·17	9·58	90·0	—
α-Dioleïn	$C_3H_5(OH)(C_{18}H_{33}O_2)_2$	620·57	180·99	90·97	14.83	—	—
β-Dioleïn	$C_3H_5(OH)(C_{18}H_{33}O_2)_2$	620·57	180·99	90·97	14·83	—	—
Monoglyceride:							
Monoacetin . . .	$C_3H_5(OH)_2C_2H_3O_2$	134·08	418·86	—	68·67	—	—
α-Monobutyrin . .	$C_3H_5(OH)_2C_4H_7O_2$	162·11	346·43	—	56·59	—	—
Monoisovalerin . .	$C_3H_5(OH)_2C_5H_9O_2$	176·13	318·86	—	52.28	—	—
α-Monolaurin . . .	$C_3H_5(OH)_2C_{12}H_{23}O_2$	274·24	204·78	—	33·57	59·0	—
α-Monomyristin .	$C_3H_5(OH)_2C_{14}H_{27}O_2$	302·27	185·79	75·50	30·46	68·0	—
α-Monopalmitin . .	$C_3H_5(OH)_2C_{16}H_{31}O_2$	330·30	170·03	77·58	27·87	72·0	—
α-Monostearin . .	$C_3H_5(OH)_2C_{18}H_{35}O_2$	358·34	156·72	79·34	25·69	78·0	—
Monoarachin . . .	$C_3H_5(OH)_2C_{20}H_{39}O_2$	386·37	145·34	80·84	23·83	78·0—79·0	—
Monocerotin . . .	$C_3H_5(OH)_2C_{26}H_{51}O_2$	470·46	119·37	84·26	19·57	78·8	—
Monomelissin . . .	$C_3H_5(OH)_2C_{30}H_{59}O_2$	526·53	106·66	85·94	17·49	91·0—92·0	—
Monooleïn	$C_3H_5(OH)_2C_{18}H_{33}O_2$	356·32	157·61	79·22	25·84	35·0	—

Eigenschaften der Fette und Öle.

Die in der Natur vorkommenden Fette sind zum großen Teil Gemische von Triglyceriden, denen noch schwankende Mengen von Fettsäuren und geringe Mengen von unverseifbaren Körpern (aromatische Alkohole, wie Cholesterin, Phytosterin usw.), von Farbstoffen, Eiweißkörpern, bisweilen auch ätherische Öle und Wasser beigemengt sind. Nur im Rüböl wurde ein Diglycerid, das Dierucin, aufgefunden.[1] Von Natur aus säurefrei oder künstlich von Fettsäuren befreit, sind die Fette entweder schon bei gewöhnlicher Temperatur flüssig oder doch unter 100° C. unzersetzt schmelzbar. In der Kälte werden die festen Fette härter, die meisten flüssigen Fette erstarren; die flüssigen oder geschmolzenen Fette werden beim Erwärmen dünnflüssiger.

Flüssige Fette ziehen sich leicht in die Poren trockener Körper und erzeugen auf Papier einen durchscheinenden Fleck (Fettfleck), der sich weder beim Erwärmen, noch beim Waschen mit Wasser und darauffolgendem Trocknen verliert (letzteres Unterschied von Glycerinflecken).

Eine eigentümliche Wirkung der Fette, welche auch zur Erkennung der Anwesenheit der geringsten Fettmengen dienen kann, beschreibt Lightfoot[2]: Zwischen Papier zerdrückter, mit den Fingern nicht berührter Campher rotiert auf Wasser. Die Rotation hört sofort auf, sobald auf die Oberfläche des Wassers eine Spur Fett gebracht wird, z. B. wenn dieselbe mit einer Nadel berührt wird, die über das Kopfhaar gestrichen wurde.

Die reinen Triglyceride sind geruchlos, farblos und geschmacklos. Der verschiedene Geschmack und Geruch der natürlichen Fette rührt von geringen Mengen fremder Substanzen her.

Das spezifische Gewicht der Fette ist kleiner als 1 und schwankt zwischen 0·875 und 0·970.

Der Analytiker kann die Fette als vollkommen unlöslich in Wasser ansehen, obwohl Spuren derselben in Lösung gehen, wenn sie im flüssigen Zustande mit größeren Quantitäten Wasser geschüttelt werden. Wenn nach dem Klarwerden einer solchen Emulsion die wässerige Schicht durch ein mit Wasser befeuchtetes Filter filtriert und mit Äther ausgeschüttelt wird, so bleibt beim Verdunsten des letzteren eine ganz geringe Menge Fett zurück. Andererseits lösen auch die Fette etwas Wasser auf; dasselbe läßt sich leicht durch Erwärmen vertreiben.

Mit Ausnahme des Ricinus-, Croton- und Olivenkernöles sind die meisten Fette in kaltem Alkohol sehr schwer löslich. So lösen z. B. nach Jüngst 100 Teile Alkohol von 0·83 Dichte bei 15° C. 0·534 Teile Rüböl, 0·642 Teile Leinöl und 0·561 Teile Traubenkernöl. Kochender Alkohol löst einen größeren Teil der Fette, besonders der flüssigen; beim Erkalten scheidet sich fast alles wieder aus. Die Löslichkeit steigt jedoch beträchtlich mit dem Gehalt der Fette an freien Fettsäuren. Wie gegen Alkohol, so verhalten sich die Fette auch gegen Aceton.

---

[1] Reimer und Will, Ber. d. deutsch. chem. Ges. 1886. 19. 3322.
[2] Zeitschr. f. analyt. Chem. 2. 409.

Äther, Schwefelkohlenstoff, Chloroform, Benzol, Tetrachlorkohlenstoff, Petroleum und Petroläther lösen die Fette sehr
leicht auf, nur Ricinusöl ist in den beiden letztgenannten Flüssigkeiten
sehr schwer löslich. In Äther ist nur das reine Tristearin schwer löslich,
indem 1 Teil desselben sich erst in 200 Teilen Äther löst. Die Gegenwart anderer Glyceride vermehrt aber die Löslichkeit des Stearins in
Äther beträchtlich.

Die Lösungen der Neutralfette reagieren auf alle Indikatoren neutral,
vorausgesetzt, daß der zur Lösung benutzte Alkohol oder Äther vollständig säurefrei war, wie dies für genaue Analysen erforderlich ist. Da
dies bei dem Alkohol und Äther des Handels häufig nicht der Fall ist,
müssen diese Flüssigkeiten vor ihrer Verwendung auf einen Säuregehalt
geprüft und eventuell erst durch Behandlung mit Kalk- oder Barythydrat
und darauffolgende Destillation gereinigt werden.[1]) Oder es ist notwendig, diese Flüssigkeiten vor der Verwendung nach Zusatz von
Phenolphtaleïn mit $^1/_{10}$ Normal-Lauge genau zu neutralisieren.

Für die meisten Zwecke der Fettanalyse läßt sich der „fuselfreie",
etwa 95 prozentige Weingeist des Handels verwenden. Derselbe darf
nach dem Kochen mit einigen Tropfen konzentrierter Kalilauge auch in
dickeren Schichten nicht braun, sondern höchstens schwach gelblich erscheinen. Für ganz exakte Bestimmungen müssen Methyl- und Äthylalkohol nach einer der folgenden Vorschriften gereinigt werden.

Waller[2]) schüttelt den Alkohol mit so viel gepulvertem Kaliumpermanganat, daß er deutlich gefärbt ist, läßt einige Stunden stehen,
bis sich das Permanganat zersetzt und das Manganhyperoxyd abgeschieden
hat, fügt etwas Calciumcarbonat hinzu und destilliert aus einem mit
der Wurtzschen Röhre oder dem Le Bel-Henningerschen Apparat
versehenen Kolben so, daß in 20 Minuten ca. 50 ccm übergehen. Von
Zeit zu Zeit werden 10 ccm des Destillates durch Kochen mit 1 ccm
sirupöser Kalilauge und 20 bis 30 Minuten langes Stehenlassen auf Gelbfärbung geprüft. Tritt diese nicht mehr ein, so wird das Destillat zum
Gebrauche gesondert aufgefangen, jedoch nicht bis zur Trockene destilliert.
Das Destillat ist völlig neutral und namentlich zur Herstellung von
alkoholischer Kalilauge geeignet, welche dann auch bei langem Stehen
farblos bleibt. Leider ist das Verfahren langwierig und die Ausbeute
an reinem Alkohol kaum 50 Prozent.

L. B. Winkler[3]) verwendet zur Reinigung des Alkohols frisch gefälltes Silberoxyd; dieses wird aus einer Lösung von Silbernitrat durch
Eingießen von überschüssiger Lauge gefällt, gut ausgewaschen und bei
gewöhnlicher Temperatur getrocknet. Damit das Silberoxyd wirksam
sei, muß es im Alkohol möglichst fein verteilt sein; zu dem Zwecke
wird das trockene Oxyd in einem Porzellanmörser mit etwas Spiritus
zerrieben und dann erst dem übrigen Alkohol zugesetzt. Die Menge

---

[1]) Auch neutraler Alkohol und besonders Äther nimmt beim Stehen im
Lichte bald saure Reaktion an (Pastrovich).
[2]) Journ. Amer. Chem. Soc. 1889. 11. 124. — Chem. Zeitg. Rep. 1890. 14. 23.
[3]) Ber. d. deutsch. chem. Ges. 1905. 38. 3612.

des zu verwendenden Silberoxydes hängt von dem Aldehydgehalt des Alkohols ab. Das Silberoxyd wird mit dem Alkohol einige Tage unter öfterem Umschütteln stehen gelassen, bis 10 ccm Alkohol mit dem gleichen Volumen Wasser und 1—2 ccm ammoniakalischer Silberlösung versetzt bei einigem Stunden langen Stehen ohne Erwärmen im Dunkeln keine Aldehydreaktion mehr geben. Zur Entwässerung wird der Alkohol mit metallischem Calcium (auf 1 Liter Alkohol 20 g Calcium) am Wasserbade mit Rückflußkühler einige Stunden lang erwärmt, und dann, wenn die Wasserstoffentwicklung aufgehört hat, destilliert. Auf diese Weise wird absoluter Alkohol erhalten.

Dunlap[1]) hat dieses Verfahren etwas modifiziert und verzichtet auf die Gewinnung von absolutem Alkohol. 1·5 g Silbernitrat werden in ca. 3 ccm Wasser gelöst und in einem mit Glasstopfen versehenen Zylinder mit 1 Liter 95prozentigen Alkohols gemischt; dann werden ca. 3 g durch Alkohol gereinigtes Ätzkali in 10—15 ccm heißem Alkohol gelöst und nach dem Abkühlen langsam in die alkoholische Silbernitratlösung eingegossen, ohne daß dabei umgeschüttelt wird. Silberoxyd fällt in sehr fein verteiltem Zustande aus und mischt sich langsam mit der Flüssigkeit. Nach dem Stehen über Nacht oder dem völligen Absetzen des Silberoxydes wird der Alkohol abfiltriert und destilliert; der so erhaltene Alkohol gibt mit Kalihydrat farblose Lösungen.

Einige Substanzen lösen sich in den Fetten auf; so sind z. B. Schwefel und Phosphor in geringer Menge schon bei gewöhnlicher Temperatur in Ölen löslich. Auch Seifen werden von den Fetten gelöst.

Lösungen von Fett in Äther, Petroläther usw. sind gleichfalls imstande, nicht unbedeutende Mengen Seife aufzunehmen.

Sehr charakteristisch für die Fette ist der Geruch, den sie beim Erhitzen entwickeln. Bis 250° C. können sie meist unverändert erhitzt werden, dann zersetzen sie sich unter Bildung einer Anzahl von flüchtigen Produkten, unter denen sich besonders das aus dem Glycerin stammende, scharf und unangenehm riechende Acroleïn bemerkbar macht (s. Glycerin). Neben diesem entstehen der Hauptsache nach Kohlenwasserstoffe von zum großen Teile ungesättigter Natur. C. Engler[2]) und andere haben das Verhalten der Fette bei der Destillation unter Druck studiert. Sie haben konstatiert, daß unter diesen Umständen Olefine, Benzol, Toluol und ihre Homologen und wahrscheinlich auch Naphthene gebildet werden (Engler-Höfersche Theorie der Erdölbildung).

Beim Liegen an der Luft verändern sich die Fette allmählich, jedoch in sehr verschiedenem Grade. Die stärkste Wirkung übt der Sauerstoff der Luft auf die trocknenden Öle (Leinöl, Holzöl, Nußöl, Hanföl, Mohnöl u. a.) aus. Sie werden unter Sauerstoffaufnahme dick und trocknen, in dünnen Lagen auf Glas, Holz usw. aufgestrichen, zu einer durchscheinenden, geschmeidigen, in Wasser und Alkohol unlöslichen Schichte ein. Dabei nehmen sie an Gewicht zu. Lidoff und Fokin[3])

<hr>

[1]) Journ. Amer. Chem. Soc. 1896. 28. 395.
[2]) C. Engler u. Th. Lehmann, Ber. d. deutsch. chem. Ges. 1897. 23. 65.
[3]) Chem. Rev. üb. d. Fett- u. Harz-Ind. 1901. 8. 233.

haben bei der Oxydation von trocknenden Ölen bei niedriger Temperatur, außerdem an gasförmigen Produkten Kohlensäure, Kohlenoxyd und Kohlenwasserstoffe in wechselnden Mengen erhalten.

Das Eintrocknen erfolgt noch weit rascher, wenn das Öl in fein verteiltem Zustande mit großer Oberfläche in Berührung mit der Luft ist oder zusammen mit gewissen Metallen, insbesondere Blei oder Kupfer der Luft ausgesetzt wird (vgl. Abschnitt X, Probe Livache). Leinöl hat in hervorragendem Maße die Fähigkeit, beim Kochen mit Sikkativen (zumeist Blei- und Manganverbindungen) in Firnis überzugehen, d. i. ein Öl, welches innerhalb kurzer Zeit einen vollkommen trockenen Anstrich liefert (s. Abschnitt IX, Firnis). In chemischer Beziehung sind die trocknenden Öle von den sogenannten nichttrocknenden dadurch unterschieden, daß sie einen großen Gehalt an den Glyceriden der Linolsäure, Linolensäuren oder anderen Säuren derselben Reihen enthalten. An dieser Stelle sei bemerkt, daß eine scharfe Scheidung in trocknende und nichttrocknende Öle insofern nicht möglich ist, als bei höheren Temperaturen auch die nichttrocknenden Öle Neigung zum Trocknen zeigen.

Insbesondere die nichttrocknenden Öle nehmen an der Luft einen unangenehmen Geruch und scharfen Geschmack an, werden dickflüssiger und röten Lackmus, sie werden „ranzig“. Damit geht die Bildung geringer Mengen flüchtiger Fettsäuren (Buttersäure, Capronsäure usw.) meist parallel, während das Glycerin teilweise verschwindet. Gleichzeitig vermehrt sich der Gehalt an freien, nichtflüchtigen Fettsäuren; manchmal findet geradezu Spaltung in Fettsäuren und Glycerin statt, z. B. beim Palmöl. Da wir mit „ranzig“ eine bestimmte Geruchs- und Geschmacksempfindung bezeichnen, dürfen wir aus dem größeren oder geringeren Säuregehalt eines Fettes nicht immer darauf schließen, ob dasselbe ranzig sei oder nicht. Maßgebend ist vielmehr in erster Linie der ranzige Geschmack und Geruch, denn wenn auch die Ranzidität und ein ein gewisses Maß übersteigender Säuregehalt oft miteinander parallel gehen, so ist dies doch nicht immer der Fall. So hat Ballantyne[1]) beobachtet, daß Öle manchmal schon ranzig sind, bevor sich ihr Gehalt an freier Fettsäure vermehrt hat. Heyerdahl[2]) hat gezeigt, daß Lebertran noch nicht ranzig schmeckt, wenn man ihn mit bis zu 2 Prozent seiner freien Fettsäuren versetzt. Ebenso ist bekannt, daß Olivenöle oft ziemlich beträchtliche Mengen freier Fettsäuren enthalten können, ohne dabei ranzig zu schmecken.

Die Hauptursache des ranzigen Geruches und Geschmackes ranziger Fette ist im allgemeinen nach A. Schmid[3]), E. Marx[4]), O. Nagel und J. Klimont[5]) und anderen in erster Linie in der Gegenwart von Körpern aldehyd- und ketonartiger Natur zu suchen. Scala[6]) hat beobachtet, daß beim Ranzigwerden des Oleïns hauptsächlich der Geruch und Geschmack dem gebildeten Önantaldehyd zuzuschreiben ist. In manchen Fällen wird jedoch dieser ranzige Geruch und Geschmack noch durch

---

[1]) Journ. Soc. Chem. Ind. 1891. 29. — [2]) ibid. 1889. 54. — [3]) Zeitschr. f. analyt. Chem. 1898. 301. — [4]) Chem. Rev. üb. d. Fett- u. Harz-Ind. 1898. 5. 209. — [5]) Amer chem. Journ. 1900. 23. 173. — [6]) Chem. Zeitg. 1898. 22. 466.

ganz besondere Körper, deren Entstehung aus Nebenbestandteilen des einen oder anderen Fettes zu erklären sein wird, nuanciert werden. So finden sich beispielsweise nach C. Amthor[1]), R. Reinmann[2]) u. a. in ranziger Butter flüchtige Ester, insbesondere Buttersäureester, flüchtige Fettsäuren und selbst Alkohol, dessen Entstehung der Zersetzung des Milchzuckers durch Mikroorganismen zugeschrieben wird. Es sind also nach Klimont[3]) Alkohole, Äther, Aldehyde und Säuren die Ursache des ranzigen Geruches und Geschmackes.

Über die Ursachen des Ranzigwerdens der Fette ist eine große Reihe von Untersuchungen[4]) angestellt worden. Während C. Virchow, Gottstein u. a. das Ranzigwerden als eine durch Bakterien bewirkte Zersetzung ansehen, wollen Duclaux und namentlich Ritsert, Späth, Reinmann u. a. aus ihren Versuchen schließen, daß Mikroorganismen dabei keine Rolle spielen.

Auch die Wirkung von Fermenten beim Ranzigwerden der Fette wird von einigen Forschern, wie z. B. Späth u. a., als nicht wahrscheinlich hingestellt, während andere, wie Reinmann, dieselbe als wahrscheinlich annehmen.

Aus der umfangreichen Arbeit von Späth über das Ranzigwerden von reinem Schweinefett oder von Schmelzbutter sei erwähnt, daß bei diesen Fetten das Ranzigwerden durch den Einfluß von Bakterien nicht verursacht sein könne, weil zugeimpfte Bakterien in dem reinen Fett absterben, daß eine Fermentwirkung nicht anzunehmen sei, da durch Erhitzen auf 140° C. sterilisiertes Fett im geschlossenen Gefäße unter Einwirkung von Luft und Licht ranzig wird, daß der Prozeß des Ranzigwerdens der Fette durch Licht gefördert wird, und daß bei Ausschluß von Licht Sauerstoff keine Wirkung auf die Fette ausübt, während bei Luftabschluß Licht ohne Einfluß sein soll. Kohlensäure wird sowohl im Dunkeln als auch im Lichte absorbiert, macht jedoch die Fette nicht ranzig, sondern erteilt ihnen einen spezifischen Geschmack.

Am ungezwungensten erklärt A. C. Geitel[5]) den Vorgang des Ranzigwerdens der Fette. Nach seiner Ansicht beruht das Ranzigwerden der Fette auf einer von Oxydationsvorgängen begleiteten, durch das Licht begünstigten, allmählichen Verseifung durch den Einfluß von Feuchtigkeit, von welcher bereits minimale Mengen genügen, diesen Effekt hervorzubringen. Es ist hiernach ganz wohl denkbar, daß einmal, wenn bei einem Fette der Oxydationsvorgang überwiegt, sich bereits ein ranziger

---

[1]) Zeitschr. f. analyt. Chem. 1899. 10.
[2]) Centralbl. f. Bakteriol. 1900. II. 6. 131. 166 u. 209.
[3]) F. Ulzer und J. Klimont, Allg. u. physiol. Chem. d. Fette. 212.
[4]) Vgl. Ritsert, Untersuchungen über das Ranzigwerden der Fette. Berlin 1890, Ferd. Dümmler. — Sigismund, Untersuchungen über die Ranzidität der Butter. Inaug.-Dissert. Halle 1893. — Lafar, Bakteriologische Studien über Butter. München 1895, R. Oldenbourg. — v. Klecki, Untersuchungen über das Ranzigwerden der Butter. Leipzig 1894, Th. Stauffer. — Späth, Zeitschr. f. analyt. Chem. 1896. 471. — A. Mjoën, Forschungsber. üb. Lebensmittel etc. 1897. 195. — R. Reinmann, Centralbl. f. Bakteriol. 1900. II. 6. 131. 166. 209.
[5]) Journ. f. prakt. Chem. 1897. 417.

Geschmack und Geruch eingestellt haben kann, ohne daß nennenswerte Mengen von freier Säure vorhanden sind, während ein anderes Mal, wenn der Verseifungsprozeß überwiegt, sich bereits mehr freie Säure gebildet haben kann, ohne daß das Fett bereits den charakteristischen ranzigen Geruch und Geschmack besitzt, welcher zum großen Teile von Körpern aldehydartiger Natur herrührt.

Jedenfalls ist der Einwirkung des atmosphärischen Sauerstoffes eine große Rolle bei der Veränderung der Fette zuzuschreiben, wie aus Versuchen von Sherman und Falk[1]) hervorgeht; es bewirkt diese außer der Veränderung des Geruches und Gesckmackes noch tiefgreifende Änderungen in der chemischen Zusammensetzung der Öle und Fette. So nimmt nach den genannten Forschern die Jodzahl ab, während das spezifische Gewicht, die Refraktion, die Säurezahl, die Reichert-Meißl-Zahl, die Acetylzahl und der Maumené-Test Erhöhung zeigen. Die durch die Bildung flüchtiger Fettsäuren bedingte höhere Reichert-Meißl-Zahl hat eine niedrigere Hehner-Zahl zur Folge (Pastrovich).

Daß die durch den atmosphärischen Sauerstoff bewirkte Oxydation der Fette, wie Fahrion[2]) ausführt, auf dem Umwege über die Superoxydbildung, konform den Anschauungen von C. Engler und J. Weißberg[3]) vor sich geht, gewinnt durch die in neuerer Zeit gelungene Darstellung der Ozonide der Ölsäure und Leinölsäure, sowie auch dadurch an Wahrscheinlichkeit, daß belichtet gewesene Fette die Superoxydreaktion geben; Titansulfatlösung wird durch dieselben gebräunt, Jodkaliumstärkelösung gebläut (Pastrovich).

Es ist nun allerdings wohl möglich, daß neben der im Sinne Geitels verlaufenden Veränderung der Fette eine solche, durch Fermente oder Kleinlebewesen hervorgerufene parallel laufen und unter Umständen die erstere überholen kann. Daraufhin deuten die Beobachtungen von Dieterich[4]) und Pastrovich[5]) über das rasche Ansteigen des Säuregehaltes des rohen Rindertalges, sowie die Versuche von Pastrovich und Ulzer[6]) über den Einfluß der Gegenwart verschiedener Eiweißkörper auf die hydrolytische Spaltung der Fette und ganz besonders die schönen, weittragenden Untersuchungen von W. Connstein, E. Hoyer und H. Wartenberg[7]).

Im allgemeinen wird ein Fett umso schwieriger ranzig werden, je reiner es ist. Heyerdahl[8]), welcher sich eingehend mit der Untersuchung von Dorschlebertranen befaßte, konstatierte, daß bei höherer Temperatur ausgeschmolzene Trane dunklere Farbe und ranzigeren Geschmack zeigten als bei niedriger Temperatur erhaltene. Der Säuregehalt war

---

[1]) Journ. Amer. Chem. Soc. 1903. 25. 711. — Chem. Zeitg. Rep. 1903. 27. 217.
[2]) Chem. Zeitg. 1904. 28. 1196.
[3]) Kritische Studien über die Vorgänge der Autoxydation. F. Vieweg & Sohn, Braunschweig 1904.
[4]) Chem. Rev. üb. d. Fett- u. Harz-Ind. 1899. 6. 181. 201.
[5]) Monatshefte f. Chem. 1904. 25. 355.
[6]) Ber. d. deutsch. chem. Ges. 1903. 36. 209.
[7]) ibid. 1902. 35. 3988.
[8]) P. Möller, Cod liver oil and chemistry, London and Christiania. 1895.

jedoch im ersteren Falle nicht größer als im zweiten. Heyerdahl konstatierte auch im ranzigen Dorschlebertran die Gegenwart von Oxyfettsäuren, welche aus den ungesättigten Fettsäuren entstanden waren.

Bei festen Fetten, namentlich bei tierischen, geht im allgemeinen die Zersetzung meist weniger weit als bei flüssigen, und zwar halten sie sich um so besser, je weniger Oleïn und je mehr Glyceride der festen Fettsäuren sie enthalten. Eine Ausnahme hiervon macht die Butter, welche sehr leicht ranzig wird, was sich wohl ungezwungen durch die Gegenwart von Eiweißkörpern in derselben erklären läßt.

In hermetisch verschlossenen Gefäßen halten sich die meisten Fette längere Zeit unverändert. Doch hat Langbein[1]) gefunden, daß Fette, welche zehn Jahre in verkorkten Flaschen aufbewahrt waren, einen scharf ranzigen Geruch zeigten und freie Fettsäuren enthielten. Je 1 g dieser Fette erforderte zur Neutralisation folgende Mengen von Kalihydrat:

Nierenfett vom	Schwein	50·1 mg	Butter	9·8 mg
„	„	Rind	43·5 „	Gänsefett	5·2 „
„	„	Schaf	29·1 „	Entenfett	3·1 „.

Die Fettsäuren des alten Schweinefettes erforderten 172·7 mg Kalihydrat zur Neutralisation, woraus sich das Molekulargewicht 324·8 berechnet. Die Erhöhung des Molekulargewichtes wird z. T. durch die Bildung von Oxyfettsäuren erklärt, deren Anwesenheit durch die hohe Acetylzahl 59·1 konstatiert wurde.

Pferdefett nimmt nach Lenz[2]) beim Liegen an der Luft durch zwei Jahre an Gewicht zu, die Steigerung beträgt $3·5\,^0/_0$. Dann bleibt das Gewicht konstant. Der Kohlenstoff- und Wasserstoffgehalt nehmen ab (von 76·72 auf $71·05\,^0/_0$ bzw. von 12·17 auf $10·95\,^0/_0$), der Sauerstoffgehalt nimmt zu.

Nach Späth hat in ranzigen Fetten der Gehalt an Oxyfettsäuren zugenommen, ebenso wie der Gehalt an flüchtigen Fettsäuren, es wurden kleine Mengen aldehydartiger Körper gebildet, die Jodzahl wurde herabgesetzt, und die Ablenkung, welche ranzige Fette im Refraktometer zeigen, vergrößerte sich. Diese letztere Erscheinung führt Späth teils auf Polymerisationen der ungesättigten Fettsäuren und teils auch auf Oxydation zurück. Der Schmelzpunkt ranziger Fette ist im allgemeinen ein höherer, als der der ursprünglichen Fette.

Beim Ranzigwerden der Butter gehen vermöge des Umstandes, daß dieses Fett neben den Triglyceriden noch größere Mengen von Milchzucker, Caseïn und Wasser enthält, noch andere Prozesse dem Verseifungsprozeß der Glyceride und dem Oxydationsprozeß der Komponenten derselben parallel.

v. Klecki[3]) fand auf Grund eingehender Experimentaluntersuchungen, daß bei der Säuerung der Butter Bakterien eine Hauptrolle spielen,

---

[1]) Muspratts Chemie. IV. Aufl. 3. Bd. 504.
[2]) Zeitschr. f. analyt. Chem. 1889. 28. 491.
[3]) Zeitschr. f. analyt. Chem. 1895. 34. 633. — Reinmann, Centralbl. f. Bakteriol. 1900. II. 6. 131. 166 u. 209.

welche durch Sonnenlicht getötet und durch Wärme in der Säureproduktion gehemmt werden; letzteres steht aber mit der Erfahrung, daß Butter gerade in den Sommermonaten am leichtesten ranzig wird, im Widerspruch. Butter mit hohem Caseïngehalt und Milchzuckergehalt wird im allgemeinen schneller und leichter ranzig als andere Butter, doch ist solche Butter, falls sie sterilisiert wurde, im allgemeinen verhältnismäßig haltbar. Zusatz von antiseptischen Stoffen hindert (oder verzögert?) das Ranzigwerden von Butter, falls erstere in genügender Menge vorhanden sind. Auch Kochsalzzusatz wirkt konservierend (Reinmann). Ein wichtiger, den Geschmack und Geruch ranziger Butter beeinflussender Bestandteil ist der Buttersäureäthylester (K. Amthor,[1] R. Reinmann). Auch freie, flüchtige Fettsäuren und Alkohol (aus dem Milchzucker stammend) hat K. Amthor in ranziger Butter nachgewiesen.

Der Einfluß, welchen Milchzucker und insbesondere Caseïn beim Ranzigwerden von Margarine besitzen, wird auch von R. Schirr[2] eingehend beschrieben.

In Übereinstimmung mit Langbein und Späth fand auch Wachtel,[3] daß sehr alte, feste Fette Triglyceride von Oxyfettsäuren enthalten. Die Acetylzahl eines ca. 15 Jahre alten Rindertalgs wurde zu 53·7, die eines 28 Jahre alten Hirschtalgs zu 40·1 gefunden.

Aus Versuchen, welche Thum[4] mit Palmöl und Olivenkernöl angestellt hat, geht hervor, daß die freien Fettsäuren in ranzigen Fetten Ölsäure und feste Fettsäuren in fast genau denselben Verhältnissen enthalten, wie die in diesen Fetten enthaltenen Neutralfette, daß also beim Ranzigwerden nicht, wie öfters angenommen wird, vornehmlich Ölsäure frei wird.

Wird Luft durch Öle geblasen, welche auf eine gewisse Anfangstemperatur erwärmt sind, so tritt Sauerstoffabsorption und Oxydation ein, bei welcher genügend Wärme zur Unterhaltung des Prozesses entwickelt wird; hierbei entweichen flüchtige Fettsäuren, Kohlensäure, Acroleïn und Kohlenwasserstoffe. Es werden so, namentlich aus Baumwollsamenöl, Produkte erhalten, welche dem Ricinusöl in Dichte und Viskosität ähnlich, aber in Petroleumäther löslich sind. Sie finden unter dem Namen „geblasene" oder „oxydierte" Öle (Blown oil, oxidised oil, base oil etc.) als Schmieröl Verwendung (s. dort). Die bei niederer Temperatur geblasenen Öle sind sehr hell, der Oxydationsprozeß dauert jedoch bei dieser bedeutend länger als bei höherer Temperatur, bei welcher dunklere Öle erhalten werden.[5] Wird das Blasen von Luft bei solchen schon verdickten Ölen noch weiter fortgesetzt, so werden bei den meisten, insbesondere leicht bei den trocknenden Ölen dunkelgelbe

<hr>

[1]) Zeitschr. f. analyt. Chem. 1899. 38. 10.
[2]) Chem. Rev. üb. d. Fett- u. Harz-Ind. 1901. 8. 206.
[3]) Chem. Zeitg. 1890. 14. 304.
[4]) Zeitschr. f. angew. Chem. 1890. 482.
[5]) Louis Edgar Andés, Chem. Rev. üb. d. Fett- u. Harz-Ind. 1901. Heft 2. 4.

bis gelbbraune, gallertartige Massen erhalten. Die oxydierten Öle enthalten Triglyceride von Oxyfettsäuren und Polymerisationsprodukte.

Wirkt Ozon auf Öle ein, so nehmen dieselben, entsprechend ihrer Jodzahl, für 2 Atome Jod 1 Molekül Ozon auf.[1]

Beim Vermischen mit konzentrierter Schwefelsäure erwärmen sich die Öle (am stärksten Leinöl), wobei sich meist schwefelige Säure entwickelt. Wird diese Mischung nur sehr langsam und unter Abkühlung vorgenommen, so entstehen Schwefelsäureester der Triglyceride.

Konzentrierte Salpetersäure greift Fette unter Entwicklung von roten Dämpfen heftig an, heiße, verdünnte Salpetersäure oxydiert sie allmählich.

Salpetrige Säure wirkt auf die Öle verschieden ein. Die nicht trocknenden werden fest oder butterartig, je nach der Menge des in ihnen enthaltenen Trioleïns (Trierucins usw.), welches sich in das entsprechende Trielaïdin verwandelt. Die trocknenden Öle bleiben flüssig, doch übt, wie Lidoff[2] nachgewiesen hat, die salpetrige Säure eine tiefgreifende Einwirkung auf sie aus. Das spezifische Gewicht, die Viskosität und die Verseifungszahl werden erhöht, die Jodzahl und Hehnersche Zahl erniedrigt.[3] Alle Öle enthalten nach der Behandlung mit salpetriger Säure 1—2·5 (?) $^0/_0$ Stickstoff.

Wird Chlor in flüssige oder geschmolzene Fette eingeleitet, oder Brom denselben zugesetzt, so geben die Triglyceride aller Fettsäuren unter Entwicklung von Chlor-, resp. Bromwasserstoffsäure Substitutionsprodukte, die Triglyceride von Säuren der Ölsäure- und Leinölsäurereihe auch Additionsprodukte.

Jod wirkt nicht oder wenigstens nur in geringem Maße substituierend und wird nur sehr träge addiert; dagegen kann nach v. Hübl sehr leicht eine gleiche Anzahl von Atomen Jod und Chlor an die Glyceride der ungesättigten Fettsäuren durch Behandeln derselben mit einer alkoholischen Lösung von Jod und Quecksilberchlorid angelagert werden. Reine Ölsäure gibt bei dieser Reaktion Chlorjodstearinsäure (Ölsäurechlorojodid) $C_{18}H_{34}ClJO_2$, eine farblose Verbindung von schmalzartiger Konsistenz, die sich bald unter Jodabscheidung bräunt. Die Produkte, welche bei der Einwirkung von alkoholischer Jod-Quecksilberchloridlösung auf Fette entstehen, sind dickflüssige oder firnisartige Massen, die sich im allgemeinen ähnlich verhalten, wie das ursprüngliche Fett (vgl. auch „Jodzahl").

Schwefel wird von Fetten beim Erhitzen um so mehr gelöst, je mehr Triglyceride ungesättigter Fettsäuren die betreffenden Fette enthalten. Die Hauptmenge derselben wird sicher addiert. Bei diesem Prozesse werden entweder höchst zähflüssige, braune Massen oder aber feste, kautschukähnliche Produkte erhalten.

---

[1] E. Molinari und E. Soncini. Ber. d. deutsch. chem. Ges. 1906. 39. 2736.
[2] Chem. Zeitg. Rep. 1893. 17. 7.
[3] Die erwähnten Veränderungen der Konstanten wurden durch die Untersuchungen von Ulzer und Defris bestätigt.

Beim Verseifen derartiger geschwefelter Fette und nachfolgendem Abscheiden der Fettsäuren mit Säure enthalten die so dargestellten Fettsäuren nahezu den ganzen Schwefel, welcher in dem Öle gelöst wurde.

2. Wachsarten.

Auf die charakteristischen Unterschiede zwischen Fetten und Wachsarten ist schon hingewiesen worden. Die Fette bestehen aus Triglyceriden, die Wachsarten aus Fettsäureestern der höheren, einwertigen, zuweilen auch zweiwertigen Alkohole. Diese Ester lassen sich synthetisch darstellen. So erhält man z. B. den Palmitinsäure-Cetylester durch Erhitzen von Palmitinchlorid mit Cetylalkohol nach der Gleichung:

$$\underset{\text{Palmitinsäurechlorid}}{C_{15}H_{31}COCl} + \underset{\text{Cetylalkohol}}{C_{16}H_{33}.OH} = HCl + \underset{\text{Cetin}}{C_{15}H_{31}.COOC_{16}H_{33}}.$$

Neben diesen Fettsäureestern enthalten einige der näher untersuchten Wachse (Bienenwachs, Carnaubawachs, Wollfett) noch freie Fettsäuren in oft nicht unbeträchtlicher Menge und auch freie Wachsalkohole.

Im Bienenwachs sind außerdem auch noch höher schmelzende Kohlenwasserstoffe (bis zu etwa $15\,^0/_0$) gefunden worden.

In ihren Eigenschaften stehen die Wachsarten in vieler Beziehung den festen Fetten nahe, mit denen sie sich auch in allen Verhältnissen zusammenschmelzen lassen. Sie haben ähnliche Löslichkeitsverhältnisse und erzeugen auch auf Papier, besonders wenn sie geschmolzen oder gelöst aufgetragen werden, einen bleibenden, durchscheinenden Fleck. Dagegen geben sie, wenn sie keinen Gehalt an fettartigen Substanzen (Triglyceriden) besitzen, beim Erhitzen keinen Acroleïngeruch und werden auch bei längerem Liegen nicht ranzig.

Von den zusammengesetzten Estern der höheren Fettsäuren mit einwertigen Alkoholen, aus welchen die Hauptmasse der Wachsarten besteht, sind folgende bekannt:

Reine Wachse	Formel	Molekular-gewicht	Versei-fungs-zahl	Jod-zahl	Schmelz-punkt ^{0} C.	Vorkommen
Palmitinsäuredodecylester . .	$C_{12}H_{25}.C_{16}H_{31}O_2$	424·45	132·31	—	41·0	—
Palmitinsäuretetracylester . .	$C_{14}H_{29}.C_{16}H_{31}O_2$	452·48	124·12	—	48·0	—
Palmitinsäurecetylester	$C_{16}H_{33}.C_{16}H_{31}O_2$	480·51	116·87	—	53·5	Walrat.
Palmitinsäureoctadecylester .	$C_{18}H_{37}.C_{16}H_{31}O_2$	508·54	110·43	—	59·0	—
Palmitinsäurecerylester	$C_{26}H_{53}.C_{16}H_{31}O_2$	620·67	90·48	—	79·0	Mohnwachs.
Palmitinsäuremyricylester . .	$C_{30}H_{61}.C_{16}H_{31}O_2$	676·74	82·99	—	72·0	Bienenwachs.
Palmitinsäurecholesterinester .	$C_{26}H_{43}.C_{16}H_{31}O_2$	610·59	91·97	41·59	77·0—78·0	Blut.
Stearinsäurecetylester	$C_{16}H_{33}.C_{18}H_{35}O_2$	508·54	110·43	—	55·0—60·0	—
Stearinsäurecholesterinester. .	$C_{26}H_{43}.C_{18}H_{35}O_2$	638·62	87·94	39·76	65·0	Wollfett.
Stearinsäureisocholesterinester	$C_{26}H_{43}.C_{18}H_{35}O_2$	638·62	87·94	39·76	72·0	—
Cerotinsäurecerylester	$C_{26}H_{53}.C_{26}H_{51}O_2$	760·83	73·81	—	82·0	Chines. Wachs Opiumwachs
Cerotinsäuremyricylester . . .	$C_{30}H_{61}.C_{26}H_{51}O_2$	816·90	68·75	—	—	Carnaubawach
Cerotinsäurecholesterinester. .	$C_{26}H_{43}.C_{26}H_{51}O_2$	750·75	74·80	33·82	85·5	—
Melissinsäuremyricylester . . .	$C_{30}H_{61}.C_{30}H_{59}O_2$	872·96	64·33	—	92·0	Gummilack.
Ölsäurecholesterinester	$C_{26}H_{43}.C_{18}H_{33}O_2$	636·61	88·22	79·78	41·0	Blut.
Coccerinsäurecoccerylester . .	$C_{30}H_{60}(C_{31}H_{61}O_3)_2$	1383·46	81·20	—	106·0	Cochenillewac]

3. Verhalten der Fette und Wachsarten bei der Verseifung.[1]

„Verseifung" hieß ursprünglich nur der chemische Prozeß, welcher beim Kochen der Fette mit starken Basen stattfindet, wobei sich Glycerin und fettsaure Alkalien, Seifen, bilden. Gegenwärtig nennt man aber jede Reaktion, bei welcher sich die Fette, auch ohne Mitwirkung von Basen, unter Aufnahme von Wasser in Glycerin und Fettsäuren zerlegen, Hydrolyse oder Verseifung.

Der Prozeß der Verseifung kann schon durch bloßes Erhitzen der Fette mit Wasser in geschlossenen Gefäßen auf eine 200^0 C. übersteigende Temperatur eingeleitet werden. Dabei zerfällt z. B. das Tristearin nach der Gleichung[2]:

$$C_3 H_5(O . C_{18} H_{35} O)_3 + 3 H_2 O = 3 C_{18} H_{36} O_2 + C_3 H_5(OH)_3 .$$

$\quad\quad$ Tristearin $\quad\quad\quad\quad\quad\quad\quad\quad\quad$ Stearinsäure $\quad\quad$ Glycerin

Bei Gegenwart von Basen erfolgt die Verseifung unter Bildung des betreffenden fettsauren Salzes (der Seife):

$$C_3 H_5(O . C_{18} H_{35} O_3) + 3 KOH = 3 C_{18} H_{35} KO_2 + C_3 H_5(OH)_3 .$$

Alder Wright[3] hat zuerst die Vermutung ausgesprochen, daß die Verseifung der Triglyceride in drei Stadien vor sich geht, indem als intermediäre Produkte Diglyceride und Monoglyceride gebildet werden, daß der Verseifungsprozeß also bimolekular verlaufen soll. Geitel[4] und Lewkowitsch[5] haben sich dieser Ansicht angeschlossen. Dem entgegen wird von Henriques[6] auf Grund seiner Versuche angenommen, daß Di- und Monoglyceride beim Verseifungsprozeß nicht gebildet werden, wie dies auch früher schon J. Bovis[7] konstatierte. Auch Balbiano[8] tritt für den quadrimolekularen Verlauf des Verseifungsprozesses ein. Ebenso konnte J. Marcusson[9] bei einer Überprüfung der diesbezüglichen Versuche von Lewkowitsch die Bildung von Mono- und Diglyceriden nicht nachweisen. Fanto[10] weist auf einen dritten möglichen Fall hin, nach welchem die Verseifung genau genommen wohl stufenweise bimolekular, praktisch aber quadrimolekular verläuft. Er konnte bei der Verseifung von Fetten mit Kali in inhomogener Lösung das Vorhandensein von Mono- und Diacylhydrinen nicht nachweisen und schließt daraus, daß die Verseifung von Fetten mit Kali in inhomogener Lösung praktisch quadrimolekular erfolge.

Kremann[11] hat nun nachgewiesen, daß die Verseifung der Fette tatsächlich stufenweise, also bimolekular verläuft.

---

[1] Vgl. F. Ulzer und J. Klimont, Allg. u. physiol. Chemie der Fette S. 219 u. ff.
[2] Vgl. Klimont, Zeitschr. f. angew. Chem. 1901. 15. 51. 1269.
[3] Animal and vegetable fats and oils. London 1894. S. 10.
[4] Journ. f. prakt. Chem. 1897. 55. 418. 1898. 57. 113.
[5] Ber. d. deutsch. chem. Ges. 1900. 33. 89; 1903. 36. 175. 3766.
[6] Zeitschr. f. angew. Chem. 1898. 697.
[7] Compt. rend. 45. 35. — Journ. f. prakt. Chem. 1857. 52. 308.
[8] Ber. d. deutsch. chem. Ges. 1903. 36. 1571; 1904. 37. 155.
[9] Ber. d. deutsch. chem. Ges. 1906. 39. 3466.
[10] Monatshefte f. Chem. 1904. 919.
[11] Monatshefte f. Chem. 1906. 607.

In derselben Weise wie durch Erhitzen mit Wasser über 200° C. spalten sich die Fette, wenn sie mit 4—10 Prozent ihres Gewichtes konzentrierter Schwefelsäure erhitzt werden und das entstehende Produkt mit Wasser gekocht wird. Die Schwefelsäure wirkt hierbei in erster Linie als Katalysator. Dabei wird aber stets ein großer Teil des Glycerins zerstört und ein Teil der flüssigen Fettsäuren in feste Oxyfettsäuren verwandelt. Nach Lewkowitsch[1]) werden Fette beim Kochen mit Salzsäure vom spezifischen Gewichte 1·16 sehr stark gespalten.

Ein Verfahren zur Verseifung von Fetten mit schwefliger Säure oder mit Bisulfiten wurde von Stein, Bergé und de Roubaix[2]) patentiert. Nach demselben wird die Verseifung im Autoklaven mit einer $2^1/_2$ bis 3prozentigen Lösung von schwefliger Säure oder einem Bisulfit bei 170° bis 200° C. und bis zu 18 Atmosphären steigendem Überdruck vorgenommen. Die Zerlegung ist hierbei nach 9 Stunden vollständig.

Twitchell[3]) spaltet Fette mit Hilfe aromatischer Sulfosäuren (Twitchells Reaktiv), welche ebenfalls katalytisch wirken. Zur Herstellung des Reaktiv wird auf eine Lösung von Ölsäure in Benzol konzentrierte Schwefelsäure einwirken gelassen.

Die Hydrolyse der Fette kann weiters durch Fermente erfolgen. Pancreassteapsin und die Lipase des Blutes haben diese Fähigkeit. Nach W. Connstein, E. Hoyer und H. Wartenberg[4]) besitzt der Ricinussamen ein ausgezeichnetes Spaltungsvermögen für Öle und Fette (s. fermentative Fettspaltung). Dieses Spaltungsvermögen kommt nach Nicloux[5]) nur dem Cytoplasma des Ricinussamens zu. Auch die Samen einiger anderer Pflanzen, wie des Schöllkrautes und der Linariagattungen, sind nach Fokin[6]) imstande, Fette zu spalten. Immer ist hierbei die Gegenwart einer gewissen Menge Säure erforderlich.

In der Analyse der Fette wird nur die Verseifung mit Basen angewendet. Eine Ausnahme bildet bisher nur die von Kreiss, Pinette und anderen vorgeschlagene Verseifung der Fette mit Schwefelsäure behufs Bestimmung der Reichert-Meißlschen Zahl (s. daselbst). Für viele Zwecke, insbesondere aber zur Glycerinbestimmung wäre es vorteilhaft, wenn man dazu solche Basen verwenden könnte, die leicht in unlöslichem Zustande abgeschieden werden können, wie Bleioxyd, Kalk, Baryt. Es hat sich aber gezeigt[7]), daß die Verseifung vieler Fette (Talg, Kakaobutter usw.) mit diesen Basen keine vollständige ist, daß also immer ein Teil des Neutralfettes unangegriffen bleibt. Deshalb muß die Verseifung, wenn sie analytisch brauchbare Werte liefern soll, immer mit Kali- oder Natronhydrat vorgenommen werden.

Die einzelnen Triglyceride verseifen sich verschieden leicht. Oleïn

[1]) Chem. Rev. üb. d. Fett- u. Harz-Ind. 1903. 10. 81.
[2]) D. R. P. Nr. 61329. 1891.
[3]) Augsburger Seifens.-Zeitg. 1903. 30. 215; D. R. P. Nr. 114. 491.
[4]) Ber. d. deutsch. chem. Ges. 1902. 35. 3988.
[5]) Chem. Zeitg. 1904. 28. 531. 564.
[6]) Chem. Rev. üb. d. Fett- u. Harz-Ind. 1904. 11. 30. 48. 69. — Chem. Zeitg. 1903. 27. 1051. 1256.
[7]) Vgl. von der Becke, Zeitschr. f. analyt. Chem. 19. 291.

wird weit schwerer angegriffen als Palmitin und Stearin; so soll das Oleïn allein unangegriffen zurückbleiben, wenn Olivenöl, das aus einer Mischung der drei genannten Glyceride besteht, mit kalter Natronlauge gemengt und während 24 Stunden öfters umgeschüttelt wird. Dagegen hat Thum[1]) gezeigt, daß kein merklicher Unterschied zwischen der Verwandtschaft von Ölsäure und von technischer Stearinsäure gegen Kalihydrat besteht. Nach dem teilweisen Absättigen einer alkoholischen Lösung dieser Säuren mit Kali hat der an Kali gebundene und der freie Teil des Fettsäuregemisches nahezu die gleiche Zusammensetzung. Eine Trennung der festen und flüssigen Fettsäuren durch partielle Absättigung mit Alkalien und darauffolgende Trennung der Seife von den freien Säuren ist demnach nicht möglich.

Ätzkali und Ätznatron verseifen in alkoholischer Lösung weitaus rascher als in wässeriger, daher wird eine solche meist für analytische Zwecke verwendet. Kohlensaure Alkalien wirken auf Fette nicht ein.

Kossel und Krüger, Bell und Henriques[2]) haben gezeigt, daß beim Verseifen von Fetten mit Ätzkali in alkoholischer Lösung sich in erster Linie die Äthylester der Fettsäuren bilden und das Glycerin abgespalten wird; bei Gegenwart einer hinreichenden Ätzkalimenge tritt dann erst die Verseifung der Äthylester und Bildung der Kalisalze der Fettsäuren ein.

Nach A. Haller[3]) können die Äthylester der Fettsäuren direkt aus den Fetten durch Erwärmen derselben mit schwach angesäuertem Alkohol erhalten werden (Alkoholyse).

Eine erprobte Vorschrift zur Verseifung der Fette ist die folgende: 10 Gewichtsteile Fett werden mit 30—40 Volumteilen 95prozentigem Alkohol, in welchem vorher 4—6 Gewichtsteile gepulvertes Ätzkali durch Kochen am Rückflußkühler gelöst worden waren, in einem mit Rückflußrohr versehenen Kolben $\frac{1}{2}$—1 Stunde zum schwachen Sieden erhitzt.

Die angegebenen Verhältnisse lassen sich in sehr weiten Grenzen variieren. So verwenden Yssel de Schepper und Geitel zur Verseifung von 20 g Fett 40 ccm Kalilauge von 1·4 spez. Gew. und nur 40 ccm Alkohol, Dalican trägt in 50 g auf 200° C. erhitzten Talg eine Mischung von 40 ccm Natronlauge von 36° Bé. und 33 ccm 95prozentigem Alkohol unter Umrühren ein, usw.

Becker[4]) nimmt bei schwer verseifbaren Fetten die Behandlung mit alkoholischer Kalilauge unter Druck vor, indem er die Probe mit der zwölffachen Menge alkoholischer $\frac{1}{2}$- oder $\frac{1}{1}$-Normalkalilauge eine halbe Stunde auf dem Wasserbade in einem Kolben erhitzt, in dessen Mündung mittels Kork eine zweikugelige, mit Quecksilber gefüllte Sicherheitsröhre eingesetzt ist, so daß ein Quecksilberdruck von ca. 5 cm entsteht.

Ein Verfahren zur Verseifung von Fetten und auch von Wachsarten,

---

[1]) Zeitschr. f. angew. Chem. 1890. 482.
[2]) Zeitschr. f. angew. Chem. 1898. 338 u. 697.
[3]) Vortrag in der Académie des sciences in Paris am 5. 11. 1906. — Chem. Zeitg. 1906. 30. 1184.
[4]) Correspondenzbl. des Vereines analyt. Chemiker 2. 57.

welches vielfach sehr gute Dienste leistet, ist ferner das Verfahren von R. Henriques (siehe auch „Verseifungszahl“), nach welchem die Verseifung mit normaler alkoholischer Kalilauge bei Gegenwart von Petroleumbenzin vorgenommen wird. Die Verseifung ist unter diesen Umständen im allgemeinen bei Verwendung eines genügenden Ätzkaliüberschusses in der Kälte nach 24 Stunden beendet.

Von Kossel und Obermüller[1]) ist zur Verseifung die Verwendung von Natriumalkoholat vorgeschlagen worden. Zu dieser Verseifung wurden von H. Bull[2]) die folgenden Mitteilungen gemacht: Beim Vermischen von Natriumalkoholat, welches aus absolutem Alkohol (einem Alkohol, der nicht mehr als 0·05 Prozent Wasser enthält) dargestellt wurde, mit einem fetten Öl, das keine oder nur wenig freie Fettsäuren enthält, resultiert erst eine Emulsion, welche sich nach wenigen Sekunden klärt nebst einer kristallinischen Abscheidung von Natriummonoglycerat, und in der alkoholischen Lösung befindet sich ein Gemenge der Äthylester der Fettsäuren. Dieser Vorgang vollzieht sich fast momentan bei gewöhnlicher Temperatur und nach der Gleichung:

$$\begin{array}{l} CH_2 . OF \\ | \\ CH\ . OF \end{array} + NaO . C_2H_5 + 2\,C_2H_5 . OH = \begin{array}{l} CH_2 . OH \\ | \\ CH\ . OH \end{array} + 3\,F . O . C_2H_5\,,$$
$$\begin{array}{l} | \\ CH_2 . OF \end{array} \qquad\qquad \begin{array}{l} | \\ CH_2 . ONa \end{array}$$

wobei F einen Fettsäurerest bedeutet.

Die Verseifung des nach der vorstehenden Gleichung gebildeten Fettsäureäthylesters erfolgt nur, wenn die dazu nötige Wasser- oder Ätzkalimenge zugegen ist. Die Verseifung mit Natriumalkoholat besitzt daher keinen Vorteil vor der Ätzkaliverseifung.

Wie sich aus der Rechnung ergibt, erreicht die zur Verseifung von 1 g Fett nötige Menge Kalihydrat im Maximum unter keinen Umständen 0·3 g, bei der Ausführung muß man aber einen Überschuß anwenden, wenn man eine vollständige Verseifung erzielen will. Nimmt man wenig Kalihydrat und starken Weingeist, so wird wohl alles Glycerin ausgeschieden, ein Teil der Fettsäuren wird aber in Äthylester übergeführt.

Wird ein Wachs dem Verseifungsprozesse unterworfen, so werden die in ihm enthaltenen Ester in Fettsäuren und einwertige Alkohole gespalten. Das im Bienenwachs enthaltene Myricin zerfällt z. B. in Palmitinsäure und Myricylalkohol:

$$\underset{\text{Myricin}}{C_{15}H_{31} . COOC_{30}H_{61}} + KHO = \underset{\text{Palmitinsaures Kali}}{C_{15}H_{31} . COOK} + \underset{\text{Myricylalkohol}}{C_{30}H_{61} . OH}\,.$$

Wird die alkoholische Lösung nach Beendigung des Prozesses verdünnt, so scheiden sich die höheren Fettalkohole aus, indem sie obenauf schwimmen oder in der Flüssigkeit suspendiert bleiben. Sie können dann von der in Lösung befindlichen Seife entweder durch Ausschütteln mit

---

[1]) Zeitschr. f. phys. Chem. 15. 321.
[2]) Chem. Zeitg. 1900. 24. 814.

Äther oder in der Art getrennt werden, daß das Ganze zur Trockene gebracht und mit Petroläther extrahiert wird. Der Sprachgebrauch des Praktikers bezeichnet diese in Wasser und Alkalien unlöslichen Produkte der Verseifung der Wachsarten als „unverseifbar". Allen und Thomson haben folgende Quantitäten unverseifbarer Substanz in Wachsarten gefunden:

| Spermacetiöl | $39 \cdot 14$—$51 \cdot 31\,^0/_0$ | Bienenwachs | $52 \cdot 38\,^0/_0$ |
| Spermacet | $40 \cdot 64$ | ,, | Carnaubawachs $54 \cdot 87$,, |

Manche Wachsarten, so chinesisches Wachs, dann Wollfett, Walrat usw., sind sehr schwer verseifbar, wenn die alkoholische Lauge stark wasserhaltig ist. Nach A. Kossel und K. Obermüller[1]) muß z. B. Wollfett zur vollständigen Verseifung 20 Stunden mit überschüssiger, alkoholischer Kalilauge gekocht werden (wahrscheinlich wurde auch hier stärker wasserhaltige Lauge angewendet). Besser gelingt die Verseifung, wenn eine Lösung der Ester in Benzol, Petroleumäther oder Äther mit Natriumalkoholat versetzt, oder in die mit Alkohol vermischten Lösungen in Benzol, Petroleumäther oder Äther metallisches Natrium unter Umschütteln eingetragen wird. Die Seifen scheiden sich innerhalb weniger Minuten als leicht filtrierbarer Niederschlag aus. Lewkowitsch, Herbig und andere haben gezeigt, daß die Verseifung durch Kochen mit zweifach normaler alkoholischer Kalilauge unter Druck eine vollständige ist. Dieselbe geht jedoch nicht ohne Nebenreaktionen vor sich.

Ohne solche Nebenreaktionen und verhältnismäßig leicht erfolgt jedoch auch die Verseifung von Wachsarten auf kaltem Wege nach dem Verfahren von Henriques (siehe Verseifungszahl).

III. Bestimmung der nicht fettähnlichen Beimengungen und des Fettgehaltes; Vorbereitung der Fettsubstanz zur Analyse.

Probenahme.

Die zur Untersuchung bestimmte Fettprobe muß der ganzen zu prüfenden Fettmenge in solcher Weise entnommen werden, daß sie in ihrer Zusammensetzung ein möglichst genaues Mittel derselben darstellt. Dies gelingt bei flüssigen Fetten leicht; bei festen Fetten muß hingegen sehr sorgfältig verfahren werden, um grobe Täuschungen auszuschließen.

A. Norman Tate, G. d'Enville und Cuthleert haben eine verläßliche Methode zur Probenahme von Talgarten vereinbart, welche allgemein auch für andere feste Fette Anwendung findet.

Aus der Mitte eines jeden Fasses wird mittels eines Probestechers eine zylindrische Fettprobe von mindestens 20 cm Länge und 2·5 cm Durch-

---

[1]) D. R. P. Nr. 55057 vom 3. Juli 1890. — Chem. Zeitg. 1891. 15. 185.

messer entnommen, und jede Probe mit dem Zeichen und der Nummer des Fasses versehen, allenfalls auch das Brutto- und Taragewicht desselben notiert.

Da Talg in Broden meist homogener ist als Talg in Fässern, so müssen nicht sämtliche Brode zur Bemusterung herangezogen werden; es genügt dazu die etwa dem zehnten Teil des Gewichtes entsprechende Anzahl von Broden auszuwählen. Die einzelnen Proben werden dann in der Art gemischt, daß von jeder Probe ein dem Gewichte des Fasses, aus welchem sie entnommen ist, entsprechendes Stück abgeschnitten wird. Die erhaltenen Abschnitte werden nach dem Augenmaß in drei gleiche Teile geteilt, zwei davon bei einer 60° C. nicht übersteigenden Temperatur unter beständigem Umrühren in einer Schale geschmolzen. Wenn alles klarflüssig geworden ist, wird die Schale von der Wärmequelle entfernt und die dritte Partie unter fortwährendem Rühren hinzugefügt. Dieselbe wird genug Wärme finden, um zu schmelzen, und die Masse abkühlen, so daß sie rascher erstarrt. Wenn sie anfängt, teigig zu werden, muß stark umgerührt werden, um zu verhindern, daß sich das Wasser und die mechanischen Verunreinigungen am Boden der Schale absetzen.

Fette und Fettsäuren, welche sich beim Erstarren leicht entmischen, werden vorteilhaft im dickbreiigen Zustande unter beständigem Umrühren in dünner Schichte auf gekühlte flache Schalen ausgegossen.

Die Untersuchung der Fette beginnt mit der Bestimmung des Wassers und jener nicht fettähnlichen Beimengungen, welche ihnen entweder von der Bereitung her anhaften oder absichtlich zugesetzt worden sind und mit der Darstellung einer hinreichenden Menge reiner, von diesen leicht entfernbaren Stoffen befreiter Fettsubstanz. Freilich bleibt dann noch eine Anzahl fettähnlicher Substanzen, wie Harz, Paraffin, Mineralöle, Teeröle und Harzöle, mit dem Fette innig vermischt, welche erst bei der Untersuchung der eigentlichen Fettmasse aufgefunden und ihrer Quantität nach bestimmt werden können.

Bestimmung des Gehaltes an Wasser.

Ungefähr 5 g des Fettes werden in ein mit einem hineingestellten Glasstab gewogenes, kleines Becherglas oder in eine Glasschale gebracht und unter öfterem Umrühren bei 100—110° C. bis zur annähernden Gewichtskonstanz getrocknet oder am Asbestdrahtnetz unter fortwährendem Umrühren bis zum Aufhören des Schäumens erhitzt. Diese für praktische Zwecke ausreichende Methode versagt, sobald es sich um genaue Bestimmungen handelt, besonders bei Fetten, welche größere Mengen ungesättigter Fettsäuren enthalten. Diese letzteren sowohl als auch ihre Glyceride absorbieren Luftsauerstoff; bei gewöhnlicher Temperatur langsamer, beim Erwärmen rascher, und wahrscheinlich über den Umweg der Bildung von Peroxyden werden die Fettsäuren, beziehungsweise ihre Glyceride unter Bildung von Wasser, Kohlensäure, flüchtigen Fettsäuren und Kohlenwasserstoffen oxydiert. Die Sauerstoffabsorption bewirkt Gewichtszunahme, die Bildung der flüchtigen Oxydationsprodukte Gewichtsabnahme; unter Umständen können sich beide Vorgänge das Gleichgewicht halten. Der Grad der Oxydation ist abhängig von der Größe der der Luft dargebotenen Oberfläche des Fettes, von der Höhe der Temperatur und von der Dauer des Erhitzens. Endlich können die Fette an sich flüchtige Fettsäuren enthalten.

Um die durch Oxydationsvorgänge hervorgerufenen Ungenauigkeiten bei der Wasserbestimmung durch Trocknen zu vermeiden, ist es vorteilhaft, das Erhitzen der Fette in einem indifferenten Gasstrom, Wasserstoff, Kohlensäure usw. vorzunehmen. Zweckmäßig kann hierzu ein weites Trockenfläschchen von abgebildeter Form (Fig. 1) mit eingeschliffenem Stopfen, durch welchen zwei mit aufgeschliffenen Kappen versehene Glasrohre zur Zu- und Ableitung des Gases gehen, verwendet werden.

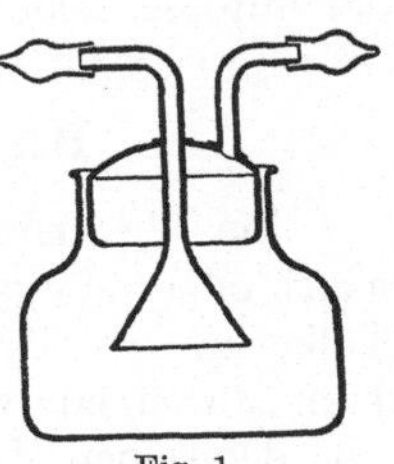

Fig. 1.

Die Wasserbestimmungsmethoden von Sonnenschein[1]), Th. Macfarlane[2]), C. B. Davis[3]) u. a., bei welchen die Fette vor dem Trocknen von porösen Körpern aufgesaugt werden, liefern nur dann einwandfreie Resultate, wenn die Trocknung im indifferenten Gasstrom vorgenommen wird; dasselbe gilt von der Bestimmung des Wassergehaltes der Butter nach Henzold[4]), wonach 10—12 g Fett zu ca. 20 g frisch ausgeglühtem, im Exsikkator erkalteten Bimsstein in eine flache Schale gebracht, geschmolzen und innig gemischt und dann zwei Stunden, aber nicht länger, bei 100° C. getrocknet werden. Auch beim Trocknen im indifferenten Gasstrom befördert die Vergrößerung der Oberfläche des Fettes durch Aufsaugenlassen desselben durch poröse Körper (Bimsstein, Asbest, Filtrierpapier usw.) die Trocknung.

Manchmal werden feste Fette, z. B. Talg, betrügerischerweise mit etwas Kalihydrat oder Kaliseife versetzt, da sie dadurch die Fähigkeit erhalten, größere Mengen Wasser aufzunehmen; anderseits werden aber Schmiermaterialien mittels Zusatzes von Kalkseifen (Tovotefett) hergestellt. In solchen Fällen läßt sich das Fett durch Trocknen bei 100 bis 110° nicht wasserfrei erhalten; es wird dann am besten der Gehalt an Fettsubstanz, Verunreinigungen und Basen bestimmt und der Wassergehalt aus der Differenz berechnet.

Ölhaltige Samen können im zerkleinerten Zustande im Wasserstoffstrom getrocknet werden; meist, besonders aber bei hohem Ölgehalt, bestimmt man auch bei diesen, sowie bei tierischen Rohfetten das Wasser aus der Differenz.

Neuestens hat Marcusson[5]) für solche Fette und fetthaltige Substanzen, welche ihr Wasser durch Trocknen nicht vollständig abgeben,

<hr>

[1]) Zeitschr. f. analyt. Chem. 1886. 25. 372. — [2]) The Analyst. 18. 73.
[3]) Journ. Amer. Chem. Soc. 1901. 487. — [4]) Milchzeitg. 1891. 20. 71.
[5]) Mitt. Techn. Vers.-Anst. Berlin 1904. 22. 48 u. Mitt. K. Materialprüfungsamt 1905. 23. 58.

oder beim Erhitzen stark schäumen und spritzen, so besonders für konsistente Maschinenfette, Wagenfette, Ölkuchen, Türkischrotöle, Degras, Seifen usw., ein sinnreiches Verfahren zur Bestimmung des Wassers ausgearbeitet. Dieses besteht darin, daß eine gewogene Menge der Probe, meist 100 g, mindestens aber 20 g, mit der gleichen Anzahl Kubikzentimeter Toluol oder Xylol in einen weithalsigen, geräumigen Erlenmeyerkolben gebracht und dann nach Zusatz einiger Bimssteinstückchen am Sicherheitsölbade erhitzt werden. Nachdem die übergehenden Dämpfe einen kurzen Kühler passiert haben, wird das Destillat in einem graduierten, sich nach unten verjüngenden Meßzylinder aufgefangen. Es wird so lange destilliert, bis die Tropfen völlig klar übergehen. Bei längerem Stehen klärt sich das Destillat und trennt sich in zwei Schichten; das Volumen der unteren Schichte wird abgelesen und gibt die Menge des Wassers an.

Bestimmung des Gehaltes an Nichtfetten.

Zur Bestimmung der Nichtfette, d. i. der festen, fremden, organischen oder anorganischen Substanzen, werden 10—20 g Fett in einem Kölbchen mit Petroläther, Chloroform oder Benzol gelöst, die Lösung dann durch ein vorher getrocknetes, tariertes Filter gegossen, welches mit demselben Lösungsmittel so lange nachgewaschen wird, bis ein Tropfen des Filtrates, auf Papier verdunstet, keinen Fettfleck hinterläßt. Dann wird das Filter bei 100° C. getrocknet und gewogen. Wird beim Einäschern des Rückstandes eine größere Aschenmenge erhalten, so war die Probe mit einer anorganischen Substanz (Kreide, Ton usw.) versetzt, deren Natur nach den gewöhnlichen Methoden der qualitativen Analyse ermittelt wird, oder sie enthielt Seifen. Letztere gehen beim Extrahieren des Fettes nicht immer vollständig in den unlöslichen Rückstand über; dieser kann mit verdünnter Salzsäure zersetzt werden, wonach sich die Fettsäuren ausäthern lassen.

Unter den Extraktionsmitteln ist, wenn keine bestimmten Gründe dagegen sprechen, dem Petroleumäther der Vorzug zu geben, weil derselbe das geringste Lösungsvermögen für harzartige Beimengungen usw. hat, daher am wenigsten stark gefärbte Auszüge liefert. Derselbe muß sorgfältig rektifiziert sein und darf keine über 60° C. siedenden Anteile enthalten. Er ist leicht rein und säurefrei zu erhalten und braucht vor der Verwendung nicht getrocknet zu werden.

Bleibt bei der Extraktion ein reichlicher organischer Rückstand, so wird derselbe durch Befeuchten mit Jodlösung auf die Gegenwart stärkehaltiger Substanzen (Stärkemehl, Stärke oder Kartoffelbrei) geprüft, deren Gegenwart sich auch bei der mikroskopischen Untersuchung des Fettes verrät. Chateau führt den Nachweis auch so, daß ein Teil des Fettes in einem Probier- oder Becherglase mit zwei Teilen säurehaltigen Wassers einige Minuten gekocht, dann in Wasser von 40° C. eingestellt wird, so daß das Fett nicht zu rasch erkaltet, und die Verunreinigungen zu Boden sinken können. Auf Zusatz von Jodtinktur tritt dann sofort Blaufärbung ein.

Die stärkehaltigen Substanzen lassen sich durch Extraktion mit Chloroform usw. nicht leicht vollständig vom Fett befreien, so daß das Gewicht des getrockneten Rückstandes nach Abzug des Filters nicht genau dem Stärkegehalt entspricht. In solchen Fällen wird der zunächst mit Äther und kaltem Wasser gewaschene Rückstand durch Kochen mit Wasser verkleistert und einige Zeit mit verdünnter Salzsäure invertiert und die aus der Stärke gebildete Dextrose mit Fehlingscher Lösung bestimmt. (König.)

Wasserlösliche Bestandteile bleiben häufig schon bei der Extraktion mit Chloroform zurück und können durch Analyse des Rückstandes bestimmt werden (z. B. Kochsalz, Borsäure usw.). Oder sie werden dem Fett durch Schütteln einer größeren Menge desselben mit warmem Wasser entzogen. Die Fette schmelzen hierbei, und beim ruhigen Stehen in der Wärme sondern sich die beiden Schichten. Tritt dies auch nach längerer Zeit nicht ein, sondern bleibt das Fett emulsionsartig verteilt, so läßt es sich durch Schütteln mit Äther sammeln. Die wässerige Schicht wird sodann mittels des Scheidetrichters getrennt und untersucht.

Etwa in einem Fett vorhandene, von der Raffination herrührende, Schwefelsäure kann im wässerigen Auszug durch Titrieren mit Natronlauge unter Zusatz von Methylorange als Indikator bestimmt werden.

Dem Fett beigemischte ätherische Öle oder Extraktionsmittel (Benzin usw.) treibt man durch Destillation mit Wasserdampf ab und bestimmt die Menge dieser Substanzen aus dem Gewichtsverluste. Das Destillat kann mit Äther ausgeschüttelt, dieser vorsichtig verdunstet und der Rückstand qualitativ untersucht werden.

Bestimmung des Fettgehaltes.

Sind einem Fette größere Mengen fremder Substanzen beigemengt, so wird auch eine direkte Bestimmung des Fettgehaltes vorgenommen, welche sich mit der Ermittlung des Gehaltes an festen Beimengungen (Nichtfetten) verbinden läßt, indem das dabei erhaltene Filtrat in einem gewogenen Gefäße abgedunstet, und der Rückstand getrocknet und gewogen wird.

Diese Bestimmung läßt sich jedoch besonders bei Gegenwart schleimiger oder stärkemehlhaltiger Substanzen weit bequemer durchführen, wenn ca. 5 g des Fettes mit der 4- bis 6fachen Menge reinen, fein gemahlenen Gipses gemischt, bei 100° C. getrocknet und dann in einen Extraktionsapparat gebracht werden, wie deren zahlreiche für die Zwecke der Fettanalyse konstruiert worden sind.

Gebek hat bei der Untersuchung von Futtermitteln bei Anwendung von Gips differierende Resultate erhalten und schlägt die Anwendung von spanischer Erde vor, und Malacarne empfiehlt, wenn möglich, die Substanz von Asbest aufsaugen zu lassen, und dann zu extrahieren.

Ganther[1]) verwendet statt des Gipses mit Petroleumäther extrahierten Sulfitstoff. 3 g Sulfitstoff werden in ein Wägegläschen gebracht, getrocknet und mit aufgesetztem Stöpsel gewogen. Dann wird das Fett, ca. 5 g, hinzugegeben und durch $1^1/_2$ Stunden getrocknet; die Gewichtsabnahme entspricht dem Wassergehalt. Die getrocknete Substanz gelangt dann in den Extraktionsapparat.

Es sei hier wieder darauf hingewiesen, daß die Trocknung im indifferenten Gasstrome oder im Vakuum stattfinden soll.

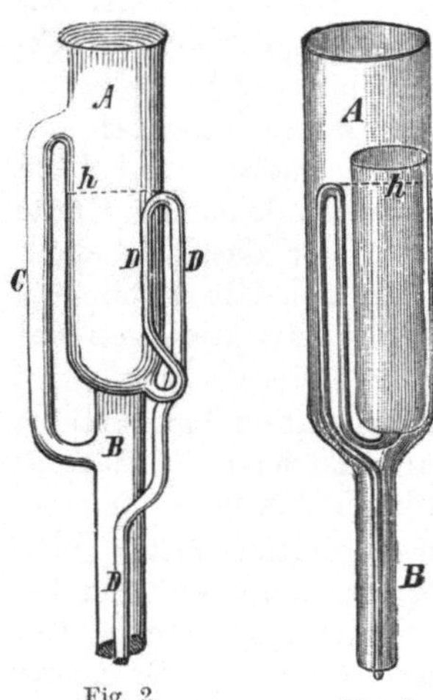

Fig. 2.　　Fig. 3.

Zur Fettbestimmung haben sich der Extraktionsapparat von Soxhlet[2]) (Fig. 2) und die daneben abgebildete, leichter herzustellende Modifikation desselben (Fig. 3) vortrefflich bewährt.

Die zu extrahierende Substanz kommt in eine Hülse aus Filtrierpapier. Damit die Heberöffnung am Boden durch die Hülse nicht geschlossen werde, kann dieselbe auf einen ringförmig gebogenen Blechstreifen gestellt werden. Die Hülse soll nicht ganz angefüllt werden, sondern noch Raum für ein Stückchen obenauf zu legende Baumwolle (bei quantitativen Bestimmungen muß diese entfettet sein) enthalten, welche verhüten soll, daß kleine Teilchen der Substanz weggeschlämmt werden. Das Rohr B wird mittels eines Korkes in ein Kölbchen von ca. 250 ccm Inhalt eingesetzt, welches vorher mit 150 ccm des Extraktionsmittels (Chloroform, Äther, Petroläther, Kohlenstofftetrachlorid) beschickt worden ist; dann wird in den Extraktionszylinder so viel von derselben Flüssigkeit gebracht, bis sie durch den Heber abfließt, A mit einem Rückflußkühler verbunden und das Kölbchen auf dem Wasserbade erwärmt. Die Dämpfe der im Kölbchen befindlichen Flüssigkeit gelangen durch B und C nach A und auch zum Teil noch in den Kühler, wo sie kondensiert werden. Die Flüssigkeit sammelt sich in A an, durchdringt die Substanz und erreicht endlich den Rand h, worauf sie durch D abgehebert und A völlig entleert wird, welcher Vorgang sich je nach der Stärke des Erwärmens in der Stunde etwa 15—20 mal wiederholt. Filter, auf welchen sich zu extrahierende Niederschläge befinden,. werden zusammengebogen und in den Apparat gebracht.

R. Frühling[3]) hat den Soxhletschen Extraktionsapparat in zweckmäßiger Weise so abgeändert, daß ein bequemes Handhaben beim Füllen und ein genaues Wägen der Substanz vor und nach der Entfettung ermöglicht wird.

---

[1]) Zeitschr. f. analyt. Chem. 26. 677.
[2]) Dinglers Polyt. Journ. 232. 461.
[3]) Zeitschr. f. angew. Chem. 1889. 242.

Der Apparat besteht aus einem Gefäße (Fig. 4) von der Form, Größe und Glasstärke der üblichen Filtergläschen mit gut eingeschliffenem, leichtem Glasstopfen und trichterförmig vertieftem Boden.

Das Heberröhrchen des Soxhletschen Apparates ist in dieses Gefäß verlegt. Der kürzere, aufsteigende Schenkel des Hebers reicht bis unmittelbar auf die tiefste Stelle des Bodens, der längere, absteigende tritt eingeschmolzen aus dem Boden heraus und endet nach geringer Verlängerung mit schrägem Abschnitt.

Der Heber selbst liegt der Innenwand des Gefäßes fest und dicht an. Der aufsteigende Schenkel erhält zweckmäßig eine kleine Erweiterung an seinem oberen Teile, welche die Bestimmung hat, nach geschehenem, vollständigem Abheben der Fettlösung den Ätherfaden abzureißen. Die Wandung des Gefäßes setzt sich unterhalb des Bodens fort und bildet einen unten offenen Fuß, welcher dem Gefäße einen sicheren Stand vermittelt und gleichzeitig dem hervorstehenden Heberröhrchen als Schutz dient. Das Gefäß faßt bis zur oberen Heberbiegung 50 ccm, kann aber auch größer gemacht werden. Der andere Teil des Apparates ist das Glasgefäß B (Fig. 5), welches genau dem seines Heberröhrchens beraubten Soxhletschen Apparate gleicht. In den durch einen umgelegten Glasring verstärkten Kopf des Gefäßes B ist mittels eines hohlen und leichten Stopfens die Kühlröhre C ätherdicht eingeschliffen. Als Einlage wird ein Faltenfilter benutzt, welches um eine Probierröhre von passender Größe angedrückt und in A hineingeschoben wird. Der Filterrand soll die obere Biegung des Heberröhrchens um ein Geringes überragen.

Nach Beendigung der Extraktion wird das Kölbchen mit der Fettlösung abgenommen, der Petroleumäther abdestilliert, der Rückstand bei ca. 100° C. bis zur annähernden Gewichtskonstanz getrocknet. Die Trocknung soll weder zu lange dauern, noch bei zu hoher Temperatur erfolgen, weil sonst flüchtige Fettsäuren verloren gehen können (s. auch Kap. VII und unter Ölsamen und Ölkuchen Kap. IX).

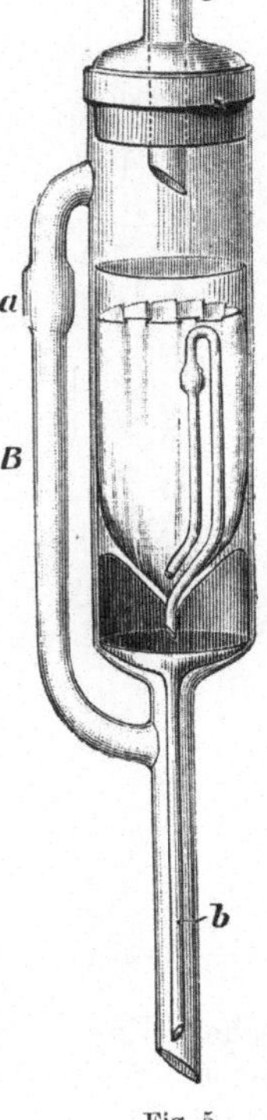

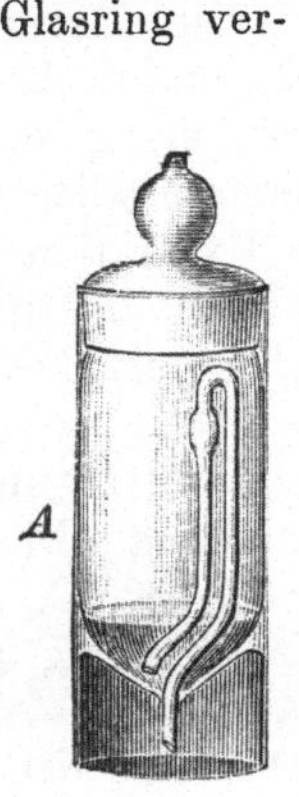

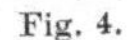

Fig. 4.   Fig. 5.

A. Philips[1] hat, um bei der Siedetemperatur des Lösungsmittels Extraktionen vornehmen zu können, den Soxhletschen Apparat in der folgenden Weise abgeändert: Die Modifikation (Fig. 6) besteht aus einem inneren und einem äußeren Glasgefäß, welche bei a verschmolzen sind.

---

[1] Ber. d. deutsch. chem. Ges. 1895. 28. 1475.

In das innere Gefäß ist das dünne Heberrohr *b* eingeschmolzen. Die aus *c* kommenden Dämpfe durchstreichen das äußere Gefäß, treten durch die Öffnungen *d* in das innere Gefäß und dann in den Kühler, von wo die kondensierte Flüssigkeit auf die Substanz herabfließt. Durch die sie umgebenden Dämpfe wird die Flüssigkeit in dem inneren Gefäß stets auf der Siedetemperatur erhalten. — Der Apparat wird durch die Firma Dr. Bender & Dr. Hobein in München geliefert.

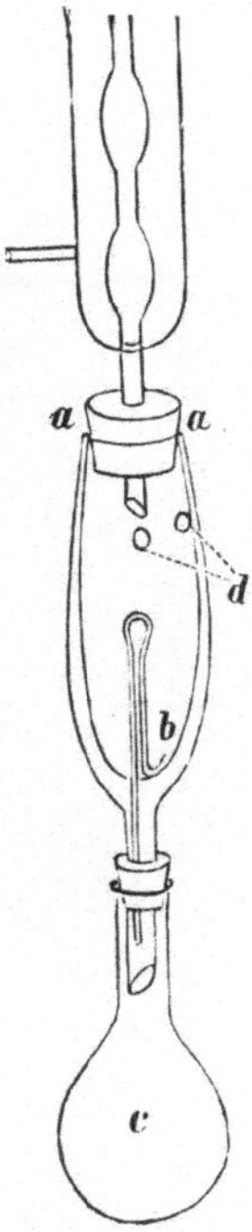

Derselben Apparate kann man sich bedienen, wenn es sich um die Bestimmung des Fettgehaltes von Ölsamen, Ölkuchen oder anderen Produkten handelt. Dieselben werden im zerkleinerten Zustande extrahiert und wenn nötig vorher getrocknet (siehe Ölsamen und Ölkuchen).

Bei allen Extraktionen empfiehlt es sich, in das Extraktionskölbchen ein, bei quantitativen Versuchen getrocknetes und gewogenes Stückchen Bimsstein zu geben oder durch eine durch den Stopfen des Kölbchens bis zum Boden desselben reichende Kapillare einen langsamen Strom trockenen Wasserstoffes oder trockener Kohlensäure zu leiten, da ätherische und petrolätherische Fettlösungen, besonders bei größerem Fettgehalt, leicht zum Siedeverzug neigen.

Die Extraktion mit Petroläther oder Äther gibt wohl praktisch verwertbare Resultate, eine ganz genaue Bestimmung des Fettes in Futtermitteln und tierischen Rohmaterialien ist jedoch selbst bei sehr langer Zeitdauer der Extraktion nicht möglich, weil sowohl die Pflanzen- als auch die tierischen Gewebe geringe Mengen Fett hartnäckig zurückhalten.

Dormeyer[1]) isoliert daher das in den extrahierten tierischen Geweben zurückgehaltene Fett durch künstliche Verdauung. Die Substanz wird zuerst im Vakuum oder bei 50—60° C. getrocknet, dann nach Möglichkeit pulverisiert, innig gemischt und etwa 30 g im Soxhletschen Extraktionsapparat 4—6 Stunden mit Äther behandelt. Der Ätherextrakt liefert nach dem Verdunsten des Äthers einen Teil des Rohfettes; die durch Trocknen und Wägen der extrahierten Substanz gegen das Anfangsgewicht derselben ermittelte Gewichtsdifferenz ist meist größer als das gefundene Gewicht des Fettes, von nicht hinreichendem Trocknen herrührend. Zu ungefähr 2—4 g der ätherextrahierten, gepulverten Trockensubstanz werden 100 ccm Verdauungsflüssigkeit, erhalten durch Digerieren von Schweinemagen mit 0·5proz. Salzsäure, gegeben. Das Ganze wird einer Temperatur von 37—38° C. ausgesetzt; in $^3/_4$ bis 2 Stunden ist die Verdauung beendet. Wird statt des Auszuges der Magenschleimhaut Pepsinpräparat verwendet, so dauert

Fig. 6.

---

[1]) Pflügers Archiv. 1897. 65. 90.

die Verdauung bedeutend länger. Die verdaute Flüssigkeit wird durch ein Faltenfilter filtriert, das Filter mit dem Rückstande im Vakuum oder bei 35—45° C. getrocknet und mittels heißem Äther im Soxhlet-schen Apparat erschöpft (15—24 Stunden); das Filtrat wird mit Äther unter Vermeidung der Bildung von Emulsionen ausgeschüttelt. Diese beiden ätherischen Auszüge geben nach dem Verjagen des Äthers, Trocknen und Wägen den Rest des Fettes.

Bogdanow[1]) läßt die zu entfettende Substanz zuerst einen Tag mit Äther bei gewöhnlicher Temperatur stehen, gießt den Äther ab und extrahiert dann im Soxhlet-Apparat drei Tage mit Alkohol von 90%; der alkoholische Extrakt wird nach dem Abdestillieren und völligen Verjagen des Alkohols mittels kaltem Äther gereinigt.

Rosenfeld[2]) extrahiert die mit absolutem Alkohol ca. $^1/_2$ Stunde auf dem Wasserbade ausgekochte Substanz 6 Stunden lang mit Chloroform. Der Alkohol- und der Chloroformauszug werden eingedampft, im Trockenschrank bei 100° C. kurze Zeit, dann im Exsikkator getrocknet; der Rückstand wird mit reinem Äther oder mit Petroläther aufgenommen, filtriert und nach Verjagung des Äthers und Trocknung das zurückbleibende Fett gewogen.

Die durch Extraktion gewonnenen Fette enthalten in wechselnder Menge Lecithin, die so gefundenen Fettgehalte sind daher meist zu groß. Glikin[3]) verfährt demnach in der Art, daß der durch 48stündiges Extrahieren der bei 60—65° C. im Vakuum getrockneten Substanz mit Petroläther (bei 50—60° C. siedend) erhaltene Trockenrückstand in Aceton gelöst wird; der in Aceton lösliche Teil des Rohfettes enthält kein Lecithin. Der Stickstoffgehalt eines so behandelten Fettes ist niedriger als der nach den anderen Extraktionsverfahren gewonnenen Fette.

Liebermann[4]) wendet zur Bestimmung des Fettes in Fleisch und Futtermitteln folgende Methode an:

5 g Substanz werden mit 30 ccm 50proz. Kalilauge (spez. Gew. 1·54) eine halbe Stunde lang auf dem Asbestdrahtnetze unter öfterem Umschwenken in einem Kolben von nebenstehender Form und Dimensionen (Fig. 7) gekocht. Nach dem Abkühlen wird mit 30 ccm 90—94prozent. Alkohol versetzt und weitere 10 Minuten lang erwärmt, dann wieder abkühlen gelassen und mit 100 ccm 20proz. Schwefelsäure unter lebhaftem Umschwenken vorsichtig angesäuert; nach vollständigem Erkalten der Flüssigkeit werden 50 ccm

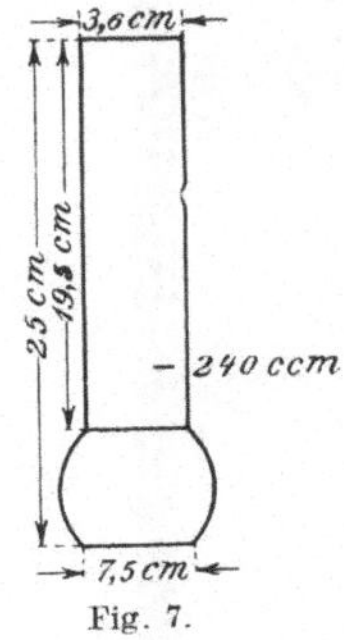

Fig. 7.

Petroläther (bei 60° C. siedend) zugesetzt, der Kolben wird mit einem weichen Korkstopfen gut verschlossen, und der Inhalt in Intervallen von 1—2 Minuten ca. 30mal gut durchgeschüttelt. Dann läßt man so viel

---

1) Pflügers Archiv. 1897. 68. 431.
2) Zentralbl. f. innere Medizin. 1900. 21. 833.
3) Archiv f. Physiologie 95. 107.
4) Pflügers Archiv 1898. 72. 360.

gesättigte Kochsalzlösung zufließen, bis die wässerige Flüssigkeit die Marke 240 ccm erreicht, schüttelt noch einige Male durch und läßt den Kolben an einem kühlen Ort stehen. Von der Petrolätherschichte, welche sämtliche im Fett enthaltene Fettsäuren (auch die flüchtigen) enthält, werden 20 ccm abpipettiert und nach Zusatz von 1 ccm Phenolphtaleïnlösung (1 : 100) genau mit $^1/_{10}$ normal alkoholischem Kali austitriert. Die so erhaltene Seifenlösung wird in einer tarierten Schale vorsichtig abgedunstet, die Seife im Wasserbadtrockenschrank getrocknet und gewogen.

Ist a das Gewicht der angewandten Substanz, K die Anzahl der zum Sättigen der Fettsäuren nötigen Kubikzentimeter $^1/_{10}$ Normalkali, S das Gewicht der erhaltenen Seife und 0·01 die Korrektur für das zugesetzte Phenolphtaleïn, so ergibt sich der Gehalt an Fett in Prozenten:

$$F = \left[\frac{S - 0·01 - (K \times 0·002\,547)}{a}\right] 250.$$

Vorbereitung der Fette zur Analyse.

Den wichtigsten Teil der Analyse der Fette bildet die Untersuchung der von Wasser und Nichtfetten befreiten Fettsubstanz. In den meisten Fällen bestehen die Beimengungen nur aus Wasser und festen Substanzen, so daß ein Trocknen und Filtrieren zur Isolierung der Fettsubstanz hinreicht. Nur selten wird ein Waschen mit warmem Wasser oder eine Destillation mit Wasserdampf zur Entfernung leicht flüchtiger Öle vorausgehen müssen.

Das Trocknen und Filtrieren wird am besten in einem geräumigen Lufttrockenkasten vorgenommen (z. B. von 25 cm Höhe, 25 cm Breite und 15 cm Tiefe, welcher mit einem Thermoregulator, z. B. dem ganz vorzüglichen von Reichert[1]) versehen ist. Der verbesserte Reichertsche Thermoregulator (Fig. 8) hat folgende Einrichtung:

In ein unten zu dem Quecksilbergefäße C und oben zu einem zylindrischen Ansatze erweitertes Thermometerrohr ist das Gaszuflußrohr A luftdicht eingeschliffen. Dasselbe reicht bis an die Stelle, bei der die Erweiterung der Thermometerröhre beginnt, und hat bei a eine feine Öffnung. Das Gas strömt durch das an die zylindrische Erweiterung angeschmolzene Rohr B zum Brenner ab.

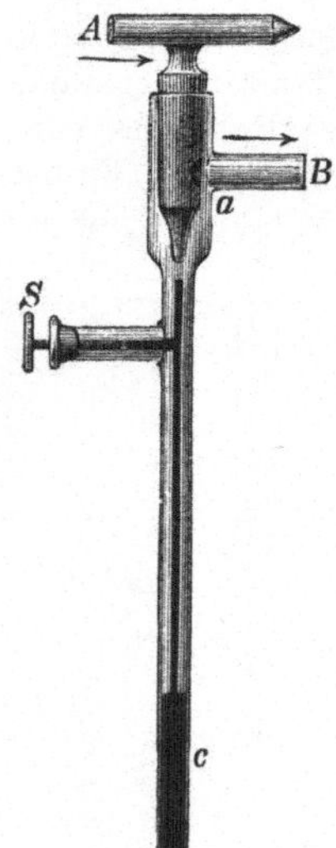

Fig. 8.

An die Thermometerröhre ist außerdem noch ein weiteres, durch die leicht bewegliche eiserne Schraube S verschlossenes Rohr angesetzt.

Der Apparat wird samt einem Thermometer mit Hilfe eines doppelt

---

[1]) Zeitschr. f. analyt. Chem. 11. 34.

durchbohrten Korkes in eine im Deckel des Luftbades angebrachte Öffnung eingesetzt.

Zur Einstellung auf eine bestimmte Temperatur wird das Rohr A so gedreht, daß es durch die Öffnung a mit B kommunizieren kann, und die Schraube S genügend weit aus dem Glasrohr herausgedreht, wodurch das Quecksilber im Thermometerrohre sinkt. Es wird zu heizen begonnen und in dem Augenblicke, in welchem die gewünschte Temperatur erreicht ist, die Schraube S so lange in das Rohr hinein-gedreht, bis das Quecksilber das untere Ende des Rohres A erreicht hat, was an dem Kleinerwerden der Flamme bemerkt werden kann. Die Flamme wird jetzt so lange nur durch die kleine Öffnung a ge-speist, bis die Temperatur im Kasten etwas gesunken ist, und das Quecksilber das Ende des Rohres A wieder frei gemacht hat. Dann vergrößert sich die Flamme, wodurch die Temperatur um ein Geringes steigt, das Quecksilber dehnt sich wieder etwas aus, verschließt die Mündung von A neuerdings, und auf diese Weise wird der Stand des Quecksilbers und damit die Temperatur mit fast unmerklichen Schwankungen immer auf derselben Höhe gehalten. Sollte das Erhaltungsflämmchen für die beabsichtigte Temperatur zu groß sein, so kann es durch Drehen des Rohres A und einen dadurch bewirkten, teilweisen Verschluß von a beliebig verkleinert werden.

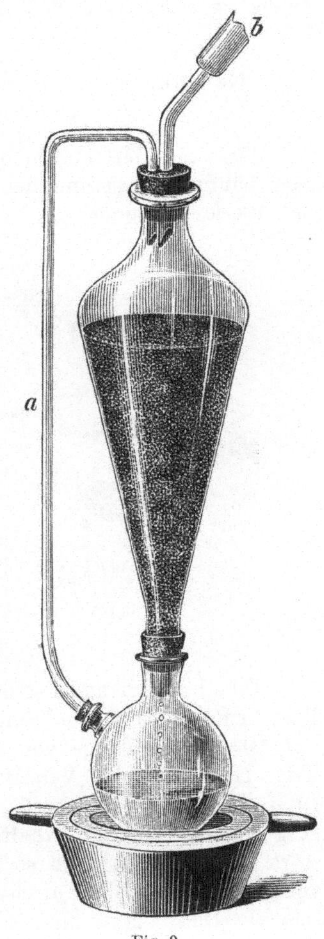

Fig. 9.

Die Temperatur für das Filtrieren wird nicht zu hoch, etwa 20 Celsiusgrade über dem Schmelzpunkte des Fettes gewählt. Feste Fette, die viel Wasser enthalten, wie z. B. Butter, läßt man so lange im ge-schmolzenen Zustande stehen, bis sich das Wasser abgesetzt hat, und gießt dann das klare Fett in ein zweites Gefäß um, aus welchem es filtriert wird. Bevor das Fett auf das trockene Filter aufgegossen wird, muß es im Kasten vollkommen trocken geworden sein.

Dieterich trocknet wasserhaltiges Bienenwachs durch Schmelzen mit ent-wässertem Glaubersalz und Filtrieren.

Sind einem Fette größere Mengen fester Substanzen beigemischt, so daß es nicht direkt filtrierbar ist, oder soll das Fett erst aus Öl-samen, Ölkuchen usw. gewonnen werden, so wird es dem Materiale

durch Extraktion mit Petroleumäther, weniger gut mit Äther, Schwefelkohlenstoff, Benzol oder Chloroform entzogen.

Dazu bedient man sich der S. 46 zur quantitativen Fettbestimmung
empfohlenen Extraktionsapparate, oder für größere Substanzmengen des
Apparates Fig. 9, dessen Konstruktion aus der Zeichnung leicht verständlich ist. *a* ist ein mit einer Schnur oder einem Bande aus
schlechten Wärmeleitern umwundenes Bleirohr; bei *b* wird ein Rückflußkühler angesetzt.

Vorzügliche Extraktionsapparate für etwas größere Mengen von
fetthaltigem Material liefern Wegelin & Hübner in Halle a/S.

Gewinnung der in einem Fette enthaltenen, unlöslichen Fettsäuren für die Analyse.

Die aus den Fetten abgeschiedenen, unlöslichen Fettsäuren sind
sehr häufig Gegenstand der Untersuchung. Sie werden z. B. in folgender Weise gewonnen:

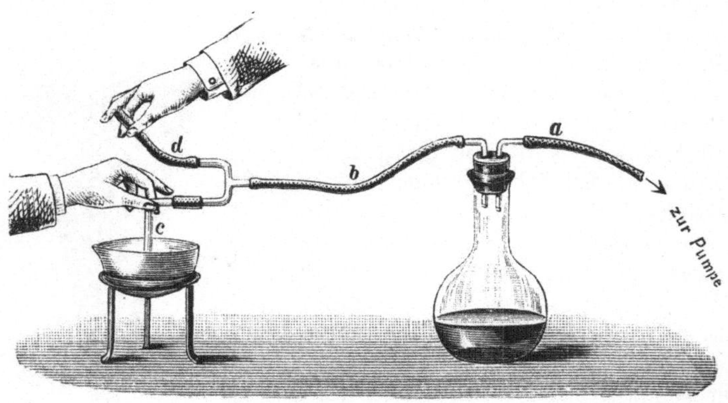

Fig. 10.

Eine hinreichende Fettmenge wird nach einer der S. 39 angeführten
Vorschriften mit alkoholischer Kalilauge verseift, z. B. 50 g des Fettes
mit 40 ccm Kalilauge von 1·4 spezifischem Gewicht und 40 ccm Alkohol. Nach erfolgter Verseifung wird für die angegebene Fettmenge ein
Liter Wasser hinzugesetzt, zur Vertreibung des Alkohols $^3/_4$ Stunden
lang gekocht und die erhaltene Seife mit verdünnter Schwefelsäure zersetzt. Das Kochen muß so lange fortgesetzt werden, bis die Fettsäuren
vollkommen klar obenaufschwimmen und keine weißen Partikelchen mehr
zeigen. Dann läßt man erkalten. Erstarren die Fettsäuren, so wird
der Kuchen mit dem Glasstabe durchstochen, die saure Flüssigkeit abgegossen, die Fettsäuren noch zweimal mit Wasser umgeschmolzen und
endlich getrocknet (de Schepper und Geitel). Bleiben die Fettsäuren
flüssig, so wird die Trennung der wässerigen und öligen Schichte mittels
eines Hebers oder Scheidetrichters bewirkt.

Rascher und bequemer wird das Waschen der geschmolzenen oder
flüssigen Fettsäuren in der Weise ausgeführt, daß das darunter stehende
Wasser entweder mittels eines Hebers, über dessen einen Schenkel zum
Schutze der Hand gegen die Hitze ein Korkstopfen geschoben ist, oder
mittels der Saugpumpe abgehebert wird. Dazu kann ein dickwandiger,
etwa 2 Liter fassender Kolben (Fig. 10), welcher durch das Rohr a mit der
Saugpumpe in Verbindung steht, benutzt werden. An das Rohr b ist
zunächst ein Gabelrohr angesteckt, dessen einer Schenkel mit dem
rechtwinklig gebogenen Rohre c verbunden ist. Der horizontale Teil
dieses Rohres ist kurz hinter der Biegung abgeschnitten. Über den
anderen Schenkel des Gabelrohres ist ein Kautschukschlauch d geschoben, der mit den Fingern zugedrückt wird, wenn abgesaugt werden
soll. Das Absaugen wird in dem Moment, in welchem das Fett in c
aufzusteigen beginnt, durch Öffnen des Schlauches d unterbrochen.

Vorausgesetzt, daß das Fett keine unverseifbaren Bestandteile enthält, kann nach Geitel in folgender Weise festgestellt werden, daß
auch nicht Spuren von Neutralfett der Verseifung entgangen sind, was
besonders wichtig ist, wenn der Erstarrungspunkt der Fettsäuren zu
bestimmen ist.

2 g der Fettsäuren werden in 15 ccm heißem Alkohol gelöst und
mit 15 ccm Ammoniak versetzt. Bei einigermaßen erheblichen Mengen
Neutralfett trübt sich die Mischung. Ist die Ammoniakseifenlösung
klar, so wird sehr vorsichtig kalter Methylalkohol darauf geschichtet.
Bei Spuren von Fett entsteht noch eine Trübung in Form eines
Ringes an der Berührungsstelle. Bei Palmöl und dunkel gefärbten
Fetten ist der letzte Teil der Probe nicht ausführbar, weil der Ring
nicht zur Erscheinung kommt.

Das Abwägen für die Analyse.

Flüssige Fette können entweder direkt in die
Gefäße eingewogen werden, in welchen sie untersucht
werden sollen, oder sie werden in Bechergläschen,
Fläschchen oder Abwägegläschen
(Fig. 11) (mit Ausguß a) abgewogen,
welche aber nicht direkt auf die Wage,
sondern auf ein Uhrglas gestellt werden sollen, damit herabrinnende
Tropfen die Wage nicht beschmutzen.
Die nötige Quantität wird abgegossen
und dann zurückgewogen. Mangold
bedient sich zum bequemen Abwägen
flüssiger Fette einer kleinen Pipette
(Fig. 12), an deren Hals mittels
zweier kurzer Schlauchstückchen ein
durchbohrtes Uhrglas festgehalten
wird, welches auf das Becherglas auf-

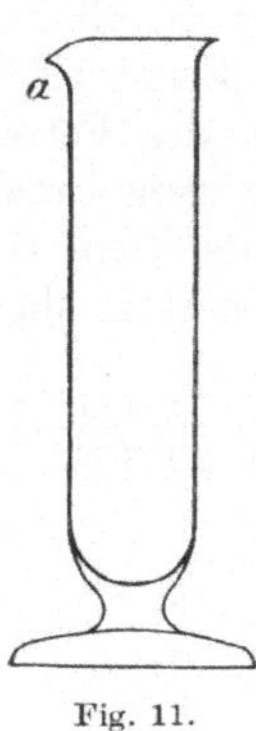

Fig. 11.

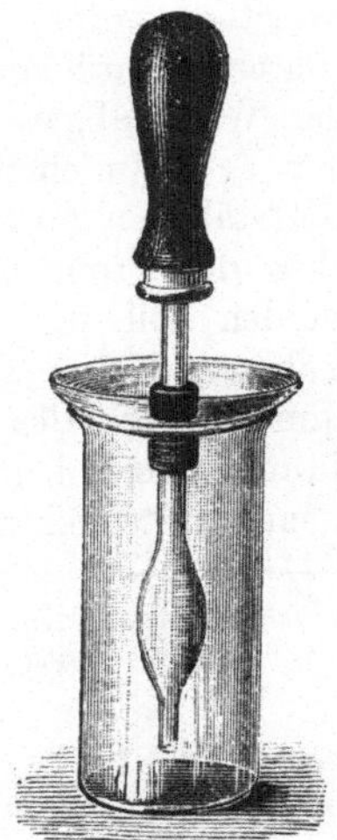

Fig. 12.

gelegt wird, dem das Öl entnommen werden soll. Das obere Ende der Pipette ist mit einer kleinen Kautschuktute verschlossen. Durch gelindes Zusammendrücken und Wiederauslassen derselben kann eine kleine Menge der Flüssigkeit in die Pipette steigen gelassen und dieselbe nach dem Herausheben durch Zusammendrücken wieder ganz oder teilweise entleert werden. Einen ähnlichen Apparat hat Hefelmann[1]) beschrieben. Schmalz- und Talgproben können in gleicher Weise gewogen werden. Man füllt sie im geschmolzenen Zustande in ein Becherglas, läßt vollständig erkalten, wägt, schmilzt neuerdings, gießt die notwendige Menge ab und wägt nach dem völligen Erkalten zurück.

Zum Abwägen von Ölen ist das Wägefläschchen für Flüssigkeiten von Buschmann[2]) gut verwendbar (Fig. 13). Nachdem das Fläschchen mit einer beliebigen Menge Öl gefüllt ist, wird der Stopfen so aufgesetzt, daß er nicht mit dem Hohlraum des Fläschchens in Verbindung steht und das Fläschchen gewogen. Wird der Stopfen so gedreht, daß die Bohrung e des Stopfens auf die Rinne a zu liegen kommt, so kann durch Drücken auf den Gummiball g Flüssigkeit in das Untersuchungsgefäß gepreßt werden; dann wird der Stopfen in die frühere Lage zurückgedreht und das Fläschchen wieder gewogen.

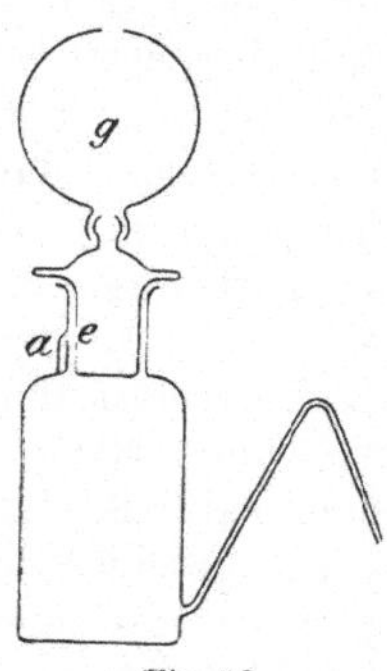

Fig. 13.

Zuweilen, und zwar namentlich bei der Bestimmung der Jodzahl, kann bei flüssigen Fetten zum Abwägen gleichfalls ein Ölwägegläschen benutzt werden, mit welchem ein beiderseits offenes Glasröhrchen gewogen wird. Durch Verschließen der oberen Öffnung des Glasröhrchens mit dem Finger ist es möglich, kleine Ölmengen dem Wägegläschen zu entnehmen und dieselben in die Schüttelflasche usw., in welcher sie verarbeitet werden, zu tropfen. Das Ölwägegläschen wird mit dem Glasröhrchen zurückgewogen. Feste Fette können in kleineren Mengen in der Weise abgewogen werden, daß man etwa erbsengroße Stückchen der Fette in einem Bechergläschen oder auf einem Uhrglase mit einem Glasstäbchen abwägt, dann mit Hilfe des Glasstäbchens einige Stückchen der Probe in das Gefäß bringt, in welchem das Fett verarbeitet werden soll und das Becherglas oder das Uhrglas mit dem Glasstabe und dem Reste des Fettes zurückwägt. Weiche Fette können zum Zwecke des Abwägens auch mit einem Glasstabe in gewogene, dünnwandige, beiderseits offene Glasröhrchen von etwa 4 cm Länge und 1 cm Weite gebracht und in diesen gewogen werden.

---

1) Chem. Zeitg. 1891. 15. 989.
2) Chem. Zeitg. 1906. 30. 1060.

IV. Methoden zur Ermittlung der physikalischen Eigenschaften der Fette.

Die folgenden physikalischen Eigenschaften der Fette können sehr häufig zu ihrer Unterscheidung und zur Beurteilung ihrer Reinheit und Verwendbarkeit dienen.

1. Die Konsistenz und Viskosität,
2. die Farbe,
3. das Aussehen unter dem Mikroskope,
4. das spezifische Gewicht,
5. der Schmelz- und Erstarrungspunkt,
6. das Lichtbrechungsvermögen,
7. das optische Drehungsvermögen,
8. das elektrische Leitvermögen,
9. die kritische Lösungstemperatur in Alkohol[1]) (Crismer),
10. die Verbrennungswärme[2]) (H. C. Shermann und J. F. Snell),
11. das kapillarimetrische Verhalten (Goppelsröder).

1. Bestimmung des Grades der Konsistenz und Viskosität.

Der Härtegrad fester Fette oder durch Kälte zum Erstarren gebrachter, fetter Öle kann unter Umständen Anhaltspunkte zur Beurteilung dieser Produkte bieten; auch für die durch Einwirkung von salpetriger Säure auf fette Öle erhaltenen Produkte ist der Härtegrad charakteristisch.

Serra Carpi[3]) kühlt fette Öle auf — 20° C. ab und bestimmt die Härte nach drei Stunden, indem er ein zylindrisches, unten konisch zulaufendes Eisenstäbchen von 1 cm Länge und 2 mm Durchmesser so stark belastet, daß dasselbe vollständig in die Masse einsinkt. Bei bestem Olivenöl betrug der Druck 1700 g, bei geringeren Sorten stets über 1000 g, bei Baumwollensamenöl nur 25 g. Mischungen zeigten mittlere Werte.

Legler[4]) bestimmt die Härte der mit salpetriger Säure behandelten Öle in folgender Weise:

Ein Stück Verbrennungsrohr (Fig. 14, S. 56) dient zur Aufnahme eines Glasstabes und einer Spiralfeder. An ersterem ist mittels einer Hülse ein Brettchen befestigt. Ferner ist der Glasstab an einer innerhalb des Rohres gelegenen Stelle zu einer Scheibe verdickt, welche zu seiner Führung dient, und mittels welcher er auf der Spiralfeder aufsitzt. Die Spannkraft der Feder ist so gewählt, daß 20—50 g Belastung einen deutlichen Ausschlag geben und andrerseits die Feder durch das Gewicht

---

1) Bull. assoc. 1895. 145.
2) Journ. of Amer. Chem. Soc. 1901. 164.
3) Zeitschr. f. analyt. Chem. 23. 566.
4) Chem. Zeitg. 8. 1884. 1657.

des Stabes allein noch nicht zu weit in das Rohr hineingedrückt wird. Der Glasstab endigt in eine stumpfe Spitze. Der Punkt, bis zu welchem der unbelastete Glasstab in das Rohr einsinkt, ist mit 0 bezeichnet, und von da nach oben eine Millimeterteilung angebracht. Die Elaïdinmasse wird aus 10 ccm Öl, 10 ccm 25 prozentiger Salpetersäure und 1 g Kupferdraht bereitet. Man läßt einen Tag stehen und schmilzt zweimal durch Einstellen in warmes Wasser um. Dann bringt man die Spitze des in einem Stative befestigten Apparates mit der Oberfläche der Elaïdinschicht in Berührung, wobei der Nullpunkt der Skala mit dem oberen Rande der Hülse einsteht. Die Prüfung geschieht nun in der Weise, daß man an der Skala abliest, wieviel Millimeter der Stab innerhalb einer gewissen Zeit, z. B. einer Minute, eindringt, wenn ein bestimmtes Gewicht aufgelegt wird.

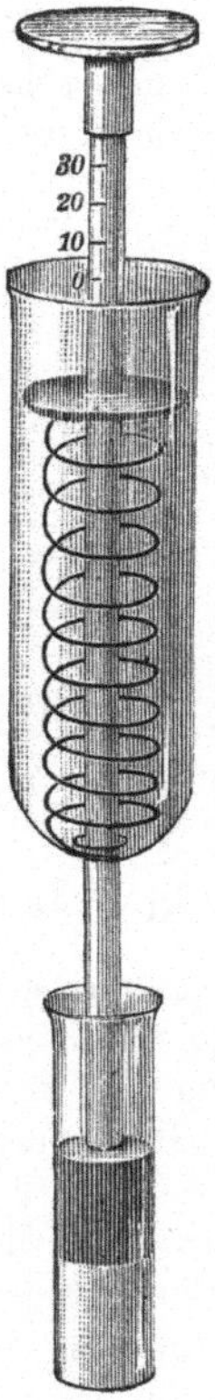

Brullé[1]) prüft Butter auf ähnliche Weise, und Kißling[2]) hat gleichfalls einen Apparat zur Konsistenzprüfung von Maschinenfetten konstruiert. Der letztere dient zur Bestimmung der Zeit, die ein — je nach der Konsistenz des zu prüfenden Fettes — aus Messing, Zink oder Glas angefertigter, unten zugespitzter Stab braucht, um bis zu einer gewissen Tiefe in das Fett einzusinken. Nach Sohn[3]) erhält man nur dann vergleichbare Resultate, wenn man dafür Sorge trägt, daß der Stab genau vertikal steht und mit möglichst wenig Reibung gleitet, daß die Temperatur konstant ist, die Gefäße denselben Durchmesser haben, der Glasstab genau in der Mitte oder in stets derselben Entfernung vom Rande steht, und daß ferner das Material im Gefäße stets dieselbe Dicke der Schichte hat und endlich längere Zeit vor der Vornahme der Prüfung eingefüllt wurde.

Fig. 14.

Künkler[4]) hat einen Apparat zur Bestimmung der Konsistenz der Maschinenfette konstruiert, bei welchem das auf die Verwendungstemperatur gebrachte Fett durch einen 75 mm langen Kolben aus einem mit engerer Ausflußöffnung versehenen Rohr herausgepreßt wird. Man ermittelt die Zeit, welche bei bestimmter Belastung verfließt, bis der Kolben einen gewissen Weg durchlaufen hat.

Weit wichtiger ist die Bestimmung des Grades der Zähflüssigkeit oder Viskosität der Öle, welche der inneren Reibung proportional ist (vgl. auch „Schmieröle"). Er wird meist in der Weise ermittelt, daß man gleiche Volumina der zu vergleichenden Flüssigkeiten unter genau denselben Bedingungen durch eine enge Öffnung ausfließen läßt und die

[1]) Journ. Soc. Chem. Ind. 1893. 717; Apparat nach Muenke D. R. P. Nr. 32 993.
[2]) Chem. Zeitg. 15. 1891. 298.
[3]) The Analyst 1893. 218.
[4]) Die Schmiermittel und ihre Untersuchung von A. Künkler, Mannheim 1893. Selbstverlag des Verfassers.

dazu notwendige Zeit bestimmt. Zu einem rohen Vergleiche zweier Öle genügt es, dieselben aus einem weiten, unten zu einem Auslaufrohr von etwa 2 mm innerer Lichtweite ausgezogenen Glasrohr von einer oberen bis zu einer unteren Marke ausfließen zu lassen. In ähnlicher Weise (mit einem Gefäße von 10 cm Höhe, 2 cm Weite und einer Ausflußröhre von 1·6 mm Durchmesser) hat Schübler[1]) die Konsistenz einer Anzahl von Ölen mit Wasser verglichen.

Die Zahl, welche durch Division der Auslaufzeit des Öles (z. B. 1830″) durch die des Wassers von 20° C. (z. B. 9″) erhalten wird, heißt die spezifische Viskosität oder der Viskositätsgrad des Öles (Lamansky, Engler).

In der Praxis bezieht man die Viskosität häufig auf Rüböl, indem man dessen Auslaufzeit bei 20° C. gleich 100 setzt. Aus einem Viskosimeter fließen z. B. 30 ccm Rüböl von 20° C. in 396″, 30 ccm eines Mineralöles bei 50° C. in 130″ aus. Die Viskosität des letzteren bei 50° C. auf Rüböl bezogen ist sodann

$$\frac{130 \times 100}{396} = 32 \cdot 83.$$

Die folgende Übersicht bildet einen Auszug der Schüblerschen Tabelle:

Namen der Öle	Zum Ausfließen nötige Zeit in Sekunden bei		Viskositätsgrad bei	
	+15° R.	+7·5° R.	+15° R.	+7·5° R.
Ricinusöl	1830	3390	203·3	377·0
Olivenöl.	195	284	21.6	31·5
Kohlrapsöl (Kolzaöl)	162	222	18·0	22·4
Winterrübsenöl	159	204	17·6	22·6
Bucheckernöl	158	237	17·5	26·3
Senföl (vom weißen Senf)	157	216	17·4	24·0
Mandelöl	150	200	16·6	23·3
Sommerrapsöl	148	205	16·4	22·7
Kohlrübenöl	142	200	15·8	22·2
Senföl (vom schwarzen Senf) . . .	141	175	15·6	19·4
Sommerrübsenöl	136	198	15·1	22·0
Mohnöl	123	165	13·6	18·3
Leindotteröl	119	160	13·2	17·7
Sonnenblumenöl	114	148	12·6	16·4
Pflaumenkernöl	93	132	10·3	14·7
Walnußöl	88	106	9·7	11·8
Leinöl	88	104	9·7	11·5
Hanföl	87	107	9·6	11·9
Destilliertes Wasser	9	9	1·0	1·0

Zur genaueren Vergleichung des Viskositätsgrades zweier Flüssig-

---

[1]) Muspratts Chemie. 3. Aufl. II. Bd. 1474.

keiten sind mehrere Apparate konstruiert worden[1]), welche ihren Zweck
mehr oder minder vollkommen erfüllen.

In Deutschland ist gegenwärtig fast ausschließlich der Apparat von
C. Engler[2]) in Gebrauch, welchen u. a. C. Desaga in Heidelberg ausführt.

Die bei Anwendung von Apparaten verschiedener Konstruktion oder
auch von Apparaten derselben Konstruktion, aber von verschiedenen
Dimensionen der einzelnen Teile gefundenen Viskositätsgrade differieren
sehr voneinander, auch hat die Temperatur, bei welcher gemessen wird,
einen sehr großen Einfluß. Engler macht daher die folgenden genauen
Vorschriften für die sämtlichen Dimensionen seines Apparates und die
Versuchsbedingungen.

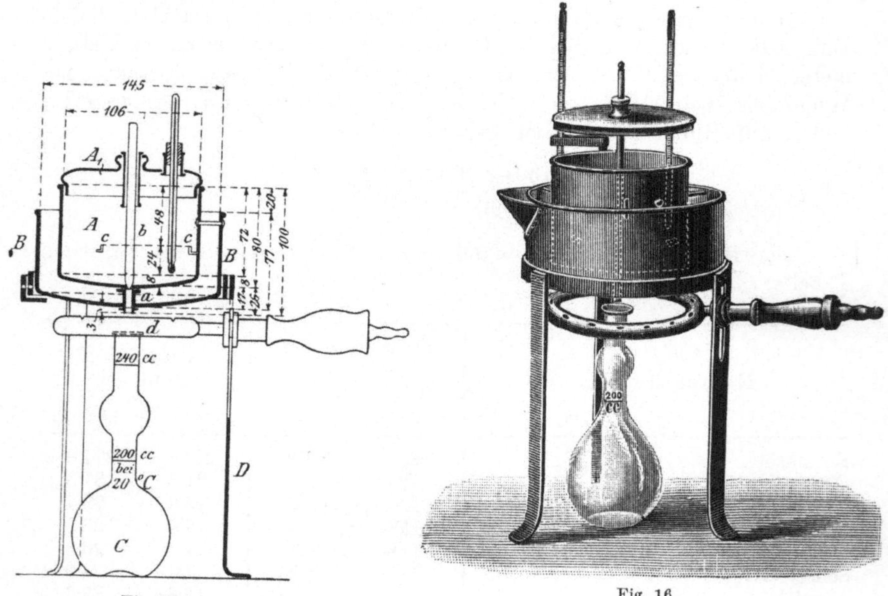

Fig. 15.   Fig. 16.

Das Gefäß zur Aufnahme des zu prüfenden Öles besteht in einer
flachen, mittels Deckel A' zu verschließenden Kapsel A aus Messingblech,
deren Formen und Dimensionen[3]) auf beigefügter Skizze (Fig. 15 und 16)

---

[1]) Z. B. Dollfuß, Dinglers Polyt. Journal 153. 231. — Vogel, ibid. 168.
267. — Fischer, ibid. 236. 487. — Lamansky, ibid. 248. 29. — Lepenau, Zeitschr.
f. analyt. Chem. 24. 465.

[2]) Chem. Zeitg. 1885. 9. 189 u. Zeitschr. f. angew. Chem. 1892. 725.

[3]) Die vorschriftsmäßig festgestellten Fehlergrenzen bei den wichtigsten
der angegebenen Dimensionen sind: $\pm$ 0·01 mm bei der Weite des Ausflußröhrchens, $\pm$ 0·1 mm bei der Länge des Ausflußröhrchens, $\pm$ 0·3 mm bei der
Höhe der Markenspitzen über der oberen Ausflußöffnung, $\pm$ 1 mm bei der Weite
des Gefäßes und $\pm$ 1 mm bei der Höhe des zylindrischen Teiles des Gefäßes
(von 24 mm). Für den Inhalt des Gefäßes bis zu den Markenspitzen beträgt
die Fehlergrenze $\pm$ 4 ccm.

angegeben sind und welche für genaue Bestimmungen innen vergoldet ist. An den nach unten ausgebauchten Boden schließt sich das genau 20 mm lange, oben 2·9 mm, unten 2·8 mm lichtweite Ausflußröhrchen a an. Dasselbe kann vermittels des unten schwach konisch zugespitzten Ventilstiftes b aus Hartholz verschlossen und geöffnet werden und muß für zuverlässige Bestimmungen aus Platin gefertigt sein, da Messing mit der Zeit durch die auslaufenden Öle angegriffen wird, namentlich wenn diese sauer sind. Drei Niveaumarken c sind in gleicher Höhe (32 mm) über der oberen Ausflußöffnung angebracht und dienen gleichzeitig zum Abmessen der Ölprobe und zur Beurteilung richtiger horizontaler Aufstellung der Kapsel. Bis zu den Niveaumarken muß der Apparat 240 ccm fassen, was bei schwach ausgebauchter Form des Bodens unter Festhaltung der gegebenen Dimensionen der Fall ist. Das Thermometer t dient zum Ablesen der Temperatur des Versuchsöles. Die Kapsel A ist von einem oben offenen Mantel BB aus Messingblech umgeben, welcher zur Aufnahme eines Mineralöles behufs Erhitzung des Inhaltes von A bis auf Temperaturen von 150° C. dient. Damit die Öle sich während des Auslaufs nicht zu sehr abkühlen, muß dieser Mantel das ganze Auslaufrohr a umhüllen; t' ist das Thermometer für die im Mantel befindliche Flüssigkeit. Ein Dreifuß dient als Träger des Ganzen. An demselben ist der Gasring d befestigt, mittels dessen durch mehrere Gasflämmchen das Öl auf die richtige Temperatur gebracht und darauf erhalten wird.[1] Endlich ist unmittelbar unter dem Auslaufröhrchen ein Meßkolben C aufgestellt; derselbe zeigt an seinem Halse zwei Marken, die eine bei 200 ccm, die andere bei 240 ccm, und damit der Hals und somit der Auslaufstrahl nicht zu lang werde, was die Genauigkeit des Versuches beeinträchtigen würde, ist eine Ausbauchung angeblasen. Die Versuche werden, wenn es sich nicht speziell um den Vergleich der Öle bei höheren Temperaturen handelt, immer bei genau 20° C. ausgeführt.

Eichung des Apparates. Man bestimmt die Zeit nach Sekunden, welche 200 ccm Wasser von 20° C. gebrauchen, um aus der bis zu den Niveauspitzen gefüllten Kapsel auszufließen. Zu diesem Behufe wird die Kapsel nacheinander mit etwas Äther oder Petroleumäther, dann mit Weingeist, zuletzt mit Wasser ausgespült, dabei die Ausflußröhre mittels einer Federfahne und eines kleinen Papierpfropfens gereinigt[2] und der Ventilstift eingesetzt. Man mißt alsdann in dem Meßkolben genau 240 ccm Wasser ab, gießt es in die Kapsel, welche dadurch genau bis zu den Niveaumarken angefüllt sein muß und bringt die Temperatur des Wassers auf 20° C. Dies geschieht dadurch, daß man das in dem äußeren Behälter BB befindliche Wasser oder schwere Mineralöl so lange auf der gleichen Temperatur erhält, bis das innere Thermometer genau 20° C. zeigt und das äußere nur unmerklich davon differiert. Den Meß-

---

[1] Als recht zweckmäßig könnte hier noch die Anbringung von Stellschrauben an dem Dreifuße, welcher das Viskosimeter aufnimmt, vorgeschlagen werden.

[2] Nach einer neueren Vorschrift der Physikal. Techn. Reichsanstalt in Berlin muß, um übereinstimmende Resultate zu erzielen, das Ausflußröhrchen vor jedem Versuche trocken gewischt werden.

kolben trocknet man unterdessen aus, stellt ihn unter die Ausflußöffnung, zieht den Ventilstift aus und beobachtet auf einer Sekundenuhr,
besser mittels eines genauen, $^1/_5$ Sekunde zeigenden Chronoskopes, die
Zeit in Sekunden, welche verläuft, bis sich der Meßkolben zur Marke
200 ccm angefüllt hat. Vor dem Ablaufenlassen der Flüssigkeit hat man
darauf zu achten, daß letztere sich völlig in Ruhe befinde, insbesondere
darf sie von vorhergehendem Rühren nicht mehr in rotierender Bewegung
sein. Ist der Apparat richtig gebaut, so beträgt die Auslaufszeit zwischen
50 und 52 Sekunden. Die genaue Zahl ist jedoch als Mittel von
mindestens drei Bestimmungen, die nicht mehr als 0·4 Sekunden voneinander abweichen, zu ermitteln, und diese ist dann $= 1$ zu setzen.
Ganz genaue Bestimmungen müssen in einem Raume, dessen Temperatur
nahezu 20° C. ist, ausgeführt werden.

Prüfung der Öle. Dabei ist aufs sorgfältigste darauf zu achten,
daß alle Feuchtigkeit aus der inneren Kapsel entfernt ist, was durch
Austrocknen und aufeinanderfolgendes Ausspülen mit Alkohol, Äther und
Petroläther geschieht. Man spült dann den Apparat noch mit dem zu
prüfenden Öle aus, füllt ihn bis zu den Niveaumarken damit an (nur sehr
dünnflüssige Öle lassen sich wie Wasser vermittels des Meßkolbens einmessen)
und bringt die Temperatur durch Erhitzen des Wasser- oder Mineralölbades auf die gewünschte Höhe, auf welcher man vor dem Auslaufenlassen zwei bis drei Minuten lang erhält. Die genaue Einstellung des
Niveaus auf die Niveaumarken erfolgt, insbesondere wenn die Viskosität
bei höherer Temperatur ermittelt wird, erst nachdem das Öl nahezu die
Versuchstemperatur angenommen hat. Das Anwärmen des Wasser- oder
Mineralölbades erfolgt mit Hilfe des Kranzbrenners. Die Temperatur
im Wasser- oder Ölbade kann vor oder während des Ausfließens des
Öles auch, falls sie etwas zu hoch sein sollte, durch Zusatz von etwas
kaltem Wasser oder Mineralöl reguliert werden. Bei Viskositätsbestimmungen bei wesentlich höheren Temperaturen als der Zimmerwärme wird
die Badtemperatur etwas höher als die Versuchstemperatur gehalten,
bei Bestimmungen, welche unter der Zimmertemperatur liegen, wird sie
ein wenig niedriger eingestellt. Der Unterschied zwischen der Temperatur
des Versuchsöles und derjenigen des Bades steigert sich um so mehr,
je höher die Versuchstemperatur ist. Bei einer Versuchstemperatur von
150° C. kann er 4°—5° C. betragen. Die Bestimmung der Auslaufszeit
des Öles erfolgt dann genau wie bei der Eichung des Apparates. Die
Versuchsöle dürfen kein Wasser und keine suspendierten Bestandteile
enthalten. Im letzteren Falle müssen sie vor der Prüfung durch ein
trockenes Filter filtriert werden.

Bei Viskositätsbestimmungen bis zu 50° C. sollen die Abweichungen
bei Kontrollversuchen mit demselben Öle höchstens $\pm$ 0·5 Prozent, bei
höheren Temperaturen höchstens $\pm$ 1·0 Prozent betragen.

Nach Holde kann man bei Viskositätsbestimmungen mit kleinen Ölmengen eine für die Praxis genügende Genauigkeit erzielen, wenn man
45 ccm des Öles in das Viskosimeter bringt und die Auslaufszeit von
20 ccm ermittelt. Der Umrechnungskoeffizient auf die normale Viskosität

ist unter diesen Umständen 7·24. L. Gans[1]) hat für verschiedene Ölmengen die Umrechnungsfaktoren ermittelt und folgende Werte gefunden:

für eine Füllung von 45 ccm Öl und den Ausfluß von 25 ccm den Faktor 5·55,
„ „ „ „ 50 „ „ „ „ „ „ 40 „ „ „ 3·62,
„ „ „ „ 60 „ „ „ „ „ „ 50 „ „ „ 2·79,
„ „ „ „ 120 „ „ „ „ „ „ 100 „ „ „ 1·65.

Ragosine[2]) hat vorgeschlagen, an dem Englerschen Viskosimeter ein besonderes Erwärmungsrohr aus Kupfer, eine Isolierbekleidung des Deckels, eine Durchbohrung des Deckels zur Sicherung des Luftzutritts und einen Draht zum Aufhängen des Stifts während des Ölausflusses anzubringen.

Ubbelohde[3]) hat den Englerschen Apparat modifiziert, ohne daß dadurch die Abmessungen desselben sowie die Eichvorschriften berührt werden (Fig. 17). Um das innere Gefäß, welches nach Engler nur mit einem einfachen Metalldeckel versehen ist, vor Wärmeausstrahlung zu schützen, wird einerseits der Deckel doppelwandig hergestellt, andrerseits reicht das Ölbad bis zum Deckel. Um die Wärme gleichmäßiger erhalten zu können, wird dem Bade eine größere Weite gegeben und außerdem ein Rührer angebracht. In der Figur ist die von der Physikalisch-technischen Reichsanstalt neuerdings angegebene, oben becherförmige Form des Engler-Kolbens dargestellt.

Um die Engler-Grade in die spezifische Zähigkeit, d. i. die Zähigkeit bezogen auf die Zähigkeit des Wassers von $0^0 = 1$, überzuführen, gibt Ubbelohde die Formel

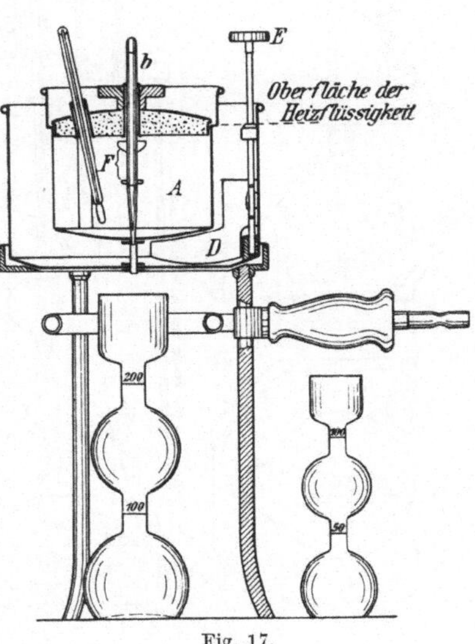

Fig. 17.

$$Z_0 = s\left(4{\cdot}072\,E - \frac{3{\cdot}513}{E}\right)\ \text{an, worin}$$

$Z_0 =$ spezifische Zähigkeit (bezogen auf Wasser von $0^0 = 1$),
$s =$ spezifisches Gewicht des Öles bei der Versuchswärme,
$E =$ Engler-Grade = relative Auslaufzeit aus dem Engler-Viskosimeter, bezogen auf die Auslaufzeit des Wassers von 20^0 C. $= 1$

bedeuten.

---

[1]) Chem. Rev. üb. d. Fett- u. Harz-Ind. 1899. 6. 218.
[2]) Chem. Zeitg. 1901. 25. 628.
[3]) Chem. Zeitg. 1907. 31. 38.

Zur gleichzeitigen Viskositätsbestimmung von vier Ölen hat Martens[1]) einen Apparat konstruiert, bei welchem vier Englersche Ausflußgefäße in einem großen Wasserbade vereinigt sind. Der Apparat hat sich in der k. Versuchsanstalt in Charlottenburg sehr gut bewährt.

Für Viskositätsbestimmungen bei höheren Temperaturen bis zu 220° C. wird in der k. Versuchsanstalt in Charlottenburg ein hart gelöteter Englerscher Apparat mit einem Dampfbad für Anilin (180° C.) oder Nitrobenzolfüllung (220° C.) verwendet.

Engler und Künkler[2]) haben für denselben Zweck ein „Viskosimeter zur Prüfung von Ölen bei konstanter Temperatur" konstruiert.

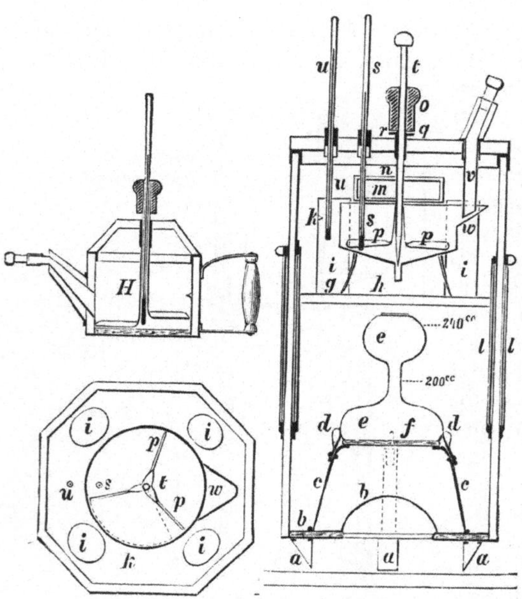

Der Apparat (Fig. 18), aus starkem Messingblech doppelwandig gearbeitet, ist achtseitig, 35 cm hoch und 20 cm breit. Er steht mit seinen vier Füßen a auf dem Ringe eines Dreifußes derart, daß die schrägen Seiten der Füße auf der inneren Kante des Ringes aufsitzen, wodurch beim Verschieben des Kastens auf den Füßen, die in ihrer Richtung mit den Niveaumarken des eingesetzten Viskosimeters korrespondieren, ein leichtes Einstellen der Flüssigkeit ins Niveau ermöglicht ist. Auf dem Boden ist, um die durch einen Bunsenbrenner zugeführte Wärme möglichst nach innen zu leiten, der kupferne Heizboden b mit einer starken Wölbung in der Mitte für die Bunsenflamme aufgeschraubt und durch eine dazwischengelegte Asbestplatte möglichst isoliert. Über der Wölbung des Bodens steht das Fußgestell c und auf diesem zwischen seitlichen Stützen d das Meßgefäß e, welches durch die doppelte Asbestscheibe f vor direkter Wärmestrahlung des Heizbodens geschützt ist. Über dem Meßgefäße liegt auf einem schmalen Kranze der den Apparat in zwei Teile trennende Zwischenboden g mit der Öffnung h für den ausfließenden Flüssigkeitsstrahl und den vier ovalen Steigröhren i, welche bis an den oberen Rand des mit vier Füßen auf dem Zwischenboden g stehenden Viskosimeters k reichen. Zwei lange, am unteren Teil einander gegenüberliegende Fenster mit doppelten Scheiben l lassen das Aus-

[1]) D. Holde, Die Untersuchung der Mineralöle und Fette. Berlin 1905. S. 105.
[2]) Dinglers Polyt. Journ. 276. 42.

fließen der Flüssigkeit beobachten, während zwei kleinere, an anderen Seiten des Apparates liegende Fenster m am oberen Teile einen Einblick in das Viskosimeter zur Beobachtung der Niveaumarken gestatten. In der Mitte des Deckels, in welchen zur Erhellung des oberen Teils des Apparates ebenfalls Scheiben eingesetzt sind, befindet sich ein Rührwerk, das heraufgezogen und herabgelassen werden kann. Dasselbe besteht aus der Röhre n, dem an ihrem oberen Teile befestigten Knopfe o zum Umdrehen und den drei Rührarmen p. Heruntergelassen liegt das Rührwerk mit dem Knopfe o auf einer an dem Deckel befestigten Scheibe q auf, aus welcher ein Drittel ausgeschnitten ist. In diesen Ausschnitt hängt eine an dem Knopfe befestigte Nase herab, die beim Drehen des Knopfes an die Seiten des Ausschnitts anschlägt, so daß das Rührwerk nur etwa $^1/_3$ Drehung machen und das Thermometer s nicht treffen kann. Eine zweite an der Röhre n sitzende und beim Heraufziehen und Herunterlassen des Rührwerks durch einen Schlitz des Deckels gehende Nase verhindert, auf die an dem Deckel befestigte Scheibe q aufgelegt, das Herabfallen des in die Höhe gezogenen Rührwerkes. Durch das Rührwerk hindurch geht der ebenfalls mit einem Holzknopf versehene, die Ausflußöffnung verschließende Stift t, so daß sich das Rührwerk um ihn dreht. Ein zweites Thermometer u hängt mit seinem Quecksilbergefäße zur Seite des Viskosimeters. Ferner ist in dem Deckel der doppelwandige Trichter v eingesetzt, der mit seinem unteren Ende bis in den breiten Ausguß w des Viskosimeters reicht. Mittels eines an der Seite des Apparates angebrachten Lotes stellt man diesen senkrecht und die Flüssigkeit ins Niveau.

Zum Erwärmen des in das Viskosimeter einzugießenden Öles dient die doppelwandige Kanne mit in den Boden eingelegter Asbestscheibe und Rührwerk, durch welches das sich mitdrehende Thermometer in die Flüssigkeit reicht.

Gebrauchsanweisung. Man setzt das Fußgestell mit den Asbestscheiben auf den Boden des Apparates, auf dieses das Meßgefäß, legt dann den Zwischenboden mit dem daraufstehenden Viskosimeter ein und setzt den Deckel fest auf, wobei zu beachten ist, daß Zwischenboden, Viskosimeter und Deckel mit ihren Strichmarken nach der an ihrer oberen Kante ebenfalls markierten Seite des Apparates gelegt werden. Das die Temperatur der Luft anzeigende Thermometer läßt man so weit in den Apparat hinabreichen, daß sein Quecksilbergefäß zur Seite des Viskosimeters steht, während das in die Flüssigkeit tauchende Thermometer bis nahe auf den Boden des Viskosimeters reichen soll. Der Trichter mit aufgesetztem Deckel wird eingesetzt, das Rührwerk heruntergelassen und die Ausflußöffnung mit dem durch das Rührwerk hindurchgeführten Stift verschlossen. Nun wird der Apparat mittels des Lotes senkrecht auf einen Dreifuß gestellt und zunächst mit stärkerer Flamme auf etwa $^4/_5$ der gewünschten Temperaturgrade erwärmt, dann mit immer schwächerer Flamme, bis die betreffende Temperatur allmählich erreicht ist und konstant bleibt. Dabei ist lediglich das außerhalb des Viskosimeters befindliche Thermometer maßgebend.

Inzwischen hat man das fast bis zu den Niveaumarken in die Kanne eingefüllte Öl unter Drehen des Knopfes in der Richtung des darauf markierten Pfeiles mit mäßiger Flamme bis auf die gewünschte Temperatur erwärmt und dann so viel Öl zu- oder abgegossen, daß dasselbe gerade bis zu den Niveaumarken reicht. Ist die Temperatur im Kasten konstant geworden, so erwärmt man wiederum das durch die Manipulation mit der Kanne kälter gewordene Öl auf die betreffende Temperatur, gießt es rasch durch den Trichter, läßt gut auslaufen und verschließt den Trichter wieder. Nun überzeugt man sich, ob das Öl im Niveau und bis zu den Marken steht, dreht das Rührwerk um, wobei man, wie auch beim nachherigen Aufziehen des Rührwerks, den Verschlußstift festhält, und sieht, ob die Temperatur des Öles die richtige ist. Alsdann zieht man das Rührwerk in die Höhe, zieht den Verschlußstift heraus, verschließt den Knopf des Rührwerks durch einen Stift oder Kork und beobachtet, in welcher Zeit, vom Herausziehen des Stiftes an gerechnet, das Meßgefäß bis zur Marke 200 ccm gefüllt wird. Das Öl gießt man zweckmäßig mit einer um $\frac{1}{4}°$—$\frac{1}{2}°$ höheren Temperatur in das Viskosimeter. Hat das bereits eingegossene Öl eine zu hohe oder zu niedere Temperatur, so kann dieselbe durch Steigern oder Sinkenlassen der Lufttemperatur im Apparate reguliert werden.

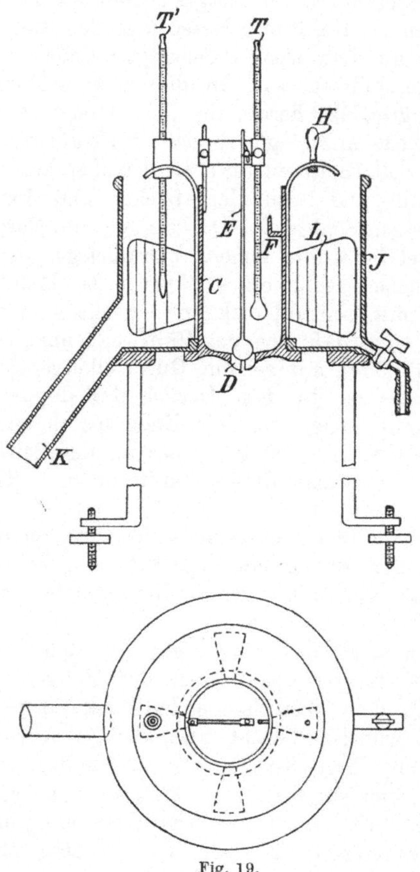

Fig. 19.

Nach einem ähnlichen Prinzip ist das Viskosimeter von Martens[1]) konstruiert.

In England wird Redwoods Viskosimeter benutzt.[2]) Dasselbe besteht aus dem versilberten Kupferzylinder C (Fig. 19) von ca. $1\,^7/_8$ engl. Zoll Durchmesser und $3\,^1/_2$ Zoll Tiefe. In den Boden ist ein Auslauf aus Achat eingesetzt, in dessen becherförmige Vertiefung ein versilberter, von einem Draht E gehaltener Messingknopf paßt. Die Spitze des

---

[1]) Mitt. Techn. Vers.-Anst., Berlin 1889. Ergänzungsh. V. S. 6.
[2]) Journ. Soc. Chem. Ind. 1886. 126.

rechtwinkelig gebogenen Drahtes F dient als Marke beim Einfüllen. Das in das Öl eingetauchte Thermometer wird von einer Klammer gehalten, welche auch den Draht E trägt. Das Gefäß C ist von dem Kupfermantel J umgeben. An denselben ist seitlich das unten geschlossene Rohr K angesetzt, mittels dessen die zwischen Mantel und Ölgefäß befindliche Flüssigkeit auf die gewünschte Temperatur gebracht werden kann. Die gleichmäßige Verteilung der Wärme wird durch einen Rührer bewirkt, den man mittels der Handhabe H in Bewegung setzt. Die Temperatur der Flüssigkeit wird mittels des Thermometers T' kontrolliert.

Zum Gebrauche füllt man den Kupfermantel mit Wasser, wenn man die Viskosität bei einer unter 95° C. liegenden Temperatur messen will, sonst mit Mineralöl. Man erwärmt sowohl diese Flüssigkeit als auch das zu prüfende, vorher gereinigte und getrocknete Öl auf die gewünschte Temperatur und gießt das Öl in C genau bis zur Marke ein. Man stellt dann ein enghalsiges 50 ccm-Kölbchen in ein Gefäß, welches mit einer auf die Versuchstemperatur erwärmten Flüssigkeit gefüllt ist, und bringt seine Mündung unter den Auslauf des Viskosimeters. Hierauf hebt man den Knopf und zählt die Sekunden, welche zur Füllung des 50 ccm-Kölbchens notwendig sind.

Bei der Viskositätsbestimmung von Schmierölen herrscht im allgemeinen das Prinzip, daß die Öle nahe bei jener Temperatur geprüft werden, auf welche sie sich bei ihrer Verwendung erwärmen. Maschinen-Schmieröle werden häufig bei 50° C., Zylinderöle bei 150° C. geprüft.

In neuerer Zeit wurde für Viskositätsbestimmungen von Mineralölen von einigen Seiten, insbesondere von R. Wischin[1]) das Lamansky-Nobelsche Viskosimeter, bei welchem der Ausfluß des Öles unter konstantem Druck erfolgt, empfohlen.

Der Apparat (Fig. 20 u. 21, S. 66/67), dessen Dimensionen in der zweiten Abbildung eingezeichnet sind, besteht aus einem messingenen, zylindrischen Gefäße w, welches ein durch direkten Dampf heizbares Wasserbad vorstellt, das oben fest verschlossen ist, und durch dessen Deckel ein Dampfrohr führt, welches am Boden des Gefäßes kreisförmig gebogen und mit Löchern versehen ist, damit der zugeführte Dampf in das Wasser frei austreten kann. Außerdem befindet sich im Deckel des Wasserbades noch eine Öffnung zum Eingießen von Wasser, eine andere zur Einführung eines durch die Bohrung eines Korkes gehenden Thermometers t und zwei durch Öl dichtbare Öffnungen o, die als Führungen für einen Mischer m dienen, durch dessen Auf- und Abbewegen bei gleichzeitigem Dampfeintritte eine ganz gleichmäßige Erwärmung des Wasserbades ermöglicht wird. Ein Abflußrohr a dient zur Abführung des überschüssigen, durch Kondensation des Dampfes erzeugten Wassers. Der Ölbehälter g ist in der Mitte des festverbundenen Deckels ebenfalls fest verbunden eingesetzt. Er besteht aus einem zylindrischen Gefäße, welches unten konisch ausläuft und durch das Rohr r mit dem

---

[1]) Chem. Rev. üb. d. Fett- u. Harz-Ind. 1897. 4. 75 u. 89.

Boden des Wasserbades fest verbunden ist. An der Mündung dieses Rohres läßt sich in ein Gewinde ein durchlochtes Metallstück einschrauben, dessen Öffnung sich durch den Schieber h, dessen Ansicht in D wiedergegeben ist, schließen und öffnen läßt. Auf den Ölbehälter läßt sich ein Metalldeckel luftdicht aufschrauben, wie es in der Abbildung C veranschaulicht ist, der in der Mitte eine Öffnung für ein Thermometer zur Kontrolle der Öltemperatur trägt und außerdem noch das Röhrchen c eingepaßt hat, welches unten schief abgeschnitten und oben durch einen kleinen Korkstöpsel verschließbar ist, oder einen Schraubenverschluß besitzt.

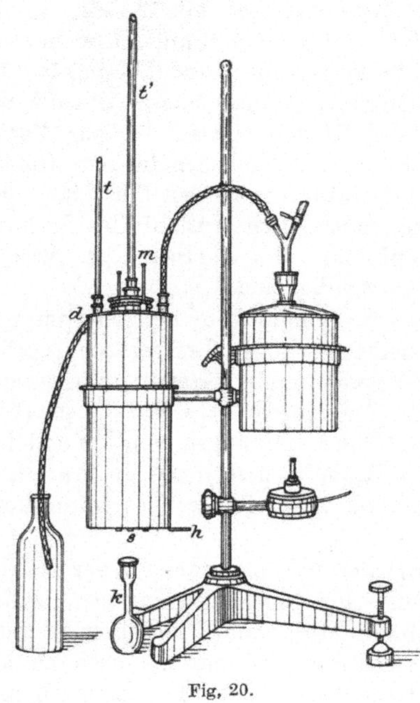

Fig. 20.

Dieses Röhrchen, welches während des Versuches offen ist, dient zur Erhaltung des konstanten Druckes, der durch Einsaugen von Luft ermöglicht wird.

Der ganze Apparat wird auf ein geeignetes Stativ montiert und der nötige Dampf entweder durch eine Dampfleitung oder, falls eine solche nicht vorhanden ist, aus einem kleinen, ebenfalls am Stativ aufmontierten Dampfkessel V zugeführt.

Zum Zwecke der Bestimmung der Ausflußdauer von 100 ccm destilliertem Wasser bei 50° C. wird das Wasserbad mit Wasser gefüllt, durch Einlassen von Dampf und Auf- und Abbewegen des Rührers auf genau 50° C. erwärmt, sodann wird das Ölgefäß mit Wasser von 50° C. gefüllt (wobei der Schieber geschlossen sein muß), das Thermometer in die Mittelöffnung des Deckels eingesetzt und bei offnem Röhrchen der Schieber geöffnet. Der Ausfluß erfolgt unter konstantem Druck, indem während des Ausfließens Luft durch das Röhrchen c eingesaugt wird. In das unter dem Apparate befindliche Kölbchen k läßt man nun bis 100 ccm Wasser einfließen und bestimmt mit Hilfe einer Sekundenuhr die Zeit, welche hierzu nötig ist. Die Ausflußöffnung soll derart gebohrt sein, daß diese Zeit möglichst genau 60 Sekunden beträgt.[1] Die Ausflußzeit dieser 100 ccm Wasser gibt wie beim Englerschen Apparate den Koeffizienten an, durch den bei Viskositätsbestimmungen die Ausflußzeit des Versuchsöles dividiert werden muß, um die Viskosität zu finden.

---

[1] R. Wischin schlägt vor, die Ausflußöffnung so groß zu wählen, daß die Ausflußzeit des Wassers nur 30—40 Sekunden beträgt.

Bei der Viskositätsbestimmung von Ölen verfährt man in derselben Weise, wobei man das Versuchsöl, nachdem das Wasserbad auf die gewünschte Temperatur vorgewärmt wurde, in einem geeigneten Gefäße auf eine um 1^0—2^0 höhere Temperatur als die Versuchstemperatur bringt und sodann in den Apparat eingießt.

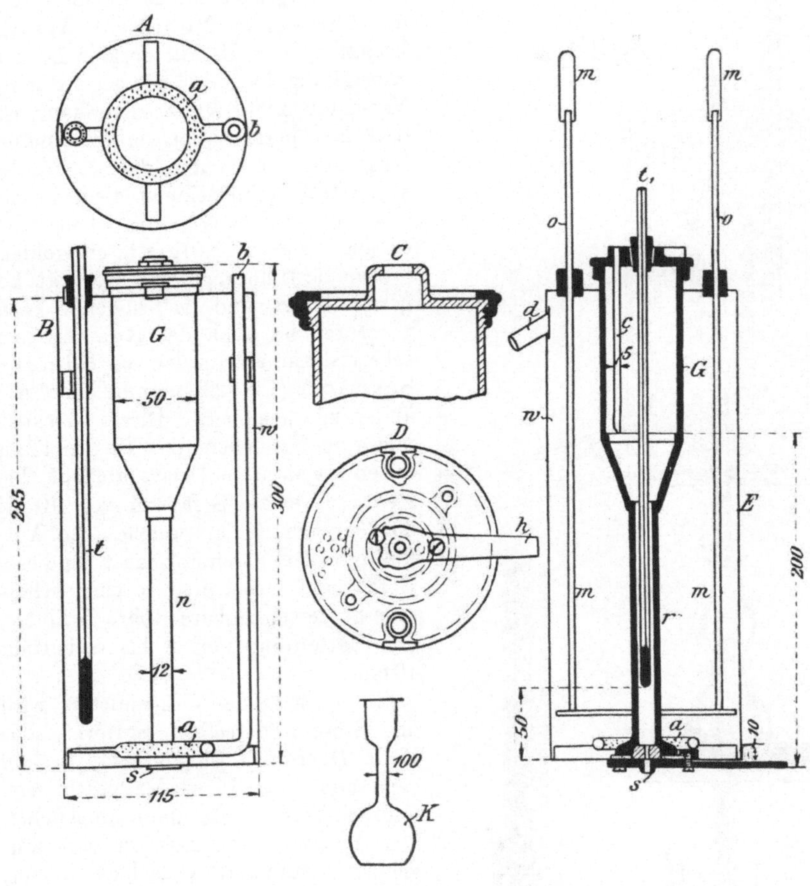

Fig. 21.

Da der Druck ein konstanter ist, können während eines Versuches z. B. bei sehr viskosen Ölen Kontrollbestimmungen in der Weise ausgeführt werden, daß man zweimal bloß 50 ccm ausfließen läßt und die gefundenen Werte mit zwei multipliziert. Die mit dem Apparate bestimmten Ausflußzeiten variieren selten um mehr als eine halbe Sekunde.

Die folgende Tabelle enthält die Ergebnisse einiger vergleichender Versuche mit dem Englerschen und Lamansky-Nobelschen Apparate.

Ölsorte		Versuchstemperatur	Viskosität nach Engler	Viskosität nach Lamansky-Nobel
Spindelöl	0·8986	. . 20° C.	. 12·2	. . 14.8
Spindelöl	0·8996	. . 50° C.	. 2·5	. . 4·0
Maschinenöl	0·9085	. . 20° C.	. 42·8	. . 48·8
Maschinenöl	0·9085	. . 50° C.	. 5·7	. . 8·4
Zylinderöl	0·9155	. . 50° C.	. 12·4	. . 16·4

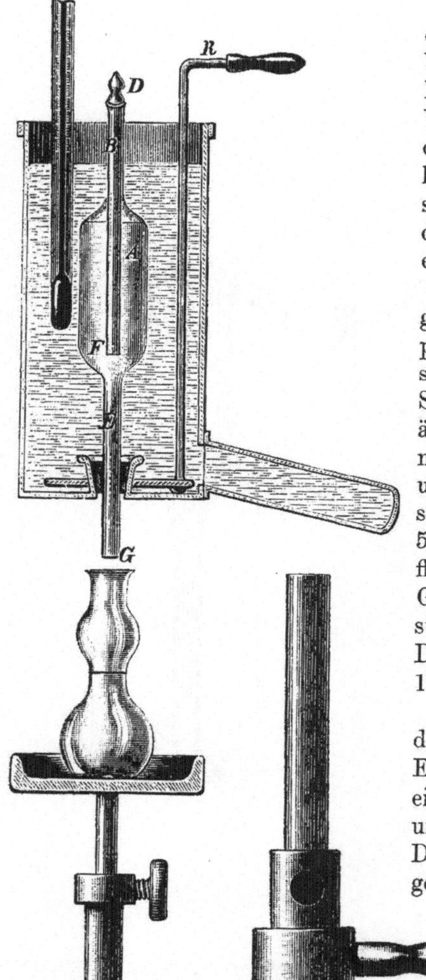

Fig. 22.

Von einigen kleinen Mängeln, welche der Lamansky-Nobelsche Apparat besitzt (wie z. B. daß er kein Lot zur Einstellung hat, daß der gegenwärtige Verschluß nicht ganz zuverlässig ist, daß das Thermometer verhältnismäßig lang sein muß, und daß er infolge seiner Höhendimensionen nicht besonders kompendiös ist), abgesehen, wird er auch von L. Singer[1]) empfohlen.

Zur Bestimmung der Viskosität bei gewöhnlicher und bei höheren Temperaturen ist auch das Reischauersche Viskosimeter in der von Edmund Schmid[2]) (Fig. 22) empfohlenen Abänderung geeignet. Dieses Viskosimeter, bei welchem das Öl gleichfalls unter konstantem Druck abfließt, besteht aus einem Gefäße A von 40 bis 50 ccm Inhalt, an welches die Ausflußröhre E angeschmolzen ist. In dieses Gefäß ragt ferner die mit einem Glasstöpsel verschließbare Röhre B hinein. Die Entfernung von F bis G beträgt 10 cm.

Zur Füllung des Viskosimeters wird der Stöpsel desselben entfernt, das Ende D in das Öl getaucht, das Öl eingesaugt, bei D wieder geschlossen und das Viskosimeter dann umgekehrt. Der Apparat wird nun in eine umgekehrte, tubulierte Glasglocke mittels Kautschukstopfens so eingesetzt, daß das Ende von E unten herausragt, und das Gefäß wird mit Wasser gefüllt, welches auf 20° C. erhalten wird. Dann wird der Glasstöpsel gelüftet, und nach-

[1]) Chem. Rev. üb. d. Fett- u. Harz-Ind. 1897. 4. 245.
[2]) Chem. Zeitg. 1885. 9. 1514.

dem in F die erste Luftblase aufgestiegen ist, ein 25 ccm haltendes Kölbchen untergeschoben und die Zeit bis zur Füllung desselben beobachtet. Diese Zeit wird für Rüböl gleich 100 gesetzt. Statt der Glasglocke ist in der Figur ein Kupfergefäß gezeichnet, welches bei Bestimmung der Viskosität bei über 100° C. liegenden Temperaturen zur Verwendung kommt. Dasselbe wird mit hochsiedendem Mineralöl gefüllt und in der aus der Zeichnung ersichtlichen Weise geheizt. R ist ein Rührer, dessen untere Scheibe die Form eines nicht ganz geschlossenen Ringes hat.

Ein Apparat, der besonders zu Viskositätsbestimmungen geeignet ist, wenn nur kleine Ölmengen zu beschaffen sind, wie sie beispielsweise bei der Bestimmung von Mineralöl in fettem Öl in dem unverseifbaren Anteile erhalten werden, ist von A. Künkler[1] konstruiert worden.

Lunge[2] benutzt zur Bestimmung der Viskosität bei Ölen von großer Zähflüssigkeit, bei denen das Englersche Viskosimeter bei gewöhnlicher Temperatur schon versagt, einen Ölprüfer (Fig. 23).

Als Maß für die Zähflüssigkeit wird bei demselben die Zeit des Einsinkens des Apparates bis zu einem bestimmten, oberhalb des spe-zifischen Gewichtes der Flüssigkeit liegenden Punkte genommen. Zu nahe an das wirkliche spezifische Gewicht darf hierbei nicht gegangen werden, weil sonst das Einsinken zuletzt viel zu langsam erfolgt, und der Augenblick, wo es beendigt ist, nicht genau bestimmt werden kann.

Das zu prüfende Öl wird in einen Aräometerzylinder gebracht, und dieser in ein großes Gefäß gestellt, das etwa 10 Liter Wasser enthält, und dessen Temperatur deshalb ohne Schwierigkeit während der Versuchsdauer konstant erhalten werden kann. Der Inhalt des Zylinders wird mit

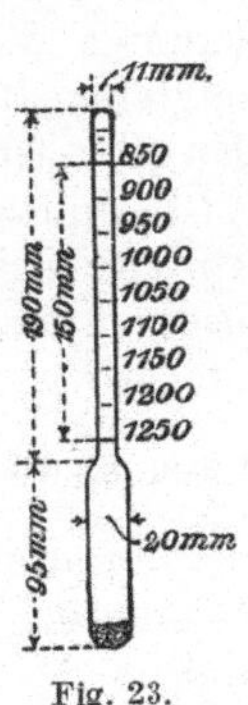

Fig. 23.

einem unten ringförmig gebogenen Drahte gut durchgemischt, bis er die Temperatur des Wassermantels erreicht hat. (Es sei bemerkt, daß bei diesen Bestimmungen ebenso wie bei den anderen Viskositätsbestimmungen sehr genaue Thermometer benutzt werden müssen, da $^1/_4$° Temperaturunterschied schon bedeutende Differenzen ergibt.) Als Endpunkt des Einsinkens wurde von Lunge die Marke 0·975 angenommen. Zur Prüfung selbst hält man das Instrument so, daß sein Boden die Oberfläche der Flüssigkeit eben berührt, und beobachtet mit der Sekundenuhr die Zeit, welche verfließt, bis das Instrument an der Marke — also nach Lunge bei 0·975 — angekommen ist. Sollte sich beim Einsinken das Instrument schief stellen, so kann man es, ohne die Genauigkeit zu vermindern, durch einen leichten Seitendruck gerade richten. Man vernachlässigt bei der Benutzung des „Ölprüfers" die erste Beobachtung und benutzt nur das Mittel aus den folgenden, weil bei der ersten Beobachtung das trockene Instrument

[1] Dinglers Polyt. Journ. 290. 281.
[2] Zeitschr. f. angew. Chem. 1895. 189.

zur Verwendung kam. Vor jeder Beobachtung läßt man das Instrument etwas abtropfen.

Als Normalflüssigkeit zur Eichung des Ölprüfers empfiehlt Lunge gereinigtes Ricinusöl.

Von anderen Apparaten zur Bestimmung der Konsistenz und Viskosität seien noch das von N. Wender[1]) konstruierte „Fluidometer", ein von Weiß[2]) durch das deutsche Reichspatent 81 265 geschützter Konsistenzmesser und ein von Killing[3]) insbesondere zur Prüfung von Butter und Margarine empfohlener Apparat erwähnt.

Ein von Jones[4]) zur Bestimmung der Viskosität von Flüssigkeiten ausgearbeitetes Verfahren beruht darauf, daß die Geschwindigkeit gemessen wird, mit welcher kleine Kugeln einer fremden Substanz unter dem Einfluß der Schwerkraft sich durch die betreffende Flüssigkeit hindurch bewegen.

R. Nettel[5]) bestimmt die Viskosität heller Mineralöle durch Vergleich der Fallzeit eines Wassertropfens in dem zu untersuchenden Öle mit den Fallzeiten gleich großer Wassertropfen in zwei Ölen von bekannter Viskosität nach Engler; in der Zähflüssigkeit der beiden letzteren Öle muß eine größere Differenz bestehen, mindestens 10—20 Engler-Grade. Wird jede der erhaltenen Zahlen durch die entsprechende Viskositätsziffer dividiert, so werden zwei Faktoren erhalten, deren Unterschied durch die Verschiedenheit in den spezifischen Gewichten bedingt ist. Aus diesen Größen läßt sich folgendermaßen der Faktor für jedes andere Öl ableiten: FA sei der Faktor des bekannten zähflüssigen Öles, dargestellt durch den Bruch $\dfrac{\text{Fallzeit}}{\text{Viskosität nach Engler}}$, Fa der des dünnflüssigen, Fx der zu suchende eines unbekannten Öles (von bekanntem spezifischen Gewicht). Dann ist Fx, d. h. die Zahl, durch welche die Fallzeit dividiert werden muß, um die Viskosität in Engler-Graden zu erhalten:

$$FA - \left[\frac{FA - Fa}{\text{Spez. Gew. } A - \text{Spez. Gew. } a} \cdot (\text{Spez. Gew. } A - \text{Spez. Gew. } x)\right].$$

Die Bestimmungen werden in genau gearbeiteten Büretten von 12 mm innerem Durchmesser und mit einer Fallhöhe von ungefähr 404 mm ausgeführt.

Der Viskositätsgrad wird vornehmlich ermittelt, um ein Urteil über die Verwendbarkeit eines Öles als Schmieröl zu gewinnen. Engler hat als untere Grenze für die Brauchbarkeit eines Öles zu diesem Zwecke den Viskositätsgrad 2·6 bei 20° C. und Wasser $= 1$ angegeben.

---

[1]) Chem. Zeitg. 1895. 19. 856.
[2]) Zeitschr. f. angew. Chem. 1896. 168.
[3]) Zeitschr. f. angew. Chem. 1894. 643.
[4]) Chem. Zeitg. 1894. 18. 292.
[5]) Chem. Zeitg. 1905. 29. 385.

2. Spektroskopische Untersuchung.

Das unbewaffnete Auge findet keine charakteristischen Unterschiede in der meist weißlichen oder gelblichen Farbe der Fette und Öle. Analysiert man diese Färbungen mit Hilfe des Spektroskopes etwas genauer, so erhält man oft recht charakteristische Spektren, die freilich nicht der Fettsubstanz, sondern den sie begleitenden, aus den Pflanzen stammenden, geringen Mengen von Farbstoffen zuzuschreiben sind und zuweilen zur Unterscheidung einzelner Öle dienen können.

Doumer teilt die Öle nach ihrem spektroskopischen Verhalten ein in solche, welche das Chlorophyllspektrum zeigen (Olivenöl, Hanföl, Nußöl), solche, welche kein charakteristisches Spektrum geben (Ricinusöl, Mandelöl, Schmalzöl), solche, welche die chemisch wirksamen Strahlen des Spektrums absorbieren (Rüböl, Leinöl, Senföl), und in solche mit verschiedenen Spektren (Sesamöl, Arachisöl, Mohnöl, Baumwollsamenöl).

3. Mikroskopische Untersuchung.

Die mikroskopische Prüfung ist wiederholt zur Unterscheidung von festen Fetten und zur Erkennung von Verfälschungen vorgeschlagen worden. Man löst das Fett in Äther, Schwefelkohlenstoff, Chloroform oder Petroleumäther auf und läßt einen Tropfen der Lösung auf dem Objektglas verdunsten. Nach Long[1]) gibt Chloroform die besten Resultate. Butterfett, Rindertalg, Hammeltalg, Schweinefett geben charakteristische Kristallisationen Doch hat diese Untersuchungsmethode, obwohl sie von Taylor, Brown, Hehner und Angell, Mylius, Skalweit, Wiley u. a. warm empfohlen wurde, bisher verhältnismäßig wenig Eingang gefunden. Besonders charakteristisch ist das Aussehen der Fettkristalle im Polarisations-Mikroskope.

4. Bestimmung des spezifischen Gewichtes.

Flüssige Fette. Das spezifische Gewicht der Öle wird genau so wie dasjenige anderer Flüssigkeiten mit dem Piknometer, Aräometer oder der hydrostatischen Wage bestimmt, doch ist die letztgenannte Methode nur für dünnflüssige Fette geeignet.

Von den Piknometern können für leichtflüssige Öle zweckmäßig solche mit massivem Kapillarröhrenstöpsel oder solche mit eingeschliffenem Thermometer Verwendung finden. Für dickflüssige Öle eignen sich Piknometer mit Steigrohr und Thermometer[2]) (Fig. 24). Dieselben werden erst mit destilliertem Wasser von bekannter Zimmertemperatur gewogen und das Gewicht des Wassers auf das gleiche Volumen bei 4^0 C. umgerechnet. Hierauf wird das zu untersuchende Öl in das reine, getrocknete Piknometer ge-

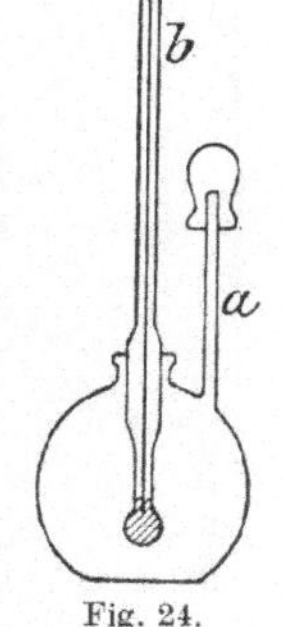

Fig. 24.

---

[1]) Bull. of the Chicago Ass. of Sciences 1885. I. No. VII.
[2]) D. Holde, Die Untersuchung der Mineralöle und Fette. Berlin 1905. S. 91.

füllt. Hierbei muß das Öl eine etwas unter 15° C. liegende Temperatur besitzen, damit es nach Annahme der Temperatur des Wasserbades (von 15° C.), in welches es gebracht wird, das Steigrohr vollständig ausfüllt. Wenn die Temperatur des Öles konstant geworden ist und das Steigrohr a gefüllt erscheint, wird die Kappe C über dasselbe gesetzt und das Piknometer, nachdem es abgetrocknet worden ist, gewogen. Bemerkt sei noch, daß das Öl im Piknometer keine Luftblasen enthalten darf und daß das gefüllte Piknometer nur am Halse angefaßt werden darf, damit sich das Öl in demselben nicht erwärmt.

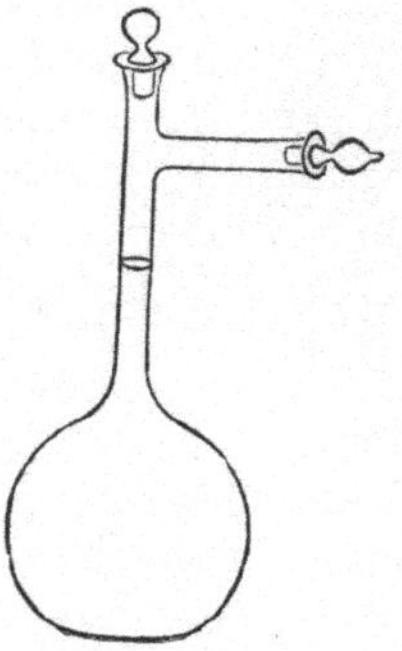

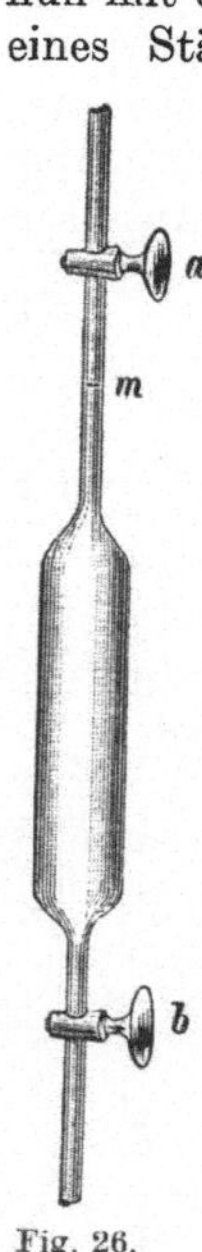

Fig. 25.

Brühl[1]) bestimmt das spezifische Gewicht zähflüssiger Substanzen mittels eines Flaschenpiknometers von etwa 2 cm Halsweite, welches einen seitlichen Ansatz trägt (Fig. 25). Beide Öffnungen sind durch eingeschliffene Stöpsel verschließbar. Man füllt die Substanz mittels einer rasch wirkenden Saugpumpe in eine Glaspipette mit weitem Ablaufrohr, schiebt ein 2 cm langes Kautschukrohr über den vertikalen Hals des Piknometers, steckt das Abflußrohr der Pipette hindurch und senkt dessen unteres Ende bis in den Bauch des Kölbchens hinein. Das seitliche Ansatzrohr wird nun mit der Pumpe verbunden, das Öl eingesaugt, der Überschuß mittels eines Stäbchens aus aufgerolltem Zigarettenpapier entfernt, und die beiden Röhren mittels aufgerollter Leinwandstreifen gereinigt. Die Entleerung erfolgt durch Einsenken der Pipette bis zum Boden und Aussaugen.

Stohmann verwendet zur Bestimmung des spezifischen Gewichtes von Ölen ein 100 ccm-Kölbchen, welches er genau bis zur Marke mit dem auf die Normaltemperatur gebrachten Öle füllt. Wägt man bis auf Dezigramm genau, so erhält man das spezifische Gewicht bis zur vierten Dezimale. Ein eigenes Ölpiknometer von pipettenartiger Form wurde von Ponpe[2]) empfohlen (Fig. 26). Es besteht aus einem Zylinder, dessen unteres Ende sich zu einem mit einem guten Glashahn versehenen Rohre verjüngt und an dessen oberes Ende ein Kapillarrohr mit Marke und Glashahn angeschmolzen ist. Das Öl wird im Becherglase auf die Bestimmungstemperatur gebracht und mittels eines an a angesetzten Kautschukschlauchs durch b in den Apparat gesaugt. Man entfernt das Öl durch Herausblasen und wiederholt diese Operation so oft, bis das Piknometer die betreffende Temperatur angenommen hat, endlich füllt man aufmerksam bis zur Marke m und schließt den Hahn a. Das untere Ende des Apparates wird aus dem Öl herausgenommen, der Hahn b geschlossen

Fig. 26.

---

[1]) Berichte d. deutsch. chem. Ges. 1891. 24. 182.
[2]) Chem. Zeitg. 1890. 14. Rep. 105.

und a geöffnet. Zur Entfernung des im Rohr bis b stehenden Öles taucht man in Äther, worauf dieser an die Stelle des Öles tritt, was man an der Farbenveränderung erkennt. Man entfernt den Äther, läßt den anhaftenden Rest verdunsten und wägt. Beim Justieren mit Wasser verfährt man ebenso, nur taucht man zuerst in Alkohol, dann in Äther. Der Inhalt beträgt ca. 5 ccm, das Gewicht 15—20 g. Für die unverseifbaren Anteile von Ölen dient ein Piknometer von 1 ccm Inhalt.

Alen[1]) hat die Korrekturen bestimmt, welche man anbringen muß, wenn man das spezifische Gewicht nicht bei der Normaltemperatur ermittelt. Er fand, daß alle untersuchten nicht trocknenden fetten Öle mit Ausnahme des Walfischtranes bei gleicher Temperaturerhöhung merklich gleiche Ausdehnung haben, und daß man diese Korrektur mit $0\cdot00064$ für 1^0 C. annehmen kann.

Ein Öl zeige z. B. bei 22^0 C. das spez. Gew. $0\cdot9207$, wie groß ist das spez. Gew. bei $15\cdot5^0$ C.? Die Temperaturdifferenz ist $22 - 15\cdot5 = 6\cdot5$, somit hat man die Korrektur $6\cdot5 \times 0\cdot00064 = 0\cdot00416$ zu $0\cdot9207$ zu addieren und erhält $0\cdot92486$ spez. Gew. bei $15\cdot5^0$ C.

Der Ausdehnungskoeffizient eines Öles wird gefunden, indem man die Korrektur für die Temperatur durch das spezifische Gewicht dividiert. Er ist z. B. bei Olivenöl $0\cdot00064 : 0\cdot916 - 0\cdot000715$. Man kann diese Zahl noch durch Berücksichtigung des Ausdehnungskoeffizienten des Glases korrigieren.

D. Holde[2]) gibt für die Korrektur des spezifischen Gewichts pro Grad die Zahl $0\cdot00065$ an.

Die bei der Öluntersuchung benutzten Skalenaräometer geben entweder direkt das spezifische Gewicht an, oder sie haben eine Teilung nach Graden, welche mit Hilfe der Tabelle (siehe Seite 74), in welcher n die abgelesenen Grade, s das spezifische Gewicht bezeichnet, leicht auf spezifische Gewichte umgerechnet werden können.

Werden die Ablesungen nicht bei der Normaltemperatur ausgeführt, so muß die Korrektur vorgenommen werden, was mit Hilfe des im Innern des Aräometers angebrachten Thermometers und der den Instrumenten beigegebenen Tabellen leicht durchzuführen ist.

Feste Fette. Die Bestimmung der Dichte der bei gewöhnlicher Temperatur festen und schmalzartigen Fette mittels des Piknometers bietet bei Befolgung der auf dem Prinzipe der Verdrängung eines gleichen Volumens Wasser basierenden Methode Schwierigkeiten dar, weil die Fette auf Wasser schwimmen.

---

[1]) Commercial Organic Analysis. London 1896; J. F. Wolfbauer (Österr.-ung. Zeitschr. f. Zuckerindustrie u. Landwirtschaft, Wien 1897) rechnet das bei einer anderen als der Normaltemperatur von 15^0 C. bestimmte spez. Gew. eines fetten Öles nach der Formel: $D_{15} = D_t + (t - 15)\, 0\cdot00065$ auf die Normaltemperatur um. Hierbei bedeutet D_{15} die gesuchte Dichte bei 15^0 C., D_t die bei der Operationstemperatur t erhobene scheinbare Dichte.

[2]) D. Holde, Die Untersuchung der Mineralöle und Fette. Berlin 1905. S. 90.

Aräometer von	Temperatur	Flüssigkeit schwerer als Wasser	Flüssigkeit leichter als Wasser
Balling	17·5 ⁰ C.	$s = \dfrac{200}{200 - n}$	$s = \dfrac{200}{200 + n}$
Baumé[1]) . . .	12·5 ⁰ C.	$s = \dfrac{144}{144 - n}$	$s = \dfrac{144}{144 + n}$
Baumé	15 ⁰ C.	$s = \dfrac{144·3}{144·3 - n}$	$s = \dfrac{144·3}{144·3 + n}$
Baumé	17·5 ⁰ C.	$s = \dfrac{146·78}{146·78 - n}$	$s = \dfrac{146·78}{146·78 + n}$
Beck	12·5 ⁰ C.	$s = \dfrac{170}{170 - n}$	$s = \dfrac{170}{170 + n}$
Brix	12·5 ⁰ R. / 15·625 ⁰ C.	$s = \dfrac{400}{400 - n}$	$s = \dfrac{400}{400 + n}$
Cartier	12·5 ⁰ C.	$s = \dfrac{136·8}{126·1 - n}$	$s = \dfrac{136·8}{126·1 + n}$
Fischer	12·5 ⁰ R. / 15·625 ⁰ C.	$s = \dfrac{400}{400 - n}$	$s = \dfrac{400}{400 + n}$
Gay-Lussac . .	4 ⁰ C.	$s = \dfrac{100}{n}$	$s = \dfrac{100}{n}$
E. G. Greiner .	12·5 ⁰ R. / 15·625 ⁰ C.	$s = \dfrac{400}{400 - n}$	$s = \dfrac{400}{400 + n}$
Stoppani . . .	12·5 ⁰ R. / 15·625 ⁰ C.	$s = \dfrac{166}{166 - n}$	$s = \dfrac{166}{166 + n}$

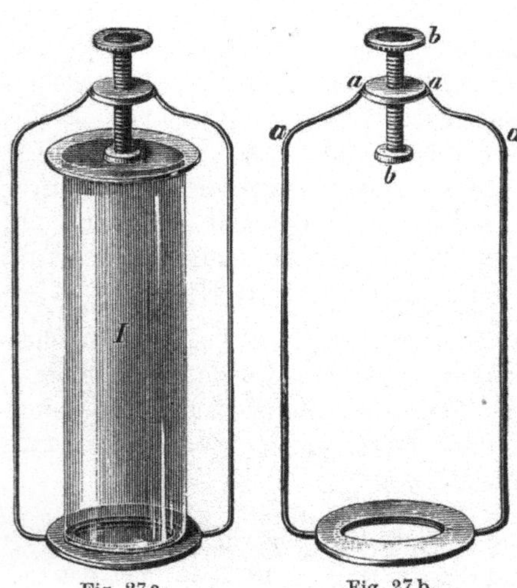

Fig. 27 a. Fig. 27 b.

Gintl[2]) verwendet zu diesem Zwecke das in Fig. 27a u. 27b abgebildete Piknometer. Dasselbe besteht aus einem kleinen zylindrischen, möglichst leichten Glasgefäße mit ebenem Boden, dessen Mündung mit einer gut aufgeschliffenen Glasplatte verschlossen werden kann. Das Gefäß kann in einen vergoldeten Rahmen aus Messing eingestellt und die Glasplatte durch die oben angebrachte Schraube fest an seine Mündung aufgedrückt werden. Man wägt das Gefäß leer, dann mit Wasser gefüllt, entleert

---

[1]) Es ist genau darauf zu achten, welche Normaltemperatur auf dem Aräometer angegeben ist, da nach dieser eine der drei gegebenen Formeln gewählt werden muß.

[2]) Dinglers Polyt. Journ. 194. 42.

und trocknet es und gießt nun so viel von dem geschmolzenen und filtrierten Fett ein, daß eine Kuppe über den Rand hervorsteht, läßt auf die im Beobachtungsraume herrschende Temperatur (derselben, bei welcher der Apparat mit Wasser gefüllt gewogen wurde) erkalten, schiebt die Glasplatte auf, drückt die Schraube fest, entfernt die überschüssige Substanz durch Wischen mit einem in Petroleumäther getauchten Leinwandlappen und wägt.

Wynter Blyth[1]) wägt das filtrierte Fett in einem mit Blei oder Quecksilber beschwerten Gläschen erst an der Luft, dann in Wasser von 15° C., ermittelt dann den Gewichtsverlust, welchen das Gläschen für sich allein im Wasser erleidet, und berechnet aus diesen Daten das spezifische Gewicht.

R. Wagner[2]), Hager[3]) und andere wenden die zuerst von Fresenius und Schulze vorgeschlagene Methode der spezifischen Gewichtsbestimmung an.

Hager schmilzt die Fette, Wachsarten usw. bei einer unter 100° C. liegenden Temperatur, erwärmt die Ausgußtelle des Gefäßes und läßt die flüssige Masse aus einer Höhe von 2—3 cm auf eine 1·5—2 cm hohe Schichte kalten, 60—90prozentigen Weingeists tropfen, der sich in einer Glasschale mit vollkommen ebenem Boden befindet, wobei er jeden Tropfen an eine andere Stelle setzt. Talg, Butter, Schweinefett usw. erstarren dabei zu vollkommen runden Kugeln. Diese werden mittels eines Löffels noch weingeistfeucht in die Flüssigkeit, die zur Dichtenbestimmung dient, gebracht, welche, je nachdem die Substanz ein geringeres oder größeres spezifisches Gewicht als Wasser besitzt, aus einer Mischung von Wasser und Weingeist oder Wasser und Glycerin besteht. Als Gefäß dient ein 6—7 cm hohes, 4 cm weites Pulverglas. Nun wird so lange Weingeist oder mit Wasser stark verdünnter Weingeist (aber nicht Wasser allein, weil sonst Gasbläschen aufsteigen), respektive Glycerin oder stark verdünntes Glycerin hinzugemischt, bis die Kügelchen in der in Rotation versetzten Flüssigkeit gerade schwimmen. Endlich wird durch Glaswolle abgegossen und das spezifische Gewicht der Flüssigkeit, welches nun dem des Fettes genau gleich ist, mit dem Aräometer oder Piknometer bestimmt.

Chattaway sowie auch Allen wenden gegen diese Methode der Dichtenbestimmung ein, daß die Fette, namentlich Wachs und Walrat, durch das rasche Abkühlen sich anormal kontrahieren. Allen empfiehlt, das Wachs in einem Uhrglase auf dem Wasserbade zu schmelzen, erstarren zu lassen und mit dem Messer oder Korkbohrer Stücke herauszuschneiden. Dieselben sind zur Entfernung von Luftblasen mit einer nassen Bürste zu überstreichen und mit der Pinzette in den Weingeist zu bringen.

Dieterich[1]) hat jedoch gezeigt, daß die Methode Hagers, in

---

[1]) The Analyst 5. 76.
[2]) Dinglers Polyt. Journ. 187. 52.
[3]) Pharm. Centralhalle 20. 132.
[4]) Helfenberger Annalen 1886.

folgender Weise ausgeführt, sehr gute Resultate liefert. Am Rand einer nicht zu großen Weingeistflamme erhitzt man ein größeres Stück Wachs bis zum Abschmelzen eines Tropfens. Man läßt denselben in ein flaches, mit Weingeist gefülltes Schälchen fallen, wobei man das Wachsstück dem Niveau des Weingeistes soviel als möglich nähert, weil das Herabfallen aus größerer Höhe ein Einschließen von Luft in die Perle mit sich bringen könnte. Man stellt von jedem Wachsstück 10—12 Perlen her, legt dieselben auf Löschpapier und läßt sie 18 bis 24 Stunden liegen. Man stellt nun bei Dichtenbestimmungen von Wachs 8 Proben Weingeist im spez. Gew. von 0·960, 0·961 usw. bis 0·967 her, bringt die Wachsperlen der Reihe nach bei 15° C. in diese Flüssigkeiten und beobachtet, in welcher sie schweben. Einzelne lufthaltige Perlen, welche sich von der Mehrzahl dadurch unterscheiden, daß sie aufschwimmen, sind zu entfernen.

Wasserhaltige Wachsproben sind vorher durch Schmelzen mit Glaubersalz und Filtrieren zu entwässern.

Rakusin[1]) gibt folgendes einfache Verfahren zur Bestimmung des spezifischen Gewichtes für feste Fette an: Das zu untersuchende Fett wird in bohnengroße Stücke geschnitten und diese dann auf einer Messerspitze vorsichtig in Alkohol von 70—90 % eingetaucht. Der Alkohol wird in das genau kalibrierte Gefäß (Fig. 28) vorsichtig aus einer Pipette eingegossen, wonach das Gefäß mit der Flüssigkeit genau gewogen wird. Nachdem von dem zu untersuchenden Fette 1—2 g in das Gefäß hineingebracht wurden, wird dasselbe bei verschlossenem Stopfen nochmals gewogen. Die Differenz beider Gewichte und das genau abgelesene Volumen des festen Fettes ergeben das gewünschte spezifische Gewicht mit einer für praktische Zwecke hinreichenden Genauigkeit. Das Verfahren soll ganz besonders für Paraffin, Ceresin, Wachsarten usw. geeignet sein und läßt sich bei Änderung der Senkflüssigkeit für andere Substanzen verwenden, deren spezifisches Gewicht größer oder kleiner als 1 ist.

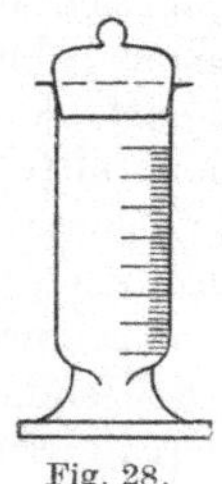

Fig. 28.

Bestimmung des spezifischen Gewichtes der festen und flüssigen Fette bei höherer Temperatur. Die Dichtenbestimmung der festen und flüssigen Fette ist dadurch umständlich, daß man stets die Normaltemperatur, welche überdies von verschiedenen Autoren verschieden gewählt wurde, herstellen muß, außerdem hat man bei den festen Fetten bei der Dichtenbestimmung mit der obenerwähnten Schwierigkeit zu kämpfen. Handelt es sich nicht um die Ermitelung der spezifischen Gewichte selbst, sondern dient die Dichtenbestimmung wie gewöhnlich nur dazu, ein bestimmtes Fett zu erkennen oder auf seine Reinheit zu prüfen, so kann man die genannten Übelstände dadurch vermeiden, daß man die Bestimmung bei Temperaturen vornimmt, welche leicht herzustellen sind, und bei denen die festen Fette geschmolzen sind.

---

[1]) Chem. Zeitg. 1905. 29. 122.

Dazu verwendet man am besten das Sprengelsche Rohr[1]) (Fig. 29).
Dasselbe ist eine U-Röhre von etwa 18 ccm Inhalt und 11 mm äuße-
rem Durchmesser, welche an beiden Seiten in die engen umgebogenen
Röhren a und b übergeht, von denen das längere
bei m mit einer Marke versehen ist. Das Öl
oder geschmolzene Fett wird durch Saugen an
einem an a angesetzten Kugelrohr und Eintauchen von b in das Öl oder geschmolzene Fett
in das Rohr eingebracht. Man bringt nun in
ein Wasserbad von konstanter Temperatur. Wenn
sich das Fett nicht weiter ausdehnt, tupft man den
Überschuß bei a so lange mit Fließpapier weg, bis
es in b genau bis zur Marke steht, läßt erkalten,
reinigt das Rohr von außen und wägt. Dann wiederholt man den Versuch mit Wasser, welches man
entweder auf 15⁰ C. (in England auf 15·5⁰ C.)
oder auf dieselbe Temperatur bringt, wie das Fett.

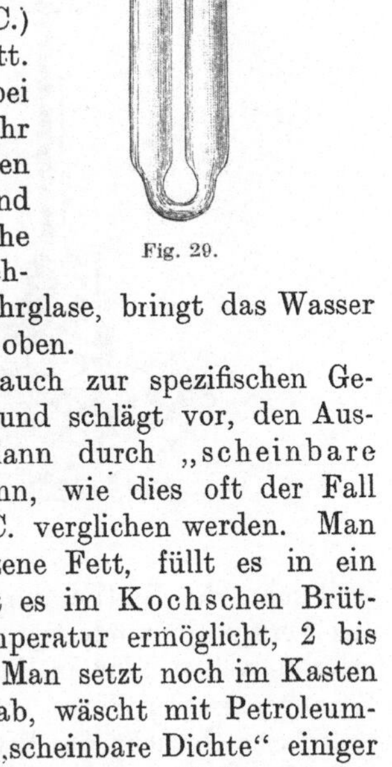

Fig. 29.

Archbutt nimmt die Bestimmung bei
100⁰ C. vor, indem er das Sprengelsche Rohr
in einen teilweise mit Wasser gefüllten Kolben
von ca. 600 ccm Inhalt einhängt, dessen Rand
zwei schnabelförmige Einbiegungen enthält, welche
die horizontalen Röhren des Apparates aufneh-
men. Man bedeckt den Kolben mit einem Uhrglase, bringt das Wasser
lebhaft zum Kochen und verfährt sonst wie oben.

Skalweit[2]) verwendet das Piknometer auch zur spezifischen Gewichtsbestimmung bei höheren Temperaturen und schlägt vor, den Ausdruck „spezifisches Gewicht bei 100⁰ C.“ dann durch „scheinbare
Dichtigkeit bei 100⁰ C.“ zu ersetzen, wenn, wie dies oft der Fall
ist, Fette von 100⁰ C. mit Wasser von 15⁰ C. verglichen werden. Man
filtriert das auf dem Wasserbade geschmolzene Fett, füllt es in ein
Piknometer bis fast zum Rande und erwärmt es im Kochschen Brüt-
ofen, welcher die Konstanthaltung jeder Temperatur ermöglicht, 2 bis
3 Stunden auf die gewünschte Temperatur. Man setzt noch im Kasten
den Aufsatz auf, wischt das ausfließende Fett ab, wäscht mit Petroleumäther und wägt. Skalweit hat weiter die „scheinbare Dichte“ einiger
Fette bei 50⁰, 60⁰, 70⁰, 80⁰, 90⁰ und 100⁰ C. gemessen, indem er das
mit dem Fett gewogene Piknometer in ein gewogenes Becherglas stellte
und in den Kasten zurückbrachte. Nach 1 bis 2 Stunden wurden die
Wandungen des Piknometers mit Petroleumäther abgespült und entweder das Piknometer oder das herausgeflossene Fett gewogen.

Bell[3]) und Wolkenhaar benutzen die Westphalsche Wage zur
Bestimmung des spezifischen Gewichtes geschmolzener Fette. Die von
Bell benutzte Anordnung ist aus Fig. 30 ersichtlich.

[1]) Poggendorfs Annalen 150. 459.
[2]) Repert. anal. Chem. 1887. 6.
[3]) Chem. Centralbl. 1879. 127.

A ist eine **Westphalsche Wage**, deren Thermometersenkkörper in eine Probierröhre taucht, welche das geschmolzene Fett enthält. Die Skala des Thermometers im Senkkörper muß für diesen Zweck bis zu 100° C. reichen. *B* ist der vertikale Durchschnitt eines Wasserbades, in welches ein zweites Gefäß *C* dampfdicht eingesetzt ist[1]) und welches noch das zur Aufnahme des Fettes bestimmte enge, zylindrische Gefäß *D* enthält. *C* ist mit Paraffin gefüllt, in welches ein Thermometer eintaucht. Man erwärmt, bis das Paraffin die gewünschte Temperatur erreicht hat, und bestimmt das spezifische Gewicht in gewöhnlicher Weise.

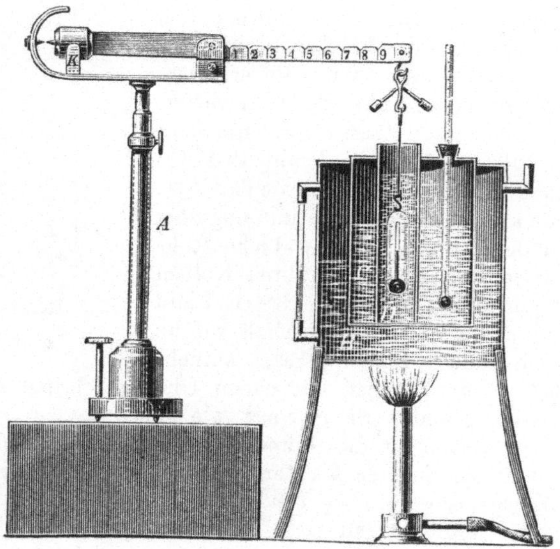

Fig. 30.

Will man die Bestimmung bei 100° C. vornehmen, so kann man eine das Fett enthaltende Eprouvette in ein Wasserbad mit konstantem Niveau (etwa wie das in Fig. 31 abgebildete) einsetzen. Die Gewichte der **Westphalschen Wage** können dann auch so justiert sein, daß sie das spezifische Gewicht des Fettes bezogen auf Wasser von 100° C. angeben.

Zur Bestimmung des spezifischen Gewichts bei 100° C. im Wasserdampfstrom kann zweckmäßig der in Fig. 26 abgebildete Apparat mit **Westphalscher Wage** und **Reimannschem** Senkkörper mit Thermometer dienen.

Leune und **Haburet**, **Königs**, **Adolf Mayer** u. a. nehmen die Bestimmung des spezifischen Gewichts bei 100° C. mit Aräometern vor.

Königs[2]) hat das ursprünglich von **Escourt** angegebene Verfahren verbessert und verwendet zu dessen Ausführung den in Fig. 32 abgebildeten Apparat:

---

[1]) Das Paraffinbad *C* kann nach Allen auch fortgelassen werden.
[2]) Chem. Centralbl. 1879. 127.

In den Deckel eines Wasserbades mit konstantem Niveau ist ein Rohr eingesetzt, welches zum Abzuge des Dampfes dient. Außerdem enthält derselbe vier, durch starke Messingringe eingefaßte Öffnungen, in welche mittels Gummiringen 8—9 Zoll lange und ca. $1\frac{1}{4}$ Zoll weite Reagensröhren so weit eingesetzt werden, daß sie etwa $\frac{1}{2}$ Zoll über den Umfassungsring herausragen. Das spezifische Gewicht wird mit eigenen kleinen Aräometern von ca. $5\frac{1}{2}$ Zoll Länge mit einer Skala von 0·845 bis 0·870 ermittelt.

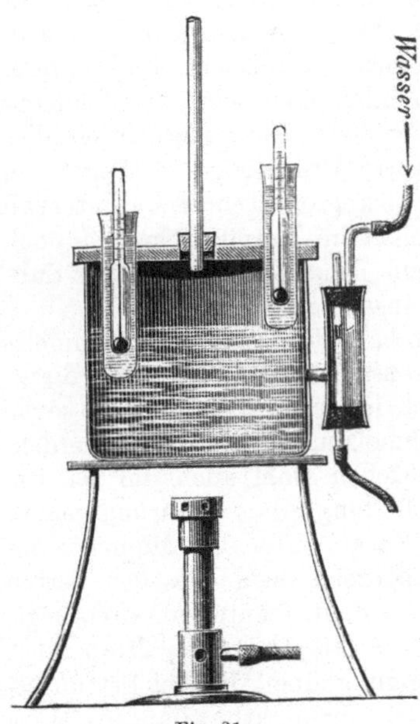

Fig. 31.

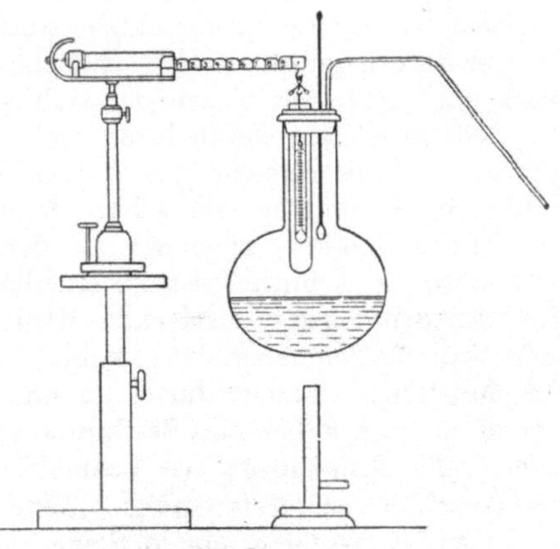

Fig. 32.

Um bei vergleichsweisen Bestimmungen den Einfluß geringer Temperaturschwankungen, des Barometerstandes usw. zu vermeiden, wird das zu untersuchende Fett (der Apparat ist speziell für die Butterprüfung empfohlen) in eines der Gläschen gebracht, während die drei anderen mit Oleomargarin, Butterfett und Talg gefüllt werden.

Will man genau bei 100° C. messen, so kann man diese durch das Aräometer-Thermometer angezeigte Temperatur leicht erreichen, wenn man die Dampfausströmungsöffnung des Wasserbades teilweise verschließt.

5. Bestimmung des Schmelzpunktes und des Erstarrungspunktes.

Die Bestimmung des Schmelzpunktes der Fette wird in sehr verschiedener Weise vorgenommen. Daß die einzelnen Methoden häufig voneinander abweichende Resultate ergeben, ist vornehmlich eine Folge der geteilten Ansichten, welche Temperatur als Schmelztemperatur zu bezeichnen sei, diejenige, bei welcher das Fett flüssig zu werden beginnt,[1] oder jene, bei welcher es klar wird. Andere Methoden geben

---

[1] Reissert, Ber. d. deutsch. chem. Ges. 1890. 23. 2241.

als Schmelzpunkt wieder eine Temperatur an, bei welcher nur ein bestimmter Grad des Erweichens eintritt, so z. B. diejenigen, bei welchen das Aufsteigen des Fettes in beiderseits offenen, in erwärmtes Wasser gestellten Röhrchen oder das Loslösen von einer in Wasser getauchten Thermometerkugel beobachtet wird. An dieser Stelle muß bemerkt werden, daß das Schmelzen bei den Fetten meist nicht in der einfachen, scharf gekennzeichneten Weise wie bei einem chemischen Individuum, eintritt, sondern daß, da die Fette gewöhnlich Gemische verschiedener Triglyceride sind, meistens während eines größeren Temperaturintervalles nach und nach Verflüssigung und gleichzeitig Aufhellung der Fettmasse erfolgt. Zu diesem durch die Substanz bedingten Temperaturintervall gesellen sich bei Schmelzpunktsbestimmungen im Kapillarröhrchen noch Temperaturdifferenzen, welche zwischen dem Thermometer und der Substanz oder einzelnen Teilen der Substanz bestehen.

Der meist am deutlichsten wahrnehmbare Endpunkt des Schmelzprozesses ist die erreichte vollständige Durchsichtigkeit des Fettes; dieser Punkt sollte, weil er sehr scharf kenntlich ist, nach Wolfbauer sowie nach Hans Meyer[1]) allgemein als der Schmelzpunkt bezeichnet werden. Ebenso scharf kenntlich ist im Kapillarröhrchen wohl auch die den Beginn des Schmelzens anzeigende Meniskusbildung, die erfahrungsgemäß dem wahren Schmelzpunkte wohl näher liegt, als der Moment des Verschmelzens. Daher dürfte es wohl angezeigt sein, da bei Fetten in den meisten Fällen die Bestimmung eines Schmelzintervalles vorliegt, sowohl die Temperatur des Schmelzbeginnes als auch die Temperatur des Verschmelzens festzuhalten. Eine Einigung über die bei Fettuntersuchungen einzuschlagende Methode der Schmelzpunktbestimmung wäre sehr erwünscht.

Da die Fette nach dem Umschmelzen ihren normalen Schmelzpunkt oft erst nach längerer Zeit wiedererhalten, so ist es notwendig, die zur Schmelzpunktbestimmung damit überzogenen Thermometer oder die Röhrchen, in die das Fett im geschmolzenen Zustande eingebracht wurde, erst 1—2 Tage im Dunkeln liegen zu lassen.

Sehr verbreitet ist die von Pohl[2]) angegebene Schmelzpunktbestimmung, richtiger Tropfpunktbestimmung, bei welcher die Temperatur ermittelt wird, bei der das Fett flüssig wird. (Dabei kann es jedoch feste Partikeln enthalten.) Das kugelförmige Gefäß eines Thermometers wird hierbei einen Augenblick in das wenig über seinen Schmelzpunkt erhitzte Fett eingetaucht, so daß dieses nach dem Herausnehmen einen dünnen Überzug bildet; das Thermometer wird längere Zeit liegen gelassen und dann mittels eines Korkes in einer weiten und langen Eprouvette in der Art befestigt, daß die Kugel noch etwa 1 cm vom Boden entfernt ist. Die Eprouvette wird mittels einer Klemme 2—3 cm über ein Schutzblech oder eine Asbestplatte gehalten, die mit dem Brenner sehr langsam erwärmt wird, und jener Punkt beobachtet, bei

---

[1]) Hans Meyer. Analyse u. Konstitutionsermittlung organischer Verbindungen. 1903. 44.

[2]) Wiener Akademieberichte 6. 587.

welchem sich am unteren Ende der Kugel ein Tropfen geschmolzenen (klaren) Fettes zeigt. Diese Methode gibt keine gut unter sich stimmenden Resultate, da es nicht möglich ist, das Fett in immer gleich dicker Schichte auf die Thermometerkugel aufzutragen und daher das Abgleiten des Tropfens bei verschiedenen Versuchen von der verschiedenen inneren Reibung und dem verschiedenen Gewichte der Substanz beeinflußt wird.

Dieser Übelstand wird durch den Apparat von L. Ubbelohde[1]) behoben. Ubbelohde definiert den **wahren Tropfpunkt** als denjenigen Wärmegrad, bei dem ein Tropfen unter seinem eigenen Gewicht von einer gleichmäßig erwärmten Masse des tropfenbildenden Stoffes abfällt, deren Menge oder Gewicht den Tropfen nicht beeinflußt. Der Apparat besteht aus einem Einschlußthermometer *a* (Fig. 33), das mit der zylindrischen Metallhülse *b* fest verbunden ist; diese besitzt bei *c* eine kleine Öffnung. Der untere, federnde Teil der Hülse trägt die zylindrische, oben glatt geschliffene Glashülse *e*. Letztere ist 10 mm lang, 7 mm weit und hat eine untere Öffnung von 3 mm Weite. Die Hülse *e* ist so eingepaßt, daß das Thermometergefäß in deren Achse fällt und überall gleichweit von deren Wandungen entfernt ist, während der obere Rand von *e* sich etwa 2 mm über dem oberen Rande des Thermometergefäßes befindet.

Das abgenommene Glasgefäß *e* wird mit dem zu prüfenden Stoff durch Hineinstreichen oder Hineindrücken desselben gefüllt. Die überschüssige Menge wird unten und oben glatt abgestrichen und der Apparat parallel seiner Achse eingeführt; es ist darauf zu achten, daß das Ausflußgefäß immer so tief in die Metallhülse hineingreift, als die drei Spitzen *d* gestatten. Ist der Stoff so fest, daß beim Zusammenstecken der Apparat zerbrechen könnte, wie Paraffin, Ceresin usw., so wird der betreffende, geschmolzene Stoff mit Hilfe einer kleinen Pipette in das mit seiner kleinen Öffnung auf eine Glasplatte gestellte Gefäß gefüllt und, noch ehe die Substanz völlig erstarrt ist, von oben her der Apparat aufgesteckt. Der Apparat wird dann in einem etwa 4 cm weiten Reagensrohr befestigt und im Wasserbade erhitzt. Der Temperaturanstieg soll 1° C. in einer Minute betragen. Kurz bevor der erste Tropfen abfällt, beginnt die erweichende Substanz in Form einer gewölbten Fläche aus der unteren Öffnung herauszutreten. Dieser gut zu beobachtende Punkt ist als Beginn des **Fließens** niederzuschreiben. Die Geschwindigkeit

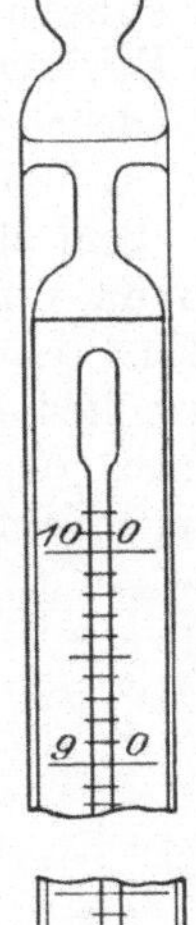

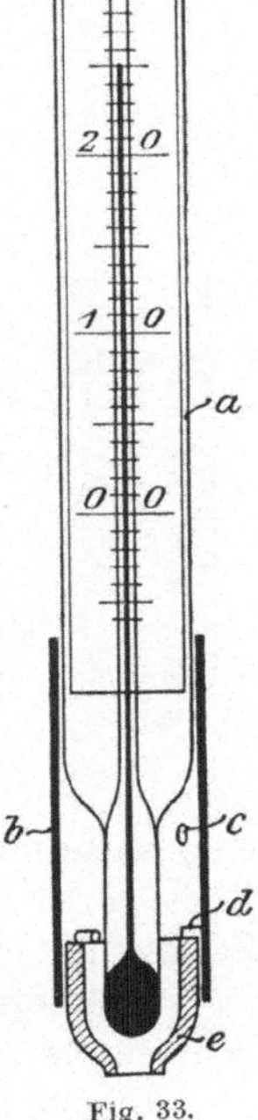

Fig. 33.

---

[1]) Zeitschr. f. angew. Chem. 1905. Heft 24. S. 1220.

des Heraustretens der Masse nimmt mit steigender Erhitzung zu, bis der Tropfen abfällt. Dieser Punkt ist als Tropfpunkt anzugeben.

Das Thermometer zeigt nicht genau den Wärmegrad an, den die zu prüfende Substanz im Momente des Tropfens besitzt; es wird nur der scheinbare Tropfpunkt erhalten. Unter der Voraussetzung, daß die Erwärmung nicht mehr als 1^0 C. in einer Minute beträgt, ist der gefundene scheinbare Tropfpunkt um 0.5^0 C. zu vermehren, um den wahren Tropfpunkt zu erhalten.

Sehr häufig wird die Schmelzpunktsbestimmung in Kapillarröhren vorgenommen, welche sehr dünnwandig und nicht zu eng sein sollen. Nach den „Vereinbarungen der bayerischen Vertreter der angewandten Chemie“[1]) soll von dem geschmolzenen und filtrierten Fett je nach der Länge des Quecksilberbehälters des Thermometers 1—2 cm in ein Kapillarröhrchen eingesaugt, das Ende des Kapillarröhrchens zugeschmolzen und das Röhrchen so an einem Thermometer mit langgezogenem Quecksilbergefäß befestigt werden, daß sich die Substanz in gleicher Höhe mit dem letzteren befindet. Erst wenn die Substanz im Röhrchen vollständig erstarrt ist (am besten nach 24 stündigem Liegen), wird das Thermometer in ein ca. 3 cm im Durchmesser weites Reagensglas gebracht, in welchem sich die zur Erwärmung dienende Flüssigkeit (Glycerin) befindet. Der Moment, in welchem das Fettsäulchen vollkommen klar und durchsichtig geworden ist, ist als Schmelzpunkt festzuhalten. Diese Methode gibt etwas höhere Resultate als die vorhergehende; sie zeigt den Endpunkt des Schmelzens an.

Der Apparat von Olberg[2]) (Fig. 34) kann zur Schmelzpunktsbestimmung nach dieser Methode empfohlen werden. Er ist mit Öl gefüllt. Das Umrühren bei der Bestimmung wird vermieden, weil eine natürliche Flüssigkeitsbewegung in der Richtung der eingezeichneten Pfeile auftritt. Thermometer und Kapillarröhrchen stehen in einer zur Zeichnung senkrechten Ebene. Der Apparat wird bei A erwärmt.

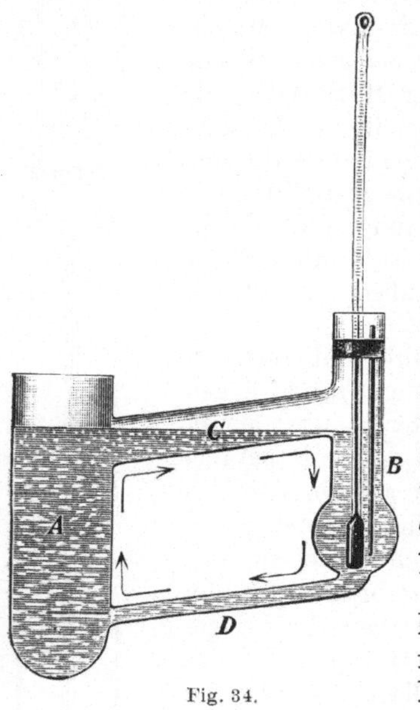

Fig. 34.

Bensemann[3]) bestimmt den Anfangspunkt und Endpunkt des Schmelzens in folgender Weise:

In ein in der Hälfte seiner Länge verjüngtes und bei A ein wenig aufgeblasenes Glasrohr, welches an dem engeren Ende zugeschmolzen

[1]) Mitgeteilt von A. Hilger. Berlin, Julius Springer.
[2]) Repert. d. analyt. Chem. 1886. 95.
[3]) Repert. d. analyt. Chem. 4. 165 u. 6. 202.

ist (Fig. 35), werden 2—3 Tropfen des Fettes gebracht, durch Neigen unmittelbar über der Verengungsstelle gesammelt, wie bei a. Nach dem vollständigen Erstarren (bei Schmelzpunktbestimmungen von Fettsäuren genügt Übergießen mit kaltem Wasser oder Betropfen mit Äther) wird das Röhrchen in senkrechter oder schwach geneigter Lage in ein mit kaltem Wasser gefülltes Becherglas gestellt, in welches ein Thermometer eintaucht. Nun wird mit einer kleinen Flamme möglichst langsam erwärmt, bis der Fett- oder Fettsäuretropfen eben herabzufließen beginnt. Die in diesem Augenblicke beobachtete Temperatur ist der „Anfangspunkt des Schmelzens". Der herabfließende noch trübe Tropfen nimmt die in b abgebildete Lage und Gestalt an. Es wird langsam weiter erwärmt, bis der Tropfen vollständig durchsichtig erscheint und die gerade herrschende Temperatur als „Endpunkt des Schmelzens" notiert.

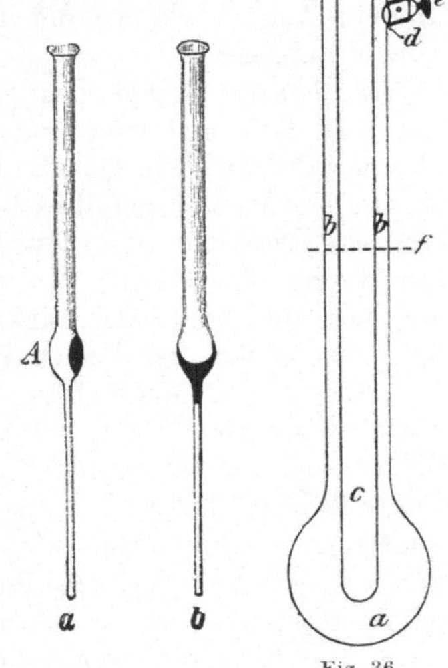

Fig. 36.

Nach den bisher angegebenen Methoden werden nur die unkorrigierten Schmelzpunkte erhalten. Es ist aber auch in der Fettanalyse von Wert, mit korrigierten Schmelzpunkten rechnen zu können. Dieselben werden ganz einfach erhalten, wenn die Erwärmung der Substanz in einem der nachfolgend beschriebenen Apparate vorgenommen wird, welche derart konstruiert sind, daß der Quecksilberfaden des Thermometers in seiner ganzen Länge der gleichen Temperatur ausgesetzt ist.

Der Apparat von Roth[1]) (Fig. 36) besteht aus einem Rundkolben a von 65 mm Durchmesser mit 200 mm langem, 28 mm weitem Halse b, in welchen ein 15 mm weites Glasrohr c bis 17 mm vom Boden des Rundkolbens eingelassen ist. Dieses Rohr ist unten geschlossen, oben bei g mit dem Kolbenhalse verschmolzen. Bei d ist ein 11 mm weiter Tubus eingelassen, welcher seitlich eine runde Öffnung besitzt. In diesen Tubus paßt ein eingeschliffener, hohler Glasstöpsel e, an welchem sich gleichfalls eine seitliche Öffnung befindet.

Vor dem Gebrauche wird der Kolben a durch den Tubus mit konzentrierter farbloser Schwefelsäure etwa bis zur Marke f gefüllt, dann der Stopfen e so eingefügt, daß die beiden seitlichen Öffnungen von e und d korrespondieren. Wird nun die Schwefelsäure erhitzt, so steigt sie in b in die Höhe, und ein in c eingeführtes Thermometer befindet sich bis nahezu zum Teilstrich 280° C. in einem von heißer Schwefelsäure umschlossenen Luftbade.

Ähnlich, allerdings in Berücksichtigung der Erzielung von Tempera-

---

[1]) Ber. d. deutsch. chem. Ges. 1886. 19. 1970.

turen über 250° C., ist der Schmelzpunktbestimmungsapparat von Land-siedl[1]) konstruiert, doch läßt sich derselbe ebensogut auch für die Zwecke der Fettanalyse verwenden.

Van Ledden-Hulsebosch[2]) ermittelt den Schmelzpunkt von Fetten in der Weise, daß er das Fett in kleinen Partikelchen auf ein uhrglas-ähnliches Schälchen aus Aluminiumblech bringt und dieses auf der Ober-fläche von Wasser in einem Becherglas, das vorsichtig auf dem Wasserbade erwärmt wird, schwimmen läßt. Ein empfindliches Thermometer mit großem Quecksilberkörper taucht in die oberen Schichten des Wassers im Becherglas, während die Fetteilchen im Aluminiumschälchen und der Stand des Thermometers mit einer großen Handlupe beobachtet werden. In dem Augenblick, wo die Teilchen durchsichtig werden, wird die Tem-peratur abgelesen.

J. Jean[3]) bringt das geschmolzene Fett in das Öhr eines Platin-drahtes, läßt erstarren und schlingt nach mehrstündigem Liegen den Platindraht an den Quecksilberkörper eines Thermometers an, welches in ein mit Wasser gefülltes Becherglas gebracht wird. Das Wasser wird langsam erwärmt und sowohl der Punkt, bei welchem die Fettperle am Rande durchsichtig zu werden beginnt, als auch der Punkt, bei welchem völlige Durchsichtigkeit eintritt, notiert. Als Schmelzpunkt gibt Jean das Mittel der beiden notierten Temperaturen an.

Löwe[4]), Chercheffsky[5]) u. a. haben Apparate zur Schmelzpunkts-bestimmung von Fetten zusammengestellt, bei welchen im Momente des Schmelzens ein Stromkreis geschlossen wird, welcher ein elektrisches Läutewerk in Tätigkeit versetzt. Bei den nach dem letzten Prinzipe konstruierten Apparaten wird nicht der Punkt des Durchsichtigwerdens der Fette, sondern derjenige Punkt bestimmt, bei welchem die Fette so weit geschmolzen oder erweicht sind, daß Schließung des Stromkreises eintritt.

Eine Methode, welche sich wahrscheinlich für die Schmelzpunkts-bestimmung von klebrigen oder pechartigen Rückständen, deren Schmelz-punkte sehr schwierig zu ermitteln sind, anwenden lassen dürfte, wurde von Henry Le Sueur und A. W. Crossley mitgeteilt:

Eine kleine Menge der Substanz wird in ein 75 mm langes und 7 mm weites Gläschen eingefüllt, das mit dem Thermometer verbunden wird. Nachdem in das Gläschen ein Kapillarröhrchen geworfen worden war, wird dasselbe samt dem Thermometer in ein Wasserbad gebracht, welches lang-sam erhitzt wird. Sobald beim Erwärmen die Substanz schmilzt, steigt sie in dem Kapillarröhrchen empor, und es wird die Temperatur abgelesen.

Im allgemeinen sei noch darauf hingewiesen, daß jede Fettprobe, deren Schmelzpunkt bestimmt werden soll, völlig wasserfrei sein soll, da durch vorhandene Feuchtigkeit der Schmelzpunkt meist etwas erhöht wird (Wolfbauer).

---

[1]) Chem. Zeitg. 1905. 29. 765.
[2]) Pharm. Centralhalle, N. F., 1896. 17. 231.
[3]) Ann. chim. anal. appl. 4. 331.
[4]) Arch. d. Pharm. 1890.
[5]) Chem. Zeitg. 1899. 23. 597.

Nachdem ein und dasselbe Fett wesentlich verschiedene Schmelzpunkte zeigen kann, je nachdem es sofort nach dem Erstarren oder aber nach kürzerem oder längerem Liegen im erstarrten Zustande zur Schmelzpunktsbestimmung benutzt wird (nach längerem Lagern erhöht sich oft der Schmelzpunkt von Neutralfetten), ist es ferner nötig, zur Erzielung von brauchbaren Vergleichswerten die Schmelzpunktsbestimmungen immer nach gleicher Aufbewahrungszeit im erstarrten Zustande (gewöhnlich 24 Stunden) auszuführen.

Manche Fette zeigen bei der Schmelzpunktsbestimmung auch noch die Unregelmäßigkeit, daß bei einer bestimmten Temperatur ein gewisser Grad von flüssiger Beschaffenheit und Durchsichtigkeit eintritt, welcher sich bei Steigerung der Temperatur um einige Grade wieder verliert, indem die Fette wieder konsistenter und opaker werden. Der höhere dieser Temperaturpunkte ist in einem solchen Falle als der normale Schmelzpunkt anzusehen. Pohl hat seinerzeit diese Erscheinung beim Rindertalg konstatiert, bei welchem diese beiden Punkte beiläufig um 10^0 C. auseinander liegen. Auf diesen Umstand dürften vielleicht manche sehr differierenden Schmelzpunktsangaben einiger Beobachter zurückzuführen sein.

Die beschriebenen Unregelmäßigkeiten, welche die Schmelzpunkte der Fette zeigen (vgl. reines Palmitin und Stearin), und die Notwendigkeit, die ungeschmolzenen Fette vor der Bestimmung längere Zeit liegen zu lassen, haben dazu geführt, daß gegenwärtig zur Vergleichung und Wertbestimmung der Fette entweder die Schmelzpunkte der daraus abgeschiedenen Fettsäuren oder noch häufiger deren Erstarrungspunkte ermittelt werden.

Über den Erstarrungspunkt der Fette hat Rüdorff[1]) eingehende Beobachtungen angestellt. Die Fette wurden geschmolzen, mit dem Thermometer beständig umgerührt, und die Temperatur von Zeit zu Zeit notiert.

Dabei zeigte sich, daß, entsprechend der Tatsache, daß beim Erstarren der geschmolzenen Fette die „Schmelzwärme" frei wird, die Temperatur im allgemeinen bis zu einem gewissen Werte sinkt, dann eine Zeitlang konstant bleibt und von da an weiter sinkt. Das Fett erstarrt während des Konstantbleibens, die dabei herrschende Temperatur ist der Erstarrungspunkt. So verhält sich z. B. technische Stearinsäure (und wohl alle Gemenge freier Fettsäuren, sowie diese selbst), welche z. B. folgende Ablesungen gab:

$$60{\cdot}0 \quad 56{\cdot}7 \quad 56{\cdot}1 \quad 55{\cdot}6 \quad 55{\cdot}3 \quad 55{\cdot}3 \quad 55{\cdot}2$$

$$55{\cdot}2 \quad 55{\cdot}2 \quad 55{\cdot}2 \quad 55{\cdot}2 \quad 55{\cdot}1 \quad 55{\cdot}0 \quad 54{\cdot}9 \quad 54{\cdot}8.$$

Bei $55{\cdot}1$ war die Masse vollkommen fest, die Stearinsäure hatte sohin den Erstarrungspunkt $55{\cdot}2^0$ C.

Bei anderen Fetten, und zwar bei den meisten Triglyceriden sinkt die Temperatur im Beginn des Erstarrens und steigt sodann etwas auf

---

[1]) Poggendorfs Annalen 145. 279.

ein Maximum, den Erstarrungspunkt, auf welchem sie sich bis zum völligen Festwerden erhält.

Einige Fette endlich, so z. B. Rinder- und Hammeltalg, haben keinen eigentlichen Erstarrungspunkt, indem die Temperatur um einige Grade steigt, jedoch nicht konstant wird. Solche Fette verhalten sich wie Mischungen, indem durch das Erstarren eines Teiles des Fettes das flüssig gebliebene eine andere Zusammensetzung erhält.

Man zieht deshalb ebenso wie bei der Schmelzpunktsbestimmung vor, zur Beurteilung eines Fettes nicht seinen eigenen Erstarrungspunkt, sondern, wie bereits erwähnt, den der daraus abgeschiedenen Fettsäuren zu bestimmen.

Von den zur Bestimmung des Erstarrungspunktes von Fettsäuren üblichen Methoden seien diejenigen nach

1. Dalican (Frankreich, England und Amerika);
2. Finkener (für zolltechnische Untersuchungen in Deutschland vorgeschrieben);
3. Wolfbauer (Österreich) und
4. Shukoff

beschrieben.

Dalicans Verfahren. 100 g des Fettes werden verseift, die Fettsäuren durch Erwärmen mit verdünnter Schwefelsäure abgeschieden, mit Wasser wiederholt ausgekocht, nach dem Erstarren oberflächlich mit Filtrierpapier getrocknet (hierbei ist darauf zu achten, daß sich nicht flüssige Fettsäure in das Filtrierpapier einsaugt), geschmolzen und von den letzten Resten Wasser durch ein trockenes Filter in eine Porzellanschale filtriert. In dieser werden sie erstarren gelassen und verbleiben über Nacht im Exsikkator. Die Fettsäuren werden dann im Luftbade vorsichtig geschmolzen und eine 16 cm lange und $3^1/_2$ cm weite Eprouvette bis etwa zu zwei Dritteilen ihres Inhalts damit gefüllt. Die Eprouvette wird in dem Halse einer ca. 2 l fassenden Flasche befestigt und ein in $^1/_5$-Grade geteiltes Thermometer so angebracht, daß der Quecksilberkörper sich ungefähr in der Mitte der geschmolzenen Fettmasse befindet. Sobald am Boden des Gefäßes das Fett zu erstarren beginnt, wird mit dem Thermometer gleichmäßig abwechselnd nach rechts und links gerührt. Die Fettmasse wird hierbei undurchsichtig, weil sie von Kristallen durchsetzt ist. Das Thermometer muß nun genau beobachtet und die Temperatur in kurzen Zwischenräumen notiert werden. Sie sinkt erst etwas, steigt dann ziemlich rasch bis zu einem Maximum, hält sich bei demselben einige Zeit konstant und fällt dann wieder. Das erwähnte Temperaturmaximum ist der Erstarrungspunkt.

Die zolltechnische Prüfung von Fetten wird in Deutschland nach dem folgenden Verfahren von Finkener[1] mit Hilfe des nebenstehend abgebildeten Apparates (Fig. 37) vorgenommen.

Der Apparat besteht aus einem mit Klappendeckel versehenen, vier-

---

[1] Mitt. Techn. Vers.-Anst. Berlin 1889. 7. 24. — Chem. Zeitg. 1896. 20. 132.

eckigen Kasten von Buchenholz, welcher 70 mm lichte Weite, 144 mm lichte Höhe und 9 mm Wandstärke besitzt, und einen Glaskolben enthält, dessen Kugel einen Durchmesser von 49—51 mm hat. In den Hals des Kolbens ist ein Thermometer eingeschliffen. In der Mitte des Kastenbodens ist ein 22 mm hoher Kork befestigt, in dessen kleiner Vertiefung der Kolben zu stehen kommt. Wenn das eingeschliffene Thermometer in den Kolbenhals eingesetzt ist, fällt der Mittelpunkt seiner Kugel mit demjenigen des Kolbens zusammen. In dem Schliff des Thermometers ist parallel zur Achse eine Rinne angebracht, so daß die Luft in dem Kolben immer unter dem Drucke der Atmosphäre steht. Der Hals des Kolbens ist unten etwas erweitert (25 mm weit), damit die Kugel des Kolbens beim Erkalten des Fettes sicher gefüllt bleibt, wenn das flüssige Fett bis zur Marke am Halse eingefüllt wurde. Die Thermometerkugel hat 9 mm Durchmesser, der dünnere Teil des Thermometers 5 mm, und der Schliff 12 mm. Die Teilung des Thermometers geht bis 75° C. und läßt $^{1}/_{5}$-Grade ablesen. Die Thermometerröhre hat ein etwas größeres Reservoir, so daß das Thermometer bis 120° C. erhitzt werden kann, ohne zu platzen.

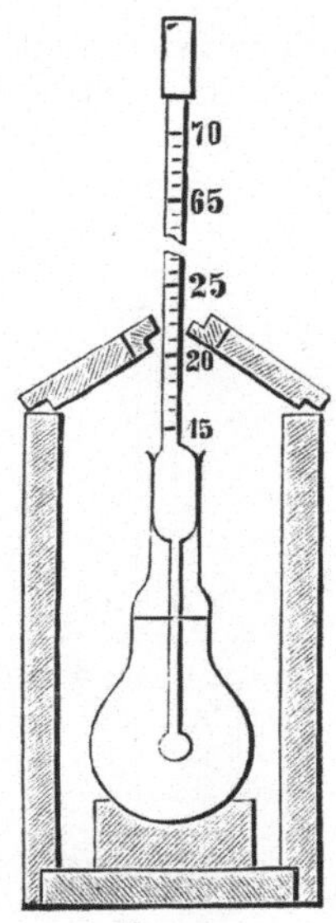

Fig. 37.

Die Bestimmung des Erstarrungspunktes wird in folgender Weise ausgeführt: 150 g der Durchschnittsprobe des Fettes werden in einer unbedeckten Porzellanschale auf dem siedenden Wasserbade zum Schmelzen erhitzt, nach dem Schmelzen mindestens 10 Minuten auf dem siedenden Wasserbade belassen, bis das Fett eine klare Flüssigkeit bildet, und alsdann das Fett in das Kölbchen bis zur Marke gefüllt. Das Kölbchen stellt man sofort in den Kasten, klappt den Deckel zu, nachdem das Thermometer eingesetzt ist, und beginnt, nachdem das Thermometer auf etwa 50° C. gefallen ist, in Zeiträumen von 2 zu 2 Minuten die Temperatur abzulesen und aufzuschreiben. Bei harten Fetten fängt das Thermometer nach einiger Zeit an, langsamer zu fallen, bleibt einige Minuten stehen, steigt wieder und beginnt zuletzt wieder zu fallen. Der höchste Stand gibt den Erstarrungspunkt an. Bei weichen Fetten fängt das Thermometer ebenfalls nach einiger Zeit an, langsamer zu fallen, bleibt mehrere Minuten auf einem Punkte stehen und sinkt dann weiter, ohne den vorherigen dauernden Stand wieder zu erreichen. Der beobachtete, höchste, einige Zeit hindurch konstante Punkt gibt den Erstarrungspunkt an. In zweifelhaften Fällen kann der Kolben in heißes Wasser gestellt, das Fett geschmolzen und die Bestimmung wiederholt werden. Eine genaue Regelung der Temperatur des Zimmers, in welchem die Untersuchung vorgenommen wird, ist, wenn dieselbe von der gewöhnlichen Zimmertemperatur nicht sehr stark abweicht, nicht erforderlich. Das Abkühlen des mit einer Temperatur von 100° C. in den Kolben gebrachten Fettes auf 50⁰ C. dauert etwa $^3/_4$ Stunden. Nach erfolgter Bestimmung wird der Kolben in warmes Wasser gestellt, das geschmolzene Fett ausgegossen und das erkaltete Kölbchen mit Äther gereinigt. Die nach Finkener ermittelten Erstarrungspunkte sind ein wenig höher als die nach der Dalicanschen Methode gefundenen.

Wolfbauers Verfahren.[1]) 120 g der in einem Becherglase geschmolzenen Probe werden mit 45 ccm 48prozentiger Kalilauge[2]) (vom spez. Gew. 1·509) innig gemischt und dann so lange in einem auf 100⁰ C.

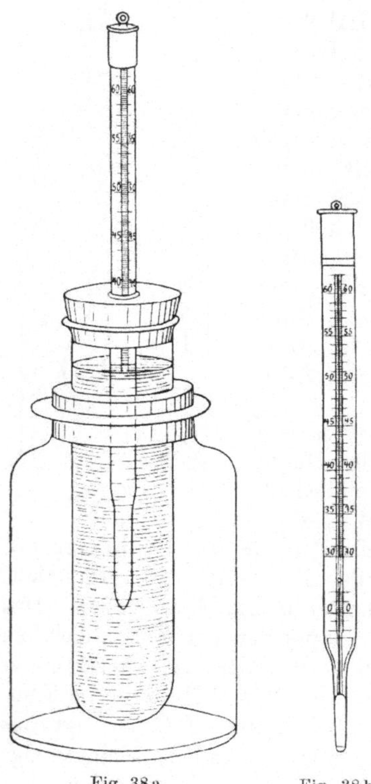

Fig. 38a.   Fig. 38b.

erwärmten Trockenschrank gelassen, bis eine völlige Verseifung des Fettes, erkenntlich an der klaren Löslichkeit des Produktes in 50prozent. Alkohol, erzielt ist. Man zerlegt hierauf die Seife, nachdem in dieselbe 150 ccm siedenden Wassers eingerührt worden waren, durch Kochen mit verdünnter Schwefelsäure (165 ccm vom spez. Gew. 1·143 = 18⁰ B.), bis sich die abgeschiedene Fettsäure als vollkommen klare Flüssigkeit von der sauren Kaliumsulfatlösung getrennt hat, hebt letztere ab und kocht die Fettsäure mit schwefelsäurehaltigem Wasser (5 ccm konz. Schwefelsäure auf 100 ccm Wasser) bei bedeckter Schale eine Viertelstunde lang. Man wäscht alsdann die Fettsäure durch Kochen mit reinem Wasser aus, gießt nach dem Absetzen das Wasser ab und trocknet 2 Stunden lang bei 100⁰ C. Die Bestimmung des Erstarrungspunktes wird in einem Reagensglase vorgenommen (Fig. 38a), welches $3^1/_2$ cm weit und 15 cm hoch ist, und welches bis ca. $1—1^1/_2$ cm unter dem Rande mit der flüssigen Fettsäure gefüllt wird.

Das Reagensglas wird hierauf in ein Präparatenglas gestellt und in die Fettsäure durch einen Kork, durch welchen das Reagensglas verschlossen ist, ein in $^1/_5$-Grade geteiltes Thermometer eingeführt, welches zweckmäßig an der Skala einen zwischen 2⁰ und 28⁰ C. aufgeblasenen Kropf besitzt (Fig. 38 b)[3]), wodurch ein zu weites Herausragen des Quecksilberfadens aus der Fettsäure vermieden wird. Normal steckt die Thermometerskala beiläufig bis zum Teilstriche

---

[1]) Mitt. d. k. k. techn. Gew.-Mus. in Wien 1894. 57.
[2]) Erhalten durch Auflösen von 1·25 kg Ätzkali in 1000 ccm Wasser.
[3]) Solche Thermometer werden von Heinrich Kapeller in Wien V., Kettenbrückengasse 9, hergestellt.

35° in der Fettsäuremasse. Hierdurch erscheint der Fehler, der dadurch entsteht, daß nicht die ganze Skala der beobachteten Temperatur ausgesetzt ist, nicht mehr berücksichtigungswürdig.

Mit dem in die Fettsäure eingesetzten Thermometer wird die noch klare Masse so lange gerührt, bis sie eben ganz undurchsichtig geworden ist, bis also bereits teilweise Erstarrung eingetreten ist. In diesem Augenblicke sinkt das Thermometer nicht mehr, sein Stand bleibt fix, selbst wenn man mit demselben zehnmal umrührt. Nun wird nicht weiter gerührt, das Thermometer wird sich selbst überlassen, es beginnt infolge der frei werdenden Schmelzwärme der erstarrenden Fettsäure zu steigen. Der höchste, in der Regel mehrere Minuten anhaltende Thermometerstand wird abgelesen und gibt den Erstarrungspunkt.

Kontrollbestimmungen von Erstarrungspunkten nach der beschriebenen Methode stimmen in der Regel auf 0·05° C. überein.

Verfahren von A. A. Shukoff.[1]) Das Gefäß, welches bei diesem Verfahren zur Aufnahme der Fettsäure dient, ist vom Weinholdschen[2]) Vakuummantel umgeben, d. h. in ein anderes größeres Gefäß eingeschmolzen und zwischen beiden Gefäßen eine Crookesche Leere hergestellt. Die Evakuierung zwischen den Gefäßen ist zwar nicht unumgänglich nötig, aber das Arbeiten mit einem solchen Vakuummantel ist insofern sehr angenehm, als es nicht nötig ist, das Gefäß in diesem Falle mit schlechten Wärmeleitern zu umgeben, um ein zu rasches Erkalten der Fettsäuren an den Wänden zu verhindern. Die Dimensionen des Apparates sind aus der Zeichnung (Fig. 39) ersichtlich.[3]) Sie sind so gewählt, daß beim Erstarren der Fettsäuren die Maximaltemperatur erhalten wird.

Die Bestimmung der Erstarrungstemperatur wird folgendermaßen vorgenommen: In das innere Gefäß werden 30—40 g (fast bis zum Rande) geschmolzene Fettsäuren eingegossen und mittels eines Korkstopfens ein in $^1/_5$-Grade geteiltes Thermometer[4]) genau in der Mitte des Gefäßes befestigt. Ist die Temperatur auf etwa fünf Grade oberhalb des erwarteten Erstarrungspunktes gesunken, so fängt man an, den Apparat stark und regelmäßig von oben nach unten zu schütteln, und hört mit dem Schütteln erst dann auf, wenn der Inhalt deutlich trüb und undurchsichtig geworden ist: ein etwas spätes Aufhören des Schüttelns hat indessen wenig Bedeutung; übrigens gewöhnt man sich auch rasch, den richtigen

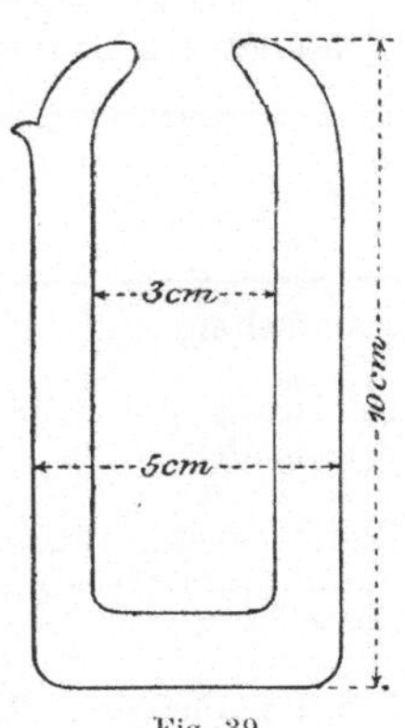

Fig. 39.

----

[1]) Chem. Rev. üb. d. Fett- u. Harz-Ind. 1899. 6. 11.
[2]) Derselbe wird fälschlich meist als Dewarscher Vakuummantel bezeichnet.
[3]) Die Ausführung des Apparates hat die Firma Max Kähler & Martini in Berlin übernommen.
[4]) Zweckmäßig sind Thermometer nach Art der Baudinschen mit Teilung von 0°—70° C. und einer Gesamtlänge von 20 Zentimetern.

Moment zu wählen. Ist man in bezug auf die Höhe des erwarteten Erstarrungspunktes in Unsicherheit, so kann man einen Vorversuch ausführen, indem man mit dem Schütteln bis zum Erscheinen der ersten Kristalle wartet; man wiederholt dann den Versuch, wie oben beschrieben. Die Werte, welche man nach dieser Methode erhält, decken sich vollkommen mit denjenigen von Wolfbauer, wie beispielsweise folgende vergleichende Daten zeigen:

Erstarrungspunkt nach		Erstarrungspunkt nach	
Wolfbauer	Shukoff	Wolfbauer	Shukoff
51·4	51·5	43·8	43·8
45·5	45·5	41·7	41·7
44·0	44·0	41·6	41·6

Der Vorteil dieser Methode vor derjenigen von Wolfbauer liegt darin, daß eine kleinere Menge von Fettsäure zur Bestimmung des Erstarrungspunktes erforderlich ist.

In der folgenden Tabelle sind die Ergebnisse einiger Erstarrungspunktsbestimmungen von Shukoff zusammengestellt und die eingetretenen Temperaturerhöhungen beim Erstarren angegeben:

	Erstarrungspunkt ° C.	Temperaturzunahme ° C.
Hammeltalg	43·2	2·8
,, ...	43·2	4·2
Rindertalg (für Schmierzwecke)	42·8	4·4
Knochenfett	32·6	0·8
,, ...	32·6	—
White Grease, amerikanisches	25·0	4·9
Paraffin schottisch, 118°—120° F.	50·4	0
Dasselbe	50·4	0
Dasselbe	50·4	0
Paraffin schottisch, 110°—112° F.	47·0	0
Schuppenparaffin, Galizien	47·0	0
Ceresin	68·0	0·3
,, ...	67·9	0·3
Butterfett	28·6	1·3
Cocosöl	22·6	3·0
,, ...	22·7	—
Chinesisches Pflanzenwachs	30·8	2·3

Einer späteren Mitteilung von Shukoff[1]) nach, ist der Vakuummantel zur Erstarrungspunktsbestimmung nicht unumgänglich nötig. Sowohl der vereinfachte Shukoffsche Apparat, als auch ein von Schtschawinsky angegebener Apparat zur Erstarrungspunktsbestimmung von besonders niedrig schmelzenden Substanzen, wie Ölsäure, können von der Firma F. Hugershoff in Leipzig bezogen werden.

---

[1]) Chem. Zeitg. 1901. 25. 1111.

Die Art der Verseifung und die Dauer der Verseifung sind nach Wolfbauer auf die spätere Bestimmung des Erstarrungspunktes der Fettsäuren ohne Einfluß, wenn bei der Verseifung mit alkoholischem Kali der Alkohol gut verjagt wurde. Einen bedeutenden Einfluß übt jedoch nach Wolfbauer und Shukoff die Feuchtigkeit der Fettsäure auf den Erstarrungspunkt aus. Derselbe kann bei nicht getrockneter Fettsäure bis zu 0·6 Celsiusgraden niedriger gefunden werden als bei getrockneter (Wolfbauer). Der Einfluß der Eprouvettenweite auf die Höhe des Erstarrungspunktes wurde von Wolfbauer gleichfalls eruiert. In einer $2^1/_2$ cm weiten Eprouvette ergaben sich durchschnittlich um ca. 0·2° C. niedrigere Erstarrungspunkte als in der normalen $3^1/_2$ cm weiten Eprouvette. Eine größere Weite der Eprouvette bis zu 7 cm war ohne Einfluß. Bemerkt sei noch, daß die Erstarrungspunktsbestimmungen niedrig schmelzender Körper (z. B. Cocosölfettsäure) viel längere Zeit beanspruchen, als diejenigen höher schmelzender Substanzen, daß sie jedoch bei sorgfältiger Arbeit gleichfalls zuverlässige Resultate liefern.

Zur Bestimmung des ·Erstarrungs- oder Gefrierpunktes von Ölen kann man das Öl in ein Reagensglas bringen, in dessen Mündung man mittels eines nicht luftdicht schließenden Stopfens ein Thermometer einsetzt, dessen Teilung erst oberhalb des Stopfens beginnt. Das Gefäß wird in eine Kältemischung eingetaucht und zur Beobachtung von Zeit zu Zeit einen Augenblick herausgenommen.

In den königlichen technischen Versuchsanstalten in Berlin sind von Martens[1]) und Hofmeister[2]) vergleichende Untersuchungen über die verschiedenen Methoden zur Bestimmung des „Kältepunktes von Schmierölen" angestellt worden. Hofmeister empfiehlt folgendes Verfahren:

Das Öl wird in ein Reagensglas von 15 mm Weite bis zu einer ca. 30 mm über dem Boden befindlichen, ringförmigen, mit weißer Farbe ausgelegten Strich-

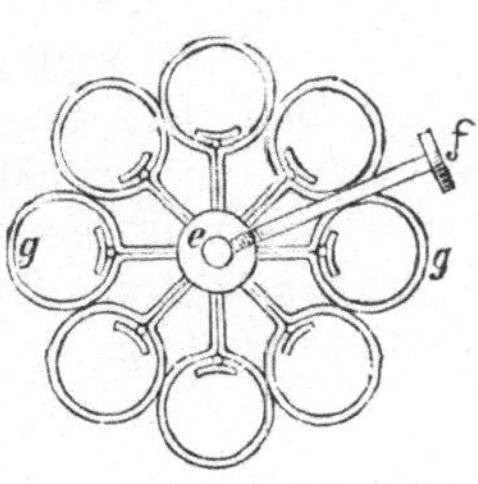

Fig. 40 a.

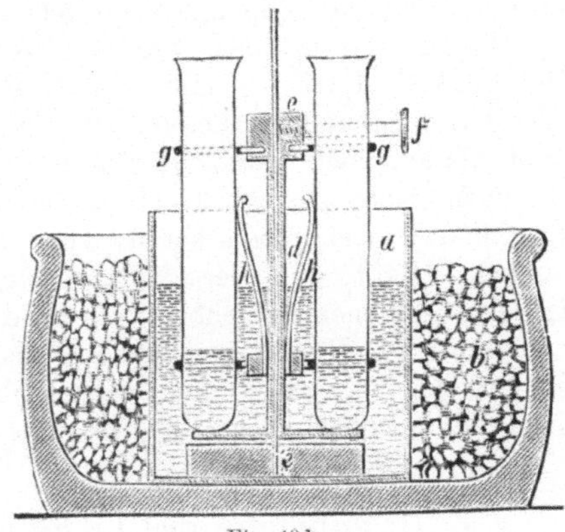

Fig. 40 b.

marke angefüllt. Diese Gläser werden zu 8 bis 10 in ein Gestell eingesetzt, welches in die Salzlösung im Gefäß a aus vernickeltem Zinkblech eingestellt wird (Fig. 40a u. 40b). Der Ständer c trägt an dem Rohr d

[1]) Mitt. Techn. Vers.-Anst. Berlin 1889. Ergänzungsh. V. 10 u. 1890. 53.
[2]) ibid. 1889. 24.

eine Scheibe, auf welche sich die Gläser aufsetzen, ferner zwei Ring-reihen g, welche sie halten, Federn h zum Andrücken für jedes Gläschen und in dem dicken Teil e die Klemmschraube f. Das Gefäß a steht in einer Kältemischung aus Eis und Kochsalz im irdenen Gefäße b.

Als Salzlösungen zum Füllen des Gefäßes a dienen:

| Zur Erzeugung | | Name des Kälteüberträgers | Teile Salz in 100 Teilen Wasser |
von	oder nahezu		
0° C.	0° C.	Destilliertes Wasser	—
— 2·85° C.	— 3° C.	Lösung von Kaliumnitrat	13
— 5·0 ° C.	— 5° C.	„ „ Kaliumnitrat	13
		„ „ Kochsalz	3·3
— 8·7 ° C.	— 9° C.	„ „ Chlorbaryum	35·8
—15·4 ° C.	—15° C.	„ „ Chlorammonium . . .	25

Derartige Salzlösungen haben die Fähigkeit, einmal zum Gefrieren gebracht, so lange die Temperatur ihres Gefrierpunktes beizubehalten, als einerseits noch feste Bestandteile in der Lösung enthalten sind, und andererseits noch nicht die ganze Masse erstarrt ist. Man entspricht diesen Bedingungen durch zeitweises Herausnehmen der Lösungen aus der Kältemischung. Wenn die Salzlösungen beim Gefrieren · die vorge-nannte Eigenschaft zeigen sollen, ist es nötig, daß sich dabei Eis und Salz im Verhältnis der Lösung ausscheiden, was nach Annäherung an den Gefrierpunkt der Lösung durch Hineinwerfen eines Stückchens Eis und des gelösten Salzes erreicht wird.

Die Probe bleibt 1—2 Stunden in der Lösung, worauf bei kurzem Herausnehmen und Neigen des Reagensglases festgestellt wird, ob noch eine Änderung des Flüssigkeitsspiegels eintritt.

Die Temperatur, bei welcher ein Öl nicht mehr fließt, ist sein „Kältepunkt". Fließt es nicht mehr, so senkt man, nachdem es sofort in die kalte Lösung zurückversetzt ist, einen Glasstab ein und prüft es mit diesem nach etwa $\frac{1}{4}$ Stunde auf seine Beschaffenheit. Ist es dann noch leicht beweglich, so ist es als dünnsalbig zu bezeichnen; der Stab soll sich noch herausziehen lassen, ohne das Becherglas mit zu heben. Läßt sich der Stab schwer bewegen, und wird das Glas beim Herausnehmen mitgehoben, so ist das Öl dicksalbig. Zur näheren Bezeichnung der Konsistenz des noch halb flüssigen oder schon erstarrten Öles bedient man sich der Bezeichnungen: „schwer fließend, faden-ziehend, dünnsalbig, dicksalbig, schmalzartig, butterartig, talgartig".

6. Bestimmung des Lichtbrechungsvermögens.

Die Ansichten, ob die optischen Methoden verläßliche Anhalts-punkte für die Reinheit eines Fettes geben, gingen vor verhältnismäßig kurzer Zeit noch völlig auseinander. Namentlich Strohmer[1] war der

---

[1] Zeitschr. f. Zuckerindustrie 1889. 189.

Ansicht, daß die Brechungsexponenten der Öle zu stark von ihrem Alter und der Art der Gewinnung abhängig sind.

Dagegen empfahlen erst Alexander Müller[1]) und Skalweit[2]) die Anwendung des Refraktometers zur Butteruntersuchung, und später legten Amagat, Jean[3]), Wollny und andere dieser Untersuchungsmethode für die Untersuchung der flüssigen und festen Fette, und namentlich auch der Butter, sowie des Schweinefettes mit Recht große Bedeutung bei.

Müller und Skalweit bedienten sich bei ihren Untersuchungen des Abbeschen Refraktometers, bei welchem die Bestimmung des Grades des Lichtbrechungsvermögens durch Beobachtung der Totalreflexion, welche die in sehr dünner Schichte zwischen Prismen aus stärker brechender Substanz eingeschlossene Flüssigkeit an durchfallenden Strahlen ergibt, erfolgt.[4]) Man kann mit Hilfe des Instrumentes auch Flüssigkeiten untersuchen, die in dickeren Schichten undurchsichtig sind, da zur Untersuchung ein einziger Tropfen der Flüssigkeit genügt. Die Beobachtung, die mit diffusem Tages- oder Lampenlicht vorgenommen wird, besteht in einer einfachen Einstellung mit nachfolgender Ablesung an einem Gradbogen, welcher den Brechungsindex unmittelbar ergibt. —

Der Apparat (Fig. 41) besteht im wesentlichen aus einem aus zwei Flintglasprismen zusammengesetzten Doppelprisma. Die zu untersuchende Flüssigkeit ist als dünne (ca. 0·05 mm Dicke) Schichte zwischen den beiden Prismen eingeschlossen. Die genaue Regulierung der Dicke der Flüssigkeitsschichte wird automatisch, d. h. durch das Aufeinanderliegen der beiden Prismenfassungen erreicht. Das Doppelprisma ist mit einer Alhidade J verbunden, und mit dieser auf einem geteilten Sektor S

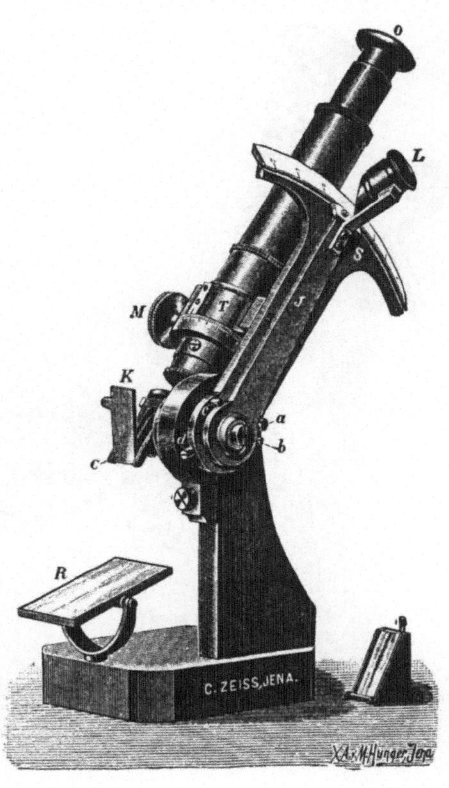

Fig. 41.

[1]) Arch. d. Pharm. 1886. 210.
[2]) Repert. d. analyt. Chem. 1886. 181 u. 235.
[3]) Compt. rend. 1889. 109. 616 u. Mon. scientif. 1890. 215 u. 1890. 346.
[4]) Abbe, Neue Apparate usw. Jena 1874.

drehbar. Der Sektor trägt ein Beobachtungsfernrohr, mit welchem er um eine horizontale. Achse umlegbar ist. Das Fernrohr trägt vor seinem Objektiv ein System aus zwei drehbaren Amicischen Prismen (Kompensator zur Achromatisierung der Grenzlinie der Totalreflexion), deren Drehung an einer geteilten Trommel abgelesen werden kann.

Im Interesse einer bequemen Handhabung des Refraktometers ist der Sektor mit Fernrohr, Doppelprisma und Alhidade zum Umlegen eingerichtet. Fig. 41 zeigt den Apparat in der Beobachtungsstellung: der Sektor ist auf Anschlag an den Stift a eingestellt. In der anderen Extremstellung des Sektors — Anschlag des Stiftes d von unten an a —, in welcher das Doppelprisma dem Beobachter zugewandt ist, findet die Beschickung des Prismas mit der zu untersuchenden Flüssigkeit statt. Die beiden in der Figur mit b und c bezeichneten Stifte dienen als Anschläge für die Alhidade J, die unterhalb b und d an dem Träger des Refraktometers befindlichen Schrauben (die Druck- und Zugschraube) für die Regulierung des Ganges der beim Umlegen des Sektors in Aktion tretenden Drehungsachse.

Die Teilung des Sektors gibt den Brechungsindex bis auf die dritte Dezimalstelle genau an, und durch Schätzung der Intervalle mit Hilfe einer mit dem Zeiger fest verbundenen Ableselupe kann die vierte Dezimale auf etwa zwei Einheiten genau bestimmt werden. Die Ablesung der Trommel des Kompensators liefert die Daten zur Berechnung der Dispersion mit Hilfe einer beigegebenen Tabelle. Das Refraktometer ist für die Bestimmung von Brechungsindices zwischen 1·30 und 1·70 anwendbar.

Ein Abbesches Refraktometer mit heizbaren Prismen ist in Fig. 42 abgebildet. Die Vorrichtung zum Erwärmen der Refraktometerprismen gründet sich in der Hauptsache auf die von R. Wollny vorgeschlagene Anwendung eines die Glasprismen einschließenden doppelwandigen Me-

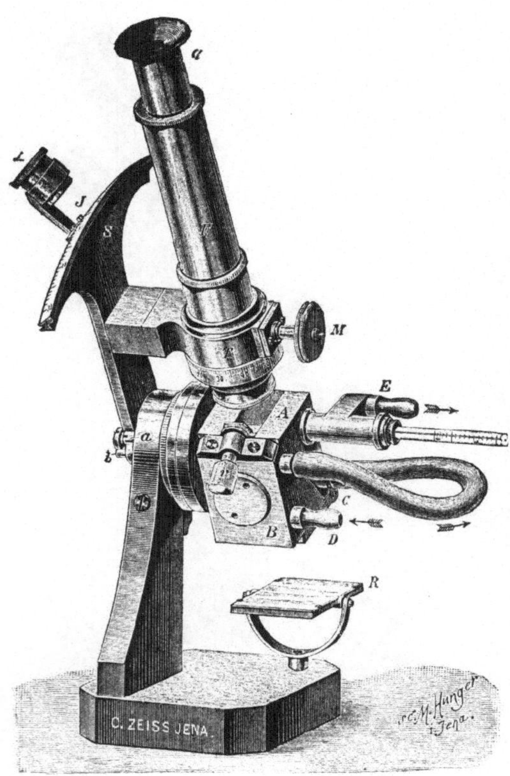

Fig. 42.

tallgehäuses A und B, durch welches Wasser von bestimmter Temperatur geleitet wird. Der Eintritt des Wasserstromes erfolgt bei D, der Austritt bei E. Eine gleiche Heizkammer findet sich auch bei dem Butterrefraktometer, Fig. 43. Zum Öffnen und Schließen des Doppelprismas dient eine nach Art eines Bajonettverschlusses eingerichtete Schraube v in Fig. 42 bzw. F in Fig. 43.

Die weiteste Verbreitung dürfte unter den Refraktometern das schon erwähnte Zeißsche Butterrefraktometer (Fig. 43)[1] gefunden haben, bei welchem die Messung des Brechungsindex durch Ablesung der Lage der Grenzlinie auf einer 100 teiligen Okularskala in dem mit dem Refraktometerprisma in feste Verbindung gebrachten Fernrohre erfolgt. Die Werte der Okularskala können entweder direkt miteinander verglichen, oder mit Hilfe einer dem Apparate beigegebenen Tabelle in Brechungsindices umgerechnet werden.

Beim Butterrefraktometer wird die Achromasie der Grenzlinie der Totalreflexion für eine bestimmte Substanz oder eine bestimmte Art von Substanzen statt durch eine besondere Kompensationsvorrichtung durch die Refraktometerprismen selbst herbeigeführt,[2] indem nämlich die Farbenzerstreuung bei der totalen Reflexion zwischen Glas und Substanz gerade kompensiert wird durch die Farbenzerstreuung an der Austrittsfläche des Doppelprismas.

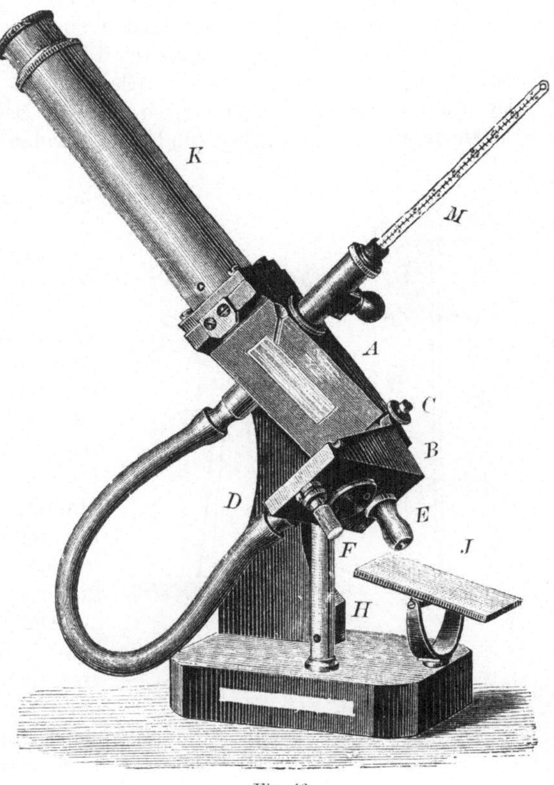

Fig. 43.

Infolgedessen erscheint die Grenzlinie für die der Brechung der Prismen zugrunde gelegte Normalsubstanz oder Normallösung farblos (achromatisiert), während alle anderen in ihrem Brechungs- und Dis-

[1] Eine ausführliche Beschreibung der Konstruktion des Instrumentes siehe Pulfrich, Zeitschr. f. Instrumentenkunde 1898. 107.

[2] D. R.-P. No. 65803.

persionsvermögen verschiedenen Körper eine mehr oder weniger blau oder rot gefärbte Grenzlinie ergeben, welch letztere aber immer noch eine ausreichend sichere Ablesung ihrer Lage gestattet. Die Unterscheidung der Fette gründet sich in diesem Falle sowohl auf die Verschiedenheit der Lage der Grenzlinie, als auch auf die Verschiedenheit im Aussehen derselben. Es ist sohin die Möglichkeit vorhanden, daß mit diesem Refraktometer Verfälschungen und Verunreinigungen erkannt werden, wenn die Brechungsindices der zu vergleichenden Öle die gleichen, ihre Dispersionen jedoch verschieden sind.

Die beiden Prismen sind in den zwei Metallgehäusen A und B enthalten. Je eine Fläche der Glasprismen ist frei. Das Gehäuse B ist um die Achse C drehbar, so daß die beiden freien Glasflächen der Prismen aufeinander gelegt und voneinander entfernt werden können.

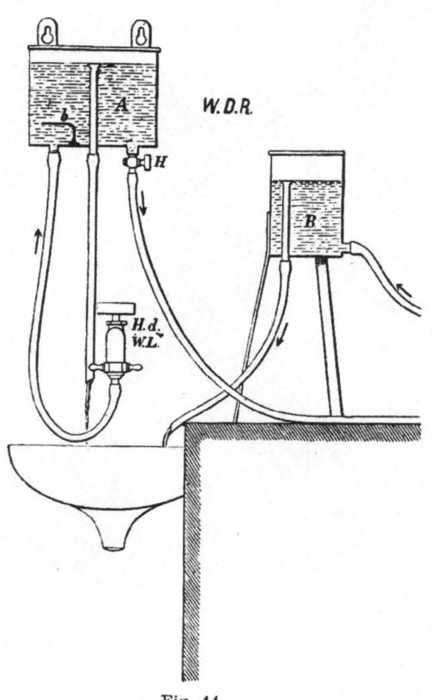

Fig. 44.

Die beiden Metallgehäuse sind hohl; läßt man warmes Wasser hindurchfließen, so werden die Glasprismen erwärmt. An das Gehäuse A ist eine Metallhülse für ein Thermometer angesetzt, dessen Quecksilbergefäß bis an das Gehäuse A reicht. K ist das Fernrohr, in dem die von 0—100 eingeteilte Skala angebracht ist; J ist ein Spiegel, mit Hilfe dessen die Prismen und die Skala beleuchtet werden. Betreffs der Handhabung des Apparates sei auf die eingehende Gebrauchsanweisung der optischen Werkstätte Carl Zeiß in Jena verwiesen.

Die Heizung der Glasprismen beim Butterrefraktometer wird zweckmäßig mit Hilfe einer Heizvorrichtung, wie sie gleichfalls von der Firma Carl Zeiß hergestellt wird, vorgenommen werden. Die ganze Anordnung (Fig. 44 und Fig. 45) setzt sich zusammen aus einem Heizkessel (HK) von ca. 5 Liter Inhalt, einem Wasserdruckregulator (WDR), bestehend aus den beiden Gefäßen A und B, und einem Doppelwegehahn (DWH). Die Benutzung des Wasserdruckregulators und des Doppelwegehahnes ist bei Anwendung des Heizkessels nicht unbedingt erforderlich. Der Heizkessel, in welchem das durch den Druck der Wasserleitung mittelbar oder unmittelbar fortbewegte Wasser auf die gewünschte höhere Temperatur gebracht wird, ist mit einem gewöhnlichen Thermometer T, einem Gasbrenner GB und einem Thermoregulator S versehen. Die Wirkung des letzteren beruht auf der Ausdehnung einer größeren Luftmenge L, durch welche das in dem unteren Teil des Regulators befindliche Quecksilber Q innerhalb der das Gaszuleitungsrohr einschließenden Kapillare in die Höhe gehoben wird. Die Handhabung des Heizkessels geschieht in der Weise, daß man das Wasser zuerst auf ca. 50° C. erwärmt, dann den Thermoregulator durch Drehen an P auf kleine Flammen einstellt und hierauf das Wasser durchlaufen läßt. Die Temperatur des Wassers fällt dann rasch um ca. 15° C., je nach der Durchflußgeschwindigkeit des Wasserstromes, und nähert sich langsam einem für längere Zeit anhaltenden beliebig einzustellenden nahezu konstanten Wert. Die bei direktem Anschluß des Heizkessels an die Wasserleitung vorhandenen Temperaturschwankungen werden vorwiegend durch die in der Wasserleitung vorhandenen Druckschwankungen hervorgerufen. Durch Einschaltung des Wasserdruckregulators (Gefäß A und B in Fig. 44) wird diese Störung völlig beseitigt.

Die Geschwindigkeit des Wasserstromes kann durch eine veränderte Einstellung des am Gefäß A angebrachten Hahnes, sowie durch Veränderung des Höhenunterschiedes der beiden Niveauflächen in A und B nach Belieben reguliert werden. Die Handhabung des Wasserdruckregulators geschieht in der Weise, daß man nach Regulierung der Geschwindigkeit des Wasserstromes den Hahn der Wasserleitung so stellt, daß durch den mittleren, senkrecht herabhängenden Schlauch nur ein schwacher Abfluß stattfindet. Der Doppelwegehahn DWH in Fig. 45 endlich gewährt die Möglichkeit, durch einen einfachen Handgriff den warmen Wasserstrom mit

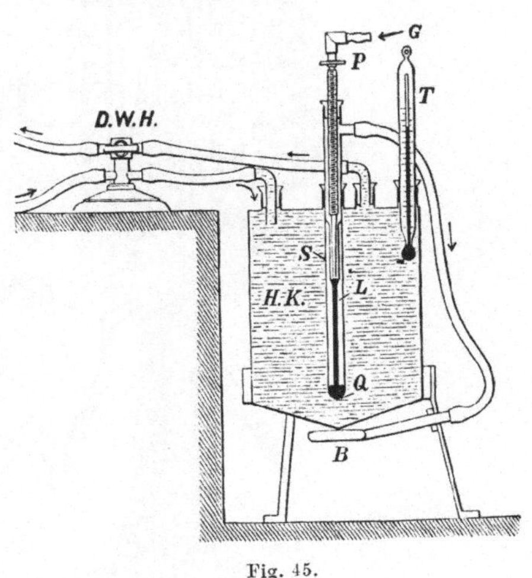

Fig. 45.

einem kalten vertauschen zu können und ist überall da von Wert, wo es darauf ankommt, sowohl die Lage der Grenzlinie für eine bestimmte Temperatur, als auch die Veränderungen zu ermitteln, welche die Lage der Grenzlinie durch die Temperatur erleidet.

Thörner[1]) empfiehlt zur Bestimmung des Brechungsexponenten fester Fette bei 60° C. Pulfrichs Refraktometer. Eine Neukonstruktion dieses Instrumentes ist in Fig. 46 abgebildet. Die Beobachtungen werden bei diesem Apparate mit Natriumlicht oder mit dem Lichte Geißlerscher (H) Röhren gemacht. Die Beleuchtung mit Natriumlicht geschieht mit Hilfe eines Reflexionsprismas, diejenige mit H-Licht mittels der Geißlerschen Röhre und des Kondensors. Die beiden Beleuchtungs-

---

[1]) Zeitschr. f. angew. Chem. 1889. 308.

arten können durch eine kleine Ortsänderung des Prismas schnell ge-
wechselt werden. Die Substanz kommt direkt auf die Oberfläche des
Refraktometerprismas, wie es die Figur 47 zeigt. Sowohl das Prisma
als auch die Substanz können mit Hilfe der Heizeinrichtung S in Fig. 48
auf jede beliebige Temperatur erwärmt werden, indem man den Warm-
wasserstrom in der Richtung der gezeichneten Pfeile zirkulieren läßt.

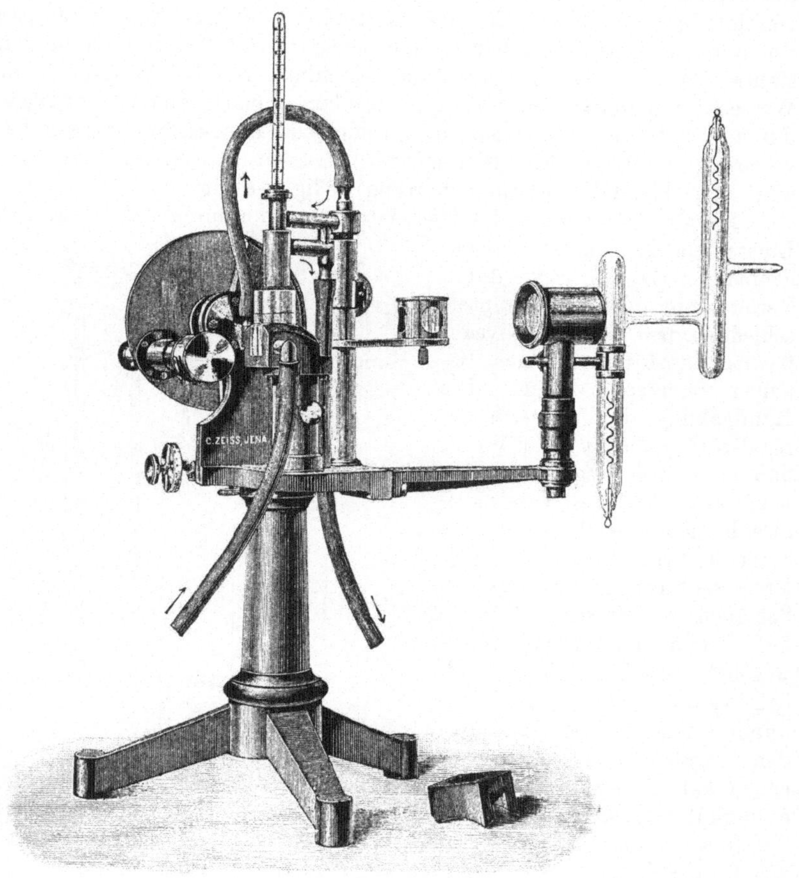

Fig. 46.

Zum Schutze der Flüssigkeit gegen Wärmeverluste durch Strahlung dient
ein Holzstück (in Fig. 46).

Aus dem mittels Fernrohr und Teilkreis gemessenen Winkel (i),
unter dem der Grenzstrahl die Vertikalfläche des Prismas verläßt
(Fig. 47), und dem bekannten Index (N) des Primas erhält man nach
der Formel

$$n = \sqrt{N^2 - \sin i^2}$$

(am bequemsten mittels der Tabelle) direkt den Brechungsindex (n) der untersuchten Substanz für das benutzte Licht.[1]

Amagat und Jean haben ein eigenes Oleorefraktometer[2] (Fig. 49) mit willkürlicher Skala, deren Teilstriche sie als Grade bezeichnen, konstruiert. Sie geben von ihrem Instrumente folgende Beschreibung:

„Die zu prüfende Substanz wird in einen kleinen aufrecht stehenden Metallzylinder A gefüllt, welcher mit im Winkel von 107° zueinander geneigten Glasplatten C versehen ist. Dieses Prisma ist in ein zweites, zylindrisches Metallgefäß eingesetzt, welches zwei parallele Fenster B aufweist. Die dieselben verschließenden Glasplatten stehen senkrecht auf die Rich-

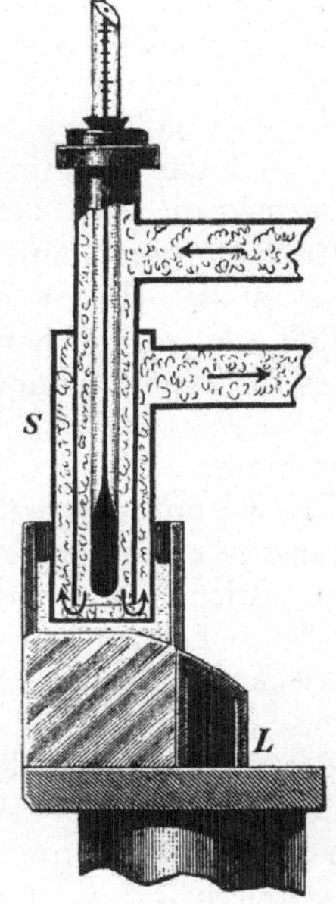

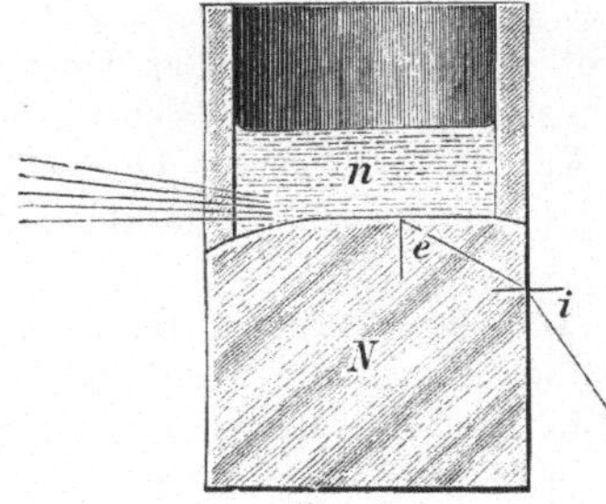

Fig. 47.

Fig. 48.

tung des Kollimators und des Visierapparates und sind in dieser Lage unabänderlich fixiert. Der auf diese Weise erhaltene, ringförmige

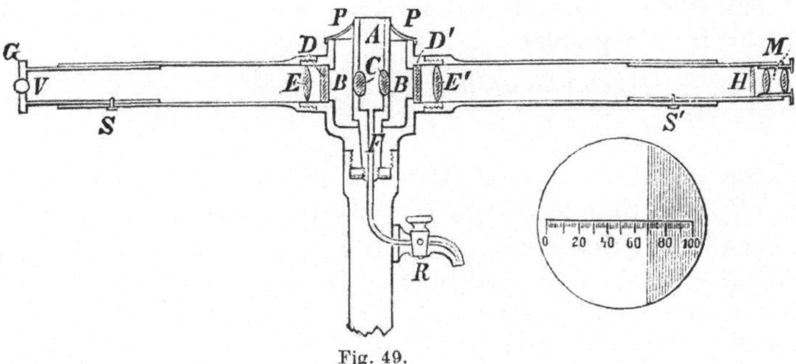

Fig. 49.

Raum um das Prisma ist mit einem „Normalöl" (huile type) gefüllt. Die Ablenkungen werden auf einer sehr kleinen, durchsichtigen, photo-

---

[1] Die detaillierte Beschreibung des Apparates samt allen Hilfseinrichtungen enthält die Gebrauchsanweisung der Firma Carl Zeiß in Jena.

[2] Verfertigt von A. Dubosc in Paris.

graphischen, willkürlich geteilten Skala H abgelesen, welche sich vor dem Okular M befindet und das vom Kollimator entworfene Bild auffängt. Dieses Bild wird durch den vertikal stehenden Rand eines Schiebers entworfen, welcher das Gesichtsfeld in eine dunkle und eine helle Partie teilt. Der Apparat wird durch einen zur Entleerung des Prismas dienenden Hahn R und durch ein als Bad dienendes Umhüllungsgefäß vervollständigt, welches zur Temperaturregulierung benutzt wird. Der Schieber läßt sich mit Hilfe einer Stellschraube in der Weise einstellen, daß das Instrument auf 0 steht, wenn man das Normalöl oder im allgemeinen jede beliebige Flüssigkeit, in das Prisma und in den ringförmigen Raum einfüllt."

Ist in das Prisma ein anderes Öl als in dem ringförmigen Raume eingefüllt, so erhält man, je nachdem dieses Öl ein größeres oder geringeres Brechungsvermögen hat als das Normalöl, Ablenkungen nach rechts oder nach links oder positive oder negative Grade am Oleorefraktometer.

Das Oleorefraktometer gestattet geringe Unterschiede zwischen dem Brechungsvermögen zweier Öle leicht zu erkennen. Das Normalöl und das zu prüfende Öl besitzen bei demselben stets die gleiche Temperatur. Feste Fette können mit Hilfe des Apparates, welcher hauptsächlich in Frankreich verwendet wird, in geschmolzenem Zustande untersucht werden.

Zur Vermeidung allzu hoher Temperaturen bei Bestimmung der Brechungsexponenten hochschmelzender Fette und Wachsarten, hat in letzter Zeit G. Marpmann[1]) empfohlen, die betreffenden Fette und Wachsarten in ätherischen Ölen zu lösen und die Brechungsexponenten dieser Mischungen zu bestimmen. Nachdem der Brechungsindex einer Mischung gleich ist dem arithmetischen Mittel aus den Brechungsindices der Komponenten, sobald zwischen diesen chemische Umsetzungen nicht stattfinden, [2]) läßt sich der Brechungsindex der Fett- oder Wachsprobe leicht berechnen. Besteht die Mischung aus gleichen Teilen a und b, so ist ihr Brechungsindex

$$nD\,(a+b) = \frac{nD\,(a) + nD\,(b)}{2} \quad \text{oder} \quad nD\,(b) = 2\,nD\,(a+b) - nD\,(a);$$

als ätherisches Öl wird von Marpmann Pfefferminzöl empfohlen, welches bei 40° C. eine Refraktion von 50° (Zeiß' Butterrefr.) besitzt.

Nach den Erfahrungen, welche K. Dieterich mit dem Butterrefraktometer gemacht hat, zeigen im allgemeinen Fette um so niedrigere Refraktometerzahlen, je höher ihr Schmelzpunkt ist. Die Fettsäure weist auch stets ein geringeres Brechungsvermögen auf, als das derselben entsprechende Neutralfett.

Über die Anwendung der refraktometrischen Methode vgl.: Glycerin (Kap. IX), Flüssige Fette (Kap. X), Butterfett, Schweinefett und Ölsäure.

---

[1]) Chem. Rev. üb. d. Fett- u. Harz-Ind. 1901. 8. 65.
[2]) Bullet. soc. chim. 9. 244 u. 248.

Das in neuerer Zeit in der Analyse vielfach angewendete **Eintauch-refraktometer** ist nur für Arbeiten mit sehr verdünnten ätherischen Fettlösungen verwendbar.

7. Bestimmung des optischen Drehungsvermögens.

Bishop[1]) und **Peter**[2]) haben auch das **Polarimeter** zur Prüfung der flüssigen Fette herangezogen. Sie verwenden das Saccharimeter von **Laurent** und geben die Rotation in Saccharimetergraden an.

Zur polarimetrischen Untersuchung der Fette kann jeder Polarisationsapparat benutzt werden. In erster Linie werden sich für diesen Zweck ebenso wie für die zuckertechnischen Untersuchungen die Halbschattenapparate eignen, von welchen hier der Halbschattenapparat mit Keilkompensation von **F. Schmidt** und **Haensch** und der Apparat von **Laurent** beschrieben seien.

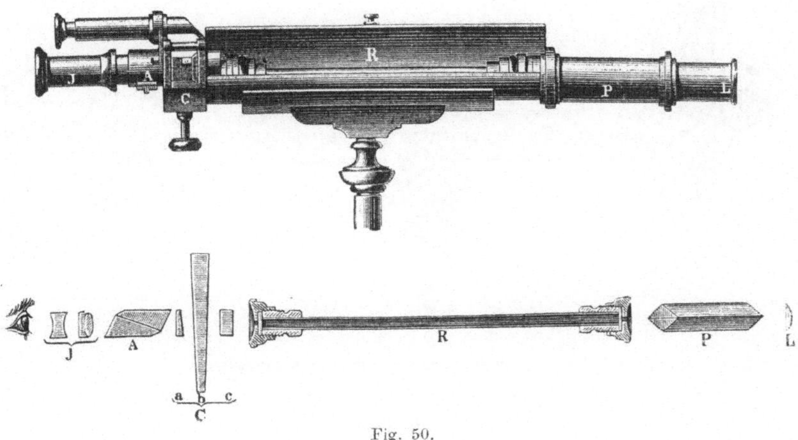

Fig. 50.

Der Halbschattenapparat von **Schmidt & Haensch** (Fig. 50) enthält folgende Bestandteile:

1. eine konvexe Linse L (welche sich der Lichtquelle zunächst befindet), durch welche die Lichtstrahlen zu dem Hauptbestandteile des Apparates, dem
2. Halbschattenprisma P gelangen; dieses, ein aus zwei Prismen zusammengesetztes Zwillingsnikol, dient als Polarisator und bringt die gleichmäßige Beschattung des Gesichtsfeldes hervor. Eine an dem Prisma befindliche, senkrechte Fuge, welche durch das Zusammentreten zweier Schnittflächen in der oberen Hälfte des Prismas entsteht, teilt als feiner Strich das Gesichtsfeld in zwei Halbscheiben.

---

[1]) Journ. Pharm. Chim. 16. 300.
[2]) Chem. Zeitg. Rep. 1887. 11. 267.

3. Das Beobachtungsrohr *R*.

  Der vordere, dem Auge des Beobachters zugekehrte Teil, der Okularteil, enthält

4. den Rotationskompensator *C*, von dessen beiden, gleichdrehenden Quarzkeilen *a*, feststehend, den Nonius und *b*, verschiebbar, die Skala trägt; *c* stellt eine den Quarzkeilen entgegengesetzt drehende Quarzplatte vor.   Sodann folgt

5. das analysierende Nikol *A* und schließlich

6. das Fernrohr *J*, welches so lange eingestellt wird, daß der das Gesichtsfeld teilende, senkrechte Strich dem Auge klar und deutlich erscheint.

Bei der Nullpunktseinstellung zeigt der Apparat gleichmäßige Beschattung beider Hälften des Gesichtsfeldes.   Dieselbe ändert sich jedoch

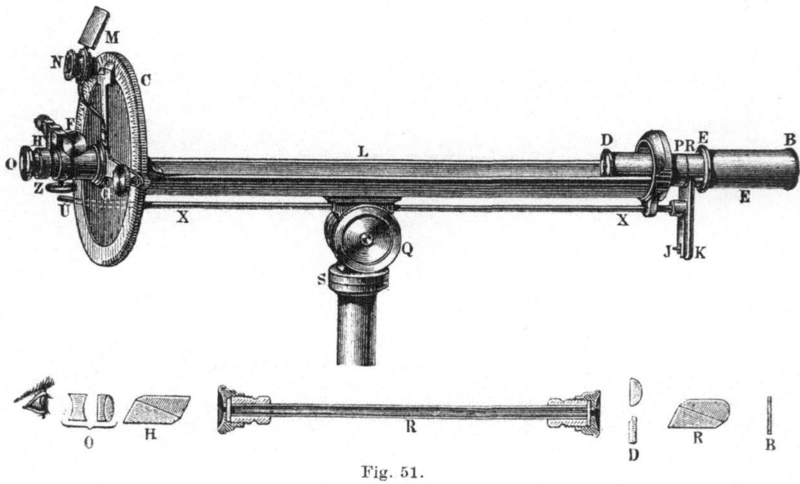

Fig. 51.

bei Verschiebung der Skala oder nach Einschaltung einer die Polarisationsebene drehenden Substanz; im letzten Falle ist zur Wiederherstellung der gleichmäßigen Beschattung der beiden Hälften des Gesichtsfeldes eine entsprechend große Verschiebung des Quarzkeiles *b* erforderlich. Durch die Veränderung der Dicke des Keilpaares wird die optische Wirkung der eingeschalteten Substanz ausgeglichen oder kompensiert. Sobald beide Hälften des Gesichtsfeldes wieder gleichmäßige Beschattung zeigen, wird abgelesen.

Der in Frankreich viel benutzte Apparat von Laurent (Fig. 51) gestattet eine direkte Messung der durch polarisierende Substanzen hervorgerufenen Drehung der Polarisationsebene. Der Gebrauch gewöhnlicher Lampen ist bei diesem Apparate, bei welchem Natriumlicht in Anwendung kommt, ausgeschlossen.

Das Natriumlicht trifft zunächst bei *B* eine die Beleuchtung verstärkende Linse und dann bei *E* eine dünne Schicht Kaliumbichromat oder eine zwischen parallelen Glasplatten eingeschlossene Lösung dieses Salzes, welches nur einfarbiges, gelbes Licht durchläßt. Dieser Vorrichtung folgt bei R das polarisierende, doppeltbrechende Nikol, welches vermittels des Armes K und der Hebelvorrichtung UXJ in der Richtung der Längsachse etwas gedreht werden kann. Diese Einrichtung bezweckt, dem Gesichtsfelde mehr oder weniger Licht zu geben.

Als Hauptbestandteil des Apparates befindet sich bei D ein rundes Diaphragma, welches eine Glasplatte enthält, deren eine Hälfte von einem dünnen, in bestimmter Weise geschliffenen Quarzplättchen bedeckt ist. Die senkrechte Grenzlinie dieses Quarzes teilt das Gesichtsfeld in zwei gleiche Halbscheiben. L ist das Lager für die Beobachtungsröhre R, C eine Scheibe mit Teilung, auf der mit Hilfe eines Nonius an der Skala (welche gewöhnlich ebenso wie beim vorher beschriebenen Apparate Zuckerprozente ausdrückt) abgelesen werden kann. Bei H befindet sich das analysierende Nikol in einer Rohrhülse, welche mit Hilfe des Schenkels und des gezahnten Triebes G drehbar ist. Vorne ist das Fernrohr O angebracht und oben der Nonius nebst einem auf dessen Teilung gerichteten Vergrößerungsglas N. M ist ein kleiner Spiegel, welcher den Nonius und die Ablesungsstelle der Gradteilung beleuchtet, und F die Regulierschraube, mit Hilfe welcher der Nullpunkt eingestellt und korrigiert wird. Durch die Schraube Z wird das Nikol nach erfolgter Korrektion in der richtigen Lage festgehalten.

Die eine unbedeckte Seite des Diaphragmas läßt das durch das Prisma R polarisierte Licht ohne Ablenkung durch, in der anderen Hälfte wird es durch die Quarzplatte abgelenkt.

Wird nach Einstellung des Nullpunktes eine Substanz eingeschaltet, welche die Polarisationsebene dreht, so wird die Gleichartigkeit der Beleuchtung beider Kreishälften gestört, und der Analysator muß so weit bei rechtsdrehenden Körpern nach rechts, bei linksdrehenden nach links gedreht werden, bis die gleichmäßige Beschattung beider Flächen wieder erzielt wird. Die Größe des Winkels, um den das Nikol gedreht werden mußte, entspricht dem Drehungsvermögen der untersuchten Substanz.

Zur Prüfung nur wenig gefärbter Öle können andere Polarisationsapparate (Farbenapparate), wie z. B. derjenige von Soleil-Ventzke-Scheibler usw., Verwendung finden.

Trübe Öle müssen vor der polarimetrischen Prüfung filtriert werden, zu dunkle Öle werden mit Tierkohle entfärbt (siehe auch flüssige Fette, Kap. X).

8. Bestimmung der elektrischen Leitfähigkeit.

Palmieri[1] hat zur Vergleichung des elektrischen Leitvermögens verschiedener Öle einen eigenen Apparat, das „Diagometer", konstruiert, welchen er insbesondere zur Prüfung des Olivenöles auf seine Reinheit empfiehlt.

---

[1] Chem. Zeitg. Rep. 1880. 6. 1157.

Das elektrische Leitvermögen eines Öles steigt nach A. Bartoli[1]) mit der Temperatur; es steigt ferner bei trocknenden Ölen durch die Sauerstoffaufnahme an der Luft mehr als bei nicht trocknenden Ölen. Auch beim Ranzigwerden der Öle ist eine geringe Zunahme des elektrischen Leitvermögens zu konstatieren. Feste Fette verhalten sich im allgemeinen analog. Besonders charakteristisch ist unter denselben das Verhalten der Muskatbutter, welche bei ihrer Schmelztemperatur ein plötzliches Steigen des elektrischen Leitvermögens zeigt.

9. Bestimmung der kritischen Lösungstemperatur.

Nach Crismer[2]) schwankt die kritische Lösungstemperatur eines und desselben Fettes in Alkohol (von dem spez. Gew. 0·8195 bei 15·5⁰ C.) nur zwischen sehr engen Grenzen, so zwar, daß es möglich ist, durch Bestimmung dieser Temperatur einen Anhaltspunkt zu erhalten, ob das betreffende Fett einen Zusatz bekommen hat oder nicht. Crismer verfährt zur Bestimmung der kritischen Lösungstemperatur in der Weise, daß er in einem 9 cm langen und 5 cm weiten Röhrchen einige Tropfen des zu untersuchenden Fettes mit der ein- bis zweifachen Menge 90prozentigen Alkohols übergießt. Das Röhrchen wird, nachdem es zugeschmolzen wurde, an einem empfindlichen Thermometer befestigt und in konzentrierte Schwefelsäure getaucht, welche erhitzt wird. Wenn der Trennungsmeniskus der beiden Flüssigkeiten eine gerade Linie bildet, wird vorsichtig geschüttelt, wobei sich die beiden Flüssigkeiten mischen und Lösung eintritt. Nun läßt man unter sorgfältiger Beobachtung der Temperatur erkalten und notiert die Temperatur, bei welcher die Mischung, nachdem vorher Trübung eingetreten ist, sich wieder trennt. Die abgelesene Temperatur ist die kritische Lösungstemperatur.

Wenn dieselbe nicht über 78⁰ C., dem Siedepunkte des Alkohols, liegt, kann die Bestimmung in einem offenen Glasröhrchen vorgenommen werden. In diesem Falle wird das Röhrchen mit einem Kork verschlossen, welcher ein Thermometer eingesetzt enthält, dessen Quecksilberkörper sich in der Flüssigkeit befindet. Das das Fett und den Alkohol enthaltende Röhrchen wird in ein größeres Rohr, welches als Luft oder Wasserbad dient, eingesetzt und in demselben erhitzt.

Bemerkt sei noch, daß die kritische Lösungstemperatur von Mischungen näherungsweise gleich ist dem arithmetischen Mittel der kritischen Lösungstemperatur der einzelnen Komponenten.

10. Bestimmung der Verbrennungswärme.

G. Marpmann[3]) und H. C. Shermann und J. F. Snell[4]) haben beinahe gleichzeitig darauf hingewiesen, daß auch die Verbrennungswärme der Fette bei der Prüfung derselben auf ihre Reinheit heran-

[1]) Il nuovo Cimento 1890. 28. 25.
[2]) Bullet. de l'Assoc. Belge de Chimistes 1895. 145; 1896. 359; 1897. 312.
[3]) Chem. Rev. üb. d. Fett- u. Harzind. 1901. 8. 65.
[4]) Journ. of Amer. Chem. Soc. 1901. 164.

gezogen werden kann. Nach den Untersuchungen der letzteren besitzen beispielsweise Spermaceti-, Harz- und Mineralöl einen weitaus höheren calorischen Wert als die fetten Öle. Ricinusöl zeigt unter fetten Ölen einen auffallend niedrigen calorischen Wert, welcher sich dadurch erklärt, daß dieses Öl hauptsächlich aus dem Triglycerid einer Oxyfettsäure besteht. Die calorischen Werte von alten Fettproben mit erhöhtem spezifischen Gewichte und erniedrigter Jodzahl sind ferner geringer als diejenigen der frischen Fette.

In folgender Tabelle sind einige der von Shermann und Snell gefundenen Verbrennungswärmen angegeben.

Name	Calorien pro Gramm		Name	Calorien pro Gramm	
	Konstantes Volumen	Konstanter Druck		Konstantes Volumen	Konstanter Druck
Leinöl (1900) . . .	9364	9379	Sesamöl	9395	9410
„ (1898) . . .	9379	9394	Olivenöl	9457	9472
Cottonöl I	9396	9411	Schweinefett. . .	9451	9466
„ II	9401	9416	Ricinusöl.	8863	8877
„ sehr alt	9168	9183			

11. Bestimmung des kapillarimetrischen Verhaltens.

Die Kapillaranalyse wurde von F. Goppelsroeder[1]) zur Erkennung und Identifizierung der Öle herangezogen. Goppelsroeder hat die Steighöhen einer größeren Anzahl von vegetabilischen und animalischen Ölen in Filtrierpapierstreifen von je 24 zu 24 Stunden bestimmt und die Versuchsergebnisse in graphischen Tafeln niedergelegt. Unter den untersuchten Pflanzenölen stieg das Ricinusöl am wenigsten, das Leinöl am höchsten. Von den untersuchten animalischen Ölen wies eine Probe Stearinöl die größte, eine Probe Ochsenklauenöl die geringste Steighöhe auf.

V. Elementaranalyse der Fette.

Die Elementaranalyse leistet bei technischen Untersuchungen der Fette im allgemeinen nur geringe Dienste, da der Kohlenstoff-, Wasserstoff- und Sauerstoffgehalt der meisten Fette nur sehr wenig differiert. Es geht dies schon daraus hervor, daß jene Glyceride, welche die Hauptmasse der meisten Fette ausmachen, nämlich Palmitin, Stearin, Oleïn und Linoleïn, nahezu dieselbe Zusammensetzung haben, nur das Ricinoleïn zeigt einige Abweichungen.

---

[1]) F. Goppelsroeder, Kapillaranalyse, pag. 83. Basel 1901.

	Palmitin	Stearin	Oleïn	Linoleïn	Ricinoleïn
	$C_{51}H_{98}O_6$	$C_{54}H_{110}O_6$	$C_{57}H_{104}O_6$	$C_{57}H_{98}O_6$	$C_{57}H_{104}O_9$
C	75·86	76·78	77·30	77·84	73·33
H	12·24	12·44	11.85	11·24	11.24
O	11·90	10·78	10·85	10·92	15·43.

Ebenso zeigen insbesondere alle oxydierten Öle, welche Glyceride von Oxyfettsäuren enthalten, größere Unterschiede in der elementaren Zusammensetzung gegenüber den oben angeführten ersten| drei Fetten.

Eine Zusammenstellung über die elementare Zusammensetzung einiger Fette findet sich in: J. König: „Die menschlichen Nahrungs- und Genußmittel." Berlin. Verlag von Julius Springer. Nach derselben Quelle besteht eine geringe Differenz in der Zusammensetzung der tierischen Fette in der Richtung, daß die Fischfette mehr Kohlenstoff und weniger Wasserstoff enthalten, als die Fette der Wiederkäuer.

Als Beispiel sei die Zusammensetzung einiger Fette angeführt:

	C	H	O
Rindertalg .	76·50	11·91	11·59
Schweinefett .	76·54	11·94	11·52
Butterfett . .	75·63	11·87	12·50
Leinöl . . 1.	76·80	11·20	12·20
„ . . 2.	77·30	11·20	11·00
„ . . 3.	78·00	11·00	11·00
Rüböl . . 1.	77·99	12·03	9·98
„ . . 2.	78·20	12·08	9·72
„ . . 3.	77·91	12·02	10·07.

Bei der Identifizierung von Fettsäuren oder anderen völlig gereinigten Bestandteilen von Fetten und Wachsarten wird die Elementaranalyse gute Dienste leisten.

Es mag hier erwähnt werden, daß die abgekürzte Methode der Elementaranalyse nach Dennstedt, die Verbrennung im Sauerstoffstrome unter Anwendung von platiniertem Quarz oder einer Platinblechlocke, sich besonders für die Elementaranalyse der Fette eignet.

Sehr wichtig ist in einzelnen Fällen die Bestimmung eines Gehaltes an Chlor, Schwefel, Phosphor und Metalloxyden.

Chlor.

Zum qualitativen Nachweis und zur quantitativen Bestimmung von Chlor, welches in Form von Chloriden, namentlich von Kochsalz vorhanden ist, genügt es, das Fett einigemal mit warmem Wasser, dem zweckmäßig einige Tropfen Salpetersäure zugesetzt werden, auszuschütteln und die wässerigen Auszüge mit einer Lösung von Silbernitrat zu versetzen (s. auch unter Butter).

Es ist aber auch zuweilen beobachtet worden, daß Fette Chlor enthalten, welches sich durch Ausschütteln mit Wasser nicht entfernen läßt, sondern in Form von Chloradditions- oder Substitutionsprodukten vorhanden ist. Das Chlor ist dann meist durch ein schlecht durchgeführtes Bleichverfahren in das Fett gelangt. Der Chlorgehalt mancher Partien

Wollfett dürfte sich dadurch erklären lassen, daß beim Transporte überseeischer Wollen die Schiffsladeräume mit Chlorkalk desodorisiert werden.

Die gebräuchlichen Methoden zur Bestimmung des Chlors in organischen Substanzen sind in der Fettanalyse nur dann anwendbar, wenn der Chlorgehalt ein großer ist, was aber nur sehr selten der Fall sein dürfte. In solchen Fällen kann man die Substanz nach Carius im Rohr mit Salpetersäure und Silbernitrat erhitzen, oder man kann sie mit gebranntem Kalk glühen oder endlich mit Soda und Salpeter schmelzen.

Zum Nachweis geringer Mengen Chlor muß weit mehr Substanz genommen werden, als bei den genannten Proben möglich ist. Wird mit Soda und Salpeter geschmolzen, so ist nach Holde noch speziell darauf Rücksicht zu nehmen, daß der Salpeter häufig etwas chlorsaures Kali enthält, dessen Gegenwart sich bei der blinden Probe nicht verrät, welches aber beim Schmelzen mit dem Fett zu Chlorkalium reduziert wird.

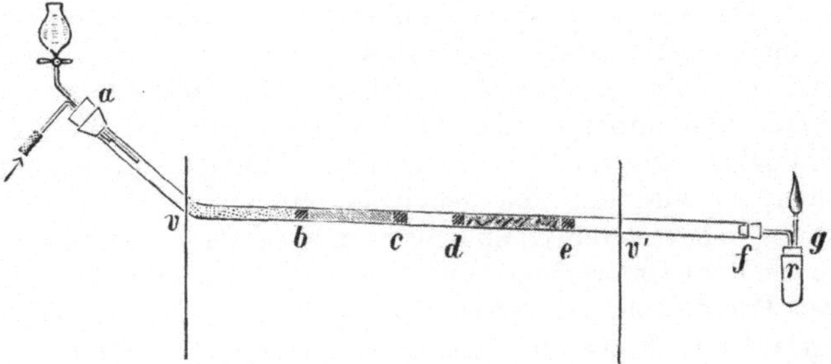

Fig. 52.

Qualitativer Nachweis. Etwa 25 g Fett werden mit 100 ccm chlorfreier Salpetersäure von 1·4 spez. Gew. und ein wenig Silbernitratlösung in einer Retorte von 1 l Inhalt, deren Tubus durch einen eingeschliffenen Glasstöpsel verschließbar und deren Hals durch ein angeschmolzenes Glasrohr um ca. 1 m verlängert ist, gelinde erwärmt. Die Retorte wird so aufgestellt, daß das Glasrohr als Rückflußkühler dient. In Ermangelung einer solchen Retorte kann auch ein geräumiger Kolben verwendet werden. Nach einiger Zeit beginnt eine stürmische Reaktion, bei deren Eintreten die Flamme entfernt wird. Wenn das Aufschäumen vorüber ist, hat sich, obwohl der größte Teil des Fettes noch aufschäumt, das gesamte Chlor, wenn solches im Fette vorhanden ist, als Chlorsilber in großen Flocken abgeschieden, welche teils zu Boden gesunken sind, teils an den Retortenwänden haften. Ein Gehalt von 0·01 Prozent Chlor gibt sich auf diese Weise noch mit voller Sicherheit zu erkennen (Benedikt).[1])

Quantitative Bestimmung. Ein beiderseits offenes Rohr aus hartem Glas (Fig. 52) von 100—110 cm Länge und 11—12 mm lichter Weite wird an dem einen Ende trichterförmig erweitert und sodann im Abstande von etwa 15 cm von diesem Ende im Winkel von 45° nach

---

[1]) Pharm. Zeitg. 1894. Nr. 55.

aufwärts gebogen. Bis b wird ein Asbestpfropfen eingeschoben, hierauf
eine 25 cm lange Schicht gepulverten Kalkes eingefüllt und diese mittels
des Asbestpfropfens c, eine zweite 15—20 cm lange Kalkschicht durch
die Asbestpfropfen d und e festgehalten. Das Rohr wird zur Bildung
eines Kanals in horizontaler Lage auf den Tisch aufgeklopft, der Raum
von b bis v mit Porzellanscherben angefüllt und das Rohr schließlich
in den Verbrennungsofen gelegt, der von v bis v' reicht. Das Ende a
des Rohres wird mit einem doppelt durchbohrten Kautschukpfropfen
verschlossen, durch dessen eine Bohrung das im Winkel von 45^0 abgebogene Abflußrohr eines Hahntrichters hindurchgeht, während die andere
Bohrung ein Glasrohr aufnimmt, durch das ein ganz langsamer Strom
von Luft, oder um jede Möglichkeit der spurenweisen Bildung von Cyan
auszuschließen, von Kohlensäure hindurchgeht.

An das Rohrende f wird eine Eprouvette angesetzt, in welcher sich
etwas Teer ansammelt; das entstehende Leuchtgas läßt man bei g heraus-
brennen. Die zur Füllung des Rohres verwendeten Materialien müssen
vollständig chlorfrei sein. Der Asbest wird vor seiner Verwendung mit
konzentrierter Salpetersäure angefeuchtet und, nachdem dieselbe auf dem
Wasserbade verdampft wurde, durch Dekantieren mit Wasser gewaschen
und schließlich ausgeglüht. Ist es nicht möglich, chlorfreien Kalk zu
beschaffen, so wird der Chlorgehalt in mindestens 100 g bestimmt; die
zur Füllung verwendeten Kalkmengen müssen dann gewogen und die in
ihnen enthaltene Chlormenge muß von dem Resultate abgezogen werden.

Das Trichterrohr ist zweckmäßig kalibriert, so daß sich die Menge
des abgelaufenen Fettes jederzeit annähernd schätzen läßt. Der Hahntrichter wird mit ca. 100 g Fett gefüllt und gewogen. Nachdem der
Trichter eingesetzt ist, wird das Rohr von b bis v', nicht aber zwischen
v und b, zur Rotglut erhitzt, ein ganz schwacher Kohlensäurestrom
hindurchgeleitet und das Fett aus dem Hahntrichter langsam zutropfen
gelassen, und zwar etwa 8—10 Tropfen in der Minute oder 7 bis höchstens
10 g in der Stunde. Bei festen und halbflüssigen Fetten ist es notwendig, eine kleine Flamme in einiger Entfernung unter dem Hahntrichter stehen zu lassen, um das Fett flüssig zu erhalten. Das Fett
wird in dem Raume zwischen v und b allmählich vorgewärmt und endlich bei b vergast. Die Höhe der Flamme bei g gibt das Maß für den
Gang der Destillation.

Hat man nach 3—5 Stunden 25—20 g abfließen lassen, so unterbricht man den Zufluß, wartet, bis die Flamme bei g erloschen ist, und
löscht den Ofen ab. Nach dem Erkalten klopft man jede der beiden
Kalkschichten gesondert in eine Reibschale heraus, befeuchtet die schwarze
Masse mit etwas Alkohol, zerreibt und verdünnt mit Wasser. Auch das
Rohr wird mit etwas Alkohol, dann mit Wasser und verdünnter Salpetersäure ausgespült. Unterläßt man das Befeuchten mit Alkohol, so dringt
das Wasser in den mit viel Kohle durchsetzten Kalk nur schwer ein.
Der gut verriebene Inhalt einer jeden Schale wird in je ein Becherglas
entleert, darin erst einige Male mit heißem Wasser, dann mit verdünnter
Salpetersäure extrahiert, und die Filtrate mit Silberlösung gefällt. Bei

richtig geleiteter Operation enthält die zwischen d und e liegende Kalkschicht kein Chlor. Man läßt das Chlorsilber, ohne zu erwärmen, vollständig absetzen, filtriert, trocknet, äschert im Porzellantiegel ein, befeuchtet den Rückstand mit Salpetersäure, setzt einen Tropfen Salzsäure hinzu, verdampft zur Trockene und erhitzt bis zum Schmelzen des Chlorsilbers. Nun extrahiert man zur Entfernung etwa anhaftenden Kalkes mit Salpetersäure, wäscht mit heißem Wasser aus, trocknet und bringt nach gelindem Glühen zur Wägung. Durch Zurückwägen des Hahntrichters ermittelt man die verbrauchte Fettmenge.

Zur Prüfung der Methode wurde rohes Ölsäurechlorid mit 21·39 Prozent Chlorgehalt verwendet und aus diesem durch Verdünnen mit technischer Ölsäure Mischungen von bekanntem Chlorgehalt hergestellt. Dabei wurden folgende Zahlen gefunden:

		Chlor gefunden		Chlor berechnet
		1.	2.	
Mischung	I	0·0220	0·0235	0·0225
„	II	0·0877	0·0869	0·0894
„	III	0·2350	—	0·2320

Das Verfahren ist somit mindestens auf 0·005 Prozent genau (Benedikt und Zikes).[1])

Schwefel.

Schwefel findet sich in rohem Rüböl und anderen Cruciferenölen, dagegen sind die kalt gepreßten und die raffinierten Rüböle schwefelfrei. Durch Extraktion mittels Schwefelkohlenstoff dargestellte Fette aller Art sind meist schwefelhaltig.

Qualitativer Nachweis. Man verseift das Öl mit Kali- oder Natronlauge, wobei sich bei Gegenwart von Schwefel Schwefelkalium oder Schwefelnatrium bildet, versetzt mit einer alkalischen Bleilösung und beobachtet, ob Schwarz- oder Braunfärbung eintritt.

Nach Valenta kocht man ein größeres Quantum Öl unter beständigem Umrühren mit wenig Kalilauge, gibt etwas Wasser hinzu, trennt die Seifenlösung und prüft dieselbe mit Bleilösung.

Ein blankes Silberstück färbt sich in kochendem, schwefelhaltigem Öl braun bis schwarz.

De Negri und Fabris[2]) haben eine ältere von Mailho herrührende Probe in folgender Weise modifiziert: 5 g des Fettes werden mit 20 ccm einer 5prozentigen Lösung von Kalihydrat in 90grädigem Alkohol bis zur vollständigen Verseifung erwärmt, in etwas Wasser gelöst und mit 2 ccm einer wässerigen, 20prozentigen Lösung von Silbernitrat durchgerührt. Dann zersetzt man mit verdünnter Salpetersäure und erwärmt, bis die Fettsäuren klar aufschwimmen. Bei Gegenwart von Schwefel beobachtet man eine dünne, schwarze Schicht zwischen den Fettsäuren und der Unterlauge, die auch beim Umrühren und längerem Erhitzen nicht verschwinden darf.

---

[1]) Chem. Zeitg. 1894. 18. 640.
[2]) Publ. del Labor. chim. delle Gabelle 1893.

Ist der Schwefel in Form von freier Schwefelsäure oder einer Fettschwefelsäure vorhanden, so läßt er sich auf diese Art nicht nachweisen. Freie Schwefelsäure läßt sich dem Fett durch Ausschütteln mit warmem Wasser entziehen und dann mit Chlorbaryum nachweisen. Zur Erkennung der Anwesenheit von Schwefelsäureestern, welche durch zu starke Behandlung mit Schwefelsäure in die Öle gelangen können, schmilzt man wie bei der quantitativen Bestimmung mit Ätzkali und Salpeter oder kocht einige Zeit mit verdünnter Salzsäure (vgl. Türkischrotöl).

Quantitative Bestimmung. Die quantitative Bestimmung des Schwefelgehaltes wird am besten nach einer der folgenden Methoden vorgenommen:

Nach Liebig[1]: Man verseift eine abgewogene Menge des Fettes in einer geräumigen Silberschale mit wässeriger oder alkoholischer Kalilauge, dampft zur Sirupdicke ein, läßt erkalten und fügt einige Stücke reines Kalihydrat, sowie $^1/_8$ vom Gewichte desselben Salpeter und einige Tropfen Wasser hinzu. Dann schmilzt man unter Umrühren mit einem Silberspatel durch vorsichtiges Erhitzen mit dem Brenner und erhitzt endlich stärker, bis die Masse ganz weiß geworden ist. Nach dem Erkalten löst man in Wasser, bringt die Flüssigkeit in ein großes Becherglas, setzt Salzsäure im geringen Überschusse zu und fällt mit Chlorbaryum. Der Niederschlag wird erst durch Dekantation, dann auf dem Filter mit siedendem Wasser gewaschen, dann in einem Tiegel geglüht und gewogen. Wenn eine große Genauigkeit erwünscht ist, erwärmt man den schwefelsauren Baryt mit verdünnter Salzsäure, gießt die Salzsäure durch ein kleines Filter ab, wäscht im Tiegel durch Dekantation, dampft das Filtrat in einer Schale ein, nimmt mit Wasser auf und filtriert die kleine Menge in Lösung gegangenen, schwefelsauren Baryts durch das nämliche Filter ab. Dasselbe wird dann getrocknet, eingeäschert, die Asche in den Tiegel zu der Hauptmasse des schwefelsauren Baryts zurückgebracht, und dieser neuerdings geglüht und gewogen.

Nach Carius[2]: Diese Methode wird zweckmäßig angewendet, wenn der Schwefelgehalt eines Fettes oder fettähnlichen Körpers (z. B. Faktis) ein größerer ist, so daß die Verwendung einer geringen Substanzmenge ausreicht. Die Oxydation erfolgt hier durch Erhitzen der schwefelhaltigen Substanz (etwa 0.25 g) mit Salpetersäure ($d = 1.5$) im zugeschmolzenen Glasrohre. Das Erhitzen muß unter Umständen bei schwer verbrennlichen Substanzen bis zu 260^0 C. getrieben und dabei einige Stunden erhalten werden. Leicht verbrennliche Körper benötigen oft nur einstündiges Erhitzen auf 150^0-200^0 C. Die Salpetersäure soll nicht in zu großem Überschusse angewendet werden. Meist genügen etwa $4-4.5$ ccm auf die oben angegebene Substanzmenge. Das Versuchsrohr wird aus einem gewöhnlichen Verbrennungsrohre von 13 mm innerer Weite, 45—50 cm Länge und $1.5-2$ mm Wandstärke hergestellt. Um die Versuche ohne Explosionsgefahr anstellen zu können, darf das Ver-

---

[1] Vgl. Fresenius, Anleitg. zur quant. chem. Analyse.
[2] Vgl. Fresenius, Anleitg. zur quant. chem. Analyse.

hältnis von 4 g Salpetersäurehydrat auf 50 ccm Röhreninhalt nicht überschritten werden. Das Abwägen der Substanz kann in einem kleinen Röhrchen erfolgen, welches dann in das Rohr eingeführt wird. Das Erhitzen des Rohres erfolgt in einem sogenannten Schießofen. Im allgemeinen reicht eine zweistündige Erhitzungsdauer zur Oxydation der Substanz aus. Nach dem Erkalten des Ofens wird die ausgezogene Spitze des Rohres vorsichtig erwärmt, um alle in derselben kondensierte Flüssigkeit zu verjagen, dann wird das äußerste Ende der Spitze zum Glühen erhitzt. Es bläht sich auf und die Gase entweichen.

Nun wird die saure Flüssigkeit aus dem Rohre gespült, mit Wasser verdünnt und die Schwefelsäure in bekannter Weise mit Chlorbaryum gefällt.

Nach Allen[1]): Allen verwendet zur Bestimmung des Schwefelgehaltes von Ölen den beigezeichneten Apparat (s. Fig. 53). 5 g Öl werden mit 45 g Spiritus in der Lampe A verbrannt. Über der Flamme befindet sich der mit Ammoniumcarbonat gefüllte Behälter e. Die Gase gelangen durch den Helm C in den mit Glaskugeln gefüllten Kühler D. Das Wasser, welches sich in demselben verdichtet, wird von Zeit zu Zeit durch den Hahn h nach dem Gefäß F abgelassen. Dasselbe enthält den Schwefel des Öles als Sulfit und Sulfat in Lösung. Aus Vorsicht ist D noch mit einem zweiten Kühler verbunden, welcher durch das Rohr G mit einer Luftpumpe in Verbindung steht. Die Lampe darf nur mit kleiner Flamme brennen, weil diese sonst raucht, auch ist der Kopf der Lampe mit Kupfergaze umgeben, um zu starke Erhitzung zu vermeiden.

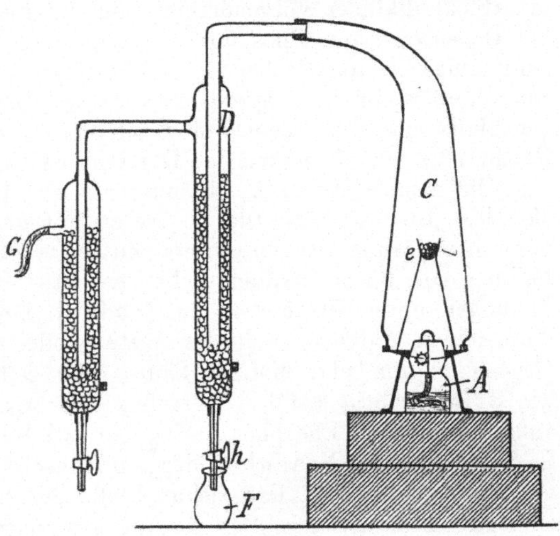

Fig. 53.

Phosphor.

Zur Bestimmung des gebundenen Phosphors, resp. der Phosphorsäure, in lecithinhaltigen Fetten oxydiert man das Fett wie bei der Schwefelbestimmung mit Kalihydrat und Salpeter, löst in Wasser und fällt mit Magnesiasolution. Der gefundene Gehalt an Magnesiumpyrophosphat ($Mg_2P_2O_7$) mit 7·253 oder an Phosphorsäureanhydrid (P_2O_5) mit 11·377 multipliziert gibt den Gehalt an Lecithin ($C_{44}H_{90}NPO_9$).

<hr>

[1]) Analyst 1888. 43. — Durch Zeitschr. f. angew. Chem. 1888. 24.

Diese Bestimmung des Phosphors wird bisher in der Analyse der Fette nur ausnahmsweise verwendet, doch ist es nicht unmöglich, daß sie einmal zu größerer Bedeutung gelangen wird.

Häufiger kommt man in die Lage, den freien (gelben) Phosphor qualitativ und quantitativ zu bestimmen, welcher in den, in neuerer Zeit öfters für medizinische Zwecke verwendeten Phosphorölen enthalten ist. Diese Phosphoröle werden meist direkt durch Auflösen von gelbem Phosphor in dem betreffenden Öle (Mandelöl, Lebertran usw.) hergestellt.

Der qualitative Nachweis dieses Phosphors erfolgt nach K. Stich[1]) und nach A. Fraenkel[2]) am besten nach dem Mitscherlichschen Verfahren,[3]) bei welchem die Verflüchtigung des Phosphors mit Wasserdampf erfolgt. Die Erhitzung des Phosphoröles wird in einem Kolben mit Rückflußkühler vorgenommen; im aufgesetzten Kühlrohre zeigt sich bei Gegenwart von Phosphor ein intensives Leuchten. Etwas weniger empfindlich ist der Nachweis des Phosphors durch direktes Erhitzen des Phosphoröles in der Eprouvette, in welcher sich beim Umschütteln gleichfalls intensives Leuchten durch die ganze Masse zeigt. In beiden Fällen muß das Leuchten im Dunkeln beobachtet werden.

Zur quantitativen Bestimmung dieses Phosphors in den Phosphorölen löst Louise[4]) die Öle in Aceton auf und titriert durch zugefügte Silbernitratlösung, bis ein weiterer Zusatz von Silberlösung keine schwarze Fällung von Phosphorsilber mehr bewirkt. Da nun derartige schwarze Fällungen unter Umständen auch dadurch bewirkt werden können, daß durch einen Aldehydgehalt des Acetons oder des fetten Öles, durch die Gegenwart von phosphoriger Säure oder selbst durch Lebertran (der, wie Stich richtig anführt, bisweilen schwarze Fällungen von Silber veranlaßt, ohne daß Phosphor vorhanden ist) Silber reduziert wird, haben K. Stich und A. Fraenkel das Louisesche Verfahren zweckmäßig in der Weise modifiziert, daß sie an Stelle der titrimetrischen Bestimmung eine gewichtsanalytische Bestimmung anwandten, indem sie den Niederschlag von Phosphorsilber oxydieren und die erhaltene Phosphorsäure quantitativ ermitteln.

Fraenkel gibt die folgende Vorschrift seines Verfahrens: Das Phosphor enthaltende Öl wird in der ca. fünffachen Menge trockenen Acetons gelöst und eine alkoholische Silbernitratlösung so lange zugesetzt, bis kein Niederschlag mehr entsteht; alsdann wird so lange stehen gelassen, bis sich der Niederschlag zu Boden gesetzt hat. Hierauf wird die klare Lösung durch ein Asbestfilter gegossen, der Niederschlag unter Dekantation mit Aceton gewaschen und soweit als möglich auf das Filter gebracht. Der Asbestpfropfen samt Niederschlag wird in den Kolben, aus dem filtriert wurde, zurückgebracht, das anhaftende Aceton durch kurzes Einstellen in ein Vakuum bei gewöhnlicher Temperatur verdampft, dann mit einem Gemisch gleicher Volumteile konzentrierter

---

[1]) Wiener klinische Wochenschrift XIV. Nr. 8.

[2]) Pharm. Post. 1901. Nr. 10.

[3]) Forschungsber. üb. Lebensmittel u. ihre Bez. z. Hyg. usw. IV. 241—258.

[4]) Ludwig, Medizinische Chemie. II. Aufl. S. 157.

Salpetersäure, konzentrierter Salzsäure und Wasser erst in der Kälte und zuletzt am Wasserbad oxydiert. Nun wird mit Wasser verdünnt, von dem ausgeschiedenen Chlorsilber und dem Asbest abfiltriert und in dem Filtrat die Phosphorsäurebestimmung in bekannter Weise mit molybdänsaurem Ammon vorgenommen. Von abgewogenen Mengen gelben Phosphors ausgehend, konnten nach diesem Verfahren durchschnittlich 90 Prozent des Phosphors wieder bestimmt werden, was in Anbetracht der durch Verflüchtigung von Phosphor und durch das Abwägen unter Wasser bedingten Fehlerquellen als ein vollkommen ausreichendes Resultat zu bezeichnen ist.

Metalloxyde.

Die Fette haben die Fähigkeit, äußerst geringe Mengen von Seifen aufzulösen, wodurch anorganische Basen in ihnen enthalten sein können. Solche Basen sind vornehmlich Kali und Natron, Kalk, Bleioxyd und Kupferoxyd, Eisenoxyd, manches Mal jedoch auch Aluminiumoxyd und Zinkoxyd, und in seltenen Fällen Magnesia.

Die Bestimmung des Alkaligehaltes geschieht nach den bei der Analyse der Seifen (s. dort) gebräuchlichen Methoden.

Zum qualitativen und quantitativen Nachweis der anderen Oxyde, welche schwer oder gar nicht reduzierbar, oder die wenigstens erst bei den höchsten Temperaturen flüchtig sind, kann man eine größere Menge des Fettes verbrennen und die Asche nach den gebräuchlichen Methoden analysieren, oder (dieses Verfahren ist in allen Fällen zulässig) man schüttelt das Fett in der Wärme mit verdünnter Salzsäure oder namentlich bei Gegenwart von Bleioxyd mit verdünnter Salpetersäure, läßt die Schichten sich trennen und untersucht den sauren Auszug. In manchen Fällen empfiehlt es sich, das Fett erst in Petroleumbenzin zu lösen und dann bei gewöhnlicher Temperatur mit Säure auszuschütteln. Endlich kann auch so vorgegangen werden, daß das Metalloxyd aus der ätherischen Fettlösung gefällt und durch Filtration von dem Fette getrennt wird.[1])

Kalk.

Kalk wird den festen Fetten zuweilen als Verfälschung zugesetzt, indem man ihn in das geschmolzene Fett einrührt. Die dabei entstehenden Kalkseifen bleiben beim Lösen des Fettes in Petroläther oder Chloroform zum größten Teile bei den Nichtfetten zurück. Zum Nachweise des Kalks kann man daher auch diesen Rückstand verwenden, indem man denselben einäschert, die Asche in verdünnter Salzsäure löst, die Flüssigkeit abfiltriert und mit Ammoniak und oxalsaurem Ammon versetzt. Eine auf Kalk deutende, weiße Fällung wird in verdünnter Salzsäure gelöst und zur Bestätigung noch spektralanalytisch geprüft.

Die quantitative Bestimmung wird in derselben Weise vorgenommen, nur läßt man nach dem Zusatze von oxalsaurem Ammon 12 Stunden bei mäßiger Wärme stehen und filtriert ab. Der gewaschene Nieder-

---

[1]) Fresenius u. Schattenfroh, Fres. Zeitschr. f. analyt. Chem. 34. 1895. 381.

schlag wird am besten auf dem Filter in warmer verdünnter Schwefelsäure gelöst, und die darin enthaltene Oxalsäure mittels Permanganatlösung titriert.

Kupferoxyd und Bleioxyd.

Kupferoxyd wird den Ölen zuweilen zum Zwecke der Grünfärbung
zugesetzt, ferner können in kupfernen oder bleiglasierten Geschirren aufbewahrte Fette (s. Schweinefett), indem sie ranzig werden, Kupfer
oder Blei aus denselben aufnehmen; deshalb muß dem Nachweise dieser
beiden giftigen Metalle in Speisefetten besondere Aufmerksamkeit ge-
schenkt werden.

Man kann diese Metalle in der Weise den Fetten entziehen, daß
man dieselben auf dem Wasserbade mit sehr verdünnter Salpetersäure
digeriert, dann erkalten läßt, die Flüssigkeit durch ein nasses Filter ab-
gießt und einige Male mit kaltem Wasser nachwäscht. Auch kann man
das Fett in Äther lösen und mit angesäuertem Wasser ausschütteln.
Oder man äschert eine größere Menge der Probe in einem geräumigen
Porzellantiegel ein, löst den Rückstand in einigen Tropfen Salpetersäure
und verdünnt mit Wasser.

Einen Teil der auf die eine oder andere Art erhaltenen verdünnten,
salpetersauren Lösung prüft man mit Schwefelwasserstoff; entsteht ein
brauner oder schwarzer Niederschlag oder eine ebensolche Färbung, so
ist ein schweres Metall vorhanden.

Andere Teile der Lösung prüft man mit gelbem Blutlaugensalz
(brauner Niederschlag) und mit Ammoniak (Blaufärbung) auf Kupfer,
ferner mit verdünnter Schwefelsäure (weißer Niederschlag) auf Blei.

Quantitative Bestimmung des Kupferoxydes. Der beim Verbrennen einer größeren Menge gewogenen Fettes verbleibende Rückstand wird in einigen Tropfen Salpetersäure gelöst, die Lösung verdünnt,
bis nahe zum Sieden erhitzt, mit reiner Kali- oder Natronlauge versetzt
und einige Minuten weiter erhitzt. Der schwarze, aus Kupferoxyd (CuO)
bestehende Niederschlag wird zuerst durch Dekantation, dann auf dem
Filter mit heißem Wasser gewaschen, getrocknet, vom Filter, welches
man separat einäschert, herabgenommen, geglüht und gewogen.

Man kann das Fett auch mit warmer verdünnter Salzsäure digerieren
und die wie oben vom Fett getrennte, fast bis zum Sieden erhitzte
Lösung mit Schwefelwasserstoff fällen. Der Niederschlag wird abfiltriert,
mit schwefelwasserstoffhaltigem Wasser gewaschen und getrocknet. Das
Filter wird in einem Roseschen Porzellantiegel eingeäschert, in welchen
man dann auch den Niederschlag und etwas reinen gepulverten Schwefel
bringt, und im Wasserstoffstrom geglüht. Nach dem Erkalten im Wasserstoffstrom wird als Kupfersulfür (Cu_2S) gewogen.

Nach Fresenius und Schattenfroh[1]) gelingt es auch, das Kupfer
direkt als Kupfersulfür zu fällen.

Man löst in einem Kolben eine gewogene Menge Öl in der vierfachen Menge Äther auf, säuert mit einigen Tropfen Salzsäure an, fügt

---

[1]) Fresenius, Zeitschr. f. analyt. Chem. 34. 1895. 381.

starkes Schwefelwasserstoffwasser zu und schüttelt, nachdem man mit einem Kautschukstöpsel verschlossen hat, stark durch. Nachdem sich beide Schichten getrennt haben, gießt man den größten Teil der Ätherschicht ab, macht alsdann das Filter wasserfeucht und filtriert die wässerige Flüssigkeit. Schließlich bleibt auf dem Filter eine kleine Menge Öl und Äther zurück, welche durch das dann wieder mit Äther befeuchtete Filter gut hindurchgeht. Das Kupfersulfür wird noch mit Äther gewaschen und in gewöhnlicher Weise gewogen.

Quantitative Bestimmung des Bleioxydes. 1. Die nach einem der oben beschriebenen Verfahren hergestellte salpetersaure Lösung wird mit verdünnter Schwefelsäure versetzt und auf dem Wasserbade eingedampft, bis die Salpetersäure vollständig entfernt ist. Dann vermischt man mit etwas Wasser, fügt das doppelte Volumen Weingeist hinzu, läßt einige Stunden stehen, filtriert ab, wäscht mit Weingeist aus, trocknet und glüht den Niederschlag, wobei das Filter getrennt eingeäschert wird. Man wägt und rechnet das erhaltene Bleisulfat ($PbSO_4$) auf Bleioxyd oder Blei um.

Nach Fresenius und Schattenfroh kann auch die Bleibestimmung durch Schütteln der ätherischen Lösung mit verdünnter Schwefelsäure vorgenommen werden, wobei sich das Bleisulfat vollständig abscheidet und leicht abfiltriert werden kann. Filter samt Niederschlag wird mit einer konzentrierten Lösung von Ammoniumnitrat befeuchtet und im Porzellantiegel verascht und geglüht.

Eisenoxyd.

Ist Eisenoxyd in einigermaßen erheblicher Menge vorhanden, so äschert man ein und bestimmt den Eisengehalt der Asche nach den gewöhnlichen Methoden. In der Färberei und zur Lederbearbeitung verwendete Fette sollen möglichst eisenfrei sein.

Nach Fresenius und Schattenfroh gibt auch die Fällung des Eisens mit Schwefelammon sowohl, als auch das Ausschütteln mit Salzsäure und Salpetersäure gute Resultate.

Zur raschen Auffindung geringer Mengen Eisenoxyd in Ölen, namentlich in Tournantöl, wird das Öl nach Emde[1]) in einem graduierten Zylinder mit schwefelsäurehaltigem Wasser geschüttelt, welchem einige Tropfen Ferrocyankaliumlösung beigemischt sind, dann wird Äther hinzugefügt und neuerdings geschüttelt. Das Öl löst sich im Äther, und diese Lösung trennt sich scharf von dem schwefelsäurehaltigem Wasser. An der Grenze bildet sich bei Gegenwart von Eisen eine mehr oder weniger dicke Schicht von Berlinerblau, die alles Eisen enthält, welches im Öl vorhanden war. Nimmt man stets die gleichen Mengen Öl, Wasser, Säure und Blutlaugensalz, so kann man die Proben nach der Dicke der Schichten vergleichen.

---

1) Zeitschr. f. angew. Chem. 1888. 362.

Aluminiumoxyd.

Die Bestimmung des Aluminiumoxyds kann nach Fresenius und Schattenfroh[1]) in der Weise erfolgen, daß das Öl mit verdünnter Salpetersäure oder Salzsäure ausgeschüttelt wird, wobei alles Aluminiumoxyd in Lösung geht. Die Lösung wird mit Ammoniak im Überschusse versetzt und erwärmt, bis der Ammoniaküberschuß entfernt ist. Der hierbei ausfallende Teil des Aluminiumhydroxyds wird abfiltriert, das Filtrat neuerdings mit Ammoniak versetzt und abermals erwärmt, das abgeschiedene Hydroxyd abfiltriert, und nach dem Konzentrieren des Filtrates dieselbe Prozedur so oft wiederholt, bis sich kein Niederschlag mehr abscheidet. Der Niederschlag ist oft von Farbstoff aus dem Öle etwas bräunlich gefärbt.

Das Aluminium direkt mit Schwefelammonium abzuscheiden gelingt nicht, weil der Niederschlag stets durch das Filter hindurchgeht.

Aluminiumoxyd kann auch quantitativ in der Asche des Fettes bestimmt werden, indem die Asche mit Kaliumhydrosulfat aufgeschlossen wird. Die Schmelze wird in Wasser unter Zusatz von etwas verdünnter Schwefelsäure gelöst und die Lösung mit Ammoniak gefällt. Dieses Verfahren ist insofern vorteilhafter als das von Fresenius und Schattenfroh, als bei demselben nur eine einmalige Fällung nötig ist.

Zinkoxyd.

Dasselbe kann gleichfalls in der Asche der Öle quantitativ bestimmt werden, es tritt nämlich bei einfachem Veraschen und bei Vermeidung von heftigerem Glühen keine Reduktion des Zinkoxyds ein.

Auch durch Schütteln mit verdünnter Salpetersäure oder verdünnter Salzsäure kann das Zinkoxyd quantitativ dem Öle entzogen werden.

Die saure Lösung wird eingedampft, der Rückstand mit Wasser aufgenommen, die Lösung filtriert, und das Filtrat bei 70° C. unter Zusatz von etwas Essigsäure und Ammonacetat mit Schwefelwasserstoffwasser gefällt. Das Zinksulfid wird abfiltriert, in verdünnter Salzsäure gelöst und mit Quecksilberoxyd in Zinkoxyd überführt.

Einfacher kann die Ausschüttelung mit verdünnter Salzsäure mit Quecksilberoxyd eingedampft, der Rückstand geglüht und als Zinkoxyd gewogen werden. Das Zink als Sulfid direkt aus dem Öl abzuscheiden, bereitet Schwierigkeiten und kann nicht empfohlen werden.

Hat man nicht ein Metalloxyd, sondern mehrere nachzuweisen, so wird es im allgemeinen für die qualitative Analyse zweckmäßig sein, eine Partie des Fettes zu veraschen, während für die quantitative Analyse in den meisten Fällen das Ausschütteln mit verdünnter Salpetersäure zu empfehlen sein wird. Die Trennung der einzelnen Metalloxyde erfolgt dann nach den allgemeinen Vorschriften der analytischen Chemie.

---

[1]) Fresenius, Zeitschr. f. analyt. Chem. 34. 1895. 341.

VI. Qualitative wissenschaftliche Untersuchung eines Fettes von bekannter Herkunft.

Alle natürlichen Fette sind mehr oder weniger komplizierte Gemenge verschiedener Triglyceride, außer welchen sie überdies häufig noch freie Fettsäuren und wachsartige Körper, auch wohl geringe Mengen von Farbstoffen, Kohlenwasserstoffen und Eiweißkörpern, mitunter auch Harze und ätherische Öle enthalten. Die qualitative Untersuchung eines reinen, also nicht mit anderen Fetten, Wachsarten usw. versetzten Fettes beschäftigt sich mit der Aufsuchung der genannten Bestandteile und soll somit ergeben, welche Fettsäuren und Alkohole in seine Zusammensetzung eingegangen sind.

Die technische Analyse beschäftigt sich mit der allgemeinen Lösung dieser Aufgaben .nicht, da die dabei einzuschlagenden Methoden der fraktionierten Destillation (auch im Vakuum), Fällung und Kristallisation schwer auszuführen und äußerst zeitraubend sind. Solche Untersuchungen werden nur zur wissenschaftlichen Erforschung der Natur der einzelnen Fette vorgenommen. Doch seien auch die dabei eingeschlagenen Methoden kurz angeführt.

Untersuchung des flüchtigen Anteiles der Fettsäuren.

Nach Liebig[1]) wird die wässerige Lösung der flüchtigen Fettsäuren, welche durch Verseifen, Ansäuern mit Schwefelsäure, Filtrieren und Destillieren erhalten worden ist, in zwei gleiche Teile geteilt, eine Hälfte mit Kalilauge neutralisiert und zur anderen hinzugefügt, und dann das Ganze destilliert, wobei meist die niedriger siedenden Fettsäuren übergehen, und die höher siedenden als Kalisalze im Rückstande bleiben; bei Gegenwart von Essigsäure bleibt auch diese zurück. Durch Wiederholung dieses Verfahrens mit dem Destillate und dem Rückstande können schließlich reine Fraktionen der einzelnen Säuren erzielt werden.

Das Verfahren ist von Veiel, Lieben, Wechsler u. a. nachgeprüft und zum Teil modifiziert worden; es erwies sich in vielen Fällen als gut brauchbar.

Erlenmeyer und Hell[2]) trennen die flüchtigen Fettsäuren durch fraktioniertes Fällen mit kohlensaurem Silberoxyd.

Auch durch bloße fraktionierte Destillation der wässerigen Lösung unter Ersatz des verdampfenden Wassers kann eine Trennung der Säuren vorgenommen werden. Dabei gehen die höher siedenden Säuren zuerst über (Fitz, Hecht).[3])

Untersuchung des nicht flüchtigen Anteiles der Fettsäuren.

Die nichtflüchtigen Fettsäuren können durch Extraktion der Bleisalze mit Äther nach Kap. VII leicht in den festen und flüssigen

---

[1]) Ann. Chem. Pharm. 71. 356.
[2]) Ann. Chem. Pharm. 160. 296.
[3]) Fitz, Ber. d. deutsch. chem. Ges. 1878. 11. 46. — Hecht, Ann. Chem. Pharm. 209. 319.

Anteil getrennt werden; daß die Trennung keine vollständige ist, wurde bereits erwähnt. Die einzelnen festen Fettsäuren werden voneinander durch fraktionierte Fällung ihrer kaltgesättigten, alkoholischen Lösung mit Baryum oder Magnesiumacetatlösung (Heintz)[1]) oder mit alkoholischer Bleizuckerlösung (Pebal)[2]) geschieden. Jede Fraktion wird mit verdünnter kochender Salzsäure zerlegt, die abgeschiedenen Partien von gleichem Schmelzpunkte vereinigt und durch neuerliches fraktioniertes Fällen und Umkristallisieren weiter gereinigt. Eine Fraktion besteht erst dann aus nur einem chemischen Individuum, wenn sich ihr Schmelzpunkt beim weiteren Umkristallisieren nicht ändert, und wenn sie durch partielle Fällung nicht in Fraktionen von verschiedenem Schmelzpunkte zerlegt werden kann. Hehner und Mitchell[3]) haben diese Verfahren mit Mischungen von Stearinsäure und Palmitinsäure überprüft und keine besonders guten Resultate erhalten. Besser dürfte sich zur Trennung der festen Fettsäuren die fraktionierte Destillation unter vermindertem Drucke oder im Vakuum verwenden lassen.

Zur Untersuchung des flüssigen Anteiles der nicht flüchtigen Fettsäuren oxydiert K. Hazura[4]) denselben mit Kaliumpermanganat. Die ungesättigten Fettsäuren addieren nämlich in ihren alkalischen Lösungen bei der Oxydation mit Kaliumpermanganat so viele Hydroxylgruppen, als sie freie Valenzen enthalten, und bilden gesättigte Oxyfettsäuren. Man kann daher aus der Natur der Oxydationsprodukte auf die im Fett enthaltenen flüssigen Säuren schließen. Dioxystearinsäure entsteht aus Ölsäure, Sativinsäure aus Linolsäure, Linusin- und Isolinusinsäure aus den beiden Linolensäuren usw.

Zur Ausführung des Versuches werden je 30 g der flüssigen Fettsäuren mit 36 ccm Kalilauge von 1·27 spez. Gew. verseift, die Seife in 2 l Wasser gelöst und 2 l einer 1 1/2 prozentigen Kaliumpermanganatlösung im dünnen Strahl unter Umrühren einfließen gelassen. Nach zehn Minuten langem Stehen wird unter Umrühren so viel schweflige Säure zugegeben (oder gasförmige eingeleitet), bis die Flüssigkeit sauer geworden und alles Manganhyperoxyd in Lösung gegangen ist. Dabei fallen die schwer löslichen Oxydationsprodukte (Dioxystearinsäure und Sativinsäure) aus, während die Linusinsäuren in Lösung bleiben.

Der Niederschlag wird mit wenig Äther gewaschen, um nicht oxydierte Anteile der flüssigen Fettsäuren zu entfernen, und dann mit einer größeren Menge Äther (2 l auf 20 g) bei gewöhnlicher Temperatur extrahiert. Die Lösung wird bis auf ca. 150 ccm abdestilliert, erkalten gelassen, die erhaltenen Kristalle abfiltriert, zweimal aus Weingeist umkristallisiert und die erhaltene Säure durch Kristallform und Schmelzpunkt (136·5° C.), womöglich auch durch Säure- und Acetylzahl (177·56 und 280·57) mit Dioxystearinsäure identifiziert. Der in Äther un-

---

[1]) Journ. f. prakt. Chem. 66. 1.
[2]) Ann. Chem. Pharm. 91. 138.
[3]) Analyst 1896. 318.
[4]) Monatshefte f. Chemie 1887. 147. 156. 260; 1888. 180. 198. 469. 478. 941. 947; 1889. 190.

lösliche Anteil wird wiederholt mit viel Wasser ausgekocht. Bei Anwesenheit von Sativinsäure scheiden die Auskochungen, welche siedend heiß filtriert werden, sofort Kristalle aus. Die Abscheidungen aus jeder Auskochung werden gesondert auf Kristallform und Schmelzpunkt (Sativinsäure schmilzt bei 173° C.), eventuell dann alle zusammen auf Säurezahl und Acetylzahl (für Sativinsäure 161·21 und 435·04) geprüft. Bleibt schließlich ein in Wasser unlöslicher Rest, so besteht derselbe meist aus Dioxystearinsäure.

Die linusinsäurehaltigen Filtrate werden mit Kalilauge neutralisiert, auf $^1/_{12}$—$^1/_{14}$ ihres Volumens eingedampft und mit Schwefelsäure angesäuert. Dabei fallen flockige, braun gefärbte Niederschläge aus, welche, nachdem sie lufttrocken geworden sind, mit Äther extrahiert werden. Der in Äther unlösliche Anteil wird erst aus absolutem Alkohol, dann aus kochendem Wasser umkristallisiert. Man bestimmt den Schmelzpunkt und sucht unter dem Mikroskope nach den charakteristischen Nadeln der Isolinusinsäure (Schmelzp. 173—175° C.) und den abgestumpften rhombischen Tafeln der Linusinsäure (Schmelzp. 203 bis 205° C.). Behufs Trennung der beiden Linusinsäuren voneinander wird das Produkt aus nicht zu viel Wasser umkristallisiert. Die Isolinusinsäure bleibt vornehmlich in der Mutterlauge, welche mit Kalilauge neutralisiert, konzentriert und zur Abscheidung der Isolinusinsäure mit Schwefelsäure angesäuert wird.

In ähnlicher Weise wird der Nachweis von Ricinusölsäure (Schmelzp. der Trioxystearinsäure 140°—142° C.) usw. geführt.

Eine Methode, welche von H. Bull[1]) zur Trennung der Tranfettsäuren angegeben wurde, und welche nicht nur die Trennung der gesättigten von den ungesättigten Fettsäuren, sondern auch die Trennung der mehr ungesättigten von den weniger ungesättigten Fettsäuren bezweckt, ist folgende:

Der Tran wird mit absolut alkoholischem Kali verseift, die nach dem Abkühlen ausgeschiedenen Kalisalze scharf ausgepreßt, der Preßkuchen aus absolutem Alkohol umkristallisiert und wieder ausgepreßt; die vereinigten Mutterlaugen werden auf ein kleineres Volumen eingeengt, wieder abgekühlt und gepreßt usw., bis keine festen Kalisalze mehr gewonnen werden können. Aus den bleibenden Mutterlaugen wird nun die freie Säure und daraus mittels absolut alkoholischem Natron das Natronsalz dargestellt. Dieses wird so gereinigt, wie für das Kalisalz angegeben. Aus den derart gewonnenen Salzen werden nun die betreffenden Fettsäuren hergestellt, indem die Seife durch Wasser und Einleiten von Dampf in Lösung gebracht und allmählich unter stetem Kochen Salzsäure zugegeben wird, bis deutlich saure Reaktion eintritt; hierdurch wird jede Esterbildung verhindert.

Aus den alkoholischen Mutterlaugen wird durch Destillation im Vakuum der Alkohol vollständig entfernt und der Rückstand mit trockenem Äther behandelt, bis sich fast nichts mehr löst. Hierdurch gehen gewisse

---

[1]) Chem. Zeitg. 1899. 23. 996.

Natronsalze stark ungesättigter Fettsäuren, sowie Fettalkohole (Cholesterin) in die ätherische Lösung; durch Behandlung mit Wasser können die fettsauren Salze der ätherischen Lösung entzogen und so von den Fettalkoholen getrennt werden. Nachdem auf diese Weise die ätherlöslichen Teile entfernt sind, kann durch Auflösen des in Äther ungelöst gebliebenen Restes in absolutem Alkohol und Auskristallisiéren noch eine geringe Menge fester Natronsalze gewonnen werden. Aus der bleibenden, alkoholischen Mutterlauge wird der Alkohol entfernt und die Fettsäure dargestellt. In der wässerigen Mutterlauge davon befindet sich alles Glycerin. Es wird auf obige Art eine Trennung der Fettsäuren erzielt in solche

A, deren Kalisalze aus Alkohol kristallisieren,
B, deren Natronsalze aus Alkohol kristallisieren,
C, deren Natronsalze leicht ätherlöslich sind, und
D, den Rest der Fettsäuren.

Die Fraktion A enthält fast alle gesättigten Fettsäuren, außerdem Säuren der Ölsäurereihe, B außer letztgenannter auch Säuren der Linolsäurereihe, C vorwiegend Säuren der Reihen $C_n H_{2n-8} O_2$ und $C_n H_{2n-10} O_2$.

Zur quantitativen Bestimmung der stark ungesättigten Fettsäuren allein in Tranen empfiehlt H. Bull[1]) ferner noch ein Verfahren, zu welchem er folgende Materialien benötigt:

1. Genau 95prozentigen Alkohol; liegt ganz reiner Alkohol vor, so genügt eine genaue Bestimmung des spezifischen Gewichtes, im anderen Falle muß die im Alkohol vorhandene Wassermenge titrimetrisch ermittelt werden.

2. Trockenen Äther. Der nahezu alkoholfreie Äther wird zunächst durch Schütteln mit wenig Chlorcalcium von der Hauptmenge Wasser befreit, dann in eine trockene Flasche übergefüllt und wenigstens 48 Stunden mit überschüssigem, granuliertem Chlorcalcium stehen gelassen.

3. Alkoholisches Normalätznatron. In zirka einem halben Liter genau 95prozentigen Alkohols werden unter Kühlung mit Wasser 12 g Natriummetall gelöst und mit gleich starkem Alkohol auf einen Liter verdünnt. Die alkoholische Ätznatronlösung muß sorgfältig vor Luftfeuchtigkeit geschützt werden.

Zur Durchführung der Bestimmung werden in einen trockenen Erlenmeyerkolben von etwa 200 ccm Inhalt genau 7 g des zu untersuchenden Öles abgewogen, mit einer trockenen Pipette 25 ccm der Ätznatronlösung zugesetzt und sofort mit einem Kautschukstopfen mit Bohrung und eingesetztem Rückflußkühlrohr verschlossen. Der Kolben wird eine halbe Stunde am kochenden Wasserbade erhitzt, anfangs unter mäßigem Schütteln, bis das Öl nicht mehr wahrnehmbar ist.

Nach darauffolgendem, etwa zweistündigem Stehen bei gewöhnlicher Temperatur wird die Masse mit Hilfe eines Spatels zu einem gleichmäßigen Brei zerdrückt, 144·2 ccm trockener Äther auf einmal zugegeben und nach dem Verschließen des Kolbens mit einem Kautschukstopfen das ganze kräftig durchgeschüttelt. Als Maß für die vorgeschriebenen

---

[1]) Chem. Zeitg. 1900. 24. 814.

144·2 ccm Äther verwendet man eine aus einer sehr weiten Röhre gefertigte, graduierte Flasche. Während des Stehens wird der Flascheninhalt öfters kräftig geschüttelt — hauptsächlich um ein Gelatinieren der Masse möglichst zu verhindern, und dadurch die nun folgende Filtration zu erleichtern.

Zur Filtration verwendet man einen Glastrichter von 10·5—11 cm Durchmesser, dessen Rand plangeschliffen ist, und ein ganz trockenes Papierfilter von 20 cm Durchmesser. Der Trichter wird mittels dicht schließenden Korkes in einem Filtrierkolben von etwa 200 ccm Fassungsraum befestigt, das Filter eingelegt und zwischen Filter und Trichter ein fettfreier, nicht zu dünner Bindfaden angebracht, der ein Stück in den Trichterhals hineinragt. Nun bedeckt man den Trichter teilweise mit einer mit einem Tropfen Glycerin befeuchteten, aufgeschliffenen Glasplatte, gießt rasch die ganze Seifenmasse auf das Filter und bedeckt sofort den Trichter mit der Glasplatte völlig. Wiederholte Versuche ergaben, daß der Verlust an Äther bei der Filtration nur 0·5 g beträgt. Setzt man die Filtration am Abend an, so ist sie regelmäßig am nächsten Morgen beendigt. Vom Filtrate bringt man mittels Pipette 100 ccm in einen Scheidetrichter von 150—200 ccm und schüttelt nacheinander dreimal mit etwa 20 ccm Wasser kräftig aus. Vor dem zweiten Ausschütteln kann man einen Tropfen $^n/_2$ Kalilösung zufügen. Die wässerigen Auszüge bringt man in einen zweiten Scheidetrichter, setzt 5 ccm $^2/_n$ Salzsäure zu und schüttelt mit etwa 25 ccm Äther aus; das Ausschütteln wird noch einmal wiederholt. Die vereinigten Auszüge sammelt man in einem gewogenen Rundkolben von 100—150 ccm Fassungsraum.

Nach dem Abdestillieren des Äthers kann man das Trocknen des Rückstandes bei 100° C. im Kohlensäurestrome vornehmen. Zweckmäßiger ist das Trocknen im Vakuum. Der Kolben wird hierzu mittels einer kräftigen Wasserstrahlpumpe evakuiert und unter Schütteln und zeitweiligem Berühren mit der Handfläche so weit erwärmt, daß die Wassertröpfchen verschwinden und das Öl wasserklar wird. Die ganze Operation dauert etwa zwei Minuten. Nachdem sich der Kolben eine halbe Stunde im Wagezimmer befunden hat, wird er gewogen. Die Gewichtszunahme ergibt die Menge der stark ungesättigten Fettsäuren in 4 g Öl. Die Resultate fallen genau aus. Mit der Bestimmung der Fettsäuren kann man auch diejenige der durch alkoholisches Ätznatron unverseifbaren Bestandteile verbinden, indem man die obenerwähnte, dreimal mit Wasser erschöpfte ätherische Lösung in einem gewogenen Kolben zur Trockene verdampft.

F. Krafft[1]) benutzt zur Reinigung und Isolierung der ungesättigten, bei gewöhnlicher Temperatur nicht unzersetzt flüchtigen Fettsäuren die Destillation unter vermindertem Druck. Der geeignetste Druck ist derjenige von 100 mm Quecksilber, bei welchem geringfügige Schwankungen weit weniger auf den Stand des Thermometers einwirken als bei sehr kleinen Pressionen, und unter welchem außerdem das im letzteren Falle nur unter ganz besonderer Vorsicht zu vermeidende Stoßen kaum jemals

---

[1]) Ber. d. deutsch. chem. Ges. 1882. 15. 1692 u. 1889. 22. 816.

auftritt. Zur Destillation dient der beigezeichnete Apparat Fig. 54[1]), welcher eine bis auf 0·1—0·5 mm genaue Regulierung des Druckes gestattet. Zwischen Destillationsapparat und Wasserluftpumpe p ist eine starkwandige, nicht zu kleine Flasche A als „Vakuumreservoir" eingeschaltet, welches durch das mit dem Glashahn h versehene Rohr r mit dem kleinen Zylinder B in Verbindung steht. Durch eine zweite Bohrung des in B eingesetzten Kautschukstopfens geht das durch den Hahn i verschließbare Glasrohr s hindurch, welches in eine feine Spitze endet. Ferner steht A in der in der Figur angedeuteten Weise mit dem Manometer in Verbindung. Zur genauen Druckeinstellung wird das System um einige Zentimeter mehr als nötig evakuiert. Hierauf öffnet man den Hahn h vollständig und den Hahn i so weit, daß ein langsamer Gasstrom eindringt, wodurch das Quecksilber stetig fällt und unter den gewollten Stand zu sinken droht. Ehe dies jedoch geschieht, schließt man den Hahn r so viel als nötig ist, um das Sinken der Quecksilbersäule immer langsamer werden zu lassen und schließlich genau beim gewünschten Punkte zu sistieren.

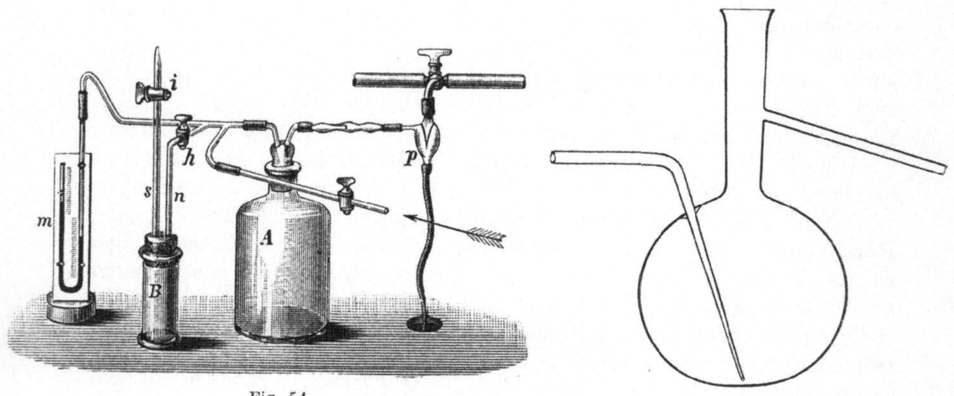

Fig. 54.

Fig. 55.

Zur Reindarstellung von Fettsäuren benutzen Krafft und Weilandt[2]) die Destillation im Vakuum des Kathodenlichtes; doch dürfte der hierzu nötige Apparat wohl nur den wenigsten Laboratorien zur Verfügung stehen.

Zur Destillation unter vermindertem Druck ist auch oft der in Fig. 55 abgebildete Kolben, welcher öfters zu Siedepunktsbestimmungen unter vermindertem Drucke Verwendung findet, geeignet. Dieser Kolben besitzt seitlich ein in eine Kapillare auslaufendes Glasröhrchen eingeschmolzen, welches während der Destillation an dem äußeren Ende durch ein mit einem Quetschhahn versehenes Kautschukschlauchstück verschlossen ist. Durch vorsichtiges Lüften des Quetschhahnes können

---

[1]) Zu beziehen durch C. Gerhardt in Bonn.
[2]) Vgl. Ber. d. deutsch. chem. Ges. 1896. 29. 1316. 2240; 1903. 36. 4339.

durch die Kapillare kleine Mengen Luft eingelassen werden, wodurch einerseits eine Regulierung des Druckes erfolgen kann, und andererseits ein Stoßen der Fettsäuren verhindert wird.

Zur Vermeidung des Stoßens bei Destillationen unter vermindertem Druck können auch einige Siedeverzugsstäbchen von Holzdraht angewendet und in die Fettsäuren eingestellt werden.

Um das lästige Wechseln der Vorlage bei fraktionierten Destillationen unter vermindertem Druck zu ersparen, wurden verschiedene Vorlagen konstruiert, in welchen die einzelnen Fraktionen gesondert gesammelt werden können. Eine solche Vorlage besitzt

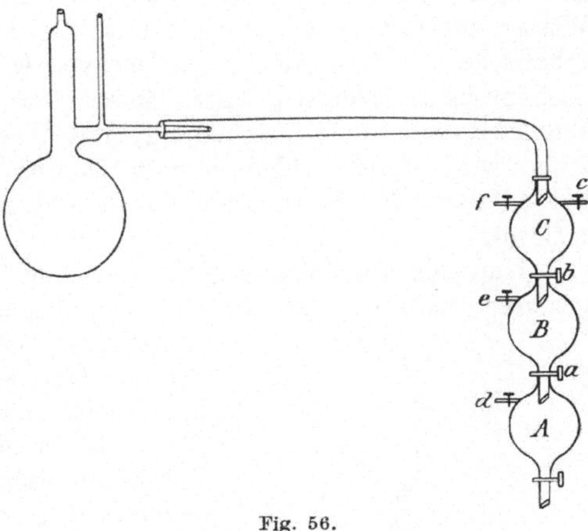

Fig. 56.

beispielsweise der von Lucien Fugetti[1]) für Vakuumdestillationen empfohlene Apparat, welcher in Fig. 56 abgebildet ist. Diese Vorlage besteht im wesentlichen aus drei ineinander geschmolzenen Scheidetrichtern, welche in entsprechender Höhe seitliche, mit Glashähnen versehene Ansatzrohre besitzen.

Zweckmäßig ist der Vorstoß zur fraktionierten Vakuumdestillation von E. Alber[2]) (Fig. 57). Derselbe besitzt drei Hähne a, b, c, von denen der eine, b, ein Dreiweghahn ist und zum Einlassen von Luft beim Wechseln der Vorlagen dient, während der Hahn a geschlossen ist. d ist ein Kühlrohr. Zum Abdichten der Hähne genügt wasserfreies Lanolin.

H. Bull[3]) verwandelt, um der großen Oxydierbarkeit der ungesättigten Fettsäuren auszuweichen, die ester und unterwirft diese

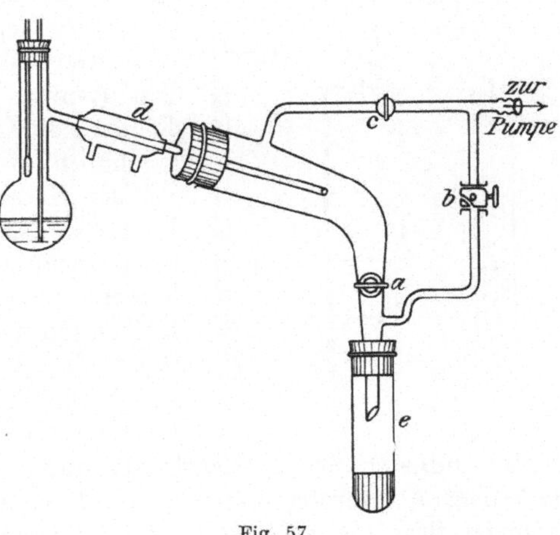

Fig. 57.

zu trennenden Fettsäuren in die Methyl. der fraktionierten Destillation im Vakuum.

<hr>

[1]) Chem. Zeitg. 1900. 24. 374.
[2]) Chem. Zeitg. 1904. 28. 819.
[3]) Ber. d. deutsch. chem. Ges. 1906. 39. 3570.

Die Methylester der Fettsäuren werden durch Zusammenbringen der zu untersuchenden Fette mit fünffach normal Natriummethylalkoholatlösung hergestellt;[1]) die Mischung wird kräftig umgeschüttelt und zirka eine halbe Stunde stehen gelassen. Danach wird Petroläther und Wasser zugefügt und durchgeschüttelt. Die sich abscheidende petrolätherische Schichte, welche die Methylester der Fettsäuren enthält, wird noch zweimal, eventuell unter Zusatz von wenig Alkohol oder Glycerin behufs besserer Schichtenbildung, mit Wasser gewaschen. Der Petroläther wird durch Abblasen mit Dampf, die letzten Anteile Wasser werden durch Erwärmung im Wasserbade unter Anwendung des Vakuums entfernt.

Um eine möglichst scharfe Trennung durch die Destillation herbeizuführen, wird bei derselben ein Dephlegmator (A) angewendet, dessen Einrichtung aus Fig. 58 ersichtlich ist. Kolben und Hals des Apparates sind etwa 80 cm hoch; beide sind in einem Gehäuse aus dicken Asbestplatten eingebaut und werden von den Verbrennungsgasen des unter dem Kolben angebrachten großen Bunsenbrenners umströmt und heiß gehalten. Der den Kolben oben abschließende Kautschukstopfen ist dreifach durchbohrt und trägt Thermometer (T), Einfülltrichter (B) (der, kapillar ausgezogen, bis in den Kolben reicht) und einen kleinen Kühler (C) aus Silber; derselbe, daneben in $^1/_3$ natürlicher Größe wiedergegeben, besteht aus zwei Teilen, einem äußeren, unten abgeschlossenen Gehäuse und dem eigentlichen Kühler, der im Gehäuse auf- und abwärts geschoben werden kann; der Kühler wird mit der Wasserleitung verbunden. Vom Kühler fließt das Kondensat durch die im Kolbenhalse angebrachten Netze und durch die in letztere eingehängten Glasröhrchen in den Kolben zurück und dephlegmiert auf dem Wege die emporsteigenden Dämpfe. Das zur Aufnahme des Destillates dienende Gefäß steht unter einer großen, auf einer Glasplatte aufgeschliffenen Glasglocke, durch deren Tubus die Verbindung mit dem Ablaufrohr und mit der Pumpe mittels eines doppelt durchbohrten Stopfens hergestellt wird. Nachdem die Dämpfe oben angekommen sind, schiebt man den Kühler so weit im Gehäuse hinauf, daß etwa 2—3 Tropfen in der Sekunde kondensiert werden, und reguliert die Flamme derart, daß man etwa 1—2 Tropfen Destillat per Sekunde erhält. Durch Umhüllung des Asbestmantels mit einigen Schichten

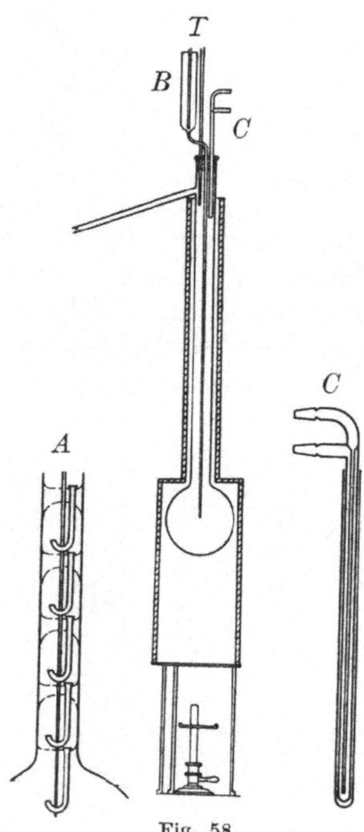

Fig. 58.

---

[1]) Chem. Zeitg. 1900. 24. 814.

Filtrierpapier kann der Kolbenhals ganz genügend vor zu starker Abkühlung geschützt werden.

Die Trennung und Charakterisierung der Linol- und Linolensäuren von den anderen ungesättigteren Fettsäuren kann auch durch Herstellung der Bromide dieser Säuren erfolgen (s. Abschn. VII. 7).

Der Nachweis von Glycerin in Fetten ist in Kap. VII ausführlich besprochen.

Die einwertigen Fettalkohole, die Cholesterine und die Kohlenwasserstoffe werden nach den später zu besprechenden Methoden als „unverseifbare Substanz" abgeschieden und untersucht.

Liegt ein Gemenge von Fettalkoholen vor, so kann dasselbe wieder nur durch fraktionierte Kristallisation (zuweilen vorteilhaft nach Überführung in die Essigsäure- oder Benzoësäureester) in seine Komponenten zerlegt werden.

VII. Allgemeine Methoden
zur Ermittlung der quantitativen Zusammensetzung von Fetten und Fettgemischen.

Die quantitative Analyse von Fetten und Fettgemischen hat zwei ganz getrennte Aufgaben zu lösen, indem sie nämlich einerseits den Gehalt eines Fettes an seinen einzelnen chemischen Bestandteilen, wie Glycerin, Ölsäure, Palmitinsäure usw. zu ermitteln, andererseits aber das Verhältnis der einzelnen Fette in Mischungen, die Quantität der Zusätze bei Verfälschungen zu bestimmen, respektive die Reinheit eines Fettes zu konstatieren hat. Diese Aufgaben sind allerdings noch nicht allseitig, aber für die Zwecke der technischen Fettanalyse zum großen Teil schon in hinreichendem Grade gelöst.

Die zur quantitativen Analyse benutzten Methoden sind entweder A. „quantitative Reaktionen" oder B. direkte quantitative Bestimmungen einzelner Bestandteile der Fette.

A. Quantitative Reaktionen.

Die quantitativen Reaktionen liefern meist nur ein vergleichendes, nicht absolutes Maß für den Gehalt eines Fettes an bestimmten Körpergruppen. Man bestimmt mit ihrer Hilfe die folgenden Konstanten:

1. Die Säurezahl, als Maß für den Gehalt an freien Fettsäuren.
2. Die Verseifungszahl, als Maß für die Sättigungskapazität der gesamten Fettsäuren.
3. Die Ätherzahl, als Maß für den Gehalt an Triglyceriden und anderen Fettsäureestern.
4. Die Reichert-Meißlsche Zahl, als Maß für den Gehalt an flüchtigen Fettsäuren.

5. Die Hehnersche Zahl, das ist die in Prozenten ausgedrückte Menge an unlöslichen Fettsäuren.
6. Die Acetylzahl, als Maß für den Gehalt an Oxyfettsäuren oder freien Alkoholen.
7. Die Jodzahl, als Maß für den Gehalt an ungesättigten Fettsäuren.

1. Die Säurezahl.

Die Säurezahl gibt die Menge Kalihydrat in Zehntelprozenten oder die Anzahl Milligramme Kalihydrat für 1 g Fett an, welche zur Neutralisation der in einem Fett befindlichen freien Fettsäuren notwendig ist, und bildet daher ein Maß für den Gehalt des Fettes an freien Fettsäuren.

Zur Bestimmung der Säurezahl wird das in Alkohol, Ätheralkohol, Methylalkohol, Amylalkohol oder in einer Mischung von Äthyl- und Amylalkohol (1:2) gelöste Fett oder Wachs unter Zusatz von Phenolphtaleïn als Indikator mit wässeriger oder alkoholischer Lauge abtitriert.[1]) Um bei Anwendung wässeriger Lauge störende Einflüsse durch die Hydrolyse der gebildeten Seifen hintanzuhalten, muß nach A. Kanitz[2]) der Gehalt der Flüssigkeit an Alkohol mindestens 40 Prozent (an Amylalkohol mindestens 15 Prozent) betragen.

Die zur Lösung des Fettes oder Wachses verwendete Flüssigkeit muß säurefrei sein. Im andern Falle ist sie vor ihrer Verwendung mit $\frac{1}{10}$-Normalkalilauge unter Zusatz von etwas Phenolphtaleïn zu neutralisieren.

Je nach der Menge Fett, welche man zur Säurebestimmung verwendet, wählt man $\frac{1}{10}$-, $\frac{1}{5}$- oder $\frac{1}{2}$-Normallauge. Viele ziehen alkoholische Kali- oder Natronlauge der wässerigen vor, obwohl die Genauigkeit der Titrierung dadurch kaum um ein Merkliches erhöht wird, und der Titer der alkoholischen Lauge weniger beständig ist und daher stets wieder kontrolliert werden muß. Zur Herstellung der Lauge löst man die notwendige Menge Kali- oder Natronhydrat in wenig Wasser und verdünnt mit starkem Weingeist, den man vorher durch Destillation über Kalihydrat oder nach einer der auf S. 28 und 29 angegebenen Methoden gereinigt hat.

Im allgemeinen werden zweckmäßig 5—10 g Substanz in neutralisiertem Ätheralkohol (2:1) gelöst und mit wässeriger oder alkoholischer $\frac{1}{10}$-Normallauge bei Gegenwart von Phenolphtaleïn abtitriert.

Der Endpunkt der Titration ist ganz scharf zu erkennen, indem eine Verseifung des Neutralfettes durch den zuletzt hinzugesetzten, ganz geringen Überschuß an Alkali nicht sofort eintritt.

Falls nach einiger Zeit Entfärbung der Flüssigkeit eintreten sollte, darf diese nicht mehr beachtet werden.

---

[1]) Merz, Zeitschr. f. analyt. Chem. 17. 390. — Gröger, Dinglers Polyt. Journ. 244. 307. — Mayer, ibid. 247. 305. — Swoboda, Chem. Zeitg. 1900. 285 u. a.
[2]) Ber. d. deutsch. chem. Ges. 1903. 36. 401.

Für Öle mit sehr geringer Säurezahl, für welche sich die Verwendung einer größeren Substanzmenge empfiehlt, ist es zweckmäßig, 20—30 g des Öles in eine Schüttelflasche zu bringen, mit ca. 100 ccm säurefreiem Alkohol zu überschichten und nach Zusatz von etwas Phenolphtaleïn unter kräftigem Schütteln mit $^1/_5$-Normallauge abzutitrieren. Bei Verwendung von 10—15 g Substanz kann $^1/_{10}$-Normallauge benutzt werden.

Feste Fette werden, nachdem man sie mit säurefreiem Alkohol übergossen hat, im Wasserbade bis zum beginnenden Sieden des Alkohols erhitzt und in gleicher Weise titriert. Erstarrt das Fett während der Titration teilweise, so bringt man auf das Wasserbad zurück und titriert dann zu Ende.

Archbutt verwendet bei der Säurezahlbestimmung durch zweimalige Destillation gereinigten Methylalkohol und J. Swoboda[1]) hat für diesen Zweck eine Mischung von einem Teil absoluten Alkohol mit zwei Teilen Amylalkohol vorgeschlagen. Die letzte Mischung gestattet die Titration mit wässeriger Lauge, ohne daß durch abgeschiedenes Fett Trübung eintritt (wie dies öfter bei Äthylalkohol geschieht), und ohne daß sich zwei Schichten bilden (was unter Umständen bei Ätheralkoholmischung eintreten kann).

Beispiele:

1. Für 3·254 g Talg sind 3·5 ccm $^1/_{10}$-Normallauge verbraucht worden. 1 ccm $^1/_{10}$-Normallauge entspricht 5·616 mg KOH, somit ist die Säurezahl

$$S = \frac{5 \cdot 616 \times 3 \cdot 5}{3 \cdot 254} = 6 \cdot 03 \,.$$

2. Für 25 ccm Olivenöl von 0·917 spez. Gew. sind 9·4 ccm einer Lauge verbraucht worden, von welcher 1 ccm 25·70 mg Kalihydrat enthält. 25 ccm des Öles wiegen somit $25 \times 0 \cdot 917 = 22 \cdot 925$ g und

$$S = \frac{25 \cdot 7 \times 9 \cdot 4}{22 \cdot 925} = 10 \cdot 53 \,.$$

Der Säuregehalt wird häufig auch in anderer Weise ausgedrückt (s. Schmieröle), z. B. in Prozenten Ölsäure; diese können, da 56·16 mg Kalihydrat 282·27 mg Ölsäure entsprechen, die Säurezahl aber durch Zehntelprozente Kalihydrat ausgedrückt wird, leicht aus der Säurezahl berechnet werden:

$$\text{Prozente Ölsäure} = \frac{S \times 282 \cdot 27}{10 \times 56 \cdot 16} = S \times 0 \cdot 5026 \,;$$

danach würde sich der Gehalt an Ölsäure für Beispiel 1 zu $6 \cdot 03 \times 0 \cdot 5026 = 3 \cdot 03$ Prozent, für Beispiel 2 mit $10 \cdot 53 \times 0 \cdot 5026 = 5 \cdot 30$ Prozent ergeben.

Zur Umrechnung der verschiedenen Maße für den Säuregehalt kann nachstehende Tabelle dienen, in welcher nur die Burstynschen Säuregrade fehlen, welche die Anzahl der Kubikzentimeter Normallauge an-

---

[1]) Chem. Zeitg. 1900. 24. 285.

geben, die nötig sind, um 100 ccm des Öles zu neutralisieren. Die Burstynschen Säuregrade ergeben sich durch Multiplikation der Köttstorferschen Säuregrade mit dem spezifischen Gewicht des untersuchten Öles oder aus der Säurezahl nach der Formel

$$\frac{100 \times S \times D}{56 \cdot 16} \quad (D = \text{spez. Gew.}).$$

Säurezahl (Kalihydrat in Zehntelprozenten)	Ölsäure in Prozenten	Schwefelsäureanhydrid in Prozenten	Säuregrade nach Köttstorfer (ccm-Normallauge für 100 g Fett)
1	0·5026	0·0713	1·7806
1·9896	1	0·1418	3·5426
14·0252	7·0490	1	24·9732
0·5616	0·2822	0·0401	1

Es möge hier darauf hingewiesen werden, daß der Gehalt der Fette an freien Fettsäuren ein sehr schwankender ist. Mit wenigen Ausnahmen (Palmöl, Olivenöl usw.) enthalten vegetabilische Öle viel geringere Mengen freier Fettsäuren als tierische Fette; dies ist wohl darin begründet, daß die tierischen Rohfette, an und für sich leicht verderblich, vor der Verarbeitung viel schwieriger gegen die schädlichen Einflüsse der Atmosphäre geschützt werden können, als dies bei den ölhaltigen Samen der Fall ist. Ferner übt die Art der Gewinnung der Fette, somit die Reinheit, sowie das Alter und die Art der Aufbewahrung derselben Einfluß auf die Bildung freier Fettsäuren aus.[1]

2. Die Verseifungszahl.

Die Verseifungszahl oder Köttstorfersche Zahl[2] gibt an, wieviel Milligramm Kalihydrat zur vollständigen Verseifung von 1 g eines Fettes oder Wachses erforderlich sind, d. i. die zur Verseifung eines Fettes notwendige Kalihydratmenge in Zehntelprozenten.

Zur Bestimmung der Verseifungszahl hält man eine sehr genau gestellte zirka $^1/_2$-Normalsalzsäure, deren Titer auf Kalihydrat berechnet ist, und eine alkoholische Kali- oder Natronlauge vorrätig. Die Kalilauge hat den Vorteil, in Alkohol leichter lösliche Seifen zu bilden als die Natronlauge. Aus letzterer setzt sich das durch die unvermeidliche Kohlensäureabsorption entstehende kohlensaure Alkali leichter ab als in der Kalilauge. Man löst zur Bereitung der Lauge ca. 30 g aus Alkohol gereinigten gepulverten Kalihydrates oder 22 g Natronhydrates durch Kochen am Rückflußkühler in 1 l fuselfreien 95 prozentigen Alkohols[3]

---

[1] Vgl. Dr. P. Schestakoff, Chem. Rev. üb. d. Fett- u. Harz-Ind. 1902. 9. 180. 203.
[2] Zeitschr. f. analyt. Chem. 21. 394.
[3] Diese von Henriques empfohlene Herstellungsweise der alkoholischen Lauge ist dem früher üblichen Verfahren, nach welchem das Ätzkali in wenig Wasser gelöst und dann mit Alkohol auf einen Liter verdünnt wird, vorzuziehen, weil die Verseifung rascher vonstatten geht.

auf, läßt einen Tag stehen und filtriert in eine Flasche, welche mit einem durchbohrten Kautschukstopfen verschlossen wird. In die Bohrung wird eine 25 ccm-Pipette eingesetzt, welche oben ein Stück Schlauch mit Quetschhahn trägt. Die Flasche wird an einem gleichmäßig warmen, dunklen Ort aufgestellt.

Der zum Auflösen des Ätzalkalis verwendete Alkohol soll möglichst frei von Verunreinigungen sein. War er genügend rein, so nimmt die Lösung auch nach monatelangem Stehen keine braune Farbe an, sondern wird höchstens weingelb. Am besten wird fuselfreier Alkohol des Handels vorher durch Destillation mit Kalihydrat oder nach einer der auf S. 28 und 29 angegebenen Methoden gereinigt.

Eine farblos sich erhaltende alkoholische Kalilauge stellen Thiele und Marc[1]) in folgender Art her: 43·5 g reinstes Kaliumsulfat werden mit 110—120 g Barythydrat in einer Platin- oder Porzellanschale gut durchgemischt und mit 110 ccm Wasser übergossen; nachdem die Schale gewogen ist, wird unter beständigem Umrühren 10 bis 15 Minuten gekocht und nachher das verdampfte Wasser ersetzt. Man mißt nun 800 ccm Alkohol ab und spült mit diesem den Schaleninhalt in eine Flasche über, gibt noch 100 ccm Wasser dazu, schüttelt gut durch, fügt noch 3—4 ccm einer konzentrierten Kaliumsulfatlösung hinzu, um den Baryt völlig abzuscheiden und läßt absetzen. Von der vollständigen Abscheidung des Baryts überzeugt man sich durch Versetzen einer Probe mit Schwefelsäure. Die klar abgeheberte Lauge hält sich monatelang unverändert klar und farblos.

Die Bestimmung der Verseifungszahl wird in der folgenden Weise ausgeführt:

2—2·25 g (von Fetten, welche flüchtige Fettsäuren enthalten 1·5—2 g) des filtrierten Fettes werden in einem weithalsigen Kolben von 150 bis 200 ccm Inhalt abgewogen. Dann hebt man mit der in die Vorratsflasche eingesetzten Pipette 25 ccm Kalilauge heraus und läßt dieselbe in den Kolben fließen, wobei man die Pipette bei jeder Bestimmung in genau gleicher Weise entleert, was man am leichtesten durch Zählen der Tropfen erreicht, welche man nachfließen läßt.[2]) Es ist gleichgültig, ob etwas mehr oder weniger als 25 ccm alkoholischer Kalilauge verwendet werden, man hat nur darauf zu achten, daß man jedesmal genau gleich viel abmißt. Nun fügt man 25 ccm genau neutralisierten Alkohols zu, versieht das Kölbchen mit einem Glasrohr, welches als Rückflußkühler dient, erwärmt auf dem schon vorher angeheizten Wasserbade unter öfterem Umschwenken zum schwachen Sieden, in welchem man 15 Minuten, bei schwer verseifbaren Fetten 30 Minuten, erhält, und titriert nach Zusatz von 1 ccm weingeistiger Phenolphthaleïnlösung die heiße Seifenlösung mit $^1/_2$-Normalsalzsäure zurück.

Bei dunklen Ölen empfiehlt es sich nach de Negri und Fabris

---

[1]) Zeitschr. f. öffentl. Chem. 10. 386.
[2]) Bei genauer Einhaltung dieser Vorsichtsmaßregel werden Verseifungszahlen erhalten, welche höchstens um wenige Zehntel differieren, die Verwendung von Büretten zum Abmessen der Lauge ist daher nicht nötig.

und anderen statt Phenolphthaleïn Alkaliblau 66 (Farbwerke vorm. Meister Lucius und Brüning in Höchst a. M.) als Indikator zu benutzen, dessen alkalische Lösung rot und dessen saure Lösung blau gefärbt ist. Von diesem Farbstoffe werden ca. 2—3 ccm einer 2prozentigen alkoholischen Lösung verwendet und der abzutitrierenden Flüssigkeit vorher ca. 50 ccm neutralisierten Alkohols zugesetzt (Holde).

Da der Titer der Kalilösung etwas veränderlich ist, indem der Gehalt an freiem Kalihydrat durch die Oxydation des Alkohols an der Luft etwas verringert wird, stellt man ihn bei Beginn einer jeden Versuchsreihe von neuem (Blindversuch) und hält dabei jedesmal genau dieselben Bedingungen wie bei der Fettverseifung selbst ein, indem man 25 ccm der Kalilauge, mit 25 ccm neutralisiertem Alkohol verdünnt, 15 Minuten auf dem Wasserbade zum schwachen Sieden erwärmt und dann erst titriert. Die Differenz gegen die Titrierung ohne vorhergehendes Erwärmen beträgt ca. $^1/_{10}$ ccm $^1/_2$-Normalsalzsäure.

Schwefelsäure ist zu diesem Zweck nicht verwendbar, weil sich in Alkohol unlösliches Kaliumsulfat bildet, wodurch die Endreaktion weniger deutlich wird.

Die Differenz zwischen den zur Titerstellung der alkoholischen Kalilauge (Blindversuch) und den zum Zurücktitrieren der Seifenlösung verbrauchten Kubikzentimetern $^1/_2$-Normalsalzsäure ergibt die Menge des zur Verseifung der Fettprobe benötigten Kalihydrates. Diese wird in Milligrammen für 1 g Fett ausgedrückt; das Resultat ist die Verseifungszahl.

Bemerkt sei noch, daß die zur Verseifungszahlbestimmung verwendeten Glaskölbchen aus gutem Glase (am besten böhmischem oder Jenaer Glase) hergestellt sein sollen, da manche Glassorten durch das Kochen mit der Lauge korrodiert werden, indem dieselbe dem Glase Kieselsäure entzieht, ein Umstand, durch welchen die Genauigkeit der Bestimmung beeinflußt wird.[1])

Gut übereinstimmende Verseifungszahlen werden erhalten, wenn man das Gemisch von alkoholischer Kalilauge und Fett nach der vollständigen Auflösung des letzteren auf dem Wasserbade soweit eindampft, bis die gebildete Seife sich auszuscheiden beginnt, diese durch Hinzufügen von etwa 25 ccm neutralem Alkohol löst und den Alkaliüberschuß wie gewöhnlich bestimmt (Pastrovich).

Beispiel: 2·012 g Olivenöl wurden mit 25 ccm alkoholischer Kalilauge verseift und zum Zurücktitrieren 9·65 ccm Salzsäure verbraucht. 25 ccm alkoholische Kalilauge = 22·5 ccm Salzsäure. 1 ccm Salzsäure = 30·1 mg Kalihydrat. Somit wurde zur Verseifung verbraucht die 22·5 — 9·65 = 12·85 ccm äquivalente Menge Kalihydrat, d. i. 12·85 $\times$ 30·1 = 386·79 mg für 2·012 g Öl oder 386·79 : 2·012 = 192·24 mg Kalihydrat für 1 g Öl. Daher hat das untersuchte Öl die Verseifungszahl 192·24.

Henriques[2]) hat das folgende Verfahren zur Bestimmung der Verseifungszahlen von Fetten und Wachsen auf kaltem Wege ausgearbeitet:

a) Für Fette: 3—4 g Substanz werden in einem Kolben in der

---

[1]) Hefelmann u. Mann, Pharm. Centralh. 1895, Ulzer u. Seidel u. a.
[2]) Zeitschr. f. angew. Chem. 1895. 721.

Kälte in 25 ccm Petroläther gelöst, mit 25 ccm alkoholischem Normalalkali versetzt und nach dem Umschwenken 12 Stunden bei Zimmertemperatur verschlossen stehen gelassen. Dann wird der Überschuß des Alkalis wie bei dem ersten Verfahren zurücktitriert.

b) Für Wachsarten: Anstatt in 25 ccm Petroläther in der Kälte zu lösen, wird in ebensoviel Petroleumbenzin (Siedebeginn mindestens 100° C.) in der Wärme gelöst, sofort die Verseifungslauge (25 ccm alkoholisches Normalalkali) zugefügt, nochmals bis zur vollständigen Lösung erwärmt, 24 Stunden in verschlossenem Kolben stehen gelassen und unter öfterem Anwärmen mit $^1/_2$-Normalsalzsäure zurücktitriert.

Die Lauge muß für dieses Verfahren durch Kochen des gepulverten Ätzkalis mit 95prozentigem Alkohol am Rückflußkühler hergestellt werden, weil dieselbe sich, wenn sie mehr Wasser enthält, nicht mit dem Petroläther, resp. dem Petroleumbenzin mischt.

Die von J. F. Wolfbauer[1]) gemachte Beobachtung (bei welcher allerdings bei der Fettverseifung eine 24stündige Einwirkung von der alkoholischen Lauge auf das Fett eingehalten wurde, wie sie Henriques im Anfange vorschrieb), daß die kalte Verseifung nach Henriques zu hohe Resultate ergäbe, und die Angabe Dieterichs[2]), daß diese Methode zu niedere Resultate liefere, konnten bei Einhaltung der vorstehenden Vorschriften für die kalte Verseifung nicht bestätigt werden (Ulzer).

Nach Herbig[3]) werden auch hochmolekulare Fettsäureester nach der Methode von Henriques vollständig verseift.

Das Verfahren der Bestimmung der Verseifungszahl auf kaltem Wege wird besonders zu empfehlen sein für Fette usw., welche beim Kochen mit Kalilauge sehr dunkle Lösungen geben.

Von anderen Vorschlägen zur Bestimmung der Verseifungszahl, welche sich jedoch nicht eingebürgert haben, seien noch erwähnt:

Ein Vorschlag von Kossel, Obermüller und Krüger[4]), die Verseifung mit Natriumalkoholat vorzunehmen, worauf in letzter Zeit auch A. Beythien[5]) zurückkommt, ein Vorschlag Beckers[6]), anstatt der alkoholischen $^1/_2$-Normallauge wässerige Normallauge anzuwenden und dann zur Verseifung absoluten Alkohol zuzufügen, und ein Vorschlag Mc Ilhineys[7]), zur Bestimmung der Verseifungszahl dunkler Öle usw. Das umständliche Verfahren Mc Ilhineys beruht darauf, daß neutrale Seifen aus Chlorammonium, die dem Alkali äquivalente Menge Ammoniak frei machen, welche quantitativ bestimmt wird.

Allen[8]) schlägt vor, statt der Verseifungszahl das „Verseifungsäquivalent" anzugeben, d. i. die durch 1 Äquivalent oder 56·16 T. Kalihydrat verseifbare Fettmenge. Man erhält diese Zahl, wenn man 56160

---

[1]) Österr.-ung. Zeitschr. f. Zuckerindustrie u. Landwirtschaft 1897.
[2]) Chem. Rev. üb. d. Fett- u. Harz-Ind. 1897. 4. 259.
[3]) Zeitschr. f. öffentl. Chem. 4. 1897. Heft 5.
[4]) Zeitschr. f. angew. Chem. 1891.
[5]) Pharm. Centralh. 1897. 850.
[6]) Corresp.-Blatt d. Ver. analyt. Chemiker 2 57.
[7]) Journ. Amer. Chem. Soc. 1894. 16. 408.
[8]) Commercial Organic Analysis 40.

durch die Verseifungszahl dividiert. Doch bietet diese Berechnungsweise keinerlei Vorteil.

Schließlich sei noch bemerkt, daß Fahrion[1]) die Beobachtung gemacht hat, daß Trane mit hoher Jodzahl bei der Bestimmung der Verseifungszahl oft schwankende und zu hohe Resultate geben, ein Umstand, welchen er auf die durch Oxydation bewirkte Bildung von Fettsäuren mit niedrigem Molekulargewicht zurückführt.

Hohe Verseifungszahlen besitzen Fette, welche Triglyceride von Fettsäuren mit niederem Molekulargewicht enthalten, wie z. B. das Butterfett, das Cocosfett und der Meerschweintran, ebenso bei niedriger Temperatur oxydierte Öle, während umgekehrt die Triglyceride hochmolekularer Fettsäuren (z. B. der Erucasäure im Rüböle resp. in den Cruciferenölen und der Ricinolsäure im Ricinusöle) durch niedere Verseifungszahlen charakterisiert sind.

3. Die Ätherzahl.

Die Ätherzahl gibt die Anzahl der Milligramme Ätzkali an, welche zur Verseifung der neutralen Ester in 1 g eines Fettes oder Wachses nötig sind.

Die Verseifungszahl kann bei Fetten oder Wachsen, welche freie Fettsäuren enthalten, auch als die Summe der „Säurezahl" und der „Ätherzahl" betrachtet werden.

Die Ätherzahl wird entweder aus der Differenz zwischen Verseifungs- und Säurezahl gefunden oder direkt bestimmt, indem man die zur Ermittelung der Säurezahl mit Kalilauge neutralisierte Probe genau wie zur Bestimmung der Verseifungszahl behandelt, also mit 25 ccm alkoholischer Kalilauge kocht, mit Salzsäure zurücktitriert, usw.

4. Die Reichert-Meißlsche Zahl.[2])

Die Reichert-Meißlsche Zahl gibt die Anzahl der Kubikzentimeter zehntelnormaler Kalilauge an, welche zur Neutralisation der leicht flüchtigen, wasserlöslichen Fettsäuren von 5 g eines Fettes erforderlich sind.

a) Verfahren, bei welchen die flüchtigen Fettsäuren abdestilliert werden.

Der Prozentgehalt eines Fettes an flüchtigen Fettsäuren läßt sich nicht leicht ermitteln. Dagegen erhält man zu Vergleichen sehr geeignete Zahlen, wenn man nach Reichert die Sättigungskapazität der flüchtigen Fettsäuren bestimmt.

Die Reichertsche Zahl bezeichnete ursprünglich die Anzahl Kubikzentimeter $^1/_{10}$-Normallauge, welche zur Neutralisation der aus 2·5 g Fett

---

[1]) Chem. Zeitg. 1893. 17. 453. — Chem. Rev. üb. die Fett- u. Harz-Ind. 1899. 6. 25.

[2]) Zeitschr. f. analyt. Chem. 18. 68.

nach der unten gegebenen Vorschrift gewonnenen, flüchtigen Fettsäuren notwendig sind.

Gegenwärtig arbeitet man fast ausschließlich nach der von Meißl vorgeschlagenen Modifikation des Verfahrens, welche 5 g Fett verarbeitet und demnach zur Absättigung des Destillates nahezu die doppelte Menge $^1/_{10}$-Normallauge verbraucht. Zur Vermeidung von Irrtümern ist bei Anführung der Reichertschen Zahl daher stets auch die Fettmenge, auf welche sie sich bezieht, und am besten auch das befolgte Verfahren zu nennen.

Hier sei die Vorschrift Meißls[1]) angeführt, welche sich nur dadurch von der ursprünglichen unterscheidet, daß sie vorschreibt, doppelt so viel Fett zu nehmen, um den Titrierfehler zu verkleinern, schwächeren Weingeist zur Verseifung zu verwenden, um einem Verlust an flüchtigen Fettsäuren (durch Esterifikation) vorzubeugen, und endlich zur Erzielung ruhigeren Siedens Bimssteinstückchen zuzusetzen.

5 g[2]) geschmolzenes und filtriertes Fett werden in einem Kölbchen von ca. 200 ccm Inhalt mit ca. 2 g festem Ätzkali, welches man in gleichlangen Stücken vorrätig hält, und 50 ccm 70 prozentigem Alkohol[3]) unter Schütteln auf dem Wasserbade verseift, bis zur vollständigen Verflüchtigung des Alkohols eingedampft, der dicke Seifenbrei in 100 ccm Wasser gelöst, mit 40 ccm Schwefelsäure (1:10) versetzt und nach Zugabe einiger hanfkorngroßer Bimssteinstücke durch ein mit einem Liebigschen Kühler in Verbindung stehendes Rohr destilliert. Zweckmäßig ist es, eine weite Kugelröhre anzusetzen, um ein Überspritzen der Schwefelsäure zu verhüten. 110 ccm des Destillates werden in einem kubizierten Kolben aufgefangen, wozu etwa eine Stunde nötig ist; der Kolbeninhalt wird gemischt und davon 100 ccm durch ein trockenes Filter in einen zweiten kubizierten Kolben abfiltriert und nach Zusatz von Phenolphthaleïn mit $^1/_{10}$-Normalkali bis zur neutralen Reaktion titriert. Die verbrauchte Anzahl Kubikzentimeter wird um ein Zehntel vergrößert und das Resultat auf 5 g Substanz bezogen. (Die ursprüngliche Reichertsche Zahl beträgt näherungsweise die Hälfte der Reichert-Meißlschen.)

Werden z. B. für 5 g Butterfett im Durchschnitt 28 ccm $^1/_{10}$-Normallauge verbraucht, so ist die Reichert-Meißlsche Zahl des Butterfettes 28·0.

Der zum Verseifen benutzte Alkohol muß selbstverständlich säure- und aldehydfrei sein. Es empfiehlt sich, unter allen Umständen einen Blindversuch mit dem in Verwendung genommenen Alkohol anzustellen und die zur Sättigung des Destillates nötige Menge $^1/_{10}$-Normalalkali von den bei den Bestimmungen der Reichert-Meißl-Zahlen der Fette gefundenen Werten abzuziehen. Am besten wird zu diesen Bestimmungen über Kalihydrat destillierter oder nach einer der auf Seite 28 u. ff. angegebenen Methoden gereinigter Alkohol verwendet.

---

[1]) Dinglers Polyt. Journal 233. 229.

[2]) M. Siegfeld (Chem. Zeitg. 1898. 22. 738) empfiehlt das geschmolzene Fett in einer auf 45°—55° C. vorgewärmten Pipette abzumessen anstatt zu wägen.

[3]) Bei Anwendung von nur 25 ccm 70 prozentigem Alkohol erfolgt die Verseifung ebenso glatt und wird die zur Verflüchtigung des Alkohols nötige Zeit verkürzt.

Nach Schweißinger[1]) bringt die Verwendung nicht gereinigten Alkohols infolge der Bildung von Essigsäure beim Kochen mit Kalihydrat beträchtliche Fehler mit sich. Der beste Spiritus des Handels gab bei einer blinden Probe 0·66, absoluter Alkohol 0·28 Reichertsche Zahl.

Bei der Destillation nach Reichert-Meißl gehen die flüchtigen Fettsäuren nicht vollständig ins Destillat. So fand Richard Meyer, daß sich der Verbrauch an $^1/_{10}$-Normallauge um 25 Prozent steigert, wenn mit Wasserdampf destilliert wird. Es muß somit jeder Versuch unter genau denselben Bedingungen ausgeführt werden, wenn genau vergleichbare Resultate erzielt werden sollen. Diese Bedingung erstreckt sich nicht nur auf die angewendeten Reagenzien und die Arbeitsweise, sondern auch auf die Apparate. Die Kolben und Kugelaufsätze müssen von gleicher Größe sein, ja selbst die Flamme des Bunsenbrenners muß für alle Versuche gleich eingestellt werden.

Die in Wasser unlöslichen, flüchtigen festen, oder in Form von Öltröpfchen im Destillate schwimmenden Fettsäuren werden durch die Filtration entfernt. Etwas größer ist die Menge dieser Fettsäuren im Destillate bei Fetten, welche einen größeren Prozentsatz an schwer flüchtigen Fettsäuren enthalten, wie z. B. die Cocosbutter. J. Wauters[2]) hat vorgeschlagen, auch die zur Sättigung der unlöslichen, flüchtigen Fettsäuren nötige Laugenmenge zu ermitteln, was mit Hilfe des von ihm modifizierten Reichert-Meißlschen Verfahrens möglich ist.

Die Menge der unlöslichen flüchtigen Fettsäuren steht zu der Menge der löslichen flüchtigen Fettsäuren nach E. Polenske[3]) bei Butter und Cocosfett in ganz bestimmten Verhältnissen; diesen Umstand benutzen E. Polenske, sowie Jukenack und Pasternack[4]) u. a. zum Nachweise von Verfälschungen der Butter (s. diese).

Die bei Einhaltung der vorgeschriebenen Bedingungen so vortreffliche Reichert-Meißlsche Methode wurde vielfach modifiziert.

So empfehlen Delaite und Legrand[5]), da sie eine Abhängigkeit des gefundenen Wertes von der Gestalt des Gefäßes, in welchem die Verseifung vorgenommen wird, sowie von der Dauer des Erhitzens der Seife gefunden zu haben glauben, die Verseifung und das Abdunsten des Alkohols in einer Porzellanschale vorzunehmen, was wohl nicht zweckmäßig sein dürfte.

Munier[6]) destilliert anstatt mit Schwefelsäure mit Phosphorsäure, wobei, wie Cornwall[7]) gezeigt hat, sehr häufig viel zu niedrige Werte für die Reichert-Meißlsche Zahl gefunden werden.

Wollny[8]) legt das Hauptgewicht auf den Ausschluß der Kohlen-

---

[1]) Pharmac. Centralh. 8. 320. — Chem. Zeitg. Rep. 1887. 11. 174.
[2]) Bull. d'Assoc. Belge des Chim. 1901. 25.
[3]) Arbeiten aus d. Kais. Gesundheitsamte 1903. 20. 545 und Zeitschr. f. Unters. d. Nahrungs- u. Genußm. 1904. 7. 273.
[4]) Zeitschr. f. Unters. d. Nahrungs- u. Genußm. 1904. 7. 193.
[5]) Bull. de la Soc. Chim. de Belgique 20. 230.
[6]) Zeitschr. f. analyt. Chem. 21. 394.
[7]) Chemical News 53. 20.
[8]) Zeitschr. f. analyt. Chem. 1889. 28. 721.

säure. Er verwendet möglichst kohlensäurefreie Natronlauge zur Verseifung und vermeidet jeden Zutritt von Kohlensäure zu der alkalischen Seifenlösung.

Sendtner[1]) stellte fest, daß nach Reichert-Meißl ebenso gute Zahlen erhalten werden wie nach Wollny; er hat das Wollnysche Verfahren etwas abgeändert, und diese Abänderungen bilden die Grundlage des Verfahrens, welches in der Anweisung zur chemischen Untersuchung von Fetten und Käsen für das Deutsche Reich vorgeschrieben ist, und nach welchem man in der folgenden Weise zu verfahren hat:

Genau 5 g Fett werden mit einer Pipette in einem Kölbchen von 300—350 ccm Inhalt abgewogen, wonach das Kölbchen auf das kochende Wasserbad gestellt wird. Zu dem geschmolzenen Fette läßt man aus einer Pipette unter Vermeidung des Einblasens 10 ccm einer alkoholischen Kalilauge (20 g Kaliumhydroxyd in 100 ccm Alkohol von 70 Volumprozent gelöst) fließen. Während man nun den Kolbeninhalt durch Schütteln öfter zerteilt, läßt man den Alkohol zum größten Teil weggehen; es tritt bald Schaumbildung ein, die Verseifung geht zu Ende, und die Seife wird zähflüssig; sodann bläst man so lange in Zwischenräumen von etwa je $\frac{1}{2}$ Minute mit einem Handblasebalg unter gleichzeitiger schüttelnder Bewegung des Kolbens Luft ein, bis durch den Geruch kein Alkohol mehr wahrzunehmen ist. Der Kolben darf hierbei nur immer so lange und so weit vom Wasserbade entfernt werden, als es die Schüttelbewegung erfordert. Man verfährt am besten in der Weise, daß man mit der Rechten den Ballon des Blasebalgs drückt, während die Linke den Kolben, in dessen Hals das mit einem gebogenen Glasrohre versehene Schlauchende des Ballons eingeführt ist, faßt und schüttelt. Auf diese Weise ist in 15, längstens in 25 Minuten die Verseifung und die vollständige Entfernung des Alkohols bewerkstelligt. Man läßt nun sofort 100 ccm Wasser zufließen und erwärmt den Kolbeninhalt noch einige Zeit mäßig, wobei der Kolben lose bedeckt auf dem Wasserbade stehen bleibt, bis die Seife vollkommen klar gelöst ist. Sollte hierbei ausnahmsweise keine völlig klare Lösung zu erreichen sein, so wäre der Versuch wegen ungenügender Verseifung zu verwerfen und ein neuer anzustellen.

Zu der etwa 50° C. warmen Lösung fügt man sofort 40 ccm verdünnter Schwefelsäure (1 Raumteil konz. Schwefelsäure auf 10 Raumteile Wasser) und einige erbsengroße Bimssteinstückchen. Der auf ein doppeltes Drahtnetz gesetzte Kolben wird darauf sofort mittels eines schwanenhalsförmig gebogenen Glasrohres (von 20 cm Höhe und 6 mm lichter Weite), welches an beiden Enden stark abgeschrägt ist, mit einem Kühler (Länge des vom Wasser umspülten Teiles nicht unter 50 cm) verbunden, und sodann werden genau 110 ccm Flüssigkeit abdestilliert (Destillationsdauer nicht über $\frac{1}{2}$ Stunde). Das Destillat mischt man durch Schütteln, filtriert durch ein trockenes Filter und mißt 100 ccm ab. Diese werden nach Zusatz von 3—4 Tropfen Phenolphthaleïnlösung mit $\frac{1}{10}$-Normalalkalilauge titriert; der Verbrauch wird durch Hinzuzählen des zehnten

---

[1]) Archiv f. Hygiene 8. 422.

Teils auf die Gesamtmenge des Destillats berechnet. Bei jeder Versuchsreihe führt man einen blinden Versuch aus, indem man 10 ccm der alkoholischen Kalilauge mit so viel verdünnter Schwefelsäure versetzt, daß ungefähr eine gleiche Menge wie bei der Verseifung von 5 g Fett ungebunden bleibt, und sonst wie bei dem Hauptversuch verfährt. Die bei dem blinden Versuche verbrauchten Kubikzentimeter $^1/_{10}$-Normalalkalilauge werden von den bei dem Hauptversuche verbrauchten abgezogen. Die so erhaltene Zahl ist die Reichert-Meißlsche Zahl. Die alkoholische Kalilauge genügt den Anforderungen, wenn bei dem blinden Versuch nicht mehr als 0·4 ccm $^1/_{10}$-Normalalkalilauge zur Sättigung von 110 ccm Destillat verbraucht werden.

Kreiß[1]), Pinette, Prager, Stern, Schatzmann und Bunte[2]) führen die Verseifung anstatt mit alkoholischer Lauge mit konzentrierter Schwefelsäure aus. Die Bildung von Estern ist bei diesem Verfahren ausgeschlossen. Die Vorschrift ist die folgende:

5 g Fett werden in einem, einen Liter fassenden Erlenmeyerkolben im ·Trockenschrank auf 100° C. erhitzt, 10 ccm Schwefelsäure von der genau einzuhaltenden Dichte von 1·8355 zugesetzt und bis zur Lösung des Fettes umgeschwenkt. Nun wird 10 Minuten auf einem Wasserbade von 30—32° C. erwärmt, unter starkem Umschwenken 150 ccm Wasser zugesetzt und zur Oxydation der immer auftretenden schwefeligen Säure konzentrierte Permanganatlösuug bis zur einige Augenblicke anhaltenden Rotfärbung zugesetzt. Beim Abdestillieren der flüchtigen Fettsäuren verfährt man nach der Reichertschen Methode. Die Verseifung mit konzentrierter Schwefelsäure ist nicht bei allen Fetten gleich rasch beendigt, Butterfett wird beispielsweise merklich rascher verseift als Margarine. Bei genauer Einhaltung der Versuchsbedingungen stimmen die Zahlen mit den nach der Reichert-Meißlschen Methode erhaltenen überein.

Mansfeld empfiehlt zur Vermeidung von Esterbildungen die Verwendung von starker, wässeriger Kalilauge zur Verseifung, und Leffmann und Beam[3]), Schmidt, Polenske, Juckenack und Pasternack u. a. ersetzen zu dem gleichen Zwecke den Alkohol durch Glycerin.

Die Verseifung mit Glycerin ist im Kaiserlichen Gesundheitsamte in Berlin erprobt worden und hat sich dort sehr bewährt. Nach der amtlichen Anweisung zur Untersuchung von Fetten in Käsen ist in folgender Weise zu verfahren:

Man gibt zu genau 5 g Butterfett in einem Kölbchen von etwa 300 ccm Inhalt 20 g Glycerin und 2 ccm Natronlauge (erhalten durch Auflösen von 100 Gewichtsteilen Natriumhydroxyd in 100 Gewichtsteilen Wassers, Absetzenlassen des Ungelösten und Abgießen der klaren Flüssigkeit). Die Mischung wird unter beständigem Umschwenken über einer kleinen Flamme erhitzt; sie gerät alsbald ins Sieden, das mit starkem Schäumen verbunden ist. Wenn das Wasser verdampft ist

[1]) Chem. Zeitg. 1892. 16. 1394.
[2]) Chem. Zeitg. 1894. 18. 204.
[3]) Analyst 1891. 153 u. 1896. 251. Journ. Amer. chem. Soc. 1894. 16. 673.

(in der Regel nach 5 bis 8 Minuten), wird die Mischung vollkommen klar; dies ist das Zeichen, daß die Verseifung des Fettes vollendet ist. Man erhitzt noch kurze Zeit und spült die an den Wänden des Kolbens haftenden Teilchen durch wiederholtes Umschwenken des Kolbeninhalts herab. Dann läßt man die flüssige Seife auf etwa 80^0 bis 90^0 C. abkühlen und wägt 90 g Wasser von etwa 80^0 bis 90^0 C. hinzu. Meist entsteht sofort eine klare Seifenlösung; andernfalls bringt man die abgeschiedenen Seifenteile durch Erwärmen auf dem Wasserbade in Lösung. Man versetzt die Seifenlösung mit 50 ccm verdünnter Schwefelsäure (25 ccm konzentrierte Schwefelsäure im Liter enthaltend) und verfährt wie bei der Verseifung mit alkoholischem Kali.

Die durch Verseifung mit Glycerin erhaltenen Zahlen stimmen mit den durch Verseifung mit alkoholischem Kali erhaltenen sehr gut überein.

Es hat nicht an Versuchen gefehlt, das Reichertsche Verfahren auch so abzuändern, daß man nicht nur einen aliquoten Teil, sondern die Gesamtmenge der flüchtigen Fettsäuren ins Destillat bekommt. Zu diesem Zwecke wurde die Destillation unter Zusatz neuer Wassermengen mehrmals wiederholt. Doch ist dieses Verfahren für die technische Fettprüfung zu zeitraubend und gibt außerdem nach v. Raumer[1]) unrichtige Resultate, weil bei der wiederholten Destillation fortschreitende Zersetzung der nicht flüchtigen Fettsäuren stattfindet.

Das Verfahren von Goldmann[2]), welcher mit Wasserdampf destilliert, wird jetzt häufiger angewendet. Es verdient als allgemeine Methode zur vollständigen Trennung der flüchtigen von den nicht flüchtigen Fettsäuren angeführt zu werden.

5 g des geschmolzenen, vom Bodensatze abgegossenen Butterfettes werden in einem Kolben von 300 ccm Inhalt, dessen Hals 12 cm lang und 2 cm weit ist, eingewogen. Dem durch Erwärmen verflüssigten Fette werden 10 ccm Alkohol von 96 Vol.-Proz. und sodann 2 ccm einer 50 prozentigen wässerigen Natronlauge, die unter Kohlensäureabschluß aufbewahrt wird, hinzugesetzt. Nachdem der auf einer Asbestplatte stehende Kolben 20 Minuten lang mit kleiner Flamme am Rückflußkühler erwärmt worden war, bringt man den Kühler durch eine Wendung von 55^0 in eine schräge Lage und fängt in einem graduierten Gläschen 6 ccm des Destillates auf. Hierauf wird die Flamme entfernt, und behufs völligen Austreibens des von der Seife festgehaltenen Alkohols dieser durch langsames Einleiten von Wasserdampf verjagt. Zu diesem Zwecke ist ein auf einer Asbestplatte stehender Literkolben, zu drei Vierteilen mit Wasser gefüllt, bei Beginn der Operation mittels Muenkeschen Brenners erhitzt worden und eine Viertelstunde im Kochen geblieben. Dieser Kolben ist mit einem doppelt durchbohrten Gummistopfen geschlossen, durch den zwei rechtwinklig gebogene Schenkel führen. Der eine dieser beiden, mit Gummirohr versehen und durch

---

[1]) Archiv f. Hygiene. 1888. 8. 407.
[2]) Chem. Zeitg. 1888. 12. 308.

einen Quetschhahn verschließbar, dient zur Ableitung überschüssigen Wasserdampfes; der andere überträgt den Dampf in den Verseifungskolben und ist mit einem bis 1 cm über den Boden dieses Kolbens reichenden Schenkel durch einen Gummischlauch, der einen Quetschhahn trägt, verbunden. Der Verseifungskolben trägt einen Stopfen mit drei Bohrungen, in welche das obenerwähnte Glasrohr, eine kurze Trichterröhre und ein zweiter Schenkel eingesetzt sind, der 10 cm über den Stopfen hervorragt und durch einen Gummischlauch mit dem Kühler verbunden ist.

Das Einleiten von Wasserdampf wird so reguliert, daß sich im Anfang so viel Wasser im Verseifungskolben ansammeln kann, daß das Ende des Einleitungsrohres die Flüssigkeit berührt. Man sammelt nun 50 ccm Destillat in einem kleinen Kolben auf, ersetzt diesen durch einen größeren, sperrt die Dampfzufuhr ab und öffnet dafür das Ableitungsrohr für den überschüssigen Dampf. Man läßt aus dem Trichterrohr 5 ccm Schwefelsäure (200 ccm konzentrierte Schwefelsäure im Liter) einfließen und erwärmt mit kleiner Flamme, bis die Fettsäuren klar geschmolzen sind. Nun wird mit Wasserdampf destilliert, das Destillat in Fraktionen von 100 ccm aufgefangen, jede Fraktion mit $^1/_{10}$-Normalbarytwasser und Phenolphthaleïn als Indikator titriert, und die Destillation so lange fortgesetzt, bis die letzte Fraktion nur mehr 0·05 ccm Barytlösung verbraucht. Die letztere Zahl ist dem Gesamtverbrauch an Alkali nicht zu addieren.

Bei einem Versuche mit 5·200 g Butterfett bedurften die ersten 100 ccm Destillat 24·45 ccm $^1/_{10}$-Normallauge, die folgenden Fraktionen 1·40, 0·55, 0·35, 0·25, 0·20, 0·15, 0·15, 0·20, 0·10, 0·10, 0·10 ccm, die dreizehnte endlich 0·05 ccm. Für 5 g ein und derselben Butter war der Gesamtverbrauch für 10—13 Fraktionen 30·66—31·29 ccm $^1/_{10}$-Normallauge.

Juckenack und Pasternack[1]) verseifen 10 g Fett mit 40 g einer 5 prozentigen Glycerinnatronlauge über freiem Feuer, destillieren, nachdem die flüssige Seife nach dem Erkalten mit 80 ccm Schwefelsäure (1 : 10) versetzt worden war, im Dampfstrome 300 ccm ab und bestimmen das Molekulargewicht der flüchtigen Fettsäuren in ähnlicher Art wie bei der Bestimmung der Henriquesschen Seifenzahl. Nach dem Austitrieren der flüchtigen Fettsäuren mit $^1/_{10}$-Normalkali wird die Seifenlösung zur Trockene eingedampft und der Rückstand bei 105°—110° C. bis zur Gewichtskonstanz getrocknet und gewogen. Andererseits werden 50 ccm der verwendeten $^1/_{10}$-Normalkalilauge mit $^1/_{10}$-Normalschwefelsäure neutralisiert und eingedampft; der Rückstand wird wieder getrocknet und gewogen. Durch Subtraktion von 0·4 g von dem doppelten Gewichte der Sulfate erfährt man das in 100 ccm der $^1/_{10}$-Normalkalilauge enthaltene Kaliumoxyd; von diesem sind 0·09 g für das bei der Salzbildung abgespaltene Wasser abzuziehen, um die Größe zu erhalten, welche bei der Berechung des Molekulargewichtes

---

[1]) Zeitschr. f. Unters. d Nahrungs- u. Genußm. 1904. 7. 193.

für je 100 ccm $^1/_{10}$-Normalkali von den gefundenen fettsauren Salzen zu subtrahieren ist. Das Molekulargewicht der flüchtigen Fettsäuren ist dann $M = \dfrac{(a - k \cdot b) \cdot 10 \cdot 1000}{b}$, wobei a das Gewicht des fettsauren Salzes, b die verbrauchten Kubikzentimeter $^1/_{10}$-Normalkalilauge und k das für je 1 ccm in Abzug zu bringende Gewicht bedeuten (s. auch Kuhbutter).

Schirokich[1]) zerlegt die Seife mit Weinsäurelösung, destilliert mittels Dampf 400 ccm ab und titriert mit Barytlösung, deren Titer auf Kaliumhydroxyd gestellt ist.

b) Verfahren, bei welchen die flüchtigen Fettsäuren nicht abdestilliert werden.

Bei den hierher gehörigen Methoden wird nicht die Sättigungskapazität der flüchtigen, sondern die der flüchtigen löslichen Fettsäuren bestimmt, wobei allerdings bei den meisten Fetten nahezu die gleichen Zahlen erhalten werden, da die Löslichkeit und Flüchtigkeit der Fettsäuren nahezu gleichen Schritt halten.

Erstes Verfahren.[2])

4—5 g Fett werden mit 50—60 ccm alkoholischer $^1/_2$-Normalkalilauge verseift und das überschüssige Kali mit $^1/_2$-Normalsalzsäure neutralisiert (s. Verseifungszahl). Der Alkohol wird durch Abdampfen entfernt, die Seife mit überschüssiger Salzsäure zerlegt, die unlöslichen Fettsäuren auf einem Filter mit heißem Wasser gewaschen (s. Hehnerzahl), in Alkohol gelöst und mit $^1/_2$-Normallauge titriert. Die Differenz zwischen dem zur Verseifung und dem zur Titration der unlöslichen Fettsäuren verbrauchten Kalihydrat ist die zur Neutralisation der löslichen Fettsäuren erforderliche Menge.

Beispiel: 4·573 g Fett verbrauchten zur Verseifung 1040 mg Kalihydrat, die daraus abgeschiedenen unlöslichen Fettsäuren 910 mg, somit die löslichen 130 mg. Demnach verbrauchen die löslichen Säuren aus 5 g Butterfett 142·14 mg Kalihydrat, oder, da 1 ccm $^1/_{10}$-Normallauge 5·616 mg Kalihydrat enthält, 25·3 ccm $^1/_{10}$-Normallauge. Die auf diesem Wege gefundene Reichert-Meißlsche Zahl ist somit 25·3.

Zweites Verfahren.

Nach Morse und Burton,[3]) Planchon[4]) und Bondzynski und Rufi[5]) kann die Reichert-Meißlsche Zahl auch nach folgender Vorschrift ermittelt werden:

4—5 g Fett werden mit 50—60 ccm titrierter alkoholischer Kalilauge verseift, der Alkohol durch Abdampfen entfernt, und die wässe-

---

[1]) Milch-Zeitg. 1903. 32. 177.
[2]) Bondzýnsky u. Rufi, Zeitschr. f. analyt. Chem. 1890. 1.
[3]) Journ. Amer. Chem. Soc. 1888. 10. 322.
[4]) Monit. Scient. 1888. 1096.
[5]) Zeitschr. f. analyt. Chem. 1890. 1.

rige Seifenlösung mit der der angewandten Lauge genau entsprechenden Menge titrierter Schwefelsäure versetzt. Die unlöslichen Fettsäuren werden ausgewaschen, und das Filtrat mit $^1/_{10}$-Normalkalilauge titriert. Die auf 5 g Substanz bezogene Anzahl Kubikzentimeter gibt direkt die Reichert-Meißlsche Zahl.

Es ist klar, daß man mit dieser Bestimmung auch leicht die Bestimmung der Verseifungszahl und der Hehnerschen Zahl vereinigen kann. Zur Ermittelung der Verseifungszahl kocht man in gewöhnlicher Weise mit alkoholischer $^1/_2$-Normalkalilauge, titriert mit ebenso starker Salzsäure zurück. Dann erst verdünnt man mit Wasser, kocht den Alkohol ab und setzt dann erst noch genau so viel $^1/_{10}$-Normalsalzsäure hinzu, als notwendig ist, um die Fettsäuren in Freiheit zu setzen. Die dazu notwendige Quantität kann man berechnen, da sie der vorher ermittelten Verseifungszahl entspricht.

A. Zega[1]) will die Menge der in schwefelsäurehaltigem Wasser löslichen Fettsäuren in der Weise ermitteln, daß er nach dem Verseifen und Zersetzen der Seife mit verdünnter Schwefelsäure die unlöslichen Fettsäuren abfiltriert und im Filtrate einerseits unter Zusatz von Methylorange den Schwefelsäureüberschuß, andererseits unter Benutzung von Phenolphthaleïn den gesamten Säuregehalt bestimmt. Das Verfahren basiert auf der jedenfalls nicht zutreffenden Voraussetzung, daß Methylorange gegen die im Wasser gelösten Fettsäuren unempfindlich ist.

Drittes Verfahren.

G. Firtsch[2]) und später J. König und F. Hart[3]) haben versucht, die löslichen Fettsäuren an Baryt zu binden und diesen quantitativ zu bestimmen. Firtsch verseift mit wässeriger Barytlösung im Druckfläschchen, König und Hart kochen eine alkoholische Fettlösung mit Barytwasser bei gewöhnlichem Druck.

König und Hart wägen etwa 5 g des Fettes in einem 300 ccm-Kolben ab, übergießen mit 60 ccm Alkohol, erwärmen auf dem Wasserbade, fügen bei schräg gehaltenem Kolben 40 ccm heißer Barytlauge (17·5 g Barythydrat in 100 ccm Wasser) hinzu und kochen 3 bis $3^1/_2$ Stunden am Rückflußkühler. Nach dem Erkalten wird bis zur Marke aufgefüllt, durchgeschüttelt, filtriert und in 250 ccm des Filtrates Kohlensäure bis zum Verschwinden der alkalischen Reaktion eingeleitet. Man kocht in einer Porzellanschale ein, verdampft dann auf dem Wasserbade bis fast zur Trockene, läßt erkalten, versetzt den Rückstand allmählich unter tüchtigem Durchrühren mit 250 ccm destilliertem Wasser und filtriert 200 ccm ab. Das Filtrat wird mit verdünnter Schwefelsäure gefällt, der schwefelsaure Baryt abfiltriert, gewogen und auf Baryumoxyd umgerechnet. Das in Milligrammen ausgedrückte Resultat mit $^3/_2$ multipliziert und auf 5 g Fett bezogen wird als „Barytzahl" angeführt. Dieser gewiß nicht glücklich gewählte Ausdruck gibt somit

---

[1]) Chem. Zeitg. 1895. 19. 504.
[2]) Dinglers Polyt. Journal 278. 1890. 422.
[3]) Zeitschr. f. analyt. Chem. 30. 292.

die Anzahl Milligramme Baryt (BaO) an, die in den löslichen Barytsalzen enthalten ist, welche 5 g Fett liefern können.

Nach H. Kreis und W. Baldin[1]) und Laves[2]) ergibt das Baryt-
verfahren auf keinen Fall bessere Resultate als das Destillationsverfahren.

5. Die Hehnersche Zahl.

Die Hehnersche Zahl gibt die Menge an unlöslichen
Fettsäuren an, welche 100 Teile Fett liefern können.

Enthält ein Fett nicht flüchtige „unverseifbare Bestandteile" z. B.
Kohlenwasserstoffe oder höhere Alkohole, so sind diese in den Hehner-
zahlfettsäuren inbegriffen.

Die Bestimmung wird in folgender Weise durchgeführt:

a) Nach Hehner.[3]) Ein kleines, das getrocknete und filtrierte
Fett enthaltendes Gläschen wird samt einem Glasstabe gewogen, dann
bringt man daraus mittels des Glasstabes 3—4 g Fett in eine Schale
von ca. 12·5 cm Durchmesser und wägt das Becherglas mit dem Glasstabe
zurück. Man übergießt das Fett mit 50 ccm Alkohol, fügt 1—2 g
Ätzkali hinzu und erwärmt unter öfterem Umrühren auf dem Wasserbade, bis sich das Fett klar gelöst hat. Nach fünf Minuten setzt man
einen Tropfen destilliertes Wasser hinzu; entsteht dadurch eine Trübung
(durch unverseiftes Fett), so erhitzt man weiter und wiederholt die Prüfung
mit Wasser. Die möglichst klare Seifenlösung wird bis zur Sirupdicke
verdampft, der Rückstand in 100—150 ccm Wasser gelöst und mit verdünnter Salzsäure oder Schwefelsäure angesäuert. Man erhitzt, bis sich
die Fettsäuren als klares Öl an der Oberfläche gesammelt haben, und
filtriert durch ein vorher bei 100° C. getrocknetes und gewogenes Filter aus
sehr dichtem Papier von 10—12·5 cm Durchmesser. Gewöhnliches Papier
läßt die Flüssigkeit leicht trübe hindurch. Dabei gebraucht man die
Vorsicht, das Filter zuerst zur Hälfte mit heißem Wasser anzufüllen
und dann erst die Fettsäuren aufzugießen. Dann wäscht man mit siedendem Wasser nach, bis Lackmustinktur nicht mehr gerötet wird.
Fleischmann und Vieth[4]) schreiben vor, so lange zu waschen, bis
die äußerst schwachsaure Reaktion, die 5 ccm des Filtrates mit einem
Tropfen Lackmustinktur geben, sich nicht mehr vermindert. Zum Auswaschen sind manchmal 2—3 Liter Wasser für 3 g Substanz notwendig,
sonst können die an der Grenze der Löslichkeit stehenden Fettsäuren
(Laurinsäure) zurückgehalten werden. Reagiert das Filtrat nicht mehr
sauer, so kühlt man den Trichter in einem mit Wasser gefüllten Glase
und stellt ihn dabei so weit ein, daß das Niveau in Trichter und Glas
ziemlich gleich steht. Dabei erstarren die Fettsäuren meistens. Dann
läßt man das Wasser ablaufen und trocknet das Filter in einem gewogenen Becherglase bei 100° C. Man wägt nach zwei Stunden, dann

[1]) Schweiz. Wochenschr. Chem. Pharm. 1892. 189.
[2]) Arch. f. Pharmacie 1893. 356.
[3]) Zeitschr. f. analyt. Chem. 16. 145.
[4]) Zeitschr. f. analyt. Chem. 17. 287.

abermals nach $2^1/_2$ Stunden. Die Differenz ist meist kleiner als 1 Milligramm. Eine völlige Konstanz ist nicht zu erwarten, weil zwei Fehlerquellen vorhanden sind, von denen die eine eine Gewichtszunahme, die andere eine Gewichtsabnahme bewirkt. Die erste ist die Neigung der ungesättigten Fettsäuren, sich zu oxydieren, die zweite liegt in der, wenn auch nur äußerst geringen Flüchtigkeit der Fettsäuren und ·in der Flüchtigkeit der Oxydationsprodukte derselben. Insbesondere bei Fettsäuren mit hoher Jodzahl ist ein allzu langes Erwärmen auf 100° C. an der Luft vor dem Wägen nicht zu empfehlen[1]) (Fahrion). Es ist daher hier besonders angebracht, das Trocknen der Fettsäuren im Wasserstoffstrom bei 100° C. vorzunehmen, wobei meist nach zwei Stunden Gewichtskonstanz eintritt.

b) Nach Dalican.[2]) Derselbe hat die Hehnersche Methode in folgender Art modifiziert: 10 g Fett werden in einem Kolben von 250 bis 300 ccm Inhalt geschmolzen und dann mit 80 ccm 85grädigem Weingeist und 6 g in 6—8 ccm Wasser gelöstem Ätznatron verseift. Nach 30—40 Minten ist die Verseifung beendet. Der Kolben bleibt so lange auf dem Wasserbade, bis der Alkohol verdampft ist; dann werden 150 ccm Wasser und nach ·und nach unter stetem Umschwenken 25 ccm einer Salzsäure hinzugefügt, welche durch Mischen von einem Volumteil konzentrierter Säure mit vier Volumteilen Wasser hergestellt wurde. Der Kolben wird noch 25—30 Minuten auf dem Wasserbade belassen, bis das Fett ganz klar und durchsichtig obenauf schwimmt, alsdann vom Wasserbade weggenommen, 30 Minuten stehen gelassen und dann noch mit Wasser gekühlt. Nach zwei Stunden wird der Fettsäurekuchen mit einem Glasstabe zerbrochen, das Wasser durch ein glattes Filter abgegossen und kochendes Wasser, ca. 250 ccm, in zwei Partien hinzugefügt, so daß nach dem ersten Zusatze gut umgeschüttelt werden kann; dann wird 40 Minuten stehen gelassen, mit Wasser gekühlt und so verfahren wie früher. Diese Operation wird so oft wiederholt, bis sich ein in das Waschwasser eingelegtes blaues Lackmuspapier auch nach 20 Minuten nicht mehr rötet, wozu meist 8—10 Waschungen notwendig sind. Die unlöslichen Fettsäuren werden endlich in ein Porzellanschälchen gebracht, der Kolben wird mit heißem Wasser ausgewaschen. Alle Waschwässer werden filtriert. Die kleine Menge Fettsäure ist leicht vom Filter loszubringen, nur muß dasselbe stets naß gehalten werden. Die Fettsäure wird bei 100°—110° C. getrocknet und zuerst nach einer Stunde, dann nach weiteren 20 und 15 Minuten bis zur annähernden Gewichtskonstanz gewogen. Auch bei dieser Methode schließt das Trocknen in der Atmosphäre eine Fehlerquelle in sich; außerdem verzögern die umständlichen Waschungen die Analyse.

c) Nach Hager.[3]) Die nach Hehner ausgeschiedenen Fettsäuren werden bei der Seifenanalyse (s. dort) mit einer gewogenen Menge von Paraffin oder weißem Wachs zusammengeschmolzen und dann viermal

---

[1]) Chem. Zeitg. 1893. 17. 435.
[2]) Moniteur scientif. 12. 989.
[3]) Pharm. Central-Blatt 9. Band.

mit Wasser gewaschen, dem $20^0/_0$ Alkohol zugesetzt sind. Diese Methode dürfte wohl nicht die Sicherheit der unter a) und b) beschriebenen bieten.

d) **Nach West-Knights.**[1]) Dieses Verfahren unterscheidet sich wesentlich von dem Hehnerschen, indem es nicht auf der Unlöslichkeit der freien Fettsäuren, sondern ihrer Barytsalze basiert. Es ist somit nicht von vornherein erwiesen, daß die beiden Methoden gleiche Resultate geben müssen, da die Löslichkeit der Fettsäuren der ihrer Barytsalze nicht proportional sein muß. Die von West-Knights ermittelten Zahlen stimmen aber mit den von Hehner gefundenen recht gut überein.

1—3 g Fett werden mit dem doppelten Volum alkoholischer Kalilauge verseift, auf 300 ccm verdünnt und mit Chlorbaryum gefällt. Der Niederschlag wird abfiltriert, mit warmem Wasser gewaschen, in einem auf 220 ccm graduierten Zylinder mit Salzsäure zersetzt und mit 100 ccm Äther ausgeschüttelt. Davon wird ein aliquoter Teil abgedunstet und der Rückstand gewogen.

Ähnlich bestimmt **Braun**[2]) den Gehalt eines Fettes an Fettsäuren durch Überführung derselben in die Kalksalze.

Die **Hehner**schen Zahlen liegen bei den meisten Fetten zwischen 95 und 97; eine Ausnahme macht in erster Linie die Butter mit durchschnittlich 87·5, ferner Cocosfett, Palmkernöl und Crotonöl. Belichtet gewesene (oxydierte) und geblasene Öle zeigen eine oft bedeutend niedrigere Hehnerzahl als die Öle, aus denen sie erhalten worden sind (**Pastrovich**).

6. Die Acetylzahl.

Die Acetylzahl der Fettsäuren oder der Fette gibt die Anzahl der Milligramme Ätzkali an, welche zur Neutralisation der aus einem Gramme der acetylierten Fettsäuren oder der acetylierten Fette durch Verseifung erhaltenen Essigsäure notwendig ist.

Die Acetylzahl gestattet die quantitative Bestimmung des Hydroxylgehaltes einer Substanz und liefert demnach ein Maß für den Gehalt eines Fettes, Fettgemisches oder Bestandteiles eines Fettes an Oxyfettsäuren oder Fettalkoholen. Zur Bestimmung der Acetylzahl von Fettsäuren wird nach **Benedikt** und **Ulzer**[3]) in folgender Weise verfahren:

20—50 g der nach S. 52 aus dem Fett gewonnenen, nicht flüchtigen Fettsäuren werden mit dem gleichen Volumen Essigsäureanhydrid 1 Stunde in einem Kölbchen mit Rückflußrohr in ganz schwachem Sieden erhalten, die Mischung in ein hohes Becherglas von 1 l Inhalt entleert, mit 500 bis 600 ccm Wasser übergossen und mindestens $1/_2$ Stunde gekocht. Um ein Stoßen der Flüssigkeit zu vermeiden, wird durch ein nahe dem Boden des Becherglases mündendes Kapillarrohr ein langsamer Kohlensäure-

---

[1]) Zeitschr. f. analyt. Chem. 20. 466.
[2]) Seifenfabrikant 1906. 26. 127.
[3]) Monatshefte f. Chem. VIII. 40.

strom eingeleitet (oder einfacher werden einige Stückchen Bimsstein in die Flüssigkeit geworfen). Nach einiger Zeit wird das Wasser abgehebert und noch dreimal in gleicher Weise mit Wasser ausgekocht. Dann ist, wie man sich leicht durch eine Prüfung mit Lackmuspapier überzeugen kann, alle Essigsäure entfernt. Endlich werden die acetylierten Fettsäuren im Luftbade durch ein trockenes Filter filtriert, worauf die „Acetyl-Säurezahl" und die „Acetylzahl" der Fettsäuren bestimmt wird. Dies geschieht in derselben Weise wie bei der Bestimmung der Säure- und Ätherzahl eines Fettes, wobei jedoch statt der alkoholischen, wässerige Kalilauge verwendet werden kann. Man löst demnach 3 bis 5 g der acetylierten Fettsäuren in säure- und fuselfreiem Weingeist auf, setzt Phenolphthaleïn hinzu und titriert mit $^1/_2$-Normallauge bis zur Rotfärbung, dann fügt man einen Überschuß alkoholischer Lauge hinzu, erwärmt auf dem Wasserbade zum schwachen Sieden und titriert nach ungefähr einer halben Stunde mit Salzsäure zurück. Die Summe der Acetyl-Säurezahl und der Acetylzahl heißt „Acetyl-Verseifungszahl". Es kann demnach zur Ermittlung der Acetylzahl auch die Säurezahl und Verseifungszahl der acetylierten Fettsäuren bestimmt und die Acetylzahl aus der Differenz gefunden werden. Die Acetylzahl ist gleich Null, wenn die Probe keine Oxyfettsäuren enthält.

Beispiel: 3·379 g acetylierte Fettsäuren aus Ricinusöl verbrauchten zur Absättigung 17·2 ccm $^1/_2$-Normalkalilauge oder 17·2 × 28·08 mg = 482·98 mg Kalihydrat, woraus sich die Acetylsäurezahl 482·98:3·379 = 142·93 ergibt. Zu der neutralisierten Probe wurden noch 32·8 ccm, somit im ganzen 50 ccm Kalilauge zufließen gelassen. Nach dem Kochen wurde mit 14·3 ccm $^1/_2$-Normalsalzsäure zurücktitriert. Somit verbleiben zur Absättigung der abgespaltenen Essigsäure 32·8 — 14·3 = 18·5 ccm $^1/_2$-Normalkalilauge oder 18·5 × 28·08 mg = 519·48 mg Kalihydrat, woraus sich die Acetylzahl 519·48:3·379 = 153·74 ergibt.

Nachdem Lewkowitsch nach dem vorstehend beschriebenen Verfahren auch bei Fettsäuren, welche keine Oxyfettsäuren enthielten, nicht unerhebliche Acetylzahlen erhielt[1] (eine Beobachtung, welche Benedikt, Ulzer u. a. bei zahlreichen Versuchen nicht konstatieren konnten), schlug er sowohl[2] als auch Henriques[3] vor, die Acetylzahl der acetylierten Fettsäuren in der Weise zu bestimmen, daß durch Verseifen der acetylierten Fettsäuren mit Lauge erst die Essigsäure abgespalten, dann mit verdünnter Schwefelsäure in Freiheit gesetzt und ähnlich wie beim Reichert-Meißlschen Verfahren überdestilliert wird. Die Destillation wird hierbei so weit getrieben, bis keine merklichen Säuremengen mehr übergehen, was durch Einleiten von Dampf in die in der

---

[1]) Proceed. Chem. Soc. 1890. 72; 91. An dieser Stelle sei erwähnt, daß A. Albitzky (Journ. f. prakt. Chem. 1900. 61. 98) zwar durch Einwirkung von Essigsäureanhydrid auf einige Fettsäuren Fettsäureanhydride dargestellt hat; hierbei erfolgte jedoch die Reaktion durch Erhitzen im zugeschmolzenen Rohre, also nach einem Verfahren, welches sich mit dem hier beschriebenen nicht vergleichen läßt.

[2]) Journ. Soc. Chem. Ind. 1890. 846.

[3]) Chem. Zeitg. 1893. 17. 673.

schwefelsauren Flüssigkeit verteilten Fettsäuren oder durch zeitweiliges Nachfließenlassen von Wasser in den Destillationskolben bewerkstelligt wird. Das Destillat, welches 500—700 ccm betragen soll, wird abtitriert. Außer dieser Destillationsmethode wendet Lewkowitsch noch die sogenannte Filtrationsmethode zur Bestimmung der Acetylzahl an, wobei die acetylierten Fettsäuren mit einer gemessenen Menge alkoholischer Kalilauge verseift, dann mit der der angewandten Lauge genau entsprechenden Menge titrierter Schwefelsäure versetzt werden. Die unlöslichen Fettsäuren werden ausgewaschen und das Filtrat mit $^1/_{10}$-Normalkalilauge titriert.

Diese Verfahren geben niedrigere Acetylzahlen wie das erst beschriebene; es zeigen sich jedoch sowohl bei Proben verschiedener Acetylierung als auch bei Proben der gleichen Acetylierung, welche vor der Wägung kurze Zeit bei 100° C. getrocknet worden waren, nicht unerhebliche Differenzen (Holde)[1].

Milliau[2] destilliert die Essigsäure ebenfalls im Dampfstrom ab, fängt sie in einer gemessenen Menge titrierter Natronlauge auf und titriert mit Säure zurück.

Nach einem späteren Vorschlage Lewkowitschs[3] soll nicht die „Acetylzahl der Fettsäuren“, sondern die „Acetylzahl des Fettes“ bestimmt werden, weil sich die Acetylzahl der Fettsäuren nur auf die unlöslichen Fettsäuren bezieht. Der Vorgang bei dieser Bestimmung ist der, daß das Fett direkt durch Kochen mit Essigsäureanhydrid acetyliert und in dem Acetylprodukte nach Verseifung und Ansäuern mit Schwefelsäure die abgespaltene Essigsäure durch den Destillations- oder Filtrationsprozeß wie früher bestimmt wird. Hierbei ist die Anzahl der einer etwaigen Reichert-Meißlschen Zahl des untersuchten Fettes entsprechenden Milligramme Kalihydrat für 1 g Fett von der durch Titration gefundenen Acetylzahl abzuziehen. Dieser Vorschlag ist insofern als kein ganz glücklicher zu bezeichnen, als Lewkowitsch selbst anführt,[4] daß eine derartige Acetylzahl die Gegenwart einer ganzen Reihe von Körpern anzeigt und dadurch den Charakter einer Konstanten verliert. Von solchen Körpern wären vor allen anzuführen: Oxyfettsäuren, freie Alkohole, oxydierte Fettsäuren, Mono- und Diglyceride, Glycerin und unbekannte Fettsäuren.

7. Die Jodzahl.

Die Jodzahl gibt an, wieviel Prozente Jod ein Fett aufzunehmen vermag.

Sie bildet demnach ein Maß für den Gehalt eines Fettes an ungesättigten Fettsäuren. Die ungesättigten Fettsäuren können sich sowohl in freiem Zustande als auch in Form ihrer Glyceride mit Halogenen

---

[1] D. Holde. Die Untersuchung d. Mineralöle u. Fette. Berlin 1905. S. 321

[2] Seifens.-Zeitg. 31. 77.

[3] Journ. Soc. Chem. Ind. 1897. 503.

[4] Analyst 1899. 310.

unter Bildung von Additionsprodukten vereinigen, und zwar nehmen je ein Molekül Ölsäure oder ihrer Homologen sowie Ricinusölsäure 2 Atome, die Linolsäure 4 Atome, die Linolensäure 6 Atome, die Säuren $C_nH_{2n-8}O_2$ 8 Atome und die Säuren $C_nH_{2n-10}O_2$ 10 Atome Chlor, Brom oder Jod auf.

Versuche, die Menge Brom zu bestimmen, die ein Fett aufzunehmen vermag, sind zuerst von Cailletet (1857), dann von Allen[1]), ferner von Mills im Vereine mit Snodgrass[2]) und mit Akitt[3]) angestellt worden. Ferner haben sich Levallois[4]), Halphen[5]), Schlagdenhauffen und Braun[6]), Parker C. Mc. Ilhiney[7]) Hehner[8]) und F. Telle[9]) mit dieser Methode beschäftigt.

Die Einwirkung von Brom auf Fette ist sehr stürmisch und von der Entwicklung von Bromwasserstoffsäuredämpfen begleitet; es muß daher durch Verdünnung des Broms sowohl als auch der Fette durch geeignete Lösungsmittel und durch Abkühlung dafür Sorge getragen werden, die Reaktion zu mäßigen.

Mills löst 0·1 g des getrockneten Fettes in 50 ccm Tetrachlorkohlenstoff und läßt eine titrierte Lösung von Brom (enthaltend ca. 0·007 g Brom pro Kubikzentimeter) in Tetrachlorkohlenstoff im Überschusse, d. h. bis zur bleibenden Färbung, hinzufließen. Nach 15 Minuten wird der Überschuß des Broms mit einer Lösung von β-Naphthol in der gleichen Flüssigkeit zurücktitriert, wobei sich Monobromnaphthol bildet. Die aufgenommene Brommenge wird auf Prozente berechnet. Feuchtigkeit ist bei dem Verfahren peinlich auszuschließen, da bei Gegenwart derselben die Bromaufnahme eine höhere ·ist.

Es kann daher von einer Beschreibung der Verfahren von Levallois, Halphen und Telle, welche mit wässerigen Bromlösungen arbeiten, abgesehen werden.

Schlagdenhauffen und Braun lösen ca. 2·5 g Öl in 50 ccm Chloroform, nehmen davon 10 ccm und versetzen partienweise so lange mit einer Auflösung von ca. 1 g Brom in 100 ccm Chloroform, bis der Überschuß des Broms beim Umschütteln nicht mehr verschwindet und die Flüssigkeit gelb gefärbt ist. Nun wird mit 10 ccm einer verdünnten Jodkaliumlösung und mit Stärkekleister versetzt und mit Hyposulfit titriert.

Parker C. Mc. Ilhiney[10]) bestimmt einerseits das addierte, andrerseits das gesamte aufgenommene Brom:

Unter Ausschluß von Wasser und Alkohol werden in einer Stöpsel-

---

[1]) Journ. of the Soc. of Chem. Ind. 1884. 65.
[2]) ibid. 1883. 435.
[3]) ibid. 1884. 366.
[4]) J. Pharm. Chim. 1887. I. 333.
[5]) J. Pharm. Chim. 1889. 20. 247.
[6]) Mon. Scient. 1891. 581.
[7]) Journ. Americ. Chem. Soc. 1894. 16. 261.
[8]) Chem. Zeitg. 1895. 19. 264. — Zeitschr. f. angew. Chem. 1895. 300.
[9]) Chem. Centralbl. 1905. I. 1116.
[10]) Journ. Americ. Chem. Soc. 1899. Nr. 2.

flasche von 500 ccm Inhalt 0·25—1 g Substanz in 10 ccm Tetrachlorkohlenstoff gelöst und mit 20 ccm einer $^1/_8$-Normalbromlösung in Tetrachlorkohlenstoff versetzt. Nach zwei Minuten wird über den Hals der Stöpselflasche ein 3—4 cm langes, schlauchartiges Gummistück gezogen, so daß es mit dem Stopfen einen Behälter bildet, in welchen 10 prozentige Jodkaliumlösung gebracht wird. Die Flasche wird nun gekühlt und durch vorsichtiges Lüften des Stöpsels ca. 20—30 ccm Jodkaliumlösung einsaugen gelassen. Nach tüchtigem Durchschütteln wird bei Gegenwart von Stärke mit $^1/_{10}$-Normalnatriumhyposulfitlösung titriert. Auf diese Weise erfährt man die gesammte aufgenommene Brommenge. Alsdann werden 5 ccm einer 2 prozentigen Kaliumjodatlösung zugefügt, wodurch eine der vorhandenen Bromwasserstoffsäure äquivalente Jodmenge freigemacht wird, welche man gleichfalls mit Hyposulfit abtitriert. Die der Bromwasserstoffsäure entsprechende Brommenge auf Prozente des Fettes gerechnet, ist die Menge des substituierten Broms. Wird die doppelte Menge des substituierten Broms von der gesamten aufgenommenen Brommenge subtrahiert, so ergibt sich in der Differenz die addierte Brommenge. Die zu dem Verfahren verwendete Kaliumjodatlösung muß entweder säurefrei sein, oder ein geringer Säuregehalt derselben muß berücksichtigt werden. Der Titer der $^1/_{10}$-Normalbromlösung wird gleichzeitig mit jedem Versuche oder jeder Versuchsreihe in einer blinden Probe ermittelt.

Die Reaktion des Broms auf Fette scheint momentan vor sich zu gehen, insofern es sich um die durch Addition aufgenommene Brommenge handelt. Die substituierte Brommenge wird jedoch von der Länge der Einwirkung des Broms auf die Fette beeinflußt.

Nach Hehner kann die Menge des absorbierten Broms gewichtsanalytisch auch folgendermaßen bestimmt werden:

In ein gewogenes Fläschchen werden 1—3 g Fett gebracht, und dasselbe in einigen Kubikzentimetern reinem Chloroform gelöst; dann wird tropfenweise Brom im Überschusse zugefügt, auf dem Wasserbade erwärmt und der Bromüberschuß durch nochmaliges Abdunsten mit etwas Chloroform vollständig verjagt. Zuletzt wird im Trockenschrank bei 52^0 C. bis zum konstantem Gewicht getrocknet. Durch Multiplikation der erhaltenen Bromzahlen mit 1·5879 werden die entsprechenden Jodzahlen erhalten, welche von den v. Hüblschen Jodzahlen nur dann Abweichungen zeigen, wenn die untersuchten Öle sauerstoffreich sind (Ricinusöl, älteres Leinöl, belichtet gewesene Öle usw.). Lewkowitsch[1] fand in einigen Fällen sehr bedeutende Differenzen zwischen den nach Hehner berechneten Jodzahlen und den v. Hüblschen.

Die Methode v. Hübls[2], nach welcher die durch die Fette zum Verschwinden gebrachte Menge freien Jods gemessen wird, gibt weit konstantere und zuverlässigere Resultate als die beschriebenen Methoden zur Bestimmung der Bromzahl.

Jod wirkt bei gewöhnlicher Temperatur nur sehr träge auf Fette

---

[1] Journ. Soc. Chem. Ind. 1896. 859.
[2] Dinglers Polyt. Journ. 253. 281.

ein, in der Wärme ist es aber in seinen Wirkungen sehr ungleichmäßig und gibt keine glatten Reaktionen. Dagegen reagiert eine alkoholische Jodlösung bei Gegenwart von Quecksilberchlorid schon bei gewöhnlicher Temperatur mit den ungesättigten Fettsäuren und deren Glyceriden quantitativ.

Zur Durchführung der v. Hüblschen Methode sind erforderlich:

1. Jodlösung. Es werden einerseits 25 g Jod, andrerseits 30 g Quecksilberchlorid in je 500 ccm 95 prozentigen, fuselfreien Alkohols gelöst, letztere Lösung, wenn nötig, filtriert, und sodann beide Lösungen vereinigt. Die Flüssigkeit darf erst nach 24 stündigem Stehen in Gebrauch genommen werden, da sich der Titer anfangs infolge Bildung von Jodwasserstoffsäure rasch ändert. Aber auch später nimmt die Stärke der Jodlösung allmählich etwas ab, so daß der Titer vor jeder neuen Versuchsreihe neu gestellt werden muß.

Am besten wird zur Bereitung der Jodlösung aldehydfreier Alkohol verwendet, der nach einer der auf S. 28 u. 29 angegebenen Methoden hergestellt wird. Je reiner der Alkohol ist, desto weniger rasch geht der Titer der damit bereiteten Jodlösung zurück.

Nach der Anweisung zur chemischen Untersuchung von Fetten und Käsen für das Deutsche Reich sollen die beiden Lösungen getrennt aufbewahrt und mindestens 48 Stunden vor dem Gebrauche gemischt werden.

2. Natriumhyposulfitlösung. Sie enthält im Liter ca. 24 g des Salzes. Ihr Titer wird in folgender Weise auf Jod gestellt: Man wägt ein kleines Röhrchen samt einer aus einem etwas weiteren Röhrchen bestehenden darübergeschobenen Glaskappe, nachdem man beide durch Erwärmen und darauffolgendes Erkaltenlassen im Exsikkator getrocknet hat, bringt ca. 0·2 g durch Sublimation gereinigtes Jod in das innere Röhrchen und erhitzt auf dem Sandbade, bis das Jod schmilzt. Dann schiebt man das äußere Röhrchen darüber, läßt im Exsikkator erkalten und wägt. Nun hebt man die Kappe ab und bringt beide Röhrchen in eine Stöpselflasche, welche 1 g Jodkalium in 100 ccm Wasser gelöst enthält. Sobald sich das Jod gelöst hat, läßt man so viel von der Hyposulfitlösung, deren Titer man bestimmen will, aus einer Bürette zufließen, bis die Flüssigkeit nur noch schwach gelb gefärbt erscheint, setzt etwas Stärkelösung hinzu und läßt unter jeweiligem kräftigem Umschütteln noch so viel Hyposulfitlösung vorsichtig zufließen, bis der letzte Tropfen die Blaufärbung der Flüssigkeit eben zum Verschwinden bringt.

Eine andere sehr bequeme Methode zur Titerstellung des Hyposulfits ist die Volhardsche:

Man löst eine beliebige Menge genau gewogenen reinen Kaliumbichromates, im vorliegenden Falle zweckmäßig 3·8657 g, zu 1 l Lösung auf und läßt davon 20 ccm in eine Stöpselflasche fließen, in welche man vorher 15 ccm 10 prozentiger Jodkaliumlösung (aus jodatfreiem Jodkalium hergestellt) und 5 ccm Salzsäure[1]) gebracht hat. Jeder Kubikzentimeter

<hr>

[1]) Da sich konzentrierte Salzsäure nach E. Murman (Österr. Chem. Zeitg. 1904. VII. 272) im zerstreuten Tageslichte zersetzt und das dabei ge-

der Bichromatlösung von der oben angegebenen Verdünnung macht genau 0·01 g Jod frei,[1]) so daß 20 ccm 0·2 g Jod ausscheiden, welche dann wie oben titriert werden. Dieses Verfahren hat den Vorteil, daß man die umständliche Reindarstellung, das jedesmalige Trocknen und Wägen des Jods erspart, indem sich die Bichromatlösung beliebig lange unverändert aufbewahren läßt und so stets zur Kontrolle des Titers der Hyposulfitlösung vorrätig ist.

3. Chloroform. Auf die Reinheit desselben ist besondere Rücksicht zu nehmen; es hat sich ergeben, daß nur bei Anwendung von aus Chloralhydrat bereitetem Chloroform zum Auflösen der Fette einwandfreie Zahlen erhalten werden; auf andere Art hergestelltes Chloroform verursacht oft große Differenzen in den Jodzahlen. Die Prüfung des Chloroforms erfolgt in der Art, daß man etwa 10 ccm desselben mit 10 ccm Jodlösung versetzt und nach etwa 2—3 Stunden die Jodmenge sowohl in dieser Mischung als auch in 10 ccm der Vorratslösung maßanalytisch bestimmt. Werden übereinstimmende Zahlen erhalten, so ist das Chloroform brauchbar.[2])

4. Jodkaliumlösung. Dieselbe enthält 1 Teil Jodkalium in 10 Teilen Wasser. Das Jodkalium darf kein jodsaures Kalium enthalten.

5. Stärkelösung. An Stelle dieser kann frisch bereiteter, dünner Stärkekleister verwendet werden, welcher keine größeren Klümpchen verkleisterter Stärke enthalten darf. Zweckmäßiger ist es, sich eine sehr haltbare Jodzinkstärkelösung nach der folgenden Vorschrift herzustellen:

5 g Stärkemehl werden mit 20 g Chlorzink und mit 100 g destilliertem Wasser unter Ergänzung des verdampfenden Wassers mehrere Stunden, oder überhaupt so lange gekocht, bis die Häutchen des Amylums fast völlig gelöst sind, dann werden 2 g trockenes Jodzink zugesetzt. auf 1 l verdünnt und filtriert. Die Filtration geht langsam vonstatten, man erhält jedoch eine klare Flüssigkeit, die nach mehreren Monaten wohl einige Flocken absetzt, aber — in wohlverschlossener Flasche im Dunkeln aufbewahrt — farblos bleibt. Außerdem kann auch wasserlösliche Stärke, in destilliertem Wasser gelöst, verwendet werden.

Die Bestimmung der Jodzahl erfolgt nach folgender Vorschrift[3]): Man bringt von trocknenden Ölen oder Tranen mit hoher Jodzahl 0·1—0·12, von nicht trocknenden 0·2—0·3,[4]) von festen Fetten ca. 0.5 g,

---

bildete Chlor Unregelmäßigkeiten bei der Titerstellung hervorbringen kann, ist die Salzsäure im Dunkeln aufzubewahren.

[1]) Die Umsetzung erfolgt nach der Gleichung

$$K_2Cr_2O_7 + 6KJ + 14HCl = 3J_2 + 8KCl + 7H_2O.$$

[2]) Statt des Chloroforms darf nicht Äther verwendet werden, da derselbe häufig Wasserstoffsuperoxyd enthält und Jod ausscheidet. (Brunner, Chem. Zeitg. Rep. 1889. 13. 46.)

[3]) J. F. Wolfbauer, Österr.-ung. Zeitschr. f. Zuckerindustrie und Landwirtschaft, u. F. Ulzer, Chem. Rev. üb. d. Fett- u. Harzindustrie 1897.

[4]) Bei schwach trocknenden Ölen ist eine Substanzmenge einzuwägen, welche zwischen der für trocknende und der für nicht trocknende Öle angegebenen Menge liegt, und stets zu beachten, daß die rücktitrierte Jodmenge mindestens gleich der aufgenommenen ist.

von Cocosöl und Palmkernöl 1 g in eine 5—800 ccm fassende trockene, mit gut eingeriebenem Glasstopfen versehene Flasche, löst in ca. 15 ccm Chloroform und läßt mittels der in die Vorratflasche eingesetzten Pipette 25 ccm Jodlösung zufließen, wobei man die Pipette bei jedem Versuche in genau gleicher Weise entleert, d. h. stets dieselbe Tropfenzahl nachfließen läßt. Zieht man es vor, größere, z. B. die doppelten Fettmengen abzuwägen, so läßt man 50 ccm Jodlösung zufließen. Sollte die Flüssigkeit nach dem Umschwenken nicht völlig klar sein, so wird noch etwas Chloroform hinzugefügt. Tritt binnen kurzer Zeit fast vollständige Entfärbung der Flüssigkeit ein, so muß man noch 25 ccm der Jodlösung zufließen lassen. Die Flüssigkeit muß nach 2 Stunden jedenfalls noch stark braun gefärbt erscheinen. Nach dieser Zeit ist die Reaktion vollendet, doch läßt man vorsichtshalber noch 4 Stunden stehen, versetzt mit 20 ccm Jodkaliumlösung (1:10), schwenkt um und fügt 150 ccm Wasser hinzu. Scheidet sich dabei ein roter Niederschlag von Quecksilberjodid aus, so war die zugesetzte Jodkaliummenge ungenügend. Doch kann man diesen Fehler durch nachträglichen Zusatz von Jodkalium korrigieren. Man läßt nun unter oftmaligem Umschwenken so lange Hyposulfitlösung zufließen, bis die wässerige Flüssigkeit und die Chloroformschichte nur mehr schwach gefärbt erscheinen. Nun wird etwas Stärke- oder Jodzinkstärkelösung zugesetzt und zu Ende titriert. Unmittelbar vor oder nach der Operation wird der Titer der Jodlösung mit 25 ccm derselben, welche man ebenfalls 6 Stunden mit 15 ccm Chloroform hat stehen lassen, in der eben angegebenen Weise mit der Hyposulfitlösung bestimmt. Bei einer größeren Anzahl auszuführender Jodzahlbestimmungen, deren Titration möglicherweise vielleicht einige Stunden Zeit beansprucht, empfiehlt es sich, mindestens zwei Titerbestimmungen vorzunehmen, und zwar die eine vor Beginn des Zurücktitrierens der einzelnen Proben mit den Fetten, die zweite am Ende dieser Titrationen. Hierdurch erfährt man, ob innerhalb des Zeitverlaufes des ganzen Titrierens ein Zurückgehen des Titers stattgefunden hat und eventuell in welchem Grade. Diese Abnahme des Titers kann bei der Berechnung der Resultate mit berücksichtigt werden. Die Jodlösung soll nur so lange benutzt werden, als 25 ccm derselben noch mindestens 35 ccm der $^1/_{10}$-Normalhyposulfitlösung beanspruchen. Es empfiehlt sich ferner noch, die Versuche bis zum Zurücktitrieren vor Licht geschützt stehen zu lassen. Die absorbierte Jodmenge wird in Prozenten der angewendeten Fettmenge angegeben und als Jodzahl bezeichnet.

Die Zahlen sind ganz konstant, wenn die Jodlösung in genügendem Überschusse vorhanden war, der Überschuß soll nach Ulzer bei sechsstündiger Einwirkung mindestens 50 $^0/_0$ der angewandten Jodmenge betragen. Fahrion[1]) benutzte einen Jodüberschuß von 100 $^0/_0$, bezogen auf die absorbierte Jodmenge (d. i. gleichfalls 50 $^0/_0$ der angewandten Jodmenge) bei nur zweistündiger Einwirkungsdauer, und Holde[2]) emp-

---

[1]) Chem. Zeitg. 1892. 16. 862 u. 1472. — [2]) Zeitschr. f. angew. Chem. 1896. 29.

fiehlt bei der gleichen Dauer der Einwirkung die Verwendung eines Jodüberschusses von $75\,^0/_0$ Jod.

Wird absoluter Alkohol zur Bereitung der Jodlösung verwendet, so erhält man mit einer solchen richtige, gut übereinstimmende Jodzahlen, und zwar auch dann noch, wenn der Titer der Jodlösung bis auf die Hälfte heruntergegangen ist, was in ungefähr 40 Tagen der Fall ist.

Das Resultat ist unabhängig von einem Überschusse von Quecksilberchlorid, es muß jedoch auf mindestens 2 Atome Jod ein Molekül Quecksilberchlorid vorhanden sein. Was die Zeitdauer der Einwirkung anbelangt, so ist zu bemerken, daß bei hinreichendem Jodüberschuß nach zweistündiger und sechsstündiger Einwirkung gleiche Resultate erhalten werden. Allzu lange Einwirkung der Jodlösung ist nicht ohne Einfluß auf die Jodzahl. Es empfiehlt sich darum, die sechsstündige Einwirkungsdauer möglichst einzuhalten. Schweitzer und Lungwitz haben vorgeschlagen, um die Einwirkungsdauer abzukürzen, die Flüssigkeit 25 Minuten lang in der verschlossenen Flasche einer Temperatur von $45\,^0$ C. auszusetzen, welcher Vorgang jedoch nicht empfohlen werden kann. K. Farnsteiner[1]) hat versucht, das Chloroform bei der v. Hüblschen Jodzahlbestimmung durch Benzol zu ersetzen; käufliches, gewöhnliches Benzol soll etwas Jod aufnehmen, während reines, thiophenfreies Benzol ganz indifferent gegen die Jodlösung sein soll. Es liegt jedenfalls auch kein Grund vor, von der Lösung der Fette in Chloroform, welche sich sehr gut bewährt hat, abzugehen.

L. Teyché[2]) hält mit Recht den Zusatz von Wasser zur Versuchslösung vor dem Austritrieren nicht für einwandfrei, da dadurch verschiedene Umsetzungen des Jodkaliums mit dem Quecksilberchlorid begünstigt werden sollen, welche die Reaktion stören und unter Umständen die Bestimmuug des Jods unmöglich machen können.

Von weiteren Vorschlägen zur Abänderung des v. Hüblschen Verfahrens seien folgende erwähnt:

Saytzeff benutzt anstatt des Quecksilberchlorids Quecksilberbromid. Welmans[3]) empfiehlt die Verwendung einer Mischung von Essigäther oder Äthyläther mit dem gleichen Volumen Essigsäure als Lösungsmittel. Eine Lösung von Jod und Quecksilberchlorid (je 30 g) in 500 g Eisessig, welche mit Essigäther zu 1 l aufgefüllt wurden, zeigte nach Welmans[4]) nach $^3/_4$ Jahren einen Jodverlust von $10\,^0/_0$, eine Äthereisessiglösung einen solchen von $12\cdot8\,^0/_0$ und die später zu beschreibende Wallersche Lösung einen solchen von $22\cdot0\,^0/_0$. Fahrion[5]) schlägt eine getrennte Aufbewahrung der alkoholischen Jodlösung und der alkoholischen Quecksilberchloridlösung und die Anwendung von Methylalkohol anstatt des Äthylalkohols vor. Die Abnahme des Titers

[1]) Zeitschr. f. Unters. d. Nahrungs- u. Genußm. 1898. 729.
[2]) Journ. Pharm. Chim. 1903. (6). 17. 371.
[3]) Pharm. Zeitg. 1893. 38. 222. dch. Chem. Zeitg. Rep. 1893. 17. 111.
[4]) Zeitschr. f. öffentl. Chem. 1900. 6. 88.
[5]) Chem. Zeitg. 1892. 16. 862, 1472; 1893. 17. 1100.

der Jodlösung ist nach Fahrion[1]) eine langsamere bei getrennter Aufbewahrung der beiden Flüssigkeiten. Nach A. H. Gill und W. O. Adams[2]) soll zur Herstellung der Jodlösung anstatt Quecksilberchlorid Quecksilberjodid und an Stelle des Äthylalkohols Methylalkohol Verwendung finden (30 g Quecksilberjodid und 25 g sublimiertes Jod auf 1 l Methylalkohol). M. Kitt[3]) stellt eine haltbare, alkoholische Jodquecksilberchloridlösung in der Weise her, daß er die v. Hüblsche Lösung am Rückflußkühler kocht. Nach fünfstündigem Kochen bleibt der Titer konstant, er nimmt jedoch durch das Kochen um 63·85 $^o/_0$ (!) ab.

Waller[4]) hat die Beobachtung gemacht, daß die v. Hüblsche Jodlösung viel haltbarer ist, wenn zur Herstellung derselben möglichst wasserfreier Alkohol verwendet wird. Er empfiehlt ferner, den möglichst hochprozentigen Alkohol, welcher zur Herstellung der Jodlösung benutzt wird, mit Chlorwasserstoffgas zu sättigen. Eine solche Jodlösung erleidet nur verhältnismäßig geringe Veränderungen in ihrer Stärke. Anstatt die von Hüblsche Jodquecksilberchloridlösung mit Chlorwasserstoffgas zu sättigen, kann der Lösung auch konzentrierte Salzsäure zugesetzt werden. Hierzu werden einerseits 25 g Jod in 250 ccm starkem Alkohol, andrerseits 25 g Quecksilberchlorid in 200 ccm desselben Alkohols gelöst, zu letzterer Lösung 25 g einer Salzsäure vom spez. Gew. 1·19 zugefügt, beide Lösungen vermischt und mit Alkohol auf 500 ccm aufgefüllt. Diese Lösung ist doppelt so stark als die v. Hüblsche, es wird dementsprechend auch die abzuwägende Menge der einzelnen Fette zweckmäßig in diesem Verhältnisse erhöht werden. Die Verwendung der Wallerschen Jodlösung hat ihrer Haltbarkeit wegen vielfach Anklang gefunden. K. Dieterich[5]), R. Pelgry[6]), Henriques[7]) u. a. treten für dieselbe ein. Die mit Hilfe der Wallerschen Lösung erhaltenen Resultate wurden im allgemeinen, insbesondere aber bei trocknenden Ölen und viel Jod addierenden Tranen, etwas niedriger als mit der v. Hüblschen Lösung gefunden. Wichtig ist es bei Parallelversuchen mit der v. Hüblschen Lösung, auf den richtigen, gleichen Jodüberschuß und die gleiche Einwirkungsdauer zu achten, die Flaschen bis zur Titration im Dunkeln stehen zu lassen und die nach der Titration wieder eintretende, von der Zersetzung der Jodwasserstoffsäure herrührende Bläuung der einmal abtitrierten Lösung nicht mehr zu berücksichtigen.

Bevor die übrigen Vorschläge zur Ermittelung der Jodzahl beschrieben werden, seien die Arbeiten besprochen, welche sich mit der Aufklärung der bei dem v. Hüblschen Verfahren vor sich gehenden Reaktionen beschäftigen. v. Hübl nahm die Entstehung von Chlor-

---

[1]) Chem. Zeitg. 1891. 15. 1791.
[2]) Journ. Amer. Chem. Soc. 1900. 22. 12.
[3]) Chem. Zeitg. 1901. 25. 540.
[4]) Chem. Zeitg. 1895. 19. 1786.
[5]) Chem. Rev. üb. d. Fett- u. Harz-Ind. 1897. 4. 94.
[6]) ibid. 1897. 4. 78.
[7]) Nach privater Mitteilung.

jodadditionsprodukten an, während es Liebermann[1]) für möglich hielt, daß Chlor allein aufgenommen wird.

Nach Schweitzer und Lungwitz[2]) tritt bei der Bestimmung der Jodzahl immer neben der Jodaddition auch eine Substitution ein. Schweitzer und Lungwitz bedienen sich zur Bestimmung der zur Substitution verbrauchten Jodmenge einer Lösung von 100 g Jodkalium und 25·8 g Kaliumjodat in einem Liter Wasser. Der Lösung wird erst, falls sie alkalische Reaktion zeigen sollte, eine kleine Menge Salzsäure und dann so viel Natriumhyposulfit zugefügt, daß das ausgeschiedene Jod zum Verschwinden gebracht wird. Mit Mineralsäuren reagiert eine solche Lösung nach der Gleichung:

$$5\,KJ + KJO_3 + 6\,HCl = 6\,J + 6\,KCl + 3\,H_2O,$$

es wird sohin die der Säuremenge entsprechende Jodmenge abgeschieden.

Mit Hilfe dieser Lösung wird vorerst die in der v. Hüblschen Lösung vorhandene freie Säure in der Weise ermittelt, daß in letzterer Lösung das Jod mit Hilfe von Natriumhyposulfit abtitriert, alsdann 5 ccm der Jodidjodatlösung zugefügt, und das ausgeschiedene Jod durch neuerliche Titration mit Natriumhyposulfitlösung bestimmt wird. In der gleichen Weise wird hierauf die Bestimmung der freien Säure nach erfolgter Jodaufnahme vorgenommen und derart entsprechend der Gleichung:

$$6\,HJ + KJO_3 = 6\,J + 3\,H_2O + KJ$$

die Menge des substituierten Jodes berechnet. Die gefundene Menge des addierten Jodes in Prozenten des Fettes ausgedrückt, wird von Schweitzer und Lungwitz als die „genaue" Jodzahl bezeichnet. Die „genauen" Jodzahlen fielen nun beim Arbeiten in äthylalkoholischer Lösung beträchtlich höher aus als in methylalkoholischer Lösung, während die Gesamtjodaufnahmen ziemlich gleich gefunden wurden, ein Umstand, welcher es nicht rätlich erscheinen läßt, von dem Verfahren der Bestimmung des gesamten aufgenommenen Jodes abzugehen.

Waller[3]) kommt auf Grund einer auf eine Anzahl von Versuchen basierten Betrachtung gleichfalls zu einer „genauen" Jodzahl. Er nimmt an, daß die v. Hüblsche Jodzahl eigentlich nicht allein aufgenommenes Jod und Chlor, sondern auch aufgenommenen Sauerstoff anzeigt. Der letztere soll durch die Einwirkung von Chlor, welches aus Quecksilberchlorid und Jod entstehen soll, auf das Wasser des Alkohols neben freier Salzsäure gebildet werden. Die Berechnung der „genauen" Jodzahl erfolgt nun in der Weise, daß die der Salzsäure entsprechende Jodmenge von der gesamten aufgenommenen Jodmenge subtrahiert wird. Die „genaue" Jodzahl einer Ölsäure mit der v. Hüblschen Zahl 93 gibt Waller mit 84 an, während Schweitzer und Lungwitz dieselbe für chemisch reine Ölsäure über 93 liegend fanden. Auch Wallers „genaue" Jodzahl besitzt bis heute keine praktische Bedeutung.

---

[1]) Ber. d. deutsch. chem. Ges. 1891. 24. 4117.
[2]) Zeitschr. f. angew. Chem. 1895. 245.
[3]) Chem. Zeitg. 1895. 10. 1787, 1831.

Die Verwendung von alkoholischer Jodmonochloridlösung (16·25 g per Liter) zur Jodzahlbestimmung wurde erst von J. Ephraim[1]) vorgeschlagen. Nach ihm ist das in der v. Hüblschen Jodlösung durch Einwirkung von Jod auf Quecksilberchlorid unter gleichzeitiger Bildung einer Chlorjodverbindung (Hg Cl J) entstehende Jodmonochlorid der wirksame Bestandteil dieser Lösung und bietet die direkte Benutzung einer Lösung von Chlorjod vor der nach v. Hübl hergestellten Lösung einige Vorteile, wie z. B. derjenigen der leichteren Herstellbarkeit, der sofortigen Verwendbarkeit nach der Bereitung und der beliebigen Abänderung der Konzentration der Lösung, da Chlorjod in jedem Verhältnisse mit Alkohol mischbar ist, und denjenigen der Billigkeit. Die von Ephraim veröffentlichten, mit Hilfe von Chlorjod bestimmten Jodzahlen zeigen mit den mit v. Hüblscher Lösung ermittelten Zahlen gute Übereinstimmung. Die geringe Haltbarkeit teilt die Jodmonochloridlösung Ephraims mit der v. Hüblschen Jodlösung; aus diesem Grunde und in Berücksichtigung der Tatsache, daß das Jodmonochlorid des Handels selten rein ist, wird es sich nicht empfehlen, die Ephraimsche Chlorjodlösung an Stelle der v. Hüblschen zu verwenden.

Eine Chlorjodlösung in Eisessig wird von J. J. A. Wijs[2]) zur Jodzahlbestimmung empfohlen. Zur Herstellung der Lösung wurden erst 13 g Jod in 1 l Eisessig gelöst und dann so lange Chlor eingeleitet, bis sich der Titer der Lösung verdoppelt hat. Die gleiche Lösung wird auch erhalten, wenn käufliches Jodtrichlorid nebst der fehlenden Jodmenge (2 Atome Jod) in Eisessig gelöst werden.

Wijs, dessen verdienstvolle Arbeiten sehr wertvoll zur Erklärung des v. Hüblschen Prozesses sind, kommt zu dem Schlusse, daß nach der Reaktion

$$HgCl_2 + 4\,J = HgJ_2 + 2\,JCl \;.\;.\;.\; I, \text{ die Reaktion}$$
$$JCl + H_2O = HCl + HJO \;.\;.\;.\; II$$

in der v. Hüblschen Lösung vor sich geht. Die Wirksamkeit der Salzsäure in der Wallerschen Lösung sieht Wijs darin, daß diese Säure die Zersetzung des Chlorjodes nach der Gleichung II fast gänzlich aufhebt. Das Abnehmen des Titers der v. Hüblschen Lösung erklärt Wijs durch die Einwirkung der unterjodigen Säure auf Alkohol nach der Gleichung:

$$2\,HJO + C_2H_6O = 2\,J + 2\,H_2O + C_2H_4O\,.$$

Betreffs der Bildung der freien Säure beim Jodaufnahmsprozeß, welche von Schweitzer und Lungwitz für Jodwasserstoffsäure gehalten wird, die durch die Jodsubstitution ensteht, und von Waller als Chlorwasserstoffsäure bezeichnet wird, welche durch Einwirkung von naszierendem Chlor auf das Wasser des Alkohols entsteht, versucht Wijs zu beweisen, daß dieselbe dadurch entsteht, daß aus den gebil-

---

[1]) Zeitschr. f. angew. Chem. 1895. 254.
[2]) Zeitschr. f. angew. Chem. 1898. 291. — Ber. d. deutsch. chem. Ges. 1898. 31. 750. — Zeitschr. f. analyt. Chem. 1898. 277. — Chem. Rev. üb. d. Fett- u. Harz-Ind. 1898. 5. 137; 1899. 6. 5.

deten Chlorjodadditionsprodukten der Fette unter Wiederherstellung der Doppelbindung sehr leicht Chlorwasserstoff abgespalten wird. Zu dieser Ansicht gelangte Wijs, weil

1. sich um so weniger Säure bildet, je saurer die Lösung ist, eine Tatsache, die sich kaum erklären ließe, wenn eine Substitution vor sich ginge,

2. die gebildete Säuremenge bei einem Fette annähernd proportional der aufgenommenen Chlorjodmenge, aber unabhängig von dem vorhandenen Halogenüberschuß ist,

3. bei verschiedenen Fetten das Verhältnis zwischen der aufgenommenen Halogenmenge und der abgespaltenen Säuremenge ein annähernd konstantes ist und

4. die Menge der gebildeten Säure um so mehr steigt, je aufnahmsfähiger die Flüssigkeit, in welcher die Reaktion vor sich geht, für Salzsäure ist. (Ein Zusatz von Wasser zur v. Hüblschen Lösung ließ nämlich das Verhältnis der gebildeten Säuremenge zur aufgenommenen Halogenmenge steigen, ein Zusatz von Chloroform ließ es fallen.)

Der Einfluß, welchen die Einwirkungsdauer auf die Jodaufnahme von Erdnußöl und Leinöl aus einer 16 Stunden alten v. Hüblschen Lösung, welche mit der Hälfte ihres Volumens Chloroform gemischt war, ausübt, ergibt sich aus der folgenden Tabelle (I). Bemerkt sei noch, daß einerseits 1·0495 g Erdnußöl, andererseits 0·4106 g Leinöl in je 225 ccm der obengenannten Lösung gelöst wurden, und daß die Einwirkung bei einer Temperatur von 20°—21° C. erfolgte.

Tabelle I.

Zeit nach der Ölzugabe	ccm $^1/_{10}$-Normalhyposulfitlösung beim blinden Versuch	Erdnußöl		Leinöl	
		ccm $^1/_{10}$-Normalhyposulfitlösung verbraucht bei der Mischung mit Öl	Geschwindigkeit, ausgedrückt in ccm Hyposulfitlösung pro Stunde	ccm $^1/_{10}$-Normalhyposulfitlösung verbraucht bei der Mischung mit Öl	Geschwindigkeit, ausgedrückt in ccm Hyposulfitlösung pro Stunde
0 Minuten	31·59	—	} 453·0	—	} 295·8
1 „	—	24·04	} 1·50	26·66	} 2·70
15 „	—	23·69	} 0·029	26·03	} 0·38
2 Stunden	—	23·64	} 0·022	25·36	} 0·028
7 „	31·33	23·53	} 0·0106	25·22	} 0·0118
24 „	30·87	23·35	} 0·0112	25·02	} 0·0157
48 „	30·31	23·08	} 0·0125	24·64	} 0·0167
72 „	29·78	22·78		24·24	

Wie aus der vorstehenden Tabelle zu ersehen ist, ist die Geschwindigkeit der Abnahme an titrierbarem Jod (Jod + Chlorjod + unterjodige Säure) im ersten Moment sehr groß, während sich später wieder eine langsame, regelmäßige Zunahme zeigt. Die Jodzahlen nach 2-, 7- und 24 stündiger Einwirkung sind in der Tabelle II zusammengestellt.

Tabelle II.

Zeit der Einwirkuug	Erdnußöl		Leinöl	
	Blinder Versuch		Blinder Versuch	
	vor Anfang	nach Ablauf	vor Anfang	nach Ablauf
2 Stunden	87·02	—	173·74	—
7 „	88·23	85·38	177·65	170·39
24 „	90·21	82·32	181·89	163·16

Aus dieser Tabelle ergibt sich, daß außer der Einwirkungsdauer noch von großem Einfluß ist, ob der blinde Versuch vor oder nach Ablauf des Jodaufnahmsprozesses ausgeführt wurde. Der Titerrückgang, dessen Ursache, wie schon früher erwähnt, in der Oxydation des Alkohols durch die unterjodige Säure zu suchen ist, hängt in erster Linie von der Konzentration dieser Säure ab, welche einerseits durch die Anlagerung an das Fett verringert, andrerseits aber durch neu gebildete Säure ersetzt wird, indem sich das Gleichgewicht

$$JCl + H_2O \rightleftharpoons HJO + HCl$$

herstellt. Noch mehr jedoch wird sie herabgedrückt durch die Säureabspaltung aus dem Additionsprodukte. Bei einer frischen Lösung ist die Salzsäureabspaltung groß gegenüber dem ursprünglichen Säuregehalte der Lösung, es wird also die Konzentration der unterjodigen Säure auf einen Bruchteil ihres ursprünglichen Wertes herabgedrückt. Bedenkt man nun, daß die Addition und Säureabspaltung zumeist im ersten Moment der Einwirkung stattfindet, so ist es sicher, daß man der Wahrheit näher kommt, wenn man den blinden Versuch vor Beginn des Jodaufnahmsprozesses der Berechnung zugrunde legt. Das Treffen der Wahl betreffs der Einwirkungszeit ist immer willkürlich. Am besten wird die Einwirkung dann beendet, wenn die Aufnahmsgeschwindigkeit die kleinste ist, d. i. nach 7 Stunden. Nach dieser Betrachtung wird auch Holdes Mitteilung, daß manchmal bei längerer Einwirkung kleinere Jodzahlen erhalten werden, erklärlich, denn wenn auch nach längerer Zeit mehr Jod aufgenommen sein muß, so ist doch immer der Berechnung die gleichzeitige Titration des blinden Versuches zugrunde gelegt, bei welchem die Zersetzung der Lösung eine bedeutend stärkere ist, als bei dem andern Versuche.

Wenn man mit Wallerscher Lösung arbeitet, so ist zu bedenken, daß bei der stark sauren Lösung eine Säureabspaltung aus dem Additionsprodukte nicht oder nur in verschwindend geringer Menge stattfindet. Aus diesem Grunde verändert sich auch die Konzentration der unterjodigen Säure nur äußerst wenig; daher hält es Wijs in diesem Falle für richtiger, den Wert des blinden Versuches erst nach Ablauf des andern Versuches zu bestimmen. Die Differenz ist übrigens hier eine sehr geringe. Mit Wallerscher Lösung erhielt Wijs meist ein wenig niedrigere Zahlen als mit v. Hüblscher.

Zur Ausführung der analogen Versuche mit Chlorjodlösung wurde nach dem Vorschlage von Henriques Jodtrichlorid und Jod in Eisessig (99 prozentig) in der früher vorgeschriebenen Menge gelöst. Eine

Lösung vom Titer 50·65 ccm $^1/_{10}$-Normalhyposulfitlösung für 25 ccm der Jodchloridlösung war nach 3 Monaten nur wenig verändert — sie benötigte 50·22 ccm Hyposulfitlösung. Der zur Herstellung der Lösung verwendete Eisessig wurde mit Kaliumbichromat und etwas Schwefelsäure geprüft; er durfte keine Grünfärbung geben. Das Chloroform wurde durch Tetrachlorkohlenstoff ersetzt, weil Chloroform gewöhnlich eine kleine Menge Alkohol enthält, welcher auf die in der Lösung gebildete unterjodige Säure reduzierend wirkt. Zu den Versuchen wurden einerseits 0·964 g Erdnußöl in 175 ccm einer Mischung von 7 Volumteilen der Chlorjodlösung mit 3 Volumteilen Tetrachlor-Kohlenstoff gebracht (es kamen sohin auf 25 ccm 0·1369 g des Öles), andrerseits wurden 0·5198 g Leinöl für 175 ccm der gleichen Mischung abgewogen (so daß 0.07403 g auf 25 ccm kamen). Die Temperatur der Einwirkung war wieder 20⁰—21⁰ C. Das Ende der Reaktion konnte, wie aus der folgenden Tabelle III ersichtlich ist, bei Erdnußöl nach 15 Minuten, bei Leinöl nach einer Stunde angenommen werden.

Tabelle III.

Zeit nach der Ölzugabe	Erdnußöl			Leinöl		
	ccm $^1/_{10}$-Normal-Hyposulfitlösung beim blinden Versuch	ccm $^1/_{10}$-Normal-Hyposulfitlösung bei der Mischung mit Öl	Geschwindigkeit in ccm Hyposulfitlösung pro Stunde	ccm $^1/_{10}$-Normal-Hyposulfitlösung beim blinden Versuch	ccm $^1/_{10}$-Normal-Hyposulfitlösung bei der Mischung mit Öl	Geschwindigkeit in ccm $^1/_{10}$-Normal-Hyposulfitlösung pro Stunde
0 Minuten	36·25 ccm	—	} 562·2	37·84 ccm	—	} 612·6
1 „	—	26·88	} 1·05	—	27·69	} 2·25
5 „	—	26·81	} 0·24	—	27·54	} 0·12
15 „	—	26·77	} 0·00	—	27·52	} 0·02
1 Stunde	—	26·77	} 0·00	—	27·50	} 0·00
2 Stunden	—	26·77	} 0·005	—	27·50	} 0·01
6 „	36·25 ccm	26·75		37·84 ccm	27·47	

Die Jodzahl wurde daher bei diesen Versuchen zu 87·93 für das Erdnußöl und zu 177·37 für das Leinöl gefunden.

Die folgende Tabelle (IV) gibt die nach einer Minute absorbierte Jodmenge, berechnet auf Prozente der Jodzahl bei den drei Methoden:

Tabelle IV.

Verwendete Lösung	Erdnußöl		Leinöl	
	Absorbierte Jodmenge nach 1 Minute	Diese Jodmenge in Prozenten der wirkl. Jodzahl	Absorbierte Jodmenge nach 1 Minute	Diese Jodmenge in Prozenten der wirkl. Jodzahl
Jodchlorid in Eisessig .	86·91	98·9	174·07	98·1
v. Hüblsche Lösung nach 16 Stunden . .	82.54	93·9	152·46	85·9
v. Hüblsche Lösung nach 5 Tagen	—	—	128·90	72·1
Wallersche Lösung . .	73·52	83·6	102·64	57·8

Aus dieser Tabelle ist der große Einfluß der verschiedenen Konzentration der unterjodigen Säure bei den drei verschiedenen Lösungen und der große Unterschied zwischen den beiden Ölen ersichtlich. Die Halogenaddition geht beim Leinöl langsamer vor sich, der Einfluß einer geringeren Konzentration der unterjodigen Säure äußert sich jedoch stärker.

Nach den verschiedenen Methoden und Vorschriften fand Wijs die folgenden Vergleichswerte für Jodzahlen:

Tabelle V.

Verwendete Lösung	Erdnußöl			Leinöl		
	Minimum	Maximum	Wahrscheinlichkeitszahl	Minimum	Maximum	Wahrscheinlichkeitszahl
v. Hüblsche Lösung, 16 Stunden alt . . .	82·32	90·21	88·23	163·16	181·89	177·65
v. Hüblsche Lösung, 5 Tage alt	—	—	—	163·82	177·60	177·60
Wallersche Lösung. .	86·85	86·98	86·85	170·11	171·45	170·37
Jodchlorid-Eisessig . . .	—	—	87·93	—	—	177·37

Die mit der Wallerschen Lösung erhaltenen Werte variieren, wie sich in der Tabelle zeigt, nur sehr wenig, sie fallen aber besonders bei stark Jod addierenden Fetten auch nach Wijs um einige Einheiten niedriger aus.

Die bedeutenden Differenzen in den Maximalzahlen bei den beiden v. Hüblschen Lösungen zeigen, wie sehr bei dieser Lösung das Resultat durch das Alter der Lösung, resp. die Konzentration der unterjodigen Säure beeinflußt werden. Noch auffallender ergibt sich dieser Einfluß aus der Tabelle VI. Es sollten aus dem erwähnten Grunde eigentlich nur stets gleich alte v. Hüblsche Lösungen verwendet werden, was nur möglich ist, wenn man, wie dies auch früher erwähnt wurde, die Jodlösung und Quecksilberchloridlösung getrennt aufbewahrt.

Tabelle VI.

Alter der v. Hüblschen Lösung in Tagen	Titer der Lösung in ccm Hyposulfitlösung für 25 ccm	Erdnußöl		Leinöl	
		Überschuß in Prozenten der angewandten Jodmenge	Jodzahl	Überschuß in Prozenten der angewandten Jodmenge	Jodzahl
1	47·11	66	88·0	62·5	201·0
2	45·7	67·5	86·5	64	198·5
4	44·25	68	86·3	65	196·7
11	38·89	68·5	86·4	67	191
26	31·81	69·5	86·2	68	185·9

Mit Jodchlorideisessiglösung wurden von Wijs für die beiden Öle der Tabelle VI die Jodzahlen 88·02 und 201·8 gefunden. Für nicht trocknende Öle ist bei einem Jodüberschuß von 75 Prozent für die Wijssche Lösung die Einwirkungszeit 15 Minuten, für trocknende Öle eine Stunde.

Die folgende Tabelle gibt eine Anzahl von Wijsschen Jodzahlen von reinen, ungesättigten Fettsäuren:

Fettsäure	Schmelz-punkt	Säurezahl		Jodzahl	
		Berechnet	Gefunden	Berechnet	Gefunden
Erucasäure	32	165·7	165·2	75·15	74·9
Brassidinsäure	60	165·7	165·0	75·15	75·0
Elaïdinsäure	44	198·6	198·4	90·07	90·0
Ölsäure	—	198·6	184·3	90·07	87·6
Undecylensäure	—	304·3	292·9	136·6	133·7

Vergleichende Jodzahlbestimmungen nach v. Hübl und nach Wijs hat bei einer größeren Anzahl von Fetten H. Kreis[1]) ausgeführt. Die Resultate können, wenn vom Gänsefett abgesehen wird, bei welchem die Differenz 7·2 Einheiten beträgt, als befriedigende bezeichnet werden. A. Marshall[2]) und auch F. Ulzer erhielten gleichfalls gute Resultate. T. F. Harvey[3]) äußert sich sehr günstig über die Wijssche Methode; die danach gefundenen Zahlen zeigen meist sehr gute Übereinstimmung mit den Hüblschen Zahlen, nur bei Tranen liegen die Zahlen nach Wijs um 7—8, in einem Falle sogar um 12·8 Einheiten höher. Ein Jodüberschuß von 50 Prozent ist vollkommen genügend. Der Zusatz von Wasser vor der Jodkaliumlösung, wie ihn Ingle[4]) vorschreibt, ist zu verwerfen, da die Endreaktion dann wesentlich früher eintritt. Pastrovich erhielt nach der Methode von Wijs für eine größere Anzahl von Ölen in der Regel gut mit den nach v. Hübl gefundenen stimmende Zahlen; nur bei oxydierten (belichteten) Ölen waren die Wijsschen Zahlen oft bis um 10 Einheiten höher.

Das Wijssche Verfahren ist jedenfalls sehr beachtenswert und kann wohl heute empfohlen werden; die Vorzüge desselben sind die bequeme Herstellung der Lösung, die große Haltbarkeit und die hohe Reaktionsfähigkeit derselben. Nach Wijs ermittelte Jodzahlen sollten jedoch beispielsweise durch einen Index als solche kenntlich sein.

Ein Vorschlag C. Aschmanns[5]), die Jodzahl mit einer wässerigen Chlorjodlösung zu bestimmen, muß schon deshalb verworfen werden, weil eine Mischung dieser Lösung mit der Fettlösung in Chloroform nicht eintritt. Bellier[6]) empfiehlt eine Lösung von Jod und Brom in mit Quecksilberchlorid gesättigtem Eisessig, mit welcher die in einer Mischung aus gleichen Teilen Chloroform und Eisessig gelösten Fette direkt austitriert werden. Nach E. Milliau[7]) sollen nach dieser Methode bei

---

[1]) Schweiz. Wochenschr. f. Chem. u. Pharm. 1901. 215.
[2]) Chem. Zeitg. 1900. 24. 267.
[3]) Journ. Soc. Chem. Ind. 1902. 21. 1437.
[4]) Journ. Soc. Chem. Ind. 1902. 21. 587.
[5]) Chem. Zeitg. 1898. 22. 59. 71.
[6]) Ann. Chim. anal. appliqu. 1900. 5. 128. — Chem. Zeitg. Rep. 1900. 24. 147.
[7]) Seifens.-Zeitg. 31. 77 u. ff.

festen Fetten bessere Werte als bei flüssigen, im allgemeinen aber meist zu hohe Zahlen erhalten werden.

Einer Lösung von Jodmonobromid in Eisessig bedient sich auch Hanus[1]). In ein Becherglas mit 20 g fein zerriebenem Jod läßt man aus einem Scheidetrichter unter Rühren und Kühlen auf 5⁰—8⁰ C. allmählich 13 g Brom hinzufließen, rührt tüchtig, damit die Masse nicht plötzlich fest wird, verjagt nach 10 Minuten das überschüssige Brom durch einen Kohlensäurestrom und hebt die graue, metallglänzende Masse in einer Glasstöpselflasche auf, worin sie vollkommen haltbar ist.

0·6—0·7 g bei festen Fetten, 0·2—0·25 g bei Ölen von einer Jodzahl unter 120, und 0·1—0·15 g bei Ölen von höherer Jodzahl als 120 werden nach dem Auflösen in 10 ccm Chloroform mit 25 ccm Jodmonobromidlösung (10 g Jodmonobromid auf 500 ccm Eisessig), deren Wert bekannt ist, versetzt und unter öfterem Umschütteln eine Viertelstunde stehen gelassen, dann nach Zusatz von 15 ccm Jodkaliumlösung (1 : 10) mit $^1/_{10}$-Normalhyposulfitlösung titriert. Da der Farbenumschlag von gelb auf farblos erfolgt, ist der Zusatz von Stärkelösung als Indikator überflüssig.

L. M. Tolman und L. S. Munson[2]) heben die große Haltbarkeit der Lösungen von Wijs und von Hanus gegenüber der rasch veränderlichen v. Hüblschen Lösung hervor. Die Resultate differieren bei Ölen und Fetten, deren Jodzahl unter 100 liegt, so wenig, daß sie praktisch als identisch angesehen werden können. Bei Ölen mit 100 übersteigenden Jodzahlen werden nach den Methoden von Wijs und Hanus höhere Zahlen erhalten; am größten sind die Differenzen bei Senf-, Rüb- und Leinöl. Die Haltbarkeit der Hanusschen Lösung macht blinde Versuche nicht überflüssig (wie dies Hanus angibt), weil der hohe Expansionskoeffizient des Eisessigs, 0·00115 für 1⁰ C., schon bei geringen Temperaturschwankungen einen beträchtlichen Fehler veranlassen kann. Einer weiteren Überprüfung zufolge geben nach Tolman[3]) die Methoden von Wijs und Hanus viel bessere Resultate als die v. Hüblsche. Die Hanussche Jodmonobromidlösung scheint in ihrer Reaktionsfähigkeit der Wijsschen Lösung etwas nachzustehen. Die nach dem Verfahren von Hanus erhaltenen Zahlen liegen nach F. W. Hunt[4]) zwischen den nach v. Hübl und nach Wijs gefundenen Werten. Auch von Jungclaußen[5]) u. a. wurde das Verfahren von Hanus überprüft und gut befunden.

Nach L. van Leent[6]) sind die bei der Bestimmung der Jodzahl mit den Lösungen von Hübl, Wijs und Hanus in Betracht kommenden wirksamen Bestandteile das Jodmonochlorid und die unterjodige Säure.

Auf die Höhe der Jodzahl sind die verschiedensten Umstände von

---

[1]) Zeitschr. f. Unters. d. Nahrungs- u. Genußm. 1901. 4. 913.
[2]) Journ. Amer. Chem. Soc. 1903. 25. 244. — Chem. Centralbl. 1903. I. 1001.
[3]) Journ. Amer. Chem. Soc. 1904. 26. 826. — Chem. Zeitg. Rep. 1904. 28. 270.
[4]) Journ. Soc. Chem. Ind. 1902. 21. 454.
[5]) Apoth.-Zeitg. 1901. 798.
[6]) Zeitschr. f. analyt. Chem. 1904. 661.

Einfluß. Lagern der Öle bewirkt z. B. infolge von Oxydation und Polymerisation ein Herabgehen der Jodzahl; ebenso Belichtung der Öle. Mit Luft oder Sauerstoff geblasene Öle oder „gekochte" Öle besitzen infolge der Oxydation, respektive Polymerisation gleichfalls niedrigere Jodzahlen als die Originalöle. Extrahierte Öle zeigen oft niedrigere Jodzahlen als gepreßte Öle, weil sie mehr Triglyceride gesättigter Fettsäuren enthalten. Die Gegenwart von durch Schwefelwasserstoff fällbaren Metalloxyden beeinflußt die Jodzahl gleichfalls, ein Umstand, der bei Firnisuntersuchungen zu berücksichtigen ist.

Die Kenntnis der Jodzahl allein gestattet im allgemeinen noch nicht, den Prozentgehalt eines Fettes an Glyceriden der ungesättigten Fettsäuren anzugeben, es ist dies nur dann möglich, wenn das Fett nur ein einziges derartiges Glycerid enthält (s. Kap. VII. B).

Morawski und Demski[1]) bestimmen die Jodzahlen der nach S. 52 dargestellten Fettsäuren, um die Methode dadurch von geringen Schwankungen zu befreien, die ein kleinerer oder größerer Gehalt an freien Fettsäuren bewirken könnte. Es ist nun einerseits bekannt,[2]) daß die Fettsäuren immer kleine Mengen innerer Anhydride oder Lactone enthalten, so daß eine Bestimmung der Jodzahl einer aus natürlichen Fetten abgeschiedenen Fettsäure aus diesem Grunde keine einwandfreie Zahl ergibt. Andrerseits verschwinden aber bei diesem Verfahren die Differenzen, welche von einem verschiedenen Gehalt der Fette an flüchtigen Fettsäuren herrühren, und können die Fettsäuren aus stark trocknenden Ölen sich bei den zur Abscheidung, Trocknung usw. notwendigen Operationen teilweise oxydieren, so daß die Jodzahlen der Fette und der daraus abgeschiedenen Fettsäuren einander nicht proportional sein müssen. Man kann die Jodlösung direkt auf die Fettsäuren einwirken lassen, vorhergehendes Auflösen in Chloroform ist unnötig.

Einen besseren Aufschluß über die Natur der ungesättigten Fettsäuren als die Jodzahl der aus einem Fette abgeschiedenen Gesamtfettsäuren gibt die sogenannte „innere Jodzahl" eines Fettes, das ist die Jodzahl der aus demselben abgeschiedenen ungesättigten Fettsäuren (s. Kap. VII. B. 4). Doch üben auch auf diese die früher erwähnten Fehlerquellen ihren Einfluß aus. L. M. Tolman und L. S. Munson[3]) berechnen die innere Jodzahl, von ihnen wirkliche Jodzahl genannt, aus der Jodzahl und dem Prozentgehalte des Öles an festen Fettsäuren unter der Annahme, daß der Gesamtfettsäuregehalt eines Öles 95·5 Prozent beträgt, nach der Formel

$$A = \frac{J \cdot 100}{L},$$

worin A die Jodzahl der flüssigen Fettsäuren (innere oder wirkliche Jodzahl), J die Jodzahl des Neutralfettes und L den Prozentgehalt des

---

[1]) Dinglers Polyt. Journ. 258. 41.
[2]) M. Tortelli und A. Pergami, Chem. Rev. üb. d. Fett- u. Harz-Ind. 1902. 9. 182, 204.
[3]) Chem. Centralbl. 1903. II. 1288.

Neutralfettes an flüssigen Fettsäuren, d. i. Gesamtfettsäuren (95·5) minus feste Fettsäuren bedeuten.

Für die reinen ungesättigten Fettsäuren berechnen sich folgende Jodzahlen:

Fettsäure	Formel	100 g der Säure addieren Jod
Hypogäasäure	$C_{16}H_{30}O_2$	99·88 g
Ölsäure und Isoölsäure .	$C_{18}H_{34}O_2$	89·96 „
Erucasäure	$C_{22}H_{42}O_2$	75·05 „
Ricinusölsäure	$C_{18}H_{34}O_3$	85·14 „
Linolsäure	$C_{18}H_{32}O_2$	181·22 „
Linolensäuren	$C_{18}H_{30}O_2$	273·80 „

Gesättigte Fettsäuren werden von der Jodlösung gar nicht oder höchstens nur unbedeutend alteriert.

B. Quantitative Bestimmung einzelner Bestandteile der Fette.

In allen Fällen, in welchen Fette oder Bestandteile derselben in Fettgemischen, namentlich aber Fettsäuren, nicht durch Titration, sondern gewichtsanalytisch bestimmt werden sollen, ist darauf zu achten, daß Fette und Fettsäuren durch Trocknen in den meisten Fällen nicht zu vollständig konstantem Gewichte gebracht werden können. Es können sich nämlich einerseits in den Fetten und Fettsäuren enthaltene Fettsäuren verflüchtigen, andrerseits absorbieren die Fette Sauerstoff, welcher beim Erhitzen zur Bildung von flüchtigen Oxydationsprodukten Veranlassung gibt (S. 43). Das Trocknen soll deshalb bei möglichst niedriger, 110° C. nicht überschreitender Temperatur und nur bis zur annähernden Gewichtskonstanz, welche meist in wenigen Stunden erreicht ist, vorgenommen werden. Trocknende Fette und Fettsäuren werden bei genaueren Analysen wohl auch im indifferenten Gasstrom getrocknet.

Aus den zahlreichen Angaben, welche die Literatur über die Gewichtsveränderung von Fettsäuren enthält, seien die von Tatlock[1]) gemachten hervorgehoben:

Erhitzungsdauer bei 90° C.	Fettsäuren aus:					
	Olivenöl	Ricinusöl	Rüböl	Cottonöl	Leinöl	Stearinsäure
Trocken	100·00	100·00	100·00	100·00	100·00	100·00
24 Stunden	99·22	99·18	100·50	99·26	101·25	100·08
48 „	98.88	98·51	100·30	99·04	101·23	100·06
72 „	—	97·85	99·89	—	—	99·72
96 „	98.18	—	—	98·12	100·42	—
120 „	—	96·82	99·46	97·87	100·19	98·22
360 „	95·45	—	—	—	—	—
720 „	92·62	—	—	—	—	—

[1]) Chem. Zeitg. Rep. 1890. 14. 159.

Beim Trocknen von verschiedenen Mengen Öl in gleich großen, flachen Schalen, also bei gleicher Oberfläche, im Wasserbadtrockenschrank bei 97·5⁰ C. erhielt Pastrovich für

Erhitzungsdauer bei 97·5⁰ C.	Olivenöl angewendet			Cottonöl angewendet		
	20 g	10 g	5 g	20 g	10 g	5 g
0 Stunden	100·00	100·00	100·00	100·00	100·00	100·00
6 „	99·96	99·94	99·96	100·02	100·05	100·07
12 „	99·97	99·97	100·04	100·05	100·08	100·13
24 „	100·11	100·15	100·29	100·14	100·19	100·25
48 „	100·35	100·45	100·64	100·54	100·76	101·03
72 „	100·56	100·61	100·79	100·94	101·02	101·21
96 „	100·67	100·70	100·78	101·07	101·10	101·14
120 „	100·67	100·70	100·66	101·04	100·93	100·74
240 „	100·24	100·30	100·01	100·30	100·08	99·96
360 „	99·86	99·87	99·30	100·02	99·77	99·69
480 „	99·47	99·54	98·83	99·87	99·61	99·39
Jodzahl nach Wijs	47·26	45·34	42·57	42·90	41·40	—
Jodzahl d. ursprünglichen Öles . . .	—	82·99	—	—	108·05	—

Die quantitative Analyse von Fetten oder Fettgemischen, welche keine fremden Bestandteile, wie Wachs, Harz, Mineralöle, Paraffin usw., enthalten, beschränkt sich meist auf die Bestimmung des Gehaltes an folgenden Bestandteilen:

1. Freie Fettsäuren, Neutralfett und mittleres Molekulargewicht der freien Fettsäuren.

2. Diglyceride.

3. Flüchtige und nichtflüchtige Fettsäuren.

4. Flüssige und feste Fettsäuren in den nichtflüchtigen Fettsäuren.

5. Flüssige und feste Fettsäuren in den freien unlöslichen Fettsäuren.

6. Palmitinsäure, Stearinsäure und Ölsäure in Mischungen, welche sonst keine anderen nichtflüchtigen Fettsäuren enthalten.

7. Ungesättigte Fettsäuren.

8. Oxyfettsäuren.

9. Lactone.

10. Glycerin.

11. Fettalkohole.

1. Freie Fettsäuren, Neutralfett und mittleres Molekulargewicht der Fettsäuren.

a) Gewichtsanalytische Bestimmung des Fettsäuregehaltes.

1. Einige Gramme der Probe werden mit heißem Alkohol und einigen Tropfen Phenolphthaleïn versetzt und die freie Säure genau mit verdünnter Lauge neutralisiert, welche aus einer Bürette zufließt. War der Titer der Lauge bestimmt, so kann gleichzeitig die Säurezahl (S. 126) ermittelt werden. Die Flüssigkeit wird sodann erkalten gelassen, mit

dem gleichen Volumen Wasser verdünnt und mit Petroleumäther extrahiert. Die Petroleumätherschicht wird nach Morawski und Demski[1]) wiederholt mit Wasser gewaschen, ohne jedoch dieses mit der abgezogenen Flüssigkeit zu vereinigen. Der Petroleumäther wird erst in einen trockenen Kolben gegossen, an dessen Wänden sich noch Wassertropfen sammeln, und dann erst in einen gewogenen Kolben übergeleert. Die einmal behandelte Flüssigkeit wird in derselben Art bis zur Erschöpfung mit Petroleumäther ausgezogen, dieser abdestilliert, der Rückstand getrocknet und als Neutralfett gewogen.

Der Fettsäuregehalt wird entweder aus der Differenz berechnet, oder er wird durch Versetzen der in einen Scheidetrichter samt den Waschwässern eingeführten Seifenlösung mit verdünnter Schwefelsäure bis zur sauren Reaktion, wiederholtes Ausschütteln mit Petroleumäther und weiter wie oben direkt bestimmt.

2. Zur Bestimmung des Fettsäuregehaltes von Ölen verfahren Laugier[2]) und Hager[3]) nach der folgenden, umständlicheren und wohl auch weniger genauen Methode:

5 g kohlensaures Natron werden mit 10 g Öl im Mörser gemischt und mit 5 g Wasser unter öfterem Rühren eine Stunde auf dem Wasserbade erwärmt. Dann wird so viel gröblich gepulverter Bimsstein eingerührt, daß die Masse bröcklig erscheint, auf dem Wasserbade getrocknet, zerrieben, mit völlig weingeistfreiem Äther extrahiert, derselbe verdunsten lassen und das den Rückstand bildende Neutralfett gewogen.

Nachdem besonders rohe, nicht raffinierte Öle noch bis zu mehreren Prozenten schleimiger, färbender und harzartiger Stoffe enthalten, welche durch Äther nicht extrahiert werden, kann der aus obiger Bestimmung sich ergebende Rest nicht als Fettsäure angesprochen werden. Es ist vielmehr die mit Äther extrahierte Seife mit Weingeist zu extrahieren, das Filtrat zur Vertreibung des Alkohols zur Trockne einzudampfen, die zurückbleibende Seife mit verdünnter Schwefelsäure zu zerlegen und die abgeschiedene Fettsäure mit einer gewogenen Menge von trockenem Paraffin zusammenzuschmelzen, zu trocknen und zu wägen. Die Menge der Bestandteile, welche weder Fett noch Fettsäure sind, läßt sich jetzt aus der Differenz berechnen.

3. Nach Sear[4]) werden ca. 5 g des Fettes in der Kälte in einem Glaskolben in 100—150 ccm Schwefelkohlenstoff gelöst, 2·5 g fein gepulvertes Zinkoxyd hinzugefügt, gut verschlossen und 3—4 Stunden unter zeitweiligem Umschütteln stehen gelassen. Dann wird in einen tarierten Kolben abfiltriert, mit Schwefelkohlenstoff gewaschen, das Filtrat bei möglichst niedriger Temperatur im Wasserbade abgedunstet, getrocknet und gewogen. Der Rückstand, aus Neutralfett und ölsaurem Zinkoxyd bestehend, wird mit alkoholischer Kalilauge verseift, die Seife mit Säure zersetzt, die wässerige Schichte von den Fettsäuren getrennt

---

1) Dinglers Polyt. Journ. 258. 39.
2) Zeitschr. f. analyt. Chem. 20. 133.
3) ibid. 17. 392; 19. 116; 20. 134.
4) Chem. News 44. 299.

und das Zink mit kohlensaurem Kali gefällt. Das kohlensaure Zinkoxyd wird gesammelt, als Zinkoxyd gewogen und daraus die Menge des ölsauren Zinkoxydes berechnet, welcher es entspricht. Wird dieses von dem Gewichte des Gemenges von Neutralfett und Zinkoxyd abgezogen, so wird das Gewicht des ersteren erhalten. Die Summe der Gewichte von Neutralfett und Ölsäure von dem Gewichte des in Arbeit genommenen Öles abgezogen ergibt die Menge der freien, festen Fettsäuren. Zu diesem Verfahren ist zu bemerken, daß die freien Fettsäuren in den wenigsten Fällen nur aus Ölsäure bestehen.

b) Maßanalytische Bestimmung des Gehaltes an freien Fettsäuren.[1]

Erstes Verfahren.

Wurde nach S. 126 die Säurezahl s eines Fettes ermittelt, so kann aus dieser der Gehalt f des Fettes an freien Fettsäuren berechnet werden, sobald das mittlere Molekulargewicht m der freien Fettsäuren bekannt ist. Es ist dann nämlich

$$56 \cdot 16 : m = \frac{s}{10} : f$$

und daraus

$$f = \frac{m \cdot s}{561 \cdot 6} \cdot \quad \cdot \quad \cdot \quad \cdot \quad \cdot \quad \cdot \quad \cdot \quad (1)$$

Diese Methode ist nur dann anwendbar, wenn das Fett keine wasserlöslichen Fettsäuren oder doch nur zu vernachlässigende Spuren derselben enthält. Zur Bestimmung von m wird zuerst Neutralfett und freie Fettsäure in der vorbeschriebenen Art oder in folgender Weise nach Gröger getrennt:

4—8 g der Probe werden in einem Kölbchen von ca. 300 ccm Inhalt in 50 ccm ca. 96 prozentigem Weingeist unter gelindem Sieden gelöst und nach Zusatz von Phenolphthaleïn mit alkoholischem Normalalkali titriert, dann mit 150 ccm Wasser versetzt, wobei sich Neutralfett fast vollständig ausscheidet. Dieses wird durch wiederholtes Ausschütteln mit 60—100 ccm Äther entfernt, dann der größte Teil der Seifenschicht aus dem Kölbchen herauspipettiert, stark mit Äther verdünnt, so lange gekocht, bis Äther und Alkohol vollständig vertrieben sind, und mit verdünnter Schwefelsäure versetzt. Die abgeschiedenen Fettsäuren werden mit siedendem Wasser, welches jedesmal durch einen Heber abgezogen wird, bis zum Verschwinden der sauren Reaktion gewaschen; dann wird erkalten gelassen. Sind die Fettsäuren zu einem Kuchen erstarrt, so wird derselbe abgehoben, ohne die an den Wänden haftenden Teile zu beachten; bleiben die Fettsäuren flüssig, so werden sie zum größten Teile abpipettiert; der abgehobene Teil wird

---

[1] Hausamann, Dinglers Polyt. Journ. 240. 62. — Gröger, ibid. 244. 303. — Yssel de Schepper und Geitel, ibid. 245. 295.

166 Allgem. Methoden zur Ermittlung d. quantitativen Zusammensetzung usw.

gewogen, in alkoholischer Lösung mit Kalilauge austitriert und auf
diese Weise die Verseifungszahl k_1 (vgl. S. 128) gefunden. Es ist aber

$$1000 : k_1 = m : 56 \cdot 16$$

und daraus
$$m = \frac{56\,160}{k_1} \quad \cdots \cdots \cdots \quad (2)$$

Der für m gefundene Wert in Gleichung (1) eingesetzt ergibt

$$f = \frac{100\ s}{k_1} \quad \cdots \cdots \cdots \quad (3)$$

Da es somit nur auf das Verhältnis von s zu k_1 ankommt, ist es
gar nicht notwendig, die Säurezahl s des Fettes und die Verseifungszahl k_1 der freien Fettsäuren auszurechnen, sondern es können statt
dessen die für je 1 g des Fettes und der Fettsäuren verbrauchte Anzahl Kubikzentimeter a und b eingesetzt werden, wobei nicht einmal
der Titer der Kalilauge bekannt zu sein braucht.

Es ist dann

$$f = \frac{100\ a}{b} \quad \cdots \cdots \cdots \quad (4)$$

Wird das Fett als vollständig frei von Beimengungen betrachtet,
so ergibt sich die Menge des Neutralfettes N aus der Differenz zu
100, somit

$$N = 100 - \frac{100\ a}{b} \quad \cdots \cdots \cdots \quad (5)$$

Dieses Verfahren hat vor dem auf S. 163 beschriebenen, gewichtsanalytischen kaum einen wesentlichen Vorteil, da es wie dieses die Isolierung der freien Fettsäuren verlangt und sich nur dadurch unterscheidet,
daß die Gewinnung der freien Fettsäuren keine quantitative zu sein
braucht. Doch müssen die Fettsäuren auch in diesem Fall getrocknet
und gewogen werden.

Wesentlich einfacher gestaltet sich die Bestimmung unter der Annahme, daß die freien Fettsäuren dieselbe Zusammensetzung haben, wie
die im Neutralfett enthaltenen und somit auch wie die Gesamtfettsäuren.
Diese Annahme ist, wie namentlich Thum[1]) für Palmöl und Olivenöl
nachgewiesen hat, bei den meisten Fetten gestattet.

Es kann unter der erwähnten Voraussetzung der Gehalt eines Fettes
an freien Fettsäuren und Neutralfett, ferner die zu erwartenden Ausbeuten an Fettsäuren und Glycerin nach einer der drei folgenden Methoden
bestimmt werden.

Zweites Verfahren.

Vorerst wird wieder die Säurezahl s des Fettes bestimmt; sodann
werden aus ca. 50 g Fett nach der S. 52 gegebenen Vorschrift die Gesamtfettsäuren ausgeschieden und davon 2—5 g in alkoholischer Lösung
mit Kalilauge titriert. Die Verseifungszahl der Gesamtfettsäuren sei k_1.

---

[1]) Zeitschr. f. angew. Chem. 1890. 482.

Das mittlere Molekulargewicht der Gesamtfettsäuren und der Gehalt an freien Fettsäuren und Neutralfett wird sodann mit Hilfe der Gleichungen 2, 3, 4 und 5 berechnet.

Bezeichnet nun m wieder das mittlere Molekulargewicht der Fettsäuren, γ die Glycerin- und φ die Fettsäuremenge, welche 1 Teil Neutralfett liefern kann, so ist φ offenbar ein Hundertstel der Hehnerschen Zahl h.

Die allgemeine Zersetzungsgleichung der Fette ist aber:

$$C_3H_5O_3 . R_3 + 3 H_2O = 3 R . OH + C_3H_8O_3 ,$$

Fett   Fettsäure   Glycerin

worin R ein Fettsäureradikal bedeutet.

Wir erhalten somit das Molekulargewicht des Fettes $(3\,m + 38{\cdot}01)$, wenn wir das dreifache Molekulargewicht der Fettsäuren $(3\,m)$ zum Molekulargewichte des Glycerins $(92{\cdot}06)$ addieren und 3 Molekulargewichte Wasser $(3 \times 18{\cdot}016 = 54{\cdot}05)$ abziehen. Somit geben $3\,m + 38{\cdot}01$ Teile Fett $3\,m$ Teile Fettsäuren und $92{\cdot}06$ Teile Glycerin. Oder die aus 1 Teil Neutralfett darstellbaren Mengen von Fettsäuren und Glycerin können ausgedrückt werden durch die Formeln

$$\varphi = \frac{h}{100} = \frac{3\,m}{3\,m + 38{\cdot}01}; \quad \gamma = \frac{92{\cdot}06}{3\,m + 38{\cdot}01} \quad . \quad . \quad (6)$$

N Prozente Fett geben daher bei der Verseifung folgende Mengen von Fettsäuren f_1 und Glycerin G in Prozenten:

$$f_1 = \varphi . N = \frac{3\,m}{3\,m + 38{\cdot}01} . N \quad . \quad . \quad . \quad . \quad (7)$$

$$G = \gamma N = \frac{92{\cdot}06}{3\,m + 38{\cdot}01} N \quad . \quad . \quad . \quad . \quad (8)$$

Durch die letztere Formel wird zugleich die Gesamtausbeute an Glycerin, welche das Fett zu liefern vermag, ausgedrückt.

Die Gesamtausbeute an Fettsäuren F setzt sich aus f_1 (Menge der gebundenen) und f (Menge der freien Fettsäuren) zusammen, somit

$$F = f + f_1 \quad . \quad . \quad . \quad . \quad . \quad . \quad . \quad (9)$$

Es dürfte wohl nicht ganz überflüssig sein, zu bemerken, daß F in den meisten Fällen nichts anderes als die auf einem anderen Wege bestimmte Hehnersche Zahl ist, und daß auch G nach Verfahren 3 (s. unten) sicherer aus der Ätherzahl berechnet wird.

De Schepper und Geitel haben in einer Tabelle die Molekulargewichte der Fettsäuren und ihrer Triglyceride angegeben und daraus die Ausbeuten an Fettsäuren F und Glycerin G, welche je 100 Teile der Glyceride liefern, berechnet; ebenso die Anzahl $^1/_{10}$ Kubikzentimeter Kalilauge [10 ccm $= 1$ g Margarinsäure (?)], welche zur Absättigung von 1 g der Fettsäure nötig sind; statt dieser letzten, veralteten Angabe werden in nachstehender Tabelle die Säurezahlen s und die Kubikzentimeter $^1/_{10}$-Normalkalilauge a, welche 1 g der Fettsäuren erfordern, angeführt;

sämtliche Zahlen wurden auf die internationalen Atomgewichte $(0 = 16)$ bezogen.

| Fettsäuren | Formel | Molekulargewichte | | F | G | s | a |
		der Fettsäuren	der Triglyceride				
Stearinsäure . .	$C_{18}H_{36}O_2$	284·29	890·88	95·73	10·33	197·55	35·18
Ölsäure	$C_{18}H_{34}O_2$	282·27	884·90	95·70	10·41	198·96	35·43
Margarinsäure (?)	$C_{17}H_{34}O_2$	270·27	848·82	95·52	10·85	207·79	37·00
Palmitinsäure .	$C_{16}H_{32}O_2$	256·26	806·79	95·29	11·41	219·15	39·02
Myristinsäure .	$C_{14}H_{28}O_2$	228·22	722·68	94·74	12·74	246·08	43·82
Laurinsäure . .	$C_{12}H_{24}O_2$	200·19	638·58	94·05	14·42	280·53	49·95
Caprinsäure . .	$C_{10}H_{20}O_2$	172·16	554·49	93·19	16·60	326·21	58·09
Capronsäure . .	$C_6H_{12}O_2$	116·10	386·30	90·16	23·83	483·73	86·13
Buttersäure . .	$C_4H_8O_2$	88·06	302·20	87·42	30·46	637·75	113·56

Drittes Verfahren.

Bei diesem leicht durchzuführenden Verfahren wird der Gehalt an freien Fettsäuren, an Neutralfett und die zu erwartende Ausbeute an Glycerin und Fettsäuren aus der Säurezahl s und der Verseifungszahl k des Fettes berechnet.

Es ist nämlich der Glyceringehalt G der durch die Ätherzahl $d = k - s$ ausgedrückten Kalimenge äquivalent:

$$G : \frac{d}{10} = 92·06 : 3 \times 56·16$$

somit

$$G = \frac{92·06\,d}{3 \times 561·6} = 0·05464\,d \quad . \quad . \quad . \quad . \quad (10)$$

Die Ausbeute an Fettsäuren ist demnach in Prozenten:

$$F = 100 - \frac{38·01}{92·06} \cdot G$$

oder

$$F = 100 - \frac{38·01 \cdot d}{3 \times 561·6} = 100 - 0·02256\,d \quad . \quad . \quad . \quad (11)$$

In 1000 mg Fett sind demnach $1000 - \dfrac{38·01\,d}{3 \times 56·16}$ mg Gesamtfettsäuren enthalten, welche zu ihrer Absättigung k Milligramme Kalihydrat benötigen, somit ist für das mittlere Molekulargewicht der Fettsäuren m:

$$1000 - \frac{38·01\,d}{3 \times 56·16} : k = m : 56·16$$

$$m = \frac{168\,480 - 38·01\,d}{3\,k} \quad . \quad . \quad . \quad . \quad (12)$$

Das Fett enthält nach Gleichung (1) an freien Fettsäuren:

$$f = \frac{(168\,480 - 38·01\,d)\,s}{16\,848\,k} \quad . \quad . \quad . \quad . \quad (13)$$

Viertes Verfahren.

Wird ein Fett untersucht, dessen Zusammensetzung im säurefreien Zustande genau bekannt ist, so kann nach Gröger auch das Abwägen der Fettprobe umgangen werden.

Dieser Fall kommt öfter vor, z. B. bei der Kontrolle einer Verseifung von Talg im Autoklaven, wobei konstatiert werden soll, wie weit die Zerlegung des Talges in Fettsäuren und Glycerin vorgeschritten ist.

In einer und derselben nicht abgewogenen Probe von ungefähr 5—6 g wird wie gewöhnlich die zur Absättigung der freien Säure und die zur vollständigen Verseifung nötige Anzahl von Kubikzentimetern nicht titrierter Kalilauge ermittelt; die erhaltenen Werte seien a und b. Die Gesamtausbeute an Fettsäuren, welche neutraler Talg zu liefern vermag, sei ein für allemal zu 95·6 Prozenten gefunden worden, und zwar mit Hilfe der Hehnerschen Methode oder durch maßanalytische Bestimmung nach S. 167.

Es ist dann leicht verständlich, daß

$$N : f = \frac{100}{95 \cdot 6} \cdot b : a$$

$$N : N + f = \frac{100}{95 \cdot 6} \cdot b : a + \frac{100}{95 \cdot 6} \cdot b$$

und da $N + f = 100$ und $100 : 95 \cdot 6 = 1 \cdot 046$

$$N = \frac{104 \cdot 6\, b}{a + 1 \cdot 046\, b} \quad \ldots \ldots \ldots \quad (14)$$

c) Mittleres Molekulargewicht der Fettsäuren.

Im vorhergehenden sind zwei Methoden zur Bestimmung des mittleren Molekulargewichtes der Fettsäuren beschrieben, welche der besseren Übersichtlichkeit halber hier noch einmal angeführt seien.

Bei dem ersten Verfahren wird das Fett nach S. 39 verseift und die Verseifungszahl k_1 der Fettsäuren bestimmt, worauf sich das mittlere Molekulargewicht m aus der Gleichung (2) finden läßt, nämlich

$$m = \frac{56160}{k_1} \,;$$

m ist hier das mittlere Molekulargewicht der unlöslichen, nicht flüchtigen Fettsäuren.

Die Verseifungszahl der Fettsäuren wurde hier durch Austitrieren der alkoholischen Lösung derselben mit Kalilauge, nach Art der Säurezahlbestimmung, gefunden, unter der Voraussetzung, daß Säurezahlen und Verseifungszahlen der Fettsäuren identisch seien. Diese nicht bewiesene Voraussetzung trifft aber bei den Fettsäuren, welche aus in der Natur vorkommenden Fetten gewonnen wurden, in der Regel nicht zu.

Tortelli und Pergami[1]) haben nachgewiesen, daß die aus den natürlichen Fetten abgeschiedenen Fettsäuren in der Regel eine höhere Verseifungszahl zeigen, wenn dieselbe nach der Methode von Köttstorfer bestimmt wird. Sie erklären dies damit, daß sich in den natürlichen Fetten schon, wenn auch meist in geringer Menge, innere Anhydride gesättigter und ungesättigter Fettsäuren, und zwar nicht im freien Zustande, sondern als Triglyceride befinden, und daß diese Anhydride und Lactone in den Fetten und Ölen in um so größerer Menge vorkommen, je älter und verdorbener letztere sind. An der Anhydridbildung sollen alle Fettsäuren mit Ausnahme der Stearinsäure, hauptsächlich aber die ungesättigten Fettsäuren teilnehmen. Diese Anhydride entgehen bei der direkten Titration mit Alkali der Verseifung. Die Molekulargewichte der Fettsäuren sind daher aus den Verseifungszahlen zu berechnen.

Auch bei belichteten und bei gekochten und geblasenen Ölen treten große Unterschiede zwischen den nach beiden Methoden ermittelten Molekulargewichten auf (Pastrovich).

Bei dem zweiten Verfahren wird das mittlere Molekulargewicht M der Gesamtfettsäuren aus der Verseifungszahl k und Ätherzahl d des Fettes nach Gleichung (12) berechnet:

$$M = \frac{168480 - 38{\cdot}01\,d}{3\,k}\,.$$

Unter der niemals ganz zutreffenden Voraussetzung, daß ein Fett keine fremden Bestandteile und keine Glyceride der löslichen Fettsäuren enthalte, kann, wenn das Fett auch keine größeren Mengen freier Fettsäuren enthält, das mittlere Molekulargewicht der Fettsäuren auch aus der Hehnerschen Zahl berechnet werden.

Es ist nämlich nach Gleichung (6)

$$\frac{h}{100} = \frac{3\,m}{3\,m + 38{\cdot}01}\,,$$

folglich

$$m = \frac{38{\cdot}01\,h}{3\,(100 - h)} \qquad \ldots \ldots \quad (15)$$

Aus der für Talg gefundenen Hehnerschen Zahl 95·6 würde sich z. B. das mittlere Molekulargewicht 275 berechnen, was mit der direkten Molekulargewichtsbestimmung der Talgfettsäuren sehr gut übereinstimmt.

Wurde das mittlere Molekulargewicht der Gesamtfettsäuren M und der unlöslichen Fettsäuren m, ferner der prozentische Gehalt des Fettes an unlöslichen Fettsäuren f nach Hehner ermittelt und der Gehalt an löslichen Fettsäuren λ nach Gleichung (19) S. 173 berechnet, so wird

---

[1]) Chem. Rev. üb. d. Fett- u. Harz-Ind. 1902. 9. 182, 204.

das mittlere Molekulargewicht μ der löslichen Fettsäuren aus der folgenden Gleichung gefunden, wobei F den nach Gleichung (11) berechneten Gesamtfettsäuregehalt bedeutet:

$$\frac{\lambda}{\mu} + \frac{f}{m} = \frac{F}{M}$$

und daraus

$$\mu = \frac{\lambda\,(m\,.\,M)}{mF - Mf} \quad \ldots \ldots \ldots \quad (16)$$

Auch aus der nach Bondzynski und Rufi (S. 139) ermittelten Reichert-Meißlschen Zahl kann man das mittlere Molekulargewicht der flüchtigen oder löslichen Fettsäure berechnen. Sei $\varkappa$ die zur Absättigung der in 1 g Fett enthaltenen flüchtigen Fettsäuren notwendige Menge Kalihydrat in Milligrammen, so ist

$$\mu = \frac{561 \cdot 1\,\lambda}{\varkappa} \quad \ldots \ldots \ldots \quad (17)$$

Es sei z. B. bei Butterfett nach dem zweiten dieser Verfahren die Reichert-Meißlsche Zahl 32 für 5 g gefunden worden; λ sei gleich 7·44 Prozent, so ist zunächst

$$\varkappa = \frac{32 \times 5 \cdot 616}{5} = 35 \cdot 942$$

und $$\mu = 116 \cdot 23\,.$$

Wie schon S. 163 erwähnt, haben diese Berechnungen nur dann Geltung, wenn die Fette und Fettsäuren keine fremden Beimengungen oder nur so geringe Mengen derselben enthalten, daß diese vernachlässigt werden können. Technische Fette und die daraus dargestellten Fettsäuren enthalten oft größere Mengen unverseifbarer Körper, fettsaure Salze usw.; zur Verwertung der bei der Analyse von technischen Fetten und Fettsäuren erhaltenen Zahlen hat Bornemann[1]) eine Reihe von Gleichungen berechnet, nach welchen sich die Zusammensetzung technischer Fettsäuren ermitteln läßt.

2. Diglyceride.

Bisher ist Dierucin das einzige Diglycerid, welches in natürlichen Fetten, nämlich im Rübölstearin[2]), gefunden wurde. Zur Bestimmung des Gehaltes von Fetten an Diglyceriden kann die Eigenschaft derselben, durch Kochen mit Essigsäureanhydrid unter Aufnahme der Gruppe $C_2 H_2 O$ in Triglyceride überzugehen, verwendet werden.

$$C_3 H_5 (OR)_2 OH + (C_2 H_3 O)_2 O = C_3 H_5 (OR)_2 O\,.\,C_2 H_3 O + C_2 H_4 O_2$$

Diglycerid $\qquad\qquad\qquad\qquad$ Triglycerid

---

[1]) Seifens.-Zeitg. 1905. 32. 697.
[2]) Will und Reimer, Ber. d. deutsch. chem. Ges. 1886. 19. 3320.

Ist M das Molekulargewicht des Diglycerides, so entstehen also bei der Acetylierung aus M Teilen Diglycerid $M + 42\cdot02$ Teile Triglycerid; die Menge des aufgenommenen Restes C_2H_2O kann entweder direkt durch die Gewichtszunahme, welche das Fett bei der Acetylierung erfährt, oder maßanalytisch bestimmt werden. Es muß aber in beiden Fällen das Molekulargewicht des Diglycerides bekannt sein.

3—4 g der Probe werden in gewohnter Weise acetyliert, dann quantitativ in ein hohes Becherglas mit ca. 200—250 ccm Wasser übergespült und eine halbe Stunde gekocht; das acetylierte Fett nebst der essigsauren Flüssigkeit wird durch ein vorher bei 100^0 C. getrocknetes und gewogenes Filter von 6 cm Durchmesser, welches vorher mit heißem Wasser gefüllt wurde, filtriert und bis zum Verschwinden der sauren Reaktion mit kochendem Wasser gewaschen und weiter genau wie bei der Bestimmung der Hehnerschen Zahl verfahren. Die nach dem Abwägen des acetylierten Produktes konstatierte Gewichtszunahme wird auf 1 g der angewandten Substanz berechnet.

Da aus M g Diglycerid durch Acetylieren $(M + 42\cdot02$ g) Triglycerid gebildet werden, so erfährt 1 g reines Diglycerid eine Vermehrung seines Gewichtes um $\left(\dfrac{42\cdot02\ \text{g}}{M}\right)$; ist die Gewichtszunahme pro 1 g angewandter Substanz z Gramm, so entsprechen derselben $z\,\dfrac{M}{42\cdot02}$ Gramm Diglycerid, und der Gehalt an Diglycerid in Prozenten ist:

$$D = \frac{100 \cdot M \cdot z}{42\cdot02} \qquad \ldots \ldots \quad (18)$$

Beispiel: $3\cdot7500$ g Rübölstearin ergaben $3\cdot83525$ g acetyliertes Produkt; die Gewichtszunahme z pro 1 g angewandter Substanz ist daher 0.02007 g; das Molekulargewicht des Dierucins ist $732\cdot70$ und der Gehalt an Dierucin

$$D = \frac{100 \times 732\cdot7 \times 0\cdot02007}{42\cdot02} = 35\cdot00\,{}^0\!/_0$$

Zur maßanalytischen Bestimmung des Gehaltes von Fetten an Diglyceriden dient die Acetylzahl des Fettes (nicht der Fettsäuren).[1]

M Gramm Diglycerid benötigen zur Verseifung 2×56160 mg Kalihydrat, $(M + 42\cdot02)$ Gramm aus diesem Diglycerid durch Acetylieren erhaltenes Triglycerid 3×56160 mg Kalihydrat; die Verseifungszahlen sind daher $\dfrac{2 \times 56160}{M}$ und $\dfrac{3 \times 56160}{M + 42\cdot02}$; der Unterschied zwischen der Verseifungszahl des acetylierten Produktes und der Verseifungszahl des Diglycerides entspricht 1 g reinem Diglycerid oder $100\,{}^0\!/_0$. Wird nun die Verseifungszahl k eines Diglycerides und die Acetylverseifungszahl b

---

[1] Benedikt u. Cantor, Zeitschr. f. angew. Chem. 1888. 460.

desselben bestimmt, so muß der Unterschied dieser beiden Zahlen wieder dem Diglyceridgehalt der Probe proportional sein; und

$$D = \frac{100\,(b - k)\,M\,(M + 42{\cdot}02)}{56160\,(M - 2 \times 42{\cdot}02)} \quad . \quad . \quad . \quad (19)$$

Beispiel: Die Verseifungszahl eines Rübölstearins sei 165·45, die Acetylversicherungszahl 187·90, also $b - k = 22{\cdot}45$; das Molekulargewicht für Dierucin ist 732·70, für acetyliertes Dierucin 774·72; so ist der Gehalt an Dierucin in Prozenten:

$$D = \frac{100 \times 22{\cdot}45 \times 732{\cdot}7 \times 774{\cdot}72}{56160 \times 648{\cdot}66} \quad \text{oder} \quad 35{\cdot}00\ {}^0/_0.$$

Bei Fetten, welche Oxyfettsäuren oder Glyceride derselben neben den zu bestimmenden Diglyceriden enthalten, kann nach Freundlich[1]) der Gehalt an letzteren auf Grund der Bestimmung der Ätherzahl d und der Hehnerzahl F nach folgender Gleichung berechnet werden:

$$D = M \cdot \frac{168\,480\,(100 - F) - 3801\,d\ {}^2)}{'5\,170\,089} \quad . \quad . \quad . \quad . \quad . \quad (20)$$

wobei ebenfalls die Art des Diglycerides als bekannt vorausgesetzt wird.

3. Lösliche und unlösliche, flüchtige und nichtflüchtige Fettsäuren.

Der Gehalt eines Fettes an löslichen und flüchtigen Fettsäuren kann aus der Differenz zwischen dem Gehalte an Gesamtfettsäuren und unlöslichen Fettsäuren bestimmt werden.

Der Prozentgehalt an unlöslichen und nichtflüchtigen Fettsäuren wird durch die Bestimmung der Hehnerzahl (h) ermittelt; der Gehalt an Gesamtfettsäuren ergibt sich aus der Ätherzahl d nach Gleichung (11)

$$F. = 100 - 0{\cdot}02256\,d\,.$$

Somit ist der Gehalt an flüchtigen Fettsäuren:

$$\lambda = 100 - 0{\cdot}02256\,d - h \quad . \quad . \quad . \quad . \quad . \quad (21)$$

Beispiel: Ein Butterfett zeige die Hehnerzahl 87·5, die Verseifungszahl 227 und die Säurezahl 3; es ist dann $d = 224$ und

$$\lambda = 100 - 5{\cdot}05 - 87{\cdot}50 = 7{\cdot}45\,{}^0/_0\,.$$

4. Flüssige und feste Fettsäuren in den unlöslichen Fettsäuren.

Vor der Ausführung der quantitativen Trennung der flüssigen von den festen Fettsäuren wird in manchen Fällen ein Vorversuch nötig sein,

---

[1]) Chem. Zeitg. 1901. 25. 1129.

[2]) Die Gleichung lautet im Original $D = M\ \dfrac{1683\,(100 - F) - 38\,d}{51\,612}\,.$

um festzustellen, ob überhaupt Vertreter beider Gruppen von Fettsäuren vorhanden sind.

Zur qualitativen Prüfung von festen Fettsäuren auf flüssige wird am besten die Jodzahl bestimmt. Ist diese gleich Null, so sind keine flüssigen, ungesättigten Fettsäuren vorhanden; wird eine Jodzahl gefunden, so muß die unten beschriebene Trennung durch die Bleisalze ausgeführt werden; es kann aber ein Fettsäuregemisch auch feste, ungesättigte Fettsäuren, wie Isoölsäure, Erucasäure enthalten, deren Bleisalze in kaltem Äther unlöslich oder schwerlöslich sind.

Um feste Fettsäuren (Palmitinsäure, Stearinsäure) in einem flüssigen Fett qualitativ nachzuweisen, wird dasselbe nach Allen mit alkoholischer Kalilauge verseift, Phenophthaleïn hinzugefügt, mit Essigsäure genau neutralisiert, filtriert und das Filtrat mit zwei Gewichtsteilen Äther und alkoholischer Bleiacetatlösung vermischt. Bei Gegenwart von festen Fettsäuren entsteht ein weißer Niederschlag.

Zur quantitativen Trennung der festen und flüssigen Fettsäuren wird nach Varrentrapp die Eigenschaft der Bleisalze der unlöslichen, flüssigen Fettsäuren (z. B. Ölsäure, Linolsäure, Linolensäure und ihrer Homologen) benutzt, sich in Äther aufzulösen, während die Bleisalze der unlöslichen festen Fettsäuren (Palmitinsäure, Stearinsäure usw.) darin nur in äußerst geringer Menge löslich sind. Das Verfahren gibt keine scharfen Resultate, da, wie Mulder[1]) gezeigt hat, auch geringe Mengen der Bleisalze der festen Fettsäuren in Lösung gehen, während andrerseits ein Teil der Bleisalze der ungesättigten Fettsäuren im Rückstande bleibt.

Nach Lidoff[2]) vermögen 50 ccm wasserfreier Äther bei gewöhnlicher Temperatur 0·0074 g Bleistearat und 0·0092 g Bleipalmitat zu lösen. Hehner[3]) ist gleichfalls der Ansicht, daß die Löslichkeit der Bleisalze der festen Fettsäuren eine Ungenauigkeit bei der Trennung von festen und flüssigen Fettsäuren mit Hilfe der Bleisalze bedingt. De Koningh[4]) meint, daß nur bei Gegenwart eines großen Überschusses von festen Fettsäuren die Methode ungenaue Resultate liefert, und schlägt in diesem Falle vor, die Fettsäuren in siedendem Alkohol aufzulösen, die Hauptmenge der festen Fettsäuren auskristallisieren zu lassen und die Trennung der festen von den flüssigen Fettsäuren in der Mutterlauge vorzunehmen.

Von den diesbezüglichen Trennungsmethoden seien die folgenden angeführt:

1. Nach Oudemans[5]). Die aus dem Fette in gewöhnlicher Weise hergestellten Fettsäuren werden mit einem Überschusse von kohlensaurem Natron auf dem Wasserbade getrocknet, der Rückstand mit absolutem Alkohol ausgekocht und durch ein im Wasserbadtrichter be-

---

[1]) Mulder, Chemie der austrocknenden Öle 1867. pag, 44.
[2]) Journ. of the Chem. Soc. 64. I. 548.
[3]) Chem. Zeitg. Rep. 1892. 16. 990.
[4]) Chem. Zeitg. Rep. 1892. 16. 437 nach Chem. N. 1892. 65. 259.
[5]) Journ. f. prakt. Chem. 99. 407.

findliches Filter gegossen, Nachdem durch wiederholtes Kochen mit neuen Portionen Alkohol und Auswaschen des Filters alle Fettsäuren (als Natronseife) in alkoholische Lösung gebracht sind, wird die letztere mit etwas Wasser vermischt und sodann mit überschüssigem essigsaurem Bleioxyd versetzt. Die gefällten Bleisalze werden ausgewaschen und darnach erst an der Luft, später im Exsikkator völlig getrocknet. Von der trockenen Masse wird sodann eine abgewogene Menge in einem verschlossenen Kolben mit wasserfreiem Äther extrahiert und die vollständige Trennung der Bleisalze der flüssigen und festen Fettsäuren durch wiederholtes Ausziehen mit neuen Quantitäten Äther und sorgfältiges Auswaschen zu Ende geführt. Der Rückstand, welcher beim Verdunsten der ätherischen Lösung hinterbleibt, wird bei gelinder Wärme getrocknet und gewogen. Da Oudemans nur auf Ölsäure Rücksicht nimmt, bringt er diesen Rückstand sofort als ölsaures Blei in Rechnung. Ist die Natur der Fettsäuren unbekannt, so muß noch eine Bleibestimmung wie bei der folgenden Vorschrift ausgeführt werden.

2. Nach Kremel[1]). Hier wird der von Oudemans angestrebte Zweck, die Fettsäuren als ganz neutrale Seifen in Lösung zu bringen, auf weit einfachere Weise erreicht.

2—3 g der Probe werden in einem weithalsigen Kolben von 100 bis 150 ccm Inhalt abgewogen und mit beiläufig derselben Menge Ätzkali und 10 ccm 95prozentigen Alkohols auf dem Wasserbade verseift. Hierauf werden 1—2 Tropfen Phenolphthaleïnlösung und etwas Wasser zugesetzt, genau mit Essigsäure neutralisiert und nach dem Verjagen des Alkohols auf dem Wasserbade der Rückstand in ca. 80 ccm heißen Wassers gelöst und mit Bleizucker gefällt. Die Bleiseifen legen sich bei schwacher Bewegung vollständig an die Kolbenwandung an. Nach dem völligen Erkalten wird die Flüssigkeit durch ein Filter von 10 cm Durchmesser filtriert und der Rückstand einigemal mit heißem Wasser gewaschen. Nun wird der Kolbeninhalt auf dem Wasserbade geschmolzen, dann erkalten lassen, das Wasser, welches sich hat angesammelt hat, gleichfalls auf das Filter gegossen und der Kolben samt Inhalt, sowie das Filter bei gelinder Wärme getrocknet. Der Kolbeninhalt wird weiters mit Äther behandelt und die Flüssigkeit, welche die Bleisalze der flüssigen Fettsäuren gelöst enthält, durch das vorher benutzte Filter in ein gewogenes Porzellanschälchen filtriert, wobei das Filter gut bedeckt zu halten ist. Kolben und Filter werden gut mit Äther nachgespült, dann wird die Ätherlösung verdunsten gelassen, der Rückstand erst in gelinder Wärme am Wasserbade, dann über Schwefelsäure getrocknet und gewogen. In einem gewogenen Teile des Rückstandes wird der Bleioxydgehalt nach S. 114 bestimmt und von dem Gewichte des Rückstandes der Ätherlösung abgezogen. Die Differenz gibt das Gewicht der Anhydride der flüssigen Fettsäuren. Soll das Gewicht der flüssigen Fettsäuren selbst ermittelt werden, so ist zum Gewichte der Anhydride noch das der gefundenen Bleioxydmenge A

---

[1]) Pharm. Centralhalle 5. 337.

äquivalente Wasserquantum zu addieren, welches durch Multiplikation von A mit $\dfrac{18 \cdot 02}{222 \cdot 9} = 0 \cdot 08084$ erhalten wird.

Das Filter mit den Bleiverbindungen der festen Fettsäuren wird behufs Verflüchtigung des Äthers ausgebreitet, worauf sich die Bleisalze leicht vom Filter ablösen und vollständig in den Kolben zurückbringen lassen. Sie werden durch Kochen mit verdünnter Salzsäure zersetzt und die festen Fettsäuren nach dem Erkalten der Flüssigkeit mit Äther ausgeschüttelt; Verdunsten des Äthers, Trocknen und Wägen des Rückstandes ergibt die Menge der festen Fettsäuren.

3. Nach Röse[1]). Röse hält die Methoden von Oudemans und von Kremel für zu umständlich, langwierig und ungenau, da sich die Fettsäuren hierbei zum Teil oxydieren usw. Er bringt 1 g Fettsäuren, $^1/_2$ g Bleiglätte und ca. 80 ccm wasserfreien Äther in ein 100 ccm-Kölbchen und läßt unter zeitweiligem Umschwenken 24 Stunden stehen. Das Kölbchen wird bis zur Marke mit Äther gefüllt und geschüttelt. Nach dem Absitzen werden 50 ccm herausgehoben und durch ein kleines Filter filtriert, welches immer voll zu halten ist. Der Äther wird abdestilliert, der Rückstand im Kohlensäurestrom bei gelinder Temperatur getrocknet und gewogen. Hierauf wird der Rückstand behufs Bestimmung des [Bleioxydes mit 5 ccm einer mit 5 Teilen Wasser verdünnten Schwefelsäure versetzt, auf dem Wasserbade erwärmt, mit 88 ccm 95 prozentigem Alkohol verdünnt und das gefällte Bleisulfat nach dem Trocknen bei 100^0 C. auf tariertem Filter gewogen.

Da sich nach Röse beim Digerieren ätherischer Fettsäurelösungen mit Bleioxyd bei gewöhnlicher Temperatur nur normale Salze bilden, läßt sich aus dem Bleigehalt auch das mittlere Molekulargewicht der flüssigen Fettsäuren berechnen. Sind drei verschiedene ungesättigte Fettsäuren vorhanden, so läßt sich der Gehalt an jeder einzelnen berechnen, wenn außerdem noch die Jodzahl der Gesamtfettsäuren bestimmt wird. Enthalten dieselben $p \; ^0/_0$ ungesättigte Fettsäuren und zeigen die Jodzahl J, so ist die mittlere Jodzahl der ungesättigten Fettsäuren

$$i = \frac{100\,J}{p}.$$

Bezeichnen m_1, m_2, m_3 die als bekannt vorausgesetzten Molekulargewichte der einzelnen Säuren, m das mittlere Molekulargewicht, i_1, i_2, i_3 die Jodzahlen, x, y, z die Prozentgehalte, so ist:

$$x + y + z = p$$

$$\frac{x}{m_1} + \frac{y}{m_2} + \frac{z}{m_3} = \frac{100}{m}$$

$$\frac{i_1 x}{100} + \frac{i_2 y}{100} + \frac{i_3 z}{100} = i.$$

[1]) Repert. f. analyt. Chem. 1886. 684.

4. Nach **Muter** und **de Koningh**[1]). Dieses Verfahren umgeht die Wägung der Bleisalze und die Bestimmung des Bleis.

3 g Substanz werden mit 50 ccm Alkohol und einem Stückchen Kalihydrat verseift, die Lösung mit 1—2 Tropfen Phenolphthaleïn versetzt, mit Essigsäure schwach angesäuert und mit alkoholischem Kali genau neutralisiert. 30 ccm 10prozentige Bleizuckerlösung und 200 ccm Wasser werden in einem Becherglase von 500 ccm Inhalt gekocht und die neutralisierte Lösung unter fortwährendem Umrühren einfließen gelassen. Nach dem raschen Abkühlen wird die klare Flüssigkeit über dem Niederschlag abgezogen, die Bleiseife mit heißem Wasser vollständig ausgewaschen und in einem Fläschchen mit gut schließendem Stopfen mit 80 ccm zweimal destilliertem Äther übergossen. Der Rest des Niederschlages wird mit Äther nachgewaschen, so daß ungefähr 120 ccm Flüssigkeit erhalten werden. Nach zwölf Stunden langem, durch öfteres Schütteln unterbrochenem Stehenlassen — diese Zeit genügt zur Lösung des Bleioleates — wird in eine Ölbürette (Fig. 59) filtriert und mit Äther so lange ausgewaschen, bis eine Probe des Filtrates kein Blei mehr enthält, wozu noch etwa 120 ccm Äther notwendig sind. Hierauf wird so viel mit 4 Teilen Wasser verdünnte Salzsäure zugesetzt, daß die Flüssigkeit 250 ccm ausmacht, wozu etwa 40 ccm nötig sind, und bis zur Zersetzung der Seife geschüttelt, was an der vollständigen Klärung der ätherischen Schichte zu erkennen ist. Die wässerige Schichte wird dann abgelassen, Wasser bis zur Marke zugegeben und bis zum Verschwinden der sauren Reaktion gewaschen. Sodann kommt so viel Wasser in die Bürette, bis der untere Meniskus des Äthers bei 0 steht; dann wird das Volumen der ätherischen Lösung durch Nachfüllen von Äther auf 200 ccm gebracht, nochmals durchgeschüttelt und stehen gelassen. Von der ätherischen Lösung werden 50 ccm aus dem Hahnrohr bei *a* in ein **Erlenmeyer**-Kölbchen abfließen gelassen. Nachdem der Äther zum größten Teil abdestilliert, aber nicht ganz entfernt wurde, um die Fettsäuren vor der Oxydation an der Luft zu schützen, wird mit 50 ccm Alkohol versetzt und mit $\frac{1}{10}$-Normallauge titriert. Das Resultat wird auf Ölsäure berechnet; die Fehler, welche dadurch entstehen, daß die Molekulargewichte der Linolsäure, Linolensäure usw. etwas verschieden von dem der Ölsäure sind, sind sehr gering. 1 ccm $\frac{1}{10}$-Normallauge entspricht 28·227 mg Ölsäure.

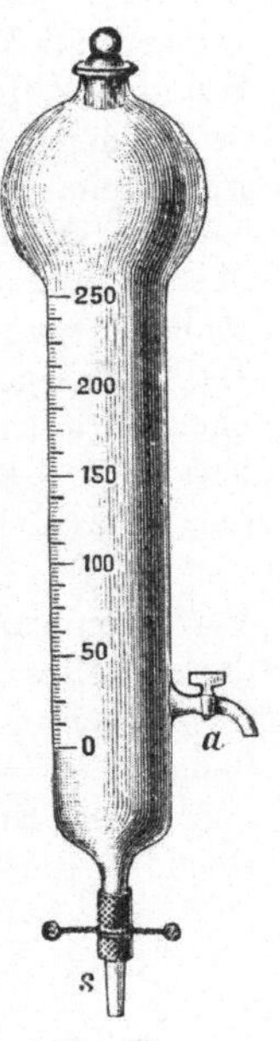

Fig. 59.

Zur Bestimmung der Jodzahl wird ein aliquoter Teil der ätherischen Lösung in eine wenigstens 350 ccm fassende Flasche gebracht, diese in lauwarmes Wasser gestellt, der Äther im starken Kohlensäurestrom verdunstet und mit dem Rückstande nach v. **Hübl** oder **Wijs** verfahren.

---

[1]) The Analyst 1889. 61. Asboth, Chem. Zeitg. 1890. 14. 93.

Die Kohlensäure soll aus Marmor und Salzsäure entwickelt, mit Natriumbicarbonatlösung gewaschen und durch Chlorcalcium getrocknet sein.

In ähnlicher Weise wie Muter und de Koningh trennen auch Wallenstein und Fink[1]) feste und flüssige Fettsäuren voneinander zur Gewinnung der letzteren behufs Bestimmung der Jodzahl derselben. Das Verfahren unterscheidet sich von demjenigen Muters und de Koninghs hauptsächlich dadurch, daß die Extraktion der Bleiseifen der Fettsäuren mit Äther bei Luftabschluß in einer Drechselschen Gaswaschflasche, deren Grundrohr um $^2/_3$ verkürzt ist, in der Weise vorgenommen wird, daß durch die mit den Bleiseifen und mit Äther beschickte Waschflasche eine Minute lang Wasserstoffgas geleitet wird, wonach die Waschflasche an beiden Enden verschlossen wird und zwölf Stunden stehen bleibt. Die nach dieser Zeit erhaltene Lösung der Bleiseifen der flüssigen Fettsäuren ist bei weißen Fetten völlig farblos, während beim Arbeiten ohne Luftabschluß meist eine dunkelgelbe, oxydierte Lösung erhalten wird. Die Zersetzung der Bleiseifen erfolgt wie nach Muter und de Koningh mit verdünnter Salzsäure (1:4). Die Ätherschichte wird alsdann noch mit angesäuertem Wasser gewaschen, in ein Becherglas gebracht, um Wassertropfen absetzen zu lassen, in ein Kölbchen filtriert, der Äther auf dem Wasserbade im Kohlensäurestrom abdestilliert; 0·25—0·30 g der flüssigen Fettsäuren werden für die Bestimmung der Jodzahl benützt.

K. Farnsteiner[2]) ersetzt bei dem Muter und de Koninghschen Verfahren zur Trennung von festen und flüssigen Fettsäuren den Äther durch kaltes Benzol, in welchem sich nur die Bleiseifen der flüssigen Fettsäuren auflösen. Die Bleiseifen der festen Fettsäuren sind darin beinahe unlöslich; in der Wärme lösen sie sich darin auch auf, fallen aber beim Erkalten wieder grobkristallinisch und leicht filtrierbar aus. Nachdem die Bleiseifen (aus 0·6 bis 1 g Fett) dargestellt, gewaschen, unter

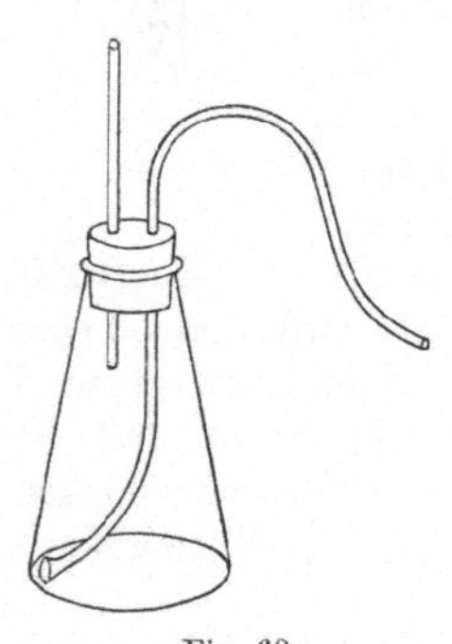

Fig. 60.

Wasser geschmolzen und mittels Fließpapier möglichst entwässert worden sind, werden sie in warmem Benzol gelöst; nach viertelstündigem Stehen wird auf 8^0—12^0 C. abgekühlt, wobei sich die Bleiseifen der festen Fettsäuren abscheiden. Von diesen werden die gelösten Bleiseifen durch einen Wattebausch (s. Fig. 60) abfiltriert, und der Rückstand wird noch zweimal in gleicher Weise umkristallisiert. Die flüssigen Fettsäuren sollen sich hierbei um ca. 1—3 $^0/_0$ zu niedrig ergeben, während nach der Art der Trennung eigentlich ein zu hohes Resultat für die fiüssigen Fettsäuren erwartet werden sollte. Die zu geringe Ausbeute an flüssigen Fettsäuren soll ihre Ursache in der Oxydation eines Teiles dieser Fettsäuren haben.

---

[1]) Chem. Zeitg. 1894. 18. 1190.
[2]) Zeitschr. f. Unters. d. Nahrungs- u. Genußm. 1898. 1. 390.

5. Auf die Tatsache, daß die Säuren der Ölsäurereihe bei der Behandlung mit konzentrierter Schwefelsäure durch Addition die in Petroläther unlöslichen Ester der gesättigten Oxyfettsäuren liefern, hat Twitchell[1]) ein Verfahren zur Trennnng von den gesättigten Fettsäuren zu gründen versucht, bei welchem eine 85prozentige Schwefelsäure verwendet werden soll. Einige nach der Vorschrift Twitchells von Ulzer ausgeführte Trennungsversuche haben jedoch ungünstige Resultate ergeben.

Der Gehalt eines Fettes an flüssigen Glyceriden[2]) F kann unter der Voraussetzung, daß das Fett keine festen ungesättigten Fettsäuren und keine beträchtlichen Mengen flüchtiger Fettsäuren enthält, näherungsweise aus der Jodzahl der wasserunlöslichen Gesamtfettsäuren J und der Jodzahl der flüssigen Fettsäuren i nach der Gleichung

$$F = \frac{100\,J}{i}$$

berechnet werden.

6. Nach Allen. Zur Untersuchung von Fetten und Fettsäuren mit sehr geringem Gehalt an festen Fettsäuren kann das S. 174 zur qualitativen Prüfung empfohlene Verfahren benutzt werden, indem der Niederschlag mit Salzsäure zersetzt und die Fettsäuren gewogen werden.

7. Partheil und Ferié[3]) trennen die flüssigen von den festen Fettsäuren auf Grund der verschiedenen Löslichkeit der Lithiumsalze der Fettsäuren in Alkohol von verschiedener Stärke.

Ungefähr 1 g der Fettsäuren wird mit 15 ccm $^1/_2$ normaler alkoholischer Kalilauge auf dem Wasserbade verseift, die Seife in 100 ccm 50prozentigem Alkohol aufgelöst und nach Zusatz von Phenolphthaleïn erst mit Essigsäure genau neutralisiert, dann mit einer 10prozentigen Lösung von Lithiumacetat in 50prozentigem Weingeist versetzt und so lange erwärmt, bis der entstandene Niederschlag gelöst ist. Beim Erkalten scheiden sich das stearinsaure, das palmitinsaure und der größte Teil des myristinsauren Lithiums aus. Der Niederschlag wird in 100 ccm heißem, absolutem Alkohol gelöst, aus dem beim Erkalten das Lithiumstearat und das Lithiumpalmitat ausfallen; diese Salze können filtriert, getrocknet und gewogen werden, während das myristinsaure Lithium durch Eindampfen der Lösung erhalten wird. Aus den Lithiumsalzen werden die Fettsäuren mittels verdünnter Salzsäure abgeschieden, gewogen und durch titrimetrische Molekulargewichtsbestimmung identifiziert.

Im Filtrat von den ausgefällten Lithiumsalzen können noch enthalten sein die Salze eines kleinen Teils der Myristinsäure, der Laurin-

---

[1]) Journ. Soc. Chem. Ind. 1897. 1002.
[2]) Wainweight (Journ. Amer. Chem. Soc. 1896. 259) bestimmt näherungsweise die festen und flüssigen Glyceride dadurch, daß er 50 g des geschmolzenen Fettes erstarren läßt uud nach zwölfstündigem Stehen den flüssigen Anteil von dem festen abpreßt. Wie G. F. Fennille (Journ. Amer. Chem. Soc. 1897. 51) fand, ergibt dieses primitive Verfahren Resultate, welche von den richtigen um 6 bis 8°/₀ differieren.
[3]) Arch. Pharm. 1903. 241. 561. durch Chem. Zeitg. Rep. 1903. 27. 314.

säure, der Ölsäure und der Leinölsäuren. Diese werden nach Farnsteiner in die Bleisalze übergeführt und mit heißem Benzol behandelt; nach Abscheidung und Wägung der in Benzol unlöslichen Bleisalze werden die daraus abgeschiedenen Fettsäuren gewogen und durch eine titrimetrische Molekulargewichtsbestimmung der Gehalt an Myristinsäure und Laurinsäure ermittelt. Von der Benzollösung der Bleiseifen wird das Benzol im Wasserstoffstrome abdestilliert, der Rückstand mit verdünnter Salzsäure zersetzt und die abgeschiedenen Fettsäuren in Alkohol gelöst, mit Kalilauge (bei Gegenwart von Phenolphthaleïn) genau neutralisiert und durch Zusatz einer alkoholischen Baryumacetatlösung in die Barytsalze verwandelt. Aus diesen wird mit wasserhaltigem Äther das Baryumsalz der Leinölsäure extrahiert und das Gewicht der in Äther löslichen Barytsalze, sowie das des unlöslichen Baryumoleates bestimmt.

Nach Farnsteiner sollen die nach obiger Methode erhaltenen Resultate nicht zuverlässig sein.

5. Bestimmung des flüssigen und festen Anteiles der freien unlöslichen Fettsäuren.

Wurden nach S. 163 ff. die freien Fettsäuren vom Neutralfett getrennt, so kann nach S. 173 ff. in jedem dieser beiden Anteile der Gehalt an flüssigen und an festen Fettsäuren durch Überführung in die Bleisalze usw. bestimmt werden.

Bondzynski und Rufi[1]) bedienen sich für Fette mit geringem Säuregehalte, und zwar namentlich für Butterfett, eines anderen Verfahrens.

10—20 g Fett werden in Äther gelöst, mit trockenem, gelöschtem Kalk versetzt und unter zeitweiligem Umrühren 24 bis 48 Stunden stehen gelassen. Der aus Kalk und den Kalksalzen der Stearinsäure, Palmitinsäure usw. bestehende Niederschlag wird abfiltriert, mit Äther gewaschen, mit verdünnter Schwefelsäure zerlegt, die Fettsäuren samt dem Gips in den Extraktionsapparat gebracht und der Fettgehalt der Mischung in gewohnter Weise bestimmt. Die abfiltrierte, ätherische Lösung, welche das Kalksalz der Ölsäure enthält, wird in einer Platinschale eingedampft, der Rückstand verbrannt und die Asche nach dem Glühen als Kalk gewogen. (Zweckmäßiger dürfte es sein, die Ätherlösung mit verdünnter Schwefelsäure auszuschütteln und den Kalkgehalt des Auszuges durch Fällen mit Ammoniumoxalat zu bestimmen.) Der Kalk wird auf Ölsäure umgerechnet. Die Summe des Gehaltes an freien festen Fettsäuren und an Ölsäure ergibt den Gesamtgehalt an freien Säuren. Die festen Fettsäuren können noch mit $^1/_{10}$-Normallauge titriert und der Kalk aus dem ölsauren Kalk kann ebenfalls auf $^1/_{10}$-Normallauge umgerechnet werden; die Summe der so erhaltenen Zahlen muß mit dem Ergebnisse der direkten Titration des mit Wasser umgeschmolzenen Fettes stimmen.

---

[1]) Zeitschr. f. analyt. Chem. 1890. 1.

6. Ölsäure, Stearinsäure und Palmitinsäure in Mischungen, welche sonst keine andern, nicht flüchtigen Fettsäuren enthalten.

Die hierher gehörigen Methoden sind namentlich für den Betrieb der Stearinfabrikation erdacht worden, doch ist darauf zu achten, daß Destillatstearin beträchtliche Mengen der festen Isoölsäure enthält, welche ebensoviel Jod addiert als die Ölsäure. Bei Gegenwart von Isoölsäure stellt somit in den untenstehenden Formeln O die Summe beider Ölsäuren dar; zur Bestimmung der gewöhnlichen Ölsäure müßte die Trennung durch die Bleisalze vorgenommen werden. Betreffs der Genauigkeit dieser Methode siehe Abschn. 4: „Flüssige und feste Fettsäuren in den unlöslichen Fettsäuren."

Bestimmung des Gehaltes an Ölsäure.

Enthält ein Fett keine anderen nicht flüchtigen Fettsäuren als Palmitinsäure, Stearinsäure und Ölsäure, so läßt sich der Gehalt an Ölsäure auch auf andere Art als durch Extraktion der Bleisalze mit Äther (S. 174) bestimmen und zwar unter Zuhilfenahme der Jodzahl.

Nach v. Hübl. Es wird die Jodzahl des Fettes oder nach dem Vorschlage Leopold Meyers[1]) die Jodzahl der daraus abgeschiedenen Fettsäuren bestimmt. Dieselbe ist für eine Ölsäure der Theorie 89·96, der Versuch ergab damit gut übereinstimmend 89·8 bis 90·5. Die Jodzahl für Oleïn ist 86·10.

Wurde somit für ein Fett eine Jodzahl i gefunden, so kann man seinen Oleïngehalt O und die aus ihm gewinnbare Ölsäuremenge E in Prozenten aus folgenden Formeln berechnen:

$$O = \frac{100}{86·10}\, i \qquad\qquad E = \frac{100\, i}{89·96}$$

oder

$$O = 1·1614\, i \qquad\qquad E = 1·1116\, i$$

Ist i' die Jodzahl der freien Fettsäuren, so ist ihr Ölsäuregehalt:

$$E' = 1·1116\, i'.$$

Nach David[2]). Die Methode beruht darauf, daß sich die festen Fettsäuren (Stearinsäure und Palmitinsäure) schwerer in einem Gemisch von Alkohol und Essigsäure lösen als Ölsäure.

Die zur Trennung benützte Flüssigkeit wird in folgender Weise hergestellt:

In einem in $^1/_{10}$ ccm geteilten Zylinder werden 1 g reine Ölsäure und 3 ccm Alkohol von 95 $^0/_0$ gebracht; es wird nun so lange eine Mischung von gleichen Volumen Eisessig und Wasser tropfenweise zugesetzt, als noch keine Trübung erfolgt. Bei 15 ^{0} C. wird dieser Zusatz

---

[1]) Chem. Zeitg. 1884. 8. 93.
[2]) Compt. rend. 86. 1416.

2·2 ccm Essigsäure betragen können, bei weiterem Zusatz von 0·1 ccm wird aber eine Trübung entstehen und die ganze Ölsäure, also 1 ccm, obenauf schwimmen. Tritt diese Ausscheidung bei dem Mischungsverhältnisse von 3 ccm Alkohol und 2.2 ccm Essigsäure nicht ein, so müssen die Verhältnisse so lange geändert werden, bis sie erfolgt. Ganz anders verhält sich eine alkoholische Stearinlösung, indem sich dieselbe schon bei Zusatz des ersten Essigsäuretropfens zu trüben beginnt.

Es wird nun Alkohol mit Essigsäure in dem ermittelten Verhältnis (300 Alkohol, 220 Essigsäure) gemischt und 1 oder 2 g fein geschabte reine Stearinsäure zugesetzt; beim Gebrauche wird die Flüssigkeit klar vom Bodensatze abgegossen. Die Lösung kann auch in einer Spritzflasche aufbewahrt werden, wobei in dem unteren Ende des Steigrohres ein Stückchen Schwamm oder ein Wattebausch angebracht wird, um die ungelöste Stearinsäure zurückzuhalten.

Zur Ausführung der Analyse wird die abgewogene, fein geschabte Probe bei 15° C. in einem luftdicht verschlossenen Kölbchen unter öfterem Umschütteln mit der Alkoholessigsäuremischung 24 Stunden stehen gelassen. Hierauf wird filtriert, wobei der Trichter mit einer Glasplatte bedeckt zu halten ist, zuerst mit der Alkoholessigsäuremischung, dann mit kaltem Wasser gewaschen; schließlich werden die zurückgebliebenen festen Fettsäuren in eine gewogene Schale gespritzt und auf dem Wasserbade erhitzt. Wenn sich die Stearinsäure als klare ölige Schichte auf der Oberfläche gesammelt hat, wird erkalten gelassen, das Wasser abgegossen, entweder bei 100° C. oder im luftleeren Raume getrocknet und gewogen.

Talg und Palmöl liefern ca. 95% Fettsäuren. Wurden daher von der zu untersuchenden Talg- oder Palmölfettsäure 0·95 g zur Analyse verwendet, so gibt das mit 100 multiplizierte Ergebnis der Wägung direkt die Ausbeute an festen Fettsäuren in Prozenten an, welche die genannten Fette liefern können.

Die Probe muß natürlich mit den freien Fettsäuren vorgenommen werden. Neutralfett darf nicht vorhanden sein.

In ölsäurereichen, flüssigen Fettsäuremengen können nach Versuchen von J. Schuster die festen und flüssigen Fettsäuren nicht in dieser Weise getrennt werden, da dann nicht unbeträchtliche Mengen Stearinsäure in Lösung bleiben.

O. Hehner und C. A. Mitchell[1]) erzielten mit dem Davidschen Gemische, ebenso wie Ulzer überhaupt keine guten Resultate.

Bestimmung des Stearinsäure- und Palmitinsäuregehaltes.

Der Stearinsäuregehalt kann in Mischungen dieser Säure mit niedrigeren gesättigten Fettsäuren (Palmitinsäure mit einbegriffen) und Ölsäure nach O. Hehner und C. A. Mitchell[2]) mit Hilfe von Methylalkohol, welcher mit Stearinsäure bei 0° C. gesättigt worden ist, nach dem folgenden Verfahren ermittelt werden:

---

[1]) Analyst 1896. 316. — [2]) Analyst 1896. 321.

3 g Stearinsäure werden in 1 l warmem, mit 10 $^0/_0$ Holzgeist denaturiertem Alkohol vom spez. Gew. 0·8183 (entsprechend 94·4 Volumsprozenten Alkohol) gelöst. Die Lösung wird in einer verschlossenen Flasche über Nacht in Eiswasser stehen gelassen und dann, noch eingekühlt, mit Hilfe einer Pumpe durch ein mit Kattun verbundenes Glasrohr von den abgesetzten Stearinsäurekristallen abgesaugt. Hierauf werden 0·5—1 g von festen oder 5 g von flüssigen Fettsäuren abgewogen und in einer Flasche in 100 ccm des in der beschriebenen Weise mit Stearinsäure gesättigten Methylalkohols gelöst und die Lösung wieder über Nacht in Eiswasser gestellt. Am nächsten Morgen wird die Lösung im Eiswasser durchgeschüttelt, wodurch die Kristallisation befördert wird. Hierauf wird die Flasche noch $^1/_2$ Stunde in Eiswasser belassen und in der früher beschriebenen Weise die Hauptmenge der Lösung filtrierend abgezogen. Die Kristalle in der Flasche werden dreimal hintereinander unter fortwährendem Kühlen mit je 10 ccm des mit Stearinsäure gesättigten Methylalkohols gewaschen. Die an dem zur Filtration benutzten Filtrierröhrchen haftenden Kristalle werden hierauf mit warmem Alkohol in die Flasche gespült, und die Stearinsäure wird nach dem Verdampfen des Alkohols bei 100° C. getrocknet und gewogen. Der Schmelzpunkt der Säure soll nicht viel unter 68·5° C. liegen. Als Korrektur für die von den Kristallen zurückgehaltene kleine Menge Stearinsäure aus dem damit gesättigten Alkohol werden vom Rückstandsgewichte 0·005 g in Abzug gebracht.

Nach H. Kreis und A. Hafner[1]) fallen die Resultate nach dem Verfahren von Hehner und Mitchell, zu welchem sie Alkohol von 95 Volumenprozenten verwendeten, nur dann befriedigend aus, wenn der Stearinsäuregehalt der zu untersuchenden Proben, von welchen 0·5 g zur Analyse verwendet werden sollen, nicht unter 0·1 g beträgt, da sie bei geringerem Stearinsäuregehalte durch Übersättigungserscheinungen ungünstig beeinflußt werden.

Die Palmitinsäure läßt sich in einem Säuregemenge, welches nur aus Palmitinsäure und Stearinsäure besteht, unter Voraussetzung eines sehr genauen Arbeitens aus dem nach S. 169 bestimmten Molekulargewichte berechnen.

Diese Methode ist überdies noch in allen anderen Fällen verwendbar, wo zwei Säuren miteinander gemischt sind, deren Molekulargewichte nicht sehr nahe aneinanderliegen.

m sei das durch Titration von mindestens 5 g der Fettsäuren gefundene, mittlere Molekulargewicht des Gemisches, m_1 das Molekulargewicht der einen Säure, x der Prozentgehalt der Mischung an dieser Säure, m_2 und y seien die entsprechenden Zahlen für die zweite Säure. Es ist dann

$$x + y = 100$$

$$\frac{x}{m_1} + \frac{y}{m_2} = \frac{100}{m}$$

<hr>

[1]) Zeitschr. f. Unters. d. Nahrungs- u. Genußmittel. 1903. 6. 22.

und daraus

$$x = 100 \, \frac{m_1 \, (m - m_2)}{m \, (m_1 - m_2)}$$

und

$$y = 100 \, \frac{m_2 \, (m_1 - m)}{m \, (m_1 - m_2)} \, .$$

Würden z. B. für 5 g eines Palmitin-Stearinsäuregemenges 37·75 ccm $^1/_2$-Normallauge verbraucht und daraus das mittlere Molekulargewicht $m = 264·9$ berechnet, so ist, weil $m_1 = 284·29$ und $m_2 = 256·26$

$$x = 100 \, \cdot \, \frac{284·29 \, (264·9 - 256·26)}{264·9 \, (284·29 - 256·26)} = 33·08 \, .$$

Das Fettsäuregemenge besteht demnach aus 66·92 Prozenten Palmitinsäure und 33·08 Prozenten Stearinsäure.

Diese im Prinzipe sehr einfache Methode, welche zuerst von Hausemann und dann von Zulkowsky vorgeschlagen worden ist, gibt keine scharfen Resultate, nachdem die Rechnung ergibt, daß eine ganz geringe Beimengung eines fremden Körpers, z. B. eines Kohlenwasserstoffes, schon bedeutende Differenzen veranlaßt, und daß ein Titrierfehler von nur 0·1 ccm Normallauge bei Anwendung von 5 g Substanz schon einen Fehler bis nahe an 3 $^0/_0$ gibt.

Dagegen ist das Verfahren bei Gegenwart geringer Mengen Ölsäure zur Bestimmung des Palmitinsäuregehaltes noch zulässig, da deren Molekulargewicht 282·27 von dem der Stearinsäure 284·29 nur wenig abweicht.

Auch der Schmelzpunkt, sowie der Erstarrungspunkt eines vollkommen ölsäurefreien Gemisches von Palmitinsäure und Stearinsäure geben ein ungefähres Urteil über dessen Zusammensetzung, wie aus der folgenden, von Heintz[1]) gegebenen Tabelle hervorgeht:

Stearinsäure in Prozenten	Palmitinsäure in Prozenten	Schmilzt bei	Erstarrt bei
100	0	69·2° C.	— ° C.
90	10	67·2 „	62·5 „
80	20	65·3 „	60·3 „
70	30	62·9 „	59·3 „
60	40	60·3 „	56·5 „
50	50	56·6 „	55 „
40	60	56·3 „	54·5 „
32·5	67·5	55·2 „	54 „
30	70	55·1 „	54 „
20	80	57·5 „	53·8 „
10	90	60·1 „	54·5 „
0	100	62·0 „	— „

Sind Ölsäure, Palmitinsäure und Stearinsäure miteinander gemischt, so kann man aus der Jodzahl und dem mittleren Molekular-

---

[1]) Ann. Chem. Pharm. 92. 295.

gewichte m die Prozentgehalte von allen drei Säuren berechnen.[1]) Bedeutet O den aus der Jodzahl berechneten Ölsäuregehalt, x und y die Prozentgehalte an Stearinsäure und Palmitinsäure, so ist

$$x + y = 100 - O$$

$$\frac{x}{284 \cdot 29} + \frac{y}{256 \cdot 26} + \frac{O}{282 \cdot 27} = \frac{100}{m}$$

und daraus

$$x = \frac{m\,(1\,003\,083 - 924\,O) - 257\,050\,000}{989\,m}$$

Für die Kerzenfabrikation ist das Verhältnis der festen Fettsäuren (Stearin) zu den flüssigen (Oleïn) besonders wichtig. Zur raschen Beurteilung desselben wird eine Schmelzpunkts- oder besser noch eine Erstarrungspunktsbestimmung vorgenommen und das Resultat mit Tabellen verglichen, welche zu diesem Zwecke auf empirischem Wege ausgearbeitet worden sind und die Schmelz- oder Erstarrungspunkte für alle Verhältnisse von Stearin und Oleïn enthalten. Die für ein Fett, z. B. Talg, gefundenen Zahlen sind dabei nicht ohne weiteres auf ein anderes Fett, z. B. Palmöl, anwendbar, weil nicht nur das Verhältnis der festen Fettsäuren zur Ölsäure, sondern auch das der Stearinsäure zur Palmitinsäure variiert und ferner minimale, bei den anderen Untersuchungen zu vernachlässigende Beimengungen schon bedeutende Abweichungen in den Schmelz- und Erstarrungspunkten geben. (Vgl. Talg und Palmöl.)

7. Bestimmung der einzelnen ungesättigten Fettsäuren in Mischungen von solchen.

Eine sichere quantitative Bestimmung von flüssigen, ungesättigten Fettsäuren in einer Mischung von mehr als zwei solchen Fettsäuren ist nach dem heutigen Stande der Wissenschaft nicht möglich.

Es wäre wohl theorctisch denkbar, beispielsweise in einer Mischung von drei ungesättigten Fettsäuren von bekanntem Molekulargewichte und bekannter Jodzahl die Mengen der drei Fettsäuren zu berechnen, nachdem das mittlere Molekulargewicht und die Jodzahl des Fettsäuregemisches bestimmt worden sind, von praktischem Werte wird aber das Resultat einer solchen Berechnung in der großen Mehrzahl der Fälle darum nicht sein können, weil die mittleren Molekulargewichte der wichtigsten ungesättigten Fettsäuren (der Ölsäure, Linolsäure und der beiden Linolensäuren) so wenig voneinander verschieden sind, daß selbst die kleinsten Analysenfehler, welche nie ausgeschlossen werden können, einen höchst bedeutenden Einfluß auf das Resultat ausüben werden. Außerdem würde die Gegenwart von selbst sehr geringen Mengen von Verunreinigungen, wie z. B. Kohlenwasserstoffen, bewirken, daß die Berechnung gänzlich unrichtige Resultate ergibt.

---

[1]) Leopold Mayer, Chem.-Zeitg. 1884. 8. 1667.

Das Mengenverhältnis von nur zwei ungesättigten Fettsäuren mit bekannten, nicht zu wenig voneinander verschiedenen Jodzahlen in einer Mischung läßt sich aus der Jodzahl des Gemenges mit ziemlicher Genauigkeit berechnen.

Wenn nämlich x und y die Mengen der beiden zu bestimmenden Fettsäuren und i_1 und i_2 ihre bekannten Jodzahlen bedeuten, so wird

$$x + y = 100$$

und

$$\frac{xi_1}{100} + \frac{y \cdot i_2}{100} = J$$

gesetzt werden können, wobei unter J die Jodzahl der Mischung verstanden ist.

Hieraus ergibt sich

$$x = \frac{100\, i_2 - 100\, J}{i_2 - i_1}.$$

Twitchell[1]) trennt die Bleisalze der ungesättigten Fettsäuren in der Weise in Fraktionen, daß er die heiße alkoholische Lösung derselben bei 15^0 C. und 0^0 C. stehen läßt, wobei partielle Abscheidungen von Bleiseifen eintreten. Von den diesen Fraktionen entsprechenden Fettsäuren werden die Jodzahlen ermittelt und aus diesen Schlüsse auf die prozentische Zusammensetzung gezogen. Da die nach diesem Verfahren durchgeführte Untersuchung der Schweinefettsäuren keine sehr wahrscheinlichen Resultate ergab, so kann von der eingehenden Beschreibung dieses Verfahrens hier abgesehen werden.

K. Farnsteiner[2]) hat verschiedene Versuche zur Trennung von ungesättigten Fettsäuren voneinander durchgeführt. Wenn auch diese Versuche zu einer sicheren quantitativen Bestimmung der einzelnen ungesättigten Fettsäuren in Mischungen von solchen nicht führten, so bieten sie doch einiges Interesse und müssen aus diesem Grunde hier besprochen werden.

Die drei den Versuchen von Farnsteiner zugrunde liegenden Ideen waren die folgenden:

1. Die Ölsäure und ihre Homologen in Mischungen mit anderen ungesättigten Fettsäuren möglichst quantitativ in Elaïdinsäure und ihre Homologen überzuführen, und eine Trennung dieser Säuren von den anderen durch die geringere Löslichkeit der Bleisalze dieser Säuren in Benzol zu bewerkstelligen.

Die größte Ausbeute (87—90 Prozent) an Fettsäuren der Elaïdinsäurereihe (d. h. an Fettsäuren mit in Äther und Benzol unlöslichen Bleisalzen) wurde unter diesen Versuchen durch direkte Behandlung der Fettsäuren mit der das Stickstoffoxyd liefernden Salpetersäure (z. B. nach Finkener) erhalten. Reines aus Stickoxyd und Sauerstoff hergestelltes Stickstoffdioxyd lieferte (bei Verwendung von 20—25 ccm von 10^0—20^0 C.

---

[1]) Journ. Soc. Chem. Ind. 1895. 515.
[2]) Zeitschr. f. Unters. d. Nahrungs- u. Genußm. 1899. 2. 1 u. 1903. 6. 161.

pro 1 g Ölsäure) 82—86 Prozent reiner Elaïdinsäure. Gemische mit Linolsäure benötigen größere Mengen Stickstoffdioxyd.

2. Versuch zur Trennung der Ölsäure von den stärker ungesättigten Fettsäuren (der Linolsäure und den Linolensäuren), gegründet auf der geringen Löslichkeit des Barytsalzes der Ölsäure in einer kalten Mischung von 95 % Benzol und 5 % 95 prozentigem Alkohol. In dieser Mischung löst sich der ölsaure Baryt wohl in der Wärme auf, bei 9° beziehungsweise 11° C. verbleiben jedoch nur 0·018 bzw. 0·02 g des Salzes in dem Lösungsmittel gelöst. Die Barytsalze der angeführten, stärker ungesättigten Fettsäuren bleiben unter gleichen Verhältnissen in der Benzol-Alkoholmischung völlig gelöst. Durch Trennung der festen Fettsäuren von den flüssigen nach der Bleiseifenmethode und der Ölsäure von den stärker ungesättigten Fettsäuren nach dem angeführten Verfahren fand Farnsteiner in

	Feste Fettsäuren	Ölsäure	Stärker ungesättigte Fettsäuren
Olivenöl	9·95 %	70·9 %	14·9 %
Erdnußöl	(nicht bestimmt)	44·5 %	30·3 %
Schweinefett	42·2 %	39·2 %	13·9 %
Kakaobutter	59·7 %	31·2 %	6·3 %

Von diesen Resultaten fallen besonders die hohen Gehalte an stark ungesättigten Fettsäuren auf, welche mit den Jodzahlen der Fette nicht im Einklange stehen.

3. Nachdem bereits früher Hehner und Mitchell Versuche angestellt hatten, Linolensäuren in Form ihres Hexabromids von flüssigen Fettsäuren zu trennen, hat K. Farnsteiner die verschiedene Löslichlichkeit der Bromide einiger ungesättigter Fettsäuren zur Trennung derselben benützt. Zur Bromierung wurden die in Chloroform gelösten Säuren (1 g Säure in 10 ccm Chloroform) mit Brom (ca. 1 g Brom in 20 ccm Chloroform) im Überschuß bei Zimmertemperatur versetzt und nach einigem Stehen das Lösungsmittel und der Bromüberschuß verdampft. Der Rückstand wurde mit 50 ccm Petroläther unter Erwärmen aufgenommen, die petrolätherische Lösung blieb über Nacht stehen und wurde nach mehrstündiger Kühlung durch Eis auf 12° C. filtriert und mit gekühltem Petroläther nachgewaschen. Das Linolsäuretetrabromid verbleibt unter diesen Verhältnissen im unlöslichen Rückstande und wird aus Petroläther umkristallisiert. Den Schmelzpunkt des Linolsäuretetrabromids gibt Farnsteiner wie Hazura zu 114° C. an. Wenn man Brom in großem Überschusse auf Linolsäuretetrabromid einwirken läßt, so bilden sich Bromprodukte (vermutlich Substitutionsprodukte), welche in Petroläther löslich sind. Aus diesem Grunde ist ein größerer Bromüberschuß beim Bromieren möglichst zu vermeiden.

Zur Charakterisierung der Linolensäuren kann der Schmelzpunkt des Linolensäurehexabromides, 177° C., dienen, welches aus Linolensäure durch Bromierung gebildet wird und in heißem Petroläther unlöslich, in heißem Benzol schwerlöslich ist. Die noch stärker ungesättigten Fettsäuren geben bei der Bromierung Bromide, welche in den gebräuchlichen ätherischen Lösungsmitteln unlöslich sind.

Zur Bestimmung von Linolsäure in Fetten mit Hilfe des Bromierungsverfahrens empfiehlt **Farnsteiner** bei festen Fetten und solchen flüssigen Fetten, welche viel Ölsäure enthalten, erst die festen Fettsäuren nebst der Ölsäure als Barytsalze in benzolalkoholischer Lösung abzuscheiden, wodurch die zu bromierenden Säuren an Linol- und Linolensäuren angereichert werden.

Nach dem Bromierungsverfahren wurden gefunden:

in Cottonöl. . 17·3—18·2 % Linolsäure (Schmelzp. des Bromids 113—114º C.)
„ Sesamöl . .   12·6 „   „   („   „   „   109—111 „)
„ Erdnußöl .   6 „   „   („   „   „   113·5 „)

Bei Olivenöl ergab sich neben dem bei 113º C. schmelzenden Bromid noch ein unlöslicher Rückstand, wahrscheinlich Linolensäurehexabromid. Aus Rüböl wurde kein Tetra-, sondern nur ein Hexabromid erhalten. Im Senföle wurden 4·5 % Linolsäure und 4 % Linolensäure gefunden. In der Butter ließ sich keine Linolsäure, aber mit großer Wahrscheinlichkeit Linolensäure, und im Schweinefett wenig Linolsäure und wahrscheinlich auch Linolensäure nachweisen. Auch im Rindertalg soll sich die letztere Säure finden.

Die vorstehend angeführten Versuchsergebnisse bedürfen noch der Bestätigung.

Nach **Partheil**[1]) lassen sich die Leinölsäuren durch die leichte Löslichkeit ihrer Barytsalze in wasserhältigem Äther von der Ölsäure trennen.

8. Oxyfettsäuren.

Fahrion[2]) hat bei oxydiertem Leinöl versucht, eine Trennung der Oxyfettsäuren von den übrigen Fettsäuren auf die Unlöslichkeit der Oxyfettsäuren in Petroläther zu gründen.

3—5 g des Fettes werden mit alkoholischer Kalilauge verseift, der Alkohol abgedampft, die Seife in 50—70 ccm siedendem Wasser gelöst und mit verdünnter Salzsäure zerlegt. Nach dem Erkalten wird mit 100 ccm nicht über 80º C. siedendem Petroläther ausgeschüttelt und die beiden Schichten bis zur Trennung der Ruhe überlassen. Die wässerige Schichte wird abgelassen, und die in Petroläther unlöslich hinterbleibenden Oxyfettsäuren werden mit Petroläther gewaschen, in warmem Alkohol gelöst, der Alkohol abgedampft, und der Rückstand bei 100º—105º C. getrocknet und gewogen.

Eine derartige Trennung ist jedoch nur bei denjenigen Oxyfettsäuren möglich, bei welchen die obige Voraussetzung (Unlöslichkeit in Petroläther) wirklich zutrifft. Dies ist beispielsweise der Fall für Oxystearinsäure und Dioxystearinsäure, welche in kaltem Petroläther nur sehr wenig löslich sind, es ist jedoch nicht der Fall bei Ricinolsäure, deren Löslichkeit in Petroläther nicht unbedeutend ist.

---

[1]) Chem. Zeitg. 1902. 26. 746.
[2]) Chem. Zeitg. 1891. 15. 273.

Aus der Acetylzahl läßt sich unter der Voraussetzung, daß die acetylierten Fettsäuren keine Anhydride enthalten, und daß das Fettsäuregemenge nur eine Oxyfettsäure von bekanntem Molekulargewichte M enthält, der näherungsweise Gehalt derselben in einfacher Weise berechnen.

Es sei

ξ der Prozentgehalt der nicht acetylierten Fettmasse an durch Acetyl ersetzbarem Wasserstoff,

a die Anzahl der durch Acetyl ersetzbaren Wasserstoffatome,

X deren Prozentgehalt an einer Oxysäure vom Molekulargewicht M,

c die reine Acetylzahl,

b diejenige Menge Wasserstoff, welche dem in Prozenten ausgedrückten Acetylgehalt in der acetylierten Probe äquivalent ist.

Aus 100 Teilen der nicht acetylierten Substanz entstehen $100 + 42 \cdot 02\, \xi$ Teile acetyliertes Produkt, da Acetyl C_2H_3O das Äquivalent $43 \cdot 024$ hat und somit die Gewichtsvermehrung für jedes Prozent Wasserstoff $43 \cdot 024 - 1 \cdot 008 = 42 \cdot 016$ oder rund $42 \cdot 02$ beträgt.

Daraus folgt

$$\xi : b = 100 + 42 \cdot 02\, \xi : 100$$

$$\xi = \frac{100\, b}{100 - 42 \cdot 02\, b} \quad \cdots \cdots \quad (1)$$

Da die Acetylzahl die zur Abspaltung des Essigsäureesters notwendige Menge Kalihydrat in Zehntelprozenten angibt, so ist die dem Acetyl entsprechende Wasserstoffmenge

$$b = \frac{c}{10} : 56 \cdot 16 = \frac{c}{561 \cdot 6}.$$

Ferner ist

$$X = \frac{\xi}{a} \cdot M \quad \text{und} \quad \xi = \frac{a\,X}{M}.$$

Setzt man diese Werte in Formel (1) ein, so erhält man

$$X = \frac{100\, c\, M}{a\, (56\,160 - 42 \cdot 02\, c)} \quad \cdots \cdots \quad (2)$$

Beispiel. Ein oxystearinsäurehaltiges Fettsäuregemisch zeige die Acetylzahl 30. Das Molekulargewicht der Oxystearinsäure $C_{18}H_{36}O_3$ ist $300 \cdot 29$, und da $a = 1$, ist

$$X = \frac{100 \cdot 30 \cdot 300 \cdot 29}{56\,160 - 42 \cdot 02 \cdot 30} = 16 \cdot 41\,^0/_0.$$

Die auf diesem Wege erhaltenen Resultate dürften jedoch in vielen Fällen nicht ganz exakt sein,[1] da die Acetylsäurezahlen oxyfettsäurehaltiger Gemische meist niedriger gefunden werden, als es der Theorie entspricht. Ricinusöl hat z. B.:

---

[1] Chem. Zeitg. 1890. 14. Nr. 51.

Acetylsäurezahl 142.8
Acetylverseifungszahl 296·2
Acetylzahl 153·4

Die Verseifungszahl der nicht acetylierten Säuren ist 177·4; es findet somit eine Erniedrigung der Säurezahl um 177·4 — 142·8 = 34·6 statt, welche durch die Erhöhung des Molekulargewichtes infolge des Eintrittes der Acetylgruppe nicht vollständig gedeckt wird. Für eine Acetylricinusölsäure wären die Zahlen nämlich:

Acetylsäurezahl 165·04
Acetylverseifungszahl 330·08
Acetylzahl 165·04

Zur quantitativen Bestimmung des Ricinusöles in Fettgemischen erscheint dies irrelevant, da die empirisch ermittelte Acetylzahl für reines Ricinusöl (153·4) in Rechnung gezogen wird. Soll hingegen der Oxyfettsäuregehalt einer Mischung bestimmt werden, so könnten bei Befolgung dieser Berechnungsweise möglicherweise nicht unbeträchtliche Fehler entstehen. Wird nach einem plausiblen Erklärungsgrund für das starke Herabgehen der Säurezahl gesucht, so liegt zunächst die Annahme nahe, daß derselbe in der Bildung von inneren Anhydriden liegt. Da Fettsäuren, welche keine Hydroxylgruppen enthalten, stets gleiche Säure- und Verseifungszahl haben, ist die Bildung von Anhydriden aus zwei Molekülen von der Formel $HO — R — CO — O — CO — R — OH$ so gut wie ausgeschlossen. Die Anhydride können daher nur lactonartiger Natur sein, also der Formel $R \diagup\!\!\!\!\diagdown\; \genfrac{}{}{0pt}{}{O}{COO}\;$ entsprechen.

Eine Mischung von viel Acetyloxyfettsäure mit wenig Anhydrid wird aber nahezu dieselbe Acetylzahl liefern, wie die reine Acetyloxysäure, da die Acetyl-, respektive die Ätherzahlen für beide Verbindungen selbst nicht allzuweit differieren. Acetylricinusölsäure und Ricinusölsäureanhydrid geben z. B. folgende Zahlen:

	Acetylricinusölsäure	Anhydrid
Säurezahl	165·04	0
Verseifungszahl	330·08	200·39
Acetylzahl	165·04	200·39

Die Acetylsäurezahl des Ricinusöles wurde zu 142·8 gefunden, während sie nach der Rechnung ca. 168 sein sollte, es wären demnach ca. $15\,^0/_0$ der Ricinusölsäure der Acetylierung entgangen und anhydrisiert worden.

Eine Mischung von 85 Teilen Acetylricinusölsäure und 15 Teilen Ricinusölsäureanhydrid hätte die Acetylzahl

$$\frac{85}{100} \cdot 165·04 + \frac{15}{100} \cdot 200·39 = 170·34,$$

reine Acetylricinusölsäure die Acetylzahl 165·04. Der Fehler bei der Berechnung würde demnach $3·2\,^0/_0$ von dem Gehalte des Fettes an Ricinusölsäure betragen, eine Differenz, welche hier gewiß zulässig ist. Wird die Anhydridbildung als erwiesen angenommen, so kann die Menge des Anhydrids übrigens aus der Acetylzahl und Acetylsäurezahl erschlossen und mit in Rechnung gezogen werden, so daß auch diese Differenz vollständig verschwindet.

Der Vollständigkeit halber seien hier noch die Versuche Lidoffs[1] erwähnt, welcher zur Bestimmung der Oxyfettsäuren in Fetten diese mit reinen Fettsäuren, z. B. Palmitinsäure oder Stearinsäure, in gewogenen Mengen erhitzte und dadurch die Esterifizierung der Hydroxylgruppen erzielte. Von den erhitzten Gemengen wurde die Säurezahl ermittelt, welche natürlich niedriger war, als vor der Esterifizierung. Um eine etwaige Erniedrigung der Säurezahl selbst in die Berechnung einbeziehen zu können, wurde in einem blinden Versuche die Fettsäure durch die gleiche Zeit auf dieselbe Temperatur erhitzt wie das Gemenge. Aus dem Rückgang der Säurezahl konnten Schlüsse auf die Menge der vorhandenen Oxyfettsäuren gezogen werden. Lidoff selbst erklärt jedoch dieses Verfahren für quantitative Zwecke als nicht geeignet, da unter verschiedenen Versuchsbedingungen sich sehr verschiedene Erniedrigungen der Säurezahlen ergaben. Außerdem muß berücksichtigt werden, daß bei Verwendung der Fette zu diesen Versuchen für den Fall der Gegenwart von Diglyceriden auch die Möglichkeit vorhanden ist, daß die freie Hydroxylgruppe des Glycerins esterifiziert wird.

9. Lactone.

In einigen Produkten der Fettindustrie, namentlich im Türkischrotöl und im Stearin, welches nach v. Schmidts Verfahren dargestellt wurde, ist Stearolacton, das innere Anhydrid der γ-Oxystearinsäure, in beträchtlicher Menge enthalten. Seine Bestimmung in Fetten oder Fettsäuregemischen kann maßanalytisch oder gewichtsanalytisch erfolgen.[2]

Maßanalytische Bestimmung des Stearolactons. Bei den aus einem Fett nach S. 52 abgeschiedenen unlöslichen Fettsäuren ist in den meisten Fällen die Verseifungszahl der Säurezahl sehr naheliegend und somit die Ätherzahl äußerst niedrig. Sind dem Säuregemisch lactonartige Anhydride beigemengt, welche durch Alkalien zwar in die Salze der entsprechenden Oxysäuren übergeführt werden, sich aber sofort zurückbilden, wenn die Salze durch Säuren zerlegt werden, so kommt auch den „unlöslichen Fettsäuren" noch eine höhere Ätherzahl zu, und man kann aus dieser den Lactongehalt berechnen.

Da diese Ätherzahl nicht verschwindet, wenn man die Fettsäuren mit überschüssiger Lauge verseift und durch Säuren wieder abscheidet, ist sie „konstante Ätherzahl" und die zugehörige Säure- und Verseifungszahl „konstante Säurezahl" und „konstante Verseifungszahl" genannt worden.

Die konstante Verseifungszahl eines Fettsäuregemisches sei 190, die konstante Säurezahl 140, die konstante Ätherzahl demnach 50. Reines Stearolacton hat die Ätherzahl 198·96, folglich enthält die Substanz $5000 : 198{\cdot}96 = 25{\cdot}13\,^0/_0$ Stearolacton.

---

[1] Rev. üb. d. Fett- u. Harz-Ind. 1900. 7. 163.
[2] Benedikt, Monatshefte für Chemie 11. 71.

Gewichtsanalytische Bestimmung des Stearolactons. 10 bis 100 g des Fettes oder Fettsäuregemisches werden mit überschüssiger alkoholischer Kalilauge verseift, mit etwas Wasser verdünnt und zur Entfernung unverseifbarer Beimengungen mehrmals mit Petroleumäther extrahiert.

Die mit Petroleumäther extrahierte, stark alkalische, weingeistige Seifenlösung wird mit heißem Wasser verdünnt, mit Salzsäure angesäuert und auf dem Wasserbade bis zur vollständigen Vertreibung des Alkohols eingedampft. Die aufschwimmende Fettschichte wird abgehoben, mit Wasser gewaschen und nun auf das genaueste mit Natronlauge neutralisiert, da schon der geringste Überschuß einen Teil des Anhydrides verseifen und damit der nachfolgenden Extraktion entziehen würde. Zu diesem Zwecke wird die ganze Substanz in 500 ccm Weingeist gelöst, davon 50 ccm abgemessen, mit Phenolphthaleïn versetzt und mittels einer Bürette mit einer verdünnten, nicht titrierten Natronlauge bis zur beginnenden Rotfärbung versetzt. Aus der für 50 ccm verbrauchten Anzahl Kubikzentimeter wird die für die restlichen 450 ccm notwendige Menge Natronlauge berechnet und nun der größte Teil derselben unter Umrühren auf einmal zugegeben; dann wird tropfenweise zu Ende titriert. 50 ccm verbrauchten z. B. 39·4 ccm Lauge, somit waren für den Rest $9 \times 39·4 = 354·6$ ccm notwendig. Man konnte somit nach Vereinigung der beiden Partien 340 ccm auf einmal zufließen lassen und sodann vorsichtig zu Ende titrieren. Die Flüssigkeit wird nun in gewöhnlicher Weise mit Petroleumäther extrahiert und der Extrakt nach dem Verdampfen des Äthers und Trocknen gewogen. Endlich kann man noch die Verseifungszahl des Rückstandes bestimmen, dessen Säurezahl gleich Null sein muß.

Der Stearolactongehalt kann ferner aus der Acetylzahl berechnet werden, wenn die Gegenwart anderer acetylierbarer Körper ausgeschlossen ist.

10. Glycerin.

Der Glyceringehalt eines Fettes oder die Glycerinausbeute, welche ein Fett ergibt, kann nach verschiedenen Methoden, und zwar auf direktem oder indirektem Wege, bestimmt werden.

a) Direkte Glycerinbestimmung durch Extraktion.

Nach den älteren Methoden der direkten Bestimmung des Glycerins wird dasselbe in mehr oder weniger reinem Zustande aus dem Fette abgeschieden (Chevreul). Diese Methoden sind wohl zum qualitativen Nachweis des Glycerins geeignet, indem das danach erhaltene Produkt mittels der im Abschnitt IX unter M beschriebenen Reaktionen auf Glycerin geprüft werden kann; sie eignen sich jedoch nicht zur quantitativen Bestimmung des Glycerins, da sie stets zu niedrige Zahlen liefern, was zumeist durch die, wenn auch geringe Flüchtigkeit des Glycerins bei

100° C. begründet ist. Die Methode von David[1]), welche diese Fehlerquelle vermeidet, gibt ebenfalls meist zu niedrige Glycerinausbeuten, weil die Verseifung mit Barythydrat selten vollständig ist.

Eine Methode zur direkten Bestimmung des Glycerins, welche auch strengeren Anforderungen genügt, wurde von Shukoff und Schestakoff[2]) ausgearbeitet. Dieselbe beruht darauf, daß Glycerin oder ein glycerinhaltiges Analysenmaterial mit pulverförmigem, durch Ausglühen entwässertem Natriumsulfat eine Masse ergeben, welche beim Extrahieren mit trockenem Aceton im Soxhletschen Apparat das ganze Glycerin dem Aceton abgibt. Das Aceton läßt sich leicht vom Glycerin abdestillieren, und es bleibt nur noch das durch direkte Wägung zu bestimmende Glycerin übrig.

Shukoff und Schestakoff verfahren in folgender Weise: Ist die zu analysierende Lösung alkalisch, so wird sie mit Schwefelsäure schwach sauer gemacht, von etwaigem Niederschlag, resp. Trübung abfiltriert und mit Pottasche bis zur schwach alkalischen Reaktion versetzt. Saure Flüssigkeiten werden ebenso vorher mit Pottasche schwach alkalisch gemacht.

Die so erhaltene Lösung wird bei einer 80° C. nicht übersteigenden Temperatur, also z. B. auf einem Wasserbade, das aber nicht bis zum Kochen erhitzt werden darf, bis zur Sirupdicke eingedampft; bei Lösungen, welche dabei Salze ausscheiden (Seifenunterlaugen), dampft man bis zu breiiger Konsistenz ein; es ist besonders darauf zu achten, daß dieses Eindampfen bei nicht zu hoher Temperatur, resp. nicht zu lange geschieht, denn es können bei nicht ganz vorsichtigem Arbeiten beträchtliche Glycerinverluste eintreten.

Die Verfasser nehmen so viel vom Ausgangsmaterial, daß die resultierende Menge reinen Glycerins 1 g nicht übersteigt; bei solcher Quantität genügt es, die abgedampfte Flüssigkeit mit 20 g geglühtem und gepulvertem Natriumsulfat zu vermischen, um eine fast trockene pulverförmige Masse zu erhalten, die sich leicht in die Papierhülse des Soxhletschen Extraktionsapparates einfüllen läßt. Sie gebrauchen einen Apparat, in den eine Hülse von 2 × 10 cm paßt (Fig. 61). Der Apparat sowie die Kölbchen müssen geschliffene Glasstöpsel haben, da Gummi- und Korkstöpsel vom Aceton stark angegriffen werden. Die Extraktion geschieht mit Aceton, welches vorher mit geglühter Pottasche gut getrocknet und überdestilliert wurde; sie dauert 4 Stunden. Sollte nach dem Abdestillieren des Acetons das Glycerin auf der Oberfläche Fetttröpfchen zeigen, so sind diese leicht durch Abspülen mit leicht siedendem Petroläther zu entfernen. Das Glycerin wird jetzt in dem

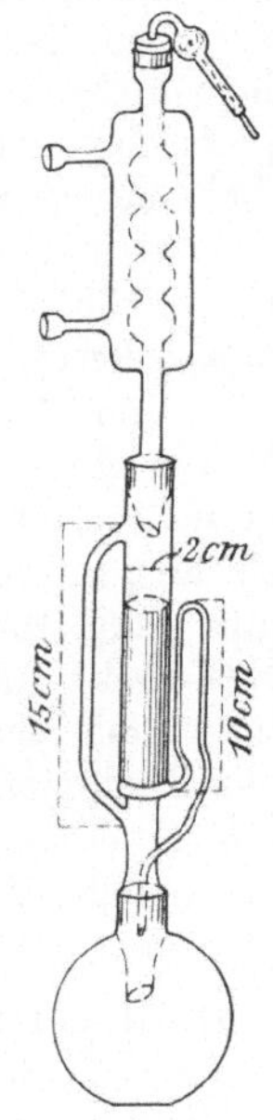

Fig. 61.

---

[1]) Compt. rend. 94. 1477.
[2]) Zeitschr. f. angew. Chem. 1905. 18. 294.

Extraktionskölbchen in einem Luftbade bei 75⁰—80⁰ C. bis zum annähernd konstanten Gewicht getrocknet, was in 4—5 Stunden erreicht wird; es ist dabei besonders achtzugeben, daß die Temperatur der Kölbchen wirklich diese Grenze nicht übersteigt; deshalb ist genau zu beachten, daß die Thermometerkugel dicht bei dem Boden des Kölbchens angebracht sei. Das Glycerin wird nun gewogen, wobei zu berücksichtigen ist, daß das Kölbchen mit einem eingeschliffenen Glasstöpsel verschlossen werden muß.

Das so erhaltene Glycerin ist bei exaktem und vorsichtigem Arbeiten vollkommen aschefrei.

Bei Lösungen, welche mehr als $40^0/_0$ Glycerin enthalten, ist ein vorheriges Eindampfen überflüssig; die Lösung kann direkt mit Natriumsulfat vermischt werden.

Zur Bestimmung des Glyceringehaltes eines Fettes empfiehlt es sich daher ungefähr 8—10 g Fett mit der entsprechenden Menge Kalilauge unter Zusatz von Alkohol zu verseifen, die gebildete Seife nach dem vollständigen Verjagen des Alkohols in heißem Wasser zu lösen und die Fettsäuren durch Hinzufügen von verdünnter Schwefelsäure abzuscheiden; nachdem die Fettsäuren klar geschmolzen sind, wird durch ein vorerst mit heißem Wasser gefülltes Filter filtriert, mit kochendem Wasser nachgewaschen und das mit den Waschwässern vereinigte Filtrat obiger Behandlung zugeführt.

Shukoff und Schestakoff fanden nach ihrer Methode in Hammeltalg $10 \cdot 35^0/_0$, in Knochenfett $5 \cdot 80^0/_0$ Glycerin gegen aus der Ätherzahl dieser Fette berechnete $10 \cdot 70^0/_0$, bezüglich $5 \cdot 87^0/_0$ Glycerin.

Von den indirekten Methoden zur Bestimmung des Glycerins in Fetten gibt die Glycerinbestimmung durch Titrieren mit Ätzkali sehr gute Resultate, wenn das Fett ganz frei von wachsartigen Bestandteilen ist und im frischen Zustande untersucht wird; bei alten ranzigen Fetten gibt auch diese Methode unbrauchbare Resultate. Das Verfahren von Benedikt und Cantor (s. Rohglycerin, Abschn. IX) und das Hehnersche Bichromatverfahren geben befriedigende Zahlen; maßgebend dürfte die Jodidmethode von Zeisel und Fanto werden. Die Ermittlung des Glyceringehaltes nach Benedikt und Zsigmondy gibt wohl nur bei reinem Glycerin einwandfreie Zahlen.

b) Glycerinbestimmung durch Titration mit Ätzkali und unter Anwendung von Natriumalkoholat.

Diese Methode, eine Anwendung des von Köttstorfer zur Unterscheidung der Fette vorgeschlagenen Verfahrens (S. 128), gründet sich auf die Fundamentalgleichung, nach welcher die Verseifung der Fette erfolgt:

$$C_3H_5(OR)_3 + 3\,KOH = 3\,R \cdot OK + C_3H_5(OH)_3$$

Fett   Kaliseife   Glycerin

worin R ein beliebiges Fettsäureradikal bezeichnet. Danach sind drei Moleküle Kalihydrat einem Molekül Glycerin äquivalent; somit entsprechen 168·48 g Kalihydrat 92·06 g Glycerin oder 1 g Kalihydrat 0·54642 g Glycerin.[1])

Es ist somit die Ätherzahl d, das ist die Differenz der Verseifungszahl und der Säurezahl, zu bestimmen, woraus sich der Glyceringehalt $G = 0·054642\,d$ berechnet.

Diese indirekte Methode der Glycerinbestimmung gibt natürlich nur dann gute Resultate, wenn die Ätherzahl reinen Triglyceriden allein zukommt. Bei Gegenwart von Estern der Wachsalkohole wird beispielsweise dieses Verfahren nicht anwendbar sein.

Ferner sei hier nochmals darauf hingewiesen, daß diese Methode auch für ranzige Fette und für geblasene Öle nicht anwendbar ist, da die Ätherzahlen derselben meist höher sind als die der frischen Fette und Öle; es würde auf diese Art in den ersteren ein höherer Glyceringehalt gefunden werden als in den letzteren, was der Wirklichkeit widerspricht.[2])

Ein zweites titrimetrisches Verfahren zur Glycerinbestimmung in Fetten wurde von H. Bull[3]) auf die Tatsache gegründet, daß sich bei der Einwirkung von Natriumalkoholat auf Fette Natriumglycerat bildet. Bull verfährt folgendermaßen:

Zirka 3 g des Fettes werden abgewogen, mit 3 ccm doppelt normalem Natriumalkoholat durchgeschüttelt und etwa $^1/_2$ Stunde lang im Wasserbade auf 70° C. erwärmt. Hierauf läßt man abkühlen, setzt 25 ccm trockenen Äther zu, schüttelt abermals durch und füllt das 50 ccm fassende Gefäß (Bull bedient sich zu diesem Verfahren eigener graduierter Gefäße, welche ziemlich hoch sind) mit Äther bis zur Marke auf. Nach dreistündigem Stehen hat sich das Natriumglycerat zu Boden gesetzt, und die Flüssigkeit darüber ist klar. Das Erwärmen der Lösung auf 70° C. ist zu empfehlen, weil dadurch ein nachträgliches, durch Seifenbildung bewirktes Gelatinieren der ätherischen Lösung vermieden wird. Von der klaren Lösung werden nun 25 ccm abpipettiert, 10 ccm Alkohol und einige Tropfen Phenolphthaleïnlösung zugesetzt und mit $^1/_{10}$ normaler Salzsäure bis zum Verschwinden der Rotfärbung titriert. Der in dem Gefäße verbliebene Rest wird in gleicher Weise abtitriert. Die Menge des Glycerins ergibt sich aus der Differenz der verbrauchten Kubikzentimeter $^1/_{10}$ normaler Salzsäure durch Multiplikation mit 0·009206. Bull fand nach dieser Methode in:

Waltran mit der Säurezahl 3·6 und der Verseifungszahl 188·3 . . 9·5—9·69%
Glycerin bei 4 Bestimmungen,

Arctic Spermoil mit der Säurezahl 3·4 und der Verseifungszahl 121·5 1·72—1·77%
Glycerin bei 2 Bestimmungen und in

Haakjärringtran mit der Säurezahl 2·6 und der Verseifungszahl 148·5 4·6—4·63%
bei 2 Bestimmungen.

Diese Methode wurde von Henseval[4]) ebenfalls für Trane angewendet.

---

[1]) Vgl. Zulkowsky, Ber. d. deutsch. chem. Ges. 16. 1140. 1315;
[2]) Vgl. A. C. Geitel, Journ. f. prakt. Chemie N. F. 55. 451.
[3]) Chem. Zeitg. 1900. 24. 845.
[4]) Les Corps gras industriels 1903. 34.

Unangenehm ist bei der Titration die oft auftretende Braunfärbung, welche das Erkennen des Indikators erschwert. Ein weißes Spermöl ergab einmal eine braun gefärbte Reaktionsflüssigkeit. Man kann diesem Übelstande abhelfen, wenn man die klare ätherische Lösung möglichst vom Glycerat abhebt, durch neuen Äther ersetzt und abermals durchschüttelt und stehen läßt. Das zu verwendende Natriumalkoholat soll nahezu farblos sein. Färbt es sich beim Stehen braun, so ist dies ein Zeichen, daß Feuchtigkeit zugegen ist.

c) Glycerinbestimmung durch Oxydation mit Permanganat.

1 Molekül Glycerin liefert quantitativ genau je 1 Molekül Oxalsäure und Kohlensäure, wenn man Glycerin in stark alkalischer Lösung bei gewöhnlicher Temperatur mit Permanganat oxydiert:

$$C_3H_8O_3 + 3\,O_2 = C_2H_2O_4 + CO_2 + 3\,H_2O\,.$$

Darauf begründet sich die Glycerinbestimmung von Benedikt und Zsigmondy[1]), deren Prinzip zuerst von Fox und Wanklyn[2]) angegeben wurde. 2—3 g Fett werden mit Kalihydrat und ganz reinem Methylalkohol verseift, der Alkohol durch Abdampfen verjagt, der Rückstand in heißem Wasser gelöst, und die Seife mit verdünnter Salzsäure zersetzt. Dann erwärmt man, bis sich die Fettsäuren klar abgeschieden haben. Bei flüssigen Fetten setzt man zweckmäßig etwas hartes Paraffin hinzu, um die obenauf schwimmenden Fettsäuren bei dem nun folgenden Abkühlen, welches durch Einstellen der Schale in kaltes Wasser bewirkt wird, zum Erstarren zu bringen. Man filtriert in einen geräumigen Kolben, wäscht gut nach, neutralisiert nach Zusatz eines Tropfens Methylorange mit Kalilauge und setzt noch 10 g Ätzkali hinzu. Hierauf läßt man bei gewöhnlicher Temperatur so viel einer ca. 5 prozentigen Permanganatlösung zufließen, bis die Flüssigkeit nicht mehr grün, sondern blau oder schwärzlich gefärbt ist. Statt dessen kann man auch fein gepulvertes Permanganat eintragen. Sodann erhitzt man zum Kochen, wobei Manganhyperoxyd ausfällt und die Flüssigkeit rot wird, und setzt so viel, aber nicht mehr, wässerige schweflige Säure hinzu, als zur vollständigen Entfärbung notwendig ist, wobei die Flüssigkeit noch stark alkalisch bleiben muß. Man filtriert durch ein glattes Filter von solcher Größe, daß es mindestens die Hälfte der ganzen Flüssigkeit auf einmal aufnehmen kann, und wäscht mit siedendem Wasser sehr gut aus. Die letzten Waschwässer sind häufig durch etwas Manganhyperoxyd getrübt, diese Trübung verschwindet aber bei dem nun folgenden Ansäuern mit Essigsäure, indem die dadurch freiwerdende schweflige Säure zur Wirkung gelangt. Man erhält meist 600—1000 ccm Flüssigkeit, welche nun bis nahe zum Sieden erhitzt und mit 10 ccm einer 10—12 prozentigen Lösung von Chlorcalcium oder essigsaurem Kalk gefällt wird. Bei größerem Kalkzusatz fallen reichliche Mengen Gips aus, welche die Bestimmung

---

[1]) Chem. Zeitg. 1885. 9. 975.
[2]) ibid. 1885. 9. 66.

ungenau machen. Der Niederschlag enthält außer oxalsaurem Kalk stets noch Kieselsäure. Man darf ihn deshalb nach dem Glühen nicht als reinen kohlensauren Kalk, beziehungsweise als Calciumoxyd ansprechen, sondern nimmt die Bestimmung des darin enthaltenen oxalsauren Kalkes am besten durch Titration, entweder mit Permanganat in saurer Lösung oder nach dem Glühen alkalimetrisch vor. Schlägt man den letzteren Weg ein, so löst man den geglühten Niederschlag in $^1/_2$-Normalsalzsäure und titriert unter Zusatz von Methylorange als Indikator mit $^1/_2$-Normalnatronlauge zurück. Ist der Titer der Salzsäure auf kohlensaures Natron gestellt, so ergeben sich bei der Berechnung für 106·10 Teile kohlensaures Natron 92·06 Teile Glycerin.

Allen[1]) führt die Oxydation mit Permanganat in gleicher Weise aus, reduziert dann mit Natriumsulfit und bringt die heiße Flüssigkeit samt dem Niederschlag in einen 500 ccm-Kolben. Derselbe wird unter Rücksichtnahme auf das durch den Niederschlag und die Ausdehnung durch die Wärme vermehrte Volumen bis auf 15 ccm über die Marke mit heißem Wasser verdünnt und durch ein trockenes Filter gegossen, welches man nicht nachwäscht. 400 ccm des erkalteten Filtrates werden mit Essigsäure angesäuert und mit Chlorcalcium gefällt. Nach dem Abfiltrieren und Waschen des Niederschlages durchstößt man das Filter und spült den Niederschlag in eine Porzellanschale. Der Trichterhals wird nun verschlossen, der Trichter mit verdünnter Schwefelsäure gefüllt, welche man nach einigen Minuten in die Porzellanschale fließen läßt. Man fügt noch so viel Schwefelsäure hinzu, daß die Gesamtmenge 10 ccm beträgt, erwärmt auf 60° C. und titriert die Oxalsäure mit Permanganatlösung; ist der Titer der letzteren auf Sauerstoff eingestellt, so entsprechen 16 Teile Sauerstoff 90·02 Teilen Oxalsäure oder 92·06 Teilen Glycerin.

Zu diesem Verfahren ist noch folgendes zu bemerken:

Man verwendet zur Verseifung der Fette Methyl- und nicht Äthylalkohol, weil der letztere bei gewissen Konzentrationen und einem bestimmten Alkaligehalte der Lösung durch Permanganat in Oxalsäure übergeführt wird. Es entstehen dadurch Fehler, die um so größer sind, je mehr Alkohol die Seife beim Eintrocknen zurückgehalten hat. Bei wiederholtem Eindampfen unter Erneuerung des Wassers, um die letzten Reste des Alkohols zu vertreiben, würde auch ein Teil des Glycerins verloren gehen.

Die Flüssigkeit, welche zur Oxydation gelangt, enthält außer dem Glycerin noch alle löslichen Fettsäuren, die in dem Fette enthalten waren. Diese Säuren geben aber bei der Oxydation mit Permanganat nach der oben gegebenen Vorschrift weder Oxalsäure, noch eine andere, durch Kalk in essigsaurer Lösung fällbare Säure, so daß ihre Gegenwart die Glycerinbestimmung nicht beeinflußt.

Dies ist auch für Buttersäure neuerlich konstatiert worden, welche nach Johnstone[2]) bei der Oxydation nahezu vollständig in Oxalsäure

---

[1]) Commercial organic Analysis, London.
[2]) Chem. News. 63. 11.

übergeführt werden soll. Nach Mangold liefert nämlich Buttersäure, wie schon von Berthelot beobachtet wurde, in stark alkalischer Lösung und bei anhaltendem Kochen allerdings Oxalsäure (in der Kälte findet keine Einwirkung statt), bleibt aber bei Einhaltung der von Benedikt und Zsigmondy vorgeschriebenen Versuchsbedingungen unverändert.

Herbig[1]) hat nun die Einwirkung von alkalischer Permanganatlösung auf die wasserlöslichen Fettsäuren sowohl bei gewöhnlicher Temperatur als auch unter den oben angegebenen Versuchsbedingungen studiert und gefunden, daß dieselben dabei in der Kälte nicht verändert werden, wohl aber bei auch nur kurzer Erhitzungsdauer mit alkalischer Permanganatlösung relativ erhebliche Mengen Oxalsäure bilden. Herbig hält daher den schon von Mangold gemachten Vorschlag, bei gewöhnlicher Temperatur zu oxydieren, für ein unbedingtes Erfordernis einer fehlerfreien Glycerinbestimmung nach der Methode von Benedikt und Zsigmondy.

Die Resultate fallen zu niedrig aus, wenn so viel schweflige Säure zugesetzt wird, daß die Flüssigkeit sauer reagiert, was bei einiger Vorsicht leicht zu vermeiden ist und überhaupt nicht eintreten kann, wenn nach Allen mit Natriumsulfit reduziert wird.

Herbig[2]) hat das Verfahren noch wesentlich vereinfacht, indem er einen geringen Überschuß von Permanganat anwendet und mit Wasserstoffhyperoxyd reduziert.

Mangold[3]) hat Herbigs Vorschrift genau geprüft und bei Einhaltung des folgenden Ganges sehr zufriedenstellende Resultate erhalten. Das 0·2—0·4 g Glycerin enthaltende Filtrat von den Fettsäuren wird in einem Literkolben mit etwa 300 ccm Wasser und 10 g Kalihydrat versetzt und hierauf in der Kälte unter Umschütteln so viel von einer 5prozentigen Kaliumpermanganatlösung zufließen gelassen, als der $1^1/_2$-fachen theoretischen Menge entspricht (somit auf 1 T. Glycerin 6·87 T. Kaliumpermanganat). Nach etwa halbstündigem Stehen bei gewöhnlicher Temperatur wird unter Vermeidung eines größeren Überschusses Wasserstoffhyperoxyd hinzugesetzt, bis die über dem Niederschlage stehende Flüssigkeit farblos geworden ist. Man füllt bis zur Marke an, schüttelt den Kolbeninhalt tüchtig durch und filtriert 500 ccm der Flüssigkeit durch ein trockenes Filter ab. Das Filtrat wird in einem Kochkolben $^1/_2$ Stunde lang erhitzt, um alles Wasserstoffhyperoxyd zu zerstören, auf etwa 60⁰ C. abkühlen gelassen und nach Zusatz von Schwefelsäure mit Chamäleon titriert.

Das Benedikt-Zsigmondysche Verfahren zur Glycerinbestimmung in Fetten kann natürlich nur dann angewendet werden, wenn die Gegenwart von Substanzen, welche bei der Oxydation mit Kaliumpermanganat in alkalischer Lösung Oxalsäure liefern, ausgeschlossen ist.

---

[1]) Chem. Revue üb. d. Fett- u. Harz-Ind. 1903. 10. 8.
[2]) Inaug.-Dissertation. Leipzig 1890.
[3]) Zeitschr. f. angew. Chem. 1891, Heft 13.

Nach Hazura und Allen kann sie z. B. zur Glycerinbestimmung in stark oxydierten Leinölen aus dem angeführten Grunde nicht benutzt werden (s. Leinölfirnis).

d) Glycerinbestimmung durch Oxydation mit Kaliumpermanganat und Schwefelsäure.

Glycerin wird durch Kochen mit Kaliumpermanganat bei Gegenwart von Schwefelsäure vollständig zu Wasser und Kohlensäure oxydiert.

$$C_3H_8O_3 + 7O = 4H_2O + 3CO_2 .$$

Die Kohlensäure wird in Natronkalkröhren oder in einem Kaliapparat aufgefangen und gewogen. 1 Teil Kohlensäure entspricht 0.69742 Teilen Glycerin.

Diese Methode der Glycerinbestimmung, welche von Planchon und dann von Herbig[1]) und Suhr[2]) u. a. vorgeschlagen wurde, liefert bei Gegenwart von anderen organischen Substanzen, welche in gleicher Weise oxydiert werden, zu hohe Resultate. Demgegenüber wird bei dem Oxydationsverfahren von Benedikt und Zsigmondy die Genauigkeit der Resultate nur dann beeinträchtigt werden, wenn organische Verbindungen, welche in alkalischer Lösung zu Oxalsäure oxydiert werden, zugegen sind.

e) Glycerinbestimmung durch Oxydation mit Kaliumbichromat und Schwefelsäure.

Beim Erhitzen mit Kaliumbichromat in schwefelsaurer Lösung wird Glycerin glatt zu Kohlensäure und Wasser verbrannt nach der Gleichung

$$3C_3H_8O_3 + 7K_2Cr_2O_7 + 28H_2SO_4 = 7K_2SO_4 + 7Cr_2(SO_4)_3$$
$$+ 9CO_2 + 40H_2O$$

und es kann entweder das unverbrauchte Bichromat gemessen oder die Kohlensäure als solche bestimmt werden.

Erstere Methode, die titrimetrische, wurde von Legler, Burkhardt, Cross und Bevan und von Hehner empfohlen und gibt nach dem Letztgenannten Resultate, welche mit den nach dem Acetinverfahren erhaltenen gut übereinstimmen.

Hehner[3]) verwendet folgende Maßflüssigkeiten:

a) Kaliumbichromatlösung, welche 74·64335 g Bichromat und 150 ccm Schwefelsäure im Liter enthält; letztere wird zweckmäßig erst vor dem Gebrauch der Lösung zugesetzt. Der Titer wird in gewohnter Weise

---

[1]) Inaug.-Dissert. 1890.
[2]) Inaug.-Dissert. 1892.
[3]) Journ. Soc. Chem. Ind. 1889. 8. 4. — The Analyst 12. 44.

mit Eisendraht oder Ferroammoniumsulfatlösung kontrolliert. 1 ccm der Bichromatlösung entspricht genau 10 mg Glycerin.

b) Ferroammoniumsulfatlösung, welche ca. 240 g des Salzes im Liter enthält; man setzt der Lösung zweckmäßig etwas Schwefelsäure zu und stellt sie möglichst genau auf die Bichromatlösung ein.

c) Verdünnte Kaliumbichromatlösung, welche genau zehnmal so stark verdünnt ist, als die erste.

Zur Glycerinbestimmung werden etwa 3 g Fett mit alkoholischem Kali verseift und nach Verdampfen des Alkohols auf ca. 200 ccm verdünnt. Die Seife wird mit verdünnter Schwefelsäure zersetzt, die Fettsäuren abfiltriert und gewaschen und das gesamte Filtrat in einem Becherglase auf die Hälfte eingedampft. Man fügt dann 25 ccm konzentrierter Schwefelsäure, welche vorher etwas verdünnt worden war, und 50 ccm der stärkeren Bichromatlösung hinzu, erhitzt zwei Stunden bis nahe zum Sieden und titriert mit der Ferroammoniumsulfatlösung zurück, wobei man einen kleinen Überschuß anwendet. Dieser wird mit der zweiten, verdünnteren Bichromatlösung unter Benutzung von Ferrocyankalium als Indikator (Tüpfelprobe) zurückgemessen.

Braun[1]) neutralisiert nach vollzogener Oxydation die Flüssigkeit mit Natronlauge, setzt zur Lösung des Niederschlages von Chromoxydhydrat vorsichtig verdünnte Salzsäure zu und nach Zusatz von Jodkaliumlösung noch weitere etwa 5 ccm konzentrierte Salzsäure. Das ausgeschiedene Jod wird mit Natriumthiosulfat, unter Verwendung von Stärke als Indikator, zurücktitriert und daraus der Überschuß an Kaliumbichromat berechnet.

F. Gantter[2]) bestimmt die bei der Oxydation des Glycerins mit Kaliumbichromat gebildete Kohlensäure wie vor ihm auch Legler und Cross und Bevan auf gasvolumetrischem Wege. Zur Herstellung der Glycerinlösung nach seiner Vorschrift werden 5·184 g Fett mit 5 ccm Natronlauge (500 g Ätznatron auf 1 l) versetzt und bis zur Vollendung der Verseifung erwärmt. Die Seife wird in 30 ccm heißem Wasser gelöst und durch verdünnte Schwefelsäure, welche in geringem Überschusse zugefügt wird, zerlegt. Alsdann wird erhitzt, bis die Fettsäuren klar geschmolzen sind, durch ein feuchtes Doppelfilter in ein 100 ccm-Kölbchen filtriert, mit siedendem Wasser nachgewaschen und nach dem Erkalten bis zur Marke zugefüllt.

Von dieser Glycerinlösung werden 5—10 ccm zur Oxydation mit Kaliumbichromat und Schwefelsäure verwendet. 1 ccm Kohlensäure entspricht bei Verwendung obiger Fettmenge 0·5 % Glycerin,

Henkel und Roth[3]) verwenden bei der gasvolumetrischen Bestimmung des Glycerins zur Oxydation desselben Chromsäure statt Kaliumbichromat, wodurch die Anwendung konzentrierterer Flüssigkeiten und Zeitersparnis ermöglicht werden.

---

[1]) Chem. Zeitg. 1905. 29. 763.
[2]) Zeitschr. f. analyt. Chem. 1895. 34. 421. — Vgl. Schulze, 'Zeitschr. f. d. landw. Versuchsw. in Österr. 8. 155. — Strauß, Chem. Zeitg. 1905. 29. 1099.
[3]) Zeitschr. f. angew. Chem. 1905. 18. 1936.

Die Versuche von Nicloux, das Glycerin in seinen Lösungen durch Oxydation mit Kaliumbichromat und Schwefelsäure und Vergleich der entstandenen Färbung mit der einer Standardlösung zu bestimmen, besitzen nur historisches Interesse.

Als weitere Oxydationsmethode zur Bestimmung des Glycerins wäre hier noch das Verfahren von Chaumeille[1]) zu erwähnen, nach welchem Glycerin durch Jodsäure zu Kohlensäure und Wasser unter gleichzeitiger Abscheidung von Jod oxydiert wird, welches maßanalytisch bestimmt werden kann.

$$5\,C_3H_8O_3 + 7\,J_2O_5 = 15\,CO_2 + 20\,H_2O + 7\,J_2.$$

Bei allen Oxydationsverfahren, in welchen das Glycerin vollständig, also zu Kohlensäure und Wasser, oxydiert wird, wird die Anwesenheit anderer organischer Substanzen, welche in derselben Art oxydiert werden, die Ursache zu hoher Resultate sein; dieselben müssen daher vor der Analyse möglichst aus der glycerinhaltigen Flüssigkeit entfernt werden (s. Rohglycerin).

f) Glycerinbestimmung nach dem Acetinverfahren.

Nach dieser Methode wird das Fett verseift, die Seife mit Schwefelsäure zersetzt, die Fettsäuren abfiltriert, das Filtrat mit Baryumcarbonat neutralisiert und konzentriert, bis die Hauptmenge des Wassers entfernt ist. Der Rückstand wird mit Ätheralkohol extrahiert, das Lösungsmittel vertrieben und das so gewonnene Rohglycerin acetyliert. Lewkowitsch[2]) gibt der Glycerinbestimmung nach dem Acetinverfahren (s. Rohglycerin) auch bei der Untersuchung von Fetten den Vorzug.

g) Glycerinbestimmung durch Verkohlung des Glycerins mit konzentrierter Schwefelsäure.

Laborde[3]) hat ein Verfahren zur Glycerinbestimmung auf die Verkohlung des Glycerins mit konzentrierter Schwefelsäure nach der Gleichung:

$$C_3H_8O_3 + H_2SO_4 = C_3 + HO_2 + 5\,H_2O$$

gegründet.

Zur Glycerinbestimmung in Fetten nach dieser Methode verfährt F. Jean[4]) wie folgt:

10 g Fett werden mit alkoholischer Natronlauge verseift, die Lösung verdampft, und die Seife mit Wasser aufgenommen. Die Seifenlösung wird durch konzentrierte Zinksulfatlösung gefällt, ohne daß ein Überschuß des Fällungsmittels verwendet wird. Hierauf wird filtriert

---

[1]) Chem. Zeitg. 1902. 26. 453.
[2]) Chem. Zeitg. 1889. 13. 659.
[3]) Ann. Chim. anal. appliq. 1899. 4. 76. 110.
[4]) Rev. Chim. ind. 1900. 11. 34. — Chem. Zeitg. Rep. 1900. 24. 73.

und mit siedendem Wasser nachgewaschen. Das das Glycerin enthaltende Filtrat wird mit 10 Tropfen Schwefelsäure versetzt und in einem Kolben am Sandbade bis auf ca. 2—3 ccm abgedampft. Dem Rückstande werden 5—6 ccm konzentrierter Schwefelsäure zugesetzt, wonach der Kolben mit einem Kautschukstöpsel, welcher ein Glasrohr von 50 cm Höhe eingesetzt enthält, verschlossen wird. Nun wird am Sandbade auf ca. 150° C. erhitzt, wobei die Masse schwarz wird und reichlich schweflige Säure entwickelt. Die Temperatur steigt hierbei bis gegen 200° C. Wenn die verkohlte Masse auf der Säure schwimmende Klümpchen bildet, entfernt man die Flamme, bringt in den Kolben 5 ccm verdünnte Salzsäure (1:1) und erhitzt am Sandbade abermals, bis sich weiße Dämpfe entwickeln. Hierauf läßt man erkalten, setzt ungefähr 100 ccm Wasser zu, erhitzt zum Kochen, filtriert durch ein glattes Filter und wäscht die zurückgebliebene Kohle mit heißem Wasser. Alsdann wird das Filter durchgestoßen, die Kohle mit heißem Wasser in eine Platinschale gespült, einige Tropfen Ammoniak zugegeben und der Wasserüberschuß am Sandbade abgedampft. Der Trockenrückstand wird bis nahe zur Rotglut erhitzt, wobei sich die kleine Menge von Ammonsalzen verflüchtigt, und dann gewogen. Wird das Gewicht der erhaltenen Kohle mit 2·5572 multipliziert, so ergibt sich die vorhandene Glycerinmenge.

Nach Lewkowitsch[1]) findet bei diesem Verfahren beim Vertreiben der Ammonsalze ein teilweises Verbrennen der Kohle statt, wodurch zu niedrige Resultate erhalten werden. Es ist nicht ausgeschlossen, daß vielleicht eine Verbrennung der Kohle mit Chromsäure und Schwefelsäure (ähnlich wie bei der Kohlenstoffbestimmung im Roheisen) hier bessere Resultate ergibt.

h) Glycerinbestimmung durch Überführen des Glycerins in Isopropyljodid. Jodidverfahren.

Nach S. Zeisel und R. Fanto[2]) wird Glycerin beim Kochen mit überschüssiger Jodwasserstoffsäure (spezifisches Gewicht 1·7, Siedepunkt 127° C.) vollständig in Isopropyljodid übergeführt, welches sich beim Einleiten in Silbernitratlösung mit dieser unter Bildung von Jodsilber umsetzt.

$$C_3H_5(OH)_3 + 5HJ = C_3H_7J + 3H_2O + 2J_2$$
$$C_3H_7J_3 + AgNO_3 = C_3H_7NO_3 + AgJ.$$

Zur Durchführung der Bestimmung sind folgende Reagentien erforderlich:

1. Wässerige Jodwasserstoffsäure. Als solche empfiehlt es sich, eine Säure vom spezifischen Gewichte 1·9 oder etwas darüber, mit ca. 68 Gewichtsprozenten Jodwasserstoff vorrätig zu halten, da dieselbe bei der Untersuchung von wässerigen, Glycerin enthaltenden Flüssigkeiten

---

[1]) The Analyst 1900. No. 299. 35.
[2]) Zeitschr. f. d. landw. Versuchsw. in Österr. 1902. 5. 729.

direkt verwendet werden kann; um nötigenfalls von dieser Säure zu der bei 127° C. siedenden zu gelangen, werden 3 Volumina derselben mit 1 Volum Wasser verdünnt. Die Säure muß frei von Schwefelverbindungen sein und darf bei einem Blindversuch keinen nennenswerten Beschlag an der Mündung des Einleitungsrohres innerhalb der Silberlösung geben und diese sich nach Zusatz der zehnfachen Menge Wassers nicht trüben.

2. Silberlösung: 40 g geschmolzenes Silbernitrat werden in 100 ccm Wasser gelöst, mit käuflichem, absolutem Alkohol auf 1 l aufgefüllt; nach 24 stündigem Stehen wird die Lösung filtriert und im Dunkeln aufbewahrt. Sollte sich nach einiger Zeit metallisches Silber aus der Silberlösung ausscheiden, so ist diese vor der Verwendung zu filtrieren.

3. Roter Phosphor. Derselbe muß mit Schwefelkohlenstoff, Äther, Alkohol und Wasser gut gewaschen und im lufttrocknen Zustande zur Verwendung aufbewahrt werden. Zu je einer Füllung des Blasenzählers genügen etwa 0·5 g. Eine wässerige Emulsion dieses Phosphors dient zur Befreiung des durchstreichenden Jodiddampfes von beigemischtem Jodwasserstoffgas und Joddampf. Die einmalige Füllung des Blasenzählers genügt für eine große Anzahl von Bestimmungen.

Statt der Phosphoremulsion kann auch Kaliumarsenitlösung verwendet werden; dieselbe muß aber infolge Ausscheidung von Arsentrioxyd sehr oft erneuert werden.

Der von Zeisel und Fanto verwendete Apparat (Fig. 62), eine Modifikation des Zeiselschen Methoxylapparates, besteht aus folgenden Teilen: a Kochkölbchen von ca. 40 ccm Inhalt mit nahe am Kolbenhalse durch Verdickung des Glases stark verengtem Seitenrohre für die Zuführung von Kohlendioxyd; b Lauwasserkühler, welcher mittelst seines unteren Schlauchansatzes mit dem gebogenen Rohre der Ehmannschen[1]) Erwärmungsvorrichtung g und mittelst des zweiten Ansatzes mit der anderen Mündung derselben in Verbindung gebracht wird; c Blasenzähler, welcher etwa zu einem Drittel mit einer dünnen Aufschlämmung von reinem roten Phosphor in Wasser oder mit Kaliumarsenitlösung gefüllt

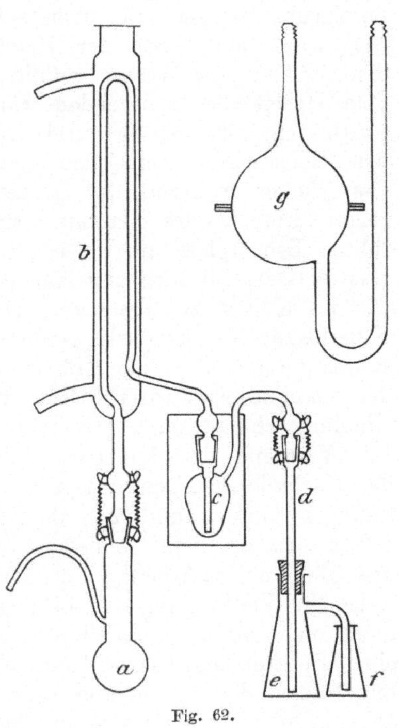

Fig. 62.

[1]) Benedikt und Bamberger, Chem. Zeitg. 1891. 16. 221.

wird und bis über den Rand seines zu einem Schliffe ausgebildeten Halses in das in einem Becherglase befindliche, durch eine untergestellte Flamme lau zu haltende Wasser taucht; d Einleitrohr; e und f Erlenmeyer-Kölbchen von schmaler Form, das größere mit einer Marke für 45 ccm, das andere mit einer solchen für 5 ccm versehen, beide so dimensioniert, daß sich die Marken etwa in ihrer halben Höhe befinden. Die Stücke a, b, c, d sind durch feine Schliffe derart zusammengefügt, daß die Ränder der Hälse von a und d die Schliffflächen genügend überragen, um etwas Wasser zur Vervollkommnung des dichten Schlusses aufnehmen zu können. Zur Dichtung bei e genügt ein guter Kork, da das Durchleiten des Gases durch die Silberlösung der kleinen Vorlage f ohnehin bloß eine Vorsichtsmaßregel ist. Behufs Sicherung des Schlusses an den Schliffstellen sind an den in der Zeichnung ersichtlichen Stellen Glashörnchen als Ansätze für elastische Nickel- oder Messingdrahtspiralen angebracht.

Bei Ausführung der Operation wird der Kühler mit dem Ehmannschen Heizkörper verbunden und von oben mit so viel Wasser beschickt, daß auch die oberste Biegung des Kühlrohres davon bedeckt ist. Dann sind auch der Heizkörper und dessen Verbindungen mit dem Kühler mit Wasser gefüllt. Für die richtige Zirkulation des aus dem Heizgefäße kommenden warmen Wassers ist es wichtig, etwaige Luftblasen aus den Kautschukschläuchen herauszuquetschen. Unter den Heizapparat stellt man eine Flamme und reguliert sie so, daß das Wasser während der ganzen Operation im Kühler $60^0 \pm 10^0$ C. zeigt. Eine zweite Flamme bringt man unter dem mit Wasser gefüllten Becherglase an, innerhalb dessen sich der Blasenzähler befindet. Das Wasser soll hier ungefähr die gleiche Temperatur annehmen, wie das im Kühler zirkulierende. Die beiden Vorlagen werden mit klarer Silberlösung bis zur Marke gefüllt, angesetzt und ein Kippscher Kohlensäureapparat (oder eine Kohlendioxydbombe) derart eingestellt, daß in der Sekunde etwa drei Blasen durch eine vorgelegte, mit verdünnter Natriumcarbonatlösung beschickte Waschflasche hindurchgehen.

Während des Anheizens wird die zu untersuchende Substanz in das Kochkölbchen gewogen, beziehungsweise, wenn es sich um Glycerinlösungen handelt und man die Glycerinmengen auf Volummengen derselben beziehen will, gemessen. In letzterem Falle sind immer 5 ccm des Objektes in Arbeit zu nehmen. Das Substanzgewicht, beziehungsweise die Verdünnung der Lösung sollen so gewählt werden, daß man nicht mehr als $0\cdot4$ g Jodsilber erhält. Das Kölbchen wird hierauf mit einem Splitter unglasierten Tones oder einem Stückchen Bimsstein versehen, mit 15 ccm der bereits abgemessenen und neben dem Apparate bereitgehaltenen Jodwasserstoffsäure beschickt, sofort an den Kühler angesetzt und mit der Waschflasche des Kohlensäureapparates verbunden. Ist die zu analysierende Substanz wasserfrei, so wird Jodwasserstoffsäure vom spezifischen Gewichte $1\cdot7$, andernfalls, wenn wässerige Lösungen vorliegen, solche vom spezifischen Gewichte $1\cdot9$ verwendet. An das Kochkölbchen wird ein kleines Glycerinbad herangeschoben, so daß das Niveau des Glycerins und das der Flüssigkeit im Kochgefäße gleich hoch stehen, und eine Flamme unter dem Bade so eingestellt, daß die Jodwasserstoffsäure während des ganzen Versuches schwach aber deutlich siedet. Zu starkes Kochen bewirkt raschere Verschmierung des Kühlrohres durch hinaufsublimierendes Jod und macht öftere Reinigung des Apparates notwendig. Die Schliffe müssen immer durch die Spiralfedern versichert gehalten werden.

Kurze Zeit nach Beginn des Siedens bildet sich am unteren Ende des Einleitrohres ein gelber, mitunter bräunlich verfärbter Beschlag. Etwas später trübt sich die Silbernitratlösung im ersten Kölbchen und es scheidet sich darin eine deutlich kristallinische, weiße Verbindung von Jodsilber mit Silbernitrat aus. Diese Verbindung färbt sich oft, namentlich wenn größere Mengen Isopropyljodid in die Silberlösung gelangen, durch teilweise Umwandlung in Jodsilber deutlich gelb. Schließlich klärt sich die Flüssigkeit über dem Niederschlage trotz der durchstreichenden Kohlendioxydblasen.

Die Dauer der Operation ist abhängig von der Intensität des Siedens der Jodwasserstoffsäure, der Temperatur des Kühlwassers, der Geschwindigkeit des Gasstromes und der Beschaffenheit der untersuchten Substanz. Sie beträgt für wässerige Glycerinlösungen $2—2^1/_2$ Stunden.

Hält man die Operation für beendigt, so löst man die Verbindung zwischen Blasenzähler und Einleitrohr, bringt Niederschlag samt Mutterlauge in ein etwa 600 ccm fassendes Becherglas, fügt so viel Wasser hinzu, daß dessen Menge mit der des Spülwassers ungefähr 450 ccm beträgt, versetzt mit 10—15 Tropfen verdünnter Salpetersäure, stellt aufs Wasserbad bis zum Heißwerden und verarbeitet die Flüssigkeit nach erfolgter Abkühlung weiter.

Beim Verdünnen mit Wasser wird das teils ausgeschiedene, teils in der alkoholischen Silbernitratlösung gelöste Silberjodidnitrat zu Jodsilber zersetzt. Das aus der gelösten Doppelverbindung stammende Jodsilber ist sehr fein verteilt, aber nach dem oben vorgeschriebenen Erwärmen und Abkühlen gut filtrierbar.

Zur Filtration unter vermindertem Druck werden zweckmäßig Asbestfiltrierröhrchen mit Platinnetzkörbchen, Ehmannsche Röhrchen, wie sie zu Zuckerbestimmungen verwendet werden, benutzt. Der mit Wasser, sodann mit Alkohol gewaschene Niederschlag, welcher nicht lichtempfindlich ist, wird bei 120—130° C., oder auch direkt über kleiner Flamme, unter Durchsaugen von Luft getrocknet. In letzterem Falle ist jede Sinterung sorgfältig zu vermeiden. Bei Einhaltung dieser Vorsicht ist das Filtrierröhrchen nach der Wägung des Niederschlages ohne weiteres für eine nachfolgende Bestimmung zu verwenden. Erst wenn nach einer Reihe von Filtrationen die Durchlässigkeit der Jodsilberschicht merklich abgenommen hat, wird dieses nach Auflockern mit dem schräg abgeschnittenen Ende eines Glasstabes entfernt und das Filter neu hergerichtet.

Die kleinere Vorlage wird in ein besonderes Becherglas entleert und hier mit dem zehnfachen Volum Wasser verdünnt. Bei gut geleiteten Operationen tritt in dieser Flüssigkeit keine Trübung ein. Sollte dies infolge zu raschen Durchströmens der Kohlensäure aber doch geschehen, so wird der Inhalt des zweiten Becherglases mit dem ersten vereint.

Hat man die Absicht, eine Nachbestimmung auszuführen, so verlangsamt man den Kohlendioxydstrom vor Abnahme der Vorlagen auf ein Minimum oder sistiert ihn ganz, setzt dieselben nach ihrer raschen Entleerung, Reinigung und Neubeschickung mit Silberlösung sofort wieder an, bringt den Gasstrom auf die normale Geschwindigkeit und verfährt im übrigen wie oben beschrieben. Selbst wenn die Nachbestimmung noch eine wägbare Menge Jodsilber liefert, ist der Verlust an Jodid in den wenigen Minuten, während welcher die Vorlagen sich nicht am Apparate befinden, vernachlässigbar. Er kann übrigens noch verringert werden, indem man sofort nach Abnahme der ersten eine zweite aus Einleitrohr und Silbernitratkölbchen bestehende, bereits beschickte Garnitur ansetzt.

Wird das Gewicht des gefundenen Chlorsilbers mit 0·39191 multipliziert, so ergibt sich die Glycerinmenge.

Als störende Umstände bei dieser Untersuchungsmethode erwiesen sich die Anwesenheit von Schwefelverbindungen und von Alkoholen, Estern und Äthern, welche durch Jodwasserstoffsäure in flüchtige Jodide übergeführt werden können.

Zur Bestimmung des Glycerins in Fetten verfährt Fanto[1]) folgendermaßen:

Etwa 10 g Fett werden mit 80—100 ccm $^1/_2$-normal-alkoholischer Kalilauge verseift, mit 100 ccm Wasser versetzt, und die Fettsäuren mit konzentrierter Essigsäure abgeschieden; hierauf wird der Alkohol zum größten Teil weggekocht, wobei die Flüssigkeit nicht unter 50 ccm verringert werden darf. Man läßt die Fettsäuren im Kühltopf erstarren, eventuell nach Zugabe von Hartparaffin, und filtriert die wässerige Flüssigkeit in einen Kolben ab, der zwischen 60 und 70 ccm eine Marke hat. Die Fettsäuren bringt man wiederholt mit 15 bis 20 ccm Wasser zum Schmelzen, kocht die gesammelte wässerige Flüssigkeit auf 60—70 ccm ein, spült sie in einen 100 ccm-Kolben über und behandelt 15 ccm nach dem Jodidverfahren.

Stritar[2]) hat zur Ausführung der Jodidmethode einen wesentlich vereinfachten Apparat konstruiert (Fig. 63) und weiters folgende einfache Vorrichtung zur rascheren und bequemeren Filtration des Jodsilberniederschlages angegeben.

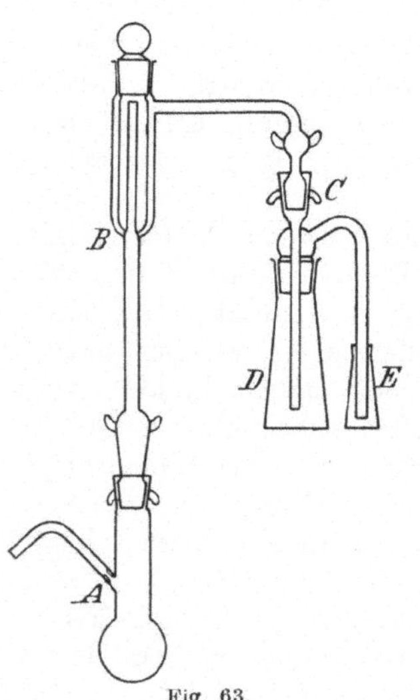

Fig. 63.

[1]) Zeitschr. f. angew. Chem. 17. 420.
[2]) Zeitschr. f. analyt. Chem. 42. 579.

Der mit Wasser und etwas Salpetersäure vermischte, in einem Becherglase befindliche Inhalt der beiden Vorlagen wird nach dem Erwärmen in fließendem Wasser gekühlt (bei Verwendung guter, widerstandsfähiger Filterkolben kann man auch heiß filtrieren) und sodann unter Anwendung einer Wasserluftpumpe durch ein Asbestfilterröhrchen aus Kaliglas filtriert. Auf das Röhrchen wird ein heberartiges, gekrümmtes Glasrohr von ungefähr 5 mm Lichtweite aufgesetzt, vermöge dessen zunächst die überstehende Flüssigkeit, dann Niederschlag und Spülwasser selbsttätig abgesaugt werden (Fig. 64). Hierdurch wird nicht nur Zeit gewonnen, sondern auch jeder Verlust sicher vermieden. Sobald der Niederschlag vollständig ins Röhrchen gebracht ist, wird das Saugrohr abgenommen, abgespült und der Niederschlag mit Wasser und Weingeist zu Ende gewaschen. Das möglichst trocken gesaugte Rohr wird sodann unter beständigem Durchsaugen von Luft und unausgesetztem Drehen einige Minuten über der Flamme eines Bunsenbrenners erhitzt, bis sich das Jodsilber in seiner ganzen Masse hochgelb gefärbt hat und am Rande bräunlich zu werden anfängt, dann erkalten gelassen und gewogen.

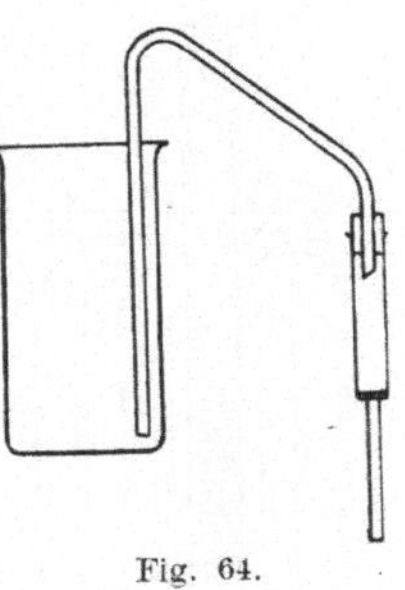

Fig. 64.

Statt der Röhrchen mit Platindrahtnetz können auch solche mit einem gut passenden Porzellansieb von 20—25 mm Durchmesser mit möglichst vielen feinen Löchern verwendet werden, welche rascher filtrieren, jedoch beim Erhitzen über freier Flamme mehr Aufmerksamkeit erfordern.

i) Glycerinbestimmung durch Schmelzen mit Ätzkali.

Diese Methode beruht auf der Beobachtung von Dumas, wonach Kali oder besser Kalikalk bei mäßigem Erhitzen das Glycerin in Acetat, Formiat und Wasserstoff spaltet:

$$C_3H_8O_3 + 2\,KOH = CH_3 \cdot COOK + H \cdot COOK + H_2O + 2\,H_2$$

A. Buisine[1] fand, daß diese Spaltung hauptsächlich bei 220° bis 250° C. eintritt, daß aber bei höheren Temperaturen der Prozeß anders verläuft und zwar bei 280°—320° C. unter Bildung von Acetat, Carbonat und Wasserstoff (I) und bei 350° C. unter Bildung von Carbonat und Entwicklung von Wasserstoff und Methan (II):

$$2\,C_3H_8O_3 + 6\,KOH = 2\,CH_3COOK + 2\,H_2O + 2\,K_2CO_3 + 6\,H_2 \qquad (I)$$

$$C_3H_8O_3 + 4\,KOH = 2\,K_2CO_3 + 3\,H_2 + CH_4 \cdot \ldots \ldots \ldots (II)$$

Zur Bestimmung des Glycerins werden 0·2—0·5 g der glycerinhaltigen Flüssigkeit mit 4—5 g gepulvertem Kalihydrat und 15—20 g

---

[1] Compt. rend. de l'Acad. d. sciences. 136. 1082. 1204.

Kalikalk gemischt und das Gemisch 1 Stunde lang im Quecksilberbade auf 320 ⁰ C. oder auf 350⁰ C. erhitzt. Zweckmäßig verwendet man hierzu den von Hell zur Molekulargewichtsbestimmung von Fettalkoholen angegebenen Apparat (Fig. 65). Das entwickelte Gas wird unter Beobachtung von Barometerstand und Temperatur gemessen und das gefundene Volumen auf 0⁰ C. und 760 mm Barometerstand reduziert; wurde bei 320⁰ C. gearbeitet, so entspricht 1 mg Glycerin 0·733 ccm, bei 350⁰ C. 1 mg Glycerin 0·976 ccm.

Diese Methode dürfte unter der allerdings noch nicht erwiesenen Voraussetzung, daß andere organische Substanzen, welche dem Glycerin beigemischt sind, durch Kalihydrat bei den angegebenen Temperaturen keinen Wasserstoff und kein Methan ergeben, ganz gut brauchbare Zahlen liefern.

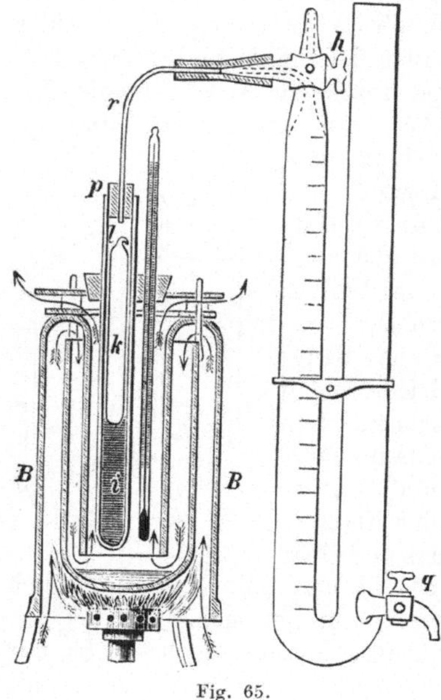

Fig. 65.

11. Fettalkohole.

Die Isolierung der Alkohole der Fettreihe (Cetylalkohol, Cerylalkohol usw.) erfolgt meist nach den im folgenden Abschnitt beschriebenen Methoden zusammen mit der Abscheidung der übrigen unverseifbaren Bestandteile; die abgeschiedene Mischung dieser Körper wird gewogen und auf ihren Gehalt an Fettalkoholen geprüft.

Es kann aber auch ein Maß für den Gehalt eines Fettes oder Wachses an diesen Alkoholen gewonnen werden, ohne daß es nötig ist, diese Trennung vorzunehmen.

1. Methode. Etwa 10—20 g Substanz werden mit alkoholischer Kalilauge verseift und sodann wie bei der Abscheidung der Fettsäuren verfahren, indem die Seife mit Wasser verdünnt, angesäuert und so lange gekocht wird, bis die Fettmasse sich klar abgeschieden hat; diese wird dann gewaschen, filtriert und getrocknet. Von der abgeschiedenen Fettmasse, welche aus freien Fettsäuren, Fettalkoholen und Kohlenwasserstoffen bestehen kann, wird die Acetylzahl bestimmt. Sind, wie dies meist der Fall ist, keine Oxyfettsäuren vorhanden, so kann aus der Acetylzahl direkt der Hydroxylgehalt oder der Gehalt an im Hydroxyl befindlichen Wasserstoff berechnet werden. Ist nur ein Alkohol von bekanntem Molekulargewicht vorhanden, so läßt sich selbstverständlich auch die Quantität desselben bestimmen.

2. **Methode.** Dieses Verfahren wurde zuerst von C. Hell[1]) zur Molekulargewichtsbestimmung der Fettalkohole und dann von Buisine zur Prüfung von Bienenwachs angewendet. Es beruht darauf, daß 1 Mol. Fettalkohol beim Erhitzen mit Natronkalk 1 Mol. Fettsäure neben 2 Mol. Wasserstoff liefert,

$$C_nH_{2n+1}CH_2OH + NaOH = C_nH_{2n+1}COONa + 2H_2,$$

so daß aus der auftretenden Gasmenge auf den Gehalt an Fettalkoholen geschlossen werden kann.

Hell erhitzt die Substanz in einem Luftbad (Fig. 65), in welches mittels Kork das Rohr i und ein Thermometer eingesetzt sind. Die mit Natronkalk innig gemischte Substanz wird in das Rohr i eingefüllt, die Mischung mit etwas reinem Natronkalk bedeckt und dann, um das durch Erwärmung und Druckverminderung ausdehnbare Luftvolumen möglichst zu vermindern, eine an beiden Enden zugeschmolzene Röhre k eingeschoben. Die Röhre i wird hierauf mit dem Kautschukpfropfen p, durch welchen das Rohr r geht, verschlossen, und das letztere mit einer ganz mit Quecksilber gefüllten und mit dem Dreiweghahn h verschlossenen Hofmannschen Gasbürette verbunden. Mittels des Hahnes h wird zuerst die Röhre i mit der äußeren Luft in Kommunikation gebracht, und nachdem Barometerstand und Temperatur beobachtet wurden, der Hahn so gestellt, daß die Röhre mit der Bürette verbunden wird. Nach dem Abfließenlassen eines Teiles des Quecksilbers durch q wird die Substanz so lange auf 300°—310° C. erhitzt, bis das Niveau der Quecksilbersäule konstant bleibt. Dann wird, wie gewöhnlich, der Apparat bis zur Anfangstemperatur erkalten gelassen, der ursprüngliche Druck durch Zugießen von Quecksilber wiederhergestellt, das Gasvolumen abgelesen und auf 0° und 760 mm Barometerstand reduziert. Das Gas wird entweder unter Berücksichtigung der Tension des Wasserdampfes feucht gemessen oder in der Art getrocknet, daß in das etwas länger gewählte Rohr i über die Luftverdrängungsröhre k noch eine Schichte stark geglühten Natronkalkes eingebracht wird.

Aus den Versuchen von A. und P. Buisine[2]) geht hervor, daß die Reaktion nicht quantitativ ist, wenn das Wachs direkt mit Kalikalk (1 T. Kali, 2 T. Kalk) erhitzt wird. Um eine innige Mischung des Wachses mit dem Kali zu erzielen, wird das Wachs (2—10 g) zuerst in einem kleinen Porzellantiegel geschmolzen und das gleiche Gewicht fein gepulverten Ätzkalis hinzugefügt. Durch fortwährendes, bis zum Erkalten fortgesetztes Rühren wird eine harte Masse erhalten, welche pulverisiert und mit 3 T. Kalikalk (auf 1 T. Wachs) innig gemischt wird.

Das Gemisch wird in eine Proberöhre oder einen kleinen, birnförmigen Kolben eingefüllt, und dieser in einen eisernen mit Quecksilber gefüllten Kessel eingesetzt. Der Deckel desselben enthält drei Öffnungen; durch die eine wird das die Substanz enthaltende Kölbchen, durch die

---

[1]) Liebigs Annalen 223. 269.
[2]) Mon. Scient. 1890. 1127.

zweite ein Thermometer mittels Kork eingesetzt. Die dritte trägt ein langes Eisenrohr zur Verdichtung der Quecksilberdämpfe.

Das Gas kann in dem Apparat von Hofmann aufgefangen werden. A. und P. Buisine benutzten die von Dupré angegebene Vorrichtung (Fig. 66). Mit Hilfe des die beiden Hähne A und B tragenden Gabelrohres kann das Gas entweder von oben oder von unten in den Rezipienten E eintreten. Die Glasröhrchen haben ein enges Lumen, ohne gerade capillar zu sein; das Kölbchen soll vom Gemisch fast erfüllt sein, damit sich so wenig Luft als möglich im Apparat befindet. Ist

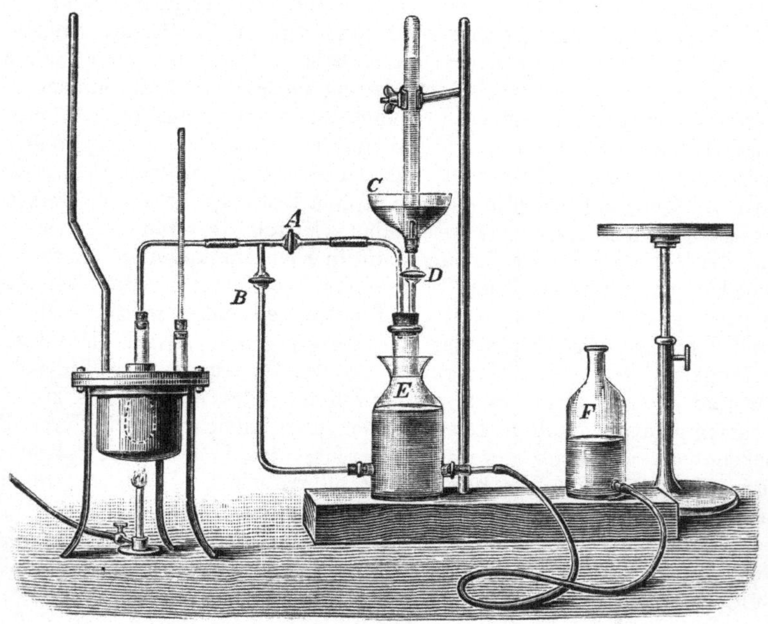

Fig. 66.

das Kölbchen gefüllt und mit E verbunden, so werden A und B geschlossen, E durch Heben der Flasche vollständig angefüllt, bis Wasser nach C herausquillt, und der Hahn D geschlossen.

Nun wird F gesenkt, der Hahn A geöffnet und das Quecksilber erhitzt. Die Reaktion beginnt bei 180° C.; die Temperatur wird langsam auf 250° C. gesteigert und zwei Stunden dabei erhalten. Wenn die Entwicklung im vollen Gang ist, wird A geschlossen und B geöffnet, worauf das Fortschreiten, respektive das Aufhören des Prozesses verfolgt werden kann. Steigen keine Blasen mehr auf, so wird B geschlossen und A geöffnet, der Apparat vollständig erkalten gelassen und das Gas durch Heben der Flasche F und Öffnen von D in das kubizierte Rohr übergeführt, der Barometerstand und die Temperatur notiert und das

Gasvolumen abgelesen. Das auf 0⁰ C. und 760 mm reduzierte Volumen des Gases wird auf 1 g Substanz bezogen.

Soll der Prozentgehalt an Myricylalkohol berechnet werden, so ist die Anzahl der 1 g Substanz entsprechenden Kubikzentimeter Wasserstoff mit 0·9741 zu multiplizieren.

Eine Steigerung der Temperatur bis 310⁰ C. bewirkt keine Vermehrung des Gasvolumens. Doch ist es empfehlenswert, nicht über 250⁰ C. zu gehen, weil sich vorhandene Ölsäure unter Wasserstoffentwicklung in Palmitinsäure verwandeln könnte.

VIII. Nachweis und quantitative Bestimmung solcher fremder Beimengungen, welche in der Fettsubstanz gelöst oder mit ihr zusammengeschmolzen sind.

Wird von den Verunreinigungen, welche durch die vorbereitenden Operationen des Filtrierens und Trocknens leicht entfernt werden können, abgesehen, so bleiben in erster Linie als mögliche Beimengungen der Fettsubstanz vornehmlich Paraffin, Ceresin und Mineralöle, Teeröle, Harzöle, Harz und Wachsarten (auch Montanwachs) übrig.

Von allen diesen Materialien ist nur das Harz nahezu vollkommen verseifbar, die Wachsarten sind es meist nur teilweise, indem sie gewöhnlich beträchtliche Mengen unverseifbarer Alkohole und Kohlenwasserstoffe enthalten; Harzöle enthalten hingegen nur geringe Mengen verseifbarer Harzsäuren, während Paraffin, Ceresin, Mineralöle und gereinigte Teeröle vollständig unverseifbar sind.

Viele natürliche Fette enthalten ferner, wenn auch meist nur geringe Mengen, unverseifbare Substanzen in Form von Cholesterin und Phytosterinen, oder seltener von Kohlenwasserstoffen.

Eine Vorprüfung durch Kochen mit alkoholischer Kalilauge und Versetzen mit wässerigem Ammoniak läßt an der auftretenden Trübung die Gegenwart erheblicherer Mengen unverseifbarer Substanzen leicht erkennen. Verläßlicher wird diese Vorprüfung nach Holde[1]) in folgender Weise ausgeführt: Ein erbsengroßes Stück Kalihydrat wird mit 5 ccm absoluten Alkohols gekocht, bis sich kein festes Alkali mehr am Boden befindet; dann werden 3—4 Tropfen Öl zugesetzt, eine Minute gekocht und mit 3—4 ccm Wasser versetzt. Bei Gegenwart von unverseifbaren Bestandteilen (bis zu 1⁰/₀) entsteht noch eine deutliche Trübung.

Ebenso läßt sich die von Weinwurm für Bienenwachs (s. dieses) zum Nachweise von Paraffin angegebene Methode auch zur Prüfung von Fetten auf unverseifbare Substanzen anwenden.

Ferner ist zu demselben Zweck die von Geitel zur Prüfung von Fettsäuren auf Neutralfett vorgeschriebene Reaktion verwendbar (s. S. 53).

---

[1]) Mitt. Techn. Vers.-Anst. Berlin 7. 75.

A. Bestimmung des Gehaltes an unverseifbarer Substanz.

1. Gewichtsanalytische Bestimmung.

Bei allen gewichtsanalytischen Methoden zur Bestimmung des unverseifbaren Teiles wird die Masse zuerst dem Verseifungsprozeß unterworfen. Dazu werden auch öfter die als schwer verseifbar geltenden Fette mit einem leicht verseifbaren zusammengeschmolzen, was nicht zweckmäßig erscheint. So vereinigt Rödiger die auf einen Paraffinzusatz zu prüfenden Talgproben vor der Verseifung mit $^1/_3$ ihres Gewichtes Cocosöl.

a) Methoden, bei welchen die Substanz verseift und das Unverseifbare direkt gewogen wird.

Wird ein mit Mineralölen oder anderen Kohlenwasserstoffen gemischtes Fett in gewöhnlicher Weise verseift, die Seife mit Wasser versetzt und der Alkohol unter zeitweiligem Ersatz des verdampfenden Wassers unter Erwärmen verjagt, so scheidet sich nur bei Gegenwart größerer Mengen unverseifbarer Körper ein großer Teil der Beimengungen an der Oberfläche aus und kann gewogen werden. Ein nicht unbeträchtlicher Teil derselben bleibt aber in der meist milchig-trüben Flüssigkeit gelöst und entzieht sich somit der Bestimmung.

Die Methoden von E. Geißler[1]) und von Dalicon, bei welchen in der angeführten Art verfahren wird, geben daher immer zu niedrige Resultate.

b) Methoden, bei welchen die Seifenlösung mit Äther oder Petroleumäther extrahiert wird.

Durch Extrahieren der Seifenlösung mit Äther oder Petroleumäther werden viel genauere Resultate als bei den vorstehend erwähnten Methoden erhalten.

Die Extraktion geschieht durch mehrmaliges Ausschütteln und Trennen der Schichten mittels des Scheidetrichters, wobei die Auszüge durch Schütteln mit Wasser von in Lösung gegangener Seife befreit werden. Die von H. Schwarz[2]), Neumann[3]) u. a. konstruierten Extraktionsapparate haben sich in der Fettanalyse wenig bewährt.

Zur Wahl des Extraktionsmittels ist zu bemerken, daß unter gleichen Verhältnissen Petroleumäther dem Äther vorzuziehen ist, weil der letztere der wässerigen Lösung größere Mengen Seifen entzieht als der erstere (Bolley, Perutz). Nur in Fällen, in welchen die unverseifbare Substanz etwa in Äther leichter löslich ist als in Petroläther,

---

[1]) Zeitschr. f. analyt. Chem. 19. 114.
[2]) Zeitschr. f. analyt. Chem. 23. 368.
[3]) Ber. d. deutsch. chem. Ges. 18. 1885. 3061.

wird der erstere vorzuziehen sein. Die Löslichkeit von Seifen in Äther und selbst in Petroläther wird durch die Anwesenheit von Mineralölen usw. gesteigert, so daß es sich bei ganz genauen Untersuchungen empfiehlt, den Extrakt, also den nach dem Verdunsten des Extraktionsmittels verbleibenden Rückstand, mit warmem Wasser zu schütteln, und das ungelöst Gebliebene durch neuerliches Ausschütteln zu sammeln.[1]) Sollte der unverseifbare Anteil nach dem Behandeln mit etwas warmem Wasser eine alkalische Reaktion zeigen, so ist anzunehmen, daß noch Seife zugegen ist (Lewkowitsch).

Es ist häufig der Fall, daß sich die Schichten nach dem Ausschütteln wässeriger Lösungen gar nicht oder nur sehr langsam voneinander trennen; um dies zu bewirken, empfiehlt es sich, der Flüssigkeit bei der Extraktion mit Äther am besten Glycerin zuzusetzen, während bei Verwendung von Petroleumäther die weingeistige Seifenlösung nach Zusatz von einem höchstens gleichen Volumen Wasser ausgeschüttelt wird. Sollte sich die abgetrennte Petroleumätherschicht bei dem folgenden Waschen mit Wasser nicht rasch genug scheiden, so könnte das Waschen dieser Schichte auch mit einer Mischung von Wasser und Alkohol erfolgen[2]) (Hönig und Spitz). Jedenfalls empfiehlt es sich, bei Trennungen von Unverseifbarem von Seifenlösungen den Alkohol nicht in allzu reichlichem Maße und nur dann, wenn es unumgänglich notwendig ist, anzuwenden, da in diesem Falle die Gefahr, daß Seife von der Petroleumätherschicht aufgenommen wird, wächst. Gawalowski[3]) und Fahrion[4]) haben gezeigt, daß im allgemeinen eine ziemlich neutrale Seifenlösung sich vorteilhafter mit Petroleumäther ausschütteln läßt als eine stark alkalische, weil der Petroläther von der letzteren mehr aufnimmt als von der ersteren. Fahrion fand jedoch, daß auch beim Arbeiten in neutraler Lösung besonders dann Verluste entstehen, wenn in dem Fette viele Fettalkohole enthalten sind. In diesem Falle empfiehlt Fahrion, die trockene Seife mit Petroläther auszuschütteln (siehe unter c). Manchmal zeigen sich bei den Ausschüttlungen an der Trennungsfläche der beiden Flüssigkeiten auch flockige Abscheidungen, welche, wie Lewkowitsch[5]) beim Wollfett gezeigt hat, von Seifen von Fettsäuren mit hohem Molekulargewichte herrühren, die in kaltem Wasser schwer löslich sind, aber die Genauigkeit der Bestimmung des unverseifbaren Anteiles nicht alterieren.

Der zum Ausschütteln verwendete Petroleumäther soll keine über 60° C. flüchtigen Anteile enthalten. Nachdem das gewöhnliche käufliche Produkt meist sehr viele höher siedende Kohlenwasserstoffe enthält, muß es sorgfältig fraktioniert werden.

Von den Vorschriften zur Ausführung dieser Methode seien speziell die folgenden angeführt.

---

[1]) Vgl. z. B. Rödiger, Chem.-Zeitg. 1882. 6. 118.
[2]) Zeitschr. f. angew. Chem. 1891. 565.
[3]) Zeitschr. f. analyt. Chem. 26. 330.
[4]) Zeitschr. f. angew. Chem. 1898. 267.
[5]) Journ. Soc. Chem. Ind. 1892. 136.

Allen und Thomson[1]) dampfen 5 g Öl in einer Schale mit 25 ccm alkoholischer Natronlauge (80 g Ätznatron im Liter) bis zum Festwerden ein, versetzen mit 50 ccm heißem Wasser, um die Seife zu lösen, bringen in einen Scheidetrichter von ca. 200 ccm Inhalt, spülen mit 20—30 ccm Wasser nach, lassen erkalten und schütteln mit 30—50 ccm Äther aus. Die Trennung der beiden Schichten wird durch Zusatz von etwas Alkohol beschleunigt, dann lassen sie die Seifenlauge abfließen, schütteln sie noch zwei- bis dreimal mit frischem Äther aus, waschen die vereinigten Auszüge mit etwas Wasser, destillieren den Äther endlich ab und wägen den Rückstand.

Nitsche[2]) verseift 10 g Fett mit 7 g Ätznatron von 38° Bé und 30 g 90- bis 96prozentigem Alkohol, setzt sodann 40 g Glycerin von 28° Bé hinzu und schüttelt mit 100 ccm Petroläther aus.

Nach Morawski und Demski[3]) werden 10 g des Öles in einem Kolben mit 50 ccm Alkohol versetzt und 5 g Kalihydrat hinzugefügt, welches in möglichst wenig Wasser gelöst wurde. Nach halbstündigem Erhitzen am Rückflußkühler wird mit 50 ccm Wasser verdünnt, durch Einstellen in kaltes Wasser gekühlt und im Scheidetrichter mit Petroleumäther ausgeschüttelt. Nachdem sich die beiden Schichten vollständig getrennt haben, wird die untere so vollständig als möglich abgezogen. Die Petroleumätherschichte wird wiederholt mit Wasser gewaschen, ohne jedoch dieses mit der abgezogenen Flüssigkeit zu vereinigen, und endlich das Wasser so vollständig wie möglich abgelassen. Die petrolätherische Lösung kommt nicht sofort in den gewogenen Kolben, aus welchem der Petroläther abgetrieben werden soll, sondern in einen anderen trockenen Kolben, an dessen Wänden sich die Wassertropfen sammeln. Wird nun erst der Petroläther aus dem Zwischenkolben in den gewogenen übergeleert, so bleibt das Wasser zurück. Die einmal behandelte Flüssigkeit wird in derselben Weise bis zur Erschöpfung mit Petroläther ausgezogen. Bei der Anwendung des Morawski und Demskischen Verfahrens zur Bestimmung des unverseifbaren Anteils in Knochenfetten erhielten A. A. Shukoff und P. J. Schestakoff[4]) zu niedrige Resultate, da nicht die ganze Menge des Cholesterins in den Petroläther ging, während sie nach dem Vorgange von Allen und Thomson zu hohe Resultate erhielten, weil Seife in die ätherische Lösung ging. Einwandfreie Resultate werden bei Knochenfetten nach ihren Angaben nach dem folgenden Verfahren erhalten:

5 g Fett werden in einer kleinen Porzellanschale mit 25 ccm einer 8prozentigen alkoholischen Natronlauge zur Trockene verdampft, der Rückstand wird in 80 ccm destillierten Wassers gelöst, in einen Scheidetrichter gebracht und mit 80 ccm Äther ausgeschüttelt. Sollten sich die Schichten nicht trennen, so wird durch Zusatz einer kleinen Menge von Alkohol nachgeholfen. Nach dreimaliger Ausschüttlung wird die ätherische

---

[1]) Chem. News 43. 267.
[2]) Dinglers Polyt. Journ. 251. 335.
[3]) Dinglers Polyt. Journ. 258. 39.
[4]) Chem. Rev. üb. d. Fett- u. Harz-Ind. 1898. 5 u. 21.

Lösung, ohne vorher gewaschen worden zu sein, verdampft, der Rückstand bis zur Alkalität mit Normalnatronlauge versetzt und in Petroläther gelöst. Die Lösung wird durch ein trockenes Filter filtriert und eingedampft. Der so erhaltene, unverseifbare Rückstand ist aschefrei.

Gawalowski[1]) verfährt, um seifenfreie Ausschüttelungen zu bekommen, in folgender Weise:

10 Teile Fett werden mit Alkohol übergossen und mit ca. 2·5 Teilen Kalihydrat verseift, die Seife wird mit Wasser verdünnt, der größte Teil des Alkohols abgekocht und die Flüssigkeit erst mit Chlorcalciumlösung, dann so lange mit Natriumbicarbonat versetzt, bis die alkalische Reaktion nahezu verschwunden ist. Beim Aufkochen tritt die alkalische Reaktion infolge der Bildung von Natriumcarbonat wieder ein, doch ist dieses in Petroleumäther unlöslich und beeinträchtigt die Genauigkeit nicht.

Zweckmäßiger dürfte es wohl sein, die alkalische Seifenlösung direkt durch Einleiten von Kohlensäure zu neutralisieren und das gebildete Kaliumbicarbonat durch Aufkochen zu zersetzen.

H. Thoms und G. Fendler[2]) bestimmen die unverseifbaren Körper zweckmäßig nach der für die Bestimmung des Phytosterins und Cholesterins von Bömer[3]) ausgearbeiteten Methode, wie folgt:

10 g Öl werden in einem Kolben von etwa 200 ccm Inhalt mit 20 ccm alkoholischem Kali (200 g Ätzkali in 1 l Alkohol von 70^0 Tr.) auf dem kochenden Wasserbade am Rückflußkühler — eventuell ein $^3/_4$ m langes, weites Glasrohr — verseift, wobei man anfangs häufig und kräftig umschüttelt, bis der Kolbeninhalt beim Umschütteln klar geworden ist, und dann noch eine halbe bis eine Stunde unter zeitweiligem Umschütteln der Seifenlösung auf dem Wasserbade erwärmt. Darauf bringt man diese noch warm in einen Scheidetrichter und spült die im Kolben verbleibenden Seifenreste mit 40 ccm Wasser dazu. Nachdem die Seifenlösung hinreichend abgekühlt ist, setzt man 100 ccm Äther hinzu und schüttelt den Inhalt eine halbe bis eine Minute unter mehrmaligem Öffnen des Hahnes oder Stopfens kräftig durch. Wurde die Mischung zwei bis drei Minuten der Ruhe überlassen, so hat sich die Ätherlösung klar abgesetzt. Man trennt sie in üblicher Weise von der Seifenlösung, welche noch dreimal mit je 50 ccm Äther in der gleichen Weise ausgeschüttelt wird. Die vereinigten ätherischen Ausschüttlungen werden in einen genügend großen Kolben übergeführt; man destilliert nach Zugabe von ein bis zwei Bimssteinstückchen den Äther ab und entfernt die zurückbleibenden geringen Mengen Alkohol durch Eintauchen des Kolbens in das siedende Wasserbad und Einblasen von Luft. Hierauf fügt man zu diesem Rückstande 10 ccm obiger Kalilauge und verseift nochmals in gleicher Weise fünf bis zehn Minuten lang. Den Inhalt des Kolbens füllt man dann in einen kleinen Schütteltrichter über, spült mit etwa 20 ccm Wasser nach und setzt nach hinreichendem Erkalten 100 ccm Äther zu, mit welchem man gleichfalls zunächst den

[1]) Zeitschr. f. analyt. Chem. 26. 330.
[2]) Chem. Zeitg. 1904. 28. 842.
[3]) Zeitschr. f. Unters. d. Nahrungs- u. Genußm. 1898. 1. 38.

Verseifungskolben ausgespült hat. Man schüttelt eine halbe bis eine Minute kräftig durch, trennt nach dem Absetzen die Flüssigkeiten und wiederholt das Ausschütteln mit 50 ccm Äther. Die vereinigten ätherischen Ausschüttlungen werden dreimal mit je 10 ccm Wasser gewaschen, alsdann durch ein mit Äther genetztes Filter in ein Kölbchen filtriert, worauf man nach Zusatz eines Stückchens Bimsstein den Äther bis auf einen geringen Rest abdestilliert. Der Rückstand wird in ein gewogenes Bechergläschen übergeführt und der Kolben öfter mit kleinen Mengen Äther nachgespült. Nach dem Verjagen des Äthers trocknet man den Inhalt des Bechergläschens bis zur Gewichtskonstanz und wägt nach dem Erkalten im Exsikkator. Bei genauer Einhaltung der angegebenen Mengen bildet sich beim Ausschütteln mit Äther keine Emulsionsschichte.

Sind in einem Fette größere Mengen unverseifbarer Körper, besonders die schwer löslichen Cholesterine vorhanden, so genügen nach H. Schicht und K. Halpern[1]) die in den vorbeschriebenen Methoden angegebenen Mengen von Extraktionsmitteln nicht, um das Unverseifbare völlig aufzunehmen, weshalb in solchen Fällen meist zu niedrige Resultate gefunden werden. Die Genannten konstatierten ferner, daß es nicht möglich ist, durch Waschen mit Wasser die ätherische oder petrolätherische Lösung des Unverseifbaren seifenfrei zu erhalten, auch gehen in die Waschwässer geringe Mengen des Unverseifbaren über. Schicht und Halpern schlagen zur Vermeidung der genannten Fehlerquellen folgendes Verfahren vor:

Etwa 5 g des Fettes werden mit 25 ccm absolutem Alkohol und 3 g festem Ätzkali, das in möglichst wenig Wasser gelöst wurde, eine halbe Stunde am Rückflußkühler gekocht. Nach dem Erkalten wird die Seifenlösung nach einem Vorschlage Wolfbauers mit 25 ccm einer 10 prozentigen Lösung von reinem Chlorkalium versetzt und viermal mit je 200 ccm eines Petroläthers, der keine über 60° C. siedenden Bestandteile enthält, ausgeschüttelt. Die Petrolätherauszüge werden, ohne weiter zu waschen, abgedampft, der Rückstand wird in 25 ccm absolutem Alkohol gelöst, unter Zusatz von etwas Phenolphthaleïn mit Normallauge schwach alkalisch gemacht, worauf man die Flüssigkeit durch Zusatz von 25 ccm 10 prozentiger Chlorkaliumlösung verdünnt und mit 200 ccm Petroläther ausschüttelt. Zur Entfernung der letzten Reste Seife aus der Petrolätherlösung wird dieselbe noch einigemal mit je 100 ccm 50 prozentigen Alkohols gewaschen. Die Waschwässer werden nacheinander mit 100 ccm Petroläther ausgeschüttelt, wozu man immer denselben Petroläther verwenden kann. Nachdem man zum Schlusse auch diese Lösung mit 100 ccm Waschalkohol gewaschen hat, vereinigt man die Petrolätherauszüge, dampft sie im gewogenen Kölbchen ab und trocknet bis zur Gewichtskonstanz.

Verwendet man keine größere, als die oben angegebene Substanzmenge, so genügt auch die angegebene Menge Lösungsmittel, um selbst

---

[1]) Chem. Zeitg. 1907. 31. 279.

aus stark cholesterinhaltigen Fetten die unverseifbaren Bestandteile vollständig zu extrahieren. Um ganz sicher zu gehen, daß nicht doch noch unverseifbare Bestandteile der Bestimmung entgangen sind, empfiehlt es sich, die ausgeschüttelte Seifenlösung bis zum Wägen des Unverseifbaren aufzubewahren und für den Fall, daß Mengen bis zu 5 $^0/_0$ und darüber gefunden wurden, das Ausschütteln fortzusetzen und die Extrakte, wie angegeben, zu reinigen, um sich von der Richtigkeit der erhaltenen Resultate zu überzeugen. Das abgeschiedene Unverseifbare ist in jedem einzelnen Falle nach dem Wägen in einer Platinschale zu veraschen, damit man sich überzeugt, daß dasselbe auch aschefrei ist.

c) Methoden, bei welchen die trockene Seife extrahiert wird.

Zur Extraktion trockener Seifen wird Petroläther oder Chloroform verwendet. Äther würde dabei noch größere Mengen lösen als beim Ausschütteln wässeriger Seifenlösungen.

Allen und Thomson haben in dieser Weise den unverseifbaren Anteil verschiedener Fette genau bestimmt (s. S. 20 u. 41). Ihr Verfahren ist folgendes:

10 g Substanz werden in einer Abdampfschale von $12^1/_2$ cm Durchmesser mit 50 ccm 8 prozentiger, alkoholischer Natronlauge unter beständigem Umrühren bis zum beginnenden Sieden schwach gekocht, mit 15 ccm Methylalkohol versetzt und bis zur Lösung der Seife weiter erhitzt. Man fügt unter Umrühren in kleinen Partien 5 g Natriumcarbonat und zuletzt 50—70 g geglühten, reinen Sandes hinzu, trocknet 20 Minuten am Wasserbade und extrahiert im Soxhletschen Apparate mit Petroleumäther, welcher vollständig unter 60° C. flüchtig ist. Derselbe wird zuletzt abdestilliert und der Rückstand gewogen.

Finkener[1]) kocht zur Bestimmung von Mineralölen in fetten Ölen 10 g Öl 15 Minuten lang mit 50 ccm alkoholischer, nahezu normaler Natronlauge auf dem Wasserbade, fügt sodann behufs Umwandlung des Ätznatrons in Natriumcarbonat 5 g trockenes Natriumbicarbonat hinzu und erwärmt in einer Metallschale auf dem Wasserbade unter Umrühren, bis der Alkoholgeruch verschwunden ist. Die warme Masse kommt in einen Glaszylinder, wird nach dem Erkalten mit 300 ccm Petroleumäther übergossen und einige Zeit geschüttelt. Man filtriert die petrolätherische Lösung in einen trockenen Kolben, destilliert 150 ccm davon ab, spült auf ein Uhrglas, trocknet und wägt.

Zur Bestimmung des unverseifbaren Anteiles von Bienenwachs, Carnaubawachs und anderen Substanzen, welche Wachsalkohole enthalten, sind nach Allen die unter b) beschriebenen Methoden unbrauchbar, weil diese Alkohole nur sehr schwer in das Lösungsmittel gehen. In solchen Fällen wird die Seife mit Essigsäure und Phenolaphthaleïn genau neutralisiert, mit Bleizucker gefällt, der Niederschlag gewaschen, getrocknet mit Sand gemischt und mit Petroleumäther wiederholt ausgekocht.

---

[1]) Mitt. Techn. Vers.-Anst. Berlin 4. 13.

Der Extrakt darf beim Verbrennen nur Spuren von Asche hinterlassen, ein Beweis, daß keine Seife in Lösung gegangen ist. Diese Methode ist für unvermischte tierische und vegetabilische Öle sehr gut brauchbar, gibt jedoch schlechtere Resultate, wenn Fette mit Mineralölen und Harzölen gemischt sind, weil dann auch ein Teil der Seifen in den Petroleumäther geht.

Horn[1]) verwendet Chloroform als Extraktionsmittel, ebenso Grittner[1]), welcher bei Gegenwart von viel Mineralöl vorher mit Salzsäure gereinigten Sand zumischt. Nach Horn nimmt Chloroform auch dann keine Seife auf, wenn freies Alkali vorhanden ist, der Zusatz von Bicarbonat ist sohin überflüssig.

Donath[2]) wandelt in einem für die Bestimmung von Paraffin in Stearinkerzen ausgearbeiteten Verfahren die Alkaliseifen vor der Extraktion zuerst in Kalkseifen (besser in Barytseifen) um.

6 g Substanz werden mit alkoholischer Kalilauge verseift, der Alkohol verdunstet, der Rückstand in Wasser gelöst, und die Lösung mit Chlorcalcium (Chlorbaryum) gefällt. Wenn die Anwesenheit von viel Paraffin vermutet wird, so setzt man vorher etwas Natriumcarbonat hinzu, um den Niederschlag durch mitgefällten kohlensauren Kalk pulveriger zu machen. Die Kalkseife, welche das Paraffin vollständig mitnimmt, wird auf dem Filter mit heißem Wasser gewaschen, was ohne jeden Verlust an Paraffin geschehen kann, bei 100°C. getrocknet, fein gepulvert und im Soxhletschen Apparate mit Petroleumäther extrahiert. Der Fehler übersteigt nicht 0·3 °/₀ vom zugesetzten Paraffin.

Herbig und v. Cochenhausen bedienen sich zur Trennung des unverseifbaren Anteiles von den Kalkseifen der Extraktion mit Aceton.

2. Maßanalytische Bestimmung.

Nach Lacombe[3]). Die Frage, ob ein bekanntes Fett mit unverseifbaren Substanzen versetzt sei, läßt sich mit Hilfe der Verseifungszahl entscheiden. Es sei die Verseifungszahl der Probe gleich k_1, die eines notorisch reinen Öles größer als k_1 und zwar gleich k gefunden, so ist einleuchtend, daß der Prozentgehalt an unverseifbaren Substanzen sich wie folgt ergibt:

$$U = 100 - \frac{100\,k_1}{k}$$

Diese Methode ist jedoch bei Gegenwart von Wachsarten nicht anwendbar.

Lacombe zieht vor, nicht das Fett direkt, sondern die daraus dargestellten Fettsäuren zu titrieren. Die Abscheidung der Fettsäuren geschieht zweckmäßig nach Hehner (S. 141) oder Yssel de Schepper und Geitel (S. 52), die Titration in alkoholischer Lösung mit Phenol-

[1]) Zeitschr. f. angew. Chem. 1888. 458.
[2]) Dinglers Polyt. Journ. 208. 305.
[3]) Jakobsen, Repertorium 1884. I. 243.

phthaleïn als Indikator. Dann wird in gleicher Weise ein notorisch reines Öl zerlegt und titriert. Die verbrauchte Anzahl Kubikzentimeter Kalilauge ist dem Fettgehalte proportional; der Titer der Lauge braucht nicht bekannt zu sein.

Nach Nitsche[1]). Schon vor Lacombe hat Nitsche ein ganz ähnliches Verfahren angegeben, welches zwar etwas umständlicher, jedoch einer weit umfassenderen Anordnung fähig ist, da es die Kenntnis der Natur des mit Kohlenwasserstoffen versetzten Stoffes nicht voraussetzt.

Nitsche scheidet in gewöhnlicher Weise aus 10 g Fett das Gemenge der Fettsäuren und der unverseifbaren Bestandteile ab und ermittelt dessen Säurezahl. Um die Säurezahl der von den Kohlenwasserstoffen getrennten Fettsäuren zu erhalten, werden weitere 10 g Fett nach S. 214 verseift, wie dort mit Petroläther extrahiert, die Fettsäuren aus der glycerinhaltigen Lösung durch Zersetzen mit Schwefelsäure und Kochen abgeschieden und endlich titriert. Die Berechung bleibt dieselbe wie oben. Statt der Säurezahlen kann auch hier die Anzahl der Kubikzentimeter Kalilauge eingesetzt werden, welche nicht titriert zu sein braucht.

B. Nachweis kleiner Fettmengen in Mineralölen.

Zum Nachweise und zur Bestimmung geringer Mengen fetten Öles in Mineralölen können die unter 1. S. 212 beschriebenen Methoden benutzt werden, wobei zur Kontrolle aus den nach der Extraktion mit Petroläther usw. erhaltenen Seifenlösungen oder trockenen Rückständen die Fettsäuren leicht abgeschieden und gewogen, eventuell mit Hilfe einer Molekulargewichtsbestimmung auch wieder auf Fett (Triglyceride) zurückgerechnet werden können.

Zum qualitativen Nachweise geringer Mengen von Fett und auch zur quantitativen Bestimmung eignet sich ferner die S. 199 beschriebene Glycerinbestimmungsmethode, zu welcher je nach dem vermuteten Fettgehalt 5—10 g der Probe verwendet werden. Die mit 10 multiplizierte Glycerinausbeute gibt annähernd den Gehalt an fettem Öl.

Lux[2]) verfährt zum qualitativen Nachweise von fettem Öl in Mineralöl in folgender Weise:

Vorversuch: 5 ccm des Öles werden mit einem Stückchen Ätznatron über der Flamme zum Sieden erhitzt und ein bis zwei Minuten darin erhalten. Bei Gegenwart größerer Mengen fetten Öles ($10\,^0/_0$ und mehr) tritt ein brenzlicher Geruch auf, und die Flüssigkeit erstarrt in der Regel schon bei geringer Abkühlung. War das Resultat negativ, so wird zum Nachweise von geringen Mengen bis zu $2\,^0/_0$ herab wie folgt verfahren:

Man nimmt zwei mittelgroße Bechergläser, von denen das eine sich

<hr>

[1]) Dinglers Polyt. Journ. 251. 335.
[2]) Zeitschr. f. analyt. Chem. 24. 357.

derart in das andere schieben läßt, daß die beiden Böden etwa 1—2 cm voneinander abstehen. In das weitere wird so viel geschmolzenes Paraffin gebracht, daß es, wenn das engere Glas eingesetzt ist, in dem zwischen den Seitenwandungen befindlichen, engen, ringförmigen Raum etwas über der halben Höhe steht. Auch das innere Glas wird mit Paraffin gefüllt, und zwar so weit, daß sich das innere und äußere Niveau annähernd in gleicher Höhe befinden. In diesem Bade, welches auf einer konstanten Temperatur von 200^0—210^0 C. erhalten wird, werden zwei Reagenszylinder erhitzt, welche mit einigen Kubikzentimetern der Probe beschickt sind. In den einen bringt man einige Natriumschnitzelchen, in den andern ein Stängelchen Ätznatron, so daß es etwa 1 cm hoch mit Öl überdeckt ist. Nach 15 Minuten nimmt man die beiden Probierröhrchen heraus, wischt das anhängende Paraffin ab und läßt abkühlen. Enthält die Probe auch nur $2^0/_0$ fettes Öl, so erstarrt das Öl dabei in dem einen oder andern Röhrchen, in der Regel aber in beiden, zu einer mehr oder minder zähen Gallerte. Man kann alsdann die beiden Reagenszylinder umkehren, ohne daß etwas herausläuft, und nur bei starkem Aufschlagen lösen sich zusammenhängende Teile der gelatinierten Masse ab.

Holde[1]) und auch Ruhemann[2]) haben gezeigt, daß in dunklen, schwerfließenden Mineralölen fettes Öl in manchen Fällen nicht mehr nach Lux nachgewiesen werden kann. Für Zylinderöle, welche schon bei Zimmertemperatur nicht mehr fließen, ist das Verfahren unter Zugrundelegung des von Lux als maßgebend erachteten Merkmals des Gelatinierens naturgemäß nicht anzuwenden. Nach letzterem werden helle Mineralöle bei 230^0 C., dunkle und Zylinderöle bei 250^0 C. in je einer Probe mit Natrium und Ätznatron eine Viertelstunde lang im Paraffinbade erhitzt. Enthält ein helles Öl $^1/_2\,^0/_0$, ein dunkles $2^0/_0$ fettes Öl, so wird man wenigstens bei je einer der beiden mit Natrium und mit Ätznatron erhitzten Proben nach dem Erkalten Gelatinieren und das Auftreten von Seifenschaum an der Oberfläche beobachten. Enthält ein Zylinderöl bis zu $1^0/_0$ fettes Öl, so wird an der Oberfläche der beiden erhitzten Proben nach dem Erkalten ein flockiger, mit Blasen durchsetzter Seifenschaum zu bemerken sein.

Klimont[3]) bedient sich zum Nachweise von nicht mehr als $1^0/_0$ Neutralfett in Mineralöl des folgenden Verfahrens:

15 g der Probe werden in einem ca. 400 ccm fassenden Kolben mit 100 ccm einer 10prozentigen, alkoholischen Ätzkalilösung am Rückflußkühler 1—2 Stunden erhitzt, erkalten gelassen, mit Wasser verdünnt, durch ein feuchtes Filter filtriert und mit warmem Wasser nachgewaschen. Das Filtrat wird mit Salzsäure genau neutralisiert, mit Petroläther ausgeschüttelt, konzentriert mit Chlorcalcium gefällt, und die Kalkseife durch ein bei 100^0 C. getrocknetes, gewogenes Filter abfiltriert. Der Niederschlag wird mit möglichst wenig kaltem Wasser bis zum Ver-

---

[1]) Chem. Zeitg. 1892. 16. 1054.
[2]) Mitt. Techn. Vers.-Anst. Berlin. 1892. 10. 306.
[3]) Chem. Zeitg. 1893. 17. 543.

schwinden der Chlorreaktion ausgewaschen, bei 110° C. getrocknet und gewogen. Alsdann wird das Filter eingeäschert, die Asche bis zur Gewichtskonstanz geglüht und der Ätzkalk gewogen. Durch Subtraktion der Ätzkalkmenge von dem Gewichte der Kalkseife berechnet man hierauf das Gewicht der Fettsäureanhydride und durch Multiplikation der Ätzkalkmenge mit 1·0945 die den Fettsäureanhydriden entsprechende Glycerinmenge, welche zugerechnet wird.

Das Verfahren eignet sich nicht zur quantitativen Bestimmung größerer Fettmengen, weil sich die Kalkseife schwer auswaschen läßt.

C. Untersuchung der unverseifbaren Bestandteile.

Die aus Fettgemengen extrahierten, unverseifbaren Substanzen können fest oder flüssig sein.

Sind sie flüssig, so können sie aus Mineralölen, Teerölen, Harzölen oder aus einem Gemenge derselben bestehen. Produkte der Fettindustrie, wie Türkischrotöl, Stearin und Elaïn, können auch unverseifbare Körper neben schwer verseifbaren Anhydriden (Lactonen) enthalten.

Sind die unverseifbaren Substanzen fest, so ist vornehmlich auf Paraffin und Ceresin (selten auf andere Kohlenwasserstoffe, wie z. B. auf den ungesättigten des Montanwachses), auf feste Fettalkohole und auf Cholesterine Rücksicht zu nehmen.

1. Flüssige, unverseifbare Bestandteile der Fette.

Unverseifbare Öle kommen mit fettem Öl gemischt häufig als Brennöle und Maschinenschmieröle in den Handel.

Mineralöle. Von Mineralölen kommen die bei 250°—300° C. siedenden Anteile des Rohpetroleums, der Schieferöle etc. mit dem spez. Gew. 0·855—0·900 als Vulkanöl, Lubricatingöl, ferner die von 300°—350° C. und höher siedenden Vaselinöle vom spez. Gew. 0·900 bis 0·930 zur Verwendung. Ihrer chemischen Zusammensetzung nach bestehen sie fast ausschließlich aus Kohlenwasserstoffen der Paraffin- und Olefinreihe und aus Naphthenen.

Teeröle. Das bei der Destillation des Steinkohlenteers erhaltene Schweröl, welches etwa bei 240° C. zu sieden beginnt und die bis zu 350° C. übergehenden Anteile umfaßt, wird, nachdem es durch Behandlung mit Natronlauge von den phenolartigen Bestandteilen befreit ist, zuweilen als Zusatz zu Schmierölen (s. Schmieröle) und noch häufiger als Zusatz zu Firnissen (s. Firnis) benutzt.

Sein spezifisches Gewicht ist stets größer als 1, da alle über 210° C. siedenden Fraktionen des Steinkohlenteers, die „schweren Öle", in Wasser untersinken. Es besteht aus flüssigen Kohlenwasserstoffen der aromatischen Reihe, in welchen noch geringe Mengen fester Kohlenwasserstoffe, wie Naphthalin, Anthracen, Paraffin usw. gelöst sind.

Das Dimethylsulfat, $SO_2 (O.CH_3)_2$, besitzt nach Valenta[1] die Eigenschaft, Kohlenwasserstoffe der Benzolreihe, wie sie im Steinkohlenteer vorkommen, bei gewöhnlicher Temperatur aufzulösen oder sich mit ihnen und daher auch mit Steinkohlenteerölen in jedem Verhältnis mischen zu lassen. Dagegen löst es die Kohlenwasserstoffe mit offener Kohlenstoffkette, welche im Rohpetroleum vorkommen, nicht, weshalb es auch die Petroleumdestillate, wie Petroläther, Benzin, Putzöl, Petroleum, leichte und schwere Mineralöle, in der Kälte nicht löst. Auch Harzöle sind nur sehr wenig in kaltem Dimethylsulfat löslich.

Harzöl. Bei der Destillation des Kolophoniums erhält man neben Gasen und Kohle eine Flüssigkeit, die man durch neuerliche Destillation in zwei Anteile, den leichter flüchtigen, dünnflüssigen Harzspiritus und das dickflüssige, fluoreszierende Harzöl trennt. Das letztere soll nach den Untersuchungen von B. Bruhn[2] hauptsächlich aus einem Derivate des Phenanthrens bestehen.

Das spezifische Gewicht[3] des Harzöles liegt bei 0·96—0·99, Harzöl ist somit schwerer als Mineralöl und leichter als Teeröl. Es enthält je nach der Art der Destillation größere oder geringere Mengen von Harzsäuren und anderen, sauerstoffhaltigen Körpern. Ein von Allen und Thomson untersuchtes Öl enthielt 1·28 $\%$ Verseifbares. M. Weger[4] fand in einer Probe von doppelt raffiniertem Harzöl vom spez. Gew. 0·980 eine Säurezahl von 0·9. Die rohen Öle fluorescieren blau. Werden dieselben jedoch drei bis vier Stunden auf 150° C. erhitzt, so verlieren sie 1—5$\%$ an Gewicht und fluorescieren grün. Um die verseifbaren Anteile zu isolieren, verfährt man wie bei der Untersuchung der Fette. Zur raschen Orientierung verseift man z. B. mit alkoholischer Natronlauge, dampft bis zur vollständigen Vertreibung des Alkohols ein, verdünnt mit Wasser und kocht eine halbe Stunde lang, um das unverseifte Öl an der Oberfläche anzusammeln. Dann wird die wässerige Schichte abgezogen, filtriert und mit Salzsäure versetzt, worauf sich die Harzsäuren in braunen, zähen, harzig riechenden Tropfen ausscheiden.[5]

Erweist sich der unverseifbare Anteil einer Ölmischung nach den unten angegebenen Reaktionen als Harzöl, so muß bei der quantitativen Bestimmung des Harzölzusatzes auf die darin enthaltenen Harzsäuren Rücksicht genommen werden. Man wird deshalb die verseiften Fettsäuren, nachdem das Unverseifbare mit Petroläther extrahiert worden ist, wieder abscheiden, ihren Harzgehalt nach Gladding oder Twitchell (S. 245 u. 247) bestimmen und zu dem in den Petroläther gegangenen Harzöl addieren.[6] Sollte der Gehalt an Harzsäuren auffallend hoch gefunden werden, so empfiehlt es sich jedoch, dieselben als Harz (Kolophonium) zu berechnen.

---

[1] Chem. Zeitg. 1906. 30. 266. — [2] Chem. Zeitg. 1900. 24. 1105.
[3] Renard, Mon. Scient. 1890. 469.
[4] Die Sauerstoffaufnahme der Öle und Harze, Leipzig 1899, Verlag von C. Baldamus.
[5] Remont, Zeitschr. f. analyt. Chem. 20. 467.
[6] Morawski, Dinglers Polyt. Journ. 1886. 260. 542.

Unterscheidung von Mineralöl, Teeröl und Harzöl.

Die spezifischen Gewichte der drei Öle sind so verschieden, daß sie allein schon eine Unterscheidung ermöglichen:

Schwere Mineralöle . . 0·850—0·920
Harzöle . . . . . . 0·960—1·00
Teeröle . . . . . . über 1·000

Allen betrachtet die Fluorescenz als ein charakteristisches Merkmal der Anwesenheit von Mineralölen und Harzölen. Fluoresciert das Öl nicht schon an sich, so tritt die Erscheinung beim Schütteln mit dem gleichen Volumen konzentrierter Schwefelsäure, in manchen Fällen beim Verdünnen mit Äther hervor. Trübe Öle müssen erst filtriert werden. Bei künstlicher Beleuchtung ist die Fluorescenz nicht sichtbar. Die Fluoreszenz ist jedoch kein sicheres Zeichen zur Erkennung von Mineralöl oder Harzöl in fettem Öl, da auch fette Öle und technische Ölsäure nicht selten schwach fluorescieren. Andrerseits verdeckt man häufig die Fluorescenz von Mischungen fetter Öle mit Mineralölen durch Zusatz geringer Mengen Nitronaphthalin (Nachweis s. Schmieröle), auch kann man Mineralöle durch geeignete Raffination vollkommen „stichfrei" machen.

Die Gegenwart von Harzöl läßt sich im unverseifbaren Anteile in folgender Weise nachweisen:

1. Nach Liebermann-Storch[1]). 1—2 ccm des Öles werden mit 1 ccm Essigsäureanhydrid geschüttelt, absitzen gelassen, das Essigsäureanhydrid abpipettiert und mit einem Tropfen konzentrierter Schwefelsäure versetzt. Bei Gegenwart von Harzöl tritt eine violettrote Färbung auf. Die Probe ist ganz verläßlich für Mischungen von Mineralöl und Harzöl. Die fetten Öle geben nach Morawski[2]) folgende Färbungen bei der Liebermann-Storchschen Reaktion: Olivenöl hellgrün, Sesamöl allmählich grünblau, Hanföl, Leinöl und Cottonöl grün, Erdnußöl braunrot, Rüböl grüngelb, Ricinusöl, Cocosnußöl, Palmkernöl und Rindstalg gelblich, gebleichtes Palmöl, Knochenfettsäuren, Walfischtalg, Elaïn bräunlichgelb, rohe Olivenkernölfettsäuren hellbraun, dann dunkelgrün, Heringstran kirschrot, bald schwarzbraun, Sonnenblumenöl blauviolett bis blau. Diese Färbungen verhindern in den meisten Fällen die Erkennung des Harzölgehaltes nicht. Der unverseifbare Anteil des Kolophoniums gibt bei der Liebermann-Storchschen Reaktion eine rote Färbung.

Morawski empfiehlt bei der Reaktion nach Storch neben Essigsäureanhydrid nicht konzentrierte Schwefelsäure, sondern solche von 1·53 spez. Gew. zu verwenden. Die Prüfung nach Holdes[3]) Vorschlag mit Schwefelsäure allein vorzunehmen, ist nach Morawski nicht zulässig.

---

[1]) Ber. d. österr. Ges. z. Förderung d. chem. Ind. 1887. 93.
[2]) Mitt. d. Techn. Gewerbe-Museums in Wien. 1888. 80.
[3]) Mitt. d. Techn. Vers.-Anst. Berlin 1888. 88.

Lewkowitsch[1]) führt an, daß Cholesterin gleichfalls die Liebermann-Storchsche Reaktion gibt; nach den Erfahrungen Ulzers kann jedoch die Cholesterinreaktion mit Essigsäureanhydrid und Schwefelsäure mit der durch dieselben Reagentien hervorgerufenen Harzölreaktion nicht verwechselt werden. Reines Cholesterin gibt nämlich eine rötlichbraune, nach einigen Minuten in Blau und dann in Grün übergehende Farbenreaktion, während bei Harzöl die anfangs auftretende, prachtvolle, intensiv rotviolette Färbung bald in Braun übergeht. Bei unreinem Cholesterin oder bei Wollfett findet ein sofortiger Übergang von Rötlichbraun in Grün statt.

2. Beim Vermischen von 10—12 Tropfen Harzöl mit 1 Tropfen wasserfreiem Zinnchlorid erhält man nach Renard eine prachtvolle Purpurfärbung. Nach Allen[2]) ist die Anwendung von Zinnbromid bequemer, weil man sich dasselbe rasch selbst darstellen kann. Man schüttelt Brom, um es zu entwässern, in einem kleinen Scheidetrichter mit englischer Schwefelsäure und läßt es dann tropfenweise auf Zinnspäne fließen, die in einer gut gekühlten Flasche liegen, bis sich eine geringe von einem Bromüberschusse herrührende Färbung zeigt. Das so hergestellte Zinnbromid wird in Schwefelkohlenstoff gelöst und einige Tropfen dieser Lösung zur Lösung der Probe in Schwefelkohlenstoff zugesetzt. Bei Gegenwart von Harzöl tritt die obenerwähnte Purpurfärbung auf.

3. Bei der Elaïdinprobe gibt Harzöl eine schöne dunkelrote, klare Flüssigkeit, Mineralöl bleibt unverändert (Hager[3]).

4. Auch die Jodzahl gibt nach Valenta[4]) einen Anhaltspunkt zur Unterscheidung von Harzölen und Mineralölen, jedoch nur dann, wenn Teeröle ausgeschlossen sind. Die Jodzahl der Mineralöle übersteigt in den seltensten Fällen 14, bei den Harzölen liegt sie zwischen 43 und 48. Demski und Morawski fanden ausnahmsweise, und zwar bei einem schwedischen Schieferöle, die Jodzahl 21·4, und Lewkowitsch[5]) eine solche von 26·3.

5. Valenta weist ferner auf den Unterschied hin, der zwischen der Löslichkeit der Mineralöle und Harzöle in Eisessig bei 50° C. besteht, indem 100 g desselben nur 2·6—6·5 g verschiedener Mineralöle, jedoch 16·9 g Harzöl zu lösen vermögen; oder auf Volumteile Eisessig bezogen: 10 ccm Eisessig lösen 0·2833—0·6849 g Mineralöl und 1·7788 g Harzöl. Zur Ausführung dieser Probe werden 2 ccm des zu prüfenden Öles mit 10 ccm Eisessig versetzt und in einem mit Kork lose verschlossenen Probierröhrchen fünf Minuten im Wasserbade unter Umschütteln auf 50° C. erwärmt. Dann filtriert man durch ein mit Eisessig angefeuchtetes Filter bei derselben Temperatur ab und fängt

        [1]) Lewkowitsch, Chemical Technology and Analysis of oils, fats and waxes, 3. edition. 1904. S. 384.
        [2]) Moniteur scientif. 14. 724.
        [3]) Zeitschr. f. analyt. Chem. 19. 115.
        [4]) Dinglers Polyt. Journ. 258. 39.
        [5]) Journ. Soc. Chem. Ind. 1892. 144.

den mittleren Teil des Filtrates auf. Eine gewogene Menge dieser Lösung wird hierauf mit einer auf den angewendeten Eisessig gestellten Natronlauge titriert, und das Gewicht des in der Lösung enthaltenen Eisessigs berechnet. Der Gewichtsunterschied zwischen Lösung und Eisessig gibt den Ölgehalt. Allen empfiehlt, die Hauptmasse der Essigsäure zu neutralisieren, mit Wasser zu verdünnen und das Harzöl mit Äther auszuschütteln.

6. Harzöl ist in jedem Verhältnisse mit Aceton mischbar, Mineralöle sind darin erst im Mehrfachen ihres Volumens löslich. Löst sich ein Öl im gleichen Volumen Aceton, so liegt nach Morawski und Demski[1]) Harzöl oder ein mit wenig Mineralöl versetztes Harzöl vor; bleibt ein Teil ungelöst, so besteht die Probe aus Mineralöl oder aus mit wenig Harzöl versetztem Mineralöl. Nach Versuchen von Utz[2]) lösen sich 10 ccm Harzöl, das mit $5\,^0/_0$ Mineralöl vermischt ist, bereits in 6 ccm Aceton vollständig klar auf, ebenso ein Gemisch von Harzöl und $10\,^0/_0$ Mineralöl.

Wiederhold[3]) hat die Löslichkeit verschiedener Sorten von Mineralöl in Aceton ermittelt, und gefunden, daß

> Brennpetroleum . . . . 4 Volumina Aceton
> Russ. Spindelöl (0·898) . 41—44 „ „
> Oleonaphtha (0·908) . . 70—71 „ „

zur Lösung braucht.

7. 1 Vol. Harzöl ist in 10 Vol. einer Mischung von 10 Vol. Alkohol von 0·8182 spez. Gew. bei 15·5⁰ C. und 1 Vol. Chloroform löslich, Mineralöl selbst in 100 Vol. unlöslich[4]). Nach Wiederhold[5]) bedarf Harzöl bei 15⁰ C. 16 Volumteile der angegebenen Alkohol-Chloroform-Mischung zur vollständigen Lösung, während Mineralöl ungelöst zurückbleibt.

8. Harzöl dreht die Polarisationsebene nach rechts. Valenta untersuchte die Harzöle im Mitscherlichschen Polarisationsapparate. Stark gefärbte Öle wurden zuerst mit Entfärbungspulver (kohlige Rückstände von der Blutlaugensalzfabrikation) behandelt, dann filtriert und mit optisch inaktiven Lösungsmitteln passend verdünnt. Dabei zeigten die Harzöle bei 100 mm Rohrlänge ein Drehungsvermögen von 30⁰—40⁰. Demski und Morawski fanden die Drehung käuflicher Harzöle immer um 50⁰ herum. Dagegen lenkten Mineralöle den polarisierten Strahl meist nicht ab, nur bei einer Probe wurde die ganz geringe Rechtsdrehung von 1⁰ 2′ beobachtet. Reine, weiße Paraffinöle zeigten nach P. Soltsien[6]) im 200 mm-Rohr Rechtsdrehungen von 1⁰ 10′ bis 4⁰ 11′. Die Rechtsdrehungen waren um so höher, je höher das spez.

---

[1]) Dinglers Polyt. Journ. 258. 39.
[2]) Chem. Rev. üb. d. Fett- u. Harz-Ind. 1906. 13. 48.
[3]) Journ. f. prakt. Chem. 1893. 47. 394.
[4]) Finkener, Zeitschr. f. analyt. Chem. 1887. 652.
[5]) Journ. f. prakt. Chem. 1893. 47. 394.
[6]) Zeitschr. f. öffentl. Chem. 1898. 223.

Gew. der Öle war. Neuestens hat M. A. Rakusin[1]) gezeigt, daß sowohl die farblosen, als auch die gelben Erdöldestillate, vom Benzin an bis einschließlich der Spindelöle die Polarisationsebene des Lichtes nach rechts drehen, und zwar von 0.2^0—3.5^0 (Saccharimetergrade), und daß das Drehungsvermögen der Erdölderivate mit ihrem spezifischen Gewichte, mit ihrem Siedepunkt, ihrer Viskosität, Farbe und mit ihrem Molekulargewichte steigt.

Die meisten Pflanzenöle lenken nach Bishop[2]) den polarisierten Lichtstrahl schwach nach links ab, nur Sesamöl nach rechts (3—9 Saccharimetergrade). Zeigt ein Öl Rechtsdrehung, so prüft man zuerst mit Furfurol und Salzsäure auf Sesamöl, fällt diese Probe negativ aus, so ist Harzöl vorhanden. Peter fand auch für Ricinusöl und Crotonöl sehr bedeutende Rechtsdrehungen. Nach Rakusin[3]) zeigen die meisten Pflanzenöle nur Spuren von Aktivität, deren Größe $+0.5$ Saccharimetergrade nicht übersteigt und meist zwischen $+0.1^0$ und $+0.3^0$ liegt, nur bei folgenden vier Ölen treten nennenswerte Rechtsdrehungen auf:

$$\begin{array}{llll}
\text{Ricinusöl} & . \; . & +8^0 & \text{bis} \; +8.65^0 \; \text{(Saccharimeter)}\\
\text{Crotonöl} & . \; . & +14.5^0 & \text{,,} \; +16.4^0\\
\text{Sesamöl} & . \; . & +1.9^0 & \text{,,} \; +2.4^0\\
\text{Lorbeeröl} & . \; . & +14.4^0 .
\end{array}$$

Die vorstehenden Bestimmungen wurden im Apparate von Soleil-Ventzke ($l = 200$ mm) vorgenommen.

9. Nachdem Allen erst die Beobachtung gemacht hatte, daß Salpetersäure beim Erwärmen plötzlich und heftig auf Harzöl unter Bildung eines rötlichen Harzes einwirkt, hat Parker C. Mc Ilhiney[4]) versucht, in der folgenden Weise eine näherungsweise, quantitative Bestimmung des Harzöles in einem Gemische mit Mineralöl vorzunehmen:

50 ccm Salpetersäure vom spez. Gew. 1.2 werden in einem Kolben von 700 ccm Fassungsraum zum Kochen erhitzt. Nach Entfernung der Flamme werden 5 g des zu untersuchenden Ölgemisches zugegeben, worauf der Kolben auf dem Wasserbade unter häufigem Schütteln noch 15 bis 20 Minuten erwärmt wird. Alsdann werden 400 ccm kalten Wassers zugefügt und das Ganze mit Petroläther ausgeschüttelt. Das unangegriffene Mineralöl löst sich im Petroläther, während das Harz suspendiert bleibt. Von den Mineralölen gehen bei dieser Behandlung etwa $10^0/_0$ verloren.

10. Holde[5]) hat auch die Brechungsexponenten verschiedener Harzöle und Mineralöle ermittelt und die Löslichkeit dieser Öle in absolutem Alkohol bestimmt. Die Ergebnisse sind in der folgenden Tabelle zusammengestellt:

---

[1]) Chem. Zeitg. 1904. 28. 505; 1905. 29. 81 u. 155. — Vgl. auch Chem. Zeitg. 1906. 30. 1041.

[2]) Journ. Pharm. Chem. 1887. 16. 300.|

[3]) Chem. Zeitg. 1906. 30. 143.|

[4]) Journ. Amer. Chem. Soc. 1894. 16. 385. — Chem. Zeitg. Rep. 1894. 18. 197.

[5]) Mitt. Techn. Vers.-Anst. Charlottenburg 1891. 269. — Zeitschr. f. angew. Chem. 1891. 588.

Öle	Äußere Merkmale	Spezifisches Gewicht bei 15° C.	Brechungs-exponent bei 18° C.	Löslichkeit in abs. Alkohol 1 Vol. Öl auf 2 Vol. Alkohol	Verhalten gegen	
					Schwefel-säure (1·624)	Essigsäure-anhydrid und Schwefelsäure (1·530)
Harzöl	gelb—gelbbraun, Harzgeruch	0·97—0·98	1·535—1·549	50—73 Vol.-Proz. Öl werden gelöst	tiefrot	violett bis blutrot
Mineralöl	gelb-fluoreszie-rend—schwarz, wenig riechend	0·89—0·92	1·500—1·507	2—15 Vol.-Proz. Öl werden gelöst	gelb bis braun	nicht charak-teristisch, schmutziggrün bis braunrot
Rüböl	gelb—grün	0·911—0·917	1·4725—1·4740	—	gelb	nicht charak-teristisch, schmutziggrün bis braun
Baumöl	bekannter, charakteri-stischer Geruch	0·914—0·917	1·4689—1·4696	—	desgl.	desgl.

Nach Utz[1]) dürften durch Behandeln einer gemessenen Menge Harzöl mit konzentrierter oder mit rauchender Schwefelsäure und Bestimmung der Menge des von der Schwefelsäure unangegriffenen Teiles sowie der Refraktion desselben Zahlen gewonnen werden können, welche erlauben, auf einen Mineralölzusatz im Harzöl zu schließen.

Zum Nachweise von kleinen Mengen von Mineralöl (bis zu $1\,^0/_0$ herab) in Harzöl hat D. Holde[2]) das folgende Verfahren vorgeschlagen:

10 ccm Öl werden in 90 ccm Alkohol von 96 Gewichtsprozenten bei Zimmerwärme gelöst, wobei die Auflösung durch öfteres Umschütteln unterstützt wird. Hierbei ist das Zurückbleiben von ungelösten Spuren ohne Belang. Bleiben jedoch beträchtliche Mengen Öl ungelöst, so ist der Verdacht vorhanden, daß Mineralöl zugegen ist. Nachdem man über Nacht absitzen gelassen hat, wird der Rückstand mit wenig 96 prozentigem Alkohol abgespült und auf den Brechungskoeffizienten geprüft. Bei Gegenwart von Mineralöl beträgt derselbe bei 15°—20° C. weniger als 1·5330. In zweifelhaften Fällen wird das ausgeschiedene Öl noch einmal nach demselben Verfahren behandelt. Trat bei der Behandlung mit Alkohol völlige Lösung ein, so wird diese Lösung mit kleinen Wassermengen bis zur milchigen Trübung versetzt; nach dem Stehen über Nacht wird die klare, alkoholische Lösung von der Ölmenge, die nicht mehr als 1 ccm betragen darf, abgegossen, das Öl mit 96 prozentigem Alkohol abgespült und der Ölrest im Schüttelzylinder in 20 ccm 96 prozentigem Alkohol gelöst. Aus dieser Lösung werden wieder durch Wasserzusatz einige Öltropfen abgeschieden, wie früher abgespült, dann in siedendem Alkohol gelöst, in ein Glasschälchen gebracht, abgedampft und der Brechungskoeffizient des Öltropfens bestimmt. Liegt derselbe unter 1·5330, so ist Mineralöl zugegen gewesen. Es ist wichtig, daß bei dieser Prüfung Alkohol von 96 Gewichtsprozenten und nicht von 96 Volumprozenten

<hr>

[1]) Chem. Rev. üb. d. Fett- u. Harz-Ind. 1906. 13. 50.
[2]) Mitt. Techn. Vers.-Anst. Berlin 1901. 19. 39; 1902. 20. 252.

verwendet wird, da in letzterem von Harzölen bis zu $30^0/_0$ ungelöst bleiben können.

Größere Mengen von Mineralöl (von $15—20^0/_0$ an) in Harzöl werden einfacher nach dem unter 7 (S. 225) beschriebenen Verfahren von Finkener aufgefunden.

Zur Unterscheidung von Teerölen und Mineralölen reicht die Bestimmung des spezifischen Gewichtes vollständig aus. In Gemischen kann man Teeröl mit Hilfe von Salpetersäure entdecken,[1] nachdem reines Mineralöl beim Behandeln mit Salpetersäure von 1·45 spez. Gewicht nur eine sehr schwache Temperaturerhöhung gibt, während teerölhaltiges sich hierbei stark erwärmt. Man stellt zuerst eine Vorprüfung an, ob eine sehr starke Reaktion eintritt, da sich danach die Größe des Apparates richtet. Ist dies nicht der Fall, so bringt man 7·5 ccm der Probe in ein bis 20 ccm graduiertes Rohr, stellt auf die Temperatur von 15^0 C. ein, gießt 7·5 ccm Salpetersäure von derselben Temperatur hinzu, verschließt mit einem Korkstopfen, der mit einem Thermometer versehen ist, und schüttelt stark. Um besser ablesen zu können, bedient man sich hierzu eines Thermometers, dessen Nullpunkt ziemlich weit von der Kugel entfernt ist. Ist eine starke Reaktion bei der Vorprüfung beobachtet worden, so muß man ein größeres dickwandiges Gläschen (keinen dünnwandigen Kolben!) statt des Röhrchens anwenden, den Korkstopfen doppelt durchbohren und in die zweite Öffnung ein offenes Glasröhrchen einsetzen, welches man während des Schüttelns mit dem Finger verschließt.

Zweckmäßiger dürfte es sein, in dem letzteren Falle den Versuch mit geringeren Mengen der Probe und ähnlich, wie die Prüfung der fetten Öle mit Schwefelsäure nach Maumené (s. dort) durchzuführen.

Zum Nachweise und zur Bestimmung von Teerölen in Gemischen mit Harzölen und Mineralölen verwendet E. Valenta[2] Dimethylsulfat. In einen in halbe Kubikzentimeter geteilten, mit gut eingeriebenem Glasstopfen versehenen Glaszylinder von ca. 100 ccm Inhalt wird eine genau abgemessene Menge der zu untersuchenden Ölmischung und eine gleichfalls genau gemessene Menge (etwa die $1^1/_2$ bis 2fache) Dimethylsulfat gegossen. Dann wird während einer Minute geschüttelt und der Zylinder bei Zimmertemperatur so lange stehen gelassen, bis beide Schichten sich scharf voneinander getrennt haben. Nun liest man ab und ermittelt aus dem Volumen der unteren Schicht, wieviel Öl das Dimethylsulfat gelöst hat, woraus sich der Gehalt der Mischung an Teerölen oder Kohlenwasserstoffen der Benzolreihe leicht in Volumprozenten berechnen läßt. Die Beleganalysen stimmen gut.

Da die Teeröle aus ihrer Lösung in Dimethylsulfat durch Kochen mit Kali- oder Natronlauge abgeschieden werden, dürfte nach Valenta. eine gewichtsanalytische Bestimmung von Teerölen in Mineral- und Harzölen in der Weise durchführbar sein, daß man eine gewogene Menge des zu prüfenden Ölgemisches mit Dimethylsulfat ausschüttelt, die Lösung

----

[1] Brenken, Zeitschr. f. analyt. Chem. 18. 546.
[2] Chem. Zeitg. 1906. 30. 266.

mit Lauge kocht, das abgeschiedene Öl nach dem Neutralisieren des überschüssigen Alkalis mit Äther ausschüttelt, die ätherische Lösung abdampft und den Rückstand wägt.

Über die quantitative Analyse von Mischungen von Harzölen und Mineralölen s. auch Schmieröle.

2. Feste, unverseifbare Bestandteile der Fette.

Die festen, unverseifbaren Bestandteile in Fetten, Wachsen und fettähnlichen Mischungen können aus Kohlenwasserstoffen (Paraffin, Ceresin usw.), aus Fettalkoholen (Cetylalkohol, Cerylalkohol, Myricylalkohol usw.) und aus Cholesterinen bestehen.

Über die Eigenschaften des Paraffins und Ceresins siehe Abschnitt IX, Kerzenfabrikation.

Bei der Untersuchung des unverseifbaren Teiles wird die Elementaranalyse entscheidende Aufschlüsse geben können. Ist der unverseifbare Teil ein einheitlicher Körper, so kann er direkt analysiert, ist er ein Gemenge, so muß er erst durch wiederholtes Umkristallisieren aus Alkohol, Äther usw. in einzelne reine Fraktionen getrennt werden.

Die Bestimmung des Schmelzpunktes gibt nur geringe Anhaltspunkte, da Paraffin oder Ceresin dieselben Schmelzpunkte zeigen können wie Cetylalkohol (50° C.), Cerylalkohol (79° C.) und Myricylalkohol (88° C.) und außerdem geringe Verunreinigungen die Schmelzpunkte sehr bedeutend verändern. Nur reines Cholesterin (148·5° C.), Isocholesterin (137°—138° C.), Phytosterin (132°—133° C.) und die anderen, in Pflanzenölen vorkommenden Cholesterine (Betasterin, Sitosterin usw.) haben auffallend hohe Schmelzpunkte, an denen sie erkannt werden können.

Die Fettalkohole sind in warmem Alkohol löslich, die Kohlenwasserstoffe nahezu unlöslich.

Die Natur des unverseifbaren Bestandteiles kann mit Umgehung der Elementaranalyse durch 1—2stündiges Kochen eines Teiles der zu prüfenden Substanz mit dem gleichen Gewichte Essigsäureanhydrid am Rückflußkühler leicht erkannt werden. Es können dann drei Fälle eintreten:

1. Die Substanz löst sich vollständig auf und bleibt auch nach dem Erkalten in Lösung: Fettalkohole.
2. Die Substanz löst sich beim Kochen vollständig auf, und die Lösung erstarrt beim Erkalten zu einem Kristallbrei: Cholesterine oder Fettalkohole oder beide Körperklassen.
3. Die Substanz mischt sich nicht mit Essigsäureanhydrid, sondern schwimmt in der Hitze als ölige Schicht auf demselben, erstarrt beim Erkalten und kann abgehoben werden: Kohlenwasserstoffe, Paraffin oder Ceresin.

Ist nach 1. oder 2. in der Hitze Lösung erfolgt, so gießt man die erkaltete Mischung in Wasser ein, wobei sich die Essigsäureester des Cholesterins und der Fettalkohole ausscheiden, welche dann zur völligen Entfernung des Essigsäureanhydrides zwei- bis dreimal mit Wasser aus-

gekocht und zuletzt aus Alkohol gereinigt werden. Waren nur Fettalkohole vorhanden, so löst sich die Masse sehr leicht in heißem Alkohol
auf, bei Gegenwart von Cholesterinen ist jedoch zur vollständigen Lösung
sehr viel siedender Alkohol notwendig, und beim Erkalten scheiden sich
die Essigsäureester der Cholesterine zum größten Teile wieder aus. Die
Lösung der Ester der Fettalkohole in Alkohol oder das Filtrat von den
auskristallisierten Estern der Cholesterine wird mit warmem Wasser versetzt, wodurch sich die in Lösung befindlichen Ester als ölige Schicht
ausscheiden, welche man durch Einstellen des Gefäßes in kaltes Wasser
zum Erstarren bringt und abhebt.

Der Schmelzpunkt der Substanz hat sich durch die Behandlung mit
Essigsäureanhydrid sehr wenig oder gar nicht geändert, wenn sie aus
Kohlenwasserstoffen bestand, er ist aber bedeutend verändert, wenn
Fettalkohole oder Cholesterine vorhanden waren.

Zur Entdeckung von Cholesterin, Phytosterin und Isocholesterin können die folgenden Reaktionen benutzt werden.

Reaktionen des Cholesterins. Schulze[1] führt folgende Reaktionen des Cholesterins an:

1. Dampft man eine Spur Cholesterin mit einem Tropfen konzentrierter Salpetersäure auf einem Tiegeldeckel vorsichtig zur Trockene
ab, so erhält man einen gelben Fleck, welcher beim Übergießen mit
Ammoniak eine gelbrote Färbung annimmt.

2. Eine Probe Cholesterin wird auf einem Tiegeldeckel mit einem
Tropfen eines Gemisches von 3 Volumteilen konzentrierter Salzsäure und
1 Volumteil Eisenchloridlösung zusammengerieben und vorsichtig zur
Trockene verdampft. Die ungelöst gebliebenen Partikelchen nehmen eine
violettrote, dann ins Bläuliche sich ziehende Färbung an.

3. Eine sehr empfindliche und charakteristische Reaktion hat Hager
angegeben; dieselbe wird von Salkowski[2] in folgender Weise ausgeführt:

Man löst einige Zentigramme des Cholesterins in Chloroform, fügt
etwa das gleiche Volumen konzentrierter Schwefelsäure hinzu und schüttelt
durch.

Die Chloroformlösung färbt sich schnell blutrot, dann schön kirschrot
bis purpurn, und diese Farbe hält sich tagelang unverändert. Die unter
dem Chloroform stehende Schwefelsäure zeigt eine starke, grüne Fluorescenz. Gießt man einige Tropfen der roten Chloroformlösung in eine
Schale, so färbt sie sich sehr schnell blau, dann grün, endlich gelb.
Verdünnt man die purpurfarbene Chloroformlösung, die über Schwefelsäure steht, mit Chloroform, so wird sie fast farblos oder intensiv blau,
nimmt aber beim Schütteln mit der darunter stehenden Schwefelsäure
ihre frühere Färbung wieder an. Diese Erscheinung beruht auf einem
geringen Wassergehalt des Chloroforms.

Tritt beim Vermischen der Lösung eines aus Fett bereiteten Cholesterins in Chloroform mit Schwefelsäure anfänglich Blaufärbung ein, so

---

[1]) Journ. f. prakt. Chem. 115. 164.
[2]) Zeitschr. f. analyt. Chem. 11. 44 u. 26. 568.

rührt dies nicht vom Cholesterin, sondern von Farbstoffen aus der Reihe der Lipochrome her, wie solche im Lebertran, Eidotterfett, Palmöl und im geringeren Grade in der Kuhbutter nachgewiesen worden sind. Doch macht dieselbe bald der Rotfärbung Platz.

4. Wenn man zu einer Lösung von Cholesterin in Eisessig überschüssiges Acetylchlorid und ein Stückchen wasserfreies Zinkchlorid gibt und dann erwärmt, so erhält man eine eosinähnliche Färbung, die nach fünf Minuten langem Kochen ihr Maximum erreicht und deren Intensität von der Menge des Cholesterins abhängt. Diese Reaktion ist äußerst empfindlich und gelingt noch bei einer Verdünnung von 1 : 80000. Zugleich mit der Färbung läßt sich eine grünlich gelbe Fluorescenz beobachten[1]) (Tschugajeff). Am empfindlichsten von den Tschugajeffschen Cholesterinreaktionen und am bequemsten in der Ausführung ist nach Rakusin[2]) das Erhitzen mit Trichloressigsäure. Einige Kristalle Trichloressigsäure werden in einem kleinen Probiergläschen (Durchmesser 4—5 mm, Höhe 40—50 mm) vorsichtig geschmolzen. Wird zu der farblosen Flüssigkeit eine Spur der zu untersuchenden Substanz gebracht, so tritt bei Anwesenheit von Cholesterin sofort eine hellrosa bis himbeerenrote Färbung ein, die, im ersten Moment besonders schön, sich bald ändert und schließlich dunkel wird.

Cholesterin gibt ferner die sogenannte Cholesterolreaktion Liebermanns[3]). Man löst die Substanz in so viel Essigsäureanhydrid, daß sie auch in der Kälte gelöst bleibt, und setzt nach dem Abkühlen tropfenweise konzentrierte Schwefelsäure hinzu. Zuerst wird die Lösung rosenrot, dann aber, und zwar namentlich auf Zusatz einer neuen kleinen Menge Schwefelsäure blau. Burchard führt die Probe in der Weise aus, daß er die Substanz erst in 2 ccm Chloroform löst, dann 20 Tropfen Essigsäureanhydrid und 1 Tropfen Schwefelsäure hinzufügt.

Nagelvoort[4]) erhielt aus einer Lebertransorte nadelförmig zugespitzte Kristalle, welche mit ziemlich langen, schmalen und abgestumpften vermischt waren. Sie hatten das Aussehen von Phytosterin, färbten sich aber mit konzentrierter Schwefelsäure wie Cholesterin rötlichbraun, nach Wasserzusatz schmutzig grün.

Es muß darauf Rücksicht genommen werden, daß viele Substanzen bei manchen Cholesterinreaktionen ähnliche, wenn auch häufig anders nuancierte Farbenreaktionen wie das Cholesterin geben. Dies gilt namentlich von einigen Harzen (bes. Kolophonium) und Terpentinöl.

Reaktionen des Isocholesterins: Bei der Reaktion mit Salpetersäure und Ammoniak verhält sich das Isocholesterin wie Cholesterin, gibt aber mit konzentrierter Schwefelsäure und Chloroform keine Reaktion. Bei der Liebermannschen Reaktion bringt der erste Tropfen Schwefelsäure eine gelbe, dann rötlichgelb werdende Färbung hervor, gleichzeitig wird die Flüssigkeit grün fluorescierend. In Mischungen von Cholesterin

---

[1]) Chem. Zeitg. 1900. 24. 542.
[2]) Chem. Zeitg. 1906. 30. 1041.
[3]) Ber. d. deutsch. chem. Ges. 18. 1885. 1804.
[4]) Chem. Zeitg. Rep. 1889. 13. 327.

und Isocholesterin scheint die durch letzteres hervorgerufene Färbung vorzuwiegen und die blaue durch Cholesterin hervorgerufene Färbung zu verdecken (Lewkowitsch).

Das Phytosterin unterscheidet sich von den beiden Cholesterinen durch den Schmelzpunkt und die Kristallform (Salkowski). Die heiß gesättigte alkoholische Lösung des Cholesterins erstarrt beim Erkalten zu einem Brei von Kristallblättchen, welche unter dem Mikroskope als äußerst dünne, rhombische Tafeln erscheinen, welche häufig einspringende Winkel aufweisen. Das Phytosterin kristallisiert in büschelförmig gruppierten, soliden, zuweilen breiten Nadeln. Bei der mikroskopischen Untersuchung zeigt es sternförmig oder in Bündeln angeordnete, lange, ziemlich solide Nadeln. Es schmilzt bei 132°—134° C., Cholesterin bei 148·5° C. Seine Lösungen drehen die Polarisationsebene links.

Phytosterin gibt in Chloroformlösung die gleiche Reaktion mit Schwefelsäure wie Cholesterin, doch zeigt die Färbung nach mehrtägigem Stehen insofern einen geringen Unterschied, als sie beim Phytosterin mehr blaurot, beim Cholesterin mehr kirschrot ist.

Die anderen bekannten in Pflanzenfetten vorkommenden Cholesterine geben in Essigsäureanhydridlösung mit Schwefelsäure versetzt ähnliche Färbungen wie das Cholesterin.

Über die Auffindung von Phytosterin neben Cholesterin in Ölgemischen vergl. ferner Abschnitt X, Unterscheidung von Tier- und Pflanzenölen.

Handelt es sich speziell um die Entdeckung von Cholesterin oder Isocholesterin, so erhitzt man die aus dem Fette gewonnene, unverseifbare Substanz mit 4 T. Benzoësäureanhydrid 30 Stunden im zugeschmolzenen Rohr auf 200° C. Die Masse wird sodann wiederholt mit Alkohol ausgekocht, wobei Benzoësäure-Cholesterin- und Isocholesterinester zurückbleiben. Beim Umkristallisieren aus Äther scheidet sich der erstere in rektangulären, dicken Tafeln, der letztere als lockeres Kristallpulver aus, welches sich eventuell leicht durch Abschlämmen von den Tafeln trennen läßt. Der Cholesterinester schmilzt bei 150°—151° C., der Isocholesterinester bei 190°—191° C.

Durch Kochen mit alkoholischer Kalilauge lassen sich beide Ester leicht verseifen, beim Verdünnen mit Wasser fallen Cholesterin und Isocholesterin aus und können dann noch auf Schmelzpunkt, Farbenreaktionen und Jodzahl[1]) weiter untersucht werden (Schulze)[2]).

Hat man genügende Mengen des Unverseifbaren, so kann man zur Entscheidung der Frage, welcher Fettalkohol vorliegt, die Verseifungszahl (Acetylzahl) der durch die Einwirkung von Essigsäureanhydrid erhaltenen Substanz bestimmen. Die Essigester der Fettalkohole werden durch die alkoholische Kalilauge sehr rasch verseift, und auch Cholesterinester werden allmählich zersetzt. Man erkennt die beendete Verseifung im letzteren Falle daran, daß alles in Lösung gegangen ist.

---

[1]) Lewkowitsch, Journ. Soc. Chem. Ind. 1892. 142.
[2]) Journ. f. prakt. Chem. 115. 163.

Die gefundenen Verseifungszahlen stimmten bei Versuchen, welche mit Cetylalkohol und Cholesterin vorgenommen wurden, sehr genau mit den berechneten Werten.

Die Alkohole scheiden sich meist schon bei dem zur Bestimmung der Verseifungszahl vorgenommenen Zurücktitrieren mit wässeriger Salzsäure aus, jedenfalls können sie durch nachträglichen Wasserzusatz ausgefällt und weiter auf ihren Schmelzpunkt usw. geprüft werden. Die Schmelzpunkte, Jodzahlen und Verseifungszahlen der Essigsäureester der wichtigsten Körper, welche sich im unverseifbaren Anteile finden können, sind in der folgenden Tabelle gegeben:

Substanz	Schmelzpunkt	Jodzahl	Verseifungszahl der Acetylverbindung	Schmelzpunkt der Acetylverbindung
Paraffin	38^0—82^0 C.	$3\cdot9$—$4\cdot0$	—	—
Cetylalkohol . . .	50^0 C.	0	$197\cdot55$	22^0—23^0 C.
Cerylalkohol . . .	79^0 C.	0	$132\cdot31$	65^0 C.
Myricylalkohol . .	88^0 C.	0	$116\cdot83$	70^0 C.
Cholesterin	$148\cdot5^0$ C.	$68\cdot20$	$135\cdot53$	92^0 C.
Isocholesterin . . .	137^0—138^0 C.	$68\cdot20$	$135\cdot53$	unter 100^0 C.

Nach Lewkowitsch[1]) bleiben die Cholesterine beim Erhitzen mit Natron- oder Kalikalk unverändert, während die Fettalkohole bei gleicher Behandlung in Fettsäuren übergehen. Cetylalkohol lieferte derart behandelt nur 4—$6\,^0/_0$ unveränderten Alkohol, während von Cholesterin $93\,^0/_0$ zurückerhalten wurden. Es ist sohin eine näherungsweise quantitative Bestimmung von Cholesterin neben Fettalkoholen auf diese Art möglich. Bei Abwesenheit von Cholesterinen können Kohlenwasserstoffe (Paraffin, Ceresin usw.) neben Fettalkoholen nach dem Verfahren von A. und P. Buisine (S. 209) bestimmt werden. Die beim Erhitzen des Gemenges mit Kalikalk entwickelte Wasserstoffmenge gibt ein Maß für den Gehalt an Fettalkoholen. Zur Bestimmung beigemischter, fester Kohlenwasserstoffe wird der nach dem Erhitzen der Substanz mit Kalikalk verbleibende Rückstand gepulvert und im Kolben auf dem Wasserbade oder im Extraktionsapparate mit Petroläther oder Äther extrahiert. Die Auszüge werden filtriert, abdestilliert, in wenig Äther gelöst, nochmals filtriert, das Filtrat abgedunstet und der Rückstand getrocknet und gewogen (vgl. auch Bienenwachs).

Bei der Untersuchung von Wachsarten erhält man meist genügende Anhaltspunkte, wenn man das Unverseifbare nicht erst isoliert, sondern das Wachs direkt mit Kalikalk erhitzt und die Kohlenwasserstoffe durch Extraktion des Rückstandes bestimmt.

Zur Trennung der höheren Alkohole von Mineralölen im unverseifbaren Anteile schlägt J. Marcusson[2]) die beiden folgenden Verfahren vor:

---

[1]) Journ. Soc. Chem. Ind. 1892. 13; 1896. 14.
[2]) Mitt. Techn. Vers.-Anst. Berlin. 1890. 261.

1. Der unverseifbare Anteil wird, wenn er leichtflüchtiges Mineralöl enthält, mit überhitztem Wasserdampf destilliert, bis die Hauptmenge des Mineralöles übergegangen ist. Die Temperatur soll bei der Destillation 200° C. nicht übersteigen. Die höheren Alkohole bleiben hierbei im Destillationsrückstand und können durch Auskochen desselben mit 70prozentigem Alkohol extrahiert und durch Umkristallisieren gereinigt werden.

2. Wenn eine Mischung von fettem Öl, welches höhere Alkohole enthält, mit Maschinenöl oder Zylinderöl, also einem schwerer flüchtigen Mineralöle vorliegt, so kann der unverseifbare Anteil nicht nach der vorigen Vorschrift behandelt werden, weil bei zu hoher Temperatur die Alkohole mit überdestillieren. In diesem Falle wird das Öl in Äther gelöst und mit dem gleichen Volumen Alkohol versetzt, wodurch die Hauptmenge des gelösten Öles wieder ausgefällt wird. Nach dem Absitzen wird die klare Lösung abgegossen und auf etwa 50 ccm eingedampft. Nach dem Erkalten trennt man wieder von ausgeschiedenem Öl und verdampft aus der Lösung den Alkohol völlig; der Rückstand wird verseift, eingedampft, mit Wasser aufgenommen und mit Äther wiederholt ausgeschüttelt. Der Äther enthält dann die höheren Alkohole und nur sehr geringe Mengen von Mineralöl. Aus diesem Gemische werden die höheren Alkohole wie im ersten Falle durch Auskochen mit 70prozentigem Alkohol extrahiert und durch Umkristallisieren gereinigt.

D. Nachweis und Bestimmung von Fichtenharz und Kolophonium in Fett.

Eigenschaften des Kolophoniums.

Kolophonium wird aus Terpentin oder Fichtenharz dargestellt, indem man dieselben so lange erhitzt, bis der Rückstand klar schmilzt. Dabei destillieren Wasser und Terpentinöl ab. Fichtenharz unterscheidet sich vom Kolophonium nur durch einen geringen Gehalt an Wasser und Terpentinöl, so daß der Nachweis beider Produkte in Fettgemengen derselbe ist.

Das Kolophonium bildet, je nach der Dauer und Stärke des Erhitzens bei seiner Darstellung, gelbe oder braune, durchscheinende Stücke, es ist spröde, glasglänzend und zeigt einen muscheligen Bruch. Sein spezifisches Gewicht schwankt bei 15° C. von 1·045—1·108[1]) und kann im Mittel zu 1·100 angenommen werden; es liegt somit weit höher als das der Fette. Dasselbe gilt vom Schmelzpunkte, der übrigens bei verschiedenen Kolophoniumsorten sehr differiert. Die obere Grenze dürfte 135° C. sein.

Es wird bei 70° C. weich, in kochendem Wasser halbflüssig, schmilzt

---

[1]) K. Dieterich gibt 1·085 als obere Grenze an (Analyse der Harze, Balsame und Gummiharze, Berlin 1900, S. 114).

dabei aber nicht wie die Fette oder Fettsäuren zu einer klaren Flüssigkeit. Beim Erwärmen verbreitet es einen angenehmen, harzigen Geruch, beim Erhitzen an der Luft verbrennt es mit stark rußender Flamme und spezifischem Geruch. Bei der trockenen Destillation gibt es Harzspiritus und Harzöl (S. 222), und bei der Destillation im Vakuum erhielten Bischoff und Nastvogel[1]) einen Kohlenwasserstoff und eine Säure von der Formel $C_{30}H_{32}O_2$.

Kolophonium ist in Wasser unlöslich, in Alkohol dagegen leicht löslich, indem sich 1 Teil schon in 10 Teilen 70prozentigen Alkohols löst. Die Flüssigkeit reagiert sauer. Es ist ferner löslich in Methylalkohol, Amylalkohol, Äther, Benzol, Aceton, Chloroform, Schwefelkohlenstoff und Terpentinöl, zum größten Teile löslich in Petroleumäther. Die Lösungen machen auf Papier keinen Fettfleck.

Für Kolophonium wurden die folgenden Konstanten gefunden:

Provenienz des Kolophoniums	Säurezahl	Verseifungszahl	Ätherzahl	Jodzahl	Nach:
Österreichisches . .	146·0	167·1	21·1	109·6—116·8	v. Schmidt und Erban[2])
„	159·3	175·5	16·2	—	Ulzer
„ (hell) . .	163·2	—	—	—	Kremel
„ (dunkel)	151·1	—	—	—	„
Englisches	169·1	—	—	—	„
Amerikanisches . .	154—164·6	174·7—194·3	15·7—30·0	55—114	Lewkowitsch
„	170·2	177·9	7·7	124·2 resp. 100·3[4])	Fahrion[3])
„	159·1	183·4	24·3	122·9	Rudding[5])
Französ., weißes .	171·0	179·2	8·2	138·2	„

Der hohen Säurezahl nach besteht das Kolophonium hauptsächlich aus einer Säure oder Säuren, wie dies auch Perrenond[6]) anführt. Nach den Ergebnissen der Untersuchung des letzteren präexistieren im Kolophonium Harz und Säurekristalle. Die letzteren bestehen beim amerikanischen Kolophonium, beim Stammharze von Pinus strobus, Pinus picea und beim Wurzelharze von Pinus sylvestris aus Abiëtinsäure beim Galipot und dem Stammharze von Pinus sylvestris aus den isomeren Pimarsäuren. Außerdem soll im Kolophonium noch die Sylvinsäure enthalten sein, welche jedoch nach Liebermanns[7]) Ansicht mit der Abiëtinsäure identisch ist.

---

[1]) Ber. d. deutsch. chem. Ges. 1890. 1919.
[2]) Sitzungsber. d. Wiener Akademie, Nov. 1886.
[3]) Zeitschr. f. angew. Chem. 1901. 1121 u. 1197.
[4]) Je nachdem das Unverseifbare aus dem neutralisierten oder verseiften Kolophonium abgeschieden war.
[5]) Chem. Rev. üb. d. Fett- u. Harz-Ind. 1903. 10. 51.
[6]) Chem. Zeitg. 1885. 9. 1590.
[7]) Ber. d. deutsch. chem. Ges. 1884. 17. 1885.

Die Abiëtinsäure, Sylvinsäure ($C_{20}H_{30}O_2$) wurde in reinem Zustande erst in jüngster Zeit von P. Levy[1]) dargestellt; er erhielt durch Destillation des Kolophoniums unter vermindertem Druck eine hellgefärbte, ziemlich zähflüssige Masse, aus welcher durch Destillation bei 255—258⁰ C. unter 13 mm Druck, bzw. bei 248—250⁰ C. unter 9·5 mm Druck als Hauptfraktion eine schwach gelbliche, amorphe, mitunter von Kristallen durchsetzte Masse gewonnen wurde, welche sich durch große Kristallisationsfähigkeit auszeichnete und beim Versetzen mit Methylalkohol nach kurzer Zeit Kristalldrusen vom Schmelzpunkte 165⁰ C. ausschied; durch Umkristallisieren aus Methylalkohol wurde reine Abiëtinsäure vom Schmelzpunkt 182⁰ C. erhalten.

Die Abiëtinsäure ist leicht löslich in Äther und Benzol, schwerer öslich in Aceton, Methyl- und Amylalkohol, schwer löslich in Petroläther und unlöslich in Wasser; sie ist eine schwache Säure, da schon Kohlensäure die wässerigen Lösungen ihrer Salze zersetzt. Das abiëtinsaure Calcium zeigt die Eigentümlichkeit, von Äther zuerst aufgenommen zu werden und dann wieder auszufallen. Beim Erhitzen zersetzt sich die Abiëtinsäure unter Kohlensäureabspaltung:

$$C_{19}H_{29}COOH = C_{19}H_{30} + CO_2 .$$

Eine geringe Menge Abiëtinsäure, in trockenem Chloroform gelöst, gibt nach Zusatz von etwas Essigsäureanhydrid und einigen Tropfen konzentrierter Schwefelsäure eine purpurrote Färbung, welche rasch hintereinander in Violett, Blau, Tiefschwarz und schließlich Schmutziggrün übergeht. Wird etwas Abiëtinsäure mit Salpetersäure zur Trockene verdampft, und der Rückstand mit Ammoniak befeuchtet, so tritt Rotfärbung auf. Kalte konzentrierte Schwefelsäure löst Abiëtinsäure gleichfalls mit roter Farbe auf, und beim Durchschütteln mit Chloroform färbt sich dieses rosa, während die Schwefelsäure nach einiger Zeit schwach grünliche Fluorescenz zeigt.

Die Abiëtinsäure war Gegenstand zahlreicher Untersuchungen, da sie nur schwer im reinen Zustande erhalten werden konnte, woraus nach Mach[2]), welcher die Abiëtinsäure, Sylvinsäure und die Primarsäuren für identisch ($C_{19}H_{28}O_2$) hält, die vielfach in der Literatur enthaltenen, widersprechenden Angaben über die Formel dieser Säure zu erklären sind.

Liebig nahm für die Abiëtinsäure die Formel $C_{20}H_{28}O_2$ an; nach Trommsdorf und nach H. Rose kommt ihr die Formel $C_{20}H_{30}O_2$ zu. Bischoff und Nastvogel[3]) erhielten bei der Destillation des Kolophoniums bei einem Druck von 50 mm eine Verbindung $C_{40}H_{58}O_3$, das Isosylvinsäureanhydrid, aus welcher sie Isosylvinsäure $C_{20}H_{30}O_2$ darstellten. Nach Easterfield und Bagley[4]) ist das Isosylvinsäureanhydrid Bischoffs und Nastvogels nichts anderes als amorphe Abiëtinsäure.

---

[1]) Zeitschr. f. angew. Chem. 1905. 18. 1739.
[2]) Monatsh. f. Chem. 1893. 187.
[3]) Ber. d. deutsch. chem. Ges. 1890. 23. 1919.
[4]) Journ. Chem. Soc. 1904. 85. 1238.

Mach[1]) erhielt durch oftmaliges Umkristallisieren des Kolophoniums aus Aceton und Methylalkohol eine Säure vom Schmelzpunkt 153^0 bis 154^0 C. und fand die Zusammensetzung derselben für die Formel $C_{19}H_{28}O_2$ stimmend; für dieselbe Formel treten Tschirch und Studer[2]) ein, welche die Abiëtinsäure durch oftmaliges sukzessives Ausschütteln des Kolophoniums mit wässerigem kohlensaurem Ammon und kohlensaurem Natron darstellten; sie geben der Abiëtinsäure die Konstitutionsformel

$$
\begin{array}{c}
\mathrm{CH_2 \qquad CH_2} \\
\mathrm{C} \\
\mathrm{HO.C} \qquad \mathrm{C.OH} \\
\mathrm{H_3C.C} \qquad \mathrm{C} \\
\mathrm{C} \\
\mathrm{CH_2 \quad HC} \qquad \mathrm{CH.CH_3} \\
\mathrm{C_3H_7.HC} \qquad \mathrm{CH_2} \\
\mathrm{CH_2} \; ;
\end{array}
$$

dieselben sind auch der Ansicht, daß im Kolophonium drei isomere Abiëtinsäuren vorkommen, welche sie als α-, β-, und γ-Abiëtinsäure bezeichnen.

Auch Easterfield und Bagleys Untersuchungen führten zur Formel $C_{19}H_{28}O_2$. Abgesehen davon, daß die von Mach und von Tschirch und Studer erhaltenen Präparate infolge der zahlreichen Operationen des Umkristallisierens und Ausschüttelns wahrscheinlich teilweise oxydiert waren, stimmen auch die bei der Elementaranalyse von den genannten Forschern erhaltenen Zahlen nicht gut für die Formrl $C_{19}H_{28}O_2$.

Fahrion[3]) hat in letzter Zeit eine Probe von amerikanischem Kolophonium einer eingehenden Untersuchung unterzogen und ist zu folgenden Resultaten gelangt:

Das amerikanische Kolophonium besteht im wesentlichen aus einer Säure von der Formel $C_{20}H_{30}O_2$, welche er Sylvinsäure nennt, da der Name Abiëtinsäure bereits für verschiedene Körper benutzt wurde. Die von Mach aufgestellte (Abiëtinsäure-)Formel $C_{19}H_{28}O_2$ ist unrichtig. Die Sylvinsäure ist im Kolophonium in Form einer amorphen Modifikation enthalten, welche durch Behandlung mit wässrigem Alkohol oder durch Einleiten von Salzsäuregas in die alkoholische Lösung, in die kristallisierbare Modifikation mit beträchtlich höherem Schmelzpunkt (die Kriställchen wurden bei 140^0 C. weich und waren bei 150^0 C. geschmolzen) übergeht. Wahrscheinlich besteht die letztere aus verschiedenen Strukturisomeren. Bei längerem Erhitzen auf höhere Temperatur geht sie wieder in die amorphe Modifikation über.

---

[1]) Monatsh. f. Chem. 1893. 187.
[2]) Intern. pharm. Kongreß, Paris 1900. — Arch. d. Pharm. 1903. 241. 495.
[3]) Zeitschr. f. angew. Chem. 1901. 1121 u. 1197; 1904. 239.

Für die Sylvinsäure nimmt Fahrion die Strukturformel

$$
\begin{array}{cc}
CCOOH & CCH_3 \\
\diagup\!\diagdown & \diagup\!\diagdown \\
HC \quad CH-HC \quad CH \\
H_2C \quad CH-CH \quad CH_2 \\
\diagdown\!\diagup & \diagdown\!\diagup \\
CHC_3H_7 & CHC_3H_7
\end{array}
$$

an, von welcher auch Bischoff und Nastvogel ausgingen.

P. Levy[1]) bestätigt nicht nur auf Grund der bei der Elementaranalyse gewonnenen Zahlen, sondern auch der Molekulargewichts- und Sättigungszahlbestimmungen der von ihm rein dargestellten Säure und auf Grund der Untersuchungen ihrer Derivate die Richtigkeit der Formel $C_{20}H_{30}O_2$.

Nach Fahrion ist die Sylvinsäure infolge ihrer beiden Doppelbindungen — und zwar in Form ihrer Salze noch mehr als in freiem Zustande[2]) — in hohem Grade zur Autoxydation geneigt. Diese soll in der Weise vor sich gehen, daß die beiden Doppelbindungen sich sukzessive lösen und an Stelle derselben je ein Sauerstoffmolekül addiert wird[3]). So entstehen zunächst die in Petroläther unlöslichen Superoxyde $C_{20}H_{30}O_4$ und $C_{20}H_{30}O_6$, welche sich aber leicht in die petrolätherlöslichen Oxysylvinsäuren $C_{20}H_{29}(OH)O_3$ und $C_{20}H_{28}(OH)_2O_4$ umlagern[3]). Beide Arten von Autoxydationsprodukten kommen im Kolophonium in wechselnden Mengen vor und erklären die verschiedene Zusammensetzung verschiedener Kolophoniumsorten. Die petrolätherlöslichen Oxysylvinsäuren sind nicht die Endprodukte der Autoxydation. Die Dioxysylvinsäure ist sehr geneigt, durch Aufnahme eines weiteren Sauerstoffmoleküls wieder in ein petrolätherunlösliches Superoxyd überzugehen[3]), und auch die Tetraoxysylvinsäure liefert im weiteren Verlaufe der Autoxydation[3]) — unter Wasserabspaltung — petrolätherunlösliche Verbindungen, über deren Natur noch nichts Näheres bekannt ist. Als sekundäre Oxydationsprozesse treten Zersetzungen ein, als deren Produkte in erster Linie petrolätherlösliche, neutrale, unverseifbare, beim Erwärmen teilweise flüchtige Substanzen entstehen, welche ebenfalls im Kolophonium vorkommen. Endlich enthält das Kolophonium noch eine geringe Menge eines petrolätherlöslichen, neutralen, aber verseifbaren Körpers, wahrscheinlich eines Säureanhydrids. Wird die Sylvinsäure in alkalischer Lösung mit übermangansaurem Kali oxydiert, so entsteht neben beträchtlichen Mengen von Autoxydationsprodukten wahrscheinlich Tetrahydrooxysylvinsäure $C_{20}H_{30}(OH)_4O_2$.

Der petrolätherlösliche Teil des Kolophoniums enthält außer der

---

[1]) Ber. d. deutsch. chem. Ges. 1905. 18. 1739.

[2]) Auf die Oxydation des Kolophoniums und der Resinate hat früher auch Weger (Die Sauerstoffaufnahme der Öle und Harze) hingewiesen.

[3]) Diese Reaktionen bedürfen wohl noch weiterer Bestätigung.

freien Säure noch eine ganz geringe Menge einer anderen verseifbaren Substanz, wahrscheinlich eines Säureanhydrides. Fahrion fand für den petrolätherlöslichen Teil von amerikanischem Kolophonium die Ätherzahl 1·6—2·4, Henriques für zwei Proben die Ätherzahl 4·0—5·1.

Der in Petroläther unlösliche Teil des Kolophoniums besteht nach Fahrion aus Oxydationsprodukten der Harzsäuren (oxydierten Harzsäuren); in einer Probe betrug er 3 $^0/_0$. Verschiedene Versuche Fahrions haben erwiesen, daß dieser petrolätherunlösliche Teil im Kolophonium durch Autoxydation wesentlich zunimmt. Er stieg beim Liegen des Harzpulvers an der Luft nach 14 Tagen von 3 auf 6·7 $^0/_0$, und nach mehreren Monaten auf 14 $^0/_0$. Der Gehalt an unverseifbaren Bestandteilen wurde von Ulzer bei zwei österreichischen Kolophoniumsorten zu 4·76 und 5·90 $^0/_0$, von Jean in einer Probe französischen Kolophoniums zu 15·2 $^0/_0$ gefunden. Henriques[1]) fand in den von ihm untersuchten Kolophoniumsorten bis 45 $^0/_0$ in Petroläther Unlösliches und konstatierte, daß dasselbe Lactone enthält (daher konstante Ätherzahl). Der unverseifbare Anteil des Kolophoniums ist schon unter 100° C. teilweise flüchtig (Fahrion).

Bei der Destillation des Kolophoniums erhielten Bischoff und Nastvogel[2]) neben Isosylvinsäureanhydrid hauptsächlich einen Kohlenwasserstoff, das Kolophen, dem sie die Formel $C_{20}H_{32}$ zuschreiben, Easterfield und Bagley[3]) bezeichnen dieses Öl als Abiëten $C_{18}H_{28}$. P. Levy[4]) hat diesen Körper ebenfalls bei der Vakuumdestillation des Kolophoniums erhalten und gereinigt, nennt ihn Abiëtin und stellte dessen Formel $C_{19}H_{30}$ durch die Bildung dieses Kohlenwasserstoffes aus Abiëtinsäure fest:

$$C_{19}H_{29} \cdot COOH = C_{19}H_{30} + CO_2.$$

Die Abspaltung von Kohlensäure bei der Destillation des Kolophoniums wurde bereits von Schiel[5]), dann von Easterfield und Bagley bei der Destillation von Abiëtinsäure, sowie von Schwalbe[6]) beim Erhitzen von Kolophonium unter gewöhnlichem Druck nachgewiesen.

Über die Sauerstoffaufnahme des Kolophoniums hat M. Weger[7]) zahlreiche Versuche mit amerikanischem J-Harz angestellt. Feingepulvertes, auf einer gewogenen Glastafel möglichst gleichmäßig zerteiltes, einige Stunden im Trockenschrank auf 100° C. erhitztes Harz wurde in der Kälte belassen und hatte

nach 6 Tagen . . . . um 0·85 $^0/_0$
  „ 8 „ . . . . „ 0·85 $^0/_0$
  „ 33 „ . . . . „ 1·58 $^0/_0$

zugenommen.

---

[1]) Chem. Rev. üb. d. Fett- u. Harz-Ind. 1899. 6. 106.
[2]) Ber. d. deutsch. chem. Ges. 1890. 23. 1919.
[3]) Journ. Chem. Soc. 1904. 85. 1238.
[4]) Ber. d. deutsch. chem. Ges. 1906. 39. 2043.
[5]) Annalen 1860. 115. 96.
[6]) Zeitschr. f. angew. Chem. 1905. 18. 1852
[7]) Die Sauerstoffaufnahme der Öle und Harze, Leipzig 1899.

Nach darauffolgendem, 13stündigem Erhitzen betrug die Gewichtszunahme nur mehr $1\cdot10\,^0/_0$. Die Harztröpfchen besaßen bei diesem Versuche eine Dicke von ca. $^1/_2$ mm.

Bei einem zweiten Versuche wurde Harz auf einer Glastafel mittels vorsichtigen Auftropfens von Äther verteilt. Der Überzug von Harz .auf der Tafel war zwar nicht gleichmäßig, aber die Schichte war bedeutend dünner als beim ersten Versuche. Nach 10stündigem Erhitzen auf $100\,^0$ C. im Trockenschranke betrug hier die Gewichtszunahme $1\cdot8\,^0/_0$. Nach 32tägigem Stehen in der Kälte wurde eine Gewichtszunahme von $3\cdot8\,^0/_0$ konstatiert, welche nach dem darauffolgenden 13stündigen Erhitzen auf $100\,^0$ C. auf $3\cdot1\,^0/_0$ zurückging.

Bei einem dritten Versuche wurde Harz in einem zylindrischen Kristallisierschälchen in Alkohol gelöst und der Alkohol verdunstet. Nach mehrstündigem Erhitzen auf $100\,^0$ C. im Trockenschrank betrug die Gewichtszunahme $2\cdot50\,^0/_0$. Nach sechsmaligem Auflösen des Harzes und folgendem Verdunsten des Alkohols betrug die Gewichtszunahme $7\cdot58\,^0/_0$. Beim nachfolgenden Erhitzen auf $100\,^0$ C. durch einen Zeitraum von 15 Tagen hindurch war die Gewichtszunahme auf $3\cdot26\,^0/_0$ zurückgegangen.

Versetzt man eine alkoholische Kolophoniumlösung mit Wasser, so wird Harz gefällt, durch welches die Flüssigkeit milchig getrübt wird. Auf Zusatz einer verdünnten Säure und Erwärmen klärt sie sich jedoch bald, die Harzteile sammeln sich zu Tropfen oder Klümpchen, die sich an die Gefäßwände anlegen, so daß man die Flüssigkeit sodann klar abgießen kann. Das ausgeschiedene Harz ist zuerst meist klebrig, es erhält aber seine frühere Konsistenz wieder, wenn man es mehrmals mit Wasser auskocht oder zum beginnenden Schmelzen erhitzt.

Erwärmt man Kolophonium mit verdünnten Alkalien, so bilden sich harzsaure Alkalien (Resinate), die, wie schon früher erwähnt, mit den Seifen eine so große Ähnlichkeit besitzen, daß sie „Harzseifen“ genannt werden. Die gelbbraunen Lösungen schäumen beim Schütteln, mit konzentrierten Laugen oder mit Kochsalz versetzt scheiden sie die Harzseife in Klumpen ab, jedoch gelingt die Ausscheidung weder so leicht, noch so vollständig, wie bei den Lösungen der Fettseifen. Verdünnte Säuren scheiden daraus wieder die freie Harzsäure aus.

Harzsaures Natron ist in Alkohol und in alkoholhaltigem Äther löslich, in reinem Äther löst es sich hingegen sehr schwer auf. Nach Barfoeds Versuchen lösen 29 ccm Äther nach 24 Stunden $0\cdot0239$ g harzsaures Natron, 19 ccm Äther nach 8 Tagen $0\cdot041$ g.

Die Lösungen der Harzseifen werden durch Erdalkali- und Metallsalze gefällt; auf der Löslichkeit einiger dieser Niederschläge in Alkohol und Äther gründen sich mehrere Trennungsmethoden der Harze von den Fetten. Die Fällungen mit Zink-, Kupfer- und Silbersalzen sind in Äther löslich, die mit Kalksalzen unlöslich.

1. Qualitativer Nachweis von Harz in Gemengen mit Fetten und Fettsäuren.

a) Die Mischung besteht aus Harz und Neutralfett.

Die Gegenwart von Harz in festen Fetten oder Ölen verrät sich dem Kenner meistens schon durch den Geruch und Geschmack, auch findet eine Erhöhung des spezifischen Gewichtes statt.

Zum Nachweise von Harz in Neutralfett kann man seine Löslichkeit in Weingeist und in kohlensaurem Natron benutzen.

Erwärmt man die Probe wiederholt mit 70prozentigem Alkohol, so geht, wenn die Fette nicht größere Mengen freier Fettsäuren enthalten, hauptsächlich das Harz in Lösung. Man verdünnt mit Wasser, vereinigt den Niederschlag durch Erwärmen, wenn nötig unter Zusatz von etwas Salzsäure, und kann ihn dann leicht an seinem Ansehen, Konsistenz und Geruch usw. als Harz erkennen.

Nach Barfoed erwärmt man mit einer wässerig-alkoholischen Sodalösung, bereitet durch Lösen von 1 Teil Kristallsoda (0·37 T. kalzinierter Soda) in 3 Teilen Wasser und Hinzufügen von 7 Teilen 30prozentigen Alkohols (2 Vol. Alkohol von $93^0/_0$ und 5 Vol. Wasser). Auch hier geht nur das Harz in die Lösung, aus der es durch Ansäuern und Erwärmen abgeschieden wird.

Nach Rödiger[1]) werden 100 g der Probe mit 7—8 g kohlensaurem Kali und 80—100 g Wasser $^1/_4$ Stunde im Glaskolben scharf gekocht, auf 50^0 C. erkalten gelassen und mit Petroläther ganz kurze Zeit tüchtig geschüttelt. Die wässerige, die Harzseife enthaltende Schicht wird abgezogen, mit etwas heißem Wasser verdünnt, mit überschüssigem, festem Kochsalz versetzt, mit Salzsäure angesäuert und gekocht. Die etwas fett- und petrolätherhaltige Harzsäure schwimmt obenauf. Man hebt sie ab und trocknet sie bei 100^0 C. bis zum Verschwinden des Petroläthergeruches.

Diese Methoden sind nur qualitative, indem einerseits die in reinem Wasser und verdünntem Alkohol unlöslichen Fette durch die Gegenwart der Harzseifen etwas löslich werden, andrerseits auch eine fetthaltige Petrolätherlösung etwas Harzseife aufnimmt.

Auch die Liebermann-Storchsche Reaktion läßt sich in der von Morawski abgeänderten Art (s. unten) zum Nachweise von Harz in Neutralfett verwenden, nur muß der Zusatz der Schwefelsäure sehr vorsichtig erfolgen.

In sehr vielen Fällen wird man zur qualitativen, immer aber zur quantitativen Bestimmung von Harz in Neutralfett vorziehen, die Probe mit alkoholischer Kalilauge (nach S. 52) zu verseifen, die Fettsäuren zusammen mit dem Harz abzuscheiden und dann nach einer der folgenden Methoden zu trennen.

---

[1]) Chem. Zeitg. 1881. 5. 498.

Benedikt, Fette. 5. Aufl.   16

b) Die Mischung besteht aus Harz und freien Fettsäuren.

Zum qualitativen Nachweise von Harz neben Fettsäuren sind sehr viele Methoden vorgeschlagen worden, von denen hier einige angeführt werden sollen. Es ist dabei zu bemerken, daß die Trennung von Harz und den festen Fettsäuren (Palmitinsäure und Stearinsäure) weit leichter gelingt als von Ölsäure, da die letztere in ihren eigenen und den Löslichkeitsverhältnissen ihrer Salze die Mitte zwischen Kolophonium und den festen Fettsäuren hält. In der Praxis sind fast immer ölsäurehaltige Gemische von Harz zu trennen, so daß die Methoden, welche sich nur zur Trennung des Kolophoniums von Palmitin- und Stearinsäure eignen, von geringerem Werte sind.

1. Nach Morawski[1]) ist die Liebermann-Storchsche Reaktion (S. 223) in vielen Fällen auch zum Nachweise von Harz geeignet. Die Fettsäuren werden in einer geringen Menge Essigsäureanhydrid aufgelöst, abgekühlt und dann mit Schwefelsäure von 1·53 spez. Gew. vorsichtig versetzt. Es entstehen intensive rot- bis blauviolette Färbungen, welche aber bald verschwinden, indem die Flüssigkeit braungelb wird und deutliche Fluorescenz annimmt. Bei den aus einigen Fetten oder Seifen hergestellten Fettsäuren wird die Färbung bei geringem Harzgehalt durch andere Färbungen verdeckt. Die Reaktion ist auch zum direkten Nachweise eines Harzgehaltes im Bienenwachs und in den meisten Neutralfetten verwendbar, von welch letzteren vor allem andern die Trane und Firnisse auszuschließen sind, welche eine ähnliche Reaktion geben.

Die Lösung des Gemenges von Fettsäuren und Harzsäuren oder von einem mit Harz versetzten Neutralfette oder Wachse darf nicht warm mit der Schwefelsäure versetzt werden, da sonst rasch eine Verfärbung eintritt und die Reaktion so rasch verschwindet, daß sie leicht übersehen werden kann. Auch sei darauf hingewiesen, daß die Reaktion nach Ulzer[2]) nicht allen Harzen zukommt, sondern in erster Linie nur für den Nachweis von Fichtenharz und Kolophonium benutzbar ist.

Nach Malacarne[3]) lassen sich mittels der Liebermann-Storchschen Reaktion noch 0·001 g Harz nachweisen.

2. Sutherland[4]) hat vorgeschlagen, das Gemenge von Harz und Fettsäuren zuerst zusammen zu wägen und dann mit Salpetersäure zu kochen. Das Harz werde zu löslichen Säuren oxydiert, und die Fettsäuren können zurückgewogen werden. Die Methode ist jedoch nicht brauchbar, weil auch die Fettsäuren von Salpetersäure angegriffen werden.

3. Vohl[5]) schlägt vor, die zur Ausscheidung der Fettsäuren angesäuerte Seifenlösung mit Kanadol (leicht siedende Anteile des Petroleums) auszuschütteln und zu der abgehobenen Schicht noch so lange Kanadol hinzuzufügen, bis sich die Flüssigkeit bei weiterem Zusatze nicht mehr

---

[1]) Mitt. Techn. Gew.-Mus. Wien. 1888. 13.
[2]) ibid. 1896. 92.
[3]) Chem. Centralbl. 1903. I. 1440.
[4]) Zeitschr. f. analyt. Chem. 6. 259.
[5]) Dinglers Polyt. Journ. 204. 53.

trübt. Das Harz scheidet sich als klebrige Masse ab. Auch diese Methode leidet an vielen Übelständen, vor allem an dem, daß Harz in Petroleumkohlenwasserstoffen nur schwer völlig löslich ist.

4. Zum Nachweise von Harz in Seifen kann ferner das Verfahren von Gottlieb verwendet werden. Um dasselbe auch für Fettsäuregemenge anwenden zu können, löst Barfoed die Probe in einer möglichst geringen Menge verdünnter Natronlauge, deren Überschuß überdies auch unter Zuhilfenahme von Phenolphthaleïn neutralisiert werden kann.

Die Lösung wird zum Sieden erhitzt und so lange mit mäßig konzentrierter Magnesiumsulfatlösung versetzt, bis die Ausscheidung der fettsauren Magnesia beendet ist. Dann läßt man noch 2—3 Minuten sieden, filtriert die noch heiße Lösung und säuert das Filtrat mit Schwefelsäure an, wobei sich bei Gegenwart von Harz eine reichliche Trübung bildet. Um sich zu vergewissern, daß dieselbe wirklich von Harz und nicht etwa von niedrigen Gliedern der Fettsäurereihe herrührt, welche sich in feinen Tröpfchen ausscheiden, kocht man die Flüssigkeit etwa eine halbe Stunde, wobei sich die genannten Fettsäuren zum größten Teil verflüchtigen, und die Schwefelsäure dem Harze die Magnesia vollständig entzieht. Hat sich das Harz dann noch nicht zu größeren Massen vereinigt, die leicht gesammelt werden können, so läßt man erkalten und schüttelt mit Äther aus.

Man erhält nach Barfoed beim Arbeiten nach dieser Vorschrift stets nur einen geringen Teil des Harzes, was seinen Grund in der weichen, klebrigen Beschaffenheit des Magnesianiederschlages hat, so daß ihm die harzsaure Magnesia nur schwer entzogen werden kann.

5. Jean[1]) basiert eine Trennungsmethode von Harz und Fettsäuren auf seine oben besprochene Arbeit über Kolophonium. Obwohl die beabsichtigte quantitative Bestimmung auch in der Weise, wie sie Rémont[2]) durchführt, nicht gut gelingt, so sei das Verfahren dennoch hier angeführt, da sich Harz dadurch qualitativ nachweisen läßt.

Man löst das Harzfettsäuregemenge in verdünnter Natronlauge und setzt dann so lange konzentrierte Natronlauge hinzu, bis sich die Ausscheidung nicht mehr vermehrt. Dieselbe besteht aus Fettseife und Harzseife (Resinat von A), während ein anderer Teil des Harzes (B und C) in Lösung bleibt. Man filtriert, fällt das Harz B mit Säure aus und untersucht den Niederschlag auf seine Eigenschaften.

Die den größten Teil des Harzes und die gesamten Fettsäuren enthaltende Seife wird in Wasser gelöst und mit Chlorbaryum gefällt. Der Niederschlag wird abgesaugt, getrocknet, gepulvert und mit 85 prozentigem Alkohol vollständig extrahiert. Man filtriert, destilliert den Alkohol bis auf ca. 50 ccm ab, versetzt mit Salzsäure und erwärmt zur Abscheidung des Harzes. Die Trennung ist nicht scharf, weil auch ölsaurer Baryt mit in Lösung geht und weil sich schon gleich zu Anfang das ölsaure Natron nicht vollständig ausscheidet.

---

[1]) Chem. News 26. 207. — Chem. Centralbl. 1872. 821.
[2]) Zeitschr. f. analyt. Chem. 20. 469.

In dem besonderen Fall, daß das Gemenge von Harz und Fettsäuren nur Palmitin- und Stearinsäure, aber keine Ölsäure enthält,
ist der Nachweis von Kolophonium neben Fettsäuren weit einfacher.
Man kann dann nach Barfoed außer den bisher angeführten Verfahren
noch zwei weitere anwenden, von denen das erste auch von Moffit
empfohlen wird.

6. Man löst in einem großen Überschuß von 70 prozentigem Alkohol in der Wärme, läßt erkalten und filtriert die ausgeschiedenen
Fettsäuren nach 24 Stunden ab; aus dem Filtrate gewinnt man
das Harz.

7. Man löst das Gemenge in einer Flasche unter Erwärmen in
einer Mischung von 1 Vol. ca. 12 prozentiger Sodalauge, 5 Vol. Wasser
und 2 Vol. 93 prozentigen Alkohols und kühlt unter fleißigem Umschütteln ab, bis sich das palmitinsaure und stearinsaure Natron als
Niederschlag abscheiden, läßt das Gefäß verschlossen 24—48 Stunden
stehen und filtriert. Das Filtrat enthält das harzsaure Natron.

Zum qualitativen Nachweise von Kolophonium in Fettsäuren sind
ferner selbstverständlich auch die zum Teil etwas umständlicheren Methoden der quantitativen Trennung vorzüglich geeignet.

2. Quantitative Untersuchung eines Harz-Fettsäuregemenges.

1. Nach Barfoed[1]): Man löst die Probe bei 100° C. in verdünnter
Natronlauge (1 Teil Natronlauge von 1·1 spez. Gew., 6 Teile Wasser),
ohne einen größeren Überschuß als nötig anzuwenden, verdunstet auf
dem Wasserbade bis zur vollständigen Trockene, pulverisiert fein und
trocknet im Wägefläschchen bei 100° C. bis zur Gewichtskonstanz, wozu
oft einige Tage notwendig sind. Die Wägungen werden in verschlossenen
Fläschchen vorgenommen. Man bestimmt nun in einem Teile des Pulvers den Gehalt (a) von Fettsäuren und Harz zusammen, in einem
anderen Teile nur das Harz (b).

a) Man löst unter Erwärmen in Wasser auf, versetzt mit Salzsäure,
läßt 24 Stunden stehen, filtriert durch ein gewogenes oder tariertes Filter
ab und wäscht zuerst mit kaltem, dann mit warmem Wasser bis zur
vollständigen Entfernung der Salzsäure aus. Dann wird fünf bis sechs
Stunden bei 100° C. getrocknet und gewogen.

b) Einige Gramme des Pulvers werden in einer mit gut eingeschliffenem Stöpsel versehenen, kubizierten Glasflasche mit 5—10 ccm
wasserfreien Alkohols für jedes Gramm Substanz übergossen und der
Stand der Flüssigkeit mit einer Marke bezeichnet. Man verbindet die
Flasche gut und erwärmt sie im Wasserbade einige Zeit auf 80° C.
Dabei wird die Harzseife und ein Teil der Fettseifen gelöst. Man läßt
abkühlen, wobei sich die Flüssigkeit von ausgeschiedener Fettseife trübt,
ergänzt, wenn nötig, mit Alkohol bis zur Marke und setzt das fünffache
Volumen alkohol- und wasserfreien Äther hinzu, wodurch sich der in

---

[1]) Zeitschr. f. analyt. Chem. 14. 29.

Lösung gegangene Anteil der Fettseifen als voluminöser Niederschlag ausscheidet. Man schüttelt in den nächsten Stunden von Zeit zu Zeit durch und läßt dann 24—48 Stunden bei gewöhnlicher Temperatur stehen. Die Flüssigkeit klärt sich so gut, daß man einen aliquoten Teil derselben in einen kubizierten Zylinder abgießen kann. Man entleert den Zylinder in ein Becherglas, spült mit Äther nach, verdunstet zur Trockene, löst den Rückstand in Wasser, bringt das darin befindliche Harz genau wie bei a) in wägbare Form und rechnet das gefundene Gewicht auf die ganze Substanz und zuletzt in Prozente um.

Der Fettsäuregehalt wird aus der Differenz zwischen a und b gefunden.

Die ungelöste Fettseife kann auf einem mit der Alkohol-Äthermischung benetzten Filter gesammelt, getrocknet und näher untersucht werden.

Dieses Verfahren gibt insbesondere bei Anwesenheit größerer Ölsäuremengen nur dann ziemlich brauchbare Resultate, wenn man wasserfreien Alkohol sowie wasser- und alkoholfreien Äther anwendet. Nur dann wird das Harz hart und spröde, also möglichst ölsäurefrei. Versuche, welche Barfoed über die Löslichkeit des harzsauren und ölsauren Natrons gemacht hat, haben ergeben, daß sich harzsaures Natron in ganz reinem Äther nicht löst, dagegen löst sich 1 Teil harzsaures Natron in 7·9 Gewichtsteilen, 1 Teil ölsaures Natron erst in 935 Gewichtsteilen der nach der obigen Vorschrift bereiteten Ätheralkoholmischung.

2. Nach Gladding[1]). Ca. 0·5 g der harzhaltigen Fettsäuren werden in einem graduierten 100 ccm-Zylinder mit 20 ccm 90 prozentigen Alkohols geschüttelt, bis alles gelöst ist. Dann versetzt man mit einem Tropfen Phenolphthaleïnlösung und so viel konzentrierter Alkalilauge, daß die Flüssigkeit eben alkalisch reagiert, und erwärmt den lose verschlossenen Zylinder im Wasserbade zur Lösung der Seife. Hierauf läßt man abkühlen, bringt mit Äther auf 100 ccm, schüttelt durch, fügt 1 g gepulvertes und getrocknetes Silbernitrat hinzu und schüttelt so lange, bis der Niederschlag sich wie Chlorsilber ballt, wozu 15—20 Minuten notwendig sind. Ist der aus fettsaurem Silber bestehende Niederschlag gut abgesetzt, so zieht man mittels eines kleinen Hebers 50—70 ccm der Flüssigkeit in einen zweiten 100 ccm Zylinder ab, wobei man die Flüssigkeit durch ein kleines Filter laufen läßt, wenn sie nicht ganz klar ist. Man schüttelt die abgeheberte Flüssigkeit nochmals mit einer ganz kleinen Menge Silbernitrat durch, um sich zu überzeugen, daß nichts mehr ausfällbar ist. Entsteht ein Niederschlag, so beginnt man am besten die ganze Probe von neuem. Ist dies nicht der Fall, so schüttelt man mit 20 ccm verdünnter Salzsäure (1 Teil Salzsäure, 2 Teile Wasser) gut durch, läßt das Chlorsilber absetzen, liest nun die Höhe der Ätherschicht wieder genau ab, hebert einen aliquoten Teil derselben in eine Platinschale ab, verdunstet, trocknet bei 100 ⁰ C., wägt den Rückstand, der nur wenig Ölsäure enthält, und rechnet endlich unter Berücksichtigung

---

[1]) Zeitschr. f. analyt. Chem. 21. 585.

der zweimaligen Teilung der Ätherlösung auf die ganze Substanz um.
Nach Gladding kann man für die geringe Menge in Lösung gegangener
Ölsäure eine Korrektur anbringen, welche für je 10 ccm der Lösung
0·002359 g Ölsäure beträgt.

Alder Wright und Thompson[1]) finden diese Korrektur für
Gemische von Ölsäure und Stearinsäure richtig, jedoch zu groß für
jede einzelne dieser Säuren. Andere Fettsäuren erfordern auch andere
Korrekturen, z. B.:

Fettsäuren	Milligramme Fettsäuren in 10 ccm des Lösungsmittels		
	Maximum	Minimum	Mittel
Reine Ölsäure	1·5	0·9	1·20
„ Stearinsäure	1·6	0·8	1·16
Nahezu reine Palmitinsäure	3·0	2·8	2·90
Gemische von Ölsäure und Stearinsäure	2·2	1·8	1·91
Fettsäuren aus Cottonöl	3·4	2·0	2·69
„ „ Ricinusöl	6·2	4·9	5·39
„ „ Cocosnußöl	2·3	1·3	1·80

Die Methode gibt nach Wright und Thompson somit nur dann
scharfe Resultate, wenn die Natur der Fettsäuren bekannt ist.

Nach Lewkowitsch[2]) sind die nach der Gladdingschen Methode
erhaltenen Resultate der Harzbestimmung um mehrere Prozente zu hoch,
weshalb Lewkowitsch diese Methode verwirft. Nach Ansicht Ulzers,
welcher bei vielen Harzbestimmungen desgleichen um mehrere Prozente
zu hohe Resultate erhielt, wird die Methode, welche dem Barfoed-
schen Verfahren entschieden vorzuziehen ist, der Twitchellschen
Methode jedoch an Genauigkeit bedeutend nachsteht, dennoch in Anbetracht des Umstandes, daß sie äußerst rasch durchgeführt werden
kann, in Fällen, wo es sich nur um näherungsweise Resultate handelt,
gute Dienste leisten.

3. Nach v. Hübl und Stadler. Dieses Verfahren ist eine Modifikation des Gladdingschen, bei welchem die Fehlerquellen, welche
in den wiederholten Ablesungen an den kubizierten Gefäßen und in
dem Verdunsten des Äthers liegen, vermieden werden.

0·5—1 g des Harzfettsäuregemenges werden mit ca. 20 ccm Alkohol
in einer verschlossenen Flasche bis zur vollständigen Lösung auf dem
Wasserbade erwärmt und unter Zusatz von Phenolphthaleïn mit Lauge
neutralisiert. Dann bringt man die Flüssigkeit in ein Becherglas, spült
mit Wasser nach, verdünnt auf etwa 200 ccm und setzt dann so viel
Silbernitratlösung hinzu, daß alles ausgefällt ist. Der Niederschlag
wird, vor Sonnenlicht geschützt, abfiltriert, mit Wasser gewaschen,
bei 100° C. getrocknet und sodann im Soxhletschen Apparat mit
Äther extrahiert. Hat man richtig gearbeitet, so läuft der Äther gelb

---

¹) Chem. News 53. 165.
²) Journ. Soc. Chem. Ind. 1893. 503.

oder hellbraun, aber nicht dunkelbraun gefärbt ab. Der ätherische Auszug wird, wenn nötig, filtriert und mit verdünnter Salzsäure geschüttelt, von welcher man ihn sodann mittels des Scheidetrichters trennt. Man filtriert von etwa suspendiertem Chlorsilber ab, wäscht den Scheidetrichter und das Filter mit Äther nach, bringt vorsichtig zur Trockene und wägt das bei 100° C. getrocknete Harz.

Lewkowitsch[1]) erhielt nach dieser Modifikation des Gladding-schen Verfahrens in der Mehrzahl der Fälle zu niedrige Resultate und konstatierte, daß partielle Reduktion der Silbersalze eintritt.

4. Nach Grittner und Szilasi[2]). Die Lösung der harzhaltigen Fettsäuren oder Seifen in 80 prozentigem Alkohol wird mit Ammoniak neutralisiert und mit einer 10 prozentigen alkoholischen Lösung von salpetersaurem Kalk versetzt, wodurch Palmitinsäure, Stearinsäure und ein Teil der Ölsäure gefällt werden. Das Filtrat wird mit Silbernitrat versetzt und mit dem dreifachen Volumen Wasser verdünnt, wobei sich der Rest der Ölsäure und das Harz als Silbersalze ausscheiden, welche dann im Kolben mit Äther extrahiert werden. Die filtrierte Ätherlösung behandelt man nach der Vorschrift von Gladding. Die Korrektur für die in Lösung gegangene Ölsäure ist geringer, als von Gladding angegeben, nämlich 0·0016 g für 10 ccm Äther.

Auch nach diesem Verfahren hat Lewkowitsch[3]) keine zufriedenstellenden Resultate erhalten.

5. Nach Twitchell[4]). Diese Methode kann heute als die beste zur Trennung der Harzsäuren von Fettsäuren angesehen werden. Sie beruht auf der Eigenschaft der Fettsäuren, bei Einwirkung von Salzsäuregas auf ihre alkoholische Lösung in die Äthylester überzugehen, während Harzsäuren unter den gleichen Verhältnissen sich nicht ändern. Die Methode wird in folgender Weise ausgeführt:

2—3 g des Gemisches der Fettsäuren und Harzsäuren werden in dem zehnfachen Volumen abloluten Alkohols gelöst, und ein mäßiger Strom trockenes Salzsäuregas eingeleitet. Während dieses Prozesses wird gut gekühlt, und die Temperatur unter 20° C. gehalten.[5]) Zweckmäßig wird ein Stück Eis in das Kühlwasser gegeben. Anfangs wird das Salzsäuregas rasch absorbiert, und nach Verlauf von ca. $^3/_4$ Stunden scheiden sich die gebildeten Ester an der Oberfläche ab, und die weitere Absorption des Salzsäuregases hört auf. Der Kolben wird nun aus dem Kühlwasser genommen, $^1/_2$ Stunde stehen gelassen, der Inhalt mit dem fünffachen Volumen Wasser verdünnt und gekocht, bis die saure Lösung klar geworden ist. Zur Bestimmung der Menge der Harzsäuren kann nun entweder der gewichtsanalytische oder der maßanalytische Weg gewählt werden.

a) Gewichtsanalytisch. Der Inhalt des Kolbens wird nach

---

[1]) Journ. Soc. Chem. Ind. 1893. 503.
[2]) Chem. Zeitg. 1886. 10. 325.
[3]) Journ. Soc. Chem. Ind. 1893. 503.
[4]) Journ. Soc. Chem. Ind. 1891. 894.
[5]) Evans u. Beach, Fresenius, Zeitschr. f. analyt. Chem. 1895. 34. 763.

Zusatz von etwas Petroläther in einen Scheidetrichter gebracht, mit Petroläther nachgespült, die saure Lösung abgezogen, und die Petrolätherschichte, deren Volumen etwa 50 ccm betragen soll, mit Wasser gewaschen und mit einer Lösung von 5 g Ätzkali in 5 ccm Alkohol und 50 ccm Wasser ausgeschüttelt; das Harz wird verseift, die Seife bleibt in der wäßrigen Lösung, und es tritt vollständige Trennung der beiden Schichten ein. Die Lösung der Harzseifen wird alsdann abgelassen, und zur Vermeidung von Verlusten[1]) die Petrolätherschichte zuerst wiederholt mit einem Überschuß verdünnter Ätzkalilösung und zuletzt mit Wasser gewaschen.

Die Lösung der Harzseifen wird mit verdünnter Salzsäure zerlegt, die Harzsäuren in Äther gelöst und nach dem Abdestillieren des Äthers bei 100° C. getrocknet und gewogen.

John Landin[2]) versetzt den Kolbeninhalt direkt mit 100—125 ccm heißem Wasser und mit 50—75 ccm Petroläther und schüttelt durch, wobei sich das Harz im Petroläther löst; die petrolätherische Lösung wird mit Wasser gewaschen und dann weiter wie oben verfahren.

b) Maßanalytisch[3]). Der Inhalt des Kolbens wird in einen Scheidetrichter gebracht, mit etwa 75 ccm Äther versetzt und durchgeschüttelt. Die saure, wäßrige Lösung wird dann abgelassen, die Ätherschichte mit Wasser bis zum Verschwinden der sauren Reaktion auf Lackmuspapier gewaschen, und nach Zusatz von 50 ccm Alkohol mit gestellter $^1/_2$-Normalätzkalilösung unter Verwendung von Phenolphthaleïn als Indikator abtitriert (Wilson benützt alkoholische Kalilösung). Hierbei bleiben die Fettsäureester intakt, und die Harzsäuren werden unter Annahme des auch von Twitchell akzeptierten Äquivalentes von 346 berechnet. Wilson verfährt in der Weise, daß er den Kolbeninhalt direkt in Alkohol löst, die Lösung erst unter Benutzung von Methylorange neutralisiert und alsdann die Harzsäuren mit Phenolphthaleïn als Indikator abtitriert.

R. E. Divine[4]) modifiziert die Twitchellsche Methode auf Grund der Tatsache, daß die Esterifizierung von Fettsäuren rasch und unter geringer Wärmeentwicklung bis zur praktisch erreichbaren Grenze verläuft, wenn man mit Salzsäuregas zur Hälfte gesättigten, absoluten Alkohol bei Gegenwart von Chlorzink anwendet, in folgender Weise:

3 g des getrockneten Fettes werden in 25 ccm absoluten Alkohols gelöst, in kaltes Wasser gestellt, mit 25 ccm mit Salzsäure gesättigten Alkohols versetzt und nach 20 Minuten mit 10 g trockenem Chlorzink durchgemischt. Nach weiteren 20 Minuten gießt man in 200 ccm Wasser, spült mit etwas schwachem Alkohol nach, fügt Zink hinzu und kocht auf dem Drahtnetze den Alkohol weg, spült nach dem Abkühlen die Harzsäuren und Ester mit Äther in einen Scheidetrichter, wäscht die

---

[1]) Evans u. Beach, Fresenius, Zeitschr. f. analyt. Chem. 1895. 34. 763 und Lewkowitsch, Journ. Soc. Chem. Ind. 1893. 504.
[2]) Chem. Zeitg. 1897. 21. 25.
[3]) Wilson, Chem. News 54. 204 u. Journ. Soc. Chem. Ind. 1891. 952.
[4]) Chemical Engineer dch. Chem. Centralbl. 1905. I. 1574.

ätherische Lösung mit Wasser und titriert die vom Äther befreiten, in neutralem Alkohol gelösten Ester und Harzsäuren mit $^1/_{10}$-Normalkalilauge (Phenolphthaleïn als Indikator). Nach dieser Methode konnten noch 99·25 bezüglich 99·42 $^0/_0$ des angewendeten Harzes nachgewiesen werden.

Nach Lewkowitsch[1]) sind auch die nach dem Twitchellschen Verfahren erhaltenen Resultate der Harzbestimmung nicht als absolut genau zu betrachten, und ist hier in erster Linie die Gefahr der Zersetzung eines Teiles der Harzsäuren durch die Einwirkung der Salzsäure hervorzuheben, zu welchem Umstande sich speziell bei der maßanalytischen Bestimmungsmethode noch die Fehlerquelle gesellt, welche in der Annahme des Äquivalentes der Harzsäure zu 346 liegt, während dasselbe in Wirklichkeit bei der Verschiedenheit der Harze Schwankungen unterliegt. Außerdem haben Versuche von Benedikt und auch Lewkowitsch gezeigt, daß bei Ausführung des Verfahrens mit reinen Fettsäuren immer auch kleine Werte für Harz erhalten werden.

Das gewichtsanalytische Verfahren gibt nach Benedikt und Lewkowitsch gewöhnlich zu niedrige Resultate, und die nach der maßanalytischen Methode ausgeführten Trennungen fallen nach Wilson[2]) und Evans und Beach[3]) meist ein wenig zu hoch aus. Bei harzsäurereicheren Mischungen, welche etwa 40—50 $^0/_0$ Harzsäure enthalten, kann der Maximalfehler bei Anwendung des gewichtsanalytischen Verfahrens etwa 8 $^0/_0$ (minus) und bei Benützung des maßanalytischen Verfahrens etwa 4 $^0/_0$ (plus) betragen. Bei harzärmeren Mischungen werden nach beiden Verfahren der Wahrheit sehr naheliegende Resultate erhalten. Nach Evans und Beach fallen bei Verwendung von Methylalkohol anstatt Äthylalkohol beim Esterifizierungsprozesse die Resultate infolge größerer Verluste zu niedrig aus.

Bemerkt sei noch, daß die hier beschriebenen Verfahren zur Trennung von Fettsäuren und Harzsäuren in erster Linie nur für die Harzsäuren des Kolophoniums ausgearbeitet sind. Viele andere Harzsäuren, wie z. B. diejenigen des Schellacks, können nach Ulzer und Defris[4]) nach diesen Methoden nicht von Fettsäuren getrennt werden.

3. Quantitative Untersuchung eines Gemenges von Harz, Neutralfett und unverseifbaren Bestandteilen.

Zur Ermittlung des Harzgehaltes in einem Gemenge von Harz, Neutralfett und unverseifbarem Anteil wird die Probe durch Kochen mit alkoholischer Kalilauge am Rückflußkühler verseift, der Alkohol abgedampft, dann mit Wasser verdünnt und im Scheidetrichter der unverseifbare Anteil, die unverseifbaren Bestandteile des Harzes (Kolo-

---

[1]) Journ. Soc. Chem. Ind. 1893. 504.
[2]) Chem. News 64. 204.
[3]) Fresenius, Zeitschr. f. analyt. Chem. 1895. 34. 763.
[4]) Zeitschr. f. analyt. Chem. 1897. 24.

phonium) mit inbegriffen, mit Petroläther ausgeschüttelt. Die Seifenlösung wird mit verdünnter Salzsäure zersetzt, und das abgeschiedene
Gemisch von Fettsäuren und Harzsäuren nach Twitchell getrennt.

IX. Materialien und Produkte der Fettindustrie.

A. Talgschmelze.

Das wichtigste Rohmaterial aus dem Tierreiche, welches die Fettindustrie verwertet, ist der rohe Talg, wie ihn die Rinder (Stiere,
Ochsen, Kühe und Kälber), die Schafe und Ziegen liefern. Derselbe
lagert sich hauptsächlich im Bindegewebe des Tierkörpers ab; besonders
bei gemästeten Tieren sind die Fettabsonderungen an bestimmten Körperteilen sehr groß und kann deren Menge bei schönen Masttieren bis über
100 Kilogramm betragen. Der rohe Talg besteht aus in Zellgewebe
eingeschlossenem Fett; das Zellgewebe wird seiner Hauptsache nach
aus leimgebender Substanz, dem Kollagen, gebildet.

Wenngleich der Talg stets von denselben Tierarten stammt, so
hängt doch die Beschaffenheit, welche seine industrielle Verwertung beeinflußt, von einer Reihe von Umständen ab, so z. B. von der Er-
nährungsart, dem Gesundheitszustande, dem Alter und Geschlecht des
Tieres, von dem Klima, in welchem das Tier gelebt hat, und von der
Jahreszeit, in welcher es getötet wurde. Außerdem zeigt das Fett
Verschiedenheiten in der Zusammensetzung, je nach dem Körperteile,
dem es entstammt.

Der rohe Talg, wie er beim Aufbrechen der geschlachteten Tiere
gewonnen wird, erfährt gleich in den Schlachthäusern eine Sortierung
in Rohkerntalg, das sind die größeren, zusammenhängenden Fettmassen, die nach ihrer Lage im Tierkörper bezeichnet werden, z. B.
Nieren- oder Lungenfett, Eingeweidetalg (Bandeltalg), Netzfett, Taschenfett (Fett der Genitalgegend), Stichfett (Fett der Halsgegend) usw; die
Abfälle hiervon, sowie die kleineren Fettpartien, z. B. das Fett von
den Beinen, werden als Rohausschnitt oder Brocken bezeichnet;
eine dritte Sorte Rohtalg, der Ausschnittalg, fällt beim Fleischver-
schleiße durch das Egalisieren der Fleischstücke ab. Der rohe Talg
ist häufig mit Blutteilen in größerer oder geringerer Menge behaftet,
sowie von Fleischteilen, Drüsen usw. durchzogen.

Die Verarbeitung des Rohtalges geschieht durch Ausschmelzen.
Hierbei können hauptsächlich zwei Methoden unterschieden werden,
das trockene und das nasse Schmelzverfahren. Das erstere kann
mittels direkten Feuers, indirekter Dampfheizung, Heißwasserheizung
oder Heißluftheizung erfolgen, das letztere durch Schmelzen auf Wasser
entweder mittels direkter Feuerung oder durch direkte Dampfzufuhr.

Bei der nassen Schmelze kann dem Wasser nach dem Vorschlage Arcets[1]) Schwefelsäure oder nach Evrard[2]) Natronlauge zugesetzt werden. Mitunter werden auch einige dieser zahlreichen Verfahren kombiniert; es hängt aber hauptsächlich von der Beschaffenheit des Rohmateriales, sowie von dem Produkt, das erzielt werden soll, ab, welches der obigen Verfahren angewendet werden kann.

1. Talg, Unschlitt.

Der Rohtalg ist, wie alle tierischen Fette, sehr leicht verderblich; kann er nicht mehr im frischen Zustande zur Verarbeitung gelangen, so wird das Gesamtfett von den ganzen Tieren meistens in kleinen Seifensiedereien über freiem Feuer oder mit Dampf ausgeschmolzen und bildet dann das Handelsunschlitt, Talg. Ist auch hier eine Sortierung des Rohmateriales vorgenommen worden, so unterscheidet man Kerntalg und Ausschnittalg.

Das Ausschmelzen über freiem Feuer geschieht meist in offenen, eisernen Kesseln, in denen der möglichst zerkleinerte Rohtalg unter fortwährendem Umrühren, um das Anbrennen zu vermeiden, erhitzt wird; hierbei schmilzt das Fett aus. Man setzt auch manchmal zur Vermeidung des Anbrennens eine kleine Menge Wasser zu. Nach Beendigung der Schmelzoperation wird die Masse zur Klärung längere Zeit stehen gelassen, dann das Fett von den zurückbleibenden Grieben abgezogen, welche nach dem Pressen in einer Griebenpresse, wobei noch Fett gewonnen wird, als Viehfutter Verwendung finden. Der geschmolzene Talg wird entweder in Fässer oder in Formen (Scheiben)- gegossen. Das Ausschmelzen mittels indirekten Dampfes erfolgt in ähnlichen Kesseln, welche mit Rührwerk versehen sind. Bei der Talggewinnung durch Schmelzen über freiem Feuer oder mit Dampf werden insbesondere die Eiweißkörper der Zersetzung unterworfen und Produkte von mehr oder weniger gelblicher Farbe und mitunter auch unangenehmem Geruch erhalten.

Behufs Talggewinnung erfolgt das Ausschmelzen von Rohtalg nach dem nassen Verfahren auch in geschlossenen Kesseln, Autoklaven, Digestoren, mittels gespannten Wasserdampfes von 2—4 Atmosphären, (Dampftalg), oder in ausgebleiten Holzbottichen durch Kochen mit sehr verdünnter Schwefelsäure (Säuretalg). Die bei dem ersteren Verfahren resultierenden Grieben müssen behufs Verwendung als Viehfutter getrocknet werden; das Schwefelsäureverfahren liefert Grieben, die nur als Düngemittel Verwendung finden können. Der auf Säure geschmolzene Talg muß durch Kochen mit Wasser entsäuert, geläutert werden. Der Säuretalg hat gewöhnlich eine höhere Säurezahl als der über freiem Feuer, mittels Dampf oder Wasser geschmolzene Talg. Die zur Untersuchung des Talges üblichen Methoden sind im Abschnitte XII, Talg, angeführt.

Bei der Talgschmelze über freiem Feuer mit Wasserzusatz bildet sich aus dem Gewebe Leim, welcher sich beim Erhitzen weiter zersetzt, und die

---

[1]) Dinglers Polyt. Journ. 31. 37.

[2]) Dinglers Polyt. Journ. 120. 204.

Zersetzungsprodukte bleiben im Talg. Um die erwähnten Übelstände zu vermeiden, hat Lidoff[1]) die Talgschmelze im Vakuum versucht. Er verwendet eine Luftverdünnung entsprechend einem Drucke von 350 bis 400 mm Wassersäule und erhitzt durch 1—$1^1/_2$ Stunden. Der so hergestellte Talg ist, wenn gutes Rohmaterial verwendet wurde, von rein weißer Farbe und kristallinischer Struktur, geruchfrei und sehr haltbar.

Beim Ausschmelzen unter Zusatz einer kleinen Menge Ätznatron wird fast geruchloser Talg erhalten, jedoch eine geringere Ausbeute als beim Schmelzen mit Säure erzielt.

2. Oleomargarin.

Sammelt sich der Rohtalg in großen Mengen an, und ist es möglich, diese im frischen Zustand zur Verarbeitung zu bringen, so wird daraus Speisefett hergestellt. Diese Industrie wurde von Mège-Mouriès (1871) begründet, der intellektuelle Urheber derselben war Napoleon III. Das Verfahren, welches Mège-Mouriès anwandte, ist teilweise heute noch in Gebrauch.[2]) Er schmolz frischen Rohtalg, nachdem dieser gemahlen worden war, in einem mit Dampf erhitzten Bottich, welcher auf je 1000 kg Rohtalg, 300 kg Wasser, 1 kg Kaliumcarbonat und zwei Schaf- oder Schweinemagen enthielt, bei einer Temperatur von 45^0 C. Nach zwei Stunden hatten sich, unter dem Einfluß des in den Schafmagen enthaltenen Pepsins, die das Fett umgebenden Membranen gelöst, das Fett war vollständig geschmolzen und schwamm auf der Flüssigkeit. Es wurde durch ein bewegliches, mit einem brausenartigen Ansatz versehenes Rohr in einen zweiten, mittels eines Wasserbades auf höher als 45^0 C. erwärmten Bottich abgelassen, wo dem Fett, um seine Reinigung zu begünstigen, $2^0/_0$ Kochsalz zugesetzt wurden. Nach zwei Stunden Ruhe wurde das Fett, welches sich inzwischen geklärt, eine schöne gelbe Farbe und einen angenehmen, frischer Butter ähnlichen Geruch angenommen hatte, in Kristallisationsbehälter aus verzinntem Eisen von 25—30 Liter Inhalt abgelassen, welche nach ihrer Füllung in einen auf 20^0—25^0 C. erwärmten Raum gebracht wurden. Am nächsten Tag war das Fett erstarrt und hatte eine körnige Beschaffenheit angenommen, die es zum Pressen sehr geeignet erscheinen ließ. Es wurde in Stücke geschnitten, in Leinwand eingehüllt und unter hydraulischen Pressen bei Anwendung eines nicht zu starken Druckes in einem auf 25^0 C. erwärmten Arbeitsraum gepreßt, wobei zwei Anteile, und zwar 40—50 $^0/_0$ Stearin und 60—50 $^0/_0$ flüssiges Oleomargarin, erhalten wurden.

In ganz gleicher Weise wird heute noch, jedoch mit Hinweglassung der Schafmagen und der Pottasche, das Schmelzen auf nassem Wege mittels direkter Dampfheizung durchgeführt.

Die gewöhnlich noch warm zur Ablieferung kommenden Rohtalg-

---

[1]) Führer durch die Fettindustrie 1901. 9.
[2]) Sell, Arb. a. d. Kais. Gesundheitsamte, Berlin, Bd. I.

stücke müssen vor der Abfuhr in die Fabrik in luftigen, kühlen Räumen aufgehängt werden, um zu erkalten; bei längerem Übereinanderliegen des warmen Rohtalges während des Transportes tritt eine nachteilige Veränderung desselben ein. Ebenso wird der Rohtalg in Hängen erkalten gelassen, wenn er nicht noch am Tage der Schlachtung verarbeitet werden kann. Die anhaftenden Blutteile werden dann durch Waschen mit Wasser entfernt; dieses soll nur so lange dauern, bis der Zweck erreicht ist, ein längeres Verweilen im Wasser soll vermieden werden; in Fabriken, welche sich in den Schlachthäusern befinden, wird der noch warme Rohtalg durch große, viereckige, mit kaltem Wasser gefüllte Reservoire (Gegenstrom) befördert und so zugleich gekühlt und gewaschen. Hierauf folgt die Zerkleinerung des Rohtalges zu einem feinen Brei, welcher den Schmelzgefäßen zugeführt wird. Dieselben sind bei den nassen Schmelzen Bottiche aus harzfreiem Fichtenholz, auf deren Boden sich eine offene, innen und außen verzinnte Dampfschlange befindet, die mit Wasser von 55° C. überdeckt ist. Vor Beginn des Schmelzens wird in den Bottich etwas Fett von einer früheren Schmelzung gebracht. Der Rohtalg wird nun eingetragen und unter Einhaltung der nötigen Temperatur und öfterem Umrühren geschmolzen. Nach ungefähr zwei Stunden ist bei Anwendung von 2000 kg Rohmaterial das Fett ausgeschmolzen und schwimmt auf der Oberfläche der Flüssigkeit, während sich die Grieben zu Boden setzen; um dies zu beschleunigen, wird der Masse etwas Salz oder Salzwasser zugesetzt. Nach längerem Stehen haben sich auch die feineren Membranen abgesetzt, und das Fett wird durch das mit der beweglichen Brause versehene Ablaßrohr in doppelwandige Kessel, deren äußerer Zwischenraum mit heißem Wasser gefüllt ist (Marienbäder), zur völligen Klärung abgelassen, die auch hier durch Zugabe von Salz befördert wird.

Das klare Fett, Premier-jus, hauptsächlich aus Triglyceriden der Stearin-, Palmitin- und Ölsäure bestehend, wird in große, hölzerne, mit Weißblech ausgekleidete, fahrbare Kasten oder in verzinnte Wannen von ca. 20 kg Inhalt abgezogen und in einem auf ca. 30° C. temperierten Raum zur Kristallisation gebracht. Hierbei scheidet sich ein großer Teil der festen Triglyceride aus, während das Oleomargarin, ein Gemenge von Trioleïn und wenig festen Glyceriden, flüssig bleibt. Die Trennung des flüssigen von dem festen Anteil erfolgt durch hydraulische Pressen, zu welchem Zweck die kristallisierte Masse in leinene Tücher eingeschlagen wird. Das Oleomargarin fließt von der Presse ab, während in den Tüchern ein Gemenge von Tristearin und Tripalmitin mit wenig Trioleïn, der Preßtalg oder das technische Tristearin, zurückbleibt.

Die beim Schmelzprozeß im Bottich verbleibenden Grieben geben bei sorgfältigem Auskochen noch einen Anteil Fett ab, welcher für Speisezwecke, als Speisetalg, verwendet werden kann; die vollständige Entfettung erfolgt aber durch Auskochen in Digestoren und schließlicher Behandlung der Grieben mit verdünnter Schwefelsäure. Das hierbei gewonnene Fett ist Unschlitt oder Talg. Speisetalg wird auch direkt durch

Ausschmelzen von Rohtalg, der zur Erzeugung von Premier-jus nicht mehr recht verwendbar ist, erhalten.

So wie der Rohkerntalg wird auch der Ausschnittalg behandelt; die aus demselben erhaltenen Produkte sind dann Sekunda-Premier-jus, bzw. Sekunda-Oleomargarin und Sekundapreßtalg.

Die bei der Verarbeitung aus Rohtalg auf Oleomargarin resultierenden Produkte zeigt folgendes Schema:

Rohtalg
geschmolzen

Premier-jus   Grieben
kristallisiert und gepreßt   im Digestor und mit Schwefelsäure gekocht

Oleomargarin   **Preßtalg**   **Talg**   Rückstände.

Die prozentuelle Ausbeute hängt wesentlich von der Qualität des von den Rindern stammenden Talges ab. Pastrovich fand für ein Gefälle von 80 kg Rohtalg pro Rind eine Totalausbeute von 86 $^0/_0$ und für ein Gefälle von 40 kg Rohtalg pro Rind nur 77 $^0/_0$ Fettausbeute.

Außer nach dem nassen Schmelzverfahren wird in den Oleomargarinfabriken vielfach trocken, und zwar mit indirekter Dampfheizung in großen eisernen Kesseln mit Rührwerk geschmolzen. In neuerer Zeit findet das Trockenschmelzverfahren mittels Heißwasserheizung, System Pfützner, bei welchem jede Überhitzung des Schmelzgutes ausgeschlossen ist, mehr Verbreitung. Rost & Co. in Dresden stellen einen Apparat zum Ausschmelzen des Talges her, welcher im wesentlichen aus einem mit Dampfheizung versehenen Kasten besteht, auf dessen verzinnten Einlagen der zerschnittene Talg bei niederer Temperatur ausgeschmolzen wird. Der Apparat besitzt eine gut wirkende Reguliervorrichtung, wodurch ein Überhitzen des zu schmelzenden Materials vollständig vermieden werden kann. Übrigens hängt es von dem Geschmack der Konsumenten ab, welche Verfahren zu wählen sein werden.

Das Oleomargarin wird entweder direkt als Speisefett benützt oder zu Kunstbutter (Margarine) und Kunstrindschmalz (Margarinschmalz) verarbeitet. Außerdem findet es auch bei der Herstellung von Kunstkäse Verwendung.

Die Konstanten des Oleomargarins hängen in erster Linie von der Temperatur ab, bei welcher das Produkt gepreßt wurde. Je niederer diese ist, desto höher ist die Jodzahl.

Die nebenstehenden Tabellen geben eine Übersicht über die Konstanten von Oleomargarinproben verschiedener Provenienz.

Wallenstein[1]) hat bei 15 Proben aus der Jodzahl und Säurezahl der Fettsäuren die Gehalte an den Triglyceriden der Ölsäure, Palmitinsäure und Stearinsäure berechnet und folgende Resultate gefunden:

Trioleïn . . . . . 50·8—55·2 $^0/_0$
Tripalmitin . . . 30·2—40·0 $^0/_0$
Tristearin . . . . 6·8—19·0 $^0/_0$.

---

[1]) Chem. Zeitg. 1892. 16. 884.

Spez. Gewicht	Schmelz- punkt	Hehnersche Zahl	Reichertsche Zahl	Verseifungs- zahl	Jodzahl
Bei 15⁰ C. 0·924—0·930 (Hager)	österreich. 33·7⁰ C. (Pastrovich)	95·56 (Cornwall)	0·4—0·6 (Cornwall)	195—197·4 (Cornwall)	55·3 (v. Hübl)
Bei 100⁰ C. 0·859 (Königs)	—	95·3 (Pastrovich)	0·99 (Sell)	192—200 (Thörner)	50·0 (Moore)
Bei 100⁰ C. 0·859—0·860 (Sell)	—	—	0·1 (Pastrovich)	197·25 (Pastrovich)	amerikanisches 43·8—47 (Wallenstein)
—	—	—	—	—	österr.-ungar. 44—47·6 (Wallenstein)
—	—	—	—	—	48—64 (Thörner)
—	—	—	—	—	österreichisches 46·08—46·29 (Pastrovich)

Fettsäuren:

Schmelzpunkt	Erstarrungspunkt	Säurezahl	Mittleres Molekulargewicht
42·0⁰ C. (v. Hübl)	39·8⁰ C. (v. Hübl)	amerikanisches 201·8—206·4	österreichisches 273 (Pastrovich)
43·5⁰—44·6⁰ C. (Pastrovich)	amerikanisches 41⁰—42·5⁰ C. (Wallenstein)	österr.-ungar. 204·9—206·8 (Wallenstein)	—
—	österreichisches 40·0⁰—42·2⁰ C. (Wallenstein)	—	—
—	österreichisches 41·1⁰—42·35⁰ C. (Pastrovich)	—	—

Der Gehalt an Tripalmitin ist sohin ein beträchtlich höherer als im Preßtalg. Das Verhältnis von Tripalmitin zu Tristearin schwankt zwischen 100 : 17·9 und 100 : 62·9, während es im Talg meist 100 : 100 beträgt.

Die Unterscheidung des Oleomargarins und der Margarine, resp. der Kunstbutter von dem Butterfette erfolgt nach den bei den letztgenannten Fetten beschriebenen Methoden.

B. Margarine.

Von J. Neudörfer und J. Galatzer.

Als Margarine (Margarinbutter, Kunstbutter, Schmelzmargarine, Margarinschmalz) werden jene der Milchbutter oder dem Butterschmalz ähnlichen Speisefette bezeichnet, deren Fettgehalt zur Grundlage das aus Rindstalg hergestellte Oleomargarin (Premier-jus) hat, und die zum Teile mit Milch hergestellt werden.

Die Herstellung von Margarine ist eine Erfindung Mège-Mouriès, welche von einer Anregung Napoleons III. ausgegangen sein soll. Mège-Mouriès gründete gegen 1870 in Poissy bei Paris die erste Margarinefabrik.[1]) Boudet legte dem Gesundheitsrat von Paris Proben von Mège-Mouriès' Erzeugnis vor, die 1871 hergestellt waren. Daraufhin wurde am 12. April 1872 der Verkauf von Margarine unter der Bedingung gestattet, daß sie nicht als Naturbutter verkauft werde.

Das jetzt übliche Fabrikationsverfahren unterscheidet sich kaum wesentlich von dem vor mehr als 30 Jahren von Mège-Mouriès angegebenen; es möge daher sein Verfahren hier Aufnahme finden. Er beschickte eine Buttermaschine mit 30 Kilo Oleomargarin, 25 Liter Milch und 25 Liter Wasser, das die löslichen Teile von 100 Gramm macerierten Kuheuters enthielt; zur Färbung wurde Orléans zugesetzt. Nun wurde $1^1/_2$—2 Stunden die Maschine in Bewegung gehalten. Schon in der ersten Viertelstunde hatte sich aus Wasser und Fett infolge des Euterpepsins eine Emulsion gebildet. Nach Beendigung des Prozesses wurde kaltes Wasser ins Butterfaß zur Trennung der Margarine von der Buttermilch gelassen. Schließlich wurde das Produkt in einer Knetmaschine unter Wasserzufluß fertig gemacht.

Aus dem kleinen Betriebe Mège-Mouriès' hat sich seither eine nationalökonomisch außerordentlich wichtige Industrie entwickelt, die einen bedeutenden Umfang angenommen hat. Insbesondere Holland, Deutschland, Amerika, Dänemark, Frankreich und Österreich produzieren große Mengen Margarineprodukte.

Für die Fabrikation derselben kommen folgende Rohmaterialien in Betracht:

I. Milch. Die Milch gelangt als Vollmilch oder Magermilch zur Verwendung, und zwar erstere für die besten Sorten, letztere für die mittleren und minderen Sorten. Die Trennung der Milch in Voll- und Magermilch geschieht hier wie in den Molkereien durch einen Separator.

Ursprünglich wurde die Milch einer einfachen Vorbehandlung unterzogen, indem sie in besonders konstruierten, offenen, doppelwandigen Kesseln, die nach Bedarf gekühlt oder erwärmt werden konnten, einer natürlichen Säuerung unterworfen wurde. Die Margarinbutter erhielt so durch die bei dieser partiellen Oxydation entstehenden Aldehyde und Säuren ein gutes Aroma.

Der Nachteil dieser sonst guten und einfachen Methode ist der, daß durch das lange Stehen der Milch an freier Luft außer den die Säuerung verursachenden Bakterien noch eine Reihe schädlicher Pilze aus der Luft in die Milch und mit dieser in die Margarinbutter übergehen, an deren Caseïngehalt sie einen guten Nährboden finden. Sie bilden dann die Ursache, daß die Haltbarkeit der Margarinbutter ins-

---

[1]) Sell, Arb. a. d. Kais. Gesundheitsamte. 1. 481. — Muspratt, 4. Aufl. Bd. 5. 1894.

besondere im Sommer vermindert wird (Fleckigwerden usw.). Unter
anderen konnte ein Schimmelpilz „Penicillium" sowie verschiedene Varietäten von Hefepilzen „Saccharomyces" in der Margarine nachgewiesen
werden.[1])

Es wurden daher Verfahren angegeben, um die notwendige Vorbehandlung der Milch in einer solchen Weise durchzuführen, daß die
Haltbarkeit der mit der Milch erzeugten Margarinbutter weniger beeinträchtigt wird. Das Wesentliche dieser Methoden ist folgendes: Die
Milch wird pasteurisiert, um die schädlichen Keime zu zerstören, hierauf
wird sie im Separator in Voll- und Magermilch getrennt und nun erfolgt
ein Zusatz von eigens für diesen Zweck kultivierten Säuerungsbakterien,
welche die gewünschte Säuerung der Milch in kürzerer Zeit durchführen,
als es nach der alten Methode geschah. Es geht jedoch beim Pasteu-
risieren ein Teil der für das Aroma der Margarinebutter wertvollen Substanzen (Aldehyde und Säuren) verloren, so daß nach dieser neueren
Methode wohl die Haltbarkeit der Margarinebutter eine größere ist,
Aroma und Geschmack jedoch nicht an die nach dem alten Verfahren
erzeugte Margarine heranreichen.

Die für diese Methode notwendigen Säuerungskulturen werden in
Norddeutschland und Dänemark speziell für die Zwecke der Margarinefabrikation in geeigneter Weise hergestellt. Es hat sich gezeigt, daß
nicht immer dieselben Milchsäurebakterien überall den besten Geschmack
geben. Manche Kulturen wirken in einer Fabrik gut, während sie in
einer anderen nicht zu brauchen sind. Jedenfalls sind solche Bakterien,
welche die Säuerung in kürzerer Zeit bewirken als andere, wegen der
geringeren Infektionsgefahr vorzuziehen. Hat eine Fabrik eine geeignete
Kultur gefunden, so soll sie immer mit derselben arbeiten.[2])

Der Raum, in dem diese Milchvorbehandlung geschieht, wird häufig
als „Milchstation" bezeichnet. Es muß ein möglichst kühler, luftiger,
gut ventilierter Raum in der Fabrik sein, entfernt vom Schmelzraum,
am besten neben dem Kirnraum. Wände, Decke und Fußboden sollen
aus einem leicht zu reinigenden, waschbaren Material hergestellt werden.
In der Milchstation, in welcher die Säuerung vorgenommen wird, befinden sich meist: Ein Pasteurisierapparat, ein Separator, Kühlapparate
und Milchkessel.

Wie eingangs dieses Abschnittes erwähnt, gelangt die Milch als
Vollmilch oder Magermilch zur Verwendung. Es wurde jedoch eine
Reihe von Verfahren patentiert, dahingehend, die Milch in anderer Form
zu verwenden. Nach dem Patent der Düsseldorfer Margarinewerke[3])
wird kondensierte Milch verwendet. — P. Pollatschek[4]) schlägt die
Verwendung von Kefirmilch vor. — Dr. H. Michaelis[5]) ließ sich
die Verwendung von Emulsinlösung, resp. die das Emulsin enthaltende

---

[1]) Vgl. A. Zoffmann, Chem. Rev. üb. d. Fett- u. Harz-Ind. 1904. 11. 7.
— P. Pick, Augsburger Seifensiederzeitg. 1904. Nr. 22.
[2]) Vgl. A. Zoffmann, Chem. Rev. üb. d. Fett- u. Harz-Ind. 1903. 10. 198.
— P. Pick, Chem. Rev. üb. d. Fett- u. Harz-Ind. 1903. 10. 245. 278.
[3]) D.R.P. 115173. — [4]) D.R.P. 140941. — [5]) D.R.P. 100922.

Mandelmilch schützen, also die Verwendung vegetabilischer statt animalischer Milch. Dieses Verfahren bezweckt die Herstellung einer keimfreien Margarine und wird von der Firma Van den Bergh limited, Cleve zur Fabrikation der sogen. „Sana"-Margarine benutzt. — Eine Modifikation der Säuerung bezweckt das Verfahren von Walter Müller[1]), der die Milch während der Säuerung luftdicht abschließt, und zwar am besten durch Übergießen der Milch mit einer entsprechend dicken Fettschichte.

II. Fette und Öle.[2]) Als Fette und Öle kommen für die Fabrikation von Margarinebutter und Schmelzmargarine folgende in Betracht: Premier-jus, Oleomargarin[3]), Speisetalg, Neutrallard[4]) (siehe Schweinefett), Cocosfett, Cottonöl und Cottonstearin, Sesamöl, Arachis- oder Erdnußöl, Maisöl[5]), Sonnenblumenöl[6]).

Für die besten Margarinesorten gelangen meist zur Verwendung: Oleomargarine, Sesamöl, Arachisöl,

für die mittleren Sorten: Premier-jus, Oleomargarine, Cottonöl, Sesamöl,

für die minderen Sorten: Premier-jus, Speisetalg, Cottonstearin, Cottonöl, Sesamöl.

Betreffs der Eigenschaften dieser Fette und Öle sei auf die entsprechenden Kapitel dieses Buches verwiesen.

Bei der Qualitätsprüfung der zu verwendenden Fette spielt naturgemäß, da es sich um ein Nahrungsmittel handelt, der Geschmack und Geruch eine wesentliche Rolle, und es kommt häufig vor, daß z. B. zwei Oleomargarinesorten, die dieselben chemischen Konstanten aufweisen, im Geschmack große Unterschiede zeigen. Daher mag es kommen, daß die Übernahme der Rohfette in der Margarinefabrik häufig lediglich auf Grund von Geschmacksproben erfolgt. Es wäre zu wünschen, daß auch hier die exakte chemische Kontrolle mehr herangezogen würde, wie dies ja in anderen Industrien zur Regel geworden ist.

III. Farbstoffe. Zum Färben der Margarine wird entweder Orléans, häufiger aber sogenanntes „Butyroflavin"[7]) (Dimethylamidoazobenzol) verwendet, und zwar in Ölen gelöst. Letzteres wird in den Nuancen Rot und Braun geliefert. Eine häufig verwendete Mischung ist folgende:

$1\frac{1}{2}$ kg Butyroflavin Braun, in der Wärme gelöst

$\frac{1}{2}$ kg   „   Rot   „   „   „   „

in 40 kg Sesamöl und 60 kg Cottonöl.

IV. Riechstoffe. Der Zusatz von Geschmack und Geruch verbessernden Substanzen spielt bei der Margarinbutter keine wesentliche

---

[1]) D. R. P. 102824.
[2]) Vgl. Wiener Seifensiederzeitg. 1902. Nr. 52; 1903. Nr. 2, 4, 8.
[3]) In Amerika „Oleo-oil" genannt.
[4]) Meist nur in Amerika für diese Zwecke verwendet.
[5]) In Amerika verwendet.
[6]) In Rußland verwendet.
[7]) In entsprechenden Qualitäten hergestellt von den Chem. Fabriken Thann & Mülhausen.

Rolle, da ja durch den schon erwähnten Säuerungsprozeß der Milch gewisse Aldehyde und Säuren entstehen, die dann dem fertigen Produkt einen mehr oder weniger guten Geschmack und Geruch verleihen.

Wie oben erwähnt, geht jedoch schon bei der Pasteurisierung ein Teil der ursprünglich in der Milch vorhandenen Aromasubstanzen verloren, so daß verschiedene Versuche gemacht wurden, künstlich hergestellte Aromapräparate dem Endprodukt zuzusetzen. O. Schmidt[1]) verwendet ein Aroma, hergestellt aus den Glyceriden der flüchtigen Fettsäuren oder aus gemischten Glyceriden der flüchtigen und höheren Fettsäuren. — M. Poppe[2]) verseift Naturbutter, setzt die Fettsäuren in Freiheit, gewinnt daraus die flüchtigen Fettsäuren durch Vakuumdestillation bei ca. 60° C. und setzt sie dann als Aroma zu. Nach J. Neudörfer und J. Klimont[3]) wird das Milcharoma durch Wasserdampfdestillation von Milch gewonnen und, eventuell verstärkt durch Zusatz von gewissen Aldehyden der flüchtigen Fettsäuren, als Margarinbutteraroma verwendet.

Alle diese Zusätze haben keine allgemeine Verwendung gefunden, da die meisten Margarinefabriken sich damit begnügen, die Margarinbutter ohne spezielles Aroma, respektive lediglich mit dem von der verwendeten Milch herrührenden herzustellen.[4])

Hierher gehören auch die Zusätze, die beim Erhitzen der Margarinbutter das der Naturbutter eigentümliche Brataroma geben sollen. So schlug J. Sprinz[5]) zu diesem Zwecke einen Zusatz von Cholesterin resp. Cholesterinestern zur Milch vor. A. Reibel[6]) verwendet hierfür ein Präparat, das er durch Braten von Naturbutter unter Zusatz von Fleisch, Mehl, geriebenem Brot usw. gewinnt.

Wesentlich wichtiger ist der Riechstoffzusatz bei der Schmelzmargarine (Margarinschmalz). Diese soll ein vollständiger Ersatz der durch einen ganz charakteristischen Geruch und Geschmack gekennzeichneten Schmelzbutter (Butterschmalz oder Natur-Rindschmalz) darstellen. Da dieses Produkt, wie später erwähnt werden soll, jetzt vielfach ohne Milch hergestellt wird, erweist sich hier ein Zusatz von Riechstoffen als notwendig. Als solche werden häufig flüchtige Fettsäuren (Buttersäure und ihre Homologen) verwendet, die, abgesehen davon, daß sie dem Produkt kein besonders gutes Aroma verleihen, den großen Nachteil haben, daß sie sich in kurzer Zeit verflüchtigen.

Eine eigentümliche Methode, dem Margarinschmalz ein Aroma zu geben, hat sich in Österreich und Süddeutschland in manchen Fabriken eingebürgert. Es ist dies der Zusatz von gewissen stark riechenden Käsesorten, die vorher nach einem eigenen Verfahren präpariert werden

---

[1]) D. R. P. Nr. 102539 u. 107870.
[2]) D. R. P. Nr. 128729.
[3]) D. R. P. Nr. 135081.
[4]) Vgl. auch Pollatschek, Chem. Rev. üb. d. Fett- u. Harz-Ind. 1904. 11. 243, 267.
[5]) D. R. P. Nr. 127376.
[6]) D. R. P. Nr. 118236.

und die der Schmelzmargarine ein für kurze Zeit ausreichendes Butteraroma verleihen.

Außerdem kommen speziell für diesen Zweck hergestellte Schmalzaromapräparate unter verschiedenen Namen in den Handel. Eines der häufiger gebrauchten ist z. B. das „Margol"[1]).

V. Zusätze zum Bräunen und Schäumen. Mit der zunehmenden Bedeutung der Margarinbutter als Ersatz der Milchbutter sind auch die Anforderungen, die an sie von seiten der Konsumenten gestellt werden, immer größere geworden. Es genügt nicht mehr, daß eine Margarinbutter Aussehen, Streichfähigkeit, Geschmack und Geruch der Naturbutter habe, man verlangt neuerdings auch, daß sie, auf die heiße Pfanne gebracht, das charakteristische Bräunen und Schäumen der Naturbutter zeige.

Durch wissenschaftliche Versuche wurde festgestellt, daß diese Erscheinung hauptsächlich von dem wenn auch geringen Gehalt der Butter an gewissen phosphorreichen Eiweißkörpern herrührt. L. Bernegau[2]) empfahl daher als erster zu diesem Zwecke den Zusatz von Eigelb in Verbindung mit Glucose oder einer anderen Zuckerart, die sich ja bekanntlich beim Erhitzen bräunen. Auf Grund dieses Verfahrens, das der Lösung des Problems ziemlich nahe kommt, wird von der bekannten Margarinefabrik Van den Bergh ltd., Cleve eine Spezialsorte „Vitello" Margarine hergestellt.

Eine Reihe von anderen Vorschlägen wurde in dieser Richtung gemacht, ohne allgemein Eingang zu finden: A. Evers[3]) setzt pulverförmige Eiweißstoffe zu; M. Poppe[4]) empfiehlt folgenden Bräunungszusatz: Zerkleinerte Cerealien oder gebackenes Brot werden mit Sesamöl oder Äther extrahiert und dieser Extrakt verwendet.

Beachtenswert ist jedoch das Patent der Reeser Margarinefabrik von C. Fresenius[5]), in dem Zusatz von Lecithin bestehend. Mit diesem Präparat erzielt man tatsächlich den gewünschten Erfolg. Wie sich aber durch eingehendere Studien von Fendler[6]) und anderen herausstellte, beruht die Wirkung des Eigelbs auch auf dem Lecithingehalt desselben (ca. 10 $^0/_0$), so daß mit der entsprechenden Menge Eigelb derselbe Erfolg erzielt wird, wie mit Lecithin, und zwar mit geringeren Kosten. Aus diesem Grunde hat sich nur die Verwendung von Eigelb und Zucker eingebürgert, und zwar wird ein vollkommen entsprechendes Schäumen und Bräunen der Margarinbutter durch Zusatz von 2 $^0/_0$ Eigelb und geringer Mengen Zucker erzielt. — Bemerkenswert ist schließlich das

---

[1]) P. Pick, Chem. Rev. üb. d. Fett- u. Harz-Ind. 1903. 10. 175; das Präparat wird erzeugt von Ing.-Chem. Julius Neudörfer, Wien VI.

[2]) D. R. P. Nr. 97 057 übertragen an Van den Berghs ltd., Cleve.

[3]) D. R. P. Nr. 113 382.

[4]) D. R. P. Nr. 115 729.

[5]) D. R. P. Nr. 142 397.

[6]) Fendler, Chem. Rev. üb. d. Fett- u. Harz-Ind. 1904. 11. 122, 286. — Vgl. auch Pollatschek, Chem. Rev. üb. d. Fett- u. Harz-Ind. 1904. 11. 28, sowie Chem. Rev. üb. d. Fett- u. Harz-Ind. 1904. 11. 99.

Patent von **Hartwig Mohr**[1]), durch das ein Zusatz von gepulvertem Caseïn, Eigelb und pasteurisiertem Rahm geschützt ist. Fachmännische Urteile liegen hierüber noch nicht vor. Über den Zusatz von **Cholesterin** siehe oben Seite 259. — **A. Pellerin**[2]) ließ sich den Zusatz von **Wachs** zur Margarine schützen, womit angeblich die Margarinbutter in physikalischer Hinsicht vollkommen der Milchbutter gleich und die Streichfähigkeit derselben erhöht wird.[3])

VI. Konservierungsmittel. Die Margarinbutter zeigt häufig insbesondere in der heißen Jahreszeit gewisse **Krankheitserscheinungen** (Fleckigwerden usw.), die, wie schon oben erwähnt (S. 257), auf eine durch Bakterien hervorgerufene Zersetzung der Milch zurückzuführen sind und das Produkt häufig ungenießbar machen. Obzwar man durch sorgfältige Vorbehandlung der Milch diesem Übelstande abzuhelfen sucht, ist es doch häufig notwendig, Konservierungsmittel zu verwenden. Da in manchen Ländern (z. B. Deutschland, Dänemark, Holland) die Butter in gesalzenem Zustand konsumiert wird, fällt dort diese Schwierigkeit für den Fabrikanten weg, da das zugesetzte Kochsalz vollkommen genügend konserviert.

In anderen Ländern bedient man sich hier und da gewisser **Konservesalze**, die unter den verschiedensten Namen im Handel vorkommen, im wesentlichen aber Salpeter, Borax, Borsäure, Alaun, Kochsalz, Phosphate oder Magnesiasalze enthalten.[4]) Abgesehen davon, daß der Zusatz dieser Salze in manchen Ländern verboten ist, ist der dadurch erzielte Erfolg meist nicht sehr wesentlich und leidet auch der Geschmack der Butter.

In neuerer Zeit werden die Verpackungen und Emballagen der Margarinbutter mit Formaldehyd oder anderen Desinfektionsmitteln behandelt, um so ein Verderben der Butter hintanzuhalten.

Sorten von Margarine. Es werden hauptsächlich zwei Sorten von Margarinprodukten erzeugt:

1. **Margarinbutter** (in Deutschland Margarine genannt) als Naturbutterersatz. Wie oben erwähnt, werden zu den verschiedenen Sorten verschiedene Rohstoffgemische verwendet:

Für die besten Sorten: **Vollmilch, Oleomargarin Primiss,** feinstes **Sesamöl** oder **Arachisöl;**

für die mittleren Sorten zumeist: zur Hälfte **Vollmilch,** zur Hälfte **Magermilch, Oleomargarin Prima, Premier-jus, Cottonöl** und **Sesamöl;**

für die minderen Sorten: **Premier-jus, Speisetalg, Cotton-stearin, Cottonöl** und **Sesamöl.**

---

[1]) D. R. P. Nr. 170163.
[2]) D. R. P. Nr. 124410.
[3]) Vgl. zu diesem Kapitel auch: **Wallenstein,** Chem. Rev. üb. d. Fett- u. Harz-Ind. 1901. 8. 60, 82, 112.
[4]) Siehe **Schwirr,** Chem. Rev. üb. d. Fett- u. Harz-Ind. 1901. 8. 206.

Die Margarinbutter wird in Norddeutschland, Holland, Dänemark meist gesalzen hergestellt, während sie in Süddeutschland und Österreich-Ungarn süß in den Handel kommt. Sie dient zum Kochen, Backen, Braten und zum Aufstreichen auf Brot.

2. Margarinschmalz (in Deutschland Schmelzmargarine genannt) als Ersatz von Butterschmalz (Schmelzbutter oder Naturrindsschmalz) wird in Norddeutschland, Holland, Dänemark aus Milch, Oleomargarin, Premier-jus, Cottonöl und Sesamöl hergestellt, während in Süddeutschland und Österreich-Ungarn das Margarinschmalz aus denselben Materialien, aber ohne Milch, dagegen unter Zusatz von Käse und Schmalzparfums bereitet wird. Die Zusammensetzung variiert auch hier je nach der Feinheit der herzustellenden Sorte. Das Margarinschmalz dient zum Backen für Bäcker und Konditoren.

Fabrikation von Margarinbutter.

1. Das Schmelzen der Fette. Da einige der verwendeten Fette fest sind, muß vor der eigentlichen „Kirn"-Operation ein Schmelzen vorgenommen werden, bei welcher Gelegenheit auch ein inniges Vermengen der Fette und Öle stattfindet. In kleineren Fabriken geschieht dies in der Weise, daß die Fette und Öle in einem Schmelzkessel flüssig gemacht werden, während in größeren Betrieben für jedes einzelne Fett ein eigener Schmelzkessel verwendet wird, in dem eine größere Menge des Fettes auf einmal geschmolzen wird. Aus diesen Kesseln fließen die einzelnen Fette in einen ähnlich konstruierten Zwischenkessel, der über der Kirnmaschine hin und her zu bewegen ist (z. B. auf Schienen) und der eine Einrichtung besitzt, um die Menge des einfließenden Fettes festzustellen (Skala oder Wage).

Die Zusammensetzung des Fettgemisches ist auch bei gleichen Sorten je nach der Jahreszeit und Preiskonjunktur verschieden; es ist daher nicht unwichtig, einige Mischungsvorschriften (wie sie tatsächlich verwendet werden) anzuführen.[1]

Margarinbutter feinst. Monat Mai.	**Margarinbutter feinst.** Monat Januar.
400 l Vollmilch 400 kg Oleomargarin Primiss 20 „ Premier-jus feinst 40 „ Sesamöl 0·35 „ Farblösung.	400 l Vollmilch 400 kg Oleomargarin Primiss 60 „ Sesamöl 0·35 „ Farblösung.
Margarinbutter Secunda. Monat Mai.	**Margarinbutter Secunda.** Monat Januar.
250 l Magermilch 230 kg Oleomargarin Prima 120 „ Premier-jus feinst 40 „ Cottonöl feinst 40 „ Sesamöl 0·5 „ Farblösung.	250 l Magermilch 230 kg Oleomargarin Prima 60 „ Premier-jus feinst 100 „ Cottonöl 40 „ Sesamöl 0·5 „ Farblösung.

---

[1] Die Gesamtmenge entspricht der gewöhnlichen Kirnengröße.

In die Schmelzkessel selbst kommen nur die **Fette** und **Öle**, während die **Milch** und die **Farbe** erst bei dem „Kirnen" zugesetzt werden. Die Schmelzkessel werden aus Eisenblech hergestellt und sind innen stark verzinnt. Sie sind rund oder viereckig; jedenfalls müssen die Seitenwände gegen den Boden zu gekrümmt verlaufen, damit eine sorgfältige Reinigung der Kessel möglich ist. Ihre Größe richtet sich nach der Anlage der Fabrik. Die Kessel sind doppelwandig mit Wassermantel und die Temperatur muß durch eine Dampf- und Wasserleitung regulierbar sein.

Es ist vorteilhaft, den Schmelzraum im ersten Stockwerk oberhalb des Kirnraums anzuordnen, weil dann die geschmolzenen Fette von selbst in die Kirnmaschinen abfließen können, so daß ein Pumpen wegfallen kann. Falls ein Zwischenkessel verwendet wird, ist derselbe passend in mittlerer Höhe zwischen dem Schmelzraum und dem Kirnraum (z. B. in einem Durchbruch der Decke des letzteren) anzubringen. Keinesfalls darf das Schmelzen im selben Raum wie das Kirnen erfolgen, da die höhere Temperatur, die beim Schmelzen notwendig ist, den Kirnprozeß stören würde.

Das Schmelzen erfolgt bei möglichst niedriger Temperatur, also wenige Grade über dem Schmelzpunkt der betreffenden Fette und möglichst langsam („Zerschleichen" der Fette).

2. **Das Kirnen.** Die geschmolzenen Fette und Öle gelangen von den Schmelzkesseln eventuell durch den Zwischenkessel in die sogenannte **Kirnmaschine** (Kirne, frz. baratte, Fig. 67, s. S. 264), in der die eigentliche Mischung (das „Kirnen") der Fette mit der Milch vorgenommen wird. Die Kirne ist ein eiserner, ovaler, doppelwandiger Kessel, der innen stark verzinnt ist und in dem ein vertikales Rührwerk mit Mischflügeln angebracht ist. Der Rauminhalt variiert von 300 bis 3000 Litern.

Im Mantel der Kirne ist Dampf- und Wasserzuleitung (häufig Eiswasserzuleitung) vorhanden, so daß die Temperatur beliebig reguliert werden kann. Unmittelbar oberhalb des Bodens ist ein Ablaßhahn angebracht. Die Kirne ist mit einem fest verschraubbaren Deckel verschlossen, in dem sich getrennte Zuflußöffnungen für die Milch und für die Fette befinden und auch ein Thermometer eingesetzt ist. In Holland, dessen Margarinefabrikation schon seit langem auf großer Höhe ist, haben Spezialmaschinenfabriken die Konstruktion der Kirnmaschine verbessert, um allen Anforderungen der Fabrikation gerecht zu werden.[1]

Der **Kirnprozeß** beginnt damit, daß ein Teil der Milch bei gewöhnlicher Temperatur aus der Milchstation in die fest verschlossene Kirne gepumpt, in kleinen Fabriken direkt eingefüllt wird. Nun läßt man das Rührwerk angehen, und zwar mit 120 bis 130 Touren in der Minute. Der Zweck dieses 10 Minuten dauernden Rührens ist die Ausscheidung der Butter aus der Milch (Trennung des Milchserums vom Butterfett), was natürlich nur bei Verwendung von Vollmilch von praktischem

---

[1] Insbesondere die Maschinenfabrik **Henri Grasso**, Hertogenbosch, Holland.

Wert ist. Nun wird das Rührwerk abgestellt, der Deckel geöffnet und die erfolgte Ausscheidung des Butterfettes konstatiert. Bei dieser Gelegenheit wird die Farbe zugesetzt, häufig jedoch erst nach Beendigung des Kirnens. Nach neuerlichem Angehenlassen des Rührwerks läßt man nunmehr einen Teil des inzwischen geschmolzenen und auf die notwendige

Fig. 67.

Temperatur gebrachten Fettgemisches zufließen, und es erfolgt das Kirnen durch ca. 10 Minuten bei einer Temperatur, die nach verschiedenen Umständen zwischen 25 und 47° C. variiert (Rührwerk ca. 120 Touren).

Der Zweck dieser und der folgenden Kirnoperation ist die innige Mischung der Fette und Öle mit dem nunmehr separierten Butterfett und Milchserum, sowie die mechanische Umformung der Fettpartikelchen in die charakteristischen Kügelchen des Butterfettes.

Nach Öffnung der Kirne wird konstatiert, ob eine innige Vermischung der Materialien stattgefunden hat, worauf der Zufluß der restlichen Milchmenge und dann des zweiten Teils des Fettgemisches erfolgt. Jetzt wird das Kirnen so lange fortgesetzt, bis das Gemisch die gewünschte Ablaßtemperatur erreicht hat. Vor dem Ablassen wird der Deckel nochmals geöffnet, damit man sich von dem Gelingen der Operation überzeugen kann. Die Dauer des ganzen Prozesses ist ca. 45 Minuten.

Die Ablaßtemperatur variiert je nach der gewünschten Qualität und Konsistenz der Ware und hängt mit der Ausbeute zusammen. Wird nämlich heiß abgelassen (ca. 45° C.), so wird die Ausbeute größer, aber die Qualität schlechter, während zur Erzielung der besten Sorten eine möglichst niedere Temperatur (ca. 25°—29° C.) eingehalten werden soll, wobei aber die Ausbeute geringer wird.

Fig. 68.

Sofort nach dem Verlassen des Ablaßhahns erfährt das gekirnte Material eine plötzliche Abkühlung auf ca. 2° C., indem man aus einer Brause Eiswasser in starkem Strom gegen das Fettgemisch strömen läßt, welches in die nebenstehende Kühlwanne gleitet. Das Eiswasser wird in den meisten Margarinefabriken in eigenen Eismaschinen erzeugt, und zwar verwendet man in der Regel die bekannten Ammoniakeismaschinen. Durch diese plötzliche Abkühlung erstarrt das fertige Produkt zu krümeligen Partikelchen und wird in der Kühlwanne noch weiter mit dem Eiswasser durchgekrükt. Die am Fußboden befestigte Kühlwanne ist viereckig, aus hartem Holz angefertigt, hat niedrige, ca. 30 cm hohe Wände und am Boden eine siebartige Ausflußöffnung.

Nach dem Durchkrüken wird das Kühlwasser abgelassen und die

erstarrte Masse meist über Nacht stehen gelassen („rasten"). Nun wird
die Margarinbutter mit hölzernen Schöpfern in bereitstehende Wagen mit
siebartig durchlöcherten Böden abgeschöpft, in welchen das überschüssige
Kühlwasser abtropft.

3. Nachbehandlung. Die Margarinbutter gelangt nun zur Walzmaschine (frz. Malaxeur, Fig. 68). Dieselbe besteht meist aus zwei hölzernen, geriffelten Walzen, die sich um horizontale Achsen drehen, und zwar
in entgegengesetztem Sinne. Der Zweck des Walzens ist das Auspressen
des Milchserums und die Verarbeitung der krümeligen Masse zu einem
butterähnlichen Band. Die Butter geht zirka sechsmal durch die Maschine
und wird hierauf mit der Hand in Blöcke zusammengeschlagen und
ca. 24 Stunden „rasten" gelassen.

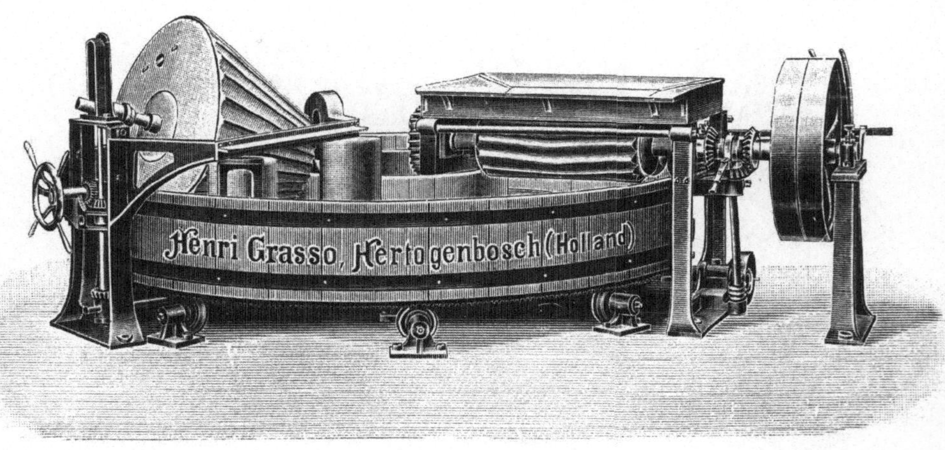

Fig. 69.

Die Maschinenfabrik Henri Grasso konstruiert eine neuartige
Walzmaschine in Verbindung mit einem mechanisch bewegten Wagen,
der die Ware regelmäßig verteilt und an dem eine Preßvorrichtung zum
Zusammenpressen der gewalzten Ware angebracht ist (Fig. 69).

Hierauf erfolgt das Kneten der Butter auf dem Knetteller. Die
Knettellermaschine (Knettisch, Tellerwalze, frz. Malaxeur à table
tournante), die in verschiedenen Konstruktionen hergestellt wird, ist in
der Regel ein kreisrunder Tisch, auf dem ein oder zwei kegelförmige
Walzen rotieren und sich dabei um die eigene Achse drehen. Mit dem Kneten
bezweckt man die Butter formfähig zu machen, auch erfolgt hier das
Mischen verschiedener Standsorten zur Erzielung der Verkaufssorten,
eventuell ein Nachfärben der Butter.

Die Knetwalzen wurden früher festliegend konstruiert, während sie
bei neueren Konstruktionen (siehe Fig. 70) je nach dem Quantum,
das auf dem Teller liegt, während des Betriebes höher und tiefer gestellt
werden können; auch ist an der abgebildeten Maschine eine automatische

Vorrichtung angebracht, um die Butter auf dem Teller zu wenden, so
daß die Berührung der Butter mit den Händen vermieden wird.

In manchen Fabriken erfährt die nunmehr fertige Butter noch eine
Behandlung in einer sogen. Knet- und Mischmaschine[1]) (Fig. 71). Hier
wird in die trocken geknetete Margarinbutter Wasser eingearbeitet, bis
der gewünschte und zulässige Wassergehalt erreicht ist (ca. $9—12\,^0/_0$).
Auch geschieht hier eventuell noch eine nachträgliche Zumischung von
Milch oder Rahm, um den Geschmack zu verbessern.

Fig. 70.

Sämtliche hier angeführten Maschinen (Kirne, Walzmaschine, Knetteller, Knet- und Mischmaschine) werden in verschiedenen Ausführungen
hergestellt, doch unterscheiden sich dieselben nicht wesentlich von den
hier beschriebenen.

Die fertige Margarinbutter wird in Würfel geformt, zu welchem
Zweck es auch eigene Schneidemaschinen gibt.[2]) Die Butterwürfel werden
in Pergamentpapier verpackt, das mit den gesetzlich vorgeschriebenen
roten Streifen versehen sein muß. Zur Herstellung des Pergamentpapiers
wird meist Glycerin verwendet, das kein entfärbtes Knochenfettglycerin sein
darf, sondern Saponifikatglycerin, da sonst leicht Zersetzungen der Margarinbutter vorkommen können. Das Pergamentpapier wird manchmal durch

---

[1]) Werner & Pfleiderer, Cannstatt u. Wien, stellen solche Maschinen
speziell für die Zwecke der Margarinefabrikation her.

[2]) Siehe z. B. Patent B. 38957 Wilh. Böllert u. R. Winkler, Duisburg.

Einlegen in Kochsalz oder Boraxlösung desinfiziert.[1]) Die mit Pergamentpapier umhüllten Würfel werden zur Versendung in Holzkisten verpackt,
die gleichfalls außen die vorgeschriebenen roten Streifen haben müssen.
Die Holzkisten (Kübel, Fässer) werden in manchen Fabriken mit Formaldehyd desinfiziert, um die Butter haltbarer zu erhalten.

Wie schon oben erwähnt, ist das bisher allgemein verwendete Kirn-
verfahren kaum wesentlich von dem 1870 erfundenen Verfahren Mège-
Mouriès verschieden. Erst in der allerletzten Zeit sind Versuche mit

Fig. 71.

einem neuen Verfahren gemacht worden, das gegenüber dem bisher gebräuchlichen nicht unwesentliche Vorteile zu bieten scheint. Von einer
deutschen Fabrik[2]) werden sogenannte Homogenisiermaschinen für
die Margarinefabrikation konstruiert, die, wie schon der Name sagt,
eine möglichst innige, homogene Mischung der Milch mit den Fetten
und Ölen erzielen sollen.

---

[1]) Siehe Schirr, Chem. Rev. üb. d. Fett- u. Harz-Ind. 1901. 8. 107.
[2]) Deutsche Homogenisiermaschinenfabrik, G. m. b. H., Lübeck.

Man hatte schon früher versucht, diesen Zweck durch Durchpressen der vorgemengten Flüssigkeiten durch Capillaren bei einem Druck von über 200 Atm. zu erreichen, wobei jedoch die auftretende außerordentliche Temperatursteigerung die Fette schädigte. Auch die Vorschläge der Anbringung von fein geschliffenen Achatsteinen vor der Mündung der Capillaren, sowie andere ähnliche führten nicht zum Ziel, da entweder Überhitzung der Fette oder durch Abkühlung verursachte Verstopfung der Capillaren eintritt.[1]

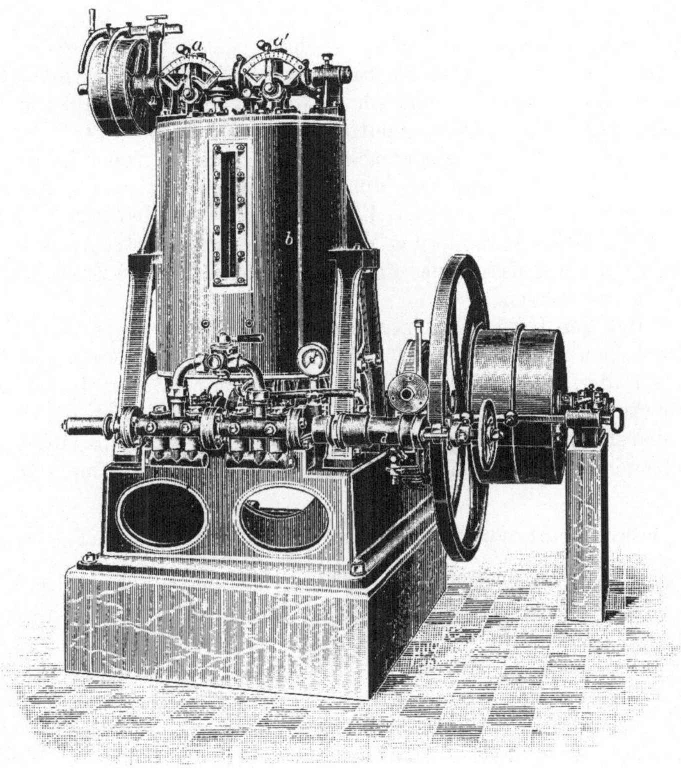

Fig. 72.

Die Homogenisiermaschine „Schröder"[2] (Fig. 72), der obenerwähnten Fabrik, die diese Nachteile nicht haben soll, wirkt nun wie folgt:

Die zu mischenden flüssigen Stoffe (Fette, Öle und Milch) werden aus dem Schmelzkessel durch die Regulierhähne a und a' in einen in die Kirne b eingebauten Vormischapparat eingeführt, in demselben durch starkes Rühren gemengt und durch ein Sieb gleichmäßig in der Kirne b

---

[1] Vgl. Pollatschek, Chem. Rev. üb. d. Fett- u. Harz-Ind. 1906. 13. 7.
[2] D.R.P. Nr. 163372.

verteilt. Während des Rührens wird die Emulsion entsprechend abgekühlt, mittels Pumpen durch einen Hahn c abgesaugt und über den Homogenisierapparat d gedrückt. Dieser besteht aus einem Metallgehäuse, in dem sich ein Achatkegel befindet, der auf seinem vorderen Schafte mit Gewinderillen versehen ist.

Der Achatkegel wird durch eine Spindel gegen die konisch eingeschliffene Fläche des Gehäuses gepreßt und durch den Druck der durch die Gewinderillen hindurchgepreßten Flüssigkeit selbsttätig in rotierende Bewegung versetzt, wodurch das Gemisch von Fetten und Milch zwischen der Kegelfläche des Achats und der Wandung des Gehäuses auf das feinste verrieben — homogenisiert — wird.

Im Homogenisierapparat ist gleichzeitig eine Kühlvorrichtung angebracht, durch die das Gemisch so weit gekühlt werden kann, daß die besseren Qualitäten Margarinbutter die Maschine mit 20°—22° C. verlassen, was für den Geschmack des Produktes von Wichtigkeit ist. Infolge der feinen Verteilung durch die Homogenisierung wird nach Angabe der Fabrik das Aroma besser und die Haltbarkeit größer. Man kann auch durch Veränderung des Druckes am Kegelventil während des Betriebes die Konsistenz des Produktes ändern ohne die Zusammensetzung variieren zu müssen.

Durch den Homogenisierapparat ist man in der Lage, die Fabrikation kontinuierlich zu führen, was bisher unmöglich war; wie oben erwähnt, soll auch das Aroma der in demselben erzeugten Butter besser und ihre Haltbarkeit größer sein. Ein abschließendes Urteil über den Homogenisierapparat ist vorläufig noch nicht möglich; jedenfalls stellt derselbe eine bemerkenswerte Neuerung in der Margarinefabrikation dar.

Fabrikation von Margarinschmalz (Schmelzmargarine).

Als Fette und Öle kommen für die besten Sorten in Betracht: feinstes Oleomargarin, feinstes Sesam- oder Arachisöl; für die mittleren Sorten: Oleomargarin, Premier-jus, event. Cocosfett, Cottonöl und Sesamöl (im Winter event. Cottonstearin); für die minderen Sorten: Premier-jus, Speisetalg, Cottonöl und Sesamöl (event. Cottonstearin).

Der Konsum von Margarinschmalz ist in Süddeutschland und Österreich wegen der größeren Vorliebe der Bevölkerung für Weißgebäck ein viel bedeutenderer als in den nördlichen Ländern (Norddeutschland, Holland, Dänemark usw.). Infolgedessen hat sich in jenen Ländern eine eigene Methode der Fabrikation herausgebildet. Während nämlich in den nördlichen Ländern die Schmelzmargarine in der Kirne mit Milch hergestellt wird, geschieht die Fabrikation in Österreich ohne Milch unter Zusatz gewisser Aromapräparate event. eines Käseextraktes. Das Arbeiten ohne Milch ist in Österreich zur Regel geworden, in Süddeutschland nicht überall, aber häufig im Gebrauch.

1. Nordische (alte) Methode. Die im Schmelzkessel geschmolzenen Fette gelangen in die Kirne und werden hier mit Milch in der bei der Butter beschriebenen Weise verarbeitet; das Emulsionsgemisch

gelangt hierauf, natürlich ohne abgekühlt zu werden, wieder in einen Schmelzkessel, wo es bei möglichst niederer Temperatur „umgeschmolzen" wird. Wasser, Caseïn usw. setzen sich hier zu Boden, und das darüberstehende Fettgemisch wird je nach gewünschter Konsistenz bei verschiedener Temperatur abgezogen, und zwar in große, mit verzinntem Blech ausgeschlagene Holzwannen, worin die fertige Ware erstarren gelassen wird. Aus diesen Reservoiren wird nun nach Bedarf die Schmelzmargarine in die Versandbehälter gefüllt („umschneiden, umstechen"). Ein Zusatz von Aromapräparaten oder Käseextrakt findet hier nicht statt.

Diese Methode hat gegenüber der folgenden gewisse Nachteile, insbesondere die durch die Verwendung von Milch herrührende geringe Haltbarkeit, weiters die größeren Gestehungskosten infolge Verwendung der Kirne und schließlich Fettverluste durch den beim Umschmelzen entstehenden Bodensatz.

2. Österreichische (neuere) Methode. Da in Süddeutschland und Österreich eine intensiver riechende und schmeckende Ware verlangt wird, werden hier statt Milch gewisse Aromapräparate zugesetzt.

Die Fette und Öle werden in einem doppelwandigen Schmelzkessel bei möglichst niederer Temperatur geschmolzen („zerschleichen gelassen"). Ist das Fettgemisch vollständig aufgelöst, so kommt zunächst der „Käseansatz", ebenfalls im aufgelösten Zustande, hinzu und zum Schlusse unter Umrühren das Aromapräparat und die Farblösung. Hierauf wird das Fett über Nacht absitzen gelassen, und am anderen Morgen event. nochmals angewärmt, je nach gewünschter Konsistenz in die bereits Tags vorher vorbereiteten Holz-Versandgefäße (die außen die vorgeschriebenen roten Streifen haben müssen) abgezogen. In denselben wird das Schmalz im Lagerkeller erstarren gelassen („Ausstehen" der Ware), was je nach der Jahreszeit einige Tage oder Wochen dauert.

Wie schon erwähnt, wird bei diesem Verfahren dem Margarinschmalz das nötige Aroma durch einen kombinierten Zusatz von Käseextrakt und Aromapräparaten verliehen. Der sogen. „Käseextrakt" wird durch Extrahieren von ungarischem Schafkäse mit Fetten und Ölen gewonnen, und werden von dem Extrakt ca. 10—15 % der Gesamtfettmenge zugesetzt.

Als „Schmalzaromapräparate" wurden Buttersäure und ihre Homologen sowie andere Spezialpräparate empfohlen, die bereits (s. S. 259) besprochen wurden.

Es mögen hier einige der Praxis entnommene Mischungsvorschriften zur Herstellung von Margarinschmalz Aufnahme finden:

Margarinschmalz. I. Sorte.	Margarinschmalz. II. Sorte.	Margarinschmalz. III. Sorte.
Oleomarg. Primiss 100 kg	Oleomarg. Prima 100 kg	Premier-jus . . . 80 kg
Sesamöl . . . . 20 „	Premier-jus . . . 40 „	Speisetalg . . . . 20 „
Margol 30—40 ccm	Cottonöl . . . . 30 „	Cottonöl . . . . . 50 „
pro 100 „	Sesamöl . . . . . 20 „	Sesamöl . . . . . 15 „
	Margol 30—40 ccm	Margol 40 ccm pro 100 „
	pro 100 „	

Farbe auf 100 kg: 80 g der Farblösung (siehe S. 258) für dunkles Schmalz, 40 g für lichtes Schmalz.

Das Margarinschmalz wird nach Konsistenz und Farbe in Österreich in zwei Qualitäten hergestellt, in den Sudetenländern wird zumeist dunkelgefärbtes und „griesliges" Schmalz verlangt, in den Alpenländern helles und „glattes". Das „grieslige" (körnige) Schmalz erhält man durch langsames Auskristallisieren des Fettgemischs, das „glatte" durch rasches Erstarrenlassen unter fortwährendem Rühren (Verhinderung der Kristallisation).

Diese österreichische Methode hat gegenüber der Milchmethode die wesentlichen Vorteile der Haltbarkeit, geringerer Gestehungskosten infoge der einfachen Herstellungsweise und der minimalen Fettverluste.

Gesetzliche Bestimmungen betreffend Fabrikation und Handel mit Margarin:

Da eine Verfälschung von Butter durch Zumischen von Margarinbutter äußerlich nicht erkennbar ist, nahm die Schädigung der Konsumenten einen solchen Umfang an, daß in einer Reihe von Staaten gesetzliche Bestimmungen in dieser Richtung erlassen werden mußten.

Das deutsche Margarinegesetz[1]) vom 15. Juni 1897, das auch dem später erlassenen österreichischen Gesetz zum Vorbild diente, ist dem erstrebten Zwecke am nächsten gekommen, wenngleich auch diesem Gesetz, wie sich später herausstellte, gewisse Mängel anhaften. Nach demselben dürfen auf 100 Gewichtsteile nicht der Milch entstammender Fette nicht mehr als 100 Gewichtsteile Milch oder die entsprechende Menge Rahm verwendet werden. Dadurch soll ein zu großer Gehalt an aus der Milch stammendem Naturbutterfette vermieden werden.

Weiters müssen in 100 Gewichtsteilen der verwendeten Fette und Öle mindestens 10 Teile Sesamöl enthalten sein. Die Prüfung auf die Einhaltung dieser Vorschrift geschieht durch die sogenannte Furfurolprobe (siehe S. 274).

Diese gesetzliche Bestimmung hat den Zweck, Margarine durch eine einfache, unbedingt sichere, chemische Reaktion sofort als solche erkennen zu lassen, ebenso mit Margarine verfälschte Butter zu identifizieren. In dieser Richtung waren verschiedene Vorschläge gemacht worden. So von Soxhlet der Zusatz von 1 g Phenolphthaleïn auf 100 kg Margarine (Rotfärbung mit Alkalien), A. Partheil schlug den Zusatz von Amidoazobenzolfarbstoffen (z. B. Methylorange) vor (Rotfärbung mit Säuren).[2]) Diese sogenannten latenten Färbungen wurden verworfen, da sich dieselben, wie nachgewiesen wurde, mehr oder weniger leicht herauswaschen lassen und so die Erkennung der Margarine vereiteln. Da außerdem häufig Naturbutter mit Azofarbstoffen (Butyroflavin) gefärbt wird, wäre dadurch auch Gelegenheit zu Irrtümern gegeben.

---

[1]) Siehe Dr. M. Fleischmann, Das Margarinegesetz. Breslau, Marcus, 1898, — Dr. G. Füll und M. Reuter, Die deutsche Margarinegesetzgebung. Berlin. Parey, 1899.

[2]) Chem. Zeitg. 1897. 255; s. auch Ilse u. Spieker, D. R. P. Nr. 105391. — Henriques, Chem. Rev. üb. d. Fett- u. Harz-Ind. 1897. 4. 68.

H. Bremer hatte daher einen obligatorischen Zusatz von $5\,^0/_0$ Sesamöl zur Margarinbutter vorgeschlagen,[1]) die dann mit Furfurol die Baudouinsche Reaktion (rote Färbung) gibt. Wie oben erwähnt, wurde dieser Vorschlag mit Erhöhung des Zusatzes auf $10\,^0/_0$ in das deutsche und österreichische Gesetz aufgenommen. Hierdurch erscheint diese Frage genügend exakt gelöst.[2])

Von den übrigen Bestimmungen sei nur noch erwähnt, daß das Gesetz das Anbringen von 10 cm breiten, roten Streifen, außen an sämtlichen Behältern und Emballagen (Kisten, Kübeln und Fässern usw.), in denen Margarineprodukte verkauft werden, verlangt, sowie von 2 cm breiten roten Streifen auf den Papierumhüllungen der Margarinbutterwürfel.

In Österreich[3]) gelten dieselben gesetzlichen Bestimmungen wie in Deutschland.

In Frankreich ist der Zusatz von Butter zur Margarine erlaubt, wenn der Ware eine Erklärung über die Zusammensetzung beigegeben ist.

Das englische Margarinegesetz von 1899 fixiert das Maximum des Butterzusatzes zur Margarine mit $10\,^0/_0$, in Dänemark wurde es von früher $50\,^0/_0$ auf $12\,^0/_0$ herabgesetzt.

In den Verein. Staaten von Amerika ist der Zusatz von Butter zur Margarine gestattet, wenn die Ware als „Oleomargarine" verkauft wird.[4])

In Belgien erfolgt eine latente Färbung der Margarine mit Stärke (mit Jod blaue Reaktion).[5])

Analyse.

Weder in der Margarinefabrikation noch im Magarinehandel werden chemische Analysen von Margarineprodukten regelmäßig vorgenommen. Wie schon bei den Rohfetten erwähnt wurde, dominieren hier immer noch die Praktiker, die nach Geschmack und Geruch die Qualität feststellen. Margarineanalysen werden daher meist nur in solchen Produkten vorgenommen, die auf Grund des Margarine- oder Lebensmittelgesetzes beanstandet werden.

Die chemische Untersuchung erstreckt sich meist auf: Wasser, Asche, Eiweißstoffe, stickstoffreie Substanzen, Reichert-Meißlsche und Verseifungszahl, Kochsalz, Konservierungsmittel und ev. refraktometrische Anzeige. Diese Bestimmungen erfolgen nach den beim Butterfett angegebenen Methoden.

Zur Bestimmung von Eigelb und Rohrzucker, die zur Er-

---

[1]) H. Bremer, Pharm. Centralbl. 1897. 169. — Milchzeitg. 1897. 210.

[2]) Über die Einwände gegen diese Reaktion vgl. S. 275.

[3]) Österr. Gesetz v. 25. 10. 1902. Nr. 26. R.-G.-Bl. v. 1902. Minist. Verordnung v. 1. 2. 1902. Nr. 27, R.-G.-Bl.

[4]) In Amerika wird Oleomargarine als „Oleo-oil", Margarinbutter als Oleomargarine, bezeichnet.

[5]) N. d. Vorschlag v. Mainsbrug. Siehe auch Gilson, Bull. soc. chim. de Belg. I. XVIII. 93 und Wauters Bull. soc. beg. chim. 1898. 42, 5b.

zielung des Bräunens und Schäumens der Margarine häufig zugesetzt werden (siehe Seite 260), hat Mecke[1]) folgende Methoden angegeben:

Eigelb. 100 g Margarinbutter werden bei 45° C. geschmolzen und mit 50 ccm einer 1 prozentigen Chlornatriumlösung im Scheidetrichter geschüttelt. Nach dem Absetzen wird die wässerige Lösung abgelassen, mit Petroläther ausgeschüttelt und nach dem Zusatz von Tonerde-hydrat durch ein dichtes Filter filtriert; die Lösung bleibt gewöhnlich trübe. Das Filtrat wird mit 250 ccm Wasser verdünnt. Bei Anwesenheit von Eigelb scheidet sich beim Verdünnen Vitellin in weißen Flocken ab.

Rohrzucker neben Milchzucker. 100 g Margarinbutter werden in einem Mörser mit 60 ccm einer erwärmten schwachen Sodalösung versetzt (um Inversion durch Milchsäure zu vermeiden), gemischt und in ein Spitzglas gegossen. Letzteres wird einige Stunden in warmes Wasser gestellt, dann läßt man erkalten, durchbohrt den Fettkuchen, gießt die wässerige Lösung ab, säuert zur Abscheidung des Caseïns mit Zitronensäure an und filtriert. 25 ccm des Filtrats werden direkt, weitere 25 ccm nach der Inversion mit Zitronensäure mit Fehlingscher Lösung in bekannter Weise gefällt. Aus der aus der ersten Partie erhaltenen Kupfermenge läßt sich der Milchzucker, aus der Kupfer-menge der zweiten Partie der Milchzucker und Rohrzucker be-rechnen. Bei der Berechnung ist der Wassergehalt der Margarinbutter zu berücksichtigen.

Zur chemischen Kontrolle der Einhaltung der Bestimmungen des Margarinegesetzes kommen zwei Proben in Betracht:

1. Die Furfurolprobe. Der Nachweis des gesetzlich bestimmten Zusatzes von Sesamöl hat nach dem deutschen Margarinegesetz wie folgt zu geschehen: 20—30 g der Margarine werden in einer Eprouvette durch Einstellen in Wasser von 50°—80° C. geschmolzen. Nachdem sich das Wasser am Boden der Eprouvette abgesetzt hat, filtriert man das Fett durch ein trockenes Filter in eine trockene Eprouvette. 10 ccm des filtrierten, geschmolzenen Fettes werden in einem kleinen, zylindrischen Scheidetrichter mit 10 ccm Salzsäure (spez. Gew. 1·125) $^1/_2$ Minute geschüttelt.

a) Ist nach dem Absetzen der Flüssigkeit die untere Salzsäureschicht nicht rot gefärbt, so läßt man die Säure abfließen, gießt 5 ccm des Fettes in einen kubizierten Glaszylinder, setzt 0·1 ccm alkoholische Furfurollösung[2]) und 10 ccm Salzsäure vom spez. Gew. 1·19 zu, schüttelt $^1/_2$ Minute kräftig durch und läßt kurze Zeit stehen. Enthält die Margarine den vorgeschriebenen Gehalt an Sesamöl, so ist die am Boden des Zylinders sich abscheidende Salzsäure stark rot gefärbt. Tritt die rote Reaktion nur schwach oder gar nicht ein, so ist die Mar-garine zu beanstanden.

b) Ist nach dem Absetzen der Flüssigkeit die untere Salzsäureschicht

---

[1]) Mecke Ztschr. f. öff. Chem. 1899. 5, 231 u. 496.
[2]) Hergestellt durch Auflösen von einem Raumteil farblosen Furfurols in 100 Raumteilen absol. Alkohols.

schon vor dem Furfurolzusatz rot gefärbt,[1]) so ist ein mehrmaliges Ausschütteln mit Salzsäure vorgeschrieben, bevor das Furfurol zugesetzt wird.[2])

Diese modifizierte Baudouinsche Furfurolprobe, die in Deutschland und Österreich gesetzlich vorgeschrieben ist, wurde seither einer eingehenden, wissenschaftlichen Kritik unterzogen und ist hierüber eine ganze Literatur entstanden.

Der erste Einwand, der gemacht wurde, war der, daß mit Curcuma[3]) oder gewissen Teerfarbstoffen gefärbte Milchbutter die für Sesamöl charakteristische Färbung zeigt, ohne Sesamöl zu enthalten.[4]) Daraufhin schlug Soltsien, der sich eingehend mit dieser Reaktion beschäftigte, eine Kontrollprobe mit Zinnchlorür vor,[5]) die auch von anderen Analytikern akzeptiert wurde.

Scheibe[6]) und andere Forscher konstatierten weiters, daß Milchbutter die Sesamölreaktion gebe, wenn Sesamölkuchen verfüttert wurden; Soltsien gibt an,[7]) daß manche Olivenöle die Furfurolreaktion geben.

Aus allen diesen Publikationen geht hervor, daß die Furfurolreaktion keineswegs eine in allen Fällen verläßliche Unterscheidung von Milchbutter und Margarinbutter ermöglicht, wie sie dem Gesetzgeber vorschwebte, noch weniger aber damit das Vorhandensein der gesetzlich vorgeschriebenen Menge von $10^0/_0$ Sesamöl einwandfrei konstatiert werden kann.[8])

Im österreichischen Margarinegesetz (Nachtr. zum Lebensmittelgesetz; Durchführungs-Verord. v. 1. 2. 1902. Nr. 27, R.-G.-Bl.) ist eine Vorschrift für die Untersuchung von Margarineprodukten mittels der Furfurolprobe überhaupt nicht enthalten, sondern lediglich eine Norm für die Untersuchung von Sesamöl. Es heißt darin:

Das zuzusetzende Sesamöl muß folgende Reaktion zeigen: Wird ein Gemisch von 0·5 Raumteilen Sesamöl mit 99·5 Raumteilen Baumwollsamenöl oder Erdnußöl mit 100 Teilen rauchender Salzsäure vom spez. Gew. 1·19 und einigen Tropfen einer zweiprozentigen, alkoholischen Furfurollösung geschüttelt, so muß die sich absetzende Salzsäure eine deutlich rote oder bläulichrote Färbung annehmen.

---

[1]) Tritt ein, wenn die Margarine mit einem Farbstoff gefärbt wurde, der sich auf Zusatz von Säuren rot färbt.

[2]) Siehe hierzu Chem. Rev. üb. d. Fett- u. Harz-Ind. 1897. 4. 266.

[3]) Hanausek, Rep. Pharm. 1897. 208.

[4]) Siegfeld, Milchzeitg. 1899. Nr. 16.

[5]) Soltsien, Zeitschr. f. öffentl. Chem. 1897. 494. — Pharm. Zeitg. 1898. 135. — Pharm. Zeitg. 1903. 524. — Zeitschr. f. Unters. d. Nahrungs- u. Genußm. 1904. 422.

[6]) Milchzeitg. 1897. Nr. 26.

[7]) Chem. Rev. üb. d. Fett- u. Harz-Ind. 1906. 13. 7 u. 28. — Chem. Rev. üb. d. Fett- u. Harz-Ind. 1906. 13. 138.

[8]) Vergl. auch Wauters Bull. soc. belg. chim. 1898. 42. 56. — Kerp, Zeitschr. f. Unters. d. Nahrungs- u. Genußm. 1899. 473. — Fendler, Chem. Rev. üb. d. Fett. u. Harz-Ind. 1905. 12. 10. — Kreis, Chem. Zeitg. 1904. 28. 957. — Utz, Chem. Zeitg. 1902. 26. 730.

2. **Reichert-Meißlsche Zahl.** Zum Nachweis, daß bei Herstellung einer Margarinbutter nicht mehr als die gesetzlich gestattete Menge Milch oder Rahm verwendet wurde, kann die Reichert-Meißlsche Zahl dienen. Eine solche Margarinbutter enthält nämlich nicht mehr als $3.5\,^0/_0$ Butterfett. Die verwendeten Rohfette besitzen eine Reichert-Meißlzahl von 0·7—1·0, Butterfett dagegen 24—32. Hieraus berechnet sich für das Mischfett eine Zahl von 2·1 (bei Zugrundelegung von 1·0, resp. 32).

Zeigt also eine Margarinbutter eine Reichert-Meißlsche Zahl von über 2·1, so ist sie zu beanstanden.[1] Ein eventueller hoher Gehalt an Cocosfett oder Palmkernöl erhöht allerdings die Zahl über 2·1. In diesem Fall wird aber gleichzeitig die Verseifungszahl (bei Margarinbutter 194—203) so erheblich erhöht, daß dadurch die Anwesenheit dieser Fette erkannt werden kann.

Margarinbutteranalysen nach Partheil.[2]

	Wasser $^0/_0$	Fett $^0/_0$	Nichtfette $^0/_0$	Asche $^0/_0$	Na Cl $^0/_0$	Reichert-Meißl-Zahl	Hehnersche Zahl
I	8·8	88·7	2·33	1·58	1·53	0·33	94·5
II	8·5	88·8	2·69	1·76	1·74	0·44	94·0
III	8·6	88·9	2·40	1·60	1·50	1·43	94·7

Konstanten normaler Margarinbuttersorten nach Beythien und Stauß.[3]

	Köttstorfersche Zahl	Jodzahl	Reichert-Meißlsche Zahl	Hehnersche Zahl	Refraktionsdifferenz
A	193·7	nicht bestimmt	2·07	nicht bestimmt	+ 7·8
B	194·0	53·6	1·44	96·30	+ 9·07
C	200·6	nicht bestimmt	1·78	nicht bestimmt	+ 7·85
D	203·75	nicht bestimmt	1·93	nicht bestimmt	+ 8·87
E	195·0	60·9	2·40	95·88	+ 6·60
F	196·05	nicht bestimmt	1·19	nicht bestimmt	+ 8·70
G	199·8	52·12	1·52	95·50	+ 12·10

Bei Margarine mit normalem Butterfettgehalt beträgt die Refraktionsdifferenz $+ 6$ bis $+ 10$, die Reichert-Meißlsche Zahl höchstens 2·5. Niedrigere Refraktionsdifferenzen und höhere Reichert-Meißlsche Zahlen lassen, wie schon erwähnt, auf größeren Butterzusatz schließen. Die Bestimmung des Butterfettgehaltes ist jedoch bei Anwesenheit größerer Mengen Cocosfett, wie Beythien und Stauß[4] ausführen, nicht möglich.

---

[1] Siehe Windisch, Arbeiten a. d. Kais. Gesundheitsamte 12. 590.
[2] Berliner Apoth.-Ztg. 12. 220.
[3] Zeitschr. f. Unters. d. Nahrungs- und Genußm. 1902. 856.
[4] a. a. O.

Konstanten abnormer Margarinbuttersorten, die größere Mengen
Cocosfett enthalten (Beythien und Stauß).[1]

	Köttstorfersche Zahl	Reichertsche Zahl	Hehnersche Zahl	Jodzahl	Refraktionsdifferenz
1.	216·34	5·50	92·92	49·46	$+$ 2·80
2.	220·35	4·50	93·04	49·06	$+$ 2·00
3.	217·45	4·50	—	—	$+$ 2·55
4.	210·10	4·10	—	—	$+$ 3·55
5.	218·24	4·60	92·98	49·25	$+$ 2·30

Wie man sieht, sind die Köttstorferschen und Reichert-Meißlschen Zahlen gegenüber den normalen Zahlen wesentlich höher, die
Refraktionsdifferenzen niedriger.

Über die Verdaulichkeit der Margarinbutter im Vergleich zu der
der Naturbutter liegt eine Reihe wissenschaftlicher Untersuchungen vor.
Während A. Mayer[2] durch Versuche an Menschen und A. Jolles[3]
durch das Tierexperiment eine gleiche Verdaulichkeit beider Fette konstatierten, behauptet J. König[4], Butterfett sei leichter verdaulich, weil
es leichter verseifbar und emulgierbar sei als Margarine. A. Kienzl[5]
bestätigte die Resultate Mayers durch eigene Versuche. Seither hat
H. Lührig[6] umfassende Verdauungsversuche in sorgfältigster Weise
an Menschen angestellt und aus den von ihm gefundenen Zahlen sowie
denen Mayers und Kienzls Mittelwerte festgestellt. Er kommt auf
Grund seiner Versuche zu dem Urteil, daß sich Butter und Margarine
bezüglich ihrer Verdaulichkeit völlig gleich verhalten.

C. Stearinfabrikation.

Das technische Stearin ist je nach seiner Herstellungsart der
Hauptsache nach entweder ein Gemenge von vorwiegend Palmitinsäure
und Stearinsäure mit wenig Ölsäure, oder es treten zu diesen Bestandteilen noch Isoölsäure, Stearolacton und Oxystearinsäure.

Palmitinsäure [$C_{16}H_{32}O_2$].

Palmitinsäure findet sich als Glycerid in vorwiegender Menge im
Palmöl, chinesischen Talg und Japanwachs. Im reinen Zustande bildet
sie feine, büschelförmig vereinigte Nadeln oder nach dem Schmelzen
und Erstarren eine perlmutterglänzende, schuppig kristallinische Masse;
sie ist geschmack- und geruchlos und schmilzt bei 62° C., bei welcher
Temperatur sie im flüssigen Zustande das spez. Gewicht 0·8527 besitzt.

---

[1] Zeitschr. f. Unters. d. Nahrungs- u. Genußm. 1902. 856.
[2] Landw. Versuchsst. 1883. 29, 215. — A. Mayer, Die Kunstbutter.
Heidelberg 1884.
[3] Milchzeitg. 1894. 670. — Jolles, Über Margarine. Bonn 1895.
[4] Die Menschl. Nahrungs- u. Genußm. 2. Aufl. 2. 306.
[5] Öst. Chem. Zeitg. 1898. 1. 198.
[6] Zeitschr. f. Unters. d. Nahrungs- u. Genußm. 1899. 484, 622; 1900, 73.

Der Erstarrungspunkt reiner Palmitinsäure wird von de Visser[1]) bei 62·618° C. angegeben. Sie ist bei ca. 350° C. zum großen Teile unzersetzt destillierbar, bei einem auf 100 mm erniedrigten Druck siedet sie bei 271·5° C., bei 15 mm Druck schon bei 215° C.; mit überhitztem Wasserdampf läßt sie sich unverändert destillieren.

Wird geschmolzene Palmitinsäure auf Papier gebracht oder eine alkoholische oder ätherische Palmitinsäurelösung auf Papier verdunsten gelassen, so entsteht ein Fettfleck.

Krafft und Stern[2]) stellen normales und saures Natriumpalmitat dar, indem sie Natrium in Alkohol lösen, die berechnete Menge der geschmolzenen Palmitinsäure eintragen, den ausgeschiedenen Salzbrei unter Durchrühren und Umschütteln ein bis zwei Stunden auf dem Wasserbade digerieren, endlich auspressen und trocknen.

Ihr Silbersalz läßt sich nach F. Krafft kristallisiert erhalten, indem eine weingeistige, ammoniakalische Palmitinsäurelösung mit ebensolcher Silberlösung vermischt allmählich stark glänzende Blättchen von palmitinsaurem Silberoxyd ausscheidet. Das Bleisalz der Palmitinsäure ist in Äther nur äußerst schwierig löslich. Nach A. Lidoff[3]) lösen 50 ccm wasserfreien Äthers bei gewöhnlicher Temperatur 0·0092 g des Bleisalzes.

Palmitinsäure ist in kaltem Alkohol schwer löslich, indem 100 Teile absoluten Alkohols nur 9·32 Teile der Säure lösen. Von siedendem Alkohol wird sie sehr leicht aufgenommen, so daß sie aus diesem Lösungsmittel gut umkristallisiert werden kann.

Verdünnte Säuren sind ohne Einwirkung auf Palmitinsäure, in konzentrierter Schwefelsäure löst sie sich auf, wird aber beim Verdünnen wieder unverändert ausgeschieden. Kochende konzentrierte Salpetersäure greift sie sehr langsam an. Die Salze der Palmitinsäure sind denen der Stearinsäure (s. unten) sehr ähnlich, nur sind sie um ein geringes leichter löslich.

Stearinsäure [$C_{18}H_{36}O_2$]

bildet als Glycerid einen Hauptbestandteil der meisten festen natürlichen Fette. Die reine, aus Alkohol kristallisierte Säure besteht aus weißen glänzenden Blättern, welche bei 71°—71·5° C. zu einer vollkommen farblosen Flüssigkeit schmelzen und beim Abkühlen zu einer kristallinischen durchscheinenden Masse erstarren (Saytzeff). De Visser fand den Erstarrungspunkt derselben bei 69·32° C. Beim Erhitzen auf 360° C. beginnt sie unter teilweiser Zersetzung zu sieden, unter vermindertem Druck läßt sie sich unverändert destillieren. Bei 100 mm Druck siedet sie bei 291° C. Auch bei der Destillation mit überhitztem Wasserdampf geht sie unverändert über.

Ihr spezifisches Gewicht ist bei 11° C. genau gleich dem des Wassers, bei höheren Temperaturen schwimmt sie auf Wasser, weil sie sich durch

---

[1]) Chem. Zeitg. 1895. 19. 839.
[2]) Ber. d. deutsch. chem. Ges. 1894. 27. 1747.
[3]) Journ. Chem. Soc. 64. I. 548.

die Wärme rascher ausdehnt als dieses. Das spezifische Gewicht der bei 69·2⁰ C. geschmolzenen Säure ist 0·9454.

Die Stearinsäure ist geruch- und geschmacklos, fühlt sich nicht fettig an und macht, in geschmolzenem oder gelöstem Zustande auf Papier gebracht, einen Fettfleck.

In Wasser ist sie unlöslich, leicht löslich in heißem Alkohol. In kaltem Alkohol ist sie noch schwerer löslich als die Palmitinsäure, 1 T. Stearinsäure löst sich in 40 T. kaltem, absolutem Alkohol. Äther löst sie leicht auf, bei 23⁰ C. löst 1 T. Benzol 0·22 T., Schwefelkohlenstoff 0·3 T. Stearinsäure.

Beim Erhitzen der Stearinsäure mit Schwefel über 200⁰ C. entstehen nach Altschul[1]) Substitutionsprodukte, welche der von Benedikt und Ulzer beschriebenen Schwefelölsäure[2]) ähnlich zusammengesetzt sein dürften.

Alkoholische Jodlösung und v. Hüblsche Jodlösung liefert keine Substitutionsprodukte.

Chlorstearinsäuren wurden von A. Albitzky[3]) aus Ölsäure und Elaïdinsäure durch Sättigen der Lösung dieser Fettsäuren in Eisessig mit Chlorwasserstoffgas und Erhitzen im Glasrohre auf 150⁰ C. dargestellt. Charakteristisch ist für die aus Elaïdinsäure erhaltene Chlorstearinsäure die Änderung des Schmelzpunktes. Durch Behandlung beider Chlorstearinsäuren mit Ätzkali im Überschuß bei Gegenwart von wenig Wasser wird dieselbe Oxystearinsäure erhalten.

Salze der Stearinsäure. Die Salze der Stearinsäure und der anderen nicht flüchtigen Fettsäuren werden Seifen genannt, die Alkalisalze sind in Wasser löslich, fast alle anderen Salze unlöslich oder schwer löslich.

Alkalisalze. Kocht man Stearinsäure oder Palmitinsäure mit wässerigen Lösungen von kohlensaurem Kali oder Natron, so wird Kohlensäure ausgetrieben, und es bilden sich stearinsaure Salze. Man kommt rascher zum Ziele, wenn man eine kochende Lösung des Carbonates in eine alkoholische Stearinsäurelösung einträgt, die Flüssigkeit eindampft oder aussalzt und den Rückstand oder Niederschlag aus Alkohol kristallisiert.

Die Alkaliseifen sind im reinsten Zustande kristallisiert. Gegen Wasser zeigen sie ein auch für die Alkaliseifen anderer Fettsäuren charakteristisches Verhalten. In kaltem Wasser sind sie ziemlich schwer löslich und geben damit eine durch ausgeschiedenes saures, fettsaures Salz getrübte Flüssigkeit. Beim Kochen mit einer nicht zu großen Menge Wasser lösen sie sich klar auf, geben aber beim Erkalten eine trübe, zähe Masse (Seifenleim).

Beim Kochen mit viel Wasser liefern sie ebenfalls eine trübe, stark schäumende Flüssigkeit, in welcher nur noch ein Teil der Fettsäure und des Alkalis sich neutralisieren, während ein Teil der Seife in freies

---

[1]) Zeitschr. f. angew. Chem. 1895. 535.
[2]) Monatsh. f. Chem. 1887. 208.
[3]) Journ. f. prakt. Chem. 1900. 61. 94.

Alkali und freie Fettsäure gespalten ist, welch letztere in Form von feinen Öltröpfchen suspendiert bleibt. Aus der heißen Flüssigkeit läßt sich in der Tat reine, alkalifreie Fettsäure durch Ausschütteln mittels Toluol isolieren. Beim Erkalten treten das neutrale Salz und die freie Fettsäure zu unlöslicher saurer Seife zusammen, während das Alkali in Lösung bleibt. Das neutrale Natriumpalmitat muß mit der neunhundertfachen Menge Wasser gekocht werden, um beim Erkalten das Bipalmitat

$$C_{16}H_{31}O_2 Na . C_{16}H_{32}O_2$$

zu bilden, bei Anwendung kleinerer Wassermengen erhält man Mischungen des Mono- und Bipalmitates (Krafft und Stern). Natriumbistearat wird durch Auflösen des Monostearates in 2000—3000 Teilen Wassers erhalten, und Kaliumbistearat entsteht durch Versetzen einer Lösung von einem Teil Kaliummonostearat in 20 Teilen siedenden Wassers mit 1000 Teilen kochenden Wassers (Chevreul).

Die Ansicht Rotondis, daß eine neutrale Seife beim Auflösen in Wasser in eine saure und eine basische Seife dissoziiere, erscheint durch die obigen Ausführungen widerlegt.

Aus den Siedepunktsbestimmungen von Seifenlösungen haben Krafft und Wiglow[1]) geschlossen, daß sich die Seifen in der Lösung in kolloidalem Zustande befinden. L. Kahlenberg und O. Schreiner[2]) treten jedoch dieser Ansicht entgegen, weil bei konzentrierten Seifenlösungen insofern kein eigentliches Sieden auftritt, als die Dampfentwicklung infolge der stärkeren Oberflächenspannung sehr beschränkt ist. Die Seifenlösungen sind ferner gute Elektrizitätsleiter, eine Tatsache, die gleichfalls gegen das Vorhandensein der Seife in kolloidalem Zustande spricht. Die ausgeführten Leitfähigkeitsbestimmungen bestätigen, daß die Seifen durch Wasser in saures Salz und freies Alkali gespalten werden.

Die Dissoziation der Seifenlösungen wird, wie Alder Wright und Thompson konstatiert haben, und wie auch Ulzer zu beobachten Gelegenheit hatte, durch die Gegenwart von freiem Alkali verzögert oder verhindert.

Ebenso verhalten sich alkoholische Lösungen.

In absolutem Alkohol gelöste Seife dissoziiert beim Verdünnen mit Alkohol nicht, sie dissoziiert jedoch beim Zusatz von Wasser, was sich durch Zugabe von etwas Phenolphthaleïnlösung leicht beobachten läßt. Glycerin verzögert gleichfalls die Spaltung.

Durch Salze, insbesondere Kochsalz und Natriumsulfat, werden wasserlösliche Seifen ausgeschieden (ausgesalzen); Kaliseifen können durch wiederholtes Aussalzen mit Chlornatrium vollständig in Natriumseifen umgewandelt werden. Bemerkt sei noch, daß sehr konzentrierte Lösungen von Ätzalkalien gleichfalls aussalzend auf Seifen wirken. Anders verhalten sich in dieser Beziehung Alkalicarbonate, bei deren Gegenwart leichter die Kaliseifen gebildet werden.

---

[1]) Ber. d. deutsch. chem. Ges. 1896. 29. 1329.
[2]) Zeitschr. f. phys. Chem. 1898. 27. 552.

Alkohol nimmt die palmitinsauren und stearinsauren Alkalien in der Wärme leicht auf, beim Erkalten konzentrierter Lösungen scheiden sich die Seifen meist in gallertartigem Zustande aus, gehen aber bei längerem Stehen in kristallinische Form über. In Äther, Petroleumäther usw. sind sie unlöslich.

Das stearinsaure Kali $C_{17}H_{35} \cdot COOK$ bildet fettglänzende Kristalle, die sich in 6·6 Teilen kochenden Alkohols lösen. Wird seine heiße, wässerige Lösung mit viel Wasser versetzt, so fällt in Wasser unlösliches, saures stearinsaures Kali

$$C_{18}H_{35}KO_2 \cdot C_{18}H_{36}O_2$$

in perlmutterglänzenden Schuppen aus.

Stearinsaures Natron ist dem Kalisalz sehr ähnlich, es besteht aus glänzenden Blättern.

Stearinsaures Ammon gibt beim Erwärmen in wässeriger Lösung Ammoniak ab und verwandelt sich in das saure Salz.

Die anderen Salze der Stearinsäure kann man durch Fällen der wässerigen Lösungen des stearinsauren Natrons mit Metallsalzen, oder der alkoholischen Stearinsäurelösungen mit den essigsauren Salzen der betreffenden Metalle erhalten.

Stearinsaurer Kalk, Strontian und **Baryt** bilden kristallinische Niederschläge. Das **Magnesiumsalz** fällt ebenfalls kristallinisch aus, es ist in heißem Alkohol so weit löslich, daß es daraus umkristallisiert werden kann, nahezu unlöslich dagegen in kaltem Alkohol.

Die Salze der Schwermetalle sind meist amorph, so das Silber-, Kupfer- und Bleisalz, welch letzteres bei 125^0 C. ohne Zersetzung schmelzbar ist. Die Löslichkeit des Bleisalzes in wasserfreiem Äther wurde von **Lidoff** bestimmt und gefunden, daß 50 ccm Äther bei gewöhnlicher Temperatur 0·0074 g lösen.

Für die quantitative Bestimmung der Stearinsäure (und auch der Palmitinsäure) ist es von Belang, daß sich ihre unlöslichen Salze beim Waschen mit Wasser teilweise zersetzen. Wird z. B. das Baryumsalz gewaschen, so geht Baryt in Lösung, und der Rückstand enthält freie Fettsäure, die sich mit Alkohol extrahieren läßt. Bei genaueren Untersuchungen sollen die Fettsäuren demnach nie in Form ihrer Salze gewogen, sondern erst aus denselben in Freiheit gesetzt werden.[1])

Ölsäure (Oleïnsäure, Elaïnsäure) $[C_{18}H_{34}O_2]$.

Diese Säure bildet als Glycerinester einen Hauptbestandteil der meisten natürlichen Fette.

Nach **Saytzeff** kommt ihr die Strukturformel

$$CH_3 - (CH_2)_{13} - CH$$
$$\parallel$$
$$HC - CH_2COOH$$

---

[1]) Chittenden u. Smith, Chem. Zeitg. 1885. 9. 26.

zu. Lewkowitsch[1]) hat diese Formel gegenüber der von Baruch[2]) angegebenen Konstitutionsformel

$$C_8H_{17} - CH$$
$$\|$$
$$HC - (CH_2)_7 COOH$$

bestätigt; die Auffassung Baruchs wird jedoch durch die Untersuchungen von Jegoroff[3]), von Shukoff und Schestakoff[4]) und von Molinari und Soncini[5]) wesentlich unterstützt.

Ganz reine Ölsäure ist nur sehr schwer erhältlich; am besten kann sie nach dem Verfahren von Gottlieb aus Schweinefett dargestellt werden. Die auf bekannte Weise erhaltenen ätherlöslichen Bleisalze der Schweinefettsäuren werden mit Salzsäure zersetzt und die so erhaltenen Fettsäuren durch Auflösen in Ammoniak und Versetzen dieser Lösung mit Chlorbaryum in die Barytsalze übergeführt; werden diese aus Weingeist umkristallisiert und dann mit Weinsäure zerlegt, so kann eine ziemlich reine Ölsäure erhalten werden; es ergibt sich ein noch viel reineres Produkt, wenn die Operationen im Wasserstoffstrom vorgenommen werden, soweit dies praktisch durchführbar ist (Pastrovich).

Die Ölsäure ist ein farb- und geruchloses Öl, welches bei 4° C. erstarrt und erst bei 14° C. wieder schmilzt. Ihr spezifisches Gewicht ist 0·898 bei 14° C., 0·876 bei 100° C. für sich allein ist sie bei gewöhnlichem Druck nicht destillierbar, geht aber bei 250° C. mit überhitztem Wasserdampf unzersetzt über. Nach Krafft und Nördlinger[6]) siedet Ölsäure unter einem Quecksilberdruck von 10 mm bei 223° C., von 15 mm bei 232·5° C., von 30 mm bei 249·5° C., von 50 mm bei 264° C. und von 100 mm bei 285·5°—286° C. In ganz reinem Zustande soll sie Lackmuspapier nicht röten, dagegen entfärbt auch die reine Ölsäure durch ein Tröpfchen Alkali gerötete alkoholische Phenolphthaleïnlösung.

Beim Stehen an der Luft wird die Ölsäure gelblich bis gelb, riecht dann ranzig und rötet Lackmuspapier.

Ölsäure ist in Wasser unlöslich, leicht löslich in kaltem Alkohol, selbst wenn er verdünnt ist; durch Zusatz einer größeren Menge von Wasser wird sie aus ihren Lösungen abgeschieden. Auf der größeren Löslichkeit der Ölsäure in einem Gemisch von Alkohol, Wasser und Essigsäure gegenüber den festen Fettsäuren hat David ein Trennungsverfahren für Fettsäuregemenge zu begründen versucht.

Beim Durchleiten von Luft durch auf 200° C. erhitzte Ölsäure wird dieselbe zum größten Teil in Oxyölsäure übergeführt.[7])

Nach Harries und Thieme[8]) addiert Ölsäure in Chloroform

[1]) Journ. Soc. Chem. Ind. 1897. 389.
[2]) Ber. d. deutsch. chem. Ges. 1894. 27. 172.
[3]) Chem. Zeitg. 1903. 27. 1051.
[4]) Journ. f. prakt. Chem. 1903. 67. 414.
[5]) Ber. d. deutsch. chem. Ges. 1906. 39. 2735.
[6]) Ber. d. deutsch. chem. Ges. 1889. 22. 818.
[7]) Benedikt und Ulzer, Zeitschr. f. d. Chem. Industrie 1887. Heft 9.
[8]) Ann. d. Chem. 343. 318. (1906) u. Ber. d. deutsch. chem. Ges. 1906. 39. 2844.

gelöst mit Ozon behandelt 4 Atome Sauerstoff unter Bildung eines Ölsäureozonidperoxydes

$$CH_3 - (CH_2)_7 - CH \underset{\diagdown O_3 \diagup}{} CH - (CH_2)_7 - CO_3H \, ,$$

welches beim Waschen mit Wasser und Natriumbicarbonat in ein normales Ölsäureozonid

$$CH_3 - (CH_2)_7 - CH \underset{\diagdown O_3 \diagup}{} CH - (CH_2)_7 - CO_2H$$

übergeht. Dieses Ölsäureozonid erhielten Molinari und Soncini[1] direkt beim Ozonisieren von in Essigsäure gelöster Ölsäure und konstatierten, daß sich dasselbe mit heißem Wasser oder mit heißer Alkalilösung in Nonylsäure, Azelaïnsäure, eine zweibasische Säure $C_{18}H_{32}O_6$ und eine Hydroxysäure $C_{18}H_{36}O_3$ zersetzt.

$$3\,CH_3 - (CH_2)_7 - \underset{\big|}{CH} - \underset{\big|}{CH} - (CH_2)_7 - COOH$$
$$O - O - O$$

$$= CH_3 - \underset{\text{Nonylsäure}}{(CH_2)_7 - COOH} + \underset{\text{Azelaïnsäure}}{(CH_2)_7 \diagup\hspace{-0.3em}\diagdown \begin{matrix}COOH\\COOH\end{matrix}} + \underset{C_{18}H_{32}O_6}{\begin{matrix}O - CH(CH_2)_7 - COOH\\O - CH(CH_2)_7 - COOH\end{matrix}}$$

$$+ \underset{\text{Hydroxysäure}}{\begin{matrix}CH_3(CH_2)_7\\CH_3(CH_2)_7\end{matrix} > C < \begin{matrix}OH\\COOH\end{matrix}} .$$

Bei der Hydrogenisation nach Sabatier und Senderens bei Gegenwart von im Wasserstoffstrome reduziertem Nickelpulver als Katalysator soll Ölsäure glatt in Stearinsäure übergeführt werden:

$$C_{18}H_{34}O_2 + H_2 = C_{18}H_{36}O_2 \, .$$

J. Petersen[2] hat die Reduktion der Ölsäure zu Stearinsäure durch Elektrolyse (Kohlenanode, Nickelkathode) einer schwefel- oder salzsauren, alkoholischen Lösung von Ölsäure bei 30—35° C. versucht und ungefähr $20\,^0/_0$ Stearinsäure erhalten.

Werden in 7 Teile Ölsäure (1 Mol.) langsam 4 Teile Brom (1 Mol.) unter beständigem Schütteln eintropfen gelassen, so wird alles Brom aufgenommen und eine Dibromstearinsäure erhalten, die ihrer Entstehung nach als Ölsäuredibromid bezeichnet wird. Die Reaktion verläuft nach der Gleichung:

$$\underset{\text{Ölsäure}}{C_{17}H_{33} \cdot COOH} + Br_2 = \underset{\text{Dibromstearinsäure}}{C_{17}H_{33}Br_2 \cdot COOH} \, .$$

Das Produkt bildet passend gereinigt ein gelbliches Öl. Ähnlich verhält sich eine alkoholische Ölsäurelösung gegen eine sublimathaltige alkoholische Jodlösung (s. v. Hübls Verfahren) und gegen eine Lösung

---

[1] Ber. d. deutsch. chem. Ges. 1906. 39. 2735.
[2] Oversigt over Videnskabernes Förhandlinger 1905. 2. 137, durch Chem. Zeitg. Rep. 1905. 29. 181 u. Zeitschr. f. Elektroch. 1905. 549.

von Chlorjod (Wijs) und Jodmonobromid (Hanuš) in Eisessig. In diesen
Fällen wird Chlorjod, beziehungsweise Bromjod aufgenommen.

Das Aufnahmevermögen der Ölsäure für Halogene sinkt nach
Fahrion[1]) bei langem Aufbewahren derselben, welcher Umstand teilweise in einer eingetretenen Polymerisation zu suchen sein soll.

Ölsäure zerfällt beim Schmelzen mit Kalihydrat in Palmitinsäure
und Essigsäure (Varrentrapp):

$$C_{18}H_{34}O_2 + 2\,KHO = C_{16}H_{31}KO_2 + C_2H_3KO_2 + H_2 \, .$$

Behandlung mit konzentrierter Schwefelsäure und darauffolgendes
Kochen mit Wasser führt sie in ein Gemisch von Oxystearinsäure mit etwas
Stearolacton über (s. Türkischrotöl). Eine ähnliche Umwandlung erleidet
sie beim Erhitzen mit Chlorzink auf 185° C. (s. technische Stearinsäure).

Wird nach P. de Wilde und Reichler[2]) Ölsäure mit 1% Jod
mehrere Stunden im Autoklaven auf 270°—280° C. erhitzt, so gibt sie
eine bei 50°—55° C. schmelzende Masse, welche mit Wasserdämpfen
destilliert einen in Alkohol unlöslichen Rückstand und ein Destillat
liefert, welches neben Stearinsäure einen flüssigen, mit Jod nicht mehr
Stearinsäure liefernden Anteil enthält. Die Ausbeute beträgt im Maximum 70% Stearinsäure, auch sollen nur zwei Dritteile des Jods wiedergewonnen werden können, so daß die hohen Kosten seine Einführung
in die Stearinindustrie verhindern.

Beim Erhitzen von Ölsäure mit Schwefel auf 130°—180° C. werden
ca. 10% Schwefel aufgenommen; es entsteht eine Schwefelölsäure
(Benedikt und Ulzer).

Die Reduktion der Ölsäure zu Stearinsäure nach Ch. Tissier[3])
durch Erhitzen derselben mit Zink im Autoklaven unter einem Druck
von 9—10 Atmosphären gelingt nach den Untersuchungen von J. Freundlich und O. Rosauer[4]) insofern nicht, als bei diesem Prozesse nur
wenige Prozente (1·6—3·37%) Stearinsäure gebildet werden. Die Reduktion der Ölsäure zu Stearinsäure gelingt jedoch beim Erhitzen derselben mit Jodwasserstoff und rotem Phosphor auf 200°—210° C.

Von Salpetersäure wird Ölsäure lebhaft oxydiert. Hierbei entstehen flüchtige Fettsäuren von der Ameisensäure bis zur Caprinsäure
und nicht flüchtige Säuren der Reihe $C_nH_{2n-2}O_4$, namentlich Korksäure
und auch Glutarsäure.

Kaliumpermanganat oxydiert Ölsäure zu Adipinsäure und anderen
Säuren; in alkalischer Lösung wird hauptsächlich Dioxystearinsäure
(Schmelzpunkt 136·5° C.) neben Anzelaïnsäure, Pelargonsäure und Oxal-
säure gebildet.

Über das Verhalten der Ölsäure gegen salpetrige Säure und schweflige
Säure siehe Elaïdinsäure.

---

[1]) Chem. Zeitg. 1893. 17. 434.
[2]) Bull. Soc. Chim. 1889. 1. 295.
[3]) Russ. Priv. 1499 vom 16. 1. 1897.
[4]) Chem. Zeitg. 1890. 24. 566.

Ammoniumpersulfat führt die Ölsäure in Dioxystearidinsäure (Schmelz-punkt 99·5⁰ C.) über (Albitzky[1]).

Auf Alkalicarbonat wirkt Ölsäure wie auch andere aliphatische höhere Säuren nach Klimont[2]) glatt unter Bildung von Natrium-bicarbonat.

Bemerkt sei noch, daß oftmals als rein bezogene Ölsäuren des Handels nicht unbedeutende Mengen unverseifbarer Bestandteile (Kohlen-wasserstoffe und wahrscheinlich auch etwas Lacton) enthalten.[3])

Salze der Ölsäure. Die Alkalisalze der Ölsäure sind in Wasser weit leichter löslich, als die korrespondierenden Salze der festen Fett-säuren. Alle anderen Salze sind in Alkohol und einige auch in Äther löslich, zu den letzteren gehört das Bleisalz.

Die Alkalisalze (Ölsäureseifen) scheiden sich aus ihren wässerigen Lösungen bei Zusatz von überschüssigem Alkali, Chlornatrium usw. aus. Alle Salze der Ölsäure sind weicher als die der festen Fettsäuren und meist unzersetzt schmelzbar.

Ölsaures Natron $C_{18}H_{33}NaO_2$ kann aus absolutem Alkohol kristallisiert erhalten werden. Es löst sich in 10 Teilen Wasser von 12⁰ C., 29·6 Teilen Alkohol von der Dichte 0·821 bei 13⁰ C. und in 100 Teilen siedendem Äther. Die wässerige Lösung des ölsauren Natrons bleibt auf Zusatz von Wasser zunächst klar, erst das zweihundertfache Gewicht Wasser bringt eine minimale Trübung hervor, die auch mit 900 Teilen Wasser noch nicht sehr merklich ist und auf Zusatz von wenig Alkali sofort verschwindet (Krafft und Stern).

Die Temperatur, bei welcher die Ausscheidung des sauren Oleates beginnt, ist 0⁰ C. Sie liegt auch hier, ebenso wie bei den Seifen der festen Fettsäuren unter dem Schmelzpunkte der Fettsäure (Krafft und Wiglow).

Das Kalisalz bildet eine durchsichtige Gallerte, die in Wasser, Alkohol und Äther weit leichter löslich ist als das Natronsalz.

Das Barytsalz ist ein in Wasser unlösliches Kristallpulver, welches bei 100⁰ C. zusammenbackt, ohne zu schmelzen. Von kochendem Al-kohol wird es sehr schwer aufgenommen.

Das bei gewöhnlicher Temperatur pulverige Bleisalz schmilzt bei 80⁰ C. zu einem gelben Öle. Es ist löslich in Äther. Das gewöhnliche Bleipflaster besteht zum größten Teile aus Bleioleat.

Das Silbersalz der Ölsäure ist in Äther nahezu unlöslich (Unter-schied von harzsaurem Silberoxyd).

Elaïdinsäure $[C_{18}H_{34}O_2]$.

Ölsäure geht, bei gewöhnlicher Temperatur mit salpetriger Säure in Berührung gebracht, in die stereoisomere Elaïdinsäure über. Dieselbe Reaktion findet statt, wenn man Ölsäure mit wässerigen Lösungen von

---

[1]) Journ. f. prakt. Chem. 1903. 67. 357.
[2]) Klimont, Journ. f. prakt. Chem. 1901. 493.
[3]) W. Fahrion, Chem. Zeitg. 1899. 770, — M. v. Senkowski, Zeitschr. f. phys. Chem. 1898. 434; H. Ditz, Chem. Zeitg. 1900. 24. No. 43.

schwefliger Säure oder Natriumbisulfit auf 180^0—200^0 C. erhitzt.[1]) Die Konstitutionsformel der Elaïdinsäure ist

$$CH_3 — (CH_2)_{13} — CH \qquad\qquad CH_3 — (CH_2)_7 — CH$$
$$\text{oder}$$
$$COOH — CH_2 — CH \qquad\qquad COOH — (CH_2)_7 — CH \, .$$

Elaïdinsäure bildet nach dem Umkristallisieren aus Alkohol bei 51^0—52^0 C. schmelzende Tafeln, welche bei 44^0—45^0 C. erstarren. Sie ist fast unzersetzt destillierbar und siedet unter einem Quecksilberdruck von 10 mm bei 225^0 C., von 15 mm bei 234^0 C., von 30 mm bei $251\cdot5^0$ C., von 50 mm bei 256^0 C. (Krafft und Nördlinger).

Sie liefert bei der Oxydation mit Kaliumpermanganat in alkalischer Lösung die bei $99\cdot5^0$ C. schmelzende Dioxystearidinsäure, bei der Oxydation mit Ammoniumpersulfat die Dioxystearinsäure vom Schmelzpunkte $136\cdot5^0$ C. Elaïdinsäure verbindet sich direkt mit Brom. Fileti und Baldracco[2]) erhielten durch Chlorieren der in Chloroform oder Tetrachlorkohlenstoff gelösten Elaïdinsäure eine Dichlorstearinsäure (Schmelzpunkt 49^0—$49\cdot5^0$ C.), welche verschieden war von der in gleicher Weise aus Ölsäure dargestellten Dichlorstearinsäure (Schmelzpunkt 36^0—37^0 C.).

Die durch Einwirkung von Schwefelsäure auf Elaïdinsäure erhaltene Oxystearinsäure ist mit der aus Ölsäure identisch.[3])

A. Albitzky[4]) hat durch Behandlung der Natronsalze der Ölsäure und Elaïdinsäure Chloroxystearinsäuren dargestellt und konstatiert, daß die Chloroxystearinsäure aus Elaïdinsäure weniger beständig ist als die aus Ölsäure.

Isoölsäure [$C_{18}H_{34}O_2$].

$$CH_3 — (CH_2)_{14} — CH^5) \qquad\qquad CH_3 — (CH_2)_8 — CH^6)$$
$$\text{oder}$$
$$HC — COOH \qquad\qquad COOH — (CH_2)_6 — CH \, .$$

Isoölsäure wird nach Saytzeff[7]) durch Destillation der β-Oxystearinsäure neben gewöhnlicher Ölsäure und unveränderter Oxystearinsäure erhalten. Zur Darstellung reiner Isoölsäure wird das Destillat unter Eiskühlung aus Äther umkristallisiert, die Ausscheidungen werden in die Zinksalze übergeführt, und diese mit siedendem Alkohol extrahiert. Dabei bleibt das Zinksalz der Oxystearinsäure im Rückstand, während isoölsaures Zinkoxyd sich beim Erkalten des alkoholischen Auszugs abscheidet und ölsaures Zink gelöst bleibt.

Die Isoölsäure oder feste Ölsäure bildet farblose, rhombische, bei 44^0—45^0 C. schmelzende Tafeln, welche sich in Alkohol sehr leicht, schwieriger in Äther lösen. Sie findet sich oft in beträchtlicher Menge im Destillatstearin (s. technische Stearinsäure, Stearinkerzen).

[1]) Saytzeff, Journ. f. prakt. Chem. 50. 73.
[2]) Chem. Zeitg. 1896. 20. 239.
[3]) A. Tscherbakoff und A. Saytzeff, Journ. f. prakt. Chem. 1898. 27.
[4]) Journ. f. prakt. Chem. 1900. 61. 65.
[5]) Lewkowitsch, Journ. Soc. Chem. Ind. 1897. 389.
[6]) Shukoff und Schestakoff, Journ. f. prakt. Chem. 1903. 67. 414.
[7]) Journ. f. prakt. Chem. 145. 269.

Sie zerfällt beim Schmelzen mit Ätzkali in Essigsäure und Palmitinsäure und liefert mit alkalischer Chamäleonlösung oxydiert die bei 78° C.
schmelzende Dioxystearinsäure. Durch die Einwirkung von Jodwasserstoff wird sie in Jodstearinsäure umwandelt, aus der sie durch alkoholische
Kalilauge rückgebildet wird. Bei 44° C. mit konzentrierter Schwefelsäure behandelt, liefert sie eine Oxystearinsäure vom Schmelzpunkte
68°—72° C., bei 55° C. hingegen entsteht dieselbe Oxystearinsäure, welche
unter den gleichen Verhältnissen aus Ölsäure erhalten wird.

β-Oxystearinsäure $[C_{18}H_{35}O_2.OH].$[1]

$CH_3.(CH_2)_{14}.CH.(OH).CH_2.(COOH).$

Sie kann aus Ölsäure, Elaïdinsäure[2] oder Trioleïn durch Behandlung
mit konzentrierter Schwefelsäure neben Stearinschwefelsäure und Stearolacton und beim Kochen von Stearinschwefelsäure mit starken Säuren[3]
erhalten werden. Zur Darstellung werden 88 Teile, durch Ausfrieren
von festen Anteilen befreiten Olivenöles mit 32 Teilen Vitriolöl behandelt,
einige Zeit stehen gelassen, mit Kalilauge verseift und die Seife durch
Salzsäure zerlegt. Sie kristallisiert aus Alkohol in sechsseitigen bei
83—85° C. schmelzenden Tafeln (Saytzeff). Bei 20° C. werden
8·78 Teile der Säure von 100 Teilen absolutem Alkohol gelöst und
2·3 Teile Säure von 100 Teilen Äther. Beim Erhitzen für sich allein
oder mit Chlorzink auf 200° C. geht sie in eine nach dem Erkalten dickflüssige Masse über, welche neben ihrem Anhydrid auch Ölsäure zu enthalten scheint. Das Anhydrid geht bei längerem Kochen mit Kalilauge
wieder in die Säure über. β-Oxystearinsäure gibt im Vakuum destilliert
Isoölsäure und Ölsäure neben unveränderter Oxystearinsäure.

Shukoff und Schestakoff[4] schreiben dieser Säure die Strukturformel $C_8H_{17}.CH.(OH).C_8H_{16}.COOH$ zu.

Stearolacton $[C_{18}H_{34}O_2].$[5]

$C_{14}H_{29}.CH.(CH_2)_2.CO$

Stearolacton bildet sich nach Geitel neben β-Oxystearinsäure und
dem Anhydride $C_{36}H_{70}O_5$ beim Vermischen von Ölsäure mit Schwefelsäure. Durch Sulfurieren der auf 0° C. gekühlten Ölsäure mit Mono-
hydrat und Behandlung mit Wasser werden 50% der angewandten
Ölsäuremenge an Lacton erhalten.[6] Es entsteht ferner beim Erhitzen
von Ölsäure mit 10% Chlorzink auf 185° C.[7]. Stearolacton ist das

---

[1]) C. Geitel, Journ. f. prakt. Chem. [2] 37. 53.
[2]) A. Tscherbakoff und A. Saytzeff, Journ. f. prakt. Chem. 1898. 27.
[3]) Vgl. auch Türkischrotöl.
[4]) Chem. Zeitg. 1904. 28. 411.
[5]) Geitel, Journ. f. prakt. Chem. [2] 37. 53 und R. Benedikt, Monatshefte
f. Chem. 11. 94.
[6]) Compt. rend. 1897. 466.
[7]) v. Schmidt, Monatshefte f. Chem. 1880. 71.

innere Anhydrid der γ-Oxystearinsäure $C_{14}H_{29}.CH.(OH).(H_2)_2(COOH)$, in welche es leicht übergeht, wenn seine alkoholische Lösung mit Alkali versetzt wird. Auf Zusatz von Säure zu solchen Lösungen scheidet sich Stearolacton wieder unverändert ab.

Stearolacton bildet gekrümmte Nadeln, welche bei 51.2^0 C. schmelzen und nahezu unzersetzt destillierbar sind. Es ist unlöslich in Wasser, leicht löslich in Weingeist, Äther und Petroleumäther.

1. Technisches Stearin.

In den Stearinfabriken werden die festen Fette zunächst in zwei Anteile geschieden, nämlich in Glycerin und in Fettsäuren; die letzteren ergeben bei weiterer Trennung durch Pressen das Stearin genannte Gemenge der festen Fettsäuren, das Ausgangsmaterial für die Herstellung der Stearinkerzen, und flüssige Fettsäuren, technische Ölsäure, Oleïn oder Elaïn, welche zum größten Teile der Fabrikation von Seifen und Wollschmelzöl zugeführt werden. Zur Verwendung gelangen hierbei hauptsächlich Rinder- und Hammeltalg, Preßtalg, Knochenfett, Palmöl, in neuerer Zeit auch chinesischer Talg, Malabartalg, überhaupt alle jene festen Pflanzenfette, deren Zusammensetzung eine rentable Fabrikation gestattet.

Zur Spaltung der Fette in Fettsäuren und Glycerin werden verschiedene Methoden benützt.

1. Kalkverseifung. De Milly, der Begründer der Stearinindustrie, hatte im Jahre 1834 statt der bis dahin zur Verseifung der Fette allgemein verwendeten Kalilauge zuerst die Kalkmilch in Anwendung gebracht. Nach seinem älteren Verfahren wurden die geschmolzenen Fette in offenen, meist mit Blei ausgekleideten Holzbottichen mit einem Überschusse von Kalkmilch, gewöhnlich $15^0/_0$ des angewandten Fettes an Kalk entsprechend, durch Einleiten von Wasserdampf so lange gekocht, bis sich die gebildeten Kalkseifen in Form kleiner, harter Körner an der Oberfläche der wässerigen, glycerinhaltigen Flüssigkeit (Glycerinwasser) ausschieden. Die Kalkseifen wurden nach dem Abziehen des Glycerinwassers durch Kochen mit verdünnter Schwefelsäure zerlegt. Obwohl es de Milly später gelang, den Kalkverbrauch bei diesem Verfahren auf $10^0/_0$ herabzudrücken, während die Theorie ungefähr $9.5^0/_0$ verlangt, waren die Kosten desselben infolge des zur Zersetzung der Kalkseifen nötigen großen Schwefelsäureverbrauches, sowie der Verluste an Kalkseife, wovon immer ein Teil, durch die großen Gipsmassen mitgerissen, der Zerlegung entzogen wurde, sehr beträchtlich.

Dieses ältere Verfahren wurde in neuerer Zeit wieder von P. Krebitz[1]) zur Spaltung der Fette für die Zwecke der Seifenfabrikation aufgenommen, wo es sich gut bewähren soll.

De Milly machte weiter die Beobachtung, daß die Verseifung der Fette auch bei Einwirkung viel kleinerer Mengen Kalk, $2\text{—}3^0/_0$ des

---

[1]) D.R.P. Nr. 155108 vom 18. 12. 1902.

Fettgewichtes statt $10\,^0/_0$, praktisch vollständig vor sich geht, wenn gleichzeitig hochgespannter Wasserdampf auf die Fette einwirkt; diese Operation wird in geschlossenen Gefäßen, den Autoklaven, vorgenommen. Dies sind entweder liegende oder stehende, meist zylindrische Kessel aus starkem Kupfer- oder aus Eisenblech, im letzteren Falle mit Kupfer ausgefüttert, mit oder ohne Rührwerk, welche mit den zur Füllung, zur Dampfzu- und -ableitung nötigen Rohren, ferner mit Sicherheitsventilen für Überdruck und Vakuum, sowie mit einem Manometer armiert sind (Fig. 73).

Das Fett wird im Autoklaven bei einem Druck von 8—12 Atmosphären mit zirka einem Drittel seines Gewichtes Wasser und mit $2—3\,^0/_0$ seines Gewichtes Ätzkalk durch 8—10 Stunden erhitzt und dadurch in ein Gemenge von freien Fettsäuren, deren Kalkseifen und Glycerin zerlegt, welch letzteres, nebst den geringen Mengen flüchtiger Fettsäuren, welche im Fette enthalten sein können, in die wässerige Lösung geht. Werden sehr helle Fette im Autoklaven gespalten, so wird zweckmäßig bei noch niedrigerem Druck gearbeitet, um möglichst wenig gefärbte Fettsäuren zu erhalten.

In neuerer Zeit arbeiten viele Fabriken statt nach dem Kalkverseifungsverfahren mit Magnesia[1]), von welcher man bei $4\,^1/_2$ Atmosphären Druck ca. $2\,^0/_0$, und bei 9—10 Atmosphären Druck nicht viel mehr als $1\,^0/_0$ der Fettmasse benötigt. Dieses Verfahren besitzt vor dem Kalkverseifungsverfahren viele Vorteile; man erhält beim Zersetzen der Seifen lösliches Magnesiumsulfat statt der großen Mengen Gips, dessen Aufarbeitung zum Zwecke der Gewinnung der von ihm immer mitgerissenen Fettsäuremengen große Kosten verursacht und welcher sich bei einigermaßen regem Betrieb bald in großen, fast gar nicht verwertbaren Mengen ansammelt. Dieselben Vorteile wie Magnesia bietet auch das in neuester Zeit zur Verseifung der Fette angewendete Zinkoxyd.

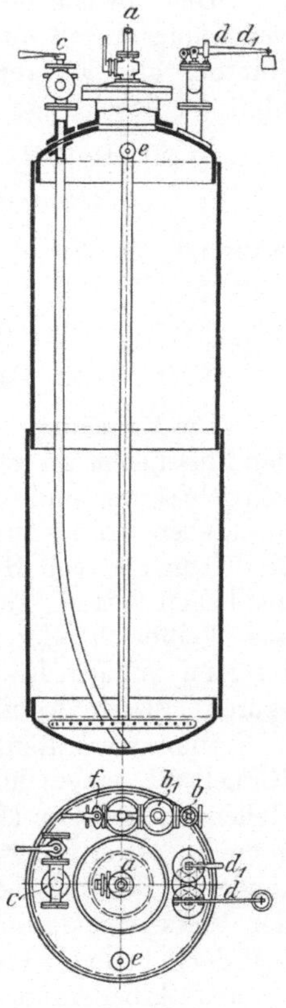

Das nach irgend einem der angegebenen Verfahren im Autoklaven gebildete Gemisch von Fettsäuren, Seifen und Glycerinwasser wird in hohe zylindrische Gefäße (Separateure) übergeblasen und bleibt darin einige Zeit stehen; hierbei trennt sich das Glycerinwasser von dem Fettsäureseifengemisch, wird davon abgelassen

Fig. 73.

Autoklav für 200 kg Fett in $^1/_{60}$ nat. Größe.

a Füllrohr; *b* Dampfeinströmung; *c* Ausblaserohr; *d*, *d*₁ Sicherheitsventile: *e* Manometerstutzen; *f* Echappement.

---

[1]) Sehr gut ist gebrannter Euböamagnesit, von welchem eine Probe folgende Zusammensetzung zeigte: $1\cdot3\,^0/_0$ Feuchtigkeit, $2\cdot4\,^0/_0$ Kohlensäure, $0\cdot8\,^0/_0$ Sand, $0\cdot4\,^0/_0$ Eisenoxyd und Aluminiumoxyd und $95\cdot01\,^0/_0$ Magnesia (Chem. Rev. üb. d. Fett- u. Harz-Ind. 1901. 8. 75).

und weiter auf Glycerin verarbeitet. Die mit den Seifen gemischten Fettsäuren werden in einen ausgebleiten Bottich befördert und dann durch Kochen mit verdünnter Schwefelsäure mittels einer offenen Dampfschlange (aus Blei) unter stetem Umrühren zerlegt.

Die Vorteile des Autoklavenverfahrens gegenüber dem alten Kalkverseifungsprozeß äußern sich in der Ersparnis an Dampf und Reagenzien. Für das alte Verfahren wären die entsprechenden Zersetzungsgleichungen ohne Berücksichtigung eines Kalküberschusses:

$$2\,C_3H_5(OR)_3 + 3\,Ca(OH)_2 = 2\,C_3H_5(OH)_3 + 3\,Ca(OR)_2\,,$$
$$3\,Ca(OR)_2 + 3\,H_2SO_4 = 3\,CaSO_4 + 6\,R(OH)\,,$$

während sie für das Autoklavenverfahren ungefähr wie folgt lauten würden:

$$2\,C_3H_5(OR)_3 + Ca(OH)_2 + 4\,H_2O = 2\,C_3H_5(OH)_3 + Ca(OR_2) + 4\,R(OH)\,,$$
$$Ca(OR)_2 + 4\,R(OH) + H_2SO_4 = CaSO_4 + 6\,R(OH)\,.$$

Die Fettsäuren sammeln sich bei einigem Stehen an der Oberfläche der Flüssigkeit an und werden einmal durch Aufkochen mit verdünnter Schwefelsäure und dann durch darauffolgendes Kochen mit Wasser gewaschen (saure und süße Lavage). Die so gereinigten Fettsäuren, ein Gemenge von Stearin-, Palmitin- und Ölsäure, werden, wenn sie aus hellen Fetten, Talg und Preßtalg, gewonnen wurden, in flache Formen aus Weißblech oder aus emailliertem Blech gegossen und bleiben darin bis zum völligen Erstarren stehen. Aus dunklen Fetten gewonnene Fettsäuren müssen destilliert werden (S. 292).

Die so erhaltenen Kuchen werden in Tücher aus Schafwolle oder Kamelhaar eingeschlagen und vorerst bei gewöhnlicher Temperatur in stehenden Pressen (Kaltpressen) bei ungefähr 250 Atmosphären Druck gepreßt. Hier fließt ein großer Teil der Ölsäure ab und wird in besonderen Behältern gesammelt. Bei längerem Stehen kristallisieren aus der Flüssigkeit feste Fettsäuren aus, welche von der Ölsäure durch die bei dem hohen Druck in den Pressen erzeugte Wärme und durch die in den Arbeitsräumen oft herrschende höhere Temperatur in Lösung erhalten wurden. Gewöhnlich wird die Ausscheidung dieser festen Anteile noch dadurch befördert, daß die Ölsäure in Kühlräumen von zirka 15^0 C. in Bottichen untergebracht wird. Zur Beschleunignng dieser Ausscheidung wurden auch mannigfache Apparate konstruiert, darauf beruhend, daß die Ölsäure durch kaltes Wasser nach dem Gegenstromprinzip ähnlich wie in einem Liebigschen Kühler gekühlt wird. Die aus der Ölsäure sich ausscheidenden festen Fettsäuren werden von derselben durch Filtrieren durch Filterpressen getrennt, was öfter, gewöhnlich zweimal vorgenommen wird, da sich aus der einmal filtrierten Ölsäure meist noch feste Anteile ausscheiden. Die so erhaltenen flüssigen Fettsäuren führen den Namen Elaïn und speziell die beim Autoklavenprozeß (der fermentativen und der Twitchell-Spaltung) resultierenden werden als saponifiziertes oder Saponificat-Elaïn bezeichnet.

Die in der Filterpresse verbleibenden festen Fettsäuren, das Filterpreßfett, bilden eine schmierige Masse und enthalten den größten Teil der Neutralfette, welche im Autoklaven unverseift blieben. Demzufolge wird das Filterpreßfett meist zur nochmaligen Spaltung in den Autoklaven zurückgeführt.

Aus den Kaltpressen wandern die ausgepreßten Kuchen (Preßlinge), welche eine hellere Färbung angenommen haben, da ein großer Teil der Ölsäure, des Trägers der Farbstoffe, entfernt wurde, samt den Preßtüchern in die Warmpressen. Dies sind liegende Pressen mit durch Dampf heizbaren Platten, zwischen welche Säcke aus Ziegenhaar eingehängt werden; die Kuchen werden in dieselben eingesetzt und nach dem Erwärmen auf ca. 40° C. gepreßt. Bei dieser Temperatur fließt nicht nur der größte Teil der in den Kuchen noch enthaltenen Ölsäure ab, sondern diese löst dabei noch beträchtliche Mengen fester Fettsäuren auf; zur Trennung derselben von der Ölsäure werden die aus der Warmpresse abfließenden Fettsäuren, gewöhnlich als Warmpreßretourgang bezeichnet, mit den durch Zersetzung der Autoklavenmasse erhaltenen Fettsäuren vereinigt. In manchen Fabriken werden die durch Kaltpressen erhaltenen Preßkuchen wieder eingeschmolzen und die kaltgepreßten Fettsäuren in Formen gegossen, bevor sie die warme Pressung durchmachen.

In den Preßtüchern verbleiben weiße Kuchen von Stearin, Prima Stearin, welche noch hier und da durch Ölsäure gefärbte Ränder zeigen, die durch Ausbrechen (Abbruchstearin) entfernt und nach dem Umschmelzen und nochmaligen Vergießen in Formen direkt der warmen Pressung zugeführt werden und so nebst Warmpreßretourgang das Doppelpreßstearin liefern.

Den Gang der Operationen zeigt folgendes Schema:

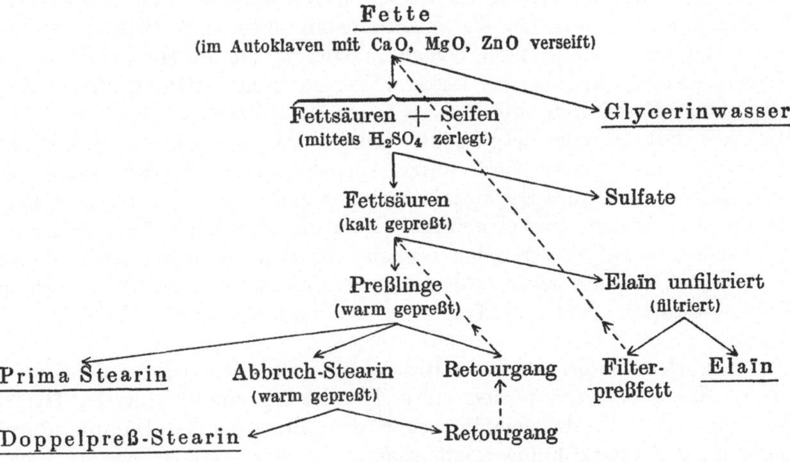

Die Autoklavenarbeit bietet gegenüber dem folgenden Schwefelsäureverfahren den Vorteil, daß bei Verwendung von hellen Fetten die Destillation der Fettsäuren erspart wird, und daß verhältnismäßig helle Fettsäuren, weißes, trockenes Stearin und reine Glycerinwässer gewonnen werden.

2. Verseifung mit Schwefelsäure, Acidifikation. Die Grundlagen für dieses Verfahren wurden durch die Arbeiten von Achard (1777) und von Fremy (1836) geschaffen. Die Verseifung mit Schwefelsäure wird meist nur bei gefärbten, dunklen Fetten, aus welchen bei der Verseifung im Autoklaven keine schönen Fettsäuren zu erzielen sind, in manchen Fabriken auch bei allen zur Verarbeitung gelangenden Fetten angewendet. Hierzu werden die Fette vorerst durch Schmelzen und längeres Absetzenlassen von den Verunreinigungen befreit; bei sehr unreinen Fetten befördert ein Zusatz einer geringen Menge Schwefelsäure und hierauffolgendes Kochen mit Dampf die Klärung. Die geklärten Fette werden dann in besonderen Gefäßen durch Erwärmen mit indirektem Dampf auf 120° C. getrocknet. Reinigung und Trocknung der Fette sind deshalb notwendig, damit bei der nachfolgenden Einwirkung der Schwefelsäure diese nicht verdünnt und so weniger wirksam gemacht werde.

Die Verseifung der Fette wird in mit Blei ausgefütterten, eisernen oder in kupfernen Kesseln, welche mit einem Dunstfang zur Abführung der immer schweflige Säure enthaltenden Gase versehen sind, in der Art vorgenommen, daß dieselben mit 4—12 % konzentrierter Schwefelsäure durch 1—1$^1/_2$ Stunden auf 120° C. erwärmt werden. Behufs inniger Mischung der Fette mit der Schwefelsäure wird der Kesselinhalt während der Dauer der Einwirkung entweder mittels eines Rührwerkes oder durch Durchblasen von Luft gerührt. Die Erhitzung wird entweder durch einen den Säuerungskessel umgebenden Dampfmantel oder durch eine im Kessel liegende Dampfschlange aus Blei bewirkt.

Durch zeitweilige Probenahme wird der Prozeß kontrolliert und dann unterbrochen, wenn die Proben schöne Kristallisation zeigen. Dann wird die Reaktionsmasse in Holzkufen mit Wasser so lange ausgekocht, bis die durch Vermischen des Reaktionsproduktes mit Wasser entstandene Emulsion sich in zwei Schichten trennt; die untere Schichte, das Glycerinwasser, wird behufs weiterer Verarbeitung entfernt, die zurückbleibenden Fettsäuren werden noch bis zum Verschwinden der sauren Reaktion mit Wasser ausgekocht. Durch das Kochen des Reaktions•produktes mit Wasser wird unter Abspaltung von Schwefelsäure aus der Oleïnschwefelsäure Oxystearinsäure gebildet. Die so erhaltenen Fettsäuren sind immer dunkel gefärbt, da sie die durch die Einwirkung der Schwefelsäure auf die fremden organischen Beimengungen entstandenen teerartigen Produkte gelöst enthalten und müssen daher destilliert werden. Der Destillation geht ein Trocknen der Fettsäuren bei 110°—120° C. voraus.

Die Destillation wird in Blasen aus Gußeisen oder aus Kupfer, welche direkt befeuert werden, unter Mitwirkung von überhitztem Dampf bei 180°—230° C. durchgeführt, und die übergehenden Dämpfe durch Luft- oder Wasserkühlung kondensiert; bei der ersteren ist die Kühlanlage so eingerichtet, daß gleichzeitig mehrere Fraktionen erhalten werden. Die im Anfang und gegen Ende der Destillation übergehenden Anteile sind gefärbt und werden nochmals destilliert (Destillationsretourgang) und zu diesem Zweck mit den von der Sulfierung kommenden

Fettsäuren vereinigt. Die in den Destillationsblasen verbleibenden Rückstände, Goudron, werden gesammelt, einer erneuerten Destillation unterzogen und liefern so ein Destillat, welches nochmals der Destillation
unterworfen wird, und nach dem Abtreiben der Fettsäuren einen
teerpechartigen Rückstand, das Stearinpech, welcher ca. 2 $^0/_0$ der angewandten Fettsäure beträgt. Um den Bau zu großer Destillationsblasen zu vermeiden, wird in der Weise gearbeitet, daß der Blase in
dem Maße, als Destillat abläuft, rohe Fettsäuren zugeführt werden
(Destillation mit Nachlauf); die Menge der Fettsäure, welche auf
diese Art in einer Operation verarbeitet werden kann, ist aber auch

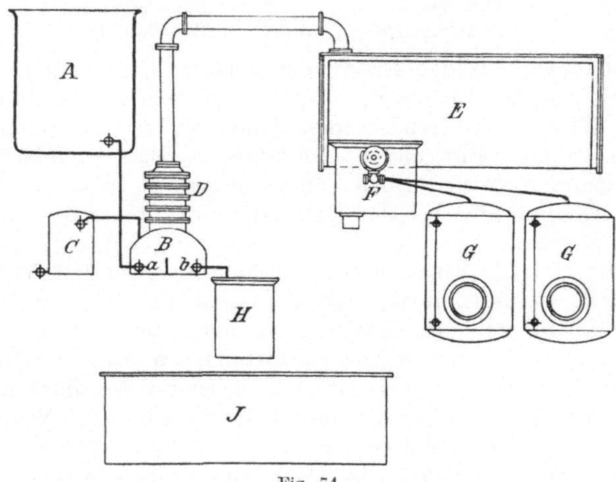

Fig. 74.

A Füllreservoir; *B* Blase; *C* Dampfüberhitzer; *D* dephlegmierender Blasendom;
E Kühler; *F* Separator; *G* Vorlagen; *a* Einlaufrohr; *b* Abflußöffnung (Niveau-
regulierung); *H* Tauchtopf für Goudron; *J* Sammelbehälter für Goudron.

verhältnismäßig beschränkt. Es wurde daher zur kontinuierlichen
Destillation übergegangen, bei welcher rohe Fettsäure in dem
Maße in die Blase eintritt, als einerseits destillierte Fettsäure, andrerseits Pech abläuft. Hirzel[1]) beschreibt eine solche Anlage; bei dieser
wird der Weg der einfließenden Fettsäure durch eine am Boden der Blase
befindliche Scheidewand verlängert, um ihr genügend Zeit zur vollkommenen Destillation zu lassen (Fig. 74).

Auch die Destillation der Fettsäuren im Vakuum wurde im Fabriksbetriebe versucht. Die aus den Kühlern abziehenden Dämpfe, welche
Acroleïn und flüchtige Kohlenwasserstoffe enthalten können, werden kondensiert. Eine Steigerung der Temperatur über 240° wird vermieden,
da das übergehende Destillat nicht mehr ungefärbt abläuft.

Die reinen, fast ungefärbten Anteile des Destillates werden, so wie
die durch die Autoklavenverseifung gewonnenen Fettsäuren, durch Pressen
in Stearin und Elaïn getrennt, welche, der durchgemachten Operation

---

[1]) Chem. Rev. üb. d. Fett- u. Harz-Ind. 1906. 13. 266. D.R.P. Nr. 172224.

entsprechend, als **Destillat-Stearin** und **Destillat-Elaïn** bezeichnet werden. In manchen Fabriken ist es üblich, die sulfierten Fettsäuren vorerst zu pressen und den festen sowie den flüssigen Anteil für sich zu destillieren.

Bei der Destillation der Fettsäuren im Dampfstrom geht erst hauptsächlich Palmitinsäure mit wenig Ölsäure über, während bei fortschreitender Destillation der Palmitinsäuregehalt sinkt und der Ölsäure- und Stearingehalt des Destillates steigen.

Nach **Stas**[1]) destilliert im Dampfstrom

$$
\begin{array}{ll}
\text{Palmitinsäure bei} \ldots & 170\text{--}180^0 \text{ C.} \\
\text{Ölsäure} \quad\quad\text{,,} \ldots & 200\text{--}210^0 \text{ C.} \\
\text{Stearinsäure} \quad\text{,,} \ldots & 230\text{--}240^0 \text{ C.}
\end{array}
$$

Wird daher aus den Erstarrungspunkten der einzelnen Fraktionen die Stearinausbeute berechnet, so wird ein höheres Resultat gefunden, als es in Wirklichkeit erzielt werden kann, weil nämlich durch die Trennung von Palmitinsäure und Stearinsäure die Schmelzpunkterniedrigung, welche Gemische dieser beiden Säuren zeigen, entfällt.

Die Qualität der bei der Destillation erhaltenen Fettsäuren hängt von der Beschaffenheit des Destillationsgutes und von der richtigen Durchführung der Destillation ab. Enthalten die zu destillierenden Fettsäuren noch viel Neutralfett, wird die Destillationsblase zu stark erhitzt oder der Dampf zu hoch überhitzt, so bilden sich neben Acroleïn auch flüssige und gasförmige Kohlenwasserstoffe. **Kaßler**[2]) hat dargetan, daß diese Körper auch bei rationell geleiteter Destillation dann entstehen, wenn sich der Gehalt des Blaseninhaltes an Neutralfett auf mindestens $12\,^0/_0$ angereichert hat.

Das Schwefelsäureverfahren gibt eine größere Ausbeute an festen Fettsäuren als die Kalk- und Magnesiaverseifung, was **Benedikt**[3]) durch die Überführung eines großen Teiles der Ölsäure in feste Isoölsäure (s. S. 286) erklärt. Es entsteht zuerst ein Schwefelsäureester der Oxystearinsäure, die Oleïnschwefelsäure, nach der Gleichung:

$$
\underset{\text{Ölsäure}}{C_{17}H_{33}.COOH} + H_2SO_4 = \underset{\text{Oleïnschwefelsäure}}{C_{17}H_{34}\begin{cases} COOH \\ O.SO_2.OH \end{cases}}
$$

Diese Verbindung zerfällt beim Auskochen der Fettsäuren mit Wasser in Oxystearinsäure und Schwefelsäure:

$$
\underset{\text{Oleïnschwefelsäure}}{C_{17}H_{34}\begin{cases} COOH \\ O.SO_2.OH \end{cases}} + H_2O = \underset{\text{Oxystearinsäure}}{C_{17}H_{34}\begin{cases} OH \\ COOH \end{cases}} + H_2SO_4
$$

Bei der darauffolgenden Destillation mit Wasserdampf geht die Oxystearinsäure endlich unter Wasserabspaltung in Isoölsäure über. Die Bildung von Oleïnschwefelsäure bei der Acidifikation der Fette ist eine

---

[1]) Dinglers Polyt. Journ. 175. 77. (1865).
[2]) Chem. Rev. üb. d. Fett- u. Harz-Ind. 1903. 10. 51.
[3]) Monatsh. f. Chem. 9. 518.

sekundäre Reaktion; in erster Linie bewirkt die Schwefelsäure die Wasserübertragung.

Die Mehrausbeute an festen Fettsäuren beträgt bei Palmöl durchschnittlich $18\,^0/_0$, bei Talg $14\text{—}15\,^0/_0$ und bei Knochenfett $15\,^0/_0$.

Da bei der Schwefelsäureverseifung das Glycerinwasser erst nach Abstumpfen der Schwefelsäure mit Kalk aufgearbeitet werden kann, wird in der Praxis vielfach das Autoklavenverfahren mit der Schwefelsäureverseifung kombiniert, indem die Fette erst im Autoklaven mit Kalk oder Magnesia zum größten Teil verseift werden. Hierbei wird ein aschefreies Glycerin erhalten. Die Erdalkaliseife wird mit verdünnter Schwefelsäure zersetzt, die erhaltenen Fettsäuren getrocknet und mit $2\,^0/_0$ konzentrierter Schwefelsäure völlig verseift. Hierbei wird auch die obenerwähnte Mehrausbeute erzielt, welche die doppelte Arbeit rentabel macht.

F. Kaßler[1]) hat nach dem Magnesiaverfahren hergestellte, getrocknete Fettsäuren verschiedener Fette, und dieselben Fettsäuren dann nach zweistündiger Behandlung mit $2\,^0/_0$ Schwefelsäure von 66^0 Bé, darauffolgendem Auskochen mit Wasser und Trocknen untersucht und folgende Resultate gefunden:

Fett	Nach dem Magnesiaverseifungsverfahren erhaltene, getrocknete Fettsäuren		Dieselben Fettsäuren mit Schwefelsäure behandelt, mit Wasser gewaschen und getrocknet	
	Neutralfett	Jodzahl	Neutralfett	Jodzahl
La Plata-Talg	$5\cdot2\,^0/_0$	41·20	$1\cdot8\,^0/_0$	. 28·47
Palmöl	$4\cdot3\,^0/_0$	57·75	$0\cdot9\,^0/_0$	39·35
Knochenfett . · . . .	$3\cdot1\,^0/_0$	56·28	$1\cdot1\,^0/_0$	40·92
Pflanzentalg	$5\cdot0\,^0/_0$	35·57	$2\cdot0\,^0/_0$	23·42

Nach seinen Angaben wird gewöhnlich beiläufig ein Drittel der Ölsäure durch die Behandlung mit Schwefelsäure in Oxystearinsäure übergeführt.

Pastrovich hat die Einwirkung verschiedener Mengen Schwefelsäure auf von der Kalkverseifung stammende Fettsäuren bei 95^0 C. untersucht und folgende Zahlen gefunden:

Schwefelsäure auf 100 Teile Fettsäure	Talgfettsäure		Knochenfettsäure		Knochenfettsäure	
	Erstarrungspunkt ^{0} C.	Jodzahl Hübl	Erstarrungspunkt ^{0} C.	Jodzahl Hübl	Erstarrungspunkt ^{0} C.	Jodzahl Hübl
$0\,^0/_0$	44·6	38·17	40·3	51·45	40·3	51·45
$1\,^0/_0$	44·3	36·35	40·2	50·77	40·2	49·55
$2\,^0/_0$	44·8	35·48	40·4	48·49	40·7	47·15
$3\,^0/_0$	44·4	34·28	40·5	46·90	40·6	45·57
$4\,^0/_0$	45·0	30·04	·40·4	45·50	40·4	44·20
$5\,^0/_0$	45·1	28·62	41·2	41·02	40·8	38·90
Dauer d. Einwirkung 60 Min.			30 Min.		60 Min.	

[1]) Chem. Rev. üb. die Fett- u. Harz-Ind. 1901. 9. 155.

Henri Delarue[1]) umgeht die Zersetzung des aus dem Autoklaven kommenden Fettsäure-Seifengemenges mit verdünnter Schwefelsäure, indem er dieses sofort mit der zur Zersetzung der Seifen und Überführung der flüssigen Fettsäuren in feste nötigen Menge von konzentrierter Schwefelsäure behandelt. Er nimmt hierbei an, daß die Fettsäuren im Zustand des Freiwerdens der Einwirkung der Schwefelsäure zugänglicher sind.

Louis Fournier[2]) will die durch den Sulfierungsprozeß bedingte Mehrausbeute an festen Fettsäuren durch Einwirkung der Schwefelsäure auf Lösungen der Fettsäuren in Schwefelkohlenstoff oder anderen Lösungsmitteln erzielen. Unter diesen Verhältnissen erfolgt die Einwirkung schon bei gewöhnlicher Temperatur, und der Eingriff der Schwefelsäure ist kein so heftiger wie beim Erhitzen.

Die Einwirkung von schwefeliger Säure zur Härtung von Fetten und Fettsäuren wurde von Tilghman[3]) bei Temperaturen von 200^0 bis 260^0 C. untersucht und dabei günstige Resultate erhalten; die so gewonnenen Fettsäuren sind jedoch schwefelhaltig.

3. Verseifung mit Wasser unter Hochdruck. Nach den Beobachtungen von Tilghman (1854) kann die Spaltung der Fette auch durch Erhitzen mit Wasser unter Hochdruck (15—18 Atmosphären) bewirkt werden. Die hierzu verwendeten Apparate sind im wesentlichen Autoklaven, in welchen durch geeignete Zirkulations- oder Zerstäubungsvorrichtungen eine innige Mischung des Wassers mit dem Fette bewirkt wird; am besten ist es, daß dabei die Fette schon mit dem Wasser gemischt, als Emulsion, dem Apparat zugeführt werden. Oder es wird auf die in einer Destillationsblase befindlichen Fette direkt überhitzter Wasserdampf einwirken gelassen, wobei sie verseift werden und die Fettsäuren sowie das Glycerin gleichzeitig überdestillieren. Dieses Verfahren hat sich, trotzdem es theoretisch das rentabelste wäre, in der Praxis nicht sehr eingebürgert, da einerseits die Verseifung keine so weitgehende ist wie bei dem gewöhnlichen Autoklavenverfahren, andrerseits die Anwendung so hoher Dampfdrucke manche Unannehmlichkeiten in sich birgt.

4. Fermentative Fettspaltung. Die Arbeiten der Begründer dieses Verfahrens, W. Connstein, E. Hoyer und H. Wartenberg (1902)[4]) fußen auf den Beobachtungen von Green[5]) und von Sigmund[6]), daß beim Zerreiben ölhältiger Pflanzensamen mit Wasser allmählich saure Reaktion auftritt, welche auf die Bildung von freien Fettsäuren durch ein lipolitisches Ferment zurückzuführen ist. Während jedoch die beiden letzteren Forscher nur ganz geringe Spaltung der Fettsubstanzen konstatieren konnten und Green von der Ansicht ausging, daß die Gegenwart von Säuren der Fettspaltung hinderlich sei, gelang

---

[1]) D.R.P. Nr. 138120 vom 31./3. 1901.
[2]) Franz. Pat. Nr. 263262.
[3]) Wagner, Jahresb. d. chem. Techn. 1859.
[4]) Ber. d. deutsch. chem. Ges. 1902. 35. 3988. — Seifenfabrikant 1903. Nr. 25.
[5]) Proc. Royal Soc. 1890. 48. 370.
[6]) Monatsh. f. Chem. 1890. 11. 272.

es den Erstgenannten durch Ausdehnung ihrer Versuche auf längere Zeitdauer und durch die genaue Verfolgung der Spaltungsvorgänge, wobei konstatiert wurde, daß gerade die Gegenwart von Säuren unerläßlich für den günstigen Verlauf der durch Pflanzensamen eingeleiteten Spaltung sei, die günstigsten Bedingungen für ein Verfahren aufzufinden, welches sich heute als **fermentative Fettspaltung** einer großen Anwendung erfreut.

Nachdem von allen bisher untersuchten Pflanzensamen das größte Spaltungsvermögen dem Ricinussamen zukommt, wird dieser für die Fettspaltung verwendet; hierbei ist die Gegenwart von mindestens der dreifachen theoretischen Menge Wasser, sowie geringer Mengen Säure nötig; endlich müssen die reagierenden Substanzen innig emulgiert sein. Bei im Laboratorium durchgeführten Spaltungsversuchen wurden von **Connstein**, **Hoyer** und **Wartenberg** folgende Resultate erhalten:

Fette	Für 100 Teile Fett verwendet			Einwirkungs-dauer in Stunden	Temperatur °C.	Freie Fettsäuren in Prozenten
	Ricinussamen		$^1/_{10}$-Normal-schwefel-säure			
	roh	entölt				
Talg	76·9	—	80·0	19	35	72·0
Knochenfett	76·9	—	80·0	19	35	81·0
Cottonöl	76·9	—	80·0	19	35	84·0
Palmöl	76·9	—	80·0	19	35	87·0
Rüböl	76·9	—	80·0	19	35	84·0
Palmkernöl	30·3	—	48·5	20		76·6
Erdnußöl	—	5·2	20·0	96		100·0
Rüböl, roh	—	5·2	20·0	96		100·0
Mohnöl	—	5·2	20·0	96		100·0
Leinöl	—	10·0	20·0	24		83·0
Tran I	—	10·0	20·0	24	Zimmertemperatur	76·0
Tran II	—	10·0	20·0	24		84·0
Olivenöl	—	10·0	20·0	24		86·0
Sesamöl	—	10·0	20·0	24		85·0
Mandelöl	—	10·0	20·0	24		90·0
Kakaobutter	—	10·0	20·0	24		92·0
Palmöl	—	10·0	20·0	24		96·0
Triacetin	—	5·0	20·0	24		0·4
Tributyrin	—	5·0	20·0	24		9·5
Triolein	—	5·0	20·0	24		50·6

Aus den gewonnenen Resultaten ergab sich die interessante Tatsache, daß das Ferment des Ricinussamens die Triglyceride der niederen Fettsäuren sehr schwer spaltet.

Hoyer[1]) stellte später fest, daß für eine bestimmte Samen- oder Fermentmenge eine bestimmte absolute Menge Säure notwendig ist, um ein Spaltungsoptimum zu erreichen, sowie auch, daß nicht alle Säuren die Enzymwirkung in gleicher Weise auslösen.

Statt Ricinussamen wird neuestens ein angereichertes Ferment,

---

1) Ber. d. deutsch. chem. Ges. 1904. 37. 1436.

Ricinussamenextrakt, verwendet,[1]) wodurch die Menge der im Ricinussamen enthaltenen, in Glycerin löslichen Eiweißstoffe auf ca. $1/10$ der ursprünglich vorhandenen Menge heruntergedrückt wird, was mannigfache Vorteile für die Durchführung des Verfahrens ergibt. Für eine Tonne Fett sind zur Spaltung im Maximum 70 kg Ricinussamen notwendig, welche aus

$$\text{ca. } 30\% \text{ Schalen} = 21 \text{ kg}$$
$$40\% \text{ Ricinusöl} = 28 \text{ kg}$$
$$30\% \text{ Eiweißstoffen} = 21 \text{ kg}$$

bestehen, während die zur Spaltung von einer Tonne Fett notwendige Menge Ferment, das sind 75 kg,

$$\text{ca. } 59\% \text{ Wasser} = 44{\cdot}25 \text{ kg}$$
$$38\% \text{ Ricinusölsäure} = 28{\cdot}50 \text{ kg}$$
$$3\% \text{ Eiweißstoffe} = 2{\cdot}25 \text{ kg}$$

enthält.

Über die Durchführung des Verfahrens im Großbetrieb hat Hoyer[2]) wertvolle Mitteilungen gemacht.

Die zur Spaltung kommenden Fette müssen, im Falle sie Eiweiß oder Schleimstoffe enthalten, welche bei der Spaltung in das Glycerinwasser und in die sogenannte Mittelschichte übergehen würden, zweckmäßig durch Abkochen mit 1%, mit wenig Wasser verdünnter Schwefelsäure geläutert werden; die Reinigung kann auch mittels Lauge erfolgen; doch müssen beide Körper vollkommen aus den Fettsäuren entfernt werden, da schon Spuren beider Reagentien den Spaltungsprozeß hindern würden.

Wird zur Spaltung Ricinussamen verwendet, so sind davon, je nach der Art des zur Verwendung kommenden Fettes, $5\text{—}8\%$ ungeschälter oder $3{\cdot}5$ bis 5% geschälter Samen nötig; dieser wird zweckmäßig mit der für den Ansatz nötigen Wassermenge in Farbreibmühlen gemahlen; nachdem sich die Samenschalen abgesetzt haben, wird die überstehende Samenmilch nach Zusatz von $0{\cdot}06\%$ Essigsäure vom Fettgewicht mit dem zu spaltenden Fette emulgiert. Bei Verwendung von Ferment ist dessen Menge der Art der zu spaltenden Fette anzupassen; es scheint die Fermentmenge der Verseifungszahl direkt proportional zu sein, wodurch erklärt würde, daß Fette mit hoher Verseifungszahl mehr Ferment zur Spaltung verlangen. So verbrauchen Cocos- und Palmkernöl eine größere Menge Ferment als Cotton- oder Leinöl. Gewöhnlich wird für Cocos- oder Palmkernöl 8%, für Cottonöl $6\text{—}7\%$, für Leinöl $5\text{—}6\%$ Ferment angewendet, während für die Spaltung von Talg $8\text{—}10\%$ notwendig sind, was aber durch die für Talg nötige hohe Ansatztemperatur von ca. 40^0 C. begründet ist, bei welcher das Ferment schon zu leiden beginnt.

Zur Beschleunigung, resp. zur Erhöhung der Spaltung des Ansatzes wird zweckmäßig ein „Aktivator" zugesetzt; in dieser Beziehung hat sich Mangansulfat als besonders günstig erwiesen; dasselbe wird in der Menge

---

[1]) Seifenfabrikant 1905. 649. — Zeitschr. f. physiol. Chem. 1907. 50. 414.
[2]) Seifenfabrikant 1904. Nr. 45; 1905. Nr. 27.

von 0·15—0·2 °/₀ vom Fettansatz, in etwas heißem Wasser gelöst, angewendet.

Die Spaltung selbst wird in einem eisernen, mit Blei ausgekleideten, in seinem unteren Teile konischen Kessel durchgeführt; dieses Ansatzgefäß ist mit einer im oberen Teile des Konus angebrachten, geschlossenen Dampfschlange, einer am tiefsten Punkt liegenden Bleischlange für Luftrührung, sowie mit den nötigen Ablaufhähnen armiert. Die Fette werden in demselben auf die Ansatztemperatur erwärmt; für flüssige Fette wird eine solche von ca. 23° C. gewählt, bei festen Fetten soll die Ansatztemperatur 1°—2° C. über dem Erstarrungspunkt des Fettes liegen. Eine höhere Temperatur als 42° C. darf überhaupt nicht angewendet werden, da das Ferment schon bei Temperaturen von 43°—44° C. bei Berührung mit Wasser seine spaltenden Eigenschaften verliert. Es lassen sich daher Fette von einem höheren Erstarrungspunkt als 42° C. nicht mehr für sich allein spalten, sondern müssen zu diesem Zweck mit niedriger schmelzenden Fetten oder mit Ölen vermischt werden. Der Erstarrungspunkt der Fettsäuren kann aber bei dieser Temperatur liegen.

Die Menge des zum Ansatz zu verwendenden Wassers, dessen Qualität nebensächlich ist, wird durchschnittlich mit 35 °/₀ vom Fettgewicht gewählt und demselben 0·06 °/₀ der Fettmenge an Essigsäure zugesetzt; dies hat sich für die Durchführung der Spaltung besonders geeignet erwiesen.

Der Ansatz wird in der Weise hergestellt, daß zunächst das Fett in den Kessel gebracht, dann das nötige Wasser hinzugefügt und dabei gleichzeitig die Temperatur reguliert wird; zum Schlusse wird unter Rühren die Mangansulfatlösung und das Ferment zugesetzt, die Masse ungefähr eine Viertelstunde durchgerührt, um eine möglichst vollkommene Emulsion zu erhalten, und der Ruhe überlassen. Soll die Spaltung mit Ricinussamen erfolgen, so wird dem Fett statt des Wassers die schon erwähnte Samenmilch zugefügt. Durch zeitweiliges Umrühren ist jetzt nur noch dafür Sorge zu tragen, daß sich die Emulsion nicht trennt; ebenso muß durch Bedeckthalten des Ansatzes dessen Abkühlung vermieden werden. Die Spaltung geht nun von selbst vor sich und kann durch Entnahme von Proben, in denen der Fettsäuregehalt titrimetrisch bestimmt wird, kontrolliert werden. Ist der gewünschte Spaltungsgrad erreicht, so wird zur Trennung des Ansatzes geschritten. Mit den angegebenen Fermentmengen wird im allgemeinen eine Spaltung von 80 °/₀ nach 24 Stunden, eine von 90 °/₀ nach 48 Stunden erreicht. Bei einem in großem Maßstabe angestellten Spaltungsversuche an Palmkernöl mit Hilfe von 6·6 °/₀ Ricinussamen waren gespalten:

nach 1 Stunde   37 °/₀
  ,,   4 Stunden   63 °/₀
  ,,   20   ,,   86 °/₀
  ,,   24   ,,   88 °/₀ des Öles.

Zur Trennung des fertig gespaltenen Ansatzes wird dieser mittels indirektem Dampf unter dauernder Luftrührung, oder auch mit direktem

Dampf, wobei aber die Glycerinwässer verdünnt werden, bis auf 80°—85° C. erwärmt; ist diese Temperatur erreicht, so werden auf je 100 Teile Fett 0·2—0·3 T. 66° Bé. starker Schwefelsäure, mit dem halben Gewicht Wasser verdünnt, unter fortwährendem Umrühren dem Ansatz zugefügt. Nach wenigen Minuten wird die lichte Farbe der Emulsion dunkler, es treten Schlieren von klarer Fettsäure auf, und jetzt werden Dampfzuströmung und Luftrührung abgestellt. Ein Teil des Glycerinwassers kann schon nach 2—3 stündigem Stehen des Ansatzes abgezogen werden; zur endgültigen Trennung wird der Ansatz meist über Nacht stehen gelassen. Der Inhalt des Spaltungskessels trennt sich beim Stehen in drei Schichten: 1. das am Boden des Gefäßes befindliche saure Glycerinwasser; 2. die darüber schwebende Emulsionsschicht, die sogenannte Mittelschicht, und 3. die klaren Fettsäuren. Nachdem das ganze Glycerinwasser durch den unten, die Fettsäuren durch den höher angebrachten Hahn abgezogen worden sind, wird zuletzt die Mittelschicht durch den untern Hahn in Klärgefäße, welche am Boden mit einigen Ablaßhähnen versehen sind, abgelassen. Hier setzt sich bei längerem Stehen noch etwas Glycerinwasser ab, das entfernt wird, und die Mittelschicht bleibt zurück. Sie beträgt beim Arbeiten mit Ricinussamen[1] ca. $22°/_0$ des Fettansatzes und enthält ca. $5°/_0$ der Totalfettsäuren, $20°/_0$ des Glycerinwassers, sowie die Bestandteile der angewendeten Samen. Durch Zusammenrühren der Mittelschicht mit dem gleichen Volum heißen Wassers und Absetzenlassen kann ein dünneres Glycerinwasser erhalten und abgezogen werden. Die zurückbleibende Mittelschicht wird in gewohnter Weise mit Soda oder Natronlauge verseift, die Seife ausgesalzen und wenn nötig umgeschmolzen. Dabei ist es, wenn Ricinissamen verwendet wird, infolge des ziemlich großen Gehaltes der Samenmilch an festen Samenteilen nicht immer möglich, eine ganz reine Seife zu erhalten. Die verhältnismäßig große Menge der Mittelschicht, die häufig auftretende Schwierigkeit, bei ihrer Verarbeitung reine Seifen zu erhalten, sowie die Beschaffenheit des Glycerinwassers, welches durch die aus den Ricinussamen stammenden löslichen Eiweißkörper sehr verunreinigt ist und nur mit Hilfe von Knochenkohle gereinigt werden kann, haben dem fermentativen Verfahren anfänglich viele Gegner geschaffen. Bei der nunmehr durchgeführten Spaltung mit angereichertem Ferment liegen die Verhältnisse günstiger, indem einerseits die Mittelschicht nur mehr $2—4·5°/_0$ vom Ölansatz beträgt und die Glycerinwässer infolge des geringen Gehaltes des Fermentes an löslichen Eiweißkörpern den nach dem Autoklavenverfahren gewonnenen gleichwertig sind. Die folgende Tabelle enthält die von Hoyer mitgeteilten Betriebsausbeuten der Charlottenburger Fabrik bei der Spaltung von Fett mit angereichertem Ferment in der Art zusammengestellt, daß die von Hoyer angeführten Gewichtsmengen auf 100 kg Fett berechnet sind, und gleichzeitig in der Rubrik „Totalmenge der Fettsäuren" die in dem Ferment enthaltene Menge Ricinusölsäure ($38°/_0$) in Abzug gebracht wurde.

---

[1] Connstein, Seifenfabrikant 1903. Nr. 25.

Fette	Wasser-menge	Mangan-sulfat	Fer-ment-menge	Fettsäuren				Glycerin wasser-frei
				direkt ge-wonnen	aus der Mittel-schichte	Total-menge	Spal-tungs-höhe	
Leinöl, roh . . .	35	0·2	6	97·83	0·69	96·24	90	9·10
Leinöl, gebleicht	40	0·2	5	96·05	1·32	95·47	91	9·70
Cottonöl, amer. .	40	0·2	6	96·72	1·56	96·00	86	8·94
,, ,,	40	0·2	6	97·37	0·88	95·97	91	9·00
,, engl. .	35	0·2	7	97·43	0·90	95·67	89	9·00
Talg	35	0·2	10	98·23	1·77	96·20	86	8.70
Palmkernöl . . .	40	0·2	8	98·58	0·71	96·26	84	10·10
,, . . .	40	0·2	8	97·43	0·98	95·35	90	10·30

5. Fettspaltung nach Twitchell. Twitchell verwendet als
spaltendes Reagens Benzolsulfostearinsäure, Twitchells Reaktiv; die
Wirkung derselben auf Fettsäuren ist ebenso wie die der Schwefelsäure eine
katalytische und wahrscheinlich aus dem Grunde energischer, weil sich die
Benzolsulfostearinsäure in den Fetten leichter auflöst als Schwefelsäure.

Vor Ausführung der Spaltung ist es notwendig, die zu verarbeitenden
Fette durch Abkochen mit verdünnter Schwefelsäure von beigemengten
Verunreinigungen, Kalkseifen (bei Knochenfetten) usw. zu befreien; die
Schwefelsäure soll hierbei nach dem Abkochen noch mindestens 8° Bé,
bei einigen Fetten, wie Cottonöl, nicht unter 15° Bé. zeigen. Die gereinigten Fette werden in einem mit einem lose aufliegenden Deckel
versehenen Holzbottich mit ungefähr $^1/_3$ ihres Gewichtes destilliertem
Wasser und $^1/_2$—$1^0/_0$ Reaktiv versetzt und 12—24 Stunden unter Anwendung einer offenen Dampfschlange gekocht. Nach dem Verlaufe
dieser Zeit soll das Fett 85 —90$^0/_0$ freie Fettsäuren enthalten. Es wird
absetzen gelassen, wobei durch ein zweites Dampfrohr Dampf über die
Oberfläche der Flüssigkeit streicht, damit die Fettsäuren nicht etwa
durch die Berührung mit der Luft dunklere Färbung annehmen. Sollte
sich eine Emulsion gebildet haben, so wird diese durch Zugabe von
0·1—0·2$^0/_0$ Schwefelsäure vernichtet und die Masse zur Trennung gebracht. Das Glycerinwasser, dessen Menge nicht mehr als 50—60$^0/_0$
der Fettmenge betragen soll, wird mit einer Stärke von ungefähr
5° Bé abgelassen und der weiteren Verarbeitung zugeführt. Die Fettsäuren können für die Zwecke der Seifenfabrikation schon in diesem
Stadium verwendet werden. Soll eine noch vollkommenere Spaltung
erzielt werden, so werden ca. 10$^0/_0$ reines Wasser zugesetzt und weitere
12—24 Stunden gekocht, wobei der Gehalt an freien Fettsäuren 97—99$^0/_0$
erreicht. Nun wird eine der zugesetzten Reaktivmenge entsprechende
Menge Baryumcarbonat (auf 10 T. Reaktiv 1 T. Baryumcarbonat), bei
Gegenwart von Schwefelsäure natürlich mehr, überhaupt so viel zugesetzt, daß nach dem nun erfolgenden neuerlichen Aufkochen der Masse
durch 15— 20 Minuten eine entnommene Probe der wässerigen Flüssigkeit auf Zusatz einiger Tropfen Methylorangelösung nicht mehr gerötet
wird; von diesem Zeitpunkt an erleiden die Fettsäuren durch die
Atmosphäre keine nachteiligen Veränderungen mehr. Es wird absetzen

gelassen, das dünne Glycerinwasser entfernt und für die nächste Spaltungsoperation aufbewahrt; die Fettsäuren werden der weiteren Verarbeitung zugeführt.

Die Vorteile der fermentativen und der Twitchellschen Fettspaltung liegen einerseits darin, daß die nach beiden Verfahren gewonnenen Fettsäuren keine nachteiligen Veränderungen ihrer Farbe erleiden, direkt weiter verarbeitet werden können, und die Glycerinwässer nicht dunkel gefärbt sind; andrerseits sind die Kosten der Anlage, die sich Betrieben jeder Größe anpassen läßt, sowie die Betriebskosten und der Verbrauch an Reagenzien geringer als bei den anderen Fettspaltungsverfahren; besonders einfach und bequem scheint das fermentative Verfahren. Die bisher aus der Praxis bekannt gewordenen Urteile lauten für die beiden genannten Verfahren sehr günstig; allerdings haben diese beiden Verfahren bisher nur für die Zwecke der Seifenfabrikation Verwendung gefunden.

Gewinnung von technischem Stearin (Kerzenmaterial) aus Ölsäure.

Die Ölsäure ist ein im Vergleiche mit den festen Fettsäuren meist minderwertiges, oft schwer zu verwertendes Nebenprodukt der Stearinfabrikation; es ist daher naheliegend, zu versuchen, dieselbe in besser verwertbare feste Fettsäure umzuwandeln, doch haben die diesbezüglichen Bestrebungen noch keine durchschlagenden Erfolge gezeitigt. Aus ölsäurereichen Fettsäuregemischen braucht die Ölsäure nicht erst abgepreßt zu werden; dieselben werden direkt den Umwandlungsprozessen unterworfen. Es wurde die Umwandlung der Ölsäure in Elaïdinsäure, Palmitinsäure, Stearinsäure, Stearolacton usw. versucht.

Die Einwirkung von salpetriger Säure ist nur bei frischer Ölsäure einigermaßen regelmäßig, auch ist Elaïdinsäure ein schlechtes Material für Kerzen.

Die Umwandlung in Palmitinsäure durch Schmelzen mit Ätzalkalien nach Varrentrapp ist wohl wiederholt im großen versucht worden, hat sich aber nicht als ökonomisch erwiesen. Pastrovich erhielt nach diesem Verfahren aus technischem, zweimal gepreßtem Elaïn mit der Jodzahl 75·16 bei in großem Maßstabe durchgeführten Versuchen Fettsäuren vom Titer 50·0° C. und der Jodzahl 20·30, welche aber wegen zu dunkler Färbung destilliert werden mußten; die vollständige Entfernung der bei diesem Prozeß gleichzeitig entstandenen Essigsäure aus den gewonnenen Fettsäuren machte große Schwierigkeiten.

Über das Verfahren von P. de Wilde und A. Reychler[1]), welche die Ölsäure durch Erhitzen mit wenig Jod, Brom oder Chlor in Stearinsäure überführen, liegen noch keine Resultate vor.

Zürrer[2]) behandelt die rohen Fettsäuren mit Chlorgas oder mit Chlor entwickelnden Mischungen. Auf die chlorierten Fettsäuren wird unter 8—10 Atmosphären Druck Zinkstaub oder höchst fein verteiltes

---

[1]) Bull. soc. chim. [33] 1. 295.
[2]) D. R. P. Nr. 62407, 8. Aug. 1891.

Eisen einwirken gelassen, die gebildeten Metallseifen werden mit verdünnter Säure zerlegt.

Die direkte Überführung der Ölsäure in Stearinsäure soll nebst gleichzeitiger Verseifung der Fette nach einem Patent von Ch. Tissier[1]) durch Erhitzen derselben mit granuliertem Zink oder Zinkstaub und Wasser im Autoklaven gelingen. J. Freundlich und O. Rosauer[2]) haben das Tissiersche Patent überprüft und bei Behandlung von Ölsäure nach demselben bei zwei Versuchen $1 \cdot 6$ und $3 \cdot 37\%$ Stearinsäure erhalten. Bei Verwendung von Neutralfetten an Stelle der freien Fettsäuren wurde überhaupt keine Zunahme der Stearinsäure konstatiert.

Max v. Schmidt erhitzte 10 Teile Ölsäure mit 1 Teil Chlorzink auf 180° C., kochte mehrmals mit verdünnter Salzsäure, endlich mit Wasser aus, destillierte die Fettsäure mit überhitztem Wasserdampf und trennte das Destillat in gewöhnlicher Weise in Stearin und Ölsäure.

Ein auf diese Weise hergestelltes technisches Stearin[3]) enthielt $75 \cdot 8\%$ Stearolacton, $15 \cdot 7\%$ Isoölsäure und $8 \cdot 5\%$ gesättigte Fettsäuren.

Die Einwirkung von Chlorzink auf Ölsäure verläuft derjenigen von Schwefelsäure analog. Es bilden sich offenbar zwei isomere Chlorzinkadditionsprodukte, welche beim Kochen mit verdünnter Salzsäure in Chlorzink und Oxystearinsäure zerfallen, von denen die eine unter Wasseraustritt sofort in Stearolacton übergeht.

Dieselben Oxystearinsäuren hat Geitel aus dem Einwirkungsprodukt von Schwefelsäure auf Ölsäure in der Kälte erhalten, nur bildet sich dabei das Stearolacton in ganz untergeordneter, die gewöhnliche Oxystearinsäure in überwiegender Menge. Bei der Destillation mit Wasserdampf geht das Stearolacton unverändert über, während die Oxystearinsäure Isoölsäure liefert. Mit dem gleichen Gegenstande befaßt sich ferner ein Patent von Müller-Jakobs[4]).

Shukoff[5]) behandelt die umzuwandelnden Fettsäuren mit Schwefelsäure, und zwar in der Weise, daß auf jedes umzuwandelnde Molekül Ölsäure mindestens ein Molekül Schwefelsäure bei 60°—90° C. angewendet wird; das Reaktionsprodukt wird wiederholt, eventuell unter Zuhilfenahme von etwas schwefelsaurem Natron, mit heißem Wasser gewaschen, hierbei geht die gebildete Oxystearinsäure in Stearolacton über.

Hartl jun.[6]) unterwirft die Fettsäuren vor dem Zusammenbringen mit Schwefelsäure der Destillation mit Wasserdampf und entfernt so jene fremden organischen Substanzen, welche durch die Schwefelsäure bei höherer Temperatur verkohlt werden und die Dunkelfärbung der sulfierten Fettsäuren verursachen. Die mit Schwefelsäure von 58°—60° Bé. behandelten Fettsäuren sind nur etwas dunkler gefärbt und werden in offenen Gefäßen mit $1—10\%$ Zinkstaub bis auf 100° C. erhitzt und

---

[1]) Franz. Pat. Nr. 263158.
[2]) Chem. Zeitg. 1900. 24. 566.
[3]) Benedikt, Monatsh. f. Chem. 1890. 90.
[4]) D. R. P. 17264. 1882.
[5]) D. R. P. 150798. 13. Dez. 1902.
[6]) D. R. P. Nr. 148062. 20. Jan. 1903.

dann das Ganze behufs Zerlegung der gebildeten Metallseifen mit verdünnter Mineralsäure gekocht; schließlich wird das Reaktionsprodukt gepreßt und so direkt ein als Kerzenmaterial zu verwendendes Stearin erhalten.

W. H. Burton[1]) löst Ölsäure in flüssigen Kohlenwasserstoffen der Paraffinreihe auf und setzt die Ölsäure durch Zufügen von Schwefelsäure in Sulfoölsäure um; in die Lösung wird Dampf eingeführt, wodurch Oxystearinsäure entsteht. Nachdem sich die Schwefelsäure abgesetzt hat und abgelassen wurde, wird noch heiße Naphtha zugesetzt, um die ausgeschiedene Oxystearinsäure aufzulösen; diese wird dann auskristallisieren gelassen, umkristallisiert und getrocknet.

Sabatier und Senderens haben ihre Versuche über die Umwandlung ungesättigter Verbindungen in gesättigte durch direkte Einwirkung von Wasserstoff bei Gegenwart eines Katalysators auch auf Ölsäure ausgedehnt und z. B. aus Talgfettsäuren vom Schmelzpunkt 44^0—48^0 C. und der Jodzahl 35·1 hydrogenisierte Fettsäuren vom Schmelzpunkt 56·5^0—59^0 C. erhalten. Als Kontaktmittel erwies sich hierbei Nickel, durch Reduktion im Wasserstoffstrom gewonnen, am wirksamsten. Die Herforder Maschinenfabrik, Leprince und Siveke[2]) verfährt dabei in der Art, daß sie entweder ein Gemisch der Fettsäuredämpfe mit Wasserstoffgas über das auf einem geeigneten Träger, z. B. Bimsstein, verteilte Kontaktmittel leitet oder durch die mit dem Kontaktmittel gemischten Fettsäuren im flüssigen Zustande einen Wasserstoffstrom hindurchtreibt. Wird z. B. durch ein im Ölbade erwärmtes Gemisch von reiner Ölsäure mit feinem, durch Reduktion im Wasserstoffstrom erhaltenen Nickelpulver ein kräftiger Wasserstoffstrom hindurchgeleitet, so soll zum Schlusse der Operation die gesamte Ölsäure in Stearinsäure übergeführt sein. Wie die reine Ölsäure verhalten sich auch alle technisch gewonnenen Fettsäuren, desgleichen die in der Natur vorkommenden, Olein enthaltenden Neutralfette. An Stelle von Wasserstoff können auch technische, Wasserstoff enthaltende Gase, z. B. Wassergas, verwendet werden.

Die Anlagerung von Wasserstoff an Ölsäure und allgemein an ungesättigte Fettsäuren soll unter der Einwirkung elektrischer Glimmentladungen in vorteilhafter Weise stattfinden, indem sich dabei z. B. aus Ölsäure 50—60^0/$_0$ Stearinsäure bilden.[3])

Nach A. Knorre[4]) werden Ölsäure und ölsäurehaltige Fettsäuren durch Emulgieren mit Formaldehyd und darauffolgendes Eintragen von Zinkstaub in feste Fettsäuren übergeführt. So soll aus Talgölsäure eine feste Fettsäure vom Titer 50^0 C. erhalten werden.

Prüfung der Rohmaterialien. Die Wertbestimmung der zur Stearinfabrikation zu verwendenden Fette erfolgt im Handel auf Grund des Gehaltes an Wasser und Nichtfetten und namentlich des Erstarrungs-

---

[1]) Amerik. Pat. Nr. 772129. 11./10. 1904.
[2]) D. R. P. Nr. 141029. 14./8. 1902.
[3]) D. R. P. Nr. 167107. 30./3. 1904. — Chem. Zeitg. 1906. 30. 91.
[4]) D. R. P. Nr. 172690. 19./12. 1903. — Chem. Zeitg. 1906. 30. 273.

punktes der Fettsäuren. Je höher derselbe liegt, eine desto größere Ausbeute an festen Fettsäuren ist zu erwarten.

Die Probenahme wird mit der größten Sorgfalt in der S. 41 beschriebenen Weise ausgeführt.

Die Wasserbestimmung wird nach Norman Tate[1]) in der Weise vorgenommen, daß 50 g des Fettes in einem Porzellan- oder besser in einem Silbertiegel so lange auf 130° C. erhitzt werden, bis die Entwicklung der Dampfbläschen vollständig aufgehört hat und das Fett ruhig fließt, ohne Dämpfe zu entwickeln; dann wird es abkühlen gelassen und gewogen.

Die Verunreinigungen werden nach S. 44 bestimmt. Dabei ist zu erwähnen, daß Knochenfett, welches Leim und Kalkseifen enthält, verschiedene Resultate gibt, je nachdem es vor der Extraktion mit Petroläther getrocknet worden ist oder nicht. Deshalb soll im Handel die angewandte Untersuchungsmethode genau angegeben werden. Nach der „französischen Methode" werden die ungetrockneten Fettsäuren extrahiert.

Erstarrungspunkt der Fettsäuren (Talgtiter). Auf die möglichst genaue Bestimmung dieses Punktes muß besonders Gewicht gelegt werden, da die richtige Beurteilung der Ausbeute an Stearin wesentlich davon abhängt. Über die Art der Ausführung siehe S. 86 ff.

Zur Vergleichung können weiters die Jodzahlen als Maße für den Oleïngehalt der Fette herangezogen werden; je niedriger die Jodzahl, desto geeigneter ist das Material zur Stearinfabrikation. v. Hübl fand die Jodzahl von Palmöl zu 51·5, von Talg zu 40·0, Preßtalg 16·6. Nach L. Mayer bestimmt man zweckmäßiger die Jodzahl der Fettsäuren.[2])

Erstarrungs-punkt in ⁰ C.	Stearinsäure in Prozenten	Ölsäure in Prozenten	Erstarrungs-punkt in ⁰ C.	Stearinsäure in Prozenten	Ölsäure in Prozenten
35·0	25·20	69·80	44·5	49·40	45·60
35·5	26·40	68·60	45·0	51·30	43·70
36·0	27.30	67·70	45·5	52·25	42·75
36·5	28·75	66·25	46.0	53·20	41·80
37·0	29·80	65·20	46·5	55·10	39·90
37·5	30·60	64·40	47·0	57·95	37·05
38·0	31·25	63·75	47·5	58·90	36·10
38·5	32·15	62·85	48·0	61·75	33·25
39·0	33·45	61·55	48·5	66·50	28·50
39·5	34·20	60·80	49·0	71·25	23·75
40·0	35·15	59·85	49·5	72·20	22·80
40·5	36·10	58·90	50·0	75·05	19·95
41·0	38·00	57·00	50·5	77·10	17·90
41·5	38·95	56·05	51·0	79·50	15·50
42·0	39·90	55·10	51·5	81·90	13·10
42·5	42·75	52·27	52·0	84·00	11·00
43·0	43·70	51·30	52·5	88·30	6·70
43·5	44·65	50·35	53·0	92·10	2·90
44·0	47·50	47·50			

---

[1]) The Examination of Tallow, Liverpool 1888.
[2]) Vgl. Tortelli u. Pergami, Chem. Rev. üb. d. Fett- u. Harz-Ind. 1901. 9. 182, 204.

Dalican verarbeitet 50 g Fett und bestimmt den Erstarrungspunkt der daraus abgeschiedenen Fettsäuren. Vorstehende empirisch ermittelte Tabelle (s. S. 305) läßt aus dem Erstarrungspunkt der Fettsäuren auf die Ausbeute an Stearinsäure und Ölsäure schließen, welche 100 Teile Talg liefern können. Dabei ist die Gesamtausbeute an Fettsäuren zu 95 $\%$, die Glycerinausbeute zu 9·68 $\%$ (entsprechend 4 $\%$ Glycerinrest $C_3 H_2$) und der Gehalt an Feuchtigkeit und Verunreinigungen zu 1 $\%$ angenommen.

De Schepper und Geitel[1] empfehlen jeder Stearinfabrik, Tabellen zu entwerfen, aus welchen man die zu erwartende Ausbeute an festen Fettsäuren aus dem Erstarrungspunkt erschließen kann. Die Zahlen sind jedoch nur für die in der betreffenden Fabrik eingehaltene Fabrikationsmethode maßgebend, da abweichende Verfahren, wie schon aus dem bei der Schwefelsäureverseifung Gesagten hervorgeht, ganz andere Ausbeuten und Fettsäuren von anderen Schmelzpunkten liefern.

Die Ausarbeitung der Tabelle geschieht in der Weise, daß aus den selbsterzeugten Fettsäuren, also aus Stearin und Elaïn, Mischungen von bekanntem Gehalte hergestellt und deren Erstarrungspunkt bestimmt wird. Selbstverständlich muß für jede Fettgattung eine besondere Tabelle entworfen werden.

Erstarrungs-punkt °C.	Palmölfettsäuren enthalten Prozente Stearin vom Titer				Talgfettsäuren enthalten Prozente Stearin vom Titer			
	48° C.	50° C.	52° C.	55·4° C.	48° C.	50° C.	52° C.	54·8° C.
5	—	—	—	—	—	—	—	–
10	4·2	3·6	3·2	2·6	3·2	2·7	2·3	2·1
15	10·2	9·8	7·8	6·6	7·5	6·6	5·7	4·8
20	17·4	15·0	14·4	11·0	13·0	11·4	9·7	8·2
25	26·2	22·4	19·3	16·2	19·2	17·0	14·8	12·6
30	34·0	30·5	26·6	22·3	27·9	23·2	21·4	18·3
35	45·6	40·8	35·8	29·8	39·5	34·5	30·2	25·8
36	48·5	43·2	38·0	31·8	42·5	36·9	32·5	27·6
37	51·8	45·5	40·4	33·6	46·0	40·0	34·9	29·6
38	55·5	48·8	42·6	35·8	49·5	42·6	37·5	32·0
39	59·2	51·8	45·6	38·2	53·2	45·8	40·3	34·3
40	63·0	55·2	48·6	40·6	57·8	49·6	43·5	37·0
41	66·6	58·7	52·0	43·0	62·2	53·5	47·0	40·0
42	70·5	62·2	55·2	45·5	66·2	57·6	50·5	42·9
43	74·8	66·0	58·8	48·5	71·8	62·0	54·0	46·0
44	79·2	70·2	62·0	51·4	77·0	66·2	58·4	49·8
45	84·0	74·5	66·0	54·3	81·8	71·0	62·6	53·0
46	89·4	78·8	69·8	57·8	87·5	75·8	67·0	56·8
47	94·3	83·0	74·0	61·0	93·3	80·9	71·5	60·8
48	100·0	88·0	78·6	65·0	100·0	87·2	76·6	65·0
49	—	94·2	83·5	69·1	—	93·0	84·7	69·5
50	—	100·0	89·0	73·4	—	100·0	87·0	74·5
51	—	—	94·5	78·0	—	—	93·5	79·8
52	—	—	100·0	82·8	—	—	100·0	84·8
53	—	—	—	87·6	—	—	—	90·1
54	—	—	—	92·2	—	—	—	95·3
55	—	—	—	97·5	—	—	(54·8°)	100·0
55·4	—	—	—	100·0	—	—	—	—

[1] Dinglers Polyt. Journ. 245. 295.

Die vorstehende Tabelle ist von Yssel de Schepper und Geitel für das in der Kerzenfabrik zu Gouda in Holland geübte Verfahren entworfen. In derselben sind die Ausbeuten an Stearinen von verschiedenen Schmelzpunkten angegeben, wie sie durch verschieden starkes Auspressen, respektive durch Warmpressen bei höherer und niedrigerer Temperatur erhalten wurden. Da die Fabrik nach dem Schwefelsäureverfahren arbeitet, dürften die bei 48°, 50° und 52° C. schmelzenden Stearine sich vornehmlich durch einen größeren Isoölsäuregehalt von den bei 55·4° C. (Palmöl) und 54·8° C. (Talg) schmelzenden unterscheiden, doch mögen sie auch noch etwas Ölsäure enthalten.

Die Erstarrungspunkte von Mischungen von prima Stearin (sapon.) vom Erstarrungspunkt 54·0° C. und der Jodzahl 5·44 mit zweimal gepreßtem Saponificatelaïn vom Erstarrungspunkt 13·35° C. und der Jodzahl 76·46 gibt Pastrovich wie folgt an:

Erstarrungspunkt in °C.	Stearin in Prozenten	Elaïn in Prozenten	Jodzahl nach Hübl	Erstarrungspunkt in °C.	Stearin in Prozenten	Elaïn in Prozenten	Jodzahl nach Hübl
*54·00	100·0	0·0	5·44	43·30	47·5	52·5	—
*53·60	97·5	2·5	—	42·60	45·0	55·0	—
*53·25	95·0	5·0	—	41·75	42·5	57·5	—
*52·85	92·5	7·5	—	*40·85	40·0	60·0	46·91
*52·45	90·0	10·0	12·35	39·95	37·5	62·5	—
52·00	87·5	12·5	—	39·05	35·0	65·0	—
51·60	85·0	15·0	—	38·00	32·5	67·5	—
51·20	82·5	17·5	—	*37·05	30·0	70·0	53·28
*50·80	80·0	20·0	19·74	35·90	27·5	72·5	—
50·30	77·5	22·5	—	34·65	25·0	75·0	—
*49·80	75·0	25·0	—	33·35	22·5	77·5	—
49·30	72·5	27·5	—	*32·05	20·0	80·0	60·58
*48·80	70·0	30·0	26·28	30·60	17·5	82·5	—
48·30	67·5	32·5	—	28·80	15·0	85·0	—
47·80	65·0	35·0	—	27·00	12·5	87·5	—
47·25	62·5	37·5	—	*24·30	10·0	90·0	67·54
*46·70	60·0	40·0	33·16	21·60	7·5	92·5	—
46·10	57·5	42·5	—	18·90	5·0	95·0	—
*45·55	55·0	45·0	—	16·15	2·5	97·5	—
44·80	52·5	47·5	—	*13·35	0·0	100·0	76·46
*44·15	50·0	50·0	40·28				

Die unter * stehenden Erstarrungspunkte wurden direkt bestimmt, die anderen aus der nach diesen *-Bestimmungen konstruierten Kurve abgelesen; die Daten von 30·6° C. abwärts sind nicht ganz zuverlässig, da die Kurve die Koordinaten in sehr spitzen Winkeln schneidet.

Die zu erwartende Glycerinausbeute wird nach S. 194 aus der Ätherzahl berechnet, sofern die zur Verarbeitung kommenden Fette frisch sind; bei alten, verdorbenen Fetten mit hoher Säurezahl kann die Glycerinausbeute nach Shukoff und Schestakoff (S. 193) bestimmt werden.

Über den Nachweis von Verfälschungen siehe Talg, Palmöl usw.

Überwachung des Verseifungsprozesses und Prüfung der Zwischenprodukte. Um zu kontrollieren, wie weit der Verseifungsprozeß vorgeschritten ist, wird von Zeit zu Zeit in den betreffenden Apparaten entnommenen Proben das Verhältnis von Neutralfett und freier Fettsäure bestimmt. Dazu wird die Probe zur Abscheidung der Fettmasse bei der Schwefelsäureverseifung mit Wasser, bei der Autoklavenverseifung sowie bei der fermentativen Spaltung und bei der Spaltung nach Twitchell mit verdünnter Schwefelsäure gekocht. Nach dem Erkalten wird der Fettkuchen abgehoben und die Säurezahl (s) und die Verseifungszahl (k) bestimmt. Unter Berücksichtigung des Umstandes, daß 100 T. der zur Stearinfabrikation benutzten Neutralfette 95 T. Fettsäuren liefern, ergibt sich das Verhältnis von freier Fettsäure (f) zum Neutralfett (N) im Moment der Probenahme aus der Proportion:

$$f : N = s : 1\cdot053\,(k - s).$$

Ein Beispiel über den Verlauf einer Verseifung von Talg mit $3\,^0/_0$ Kalk unter 10 Atmosphären Druck gibt Lach.[1]

Die Autoklavenmasse enthielt:

<pre>
        nach 1 Stunde   64·5 % unverseiftes Fett
         „   2 Stunden 24·0 „   „   „
         „   3   „   22·6 „   „   „
         „   4   „   15·3 „   „   „
         „   5   „   11·4 „   „   „
         „   6   „   9·2 „   „   „
         „   7   „   6·0 „   „   „
         „   8   „   2·6 „   „   „
         „   9   „   2·1 „   „   „
         „   10   „   0·9 „   „   „
         „   12   „   0·7 „   „   „
</pre>

Zur Bestimmung des Verhältnisses der festen Fettsäuren zur Ölsäure in den Preßkuchen, den in den Kalt- und Warmpressen abgeflossenen Säuremischungen und dem Elaïn kann, wenn es sich um Produkte der Kalkverseifung (des fermentativen oder des Twitchell-Verfahrens) handelt, die Jodzahl ermittelt werden. Bei von der Schwefelsäureverseifung gewonnenen Produkten müßte die Trennung mittels der Bleisalze erfolgen. Statt dessen benutzen de Schepper und Geitel für Preßkuchen die oben angeführte Tabelle. Den Stearingehalt flüssiger oder halbflüssiger Säuremischungen bestimmen sie in ähnlicher Weise, indem sie mit einer Probe wie zur Abscheidung der Fettsäuren aus einem Neutralfett verfahren, um eine vielleicht noch vorhandene kleine Neutralfettmenge zu zerlegen, und den Erstarrungspunkt der Fettsäuren bestimmen, der dann mit Hilfe der nebenstehenden Tabelle den gewünschten Aufschluß gewährt.

Diese Tabelle ist von de Schepper und Geitel in ähnlicher Weise wie diejenige für unvermischte Talg- und Palmölfettsäuren (s. S. 306) entworfen, indem nämlich Oleïn von $5\cdot4\,^0$ C. Erstarrungspunkt mit eben solchem Stearin von $48\,^0$ C. Erstarrungspunkt in bestimmten Verhältnissen zusammengeschmolzen und die Erstarrungspunkte der Mischungen bestimmt wurden.

---

[1] E. Marazza und Dr. C. Mangold: Die Stearinindustrie. Weimar 1896.

Erstarrungspunkt des Fettsäuregemisches °C.	Prozente gemischten Stearins vom Erstarrungspunkt 48° C.	Erstarrungspunkt des Fettsäuregemisches °C.	Prozente gemischten Stearins vom Erstarrungspunkt 48° C.	Erstarrungspunkt des Fettsäuregemisches °C.	Prozente gemischten Stearins vom Erstarrungspunkt 48° C.
5·4	—	20	12·1	35	39·5
6	0·3	21	13·2	36	43·0
7	0·8	22	14·5	37	46·9
8	1·2	23	15·7	38	50·5
9	1·7	24	17·0	39	54·5
10	2·5	25	18·5	40	58·9
11	3·2	26	20·0	41	63·6
12	3·8	27	21·7	42	68·5
13	4·7	28	23·3	43	73·5
14	5·6	29	25·2	34	78·9
15	6·6	30	27·2	45	83·5
16	7·7	31	29·2	46	89·0
17	8·8	32	31·5	47	94·1
18	9·8	33	33·8	48	100·0
19	11·1	34	36·6		

Stearin. Die technische Untersuchung des Stearins erstreckt sich auf den Schmelzpunkt und Erstarrungspunkt und auf einen möglichen Gehalt an Neutralfett, Paraffin, Ceresin, Carnaubawachs und Cholesterin.

Die qualitative Prüfung auf Neutralfett und Kohlenwasserstoffe wird nach Geitels Vorschrift S. 53 vorgenommen.

Neutralfett kann im Stearin infolge einer unvollständigen Verseifung oder als absichtlicher Zusatz enthalten sein. Wenn es in geringer Menge vorhanden ist, so gibt die Bestimmung der Ätherzahl nur ungenügenden Aufschluß. Der Gehalt an Neutralfett kann aber mit hinreichender Genauigkeit ermittelt werden, wenn von 20—50 g der Substanz eine Glycerinbestimmung nach S. 196 ausgeführt und die Glycerinausbeute mit 10 multipliziert wird; oder es wird das Neutralfett nach VII, S. 163, bestimmt.

Kohlenwasserstoffe sind entweder in der Form von Paraffin oder Ceresin absichtlich zugesetzt, oder sie haben sich bei fehlerhafter Destillation der Fettsäuren gebildet. Die Bestimmung erfolgt nach VIII, S. 212 ff.

Carnaubawachs erhöht den Schmelzpunkt des Stearins sehr bedeutend, und zwar ein Zusatz von nur 5% schon um 10° C., Zusatz von Wachs und Montanwachs verleihen dem an und für sich spröden, brüchigen Stearin eine gewisse Zähigkeit, doch wurde z. B. durch 5% Montanwachs der Erstarrungspunkt eines Saponificatstearins von 54·7° C. auf 53·9° C. herabgedrückt. Die Gegenwart eines Wachses im Stearin läßt sich nach den in den Abschnitten VII und VIII beschriebenen Methoden leicht erkennen.

Destilliertes Wollstearin wird an dem Gehalt von Cholesterin leicht erkannt.

Es läßt sich ferner auch leicht entscheiden, nach welchem Verfahren ein Stearin hergestellt worden ist, indem Saponificatstearin nur aus Palmitin- und Stearinsäure besteht, während Destillatstearin noch Isoölsäure enthält, und nach von Schmidt dargestelltes Stearin größtenteils aus Stearolacton und Isoölsäure besteht.

Die Bestimmung eines jeden dieser Gemengteile ist schon in Abschnitt VII eingehend beschrieben. Zur raschen Orientierung sei nochmals erwähnt, daß Destillatstearin infolge seines Isoölsäuregehaltes eine beträchtliche Jodzahl (bis 15), stearolactonhaltiges Stearin eine konstante Ätherzahl (S. 191) zeigt.

Der ungefähre Palmitinsäuregehalt läßt sich nach S. 182 aus der Verseifungszahl berechnen, der Ölsäuregehalt müßte nach S. 181 bestimmt werden.

2. Technische Ölsäure (Elaïn, Oleïn).

Die Elaïne des Handels sind entweder gelb bis hellbraun und klar (blondes Elaïn), oder dunkelbraun und trübe. Sie werden gewöhnlich unterschieden in Saponificat-, Seifen- und Destillatelaïn. Das Saponificatelaïn stammt entweder von den bei der Autoklavenverseifung oder bei der fermentativen und Twitchellschen Spaltung aus hellen Fetten erhaltenen Fettsäuren; es enthält Ölsäure neben wechselnden Mengen von festen Fettsäuren (Palmitin- und Stearinsäure) und Neutralfetten; sein Gehalt an unverseifbaren Bestandteilen ist gering. Destillatelaïn enthält daneben noch Isoölsäure und sehr häufig auch Kohlenwasserstoffe, die bei der Destillation der Fettsäuren als Zersetzungsprodukte auftreten, so daß von ihrer Anwesenheit auf die Herstellungsweise des Elaïns geschlossen werden kann. Doch ist der umgekehrte Schluß, daß ein keine Kohlenwasserstoffe enthaltendes Produkt Saponificatelaïn sei, nicht zulässig. Die Destillationsanlagen werden heute in so vollkommener Art konstruiert, daß bei einigermaßen aufmerksamer Überwachung des Betriebes die Bildung von Kohlenwasserstoffen bei der Destillation der Fettsäuren fast ganz ausgeschlossen ist. Das Destillatelaïn wird nicht nur aus den bei dem Acidifikationsverfahren erhaltenen Fettsäuren, sondern auch aus dunklen Saponificatelaïnen, wie z. B. Knochenfettelaïn usw. durch Destillation gewonnen. Das Seifenelaïn ist gewöhnlich sehr sorgfältig erzeugtes Destillat, seltener ein Gemisch von Saponificat- und Destillatelaïn.

Schon geringe Mengen Kohlenwasserstoffe enthaltende Proben zeigen meist eine schwache, bläuliche bis bläulichgrüne Fluorescenz. Eine Grenzzahl dafür, bis zu welchem Gehalt an Kohlenwasserstoffen ein Elaïn noch als Saponificat anzusprechen ist, existiert nicht; gewöhnlich wird für Seifenelaïn ein Gehalt von höchstens $3\,^0/_0$ unverseifbarer Körper garantiert; Elaïn mit einem größeren Gehalte an Kohlenwasserstoffen als $3\,^0/_0$ muß als Destillatelaïn angesprochen werden.

Neben diesen Hauptbestandteilen enthalten die Elaïne noch wechselnde Mengen von Feuchtigkeit und äußerst kleine Mengen von Mineralstoffen. Der Wassergehalt verrät sich, wenn er mehr als $1\,^0/_0$

beträgt, durch das trübe Aussehen der etwas erwärmten Probe beim langsamen Abkühlen; dadurch läßt sich die Trübung von der durch die Ausscheidung fester Fettsäuren hervorgebrachten unterscheiden, da beim Abkühlen die festen Fettsäuren nicht sofort wieder auskristallisieren. Die Mineralstoffe, zumeist Eisen- und Kupferverbindungen, stammen aus den Apparaten und Behältern, in denen das Elaïn aufgefangen und aufbewahrt wurde. Manchmal findet sich auch ein geringer Gehalt an Kalkverbindungen und geringe Mengen Schwefelsäure vor.

Elaïn kann auf seinen Gehalt an festen Fettsäuren, Neutralfett und Kohlenwasserstoffen, eventuell auch auf Schwefelsäure geprüft werden.

Dieterich[1]) fand in 25 Proben technischer Ölsäure einen Gehalt von 33·90—98·70 % Ölsäure. Dieselben besaßen eine Säurezahl von 166·6—196·0 und eine Jodzahl von 65·03—86·18. Nach ihm soll eine technische Ölsäure eine Säurezahl von mindestens 178·73 (entsprechend 90 % Ölsäure) und eine Jodzahl von 75—85 besitzen.

Pastrovich erhielt für ein zweimal gepreßtes Saponificatelaïn mit einem Fettsäuretiter 13·35° C. die Jodzahl 76·37, für ein einmal gepreßtes Saponificatelaïn mit einem Fettsäuretiter von 16·2° C. die Jodzahl von 68·47. Ein anderes doppelt gepreßtes Saponificatelaïn zeigte eine Säurezahl von 178·85 und eine Verseifungszahl von 200·61.

Allen konstatierte in einer Anzahl Proben von technischer Ölsäure einen Gehalt von 1·3—10·3 % an unverseifbaren Bestandteilen, einen solchen von 0—17·5 % an Neutralfett und einen Gehalt von 80·3 bis 96·2 % an freien Fettsäuren.

Pastrovich hat eine Anzahl Elaïnproben von bekannter Herkunft auf ihren Gehalt an unverseifbaren Körpern untersucht; es enthielten:

Bezeichnung	Unverseifbare Körper
Saponificat des Handels	1·81 %
„ aus Talgfettsäuren	0·28 %
Destillat (bei Wasserkühlung)	0·78 %
„ (bei Luftkühlung)	1·14 %
„ des Handels, Fabrik I	1·33 %
„ aus Knochenfettelaïn	1·87 %
„ des Handels, Fabrik II	3·71 %
„ weißes aus Talgelaïn	4·39 %
4 Destillate des Handels, Fabrik III . . .	6·35—9·43 %
Destillat bei fehlerhaftem Betrieb	17·38 %

Für die Verwendung in der Seifenfabrikation ist in erster Linie die Ermittlung des Gehaltes an unverseifbaren Bestandteilen von Belang, welche nach den früher beschriebenen Methoden erfolgt.

P. Neff[2]) verfährt zur Bestimmung der unverseifbaren Bestandteile in Handelselaïnen, wie folgt:

10 g der Probe werden in einem kleinen, ca. 200 ccm fassenden Kolben abgewogen und 75 ccm 95 prozentigen Alkohols zugegeben. Hierauf

---

[1]) Fresenius, Zeitschr. f. analyt. Chem. 1896. 109.
[2]) Zeitschr. f. angew. Chem. 1901. 309.

wird eine Lösung von 5 g Ätzkali in möglichst wenig Wasser zugefügt und durch $^3/_4$ Stunden hindurch am Rückflußkühler gekocht. Nun werden der heißen Flüssigkeit 50 ccm Wasser zugesetzt. Bei einem Gehalte von weniger als $3^0/_0$ unverseifbaren Bestandteilen bleibt die Flüssigkeit meist klar. Nach dem Erkalten wird der Kolbeninhalt in einen Scheidetrichter gebracht, mit einigen Tropfen Phenolphthaleïnlösung versetzt und mit verdünnter Salzsäure bis zur schwach alkalischen Reaktion abgestumpft. Hierauf wird mit 50 ccm Petroläther (Siedepunkt 60° C.) ausgeschüttelt, 25 ccm Petroläther werden in ein Bechergläschen abpipettiert und abgedunstet, und der Rückstand wird bei 110° C. getrocknet und gewogen. Zweckmäßiger dürfte es sein, die Seifenlösung einige Male mit Petroläther auszuschütteln, die petrolätherische Lösung der Kohlenwasserstoffe wiederholt mit Wasser, die wässerigen Ausschüttelungen mit Petroläther zu waschen, die gesammelten Petrolätherausschüttelungen abzudestillieren und den so erhaltenen Rückstand nach dem Trocknen zu wägen.

Die Gegenwart einer mehr als normalen Menge von Oxydations- und sekundären Produkten sauren Charakters wird von Allen durch Schütteln von 50 ccm Elaïn mit 1 ccm 10prozentigen Ammoniaks und 50 ccm Wasser erkannt, beide Schichten sollen dadurch die saure Reaktion auf Lackmus verlieren.

Neutralfett wird wie beim Stearin, feste Fettsäuren werden nach S. 173 ff. bestimmt.

Hat man ein Interesse daran zu erfahren, ob das Elaïn aus reinem Talg oder unter Mitanwendung vegetabilischer Fette oder aus diesen allein dargestellt sei, so versucht man den Nachweis der vegetabilischen Fette nach den in Abschnitt XI. angegebenen Methoden.

Nach Granval und Valser[1] sollen die aus Preßtalg erhältlichen Fettsäuren schwer zu pressen und zu reinigen sein, weshalb der Preßtalg vor der Verseifung mit Leinöl versetzt werden soll, wobei überdies die festen Fettsäuren desselben die Ausbeute erhöhen sollen (?). Das abfließende, leinölhaltige Elaïn ist als Wollspickmittel unbrauchbar. Die Angaben Granval-Valsers werden jedoch von anderen Fachmännern als im allgemeinen nicht den Tatsachen entsprechend bezeichnet.

Ein größerer Leinölsäuregehalt des Elaïns wird an der bedeutend erhöhten Jodzahl leicht erkannt.

Hazura[2] weist diese Verfälschung unter Benutzung der S. 118 beschriebenen Methode in folgender Weise nach:

50 g des fraglichen Oleïns werden mit verdünntem, alkoholischem Kali auf dem Wasserbade verseift, die erhaltene Kaliseife vom Alkohol befreit und in 1 l Wasser gelöst. Diese Lösung, welche stark alkalisch sein muß, wird nun mit 1 l einer 5prozentigen Lösung von Kaliumpermanganat langsam und unter Umrühren vermischt. Nach etwa $^1/_2$—1 Stunde filtriert man vom gebildeten Manganhyperoxydhydrat ab, säuert das Fil-

---

[1] Journ. Pharm. Chim. 1889. 19. 232.
[2] Zeitschr. f. angew. Chem. 1889. 12. 283.

trat mit Schwefelsäure an und filtriert abermals von dem gebildeten Niederschlage ab. Das nun erhaltene Filtrat wird mit Ätzkali neutralisiert, auf etwa 300 ccm eingedampft und wieder mit Schwefelsäure angesäuert, wobei abermals ein Niederschlag entsteht.

Die saure Flüssigkeit wird nun, ohne den Niederschlag zu entfernen, mit Äther geschüttelt. Löst sich der Niederschlag vollständig in Äther auf, so besteht er nur aus Azelaïnsäure $C_9H_{16}O_4$, und das Oleïn ist in diesem Falle frei von Leinölfettsäure.

Löst sich aber der Niederschlag nicht in Äther auf, so kann man schon mit großer Wahrscheinlichkeit auf das Vorhandensein von Leinölfettsäure schließen. Um ganz sicher zu gehen, wird der in Äther unlösliche Niederschlag abfiltriert, einige Male aus Wasser oder Alkohol unter Zusatz von Tierkohle umkristallisiert und, nachdem er lufttrocken geworden ist, auf seinen Schmelzpunkt geprüft. Liegt derselbe über 160° C., so ist die Leinölfettsäure zweifellos nachgewiesen.

Hat man eine größere Menge des über 160° C. schmelzenden Oxydationsproduktes erhalten, so kann man zur weiteren Kontrolle dessen Säurezahl bestimmen. Dieselbe darf 150 nicht übersteigen, da die Säurezahl der Hexaoxystearinsäuren, welche in diesem Oxydationsprodukt enthalten sind, 147·3 beträgt.

Amagat und Jean[1]) erkennen den Leinölfettsäuregehalt mittels ihres Oleorefraktometers, in welchem die Elaïne folgende Ablenkungen zeigen:

Ölsäure aus Talg oder aus Talg und Palmöl — 36° bis — 34°
Ölsäure mit 10% Leinölfettsäuren . . . . . — 29°
,, ,, 20% ,, ... — 24°
,, ,, 25% ,, ... — 23°
,, ,, 40% ,, ... — 11°
Leinölfettsäuren . . . . + 29°

In gleicher Weise läßt sich der Gehalt an Wollfettoleïn ermitteln:

Ölsäure aus Talg oder aus Talg und Palmöl — 34°
,, mit 10% Wollfettdestillatelaïn — 28°
,, ,, 20% ,, — 23°
,, ,, 30% ,, — 17°
,, ,, 40% ,, — 11°
,, ,, 50% ,, — 5°
Wollfettdestillatelaïn + 25°

Wollfettelaïn wird aus dem Wollfett durch Destillation mit überhitztem Wasserdampf und Abpressen der festen Anteile erhalten. Es gibt die Liebermann-Storchsche Reaktion und enthält oft beträchtliche Mengen unverseifbarer Substanzen, wie ungesättigte Kohlenwasserstoffe und Fettalkohole.[2])

Auch die durch Abpressen der Tranfettsäuren erhaltenen, flüssigen Fettsäuren führen den Namen Elaïn. Sie besitzen einen bedeutenden Gehalt an stark ungesättigten Fettsäuren und oft einen höchst unangenehmen, von den bei der Verseifung entstandenen Basen (Cadaverin

---

[1]) Monit. scient. 1890. 346.
[2]) Vgl. Marcusson, Mitt. d. K. Materialprüfungsamtes 1904. 22. 96.

$C_5H_{16}N_2$, Guanidin $C_7H_{17}NO_2$ und Putrescin $C_{17}H_{12}N_2$) herrührenden Geruch. Um diese übelriechenden Stoffe zu entfernen, werden die Tranfettsäuren nach Kaalund[1]) mit überhitztem Wasserdampf abgeblasen.

Stearinpech.

Der teerartige Rückstand von der Fettsäuredestillation (Goudron) wird gewöhnlich in einer separaten Blase bei ca. 300° C. nochmals mit überhitztem Wasserdampf destilliert, wonach eine schwarze dicke, oft asphaltartige Masse hinterbleibt, welche Stearinpech genannt wird, und ca. 2—3°/₀ vom Gewichte der verarbeiteten Fette beträgt.

Donath[2]) untersuchte eine derartige Masse und fand, daß dieselbe ca. 21°/₀ in Alkohol löslicher Bestandteile enthielt. Die alkoholische Lösung zeigte schwach saure Reaktion und Fluorescenz. An verseifbaren Bestandteilen wurden ca. 9°/₀ gefunden.

Bei der Destillation der Probe ergaben sich hauptsächlich Kohlenwasserstoffe, welche zum Teile genügende Viskosität zeigten, um als Schmieröl verwendet werden zu können.

Übereinstimmend mit dieser letzten Beobachtung hat auch Stas konstatiert, daß sich bei der Destillation der rohen Fettsäuren bis zu 5°/₀ Kohlenwasserstoffe bilden, und Cahours und Demarcay[3]) haben diese Kohlenwasserstoffe näher untersucht und einige derselben isoliert.

Auch Krey[4]) hat Stearinpech unter Druck destilliert und petroleumähnliche Kohlenwasserstoffe erhalten.

Da es oft wünschenswert ist, Fettpeche (Stearinpech und auch Wollpech) von Petrolpech, den Rückständen der Erdöldestillation, zu unterscheiden, sei noch erwähnt, daß die weichen und mäßig harten Fettpeche durch einen verhältnismäßig bedeutenden Anteil an verseifbaren Körpern und einen an Fett erinnernden Geruch charakterisiert sind. Harte Fettpeche enthalten bereits bedeutend weniger verseifbare Bestandteile, und bei den pechartigen Rückständen der Erdöldestillation ist der Gehalt an verseifbaren Bestandteilen minimal.

Holde und Marcusson[5]) fanden bei:

weichen und mäßig harten Fettpechen Säurezahlen zwischen 9·2 und 22·5
und Verseifungszahlen zwischen . . . . 11·5 „ 34·0
bei harten Fettpechen (6 Proben) Säurezahlen zwischen . . 0·2 „ 4·0
und Verseifungszahlen zwischen . . . . 2·2 „ 7·2
und bei sehr dickflüssigen, weichen und harten Erdölrückständen Säurezahlen zwischen . . . . 0·1 „ 1·2
und Verseifungszahlen zwischen . . . . 1·1 „ 2·6

Nach Donath[6]) enthalten die Fettpeche hochsiedende Kohlenwasserstoffe, sowohl gesättigter als auch ungesättigter Natur, Reste von Fettsäuren, sowie von Neutralfetten (Glyceriden) und andere Fettsäureester,

---

[1]) Dän. Pat. Nr. 2911 vom 16. Febr. 1899.
[2]) Chem. Zeitg. 1893. 17. 1788.
[3]) Compt. rend. 53. 1568. — Ber. d. deutsch. chem. Ges. 1875. 10. 981.
[4]) Chem. Zeitg. 1894. 18. 183.
[5]) Mitt. Techn. Vers.-Anst. Charlottenburg 1900. 18. 147.
[6]) Chem. Rev. üb. d. Fett- u. Harz-Ind. 1905. 12. 42 u. 74.

dann wahrscheinlich Fettsäureanhydride und Lactone. Bei den Wollpechen und Stearinwollpechen treten noch Cholesterine, höhere Fettalkohole usw. hinzu. Die Peche enthalten außerdem ausnahmslos eine gewisse Menge von Mineralsubstanzen, die als Asche bestimmt werden können. Bei der Untersuchung eines Stearinpeches für technische Zwecke wären zu bestimmen: 1. der in Äther oder in Petroläther lösliche Anteil; in diesem Extrakt wären dann Säure- und Verseifungszahl, bei den Goudronen auch die Glycerinausbeute zu ermitteln. 2. Der nun weiter in Benzol lösliche Anteil und 3. der gesamte nun unlöslich gebliebene Rückstand und in einer neuen Probe die Asche.

Donath fand in zwei Stearingoudronen:

	I	II
Unverseifbares	$16{\cdot}12\,^0/_0$	$31{\cdot}08\,^0/_0$
Gesamtfettsäuren im freien Zustande auf Stearinsäure berechnet	$82{\cdot}01\,^0/_0$	$67{\cdot}59\,^0/_0$
Glycerinausbeute	$2{\cdot}40\,^0/_0$	$1{\cdot}35\,^0/_0$

und bei zwei Stearinwollpechen

die Säurezahlen . . . . $14{\cdot}07$ und $16{\cdot}70$
die Verseifungszahlen . . . . . . $46{\cdot}56$ „ $70{\cdot}32$.

Der in Äther unlösliche Rückstand betrug bei den eigentlichen Stearinpechen inklusive dem Goudron $0{\cdot}97$—$8{\cdot}67\,^0/_0$, bei den zwei Stearinwollpechen $52{\cdot}84\,^0/_0$ und $77{\cdot}56\,^0/_0$.

Unter Umständen wird auch der beim Erhitzen der Fettpeche am Platinblech oder in der Eprouvette auftretende Acroleïngeruch diese als solche erkennen lassen.

Sonst sei betreffs des Verhaltens der Fett- und Erdölpeche bei der Destillation und bei der Destillation mit Wasserdampf, betreffs des spezifischen Gewichtes der Peche und ihrer Destillate und der anorganischen Bestandteile der Fettpeche auf die oben zitierte Arbeit von Holde und Marcusson verwiesen.

Stearinpech (und auch Wollpech) finden Verwendung zur Gaserzeugung, zur Herstellung von Isoliermasse für Kabel und zur Erzeugung von geruchloser Dachpappe.

D. Kerzen.

Nach den zur Herstellung der Kerzen verwendeten Materialien können dieselben in 1. Talgkerzen (Unschlittkerzen), 2. Stearinkerzen, 3. Paraffin- und Kompositionskerzen, 4. Ceresinkerzen und 5. Wachskerzen unterschieden werden.

1. Talgkerzen.

Die Fabrikation der Talgkerzen ist heute infolge des Vorhandenseins anderer, modernerer, gleichartiger Beleuchtungsmittel in stetem Abnehmen begriffen. Als Rohmaterial zur Herstellung der Talgkerzen dient reiner, schmutz- und wasserfreier, möglichst harter Talg (Kerntalg); weiche Talge werden, um sie zum Kerzengießen verwendbar zu machen, mit Preßtalg versetzt.

Früher wurden die Talgkerzen durch Ziehen hergestellt, wie dies bei den Wachskerzen heute noch der Fall ist, jetzt werden dieselben ebenso wie die Stearinkerzen gegossen.

Die Untersuchung des Materiales, aus welchem Talgkerzen bestehen, wird in derselben Art, wie die des Talges ausgeführt.

2. Stearinkerzen.

Das Ausgangsmaterial für dieselben bildet das technische Stearin; dasselbe wird, einerseits um die daraus hergestellten Kerzen weniger spröde zu machen, andrerseits zur Verbilligung, mit Zusätzen, wie Paraffin, Cocosöl usw., versehen. Die Untersuchung des Kerzenmateriales ist daher dieselbe wie die des technischen Stearins (S. 309).

Fig. 75.

Das zur Verwendung kommende rohe Stearin wird zur Entfernung der mechanischen und chemischen Verunreinigungen (Schmutz und Metallseifen) zuerst mit sehr verdünnter Schwefelsäure und hierauf mit Wasser abgekocht und ruhig stehen gelassen, bis es sich vollkommen klärt;

bei diesen Operationen werden die Zusätze beigeschmolzen. In der fertigen Kerze soll ein gleichmäßig feines Korn erzielt werden; dies wird durch gestörte Kristallisation erreicht. Dieselbe wird durch Rühren des geklärten Stearins bis zur beginnenden Kristallisation eingeleitet und, wenn das Stearin in die Formen eingegossen worden ist, durch Wasserkühlung beendigt. Durch die beim Rühren sich ausscheidenden Kristalle wird das Stearin milchig trübe. Die in den Gießmaschinen befindlichen Kerzenformen, aus einer hauptsächlich Zinn, ferner Blei, Wismut und Cadmium enthaltenden Legierung bestehend, werden ungefähr auf die Temperatur des im Kristallisationsbeginn befindlichen Stearins mittels Dampf angewärmt, um ein gleichmäßiges Ausfließen der Formen zu ermöglichen, und nach dem Eingießen des Kerzenmaterials durch Umspülen mit kaltem Wasser gekühlt, wodurch einerseits eine glatte Oberfläche der Kerzen, andrerseits das zur Erzielung eines gleichmäßigen Kornes nötige, rasche Erstarren des Kerzenmaterials erzielt wird. Da bei der Herstellung der Kerzen auch auf die Erzielung einer gewissen Transparenz derselben geachtet werden muß, die bei Anwendung von zu kaltem Wasser nicht möglich ist, muß die Temperatur des Kühlwassers dem betreffenden Kerzenmaterial angepaßt und das Kühlwasser eventuell entsprechend erwärmt werden. Das Gießen der Stearinkerzen erfolgt in den Kerzengießmaschinen (Fig. 75).

3. Paraffinkerzen.

Paraffin ist zum größten Teile ein Gemenge von Kohlenwasserstoffen der Reihe C_nH_{2n+2}. Es ist meist weiß, durchscheinend, kristallinisch, geruch- und geschmacklos und im Vakuum unzersetzt destillierbar.

Es wird aus den schweren Ölen, die bei der Destillation von Rohpetroleum oder Braunkohlenteer erhalten werden, in der Weise gewonnen, daß die vom Wasser befreiten Öle in Kristallisationsgefäßen, welche mit Rohren und Doppelmantel zur Aufnahme der Kühlsole versehen sind, einer niedrigen Temperatur ausgesetzt werden, wobei das Paraffin auskristallisiert. Die Kristalle werden durch Abpressen in Filterpressen, welche meist kühlbare Rahmen besitzen, von den schweren Ölen befreit, wobei gelbe Paraffinschuppen gewonnen werden. Durch Zusammenschmelzen mit Petroleum oder mit leichten Mineralölen und neuerliches Pressen wird ein nahezu weißes Produkt erhalten, welches nur noch durch Behandeln mit Entfärbungspulver, Blutlaugensalzrückständen oder Thonolit (Tonerdesilicat) gereinigt wird. In neuerer Zeit bürgert sich auch die Entfernung des Öles aus dem Paraffin durch das sogenannte „Schwitzverfahren" immer mehr ein, nach welchem durch ganz vorsichtig gesteigerte Temperatur, welcher die Mischmasse in eigenen Kammern (den „Schwitzkammern") ausgesetzt und die zuletzt bis in die Nähe der Erstarrungstemperatur des Paraffines erhöht wird, eine Art „Aussaigern" des Öles stattfindet. Das so erhaltene stark paraffinhältige Öl wandert als Retourgang in den Betrieb zurück.

Die Schmelz- und Erstarrungspunkte der verschiedenen Paraffinsorten (weiches und hartes Paraffin) variieren sehr, ebenso die spezifischen Gewichte. Sauerlandt[1]) gibt z. B. den Erstarrungspunkt des Paraffins zu 38^0—82^0 C., das spezifische Gewicht zu 0·869—0·943 an. Allen fand das letztere bei 98^0—100^0 C. (Wasser von $15·5^0$ C. $= 1$) zu 0·750—0·800. Je höher der Erstarrungspunkt, desto höher ist auch das spezifische Gewicht. Das Paraffin wird im Handel nach seinem Erstarrungspunkt bezeichnet, z. B. 38 grädiges, 82 grädiges usw. Paraffin. Ulzer und Alexander fanden für die Verbrennungswärme von bei 60^0 C. schmelzendem Javaparaffin 10 854 Cal.

Die Löslichkeitsverhältnisse des Paraffins haben Pawlewski und Filemonewicz[2]) eingehend untersucht. 1 g Ozokeritparaffin vom Schmelzpunkt 64^0—65^0 C., Erstarrunpspunkt 61^0—63^0 C. und spez. Gew. 0·9170 bei 20^0 C. bedurfte zur vollständigen Lösung bei 20^0 C. 7·6 g Schwefelkohlenstoff, 8·5 g Petroleumbenzin (bis 75^0 C. siedend, spez. Gew. 0·7233), 41·3 g Chloroform, 50·3 g Benzol, 50·8 g Äther, 378·7 g Aceton, 453·6 g Alkohol von $99·5^0$ Tr., 1447·5 g Methylalkohol, 1668·6 g Eisessig, 3826·2 g Essigsäureanhydrid und 330 000 g Alkohol von 75^0 Tr.

Für den Handel ist der Schmelzpunkt oder der demselben ziemlich nahe liegende Erstarrungspunkt maßgebend; je höher derselbe liegt, desto wertvoller ist das Produkt. Weichparaffin kann zur Erzeugung von Kerzen nicht Verwendung finden. Der Schmelzpunkt für Produkte, welche zu diesem Zwecke verwendet werden, liegt meist zwischen 52^0 und 58^0 C. Da die verschiedenen Methoden zur Bestimmung des Schmelzpunktes oder Erstarrungspunktes nicht unwesentlich differierende Angaben liefern, so muß zwischen Händler und Käufer die zu befolgende Methode vereinbart werden.

Zumeist sind die vom Verein für Mineralölindustrie in Halle a. S. vorgeschriebene, ferner die „amerikanische" und die „schottische" Methode im Paraffinhandel vielfach in Gebrauch. Die Hallenser Vorschrift lautet:

„Ein kleines, mit Wasser gefülltes Becherglas von ungefähr 7 cm Höhe und 4 cm Durchmesser wird bis ungefähr 70^0 C. erwärmt, und auf das erwärmte Wasser ein kleines Stückchen des zu untersuchenden Paraffins geworfen, so groß, daß es nach dem Zusammenschmelzen ein rundes Auge von etwa 6 mm Durchmesser bildet. Sobald dieses flüssig ist, wird in das Wasser ein Celsiusthermometer (zu beziehen von Ferd. Dehne oder von Jul. Herm. Schmidt in Halle a. S.) von der durch den Verein festgestellten Einrichtung so tief eingetaucht, daß das längliche Quecksilbergefäß ganz von Wasser bedeckt wird. Sobald sich auf dem Paraffinauge ein Häutchen bildet, wird der Erstarrungspunkt an der Skala des Thermometers abgelesen. Während dieser Operation muß das Becherglas durch eine Umgebung von Glastafeln sorgfältig vor Zugluft geschützt werden, und darf der Hauch des Mundes beim Beobachten der Skala das Paraffinauge nicht treffen."

---

[1]) Chem. Zeitg. 1883. 7. 388.
[2]) Ber. d. deutsch. chem. Ges. 1888. 21. 2973.

Nach Engler gibt diese Methode sehr unsichere Resultate, wenn man nicht noch weitere, besondere Vorsichtsmaßregeln anwendet, und auch von Kißling[1]) und Singer[2]) wird sie ungünstig beurteilt. Weinstein[3]) führt an, daß die capillarimetrische Methode, die Hallenser Methode und die folgende „amerikanische" Methode gleiche Resultate geben.

Amerikanische Methode. Man schmilzt eine genügende Menge des Paraffins in einem 9 cm weiten Becherglase und hängt ein Kugelthermometer so in die geschmolzene Masse ein, daß $^3/_4$ der Kugel sich in der Paraffinmasse befinden. Während des langsamen Abkühlens der flüssigen Masse wird die Temperatur abgelesen, bei welcher sich das erste Zeichen des Erstarrens zeigt.

Schottische oder englische Methode. Man schmilzt das Paraffin in einem Tiegel und rührt mit dem Thermometer um, bis die Hälfte wieder erstarrt ist. Dann bleibt das Thermometer einen Augenblick stehen und zeigt den „Schmelzgrad" an

Th. Fischer[4]) zeigte, daß es nicht möglich ist, nach der Hallenser Vorschrift übereinstimmende Zahlen für den Erstarrungspunkt eines Paraffins zu erhalten; er hat gefunden, daß sich die englische Methode in Verbindung mit dem Finkenerschen Verfahren zur Bestimmung des Erstarrungspunktes für Fettsäuren (s. S. 86ff.) auch für Paraffine am geeignetsten erweist.

Finkener[5]) hat für die neueren, zolltechnischen Vorschriften in Deutschland für Ceresin und Paraffin die folgende Methode zur Bestimmung des „Tropfpunktes" (d. i. des Punktes, bei welchem ein an einem Glasstab von 8 mm Dicke hängender Tropfen der zu untersuchenden Probe beim langsamen Erwärmen in einem nicht luftdicht verschlossenen, 30 mm weiten und 250 mm hohen Reagensglase abfällt) vorgeschlagen:

Das, wie erwähnt dimensionierte Reagensglas wird zu $^4/_5$ in Wasser getaucht, dessen Temperatur von Minute zu Minute um 1^0 C. steigt. Neben dem Glasstabe wird in dem Reagensglase das Thermometer in der Weise angebracht, daß sein Quecksilbergefäß sich in gleicher Höhe mit dem Tropfen 30 mm vom Boden des Reagensglases entfernt befindet. Die Größe des Tropfens ist bei der Herstellung durch etwa 10 mm tiefes Eintauchen des Stabes in die auf einem Wasserbade schmelzende Masse so zu bemessen, daß der erstarrende Tropfen unter der ebenen Endfläche des Stabes nahezu eine Halbkugel bildet. Wenn notwendig, wird das Eintauchen wiederholt. Stab und Thermometer sollen gleichweit von der Achse des Reagensglases entfernt sein. Die Temperatur, bei welcher der Tropfen abfällt, wird abgelesen.

[1]) Chem. Zeitg. 1898. 22. 209.
[2]) Chem. Rev. üb. d. Fett- u. Harz-Ind. 1898. 5. 65.
[3]) Chem. Zeitg. 1887. 11. 784.
[4]) Zeitschr. f. angew. Chem. 1906. 19. 1323.
[5]) Mitt. Techn. Vers.-Anst. Berlin 1899. 100.

Nach Holde[1]) erhält man nach diesem Verfahren bei Wiederholungsversuchen mit dem gleichen Materiale keine genügend übereinstimmenden Zahlen, wenn man nicht eine Reihe von Fehlerquellen genau beachtet. Bringt man zu viel Material auf den Glasstab, so tritt frühzeitiges, bei Auftragung von zu wenig Material verspätetes Abfallen des Tropfens ein. Holde empfiehlt, das Stäbchen zweimal (und zwar das zweitenmal erst nachdem die erste Schicht erstarrt ist) in die geschmolzene Masse zu tauchen. Ferner ist die Dicke der Thermometerkugel bei Ausführung der Versuche von Belang. Bei zu dicken Kugeln nehmen letztere trotz langsamer Wärmezufuhr nicht schnell genug die Temperatur der Luft im Reagensglase an. So geben beispielsweise Thermometer mit 13 mm weiten Quecksilbergefäßen um 1 ⁰ bis 2 ⁰ C. niedrigere Tropfpunkte als solche mit 5 mm weiten Quecksilbergefäßen.

Bemerkt sei noch, daß L. Singer[2]) einen „Normalapparat" zur Bestimmung des Schmelz- und Erstarrungspunktes von Paraffin konstruiert und ein Verfahren angegeben hat, nach welchem das Schmelzen von großen, kleinen und capillaren Mengen von Paraffin beobachtet werden kann, und daß ferner R. Kißling[3]) eine Methode zur Bestimmung des Erstarrungspunktes von Paraffin ausgearbeitet hat. In den Paraffinfabriken wird die Bestimmung des Schmelzpunktes noch häufig im Capillarröhrchen vorgenommen und der Anfangs- und Endpunkt des Schmelzens beobachtet.

Am zweckmäßigsten dürfte es wohl der Einheitlichkeit halber sein, die Ermittlung des Ertarrungspunktes von Paraffin und Ceresin nach den S. 86 ff. beschriebenen Methoden von Dalican, Wolfbauer oder Shukoff vorzunehmen; Graefe empfiehlt die Methode von Shukoff (Seite 89).

Da für das Gießen von Kerzen nur härtere Paraffine gut verwendbar sind, wurde vielfach versucht, weiche Paraffine durch Zusatz anderer, höher schmelzender Körper, wie Stearin, Reten,[4]) Naphthalin, Acidylderivate aromatischer Basen,[5]) Montanwachs, Oxystearinsäure[6]) usw. zu härten. Graefe[7]) hat nun nachgewiesen, daß bei der Bestimmung des Schmelzpunktes solcher Mischungen nur diejenigen Methoden einwandfreie Resultate ergeben, welche auf dem Freiwerden der latenten Wärme beruhen, also die Methoden zur Bestimmung des Erstarrungspunktes von Finkener, Dalican, Wolfbauer und Shukoff. Die anderen Verfahren, bei denen das Abtropfen der erweichenden Substanz vom Thermometer, das Festwerden am sich drehenden Ther-

---

[1]) Mitt. Techn. Vers.-Anst. Berlin 1899. 103.
[2]) Chem. Rev. üb. d. Fett- u. Harz-Ind. 1895. 2. Nr. 7.
[3]) Chem. Rev. üb. d. Fett- u. Harz-Ind. 1901. 8. 141.
[4]) Vgl. Journ. f. Gasbeleucht. 1890. 33. 430.
[5]) D.R.P. 136 274, Chem. Zeitg. 1902. 26. 1133. — D.R.P. 136 917, Chem. Zeitg. 1902. 26. 1243.
[6]) D.R.P. Nr. 174 471, Chem. Zeitg. Rep. 1906.
[7]) Chem. Zeitg. 1904. 28. 1114; 1907. 31. 19. 30. 340. — Vgl. L. Spiegel, Chem. Zeitg. 1906. 30. 1235.

mometer und das Klar- oder Undurchsichtigwerden des Stoffes als
Kriterien des Schmelzens dienen, können, obgleich sie bei reinen
Paraffinen Näherungswerte liefern, zu Irrtümern führen, da sie meist
nur diejenige Temperatur angeben, bei welcher der schwerer schmelzende
Körper herauskristallisiert. So scheidet sich beispielsweise aus einem
Gemisch von Weichparaffin und Stearinsäureanilid letzteres in Kristall-
nadeln aus und läßt das Paraffin, welches aber tatsächlich noch flüssig
ist, als erstarrt erscheinen. Durch die Beimischung obiger Körper zum
Paraffin wird der Schmelzpunkt desselben nicht erhöht, sondern sogar
unter den aus den Komponenten berechneten Schmelzpunkt erniedrigt.
Graefe faßt das Ergebnis seiner Untersuchungen in den Satz zusammen:
„Ein hochschmelzender Stoff kann den Schmelzpunkt von Paraffin nur
dann erhöhen, wenn er mit ihm eine feste Lösung zu bilden vermag, d. h.
wenn er mit ihm isomorph ist oder doch einheitliche Mischkristalle
gibt; andernfalls muß er stets den Schmelzpunkt des Paraffins erniedrigen, sofern er nicht vorher auskristallisiert ist. Eine Erhöhung
über den berechneten Schmelzpunkt hinaus ist überhaupt ausgeschlossen."
Der einzige Körper, welcher den Schmelzpunkt des Weichparaffins erhöht,
ist Hartparaffin, weil hier ein Fall fester Lösung vorliegt; die durch
einen Zusatz von Montanwachs hervorgerufene Schmelzpunktserhöhung
beruht auf dem Paraffingehalt desselben.

Graefe fand für Mischungen von Weichparaffin mit höher schmelzenden Körpern folgende Schmelzpunkte:

	Im Capillar-röhrchen	Nach Shukoff	Berech-neter Schmelz-punkt
Weichparaffin	42·4° C.	42·0° C.	—
90 % Weichparaffin + 10 % Montanwachs (78° C.)	61·2° C.	42·6° C.	46·1° C.
90 % ,, + 10 % Stearinsäureanilid (84·3° C.)	70·5° C.	42·0° C.	—
90 % ,, + 10 % Stearin (55·2° C.) . .	41·4° C.	40·9° C.	43·3° C.
90 % ,, + 10 % Reten (89° C.) . . .	40·1° C.	39·6° C.	46·7° C.
90 % ,, + 10 % Naphthalin (79° C.) .	39·0° C.	38·1° C.	45·8° C.

Der Schmelzpunkt eines Kerzenmateriales allein genügt zur Beurteilung des praktischen Wertes desselben nicht; die Schmelzpunktsbestimmung wird durch eine Festigkeitsprobe des zu untersuchenden
Materiales ergänzt werden müssen; als solche dient die

Biegeprobe[1]). Je weicher ein Paraffin ist, desto mehr Neigung
zum Verbiegen wird die daraus hergestellte Kerze haben. Die Probe
wird in der Art ausgeführt, daß man aus dem zu untersuchenden Paraffin 22 cm lange Kerzen, welche an der Spitze 16 mm, am Fuß
18 mm Durchmesser haben, gießt und dieselben mit dem Fußende 1 cm
tief in genau passende Löcher eines senkrecht stehenden Brettchens
so einsteckt, daß die Kerze die horizontale Lage einnimmt. Nach einer

---

[1]) Mitt. Techn. Vers.-Anst. Berlin 1902. 243.

gewissen Zeit, z. B. nach 1 Stunde, wird die Durchbiegung gemessen, welche die Kerze infolge der Belastung durch ihr Eigengewicht erfahren hat. Graefe führt die Biegeprobe bei 25^b C. aus. Die Kerzen sollen sich vor der Probe wenigstens 6 Stunden außerhalb der Form und 3 Stunden in dem Raume befinden, in welchem die Probe vorgenommen wird.

Die Paraffinkerzenmasse enthält stets einen Zusatz von wenig Stearin $(1—5^0/_0)$, um die gegossenen Kerzen leichter aus den Formen herausbringen zu können.

Die Paraffinkerzen sind meist sehr transparent; das Paraffin wurde daher, um den Kerzen das Aussehen von Stearinkerzen zu geben, mit Alkohol versetzt (Alkoholkerzen); derselbe Zweck wird erreicht, wenn man Paraffin oder dessen Mischungen mit Stearinsäure und Palmitinsäure noch Paraffinöl zusetzt, z. B. $90^0/_0$ Paraffin, $5^0/_0$ Stearinsäure und $5^0/_0$ Paraffinöl[1]).

Kompositionskerzen sind der Hauptsache nach Paraffinkerzen mit einem größeren Zusatz von Stearin, gewöhnlich $30^0/_0$, durch welchen die Transparenz mehr oder weniger aufgehoben und eine größere Ähnlichkeit mit den Stearinkerzen erzielt wird. In den Kompositionskerzen ist nach Krey der Stearingehalt an der Spitze um etwa $2^0/_0$ höher als im Fuße der Kerze. Genaue Untersuchungen Graefes[2]) ergaben, daß das Material um so stearinärmer ist, je weiter es von der Spitze der Kerze entfernt ist, was sich durch das zeitlich verschiedene Erstarren der Masse erklären läßt.

Infolge des größeren Zusatzes von Stearin können für Kompositionskerzen weichere Paraffine als für Paraffinkerzen verwendet werden.

Die Menge der mechanischen Verunreinigungen im Paraffin kann durch Einschmelzen einer größeren Menge der Probe, Absitzenlassen der Verunreinigungen bei einer etwas über der Schmelztemperatur liegenden Temperatur, Abgießen der Hauptmenge des geschmolzenen Paraffins, Auflösen des Restes in Petroläther und Filtrieren der Verunreinigungen auf ein getrocknetes, gewogenes Filter bestimmt werden. Der Rückstand am Filter wird mit Petroläther nachgewaschen und bei 100^0 C. getrocknet und gewogen.

Die Ermittlung des Wassergehaltes in Paraffin kann in der Weise erfolgen, daß eine größere Menge der Probe in einem kubizierten Zylinder bei einer etwas über der Schmelztemperatur des Produktes liegenden Temperatur einige Zeit sich selbst überlassen wird, wobei sich das Wasser absetzt. Die Menge desselben kann abgelesen werden.

Der Gehalt an Stearin und anderen festen Fettsäuren kann durch direktes Austitrieren einer Probe mit $^1/_2$-normaler alkoholischer Kalilauge oder nach einer der zur Trennung der verseifbaren und unverseifbaren Körper angegebenen Methoden (S. 212 ff.) ermittelt werden. Ist Isoölsäure vorhanden, so zeigt das Material auch eine höhere Jodzahl.

---

[1]) D. R. P. Nr. 157 042 vom 30. Mai 1902. A. Berger, Biebrich a. Rh.
[2]) Augsburger Seifens.-Zeitg. 1904. 31. 512.

Der Nachweis von geringen Mengen Ceresin, welche dem Paraffin manchmal zugesetzt werden, erfolgt nach Graefe[1]) in folgender Art:

1 g Substanz wird bei 20^0 C. in 10 ccm Schwefelkohlenstoff gelöst. Wenn mehr als $10\,\%$ Ceresin in der Mischung vorhanden sind, so ist die Lösung nicht klar, es bleibt eine Trübung, welche seidenartig schimmert. Von der Lösung wird 1 ccm ebenfalls bei 20^0 C. mit einer Mischung von 5 ccm Äther und 5 ccm 95prozentigem Alkohol versetzt. Reines Paraffin bis zu etwa 54^0 C. Schmelzpunkt zeigt dabei keine Abscheidung, wohl aber mit Ceresin versetztes. Die Ausscheidung ist je nach der Menge des Ceresins größer oder kleiner und ähnelt aus verdünnten Lösungen durch Ammoniak gefällter Tonerde. — Über 54^0 C. schmelzende Paraffine geben schon an und für sich beim Zusatz von Ätheralkohol eine Abscheidung, Man erwärmt das Reagensglas etwas in der Hand, bis sich alles gelöst hat und stellt zum Abkühlen hin. Bei reinem Paraffin ist die Abscheidung kristallinisch, während sich — namentlich an der Oberfläche der Flüssigkeit — sammelnde Flocken den Gehalt an Ceresin anzeigen.

Gemische von Paraffin mit Montanwachs, die sich auch in Schwefelkohlenstoff nicht klar lösen, unterscheiden sich scharf von Paraffin-Ceresingemengen: 1. durch ihr milchweißes Aussehen, 2. durch die Klärung, welche durch Zusatz von Ätheralkohol zur trüben, schwefelkohlenstoff-hältigen Flüssigkeit eintritt, 3. durch die Säurezahl; 1 g Montanwachs erfordert bei der Titration 17 ccm $^1/_{10}$-normal alkoholisches Natron.

Nach Sommer[2]) bleiben bei Anwendung dieser Methode nur deutsches und amerikanisches Paraffin beim Versetzen mit Ätheralkohol in Lösung, während schottisches und galizisches, obwohl unter 54^0 C. schmelzend, und namentlich Javaparaffin starke Fällungen zeigen, welche erst bei höherer Temperatur wieder verschwinden. Es soll daher die Löse-temperatur etwas höher, z. B. 25^0 C., gewählt oder noch besser die Probe nach dem Zusatz des Ätheralkoholgemisches auf 25^0 C. erwärmt werden. Bei Gegenwart von Ceresin bleibt dann, je nach dem Gehalt, eine mehr oder weniger starke flockige Ausscheidung von dem von Graefe beschriebenen Aussehen, während reines Paraffin höchstens in feinen Tröpfchen ungelöst bleibt, meist aber vollkommen in Lösung geht.

Gibt die Graefesche Probe keinen genügenden Aufschluß, so löst man nach Ulzer und Sommer[3]) 5 g der Probe in 50 ccm Schwefel-kohlenstoff und fügt 100 ccm Äther hinzu. Hierauf läßt man bei etwa 25^0 C. so lange 95prozentigen Alkohol aus einer Bürette zufließen, bis ein reichlicher Niederschlag entsteht, läßt kurze Zeit stehen und filtriert bei bedecktem Trichter durch ein rasch filtrierendes Filter. Der Nieder-schlag wird einige Male mit Alkoholäther gewaschen;[4]) hierauf wird der

---

[1]) Chem. Zeitg. 1903. 27. 248. 408.
[2]) Chem. Zeitg. 1903. 27. 293.
[3]) Chem. Zeitg. 1906. 30. 142.
[4]) Das Mischungsverhältnis ergibt sich aus der Menge des Alkohols, der zur Fällung verbraucht wurde. Sind beispielsweise 25 ccm zur Erzeugung eines bleibenden Niederschlages nötig und werden 100 ccm Äther zugesetzt, so war das Mischverhältnis der Waschflüssigkeit wie 1 : 4 genommen.

Niederschlag vom Filter entfernt und auf dem Wasserbade getrocknet. Der Rückstand besteht, wenn die Probe reines Paraffin war, aus dessen höhermolekularen Anteilen, hingegen vorwiegend aus Ceresin, wenn solches vorhanden war. Die Unterscheidung gelingt, nun, wenn man die Originalprobe und die ausgefällten Anteile im Refraktometer vergleicht (s. S. 327).

Vaselin. Unter diesem Namen werden die zwischen den schweren Mineralölen und dem Paraffine stehenden, salbenartigen Kohlenwasserstoffe zusammengefaßt. Der Erstarrungspunkt derselben liegt zwischen 37° und 50° C. Gelbes Vaselin soll nach M. Hochnel[1]) mit der gleichen Menge Kaliumpermanganatlösung (1 : 1000) geschüttelt nach 6 Minuten, und weißes Vaselin nach 15 Minuten das Chamäleon noch nicht entfärben.

Die Jodzahl der amerikanischen Vaseline liegt zwischen 7 und 12, die der deutschen unter 5.

Nachdem es möglich ist, durch Zusammenschmelzen von Mineralölen mit Paraffinen vaselinartige Mischungen zu erhalten, ist die Unterscheidung derartiger Mischungen von natürlichem Vaselin von Wichtigkeit. Dieselbe kann nach Hochnel durch Bestimmung der Viskosität erfolgen. Beträgt dieselbe bei 60° C. weniger als 3 (Engler), so liegt Paraffinsalbe vor.

Vaselin findet als Salbengrundlage ausgebreitete Verwendung.

4. Ceresinkerzen.

Rohmaterial. Das Rohmaterial für die Bereitung des Ceresins bildet der Ozokerit (Erdwachs). Derselbe wurde früher zum Teil zum Zwecke der Paraffingewinnung destilliert, gegenwärtig wird er aber, zum mindesten auf dem Kontinente, ausschließlich auf Ceresin verarbeitet. Zur Gewinnung des Ceresins wird der Ozokerit durch Abblasen mit überhitztem Dampf bis 180° C. vom beigemengten Rohpetroleum befreit, dann mit Schwefelsäure von 66° Bé (je nach der Qualität, welche erzielt werden soll, 10—35 °/₀) bei ca. 180° C. raffiniert, und darauf noch durch Behandlung mit den Rückständen der Blutlaugensalzfabrikation gereinigt. Das vom Entfärbungspulver hierbei zurückgehaltene Ceresin wird durch Extraktion desselben mit Benzin wiedergewonnen.

Die Farbe des Ozokerites schwankt zwischen Reingelb und Dunkelbraun, gute Sorten sind knetbar und schmelzen gegen 70° C. Als natürliche Verunreinigungen sind vornehmlich Wasser, Mineralöle und Ton (Lep) zu nennen. Je länger und sorgfältiger der Ozokerit ausgeschmolzen ist, desto weniger von diesen Verunreinigungen enthält er. Er wird zuweilen betrügerischerweise mit Petroleumteer versetzt.

Die Untersuchung des Ozokerites beschränkt sich auf die Bestimmung des Verlustes beim Erhitzen auf 150° C., welcher 5 °/₀ nicht übersteigen soll, auf die Bestimmung des Schmelz- und Erstarrungspunktes und des Gehaltes an erdigen Beimengungen. Zu

---

[1]) Pharm. Post. 1901. 281.

letzterem Zwecke schneidet man aus der unteren Seite der Blöcke kegelförmige Stückchen heraus und löst sie in Benzin. Es darf kein Rückstand bleiben.

Das Erdwachs selbst ist, abgesehen von den genannten Beimengungen, verschieden zusammengesetzt, indem es aus wechselnden Mengen von Kohlenwasserstoffen, sauerstoffhaltigen, wachsähnlichen und bei fehlerhaft geleitetem Schmelzprozeß auch asphaltartigen Substanzen besteht. Daher gibt nur eine Proberaffination sicheren Aufschluß über den Wert eines Ozokerites. B. Lach[1]) führt dieselbe in kleinem Maßstabe in folgender Weise aus:

In einer tarierten Schale werden 100 g Erdwachs mit 20 g rauchender Schwefelsäure so lange bei 170^0—180^0 C. unter stetem Rühren behandelt, bis keine schweflige Säure mehr entweicht. Dann ist die Schwefelsäure vollständig aufgebraucht. Die durch Zurückwägen konstatierte Gewichtsabnahme gibt den Verlust durch Verflüchtigung an. In die heiße Masse rührt man $10\,^0/_0$ ihres Gewichtes Entfärbungspulver (Blutlaugensalzrückstände) ein, welches man vorher bei 140^0 C. getrocknet hat, läßt erkalten und wägt etwa den zehnten Teil der Masse in Form kleiner Schuppen in ein zylindrisches, vorher gewogenes Filter ein, welches man dann im Soxhletschen Apparate mit bei 60^0—80^0 C. siedendem Petroleumbenzin extrahiert. Aus dem nach dem Abdestillieren des Benzins und Trocknen bei 180^0 C. verbleibenden Rückstande berechnet man die Ausbeute an gebleichter Ware. Je nachdem man auf gelb, weiß oder extrafein arbeitet, kann man den Zusatz an Schwefelsäure dem Großbetriebe anpassen.

Eine Vorschrift, welche mehr den Operationen im Fabriksbetriebe nachgebildet ist und auch Aufschluß darüber gibt, ob ein Ozokerit leicht oder schwer zu reinigen ist, ist die folgende:

500 g der Probe werden in einem glasierten Topfe von etwa $^5/_4$ Liter Inhalt geschmolzen und einige Zeit auf eine Temperatur von 138^0 C. erhitzt, bis die Masse nicht mehr schäumt, und alle leicht flüchtigen Kohlenwasserstoffe und Wasser entfernt sind. Hierauf wird die Gewichtsabnahme bestimmt. Alsdann wird der Topf in ein Wasserbad von 88^0—92^0 C. gebracht, und nachdem der Inhalt diese Temperatur angenommen hat, werden $10\,^0/_0$ des Gewichtes einer Mischung von zwei Volumteilen konzentrierter Schwefelsäure und einem Volumen Nordhäuservitriolöl zugesetzt und eingerührt. Das Rühren wird so lange fortgesetzt, bis keine Entwicklung von schwefliger Säure mehr statt hat, und bis ein Tropfen, auf eine Glasplatte gebracht, zeigt, daß der „Asphalt" sich gut abscheidet. Man läßt noch 2 Stunden bei 88^0—92^0 C. absitzen, gießt das Rohwachs ab und wägt es, oder man trachtet nach dem Erstarren den ganzen Kuchen aus dem Topfe zu bekommen, und entfernt den Asphalt mechanisch. 200 g von diesem Wachse werden hierauf auf 186^0—188^0 C. erhitzt, wobei noch etwas Schwefelsäure fortgeht und noch eine kleine Menge Asphalt abgeschieden wird. In

---

[1]) Chem. Zeitg. 1885. 9. 105.

dieses Wachs werden nun 20 $^0/_0$ des Gewichtes Entfärbungspulver eingetragen, einige Zeit auf 150^0 C. erhitzt und warm filtriert. Die Farbe des Filtrates zeigt, je nachdem sie mehr oder weniger gelb ist, an, ob das Muster leichter oder weniger leicht zu reinigen ist.

Eine Proberaffination von Ozokerit, bei welcher nur 5 g Substanz verwendet werden, wurde von E. v. Boyen[1]) vorgeschlagen.

Ceresin. Das raffinierte Erdwachs führt den Namen Ceresin. Gutes Ceresin soll wachsartig, von muschligem Bruch und geruchlos sein. Es ist weiß oder gelb und wird häufig mit Curcuma, Gummigutt, Paprika oder Teerfarbstoffen gefärbt. Schüttelt man gefärbtes, geschmolzenes Ceresin mit Alkohol, so gehen die Farbstoffe in Lösung.

Es schmilzt bei 61^0—78^0 C., zuweilen auch höher; und hat 0·918 bis 0·922 spez. Gew. Die Verbrennungswärme einer Probe wurde von Ulzer und Alexander mit 11222 Calorien gefunden. Als Verfälschungen kommen weiches Paraffin, oxydiertes Kolophonium, und zur Erhöhung des Schmelzpunktes Carnaubawachs vor.

Kolophonium kann mit Hilfe der Säurezahl und der LiebermannStorchschen Harzreaktion erkannt werden. Zur quantitativen Bestimmung eines Harzzusatzes wird nach Holde und Marcusson[2]) eine Probe bis zur völligen Erschöpfung mit 70prozentigem Alkohol ausgekocht; die vereinigten alkoholischen Auszüge werden nach dem Erkalten filtriert. Aus der klaren Lösung wird der Alkohol abdestilliert, und der Rückstand bei 100^0—115^0 C. bis eben zur Klarflüssigkeit getrocknet und gewogen. Bei gleichzeitiger Gegenwart von Fettsäuren wird der alkoholische Auszug nach dem Abdestillieren des Alkohols nach Twitchell behandelt.

Carnaubawachs kann an der Verseifungszahl und an der Acetylzahl des unverseifbaren Anteiles erkannt werden.

Am schwierigsten gestaltet sich der Nachweis von Paraffin in Ceresin. Zu demselben soll die Probe mit absolutem Alkohol erwärmt und hierauf erkalten gelassen werden. Werden von dieser Lösung einige Tropfen auf einem Objektglas verdunsten gelassen, so soll bei Gegenwart von Paraffin der Rückstand unter dem Mikroskope kristallinisch erscheinen.

Berlinerblau[3]) hat versucht, das Refraktometer zur Bestimmung des Paraffins in Mischungen mit Ceresin heranzuziehen; er fand einen wesentlichen Unterschied in der Refraktion der Paraffine und Ceresine, der dadurch beeinträchtigt wird, daß, wie dies auch Landolt angibt, die Refraktionen der ersteren sich nach dem Schmelzpunkte, bzw. Molekulargewicht abstufen.

Ulzer und Sommer[4]) haben dies auch konstatiert, doch die Differenzen bei den praktisch in Betracht kommenden Paraffinen nicht so groß gefunden, um das Verfahren wertlos zu machen. Sie bestimmten

---

[1]) Zeitschr. f. angew. Chem. 1898. 383.
[2]) Mitt. Techn. Vers.-Anst. Berlin. 1902. 41.
[3]) Vortrag, gehalten auf dem V. Intern. Kongreß f. angew. Chem. Bd. II. 619.
[4]) Chem. Zeitg. 1906. 30. 142.

die Refraktion bei verschiedenen Temperaturen, bezogen sie jedoch, der Einfachheit halber, auf die Temperatur von 90 ⁰ C. Die im Zeißschen Butterrefraktometer untersuchten Proben waren folgende:

Paraffine.

Muster Nr.	Sorte	Erstarrungspunkt ⁰ C.	Refraktion bei 90 ⁰ C.
1.	Amerikanisches s. v. W. . .	50	2·0
1.	Galizisches	50	1·5
3.	„	52	2·0
4.	„	57	1·5
5.	„Java"	60	4·0
6.	Deutsches Weichparaffin .	38	6·81

Ceresine.

Muster Nr.	Sorte	Erstarrungspunkt ⁰ C.	Refraktion bei 90 ⁰ C.
1.	naturgelb	69	12
2.	halbweiß	68	11·5
3.	weiß	68	11·5
4.	naturgelb	71	13

Zusätze.

Nr.	Bezeichnung	Erstarrungspunkt	Refraktion bei 90 ⁰ C.
1.	Carnaubawachs	82—83	42
2.	Montanwachs	76	15

Die Abwesenheit dieser Zusätze muß vorher festgestellt werden. Ihre Bestimmung erfolgt nach den bekannten Methoden.

Von den untersuchten Paraffinmustern kommt Nr. 6 praktisch nicht in Betracht, da es den Erstarrungspunkt des Ceresins ungemein erniedrigen würde. Es bleiben also etwa 1·5 und 4·0 als vorläufige Grenzwerte für Paraffin, 11·5 und 13 für die untersuchten Ceresine und es ist möglich, sich auf diese Weise ein beiläufiges Bild von der Zusammensetzung einer Mischung zu machen, wie nachstehende Tabelle zeigt:

Proz. Paraffin Nr. 2, zugesetzt dem Ceresin Nr. 2	Refraktion bei 90 ⁰ C.	Proz. Paraffin Nr. 2, zugesetzt dem Ceresin Nr. 2	Refraktion bei 90 ⁰ C.
—	11·5	60	5·5
20	9	80	3·5
40	7	100	1·5

Dieses Verfahren kann in der Weise ergänzt werden, daß unter Zugrundelegung der verschiedenen Löslichkeit der beiden Materialien in Lösungsmitteln[1]) eine an Paraffin angereicherte Fraktion hergestellt und diese refraktometrisch untersucht wird. Ergibt die erste refraktometrische Prüfung ein zweifelhaftes Resultat, so kocht man 5 g der Probe in einem Kolben mit Rückflußrohr 10 Minuten auf dem Wasserbade mit 100 ccm 95 prozentigem Alkohol, filtriert durch ein Heißwasserfilter und verdunstet den Alkohol auf dem Wasserbade. Reines Ceresin liefert nur geringe Mengen eines vaselinartigen Körpers, der bei 58 ⁰—60 ⁰ C. unscharf erstarrt. Zugesetztes Paraffin findet sich teilweise im Auszuge, der dann auch deutlichen Paraffincharakter trägt. Dieser Rückstand wird nun abermals im Refraktometer geprüft.

---

[1]) Berlinerblau hat ähnliches bereits angedeutet.

Ein anderer Weg zur Bestimmung von Paraffin in Ceresin ist nach Ulzer und Sommer[1]) die Bestimmung der kritischen Lösungstemperatur in Alkohol nach Crismer und Motten (s. Abschnitt IV. S. 104); die Genannten haben auch andere Lösungsmittel geprüft, entschieden sich aber für Alkohol, weil derselbe am wenigsten nach dem Erstarrungspunkt fraktioniert. Nachstehend die Versuchsergebnisse:

Paraffine.

| | | Erstarrungspunkt ⁰ C. | Kritische Lösungstemperatur in ⁰ C. bei Anwendung von: | | | |
Nr.	Sorte		Äthylalkohol	Amylalkohol	Aceton	Essigsäure-Anhydrid
2.	Galizisches . . 50		155·5	47	67·5	163
3.	„ . . 52		155·5	51	—	—
4.	„ . . 57		155·5	54	76	175
5.	„Java“ . . . 60		158	54	77	176

Ceresine.

| | | Erstarrungspunkt ⁰ C. | Kritische Lösungstemperatur in ⁰ C. bei Anwendung von: | | | |
Nr.	Sorte		Äthylalkohol	Amylalkohol	Aceton	Essigsäure-Anhydrid
1.	naturgelb . . . 69		175	75	96	—
2.	halbweiß . . . 68		174·5	74·5	96	—
3.	weiß 68		174	73·5	95	191
4.	naturgelb . . . 71		177	76	98	—

Zusätze.

Nr.	Bezeichnung	Erstarrungspunkt ⁰ C.	Krit. Lösungstemp. in Alkohol ⁰ C.
1.	Karnaubawachs . . . 82—83		144
2.	Montanwachs 76		75

Die größte Differenz zwischen den beiden als Typus herausgegriffenen Proben, und zwar Ceresin Nr. 3 und Paraffin Nr. 2 ergibt sich bei Anwendung von Essigsäure-Anhydrid mit 191—163 = 28⁰ C., die kleinste bei Benutzung von Äthylalkohol mit 174—155·5 = 18·5⁰ C. Abgelesen wurde in dem Moment, in dem die Ausscheidung begann, also vor Wiedererscheinen des Trennungsmeniscus, weil letzteres weniger genau beobachtet werden kann.

Die von Finkener[2]) vorgeschriebene Unterscheidung von reinem Ceresin und solchem, welches mit Paraffin versetzt worden ist, durch Bestimmung des Tropfpunktes (siehe Paraffinkerzen), dessen Grenze für Ceresin 66⁰ C. sein soll, ist insofern nicht einwandfrei, als man auch Mischungen von Ceresin mit Paraffin herzustellen imstande ist, deren Tropfpunkt über 66⁰ C. liegt und reine Paraffine aus Bogheadkohle an und für sich einen höheren Schmelzpunkt als 66⁰ C. (bis gegen 80⁰ C.) besitzen können (Holde[3]).

Zur genauen Untersuchung des Ceresins benutzt man noch die im Abschnitt VIII angegebenen Methoden.

---

[1]) Chem. Zeitg. 1906. 30. 142.
[2]) Mitt. Techn. Vers.-Anst. Berlin 1899. 100.
[3]) Mitt. Techn. Vers.-Anst. Berlin 1899. 103.

5. Wachskerzen.

Die Prüfung des Materiales der Wachskerzen ist unter „Bienenwachs" ausführlich beschrieben. Da die Wachskerzen nicht gegossen, sondern gezogen werden, so wird es sich in manchen Fällen empfehlen, die einzelnen, konzentrischen Schichten abzulösen, was häufig möglich ist, und jede einzelne oder zum mindesten das Wachs von der Peripherie und vom Zentrum getrennt zu untersuchen.

Montanwachs. Durch Extraktion des in der Schwelbraunkohle enthaltenen Bitumens mit Benzin erhielt E. v. Boyen[1]) eine wachsartige Substanz, welche $25\,^0/_0$ Montansäure ($C_{29}H_{58}O_2$) und $65\,^0/_0$ eines Wachsalkoholes vom Schmelzpunkt $88\,^0$ C. enthält. Bei der Destillation des Benzinextraktes mit überhitztem Dampf geht die Montansäure unverändert über, während der Alkohol neben Öl einen Kohlenwasserstoff vom Schmelzpunkt $60\,^0$ C. liefert. Wird die Destillation des Bitumens im Vakuum durchgeführt, so wird die Zersetzung des Alkohols auf ein Minimum reduziert, und man erhält eine strahlig kristallinische Masse, deren Erstarrungspunkt in der Nähe von $80\,^0$ C. liegt, das Montanwachs. Es findet seines hohen Schmelzpunktes wegen vielfach Anwendung in der Kerzen-, besonders der Paraffinkerzenfabrikation.

Pastrovich[2]) fand für Montanwachs:

Titer nach Wolfbauer	$77{\cdot}25\,^0$ C.
Säurezahl	$100{\cdot}88$
Verseifungszahl	$101{\cdot}37$

E. Seifen.

Der wesentliche Bestandteil der Seifen des Handels ist fettsaures Alkali, und zwar Kali oder Natron; die Fettsäuren können teilweise durch Harzsäuren ersetzt sein. Dazu gesellen sich unter Umständen noch Glycerin, freies und kohlensaures Alkali, Chlornatrium, unverseiftes Neutralfett usw. Die Kaliseifen sind in der Regel weich, weshalb sie auch als Schmierseifen bezeichnet werden, die Natronseifen sind hart.

Die Natronseifen sind entweder Kernseifen, Halbkernseifen oder Leimseifen.

Bei der Herstellung der Seifen können im wesentlichen zwei Verfahren eingeschlagen werden, entweder die Verseifung von Neutralfett mit ätzenden Alkalien oder die Verseifung von Fettsäuren mit kohlensauren Alkalien (Carbonatverseifung). Die Verseifung wird in der Regel durch Kochen der Seifenbildner unter Anwendung von direkter Feuerung und

---

[1]) D.R.P. Nr. 101373, 116453, Zeitschr. f. angew. Chem. 1899. 12. 64; 1901. 14. 1110. — Vgl. auch Hell, Zeitschr. f. angew. Chem. 1900. 13. 556 u. Krämer u. Spilker, Ber. d. deutsch. chem. Ges. 1902. 35. 1217.
[2]) Chem. Rev. üb. d. Fett- u. Harz-Ind. 1903. 10. 278.

unter Zuhilfenahme von direktem oder indirektem Dampf in großen, schmiedeeisernen, offenen Kesseln, die mit einem als Steigraum dienenden Aufsatz (Sturz) versehen sind, bewirkt. Bei Verwendung von Neutralfett wird oft zweckmäßig vor Beginn des Siedens eine Emulsion des Fettes und der Lauge in besonderen Apparaten hergestellt.

Die Kernseife wird aus den verschiedensten Fetten durch Verseifung mit Natronlauge erhalten. Zu dem im Kessel befindlichen Fett wird erst ein Teil der zur Verseifung nötigen, gewöhnlich 12^0—17^0 Bé starken Natronlauge und so viel Wasser gebracht, daß erstere auf 7^0—10^0 Bé verdünnt wird, und das Gemenge erhitzt, wobei Emulsionsbildung eintritt, die durch Rühren unterstützt wird. Ist die anfänglich zugesetzte Lauge zur Seifenbildung verbraucht worden, was am Aussehen der Masse zu erkennen ist, so wird weiter Lauge von 12^0—17^0 Bé zugegeben, bis eine dickflüssige, gleichmäßige klare Masse, der „Seifenleim“ entstanden ist, welche vom Spatel in durchsichtigen Strähnen abläuft. Eine Probe desselben soll auf der Zunge nur ein schwaches Brennen, den „Stich“, verursachen. Durch weiteres Kochen wird der Seifenleim wasserärmer gemacht, bis er sich beim Herausnehmen in Fäden zieht, „spinnt“; dann ist die Operation des „Versiedens“ beendigt. Bei dem darauffolgenden „Aussalzen“ wird die Seife durch Zugabe von Salz oder Salzwasser aus dem Seifenleim als krümelige, dicke Masse abgeschieden und dieser so in Seifenkern und Unterlauge getrennt. Die Unterlauge enthält außer dem zugesetzten Kochsalz noch einen großen Teil des aus den angewandten Fetten abgespaltenen Glycerins und wird zur Verwertung desselben weiter verarbeitet (siehe Seite 455). Nach dem Aussalzen wird das Kochen durch Herausziehen des Feuers oder Abstellen des Dampfes unterbrochen, um eine möglichst weitgehende Trennung der Seife von der Unterlauge zu erzielen und letztere abgelassen. Die im Kessel verbleibende Seife kann nochmals mit sehr schwacher Lauge zu Leim gelöst und ausgesalzen werden; gewöhnlich erfolgt sofort nach der Trennung von der Unterlauge das „Hochsieden“ oder „Klarsieden“. Der Seifenkern wird durch das dabei verdampfende Wasser zäher, es bilden sich große Platten an der Oberfläche, und der großblasige Schaum verschwindet, etwa vorhandenes unverseiftes Fett wird verseift; eine herausgenommene Probe darf sich beim Zerdrücken zwischen den Fingern nicht schmieren, sondern muß „Druck haben“, sich als fester trockener Span ablösen. Die nun fertige Kernseife wird in große, zerlegbare Formen aus Holz oder Eisenblech gegossen, in denen sie bis zum völligen Erstarren verbleibt. Nach dem Auseinandernehmen der Formen werden durch Schneiden des zurückbleibenden Seifenblockes kleinere Blöcke (Fällblöcke) und aus diesen Tafeln erhalten, welche gewöhnlich in hellen, luftigen Räumen zur Trocknung und Bleichung längere Zeit aufbewahrt werden. Gewisse Sorten Kernseife werden auch in den Formen gerührt, um ein glattes Aussehen zu erhalten.

Bei der Carbonatverseifung wird in den Kessel zuerst die zur Verseifung von ungefähr 90% der anzuwendenden Fettsäuremenge nötige

Menge Soda und so viel Wasser eingebracht, daß eine ca. 30 prozentige Lösung entsteht, in welche dann nach und nach unter stetem Einströmenlassen von Dampf zur Entfernung der Kohlensäure die Fettsäure eingetragen wird; es empfiehlt sich hierbei, um eine leichtere Beweglichkeit der Masse und damit rascheres Entfernen der Kohlensäure zu erzielen, von vornherein etwas Salz zuzusetzen. Die Verseifung von Fettsäuren mit kohlensauren Alkalien in wässeriger Lösung ist theoretisch möglich und nachgewiesen (Klimont); in der Praxis können aber durch Einwirkung von Fettsäuren auf kohlensaure Alkalien gebrauchsfähige Seifen nicht erhalten werden. Daher wird das zur völligen Verseifung nötige restliche Alkali hier in Form von Ätzalkali zugeführt. — Zur Carbonatverseifung werden mit Vorliebe die durch fermentative Fettspaltung oder die nach dem Twitchell-Verfahren erhaltenen Fettsäuren verwendet, weil durch diese beiden Verfahren die Farbe der Fettsäuren nicht ungünstig beeinflußt wird.

Durch nicht vollständiges Aussalzen der Seifen, wobei sich außer der Unterlauge noch eine Leimschicht zwischen dieser und dem Seifenkern absetzt, werden die abgesetzten Seifen oder Seifen auf Leimniederschlag erhalten. Sie sind wasserreicher wie die Kernseifen, die Ausbeute ist daher größer.

Manchmal werden Kernseifen, um sie zu reinigen, besonders für Zwecke der Toiletteseifenfabrikation (z. B. Windsorseife) auf Wasser oder sehr verdünnter Natronlauge umgeschmolzen, „geschliffen“, „geschliffene Seifen“.

Das Aussalzen kann auch mittels Natronlauge erfolgen. Um das lange währende Erstarren der Seifen in den Formen, sowie das zeit- und arbeitraubende Bleichen und Trocknen zu umgehen, wird die flüssige, heiße Kernseife, anstatt in Formen gegossen zu werden, durch mit Pressen verbundene Kühlvorrichtungen getrieben, aus denen

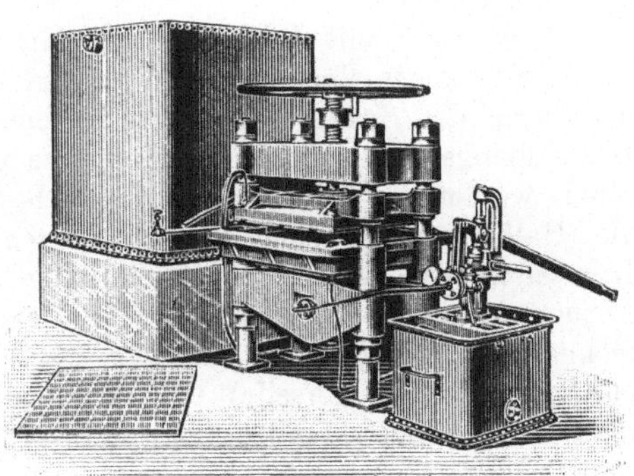

Fig. 76.
Seifenkühlpresse nach Klumpp.

sie in kürzester Zeit in Form von Platten oder Riegeln im festen Zustande erhalten wird (System Klumpp, Schrauth, Schnetzer usw.) (Fig. 76).

Die Leimseifen werden durch Erstarrenlassen des Seifenleimes erhalten, zu dessen Herstellung hauptsächlich Cocosöl oder Palmkernöl verwendet wird. Diese beiden Fette ergeben Seifen, welche sich nicht aussalzen lassen, sehr fest sind und große Mengen Füllmaterial vertragen, ohne an Festigkeit und gutem Aussehen einzubüßen. Die Leimseifen enthalten das sämtliche aus den angewandten Fetten stammende Glycerin und sind meist sehr wasserreich.

Die **Halbkernseifen** stehen zwischen den Kern- und den Leimseifen; sie könnten auch als Leimseifen mit niedriger Ausbeute bezeichnet werden; ihr Aussehen ist dasjenige von Kernseifen. Nachdem sie auch nicht ausgesalzen werden, enthalten sie sämtliches in den angewandten Fetten vorhanden gewesenes Glycerin.

Die Eigenschaft des Cocosöles, sich auch mit konzentrierter Natronlauge in der Kälte zu verseifen, wenn vorher eine innige Emulsion beider durch Rühren hergestellt worden ist, wird besonders bei der Fabrikation von Toiletteseifen (Cososseifen) angewendet; es sind dies die **gerührten Seifen durch Verseifung auf kaltem Wege** erhalten.

Die **Kaliseifen** werden meistens aus oleïnreichen Fetten mit Kalilauge oder auch in ähnlicher Art wie die Natronseifen durch Carbonatverseifung, kohlensaures Kali und ölsäurereiche, also flüssige Fettsäuren, gewonnen; sie werden aber nicht ausgesalzen, da sie sich sonst in Natronseifen umsetzen würden. · Dies war die alte Methode der Kernseifenerzeugung. Die Kaliseifen enthalten daher neben fettsaurem Kali, wenn aus Neutralfett hergestellt, noch Glycerin, überschüssiges Kalihydrat oder Fett, Salze und Verunreinigungen. Wird die Schmierseife nur aus oleïnreichen Fetten hergestellt, so ist sie transparent, werden aber auch stearinhaltige Fette zu deren Darstellung mitbenutzt, so scheiden sich in der transparenten Grundmasse körnige, kristallinische Aggregate von stearinsaurem Kali aus, wie solche die sogenannte **Naturkornseife** zeigt.

Zum Teile mit Rücksicht auf die Verwendungsart der Seife und zum Teile wegen Verbilligung derselben begnügt man sich oft nicht mit der durch das Sieden erhaltenen Ausbeute und mischt der Seife fremde Beimengungen zu; man erhält so die **gefüllten Seifen**. Bei Kernseifen werden Füllungen nur in sehr beschränktem Maße vorgenommen; die Halbkernseifen sind schon schwach gefüllte Seifen, und bei den Leimseifen ist die Menge der Füllung fast unbegrenzt. Während die Ausbeute aus 100 Teilen Fett für Kernseife mit rund 150 Teilen gerechnet wird, beträgt sie für abgesetzte Kernseifen 160 Teile, für Halbkernseifen (Eschwegerseife) 180—200 Teile und für Leimseifen (Mottled soap und billige Mandelseifen) 800—1200 Teile. Auch Schmierseifen werden gefüllt.

Solche Beimengungen sind Soda, Pottasche, Wasserglas, Borax, Tonerdenatron und Naphthensäureseifen[1]); außer diesen noch als Reinigungsmittel wirksamen Bestandteilen werden den Seifen noch andere Substanzen zugesetzt, die entweder nur zur Gewichtsvermehrung dienen, somit als Verfälschungen zu betrachten sind, wie Kreide, Schwerspat, Kaolin, Talk, Ton, Gips, Asbest, Stärke, Dextrin, Leim, Zucker usw., oder dazu bestimmt sind, dem Produkt ein gefälliges Aussehen zu geben, dasselbe zu parfümieren oder bestimmten kosmetischen Zwecken zu dienen. Hierher sind Farbstoffe unorganischer oder organischer Natur, ätherische

---

[1]) Wischin, Zeitschr. f. angew. Chem. 1900. 13. 507. u. Ulzer Zeitschr. f. angew. Chem. 1900. 13. 1273.

Öle, Nitrobenzol, Alkohol, mit Formaldehyd gefälltes Albumin, Lanolin und Glycerin zu rechnen. Den Seifen werden ferner noch oft Petroleum und Mineralöle (z. B. Vaselinöl) einverleibt. Außerdem seien die Zusätze von Phenolen, Sublimat usw., durch welche der Seife eine bakterientötende Wirkung verliehen werden soll, und von Schwefel, Teer, Jodoform usw., welche zur Erzeugung von pharmazeutischen Seifen vielfach verwendet werden, erwähnt.

Die Eigenschaften der Seifen variieren, je nachdem die eine oder die andere Fettsäure, Natron- oder Kaliseife vorwiegt, und die Praxis muß entscheiden, welche Seife für einen speziellen Zweck die besten Resultate gibt. Will man ein Urteil über den Wert einer Seife gewinnen, so bestimmt man vor allem ihren Gehalt an Wasser, Alkali und Fettsäuren. Die Untersuchung gestaltet sich sehr einfach, wenn der Seife keine fremden Substanzen zugesetzt sind. Dann kann das nach der unten angegebenen Vorschrift bestimmte „Gesamtfett" direkt als Fettsäure in Rechnung gezogen werden, auch wird man sich dann mit der Ermittlung des „Gesamtalkaligehaltes" zufrieden geben.

1. Analyse der reinen Seifen.

a) Wasserbestimmung.

Der Wassergehalt der Seifen ist ein sehr verschiedener. Er schwankt bei Kernseifen, je nachdem dieselben mehr oder weniger ausgetrocknet sind, meist zwischen 10 und 30 $^0/_0$. Höher, etwa bis 60 $^0/_0$, kann der Wassergehalt der Kaliseifen (Schmierseifen) steigen. Gefüllte Cocosöl- und Palmkernölseifen können unter Umständen noch mehr Wasser enthalten.

Sowohl zur Ermittlung des Wassergehaltes als auch zu den anderen Bestimmungen soll die zur Untersuchung bestimmte Probe nicht der Oberfläche der Seife entnommen, sondern aus der Mitte des Stückes herausgeschnitten sein, so daß die an der Luft ausgetrockneten Partien vollständig entfernt sind. Die Seife wird überdies zweckmäßig vor dem Zerschneiden in einem Wägefläschchen gewogen, da sie während des Zerkleinerns schon Wasser verliert.

Stärker wasserhaltige Seifen können nicht direkt bei 100 ^{0} C. getrocknet werden, da sie bei dieser Temperatur infolge ihres großen Wassergehaltes schmelzen und sich sodann mit einem Häutchen überkleiden, welches die Wasserdämpfe nicht durchläßt. Man erhält gute Resultate nach einer der drei folgenden Methoden:

1. Man trocknet ca. 10 g der im Stück in einem Wägegläschen abgewogenen und dann möglichst verlustlos geschabten Seife, um das Zusammenschmelzen zu verhüten, zuerst bei 60^0—70^0 C., dann bei langsam bis 100^0—105^0 C. steigender Temperatur bis zum konstanten Gewichte. Die Operation kann zweckmäßig auf einem großen Uhrglase vorgenommen werden, welches man zur Wägung mit einem zweiten, luftdicht aufgeschliffenen bedeckt. Seifen mit freiem Alkali werden in kohlensäure-

freier Luft getrocknet, oder man bestimmt das Wasser nach Ermittlung aller anderen Bestandteile aus der Differenz (Löwe).[1]

2. Man wägt ein Becherglas von ca. 100 ccm Inhalt, dessen Boden bis zu einer Höhe von ca. 1·3 cm mit ausgeglühtem Quarzsand bedeckt ist, samt einem Glasstabe, bringt alsdann ca. 5 g der Seife, welche aus einem Wägegläschen herausgewogen werden, hinein, gibt etwa 25 ccm Alkohol hinzu und erwärmt unter zeitweiligem Umrühren mit Hilfe des Glasstäbchens auf dem Wasserbade und zuletzt im Trockenschranke bei 110° C. bis zur Gewichtskonstanz. Der Gewichtsverlust ist Wasser (Gladding).[2]

3. Am raschesten und für technische Zwecke hinreichend genau kommt man in folgender Weise zum Ziele: ca. 10 g der im Stück im Wägegläschen gewogenen und dann möglichst verlustlos zerkleinerten Probe werden in einem weiten Porzellantiegel auf dem Sandbade mit einer kleinen Flamme erhitzt, wobei man beständig umrührt und die größeren Klumpen mit einem mitgewogenen Glasstabe zerdrückt, dessen Ende mit der Feile gekerbt und rauh gemacht ist. Die Operation dauert meist 20—30 Minuten, sie ist zu Ende, wenn sich nach Entfernung der Flamme eine über den Tiegel gehaltene Glasplatte nicht mehr beschlägt. Ein Anbrennen der Seife, welches sich sogleich durch den Geruch zu erkennen geben würde, ist sorgfältig zu vermeiden (Watson Smith).[3]

Simand[4] hält zur Wasserbestimmung in Seifen durch Erhitzen auf 105° C. vollständig entwässertes, fettes Öl vorrätig. 5—10 g Seife werden in einer mit einem kurzen Thermometer tarierten Porzellanschale abgewogen, mit 100 g Öl übergossen und unter Umrühren mit einem Thermometer so lange auf einem Drahtnetze auf 105° C. erwärmt, bis keine Dampfblasen mehr entweichen. Harte Seifen übergießt man zuerst mit einigen Gramm Wasser, läßt einige Zeit stehen, bis die Seife erweicht ist, und fügt dann erst das Öl hinzu. Diese Methode vereinfacht Holde[5] durch Erhitzen von 2—4 g Substanz mit der dreifachen Menge Oleïn statt Öl ‘in einem Platintiegel auf 120° C., bis klare Lösung erfolgt, ohne daß dabei ein brenzlicher Geruch auftritt.

Bezüglich der Wassergehaltsbestimmungen in Seifen durch Trocknen (bei 95°—105° C.) seien hier noch einige Beobachtungen von Shukoff und Nogin[6], welche diese Methode nicht empfehlen, angeführt. Die Genannten erhielten beim Trocknen von 11·077 g einer Seife in dünnen Schnitten

nach 24 Stunden . . . 6·721 g	nach 80 Stunden . . . 6·594 g
„ 40 „ . . . 6·654 g	„ 90 „ . . . 6·587 g
„ 60 „ . . . 6·620 g	

[1] Wagners Jahresber. 1879. 512.
[2] Chem. Zeitg. 1883. 7. 568. — Ähnlich verfährt auch P. Bohrisch, Chem. Zeitg. 1901. 25. 395.
[3] Journ. Soc. Dyers & Colourists I. 31.
[4] Der Gerber. 1891. Nr. 388—391.
[5] Zeitschr. f. angew. Chem. 1906. 19. 385.
[6] Chem. Rev. üb. d. Fett- u. Harz-Ind. 1899. 6. 205.

Nach ihren Angaben, welche noch weiterer Bestätigung bedürfen, sollen sich in Seifen nach dem Trocknen weniger Fettsäuren vorfinden, als vor demselben; in zwei Proben wurden

vor dem Trocknen . . . . . 51·9 und 49·1 %
und nach dem Trocknen. . . . . 51·3 und 48·5 % Fettsäuren

gefunden.

Der Wassergehalt von Seifen, die freies Alkali, Alkohol, ätherische Öle oder größere Mengen Glycerin usw. enthalten, kann nicht durch die Bestimmung des Gewichtsverlustes beim Erhitzen ermittelt werden; er ergibt sich nach Bestimmung der anderen Bestandteile aus der Differenz, was aber, der verschiedenen Natur der Fettsäuren entsprechend, oft zu größeren Ungenauigkeiten führen kann.

Hier sei auch noch bemerkt, daß auch sonst vielfach der Wassergehalt der Seifen aus der Differenz berechnet wird, und daß eine einheitliche Methode für diese Bestimmung bisher nicht akzeptiert wurde.

Gegenüber den obenangeführten Trocknungsverfahren dürfte sich die von Marcusson[1]) für Fette und fetthaltige Substanzen ausgearbeitete direkte Wasserbestimmungsmethode (s. S. 43) sowohl in Bezug auf Genauigkeit als auch Bequemlichkeit und Schnelligkeit der Ausführung besser bewähren.

b) Bestimmung des Alkaligehaltes.
α) Freies Alkali.

Freies Alkali (Alkalihydroxyd) soll in guten Seifen nicht vorhanden sein. Es ist insbesondere bei der Verwendung der Seifen in der Seidenindustrie, selbst wenn in geringen Mengen in der Seife enthalten, als schädlich zu bezeichnen, da es der Seide den Glanz nimmt. Nach Heermann[2]) machen sich noch 0·05—0·04 % Ätznatron unangenehm bemerkbar.

Qualitativer Nachweis. Tritt bei Zusatz von etwas Phenolphthaleïn zur alkoholischen Lösung einer Seife Rotfärbung ein, so ist freies Alkali vorhanden.[3]) Alkoholische Lösungen weicher Seifen, welche gewöhnlich Phenolphthaleïn röten, verlieren nach Draper[4]) diese Eigenschaft nach dem Filtrieren. Diese Tatsache dürfte vielleicht darauf zurückzuführen sein, daß technisches Ätzkali, welches zur Herstellung der weichen Seifen verwendet wird, kleine Mengen von Ätznatron enthält, und daß in der fertigen Seife zumeist nur Ätznatron nicht an Fettsäure gebunden vorhanden ist. Durch Aufnahme von Kohlensäure aus der Luft beim Filtrieren wird in Alkohol unlösliches Natriumcarbonat gebildet, welches am Filter bleibt. Neben der Prüfung mit Phenolphthaleïn auf freies Alkali sind noch eine Reihe von Vorschlägen für

---

[1]) Mitt. Techn. Vers.-Anst. Berlin 1904. 22. 48. und 1905. 23. 58.
[2]) Chem. Zeitg. 1904. 28. 53.
[3]) Wenn eine Kaliseife vorliegt, so ist auch die Möglichkeit vorhanden, daß die Rötung durch eine minimale Menge von gelöstem, kohlensaurem Kali verursacht wird.
[4]) Chem. Zeitg. Rep. 1887. 11. 119.

diesen qualitativen Nachweis gemacht worden. So verreibt Stas die Seifenlösung mit Quecksilberchlorür, welches bei Gegenwart von freiem Alkali durch die Bildung von Quecksilberoxydul geschwärzt wird. Nach Stein[1]) läßt sich Quecksilberchlorid für den gleichen Zweck weit bequemer verwenden. Entweder wird die Seifenlösung damit vermischt, wobei bei Gegenwart von freiem Alkali eine rote Fällung auftritt, oder der frische Schnitt wird damit befeuchtet. Bei Anwesenheit von sehr viel Chlorkalium ist die Probe nicht brauchbar, weil dann keine rote Färbung, sondern eine weiße Trübung entsteht. Nashold verwendet salpetersaures Quecksilberoxydul, welches eine schwarze Färbung gibt. Die Reaktion ist weniger empfindlich als mit Quecksilberchlorid, aber im Gegensatze zu dieser auch bei Harzseifen anwendbar.

Quantitative Bestimmung. Zur quantitativen Bestimmung des freien Alkalis werden nach Hope[2]) ca. 30 g der Seife in absolutem Alkohol gelöst, die heiße Lösung wird filtriert, der Rückstand mit Alkohol nachgewaschen und das Filtrat unter Zusatz von Phenolphthaleïn mit $^1/_{10}$-Normalsalzsäure titriert. Stärker wasserhaltige Seifen werden zweckmäßig vorgetrocknet, da sonst die Möglichkeit vorhanden ist, daß der durch das Wasser verdünnte Alkohol etwas Alkalicarbonat (Silicat, Borat) auflöst. Das Verfahren schließt mehrere Fehlerquellen in sich.

Umständlicher und weniger genau ist das Verfahren von Moffit, nach welchem in die ebenso wie bei Hope erhaltene alkoholische Seifenlösung Kohlensäure geleitet und so das freie Alkali in Carbonat übergeführt wird, welches sich ausscheidet und nach dem Filtrieren, Auswaschen mit Alkohol und Lösen in Wasser mit Säure titriert werden kann. Hier sei erwähnt, daß für den Fall, daß das freie Alkali von Ätzkali (und nicht Ätznatron) herrühren sollte, die Möglichkeit vorhanden ist, daß sich etwas Kaliumcarbonat in dem Weingeiste löst.

Spaeth[3]) extrahiert, um nicht zum Auflösen der Seife eine so große Menge von Alkohol benutzen zu müssen, und dem Übelstande, daß die alkoholische Seifenlösung während des Filtrierens erstarrt, zu begegnen, die erst bei 30°—50° C. vorgetrocknete und bei 105° C. getrocknete Seife in einem Wägegläschen mit durchlöchertem Boden[4]) im Soxhletschen Extraktionsapparat mit absolutem, säurefreiem Alkohol und titriert das freie Alkali in der alkoholischen Seifenlösung.

P. Heermann[5]) hat die verschiedenen Methoden zur Bestimmung des freien Alkalis in Seifen nachgeprüft und gefunden, daß alle ungenaue Resultate ergeben. Jene Methoden, welche auf der Titration einer alkoholischen Lösung mit Phenolphthaleïn als Indikator beruhen (Hope, Moffit), weil der Alkohol an sich schon die Phenolphthaleïnreaktion hintanhält, besonders wenn er etwas Seife gelöst enthält; der Alkohol sowie die Seife reagieren in diesem Falle wie eine sehr schwache Säure.

---

[1]) Zeitschr. f. analyt. Chem. 1890. 5. 292.
[2]) Chem. News. 43. 219.
[3]) Zeitschr. f. angew. Chem. 1896. 9. 5.
[4]) Zeitschr. f. angew. Chem. 1893. 8. 513.
[5]) Chem. Zeitg. 1904. 28. 53. 60.

Sämtliche Methoden, welche mit einem Eindampfen der das Alkali enthaltenden Lösungen zwecks einer Trennung von Carbonat verbunden sind wegen der Aufnahme von Kohlensäure aus der Atmosphäre. Das Filtrieren der das freie Alkali enthaltenden Lösung gibt nach der Beobachtung Drapers ungenaue Zahlen. Bei der Methode von Moffit kann, wie schon bemerkt, auch Alkalicarbonat in Lösung gehen. Endlich tritt bei den Dieterichschen Aussalzmethoden sehr leicht Carbonisation der das freie Alkali enthaltenden Lösungen ein und ist der Farbenumschlag in der gesättigten Kochsalzlösung unscharf. Auf Grund dieser Beobachtungen hat Heermann eine Methode zur Bestimmung des freien Alkalis ersonnen, bei welcher diese Übelstände eliminiert sind:

Chlorbaryummethode. Je nach Alkalität werden 5—10 g Seife in etwa 250 ccm frisch ausgekochtem, destilliertem Wasser gelöst und mit 10—15 ccm konzentrierter Baryumchloridlösung (300 g zu 1 l gelöst) versetzt, welche vorher auf Neutralität geprüft, bzw. bis zur beginnenden Rosafärbung von Phenolphthaleïn mit einer Spur Natronlauge versetzt ist. Einem Quantum von 5 g Seife mit etwa 60—62$^0/_0$ Fettsäure entsprechen ungefähr 4·5 ccm obiger Baryumchloridlösung. Die nun entstehende Barytseife, sowie Baryumcarbonat fallen quantitativ aus, in der Kälte flockig, beim Erwärmen sich pechartig kompakt zusammenballend, ohne Einschluß von Flüssigkeit. Es wird nun entweder schnell durch ein mit frisch ausgekochtem Wasser ausgewaschenes Faltenfilter (?) filtriert, oder die oben schwimmende Barytseife wird vermittels des Rührglasstabes gesammelt, die an den Wandungen fest haftende Barytseife wird ungehindert daran gelassen, die klare Flüssigkeit, ohne zu filtrieren, abgeschüttet, das Becherglas mit der fest angebackenen, sowie der Glasstab mit der gesammelten Barytseife mehrmals abgespritzt, diese Waschwässer mit der Hauptflüssigkeitsmenge vereinigt und unmittelbar mit $^1/_{10}$-Normalsäure und Phenolphthaleïn titriert. Ein Überschuß von Chlorbaryum ist belanglos und trübt keineswegs die Endreaktion. Es kann sowohl mit Schwefelsäure als auch mit Salzsäure titriert werden; das im ersteren Falle stattfindende Ausfallen von Baryumsulfat beeinträchtigt auch keineswegs die Schärfe der Titration. Bei Umgehung des Filtrierens wird meist eine Spur Alkali mehr gefunden, was Heermann auf die Absorption von Alkali durch das Filtermaterial zurückführt.

Von verschiedenen Seiten ist die Ansicht ausgesprochen worden, daß eine Seife zugleich freies Alkali und freie Fettsäuren enthalten könne, und es sind namentlich medizinische Seifen in dieser Richtung geprüft worden. Worauf sich diese Ansicht stützt, erscheint einigermaßen unklar, da kein Zweifel darüber besteht, daß sich Fettsäure und Alkali sofort vereinigen, wenn man die Seife in Alkohol löst, andrerseits aber beim Lösen in Wasser eine teilweise Dissoziation von Seife in Alkali und saures fettsaures Alkali eintritt. Deshalb ist es sehr fraglich, ob die nach dem folgenden Verfahren ermittelten Mengen von freier Fettsäure und freiem Alkali schon in der Seife vorhanden waren oder sich erst beim Auflösen durch Dissoziation gebildet haben.

Dieterich[1]) löst nämlich 1 g Seife je nach ihrer Art in 20—50 ccm Wasser, versetzt mit so viel Chlornatrium, daß ein kleiner Rest desselben ungelöst bleibt, filtriert die ausgesalzene Seife ab, wäscht mit etwas gesättigter Kochsalzlösung nach, löst den Rückstand in Wasser, salzt nochmals in gleicher Weise aus und titriert das freie Alkali mit $^1/_{100}$-Normalschwefelsäure und Phenolphthaleïn als Indikator.

Die zweimal ausgesalzene Seife löst man in 30 ccm absoluten Alkohols unter Erhitzen auf dem Wasserbade, titriert die freie Fettsäure mit $^1/_{100}$-Normalkalilauge und berechnet auf Ölsäure. In einer besonderen Probe bestimmt man die Kalimenge, welche zur Neutralisation von 30 ccm des Alkohols notwendig ist, und zieht dieselbe von der erst gefundenen ab.

Keine der von Dieterich auf diese Weise untersuchten Seifen war alkalifrei, der Gehalt an freiem Alkali betrug zwischen $0·22$ und $1·68^0/_0$. Der Gehalt an freien Fettsäuren schwankte zwischen $0·0$ und $2·20^0/_0$.

R. E. Divine[2]) empfiehlt, das freie Alkali in Seifen mit alkoholischer $^1/_{10}$-Normalstearinsäurelösung (!) abzutitrieren.

β) Kohlensaures Alkali.

Zur Bestimmung der Alkalicarbonate löst man den beim Extrahieren der Seife mit absolutem Alkohol verbleibenden Rückstand in Wasser und titriert unter Anwendung von Methylorange als Indikator. Nach F. M. Horn[3]) gibt diese Methode nur dann richtige Resultate, wenn die Seife vorher unter den S. 333, 1 angegebenen Vorsichten und zuletzt bei 120° C. getrocknet wurde, weil sonst der Wassergehalt der Seife den Alkohol verdünnt, und auch Carbonate in Lösung gehen. Es sei hervorgehoben, daß bei Gegenwart von Natriumsilicat oder Natriumborat auch durch diese Salze ein Säureverbrauch bedingt wird, und daß insbesondere in diesem Falle nur eine direkte Kohlensäurebestimmung, bei welcher die Seife mit Salzsäure zerlegt und die Kohlensäure im Natronkalkrohr aufgefangen und gewogen wird, genaue Resultate gibt. Um in dem Kolben, in welchem die Zersetzung der Seife vorgenommen wird, das Auftreten eines Siedeverzuges zu verhindern, ist es zweckmäßig, einige Stückchen reinen, mit verdünnter Salzsäure ausgekochten und dann gewaschenen Bimssteines in den Kolben zu geben.

Ein anderes Verfahren ist das folgende:[4])

25—50 g der Seife werden in einem ca. 300 ccm fassenden Becherglase unter mäßigem Erwärmen in 150 ccm Wasser aufgelöst und mit so viel reinem Kochsalz versetzt, daß ein kleiner Teil desselben ungelöst bleibt. Dann hat sich die Natronseife vollständig ausgeschieden. Man filtriert ab, wäscht mit kalter Kochsalzlösung bis zum Verschwinden der alkalischen Reaktion aus und ermittelt die zur Neutralisation des

<hr>

[1]) Helfenberger Annalen 1887. 1888. 1889.

[2]) Journ. Amer. Chem. Soc. 1900. 22. 693.

[3]) Zeitschr. f. d. chem. Ind. 1887. 85.

[4]) Graeger, Polyt. Notizblatt 12. 177.

Filtrates notwendige Anzahl Kubikzentimeter Normalsäure. Daraus läßt sich die Summe des freien und des an Kohlensäure gebundenen Alkalis berechnen; nach Abzug des nach Hope ermittelten freien Alkalis erhält man das an Kohlensäure gebundene, vorausgesetzt, daß Silicate und Borate nicht zugegen sind.

Heermanns Aussalzmethode[1]) besteht darin, daß eine gewogene Menge Seife in Wasser gelöst und mit Kochsalz ausgesalzen wird. In einem Teil des Filtrates wird das Gesamtalkali ($Na_2CO_3 + NaOH$) durch direktes Austitrieren (Methylorange als Indikator) ermittelt. Ein anderer Teil des Filtrates wird mit Baryumchlorid gefällt, um das kohlensaure Natron zu entfernen, und mit Säure und Phenolphthaleïn titriert. Die Differenz beider Bestimmungen ergibt den Gehalt an freiem Ätznatron. Diese Methode ist nach Heermanns eigener Angabe nicht ganz einwandfrei. Er bestimmt daher besser das freie und das kohlensaure Natron zusammen nach der Carbonisationsmethode. Die Seife wird fein geschabt, getrocknet, in absolutem Alkohol gelöst und Kohlensäure in diese Lösung eingeleitet, bis alles Ätznatron in Carbonat übergeführt ist. Das in absolutem Alkohol unlöslich ausfallende kohlensaure Natron wird abfiltriert, mit heißem absolutem Alkohol nachgewaschen, bis das Filtrat seifenfrei ist, der Filterinhalt mit heißem Wasser gelöst und mit $^1/_{10}$-Normalsäure und Methylorange als Indikator titriert und so kohlensaures Natron und Ätznatron zusammen ermittelt; letzteres wird in Form von Carbonat berechnet. Von dieser Zahl wird das auf anderem Wege, am besten nach der Chlorbaryummethode gefundene freie Ätznatron in Abzug gebracht.

K. Braun[2]) bestimmt freies ätzendes und kohlensaures Alkali, indem er zuerst die fein geriebene Seife in einem ca. 125 ccm fassenden Erlenmeyerkolben, welchem ein weites, zweimal gebogenes Natronkalkrohr vorgelegt ist, im Wasserbadtrockenschrank bis zur Gewichtskonstanz trocknet, dann in wenig Alkohol löst und mit Säure (Phenolphthaleïn als Indikator) austitriert.

γ) Gesamtalkaligehalt.

Die Summe des freien, des an Kohlensäure (Borsäure und Kieselsäure) und des an Fettsäuren (und Petrol- und Harzsäuren) gebundenen Alkalis bildet das Gesamtalkali.

Man löst 30 g Seife in heißem Wasser, setzt 100 ccm Normalschwefelsäure hinzu, erwärmt zur Abscheidung der Fettsäuren, wobei man 20 g Stearinsäure hinzusetzt, falls die Fettsäuren bei gewöhnlicher Temperatur flüssig sind, läßt erkalten und filtriert. Das ganze Filtrat oder einen aliquoten Teil desselben titriert man mit Natronlauge zurück, wobei man zweckmäßig Methylorange als Indikator verwendet.

Das an Fettsäuren gebundene Alkali wird gefunden, wenn man das freie und das an Kohlensäure (Borsäure und Kieselsäure) gebundene

---

[1]) Chem. Zeitg. 1904. 28. 61.
[2]) Seifens.-Zeitg. 1905. 32. 804.

von dem Gesamtalkali abzieht. Oder es wird die alkoholische Lösung, welche man zur Bestimmung des freien Alkalis nach Hope (s. oben) genau mit $^1/_{10}$-Normalschwefelsäure neutralisiert hat, mit Wasser verdünnt, der Alkohol durch Eindampfen vertrieben, eine gemessene Menge Normalschwefelsäure hinzugesetzt und weiter wie bei der Bestimmung des Gesamtalkaligehaltes verfahren (Leeds).

Hat eine qualitative Vorprüfung der Seife ergeben, daß sie Kali und Natron enthält, und will man das Gewichtsverhältnis der beiden Basen ermitteln, so zerlegt man eine Probe mit Salzsäure, trennt die Flüssigkeit von den Fettsäuren und führt das Kalium in gewöhnlicher Weise in Kaliumplatinchlorid über. Aus der gefundenen Kalimenge und der zur Zerlegung der Seife nötigen Säuremenge, die man durch Titration ermittelt hat, läßt sich dann der Natrongehalt leicht berechnen. Oder man dampft mit Schwefelsäure in einer gewogenen Platinschale ein, führt den Rückstand nach dem Abrauchen der überschüssigen Schwefelsäure durch Zusatz von Ammoniumcarbonat und Glühen in die normalen Sulfate über, wägt, bestimmt die in denselben enthaltene Schwefelsäure und berechnet die Gehalte von Kali oder Natron aus diesen Daten. Es sei jedoch bemerkt, daß bei Seifen, welche nennenswerte Mengen von Alkalisulfat oder Alkalichlorid enthalten, ein etwaiger Kaligehalt bei Berechnung der näheren Zusammensetzung der Seife in erster Linie an Schwefelsäure, dann an Salzsäure und erst in letzter Linie an Fettsäure gebunden anzuführen ist.

Im allgemeinen verzichtet man jedoch auf die Bestimmung des quantitativen Verhältnisses von Kali und Natron und rechnet die Resultate der Titrierung, unbekümmert um die Anwesenheit geringer Mengen des anderen Alkalis, bei den harten Seifen auf Natriumoxyd (Na_2O), bei den weichen auf Kaliumoxyd (K_2O) um.

c) Bestimmung des Gesamtfettes.

α) Gewichtsanalytische Methoden.

Die nach den folgenden Methoden aus den Seifen abgeschiedenen „Fettsäuren" sind nur dann als solche in Rechnung zu ziehen, wenn die Seife frei von Neutralfett, Harz und Petrolsäureseifen und unverseifbaren Substanzen ist, da diese Substanzen den Fettsäuren beigemischt bleiben. Sind solche vorhanden, so erhält man den Gehalt der Seife an „Gesamtfett". Zur Bestimmung der an Alkali gebundenen Fettsäuren muß dann die Menge der Beimengungen ermittelt und von dem Gewichte der durch Zerlegung der Seife mit Säuren erhaltenen Masse (Fettsäuren mit Harz usw.) abgezogen werden.

5—20 g Seife werden in wenig Wasser gelöst und mit überschüssiger verdünnter Schwefelsäure, Salzsäure oder Essigsäure so lange in einer tiefen Porzellanschale erhitzt, bis die abgeschiedenen Fettsäuren in vollkommen klarer Schicht, in welcher sich keine weißen Pünktchen mehr zeigen, obenauf schwimmen. Man kann mit dieser Bestimmung die des Gesamtalkaligehaltes vereinigen, indem man eine gemessene Menge titrierter Schwefelsäure zur Zersetzung verwendet.

Die Fettsäuren müssen nun von der wässerigen Schicht getrennt, getrocknet und gewogen werden. Dazu verfährt man in verschiedener Weise:

Erstarren die Fettsäuren beim Erkalten, so durchsticht man den meist die ganze Oberfläche der Flüssigkeit bedeckenden Kuchen an zwei Punkten seiner Peripherie, nämlich unterhalb des Schnabels der Schale und an der entgegengesetzten Seite, mit dem Glasstabe und gießt die wässerige Schicht ab. Dann wäscht man durch mehrmaliges Umschmelzen mit reinem Wasser, hebt den Kuchen ab, trocknet ihn rasch oberflächlich mit Filtrierpapier und dann über Schwefelsäure, am schnellsten im luftverdünnten Raume. Es ist nicht zweckmäßig, den Fettsäurekuchen intensiv mit Filtrierpapier zu trocknen oder ihn gar einige Zeit auf Filtrierpapier liegen zu lassen, da durch die Papiermasse etwas von den flüssigen Fettsäuren abgesaugt werden könnte.

Bei genauen Analysen tut man gut, die unter dem Fettsäurekuchen befindliche, saure Flüssigkeit durch ein kleines Filter abzugießen, die zurückgehaltenen, geringen Fettsäuremengen in Äther zu lösen, denselben in einem gewogenen Schälchen zu verdampfen, den Rückstand zu wägen und zur Hauptmasse zu addieren.

Rasch und für die Zwecke der Praxis mit genügender Genauigkeit kommt man zum Ziele, wenn man eine je nach der Empfindlichkeit der zur Verfügung stehenden Wage größere oder kleinere Menge der Seife (20—50 g) zur Untersuchung verwendet und den Kuchen nach dem letzten Abgießen des Wassers in einer anfangs samt einem kleinen Glasstabe gewogenen, halbkugeligen Schale so lange unter beständigem Umrühren über einer ganz kleinen Flamme erhitzt, bis das durch den entweichenden Wasserdampf verursachte, knisternde Geräusch aufhört, und sich eben Dämpfe der Fettsäuren zu entwickeln beginnen, und sodann wägt (L. Mayer). Dieses Verfahren ist nicht anwendbar, wenn das Fettsäuregemenge leichtflüchtige Fettsäuren enthält, wie dies bei den Cocos- und Palmkernölfettsäuren der Fall ist, weil sich sonst bedeutende Mengen dieser Fettsäuren verflüchtigen.

Erstarren die Fettsäuren beim Erkalten nicht, so setzt man eine genau gewogene Menge trockenen Wachses, Paraffins oder ebensolcher Stearinsäure hinzu und verfährt wie früher. Von dem Gewichte des Kuchens ist dann selbstverständlich das Gewicht der zugesetzten Substanz abzuziehen. Es ist dies die sogenannte „Wachskuchenmethode". Dieselbe sowie die früher angeführten Methoden können nur für reine Seifen angewendet werden, nicht aber für gefüllte Seifen, weil leicht etwas von der Füllung in dem Fettsäurekuchen zurückbleiben kann, z. B. Kartoffelmehl. Die Wachskuchenmethode wird in der Praxis häufig angewendet. Sie gibt nur dann brauchbare Resultate, wenn die Fettsäuren zum Trocknen in dasselbe Gefäß zurückgebracht werden, in welchem sie aus der Seife ausgeschieden wurden.[1] Häufig schließt die Fettsäure Wassertröpfchen ein, welche schwer zu entfernen sind.

---

[1] G. Krüger, Chem. Zeitg. 1906. 30. 123.

Am besten wird die Hehnersche Methode zum Abfiltrieren der Fettsäuren angewendet, indem man z. B. nach Samelson[1]) die Fettsäuren der gewogenen Seifenmenge abscheidet, auf gewogenem Filter wäscht und in ein Wägegläschen bringt. Man setzt hierauf etwas absoluten Alkohol zu den Fettsäuren, verjagt denselben auf dem Wasserbade, fügt etwas Äther hinzu, vertreibt denselben gleichfalls und trocknet eine Stunde im Wasserbadtrockenschrank. Durch den Zusatz von Alkohol kann unter Umständen Esterbildung eintreten.

Gawalowski[2]) empfiehlt, die Zerlegung mit Schwefelsäure vorzunehmen und die Fettsäuren auf einem Filter zu sammeln und zu waschen. Die geringe Menge der ins Filtrat gegangenen Fettsäuren wird mit Petroleumäther ausgeschüttelt, und auch die auf dem Filter befindliche Hauptmasse der Fettsäuren durch Übergießen mit Petroleumäther gelöst. Um zu bewirken, daß das noch nasse Filter den Petroleumäther hindurchläßt, setzt man 1—2 ccm Alkohol hinzu, worauf die Filtration sofort erfolgt. Die Auszüge werden verdunstet und der Rückstand getrocknet und gewogen.

Bemerkt sei hier noch, daß bei denjenigen Verfahren, bei welchen die Fettsäuren bei höherer Temperatur getrocknet werden, einerseits die Fettsäuren (falls sie ungesättigte Fettsäuren enthalten) zum Teile oxydiert werden können, andrerseits Verflüchtigung von Fettsäuren eintritt (insbesondere bei Cocos- und Palmkernölfettsäuren). Etwa vorhandene wasserlösliche Fettsäuren (gleichfalls in den Cocos- und Palmkernölfettsäuren enthalten) können ferner in der sauren Alkalisalzlösung gelöst bleiben.

Hefelmann und Steiner[3]) haben beim Trocknen der aus einem Gramme einer Oleïnkaliseife erhaltenen Fettsäure folgende Veränderungen konstatiert:

Nach einstündigem Trocknen auf dem Trockenschranke, d. i. bei ca. 55⁰ C. . . . . 0·5136 g Fettsäure
nach weiterem einstündigem Trocknen bei 100⁰ C.
im Trockenschrank . . . . 0·5131 „   „
nach weiterem zweistündigem Trocknen bei 100⁰ C.
im Trockenschrank . . . . 0·5153 „   „
nach weiterem einstündigem Trocknen bei 110⁰ C.
im Trockenschrank . . . . 0·5074 „   „

Die Oxydation der Ölsäure war also selbst nach vierstündigem Trocknen sehr gering, und erst bei Erhöhung der Trockentemperatur auf 110⁰ C. trat eine merkliche, die Oxydationszunahme überschreitende Verminderung infolge Verdampfung ein.

Die Gewichtsabnahme, welche zwei Cocosfettsäuren enthaltende Seifenfettsäuren beim Trocknen erfuhren, ist aus den beiden folgenden Zusammenstellungen von Hefelmann und Steiner ersichtlich.

[1]) Chem. Zeitg. 1888. 12. 355.
[2]) Zeitschr. f. analyt. Chem. 24. 219.
[3]) Zeitschr. f. öffentl. Chem. IV. 389. 96.

I. Talgcocosnatronseife mit wenig Cocosölansatz.

	Prozente Fettsäuren		Säure-zahl	Refrakto-meter-zahl 40° C.	Jodzahl
	a	b			
Fettsäuren eine Stunde auf dem Trockenschrank (bei ca. 55° C.) getrocknet . .	80·68	80·87	200·3	37·1	48·6
Fettsäuren noch eine Stunde im Trockenschrank (bei 98°—100° C.) getrocknet .	78·55	79·53	—	38·7	—
Fettsäuren noch eine Stunde im Trockenschrank (bei 98°—100° C.) getrocknet .	77·27	77·08	—	39·2	—
Fettsäuren noch eine Stunde im Trockenschrank (bei 98°—100° C.) getrocknet .	76·10	76·48	—	39·8	—
Fettsäuren noch eine Stunde im Trockenschrank (bei 98°—100° C.) getrocknet .	75·78	75·35	200·0	40·0	38·9

II. Reine Cocosseife.

	Prozente Fettsäuren		Säure-zahl	Refrakto-meter-zahl 40° C.	Jodzahl
	a	b			
Fettsäuren eine Stunde auf dem Trockenschrank (bei ca. 55° C.) getrocknet . .	65·29	65·33	257·2	20·9	16·4
Fettsäuren noch $^3/_4$ Stunden im Trockenschrank (bei 98°—100° C.) getrocknet .	59·77	60·27	—	21·8	—
Fettsäuren noch eine Stunde im Trockenschrank (bei 98°—100° C.) getrocknet .	54·69	53·22	—	22·9	—
Fettsäuren noch eine Stunde im Trockenschrank (bei 98°—100° C.) getrocknet .	50·21	50·80	—	24·9	—
Fettsäuren noch eine Stunde im Trockenschrank (bei 98°—100° C.) getrocknet .	43·48	43·48	205·6	27·2	10·9

Die Fettsäuren rauchten beim Verweilen im Trockenschrank und erlitten nicht nur einen Verlust an niederen Fettsäuren, wie die steigende Refraktometerzahl zeigt, sondern auch eine Oxydation, welche sich durch die Erniedrigung der Jodzahl kundgibt.

Bolley[1]), Hope[2]), Pinchon[3]), Schulze[4]), ferner Huggenberg[5]), Saupe[6]), Pinette[7]), Späth[8]), Watke[9]) u. a. schütteln die Fettsäuren aus der mit Säure zersetzten Seife aus, Bolley und Hope lassen die mit Wasser einigemal durchgeschüttelte ätherische Schicht in ein gewogenes Gläschen laufen, verdunsten den Äther, trocknen und wägen den Rückstand. Scheiden sich einige kleine Wassertropfen unter den Fettsäuren aus, so entfernt man dieselben in der Weise, daß man einige Tropfen absoluten Alkohols hinzugibt und neuerdings im Wasserbade trocknet.

Nach den Verfahren von Huggenberg, Saupe, Pinette, Späth und Watke werden die aus der Seifenlösung abgeschiedenen Fettsäuren

---

[1]) Dinglers Polyt. Journ. 125. 385.
[2]) Chem. News 43. 218.
[3]) Zeitschr. f. analyt. Chem. 23. 100.
[4]) Zeitschr. f. analyt. Chem. 26. 27.
[5]) Zeitschr. f. öffentl. Chem. 1898. 163.
[6]) Pharm. Centralhalle. 1890. 31. 314.
[7]) Chem. Zeitg. 1890. 14. 1442.
[8]) Zeitschr. f. angew. Chem. 1896. 8. 5.
[9]) Chem. Zeitg. 1896. 20. 240.

in ein leicht abzulesendes Volumen ätherischer oder petrolätherischer Lösung übergeführt, von welcher ein aliquoter Teil zur Bestimmung des Verdampfungsrückstandes verwendet wird.

Hier seien noch die Verfahren von Huggenberg und Späth kurz besprochen.

C. Huggenberg bedient sich zur Abscheidung der Fettsäuren einer Scheidebürette, welche unten mit Glashahn und oben mit Glasstöpsel versehen ist. Der Apparat faßt ca. 160 ccm und trägt drei birnenförmige Erweiterungen. Die Höhe beträgt 53 cm, die oberste Marke befindet sich bis 150 ccm vom Hahn, und die Raumverhältnisse gestatten bequemes Ausschütteln. Die Teilungen befinden sich nur an den verengten Teilen des Apparates. Zur Bestimmung der Fettsäure wird wie folgt verfahren:

Es werden 3·5 g der Seife abgewogen, in einem Porzellanschälchen in 30—40 ccm Wasser unter Erwärmen gelöst, worauf die Lösung in den vorher mit 25 ccm Normalschwefelsäure beschickten Apparat gebracht wird. Nach dem Erkalten wird mit Äther, der mit Wasser gesättigt ist, bis zur Mitte der obersten Birne nachgefüllt. Der Glasstöpsel der Bürette besitzt seitlich eine runde Öffnung und eine ebensolche im Hals, so daß durch bestimmte Stellung des Verschlusses der Gasdruck im Innern ausgeglichen werden kann. Aus der im Stativ eingespannten Bürette wird, zunächst ohne abzulesen, die saure wässrige Flüssigkeit sorgfältig in ein Becherglas abgelassen, und 2—3 mal mit Wasser nachgespült. Hierauf wird mit Äther auf 148—149 ccm (event. auch nur auf 89 ccm) aufgespült, gut durchgemischt und die Gesamtätherfettschicht auf 0·1 ccm genau abgelesen. Das in der Hahnbohrung befindliche Wasser wird durch Abfließenlassen von 1 ccm Ätherlösung völlig verdrängt, worauf 25—50 ccm der ätherischen Lösung in ein tariertes Kölbchen fließen gelassen werden. Der Äther wird auf dem Wassertrockenschrank verdunstet und der Rückstand im Trockenschrank bis zur Gewichtskonstanz getrocknet, wozu $^1/_2$—$^3/_4$ Stunden Zeit nötig sind.

Obwohl Huggenberg und Saupe wasserhaltigen Äther zum Ausschütteln der abgeschiedenen Fettsäuren verwenden, erhält man bei beiden Verfahren eine wasserfreie ätherische Fettsäurelösung, die beim Verdunsten des Äthers auf dem Trockenschrank (bei etwa 55° C.) und einstündigem Belassen des Verdunstungsrückstandes bei dieser Wärme das Lösungsmittel vollständig abgibt. R. Hefelmann und E. Steiner erhielten nach diesem Verfahren befriedigende Resultate. Wenn die Seifenfettsäuren flüchtige Fettsäuren enthalten (wie z. B. die Cocos- und Palmkernölfettsäuren), empfiehlt es sich, das Resultat nach Hefelmann und Steiner in der Weise zu kontrollieren, daß man einen aliquoten Teil der ätherischen Lösung der Fettsäuren mit absolut alkoholischer $^1/_2$-Normalkalilauge bei Gegenwart von etwas Phenolphthaleïn als Indikator neutralisiert, und die Lösung, welche neben fettsaurem Kali eventuell noch eine geringe Menge von Neutralfett enthalten kann, über Sand verdunstet und im Trockenschrank bei 100° C. bis zur Gewichtskonstanz trocknet. Die Menge des gebundenen Kaliums wird aus dem Verbrauch an titrierter Lauge berechnet und der Gehalt an „Gesamtfett" unter Berücksichtigung der durch das Kalium ersetzten Wasserstoffmenge ermittelt.

Sollen in einer abgewogenen Menge Seife sowohl Wasser, als auch die übrigen wichtigen Bestandteile ermittelt werden, so kann nach Späth[1]) das folgende Verfahren benützt werden.

Von wasserarmen Seifen werden 4—5 g, von stark wasserhaltigen Seifen 5—6 g in ein tariertes Kölbchen gebracht, dessen Hals sich in der Mitte erweitert und an der engeren Stelle eine Marke bei 120 ccm trägt. Der engere Teil des Halses hat einen Durchmesser von 2 cm, der weitere einen solchen von 2·5—3 cm. Die Seife wird in 50 prozentigem Alkohol in der Wärme gelöst, und dann mit gleich starkem Alkohol bis zur Marke aufgefüllt. Nach dem Durchmischen werden von dieser Lösung 60 ccm zur Wasserbestimmung abpipettiert und in eine, mit ausgeglühtem Quarzsand gewogene Platinschale gebracht, der Alkohol verdampft, und der Rückstand bei 100° C. getrocknet. Während des Trocknens wird er zweckmäßig mit einem mitgewogenen Glasstäbchen öfters durchgerührt.

Der Rest des Kölbcheninhaltes wird bis nahe zur Marke 120 ccm mit 50 prozentigem Alkohol aufgefüllt, auf 17·5° C. gebracht, und alsdann genau zur Marke nachgefüllt. Sollte vorher der Inhalt des Kölbchens erstarren, so wird am Wasserbade ein wenig erwärmt. Der Kolbeninhalt wird nun in einen Scheidetrichter gebracht, zweimal mit je 5 ccm Alkohol nachgespült, zur Seifenlösung 20 ccm Normalschwefelsäure gesetzt, durchgeschüttelt und 100 ccm Petroläther zugefügt. Nach abermaligem Durchschütteln läßt man einige Zeit stehen und trennt die wässrige Schicht ab.

Die Flüssigkeit wird, wenn nötig, filtriert und in einem aliquoten Teile des Filtrates (z. B. 75 ccm) der Überschuß der Schwefelsäure zurücktitriert, und der Gehalt an Gesamtalkali in gewöhnlicher Weise berechnet. Das an die Fettsäuren gebundene Alkali wird durch Titration der abgeschiedenen Fettsäuren gefunden. Von der im Scheidetrichter zurückgebliebenen Lösung der Fettsäuren in Petroläther werden zur Bestimmung der Fettsäuren 50 ccm in ein gewogenes Kölbchen gebracht, und der Petroläther auf einem auf 60°—80° C. geheizten Wasserbade in einem Strom von Wasserstoffgas verjagt. Wenn der Petroläther verjagt ist, erhitzt man das Wasserbad zum Sieden, leitet noch einige Zeit Wasserstoffgas durch den Kolben, läßt erkalten, und trocknet noch über konzentrierter Schwefelsäure unter einer Glasglocke.

Von den gewogenen Fettsäuren kann noch die Säurezahl und die Verseifungszahl ermittelt werden; aus der letzteren, respektive aus der Ätherzahl kann das Neutralfett berechnet werden.

Hefelmann und Steiner[2]) konstatierten, daß bei dem Späth-

---

[1]) Zeitschr. f. angew. Chem. 1896. 8. 5.
[2]) Zeitschr. f. öffentl. Chem. 1898. 389.

schen Verfahren der Bestimmung der Gesamtfettsäuren Oxyfettsäuren der Bestimmung entgehen und daß flüchtige Fettsäuren bei längerem Trocknen sich zum Teile verflüchtigen. An dieser Stelle sei auch erwähnt, daß Shukoff und Nogin[1]) gleichfalls eine Ausschüttelung der Seifenfettsäuren mit Petroläther an Stelle von Äther nicht empfehlen, weil sie bei derselben etwas zu niedrige Resultate erhielten.

Die von Späth empfohlene Vorsicht, die Fettsäuren, um eine Oxydation zu verhüten, im Wasserstoffstrome zu trocknen, kann in der Mehrzahl der Fälle hinwegfallen, weil zumeist die durch Oxydation bedingte Gewichtszunahme minimal ist, sie empfiehlt sich jedoch unter Umständen für Fettsäuren stark trocknender Natur, z. B. Leinölfettsäuren, für welche Hefelmann und Steiner bei Untersuchung einer Leinölschmierseife folgende Resultate erhielten:

	Prozente	Refraktometerzahl bei 40° C.
Fettsäuren nach Saupe bei 55° C. getrocknet	40·65	65·0
„ noch eine Stunde bei 100° C. im Trockenschr. getr.	41·40	—
„ noch zwei Stunden bei 100° C. im Trockenschr. getr.	41·50	85·0

Beim Trocknen nach Saupes Vorschrift kann jedoch auch für den Fall der Gegenwart stark trocknender Fettsäuren nach den Genannten von der erwähnten Vorsicht abgesehen werden.

Was die Bestimmung des Neutralfettes aus der Ätherzahl der Fettsäuren anbelangt, so wird ein direktes, gewichtsanalytisches Verfahren zur Neutralfettbestimmung wegen der oft minimalen Gehalte der Seifen an Neutralfett vorzuziehen sein.

In das Resultat der Analyse wird nicht die prozentische Ausbeute an Fettsäuren eingestellt, sondern es muß erst die Umrechnung auf die Anhydride vorgenommen werden.

100 T. Stearinsäure $C_{18}H_{36}O_2$ liefern 96·86 T. Stearinsäureanhydrid $C_{36}H_{70}O_3$.

100 T. Palmitinsäure $C_{16}H_{32}O_2$ liefern 96·49 T. Palmitinsäureanhydrid $C_{32}H_{62}O_3$.

100 T. Ölsäure $C_{18}H_{34}O_2$ liefern 96·81 T. Ölsäureanhydrid $C_{36}H_{66}O_3$.

Man begeht somit keinen großen Fehler, wenn man die Umrechnung auf die Anhydride in der Weise vornimmt, daß man 3·25 % vom Gewichte der Fettsäuren abzieht.

Braun[2]) bestimmt die Fettsäuren in Form ihrer Kalkseifen. Nachdem die Seife, ungefähr 1—1·5 g, in 50 ccm heißem Wasser gelöst und die Lösung, wenn nötig filtriert wurde, wird dieselbe nach Zusatz von Phenolphthaleïn genau neutralisiert und behufs Ausfällung der Fettsäuren mit Chlorcalciumlösung versetzt. Man erwärmt auf dem Wasserbade bis höchstens 50° C., läßt erkalten, bringt alles auf ein quantitatives Filter, wäscht genügend nach, trocknet Filter und Nieder-

[1]) Chem. Rev. üb. d. Fett- u. Harz.-Ind. 1899. 6. 205.
[2]) Seifens.-Zeitg. 1906. 26. 127.

schlag bei 100° C. nicht übersteigender Temperatur und wägt. Darauf
verascht man die Kalkseife im gewogenen Tiegel, durchfeuchtet den
Rückstand mit einigen Tropfen Salpetersäure und glüht nochmals bis
zur Gewichtskonstanz. Man rechnet das gefundene Gewicht des Ätz-
kalkes auf Calcium in Prozenten der angewandten Seife um und nimmt
das auf 100 fehlende vorläufig als Fettsäure an. Ferner bringt man
den Tiegel in ein Becherglas, setzt 15—20 ccm Normalsalzsäure zu, erwärmt auf dem Wasserbade und titriert mit Normallauge zurück; die
gebundenen Kubikzentimeter Salzsäure werden auf Wasserstoff berechnet
und die so erhaltene Zahl zu der als Fettsäure angenommenen addiert.

Soll ein Urteil darüber erlangt werden, aus welchem Fette eine
Seife etwa dargestellt worden sein könnte, so werden die Fettsäuren
ohne Zusatz von Wachs usw. abgeschieden und auf Schmelzpunkt, Erstarrungspunkt, spezifisches Gewicht, Refraktometerzahl, Jodzahl, Verseifungszahl usw. (s. Abschnitt X und XI) untersucht.

β) Methoden, bei welchen das Volumen der ausgeschiedenen Fettsäuren gemessen wird.

Nach Buchner[1]. In einem langhalsigen Kolben, dessen Hals
von einem beliebigen Punkte nach oben hin in Zehntel- oder mindestens
in halbe Kubikzentimeter geteilt ist, werden in warmem Wasser zirka
16 g grob geschabte Seife aufgelöst. Der Kolben darf dann nur halb
voll sein. Dann wird erwärmte, verdünnte Schwefelsäure oder Salzsäure nachgegossen, worauf sich die geschmolzene Fettsäure rasch oben
ansammelt. Man setzt so viel warmes Wasser hinzu, daß die Fettsäure in den kubizierten Hals steigt, und liest das Volumen ab. Will
man das Gewicht der Fettsäuren näherungsweise erfahren, so multipliziert man mit 0·93, dem mittleren spezifischen Gewichte der aus den
gewöhnlichen Fetten ausgeschiedenen Säuren.

Ebenso bestimmt Lüring[2] das Volumen der aus der Seife ausgeschiedenen Fettsäuren bei 100° C., und erhält deren Gewicht durch
Multiplikation der Anzahl der abgelesenen Kubikzentimeter mit dem
spezifischen Gewichte.

Nach Wagner[3]. Enthält die Seife Beimengungen, welche sich
weder in Wasser, noch in der Fettschichte lösen, so scheiden sich diese
häufig zwischen beiden Schichten ab und machen das genaue Ablesen
unmöglich. Setzt man der Flüssigkeit aber 10 ccm Benzol zu, so ist
die Trennung meist eine scharfe. Man hat dann von dem abgelesenen
Volumen der oberen Schicht 10 ccm abzuziehen. Auf einem ähnlichen
Prinzipe beruht die ältere Methode Cailletets[4], welcher statt des
Benzols Terpentinöl anwendet.

Die beiden letztgenannten Methoden sind ihrer großen Fehlerquellen

---

[1] Dinglers Polyt. Journ. 159. 183.
[2] Zeitschr. f. Unters. d. Nahrungs- u. Genußm. 1906. II. 729.
[3] Wagners Jahresbericht 1860. 248.
[4] Polyt. Centralbl. 1855. 667.

wegen kaum zu empfehlen, dagegen können die Buchnersche und die Lüringsche zur raschen, wenn auch nicht sehr genauen Wertbestimmung der Seifen verwendet werden.

γ) Maßanalytische Methoden.

Nach Pons[1]). Diese und die folgende Methode beruhen auf einer Umkehrung des Prinzipes der Clarkschen Methode zur Bestimmung der Härte des Wassers.

Die zu prüfende Seife wird mit einer Normalseife verglichen, die beliebig gewählt werden kann. Pons verwendet dazu eine Marseillerseife, bestehend aus:

$$\begin{array}{ll} \text{Natron} & 6\,\% \\ \text{Fettsäuren} & 64\ ,, \\ \text{Wasser} & 30\ ,, \end{array}$$

Die Titrierung wird mit einer Chlorcalciumlösung vorgenommen, welche so gestellt ist, daß 1 ccm derselben genau 0·01 g Seife umsetzt. 1 g seiner Seife erforderte 0·1074 g Chlorcalcium. Die Chlorcalciumlösung enthält 1·074 g Chlorcalcium im Liter. Die Seifenlösung enthält 10 g Normalseife, die man mit 100 ccm. Alkohol und Wasser auf einen Liter gelöst hat. Läßt man zur Chlorcalciumlösung ein gleiches Volumen der Seifenlösung hinzufließen, so bildet sich beim Schütteln noch kein stehenbleibender Schaum, was aber bei weiterem Zusatz der Seifenlösung erfolgt.

Die Ausführung des Verfahrens ist folgende: 10 ccm der Normalchlorcalciumlösung und ca. 20 ccm destilliertes Wasser werden in eine Stöpselflasche von 60—80 ccm Inhalt gebracht. Andrerseits werden 10 g der zu untersuchenden Seife in 100 ccm Alkohol gelöst, wobei man die unlöslichen Teile abfiltrieren und untersuchen kann. Dann verdünnt man auf 1 l und läßt die Lösung aus einer Bürette so lange in die Chlorcalciumlösung einfließen, bis der Schaum nach dem Schütteln einige Zeit stehen bleibt. Der Fettsäuregehalt der untersuchten Seife verhält sich sodann zu dem der Normalseife, wie 10 zu der Anzahl der verbrauchten Kubikzentimeter.

Fr. Goldschmidt[2]) bestimmt die Fettsäuren in Cocos- und Kernölseifen in folgender Art: Bei einem Vorversuch werden die Fettsäuren in üblicher Art abgeschieden, mit Wasser gewaschen, dann in Äther gelöst, bei Zimmertemperatur durch entwässertes schwefelsaures Natron getrocknet und filtriert; der Äther wird bei 45°—50° C. abgedunstet, wobei eine Verflüchtigung der leichtflüchtigen niederen Fettsäuren ausgeschlossen ist, und von 2 g der so erhaltenen Fettsäuren die Säurezahl bestimmt. Zur eigentlichen Seifenanalyse wird die Seife in Wasser gelöst und im Scheidetrichter zersetzt; die Fettsäuren werden mit Äther ausgeschüttelt, die ätherische Lösung zweimal mit Wasser gewaschen, in einen Erlenmeyerkolben abgelassen, mit Äther nachgespült und mit

---

[1]) Wagners Jahresber. 1865. 320.
[2]) Seifenfabrikant 1904. 24. 201.

$^1/_2$ - Normallauge titriert. Da durch den Vorversuch die Säurezahl der Fettsäuren bekannt ist, so gibt die Titration unmittelbar den Fettsäuregehalt der Seife.

Nach Meister[1]) läßt man eine Baryumnitratlösung von bestimmtem Gehalt (z. B. 2·532 g Baryumnitrat im Liter, entsprechend 1·074 g Chlorcalcium nach Pons) so lange zur Lösung einer abgewogenen Seifenmenge hinzufließen, bis der Schaum beim Schütteln nicht mehr stehen bleibt. Noch besser eignet sich zur Seifentitration ein $^1/_{10}$-Normalbleinitratlösung (16·55 g Bleinitrat im Liter). Nach jedem Zusatze von Bleinitrat bringt man ein Tröpfchen der Flüssigkeit mit einem Glasstabe auf Jodkaliumpapier; sobald alle Seife als unlösliches Bleipflaster ausgeschieden, und eben eine geringe Menge überschüssigen Bleies in Lösung ist, tritt Gelbfärbung ein.

Es ist selbstverständlich, daß diese Verfahren der Titration der Seife nur dann mit der Wahrheit näherungsweise übereinstimmende Resultate ergeben werden, wenn das mittlere Molekulargewicht der Fettsäuren der Normalseifen, und dasjenige der Fettsäuren der zu untersuchenden Seife nicht viel voneinander verschieden sind.

d) Freie Fettsäuren.

Wenn sich die alkoholische Lösung einer Seife bei Zusatz von Phenolphthaleïn nicht rötet, so kann, namentlich wenn die Seife aus Ölsäure bereitet war, freie Fettsäure vorhanden sein, welche sodann durch Titration mit Natronlauge bestimmt wird.

Über das gleichzeitige Vorkommen von freier Fettsäure und freiem Alkali s. S. 337.

e) Bestimmung des Gehaltes an Neutralfett.

Das in den Seifen enthaltene unverseifte Fett (Neutralfett) kann zusammen mit etwa vorhandenen unverseifbaren Bestandteilen nach den S. 163 und S. 212 ff. beschriebenen Methoden zur Bestimmung der unverseiften, resp. der unverseifbaren Bestandteile von Fetten aus den Seifen gewonnen und gewogen werden. Erhält man größere Mengen des Extraktes, so kann man es genau wie ein mit unverseifbaren Substanzen gemischtes Fett weiter untersuchen.

Es sei hier daran erinnert, daß nach den Versuchen von Bolley und von Perutz die Extraktion der getrockneten Seife am besten mit den unter 85°—86° C. siedenden Anteilen von Benzin oder Petroleumäther vorgenommen wird, indem sich in diesen Flüssigkeiten nur ganz geringe Mengen der fettsauren Alkalien lösen. Führt man dagegen die Fettsäuren nach dem Vorschlage von Gottlieb zuerst in Salze der alkalischen Erden über und extrahiert mit Äther, so lösen sich größere Mengen der Seifen, insbesondere der ölsauren Salze auf.

---

1) Ber. d. deutsch. chem. Ges. 1874. 7. 1742.

Extrahiert man die alkoholische Seifenlösung nach S. 213 mit Petroleumäther, so muß dieselbe bei Anwesenheit freier Fettsäure vorher mit Natronlauge und Phenolphthaleïn als Indikator neutralisiert werden.

Will man die trockene Seife extrahieren, so löst man 10 g derselben in Alkohol, läßt denselben in einem Becherglase über der 5—7 fachen Menge vorher mit Salzsäure gewaschenen Sandes verdunsten, trocknet den Rückstand und extrahiert ihn im Soxhletschen Apparate. Der Extrakt enthält auch die etwa vorhandenen freien Fettsäuren, deren Quantität durch Titration mit Alkali bestimmt werden kann.

Lewkowitsch empfiehlt, den Gehalt an Neutralfett und unverseifbaren Bestandteilen aus den Gesamtfettsäuren (mit welchen sie bestimmt wurden) abzuscheiden. Die Gesamtfettsäuren (Gesamtfett) werden in Alkohol gelöst, unter Benutzung von Phenolphthaleïn genau neutralisiert und mit Petroläther ausgeschüttelt.

Waltke[1]) bestimmt den Gehalt an unverseiften Bestandteilen in der folgenden Weise:

10 g der wasserfreien Seife werden in einem Mörser zu feinem Pulver zerrieben, in einen 200 ccm-Kolben gebracht und mit 100 ccm völlig wasserfreiem Petroläther geschüttelt. Alsdann wird zur Marke aufgefüllt, durchgemischt, absitzen gelassen, 50 ccm durch ein doppeltes Faltenfilter gegossen, verdampft, der Rückstand bei 110° C. getrocknet und gewogen. Er muß sich nach dem Wägen in Petroläther völlig auflösen.

Sollte ein nach irgend einem der beschriebenen Verfahren erhaltener, das Neutralfett enthaltender Rückstand sich nicht in Petroläther völlig auflösen, so liegt der Verdacht vor, daß er noch Seife enthält. In diesem Falle ist die petrolätherische Lösung des Neutralfettes zur Entfernung der etwa vorhandenen Seife nochmals mit etwas Wasser auszuschütteln und der Petroläther dann neuerdings zu verdampfen.

Der Vollständigkeit halber sei noch angeführt, daß Wolf[2]) auch Anilin, welches weder Benzol noch Nitrobenzol enthalten darf, zur Extraktion von Neutralfett und Unverseifbarem aus Seifen vorgeschlagen hat.

Enthält eine Seife, wie dies bei manchen Toiletteseifen vorkommen kann, unverseifbare Bestandteile, so werden dieselben nach den vorstehend beschriebenen Methoden samt dem Neutralfett gefunden, und ihre eventuelle quantitative Bestimmung erfolgt nach den bekannten Verfahren.

2. Analyse von Seifen, welche fremde Beimengungen enthalten.

a) Untersuchung des in Alkohol unlöslichen Teiles.

Die Gesamtmenge des in Alkohol unlöslichen Teiles wird in der Weise ermittelt, daß man die fein zerschnittene Seife erst in gelinder

---

[1]) Chem. Zeitg. 1896. 20. 38.
[2]) Zeitschr. f. analyt. Chem. 18. 570.

Wärme, dann bei 100° C. trocknet, mit der 8—10fachen Menge absoluten Alkohols übergießt und auf dem Wasserbade mäßig erwärmt. Das Unlösliche wird mit Alkohol gewaschen, bei 100° C. getrocknet und gewogen.

Dieser Rückstand ist vornehmlich bei den gefüllten Seifen sehr beträchtlich, ganz ohne Rückstand sind jedoch meist nur die transparenten Seifen in Alkohol löslich.

Es können darin enthalten sein:

1. In Wasser lösliche Salze, am häufigsten die Chloride, Sulfate und Carbonate der Alkalien, Wasserglas, Borax usw.
2. In Wasser unlösliche Mineralsubstanzen (Füllmaterialien), wie Kreide, Ton, Kieselgur, Asbest, Talk, Erdfarben usw.
3. Organische Substanzen, besonders Stärke, Dextrin, Leim, Pflanzenschleim usw.

Manche Bestandteile, welche in dem Rückstande enthalten sein können, werden sich mikroskopisch konstatieren lassen, wie z. B. Kieselgur, Asbest, Stärke usw.

Kohlensaures, kieselsaures und borsaures Alkali. Der Rückstand wird mit kaltem Wasser extrahiert. Man filtriert ab und bestimmt entweder im ganzen Filtrate oder in einem aliquoten Teil das an Kohlensäure, Kieselsäure und Borsäure gebundene Alkali durch Titration mit Salzsäure unter Anwendung von Methylorange als Indikator.

Aus der Flüssigkeit kann dann weiter nach dem Ansäuern mit Salzsäure etwa vorhandene, aus dem Wasserglas stammende Kieselsäure durch Eindampfen abgeschieden und in gewöhnlicher Weise in wägbare Form gebracht werden. Das nach Abscheidung der Kieselsäure erhaltene Filtrat kann man zur Prüfung auf Borsäure verwenden, indem man einen damit befeuchteten Streifen Curcumapapier in mäßiger Wärme trocknet.

Enthält der in Alkohol unlösliche Rückstand der Seife neben Soda noch Borax oder Wasserglas, so kann man zur Ermittlung der Sodamenge in einem Teile des Rückstandes eine direkte Kohlensäurebestimmung vornehmen.

Bemerkt sei, daß beim Zersetzen der wässerigen Lösung von Wasserglas enthaltenden Seifen mit Säure die Hauptmenge der Kieselsäure gewöhnlich in Flocken zu Boden sinkt, während die Fettsäuren obenauf schwimmen.

Etwa gefundene Kieselsäure wird nach Waltke[1]) auf das Silicat $Na_2 Si_4 O_9$ berechnet.

Bei Gegenwart von Natriumcarbonat, Natriumsilicat und Natriumborat nebeneinander, erfolgt nach Waltke die quantitative Bestimmung aller drei Verbindungen in folgender Weise.

Der alkoholunlösliche Anteil von 5—10 g der Probe wird bei 150° C. bis zur Gewichtskonstanz getrocknet und gewogen.

---

[1]) Chem. Zeitg. 1896. 29. 20.

In einem Teile des Rückstandes wird eine direkte Kohlensäurebestimmung ausgeführt, und in dem Reste durch Abdampfen mit Salzsäure die Kieselsäure abgeschieden. Das Filtrat von der letzteren wird zur Bestimmung des Gesamtnatrons als Natriumchlorid oder Natriumsulfat benützt. Die dem Natriumcarbonat und Silicat entsprechende Natronmenge wird von der Gesamtnatronmenge subtrahiert, und der Rest Natron auf Natriumborat umgerechnet.

Waren neben den erwähnten drei Salzen auch noch Chlornatrium und Natriumsulfat zugegen, so sind bei der Berechnung des Natriumborates natürlich auch die Mengen dieser beiden Salze zu berücksichtigen.

Chlornatrium und Natriumsulfat. Man bestimmt in aliquoten Teilen des Wasserauszuges des in Alkohol unlöslichen Rückstandes der Seife Chlor und Schwefelsäure durch Fällen mit Silbernitrat, beziehungsweise Chlorbaryum. Nach Horn wird der Chlor- und damit auch der Chlornatriumgehalt weit genauer bestimmt, wenn man die Seife in Wasser löst, die Fettsäuren mit verdünnter Salpetersäure abscheidet und das Filtrat mit Silbernitrat fällt. Zur Bestimmung der Schwefelsäure äschert Horn die Seife ein, extrahiert die Asche mit Salzsäure und fällt mit Chlorbaryum. Dieses Verfahren ist insofern nicht als ganz einwandfrei zu bezeichnen, als die Möglichkeit vorhanden ist, daß ein Teil des Sulfates beim Einäschern zu Sulfid reduziert wird und die Fällung mit Chlorbaryum zu niedrig ausfällt.

Den im Wasser unlöslichen Teil des Rückstandes glüht man zur Zerstörung organischer Substanzen, wägt ihn und kann dann die Asche qualitativ und quantitativ weiter untersuchen.

Organische Substanzen. Aus dem in Alkohol unlöslichen Teil des Rückstandes extrahiert kaltes Wasser das Dextrin. Dasselbe kann aus der wässerigen Lösung mit Alkohol wieder ausgefällt werden. Nimmt man diese Fällung in einem mit einem Glasstab gewogenen Becherglas vor und rührt tüchtig um, so setzt sich das Dextrin vollständig an die Gefäßwände an. Man gießt die Flüssigkeit ab, wäscht mit Alkohol, trocknet das Becherglas mit dem Dextrin bei 100° C. und wägt.

Die Gegenwart von Stärke in dem in Alkohol unlöslichen Rückstande wird unter dem Mikroskope und durch die Blaufärbung mit Jodlösung erkannt. Ist Stärke vorhanden, so kann dieselbe nach Extraktion des in kaltem Wasser löslichen Teiles des Rückstandes unter beständigem Ersatz des verdunstenden Wassers mit verdünnter Schwefelsäure gekocht werden, wobei sie in Dextrose übergeführt wird, welche in der mit Baryumcarbonat neutralisierten, filtrierten Lösung mit Hilfe von Fehlingscher Lösung bestimmt werden kann.

Will man den in Alkohol unlöslichen Teil der Seife auf Leim prüfen, so extrahiert man ihn mit heißem Wasser. Die Lösung gelatiniert beim Erkalten und gibt einen Niederschlag, wenn man sie mit Tanninlösung versetzt.

Casein läßt sich dem in Alkohol unlöslichen Anteil durch Ausschütteln mit starker Salzsäure entziehen; die Lösung bildet nach dem Zusatz von wenig Wasser beim Schütteln einen sehr beständigen Schaum, bei Zusatz von viel Wasser scheidet sich das Caseïn aus. Zur quantitativen Bestimmung wird entweder die Seife oder besser das aus dem in Alkohol unlöslichen Rückstand enthaltene Caseïn nach Kjeldahl behandelt (Wolf).[1])

b) Bestimmung eines Gehaltes an freiem Glycerin.

Löst man eine Seife in Alkohol oder Methylalkohol, so geht etwa vorhandenes Glycerin mit in Lösung. Man versetzt die filtrierte Lösung zum qualitativen Nachweis desselben mit Wasser, erhitzt, bis der Alkohol vollständig vertrieben ist, scheidet die Fettsäure mit verdünnter Schwefelsäure ab, läßt erkalten und filtriert die Fettsäuren ab. Die glycerinhaltige Flüssigkeit wird mit Baryumcarbonat neutralisiert, bis zur Sirupkonsistenz eingedampft, der Rückstand mit einem Gemisch von 3 Teilen 95 prozentigen Alkohols und 1 Teil Äther ausgelaugt, filtriert und das Filtrat eingedampft. Der erhaltene Sirup wird nach S. 452 ff. auf Glycerin geprüft.

Zur quantitativen Bestimmung gibt dieses Verfahren weit weniger genaue Resultate als die Glycerinbestimmung nach den auf S. 196 u. ff. angeführten Methoden. Man löst, je nach dem vermuteten Glyceringehalte 1—10 g Seife in Wasser, oder, wenn organische, in Methylalkohol unlösliche Bestandteile vorhanden sind, in Methylalkohol auf, verjagt in letzterem Falle den Methylalkohol, scheidet die Fettsäuren ab und verfährt mit dem sauren Filtrate wie bei der Glycerinbestimmuug in Fetten.

Lewkowitsch[2]) bedient sich zur quantitativen Glycerinbestimmung in dem auf die oben beschriebene Weise erhaltenen Sirupe (Rohglycerin) des Acetinverfahrens (S. 201).

Das von Laborde[3]) veröffentlichte, von Jean[4]) auch für die Glycerinbestimmung in Seifen vorgeschlagene, auf der Verkohlung des Glycerins mit Schwefelsäure beruhende Verfahren (s. S. 201) kann nicht empfohlen werden.

Martin[5]) wendet die Bichromatmethode an. Die durch Zersetzen von etwa 10 g Seife mit verdünnter Schwefelsäure nach der Entfernung der Fettsäuren verbleibende Flüssigkeit wird mit essigsaurem Blei versetzt, filtriert und im Filtrat der Bleiüberschuß durch Schwefelwasserstoff entfernt. Das Filtrat vom Schwefelbleiniederschlage wird auf ein bestimmtes Volumen verdünnt und ein aliquoter Teil desselben zur Glycerinbestimmung verwendet.

Das Glycerin ist nicht immer absichtlich zugesetzt, da die Schmierseifen, falls sie nicht aus Ölsäure dargestellt sind, und die Cocosölseifen den ganzen Glyceringehalt des Fettes (meist 3—5 % vom Gewichte der Seife) enthalten.

---

[1]) Seifens.-Zeitg. 1905. 32. 382.
[2]) Chem. Zeitg. 1889. 13. 659.
[3]) Ann. Chim. anal. appl. 1889. 4. 76. 110.
[4]) Rev. chim. ind. 1900. 11. 34. — Chem. Zeitg. Rep. 1900. 24. 73.
[5]) Monit. scient. 1903. [4]. 17. 797.

c) Bestimmung des Harzgehaltes.

Zum qualitativen Nachweis von Harz benützt man die S. 223 ff. angeführten Reaktionen, in erster Linie die Liebermann-Storchsche bzw. die Storch-Morawskische Reaktion.

Nach Grosser[1]) kann diese Reaktion nicht für Harzsäuren allein als maßgebend angesehen werden, da auch Oxyfettsäuren dieselbe geben; dieselben bilden auch nach seinen Angaben keine Äthylester (?). Malacarne[2]) weist darauf hin, daß es wichtig ist, die Fettsäuren vor der Prüfung nach Storch-Morawski durch 5—6maliges Waschen mit siedendem Wasser von jeder Spur Farbstoff zu befreien.

Das Harz wird bei der Bestimmung der Fettsäuren mit diesen zusammen abgeschieden und gewogen und bildet somit einen Teil des Gesamtfettes. Man bestimmt den Harzgehalt der Fettsäuremasse quantitativ am besten nach der Twitchellschen Methode (S. 247).

Nach Jean[3]) gibt Harzseife bei dreimaligem Ausschütteln mit Äther ca. 15 % von dem zu ihrer Bereitung verwendeten Harz an nicht verseifbaren Bestandteilen ab.

d) Erkennung eines Gehaltes an Alkohol.

Transparente Seifen enthalten häufig Alkohol, zu dessen Nachweis folgende Proben angegeben sind:

Nach Jay[4]) werden 50 g fein zerschnittener Seife in einem Kolben von ca. 200 ccm Inhalt mit 30 ccm konzentrierter Schwefelsäure bis zur vollständigen Lösung geschüttelt. Die Masse erhitzt und bräunt sich ein wenig, man versetzt mit Wasser, läßt abkühlen, bis die Fettsäuren erstarrt sind, gießt die wässerige Flüssigkeit ab, neutralisiert nahezu vollständig und destilliert ab. Man sammelt die ersten 25 ccm des Destillates und prüft sie nach dem Verfahren von Riche und Bardy, welches sich darauf gründet, daß Aldehyd die rote Farbe des Fuchsins in Violett überführt. Die Umwandlung des Alkohols in Aldehyd wird durch Oxydation der mit $^1/_2$ ccm verdünnter Schwefelsäure (18° Bé) angesäuerten Lösung mit $^1/_2$ ccm einer Chamäleonlösung, welche 15 g im Liter enthält, bewerkstelligt. Darauf entfärbt man die Flüssigkeit durch Zusatz einiger Tropfen einer Lösung von unterschwefligsaurem Natron und fügt 1 ccm Fuchsinlösung, welche 0·1 g Fuchsin im Liter enthält, hinzu. Bei Gegenwart von Alkohol ist die Flüssigkeit nach 5 Minuten schön violett. Tritt die Färbung erst nach 15 Minuten ein, so darf man nicht auf Alkohol schließen.

Valenta[5]) mischt 50—60 g Seife mit Bimsstein und destilliert zuerst bei 110° C., dann bei 120° C. im Paraffinbade ab. Mit dem Destillate

[1]) Chem. Zeitg. 1906. 30. 330.
[2]) Giorn. Farm. Chim. 52. 193.
[3]) Les corps gras ind. 13. 208.
[4]) Chem. Centralbl. 1881. 107.
[5]) Jacobsens Repertorium 1884. 1. 244.

wird die Jodoformprobe gemacht, welche nach Hager in folgender Weise ausgeführt wird.

Man versetzt die zu prüfende Flüssigkeit mit 5—6 ccm einer 10prozentigen Kalilösung, erwärmt auf 40^0—50^0 C. und gibt so viel einer mit Jod gesättigten 16—20prozentigen Jodkaliumlösung hinzu, daß die Flüssigkeit gelbbräunlich gefärbt erscheint. Verschwindet die Farbe beim Umschütteln nicht, so setzt man mittels des Glasstabes gerade so viel Kalilauge hinzu, daß völlige Entfärbung eintritt. Es scheiden sich dann entweder sofort oder nach einigem Stehen gelbe Kristalle von Jodoform aus, die unter dem Mikroskope als sechsstrahlige Sterne oder sechseckige Tafeln erscheinen.

e) Bestimmung von Rohrzucker in Seifen.

Rohrzucker kann in manchen Transparentseifen und Toiletteseifen in einer Menge bis zu 30 $^0/_0$ vorkommen.

Die quantitative Bestimmung desselben kann entweder nach Inversion mit Fehlingscher Lösung oder auf polarimetrischem Wege[1]) erfolgen.

Für das erste Verfahren wird die heiße wässerige Lösung einer gewogenen Menge der Probe mit Normalschwefelsäure in möglichst kleinem Überschuß versetzt, die Fettsäuren abgeschieden, und die wässerige Lösung neutralisiert, und auf ca. 75 ccm konzentriert. Diese Lösung wird mit Salzsäure in der gewöhnlichen Weise invertiert, und der Invertzucker mit Fehlingscher Lösung gewichtsanalytisch bestimmt.

Polarimetrisch verfährt Wilson wie folgt:

10 g der Seife werden in 150 ccm Wasser von 80^0 C. gelöst, und unter Rühren tropfenweise gesättigte Magnesiumsulfatlösung in kleinem Überschusse zugefügt. Hierauf wird durch ein geräumiges Filter abfiltriert, die Magnesiaseife mit Magnesiumsulfat enthaltendem, heißem Wasser gewaschen, das meist etwas alkalische Filtrat mit sehr verdünnter Salpetersäure nahezu neutralisiert, auf etwa 40 ccm eingedampft, erkalten gelassen, mit einigen Tropfen verdünnter Salpetersäure schwach angesäuert, mit Bleiessig wie üblich geklärt, und nach dem Filtrieren polarisiert.

Bei gleichzeitiger Gegenwart von Glycerin und Rohrzucker empfehlen Donath und Mayerhofer[2]), der beide Körper enthaltenden Lösung gelöschten Kalk zur Bildung des Kalksaccharates und geglühten Sand zuzusetzen, abzudampfen und den Rückstand mit einem Gemische gleicher Raumteile Alkohol und Äther zu extrahieren. Die Lösung enthält alles Glycerin.

Stift[3]) empfiehlt, in Glycerinseifen den Zucker nach der Vorschrift Freyers polarimetrisch zu bestimmen.

---

[1]) Chem. News 1891. 64. 28; nach Chem. Zeitg. Rep. 1891. 15. 227.
[2]) Zeitschr. f. analyt. Chem. 20. 383.
[3]) Wochenschr. d. Centralver. f. Rübenzucker-Ind. i. d. österr.-ung. Monarchie 1900. 38. 537. — Chem. Zeitg. Rep. 1900. 24. 279.

f) Carbolsäure.

Zur Bestimmung der Phenole in Carbolseifen verfährt Allen[1]) in folgender Weise:

5 g der Probe werden in warmem Wasser gelöst, und 10prozentige Natronlauge zur Lösung der Phenole zugesetzt. Die Seifenlösung wird nun mit Äther ausgeschüttelt, um Kohlenwasserstoffe zu entfernen, und dann von der Ätherschichte getrennt. Durch Kochsalz wird die Seife aus ihrer Lösung ausgesalzen, während die Phenolate gelöst bleiben. Die Lösung der letzteren wird von der Seife abfiltriert, diese mit konzentrierter Kochsalzlösung gewaschen und das Filtrat auf einen Liter aufgefüllt. Nachdem man sich in einem 100 ccm betragenden Teile der Lösung durch Zusatz von Schwefelsäure, welche keine Trübung hervorrufen darf, überzeugt hat, daß alle Seife ausgesalzen worden ist, fügt man Bromwasser, dessen Titer man gleichzeitig auf kristallisierte Carbolsäure stellt, in geringem Überschusse zu und titriert den Bromüberschuß mit Natriumthiosulfatlösung zurück.

Gewichtsanalytisch kann das Phenol in der Weise bestimmt werden, daß ein Teil der alkalischen Lösung konzentriert, mit Schwefelsäure angesäuert und mit Bromwasser in geringem Überschusse versetzt wird. Das gebildete Tribromphenol wird mit einer kleinen Menge Schwefelkohlenstoff ausgeschüttelt, das Lösungsmittel verdampft, und der Rückstand gewogen. Bei Gegenwart von reiner Carbolsäure bildet er lange, fast farblose Nadeln, bei Anwesenheit von Kresolen ist er meist orange bis rot gefärbt und zeigt wenig Neigung zum Kristallisieren.

Lewkowitsch[2]) entfernt die Seife, wie oben angegeben, konzentriert die Lösung der Phenolate durch Abdampfen, bringt in einen graduierten Schüttelzylinder, fügt so viel Kochsalz hinzu, daß etwas ungelöst bleibt, und säuert mit Schwefelsäure an. Das Volumen der sich abscheidenden Phenole wird abgelesen, und pro 1 ccm der Flüssigkeitsschichte 1 g Phenol berechnet.

Fresenius und Makin[3]) setzen die Phenole durch Zusatz von verdünnter Schwefelsäure oder Salzsäure in Freiheit, destillieren sie durch Einleiten eines starken Wasserdampfstromes ab und bestimmen sie im Destillat mit Bromidbromatlösung (Koppeschaar-Tóth).

g) Bestimmung von Petroleum in Seifen.

Nach Livache[4]) kommen im Handel „Petroleumseifen" vor, welche Petrolöle und Carnaubawachs enthalten. Bei mäßigem Erwärmen destilliert das Petroleum ab, und das Destillat kann, falls man eine genügende Menge Seife verwendet hat, gemessen oder, nach der

---

[1]) The Analyst 1896. 103.
[2]) Benedikt und Lewkowitsch, Chemical Analysis of oils, fats and waxes 1895. 637.
[3]) Zeitschr. f. analyt. Chem. 35. 325.
[4]) Compt. rend. 87. 249.

Trennung von mit übergegangenem Wasser, gewogen werden. Zweckmäßiger ist es, die Seife mit etwa dem vierfachen ihres Gewichtes Wasser und der zur Abscheidung der Fettsäuren nötigen Menge verdünnter Schwefelsäure nebst einigen Bimssteinstückchen zu versetzen und dann zu destillieren.

W. Herbig empfiehlt, das Petroleum nach Überführung der Alkaliseife in Kalkseife durch Extraktion mit Aceton zu bestimmen.

Livache macht noch einige Bemerkungen „über die Löslichkeit einiger Körper in Seifen und Resinaten", welche für die Untersuchung von Fetten und Seifen nicht unwichtig sind und deshalb hier wiedergegeben werden sollen.

Petroleum allein ist nicht mischbar mit Seifen, hat man aber die Seife unter Zusatz von Carnaubawachs hergestellt, so läßt es sich durch Vermittlung des bei der Verseifung des Carnaubawachses entstandenen Myricylalkoholes der Seife einverleiben. Dieser Ansicht Livaches wird von einigen Fachleuten widersprochen, da sich Petroleum auch ohne Carnaubawachs hergestellten Seifen in Mengen von $12\,^0/_0$ gut inkorporieren läßt; allerdings enthielten diese Seifen ca. $15\,^0/_0$ Harz.

Auch mit etwas Holzgeist oder Amylalkohol kann man den Seifen bis zu $50\,^0/_0$ Petroleum einverleiben. Ähnlich verhalten sich die Seifen betreffs ihrer Aufnahmsfähigkeit für Steinkohlenteeröl, Terpentinöl usw.

Hier sei auch noch erwähnt, daß sich etwas schwerere Mineralöle, wie z. B. Vaselinöle, den Seifen in geringen Mengen gut inkorporieren lassen.

Die Harzseifen verhalten sich im wesentlichen wie die Fettseifen.

h) Nachweis flüchtiger Öle.

Die Abscheidung der zur Parfümierung der Seifen zugesetzten, flüchtigen ätherischen Öle kann nach Barfoed in zweierlei Weise geschehen.

Man extrahiert die Seife bei gewöhnlicher Temperatur mit Äther, filtriert durch ein mit Äther benetztes Filter und wäscht mit derselben Flüssigkeit nach. Die Lösung wird mit Wasser geschüttelt, um etwas in dieselbe mit übergegangene Seife zu entfernen, und dann verdunstet.

Oder man treibt die Öle durch Destillation mit Wasserdampf ab, nachdem man die Lösung der Seife, um das Schäumen zu vermeiden, mit Schwefelsäure oder Chlorcalcium versetzt hat. Aus dem Destillate sammelt man das Öl durch Ausschütteln mit Äther.

3. Prüfung von Seifen, welche zum Walken verwendet werden sollen.

Nach Morawski und Demski[1]) soll man zur Beurteilung der zum Walken verwendeten Kernseifen außer der gewöhnlichen chemischen Analyse, welche sich vornehmlich auf Wasser, Verfälschungen (z. B. mit Harz), freies Alkali oder unverseiftes Fett beziehen soll, auch noch eine

---

[1]) Dinglers Polyt. Journ. 257. 530.

Untersuchung in der Richtung vornehmen, ob die Seife einen zum Walken geeigneten Seifenleim von gehöriger Zähigkeit zu bilden imstande ist.

Diese Prüfung geschieht mittels der Spinnprobe, indem man 10 g fein' geschabter Seife in 100 ccm Wasser im kochenden Wasserbade löst, das Becherglas in kaltes Wasser einstellt, mit dem Thermometer rührt und beobachtet, bei welcher Temperatur die Lösung zähflüssig und fadenziehend wird, zu „spinnen" beginnt.

Die Spinntemperatur scheint vom Schmelzpunkte der in den Seifen enthaltenen Fettsäuren abhängig zu sein, nimmt aber in viel schnellerem Grade ab, als dieser. Die Spinntemperatur einer Talgkernseife, deren Fettsäuren bei 43·5° C. schmolzen, war 43° C., während das Spinnen einer Marseillerseife vom Schmelzpunkte 26° C. der Fettsäuren erst bei 4° C. eintrat. Der Wassergehalt der Seife ist ohne Einfluß.

Durch den in den Tuchfabriken gebräuchlichen Sodazusatz (z. B. bei 8·9 T. Seife mit 25 °/₀ Wassergehalt, 3·6 T. Soda und 87·5 T. Wasser) wird die Spinntemperatur bedeutend erhöht, ebenso durch Kochsalz, wir aus folgender Zusammenstellung hervorgeht:

10 g Seife in 100 ccm Wasser	Schmelzpunkt der Fettsäuren	Spinntemperatur	Nach Zusatz von	Spinntemperatur
Talgkernseife	45° C.	41° C.	2 g Soda	70° C.
Talgkernseife	45° C.	41° C.	1·5 g Kochsalz	70° C.
Seife (nicht näher bezeichnet)	—	25° C.	1·5 g Kochsalz	60° C.
Sulfurölseife	—	8·5° C.	1 g Kochsalz	54° C.

Hillyer[1]) schließt durch Vergleich der Anzahl Tropfen, die ein gegebenes Volumen einer Seifenlösung beim Ausfließen unter Öl bildet mit Normalseifenlösungen auf die Emulgierfähigkeit und das Reinigungsvermögen der Seifen und hat für diese Prüfung einen eigenen Apparat konstruiert.

Was die Verwendung der Seifen in der Textilindustrie anbelangt, so ist zu bemerken, daß insbesondere in der Seidenfärberei die weitgehendsten Ansprüche an dieselben gestellt werden, und daß freies und kohlensaures Alkali und Neutralfett als schädlich zu bezeichnen sind. In der Schafwollindustrie werden desgleichen Seifen mit einem Gehalt an freiem oder kohlensaurem Alkali als geringwertig anzusehen sein, da jede tierische Faser durch alkalische Lösungen angegriffen wird. In der letztgenannten Industrie können solche Produkte nur für minderwertige Ware verwendet werden. Auch Harzseifen, Silicate, Borate und Füllmaterialien sollen nicht zugegen sein.

Der Wert der zahlreichen Seifenpulver (Waschpulver) des Handels, welche meist Gemische von trockener Seife mit Soda und Wasserglas sind, und deren Seifengehalt in vielen Fällen bis auf 5 °/₀ herabgeht, ergibt sich nach dem Vorstehenden von selbst.

---

[1]) Journ. Amer. Chem. Soc. 1903. 25. 1256.

4. Unlösliche Metallseifen.

Von diesen Seifen seien in erster Linie die Aluminium- und Kalkseifen erwähnt. Die ersteren finden bei der Herstellung wasserdichter Gewebe und neben den zweitgenannten auch bei der Herstellung konsistenter Maschinenfette vielfach Anwendung.

Zink- und Manganseifen (meist Harzseifen) werden ferner als Sikkativ in der Firnisfabrikation benutzt, und Bleiseifen finden als Bleipflaster Verwendung.

Die Ermittlung der Metalloxyde in derartigen Seifen erfolgt in der Weise, daß die Seife mit einer verdünnten Mineralsäure (für Bleiseifen wird zweckmäßig Salpetersäure benutzt werden, während sonst die Verwendung von Salzsäure und Schwefelsäure vorteilhafter ist) zerlegt, und die Fettsäuren mit Petroläther ausgeschüttelt werden. In der sauren Lösung wird das Metalloxyd bestimmt, und die Petrolätherschichte ergibt nach dem Abdestillieren des Petroläthers die Fettsäuren, welche dann näher untersucht werden können.

Zur Prüfung von Bleiseifen auf das zur Herstellung verwendete Fett bestimmt A. Kremel[1] die Menge des in Äther unlöslichen Rückstandes. Bleipflaster aus Ölsäure sind in Äther vollständig löslich, Pflaster aus Olivenöl hinterlassen 17—20 %, solche aus Schweinefett 40—50 % Rückstand.

F. Türkischrotöl.

Türkischrotöl[2] ist ein beim Färben und Bedrucken der Baumwolle, sowie zum Schmälzen oder Spicken der Wolle in den Spinnereien benutztes dickes, gelb bis gelbbraun gefärbtes Öl, welches man erhält, wenn man Ricinusöl mit konzentrierter Schwefelsäure mischt und dabei durch Kühlung und sehr langsames Einfließenlassen der Säure eine Erwärmung der Masse über 35° C. und Entwicklung größerer Mengen schwefliger Säure sorgfältig vermeidet. Man mischt sodann Wasser hinzu, läßt absitzen, zieht die untere Schichte ab und wäscht mit Kochsalzlösung so lange aus, bis die Waschflüssigkeiten nur noch schwach sauer reagieren. Zuletzt rührt man in die Masse entweder nur so viel Ammoniakflüssigkeit (24° Bé) ein, daß sich eine Probe mit Wasser vollständig emulgieren läßt, saures Appretur- und Türkischrotöl,

---

[1] Pharm. Post. 20. 190.
[2] Müller-Jacobs, Dinglers Polyt. Journ. 251. 449 und 547, 253, 473, 254. 302. — Liechti u. Suida, Mitt. Techn. Gew.-Mus. Wien I. 31 u. 59. — Schmid, Dinglers Polyt. Journ. 254. 346. — Sabanejeff, Ber. d. deutsch. chem. Ges. 1886. 19. Ref. 239. — M. u. A. Saytzeff, Ber. d. deutsch. chem. Ges. 1886. 19. Ref. 541. — Benedikt und Ulzer, Zeitschr. f. d. chem. Ind. 1887. 298. — Geitel, Journ. f. prakt. Chem. 1888. 53. — Scheurer-Kestner, Bull. Soc. Ind. Mulh. 1891. 53. — Julliard, Arch. des sciences phys. et natur. de Genève 1890. 134. — Bull. Soc. Chim. 1891. 3. Sér. 6. 638. — Chem. Zeitg. Rep. 1891. 15. 317. — Bull. Soc. Ind. Mulh. 1891. 55 und 1892. 409 u. 415. — Monit. Scient. 1892. 98. 108 u. 112. — Wolff, Chem. Rev. üb. d. Fett- u. Harz-Ind. 1897. 4. 103.

oder man neutralisiert das sulfurierte und gewaschene Öl vollständig, **neutrales Appretur- und Türkischrotöl**. Nach anderen Verfahren wird statt Ammoniak Sodalösung oder Natronlauge (20°Bé) verwendet.

Eine Vorschrift zur Herstellung von Türkischrotöl ist die folgende:[1)]

In 50 kg Ricinusöl werden innerhalb 6 Stunden unter tüchtigem Rühren 10 kg konzentrierter Schwefelsäure getropft. Nach eintägigem Stehen kommt die Mischung in ein Holzgefäß, welches zur Hälfte mit Wasser von 40°C. gefüllt ist, wird durchgemischt und 24 Stunden stehen gelassen. Nach dieser Zeit wird das Wasser abgelassen und nochmals Wasser von 40°C. zugefügt, abermals 24 Stunden stehen gelassen, das Wasser abgelassen und $5\,^1/_4$ kg 25prozentige Ammoniaklösung und 25 l kaltes Wasser zugesetzt.

Bereitung von Natrontürkischrotöl, 50 prozent.: 5 kg Ricinusöl werden mit 1·25 kg Schwefelsäure von 66°Bé versetzt und nach 24 Stunden mit 8 l Wasser vermischt. Nach weiteren 24 Stunden wird das Wasser abgezogen und das sulfurierte Öl mit 2 l Natronlauge von 27°Bé neutralisiert und schließlich mit Wasser auf 10 kg eingestellt.

Das Vermischen mit der Schwefelsäure wird in ausgebleiten Bottichen unter stetem Umrühren vorgenommen; durch eine im Bottich befindliche Kühlschlange wird die Temperatur reguliert.[2)] Die Temperatur soll beim Mischen 24°C. nicht übersteigen, nach 24 stündigem Stehen wird aber auf 35°C. erwärmt. Für die Herstellung der sauren Appreturöle werden 25%, für die der Türkischrotöle 20% Schwefelsäure verwendet.

Das saure, noch nicht mit Ammoniak neutralisierte Türkischrotöl kann in zwei Anteile, einen in Wasser löslichen und einen unlöslichen, zerlegt werden. Man verfährt dazu in folgender Weise:

Das durch Vermischen von Öl und Schwefelsäure erhaltene Reaktionsprodukt wird in Äther gelöst, durch Schütteln mit Kochsalzlösung von Schwefelsäure befreit und sodann wiederholt mit Wasser ausgeschüttelt. Die vereinigten, wässerigen Auszüge werden mit Kochsalz versetzt, wodurch der **wasserlösliche Anteil** als Öl abgeschieden wird. Die ätherische Schichte hinterläßt beim Verdunsten den in **Wasser unlöslichen Anteil**.

Nach den Untersuchungen von **Benedikt** und **Ulzer**[3)] besteht der **lösliche Teil** des Türkischrotöls aus **Ricinolschwefelsäure**, einer Ätherschwefelsäure, welche sich nach folgender Gleichung bildet:

$$C_{18}H_{33}O_2 \cdot OH + H_2SO_4 = C_{18}H_{33}O_2 \cdot OSO_3H + H_2O.$$

Ricinolsäure   Ricinolschwefelsäure

Die Ricinolschwefelsäure ist mit Wasser in allen Verhältnissen mischbar, ihre wäßrigen Lösungen schäumen wie Seifenlösungen. Sie läßt sich daraus mit Kochsalz, mäßig verdünnter Schwefelsäure und

---

[1)] Österr. Wollen- u. Leinen-Ind. 1894. 14. 169.

[2)] Vergl. Chem. Zeitg. Rep. 1906. 30. 363.

[3)] Zeitschr. f. d. chem. Ind. 1887. 298.

Salzsäure aussalzen und scheidet sich als schweres Öl auf dem Boden der Gefäße aus. Schüttelt man sodann mit Äther, so erhält man drei Schichten, da die Säure in Äther schwer löslich ist und sich stark ätherhaltig als Mittelschichte absondert. Mit Blei-, Kupfer-, Kalk-, Barytsalzen gibt sie schmierige Niederschläge.

Ricinolschwefelsäure zersetzt sich nicht beim Kochen ihrer wässerigen oder alkalischen Lösungen, spaltet sich aber leicht in Ricinolsäure und Schwefelsäure, wenn man sie mit verdünnter Salzsäure oder Schwefelsäure kocht.

Der unlösliche Teil des Türkischrotöles besteht zum größten Teil aus freier Ricinolsäure und enthält daneben meist noch etwas Neutralfett und vielleicht Anhydride der Ricinolsäure.

Nach Scheurer-Kestner enthält das Türkischrotöl des Handels ein wirkliches Hydrat der Ricinolschwefelsäure (mit 10 Molekülen Wasser auf 1 Molekül der Säure) und außerdem Mono- und Diricinolsäure, während es nach Juillard Schwefelsäureester nebst Glycerinschwefelsäureestern der Ricinolsäure und mehrerer Polyricinolsäuren nebst deren Zersetzungsprodukten, unter welchen die Ricinolsäure vorherrscht, enthält.

Das Ricinusöl läßt sich für die Türkischrotölbereitung weder durch ein anderes Öl noch durch Ölsäure ersetzen. Die anderen Fettsäuren geben nämlich bei der Behandlung mit Schwefelsäure gesättigte Oxysäuren und deren Schwefelsäureester, z. B.:

$$C_{18}H_{34}O_2 + H_2SO_4 = C_{18}H_{35}(OSO_3H)O_2.$$
$$\text{Ölsäure} \qquad\qquad\qquad \text{Oxystearinschwefelsäure}$$

Die Oxystearinschwefelsäure zerfällt durch die überschüssige Schwefelsäure zum größten Teil:

$$C_{18}H_{35}(OSO_3H)O_2 + H_2O = C_{18}H_{35}(OH)O_2 + H_2SO_4.$$
$$\text{Oxystearinschwefelsäure} \qquad\qquad \text{Oxystearinsäure}$$

Nach Herbig[1]) geht die Einwirkung von Schwefelsäure auf Olivenöl in der Weise vor sich, daß die Schwefelsäure unter Bildung von freier Ölsäure und Glycerin verseifend einwirkt, und zwar derart, daß entweder genau so viel Ölsäure und Glycerin abgespalten wird, als zur Addition der in Reaktion getretenen Schwefelsäure unter Bildung von Oxystearinschwefelsäure gerade notwendig ist, oder häufiger, daß die Schwefelsäure eine größere Menge des Triglycerides verseift, als zur Addition der in Reaktion getretenen Schwefelsäure an die zur Bildung der Oxystearinschwefelsäure gerade nötigen Menge Ölsäure verbraucht werden mußte. — Für die Verwendung der Türkischrotöle in der Färbereitechnik ist nach Herbigs Ansicht die Anwesenheit der Sulfosäuren von Bedeutung, da sie einerseits das unzersetzte Neutralfett bei der Verdünnung mit Wasser in Lösung erhalten, andrerseits bei der Farblackbildung beteiligt sind.

Das Ricinustürkischrotöl enthält somit ausschließlich ungesättigte

---

[1]) Färberzeitg. 14. 203. 397. — Chem. Centralbl. 1903. II. 921. 1479.

Säuren, das Ölsäure- oder Olivenöltürkischrotöl gesättigte Säuren. Daraus erklärt sich, daß das erstere noch eine große Oxydationsfähigkeit besitzt, auf welche es in der Färberei gerade ankommt, während diese Eigenschaft dem letzteren abgeht.

In Türkischrotöl aus Ölsäure fand Geitel noch Stearolacton und Anhydride der gewöhnlichen Oxystearinsäure (s. S. 287).

Die Türkischrotöle des Handels sind mehr oder weniger dickflüssig, sie sind durchsichtig, in dünneren Schichten gelb, in dickeren braun gefärbt.

Schmitz und Toenges[1]) haben ein Verfahren zur Darstellung von Oxyfettsäuren und Oxyfettsäureglycerinestern und von Dioxyfettsäuren patentiert erhalten, welches darauf beruht, daß aus Fettsäuren und Neutralfetten durch Einwirkung von konzentrierter Schwefelsäure erst Fettschwefelsäuren, Fettschwefelsäureglycerinester und Oxyfettschwefelsäuren hergestellt, und diese Körper durch Erhitzen auf 105^{0} bis 120^{0} C. in offenen Gefäßen unter Entwicklung von schwefliger Säure in Oxyfettsäuren, Oxyfettsäureglycerinester und Dioxyfettsäuren überführt werden. Für manche Zwecke soll dieses Türkischrotöl nach Werner dem Ricinustürkischrotöl vorzuziehen sein.

Kobert hat darauf hingewiesen, daß das Türkischrotöl giftige Eigenschaften besitzt.

Die Prüfung des Türkischrotöles zerfällt in die Vorprüfung, deren wichtigster Teil die Probefärbung ist, und in die chemische Untersuchung.

Vorprüfung.

Die Probe soll mit Wasser eine vollständige Emulsion geben, welche erst nach längerem Stehen Öltropfen ausscheiden darf. Man rührt in einem graduierten Zylinder 1 Teil des Öles zuerst mit wenig, dann sukzessive mit 10 Volumteilen warmen Wassers zusammen, stellt daneben dieselbe Probe mit einem als mustergültig anerkannten Handelsprodukt (z. B. Javalöl) an und vergleicht das Verhalten der beiden Emulsionen. Dabei ist zu bemerken, daß die Flüssigkeiten auf Lackmuspapier dieselbe schwach saure Reaktion zeigen müssen, keinesfalls aber neutral oder alkalisch reagieren dürfen. Ist dies der Fall, so setzt man Essigsäure tropfenweise hinzu, bis die Reaktion und der Grad der Trübung bei beiden Proben gleich ist.

Gute Öle lösen sich in Ammoniak vollständig klar auf und geben auch bei nachherigem Zusatz von viel Wasser keine Trübung.

Die alkoholische Lösung ist, bei den nicht aus Ricinusöl dargestellten Präparaten, um so trüber, je mehr unverändertes Öl (Neutralfett) vorhanden ist.

Zum Probefärben werden zwei gleich große Stücke desselben Baumwollengewebes mit den zu vergleichenden Türkischrotölproben präpariert. Man mischt zu diesem Zwecke 1 Teil des Öles mit 10—20 Teilen Wasser,

---

[1]) D.R.P. Nr. 60579 v. 26. Nov. 1890 u. D.R.P. Nr. 64073 v. 13. Nov. 1891.

wobei man oft so lange Ammoniak zusetzt, bis die Flüssigkeit eben klar wird, tränkt die Zeugstücke damit und trocknet sie. Dann beizt man mit Tonerde sehr schwach an und färbt in blaustichigem Alizarin, oder man druckt Dampfrosa auf und macht die Farben in bekannter Weise durch Seifen, Avivieren usw. fertig.

P. Wolff[1]) empfiehlt vergleichende Probefärbungen mit p-Nitranilinrot.

Das Probefärben gibt nur in sehr geübten Händen verläßliche Resultate, als maßgebend können eigentlich nur die in einer Fabrik in größerem Maßstabe ausgeführten Versuche gelten.

Chemische Untersuchung.

Der Wert eines Türkischrotöles hängt in erster Linie von seinem Gesamtfettgehalt ab, worunter die Summe des in Wasser unlöslichen Teiles des angesäuerten Öles (Fettsäuren, Oxyfettsäuren und Neutralfett) und der durch Zersetzung der löslichen Fettschwefelsäuren gewinnbaren Oxyfettsäuren zu verstehen ist. Bei genaueren Untersuchungen bestimmt man noch den Gehalt an Neutralfett, an Fettschwefelsäuren, Ammoniak, resp. Natron und Schwefelsäure. Endlich nimmt man eine Titrierung des Gesamtfettes nach v. Hübl, sowie die Bestimmung der Acetylzahl vor, um einen Schluß auf die Natur des zur Bereitung des Türkischrotöles verwendeten Fettes ziehen zu können.

1. **Gesamtfett.** Brühl[2]) zersetzt die Probe mit Schwefelsäure und extrahiert mit Äther. Stein[3]) erhitzt 10 g Türkischrotöl in einer Porzellanschale von ca. 125 ccm Inhalt mit 75 ccm kalt gesättigter Kochsalzlösung (26 : 100) und 25 g getrocknetem Wachs auf dem Dampfbade, läßt erkalten, hebt den erstarrten Kuchen ab, befreit ihn mittels Filtrierpapier von anhaftender Kochsalzlösung, trocknet ihn über Schwefelsäure und wägt. Die Gewichtszunahme des Wachses ergibt den Gehalt an Türkischrotöl.

Beide Verfahren liefern zu hohe Resultate, das von Stein deshalb, weil die Natron- oder Ammonseife wasserhaltig vom Wachs aufgenommen wird und beim bloßen Trocknen über Schwefelsäure das Wasser nicht vollständig abgibt.

Man erhält dagegen stets genaue Resultate, wenn man wie folgt verfährt: [4])

Ca. 4 g der Probe werden in einer dünnwandigen, halbkugelförmigen Glasschale von ca. 125 ccm Inhalt, welche man vorher samt einem kleinen Glasstabe gewogen hat, mit allmählich zugesetzten 20 ccm Wasser angerührt. Ist die Flüssigkeit trübe, so läßt man nach Zusatz eines Tropfens Phenolphthaleïnlösung Ammoniak bis zur schwach alkalischen Reaktion zufließen, worauf sich alles löst oder doch nur einzelne größere aus fester Substanz bestehende Flocken zurückbleiben. Unterläßt man

---

[1]) Chem. Rev. üb. d. Fett- u. Harz-Ind. 1897. 4. 103.
[2]) Zeitschr. f. analyt. Chem. 21. 448.
[3]) Ber. d. deutsch. chem. Ges. 1878. 12. 1174.
[4]) Benedikt, Zeitschr. f. d. chem. Ind. 1887. 325.

diesen Zusatz von Ammoniak, so erhält man häufig zu hohe Resultate. Nun vermischt man mit 15 ccm mit dem gleichen Volumen Wasser verdünnter Schwefelsäure und fügt 6—8 g Stearinsäure hinzu. Hierauf erhitzt man so lange zum schwachen Sieden, bis sich das Fett klar abgeschieden hat, läßt erkalten, hebt den erstarrten Kuchen mit dem Glasstabe ab, spült ihn mit möglichst wenig Wasser über der Schale ab und stellt ihn auf Fließpapier. Der Schaleninhalt wird auf dem Wasserbade so lange erhitzt, bis sich die an den Wänden haftenden, sowie jene Fettpartikelchen, welche sich beim Waschen des Kuchens etwa abgelöst haben, zu 1—2 Tropfen gesammelt haben. Man nimmt dann die Schale vom Wasserbade weg und kann nun die Fetttropfen durch Neigen der Schale leicht an die Glaswand bringen, wo sie sofort erstarren und anhaften. Man gießt die Lösung ab, spült mit Wasser aus, bringt den Kuchen in die Schale zurück und erhitzt ihn so lange über einer ganz kleinen Flamme, welche den Boden der Schale nicht berührt, bis beim Umrühren des geschmolzenen Fettes mit dem Glasstabe kein knatterndes Geräusch, hervorgerufen durch entweichenden Wasserdampf, mehr auftritt und eben weiße Dämpfe zu entweichen beginnen. Nun läßt man erkalten, wägt und bringt das Gewicht der Schale mit Glasstab und der Stearinsäure in Abzug.

Man kann das Gesamtfett natürlich auch in anderer Weise sammeln und trocknen, z. B. nach der Hehnerschen Methode der Bestimmung der Fettsäuren in Fetten oder wie bei der Analyse von Seifen (s. z. B. Guthrie[1]).

Nach Breindl gibt ein von Finsler herrührendes Verfahren mit dem eben beschriebenen gut übereinstimmende Resultate. Zu dessen Ausführung wird ein etwas mehr als 200 ccm fassendes Kölbchen mit in $^1/_5$ oder $^1/_{10}$ ccm geteiltem, langem Halse benutzt. Der unterste Teilstrich des Halses entspricht einem Kolbeninhalte von 150 ccm, der oberste einem solchen von 200 ccm. Genau 30 g der Probe werden in einer kleinen Schale abgewogen und mit heißem Wasser in den Kolben gespült. Man verdünnt mit Wasser bis auf ca. 100 ccm, setzt 25 ccm Schwefelsäure von 52° Bé hinzu, erhitzt und erhält die Flüssigkeit unter vorsichtigem Umschütteln so lange im Kochen, bis das ausgeschiedene Fett klar und durchscheinend ist. Dann fügt man heiße, gesättigte Kochsalz- oder Natriumsulfatlösung (anfangs in kleinen Partien) zu, bis die gesamte, ausgeschiedene Fettschichte in den Hals aufgestiegen ist, und liest nach einer halben Stunde das Volumen ab. Jeder Kubikzentimeter entspricht unter Berücksichtigung des spezifischen Gewichtes 3·33 °/₀ Gesamtfett. Herbig[2] hat dieses Verfahren überprüft und damit im allgemeinen gute Resultate erhalten. Ein Nachteil des Verfahrens ist, daß die Fettschichte nach dem Abkühlen sich nicht scharf von der wässerigen Flüssigkeit trennt, wodurch Abweichungen bis zu 1 °/₀ entstehen können. Das spezifische Gewicht fand Herbig für vier untersuchte

---

[1]) Chem. News. 1890. 61. 52.
[2]) Chem. Rev. üb. d. Fett- u. Harz-Ind. 1902. 9. 5; 1906. 13. 187.

Türkischrotöle im Mittel zu 0·945. In der abgeschiedenen Fettschichte ist jedoch, auch wenn das Hinauftreiben des Fettes aus dem Kölbchen in den Hals bei Siedehitze erfolgt, immer Wasser enthalten, welches das Volumen der Fettschichte vergrößert, wodurch Fehler von 2—6 % entstehen können. Dieses Wasser kann durch vorsichtiges Erhitzen der Fettschichte mit freier Flamme ziemlich vollständig entfernt werden.

Herbig[1]) bestimmt daher das Gesamtfett nach folgender Methode gewichtsanalytisch:

10 g des Türkischrotöles werden in einer Kochflasche mit 50 ccm Wasser bis zur Lösung des Fettes erwärmt und mit ca. 25 ccm verdünnter Salzsäure ca. 3—5 Minuten kochend zersetzt, am besten so lange, bis die Fettmasse klar geschmolzen ist. Man kühlt ab, spült mit Äther und Wasser in einen Scheidetrichter (längliche Form), so daß die Äthermenge ca. 200 ccm beträgt, schüttelt kräftig durch und kann das Waschwasser nun sofort abziehen; man wiederholt die Waschung dreimal mit je 15 ccm Wasser, was, da die Klärung sehr schnell erfolgt, in $^1/_2$ bis 1 Stunde beendet ist. Die vereinigten Waschwässer werden zur Bestimmung der löslichen Fettsäuren (und eventuell des Glycerins) verwendet. Die Ätherlösung zieht man in eine Kochflasche ab, destilliert die Hauptmasse des Äthers bei niedriger Temperatur ab, spült in ein gewogenes Becherglas, läßt den Äther bei Zimmertemperatur verdunsten, trocknet 1—2 Minuten über freier Flamme, alsdann noch $^1/_2$ Stunde bei 105° C. und wägt. Diese Methode gibt nach Herbig sehr genaue Resultate.

Unter der Prozentigkeit eines Türkischrotöles versteht man gewöhnlich den Gehalt an Gesamtfett.

2. Neutralfett. Ca. 30 g der Probe werden in 50 ccm Wasser gelöst, mit 20 ccm Ammoniak und 30 ccm Glycerin versetzt und zweimal mit je 100 ccm Äther ausgeschüttelt. Man befreit den Äther durch Schütteln mit Wasser von ganz geringen Mengen in ihn übergegangener Seifen, destilliert ihn ab, bringt den Rückstand in ein gewogenes Becherglas von ca. 150 ccm Inhalt, trocknet zuerst im Wasserbade, dann im Luftbade bei 100° C. und wägt.

3. Lösliche Fettsäuren (Fettschwefelsäuren). 5—10 g der Probe werden in einem Druckfläschchen in 25 ccm Wasser gelöst, mit 25 ccm rauchender Salzsäure versetzt und im Ölbade eine Stunde auf eine Temperatur von 130°—150° C. erhitzt. Dann verdünnt man mit Wasser, entleert in ein Becherglas und filtriert die Fettschicht ab. Dies gelingt am leichtesten, wenn man vorher eine nicht gewogene Menge Stearinsäure hinzugesetzt, dann aufgekocht und wieder erkalten gelassen hat. Im Filtrat wird die Schwefelsäure durch Fällen mit Chlorbaryum bestimmt, davon die in Form von Sulfaten vorhandene, nach 5 ermittelte Schwefelsäuremenge abgezogen, und der Rest auf Ricinolschwefelsäure umgerechnet. 80 Teile Schwefelsäure (SO_3) entsprechen 378 Teilen Ricinolschwefelsäure. Da das Molekulargewicht der Ricinolschwefelsäure dem der Oxystearinschwefelsäure (380) nahezu

---

[1]) Chem. Rev. üb. d. Fett- u. Harz-Ind. 1906. 13. 243.

gleich ist, so begeht man bei dieser Art der Berechnung keinen merklichen Fehler, wenn das Türkischrotöl auch nicht aus Ricinusöl dargestellt ist. Nach Herbig[1]) werden zur Bestimmung der Fettschwefelsäure 4 g Türkischrotöl in einem Erlenmeyerkolben mit 30 ccm verdünnter Salzsäure (1 : 5) am Rückflußkühler unter öfterem Schütteln so lange gekocht, bis die Ölschichte und die wässerige Schichte klar geworden sind, was meist nach 15—20 Minuten eintritt. Die Beleganalysen stimmen mit den Resultaten der Druckzersetzung gut überein. Bei der Abspaltung der Schwefelsäure mit Hilfe von Salzsäure wird nach Herbig[2]) übereinstimmend mit den Resultaten von Müller-Jacobs u. a. und entgegen den Angaben von Geitel auch Glycerin abgeschieden. Bemerkt sei hier noch, daß das Benedikt-Zsigmondysche Verfahren zur Glycerinbestimmung in diesem Falle nur dann angewendet werden kann, wenn ein Rückflußkühler mit eingeschliffenem Kochgefäß benutzt wird, da durch Einwirkung der Salzsäure auf die das Kochgefäß mit dem Kühlrohr verbindenden Kork- oder Gummistopfen Substanzen gebildet werden, welche bei der Oxydation mit alkalischer Permanganatlösung Oxalsäure geben. Übrigens ist nach Herbigs neueren Untersuchungen das Kochen am Rückflußkühler überflüssig und werden zur Bestimmung der Schwefelsäure, sowie des Glycerins die bei der von ihm angegebenen gewichtsanalytischen Bestimmung des Gesamtfettes erhaltenen Waschwässer benutzt.

4. **Ammoniak und Natron.** 7—10 g Öl werden in etwas Äther gelöst und viermal mit je 5 ccm verdünnter Schwefelsäure (1 : 6) ausgeschüttelt. Die vereinigten, sauren Auszüge werden zur Bestimmung des Natrons in einer Platinschale auf dem Wasserbade eingedampft, dann durch stärkeres Erhitzen (auf dem Sandbade) von überschüssiger Schwefelsäure befreit, und der Rückstand endlich durch Glühen unter Zusatz von kohlensaurem Ammon in schwefelsaures Natron übergeführt und gewogen.

Zur Bestimmung des Ammoniaks extrahiert man das Öl in gleicher Weise mit verdünnter Schwefelsäure, vereinigt die Auszüge, destilliert sie mit Ätzkali und fängt das Ammoniak in einer abgemessenen Menge titrierter Säure auf, deren Überschuß man nach Beendigung der Operation zurücktitriert.

5. **Schwefelsäure.** Zur Bestimmung der in Form von schwefelsaurem Ammon oder Natron vorhandenen Schwefelsäure wird das in Äther gelöste Öl einige Male mit wenigen Kubikzentimetern einer gesättigten, schwefelsäurefreien Kochsalzlösung ausgeschüttelt; die Auszüge werden vereinigt, verdünnt, filtriert und mit Chlorbaryum gefällt.

Man kann auch den Gesamtschwefelgehalt des Öles nach Liebig (S. 110) bestimmen und den Gehalt an Fettschwefelsäuren oder an Sulfaten aus der Differenz finden.

6. **Abstammung des Öles.** Um ein Urteil über die Abstammung eines Türkischrotöles zu bekommen, wobei es sich meist um die Frage

---

[1]) Chem. Rev. üb. d. Fett- u. Harz-Ind. 1902. 9. 5.
[2]) Chem. Rev. üb. d. Fett- u. Harz-Ind. 1902. 9. 275 u. 1903. 10. 9.

handelt, ob reines Ricinustürkischrotöl vorliegt, bestimmt man die
Jodzahl und Acetylzahl des Gesamtfettes, zu dessen Abscheidung man
wie bei der Gesamtfettbestimmung verfährt, aber den Zusatz von Stearinsäure unterläßt. Wird die Acetylzahl bei 140 oder höher, die Jodzahl
nicht bedeutend niedriger als 70 gefunden, so liegt reines Ricinustürkischrotöl vor; ist eine der beiden Zahlen oder sind beide viel kleiner,
so besteht die Probe aus einer Mischung von Ricinusöl mit anderen
Ölen oder kann auch aus Olivenöl, Cottonöl, Ölsäure u. dgl. allein hergestellt sein.

Als Beispiel für die Zusammensetzung des Türkischrotöls sei die
Analyse einer als vorzüglich anerkannten Sorte angeführt:

In Wasser löslicher Teil der Fettmasse	$9{\cdot}5\,^0/_0$
Unlöslicher Teil der Fettmasse {Neutralfett	$1{\cdot}3\,^0/_0$
{Fettsäuren	$47{\cdot}2\,^0/_0$
Gesamtfett	$58{\cdot}0\,^0/_0$
Ammoniak	$1{\cdot}8\,^0/_0$
Gesamtschwefelsäure	$4{\cdot}6\,^0/_0$

G. Schmiermaterialien.

Von J. Klaudy.

Unter dieser Bezeichnung werden alle jene Materialien zusammengefaßt, welche den Zweck haben, zwischen zwei aneinander
bewegte Flächen fester Körper in dünner Schichte gebracht,
die Flächenreibung wesentlich zu verändern, ohne im übrigen
störende Nebenerscheinungen zu bewirken. Die Veränderungen
der Flächenreibung können dabei in verschiedenem Sinne erfolgen.
Der praktisch überwiegend in Betracht kommende Fall ist jener der
möglichsten Verminderung der Reibung an den verschiedenen
Lagerflächen der Maschinenteile. Die diesem Zwecke dienlichen Materialien können unter der Bezeichnung I. Maschinenschmiermaterialien zusammengefaßt werden. In anderen Fällen spielt der Schutz
der Lauffläche vor Abnutzungen bei zu großer Reibung die Hauptrolle,
es kommen demnach nur II. Befettungsmaterialien in Betracht.
Dieselben dienen auch häufig zu Abdichtungen von Räumen vor und
hinter einer Reibungsfläche als Dichtungsmaterialien. Sehr häufig
begnügt man sich bei Reibungsstellen mit jener Verminderung der
Reibung, bei welcher eben nur mit Sicherheit die gefährlichste Erscheinung, das sogenannte Heißlaufen der Flächen vermieden wird, und
bedient sich dann der sogenannten III. Starrschmieren. Ein Fall
der erwünschten Vermehrung der Reibung tritt praktisch, bei der
Verhinderung des Gleitens der Lederriemen an den Riemenscheiben ein.
Man bedient sich zu diesem Zwecke der Riemenschmieren, ein spezieller
Fall von IV. Zähschmieren.

Unter der großen Anzahl von Materialien, welche geeignet wären,
die Reibung herabzusetzen, ist eine engere Auswahl zunächst in der
Richtung zu treffen, daß das Schmiermaterial keine störenden Neben-

erscheinungen bewirkt, und sodann in ökonomischer Beziehung, d. h. in Bezug auf den Verbrauch, im Vergleiche mit der ersparten Reibungsarbeit, wofür man auch den Ausdruck Schmierwert gebrauchen kann.

Die wichtigsten Schmiermaterialien sind die sog. schweren Mineralöle, d. h. die über 300° C. siedenden Kohlenwasserstoffe der rohen Erdöle, des Braunkohlenteers, Torfteers, des Teers bituminöser Schiefer (Bogheadkohle usw.) u. a. Die Fette und fetten Öle werden nur mehr wenig verwendet. Die schweren Mineralöle bestehen größtenteils aus Methankohlenwasserstoffen der Reihe $C_n H_{2n+2}$ etwa vom Hexadekan $C_{16} H_{34}$ an, nebst ungesättigten Kohlenwasserstoffen der Reihe $C_n H_{2n}$, aber weniger der Äthylenreihe angehörend als der Reihe der hydrierten aromatischen Kohlenwasserstoffe (sog. Naphthene). Aromatische Kohlenwasserstoffe der Benzolreihe kommen in geringer Menge vor, bilden sich aber nebst anderen leichten Kohlenwasserstoffen bei pyrogenen Destillationen (Crackingprozessen), die oft absichtlich im Betriebe der Mineralölraffinerien vorgenommen werden, bei allen Destillationen aber mehr oder weniger unabsichtlich mit auftreten, auf Kosten des Schmierwertes, wenn nicht beim Destillieren besondere Vorsichten gebraucht werden, sei es, daß man, wie bei der Schmieröldestillation zumeist, überhitzten Wasserdampf von 200—250° C. einführt oder die Destillation durch Luftverdünnung unterstützt. Die sog. Petroleumrückstände, welche nach dem Abdestillieren des Benzins und des Leuchtöles verbleiben, werden nur für die billigsten Produkte direkt verwendet (Wagenöle usw.) und erscheinen dann durch asphaltartige Stoffe braun bis schwarz gefärbt. Zumeist werden sie fraktioniert und nach der Viscosität getrennt, wobei die Petrolpeche verbleiben. Die leichtesten Fraktionen an der Grenze des Leuchtöles (Dichte 0·885 u. dgl.) sind für Schmieröle noch unverwendbar. Doch schon von 2·8 Graden Viscosität nach Engler an beginnt die Eignung zu Spindelölen. Die Rückstände besonders, aber auch noch die Fraktionen, enthalten zahlreiche Verunreinigungen, harzartige Stoffe, Farbstoffe, Säuren, Asphalte, Peche usw., welche durch eine chemische Reinigung, zunächst mit starker Schwefelsäure und sodann mit Lauge unter Luftagitation entfernt werden sollen. Diese chemische Raffination ist desto vollkommener, je stärker die Agentien sind, je größer deren Menge ist und je länger und inniger die Einwirkung vorgenommen wird. Dabei nimmt die Säure auch ungesättigte Kohlenwasserstoffe heraus, die im Säurepech polymerisiert oder sonst verändert verbleiben. Die Abfalllauge enthält die Naphthensäuren in Form ihrer Natronsalze. Namentlich wenn die Temperatur bei der chemischen Reinigung steigt, gehen auch Oxydationen vor sich, die zur Bildung von Schwefeldioxyd führen. Die Lauge verursacht leicht Emulsionen, die zur Trübung und zum Wasser- und Alkaligehalt der Öle führen. Viele Rohöle enthalten Paraffin im kolloidalen Zustande, welches in der Kälte als Rohvaselin abgeschieden werden kann. Das Rohvaselin läßt sich durch Filtration über Kohle, Kieselgur usw. und durch chemische Reinigung bleichen (gelb bis weiß). Nach der Destillation erscheint der Paraffingehalt bei der Abkühlung kristallinisch. Es scheiden sich die rohen Paraffinschuppen ab, die abgepreßt und gereinigt werden. Durch Auflösen von Ceresin in Mineralölen erhält man künstliches Vaselin. Viele Vorkommen von Rohölen, namentlich im Kaukasus, sind paraffinfrei. Das Paraffin wird heute im Großbetriebe aus den Ölen gewonnen, wonach diese kältebeständiger werden.

Das Entwässern von Ölen im großen geschieht durch Filtration über Salz.

In Mineralölen quellen manche unlösliche Seifen auf, und es entstehen gallertige Produkte. Harzöle werden im geblasenen Zustande auch verwendet, namentlich als Transformatorenöle.

Von fetten Ölen kommen namentlich Rüböl und Olivenöl in Betracht, häufig in Mischungen mit Mineralölen, wodurch die Verdampfbarkeit der letzteren vermindert wird.

Harze, Teeröle usw. sind grobe Verfälschungen von Mineralölen, kommen aber bei Starrschmieren mit in Verwendung.

I. Maschinen-Schmiermaterialien.

Diese Gruppe umfaßt alle an bewegten Maschinenteilen zur Anwendung kommenden Schmiermaterialien, welche den Zweck haben, die Reibung auf das jeweilig zulässige Minimum zu bringen. Es wird stets eine Grenze geben, unter welche man praktisch aus verschiedenen Gründen, vor allem aus ökonomischen, nicht herabgehen kann.

Im allgemeinen werden die Materialien mit kleinerer innerer Reibung günstigere Effekte ergeben. Daher finden wir zumeist flüssige Schmiermaterialien, sogenannte a) Schmieröle im Gebrauche, welche sich derzeit im Handel nach ihrem Flüssigkeitsgrade (Zähflüssigkeit, Viscosität), entsprechend der Belastung des Lagers, abstufen. b) Konsistente Fette kommen nur für die schwersten Belastungen und für warme Lagerstellen in Betracht.

A. Schmieröle.

Als solche kommen gegenwärtig fast ausschließlich die Mineralschmieröle in Betracht. Selten werden noch fette Öle oder Mischungen dieser mit Mineralölen verwendet. Unter den Mineralschmierölen überwiegen weitaus die Erdölfraktionen. Daneben werden aber auch Braunkohlenteerdestillate, Asphaltdestillate usw. benützt. Andere Teeröle und Harzöle haben sich nicht bewährt und sind als Verfälschung zu behandeln.

Unter den fetten Ölen kommen hauptsächlich Olivenöl, Rüböl, Arachisöl und Ricinusöl in Verwendung.

Wesen des Schmiervorganges.

Im Grunde genommen handelt es sich bei der Schmierung von Reibungsstellen darum, die direkte Lagerflächenreibung durch die Reibung von Ölflächen aneinander zu ersetzen. Um dies zu ermöglichen, ist es notwendig, daß das Schmieröl kräftig an den Lagerflächen durch

Adhäsion anhaftet, derart, daß sich stets eine genügend dicke Schichte des Öles erhält, trotzdem durch den Lagerdruck naturgemäß die Schichte beständig kleiner werden muß, indem Öl an den Lagerflächenrändern abtropft (Tropföl). Der Kohäsionswiderstand (Innere Reibung) allein, würde schon durch mäßige Lagerdrücke so rasch überwunden werden, daß in derselben Zeit die Regeneration der Schichte nicht erfolgen könnte. Die Schichte wäre nicht haltbar. Erst durch die Adhäsion in der Wandnähe erfährt dieser Widerstand eine derartige Vergrößerung, daß die Abflußgeschwindigkeit des Schmieröles bei den gebräuchlichen Lagerdrücken genügend verzögert wird, um die Schichtenregeneration zu ermöglichen. Darum sind alle haltbaren Schmierschichten nur äußerst dünn. Nach Versuchen von Hirn[1]), Thurston[2]) Kirchweger[3]) berechnete N. Petroff[4]) die Schmierschichtendicken bei Lagerdrücken von $0.1—111.2$ Atmosphären, Geschwindigkeiten von $0.152—6.1$ m und Temperaturen von $20—73^0$ C. zu $0.0006—0.057$ mm.

Die Dicke der Schichte hängt jeweilig von zahlreichen Umständen ab, zunächst von der Natur des Öles und der herrschenden Lagertemperatur, sodann vom Lagerdruck. Bei ruhenden Lagerflächen strebt der letztere danach, die Schichte beständig zu verkleinern. Die Schichtendickenabnahme erfolgt dabei nach einem bestimmten Gesetze, aber mit ungleicher Geschwindigkeit für verschiedene Schmieröle unter sonst gleichen Umständen, je nach deren Schlüpfrigkeit. Unter der Schlüpfrigkeit wird das durch die Adhäsion an den Lagerflächen bedingte Anwachsen des Widerstandes von Materialien kleiner innerer Reibung gegen das Herauspressen aus der Schmierschichte bei der Verkleinerung dieser Schichte durch Druck verstanden. Materialien mit größerer innerer Reibung ergeben die Erscheinung der Klebrigkeit. — Nachdem, wie weiter unten ausgeführt werden wird, der Reibungskoeffizient unter sonst gleichen Umständen der Dicke der Schmierschichte umgekehrt proportional ist, vergrößert sich also beim gleichartigen Pressen der Lagerflächen die Reibung bei schlüpfrigeren Ölen langsamer, als bei minder schlüpfrigen Ölen gleicher Anfangsreibung. Zwischen den Fingern läßt sich diese Tatsache durch das Gefühl erweisen, worauf bekanntlich eine lang geübte praktische Qualitätsprobe beruht.[5])

Im praktischen Betriebe einer Lagerstelle verbleibt der Druck auf die Schichte niemals so konstant, wie beim ruhenden Lager. Es treten daher periodisch Erholungsmomente ein, in welchen stets eine Regeneration der größeren Schichte dadurch erfolgt, daß aus dem Vorratsgefäße der Schmiervorrichtung Öl nachfließt. Die rasche Wirkung der Schmiervorrichtung wird durch einen Einpreßdruck und durch Schmiernuten wesentlich unterstützt. Am günstigsten ist in jedem Falle das Schwimmen des Lagers im Öle.

---

[1]) Bull. Soc. Ind. Mulh. Bd. XXVI. 1854. 188 ff.
[2]) Thurston, Friction and lubrication.
[3]) Organ für die Fortschritte des Eisenbahnwesens 1864. 12.
[4]) Neue Theorie der Reibung, übersetzt von L. Wurzel 1887.
[5]) J. Klaudy, Ber. d. Schmiermat.-Komitees im Nied.-Österr.-Gew. V. 1899.

Von größtem Einflusse auf die Schichtendicke und deren Erhaltung ist die Geschwindigkeit der Bewegung am Lager. Das Öl erfährt durch die Bewegung der Maschinenteile, abnehmend gegen den ruhenden Lagerteil, einen Bewegungsantrieb senkrecht auf jenen, der durch den Lagerdruck bewirkt wird und das Abfließen verursacht. Diese beiden Kräfte ergeben eine Resultierende, welche das Öl zwingt, statt auf dem kürzesten Wege (in radialer oder axialer Richtung) in Spiral- oder Schraubenlinien aus dem Lager auszutreten. Diese Wegverlängerung ist gleichbedeutend mit einer eventuellen Vergrößerung der Lagerlänge und bedingt dadurch eine entsprechende Widerstandsvermehrung, bzw. ein langsameres Abfließen. Je größer die Geschwindigkeit ist, desto leichter kann sich demnach die Schichte erhalten. Überdies wirkt bei den meisten, praktischen Schmiervorrichtungen die Erhöhung der Geschwindigkeit an und für sich ölnachsaugend, so zwar, daß sich die Schmierschichte durch Geschwindigkeitserhöhung vergrößert.

Aus dem Gesagten ergibt sich, daß die Schmierschichte im Betriebe stetig kleinen Schwankungen unterworfen ist.

Für die Beurteilung der Eignung der Schmiermaterialien ergeben sich demnach vor allem zwei Gesichtspunkte:

1. Das Schmieröl muß eine kleine Reibung bewirken und
2. das Schmieröl muß sparsam im Verbrauche sein, d. h. möglichst zähflüssig und schlüpfrig sein.

1. Die Reibung.

Die Reibung äußert sich an bewegten Maschinenteilen als ein Widerstand, dessen Überwindung einer bestimmten Energiemenge bedarf, welche dissipatif als Wärme austritt. Die austretende Gesamtwärme wäre das einfachste Maß der gesamten Reibungsarbeit. Wird die dissipatife Wärme durch die leitenden Lagerteile nicht hinreichend rasch abgeleitet, so akkumuliert sie sich im Lager und es tritt eine Temperatursteigerung ein. In manchen Fällen steigt die Temperatur nur anfänglich und bleibt bei einem noch mäßigen Werte, gelinde schwankend, stehen[1] (harmloses Warmgehen, Laugehen), in anderen Fällen steigt sie ununterbrochen bis zur Glühhitze des Lagers und endet mit dessen Zerstörung (Heißlaufen). Der erste Fall tritt ein, wenn die Anfangsreibung mäßig groß ist, durch die steigende Temperatur aber wieder vermindert wird. Der letztere Fall tritt bei zu großer Reibung überhaupt, besonders beim Versagen der Schmiervorrichtung ein und ist jene gefährliche Erscheinung, welche seit jeher den Zwang für die Anwendung von Schmiermaterialien gebildet hat. Mitunter begnügt man sich auch heute noch damit, nur das Heißlaufen der Lager zu verhindern. Das zeitgemäße Streben geht aber dahin, über diesen Zweck hinaus die Reibung möglichst geringe zu gestalten und damit den dissipatifen Arbeitsverlust auf ein Minimum zu bringen.

---

[1] Großmann, Die Schmiermittel 1894. 159.

Der Arbeitsverlust durch Reibung ist in wirtschaftlicher Beziehung ein sehr beträchtlicher. A. Gadolin schätzte den Reibungsarbeitsverlust in einem Berichte an die russische Akademie der Wissenschaften zu $25\,\%$ der gesamten Maschinenarbeit. Dieser Verlust dürfte noch im Durchschnitte zu niedrig bemessen sein. Durch richtige Auswahl der Schmiermaterialien können unter Umständen beträchtliche Ersparnisse an Arbeit, bzw. Brennstoff gemacht werden. Ungünstige Schmierungen bedingen umgekehrt oft kaum glaubliche Verluste. Klaudy[1] hat über den Einfluß der Schmiermaterialien zahlreiche, dynamometrische Versuche in niederösterreichischen Spinnereien gemacht. Das Ergebnis derselben ist in folgender Tabelle zusammengestellt.

Schmierölsorten.

	A	B	C	D	E	F frisch	F lange benutzt	Größte Arbeitsdifferenz
Viscositäten nach Engler bei 20° C.	2·98	4·2	8·4	9 6	12·6	13·5	13·5	—
Vorspinnmaschine	—	—	1·279 HP	1·399 HP	—	—	—	8·58 %
„	—	—	1·36 HP	1·48 HP	—	—	—	8·1 „
Ringspinnmaschine	3·30 HP	3·60 HP	—	3·71 HP	—	—	—	11·05 „
„	2·97 HP	—	—	—	—	4·98 HP	5·33 HP	44·28 „
Selfaktor	—	—	5·02 HP	5·64 HP	—	—	—	10·99 „
„	—	—	7·56 HP	—	—	8·42 HP	—	10·21 „
„	—	—	7·48 HP	—	8·22 HP	—	—	9·0 „

(Zeilengruppe unter der Bezeichnung "Art der Maschine".)

Die Zahlen in der Tabelle bedeuten den dynamometrisch gemessenen mittleren Arbeitsverbrauch der Maschine bei verschiedener Schmierung unter sonst gleichen Umständen. Wie aus der letzten Kolonne hervorgeht, lassen sich durch richtige Schmiermittelwahl $8\!-\!11\,\%$ Arbeit leicht ersparen. Der extreme Fall von $44\,\%$ Ersparnis beweist die Gefahr unrichtiger Schmierung. Theoretisch läßt sich die Arbeitsersparnis aus dem Verhältnisse der Reibungskoeffizienten vor und nach der Schmierung ableiten. Bedenkt man, daß die Reibungskoeffizienten von Lagermetallen aufeinander ungefähr 0·2 und darüber betragen, d. h. daß der Reibungswiderstand 0·2 des Normaldruckes konsumiert, während durch Schmierung dieser Bruchteil auf 0·01 und darunter herabgedrückt werden kann, so ist ein Gewinn von $^{19}/_{20}$ der Reibungsarbeit erklärt. Auf diese Weise werden z. B. an einem einzigen Kurbellager von 60000 kg Belastung bei 0·5 m Umfangsgeschwindigkeit nach C. Volk[2] 76 Pferdestärken durch ein Öl von 0·01 Reibungskoeffizienten erspart. Durch Einführung eines Öles von dem Reibungskoeffizienten 0·005 könnte man an einem einzigen Lager noch weitere 2 HP. erübrigen. Großmann[3] berichtet über einen Fall, wo in einer Spinnerei die vorhan-

---

[1] Noch nicht ausführlich veröffentlicht.
[2] C. Volk, Die Prüfung der Maschinenschmieröle. Österr. Zeitg. f. Berg- u. Hüttenwesen 1898.
[3] Großmann, Die Schmiermittel 1894. 6.

dene Wasserkraft unzureichend wurde, weil die Öllager gegen Schmierlager mit konsistentem Fett vertauscht wurden. Daß der Geldwert einer Ölersparnis nicht immer im Einklange steht mit dem Reibungsarbeitsverlust ist noch zu wenig allgemein anerkannt.

Die Schmierung vermindert nur die gleitende Reibung. Die rollende Reibung ist ohnehin sehr klein, ohne Schmierung ungefähr gleich der gleitenden bei guter Schmierung. Zur Messung der Reibungswiderstandsarbeit dienen die elektrischen und calorimetrischen, auch die dynamometrischen Messungen. In allen Fällen erhält man die Anzahl der durch Reibung vernichteten Pferdestärken, welche zweckmäßig in Prozenten der Gesamtarbeit ausgedrückt werden.

Der Reibungswiderstand einer Reibungsstelle F ist stets dem Normaldruck P proportional. Um den letzteren zu eliminieren und nur den für die Reibungsflächen charakteristischen Widerstand für die Einheit des Normaldruckes zu erhalten, dividiert man den Reibungswiderstand durch den Normaldruck und nennt diesen Widerstand den Reibungskoeffizienten f.

$$F = f P$$

Die Reibungsarbeit per Sekunde ergibt sich sodann aus dem Produkte des Reibungswiderstandes mit der Geschwindigkeit U.

$$A = F U = f P U$$

Der Reibungskoeffizient für ungeschmierte Lagerflächen liegt ungefähr innerhalb der Grenzen von 0·15—0·44. Für geschmierte Lagerflächen sinkt derselbe sehr bedeutend, unter Umständen bis 0·007 herab. Die Größe des Reibungskoeffizienten geschmierter Lager ist fallweise zu ermitteln und hängt von zahlreichen Faktoren ab. Petroff hat in seiner obengenannten „Theorie der Reibung" diese Abhängigkeiten des Reibungskoeffizienten eingehend theoretisch untersucht.

Petroff gelangt bei seinen mathematischen Betrachtungen über den Reibungswiderstand eines unendlich langen Zylinders, welcher sich in einem konzentrischen Zylinder dreht, zur folgenden, für praktische Zwecke zulässig abgekürzten Formel für den Reibungskoeffizienten f:

$$f = \mu\, \frac{u}{d p},$$

worin μ den Koeffizienten der inneren Reibung des Schmieröles für die herrschende Temperatur bedeutet, u die Geschwindigkeit, d die Schichtendicke und p den Normaldruck pro Flächeneinheit. Der Reibungskoeffizient ist also keineswegs eine konstante Größe, welche nur vom Schmieröl abhängt, sondern wird vielmehr in erster Linie durch die Bedingungen im Lager bestimmt, d. h. durch die Geschwindigkeit, die Belastung, die Schichtendicke und die Temperatur. Aber selbst in Betrachtung aller dieser Größen ist die Ermittlung noch durch folgende Umstände erschwert. Jede Änderung der Temperatur, und eine solche wird sich zweifelsohne im Beginne des

Betriebes bei jeder Schmierstelle einstellen und so lange währen, bis sich zwischen der erzeugten Reibungswärme und dem Wärmeableitungsvermögen des Lagers das Gleichgewicht hergestellt hat, bedingt zunächst eine Änderung von μ, die Reibung wird geringer. Damit ist aber bei konstantem Drucke ein rascheres Abfließen des Öles und eine Verkleinerung der Schichtendicke d verbunden, wodurch die Reibung wieder steigt.

Jede Änderung des Druckes bedingt eine Veränderung der Schichtendicke, und zwar ist annähernd die Dicke der Schmierschichte umgekehrt proportional der Wurzel aus dem Drucke pro Flächeneinheit.

Jede Änderung der Geschwindigkeit bedingt bei reichlichem Schmierölvorrat eine Vergrößerung der Schichtendicke. Die einzelnen Abhängigen des Reibungskoeffizienten sind also noch untereinander abhängig, und zwar in einer sehr unklaren Weise. Bedenkt man, daß überdies nicht nur der Zustand der Reibungsflächen, sondern vor allem auch die reichliche oder spärlichere Schmierung einen großen, noch unsicheren Einfluß hat, so erkennt man, daß die genaue Berechnung von Reibungskoeffizienten, ebenso wie eine solche Messung derselben an praktischen Lagern derzeit unmöglich ist. Die Messungen sind nur praktisch brauchbar, wenn man sich auf die Ermittlung relativer Näherungswerte beschränkt, denn vor allem werden sich die Schichtendicken und die wahren Öltemperaturen der genauen Messung entziehen. Die derzeitigen Ölprobiermaschinen, deren es sehr zahlreiche Konstruktionen gibt, leiden an diesen Grundfehlern und geben daher noch keine zuverlässigen Werte auf wissenschaftlicher Basis, bei sehr gleichmäßiger Arbeit aber immerhin technisch brauchbare, relative Vergleichswerte. Sie teilen sich in zwei Gruppen, in solche, durch welche Reibungskoeffizienten erhalten werden, und in solche, bei welchen nur Lagererwärmungen verglichen werden. Die letzteren Maschinen sind die unzuverlässigsten.

Die wichtigsten Ölprobiermaschinen sind die folgenden:

1. Die Maschine von A. Martens[1]), welche aus der Thurstonmaschine hervorgegangen ist, die das Reibungsmoment zu messen gestattet. Das Ende einer horizontalen Achse bildet den Zapfen eines Probelagers, dessen Lagerschalen in einem Pendelkörper gelagert sind, dessen Ausschlag gemessen wird. Die Maschine gestattet keine zuverlässige Bestimmung der Reibungswärme und ihrer Ableitung. Die mechanischen Lagerbedingungen sind innerhalb weiter Grenzen abänderbar.

2. Die G. Dettmarsche Maschine[2]) enthält ein Probelager, dessen Achse Schwungscheiben trägt. Wird die Achse mit einer bestimmten Tourenzahl gedreht und plötzlich der Antrieb abgestellt, so wird die Zeit bis zum Stillstande wesentlich von der Reibung im Probelager bedingt sein. Die einfache Anordnung enthält so zahlreiche Fehlerquellen, daß sie nur ein sehr angenähertes Mittel zur Untersuchung der Ölreibung gibt. Vor allem ist auch die Reinigung sehr umständlich.

---

[1]) Mitt. d. Mat.-Prüfg.-Anst. 1890. Heft 1.
[2]) Dinglers Polyt. Journ. 1900. S. 88.

3. Die Kapff-Feinsche Maschine[1]) enthält eine vertikale Welle, die mit Kugellagern geführt wird und auf dem Probelagerzapfen in einem Fußlager läuft. Von oben gibt ein Hebel veränderliche Drucke. Ein Elektromotor, dessen jeweilige Energieabgabe gemessen werden kann, treibt die Welle an. Die verbrauchte elektrische Energie ist, abzüglich der Leerarbeiten, ein Maß der Reibungsarbeit im Öle des Probefußlagers.

4. Die K. Wilkenssche Maschine[2]) enthält auf horizontaler Achse ein Flügelrad, das sich im Öl dreht. Das Öl ist in einem zylindrischen Glasgehäuse, welches tangential an den Radquerschnitt ein Druck- und ein Saugrohr enthält. Der Spiegel im Druckrohr wird sich proportional der inneren Reibung höher stellen als im Saugrohr. Das Flügelrad wird mit genau meßbarer Energiemenge elektrisch angetrieben. Dieselbe wird aber keinen sehr einfachen Zusammenhang mit der inneren Reibung haben, da viele andere Widerstandsmomente mitspielen.

5. Die B. Kirschsche Maschine[3]) ist eine, hinsichtlich der mechanischen Präzision sehr wesentlich verbesserte Kapff-Feinsche Maschine, mit elektrischer Heizung, welche die Lagerbedingungen der Praxis hinsichtlich Druck, Geschwindigkeit, Temperatur usw. innerhalb weiter Grenzen einzustellen erlaubt. Das Spurlager hat eine Ringfläche von 10 cm^2, bei 4 cm Diameter mit Schmiernuten. Das Öl wird aus einem Ballon mit 0,1 Atm. Druck zugepreßt. Zunächst wird die Leerlaufarbeit des ganzen Apparates (samt Motor) elektrisch gemessen, indem das Fußlager durch eine Spitze ersetzt wird. Dann wird der Zapfen eingesetzt und mit Öl gespeist; Druck, Temperatur und Tourenzahl werden konstant eingestellt, bevor die elektrische Arbeitsmessung vorgenommen wird. Die Arbeitseinheit wurde als 0·0001 PS. für 1 cm^2 Lagerfläche gewählt. Spindelöle wurden bei 3000 Touren und 2·8 Atm., bei 35^0 C. geprüft, Zylinderöle bei 800 Touren, 25 Atm. und 100^0 C., Dynamoöle bei 1500 Touren, 25 Atm., 35^0 C., Maschinenöle bei 800 Touren, 25—45 Atm. und 35^0 C. Der Arbeitsverlust wurde für 1 cm^2 Fläche in obigen Arbeitseinheiten als Versuchsergebnis ausgedrückt; die bisherigen Messungen ergaben keine Übereinstimmung des Arbeitsverlustes mit der Viscosität der Schmieröle.

Die Unsicherheit der Prüfungsergebnisse von Reibungen in Probe-Schmierlagern hat schon lange zu dem Bestreben geführt, die Schmieröle außerhalb des Lagers, unabhängig von dessen Bedingungen, zu prüfen.

Wie selbstverständlich, konnte dabei nur der eine Faktor des Reibungskoeffizienten, die sogenannte innere Reibung des Schmieröles, der Faktor μ erhalten werden, dessen Kenntnis aber immerhin von größtem Werte ist.

Zunächst sei nochmals betont, daß die innere Reibung in hohem Grade von der Temperatur abhängt, d. h. mit der Temperatur bedeu-

---

[1]) Dinglers Polyt. Journ. 1900. S. 608. — Zeitschr. d. Ver. deutsch. Ing. 1898. S. 553 u. 1901. S. 343.

[2]) Elektrotechn. Zeitschr. 1904. Heft 7.

[3]) Mitt. Techn. Gew.-Mus. Wien 1906. Nr. 1.

tend abnimmt. Es gilt demnach nicht allein, die Größe μ bei einer bestimmten Temperatur festzustellen, sondern auch deren Abhängigkeit von der Temperatur zu ermitteln.

Definitionsgemäß wäre die innere Reibung jene Reibung, welche sich bei einer der Einheit gleichen Geschwindigkeit, in einer der Einheit gleichen Fläche entwickelt, wenn sich Flüssigkeitsteilchen aneinander verschieben. Es ist also μ in einer bestimmten Gewichtseinheit nur unter Angabe der Größe der gewählten Flächen- und Geschwindigkeitseinheit bestimmt und wächst mit der Größe dieser beiden Einheiten.

Zur wissenschaftlich genauen Messung der inneren Reibung gibt es im allgemeinen zwei Methoden. Entweder man läßt einen festen Körper in einer ruhenden Flüssigkeit sich bewegen (z. B. bei der Coulombschen Torsionswage), oder man läßt eine Flüssigkeit an einem ruhenden, festen Körper sich bewegen.

Die erste Methode bedingt ungemein komplizierte Rechnungen und ist darum schon minder empfehlenswert.

Die umgekehrte Methode hat durch die Praxis ihre Form bekommen. Man läßt Flüssigkeiten aus Röhren ausfließen, deren Länge mindestens den Durchmesser übertrifft: um das 70fache beim Durchmesser von 0·03 mm, das 80fache bei 0·04 mm, das 120fache bei 0·09 mm, das 170fache bei 0·11 mm, das 180fache bei 0·14 mm, das 310fache bei 0·65 mm usw. Hat das Rohr diese Länge, dann ist es als capillar zu betrachten, d. h. man kann annehmen, daß die Flüssigkeitsbewegung in einem solchen Rohre geradlinig (axial) und in konzentrischen Zylinderschichten stets mit gleicher, von der Achse zur Rohrwand aber abnehmender Geschwindigkeit erfolgt. Ferner kann man annehmen, daß der Druck in allen Punkten eines Querschnittes der gleiche ist und im übrigen vom Rohrbeginn zum Rohrende stetig, von Querschnitt zu Querschnitt nach einer linearen Gleichung $p = A - Bx$ abnimmt. Darin bedeutet p den Druck, A und B sind Konstante, x ist der Abstand vom Rohranfange. Sodann ist A der Volldruck vom Rohranfange, $A - B \cdot l$ der Druck vom Ende der Rohrlänge l. Die Druckdifferenz, die in Betracht kommende treibende Kraft p_0 wäre also Bl, demnach

$$B = \frac{p_0}{l}.$$

Unter diesen Voraussetzungen ausgeführte Versuche, zunächst von Hagen[1]) (1839) und später umfassendere von Poiseuille[2]) (1843) haben bei konstanten Temperaturen das vielfach überprüfte und bestätigte Gesetz ergeben:

$$Q = K \cdot \frac{p_0 \, d^4}{l},$$

worin Q die Ausflußmenge pro Sekunde, d den Durchmesser der Röhre,

---

[1]) Pogg. Ann. 46. 437.
[2]) Ann. chim. pharm. [3] 7. 50. — Pogg. Ann. 58. 424.

l die Rohrlänge, p_0 die Druckdifferenz und K eine von der Natur der Flüssigkeit abhängige Konstante für eine bestimmte Temperatur bedeuten.

Für die Temperatur von 10^0 C. und unter der Annahme, daß p_0 durch die Millimeterzahl der Höhe einer Wassersäule bei 0^0 C. ausgedrückt wird, ergibt sich für Wasser eine Ausflußmenge Q in ccm:

$$Q = 183 \cdot 783 \, \frac{p_0 d^4}{l},$$

die mittlere Geschwindigkeit v ist dann:

$$v = 3177 \cdot 078 \, \frac{p_0 d^2}{l}.$$

Poiseuille hat auch die Abhängigkeit der Konstanten K für Wasser von der Temperatur t ermittelt:

$$K = 135 \cdot 282 \, (1 + 0 \cdot 0336793 \, t + 0 \cdot 0002209936 \, t^2).$$

Die theoretische Ableitung der Hagen-Poiseuilleschen Formel wurde zunächst 1847 von G. C. Stokes, sodann 1860 von Neumann[1]), 1883 von N. Petroff[2]) durchgeführt. Dieselbe führt zur Ausflußformel:

$$Q = \frac{\pi}{128 \, \mu} \cdot \frac{p_0 d^4}{l},$$

woraus sich die Größe der Konstanten K ergibt zu:

$$K = \frac{\pi}{128 \, \mu} \quad \text{oder} \quad \mu = \frac{\pi}{128 \, K}.$$

Für den obigen Wert von K bei 10^0 C. ($K = 183 \cdot 783$) berechnet sich daher die innere Reibung von μ zu $0 \cdot 0001335$ mg pro $1 \, \text{mm}^2$ bei der Geschwindigkeit 1 mm, für Wasser.

Für eine beliebige Temperatur t^0 ergibt sich μ für Wasser zu:

$$\mu \text{ mg (pro } 1 \, \text{mm}^2 \text{ und } 1 \text{ mm Geschwindigkeit)} =$$

$$= \frac{\pi}{17299 \, (1 + 0 \cdot 0336793 \, t + 0 \cdot 0002209936 \, t^2}.$$

Aus dieser Formel berechnet sich nachstehende Tabelle:

Innere Reibung von Wasser.

Temperatur t^0 C.	Werte von μ in Milligrammen pro Quadratmillimeter bei einer Geschwindigkeit von 1 mm
0^0	$0 \cdot 0001816$
10^0	$0 \cdot 0001335$
20^0	$0 \cdot 0001027$
30^0	$0 \cdot 0000821$
40^0	$0 \cdot 0000672$

---

[1]) Arch. f. Anat. u. Phys. 1860.
[2]) Theorie der Reibung 1887.

Für 20⁰ C. ergäbe sich für 1 mm² Oberfläche bei der Geschwindigkeit von 1 cm ein Widerstand von 1·027 g.

Für die Bestimmungen der inneren Reibung anderer Flüssigkeiten empfiehlt es sich, die unter ganz gleichen Bedingungen erhaltenen Ausflußwerte auf Wasser von bestimmter Temperatur (etwa 20⁰ C.) zu beziehen und nur die Faktoren (Multiplas) als Grade innerer Reibung anzugeben. Jacobson[1]) hat zuerst Versuche mit Rüböl durchgeführt. Die Temperaturformel lautet:

$$\mu = \frac{1}{1\cdot4 + 0\cdot529\,t + 0\cdot0507\,t^2}.$$

Petroff[2]) hat eine große Anzahl von Ölen auf ihre innere Reibung untersucht. Die Resultate sind in folgender Tabelle (S. 379) enthalten.

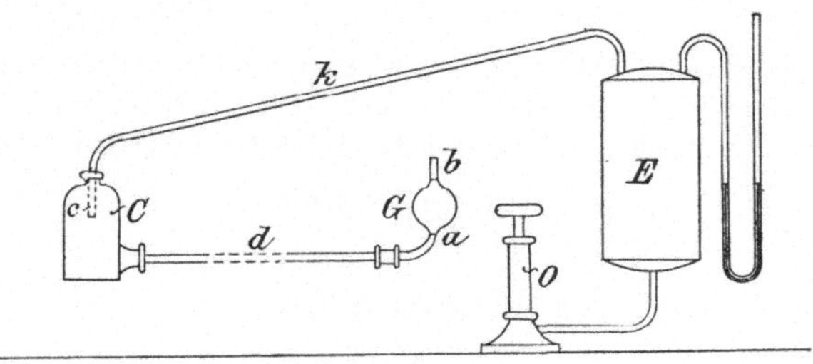

Fig. 77.

Zur Messung der inneren Reibung bediente sich Petroff des nachstehenden Apparates Fig. 77.[3]) In diesem wird die Zeit bestimmt, welche nötig ist, um ein bestimmtes Volumen des zu prüfenden Öles von bestimmter Temperatur unter bestimmtem Druck durch ein dünnes Rohr zu leiten.

Zur Bestimmung des während des Versuchs durch das Capillarrohr d fließenden Ölvolumens dient das Glasrohr G, dessen Fassungsraum zwischen den Marken a und b genau bekannt ist. Das Öl gelangt in das Gefäß C durch das Rohr c, und der Ausfluß des Öles erfolgt durch das Rohr d, durch welches das Öl mittels komprimierter Luft gepreßt wird, welche aus dem Reservoir E durch das Rohr k strömt. Mittels der Pumpe O kann der Druck geregelt und ziemlich konstant erhalten werden. Zur Beobachtung des Druckes dient das an E angebrachte Quecksilbermanometer.

Die Zeit, während welcher die Kugel G sich mit Flüssigkeit füllt, wird mit Hilfe einer Sekundenuhr gemessen, und die Temperatur während des Versuches wird konstant erhalten. Um letzteren Zweck zu erreichen, steht der aus der Kugel G und dem Gefäß C bestehende Teil

[1]) Petroff, Neue Theorie der Reibung 1887. 84.
[2]) Dinglers Polyt. Journ. 280. 2.
[3]) J. Großmann, Die Schmiermittel, Wiesbaden 1894, S. 42.

Die Größen der inneren Reibung μ.

Öle	Rapsöl	Öle der Fabrik Ragosin & Co.				Öle der Fabrik Fuller			Öle der Société Anonyme de Petrole de Crimée			Öle der Fabrik Kuskowsk bei Moskau (Russ.-Amerik. Naphtha-Prod.-Gesellsch.)		
		Spindelöl	Ma-schinenöl	Winter-Waggonöl	Zylinderöl	Spindelöl	Ma-schinenöl	Waggonöl	Schmieröle			Spindelöl	Ma-schinenöl	Winter-Waggonöl
									Nr. I A	Nr. I B	Nr. II			
Spez. Gew. bei 17·5 ⁰ C.	—	0·888	0·905	0·910	0·916	0·8848	0·9125	0·9068	0·9150	0·9150	0·9100	0·9000	0·9050	0·9070
10 ⁰	0·01438	—	0·04175	0·07576	—	—	—	—	0·01840	—	—	0·02625	0·04410	0·05655
15 ⁰	0·01170	—	0·02985	0·04593	—	0·00896	0·00936	0·00416	0·01228	0·01600	0·00429	0·01785	0·02876	0·03430
20 ⁰	0·00937	0·00406	0·02146	0·03230	0·07950	0·00634	0·00684	0·00320	0·00868	0·00733	0·00315	0·01236	0·01935	0·03009
25 ⁰	0·00750	0·00308	0·01523	0·02136	0·04425	0·00549	0·00615	0·00246	0·00640	0·00545	0·00250	0·00872	0·01373	0·01687
30 ⁰	0·00606	0·00239	0·01108	0·01525	0·03077	0·00317	0·00402	0·00203	0·00474	0·00415	0·00206	0·00657	0·01005	0·01254
35 ⁰	0·00495	0·00190	0·00816	0·01104	0·02162	0·00272	0·00316	0·00165	0·00358	0·00319	0·00167	0·00508	0·00740	0·00932
40 ⁰	0·00409	0·00162	0·00612	0·00816	0·01600	0·00226	0·00254	0·00138	0·00280	0·00246	0·00134	0·00395	0·00556	0·00688
45 ⁰	0·00342	0·00131	—	—	—	0·00190	0·00208	0·00114	0·00218	0·00194	0·00108	0·00310	0·00433	0·00516
50 ⁰	0·00290	0·00107	—	—	—	0·00159	0·00171	0·00098	0·00174	0·00157	0·00087	0·00187	0·00435	0·00413
55 ⁰	0·00246	—	—	—	—	—	0·00130	—	0·00126	0·00128	0·00076	—	—	0·00300

Die Temperatur in Celsiusgraden

des Apparates in einem mit Wasser gefüllten Gefäße, welches überdies mit schlechten Wärmeleitern umgeben ist. Durch eingesetzte Thermometer kann die Temperatur des Wassers und des Öles jederzeit beobachtet werden.

Es sind noch zahlreiche andere Anordnungen für die gleiche Messung beschrieben worden.

Eine sehr einfache und zweckmäßige Anordnung für die Bestimmungen von Flüssigkeitsreibungen hat W. Ostwald[1] angegeben, welche aus einem U-förmig gebogenen Rohr nebenstehender Form (Fig. 78) besteht. Das Rohr enthält zwei Kugeln. Die untere kommuniziert mit dem weiten Rohre und dient zur Füllung, die obere hat zwei Beobachtungsmarken und ist über der Capillare angeordnet.

Nach der Füllung der unteren Kugel wird ein Luftdruck auf die Füllung ausgeübt und diese durch die Capillare hinaufgetrieben. Man beobachtet die Zeit, welche die Flüssigkeit braucht, um von der unteren bis zur oberen Marke zu steigen. Der Apparat wird mit Wasser geeicht, und die Resultate werden relativ auf die Zeit für Wasser bezogen.

Andere Anordnungen sind von Wiedemann[2], A. Sprung[3], R. Přibram, A. Handl[4], J. Traube[5], Ubbelohde[6].

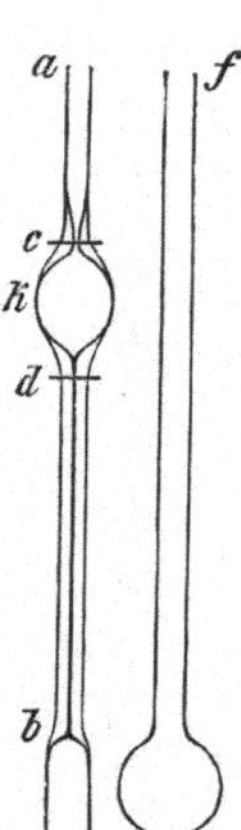

Fig. 78.

Für die technischen Zwecke hat man die Reibungsbestimmungen auf Kosten der Richtigkeit noch weiter vereinfacht und mißt die relativen Ausflußwerte aus weiten, kurzen Röhren, für welche die Ausflußgeschwindigkeit nicht mehr, unter sonst gleichen Verhältnissen, allein durch die innere Reibung bedingt ist, bei welchen vielmehr, da die Strömungen bereits durch krummlinige Bewegungen (Wirbel) gestört werden, andere, unbekannte Gesetze der Hydrodynamik mitspielen. Man nennt solche Apparate Viscosimeter, die erhaltenen, relativen Zahlen im Vergleiche mit Wasser von 20° C. die Grade der Zähflüssigkeit oder Viscosität. Über die einschlägigen Apparate und Berechnungen ist früher S. 56 ausführlich gesprochen. Die Viscositäten sind nicht als zuverlässige Reibungswerte benutzbar, bilden aber schätzbare Grundlagen für den beiläufigen Wert der inneren Reibung zu Handelszwecken. Sie haben den Vorteil der raschen Ausführbarkeit ihrer Bestimmung, auch in ihrer Abhängigkeit von der Temperatur (Viscositätskurve). Ubbelohde[6] hat eine Formel aufgestellt, um aus den Gradangaben des

<hr>

[1] Lehrb. d. allg. Chemie, 1. Bd., 2. Aufl., 1891.
[2] Pogg. Ann. 99. 221. 1856.
[3] Pogg. Ann. 159. 1. 1876.
[4] Wien. Sitzungsber. d. Akad. d. W. 1878 u. 1879.
[5] Zeitschr. d. Ver. deutsch. Ing. 1887, S. 251.
[6] D. Holde, Untersuchung der Mineralöle u. Fette, 2. Aufl. Berlin 1905, S. 116.

Englerschen Viscosimeters E und dem spezifischen Gewicht S die von ihm sogenannte spezifische innere Reibung bezogen auf Wasser von 20° C. zu berechnen. Dieselbe lautet $x = S\left(7{\cdot}3172\,E - \dfrac{6{\cdot}3154}{E}\right)$. In einer späteren Mitteilung sind die Konstanten anders gewählt. Man erhält, außer für Viscositäten in der Nähe von 1, nur Vielfache der gebräuchlichen Zahlen, was natürlich praktisch gar keinen Wert hat.

Allgemein ist heute das Englersche Viscosimeter im Gebrauche; es muß nur bemerkt werden, daß vergleichbare Messungen unbedingt ängstlich gleiche Dimensionen, Materialien und Handhabungen erfordern. Selbst die Eigenschaft der Messungen als relative schützt nicht gegen diese Forderung, denn abgesehen davon, daß die Eichziffer für Wasser nicht dauernd richtig bleibt und überprüft werden muß, sind die bei kontrolliertem Wasserwerte mit zwei nur etwas abweichenden Viscosimetern ermittelten Viscositätsziffern von Ölen leicht bis zu einem Grade abweichend.

Auf Grund der Viscositäten bei 20° C. werden die Schmieröle in Spindelöle (für leichte Belastung und große Geschwindigkeit) mit einer Viscosität unter 12°, und in Maschinenöle (schwere Belastung) mit über 12° Viscosität im Handel eingeteilt. Die Viscositätsmessungen werden zweckmäßig auf Grund der Vorschläge zur einheitlichen Prüfung von Mineralschmierölen ausgeführt. Solche wurden vom deutschen Verbande für die Materialprüfungen der Technik in den Jahren 1900—1905 unter dem Titel: Grundsätze für die Prüfung von Mineralschmierölen[1]) ausgearbeitet.

Die deutschen Grundsätze besagen unter dem Titel:

IV. Flüssigkeitsgrad.

9. Die Bezeichnung „Flüssigkeitsgrad (Viscosität)" und die bisherige zahlenmäßige Ausdrucksweise sind beizubehalten.

10. Die Benutzung des geeichten Englerschen Apparates ist beizubehalten, nur soll die Quecksilberkugel des Thermometers nicht mehr als 2 mm vom Boden abstehen.

11. Die Versuchsdauer bei Benutzung des Englerschen Apparates durch Bestimmung der Ausflußzeiten von 50 und 100 ccm abzukürzen, ist für dickflüssige Öle zulässig, für dünnflüssigere Öle aber nur als Kontrollversuch gegenüber der Ausflußzeit von 200 ccm; bei Mangel an genügenden Ölmengen kann man auch mit kleineren Einfüllungen als 240 ccm arbeiten und durch Benutzung von Verhältniszahlen die Ausflußzeit von 200 ccm berechnen. Geschieht dies, so ist die eingefüllte Ölmenge im Bericht anzugeben.

12. An Maschinen- und Eisenbahnölen sind die Bestimmungen bei 20° und 50° C., an Zylinderölen sind die Versuche bei 50° und 100° C. und nur in besonderen Fällen bei höheren Temperaturen vorzunehmen.

13. Um zufällige, grobe Verunreinigungen zu entfernen, sind die Öle vor den Versuchen durch ein Sieb von $^1/_3$ mm Maschenweite zu gießen. Sehr dicke Öle sind hierzu schwach zu erwärmen.

14. Über den Rückstandsbefund ist ein Vermerk in das Prüfungsergebnis aufzunehmen. Bei allen Bestimmungen des Flüssigkeitsgrades ist auch vor und

---

[1]) In der Folge kurzweg als „deutsche Grundsätze" bezeichnet.

nach dem Versuch die obere Mündung des Ausflußröhrchens zu untersuchen, ob Verunreinigungen (insbesondere Textilfasern) vorhanden sind.

15. Wasserhaltige Öle sind vor den Versuchen entweder durch Schütteln mit Chlorcalcium und Filtrieren durch ein trockenes Filter oder durch vorsichtiges Erwärmen auf 110° C. in offener Schale bis zum ruhigen Fließen zu entwässern. Mit dem entwässerten Öl ist eine Kontrollbestimmung auszuführen.

Zur Ausführung der Viscositätsbestimmung.

Von jedem Viscosimeter muß die Auslaufzeit von 200 ccm Wasser bei Füllung bis zu den Kontrollmarken (das ist mit 240 ccm) genau durch den Eichschein bekannt sein. Diese Zeit soll ca. 50—52 Sekunden betragen. Vor jedem Versuche muß das Viscosimeter innen, und ganz besonders im Ausflußrohre, gut mit Benzin gewaschen und gereinigt und von Fasern sorgfältig befreit werden. Zum Reinigen des Ausflußröhrchens eignet sich am besten ein Lederstreifen.

Der äußere, ringförmige Gefäßraum des Viscosimeters dient für das Heizbad und wird ein für allemal mit einem beliebigen über 160° C. entflammenden Mineralöle gefüllt. Die Temperatur dieses Mineralöles muß für Versuche bei 20° C. durch kaltes Wasser außerhalb des Viscosimeters auf ca. 15° C. gebracht werden.

Sodann wird der innere, mit dem Holzstöpsel unten verschlossene Raum so weit mit dem Probeöle gefüllt, daß die drei Spitzenmarken sich eben im Flüssigkeitsspiegel befinden. Ist dies nicht erreichbar, so muß der Apparat, eventuell durch Unterlegen unter einzelne Füße, horizontal gestellt werden. Auch ist die vorgeschriebene Flüssigkeitsmenge (240 cm) genau einzuhalten.

Die richtige Füllung erleichtert man sich dadurch, daß man zuvor in einem disponiblen Viscosimeterkolben die 240 ccm des Probeöles abmißt und vom Kolben eingießt.

Nunmehr wird der innere Raum mit dem (für die Stöpselführung durchlochten) Deckel verschlossen, wobei im Deckel das für die Bestimmung maßgebende Thermometer vorher durch einen Kautschukpfropfen so eingesetzt ist, daß beim Schließen des Deckels der Quecksilberkörper des Thermometers bis nahe auf den Boden des inneren Gefäßes reicht, damit nicht vor Beendigung des Ausflusses von 200 ccm das Thermometer außer die Flüssigkeit gelange. Thermometer, bei welchen nach dieser zu fordernden, tiefen Einsetzung die Marke für die Versuchstemperatur nicht mehr von oben sichtbar ist, sind zurückzuweisen.

Jetzt hat die Temperatureinstellung zu erfolgen. Bei der Versuchstemperatur von 20° C. geschieht dieselbe am besten durch Abwarten des Temperaturausgleiches in den beiden Gefäßen unter Mitwirkung der äußeren Lufttemperatur. Erforderlichenfalls ist das Ölbad etwas zu erwärmen.

Bei höheren Temperaturen wird sofort die Heizung betätigt, mit der Vorsicht, die Temperatur im äußeren Heizbade nur um einige Grade höher zu steigern, als die Versuchstemperatur beträgt. Dabei muß stets beachtet werden, daß der Übergang der Wärme in das innere Gefäß naturgemäß eine gewisse Zeit braucht, und nicht beschleunigt werden darf, da sonst eine Überwärmung des inneren Öles eintritt. Die gleichmäßige Verteilung der Wärme im Innern erfolgt erst nach einiger Zeit. Es ist deshalb zweckmäßig, den Versuch etwa 5 Minuten nach erreichter Innentemperatur zu beginnen.

Die Heizung wird während des Versuches so klein gestellt, daß sie nur die Wärmeverluste durch Luftkühlung ersetzt, nicht aber die Temperatur weiter steigert.

Nunmehr wird ein reiner, trockener Viscosimeterkolben genau unter die Mitte des Ausflußröhrchens gestellt, worauf der Versuch beginnen kann. Dazu wird vollkommen gleichzeitig der Holzstöpsel herausgehoben und durch den Drücker die Sekundenuhr in Bewegung gesetzt (bzw. in Ermangelung einer Stopuhr die Zeit auf Sekunden genau abgelesen und notiert). Während des nunmehr erfolgenden Fließens hat man nur zu beachten, daß die Temperatur gleich bleibt. Kleine Temperaturschwankungen haben oft großen Einfluß auf das Ergebnis. Wenn der kugelähnliche Unterteil des Viscosimeterkolbens gefüllt ist, hält man sich zur Aufnahme des Versuchsergebnisses bereit.

Diese Aufnahme hat in demselben Augenblicke zu erfolgen, in welchem 200 ccm abgeflossen sind. Sowie also der Flüssigkeitsspiegel die Marke 200 ccm des Kolbens erreicht, drückt man die Uhr ab, bzw. liest, auf Sekunden genau, die jeweilige Zeit auf der Uhr ab, falls keine Stopuhr vorhanden war.

Man hat nunmehr die Ausflußzeit für 200 ccm bei der gewünschten Temperatur. Diese wird durch jene, auf dem Eichscheine bestätigte und kontrollierte Ausflußzeit von 200 ccm Wasser bei 20⁰ C. (in der Regel 50—52″) dividiert. Der Quotient bedeutet die Anzahl der Grade Viscosität nach Engler.

Als Versuchstemperaturen empfiehlt sich nach den Vorschriften:

1. überhaupt nur die Fixpunkte 20⁰ C., 50⁰ C., und 100⁰ C. im allgemeinen zu wählen und

2. unter diesen Temperaturen nur jene zu benutzen, bzw. deren Benutzung zu verlangen, welche in der Praxis für das betreffende Öl tatsächlich annähernd in Frage kommen, wobei man aber im Englerschen Viscosimeter nicht höher gehen darf als auf 150⁰ C. Über 100⁰ C. sollen Messungen nur ausnahmsweise verlangt werden, weil der Unterschied in der Viscosität zwischen 100⁰ C. und 150⁰ C. im allgemeinen nur sehr gering ist.

Für alle gewöhnlichen Fälle der Praxis genügen die Viscositätsmessungen zwischen 20⁰ und 100⁰ C.

In Fällen, wo es sich um eine genaue Öluntersuchung für besondere Zwecke handelt, bestimmt man die Viscosität in Zwischenräumen von 10⁰ zu 10⁰ C. und trägt auf ein rechtwinkeliges Koordinatensystem die Temperaturen als Abszissen, die Viscositäten als Ordinaten auf. Die Verbindung der gefundenen Punkte ist die Viscositätskurve. Für jede Viscositätsbestimmung ist stets eine noch unbenutzte Probe zu nehmen.

Sehr wichtig ist auch die Prüfung auf mechanische Verunreinigung der Öle.

Enthält ein Öl grobe Verunreinigungen, so muß es unbedingt durch ein Sieb von $^1/_3$ mm Maschenweite, zweckmäßig in eine Porzellanschale, laufen gelassen werden. Womöglich hat dies bei Zimmertemperatur zu geschehen. Nur wenn es gar zu träge fließt, ist ein ganz kurzes Erwärmen in einer Abdampfschale im Sandbade (auf höchstens 50⁰ C.) zulässig. Der Rückstand auf dem Siebe ist genau zu besichtigen und in seinem Aussehen und seiner verhältnismäßigen Menge zu beschreiben.

Sehr häufig sind Öle wasserhaltig. Man erkennt dies entweder daran, daß das Wasser am Boden liegt, oder daran, daß es im Öle in Kügelchen schwebt, oder an einer trüben, mitunter milchigen Beschaffenheit des Öles. Auch zeigt sich beim Erhitzen wasserhaltiger Öle ein Schäumen bzw. Stoßen der Flüssigkeit im Gefäße. Wasserhaltige Öle werden, wenn sich das Wasser beim Stehen nicht abscheidet, wie sie sind, nach den Vorschriften geprüft, und überdies wird, wenn dies wünschenswert erscheint, eine Probe entwässert und im entwässerten Zustande zur Kontrolle nochmals geprüft.

Die Vornahme der Entwässerung sowie das Ergebnis der Kontrolle ist besonders im Ölprüfungsresultate anzuführen.

Die Entwässerung erfolgt einwandfrei nur in folgender Weise:

Ein Liter Probeöl wird in eine Flasche gefüllt, hierauf werden 100 g = 0·1 kg im Tuch mit dem Hammer grob zerstoßenes Chlorcalcium zugesetzt, worauf das Öl in der Flasche mit dem Chlorcalcium gut durchgeschüttelt wird.

Sodann wird in den Trichter ein passendes Faltenfilter eingelegt, der Trichter in das Filtriergestell eingesetzt, unter den Trichter das reine, trockene Becherglas gegeben und das Öl partienweise durch das trockene Filter durchfiltriert. Das Chlorcalcium mit dem aufgenommenen Wasser verbleibt auf dem Filter. Das durch das Filter geflossene Öl ist für die Kontrollprobe bereit.

Nur ausnahmsweise wäre auch gestattet, das Öl in einer Porzellanschale im Sandbade bis zu höchstens 110°C. so lange zu erhitzen, bis eine ruhige Oberfläche auftritt. Bei dieser Entwässerungsart sind aber geringe Veränderungen der Zusammensetzung des Öles nicht ausgeschlossen, besonders beim Überhitzen der Wände.

Angaben über einige Zahlenwerte von Viscositäten finden sich in den Tabellen im Kapitel „Feuersicherheit der Öle" und unter Lieferungsbedingungen.

2. Der Schmierölverbrauch.

Darunter soll die in der Sekunde durch den Lagerdruck aus den Lagerrändern austretende, also schichtendickenvermindernd und daher reibungsvermehrend wirkende Schmierölmenge verstanden werden, ohne Rücksicht auf die praktisch stets bis zu einem gewissen Grade eintretende Wiederverwendung. Die Bedingungen der letzteren siehe unter dem Kapitel „Veränderlichkeit der Beschaffenheit".

Es ist also der theoretische und nicht der praktische Verbrauch gemeint. Der so definierte, theoretische Verbrauch wird durch die Schwankungen der Belastung, welche nie zu vermeiden und übrigens wegen der Schichtenregeneration nützlich sind, praktisch nie erreicht. Da diese Schwankungen aber unkontrollierbar sind, so wird die Theorie von ihnen stets absehen und sich mit der Ermittelung des berechenbaren Verbrauches begnügen müssen.

Für diesen theoretischen Verbrauch gilt nun folgende Betrachtung:

Durch den Druck gegen die Lagerflächen, welchem bekanntlich die Geschwindigkeit entgegenwirkt, wird die Ölschichtendicke nach einem, von der Natur des Öles abhängigen Gesetze konstant vermindert, bis, theoretisch in unendlich langer Zeit, die Lagerflächen ölfrei sind. Dieses Gesetz zu ermitteln, ist bisher nicht gelungen, ist aber eine wichtige Aufgabe. Dieser dienten die Arbeiten von J. Klaudy[1]), mit Unterstützung des Schmiermaterial-Komitees im Niederösterreichischen Gewerbevereine in Wien. Denselben lag folgender Gedankengang zugrunde: Das zu suchende Gesetz hat die Zeit Z zu ermitteln, in welcher aus einer Anfangsschichte D eine Endschichte d, beim wirksamen Ausflußdruck P und der Anfangstemperatur t zwischen gegebenen Lagermetallflächen gebildet wird, welche eine mittlere Widerstandslänge l (worunter der Weg der Ölteilchen in der Schichte verstanden sein soll) haben.

Zunächst ist klar, daß die Gleichung, welche der mathematische Ausdruck dieses Gesetzes ist, eine Konstante enthalten muß, welche von der Natur der sich berührenden Materialien abhängig ist, und zwar sowohl des Schmieröles als auch der Lagermetalle. Im übrigen muß sie die obigen Lagerdimensionen und Lagerbetriebsbedingungen enthalten.

---

[1]) Bericht über die Ziele und den Stand der Arbeiten des Schmiermaterial-Komitees im Niederösterreichischen Gewerbevereine in Wien vom 11. Dez. 1899.

Am einfachsten werden die Bedingungen an einem horizontalen Kreisplattenlager, bei welchem der Druck von außen in allen Punkten gleich ist. In Anbetracht der dünnen Schichten und der beträchtlichen Widerstandslänge der Lager kann die Abströmung des Öles in Flächen parallel zur Lagerfläche, mit abnehmender Geschwindigkeit von der Zentralölfläche zu den Lagerflächen angenommen werden, analog wie in Capillarröhren. Die Rohrlänge wird ersetzt durch die mittlere Widerstandslänge, im Falle ruhender, d. h. sich nicht reibender, aber durch den Druck sich nähernder Kreisplatten durch den Radius l. Dann sieht man, daß das obige Problem hinausläuft auf die Bestimmung der Ausflußzeit Z für das Volumen $(D-d)\,\pi\,l^2$. Nachdem in einem beliebigen Moment, in dem die Dicke δ ist, die freie Randfläche (Ausflußquerschnitt) $\delta.2\pi\,l$ beträgt, der Ausfluß somit $v$mal so viel in einer Sekunde und $z$mal so viel in z Sekunden, wenn wir die variable, mittlere Ausflußgeschwindigkeit mit v für die Druckeinheit bezeichnen, so ist, da $v.z.\delta\,2\pi\,l$ gleich sein muß $\pi\,l^2\,d\,\delta$:

$$Z = \frac{l}{2\,P}\int\limits_{d}^{D}\frac{d\,\delta}{v\,\delta}\ .$$

In der Bestimmung der Größe v, welche auch die Materialkonstante enthält, konzentriert sich die Schwierigkeit der Frage. Sobald sich diese Größe finden läßt, erscheint die Frage durch obige Formel gelöst.

Die oben genannten Versuche strebten dieses Ziel auf experimentellem Wege, zunächst für ruhende Platten, an. Die Versuche mußten eingetretener Hindernisse halber unterbrochen werden. Jedenfalls steht aber fest, daß die gebräuchlichen Viscositätsmessungen nicht als zuverlässige Verbrauchsmaße betrachtet werden dürfen, daß vielmehr jene Capillarviscositäten maßgebend sein müssen, welche in den Schmierschichten ähnlichen Dicken unter sonst ähnlichen Verhältnissen gemessen worden sind. Vergleicht man diese beiden Viscositäten bei veränderlichen Schichtendicken, so erhält man einen Ausdruck für die Veränderung des Ausflußwiderstandes mit der Annäherung der Zentralölschichte an die Wand, welcher als Adhäsionsmaß unter der Bezeichnung „Schlüpfrigkeit" vorgeschlagen werden soll. Die Schlüpfrigkeit und der Anfangswiderstand, welcher durch die Englersche Viscosität gemessen werden kann, im Vereine mit ihrer Abhängigkeit von der Temperatur sind die Grundlagen der theoretischen Verbrauchsmessungen.

Außer den genannten beiden Grundeigenschaften kommen noch zahlreiche andere in Betracht, welche sich in zwei Gruppen gliedern, in solche, welche störende Nebenerscheinungen unter besonderen Verhältnissen bedingen, und solche, welche nur einen Wert für die nähere Beschreibung eines Schmieröles haben.

Benedikt, Fette. 5. Aufl. 25

Zu der ersten Gruppe gehören:

3. Die Feuergefährlichkeit.
4. Die Kälteunbeständigkeit.
5. Die Veränderlichkeit der Beschaffenheit überhaupt und
6. Die Angriffsfähigkeit für Lagermetalle.

Zu der zweiten Gruppe gehören:

7. Das spezifische Gewicht.
8. Die Konsistenz.
9. Das Aussehen.
10. Die Löslichkeit und
11. Die chemische Beschaffenheit.

3. Die Feuergefährlichkeit.

Zur Beurteilung derselben bedient man sich bei Mineralölen der Bestimmung des **Flammpunktes** und des **Zündpunktes** (Brennpunkt). Unter dem ersteren versteht man jene niedrigste Temperatur, bei welcher die aus der Flüssigkeit tretenden Dämpfe in ihrer selbsttätigen Mischung mit Luft unmittelbar über der Flüssigkeitsoberfläche explosiv abzubrennen vermögen. Beim weiteren Erhitzen wiederholt sich zunächst die Dampf-Flammerscheinung immer lebhafter, ohne die Flüssigkeit zu entzünden. Nach einem gewissen, variablen Temperaturintervall findet dann die Flüssigkeitsentzündung statt (Zündpunkt). Wie sofort ersichtlich, sind die gefundenen Temperaturen bei genau gleichmäßigem Proben immerhin ziemlich übereinstimmend zu erhalten, wissenschaftliche Konstanten sind sie aber nicht, da sie von dem Bewegungszustande der Luft, von der Geschwindigkeit der Erhitzung (und daher auch von der Wärmeleitung des Apparates) und von den pyrogenen Zersetzungen durch partielle Überhitzungen infolge mangelhafter Strömung u. a. abhängig sind. Zur Erhöhung der Genauigkeit der Bestimmungen sind verschiedene besondere Einrichtungen getroffen worden, z. B. von R. Kißling[1] eine Zugluftschutzvorrichtung, von anderen, z. B. Brenken, Deckelverschlüsse.

W. Herbig[2] will die Bestimmung des Flammpunktes, wenn man schon den Pensky-Martensschen Apparat vermeiden will, mindestens nicht im ganz offenen Tiegel vornehmen lassen. Der Tiegel soll bedeckt sein bis auf eine 15 mm weite Öffnung, nach Art der Rosetiegel.

Der vollkommenste Apparat ist der Flammpunktprüfer von Pensky-Martens[3] (Fig. 79).

Der Apparat besteht aus einem Gefäße *E* zur Aufnahme des zu untersuchenden Öles. Die Durchbrechungen des Deckels dieses Gefäßes

---

[1] Chem. Zeitg. 1899. 23. 800.
[2] Chem. Rev. üb. d. Fett- u. Harz-Ind. 1905. 12. 26.
[3] Näheres über die Untersuchungen resp. Resultate mit diesem Apparate siehe im 2. Heft des Jahrganges 1889 der Mitt. Techn. Vers.-Anst. Berlin, 64—74.

sind durch einen Drehschieber verdeckt, und durch den Deckel ragt ein Thermometer und ein Rührer in den Ölbehälter. Die langsame und gleichmäßige Erwärmung des Öles wird durch einen gußeisernen Heizkörper H vermittelt, in welchen der Ölbehälter E eingesenkt wird, welcher gegen starke Ausstrahlung durch einen isolierenden Luftmantel mittels der Schutzglocke L geschützt wird. Die Erwärmung erfolgt durch einen beigegebenen Gasbrenner ev. durch eine Spirituslampe.

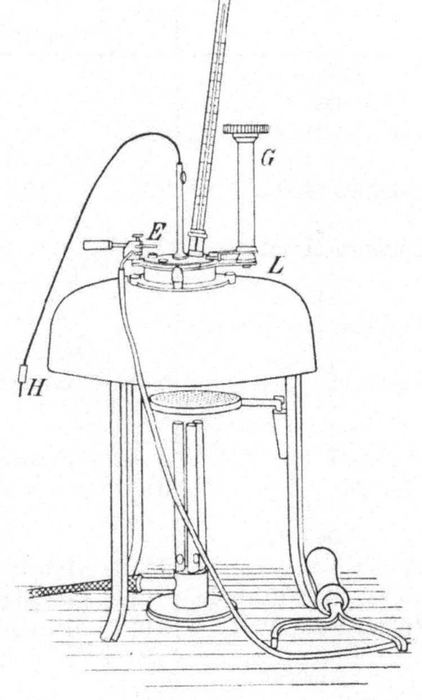

Fig. 79.

Über die Handhabung des Apparates folgt Näheres unten.

Für die Zwecke der Praxis genügen zumeist die Bestimmungen im offenen Tiegel.[1]

Nach Holde[2] soll die Bestimmung des Flammpunktes von Ölen, welche nur geringe Mengen von leichtflüchtigen Bestandteilen enthalten, stets im geschlossenen Apparate vorgenommen werden, da die geringen, an der Oberfläche sich sammelnden Dampfmengen nicht hinreichen, um eine Entzündung zu ermöglichen.

Derselbe Autor[3] konstatiert, daß ein, wenn auch sehr geringer Wassergehalt die Flammpunktbestimmung in erheblichem Maße beeinflussen kann. Die Öle sind daher bei der Probenahme in ganz trockene Gefäße zu füllen und vor dem Versuche auf ihren Wassergehalt zu prüfen. Ergibt sich ein solcher, so ist das Öl erst durch Schütteln mit Chlorcalcium und eintägiges Stehenlassen zu entwässern. Öle, die beim Erwärmen gar nicht oder nur sehr wenig schäumen, können direkt benutzt werden.

Nach E. Parry soll nicht mehr als $5\,^0/_0$ bei Wasserbadtemperatur flüchtiger Substanz geduldet werden.

Künkler[4] gibt folgende Zahlen für die Flammpunkte und Zündpunkte einer Reihe von Schmierölen (S. 388).

Über die Feuersicherheit von Mineralölen erschien eine englische Arbeit. In der Manchester-Sektion der Society of Chemical Industry vom 4. November 1904 berichtete Carter Bell über Versuche

---

[1] A. Künkler, Chem. Zeitg. 1899. 23.
[2] Mitt. Techn. Vers.-Anst. Berlin 1889. 64.
[3] Mitt. Techn. Vers.-Anst. Berlin 1889. 64.
[4] Künkler, Die Maschinenschmierung, die Schmiermittel und ihre Untersuchung, Mannheim 1893, Selbstverlag.

Herkunft und Bezeichnung	Spez. Gew. bei 15°C.	Verhalten in der Kälte Celsiusgrade	Farbe im durchfallenden Lichte	Farbe im auffallenden Lichte	Flammpunkt im offenen Tiegel	Zündpunkt im offenen Tiegel	Zähflüssigkeit Wasser v. 20°C.=1 bei 50°C.	bei 150°C.
Deutschland a) **Hannover**					Grade Celsius			
Dunkles Maschinenöl	0·928	— 9° erstarrt	schwarz-braun	grünlich	155	193	15·48	—
Dunkles Maschinenöl	0·918	— 10° flüssig	schwarz-braun	grünlich	164	193	8·65	—
Dunkles Maschinenöl	0·912	— 10° flüssig	schwarz-braun	grünlich	162	193	3·84	—
b) **Elsaß**								
Dunkles Maschinenöl	0·924	— 2° erstarrt	bräunlich-grün	grünlich	152	195	4·35	—
Spindelöl	0·885	0° erstarrt	hellgelb	bläulichgrün	110	145	1·61	—
c) **Sachsen**								
Spindelöl (Mischöl) .	0·900	—7° erstarrt	hellgelb	grünlich	126	148	1·30	—
Mischöl	0·882	—5° erstarrt	rotgelb	bläulichgrün	98	112	1·09	—
Galizien								
Spindelöl	0·904	—4° erstarrt	gelb	grünlich	148	183	3·4	—
Helles Maschinenöl .	0·914	—2° erstarrt	rötlichgelb	grünlich	165	205	4·8	—
Helles Zylinderöl . .	0·932	0° erstarrt	dunkelrot	bläulich-schwarz	182	230	7·2	—
Rußland								
Spindelöl	0·885	— 10° flüssig	hellgelb	grünlich-blau	150	170	2·00	—
Spindelöl	0·895	— 10° flüssig	hellgelb	grünlich-blau	163	190	3·40	—
Helles Maschinenöl .	0·909	— 10° flüssig	gelb	grünlich-blau	197	234	6·60	—
Helles Zylinderöl . .	0·916	— 10° flüssig	rotgelb	grünlich-blau	215	265	—	1·42
Dunkles Zylinderöl .	0·920	— 8° erstarrt	schwarz-braun	grünlich	210	235	—	1·53
Dunkles Maschinenöl	0·910	— 10° flüssig	schwarz-braun	grünlich	150	186	6·90	—
Dunkles Maschinenöl	0·916	— 10° flüssig	schwarz-braun	grünlich	180	220	1·60	—
Amerika								
Spindelöl	0·885	—2° erstarrt	hellgelb	bläulichgrün	174	202	1·80	—
Helles Maschinenöl .	0·905	—1° erstarrt	hellgelb	bläulichgrün	185	212	2·55	—
Helles Zylinderöl . .	0·892	+6° erstarrt	hellbraun	grünlich	282	311	—	1·68
Helles Zylinderöl . .	0·886	+5° erstarrt	rötlichgelb	grünlich	283	330	—	1·78
Dunkles Zylinderöl .	0·898	+ 5° erstarrt	schwarz-braun	grünlich	280	315	—	1·76
Dunkles Zylinderöl .	0·906	+3° erstarrt	braun	grünlich	285	344	—	2·01
Dunkles Maschinenöl	0·884	— 3° erstarrt	schwarz-braun	grünlich	188	222	5·10	—

mit Wolle und Baumwolle, die mit Öl imprägniert wurden. Bekanntlich haben die englischen Versicherungsgesellschaften scharfe Bestimmungen in Beziehung auf die Verwendung von Mineralöl, indem sie nur verseifbare Öle, oder solche, welche nur kleine Mengen unverseifbaren Öles enthalten, zur Verwendung zulassen. Bell prüft nun folgende Punkte: 1. die spontane Verbrennung, 2. die Entzündung durch Reibung, 3. Entzündung der Dämpfe und 4. die Fortpflanzung des Feuers nach erfolgter Entzündung.

Im letzten Punkte verhalten sich alle Öle ziemlich gleich. Es zeigte sich nun, daß Mineralöle, deren Flammpunkt nicht unter 171^{0} C. liegt, sich weit vorteilhafter verhalten als andere Öle, und daß z. B. Olivenöl feuergefährlicher ist, also gerade das Öl, welches von den Versicherungsgesellschaften besonders begünstigt wird. Die amerikanischen Gesellschaften haben für Mineralöle günstigere Bestimmungen als die englischen.

Nach R. S. Majstorovic[1]) kann man die Verluste eines Petroleumreservoirs aus der Erhöhung des Flammpunktes feststellen. Für je $^1/_2$ ^{0} C. Erhöhung betrug die Verdunstung $0{\cdot}116\,^0/_0$.

Als unterste Grenze für den Flammpunkt kann man bei der Prüfung im offenen Tiegel für Maschinenschmieröle etwa 160^0 C., für Zylinderöle 180^0 C. annehmen. Für Mineralöl, welches für Kolben und Schieber von Lokomotiven angewandt und rein, d. i. unvermischt, gebraucht wird, wird ein Flammpunkt von mindestens 220^0 C. verlangt. Indessen sind die Anforderungen in verschiedenen Ländern verschieden. Weiteres wird unter „Lieferungsbedingungen" mitgeteilt werden.

Die deutschen Grundsätze besagen:

VI. Flammpunkt.

25. Die Festsetzung einer Mindestgrenze für den Flammpunkt ist für Eisenbahnöle, Maschinenöle, Zylinderöle usw. erwünscht, um das Schmieröl in einfacher Weise als frei von leichtflüchtigen Ölen und nicht feuergefährlich zu kennzeichnen, ferner zum Nachweis, daß es sich um ein und dasselbe Öl handelt, und weil der Flammpunkt bis zu einem gewissen Grade mit wesentlichen Eigenschaften der Öle zusammenhängt. Die Höhe dieser Grenzen ist für die verschiedenen Sorten von Ölen nach Maßgabe der besonderen Betriebsbedürfnisse festzusetzen.

26. In allen Fällen, in denen es sich um Erzielung möglichst großer Genauigkeit handelt, ist der Pensky-Martenssche Apparat, in anderen Fällen auch der offene Tiegel zweckmäßig mit mechanischer Flammenführung und regulierbarem Brenner nach Marcusson[2]) zu benutzen.

Beim Fehlen anderer Vorschriften ist für die Bestimmung des Flammpunktes im offenen Tiegel ein 4×4 cm weiter Porzellantiegel anzuwenden, welcher im Sandbade bis zirka zur Öloberfläche im Sande einzubetten ist. Bei den Flammpunktsbestimmungen im offenen Tiegel soll ein Thermometer mit kugelförmigem Quecksilbergefäß, analog dem beim Pensky-Martensschen Apparat gebräuchlichen verwendet werden und die Mitte der Kugel soll sich in der Mitte der Ölmenge befinden. Bei Angabe des Flammpunktes ist stets der Zusatz zu machen, ob mit oder ohne Korrektur, d. h. mit oder ohne Be-

---

[1]) Chem. Zeitg. 1905. 29. 309.
[2]) Chem. Zeitg. 1906. 30. 1183.

rücksichtigung der Abkühlung des aus dem Öl herausragenden Quecksilberfadens, gearbeitet wurde.

27. Mit dem Ergebnis ist jedesmal anzugeben, welche Vorrichtung benutzt worden ist.

Ergänzende Prüfungen.

I. Brennpunkt.

41. Die Bestimmung des Brennpunktes ist im allgemeinen bei Schmierölen neben der Flammpunktbestimmung entbehrlich. Jedoch empfiehlt es sich, in besonderen Fällen, z. B. bei auffallend niedrigem Flammpunkt und bei Fragen der Feuergefährlichkeit, auch den Brennpunkt zu bestimmen.

42. Die Bestimmung erfolgt in offenen, 4 cm weiten und 4 cm hohen Porzellantiegeln auf flacher Sandbadschale. Die Tiegel sind zur Hälfte in Sand einzubetten. Das Erhitzen soll stetig erfolgen und die Temperatursteigerung soll etwa 4° C. in der Minute, im äußersten Falle 6° C. in der Minute betragen.

Zur Ausführung der Flammpunktbestimmung im offenen Tiegel.

Der Tiegel wird so lange erwärmt, daß das Thermometer höchstens um 6° C. in der Minute steigt, und wird spätestens 20° C. unter der vorgeschriebenen Entflammungstemperatur mit dem Proben begonnen, d. h. es wird das Lötrohr oder in Ermangelung dessen das Dochtrohr mit der 3 mm langen Zündflamme langsam und ruhig bis zur Oberfläche des Öles geführt und ebenso wieder zurückbewegt. Diese Bewegung wird alle zwei Grade wiederholt, bis sich die Flammerscheinung zeigt, d. h. bis beim Nähern der Zündflamme die auf der Öloberfläche schwebenden Dämpfe sichtbar über die ganze Oberfläche hin entflammen und die Flamme gleich wieder verlöscht.

Jene Temperatur, welche das Öl unmittelbar vor dem Auftreten der ersten Flammerscheinung auf der Oberfläche gehabt hat, ist der Flammpunkt.

Erhitzt man weiter, nachdem die erste Flammerscheinung aufgetreten war, so tritt natürlich bei jedem weiteren Nähern der Zündflamme die Flammerscheinung neuerdings, und zwar stets stärker auf.

Schließlich wird aber eine Temperatur erreicht, bei welcher die Flamme nicht mehr verlöscht. Diese Temperatur ist der Zündpunkt oder Brennpunkt.

Die Bestimmung des Zündpunktes ist im allgemeinen praktisch überflüssig; nur in Ausnahmsfällen hat dieselbe zu erfolgen. Sowie das Öl brennend wurde, ist das Thermometer zu entfernen und der Tiegel mit dem Deckel rasch zu bedecken.

Die Bestimmung des Flammpunktes ist mit einer frischen, noch unbenutzten Ölprobe jedenfalls zu wiederholen, bis eine genügende Übereinstimmung der Kontrollproben erfolgt.

Eine Fehlerquelle dieser beschriebenen Methode ist die Zugluft, weshalb man für ruhige Luft vorsorgen soll. Gegebenenfalls bedient man sich einer Zugschutzvorrichtung, wie eine solche von Kißling in der „Chemiker-Zeitung“ 1899, 23 beschrieben wurde und von Jul. Schober in Berlin ausgeführt wird.

Sollte es sich herausstellen, daß die Flammtemperatur des Öles eine so hohe ist, daß es nicht mehr möglich ist, auf die beschriebene Weise die Temperatur zu erreichen, so gibt man einen größeren oder zwei Heizbrenner unter das Sandbad, und wenn dies auch nicht ausreicht, entfernt man das Sandbad überhaupt, stellt den Tiegel in ein Chamottedreieck und erhitzt mit direkter Flamme weiter. Es ist aber dann die Verwendung einer emaillierten Gußschale wegen der Feuersgefahr beim Springen des Porzellantiegels zu empfehlen.

Zur Ausführung der Flammpunktbestimmung im Pensky-Martensschen Apparat.

Das zu prüfende Öl wird bis zur Marke im inneren Gefäße aufgefüllt, der Deckel geschlossen und nun erhitzt. Vorher wird das Zündflämmchen erbsengroß angezündet. Dasselbe wird entweder mit Gas oder mit einem mit Rüböl getränkten Dochte gespeist. Wenn das Thermometer 100° C. erreicht hat, wird der Handrührer zu bewegen begonnen. Von 120° C. an wird unter fortgesetztem Rühren durch Drehen des Griffes zunächst von 2° zu 2° C. und später, wenn die Entflammungstemperatur bald erreicht ist, von Grad zu Grad mit dem Zündflämmchen geprobt.

Das Erhitzen soll so vorgenommen werden, daß bis zu 120° C. der Temperaturaufstieg pro Minute 6°—10° C., darüber hinaus nur mehr 4°—6° C. beträgt. Fortgesetztes Rühren ist sehr wichtig. Die Differenzen zwischen zwei Kontrollmessungen dürfen 3° C. nicht übersteigen. Die Thermometer müssen geeicht sein.

Da der Apparat sehr empfindlich ist, kann es vorkommen, daß bei niederer Temperatur eine Flammerscheinung auftritt, welche sich bei gesteigerter Temperatur zunächst nicht wiederholt. Dies tritt ein, wenn das Öl sehr kleine Mengen leicht entflammbarer Anteile enthält.

Mitunter tritt ein Verlöschen des Zündflämmchens ein.

Wasserhaltige Öle sind mit Chlorcalcium zu entwässern.

4. Die Kälteunbeständigkeit.

Die fetten Öle stocken zumeist leicht in der Kälte.

Die Mineralöle enthalten häufig einen beträchtlichen Gehalt an festen Kohlenwasserstoffen (Paraffinen), welcher in der Kälte Kristallisationen bewirkt. Überdies verdicken sie sich durchgehends bedeutend, was man an entsprechenden Viscosimetern nach Künkler messen kann oder an der Beweglichkeit in engen Röhren bei gleichem, einseitigem Überdruck (U-Rohrmethode). Die letztere Prüfungsweise ist u. a. bei den königlich preußischen Staatsbahnen vorgeschrieben, und zwar soll Winteröl bei —15° C. und Sommeröl bei —5° C. noch fließend sein, d. h. es soll, einem gleichbleibenden Druck von 50 mm Wassersäule ausgesetzt, in einem Glasröhrchen von 6 mm innerer Weite noch mindestens 10 mm in einer Minute steigen. Zur Prüfung dient der in Fig. 80 abgebildete Apparat, dessen Anwendung folgende ist:

In das Glas a ist ein durch ein Gewicht beschwerter

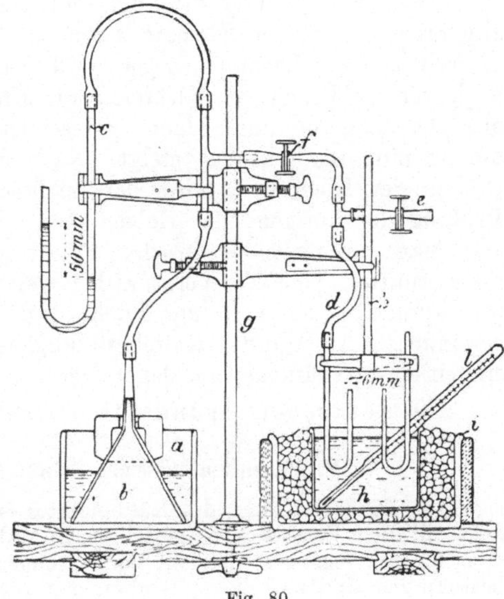

Fig. 80.

Glastrichter b umgestülpt, welcher mittels Gummischlauch und dem ⊢-Zwischenstück mit dem Manometerrohr c in Verbindung steht. Letzteres wird durch den Arm eines Ständers g gehalten. Beim Eingießen von Wasser in das Glas *a* und in das Rohr *c* wird die Pressung der in' dem Trichter eingeschlossenen Luft sich in dem Unterschiede der beiden Niveaus in dem Rohre *c* zeigen. Die Pressung läßt sich, bevor der Schlauch *d* auf das Ölprobierglas gesteckt wird, mittels der Schlauchkammer *f* genau auf 50 mm regulieren und danach durch Absperrung dauernd halten. In den Schlauch *d* ist mittels ⊥ Stück ein Luftauslaßschlauch mit der Klemme *e* eingeschaltet, um beim Aufsetzen des Schlauches auf das Probierglas eine vorzeitige Luftpressung auf das Öl zu verhüten. Die Abkühlung des Öles geschieht in U-förmigen, mit Millimeterteilung versehenen, 6 mm weiten Röhrchen, in dem mit einer bei — 15° C., bzw. — 5° C. gefrierenden Salzlösung gefüllten Gefäß *h*, welches in dem mit einer Kältemischung aus Eis und Kochsalz gefüllten, größeren, irdenen Topfe *i* steht.

Um mehrere Proben zu gleicher Zeit ausführen zu können, sind vier Ölprobiergläschen in dem beweglichen Stativ *k* aufgehängt, in dessen Arme mit Klemmen sie leicht eingesetzt und wieder entfernt werden können. Das Thermometer *l* in der Salzlösung zeigt die Temperatur der Lösung, bzw. des Öles an.

Die mit Öl ca. 30 cm hoch gefüllten Probiergläschen sollen, sobald die Salzlösung ihren Gefrierpunkt erreicht hat, so weit in dieselbe gesenkt werden, daß das Öl 10 mm unter dem Niveau der Lösung steht. In dieser müssen die Röhrchen mindestens eine Stunde ohne Erschütterung stehen.

Nach einer Stunde wird der Schlauch *d* des fertig gemachten Druckapparates bei offener Klemme *e* auf ein Probierglas geschoben, dasselbe so weit aus der Lösung gezogen, daß man das Niveau sehen kann und nach dem Schließen der Klemme *e* die Klemme *f* geöffnet. Hiernach beobachtet man, ob unter dem eintretenden Druck das Öl in einer Minute um 10 mm im Schenkel steigt. Nach Schließen der Klemme *f* und Öffnen der Klemme *e* wird der Schlauch *d* abgelöst, und kann die Prüfung der übrigen Öle erfolgen.

Man unterscheidet in der Praxis zweierlei Prüfungen. Entweder man ermittelt jene Temperatur, bei welcher das Öl zu stocken beginnt (Stockpunkt) oder man untersucht das Verhalten eines Öles bei einem bestimmten Kältegrade (Kältebeständigkeit). Das Nähere geht aus den einheitlichen Prüfungsvorschlägen hervor.

Die deutschen Grundsätze besagen:

V. Verhalten flüssiger Schmieröle in der Kälte.

16. Die Ermittlung des Kältepunktes ist im Rahmen der in dieser Hinsicht von den Verbrauchern gestellten Anforderungen durchzuführen.

17. An den bestehenden Vorrichtungen zur sogenannten Kältepunktsbestimmung sind z. Z. keine Änderungen vorgeschlagen.

18. Bei der zahlenmäßigen Vergleichung des Fließvermögens durch das U-Rohr-Verfahren sind also 6 mm Rohrweite, 50 mm Wasserdruck, 1 Minute lange Druckeinwirkung, sowie 10 mm Mindestaufstieg beizubehalten.

19. Vorbehandlung der Proben: Zur Berücksichtignng der durch Temperatureinflüsse bedingten Änderungen des Kältepunktes sind die Proben (je

zwei Einzelversuche) nicht nur im Einlieferungszustand, sondern auch nach 10 Minuten langem Erhitzen auf etwa 50° C. zu prüfen. Bei dem im erhitzten Zustande geprüften Öl ist die Prüfung zu wiederholen, wenn das Öl bei der ersten Prüfung genügt hat.

20. Nach jeder Vorbehandlung soll das im U-Rohr befindliche Öl eine halbe Stunde lang in Wasser von 20° C. verbleiben, ehe es der neuen Prüfung unterzogen wird.

21. Alle Vorbereitungen erfolgen im U-Rohr.[1]

22. Mechanisch verunreinigte oder wasserhaltige Öle sind wie unter IV. e) und f) vorgeschrieben zu reinigen.

23. Die erwähnten Vorbehandlungen sind tunlichst auch bei den einfachen Kälteprüfungen im Reagensglas oder bei der Auslaufprobe aus 5 mm weitem und 30 mm langem Rohr vorzunehmen.

24. Die Prüfung der Weite der U-Röhren auf Gleichmäßigkeit durch amtliche Versuchsanstalten, z. B. das königl. Materialprüfungsamt zu Groß-Lichterfelde oder die Großherzoglich Badische Chemisch-technische Prüfungs- und Versuchsanstalt zu Karlsruhe ist erwünscht.

Bezüglich der Ausführung wäre zu bemerken:

Für Öle, welche im Gebrauche der Winterkälte ausgesetzt sind, erfolgt die Prüfung wie nachstehend:

Das Öl wird in ein 20 mm weites, dünnwandiges Reagensglas 30 mm hoch eingefüllt, ein Thermometer mit zylindrischem Quecksilberkörper hineingesenkt und langsam in einer Kältemischung abgekühlt.

Jene Temperatur, bei welcher sich das Öl bei einer Neigung des Reagensglases nicht mehr bewegt, wird als Stockpunkt festgestellt.

Zur Feststellung der Kältebeständigkeit bei einer gewünschten Minimaltemperatur wird eine Salzlösung, deren Gefrierpunkt dieser Minimaltemperatur entspricht, zunächst in einem Bade von zerstoßenem und mit Kochsalz gemischtem Eis einer Abkühlung bis zur betreffenden Temperatur unterzogen.

Erst dann wird ein 20 mm weites, 30 mm hoch mit dem Öle gefülltes Reagensglas in die Lösung eingesenkt und 1 Stunde lang der gewünschten Minimaltemperatur, bei welcher das Öl noch flüssig bleiben soll, ausgesetzt. Sodann wird die Konsistenz des erkalteten Öles beobachtet und beschrieben.

Als Salzlösungen, welche ein für allemal vorbereitet und immer benutzt werden können, dienen:

Gefrierpunkt	Die Lösung enthält in 100 Teilen Wasser
— 3° C.	13 Teile Kalisalpeter
— 5° C.	13 „ „ $+ 3\cdot3$ Teile Kochsalz
— 10° C.	22·5 „ Chlorkalium
— 15° C.	25 „ Chlorammonium
unter — 15° C.	1 Teil Kochsalz und 2 Teile zerkleinertes Eis.

Die einschlägigen Prüfungen sind nur dann notwendig, wenn das zu untersuchende Öl im Gebrauche tatsächlich der Winterkälte ausgesetzt wird, wenn also das Lager im Freien oder in ungeheizten Lokalitäten sich befindet.

Für sehr genaue Kälteuntersuchungen bzw. zur Ermittelung eines Zahlenwertes für die Beweglichkeit eines Öles bei einer beliebigen Temperatur dient die U-Rohr-Methode von Holde.

Die geeichten U-Rohre werden mit dem Versuchsöle genau bis zur Marke Null gefüllt. Zur eventuell notwendigen Korrektur des Flüssigkeitsspiegels, sowie zum Reinigen der Seitenwände wird dünn zusammengerolltes Fließpapier benutzt. Das Füllen der U-Rohre geschieht mittels eines kleinen Trichters, welcher mit einem Kautschukschlauch an dem einen Ende befestigt wird, während, wenn es nötig ist, der Saugtrichterschlauch mit dem andern Ende verbunden wird.

Das U-Rohr wird, wenn es gefüllt ist, in dem Stativ vertikal eingespannt und durch eine Stunde in die entsprechend gekühlte Gefrierlösung eingetaucht. Sodann wird der Drucktrichter in das Wassergefäß eingetaucht, wobei der Quetschhahn zur Leitung des Druckes zu den U-Rohren geschlossen bleibt, und am Manometer der Druck abgelesen. Derselbe soll genau 50 mm Wassersäule betragen. Ist er zu groß, so wird der Luftquetschhahn vorsichtig geöffnet, ist er zu klein, so wird Wasser in das Trichtergefäß in entsprechender Menge zugegossen.

Wenn der Druck im Trichter auf 50 mm eingestellt ist, und das Öl im U-Rohre durch eine Stunde gekühlt war, wird durch Öffnen des Quetschhahnes der Druck in das U-Rohr geleitet und gleichzeitig der Stand der Uhr notiert. Man läßt nun den Druck genau eine Minute lang wirken und öffnet dann den Verbindungsquetschhahn mit der Luft, nimmt die Rohre aus dem Kältebade und liest genau den Aufstieg des Öles in Millimetern ab. Es ist zweckmäßig, eine erwärmte und wieder erkaltete Probe zur Kontrolle zu untersuchen, da die Öle oft beim Erwärmen Veränderungen erleiden. Mechanisch verunreinigte und wasserhaltige Öle werden vorbehandelt.

5. Die Veränderlichkeit der Beschaffenheit überhaupt.

Darunter ist die Veränderlichkeit der Schmieröle verstanden, welche durch den Einfluß der Luft und der Lagermetalle, sowie durch innere Umlagerungen der Schmieröle, bei normaler Behandlung und bei gewöhnlichen Betriebstemperaturen zur Wahrnehmung gelangt. Der Einfluß der Luft äußert sich in Oxydationen, welche zu Verdickungen des Schmieröles Veranlassung geben und daher eine Erhöhung des Reibungsverlustes bewirken. Es ist klar, daß der Einfluß der Luft sich erhöht durch die Vergrößerung der Öloberfläche (durch das Ausbreiten), durch die Temperatur und durch die Oxydierbarkeit des Öles an und für sich. Im allgemeinen sind raffinierte Mineralöle aus Erdölen usw. als reine Kohlenwasserstoffe unempfindlich gegen den Luftsauerstoff, fette Öle werden ranzig, dicken aber wenig ein, mit Ausnahme der trocknenden Öle, welche als Schmieröle absolut unverwendbar sind. Nicht oder schlecht raffinierte Mineralöle enthalten zumeist ungesättigte Verbindungen, welche an der Luft durch Oxydationen oder Umlagerungen (Polymerisationen usw.) verändert werden, wobei das Schmieröl sich verdickt. Da ähnliche Eigenschaften an Terpenen, Weichharzen und Harzteeren (Harzölen) längst bekannt waren, bürgerte sich der Ausdruck verharzen für diese Verdickungen ein. Den Träger der Erscheinung nannte man darum folgerichtig den Harzgehalt des Schmieröles. Man muß aber wohl unterscheiden zwischen diesem Harzgehalt und dem Gehalt an wirklichen Harzen und Harzölen.

Der erstere soll ein Minimum sein, besonders bei raffinierten Ölen, bei welchen diese Stoffe von der Schwefelsäure und der Lauge aufgenommen worden sein sollen. Harz und Harzöle sind in Schmierölen als Verfälschungen zu behandeln, welche zum Zwecke der Viscositätserhöhung zugesetzt worden sind. Auch Harzseifen sind undeklariert gleich zu behandeln. Zur Messung der Veränderlichkeit können folgende Methoden dienen:

a) Luftempfindlichkeit. Dieselbe wird in der Praxis auf verschiedene Weise bestimmt. Zunächst durch die Beobachtung des

Eindickens. O. Runge[1]) verlangt, daß ein Schmieröl, durch 8 Tage einer Temperatur von ca. 45° C. ausgesetzt, weder dick wird noch harzt. Zu diesem Zwecke setzt er das Öl in kleinen Porzellanschalen (Tuschschalen) zur Probe aus und bemerkt, daß schlechte Öle nach 8 Tagen untrüglich dick oder klebrig werden. Bei Rübölen und Olivenölen benutzt er den Burstynschen Ölsäuremesser zur quantitativen Harzgehaltsbestimmung, welche durch Ermittlung der Dichte des Waschalkohols erfolgt. Nach Nasmith und Albrecht prüft man in der Weise, daß man gleiche Quantitäten der Öle zu gleicher Zeit in schwach geneigte Rinnen tropfen läßt und beobachtet, welches Öl am längsten seine Bewegung nach abwärts fortsetzt. Die schlechten Öle bleiben nach einigen Tagen zurück, werden dickflüssig oder gerinnen.

O. Bach[2]) prüft die Schmieröle nach einer von Fox[3]) zuerst angewendeten Methode direkt auf ihr Verhalten gegen Sauerstoff und ermittelt dadurch, in welchem Grade ein Öl verharzt oder säuert. Eine abgemessene oder gewogene Ölmenge (3—5 ccm) wird in mit Sauerstoff gefüllten und dann zugeschmolzenen Röhren von 100—125 ccm Inhalt durch 10 Stunden auf 110° C. erhitzt. Die Menge des verschluckten Sauerstoffs wird durch Aufbrechen der Röhrenspitze unter einem gemessenen Wasservolumen und Zurückmessen des Wassers bestimmt. Ein glühender Span muß sich hierauf im Rohr noch entzünden. Bei Gegenwart fetter Öle reagiert das Wasser stark sauer.

Nach Bach absorbierte je 1 g:

Valveöl	0·10 ccm	90 T. Oleonaphtha mit	
Valvolinöl	0·45 „	10 T. Lebertran	8·60 ccm
Raff. Zylinderöl	0·34 „	Tovotes Schmierfett	21·8 „
Mineralöl (Baku)	0·74 „	Harzöl	181·0 „
Lubricating oil 0·877	0·70 „	Olivenöl	144 „
„ „ 0·865	4·80 „	Rüböl	166 „
90 T. Lubricating oil mit		Cottonöl	111 „
10 T. Lebertran	9·40 „		

Für die Trockenfähigkeit der fetten Öle sind jedoch jedenfalls die Jodzahl und die Ergebnisse der Proben nach Maumené, Livache und Wiederhold (siehe Abschnitt X) maßgebender.

In neuerer Zeit wurde die Bestimmung der Jodzahl zur Kennzeichnung der Mineralöle von Graefe u. a. vorgeschlagen.

Kißling[4]) führte deren Bestimmung in folgender Weise aus: Es wurden etwa 2 g des Mineralschmieröles in 25 ccm Tetrachlorkohlenstoff, dessen — übrigens kaum nachweisbares — Jodbindungsvermögen zuvor ermittelt war, gelöst. Im übrigen wurde nach der Wijsschen Methode (Jodmonochlorid in Eisessig gelöst) gearbeitet. Jeder Versuch wurde doppelt oder — wenn erforderlich — drei- und vierfach ausgeführt, indessen kamen größere Abweichungen vom Mittelwerte kaum vor.

---

[1]) Technische Blätter, XXIV. Jahrg., 1. u. 2. Heft, Prag 1892.
[2]) Chem. Zeitg. 1889. 13. 905.
[3]) Zeitschr. f. analyt. Chem. 23. 434.
[4]) Chem. Zeitg. 1906. 30. 932.

b) **Harzgehalt.** Die Raffination von Mineralschmierölen ist sehr häufig keine vollständige, indem Schmierfähigkeit und Viscosität bei gänzlicher Entfernung der Asphalt- und Schleimstoffe meist bedeutend abnehmen. Andrerseits verharzen mangelhaft gereinigte Öle leichter. Um einen vergleichsweisen Anhaltspunkt über die Quantität dieser Stoffe, sowie über diejenige von Brandharzen zu bekommen, kann man den „Harzgehalt" in folgender Weise bestimmen.

Nach Holde[1]) lassen sich die Harze, beziehungsweise harzartigen Körper unzersetzt auf folgende Arten aus reinen Mineralschmierölen abscheiden:

α) Durch Petroleumbenzin von niedrigem Siedepunkte, in welchem die in dunklen Ölen sich findenden, hochschmelzenden Asphaltharze unlöslich sind.

β) Durch Ätheralkohol, welcher durch Vermischen von 3 Raumteilen Alkohol und 4 Raumteilen Äther hergestellt ist. Dunkle, in 6 mm dicker Schichte völlig undurchsichtige Mineralöle werden mit Ätheralkohol durchgeschüttelt und geben sofort oder nach ganz kurzer Zeit, im Gegensatze zu den in Ätheralkohol löslichen, hellen Ölen, braune Harze in Form eines sich an die Wandungen anlegenden Niederschlages, welcher aus einem Gemische von in Benzin unlöslichen Asphaltstoffen und leichter schmelzbaren Pechen besteht, wovon letztere die Hauptmenge bilden. In einem großen Überschusse von Alkoholäther sind diese Körper etwas löslich. Durch Ätheralkohol von Pech- und Asphaltstoffen befreite Rohöle sind in 5 mm dicker Schichte völlig durchsichtig, im durchfallenden Lichte braunrot, im auffallenden Lichte grün. Die Asphalte und Peche sind indifferente Körper und unterscheiden sich dadurch von den eigentlichen Harzen. Sie sind nach Holde sauerstoffhaltig und besitzen auch einen sehr geringen Stickstoffgehalt.

γ) Durch 70prozentigen Alkohol, in welchem saure und auch neutrale Harze löslich sind.

Sehr häufig wird der sogenannte Harzgehalt durch eine Art **Raffinationsprobe** mit starker Schwefelsäure bestimmt, wobei man entweder die **Erwärmung** oder die **Volumsvermehrung der Schwefelsäure** oder die **Färbung der Schwefelsäure** mißt. Es ist gleich zu bemerken, daß diesen Proben niemals eine ausschlaggebende Bedeutung zugemessen werden soll, da sie nur sehr problematischen Wert besitzen. Der Ölverband der österreichischen Baumwollspinner hat z. B. folgende Bestimmungen angenommen:

Der Gehalt an sogenanntem Harz darf 12 Volumprozente nicht übersteigen.

Der Harzgehalt wird in folgender Weise bestimmt:

In einen graduierten, bis 50 ccm geteilten Zylinder bringt man 10 ccm englische Schwefelsäure, sodann 20 ccm Petroleumbenzin und 20 ccm der Probe, schüttelt gut durch, läßt absitzen und liest die Volumzunahme der Schwefelsäureschichte ab. Dieselbe darf nicht mehr als 2·4 ccm betragen.

---

[1]) Mitt. Techn. Vers.-Anst. Berlin 1895. 174.

Von vegetabilischen Ölen sind zur Verwendung in den Sälen mit Arbeitsmaschinen zuzulassen:

Olivenöl (Baumöl), Ricinusöl, Rüböle und Erdnußöl.

Ausgeschlossen sind alle anderen, nicht genannten Öle, namentlich aber trocknende Öle, Cottonöl und Maisöl. Ebensowenig darf eines der obengenannten Öle mit einem trocknenden Öle oder mit Cottonöl, Maisöl oder auch mit Harzölen oder Tranen gemischt sein.

Wild[1]) gibt für eine Reihe von Ölen folgende, nach diesem Verfahren ermittelte Volumzunahmen:

Österreichisches		2·0 %
,,		2·0 ,,
,,		2·5 ,,
,,	Spindelöl	3·0 ,,
Russisches		3·0 ,,
Amerikanisches		3·0 ,,
,,		3·5 ,,
Österreichisches		3·5 ,,
Russisches	Transmissionsöl .	4·0 ,,
,,		4·0 ,,
Österreichisches		8·0 ,,
Russisches		9·0 ,,
,,	Zylinderöl . . .	6·0 ,,
Amerikanisches		6·0 ,,
,,		7·0 ,,

Die sogenannte Maumené-Zahl gibt die Erwärmung des Öles beim Schütteln mit konzentrierter Schwefelsäure an. Kißling hat hierzu einen Apparat beschrieben und Zahlen mitgeteilt[2]). Die Erwärmung betrug bei Rohölen 15^0 bis über 50^0 C., bei Naphtha- bzw. Benzinprodukten 9^0—14^0 C., bei Leuchtölen 13^0 bis über 50^0 C. und bei Schmierölen 18^0—$20·5^0$ C. Zwischen raffinierten und nicht raffinierten Ölen sind die Unterschiede gering.

Es wurden 50 ccm Schmieröl auf 25 ccm Schwefelsäure (100% H_2SO_4) verwendet.

Nach Aisinmann[3]) ist die Bestimmung des Harzgehaltes mit konzentrierter Schwefelsäure insofern irreführend, als dadurch auch ein Teil der Kohlenwasserstoffe mitbestimmt wird, welche in Schwefelsäure löslich sind. Es sind die Resultate sohin nicht als die absoluten „Harzgehalte" anzusehen, sondern nur als Vergleichswerte zu betrachten.

Schädler[4]) und auch Martens schütteln gleiche Raumteile Öl und Schwefelsäure von 1·53 spez. Gew. kräftig durch, die Schwefelsäure soll sich farblos oder schwach gelb gefärbt absetzen; es darf weder Bräunung des Öles eintreten, noch dürfen sich schwarze Flocken zeigen. Bleibt die Säure farblos oder schwach gefärbt, so wird der Versuch wiederholt und das die Probe enthaltende Glas im Wasserbade auf 100^0 C. erwärmt, wobei ebenfalls keine Bräunung eintreten darf.

---

[1]) Nach einer privaten Mitteilung.
[2]) Kißling, Chem. Zeitg. 1905. 29. 1086 u. 1906 30. 932.
[3]) Dinglers Polyt. Journ. 1894. 294. 68.
[4]) Technologie der Fette und Öle S. 1025.

Nach Großmann[1]) ist diese Probe nur für einzelne Fälle anwendbar, so z. B. zur Prüfung des Petroleums, ferner der hellen, durchsichtigen Mineralschmieröle, bei welchen aus dem Braunwerden der Schwefelsäure auf eine mehr oder minder gute Raffination geschlossen werden kann. Für dunkle, unraffinierte Mineralöle, welche sich nach demselben Autor mitunter als vorzügliche Schmieröle bewährt haben, ist diese Methode nicht anwendbar, da bei derselben in den meisten Fällen ein Braun- oder Schwarzwerden der Schwefelsäure beobachtet wird.

Kißling[2]) bestimmte eine sogenannte Verharzungszahl auf folgende Weise: 50 g des zu prüfenden Öles wurden im Trockenkasten (Thermostaten) 60 Stunden lang einer Temperatur von 125°—135° C. ausgesetzt, und zwar fand die Erhitzung nur in den Tagesstunden, also diskontinuierlich, statt; die 60stündige Erhitzungszeit setzte sich aus 5 zwölfstündigen Perioden der Hitzeeinwirkung zusammen, die durch 4 zwölfstündige Pausen unterbrochen waren. Das in dieser Weise behandelte Öl wurde nebst dem etwaigen Bodensatz (Asphaltpech) mit Petroläther in einen 500 ccm-Kolben gespült; dann füllte man bis zur Marke auf. Nach etwa 12stündigem Absetzenlassen wurde durch ein gewogenes Filter filtriert, sorgfältig mit Petroläther nachgewaschen und nach der erforderlichen Trocknung das Gewicht des Asphaltpechs ermittelt.

In der nebenstehenden Tabelle sind die bei der Untersuchung von 21 ganz verschiedenartigen Mineralschmierölen erhaltenen Daten zusammengestellt.

c) Harzölgehalt. Zum qualitativen Nachweis dienen die Proben auf S. 223 ff. Quantitativ bestimmt Storch[3]) den Harzölgehalt folgendermaßen:

10—15 g der Probe, welche keine fetten Öle enthält, werden mit dem fünffachen Gewicht 96prozentigen Alkohols in einem Kölbchen auf dem Wasserbade unter Umschütteln ganz gelinde erwärmt und auf Zimmertemperatur abgekühlt. Dann wird der Alkohol in ein tariertes, etwa 7 cm hohes Erlenmeyer-Kölbchen gebracht, das im ersten Kölbchen zurückgebliebene Öl mit einigen Kubikzentimetern 90prozentigen Alkohols umgeschwenkt (nicht geschüttelt), diese in das zweite Kölbchen gebracht und auf schwach siedendem Wasserbade erwärmt, wobei man das Kölbchen mit einem abgesprengten Becherglase umgibt. Man erwärmt, bis der Rückstand A blasenfrei ist, wägt nach dem Erkalten, übergießt den Rückstand mit dem zehnfachen Gewicht Alkohol und verfährt mit der Lösung wie das erstemal. Der neue Rückstand B enthält nur noch wenig Mineralöl, doch wird bei der Berechnung auch dieser Gehalt berücksichtigt. Storch ermittelt die Löslichkeit des Mineralöles in folgender Weise:

Es seien erst 11·2 g der Probe mit 50 g, der Rückstand A mit 15·5 g Alkohol behandelt worden. A wäge 1·51 g, B 1·15 g, folglich

---

[1]) Großmann, Die Schmiermittel, Wiesbaden 1894, S. 114.
[2]) Chem. Zeitg. 1906. 30. 932.
[3]) Ber. d. österr. Ges. z. Förderung der chem. Ind. 1887. 93.

Laufende Nummer	Bezeichnung des Öles	Aus welcher Rübölsorte hergestellt?	Spezifisches Gewicht bei 15° C.	Viscosität nach Engler bei 25° C. (Wassereinheit)	Verhalten beim Abkühlen (Celsiusgrade)	Flammpunkt (offener Tiegel) °C.	Zündpunkt °C.	Farbe	Prozent. Geh. an Asphaltpech n. d. Erhitzen auf 125°—135° C.	Jodzahl	Erwärm. b. Schütteln mit 100 prozentiger Schwefelsäure °C.
1	Spindelöl vor d. Raffination	amerik. (pennsylv.)	0·870	5·20	erstarrt bei 0°	200	225	wie helles Zylinderöl	0·696	11·05	11·5
2	Desgl. nach d. Raffination	desgl.	0·875	5·00	desgl.	200	228	hellgelb	0·144	10·20	10·7
3	Transformatorenöl der Firma A	desgl.	0·876	5·30	desgl.	200	230	desgl.	0·066	10·46	9·5
4	Desgl. der Firma B	amerik.(?)	0·869	8·00	— 6°	220	250	gelb	0·044	10·44	8·8
5	Desgl. der Firma C	russisch	0·883	3·55	flüssig bei — 17°	159	189	hellgelb	0·052	2·33	6·6
6	Leichtes Maschinenöl	amerik. (pennsylv.)	0·890	7·25	erstarrt bei 0°	208	238	gelb	0·269	9·20	10·8
7	Schweres Maschinenöl	russisch	0·907	27·00	flüssig bei — 15°	215	255	orange	0·250	7·20	8·1
8	Turbinenöl der Firma A	amerik.	0·922	16·50	— 2°	220	267	wie helles Zylinderöl	1·730	10·88	15·1
9	Desgl. der Firma B	desgl.	0·877	29·50	0°	225	266	desgl.	0·081	12·05	10·0
10	Desgl. der Firma C	desgl.	0·910	15·30	— 1°	212	253	desgl.	2·120	10·26	14·7
11	Desgl. der Firma D	desgl.	0·884	7·00	— 3ᵇ	200	246	desgl.	0·577	11·05	13·8
12	Rubinol	Texas (?)	0·932	23·00	— 14°	190	228	desgl.	0·380	10·00	14·3
13	Maschinenöl rötlich	deutsch	0·922	17·00	2°	194	240	desgl.	0·390	9·83	12·6
14	Eagle-Spindle-Oil	amerik.	0·872	8·50	3°	220	257	gelb	0·278	9·89	8·9
15	Eagle-Red-Oil	desgl.	0·882	15·00	— 1°	238	273	wie helles Zylinderöl	0·290	8·83	9·8
16	Kraftöl	Texas (?)	0·931	23·00	flüssig bei — 1°	196	231	desgl.	0·906	9·25	18·1
17	Maschinenöl	Texas (?)	0·948	13·00	— 9°	214	260	desgl.	1·612	9·46	16·4
18	Desgl.	Texas	0·932	14·50	flüssig bei — 15°	189	222	desgl.	1·198	10·82	15·5
19	Lion heavy Engine-Oil	amerik.	0·946	14·00	— 8°	215	259	desgl.	1·738	9·36	14·9
20	Dunkles Zylinderöl	desgl.	0·897	bei 100°C 4·00	0°	288	340	dunkel	0·306	11·41	—
21	Desgl.	deutsch	0·950	bei 100°C. 3·77	7°	287	336	desgl.	3·114	12·03	—

haben 50—15·5 = 34·5 g Alkohol 1·51—1·15 = 0·36 g, und daraus 15·5 g Alkohol 0·162 g Mineralöl gelöst. Somit sind 1·15—0·162 = 0·988 g oder 8·8 % Harzöl vorhanden. Der wahre Gehalt liegt zwischen dem korrigierten und dem nicht korrigierten Gewicht von B. Nach Allen färbt Zinnchlorid oder Bromid Harzöl violett.

d) **Wassergehalt.** Auch dieser bewirkt beim Trocknen des Öles Veränderungen, welche sich in den meisten, gemessenen Konstanten: Viscosität, Flammpunkt[1] usw., zeigt.

Die Gegenwart von Wasser verrät sich durch starkes Schäumen beim Erwärmen auf 100° C. Stark wasserhaltige Öle sind trübe, stoßen beim Erhitzen und werden nach längerem Erhitzen klar. Trübungen, welche von Paraffin, Schleimstoffen usw. herrühren, kehren nach dem Abkühlen und längerem Stehen wieder.

Bei dunklen Ölen wird das Vorhandensein von Wasser nach Holde in folgender Weise nachgewiesen: Man bringt etwa 3—4 ccm des zu prüfenden Öles in ein Probierglas, benetzt die Wände vollständig mit Öl und taucht das Gläschen so in ein bis zu $^3/_4$ mit geschmolzenem Paraffin gefülltes Becherglas, daß die Oberfläche des zu prüfenden Öles ca. 1 cm unter jener des Bades sich befindet. Letzteres wird unter öfterem Umrühren nach und nach auf 160° C. erwärmt. Bei wasserhaltigen Ölen tritt schon unter 100° C. Schäumen ein, und insbesondere an der dünnen Ölschichte an den Wänden wird die Bildung einer Emulsion sichtbar, die selbst bei 150° C. noch nicht verschwunden ist. Bei wasserfreien Ölen bleibt die dünne Ölschichte ganz durchsichtig. Wasserhaltige Öle färben entwässerten Kupfervitriol blau.

Marcusson bestimmt das Wasser in Schmierfetten durch Destillation mit Toluol und durch Erhitzen mit Benzinalkohol.[2]

e) **Veränderlichkeit bei der Benutzung im allgemeinen.** Das Schmieröl, welches durch den Druck zwischen den Lagerrändern abtropft, kommt zunächst immer wieder aufs neue zwischen die Lagerflächen, sei es, daß das Öl in die Schmiervorrichtung zurückgebracht wird, oder bei schwimmenden Lagern von den Rändern oder den Nuten her, bei momentanen Entlastungen selbst zurückkehrt. Schließlich wird das Öl unbrauchbar. Dann kann es durch Filtration nur teilweise brauchbar gemacht werden, so daß der **praktische Verbrauch** zur Geltung kommt, welcher also sehr von der Veränderlichkeit des Öles abhängig ist. Die Unbrauchbarkeit des Öles tritt durch Verdickung einerseits, **Vermengung und Verbindung mit dem abgeriebenen Lagermetall** andrerseits ein.

Die einheitlichen Methoden zur Bestimmung der Veränderlichkeit lassen noch viel zu wünschen übrig.

Die **deutschen Grundsätze** besagen:

---

[1] Mitt. Techn. Vers.-Anst. Berlin 1889. 64.
[2] Chem. Zeitg. Repert. 1905. 29. 278. 409.

b) Löslichkeit in Benzin und Benzol.

30. Die Bestimmung der Löslichkeit heller Öle in Benzin oder Benzol ist im allgemeinen entbehrlich; nur wenn Trübungen zweifelhafter Beschaffenheit vorliegen, wird eine solche Prüfung nötig.

31. Dunkle Öle sollen in Benzol völlig löslich sein. Die in Benzin und Alkoholäther unlöslichen Teile sind nicht als Asphaltpech oder Asphalt, sondern allgemein als asphaltartige Stoffe zu bezeichnen.

32. Zur Ermittlung der asphaltartigen Stoffe dient die Bestimmung der Löslichkeit in reinem Petroleumbenzin. Das Benzin soll das spez. Gew. 0·69—0·71 bei + 15° C. und die äußersten Siedegrenzen 65°—95° C. haben. Die Auflösung soll für qualitative Versuche im Reagensglas von 15—20 mm Weite im Verhältnis von 1 Raumteil Öl zu 40 Raumteilen Benzin erfolgen. Nach 24stündigem Stehen unter Ausschluß direkten Sonnenlichtes soll beobachtet werden, ob sich ein Niederschlag gebildet hat. Bei positivem Ausfall der qualitativen Probe wird die quantitative Bestimmung mit 5 g Öl unter sonst gleichen Bedingungen wie bei der qualitativen Probe ausgeführt.

33. In den Ölen nicht gelöste Asphaltstoffe dürfen im allgemeinen nicht zugegen sein. Die Gegenwart solcher Stoffe kann durch Bestimmung der asphaltartigen Stoffe im filtrierten und nicht filtrierten Öl ermittelt werden.

34. Die Festsetzung der Grenzzahlen der asphaltartigen Stoffe ist den Verbrauchszwecken anzupassen.

Betreffs der Löslichkeit der dunklen Schmieröle in Benzin wurde es als dringend notwendig erachtet, die Grenzen für das spezifische Gewicht des zur Bestimmung der asphaltartigen Stoffe benötigten Benzins enger als bisher üblich zu ziehen. Es wurde ein Benzin von 0·695—0·700 vorgeschlagen. Die Benzintemperatur soll zwischen 15° und 20° C. liegen, und ist die 40fache Menge Benzin anzuwenden. Die in der Praxis vielfach übliche Bestimmung mit Alkoholäther soll vorzugsweise als Vergleichs- und Identitätsbestimmung dienen. Bei Vornahme von drei Einzelversuchen sollen hierbei Fehlergrenzen bis zu 0·5 °/0 gegenüber dem Mittelwerte zugelassen werden. Bezüglich der Verwendung von Amylalkohol sollen weitere Versuche abgewartet werden.

d) Nachweis von Harzöl.

37. Zur Prüfung auf Harzöl wird eine kleine Probe des Öles (5 ccm) stark mit Schwefelsäure vom spez. Gew. 1·62 geschüttelt. Wenn nach Trennung der Schichten nur Gelb- bis Braunfärbung, nicht aber die dem Harzöl eigentümliche Rotfärbung der Säureschicht eintritt, ist das Öl harzölfrei. Bei eingetretener roter oder zweifelhafter, dunkler Färbung der Säure ist das Öl nach den bekannten, quantitativen Verfahren (Storchsche Extraktion mit 96 prozentigem Alkohol, Polarisation usw.) näher auf den Gehalt an Harzöl zu prüfen. Das hohe, spezifische Gewicht des Harzöls (über 0·970 bei 15° C.) und seine große oder vollständige Löslichkeit in absolutem Alkohol lassen das Öl leicht im Mineralöl erkennen. Bei der Prüfung auf Harzöl wird neben der Behandlung mit Schwefelsäure 1·62, auch noch eine kleine Probe des zu untersuchenden Öles mit Essigsäureanhydrid geschüttelt, und dann mit einem Tropfen Schwefelsäure 1·53 versetzt. Violettfärbung weist auf die Anwesenheit von Harzöl hin, falls nicht Harz zugegen ist.

e) Wassergehalt.

38. Der Wassergehalt der Öle ist nur dann quantitativ zu bestimmen, wenn die qualitative Probe merklichen Wassergehalt erkennen ließ. Bei Ölen, die unter 240° C. im Pensky entflammen, erfolgt die Bestimmung so, daß die Gewichtsverluste gewogener, etwa gleich großer Mengen (je 10—15 g) des ursprünglichen und des entwässerten Öles beim Erhitzen in Glasschalen auf kochendem Wasserbade bis zum Verschwinden jeglicher Schaumbildung bestimmt werden. Aus dem Unterschied der Gewichtsverluste beider Proben ist der

Gehalt an Wasser im ursprünglichen Öl zu berechnen. Die Entwässerung des Öles vor dem Erhitzen geschieht durch Schütteln des schwach erhitzten Öles im Erlenmeyerkolben mit Chlorcalcium und nachheriges Filtrieren auf trockenem Filter.

Zur Ausführung ist noch zu bemerken:

Bei hellen Ölen ist eine bezügliche Prüfung überflüssig, da deren Absätze ohne weiteres beobachtet werden können.

Bei dunklen Ölen prüft man zunächst die Löslichkeit in Benzol. 1 ccm Öl aus der Meßpipette und 40 ccm Benzol aus dem Mischzylinder werden in ein Reagensglas gegossen, durchgeschüttelt und durch ein trockenes Filter filtriert. Es darf auf dem Filter kein Rückstand verbleiben.

Sodann prüft man auf den Gehalt an asphaltartigen Stoffen mit Benzin. Es werden wie oben 1 ccm Öl und 40 ccm Benzin in ein Reagensglas gebracht, geschüttelt und 24 Stunden im Dunkeln stehen gelassen. Nach dieser Zeit wird durch ein trockenes Filter filtriert und die Menge des Rückstandes, beobachtet.

Die Harzölbestimmung mit Schwefelsäure ist nur bei raffinierten Ölen als Raffinationsprobe, nicht aber bei unraffinierten (dunklen) Ölen zulässig.

In den Mischzylinder werden mit Hilfe der Meßpipette 5 ccm Öl und 5 ccm der Schwefelsäure gebracht und hierauf wird stark geschüttelt. Die in der Ruhe am Boden befindliche Schwefelsäureschichte darf nicht rot und nicht dunkel gefärbt erscheinen, wenn das Öl gut raffiniert war.

6. Die Angriffsfähigkeit für Lagermetalle.

Wiewohl neutrale Bestandteile, namentlich bei höherer Temperatur, nach verschiedenen Versuchen auch gewisse Metalle, wie z. B. Blei, anzugreifen scheinen, ist es doch gewiß, daß praktisch bedeutsame Korrosionen von Lagermetallen nur durch Säuren hervorgebracht werden. Die Wirkung der Säuren ist natürlich proportional ihrer Aktivität, demzufolge Mineralsäuren am gefährlichsten sind, ferner der Temperatur, und wird außerdem von der Natur der Lagermetalle abhängen. Unter der Wirkung ist die Korrosionsgeschwindigkeit gemeint, welche natürlich auch wesentlich von der Verteilung und Porosität der Metalle abhängt.

Dieser letztere Umstand wird auch eine Veranlassung dazu sein, daß die Säuren abgeriebene Metallteile rascher angreifen als massive. Deshalb muß man sich davor hüten, die Gegenwart von Metallsalzen im Lagerschmande als eine durch Säurewirkung auf die Lagerfläche bedingte zu erklären. Sie dürfte zumeist eine Sekundärwirkung der Säure auf das bereits abgeriebene Metall sein, die Primärwirkung ist vielleicht ganz minimal. Versuche, bei denen die Metalloberfläche gleich klein und gleich exponiert wie im Lager ist, könnten dies entscheiden, Versuche mit zerkleinertem Metall sind unmaßgeblich. Erstere liegen nicht einwandfrei vor. Immerhin, wenn der Primärangriff auch vernachlässigt werden könnte, bleibt der Sekundärangriff dadurch sehr schädlich, daß sich die Ölschichte mit den Metallseifen wesentlich verdickt, ja mitunter klebrig wird. Dadurch wird nicht nur die Reibung eo ipso erhöht und das Öl rascher entwertet, sondern es werden auch die Lagerränder verschmiert, und während der Lagererholungspausen kann darum nicht rasch genug frisches Öl nachgesaugt werden, die Schichte bleibt durchschnittlich kleiner und es wird auch darum die Reibung größer werden. Der Sekundärangriff an sich hätte den Vorteil der Neutralisation des Öles und der Verhinderung eines Primärangriffes, namentlich beim Öle wiederholter Benutzung.

Wie bekannt, sind Mineralöle zumeist nahezu säurefrei, sowohl von Mineralsäuren aus der Raffinerie, als von organischen. Fette Öle dagegen enthalten organische Säuren, deren Menge sich beim Ranzigwerden und durch Wasserdampf unter Druck bei höheren Temperaturen beträchtlich vermehrt. Bezüglich der Mineralschmieröle wäre über den Säuregehalt folgendes zu bemerken:

Von der Raffination zurückgebliebene Schwefelsäure wird durch Schütteln mit warmem Wasser unter Zusatz von Methylorange entdeckt. Zur besseren Trennung der Schichten kann statt des Wassers auch eine neutrale Kochsalzlösung benutzt werden. Die wässerige Schichte darf sich nicht röten. Bei Gegenwart von freier Säure kann dieselbe mit $^1/_{10}$-Normalalkalilösung abtitriert werden.

Allen hält es in manchen Fällen für angezeigt, den Säuregehalt des Öles auch nach dem Erhitzen mit Wasser zu bestimmen. 50 g des Öles werden mit dem gleichen Volumen Wasser in einer verschlossenen Flasche in kochendem Wasser unter öfterem Umschütteln erhitzt. Nach 6—8 Stunden werden die beiden Schichten getrennt und mit Zehntelnormalalkali und Phenolphthaleïn titriert. Die saure Reaktion der wässerigen Schichte kann von Schwefelsäure herrühren, welche sich durch Zersetzung von Schwefelsäureestern gebildet hat. Sind merkliche Mengen Schwefelsäure entstanden, so ist das Öl unbrauchbar. Bei Zylinderölen erhitzt man statt im Wasserbade im Chlorcalciumbade.

Nach Aisinmann[1]) wirkt ein Öl mit einem Säuregehalt von $0.785\,{}^0/_0$ (auf SO_3 berechnet), welcher schon sehr hoch ist, bei gewöhnlicher Temperatur nicht auf Eisen, Blei, Kupfer, Messing, Tombak und Neusilber ein; bei 50^0—100^0 C. jedoch werden Eisen, Blei und Kupfer angegriffen, während Messing, Tombak und Neusilber auch bei dieser Temperatur fast unangegriffen bleiben. Solange sohin nur kaltgehende Maschinenteile in Betracht kommen, ist der übliche Säuregehalt der Mineralöle als belanglos zu bezeichnen, und können 0.1—$0.3\,{}^0/_0$ [2]) toleriert werden.

Über die fetten Öle ist folgendes zu bemerken:

Je mehr freie Säure die Öle enthalten, desto leichter greifen sie Metalle an. Doch hat Redwood[3]) gezeigt, daß die mehr oder weniger rasche Einwirkung auch von der Natur des Fettes und des Metalles abhängt. So wird Eisen am wenigsten durch Robbentran, am meisten von Talgöl angegriffen, Messing wird nicht durch Rüböl, wenig durch Olivenöl, am meisten durch Cottonöl, Kupfer stark durch Spermöl, am meisten durch Talgöl angegriffen. Nach Donath[4]) ist die Einwirkung

---

[1]) Zeitschr. f. angew. Chem. 1894. 7. 393.
[2]) Aisinmann, Zeitschr. f. angew. Chem. 1895. 8. 313.
[3]) The Ingineer 1886. 189.
[4]) Zeitschr. f. angew. Chem. 1895. 8. 245.

der Öle auf die Metalle auch noch davon abhängig, ob die geschmierten Metallflächen mehr oder weniger mit dem Sauerstoff der Luft in Berührung kommen, und davon, ob durch Kondensation oder Zufall in das Öl Wasser gelangt ist.

Holde[1]) hat gezeigt, daß raffiniertes Rüböl nach 6 stündiger Einwirkung bei 10 Atmosphären Druck Eisen derartig stark angreift, daß sich sehr viele dunkle Eisenverbindungen im Öle aufschlämmen. Bei der Behandlung des Öles mit Wasserdampf unter Druck scheiden sich auch Fettsäuren ab, so daß dieses Öl dann eine dunkelgrüngelbe, schmalzartige Masse bildet.

Durch die unter S. 126 beschriebene, maßanalytische Bestimmung der freien Fettsäuren sind die übrigen Methoden zur qualitativen und quantitativen Bestimmung derselben entbehrlich geworden. Trotzdem seien einige von ihnen der Vollständigkeit halber hier angeführt.

Die folgenden Reaktionen auf einen Säuregehalt der Öle sind vornehmlich für Schmiermittel empfohlen worden.

Stark säurehaltiges Öl gibt beim Schütteln mit dem gleichen Volumen einer gesättigten Lösung von kohlensaurem Natron eine so konsistente Emulsion, daß man das Gefäß umkehren kann, ohne daß der Inhalt ausfließt (Rümpler).[2])

Schüttelt man 1 Volumen Öl mit 4—5 Volumen 5 prozentiger Natriumbicarbonatlösung und läßt einen Tag stehen, so ist säurefreies Öl in ziemlich klarer Schicht von der klaren Salzlösung abgeschieden. Bei säurehaltigem Öle ist die oberste Schicht der Flüssigkeit trübe und besteht hauptsächlich aus Öl, die mittlere milchig trübe, nach oben nicht scharf, nach unten locker und flockig abgegrenzt und besteht hauptsächlich aus Seife[3]) (Hager).

Merz[4]) vergleicht Maschinenschmieröle auf folgende Weise:

Auf ein blank geputztes Zinkblech läßt man von jeder Probe einen Tropfen von einem dünnen Glasstabe frei herabfallen, dann legt man die Platte $1^1/_2$ Stunden auf ein Wasserbad, läßt noch mindestens $^1/_2$ Stunde in der Kälte liegen und beobachtet sodann das Aussehen von Zink und Öl. Gutes Provenceröl mit 3·5 Burstynschen Säuregraden (siehe unten) läßt das Zink blank und bleibt selbst unverändert.

Öle von 15—20 Graden Säuregehalt bleiben an der Oberfläche glänzend, aber das Zink verliert den Glanz und ist mit einem matten, dunklen bis schwärzlichen Staub überzogen.

Öle mit 30—60 Säuregraden bedecken sich mit einer trüben, faltigen Haut und lagern auf dem Zink eine undurchsichtige, dicke, weiße, kleisterartige Schichte ab.

Nach Wiederhold[5]) übergießt man Kupferasche mit dem zu prüfenden Öl und erwärmt mäßig. Bei Gegenwart freier Fettsäuren

---

[1]) Mitt. Techn. Vers.-Anst. Berlin 1895. Ergänzungh. 1.
[2]) Zeitschr. f. analyt. Chem. 9. 417.
[3]) Zeitschr. f. analyt. Chem. 19. 117.
[4]) Zeitschr. f. analyt. Chem. 17. 391.
[5]) Zeitschr. f. analyt. Chem. 17. 392.

färbt sich die Probe grün. Kupferoxyd ist zu diesem Versuche nicht so gut brauchbar wie die Kupferasche, indem das in derselben enthaltene Kupferoxydul sich in Kupfer und Kupferoxyd zerlegt, welch letzteres unter diesen Umständen leicht in Lösung geht.

Fette, welche freie Fettsäuren enhalten, lösen Rosanilin auf und färben sich rot, während neutrale Fette auch beim Erwärmen kein Rosanilin lösen. Ist nur wenig freie Fettsäure vorhanden, so schüttelt man eine Probe des Öles oder des auf dem Wasserbade geschmolzenen Fettes mit einigen Tropfen einer kaltgesättigten Lösung von Rosanilin in absolutem Alkohol und erwärmt in einem Becherglase auf dem Wasserbade bis zur Verflüchtigung des Alkohols.

Der nach S. 126 ermittelte Säuregehalt wird in den Analysenausweisen in verschiedener Weise angeführt. (Vgl. auch S. 128.)

Man gibt entweder die Säurezahl an, welche besagt, wie viel Milligramme Kalihydrat zur Absättigung der in 1 g Öl enthaltenen, freien Säure notwendig sind, oder man rechnet auf Ölsäure um und führt dann Gewichtsprozente „freier Fettsäuren" an. Andere drücken diesen Säuregehalt durch die äquivalente Menge Schwefelsäureanhydrid aus, oder durch „Säuregrade", wobei ein Säuregrad dem Verbrauch von 1 ccm Normallauge für 100 ccm Öl entspricht (Burstyn). Ein Säuregrad nach Köttstorfer entspricht dagegen dem Verbrauch von 1 ccm Normallauge auf 100 g Fett.

Den Begriff des Säuregrades hat ursprünglich Burstyn in die Fettanalyse geführt. Doch ermittelt derselbe den Säuregehalt nicht durch Titration, sondern mittels des „Ölsäuremessers".

Der Ölsäuremesser von Burstyn besteht, wie er von Heinrich Capeller in Wien hergestellt wird, aus einem kleinen Aräometer, dessen Skala die Teilstriche 25—50 ($0{\cdot}825$—$0{\cdot}850$ spez. Gew.) trägt, von welchen jeder nochmals in drei Teile geteilt ist, einem hohen, schmalen Zylinder von etwa 225 ccm Inhalt mit Marken bei 100 und 200 ccm, und einem kleineren Zylinder von ca. 100 ccm Inhalt. Beide Zylinder sind mit Kautschukstopfen verschlossen.

Die Prüfung wird mit 88—90 grädigem Weingeist ausgeführt, in welchem das Aräometer bei mittlerer Zimmertemperatur (12^0—22^0 C.) bis innerhalb der Marken 30 und 40 einsinken soll.

Man füllt den großen Zylinder genau bis zur Marke I mit dem zu prüfenden Öl und hierauf bis zur Marke II mit Weingeist, schließt mit dem Stopfen und vermischt die Flüssigkeiten. Der kleine Zylinder wird gleichzeitig mit Weingeist gefüllt und verstopft. Man läßt so lange stehen, bis der Weingeist über dem Öl klar geworden ist, und ermittelt nun das spezifische Gewicht des reinen Weingeistes in dem kleineren Zylinder und des fettsäurehaltigen in dem größeren. Aus Tabellen, welche jedem Instrumente beigegeben sind, läßt sich aus den beiden Aräometeranzeigen der Säuregehalt von Olivenöl ersehen.

Der Säuregehalt von Rüböl wird in der Weise gefunden, daß man die auf die kleinen Unterabteilungen der Skala bezogene Differenz der beiden Ablesungen um 2 vermindert und mit $0{\cdot}65$ multipliziert. Die Ablesung im reinen Weingeist sei z. B. 36·2, im Waschalkohol 40·1. Die Differenz ist somit 3 große und 2 kleine Einheiten, oder, da jede große gleich 3 kleinen, 11 kleine Einheiten. Somit hat das Öl: $(11-2)\,0{\cdot}65 = 5{\cdot}95$ Säuregrade.

Die Tabellen sind auf Grund von Titrierungen der weingeistigen Auszüge mit Phenolphthaleïn entworfen. Da aber nicht die ganze Säuremenge in den Weingeist geht, sondern ein großer Teil, und zwar bis zu 60 $^0/_0$, in dem Öl zurückbleibt, basiert der Ölsäuremesser auf falscher Grundlage und liefert weit niedrigere Angaben als die direkte Titration. Die gefundenen Zahlen haben höchstens einen relativen Wert, wenn es sich um die Vergleichung verschiedener Öle handelt.

Als oberste Grenze für den Säuregehalt, mit welchem die Öle als Maschinenschmiermittel noch zulässig sind, werden von den meisten Bahnverwaltungen 6 Säuregrade angenommen. Rüböle mit diesem und geringerem Säuregehalt sind in der Tat leicht erhältlich, doch könnte die Grenze ruhig mit 10 Säuregraden angesetzt werden. Bei Olivenölen muß jedenfalls ein höherer Säuregehalt, und zwar bis zu mindestens 12 Graden, vielleicht auch 15 Graden, toleriert werden. Damit sind natürlich durch Titration und nicht mit dem Ölsäuremesser ermittelte Säuregrade gemeint.

Die folgende Übersicht gibt den Gehalt einer Anzahl untersuchter Öle an freier Säure, berechnet auf Prozente Schwefelsäureanhydrid, an:

Reine Mineralöle	0·007—0·015	Cottonöl	1·070
Olivenöl frisch	1·500	Harzöl raff.	0·210
„ alt	1·305	Rindertalg	1·062
Rüböl roh	0·178	„	0·255
„ „	0·200	„	0·220
„ „	0·330	„	0·150
„ raff.	0·525	„	0.552
Leinöl	0·710	„	0·180

Knochenöl . . . .   0·445

Amerik. Rinderklauenöle	Pure white Neats foot oil	. . .	0·940
	White „ „ „	. .	1·915
	Extra „ „ „	. .	1·950
	Prime „ „ „	. .	3·630
	Nr. 1 „ „ „	. .	5·780
Amerik. Schmalzöle	Prime Lard oil	. . . .	0·820
	*** „ „	. .	1·930
	Extra „ „	. .	2·940
	Nr. 1 „ „	. .	4·000

Zum Schlusse seien die Vorschläge zur einheitlichen Prüfung des Säuregehaltes verzeichnet.

Die deutschen Grundsätze besagen:

a) Freie Säure.

28. Versuchsausführung. Die bestehenden Verfahren zur Bestimmung der freien Säure in Schmierölen sind beizubehalten. Mineralsäuren sind im wässerigen Auszuge von etwa 100 g Öl zu bestimmen. Organische Säuren sind bei hellen Ölen in der alkoholisch-ätherischen Lösung von 10 ccm Öl, bei dunklen Ölen

im absolut alkoholischen Auszug der entsprechenden Ölmenge titrimetrisch mit wässeriger oder alkoholischer $^1/_{10}$-Normallauge zu bestimmen.

29. Als Einheit für den Säuregehalt kann die bislang im Verkehr mit Mineralschmierölen übliche Einheit „Schwefelsäureanhydrid" beibehalten werden. Für Veröffentlichungen empfiehlt es sich, die „Säurezahl" beizufügen, welche überhaupt allgemein eingeführt werden sollte.

Zur Ausführung der Säurebestimmung kann bemerkt werden:

Das Probeöl wird mit der Pipette (25 ccm) angesaugt und langsam in einen Mischzylinder bis zur Marke 20 ccm übertragen. Sehr dicke Öle werden vorher etwas erwärmt. Sodann füllt man 40 ccm absoluten Alkohols bis zur Marke 60 zu, schließt den Mischzylinder, schüttelt einige Minuten gut durch und überläßt der Ruhe. Der Alkohol, welcher die Säuren aufnimmt, schwimmt oben. Nach der Trennung der Schichten gießt man die alkoholische Lösung zum größeren Teile in ein Becherglas ab und nimmt mit der Pipette für 20 ccm Inhalt genau 20 ccm der alkoholischen Säurelösung in ein zweites Becherglas. Zu dieser letzteren Probe, welche der Hälfte des Gesamtsäuregehaltes, also dem Säuregehalte von 10 ccm Probeöl entspricht, gibt man ca. 1 ccm Phenolphthaleïnlösung und titriert mit $^1/_{10}$-Normallauge. Die Titration wird folgendermaßen eingeleitet:

Die im Stativ befindliche Bürette wird gut gereinigt, zuletzt mit destilliertem Wasser. Dann wird sie mit etwa 5 ccm $^1/_{10}$-Normallauge durchgeschüttelt, diese Lauge wird ausgegossen und nunmehr über die Nullmarke mit Hilfe des Trichters mit $^1/_{10}$-Normalnatronlauge angefüllt. Durch vorsichtiges Öffnen des Quetschhahnes läßt man den Überschuß genau so weit heraus, daß der untere Bogen des Flüssigkeitsspiegels die Nullmarke tangiert. Nunmehr ist die Bürette gebrauchsfertig.

Behufs Titration läßt man die Lauge tropfenweise, unter Umrühren mit dem Glasstabe, zu der alkoholischen Lösung fließen. Es wird sich eine stets beim Umrühren wieder verschwindende Rötung der Flüssigkeit zunächst zeigen, solange noch freie Säure ungesättigt ist. In dem Momente, wo alle freie Säure eben abgesättigt ist, zeigt sich die erste Spur bleibender Rotfärbung. Die verbrauchte Anzahl Kubikzentimeter der Lauge wird an dem unteren Bogenrande des Flüssigkeitsspiegels abgelesen.

Nunmehr werden mit der Pipette genau 20 ccm absoluten Alkohols in ein Becherglas gemessen, 1 ccm Phenolphthaleïnlösung dazugegeben und für sich allein titriert, um den Säuregehalt des vorhandenen Alkohols, welcher mitunter nicht ganz unbedeutend ist, kennen zu lernen. Die für den reinen Alkohol verbrauchte Anzahl Kubikzentimeter wird von dem Hauptverbrauche in Abzug gebracht.

Die verbleibende Laugenmenge mit 10 multipliziert, gibt die zur Neutralisation der in 100 ccm Öl vorhandenen Menge freier Säuren erforderliche Anzahl ccm $^1/_{10}$-Normallauge an. Man berechnet nunmehr, wie viel Gramme Schwefelsäureanhydrid (SO_3) dieselbe Anzahl ccm $^1/_{10}$-Normallauge verbrauchen würden; nachdem bekanntermaßen je 1 ccm $^1/_{10}$-Normallauge genau 0·004 g SO_3 verbraucht, so hat man nur nötig, den Laugenverbrauch für 100 ccm Öl mit 0·004 zu multiplizieren, um die sogenannten Volumprozente SO_3 des Säuregehaltes zu finden.

Nachdem bei der einmaligen Ausschüttelung ein Rest von Säure der Messung entgeht, dieser Rest aber erfahrungsmäßig bekannt ist, empfiehlt es sich, zu den so gefundenen Prozenten noch eine Korrektur zu addieren. Die Größe derselben richtet sich nach der gefundenen Säuremenge, sie beträgt nach Holde:

Wenn gefunden worden war	Korrektur	Wenn gefunden worden war	Korrektur
0·015 bis 0·025% SO_3 . . .	0·005%	0·089 bis 0·099% SO_3 . . .	0·025%
0·025 „ 0·033 „ „ . . .	0·010 „	0·099 „ 0·115 „ „ . . .	0·030 „
0·033 „ 0·069 „ „ . . .	0·015 „	0·115 „ 0·145 „ „ . . .	0·035 „
0·069 „ 0·089 „ „ . . .	0·020 „		

Die Additionskorrektur ersetzt die sonst erforderliche, zwei- bis dreimalige Wiederholung der Ausschüttlung mit $\pm 0{\cdot}01\,\%$ Fehlergrenze.

Öle, welche weniger als $0{\cdot}01\,\%\,SO_3$ enthalten, sind als säurefrei zu bezeichnen.

7. Spezifisches Gewicht.

Die spezifischen Gewichte der Mineralschmieröle liegen zwischen $0{\cdot}890$ und $0{\cdot}930$, die der fetten Öle sind aus dem Abschnitte über die Eigenschaften dieser zu ersehen. Die Bestimmung des spezifischen Gewichtes hat keinen Wert für die Beurteilung der Schmieröle in Bezug auf ihren Schmierwert. Die Bestimmungsmethoden sind oben (S. 71) beschrieben. Hier soll nur auf einen Vorschlag zur einheitlichen Prüfung eingegangen werden.

Die deutschen Grundsätze besagen:

II. Spezifisches Gewicht.

2. Das spezifische Gewicht kann nur als Kennzeichen für die Klassifizierung von Mineralölen bestimmter, bekannter Herkunft sowie als Identitäts- und Vergleichsprobe dienen. Die Bestimmung dieser Eigenschaft ist beizubehalten.

3. Die Begrenzung des spezifischen Gewichtes in Rücksicht auf den Gebrauchszweck ist nicht erforderlich. Nur wenn Öle bestimmter Herkunft verlangt werden, sind zur Klassifizierung bestimmte Gewichtsgrenzen festzusetzen, die indessen nicht zu eng gezogen werden dürfen.

4. Die Bestimmung des spezifischen Gewichtes erfolgt je nach Art und Menge des Materials und dem verlangten Genauigkeitsgrad nach den bekannten Verfahren (amtlich geeichte Aräometer, Pyknometer, Mohrsche Wage, Aräometer für kleine Ölmengen, Alkohol-Schwimmverfahren).

5. Als Einheitstemperatur für diese Bestimmung ist $+ 15^0$ C., als Gewichtseinheit Wasser von $+ 4^0$ C. festzuhalten.

8. Konsistenz.

Dieselbe hat nur einen Beschreibungswert und sagen über die Bestimmungen die deutschen Grundsätze folgendes:

III. Konsistenz von Zylinderölen und ähnlichen, dickflüssigen Ölen bei gewöhnlicher Temperatur.

6. Für betriebstechnische Zwecke genügt die Feststellung der Konsistenz im 15 mm weiten Reagensglas bei 30 mm Auffüllung. Eine erste Probe ist im unerhitzten Zustande, eine zweite nach 10 Minuten langem Erhitzen im kochenden Wasserbad zu prüfen. Beide Proben werden unmittelbar nach erfolgter Vorbehandlung 1 Stunde lang im Wasserbad der Beobachtungstemperatur ausgesetzt, welche den praktischen Erfordernissen anzupassen ist. Dann wird durch Umdrehen des Probeglases die Konsistenz ermittelt.

7. Für zolltechnische Zwecke (Feststellung der Tara) ist das jeweilige im Zolltarif vorgeschriebene Verfahren anzuwenden. Nach dem zurzeit vorgeschriebenen Verfahren ist ein kalibriertes Standglas von 40 mm lichter Weite und 60 mm Höhe bis zu 30 mm mit Öl zu füllen. Ist die Oberfläche des 1 Stunde auf $+ 15^0$ C. gehaltenen Öles nach 2 Minuten langem Umkehren des Glases unverändert, so ist das Öl als salbenartig, sonst als flüssig zu bezeichnen.

8. Auch bei diesen Versuchen empfiehlt es sich, eine erste Probe im ursprünglichen Zustande, eine zweite nach dem Erhitzen des Öles im kochenden Wasserbad zu prüfen.

Zur Ausführung der Konsistenzprüfung kann bemerkt werden:

Ein Wasserbad wird mit Wasser von ca. $+15^0$ C. gefüllt (eventuell muß das Wasser durch Eis oder warmes Wasser temperiert werden) und das mit Öl 30 mm hoch gefüllte Reagensglas 1 Stunde lang eingetaucht.

Nach dieser Zeit nimmt man das Reagensglas heraus und dreht es vorsichtig um, indem man die Konsistenz beobachtet.

Die Bezeichnung für dieselbe ist, wenn das Öl nach 2 Minuten im umgekehrten Reagensglase nicht fließt, „nicht fließend" oder „salbenartig", wenn das Öl während dieser Zeit träge fließt, „zähflüssig", wenn es leicht fließt, „dünnflüssig".

Manche Öle verändern ihre Konsistenz nach vorhergegangenem Erhitzen auf 100^0 C. Darum empfiehlt es sich, das Öl im Reagensglase durch 10 Minuten im kochenden Wasserbade zu behandeln und nach dem Erkalten die Konsistenzprobe zu wiederholen.

Die Angabe muß dann lauten: Nach 10 Minuten langem Erhitzen auf 100^0 C. erscheint die Konsistenz nach dem Erkalten so und so.

9. Aussehen.

Dasselbe kann in Bezug auf Farbe, Klarheit und Fluorescenz beschrieben werden. Feste, abfiltrierbare Beimengungen darf ein Schmieröl nicht enthalten. (Siehe auch unter 5.)

Die deutschen Vorschriften besagen:

I. Durchsicht.

1. Die Durchsicht der Öle in dünner Schicht ist durch Ablaufenlassen an einer Glasfläche zu bestimmen.

Hierzu kann bemerkt werden:

Alle Öle sollen bei Zimmertemperatur (nicht unter $+17^0$ C.) auf Klarheit und Durchsichtigkeit beurteilt werden. Dunkle Öle werden durch Ablaufenlassen an einer reinen Glasplatte geprüft.

Ist das Öl kälter als $+17^0$ C., so wird es durch Einstellen in lauwarmes Wasser bis knapp über $+17^0$ C. erwärmt. Helle Öle werden in das Reagensglas eingefüllt und im durchfallenden Lichte betrachtet; dunkle Öle läßt man aus einer Meßpipette über eine Glasplatte herabfließen (etwa eine Menge von $1/_2$ ccm) und werden die beim Fließen entstehenden, dünnen Schichten durch das Licht besehen.

Das Ergebnis der Beobachtung wird sein:
1. daß das Öl eine bestimmte Farbe und Durchsichtigkeit hat, und
2. daß das Öl entweder „klar" oder „trüb", oder mit „deutlich erkennbaren, festen Teilchen gemengt" war.

Nitronaphthalin, welches Mineralölen und gemischten Schmierölen zugesetzt wird, um ihnen die Fluorescenz zu benehmen, läßt sich nach Schädler mit Alkohol ausziehen und bleibt nach dem Verdunsten desselben in langen, durchsichtigen, gelblich gefärbten Nadeln zurück.

Mit Nitronaphthalin oder Nitrobenzol, welch letzteres mitunter als Parfümierungsmittel zugefügt wird, versetzte Öle geben nach Holde[1] nach kurzem Kochen mit alkoholischer Kalilauge (10 g Ätzkali in möglichst wenig Wasser gelöst und mit 100 ccm absolutem Alkohol versetzt)

---

[1] Mitt. Techn. Vers.-Anst. Berlin 1894. 12. 31.

blaurote und violettrote Färbungen. Insbesondere werden hierbei die an den Wandungen des Reagensglases über der Hauptmenge der Flüssigkeit haftenden Öltröpfchen durch das alkoholische Kali sofort rotviolett gefärbt, wenn man die entsprechenden Stellen der Außenwand vorübergehend mit der Gasflamme erwärmt. Zum sicheren Nachweise[1]) kocht man einige Kubikzentimeter des Öles in einem kleinen Erlenmeyerkolben mit Zinkstaub und Salzsäure (1:1) unter Zugabe von einem Stückchen Platindraht etwa 10 Minuten. War α-Nitronaphthalin vorhanden, so ist dasselbe in α-Naphthylamin übergeführt worden. Die salzsaure Lösung wird im Scheidetrichter vom Öle getrennt, in einen zweiten Scheidetrichter gebracht, mit Kalilauge im Überschuß versetzt, und das α-Naphthylamin mit Äther ausgeschüttelt. Es löst sich im Äther mit violetter Farbe, und die Lösung zeigt Fluorescenz. Beim Verdampfen des Äthers bleibt violett gefärbtes, stark riechendes α-Naphthylamin zurück. Der Rückstand wird mit Salzsäure versetzt, der Salzsäureüberschuß abgedampft, mit Wasser aufgenommen und mit Eisenchlorid versetzt. Bei Gegenwart von α-Naphthylamin entsteht ein azurblauer Niederschlag, welcher nach dem Abfiltrieren eine purpurrote Färbung annimmt, während das Filtrat eine violette Färbung zeigt. Nitrobenzol geht bei dem gleich durchgeführten Reduktionsprozesse in Anilin über, welch letzteres mit Eisenchlorid einen anfangs grünen, dann blau werdenden Niederschlag gibt. Nach dem Abfiltrieren desselben wird ein gelbes Filtrat erhalten.

Zum Entscheinen von Ölen wird ferner noch oft Chinolingelb angewendet, welches sich mit Alkohol gut ausschütteln läßt.

10. Löslichkeit.

Bezüglich der Prüfungen der Löslichkeit zum Zwecke der Ermittlung des Harz- und Asphaltgehaltes wurde schon unter 5. die Methode von Holde genannt. Die Bestimmung der benzinunlöslichen, festen Gemengteile anderer Art, welche durch Filtration erhalten werden, kann allgemein nicht behandelt werden. Sie verlangt eben eine qualitative Voruntersuchung.

Hier soll nur darauf verwiesen werden, daß die Löslichkeit bei Mineralölen auch ein Urteil über die Provenienz der Öle zulassen soll.

Demski und Morawski[2]) fanden, daß sich kaukasische und walachische Öle viel schwerer in Aceton lösen als amerikanische und galizische. Der Versuch wird in folgender Weise ausgeführt:

In einem in 100 ccm geteilten, trockenen Mischzylinder werden 50 ccm der Probe mit 25 ccm reinen Acetons wiederholt geschüttelt und längere Zeit ruhig hingestellt. Von der Acetonschichte werden sodann 10 ccm abpipettiert, das Aceton wird verdunstet und der Rückstand gewogen. Derselbe beträgt bei kaukasischen und walachischen Ölen beiläufig 1 g, bei amerikanischen und galizischen Ölen nicht ganz 2 g.

---

[1]) Norman Leonart, Chem. News 1893. 68. 297 u. Chem. Zeitg. 1894. 18.
[2]) Dinglers Polyt. Journ. 1885. 258. 82.

Die durch das Aceton extrahierten Ölanteile zeigen, nach der Hagerschen Methode (S. 75) untersucht, eine größere Dichte als die Öle, aus welchen sie stammen, und haben eine viel größere Neigung zum Verharzen.

Ein Harzölgehalt steigert die Löslichkeit bedeutend, doch kann die Abwesenheit eines solchen vorher durch Polarisation oder durch die Liebermann-Storchsche Probe (S. 223) konstatiert werden.

11. Die chemische Beschaffenheit.

Handelt es sich um fette Öle, so geht alles Wissenswerte zu deren Untersuchung aus den übrigen Abschnitten dieses Buches hervor. Liegen Mischungen von fetten Ölen mit Mineralölen vor, so ist noch folgendes hinzuzufügen.

Mineralöle und fette Öle sind in der Regel mischbar, eine Ausnahme macht das sehr dickflüssige Ricinusöl. Dem Ricinusöl kommen in Bezug auf Viscosität das englische „Blown oil“, „Oxidised oil“, „Base oil“, „Soluble Castor oil“ nahe, welche durch Durchblasen von Luft durch erwärmte, fette Öle, namentlich Baumwollsamenöl erhalten werden und auch in Deutschland als „auflösbares Ricinusöl“ in den Handel kommen. Sie sind mit Mineralölen mischbar, in Alkohol schwer löslich und haben das spezifische Gewicht des Ricinusöles, von dem sie sich durch die angegebenen Löslichkeitsverhältnisse unterscheiden. Von den anderen fetten Ölen unterscheiden sie sich durch ihren großen Gehalt an Glyceriden von Oxyfettsäuren. Eine von Benedikt und Ulzer[1]) untersuchte Probe zeigte die Acetylzahl 62·2, die Jodzahl 72·2. Man wird dieses Öl demnach in Gemischen mit Mineralöl durch Bestimmung der Acetylzahl der nach S. 52 gewonnenen Fettsäuren leicht entdecken können.

Ob ein Gemisch von fettem Öl mit Mineralöl vorliegt, erkennt Holde in folgender Weise:

Ein erbsengroßes Stück Ätzkali wird in 5 ccm absoluten Alkohols gelöst, 3—4 Tropfen des zu prüfenden Öles hinzugefügt, eine Minute lang gekocht und dann mit 3—4 ccm destillierten Wassers vermischt. Die Lösung bleibt klar, wenn nur fettes Öl vorhanden war. Bei Gegenwart von geringen Mengen Mineralöl (bis zu 1 %) findet eine deutliche Trübung der Flüssigkeit statt. Bei Gegenwart von größeren Mengen Mineralöl erfolgt die Trübung schon nach Zusatz von wenigen Tropfen Wasser.

Kißling[2]) hat darauf aufmerksam gemacht, daß auch der Säuregehalt des zu untersuchenden Öles, falls er ein höherer ist, auf die Wahrscheinlichkeit eines Gehaltes an fettem Öl schließen läßt, da fette Öle in der Regel größere Mengen freier Säure enthalten. Unter den Pflanzenölen besitzt meist Olivenöl eine verhältnismäßig hohe Acidität, und unter den tierischen Fetten sind die amerikanischen Rinderklauen- und Schmalzöle in den geringen Sorten meist stark säurehaltig.

---

[1]) Zeitschr. f. d. chem. Ind. 1887. 244.
[2]) Chem. Zeitg. 1891. 15. 789.

Ein Zusatz von fetten Ölen kann überhaupt rasch dadurch erkannt werden, daß die Probe eine Verseifungszahl besitzt; kleine Mengen fettes Öl entdeckt man auch nach der Methode von Lux (S. 219), oder nach dem Verfahren von Klimont (S. 220).

Über Mischungen von Mineralölen und fetten Ölen s. S. 212 ff.

Nach Marquardt[1]) werden den Mineralölen kleine Mengen fettsaurer Tonerde beigemischt, wodurch sie dickflüssiger werden, beim Gebrauch aber die Maschinen verschmieren. Eine 10 prozentige Lösung von fettsaurer Tonerde kommt als „flüssige Gelatine" in den Handel und dient als Zusatz zu Mineralölen.

Die flüssige Gelatine gibt mit Wasser vermischt eine klebrige, schmierige Emulsion, wird mit Petroleumäther oder Äther trübe und schäumt heftig beim Erwärmen. Zur Analyse erwärmt man das Öl mit verdünnter Salzsäure auf dem Wasserbade und bestimmt die Tonerde in der wässerigen Schichte. Die Ölschichte wird zur Extraktion der Fettsäuren mit Natronlauge ausgeschüttelt, die Fettsäuren mit Salzsäure ausgefällt und gewogen.

Zum qualitativen Nachweits von Harzöl und Teeröl benutzt man die S. 223 beschriebenen Reaktionen.

Die deutschen Vorschriften besagen:

c) Nachweis von fettem Öl.

35. Fettes Öl wird qualitativ durch $^1/_4$ stündiges Erhitzen von 3 bis 4 ccm des zu prüfenden Öles im Paraffinbad auf etwa 240° C. mit einem Stückchen Natriumhydroxyd oder metallischem Natrium nachgewiesen. Nach der Abkühlung auf Zimmerwärme zeigen die Öle bei Gegenwart von fettem Öl Gelatinieren oder Seifenschaum oder beide Erscheinungen. Der Seifenschaum ist bei Zylinderölen, welche an sich schon bei Zimmerwärme salbenartig sind, das entscheidende Merkmal für die Gegenwart des fetten Öles.

36. Quantitativ wird fettes Öl je nach der ungefähren Menge des vorhandenen Fettes und dem· verlangten Genauigkeitsgrad der Bestimmung durch Ermittelung der Verseifungszahl oder gewichtsanalytisch nach Spitz und Hönig bestimmt.

Zur näheren Untersuchung von reinen Mineralölen werden verschiedene Bestimmungen ausgeführt, z. B. jene des Aschengehaltes. Derselbe wird nach Stepanow[2]) in der folgenden Weise bestimmt:

70—90 g des Öles werden in einer Schale abgedampft, auf welche ein Glashelm paßt, welcher aus einem Kolben oder Glasballon hergestellt ist; der abgebogene Hals des Helmes steht mit einem Kühler in Verbindung, an welchen sich eine mit der Wasserluftpumpe verbindbare Vorlage anreiht. Mit Hilfe der Wasserstrahlpumpe werden die unangenehmen Dämpfe abgesaugt. Nach ca. 15 Minuten hört die Verdampfung auf und der Boden der Schale wird schwach rotglühend. Man hebt den Helm ab, nachdem man den Brenner entfernt hat, gießt neues Öl nach und verdampft auf diese Weise etwa 200—300 g. Der Rückstand wird am Gebläse geglüht und gewogen.

---

[1]) Zeitschr. f. analyt. Chem. 25. 160.
[2]) Chem. Zeitg. Rep. 1892. 16. 348.

Hieran schließen sich auch folgende Punkte der deutschen Grundsätze:

f) Alkalien und Salze.

39. Alkalien und Salze werden in dem nach Satz 28 gewonnenen, wässerigen Auszuge der Öle in bekannter Weise nachgewiesen.

Naphthensalze werden in diesem Auszuge oder durch direkte Veraschung ermittelt.

g) Laugenprobe.

40. Die Laugenprobe dient zur Prüfung auf naphthensaure, im Öl gelöste Salze; sie erfolgt unter Schütteln gleicher Volumina Öl und Natronlauge von 3^0 Bé. Nach dem Schütteln mit der Lauge darf sich bei salzfreien Ölen an der Trennungsschicht keine Emulsion von Öl und Lauge zeigen.

Eine sehr naheliegende Bestimmung ist jene der Siedepunkte und Mengen der Komponenten der Kohlenwasserstoffmischungen durch fraktionierte Destillation. Solche Bestimmungen erfordern auch die Zollvorschriften verschiedener Länder.

Die deutschen Grundsätze enthalten daher folgenden Punkt:

II. Destillationsprobe.

43. Die Destillationsprobe ist bei der technischen Prüfung der Schmieröle nur dann vorzunehmen, wenn bei auffällig niedrigem Flammpunkt der Verdacht auf Gegenwart leichter Öle vorliegt und deren Kennzeichnung erforderlich ist.

44. Die Destillationsprobe ist bei zolltechnischen Prüfungen zur Klassifizierung des zu prüfenden Materials anzuwenden (s. Centralblatt für das Deutsche Reich 1898 S. 279).

45. Die Destillationsprobe soll im allgemeinen im Englerschen Glaskolben mit 100 ccm Öl und Kühlung durch Metallrohr (Verhandlungen des Vereines für Gewerbefleiß 1887) vorgenommen werden. Die Erhitzung des Öles soll nicht über 320^0 C. hinausgehen.

46. Für zolltechnische Prüfungen wurde eine Vorrichtung (Centralbl. für das Deutsche Reich 1898 S. 279) amtlich vorgeschrieben.

III. Bestimmung der Verdampfungsmenge.

47. Diese Bestimmung ist durch Erhitzen der Öle im offenen Gefäße (Porzellantiegel) nur ausnahmsweise erforderlich, nämlich um in besonderen Fällen die Verdampfbarkeit von solchen Ölen zu vergleichen, welche bei Heißdampf- und Hochdruckmaschinen, zu hocherhitzten Ölbädern, Transformatoren und dgl. Verwendung finden.

48. Für genaue Bestimmungen empfiehlt sich die Ermittlung der Verdampfungsmengen nach Holde (Mitt. Techn. Vers.-Anst. Berlin 1902, S. 67—70).

Die Destillation dient aber auch anderen Zwecken, z. B.:

Um ein Urteil über die Abstammung der Mineralöle zu bekommen, wird die Probe nach Engler destilliert und die zurückbleibende Asphaltmenge bestimmt. Außerdem mißt man das bis 320^0 C. übergehende Destillat.

Eine weitere, chemische Prüfung ist die Bestimmung des Paraffingehaltes in Schmierölen, zu Zwecken der Fabrikation, vor allem aber auch zur Erklärung gewisser Eigentümlichkeiten von Schmierölen.

Ein Paraffingehalt der Mineralschmieröle kann z. B. auf die Viscositätsbestimmung insofern störend einwirken, als das Paraffin sich bei der Versuchstemperatur entweder ausscheiden oder schmelzen kann. In letzterem Falle dehnt es sich noch bedeutend aus und verringert dadurch das spezifische Gewicht des Öles. Die Ausdehnungskoeffizienten von Ölen, welche unter 20^0 C. festes Paraffin ausscheiden, sind zwischen 12^0 und 20^0 C. 0·00075—0·00081, und die Ausdehnungskoeffizienten einer Reihe von deutschen, russischen und galizischen Schmierölen, welche bei 20^0 C. völlig flüssig bleiben, sind zwischen 20^0 und 78^0 C. 0·00070—0·00072.

Zur Bestimmung eines Paraffingehaltes von Schmierölen verfahren Pawlewski und Filemonewicz[1]) in folgender Weise;

Man schüttelt 5—20 ccm der Probe mit 100—200 ccm Eisessig, sammelt das ausgeschiedene Paraffin auf einem gewogenen Filter, wäscht 2—3 mal mit Eisessig, dann 2—3 mal mit Alkohol von 75^0 Tr., trocknet und wägt. Oder man löst mit Benzin oder Äther vom Filter und verdampft in einem Schälchen. Klebt das Paraffin an den Wänden des Mischzylinders, so löst man es in Äther.

Blauöle brauchen 25—50, Grünöle 30—60, Paraffin 1668 Teile Eisessig zur Lösung.

Zaloziecki und Höland[2]) haben zur Bestimmung des Paraffins in Schmierölen ein gleiches Gemisch von Amylalkohol und Äthylalkohol vorgeschlagen.

10—20 g der Probe werden mit der fünffachen Menge Amylalkohol und der gleichen Menge Äthylalkohol von 75^0 Tr. versetzt und einige Stunden an einem kalten Orte (nicht über 4^0 C.) stehen gelassen. Hierauf wird durch ein trockenes, kaltes Filter abfiltriert, und der Rückstand auf dem Filter mit einer gekühlten Mischung von 2 T. Amylalkohol und 1 T. Äthylalkohol (70^0 Tr.) gewaschen. Das Filter wird dann im Soxhletschen Extraktionsapparat mit Äther oder Benzol extrahiert, das Lösungsmittel abdestilliert, und der Rückstand durch 2 Stunden hindurch bei 120^0 C. getrocknet.

Nach Holde[3]) und auch nach den Erfahrungen des Verfassers versagt die Methode von Pawlewski und Filemonewicz oft, bei dem Verfahren nach Zaloziecki und Höland ist das Arbeiten mit den großen Mengen Amylalkohol beschwerlich, und die Filtration des abgeschiedenen Paraffins geht oft äußerst langsam vor sich. Außerdem bleibt bei den erforderlichen, großen Mengen Alkohol ein beträchtlicher Teil Paraffin in Lösung, während andrerseits der ausfallende Teil Paraffin nicht frei von eingeschlossenem Öl erhalten wird.

Nachdem Engler und Böhm vorgeschlagen hatten, die Paraffinbestimmung so vorzunehmen, daß dem in möglichst wenig Äther gelösten, in einer Kältemischung abgekühlten Öle absoluter Alkohol unter Umrühren zugefügt wird, wodurch die Fällung des Paraffins in kristal-

[1]) Ber. d. deutsch. chem. Ges. 1888. 21. 2973.
[2]) Dinglers Polyt. Journ. 267. 274.
[3]) Chem. Rev. üb. d. Fett- u. Harz-Ind. 1897. 4. 4.

linischer Form eintritt, hat Holde[1]) die folgende Versuchsausführung
für dieses Verfahren empfohlen:

Von paraffinarmen Ölen (z. B. russischen Destillatölen usw., welche unter
— 5⁰ C. erstarren) werden. 10—20 ccm, von paraffinreichen Ölen (amerikanischen, schottischen, galizischen, welche bei 0⁰ C. oder über 0⁰ C. erstarren) 5 g in so vielen Kubikzentimetern eines Gemisches von 1 T.
98·5 prozentigem Alkohol und 1 T. Äther in einem Erlenmeyerkolben
von 150—200 ccm Inhalt bei Zimmerwärme bis zur völlig klaren Lösung
gebracht. Die Lösung wird in einer Kältemischung aus Viehsalz und
Eis auf — 18⁰ bis — 20⁰ C. abgekühlt und allmählich so viel einer
Alkohol-Äthermischung unter starkem Schwenken und Umrühren mit
einem Thermometer zugefügt, bis die Abscheidungen von Öltröpfchen
eben völlig verschwunden und nur Paraffinflocken, bzw. Kristalle in
der Flüssigkeit bemerkbar sind. Die noch auf — 17⁰ bis — 18⁰ C. gekühlte Flüssigkeit wird alsdann auf ein Filter von 9 cm Durchmesser
gebracht, welches schon vorher mittels Kältemischung im Doppeltrichter
stark gekühlt und mit der Lösungsflüssigkeit angefeuchtet worden ist.
Die Temperatur des Filterinhaltes soll während der ganzen Filtrations-
dauer und während des Auswaschens, welches mit auf — 18⁰ bis — 20⁰ C.
gekühltem Alkoholäther (1:1), bei weichparaffinhaltigen Ölen im Verhältnis
(2:1) erfolgt, möglichst tief unter — 15⁰ C. gehalten werden. Bei solchen
Ölen, welche nur harte und mittelharte Paraffine (über 50⁰ C. schmelzend) enthalten, ist ein Steigen der Temperatur beim Filtrieren auf
— 15⁰ bis — 12⁰ C. von keiner erheblichen Bedeutung. Bei weichparaffinhaltigen Ölen darf aber die Temperatur während der ganzen
Dauer der Filtration nicht über — 15⁰ C. gehen und muß durchschnittlich — 17⁰ C. betragen. Das unter mehrfachem Umrühren des Filterinhaltes vorzunehmende Auswaschen soll unterbrochen werden, sobald
etwa 5—10 ccm der Waschflüssigkeit nach dem Verdampfen des Lösungsmittels in einer kleinen Glasschale höchstens einen minimalen, nicht
öligen Rückstand hinterlassen. Bestehen Zweifel, ob das Paraffin ölfrei
ist, so wird es nach Lösung in möglichst wenig Benzol und Verdampfung
des letzteren mit 4—5 ccm warmen Äthers in ein Reagensglas von
20 mm Weite gespült und darin mit dem doppelten Volumen absoluten
Alkohols unter lebhaftem Umrühren auf — 18⁰ C. gefällt. Das Paraffin
wird, wie oben, filtriert und bis eben zur Ölfreiheit gewaschen. Bei
Ölen mit viel Weichparaffin ist auch eine wiederholte Fällung erforderlich. — Das völlig ölfreie Paraffin wird in eine mit Glasstab tarierte
Glasschale mit heißem Benzol gespült und nach dessen Verdampfung
und Erhitzen auf 105⁰ C. ¹/₄ Stunde lang im Trockenschrank getrocknet
und gewogen. Längeres Erhitzen ist zu vermeiden. Die Benutzung
von Alkohol als Fällungsmittel ist bei allen Methoden nur zulässig,
wenn die Öle keine Pech- und Asphaltstoffe in nennenswerter Menge
enthalten.

Über weitere Methoden und Bemerkungen zu dem Vorstehenden

---

[1]) Chem. Rev. üb. d. Fett- u. Harz-Ind. 1897. 4. 21.

siehe **Höland und Zaloziecki**[1]), **Aisinmann**[2]), **Holde**[3]), **Eisen-lohr**[4]), über den Einfluß von Paraffin auf die Vergasung, **Eisen-lohr**[5]).

Die deutschen Vorschriften besagen:

IV. Paraffingehalt.

49. Die Bestimmung des **Paraffingehaltes** kann im allgemeinen bei Schmierölprüfungen entbehrt werden. In besonderen Fällen, z. B. bei Prüfung der Herkunft von Ölen, in Streitfällen usw., kann das Alkohol-Ätherverfahren von **Holde** zur Paraffinbestimmung benutzt werden.

Über sonstige, chemische Prüfungen sei auf die ausführlichen Darlegungen in dem Buche von Dr. D. **Holde, Die Untersuchung der Mineralöle und Fette,** Berlin 1905, Verlag von J. Springer, verwiesen.

Es erübrigen nur noch die wissenschaftlichen Untersuchungen über die **Natur der Mineralöle,** auf welche hier nicht eingegangen werden kann. Diesbezüglich sei nebst der älteren Literatur auf das Buch von Dr. R. A. **Wischin, Die Naphthene,** Braunschweig 1901, und auf Dr. S. **Aisinmann, Die destruktive Destillation in der Erdölindustrie,** Stuttgart 1900, verwiesen.

B) Konsistente Fette.

Dieselben kommen für Maschinenschmierzwecke nur dann in Betracht, wenn es sich um sehr schwere Belastungen des Lagers, wie bei Bergwerksmaschinen usw., und um Lagerstellen von höherer Temperatur handelt. Zunächst kommen hier die salbenartigen Mineralöle (Vaselin), welche entweder natürliche Kolloidalparaffine enthalten, oder künstlich durch Auflösung von Ceresin in Mineralölen dargestellt wurden, in Betracht. In vielen Fällen werden aber auch noch feste Fette, namentlich Talg benutzt, sowie Mischungen von Wollfett mit Mineralölen. Die Verdickungen von Mineralölen durch Seifen von Aluminium, Calcium usw. sind ihrer klebrigen Beschaffenheit wegen nicht zu empfehlen, noch weniger andere, welche Harz u. dgl. enthalten. Für die Beurteilung gelten die für Schmieröle aufgestellten Grundsätze sinngemäß, da die konsistenten Fette nichts weiter darstellen sollen, als Schmierölersatzprodukte für die obigen, besonderen Verhältnisse. Wo Schmieröl noch verwendbar ist, ist das konsistente Fett aus ökonomischen Gründen zu vermeiden. Besonders wäre noch zu bemerken, daß bei Fettölgemischen auch Entmischungen beobachtet wurden. Diese Materialien dienen auch zumeist zur Dampfzylinderschmierung (siehe Zylinderöle).

---

[1]) Chem. Rev. üb. d. Fett- u. Harz-Ind. 1897. 4. 25.
[2]) Chem. Rev. üb. d. Fett- u. Harz-Ind. 1897. 4. 117.
[3]) Chem. Rev. üb. d. Fett- u. Harz-Ind. 1897. 4. 148.
[4]) Zeitschr. f. angew. Chem. 1897. 300 u. 332.
[5]) Zeitschr. f. angew. Chem. 1898. 549.

II. Befettungs- und Dichtungsmaterialien.

Es gibt viele Reibungsstellen an bewegten Teilen, bei welchen der Normaldruck gegen die Lagerfläche sehr klein ist, sei es darum, weil der wirksame Druck an und für sich klein ist, oder weil von einem größeren Drucke infolge der größeren Neigung der Lagerflächen gegen die Druckrichtung nur eine kleine Komponente als Normaldruck wirkt. Bei solchen Lagerflächen wird, zumal wenn die Lagerflächen klein sind, oder gar, wenn sie nur periodisch und mit kleinen Geschwindigkeiten betrieben werden, das ökonomische Interesse an der Reibungsersparnis verschwinden. Es wird eben dann in der Formel für den Reibungswiderstand (S. 373):

$$F = \mu . \frac{u}{d\,p} . P$$

P und u klein, p relativ groß, F also bei gleichem Öle und gleicher Schichte sehr klein.

In diesen Fällen wird sich daher die Praxis mit Recht damit begnügen, nur jene Schmierung anzuwenden, welche unbedingt notwendig ist, um die Lauffläche zu erhalten und die störendste Nebenerscheinung, das Reibungsgeräusch (Quietschen, Brummen usw.) zu verhindern. Das letztere ist übrigens ein Vorläufer der merklichen Flächenveränderung, wenn auch oft im günstigen Sinne (Einlaufen). Die Veränderungen der Lauffläche, welche bei der vorausgesetzten, geringen Beanspruchung der Reibungsflächen in Betracht kommen, sind vor allem die Einwirkung der Umgebung, der Luft und des Wasserdampfes usw. Sie werden wesentlich beschleunigt durch die Temperatur, also auch durch die Reibung selbst, welche überdies durch Staub vergrößert werden kann, der außerdem unter Umständen eine Schleifwirkung auf die Lauffläche ausübt.

Unter genannten Verhältnissen begnügt man sich mit sogenannten Befettungsmaterialien. Die Größe der inneren Reibung μ kann den Voraussetzungen zufolge ökonomisch nicht wohl in Betracht kommen, da man ja auf Reibungsersparnis verzichtet. Es kann sich also nur darum handeln, daß sich eine Fettschichte, und wenn selbst nur eine sehr dünne, lange dauernd erhält. Diesen Zweck wird bald ein Material erfüllen, am besten natürlich ein schlüpfriges, ein solches von großer Adhäsion. Die Messung der Schlüpfrigkeit wird also die Grundlage der Beurteilung von Befettungsmaterialien zu bilden haben.

In anderen Fällen handelt es sich in der Praxis um Abdichtungen von Kolben gegen Zylinder usw., wobei das Schmiermaterial zwei Räume vor und hinter dem Kolben abzutrennen hat. Es ist klar, daß für solche Dichtungsmaterialien die Grundforderung auch wieder dahin gehen wird, möglichst gut zu adhärieren, damit beim vorhandenen Druck das Material nicht während der Dauer eines halben Hubes ausgepreßt werden kann. Durch das Hin- und Hergehen sollen sich die mit Öl vollgefüllten Fugen immer wieder herstellen.

Befettungs- und Dichtungsmaterialien kommen weiter sehr häufig in Anwendung bei feinen, leichten Mechanismen, wie bei Uhren, weshalb man solche auch als Uhrenöle bezeichnen kann. Mit Vorliebe bedient man sich als Uhrenöle derjenigen fetten Öle, welche dem Ranzigwerden sehr wenig unterliegen. Es sind dies namentlich die animalischen Öle, wie Talgöl, Schmalzöl, Klauenöl, Knochenöl, in neuerer Zeit aber insbesondere auch Walratöl, Meerschwein- und Delphintran. Auch Behenöl ist ein gutes Uhrenöl.

Eine andere Gruppe dient für gröbere Mechanismen, vor allem zur Beseitigung des Quietschens und zur Vermeidung des Rostens, für Schlösser, Türen usw.

Andere Öle dienen wieder als Bohröle zur Erleichterung von Metallarbeiten und zum Schutze des Metalles gegen das Anlaufen und gegen allzu große, lokale Erhitzung.

Dichtungsöle werden bei Pumpenkolben aller Art mit zum Schutze der Metallwände verwendet.

Die wichtigste Sorte solcher Öle sind aber die

Dampfzylinder-Schmiermittel (Zylinderöle).

Dieselben sind Dichtungs- und Befettungsmaterialien zugleich, aber bei höheren Temperaturen. Danach richten sich auch die zu stellenden Anforderungen. Die Reibungsverminderung spielt keine praktisch beachtenswerte Rolle. Klaudy hat darüber eine größere Versuchsreihe an einer 60pferdigen Dampfmaschine durchgeführt. Die Versuchsanordnung war die folgende: Der Dampfzylinder wurde durch eine Zwangsschmierung (System Mollerup) mit den zu untersuchenden Schmiermaterialien mit regulierter Geschwindigkeit gespeist. Die Maschine wurde durch eine Hilfswelle mit einer Dynamomaschine verbunden und deren Strom in einem großen Drahtwiderstand umgesetzt. Dadurch, und durch möglichst gleiche Wartung aller Maschinenteile, wurde eine konstante Belastung der Maschine erzielt, an welcher nichts geändert wurde, als das Schmiermittel für den Zylinder der Art und Menge nach. Nach je einem halben Tage wurde gleichzeitig die Maschine indiziert und der Strom mit elektrischen Präzisionsinstrumenten gemessen, woraus sich der Gesamtreibungsverlust ergab. Dieser wurde verglichen mit jenem bei gänzlich ungeschmiertem Zylinder.

Der letztgenannte Versuch wurde durch $^1/_2$ Stunde vorgenommen, bis das Brummen des Zylinders auftrat. Alle Messungen wurden vierfach ausgeführt und das Mittel genommen. Die Fehlergrenze dieser Messungen betrug $+ 1\cdot25\,^0/_0$, dieselben sind also auf $2^1/_2\,^0/_0$ genau. Versuche mit demselben Schmiermittel an verschiedenen Tagen gaben ungefähr auch dieselbe Fehlergrenze.

Das Ergebnis der Versuche war nun, daß 20 verschiedene, geeignete Dampfzylinder-Schmiermittel $3^1/_2$ bis höchstens $5\,^0/_0$ Mehrarbeit über die bei ungeschmiertem Zylinder erzielte Leistung von $71\,^0/_0$ Nutzarbeit ergaben. Zwischen dem besten und dem schlechtesten Schmiermittel betrug sonach der Unterschied $1^1/_2\,^0/_0$ Nutzarbeit, resp. Reibungsverlust.

Der Umstand, daß nur $1^1/_2\,^0/_0$ Arbeit durch Schmiermittelwahl im Dampfzylinder zu gewinnen ist, erweist, daß die Reibungsverminderung keine ökonomisch beachtenswerte Rolle bei Zylinderschmiermitteln spielt.

Dagegen wurde folgende Beobachtung gemacht: Der Zylinderdeckel wurde jeden Tag zweimal, nach Beendigung je eines Versuches, abgeschraubt, die Lauffläche wurde besehen und zur Beurteilung des Befettungsgrades mit Filtrierpapier abgerieben. Der so ermittelte Zustand der Befettung erwies sich nun verschieden, je nach der Stärke der Schmierung und je nach dem Schmiermittel. Bei einer Schmierung mit 3 g Schmiermittel und darüber pro Stunde und Pferdekraft war der Zylinder stets gut befettet. Bei 2·4 g zeigten sich jedoch schon Unterschiede. Manche Schmiermittel mineralischer Provenienz ergaben bereits nahezu trockene Zylinderwände, ein Beweis, daß das Befettungsvermögen der Schmiermittel ein verschieden kräftiges ist. Es wäre wünschenswert, dafür ein exaktes Maß zu finden. Die Reibungsermittelungen bei einer Schmierung mit 2·4 g und mit 4·9 g, bei welch letzterer Menge das Schmieröl bereits aus den Stopfbüchsen abtropft, ergaben keine deutlichen Unterschiede an Arbeitsverbrauch im Zylinder.

Man hat also von Schmiermitteln dieser Art vor allem ein gutes Befettungsvermögen zu verlangen. Dasselbe stimmt mit der Zähflüssigkeit und Schlüpfrigkeit überein. Die erstere ermittelt man durch die Viscosität, die letztere durch die obengenannten Adhäsionsversuche.

Dampfzylinderöle sind häufig einer Temperatur von 200^0 C. und darüber ausgesetzt, weshalb es von Wichtigkeit ist, die Viscosität bei dieser Temperatur zu ermitteln. In der königlichen Versuchsanstalt in Berlin wurde für diesen Zweck ein Apparat konstruiert, welcher sich von dem Englerschen dadurch unterscheidet, daß er einen Dampfmantel zur Aufnahme von Wasser, Anilin oder Naphthalin besitzt. Die Resultate sollen wegen der Ermöglichung einer konstanten Temperatur absolut sicher sein.

Engler und Künkler[1]) haben zu demselben Zweck ein Viscosimeter im Luftbade ersonnen.

Von großer Wichtigkeit sind bei Zylinderschmiermitteln, namentlich wenn überhitzter Dampf in Anwendung kommt, so daß die Temperaturen bis gegen 400^0 C. steigen, die Verdampfungsverhältnisse. Schließlich versagt überhaupt jedes organische Schmiermittel, und man ist gezwungen, sich mit Graphit usw. zu behelfen. Einen gewissen, aber sehr unzureichenden Schluß auf die Verdampfbarkeit läßt die Flammpunktsbestimmung zu. Der Wert dieser Bestimmung wird meist überschätzt. Die Feuergefährlichkeit in den geschlossenen Räumen und noch dazu der Dämpfe in Mischung mit luftfreiem Wasserdampf kommt wohl nicht in zu ernste Frage, und die Verdampfbarkeit wird bei der Flammpunktsbestimmung ja nur von der leichtflüchtigsten

---

[1]) Dinglers Polyt. Journ. 1890. 42.

Fraktion verursacht, oder gar von geringen Mengen von Zersetzungsprodukten.

Die wirkliche Verdampfbarkeit soll bei heißen Dämpfen ermittelt werden; sie kann durch die Flammpunktsbestimmung nicht ersetzt werden.

Die deutschen Vorschriften besagen darüber:

III. Bestimmung der Verdampfungsmenge.

47. Die Bestimmung der Verdampfungsmenge beim Erhitzen der Öle im offenen Gefäß (Porzellantiegel) ist nur ausnahmsweise erforderlich, nämlich um in besonderen Fällen die Verdampfbarkeit von solchen Ölen zu vergleichen, welche bei Heißdampf- und Hochdruckmaschinen zu hocherhitzten Ölbädern, Transformatoren und dergleichen Verwendung finden.

48. Für genaue Bestimmungen empfiehlt sich die Methode von Holde. Die Bestimmung soll in 4 cm weiten und 4 cm hohen Porzellantiegeln erfolgen. Die Tiegel sollen im Sandbad, zur Hälfte in dieses eingehüllt, auf die in Frage kommende Temperatur erhitzt werden. Zu den Versuchen ist stets ein Vergleichsöl heranzuziehen, und die Erhitzung ist bei den Vergleichsversuchen gleich schnell (20 oder 30 Minuten) zu bewirken. Es sind stets zwei Versuche auszuführen, aus deren Ergebnissen das Mittel zu nehmen ist.

Die Zusätze von fetten Ölen zu Mineralölen setzen die Verdampfbarkeit herab. — Ein Erfordernis ist, daß sich die Zylinderöle nicht mit Wasser emulgieren, da sie sonst von den Wänden abgewaschen werden.

Ferner ist wichtig, daß die Lauffläche des Zylinders weder von den Zylinderölen angegriffen wird, noch durch den Wasserdampf Schaden leidet. Das Öl darf weder sauer sein, noch durch den Wasserdampf unter Druck Säuren absondern, und muß die Lauffläche benetzen, um sie zu schützen.

In dieser ersteren Hinsicht sind die, sonst vorzüglich befettenden, fetten Öle den Mineralölen unterlegen. Man benutzt als Zylinderschmiermittel zumeist konsistente Fette, wie unter I. b) beschrieben, auch Mischungen solcher mit fetten Ölen, namentlich Rüböl, ferner Wollfettmischungen mit Mineralölen und selbst flüssige Mineralöle, z. B. Vulkanöle usw., kurz sehr verschieden viscose Materialien.

In Bezug auf sonstige Prüfungen wird mit entsprechenden Einschränkungen das Kapitel I Aufschluß geben.

Als Rostschutz und Kühlmittel kommen für das Bohren, Fräsen usw. auch sogenannte wasserlösliche Öle in den Handel, die Emulsionen vorstellen.

III. Starrschmieren.

Diese Materialien bezwecken nur die unbedingt notwendigste Schmierung zur Vermeidung des Heißlaufens und Quietschens. Sie kommen dort zur Anwendung, wo Reibungsstellen so beschaffen sind oder an solchen Gegenständen sich befinden, daß man eine Schmierung mit kleinerer Reibung nicht anbringen kann, weil bei einer solchen das Schmieröl abtropft und man mangels geeigneter Zirkulationsvorrichtungen dasselbe nicht zur Wiederbenutzung bringen kann, was unökonomisch ist. Diese Materialien dürfen nicht oder kaum abtropfen und werden daher klebrig gehalten, d. h. sehr zähe und mit großer Adhäsion am Lager. Es gibt noch viele Praktiker, die in dem geringen Verbrauch den Hauptvorteil eines Schmiermittels sehen, und darum findet man noch oft Starrschmieren angewendet, wo sie richtig durch Schmiermittel kleinerer Reibung ersetzt sein sollten. Für eine gewisse Gruppe von Reibungsstellen können die Starrschmieren aber heute noch nicht entbehrt werden. Ihre Zusammensetzung läßt der Willkür einen sehr großen Spielraum, darum findet man auch die unglaublichsten Mischungen im Handel. Heller[1]) gibt z. B. folgende Analysen von Starrschmieren an, wobei die Proben Nr. 7 und Nr. 8 besserer, die Probe Nr. 9 minderer Qualität sein soll:

Probe	CaO %	MgO %	Al_2O_3 %	Alkalien %	Wasser %	Fettsäure-anhydride %	Neutralfett %	Mineral-öl °/°	Harzöl %
No. 1	1·9	—	—	—	5·4	13·2	10·2 Rüböl	68·5	—
„ 2	1·8	—	—	—	5·8	16·4 Leinöl-fettsäuren	18·8 Leinöl	58·5	—
„ 3	1·0	—	—	—	4·0	8·2	25·4 Olivenöl	63·0	—
„ 4	—	—	1·1	—	8·2	10·3 Cocosöl-fettsäuren	20·1 Rüböl	60·0	—
„ 5	1·6	—	—	—	4·5	9·6	—	84·8	—
„ 6	1·5	—	—	1·8	8·5	11·8	4·0 Rüböl	71·7	—
„ 7	—	0·9	—	—	7·8	9·0	28·6 Rüböl	55·1	—
„ 8	0·8	—	—	—	2·8	10·3	25·4 Ricinusöl	58·7	—
„ 9	1·3	—	—	—	2·0	8·5	—	50	40

Bei den Starrschmieren soll sich bei längerem Stehen die Farbe nicht ändern, und das Produkt soll kein Öl absondern.

Solche Starrschmieren werden z. B. verwendet als Drahtseilschmieren, zur Schmierung der Stopfbüchsenpackungen, von Ketten, Walzen, Hähnen, Zahnrädern, in großem Maßstabe als Wagenschmiere, und endlich aus Bequemlichkeitsgründen auch oft für große Kurbelzapfen, für Transmissionen usw.

Diese Schmieren werden zumeist aus Mineralölen, Harzölen, Fetten, fetten Ölen, auch Teeren und Pechen unter Zusatz von Harz, Paraffin,

---

[1]) Chem. Rev. üb. d. Fett- u. Harz-Ind. 1895. 2. 7.

Harzseifen, Fettseifen, Glycerin, Graphit, Talkum, Wollfett, Wachs usw. zusammengemischt. Bestimmte Vorschriften von Wert bestehen wenige.

Eine besondere Sorte bilden die Tovotefette und Compoundfette mit vegetabilischen Fetten.

Für Drahtseile wird z. B. ein Gemisch von Tropföl mit $^1/_3$ Kolophonium empfohlen, für Zahnräder als sogenannte Zahnradglätte Graphit mit Talg, 1:4 mit Tropföl verdünnt, ferner 1 Graphit, 2 Wachs, 1 Talg, oder gar 15 Talg, 5 Wachs, 10 Kolophonium, 15 Graphit, 10 Kautschuklösung, 2 Terpentin und 10 Gummi (Knüpfer und Richter).

Matscheko empfahl zuerst als Starrschmieren Aufquellungen von Aluminium-, Calcium- und Magnesiumölsäureseifen in Mineralölen.

Die Wagenschmieren werden im allgemeinen nach Willkür zusammengemischt. Es hat sich aber hier ein Verfahren besonders bewährt, nämlich harzsäurehaltige Harzöle mit Kalk zum Stocken zu bringen und Mineralöle beizufügen.

Die österreichische Postökonomieverwaltung reflektiert nur auf solche Wagenschmieren und schreibt den Lieferanten vor: „Der Kalkgehalt berechnet auf $Ca(OH)_2$ hat 10—15 % zu betragen und muß an Harzsäure gebunden sein. Das verwendete Harz- und Mineralöl darf nicht unter 150° C. entflammen. Die Ware muß auf Wasser schwimmen."

Was die Analyse derartiger Mischungen anbelangt, so sei bemerkt, daß bei dauerndem Digerieren derselben mit verdünnter Salzsäure in der Hitze die Seifen zerlegt werden. Die auf diese Weise erhaltenen Gemenge von Mineralöl, Neutralfett und Fettsäuren, respektive auch Harzsäuren und Harzöl werden nach den üblichen Methoden untersucht.

In der Praxis wird in der Regel ein Schmelzpunkt nicht unter 70° C. verlangt. Man spricht richtiger von einem Tropfpunkte.

Derselbe wird meist nach einer Variation der Pohlschen Methode durch Erwärmen einer an eine Thermometerkugel angeschmolzenen Fettschicht unter Wasser ermittelt. Der Flammpunkt soll bei derartigen Starrschmieren über 180° C. liegen.

Beim Erhitzen soll ferner kein allzu starkes, von entweichendem Wasserdampf herrührendes Schäumen auftreten, und das geschmolzene Produkt soll klar sein, keine Schichtung und keinen Bodensatz erkennen lassen und nach dem Erkalten keine spröde Masse liefern.

Die Verharzungsfähigkeit der Starrschmieren, wenn sie nicht besonders stark ist, kann kaum beanstandet werden.

IV. Zähschmieren.

Dieselben sind den Starrschmieren ähnlich, nur noch klebriger und haben, wie z. B. Riemen-Adhäsionsfette, den Zweck, die Reibung des Riemens an der Scheibe zu vergrößern, um das Gleiten zu verhindern. Man bedient sich daher Mischungen von Fetten, besonders Wollfett, mit Harz und Harzölen, ohne daß auch hier verläßliche Vorschriften bestehen. Bezüglich der Analyse kann auf die Starrschmieren verwiesen werden.

Eine gewisse Ähnlichkeit im Zwecke, eine immerhin große Reibung zu ergeben, haben jene Schmiermittel, bei welchen sehr große, periodische Bremsdrucke auf nicht passende, weil nicht aneinander eingelaufene, Reibungsflächen ausgeübt werden. Solche nicht parallele, rauhe Flächen geben beim Reiben schrille Töne. Diese können nur dadurch gemildert werden, daß man die Rauheiten durch eine Starrschmiere überdeckt. Die Bremsenschmiere muß aber dann, dem Zwecke der Bremse entsprechend, möglichst große Reibung haben. Hier wären Schmiermittel an der Grenze zwischen festen und flüssigen Körpern am Platze, welche gerade erst beim Bremsdrucke zu fließen beginnen.

V. Anhang.

An dieser Stelle sollen einige Lieferungsbedingungen für Schmiermaterialien als Beispiele zusammengestellt werden, welche von der fürstlichen Bergwerksdirektion Schloß Waldenberg in Schlesien auf Grund eingehender Untersuchungen vorgeschrieben werden. In den Ausführungen derselben heißt es:

Das Zylinderöl muß ein reines Mineralöl sein, darf keine fremdartigen Beimengungen und keine mechanischen Verunreinigungen enthalten. Es muß frei von Wasser sein und darf der Säuregehalt auf SO_3 berechnet $0.03\,^0/_0$ nicht übersteigen. Das Öl soll in Benzol klar löslich sein und darf mit Petroleumbenzin vom spezifischen Gewicht 0.700 keinen Rückstand hinterlassen. Der Pechgehalt darf $1\,^0/_0$ nicht übersteigen. In dünner Schicht bei 100^0 C. längere Zeit erhitzt, darf es weder verharzen noch eintrocknen. Das spezifische Gewicht bei 15^0 C. soll nicht unter 0.890 und nicht über 0.925 betragen. Die Viscosität nach Engler soll bei 20^0 C. nicht über 550 und bei 150^0 C. nicht unter 1.8 sein. Bei 300^0 C. darf das Öl keine entflammbaren Dämpfe liefern.

Die völlige Löslichkeit in Benzol setzt die Abwesenheit mechanischer Verunreinigungen voraus. Der feinst suspendierte Asphalt fällt beim Lösen in Benzin aus, die harten Peche sind aus ätherischer Lösung durch Alkohol fällbar. Die Viscosität bei 20^0 C. soll etwa 550 betragen.

Für Maschinenöle gelten folgende Bedingungen:

Das Öl muß vollständig klar sein und darf weder pflanzliche noch tierische Öle und Fette, noch sonstige fremde Beimengungen enthalten. Dasselbe muß frei von Wasser und mechanischen Verunreinigungen sein und darf in dünnen Schichten längere Zeit auf 50^0 C. erhitzt weder verharzen noch eintrocknen. Die hierbei strenge einzuhaltenden Normen sind:

Spezifisches Gewicht bei 15^0 C. nicht unter 0.900 und nicht über 0.915. Die Viscosität nach Engler bei 20^0 C. darf nicht über 45 und bei 50^0 C. nicht unter 6 betragen. Der Entflammungspunkt soll im offenen Tiegel nicht unter 160^0 C. liegen. Der Säuregehalt darf als SO_3 berechnet $0.03\,^0/_0$ nicht übersteigen. Das Öl muß sich in Benzol und Petroleumbenzin vom spezifischen Gewicht 0·700, sowie in Alkohol-äther (4:3) vollständig klar und ohne Rückstand lösen.   Bei — 15⁰ C. muß das Öl noch fließend sein und bei dieser Temperatur in einem U-förmigen 6 mm weiten Glasrohr, einem gleichbleibenden Druck von 50 mm Wassersäule ausgesetzt, in einer Minute mindestens 10 mm steigen.

Für leichtlaufende Maschinen wie Elektromotoren werden dünnflüssige Dynamoöle verwendet und gelten hierfür folgende Bedingungen:

Das Öl muß vollständig klar sein und darf weder pflanzliche noch tierische Öle oder Fette noch sonstige fremde Beimengungen enthalten. Dasselbe muß frei von Wasser und mechanischen Verunreinigungen sein und darf in dünnen Schichten längere Zeit auf 50⁰ C. erhitzt weder ver-harzen noch eintrocknen.   Die hierbei streng einzuhaltenden Normen sind: spezifisches Gewicht bei 15⁰ C. nicht unter 0·890 und nicht über 0·910.   Die Viscosität nach Engler darf bei 20⁰ C. nicht über 15 und bei 50⁰ C. nicht unter 3·5 betragen. Der Entflammungspunkt im offenen Tiegel soll nicht unter 200⁰ C. liegen.   Der Säuregehalt darf auf SO_3 berechnet 0·01⁰/₀ nicht übersteigen.   Das Öl muß sich in Benzol und Petroleumbenzin vom spezifischen Gewicht 0·700, sowie in Alkoholäther (4:3) vollständig klar und ohne Rückstand lösen und soll bei 0⁰ C. noch fließend sein.

Für die Lieferung von Ölen, welche zum Schmieren der im Freien laufenden Wagen, z. B. Fördergefäßen, Kokskarren usw., dienen, gelten nachstehende Vorschriften:

Das Wagenschmieröl darf keine fremdartigen Beimengungen enthalten, muß frei von Wasser und mechanischen Verunreinigungen sein und darf bei 50⁰ C. längere Zeit erwärmt weder verharzen noch eintrocknen.   Der Säuregehalt als SO_3 berechnet, darf 0·3⁰/₀ und der Asphaltpechgehalt im Öl darf 0·5⁰/₀ nicht übersteigen.   Der Viscositäts-grad soll bei 20⁰ C. 50—100 und bei 50⁰ C. nicht unter 6 betragen. Der Flammpunkt darf nicht unter 160⁰ C. liegen und muß das spezi-fische Gewicht bei 15⁰ C. 0·900—0·915 betragen. Bei — 15⁰ C. muß das Öl noch fließend sein und bei dieser Temperatur in einem U-förmigen 6 mm weiten Glasrohr, einem gleichbleibenden Drucke von 50 mm Wasser-säule ausgesetzt, in einer Minute mindestens 10 mm steigen.

H. Moëllon und Dégras.[1])

Gerberfett, Lederfett, Weißbrühe. — Dégras de peaux. — Sodoil, Dégras.[2])

Unter Moëllon und Dégras versteht man Fette, welche ursprüng-lich als Tranabfallfette aus den Sämischgerbereien kamen, jetzt aber

---

[1]) Jean, Monit. Scient. 15. 889. — Eitner, Der Gerber 1890. 85. — Simand, Der Gerber 1890. 243. 254. 266. 279. — Jahoda, Zeitschr. f. angew. Chem. 1891. 4. 325. — Eitner, Der Gerber 1893. 257. — Schmitz-Dumont, Dinglers Polyt. Journ. 1895. 296. — Tortelli, Ann. del Laborat. chim. delle Gabelle 1897. 184.

[2]) In Amerika ist Dégras gleichbedeutend mit Wollfett.

meist in besonderen Dégrasfabriken rationell hergestellt werden. Sie finden zum Einfetten von lohgarem und chromgarem Leder Verwendung.

Herstellungsmethoden.

Die zur Sämischgerberei bestimmten Häute werden durch das „Kalken" und eine darauffolgende Behandlung mit dem Schabemesser enthaart und hierauf in einem Kleienbade geschwellt, welches sich in saurer Gärung befindet. Dann werden sie ausgerungen, mit Walfisch- oder Lebertran bestrichen, 2—3 Stunden gewalkt und einige Stunden an der Luft liegen gelassen. Diese Operationen des Walkens mit Tran und Aushängens werden so oft vorgenommen, bis die Haut vollständig mit Öl gesättigt und alles Wasser ausgetrieben ist. Durch die Einwirkung der Luft oxydiert sich der Tran teilweise, und ein Teil desselben bindet sich an die Faser. Um diese Umwandlungen vollständiger zu machen, überläßt man die übereinandergelegten Häute noch einer Art Gärung, wobei man, um Überhitzung zu vermeiden, von Zeit zu Zeit lüftet.

Weißgerberdégras. Werden die Häute sehr lange gewalkt, gelüftet und in Haufen liegen gelassen, so läßt sich aus ihnen durch Auspressen nichts mehr entfernen. Zur Gewinnung des Dégras werden die Häute durch Abstreichen mit einem halbscharfen Messer vom Überschuß befreit und dann mit Soda- oder Pottaschelösung gewaschen. Die erhaltene Fettemulsion wird mit Schwefelsäure versetzt, die klumpig abgeschiedene, noch seifenhaltige Fettmasse von der Glaubersalz oder Kaliumsulfat haltenden Unterlauge getrennt, das Produkt mit dem durch Abschaben der Häute erhaltenen Anteil vereinigt und als Weißgerberdégras in den Handel gebracht. Für denselben ist der hohe Aschengehalt, meist ein großer Gehalt an Alkalisulfaten, ferner der große Gehalt an Wasser und Lederfasern charakteristisch.

Dégras nach französischer Methode: Die Häute werden nicht so lange gewalkt, gelüftet und in Haufen liegen gelassen, so daß man aus denselben, nachdem man sie in lauwarmes Wasser getaucht hat, durch starken Druck einen großen Teil des oxydierten Tranes auspressen kann, welcher unter dem Namen Moëllon in den Handel kommt. Derselbe enthält wenig Asche und Lederfasern und weniger Wasser als der Weißgerberdégras. Den Sämischgerbereien ist selbstverständlich die Erzeugung von Sämischleder der Hauptzweck; Moëllon und Dégras ist bei diesen Lederfabriken nur ein Abfallprodukt.

Die Lohgerberei braucht aber so große Massen Moëllon und Dégras, daß das ursprüngliche Abfallprodukt weder qualitativ noch quantitativ genügte, und besondere Dégrasfabriken entstanden, welche nunmehr den größten Teil des Bedarfes liefern.

Diese Dégrasfabriken erzeugen kein verkaufsfähiges sämisches Leder, sondern verarbeiten meistens kleine rohe Hautstückchen (sog. Leimleder) oder kleine, fertiggegerbte Sämischlederstücke auf die oben beschriebene französische Methode.

Die Häute werden mit Tran gewalkt, gelüftet, auf Haufen liegen gelassen, dann in lauwarmes Wasser eingetaucht und der Moëllon abgepreßt. Das ausgepreßte Leder wird wieder mit Tran gewalkt, gelüftet, auf Haufen liegen gelassen, in lauwarmes Wasser eingetaucht, und wieder der Moëllon abgepreßt. Hierauf beginnt die Operation zum dritten, vierten und fünften Male usw. Die Lederstücke werden zwanzigmal und noch öfter benutzt, bis sie vermorschen und zerfallen und durch neue Lederstücke ersetzt werden müssen.

Diejenigen Dégrasfabriken, welche keine rohen Hautstücke (sog. Leimleder), sondern Abschnitzel von fertigem Sämischleder einkaufen, sind sich schon der Tatsache bewußt, daß nicht so sehr die rohe Haut, sondern das fertige Sämischleder infolge seines schwammig porösen Gefüges das bessere Mittel zur Tranoxydation ist.

Denk geht einen Schritt weiter und verwendet nach einem ihm patentierten Verfahren als Aufsaugestoff für den Rohtran nicht mehr das teure Sämischleder, sondern alaungare Lederabschnitte, die er sich selbst aus Leimleder bereitet. Auch in diesem Falle ist der Fabrikationsgang wie bereits geschildert: die Lederschnitzel werden viele Male mit Tran gewalkt, oxydiert und ausgepreßt, bis sie zugrunde gehen und durch neue ersetzt werden müssen.

Schill und Seilacher waren die ersten, welche Tran durch Zerstäuben desselben mit Luft bei 120° C. oxydierten und durch Emulsion mit Wasser in Moëllon verwandelten, sich also von einem porösen Aufsaugematerial von großer Oxydationsoberfläche, wie es das Leder ist, unabhängig zu machen suchten. Diese Methode wird in der geschilderten Form nicht mehr angewendet, jedoch entstanden in der Praxis nach ähnlichen Prinzipien neuere Methoden der Moëllonerzeugung, deren technische Einzelheiten noch geheim gehalten werden.

Die Hauptveränderung eines Tranes bei der Sämischledergerbung ist nach den vielseitigen Arbeiten Fahrions über diesen Gegenstand zweifellos eine Oxydation, außerdem eine sehr gleichmäßige Emulsion des oxydierten Tranes mit Wasser. Die Emulsion von oxydiertem Tran mit Wasser, eventuell unter Mitwirkung geringer Mengen korrektiv wirkender Nebenbestandteile wird Moëllon genannt. Unter Dégras versteht man zumeist, entgegen dem älteren Sprachgebrauch, die komplizierteren Kompositionen für die Lederschmierung, welche oxydierte Tranprodukte (Moëllon), daneben aber erhebliche Mengen von Talg, Wollfett und anderen festen Fetten enthalten.

Fahrion zeigte, daß in gewissen Transorten neben anderen gesättigten und ungesättigten Fettsäuren in großen Mengen auch eine ungesättigte Fettsäure mit drei doppelten Bindungen $C_{18}H_{30}O_2$ enthalten ist, welche er Jecorinsäure nannte und welche der Linolensäure isomer ist.

Aus den Oxydationsprodukten des Tranes an der Luft gewann er flüssige Gemische von Mono- und Dioxyjecorinsäure $C_{18}H_{30}O_3$ und $C_{18}H_{30}O_4$, sowie Gemische von festen Oxyjecorinsäure-Anhydriden höherer Oxydationsstufen

$$C_{18}H_{24}O_5 \quad \text{(entstanden aus } C_{18}H_{30}O_8 - 3H_2O)$$

und

$$C_{18}H_{26}O_7 \quad \text{(entstanden aus } C_{18}H_{30}O_9 - 2H_2O),$$

sowie Andeutungen von noch höheren Oxydationsstufen in mannigfaltigen Lacton- und Anhydridbildungen.

Produkte von ganz gleichen Eigenschaften schied Fahrion aus Weißgerberdégras und französischem Dégras ab, welche vorher durch wiederholtes Schütteln mit Äther und Wasser stickstofffrei gemacht worden waren. Die Identität dieser Produkte mit Oxyfettsäuren der vorbeschriebenen Art wurde durch Elementaranalysen, durch die Löslichkeitsverhältnisse in Äther und Petroläther, sowie die der Baryumsalze, durch Jodzahlen usw. erwiesen.

Die in oxydiertem Tran, Weißgerberdégras und französischem Moëllon enthaltenen Oxyjecorinsäurederivate sind als die Träger einer Reihe von technischen Eigenschaften anzusehen, welche für die Lederschmierung von Wert sind.

Es mögen wohl in gewissen Transorten vielleicht nicht oder nicht allein die Jecorinsäure, sondern auch andere ungesättigte Tranfettsäuren eine Rolle spielen, als typische Substanzen können die Oxyjecorine zweifellos angesehen werden. Nach Wallenstein sind die Oxyjecorine in Moëllon und Dégras hauptsächlich Triglyceride, denen vor allem eine hohe Viscosität und Emulsionsfähigkeit zukommt.

Beim Verdünnen von oxydiertem Tran oder Dégras mit Petroleumäther fallen diese Körper noch nicht aus; dagegen bekommt man sie durch Verdünnen mit flüssigem Talg oder neutralem Knochenöl bereits als leichte, pechige Ausscheidungen.

Charakteristische Ausscheidungen bekommt man erst, wenn der Glyceridcharakter der Oxyjecorine durch Verseifung zerstört wird.

Die Seifen der am höchsten oxydierten Tranfettsäuren haben bereits so sehr den Charakter gewöhnlicher Fettseifen verloren, daß sie durch Kochsalz nicht mehr aussalzbar sind, und nach dem Ansäuern mit Salzsäure in der Unterlauge braune, klebrige Massen liefern (Jeans Dégragène oder harzartige Substanz oder Böghs Dégrasin). Der Stickstoffgehalt des Dégrasins ist auf eine Verunreinigung durch Glutinpepton zurückzuführen.[1]

Die weniger hoch oxydierten Tranfettsäuren sind als Seifen noch durch Kochsalz aussalzbar, sie haben aber mit der vorhergenannten Gruppe die Eigenschaft gemein, in Äther schwer löslich und in Petroleumäther unlöslich zu sein.

Beide Arten Oxyfettsäuren bilden zusammen, wenn sie aus den Gesamtfettsäuren durch Petroleumäther abgeschieden werden, Simands „Dégrasbildner".

Außerdem gibt es noch Oxyfettsäuren im Dégras von so geringem Oxydationsgrad, daß sie weder durch Aussalzen noch durch Petroleumäther von den unoxydierten Fettsäuren des Moëllons getrennt werden

---

[1] Fahrion, Zeitschr. f. angew. Chem. 1902. 15. 1261.

können und nur durch die Elementaranalyse und die Acetylzahlen (Weiß[1]) angezeigt werden.

Diese Gruppe vernachlässigt man bei der technischen Wertbestimmung gänzlich und begnügt sich mit der quantitativen Bestimmung der in Petroleumäther unlöslichen Oxyfettsäuren (Dégrasbildner).

Die hochentwickelte Appretierungstechnik des lohgaren und chromgaren Leders (Lederzurichterei) bedarf außer den sehr verschiedenen Tran- und Talgschmieren usw. sehr verschiedene Typen von Moëllon und Dégras, welche in der Ledertechnik ungefähr dasselbe bezwecken, wie die verschiedenen Schlicht- und Appreturpräparate in der Textilindustrie. Zu gewissen Lederappreturen werden beispielsweise auch Seifenschmieren, wasserlösliche Öle und deren Emulsionen verwendet.

Während man unter den Namen oxydierter Tran, Sodoil, Dégrasextrakt, Moëllonessenz wasserfreie Produkte versteht, sind sowohl Moëllon als auch Dégras sehr feine Emulsionen, die ersteren flüssig, die letzteren halbfest, deren spezifische Eigenschaften für die Lederschmierung hauptsächlich auf physikalischem Gebiete liegen. Die Ansprüche des Lederzurichtens sind sehr verschieden, je nachdem naturfarbige, schwarze oder farbige, feine oder weniger feine Kalbleder, schwere Rindleder, Roßspiegel, Lackleder, Ziegenleder usw. behandelt werden sollen, und es ist nicht gleichgültig, ob auf „Gewicht“ oder auf „Qualität“ geschmiert werden soll.

Die Unterschiede zwischen einzelnen Moëllon- und Dégrastypen sind so vielseitig, und es existieren so viele berechtigte Übergangsstufen in der Herstellungsweise und berechtigte Korrektivzusätze bei der Zusammenstellung, daß ein engherziges Festhalten der Bezeichnungen künstlicher oder natürlicher Dégras, echter Moëllon oder verfälschter Moëllon nicht mehr am Platze ist.

An Stelle dieser Engherzigkeit muß die klare Feststellung der tatsächlichen Verhältnisse und die Prüfung auf technische Brauchbarkeit treten.

Der künstliche Moëllon ist genau so echt wie das künstliche Alizarin und der künstliche Indigo. Der natürlichste, d. h. althandwerksmäßig hergestellte Weißgerberdégras ist in vielen Fällen den heutigen Ansprüchen gar nicht mehr genügend, weil er sehr ungleichmäßig ist. Er enthält oft 30—40% Wasser, ist unsicher in der Anwendung und oft direkt schlecht, indem er die Leder fleckig und dunkel macht. Die Ansprüche, die man an Moëllon und Dégras stellt, sind eben mit der Zeit gewachsen.

---

[1] Weiß hat die Acetylzahlen der Fettsäuren einiger Sorten von Dégras bestimmt und folgende Resultate gefunden:

Fettsäuren aus: Acetylzahl

	Acetylzahl
Österreichischem Weißgerber-Dégras (von der Schaflederfabrikation herrührend)	44·3
Österreichischem Weißgerber-Dégras (von der Wildlederfabrikation herrührend)	34·9
Belgischem Moëllon (Schaflederfabrikation)	33·7
Moëllon pure	32·7
Moëllon Nr. I	36·9

Was die großen Dégrasfabriken derzeit fabrizieren, ist meist weder ein ganz natürliches noch ein ganz künstliches Produkt, es ist sohin nach älterer Anschauung weder „echt" noch „unecht", weder „rein" noch „verfälscht", es entspricht jedoch den verschiedensten Bedürfnissen.

Um für eine hochentwickelte Ledertechnik brauchbaren Moëllon und Dégras zu erzeugen, mußte mit dem Grundsatze gebrochen werden, daß ein schablonenhaft hergestelltes Erzeugnis für jede Art Leder tauge, und auch mit dem Grundsatze, daß jeder Zusatz eine Verfälschung sei.

Die spezifische physikalische Wirkung von Moëllon und Dégras bei der Lederschmierung besteht darin, daß diese Fettstoffe ohne erhebliche Schwierigkeit und in großen Mengen in halbfeuchte Häute eindringen und daß sich bei diesem halbfeuchten Zustande der Häute eine sehr gleichmäßige Verteilung der Fettstoffe in den Poren erzeugen läßt.

Außerdem bewirken Moëllon und Dégras einen gewissen vollen Griff des Leders, der mit dem Ausdrucke „mollig" bezeichnet wird. Moëllon und Dégras sind die besten Konservierungsmittel für Oberleder und sollen gewisse Schmierfehler am Leder, welche bei einfachen Trantalgschmieren leicht eintreten, wie das Austrocknen, Ausharzen, Ausschlagen, Fleckig- und Schimmeligwerden der Leder, vermeiden.

Ein bestimmter Prozentsatz von Oxyfettsäuren (Dégrasbildnern) in einem Moëllon entscheidet für dessen Reinheit und Eignung noch nicht definitiv; ebensowenig ein bestimmter Wassergehalt. Ein kräftiger Moëllon soll mehr als $10\,^0/_0$ Dégrasbildner und nicht mehr als $20\,^0/_0$ Wasser, ein guter Handelsdégras über $15\,^0/_0$ Dégrasbildner und nicht mehr als $20\,^0/_0$ Wasser enthalten.

Für gewisse Zwecke werden aber Extreme bevorzugt, Produkte mit sehr geringem Gehalte an Dégrasbildnern oder mit sehr hohem Wassergehalt, welche diese Ziffern bedeutungslos machen.

Die meisten Dégrassorten enthalten unverseifbare Substanzen. Wenn dieselben $1—2\,^0/_0$ übersteigen, so rühren sie in den seltensten Fällen vom Tran, sondern meist von Mineralöl, Wollfett oder Harzöl her. In mäßigen Grenzen können diese Stoffe eine erwünschte Kompensationswirkung haben. Der Gehalt der freien Fettsäuren wechselt sehr und ist nicht gleichgültig. Nach französischer Methode dargestelltes Moëllon enthält nach Simand $0\cdot49—0\cdot73\,^0/_0$ Seife; Weißgerberdégras $3—4\,^0/_0$ Seife, auf wasserfreie Substanz berechnet. Der größere Seifengehalt, und der sehr hohe Oxydationsgrad in Verbindung mit oft $5\,^0/_0$ Lederfasern gibt dem Weißgerberdégras seine vogelleimartige Konsistenz.

Moëllon und Dégras, welches mit Sämischleder hergestellt ist, enthält, wenn es schlecht gereinigt ist, braune Haut- und Membranteile.

Das spezifische Gewicht eines entwässerten Moëllon kann $0\cdot945—0\cdot955$ betragen und ist größer als das des zu seiner Bereitung verwendeten Trans $0\cdot927—0\cdot930$. Moëllon kann nach gehöriger technischer Vorbereitung aus jedwedem Tran hergestellt werden, dessen Jodzahl auf eine bedeutende Oxydationsfähigkeit schließen läßt, so aus Dorsch-, Walfisch-, Robben-, Menhaden-, Sardinen-, Herings- oder Japantran.

Eine große Rolle spielen günstige Tranmischungen. Trane, welche viel flüssige Wachse enthalten und deren Jodzahl unter 100 liegt, sind wenig geeignet.

Nach Maschke und Wallenstein muß man von brauchbarem Dégras verlangen:

1. daß er weniger wie $0.05\,^0/_0$ Eisen enthält,
2. daß er auf dünnen Platten, im Trockenschrank 10 Stunden bei 100^0 C. gehalten, nicht firnisartig hart, aber honigartig dick wird,
3. daß er keine erhebliche Neigung besitzt, grobkörnig zu erstarren, da diese Tendenz zum weißen Ausschlag auf schwarzem Leder führt,
4. daß er, auf feuchtes (abgewelktes) Leder, oder auf feucht abgepreßte Pappe aufgestrichen, bei 30^0 C. in $^1/_2$—1 Stunde ohne erheblichen Rückstand einzieht (Einzugprobe),
5. daß er bei dieser Probe nicht von der vertikal hängenden oder stehenden Pappe abrinnt.

Analyse.

Wasserbestimmung: 5 g Substanz werden mit so viel ausgeglühtem Quarzsand vermischt, daß eine feste und fast trockene Masse entsteht, bei 120^0 C. getrocknet und gewogen (Jean).

Fahrion[1]) verwirft diese Methode der Wasserbestimmung.

Simand wägt 25 g Dégras in eine mit einem kurzen, als Glasstab zu benutzenden Thermometer tarierte Porzellanschale ein, wägt 50—100 g vorher durch Erhitzen auf 105^0 C. getrockneten Tran oder fettes Öl hinzu und erwärmt unter Rühren auf dem Drahtnetze auf 105^0 C., bis keine Dampfblasen mehr entweichen. Der Gewichtsverlust ist Wasser. Der Wassergehalt schwankt bei den Produkten nach französischer Methode zwischen 15 und $25\,^0/_0$ und bei Weißgerberdégras zwischen 20 und $40\,^0/_0$.

Nach Weiß[2]) soll die Wasserbestimmung in folgender Weise ausgeführt werden.

In ein 100—120 ccm fassendes Erlenmeyerkölbchen, welches mit einem Uhrglase bedeckt und samt einigen Stückchen gebrannten Tones oder ausgeglühten Bimssteines gewogen ist, werden 2—3 g des Dégras abgewogen, die fünffache Menge absoluten Alkohols zugesetzt, dieser vorsichtig am Wasserbade abgedampft und die Masse 2 Stunden im Trockenschrank bei 100^0 C. getrocknet und hierauf gewogen. Die erhaltenen Resultate differieren um $0.2\,^0/_0$.

Fett und unlösliche Substanzen. 20 g der Probe werden nach dem Entwässern mit Petroleumäther vom Siedepunkt 70^0—75^0 C. verdünnt und durch ein, mit einem Baumwollpfropf verschlossenes, vorher getrocknetes und gewogenes Röhrchen filtriert. Das Filtrat wird abdestilliert, der Rest in eine Schale gebracht, abgedunstet, bei 120^0 C. getrocknet

---

[1]) Chem. Zeitg. 1893. 17. 524.
[2]) Der Gerber Nr. 474.

und gewogen. Zur Bestimmung des ungelösten Anteiles trocknet man das Filterröhrchen bei 120° C. und wägt. Dann äschert man seinen Inhalt in einem Platintiegel ein. Bleibt nur ein unbedeutender Rückstand, so war nur organische Substanz zugegen, ist der Rückstand groß, so wird er gewogen und analysiert (Ton, Kreide, Calciumsulfat usw.).

Asche. Zur Aschebestimmung verwendet man 5 g. Ist die Asche alkalisch, so extrahiert man sie mit Wasser, filtriert und titriert. Simand wägt 25 g Dégras in einer Platinschale ab, stellt diese auf eine Asbestplatte und erhitzt unter beständigem Umrühren bis zur Vertreibung des Wassers. Man reinigt den Stab mit einem Stückchen Filtrierpapier, wirft dasselbe in den Tran und benutzt es als Docht zum Verbrennen des Fettes. Der Rückstand wird schließlich eingeäschert. Rationell erzeugter Moëllon und Dégras enthält einige Hundertstel Prozente, Weißgerberdégras bis zu 3 % Asche. Erhebliche Mengen wasserlöslicher, alkalisch reagierender Asche deuten auf die Gegenwart von Seifen hin. Eisenoxydhaltige Dégrassorten machen das Leder grau, weshalb die Asche auch auf ihren Gehalt an Eisenoxyd geprüft wird. Simand fand die Wirkung von 0·05 % Eisenoxyd schon sehr auffallend. Doch lassen sich solche Dégras angeblich durch Zusatz von $\frac{1}{2}$ Liter 1 prozentiger Oxalsäurelösung auf 100 kg verbessern. Die modern fabrikmäßig hergestellten Produkte sind meist gänzlich eisenfrei. Dagegen ist der sehr unreinlich hergestellte Weißgerberdégras oft infolge seines Eisengehaltes für lohgares Leder gänzlich unbrauchbar.

Den Aschegehalt und den Gehalt an Eisenoxyd in einigen von Simand untersuchten Tranen und Dégrassorten zeigt die folgende Tabelle:

	Asche-menge %	Darin Eisen-oxyd %	Dichte bei 15° C.	Wasser-gehalt %
Tran	0·254	0·1740	0·9198	—
„	0·232	0·1580	0·9186	—
„	0 068	0 0270	0·9192	—
Transatz davon	0·174	0·1032	—	—
Tran	0 017	0 0047	0·9276	—
„	0·015	0 0050	0·9232	—
Echter Dégras	0·558	0 0502	—	21·0
„ „	0·417	0·0412	—	20·5
Sogenannter oxydierter Tran . . .	1·192	0·1020	—	13·0
Handelsdégras	0·383	0·0340	—	14·5

Wallenstein empfiehlt folgende Eisenprobe:

Auf ein flaches, weißes Porzellanschälchen wird eine Messerspitze voll Tanninpulver gelegt, angehaucht, um es etwas feucht zu machen und dann 2—3 Tropfen Moëllon hinzugegeben. Beim Verreiben des Tannins mit eisenhaltigem Moëllon oder Tran entsteht eine graue, dunkelviolette oder schwarze Färbung.

Mineralsäuren. Reagiert der Dégras stark sauer, so kocht man 25 ccm der Probe mit 200 ccm Wasser, läßt erkalten, trennt die beiden

Schichten mittels des Scheidetrichters, ermittelt in einem Teile der wässerigen Schicht die Natur der Säure (meist Schwefelsäure) und titriert einen anderen aliquoten Teil (50 ccm) mit Natronlauge.

Haut- und Lederfasern. Der Dégras wird nach dem Entwässern mit Petroleumäther vom Siedepunkte 70^0—75^0 C. behandelt, der Rückstand, welcher nur Sand, Seife und die Lederfasern enthält, erst mit Wasser, dann mit Alkohol gewaschen, getrocknet, gewogen, eingeäschert und das Gewicht der Asche vom Gesamtgewicht abgezogen.

Freie Fettsäuren. Man titriert mit Natronlauge und Phenolphthaleïn in ätherisch-alkoholischer Lösung. Das Öl aus Dégras enthält meist 10—$25\,^0/_0$ freier Fettsäuren. Die freie Fettsäure wird auf Ölsäure beberechnet.

Unverseifbare Substanz. 15—20 g Dégras werden mit 5 g Ätzkali, gelöst in wenig Wasser, und 50 ccm Alkohol 2—$2^1/_2$ Stunden lang unter Rückfluß verseift, nach vollständiger Vertreibung des Alkohols, zuerst auf dem Wasserbade, mit 8 g Natriumbicarbonat und 50—60 g Sand gemischt, bei 110^0 C. getrocknet und die zerkleinerte Masse in einer Extraktionshülse im Soxhletschen Extraktionsapparat mit Petroläther von 60^0 C. Siedepunkt extrahiert. Der Petrolätherauszug wird im Scheidetrichter wiederholt mit destilliertem Wasser gewaschen, das Lösungsmittel abdestilliert und der Rückstand bei 110^0 C. getrocknet.[1]

Dégrasbildner. Die Oxysäuren (Dégrasbildner), welche sich im Gesamtfett finden, lassen sich durch das Verhalten ihrer Salze gegen Kochsalz in zwei Klassen einteilen: 1. Die Seife der Oxysäuren von niederem Oxydationsgrad, welche durch Kochsalz aussalzbar sind, 2. die der höher oxydierten Säuren, welche nicht aussalzbar sind. Diese letzteren bilden die von Jean entdeckte „harzartige Substanz‟, welche für ein gutes Dégras charakteristisch ist. Diese „harzartige Substanz‟ ist braun und schmilzt bis 65^0—67^0 C.

Simand verfährt zur Bestimmung der Dégrasbildner (im wesentlichen Oxyfettsäuren und deren Anhydride) wie folgt:

20—25 g Dégras, je nach dem Wassergehalte, werden in einem Erlenmeyerkolben mit aufgesetztem Trichter mit 5—6 g festem Ätznatron, welches in 10 ccm Wasser gelöst wurde, und 50—60 ccm Alkohol verseift. Sodann entfernt man den Trichter, treibt den Alkohol ab, löst die Seife in destilliertem Wasser und scheidet die Fettsäuren mit Salzsäure aus. Man erwärmt, bis die Fettsäuren klar obenauf schwimmen und der Dégrasbildner sich in Klumpen geballt hat, läßt abkühlen und trennt das säurehaltige Wasser von den Fettsäuren. Da dasselbe etwas Dégrasbildner gelöst enthält, neutralisiert man es mit Ammoniak und dampft ab. Man wäscht noch mehrmals durch Auskochen mit Wasser und vereinigt die mit Ammoniak neutralisierten Waschwässer mit der ersten Unterlauge. Der Abdampfrückstand wird in wenig Wasser gelöst, die Lösung mit Salzsäure schwach angesäuert, die ausgefällte geringe

---

[1] Vorschläge der auf der Turiner Konferenz ernannten Kommission. — Chem. Zeitg. Rep. 1906. 30. 334.

Menge Dégrasbildner abfiltriert, gewaschen, getrocknet und sodann in den Erlenmeyerkolben zurückgebracht, dessen Inhalt man mittlerweile bei 105° C. getrocknet hat. Man extrahiert sodann wiederholt mit 100 bis 120 ccm Petroläther, welcher die Fettsäuren löst und den Dégrasbildner und geringe Mengen von Eiweißstoffen zurückläßt. Der Rückstand wird in der Wärme in Alkohol gelöst und von den Eiweißkörpern abfiltriert. Das Filtrat wird abdestilliert und der Rückstand als Dégrasbildner gewogen. Die Petroleumätherauszüge können abdestilliert und zur Bestimmung der Menge der Fettsäuren, ihres Schmelzpunktes usw. benutzt werden.[1]

Fahrions Methode zur Bestimmung der petrolätherunlöslichen Oxyfettsäuren ist folgende:

2—8 g Moëllon oder Dégras werden in einer Porzellanschale mit 11 ccm 5 prozentiger alkoholischer Natronlauge auf dem Wasserbade verseift.

Nach vollständiger Verjagung des Alkohols wird die Seife in heißem Wasser gelöst, die Lösung in einen Scheidetrichter gespült, mit Salzsäure zersetzt, nach dem Erkalten mit 25 ccm Petroläther tüchtig durchgeschüttelt und längere Zeit, am besten über Nacht stehen gelassen, bis beide Schichten vollkommen klar sind. Die nichtflüchtigen Fettsäuren befinden sich nunmehr vollständig in der Petroleumätherschicht, ein nochmaliges Ausschütteln der sauren wässerigen Lösung ist überflüssig. Letztere wird unten abgelassen, die Petrolätherschicht oben abgezogen, wobei die Oxyfettsäuren in Form einer zähen, klebrigen oder klumpigen, oder in manchen Fällen auch flockigen, bezw. pulverigen Masse im Scheidetrichter zurückbleiben und hier mit Petroleumäther gewaschen werden können.

Ist ihre Menge bedeutend, so können sie bei ihrer Abscheidung unoxydierte Fettsäuren einschließen; es empfiehlt sich daher, sie nochmals in verdünnter Natronlauge oder Ammoniak aufzulösen und ein zweites Mal mit Salzsäure zu zersetzen und mit Petroleumäther auszuschütteln.

Die vereinigten Petroleumätherlösungen enthalten die nicht oxydierten Fettsäuren und die unverseifbaren Substanzen, und können für deren weitere Untersuchung bis zum konstanten Gewicht getrocknet und zurückgestellt werden.

Die im Scheidetrichter zurückgebliebenen Oxyfettsäuren werden in heißem Alkohol gelöst, der Verdunstungsrückstand bis zum konstanten Gewicht getrocknet, verascht und die Differenz als Oxyfettsäuren in Rechnung genommen. Sie geben mit 1·0526 multipliziert den Gesamtgehalt an Dégrasbildnern und oxydiertem Öl.

Wie man sieht, sind Simands Dégrasbildner und Fahrions Oxyfettsäuren durch ihre gleiche Abscheidungsmethode im wesentlichen miteinander identisch.

Jean fand in seiner harzähnlichen Substanz, ebenso Simand

---

[1] Simands Dégrasbildner sind in Petroleumäther und Benzol unlöslich, in Äther und in angesäuertem Wasser spurenweise, in Alkalien, Alkohol, Eisessig und Anilin leicht löslich.

in seinem Dégrasbildner Stickstoff. Daraus entstand die Ansicht, daß dem Stickstoffgehalt dieser Abscheidungen eine wesentliche Bedeutung zukäme. Fahrion wies aber nach 1. daß man selbst aus einem stickstoffreichen Weißgerberdégras durch wechselndes Waschen mit Wasser und Extraktion mit Äther stickstofffreien oxydierten Tran und daraus stickstofffreie Oxyfettsäuren gewinnen könne, 2. daß der von Jean und Simand beobachtete Stickstoffgehalt auf Proteïnsäure $C_8H_{16}N_2O_6$ ($-H_2O$) zurückzuführen sei, welche erst beim Verseifen des Dégras durch Einwirkung der alkoholischen Kalilauge auf die verunreinigenden Lederfasern entstehe.

Oxyfettsäuren finden sich in ganz frischen Tranen gar nicht, und in älteren und dunklen Tranen nur spurenweise; sie entstehen erst durch die oxydierenden Einflüsse der Moëllonerzeugung.

Die Gegenwart fremder Zusätze, wie Wollfett, Ölsäure, Talg läßt sich nach Jean vermuten, wenn das spezifische Gewicht des aus dem Dégras extrahierten Öles kleiner als 0·920 ist, weil die Dégras aus Fisch- und Walfischtran eine Dichte von 0 945—0·955 zeigen. Für die Anwesenheit von Talg ist ferner der Schmelzpunkt der Fettsäuren charakteristisch. Die Talgfettsäuren schmelzen erst über 40° C. und erhöhen somit den Schmelzpunkt der Dégrasfettsäuren, indem die Säuren aus Walfischtran bei 24·9° C., die aus Lebertran bei 18·5° C. und die aus japanischem Tran bei 30·8° C. schmelzen.

Mineralöl, Harzöl, Kolophonium, Wollfett findet man in den zurückgestellten Petroleumätherauszügen der Simandschen oder Fahrionschen Methode.

Simand nimmt bei der Untersuchung von komplizierten, zusammengesetzten Dégras außer auf Asche und Wasser Rücksicht auf 1. den Dégrasbildner, 2. Wollfett, 3. Vaselinöl, 4. Harz, Kolophonium.

Zur Bestimmung der Dégrasbildner verfährt Simand wie beim Moëllon, nur extrahiert er die Fettsäuren statt mit Petroleumäther mit Äther, weil die Wollfettsäuren in diesem auch in der Kälte gelöst bleiben.

Zur Bestimmung des Wollfettes wird die Ätherlösung der Fettsäuren aus 5—6 g Dégras im gewogenen Kolben abgetrieben, der Rückstand mit der anderthalbfachen Menge Essigsäureanhydrid gekocht, das gewaschene Fett getrocknet und in der 15fachen Menge kochenden Alkohols gelöst. Beim Erkalten scheidet sich Essigsäure-Cholesterinester in Kristallen aus. Derselbe wird noch zweimal aus der 15fachen Menge Alkohol umkristallisiert, in Äther gelöst, der Äther abdestilliert und der Rückstand gewogen. Wollfett liefert im Mittel aus unter sich allerdings sehr stark differierenden Zahlen 34·05 %/₀ Cholesterinester. Multipliziert man das Gewicht des rohen Cholesterinesters mit 14·05, so erhält man in ganz roher Annäherung den Wollfettgehalt.

Ein Gehalt an Wollfett ist überdies nach Simand an der glänzenden Oberfläche des erstarrten Fettes, oder wenn dieses nicht erstarrt, an der glänzenden, nicht kristallinischen Oberfläche der nach dem Verseifen abgeschiedenen Fettsäuren kenntlich. Auch tritt, namentlich beim Reiben auf der Handfläche, der charakteristische Geruch des Wollfettes hervor.

Vaselinöl und Harz. Die alkoholischen Filtrate von den Cholesterinessigestern werden bis auf einen kleinen Rest abdestilliert, der Rückstand mit Ätznatron verseift, die Lösung mit Glycerin oder Alkohol versetzt und mit Petroleumäther extrahiert, wobei das Vaselinöl in Lösung geht. Die Seifenlösung wird mit Säure zersetzt, und die abgeschiedenen Fettsäuren werden in Alkohol gelöst. Man bringt die Lösung in einen gewogenen Kolben, treibt den Alkohol ab, wägt den Rückstand und bestimmt den Harzgehalt in einem aliquoten Teile nach Twitchell oder Gladding (vgl. S. 247).

Analysenresultate.

Jean führt folgende Beispiele für die Zusammensetzung von Moëllon und Dégras an:

	1.	2.	3.	4.	5.	6.	7.
Wasser	18·90	14·84	12·93	28·90	19·20	5·39	8·90
Asche	0·25	0·13	0·55	0·70	0·07	0·25	1·21
Hautfragmente	0·30	0·30	0·09	0·58	0·27	—	1·59
Öle	69·71	74·65	80·00	66·93	75·66	84·87	72·15
Unverseifbares	6·84	6·05	—	—	—	—	—
Harzartige Substanz . . .	4·00	4·05	5·81	3·52	4·80	9·46	16·15

Simand teilt folgende Analysen mit:

Bezeichnung		Menge des „Dégrasbildners" in Proz.	Schmelzpunkt der abgeschiedenen Fettsäuren	Seife in Proz.	Lederfasern in Proz. auf wasserhaltig. Dégras	Wassergehalt in Proz.
Moëllon nach franz. Methode, wasserfrei	1	19·14	18·0—28·5° C.	0·73	0·07	16·5
	2	18·43	28·5—29·0° „	0·49	0·12	20·5
	3	18·10	31·0—31·5° „	0·68	0·18	12·0
Weißgerberdégras, wasserfrei	1	20·57	33·5—34·0° C.	3·95	5·7	35·0
	2	18·63	27·5—27·0° „	3·45	5·9	28·0
	3	17·84	28·0—28·5° „	3·00	4·5	30·5

Ein gutes österreichisches Dégras zeigte die folgende Zusammensetzung:

Dégrasbildner . . . . 20·05 °/₀
Unlösliche Fettsäuren (Schmelzpunkt von 33° C.) . . . 53·39 „
Wasser . . . . 16·38 „
Asche . . . . 0·22 „
Flüchtige Fettsäuren, Glycerin, Lederfasern . . . . . 9·96 „

Ein von Fahrion[1]) hergestellter Moëllon und der Tran, welcher zur Herstellung benutzt wurde, zeigten die folgende Zusammensetzung:

---

[1]) Chem. Zeitg. 1893. 17. 524.

	Tran	Moëllon
Säurezahl	20·6 %	29·6 %
Jodzahl	193·2 „	75·4 „
Unverseifbarer Anteil	0·6 „	1·0 „
Fettsäuren	94·5 „	65·8 „
Oxyfettsäuren	0·7 „	23·0 „
Feste Oxyfettsäuren	0·2 „	7·3 „

Eine Anzahl von Tranen und der daraus hergestellten Moëllonproben, welche von Eitner[1]) untersucht wurden, zeigten die folgende Zusammensetzung:

	Dichte		Brechungsexponent		In Petroleumäther unlösliche Fettsäuren Prozente		Säurezahl		Verseifungszahl		Acetylzahl		Jodzahl	
	ursprüngliches Fett	Dégras	ursprüngliches Fett	Dégras	ursprgl. Fett	Dégras	ursprüngliches Fett	Dégras	ursprüngliches Fett	Dégras	ursprüngliches Fett	Dégras	ursprüngliches Fett	Dégras
Haitran . . .	0·9158	0·9212	1·4735	1·4752	0·91	1·70	7·04	8·42	157·18	143·16	45·07	45·18	90·0	82·4
Robbentran	0·9258	0·9465	1·4760	1·4790	2·70	14·41	6·12	26·10	193·82	190·49	25·61	47·87	96·5	68·4
Robbentran-Fettsäuren	0·9354	0·9473	—	—	3·00	15·51	—	—	—	—	—	—	—	—
Dorschtran .	0·9274	0·9836	1·4755	1·4780	0·87	19·40	13·58	28·31	187·93	183·41	19·38	28·34	148·0	100·5
Dorschtran-Fettsäuren	0·9375	0·9612	—	—	1·21	18·44	—	—	—	—	—	—	—	—
Waltran . .	0·9270	0·9423	1·4755	1·4758	3·44	6·19	10·61	10·61	190·44	181·52	14·07	22·05	85·0	71·0

Weiß fand für eine Anzahl von Moëllonproben die auf Seite 437 angegebenen Analysenresultate.

J. Wollspickmittel.

Die Schafwolle wird vor dem Verspinnen mit „Wollspickmitteln“, „Wollschmälzölen“ eingefettet. Als solche werden hauptsächlich Ölsäure und fette Öle und namentlich auch Emulsionen von Ölsäure und fetten Ölen mit geringen Mengen Ammoniak oder Soda und Wasser und auch Türkischrotöle und Seifen verwendet. Die fetten Öle sind bei geringwertigen Produkten zum Teil auch durch Mineralöle ersetzt worden; es kommen auch aus minderwertigen Abfallfetten hergestellte Wollspicköle im Handel vor.

Gute Wollspickmittel müssen sich beim Waschen wieder leicht entfernen lassen und dürfen daher in erster Linie keine trocknenden Öle oder verharzenden Substanzen enthalten. Pollatschek[2]) macht darauf aufmerksam, daß bei der Herstellung von Türkischrotölen, welche zum Schmälzen der Wolle Verwendung finden sollen, bei der Sulfurierung des Ricinusöles gerade nur so viel Schwefelsäure angewendet werden soll,

---

[1]) Der Gerber 1893. 257.
[2]) Chem. Rev. üb. d. Fett- u. Harz-Ind. 1905. 12. 48.

Bestandteile	Wasserfreie, reine Moëllons				Reine Moëllons		Reine Moëllons mit viel Kalkseife		Unsicher, ob reine Moëllons oder oxydierte Trane	
	%	%	%	%	%	%	%	%	%	%
Wasser	0·34	0·82	0·85	0·29	13·19	19·51	18·98	15·33	16·99	9·48
Asche	0·03	0·32	0·04	0·01	0·13	0·22	0·51	0·53	0·08	0·13
In Petroläther lösliche Fettsäuren	71·30	70·87	83·38	75·53	69·68	67·13	63·75	59·72	71·31	72·07
In Petroläther unlösliche Fettsäuren (Dégrasbildner)	17·67	17·53	6·83	14·67	8·98	6·04	7·40	13·06	6·36	9·20
Glycerin, wasserlösliche Fettsäuren und Verlust	10·66	10·46	8·90	9·50	8·02	7·10	9·36	11·16	5·25	9·12

Bestandteile	Moëllons mit Wollfett versetzt. Gangbarste Dégrassorte.					Oxydierte Trane mit Wollfett			Mit Wollfett und Mineralöl versetzte Proben	
	%	%	%	%	%	%	%	%	%	%
Wasser	15·02	18·11	11·56	8·78	15·83	12·78	17·35	8·41	16·44	25·43
Asche	0·09	0·09	0·13	0·06	0·08	0·08	0·05	0·08	0·11	0·04
In Petroläther lösliche Fettsäuren	69·17	69·78	73·40	77·16	69·18	75·20	69·13	83·27	67·53	69·62
In Petroläther unlösliche Fettsäuren (Dégrasbildner)	7·70	6·06	7·33	7·50	7·34	6·12	6·59	3·08	3·17	2·31
Glycerin, wasserlösliche Fettsäuren und Verlust	8·02	5·96	7·58	6·20	7·57	5·82	6·88	5·16	3·75	2·60
Mineralöl	—	—	—	—	—	—	—	—	12·24	15·16

als dazu nötig ist, daß das Öl mit Wasser eine haltbare, weiße Emulsion gibt. Wird Wolle mit zu stark sulfurierten Ölen geschmälzt, so klebt sie leicht zusammen.

Die trocknenden Öle können bei längerem Lagern der Ware vor dem Waschen überdies auch leicht Selbstentzündung hervorrufen. Für österreichische Verhältnisse wird ferner verlangt, daß der Flammpunkt von Schmälzölen über 150° C. liegt. Für Öle, welche zwischen 130° und 150° C. flammen, werden höhere Versicherungsprämien verlangt. Hier sei jedoch erwähnt, daß Mineralöle nicht allein die Feuergefährlichkeit erhöhen.[1] Diesbezüglich ist auch die infolge von Oxydation auftretende Wärmeentwicklung von großem Belang. Was die Selbsterwärmung von Ölen, hervorgerufen durch Oxydation, anbelangt, so wird diese um so größer sein, je ungesättigter die Fettsäuren der Fette sind, welche dem Wollspickmittel zugesetzt wurden. Rinderklauenöl, Talgöl, Schmalzöl, Olivenöl und Ölsäure, welche nebenbei bemerkt die Kratzenbeschläge angreift, werden weniger leicht die Ursache von auftretenden Temperaturerhöhungen bilden, als Rüböl, Cottonöl und Leinöl, welche weitaus leichter oxydabel sind.

Die Temperaturerhöhungen, welche durch Oxydation verschiedener, auf Fasermaterialien (z. B. Baumwolle) verteilter Öle hervorgerufen werden, wurden von Richards[2], Kißling[3], Mackey[4] und Lippert[5] bei verschiedenen Versuchsanordnungen ermittelt.

Hier sei nur der Apparat von Mackey (Fig. 81) zur Ermittelung von Temperaturerhöhungen, hervorgerufen durch Oxydation von auf Baumwolle verteilten Ölen, beschrieben. Derselbe besteht aus einem Metallwasserbad W (aus Kupfer und innen verzinnt oder aus emailliertem Eisenblech), welches mit einem Deckel versehen ist, der ein Luftzuführungsrohr B, ein Luftabführungsrohr A und ein Thermometer D eingesetzt enthält. Der aus Drahtgeflecht hergestellte Zylinder C dient zur Aufnahme der mit dem zu untersuchenden Öle getränkten Baumwolle. Zur Durchführung des Versuches werden 7 g reiner Baumwolle mit 14 g des Öles auf das beste getränkt und derart in den Drahtzylinder C gebracht, daß sie denselben von oben an bis zu 12 cm herab erfüllen. Der Quecksilberkörper des Thermometers befindet sich inmitten der geölten Baumwolle. Nun wird das Wasser im Wasserbade zum lebhaften Kochen gebracht, der die Baumwolle enthaltende Zylinder und der Deckel des Apparates eingesetzt

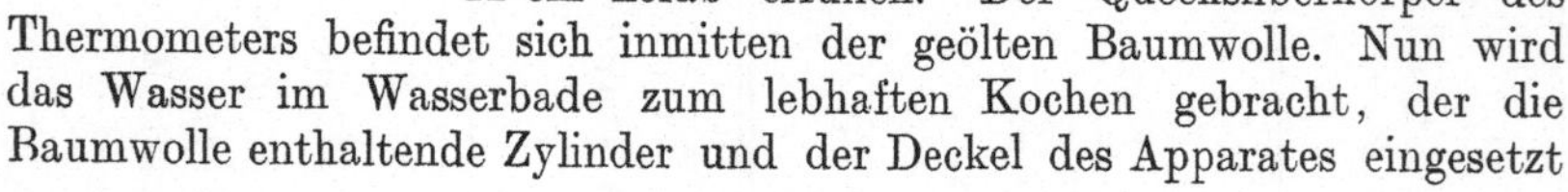

Fig. 81.

[1] S. Stransky, Chem. Rev. üb. d. Fett- u. Harz-Ind. 1898. 5. 193.
[2] Technolog. Quarterly. 1891. 346, nach Journ. Soc. Chem. Ind. 1892. 547.
[3] Zeitschr. f. angew. Chem. 1895. 8. 44.
[4] Journ. Soc. Chem. Ind. 1895. 940 u. 1896. 90.
[5] Zeitschr. f. angew. Chem. 1897. 10. 14.

und die Temperatur am Thermometer nach Verlauf einer Stunde abgelesen.

Bei feuergefährlichen Ölen steigt das Thermometer bereits nach einer Stunde über 100° C. Sollte die Temperatur bereits früher rasch steigen, so empfiehlt es sich, den Versuch zu unterbrechen, da sich sonst die Baumwolle entzünden könnte.

Zu beachten ist, daß kein Wasserdampf aus dem Wasserbade in den Raum gelangt, in welchem die Oxydation vor sich geht.

Die folgende Tabelle von Mackey[1]) enthält die bei einer Anzahl von Ölen mit Hilfe des Apparates erhaltenen Temperaturen.

Nr.	Öl	Temperatur nach 1 Stunde	Temperatur nach 1 Stunde 15 Minuten	Temperatur nach 1 Stunde 30 Minuten	Maximum
1	Cottonöl	125° C.	242° C.	—	272° C. in 1 St. 15 Min.
2	„	121 „	242 „	282° C.	284 „ „ 1 „ 35 „
3	„	128 „	212 „	225 „	225 „ „ 1 „ 30 „
4	„	124 „	210 „	—	248 „ „ 1 „ 35 „
5	„	116 „	192 „	200 „	200 „ „ 1 „ 30 „
6	„	118 „	191 „	202 „	202 „ „ 1 „ 30 „
7	„	117 „	190 „	194 „	194 „ „ 1 „ 30 „
8	„	112 „	177 „	204 „	211 „ „ 1 „ 45 „
9	Olivenölfettsäuren	114 „	177 „	—	196 „ „ 1 „ 25 „
10	„	105 „	165 „	—	293 „ „ 1 „ 55 „
11	„	102 „	135 „	208 „	226 „ „ 1 „ 45 „
12	Weißes austral. Oleïn	103 „	115 „	191 „	230 „ „ 1 „ 45 „
13	Olivenöl (mit ca. 1 %) freien Fettsäuren)	98 „	102 „	104 „	241 „ „ 3 „ 25 „
14	Oleïn	98 „	101 „	102 „	110 „ „ 2 „ 8 „
15	97 prozentiges Oleïn	98 „	100 „	102 „	172 „ „ 3 „ 15 „
16	Belgisches Oleïn	98 „	99 „	100 „	173 „ „ 3 „ 16 „
17	Olivenöl (neutral)	98 „	100 „	101 „	235 „ „ 5 „ 15 „
18	„ „	97 „	100 „	101 „	228 „ „ 4 „ 30 „
19	„ „	97 „	—	101 „	235 „ „ 4 „ 55 „

Ganz besonders leicht zur Selbsterwärmung durch Oxydation geneigt sind gekochte Leinöle und insbesondere Firnisse.

Außer von der Zusammensetzung des Öles (resp. seinem Gehalte an mehr oder weniger ungesättigten Fettsäuren) hängt die durch Oxydation bedingte Selbsterwärmung noch von der Einwirkung der der Luft gebotenen Oberfläche, von der Struktur und Art des Fasermaterials, von dem Schutze gegen Wärmeausstrahlung und von dem Einflusse des Lichtes ab. Am meisten wird die Wärmeentwicklung gefördert bei Seidenmaterial, weniger bei Wolle, dann folgen der Reihe nach Baumwolle, Jute und Hanf.

Neben der Prüfung eines Öles betreffs seiner Neigung zur Selbsterwärmung durch Oxydation ist noch die Bestimmung des Flammpunktes

---

[1]) Journ. Soc. Chem. Ind. 1896. 91.

(S. 386) und die Ermittlung des Gehaltes an unverseifbaren Bestandteilen (S. 212) zur Begutachtung von Wollspickölen unerläßlich. Durch den oft niederen Flammpunkt und durch die Schnelligkeit, mit der sich ein einmal entstandener Brand ausbreitet, wenn mineralölreiche Mischungen zur Verwendung gelangen, wird die Feuergefährlichkeit der Spicköle durch einen hohen Mineralölgehalt oft wesentlich erhöht. Nach den Erfahrungen von Richards kann Rinderklauenöl und Schmalzöl ohne Gefahr mit bis zu 50—60 $\%$ Mineralöl gemischt werden, während Cottonöl nur bis zu 25 $\%$ Mineralöl zugesetzt erhalten darf.

Nach Morawski[1]) haben sich auch die aus den Walkwässern gewonnenen Walkfette als brauchbare Spickmittel erwiesen. Der Zusatz von Mineralölen zu solchen Wollspickölen wird durch den Umstand begünstigt, daß sich noch 80 T. Mineralöl mit nur 10 T. Ölsäure und 10 T. einer halbprozentigen Sodalösung sehr gut emulgieren, doch muß bemerkt werden, daß ein größerer Mineralöl- oder auch Harzölgehalt in derartigen Ölen auch häufig die Ursache von Flecken in den Tuchen ist.

Die chemische Analyse solcher Schmälzmittel wird nach den für die Fette und Seifen verwendeten, allgemeinen Methoden durchgeführt. Man bestimmt den Gehalt an Natron, beziehungsweise an Soda und Ammoniak (das letztere wie im Türkischrotöl) und prüft das mit Säure abgeschiedene Gesamtfett auf freie Fettsäuren, Neutralfett und Mineralöl. Gummi- oder leimartige Substanzen, welche zur Beförderung der Emulgierung zuweilen zugesetzt werden, lassen sich mit Alkohol ausfällen.

Über die Natur des Fettes geben die quantitativen Reaktionen Aufschluß.

Horwitz[2]) fand ein Präparat zusammengesetzt aus:

Fett	14·16 T.
Soda	0·91 „
Ammoniak	0·32 „
Wasser	84·45 „

Die Untersuchung eines anderen Öles ergab nach Morawski:

Wasser	76·67 $\%$
Öl	20·86 „
Gummiartige Substanz . .	0.72 „
Natronseife, wasserfrei . .	0.91 „
Unlösliches und Verlust . .	0.84 „

Die gummiartige Substanz dürfte aus einer Abkochung von Carragheen gewonnen sein.

Fuchs und Schiff fanden die Zusammensetzung eines Spicköles, welches eine bräunlich-gelbe, zähflüssige Masse darstellte, wie folgt:

Asche	0·05 $\%$
Ammoniak	1·6 „
Fettsäuren (an Ammoniak gebunden)	69·6 „

[1]) Mitt. Techn. Gew.-Mus. Wien 1882. 2. 14.
[2]) Dinglers Polyt. Journ. 271. 29.

Neutralfett (Rüböl) . . . . 10·8 %
Unverseifbarer Anteil . . . . 1·5 „
Wasser . . . . 16·5 „

Die an Ammoniak gebundenen Fettsäuren besaßen eine Säurezahl 201 und eine Jodzahl 87 und bestanden daher aus Elaïn, und das Neutralfett wurde durch die Verseifungszahl 179 und die Jodzahl 104 als Rüböl erkannt.

K. Speisefette.

Die Zahl der zur Ernährung verwendeten Fette und Öle ist heute eine sehr große. Von Fetten tierischen Ursprungs kommen namentlich Butterfett, Rindertalg (Premier jus und Oleomargarin) und Schweinefett in Betracht, doch finden auch Gänsefett und andere Fette Verwendung.

Ein großer Teil der vegetabilischen Fette, und zwar nur Öle erster Pressung, wird direkt zu Speisezwecken verwendet, doch können auch Öle zweiter Pressung durch geeignete Raffinationsverfahren genußfähig gemacht werden. Am meisten verwendet werden Olivenöl, Sesamöl, Baumwollsamenöl, Erdnußöl, Bucheckernöl, Sonnenblumenöl, Rüböl, Nußöl, dann auch lokal Leinöl, Kürbissamenöl und Leindotteröl. Es ist namentlich in letzter Zeit gelungen, saure oder scharf schmeckende Öle so zu reinigen, daß sie zum Genusse verwendet werden können.

Einen großen Aufschwung hat ferner die Fabrikation von Pflanzenbutter aus Cocosöl genommen.

Da die Produktion an tierischen, für Speisezwecke geeigneten Fetten dem Konsum nicht genügte, wurden die Pflanzenfette als Ersatz herangezogen. Die Ansicht, daß es wünschenswert sei, daß die tierischen Fette ganz durch Pflanzenfette ersetzt werden sollten, weil die Gefahr bestehe, daß zur Bereitung der tierischen Speisefette auch Fette von kranken Tieren verwendet würden, welche nachgewiesenermaßen tierische Parasiten, somit Krankheitserreger enthalten können,[1] dürfte, mit Rücksicht auf die heute bestehenden, strengen, veterinärpolizeilichen Vorschriften, wenigstens auf den Schlachthöfen Europas, nicht mehr den Tatsachen entsprechen.

Die Frage der Verdaulichkeit der in den Verkehr gebrachten billigeren Ersatzfette hat zuerst A. Mayer studiert.[2] Er hat durch Verdauungsversuche gefunden, daß die Verdaulichkeit für Butter und für Margarine, die damals vorwiegend aus emulgiertem Oleomargarin bestand, nahezu gleich groß ist. Zu demselben Ergebnis sind Hultgren und Landergren[3], Jolles[4] und Kienzl[5] gekommen.

Lührig[6] hat mit den verschiedensten billigen Ersatzfetten Verdauungsversuche ausgeführt und folgende Resultate erhalten:

---

[1] Vergl. Sell, Arbeiten a. d. Kais. Gesundheitsamte I. 491.

[2] Landwirtsch. Vers.-Stat. 1883. 29. 215.

[3] Skand. Arch. f. Physiol. 1891. — Lührig, Zeitschr. f. Nahrungs- u. Genußm. 1899. 770.

[4] Milchzeitg. 1894. 670. — Jolles, Über Margarine, Bonn 1895.

[5] Österr. Chem. Ztg. 1898. 1. 198.

[6] Zeitschr. f. Nahrungs- u. Genußm. 1899. 484, 622, 769; 1900. 73.

1. Butter und Margarine verhalten sich bezüglich des Grades ihrer Verdaulichkeit völlig gleich. (Lührig hat zu seinen Versuchen Margarine verwendet, welche auch vegetabilische Fette enthielt, so wie sie jetzt hergestellt wird.)
2. Palmin, ein raffiniertes Cocosfett, ist ebenso vollständig verdaulich wie Butter und Margarine.
3. Kunstspeisefett ist gleich gut verdaulich wie Schweinefett.

Da König[1]) angibt, daß Naturbutter leichter verdaulich ist als Margarine, weil erstere leichter verseifbar und emulgierbar ist, hat Lührig[2]) die Verseifungsgeschwindigkeit von Butter, Margarine, Schweinefett, Baumwollsamenöl, Sesamöl und Cocosfett bestimmt und hat sie für alle diese Fette auch gleich groß gefunden. Wenn also die Verseifungsgeschwindigkeit wirklich ein Maß für die Resorbierbarkeit ist, so sind alle diese Fette auch gleich leicht verdaulich.

Eine Einteilung der Speisefette könnte erfolgen in Speiseöle[3]), ferner in Buttersurrogate (s. Margarine) und Schmalzsurrogate. Die beiden ersten sind an geeigneter Stelle besprochen, die letzteren werden als „Kunstspeisefett" bezeichnet.

Kunstspeisefett.

Unter Kunstspeisefett verstehen das deutsche und das österreichische Gesetz diejenigen, dem Schweinefett ähnlichen Fette, deren Fettgehalt nicht ausschließlich aus Schweinefett besteht; reine Fette bestimmter Tiere und Pflanzen, welche unter den ihrem Ursprung entsprechenden Bezeichnungen in den Verkehr gebracht werden, fallen jedoch nicht unter diese Bezeichnung.

Die verschiedenen Sorten Kunstspeisefett sind in der Regel mehr oder weniger weiß und haben eine ähnliche Konsistenz wie das Schweinefett; im Geruch und Geschmack zeigen sie nur bei Zusatz von Schweinefett Ähnlichkeit mit diesem, die von der Menge des zugesetzten Schweinefettes abhängt. In Deutschland kommt unter dem Namen Kunstspeisefett auch ein gelb gefärbtes Fett in den Handel, der sogenannte „präparierte Talg", welcher einen Ersatz für Speisetalg bieten soll.

Ein großer Teil des gehandelten Kunstspeisefettes kommt aus Amerika; es wurde früher von dort unter den Bezeichnungen Cottolene, Compound Lard und sogar auch Refined Lard eingeführt. Das amerikanische Kunstspeisefett besteht aus weißem (gebleichtem) Cottonöl und aus Preßtalg. Viel Kunstspeisefett wird jetzt in Deutschland selbst hergestellt. Die deutschen Fabrikate waren anfänglich und sind teilweise heute noch Mischungen von weißem Cottonöl und Cottonstearin mit gebleichtem Rindertalg (Premier jus); sie enthalten außerdem noch häufig Preßtalg, Cocosfett usw. Außer diesen den amerika-

---

[1]) Chemie d. menschl. Nahrungs- u. Genußm., 3. Aufl., 1893. II. 306.
[2]) Chem. Zeitg. 1900. 24. 646.
[3]) Möllinger, Chem. Zeitg. 1892. 16. 726. Die Eigenschaften der auch als Speiseöle verwendeten, fetten Öle sind in Kap. XII besprochen.

nischen Fabrikaten ähnlichen Fetten werden jetzt vielfach Kunstspeisefette in den Handel gebracht, welche Zusätze von Schweinefett, Westernschmalz, bzw. Lardoil und Lardstearin enthalten. Diese Speisefette kommen auch im Geruch und im Geschmack dem Schweinefett sehr nahe; sind sie außerdem mit Zwiebeln, Gewürzen und geröstetem Brot erhitzt worden, so sind sie dem Bratenschmalz sehr ähnlich und heißen im Verkehr „Bratenfett“. Der erwähnte präparierte Talg stellt ein Gemisch von Cottonöl mit Talg und eventuell mit Preßtalg dar, das mit Butterfarbe gefärbt ist.

Die Fabrikation des Kunstspeisefettes ist sehr einfach; die geschmolzenen Fette werden gemischt und, wenn sie nicht vorher entfärbt worden waren, mit Bleicherde (Fullererde, Aluminiummagnesiumhydrosilicat) behandelt. Das Fettgemenge wird, um es vollständig rein zu erhalten, durch eine Filterpresse gedrückt und dann zur Erzielung des glatten Aussehens entweder unter Abkühlung gerührt, wozu sich die Kirnmaschine (s. S. 264) sehr gut eignet, oder über mit Eiswasser gekühlte Trommeln laufen gelassen, auf denen es erstarrt, und mittels Abstreichvorrichtungen von denselben entfernt. Zur Herstellung glatter Speisefette soll sich auch die Homogenisiermaschine von Schröder (s. S. 269) gut bewähren.

Für die Fabrikation und für den Vertrieb des Kunstspeisefettes gelten in Deutschland und Österreich dieselben gesetzlichen Bestimmungen wie für Margarine.

Bei der Untersuchung von Kunstspeisefett handelt es sich in erster Linie um den Nachweis von Nichtfetten: Wasser, Salzen, unverseifbaren Substanzen. Speisefette, welche unverseifbare Substanzen enthalten, sind natürlich zu verwerfen. Als die Kunstspeisefettfabrikation in Deutschland in größerem Maße aufgenommen wurde, fanden sich im Verkehr auch sog. Speisefette, welche bis zu $10\,^0/_0$ unverseifbare Anteile (feste Kohlenwasserstoffe) enthielten; wenn auch, dank dem Eingreifen der Behörden, diese Fabrikate bald wieder verschwunden sind, so tauchen doch hie und da Speisefette im Verkehre auf, welche, wenn auch geringere Mengen, Paraffin enthalten. — Ein Zusatz von Wasser und Salzen ist ebenfalls zu beanstanden, da Kunstspeisefett nach dem Handelsgebrauch reines Fett sein soll.

Über die Zusammensetzung eines Kunstspeisefettes kann man durch die Analyse gewisse Aufschlüsse erhalten; ein genaues Bild von ihr kann man nur in seltenen Fällen gewinnen.

Cocosfett wird an der erhöhten Verseifungszahl erkannt; cocosfettfreie Speisefette zeigen eine Verseifungszahl von 193 bis 198. Ein Speisefett, welches schon durch den Geruch die Anwesenheit von Cocosfett verriet, hatte die Verseifungszahl 201·5.

Der Gehalt an Cottonöl einerseits und an tierischem Fett andrerseits, sowie die Jodzahl des letzteren können annähernd nach Wallenstein und Finck[1]) berechnet werden:

---

[1]) Chem. Zeitg. 1894. 18. 1189.

Zu bestimmen sind die äußere und die innere Jodzahl des Fettes, außerdem hat man sich über die innere Jodzahl des tierischen Fettes zu entscheiden. Gewöhnlich hat man diese gleich $92{\cdot}4$ zu setzen, da man nur mit der Anwesenheit von Talg und Preßtalg zu rechnen hat; vermutet man auch Schweinefett, so setzt man sie gleich $\dfrac{106+92{\cdot}4}{2}=99{\cdot}2$.

Für die innere Jodzahl $92{\cdot}4$ gestaltet sich die Rechnung folgendermaßen: Es sei

	Die Menge in Prozenten	Die äußere Jodzahl	Die innere Jodzahl	Die Menge der flüssigen Fettsäuren aus 100 Teilen
Cottonöl	x	108	$147{\cdot}5$	$100\,\dfrac{108}{147{\cdot}5}$
Tierfett	$100-x$	y	$92{\cdot}4$	$100\,\dfrac{y}{92{\cdot}4}$
Untersuchtes Fett	100	i	J	$100\cdot\dfrac{i}{J}$

Daraus folgt:

1. $\qquad 100\,\dfrac{i}{J}=\dfrac{x}{100}\cdot 100\cdot\dfrac{108}{147{\cdot}5}+\dfrac{100-x}{100}\cdot 100\,\dfrac{y}{92{\cdot}4}$,

2. $\qquad i=\dfrac{x}{100}\cdot 108+\dfrac{100-x}{100}\cdot y$,

ferner

1. $\qquad 100\cdot 147{\cdot}5\cdot 92{\cdot}4\cdot i=[108\cdot 92{\cdot}4\cdot x+147{\cdot}5\,(100-x)\,y]\,J$.

2. $\qquad (100-x)\,y=100\,i-108\,x$

und

$$x=\dfrac{100\cdot 147{\cdot}5\,(J-92{\cdot}4)}{108\cdot 55{\cdot}1\cdot J}$$

$$y=\dfrac{100\,i-108\,x}{100-x};$$

aus der Größe von y kann man ersehen, ob ein Gemisch von Talg und Preßtalg oder nur eines dieser Fette vorliegt; ist auch Schmalz vorhanden, so kann man eventuell dessen Menge ungefähr berechnen.

Die äußere und die innere Jodzahl der verschiedenen Kunstspeisefette und die einzelnen Kunstspeisefette sind zu verschiedenen Zeiten sehr verschieden, da ihre Zusammensetzung je nach der Jahreszeit und den Marktverhältnissen (Preis von Cottonöl, Talg und Preßtalg einerseits und von Schweinefett andrerseits) sehr verschieden ist.

Geißenberger hat in verschiedenen Speisefetten äußere Jodzahlen von 70—87 und innere Jodzahlen von 130—140 gefunden.

Bei der Untersuchung der Speisefette im allgemeinen ist neben dem Nachweis von Verfälschungen das Augenmerk auch auf die Genießbarkeit zu richten. Ungenießbar sind verunreinigte, ekelerregend aussehende, von Schimmelpilzen durchzogene Fette. Ranzige Fette sind stets minderwertig, können aber unter Umständen noch zu Genußzwecken verwendet werden.

Zur Beurteilung des Grades der Ranzigkeit beschränkte man sich früher darauf, den Gehalt der Fette an freien Fettsäuren zu bestimmen, man gab diesen in „Ranziditätsgraden" an, welche die Anzahl Kubikzentimeter Normalalkali ausdrückten, die zur Neutralisation von 100 g Fett erforderlich sind, und setzte dann gewisse Grenzen fest, jenseits derer ein Fett als ungenießbar erklärt werden sollte. Nach Stockmeier[1] z. B. ist eine Butter mit mehr als 8 Ranziditätsgraden zu beanstanden. Mansfeld[2] bezeichnet eine Butter mit 8 Ranziditätsgraden als „stark ranzig", eine solche mit 10 als „ungenießbar". Statt der Bezeichnung „Ranziditätsgrad" wendet man jetzt auch allgemein die bessere Bezeichnung „Säuregrad" an. Nach den Beschlüssen der Jahresversammlung des Vereines der Schweizer analytischen Chemiker in Zürich[3] ist eine Butter als „ranzig" zu bezeichnen, wenn sie ranzig riecht und schmeckt und mehr als 10 Ranziditätsgrade besitzt. Halenke, sowie auch Schweißinger[4] haben jedoch gefunden, daß Butter mit weit höherem Säuregehalte noch wohlschmeckend sein kann, wogegen Besana[5] und andere den Gehalt an freier Säure überhaupt nicht für proportional mit dem Ranziditätsgrade ansehen, weil Butter mit niedriger Säurezahl schon stark ranzig schmecken kann (s. auch Butter und „Eigenschaften der Fette und Öle").

Ein hoher Gehalt an freien Fettsäuren kann auch von der Herstellungsweise herrühren; Fette, die z. B. in Dampffässern unter Druck ausgeschmolzen werden, zeigen höhere Säurezahlen, als wenn sie über freiem Feuer oder im Wasserbade ausgeschmolzen werden. Ranzige Fette mit hoher Säurezahl können auch durch Behandeln mit Alkalien auf eine niedrige Säurezahl gebracht werden und trotzdem ranzig riechen und schmecken und ungenießbar sein.

Die chemischen Proben lassen also, wenn es sich darum handelt, zu beurteilen, ob ein Fett genießbar ist oder nicht, mehr oder weniger im Stiche, und es werden in letzter Linie stets Geruch- und Geschmacksprobe darüber zu entscheiden haben, ob ein Fett so stark ranzig ist, daß es ungenießbar ist. Eine einfache Reaktion, welche bei durch Belichtung verdorbenen Fetten mit den Wahrnehmungen des Geruch- und Geschmackssinnes so ziemlich parallel läuft, ist die Superoxydreaktion (Titansulfat, Jodkaliumstärke) (Pastrovich).

Zum Nachweis, ob ein Fett überhaupt ranzig ist oder nicht, prüft Schmid[6] auf die durch Oxydation des Glycerins entstehenden Aldehyde und Ketone. Er destilliert das Fett mit Wasserdampf ab und fängt das Destillat in einem Kolben auf, in dem sich eine 1 prozentige Lösung von salzsaurem Metaphenylendiamin befindet. Bei frischen Fetten tritt höchstens eine schwache gelbe Färbung auf, bei ranzigen Fetten tritt eine starke gelbe bis gelbbraune Färbung auf.

---

[1] Vierteljahrsschr. d. Nahrungs- u. Genußm. 1889. 428.
[2] Chem. Zeitg. 1894. 18. 764.
[3] Chem. Zeitg. 1894. 18. 1480.
[4] Zeitschr. f. angew. Chem. 1890. 3. 696.
[5] Chem. Zeitg. 1891. 15. 410.
[6] Zeitschr. f. analyt. Chem. 1898. 301.

Alkalische Silberlösung (zweckmäßig eine 10 proz. Silbernitratlösung in Ammoniak vom spez. Gew. 0·92, welche mit dem gleichen Volumen 10 proz. Natronlauge vermischt wurde) wird durch Aldehyde reduziert.

Mit Hilfe von fuchsinschwefliger Säure kann der Nachweis der Aldehyde gleichfalls geführt werden. Schmid empfiehlt, hierzu eine 1 prozentige Schwefligsäurelösung, welche mit dem gleichen Volumen einer Fuchsinlösung 1:1000 gemischt wurde, zu verwenden. Kolorimetrisch kann mit diesem Reagens auch der Gehalt an Aldehyden quantitativ ermittelt werden.

Mayrhofer[1]) hat versucht, die Menge der mit Wasserdampf flüchtigen, reduzierenden Körper in ranzigen Fetten mit Hilfe von Kaliumpermanganat in alkalischer Lösung quantitativ auf titrimetrischem Wege zu bestimmen.

Zur Beurteilung der Verdorbenheit von Fetten empfiehlt Schmid:
1. Die Bestimmung des Säuregrades.
2. Die Bestimmung der Aldehyde.
3. Die Bestimmung der Oxyfettsäuren mit Hilfe der Acetylzahl nach Benedikt und Ulzer.
4. Die Bestimmung der flüchtigen Fettsäuren und Ester derselben nach Amthor[2]) und
5. Die Prüfung auf Schimmelpilze.

L. Ölsamen und Ölkuchen.

Zur Bestimmung des Fettgehaltes von Ölsamen oder Ölkuchen wird eine größere Probe, im Gewichte von mindestens 100 g, in einer Kaffeemühle fein zerkleinert und dann in einem der S. 46 ff. beschriebenen Extraktionsapparate mit Äther oder Petroleumäther extrahiert.

Bei Anwendung von Äther ist es notwendig, das zu extrahierende Material vorher zu trocknen, den Äther durch Schütteln mit Wasser von Alkohol zu befreien, mit Chlorcalcium zu schütteln, zu destillieren und endlich mit Natrium zu behandeln. Wasserhaltige Ölsamen oder Ölkuchen geben zuweilen auch Nichtfette an Äther ab.

Das Trocknen von Materialen, welche trocknende Öle enthalten, namentlich von Leinsamen und Leinkuchen, muß mit besonderer Vorsicht geschehen, da diese Öle bei Anwendung zu hoher Temperaturen oder zu langem Erwärmen unlöslich werden. So fand Klopsch[3]), daß ein 3 Stunden bei 94°—96° C. im Wassertrockenkasten getrocknetes Leinkuchenmehl 8·97 % Fett lieferte, während nach der sechsstündigen Trocknung bei 110° C. nur 8·55 % und nach zwölfstündiger Trocknung bei 94°—96° C. nur 7·89 % Fett extrahiert werden konnten.

Klopsch schlägt deshalb vor, das gepulverte Material nur durch 3 Stunden im Wassertrockenkasten zu erwärmen. Bäßler[4]) trocknet

[1]) Zeitschr. f. Unters. d. Nahrungs- u. Genußm. 1898. 552.
[2]) Zeitschr. f. analyt. Chem. 1899. 16.
[3]) Zeitschr. f. analyt. Chem. 1888. 27. 452.
[4]) Landwirtsch. Vers.-Stat. 1888. 25. 341.

im Vakuum über Schwefelsäure oder im Wasserstoffstrom, rektifiziert den Äther über Natrium und verschließt das Kühlrohr des Ätherextraktionsapparates mit einem Chlorcalciumrohr. Wrampelmeyer[1]) trocknet 3 g des zur Extraktion bestimmten Materiales in den zur Extraktion bestimmten Hülsen eine Stunde bei der Temperatur des siedenden Wassers im Leuchtgasstrom.

Zu hoch getrocknete Proben geben harzartige, braune Auszüge. Die Analyse ist nur dann richtig, wenn der Extrakt wie frisches Leinöl aussieht.

Fettreiche Samen machen nach Ruppel[2]) zur Erreichung der vollständigen Entfettung ein besonderes Verfahren nötig. 10 g der Samenprobe werden in einer Reibschale nach und nach in kleinen Mengen zerquetscht und zerrieben und dann 6 Stunden mit Äther extrahiert. Das hierbei gewonnene Öl wird nach dem Verdunsten des Äthers 2 Stunden bei 100° C. getrocknet und gewogen. Die extrahierten Samenrückstände werden nach dem Verdunsten des Äthers fein zerrieben und in zwei Portionen mit je 2 g das Fett bis zur Erschöpfung extrahiert. Diese beiden letzten Proben werden zweckmäßig mit Quarzsand vermischt. Das gewonnene Fett wird wie die Hauptmenge behandelt.

Bei Anwendung von Petroleumäther ist nach Nördlinger[3]) das vorhergehende Trocknen überflüssig.

Saatgattung	100 T. Saat enthalten		100 T. Gesamtfett enthalten
	freie Fettsäuren	Gesamtfett	freie Fettsäuren
Rübsen (Brassica rapa)	0·42	37·75	1·10
Kohlreps (Brassica campestris) . . .	0·32	41·22	0·77
Mohn (Papaver somniferum)	3·20	46·90	6·66
Erdnüsse a) Kerne	1·91	46·09	4·15
„ b) Hülsen	1·91	4·43	43·10
Sesam	1·21	51·59	4·59
Ricinus	2·21	46·32	2·52
Palmkerne (mit durchschnittlich sechs Hülsen)	4·19	49·16	8·53
Coprah	2·98	67·40	4·42

Ölkuchen	100 T. enthalten		100 T. Gesamtfett enthalten
	freie Fettsäuren	Gesamtfett	freie Fettsäure
Rübsen	0·93	8·81	10·55
Mohn	5·66	9·63	58·89
Erdnuß	1·42	7·65	18·62
Sesam	6·15	15·44	40·29
Palmkerne	1·47	10·39	14·28
Cocosnuß	1·31	13·11	10·51
Lein	0·75	8·81	9·75
Ricinus	1·27	6·53	20·07

[1]) Landwirtsch. Vers.-Stat. 1899. 36. 287.
[2]) Zeitschr. f. analyt. Chem. 1906. 45. 112.
[3]) Zeitschr. f. analyt. Chem. 1889. 183 und 1890. 6.

Angaben über den Ölgehalt von Samen und Ölkuchen finden sich in der Literatur reichlich vor. Aus denselben sollen nur die von Nörd-linger ermittelten Daten hervorgehoben werden, weil sie interessante Aufschlüsse über das Verhältnis des Gesamtfettes zu den freien Fett-säuren geben (s. vorstehende Tabellen). Die freien Fettsäuren sind auf Ölsäure berechnet.

Diesen sehr hohen Gehalten an freien Fettsäuren gegenüber er-gaben nach Dyer[1]) 100 Proben von Ölkuchen im Durchschnitt nur $6 \cdot 3^0/_0$ freier Fettsäuren, berechnet auf das Fett. Gute Proben zeigten durchschnittlich $3^0/_0$, alte, verfälschte und zersetzte Proben durchschnitt-lich $20^0/_0$. Bei den letzten Berechnungen, welche die Prozentgehalte in Leinölsäure ausgedrückt enthalten, ist das Molekulargewicht 280 zu-grunde gelegt.

Vollständige Durchschnittsanalysen von Ölkuchen zeigt die folgende Tabelle:[2])

	Wasser Proz.	Rohprotein Proz.	Rohfett Proz.	Stickstofffreie Extraktstoffe Proz.	Rohfaser Proz.	Asche Proz.
Baumwollsamenkuchen aus geschäl-ten Samen	11·2	38·8	13·7	19·5	9·2	7·6
Baumwollsamenkuchen aus unge-schälten Samen	11·3	23·6	6·1	30·5	22·1	6·4
Rapskuchen	11·34	23·87	7·38	21·44	7·40	5·85
Rübsenkuchen	12·43	28·31	10·95	24·52	16·79	7·27
Leinkuchen	12·2	29·5	9·9	30·8	9·7	7·9
Leindotterkuchen	11·8	33·1	9·2	27·4	11·6	6·9
Erdnußkuchen aus ungeschälten Samen	9·8	31·0	8·6	21·0	22·7	6·9
Erdnußkuchen aus geschälten Samen	10·2	44·4	8·0	36·4	5·4	5·6
Mohnkuchen	11·5	31·9	11·5	22·5	11·5	11·1
Sesamkuchen	11·1	36·6	11·9	22·4	8·1	9·9
Sonnenblumenkuchen	10·3	37·3	8·4	26·0	9·9	8·1
Palmkernkuchen	10·5	15·9	8·0	39·3	20·4	5·9
Cocosnußkuchen	9·4	20·2	12·5	38·5	14·2	5·2
Hanfkuchen	15·14	27·56	7·11	23·13	19·20	7·86
Capokkuchen	13·3	26·3	5·8	19·9	28·20	6·5
Candlenußkuchen	7·7	52·9	10·6	16·3	4·0	8·5
Nigerkuchen	11·5	33.1	4·1	43·3		8·0
Madiakuchen	11·2	31·6	15·0	9·8	25·7	6·7
Buchenkernkuchen aus ungeschälten Kernen	12·5	37·1	7·5	29·7	5·5	7·7

Das Verhältnis von Gesamtfett und Fettsäuren in Extraktions-mehlen ist nach Nördlinger dasselbe wie in dem extrahierten Fett. Die Öle erster Pressung enthalten weit weniger Säure als das Gesamt-

---

[1]) Chem. Zeitg. 1893. 17. 70; nach Journ. Soc. Chem. Ind.
[2]) Kornauth, Mitt. Techn. Vers.-Anst. f. Rübenzucker-Ind. i. d. österr.-ung. Monarchie (Organ d. Zentralvereins f. Rübenzucker-Ind. i. d. österr.-ung. Monarchie) 1887. 18. 705, 774, 778.

fett in den Samen, somit bleiben mehr freie Säuren in den Kuchen zurück. Die Öle zweiter und dritter Pressung sind säurereicher, doch bleibt auch hier ein großer Teil der freien Säuren in den Fettkuchen zurück.

Beispiel:

100 kg Mohn gaben extrahiert 46·9 kg Öl		mit 3·2 kg freien Fettsäuren

| 100 kg Mohn gaben gepreßt | { 39·0 kg Speiseöl mit 0·75 kg freien Fettsäuren | |
| | 2·5 „ techn. Öl „ 0·38 „ „ „ | |

Summa 41·5 kg Öl   mit 1·13 kg freien Fettsäuren
In Kuchen verbleiben 5·4 „ „   „ 2·07 „ „ „

Somit enthält das Extraktöl 6·82, das Speiseöl 1·92, das technische Öl 15·37 und das Ölkuchenfett 38·32 °/₀ freie Fettsäuren.

Die Bestimmung des Säuregehaltes der Fettsamen (durch Titration des extrahierten Öles mit Kalilauge) ist somit von Bedeutung für die Beurteilung der Qualität von Fett und Kuchen. Beim Preßverfahren ist die Fabrikation in der Weise zu regeln, daß, wenn ein gewisser Säuregehalt des Produktes nicht überschritten werden soll, säurereiche Saaten weniger stark gepreßt werden, als säureärmere.

Außer durch die mikroskopische Prüfung kann man durch Bestimmung des Säuregehaltes des extrahierten Fettes entscheiden, ob Preßkuchenmehl oder Extraktionsmehl vorliegt. Die Säurebestimmung von Ölen wird auch bei der Entscheidung der Frage, ob Extraktionsöl oder gepreßtes Öl vorliegt, Anhaltspunkte geben, nachdem Extraktionsöle in ihrer Zusammensetzung dem in der Saat enthaltenen Öl entsprechen und im allgemeinen mehr Säure enthalten, als die Öle erster Pressung, aber nur $^1/_4$—$^1/_2$ des Säuregehaltes der „technischen Öle" (Öle zweiter und dritter Pressung) aufweisen.

M. Untersuchung des Glycerins.

Glycerin [$C_3H_8O_3$].

Glycerin wird im großen als Nebenprodukt bei der Fettspaltung in den Stearinfabriken und Seifensiedereien und bei der Seifenerzeugung aus Neutralfetten gewonnen. Es ist im reinen Zustande eine farblose, rein süß schmeckende, schwer bewegliche Flüssigkeit von neutraler Reaktion, welche in der Winterkälte dem rhombischen Systeme angehörige Kristalle absetzt und endlich zu einer weißen Kristallmasse erstarrt, die erst bei 22° C. wieder schmilzt. Es fühlt sich schlüpfrig wie Öl an und bringt schon auf der Haut, besonders aber auf den Schleimhäuten das Gefühl von Wärme hervor, indem es den Geweben Wasser entzieht.

Bei gewöhnlicher Temperatur verdampft es außerordentlich langsam; bei 100° C. gibt es schon merkbare Mengen ab, indem seine Spannkraft bei dieser Temperatur und 760 mm Barometerstand schon 64 mm beträgt. Beim Erhitzen von 5 g getrocknetem Glycerin auf dem Wasserbade entweichen regelmäßig in je 2 Stunden 0·1 g oder 2 °/₀. Nach

Clausnitzer[1]) kann Glycerin durch Stehen über Schwefelsäure im Vakuum vollständig getrocknet werden, während es nach Struve[2]) unter diesen Verhältnissen seinen Wassergehalt nur bis auf 1·52% verliert, welche zurückgehalten werden.

In einem Kölbchen, welches mit einer Papierkappe ´verschlossen ist, kann Glycerin im Luftbade bei 100°—110° C. vollständig getrocknet werden, ohne daß merkliche Mengen Glycerin entweichen; die Abnahme beträgt in je 2 Stunden 1 bis höchstens 2·2 mg. Verdünnte Glycerinlösungen können nach Hehner[3]) ohne Glycerinverlust eingedampft werden, bis der Glyceringehalt 70% erreicht. Dieser Angabe widerspricht die Behauptung Struves, daß bei der Destillation von Glycerin mit Wasser sich etwas Glycerin mit den Wasserdämpfen verflüchtigt. Bei 290° C. läßt es sich fast unzersetzt destillieren. Unter 50 mm Druck siedet es bei 210° C., unter 12·5 mm Druck bei 179·5° C. Im Vakuum ist es unzersetzt flüchtig. Im großen wird es bei 180°—200° C. mit überhitztem Dampf destilliert.

Reines Glycerin kann in einer Schale bei ca. 150°—200° C. ohne jeden Rückstand abgedampft werden. Dabei läßt es sich entzünden und verbrennt mit blauer Flamme ohne wahrnehmbaren Geruch. Wird es aber rasch auf dem Platinblech erhitzt, so verbrennt es unter Entwicklung von Acroleïndämpfen.

Die Angaben über das spezifische Gewicht des wasserfreien Glycerins stimmen nicht genau untereinander überein, was seinen Grund darin hat, daß das Glycerin sehr hygroskopisch ist und nur schwer von den letzten Anteilen Wasser befreit werden kann.[4])

Von neueren Angaben über das spezifische Gewicht[5]) des Glycerins seien angeführt:

1·26353 bei 15° C. bezogen auf Wasser von 0° C., oder 1·26468 bezogen auf Wasser von 15° C. (Mendelejeff), 1·2653 bei 15° C. (Wasser von 15° C = 1, Gerlach), 1·262 bei 17·5° C. (Strohmer).

Nicol[6]) hat die spezifischen Gewichte des reinen Glycerins und wässeriger Glycerinlösungen bei 20° C. im Sprengelrohr genau bestimmt:

Glyceringehalt:	Spez. Gewicht:	Glyceringehalt:	Spez. Gewicht:
100	1·26348	50	1·12831
90	1·23720	40	1·10118
80	1·21010	30	1·07469
70	1·18293	20	1·04884
60	1·15561	10	1·02391

Glycerin läßt sich in allen Verhältnissen mit Wasser mischen, dabei tritt Volumverminderung und Temperaturerhöhung ein. Die größte Erwärmung, nämlich eine solche um 5° C. tritt ein, wenn man 58 Gewichts-

---

[1]) Zeitschr. f. analyt. Chem. 1895. 20. 65.
[2]) Zeitschr. f. analyt. Chem. 1900. 25. 592.
[3]) The Analyst. 1887. 65.
[4]) Möglichst entwässertes Glycerin nimmt vermöge seiner Hygroskopizität wieder bis 17·46% Wasser auf (H. Struve).
[5]) S. auch S. 469 ff.
[6]) Pharm. Journ. and Transact. 1887. 279.

teile Glycerin mit 42 Teilen Wasser mischt, die größte Kontraktion beträgt ca. $1\cdot1\,{}^0/_0$ (Gerlach). Glycerin ist mischbar mit Alkohol, leicht löslich in ätherhaltigem Alkohol und in Aceton, schwer löslich in Äther, indem 1 Teil Glycerin von der Dichte $1\cdot23$ etwa 500 Teile gewöhnlichen Äthers zur Lösung braucht. Seiner wässerigen Lösung kann es durch Schütteln mit Äther nicht entzogen werden.

Das Glycerin besitzt ein bedeutendes Lösungsvermögen für viele Salze. 100 Teile Glycerin lösen 98 Teile kristallisierte Soda, 60 Teile Borax, 50 Teile Chlorzink, 40 Teile Alaun, 40 Teile Jodkalium, 30 Teile Kupfervitriol, 25 Teile Eisenvitriol, 20 Teile Bleizucker, 20 Teile kohlensaures Ammon, 20 Teile Chlorammonium, 10 Teile Chorbaryum, 8 Teile Natriumcarbonat, $7\cdot5$ Teile Quecksilberchlorid und $3\cdot5$ Teile chlorsaures Kali (Klever). 100 Teile Glycerin von $1\cdot114$ spezifischem Gewicht lösen $0\cdot957$ Teile Gips. Auch in Wasser unlösliche Seifen werden von Glycerin gelöst; so lösen 100 Teile Glycerin von $1\cdot114$ spezifischem Gewicht $0\cdot71$ Teile ölsaures Eisenoxyd, $0\cdot94$ Teile ölsaure Magnesia und $1\cdot18$ Teile ölsauren Kalk (Asselin).

Verbindungen des Glycerins mit Basen. Glycerin löst Kalihydrat, alkalische Erden und Bleioxyd auf. Kalk, Strontian und Baryt werden aus solchen Lösungen durch Kohlensäure bis auf einen geringen Rest ausgefällt. Glycerin verhindert die Ausfällung einer Reihe von Metallhydroxyden aus den betreffenden Salzlösungen durch Kalilauge und Ammoniak, z. B. von Eisenhydroxyd, Kupferhydroxyd, Cerhydroxyd, usw., während andere Metallhydroxyde auch aus glycerinreichen Lösungen ausgefällt werden. Die Glycerinatlösungen der ersteren werden beim Verdünnen mit Wasser hydrolytisch gespalten, wobei das Hydroxyd unlöslich ausfällt. Je größer hierbei die Verdünnung ist, desto schneller vollzieht sich die Hydrolyse (A. Müller[1]).

Natriumglycerinat $[C_3H_7O_3Na]$ wird erhalten, wenn man eine Lösung von Natrium in absolutem Alkohol mit Glycerin mischt und den aus dem Alkoholat $C_3H_7O_3Na + C_2H_6O$ bestehenden Niederschlag bei 100^0 C. trocknet. Es ist ein weißes, sehr hygroskopisches Pulver, welches durch Wasser in Glycerin und Ätznatron zerlegt wird.

Dinatriumglycerinat entsteht durch Einwirkung des Mononatriumsalzes $C_3H_7O_3Na + C_2H_6O$ auf Natriumalkoholat. Es stellt eine kristallinische, äußerst hygroskopische Masse dar.

Calciumglycerinat $[C_3H_6O_3Ca]$ wird dargestellt durch Erwärmen eines Gemenges von 14 Gewichtsteilen Ätzkalk und 23 Gewichtsteilen wasserfreien Glycerins auf 100^0 C. und abkühlen, sobald eine heftige Reaktion eingetreten ist. Es stellt ein Kristallpulver dar, das durch Wasser in Glycerin und Kalk zerlegt wird.

Bleiglycerinate. Zur Bereitung von Monoplumboglycerinat $C_3H_6O_3Pb$ werden 22 g Bleizucker in 250 ccm Wasser gelöst, mit 20 g Glycerin und sodann in der Hitze mit einer konzentrierten Lösung von 15 g Kalihydrat versetzt. Die von einem geringen Niederschlage ab-

---

[1] Zeitschr. f. anorg. Chem. 1905. 43. 320.

filtrierte Lösung scheidet nach ein bis zwei Tagen reichliche Mengen feiner, weißer Nadeln, das Monoglycerinat, aus. Wird statt Bleizucker Bleiessig verwendet, so entstehen basische Bleiglycerinate. Aus der Bildung dieser Verbindungen erklären sich auch die Resultate, welche beim Eindampfen einer genau gewogenen Menge Glycerins in wässeriger Lösung über überschüssigem, gewogenem Bleioxyd, Trocknen des Rückstandes bei 130°—140° C. und Wägen desselben erhalten werden (s. Glycerinbestimmnng nach Morawski). Das Gewicht entspricht dann nicht der Summe von Bleioxyd und Glycerin, sondern es ist geringer, entsprechend der Wassermenge, welche nach der Gleichung $C_3H_8O_3 + PbO = C_3H_6O_3Pb + H_2O$ ausgetreten ist.

Ester des Glycerins. Von den Estern des Glycerins mit anorganischen Säuren seien hier nur das Nitroglycerin und das Arsenit erwähnt. Die wichtigsten Glyceride der Fettsäuren, welche Bestandteile der natürlichen Fette bilden, finden sich in dem Abschnitte II „Physikalische und chemische Eigenschaften der Fette und Wachsarten" tabellarisch zusammengestellt.

Nitroglycerin. $C_3H_5N_3O_9 = NO_3 . CH_2 . CH . (NO_3) . CH_2 . NO_3$. Es wird dargestellt durch Lösen von 100 Gewichtsteilen Glycerin in 3 Gewichtsteilen Schwefelsäure von 66° Bé und Eintragen dieser Lösung in ein erkaltetes Gemisch von 280 Gewichtsteilen Salpetersäure (48° Bé) mit 300 Gewichtsteilen Schwefelsäure (66° Bé). Nach 24 Stunden wird das Nitroglycerin abgehoben, mit Wasser und Sodalösung gewaschen und über Schwefelsäure oder bei 30°—40° C. getrocknet. Es stellt ein hellgelbes, bei — 20° C. in Nadeln kristallisierendes Öl dar, welches bei 15° C. das spezifische Gewicht 1·6009 besitzt. Es löst sich leicht in Äther, Chloroform und Eisessig, weniger in warmem Alkohol, ist giftig und explodiert heftig durch Stoß oder Schlag und beim Erhitzen auf 257° C. Es wird zur Darstellung von Sprengstoffen und rauchlosem Schießpulver verwendet. Dynamit ist mit Nitroglycerin imprägnierte Kieselgur.

Glycerinarsenit (Arsenigsäureglycerinester) $C_3H_5AsO_3$ bildet sich beim Erhitzen von 2 Mol. Glycerin mit 1 Mol. arseniger Säure auf 150° C. Es bildet eine sehr zerfließliche, fettartige Substanz, welche bei 50° C. zu einer dicken Flüssigkeit schmilzt und sich erst oberhalb 290° C. zersetzt.[1]) Es ist mit Glycerindämpfen flüchtig, weshalb auch destilliertes, „chemisch reines" Glycerin des Handels Arsen enthalten kann. Der Ester wird in der Kattundruckerei benutzt.

Reaktionen des Glycerins. Zum Nachweise des Glycerins kann schon der unangenehme, charakteristische Acroleïngeruch dienen, der beim raschen Erhitzen auftritt. Derselbe entsteht auch beim Erhitzen der Glyceride, somit aller Fette, und macht sich z. B. beim Auslöschen einer Öllampe oder Talgkerze bemerkbar. Noch deutlicher als beim Erhitzen reinen Glycerins tritt dieser Geruch auf, wenn man dasselbe vorher mit wasserentziehenden Substanzen mischt, z. B. mit dem doppelten

---

[1]) Jackson, Jahresber. 1884. 931.

Gewichte sauren schwefelsauren Kalis. Das Acroleïn bildet sich hierbei nach der Gleichung:

$$C_3H_8O_3 = C_3H_4O + 2H_2O .$$

Glycerin   Acroleïn

Acroleïn ist eine sehr heftig und unangenehm riechende, die Augen zu Tränen reizende, in Wasser leicht lösliche Flüssigkeit, die bei $52\cdot4^0$ C. siedet und an der Luft sehr leicht in ein amorphes Harz übergeht.

Eine mit Glycerin oder mit glycerinhaltiger Flüssigkeit befeuchtete Boraxperle färbt die Flamme grün.

Glycerin treibt Borsäure aus Boraxlösungen aus. Darauf gründet sich die folgende, zum Nachweise von Glycerin geeignete Reaktion. Sowohl die zu prüfende Flüssigkeit, als auch eine Boraxlösung werden mit einigen Tropfen Lackmustinktur blau gefärbt und miteinander vermischt. Bei Gegenwart von Glycerin tritt dabei durch die freigewordene Borsäure Rotfärbung ein. Beim Erwärmen wird die Flüssigkeit blau, beim Erkalten neuerdings rot.

Beim Einleiten von Ozon in wässerige Glycerinlösung entsteht Glycerinaldehyd bzw. Dioxyaceton, möglicherweise durch Angriff des mittelständigen Kohlenstoffatoms des Glycerins (Harries[1]):

$$CH_2(OH) . CH(OH) . CH_2(OH) \longrightarrow CH_2(OH) . CO . CH_2(OH) .$$

Werden mit Schwefelsäure angesäuerte Glycerinlösungen mit Chamäleon versetzt, so wird dieses sehr langsam entfärbt. Auch in der Kochhitze wird das Glycerin nur sehr schwer vollständig oxydiert. So wurden nach Versuchen von Lenz[2]) beim Kochen verdünnter, mit Schwefelsäure angesäuerter Glycerinlösungen mit einem Überschusse einer 1 prozentigen Permanganatlösung nur $24^0/_0$ jener Permanganatmenge reduziert, welche zur vollständigen Oxydation nötig gewesen wäre. Nur bei einem Überschuß von starker Chamäleonlösung ist die Oxydation vollständig (Planchon).

Bei der Oxydation mit Permanganat in alkalischer Lösung erhielten Campani und Bizzari Kohlensäure, Oxalsäure, Ameisensäure, Essigsäure, Propionsäure und geringe Mengen Tartronsäure; verfährt man aber genau nach der Vorschrift von Benedikt und Zsigmondi (siehe S. 196), so zerfällt das Glycerin glatt in Oxalsäure und Kohlensäure nach der Gleichung:

$$C_3H_8O_3 + 2K_2Mn_2O_8 = K_2C_2O_4 + K_2CO_3 + 4MnO_2 + 4H_2O .$$

Kaliumbichromat und Schwefelsäure verbrennen Glycerin vollständig zu Kohlensäure und Wasser:

$$2C_3H_8O_3 + 7O_2 = 6CO_2 + 8H_2O .$$

Kupferoxyd wird von Glycerin nicht gelöst. Mit Glycerin in genügender Menge versetzte Kupfersalzlösungen geben mit Kalilauge eine dunkelblaue Färbung, aber keinen Niederschlag.

---

[1]) Ber. d. deutsch. chem. Ges. 1903. 36. 1936.
[2]) Zeitschr. f. analyt. Chem. 1899. 24. 34.

Auf **Fehlingsche Lösung** übt das Glycerin nur dann eine schwache Reduktionswirkung aus, wenn es mit nur wenig Wasser verdünnt ist. Werden solche Glycerinlösungen 10 Minuten mit **Fehlingscher Lösung** gekocht und dann 24—48 Stunden stehen gelassen, so bildet sich ein roter oder gelber Niederschlag. Bei einer Verdünnung mit dem zehnfachen Wasservolum tritt die Reaktion nicht mehr auf.

Wird Glycerin mit **Silbernitratlösung** im kochenden Wasserbade erwärmt und mit einigen Tropfen Ammoniak versetzt, so scheidet sich Silber aus; wird jedoch zuerst mit überschüssigem Ammoniak versetzt und dann erst erwärmt, so findet keine Reduktion statt, nach Zusatz von Kali oder Natron scheidet sich aber sofort Silber aus. Eine mit Ätznatron versetzte, alkalische Glycerinlösung reduziert ferner nach F. Bullnheimer[1]) Gold-, Quecksilber-, Rhodium-, Palladium- und Platinlösungen unter Metallabscheidung. Bei den Lösungen anderer Metallsalze tritt entweder Reduktion zu einer niedrigeren Oxydationsstufe oder überhaupt keine Reduktion ein.

Beim Erhitzen von Glycerin mit festem Ätzkali bildet sich erst Acrylsäure (**Redtenbacher**) und zuletzt Ameisen- und Essigsäure (**Dumas, Stas**), sowie Milchsäure. Nach **Buisine**[2]) ist dies nur eine Zwischenstufe der Reaktion, welche beim Erhitzen von Glycerin mit Ätzkali oder noch besser mit Kalikalk eintritt und unter Bildung von Ameisensäure, Essigsäure, Oxalsäure, Kohlensäure, Methan und Wasserstoff in 4 Phasen verläuft:

1. Phase, 220^0—250^0 C.: $C_3H_8O_3 + 2\,KOH = CH_3COOK$
$$+ HCOOK + H_2O + H_4\,.$$

2. Phase, 250^0—280^0 C.: $2\,C_3H_8O_3 + 4\,KOH = 2\,CH_3COOK$
$$+ C_2O_4K_2 + 2\,H_2O + 10\,H\,.$$

3. Phase, 280^0—320^0 C.: $2\,C_3H_8O_3 + 6\,KOH = 2\,CH_3COOK$
$$+ 2\,K_2CO_3 + 2\,H_2O + 12\,H\,.$$

4. Phase, 320^0—350^0 C.: $C_3H_8O_3 + 4\,KOH = 2\,K_2CO_3 + 6\,H + CH_4.$

Buisine gründet auf dieses Verhalten des Glycerins eine Methode zur quantitativen Bestimmung desselben (s. Glycerinbestimmung S. 207).

Wird Glycerin mit Zinkstaub erhitzt, so entstehen Acroleïn, Allylalkohol, Propylen, ein Alkohol $C_6H_{10}O_4$ und eine Verbindung $C_{12}H_{20}O_2$ (**Westphal**).

Beim Kochen mit nicht überschüssiger **Jodwasserstoffsäure** liefert Glycerin Isopropyljodid neben Allyljodid und Propylen (**Erlenmeyer**); durch Einwirkung von überschüssiger, konzentrierter Jodwasserstoffsäure auf Glycerin ist es **Zeisel** und **Fanto**[3]) gelungen, dasselbe glatt in Isopropyljodid überzuführen,

$$C_3H_5(OH)_3 + 5\,HJ = C_3H_7J + 3\,H_2O + 2\,J_2\,,$$

---

[1]) Forschungsber. über Lebensm. u. Bez. z. Hyg. usw. 1897. 12 u. 31.
[2]) Compt. rend. de l'Acad. d. sciences. 136. 1082. 1204.
[3]) Zeitschr. f. d. landw. Versuchsw. i. Österr. 1902. 5. 729.

und auf Grund dieser Reaktion eine Methode zur quantitativen Bestimmung des Glycerins aufzubauen.

Wird Chlor in wässerige Glycerinlösung geleitet, so bildet sich Glycerinsäure und ein in Äther lösliches, chlorhaltiges Produkt. Beim Erhitzen von Glycerin mit Schwefel auf 300° C. entstehen Schwefelwasserstoff, Kohlensäure, Äthylen, Allylmercaptan und Diallylhexasulfid (Keutgen).

Beim Erhitzen von Glycerin mit Phenolen und Vitriolöl auf 120° C. resultieren Farbstoffe (Glycereïne). Die folgenden schönen Reaktionen wurden von Reichl angegeben:

In einer Eprouvette werden 2 Tropfen Glycerin, 2 Tropfen geschmolzenes Phenol und ebensoviel Schwefelsäure sehr vorsichtig etwas über 120° C. erhitzt, wobei sich in der harzartigen Schmelze bald eine braune feste Masse bildet, die sich nach dem Abkühlen mit prachtvoll karmoisinroter Farbe in Ammoniak löst. Die Reaktion gelingt nicht, wenn Substanzen vorhanden sind, die mit Schwefelsäure kohlige Produkte geben, weil sich diese in Ammoniak mit dunkelbrauner Farbe lösen, welche die Reaktion verdeckt.

Oder: Wird eine kleine Menge der auf Glycerin zu prüfenden Substanz mit wenig Pyrogallol und mehreren Tropfen einer mit dem gleichen Volumen Wasser verdünnten Schwefelsäure gekocht, so färbt sich die Flüssigkeit bei Gegenwart von Glycerin deutlich rot, nach Zusatz von Zinnchlorid violettrot. Kohlehydrate und einige Alkohole geben ähnliche Färbungen, die Möglichkeit ihrer Anwesenheit muß also ausgeschlossen sein.

Glycerin mit Eisessig[1]) erhitzt liefert, den Versuchsbedingungen entsprechend, Mono-, Di- und Triacetin (siehe Acetine S. 489).

Gewinnung des Glycerins. Die in den Stearin- und Seifenfabriken bei der Fettspaltung als Nebenprodukt abfallenden Glycerinwässer reagieren, je nach den Verfahren, nach welchen sie erhalten werden, entweder alkalisch oder sauer. Der Autoklavenprozeß ergibt alkalisch reagierende Glycerinwässer mit einer Konzentration von 12—18 % (4°—6° Bé), von verhältnismäßiger Reinheit; waren die zur Spaltung verwendeten Fette hell, so ist auch das Glycerinwasser wenig gefärbt. Beim Verlassen des Separateurs enthält es noch kleine Teilchen von Autoklavenmasse (Kalk-, Magnesia- oder Zinkseifen und unlösliche Fettsäuren) suspendiert. Um diese zu entfernen wird das Glycerinwasser aufgekocht, wobei sich die unlöslichen Seifen an der Oberfläche der Flüssigkeit als Schaum ansammeln, welcher abgeschöpft wird, oder das Glycerinwasser wird direkt filtriert.

Das Acidifikationsverfahren liefert dunkel gefärbte, kohlige Teilchen enthaltende, saure Glycerinwässer, welche zur Entfernung der überschüssigen Schwefelsäure mit Kalk neutralisiert und vom gebildeten Gipsniederschlag durch Filtration getrennt werden. Auch die nach dem fermentativen und dem Twitchellschen Verfahren gewonnenen Glycerin-

---

[1]) Journ. f. prakt. Chem. 55. 1897. 417.

wässer müssen vor der weiteren Verarbeitung durch Neutralisation mit Kalk entsäuert und geklärt werden. Das Glycerinwasser, welches nach dem älteren fermentativen Verfahren erhalten wird, enthält aus dem Ricinussamen stammende Eiweißkörper, welche durch Filtration über Knochenkohle entfernt werden müssen; bei der nunmehr durchgeführten Verwendung von angereichertem Ferment (Ricinussamenextrakt) zur Fettspaltung werden Glycerinwässer mit ca. $15\text{—}25^0/_0$ Glycerin erhalten, welche vollkommen wasserhell oder kaum getrübt sind und ohne vorherige Reinigung durch Knochenkohle direkt weiter verarbeitet werden können. Das beim Twitchellprozeß mit einem Durchschnittsgehalt von $15^0/_0$ Glycerin ablaufende Glycerinwasser soll nach der Fällung mit Kalk vollkommen wasserhell sein.

Durch Konzentration der vorgereinigten Glycerinwässer bis auf $26^0\text{—}30^0$ Bé wird das Rohglycerin erhalten.

Die älteste und einfachste Art der Konzentration ist das Eindampfen in flachen, viereckigen, gewöhnlich aus Kupferblech angefertigten Pfannen, auf deren Boden eine geschlossene Dampfschlange ruht; hierbei sind jedoch Verluste durch Verflüchtigung des Glycerins, wenn es eine höhere Konzentration erlangt, nicht zu vermeiden. Eine andere Art des Eindampfens besteht darin, daß das Glycerinwasser in einen halbrunden Trog gebracht wird, in welchem Hohlkörper, die zur Hälfte in die Flüssigkeit tauchen und von Dampf durchströmt werden, rotieren; bei der Drehung wird Glycerinwasser von der Oberfläche der Hohlkörper mitgenommen und infolge der Erwärmung durch den durchströmenden Dampf konzentriert. Am rationellsten erfolgt die Konzentration der Glycerinwässer aber in Vakuumapparaten.

Hat das Glycerin die gewünschte Dichte erreicht, so wird es entweder in den Eindampfapparaten oder in eigens dazu bestimmten Gefäßen der Ruhe überlassen, damit die bei der Konzentration ausgeschiedenen Salze, meist Kalksalze, sich absetzen können; ebenso kann die Trennung von den Salzen durch Filtration erfolgen.

Bei der Verseifung der Fette mit Natronlauge, wie dieselbe in den Seifenfabriken geübt wird, geht ein großer Teil des aus den Fetten abgespaltenen Glycerins in die sog. Unterlauge über; es erscheint zumeist rationell, dasselbe zu gewinnen. Die Unterlaugen sind sehr wechselnd zusammengesetzt; sie enthalten hauptsächlich Kochsalz, Ätznatron, kohlensaures Natron, Seifen, sowie die in den angewandten Fetten vorhandenen Verunreinigungen oder deren Zersetzungsprodukte. Die Entfernung dieser Beimengungen, hauptsächlich aber des größten Teiles des Kochsalzes und der Seifen wird durch viele Verfahren angestrebt. Im wesentlichen beruhen dieselben darauf, daß die ursprüngliche oder durch abfallende Wärme etwas konzentrierte Unterlauge vorerst mit Salzsäure oder mit Schwefelsäure neutralisiert und aufgekocht wird, wobei sich die unlöslichen Fett- und Harzsäuren abscheiden und entfernt werden. Die Unterlauge wird dann bis zu einem Gehalte von $40^0/_0$ Glycerin eingedampft, von der sich hierbei ergebenden Salzausscheidung durch Filtration getrennt und weiters bis zur gewünschten Dichte konzentriert. Es kristallisieren auch hierbei wieder Salze aus, von denen das Rohglycerin abfiltriert wird.

Den Gewinnungsarten entsprechend wird im Handel im wesentlichen zwischen drei Hauptsorten Rohglycerin unterschieden:[1])

1. Die Saponificationsglycerine. Sie sind das Nebenprodukt der Autoklavenverseifung, ebenso der Fettspaltung nach dem fermentativen und dem Twitchell-Verfahren, zeigen 26^0—30^0 Bé, sind hellgelb bis dunkelbraun und haben rein süßen Geschmack. Bei einer Konzentration von 28^0 Bé sollen sie nicht mehr als $2 \cdot 5^0/_0$ Trockenrückstand (bei 170^0—180^0 C.) und $0 \cdot 5^0/_0$ Asche enthalten, mit Bleiessig einen nur unbedeutenden, sich langsam absetzenden Niederschlag liefern und in mäßiger Konzentration mit Salzsäure keine Trübung geben. Gutes Saponificatglycerin von 28^0 Bé siedet, im Kölbchen mit Rückflußkühler nach Gerlach geprüft, konstant nahe bei 138^0 C.; der Glyceringehalt desselben liegt in der Nähe von $90^0/_0$.

2. Die Destillationsglycerine, von der Schwefelsäureverseifung herstammend, haben eine hellgelbe bis tief dunkelbraune Farbe, einen scharfen, adstringierenden Geschmack, riechen, zwischen den Händen gerieben, unangenehm und geben bis zu $3 \cdot 5^0/_0$ Asche. Bleiessig gibt einen sehr voluminösen Niederschlag, Salzsäure eine weißliche Trübung, beim Erhitzen ölartige, schwärzliche Abscheidungen. Der Siedepunkt des Glycerins von 28^0 Bé übersteigt selten 125^0 C., ist aber oft niedriger. Der durchschnittliche Glyceringehalt liegt bei $85^0/_0$.

3. Die Laugenglycerine, aus den Seifenunterlaugen gewonnen, haben sehr verschiedene Zusammensetzung; sie enthalten hauptsächlich Kochsalz, ferner häufig Ätznatron, kohlensaures Natron, Schwefelnatrium, Rhodannatrium, Natriumhyposulfit, Natriumsulfat und öfters auch Leim, etwas Fett- und Harzsäuren, sowie Zersetzungsprodukte der Eiweißkörper, welche vor der Verseifung in den Fetten vorhanden waren, und endlich Kohlenwasserstoffe (aus Benzinknochenfett). Gute Laugenglycerine sind schwach gelb- bis rötlichbraun, enthalten 80—$82^0/_0$ Glycerin, bis $10^0/_0$ Asche und bis $3^0/_0$ organische Verunreinigungen. Sie unterscheiden sich von den Saponificationsglycerinen und von Destillationsglycerinen außer durch ihren hohen Kochsalz- und Aschengehalt noch durch das hohe spezifische Gewicht (bei guten Sorten $1 \cdot 3$).

Die weitere Reinigung des Rohglycerins erfolgt selten in den Stearin- und Seifenfabriken, sondern wird meist besonderen Glycerinraffinerien überlassen. Sie besteht hauptsächlich in einer Kombination von wiederholten Filtrationen und Destillationen.

Das Rohglycerin wird gewöhnlich mit Wasser auf 15^0—18^0 Bé verdünnt und, meistens noch mit etwas Kalkmilch versetzt, aufgekocht. Bei Rohglycerin von der Magnesia- oder Zinkoxydverseifung werden diese beiden Metalle als Hydroxyde ausgefällt. Die schwach alkalische Flüssigkeit kann jetzt weiter verarbeitet werden. Häufig wird jedoch der Kalk durch Zusatz von Schwefelsäure oder Oxalsäure bis zur neutralen Reak-

---

[1]) Vgl. Filsinger, Chem. Zeitg. 1890. 14. 1729.

tion gefällt; die hierbei entstehenden Niederschläge von Gips oder oxalsaurem Kalk reißen etwas Farbstoff mit sich nieder. Handelt es sich darum, die flüchtigen Fettsäuren zu entfernen, so wird Schwefelsäure bis zur schwach sauren Reaktion zugesetzt und durch das kochende Glycerinwasser so lange ein lebhafter Dampfstrom streichen gelassen, bis die flüchtigen Fettsäuren abgeblasen sind; natürlich muß dann wieder mit Kalk neutralisiert werden. Das so vorbereitete, meist schwach alkalische Glycerinwasser wird vorerst über mit Knochenkohle beschickte Filter laufen gelassen, aus denen es in den Vakuumapparat tritt, wo es auf 28° Bé eingedampft wird. Auf die erste Filtration folgt die erste Destillation.

Die Destillation des Glycerins wird meist mit Hilfe von überhitztem Wasserdampf bei 180°—210° C. in zylindrischen Blasen aus Kupfer- oder Eisenblech, welche mit einer Reihe von Vorlagen verbunden sind, vorgenommen. Die Vorlagen sind entweder Luft- oder Wasserkühler, im ersten Falle sehr lange Rohre, welche an ihrem tiefsten Punkte mit Ablaufröhrchen für das Glycerin versehen sind. Die beim Beginn und am Ende der Operation übergehenden Destillate sind dunkel gefärbt und werden gesondert aufgefangen. Sind vier Vorlagen vorhanden, so fließen die Destillate aus denselben in Konzentrationen von 30°, ca. 26°—28°, ca. 23° bis 25° und ca. 17°—20° Bé ab; sie sind noch gelblich gefärbt. Die spezifisch leichteren Anteile der dritten und vierten Vorlage werden vor der zweiten Filtration und der darauffolgenden zweiten Destillation im Vakuum auf 27°—28° Bé konzentriert; die Anteile von 26°—28° und 30° Bé können, falls sie kalkfrei sind, als weingelbes Glycerin verwendet werden. Zur weiteren Reinigung und Entfärbung passieren sie wieder die Knochenkohlenfilter und werden hierauf abermals destilliert. Die bei dieser zweiten Destillation übergehenden leichteren Anteile geben bei der Konzentration im Vakuum auf $29\frac{1}{2}°$—30° Bé das Dynamitglycerin, die Anteile von 30° und 26°—28° Bé werden nochmals über Knochenkohle filtriert und bilden dann die weißen Glycerine des Handels.

Auch die Destillation des Glycerins wird mit Nachlauf durchgeführt, indem, entsprechend dem Ablauf aus den Vorlagen in die Blase, vorgewärmtes Glycerin nachfließt. Die Destillationstemperatur darf 220° C. nicht übersteigen.

Die Destillation im Vakuum wird ebenfalls zur Reinigung des Glycerins angewendet.

Der in den Blasen verbleibende Rückstand wird mit Wasser auf 28°—30° Bé verdünnt und von den bei längerem Stehen sich absetzenden Verunreinigungen getrennt.

Die wichtigsten Handelssorten des gereinigten Glycerins sind:

1. Chemisch reines Glycerin. Dasselbe ist farblos und geruchlos, zeigt meist 28°—30° Bé und enthält 2—10°/₀ Wasser; jedoch kommt unter dem Namen „kristallisiertes Glycerin" auch ein nahezu wasserfreies Präparat in den Handel. Das chemisch reine Glycerin muß sich in Alkohol klar lösen (Abwesenheit von Dextrin) und darf beim Verdampfen bei 170°

bis 180° C. keinen Rückstand hinterlassen. Beim Erwärmen mit Schwefelsäure soll chemisch reines Glycerin keinen Estergeruch und mit essigsaurem Kalk keinen Niederschlag geben. Nach Welmans darf beim Schütteln von 20 ccm Glycerin mit 2 ccm Wasserstoffhyperoxydlösung weder in der Kälte noch beim Erwärmen am Wasserbade ein Geruch nach Buttersäure und selbst nach längerem Erhitzen auf 100° C. keine tiefgelbe oder braune Färbung auftreten.

2. Dynamitglycerin, $29^1/_2$°—30° Bé, und kalkfreies, gelbes Glycerin, 28° Bé, sollen beide kalkfrei sein und mit Silberlösung nur eine schwache, mit Bleiacetat keine Trübung geben; die Farbe ist gelblich.

3. Kalkfreies, weißes, destilliertes Glycerin ist farblos, jedoch nicht ganz so rein, wie Dynamitglycerin.

Außerdem finden sich im Handel die Rückstände von der Glycerindestillation, welche für verschiedene technische Zwecke Verwendung finden und neben geringen, wechselnden Mengen Glycerin noch Teer (Polyglycerine), Kalksalze usw. enthalten.

Ob ein Glycerin destilliert ist oder nicht, läßt sich am Aschengehalte erkennen, welcher bei destillierten Glycerinen meist kleiner als $0.1\,°/_0$ ist, höchstens aber $0.2\,°/_0$ beträgt.

1. Qualitative Untersuchung des Glycerins.

Je nachdem ein Glycerin durch die Verseifung mit Kalk, Magnesia oder Zinkoxyd gewonnen wurde, enthält es einen dieser Körper häufig in Form kleiner Mengen fettsaurer Salze oder auch als Sulfat.

Kalk. Das Vorhandensein von Kalk läßt sich durch die Trübung erkennen, welche beim Versetzen der verdünnten mit etwas Salmiak und Ammoniak versetzten Probe mit oxalsaurem Ammon eintritt.

Magnesia. Sie kann im Filtrate vom Calciumoxalat mit Hilfe von Natriumphosphatlösung nachgewiesen werden.

Zinkoxyd. Zum Nachweise desselben werden einige Gramm der Glycerinprobe in einem Tiegel eben abgeraucht, der Rückstand unter Anwendung einer kleinen Menge Ammonnitrat vorsichtig eingeäschert und die Asche in verdünnter Salzsäure gelöst. Aus der salzsauren Lösung werden die etwa vorhandenen, durch Schwefelwasserstoff fällbaren Metalle entfernt. Das Filtrat wird neutralisiert, mit Essigsäure schwach angesäuert und Zink mit Schwefelwasserstoff als Sulfid gefällt.

Eisenverbindungen. Der Nachweis derselben erfolgt durch gelbes oder rotes Blutlaugensalz oder durch Rhodankalium.

Arsenige Säure. Die gewöhnlichen Handelsglycerine enthalten meist aus der Schwefelsäure stammende arsenige Säure (Jahn, Ritsert) und sind deshalb für die pharmazeutische Verwendung unbrauchbar, doch wird speziell für diesen Zweck arsenfreies Glycerin hergestellt. Die Gegenwart derselben soll durch die sogenannte Silberprobe erkannt werden.

Silberprobe. In der deutschen Pharmakopöe mit der Wirksamkeit vom 1. Januar 1891 findet sich folgende von Ritsert empfohlene Prüfungsmethode auf reduzierende Substanzen:

1 ccm Glycerin mit 1 ccm Ammoniakflüssigkeit soll zum Sieden erhitzt und in die siedende Flüssigkeit 3 Tropfen einer 5prozentigen Silbernitratlösung getröpfelt werden, wobei die Flüssigkeit innerhalb 5 Minuten weder gefärbt noch irgendwie verändert werden darf.

Nach Heller[1]), Lüttke[2]), Jaffé[3]) u. a. ist diese Probe, welche vornehmlich die Gegenwart von arseniger Säure anzeigen soll, vollständig wertlos. Jaffé hat gezeigt, daß jedes Glycerin die Probe aushält, wenn man einen Überschuß von Ammoniak anwendet, und zwar auch dann, wenn es arsenige Säure, Acroleïn oder Ameisensäure enthält. Dagegen gibt auch reines Glycerin reichliche Silberausscheidung, wenn man mit nur wenigen Tropfen Ammoniak erhitzt.

Nach den Arbeiten der deutschen Pharmakopöekommission[4]) soll die Probe in folgender, geänderter Form angewendet werden:

Eine Mischung von 1 ccm Glycerin und 1 ccm Ammoniak wird bis zum beginnenden Aufwallen, jedoch nicht über 60° C. erhitzt, sodann die Flamme entfernt, und 3 Tropfen Silbernitratlösung zugefügt. Innerhalb 5 Minuten darf weder eine Färbung noch eine braunschwarze Ausscheidung erfolgen.

Schmatolla[5]) erhält nach der Silberprobe fast immer genaue Resultate, rät jedoch dieselbe mit der doppelten Menge der Reagentien und bei 75° C. auszuführen.

Welmans[6]) vermutet, daß die Silberprobe bedingt wird durch das Vorhandensein einer esterartigen Verbindung, deren eine Komponente Buttersäure und deren andere ein Aldehydalkohol ist, nachdem E. Fischer durch schwache Oxydation des Glycerins mit Soda und Brom zu einem Produkte gelangt ist, das ein Gemisch von einem Aldehydalkohol und einem Ketonalkohol darstellt, und welches er Glycerose nannte.

Am besten erfolgt der Nachweis der arsenigen Säure nach Vulpius[7]) mittels der sehr empfindlichen Gutzeitschen Reaktion in folgender Weise:

2 ccm Glycerin werden in einem Reagensrohr mit 3 ccm offizineller Salzsäure und einem Stückchen Zink versetzt. In den oberen Teil des Rohres schiebt man einen Baumwollenpfropf lose ein und bedeckt die Mündung mit einem Stückchen Filtrierpapier, welches man mit einer 50prozentigen Silbernitratlösung befeuchtet hat. Es darf nach 10 Minuten kein gelber Fleck entstehen.

Sollte die zu untersuchende Probe Sulfide enthalten, so wären dieselben durch Kochen mit etwas Wasserstoffsuperoxydlösung zu oxydieren. Der Überschuß des Wasserstoffsuperoxydes muß vor der Ausführung der Gutzeitschen Reaktion durch Kochen zerstört werden.

Vizern und Guillot[8]) verwenden zum Nachweis des Arsenwasser-

[1]) Seifenfabr. 1890. 587.
[2]) Apoth.-Zeitg. 1890. 5. 692; ibid. 1891. 6. 263.
[3]) Chem. Zeitg. 1890. 14. 1493.
[4]) Apoth.-Zeitg. 1893. 8. 618; durch Chem.-Zeitg. Rep. 1894. 18. 8.
[5]) Pharm. Zeitg. 1906. 51. 363.
[6]) Pharm. Zeitg. 1894. 39. 774.
[7]) Apoth.-Zeitg. 1889. 4. 389.
[8]) Ann. Chim. anal. appl. 1904. 9. 248.

stoffes Sublimatpapier und führen die Reaktion in der Weise aus, daß
10 ccm der mit demselben Volumen Wasser verdünnten Glycerinprobe
mit 2 g Wasserstoffsuperoxyd von 10—12 Volumprozent Gehalt und
2 ccm Salzsäure versetzt, aufgekocht und 1 Minute im Kochen erhalten
werden; nach dem Abkühlen wird die ganze Flüssigkeitsmenge in eine
Proberöhre von 20 cm Länge und 2 cm Durchmesser gegossen, 1 g reines
Zink und einige Zentigramm reines Kupfersulfat zugesetzt und das
Probeglas mit Sublimatpapier bedeckt. Man beobachtet nach 15 Minuten,
ob die Unterseite des Papiers Gelbfärbung zeigt, welche bei einem Arsen-
gehalt von 1 : 100000 noch deutlich eintritt.

Nagelwort[1]) führt an, daß sogar die Filtrierpapiersorte von Einfluß auf diese Probe ist, und empfiehlt, das Arsenwasserstoffgas über
gepulvertes, in einer U-Röhre zwischen Baumwollpfropfen befindliches
Silbernitrat zu leiten.

Nach Galimard und Verdier[2]) enthalten die als rein bezeichneten
Glycerine allgemein Spuren von Arsen in einer Form, welche im Marshschen
Apparat direkt nicht nachweisbar ist, wahrscheinlich als Arsenigsäureester.
Wird solches Glycerin nach 10stündigem Kochen mit dem doppelten
Volumen 1prozentiger Schwefelsäure im Marshschen Apparat geprüft, so
liefert es eine positive Arsenreaktion.

Bleiverbindungen. Sie stammen aus der Schwefelsäure und können
durch Einleiten von Schwefelwasserstoffgas in die verdünnte, wässerige,
mit einigen Tropfen verdünnter Salzsäure versetzte Glycerinlösung nachgewiesen werden.

Chlor. Einige Kubikzentimeter der Probe werden mit Wasser verdünnt und nach dem Ansäuern mit verdünnter Salpetersäure mit Silbernitratlösung versetzt.

Sulfate. Auf die Gegenwart derselben wird in der wässerigen Lösung
nach Zusatz von etwas verdünnter Salzsäure mit Chlorbaryumlösung geprüft.

Sulfide, Sulfite, Hyposulfite.[3]) Ein Gehalt der Seifenglycerine
an Sulfiden, Sulfiten und Hyposulfiten entwertet dieselben sehr. Zur
Prüfung auf Sulfide wird etwas der Glycerinlösung (1 : 10), welche vorerst bei 60°—70° C. mit 2—3 $\%$ Blutkohle behandelt und filtriert wurde,
auf mit Bleinitratlösung getränktes Papier gebracht; $^1/_{1000}$ Teil Sulfide
wird noch durch das Entstehen eines mehr oder weniger gelben Fleckes
erkannt. Soll der Nachweis von Sulfiden an dem durch Zusatz einer
Säure aus denselben freiwerdenden Schwefelwasserstoff mittels Blei-
papier erfolgen, so ist bei gleichzeitiger Gegenwart von Hyposulfiten
zum Ansäuern der zu untersuchenden Probe nach Taurel[4]) am besten
Salzsäure in der Kälte oder Essigsäure bei mäßiger Wärme verwendbar;
Zusatz von etwas Marmor begünstigt die Gasentwicklung.

Zur Prüfung auf Sulfite und Hyposulfite wird eine Probe der Lösung
mit einigen Kubikzentimetern Chlorbaryumlösung versetzt und filtriert,

---

[1]) Pharm. Rundschau. 1894. 109.
[2]) Journ. Pharm. Chim. [6] 23. 183.
[3]) Ferrier, Chem. Zeitg. 1892. 16. 840.
[4]) Monit. scient. 1904. 18. 574.

wobei Baryumcarbonat, Sulfat und Sulfit am Filter bleiben. Nachdem man durch mehrmaliges Filtrieren ein klares Filtrat erhalten hat, versetzt man dasselbe mit 2—3 Tropfen Salzsäure und ebensoviel einer Kaliumpermanganatlösung, wonach bei Gegenwart von Hyposulfit eine Trübung bemerkbar wird.

Der das Baryumsulfit· enthaltende Niederschlag wird nach dem Waschen mit etwas Wasser angerührt und mit einigen Tropfen Jodzinkstärkelösung, welche durch 2—3 Tropfen einer sehr verdünnten Jod-Jodkaliumlösung gebläut worden war, versetzt. Ein Verschwinden der Blaufärbung erweist die Gegenwart von Sulfit.

Nichtflüchtige, organische Substanzen. Bleiessig fällt einen großen Teil der nichtflüchtigen, organischen Verbindungen des normalen (nicht absichtlich mit Zucker usw. versetzten) Glycerins, wie Fettsäuren, Eiweiß, Harz, Farbstoffe und Substanzen mit höherem Siedepunkte als dem des Glycerins (Polyglycerine) aus. Dieselben finden sich in größerer Menge meist in dem bei der Schwefelsäureverseifung der Fette gewonnenen Glycerin, indem sie sich durch die Einwirkung der Schwefelsäure auf die Fette oder deren Verunreinigungen bilden. Glycerin, welches mit Bleiessig einen reichlichen Niederschlag gibt, enthält somit beträchtliche Mengen organischer Beimengungen, wodurch es zur Dynamitfabrikation untauglich wird.[1]

Freie Säuren. Die Gegenwart freier Säuren wird durch Lackmuspapier angezeigt. Freie Oxalsäure findet sich in nicht destilliertem Glycerin, wenn sie zur Ausfällung des Kalkes in geringem Überschuß zugesetzt worden ist. Man weist sie mit Chlorcalcium nach. Aus den verseiften Fetten stammende Buttersäure erkennt man nach Perutz[2] an dem angenehmen, von Äthylbutyrat herrührenden Ananasgeruch, der beim Erwärmen der Probe mit Alkohol und konzentrierter Schwefelsäure auftritt.

Größere Mengen unlöslicher Fettsäuren scheiden sich beim Verdünnen mit Wasser aus. Geringere Mengen von Ölsäure geben beim Einleiten von salpetriger Säure einen flockigen, gelben Niederschlag (Sulman).

Aldehyd und Acroleïn. Nach Crismer[3] gibt aldehydhaltiges Glycerin mit einer stark alkalischen Lösung von Jodkalium und Quecksilberchlorid einen braunen bis schwarzen Niederschlag.

Nach Welmans[4] und Lüttke[5] werden Aldehyd und Acroleïn mit einer Lösung von fuchsinschwefliger Säure nachgewiesen. Zur Herstellung der letzteren werden einerseits 1 g Diamantfuchsin in 800 ccm Wasser und andrerseits 10 g Natriumbisulfit in 100 ccm Wasser gelöst, die beiden Lösungen gemischt, mit 15 g 25prozentiger Salzsäure versetzt und auf 1 Liter verdünnt.

---

[1] Champion u. Pellet, Zeitschr. f. analyt. Chem. 14. 391.
[2] Zeitschr. f. analyt. Chem. 1884. 9. 269.
[3] Chem. Zeitg. Rep. 1886. 10. 199.
[4] Pharm. Zeitg. 1894. 39. 774; durch Chem. Zeitg. Rep. 1894. 18. 304.
[5] Apoth.-Zeitg. 1891. 6. 263.

5 ccm Glycerin mit 5 ccm der Lösung von fuchsinschwefliger Säure überschichtet dürfen innerhalb 5 Minuten keine violette Zone erkennen lassen und bei längerem Stehen unter möglichstem Luftabschluß höchstens eine hellrosa Färbung annehmen.

Die Silberprobe der deutschen Pharmakopöe wurde bereits oben beschrieben.

Zucker. Glycerin ist besonders in früherer Zeit oft mit Zucker verfälscht worden, zu dessen Nachweis mehrere Vorschriften gegeben worden sind.

Nach Pohl[1]) kann das Glycerin mit Rohrzucker, mit weißem Sirup, welcher Rohrzucker und unkristallisierbaren Zucker enthält, und mit Traubenzucker versetzt sein. Die Flüssigkeit wird im Polarisationsapparate untersucht, und zwar, wenn sie dunkel ist, nachdem man sie durch Vermischen mit $^1/_{10}$ ihres Volumens Bleiessiglösung und Filtrieren geklärt hat.

Glycerin dreht die Polarisationsebene nicht, Lösungen von Rohrzucker und Traubenzucker und frisch dargestellte Sirupe drehen nach rechts, sehr lange aufbewahrter Sirup nach links. Findet eine Drehung nach rechts statt, so erwärmt man nach Zusatz von $^1/_{10}$ Volumen konzentrierter Salzsäure durch 10 Minuten auf 70°—75° C. Ist die Flüssigkeit dann noch immer rechtsdrehend, so ist das Glycerin mit Traubenzucker versetzt, ist sie linksdrehend geworden, mit Rohrzucker.

Böttger[2]) erhitzt 5 Tropfen des zu prüfenden Glycerins mit 100 Tropfen Wasser, 1 Tropfen Salpetersäure (D $=$ 1·30) und 0·03—0·04 g molybdänsaurem Ammon zum Kochen. Bei Gegenwart von Zucker färbt sich die Probe intensiv blau.

Glycerin, welches Rohrzucker enthält, schwärzt sich beim Vermischen mit konzentrierter Schwefelsäure und gibt beim Erwärmen mit einer Mischung von 1 Volumen Schwefelsäure und 4 Volumen Wasser sofort eine rotgelbe Lösung.

Mit Traubenzucker versetztes Glycerin gibt beim Erhitzen mit Fehlingscher Lösung einen roten Niederschlag, noch ehe der Siedepunkt erreicht ist, reines Glycerin hingegen erst einen geringen, gelben oder roten Niederschlag, wenn man die Mischung nach dem Erhitzen 24 bis 48 Stunden stehen läßt (Endemann).

Zum Nachweise von Glycerin neben Zucker dampfen Donath und Mayrhofer[3]) nach Zusatz einer von der vorhandenen Zuckermenge abhängigen Quantität zu Pulver zerfallenen Kalks und ebenso viel feinen Seesandes zur teigigen Konsistenz ein, pulverisieren nach dem Erkalten und extrahieren in einem verschlossenen Kölbchen mit 80—100 ccm einer Mischung aus gleichen Volumteilen Alkohol und Äther. Nach dem Verdunsten erhält man das Glycerin gelblich gefärbt, aber zuckerfrei.

Barfoed nimmt die qualitative Prüfung auf Zucker vor, nachdem er ihn vorher abgetrennt hat. Dazu wendet er zwei Methoden ·an, von

---

[1]) Journ. f. prakt. Chem. 84. 169.
[2]) Zeitschr. f. analyt. Chem. 1891. 16. 508.
[3]) Zeitschr. f. analyt. Chem. 1895. 20. 383.

denen sich die eine auf die Unlöslichkeit des Zuckers in Ätheralkohol, die andere auf die Fähigkeit der Zuckerarten gründet, in Alkohol unlösliche Verbindungen mit Kali zu geben.

1. Man versetzt die mindestens zur Sirupdicke eingedampfte Lösung mit 3—4 Volumteilen Alkohol und 4—5 Volumteilen Äther, wodurch der Zucker klebrig ausgeschieden wird, während das Glycerin gelöst bleibt, und läßt 24 Stunden klären. War Rohrzucker vorhanden, so bilden sich anhaftende Kristalle; in jedem Falle kann man die Flüssigkeit direkt vom Zucker abgießen. Das Glycerin enthält noch eine Spur Zucker, welche durch eine zweite Behandluug mit Ätheralkohol entfernt werden kann.

2. Die zur Sirupdicke eingedampfte Mischung wird mit 6—8 Volumteilen Alkohol, dann unter gutem Umschütteln nach und nach so lange mit 10 prozentiger, alkoholischer Kalilauge versetzt, bis sich noch ein Niederschlag bildet. Dieser ist anfangs weich, wird aber bald zusammenhängend und hart, so daß man die Flüssigkeit abgießen und den Rückstand mit Alkohol nachspülen kann. Die Flüssigkeit wird, wenn nötig, mit der Saugpumpe filtriert, und das Filter mit Alkohol nachgewaschen.

Der aus Rohrzucker- oder Traubenzuckerkali bestehende Niederschlag wird in etwas Wasser gelöst, die Lösung mit Oxalsäure genau neutralisiert, mit 4—5 Volumen Alkohol versetzt und nach einiger Zeit vom oxalsauren Kali abfiltriert. Das Filtrat enthält den Zucker, man dampft ein und prüft den Rückstand.

Zur Vorprüfung des Glycerins für die Zwecke der Dynamitfabrikation verwandeln Champion und Pellet einige Gramme der Probe in Nitroglycerin. War das Glycerin unrein, so wird die Flüssigkeit milchig, das Nitroglycerin vereinigt sich schwierig und läßt sich auch durch wiederholtes Waschen nicht von aller Säure befreien. Auch reicht dann die sonst genügende Filtration über Chlornatrium nicht zur Entwässerung hin.

Lewkowitsch[1]) stellt an Dynamitglycerin die folgenden Anforderungen.

Das Glycerin darf nur einen unbedeutenden Aschengehalt besitzen, durch welchen es sich neben der gelblichen Farbe von Rohglycerin unterscheidet.

Das spezifische Gewicht darf bei 15·5° C. nicht geringer als 1·261 sein. Kalk, Magnesia und Tonerde sollen abwesend sein, und Chloride und Arsenverbindungen dürfen sich nur in Spuren vorfinden.

Bleiacetat darf in der Probe keinen Niederschlag geben.

Zur Prüfung auf organische Verunreinigungen soll 1 ccm der Probe, mit 2 ccm Wasser verdünnt und mit einigen Tropfen einer 10 prozentigen Silbernitratlösung versetzt, nach 10 Minuten keine Schwärzung oder Braunfärbung geben.

Die Abwesenheit von Ölsäure soll in der Weise konstatiert werden,

---

[1]) Chem. Zeitg. 1895. 19. 1423.

daß Salpetrigsäuregas durch das Glycerin geleitet wird, welches keine flockenartigen Abscheidungen bewirken darf.

Nach Crossfield & Sons[1]) muß Dynamitglycerin ein destilliertes Produkt von mindestens 1·262 spezifischem Gewicht, neutraler Reaktion, frei von Zucker usw. sein, darf nur Spuren von Chlor, Arsen und Eisen, aber kein Blei, keinen Kalk und keine anderen anorganischen Verunreinigungen, sowie keine Fettsäuren und Zersetzungsprodukte des Glycerins enthalten.

Über weitere Anforderungen, welche an Dynamitglycerin zu stellen sind, siehe den folgenden Abschnitt und unter „Überführung des Glycerins in Nitroglycerin".

2. Quantitative Bestimmungen der Beimengungen des Glycerins.

Asche. Hehner[2]) erhitzt 1—2 g Glycerin bei möglichst niedriger Temperatur über einem Argandbrenner, wobei die Schale nicht ins Rotglühen kommen darf. 1—2 g Rohglycerin sind nach 1—2 Stunden vollständig eingeäschert, der Rückstand ist weiß.

Richmond verkohlt die Probe, setzt Schwefelsäure zu, brennt weiß und multipliziert das Gewicht des Rückstandes mit 0·8.

Nach Vizern[3]) geben die beiden genannten Verfahren schlechte Resultate, weil beim ersten schwer verbrennliche Kohle zurückbleibt, und sich bei stärkerem Erhitzen Chlornatrium verflüchtigt, während beim zweiten der Faktor 0·8 nicht immer zutrifft. Vizern verkohlt 10 g Glycerin in einer Platinschale, extrahiert den Rückstand mit Wasser, filtriert und extrahiert noch zweimal mit wenig Wasser. Das Filter wird samt Inhalt in der Platinschale verascht, was nun leicht gelingt, das Filtrat in die Schale gegossen, abgedampft, der Rückstand mäßig erhitzt (wobei darauf zu achten ist, daß nicht Verflüchtigung von Chlornatrium eintritt), im Exsikkator erkalten gelassen und rasch gewogen. Ganz ähnlich verfährt zur Aschenbestimmung auch C. Ferrier[4]).

Nichtflüchtige, organische Substanzen. Nach Champion und Pellet[5]) und nach Sulman und Berry wird die Gesamtmenge dieser Substanzen in der Weise annähernd bestimmt, daß man 50 g der Probe mit Essigsäure neutralisiert, nach dem Erkalten einen geringen Überschuß Bleiessig unter gutem Umrühren zusetzt, den Niederschlag auf einem getrockneten, tarierten Filter sammelt, bei 100°—105° C. trocknet und wägt. Sodann wird durch Einäschern des Filters, Lösen des Rückstandes in Salpetersäure und Eindampfen mit Schwefelsäure die Menge des Bleioxydes bestimmt und von dem Gewichte des Nieder-

---

[1]) Chem. Centralbl. 1906. I. 1073.
[2]) Chem. Zeitg. 1889. 13. 213; aus Journ. Soc. Chem. Ind. 1889. 8. 4.
[3]) Chem. Zeitg. Rep. 1889. 13. 339; aus Journ. Pharm. Chim. 20. 392.
[4]) Monit. scient. 1900. 4. — 4. Sér. 14. 808.
[5]) Zeitschr. f. analyt. Chem. 1889. 14. 391.

schlages abgezogen. Die Differenz gibt die organische Substanz, sie beträgt bei destilliertem Glycerin selten mehr als 0.5—$1.0\,^0/_0$.

Den Gesamtgehalt des Glycerins an fremden, nicht-flüchtigen Bestandteilen kann man nach L. Mayer in der Weise ermitteln, daß man eine gewogene Menge der Probe in einer Platinschale auf etwa 160^0—170^0 C. erhitzt, indem man die Schale z. B. auf eine Asbestplatte stellt und mit einer ganz kleinen Flamme anheizt. Dabei verflüchtigt sich das Glycerin ziemlich rasch und ohne jede Zersetzung.[1] Ein schnelles Erhitzen ist zu vermeiden, da sonst der Rückstand zu hoch ausfällt. Der Rückstand wird gewogen, er besteht aus organischen und unorganischen Verunreinigungen. Man äschert nach einer der angegebenen Methoden ein, wägt und bringt die Asche als „unorganische Substanzen" in Rechnung, der Gehalt an organischen Verunreinigungen ergibt sich aus der Differenz. Lewko-witsch[2] fand in sieben Proben „chemisch reinen Glycerins" den Gesamtgehalt an nichtflüchtigen (bei 160^0 C.), fremden Bestandteilen zwischen 0.0276 und $0.0656\,^0/_0$, die organischen Bestandteile zu 0.0243 bis $0.0517\,^0/_0$ und die Asche zu 0.003—$0.0139\,^0/_0$. Bei Dynamitglycerin soll der Gesamtrückstand nicht mehr als $0.15\,^0/_0$ betragen.

In ähnlicher Weise wird in den Laboratorien der Dynamit-Aktiengesellschaft in Hamburg[3] indirekt auch der Glycerin- und Wassergehalt annähernd bestimmt. In einem tarierten, mit eingeschliffenem Stöpsel versehenen Kölbchen werden 20 g Glycerin 8 bis 10 Stunden auf 100^0 C. erhitzt, gewogen und noch einige Stunden weiter erhitzt. Die Differenz zwischen den beiden Wägungen beträgt meist nur einige Zentigramme, der Gesamtverlust wird als Wasser bezeichnet.

5 g Glycerin werden in einer flachen Platinschale auf 180^0 C. erhitzt, bis sich keine Dämpfe mehr zeigen. Man wägt und erhitzt nochmals, wobei man meist schon ein konstantes Gewicht erzielt. Die Differenz zwischen dem Rohglycerin und dem gefundenen Wassergehalte und Rückstande wird als „Reinglyceringehalt" bezeichnet. Endlich bestimmt man den Glührückstand.

Die anorganischen Bestandteile werden wie gewöhnlich bestimmt, indem man die beim Abdampfen oder Verbrennen des Glycerins verbleibenden Rückstände analysiert. Der Kalkgehalt kann auch durch Fällen der mit Wasser verdünnten Probe mit oxalsaurem Ammon, Glühen des Niederschlages usw. direkt bestimmt werden.

Hat man Chlor in der Asche nachgewiesen, so kann man dasselbe nach Allen nicht durch direkte Titrierung oder Fällung des verdünnten Glycerins mit Silberlösung bestimmen, da Chlorsilber in Glycerin löslich ist, und Silbernitrat durch verschiedene Verunreinigungen reduziert

---

[1] Nach Lewkowitsch werden während des Abdampfens des Glycerins von Zeit zu Zeit einige Tropfen Wasser zugefügt, damit sich das Glycerin mit den Wasserdämpfen verflüchtigt.

[2] Yearbook of Pharmacy 1890. 382.

[3] Filsinger, Chem. Zeitg. 1890. 14. 1730.

wird. Man läßt eine gewogene Probe, nachdem man sie entzündet hat, ruhig abbrennen, extrahiert den kohligen Rückstand mit Wasser, filtriert und titriert unter Anwendung von Kaliumbichromat als Indikator mit $^1/_{10}$-Normalsilberlösung oder bestimmt das Chlor gewichtsanalytisch.

Der Gehalt an freier Oxalsäure kann, wenn keine anderen Säuren vorhanden sind, durch Titration mit $^1/_{10}$-Normallauge ermittelt werden; sonst fällt man sie als oxalsauren Kalk, indem man mit Ammoniak neutralisiert, mit Essigsäure schwach ansäuert und Chlorcalcium hinzufügt.

Zur quantitativen Ermittlung etwaiger Gehalte an Sulfiden, Sulfiten und Hyposulfiten sollen nach Ferrier[1]) bei Abwesenheit von anderen reduzierenden Verbindungen 50 g Glycerin mit 500 ccm ausgekochtem Wasser verdünnt, und wenn nötig mit verdünnter Salzsäure neutralisiert werden. Alsdann wird die Lösung bei 60°—70° C. mit 2—3 $^0/_0$ Blutlaugensatz behandelt, welches vorher mit verdünnter Salpetersäure und Wasser gewaschen, getrocknet und im geschlossenen Tiegel bei dunkler Rotglut kalziniert wurde, und filtriert. In 25 ccm der Glycerinlösung werden alsdann die Sulfide durch Fällung mit Bleinitratlösung (hergestellt durch Auflösen von 13·3 g Bleicarbonat in verdünnter Salpetersäure, Neutralisieren der Lösung mit Natriumcarbonatlösung und Verdünnen derselben auf einen Liter) bestimmt, das Bleisulfid abfiltriert, und nach Zusatz von etwas Natriumbicarbonat zum Filtrat die Sulfite und Hyposulfite durch Titration mit $^1/_{10}$-Normaljodlösung bei Gegenwart von etwas Jodzinkstärkelösung ermittelt. Der Niederschlag von Bleisulfid wird am zweckmäßigsten gewogen.

In einer anderen Probe von 25 ccm der Glycerinlösung soll nach dem Entfernen der Sulfide durch Bleinitrat, etwas Strontiumchloridlösung zugefügt, nach 10 stündigem Stehen von dem gefällten Carbonat, Sulfat und Sulfit abfiltriert, das Filtrat abermals mit $^1/_{10}$-Normaljodlösung titriert und der Gehalt an Sulfiten aus der Differenz zwischen dieser und der vorhergehenden Bestimmung berechnet werden.

Zur näherungsweisen, quantitativen Bestimmung von Zucker kann man die bei der qualitativen Prüfung beschriebenen Methoden von Barfoed benutzen. Oder man bestimmt die Quantität des Zuckers durch Polarisation.

Rohrzucker. Man verdünnt 25 ccm Glycerin mit 25 ccm Wasser und 5 ccm konzentrierter Salzsäure, erwärmt in einem Glaskölbchen, in welches man mittels Kork ein Thermometer eingesetzt hat, genau 15 Minuten lang auf 70°—75° C., kühlt durch Eintauchen in kaltes Wasser rasch ab, bringt in ein Rohr von 200 mm Länge und polarisiert in einem Halbschattenapparat. Bedeutet D die wegen des Salzsäurezusatzes um $^1/_{10}$ vergrößerte Drehung, S die Dichte des Gemisches von gleichen Raumteilen der Glycerinprobe und Wasser, p den Zuckergehalt in Prozenten, t die Temperatur, so ist

$$p = \frac{12 \cdot 719 \, (D + 0 \cdot 025 \, D \, [15 - t])}{S}$$

____

[1]) Chem. Zeitg. 1892. 16. 1840.

Gefärbtes Glycerin wird vor der Erwärmung mit Salzsäure mit etwas gepulvertem Spodium versetzt und nach dem Invertieren filtriert.

Traubenzucker. 25 ccm der Probe werden mit 25 ccm Wasser in einem bedeckten Gefäße eine Minute gekocht und polarisiert.

$$p_1 = \frac{11 \cdot 254}{S} D.$$

Ist das Glycerin dunkel gefärbt, so wird es vorher mit Bleiessig geklärt.

3. Gehaltsbestimmung wässeriger Glycerinlösungen.

a) Aus dem spezifischen Gewichte.

Tabellen über die spezifischen Gewichte wässeriger Glycerinlösungen sind von Fabian, Metz, Schweickert und anderen gegeben worden, am genauesten sind wohl die von Lenz[1]), Strohmer[2]), Gerlach[3]), Nicol[4]) und Skalweit[5]). Die Angaben der vier ersteren sind in der untenstehenden Tabelle zusammengestellt. Morawski[6]) hat einige Stellen dieser Tabellen durch die Elementaranalyse kontrolliert und gefunden, daß die von Lenz aufgestellten Werte im allgemeinen etwas zu niedrig sind, die Tabellen von Gerlach und Skalweit untereinander und mit den Verbrennungen am besten stimmen, und die aus Strohmers Tabelle berechneten Glyceringehalte etwas höhere Werte liefern.

Die Messung des spezifischen Gewichtes geschieht nach den gewöhnlichen Methoden mittels Aräometers, Piknometers usw.; zu beachten ist, daß man das Glycerin beim Überleeren stets an der Wand des Gefäßes herablaufen lassen soll, damit keine Luftblasen in dasselbe kommen, da dieselben nur sehr langsam aufsteigen. Bei der pyknometrischen Bestimmung entfernt man sie am besten durch Auspumpen.

Hehner empfiehlt die Wägung im Sprengelschen Rohr, welches mittels der Luftpumpe mit erwärmtem Glycerin gefüllt und dann in Wasser von der Normaltemperatur gebracht wird. Eventuell bringt man die Korrektur von 0·00058 für je 1° C. an.

Lenz ging von nicht ganz wasserfreiem Glycerin aus, dessen Wassergehalt durch die Elementaranalyse bestimmt wurde; Strohmer verwendete zur Aufstellung seiner Tabelle kristallisiertes, durch wiederholtes Abpressen von Wasser vollständig befreites Glycerin, während Gerlach wasserfreies Glycerin dadurch erhielt, daß er reines Glycerin von 1·23 spezifischem Gewicht so lange einkochte, bis sein Siedepunkt konstant war, was bei einer Temperatur von 290° C. (korr.) stattfand.

---

[1]) Zeitschr. f. analyt. Chem. 1894. 19. 302.
[2]) Monatsh. f. Chem. 5. 61.
[3]) Chem. Ind. 7. 281.
[4]) Siehe S. 450.
[5]) Pharm. Journ. and Transact. 1887. 8. 297.
[6]) Chem. Zeitg. 1889. 13. 431.

Spezifische Gewichte der Glycerinlösungen.

Gewichts-Prozente Glycerin	Lenz Spez. Gewicht bei 12° bis 14° C. Wasser von 12° C. = 1	Strohmer Spez. Gewicht bei 17·5° C. Wasser von 17·5° C. = 1	Gerlach Spez. Gewicht bei 15° C. Wasser von 15° C. = 1	Gerlach Spez. Gewicht bei 20° C. Wasser von 20° C. = 1	Nicol Spez. Gewicht bei 20° C. Wasser von 20° C. = 1
100	1·2691	1·262	1·2653	1·2620	1·26348
99	1·2664	1·259	1·2628	1·2594	1·26091
98	1·2637	1·257	1·2602	1·2568	1·25832
97	1·2610	1·254	1·2577	1·2542	1·25572
96	1·2584	1·252	1·2552	1·2516	1·25312
95	1·2557	1·249	1·2526	1·2490	1·25052
94	1·2531	1·246	1·2501	1·2464	1·24790
93	1·2504	1·244	1·2476	1·2438	1·24526
92	1·2478	1·241	1·2451	1·2412	1·24259
91	1·2451	1·239	1·2425	1·2386	1·23990
90	1·2425	1·236	1·2400	1·2360	1·23720
89	1·2398	1·233	1·2373	1·2333	1·23449
88	1·2372	1·231	1·2346	1·2306	1·23178
87	1·2345	1·228	1·2319	1·2279	1·22907
86	1·2318	1·226	1·2292	1·2259	1·22636
85	1·2292	1·223	1·2265	1·2225	1·22365
84	1·2265	1·220	1·2238	1·2198	1·22094
83	1·2238	1·218	1·2211	1·2171	1·21823
82	1·2212	1·215	1·2184	1·2144	1·21552
81	1·2185	1·213	1·2157	1·2117	1·21281
80	1·2159	1·210	1·2130	1·2090	1·21010
79	1·2122	1·207	1·2102	1·2063	1·20739
78	1·2106	1·204	1·2074	1·2036	1·20468
77	1·2079	1·202	1·2046	1·2009	1·20197
76	1·2042	1·199	1·2018	1·1982	1·19925
75	1·2016	1·196	1·1990	1·1955	1·19653
74	1·1999	1·193	1·1962	1·1928	1·19381
73	1·1973	1·190	1·1934	1·1901	1·19109
72	1·1945	1·188	1·1906	1·1874	1·18837
71	1·1918	1·185	1·1878	1·1847	1·18565
70	1·1889	1·182	1·1850	1·1820	1·18293
69	1·1858	1·179	—	—	1·18020
68	1·1826	1·176	—	—	1·17747
67	1·1795	1·173	—	—	1·17474
66	1·1764	1·170	—	—	1·17201
65	1·1733	1·167	1·1711	1·1685	1·16928
64	1·1702	1·163	—	—	1·16654
63	1·1671	1·160	—	—	1·16380
62	1·1640	1·157	—	—	1·16107
61	1·1610	1·154	—	—	1·15834
60	1·1582	1·151	1·1570	1·1550	1·15561
59	1·1556	1·149	—	—	1·15288
58	1·1530	1·146	—	—	1·15015
57	1·1505	1·144	—	—	1·14742
56	1·1480	1·142	—	—	1·14469
55	1·1455	1·140	1·1430	1·1415	1·14196
54	1·1430	1·137	—	—	1·13923
53	1·1403	1·135	—	—	1·13650
52	1·1375	1·133	—	—	1·13377
51	1·1348	1·130	—	—	1·13104

Spezifisches Gewicht der Glycerinlösungen. (Fortsetzung.)

| Gewichts-Prozente Glycerin | Lenz | Strohmer | Gerlach | | Nicol |
| | Spez. Gewicht bei 12° bis 14° C. | Spez. Gewicht bei 17·5 ° C. | Spez. Gewicht bei 15° | Spez. Gewicht bei 20 ° C. | Spez. Gewicht bei 20 ° C. |
	Wasser von 12° C. = 1	Wasser von 17·5° C. = 1	Wasser von 15° C. = 1	Wasser von 20° C. = 1	Wasser von 20° C. = 1
50	1·1320	1·128	1·1290	1·1280	1·12831
45	1·1183	—	1·1155	1·1145	1·11469
40	1·1045	—	1·1020	1·1010	1·10118
35	1·0907	—	1·0885	1·0875	1·08786
30	1·0771	—	1·0750	1·0740	1·07469
25	1·0635	—	1·0620	1·0610	1·06166
20	1·0498	—	1·0490	1·0480	1·04884
15	1·0374	—	—	—	1·03622
10	1·0245	—	1·0245	1·0235	1·02391
5	1·0123	—	—	—	1·01184
0	1·0000	—	1·0000	1·0000	1·00000

Gerlach schließt seiner Tabelle der spezifischen Gewichte Angaben über die Volumveränderungen des Glycerins und seiner wässerigen Lösungen durch die Wärme an, welche es ermöglichen bei sehr genauen Gehaltsbestimmungen wässeriger Glycerinlösungen die bei einer anderen als der Normaltemperatur vorgenommenen Messungen zu korrigieren. Die Tabelle gibt die Volumveränderungen von 10° zu 10° C. und zwar von 0°—100° C.; andere Werte können durch Interpolation gefunden werden. Der folgende Auszug enthält nur die Werte von 0°—30° C.

Volumveränderungen wässeriger Glycerinlösungen durch die Wärme.
Das Volumen bei 0° C. = 10000.

Prozente Glycerin	Volumen bei 0° C.	Volumen bei 10° C.	Volumen bei 20° C.	Volumen bei 30° C.
0	10000	10001·3	10016·0	10041·5
10	10000	10010	10030	10059
20	10000	10020	10045	10078
30	10000	10025	10058	10097
40	10000	10030	10067	10111
50	10000	10034	10076	10124
60	10000	10038	10084	10133
70	10000	10042	10091	10143
80	10000	10043	10092	10144
90	10000	10045	10095	10148
100	10000	10045	10090	10140

Für Temperaturen, welche den beiden Normaltemperaturen von Gerlach, nämlich 15°—20° C., naheliegen, kann man das spezifische Gewicht mit hinreichender Näherung überdies auch aus der Tabelle auf S. 469 berechnen. Es sei:

s_1 das spezifische Gewicht der Glycerinlösung bei 15° C., bezogen auf Wasser von 15° C.,

s_2 das spezifische Gewicht bei 20^0 C., bezogen auf Wasser von 20^0 C.,

s_t das spezifische Gewicht bei t^0, bezogen auf Wasser von t^0,

so ist

$$s_t = s_1 + \frac{t-15}{5}(s_2 - s_1)$$

Henkel und Roth[1]) bestimmten die Dichten von wässerigen Glycerinlösungen von bekanntem Gehalte (bis $20^0/_0$) bei 15^0, 20^0 und 25^0 C. und berechneten mit Hilfe der aus diesen Zahlen gefundenen Interpolationsformel die spezifischen Gewichte für Glycerinlösungen von $0-20^0/_0$ für obengenannte Temperaturen.

Spezifisches Gewicht von Glycerinlösungen. Nach Henkel und Roth.

Gewichts-Prozente Glycerin	Spezifisches Gewicht bei 15°C. Wasser von 4°C. = 1	20°C. Wasser von 4°C. = 1.	25°C. Wasser von 4°C. = 1	Gewichts-Prozente Glycerin	Spezifisches Gewicht bei 15°C. Wasser von 4°C. = 1	20°C. Wasser von 4°C. = 1	25°C. Wasser von 4°C. = 1
0	0·99913	0·99823	0·99703	11	1·02592	1·02462	1·02315
1	1·00152	1·00059	0·99939	12	1·02841	1·02752	1·02559
2	1·00398	1·00295	1·00172	13	1·03096	1·02953	1·02802
3	1·00633	1·00532	1·00407	14	1·03341	1·03201	1·03047
4	1·00877	1·00770	1·00642	15	1·03592	1·03449	1·03293
5	1·01118	1·01009	1·00876	16	1·03844	1·03698	1·03540
6	1·01359	1·01248	1·01116	17	1·04087	1·03948	1·03788
7	1·01606	1·01488	1·01353	18	1·04351	1·04199	1·04037
8	1·01851	1·01731	1·01591	19	1·04605	1·04451	1·04287
9	1·02097	1·01973	1·01832	20	1·04861	1·04714	1·04638
10	1·02344	1·02217	1·02073				

Die Ermittlung des Glyceringehaltes einer Probe mit Hilfe des spezifischen Gewichtes gibt im allgemeinen nur dann genaue Resultate, wenn die Probe neben Wasser höchstens minimale Verunreinigungen organischer und anorganischer Natur enthält.

Zur Berechnung des Glyceringehaltes in aschehaltigem Rohglycerin benutzt A. Smetham[2]) folgende Formel:

$$\text{Glycerin} = \frac{(G - 1.000) - A \times 8.8}{2.66},$$

in welcher G das spezifische Gewicht bei 60^0 F. und A den Aschegehalt des Glycerins bedeutet. In dem Falle, als außergewöhnliche Verunreinigungen organischer Natur, welche das spezifische Gewicht stark beeinflussen, zugegen sind, ist obige Formel nicht anwendbar. Smetham hat bei Überprüfung der Formel, welche zur Überwachung des Betriebes in Glycerinraffinerien verwendbar sein dürfte, mit den nach dem Hehnerschen Bichromatverfahren erhaltenen Resultaten gut übereinstimmende Werte erhalten.

---

[1]) Zeitschr. f. angew. Chem. 1905. 18. 1939.
[2]) Journ. Soc. Chem. Ind. 1899. 18. 331.

Nach Smetham ist die Wirkung der im Rohglycerin gelösten Salze auf die Dichte etwa 3·3 mal so groß als die der gleichen Menge Glycerin; daher berechnet Stiepel[1]) den Prozentgehalt an Glycerin, indem er den aus der Dichte gefundenen Glyceringehalt der Probe um das Produkt Asche $\times$ 3·3 vermindert.

b) Aus dem Brechungsexponenten.

Lenz[2]), Strohmer[3]) und Skalweit[4]) haben Tabellen über die Brechungsexponenten wässeriger Glycerinlösungen entworfen. Die Bestimmung des Brechungsexponenten mit Hilfe des Abbeschen Refraktometers bietet den Vorteil, daß sie sich weit rascher ausführen läßt, wie eine spezifische Gewichtsbestimmung, und daß dazu nur ein Tropfen der Probeflüssigkeit benötigt wird. Nach Lenz stimmen die Beobachtungen an dem großen Refraktometer bis auf wenige Einheiten der vierten Dezimalstelle untereinander überein, während die mittlere Differenz der Brechungsindices für 1 %/ₒ Glycerin 13·5 Einheiten derselben Dezimalstelle beträgt. Man ist daher in der Lage, mit Hilfe der Tabellen den Prozentgehalt einer wässerigen Glycerinlösung aus der Refraktion bis auf etwa 0·5 %/ₒ genau zu bestimmen.

Tabelle über das spezifische Gewicht und den Brechungsindex wässeriger Glycerinlösungen. Nach Lenz.

Wasserfreies Glycerin	Spezifisches Gewicht bei 12° bis 14° C.	Brechungs-index bei 12·5° bis 12·8° C.	Wasserfreies Glycerin	Spezifisches Gewicht bei 12° bis 14° C.	Brechungs-index bei 12·5° bis 12·8° C.	Wasserfreies Glycerin	Spezifisches Gewicht bei 12° bis 14° C.	Brechungs-index bei 12·5° bis 12·8° C.
100	1·2691	1·4758	79	1·2122	1·4453	58	1·1530	1·4114
99	1·2664	1·4744	78	1·2106	1·4438	57	1·1505	1·4102
98	1·2637	1·4729	77	1·2079	1·4424	56	1·1480	1·4091
97	1·2610	1·4715	76	1·2042	1·4409	55	1·1455	1·4079
96	1·2584	1·4700	75	1·2016	1·4395	54	1·1430	1·4065
95	1·2557	1·4686	74	1·1999	1·4380	53	1·1403	1·4051
94	1·2531	1·4671	73	1·1973	1·4366	52	1·1375	1·4036
93	1·2504	1·4657	72	1·1945	1·4352	51	1·1348	1·4022
92	1·2478	1·4642	71	1·1918	1·4337	50	1·1320	1·4007
91	1·2451	1·4828	70	1·1889	1·4321	49	1·1293	1·3993
90	1·2425	1·4613	69	1·1858	1·4304	48	1·1265	1·3979
89	1·2398	1·4598	68	1·1826	1·4286	47	1·1238	1·3964
88	1·2372	1·4584	67	1·1795	1·4267	46	1·1210	1·3950
87	1·2345	1·4569	66	1·1764	1·4249	45	1·1183	1·3935
86	1·2318	1·4555	65	1·1733	1·4231	44	1·1155	1·3921
85	1·2292	1·4540	64	1·1702	1·4213	43	1·1127	1·3906
84	1·2265	1·4525	63	1·1671	1·4195	42	1·1100	1·3890
83	1·2238	1·4511	62	1·1640	1·4176	41	1·1072	1·3875
82	1·2212	1·4496	61	1·1610	1·4158	40	1·1045	1·3860
81	1·2185	1·4482	60	1·1582	1·4140	39	1·1017	1·3844
80	1·2159	1·4467	59	1·1556	1·4126	38	1·0989	1·3829

[1]) Seifens.-Zeitg. 31. 818.
[2]) Zeitschr. f. analyt. Chem. 1894. 19. 302.
[3]) Monatsh. f. Chemie 5. 61.
[4]) Rep. d. analyt. Chem. 5. 18.

Tabelle über das spezifische Gewicht und den Brechungsindex wässeriger Glycerinlösungen. Nach Lenz. (Fortsetzung.)

Wasserfreies Glycerin	Spezifisches Gewicht bei 12° bis 14° C.	Brechungs-index bei 12·5° bis 12·8° C.	Wasserfreies Glycerin	Spezifisches Gewicht bei 12° bis 14° C.	Brechungs-index bei 12·5° bis 12·8° C.	Wasserfreies Glycerin	Spezifisches Gewicht bei 12° bis 14° C.	Brechungs-index bei 12·5° bis 12·8° C.
37	1·0962	1·3813	24	1·0608	1·3639	12	1·0297	1·3480
36	1·0934	1·3798	23	1·0580	1·3626	11	1·0271	1·3467
35	1·0907	1·3785	22	1·0553	1·3612	10	1·0245	1·3454
34	1·0880	1·3772	21	1·0525	1·3599	9	1·0221	1·3442
33	1·0852	1·3758	20	1·0498	1·3585	8	1·0196	1·3430
32	1·0825	1·3745	19	1·0471	1·3572	7	1·0172	1·3417
31	1·0798	1·3732	18	1·0446	1·3559	6	1·0147	1·3405
30	1·0771	1·3719	17	1·0422	1·3546	5	1·0123	1·3392
29	1·0744	1·3706	16	1·0398	1·3533	4	1·0098	1·3380
28	1·0716	1·3692	15	1·0374	1·3520	3	1·0074	1·3367
27	1·0689	1·3679	14	1·0349	1·3507	2	1·0049	1·3355
26	1·0663	1·3666	13	1·0332	1·3494	1	1·0025	1·3342
25	1·0635	1·3653						

Tabelle über das spezifische Gewicht und den Brechungsindex wässeriger Glycerinlösungen. Nach Strohmer.

Gewichts-prozente Glycerin	Spezifisches Gewicht bei 17·5° C.	Brechungs-exponent bei 17·5° C.	Gewichts-prozente Glycerin	Spezifisches Gewicht bei 17·5° C.	Brechungs-exponent bei 17·5° C.	Gewichts-prozente Glycerin	Spezifisches Gewicht bei 17·5° C.	Brechungs-exponent bei 17·5° C.
100	1·262	1·4727	83	1·218	1·4478	66	1·170	1·4206
99	1·259	1·4710	82	1·215	1·4461	65	1·167	1·4189
98	1·257	1·4698	81	1·213	1·4449	64	1·163	1·4167
97	1·254	1·4681	80	1·210	1·4432	63	1·160	1·4150
96	1·252	1·4670	79	1·207	1·4415	62	1·157	1·4133
95	1·249	1·4653	78	1·204	1·4398	61	1·154	1·4116
94	1·246	1·4636	77	1·202	1·4387	60	1·151	1·4099
93	1·244	1·4625	76	1·199	1·4370	59	1·149	1·4087
92	1·241	1·4608	75	1·196	1·4353	58	1·146	1·4070
91	1·239	1·4596	74	1·193	1·4336	57	1·144	1·4059
90	1·236	1·4579	73	1·190	1·4319	56	1·142	1·4048
89	1·233	1·4563	72	1·188	1·4308	55	1·140	1·4036
88	1·231	1·4551	71	1·185	1·4291	54	1·137	1·4019
87	1·228	1·4534	70	1·182	1·4274	53	1·135	1·4008
86	1·226	1·4523	69	1·179	1·4257	52	1·133	1·3997
85	1·223	1·4506	68	1·176	1·4240	51	1·130	1·3980
84	1·220	1·4489	67	1·173	1·4223	50	1·128	1·3969

Tabelle über die spezifischen Gewichte und die Brechungsexponenten wässeriger Glycerinlösungen. Nach Skalweit.

Prozente Glycerin	Spez. Gewicht bei 15° C.	n (D) bei 15° C.	Prozente Glycerin	Spez. Gewicht bei 15° C.	n (D) bei 15° C,	Prozente Glycerin	Spez. Gewicht bei 15° C.	n (D) bei 15° C.
0	1·0000	1·3330	3	1·0072	1·3366	6	1·0144	1·3402
1	1·0024	1·3342	4	1·0096	1·3378	7	1·0168	1·3414
2	1·0048	1·3354	5	1·0120	1·3390	8	1·0192	1·3426

Tabelle über die spezifischen Gewichte und die Brechungsexponenten wässeriger Glycerinlösungen. Nach Skalweit. (Fortsetzung.)

Prozente Glycerin	Spez. Gewicht bei 15° C.	n (D) bei 15° C.	Prozente Glycerin	Spez. Gewicht bei 15° C.	n (D) bei 15° C.	Prozente Glycerin	Spez. Gewicht bei 15° C.	n (D) bei 15° C.
9	1·0216	1·3439	40	1·1020	1·3854	71	1·1882	1·4309
10	1·0240	1·3452	41	1·1047	1·3868	72	1·1909	1·4324
11	1·0265	1·3464	42	1·1074	1·3882	73	1·1936	1·4339
12	1·0290	1·3477	43	1·1101	1·3896	74	1·1963	1·4354
13	1·0315	1·3490	44	1·1128	1·3910	75	1·1990	1·4369
14	1·0340	1·3503	45	1·1155	1·3924	76	1·2017	1·4384
15	1·0365	1·3516	46	1·1182	1·3938	77	1·2044	1·4399
16	1·0390	1·3529	47	1·1209	1·3952	78	1·2071	1·4414
17	1·0415	1·3542	48	1·1236	1·3966	79	1·2098	1·4429
18	1·0440	1·3555	49	1·1263	1·3981	80	1·2125	1·4444
19	1·0465	1·3568	50	1·1290	1·3996	81	1·2152	1·4460
20	1·0490	1·3581	51	1·1318	1·4010	82	1·2179	1·4475
21	1·0516	1·3594	52	1·1346	1·4024	83	1·2206	1·4490
22	1·0542	1·3607	53	1·1374	1·4039	84	1·2233	1·4505
23	1·0568	1·3620	54	1·1402	1·4054	85	1·2260	1·4520
24	1·0594	1·3633	55	1·1430	1·4069	86	1·2287	1·4535
25	1·0620	1·3647	56	1·1458	1·4084	87	1·2314	1·4550
26	1·0646	1·3660	57	1·1486	1·4099	88	1·2341	1·4565
27	1·0672	1·3674	58	1·1514	1·4104	89	1·2368	1·4580
28	1·0698	1·3687	59	1·1542	1·4129	90	1·2395	1·4595
29	1·0724	1·3701	60	1·1570	1·4144	91	1·2421	1·4610
30	1·0750	1·3715	61	1·1599	1·4160	92	1·2447	1·4625
31	1·0777	1·3729	62	1·1628	1·4175	93	1·2473	1·4640
32	1·0804	1·3743	63	1·1657	1·4190	94	1·2499	1·4655
33	1·0831	1·3757	64	1·1686	1·4205	95	1·2525	1·4670
34	1·0858	1·3771	65	1·1715	1·4220	96	1·2550	1·4684
35	1·0885	1·3785	66	1·1743	1·4235	97	1·2575	1·4698
36	1·0912	1·3799	67	1·1771	1·4250	98	1·2600	1·4712
37	1·0939	1·3813	68	1·1799	1·4265	99	1·2625	1·4728
38	1·0966	1·3827	69	1·1827	1·4280	100	1·2650	1·4742
39	1·0993	1·3840	70	1·1855	1·4295			

Es ist selbstverständlich, daß bei Benutzung dieser Tabellen nur für die darin angeführten Temperaturen richtige Resultate erhalten werden, da sich der Brechungsindex mit der Temperatur ändert. Van der Willigen fand z. B. folgende Änderungen der Brechungsindices für je 1° C. Temperaturerhöhung:

Spez. Gewicht des Glycerins	Änderung des Brechungsindex
1·24049	0·00025
1·19296	0·00023
1·16270	0·00022
1·11463	0·00021
1·25350	0·00032 [1]

Für reines Wasser ist die Änderung 0·00008 für 1° C.

Lenz hat folgendes Verfahren vorgeschlagen, welches die Refrakto-

---

[1] Die letzte Angabe rührt von Listing her.

meterbestimmungen unabhängig von kleinen Schwankungen in der Justierung des Index macht und den Einfluß der Temperatur bedeutend herabmindert. Es wird nämlich 1. die Refraktion der betreffenden Lösung und 2. direkt hinterher, somit bei derselben Temperatur, die Refraktion reinen Wassers beobachtet. Die Differenzen finden sich mit den ihnen zugehörigen Prozentgehalten der Lösungen an reinem Glycerin in der folgenden Tabelle zusammengestellt.

Tabelle über die Differenzen zwischen den Brechungsindices wässeriger Glycerinlösungen und reinen Wassers. Nach Lenz.

D_n[1] Glycerin $- D_n$ Wasser	Gewichts- prozente Glycerin	D_n Glycerin $- D_n$ Wasser	Gewichts- prozente Glycerin	D_n Glycerin $- D_n$ Wasser	Gewichts- prozente Glycerin	D_n Glycerin $- D_n$ Wasser	Gewichts- prozente Glycerin
0·1424	100	0·1061	75	0·0673	50	0·0318	25
0·1410	99	0·1046	74	0·0659	49	0·0305	24
0·1395	98	0·1032	73	0·0645	48	0·0292	23
0·1381	97	0·1018	72	0·0630	47	0·0278	22
0·1366	96	0·1003	71	0·0616	46	0·0265	21
0·1352	95	0·0987	70	0·0601	45	0·0251	20
0·1337	94	0·0970	69	0·0587	44	0·0238	19
0·1323	93	0·0952	68	0·0572	43	0·0225	18
0·1308	92	0·0933	67	0·0556	42	0·0212	17
0·1294	91	0·0915	66	0·0541	41	0·0199	16
0·1279	90	0·0897	65	0·0526	40	0·0186	15
0·1264	89	0·0879	64	0·0510	39	0·0173	14
0·1250	88	0·0861	63	0·0495	38	0·0160	13
0·1235	87	0·0842	62	0·0479	37	0·0146	12
0·1221	86	0·0824	61	0·0464	36	0·0133	11
0·1206	85	0·0806	60	0·0451	35	0·0120	10
0·1191	84	0·0792	59	0·0438	34	0·0008	9
0·1177	83	0·0780	58	0·0424	33	0·0096	8
0·1162	82	0·0768	57	0·0411	32	0·0083	7
0·1148	81	0·0757	56	0·0398	31	0·0071	6
0·1133	80	0·0745	55	0·0385	30	0·0058	5
0·1119	79	0·0731	54	0·0372	29	0·0046	4
0·1104	78	0·0717	53	0·0358	28	0·0033	3
0·1090	77	0·0702	52	0·0345	27	0·0021	2
0·1075	76	0·0688	51	0·0332	26	0·0008	1
						0·0000	0

Sehr bequem ist zum Zwecke der Bestimmung des Glyceringehaltes wässeriger Glycerinlösungen die Anwendung des Zeißschen Eintauchrefraktometers, welches nach Henkel und Roth[2] sehr genaue Resultate liefert. Die Genannten bestimmten nach dem von Lenz angegebenen Differenzverfahren (vgl. S. 474) die Differenzen der Ablesungen zwischen Wasser und Glycerinlösungen von bekanntem Gehalte und berechneten aus den so erhaltenen Zahlen die folgende Tabelle.

---

[1] D_n ist der Brechungsindex (n) für die Natriumlinie D, welchen die Refraktometer direkt angeben.

[2] Zeitschr. f. angew. Chem. 1905. 18. 1940.

Prozente Glycerin	N	D_n	Prozente Glycerin	N	D_n
0	15·00	1·33320	11	50·04	1·34651
1	18·07	1·33438	12	53·36	1·34774
2	21·16	1·33557	13	56·72	1·34900
3	24·28	1·33677	14	60·09	1·35024
4	27·41	1·33797	15	63·48	1·35150
5	30·58	1·33918	16	66·91	1·35275
6	33·76	1·34039	17	70·35	1·35401
7	36·97	1·34161	18	73·82	1·35527
8	40·21	1·34283	19	77·30	1·35653
9	43·46	1·34405	20	80·82	1·35780
10	46·74	1·34527			

N = Differenz der Ablesung zwischen Wasser und Lösung auf der Skala
des Eintauchrefraktometers.

c) Aus der Dampfspannung.

Gerlach[1]) hat ein Vaporimeter konstruiert, mit welchem man die Dampfspannung wässeriger Glycerinlösungen leicht bestimmen kann, und eine Tabelle entworfen, welche die den Dampfspannungen entsprechenden Glyceringehalte angibt.

Der Apparat[2]) (Fig. 82) besitzt folgende Einrichtung:

Das Vaporimetergestell besteht aus einer Hülse A von Rotkupfer oder Neusilber, welche auf den Teller B aus gleichem Metall aufgenietet ist. In die Öffnung C wird das Glasrohr $D'D''$ mit einem Gummistopfen eingesetzt. Der Glaszylinder G läßt sich durch ein Stück dicken Gummischlauches mit A verbinden. Zur Sicherung des Verschlusses ist dasselbe einerseits mit Draht an A angebunden und kann andrerseits durch den konischen Metallring H fest an den Glaszylinder angedrückt werden.

Zur Ausführung des Versuches wird in folgender Weise verfahren:

Man nimmt den Glaszylinder G und das Fläschchen F ab, entfernt auch den Konus aus dem in das Rohr D_1 eingesetzten Glashahn und hängt das Instrument an der am unteren Ende des Skalenlineales angebrachten Drahtschlinge, also umgekehrt auf. Sodann schwenkt man F mit der zu untersuchenden Flüssigkeit gut aus und füllt so viel Quecksilber ein, daß es genau bis zu einer an der engsten Stelle des Halses angebrachten Marke reicht. Man gießt etwas von der Glycerinprobe auf, schüttelt um und saugt die Flüssigkeit einige Male mit einem fein ausgezogenen Glasrohr vom Quecksilber ab. Dann füllt man ganz voll, läßt stehen, bis alle Luftblasen entwichen sind, und setzt nun das Fläschchen an das in seinem Hals eingeschliffene Ende des Rohres D' an. Wenn keine Flüssigkeit mehr durch den Glashahn abtropft, setzt man den Konus wieder in denselben ein, kehrt das Vaporimeter um, setzt

---

[1]) Chem. Ind. 7. 277.
[2]) Zu beziehen von F. Müller, Dr. Geißler's Nachfolger in Bonn.

G auf, füllt den durch A und B gebildeten Raum mit Wasser und erhitzt das Bad zum Sieden, wobei sich aus der Probe Dampf entwickelt, welcher das Quecksilber erst in das Rohr D', dann in die am Fuße von D'' angebrachte Kugel und endlich in das Steigrohr D'' selbst drückt. Dabei treibt das Quecksilber einen Faden von Glycerinlösung vor sich her, welcher stets gleich lang ist, was durch das Herausnehmen des Glashahnes vor dem Ansetzen des Fläschchens bewirkt wurde, so daß sein Einfluß vernachlässigt werden kann.

Enthält das Fläschchen reines Wasser, so wird das Quecksilber in D'' bei diesem Versuche gerade so weit steigen, daß die Quecksilberkuppen im Fläschchen und im Steigrohr das gleiche Niveau haben, weil der Dampfdruck des Wassers bei der Siedetemperatur der Atmosphärendruck ist. Dieser Punkt wurde in der Skala mit Null bezeichnet und die Millimeterteilung nach unten hin aufgetragen. Seine Lage ist bei allen Barometerständen dieselbe, da eine Änderung des Luftdruckes die Siedetemperatur des Wassers im Mantel und die Spannkraft der in F entwickelten Dämpfe in gleicher Weise beeinflußt.

Bei der Prüfung der Glycerinlösung verfährt

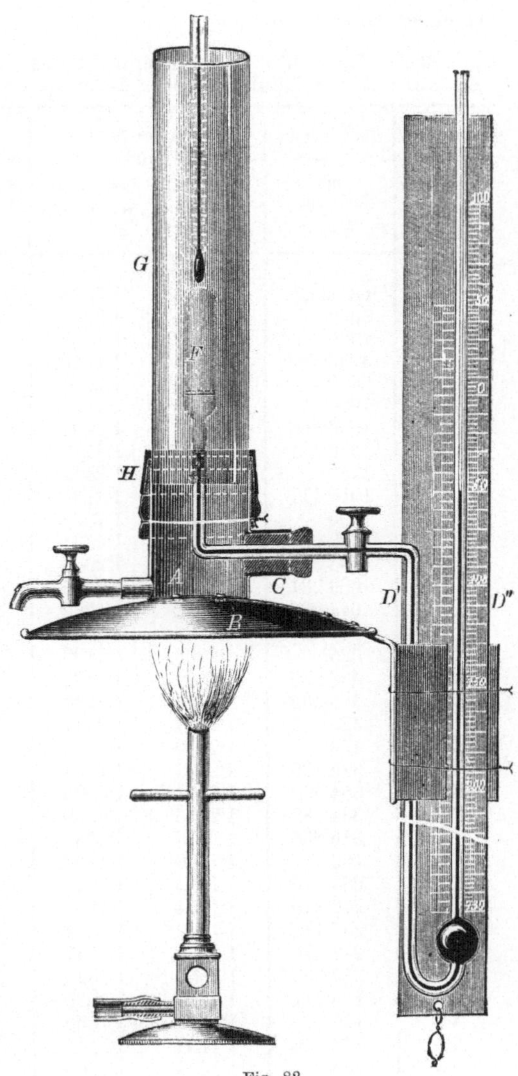

Fig. 82.

man genau in derselben Weise. Der Nullpunkt der Skala wird aber jetzt durch den Quecksilberfaden nicht erreicht sein. Die an der Skala direkt abgelesene Abnahme des Druckes bedarf noch einer Korrektur, da der Stand des Quecksilbers im Vaporimeterfläschchen ein höherer ist, als früher und diese Erhöhung noch zu der Angabe der Skala addiert werden muß. Bei jedem Instrumente ist nun angegeben, welche Erhöhung der Quecksilberfaden von 0—500 mm in dem zylindrischen Vaporimeterfläschchen bedingt, und daraus läßt sich die Erhöhung für jeden Stand des Quecksilbers berechnen.

Spezifische Gewichte und Siedepunkte der Glycerinlösungen, sowie die Spannkraft der Dämpfe dieser Lösungen bei 100° C. Nach Gerlach.

Gewichtsteile Glycerin in 100 Teilen der Lösung	Gewichtsteile Glycerin bei 100 Teilen Wasser	Spezifisches Gewicht der Glycerinlösungen bei 15° C. Wasser von 15° C. = 1	bei 20° C. Wasser von 20° C. = 1	Siedetemperatur bei 760 mm Barometerstand	Spannkraft der Dämpfe von Glycerinlösungen bei 100° C. Verminderte Spannkraft gegen Wasserdampf	Spannkraft bei 760 mm Barometerstand
				° Celsius	mm	mm
100	Glycerin	1·2653	1·2620	290	696	64
99	9900	1·2628	1·2594	239	673	87
98	4900	1·2602	1·2568	208	653	107
97	3233·333	1·2577	1·2542	188	634	126
96	2400	1·2552	1·2516	175	616	144
95	1900	1·2526	1·2490	164	598	162
94	1566·666	1·2501	1·2464	156	580	180
93	1328·571	1·2476	1·2438	150	562	198
92	1150	1·2451	1·2412	145	545	215
91	1011·111	1·2425	1·2386	141	529	231
90	900	1·2400	1·2360	138	513	247
89	809·090	1·2373	1·2333	135	497	263
88	733·333	1·2346	1·2306	132·5	481	279
87	669·231	1·2319	1·2279	130·5	465	295
86	614·286	1·2292	1·2252	129	449	311
85	566·666	1·2265	1·2225	127·5	434	326
84	525	1·2238	1·2198	126	420	340
83	488·235	1·2211	1·2171	124·5	405	355
82	455·555	1·2184	1·2144	123	390	370
81	426·316	1·2157	1·2117	122	376	384
80	400	1·2130	1·2090	121	364	396
79	376·190	1·2102	1·2063	120	352	408
78	354·500	1·2074	1·2036	119	341	419
77	334·782	1·2046	1·2009	118·2	330	430
76	316·666	1·2018	1·1982	117·4	320	440
75	300	1·1990	1·1955	116·7	310	450
74	284·615	1·1962	1·1928	116	300	460
73	240·370	1·1934	1·1901	115·4	290	470
72	257·143	1·1906	1·1874	114·8	280	480
71	244·828	1·1878	1·1847	114·2	271	489
70	233·333	1·1850	1·1820	113·6	264	496
65	185·714	1·1710	1·1685	111·3	227	553
60	150	1·1570	1·1550	109	195	565
55	122·222	1·1430	1·1415	107·5	167	593
50	100	1·1290	1·1280	106	142	618
45	81·818	1·1155	1·1145	105	121	639
40	66·606	1·1020	1·1010	104	103	657
35	53·846	1·0885	1·0875	103·4	85	675
30	42·857	1·0750	1·0740	102·8	70	690
25	33·333	1·0620	1·0610	102·3	56	704
20	25	1·0490	1·0480	101·8	43	717
10	11·111	1·0245	1·0235	100·9	20	740
0	0	1·0000	1·0000	100	0	760

Es sei z. B.:

Die Erhöhung des Niveaus im Fläschchen für den Quecksilberfaden von 0—500 m . . . . 21 mm

Der beobachtete Quecksilberfaden an der Skala des Vapori-
meters . . . . 492 „

Somit berechnet sich die Erhöhung des Quecksilberstandes
im Fläschchen für 492 mm aus der Proportion 500:21
= 492:x, sie beträgt. . . . . 20·6 „

Die wirkliche Verminderung der Spannkraft der Glycerinlösung ist demnach . . . . 512·6 „

Somit enthält die Probe nach der vorstehenden Tabelle 90 $\%$ Glycerin.

Um die Dampfbildung bei konzentrierteren Glycerinlösungen (von 70 $\%$ an) hervorzurufen, setzt man an das Steigrohr ein Glasrohr mit Gummischlauch an und saugt. Dann geht die Dampfbildung genügend vor sich. Nur bei reinem Glycerin versagt auch dieses Mittel.

d) Durch Eindampfen.

Beim Eindampfen reiner, wässeriger Glycerinlösungen über Bleioxyd entsteht Glycerinmonoplumbat. Morawski[1]) bestimmt demnach den Glyceringehalt in folgender Art:

In einem geräumigen Porzellantiegel wird ein kurzes Glasstäbchen eingesetzt und 50—60 g Bleioxyd eingefüllt; dann werden etwa 2 g Glycerin eingewogen und so viel Alkohol zugegeben, daß sich das Gemenge unter Bildung einer feuchten, lockeren Masse verreiben und gleichmäßig mischen läßt. Der Tiegel wird zuerst in einen Vakuum-Wasserbadtrockenkasten eingesetzt und dann erst im Luftbade bei 120°—130° C. bis zur Gewichtskonstanz getrocknet, mit einem gut passenden Uhrglase, welches mit einem Ausschnitt für den Glasstab versehen ist, bedeckt und gewogen. Die Gewichtszunahme mit

$$1·2432 \left(= \frac{C_3H_8O_3}{C_3H_6O_2} = \frac{92·06}{74·05} \right)$$

multipliziert gibt die Menge des im untersuchten Glycerin enthaltenen reinen Glycerins. Die Bestimmung dauert 3—4 Stunden; die Resultate sind ziemlich befriedigend; die Differenzen betragen im Durchschnitt 0·6, im Maximum 1·5 $\%$.

Die Abweichungen rühren nach Morawski davon her, daß 1. das Bleioxyd etwas Mennige enthält, 2. das Trocknen nicht in kohlensäurefreier Luft vorgenommen wird.

Die Dynamit-Aktien-Gesellschaft in Hamburg bestimmt das Glycerin ebenfalls durch Eindampfen.

---

[1]) Journ. f. prakt. Chem. 22. 416. — Chem. Zeitg. 1889. 13. 13.

e) Durch Extraktion.

Diese Methode ist auf S. 193 ausführlich beschrieben. Von den zu untersuchenden Glycerinlösungen wird so viel angewendet, als ungefähr 1 g Glycerin entspricht. Dünne Glycerinwässer werden vorerst auf dem Wasserbade bei höchstens 80° C. bis zur Sirupdicke eingedampft.

f) Durch Oxydation.

Die verschiedenen Oxydationsmethoden sind S. 196 ff. genau beschrieben. Danach werden von konzentrierten Glycerinlösungen 0·2—0·4, von verdünnten entsprechend mehr, in ca. 500 ccm Wasser entweder unter Zusatz von Kalihydrat und Permanganat oder bei Gegenwart von Schwefelsäure durch Kaliumbichromat oxydiert usw. Diese Verfahren eignen sich am besten für sehr verdünnte Glycerinlösungen, bei denen die physikalischen Methoden versagen. Es kann z. B. nach Benedikt und Zsigmondy der Glyceringehalt einer Lösung, welche nur 0·03% Glycerin enthält, noch auf ca. 0·0003% genau bestimmt werden. Unter der Voraussetzung, daß nur wenige organische Verunreinigungen vorhanden sind, geben diese Methoden weit bessere Resultate als die unter g und h beschriebenen.

g) Durch Überführung in Benzoate.

Diez[1]) führt das Glycerin durch Schütteln seiner wässerigen Lösung mit Benzoylchlorid und Natronlauge in die Benzoylverbindung über und wägt dieselbe nach dem Filtrieren, Waschen und Trocknen. Da aber die Umsetzung nicht quantitativ erfolgt, sondern ziemlich beträchtliche Mengen Glycerin in Lösung bleiben und sich außerdem neben Tribenzoat auch Dibenzoat bildet, ist diese Methode für die Zwecke der Fett- und Glycerinanalyse unbrauchbar.

h) Aus dem Lösungsvermögen für Kupferoxyd.[2])

In einem graduierten Zylinder von 100 ccm Inhalt, welcher etwas über dem Teilstriche 50 ein seitliches Ablaufrohr mit Glashahn angesetzt hat, wird 1 g Glycerin mit 50 ccm starker Kalilauge (1 T. Kalihydrat, 2 T. Wasser) übergossen und unter Umschütteln so lange mit schwacher Kupfervitriollösung versetzt, bis sich ein ziemlich beträchtlicher, bleibender, blauer Niederschlag gebildet hat. Dann wird auf 100 ccm aufgefüllt, geschüttelt, nach dem Absitzen des Niederschlages ein aliquoter Teil der Flüssigkeit durch den Hahn abgelassen und die Menge des darin enthaltenen Kupferoxydes bestimmt, z. B. durch Titration mit Cyankalium. Zu dem Zwecke wird die mit Salpetersäure angesäuerte Probe mit Ammoniak im Überschuß versetzt und auf Kupferoxyd gestellte Cyankaliumlösung hinzufließen gelassen. Da konzentrierte Kalilauge

---

[1]) Zeitschr. f. physiol. Chem. 11. 472. — Vgl. Benedikt und Cantor, Zeitschr. f. angew. Chem. 1888. 460.
[2]) Muter, Zeitschr. f. analyt. Chem. 1896. 21. 130.

allein etwas Kupferoxyd auflöst, was durch einen Blindversuch konstatiert wird, ist diese Menge von der aus der verbrauchten Anzahl Kubikzentimeter Cyankaliumlösung berechneten Kupferoxydmenge abzuziehen.

Der Wirkungswert des Glycerins wird mit reinen Glycerinlösungen festgestellt. Die Resultate sind nach den Angaben Muters befriedigend, die Belege meist bis auf $1\,^0/_0$ genau.

i) Durch Überführung in Nitroglycerin.

Das in der Sprengstoffbranche angewandte Glycerin muß ein reines, durch Destillation gewonnenes Produkt sein und sich in der Zusammensetzung dem chemisch reinen Glycerin nähern.

Champion und Pellet[1]) prüfen das für die Dynamitfabrikation bestimmte Glycerin in folgender Weise:

30 g Glycerin werden mit 250 g einer Mischung von 1 T. farbloser, rauchender Salpetersäure und 2 T. Schwefelsäure von 66^0 Bé nach den für die Nitroglycerindarstellung geltenden Vorschriften behandelt, das erhaltene Nitroglycerin gewaschen, über Chlornatrium filtriert und gewogen. Die Temperatur beim Nitrieren soll nicht über 30^0 C. steigen. Nach diesem Verfahren geben 100 T. reines Glycrein 194 T. Nitroglycerin, während die theoretische Ausbeute $246{\cdot}74$ T. beträgt.

Lewkowitsch[2]) empfiehlt, die Nitrierungs- und Scheidungsprobe nach folgender Vorschrift auszuführen:

375 g Salpeterschwefelsäuregemisch (hergestellt durch Mischen eines Gewichtsteiles rauchender Salpetersäure $[d = 1{\cdot}5]$ mit zwei Gewichtsteilen reiner, konzentrierter Schwefelsäure $[d = 1{\cdot}845]$) werden nach vollständigem Erkalten in ein ca. 500 ccm fassendes Becherglas gebracht, welches in ein geräumiges, mit kaltem Wasser gefülltes Gefäß eingestellt wird. Das Kühlwasser fließt während der Nitrierung kontinuierlich zu und ab. Hierbei ist zu achten, daß der Kautschukschlauch, welcher das Kühlwasser zuführt, sicher am Wasserleitungsrohr sitzt, da sonst bei einer Druckänderung in der Wasserleitung der Kautschukschlauch weggeschleudert werden könnte. Würde in einem solchen Falle Wasser in das Nitriergefäß spritzen, so könnte leicht die Temperatur sich bis zum Explosionspunkt steigern. Aus diesem Grunde benutzt man auch zweckmäßig ein dünnes Becherglas, damit man im Momente der Gefahr eventuell mit dem als Rührer dienenden Thermometer den Boden des Becherglases durchstoßen kann.

Ist die Temperatur des Säuregemisches auf ca. 12^0—15^0 C. gesunken, so läßt man 50 g des zu untersuchenden Dynamitglycerins, das in einem mit Ausguß versehenen Becherglase abgewogen wurde, unter ständigem Rühren mit dem Thermometer tropfenweise in die Säure fließen. Die Temperatur soll unter 25^0 C. gehalten werden und darf

---

[1]) Zeitschr. f. analyt. Chem. 1875. 14. 391.
[2]) Chem. Zeitg. 1895. 19. 1423.

auf keinen Fall 30⁰C. übersteigen. Auch ist stets darauf zu achten, daß lokale Erwärmungen möglichst vermieden werden.

Nachdem alles Glycerin eingetragen ist, wird we ter gerührt, bis die Temperatur auf 15⁰C. gefallen ist, und dann das Gemisch von Nitroglycerin und Säure in einen absolut trockenen Scheidetrichter. gebracht, welcher zweckmäßig vorher mit konzentrierter Schwefelsäure ausgespült wird.

Das Nitroglycerin scheidet sich rasch über dem Säuregemisch ab. Je schneller die Scheidung erfolgt, desto besser eignet sich das Glycerin zum Nitrieren. Wenn Schleier oder Flocken im Nitroglycerin schweben, oder wenn die Scheidung nicht nach 5—10 Minuten erfolgt, oder wenn die Scheidungslinie infolge einer wolkigen Zwischenschichte undeutlich ist, ist das Glycerin als Dynamitglycerin unbrauchbar.

Bei sehr schlechtem Glycerin ist überhaupt keine Scheidungsgrenze kenntlich, und das Nitroglycerin erscheint wie von einem Zellengewebe durchsetzt, das erst nach vielen Stunden niederfällt.

Soll auch eine quantitative Glycerinbestimmung mit der Nitrierungsprobe verbunden werden, so wird vorerst das Becherglas, in welchem das Glycerin abgewogen wurde, zurückgewogen. Es ist nämlich gefährlich, die letzten Reste des Glycerins mit dem Gemisch von Nitroglycerin und Säure auszuspülen. Wenn die Scheidung völlig stattgefunden hat, wird das Säuregemisch möglichst vollständig abgezogen, das Nitroglycerin vorsichtig, ohne zu schütteln, umgeschwenkt, und dann auch noch die letzten Säurereste entfernt. Hierauf wird erst mit Wasser von 35⁰—40⁰C., dann 1—2 mal mit 20 prozentiger Natriumcarbonatlösung und zuletzt abermals mit Wasser gewaschen, und das Nitroglycerin in eine 100 ccm-Bürette gebracht, in welcher sich mitgeführtes Wasser oben abscheidet. Die Anzahl der Kubikzentimeter wird abgelesen und mit dem spezifischen Gewichte des Nitroglycerins (1·6) multipliziert, und so das absolute Gewicht berechnet.

Die Ausbeute an Nitroglycerin soll nach Lewkowitsch mindestens 207—210⁰/₀ betragen, während theoretisch 246·74⁰/₀ gebildet werden.

Die in den Waschwässern gelöst enthaltenen Mengen von Nitroglycerin werden vernachlässigt.

Zur Zerstörung des erhaltenen Nitroglycerins wird dasselbe im Freien in eine nicht zu dicke Schichte trockener Sägespäne fließen gelassen und mit einem Streichholz entzündet, wobei es langsam und ohne Gefahr abbrennt.

Um das Glycerin in Destillationsglycerinen zu bestimmen, können natürlich auch die Oxydationsmethoden oder das Acetinverfahren, das Jodidverfahren usw. benutzt werden. Die ersteren werden um so genauere Resultate ergeben, je weniger organische Verunreinigungen das Glycerin enthält.

4. Rohglycerin.

Zur Bestimmung des Glyceringehaltes von Rohglycerinen eignen sich besonders das Extraktionsverfahren von Shukoff und Schestakoff[1]), das von Benedikt und Cantor[2]) empfohlene Acetinverfahren, die Jodidmethode von Zeisel und Fanto[3]), sowie die Hehnersche[4]) Bichromatmethode. Bei den Oxydationsmethoden ist es, um möglichst einwandfreie Zahlen zu erhalten, nötig, die in jedem Rohglycerin enthaltenen organischen Verunreinigungen aus der zu untersuchenden Probe möglichst zu entfernen. Dieselbe wird mit Wasser verdünnt und mit etwas Bleiessig versetzt, vom Niederschlage abfiltriert, das Filtrat mit Schwefelsäure gefällt und neuerdings filtriert, bevor dasselbe mit den Oxydationsmitteln behandelt wird.

Nach Taurel[5]) soll zur Fällung der organischen Substanzen ein zweibasischer Bleiessig verwendet werden, da durch Bleiessig von größerer Basizität Glycerinverluste entstehen, welche durch die Bildung einer unlöslichen Verbindung des Glycerins mit stark basischem Bleiessig verursacht werden. Eine alkalische Glycerinlösung ist vor dem Zusatze des Bleiessigs mit Essigsäure zu neutralisieren.

a) Extraktionsmethode.

Dieselbe ist auf S. 193 ff. eingehend beschrieben; es wird bei der Untersuchung von Rohglycerin, sofern es sich nicht um Laugenglycerine handelt, in den meisten Fällen möglich sein, die zu untersuchende Probe behufs Extraktion mit Aceton direkt mit Natriumsulfat zu vermischen.

Nach in der Dynamitfabrik Schlebusch[6]) angestellten Versuchen ist es zweckmäßig, die Dauer der Extraktion von 4 Stunden auf 5—6 Stunden auszudehnen und das extrahierte Glycerin bei 90^0 bis 95^0 C. zu trocknen, da beim Trocknen bei 75^0—80^0 C. Gewichtskonstanz nicht zu erreichen ist.

Diese Methode liefert etwas zu hohe Resultate; wird das nach derselben erhaltene Glycerin bei 170^0—180^0 C. abgeraucht, so bleibt meist ein ganz geringer Rückstand zurück. Es sind also noch andere im Rohglycerin enthaltene Substanzen in Aceton löslich.

b) Acetinverfahren.

Glycerin geht beim Kochen mit Essigsäureanhydrid quantitativ in Triacetin über. Wird sodann in Wasser gelöst und die überschüssige Essigsäure genau mit Natronlauge neutralisiert, so läßt sich die Menge

[1]) Zeitschr. f. angew. Chem. 1905. 18. 294.
[2]) Ibid. 1888. 1. 460.
[3]) Zeitschr. f. d. landw. Versuchsw. i. Österr. 1902. 5. 729. — Zeitschr. f. angew. Chem. 1903. 16. 413.
[4]) Monit. scient. 1889. 3. 429.
[5]) Monit. scient. 1904. 18. 574.
[6]) Zeitschr. f. angew. Chem. 1905. 18. 1656.

des in Lösung befindlichen Triacetins leicht durch Verseifen mit Natronlauge und Zurücktitrieren des Überschusses derselben bestimmen.

$$2\,C_3H_5(OH)_3 + 3\,(CH_3CO)_2O = 2\,C_3H_5(OCH_3CO)_3 + 3\,H_2O$$
$$C_3H_5(O.CH_3CO)_3 + 3\,NaOH = C_3H_5(OH)_3 + 3\,CH_3COONa$$

Zur Ausführung des Verfahrens werden benötigt:

1. $^1/_2$- bis $^1/_1$-Normalsalzsäure, deren Titer auf das genaueste gestellt sein muß.

2. Verdünnte, nicht titrierte Natronlauge mit nicht mehr als 20 g Natronhydrat im Liter. Des bequemeren Arbeitens halber wird das Gefäß, in welchem sie aufbewahrt wird, mit einer Nachflußbürette verbunden.

3. Konzentrierte, etwa 10prozentige Natronlauge. In die 1—1·5 l fassende Flasche wird mittels eines Kautschukstopfens eine 25 ccm-Pipette eingesetzt, deren oberes Ende mit einem Stückchen Kautschukschlauch und Quetschhahn verschlossen ist.

Nachdem etwa 1·5 g der Probe in einem weithalsigen Kölbchen mit kugelförmigem Boden von etwa 100 ccm Inhalt abgewogen wurden, werden 7—8 g Essigsäureanhydrid und etwa 3 g vollständig entwässertes Natriumacetat hinzugefügt, dann wird 1—1$^1/_2$ Stunden am Rückflußkühler gekocht. Ist die Flüssigkeit abgekühlt, so wird mit 50 ccm Wasser verdünnt und bis zur vollständigen Lösung erwärmt; hierbei soll nach Hehner die Flüssigkeit nicht ins Sieden kommen, weil sich sonst ein Teil des Triacetins zersetzt. Das Erwärmen muß ebenfalls am Rückflußkühler geschehen, da das Triacetin mit Wasserdämpfen ziemlich leicht und unzersetzt flüchtig ist.

Hat sich das am Boden befindliche Öl gelöst, so wird in einen weithalsigen Kolben von 400—600 ccm Inhalt filtriert, wodurch die Flüssigkeit von einem meist weißen und flockigen Niederschlag getrennt wird, welcher bei Rohglycerinen ziemlich reichlich sein kann und den größten Teil der organischen Verunreinigungen enthält. Nachdem das Filter gut nachgewaschen wurde, wird das Filtrat erkalten gelassen, etwas Phenolphthaleïn hinzugefügt und mit der verdünnten Natronlauge genau neutralisiert. Der Übergang ist bei einiger Übung leicht zu erkennen; die Neutralität ist erreicht, wenn sich die schwach gelbliche Farbe der Flüssigkeit in Rötlichgelb verwandelt. Eine eigentliche Rotfärbung tritt erst bei einem zu vermeidenden Überschuß der Lauge ein. Die Neutralisation muß in der Kälte und mit verdünnter Lauge (nicht stärker als halbnormal) erfolgen, da das Triacetin sonst schon zum Teil verseift wird.

Nun werden 25 ccm der 10 prozentigen Lauge zufließen gelassen. Die Pipette muß bei jedem Versuch in genau gleicher Weise entleert werden, was am leichtesten erreicht wird, wenn man nach dem Ausfließen der Flüssigkeit immer dieselbe Anzahl Tropfen (z. B. drei) nachlaufen läßt. Nachdem eine Viertelstunde gekocht wurde, kann der Überschuß der Lauge mit Salzsäure zurücktitriert werden. Hierauf wird der Natrongehalt von 25 ccm Lauge, welche in der angegebenen Weise abgemessen wurde, durch Titrieren mit Salzsäure ermittelt. Die Operationen des Neutralisierens und Titrierens sollen so rasch wie möglich durchgeführt werden.

Beispiel: 1·324 g Glycerin

25 ccm Lauge neutralisieren . . . . 60·5 ccm Norm.-Salzs.
Zum Zurücktitrieren verbraucht . . . . 21·5 „ „ „

Zur Zerlegung des Triacetins verbraucht . . . 39·0 ccm Norm.-Salzs.
1 ccm Normalsalzsäure entspricht 0·09206 : 3 = 0·03069 g Glycerin.

Somit enthielt die Probe

$$0·03069 \times 39 = 1·19678 \text{ g Glycerin oder } 90·38\,^0/_0.$$

Nach Filsinger kann das Verfahren der Dynamit-Atiengesellschaft in Hamburg (S. 466) als Kontrolle des Acetinverfahrens dienen, indem es annähernd gleiche Resultate liefert.

c) Jodidmethode von Zeisel und Fanto.

Von den Verunreinigungen des Rohglycerins wirken auf den Verlauf der Jodidmethode nach Fanto[1]) besonders Sulfate und Chloride störend ein, welche deshalb vor Ausführung der Untersuchung aus der Probe zu entfernen sind, was hauptsächlich bei Unterlaugenglycerin von Wichtigkeit ist. Fanto verfährt bei der Prüfung von Unterlauge in folgender Art:

Kann ein Fehler von einigen Zehntel Prozenten vernachlässigt werden, so werden 20 ccm Lauge mit zirka dem doppelten oder dreifachen Volumen Wasser verdünnt, die Schwefelsäure in der Hitze mit Baryumacetat ausgefällt, nach dem Erkalten auf ein bestimmtes Volumen, z. B. 100 ccm aufgefüllt, abfiltriert oder klar abgegossen und nach der Jodidmethode untersucht. Ist große Genauigkeit erwünscht, so werden 20 ccm Lauge wie oben verdünnt, die dem Chlorgehalte entsprechende Menge festen Silbersulfats zugefügt, einige Minuten unter öfterem Umschütteln auf dem Wasserbade erwärmt und die Schwefelsäure mit heißer Baryumacetatlösung ausgefällt. Das Volumen des gebildeten Niederschlages kann nicht mehr vernachlässigt werden. Es wird daher filtriert (die Trübung der ersten Anteile des Filtrates ist belanglos), der Niederschlag baryumfrei gewaschen und Filtrat und Waschwasser im schiefgestellten Kolben auf ca. 80 ccm eingekocht. Die anfänglich durchs Filter gegangene geringe Menge des Niederschlages färbt sich hierbei dunkel. Nach dem Erkalten wird die Flüssigkeit im Meßkolben mit ·Hilfe des zum Ausspülen des Kochkolbens verwendeten Wassers auf 100 ccm gebracht und 5 ccm entsprechend 1 ccm der ursprünglichen Unterlauge zur Bestimmung verwendet.

Bei der Untersuchung von Rohglycerin ist die Substanzmenge so zu wählen, daß sie den auf S. 204 angegebenen Bedingungen entspricht.

---

[1]) Zeitschr. f. angew. Chem. 1903. 16. 413.

d) Hehners Bichromatverfahren.

Ungefähr 1·5 g Rohglycerin werden in einem 100 ccm-Kolben zur Fällung von Chlor und Oxydation von Aldehyden mit wenig frisch gefälltem Silberoxyd versetzt und nach Zusatz von etwas Wasser durch 10 Minuten stehen gelassen. Zur Fällung von Verunreinigungen wird nun Bleiessig im geringen Überschuß hinzugefügt, das Kölbchen bis zur Marke aufgefüllt und ein Teil der Flüssigkeit durch ein trockenes Filter filtriert. 25 ccm des Filtrates werden in einem vorher mit Schwefelsäure und Bichromat gewaschenen Becherglase mit 50 ccm titrierter Bichromatlösung und sodann mit 15 ccm konzentrierter Schwefelsäure versetzt und zwei Stunden im siedenden Wasserbade erwärmt, wobei man das Gefäß mit einem Uhrglase bedeckt hält (weiter vgl. S. 199).

Die Bichromatlösung muß sehr genau abgemessen sein, außerdem ist die Lufttemperatur während der Titration in Rechnung zu ziehen, da sich die Lösung für jeden Grad um 0·05 $^0/_0$ ausdehnt.

F. W. Richardsohn und A. Jaffé[1] empfehlen die folgende Vorschrift zur Ausführung des Bichromatverfahrens:

25 g Rohglycerin werden mit Wasser auf 50 ccm verdünnt und mit 7 ccm offizineller Bleizuckerlösung gefällt. Man filtriert in einen 250 ccm-Kolben, wäscht mit etwa 150 ccm kaltem Wasser, fügt verdünnte Schwefelsäure zum Filtrate zur Fällung des Bleiüberschusses, füllt zur Marke auf und filtriert durch ein trockenes Filter. 20 ccm des Filtrates, entsprechend 2 g der Substanz. kommen in einen Kolben und werden mit 25 ccm von Hehners Bichromatlösung versetzt. Hierauf werden 25 ccm reiner Schwefelsäure vorsichtig hinzugefügt, ein Trichter mit kurzem Halse auf den Kolben gesetzt und 20 Minuten lang am Wasserbade erhitzt. Nach dieser Zeit ist die Oxydation beendet. Nach dem Erkalten wird auf 250 ccm verdünnt und der Bichromatüberschuß mit Eisenammonsulfatlösung unter Verwendung von Ferricyankalium als Indikator zurücktitriert.

Neben diesen Verfahren zur Glycerinbestimmung in Rohglycerinen wurde von Gantter[2] u. a. die gasvolumetrische Bestimmung (siehe auch Seite 200), von Boulez[3] ein auf der Bildung von Glycerinphosphorsäure $C_3H_5(OH)_2PO_4H_2$ beim Erhitzen von Glycerin mit Phosphorsäureanhydrid gegründetes Verfahren, sowie die Methode von E. und C. Deiß[4], beruhend auf der Absorption von Wasser durch ein konstantes Gemisch von Glycerin und Phenol, welche im direkten Verhältnis zur Konzentration des verwendeten Glycerins steht, ausgearbeitet.

Die ·angeführten Methoden zur Bestimmung von Glycerin im Rohglycerin wurden von zahlreichen Analytikern überprüft, jedoch sind die Resultate keine ganz übereinstimmenden. Während Lewkowitsch

---

[1] Journ. Soc. Chem. Ind. 1898. 17. 330.
[2] Fresenius, Zeitschr. f. analyt. Chem. 1895. 34. 421.
[3] Chem. Zeitg. Rep. 1892. 16. 263; nach Bull. Soc. Chim. du Nord de la France 1892. 4. 115.
[4] Chem. Zeitg. 1902. 26. 452.

zwischen dem Acetinverfahren und dem Bichromatverfahren immer gute Übereinstimmung fand, hat er nach der Jodidmethode keine brauchbaren Zahlen erhalten. Letztere Methode wird von Schulze[1]) als sichere bezeichnet. Landesberger[2]) hat die nach der Acetinmethode gefundenen Werte im Vergleich zu den nach der Extraktionsmethode erhaltenen etwas zu hoch gefunden; ebenso fand die Dynamitfabrik Schlebusch[3]), daß die Extraktionsmethode etwas zu hohe Zahlen liefert. Diese Abweichungen zwischen den einzelnen Methoden dürften darin begründet sein, daß die organischen Verunreinigungen mit Hilfe der üblichen Fällungsmittel nicht ganz entfernt werden können.

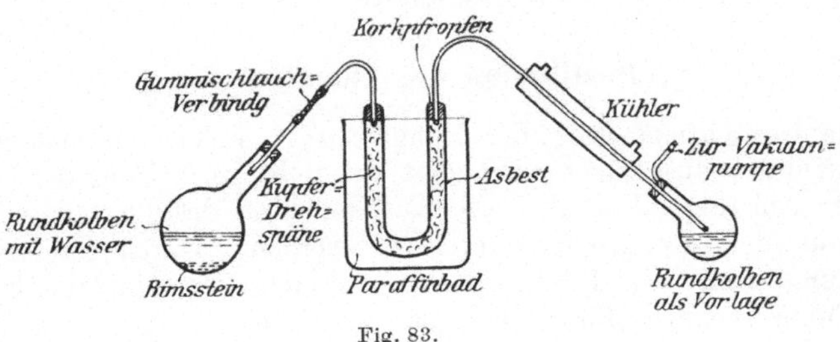

Fig. 83.

Um von der Gegenwart der organischen Verunreinigungen im Rohglycerin unabhängig zu sein, wird dasselbe in Amerika vor der Analyse im nachstehenden Apparat (Fig. 83) destilliert, welchen Janssens[4]) beschreibt. Von einem U-Rohr wird der eine Schenkel mit Kupferdrahtspänen, der andere mit Asbest lose gefüllt. Auf die Asbestschichte wird dann nur so viel Glycerin gegossen, als sie bequem aufzusaugen vermag, ein Pfropfen von frischem Asbest oben aufgelegt und der Apparat, wie die Abbildung zeigt, verbunden. Das Paraffinbad wird auf 200° C. und das Wasser in dem größeren Rundkolben so lange zum Sieden erhitzt, bis sich in dem als Vorlage dienenden kleineren Rundkolben so viel Glycerinwasser angesammelt hat, als der 10—20 fachen Menge des voraussichtlich vorhandenen Glycerins entspricht. Diese Lösung kann dann im Vakuum eingedampft und gewogen, oder ihr spezifisches Gewicht bestimmt oder ihr Glyceringehalt nach einer der oben angegebenen Methoden festgestellt werden. Das zu verwendende Rohglycerin soll schwach alkalisch sein.

Das spezifische Gewicht der Rohglycerine wird in der S. 468 angeführten Weise ermittelt.

Zur Aschebestimmung werden etwa 5 g Glycerin in einer Platinschale über kleiner Flamme abgeraucht und der Rückstand eingeäschert, wobei ein zu starkes Erhitzen wegen der Verflüchtigung der Alkalien

---

[1]) Zeitschr. f. d. landw. Versuchsw. i. Österr. 1905. 8. 155. — Chem. Zeitg. 1905. 29. 976.
[2]) Chem. Rev. üb. d. Fett- u. Harz-Ind. 1905. 12. 150.
[3]) Zeitschr. f. angew. Chem. 1905. 18. 1656.
[4]) Seifens.-Zeitg. 1906. 33. 286.

zu vermeiden ist. Bei sehr aschereichen Glycerinen wird nach dem
Abrauchen des Glycerins der Rückstand verkohlt, mit Wasser ausgelaugt und filtriert. Die am Filter verbliebene Kohle wird hierauf
eingeäschert, das Filtrat zugefügt, abgedampft und vorsichtig geglüht.

Richmond bestimmt nach dem Verkohlen des Rückstandes, Zusetzen von etwas Schwefelsäure, Abrauchen derselben und Einäschern,
die „Sulfatasche" ähnlich wie bei Rohzuckern.

Dieses Verfahren gibt naturgemäß weniger genaue Resultate.

Organische Verunreinigungen und Arsen werden nach den S. 459 ff.
beschriebenen Methoden, und ein etwaiger Gehalt an Sulfiden, Sulfaten
und Hyposulfiten nach S. 461 bestimmt.

e) Destillation des Rohglycerins.

Eine Destillationsprobe des Rohglycerins, welche in neuerer Zeit
öfters qualitativ ausgeführt wird, gibt bei richtiger Leitung der Destillation gute Anhaltspunkte über die Ausbeuten an destilliertem Glycerin,
welche aus dem Rohprodukte erhalten werden. Durch eine derartige
Bestimmung wird der Prozeß der technischen Glycerindarstellung in
kleinem Maßstabe ausgeführt, und man erhält ein Resultat, das dem im
Großbetrieb zu erwartenden ziemlich genau entspricht.

O. Heller[1]) und B. Jaffé[2]) haben Apparate zur Vornahme derartiger Destillationen zusammengestellt.

Der Apparat von Jaffé, welcher auch für andere Destillationen
Verwendung finden kann, ist in Fig. 84 abgebildet.

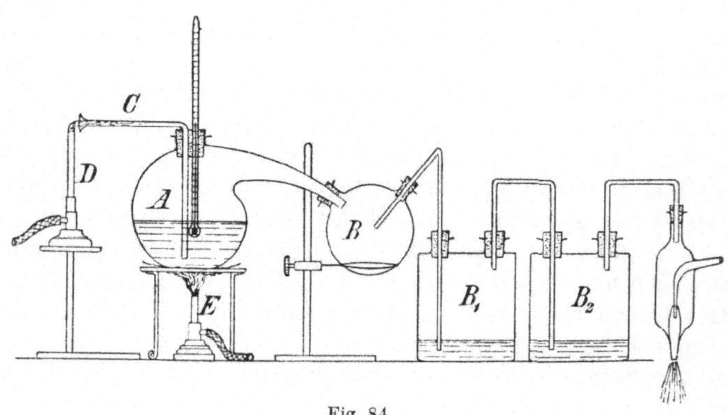

Fig. 84.

A ist eine tubulierte Retorte, welche mit mehreren Kondensations-
vorlagen, *B*, B_1, B_2, verbunden ist. Die erste oder die beiden ersten
Vorlagen sind leer, die folgenden sind mit wenig Wasser gefüllt und die
letzte steht mit einer Wasserluftpumpe in Verbindung. In den Tubus

---

[1]) Chem. Zeitg. Rep. 1894. 18. 28.
[2]) Ber. d. deutsch. chem. Ges. 1893. 23. 123.

der Retorte ist außer dem Thermometer ein offenes, 3—4 mm weites Kupferrohr C vermittels eines durchbohrten, runden Stückes einer Asbestplatte eingesetzt. Der ganze Tubus wird mit Lehm verschmiert. Das Rohr C reicht entweder bis in die Flüssigkeit und wird zweckmäßig durch ein übergestülptes Glasrohr vor der direkten Berührung mit derselben geschützt oder man läßt dasselbe nur bis zum Flüssigkeitsspiegel reichen. Vor das offene Ende des Rohres C stellt man einen Bunsenbrenner D. Wird nun der Brenner angezündet, und die Luftpumpe in Gang gesetzt, so werden die Verbrennungsprodukte des Gases, gemischt mit atmosphärischer Luft, eingesaugt und bewirken die Destillation der in der Retorte befindlichen Flüssigkeit. Des zweiten Brenners E bedient man sich wesentlich nur zu Beginn der Operation, um die Flüssigkeit schneller auf die Destillationstemperatur zu bringen, obgleich dies auch ohne Erwärmung von außen gelingt.

Die Destillation erfolgt, so ausgeführt, zwar nicht mit reinem Wasserdampf, da auch die übrigen Verbrennungsprodukte des Leuchtgases, insbesondere Kohlensäure und Kohlenoxyd, und außerdem atmosphärische Luft gleichzeitig durch die zu destillierende Flüssigkeit gesaugt werden, was jedoch in diesem Falle ohne Belang ist. Sollen die übrigen Verbrennungsprodukte ausgeschlossen werden, so kann statt der Leuchtgasflamme eine Wasserstoffflamme verwendet werden.

Die Regulierung der Temperatur kann man durch die Stärke des Wasserstromes der Luftpumpe, durch die Größe der Leuchtgasflamme und durch die Länge des Metallrohres leicht bewerkstelligen. Das in den während der Destillation zu kühlenden Vorlagen angesammelte Destillat kann einerseits gewogen werden, und überdies kann in demselben, nachdem der Inhalt der Vorlagen gemischt wurde, eine Glycerinbestimmung nach dem Permanganatverfahren oder nach dem Acetinverfahren usw. ausgeführt und der Gehalt an dem zu gewinnenden Glycerin ermittelt werden.

Auch der von Janssens beschriebene Apparat (S. 487) läßt sich vorteilhaft zu diesem Zwecke verwenden.

N. Acetin.

Das Acetin des Handels ist ein Gemisch von Diacetin und Triacetin; es findet in neuerer Zeit im Zeugdruck als Lösungsmittel für Farbstoffe häufiger Verwendung.

Beim Erhitzen von Glycerin mit Eisessig bilden sich nach Geitel[1] entsprechend den Versuchsbedingungen Mono-, Di- und Triacetin; außerdem bleibt auch etwas Glycerin unverändert, und es treten Produkte, welche durch Nebenkondensationen der gebildeten Acetine mit Glycerin entstehen, auf, wie Monoacetyldiglycerin, Diacetyldiglycerin und Triacetyldiglycerin, entsprechend den Gleichungen:

---

[1] Journ. f. prakt. Chem. 1897. 55. 417.

1. $C_3H_5(OH)_3 + C_3H_5(OH)_2(C_2H_3O_2)$
    $= C_3H_5(OH)(C_2H_3O_2).O.C_3H_5(OH)_2 + H_2O;$

2. $C_3H_5(OH)_2(C_2H_3O_2) + C_3H_5(OH)_2(C_2H_3O_2)$
    $= C_3H_5(C_2H_3O_2)_2.O.C_3H_5(OH)_2 + H_2O$

und $C_3H_5(C_2H_3O_2)_2.C_3H_5(OH)_2 = C_3H_5(C_2H_3O_2).C_3H_5(C_2H_3O_2) + H_2O;$

3. $C_3H_5(C_2H_3O_2)_2OH + C_3H_5(C_2H_3O_2)(OH)_2$
    $= C_3H_5(C_2H_3O_2)_2.C_3H_5(C_2H_3O_2).OH + H_2O.$

Beim Kochen von Glycerin mit Essigsäureanhydrid wird Triacetin $C_3H_5(O.C_2H_3O)_3$ erhalten; Gegenwart von geschmolzenem essigsaurem Natron oder Kaliumbisulfat befördert die Reaktion.

Die Gehalte an Diacetin und Triacetin lassen sich auf Grund von zwei Bestimmungen ermitteln.

In einer Probe wird nach dem Neutralisieren der freien Säure mit verdünnter Lauge bei Gegenwart von Phenolphthaleïn die Ätherzahl bestimmt und aus derselben die an Glycerin gebundene Essigsäuremenge ermittelt. Ist der Titer der zur Neutralisation verwendeten wässerigen Lauge bekannt, so kann aus dem Verbrauch derselben der Gehalt der Probe an freier Essigsäure berechnet werden. In einer zweiten Probe wird nach S. 483 eine Glycerinbestimmung nach Benedikt und Cantor oder nach Zeisel und Fanto (S. 202) ausgeführt.

Beispiel: 2·5 g Acetin erforderten zur Neutralisation 2·1 ccm $^1/_2$-Normallauge, entsprechend $2·1 \times 30·015 = 63·03$ mg Essigsäure oder $2·52\,^0/_0$ Essigsäure.

Zur Bestimmung der Ätherzahl wurden verbraucht 47·25 ccm $^1/_2$-Normallauge, entsprechend $47·25 \times 30·015 = 1418·21$ mg oder $56·73\,^0/_0$ gebundener Essigsäure, oder $47·25 \times 21·01 = 992·72$ mg oder $39·71\,^0/_0$ C_2H_2O, da für Rechnungszwecke die Acetine auch als aus $C_3H_5(OH)_3$ und C_2H_2O bestehend aufgefaßt werden können. Weiters wurden $40·31\,^0/_0$ Glycerin gefunden. Die Summe des Glycerins und des Restes C_2H_2O entspricht den vorhandenen Acetinen; sind x und y die Prozente Di-, bzw. Triacetin, so gilt die Gleichung:

$$x + y = 39·71 + 40·31 = 80·02,$$

und da ein Molekül der Acetine einem Molekül Glycerin entspricht:

$$x\,\frac{92·06}{176·1} + y\,\frac{92·06}{218·11} = 40·31;$$

somit enthält das untersuchte Acetin

$$65·07\,^0/_0 \text{ Diacetin,}$$
$$14·95\,^0/_0 \text{ Triacetin.}$$

O. Faktis.

Unter diesem Namen kommen eine Reihe von Kautschuksurrogaten in den Handel, welche entweder durch Erhitzen von fetten Ölen mit Schwefel oder durch Einwirkung von Chlorschwefel (S_2Cl_2) auf fette Öle erhalten werden. Von den fetten Ölen finden zur Herstellung von Faktis in erster Linie Leinöl, häufig auch Walnußöl, Leindotteröl, Cottonöl, Rüböl, Arachisöl, Maisöl, Ricinusöl usw. Verwendung. Auch „lösliches Ricinusöl", d. i. oxydiertes Cottonöl, kann zur Erzeugung von Faktis verwendet werden.

Man unterscheidet weiße Faktis (Produkte der Einwirkung von Chlorschwefel auf fette Öle) und braune Faktis (durch Eintragen von geschmolzenem Schwefel in die auf ca. 250° C. erhitzten Öle erzeugt).

Die weißen Faktis sind schwach gelbliche, krümelige, elastische, feste Massen, welche neutrale Reaktion zeigen sollen und einen etwas ölartigen Geruch besitzen; sie sind vollkommen verseifbar.

Die braunen Faktis stellen dunkelbraune, dem Kautschuk ähnliche, aber leichter als dieser zerreißbare Massen dar, welche gleichfalls vollkommen verseifbar sind.

Ulzer und Horn[1]) haben erst konstatiert, daß die weißen Faktis Triglyceride sind, bei welchen sich der Chlorschwefel an die doppelten Bindungen angelagert hat, und daß beim Verseifen das Chlor in Form von Chlorwasserstoff abgespalten wird.

Die Analyse zweier Handelsproben von weißen Faktis ergab folgende Resultate:

	Weiße Faktis englischer Provenienz	Weiße Faktis deutscher Provenienz
Asche	2·68 %	0·07 %
Chlor	7·69 %	7·50 %
Schwefel	7·40 %	9·16 %
Schwefelgehalt der Fettsäuren	7·36 %	—
Glycerin (nach Benedikt und Zsigmondy)	6·97 %	7·57 %
Verseifungszahl	259·50	—

Henriques[2]) gibt die Tabelle S. 492 über die Zusammensetzung einer Anzahl Faktis.

Die zur Erzeugung eines festen Surrogates notwendige Menge Chlorschwefel steht außer Zusammenhang mit der Trockenfähigkeit der Öle, und die Angabe Bruce Warrens, daß nur trocknende Öle feste Surrogate geben, wurde von Henriques widerlegt.

Ricinusöl bedarf am wenigsten, nämlich 20 %, Cottonöl am meisten (45 %) Chlorschwefel, während Leinöl mit 30 %, Mohnöl mit 35 %, Rüböl mit 25 % und Olivenöl ebenfalls mit 25 % schon Faktis liefern.[3])

Oxydierte Öle bedürfen zur Bildung von Faktis weitaus weniger Chlorschwefel. Auf 250° — 300° C. erhitztes Leinöl benötigte nach

---

[1]) Mitt. Techn. Gew.-Mus. Wien 1890. 4. 43.
[2]) Chem. Zeitg. 1894. 18. 635.
[3]) Henriques, Chem. Zeitg. 1893. 17. 636.

Henriques 10% Chlorschwefel.[1]) Auf solche Weise hergestellte Faktis enthalten nur ca. $4\frac{1}{2}$—$6\frac{1}{2}$% Schwefel und ebensoviel Chlor, was ihre Haltbarkeit günstig beeinflußt.

| | Handelsmuster | | | | | Leinöl-surrogate aus | | Rüböl-surrogate aus | | Mohnölsurrogat aus oxydiertem Öl | Leinöl-Rübölsurrog. aus oxydiertem Öl | Ricinusöl-surrogate | | Surrogat aus löslichem Ricinusöl (oxydiert. Cottonöl) |
| | Weiße Faktis | | | Braune Faktis | | | | | | | | mit dem Minimum | mit dem Maximum | |
	A	B	C	A	B	frischem Öl	oxydiertem Öl	frischem Öl	oxydiertem Öl			Chlorschwefel		
Schwefelgehalt .	6·4	6·17	8·25	15·48	17·71	9·34	4·78	8·28	6·59	7·68	—	4·82	10·6	6·23
Chlorgehalt . . .	5·0	5·86	8·88	0·7	0·36	8·84	4·85	7·62	5·95	7·44	—	6·70	8·95	5·36
Wasser	0·85	1·0	—	—	—	3·02	0·85	—	—	—	—	—	—	—
Asche	0·8	5·51	—	—	—	—	—	—	—	—	—	—	—	—
Fettsäuren	90·45	73·58	—	—	—	79·6	81·67	86·89	87·95	74.90	—	85·35	—	—
Schwefel in den Fettsäuren . .	6·12	6·45	8·15	14·14	15·20	9·88	4·06	8·34	6·54	8·32	—	5·32	—	6·44
Chlor in d. Fettsäuren	0·83	0·43	—	—	—	wenig	0·60	wenig	wenig	—	—	0·26	wenig	wenig
Jodzahl.	30·9	31·0	32·6	42·0	42·0	56·3	52·6	32·5	29·9	33·6	42·8	35·2	21·9	30·3
Jodzahl d. Fettsäuren	91·3	91·2	102·3	129·0	125·6	160·3	141·21	101·5	102·8	133·3	129·2	136·2	143·5	91·5
Acetylzahl	—	—	—	—	—	21·0	19·6	31·0	—	—	—	—	105·6	51·3

Bei der Herstellung dunkler Faktis werden für Cottonöl und Rüböl 26%, für Maisöl 41% Schwefel benötigt.[2])

Die chemischen Vorgänge bei der Bildung von Faktis sind noch nicht völlig aufgeklärt.

Henriques[3]) nimmt an, daß bei den weißen Faktis sich der Chlorschwefel an die doppelte Bindung der ungesättigten Fettsäuren anlagert:

$$x — CH — CHCl — y$$
$$\overset{\textstyle |}{\underset{\textstyle |}{S_2}}$$
$$x — CH — CHCl — y.$$

Beim Verseifen spaltet sich nach Ulzer und Horn und nach Henriques Chlorwasserstoff ab, und es entstehen ungesättigte Schwefelverbindungen:

$$x — C = CH — y$$
$$\overset{\textstyle |}{\underset{\textstyle |}{S_2}}$$
$$x — C = CH — y.$$

Die Ansicht von Henriques über die Art und Weise der Bindung von Chlor und Schwefel in den weißen Faktis erhält eine Stütze durch die Beobachtungen, welche Weber[4]) bei der Vulkanisation von Kautschuk

---

[1]) Henriques, D.R.P. Nr. 73045 vom 17. Febr. 1893.
[2]) Chem. Rev. üb. d. Fett- u. Harz-Ind. 1905. 12. 56.
[3]) Zeitschr. f. angew. Chem. 1895. 8. 691.
[4]) Zeitschr. f. angew. Chem. 1893. 6. 112 u. 130.

mit Chlorschwefel machte. Er fand, daß sich ebenso wie bei den Derivaten der ungesättigten Triglyceride Chlor und Schwefel im vulkanisierten Kautschuk in molekularem Verhältnis vorfindet.

Weber nimmt die Anlagerung an die ungesättigten Kohlenwasserstoffe des Kautschuks ebenso an, wie die bekannte Anlagerung von Chlorschwefel an die ungesättigten Kohlenwasserstoffe der Äthylenreihe, nämlich:

$$\begin{array}{ccccc} | & & & & | \\ CH & - S - & S & - & CH \\ | & & & & | \\ CH & - Cl - & Cl & - & CH \\ | & & & & | \end{array}$$

wobei multiple Verbindungen entstehen.

Bei der Verseifung der weißen Faktis mit alkoholischer Kalilauge wird, wie dies Ulzer und Horn[1] und später Henriques (siehe die Tabelle) gezeigt haben, das Chlor bis auf äußerst geringe Mengen eliminiert, und es bilden sich Schwefelderivate der ungesättigten Fettsäuren. Das Chlor wird nicht durch Hydroxylgruppen ersetzt, sondern tritt mit einem an ein benachbartes Kohlenstoffatom gebundenen Wasserstoffatom als Chlorwasserstoff aus, ein Umstand, durch welchen die höheren Jodzahlen der aus den Faktis hergestellten, schwefelhaltigen Fettsäuren erklärt werden. Aus den Acetylzahlen der Faktis geht hervor, daß der Schwefel nicht in Form einer Hydrosulfurylgruppe gebunden sein kann, da sich diese letztere bei der Acetylierung ebenso verhalten müßte wie eine Hydroxylgruppe, und die Acetylzahlen der Faktis aus Leinöl usw. verhältnismäßig niedrig gefunden wurden; außerdem versagen sämtliche Reaktionen auf Mercaptane. Die weißen und auch die braunen Faktis sind unlöslich in Wasser und verdünnten Säuren und werden von wässerigen Alkalilösungen nur sehr schwer verseift. Sie verhalten sich auch gegen organische Lösungsmittel sehr widerstandsfähig.

Die braunen Faktis enthalten nach Henriques[2] und auch nach J. Altschul[3] den Schwefel zum größten Teil angelagert und nicht substituiert, da ungesättigte Fettkörper beim Erhitzen mit Schwefel auf mäßige Temperaturen keinen oder nur äußerst geringe Mengen von Schwefelwasserstoff entwickeln. Gesättigte Fettkörper, wie z. B. Stearinsäure, wirken jedoch erst bei beginnender Schwefelwasserstoffentwicklung auf Schwefel ein. Dann entstehen jedoch nur Substitutionsprodukte, welche der von Benedikt und Ulzer[4] beschriebenen Sulfoölsäure ähnlich zusammengesetzt sein sollen.

Die Verseifung der Produkte der Einwirkung von Schwefel auf fette Öle (braunen Faktis) geht nach Henriques zum kleinen Teile in ähnlicher Weise wie bei den weißen Faktis vor sich, da Schwefelwasserstoff austritt und ungesättigte Verbindungen gebildet werden:

---

[1] Ulzer und Horn, Mitt. Techn. Gew.-Mus. Wien 1890. 4. 43.
[2] Zeitschr. f. angew. Chem. 1895. 8. 691.
[3] Zeitschr. f. angew. Chem. 1895. 8. 535.
[4] Monatsh. f. Chem. 1887. 8. 208.

$$x - CH - CH - y \qquad x - C = CH - y$$
$$\underset{|}{\overset{|}{S}} \quad \underset{|}{\overset{|}{S}} \quad \text{und} \quad \underset{|}{\overset{|}{S}} \qquad + H_2S.$$
$$x - CH - CH - y \qquad x - C = OH - y$$

Ähnlich, wie oxydierte Öle zur Bildung von Faktis weniger Chlorschwefel aufnehmen als nicht oxydierte Öle, benötigen auch geschwefelte Öle weniger Chlorschwefel, um kautschukähnliche Massen zu bilden, als nicht geschwefelte Öle. Hierdurch ist die Analogie in der Bindung des Sauerstoffs und des Schwefels bei Fetten mit ungesättigten Fettsäuren erwiesen.

Reines Leinöl benötigt beispielsweise zur Bildung eines festen, leicht zerreiblichen Faktis $25-30\,^0/_0$ Chlorschwefel, während aus geschwefeltem Leinöl schon durch die Einwirkung einer Menge von $10-12\,^0/_0$ Chlorschwefel ein solcher Faktis erhalten wird.

Bei der Schwefelbestimmung in Kautschuksurrogaten geht dem Schmelzprozeß mit Ätzkali und Salpeter nach Henriques[1]) noch zweckmäßig eine Zersetzung mit konzentrierter Salpetersäure voran.

Eine gleiche Zersetzung bei Gegenwart von Silbernitrat, welches in fester Form zugefügt wird, empfiehlt sich auch als vorbereitende Prozedur bei der Chlorbestimmung, welch letztere auch noch zweckmäßig nach Carius ausgeführt werden kann (Ulzer).

Zur Bestimmung der Jodzahl ist zu bemerken, daß, da sich die Faktis in Chloroform nur sehr wenig lösen, unter oftmaligem Umschütteln 12 Stunden stehen zu lassen ist. Beim Rücktitrieren des Jodüberschusses macht sich der Umstand, daß die Faktis hartnäckig Jod zurückhalten, unangenehm bemerkbar, und es bedarf eines andauernden Schüttelns zur Vollendung der Titration.

Zur Bestimmung der Acetylzahl wird das Produkt der Acetylierung mit nicht gestellter Lauge verseift, die Essigsäure nach Zusatz von Schwefelsäure abdestilliert und im Destillate titriert, da die verseifte Probe so dunkel gefärbt ist, daß eine direkte Titration nicht gelingt.

Für die Analyse von Gemengen von Kautschuk und Faktis hat Henriques folgende Einzelbestimmungen vorgeschlagen:

a) Gesamtschwefelgehalt,
b) Gesamtasche,
c) Bestimmung des Gewichtes des beim Extrahieren mit alkoholischer Kalilauge nicht verseiften Anteiles,
d) Schwefelgehalt dieses Anteiles,
e) Asche desselben,
f) Schwefelgehalt der in die alkalische Lösung gegangenen Fettsäuren.

Zur Ermittlung des mit alkoholischer Kalilauge nicht verseifbaren Anteiles werden $1\cdot5-2\,g$ Substanz $2-3$ Stunden zweimal mit alkoholischer

---

[1]) Chem. Zeitg. 1892. 16. 411.

Kalilauge gekocht und für den mit in Lösung gegangenen Kautschuk 2·5% von den Fettsäuren in Abzug gebracht.

Außerdem ist bei den meisten Faktis eine Chlorbestimmung unerläßlich.

P. Geblasene Öle.

Blown oils (siehe auch S. 34).

Unter diesem Namen, ferner unter den Bezeichnungen „Oxydised oil", „Base oil", „Soluble Castor oil", „Thickened oil" kommen eine Anzahl von fetten Ölen in den Handel, welche durch Erhitzen auf zwischen 70° und 120° C. liegende Temperaturen und gleichzeitiges Einblasen von Luft oxydiert worden waren, und wegen ihrer Dickflüssigkeit, welche der des Ricinusöles nahe kommt, entweder für sich oder mit Mineralölen usw. gemischt, als Schmieröle Verwendung finden. Sie sind in Alkohol leichter löslich als die nicht oxydierten Öle, aber weitaus schwieriger als Ricinusöl und lösen sich im Gegensatze zu diesem in Benzin und Mineralölen leicht auf, weswegen sie auch als „lösliches Ricinusöl" bezeichnet werden. Nach Benedikt und Ulzer[1] löst sich ein Teil Baumwollsamenöl bei 18° C. in 35·7 Teilen absoluten Alkohols, ein Teil geblasenes Baumwollsamenöl (Laboratoriumsversuch) in 22·9 Teilen absoluten Alkohols und ein Teil geblasenes Baumwollsamenöl (des Handels) in 14·9 Teilen absoluten Alkohols.

Durch das Einblasen von Luft werden wahrscheinlich Superoxyde gebildet, welche je nach der höheren oder niedrigeren Temperatur rascher oder langsamer oxydierend auf einen Teil des Öles wirken, wie dies Engler[2] bei Terpentinöl beobachtet hat. Hierbei entweichen flüchtige Fettsäuren, Acroleïn und Kohlenwasserstoffe und entstehen Oxysäuren, andrerseits werden durch Polymerisation Lactone gebildet.

Durch das Blasen werden das spezifische Gewicht, die Säurezahl, die Verseifungszahl, die Reichert-Meißl-Zahl, die Verseifungszahl des acetylierten Fettes, die Refraktometeranzeige, sowie der Titer und die Acetylzahl der Fettsäuren erhöht, während die Jodzahl und die Hehnerzahl sinken; ein Teil der aus geblasenen Ölen abgeschiedenen Fettsäuren ist in Petroläther unlöslich. Die geblasenen Öle sind als Glyceride zu betrachten.

Eine Anzahl Analysen von geblasenen Ölen wurde von Thomson und Balantyne[3] ausgeführt (s. Tabelle S. 497).

Die beiden Tabellen I und II auf S. 496 enthalten die Ergebnisse der Analyse von zwei Proben von oxydiertem Kolzaöl neben den analogen Daten von gereinigtem Kolzaöl des Handels von Lecocq und Dandervoort[4] (1 bis 3), sowie die Konstanten eines Olivenöles und zweier daraus im Laboratorium hergestellter geblasener Öle von Pastrovich (4 bis 6).

---

[1] Zeitschr. f. angew. Chem. 1887. 245.

[2] Engler und Weißberg. Kritische Studien über die Vorgänge der Autoxydation. Braunschweig 1904.

[3] Chem. Zeitg. Rep. 1892. 16. 253, aus Journ. Soc. Chem. Ind. 1892. 11. 506.

[4] Bull. assoc. Belg. Chim. 1901. 23.

Tabelle I.

Bezeichnung	Spez. Gew. bei 15° C.	Brechungsindex bei 40° C.	Crismer-Zahl (absol. Alkohol)	Jodzahl (v. Hübl)	Köttstorferzahl	Säurezahl	Hehnerzahl	Verseifungszahl des acetylierten Fettes	Acetzlzahl der Fettsäuren	Kohlenstoff %	Wasserstoff %	Sauerstoff %	Mittleres Molekulargewicht	Kalorien	Polarisation	ccm $\frac{n}{10}$ NaOH auf 5 g	mg KOH auf 1 g
1. Gereinigtes Kolzaöl des Handels	0·9135	60	89·5	96·20	170·00	4·50	—	—	7·20	76·50	11·44	12·06	—	9706	0	0	0
2. Oxydiertes Kolzaöl aus dem Jahre 1898	0·9772	70	39	47·20	163·00	16·90	—	—	32·00	73·09	10·64	16·27	1448	8780	0	6·97	7·80
3. Oxydiertes Kolzaöl im Jahre 1901 erhalten	$\frac{40°}{40°}$ 0·9745	70	53·5	54·10	175·10	8·16	—	—	40·00	72·21	10·35	17·44	1461	8803	0	5·94	6·70
4. Olivenöl	$\frac{40°}{40°}$ 0·9059	54	—	82·51	190·80	2·44	95·71	194·65	7·17	—	—	—	—	—	—	0·07	0·08
5. Olivenöl, geblasen I bei 92·5° C.	$\frac{40°}{40°}$ 0·9392	59·4	—	53·01	209·29	11·33	89·49	238·29	58·53	—	—	—	—	—	—	2·78	3·12
6. Olivenöl, geblasen II bei 120° C.	$\frac{40°}{40°}$ 0·9717	61·9	—	31·38	238·87	27·28	80·19	289·10	108·14	—	—	—	—	—	—	6·60	7·41

Tabelle II.

Bezeichnung	Schmelzpunkt	Erstarrungspunkt (Wolfbauer)	Verseifungszahl	Jodzahl (v. Hübl)	Refraktion bei 40° C. (Abbé)	Mittleres Molekulargewicht	Kohlenstoff %	Wasserstoff %	Sauerstoff %
1. Fettsäuren aus gereinigtem Kolzaöl	Bei gewöhnlicher Temperaturflüssig	—	174·00	98·00	51·0	—	77·18	12·84	9·89
2. Fettsäuren in Petrol-äther löslich {Oxydiertes Öl von 1898	32° C.	—	152·00	78·00	49·0	—	70·52	8·97	20·51
{Oxydiertes Öl von 1901	33° C.	—	159·00	84·00	50·0	—	70·90	11·10	18·00
3. Fettsäuren in Petrol-äther unlöslich {Oxydiertes Öl von 1898	schwerflüssig	—	191·00	36·00	unbestimmt Butter-refraktometer	—	67·17	9·93	22·90
{Oxydiertes Öl von 1901	„	—	189·00	29·70		—	65·18	10·55	24·27
4. Fettsäuren aus Olivenöl	—	21·70	200·61	81·84	41·8	279·9	—	—	—
5. Fettsäuren aus geblasenem Olivenöl I	—	22·40	206·10	53·95	50·7	272·5	—	—	—
6. Fettsäuren aus geblasenem Olivenöl II	—	28·40	227·74	33·29	55·0	246·2	—	—	—

	Rapsöl	Rapsöl, teilweise geblasen	Rapsöl, geblasen	Rapsöl, geblasen (Handelssorte)	Cottonöl, geblasen (Handelssorte)	Walratöl	Walratöl, geblasen
Spez. G. b. 15·5 °C. (Wasser bei 50 °C. = 1000) . . .	914·1	927·5	961·5	967·2	974·0	879·9	898·9
Freie Fettsäuren (auf Ölsäure ber.)	5·10	5·01	7·09	4·93	3·38	1·97	3·27
Unverseifbare Bestandteile (Proz.)	0·65	—	0·76	2·80	1·00	36·32	34·65
Verseifungszahl	173·9	183·0	194·9	197·7	213·2	130·4	142·3
Jodzahl	100·5	88·4	63·2	63·6	56·4	82·1	67·1
Erhitzung m. konz. Schwefelsäure	135 °C.	—	—	253 °C.	227 °C.	—	—
Lösliche, nichtflücht. Fettsäuren (Proz.)	0·52	—	9·20	11·16	9·00	—	—
Lösliche, flücht. Fettsäuren (Proz.)		—	0·82	1·90	1·94	—	—
Jodzahl der unlösl. Fetts. .	—	—	66·5	70·2	62·7	—	—
Mittleres Molekulargewicht der unlösl. Fettsäuren .	—	—	327	317	296	—	—
Mittleres Molekulargewicht der löslichen, nichtflüchtigen Fettsäuren	—	—	241	—	—	—	—
Mittleres Molekulargewicht der löslichen, flüchtigen Fettsäuren	—	—	42	76	104	—	—

Außer als Schmiermittel und als Zusatz zu Schmiermitteln (auch für konsistente Fette) finden die geblasenen Öle nach Gans[1]) noch in der Seifenfabrikation und zur Herstellung von Kautschuksurrogaten ausgedehnte Verwendung.

Q. Firnis und Öllack.

(Von M. Weger).

Im weiteren Sinne versteht man unter Firnis jede Flüssigkeit, die beim Eintrocknen in dünner Schicht einen festen, meist glänzenden Überzug hinterläßt (vernis, varnish).

Firnis im engeren Sinne (Ölfirnis, Leinölfirnis) ist ein mit Sauerstoff oder sauerstoffübertragenden Substanzen, sogenannten „Sikkativen", präpariertes Leinöl (oder eventuell anderes trocknendes Öl), welches in dünner Schicht — d. h. etwa 1 mg pro 1 cm² — der Luft ausgesetzt, in weniger als 24 Stunden trocknet (huile siccative, huile cuite; drying oil, boiled oil). Die Ansprüche an die Trockendauer haben sich in neuerer Zeit gesteigert, so daß man Firnisse verlangt, die in 12 Stunden und noch schneller trocknen; jedenfalls muß für ein Produkt, das als Leinölfirnis gelten

---

[1]) Chem. Rev. üb. d. Fett- u. Harz-Ind. 1894. 1. 2. 3. u. 4.

soll, 24 Stunden als die äußerste Grenze für die Trockendauer unter normalen Umständen angesehen werden.

Vielfach ist auch der Name „gekochtes Öl" als mit Firnis identisch anzusehen, wie denn überhaupt der Ausdruck „Öl kochen" mit „Öl erhitzen" und „Öl mit Trockenstoffen erhitzen" in vielen Fällen gleichbedeutend ist.

Während Leinöl für sich bei gewöhnlicher Temperatur 3—5 Tage braucht, und andere trocknende Öle noch länger, um in dünner Schicht fest zu werden, kann man durch Zusatz von Sikkativen die Sauerstoffaufnahme und damit den Trockenprozeß so beschleunigen, daß derselbe in 4—5 Stunden beendigt ist.

Die Trockenkraft ist demnach die wichtigste Eigenschaft eines Firnisses. Außerdem kommen in Betracht: Farbe, Klarheit, Metallgehalt usw., und für ein als Leinölfirnis bezeichnetes Produkt der eventuelle Gehalt an fremden Ölen, wie Harzöl, Mineralöl, Cottonöl usw.

Früher stellte man Firnis lediglich durch andauerndes, hohes Erhitzen (220°—300° C.), sogenanntes „Kochen" von Leinöl mit Bleiglätte, Mennige, Braunstein, Manganoxydhydrat, Manganborat und einer großen Anzahl von anderen, ganz unwirksamen Verbindungen dar, vielfach unter Benutzung einer unnötig großen Menge des Sikkativs — „gekochte Firnisse". Das starke Erhitzen ist bei Verwendung aller dieser Verbindungen mit Ausnahme des Manganborats nötig.

Später lernte man die „leichtlöslichen Firnispräparate", die Resinate, Linoleate usw., d. h. Blei- und Manganseifen der Kolophoniumharzsäure, der Leinölsäuren, seltener anderer Fettsäuren kennen, die sich schon bei niedriger Temperatur leicht und vollkommen in Leinöl — wie auch Terpentinöl usw. — lösen. Es ist bei Verwendung derselben also nicht nötig, das Leinöl hoch zu erhitzen; man vermeidet vorteilhafterweise hohe Temperaturen und „kocht" bei niedrigerer Temperatur, d. h. man geht nur auf 130°—150° C. — „kalt bereitete Firnisse", „Resinatfirnisse".

Ganz kalt, d. h. ohne jedes Erhitzen des Leinöls bereitete Firnisse sind kaum im Handel, da ihnen besonders die nötige Konsistenz fehlt.

Man unterscheidet zuweilen jetzt noch „gekochten" (sogar doppelt gekochten) Firnis und „kaltbereiteten" oder Resinatfirnis und gab, ehe sich die leichtlöslichen Firnispräparate eingebürgert hatten, vielfach dem gekochten, meist in ganz ungerechtfertigter Weise den Vorzug. Eine scharfe Unterscheidung zwischen den beiden Sorten läßt sich jedoch weder in technischer Hinsicht aufrechterhalten, noch viel weniger unter allen Umständen mit Sicherheit analytisch durchführen. — Neben den mit Sikkativen bereiteten Firnissen kennt man noch sogenannte „ozonisierte" oder „Elektro"-Firnisse, die nach dem D. R. P. Nr. 79493 oder in ähnlicher Weise mit Zuhilfenahme von auf elektrischem Wege dargestelltem Sauerstoff bereitet werden und frei von Metall sein sollen, meist aber doch etwas Metall enthalten.

Das Prinzip der Bereitung von Firnis aus Leinöl ist, wie man jetzt erkannt hat, außerordentlich einfach: man hat nur eine bestimmte Menge Blei oder Mangan im Leinöl aufzulösen. Für eine mittlere Trockenzeit genügen $0.05-0.10 \, {}^0/_0$ Mn oder ca. $0.4 \, {}^0/_0$ Pb. Die Menge des Trockenmittels und bei den schwerlöslichen, alten Sikkativen auch die Höhe resp. die Dauer des Erhitzens ist nach diesen Zahlen zu bemessen. Sobald bei den leichtlöslichen Sikkativen eine homogene Mischung mit dem Leinöl erzielt ist, und bei den schwerlöslichen, alten Sikkativen die entsprechende Menge Oxyd oder Salz in leinölsaures Mangan oder Blei übergeführt und somit gelöst ist, ist der Firnis, was Trockenfähigkeit anlangt, fertig. Die Mithilfe von Sauerstoff ist nicht unbedingt nötig, „Kochen" (d. h. hohes Erhitzen) ohne Sikkativ hat auf die Trockenkraft keinen Einfluß, sondern nur auf die Konsistenz.

Immer sind es Blei- oder Manganverbindungen, die man als Trockenstoffe benützt und die Wirkung derselben, die lediglich eine katalytische ist, erklärt sich sehr leicht aus der Fähigkeit dieser Metalle, verschiedene Oxydationsstufen, insbesondere Superoxyde zu bilden. Man hat zuweilen auch dem Zink und Kupfer Trockenkraft zugeschrieben; dieselbe ist jedoch minimal. Dagegen haben die sogenannten seltenen Erden, Cer, Lanthan und Didym eine gewisse Wirkung, die freilich nicht jene des Mangans erreicht. Versuche, durch Zusatz organischer, im Öl löslicher, leicht reduzierbarer und oxydierbarer Substanzen die Trockenkraft des Leinöls zu erhöhen,[1] sind bisher nicht von Erfolg gekrönt gewesen, obgleich die Durchführung dieses Problems durchaus nicht unmöglich erscheint.

Der chemische Prozeß bei der Firnisbereitung ist also, da es sich im wesentlichen nur um eine Lösungsoperation handelt, ganz untergeordneter Art. Firnis ist, entgegen den früheren Anschauungen noch ebenso ein Glycerid wie Leinöl. Daher wären alle Schlüsse, die man etwa aus dem Glyceringehalt ziehen wollte, hinfällig.

Bei längerem Erhitzen des Firnisses werden etwas freie Fettsäuren abgespalten und gleichzeitig geringe Mengen Acroleïn gebildet, was man an dem stechenden Geruch der Dämpfe erkennen kann; ferner wird etwas Sauerstoff aufgenommen — von Aufnahme größerer Mengen Sauerstoff ist aber beim Firniskochen nach dem gewöhnlichen Verfahren nicht die Rede — und eine Polymerisation beginnt. Der letztgenannte Vorgang ist der wesentlichste. Gemäß diesen Prozessen sinkt besonders die Jodzahl und auch die Sauerstoffzahl, dagegen steigt die Säurezahl und in geringem Maße noch die Acetylzahl, ferner Konsistenz, spezifisches Gewicht und Refraktion. Der Gehalt an Unverseifbarem bleibt der gleiche.

Abgesehen von der Trockenzeit brauchen die Differenzen in den Eigenschaften und den analytischen Zahlen zwischen Leinöl und Leinölfirnis keine großen zu sein, und sie sind es in der Regel auch nicht. Bei länger gekochten Ölen (Dicköl, Standöl, Lithographenfirnis),

---

[1] M. Weger, Chem. Rev. üb. d. Fett- u. Harz-Ind. 1897. 4. 301.

die man aber ohne Sikkativ bereitet, und bei geblasenen Firnissen werden die Unterschiede in den angegebenen Richtungen beträchtlicher,[1] so daß diese Produkte wesentlich verschieden vom Leinöl sind.

Der eigentliche chemische Prozeß tritt erst ein, wenn der Firnis in dünner Schicht der Einwirkung des Luftsauerstoffs ausgesetzt wird und eintrocknet. Hierbei findet durch die katalytische Wirkung des Sikkativs eine rasche Gewichtszunahme bis zu 18% statt, da jedoch auch flüchtige Produkte (Wasser, Kohlensäure, niedrigmolekulare Fettsäuren) entweichen, so ist die Sauerstoffaufnahme eine noch größere, ca. 25%. Die flüssige Schicht geht binnen wenigen Stunden in eine glänzende, durchsichtige, feste aber elastische Haut über, die in den meisten Lösungsmitteln, z. B. Äther, unlöslich und wenn auch nicht ganz undurchlässig, so doch sehr schwer durchlässig für Gase und Flüssigkeiten ist. Auf dieser Eigenschaft beruht die Anwendung von Firnis.

Nach Mulder[2] enthält gut getrocknetes Leinöl kein Linoleïn und kein Glycerid der Palmitin- und Ölsäure mehr, auch keine freie Leinölsäure, sondern nur Linoxyn (d. i. nach Mulder das Oxydationsprodukt des Anhydrids der Leinölsäure), vermischt mit Palmitinsäure und Ölsäure, welch' letztere bei längerer Dauer des Trocknens oxydiert wird. Alles Glycerin soll abgespalten und in Form von Oxydationsprodukten verflüchtigt sein.

Diese Ansicht hat nur noch historischen Wert.

Nach Bauer und Hazura[3] ist sie falsch, und Mulders Linoxyn ist ein Glycerid und nicht ein Säureanhydrid. Nach ihnen besteht der chemische Prozeß beim Trocknen des Leinöls und der anderen trocknenden Öle vornehmlich darin, daß sich zuerst wahrscheinlich die Glyceride der Ölsäure und der gesättigten Fettsäuren in freie Fettsäuren und Glycerin spalten, welch letzteres zu Kohlensäure und Wasser oxydiert wird, und darauf als Hauptreaktion das Glycerid der Linolsäure (und wohl in noch höherem Grade die Glyceride der Linolensäuren) in die Glyceride von Oxylinolsäuren (bzw. Oxylinolensäuren) übergeht. Dieses in Äther unlösliche Oxydationsprodukt nennen sie Oxylinoleïn.

Bauer und Hazura leiten aus der Acetylzahl und den Analysen Mulders für die Linolensäure neben der Addition von 3 Atomen Sauerstoff an den drei Doppelbindungen eine weitere Einschiebung von 2 Atomen Sauerstoff zwischen Kohlenstoff und Wasserstoff unter Bildung alkoholischer Hydroxylgruppen ab. Fahrion[4] nimmt neben der Sauerstoffaufnahme eine Polymerisation und Anhydridbildung an und findet, daß die Sauerstoffaufnahme weiter als zur Bildung eines Pentaoxyproduktes führen müsse. Nach Weger[5] ist die Aufnahme von im ganzen 6 Atomen Sauerstoff wahrscheinlich, woraus man nach Engler[6]

---

[1]) W. Fahrion, Zeitschr. f. angew. Chem. 1892. 15. 173.

[2]) Mulder, Chemie der austrocknenden Öle 1867. (S. 108).

[3]) Monatsh. f. Chem. 1888. 17. 465. — Zeitschr. f. angew. Chem. 1888. 1. 455.

[4]) Chem. Zeitg. 1893. 17. 100.

[5]) Chem. Rev. üb. d. Fett- u. Harz-Ind. 1898. 5. 250.

[6]) Ber. d. deutsch. chem. Ges. 1900. 30. 1101.

auf die Bildung superoxydartiger Körper schließen könnte. Vergleiche hierzu die Abhandlung von W. Fahrion[1] „Über den Trockenprozeß des Leinöls und über die Wirkungsweise der Sikkative". Die bisher bekannten Tatsachen stehen fast durchweg mit der Theorie von Engler im Einklang.

Mit Rücksicht auf die Art und Weise der Darstellung von Firnis aus Leinöl sind die Unterschiede zwischen beiden in folgenden Punkten zu suchen:

Trockenzeit	Jodzahl
Farbe	Sauerstoffzahl
Spezifisches Gewicht	Acetylzahl
Konsistenz	Gehalt an oxydierten Fettsäuren
Refraktion	Metallgehalt.
Säurezahl	

Diese Daten können bei der Untersuchung eines Firnisses in ihrer Gesamtheit oder zum Teil in Frage kommen. Zur Prüfung eines Leinöls auf seine Verwendungsfähigkeit zur Firnisfabrikation resp. zur Prüfung eines Firnisses selbst können ferner in Betracht kommen:

Art des Trocknens	Gehalt an Unverseifbarem
Klarheit, Wassergehalt, Schleimgehalt	Maumenéprobe
Kälteprobe	Spezialprüfungen auf Verfälschungen,
Polarisation	wie Harzöl, Mineralöl, Harz, Tran,
Verseifungszahl	andere trocknende und nichttrock-
Hexabromidausbeute	nende Öle

und schließlich kann bei der Untersuchung eines Firnisses die Frage aufgeworfen werden, welches das Herstellungsverfahren, das verwendete Sikkativ und die angewandte Temperatur gewesen sei.

Man bestimmt die Trockenzeit, indem man einige Tropfen mittels trockenen, reinen Pinsels oder Fingers in gleichmäßiger Schicht (ca. 1 mg pro 1 qcm) auf eine Glastafel streicht und unter Vermeidung des direkten Sonnenlichtes bei einer Temperatur von ca. 15^0 C. trocknen läßt. Hierbei prüft man von Stunde zu Stunde, später in kürzerer Zeit, mit den Fingerspitzen, wie sich der Anstrich auch bei stärkerem Druck verhält.

Temperaturerhöhung verkürzt die Trockenzeit. Ein bei gewöhnlicher Temperatur in 14 Stunden trocknender Manganfirnis trocknet z. B. bei 95^0 C. in 30—40 Minuten und bei 120^0 C. in 15—20 Minuten.

Direktes Sonnenlicht verkürzt die Trockenzeit auf zirka die Hälfte. Auch Luftfeuchtigkeit spielt eine gewisse Rolle.[2]

Je mehr Sikkativ (d. h. Blei oder Mangan) in einem Öle enthalten ist, desto schneller trocknet es. Das Minimum der Trockenzeit wird mit $0.25^0/_0$ Mn oder ca. $0.5^0/_0$ Pb $+ 0.1^0/_0$ Mn erreicht. Mehr Trockenstoff ist für gewöhnliche Firnisse vollkommen zwecklos.[3]

---

[1] Chem. Zeitg. 1904. 28. 1196.
[2] M. Weger, Chem. Rev. üb. d. Fett- u. Harz-Ind. 1898. 5. 1. — W. Lippert, Zeitschr. f. angew. Chem. 1900. 13. 133; 1903. 16. 365; 1905. 18. 94.
[3] M. Weger, Zeitschr. f. angew. Chem. 1897. 10. 401.

Beim Altern lassen bleihaltige Firnisse unter den in der Praxis obwaltenden Verhältnissen etwas an Trockenkraft nach.

Ein Gehalt an Harzöl und schwachtrocknenden Ölen gibt sich bei hohem Sikkativgehalt durch die Trockenzeit kaum zu erkennen. Dagegen verlangsamen nichttrocknende, fette Öle und Mineralöl das Trocknen wesentlich oder verhindern es ganz.

Man beobachtet nicht nur die Zeit, sondern auch die Art und Weise des Trocknens. Für beide Punkte spielt bei Leinöl die Provenienz eine große Rolle, und auch bei Firnissen kommt die Provenienz des Leinöls neben der Bereitungsweise in Betracht. Geblasene Öle und Firnisse und sog. Elektrofirnisse trocknen meist nicht so hart. Ein größerer Gehalt an freiem Harz macht den Anstrich klebend, ein Gehalt an harzsaurem Kalk dagegen sehr hart. Leinöl aus baltischer und Asowsaat trocknet besser („klebfrei“) und schneller, als solches aus ostindischer oder Laplatasaat. Ein aus unreinem Leinsamen hergestelltes Öl ist ebenso schlecht, als ein ursprünglich gutes, aber verschnittenes Öl. Warmgepreßtes Öl ist weniger gut, als kaltgepreßtes.

Mit der Provenienz des Leinöls steht die Kälteprobe in engem Zusammenhang. Baltisches Leinöl ist bei — 18 ⁰ C. noch klar, indisches fängt schon bei — 8 ⁰ C. an zu erstarren und ist bei — 12 ⁰ C. bis — 15 ⁰ C. völlig fest. Im allgemeinen ist daher dasjenige Leinöl vorzuziehen, welches den niedrigsten Erstarrungspunkt zeigt, da es den geringsten Gehalt an festen, nichttrocknenden Glyceriden besitzt.

Die Farbe ist um so dunkler, je höher und je länger ein Firnis erhitzt wurde. Man kann daher mit den leichtlöslichen Sikkativen hellere Firnisse erzielen, als mit den früher ausschließlich gebräuchlichen Oxyden. Durch geeignete Luftzufuhr wird das Leinöl gebleicht, desgleichen durch schnelles Erhitzen auf 300 ⁰ C.

Das spezifische Gewicht eines reinen Leinölfirnisses liegt zwischen 0·935 und 0·945 bei 15 ⁰ C. Mineralöl, Tran und andere fette Öle erniedrigen, Harzöl erhöht dasselbe.

Leinöl und Firnis sollen klar und frei von Schleier sein. Geringe Mengen Satz dürfen sich bilden, doch müssen dieselben schnell zu Boden sinken. Ein Gehalt an gelöstem „Schleim“ ist für Firnisleinöl nicht schädlich und verringert nicht die Trockenkraft (vgl. Öllack). Feuchtigkeitgehalt des Leinöls gibt sich beim Erhitzen auf 135 ⁰ C. durch Schäumen zu erkennen.

Je länger und je höher ein Leinöl oder Firnis erhitzt wird, desto größer wird seine Konsistenz. Die Verdickung beruht in der Hauptsache auf Polymerisation. Auch Sauerstoffaufnahme, freiwillige oder durch Einblasen bewirkte, verursacht Erhöhung der Zähflüssigkeit. Doch sind die dickgekochten Öle — Standöl, Dicköl, Lithographenfirnis — von den dickgeblasenen chemisch und physikalisch verschieden.[1] Deshalb können auch dickgeblasene Öle nicht in allen Fällen das Standöl ersetzen.

Während reines, junges Leinöl eine Refraktion zeigt, die im

---

[1] W. Fahrion, Zeitschr. f. angew. Chem. 1892. 5. 171.

Zeißschén Butterrefraktometer gemessen, meist zwischen 80.2^0 und 81.5^0 bei 25^0 C. liegt (71.4^0 und 72.5^0 bei 40^0 C.), erhöht sowohl Polymerisation wie auch Sauerstoffzufuhr — künstliche beim Blasen und Einkochen oder natürliche beim Lagern — die Ablenkungszahl. Weger[1] fand folgende Werte:

Leinöl A . . . . 81.3^0
Dasselbe 11 Monate bei Luftzutritt aufbewahrt . . . . 83.0^0
Dasselbe schnell auf 280^0 C. erhitzt . . . . 82.1^0
Dasselbe 40 Stunden auf 180^0—190^0 C. erhitzt . . . . 90.9^0
Dasselbe kurze Zeit auf 360^0 C. erhitzt . . . . 102.3^0
Leinöl B . . . . 80.2^0
Dasselbe 20 Stunden bei 150^0 C. geblasen . . . . 92.6^0
„ 25 „ „ „ „ „ . . . . 95.0^0
Firnis aus B mit $1\,{}^0/_0$ harzsaurem Bleimangan kalt bereitet . 81.6^0
„ „ „ „ 3 „ „ „ „ „ . 83.6^0
„ „ „ „ 5 „ „ „ „ „ . 85.8^0
Derselbe 1 Stunde auf 150^0 C. erhitzt . . . . 86.7^0
Firnis mit Glätte und Manganoxydhydrat . . . . 85.5^0
Elektrofirnis . . . . 89.8^0
Standöl . . . . 99.3^0
18 Monate bei Luftzutritt aufbewahrte Firnisse . . . . . bis 99.7^0

Zu bemerken ist, daß auch Harzpräparate, Harz und Harzöl die Refraktion erhöhen (Hefelmann und Mann[2]). Auch chinesisches Holzöl erhöht, Rüböl dagegen erniedrigt die Ablenkung. Die Refraktion der Erdölkohlenwasserstoffe schwankt zwischen den weitesten Grenzen.

Reines Leinöl und reiner Firnis geben bei der Polarisation so gut wie keine Ablenkung. Ist daher bei der polarimetrischen Untersuchung eines Leinölfirnisses eine solche vorhanden, so liegt Verunreinigung oder Verfälschung vor (Aignan[3], Valenta[4], Bishop[5], Peter[6]). Man polarisiert die durch Blutkohle entfärbten Öle.

Filsinger[7] bediente sich des Schmidt-Haenschschen Halbschattenapparates, und benutzte zur Polarisation eine Mischung von 1 Volumteil Firnis, 1 Volumteil absoluten Alkohols und 2 Volumteilen Chloroform. Er fand für Harzöl enthaltende Proben Ablenkungen bis $+\,30^0$. Terpentinöl darf bei der polarimetrischen Prüfung nicht zugegen sein. Eine sehr geringe Ablenkung im Halbschattenapparat kann eventuell von dem Sikkativ herrühren, wenn als solches eine Harzseife benutzt wurde.

Während die Säurezahl beim Leinöl im Durchschnitt 3.0 beträgt, kann sie beim Firnis auf 12 und bei stark eingedickten Ölen bis über 30 steigen, gewöhnlich liegt sie jedoch unter 6. Auch freies Harz würde die Säurezahl erhöhen.

Die Verseifungszahl des Leinöles wird durch die Firnisbereitung nicht wesentlich geändert. Man findet 190—195. Firnisse mit einer Verseifungszahl 180—185 sind der Beimischung von Harzöl oder Mineralöl stark verdächtig, mit einer solchen unter 175 sicher verfälscht.

---

[1] Zeitschr. f. angew. Chem. 1899. 12. 297. — [2] Pharm. Centralh. 1895. 685.
[3] Compt. rend. 110. 1273. — [4] Dinglers Polyt. Journ. 253. 420.
[5] Journ. f. Pharm. Chem. 1887. 16. 300. — [6] Chem. Zeitg. Rep. 1887. 11. 267.
[7] Chem. Zeitg. 1894. 18. 1867.

Die Jodzahl ist um so niedriger, je länger und höher ein Öl erhitzt war, und je mehr der Sauerstoff eingewirkt hat. Nur bei nachweislich jungen Ölen ist daher die Jodzahl ein Maß für den Gehalt an schnelltrocknenden Glyceriden. Dagegen kann bei Ölen unbekannten Alters eine niedrige Jodzahl nicht nur durch fremde Beimischungen, sondern auch durch Oxydation oder Polymerisation verursacht worden sein. Ein Leinöl mit niedriger Jodzahl ist daher nicht ohne weiteres als ungeeignet für die Firnisfabrikation zu verwerfen.

Hefelmann[1]) fand für reine Handelsfirnisse Jodzahlen von 163—172·2, für mit Harzöl verfälschte 129·8—161·1. E. Wild fand bei drei reinen Leinölfirnissen Jodzahlen von 149 7—153·4, Ulzer 145—157, Filsinger über 160. Fahrion[2]) erhielt bei dickgekochten Leinölen Jodzahlen bis 73·7 herab, bei einem Leinöl, welches 1 Jahr in offener Flasche aufbewahrt war, die Jodzahl 151 und bei einem an der Luft (mit Benutzung von Sämischleder als Verteilungsmittel) oxydierten 66·1. Die mit leichtlöslichen Sikkativen hergestellten Firnisse können Jodzahlen zeigen, welche die des verwendeten Leinöles fast erreichen, also bis über 170 gehen.

Es ist zu beachten, daß auch Tran recht hohe Jodzahlen liefert.

Genau dasselbe, was oben von der Jodzahl gesagt wurde, gilt auch von der Sauerstoffzahl (Gewichtszunahme). Man bestimmt dieselbe am besten nach dem Tafelverfahren (vgl. das Kapitel Aufnahmevermögen für Sauerstoff). Doch ist nicht zu vergessen, daß die Resultate in der Hauptsache nur relative Zahlen darstellen.

Weger[3]) fand:

	Gewichtszunahme
Indisches Leinöl	16·8—17·3 %
Dasselbe vor dem Aufstrich kurze Zeit auf 150° C. erhitzt	17 „
„ in der Kälte mit Luft angeblasen	16·7 „
Älteres Leinöl	15·1—15·7 „
Dasselbe für Firnisbereitung angeblasen	14—15 „
Glättefirnis des Handels	14·6—14·8 „
Manganoxydhydratfirnis des Handels	14·7 „
Kaltbereitete Resinatfirnisse . . . . . . herauf bis	17·6 „
Resinatfirnis vor dem Aufstrich 4 Stunden auf 150° bis 170° C. erhitzt	16·2 „
Bei Luftzutritt aufbewahrte Firnisse . . . . herab bis	11·0 „
Standöl	10·7—11·1 „

Lippert[4]) erhielt bei sikkativreichen Firnissen geringere Gewichtszunahme als bei sikkativarmen, z. B.:

	Gewichtszunahme
Leinöl mit 0·20 % Mn	14·0 %
„ „ 0·15 „ „	14·5 „
„ „ 0·06 „ „	15·7 „
„ „ 0·02 „ „	17·0 „

Harzöl und Harze drücken die Sauerstoffzahl der Firnisse nicht herab, da sie ebenfalls Sauerstoff absorbieren.

[1]) Pharm. Centralhalle 1895. 685.
[2]) Zeitschr. f. angew. Chem. 1892. 5. 173. — Chem. Zeitg. 1893. 17. 1849.
[3]) M. Weger, Chem. Rev. üb. d. Fett- u. Harz-Ind. 1898. 5. 213.
[4]) Zeitschr. f. angew. Chem. 1898. 11. 433.

Die prozentuale **Ausbeute** an ätherunlöslichen „**Hexabromiden**" bestimmt man nach **Hehner** und **Mitchell**[1]), indem man 2 g des Öles in 40 ccm Äther löst, etwas Eisessig zusetzt, bei 45° C. Brom zutropfen läßt, bis dasselbe in geringem Überschuß vorhanden ist, filtriert, wäscht und trocknet. Bei frischem Leinöl erhält man 23—26°/₀ Ausbeute; **Lewkowitsch** fand sogar bis 38°/₀. Chinesisches Holzöl, dessen Säure die Zusammensetzung $C_{18}H_{32}O_2$ hat, gibt keine Hexabromide,[2]) dagegen liefern die Trane Zahlen, die zum Teil höher sind als die des Leinöls und bis über 30 steigen. Beim Erhitzen des Leinöls nimmt die Ausbeute an Hexabromiden sehr stark ab (**Lewkowitsch**[3]), und zwar in weit stärkerem Maße als die Jodzahl. Eine ausreichende Erklärung hierfür ist noch nicht gefunden.

Die **Acetylzahl** und der Gehalt an **oxydierten Fettsäuren** ist um so größer, je mehr der Sauerstoff eingewirkt hat (**Fahrion**[4]), **Lewkowitsch**[5]). **Fahrion** fand in verschiedenen an der Luft oxydierten Leinölen 0·6—31·1°/₀ petroläther-unlösliche Fettsäuren, in dickgekochten Leinölen 0·5—7·6°/₀.

Den **Metallgehalt** eines Firnisses bestimmt man durch Ausschütteln mit warmer, verdünnter Säure oder durch vorsichtiges Veraschen im Porzellantiegel mit Berücksichtigung des Umstandes, daß metallisches Blei etwas flüchtig ist. Es kommen nur Blei, Mangan und Kalk, Spuren von Eisen und eventuell Zink in Betracht. Größere Mengen von Kalk deuten auf einen Gehalt von harzsaurem Calcium, das dem Firnis Härte verleihen soll.

Leinöl enthält bis ca. 1°/₀ **Unverseifbares** (**Thomson** und **Ballantyne**[6]), **Lewkowitsch**[7]). Durch Kochen zu Firnis wird auch bei längerer Kochdauer und höherer Temperatur dieser Gehalt nicht erhöht. Eine entgegengesetzte Angabe von **Rowland Williams** (1·3—2·3°/₀) bedarf der Nachprüfung.

Ein größerer Gehalt des Leinöls an Unverseifbarem als etwa 1·5°/₀ rührt also stets von Verunreinigungen oder Verfälschungen her. Nach **Thoms** und **Fendler** gibt die Beschaffenheit, Löslichkeit und Jodzahl des Unverseifbaren einen Anhalt zur Beurteilung, ob das Leinöl mit Mineralöl verunreinigt war. Nach ihnen weist das Unverseifbare des Leinöls an und für sich in seiner Jodzahl keine großen Schwankungen auf, es sei denn, daß das Öl stark der Autoxydation unterworfen war (vgl. die Tabelle unten). Es ist homogen wachsartig, in warmem 90 prozentigen Alkohol vollkommen löslich und besitzt eine Jodzahl von 83·4—96·6 (Phytosterin 68·3). Setzte man einem Leinöl 2°/₀ Mineralöl zu, so war das Unverseifbare flüssig mit auskristallisierten Anteilen, die Jodzahlbetrug 29·7, und in Alkohol blieben ungelöste Tröpfchen zurück.

---

[1]) The Analyst 1898. 23. 310. — [2]) Lewkowitsch, The Analyst 1902. 22. 23.
[3]) The Analyst 1904. 29. 2.
[4]) Zeitschr. f. angew. Chem. 1891. 4. 540; 1892. 5. 173; 1898. 11. 782; 1902. 15. 129.
[5]) The Analyst 1899. 24. 319; 1900. 25. 64.
[6]) Journ. Soc. Chem. Ind. 1891. 10. 236.
[7]) Chem. Rev. üb. d. Fett- u. Harz-Ind. 1898. 5. 211.

G. Fendler[1]), H. Thoms[2]) und C. Niegemann[3]) haben sich in jüngster Zeit ausführlich mit dem Gehalt an Unverseifbarem in Leinölen und behandelten Leinölen beschäftigt. Thoms und Fendler bewiesen durch ausführliche Versuche von neuem: 1. daß der Gehalt eines Leinöls an Unverseifbarem nicht steigt und infolgedessen auch die Jodzahl des Unverseifbaren sich nicht ändert, wenn das Leinöl mit Leinölschlamm in Berührung ist, 2. daß durch Autoxydation des Leinöls der Gehalt an Unverseifbarem nicht erhöht wird (vgl. auch Fahrion[4]), 3. daß durch Entschleimen vermittels Erhitzen der Gehalt an Unverseifbarem nicht wesentlich vermindert wird und 4. daß gepreßtes und extrahiertes Leinöl sich im Gehalt an Unverseifbarem nicht merklich unterscheiden. Sie geben u. a. folgende Zahlen:

	Gehalt an Unverseifbarem	Jodzahl des Unverseifbaren
1. Abgelagertes Leinöl aus Archangelsaat . .	1·09	88·14
2. Frisches „ „ „ . .	1·08	95.24
3. Leinöl aus Laplatasaat	0·98	90·67
4. „ „ Memelsaat	1·09	92·34
5. Frisches Leinöl aus Laplatasaat	0·99	96·98
6. Bassinschlamm von Laplataöl[5])	1·03	83·45
7. Vom Schlamm abgesaugtes Leinöl	1·01	96·63
8. Eingetrocknete Haut aus 2	1·12	60·10
9. 200 ccm von 5 im Becherglas 3 Monate am Licht gestanden	0·96	86·05
10. 200 ccm von 5 im Becherglas 3 Monate im Dunkeln gestanden	0·98	93·92
11. Eingetrocknete Haut aus 4	1·03	55·85
12. Durch Erhitzen entschleimtes 2	1·06	86·78
13. „ „ „ 5	0·95	91·23

Thoms und Fendler verwandten zur Bestimmung des Unverseifbaren die Methode von Bömer (mit zweimaliger Verseifung) und verwarfen die von Allen und Thomson.

Ulzer und Baderle haben gleichfalls untersucht, ob Leinölschleim imstande sei, den Gehalt an unverseifbaren Bestandteilen in einem Öle zu erhöhen. Zu diesen Versuchen wurde reines Leinöl aus Kalkuttasaat verwendet, dessen Gehalt an unverseifbaren Bestandteilen 0·61 % betrug. Dieses Öl wurde mit feinst gepulvertem Leinsamen gleicher Provenienz im geschlossenen Fläschchen unter häufigem Durchschütteln 2 Monate hindurch dem Sonnenlichte ausgesetzt. Nach dieser Zeit betrug der Gehalt an unverseifbaren Bestandteilen im klar filtrierten Öle 0·63 %. Versuche mit einem eine kleine Menge Mineralöl enthaltenden Leinöl des Handels ergaben sowohl hinsichtlich der Natur des Unverseifbaren als auch hinsichtlich der Erhöhung des Gehaltes an Unverseifbarem Resultate, die sich mit dem Ergebnis der Thoms-Fendlerschen Versuche vollkommen decken.

---

[1]) Ber. d. pharm. Ges. 1904. 14. 149. — Chem. Zeitg. Rep. 1904. 28. 134.
[2]) H. Thoms und Fendler, Chem. Zeitg. 1904. 28. 841; 1906. 30. 832.
[3]) Chem. Zeitg. 1904. 28. 97 u. 724.
[4]) Zeitschr. f. angew. Chem. 1898. 11. 782.
[5]) Dickflüssig, grünlichbraun mit 21·81 % ätherunlöslichen Anteilen.

Es lassen sich daher die gegenteiligen Ansichten und Zahlen C. Niegemanns, die jedenfalls der Verwendung einer ungeeigneten Bestimmungsmethode ihren Ursprung verdanken, nicht mehr aufrechterhalten.

Bei der Beurteilung von Firnissen ist zu beachten, daß geringe Mengen Unverseifbaren durch Harzsikkativ in den Firnis gelangen können.

Ulzer fand bei 8 Firnissen, die mit Glätte und Mangansuperoxyd bereitet waren, 0·5—0·92% Unverseifbares. Bach[1] fand folgende Zahlen:

Kaltgeschlagenes (Speise-)Leinöl	0·42%
Warmgepreßtes Leinöl	0·32—0·92 „
Extrahiertes Leinöl	0·61—0·90 „
9 Jahre altes, baltisches Leinöl	0·88 „
„Gekochte" Firnisse	0·43—0·74 „
Kaltbereitete Firnisse	0·95—1·71 „
Firnis mit 5% harzsaurem Mangan bei 130° C. hergestellt	1·71 „
Standöl	1·0 „

Unter normalen Verhältnissen werden also auch bei Firnis 2% nicht erreicht.

Es kommt jedoch vor, daß das Sikkativ in Terpentinöl oder in Petroleumdestillaten heiß gelöst und diese Lösung dem Leinöl zugegeben wird. Ein solcher Zusatz kann sich im Unverseifbaren bemerkbar machen, wird sich aber auch durch den Flammpunkt nachweisen lassen.

Ein Gehalt des Leinöls an gelöstem Schleim beeinträchtigt die Verwendbarkeit zur Firnisfabrikation nicht, insbesondere hat der Schleim keinen Einfluß auf die Trockendauer.

Dagegen sind schwefelhaltige Leinöle, denen man zuweilen, allerdings selten, begegnet, für die Firnisfabrikation ungeeignet, da sie beim Erhitzen mit Bleiverbindungen sich schwarz färben.

Als Verfälschungsmittel von Leinöl und Firnis kommt hauptsächlich Harzöl in Betracht, welches sehr leicht durch die eben besprochenen Prüfungen, sowie durch Geruch und Geschmack nachgewiesen werden kann. Auch Mineralöl, welches jedoch nur in beschränktem Maße zugesetzt werden kann, da es das Trocknen zu stark beeinträchtigt, wird nach obigem leicht erkannt.

Coreil[2] weist größere Mengen von Harzöl im Leinöl dadurch nach, daß er mit alkoholischem Kali verseift und dann Wasser zufügt. Harzöl gibt sich durch eine Trübung zu erkennen. Nach Benedikt geben sich erheblichere Mengen unverseifbarer Substanzen in fetten Ölen durch die Trübung zu erkennen, die wässeriges Ammoniak in der alkoholischen Seifenlösung hervorruft. Nach Lippert[3] sollen auch reine Manganfirnisse Trübungen geben, und weniger als 15% Harzöl oder Mineralöl in Firnissen auf diese Weise nicht mit Sicherheit nachgewiesen werden können.

---

[1] Zeitschr. f. öffentl. Chem. 1898. 167.
[2] Journ. Pharm. Chim. 1892. 185.
[3] Zeitschr. f. angew. Chem. 1897. 10. 655. — Chem. Zeitg. 1897. 28. 775.

Die qualitative Prüfung auf Harz und Harzöl mit Hilfe der Storch-Morawskischen Reaktion ist bei Firnis mit Vorsicht auszuführen, da derselbe mit Essigsäureanhydrid und Schwefelsäure eine rotbraune Färbung gibt Ulzer[1]), welche natürlich, wenn sie stark auftritt, die rotviolette Harzreaktion unter Umständen verschleiert.

Bei Leinölen deutet, wenn Mineralöl und Harzöl abwesend sind, und die Trockenkraft gut ist, eine niedrige Jodzahl, niedrige Sauerstoffzahl, hohe Refraktion, Mangel an Feuchtigkeit, die sich beim Erhitzen auf 135° C. bemerkbar machen würde, auf ein abgelagertes oder erhitzt gewesenes Produkt. Alte Leinöle zeigen einen eigenartig sauren Geruch.

Bei unverfälschten Firnissen läßt eine niedrige Jodzahl, niedrige Sauerstoffzahl und hohe Refraktion auf hocherhitzte, sog. „gekochte‟ oder mit Luft geblasene Produkte schließen. Erstere zeigen einen spezifischen Geruch. Hohe Jodzahl, hohe Sauerstoffzahl und niedrige Refraktion deuten auf einen „kaltbereiteten‟ Firnis.

Bei der Untersuchung der Trockenmittel ist einerseits auf die Höhe des Gehaltes an Blei und Mangan und andrerseits auf die Säure, an welche die Metalle gebunden sind, Rücksicht zu nehmen, weil es von letzterer abhängt, ob, resp. bei welcher Temperatur das Metall zur Wirkung gelangen kann. So reagieren die Carbonate, Sulfate, Chloride usw. erst bei einer viel zu hohen Temperatur mit Leinöl, als daß sie von Wert für die Firnisfabrikation sein könnten.

Die am häufigsten in der Technik benutzten Sikkative sind unter Beifügung ihres Metallgehaltes in der folgenden Tabelle zusammengestellt:

	Theoretischer Metallgehalt an Mn resp. Pb in Prozenten	Durchschnittlicher Metallgehalt der Handelsprodukte an Mn resp. Pb in Prozenten
Braunstein	63·2	(30—) 55 (—60)
Manganoxydhydrat	62·5	} 35—55
Mangansuperoxydhydrat	52·4	
Borsaures Mangan	—	15
Bleiglätte	92·8	—
Harzsaures Manganoxydul, niedergeschlagen	7·7	6·7
Harzsaures Manganoxyd, geschmolzen	5·3	3·5
(Harzsaures Blei	24·0	—)
Harzsaures Bleimangan	—	{ 8—9 Pb. { 1·5—2 Mn.
Leinölsaures Mangan	8·9	9—9·5
(Leinölsaures Blei	26·9	—)
Leinölsaures Bleimangan	—	sehr verschieden

Die zuerst genannten Stoffe sind die von alters her gebräuchlichen. Sie erfordern, wie schon oben erwähnt, zu ihrer Lösung — und auf eine Lösung kommt es an — höhere Temperaturen, was mit Gefahren und einer Reihe anderer Nachteile verknüpft ist. Die harzsauren und leinöl-

---

[1]) Ulzer, Mitt. Techn. Gew.-Mus. Wien 1896.

sauren Salze, die eigentlichen „Firnispräparate" sind neueren Datums.
Sie sind bei niedrigeren Temperaturen und bei guter Bereitung voll-
kommen in Leinöl löslich. Durch beide Eigenschaften gewähren sie
Vorteile.[1])

Für die Untersuchung der Sikkative kommen folgende Gesichtspunkte in Betracht.

Bei Braunstein, Manganoxydhydrat und Mangansuperoxydhydrat
genügt im allgemeinen eine Manganbestimmung. Die künstlichen Hy-
drate sind wertvoller, als das Naturprodukt, da sie sich bedeutend
leichter und bei niedrigerer Temperatur lösen. Im Zweifelsfalle unterscheidet man sie von letzterem durch das Mikroskop, das Volumgewicht,
den Wassergehalt und einen geringen Gehalt an Chloriden oder Sulfaten.
Größere Mengen von Manganchlorür dürfen nicht zugegen sein, da es
wertlos ist und auf ein schlecht ausgewaschenes Produkt deutet. Ein
Kalkgehalt von einigen Prozenten ist nicht zu beanstanden, größere
Mengen sind zwecklos.

Bei der Untersuchung von Glätte handelt es sich nur darum,
grobe Verfälschungen nachzuweisen; ein geringer Gehalt an metallischem
Blei schadet nichts.

Borsaures Mangan wird speziell für helle Firnisse und Ölfarben
benutzt. Deshalb ist hier auch die Farbe von größerer Wichtigkeit.
Der höchste Mangangehalt, der bei einem hellen Produkt zu erreichen
ist, dürfte 22 $^0/_0$ Mn sein, doch sind solche Produkte sehr selten; meist
findet man ca. 15 $^0/_0$. Das borsaure Mangan enthält gewöhnlich 10 bis
20 $^0/_0$ Kochsalz oder schwefelsaures Natron. Dieser Gehalt ist nicht
als Verfälschung anzusehen, sondern er haftet dem Produkt von der
Darstellung her an. Würde man dasselbe auswaschen, so würde auch
ein Teil der Borsäure entfernt werden, indem stärker basische Borate
zurückbleiben; diese färben sich aber bei dem üblichen Trocknen an
der Luft dunkel. Kalk ist in den meisten Präparaten vorhanden, sei
es als borsaures oder schwefelsaures Calcium. Einige Prozente des letzteren
sind schließlich nicht zu beanstanden, doch ist es fast zur Regel geworden, daß Gips extra zugemischt wird. Ein vernünftiger Fabrikant
wird ein solches Produkt für die Firnisbereitung nicht kaufen — für
Sikkativpulver, die den Ölfarben in größeren Mengen zugerührt werden,
ist dagegen eine Volumenvermehrung durch indifferente Stoffe nicht
schädlich, da dadurch eine gleichmäßigere Mischung bewirkt wird.

Was die löslichen Sikkative, Linoleate und Resinate, anlangt, deren
Zweck es ist, bei niedriger Temperatur dem Öl inkorporiert zu werden,
müssen dieselben natürlich auch tatsächlich möglichst leicht und vollkommen löslich sein. Der Gesamtgehalt an Blei und Mangan spielt
daher keine Rolle, sondern der Gehalt an leichtlöslichem Metall, da
unlösliche Bestandteile, wie z. B. Mangancarbonat oder Oxyd nicht zur
Wirkung kommen, sondern unnötigerweise Satz erzeugen. Als Lösungsmittel der Resinate und Linoleate, und Abscheidungsmittel für Oxyd,

---

[1]) M. Weger, Zeitschr. f. angew. Chem. 1896. 9. 531.

Carbonat, Sand usw. bedient man sich im Laboratorium des Äthers und bei bleihaltigen Produkten des Chloroforms oder warmen Terpentinöles. Aus kaltem Terpentinöl scheidet sich harzsaures Blei beim Stehen größtenteils wieder aus. Man bestimmt in einer Probe Gesamtmangan und -blei durch vorsichtiges Veraschen, indem man dem Umstand Rechnung trägt, daß Blei etwas flüchtig ist. Eine andere Probe löst man, dann wird filtriert, ausgewaschen und der unlösliche Filterrückstand bestimmt. Zur Kontrolle kann man auch im Filtrat Blei und Mangan bestimmen.

Die niedergeschlagenen Resinate stellen sehr leichte, weiße oder schwach gefärbte Pulver dar, die fast immer geringe Mengen Wasser, etwas Carbonat und Spuren von Chlornatrium oder schwefelsaurem Natrium enthalten.

Was den organischen Bestandteil der Firnispräparate betrifft, so kommen im allgemeinen nur Harz oder Leinölsäure in Betracht. Allenfalls ist noch auf Ölsäure Rücksicht zu nehmen; zuweilen wird ölsaures mit leinölsaurem Mangan identifiziert. Meist genügen zur Feststellung die physikalischen Eigenschaften und der Geruch beim Verbrennen. Man kann aber auch die Säuren in Freiheit setzen und als solche untersuchen. Dies ist nötig, wenn die Vorprüfung ergibt, daß ein Gemisch von Resinat und Linoleat vorliegt. Man trennt dann die Säuren nach Gladding oder Twitchell.

Die Mengen von freiem Harz in einem Harzsikkativ kann man aus dem oben angegebenen theoretischen Metallgehalt und dem tatsächlich gefundenen Gehalt an löslichem Metall annähernd berechnen. Eine vollständige Neutralisation der Harzsäure ist bei geschmolzenen Sikkativen unmöglich, sie ist für die Firniserzeugung auch unnötig, ja unter Umständen nicht einmal erwünscht, da die hochprozentigen fast neutralen geschmolzenen Resinate sich nicht so leicht im Leinöl lösen, wie solche, die noch freies Harz enthalten. In Anbetracht der geringen Menge Firnispräparat, die benötigt wird — höchstens $3\,^0/_0$ —, ist die noch weit geringere Menge freien Harzes ohne Einfluß auf die Qualität des Firnisses. Größere Mengen freien Harzes sind natürlich weder dem Firnis zuträglich, noch gehören sie überhaupt in ein Sikkativ. Ein Kalkgehalt schadet dem Harzsikkativ nicht, im Gegenteil gibt er dem Firnis etwas mehr Körper und Härte.

Auch die Linoleate hat man auf Harz, bzw. harzsauren Kalk zu prüfen.

Unter allen Umständen wird man gut tun, ein Sikkativ, sei es der einen oder anderen Art, nicht nur nach der Analyse zu beurteilen, sondern mit demselben einen praktischen Versuch anzustellen, indem man 100 g des Leinöls, welches im großen zur Verwendung kommen soll, oder eines andern normalen Leinöls, in einem weithalsigen Becherkolben auf dem Sandbade mit dem Sikkativ auf eine bestimmte Temperatur erhitzt und den erhaltenen Firnis prüft.

Die flüssigen Sikkative, die in der Firnisfabrikation nicht benützt werden, deren sich aber der Lackfabrikant und der Maler in ausgedehntem Maße bedienen, sind zunächst auf Natur und Menge des flüchtigen Lösungsmittels — Terpentinöl, Kienöl, Benzin, Benzol usw. zu untersuchen — siehe unter Lack —; den nach Verdampfung des Lösungsmittels hinterbleibenden Rückstand prüft man dann wie ein festes Sikkativ. Es sind zum größten Teil sehr metallreiche Lösungen von leinölsaurem Bleimangan im Verhältnis von 4 Teilen Linoleat zu 5 Teilen Lösungsmittel; aber auch einzelne Metallinoleate oder auch Resinate finden Verwendung. Im Gegensatz zu den Firnispräparaten dürfen die für die Bereitung von flüssigem Sikkativ bestimmten Resinate keine beträchtlicheren Mengen freien Harzes enthalten, weil sie sonst die Farben, besonders Bleiweiß verdicken würden. Man untersucht sie nach dieser Richtung derart, daß man 18 g chemisch reines Bleiweiß mit 5 g Leinöl verreibt, dann 5 g des flüssigen Sikkativs, 2 g Terpentinöl und einige Tropfen Wasser zugibt. Eine käsige Verdickung des Bleiweißes darf auch nach mehreren Stunden nicht eintreten.

Unter Öllack (vernis, varnish) versteht man Gemische von trocknendem Öl oder Firnis mit Kopalen oder anderen Harzen, die mit Terpentinöl oder dessen Surrogaten verdünnt sind. Der wichtigste Unterschied zwischen Öllack und Ölfirnis besteht in dem Gehalte des ersteren an Harzkörpern. Hierdurch ist auch die Verschiedenheit in der Verwendungsweise bedingt, obgleich der Verwendungszweck bei beiden Produkten der gleiche ist, nämlich einen Gegenstand durch den Anstrich zu verschönern und gegen die Einflüsse des Wassers oder der Atmosphärilien zu schützen.

Der Trockenvorgang ist beim Lackfirnis ein doppelter: erstens verdunstet das flüchtige Lösungsmittel, wobei dasselbe, sofern es aus Terpentinöl besteht, als Sauerstoffüberträger dienen kann, und zweitens wird das trocknende Öl unter Sauerstoffaufnahme fest. Auch die Kopale und Harze nehmen bei diesem Vorgang große Mengen Sauerstoff auf und hinterbleiben also in einem anderen Zustande, als dem ursprünglichen[1]).

Man unterscheidet je nach dem Verhältnis von Harzkörper zu Öl magere und fette Lacke, und in anderer Hinsicht Kopallacke, Bernsteinlack, Harzlacke und Mischlacke, wobei als Kopal hauptsächlich Kongo- und Manila-, ferner Kauri-, Sansibar-, Brasil-, Gabon- und andere Kopale in Betracht kommen, unter Harz kaum jemals freies Harz (Kolophonium), sondern meist harzsaure Salze — fast ausschließlich harzsaures Calcium selten Magnesium oder Barium oder Harzester zu verstehen sind.

Die Öllacke bilden das Zwischenglied zwischen Leinölfirnis und den sog. „flüchtigen" Lacken, die nur aus Harzkörpern, wie weichem Manilakopal, Dammar, Schellack oder auch Asphalt, Nitrocellulose usw. und aus flüchtigen Lösungsmitteln, z. B. Terpentinöl, Spiritus, Benzin, Benzol, Amylalkohol usw. bestehen. Letztere enthalten fette Öle nicht als wesentlichen Bestandteil, doch setzt man ihnen zuweilen geringe Mengen

---

[1]) Vgl. M. Weger, Chem. Rev. üb. d. Fett- u. Harz-Ind. 1898. 5. 213.

Leinöl, Ricinusöl oder auch Leinölsäure und Holzölsäure zu, um sie geschmeidig zu machen. Ihre Behandlung gehört nicht in den Rahmen dieses Buches.

Über die Genesis und Natur des hauptsächlichsten Rohproduktes, der Harze (im weitesten Sinne), können wir uns hier nur andeutungsweise auslassen und müssen auf die einschlägigen pharmakognostischen Werke, besonders das von A. Tschirch[1]) verweisen.

Wir registrieren eine der ältesten (1847) von Heldt[2]) herrührenden Theorien, die sich an eine umfangreiche chemische Untersuchung „Über die Entstehung der Harze im allgemeinen" anlehnt. Nach dieser bildet sich aus 4 Äquivalenten Terpentinöl ein Äquivalent Sylvinsäure nach der Formel

$$C_{40}H_{32} - H_2 + O_2 + O_2 = C_{40}H_{30}O_4$$
$$\text{resp.} \quad 2\,C_{10}H_{16} - H_2 + O + O = C_{20}H_{30}O_2.$$

Heldt sagt: „Die Sylvinsäure ist demnach entstanden durch eine Aufeinanderfolge zweier Prozesse; a) durch einen Verwesungsprozeß des ätherischen Öles nach dem Substitutionsgesetz, b) durch einen darauffolgenden reinen Oxydationsprozeß des durch die Verwesung des Öles entstandenen Produktes."

J. Wiesner[3]) nahm an, „daß die Harzkörner aus (vorher in Gerbstoff umgewandelten) Stärkekörnern hervorgehen, daß das Harz der Pflanze nie ein Sekretionsprodukt, sondern stets ein Umwandlungsprodukt organisierter Substanzen sei, das erst dann entstehe, wenn das Leben der Gewebe im Verlöschen sich befinde." Auch für das Coniferenharz hält Wiesner es für wahrscheinlich, daß es nicht aus ätherischem Öl, sondern aus dem vorher in Gerbstoff umgesetzten Zellwänden hervorgehe, und daß das ätherische Öl seinerseits aus dem Harz sich bilde.

Wallach[4]) bemerkt, „daß die in Pflanzensekreten sich abscheidenden sog. Harze augenscheinlich nicht selten in Beziehung zu den in denselben Pflanzen sich findenden Terpenen stehen. Es ist dies beim Kautschuk seit lange bekannt. Die eigentlichen Harze sind nach dieser Richtung weniger untersucht, jedoch ist bekannt, daß manche Sauerstoff enthalten, und zwar in einem Verhältnis, welches darauf schließen läßt, daß diese Harze Oxydationsprodukte von Terpenen sein könnten."

Es ist hinzuzufügen, daß keines der in der Lackfabrikation in Betracht kommenden Harze sauerstofffrei ist. Vielmehr weist die elementare Zusammensetzung der Kopale meist einen recht beträchtlichen Gehalt an Sauerstoff auf.

Berzelius, Filhol und Unverdorben untersuchten zuerst Kopale.[5]) Nach Filhols Analysen enthielt Kopal von Kalkutta $8 \cdot 77\,{}^0/_0$ O, Kopal von Bombay $10 \cdot 40\,{}^0/_0$ O und Kopal von Madagaskar $9 \cdot 42\,{}^0/_0$ O. Nach

[1]) Die Harze und die Harzbehälter.
[2]) Ann. d. Chem. 1847. 63. 48.
[3]) Jahresb. d. Chem. 1865. 627.
[4]) Ann. d. Chem. 1892. 271. 308.
[5]) Journ. Chim. Pharm. I 301. 507. — Berzelius, Jahresbericht für 1842. 459. — Berzelius, Lehrbuch der organischen Chemie.

J. J. Schibler[1]) enthielt Manilakopal 10·39 %/$_0$ O, afrikanischer Kopal 10·06%/$_0$ O. Heldt[2]) stellte schon 1847 die Theorie auf, daß je weiter sich der Kopal oxydiere, desto löslicher, desto leichter schmelzend und desto saurer werde er. Er demonstriert dies an den Teilprodukten eines von Filhol[3]) untersuchten Kopals: Das Epsilonharz, welches noch nicht oxydiert ist („in dem der Sauerstoff nur substituiert ist"), macht den kleinsten Bestandteil aus, bleibt aber einer fortwährenden Oxydation unterworfen. Die Löslichkeit wächst mit der Zunahme des Sauerstoffgehaltes vom Delta- bis zum Alphaharz. Die Höhe des Schmelzpunktes nimmt im gleichen Maße ab.

Der Verallgemeinerung dieser Theorie stehen jedoch gewichtige Gründe entgegen.

Die erste und wichtigste Operation der Lackfabrikation, welche das Löslichmachen der Kopale bezweckt, die Kopalschmelze, besteht in einer partiellen trockenen Destillation.

Nach der Ansicht von Riban[4]) repräsentieren die Kopale ziemlich allgemein Mischungen von Polymeren der Carbüre $C_{10}H_{16}$ und den Produkten einer mehr oder weniger vorgeschrittenen Oxydation, die zum großen Teil unlöslich sind. Beim Schmelzen werden sie löslich. Die Umwandlung der Harze beim Schmelzen muß eine Depolymerisationserscheinung sein, wobei sich aus den hochmolekularen Carbüren solche der Formel $C_{10}H_{16}$ bilden.

Diese Anschauung erfaßt das Wesen der Sache vollkommen richtig. Ob aber die Depolymerisation im vorliegenden Fall ganz zu Ende geführt wird, ist noch nicht bewiesen. Eine Depolymerisation verläuft auch fast nie glatt. Der bei der trockenen Destillation der Kopale bleibende Rückstand hat zum Teil sauren Charakter, d. h. er besteht ebenso wie der Rohkopal zum Teil aus Säuren und deren Anhydriden. Das Destillat, das Kopalöl, ist auch nicht lediglich ein Terpen $C_{10}H_{16}$. Es enthält noch höher molekulare Substanzen und andrerseits die Produkte einer tiefergegangenen Zersetzung, bei welcher unter Bildung von Kohlenwasserstoffen aus den Säuren Kohlensäure, Kohlenoxyd, Wasser, Äthylen und niedrige Fettsäuren, wie Ameisen-, Essig- und Bernsteinsäure, abgespalten werden.

Kopalöl wurde untersucht von J. J. Schibler[5]). Er wies ein Terpen $C_{10}H_{16}$ nach und konstatierte, daß die höher siedenden Anteile sauerstoffhaltig sind. Wallach[6]) fand, daß ca. 25%/$_0$ eines Kopalöls zwischen 154°—164° C. siedeten und aus einem Kohlenwasserstoff der Formel $C_{10}H_{16}$ und zwar Pinen bestanden, Schmölling[7]) untersuchte Kopalöl aus Kauri- und Manilakopal. Das Kauriöl war hellgelb, an-

---

[1]) Ann. d. Chem. 1860. 113. 338.
[2]) Ann. d. Chem. 1847. 63. 68.
[3]) Journ. de Pharm. 1842. 406.
[4]) Bull. Soc. chim. 1874. 22. 256.
[5]) Ann. d. Chem. 1860. 113. 338.
[6]) Ann. d. Chem. 271. 308.
[7]) Chemiker-Zeitg. 1905. 29. 955.

genehm aromatisch riechend (?) und veränderte sich nicht beim Stehen. Es hatte ein spez. Gew. von 0·8677, die Säurezahl 3·0, Verseifungszahl (kalt) 4·9, Ätherzahl 1·9 und eine Jodzahl von 288·9. Das Manillaöl rötete sich rasch beim Stehen, hatte ein spez. Gew. von 0·9069, die Säurezahl 28·3, Verseifungszahl (kalt) 45·7, Ätherzahl 17·4 und eine Jodzahl von 230·4. Beim Stehen fällt die Säurezahl. Unter den Destillationsprodukten wurden Ameisen- und Essigsäure nachgewiesen. Diese Rohöle wurden neutralisiert und dann mit Wasserdämpfen übergetrieben. Das Kauriöl war dabei fast vollständig, das Manillaöl nur zur Hälfte flüchtig. Das Destillat zeigte im ersten Falle ein spezifisches Gewicht von 0·8633, eine Jodzahl 307·6 und einen Siedepunkt von 152°—170° C. zu 84·2$\%$, im zweiten Falle ein spezifisches Gewicht 0·8567, eine Jodzahl 282 und einen Siedepunkt von 152°—170° C. zu 64·3$\%$.

Ähnlich wie Kopal verhält sich Bernstein.

Auf die Zusammensetzung und Unterscheidung der einzelnen Kopale usw. kann hier nicht näher eingegangen werden; wir müssen uns auf kurze Andeutungen beschränken und auf die Spezialliteratur[1]) verweisen.

Tschirch und Niederstadt[2]) ermittelten für einen Kauri-Busch-Kopal mit der Säurezahl 104—112 und der Jodzahl 45 die folgende Zusammensetzung:

1·5$\%$ Kaurinsäure $C_{10}H_{16}O_2$	12 $\%$ Kauroresen
50 „ α- u. β-Kaurolsäure $C_{12}H_{20}O_2$	12·5 „ ätherisches Öl
20 „ $\begin{cases} \text{Kaurinolsäure } C_{17}H_{34}O_2 \\ \text{Kaurinolsäure } C_{12}H_{24}O_2 \end{cases}$	1 „ Bitterstoff;

Tschirch und Koch[3]) für einen Manilakopal mit der direkten Säurezahl 134, indirekten Säurezahl 173, Verseifungszahl ca. 190 und der Jodzahl 55 die Zusammensetzung

4·0$\%$ $\begin{cases} \text{Mancopalensäure } C_8H_{14}O_2 \\ \text{Mancopalinsäure } C_8H_{12}O_2 \end{cases}$	
75 „ α- u. β-Mancopalolsäure $C_{10}H_{18}O_2$	
12 „ Mancopalresen $C_{20}H_{32}O$	
6 „ ätherisches Öl.	

Der Ankauf und die Beurteilung der Kopale und Lackharze findet nach Probe und nicht nach Analyse statt und ist größtenteils Vertrauenssache. Die chemische Analyse hat nur untergeordnete Bedeutung; sie kann in vielen Fällen kaum zum Identitätsnachweis dienen, fast nie aber zur Wertbemessung und läßt vollkommen im Stich, wenn es sich um Bestimmungen im fertigen Produkt, also um geschmolzene Harze und um Gemische von mehreren Harzen mit trocknendem Öl handelt.

Man hat zwar jetzt auch die Untersuchung der Harze auf moderne Grundlage basiert und auf die Analyse derselben die Bestimmung der Konstanten der Fettanalyse, also der Säure-, Verseifungs- und Jod-

[1]) A. Tschirch, Die Harze und die Harzbehälter, Leipzig 1900.
[2]) Arch. d. Pharm. 239. 166.
[3]) Arch. d. Pharm. 240. 202.

zahl usw. übertragen, doch sind die hier zu ermittelnden Zahlen weit größeren Schwankungen unterworfen als jene der Fettchemie, was bei der Art der Gewinnung der Harze übrigens nicht wundernehmen kann[1]).

Über Kolophonium, schlechthin Harz, welches für die Bereitung gewöhnlicher Lacke, d. h. für die dazu verwendeten Kalkharze und Esterharze, sowie für Sikkative das Ausgangsmaterial darstellt, liegen außerordentlich zahlreiche Beobachtungen und Arbeiten vor. Aber erst in den letzten Jahren ist es gelungen, die Ansichten über die Zusammensetzung desselben etwas zu klären (siehe Abschnitt VIII, D).

Die analytischen Konstanten Säurezahl und Verseifungszahl spielen beim Kolophonium eine größere Rolle als bei den Kopalen, denn wenn man auch Kolophonium nicht etwa nach der Verseifungszahl kauft oder bewertet, sondern lediglich nach der Farbe, so gründet sich doch die Verwendungsfähigkeit des Kolophoniums in der Lackindustrie auf die Darstellung möglichst neutraler Salze und Ester.

Die Säurezahl des gewöhnlichen amerikanischen Kolophoniums liegt im allgemeinen zwischen 155 und 170, die Verseifungszahl zwischen 165 und 175, die Ätherzahl zwischen 5 und 12, doch kommen auch größere Abweichungen vor. Über die Bestimmung der Konstanten siehe Henriques[2]), Schick[3]) u. a. Die Jodzahl bewegt sich innerhalb sehr weiter Grenzen. Im allgemeinen geben helle Harze höhere Jodzahlen als dunkle. Es hängt dies mit dem stärkeren Erhitzen zusammen, dem die letzteren ausgesetzt waren und vermutlich mit einer dabei stattfindenden Oxydation oder Polymerisation.

Bei weitem die größte Menge des im Handel befindlichen Kolophoniums ist amerikanischen Ursprungs und kommt als „good strained" und als Type E, F, G, H, I, „Window Glass", „Water White" in den Handel. Von französischen und spanischen Harzen spielen bei uns besonders die hellen Sorten eine Rolle.

Das Kolophonium neigt sehr stark zur Autoxydation. Es kann bis zu 50 % petrolätherunlösliche Bestandteile enthalten, deren Bildung mit der fortschreitenden Oxydation im Zusammenhange zu stehen scheint (Fahrion[4]). Kolophonium enthält auch geringe Mengen unverseifbarer Bestandteile.

Aus den oben angegebenen Säure- beziehungsweise Verseifungszahlen berechnen sich die Mengen Calcium, Barium, Blei, Mangan usw., die vom Harz gebunden werden können, und weiter die Mengen Metall, die im Resinat vorhanden sein können. So kann z. B. harzsaures Calcium im Maximum ca. 8·0 %·CaO enthalten. Die theoretischen Maximalmengen werden jedoch bei den geschmolzenen, harzsauren Salzen — und nur diese kommen als Kopalersatz in Betracht — nie erreicht. Meist ist die freie Harzsäure nur reichlich zur Hälfte oder zu drei Vierteln abgesättigt. Je höher der Gehalt an gelöstem Calciumoxyd ist — ungelöstes ist natürlich

---

[1]) K. Dieterich, Die Analyse d. Harze, Balsame u. Gummiharze, Berlin 1900.
[2]) Chem. Rev. üb. d. Fett- u. Harz-Ind. 1899. 6. 106.
[3]) Zeitschr. f. angew. Chem. 1899. 12. 27 u. 86.
[4]) Zeitschr. f. angew. Chem. 1901. 14. 1197.

wertlos und schädlich —, desto besser d. h. desto härter und „klebfreier", allerdings auch desto schwerer löslich ist im allgemeinen der Harzkalk.

Von flüchtigen Lösungsmitteln finden in der Öllackindustrie besonders das amerikanische und französische Terpentinöl Verwendung, weit geringeren Wert haben das polnische und russische Terpentinöl, die gewöhnlich mit Kienöl zu identifizieren sind, ferner Petroleumdestillate (Schwerbenzin, White Spirit) und Benzol (Solventnaphtha). Zur Untersuchung dieser Ausgangsmaterialen dient die Bestimmung des spezifischen Gewichtes, des Siedepunktes, der optischen Eigenschaften (Polarisation und Refraktion) und der Bromabsorption (Vaubel[1]), ev. noch der Jodzahl (Worstall[2] und andere).

Vaubel[1]) gibt zu 1—2 g Terpentinöl, das in Chloroform gelöst ist, 100 ccm Wasser, 5 g Bromkalium, 10 ccm konz. Salzsäure und so viel einer titrierten Lösung von bromsaurem Kalium, bis bleibende Bromreaktion auftritt. Amerikanische und französische Terpentinöle zeigen eine mittlere Bromaufnahme von 220—230; der theoretische Wert ist 254.

R. A. Worstall[2]) bestimmt die Jodzahl nach Hübl unter 4 bis 6stündigem Stehenlassen. Dieselbe berechnet sich auf 373. Harzessenz gab 185, Harzöl 97, Petroleumdestillate sehr niedrige Zahlen (Kerosin und Naphtha $= 0$), rektifiziertes Kienöl 212, wasserhelles Kienöl 328.

Über die Unterscheidung von Harzessenz, Kienöl und Terpentinöl siehe auch Valenta[3]) und andere.

Betreffs der Untersuchung des fetten Öles ist folgendes zu sagen: Das Lackleinöl unterscheidet sich in einer Eigenschaft wesentlich vom Firnisleinöl: es muß nicht nur klar, sondern auch frei von gelösten „schleimartigen" Körpern sein, es darf nicht „brechen", d. h. beim schnellen Erhitzen auf 280°—300° C. keine Flocken ausscheiden. Man führt diese Prüfung im Reagenszylinder aus und erhitzt rasch über freier Flamme. Rohes, frisches Leinöl zeigt bei 130° C. ein leichtes Schäumen infolge von Wasserabgabe, bei 260° C. erfolgt die Abscheidung froschlaichartiger Gebilde. Hierbei wird das Öl hell, verliert die orangegelbe Farbe und bekommt einen Stich ins Grüne.

Der Schleim ist sehr voluminös; tatsächlich macht er dem Gewicht nach nur einen verschwindend kleinen Bruchteil vom Öl aus. Nach G. W. Thompson[4]) betrug der Gehalt eines Leinöls an Schleim 0·28 %. Die mit Petroläther ausgewaschenen Schleimstoffe enthielten weniger als 1 % Stickstoff und gaben 47·79 % Asche, die aus Phosphaten des Calciums und Magnesiums und Spuren von Sulfaten bestanden. Nach H. Jäckle[5]) enthält Leinöl 0·33 % Lecithin.

Schleim im Lackleinöl würde, da der geschmolzene Kopal über 300° C. heiß ist, natürlich den Sud verderben. Im übrigen ist die Schäd-

---

[1]) Zeitschr. f. öffentl. Chem. 1906. 12. 107.
[2]) Journ. Soc. Chem. Ind. 1904. 23. 302.
[3]) Chem. Zeitg. 1905. 29. 807.
[4]) Journ. Americ. Chem. Soc. 1903. 25. 716.
[5]) Zeitschr. f. Unters. d. Nahrungs- u. Genußm. 1902. 1062.

lichkeit des Schleims vielfach übertrieben worden, Schleim beeinträchtigt z. B. die Trockenkraft eines Öles nicht im mindesten.

Als Lackleinöl verwendet man vielfach das kaltgepreßte Öl, den Vorlauf. Nicht alle Provenienzen eignen sich gleich gut, nur die „mageren Öle" (29^0—30^0 am Fischerschen Oleometer) sind brauchbar — Petersburg, Libau, Riga, Königsberg —, weniger gut die amerikanischen, Asow, Odessa, nicht wohl zu verwenden die „fetten", leichten (mehr als 31^0) wie, Bombay, Kalkutta usw. Baltisches Leinöl trocknet in höchstens fünf Tagen hart und „klebfrei", Laplata und indisches behält eine gewisse Klebrigkeit bei. Leinöl geringerer Qualität kommt gefälschtem Leinöl gleich. Bei Luftzutritt gelagertes Öl trocknet rascher. Das im Handel befindliche Lackleinöl ist oft schon auf höhere Temperaturen erhitzt gewesen, wodurch es unter Umgehung eines längeren Lagerns entschleimt wurde, zuweilen ist es auch „angeblasen" oder auf chemischem Wege vom Schleim befreit.

Außer Leinöl kommt für Lacke das chinesische Holzöl, in ganz vereinzelten Fällen wohl auch Cottonöl in Betracht, ferner dickgekochtes Öl (Dicköl, Standöl); dickgeblasenes Öl ist nicht verwendbar. Über die Untersuchung dieser vgl. die einzelnen Kapitel.

Was das fertige Produkt anlangt, ist eine vollständige chemische Analyse eines Öllackes nur in den seltensten Fällen ausführbar und noch seltener von Bedeutung für die Beurteilung des praktischen Wertes. Zur Beurteilung eines Öllackes im Laboratorium ist eine Summe praktischer Erfahrungen nötig, die sich nicht mit wenigen Worten wiedergeben lassen. Den einzig sicheren Anhalt für den Wert gibt der versuchsmäßige Gebrauch.

Die chemische Analyse erstreckt sich zunächst auf die Bestimmung des flüchtigen Lösungsmittels, dessen Menge man durch einstündiges Erhitzen im Trockenschrank auf 170^0 C. bestimmt. Man kann auch vorsichtig im Tiegel über freier Flamme abdampfen und erhält bei einiger Übung fast noch bessere Resultate. Wenn man das flüchtige Öl weiter untersuchen will, so bläst man es aus dem Lack mit Wasserdämpfen über und prüft in der oben angedeuteten Weise.

In dem nun bleibenden Gemisch von fettem Öl und Harz den Gehalt an ersterem genau zu ermitteln, ist bei dem jetzigen Stand der Fett- und Harzchemie ebensowenig möglich, wie den des Harzkörpers. Die Glycerinbestimmung kann nicht zur Hilfe herangezogen werden, denn erstens ist sie bei Firnis an sich ungenau, und zweitens kann Glycerin auch aus einem Harzester stammen. Auch der Weg, nach stattgefundener Verseifung die Harzsäuren von den Ölsäuren etwa nach Twitchell oder Gladding zu trennen, entbehrt in den meisten Fällen, d. h. soweit nicht nur Leinöl und Kolophonium vorliegen, der Genauigkeit. Oft kann man nicht einmal die Art des Harzes bestimmen, geschweige denn die Qualität desselben.

Sehr wichtig dagegen für die Charakterisierung eines Öllackes ist die Bestimmung des Glührückstandes, der bei reinem Kopallack nur gering sein darf, d. h. außer Blei und Mangan nur Spuren Kalk enthalten darf. Finden sich größere Mengen Calcium (Barium, Magnesium), so können dieselben nicht durch das Sikkativ und auch nicht durch das Öl in den Lack gelangt sein, sondern es liegt ein Harzkalklack oder Mischlack vor, wobei man aus dem Gehalt an Calcium annähernd die Menge des harzsauren Calciums berechnen kann, da nach der Zusammensetzung der meisten technischen Produkte 1 Teil Calcium ungefähr 25 Teilen Harzkalk entspricht.

Es mag hin und wieder vorkommen, daß auch ein Kopal mit Erdalkalien abgestumpft wird, dann ist die Calciummenge jedoch eine viel geringere als beim harzsauren (abietinsauren) Calcium und überdies ist man sicher, daß es nicht ein erstklassiger Kopal war, mit dem diese Prozedur vorgenommen wurde, weil die Kalkseifenlacke — mögen es nun Harz- oder Kopalkalklacke sein — typische Nachteile, die eben durch die Seifennatur begründet sind, vor rein organischen Kopallacken haben.

Andrerseits bedingt die Abwesenheit von Calcium und dgl. noch nicht die Abwesenheit von Harz, da dasselbe auch als Ester vorhanden sein kann.

Was die technische Prüfung eines Lackes anlangt, so bestimmt man Farbe, Geruch und Konsistenz. Die Bestimmung der letzteren ist auch bei dem vom flüchtigen Lösungsmittel befreiten Ölharzgemisch von Wichtigkeit, da man durch Vergleich von Konsistenz und Terpentinölgehalt bei einiger Übung erkennen kann, ob der Lack stark eingekocht, resp. ob Standöl verwendet wurde. Dann beobachtet man das Verhalten des Aufstrichs in Bezug auf Zeit und insbesondere auf die Art des Trocknens (Härte, Glanz, Schrumpfen, Nadelstiche, Hauch, Risse).

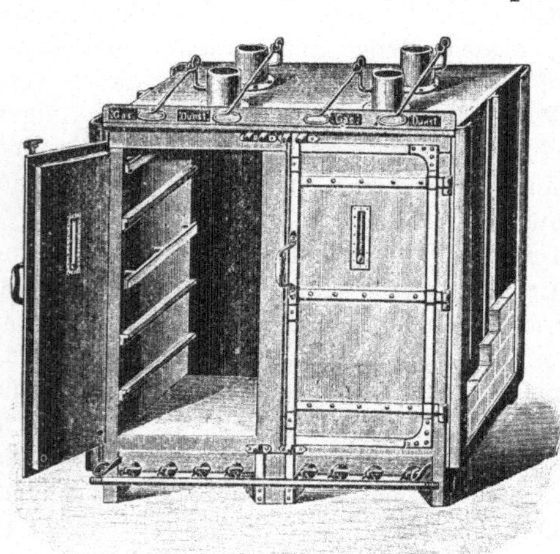

Fig. 85.

Man wählt für die Aufstriche möglichst dieselbe Unterlage, die dem Lack bei der Verwendung zuteil wird, also besonders präparierte Holztafeln, Blech usw. oder auch Glas. Den getrockneten Aufstrich prüft man ferner gegebenenfalls auf Abreibbarkeit, indem man mit dem Finger, ohne zu starken Druck anzuwenden, schnell sehr oft hin und her fährt, und auf sein Verhalten gegen Wassertropfen, d. h. man konstatiert, ob er durch diese weiße Flecken bekommt. Mit Blechlacken nimmt man mittels kleiner Stanz- und Riffelmaschinen Stanz- und Biegeproben vor, Schwarzlacke brennt man im Trockenschrank bei bestimmten Temperaturen auf und prüft dann ihre Widerstandsfähigkeit gegen Fingernageleindrücke usw. Man benützt hierzu Öfen, die den im großen zum Einbrennen der Emaillelacke auf Fahrräder oder zum Trocknen von lackierten Blechemballagen verwendeten, mit Dampf, Warmwasser oder Gas beheizten vollkommen entsprechen (Fig. 85). Farblacke prüft man besonders auf ihr Verhalten zu Bleiweiß. Man verreibt beispielsweise 8 g chemisch reines Bleiweiß mit 2 g Leinöl und 12 g Lack, spritzt einige Tropfen Wasser hinzu und beobachtet, ob das Gemisch stockt, d. h. sich körnig verdickt. was auf einen zu hohen Gehalt an freier Harzsäure (Kopalharzsäure) und die Bildung von harzsaurem Blei deuten würde. Auch mit einer entsprechenden Menge Zinkweiß kann man den Versuch vornehmen.

Man darf bei all diesen Prüfungen jedoch nicht, wie dies von nicht fachkundigen Untersuchern wohl zuweilen heute noch geschieht, vergessen, daß es keine Universalprüfungsmethoden gibt. Die Prüfungsmethode ist nur dem jeweiligen Verwendungszweck anzupassen. Es wäre, um ein Beispiel anzuführen, sinnlos, einen Kutschenlack auf sein Verhalten bei stark erhöhter Temperatur zu prüfen, oder mit einem Türenlack Biegeproben auszuführen.

––––––––––

Die Firnis- und Lackfabrikation sind zwei Gebiete der Technik, die sich in den letzten 20 Jahren kräftig entwickelt haben; mehr noch die erstere als die letztere. Von roher Empirie, vom Tasten und bloßen Probieren ist man, nachdem sich die Chemie auch hier einen Weg gebahnt hatte, zu einem vernünftigen Arbeiten auf wissenschaftlicher Grundlage übergegangen. Früher bereitete sich, man möchte fast sagen, jeder Anstreicher seinen Firnis selbst, oft nach den unglaublichsten Vorschriften mit allen möglichen und unmöglichen Ingredienzien, in Mengen von wenigen Pfunden. Jetzt existieren große, praktisch angelegte Firnisfabriken, die oft den Ölfabriken direkt angegliedert sind und Tausende von Kilo Öl auf einmal verkochen, und es bestehen schon eine ganze Anzahl großer und kleinerer Lackfabriken, die mit wissenschaftlich gebildeten Chemikern die Fabrikation auf exakter Basis zu vervollkommnen bemüht sind. Freilich hängt der Industrie noch manche Empirie an, und das Arbeiten nach Rezepten ist durchaus nicht ganz und überall ausgerottet; das ist aber bei der Sachlage begreiflich und wird auch nie ganz verschwinden, denn Ausgangsmaterialien wie Produkte sind der rationellen chemischen Forschung gleich schwer zugänglich.

Wirklich einschneidende, gewichtige Patente hat weder die Firnisnoch die Lackindustrie je besessen; damit soll jedoch nicht etwa gesagt sein, daß auf diesen Gebieten überhaupt nichts „erfunden" worden sei; im Gegenteil, es ist z. B. eine große Anzahl Patente über die Vermeidung der Kopalschmelze genommen, und über Hartharz, Harzester und Holzöl sind heftige Patentstreitigkeiten ausgetragen worden.

a) Firnisfabrikation.

Man verwendet für die Firnisfabrikation ein möglichst gut geklärtes reines Leinöl, d. h. ein aus möglichst reiner Leinsaat gewonnenes Öl, das jedoch nicht schleimfrei zu sein braucht. Die bisher vorgeschlagenen Verfahren, aus dem Leinöl die an und für sich festen Glyceride der nichttrocknenden Säuren durch Filtration bei starker Kälte (— 3° bis — 25° C.) zu entfernen — vgl. D. R. P. Nr. 129 809 und 137 306 von Hertkorn — haben sich wegen der Kostspieligkeit nicht in die Praxis der Firnisfabrikation eingeführt. Der praktische Vorteil dieses Verfahrens würde hier auch nur ein minimaler sein,

Man kocht den Firnis zum Teil noch heute über freiem Feuer und bediente sich früher ausschließlich dieses Verfahrens. Hierbei werden schmiedeeiserne und wohl auch gußeiserne, eingemauerte, mit einem Überlauf versehene Kessel, die zumeist ein mechanisches Rührwerk besitzen, verwendet. Die Feuerung hat natürlich bei größeren Apparaten vom Nebenraum aus zu erfolgen.

Man erwärmt beispielsweise 2500 oder 3000 kg Leinöl, bringt unter Rühren bei etwas erhöhter Temperatur 5 kg, meist aber etwas mehr, bis zu 20 kg Manganoxydhydrat hinzu, treibt unter stetem Agitieren bis auf 215°—225° C. und hält dann zwei Stunden auf dieser Temperatur. Man hat sich jetzt wohl allgemein an die Benützung von Thermometern gewöhnt. Für gewisse Sorten Manganoxydhydrat genügt es, die Temperatur nur auf 180°—200° C. zu steigern; verwendet man dagegen, wie es besonders in früherer Zeit üblich war, Braunstein, so muß die Temperatur wesentlich höher gehalten werden (250° C.). Man bekommt hierbei einen dunkleren Firnis, der auch einen spezifischen Geruch angenommen hat.

Das fertige Produkt wird noch warm auf die Behälter abgefüllt.

Die so bereiteten Firnisse bezeichnet man speziell als „gekochte". Man erhitzte früher wohl auch ein und dasselbe Öl nach dem Abkühlen noch ein zweites Mal, was übrigens absolut zwecklos ist, und hatte dann einen „doppeltgekochten" Firnis.

Ein zweites Verfahren zur Herstellung von Firnis, welches in neuerer Zeit, d. h. seit ca. 10 Jahren die Oberhand gewonnen hat, ist das Kochen mit Dampf. Man spricht auch hier von „Kochen", obgleich nur Temperaturen von ca. 150° C. erreicht werden und an ein eigentliches Kochen nicht zu denken ist. Man nennt solchermaßen dargestellte Firnisse auch „kaltbereitete", eine Bezeichnung, die ebensowenig richtig ist. Diese Methode gibt hellere Firnisse, ist gefahrloser und schließlich auch billiger. Das Verfahren der Dampfkochung wurde erst möglich, nachdem man Firnispräparate kennen gelernt hatte, die sich schon bei niedrigen Temperaturen im Leinöl lösen. Es sind dies die Resinate und Linoleate des Bleis und Mangans.

Man erhitzt in einem kupfernen oder eisernen Gefäß, welches frei steht, also nicht eingemauert, aber gut mit Wärmeschutzmasse eingepackt ist, das Öl mittels gespannten Dampfes, der durch eine Schlange zugeführt wird, so lange auf 150° C., bis die Schaumbildung aufgehört hat, dann setzt man das in Lösung gebrachte Sikkativ zu und verrührt mittels eines mechanischen Rührwerkes bei der gleichen Temperatur noch drei bis fünf Stunden. Das Sikkativ löst man zuvor in der doppelten bis dreifachen Menge seines Gewichtes Leinöl bei etwa 150° C. zu einem Extrakt auf und fügt diese Lösung der Gesamtmenge zu.

Mit dem Dampfkochverfahren wird vielfach ein Luftblasen des Firnisses verbunden, doch ist es natürlich nicht nötig. Die Luftzufuhr bezweckt ein Bleichen des Firnisses, eine bessere Mischung und die Vorwegnahme eines allerdings nur geringen Teiles des Trockenprozesses.

Man erhitzt z. B. das Öl durch eine Dampfschlange mittels gespannten Dampfes auf 100° C. Dann stellt man die Luftzufuhr an und schickt mit Hilfe eines Kompressors einen sehr kräftigen Strom ziemlich feiner Luftbläschen durch das Öl. Es setzt eine chemische Reaktion ein, und das Öl erhitzt sich von selbst höher — bis auf 140° C. — das Wasser entweicht unter Schaumbildung und das Öl wird heller. Wenn die Schaumbildung aufgehört hat, was in etwa vier bis fünf Stunden der Fall ist, stellt man die Luft fast völlig ab, läßt etwas abkühlen, bis auf ca. 120° C., bringt die Sikkativlösung hinzu und verrührt mit Luft und mechanischem Rührwerk noch zwei bis fünf Stunden lang.

Oder man erhitzt unter Rühren und Luftdurchpressen das Öl vier bis fünf Stunden lang, bis es die Temperatur von 150° C. erreicht hat, gibt das Sikkativ zu und erhitzt unter Rühren und Blasen noch eine Stunde weiter. Dann schickt man, um die Abkühlung zu beschleunigen, kaltes Wasser durch die Schlange, während Rührwerk und Luftzufuhr in Tätigkeit bleiben. Nach etwa zwei Stunden läßt man den Firnis lauwarm in Bassins ab.

Schließlich kann man die Erhitzung des Leinöls statt mittels Freifeuer oder Dampf auch mittels Heißwasser unter Druck in den bekannten mit Zugrundelegung der Patente Nr. 63315 und 77213 konstruierten Apparaten vornehmen. Die Apparate haben den Vorzug, daß man mit ihrer Hilfe Temperaturen erreicht, die sonst nur mit Freifeuer, nicht aber mit Dampf zu erlangen sind, daß man trotzdem aber jede Feuersgefahr meidet. Die zum Firniskochen benötigte Maximaltemperatur von ca. 280° C. ist jedenfalls mit Leichtigkeit in ihnen zu erzielen.

Eine solche Firnissiedeanlage ist in der Abbildung Fig. 86[1]) (S. 522) vor Augen geführt.

Die Apparatur kann innen emailliert werden, was auf die Farbe des Firnisses natürlich von Einfluß ist. Die Luftschlange wird verzinkt oder aus Kupfer gewählt.

Je nach der verlangten Konsistenz, Farbe und Trockenheit des Firnisses wird man das eine oder andere Verfahren und das eine oder andere Sikkativ wählen. Natürlich können alle Einzelheiten abgeändert werden.

---

[1]) Die Zeichnungen (Fig. 86 und Fig. 95) hat die Sangerhausener Aktien-Maschinenfabrik in entgegenkommendster Weise zur Verfügung gestellt.

Für Entfernung der Dämpfe muß überall Sorge getragen werden.

Für eine mittlere Trockenzeit genügt ein Sikkativzusatz, der 0·05 bis 0·10 $^0/_0$ Mangan oder 0·4 $^0/_0$ Blei entspricht. Die beste Wirkung erzielt man bei einer Kombination von Blei und Mangan im Verhältnisse 5:1.

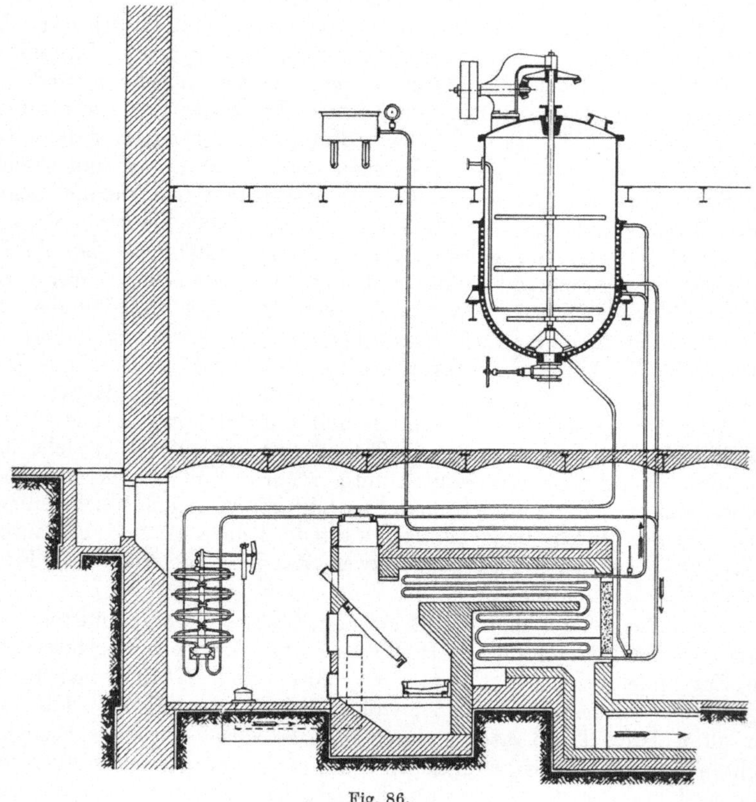

Fig. 86.

Die zum — mechanischen oder chemischen — Auflösen im Leinöl nötigen Temperaturen und die Menge Trockenstoff, die man anwendet, sind in der Tabelle S. 523 zusammengestellt.

Die eingeklammerten Verbindungen werden nicht in größerem Maßstabe verwendet. Stearinsaure und palmitinsaure Salze lösen sich verhältnismäßig schwer. Holzölsaure Salze wirken wie leinölsaure, ohne einen Vorteil zu besitzen, dagegen haben sie den Nachteil, beim Aufbewahren steinhart und unlöslich zu werden. Borsaures, harzsaures und leinölsaures Blei sowie leinölsaures Bleimangan werden bei der Firnisfabrikation nicht verwendet, letzteres findet aber für flüssiges Sikkativ ausgedehnte Verwendung (s. Lack).

	Anzuwendende Mengen in Prozenten	Minimal-Temperaturen in Celsiusgraden
Braunstein	ca, 0·5	ca. 250
Manganoxydhydrat	0·1—0·2	170—220
Mangansuperoxydhydrat	0·1—0·2	170—220
Manganborat	0·5—1	ev. kalt
(Mangansulfat u. -chlorid	—	250)
(Mangannitrat	—	150—170)
(Manganchromat	—	200)
(Mangancarbonat	—	ca. 280)
(Manganoxalat	—	270—280)
Manganacetat	0.5	120 ev. kalt
Bleiglätte	0·5—1	ev. kalt
Mennige	0·5—1	,,
(Bleizucker	1—2	,,)
(Mangansaures Blei	0·2—0·5	150—170)
Harzsaures Manganoxydul, niedergeschlagen .	1—1·5	kalt, gewöhnlich
Harzsaures Manganoxyd, geschmolzen	2—3	120—150
Harzsaures Blei-Mangan, geschmolzen	1—3	
Leinölsaures Mangan	1	gew. 150

Was die „Elektrofirnisse" betrifft, die übrigens keine große Bedeutung erlangt haben, so sei des D.R.P. Nr. 71493 von H. Pfanne, Apparat zur Herstellung von Firnis mittels Elektrizität, gedacht. Nach diesem wird Leinöl während 2—3 Stunden in einem Holzbottiche mit verdünnter Schwefelsäure vermittelst eines mit Metallbürsten besetzten Rührwerkes emulgiert. Gleichzeitig geht ein elektrischer Strom durch das Öl, wobei das Rührwerk den einen Pol, zwei in den Holzbottich eingesenkte vertikale Zinkplatten den andern Pol bilden. Während des Prozesses erwärmt sich das Öl von selbst.

b) Lackfabrikation.

Vor der Schmelzoperation wird der Kopal, wenn nötig, einer Sortierung unterworfen und von der Verwitterungskruste durch Abkratzen oder durch Waschen mit schwacher Lauge, Wasser und Trocknen befreit, doch kauft der Lackfabrikant im allgemeinen schon den gewaschenen oder geschabten Kopal. Dann wird das Material angemessen zerkleinert und je nach der Sorte etwa in walnußgroße Stücke gebracht, die möglichst gleichmäßig sein müssen. Splitter werden getrennt verarbeitet oder obenauf gegeben. Das Zerkleinern geschieht meist durch Handarbeit vermittelst eines Messers, das mit der Spitze in einem Scharnier befestigt ist. Man wendet auch Brechwalzen an, diese geben aber mehr Abfall.

Die wichtigste und schwierigste Arbeit der Lackfabrikation ist die Schmelze des Kopals. Von der richtigen Leitung des Schmelzprozesses hängt sehr viel ab, und wenn man auch vernünftigerweise mit Thermometer und Uhr arbeitet und einen kleineren Vorversuch im Laboratorium voranschickt, so ist doch ein geschulter, scharfer Blick und praktische Erfahrung in der Erkennung des Endpunktes nicht zu verachten, und die befriedigendsten Resultate werden nur da erzielt, wo das Arbeiten nach Thermometer und das Arbeiten nach Sicht in richtiger Weise kombiniert werden. Man muß sich vergegenwärtigen, daß ein Sud oft den Wert von über 1000 Mark repräsentiert, und daß ein Versehen sich nur schwer korrigieren läßt.

Man schmolz früher und zum Teil jetzt noch die Kopale in kleinen Mengen, nicht über einige Kilogramm auf einmal in gußeisernen, innen emaillierten Töpfen zu etwa 10 l Inhalt. Mißglückt ein kleiner Sud, so ist der Verlust zu verschmerzen. Es läßt sich aber denken, daß eine Unsumme von Zeit und Arbeitslohn auf diese Weise vergeudet wird.

Mit der Zeit ging man daher dazu über, die Operation in größerem Maßstabe auszuführen, so daß man heute 200 Kilo Kopal und noch mehr auf einmal verschmilzt und für diese Zwecke bewegliche Kessel bis 1000 l Füllraum verwendet. Man benutzt sogar vereinzelt, speziell für Harzkalk noch größere Kessel, die aber dann stationär sind, und deren Feuerung zweckmäßigerweise mit fahrbarem Rost versehen ist, sofern man nicht mit Heißwasser unter Druck heizt (System Frederking, D. R. P. Nr. 63315 und 77213).

Früher nahm man in Ermanglung eines besseren Materials schmiede- oder gußeiserne oder kupferne Töpfe, die im unteren Drittel einen Bord zum Einhängen in den Ofen hatten und im oberen Drittel mit zwei Henkeln versehen waren. Dieselben hatten die verschiedensten Formen, zylindrische, oben erweiterte oder verjüngte, flaschenförmige usw., siehe z. B. Fig. 87—90.

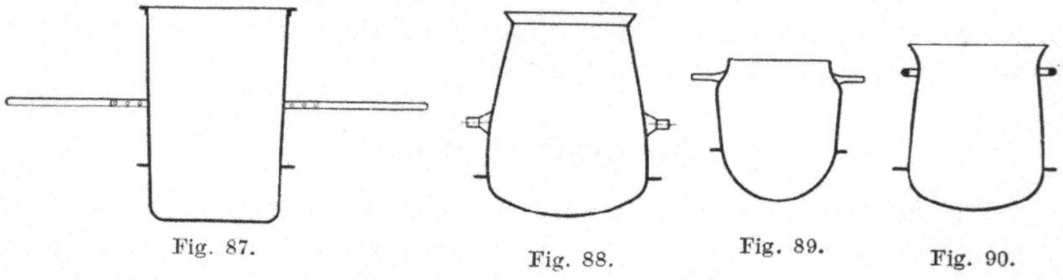

Fig. 87.   Fig. 88.   Fig. 89.   Fig. 90.

Kupfer und Eisen sind aber deshalb ungeeignet, weil sie die Kopale, soweit die letzteren stärker sauer sind, wie besonders die afrikanischen und in noch höherem Maße das Kolophonium, grün resp. braun färben. (Grün gewordene Lacke kann man zwar durch Aufbewahren in Zinkgefäßen wieder entfärben, doch dauert dies sehr lange, was aus chemischen Gründen leicht erklärlich ist.) Eisen ist noch unvorteilhafter als Kupfer, da es sich rascher abnützt und auch den Sud dunkler färbt. Der Übelstand rührt natürlich von einer Lösung geringer Mengen Kupfer oder Eisen in den Harzsäuren des Kopals her. Man vermeidet die Färbung durch Verwendung emaillierter Eisengefäße, doch haben diese auch Nachteile, besonders wenn es sich um große Stücke handelt. Für die Deckel benutzt man sogar Silber.

In neuerer Zeit, seitdem man gelernt hat, das Aluminium nicht nur in größerem Maßstabe billig herzustellen, sondern auch zweckmäßig und praktisch zu schweißen, verwendet man Gefäße, die ganz oder teilweise aus diesem Material hergestellt sind. Da der Boden, welcher sich im Feuer befindet, hauptsächlich der Abnützung unterworfen ist, hat man die sehr zweckmäßige Einrichtung getroffen, das Gefäß aus zwei Teilen herzustellen (Fig. 91 und 92[1]), einem mittleren zylindrischen oder schwach konischen von 3—6 mm Wandstärke und einem unteren zylindrischen napfförmigen von 5—8 mm Wandstärke, je nach der Größe des Gefäßes. Beide werden unter Verwendung einer Asbestdichtung und Eisenflanschen aneinandergeschraubt; der untere Flansch dient gleichzeitig als Bord zum Aufsetzen auf die Feuerung. Auf diese Weise kann man das Unterteil beliebig oft erneuern, ohne das ganze Gefäß wegwerfen zu müssen. Ein Mittelteil hält bis zu 10 Unterteile aus.

Fig. 91.

Fig. 92.

Da das Aluminium farblose Salze bildet, so verursacht es keine besondere Dunkelfärbung des Kesselinhaltes. Außerdem ist das geringe Eigengewicht bei transportabeln Kesseln von großem Wert; ein Kessel von 500 l Inhalt wiegt nur ca. 60 kg.

Immerhin ist Kupfer dem Feuer gegenüber widerstandsfähiger als Aluminium. Aus diesem Grunde ist man darangegangen, das Unterteil aus Kupfer und Mittel- und Oberteil aus Aluminium zu wählen (Fig. 93). Die oben gerügte Grünfärbung der Kopale tritt nämlich nur da ein, wo die Luft zum Kupfer Zutritt hat, resp. wo die kondensierten Öldämpfe zurückfließen, also immer nur im oberen Teil. Der Kupferboden schadet nichts. Schließlich verwendet man auch Gefäße, die innen von Aluminium und außen von Kupfer sind (Fig. 94). Die transportablen Gefäße haben einen schmiedeeisernen Tragring mit zwei Henkeln, oder bei den größeren Ausführungen zwei Zapfen.

Das Rühren geschieht bei kleineren Kesseln mit der Hand vermittels Aluminiumspatel.

In dem aus Aluminium gefertigten, mit Abzughals versehenen

---

[1] Ich verdanke die Abbildungen dem liebenswürdigen Entgegenkommen der Firma W. C. Heräus, Hanau a. M.

Helm befindet sich ein Handloch sowie ein Thermometerrohr und schließlich zwei Handhaben.

Die großen stationären Kessel haben ein mit der Haube montiertes
mechanisches Rührwerk, welches auch mit einer Vorrichtung zum Verteilen
des Schaumes versehen sein kann. Das Rührwerk wird nach beendeter
Operation mit der Haube in die Höhe gezogen.

Die Kessel ruhen mit dem Bord unter möglichst luftdichtem Abschluß auf einer entsprechenden Öffnung der Feuerplatte. Betragen die
auf einmal verarbeiteten Mengen über 20 kg, so sollen die Kessel eine
Außenfeuerung besitzen. Der Rumpf des Kessels ist dem freien Luft-
zug ausgesetzt und steht höchstens in einer Art Kammer.

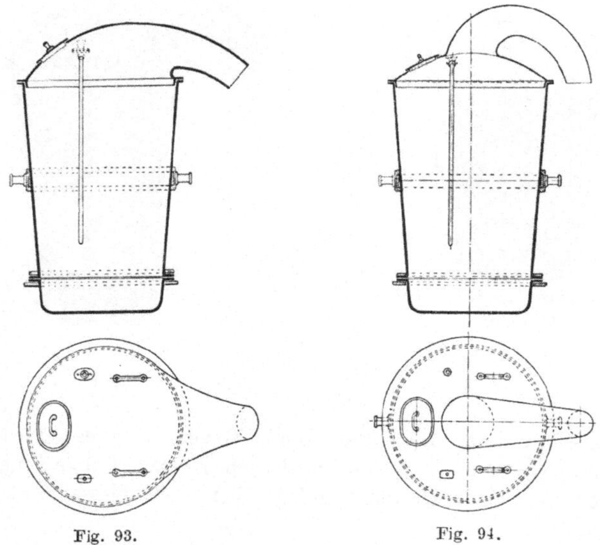

Fig. 93.   Fig. 94.

Von Wichtigkeit ist es, das Feuer während der ganzen Schmelze
möglichst gleichmäßig zu halten, resp. die Temperatur möglichst gleichmäßig steigen zu lassen. Bei richtig geleiteter Schmelze dürfen bei
300° C. keine Brocken mehr vorhanden sein. Bis 360° C. steigert man dann
die Temperatur rascher. Höher als 380° C. kommt man gewöhnlich nicht.
Wenn der Endpunkt erreicht ist, fällt auch der Schaum wieder. Man
hat während der ganzen Operation sorgfältig das Thermometer zu beobachten und den Sud auf das Ablaufen vom Rührer zu prüfen. Bei
zu schnellem Schmelzen ist der Destillationsverlust größer, und der Kopal
ist trotzdem nicht ganz ausgeschmolzen. Ist letzteres der Fall, so kann
sich der Sud nach dem Leinölzusatz zu einer unlöslichen Masse verdicken (Fladenbildung). Bei zu langsamem Schmelzen hat man sehr starke
Schaumbildung und die Lacke werden weich. Zu weitgehendes Schmelzen
gibt unnötige Verluste und Dunkelfärbung.

Man hält im großen die Temperaturen ca. 10⁰ C. niedriger als im
kleinen. Im übrigen bekommt man im großen etwas bessere Ausbeuten als im kleinen, auch werden die Schmelzen etwas heller.

Eine Schmelze von 200 kg dauert $1\,^1/_2$—2 Stunden.

Das Erhitzen erfolgt, sofern man mit freier Flamme arbeitet, durch Kohlen.

Man kann die Beheizung auch nach dem bekannten Frederking-schen Patent durch Heißwasser unter Druck vornehmen. In dem Apparat kann eine Temperatur von 350⁰ C. erhalten werden, wobei das Heiß-wasser in der Steigleitung des Rohrsystems mindestens 370⁰—380⁰ C. haben muß.

Ein stationärer Kessel für Heißwasserheizung ist in Fig. 95 abgebildet. Er eignet sich besonders für die Darstellung von Lakken aus künstlichen Hartharzen, kann jedoch auch für Kopale verwendet werden.[1] Die Harzkalkschmelze mit Zusatz von Leinöl und Terpentinöl dauert durchschnittlich 3—$3\,^1/_2$ Stunden; es können also täglich 3—4 Chargen gemacht werden. Die Kopalschmelze geht langsamer vonstatten.

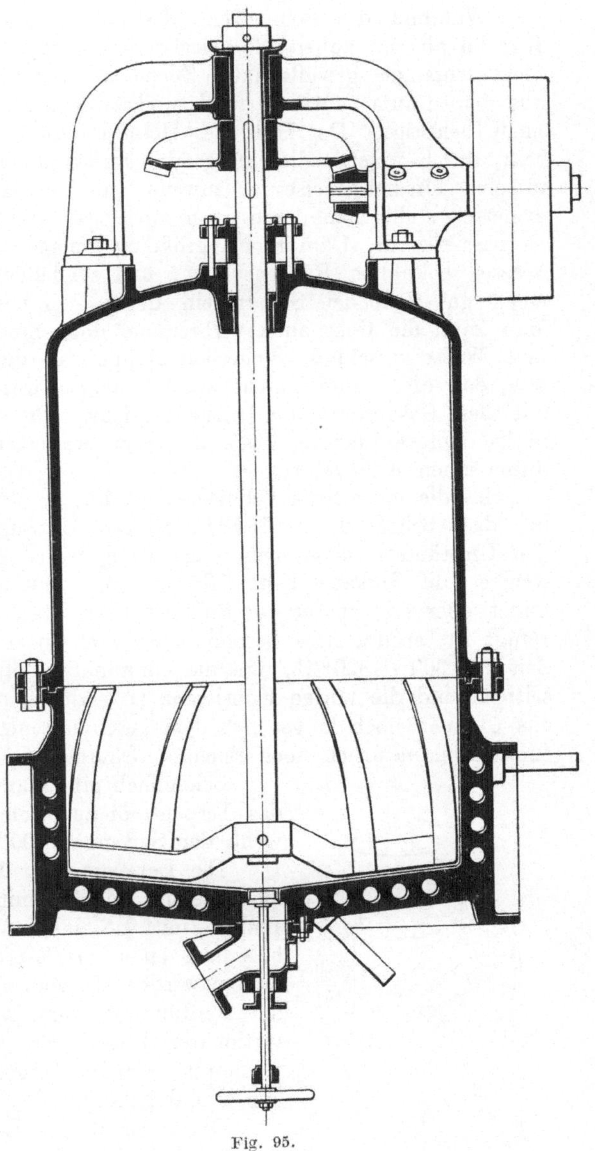

Fig. 95.

Die Apparate entbehren allerdings der Vorzüge des Aluminiums,

---

[1] Vgl. die Fußnote auf S. 521.

sie können aber emailliert und eventuell auch verkupfert werden. Man schmilzt in solchen Apparaten bis 1500 kg Harz auf einmal. Über die Konstruktion der Anlage siehe unter Firnis.

Während des Schmelzens destilliert mit Wasser und Gasen das Kopalöl ab, ein äußerst übelriechender Körper, mit dem man noch nicht viel anzufangen gewußt hat. Zuerst hat man Sorge zu tragen, daß er aus dem Raume entfernt wird, und zweitens, daß er die Nachbarschaft nicht belästigt. Der Hals des Helmes mündet zunächst in ein Blechrohr, durch welches die infolge der Luftkühlung kondensierten Dämpfe in eine luftdichte eiserne, zuweilen auch hölzerne Vorlage gelangen; eventuell stellt man deren auch zwei oder drei hintereinander auf. Von da passieren die Dämpfe bei größeren Anlagen noch ein künstlich mit Wasser gekühltes Röhrensystem, und schließlich gelangen die Gase in einen gut ziehenden Schornstein, der jedoch besser nicht beheizt wird. Man kann die Gase auch verbrennen, doch muß dann durch Drahtnetz- und Wasserverschluß, Sicherheitsklappen u. dgl. genügend vorgesehen sein, daß die Flamme nicht zurückschlägt. Ein großer Nutzeffekt wird mit der Gasverbrennung nicht erreicht. Die bei der Absaugeanlage nötige Luftverdünnung resp. Zugkraft erzeugt man zweckmäßigerweise durch einen Exhaustor.

Ist die eigentliche Schmelze beendet, so wird so schnell wie möglich das vorher auf ca. 100° C. erhitzte Öl zugefügt, welches je nach den Umständen schon mehr oder weniger dick gekocht und mehr oder weniger mit Sikkativ behandelt, also in Firnis verwandelt ist. Häufig findet aber erst später der Sikkativzusatz statt. Nachdem das Öl zugefügt ist, erhitzt man besonders bei sehr fetten Lacken nochmals kurze Zeit auf 300°—320° C., um die entstandene milchige Trübung zu beseitigen und die nötige Konsistenz zu erzielen, zuweilen verkocht man das Öl auch noch länger mit dem geschmolzenen Kopal. Auch hierbei entweichen natürlich noch reichlich Dämpfe.

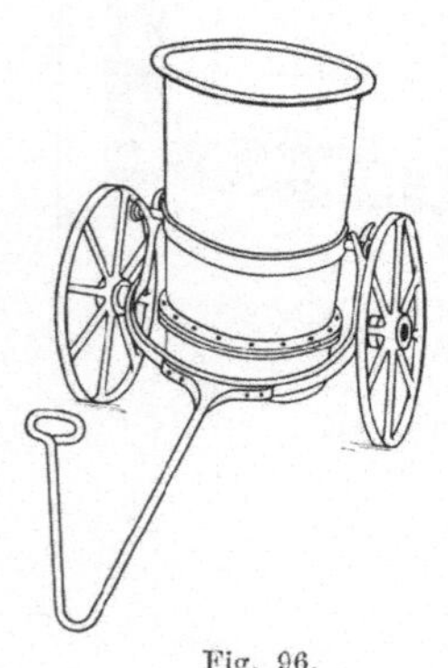

Fig. 96.

Schließlich gibt man nach kurzem Abkühlen das Terpentinöl zu, womit man schon beginnt, wenn der Sud noch 200° C. heiß ist.

Die Bewegung der Kessel findet, sofern es nicht kleine leichte, mit Tragstäben versehene sind, vermittelst eines auf Rädern ruhenden Hebels, also einer Art Wagen statt (Fig. 96). Mit diesem werden sie vom Feuer gehoben und nach der Verdünnung zum Kühlort befördert. Die stationären Kessel werden abgelassen oder ausgeschöpft, allenfalls auch mit Flaschenzug gehoben und gekippt.

Der noch warme Lack wird durch Filterpressen filtriert, wobei es auf die Qualität des Filterstoffes — meist Barchent — sehr ankommt, und gelangt, nachdem er mit Trockenstoff versehen worden ist, zum Ablagern.

Im allgemeinen verwendet man in der Lackindustrie keinen Firnis, sondern verleiht dem Leinöl resp. dem fertigen Lack durch flüssiges Sikkativ die nötige Trockenkraft. Man benutzt als flüssiges Sikkativ Terpentinöllösungen von leinölsaurem Blei, welche am hellsten, aber auch von geringstem Trockenvermögen sind, ferner solche von leinölsaurem Bleimangan, von harzsaurem Bleimangan und schließlich Mischungen von harzsauren und leinölsauren Verbindungen.

Man kann dem Lack aber auch dadurch die nötige Trockenkraft einverleiben, daß man ihn kalt oder lauwarm mit borsaurem Mangan und Bleiglätte andauernd, d. h. 6—10 Stunden innig verrührt und dann filtriert. Dieses Verfahren erfordert zwar eine besondere Apparatur, liefert aber sehr helle und gute Lacke. Andere Mineralsalze des Bleis und Mangans wie auch Manganoxydhydrat sind für diesen Zweck nicht verwendbar (vgl. M. Weger[1]).

Ähnlich wie bei der Darstellung der Kopallacke verfährt man, wenn künstliche Hartharze, d. h. harzsaure Salze oder Harzester, also die Verbindungen der Kolophoniumharzsäure mit Calcium, Zink, Magnesium, Barium oder Glycerin zur Verwendung kommen.

Man schmilzt das Kolophonium, bringt die Temperatur auf 250° C. und verrührt den Kalk usw. eventuell unter weiterer Temperatursteigerung — je nach der Menge des Erdalkalis, d. h. dem gewünschten Sättigungsgrad — bis das Schäumen aufhört und die Masse in ruhigem Fluß ist.[2] Dann setzt man Leinöl zu, verkocht und verdünnt schließlich mit Terpentinöl. Zink-, Magnesia- und Barytharze sind härter und spröder als Kalkharz, meistenteils aber stärker sauer, da die Salze erst bei höherer Temperatur schmelzen.

Man kann auch Harz- und Leinölgemisch zusammen erhitzen und dann neutralisieren.

Ein mit viel Kalk bereiteter Harzkalk hält sich sehr gut gegen Farben, aber weniger gut dauernd im Lack.

Harzester sind nicht absolut neutral, doch unter allen Umständen mit Farbe mischbar, auch werden sie mit Wasser nicht weiß. Sie haben etwas weniger Körper, daher verarbeitet man sie meist mit eingedicktem Öl. Übrigens verestert man auch Kopale.[3]

Die Kopalsurrogate, also die künstlichen Hartharze und Harzester, werden jetzt sehr viel angewandt, da auch in der Lackfabrikation die Devise „billig" mehr und mehr zur Geltung gekommen ist. Sie sind natürlich kein vollwertiger Ersatz für Kopale, doch lassen sich recht gute Lacke, die für viele Zwecke vollkommen ausreichend sind, mit ihnen herstellen.

Die Resinate unterscheiden sich von den Kopalen prinzipiell durch

---

[1] Weger, Zeitschr. f. angew. Chemie 1897. 10. 401.

[2] Vgl. das seinerzeit vernichtete D.R.P. Nr. 30000 von Zimmer (5. 3. 1884) und das in Abhängigkeit von diesem erteilte D.R.P. Nr. 39440 von Melvin (20. 4. 1886).

[3] Schaal, D.R.P. Nr. 80137 (1897 aufgehoben); das D.R.P. Nr. 75119, welches die Veresterung im Vakuum umfaßt, besteht noch zu Recht.

ihre Seifennatur, und darin liegt auch der Hauptgrund ihrer Minderwertigkeit. Der Charakter als Seife bedingt z. B. die relative Unbeständigkeit gegen Wasser. Aus diesem Grunde kann es daher auch nicht als Vorteil betrachtet werden, wenn Kopale, z. B. Manila, mit Erdalkalien neutralisiert werden; was auf der einen Seite an Mischbarkeit mit Farben gewonnen wird, geht auf der andern Seite verloren. Besser ist noch eine Veresterung mit Glycerin.

Einen erhöhten Wert haben die künstlichen Hartharze durch die Einführung des Holzöles gewonnen. Die Eigenschaften von Holzöl und Harz ergänzen sich so glücklich, daß Holzölharzkalklacke manchen Kopallacken kaum nachstehen.

Vielfach mischt und komponiert man fertige Lacke, und hierin besteht eine Kunst des Lackfabrikanten.

Von sehr großer Bedeutung ist das Lagern des Lackes. Qualitätsprodukte sollen mindestens eine einjährige Lagerzeit durchgemacht haben.

Der Gewichtsverlust, den die Kopale beim Schmelzen erleiden, schwankt gewöhnlich zwischen 15 und 30 $\%$, erreicht bei gewissen Sorten aber auch 40 $\%$. Überall sind Menge des Destillates und Zersetzungstemperatur etwas anders.

Durch diese destruktive Destillation wird die wichtigste Eigenschaft des Kopals, Härte und Widerstandsfähigkeit, ganz beträchtlich vermindert. Was nützen aber diese Eigenschaften, so lange sie nicht den Bedürfnissen der Verwendung angepaßt werden können. Und dies hat immer durch Lösen zu geschehen. Um die Kopale in eine technisch verwendbare Lösung zu bringen, ist es aber unbedingt nötig, sie zu schmelzen.

Man muß auch gestehen, daß die Kopalschmelze eine recht rohe und dabei doch sehr prekäre, d. h. großes Geschick erfordende und durch Materialverlust kostspielige Operation ist.

Es hat daher nicht an Versuchen gefehlt, sie zu umgehen. Bisher ist aber ein durchschlagender Erfolg, oder überhaupt ein technischer Erfolg kaum erzielt worden. Sobald man ein geeignetes flüchtiges Lösungsmittel finden würde, welches notabene auch den Zusatz der nötigen Leinölmenge vertragen müßte, ohne daß sich der Kopal wieder abscheidet, wäre die Sachlage eine ganz andere, und eine totale Umwälzung der Lackindustrie würde die Folge sein. Denn eine direkte Lösung würde voraussichtlich widerstandsfähigere Lacke geben, würde die beträchtlichen Verluste vermeiden, an Feuerkosten sparen, geringeres Risiko erfordern, die Feuersgefahr mindern und hellere Produkte geben.

Es dürfte aber sehr schwer halten, dieses Problem zu lösen.

Man hat eine Zeitlang ernsthafte Versuche mit Epichlorhydrin und Dichlorhydrin gemacht. Tixier nahm ein Patent (D. R. P. Nr. 160791) auf die Verwendung von Terpineol. Terisse will in Naphthalin unter Druck lösen (D. R. P. Nr. 165 008). Tedesco will die Schmelze in Gegenwart einer gewissen Menge nicht kondensierten Terebenthens (Kopalöl) vornehmen, und dadurch die Depolymerisation bei niedrigerer Temperatur erreichen und weniger gefärbte Produkte erzielen (D. R. P. Nr. 138 270).

Nach Winkelmann soll durch Stearinsäure oder Palmitinsäure die Löslichkeit in Leinöl vermittelt werden (D. R. P. Nr. 129677 und 145388). Aber all diese Vorschläge haben starke Schattenseiten und haben sich kaum in die Praxis eingeführt. Auch der wiederholt verfolgte, übrigens schon sehr alte Gedanke, die Destillation durch eine Druckerhitzung zu ersetzen (Violette[1] 1866), darf nicht als glücklich bezeichnet werden. So ist man nach wie vor auf die Schmelze angewiesen.

Über die Eigenschaften des in der Lackfabrikation zu verwendenden Leinöls wurde schon oben gesprochen. Das Lackleinöl muß von bester Qualität und vor allen Dingen schleimfrei sein. Sofern der Lackfabrikant das Öl nicht schon in dieser Beschaffenheit kauft, hat er es selbst zu entschleimen.

Früher bewirkte man dies durch sehr langes Lagern des Öles, welches einmal auf 130^0 C. vorgewärmt worden war. Das ist das beste, aber auch teuerste Verfahren. Jetzt schlägt man kürzere Wege ein. Man behandelt z. B. das rohe Leinöl mit $0\cdot2\,^0/_0$ konzentrierter Salzsäure — auch Schwefelsäure wird verwendet —, oder man verrührt es eine halbe Stunde mit $^1/_2$ bis $2\,^0/_0$ gepulvertem Ätzkalk, oder man erhitzt das Leinöl rasch auf höhere Temperaturen. Aber auch durch starkes Abkühlen soll der Schleim abgeschieden werden. Niegemann[2] entschleimt das Öl durch Abkühlen auf -20^0 C.; dann wird durch vorsichtiges Erwärmen bis auf höchstens 0^0 C. gebracht und bei dieser Temperatur filtriert. Stearinsäureglyceride werden dabei nicht entfernt. Das Verfahren dürfte jedoch viel zu kostspielig sein.

Vielfach genügt eine richtige Behandlung mit Bleicherde (Magnesium-Aluminiumhydrosilicat), wie sie von allen Seiten in den Handel gebracht wird. Diese wirkt gleichzeitig bleichend. Auch mit Birkenholzkohle bleicht man. Wo es nicht auf den Preis ankommt, läßt man in flachen Glasgefäßen an der Sonne bleichen.

Die Menge des Öles, die man dem geschmolzenen Kopal zusetzt, ist sehr verschieden. Auf harte Kopale kann man mehr Öl nehmen, als auf weiche. Die fettesten Lacke, Kutschenlacke, aus den besten, härtesten Kopalen enthalten prozentisch mehr Öl als Kopal; je fetter ein Lack ist, desto elastischer und widerstandsfähiger gegen die Atmosphärilien ist er, und die Kutschenlacke müssen Regen und Sonnenschein, Hitze und Kälte aushalten. Fußbodenlacke und Schleiflacke sind mager und enthalten weniger Öl als Kopal.

Konsistente Öle, Standöl, Dicköl, bereitet man durch Einkochen von Leinöl meist über freiem Feuer, in fahrbaren Kesseln oder besser in eingemauerten, eisernen, emaillierten oder kupfernen Kesseln, die mit breitem Überlaufstutzen versehen sind. Zweckmäßig ist der Rost fahrbar, damit der Heizer rasch das Feuer entfernen kann. Hier muß die Temperatur genau beobachtet werden. Man kocht bei 295^0 bis höchstens 350^0 C.

---

[1] Violette, Jahresberichte 1866. 626. — Compt. rend. 63. 461.
[2] D. R. P. Nr. 163056.

Außer Leinöl hat in den letzten zehn Jahren das chinesische Holzöl (von Eläococca vernicia) eine recht bedeutende Anwendung gefunden. Bereits 1881 war aber an A. B. Rodyk das D.R.P. Nr. 18308 auf einen Schutzanstrich aus dem Saft des chinesischen Ölfirnisbaums erteilt worden. Das Holzöl besitzt ganz vorzügliche Eigenschaften. Es trocknet außerordentlich rasch, hart und, wenn es geeignet präpariert ist, hochglänzend. Dem stehen allerdings auch sehr unangenehme Eigentümlichkeiten gegenüber; es bildet bei 250° C. eine fast unlösliche Gallerte, trocknet unter Umständen matt und hat einen unangenehmen Geruch. Gegen Gallertbildung und Mattrocknen kann man sich schützen durch Verschnitt mit Leinöl oder Harzpräparaten oder geeignete Verarbeitungsweise; gegen den Geruch hat man aber noch keine Abhilfe gefunden.

Aus der Eigenschaft, bei über 250° C. liegenden Temperaturen zu gerinnen, geht hervor, daß es nicht wie Leinöl ohne weiteres mit Kopalen zu verarbeiten ist. Überhaupt liegt die Verwertung des Holzöls, wie schon gesagt, besonders auf dem Gebiete der billigen Lacke.

R. Linoleum.[1]

Von E. Baderle.

Die Fabrikation des Linoleums ist verhältnismäßig jüngeren Datums, denn erst um die Mitte des vorigen Jahrhunderts entstand die erste Linoleumfabrik und zwar in England. Als Vorläufer dieses als Fußbodenbelag vortrefflichen Materiales wäre das Kamptulikon zu nennen, ein wesentlich aus Kautschuk und Kork bestehendes Produkt, auf dessen Herstellung der Engländer Galloway im Jahre 1844 ein Patent nahm. Das Linoleum verdankt seine Entstehung dem Bestreben, den bei der Fabrikation des Kamptulikons zur Verwendung gelangenden teueren Kautschuk durch einen billigeren Rohstoff zu ersetzen. Es glückte dem Engländer Frederik Walton, dieses Problem zu lösen, indem er statt des Kautschuks Leinöl verwendete. Im Jahre 1860 ließ er sich Verbesserungen in der Firnisfabrikation und Verfahren zur Verarbeitung der erhaltenen Produkte patentieren und schuf damit die Grundlagen für die heutige Linoleumindustrie. Das in seinen Patenten zum Ausdruck gebrachte Bestreben Waltons zielte dahin, das Leinöl durch einen beschleunigten Oxydationsprozeß zu einer unter gewöhnlichen Umständen sonst nur langsam entstehenden zähen, kautschukartigen Masse umzuwandeln. In zwei weiteren Patenten aus dem Jahre 1863 läßt sich Walton ein Verfahren schützen, das den Zweck hat, durch Vermischen des oxydierten Leinöles mit Korkmehl und Harzen, Auftragen dieser Masse auf ein mit Farblack grundiertes Gewebe und Verschönerung der Schaufläche durch Bemalen, Bedrucken oder Prägen einen als Fußbodenbelag wertvollen Stoff zu erzeugen.

---

[1] Hugo Fischer, Fabrikation des Linoleums, Leipzig 1888. — W. Reid, Journ. Soc. Chem. Ind. 1896. 15. 75. — Harry Ingle, Journ. Soc. Chem. Ind. 1904. 23. 1197.

Auf weitere Verbesserungen insbesondere auf das von Parnacott erfundene, wesentlich beschleunigte Oxydationsverfahren, das heute als Taylorprozeß bezeichnet wird, wird noch zurückzukommen sein. Schließlich sei erwähnt, daß Walton sein Produkt gleichfalls Kamptulikon nannte und erst einige Jahre später hierfür der Name Linoleum üblich wurde.

Die Rohstoffe für die Fabrikation des Linoleums sind Kork, Leinöl, Harze und verschiedene Füllstoffe mineralischer Natur.

1. **Der Kork** wird für Zwecke der Linoleumerzeugung nur in Form von Abfällen verwendet, die entweder bei der Herstellung der Flaschenkorke aus der Korkrinde der Korkeiche entstehen, oder jenen Partien der Korkrinde entstammen, die für die Korkfabrikation ungeeignet sind. Die Verarbeitung des Korkes in eine für die Linoleumindustrie geeignete Form erfolgt in drei Operationen:

a) Die Befreiung der Korkmasse von allen mechanischen Verunreinigungen, wie Steine, Metallteilchen usw., was durch Sieben geschieht.

b) Die Vorzerkleinerung oder Schrotung, wobei unter Verwendung von Metallwalzen oder Scheiben, die mit Schneidezähnen besetzt sind, die ursprünglich ca. 10 cm großen Korkabfälle auf ca. 0,2 cm Länge zerkleinert werden.

c) Die Feinmahlung auf horizontalen Flachsteinmühlen, wobei das feine Korkmehl resultiert.

Für helle Linoleumsorten wäre ein farbloses Korkmaterial erwünscht, aber alle darauf hinzielenden Versuche, durch einen einfachen Bleichprozeß die färbenden Bestandteile der Korksubstanz zu zerstören, ohne die wertvollen Eigenschaften des Korkes, wie z. B. dessen Elastizität, zu beeinträchtigen, sind von einem wirklichen Erfolge nicht begleitet worden.

2. **Das Leinöl.** Unter den für die Linoleumindustrie in Betracht kommenden Ölen hat sich das Leinöl am besten bewährt. Zur Verarbeitung werden nur gute Sorten empfohlen, die durch Absetzenlassen von Schleimstoffen und eventuell durch Behandlung mit wasserentziehenden Mitteln von Wasser befreit werden. Um das Leinöl in eine für die Erzeugung des Linoleums geeignete Form zu bringen, wird es einem Oxydationsprozeß unterworfen, wobei es in eine mehr oder weniger elastische Substanz übergeht, die als Linoxyn bezeichnet wird. Über den Chemismus dieses Prozesses s. S. 500.

Schon vor Walton wurde von Fraggart 1851 der Vorschlag gemacht, diesen Oxydationsprozeß durch Einleiten von Sauerstoff zu beschleunigen, und 1862 schlug Glass für den gleichen Zweck vor, Sauerstoff oder Luft in das erhitzte Öl zu leiten. Es gelang aber erst Walton und später Parnacott die Oxydation des Leinöles in einer für die Linoleumindustrie rationellen Form technisch durchzuführen.

Das Waltonsche Oxydationsverfahren, dem die englischen Patente aus den Jahren 1860 und 1872 zugrunde liegen, umfaßt zwei Phasen. Nach den Angaben Fischers in dem oben zitierten Werke wird das mit sikkativartig wirkenden Mitteln gemischte Leinöl unter beständigem

Rühren in einem offenen Kessel über freiem Feuer gekocht. Hierauf wird das erhitzte Öl mittels einer Kettenpumpe in einen Trog gehoben, von welchem es einer Rinne zufließt, die sich an der Wand einer geräumigen mit Glas abgedeckten Kammer hinzieht. Vor dem Ausguß dieser Rinne sind Schaufelräder gelagert, auf welche sich das erhitzte Öl in dünnem, breitem Strome ergießt. Die mit etwa 600 Umdrehungen pro Minute laufenden Räder zerteilen hierbei das Öl zu feinen Tropfen und schleudern diese in den Kammerraum, in welchem sie zu Boden sinken. Diesem Ölregen wird mit Hilfe eines Ventilators ein Luftstrom entgegengetrieben, der den Oxydationsraum durch Wandöffnungen wieder verläßt. Diese Austrittsöffnungen können durch Klappen ganz oder teilweise geschlossen werden, wodurch die Stärke und Richtung des Luftstromes geregelt werden kann. Das Mitreißen des Ölstaubes wird durch Gazevorhänge verhindert. Das am Boden des Oxydationsraumes angesammelte Öl fließt durch ein Rohr wieder dem Ölkocher zu, um eine neuerliche Oxydation durchzumachen.

Die zweite Phase des Waltonschen Verfahrens hat die Umwandlung dieses voroxydierten Leinöles in Linoxyn zum Zwecke. Auch hierfür hat Walton mehrfache Modifikationen vorgeschlagen, deren Prinzip jedoch immer gleichartig ist: Es wird das voroxydierte Leinöl auf ausgebreiteten Geweben verteilt und in dieser Verteilung der Einwirkung warmer Luft ausgesetzt.

Das voroxydierte Öl gelangt in würfelförmige Tröge von ca. 1 m Seitenlänge. In diese Tröge passen Rahmengestelle von gleicher Höhe, welche aus vier senkrechten Säulen bestehen, die durch horizontale und diagonale Streben miteinander verbunden sind. An den Außenseiten je zweier eine Rahmenwand begrenzenden Säulen sind in geringen Abständen horizontal liegende Eisenstäbe eingelegt, die zur Aufnahme des Gewebes dienen. Ist das Rahmengestell mit den durch die Eisenstäbe getrennt gehaltenen Gewebeeinlagen versehen, so wird es in den mit Öl gefüllten Trog eingehängt. Die Gewebepartien saugen eine gewisse Ölmenge auf, worauf das Gestell aus dem Trog gehoben und über demselben aufgehängt wird. Das überschüssige Öl tropft in den Trog zurück, während die am Gewebe haftende Ölschichte in einem die Trogkammer durchfließenden Luftstrome zu einer nicht mehr klebenden Linoxynschichte eintrocknet. Durch oftmalige Wiederholung dieses Prozesses kann in einem Zeitraume von einigen Wochen eine 3—4 mm starke Linoxynschichte erhalten werden.

Es sind natürlich mehrere derartige Öltröge samt den hierzu gehörenden Gestellrahmen vorhanden. Letztere sind an einer gemeinsamen etwa 1·5 m über den Trögen hinlaufenden Welle mittels Ketten und Kettentrommeln angehängt, so daß bei der Drehung der Welle sämtliche Rahmen gleichzeitig gehoben oder gesenkt werden können. Während bei diesem Verfahren das Gewebe in das Öl eintaucht, wird bei einer andern Anordnung, die gleichfalls von Walton herrührt, das Öl auf das Gewebe ausgegossen, die anhaftende Ölschichte wird zu Linoxyn umgebildet, worauf ein neuer Überguß von voroxydiertem Leinöl erfolgt. Dieser Prozeß wird so lange fortgeführt, bis das Gewebe beiderseitig von einer Linoxynschichte von ca. 10 mm Dicke bedeckt ist. Die Linoxynplatten werden hierauf zusammengerollt, wobei ein Aneinanderhaften der zusammengerollten Schichten durch Einstreuen von Schlemmkreide verhindert wird. Um das Linoxyn von dem Gewebe zu trennen, verwendet man nach Walton ein mit Dampf geheiztes Walzenpaar. Die Linoxynschichte wird zunächst an der Schmalseite auf 10 cm Länge abgelöst und das losgelöste Gewebestück zwischen die umlaufenden, enggestellten Walzen eingeführt. Durch die verursachte Pressung wird der Überzug auf dem Gewebe zurückgeschoben, während das Gewebe die Walzen passiert und neuerlich in Verwendung genommen werden kann. Schwache Gewebe werden nur einmal benutzt und dann bei der Zerkleinerung der Linoxynmasse zerstört.

Wie aus dem oben Gesagten ersichtlich ist, beansprucht die Linoxynbildung nach Walton einen verhältnismäßig großen Zeitaufwand. Diesen zu verringern, war das Bemühen vieler Industrieller, und es gelang schließlich dem Ingenieur William Parnacott in Leeds im Jahre 1871 ein wesentlich beschleunigtes Verfahren in technisch einwandfreier Weise auszuarbeiten. Dieses Verfahren wurde von dem Fabrikanten Taylor erworben und heißt jetzt kurzweg „Taylorprozeß“. Hier wird die Oxydation durch einen heißen Luftstrom bewirkt, der unter Druck in das heiße Öl getrieben wird. Wie aus der Abbildung (Fig. 97), die der Fischerschen Abhandlung entnommen ist,

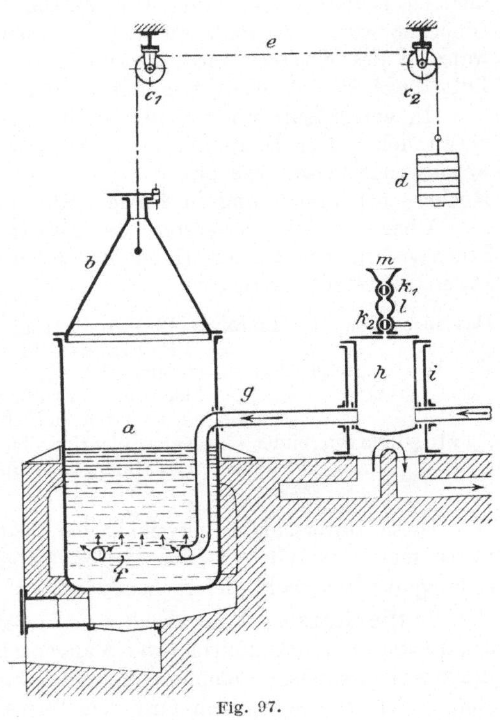

Fig. 97.

ersichtlich, besteht die Einrichtung aus dem Ölkocher a, der von einer kegelförmigen Haube b bedeckt ist. Letztere ist behufs leichteren Abhebens an einer über die Leitrollen $c_1 c_2$ geführten und das Gegengewicht d tragenden Kette e aufgehängt. Im Scheitel der Haube ist eine Öffnung vorgesehen, die durch eine Schiebervorrichtung reguliert werden kann.

Der Kochkessel erhält im Innern ein ringförmig gebogenes Rohr f, das bei g die Kesselwand durchsetzt und sich an die Luftleitung anschließt. Dieses Rohrstück f ist siebartig gelocht, wodurch die eingepreßte Luft in feinen, zahlreichen Strömen in den Kochkessel eintritt. Ferner ist zwischen Gebläse und Kocher noch ein kleiner Apparat behufs Zufuhr von pulverförmigen, sikkativartig wirkenden Mitteln eingeschaltet. Dieser Kessel h hängt in einem Luftbade, das durch die Abhitze des Ölkochers erwärmt wird. Der Deckel dieses Kessels trägt in einem vertikalen Rohre zwei Hähne k_1, k_2, zwischen welche ein kugelförmiger Behälter l eingesetzt ist. Die Zufuhr der Oxydationsmittel erfolgt derart, daß die über dem obersten Hahne aufgesetzte Schale mit dem entsprechenden Oxydationsmittel gefüllt und dieses durch Öffnung des Hahnes k_1 in den Behälter l herabgelassen wird. Wird k_1 geschlossen, k_2 geöffnet, so sinkt das Pulver in den vom Gebläse kommenden Luftstrom und wird von diesem dem Ölbade zugeführt. Der Ölkocher wird mit dem zu oxydierenden Öle zum Teil gefüllt und während des Kochens wird die mit dem Sikkativpulver geschwängerte Luft durch den Rohrteil f in feinen Strahlen in das Öl getrieben.

In einem Zeitraum von 15—18 Stunden wird das Leinöl in Linoxyn verwandelt. Der Endpunkt des Prozesses wird durch plötzliches Zähewerden der Masse erkennbar, worauf das noch heiße Produkt dem Kocher entnommen und in flachen Kühlschiffen ausgekühlt wird.

Über die Eigenschaften des Waltonschen und Taylorschen Linoxyns mögen an der Hand der Fischerschen Monographe einige Daten mitgeteilt werden.

Das spez. Gew. des Linoxyns Walton beträgt bei . . . . 17° C. 1·1013
„ „ „ „ „ Parnacott-Taylor beträgt bei . 17° C. 1·0074
Das Waltonsche Linoxyn ist nicht klebrig.
„ „ „ bleibt beim Erhitzen trocken.
Geruch schwach süßlich.
Taylor-Linoxyn bildet eine zähe, klebrige Masse.
„ „ wird beim Erwärmen dünnflüssiger, der Geruch ist schwach sauer.

Diese Unterschiede physikalischer Natur können wohl nicht als feststehend angesehen werden. Die Unterschiede in chemischer Beziehung dürften wohl tiefergehende sein.

3. **Die Harze.** Dem erhaltenen Linoxyn werden behufs rascheren Austrocknens Trockenmittel, wie Mangansalze, Bleisalze und Harzsubstanzen, unter denen Kolophonium und Kaurigummi am meisten Verwendung finden, zugesetzt, doch wird auch Terpentinöl und eingedicktes Leinöl dem Linoxyn beigemischt. Man erhält dann eine unter dem Namen Linoleumzement bekannte Masse.

4. **Als Farbstoffe** werden fast nur Mineralfarben verwendet, wie Englischrot, Ocker usw.

Zur Herstellung der Linoleummasse werden nun Linoxyn, Korkmehl und Harzsubstanzen vereinigt. Die Vorschriften hierfür sind außerordentlich mannigfaltig.

Nach Waltons Angaben aus dem Jahre 1863 werden

100 Gewichtsteile oxyd. Leinöl
37 „ Kolophonium
12·5 „ Kauri

in einer mit Dampf geheizten Pfanne unter Zusatz eines geeigneten Färbemittels gemischt, die Masse in Formen zu dicken Kuchen gegossen und diese auf einer Mischmaschine mit dem gleichen Gewicht an Korkmehl innnig gemengt.

Eine spätere Vorschrift Waltons besagt, daß

100 Teile oxydiertes Leinöl
24 „ eingedicktes „ oder Terpentin
32 „ Kolophonium
10 „ Kauri

gemischt und auf

100 Teile dieser plastischen Mischung,
60 „ Korkmehl und
30 „ Holzfaser

zugefügt werden.

Der Zusatz des eingedickten Öles und des Terpentinöles soll nach Walton die Bildsamkeit der Masse erhöhen und die Brüchigkeit vermindern.

Taylor empfiehlt in seinem Patente vom Jahre 1876 die Mischung gleicher Teile von Baumwollsamenölpech und nach Parnacott oxydiertem Leinöl nebst geringen Mengen an Trockenmittel sowie Kolophonium und Kauri. Diese Masse wird dann mit der gleichen Menge Korkmehl znsammengeknetet.

Die Vermischung des Linoxyns mit den oben angeführten Substanzen wird in einem doppelwandigen, mit Rührwerk versehenen und mit Dampf geheizten Zylinder durchgeführt. Das durchgemischte Material wird durch einen Kanal entfernt und gelangt in einen gleichfalls mit Dampf geheizten, doppelwandigen Zylinder, in welchem nun die Vereinigung der Linoxynharzmasse (des Zementes) mit dem Korkmehl erfolgt. Im Innern dieses Zylinders sind zwei Messerreihen einander diametral entgegengestellt, die in seitlich an den Zylinder angeordneten Kasten befestigt sind. Eine achteckige Welle im Zylinder trägt gleichfalls eine Schar doppelschneidiger Messer. Bei der Drehung der Welle streichen die Messer derselben zwischen den vorerwähnten feststehenden Messerklingen hindurch und bilden mit diesen eine große Zahl scherenartiger Werkzeuge, welche die Zerkleinerung, Mischung und Verschiebung der m Zylinder befindlichen Masse bewirken.

Ist auf diese Weise die Herstellung der Linoleummasse erfolgt, so erübrigt noch das Auftragen dieser Mischung auf das Grundgewebe. Dies erfolgt ohne Zusatz eines Bindemittels, da die Masse bei 140° C. eine derartige Bildsamkeit und Klebrigkeit erlangt, daß sie bei Anwendung entsprechenden Druckes fest auf dem Gewebe haften bleibt. Zum Schutze des Grundgewebes vor Feuchtigkeit wird dasselbe mit einem Farblack überzogen, eine Operation, die vor oder nach dem Auftragen der Linoleummasse erfolgen kann.

Die Linoleumdeckmasse verläßt die oben beschriebene Mischmaschine und wird mittels rasch umlaufender Stachelwalzen zu einem grobkörnigen Pulver umgewandelt. Um die Verbindung der Linoleummasse mit dem Grundgewebe herbeizuführen, werden hohlgegossene, mit Dampf geheizte Pressen verwendet. Die Linoleumdeckmasse wird mittels eines endlosen Tuches einem Kasten zugeführt, dessen Boden ein wanderndes dichtes Metalltuch bildet, das über zwei Walzen geleitet wird. Ein zweites Walzenpaar dient zur Leitung eines zweiten endlosen Tuches. Beide Tücher umschließen die geheizten Preßplatten, von denen die tieferliegende fest ist, die höherstehende gehoben und gesenkt werden kann. Während jeder Hebung findet durch Vermittlung einer Exzenterstange die Fortrückung der Transporttücher und dadurch auch eine Zuführung der in dem Kasten befindlichen Linoleummasse zwischen die Preßplatten statt, welche die Masse zu einer gleichmäßig dicken Platte verdichten, deren Breite gleich jener des zu bedeckenden Grundgewebes ist. Diese Linoleumplatte wird nun mit dem von einem Wickel kommenden Gewebe zwischen zwei heiße Walzen geleitet, deren Distanz entsprechend eingestellt ist, und die durch die ausgeübte Druckwirkung eine innige Vereinigung der Masse mit dem Grundgewebe bewirken. Um die Oberfläche der fertigen Linoleumplatte nochmals zu glätten, wird diese noch zwischen zwei genau auf die Musterstücke eingestellte und durch Kühlwasser gekühlte Walzen geleitet, um schließlich zu einer Rolle aufgewickelt zu werden. Diese Operation bietet auch noch die Gewähr, daß die einzelnen Lagen des so abgekühlten Linoleums beim Aufwickeln nicht aneinander haften.

In der fertigen, frischen Linoleumprobe sind die Festigkeit und die Elastizität noch nicht normal, weiter entwickelt das frische Linoleum einen stechenden unangenehmen Geruch. Aus diesen Gründen kann eine sofortige Verwendung der Ware nicht stattfinden, sie muß vielmehr noch den Prozeß des Trocknens durchmachen, der wesentlich die Beendigung der Oxydation bezweckt.

Mit der Abnahme des Geruches findet hierbei eine Steigerung der Festigkeit und Elastizität des Fabrikates statt, gleichzeitig ist eine Gewichtsvermehrung, bedingt durch die Sauerstoffaufnahme, wahrnehmbar.

Die Trocknung erfolgt in gemauerten hohen Trockenhäusern, die durch Luft oder Dampfheizung erwärmt werden. Das Linoleum wird in zahlreichen Falten über Stäben hängend angeordnet, so daß die Luftströmung an den senkrechten Flächen entlang zieht. Nach Beendigung des Trockenprozesses wird das Linoleum mittels zweier Transportwalzen aus dem Trockenhause entfernt und aufgewickelt. Es kommt ein- oder mehrfarbig in den Handel. Das gewöhnliche Linoleum besitzt eine einfarbige Schaufläche, die durch Beimischung von Erdfarben zu der Linoxynkorkmischung erhalten wird.

Die Herstellung des Linoleumgranites geschieht nach einem von Walton angegebenen Verfahren derart, daß verschieden gefärbte Linoleumdeckmasse zu unregelmäßigen Stücken zerteilt wird und diese, ähnlich wie bereits beschrieben, direkt auf das Grundgewebe aufgetragen werden.

Unter dem Namen „Lincrusta Walton" versteht man tapetenartige Wandbekleidungen, die als Rückendeckung eine Papierlage erhalten, welche mittels eines aus Linoxyn und Harz bestehenden Kittes auf dem Gewebe befestigt wird. Die Schaufläche des Fabrikates wird dann mit Prägmustern geschmückt.

Ein gleichfalls dem Linoleum einigermaßen ähnliches Wandbekleidungsmaterial, welches an Stelle des Korkpulvers im wesentlichen Holzmehl als Füllmaterial enthält, wird gleichfalls unter dem Namen Lincrusta in den Handel gebracht.

Die im Laufe der Zeit vorgeschlagenen und zum Teil durchgeführten Modifikationen in der Fabrikation des Linoleums können hier nicht besprochen werden. Erwähnt sei nur das Patent von Hertkorn[1]), wonach die Oxydation des Leinöles erst nach erfolgter Mischung mit auflockernder Füllmasse (Kork, Holzmehl usw.) mit Hilfe von heißer Luft vorgenommen wird. Hertkorn erwähnt auch den Zusatz von Erdalkalisalzen und Erdalkaliseifen, welche die Erhitzung bei der Oxydation herabmindern und dem Linoleum eine samtartige Glätte erteilen sollen.

Ferner ein Patent Hertkorns[2]), wonach zur Herstellung von Linoleum die Fettsäuren trocknender Öle in Mischung mit chinesischem Holzöl, Leinöl oder Baumwollsaatöl entsprechend verwendet werden. Als zweckmäßigstes Mischungsverhältnis führt Hertkorn an:

> 70 Teile Leinölfettsäuren,
> 20   „   chinesisches Holzöl,
> 10   „   Leinöl,
> 5—20   „   Trockenstoffe und Härtemittel.

Über chemische Wertbestimmungsmethoden des Linoleums liegt nur äußerst dürftiges Material vor. Pinette[3]) hat einige Untersuchungsresultate veröffentlicht, die jedoch nicht hinreichende Anhaltspunkte über die Zusammensetzung der Proben geben. Eine wesentlich ausführlichere Arbeit liegt von Ingle[4]) vor, der ausgehend von dem Verhalten der Korksubstanz gegenüber verschiedenen Reagenzien, eine tabellarische Übersicht über Ätherextrakt, Asche und Feuchtigkeitsgehalt zahlreicher Linoleumproben mitteilt. Ebenso wird das Verhalten gegenüber mechanischen Einwirkungen einer Erörterung unterzogen.

Es ist klar, daß Ätherextrakt, Asche und Feuchtigkeit nur wenige Anhaltspunkte bieten können, um ein Bild der Zusammensetzung des Linoleums zu erlangen.

Als wertbildender Bestandteil des Linoleums ist in erster Linie das oxydierte Leinöl, das Linoxyn, anzusehen, welches in Verbindung mit der verhältnismäßig geringen Menge an Trockenmitteln und Harzsubstanzen den „Linoleumzement" darstellt. Je größer, unter sonst gleichen Umständen, die Menge des Linoxyns resp. des Linoleumzementes ist, desto

---

[1]) D.R.P. Nr. 10017 vom 21. Mai 1897.
[2]) D.R.P. Nr. 101838 vom 1. Febr. 1898.
[3]) Chem. Zeitg. 1892. 16. 282.
[4]) Journ. Soc. Chem. Ind. 1904. 23. 1197.

besser qualifiziert wird die Linoleumprobe sein. Hierbei ist jedoch zu berücksichtigen, daß, wie bereits früher erwähnt, im fertigen Linoleum eine Nachoxydation stattfindet und diese bei dem nach Parnacott-Taylor erzeugten Linoleum intensiver ist als beim Waltonschen Linoleum.

Technisches Linoxyn kann nicht als absolut unlöslich angesehen werden. Wie Ulzer und Baderle durch Versuche ermittelt haben, löst es sich in der Wärme in Nitrobenzol und Anilin, ferner unter Druck in Benzol. Allerdings tritt beim Erhitzen in Nitrobenzol eine weit gehende chemische Veränderung des Linoxyns auf, es konnte dagegen eine solche Einwirkung bei Behandlung mit Benzol unter Druck nicht beobachtet werden.

Da für die Analyse des Linoleums das Verhalten der Korksubstanz gegenüber diesen Reagentien von entscheidender Bedeutung war, wurde ein in einer Linoleumfabrik verwendetes Korkpulver, dessen Feuchtigkeitsgehalt $4.37\,^0/_0$ und dessen Aschengehalt $2.51\,^0/_0$ betrug, gegenüber den obenerwähnten Reagentien geprüft. Ingle konstatierte bei Korkpulver eine Ätherlöslichkeit von $4.5\,^0/_0$. Ulzer und Baderle haben in dem oben charakterisierten Korkpulver folgende Löslichkeitsverhältnisse beobachtet: Wurde dieses Korkmehl am Rückflußkühler mit Nitrobenzol 30 Minuten lang gekocht, so gingen $11.74\,^0/_0$ Korksubstanz unter Zersetzung in Lösung, bei 10 Minuten Kochdauer $7.12\,^0/_0$. Wurde dasselbe Korkpulver mit Benzol im zugeschmolzenen Rohre 1 Stunde auf 150^0 C. erhitzt, so gingen $4.06\,^0/_0$ der Korksubstanz in Lösung. Versuche mit längerer Einwirkungsdauer bis zu 2 Stunden ergaben nur unwesentlich differierende Resultate. Eine nennenswerte chemische Einwirkung findet daher unter diesen Umständen nicht statt.

Eine Zerlegung in die die Linoleummasse zusammensetzenden Komponenten war, mit Rücksicht auf die Natur der Korksubstanz, auf dem Wege einer Verseifung nicht erreichbar, da das zur Verfügung gestellte Korkpulver eine Verseifungszahl von 238.5 zeigte und beim Ansäuern der Seife Säuren abgeschieden wurden. Es konnte somit für diesen Zweck nur die Kenntnis der Löslichkeitsverhältnisse von Kork und Linoxyn richtunggebend sein. Bei den Versuchen über die Löslichkeitsverhältnisse eines für die Linoleumindustrie verwendeten Linoxyns konnte eine tiefgehende Veränderung desselben durch Nitrobenzol beobachtet werden. Hierzu gesellte sich noch die wesentlich höhere Löslichkeit der Korksubstanz in Nitrobenzol und die Unannehmlichkeit des analytischen Arbeitens mit Nitrobenzol. Gleiche Gründe führten auch zur Ablehnung des Anilins.

Linoxyn löst sich im offenen Gefäße in Benzol beim Erwärmen nur zum geringen Teil. Versuche, die in Erwägung der praktischen Erleichterung im Druckfläschchen durchgeführt wurden, ergaben nicht befriedigende Resultate. Es verblieb demnach das bereits angedeutete Druckverfahren, wonach die Substanz im zugeschmolzenen Rohre mit Benzol auf 150^0 C. erhitzt wurde. Dieser „Benzolmethode" haftet nun der allerdings durch Korrektur teilweise ausgleichbare Fehler der 4 prozentigen Korklöslichkeit an. Solange jedoch ein anderes gegen Kork völlig indifferentes und Linoxyn quantitativ lösendes Reagens nicht gefunden wird, kann die Benzolmethode wohl als ein für die technische Untersuchung von Linoleumproben brauchbares Verfahren bezeichnet werden.

Die Untersuchung wird in folgender Weise durchgeführt: 2 g der feingeschabten Linoleumprobe werden mit 25 ccm Benzol im zugeschmolzenen Rohre durch 1 Stunde im Bombenofen auf 150° C. erhitzt. Nach dem Abkühlen wird der Inhalt des Rohres in ein Becherglas gebracht und das Rohr mit Benzol quantitativ ausgespült. Der Becherglasinhalt wird auf ein getrocknetes, gewogenes Filter gebracht, dieses einige Male mit Benzol gewaschen und hierauf werden Rückstand samt Filter bei 110° C. bis zur Gewichtskonstanz getrocknet. Der Rückstand, der aus Kork und Mineralstoffen besteht, wird verascht und die Asche gewogen. Die Differenz ergibt die aschefreie Korksubstanz. Das Benzolfiltrat wird aus einem gewogenen Kölbchen im Wasserbade abdestilliert und der Benzolextrakt im Kohlensäurestrom bis zur Gewichtskonstanz getrocknet.

Nachstehend einige Resultate dieses Verfahrens, an dessen Vervollkommnung weiter gearbeitet wird:

Bezeichnung	Feuchtigkeit %	Mineralstoffe + Korkasche %	Aschefreie Korksubstanz %	Linoleumzement: Linoxyn + nicht oxyd. Leinöl + Harz + gelöste Korksubstanz %
Englisch . . . . {	2·81	16·13	60·87 61·89	20·19 19·17
Deutsch 275 . . . . {	2·80 2·80	20·23 20·39	51·35 53·04	25·62 *24·00
„	2·47	18·38	55·18	23·97
1336 . . . . {	2·44 2·44	19·26 19·36	52·21 54·00	26·09 *24·00
Walton braun . . .	1·91	17·91	57·42	*22·70
Taylor Terrakotta {	2·73	10·00	71·40 71·66	*15·47
„ hellgrün . . {	2·60	19·33	64·67 64·69	*13·19 13·38

Die mit * versehenen Resultate wurden durch direkte Wägung des Linoleumzementes erhalten, die übrigen Resultate für Linoleumzement aus der Differenz berechnet.

Unter der Annahme, daß das für die verschiedenen Fabrikate verwendete Korkpulver die gleiche Löslichkeit von 4% in Benzol zeigt, wäre noch eine entsprechende Korrektur der Zahlen für Linoleumzement anzusetzen, wodurch diese Resultate um 0·52—1·04% erniedrigt, die aschefreie Korksubstanz um den gleichen Prozentgehalt erhöht wird. Es wäre ferner die Korkasche der Korksubstanz zuzuzählen.

S. Abfallfette.

Alle aus den mannigfachen Abfallstoffen der Fett liefernden, sowie der Fett konsumierenden Gewerbe- und Industriezweige stammenden Fette werden als Abfallfette bezeichnet, z. B. das Küchenfett, das Darmfett, das Schlachthausfett usw. Es gehören weiter hierher die aus den seifehaltigen Abfallwässern der Seife verarbeitenden Industriezweige, wie Wollwäschereien, Spinnereien, Färbereien usw., sowie die aus den Abfallwässern großer Städte und aus Fäkalien gewonnenen Fette. Auch Knochenfett und Wollfett können als Abfallfette im weiteren Sinne angesehen werden; die beiden letztgenannten sind im Abschn. XII besprochen.

Die meisten Abfallfette zeichnen sich durch einen großen Gehalt an freien und an oxydierten Fettsäuren, sowie an unverseifbaren Substanzen aus.

Das **Hautfett** wird in den Lederfabriken beim Abschaben der Blöße nach dem Kalken der Häute gewonnen; seine Zusammensetzung ist dem Fette derjenigen Tiere ähnlich, von denen die Häute stammen; doch enthält es meist große Mengen Kalkseifen. Ihm ähnlich ist das Leimfett, welches aus den zur Leimbereitung bestimmten Hautabfällen erhalten wird. Lidow[1] hat aus der Blöße von zu Saffianleder bestimmten Fellen ein Fett extrahiert, welches folgende Zahlen ergab:

Spez. Gew. bei 18°C.	0.925
Säurezahl	8·0
Verseifungszahl	128·0
Jodzahl	27·5
Hehnerzahl (Mischung der Fettsäuren und der Alkohole)	95·5

Lederfett. Dasselbe wird aus den bei der Ledererzeugung und Lederverarbeitung abfallenden Lederspänen gewonnen und stammt von dem zum Schmieren der gegerbten Felle verwendeten Fett. Es hat meist eine dunkelbraune bis schwarze Farbe, einen ausgeprägten Ledergeruch, läßt sich meist mit Wasser gut emulgieren und ist meist durch einen hohen Gehalt an unverseifbaren, fettähnlichen Körpern charakterisiert. Löb[2] fand bei der Untersuchung verschiedener Sorten von Lederfett:

Säurezahl	73·7—85·7
Verseifungszahl	165—177·4
Ätherzahl	84·4—96·9
Daraus Glycerin	4·61—5·30
Unverseifbares	11·1—15·3
Titer	31°—32°C.
Jodzahl	62·3
Verseifungszahl der Fettsäuren nach der Abscheidung des Unverseifbaren	195—200

Fett aus Wollabfällen. Dieses, durch Extraktion der Abfälle der Wollkämmereien und Wollwebereien erhaltene Fett ist von schwarzer Farbe, bei gewöhnlicher Temperatur ganz oder halbflüssig; es enthält stets größere Mengen von Unverseifbarem. Eine von Löb[3] untersuchte Probe

---

[1] Chem. Zeitg. Rep. 1902. 26. 87.
[2] Chem. Zeitg. 1906. 30. 935.
[3] Chem. Zeitg. 1906. 30. 935.

bestand aus ungefähr 40°/₀ freien Fettsäuren (Oleïn), 17°/₀ Neutralfett und 43°/₀ Mineralöl, eine Zusammensetzung, die näherungsweise der eines Wollspicköles entspricht.

Fett aus den Abwässern der Wollwäschereien und Türkischrotfärbereien. Durch Versetzen der Seife enthaltenden Abwässer mit Kalkmilch oder mit Chlorcalciumlösung werden die Fettsäuren als Kalkseifen gefällt und aus diesen durch Kochen mit Salzsäure in Freiheit gesetzt, oder es werden die Fettsäuren durch Säurezusatz aus den Waschwässern abgeschieden und nach Entwässerung gepreßt. Die Zusammensetzung dieses Fettes entspricht derjenigen der in den angewandten Seifen enthaltenen Fettsäuren und der etwa beim Waschen mitverwendeten Öle.

Cottonstearin. Nach Allen wird ein großer Teil des in den Handel kommenden Baumwollstearins aus dem schwarzen Niederschlage, welcher sich beim Raffinieren des Cottonöles mit Natronlauge absetzt, gewonnen. Dieser wird mit Säuren zersetzt und die dunkle Fettmasse mit konzentrierter Schwefelsäure auf 120° C. erhitzt, die mit Wasser ausgekochte Masse mit überhitztem Dampf destilliert und durch Abpressen in Baumwollstearin und Ölsäure getrennt.

Für solches Baumwollstearin fand Allen das spez. Gew. 0·8684 bei 99° C. (Wasser von 15·5° C. = 1), den Schmelzpunkt 40° C., den Erstarrungspunkt 31°—32·5° C. und die Jodzahl 89·9; es finden sich aber auch Baumwollstearine mit höherem Erstarrungspunkt im Handel vor. — Das Cottonstearin besteht der Hauptsache nach aus freien Fettsäuren; es darf nicht mit dem gleichnamigen Neutralfett verwechselt werden.

Fett aus Abwässern.[1]) Die Abwässer scheiden beim langsamen Weiterfließen an ihrer Oberfläche einen Schaum ab, welcher aus zirka 80°/₀ Wasser und 20°/₀ Fett und Schmutz besteht. Dieser wird entwässert, mit Schwefelsäure gekocht und geklärt. Derartige Abfallfette sind fest, haben eine dunkelbraune Farbe und einen äußerst unangenehmen Geruch; sie enthalten größere Mengen von freien Fettsäuren und von Unverseifbarem. Löb fand für ein solches Fett 10·8°/₀ Unverseifbares, Verseifungszahl 177, Erstarrungspunkt der Fettsäuren 36° C., Verseifungszahl der vom Unverseifbaren befreiten Fettsäuren 198. Zweckmäßiger ist es, den sich aus den Abwässern in den Klär- und Oxydationsbassins absetzenden Schlamm zur Fettgewinnung zu verwenden.

Fäkalfett. In neuerer Zeit ist man dazu übergegangen, die großen Mengen Fett, welche durch die menschlichen Exkremente bisher verloren gingen, wiederzugewinnen. Hierbei werden nach Heimann[2]) die abgelagerten Fäkalmassen erhitzt, mit etwas Schwefelsäure versetzt und im flüssigen Zustande mit Benzin extrahiert.

Läßt man die die Fäces führenden Abwässer in großen Bassins klären, so kann aus dem dabei sich absetzenden Schlamm, nachdem

---

[1]) Löb, Chem. Zeitg. 1906. 30. 936.
[2]) D. R. P. Nr. 145 389 v. 27. Febr. 1902.

derselbe möglichst entwässert und getrocknet wurde, durch Extraktion mit Benzin das Fett erhalten werden.

Ulzer[1]) hat eine aus Fäkalfett gewonnene, destillierte Fettsäure untersucht und folgende Resultate erhalten:

Säurezahl	180
Verseifungszahl	186·5
Jodzahl	25·1
Acetylzahl	33
Schmelzpunkt (Pohl)	40·5 ⁰ C.
Erstarrungspunkt (Pohl)	38·5 ⁰ C.

Beispiele.

In welcher Weise die in den Kapiteln III bis VIII beschriebenen Methoden zur Untersuchung technischer Produkte verwendet werden können, sei an den folgenden beiden Beispielen gezeigt.

1. Tournanteöl.

Eine als Tournanteöl verkaufte Ölmischung hatte 0·933 spez. Gew. bei 17·5 ⁰ C. und zeigte folgende Zahlen:

Säurezahl	54·9
Verseifungszahl	186·4
Jodzahl	90·5
Acetylzahl	54·9

Die hohe Acetylzahl, das erhöhte spezifische Gewicht und die erniedrigte Verseifungszahl lassen die Gegenwart von Ricinusöl unzweifelhaft erkennen. Da reines Ricinusöl die Acetylzahl 153 zeigt, enthält das Öl näherungsweise

$$\text{Ricinusöl} = \frac{54 \cdot 9 \times 100}{153} = 36 \,^0/_0.$$

Durch das Verhalten gegen Salpetersäure gab sich die Gegenwart von Baumwollsamenöl zu erkennen. Aus der Jodzahl läßt sich bei der Annahme, daß die Probe neben Ricinusöl noch echtes Tournanteöl oder eine Mischung von Olivenöl und Ölsäure enthalte, welche Öle sämtlich ca. 83 $^0/_0$ Jod addieren, der Cottonölgehalt berechnen; wird die Jodzahl des Cottonöles gleich 108 gesetzt, so ist:

$$\text{Cottonöl} = \frac{100\,(J - n)}{m - n} = \frac{100\,(90 \cdot 5 - 83)}{108 - 83} = 30 \,^0/_0.$$

Berücksichtigt man, daß Ölsäure die Säurezahl 198·9 besitzt, so entsprechen der Säurezahl 54·9 nahezu 27·6 $^0/_0$ freier Ölsäure, so daß nur noch 6·4 $^0/_0$ aus echtem Tournanteöl stammendes Neutralfett vorhanden sein können. Da aber Tournanteöl ca. 26 $^0/_0$ freier Ölsäure enthält, so sind diesen 6·4 $^0/_0$ noch 1·6 $^0/_0$ freier Fettsäure zuzuzählen und

---

[1]) Chem. Rev. üb. d. Fett- u. Harz-Ind. 1903. 10. 278.

dieselben dagegen von der zugesetzten Menge technischer Ölsäure abzuziehen.

Demnach kann ein der untersuchten Probe vollkommen gleiches Produkt durch Zusammenmischen in folgender Weise hergestellt werden:

$$
\begin{array}{lr}
\text{Ricinusöl} & 36\,^0/_0 \\
\text{Cottonöl} & 30\,^0/_0 \\
\text{Tournanteöl} & 8\,^0/_0 \\
\text{Technische Ölsäure} & 26\,^0/_0 \\
\hline
& 100\,^0/_0
\end{array}
$$

2. Produkt der Einwirkung von Chlorzink auf Ölsäure.

Nach v. Schmidt[1]) kann man Ölsäure durch Erhitzen mit Chlorzink in festes Fett verwandeln. 500 g Ölsäure werden mit 50 g Chlorzink im Ölbade so lange auf genau 185° C. erhitzt, bis eine herausgenommene Probe nach dem Kochen mit verdünnter Salzsäure beim Abkühlen erstarrt. Es wird in verdünnte Salzsäure gegossen und wiederholt mittels einströmenden Wasserdampfes ausgekocht.

Ein auf diesem Wege dargestelltes Produkt zeigte die Konsistenz des Schmalzes und wies folgende Zahlen auf:

Säurezahl	124·9	Konstante Ätherzahl . . . . . 55·1
Verseifungszahl	179·7	Acetylsäurezahl . . . . 114·9
Ätherzahl	54·8	Acetylverseifungszahl . . . . 201·0
Konstante Säurezahl	125·7	Acetylzahl . . . . 86·1
Konstante Verseifungszahl	180·8	Jodzahl . . . . 36·0

Aus diesen Resultaten lassen sich folgende Schlüsse ziehen:

Die Säurezahl ist gegenüber der Ölsäure mit der Säurezahl 198·9 bedeutend erniedrigt. Somit muß ein Teil der Ölsäure entweder polymerisiert oder in Anhydride verwandelt worden sein.

Das Auftreten einer Ätherzahl, welche sich aus der Differenz zwischen Verseifungszahl und Säurezahl ergibt, deutet auf die Gegenwart verseifbarer Anhydride.

Aber auch die Verseifungszahl ist mit 179·7 immer noch für ein Gemisch von Fettsäuren, welche auf eine Carboxylgruppe nicht mehr als 18 Kohlenstoffatome enthalten, mit Anhydriden derselben Ordnung zu niedrig. Es muß demnach Polymerisation oder die Bildung von unverseifbaren Anhydriden eingetreten sein.

Zur Ermittlung eines Gehaltes an unverseifbaren Anhydriden wurden 100 g des Fettgemisches in Weingeist gelöst, mit 40 g in wenig Wasser gelöstem Ätznatron versetzt und gekocht.

Zur Extraktion unverseifbarer Anteile aus Seifenlösungen ist Äther weniger geeignet, weil sich die Schichten nach dem Schütteln schwer trennen. Die alkoholische Flüssigkeit wird daher am besten mit Petroleumäther geschüttelt und ihr, falls sich die Flüssigkeiten miteinander mischen, nachträglich noch etwas Wasser zugesetzt, worauf die Trennung rasch und scharf erfolgt. Die Seifenlösung wurde in dieser Weise dreimal

---

[1]) Benedikt, Monatsh. f. Chem. 1890. 11. 71.

extrahiert, die Auszüge mit Wasser gewaschen, abdestilliert, der Rückstand unter wiederholtem Zusatz von etwas Alkohol erst auf dem Wasserbade und dann bei 105° C. getrocknet. Sein Gewicht betrug 8 g, entsprechend 8 %.

Dieses Anhydrid wird durch alkoholische Kalilauge erst unter Druck bei 150° C. verseift. Es stellt eine zähe Flüssigkeit von gelber Farbe dar und ist unlöslich in Alkohol. Es addiert kein Jod und zeigt weder eine Säure- noch eine Verseifungszahl.

Die konstante Ätherzahl (S. 191) deutet mit Bestimmtheit auf die Gegenwart solcher Anhydride, welche durch Alkalien zwar in die Alkalisalze der entsprechenden Säuren übergeführt werden, sich aber sofort wieder zurückbilden, wenn diese Salze durch Säuren zerlegt werden.

Zur Isolierung dieses leicht verseifbaren Anhydrides wurde die stark alkalische, weingeistige Seifenlösung benutzt, aus welcher mit Petroleumäther das unverseifbare, flüssige Anhydrid extrahiert worden war. Die Flüssigkeit wurde mit heißem Wasser verdünnt, mit Salzsäure angesäuert und auf dem Wasserbade bis zur vollständigen Vertreibung des Alkohols eingedampft.

Die aufschwimmende Fettschichte, welche 100 g des ursprünglichen Produktes entsprach, wurde abgehoben, mit Wasser gewaschen und mußte nun auf das genaueste mit Natronlauge neutralisiert werden, da schon der geringste Überschuß einen Teil des Anhydrides verseift und damit der nachfolgenden Extraktion entzogen hätte. Zu diesem Zwecke wurde die ganze Substanz in 500 ccm Alkohol gelöst, davon 50 ccm abgemessen und nach Zusatz von Phenolphthaleïn mittels einer Bürette mit einer verdünnten, nicht titrierten Natronlauge tropfenweise bis zur beginnenden Rotfärbung versetzt, wozu 39·4 ccm notwendig waren. Demnach mußten die restlichen 450 ccm Fettlösung $9 \times 39·4 = 354·6$ ccm Natronlauge erfordern. Die Lösung konnte daher unter Umschwenken sofort mit 340 ccm Natronlauge versetzt werden, wonach vorsichtig zu Ende titriert wurde. Durch Extraktion mit Petroleumäther wurden nun 28 g einer weißen, kristallinischen Masse erhalten, welche nach dem Umkristallisieren aus verdünntem Weingeist gekrümmte Nadeln bildete und bei 51·2° C. schmolz. Das Produkt zeigt keine Jodzahl und keine Säurezahl, die Verseifungszahl wurde zu 199 gefunden. Dasselbe ist offenbar mit dem von Geitel entdeckten Lacton der γ-Oxystearinsäure, dem Stearolacton, identisch. Damit stimmt auch das Ergebnis der Elementaranalyse überein:

	Gefunden	Berechnet für $C_{18}H_{34}O_2$
C	76·41 %	76·52 %
H	12·05 „	12·14 „
O	—	11·34 „
		100·00 %

Die quantitative Zusammensetzung des nicht destillierten Einwirkungsproduktes von Chlorzink auf Ölsäure kann nun in folgender Weise berechnet werden:

Die konstante Ätherzahl ist gleich der gewöhnlichen Ätherzahl, folglich sind keine bleibend verseifbaren Anhydride vorhanden.

Die konstante Ätherzahl ist 55·1. Reines Stearolacton hat die Ätherzahl 198·9, folglich enthält die Substanz $55100 : 1989 = 27·7$ oder rund $28\,\%$ Stearolacton, was mit der direkten Bestimmung völlig übereinstimmt.

Aus der Jodzahl findet man den Gehalt an Ölsäure, resp. an Ölsäure und Isoölsäure zusammen. Da reine Ölsäuren $89·96\,\%$ Jod addieren, entspricht die Jodzahl 36 einem Gehalte von rund $40\,\%$ Ölsäuren.

Die Acetylzahl wird aus der Differenz der Acetylverseifungszahl und Acetylsäurezahl gebildet, sie beträgt, wie oben ersichtlich, 86·1. Davon ist die konstante Ätherzahl in Abzug zu bringen.

$$
\begin{aligned}
\text{Acetylzahl} & \ldots \ldots \ldots \ldots \quad 86·1 \\
\text{Konstante Ätherzahl} & \ldots \ldots \quad \underline{55·1} \\
\text{Reine Acetylzahl} & \cdot \ldots \ldots \ldots \quad 31·0
\end{aligned}
$$

Aus der reinen Acetylzahl wird der Gehalt an β-Oxystearinsäure nach Formel 2 auf S. 189 gefunden:

$$
X = \frac{100\,c\,M}{56160 - 42·02\,c}.
$$

Das Molekulargewicht der Oxystearinsäure $C_{18}H_{36}O_3$ ist 300·3, c wurde durch den Versuch zu 31 gefunden. Folglich ist der Gehalt an Oxystearinsäure:

$$
X = \frac{100 \times 31 \times 300·3}{56160 - 42·02 \times 31} = 16·97\,\%.
$$

Somit hat das nicht destillierte Fett annähernd folgende Zusammensetzung:

$$
\begin{aligned}
\text{Flüssiges Anhydrid} & \ldots \ldots \quad 8\,\% \\
\text{Stearolacton} & \ldots \ldots \ldots \quad 28\ ,, \\
\text{Oxystearinsäure} & \ldots \ldots \ldots \quad 17\ ,, \\
\text{Ölsäuren} & \ldots \ldots \ldots \ldots \quad 40\ ,, \\
\text{Gesättigte Fettsäuren} & \ldots \ldots \quad \underline{7\ ,,} \\
& \text{Summe}\quad 100\,\%
\end{aligned}
$$

Wie aus dieser Zusammenstellung ersichtlich, ist der Gehalt an „gesättigten Fettsäuren" aus der Differenz ermittelt worden, doch läßt sich die angegebene Zahl noch vermittelst der direkt ermittelten Säurezahl auf ihre Richtigkeit prüfen.

$$
\begin{aligned}
\text{Säurezahl der Fettmasse} & \ldots \ldots \ldots \ldots \quad 124·9 \\
40\,\% \ \text{Ölsäure bedingen eine Säurezahl} & \ldots \quad 79·6 \\
17\,\% \ \text{Oxystearinsäure bedingen eine Säurezahl} & \quad \underline{31·8} \\
& \text{Rest}\quad 13·5
\end{aligned}
$$

Es sind somit neben Ölsäure und Oxystearinsäure noch andere Fettsäuren vorhanden, zu deren Absättigung $13·5\,\%$ der Fettmasse an Kalihydrat verbraucht werden.

35*

Die Säurezahl der Fettsäuren im isolierten Zustand ergibt sich aus der Proportion:

$$7 : 13{\cdot}5 = 100 : S$$

zu $\qquad S = 193\,.$

Dieselbe fällt nahezu mit der Säurezahl der Stearinsäure $197{\cdot}5$ zusammen, doch ist die Bestimmung natürlich nicht genau, da die Menge dieser gesättigten Fettsäuren nur aus der Differenz erschlossen ist.

Ein weiteres gewichtiges Argument für die Annahme, daß sich gesättigte Fettsäuren in dem analysierten Gemisch befinden, bietet das Verhalten von Ölsäure gegen Chlorzink bei Temperaturen, welche 195^0 C. übersteigen.

Eine durch zwei Stunden auf 200^0 C. erhitzte, nachher mit Salzsäure ausgekochte Mischung von Ölsäure mit $10\,^0/_0$ Chlorzink war dickflüssig und in Alkohol nur teilweise löslich. Sie zeigte folgende Konstanten:

Säurezahl 113
Verseifungszahl 142
Acetylverseifungszahl 140
Jodzahl 22

Aus dem Umstande, daß die Verseifungs- und die Acetylverseifungszahlen gleich groß sind, ergibt sich die Abwesenheit von Oxystearinsäure, welche bei der Steigerung der Temperatur von 185^0 auf 200^0 C. wohl zum größten Teile in ihr unverseifbares Anhydrid übergeführt wurde, wodurch sich der Gehalt des Produktes an demselben von $8\,^0/_0$ auf $21\,^0/_0$ erhöhte.

Ein direkter Versuch mit reiner Oxystearinsäure hat in der Tat gezeigt, daß sich dieselbe beim Erhitzen mit Chlorzink auf 200^0 C. in eine zähe, in Kalilauge unlösliche Flüssigkeit verwandelt.

Der Ölsäuregehalt ist, wie sich aus der Jodzahl 22 ergibt, von $36\,^0/_0$ auf $24\,^0/_0$ gesunken.

Die Betrachtung der Säurezahl ergibt folgendes:

Säurezahl 113
Säurezahl, entsprechend $24\,^0/_0$ Ölsäure 48
Differenz 65

In einem Gramm der Substanz müssen also noch so viel andere Säuren enthalten sein, daß deren Menge imstande ist, 65 mg Kalihydrat abzusättigen. Diese Differenz ist eine so große, daß sie unmöglich auf Versuchsfehler zurückgeführt werden kann; und da die Analyse die Abwesenheit von Oxyfettsäuren ergab, kann dieser Rest nur aus gesättigten, nicht hydroxylhaltigen Säuren bestehen. Dieselben sind sämtlich, oder doch zum größten Teile, flüssig und liefern auch kein festes Destillat, sind also vorläufig für die Technik unbrauchbar.

Untersuchung des Rohdestillates.

Die unter vermindertem Drucke destillierte Masse gab nach dem Waschen mit Wasser folgende Zahlen:

Säurezahl . . . . 126·3
Verseifungszahl . . . . 188·1
Ätherzahl . . . . 61·8
Acetylsäurezahl . . . . 127·0
Acetylverseifungszahl . . . . 189·0
Acetylzahl . . . . 62·0
Jodzahl . . . . 47·1
Unverseifbares . . . . 13·6 %

Die Menge des unverseifbaren Anteiles wurde einerseits direkt durch Extraktion der alkoholischen Seifenlösung mit Petroleumäther und Wägen des Rückstandes, andrerseits aus der Differenz bestimmt, indem die extrahierte Seife mit Salzsäure zerlegt und das abgeschiedene Fett wieder gewogen wurde.

Der unverseifbare Anteil bildet ein leicht bewegliches, hellgelbes Öl, welches nicht mehr aus Anhydriden, sondern, wie die Elementaranalyse lehrt, aus Kohlenwasserstoffen besteht, denen geringe Mengen sauerstoffhaltiger Körper beigemischt sind ($C = 84\cdot10\,\%$, $H = 13\cdot70\,\%$, $O = 2\cdot20\,\%$).

Die Jodzahl des Unverseifbaren ist 74·1.

Die Zusammensetzung des Rohdestillates ergibt sich aus den oben angeführten Zahlen wie folgt:

Der Ätherzahl 61·8 entsprechen 31% Stearolacton.

Da die Ätherzahl gleich ist der Acetylzahl, ist keine Oxystearinsäure vorhanden.

An der Jodzahl partizipieren die Ölsäuren und das Unverseifbare: 13·6% Unverseifbares mit der Jodzahl 74·1 absorbieren 10·08% Jod. Somit bleibt für die Ölsäuren $47\cdot1 - 10\cdot08 = 37\cdot02\,\%$ Jod. Der Gehalt an Ölsäure und Isoölsäure beträgt demnach 41·15%.

Die Zusammensetzung des Rohdestillates ist somit:

Unverseifbares . . . . 13·6 %
Ölsäure und Isoölsäure . . . . 41·2 „
Stearolacton . . . . 31·0 „
Gesättigte Fettsäuren . . . . 14·2 „
                                           100·0 %

Auch hier ist die Anwesenheit gesättigter Fettsäuren durch die Säurezahl angezeigt, da dieselbe weit höher ist (126·3), als der ermittelten Ölsäuremenge (41·1% bzw. Säurezahl 82) entspricht.

Die wesentlichsten, durch die Destillation bedingten Veränderungen sind somit einerseits der Zerfall des flüssigen Oxystearinsäureanhydrides, andrerseits die Umwandlung der gewöhnlichen Oxystearinsäure in Isoölsäure und Ölsäure.

Untersuchung des festen Anteiles des Destillates (Kerzenmasse).

In der Praxis wird das Rohdestillat durch kaltes und warmes Abpressen von den flüssigen Anteilen befreit, im Laboratorium wird diese Trennung durch Aufstreichen auf poröse Platten bewirkt.

Der vollkommen trockene Rückstand erstarrt nach dem Zusammenschmelzen zu einer ganz harten, kristallinischen Masse, welche auf Papier keinen Fettfleck macht und höchstens noch Spuren von flüssiger Ölsäure enthalten kann. Ihr Schmelzpunkt liegt meist bei 41^0—42^0 C.

Die Untersuchung ergab:

$$
\begin{aligned}
&\text{Säurezahl} &&53\cdot3 \\
&\text{Verseifungszahl} &&204\cdot3 \\
&\text{Ätherzahl} &&151\cdot0 \\
&\text{Acetylverseifungszahl} &&205\cdot0 \\
&\text{Jodzahl} &&14\cdot0
\end{aligned}
$$

Daraus berechnet sich nach den früher aufgestellten Grundsätzen die Zusammensetzung des Kerzenmaterials:

$$
\begin{aligned}
&\text{Stearolacton} &&75\cdot9\,^0/_0 \\
&\text{Isoölsäure} &&15\cdot6 \text{ ,,} \\
&\text{Gesättigte Fettsäuren} &&\underline{8\cdot5 \text{ ,,}} \\
& &&100\cdot0\,^0/_0
\end{aligned}
$$

Und weiter:

$$
\begin{aligned}
&\text{Säurezahl der Kerzenmasse} &&53\cdot3 \\
&\text{Säurezahl von } 15\cdot7\,^0/_0 \text{ Isoölsäure} &&\underline{30\cdot9} \\
&\text{Säurezahl von } 8\cdot5\,^0/_0 \text{ Fettsäuren} &&22\cdot4
\end{aligned}
$$

Da $8\cdot5\,^0/_0$ der gesättigten Fettsäuren eine Säurezahl $22\cdot4$ liefern, so käme diesen Fettsäuren im isolierten Zustand die Säurezahl 262 und nach der Formel

$$
M = \frac{56\cdot16 \times 1000}{262}
$$

das mittlere Molekulargewicht 214 zu, vorausgesetzt, daß dieselben nicht auch Dicarbonsäuren enthalten.

II. Teil.

Die natürlichen Fette und Wachsarten und ihre Untersuchung.

Unter Mitwirkung von

G. Buchner-München, **H. Bull**-Bergen, **K. Glaessner**-Wien, **M. Weger**-Erkner-Berlin,

bearbeitet von

Ferdinand Ulzer und **Alfred Eisenstein.**

X. Erkennung der Fette und Wachsarten auf Grund ihrer physikalischen und chemischen Eigenschaften.

Wenn auch die Fette und ebenso die Wachsarten sich ihrem physikalischen und chemischen Verhalten nach in einige größere, jedoch nicht streng begrenzte Gruppen teilen lassen, so stehen sich doch innerhalb dieser Gruppen viele Glieder in ihrer Zusammensetzung so nahe, daß die Erkennung jedes einzelnen in Gemengen von mehreren, ja auch nur von zwei Individuen oft außerordentlich schwierig ist. An eine quantitative Scheidung ist der Natur der Sache nach nicht zu denken, da fast sämtliche Öle und Fette der Hauptmasse nach aus denselben chemischen Verbindungen bestehen.

Trotzdem ist es in den meisten Fällen möglich, mit Sicherheit zu entscheiden:

1. Aus welchem Fette eine Probe besteht, und

2. ob es rein oder verfälscht ist.

Liegt ein Gemenge von nur zwei Fetten vor, so werden

3. in der Regel beide Bestandteile qualitativ nachgewiesen und häufig auch mindestens näherungsweise quantitativ bestimmt werden können.

Mischungen von drei oder mehreren Fetten liegen seltener vor. Bei solchen führt die Analyse nur in speziellen Fällen zum Ziel, doch wird es fast immer gelingen, einen oder zwei Bestandteile mit Sicherheit nachzuweisen.

Bei der Prüfung auf Verfälschungen muß man in erster Linie auf die stets wechselnden Preisverhältnisse der einzelnen Fette Rücksicht nehmen, da selbstverständlich nur die tiefer im Preise stehenden Öle als Zusätze verwendbar sind. In zweifelhaften Fällen ist es daher zweckmäßig, vor Beginn der Untersuchung die Preislisten einzusehen.

Erhält man ein Fettgemisch von ganz unbekannter Zusammensetzung zur Analyse, so wird man ebenfalls seinen Preis zu erfahren suchen, indem sich auf Grund desselben nicht selten eine ganze Reihe kostspieligerer Gemengteile ausschließen läßt.

Die sogenannten organoleptischen Methoden, d. i. die Prüfung durch Geruch und Geschmack, setzen große Übung voraus. Der Geruch kann in manchen Fällen den Verdacht auf eine bestimmte Verfälschung lenken. Er tritt meist deutlicher beim Erwärmen oder nach Clarke beim Vermischen mit Schwefelsäure hervor. Einen charakteristischen Geruch zeigen namentlich Olivenöl, Rüböl, Specköl, Leinöl, Leindotteröl, Holzöl und die Trane. Noch schwieriger als durch den Geruch ist die Unterscheidung durch den Geschmack.

Die organoleptischen Methoden spielen besonders bei der Beurteilung von Fetten, welche Genußzwecken dienen sollen, eine ausschlaggebende Rolle. Durch die Geruchs- und Geschmacksempfindung kann das Verdorbensein eines Fettes schon lange vorher konstatiert werden, ehe dasselbe so weit vorgeschritten ist, daß es sich durch die Analyse sicher nachweisen läßt. Denn das Verderben der Fette beginnt in der Regel zuerst mit der Zersetzung der dieselben begleitenden Beimengungen und äußert sich erst später in der Veränderung der Triglyceride.

In den Abschnitten IV und VII sind die physikalischen und die allgemein verwendbaren, chemischen Methoden beschrieben worden, deren man sich zur Untersuchung der Fette bedient. Im folgenden soll ihre Anwendung besprochen werden. Man hat meist von vornherein Anhaltspunkte, nach welchen man unter den angeführten Methoden jene auswählt, von welcher nach der Natur des Falles am meisten Aufschluß erwartet werden kann (vgl. die Prüfung der einzelnen Fette im speziellen Teil). Sodann werden die gefundenen Resultate mit den in den Tabellen enthaltenen Angaben für die einzelnen Öle verglichen.

Außer den äußeren Eigenschaften, wie Farbe, Konsistenz, Grad der Durchsichtigkeit usw., sind folgende mit Hilfe der physikalischen Methoden ermittelten Eigenschaften eines Öles, festen Fettes oder Wachses am brauchbarsten:

1. Das spezifische Gewicht,
2. der Schmelz- und Erstarrungspunkt des Fettes und der daraus abgeschiedenen Fettsäuren,
3. das optische Verhalten und
4. die Löslichkeitsverhältnisse.

In letzter Zeit wird auch

5. der Viscosität ein größerer Wert beigelegt.

Von den chemischen Methoden sind jene am wichtigsten, die sich mit der Fettsubstanz selbst befassen, so z. B. die Elaïdinprobe und die quantitativen Reaktionen: Verseifungszahl, Jodzahl, Hehnerzahl, Reichert-Meißlsche Zahl, Acetylzahl. Auch die Bestimmung der inneren Jodzahl, die Untersuchung des unverseifbaren Anteiles, das qualitative Verhalten bei der Verseifung usw. geben oft wertvolle Aufschlüsse. Weniger maßgebend sind jene Reaktionen, in welchen Nebenbestandteile, die die Fettsubstanz begleiten, nämlich geringe Mengen von Harzen, Farbstoffen usw., eine Rolle spielen, weil die Mengen und zum Teil auch die Natur dieser Verunreinigungen bei ein und demselben Öle je nach der Art seiner Gewinnung, Reinigung, der Beschaffenheit des Rohmaterials usw. sehr variieren. Hierher gehören z. B. alle Farbenreaktionen. In vielen Fällen geben aber auch diese Methoden wertvolle Anhaltspunkte.

Viele butterartige oder feste Fette lassen sich durch Abpressen bei gewöhnlicher Temperatur oder mäßiger Wärme in ein Öl und ein festes Fett von höherem Schmelzpunkte als dem ursprünglichen trennen, die Untersuchung der beiden Anteile läßt dann häufig ein weit sichereres Urteil über Verfälschungen zu (siehe z. B. Rindertalg).

Eine häufige Aufgabe ist der Nachweis von Pflanzenfetten in Tierfetten (z. B. Baumwollsamenöl in Schweinefett, Cocosöl in Butter). Hierfür existieren besondere Methoden.

A. Anwendung der physikalischen Methoden zur Erkennung der einzelnen Fette und Wachsarten und zur Prüfung auf ihre Reinheit.

1. Das spezifische Gewicht.

Vergleicht man die spezifischen Gewichte der Öle und Fette bei einer Normaltemperatur, z. B. bei der von 15° C. untereinander, so findet man, daß im allgemeinen (einige Öle, insbesondere das Leinöl und das Ricinusöl ausgenommen) das spezifische Gewicht um so größer ist, je höher der Erstarrungspunkt des Fettes liegt und je kleiner die Jodzahl ist; diese beiden Konstanten stehen ja auch in einem gewissen Abhängigkeitsverhältnisse zueinander.

Dies trifft jedoch nicht durchaus zu, da noch andere Umstände mitspielen.

Ranzige Öle haben beispielsweise ein etwas anderes spezifisches Gewicht als frische. So gibt Allen an, daß je 5°/₀ freier Fettsäuren das spezifische Gewicht des Olivenöles um 0·0007 erniedrigen, und aus den Untersuchungen einer größeren Anzahl von Olivenölen durch Thomson und Ballantyne[1]) geht gleichfalls hervor, daß Ölen mit höherem Säuregehalte ein geringeres spezifisches Gewicht zukommt. Deshalb schlägt Archbutt vor, zur Untersuchung der Öle die spezifischen Gewichte der aus ihnen gewonnenen Fettsäuren zu bestimmen, da man dann weit konstantere Zahlen erhält. Die Fettsäuren sind bei gewöhnlicher Temperatur zum Teil fest, weshalb die Bestimmung bei 100° C. vorgenommen wird.

---

[1]) Journ. Soc. Chem. Ind. 1890. 9. 589.

Die folgende Tabelle gibt das spezifische Gewicht der Fettsäuren einiger Öle bei 100°C.

Fettsäuren von:	Spez. Gew. bei 100° C. bezogen auf Wasser von 100° C.
Baumwollsamenöl	0·8816
Leinöl	0·8925
Nigeröl	0·8886
Olivenöl	0·8758 und 0·8739
Rapsöl	0·8758

Die Änderung des spezifischen Gewichtes hängt jedoch nicht allein von dem zunehmenden Säuregehalte, sondern in vielleicht noch höherem Grade von der Oxydation der Glyceride der ungesättigten Fettsäuren zu Glyceriden von Oxyfettsäuren ab. Allen fand z. B., daß ein Meerschweintran von 0·920 spez. Gew. nach 3 Jahren 0·926 spez. Gew. hatte, ohne daß sich der Säuregehalt erhöht hätte.

Thomson und Ballantyne[1] fanden für einige Öle, welche in offenen Gefäßen unter oftmaligem Schütteln der Einwirkung von Luft und Licht ausgesetzt waren, nach 6 Monaten die folgenden Erhöhungen der spezifischen Gewichte:

	Ursprüngliches spez. Gew. bei 15·5° C. bezogen auf Wasser von 15·5° C.	Spez. Gew. nach 6 Monaten bei 15·5° C. bezogen auf Wasser von 15·5° C.
Olivenöl	0·9168	0·9246
Ricinusöl	0·9679	0·9683
Kolzaöl	0·9168	0·9207
Baumwollsamenöl	0·9225	0·9320
Arachisöl	0·9209	0·9267
Leinöl	0·9325	0·9385

Zu ähnlichen Resultaten kommen Sherman und Falk[2]:

	Ursprüngliches spez. Gew. bei 15·5° C. bezogen auf Wasser von 15·5° C.	Spez. Gew. nach mehreren Monaten bei 15·5° C. bezogen auf Wasser von 15·5° C.
Olivenöl	0·917	0·923
Schweineschmalz	0·917	0·927
Baumwollsamenöl	0·920	0·934
Maisöl	0·924	0·935
Mohnöl	0·923	0·931
Robbentran	0·926	0·947
Leinöl	0·934	{0·942 n. 4 Mon. / 0·966 n. 8 Mon.

---

[1] Journ. Soc. Chem. Ind. 1891. 10. 30.
[2] Journ. Amer. Chem. Soc. 1903. 25. 711.

Daß die Anwesenheit von Oxyfettsäuren das spezifische Gewicht zu erhöhen imstande ist, zeigt am besten das Ricinusöl selbst, welches von allen Ölen das höchste spezifische Gewicht hat. Es ist dies auf seinen Gehalt an Ricinolsäure und deren Polymerisationsfähigkeit zurückzuführen. Das spezifische Gewicht des Ricinusöles und insbesondere seiner Fettsäuren erhöht sich auffallend mit zunehmendem Alter.

Die spezifischen Gewichte derjenigen Fette, welche Glyceride niederer Fettsäuren enthalten, sind im allgemeinen ein wenig höher als die derjenigen Fette, welche keine solchen Glyceride enthalten.

Handelt es sich nur darum, die spezifischen Gewichte zweier Öle, z. B. behufs Identifizierung zu vergleichen, so kann man nach Donny[1]) die eine Probe färben, z. B. mit Alkanna, und einen Tropfen derselben langsam in die andere fallen lassen. Je nachdem der Tropfen in dem anderen Öle schwebt, untersinkt oder an der Oberfläche bleibt, ist sein spezifisches Gewicht gleich, größer oder kleiner als das des anderen Öles.

Nimmt man die Dichtenbestimmung bei einer anderen als bei der Normaltemperatur vor, so reduziert man nach Seite 73 auf dieselbe.

Aus den Seite 76 angeführten Gründen ist es bei festen Fetten oft zweckmäßig, die spezifischen Gewichte der geschmolzenen Fette zu vergleichen.

Allen hat die spezifischen Gewichte geschmolzener Fette bei zwei weit auseinanderliegenden Temperaturen bestimmt und daraus die Differenz für je 1°C. berechnet, mit Hilfe welcher man jede bei einer anderen als der Normaltemperatur gemachte Ablesung auf diese beziehen kann. Aus der Korrektur für 1°C. kann man ferner nach Seite 73 den Ausdehnungskoeffizienten berechnen:

Spezifische Gewichte geschmolzener Fette bei 40°—90° C. und bei 98°—99° C. Nach Allen.

Name des Fettes usw.	Temperatur in °C.	Spezifisches Gewicht. Wasser von 15·5°C. = 1	Temperatur in °C.	Spezifisches Gewicht. Wasser von 15·5°C. = 1	Differenz für 1° C.
Palmöl	50	0·8930	98	0·8586	0·000 717
Kakaobutter	50	0·8921	98	0·8577	0·000 717
Japanwachs	60	0·9018	98	0·8755	0·000 692
Talg	50	0·8950	98	0·8626	0·000 675
Schweineschmalz	40	0·8985	98	0·8608	0·000 656
Oleomargarin	40	0·8982	98	0·8592	0·000 672

---

[1]) Dinglers Polyt. Journ. 1864. 174. 78.

Spezifische Gewichte geschmolzener Fette bei 40⁰—90⁰ C. und bei 93⁰—99⁰ C. Nach Allen. (Fortsetzung.)

Name des Fettes usw.	Temperatur in ⁰ C.	Spezifisches Gewicht. Wasser von 15·5⁰ C. = 1	Temperatur in ⁰ C.	Spezifisches Gewicht. Wasser von 15·5⁰ C. = 1	Differenz für 1⁰ C.
Butterfett	40	0·9041	99	0·8677	0·000 617
Cocosnußöl	40	0·9115	99	0·8736	0·000 642
Palmkernöl	40	0·9119	99	0·8731	0·000 657
Spermacet	60	0·8358	98	0·8086	0·000 716
Bienenwachs	80	0·8356	98	0·8221	0·000 750
Carnaubawachs	90	0 8500	98	0·8422	0·000 975
Stearin des Handels	60	0·8590	98	0·8305	0·000 750
Ceresin	60	0·7805	98	0·7530	0·000 724

Die folgenden Tabellen enthalten Grenz- und Durchschnittswerte der spezifischen Gewichte der Fette und Wachsarten bei 15⁰ C. und bei 98⁰—100⁰ C. Die sich besonders in englischen Literaturangaben vorfindenden bei 15·5⁰ C. gefundenen Werte, sowie diejenigen welche nur bei anderen, jedoch nicht zu weit von 15⁰ C. entfernten Temperaturen bestimmt wurden, sind in dieser Tabelle nach der auf Seite 73 angegebenen Weise für die Temperatur von 15⁰ C. umgerechnet worden. Die Angaben über die spezifischen Gewichte vieler Fette und Wachse schwanken sehr beträchtlich. Es sei bemerkt, daß naturgemäß die angegebenen Grenzwerte meist die selteneren Fälle sind, und daß in der Rubrik Mittelwerte nicht das arithmetische Mittel, sondern die am häufigsten vorkommende Zahl oder die wahrscheinlichste Zahl eingesetzt wurde.

Von den bei gewöhnlicher Temperatur flüssigen Fetten hat das Ricinusöl das höchste spezifische Gewicht, unter den festen Fetten und Wachsen finden sich die höchsten Zahlen bei den Wachsarten, von denen einige (Gondangwachs, Carnaubawachs) manchmal sogar das spezifische Gewicht des Wassers erreichen.

Als untere Grenze der spezifischen Gewichte sämtlicher Fette und Wachsarten bei 15⁰ C. kann die Zahl 0·91 gelten, unter welche das spezifische Gewicht nur in wenigen Ausnahmefällen herabsinkt.

Tierische Fette haben selten ein spezifisches Gewicht über 0·930 bei 15⁰ C. Höhere spezifische Gewichte lassen sich gewöhnlich auf einen Wassergehalt des Fettes zurückführen. Dies gilt für das spezifische Gewicht mancher Kuhbuttersorten und für das käufliche Lanolin. Daher ist für die Ermittlung einwandfreier spezifischer Gewichte eine vorhergehende Entwässerung nötig (Rakusin[1]).

---

[1] Chem. Zeitg. 1906. 30. 1247.

	Grenzwerte des spez. Gew. bei 15° C.	Mittelwerte des spez. Gew. bei 15° C.	Spez. Gew. bei 98° bis 100° C. bezogen auf Wasser von 15·5° C.	Spez. Gew. bei 98° bis 100° C. bezogen auf Wasser von 100° C.
Pflanzenfette.				
Acajouöl	0·916	—	—	—
Acrocomiaöl . . .	0·9200	—.	—	—
Aegiphilaöl	0·964	—	—	—
Akeeöl	—	—	0·859	—
Anisöl	0·924	—	—	—
Apeibaöl	0·9095	—	—	—
Apfelsamenöl . . .	0·9016	—	—	—
Aprikosenkernöl .	0·915—0·921	0·919	—	—
Arachisöl	0·916—0·926	0·919	0·8673	—
Argemoneöl . . .	0·9250—0·9435	0·934	—	—
Barringtoniaöl . .	0·921	—	—	—
Baumwollsamenöl .	0·922—0·930	0·924	0·8672—0·8725	—
Baumwollstearin .	0·9230	—	0·867	—
Behenöl	0·9120—0·9198	0·918	—	—
Bilsenkrautsamenöl	0·929	—	—	—
Birnensamenöl . .	0·9177	—	—	—
Bohnenöl	0·9576	—	—	—
Bucheckernöl . . .	0·920—0·9225	0·921	—	—
Candlenußöl . . .	0·920—0·926	0·923	—	—
Carapafett	0·912	—	—	—
Caricaöl	0·8875	—	—	—
Catapaöl	0·918	—	—	—
Cayaponiaöl . . .	0·9719	—	—	—
Cedernußöl	0·930	—	—	—
Chaulmoograöl . .	0·957	—	—	—
Chines. Talg . . .	0·9182—0·9217	0·919	0·8600	—
Chines. Talgsamenöl	0·9398—0·9435	0·942	0·8737	—
Chironjiöl	—	—	—	0·8941—0·8943
Cocosöl	0·927	—	0·863—0·8736	—
Cocumbutter . . .	—	—	0·8574	0·8889
Coriandersamenöl .	0·9019	—	—	—
Crotonöl	0·940—0·955	0·943	0·8874	—
Curcasöl	0·911—0·924	0·920	—	—
Daphneöl	0·9237	—	—	—
Dikafett	0·9100	—	—	—
Dombaöl	0·9321—0·9428	0·937	—	—
Echinopsöl (Distelöl)	0·928—0·930	0·929	—	—
Eicheckernöl . . .	0·9162	—	—	—
Erdbeerenöl . . .	0·9345	—	—	—
Erdmandelöl . . .	0·918	—	—	—
Fichtensamenöl . .	0·9215—0·9288	0·925	—	—
Fliegenpilzöl . . .	0·9166	—	—	—
Gartenkressenöl . .	0·920—0·924	0·922	—	—
Gerstensamenöl . .	0·9474	—	—	—
Gynocardiaöl . . .	0·931	—	—	—
Hanföl	0·925—0·931	0·927	—	—
Hartriegelöl . . .	0·921	—	—	—
Haselnußöl	0·9146—0·9243	0·917	—	—
Hederichöl	0·9175	—	—	—
Holunderbeerenöl .	0·9072—0·9171	9·912	—	—
Holzöl	0·9346—0·9439	0·940	—	—

	Grenzwerte des spez. Gew. bei 15° C.	Mittelwerte des spez. Gew. bei 15° C.	Spez. Gew. bei 98° bis 100° C. bezogen auf Wasser von 15·5° C.	Spez. Gew. bei 98° bis 100° C. bezogen auf Wasser von 100° C.
Hydnocarpusöl . .	0·959—0·964	0·961	—	—
Illipetalg	0·917—0·9175	0·917	—	0·8943—0·8981
Immergrünbaumöl.	0·9389	—	—	—
Inoyöl	0·896	—	—	—
Isanoöl	0·976	—	—	—
Javaolivenöl . . .	0·9260	—	—	—
Jamboöl	0·9150—0·9158	0·915	—	—
Japanwachs . . .	0·963—0·993 (?)	0·975	0·873—0·8755	—
Johannesiafett . .	0·9194	—	—	—
Kadamfett	0·919	—	—	—
Kaffeebohnenöl . .	0·9510—0·9525	0·952	—	—
Kakaobutter . . .	0·945—0·976	0·960	0·857—0·858	—
Kapoköl	0·920—0·930	—	—	—
Kiefernsamenöl . .	0·9312	—	—	—
Kilimandscharo-nußöl	0·919	—	—	—
Kirschkernöl . . .	0·9184—0·9285	0·924	—	—
Kirschlorbeeröl . .	0·9230	—	—	—
Kreuzbeerenöl . .	0·9195	—	—	—
Kürbiskernöl . . .	0·9197—0·9231	0·921	—	—
Lallemantiaöl . . .	0·934	—	—	—
Leindotteröl . . .	0·920—0·933	0·926	—	—
Leinkrautöl . . .	0·9247	—	—	—
Leinöl	0·9224—0·9475	0·933	0·8809	—
Lindenholzöl . . .	0·938	—	—	—
Lorbeerfett . . .	0·9332	—	—	—
Lorbeeröl, indisch.	0·9260	—	—	—
Luffaöl	0·9257	—	—	—
Madiaöl	0·9285—0·9286	0·9286	—	—
Maisöl	0·9215—0·9262	0·922	0·8711	0·8756
Makassaröl	0·924—0·942	—	—	—
Malabartalg . . .	0·915—0·916	—	—	0·8900—0·8907
Mandelöl	0·914—0·920	0·918	—	—
Manihotöl	0·9258	—	—	—
Margosaöl	0·9148—0·9253	0·920	—	—
Maripafett	0·8686	—	—	—
Melonenkernöl . .	0·9277	—	—	—
Micheliafett . . .	0·903	—	—	—
Mkanifett	0·9298	—	0·8561—0·8606	—
Mogaröl	0·9277	—	—	—
Mohnöl	0·924—0·937	0·927	0·8738	—
Mowrahbutter . .	0·9175	—	—	—
Mucunaöl	—	—	0·865—0·8706	—
Muskatbutter . . .	0·945—0·996	—	0·898	—
Muskatöl, kaliforn.	0·9072	—	—	—
Mutterkornöl . . .	0·9254	—	—	—
Myricawachs . . .	1·0135	—	0·875—0·878	—
Myrtensamenöl . .	0·9244	—	—	—
Nachtviolenöl . .	0·928—0·934	0·931	—	—
Nigeröl	0·9251—0·9273	0·926	0·8738	—
Nußöl	0·925—0·9265	0·926	—	—
Olivenkernöl . . .	0·9184—0·9202	0·919	—	—
Olivenöl	0·9140—0·9196	0·917	0·8640	—

	Grenzwerte des spez. Gew. bei 15° C.	Mittelwerte des spez. Gew. bei 15° C.	Spez. Gew. bei 98° bis 100° C. bezogen auf Wasser von 15·5° C.	Spez. Gew. bei 98° bis 100° C. bezogen auf Wasser von 100° C.
Orangensamenöl .	0·923	—	—	—
Owalaöl	0·9183	—	—	—
Palmkernöl	0·952—0·955	9·954	0·867—0·873	—
Palmöl	0·945—0·947	0·946	0·8586—0·8600	—
Paprikaöl	0·9138—0·9316	0·923	—	—
Paradiesnußöl . .	0·8950	—	—	—
Parakautschuk-				
baumöl	0·931	—	—	—
Paranußöl	0·9170—0·9185	—	—	—
Perillaöl	0·934	—	—	—
Persimonöl	0·9244	—	—	—
Pfirsichkernöl . . .	0·918—0·9235	0·921	—	—
Pflaumenkernöl . .	0·9127—0·9195	0·916	—	—
Phulwarabutter . .	0·9550	—	—	0·8970
Pistacienöl	0·9185	—	—	—
Pongamöl	0·9369	—	—	—
Quittensamenöl . .	0·922	—	—	—
Rambutantalg . .	0·9255	—	—	—
Reisöl	0·9075	—	—	0·8907
Resedasamenöl				
(Wau)	0·9358	—	—	—
Rettichöl	0·9166—0·9175	0·917	—	—
Ricinusöl	0·9611—0·9736	0·968	0·9096	—
Rhus glabra-Öl . .	0·923—0·944	—	—	—
Roggensamenöl . .	0·9334	—	—	—
Rüböl	0·9112—0·9175	0·914	0·8632—0·8635	—
Saffloröl	0·916—0·928	0·925	—	—
Sandbeerenöl . . .	0·9208	—	—	—
Sapindusöl	0·911	—	—	—
Schöllkrautöl . . .	0·919	—	—	—
Schwarzkümmelöl .	0·9251	—	—	—
Schwarznußöl . .	0·9215	—	—	—
Schwarzsenföl . .	0·916—0·920	0·918	—	—
Secuaöl	0·9324	—	—	—
Senegawurzelöl . .	0·9635	—	—	—
Senföl, indisches .	0·9161—0·9209	0·918	—	—
Sesamöl	0·921—0·924	0·9225	—	—
Sheabutter	0·9175—0·9552	0·953	0·859—0·8963	—
Sojabohnenöl . . .	0·9242—0·9287	0·926	—	—
Sonnenblumenöl .	0·921—0·936	0·926	—	—
Sorghumöl	0 9282	—	—	—
Spargelsamenöl . .	0·928	—	—	—
Stechapfelöl (Da-				
tura)	0·9175	—	—	—
Strychnosfett				
(Brechnuß) . . .	0·8860 (?)	—	0·8638	—
Strophantusöl . .	0·9249	—	—	—
Tabaksamenöl . .	0·9232	—	—	—
Tannensamenöl . .	0·9215—0·9312	0·926	—	—
Teesamenöl . . .	0·914—0·927	—	—	—
Telfairiaöl	0·9180	—	—	—
Traubenkernöl . .	0·9202—0·9561	9·935	—	—
Ukuhubafett . . .	0·9120	—	—	—

Benedikt, Fette. 5. Aufl.   36

	Grenzwerte des spez. Gew. bei 15° C.	Mittelwerte des spez. Gew. bei 15° C.	Spez. Gew. bei 98° bis 100° C. bezogen auf Wasser von 15·5° C.	Spez. Gew. bei 98° bis 100° C. bezogen auf Wasser von 100° C.
Ungnadiaöl	0·9120	—	—	—
Vogelbeersamenöl .	0·9317	—	—	—
Wassermelonenöl .	0·919—0·925	0·922	—	—
Weißsenföl	0·9125—0·916	0·914	—	—
Weizenöl	0·9245	—	0·9068	—
Tierfette.				
Auerhahnfett . . .	0·9296	—	—	—
Bärenfett	0·9156—0·9211	0·918	—	—
Butter	0·926—0·940	0·936	0·865—0·870	0·901—0·9140
Dachsfett	0·9226—0·9331	9·928	—	—
Edelmarderfett . .	0·9345	—	—	—
Eieröl	0·9144	—	0·881	—
Elchfett	0·9625	—	—	—
Fuchsfett	0·9412	—	—	—
Gänsefett	0·9227—0·9303	0·927	—	—
Gemsenfett	0·9697	—	—	—
Hammelklauenöl .	0·9175	—	—	—
Hammeltalg . . .	0·937—0·961	0·949	0·858—0·860	—
Hasenfett	0·9288—0·9397	0·934	0·861	—
Hauskaninchenfett	0·9342	—	—	—
Hirschtalg	0·9615—0·9670	0·964	—	—
Hühnerfett	0·9241	—	—	—
Hundefett	0·9229—0·9230	0·923	—	—
Katzenfett	0·9304	—	—	—
Knochenfett . . .	0·914—0·916	0·915	—	—
Kranichfett . . .	0·9222	—	—	—
Luchsfett	0·9248	—	—	—
Menschenfett . . .	0·9093—0·921	—	—	—
Ochsenklauenöl . .	0·914—0·919	—	0·8619	—
Pferdefett	0·916—0·922	0·919	0·798—0·861	—
Pferdefußöl . . .	0·913—0·927	0·920	—	—
Pferdemarkfett . .	0·9204—0·9221	0·921	—	—
Rehfett	0·9659	—	—	—
Rindermarkfett . .	0·9311—0·938	0·934	—	—
Rindertalg	0·925—0·952	0·936	0·860—0·8626	—
Schweinefett . . .	0·931—0·938	0·935	0·8608—0·8614	—
Specköl	0·913—0·919	0·916	—	—
Talgöl	0·916	—	0·794	—
Truthahnfett . . .	0·9220	—	—	—
Vielfraßfett . . .	0·9153—0·9230	9·919	—	—
Wasserhuhnfett . .	0·9163	—	—	—
Wildgansfett . . .	0·9158	—	—	—
Wildkaninchenfett.	0·9345—0·9435	0·939	—	—
Wildkatzenfett . .	0·9304	—	—	—
Wildschweinfett .	0·9424	—	—	—
Trane.				
Delphintran . . .	0·9180—0·9266	0·922	—	—
Dorschlebertran . .	0·922—0·930	0·926	0·8742	—
Eishailebertran . .	0·9105—0·9130	0·912	—	—
Glattrochenlebertran	0·9307	—	—	—
Haifischlebertran .	0·9158—0·9177	0·917	—	—

	Grenzwerte des spez. Gew. bei 15° C.	Mittelwerte des spez. Gew. bei 15° C.	Spez. Gew. bei 98° bis 100° C. bezogen auf Wasser von 15·5° C.	Spez. Gew. bei 98° bis 100° C. bezogen auf Wasser von 100° C.
Heringstran . . .	0·9178—0·9391	0·928	—	—
Karpfentran . . .	0·924	—	—	—
Königsfischtran . .	0·901—0·909	0·905	—	—
Länglebertran . .	0·9200—0·9231	0·921	—	—
Meerschweintran .	0·9258—0·9376	0·932	0·8714	—
Menhadentran . .	0·9284—0·9323	0·930	0·8712—0·8774	—
Robbentran . . .	0·925—0·927	0·926	0·8733	—
Sardinentran . . .	0·916—0·935	0·926	—	—
Schellfischlebertran	0·9298—0·934	0·932	—	—
Seyfischtran . . .	0·925—0·9300	0·928	—	—
Sprottentran . . .	0·9274	—	—	—
Störtran	0·9236	—	—	—
Walfischtran . . .	0·9162—0·9310	0·923	0·8725	—
Pflanzenwachse.				
Carnaubawachs . .	0·990—0·999	0·995	0·8422	—
Flachswachs . . .	0·9083	—	—	—
Gondangwachs . .	1·015	—	—	—
Okubawachs . . .	0·920	—	—	—
Palmwachs	0·992—0·995	0·994	—	—
Pisangwachs . . .	0·903—0·970	0·937	—	—
Raphiawachs . . .	0·950	—	—	—
Tierwachse.				
Bienenwachs . . .	0·956—0·975	0·965	0·818—0·822	—
Döglingtran . . .	0·8799—0·8808	0·880	0·8274	—
Insektenwachs . .	0·926—0·970	0·948	0·810	—
Spermacetiöl . . .	0·875—0·890	0·883	0·833	—
Walrat	0·8922—0·960	0·926	0·8086	—
Wollfett	0·9322—0·973	0·952	0·9017	—

2. Schmelz- und Erstarrungspunkte der Fette und der daraus dargestellten Fettsäuren.

Die Schmelz- und Erstarrungspunkte der Fette und Wachse werden sehr verschieden angegeben, was in der wechselnden Beschaffenheit der Fette, in den Unregelmäßigkeiten beim Schmelzen und Erstarren und in der Anwendung verschiedener Methoden seinen Grund hat (vgl. I. Teil Seite 79 ff.).

Sie sind ferner abhängig von der Temperatur, bei welcher die Fette aufbewahrt wurden, und von einer etwaigen bedeutenden Temperaturänderung vor Vornahme der Bestimmung (z. B. Erhitzen). Auch die Gewinnungsweise der Fette hat oft einen sehr bedeutenden Einfluß. Bei kalt gepreßten Ölen liegen diese physikalischen Konstanten beispielsweise gewöhnlich niedriger als bei warm gepreßten. Außerdem hat auch noch das Alter des Fettes insofern einen Einfluß auf den Schmelz- und Erstarrungspunkt, als bei weiter vorgeschrittener Zersetzung und bei einem höheren Gehalte an freien Fettsäuren diese meist höher liegen als bei frischen Fetten.

Sowohl für Glyceride wie für die Fettsäuren gilt allgemein die Regel, daß der Schmelzpunkt und der Erstarrungspunkt innerhalb einer homologen Reihe um so höher liegen, je größer das Molekulargewicht ist. Es wird daher, wenn auch der Schmelzpunkt eines Gemisches meist tiefer liegt, als dem Mengenverhältnisse der Komponenten entspricht, ein Gehalt an Glyceriden niedrig-molekularer Fettsäuren den Schmelz- und Erstarrungspunkt erniedrigen und umgekehrt ein niedriger Erstarrungs- oder Schmelzpunkt auf einen Gehalt an solchen niedrig-molekularen Glyceriden hinweisen (wenn nicht andere Ursachen für die Erniedrigung vorhanden sind). Dies trifft z. B. beim Cocosfett und beim Palmkernöl zu, welche hauptsächlich ihrem Gehalte an Laurin und Myristin den relativ niedrigen Schmelzpunkt verdanken.

Eine weitere Regel ist, daß Fettsäuren und die ihnen entsprechenden Glyceride mit mehrfachen Bindungen einen niedrigeren Schmelzpunkt haben, als die gesättigten Verbindungen mit gleich langer Kohlenstoffkette. Der Schmelzpunkt ist um so niedriger, je größer die Anzahl der Doppelbindungen ist. Daraus erklärt sich auch der Zusammenhang zwischen Jodzahl und Schmelzpunkt, der sich in vielen Fällen bemerkbar macht und zwar in allen jenen, in welchen die konstituierenden Fettsäuren entweder gleich lange Kette haben (Stearinsäure, Ölsäure, Linolsäure, Linolensäure) oder davon nicht viel verschieden lange (Palmitinsäure). Denn die Jodzahl ist ja auch ein Maß für die Anzahl der mehrfachen Bindungen.

Zur Beurteilung der Fette sind die Schmelz- und Erstarrungspunkte der freien Fettsäuren weit geeigneter als die der Fette selbst. (Siehe I. Teil und Ulzer-Klimont, Allgem. u. physiol. Chemie d. Fette.) Mit der Bestimmung der Schmelz- und Erstarrungspunkte der freien Fettsäuren haben sich besonders Bach[1], Bensemann[2], Herz[3], Allen, Dieterich[4] und Thörner[5] beschäftigt.

Einige Schmelzpunkte von erstarrten Ölen wurden von Gläßner wie folgt gefunden:

Hanföl . . . . . bei	-20^{0} C.		Kolzaöl . . . . . bei	-4^{0} C.
Ricinusöl . . . . . ,,	-18^{0} ,,		Sesamöl . . . . ,,	-5^{0} ,,
Leinöl . . . . . ,,	-16 bis -20^{0} ,,		Olivenöl . . . . ,,	$+2 \cdot 5^{0}$,,
Sonnenblumenöl . ,,	-16^{0} ,,		Schmalzöl . . . ,,	$+6$ bis $+8^{0}$,,
Rapsöl . . . . . ,,	-6^{0} ,,		Mandelöl . . . . ,,	-20 bis -25^{0} ,,

Weitere Angaben über Schmelz- und Erstarrungspunkte siehe bei den einzelnen Fetten.

Der Schmelzpunkt der Säuren aus Cottonöl liegt bemerkenswert hoch.

---

[1] Chem. Zeitg. 1883. 7. 356.
[2] Repert. f. analyt. Chem. 1883. 3. 165.
[3] Repert. f. analyt. Chem. 1886. 6. 605.
[4] Helfenberger Annalen.
[5] Chem. Zeitg. 1894. 18. 1154.

Nach Dieterich hat im allgemeinen die Bestimmung der Schmelz-
und Erstarrungspunkte der Fette und der Fettsäuren insofern keinen größeren
Wert, als durch dieselbe in der Mehrzahl der Fälle selbst $25\,^0/_0$ fremder
Zusätze nur mit geringer Sicherheit zu erkennen sind.

Die folgende Tabelle enthält Grenz- und Durchschnittswerte der
Schmelz- und Erstarrungspunkte der Fette und der daraus hergestellten
Fettsäuren.

	Erstarrungspunkt des Fettes ⁰ C.	Schmelzpunkt des Fettes ⁰ C.	Erstarrungspunkt der Fettsäuren ⁰ C.	Schmelzpunkt der Fettsäuren ⁰ C.
Pflanzenfette.				
Acrocomiaöl	17	25	—	54·5
Akeeöl	20	25—35	38—40	42—46
Anisöl	—	0	—	—
Aprikosenkernöl . . .	—14 bis —20	—	0	2—5
Arachisöl	—3 bis +3	—	22—32·5	27—35·5
Baobaböl	—	34	—	—
Baumwollsamenöl . .	0 bis —1	—	30·5—40	34—43
Baumwollstearin . . .	16—22	26—39	21—23	27—30
Behenöl	0 bis 8·8	—	37·2—37·8	—
Birnensamenöl	—	—	16	25
Borneotalg	—	31—42	51—53·5	55
Bucheckernöl	—17 bis —17·5	—	17	23—24
Candlenußöl	15 (?)	—18	13—15·5	18—21
Carapafett	18—36	23—31	—	38·9—56·4
Cay-Caywachs(Irvingia-butter)	35·5—36	37·5—38	—	—
Caŷ-doc-Öl	—	—	7	—
Cedernußöl	20· (?)	—	11·3	—
Celosiaöl	—10	—	19—21	27—29
Chaulmoograöl . . .	14—17	22—26	—	44—45
Chines. Talg	27—37·7	36·4—52·5	34—53	39—57
Chines. Talgsamenöl .	unter 0	—	12·2	14·5
Chironjiöl	—	32	—	—
Cocosöl	14—23	20—28	16—23	24—27
Cocumbutter	37·6—37·9	40—42	59·4	60—61
Cohuneöl	15—16	18—20	—	27—30
Comuöl	—	—	19	—
Crotonöl	—16	—	18·6—19	—
Curcasöl	—8	—	25·7—27·5	24—30·5
Dikafett	29·4—34·8	29—41·6	34·8	—
Dombaöl	3—19	8	33	30—38
Echinopsöl (Distelöl) .	—	—	39	11—41
Eicheckernöl	—10	—	—	25
Erdmandelöl	unter 3	—	—	—
Fichtensamenöl . . .	—27	—	—	—
Fliegenpilzöl	8—9	8—9	—	10
Gartenkressenöl . . .	—15	—	—	16—21
Gewürzbuschöl . . .	—	26	—	—
Hanföl	—27	—	14—16	17—19
Hartriegelöl	—15	—	29—31	34—37
Haßelnußöl	—17 bis —20	—	9	17—25
Hederichöl	unter —8	—	—	—
Holunderbeerenöl . .	—8 bis +4	0	—	38—43

	Erstarrungspunkt des Fettes °C.	Schmelzpunkt des Fettes °C.	Erstarrungspunkt der Fettsäuren °C.	Schmelzpunkt der Fettsäuren °C.
Hydnocarpusöl . . .	—	22—25	—	—
Holzöl	unter —17	—	31·3—37·2	30—49·4
Illipetalg	17·5—22	23—31	38	39·5
Inoyöl	—	—	22	—
Isanoöl	unter —15	—	—	—
Javamandelöl	15—17	18—28·5	37·2—41	40·4
Jamboöl	—10 bis —12	—	11—16	19—21
Japanwachs	45·5—53	50—54·5	53—57	56—57
Kadamfett	—	.21	—	—
Kaffeebohnenöl . . .	3—6	—	34—36	37—41
Kakaobutter	20—27·3	29—35·5	45—51	48—53
Kapoköl	29·6	—	22—34	27·5—38
Kiefernsamenöl . . .	—27	—	—	—
Kilimandscharonußöl .	4	—	62·5	—
Kirschkernöl	—19 bis —20	—	15—17	16—21
Kirschlorbeeröl . . .	—19 bis —20	—	15—17	20—22
Kürbiskernöl	—15 bis —16	—	24·5	26·5—29·8
Lallemantiaöl	—35	—	11	22·2
Leindotteröl	—17 bis —19	—	13—14	18—20
Leinkrautöl	—	—	8·5—13	14—22
Leinöl	—16 bis —27	—16 bis —20	13·3—20·6	13—24
Lindenholzöl	—10	—	5·5	—
Lorbeerfett	24—25	32—36	—	—
Lorbeeröl, indisch. . .	unter —15	—	18—19	24—26
Madiaöl	—10 bis —25	—	20—22	23—26
Mafuratalg	25—37	35—42	44—48	51—55
Maisöl	—10 bis —36 (?)	—	13—16	16—23
Makassaröl	10	21—28	—	52—55
Malabartalg	30·5	36·5—37·5	54·8	56·6
Mandelöl	—10 bis —21·5	—	5—11·8	13—14
Manihotöl	unter —17	—	20·5	23·5
Margosaöl	—12	—3	19—42	22
Maripafett	24—25	23—27	25	27·5—28·5
Melonenkernöl	5	—	36	39
Micheliafett	—	44—45	—	—
Mkanifett	30·4—38	40—42	57·5—61·6	59—61·5
Mocayaöl	22	24—32·5	20—22	23—25
Mohambaöl	unter —15	—	—	—
Mohnöl	—17 bis —19	—	15·4—16·5	20—21
Mowrahbutter	17·5—36	25·3—42	38—40	39·5—45
Mucunaöl	3·5	16	—	37
Muskatbutter	41·5—42	38·5—57	40	42·5
Muskatöl, kaliforn. . .	—	—	—	19
Mutterkornöl	—	—	—	39·5—42
Myricawachs	39·5—45	40·5—48	46	47·5
Nachtviolenöl (Rot-repsöl)	—22 bis —23	—	14—16	20—22
Nigeröl	—9	—	—	—
Njatuotalg	—	38—40	—	60
Njavebutter	19	—	44·1	46·6
Nußöl	—27·5	—	16	16—20
Olivenöl	trübt sich bei +2 und setzt bei —6 ca. ¹/₃ Stearin ab.	—	17—27	21·6—31

	Erstarrungspunkt des Fettes ⁰ C.	Schmelz- punkt des Fettes ⁰ C.	Erstarrungs- punkt der Fettsäuren ⁰ C.	Schmelzpunkt der Fettsäuren ⁰ C.
Ölnußfett, venezuelens.	—	—	—	53
Orangensamenöl . . .	—	—	35	40
Owalaöl	4	8	52·1	53·9
Palmkernöl	20·5—24	23—30	24·6	20·7—28·5
Palmöl	—	30—43	39—49·2	47—50
Paprikaöl	—9	—	27	22·2—30
Paradiesnußöl	4	—	28·5	37·6
Parakautschukbaumöl	21	26	15	—
Paranußöl	0—4	—	—	28—30
Parapalmöl	—	—	—	12
Perillaöl	—	—.	—	—5
Persimonöl	—11	—6	20·2	23·8
Pfirsichkernöl	unter —20 bis +18	—	3—18·9	—
Pflaumenkernöl . . .	—5 bis —8·7	—	13—15	20—22
Phulwarabutter . . .	—	30—49	54·5	—
Pistacienöl	—8 bis —10	—	13—14	17—20
Pongamöl	—	—	—	44·4
Rambutantalg	38—39	42—46	57	58—61
Reisöl	—	24	—	36
Resedasamenöl (Wau)	—20	—	—	—
Rettichöl	—10 bis —17·5	—	13—15	20
Ricinusöl	—10 bis —18	—	3	13
Rhus glabra-Öl . . .	—24	—	—	—
Roggensamenöl . . .	—	—	34	36
Rüböl	0 bis —10	—	12·2—18·5	17—22
Saffloröl	—13 bis unter —18	—5	12	17
Sandbeerenöl	—23	—	—	—
Sawarrifett	23·3—29	29·5—35·5	46—47	48·3—50
Schöllkrautöl	—	—	4—6	7—16
Schwarznußöl·	bei —12⁰C. trübe	—	—	—
Schwarzsenföl	—17·5	—	15·5	16—17
Secuaöl	—	21	—	—
Sesamöl	—4 bis —6	—	18·5—28·5	23—32
Sheabutter	17—27	23—31	38—53·8	39—56·5
Sojabohnenöl . . .	—15·3 bis +15	—	16—25	20—29
Sonnenblumenöl . . .	—16 bis —18·5	—	17—18	17—24
Sorghumöl	—	39—40	—	43—44
Stechapfelöl (Datura)	unter —15	—	—	—
Strychnosfett (Brech- nuß)	—	28—31·2	—	—
Strophanthusöl . . .	—6	+2	—	30·2
Surinfett	48·9—53·9	56·1	59·1	—
Tabaksamenöl	—25	—	—	—
Tangkallakfett	27	37—46·2	—	—
Tannensamenöl . . .	—18 bis —27	—	10—15	16—19
Taririfett	—	47	—	—
Teesamenöl	—5 bis —12	—	—	10—11
Telfairiaöl	7	—	41	44
Traubenkernöl	—10 bis —17	—	18—20	23—25
Ukuhubafett	32—32·5	39—43	—	42·5—46
Ungnadiaöl	—12	—	10	19
Wassermelonenöl . .	—20	—	32	34
Weißsenföl	—8 bis —16	—	15—16	—
Weizenöl	0—15	—	29·7	39·5

	Erstarrungspunkt des Fettes °C.	Schmelzpunkt des Fettes °C.	Erstarrungspunkt der Fettsäuren °C.	Schmelzpunkt der Fettsäuren °C.
Tierfette.				
Auerhahnfett	—	—	25—28	30—33
Bärenfett	0	—	36·1	30·5—37·5
Butter	19·5—25·5	28—34·7	33—38	38—45
Chrysalidenöl	—	—	34·5	—
Dachsfett	16—19	30—38	28—31	34—37
Edelmarderfett . . .	24—27	33—40	35—37	39—43
Eieröl	—	—	—	36—39
Elchfett	37—38	49—52	46·7—50	53—55
Fuchsfett	24—26	35—40	36—37	41—43
Gänsefett	18—22	25—34	31—32	35·2—41
Gemsenfett	42—43	54—56	51—52	57—58
Hammelklauenöl . . .	0—1·5	—	—	—
Hammeltalg	32—41	44—51	41—49·8	45—54
Hasenfett	17—30	35—46	36—41	44—50
Hausentenfett	22—24	36—39	—	—
Hauskaninchenfett . .	22—24	—	37—39	44—46
Hirschtalg	39—48	49—53	46—48	49·5—53
Hühnerfett	21—27	33—40	32—34	38—40
Hundefett	20—25	37—40	34—36	39—41
Iltisfett	—	—	26—27	34—40
Kamelfett	34·5—35	—	—	—
Katzenfett	24—26	38—40	35—36	40—41
Knochenfett	15—17	21—22	36·1—44·5	—
Kranichfett	—	—	29·3	31
Luchsfett	—	—	35	35·5
Meerschildkrötenfett .	10	23—27	28·2	30·2
Menschenfett	12—15	17·5—22	30·5	35·5
Ochsenklauenöl . . .	0 bis 10	—	16—26·5	28·5—30·8
Pferdefett	20—30	15—39	25—37·7	36—42
Pferdemarkfett . . .	20—24	35—39	34—36	33·5—44
Rehfett	39—41	52—54	49—50	62—64
Renntierfett	45·7	47·8	—	—
Rindermarkfett . . .	29—31	37—45	37·9—38	44—46
Rindertalg	27—38	42—49	39·3—46·6	43—47
Schweinefett	26—32	36—48	34—39·6	35—47
Specköl	10	—	—	—
Starenfett	15—18	30—35	30—31	38—39
Taubenfett	—	—	33—34	38—39
Truthahnfett	—	—	31—32	38—39
Vielfraßfett	22—24	28—30	37·5	40—41
Wasserhuhnfett . . .	—	—	30·5	33·5—34·5
Wildentenfett	15—20	—	30—31	36—40
Wildgansfett	18—20	—	32—34	34—40
Wildkaninchenfett . .	17—22	35—38	35—36	39—41
Wildkatzenfett . . .	26—27	37—38	36—37	40—41
Wildschweinfett . . .	22—23	40—44	32·5—33·5	39—40
Trane.				
Dorschlebertran . . .	0—10	—	—	21—25
Eishailebertran . . .	—	—	—	20—20·9
Heringstran	—	—	—	30·5—31·5
Karpfentran	—	—	28	33·4

	Erstarrungspunkt des Fettes °C.	Schmelzpunkt des Fettes °C.	Erstarrungspunkt der Fettsäuren °C.	Schmelzpunkt der Fettsäuren °C.
Meerschweintran . . .	—16	—	—	—
Menhadentran	—4	—	—	—
Sardinentran	—	20—22	—	27·6—36·2
Seyfischtran	—	—	—	31
Walfischtran	—	—	—	14—27
Pflanzenwachse.				
Carnaubawachs . . .	80—87	83—91	—	—
Flachswachs	—	61·5	—	—
Gondangwachs . . .	—	61	—	—
Okubawachs	—	40	—	—
Palmwachs	—	102—105	—	—
Pisangwachs	—	79—81	—	—
Raphiawachs	—	82	—	—
Schellackwachs . . .	—	59—60	—	—
Tierwachse.				
Bienenwachs	59·5—63·4	61·5—70	—	—
Döglingtran	bei 5° dickflüssig	—	—	—
Insektenwachs	80·5—81	81—83	—	—
Spermacetiöl	—	—	—	13·3
Tuberkelwachs	—	46	—	—
Walrat	43·4—48	42—49	—	—
Wollfett	37·5—40·0	35·5—42·5	—	—

3. Optisches Verhalten.

a) Absorptionsspektren.

Das verschiedene Verhalten der Öle im Spektralapparate ist von
Nickels, Mylius und später von Doumer[1]) und Thibaut und von
Chautard[2]) zu ihrer Unterscheidung benutzt worden. Die beobachteten Absorptionsspektren sind natürlich nur von der Natur der in den
Ölen enthaltenen Farbstoffe abhängig, somit besitzt diese Methode
keinen viel größeren Grad von Zuverlässigkeit als die Farbenreaktionen,
welche beim Vermischen mit Säuren, Alkalien usw. eintreten.

Doumer teilt die Öle nach ihren Spektren in vier Gruppen:

1. Öle, welche das Spektrum des Chlorophylls geben: Olivenöl,
Hanföl, Nußöl.

2. Öle, die keinen Teil des Spektrums absorbieren: Ricinusöl,
Mandelöl (aus süßen, sowie aus bitteren Mandeln).

3. Öle, die beinahe alle chemisch wirksamen Strahlen absorbieren,
Rot, Orange, Gelb und die Hälfte des Grün bleiben unverändert, alles
andere wird absorbiert: Rapsöl, Rübsenöl, Leinöl, Senföl.

4. Diese Klasse scheint eine Modifikation der vorigen zu sein. Die
Absorption tritt bandenweise im chemisch wirksamen Teil des Spektrums
auf: Sesamöl, Erdnußöl, Mohnöl, Cottonöl.

---

1) Chem. Zeitg. 1885. 9. 534.
2) Analyse des Beurres II. 48.

Chautard unterscheidet zwei Klassen von Ölen, aktive und inaktive, je nachdem sie einen gewissen Teil des Spektrums absorbieren, oder nicht.

b) Lichtbrechung.

Die refraktometrische Prüfung der Fette gibt vielfach sehr wertvolle Anhaltspunkte bei ihrer Identifizierung.

Leone und Longi[1] haben zuerst Verfälschungen von Olivenöl mit Sesamöl und Baumwollsamenöl an dem geänderten Lichtbrechungsvermögen erkennen wollen.

Gegenwärtig spielt das Refraktometer besonders bei der Butteruntersuchung eine wichtige Rolle.

Die vegetabilischen Öle und die Trane geben im Oleorefraktometer Ablenkungen nach rechts, die Tieröle und flüssigen Wachse solche nach links. Den vegetabilischen Ölen zugesetztes Harzöl kann in der Verminderung der Ablenkung erkannt werden.

Beziehung des refraktometrischen Verhaltens zur Jodzahl.

Vergleicht man die Jodzahlen der fetten Öle mit ihrem refraktometrischen Verhalten, so zeigt sich mit wenigen Ausnahmen insofern ein gewisser Parallelismus, als gewöhnlich Ölen mit höherer Jodzahl eine höhere Refraktion zukommt.

Öl	Refraktion bei 25° C.	Jodzahl	Öl	Refraktion bei 25° C.	Jodzahl
Olivenöl	62·2	83	Aprikosenkernöl . .	65·6	100·1
Sesamöl	69·0	106	Pfirsichkernöl . . .	66·1	99·5
Baumwollsamenöl .	67·8	108	Mohnöl	72·0	138
Erdnußöl	66·5	96	Sonnenblumenöl . .	72·2	132
Mandelöl	64·8	98			

Brechungsvermögen bei Gegenwart von Oxyfettsäuren.

Die wohl zuerst von Mansfeld[2] gemachte Beobachtung, daß die Refraktion gleichzeitig mit der Jodzahl zunimmt, wurde teilweise bestätigt durch Beckurts und Seiler[3] und Hefelmann[4]. Sie wurde jedoch von dem letzteren[5], ferner von Spaeth[6] eingeschränkt und auch Weger[7] ist zur Ansicht gekommen, daß dieser Parallelismus nicht allgemein Gültigkeit hat. Nach den Untersuchungen der letztgenannten ist beispielsweise für erhitzte und oxydierte Leinöle und für Firnisse eher das Gegenteil der Fall, d. h. nämlich, daß die Sauerstoffaufnahme und die Jodzahl im umgekehrten Verhältnis zur Refraktion stehen, analog der Spaethschen Beobachtung bei ranzigen Fetten.

[1] Gaz. chim. 1886. 16. 393.
[2] Forschungsber. ü. Lebensm. u. Bez. z. Hyg. etc. 1894. 1. 68.
[3] Zeitschr. f. angew. Chem. 1895. 8. 612.
[4] Pharm. Centralhalle 1894. 35. 467.
[5] Pharm. Centralhalle 1895. 36. 47.
[6] Zeitschr. f. analyt. Chem. 1896. 36. 471.
[7] Zeitschr. f. angew. Chem. 1899. 12. 297 u. 330.

Tabelle I. Leinöle.

Nr.		Refraktion bei 25° C.	Refraktion bei 40° C.	Sauerstoffaufnahme nach dem Tafelverfahren (im Mittel) Proz.
1	Lackleinöl	81·5	72·5	—
2	Malerleinöl A	81·3	72·4	18·0
3	Leinöl aus indischer Saat	80·2	71·4	17·1
4	Malerleinöl N	80·8	—	—
5	Leinöl W, 3 Jahre nicht absolut verschlossen aufbewahrt	82·2	—	15·4
6	Leinöl englischen Ursprungs, 5 Jahre gut verschlossen aufbewahrt	85·1	76·1	19·8

Tabelle II. Behandelte Leinöle.

Nr.		Refraktion bei 25° C.	Refraktion bei 40° C.	Sauerstoffaufnahme nach dem Tafelverfahren (im Mittel) Proz.
1	„Naturgebleichtes" Leinöl des Handels	81·5	—	—
2	Malerleinöl A (Tab. I, 2), 11 Monate im Becherglas an der Luft gestanden	83·0	—	—
3	Malerleinöl A, mit Bleicherde bei 80° C. behandelt	81·5	72·5	—
4	Leinöl mit überhitztem Dampf auf 250° C. erhitzt	81·5	72·5	15·3
5	Lackleinöl (Tab. I, 1) einige Minuten auf 150° C. erwärmt	—	72·5	—
6	Malerleinöl A, 6 Stunden auf 150° C. erwärmt	—	73·7	—
7	Malerleinöl N (Tab. I, 4), im Reagensglas bei etwa 280° C. entschleimt .	81·0	—	—
8	Malerleinöl A, im Literkolben bei 280°C. entschleimt	82·1	—	16·5
9	Malerleinöl, im Literkolben bei 315° C. entschleimt	82·5	—	—
10	Malerleinöl, 40 Stunden auf 180° C. bis 190° C. erhitzt	90·9	—	—
11	Malerleinöl, 5 Minuten auf 360° C. erhitzt	102·3	—	5·4 (?)
12	Leinöl W (Tab. I, 5), im großen bei 100° bis 140° C. mit Luft geblasen, 3 Jahre nicht absolut verschlossen aufbewahrt	84·2	—	14·5
13	Leinöl, in der Kälte geblasen, 3 Jahre aufbewahrt	83·4	—	—
14	Malerleinöl A, in der Kälte geblasen .	—	73·6	—
15	Malerleinöl A, in der Wärme geblasen .	—	74·2	—
16	Leinöl aus indischer Saat (Tab. I, 3), in der Kälte geblasen	80·2	—	16·7
17	Leinöl aus indischer Saat, 20 Stunden bei 150° C. geblasen	92·6	—	—
18	Leinöl aus indischer Saat, 25 Stunden bei 150° C. geblasen	95·0	—	8·7
19	Standöl des Handels A	99·3	—	11·1
20	Dicköl des Handels P	92·9	—	10·7

Die beiden Tabellen I und II (Seite 571) von Weger zeigen die Veränderungen der Refraktometeranzeigen von verschiedenen Leinölen nach verschiedener Behandlung. Nach Procter[1]) und Holmes nimmt die Refraktion mit der Oxydation zu.

Den Einfluß des Erhitzens auf den Brechungsindex verschiedener Fette und Öle hat Utz[2]) festzustellen versucht. Die Refraktion nimmt mit der Steigerung der Temperatur und mit der Dauer der Erhitzung zu. Die verschiedenen Fette werden jedoch verschieden stark beeinflußt.

	Unerhitzte Öle und Fette		Erhitzt 1 Std. im Wassertrockenschrank		Erhitzt 3 Std. im Wassertrockenschrank		Erhitzt 10 Std. im Wassertrockenschrank		Erhitzt 2 Std. bei 145° C.	
	n_D	Skalenteile des Zeißschen Butter-Refrakt.	n_D	Skalenteile des Zeißschen Butter-Refrakt.	n_D	Skalenteile des Zeißschen Butter-Refrakt.	n_D	Skalenteile des Zeißschen Butter-Refrakt.	n_D	Skalenteile des Zeißschen Butter-Refrakt.
a) Refraktion bei 20° C.										
Baumwollsamenöl .	1·4780	79·4	1·4780	79·4	1·4799	82·7	1·4813	85·2	1·4825	87·3
Lebertran (Dorsch-).	1·4778	79·1	1·4776	78·7	1·4804	83·6	1·4805	83·8	1·4823	86·9
Olivenöl	1·4688	64·5	1·4689	64·7	1·4696	65·7	1·4696	65·7	1·4698	66·1
Sesamöl	1·4730	71·1	1·4730	71·1	1·4731	71·3	1·4732	71·4	1·4738	72·4
b) Refraktion bei 40° C.										
Butterschmalz frisch	1·4536	41·7	1·4535	41·5	1·4538	42·0	1·4539	42·1	1·4548	43·4
„ alt .	1·4533	41·3	1·4534	41·4	1·4540	42·3	1·4549	43·6	1·4554	44·3
Cocosöl	1·4497	36·3	1·4498	36·4	1·4493	35·7	1·4500	36·7	1·4505	37·4
Kakaobutter	1·4537	41·8	1·4535	41·5	1·4570	46·6	1·4574	47·2	1·4583	48·5
Schweineschmalz . .	1·4606	51·9	1·4606	51·9	1·4605	51·7	1·4617	53·6	1·4625	54·8
Talg (Rinds-) . . .	1·4551	43·9	1·4550	43·7	1·4570	46·6	1·4580	48·0	1·4586	48·9
„ (Hammel-) . .	1·4550	43·7	1·4550	43·7	1·4568	46·3	1·4582	48·3	1·4588	49·2

Strohmer[3]) hat die Brechungsexponenten einer größeren Anzahl von Ölen mit dem Apparat von Abbe bestimmt. Aus denselben geht hervor, daß die nichttrocknenden, von Glyceriden der Oxyfettsäuren freien Öle ein kleineres Brechungsvermögen besitzen als die trocknenden Öle und die aus Glyceriden von Oxyfettsäuren bestehenden Öle.

Das Brechungsvermögen ist auch abhängig vom Alter des Öles und von seiner Gewinnung.

Zur Erläuterung der Tabelle (Seite 573) sei noch bemerkt, daß die Kolumne d die Differenzen zwischen den Brechungsexponenten der Öle und des Wassers gibt, somit von kleinen Justierungsfehlern des Apparates unabhängig macht. Dagegen müssen die Ablesungen bei den Temperaturen vorgenommen werden, für welche die Tabelle entworfen ist, weil die Brechungsexponenten der Öle durch Temperaturschwankungen weit stärker beeinflußt werden als der des Wassers.

<hr>

[1]) Journ. Soc. Chem. Ind. 1905. 24. Nr. 24.
[2]) Chem. Rev. üb. d. Fett- u. Harz-Ind. 1903. 10. 77.
[3]) Zeitschr. f. Zuckerindustrie 1889. 189.

Harvey[1]) fand bei einer Reihe von Fetten eine Verringerung des Brechungsexponenten um 0·00036 bis 0·00037 für je ein Grad Temperaturzunahme, bei Wasser jedoch nur um 0·000073.

Tabelle der Brechungsexponenten. Nach Strohmer.

Öl	Bemerkung	bei 16° C. n_D 16° C.	bei 14° C. n_D 14° C.	bei 15° C. Mittel aus a und b n_D 15° C.	Differenz zwischen den Brechungsexponenten des Fettes bei 15° C. und des Wassers bei 15° C.
		a	b	c	d
Olivenöl . . .	Jungfernöl aus Triest	1·4700	1·4696	1·4698	0·1368
Olivenöl . . .	Dalmatiner Baumöl	1·4702	1·4704	1·4703	0·1373
Sesamöl . . .	frisch	1·4748	1·4748	1·4748	0·1418
Sesamöl . . .	französisches, 9 Jahre alt . . .	1·4755	1·4768	1·4762	0·1432
Cottonöl . . .	amerikanisches, beste Marke . .	1·4743	1·4761	1·4752	0·1422
Cottonöl . . .	Marke Marginis	1·4729	1·4734	1·4732	0·1402
Cottonöl . . .	Triestiner, 7 Jahr alt	1·4735	1·4751	1·4743	0·1413
Rüböl	3 Jahre alt	1·4733	1·4731	1·4732	0·1402
Rüböl	entsäuert	1·4718	1·4721	1·4720	0·1390
Repsöl	raffiniert, 7 Jahre alt	1·4727	1·4725	1·4726	0·1396
Rapsöl	aus Winterraps gepreßt	1·4747	1·4767	1·4757	0·1427
Ricinusöl . . .	kalt gepreßt	1·4786	1·4803	1·4795	0·1465
Ricinusöl . . .	warm gepreßt	1·4809	1·4796	1·4803	0·1473
Leinöl	kalt gepreßt	1·4834	1·4836	1·4835	0·1505
Mohnöl	—	1·4779	1·4787	1·4783	0·1453
Lebertran . . .	Möllers Originallebertran . . .	1·4841	1·4862	1·4852	0·1522
Lebertran . . .	blond	1·4791	1·4809	1·4800	0·1470
Dorschtran . .	—	1·4785	1·4792	1·4789	0·1459
Fischtran . . .	—	—	1·4790	1·4790	0·1460
Wasser	—	1·3330	1·3330	1·3330	—
Petroleum . . .	Kaiseröl, spez. Gew. 0·7898 b. 15° C.	—	—	1·4376	0·1046
Mineralschmieröl	russisch „ „ 0·9058 „	—	—	1·4942	0·1612
Mineralschmieröl	„ „ 0·9066 „	—	—	1·4943	0·1613

Refraktometeranzeigen nach Beckurts und Seiler.

Temperatur in ° C.	Olivenöl		Sesamöl		Baumwollsamenöl		Erdnußöl		Mandelöl		Aprikosenkernöl		Pfirsichkernöl		Sonnenblumensamenöl	
	Ablenkung	Differenz für 1° Skalenteile	Ablenkung	Differenz für 1° Skalenteile	Ablenkung	Differenz für 1° Skalenteile	Ablenkung	Differenz für 1° Skalenteile	Ablenkung	Differenz für 1° Skalenteile	Ablenkung	Differenz für 1° Skalenteile	Ablenkung	Differenz für 1° Skalenteile	Ablenkung	Differenz für 1° Skalenteile
30	59·0	—	65·6	—	65·0	—	63·3	—	62·2	—	62·6	—	63·1	—	69·5	—
29	59·6	0·6	66·3	0·7	65·5	0·5	63·9	0·6	62·7	0·5	63·2	0·4	63·7	0·6	70·0	0·5
28	60·2	0·6	67·0	0·7	66·1	0·6	64·5	0·6	63·2	0·5	63·8	0·6	64·3	0·6	70·5	0·5
27	60·8	0·6	67·7	0·7	66·6	0·5	65·2	0·7	63·8	0·6	64·4	0·6	64·9	0·6	71·1	0·6
26	61·4	0·6	68·3	0·7	67·2	0·6	65·9	0·7	64·3	0·5	65·0	0·6	65·5	0·6	71·6	0·5
25	62·0	0·6	69·0	0·7	67·8	0·6	66·5	0·6	64·8	0·5	65·6	0·6	66·1	0·6	72·2	0·6

[1]) Journ. Soc. Chem. Ind. 1905. 24. Nr. 13.

Beckurts und Seiler[1]) haben eine Anzahl von Ölen in Zeiß Refraktometer bei verschiedenen Temperaturen auf ihre Ablenkung geprüft und die vorstehenden Resultate erhalten (s. Tabelle S. 573 unten).

Die folgende Tabelle enthält Grenz- und Durchschnittswerte für die Refraktometeranzeigen und Brechungsindices der Fette und Wachsarten nach Jean[2]), Lobry de Bruyn und von Leent[3]), Thörner[4]), Mansfeld, Crossley und Le Sueur u. a.

Name	Refraktometeranzeige in Zeiß Butterrefraktometer bei		Ablenkung im Oleorefraktometer (Grade)	Brechungsexponent bei	
	25° C.	40° C.		40° C.	60° C.
Pflanzenfette.					
Aprikosenkernöl .	65·5—67·0	52·25—58·0	—	—	—
Arachisöl	62·6—67·5	54·1—57·5	+3·5 bis +7	1·4620—1·4642	1·4545
Argemoneöl . . .	—	62·5	—	—	—
Baumwollsamenöl	67·6—69·4	—	+20	—	1·4570
Bucheckernöl . .	—	—	+16·5bis+18	—	—
Candlenußöl . . .	76	—	—	—	—
Chinesischer Talg	—	41	—	—	1·4503
Chironjiöl	—	48·8	—	1·4584	—
Cocosöl	—	33·5—36·3	—	1·4497	1·4410
Cocumbutter . .	—	46	—	1·4565	—
Crotonöl	—	68	+35(bei22°C.)	—	—
Dikafett	—	63	—	—	—
Dombaöl	—	76	—	—	—
Gartenkressenöl .	—	60·5	—	1·4622	—
Hanföl	—	—	+30 bis +34	—	—
Illipetalg	—	51·8—55	—	1·4605—1·4609	—
Immergrünbaumöl	—	64·5	—	1·4687	—
Javaolivenöl . . .	—	—	—	1·4654	—
Javamandelöl . .	—	49·5—51·3	—	1·4589	—
Japanwachs . . .	—	47	—	—	—
Kaffeebohnenfett .	76·5—79·25	—	—	—	—
Kakaobutter . .	—	41·8—47·8	—	1·4537—1·4578	1·4496
Kapoköl	68·0	51·3	—	—	—
Kilimandscharonußöl	62·5	—	—	—	—
Kürbiskernöl . .	70·0—72·5	—	—	—	—
Leindotteröl . . .	—	—	+32	—	—
Leinöl	81—87·5	—	+48 bis +53	—	1·4660
Luffaöl	—	62	—	1·4660	—
Maisöl	71·5	—	+22 bis +27	—	—
Malabartalg . . .	—	42—47·5	—	1·4575	—
Mandelöl	64—64·8	56·5—57·5	+6bis+10·5	—	—
Manihotöl	—	62·9	—	—	—
Margosaöl	—	65·1	—	—	—
Mohnöl	71—74·5	63·4	+23·5bis+35	—	1·4586
Mucunaöl	66·2	—	—	—	—
Muskatbutter . .	—	38—67·2	—	1·4700—1·4705	—

[1]) Arch. d. Pharm. 1895. 233, 423; nach Zeitschr. f. angew. Chem. 1895. 8. 612.
[2]) Journ. Pharm. Chim. 1889. 20. 337.
[3]) Rev. intern. falsific. 1891. 4. 81; durch Chem. Zeitg. Rep. 1891. 15. 72.
[4]) Chem. Zeitg. 1899. 18. 1154.

Name	Refraktometeranzeige in Zeiß Butterrefraktometer bei		Ablenkung im Oleorefraktometer (Grade)	Brechungsexponent bei	
	25° C.	40° C.		40° C.	60° C.
Myricawachs	—	55	—	—	—
Nigeröl	—	63	$+26$ bis $+30$	—	—
Njavebutter	—	52·0		1·4606	—
Nußöl	—	64·8—68	$+35$ bis $+36$	—	—
Olivenöl	59·7—62·8	56·4	0 bis $+2$	1·4635	1·4548
Owalaöl	—	95·2	—	1·4654	—
Palmkernöl	—	36—36·5	—	—	1·4431
Palmöl	—	47	—	—	1·4510
Pfirsichkernöl	66·1—67·2	57·5—58·5	—	—	—
Phulwarabutter	—	43—48·2	$+18$ bis $+22$	1·4570	—
Pongamöl	—	70—78	—	—	—
Rettichöl	—	57·5	—	1·4642	—
Ricinusöl	—	—	$+43$ bis $+46$	—	1·4636
Rüböl	68—71	58·5—59·2	$+15$bis$+18·5$	—	1·4667
Saffloröl	—	65—65·2	—	—	—
Sandbeerenöl	71	—	—	—	—
Schwarzkümmelöl	—	58·5	—	1·4649	—
Schwarzsenföl	—	59·5	—	1·4655	—
Senföl, indisches	—	60	—	1·4659	—
Sesamöl	66·2—69·2	58·2—60·6	$+17$bis$+18$	—	1·4561
Sheabutter	—	39—49	—	—	—
Sinapis-juncea-Öl	—	60	—	1·4659	—
Sinapis-napus-Öl	—	58·8	—	1·4650	—
Sonnenblumenöl	72·2	62·5—64	$+35$	—	1·4611
Spargelsamenöl	75	—	—	—	—
Telfairiaöl	63—64	—	—	—	—
Traubenkernöl	68·5	60·0	—	1·4659	—
Ukuhubafett	—	54	—	—	—
Weißsenföl	—	85·5	—	1·4649	—
Weizenöl	92	—	—	—	—
Tierfette.					
Bärenfett	61·2	53	—	—	—
Butter	—	40·5—47	—	1·4533—1·4536	1·445 —1·448
Eieröl	68·5	—	—	—	—
Gänsefett	—	50—50·5	—	—	—
Hammeltalg	—	43·7	—	1·4550	1·4501
Hasenfett	—	49	—	—	—
Ochsenklauenöl	—	—	-3 bis -4	—	—
Pferdefett	—	51·5—68·8	—	—	—
Rindertalg	—	43·9—49	—	1·4551	1·4510
Schweinefett	56·8—61·4	49·7—51·9	$-12·5$	1·4606	1·4539
Specköl	52	—	—	—	—
Wasserhuhnfett	62·9	54·8	—	—	—
Trane.					
Dorschlebertran	75—85	71	$+38$bis$+53$ (bei 22° C.)	—	1·4621
Menhadentran	80·7	71·3	—	—	—
Robbentran	72·7	64·0	$+8$ bis $+36$ (bei 22° C.)	—	—
Sardinentran	—	—	$+50$bis$+53$ (bei 45° C.)	—	—

Name	Refraktometeranzeige in Zeiß Butterrefraktometer bei		Ablenkung im Oleorefraktometer (Grade)	Brechungsexponent bei	
	25° C.	40° C.		40° C.	60° C.
Sprottentran . .	76	—	—	—	—
Walfischtran . .	65	56	$+30\cdot5$bis$+48$	—	—
Pflanzenwachse.					
Carnaubawachs .	—	66	—	—	—
Tierwachse.					
Bienenwachs . .	—	42—46	—	—	—
Insektenwachs . .	—	46	—	—	—
Spermacetiöl . .	—	—	—12bis—17·5	—	—
Wollfett	—	—	—	—	1·4786

c) Wirkung auf polarisiertes Licht.

Die meisten Pflanzenöle sind optisch inaktiv oder nur äußerst schwach rechts- und linksdrehend. Mehr als 100 Proben von Olivenöl zeigten sich beispielsweise als äußerst schwach rechtsdrehend. Nur Sesamöl zeigt eine größere Rechtsdrehung.

Außerdem scheinen ganz allgemein jene Öle ein hohes Rechtsdrehungsvermögen zu besitzen, welche Glyceride von Oxyfettsäuren enthalten (z. B. Crotonöl und Ricinusöl).

Da die Harzöle ein großes Rechtsdrehungsvermögen besitzen, hat man ein Mittel, sie in den meisten fetten Ölen (z. B. Leinölen) nachzuweisen.

Bishop[1]) und Peter[2]) prüften flüssige Öle im Polarimeter von Laurent im 200 mm langen Rohre bei 13°—15° C. Trübe Öle wurden vorher filtriert, dunkle mit Tierkohle entfärbt. Bishop hat die folgenden Öle untersucht:

	Saccharimetergrade			Saccharimetergrade
Süßmandelöl	— 0·7		Olivenöl	+ 0·6
Erdnußöl	— 0·4		Sesamöl (kalt gepreßt)	+ 3·1
Rüböl, franz. . . .	— 2·1		„ (warm gepr.)	+ 7·2
„ japan. . . .	— 1·6		„ 1878	+ 4·6
Leinöl	— 0·3		„ 1882	+ 3·9
Nußöl	— 0·3		„ 1882	+ 9·0
Mohnöl	0·0		„ indisches . .	+ 7·7

Crossley und Le Sueur[3]) haben in Laurents Halbschattenapparat im 200 mm-Rohre bei gewöhnlicher Temperatur für eine Anzahl Öle folgende Drehungen erhalten:

Erdnußöl . .	— 7′ bis + 24′	Nigeröl	0 bis + 18′
Weißsenföl . .	— 9′	Gartenkressenöl .	0
Schwarzsenföl	— 17′ „ — 30′	Leinöl	+ 6′
Rüböl	— 5′ „ — 10′	Mohnöl	0 „ + 4′
Saffloröl . . .	+ 4′ „ + 14′		

[1]) Journ. Pharm. Chim. 1887. 16. 300.
[2]) Chem. Zeitg. Rep. 1887. 11. 267.
[3]) Journ. Soc. Chem. Ind. 1898. 17. 992.

Rakusin[1]) fand folgende Drehungen (in Saccharimetergraden):

für Ricinusöl . . . $+$ 8 bis $+$ 8·50 | für Lorbeeröl. . . . $+14·40$
„ Crotonöl . . . $+14$ „ $+16·40$ | „ Sesamöl . . . . $+1·9$ bis $+2·40$

Stillingiaöl dreht das polarisierte Licht um 4^0 nach links.

Auch die meisten tierischen Fette sind optisch inaktiv.[2]) Nur die Lebertrane und das Lanolin (eigentlich ein Wachs) zeigen ausgesprochene optische Aktivität, und zwar dreht das Lanolin nach rechts, die Lebertrane vorwiegend nach links:

Rotationskonstanten
in Saccharimetergraden

Lebertrane (weiße), Stockfischtrane	$-$ 0·2 bis $-$ 0·4[0]
„ (gelbe), „	$-$ 2·8 „ $-$ 3·6[0]
Lanolin	$+10·2$ „ $+11·2$[0]

Der Cholesteringehalt dieser Fette ist mit eine Ursache ihrer optischen Aktivität.

4. Die verschiedene Löslichkeit der Öle als Mittel zu ihrer Unterscheidung.

a) In Alkohol.

Die verschiedene Löslichkeit der Öle, Fette und Fettsäuren in Alkohol kann in manchen Fällen zu ihrer Unterscheidung dienen.

Ricinusöl, Crotonöl und Olivenkernöl sind die einzigen Öle, welche sich in kaltem Alkohol leicht lösen, alle übrigen sind darin nahezu unlöslich oder schwer löslich.

Die freien Fettsäuren lösen sich relativ leicht in kaltem Alkohol, daher kommt es, daß alte Fette, welche viel freie Fettsäuren enthalten, sich leichter lösen als die frischen Fette. Sicherlich ist auch beim Olivenkernöl der meist große Gehalt an freien Fettsäuren mit die Ursache der leichten Löslichkeit.

Öle, welche einen größeren Gehalt an Glyceriden der niederen Fettsäuren enthalten, sind in Alkohol verhältnismäßig leichter löslich (Cocosnußöl, Palmkernöl, Butterfett, Delphintran), ebenso Öle, welche aus den Glyceriden der Linolsäure und Linolensäure bestehen.

Nach Girard lösen sich z. B. in 1000 g absoluten Alkohols bei 15^0 C.:

Rapsöl	15 g	Nußöl	44 g
Kolzaöl.	20 „	Bucheckernöl	44 „
Senföl	27 „	Mohnöl	47 „
Haselnußöl	33 „	Hanföl	53 „
Olivenöl	36 „	Cottonöl	64 „
Mandelöl	39 „	Erdnußöl	66 „
Sesamöl	41 „	Leinöl	70 „
Aprikosenkernöl	43 „	Leindotteröl.	78 „

Nach Dubois und Padé[3]) kann man einige Fette durch die ver-

---

[1]) Chem. Zeitg. 1906. 30. 143.
[2]) Chem. Zeitg. 1906. 30. 1249.
[3]) Bull. Soc. Chim. 1885. 44. 189.

schiedene Löslichkeit ihrer Fettsäuren in absolutem Alkohol unterscheiden:

Fettsäuren aus:	1000 g absoluten Alkohols lösen Gramme Fettsäuren bei	
	0° C.	10° C.
Hammeltalg	2·48	5·02
Ochsentalg	2·51	6·05
Kälberfett	5·00	13·78
Schweinefett	5·63	11·23
Butterfett	10·61	24·81
Oleomargarin	2·37	4·94

Crismer[1]) hat ferner hervorgehoben, daß die Bestimmung der kritischen Lösungstemperatur in Alkohol bei der Untersuchung der Öle und Fette von großem Werte sei. (Siehe auch I. Teil, S. 104.) Die kritische Lösungstemperatur schwankt nämlich für ein und dasselbe Fett nur zwischen verhältnismäßig engen Grenzen.

Die folgende Tabelle enthält die kritischen Lösungstemperaturen einiger Öle, Fette und Wachsarten in Alkohol vom spez. Gew. 0·8195 (bei 15·5° C.)

	Kritische Lösungstemperatur		Kritische Lösungstemperatur
Arachisöl	123° C.	Hammelklauenöl	102° C.
Cottonöl	115·5°—116° „	Schmalzöl	104° „
Sesamöl	120·0°—121° „	Kakaobutter	71·5°—74·5° „
Olivenöl	122·5°—123° „	Japanwachs	100° „
Süßmandelöl	119·5°—120° „	Carnaubawachs	154°—154·5° „
Kolzaöl, roh	135·5°—136° „	Butterfett	99°—101° „
„ raff.	132·5° „	Hammeltalg	116° „
Hanföl	97° „	Schweinefett	124°—124·5° „
Mohnöl	113°—113·2° „	Bienenwachs (weiß)	125°—126° „
Nußöl	100·5° „	„ (gelb)	129°—129·2° „
Ricinusöl	0° „	Walrat	117° „
Rinderklauenöl	95° „	Paraffin (42°—44° C.)	143·5°—144·2° „

Bei Verwendung von Alkohol von 90 Volumprozenten, entsprechend dem spezifischen Gewichte 0·8332 erhielt Asbóth[2]) höhere kritische Lösungstemperaturen.

Die kritische Lösungstemperatur steigt nach Maßgabe der Verdünnung des Alkohols. Nach Crismer ist die kritische Lösungstemperatur von Mischungen von Ölen näherungsweise das arithmetische Mittel der kritischen Lösungstemperaturen der Komponenten.

b) In Eisessig.

Valenta[3]) unterscheidet die Fette durch ihre verschiedene Löslichkeit in Eisessig.

Gleiche Volumen Öl und Eisessig von der Dichte 1·0562 werden in einem Proberöhrchen innig miteinander gemengt, und wenn keine Lösung eintritt, erwärmt. Hiebei lösen sich:

---

[1]) Bull. assoc. Belg. chim. 1895. 9. 145.
[2]) Chem. Zeitg. 1896. 20. 685.
[3]) Dinglers Polyt. Journ. 1884. 252. 297.

1. Vollkommen bei gewöhnlicher Temperatur (14^0—20^0 C.): Olivenkernöl und Ricinusöl.

2. Vollkommen oder fast vollkommen bei Temperaturen von 23^0 C. bis zum Siedepunkte des Eisessigs: Palmöl, Lorbeeröl, Muskatbutter, Cocosnußöl, Palmkernöl, Illipeöl, Olivenöl, Kakaobutter, Sesamöl, Kürbiskernöl, Mandelöl, Cottonöl, Rüllöl, Arachisöl, Aprikosenkernöl, Rindertalg, Knochenfett, Lebertran und Preßtalg.

3. Unvollkommen bei der Siedetemperatur des Eisessigs: Rüböl, Rapsöl, Hederichöl (Cruciferenöle).

Behufs Unterscheidung der einzelnen Fette der zweiten Gruppe werden gleiche Volumina Fett und Eisessig in einem Proberöhrchen langsam unter Umschütteln bis zur völlig klaren Lösung erwärmt; dann bringt man ein Thermometer in die Flüssigkeit, läßt abkühlen und notiert den Punkt, bei welchem sich die Lösung zu trüben beginnt.

Dadurch kann man nach Valenta ·die Fette der zweiten Gruppe noch in zwei Untergruppen scheiden, deren eine Palmöl, Lorbeeröl, Muskatbutter, Cocosnußöl, Palmkernöl und Illipeöl umfaßt, während die andere von den übrigen angeführten Pflanzenölen und den tierischen Fetten gebildet wird.

Die Temperaturen, bei welchen die Trübung der Eisessiglösung beginnt, sind beträchtlichen Schwankungen unterworfen, die hauptsächlich durch den verschiedenen Gehalt der Fette an freien Fettsäuren bedingt sind. Deshalb findet Hurst[1]) die Methode unzuverlässig. Die in der dritten Kolumne der Tabelle (Seite 580) von Allen ermittelten Zahlen stimmen in der Tat mit denen Valentas schlecht überein. Trotzdem wird die Methode in Verbindung mit anderen zur Erkennung einzelner Öle wertvolle Dienste leisten können.

Nach den Resultaten, welche Thomson und Ballantyne mit Essigsäure von verschiedener Stärke bei einer Reihe von Ölen erhalten haben, übt der Gehalt an freien Fettsäuren insofern einen bedeutenden Einfluß auf die Löslichkeit des Fettes aus, als diese steigt, wenn der Fettsäuregehalt ein höherer ist, und umgekehrt. Dementsprechend tritt bei höherem Fettsäuregehalt bei niedrigerer Temperatur, und bei niedrigem Fettsäuregehalt bei höherer Temperatur Trübung ein.

Ein Olivenöl mit $23.88\ ^0/_0$ freier Fettsäuren (als Ölsäure berechnet) zeigte bei Anwendung von Eisessig (1·0542) erst bei 42^0 C., und zwei andere Olivenöle mit 5·19 und $3.86\ ^0/_0$ freier Fettsäuren zeigten schon bei 78^0 C. und 85^0 C. das Eintreten einer Trübung.

Man vermeidet die genannte Fehlerquelle, wenn man nach Bach[2]) nicht die Löslichkeit der Öle, sondern die ihrer Fettsäuren untersucht. Als Lösungsmittel wird zweckmäßig die nach der Vorschrift von David (S. 181) bereitete Alkohol-Essigsäuremischung benutzt. Man versetzt dieselbe mit 1—2 g geschabter Stearinsäure und verwendet die über-

---

[1]) Journ. Soc. Chem. Ind. 1887. 6. 22.
[2]) Chem. Zeitg. 1883. 7. 356.

Tabelle über die Löslichkeit der Fette in Eisessig.

	Die Lösung in gleichen Teilen Eisessig (spez. Gew. = 1·0562) trübt sich bei:	
	°C. nach Valenta	°C. nach Allen
Aprikosenkernöl	114	—
Bassiafett (Illipeöl)	64·5	—
Baumwollsamenöl	110	90
Butterfett	—	61·5
Cocosnußöl	40	7·5
Erdnußöl	112	87
Haifischtran	—	105
Kakaobutter	105	Unlöslich
Knochenfett	90—95	—
Kürbiskernöl	108	—
Lebertran	101	79
Leinöl	—	57—74
Lorbeeröl	26—27	40
Mandelöl, aus süßen Mandeln	110	—
Meerschweintran	—	40
Menhadentran	—	64
Muskatbutter	270	39
Nigeröl	—	49
Ochsenklauenöl	—	102
Oleomargarin	—	96·5
Olivenöl, gelb	111	—
„ grün, von der zweiten Pressung	85	—
Palmkernöl	48	32
Palmöl	23	83
Preßtalg (Schmelzpunkt 55·8° C.)	114	—
Rindertalg	95	—
Robbentran	—	72
Schweinefett	—	96·5
Sesamöl	107	87
Spermacetiöl	—	98—103
Walfischtran	—	38—86

stehende, klare Lösung. Man gibt zunächst 1 ccm Fettsäure in eine kleine, in $^1/_{10}$ ccm geteilte Röhre, fügt 15 ccm Alkohol-Essigsäure hinzu, schüttelt tüchtig um und läßt bei 15° C. ruhig stehen. Die Säuren aus reinem Olivenöl lösen sich klar auf, die aus Cottonöl bleiben ungelöst, die durch gelindes Erwärmen erhaltene Lösung erstarrt bei 15° C. zu einer weißen Gallerte. Ähnlich verhalten sich Sesamöl und Arachisöl. Die Fettsäuren aus Sonnenblumenöl lösen sich, scheiden aber beim Stehen bei 15° C. einen körnigen Niederschlag aus, bei Rüböl findet gar keine Lösung statt, die ganze Ölschichte schwimmt auf der Oberfläche. Ricinusölfettsäuren verhalten sich wie die Olivenölfettsäuren.

Jean[1]) hat die Valentasche Prüfung der Öle auf ihre Löslichkeit in Eisessig folgendermaßen abgeändert:

3 ccm des Öles werden in ein graduiertes Röhrchen von 1 cm Durchmesser gebracht, im Wasserbade auf 50° C. erwärmt und ein

---

[1]) Les corps gras ind. 1892. 19. 4.

etwaiger Überschuß des Öles entfernt. Hierauf werden 3 ccm Eisessig $(d = 1\cdot0565$ bei $15\,^0$ C.) bei $22\,^0$ C. abgemessen, zugefügt, einige Minuten im Wasserbade weiter erwärmt, bis der Inhalt des Röhrchens die Temperatur von $50\,^0$ C. angenommen hat, und dann tüchtig durchgeschüttelt. Man läßt bei $50\,^0$ C. die beiden Schichten absetzen und liest das Volumen des nicht von dem Öle aufgelösten Eisessigs ab.

Die von verschiedenen Fetten aufgenommenen Eisessigmengen in Volumprozenten sind für

Arachisöl	$41\cdot65$—$43\cdot66\ ^0/_0$	Mohnöl	$63\cdot30,\ 43\cdot30\ ^0/_0$
Kolzaöl	$30\cdot00$ „	Rinderklauenöl	$43\cdot30$ „
Mandelöl	$33\cdot00$ „	Pferdefett	$30\cdot00$ „
Olivenöl	$35\cdot00$ „	Schweineschmalz	$26\cdot66$ „
Nußöl	$36\cdot60$ „	Butterfett	$63\cdot33$ „
Leindotteröl	$36\cdot60$ „	Baumwollsamenstearin	$40\cdot00$ „
Ricinusöl	$100\cdot00$ „	Oleomargarin	$26\cdot66$ „
Maisöl	$100\cdot00$ „	Palmöl	$100\cdot00$ „
Bucheckernöl	$53\cdot30$ „	Cocosnußöl	$100\cdot00$ „

Die Löslichkeit der Fettsäuren einiger Öle in **verdünnter Essigsäure** prüfte **Paulmyer**[1]) auf die Weise, daß er 5 g der Fettsäuren mit 10 g verdünnter Essigsäure, welche $81\cdot18\ ^0/_0$ reine Essigsäure und $18\cdot82\ ^0/_0$ Wasser enthielt, auf dem Wasserbade erwärmte. Diejenige Temperatur, bei welcher sich die Flüssigkeit nach vollständiger Lösung und nachherigem langsamen Erkalten wieder trübte, nannte er die „kritische Löslichkeitstemperatur". (Siehe auch Cocosfett.)

Fettsäuren von:	Kritische Löslichkeitstemperatur ^{0} C.	Fettsäuren von:	Kritische Löslichkeitstemperatur ^{0} C.
Cocosöl	33	Olivenöl	93
Erdnußöl	90	Cottonöl	$82\cdot5$
Sesamöl	89	Mafuratalg	88
Nigeröl	85	Palmkernöl	49
Ricinusöl	$13\cdot5$	Stearinsäure des Han-	
Rapsöl	107	dels	94
Leinöl	72	Ölsäure des Handels	98

Bei Gemischen dieser Fettsäuren steht die Änderung der kritischen Löslichkeitstemperatur in proportionalem Verhältnis zu den vorhandenen Mengen der einzelnen Fettsäuren.

Die angegebenen Zahlen gelten jedoch nur für die bezeichnete Konzentration der Essigsäure. Für jede andere Verdünnung sind sie von neuem festzustellen.

c) In anderen Lösungsmitteln.

Ricinusöl ist nahezu unlöslich in **Petroleum** und **Petroleumäther**.

Die verschiedene Löslichkeit der Fettsäuren mancher Fette in **Benzol** haben **Dubois** und **Padé**[2]) geprüft:

---

[1]) La Savonnerie Marseillaise, 1906. 6. Nr. 62. — Seifens.-Zeitg. 1906. 33. 286.

[2]) Bull. Soc. Chim. 1885. 44. 189.

Fettsäuren aus: 100 g Benzol lösen bei 12° C.
Hammeltalg . . . . 14·70 g
Ochsentalg . . . . 15·89 „
Kälberfett . . . . 26·08 „
Schweinefett . . . . 27·30 „
Butterfett . . . . 69·61 „
Oleomargarin . . . . 12·83 „

Salzer[1]) hat die Löslichkeit verschiedener Fette in Carbolsäure ermittelt.

5. Die Viscositäten der Öle.

Die Viscosität der Fette, deren Bestimmung nach den früher beschriebenen Methoden (s. I. Teil S. 56 ff.) erfolgt, wird in neuerer Zeit vielfach neben den anderen Methoden benützt, um einen Aufschluß über die Natur der Fette zu erhalten.

Die Prüfung einer Anzahl von Ölen auf ihre Viscosität bei verschiedenen Temperaturen ergab nach **Künkler** folgende Resultate:

Art des Öles	Spez. Gewicht 17·5° C.	Viscosität (nach Engler, Wasser von 20° C. = 1)			
		20° C.	50° C.	100° C.	150° C.
Rüböl, roh	0·920	9·03	4·00	1·78	1·34
Rüböl, raff.	0·911	11·88	4·90	2·05	1·40
Olivenöl	0·914	10·30	3·78	1·80	—
Ricinusöl	0·963	—	16·46	3·01	—
Leinöl	0·930	6·36	3·20	1·76	—
Talg	0·951	—	5·19	2·50	1·73
Ochsenklauenöl	0·916	11·63	4·44	1·92	—

Crossley und **Le Sueur** fanden in **Redwoods** Viscosimeter für verschiedene Öle folgende Viscositäten:

Name	Sekundenanzahl zum Ausfließen von 50 ccm bei 70° F.	Viscosität bezogen auf Wasser von 70° F.
Amooraöl	375·8	14·79
Arachisöl	350·1—306·9	13·78—12·10
Argemoneöl, mexikanisches Mohnöl	268·9	10·59
Cocosnußöl	63·9—64·5	2·79—2·82
Cocumbutter	101·1	4·41
Gartenkressenöl	321·6	12·66
Illipetalg	97·1—96·9	4·24—4·23
Leinöl	211·7	8·33
Malabartalg	104·0—101·5	4·75
Mohnöl	254·8—253·9	10·03—10·01
Olivenöl	312·3	12·29
Rettichöl	385·3	15·17
Rüböl	390·6—413·8	15·38—16·29
Saffloröl	256·1—268·8	10·08—10·58
Schwarzsenföl	425·4	16·75
Wallnußöl	231·8	9·13
Weißsenföl	402·0	15·82

---

[1]) Arch. d. Pharm. 1889. 227. 433.

Auch die Viscosität der Seifenlösungen der Öle und Fette wurde zur Unterscheidung derselben herangezogen. Es ist klar, daß derartige Seifenlösungen, um Vergleichszwecken dienen zu können, peinlich genau in gleicher Weise hergestellt werden müssen. Babcook[1] verwendete diese Methode zur Untersuchung der Butter, Blasdale[2] zum Nachweise von Schweineschmalz im Olivenöl, schließlich Sherman und Abraham[3] allgemein zur Prüfung vegetabilischer und animalischer Öle. Sie finden, daß die Viscositätszahlen der Kaliseifenlösungen bei Oliven- und Mandelöl am höchsten sind, und daß die Erniedrigung, welche durch Zumischung anderer Öle sich in der Viscositätszahl der Seifenlösung ausdrückt, zum Nachweise von Verfälschungen dienen kann.

6. Andere physikalische Eigenschaften der Öle, welche zu ihrer Erkennung benutzt werden.

Es sind noch einige andere physikalische Methoden vorgeschlagen worden, um die flüssigen Fette auf ihre Abstammung oder Reinheit zu prüfen.

Tomlinson sowie auch Hallwachs[4] geben z. B. an, daß man für jedes Öl charakteristische, zum Teil mit irisierenden Rändern umgebene Figuren bekomme, wenn man davon einen Tropfen auf Wasser fallen lasse (Kohäsionsfiguren). Nach Girard hat dieses Verfahren nur zur Entdeckung von Ricinusöl und Crotonöl (und nach Ansicht Ulzers wahrscheinlich auch von anderen, Triglyceride von Oxyfettsäuren enthaltenden Ölen) einigen Wert, indem diese die Flüssigkeitsoberfläche stark irisierend machen.

Auf das verschiedene Leitvermögen für Elektrizität hat zuerst Rousseau, dann Palmieri ein Verfahren zur Unterscheidung des Olivenöles von allen anderen Ölen gegründet.

B. Anwendung chemischer Methoden zur Unterscheidung der Fette und Wachsarten.

Dem chemischen Verhalten nach unterscheidet man zunächst die zwei Gruppen der Fette und der Wachsarten.

Die Fette werden in Öle, Trane und feste Fette, die Öle wiederum in trocknende, schwachtrocknende und nichttrocknende eingeteilt, die Wachse werden in flüssige und feste unterschieden. Die Grenze zwischen Wachsarten und Fetten ist ziemlich scharf. Die einen sind Ester von Fettsäuren mit einwertigen Alkoholen, die anderen mit dem dreiwertigen Alkohol Glycerin. Es enthalten allerdings einige Wachse geringe Mengen Glyceride und viele Fette wachsartige Verunreinigungen.

---

[1] Rep. N. Y. State Agricult. Exp. Station 1886. 338; 1887. 380.
[2] Journ. Americ. Chem. Soc. 1895. 17. 937.
[3] Journ. Americ. Chem. Soc. 1903. 25. 968 u. 977.
[4] Zeitschr. f. analyt. Chem. 1865. 4. 252.

Dagegen sind die weiteren Unterscheidungen nicht streng zu nehmen. Die Öle haben einen größeren Gehalt an ungesättigten Fettsäuren. Qualitativ aber sind z. B. Olivenöl, Palmöl und chinesischer Talg fast gleich zusammengesetzt. Das Palmöl, welches in unserem Klima zu den festen Fetten gezählt werden muß, ist in seiner Heimat ein Öl. Andrerseits sind z. B. die Butter, das Cocosöl, das Palmkernöl, welche hinsichtlich ihrer Konsistenz gleichfalls an der Grenze der flüssigen und festen Fette stehen, den flüssigen Fetten nicht wegen ihres Gehaltes an ungesättigten Fettsäureglyceriden verwandt, denn dieser ist relativ gering. Sie verdanken ihren niedrigen Schmelzpunkt dem Gehalte an Glyceriden niedrigmolekularer Fettsäuren.

Ähnlich verhält es sich bei den Wachsarten.

Auch der Übergang von den nichttrocknenden Ölen zu den trocknenden ist nicht scharf. Insbesondere bei höherer Temperatur trocknen auch die sogenannten nichttrocknenden Öle.

I. Wachse.

. Die Wachse werden von allen anderen Fetten leicht dadurch unterschieden, daß sie, vermöge ihrer Eigenart als Fettsäureester einwertiger Alkohole, bei der Verseifung diese „Wachs"alkohole liefern. Da diese Alkohole ein größeres Molekulargewicht besitzen als das Glycerin und außerdem an jedem Alkoholmolekül nur ein Fettsäuremolekül hängt, am Glycerin aber deren drei, so ergibt sich bei den Wachsarten ein bedeutend kleinerer Prozentgehalt an Fettsäuren. Infolgedessen sind auch ihre Verseifungszahlen sehr niedrig. Der sogenannte „unverseifbare Anteil" ist fest und besteht aus einatomigen Wachsalkoholen. Der nach Seite 192 zu ermittelnde Glyceringehalt ist sehr gering.

Die flüssigen Wachse sind meist aus Seetieren stammende Öle, welche nur geringe Mengen von Glyceriden enthalten. Sie nehmen wenig Sauerstoff aus der Luft auf, trocknen nicht ein und geben kein Elaïdin. Ihr spezifisches Gewicht ist auffallend niedrig (vgl. z. B. Spermacetiöl).

II. Trane (Fischöle).

Die Trane sind flüssige, aus Seetieren stammende Fette, deren Säuren noch nicht völlig bekannt sind. Sie absorbieren viel Sauerstoff, trocknen jedoch nicht zu firnisartigen Massen ein und geben kein oder nur wenig Elaïdin.

Sie können oft an den intensiven Färbungen, welche sie mit Natronlauge, Schwefelsäure, Salpetersäure und Phosphorsäure geben, und an ihrem Geruch erkannt werden.

Am charakteristischsten ist die Reaktion mit Phosphorsäure, welche in der Weise ausgeführt wird, daß man fünf Volumteile Öl mit einem Volumteil sirupöser Phosphorsäure erwärmt. Dabei geben sämtliche Trane, ob sie nun rein oder mit anderen Ölen vermischt sind, intensive, rote, braunrote oder braunschwarze Färbungen.

Nach Holde geben jedoch auch Harzöle ähnliche Färbungen, und nach Ulzer können solche auch bei altem Leinöl, Holzöl und bei Firnissen beobachtet werden.

Die meisten Trane werden durch einen Chlorstrom geschwärzt, doch geben nicht alle Trane diese Reaktion (z. B. Robbentran). Die meisten Pflanzenöle werden durch Chlor leicht entfärbt (Fauré).

Die eigentlichen Trane, mit Ausschluß der flüssigen Wachse, haben meist Jodzahlen über 120, welche durch die Gegenwart von großen Mengen stark ungesättigter Fettsäuren erklärt werden. Fahrion[1]) hat im Sardinentran die Gegenwart von Jecorinsäure ($C_{18}H_{30}O_2$) und Asellinsäure ($C_{17}H_{32}O_2$) nachgewiesen, und Bull[2]) fand in Tranen sogar ungesättigte Fettsäuren der Reihen $C_nH_{2n-8}O_2$ und $C_nH_{2n-10}O_2$.

Der hohe Gehalt der Trane an ungesättigten Fettsäuren gibt sich auch durch die Proben von Livache (S. 594), Weger (S. 597), Wiederhold (S. 597) und Maumené (S. 617 ff.) zu erkennen.

Manche Trane besitzen ferner noch einen verhältnismäßig hohen Gehalt an flüchtigen Fettsäuren, und die meisten enthalten auch nicht unbedeutende Mengen an Oxyfettsäuren.

III. Die übrigen Fette.

1. Trocknende Öle. Sie bestehen ihrer Hauptmasse nach aus Glyceriden der Linolsäure und Linolensäuren. Sie absorbieren viel Sauerstoff, trocknen in dünnen Schichten an der Luft zu firnisartigen Massen ein und geben kein Elaïdin.

2. Nichttrocknende Öle. Sie enthalten viel Oleïn, trocknen an der Luft nicht ein, absorbieren nur wenig Sauerstoff und geben Elaïdin.

3. Feste Fette. Sie enthalten weniger Oleïn als die nichttrocknenden Öle, verhalten sich aber sonst diesen ähnlich.

1. Unterscheidung der trocknenden und nichttrocknenden Öle.

Die Unterscheidung der trocknenden und nichttrocknenden Öle kann nicht leicht in der Weise vorgenommen werden, daß man die Öle in dünnen Schichten ausbreitet und ihr Verhalten beobachtet, da die vollständige Trocknung erst nach einigen Monaten erfolgt. Casselmann hat zwar diese Zeit dadurch abgekürzt, daß er 3—4 g der Öle während der Versuchsdauer täglich durch drei Stunden auf 150° C. erhitzte, und dabei gefunden, daß Leinöl nach 36—48 Stunden, Mohnöl nach 4 bis 5 Tagen, Hanföl nach etwas längerer Zeit eintrocknet, während Sonnenblumenöl erst nach drei Monaten eine gallertigklebrige Masse gibt; doch erhält man auch auf diese Weise keine so verläßlichen Resultate, wie bei Befolgung einer der unten beschriebenen Methoden.

Es sei noch bemerkt, daß die Grenze zwischen den trocknenden und nichttrocknenden Ölen keine scharfe ist, und daß die „schwachtrocknenden" Öle einen Übergang von den einen zu den andern bilden.

[1]) Chem. Zeitg. 1893. 17. 521.
[2]) Chem. Zeitg. 1896. 20. 996.

Nach Livache[1]) werden auch die sogenannten nichttrocknenden Öle trocknend, wenn man sie entweder längere Zeit an der Luft allein oder mit etwas Bleioxyd erhitzt oder bei einer Temperatur von 120° bis 160° C. der Luft aussetzt.

a) Elaïdinprobe.

Das flüssige Oleïn verwandelt sich bei Gegenwart von salpetriger Säure in festes Elaïdin, während die Glyceride der stärker ungesättigten Fettsäuren flüssig bleiben. Die trocknenden Öle bleiben somit mehr oder weniger flüssig, die nichttrocknenden liefern harte Massen.

Es sind seit Poutet, welcher diese Probe zuerst, und zwar zur Prüfung des Olivenöles anwandte, zahlreiche Vorschriften zur Ausführung der Elaïdinreaktion gegeben worden, von welchen hier einige angeführt sein sollen.

Das jetzt noch sehr allgemein geübte Poutetsche Verfahren ist das folgende:

10 g Öl, 5 g Salpetersäure von 40°—42° Bé und 1 g Quecksilber werden in ein Reagensrohr gebracht, und das Quecksilber durch 3 Minuten andauerndes, starkes Schütteln gelöst, dann wird stehen gelassen und nach 20 Minuten wieder 1 Minute lang geschüttelt. Von diesem Zeitpunkte an zeigen die Öle nach den im Pariser städtischen Laboratorium ausgeführten Versuchen folgendes Verhalten:

Olivenöl	war nach	1 Stunde	—	Minuten fest.	
Erdnußöl	„ „	1 „	20	„	„
Sesamöl	., „	3 Stunden	5	„	„
Kolzaöl	„ „	3 „	5	„	„

Saponificat-Oleïn war nach 3 Stunden teigig.
Hammelfußöl war nach 2 Stunden fest.
Leinöl bildete einen roten, teigigen Schaum.
Lebertran wurde teigig, rot und schäumend.
Walfischtran ebenso.
Hanföl blieb unverändert.

Wellemann[2]) hat gefunden, daß die Elaïdinreaktion von der Temperatur stark abhängig ist. Das Verhalten eines Arachisöles und eines Olivenöles bei der vergleichend ausgeführten Elaïdinprobe bei zwei verschiedenen Temperaturen war das folgende:

Arachisöl benötigte bei	14° C.	13 Min.	Zeit b. z. Erstarren.		
„	„	„ 18°—19° C.	152	„ „ „ „	„
Olivenöl	„	„ 14° C.	15	„ „ „ „	„
„	„	„ 18°—19° C.	67	„ „ „ „	„

Nach Archbutt soll die Temperatur während der Ausführung der Elaïdinprobe nicht tiefer wie 25° C. sein und während des ganzen Versuches konstant erhalten werden. Archbutt bringt 18 g Quecksilber in einen 50 ccm fassenden Stöpselzylinder, läßt 15·6 ccm Salpetersäure (vom spez. Gew. 1·42) zufließen und schüttelt, solange diese Säure

---

[1]) Compt. rend. 1895. 120. 842.
[2]) Landw. Vers.-Stat. 1891. 37. 447.

grün gefärbt erscheint, 8 g derselben mit 96 g des zu prüfenden Öles in einem Pulverglas tüchtig durch und stellt dann in Wasser von 25° C. ein. Durch 2 Stunden hindurch wird alle 10 Minuten durchgeschüttelt und die Zeit beobachtet, welche zum Erstarren der Elaïdinmasse nötig ist.

Olivenöl, Erdnußöl, Mandelöl und Schmalzöl geben die härtesten Elaïdinproben, dann kommen beiläufig der Reihe nach Hammelklauenöl, Ochsenklauenöl, Senföl, Rüböl, Sesamöl, Cottonöl, Sonnenblumenöl, Nigeröl, die Trane und zuletzt die trocknenden Öle, welche flüssige Elaïdinprodukte liefern.

Archbutt verwendete auch versuchsweise statt der salpetrigen Säure eine durch Einleiten von schwefliger Säure in abgekühlte Salpetersäure (spez. Gew. 1·420) erhaltene Flüssigkeit, mit welcher auch Rüböl und Baumwollsamenöl feste Massen liefern, welche rot sind. Das Elaïdin aus Olivenöl ist in diesem Falle schön grün.

Statt des Quecksilbers kann auch Kupfer verwendet werden. 10 ccm Öl werden z. B. mit 10 ccm 25prozentiger Salpetersäure und 1 g Kupferdraht in ein Reagensrohr gebracht, welches in einem Becherglase mit kaltem Wasser gekühlt wird, und der Ruhe überlassen.

Donath schüttelt in der Eprouvette 1 T. gewöhnlicher, konzentrierter Schwefelsäure und 3—5 T. des Öles, setzt eine konzentrierte Lösung von salpetrigsaurem Kali tropfenweise unter weiterem Schütteln hinzu und stellt die Probe, um Erwärmung zu verhindern, in kaltes Wasser ein.

Lidoff[1]) versetzt die Lösung oder Emulsion des zu prüfenden Öles in Eisessig nach und nach mit Natriumnitritpulver.

Die Veränderung, welche mit den Ölen bei Ausführung der Elaïdinprobe vor sich geht, zeigt der Vergleich eines Ricinusöles und der Elaïdinprobe desselben nach Lidoff:

	Ricinusöl	Ricinusöl nach der Behandlung mit salpetriger Säure
Spez. Gew.	0·965 bei 16° C.	0·995 bei 18° C.
Verseifungszahl	181	242
Hehnersche Zahl	95·1	86·2
Jodzahl	84	30·1
Stickstoff (Prozente)	—	1·65
Erstarrungspunkt	3° C.	25° C.

Ulzer und Defris haben bei Elaïdinproben von Olivenöl, Arachisöl, Baumwollsamenöl und Ricinusöl übereinstimmend mit Lidoff erhöhte Verseifungszahlen und erniedrigte Jodzahlen konstatiert. Die Säurezahlen wurden durch den Elaïdinprozeß kaum alteriert, und der Stickstoffgehalt betrug bei einer Elaïdinprobe von Olivenöl 0·63% und bei einer solchen von Ricinusöl 0·62%.

Nach der Behandlung mit salpetriger Säure zeigen die Fettsäuren ferner auffallende Neigung zum Kristallisieren, ein Umstand, welcher in

---

[1]) Chem. Zeitg. Rep. 1893. 17. 7.

dem Übergange der Fettsäuren der Ölsäurereihe in die Fettsäuren der Elaïdinsäurereihe seine Erklärung findet.

Bei Prüfung von Ölen auf ihre Reinheit ist es zweckmäßig, die Elaïdinprobe immer parallel mit einer garantiert reinen Probe des betreffenden Öles unter genau den gleichen Versuchsbedingungen auszuführen.

Zur vergleichsweisen Bestimmung der Festigkeit der Elaïdinmassen hat Legler einen Apparat konstruiert (s. S. 55).

b) Verhalten gegen Chlorschwefel.

Nach E. Bruce Warren geben trocknende Öle mit Chlorschwefel S_2Cl_2 in Schwefelkohlenstoff unlösliche Massen, während nichttrocknende löslich bleiben. Warren[1]) bestimmt auf Grund dieser Beobachtung den Gehalt an trocknenden Ölen in Ölgemischen und verfährt wie folgt:

Der Chlorschwefel wird durch Destillation des käuflichen, gelben Chlorschwefels bereitet, wobei der über 137° C. siedende Anteil benützt wird. Die niedriger siedenden Anteile, ebenso wie dunkler, käuflicher Chlorschwefel werden erst einige Zeit in mäßiger Wärme mit überschüssigem Schwefel digeriert und dann destilliert. Die Flaschen, in welchen man den Chlorschwefel aufbewahrt, werden mit in Paraffin getränkten Korkstopfen verschlossen. Zum Gebrauch mischt man gleiche Volumteile Chlorschwefel und Schwefelkohlenstoff und hebt das nötige Volumen mit einer genauen Pipette heraus.

5 g des Öles werden in einem außen und innen glasierten, unbedeckten Porzellantiegel von 120 ccm Inhalt mit 2 ccm Schwefelkohlenstoff und 2 ccm der Chlorschwefellösung gemischt, auf ein heißes Wasserbad gestellt und bis zum Beginn der Reaktion durchgerührt. Wenn die Mischung fest geworden ist, trocknet man im Trockenkasten bis zur Gewichtskonstanz. Die Masse muß mit dem Glasstab zerteilt werden, um eingeschlossenen Dämpfen das Entweichen zu ermöglichen. Man beobachtet die Farbe und Konsistenz der Mischung vor und nach dem Trocknen. Die getrocknete Probe wird möglichst fein zerteilt und in einem Filterrohr mit Schwefelkohlenstoff gewaschen. Das Filtrat wird in einem tarierten Kolben aufgefangen, der Schwefelkohlenstoff abdestilliert, der Rückstand bis zur Gewichtskonstanz getrocknet und gewogen. Die Menge des unlöslichen Anteils wird aus der Gewichtsdifferenz gefunden.

Warren fand z. B., daß 5 g Mohnöl 6·46 g festes, unlösliches und 1·96 g flüssiges, 5 g Leinöl, 6·36 g festes und 0·78 g flüssiges Produkt liefern.

Nachdem Henriques[2]), übereinstimmend mit früheren Versuchen von Rochleder[3]), den Beweis erbracht hatte, daß die Aufnahmsfähigkeit· der trocknenden und nichttrocknenden Öle für Chlorschwefel in

[1]) Chem. News 1888. 57. 113.
[2]) Chem. Zeitg. 1893. 17. 636.
[3]) Dinglers Polyt. Journ. 1849. 111. 159.

keinem Verhältnis zum Gehalte der Öle an ungesättigten Fettsäuren steht, und daß im Gegensatz zu Warren nicht allein trocknende, sondern auch nichttrocknende Öle mit Chlorschwefel unlösliche Massen geben (siehe Faktis), sei erwähnt, daß nach den Erfahrungen Ulzers die Einwirkung von Chlorschwefel auf fette Öle insofern nicht genau so erfolgt, wie auf freie, ungesättigte Fettsäuren, als oft im ersteren Falle diese Einwirkung zur Bildung fester Produkte führt, während im letzteren äußerst dickflüssige, zähe Massen erhalten werden. So erhielt Ulzer beispielsweise durch Einwirkung von einem Gewichtsteile Chlorschwefel auf zwei Gewichtsteile reiner Ölsäure in Benzollösung, welche Einwirkung, ebenso wie diejenige auf die fetten Öle, unter ziemlich bedeutender Erwärmung vor sich geht, nach dem Abdestillieren des Benzols ein dickes, braunes zähflüssiges Öl, welches erst bei sehr langem Stehen nur äußerst spärlich Kristalle abschied. Ähnlich verhielt sich auch die Elaïdinsäure. Die Jodzahl der Produkte der Einwirkung von Chlorschwefel auf fette Öle ist nach Henriques bedeutend herabgedrückt, und die Reaktionsprodukte sind, wie dies erst von Ulzer und Horn[1]) gezeigt wurde, völlig verseifbar mit alkoholischer Kalilauge, und als wirkliche Glyceride aufzufassen. Sie enthalten näherungsweise gleichviel Schwefel und Chlor, und nach dem Verseifen und Abscheiden der Fettsäuren mit einer verdünnten Säure findet sich die Hauptmasse des Schwefels noch in den ein dickes, braunes Öl darstellenden Fettsäuren, während das Chlor in Form von Chlorwasserstoff abgespalten wird, und in der sauren wässerigen Lösung nachgewiesen werden kann.

Nach Henriques geben:

	noch kein festes Reaktionsprodukt mit	ein festes Produkt mit
100 T. Leinöl	25 T. Chlorschwefel	30 T. Chlorschwefel
100 „ Mohnöl	30 „ ,,	35 „ ,,
100 „ Rüböl	20 „ ,,	25 „ ,,
100 „ Baumwollsamenöl	40 „ ,,	45 „ ,,
100 „ Olivenöl	20 „ ,.	25 „ ,,
100 „ Ricinusöl	18 „ ,,	20 „ ,,

Oxydierte fette Öle liefern, wie Henriques gezeigt hat, schon mit bedeutend geringeren Mengen von Chlorschwefel feste Produkte, und die gleiche Beobachtung wurde von Altschul[2]) bei geschwefelten fetten Ölen gemacht. Geschwefeltes Leinöl benötigt nach den Angaben des letzteren nur 10—12 °/₀ Chlorschwefel zur Bildung eines festen, leicht zerreiblichen Reaktionsproduktes.

Die festen Produkte der Einwirkung von Chlorschwefel auf fette Öle sind in Schwefelkohlenstoff nur sehr wenig löslich.

Über die Art der Anlagerung des Chlorschwefels siehe Kapitel „Faktis".

---

[1]) Mitt. Techn. Gew.-Mus. Wien 1890. 4. 43.
[2]) Zeitschr. f. angew. Chem. 1895. 8. 535.

c) Aufnahmsvermögen für Sauerstoff.

Von M. Weger.

Alle fetten Öle nehmen freiwillig Sauerstoff aus der Luft auf. Die Größe und Schnelligkeit der Sauerstoffaufnahme ist abhängig von der chemischen Natur des Öles, der Oberfläche, der Intensität der Belichtung, der Höhe der Temperatur und der Luftfeuchtigkeit.

Es ist zu beachten, daß Sauerstoffaufnahme nicht identisch mit Gewichtszunahme, vielmehr erstere immer größer als letztere ist.

Die Sauerstoffaufnahme kann beschleunigt werden durch die Anwesenheit gewisser Sauerstoffüberträger, d. s. besonders Mangan- und Bleiverbindungen (Sikkative), von denen, da ihre Wirkung lediglich eine katalytische ist, sehr geringe Mengen genügen (vgl. Leinölfirnis). Mikroorganismen kommen nicht in Betracht.

Je mehr ein fettes Öl an Glyceriden der ungesättigten Fettsäuren enthält und je stärker ungesättigt diese Fettsäuren sind, desto intensiver ist die Sauerstoffaufnahme. Sie ist am lebhaftesten bei dem hauptsächlich die Linolensäure mit drei Doppelbindungen enthaltenden Leinöl und beim chinesischen Holzöl, schwächer bei dem überwiegend aus den Glyceriden der Linolsäure mit zwei Doppelbindungen bestehenden Mohnöl, Nußöl, Hanföl, Cottonöl, und noch schwächer bei Olivenöl, Rüböl usw. Was die Wachse anbelangt, so fehlen bisher direkte Versuche.

Die Sauerstoffaufnahme ist ein ziemlich komplizierter Vorgang, der von den jeweiligen Bedingungen abhängt, und der noch nicht in allen Einzelheiten genau durchforscht ist. (Vgl. auch das Kapitel über Ranzidität, in Ulzer-Klimont, Allgem. u. physiol. Chemie der Fette, obgleich natürlich Ranzidität nicht mit Sauerstoffaufnahme schlechthin zu identifizieren ist.) Verhältnismäßig am besten studiert ist er beim Leinöl.

Es findet bei der Einwirkung des Sauerstoffs auf Öle zum Teil eine Spaltung der Glyceride in freie Fettsäuren und Oxydationsprodukte des Glycerinrestes, resp. auch der Fettsäuren unter Bildung flüchtiger Produkte, wie Wasser, Kohlensäure, niedrige Fettsäuren und aldehydartige Körper, statt. Dieser Spaltungsvorgang ist aber im Gegensatz zu früher gehegten Anschauungen wenigstens bei der Autoxydation der stärker mit Sauerstoff reagierenden, d. h. der trocknenden Öle ein untergeordneter. In der Hauptsache gelangt der Sauerstoff dergestalt zur Wirkung, daß er an die Doppelbindungen angelagert wird. Die Doppelbindungen verschwinden hierbei aber nicht ganz, sondern bleiben auch bei den nach den gewöhnlichen Annahmen vollständig oxydierten Körpern, wie dem Firnishäutchen der trocknenden Öle, dem Linoxyn oder Oxylinoleïn, zum geringen Teil als solche (oder in leicht regenerierbarer Form?) erhalten, denn die aus diesem Produkte abgeschiedenen Fettsäuren zeigen noch Jodzahlen. Andrerseits wird aber ohne Zweifel nicht nur 1 Atom Sauerstoff pro Doppelbindung aufgenommen. Wie Bauer und Hazura[1])

---

[1]) Zeitschr. f. angew. Chem. 1888. 2. 455.

aus den Analysen Mulders[1]) deduzierten und Weger[2]) durch Vergleich der Gewichtszunahme, resp. Sauerstoffaufnahme mit der Jodzahl fand, ist die Sauerstoffaufnahme bedeutend größer, und zwar beispielsweise beim Leinöl ungefähr doppelt so groß, als man nach der Anzahl der Doppelbindungen erwarten sollte. Es ist daher die Bildung superoxydartiger Körper nach der Autoxydationstheorie Englers[3]) wahrscheinlich. Schließlich tritt auch ein Teil des aufgenommenen Sauerstoffs zwischen Kohlenstoff und Wasserstoff und bildet Hydroxylgruppen, also Oxysäuren, resp. deren Glycerinester oder Anhydride, was sich aus dem Befund von Acetylzahlen ergibt. Jedenfalls bleibt die Hauptmenge des Glycerins wenigstens bei den trocknenden Ölen auch bei der sogenannten vollkommenen, bis zur Bildung des Firnishäutchens vorgeschrittenen Oxydation · erhalten. Zum Trockenprozeß des Leinöls vgl. die entsprechenden Ausführungen von Fahrion[4]).

Durch die Sauerstoffaufnahme erhöhen sich das spezifische Gewicht, die Zähflüssigkeit, Refraktion[5]), Säure-, Maumenésche, Reichert-Meißlsche[6]) und Acetylzahl der Öle; auch die Verseifungszahl wird höher infolge der Bildung niedrigmolekularer, flüchtiger Fettsäuren als sekundärer Oxydationsprodukte, die Menge der petroläther-unlöslichen oxydierten Fettsäuren nimmt zu,[7]) die Jodzahl wird kleiner;[8]) der Gehalt an Unverseifbarem bleibt ungefähr der gleiche.[9])

Aus den vielen Belegen für das eben Gesagte sei nur eine Tabelle von H. C. Sherman und M. J. Falk[10]) und eine von W. Fahrion[11]) angeführt.

Die ersteren haben Proben von 200 g Öl unter gelegentlichem Schütteln in offenen, vor Staub geschützten Flaschen mehrere Monate lang an einem sonnigen Orte stehen lassen, und desgleichen Gegenproben in vollständig gefüllten, luftdicht verschlossenen Flaschen im Dunkeln aufbewahrt. Diese letzteren Proben hatten sich beim Stehen nicht verändert. In der Tabelle (Seite 592) sind die Analysenzahlen 1. der frischen, 2. der 4 Monate und 3. der 8 Monate an der Luft gestandenen Proben angeführt.

Fahrion hat Sämischleder mit Cottonöl getränkt und eine Probe 8 Tage lang, die andere 12 Tage lang der Einwirkung des Luftsauerstoffes ausgesetzt. Nach dieser Zeit wurde das Leder mit Petroläther

---

[1]) Die Chemie der austrocknenden Öle 1867.
[2]) Chem. Rev. üb. d. Fett- u. Harz-Ind. 1898. 5. 250.
[3]) Ber. d. deutsch. chem. Ges. 1900. 33. 1101.
[4]) Chem. Zeitg. 1904. 28. 1196.
[5]) E. Späth, Zeitschr. f. analyt. Chem. 1896. 35. 471. — M. Weger, Zeitschr. f. angew. Chem. 1899. 12. 297. — Vgl. auch das Kapitel über Firnis.
[6]) E. Späth, loc. cit.
[7]) W. Fahrion, Zeitschr. f. angew. Chem. 1898. 11. 782.
[8]) v. Hübl, Dinglers Polyt. Journ. 1884. 253. 281. — Ballantyne, Journ. Soc. Chem. Ind. 1891. 10. 32. — Fahrion, loc. cit.
[9]) W. Fahrion, loc. cit. — Thoms u. Fendler, Chem. Zeitg. 1906. 30. 832.
[10]) Journ. Americ. Chem. Soc. 1903. 25. 711.
[11]) W. Fahrion, loc. cit.

		Spezif. Gew. bei 15·5° C.	Jodzahl	Maumené-zahl	Freie Säure als Ölsäure %	Reichert-Meißl'sche Zahl
Olivenöl	1	0·917	83·8	100	2·65	0·43
	2	0·923	77·4	127	3·27	0·75
Schweineschmalz	1	0·917	73·3	106	0·90	0·56
	2	0·927	66·7	116	1·92	1·59
Baumwollsamenöl	1	0·920	102·8	161	0·14	0·16
	2	0·934	92·0	215	1·27	1·96
Maisöl	1	0·924	117·2	174	2·78	0·60
	2	0·925	107·0	216	4·59	1·40
Mohnöl	1	0·923	125·3	202	2·75	—
	2	0·931	117·1	214	3·63	—
Robbentran	1	0·926	145·3	—	0·69	1·00
	2	0·947	120·3	—	3·39	2·40
Leinöl	1	0·954	178·0	—	1·33	0·49
	2	0·942	165·8	—	2·23	1·10
	3	0·966	139·4	—	4·45	2·64

extrahiert und aus dem kürzere Zeit exponierten das Öl A, aus dem längere Zeit exponierten das Öl B erhalten. Beim zweiten Versuche ließ sich nach der Erschöpfung mit Petroläther mittels Äther noch ein Öl B_1 gewinnen.

	Ursprüngliches Cottonöl	Öl A	Öl B	Öl B_1
Jodzahl	108·8	55·4	46·3	29·1
Säurezahl	2·2	13·3	13·8	33·4
Gesamt-Verseifungs-zahl	190·4	223·1	227·5	271·3
Innere Verseifungszahl	186·9	128·8	128·9	74·4
Hehner'sche Zahl	94·22	85·34	83·62	74·20
Unverseifbares . . . %	1·10	1·11	1·28	0·72
Oxyfettsäuren . . . %	0·27	20·70	19·43	37·72
Nichtflüchtige Fett-säuren . . . . . %	92·85	63·53	62·91	35·76

Procter und Holmes[1] haben mit zwanzig verschiedenen Ölen, darunter Olivenöl, Rüböl, Baumwollsamenöl, Leinöl, Tran usw., eine Reihe von Versuchen angestellt, um die chemischen Veränderungen zu beleuchten, die die Öle erleiden, wenn man unter Erhitzen auf 100° C. Luft durch dieselben führt. Sie nahmen von 3 zu 3 Stunden Proben und konstatierten, daß der Oxydationsprozeß kompliziert sei. Bei einigen Tranen blieb die Jodzahl mehrere Stunden konstant, während Dichte und Refraktion schon zunahmen, und auch in anderen Fällen war die Erhöhung der Dichte und der Refraktion nicht immer proportional der Erniedrigung der Jodzahl. Demnach müßten die Doppelbindungen zunächst intakt geblieben und der Sauerstoff an anderer Stelle eingetreten

---

[1] Journ. Soc. Chem. Ind. 1905. 24. 1287.

sein. Man darf hierbei nicht vergessen, daß bei 100° C. nicht der gleiche Verlauf der Oxydation zu erwarten ist, wie bei gewöhnlicher Temperatur. Beim Ricinusöl trat in den ersten Stunden überhaupt keine Reaktion ein, während sie später sehr lebhaft wurde.

Durch Sauerstoffaufnahme werden die fetten Öle schließlich fest, sie gehen in eine elastische, durchsichtige Masse über. Die sogenannten trocknenden Öle, Leinöl, Mohnöl usw., tun dies schon bei gewöhnlicher Temperatur, besonders schnell, wenn ein Sauerstoffüberträger vorhanden ist und sie zu einer dünnen Schicht ausgebreitet sind. Die gewöhnlich als nichttrocknend bezeichneten Öle, Rüböl, Olivenöl usw., werden bei gewöhnlicher Temperatur in absehbarer Zeit nicht fest, wohl aber, wenn sie mit einem Sauerstoffüberträger in dünner Schicht auf höhere Temperatur gebracht werden. Livache[1]) fand, daß Olivenöl, welches mit Bleiglätte und borsaurem Mangan versetzt war, bei 160° C. in ganz dünner Schicht in 7 Stunden trocknete, in 2 mm starker Schicht in 30 Stunden. Erhöhung der Temperatur beschleunigt das Trocknen in allen Fällen; es trocknet z. B. Leinöl in dünner Schicht

$$
\begin{array}{llll}
\text{bei} & 15^\circ\text{ C.} & \text{in} & 3\text{—}4\text{ Tagen} \\
,, & 50^\circ & ,,\ ,, & 12\text{ Stunden} \\
,, & 95^\circ & ,,\ ,, & 1\text{ Stunde} \\
,, & 130^\circ & ,,\ ,, & {}^1/_2\ \ ,,
\end{array}
$$

Die Versuche, die Sauerstoffaufnahme, resp. die Gewichtszunahme der Öle zu messen, sind schon sehr alt.

De Saussure[2]) brachte trocknende und nichttrocknende Öle in mit Luft gefüllte Röhren unter Quecksilberverschluß und beobachtete die Verringerung des Volumens. Nußöl hatte in einem Jahr sein 145faches Volumen Sauerstoff aufgenommen und 22 Volumina Kohlensäure gebildet.

A. Vogel[3]) tränkte Baumwolle mit Olivenöl und bekam in drei Monaten 4·7 $^0/_0$ Gewichtszunahme,

Cloëz[4]) setzte die verschiedensten Öle in Mengen von 10 g in eisernen Schalen bei gewöhnlicher und bei höherer Temperatur der Luft aus und erhielt in 3 Monaten Gewichtszunahmen von 2·5—8·5 $^0/_0$. Olivenöl nahm in 18 Monaten 3·7 $^0/_0$ zu, süßes Mandelöl 4·6 $^0/_0$, Leinöl 7 $^0/_0$. Nach gewisser Zeit bemerkte Cloëz wieder eine Gewichtsabnahme.

R. Kißling[5]) wiederholte diese Versuche. Er bestimmte die Gewichtszunahmen mehrerer Öle in der Weise, daß 10 g des Öles auf eine Fläche von 35 cm² ausgebreitet und durch 10 Tage hindurch bei gewöhnlicher Temperatur der atmosphärischen Luft ausgesetzt wurden. Hierbei wurde gefunden:

[1]) Compt. rend. 1895. 120. 842.
[2]) Ann. d. Chem. 1832.
[3]) Polyt. Centralbl. 1860.
[4]) Bull. Soc. Chim. 1865. 41.
[5]) Zeitschr. f. angew. Chem. 1891. 4. 395.

Gewichtszunahme von 100 T.
nach 10 Tagen

Olivenöl	0·0 g
Rüböl (roh)	0·05 „
Rüböl (gereinigt)	0·0 „
Cottonöl	0·545 „
Leinöl	1·130 „
Leinöl (gekocht)	3·400 „

Alle diese Veruche sind, wie schon Mulder[1]) erkannte, nur von qualitativer Natur, da die Schicht hauptsächlich für die trocknenden Öle zu dick ist, und die unteren Partien des Öles, ganz besonders wenn sich eine Haut an der Oberfläche bildet, mehr oder weniger von der Luftzufuhr abgeschnitten sind. Mulder stellte daher eine große Anzahl von Versuchen mit dünnen Ölschichten an — ca. 3 g Öl auf Tafeln von 220 cm² Oberfläche, also 0·015 g pro cm² — die sich aber fast ausschließlich auf trocknende Öle erstreckten. Er erhielt z. B. die folgenden Gewichtszunahmen:

Mohnöl	12·2 %
Nußöl, alt . ·	8·7 „
Leinöl	11·9 „
Leinöl mit bors. Mangan	12·4 „
„ „ Glätte	12·5 „
„ „ Mennige	13·2 „

Aber auch hier ist die Dicke der Ölschicht noch etwas zu groß, und das Maximum der Sauerstoffaufnahme wurde noch nicht erreicht.

A. Livache[2]) hat ein Verfahren zur Bestimmung der Gewichtszunahme von Ölen angegeben, bei dem die Sauerstoffaufnahme durch molekulares Blei beschleunigt wird; gleichzeitig dient das Bleipulver dazu, die Oberfläche des Öles zu vergrößern.

Livache gibt folgende Vorschrift zur Ausführung seines Verfahrens: Man fällt ein Bleisalz mit Zink, wäscht den Niederschlag rasch mit Wasser, Alkohol und zuletzt mit Äther aus und trocknet ihn im Vakuum.

Von dem so dargestellten Bleipulver breitet man etwa 1 g auf einem größeren Uhrglase aus, wägt und läßt nun höchstens 0·6—0·7 g Öl aus einer Pipette so auftropfen, daß jeder Tropfen für sich steht und ein Zwischenraum mit den andern bleibt. Man läßt bei mittlerer Temperatur in einem sehr hellen Raume stehen. Die Gewichtszunahme beginnt bei den trocknenden Ölen meist nach 18 Stunden und ist spätestens in 3 Tagen beendet, bei nichttrocknenden Ölen beginnt sie meist erst nach 4—5 Tagen.

In ähnlicher Weise verhalten sich die freien Fettsäuren. Ihre Gewichtszunahme ist nahezu proportional der Gewichtszunahme der Öle, aus welchen sie abgeschieden sind.

Nur die Cottonölfettsäure gab ein abweichendes Resultat, was jedoch vielleicht der Nachprüfung bedarf.

---

[1]) Chemie der austrocknenden Öle 1867.
[2]) Compt. rend. 1883. 96. 260.

Name des Öles	Gewichtszunahme		
	des Öles nach		der Fettsäuren
	2 Tagen °/₀	7 Tagen °/₀	nach 8 Tagen °/₀
Leinöl	14·3	—	11
Nußöl	7·9	—	6
Mohnöl	6·8	—	3·7
Cottonöl	5·9	—	0·8
Bucheckernöl	4·3	—	2·6
Kolzaöl	0·0	2·9	2·6
Sesamöl	0·0	2·4	2·0
Arachisöl	0·0	1·8	1·3
Rüböl	0·0	2·9	0·9
Olivenöl	0·0	1·7	0·7

Jean[1]) hat nach der Methode von Livache einige Trane verglichen. Nach dreitägigem Stehen in trockner Luft (unter einer Glasglocke neben Schwefelsäure) betrugen die Gewichtszunahmen für:

Walfischtran . . . . 8·26 °/₀
Japanischen Tran . . . . . . 8·19 „
Lebertran . . . . 6·38 „
Menhadentran . . . . 5·45 „
Spermacetiöl . . . . 1·63 „

Die Zuverlässigkeit der nach Livache erhaltenen Zahlen ist von verschiedenen Seiten angezweifelt worden.[2]) — M. Weger[3]) hat auf die Mängel des Verfahrens hingewiesen. Er fand, daß die Bleimenge vergrößert werden muß, daß man aber auch dann nicht zu einem scharfen Gewichtsmaximum kommt. Ein indisches Leinöl ergab:

	Gewichtszunahme			Gewichtszunahme
nach 1 Tag	11·4 °/₀		nach 8 Tagen . . .	13·5 °/₀
„ 2 Tagen . . .	12·2 „		„ 15 „ . . .	14·8 „
„ 3 „ . . .	12·4 „		„ 42 „ . . .	17·2 „
„ 4 „ . . .	12·6 „		„ 53 „ . . .	18·1 „
„ 6 „ . . .	12·9 „		„ 85 „ . . .	20·4 „

Dasselbe Öl ergab in dünner Schicht auf Glastafeln gestrichen ein Gewichtsmaximum von 17·1 °/₀ nach 6 Tagen.

Bleiglätte und Mennige an Stelle des metallischen Bleies gaben in kurzer Zeit ein Gewichtsmaximum, dasselbe war jedoch nicht so groß als das nach dem Tafelverfahren ermittelte. Es nahmen zu:

	6·6 g Mennige mit 0·3188 g Leinöl	10·4 g Bleiglätte mit 0·4910 g Leinöl
nach 1 Tag	2·10 °/₀	2·00 °/₀
„ 2 Tagen	11·30 „	11·30 „
„ 3 „	14·14 „	13·64 „
„ 4 „	14·65 „	14·32 „
„ 5 „	14·59 „	14·27 „
„ 7 „	14·05 „	14·21 „

Die Gewichtszunahme desselben Leinöls auf der Glastafel betrug ca. 18 °/₀.

---

¹) Monit. scient. 15. 891.
²) W. Fahrion, Chem. Zeitg. 1893. 17. 1453.
³) Chem. Rev. üb. d. Fett- u. Harz.-Ind. 1898. 5. 246.

38*

Hübl schlug vor, Kupferpulver an Stelle des Bleies zu verwenden. Lippert[1]) erzielte hiermit sehr gute Resultate und kam bei einer Einwage von 0.6—0.8 g Öl auf 10 g Metall in 2—4 Tagen zum Gewichtsmaximum, welches bei verschiedenen Leinölen 16.6—19.3%, bei einem Hanföl 13.4% betrug.

Fox[2]) hat die Probe von Livache in der Weise modifiziert, daß er ca. 1 g Öl in einem verschlossenen Glasrohr mit 0.5 g präzipitiertem Blei auf 220° F. (104.4° C.) erhitzte und die Menge des absorbierten Sauerstoffs in geeigneter Weise maß. Dabei wurden für je 1 g der Öle folgende Resultate gefunden:

Baltisches Leinöl	191	ccm Sauerstoff,
Andere Leinöle	126—186	,, ,,
Cottonöl	24.6 ,,	,,
Rüböl	20.0 ,,	,,
Olivenöl	8.2—8.7 ,,	,,

Livache[3]) hat ferner verschiedene Öle mit metallischem Blei und Mangannitrat und darauf mit Bleiglätte geschüttelt; er fand die Gewichtszunahme, die in dicker Schicht ermittelt wurde (ohne genauere Angabe der Art und Weise), wie folgt:

	Gewichtszunahme nach 1 Jahr	nach 2 Jahren		Gewichtszunahme nach 1 Jahr	nach 2 Jahren
Leinöl	10.3%	7.0	Kolzaöl	6.0%	5.3
Nußöl	9.4 ,,	7.6	Sesamöl	5.2 ,,	4.8
Mohnöl	8.0 ,,	5.3	Erdnußöl . . .	5.7 ,,	5.6
Baumwollsaatöl .	6.3 ,,	4.5	Rapsöl	5.8 ,,	5.4
Bucheckernöl . .	6.1 ,,	5.0	Olivenöl	5.3 ,,	5.7

Von den „nichttrocknenden" Ölen waren das Kolza-, Sesam- und Rapsöl fest geworden, Erdnuß- und Olivenöl stark verdickt. Die „trocknenden" Öle hatten im zweiten Jahre wieder an Gewicht abgenommen und fingen an, wieder klebrig zu werden.

W. Fahrion[4]) tränkte gleichbeschaffene Stücke Sämischleder von ca. 1 g mit verschiedenen Ölen derart, daß die Menge des Öles und Leders annähernd gleich war. Die so behandelten Lederstücke wurden dann gleichzeitig mit einem nicht imprägnierten Stück (um die Differenzen, die durch die Hygroskopizität des Leders entstehen, zu eliminieren), so aufgehängt, daß die Luft von allen Seiten zutreten konnte, und öfters gewogen. Auf diese Weise wurde das Gewichtsmaximum erhalten bei

			Jodzahl des ursprünglichen Öles	Sauerstoffaufnahme nach Livache in Gewichtsprozenten
Sesamöl	in 3 Wochen mit 4.7% . .	110.2		2.4
Rüböl	,, 10 Tagen ,, 4.6 ,, . .	102.4		2.9
Cottonöl	,, 10 ,, ,, 7.4 ,, . .	109.2		5.9
Mohnöl	,, 7 ,, ,, 9.7 ,, . .	135.9		6.8

[1]) Chem. Rev. üb. d. Fett- u. Harz-Ind. 1899. 6. 67.
[2]) Zeitschr. f. analyt. Chem. 1884. 23. 434.
[3]) Compt. rend. 1886. 102. 1167.
[4]) Chem. Zeitg. 1893. 17. 1453.

					Jodzahl des ursprünglichen Öles	Sauerstoffaufnahme nach Livache in Gewichtsprozenten
Nußöl	in	6 Wochen mit	8·4 „	. .	149·2	7·9
Leinöl	„	6 „	„ 11·8 „	. .	175·8	14·3
Dorschtran	„	5 „	„ 10·9 „	. .	171·0	6.4

Hiernach erfolgte wieder Abnahme des Gewichtes.

E. Wiederhold[1]) hat zur Ermittlung der Sauerstoffaufnahmsfähigkeit von verschiedenen Ölen ein „Absorptiometer" konstruiert.

Dasselbe besteht aus einer Glaskugel von 7 cm Durchmesser, welche in eine U-förmig gebogene Barometerröhre ausgeht, deren zweites Ende mit einer trichterförmigen Erweiterung zum Eingießen von Quecksilber versehen ist. Das in die Kugel auslaufende Ende der Röhre besitzt eine Länge von 39 cm, das andere eine solche von 17 cm. Die Röhre ist der ganzen Länge nach in Zentimeter geteilt.

Die Glaskugel ist mit einem eingeriebenen Glasstöpsel verschließbar, der aufgesetzt wird, nachdem das zu untersuchende Öl in entsprechender Weise eingebracht ist. Der luftdichte Verschluß wird dadurch hergestellt, daß über den Glasstöpsel eine Gummidichtung in Form eines Saughütchens gezogen wird, welches mit einer alkoholischen Schellacklösung bestrichen wird.

Zur Bestimmung der Sauerstoffaufnahmsfähigkeit eines Öles verfährt man wie folgt:

Man wägt von dem Öle ca. 1 g in einer Glasschale von etwa 10 cm Durchmesser ab, bringt 1 g mit Benzol entfettete Baumwolle hinzu und arbeitet das Ganze mit einem Glasstäbchen innig durcheinander. Die mit dem Öl getränkte Baumwolle wird mit Hilfe einer Pinzette in die Glaskugel gebracht und in derselben möglichst ausgebreitet, der Glasstöpsel eingesetzt und mit der Gummikappe überzogen. Die Glasschale wird mit dem Reste des Öles zurückgewogen.

Nun wird Quecksilber bis zu einer bestimmten Marke eingefüllt und der Stand desselben, die Zeit des Beginnes des Versuches, die Temperatur und der Barometerstand notiert.

Nach Beendigung des Versuches werden abermals die Zeit, der Quecksilberstand, die Temperatur und der Barometerstand fixiert und das absorbierte Sauerstoffvolumen auf 0^0 C. und 760 mm Barometerstand reduziert.

Eingehendere Versuche scheinen mit diesem Apparate[2]) nicht angestellt worden zu sein, doch ließe sich unter Beibehaltung des hier zugrunde gelegten Prinzipes vielleicht ein brauchbares Verfahren zum Studium der Oxydationsvorgänge ausbilden, zumal die Möglichkeit gegeben ist, die gebildeten gasförmigen Oxydationsprodukte, zum mindesten aber die Kohlensäure zu messen.

Ein Verfahren, die Gewichtszunahme der Öle in zweckentsprechender Weise zu bestimmen, gab zuerst M. Weger[3]) an. Dasselbe be-

---

[1]) Organ für den Öl- und Fetthandel, 17. Juni 1896.
[2]) Der Apparat wird von Max Stuhl, Berlin, angefertigt.
[3]) Chem. Rev. üb. d. Fett- u. Harz-Ind. 1897. 4. 316.

steht im Aufstreichen der Öle auf Glastafeln in dünner Schicht, so daß, der Praxis der Firnisindustrie entsprechend, zirka ein Milligramm auf den Quadratzentimeter Oberfläche kommt (Mulder verwendete eine über zehnmal so dicke Schicht). Nur wenn man mit solch dünnem Aufstrich arbeitet, ist man sicher, daß eine gleichmäßige und zu Ende gehende Einwirkung des Luftsauerstoffs erzielt wird.

Nach diesem Verfahren arbeitend, haben M. Weger[1]) sowie W. Lippert[2]) ein umfangreiches Zahlenmaterial geliefert und verschiedene neue Beobachtungen zutage gefördert. Doch ist, was eine analytische Verwertung der diesbezüglichen Arbeiten anbelangt, der Erfolg derselben nicht viel größer gewesen wie aller anderen auf die Sauerstoffaufnahme sich stützenden Methoden. Der Vorgang der Sauerstoffaufnahme ist zu kompliziert und von zu vielen Faktoren abhängig; infolgedessen erhält man keine absoluten, sondern nur Vergleichswerte. Auch ist dem Verfahren für analytische Zwecke eine gewisse Umständlichkeit nicht abzusprechen.

Man erhält bei diesem Verfahren höhere Zahlen für die Gewichtszunahme als bei den meisten anderen. Bei Schichtendicken, die unter 1 mg pro Quadratzentimeter liegen, ist ein Unterschied in der Größe der Gewichtszunahme kaum mehr wahrzunehmen, wenn auch die Schnelligkeit, mit der das Gewichtsmaximum erreicht wird, bei der dünneren Schichte eine größere ist. Nicht immer fällt übrigens Gewichtsmaximum und Trockensein vollkommen zusammen.

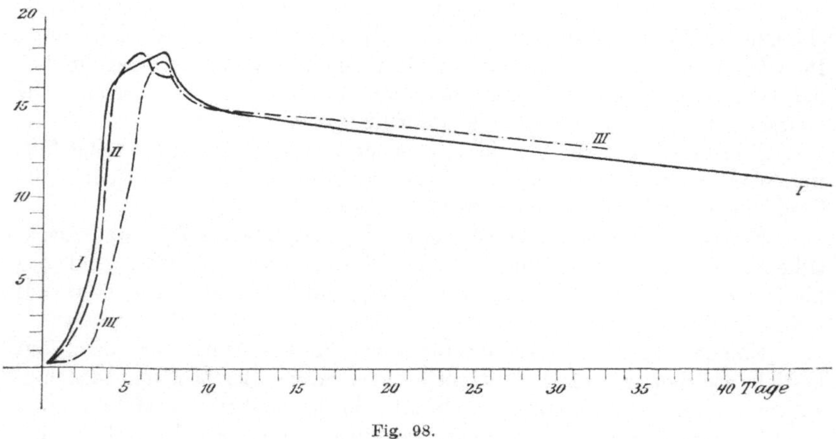

Fig. 98.

Wie die Schnelligkeit des Trocknens ist die Schnelligkeit der Sauerstoffaufnahme, abgesehen von der Natur des Öles, abhängig von Licht, Temperatur, Luftfeuchtigkeit und der Menge des Sauerstoffüber-

---

[1]) Zeitschr. f. angew. Chem. 1898. 11. 490; 1899. 12. 297. — Chem. Rev. üb. d. Fett- u. Harz-Ind. 1898. 5. 213.
[2]) Zeitschr. f. angew. Chem. 1898. 11. 412; 1899. 12. 511; 1900. 13. 133; 1903. 16. 365; 1905. 18. 94.

trägers. Auch die Größe der Gewichtszunahme ist bei demselben Öle nicht immer die gleiche. Sie ist z. B. umgekehrt proportional der Temperatur und der Menge des Sauerstoffüberträgers. — Drei zu verschiedenen Zeiten mit demselben Leinöle ausgeführte Versuche ergaben z. B. in $4^1/_2$—6 Tagen eine Gewichtszunahme von 16·8—17·3$^0/_0$ und einen Verlauf der Gewichtszunahme, wie er aus dem Kurvenbild Figur 98 hervorgeht.

Die Sauerstoffaufnahme resp. Gewichtszunahme verläuft bei den trocknenden Ölen erst langsam und steigt dann plötzlich auf ein Maximum; hierauf tritt zuerst eine starke und dann eine ganz allmähliche Gewichtsabnahme ein.

M. Weger fand folgende Gewichtszunahmen:

Öl		Zeit		Zunahme	
Rüböl	nach	7	Tagen	7·6$^0/_0$	Die Zunahme
Olivenöl	„	20	„	5·2 „	war noch
Pfirsichkernöl	„	29	„	10·5 „	nicht beendet.
Palmkernfett	„	13	„	0·8 „	
Durch Luft verdicktes Rüböl	„	15	„	7·7 „	

Maximum der Zunahme

Öl		Zeit		Maximum der Zunahme	
Hanföl	nach	4—$4^1/_2$	Tagen	13·4—13·6$^0/_0$	
Mohnöl	„	$6^1/_2$	„	13·4 „	
Verschiedene Holzöle	„	3—9	„	13·4—15·9 „	
Indisches Leinöl	„	$4^1/_2$—6	„	16·8—17·3 „	
Englisches Leinöl	„	$3^1/_2$	„	19·7—19·9 „	
Handelsleinöl	„	$4^1/_2$—8	„	17—18·7 „	
Älteres Leinöl	„	3	„	15·1—15·7 „	
Indisches Leinöl, kurze Zeit auf 150° C. erhitzt	„	6	„	17·0 „	
Indisches Leinöl, in der Kälte mit Luft geblasen	„	8	„	16·7 „	
Indisches Leinöl, in der Wärme mit Luft geblasen	„	$5^1/_2$—$6^1/_2$	„	8·2—9·3 „	Hiernach
Standöl	„	18	„	11·1 „	trat wieder
Dicköl	„	18	„	10·7 „	Gewichts-
Elektrofirnis	„	$1^1/_2$—2	„	15·1—16·7 „	abnahme ein.
Handelsfirnis (mit Manganoxydhydrat bereitet)	„	1—2	„	14·7—14·8 „	
Handelsfirnis (mit Bleiglätte bereitet)	„	16—24	Stunden	14·6—14·8 „	
Firnis aus Lackleinöl, mit 3$^0/_0$ harzsaurem Mangan, in der Kälte bereitet	„	24	„	14·7—16 „	
Firnis mit 3$^0/_0$ harzsaurem Blei-Mangan, in der Kälte bereitet		—		17·2 „	
Derselbe, nach 18 monatlichem Stehen bei Luftzutritt		—		10·9 „	
Harzölfirnis	„	$7^1/_2$	Tagen	23·3 „	

Eine Proportionalität zwischen Sauerstoffaufnahme und Jodzahl ist nicht nur bei verschieden behandelten Ölen der gleichen Art, sondern auch bei Ölen verschiedenen Ursprunges und Charakters im allgemeinen unverkennbar. Nicht so scharf ist der Parallelismus zwischen Trockenkraft einerseits und Sauerstoffzahl und Jodzahl andrerseits. Es können sehr wohl Öle mit geringer Sauerstoff- oder Jodzahl gut trocknen und andrerseits Öle mit hoher Jodzahl (z. B. die Trane) schlecht trocknen.

Statt des gewöhnlichen Sauerstoffs hat man noch Ozon auf Öle einwirken lassen. Die Verwendung des Ozons ist schon sehr alt, aber das genauere Studium der dabei gebildeten Produkte blieb der jüngsten Zeit vorbehalten. Nach einem der Firma Graf & Co. in Berlin patentierten Verfahren zur Darstellung von Ozonöl besitzen trocknende wie nichttrocknende Öle die Eigenschaft, das Ozon mehr oder weniger zu binden und energisch festzuhalten.[1]

Nachdem Harries Ozon auf Kautschuk reagieren ließ und festgestellt hatte, daß bei der Oxydation durch Ozon dieser in vielen Fällen direkt als O_3 an die Doppelbindung angelagert wird, haben sich Harries und einige italienische Chemiker anscheinend gleichzeitig damit beschäftigt, die Einwirkung des Ozons auf Öle resp. Ölsäure zu studieren.

C. Harries und C. Thieme[2]) fanden ein Ölsäureozonid

$$CH_3(CH_2)_7 . CH . CH . (CH_2)_7 . COOH$$
$$\diagdown O_3 \diagup$$

und ein Ölsäureozonidperoxyd

$$CH_3(CH_2)_7 . CH . CH . (CH_2)_7 . CO_3H.$$
$$\diagdown O_3 \diagup$$

E. Molinari und E. Soncini[3]) untersuchten das Verhalten der Ölsäure und Leinölsäure und berichten über dasselbe Ölsäureozonid. Die Resultate über Leinölsäure sind noch nicht veröffentlicht. Ebendieselben haben dann Ozon auf Lein-, Mais-, Ricinus-, Oliven- und Rüböl einwirken lassen und beabsichtigten, auf diese Weise eine neue Konstante für jedes Öl zu bestimmen, welche die praktische Unterscheidung der verschiedenen Ölsorten ermöglichen solle. Sämtliche Öle nehmen in größeren oder geringeren Mengen, ähnlich wie es bei der Jodzahl der Fall ist, Ozon auf. Das von Molinari und Soncini verwendete Leinöl hatte die Jodzahl 171. Wenn 2 Atome Jod einem Molekül Ozon entsprechen, so ist die theoretische Ozonzahl für Leinöl 32·3; Molinari und Soncini fanden 30.

Nach Pietro Fenaroli[4]) absorbieren ungesättigte Fettsäuren und Öle, welche solche enthalten, ebensoviel Moleküle Ozon, als sie Doppelbindungen besitzen.[5]) Die Absorption wird in einem Liebigschen Absorptionsapparat dergestalt ausgeführt, daß der ozonisierte Luft- oder Sauerstoffstrom mit einer Geschwindigkeit von etwa 180 Gasblasen in der Minute bei 10°—40° C. durch das Öl geleitet wird. Die Gewichts-

---

[1]) D.R.P. Nr. 56392 vom 17. 1. 1890.
[2]) Ann. d. Chem. 1905. 343. 354 und Ber. d. deutsch. chem. Ges. 1906. 39. 2844.
[3]) Ber. der deutsch. chem. Ges. 1906. 39. 2735.
[4]) 6. Internat. Kongreß in Rom; Referat, Chem. Zeitg. 1906. 30. 450.
[5]) Molinari und Soncini, Ann. Soc. Chim. Milano 1905. 11. 80.

zunahme ist die Ozonzahl. Da das Ozonid gewöhnlich fest ist, löst man das Öl zweckmäßigerweise zuvor in Petroläther. Die Ozonzahl entspricht vollkommen der Jodzahl, wie die folgende Tabelle zeigt.

	Jodzahl	Ozonzahl berechnet	Ozonzahl gefunden im Mittel
Olivenöl	83·8	15·9	16
Maisöl	114·1	21·6	21·6
Leinöl	176·8	33·5	34
Ricinusöl	86·4	16·3	16·2

Die Eigenschaft der Öle, Sauerstoff aufzunehmen, wird in der Technik viel benützt. Man verdickt Öle behufs Verwendung als Schmiermaterialien durch Einblasen von Luft meist bei Temperaturen von 70° bis 120° C., z. B. Rüböl und besonders Cottonöl (blown oils); man macht Anstrichöle auf diese Weise etwas konsistenter und etwas rascher trocknend, so z. B. wird Leinöl für die Firnisfabrikation zuweilen angeblasen oder „ozonisiert"; auch führt man schließlich Öle ganz in feste Körper über (oxydiertes Leinöl für Linoleumfabrikation.[1]) Insbesondere ist es aber die gesamte Firnis- und Lackfabrikation, die sich auf diese Eigenschaft der Öle gründet. (Vgl. auch „Firnis und Öllack", I. Teil. S. 497.)

Die dickgeblasenen, oxydierten Öle unterscheiden sich übrigens prinzipiell von den dickgekochten, polymerisierten Ölen.[2])

Die spontane Sauerstoffaufnahme der Öle geht unter Umständen, wenn das Öl sehr fein verteilt, z. B. von faserigen, porösen Stoffen aufgesaugt ist, unter beträchtlicher Wärmeentwicklung vonstatten, die sich, wenn die Körper vor Abkühlung geschützt sind, bis zur Entzündung steigern kann.[3]).

R. Kißling[4]) hat die Temperaturerhöhungen gemessen, die Leinölfirnis mit Wolle, Baumwolle, Hanf usw. hervorrief, und hat festgestellt, daß die Temperaturerhöhung, welche Leinöl mit porösen Stoffen erleidet, größer ist, als die des Rüböls und Cottonöls; noch größer ist die durch Leinölfirnis hervorgerufene.

W. Mc. Mackey[5]) benützt, um die Fähigkeit der Öle, sich selbst zu entzünden, zu prüfen, was besonders bei Wollölen von großer Bedeutung ist, den schon oben beschriebenen Apparat. (Vgl. „Wollspickmittel", I. Teil, S. 438.)

d) Jodzahl und Maumenés Probe.

Den nichttrocknenden Ölen kommen, wie die Tabelle auf S. 610 ff. zeigt, niedrigere Jodzahlen als den trocknenden Ölen zu. Der Grund

---

[1]) Vergl. Hertkorn, Chem. Zeitg. 1903. 27. 856.
[2]) Fahrion, Zeitschr. f. angew. Chem. 1892. 5. 171. — Lewkowitsch, The Analyst 1902. 27. 140 u. 683.
[3]) L. Häpke, Die Selbstentzündung von Schiffsladungen, Baumwolle usw.
[4]) Zeitschr. f. angew. Chem. 1895. 8. 44.
[5]) Journ. Soc. Chem. Ind. 1895. 14. 940 u. 1896. 15. 90.

hierfür ist, daß die Glyceride der Linolensäuren 18 Atome, der Linolsäure und ihrer Homologen 12 Atome, die Glyceride von Säuren der
Ölsäurereihe jedoch nur 6 Atome Jod in ein Molekül aufzunehmen vermögen. Die Jodzahl bildet somit ein sehr bequem zu ermittelndes und
zumeist ziemlich sicheres Merkmal zur Unterscheidung der trocknenden
und nichttrocknenden Öle, vorausgesetzt, daß die Abwesenheit der Trane,
welche gleichfalls in der Mehrzahl der Fälle eine sehr hohe Jodzahl
besitzen, durch eine Vorprüfung erwiesen ist.

Auch durch den Grad der Temperaturerhöhung beim Vermischen
mit Schwefelsäure nach Maumené unterscheiden sich die trocknenden
Öle von den nichttrocknenden (vgl. S. 619).

2. Unterscheidung der einzelnen Fette und Wachsarten.

I. Quantitative Reaktionen.

Quantitative chemische Reaktionen nennt v. Hübl jene Reaktionen
der Fettkörper, bei welchen das quantitative Verhalten gegen ein Reagens ermittelt wird. Aus ihnen werden die sichersten Schlüsse auf die
Natur und Reinheit eines Fettes gezogen.

Solche quantitative Reaktionen sind die im I. Teile, Abschnitt VII
beschriebenen Methoden, von denen zur Unterscheidung der Öle die Bestimmung der Verseifungszahl, der Reichert-Meißlschen Zahl, der Jodzahl und der Acetylzahl am wertvollsten sind.

a) Verseifungszahl.

Die Verseifungszahl gibt die zur Verseifung eines Fettes oder Wachses
nötige Menge Kalihydrat in Zehntelprozenten an.

Sie ist daher in erster Linie von dem Gehalt an Fettsäuren (freien
und gebundenen) abhängig und wird um so größer sein, je mehr Fettsäure das Fett oder Wachs enthält. Sie ist daher bei den Fettkörpern
größer als bei den Wachsarten, da die ersteren 3 Moleküle Fettsäure
auf 1 Molekül Glycerin, die letzteren 1 Molekül Fettsäure auf 1 Molekül eines Alkohols von überdies großem Molekulargewichte enthalten.
Sie ist außerdem infolgedessen bei großem Gehalt an freien Fettsäuren
größer als bei fast neutralen Fetten, was sich besonders bei den verschiedenen Palmölsorten bemerkbar macht. Da die verschiedenen Fettsäuren je ein Molekül Kalihydrat zur Verseifung brauchen, so ergibt
sich aus der Definition der Verseifungszahl, daß sie für Fettsäuren
von kleinem Molekulargewicht, von welchen in erster Linie die flüchtigen Fettsäuren zu erwähnen sind, oder für Fette, welche viel derartiger Säuren enthalten, groß ist und daß sie um so kleiner ist, je
größer das Molekulargewicht der Fettsäuren ist.

Umgekehrt wird natürlich eine hohe oder niedrige Verseifungszahl
auf das Vorhandensein von Fettsäuren mit kleinem oder großem Molekulargewicht hinweisen. Dies zeigt sich auch in dem vielfach in der
Literatur angegebenen mittleren Molekulargewicht der Fettsäuren, welches

entweder aus den Säure- oder aus den Verseifungszahlen der Fettsäuren berechnet werden kann.

Die Verseifungszahlen der meisten Öle liegen, wie aus der folgenden Tabelle ersichtlich ist, zwischen 190 und 193, die der festen Fette meist in der Nähe von 196.

Eine auffallend niedrige Verseifungszahl (ca. 178) zeigen von den wichtigen Ölen die Cruciferenöle (Rüböl, Rapsöl, Hederichöl usw.), wegen des Gehaltes an Erucasäure, und das Ricinusöl (ca. 183) infolge des Überwiegens der Ricinolsäure, welch letzteres sich von den Cruciferenölen durch seine Löslichkeit in Alkohol und seine hohe Acetylzahl unterscheidet.

Ferner haben, wie erwähnt, die Wachsarten sehr niedrige Verseifungszahlen.

Durch sehr hohe Verseifungszahlen zeichnen sich die als feinste Schmieröle benutzten flüssigen Anteile des Meerschwein- und Delphintrans, ferner Croton- und Curcasöl, von den festen Fetten besonders das Palmkernöl, Cocosöl und Butterfett aus.

Die folgende Tabelle enthält die Grenz- und Mittelwerte der Verseifungszahlen der Fette und Wachse. Bemerkt sei, daß unter den Mittelwerten bei den besser studierten Fetten nicht das arithmetische Mittel, sondern die am häufigsten vorkommende Zahl angegeben wurde.

Name	Grenzwerte	Mittelwert	Name	Grenzwerte	Mittelwert
Pflanzenfette.			Carpatrocheöl . . .	235·2—238	—
			Caŷ-doc-Öl	198·3	—
Acajouöl	179·5—180·2	—	Cedernußöl	191·8	—
Acrocomiaöl . . .	246·2	—	Celosiaöl	190·5	—
Aegiphilaöl	198·8—200	—	Chaulmoograöl . .	213—232·4	—
Akaziensamenöl .	190·6—192·4	—	Chinesischer Talg .	196—205·8	200·9
Akeeöl	194·6	—	Chines. Talgsamenöl	210·4—277 (?)	—
Anisöl	178·3	—	Chironjiöl	191·8—195·4	—
Apfelsamenöl . . .	202	—	Chorisiaöl	214—218·4	—
Aprikosenkernöl .	188—215·1 (?)	193	Citronenkernöl . .	188·4	—
Arachisöl	185·6—206·7	194	Cocos-acrocomioides-		
Argemoneöl . . .	187·8—200·2	—	Öl	290·9—294·7	—
Bärentatzenöl . .	228·2	—	Cocosöl	246·2—268·4	257
Barringtoniaöl . .	172·6	—	Cocumbutter . . .	186·8—191·3	—
Basiloxylonöl . . .	196—198·5	—	Comuöl	169·1 (?)	—
Baumwollsamenöl .	191—198	194	Coriandersamenöl .	63 (?)	—
Baumwollstearin .	194·6	—	Crotonöl	210·3—215·6	213
Behenöl	184·6—187·7	—	Curcasöl	193·2—230 (?)	200
Bignoniaöl	185·3—186·1	—	Daphneöl	196—197	—
Bilsenkrautsamenöl	170	—	Dikafett	244·5	—
Birnensamenöl . .	113 (?)	—	Dombaöl	191—200	—
Bohnenöl	188	—	Echinopsöl	189·2—194	—
Bonducnußöl . . .	156·5—158·3	—	Eicheckernöl . . .	199·3	—
Borneotalg	191·2—192·2	—	Eierschwammöl . .	214·4	—
Bucheckernöl . . .	191—196·3	193	Erdbeeröl	193·8	—
Candlenußöl . . .	184—194·8	190	Erdmandelöl . . .	224—225·5	—
Carapafett	195·8—239 (?)	—	Fliegenpilzöl . . .	227	—
Caricaöl	185·6—187·5	—	Gartenkressenöl .	178—186·4	180

Name	Grenzwerte	Mittelwert	Name	Grenzwerte	Mittelwert
Gerstensamenöl . .	280	—	Mowrahbutter . .	188·4—192·3	—
Gewürzbuschöl . .	284·4	—	Mucunaöl	178·2—184·8	·—
Gynocardiaöl . . .	152·8	—	Muskatbutter . . .	148·2—191·4	—
Hanföl	192—194·9	193	Muskatöl, kaliforn.	191·3	—
Hartriegelöl . . .	192·05	—	Mutterkornöl . . .	178·4	—
Haselnußöl	190·9—197·1	193	Myricawachs . . .	205·7—217	—
Hederichöl	174	—	Myrtensamenöl . .	199·8	—
Himbeerkernöl . .	192·3	—	Nachtviolenöl . .	191·8	—
Holunderbeerenöl .	196·8—209·3	—	Nigeröl	188·9—192·2	190
Hydnocarpusöl . .	207—212	—	Njatuotalg	201·5	—
Holzöl	190·7—197	194	Njavebutter . . .	185·3	—
Illipetalg	187·4—199·9	—	Nußöl	186—197·3	195
Immergrünbaumöl	189·7	—	Olivenkernöl . . .	182·3—188·5	––
Inoyöl	184·5	—	Olivenöl	185—206 (?)	193
Jamboöl	172·3	—	Orangensamenöl .	229	—
Japanwachs . . .	206·6—232 (?)	220	Owalaöl	186·0	—
Javamandelöl . . .	193·5—194·3	—	Paineiraöl	131·3—134·7	—
Javaolivenöl . . .	187·9	—	Palmkernöl . . .	241·4—250	247
Johannesiaöl . . .	188·9—190·0	—	Palmöl	196·3—206·7	202
Kaffeebohnenöl . .	165·1—177·3	175	Paprikaöl	184·6—270 (?)	—
Kakaobutter . . .	192—202	197	Paradiesnußöl . .	173·6	—
Kapoköl	180·2—205	—	Parakautschuk-		
Kilimandscharo-			baumöl	198·2	—
nußöl	184	—	Paranußöl	170·4—193·4	—
Kirschkernöl . . .	193·4—195	194	Parasolpilzfett . .	202·6	—
Kirschlorbeeröl . .	·194	—	Perillaöl	189·6	—
Kleesamenöl . . .	189·5—189·9	189·7	Persimonöl	188	—
Kreuzbeerenöl . .·	186	—	Pfirsichkernöl . .	189·1—192·5	191
Kürbiskernöl . . .	188·1—195·2	190	Pflaumenkernöl . .	191·5	—
Lallemantiaöl . . .	185	—	Phulwarabutter . .	175—190·8	—
Lecythisöl	198·6	—	Pistacienöl	191—191·6	—
Leindotteröl . . .	155(?)—188	188	Pithecocteniumöl .	181·6—184·8	—
Leinkrautöl . . .	188·6	—	Pongamöl	178—183·1	—
Leinöl	187·6—195·2	192	Psidium Guajavaöl	137	
Lindenholzöl . . .	178·1	—	Quittensamenöl . .	181·75	—
Löcherpilzfett. . .	176·6	—	Rambutantalg . .	193·8	—
Lorbeerfett	197·5—208·7	—	Reisöl	193·1—193·5	—
Lorbeeröl, indisch	170—189·9	—	Rettichöl	173·8—179·4	176
Luffaöl	187·8	—	Ricinusöl	176—186	183
Madiaöl	192·8	—	Rhusglabraöl . . .	179·7—195·3	—
Mafuratalg	200·1—221·0	210·5	Roggensamenöl . .	196	—
Maisöl	188·1—203	191	Rüböl	169·4—179	175
Makassaröl	215·3—230	223	Safföröl	186·6—195·4	194
Malabartalg . . .	188·7—191·9	190·3	Samtfußfett . . .	150·2	—
Mandelöl	183·3—207·6	191	Sandbeerenöl . . .	208	—
Manihotöl	188·6	—	Sapindusöl	170·2	—
Margosaöl	191·5—196·9	194·2	Sawarrifett	199·5	—
Maripafett	259·5—270·5	—	Schöllkrautöl . . .	198·2	—
Melonenkernöl . .	190·5—193·3	—	Schwarzkümmelöl .	196·4	—
Micheliafett . . .	196—199·4	—	Schwarznußöl . .	190·1—191·5	—
Mkanifett	186·6—191·7	—	Schwarzsenföl . .	137·3—181·9	175
Mocayaöl	240·6	—	Semmelschwammöl	76·2	—
Mogaröl	193·5	—	Senföl, indisches .	172·1—180·1	—
Mohnöl	189—197·7	194	Senegawurzelöl . .	193·5—194·1	—

Name	Grenzwerte	Mittel-wert	Name	Grenzwerte	Mittel-wert
Sesamöl	187—193	190	Pferdefett . . .	195·1—199·5	—
Sheabutter	181—192·3	—	Pferdemarkfett . .	199·7—200	—
Sinapis juncea-Öl .	172·1—180·1	—	Rehfett	199·0	—
Sinapis napus-Öl .	167·7	—	Renntierfett . . .	194·4—198·8	196·6
Sojabohnenöl . . .	192·5—212·6	193	Rindermarkfett . .	195·8—198·7	197·3
Sonnenblumenöl .	188—194	193	Rindertalg	190·6—200	195
Sorghumöl . . .	172·1	—	Schweinefett . .	193—200	196·5
Spargelsamenöl . .	194	—	Specköl	191—196	193·3
Stachelpilzöl . . .	191·0	—	Starenfett	209·2	—
Staubpilzfett . . .	223·2	—	Truthahnfett . . .	200·5	—
Stechapfelöl . . .	186	—	Vielfraßfett . . .	193·3	—
Sterculia-chicha-Öl	193·2—195·1	—	Wasserhuhnfett . .	192·6	—
Strophantusöl . .	187·9—194·6	—	Wildentenfett . .	198·5	—
Strychnosfett . . .	159—170·6	—	Wildgansfett . . .	196	—
Surinfett	179·5	—	Wildkaninchenfett	198·3—200·3	199·3
Tabaksamenöl . .	190	—	Wildkatzenfett . .	199·9	—
Tangkallakfett . .	268·2	—	Wildschweinfett .	195·1	—
Tannensamenöl . .	191	—	**Trane.**		
Teesamenöl . . .	188·3—195·5	—	Delphintran . . .	197·3—290	—
Telfairiaöl	174·8	—	Dorschlebertran .	175—206	187
Traubenkernöl . .	178·4—190	—	Eishailebertran . .	146·1—164·7	—
Ukuhubaöl	219—220	—	Glattrochenleber-		
Ungnadiafett . . .	191—192	—	tran	185·4	—
Vogelbeersamenöl .	208	—	Haifischlebertran .	157·2—163·5	—
Wassermelonenöl .	189·7—196	—	Heringstran . . .	170·9—193·7	—
Weißsenföl	170·3—175·8	171	Karpfentran . . .	202·3	—
Weizenöl	166·5—182·8	176	Königsfischtran . .	147·6—148·2	—
Wollschwammfett .	174·2	—	Länglebertran . .	181·6—184	—
Tierfette.			Meerschweintran .	143·9—272·3	—
Auerhahnfett . . .	201·6	—	Menhadentran . .	188·8—193	190
Bärenfett	191—200·4	—	Robbentran . . .	178—196·2	190
Butter	220—230	227	Sardinentran . . .	189—196·2	—
Chrysalidenöl . . .	190—194	—	Schellfischtran . .	186·3—193	—
Dachsfett	193·1—202·3	—	Seyfischtran . . .	177—189	—
Edelmarderfett . .	204	—	Sprottentran . . .	194·5	—
Eieröl	184·4—191·2	190	Stichlingstran . .	183·2—190·7	—
Elchfett	195·1—200	—	Störtran	186·3	—
Fuchsfett	191·7	—	Walfischtran . . .	160—224·4	193
Gänsefett	184—198	193	**Pflanzenwachse.**		
Gemsenfett . . .	203·3	—			
Hammeltalg . . .	195·2—196·5	196	Carnaubawachs . .	33—95	87
Hasenfett	198·3—205·8	—	Flachswachs . . .	101·5	—
Hauskaninchenfett	202·6	—	Pisangwachs . . .	109	—
Hirschtalg	195·6—199·9	197·7	Schellackwachs . .	57·6—126·4	—
Hühnerfett	193·5	—	Tuberkelwachs . .	60·7	—
Hundefett . . .	194·4—196·4	195·4	**Tierwachse.**		
Katzenfett	190·7	—			
Knochenfett . . .	172·0—198·6	—	Bienenwachs . . .	87·5—107	97·7
Kranichfett . . .	191·2	—	Döglingtran . . .	121·5—134	126
Luchsfett	190·2	—	Insektenwachs . .	63—93	—
Meerschildkrötenöl	209	—	Spermacetiöl . . .	117—147	132
Menschenfett . . .	193·6—198·1	—	Walrat	108·1—134·6	—
Ochsenklauenöl . .	189—199	195	Wollfett	77·8—146·02	—

Wie sich aus der Tabelle ergibt, zeigen die von verschiedenen Autoren angegebenen Verseifungszahlen der einzelnen Öle noch keine sehr scharfe Übereinstimmung, und es würde bei manchen Ölen noch größerer Versuchsreihen bedürfen, um zu ermitteln, innerhalb welcher Grenzen diese Zahlen für jedes einzelne Fett schwanken.

Allen und auch Valenta haben es versucht, die Öle nach ihren Verseifungszahlen in verschiedene Gruppen einzuteilen. Nachdem jedoch bei Einteilungen, welche einzig und allein auf die Verseifungszahl basiert sind, in ihren anderen Eigenschaften oft sehr verschiedene Öle in ein und dieselbe Gruppe eingereiht werden müßten, wurde von der Anführung dieser Einteilungen hier abgesehen.

Valenta schlägt vor, nicht die Verseifungszahlen der Öle, sondern die der daraus abgeschiedenen Fettsäuren zu ermitteln, indem dann die Schwankungen wegfallen, welche durch den verschiedenen Gehalt der Öle an freien Fettsäuren bedingt sind. Diese Zahlen beziehen sich aber dann offenbar nur auf die in dem Fett enthaltenen unlöslichen Fettsäuren, wodurch jene charakteristischen Differenzen in den Verseifungszahlen verschwinden, welche durch den verschiedenen Gehalt der Fette an flüchtigen Fettsäuren bedingt sind. So wird die Differenz zwischen den Verseifungszahlen der Fettsäuren aus Kuhbutter und Margarine eine weit geringere sein als zwischen den Verseifungszahlen der beiden Fette. Liegt dagegen die Ursache der Verschiedenheit der Verseifungszahlen zweier Öle in dem verschiedenen Gehalte an Fettsäuren von höherem Molekulargewichte, so empfiehlt sich die Titrierung der Fettsäuren nach dem Vorschlage Valentas.

Valenta fand folgende Verseifungszahlen für einige Fettsäuren:

	Kalihydrat mg	Daraus berechnetes mittleres Molekulargewicht
Cottonölfettsäuren	203·9	275·1
Olivenölfettsäuren	203·0	276·3
Sesamölfettsäuren	199·3	281·5

Eine große Reihe von Bestimmungen von Verseifungszahlen der Fettsäuren verschiedener Öle hat ferner Thörner[1]) ausgeführt. Die von ihm erhaltenen Resultate sind in der folgenden Tabelle zusammengestellt:

	Verseifungszahlen der unlöslichen Fettsäuren			Verseifungszahlen der unlöslichen Fettsäuren
Arachisöl	201·6		Palmöl	204
Lebertran	207		Palmkernöl	264
Leinöl	196		Ricinusöl	182
Mandelöl	204		Rüböl	185
Mohnöl	199		Sesamöl	201·6
Olivenöl	193		Sonnenblumenöl	201·6

Die aus den Verseifungszahlen der Fettsäuren berechneten mittleren Molekulargewichte der unlöslichen Fettsäuren dürfen nicht mit den Allenschen Verseifungsäquivalenten (s. Seite 131) verwechselt werden,

---

[1]) Chem. Zeitg. 1894. 18. 1154.

welche aus der Verseifungszahl k unter Vernachlässigung des Glyceringehaltes nach der Formel

$$M = \frac{5610}{k}$$

berechnet werden und keine weiteren Anhaltspunkte zur Vergleichung der Öle geben als die Verseifungszahl selbst.

b) Reichert-Meißlsche Zahl.

Die Bestimmung der Reichert-Meißlschen Zahl wird dann von Wert sein, wenn das zu untersuchende Fett einen höheren Gehalt an flüchtigen Fettsäuren besitzt.

So haben z. B. einige Fischtrane infolge ihres Gehaltes an Isovaleriansäure auffallend hohe Reichert-Meißlsche Zahlen.

Die folgende Tabelle enthält eine Zusammenstellung der Reichert-Meißlschen Zahlen einiger Trane nach den Untersuchungen von Moore[1]), Steenbuch[2]), Allen und anderen:

	Reichert-Meißlsche Zahl
Spermacetiöl	2·6
Döglingtran	2·8
Walfischtran	7·4—25·0
Delphintran	11·2
„ (Kinnbackenöl)	110—184
Meerschweintran	22—42·9
„ (Kinnbackenöl)	95·5—131·6

Die Reichert-Meißlschen Zahlen der festen Fette liegen zumeist unter 1. Charakteristische Reichert-Meißlsche Zahlen besitzen die folgenden:

	Mittelwert		Mittelwert
Cocosnußöl	7·5	Rindermark	2
Palmkernöl	5	Auerhahnfett	4
Mokayaöl	7	Truthahnfett	4·4
Makassaröl	9	Wildkatzenfett	5
Polygalaöl	6·43	Hasenfett	3
Tangkallakfett	1·47	Kaninchenfett	5·6
Butterfett	28	Wollfett	8

Fette mit hoher Reichert-Meißlscher Zahl haben gewöhnlich auch eine große Verseifungszahl, da beide Konstanten durch die Gegenwart der flüchtigen Fettsäuren in diesem Sinne beeinflußt werden.

c) Jodzahl.

Hübl äußert sich über die Anwendbarkeit der Jodzahlbestimmung in folgender Weise:

„Die Jodadditionsmethode ermöglicht es, die Natur eines Fettes zu erkennen; sie gibt ein Kennzeichen für die Reinheit desselben an die Hand und läßt über die qualitative Zusammensetzung einer Mischung

---

[1]) Journ. Americ. Chem. Soc. 1889. 11. 155.
[2]) Zeitschr. f. angew. Chem. 1889. 2. 64.

einen Schluß zu; ja sie macht zuweilen selbst eine annähernde quantitative Analyse einer Mischung zweier Fette möglich. Handelt es sich nur um das Erkennen eines Fettes, so wird durch die Jodzahl die entsprechende Gruppe angegeben, und es unterliegt meist keinen Schwierigkeiten, zwischen der geringen Zahl von Gruppengliedern passende Unterscheidungsmittel zu wählen. Jedoch ist zu erwähnen, daß es immerhin möglich und auch wahrscheinlich ist, daß Fettsorten vorkommen, deren Jodzahlen nicht innerhalb der für dieselben Fette angegebenen Grenzen fallen, denn es sind ja diese aus einer nur beschränkten Zahl von Proben abgeleitet. In diesem Falle wird besonders der Zusammenhang der Jodzahl mit dem Schmelzpunkte der freien Fettsäuren einen Anhaltspunkt für die Beurteilung bieten."

„Liegt eine Mischung zweier Fette vor, von welcher ein Bestandteil unbekannt ist, wie dies bei Verfälschungen vorkommt, oder ist die Natur beider fraglich, dann müssen selbstverständlich alle Mittel herangezogen werden, welche geeignet sind, Anhaltspunkte über die Qualität dieser Körper zu gewinnen. Den ersten Aufschluß gibt auch hier die Jodzahl, weitere Folgerungen erlauben der Schmelzpunkt der Fettsäuren, die Verseifungszahl, die Löslichkeitsverhältnisse und endlich die chemischen Reaktionen."

„Ist die Natur zweier Fette in einer Mischung bekannt, oder ist es gelungen, dieselbe zu erkennen, und gehören beide verschiedenen Gruppen an, so läßt sich aus der Jodzahl ihr gegenseitiges Verhältnis annähernd berechnen. Bezeichnet man mit x den Prozentgehalt eines Fettes in der Mischung, mit y den Prozentgehalt eines anderen Fettes, ist also $x + y = 100$ und kommt dem reinen Fette x die Jodzahl m, dem Fette y die Jodzahl n zu, ist ferner die für die Mischung gefundene Jodzahl $= J$, so ergibt sich:

$$x = \frac{100\,(J - n)}{m - n}.$$

„Das Alter des Fettes ist auf die Jodzahl ohne merkbaren Einfluß, solange nicht tief eingreifende Veränderungen in der Zusammensetzung stattgefunden haben. Selbst 15 Jahre alte Proben von Leinöl und Rüböl gaben noch ganz richtige Werte. Ist jedoch ein Öl durch lange Einwirkung von Licht und Luft dickflüssig und stark ranzig geworden, dann gibt es auch viel zu niedrige Zahlen. Ein derartig verändertes Leinöl gab die Zahl 130, ein Baumöl 75. Solche Öle charakterisieren sich durch ihre Löslichkeit in Essigsäure und ihren abnorm hohen Gehalt an freien Säuren."

Die durch den Einfluß von Licht und Luft bewirkten Erniedrigungen der Jodzahl bei Ölen sind verhältnismäßig bedeutend. Ballantyne hat bei einem Leinöl mit der Jodzahl 173·46, nachdem es durch 6 Monate hindurch in einer verschlossenen Flasche aufbewahrt und dem Sonnenlichte ausgesetzt worden war, eine Jodzahl 172·88, und nach Aufbewahrung in Luft und Licht durch die gleiche Zeit hindurch eine solche von 166·17 gefunden. Bei einem Olivenöle war in sechs

Monaten die Jodzahl durch den Einfluß von Luft und Licht von 83·16 auf 78·24 zurückgegangen. — Sherman und Falk[1]) haben diese Abnahme der Jodzahl durch den Einfluß von Luft und Licht an einer Reihe von Ölen und Fetten nachgewiesen:

	Ursprüngliche Jodzahl	Jodzahl nach mehreren Monaten
Olivenöl	83·8	77·4
Schweineschmalz	73·3	66·7
Baumwollsamenöl	102·8	92·0
Maisöl	117·2	107·0
Mohnöl	125·3	117·1
Robbentran	145·3	120·3
Leinöl	178·0	{ 165·8 n. 4 Mon. / 139·4 n. 8 Mon.

Diese Änderung der Jodzahl steht zur Änderung des spezifischen Gewichtes in bestimmten Beziehungen. (Siehe daselbst.) Bei den nicht-trocknenden Ölen, bei denen nach Hazura die Oxydation im wesentlichen in einer Addition von Hydroxylgruppen an die Doppelbindungen der ungesättigten Säuren besteht, ohne daß dabei eine Änderung des Volumens eintritt,[2]) verhalten sich daher die Änderungen dieser beiden Größen proportional, wie OH zu J, also wie 17:126·9 (oder wie 1:7·46). Man kann daher annähernd auf die ursprüngliche Jodzahl oder das ursprüngliche spezifische Gewicht Rückschlüsse ziehen, wenn einer dieser Werte bekannt ist oder ein Durchschnittswert dafür angenommen wird.

Dies gilt nicht für die trocknenden Öle, weil bei diesen der Vorgang der Oxydation komplizierter ist.

Bezüglich der Jodzahlen der Pflanzenfette sei erwähnt, daß diese sehr von der Spielart, dem Klima, dem Orte des Wachstums, der eventuellen Düngung der Pflanze und der Gewinnungsweise des Öles abhängig sind.

Bei der Untersuchung der Tierfette hat sich ergeben, daß u. a. die Fütterung von bedeutendem Einfluß auf die Jodzahl ist. Die Fütterung mit Ölkuchen bedingt beispielsweise vermöge des Gehaltes derselben an Fetten mit verhältnismäßig hoher Jodzahl eine Erhöhung dieser Konstanten. Auch die verschiedenen Körperstellen entnommenen Fettproben besitzen meist verschiedene Jodzahlen (siehe Rindertalg, Hammeltalg, Schweinefett). Das Fett der Pflanzenfresser hat eine niedrigere Jodzahl als das der Fleischfresser und Vögel. Gemischte Nahrung bewirkt eine mittlere Jodzahl. Henriques und Hansen[3]) haben konstatiert, daß im Tierkörper von außen nach innen zu der Schmelzpunkt des Fettes derart steigt, daß direkt unter der Haut sich das am leichtesten schmelzbare Fett befindet. Mit dieser Veränderung des Fettes geht die Änderung der Jodzahl Hand in Hand. Zumeist ist das der Hautoberfläche am nächsten liegende Fett am oleïnreichsten, besitzt sohin auch die höchste Jodzahl. Beim Delphin hingegen steigt die Jodzahl gegen das Innere

---

[1]) Journ. Amer. Chem. Soc. 1903. 25. 711 u. 1905. 27. 605.
[2]) Ballantyne. Journ. Soc. Chem. Ind. 1891. 10. 29.
[3]) Skand. Arch. f. Physiol. 1900. 11. Bd.

des Körpers zu. Dieses Steigen erfolgt jedoch hier auch gleichzeitig mit einem Steigen des Schmelzpunktes des Fettes. Das Fett des Körperinnern ist nämlich bedeutend ärmer an den niedrig schmelzenden Glyceriden der flüchtigen Fettsäuren, während das Oberflächenfett sehr reich an solchen Glyceriden ist. Die folgende Tabelle enthält die Jodzahlen verschiedener Tierfette von verschiedenen Körperstellen.

	Hautfett	Nierenfett	Darmfett	Gekrösefett	Herzfett	Bauchfett
Hundefett	82·6	81·4	79.7	79·9	79·9	—
Pferdefett	—	84·7	—	81·3	—	—
Ochsenfett	51·8	—	—	39·8	—	—
Schaffett	47·3	—	40·7	—	—	—
Schweinefett	65·5	·52·9	49.3	—	—	—
Gänsefett	81·3	—	—	—	—	73·7
Kamelfett	38·7	—	32·6	—	—	—

	Fett der Finnen	Äußeres Hautfett	Mittleres Hautfett	Inneres Hautfett
Delphinfett, Muttertier .	69·2	57·6	89·5	143·1
„ Fötus . . .	—	65·0	—	71·6

Außerdem haben Henriques und Hansen konstatiert, daß die Temperatur, bei welcher die Tiere gehalten werden, von großem Einflusse auf die Jodzahlen des Körperfettes ist. Die Kälte bewirkte beim Schweine, mit dem diese Versuche ausgeführt wurden, die Bildung eines verhältnismäßig oleïnhaltigen und leichtflüssigen Hautfettes.

Die folgende Tabelle enthält die Grenz- und Mittelwerte der Jodzahlen der flüssigen Fette und ihrer Fettsäuren. In der Rubrik „Mittelwerte" ist wieder nicht das arithmetische Mittel, sondern die am häufigsten vorkommende Zahl angegeben worden.

Die höchsten Jodzahlen haben die trocknenden Öle, vor allem das Perillaöl und das Leinöl, und dann die Trane.

Die kleinsten Werte finden sich bei einigen halbfesten Pflanzenfetten, z. B. dem Cocosnußöl und Palmkernöl und bei den Wachsarten.

Name	Grenzwerte der Jodzahlen der Fette	Mittelwerte der Jodzahlen der Fette	Grenzwerte der Jodzahlen der Fettsäuren	Jodzahlen der flüssigen Fettsäuren
Pflanzenfette.				
Acajouöl	60·6	—	—	—
Acrocomiaöl ⸱	25·2	—	—	—
Aegiphilaöl	64·1—64·2	—	—	—
Akaziensamenöl . . .	128·9—161	—	131·7—167	—
Akeeöl	49·1	—	58·4	—
Anisöl	105·3	—	97·3	—
Apfelsamenöl	135	—	83—86	—
Aprikosenkernöl . . .	96·02—108·7	100	99·1—103·8	—
Arachisöl	87—103	94	95·5—103·4	104·7—128·5
Argemoneöl	113·3—122·5	—	—	—
Barringtoniaöl	134·1	—	—	—
Basiloxylonöl	76·4	—	—	—
Baumwollsamenöl . .	102—111	107	112—115·7	136—148·2
Baumwollstearin . . .	88·7—103·8	—	94·3	—

Name	Grenzwerte der Jodzahlen der Fette	Mittelwerte der Jodzahlen der Fette	Grenzwerte der Jodzahlen der Fettsäuren	Jodzahlen der flüssigen Fettsäuren
Behenöl	72·2—111·8	—	—	—
Bignoniaöl	93·9	—	—	—
Bilsenkrautsamenöl	138	—	—	—
Birnensamenöl	121	—	101—104	—
Bohnenöl	82	—	115	—
Bonducnußöl	89·9	—	—	—
Bucheckernöl	104·4—120·1	—	114	—
Candlenußöl	114·2—163·7	—	142·7—144·1	185·7
Carapafett	72·1 (?)	—	—	—
Caricaöl	50·7	—	—	—
Carpatrocheöl	74·9	—	—	—
Caý-doc-Öl	67·1	—	—	—
Cedernußöl	149·5—159·2	155	161·3	184
Celosiaöl	126·3	—	—	—
Chaulmoograöl	92·45—103·2	—	103·2	—
Chinesischer Talg	19—53	40	30·31—54·8	—
Chines. Talgsamenöl	160·6	—	161·9—181·8	178·1—191·1
Chironjiöl	54·7—59·9	—	—	—
Chorisiaöl	61·4	—	—	—
Citronenkernöl	195·8	—	—	—
Cocos-acrocomioidesfett	4·9	—	—	—
Cocosöl	7·7—9·5	8·8	8·3—9·3	54
Cocumbutter	33·1—34·2	—	—	—
Cohuneöl	12·9—13·6	—	—	—
Comuöl	96·5	—	—	—
Coriandersamenöl	88·3	—	84·7	—
Crotonöl	101·7—104·7	—	111·2—111·8	—
Curcasöl	72·75—127	105	105·05	—
Daphneöl	125·9—126·3	—	—	—
Dikafett	5·2—31·3	—	—	—
Dombaöl	62·3—92·8	—	92·2	114·5
Echinopsöl	138·1—141·1	—	139·1—143·8	—
Eicheckernöl	100·7	—	—	—
Erdbeeröl	192·3	—	—	—
Erdmandelöl	62·3	—	—	—
Fliegenpilzöl	82	—	—	—
Gartenkressenöl	101·7—139·1	—	111·4—144·9	—
Gerstensamenöl	90	—	63·5	—
Gynocardiaöl	197	—	—	—
Hanföl	140·5—166	160	122·2—141	—
Hartriegelöl	100·8	—	102·75	—
Haselnußöl	83·2—90·2	87	90·1—90·6	91·3—97·6
Hederichöl	105	—	—	—
Himbeerkernöl	174·8	—	181·3	165·9
Holunderbeerenöl	81·4—89·5	—	93	120·4
Holzöl	149·7—165·7	160	144·1—169·5	—
Hydnocarpusöl	86·4—101·3	—	—	—
Illipetalg	29·9—67·9	60	—	—
Immergrünbaumöl	134·86	—	—	—
Inoyöl	89·8	—	—	—
Jamboöl	95·2—95·6	—	96·1—96·2	—
Japanwachs	4·2—12·8	—	—	—
Javamandelöl	64·7—65·9	—	66·1—67·3	110·4
Javaolivenöl	76·6	—	—	—

Name	Grenzwerte der Jodzahlen der Fette	Mittelwerte der Jodzahlen der Fette	Grenzwerte der Jodzahlen der Fettsäuren	Jodzahlen der flüssigen Fettsäuren
Johannesiaöl	98·3	—	—	—
Kaffeebohnenöl . . .	79—89·8	—	88·8—90·4	—
Kakaobutter	27·9—41·7	35	32·6—39·1	—
Kapoköl	68·5—129·2	—	77—122·5	—
Kapuzinerkressenöl .	73—74·5	—	—	—
Kastanienöl	108	—	—	—
Kilimandscharonußöl .	85·5	—	—	—
Kirschkernöl	110—114·3	—	104·3—114·3	—
Kirschlorbeeröl . . .	108·9	—	112·1	—
Kleesamenöl	119·7—124·3	—	122·2—126·2	—
Kreuzbeerenöl	155	—	160·6	—
Kürbiskernöl . . .	113·4—130·7	122	—	—
Lallemantiaöl	162·1	—	166·7	—
Lecythisöl	83·15	—	—	—
Leindotteröl	132·6—153	—	136·8	165·4
Leinkrautöl	140·0	—	148·5	—
Leinöl	164—205·4	183	159·85—192	—
Lindenholzöl	111	—	—	—
Lorbeerfett	49—74·6	—	—	—
Lorbeeröl, indisch. . .	86·11—118·6	—	—	—
Luffaöl	108·5	—	—	—
Madiaöl	117·5—119·5	—	120·7	—
Mafuratalg	44·9—46·1	—	46·9—48·2	—
Maisöl	111 2—122·6	119	113—126·4	136—140·7
Makassaröl	53—69·1	—	58·9	—
Malabartalg	37·8—39·6	—	—	—
Mandelöl	93—105·8	98	93·5—96·5	101·7
Manihotöl	137	—	143·1	163·6
Margosaöl	96·6—135·6	—	—	—
Maripafett	9·5—17·4	—	12·2	—
Melonenkernöl	101·5—133·3	—	128	—
Micheliafett	66	—	—	—
Mkanifett	38·7—41·9	—	42·1	—
Mocayaöl	24·6	—	—	—
Mogaröl	135·5	—	137·5	—
Mohnöl	131—157·5	136	116·3—139	149·6
Mowrahbutter	50·1	—	—	—
Mucunaöl	98·6—104	—	107·5—112·9	—
Muskatbutter	31—64·6	50	—	—
Muskatöl, kaliforn. . .	94·7	—	—	—
Mutterkornöl	71·1	—	75·1	—
Myricawachs	3·9—10·7	—	—	—
Myrtensamenöl . . .	107·5	—	—	—
Nachtviolenöl (Rotreps)	154·9—155·3	—	157	—
Nigeröl	126·6—133·8	132	—	147·5
Njatuotalg	34·3	—	—	—
Njavebutter	56·1	—	—	—
Nußöl	142—151·7	147	150·05	—
Olivenkernöl	81·8—87·8	—	—	—
Olivenöl	78·5—93·7	83	86·1—90·2	88·9—99·6
Orangensamenöl . . .	104	—	74	—
Owalaöl	99·3	—	—	—
Paineiraöl	54	—	—	—
Palmkernöl	10·3—17·5	13·5	12—13·6	—
Palmöl	34·15—58·5	51·5	53·4	—

Name	Grenzwerte der Jodzahlen der Fette	Mittelwerte der Jodzahlen der Fette	Grenzwerte der Jodzahlen der Fettsäuren	Jodzahlen der flüssigen Fettsäuren
Paprikaöl	84·5—116·2	—	66(?)—132·4	—
Paradiesnußöl	71·6	—	72·3	—
Parakautschukbaumöl	117·5—127·9	—	127·3	—
Paranußöl	90·6—106·2	—	108	—
Paulliniaöl	57·6	—	—?	—
Perillaöl	206·1	—	210·6	—
Persimonöl	114·5—116·8	—	—	—
Pfirsichkernöl	92·5—109·7(?)	99	94·1—102	—
Pflaumenkernöl . . .	100·3	—	102—104·2	—
Phulwarabutter . . .	19·8(?)—42·1	—	—	—
Pistacienöl	86·8—87·8	—	88·9	—
Pithecocteniumöl . . .	50·7	—	—	—
Pongamöl	89·4—94·0	—	—	—
Psidium Guajavaöl . .	199 (?)	—	—	—
Quittensamenöl . . .	113	—	—	—
Rambutantalg	39·4	—	41·0	—
Reisöl	91·6—100·4	—	—	—
Rettichöl	92·9—112·4	—	97·1—115·3	—
Rhus-glabraöl	86·0—87·9	—	—	—
Ricinusöl	82—84·5	83	86·6—93·9	—
Roggensamenöl . . .	81·9	—	113	—
Rüböl	94·3—118·1	100	96·3—105·6	120·7
Saffloröl	126—149·9	142	148·2	150·8
Sandbeerenöl	147·9	—	—	155·8
Sapindusöl	65·1	—	—	—
Sawarrifett	49·5	—	51·5	—
Schöllkrautöl	—	—	127·3	—
Schwarzkümmelöl . .	116·2	—	—	—
Schwarznußöl	141·4—142·7	142	—	—
Schwarzsenföl	96—122·3	106	109·6—126·5	—
Senföl, indisches . . .	101·8—108·3	—	—	—
Senegawurzelöl . . .	78·1—82·1	—	—	—
Sesamöl	102·7—115·7	107	108·9—120·6	—
Sheabutter	52·5—67·2	—	54·5—57·2	—
Sojabohnenöl	114·8—137·2	—	115·2—122	—
Sonnenblumenöl . . .	119·7—135	128	124—134	113·8 (?)
Sorghumöl	98·9	—	101·6	148·1
Spargelsamenöl . . .	137	—	—	—
Stechapfelöl (Datura)	113	—	—	—
Sterculia-chichaöl . .	79	—	—	—
Strophantusöl	73—101·6	—	—	—
Strychnosfett	64·2—79·3	—	74·3	83·8—96·2
Surinfett	42·3	—	—	—
Tabaksamenöl	118·6	—	—	—
Tangkallakfett	2·3	—	—	—
Tannensamenöl . . .	119—120	—	121·5	—
Teesamenöl	88—88·9	—	90·8	—
Telfairiaöl	86·2	—	—	—
Traubenkernöl	94—142·8	—	98·7—99·1	—
Ukuhubafett	9·5	—	—	—
Ungnadiaöl	81·5—82	—	86—87	—
Vogelbeersamenöl . .	128·5	—	137·5	—
Wassermelonenöl . . .	111·5—118	—	122·7	—
Weißsenföl	92·1—122·3	—	94·7—106·2	—
Weizenöl	101·3—115.2	—	123·3	—

Name	Grenzwerte der Jodzahlen der Fette	Mittelwerte der Jodzahlen der Fette	Grenzwerte der Jodzahlen der Fettsäuren	Jodzahlen der flüssigen Fettsäuren
Tierfette.				
Auerhahnfett	121·1	—	120	—
Bärenfett	80·7—107·4	—	76·5	—
Butter . . . . . ✒ .	25·7—38	—	28—31	—
Chrysalidenöl	116·3—117·8	—	—	—
Dachsfett	71·3—75·1	—	61·9—73	—
Edelmarderfett . . .	70·2	—	53	—
Eieröl	64—77	—	72·6—74·6	—
Elchfett	35—35·9	—	27·8	—
Fuchsfett	75·3—84	—	65·4	—
Gänsefett	58·7—71·5	66	65·3	—
Gemsenfett	25	—	24·4	—
Hammeltalg	31—46·2	38	34·8.	92·7
Hasenfett	81·1—119·1	—	88·4—97·9	—
Hausentenfett	58·5	—	—	—
Hauskaninchenfett . .	69·6	—	64·4	—
Hirschtalg	20·5—26·4	—	23·2—28·2	—
Hühnerfett	58—77·2	—	64·6	—
Hundefett	58·3—58·7	58·5	50·1—50·2	—
Iltisfett	62·8	—	60·6	—
Kamelfett	36·5—38·7	—	—	—
Katzenfett	54·5	—	54·8	—
Knochenfett	46·3—62·7	—	48—55·8	—
Kranichfett	71·3	—	73·5	—
Luchsfett	110·6	—	111·8	—
Meerschildkrötenöl . .	112	—	119	—
Menschenfett	38·1—73·3	60	64	92·1
Ochsenklauenöl . . .	65·2—77·6	70	62—77	—
Pferdefett	54·3—94	—	72·3—87·1	—
Pferdefußöl	90·3	—	—	—
Pferdemarkfett . . .	77·6—80·6	79	71·8—75	—
Rehfett	32·1	—	27·9	—
Renntierfett	31·4—35·8	—	34·5	—
Rindermarkfett . . .	39·2—50·9	—	44·3	—
Rindertalg	32·7—45·2	40	25·9(?)—41·3	—
Schweinefett	46—70	59	64·2	92—106
Specköl	70—76	—	—	—
Staarenfett	83·7	—	79·4	—
Taubenfett	82·1	—	—	—
Truthahnfett	81·15	—	70·7	—
Vielfraßfett	50·8—54·4	52·6	52·8—55·5	—
Wasserhuhnfett . . .	87·1	—	84·8	—
Wildentenfett	84·6	—	—	—
Wildgansfett	67—99·6	—	65·1	—
Wildkaninchenfett . .	96·9—102·8	—	101·1	—
Wildkatzenfett . . .	57·8	—	58·8	—
Wildschweinfett . . .	76·6	—	81·2	—
Trane.				
Delphintran	32·8—126·9	—	—	—
Dorschlebertran . . .	134·8—181·3	150	164·9—170	—
Eishailebertran . . .	111·9—131·4	—	—	—
Glattrochenlebertran .	157·3	—	—	—
Haifischlebertran . . .	90—136·5	—	—	—

Name	Grenzwerte der Jodzahlen der Fette	Mittelwerte der Jodzahlen der Fette	Grenzwerte der Jodzahlen der Fettsäuren	Jodzahlen der flüssigen Fettsäuren
Heringstran	103·1—142	—	—	—
Karpfentran	84·3	—	—	—
Königsfischtran . . .	102·7—107·3	—	—	—
Länglebertran	122·8—132·6	—	—	—.
Meerschweintran . . .	21·5—119·4	—	—	—
Menhadentran	139·2(?)—178·8	—	—	—
Robbentran	127—159·4	142	—	—
Sardinentran	100—193·2	—	—	—
Schellfischtran	154·2—187·7	—	—	—
Seyfischtran	123—180·6	—	—	—
Sprottentran	122·5—142	—	147·6	—
Stichlingstran	162·	—	—	—
Störtran	125·3	—	—	—
Thunfischlebertran . .	155·9	—	—	—
Walfischtran	89—136·0(?)	116	130·3—132	—
Pflanzenwachse.				
Carnaubawachs . . .	10·1—13·17	—	—	—
Flachswachs	9·61	—	—	—
Schellackwachs . . .	32·8	—	—	—
Tuberkelwachs	9·92	—	—	—
Tierwachse.				
Bienenwachs	4—11	—	—	—
Döglingtran	80—85	—	—	—
Spermacetiöl	81·3—84	—	88·1	—
Walrat	5·9	—	—	—
Wollfett	15—23·7	—	—	—

Die Bestimmung der Jodzahl der Fettsäuren wurde von Morawski
und Demski vorgeschlagen. Die Übereinstimmung der Jodzahlen der
Fettsäuren mit den Jodzahlen der Fette ist jedoch keine befriedigende,
was in Anbetracht des Umstandes, daß insbesondere bei Fetten mit
stark ungesättigten Fettsäuren durch den Prozeß des Abscheidens der
Fettsäuren, des Trocknens derselben usw. Gelegenheit zur Oxydation
und anderen Veränderungen vorhanden ist, leicht erklärlich erscheint.

Auch die Bestimmung der Jodzahl des flüssigen Anteils der unlöslichen Fettsäuren (siehe Seite 174 ff. und Schweinefett) kann zur
Unterscheidung der Fette und zum Nachweis von Verfälschungen
herangezogen werden.

Es können nämlich zwei Fette dieselbe Jodzahl aufweisen, trotzdem die daraus dargestellten flüssigen Fettsäuren ganz verschiedene
Mengen Jod absorbieren. Dies tritt z. B. ein, wenn das eine Öl vornehmlich aus Trioleïn, das andere aus Trilinoleïn, Tripalmitin und Tristearin besteht.

Einige Bromzahlen sind in der folgenden Tabelle nach Mc Ilhiney nebst den Hüblschen Jodzahlen und den aus diesen durch

Multiplikation mit $\dfrac{80}{127}$ berechneten Bromzahlen zusammengestellt:

	Bromzahl (aufgenommene Brommenge)	Jodzahl, nach v. Hübl	Bromzahl, aus der Jodzahl berechnet
1. Rohes Leinöl, einige Jahre alt .	98·4	166·9	105·2
2. Rohes Leinöl, einige Jahre alt .	99·2	157·3	99·1
3. Rohes Leinöl	116·1	184·2	116·1
4. Gekochtes Leinöl	106·0	180·4	113·7
5. Gekochtes Leinöl	110·8	183·3	115·5
6. Menhadentran	114·5	178·8	112·7
7. Menhadentran	107·3	170·4	107·4
8. Baumwollsamenöl	65·8	—	—

Die Übereinstimmung der Bromzahl mit der Jodzahl ist der vorstehenden Zusammenstellung nach nicht immer befriedigend.

Die Berechnung der Jodzahl aus der Bromzahl erfolgt durch Multiplikation der letzteren mit $\dfrac{127}{80}$.

T. Bruce Warren[1]) will alle Gemengteile eines Gemisches von drei oder vier Fetten noch quantitativ mit Hilfe der Jodzahl ermitteln, indem er sowohl die Jodzahl der Probe selbst als auch die Jodzahl des nach S. 588 erhaltenen, nach der Behandlung mit Chlorschwefel flüssig bleibenden Anteils bestimmt. Die auf die ursprüngliche Substanz bezogene Jodabsorption in Prozenten nennt er die korrigierte Jodzahl des löslichen Anteils des bei der Einwirkung von Chlorschwefel entstehenden Breies.

d) Acetylzahl.

Die Acetylzahl gestattet unter den Pflanzenölen namentlich die Erkennung von Ricinusöl, Traubenkernöl[2]) und von „oxydierten Ölen" in Ölgemischen. Außerdem zeichnen sich die Fettsäuren vieler Trane durch verhältnismäßig hohe Acetylzahlen aus. Die folgenden beiden Tabellen enthalten die Acetylzahlen der Fettsäuren der Pflanzenöle und Trane nach Benedikt und Ulzer[3]), Weiß[4]) u. a.

Name	Acetylzahl	Name	Acetylzahl
Pflanzenfette.		Dombaöl	37·2
Arachisöl	3·4	Echinopsöl	26·5
Baumwollsamenöl . .	16·6	Hanföl	7·5
Bilsenkrautsamenöl .	0·0	Himbeerkernöl	21·9
Candlenußöl	9·8	Holunderbeerenöl . .	15·5
Cedernußöl	81·9	Javamandelöl	15·7—16·4
Citronenkernöl	13·65	Javaolivenöl	23·5
Cocosöl	0·1	Kapoköl	86 (?)
Crotonöl	8·5	Kreuzbeerenöl	25·8
Curcasöl	9·02	Kürbiskernöl	27·2
Daphneöl	17·6	Leinkrautöl	12·3

[1]) Chem. News 1890. 62. 124.
[2]) Mitt. Techn. Gew.-Mus. Wien 1891. 185.
[3]) Monatsh. f. Chem. 1887. 8. 41.
[4]) Der Gerber, Nr. 359 u. Nr. 360.

Name	Acetylzahl	Name	Acetylzahl
Leinöl	8·5	Butter	9·6—18·2 (?)
Maisöl	11·1—11·5	Dachsfett	13·1—32·6
Mandelöl	5·8	Eieröl	11·9
Manihotöl	20·7	Elchfett	16·2
Mohnöl	13·1	Fuchsfett	43·1
Mucunaöl	115·3	Gänsefett	27
Mutterkornöl	75·1	Gemsenfett	7·5
Nußöl	7·6	Hasenfett	34·8
Olivenkernöl	22·5	Hauskaninchenfett	31
Olivenöl	4·7—10·75	Hirschtalg	16·4—18·4
Owalaöl	37·1	Hühnerfett	45·2
Paprikaöl	64—66·2	Hundefett	9·5—12·3
Paradiesnußöl	44·1	Katzenfett	10
Parakautschukbaumöl	27·9	Kranichfett	1·35
Pfirsichkernöl	6·4	Luchsfett	7·67
Ricinusöl	153·4—156	Meerschildkrötenöl	8·7
Rüböl	6·3	Pferdefett	6·6—14
Saffloröl	52·9	Rehfett	12·5
Schöllkrautöl	12·6	Vielfraßfett	3·0
Senegawurzelöl	44·5	Wildgansfett	41·6
Sesamöl	11·5	Wildkaninchenfett	41·7
Sorghumöl	6·9—9·6	Wildkatzenfett	19·5
Spargelsamenöl	25·2	Wildschweinfett	29·3
Strychnosfett	11·7—42·2	**Trane.**	
Traubenkernöl	43·7—144·5	Sprottentran	8·4
Wassermelonenöl	4·7	**Pflanzenwachse.**	
Tierfette.		Schellackwachs	5·4
Auerhahnfett	45·3	**Tierwachse.**	
Bärenfett	5·7	Bienenwachs	15·2

e) Temperaturerhöhung mit konzentrierter Schwefelsäure.

Maumené fand, daß sich die trocknenden Öle beim Mischen mit Schwefelsäure weit stärker erhitzen als die nichttrocknenden. Weitere Versuche über diesen Gegenstand sind von Fehling, Casselmann[1]), Allen[2]) und anderen angestellt worden. Man erhält vergleichbare Resultate, wenn man stets genau unter denselben Bedingungen operiert, also Schwefelsäure, welche man vor Luftzutritt geschützt aufbewahrt, von stets derselben Konzentration anwendet, bei derselben Temperatur beginnt und in demselben, am besten mit einem schlechten Wärmeleiter umgebenen Gefäße arbeitet.

Nach Maumené[3]) gibt auf 320⁰ C. erhitzte und sofort nach dem vollständigen Erkalten verwendete Schwefelsäure ganz andere Wärmeentwicklungen als die nicht erhitzte Säure.

Da nach Lunge und Naef Schwefelsäure von 96 und 99⁰/₀ nahezu dieselbe Dichte besitzen, und verdünntere Säure weitaus geringere Tem-

---

[1]) Zeitschr. f. analyt. Chem. 1881. 6. 484.
[2]) Monit. scient. 1879. 14. 725.
[3]) Compt. rend. 1886. 92. 721.

peraturerhöhungen gibt als konzentrierte, so soll man nach Archbutt die zur Maumenéschen Probe zu verwendende Schwefelsäure nicht nur durch die Dichtebestimmung, sondern auch durch Titration auf ihren Gehalt prüfen.

Man kann die Probe nach Archbutt zweckmäßig folgendermaßen ausführen:

50 g Öl werden in ein Becherglas von 100 ccm Inhalt gebracht, und dieses zusammen mit der Schwefelsäureflasche in ein geräumiges, mit Wasser gefülltes Gefäß gestellt, bis beide Flüssigkeiten auf dieselbe Temperatur gebracht sind, welche nicht weit von 20°C. liegen soll. Der Becher mit dem Öl wird dann abgewischt und in Baumwolle gestellt, welche sich in einem größeren Becherglase oder in einer Trommel aus Pappendeckel befindet. Man senkt das Thermometer ein, notiert die Temperatur, mißt 10 ccm Schwefelsäure mittels einer Pipette ab, läßt sie in der Zeit von zirka einer Minute in das Öl unter Umrühren mit dem Thermometer einfließen und rührt bis die Temperatur nicht mehr steigt. Allen steckt das Thermometer durch eine dünne, geschlitzte Zinnplatte (Fig. 99) und rührt durch Drehen des Thermometers zwischen Daumen und Zeigefinger. Das Maximum der Temperatur, welches sich 1—2 Minuten erhält, wird notiert. Sherman, Danziger und Kohnstamm[1]) haben die Verwendung von 89 bis 90 prozentiger Schwefelsäure vorgeschlagen.

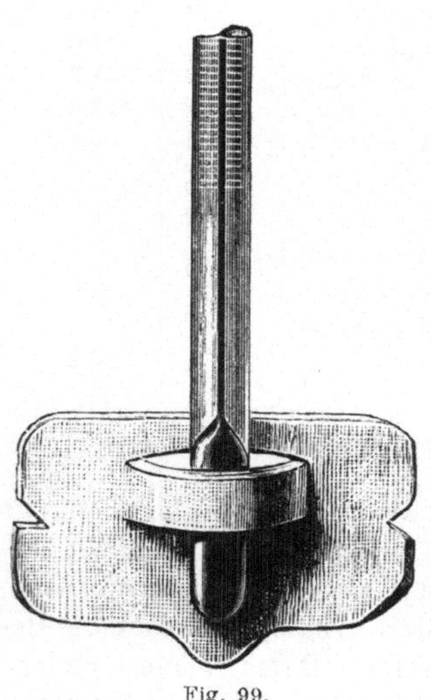

Fig. 99.

C. A. Mitchell[2]) hat für die Ausführung der Maumenéschen Probe das folgende Verfahren ausgearbeitet:

2 g Öl oder dessen Fettsäuren werden in einer von einem Vakuum umgebenen Glasröhre abgewogen, 10 ccm Tetrachlorkohlenstoff zugegeben und die Temperatur abgelesen. Hierauf werden 2 ccm Schwefelsäure zugefügt, wonach mit einem in Zehntelgrade geteilten Thermometer gerührt und das Temperaturmaximum abgelesen wird. Kurz vor dem Ende der Operation steigt das sulfierte Produkt an die Oberfläche.

Bei Durchführung dieses Verfahrens hat sich gezeigt:

1. daß die Maumenésche Probe, mit den Fettsäuren von nicht oxydierten Ölen ausgeführt, Resultate liefert, welche in direktem Verhältnis zu den Resultaten des später beschriebenen Bromtests stehen; Ricinusöl und anscheinend auch Butter und animalische Fette, welche überhitzt worden waren, bilden jedoch eine Ausnahme von dieser Regel,

---

[1]) Journ. Amer. Chem. Soc. 1901. 24. 266.
[2]) The Analyst 1901. 26. 169.

2. daß dieses Verhältnis auch für Neutralfette zutrifft;

3. daß die Stärke der Schwefelsäure von sehr großem Einfluß auf das Versuchsergebnis ist, und

4. daß diese Prüfung eventuell für die Bestimmung des Oxydationsgrades von Ölen verwendbar ist.

Früher haben auch Thomson und Ballantyne und auch Archbutt gezeigt, daß die Temperaturerhöhung der Öle beim Vermischen mit Schwefelsäure nach Maumené beträchtlich zunimmt, wenn man die Öle eine Zeitlang der Einwirkung von Luft und Licht aussetzt.

Die folgende Zusammenstellung gibt ein Bild von der Beeinflussung der Temperaturerhöhung vor und nach der Einwirkung von Luft und Licht.

	Temperaturerhöhung des Originals	Temperaturerhöhung des Öles, nachdem dasselbe längere Zeit der Einwirkung von Luft und Licht ausgesetzt war
Olivenöl	49° C.	67° C.
Ricinusöl	73° „	78·5° „
Rüböl	61·5° „	72·5° „
Baumwollsamenöl	75·5° „	100° „
Arachisöl	73·5° „	90° „
Leinöl	113·5° „	131° „

Ein gewisser Parallelismus zwischen den Temperaturerhöhungen nach Maumené und der v. Hüblschen Jodzahl ist zumeist nicht zu verkennen.

Die Maumenésche Probe wird in vielen Fällen dazu dienen können, die Reinheit eines Öles zu konstatieren, oder den Grad der Trockenfähigkeit zu beurteilen (s. Leinöl).

Die folgende Tabelle enthält eine Zusammenstellung der von verschiedenen Experimentatoren bei Ausführung der Maumenéschen Probe erhaltenen Temperaturerhöhungen:

Name	Temperaturerhöhung mit Schwefelsäure in ° C.	Name	Temperaturerhöhung mit Schwefelsäure in ° C.
Pflanzenfette.		Javaolivenöl	158
		Kaffeebohnenfett	53—55
Aprikosenkernöl	42—46	Kapoköl	95
Arachisöl	44—75	Kirschkernöl	45
Baumwollsamenöl	50—90	Kirschlorbeeröl	44·5
Baumwollstearin	48	Leindotteröl	82—117
Bucheckernöl	63—65	Leinöl	103—126
Cedernußöl	98	Madiaöl	96—101
Chines. Talgsamenöl	136·5	Maisöl	56—86
Eicheckernöl	60	Mandelöl	51—54
Gartenkressenöl	92—95	Mohambaöl	55
Hanföl	95—99	Mohnöl	74—88
Hartriegelöl	52	Muskatöl	77
Haselnußöl	35—38	Nachtviolenöl (Rotreps)	125
Isanoöl	117	Nigeröl	81—82
Jamboöl	51—53	Njavebutter	55
Javamandelöl	59	Nußöl	96—110

Name	Temperaturerhöhung mit Schwefelsäure in ⁰ C.	Name	Temperaturerhöhung mit Schwefelsäure in ⁰ C.
Olivenöl	32—52·1	**Tierfette.**	
Owalaöl	100		
Paranußöl	50—52	Hammelklauenöl . . .	49·5
Pfirsichkernöl	42—43	Ochsenklauenöl . . .	42·2—58
Pflaumenkernöl . . .	44—45	Pferdefett	46—54·7
Pistacienöl	44·5—45	Pferdefußöl	38
Rettichöl	51	**Trane.**	
Ricinusöl	46—47	Delphintran	41—47
Rüböl	49—64	Dorschlebertran . . .	102—116
Sandbeerenöl	103·5	Haifischlebertran . .	90
Schwarzsenföl	42—44	Meerschweintran . . .	50
Sesamöl	63—68	Menhadentran	123—128
Sojabohnenöl	59—116	Robbentran	92
Sonnenblumenöl . . .	60—75	Sprottentran	96·5
Tabaksamenöl	100	Walfischtran	61—91·3
Tannensamenöl . . .	98—99	**Tierwachse.**	
Traubenkernöl	52—83		
Wassermelonenöl . .	50·4	Döglingtran	41—47
Weißsenföl	44—45	Spermacetiöl	45—51

Andere Durchführungsformen der Maumenéschen Probe.

Öle, welche sich sehr stark erhitzen, vermischt Maumené mit Olivenöl, Bishop und auch Ellis[1]) mit Mineralöl. Die Temperaturerhöhung wird auf das unvermischte Öl in folgender, allerdings nicht ganz richtiger Weise umgerechnet. Nach Bishop erhitzt sich eine Mischung von 10 g Lebertran und 10 g Mineralöl mit 20 g Schwefelsäure um 67⁰. 20 g Mineralöl allein erhitzen sich um 14⁰. Somit ist die „wirkliche Erhitzung" des Lebertranes 2 (67—14) = 106⁰.

Bishop untersuchte in der angegebenen Weise noch folgende Öle:

		Wirkliche Erhitzung
Lebertran, farblos	. . . .	100⁰
„ blond	. . . .	102⁰
„ braun	. . . .	102.5⁰
Erdnußöl	. . . .	66⁰
Mischung von {80 T. blondem Lebertran / 20 T. Erdnußöl}	. . . . .	97⁰
Mineralöl	. . . .	14⁰

Suzzi[2]) verwendet zur Umrechnung der in Mischung mit Mineralöl gefundenen Werte die Formel

$$g = \frac{i}{r} \times v$$

in der g den gesuchten Erhitzungsgrad,
     i die beobachtete Temperaturerhöhung,

---

[1]) Journ. Pharm. Chim. 1889. 20. 302. — Journ. Soc. Chem. Ind. 1886. 5. 150. 361.
[2]) Boll. Chim. Farm. 1905. 44. 301.

r das Volumen der Mischung minus dem Volumen des Mineralöles und

v das Gesamtvolumen der Mischung bedeutet.

Bei stark trocknenden Ölen, wie z. B. bei Leinöl, lassen sich aber mit Mineralöl auf keinen Fall regelmäßige Zahlen erhalten.

Suzzi hält die Verwendung von Olivenöl statt Mineralöl bei der Prüfung von Ölen, welche sich zu stark erhitzen, für vorteilhafter.

Jean[1]) hat zur Ausführung der Maumenéschen Probe einen eigenen Apparat, das Thermeläometer (Fig. 100) konstruiert.

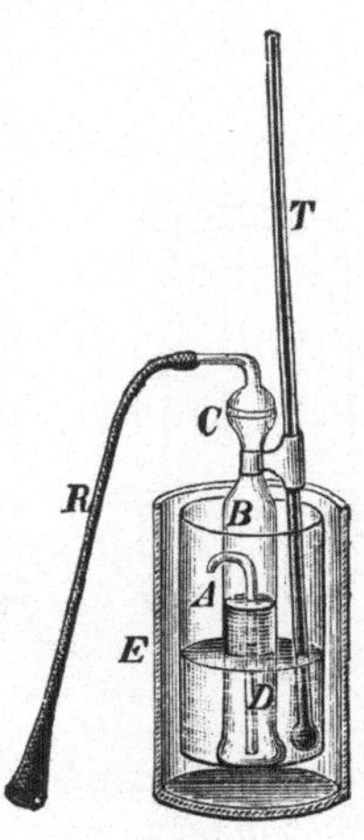

Fig. 100.

Der Ölbehälter A hat 4 cm Durchmesser, 6 cm Höhe und ist bei 15 ccm mit einer Marke versehen. In den Säurebehälter B ist der Stopfen C eingeschliffen, an diesen ist ein Rohr angeschmolzen, an welches ein Kautschukschlauch angesetzt wird. Eine Metallarmatur trägt gleichzeitig B und das Thermometer. Man bringt 15 ccm vorher auf 40° bis 50° C. erwärmtes Öl nach A und 5 ccm Schwefelsäure von 65° Bé nach B, stellt B in A ein und rührt gleichzeitig mit dem durch die Armatur verbundenen Säurebehälter und Thermometer, bis die Temperatur genau 30° C. ist. Dann stellt man den Apparat in den mit Filz gefütterten Messingbehälter E ein, treibt die Säure von B nach A, indem man in den Kautschukschlauch bläst, und rührt, bis die Temperatur ihr Maximum erreicht hat. Man kann sich ein für allemal eine Tabelle für die echten Öle entwerfen. Bei alten Ölen, welche andere Zahlen liefern, wird der „Erhitzungsgrad" der Fettsäuren und zwar bei einer Anfangstemperatur von 30° C. bestimmt. Trocknende Öle werden mit 5 ccm Mineralöl gemischt.

Jean fand derart folgende Erhitzungsgrade:

		Fettsäuren
Olivenöl.	41·5°	45°
Leinöl.	61°	109°
Kolzaöl, franz..	37°	44°
„ indisch.	37°	44°

Richmond[2]) bedient sich zur Ausführung der Maumenéschen Probe eines Calorimeters, welches er in der Weise herstellt, daß er ein kleines, hohes Becherglas mittels eines Korkringes in ein größeres Becherglas einsetzt, welches in einem mit Baumwolle ausgefütterten Zinkgefäße steht. Der Wärmewert dieses Apparates wird durch einen besonderen Versuch bestimmt. Schwefelsäure von 92—100 °/₀ Schwefelsäuregehalt ergab nach seinen Angaben bei den Ölen Temperaturerhöhungen, welche innerhalb dieser Grenzen der Stärke der angewandten Schwefelsäure direkt proportional sind.

---

[1]) Journ. Pharm. Chim. 1889. 5. 20. 337.
[2]) Zeitschr. f. angew. Chem. 1895. 8. 300; nach The Analyst 1895. 20. 58.

Ein einfacher Apparat ist das Thermoleometer von Tortelli[1]), das aus einem Vakuumgefäß (Fig. 101) und aus einem Thermometer (Fig. 102) besteht, welches durch 2 Paar an ihm befestigter Flügelchen aus Platinblech gleichzeitig auch als Rührer verwendet werden kann.

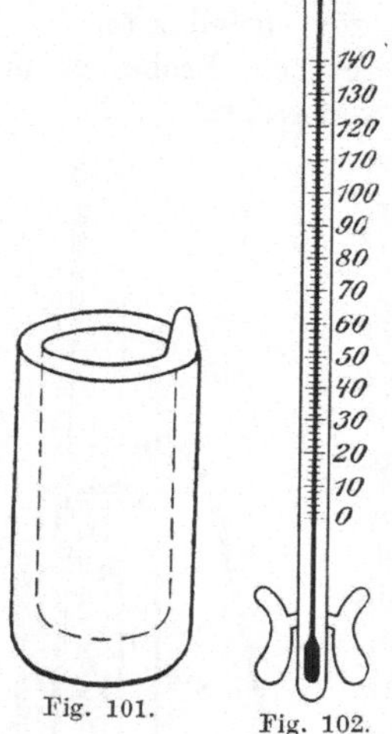

Fig. 101.   Fig. 102.

Das Öl und die wohlverwahrte Schwefelsäure vom spezifischen Gewichte 1·8413 müssen wenigstens $^1/_4$ Stunde vor Beginn des Versuches in demselben Raume gehalten werden, damit die Anfangstemperatur für beide identisch ist.

Man bringt mit einer Meßpipette 20 ccm Öl in das leere Gefäß, taucht das Thermometer ein, rührt zirka eine Minute um und liest die Temperatur ab. Nun läßt man mit einer anderen Pipette 5 ccm der Schwefelsäure unter ununterbrochenem langsamem Rühren über das Öl fließen. Während des ca. 30 Sekunden währenden Ausfließens steigt die Temperatur. Man rührt so lange fort, bis die Maximaltemperatur erreicht ist, auf der das Thermometer über 2 Minuten lang stehen bleibt, um dann wieder zu sinken. Die Differenz zwischen Anfangs- und Schlußtemperatur drückt den „Schwefelsäurewärmeindex" der Ölprobe aus.

Mit diesem Apparat fand Tortelli für alle untersuchten Öle charakteristische Wärmeindices, die sich auch in Mischungen, entsprechend dem Mengenverhältnis der einzelnen Bestandteile, genau erhielten, so daß man umgekehrt, sobald die Bestandteile bekannt sind, aus dem Wärmeindex ihre Menge berechnen kann.

Auch Tortelli fand einen gewissen Parallelismus zwischen dieser Konstanten und der Jodzahl. Für die nichttrocknenden Öle, Olivenöl u. dgl., welche eine Jodzahl 80 bis 90 haben, ist das Verhältnis des Wärmeindex zur Jodzahl ungefähr 1 : 1·84, für die halbtrocknenden Öle (z. B. Rüböl, Cottonöl usw.) mit der Jodzahl 100 bis 110 ist das Verhältnis 1 : 1·65 bis 1 : 1·55, für die stärkertrocknenden Öle (z. B. Mais-, Nuß-, Leinöl), deren Jodzahl zwischen 125 und 185 liegt, schwankt das Verhältnis der beiden Konstanten zwischen 1 : 1·55 und 1 : 1·41. Das Ricinusöl bildet eine Ausnahme, weil es trotz seiner niedrigen Jodzahl (ca. 84) den hohen Wärmeindex 67·8 besitzt, während es nach dem eben Gesagten dem Olivenöl (44) nahe stehen müßte.

Wärmeindices nach Tortelli mit Schwefelsäure
vom spez. Gew. 1·8413.

Olivenöl 44
Cottonöl . . . . 78·0
Sesamöl. . . . . 71·3 ⎫ Zur Verfälschung von Olivenöl
Kolzaöl . . . . 61·2 ⎭   verwendete Öle

---

[1]) Chem. Zeitg. 1905. 29. 530. — Chem. Rev. üb. d. Fett- u. Harz-Ind. 1905. 12. 166.

Rapsöl	60·8	
Arachisöl	50·6	Zur Verfälschung von Olivenöl
Traubenkernöl	73·6	verwendete Öle
Maisöl	82·0	
Leindotteröl	103·2	
Mandelöl	50·7	
Aprikosenkernöl	60·5	Oft als Mandelöl verkauftes Öl
Haselnußöl	48·0	
Pfirsichkernöl	50·7	
Senföl	58·6	
Ricinusöl	67·8	
Hanföl	89·0	
Nigeröl	91·5	
Bankulnußöl	96·0	Trocknende Öle
Nußöl	104·0	
Leinöl	124·4	
Stillingiaöl	136·2	

Trocknende Öle geben, wenn sie alt geworden sind und bereits eine erniedrigte Jodzahl besitzen, dementsprechend niedrigere Wärmeindices.

Ranzige Öle haben dagegen diese Konstante erhöht. Man kann aber auch bei ranzigen Ölen annähernd normale Werte erhalten, wenn man tropfenweise unter fortwährendem Schütteln Ammoniak zufügt, bis dieses eben im Überschuß vorhanden ist, hierauf das Öl mit etwas Walkerde, welche vorher bei 120° C. getrocknet wurde, vermengt, die Masse gut mischt, erwärmt, schüttelt, filtriert und jetzt erst die Bestimmung vornimmt.

Arbeitet man mit Schwefelsäure anderer Konzentration, so kann man sich folgender Tabelle bedienen:

Schwefelsäure-dichte	Blinde Probe, bei welcher Schwefelsäure mit 20 ccm Wasser statt Öl in Reaktion getreten ist	Wärmeindex		
		des Olivenöls	des Kolzaöls	des Cottonöls
1·8413	50·4	44·1	60·4	78·8
1·830	48·4	42·0	57·5	75·4
1·838	46·3	39·2	54·3	71·8
1·835	44·8	37·7	51·5	68·6
1·832	42·7	35·8	48·5	65·0
1·827	40·1	32·2	45·0	60·5

E. Richter[1] hält für das beste Mischungsverhältnis 30 g Öl und 10 ccm Schwefelsäure bei 20° C. Ausgangstemperatur. Er benützt eigens geformte Gefäße, und fand, daß der Erhitzungsgrad von Ölgemischen nicht vollkommen dem Mengenverhältnis der Öle entspricht,

Thomson und Ballantyne[2] schlugen vor, die Temperaturerhöhung, welche 50 g des Öles mit 10 ccm Schwefelsäure liefern, und diejenige, welche 50 g Wasser unter denselben Bedingungen geben, zu ermitteln, und das Verhältnis „Temperaturerhöhung des Öles : Temperaturerhöhung des Wassers" zu bilden. Wenn man diesen Vorgang einhält, erhält man natürlich beim Arbeiten mit Schwefelsäuren verschiedener Stärke weitaus geringere Unterschiede.

---

[1] Zeitschr. f. angew. Chem. 1907. 20. 1605.
[2] Journ. Soc. Chem. Ind. 1891. 10. 234.

Die Ergebnisse der Untersuchungen Thomsons und Ballantynes und Jenkins[1]) sind in der folgenden Tabelle zusammengestellt, in welcher die Quotienten, erhalten durch Division der Temperaturerhöhungen der Öle durch die Temperaturerhöhung des Wassers, mit 100 multipliziert wurden.

Name	$\dfrac{\text{Temperaturerhöhung des Öles}}{\text{Temperaturerhöhung des Wassers}} \times 100$	
	Thomson und Ballantyne	Jenkins
Leinöl	320—349	313
Holzöl	—	372
Baumwollsamenöl	163—170	—
Rüböl	125—144	130
Arachisöl	105—137	—
Olivenöl	89—94	94
Gekochtes Leinöl	—	248
Geblasenes Cottonöl	—	164
Geblasenes Rüböl	—	153
Ricinusöl	89	105
Ochsenklauenöl	—	87
Robbentran	212—229	278
Walfischtran	157	—
Menhadentran	306	—
Dorschlebertran	243—272	—
Spermacetiöl	100	—
Döglingtran	93	103

Tortelli hält jedoch die Zahlen von Thomson und Ballantyne für ungenau.

f) Erhitzung beim Vermischen mit Chlorschwefel.

Fawsitt[2]) vermischt statt mit Schwefelsäure mit Chlorschwefel. Die Probe wird unter Anwendung von 30 g Öl in derselben Weise wie die Maumenésche ausgeführt. Der Chlorschwefel (S_2Cl_2) soll hell sein, da dunkler gefärbter Schwefeldichlorid (SCl_2) enthält, er darf keine unter 130° C. destillierenden Anteile enthalten und bei der Destillation nicht mehr als 20 °/₀ bei 130° C. nichtflüchtigen Rückstand hinterlassen. Der Versuch ist nur für Ricinusöl schwer durchzuführen, weil dieses zu zäh ist.

g) Erhitzung beim Bromieren der Öle (Bromtest).

O. Hehner und C. A. Mitchell[3]) haben konstatiert, daß die Temperaturerhöhungen, welche beim Zusammenbringen von Brom mit fetten Ölen auftreten, in geradem Verhältnis zu den Jodzahlen der Öle stehen. Sie verfahren zur Ermittlung dieser Temperaturerhöhung in der folgenden Weise:

---

[1]) Journ. Soc. Chem. Ind. 1897. 16. 194.
[2]) Monit. scient. 1888. 23. 381. — Girard, Monit. scient. 1889. 24. 947.
[3]) Chem. Zeitg. 1895. 19. 1186.

In einem mit Vakuummantel versehenen Gläschen, welches Wärmeverluste auf ein Minimum beschränkt, wird 1 g Öl, gelöst in 10 ccm Chloroform, mit 1 ccm Brom zusammengebracht, und die auftretende Temperaturerhöhung sofort an einem in Zehntelgrade geteilten Thermometer abgelesen.

Für Fettsäuren findet an Stelle des Chloroforms Eisessig als Lösungsmittel Verwendung.

Die v. Hüblsche Jodzahl berechnen Hehner und Mitchell durch Multiplikation der in Celsiusgraden ausgedrückten Temperaturerhöhung mit 5·5. Diese Konstante gilt jedoch nur für die Arbeitsweise nach Hehner und Mitchell. Jenkins[1]) benützt den Faktor 5·7, nach Archbutt[2]) ist dieser Faktor nicht ganz konstant. Nach Jenkins schwanken die mit dieser Methode erhaltenen Werte nicht unbeträchtlich, und die aus den Zahlen berechneten v. Hüblschen Jodzahlen zeigen Abweichungen, welche weit über die gewöhnlichen Fehlergrenzen gehen, was wahrscheinlich dadurch begründet ist, daß bei diesem Verfahren nicht wie bei der Bestimmung der Jodzahl mit einem ziemlich gleichmäßigen Überschuß des Reagens gearbeitet wird.

Die aus den Versuchsergebnissen von Hehner und Mitchell berechneten Jodzahlen zeigen gegenüber den v. Hüblschen Jodzahlen meist Differenzen von 1—3 Einheiten; in 3 Fällen betrugen diese Differenzen 12—20 Einheiten. Von Archbutt wird das Hehner und Mitchellsche Verfahren empfohlen. Der Genannte schlägt vor, von heftig reagierenden Ölen nur 0·5 g Substanz zu nehmen und das Resultat zu verdoppeln und bei festen Fetten bei Verwendung von 2 g Substanz das Resultat zu halbieren.

Wiley[3]) hat vorgeschlagen, bei der Bestimmung der „thermometrischen Bromzahl" das Brom in Form einer Lösung in Chloroform anzuwenden, und Gill und Hatch[4]) lösen sowohl das Fett als auch das Brom in Tetrachlorkohlenstoff. Die Bestimmung der thermometrischen Bromzahl wird öfter in England und Amerika vorgenommen, in Deutschland und Österreich konnte sie sich jedoch nicht einbürgern.

Hehner und Mitchell[5]) haben auch die quantitative Bestimmung der in Eisessig, Farnsteiner der in Petroläther unlöslichen Bromprodukte der Fettsäuren der Öle und der Öle selbst zur Unterscheidung herangezogen. (Siehe S. 187.) Erstere geben für die Fettsäuren die folgende Vorschrift:

Man löst 0·2—0·3 g der Fettsäuren in 10 ccm Eisessig und kühlt auf 5° C. ab. Hierauf fügt man Brom bis zur Färbung hinzu, läßt 3 Stunden stehen und filtriert. Der Niederschlag wird mit gekühltem Eisessig, Alkohol und Äther gewaschen und getrocknet. Leinölfettsäuren geben im Durchschnitte 21 % unlösliches Bromprodukt, Rüböl-

---

[1]) Journ. Soc. Chem. Ind. 1897. 16. 193.
[2]) Journ. Soc. Chem. Ind. 1897. 16. 309.
[3]) Journ. Soc. Chem. Ind. 1896. 15. 384.
[4]) Journ. Amer. Chem. Soc. 1899. 22. 27.
[5]) The Analyst 1898. 23. 310.

fettsäuren 3·6 °/₀ und Lebertranfettsäuren 18 °/₀. Mandelöl-, Cottonöl- und Mohnölfettsäuren geben keinen oder nur einen minimalen Niederschlag.

Zur Bromierung der Fette verfährt man wie folgt: Man löst 1—2 g Öl in 40 ccm Äther, setzt etwas Eisessig hinzu, kühlt ab, fügt Brom zu und kühlt über Nacht in Eis. Der Niederschlag wird abgesaugt, viermal mit je 10 ccm Äther von 0° C. gewaschen und getrocknet. Reines Leinöl liefert 23·8—25·8 °/₀ Niederschlag. Nußöl und Maisöl geben kein unlösliches Bromprodukt. Rüböl liefert 0·9 °/₀, Lebertran 42·9 °/₀, Kabeljauöl 35·5 °/₀, Haifischtran 22 °/₀ und Waltran 25 °/₀ unlösliches Bromprodukt.

Walker und Warburton[1]) fanden nach dieser Methode folgende Ausbeuten an Hexabromiden:

	Prozente Hexabromid	
	der Glyceride	der Fettsäuren
Rüböl	—	2·44—3·38
Leinöl (Jodzahl 184)	—	30·44—31·31
Leinöl (Jodzahl 181)	23·14—23·52	29·06—29·34
Candlenußöl	7·28—8·21	11·23—12·63
Chinesisches Holzöl	0·38—0·39	—
Saffloröl	—	0·65—1·65
Japantran	21·14—22·07	23·04—23·32
Neufundland-Lebertran . . . . : . . .	30·62—32·68	37·76—39·1
Haifischlebertran	19·08—21·22	12·68—15·08
Dorschlebertran	33·76—35·33	29·86—30·36
Spermöl	2·42—2·61	2·05
Spermöl (nach 48 Stunden)	3·69—3·72	—
Waltran	15·54—16·14	12·38—12·44
Robbentran	27·54—27·92	19·83—19·93

h) Gewichtszunahme durch Sauerstoffaufnahme aus der Luft.

Die Gewichtszunahme sehr dünner Ölschichten durch Sauerstoffaufnahme aus der Luft ist bei den trocknenden Ölen eine bedeutend größere als bei den nichttrocknenden. Sie kann, nach Weger (siehe S. 597) ausgeführt, gleichfalls bei der Untersuchung von flüssigen Fetten wertvolle Anhaltspunkte liefern. Über die Gewichtszunahme verschiedener Öle nach dem genannten Verfahren vgl. S. 599.

i) Die Elaïdinreaktion.

Die Elaïdinprobe (S. 586) kann, insofern die Zeiten gemessen werden, in welchen ein bestimmter Grad des Erstarrens eintritt, ebenfalls zu den quantitativen, chemischen Reaktionen gerechnet werden. „Will man aber bei dieser Prüfungsmethode Unterschiede bezüglich der Zeit der Elaïdinbildung, Konsistenz, Farbe der Masse u. dgl. mit in Rechnung ziehen, so ist man den größten Täuschungen ausgesetzt. Die Entwicklungsart der salpetrigen Säure, die Innigkeit der Mischung mit

[1]) The Analyst 1902. 27. 237.

dem Fette, die Form des Gefäßes, besonders aber die Temperaturen bedingen oft die seltsamsten Erscheinungen. Auch ist zu berücksichtigen, daß das Alter des Öles, sowie die Art seiner Aufbewahrung einen ganz bedeutenden Einfluß ausüben." (v. Hübl.)

Gintl[1] hat beispielsweise gezeigt, daß 14 Tage dem Sonnenlichte ausgesetztes Olivenöl die Elaïdinprobe nicht gibt.

II. Qualitative Reaktionen.

Eine sehr ausführliche Zusammenstellung der älteren Methoden zur qualitativen Analyse der Fette findet sich in dem Werke: „Die Fette, Nach Theodor Chateau bearbeitet von Dr. Hugo Hartmann. Leipzig, Wolfgang Gerhardt, 1864." Es ist schon mehrmals darauf hingewiesen worden, daß die qualitativen Reaktionen in der Mehrzahl der Fälle sehr unzuverlässig sind; man wird deshalb gut tun, sie womöglich nur zur Bestätigung der auf anderem Wege gewonnenen Resultate zu verwenden, mit Ausnahme einiger, welche im speziellen Teile für jeden Fall besonders angeführt sind. Die Farbenreaktionen dürften übrigens weit zuverlässigere Resultate geben, wenn man die durch Behandlung mit den Reagenzien hervorgerufenen Färbungen spektralanalytisch untersuchen würde, da man dann gewiß häufig sehr charakteristische Absorptionsspektren erhielte.

Heydenreich wendete 1848 zuerst konzentrierte Schwefelsäure zur Unterscheidung der Fette an. Penot beobachtete die Farbenunterschiede, welche sich bei der Behandlung der Fette mit einer mit Kaliumbichromat gesättigten Schwefelsäure zeigen, Behrens benutzte Salpeterschwefelsäure, Crace-Calvert sirupöse Phosphorsäure und Königswasser, Fauré (1839) Chlorgas und Ammoniak, Hauchecour-Yvetot empfahl Wasserstoffsuperoxyd als Mittel zur Unterscheidung der Öle.

Flückiger[2] verdünnt die Öle, bevor er sie mit Schwefelsäure auf ihre Farbenreaktion prüft, zuerst mit Schwefelkohlenstoff, weil sonst beim Vermischen mit Schwefelsäure Wärmeentwickelung eintritt, wodurch das Eintreten der charakteristischen Reaktion verhindert werden kann. Schwefelkohlenstoff eignet sich dazu besonders gut, weil er sich mit Schwefelsäure nicht erwärmt. Als Beispiele werden die Reaktionen des Ricinusöles, Sesamöles und Lebertranes angeführt.

Crace-Calvert hat die Farbenveränderungen angegeben, welche die Öle bei der Behandlung mit Schwefelsäure und Salpetersäure von bestimmten Konzentrationen, mit Phosphorsäure und mit Königswasser erleiden. Ferner werden die Veränderungen in Farbe und Konsistenz beobachtet, welche beim Kochen des frischen oder des mit Salpetersäure oder Königswasser behandelten Öles mit Natronlauge eintreten.

Glaeßner[3] hat ein Schema zur Unterscheidung der fetten Öle gegeben, in welchem neben Farbenreaktionen auch physikalische Eigen-

---

[1] Chem. Zeitg. 1888. 12. 1641.
[2] Zeitschr. f. analyt. Chem. 1871. 10. 235.
[3] Arch. d. Pharm. 149. 201.

schaften der Öle berücksichtigt werden. Als Reagenzien werden Kalilauge, rote, rauchende Salpetersäure und konzentrierte Schwefelsäure angewendet.

Vogt[1]) wendet die Liebermannsche Cholesterinreaktion auf folgende Weise zur Unterscheidung von Ölen an. Er schüttelt die gekühlte Mischung von 20 Tropfen Chloroform, 40 Tropfen Essigsäureanhydrid und 3 Tropfen Schwefelsäure mit 3 Tropfen des Öles.

Lebertran zeigt eine intensive blaue Färbung, welche rasch verschwindet und, ohne ganz zu verblassen, innerhalb 20—40 Sekunden in bleibendes Olivengrün übergeht.

Specktrane geben rotbraune, nach einiger Zeit in Blaßgelbbraun bis Gelbgrünlich übergehende Färbungen.

Mischungen von Dorschleberöl mit Specktran können noch Blau andeuten (bis auf ca. 50 $^0/_0$ herunter), verblassen aber dann rasch in farblos bis Grau und gehen nach einiger Zeit erst in gelbliches Grün, schließlich in Gelb-Olivengrün über.

Schellfisch- und andere Leberöle geben vorerst schmutzig-rotviolette bis bräunliche Färbungen, welche nach einiger Zeit in bräunliches Grün übergehen.

Utz[2]) hat noch folgende Öle nach der Liebermann-Vogtschen Reaktion geprüft:

Öl	Farbenreaktion
Japantran	rosa bis rot
Delphintran	rosa
Robbentran	„
Waltran	„
Neufundlandtran	rotbraun
Spermöl	„
Olivenöl	blaugrün, dann smaragdgrün
Sesamöl	grün
Baumwollsamenöl	olivgrün
Leinöl	grün
Hanföl	blaugrün
Maisöl	„
Fett aus Frauenmilch	blutrot
Schweinefett	orange, dann rasch blutrot
Terpentin- und Kienöle	blutrot

Wie früher bereits erwähnt, müssen die Ergebnisse der Farbenreaktionen mit Vorsicht aufgenommen werden. Der Grund hierfür liegt einerseits darin, daß die kleinsten Mengen von fremden Körpern, wie Eiweißkörper, Cholesterin, Phytosterin usw. den Verlauf dieser Reaktionen beeinflussen, andrerseits auch darin, daß diese Reaktionen, da sie größtenteils an die Gegenwart äußerst geringer Mengen bestimmter Verunreinigungen geknüpft sind, bei raffinierten Ölen und Fetten ganz anders ausfallen als bei nicht gereinigten Produkten.

Lewkowitsch[3]) hat die Farbenreaktionen, welche konzentrierte

---

[1]) Schweiz. Wochenschr. f. Pharm. 1905. 43. 674.
[2]) Seifens.-Zeitg. 1906. 33. 398.
[3]) Journ. Soc. Chem. Ind. 1894. 13. 617.

Schwefelsäure, Chlorgas, sirupöse Phosphorsäure und Phosphormolybdän-
säure (Welmans' Reaktion, s. S. 634) mit Ölen geben, genau studiert
und gefunden, daß konzentrierte Schwefelsäure bestenfalls zur Erkennung von trocknenden Ölen dienen kann, nichttrocknende und schwachtrocknende Öle dadurch jedoch kaum unterscheidbar sein werden. Je
stärker trocknend ein Öl ist, desto dunkler ist die Färbung, welche beim
Einrühren von etwa 2 Tropfen Schwefelsäure in ca. 20 Tropfen Öl eintritt. Die mit Schwefelkohlenstoff verdünnten Öle geben keine besseren
Resultate.

Für Lebertrane sind die blauen und roten Färbungen charakteristisch; es zeigen jedoch oftmals auch andere Trane ähnliche Färbungen. Die Trane werden zur Ausführung dieser Reaktion zweckmäßig in Schwefelkohlenstoff gelöst.

Chlorgas kann nicht als ein Gruppenreagens für Öle von Seetieren
angesehen werden, da die auftretende Färbung sehr von der größeren
oder geringeren Reinheit des Fettes abhängig ist.

Phosphorsäure scheint nur Verunreinigungen, die durch Raffination
entfernbar sind, oder Produkte der Oxydation anzuzeigen.

Die Welmanssche Reaktion[1]), unter welcher das Auftreten einer
smaragdgrünen Färbung beim Auflösen von 1 g Öl in 5 ccm Chloroform
und Durchschütteln mit 2 ccm einer Lösung von Phosphormolybdän-
säure verstanden ist, dient zur Unterscheidung von Tier- und Pflanzenölen, ist aber nach Lewkowitsch und anderen nicht nur für Pflanzenöle
charakteristisch. (Siehe Seite 635.)

Von den Spezialfarbenreaktionen auf einzelne Öle seien die Becchische Reaktion, die Salpetersäurereaktion und die Halphensche Reaktion für das Cottonöl, die Baudouinsche und die Soltsiensche
für das Sesamöl mit den bei diesen Ölen angeführten Vorbehalten
empfohlen.

XI. Unterscheidung von Tier- und Pflanzenölen.

Zur Entscheidung der Frage, ob einem Öle oder Fette animalischen
Ursprunges vegetabilische Fette zugemischt sind, hat man bisher folgende
Anhaltspunkte:

Die vegetabilischen Öle, mit Ausnahme des Olivenöles, enthalten
beträchtliche Mengen Phytosterin.

Die vegetabilischen flüssigen und die Mehrzahl der bisher untersuchten festen Fette enthalten Linolsäure, die animalischen zumeist
neben festen Fettsäuren nur Ölsäure. Ausgenommen hiervon sind neben
vereinzelten Fetten (Wildschweinfett, Auerhahnfett u. a.) die Trane und
Fette von Tieren, welche reichlich mit vegetabilische Fette enthaltender Nahrung (z. B. Leinölkuchen usw.) gefüttert worden sind.

[1]) Pharm. Zeitg. 1891. 36. 798.

1. **Phytosterinprobe.** Ein von Salkowski[1]) angegebenes Verfahren zum Nachweise von Cholesterin und Phytosterin im unverseifbaren Anteile wurde von Bömer[2]) auf Grund von eingehenden Versuchen modifiziert[3]); Bömers Vorschrift ist die folgende:

50 g[4]) Fett werden in einem Erlenmeyerkolben von etwa 1 l Inhalt auf dem Wasserbade geschmolzen und mit 100 ccm alkoholischer Kalilauge (200 g Kalihydrat $+$ 1 l Alkohol von 70 Volumprozenten) auf dem kochenden Wasserbade am Rückflußkühler ($^3/_4$ m langes, weites Glasrohr) unter häufigem und kräftigem Umschütteln verseift, bis der Kolbeninhalt klar geworden ist; die Seife wird dann noch $^1/_2$—1 Stunde unter zeitweiligem Umschütteln auf dem Wasserbade erwärmt. Die Seifenlösung bringt man noch warm in einen Schütteltrichter von $1-1^1/_2$ l Inhalt, spült die im Kolben verbliebenen Seifenreste mit 200 ccm Wasser nach und schüttelt den Inhalt, wenn er genügend abgekühlt ist, mit 500 ccm Äther etwa $^1/_2$—1 Minute unter mehrmaligem Öffnen des Stopfens kräftig durch. Man läßt die Mischung 2—3 Minuten lang ruhig absitzen, trennt die klare Ätherschichte von der Seife, filtriert sie, um geringe Wassermengen zu entfernen, und destilliert den Äther nach Zusatz von 1—2 Bimssteinstückchen ab. Die Seife schüttelt man noch 2 bis 3mal mit 200—250 ccm Äther aus, gibt die Ätherlösung jedesmal zu dem Destillationsrückstande der vorhergehenden Ausschüttlung und destilliert die Auszüge in derselben Weise ab. Nach dem Abdestillieren des Äthers bleiben in dem Kolben in der Regel geringe Mengen Alkohol zurück; man entfernt sie durch Eintauchen des Kolbens in das Wasserbad unter Einblasen von Luft. Den Rückstand verseift man nochmals mit 10 ccm der oben angegebenen Kalilauge 5—10 Minuten im Wasserbade, bringt dann die Masse in einen kleinen Schütteltrichter, spült mit 20 ccm Wasser nach, schüttelt nach hinreichendem Erkalten $^1/_2$—1 Minute mit 80—100 ccm Äther durch, zieht nach 2—3 Minuten langem Absitzen die wässrig-alkoholische Schichte ab und wäscht die Ätherlösung dreimal mit 5—10 ccm Wasser. Nach dem Ablaufen des letzten Waschwassers filtriert man den Äther zur Entfernung etwa vorhandener kleiner Wassertröpfchen in ein kleines Becherglas und dunstet den Äther langsam ab. Man trocknet den Rückstand im Wasserbade und reinigt ihn durch wiederholtes Umkristallisieren aus absolutem Alkohol, indem man ihn je nach seiner Menge mit 2—10 ccm absoluten Alkohols übergießt, durch gelindes Erwärmen auf einem Drahtnetze löst und in einem mit einem Uhrglase lose bedeckten Kristallisationsschälchen von 25 ccm Inhalt kristallisieren läßt.

Das Bömersche Verfahren hat den Nachteil, daß dabei große

---

[1]) Zeitschr. f. analyt. Chem. 1887. 26. 565.
[2]) Zeitschr. f. Unters. d. Nahrungs.- u. Genußm. 1898. 1. 21.
[3]) Nach einem Vorschlage von Forster und Riechelmann, Zeitschr. f. öffentl. Chem. 1897. 3. 10, wird das Fett zweimal mit je 75 ccm 96prozentigen Alkohols ausgekocht, die alkoholische Schichte separiert, der Alkohol verdampft und der unverseifbare Anteil dieses Rückstandes dargestellt.
[4]) **Zetzsche** empfiehlt die Verarbeitung von 100 g Fett.

Äthermengen verbraucht werden. Es sind daher verschiedene Abänderungsvorschläge gemacht worden. Fahrion[1]) neutralisiert die Seifenlösung, dampft sie auf dem Wasserbade zur Trockene ein, nimmt den Rückstand mit Wasser auf und schüttelt die neutrale Seifenlösung mit Petroläther aus. v. Raumer[2]) bringt eine Modifikation einer schon früher von Allen und Thomson angewendeten Methode in Vorschlag; er dampft die Seifenlösung zur Trockene ein und extrahiert die trockene Kaliseife im Soxhletapparat mit Äther. Nach Zetzsche wird hier besser die Natronseife hergestellt. Juckenack und Hilger[3]) verseifen mit Natronlauge, dampfen unter Zusatz von mit Wasser zu einem Brei angerührtem Filtrierpapier ein, trocknen im Vakuum über Ätzkali und extrahieren im Soxhletapparat mit Äther. Kreis und Wolf[4]) neutralisieren die Seife mit Salzsäure, verjagen den Alkohol, fällen mit Chlorcalcium und extrahieren die trockene Kalkseife mit Alkohol. Kreis und Rudin[5]) haben die letzte Methode wieder abgeändert. Zetzsche[6]) hat mehrere dieser Abänderungen nachgeprüft und erklärt die Bömersche Vorschrift für die beste; Bömer[7]) hält sein Verfahren auch deshalb für besser als die Modifikationen, weil es rascher als diese ausführbar ist.

Bömer[8]) hat auch die Eigenschaften des Cholesterins und des Phytosterins und das Verhalten von Gemischen beider Körper, insbesondere in bezug auf Kristallform und auf Schmelzpunkt, eingehendst studiert und ist zu folgenden Ergebnissen gelangt:

Die Kristallisationen des Cholesterins und des Phytosterins bieten fast stets schon makroskopisch ein ganz verschiedenes Bild; für die makroskopische Beurteilung sind die ersten Kristallisationen am charakteristischsten. Cholesterin kristallisiert vom Rande der Flüssigkeit aus und bildet eine gleichmäßig dünne, farblose, stark glänzende Decke auf der Oberfläche, die allmählich bis zur Mitte fortwächst; bei konzentrierterer Lösung durchsetzen die dünnen, großen, in der Flüssigkeit fast unsichtbaren Tafeln die ganze alkoholische Lösung. Phytosterin scheidet bei der Kristallisation aus verdünnteren Lösungen, vom Rande beginnend, allmählich lange, verhältnismäßig dicke Nadeln ab, aus konzentrierteren Lösungen scheidet es sich meist gleichmäßig in der ganzen Flüssigkeit in äußerst feinen Nädelchen aus. Bei der mikroskopischen Prüfung erweisen sich die Cholesterinkristalle meistens als Tafeln von rhombischem Umriß, die wahrscheinlich dem triklinen System angehören und in großen Mengen miteinander verwachsen sind; die Phytosterinkristalle der ersten Kristallisationen bestehen meist aus dünnen, verhältnismäßig

---

[1]) Zeitschr. f. angew. Chem. 1898. 11. 267.
[2]) Zeitschr. f. angew. Chem. 1898. 11. 555.
[3]) Arch. d. Pharm. 1898. 236. 36; durch Chem. Rev. üb. d. Fett- u. Harz-Ind. 1898. 5. 227.
[4]) Chem. Zeitg. 1898. 22. 805.
[5]) Chem. Zeitg. 1899. 23. 986.
[6]) Pharm. Centralhalle, 1898. 39. 877.
[7]) Zeitschr. f. Unters. d. Nahrungs- u. Genußm. 1901. 4. 1092.
[8]) Zeitschr. f. Unters. d. Nahrungs- u. Genußm. 1898. 1. 21.

breiten Nadeln mit zweiseitiger Zuspitzung, die der späteren Kristallisation haben gewöhnlich die Form breiter, sechsseitiger Tafeln; die Kristalle des Phytosterins gehören wahrscheinlich dem monoklinen System an. Aus Gemischen von Cholesterin und von Phytosterin kristallisieren die beiden nicht getrennt nebeneinander, sondern, wenn beide Körper in gleichen Mengen vorhanden sind oder Phytosterin vorherrscht, in der gleichen oder doch so gut wie gleichen Form wie das Phytosterin; wenn in der Mischung das Cholesterin bedeutend vorherrscht, ist die Kristallform des Gemisches weder die des Phytosterins noch die des Cholesterins, ist aber so charakteristisch, daß sie das Gemisch deutlich als solches erkennen läßt; es zeigen sich bei langsamer Kristallisation aus verdünnter Lösung große dünne Tafeln, die am Rande aus feinen Nadeln bestehen. Die korrigierten Schmelzpunkte des Cholesterins liegen zwischen 148·4°—150·8°C., die des Phytosterins zwischen 138·0°—143·8°C.[1]) Der Schmelzpunkt eines Gemisches von Cholesterin und Phytosterin ist den vorhandenen Mengen von Cholesterin und Phytosterin annähernd proportional. Mit Hilfe der Phytosterinprobe konnte Bömer noch 5% Baumwollsamenöl in Schweinefett nachweisen.

Winter und Bömer[2]) haben weiter die Eigenschaften verschiedener Ester des Cholesterins und des Phytosterins untersucht und gefunden, daß besonders die Essigsäureester geeignet sind, durch die Bestimmung ihres Schmelzpunktes die Beimischung von Pflanzenfetten zu Tierfetten erkennen zu lassen. Auf diese Beobachtung hat Bömer[3]) die Phytosterinacetatprobe begründet, welche in der folgenden Weise ausgeführt wird:

Man stellt aus 100 g Fett in der beschriebenen Weise das rohe Cholesterin beziehungsweise Phytosterin dar, setzt 2—3 ccm Essigsäureanhydrid hinzu, erhitzt in dem mit einem Uhrglase bedeckten Schälchen auf dem Drahtnetze etwa $\frac{1}{4}$ Minute zum Sieden und verdunstet nach Entfernung des Uhrglases den Überschuß des Essigsäureanhydrids auf dem Wasserbade. Darauf erhitzt man den Inhalt des Schälchens mit so viel absolutem Alkohol, als zur Lösung des Esters erforderlich ist, setzt noch einige Kubikzentimeter Alkohol hinzu und überläßt die klare Lösung anfangs — bis zum Erkalten auf Zimmertemperatur — unter Bedeckung mit einem Uhrglase der Kristallisation. Nachdem die Hälfte bis zwei Drittel der Flüssigkeit verdunstet und der größte Teil des Esters auskristallisiert ist, filtriert man die Kristalle durch ein kleines Filter ab und bringt den in der Schale noch befindlichen Rest mit Hilfe eines kleinen Spatels und durch zweimaliges Aufgießen von 2—3 ccm 95prozentigen Alkohols gleichfalls auf das Filter. Den Inhalt des Filters bringt man wieder in das Kristallisationsschälchen zurück, löst ihn je nach seiner Menge in 5—10 ccm absoluten Alkohols und läßt nochmals kristallisieren. Wenn der größte Teil des Esters auskristallisiert ist, fil-

---

[1]) Zeitschr. f. Unters. d. Nahrungs- u. Genußm. 1901. 4. 1073.
[2]) Zeitschr. f. Unters. d. Nahrungs- u. Genußm. 1901. 4. 865.
[3]) Zeitschr. f. Unters. d. Nahrungs- u. Genußm. 1901. 4. 1070.

triert man abermals ab und kristallisiert weiter in derselben Weise so lange um, als die Menge des Esters ausreicht.

Von der dritten Kristallisation an bestimmt man den Schmelzpunkt des Esters. Reines Cholesterinacetat schmilzt bei $113 \cdot 6^0$ C., reines Phytosterinacetat bei $125 \cdot 6^0$—137^0 C.

Ist bei den in dieser Weise ausgeführten Schmelzpunktbestimmungen bei der letzten Kristallisation der Ester bei 116^0 C. (korrigierter Schmelzpunkt $= T + n[T - t] \, 0 \cdot 000154$, wobei T den beobachteten Schmelzpunkt, n die Länge des aus der Flüssigkeit hervorragenden Quecksilberfadens in Temperaturgraden und t die mittlere Temperatur der die hervorragende Quecksilbersäule umgebenden Luft bedeuten) noch nicht vollständig geschmolzen, so ist ein Zusatz von Pflanzenfett anzunehmen, schmilzt der Ester aber erst bei 117^0 C. (korrigierter Schmelzpunkt) oder noch höher, so kann ein Gehalt von Pflanzenfett mit Bestimmtheit als erwiesen angesehen werden.

Mit Hilfe der Phytosterinacetatprobe konnte Bömer noch $1^0/_0$ Pflanzenöl (Baumwollsamenöl und Erdnußöl) in Schweinefett und $1^0/_0$ Leinöl in Knochenöl nachweisen.

Jaeger[1] wendet gegen die Bömersche Phytosterinacetatprobe ein, daß möglicherweise auch in den Pflanzenfetten Phytosterine vorkommen können, deren Acetate allein oder in Gemischen einen niedrigen Schmelzpunkt haben.

Überdies fand Windaus[2] im Calabarfett zwei Phytosterine, ein bei 130^0 C. schmelzendes α-Phytosterin und ein bei 170^0 C. schmelzendes β-Phytosterin. Die Schmelzpunktskurven der Acetate dieser Phytosterine in Gemischen mit Cholesterinacetat zeigen, daß man nicht immer aus der Zunahme des Schmelzpunktes auf die Menge des zugesetzten Pflanzenfettes schließen kann.

Diese Einwendungen setzen den Wert der Bömerschen Phytosterinacetatprobe für die meist und fast ausschließlich vorkommenden Fälle von Verfälschungen (hauptsächlich Baumwollsamenöl und Erdnußöl in Schweinefett) nicht herab.

2. Innere Jodzahl (Jodzahl der flüssigen Fettsäuren).[3] Falls ein Ölgemisch keine Trane enthält, was durch die Farbenreaktionen usw. leicht konstatiert werden kann, gibt die Jodzahl allein bei flüssigen Fetten meist Aufschluß darüber, ob ein animalisches Fett[4] mit Pflanzenfett vermischt ist. Zweckmäßiger wird jedoch die Bestimmung der inneren Jodzahl ausgeführt werden (s. I. Teil S. 177 ff.), welche bei reinen Tierfetten (mit Ausnahme der Trane) nur selten über 96 liegt, während sie bei Pflanzenölen zumeist bedeutend höher ist. Nur für amerikanisches Schweinefett fanden Wallenstein und Finck[5] die besonders hohe innere Jodzahl 103—105 (vgl. Schweinefett, Nachweis von Cottonöl).

---

[1] Chemisch Weekblad 1907. 4. 1.
[2] Ber. d. deutsch. chem. Ges. 1906. 39. 4378.
[3] Muter u. de Koningh, The Analyst. 1889. 14. 61.
[4] Bei animalischen Fetten liegt die Jodzahl mit wenigen Ausnahmen (Kaninchenfett, Hasenfett, Auerhahnfett, Eisbärenfett) unter 85.
[5] Chem. Zeitg. 1894. 18. 1190.

3. **Prüfung nach Benedikt und Hazura**[1]). Man oxydiert die Fettsäuren nach I. Teil S. 178 und beobachtet, ob sich Sativinsäure bildet. Ist dies der Fall, so ist mit einer gewissen Wahrscheinlichkeit vegetabilisches Öl vorhanden, da animalische Fette meist keine Linolsäure enthalten, während alle bisherigen Untersuchungen vegetabilischer Öle dieselben als mehr oder weniger stark linolsäurehältig erwiesen. Bemerkt sei, daß **Fahrion** durch Oxydation der flüssigen Fettsäuren von Schweineschmalz ebenfalls etwas Sativinsäure gefunden hat, wodurch die von **Wallenstein** und **Finck** konstatierten hohen Jodzahlen von amerikanischem Schweineschmalz ihre Erklärung finden.

4. Nach P. **Welmans**[2]) werden Pflanzenöle in tierischen Fetten mit Hilfe der folgenden Reaktion erkannt:

1 g des Fettes wird in 5 ccm Chloroform gelöst und mit 2 ccm Phosphormolybdänsäurelösung und einigen Tropfen Salpetersäure geschüttelt. Es tritt bei Gegenwart von Pflanzenölen eine smaragdgrüne Färbung auf, welche auf Zusatz eines Alkalis in Blau umschlägt.

Das Reagens wird durch Fällung von molybdänsaurem Ammon mit Natriumphosphat, Abfiltrieren, Waschen des Niederschlages und Auflösen in Natriumcarbonatlösung hergestellt. Diese Lösung wird zur Trockene verdampft und der Rückstand erhitzt. Wenn er blau geworden ist, werden einige Tropfen Salpetersäure zugefügt und abermals erhitzt. Er wird hierauf in siedendem Wasser aufgenommen, die Lösung mit Salpetersäure angesäuert, auf eine Konzentration von $10^0/_0$ verdünnt und wenn nötig, filtriert.

Eine Ausnahme machen unter den tierischen Fetten Lebertrane, welche gleichfalls Färbungen geben.

Die Reaktion findet hauptsächlich zum Nachweise von Cottonöl in Schweinefett Verwendung (vgl. Schweinefett).

Geuther[3]) führt die **Welmans**sche Reaktion in folgender Weise aus: 5 g des filtrierten, geschmolzenen Fettes, 3 g Chloroform und 20 Tropfen des nach der unten angegebenen Vorschrift hergestellten Reagens werden tüchtig durchgeschüttelt. Ein Gehalt von mindestens $5^0/_0$ nicht raffinierten und nicht gebleichten Pflanzenöles läßt sich an der nach wenigen Sekunden auftretenden, dunkelgrünen Färbung erkennen. Eine später als nach 2 Minuten auftretende Färbung darf nicht mehr berücksichtigt werden. Frisches Schweineschmalz gibt bei dieser Reaktion eine reine Gelbfärbung. Zur Herstellung des Reagens werden 5 g reines phosphormolybdänsaures Natron in gepulvertem Zustande mit 25 g destillierten Wassers übergossen, und 30 g reine konz. Salpetersäure (spez. Gew. 1·39) zugefügt.

Nach **Utz**[4]) weist diese Reaktion Zusätze von Pflanzenfetten zu Tierfetten zwar nach, bietet aber deshalb keine absolute Sicherheit, weil sie auch bei notorischen reinen Tierfetten eintreten kann.

---

[1]) Monatsh. f. Chem. 1889. 10. 353.
[2]) Pharm. Zeitg. 1891. 36. 798.
[3]) Zeitschr. f. öffentl. Chem. 1900. 6. 328. — Chem. Zeitg. 1900. 24. 283
[4]) Chem. Rev. üb. d. Fett- u. Harz-Ind. 1902. 9. 231.

Nach Lewkowitsch und anderen kann ranziges Schweineschmalz bei der Welmansschen Probe ähnliche Farbenreaktionen wie die Pflanzenöle geben, und Harzöl und Mineralöle geben bei derselben dunkle Färbungen, während nach Welmans mit Hilfe der Phosphormolybdänsäurereaktion Pflanzenöle von tierischen Fetten mit Ausnahme von Lebertran zu unterscheiden sein sollen.

Auch Farnsteiner verwirft die Welmanssche Reaktion, Kühn und Halfpaap[1]) sprechen ihr für die Erkennung von Pflanzenölen in Schweineschmalz vollen Wert zu, dagegen nicht für die Prüfung von Oleomargarin und Talg auf Pflanzenöle, da diese beiden in vielen Fällen gleichfalls Grünfärbungen mit dem Reagens geben.

Nach den Untersuchungen von Kühn und Halfpaap ist die Ursache der Welmansschen Reaktion ein nichtflüchtiger, in Alkohol löslicher, leicht oxydierbarer, farbstoffartiger Körper, der durch den Sauerstoff der Luft, durch Belichtung, Erhitzen, durch Behandlung mit Salpetersäure oder salpetriger Säure seine Wirksamkeit verliert, dagegen nicht durch gewöhnliche oder sogar rauchende Salzsäure.

Die verschiedenen Pflanzenöle geben die Grünfärbung verschieden stark, am stärksten gelbes Baumwollsamenöl, sogenanntes Butteröl, etwas schwächer weißes Baumwollsamenöl, dann folgen der Reihe nach Rüböl, Sesamöl, Erdnußöl und Ricinusöl, welches nur eine schwache Grünfärbung verursacht, während bei gereinigtem Cocosfett die Reaktion versagt, so daß ein Ausbleiben der Reaktion in diesem Falle nicht auf die Abwesenheit von Pflanzenfett schließen läßt.

XII. Beschreibung und Untersuchung der natürlichen Fette und Wachsarten.

A. Pflanzenfette und Pflanzenöle.

Die Einteilung der Fette in Öle und feste Fette und die Einteilung der Öle in trocknende, schwachtrocknende und nichttrocknende ermöglicht, wie schon erwähnt wurde, keine vollkommen befriedigende Einreihung der einzelnen Fette, da viele von ihnen Übergangsformen bilden und ebensogut der einen wie der anderen Gattung von Fetten zugeteilt werden könnten. Die erstgenannte Einteilung beruht auf einem rein äußerlichen Merkmal, der relativen Lage des Schmelzpunktes bei der durchschnittlichen Jahrestemperatur der gemäßigten Zone, wobei allerdings eine Teilung nach einem chemischen Prinzip insofern erfolgt, als Fette mit niedrigem Schmelzpunkte in der Regel einen größeren Gehalt an Glyceriden flüssiger Fettsäuren haben, andererseits eine Reihe von

---

[1]) Zeitschr. f. Unters. d. Nahrungs- u. Genußm. 1906. 12. 449.

Fetten durch ihren Gehalt an Glyceriden relativ niedrig molekularer Fettsäuren (der Myristin- und Laurinsäure) einen niedrigen Schmelzpunkt aufweisen. Die Einteilung in trocknende, schwachtrocknende und nichttrocknende Öle basiert schon mehr auf chemischer Grundlage, weil die Trockenfähigkeit von dem Gehalte an Glyceriden der Linolsäurereihe und Glyceriden noch stärker ungesättigter Säuren abhängig ist.

Es zeigt sich ferner, daß Fette, welche im botanischen Sinne verwandten Pflanzen entstammen, meist auch chemisch miteinander verwandt sind; so zeichnen sich z. B. sämtliche näher untersuchten Fette aus den Samen der Papaveraceen oder aus Compositensamen durch ihren Gehalt an Fettsäuren mit mehreren Doppelbindungen aus, die aus Myristicaceensamen durch den Gehalt an Myristinsäure.

Diese chemische Verwandtschaft bezieht sich aber nur auf Fette, welche aus denselben Pflanzenteilen stammen.

Während z. B. das aus dem Samen von Sapium sebiferum stammende Öl in eine Gruppe mit anderen Euphorbiaceensamenölen, dem Candlenußöl, Holzöl, Kautschukbaumöl usw. gehört, zeigt der derselben Pflanze entstammende chinesische Talg, der sich aber nicht im Samen selbst, sondern als eine Schichte um den Samen vorfindet, von den genannten Ölen völlig verschiedene Eigenschaften.

Da eine große Zahl von Ölen und Fetten nur teilweise untersucht worden ist, so daß ihre chemischen Eigenschaften und ihre chemische Zusammensetzung noch nicht klar zutage liegen, dagegen aber ihre Abstammung fast durchweg bekannt ist, wurde im folgenden auf Grund der erwähnten Beobachtung der Versuch gemacht, die weniger bekannten Fette dort einzureihen, wohin sie auf Grund der botanischen Verwandtschaft am ehesten gehören, wenn nicht die wenigen bereits bekannten chemischen oder physikalischen Daten ihnen einen Platz in der Reihe der anderen Fette zuweisen.

Als Hauptprinzip der Einteilung soll jedoch der Gehalt an jenen chemischen Bestandteilen gelten, welche den Fetten charakteristische Merkmale verleihen, also der Gehalt an Säuren mit mehreren Doppelbindungen, welcher die Ursache des Trocknens, der Gehalt an ungesättigten Säuren überhaupt, welcher die Ursache eines niedrigen Schmelzpunktes ist usw.

I. Trocknende Öle.

Die trocknenden Öle enthalten viel Glyceride der Linolsäure und der Linolensäuren, sie sind durchaus bei gewöhnlicher Temperatur flüssig und zeichnen sich dadurch aus, daß sie in dünner Schichte an der Luft eintrocknen (siehe Kapitel X S. 590 u. ff.). Sie haben eine hohe Jodzahl und zeigen bei der Maumené schen Probe große Temperaturerhöhung.

Ihre wichtigsten Vertreter sind das Leinöl, das chinesische Holzöl, Nußöl, Mohnöl und Sonnenblumenöl.

1. Leinöl.

Flachsöl. — Oleum lini. — Huile de lin. — Linseed oil. — Olio di lino.

Leinöl wird aus den Samen des Flachses oder Leines, Linum usitatissimum *L.*, gewonnen. Rußland und Ostindien, Argentinien und Nordamerika liefern die größten Quantitäten davon. Auf dem Amsterdamer Leinsaatmarkt kommen außer der einheimischen Leinsaat hauptsächlich die verschiedenen russischen, indischen und La-Plata-Sorten vor. Die letzteren sind meist ziemlich rein und enthalten selten mehr als $5\,^0/_0$ Verunreinigungen, d. h. fremde Samen, Schmutz usw. Die darin enthaltenen fremden Samen sind überdies meist nicht ölhaltig, so daß sie auf das Leinöl selbst keinen Einfluß nehmen. Manchmal finden sich bis zu $1\,^0/_0$ Brassicasamen vor. Aus Kalkutta wird als „telquel" sehr schlechte Saat mit oft $30\,^0/_0$ fremden, meist ölhaltigen Samen verkauft. Die südrussischen Saaten enthalten gewöhnlich wenig Verunreinigungen. Von fremden Samen kommen im allgemeinen neben Brassicasamen häufig Leindottersamen vor.

Das Klima, die Spielart, die Düngung usw. beeinflussen den Ölgehalt der Leinsamen sehr bedeutend. Nordrussische Samen enthalten beispielsweise nach Shukoff[1]) durchschnittlich ca. $32\,^0/_0$ und südrussische ca. $36\,^0/_0$ Öl.

Schindler und Waschata fanden in 43 Leinsamenproben 35·74 bis $43·26\,^0/_0$, im Mittel $39·48\,^0/_0$ Öl. Samen verschiedener Provenienz zeigten folgenden Ölgehalt:

Herkunft	Ölgehalt in Prozenten	Mittel
Kalkutta	38·55—43·26	40·16
Bombay	36·97—42·90	41·03
Rußland	36·53—39·06	37·96
Marmara	—	41·27
Küstendje	38·00—38·94	38·47
Levante	36·95—42·04	40·04
Ungarn	36·63—37·86	37·13
Marokko	35·74—39·75	37·75
Nordamerika	—	36·41
La Plata	36·45—39·18	37·59

Im Handel unterscheidet man nach dem spezifischen Gewichte „mageres" und „fettes" Leinöl. Kalt geschlagenes Leinöl ist hellgelb, das warm gepreßte bräunlichgelb. Es besitzt einen eigentümlichen Geruch und Geschmack. An der Luft wird es unter Sauerstoffaufnahme bald ranzig und dickflüssig, in dünner Schichte trocknet es zu einem neutralen, in Äther unlöslichen Körper, dem Linoxyn ein.

Extrahiertes Leinöl hat einen an Fischtran erinnernden Geruch und eine je nach dem Lösungsmittel verschiedene Farbe. Es enthält mehr ungesättigte und weniger flüchtige Säuren als das gepreßte. (Mitarewski[2].)

---

[1]) Chem. Rev. üb. d. Fett- u. Harz-Ind. 1901. 8. 250.
[2]) Westnik gigieni 1906. 42. 578. — Chem. Zeitg. Rep. 1906. 30. 241. — Chem. Rev. üb. d. Fett- u. Harz-Ind. 1906. 13. 254.

Leinöl

Spezifisches Gewicht bei	Erstarrungspunkt	Verseifungszahl	Jodzahl	Acetylzahl	Temperaturerhöhung bei der Maumenéschen Probe °C.	Refraktometeranzeige			Viscosität nach Engler	Beobachter
						in Zeiß Butter-Refraktometer	im Oleo-Refraktometer	Brechungsindex		
15° C. 0·9347	—	—	—	—	—	—	—	—	—	Schübler
0·9325	—	—	—	—	—	—	—	—	—	Souchère
15° C. 0·932—0·937 } 99°C./15·5°C. 0·8809 }	—	189—195	—	—	104—111	—	—	—	—	Allen
15°C. 0·9305—0·9352	—	—	176·3—201·8 nach Wijs	—	—	—	—	—	—	Wijs
15·5° C. 0·931—0·937	—	mindestens 187	—	—	—	—	—	—	—	Mc Ilhiney
15·5°C./15·5°C. 0·9316—0·9345	—	—	171—175	—	—	—	—	—	—	Lewkowitsch
17·5°C.0·9305—0·9370	—	187·6—192·4	—	—	—	—	—	—	—	Filsinger
Rohes Leinöl 18° C. 0·9299 } Gekocht. Leinöl 18° C. 0·9411 }	—	—	—	—	—	—	—	—	—	Stilurell
20° C. 0·9275—0·9355	—	190—195	171—190	8·5	—	—	—	—	—	Holde
12° C. 0·939 / 25° C. 0·930 / 50° C. 0·921 / 94° C. 0·881	—	—	—	—	—	—	—	—	—	Saussure
—	wird bei — 16° C. nach einigen Tagen fest	—	—	—	—	—	—	—	—	Gusserow
—	bei — 27°C.	—	—	—	—	—	—	—	—	Chateau
—	schmilzt bei — 16° bis — 20° C.	—	—	—	—	—	—	—	—	Glaessner
—	—	195·2	—	—	—	—	—	—	—	Moore
—	—	187·6	—	—	—	—	—	—	—	Dieterich
—	—	190·2—192·7	—	—	122—126	—	—	—	—	De Negri u. Fabris
—	—	190—192	—	—	—	—	—	bei60°C. 1·4660	—	Thörner
—	—	—	170—181	—	—	—	—	—	—	Benedikt
—	—	—	173—190	—	—	—	—	—	—	Ulzer
—	—	—	171—179	—	—	—	—	—	—	Shukoff
—	—	—	—	—	103	—	—	—	—	Maumené

											Beobachter
—	—	—	—	—	—	—	bei 25° C. 87·5	—	—	—	Mansfeld
—	—	—	—	—	—	—	—	bei 25° C. +48° bis +53°	—	—	Jean
—	—	—	—	—	—	—	—	—	bei 15° C. 1·4835 bis 1·4855	—	Strohmer
—	—	—	—	—	—	—	—	—	—	bei 20° C 8·35	Crossley u. Le Sueur
15° C. 0·930—0·933	—18° bis —21° C.	—	—	—	—	—	—	—	—	—	Thaysen
—	—	—	—	nach Hübl: 164·0—185·0 nach Wijs: 177·6—196·5	—	—	bei 15° C. 87·0—91·6	—	—	—	Sjollema
—	—	—	—	nach Wijs: 185·5—205·4	—	—	bei 25° C. 81·0—85·5	—	—	—	Thomson u. Dunlop
Selbst-bereitetes Öl 0·9333—0·9337	—	—	192·9—193·5	187·3—188·3	—	—	bei 25° C. 84·0—84·5	—	—	—	Italie
—	—	—	—	—	—	—	—	—	bei 20° C. 1·4800 bis 1·4812	—	Harvey
—	—	—	189·8	—	—	—	—	—	—	—	Tortelli u. Pergami
—	—	—	—	nach Wijs: 181·8	—	—	—	—	—	—	Visser
0·9224—0·9475	—	—	—	—	—	—	—	—	—	—	Utz

Leinöl-Fettsäuren.

Spezifisches Gewicht bei	Erstarrungspunkt °C.	Schmelzpunkt °C.	Säurezahl	Verseifungszahl	Mittleres Molekular-Gewicht	Jodzahl	Acetylzahl	Brechungsindex	Beobachter
15·5° C. 0·9233 99° C. / 15·5° C. 0·8612	17·5	24·0	—	—	307·2	—	—	—	Allen
100° C. / 100° C. 0·8925	—	—	—	—	—	—	—	—	Archbutt
—	13·3	17·0	—	—	—	—	—	—	v. Hübl
—	16—17	20—21	—	—	—	159·85	—	—	De Negri u. Fabris
—	19—20·6	—	—	—	—	179—192	—	—	Holde
—	—	unter 13	—	198·8	—	—	—	—	Dieterich
—	—	—	—	—	283	178·5	—	—	Williams
—	—	—	—	—	279	—	8·5	—	Benedikt u. Ulzer
—	—	—	—	—	—	179—182	—	—	Lewkowitsch
—	—	—	—	—	—	—	—	bei 60° C. 1·4546	Thörner
—	—	—	194·6	201·8	288·2	—	—	—	Tortelli u. Pergami

Zusammensetzung. Die flüssigen Fettsäuren des Leinöles bestehen nach Hazura und Grüßner[1]) aus ungefähr

5 % Ölsäure	15 % Linolensäure
15 % Linolsäure	65 % Isolinolensäure.

Berücksichtigt man nach den Angaben Mulders[2]), daß das Leinöl noch 10 % feste Fettsäuren (Palmitinsäure und Myristinsäure) enthalte, so käme man bei der Berechnung der Jodzahl des Leinöles zu der Zahl 214·5. Derartig hohe Werte sind aber nie beobachtet worden. Nach Untersuchungen Fahrions[3]) ist die Zusammensetzung des Leinöles ungefähr folgende:

Unverseifbares	0·8 %	Linolensäure	10·0 %
Palmitin- u. Myristinsäure	8·0 %	Isolinolensäure	33·5 %
Ölsäure	17·5 %	Glycerinrest	4·2 %
Linolsäure	26·0 %		

Fokin[4]) stellte die Bromsubstitutionsprodukte der Leinölfettsäuren dar und bekam stets 22—29 % Hexabromsäuren. Er kommt dadurch und durch die Jodzahl zu dem Schlusse, daß das Leinöl ca. 22—25 % Linolensäure enthält, daß aber der Hauptbestandteil die Linolsäure ist und außerdem ca. 5 % feste Fettsäuren vorhanden sind. Er fand ferner im Leinöl eine der Linolsäure isomere Fettsäure, welche kein kristallinisches Tetrabromderivat liefert.[5])

Zu einem ähnlichen Resultate kam auf dem Wege der Sauerstoffaddition nach Sabatier und Senderens auch Bedford.[6]) Er konstatiert 78 % Linolsäure (im wesentlichen β-Linolsäure) und 22 % Linolensäuren im wesentlichen, wenn nicht vollständig, α-Linolensäure, Isolinolensäure (oder β-Linolensäure) jedenfalls nur in geringer Menge.

Der unverseifbare Anteil schwankt nach Thomson und Ballantyne[7]) zwischen 1·09 und 1·28 %, nach Thomson und Dunlop[8]) zwischen 0·88 und 1·25 % und nach O. Bach zwischen 0·32 und 0·92 %. R. Williams fand in rohem Leinöl die Menge der unverseifbaren Bestandteile zwischen 0·8 und 1·3 % schwankend, und Lewkowitsch[9]) gibt dieselben nach Untersuchungen von 6 Ölen verschiedener Provenienz zu 0·6—1·1 % an. Niegemann[10]) glaubte zwar nachgewiesen zu haben, daß Leinöle auch mehr wie 2 % Unverseifbares enthalten können. Dies

[1]) Monatsh. f. Chemie 1886 7. 216, 637; 1887 8. 147, 260; 1888 9. 180.
[2]) Die Chemie der austrocknenden Öle, Berlin 1867.
[3]) Zeitschr. f. angew. Chem. 1903. 16. 1193.
[4]) Journ. russ. phys.-chem. Ges. 1902. 34. 501. — Führer durch d. Fettindustrie 1902 Nr. 5. — Chem. Rev. üb. d. Fett- u. Harz-Ind. 1902. 9. 190.
[5]) Journ. russ. phys.-chem. Ges. 1906. 38. 419.
[6]) Inaugural-Dissertation, Halle a. S. 1906.
[7]) Journ. Soc. Chem. Ind. 1891. 10. 236.
[8]) The Analyst 1906. 31. 281. — Chem. Rev. üb. d. Fett- u. Harz-Ind. 1906. 13. 280.
[9]) Chem. Rev. üb. d. Fett- u. Harz-Ind. 1898. 5. 211.
[10]) Chem. Zeitg. 1904. 28. 97, 724, 829, 885.

ist jedoch von Fendler[1]) und von Ulzer und Baderle widerlegt worden; es wird der Gehalt von $1.3\,^0/_0$ selten überschritten (s. S. 506).

Das Unverseifbare des Leinöls ist in warmem 90prozentigem Alkohol löslich und hat eine Jodzahl von 80—90. Extrahiertes Leinöl hat keinen niedrigeren Gehalt an Unverseifbarem als gepreßtes (Fendler[1]).

Der Säuregehalt von 10 von Nördlinger[2]) untersuchten technischen Leinölen war auf Ölsäure berechnet, im Minimum 0·41, im Maximum 4·19, im Mittel $1.57\,^0/_0$. Parker C. Mc Ilhiney[3]) gibt die Säurezahl für rohes Leinöl im Mittel zu 3 (entsprechend $1.51\,^0/_0$ Ölsäure) an. Eine einige Jahre alte Probe besaß die Säurezahl 7·1. Als Maximum gibt Mills die Säurezahl 10 an. Lewkowitsch[4]) fand die Säurezahlen für je eine Probe von Kalkutta-, Petersburger und baltischem Leinöl zu 1·3 und die Säurezahl eines Öles aus 13 Jahre altem, vor Licht geschützt aufbewahrtem, reinem baltischem Leinsamen zu 7·2.

Das Brechen des Leinöls. Manche Leinöle enthalten Pflanzenschleim gelöst, welcher sich durch langes Lagern von selbst ausscheidet. Dieser Schleim scheint, eine noch nicht vollständig entschiedene Frage, das Trocknen zu verlangsamen, macht Linoleum, Firnisse und Lacke, die aus nicht völlig entschleimtem Öl hergestellt werden, matt, und ruft bei den Anstrichen Schleierbildung hervor, die sich besonders in der Kälte und bei feuchtem Wetter zeigt.[5]) Erhitzt man nicht gut gelagertes Leinöl auf 270°—300° C., so scheidet sich dieser Schleim als gelatinöse Masse aus. Diesen Vorgang bezeichnet man als „Brechen", „Umschlagen" oder „Flocken" des Leinöls. Die Menge dieser Ausscheidung ist, wie G. W. Thompson[6]) konstatierte, obgleich sie bedeutend aussieht, sehr gering. In einer Probe fand Thompson $0.277\,^0/_0$ dieses Schleimes. Sein Aschengehalt betrug $47.79\,^0/_0$. Die Zusammensetzung der Asche war:

<table>
<tr><td>20·96 $^0/_0$ Kalk</td><td>59·85 $^0/_0$ Phosphorsäure</td></tr>
<tr><td>18·54 $^0/_0$ Magnesia</td><td>Spuren Schwefelsäure,</td></tr>
</table>

woraus Thompson den Schluß zieht, daß das Brechen des Leinöls durch die Anwesenheit von phosphorsaurem Calcium und Magnesium hervorgerufen wird.

Ein von Kochs[7]) untersuchter Leinölbodensatz, der seinem Ursprung nach wohl ähnlich zusammengesetzt sein muß, wie die durch das Brechen hervorgerufenen Niederschläge, bestand aus $11.3\,^0/_0$ Eiweißsubstanz, $9.1\,^0/_0$ Asche und etwa $80\,^0/_0$ Linoxyn. Hilger[8]) extrahierte aus Leinsamen

---

[1]) Ber. d. deutsch. pharm. Ges. 1904. 14. 149. — Thoms u. Fendler, Chem. Zeitg. 1904. 28. 841; 1906. 30. 832. — Chem. Rev. üb. d. Fett- u. Harz-Ind. 1906. 13. 254.

[2]) Zeitschr. f. analyt. Chem. 1889. 28. 183.

[3]) Die Chemie der austrocknenden Öle, Berlin 1867.

[4]) Chem. Rev. üb. d. Fett- u. Harz-Ind. 1901. 8. 246.

[5]) Farben-Zeitg. 1906. 11. Nr. 24. — Chem. Rev. üb. d. Fett- u. Harz-Ind. 1906. 13. 115.

[6]) Journ. Amer. Chem. Soc. 1903. 25. 716. — Chem. Rev. üb. d. Fett- u. Harz-Ind. 1903. 10. 255.

[7]) Mitt. a. d. Materialprüfungsamt Großlichterfelde 1905. 23. 289. — Chem. Rev. üb. d. Fett- u. Harz-Ind. 1906. 13. 88.

[8]) Ber. d. deutsch. chem. Ges. 1903. 36. 3198.

mittels kalten Wassers einen Schleim, der nach Eingießen in Alkohol und gründlicher Reinigung sich in seinem organischen Teile nach der Formel $2(C_6 H_{10} O_5) \cdot 2(C_5 H_8 O_4)$ zusammengesetzt erwies und bei der Hydrolyse mit $^1/_2$- bis 1 prozentiger Schwefelsäure Dextrose, Galaktose, Arabinose und Xylose ergab. Er ist in Wasser löslich und dreht den polarisierten Lichtstrahl schwach nach rechts. Es ist jedoch nicht gewiß, ob dieser Schleim mit dem durch das Brechen des Leinöles entstehenden identisch ist. Andés[1]) wies nach, daß reines, klares, nichtbrechendes Leinöl hohen Kältegraden (unter — 30 ° C.) ausgesetzt werden kann, ohne daß es beim nachherigen Erhitzen auf 270° C. die Erscheinung des Brechens aufweist, und daß so stark gekühlte Öle auch klar bleiben, wenn man sie hierauf bei gewöhnlicher Temperatur lagert.

Zur Verhinderung des Brechens wurde unter anderem vorgeschlagen, das Öl durch Florida-Bleicherde (Aluminium-Magnesium-Hydrosilicat) zu filtrieren.[2]) Niegemann[3]) hält dieses Mittel nicht für einwandfrei; auch die Verwendung von Ätzkalk zum Entschleimen des Leinöls hält er wegen der Bildung von im Öl löslichen Kalkseifen für ungeeignet. Derart behandeltes Öl färbt sich beim Erhitzen dunkel.

Untersuchung des Leinöles. Leinöl wird mit Hanföl, Leindotteröl, Cottonöl, Maisöl, Rüböl, Harzöl und Mineralöl verfälscht.

Zur Untersuchung des Leinöles auf seine Reinheit und Trockenfähigkeit sowie zur Entdeckung von Verfälschungen bestimmt man meist den Erstarrungspunkt, das spezifische Gewicht, die Jodzahl und die Refraktometerzahl und nimmt weiter die Proben nach Weger (S. 597), Livache (S. 594) und nach Maumené (S. 617 ff.) vor.

Der Erstarrungspunkt liegt zum Unterschied von dem der meisten anderen Öle weit unter 0° C. Nach dem D. A.-B. IV soll Leinöl bei — 20° C. noch flüssig sein. Gusserow, Glaeßner und Thaysen[4]) haben jedoch auch höhere Erstarrungspunkte (— 16° C.) konstatiert. Nach Sjollema[5]) kann bei Ölen, welche viel freie Säure enthalten, schon bei der Abkühlung auf 0° C. Kristallisation eintreten. Da außerdem verschiedene Leinölsorten bei verschiedener Temperatur erstarren, kann man eine Verfälschung mit wenigen Prozenten eines fremden Öles auf diese Weise nicht nachweisen, da ein tief erstarrendes Leinöl durch einen derartigen Zusatz zwar bei höherer Temperatur trübe wird, aber noch immer bei einer solchen, wie Leinölsorten anderer Herkunft (Sjollema).

Das spezifische Gewicht. Leinöl ist, von Ausnahmefällen abgesehen, spezifisch schwerer als die Öle, welche meist zu seiner Verfälschung benützt werden. Nach Allen und Parker C. Mc Ilhiney soll rohes Leinöl kein geringeres spezifisches Gewicht als 0·935 haben,

<hr>

[1]) Chem. Rev. üb. d. Fett- u. Harz-Ind. 1905. 12. 79.

[2]) Farben-Zeitg. 1906. 11. Nr. 16. — Chem. Rev. üb. d. Fett- u. Harz-Ind. 1906. 13. 61.

[3]) Farben-Zeitg. 1906. 11. Nr. 24. — Chem. Rev. üb. d. Fett- u. Harz-Ind. 1906. 13. 115.

[4]) Ber. d. deutsch. pharm. Ges. 1906. 16. 277.

[5]) Zeitschr. f. Unters. d. Nahrungs- u. Genußm. 1903. 6. 631. — Chem. Rev. üb. d. Fett- u. Harz-Ind. 1903. 10. 256.

wenn es ein gut trocknendes, raffiniertes Öl geben soll. Der Letztgenannte fand, daß die Veränderung des spezifischen Gewichtes für einen Grad Celsius bei rohem und auch bei gekochtem Leinöle im Durchschnitte

zwischen 15·5° und 28° C. . . . . . 0·000654
„ 28·0° „ 100° C. . . . . . 0·000720
„ 15·5° „ 100° C. . . . . . 0·000712

beträgt.[1])

Im Gegensatze zu der obigen Angabe findet Thaysen[2]) bei 6 reinen Ölen das spezifische Gewicht zwischen 0·930 und 0·933 und Utz[3]) unter 28 Ölen in 4 Fällen sogar unter 0·930, bis 0·9224 herab.

Filsinger[4]) gibt für einige Leinöle bekannter Herkunft folgende Tabelle:

	Speiseöl deutsche Saat	Firnisöl indische Saat	Holländisches Leinöl Nr. I	Nr. II	Englisches Leinöl Nr. I	Nr. II
Spez. Gewicht bei 17·5° C.	0·9313	0·9313	0·9370	0·9370	0·9305	0·9310
Jodzahl	182·4—182·9	178·1—181·8	159·9	163·4	185·3	178·4
Verseifungszahl	192·1—192·4	188·5—189·2	—	—	—	187·6

Ist die Dichte eines Leinöles bei 15° C. niedriger als 0·930, so kann mit Wahrscheinlichkeit auf die Gegenwart von Terpentinöl, Benzin, Mineralöl, Maisöl oder Cottonöl geschlossen werden, während eine höhere als die normale Dichte durch einen Zusatz von Harz oder Harzöl, durch stärkeres Erhitzen oder auch durch einen Zusatz von Sikkativ (s. Leinölfirnis) verursacht sein kann.

Jodzahl. Leinöl hat als eines der am stärksten trocknenden Öle eine sehr hohe Jodzahl. Leider herrscht gerade beim Leinöl keine gute Übereinstimmung in den Angaben über die Jodzahl.[5]) Die großen Differenzen erklären sich daher, daß bei den niedrigen Jodzahlen meist ein zu geringer Überschuß an Jodlösung genommen wurde (vgl. S. 150).

Für frisches Leinöl soll die Hüblsche Jodzahl über 172 liegen, Parker C. Mc Ilhiney gibt sie im Durchschnitt zu 178 an. Ballantyne[6]) hat die Abnahme der Jodzahl von Leinöl durch Einwirkung von Luft und Licht geprüft und für ein Leinöl, welches ursprünglich eine Jodzahl von 173·46 besaß, nach 6 Monaten eine solche von 166·17 gefunden.

Wijs fand für verschiedene Leinöle nach der Jodchlorideisessigmethode die in der folgenden Tabelle zusammengestellten Jodzahlen.

In großen Zügen ist beim Leinöl ein gewisser Parallelismus zwischen dem spezifischen Gewichte und der Jodzahl zu konstatieren.

---

[1]) Chem. Rev. üb. d. Fett- u. Harz-Ind. 1901. 8. 226.
[2]) Ber. d. deutsch. pharm. Ges. 1906. 16. 277.
[3]) Chem. Rev. üb. d. Fett- u. Harz-Ind. 1907. 14. 137.
[4]) Chem. Zeitg. 1894. 18. 1005. — Zeitschr. f. angew. Chem. 1895. 8. 158.
[5]) Schweißinger, Pharm. Centralhalle 1887. 28. 146. — E. Dieterich, Helfenberger Annalen 1887. — Benedikt, Zeitschr. f. d. chem. Ind. 1887.
[6]) Journ. Soc. Chem. Ind. 1891. 10. 32.

Provenienz des Öles	Jodzahl nach Wijs	Spez. Gew. bei 15 ⁰ C. bezogen auf Wasser von 15 ⁰ C.	Verunreinigungen in Prozenten	Fremde, öl-enthaltende Samen in Prozenten
Holländisches Leinöl:				
Provinz Friesland	201·8	0·9352	—	—
„	198·3	0·9346	—	—
„	195·6	0·9333	—	—
„	195·6	0·9337	—	—
„	195·3	0·9339	—	—
Provinz Groningen	199·3	—	—	—
„	197·4	—	—	—
Provinz Zeeland	193·5	—	—	—
Englisch-indische Sorten:				
Bombay	187·5	0·9324	—	—
„	186·0	—	4	—
„	185·7	0·9320	—	—
„	185·6	—	4·44	0·30
„	185·0	—	6·55	0·59
„	184·7	—	4·86	0·42
„	183·9	0·9324	4·04	0·28
„	182·3	0·9313	—	—
Kalkutta	182·8	—	4	—
„	182·2	0·9321	4·14	0·94
La Plata-Leinöl	182·7	0·9314	3·01	0·17
„	180·0	—	2·17	—
„	180·0	—	3·03	0·10
„	179·6	—	—	—
„	178·2	—	—	—
„	177·5	0·9311	—	—
„	176·3	0·9311	1·78	—
„	174·7	—	4	—
Nordamerikanisches Leinöl . . .	188·5	—	—	—
„ . . .	182·3	—	2·37	—
„ . . .	178·1	—	5·75	—
„ . . .	178·1	0·9309	5	—
„ . . .	177·8	—	—	—
Nord-Rußland:				
Archangel	192·1	—	—	—
Wiatka	197·4	—	—	—
„	196·4	—	5	—
„	194·0	—	—	—
Petersburg	195·0	0·9327	—	—
„	194·2	—	—	—
„	188·5	0·9325	—	—
Reval	198·5	—	8	—
Pernau	198·2	—	10	—
„	196·9	—	5	—
Riga	200·0	—	5	—
„	195·5	—	20	—
„	194·2	—	—	—
Libau	195·5	—	5	—
„	194·6	—	2	—
„	192·4	0·9335	—	—
Mittel-Rußland:				
Samara	189·1	—	—	—
Steppen	188·9	—	2	—

Provenienz des Öles	Jodzahl nach Wijs	Spez. Gew. bei 15° C. bezogen auf Wasser von 15° C.	Verunreinigungen in Prozenten	Fremde, ölenthaltende Samen in Prozenten
Süd-Rußland:				
Asow	182·5	0·9319	—	—
„	182·1	0·9312	—	—
„	181·7	—	—	—
„	181·6	—	—	—
„	179·9	—	—	—
„	179·1	0·9314	—	—
„	178·5	—	4	—
Taganrog	181·7	—	—	—
„	178·3	—	—	—
„	177·9	—	8·66	1·29
„	176·3	0·9305	—	—
Donau-Leinöl	182·1	—	4	—

Zu Firnis gekochtes Leinöl besitzt eine geringere Jodzahl. Die Bromadditionszahl (S. 616) von reinem Leinöl liegt zwischen 100 und 110, die Bromsubstitutionszahl bei 3 (Parker C. Mc Ilhiney).

Refraktometerzahl. Weiter hat die Bestimmung der Refraktion Wert für die Beurteilung der Unverfälschtheit des Leinöles, weil es durch Zusatz von fast allen anderen Pflanzenfetten und von Tierfetten eine Erniedrigung, von Mineralöl und von Harzöl meist eine Erhöhung der Refraktion erfährt. Infolgedessen wird die refraktometrische Untersuchung durch die Bestimmung der unverseifbaren Bestandteile ergänzt werden müssen, da die normale Refraktometerzahl auch durch gleichzeitigen Zusatz je eines Öles der beiden Gruppen erhalten werden kann.

Die von verschiedenen Autoren angegebenen Brechungsindices für Leinöl und seine wichtigsten Verfälschungen gibt die folgende Zusammenstellung:

Brechungsindex

Leinöl	1·484—1·488	bei 15° C.
Baumwollsamenöl . .	1·475	„ 15° C.
Harzöl	1·535—1·549	„ 18° C.
Mineralöl	1·438—1·507	
Terpentinöl	1·464—1·474	
Harz (Kolophonium)	1·548	
Maisöl	{1·478 / 1·4765	„ 20° C. / „ 15° C.
Fischöl	1·480	„ 15° C.

Sjollema[1]), welcher das refraktometrische Verhalten des Leinöles eingehend studiert hat, hat ferner festgestellt, daß ein Gehalt an freier Fettsäure die Refraktometerzahl erniedrigt, und zwar für je 10% freie Fettsäure (als Ölsäure berechnet) um etwa 1·5 Skalenteile, und daß Oxydation des Leinöles die Refraktometerzahl erhöht.

Sjollema zeigt in der folgenden Tabelle, daß die Refraktometerzahlen verschiedener Leinölsorten weniger auseinandergehen als die Jodzahlen, so daß einige Prozent fremdes Fett sich eher bemerkbar machen.

---

[1]) Zeitschr. f. Unters. d. Nahrungs- u. Genußm. 1903. 6. 631. — Chem. Rev. üb. d. Fett- u. Harz-Ind. 1903. 10. 256.

Dies kann natürlich nur dort gelten, wo die Refraktometerzahl des fremden Fettes sehr von der des Leinöls verschieden ist, und wo die eines Pflanzen- oder Tieröles nicht durch die eines Mineral- oder Harzöles kompensiert wird.

Sämtliche nachstehende Leinölsorten wurden durch kaltes Pressen aus der durch Handsortierung von Unkrautsamen gereinigten Leinsaat bereitet.

Herkunft der Saat	Refraktometerzahl bei 15° C. und bei Natriumlicht	Jodzahl	
		nach v. Hübl	nach Wijs
Holland (1901)	90·0	176·0	192·5
„ (1896)	—	185·0	198·1
Nordamerika	87·6	164·0	180·1
Chicago	88·2	170·0	183·4
Duluth	88·5	172·4	186·2
La Plata (1901)	88·0	166·2	184·1
„ „ (1902)	87·0	167·2	179·1
„ „ (mit Landschaden) . . .	87·3	167·4	177·6
Königsberg	90·7	183·9	193·4
Nordrußland	91·6	174·8	196·5
Südrußland (Asow)	87·8	165·6	183·4
Asow	89·0	177·2	190·9
Donau	88·5	170·4	183·0
Kalkutta	88·6	168·6	184·3
Bombay	88·0	172·0	186·0
Holland (sehr unreif)	89·0	176·6	183·3

Mit diesen Refraktometerzahlen stimmen die von Thomson und Dunlop[1]) bei 25° C. festgestellten Zahlen nach Benützung der angegebenen Korrektur von 0·6 Skalenteilen pro Temperaturgrad tatsächlich überein, während sich bei der Bestimmung der Jodzahl größere Differenzen zwischen den Ergebnissen der von verschiedenen Beobachtern angestellten Versuche zeigen:

Herkunft der Saat	Zeiß-Refraktometer		Jodzahl nach Wijs
	beobacht. b. 25° C.	berechnet f. 15° C.	
Riga	85·5	91·5	205·4
St. Petersburg	84·2	90·2	200·0
Nordamerika	83·2	89·2	194·6
Kalkutta	81·7	87·7	188·6
La Plata	81·0	87·0	185·5

Trockenfähigkeit. Der Wert eines Leinöles ist zum größten Teile durch den Grad seiner Trockenfähigkeit bedingt, welche man durch Bestimmung der Jodzahl und nach den Methoden von Maumené (S. 617 ff.), Livache (S. 594) und Weger (S. 597) ermittelt.

Die durch Sauerstoffaufnahme bewirkten Gewichtszunahmen, welche Leinöl beim Trocknen erfährt, wurden von Livache, Weger[2]) und

---

[1]) The Analyst 1906. 31. 281.
[2]) Weger, Die Sauerstoffaufnahme d. Öle u. Harze, Leipzig 1899.

Lippert[1]) ermittelt. Das Sauerstoffaufnahmsvermögen (besser die Gewichtszunahme) eines Leinöles betrug, nach Livaches Methode bestimmt, nach 2 Tagen 14·3 %. Weger fand nach seinem Glastafelverfahren für reine und auf verschiedene Weise vorbehandelte Leinöle die in den beiden Tabellen angegebenen Gewichtszunahmen (s. S. 648 ff.). In allen Fällen erfolgten nach der Erreichung eines Gewichtsmaximums wieder Gewichtsabnahmen.

Wie Fahrion[2]), ferner Lidoff und Fokin[3]) gezeigt haben, ist der Oxydationsprozeß des Leinöles nicht einfach. Es wird ein Teil des Glycerins zerstört, daneben werden Fettsäuren und Oxyfettsäuren gebildet, und außerdem treten von gasförmigen Produkten Kohlensäure, Kohlenoxyd und Kohlenwasserstoffe in wechselnden Mengen auf.

Reaktionen. Van Itallie[4]) hält für die Reinheit eines Leinöles seine Eigenschaft, sich in Chloroform mit grüner Farbe zu lösen, und die Fähigkeit, mit dem gleichen Volumen Kalkwasser eine vollständige Emulsion zu bilden, für maßgebend. Die Emulsionsbildung tritt besonders dann gut ein, wenn die Mischung von Leinöl und Kalkwasser kurze Zeit in kaltes Wasser gestellt und bis zur Abkühlung zeitweilig geschüttelt wird. (Diese Emulsion wird bei frischen Brandwunden zur Schmerzlinderung verwendet.)

2 ccm Öl in 2 ccm Essigsäureanhydrid geben auf Zusatz eines Tropfens konzentrierter Schwefelsäure eine grüne Färbung, 2 Tropfen Öl in 20 Tropfen Chloroform auf Zusatz eines Tropfens konzentrierter Schwefelsäure gleichfalls (van Itallie[5]).

Fügt man zu 5 ccm Öl 5 ccm Silbernitratlösung (hergestellt durch Auflösen von 0·1 g Silbernitrat in 10 ccm Alkohol und Hinzufügen von 2 Tropfen Salpetersäure), schüttelt und kocht 5 Minuten auf dem Wasserbade, so zeigt nach Lohmann und Lenk[6]) nur reines Leinöl eine hellcitronengelbe Farbe und Geruch nach reinem Öl, während sich alle anderen Öle anders verhalten sollen. Utz[7]) kam auf Grund seiner Untersuchungen zu dem Schlusse, daß diese Methode zum Nachweis von Verfälschungen des Leinöls unbrauchbar sei.

Bei Behandlung von ätherischer Leinöllösung mit Brom erhielten Hehner und Mitchell[8]) (S. 625) 23·86—25·8 % unlöslicher Bromprodukte.

Leinöl liefert bei der Elaïdinprobe kein festes Produkt, sondern eine braune, zähflüssige Masse.

---

[1]) Zeitschr. f. angew. Chem. 1898. 11. 412 u. 431.
[2]) Chem. Zeitg. 1893. 17. 1848.
[3]) Chem. Rev. üb. d. Fett- u. Harz-Ind. 1901. 8. 233.
[4]) Pharm. Weekblad 1903. 40. 106. — Chem. Rev. üb. d. Fett- u. Harz-Ind. 1903. 10. 83.
[5]) Itallie hat diese Reaktionen gegenüber Leinölen gemacht, die mit Holzöl verfälscht waren.
[6]) Oil, Paint and Drug Rep. 67. Nr. 16.
[7]) Seifens.-Zeitg. 1905. 32. 682.
[8]) The Analyst 1898. 23. 310.

Tabelle A.   **Lein-**

	Indisches Leinöl				Sogenanntes
	1 295 dmg S 6h p. m	2 262 dmg S 6h 30 p. m	3 292 dmg S 5h 30 p. m	4 318 dmg S 11h a. m	5 294 dmg S 7h p. m
20 Std.	—	—	—	—	—
1 Tag	—	—	—	—	—
1½ ,,	+ 9 = 3·0 %	+ 5 = 1·9 %	+ 1 = 0·3 %	—	+ 4 = 1·3 %
2 ,,	—	—	—	+ 1 = 0·3 %	—
2½ ,,	+26 = 8·8 ,,	—	+ 5 = 1·7 ,,	—	—
3 ,,	—	+29 = 11·1 ,,	—	—	+25 = 8·5 ,,
3½ ,,	+47 = 15·9 ,,	+41 = 15·7 ,,	+18 = 6·2 ,,	—	+42 = 14·3 ,,
4 ,,	—	—	—	+12 = 3·8 ,,	—
4½ ,,	—	+45 = <u>17·2</u> ,,*	+36 = 12·3 ,,	—	+54 = <u>18·3</u> ,,*
5 ,,	+50 = 16·9 ,,*	—	—	+24 = 7·5 ,,	—
5½ ,,	—	+42 = 16·0 ,,	—	—	+50 = 17·0 ,,
6 ,,	+51 = <u>17·3</u> ,,	—	+49 = <u>16·8</u> ,,*	+44 = 13·8 ,,	—
6½ ,,	+48 = 16·3 ,,	+42 = 16·0 ,,	+46 = 15·7 ,,	—	+49 = 16·7 ,,
7 ,,	—	—	—	+50 = 15·7 ,,*	—
8 ,,	—	—	—	+54 = <u>17·0</u> ,,*	—
9 ,,	+42 = 14·2 ,,	—	—	+52 = 16·4 ,,	—
11 ,,	—	—	—	+47 = 14·8 ,,	—
13 ,,	—	—	—	+44 = 13·8 ,,	—
14 ,,	—	—	—	+43 = 13·5 ,,	—
18 ,,	+38 = 12·9 ,,	—	—	—	—
27 ,,	—	—	—	+42 = 13·2 ,,	—
30 ,,	—	—	—	—	—
31 ,,	—	—	+35 = 12·0 ,,	—	—
39 ,,	—	—	—	—	—
44 ,,	+29 = 10·0 ,,	—	—	—	—
53 ,,	—	—	—	+37 = 11·6 ,,	—

öle.

Malerleinöl	Leinöl aus England, 5 Jahre in einer Glasflasche gut verschlossen aufbewahrt		Reines Leinöl, Marke W, 3 Jahre nicht absolut verschlossen aufbewahrt		
6 337 dmg S 4h 30 p. m	7 294 dmg S 5h p. m	8 311 dmg S 6h 30 p. m	9 451 dmg S 4h p. m	10 548 dmg S 4h p. m	
—	—	—	—	$+\ 4 = 0.7\%$	20 Std.
—	—	—	$+21 = 4.7\%$	$+16 = 2.7$ „	1 Tag
$+\ 6 = 1.8\%$	$+\ 8 = 2.7\%$	$+\ 7 = 2.2\%$	—	$+36 = 6.2$ „	1½ „
—	—	—	$+69 = 15.3$„*	$+58 = 9.9$ „	2 „
$+\ 7 = 2.1$ „	$+31 = 10.5$„	—	—	$+83 = 14.2$„	2½ „
—	—	$+41 = 13.2$„	$+71 = \underline{15.7}$„	$+88 = \underline{15.1}$„	3 „
$+\ 9 = 2.7$ „	$+58 = \underline{19.7}$„*	$+62 = \underline{19.9}$„*	$+67 = 14.9$„	$+88 = 15.1$„	3½ „
—	—	—	—	—	4 „
$+19 = 5.6$ „	—	$+57 = 18.3$„	$+65 = 14.4$„	$+85 = 14.5$„	4½ „
—	$+53 = 18.0$„	—	—	—	5 „
$+39 = 11.6$„	—	$+53 = 17.0$„	—	—	5½ „
—	$+53 = 18.0$„	—	—	—	6 „
$+52 = 15.4$„	—	$+49 = 15.8$„	—	$+78 = 13.3$„	6½ „
—	—	—	—	—	7 „
$+63 = \underline{18.7}$„	—	—	—	—	8 „
—	$+49 = 16.7$„	—	—	—	9 „
$+58 = 17.2$„	—	—	—	—	11 „
—	—	—	—	—	13 „
$+54 = 16.0$„	—	—	—	—	14 „
—	$+41 = 13.9$„	—	—	—	18 „
—	—	—	$+56 = 12.4$„	—	27 „
$+47 = 13.9$„	—	—	—	—	30 „
—	—	—	—	—	31 „
—	$+39 = 13.3$„	—	—	—	39 „
—	—	—	—	—	44 „
—	—	—	—	—	53 „

	Indisches Leinöl, kurze Zeit auf 150° C. erhitzt	Indisches Leinöl, 25 Stunden in der Kälte mit Luft geblasen	Indisches Leinöl, erst 25 Stunden kalt, dann 25 Stunden bei 150° C. geblasen		Malerleinöl, durch rasches Erhitzen auf 280° C. entschleimt	Malerleinöl, entschleimt, dann 5 Minuten im Reagensglas bei 360° C. gekocht
	11	12	13	14	15	16
	382 dmg	323 dmg	450 dmg	416 dmg	339 dmg	503 dmg
	S 11^h a. m	S 5^h p. m	S 4^h 30 p. m	S 5^h p. m	S 4^h 30 p. m	S 5^h p. m
20 Std.	—	—	—	—	—	—
1 Tag	—	—	—	—	—	—
1^1/$_2$,,	—	+ 0 = 0·0 %	+ 4 = 0·9 %	+ 9 = 2·1 %	+ 7 = 2·1 %	+ 1 = 0·2 %
2 ,,	+ 2 = 0·5 %	—	—	—	—	—
2^1/$_2$,,	—	+ 0 = 0·0 ,,	+ 18 = 4·0 ,,	+ 21 = 5·1 ,,	+ 15 = 4·4 ,,	+ 5 = 1·0 ,
3 ,,	—	—	—	—	—	—
3^1/$_2$,,	—	+ 7 = 2·2 ,,	+ 26 = 5·8 ,,	+ 31 = 7·5 ,,	+ 23 = 6·8 ,,	+ 10 = 2·0 ,
4 ,,	+ 36 = 9·4 ,,	—	+ 33 + 7·3 ,,*	+ 32 = 7·7 ,,	—	—
4^1/$_2$,,	—	+ 17 = 5·3 ,,	+ 32 = 7·1 ,,	+ 31 = 7·5 ,,*	+ 45 = 13·2 ,,	+ 12 = 2·4 ,
5 ,,	+ 57 = 14·9 ,,	—	—	—	—	—
5^1/$_2$,,	—	+ 37 = 11·5 ,,	+ 35 = 7·8 ,,	+ 34 = 8·2 ,,	+ 56 = 16·5 ,,	—
6 ,,	+ 65 = 17·0 ,,	—	—	—	—	+ 15 = 3·0 ,
6^1/$_2$,,	—	+ 48 = 14·9 ,,	+ 42 = 9·3 ,,	+ 32 = 7·7 ,,	+ 56 = 16·5 ,,*	+ 14 = 2·8 ,
7 ,,	+ 63 = 16·5 ,,*	—	—	—	—	—
8 ,,	+ 58 = 15·2 ,,	+ 54 = 16·7 ,,*	+ 39 = 8·7 ,,	—	—	—
9 ,,	+ 58 = 15·2 ,,	—	—	—	—	—
11 ,,	+ 54 = 14·1 ,,	+ 49 = 15·2 ,,	+ 38 = 8·4 ,,	—	—	—
12^1/$_2$,,	—	—	—	—	—	—
14 ,,	—	+ 47 = 14·6 ,,	+ 39 = 8·7 ,,	—	—	—
18 ,,	—	—	—	—	—	—
27 ,,	+ 50 = 13·1 ,,	—	—	—	—	—
30 ,,	—	+ 38 = 11·8 ,,	+ 39 = 8·7 ,,	—	—	—
31 ,,	—	—	—	+ 33 = 7·9 ,,	+ 45 = 13·2 ,,	+ 27 = 5·4 ,
44 ,,	+ 48 = 12·6 ,,	—	—	—	—	—
52 ,,	—	—	—	—	—	—

Öle (ohne Trockenstoff).

Leinöl, durch Einleiten von überhitztem Dampf auf 250° C. erhitzt		Geblasenes Firnisleinöl aus Marke W im großen bei 100° bis 140° C. dargestellt; 3 Jahre nicht absolut verschlossen aufbewahrt		Standöl des Handels, Marke A	Dicköl des Handels, Marke P	
17	18	19	20	21	22	
341 dmg S 6h p. m	393 dmg S 5h p. m	512 dmg S 4h p. m	501 dmg S 4h p. m	530 dmg S 6h 30 p. m	356 dmg S 5h p. m	
—	—	—	$+12 = 2.4\%$	$-1 = -0.2\%$	—	20 Std.
—	$+0 = 0.0\%$	$+46 = 9.0\%$	$+24 = 4.8$ „	—	—	1 Tag
$+4 = 1.1\%$	—	—	$+46 = 9.2$ „	$+6 = 1.1$ „	—	1½ „
—	$+12 = 3.0$ „	$+77 = \underline{15.0}$ „*	$+60 = 12.0$ „	—	$+11 = 3.1\%$	2 „
—	—	—	$+69 = 13.8$ „	$+21 = 4.0$ „	$+11 = 3.1$ „	2½ „
$+14 = 4.1$ „	—	$+73 = 14.3$ „	$+70 = \underline{14.0}$ „	—	—	3 „
—	$+34 = 8.6$ „	$+73 = 14.3$ „	$+66 = 13.2$ „	$+26 = 4.9$ „	$+17 = 4.8$ „	3½ „
$+44 = 12.9$ „	—	—	—	—	—	4 „
—	$+59 = 15.0$ „	$+70 = 13.7$ „	$+65 = 13.0$ „	$+36 = 6.8$ „	$+21 = 5.9$ „	4½ „
$+53 = \underline{15.5}$ „*	—	—	—	—	—	5 „
—	—	—	—	$+40 = 7.5$ „	$+27 = 7.6$ „*	5½ „
$+51 = 15.0$ „	$+60 = \underline{15.2}$ „*	—	—	—	—	6 „
$+53 = 15.5$ „	—	—	$+57 = 11.3$ „	$+47 = 8.9$ „*	$+32 = 9.0$ „	6½ „
—	$+57 = 14.5$ „	—	—	—	—	7 „
—	$+51 = 13.0$ „	—	—	$+51 = 9.6$ „	$+31 = 8.7$ „	8 „
$+50 = 14.7$ „	—	—	—	—	—	9 „
—	—	—	—	$+49 = 9.2$ „	$+32 = 9.0$ „	11 „
—	—	—	—	$+51 = 9.6$ „	$+31 = 8.7$ „	12½ „
—	—	—	—	$+54 = 10.2$ „	$+32 = 9.0$ „	14 „
$+44 = 12.9$ „	—	—	—	$+59 = \underline{11.1}$ „	$+38 = \underline{10.7}$ „	18 „
—	—	$+63 = 12.3$ „	—	$+57 = 10.8$ „	$+38 = 10.7$ „	27 „
—	—	—	—	—	—	30 „
—	—	—	—	—	—	31 „
—	—	—	—	—	—	44 „
—	—	—	—	$+52 = 9.8$ „	$+31 = 8.7$ „	52 „

Beim Versetzen mit konzentrierter Schwefelsäure liefert Leinöl eine rotbraune, harzartige Masse. Waren fremde, nichttrocknende Öle beigemengt, so wird nur das Leinöl verharzt, und die braunen Harzflocken schwimmen in den anderen Ölen.

Nachweis der einzelnen zur Verfälschung benützten Öle.

Außer den bereits erwähnten charakteristischen Eigenschaften des Leinöles lassen sich zur Unterscheidung von anderen Ölen noch folgende Tatsachen heranziehen.

Rüböl erniedrigt die Verseifungszahl und die Jodzahl und macht, wenn es nicht gut raffiniert ist, das Gemisch schwefelhaltig (siehe unter Rüböl). Nach Hehner und Mitchell bromiert liefert es nur $0.9\,^0/_0$ unlöslicher Bromprodukte.

Baumwollsamenöl wird mittels seiner qualitativen Reaktionen nachgewiesen (siehe dort); es erniedrigt gleichfalls die Jodzahl und liefert keine unlöslichen Bromprodukte. Letzteres gilt auch für Maisöl.

Zusätze von trocknenden Ölen zu Leinöl werden mit Sicherheit nicht zu erkennen sein.

In manchen Fällen mag Hanföl, welches hier am meisten in Betracht kommt, vielleicht nach Crace-Calvert mit Salpetersäure vom spezifischen Gewichte 1·180, mit welcher Hanföl sich meist schmutziggrün färbt, während reines Leinöl gelb bleibt, oder mit konzentrierter Salzsäure, welche mit Hanföl eine gelbgrüne Färbung ergibt, nachgewiesen werden können. Verläßlich sind jedoch diese Reaktionen nicht.

Holzöl wird sich durch den Geruch und die erhöhte Viscosität verraten.

Die Erkennung von Tranen gelingt meist mit Hilfe der Farbenreaktionen; auch verleihen Trane dem Öle den charakteristischen Trangeruch.

Zum Nachweise von Menhadenöl kann nach Parker C. Mc Ilhiney die Livachesche Probe verwendet werden, bei welcher nach Jean Menhadenöl in drei Tagen um $5.45\,^0/_0$ zunimmt (gegenüber $14.3\,^0/_0$ Gewichtszunahme bei Leinöl).

Jodzahl und Refraktometerzahl sind zum Nachweis von Tranen in Leinölen nicht geeignet wie nachstehende Zusammenstellung zeigt (Thomson und Dunlop[1]).

	Jodzahl nach Wijs	Zeiß-Refraktometer bei 25° C.
Leinöl (Riga)	205·4	85·5
„ (St. Petersburg)	200·0	84·2
„ (Nordamerika)	194·6	83·2
Meerengellebertran	191·1	82·5
Leinöl (Kalkutta)	188·6	81·7
Schellfischlebertran	186·4	81·0
Leinöl (La Plata)	185·5	81·0
Weißfischlebertran	184·2	81·0

Dagegen wird der Nachweis der Trane durch Bestimmung der in ihnen enthaltenen stark ungesättigten Fettsäuren gut durchführbar sein (Näheres darüber siehe bei den Tranen).

---

[1] The Analyst 1906. 31. 281.

Verfälschungen mit Harzöl und Mineralöl werden, falls nur eines der beiden Öle zugesetzt ist, auch durch die Dichte und durch die erniedrigte Jodzahl und Verseifungszahl, im anderen Falle durch das Vorhandensein eines größeren, unverseifbaren Anteiles (derselbe beträgt bei reinen Ölen meist 1—1·25 $^0/_0$; siehe S. 640) konstatierbar sein. Die Jodzahl des unverseifbaren Anteils wird durch Mineralöl gleichfalls herabgedrückt.

Die qualitative und quantitative Bestimmung des Harzöles neben dem Mineralöle im unverseifbaren Anteile geschieht nach den üblichen Methoden (siehe Harzöl).

Harzöl und Harz werden qualitativ durch die Liebermann-Storchsche Reaktion erkannt werden. Quantitativ wird sich das Harz, da die Säurezahlen der Leinöle meist niedrig sind, aus einer erhöhten Säurezahl näherungsweise berechnen lassen.

Nach Bishop zeigt Leinöl im Saccharimeter von Laurent bei 13°—15° C. eine Ablenkung von — 0·3°, während Harzöl und Sesamöl stark nach rechts drehen, so daß man daran Harzöl leicht erkennen kann, wenn die Baudouinsche Probe die Abwesenheit von Sesamöl ergibt. Auch Aignan[1]) empfiehlt zur Entdeckung von Harzöl das polarimetrische Verfahren. Filsinger[2]) bedient sich zur Ausführung dieses Verfahrens mit Vorteil des Schmidt-Haenschschen Halbschattenapparates.

Um Leinöl, sowohl frisches wie gekochtes, von anderen gekochten Ölen zu unterscheiden, bestimmt man nach Lewkowitsch[3]) die Hexabromidmenge, welche bei diesen Ersatzmitteln unbedeutend ist.

Verwendung. Leinöl findet hauptsächlich in der Firnisfabrikation und zur Herstellung von Kitten, Kautschuksurrogaten, von Öllacken und von Linolcum Verwendung. In kleineren Mengen wird es hie und da (z. B. in Rußland) zu Speisezwecken, ferner zur Erzeugung von Schmierseifen benützt.

Das pharmazeutische Präparat Oleum lini sulfuratum stellt nach O. Langkopf[4]) je nach der bei der Herstellung (Erhitzen von Leinöl mit Schwefel) eingehaltenen Temperatur ein Schwefeladditionsprodukt oder eine Mischung eines solchen mit einem Substitutionsprodukte dar. Die Bildung des letzteren beginnt unter Schäumen und Schwefelwasserstoffentwicklung bei 175° C. Aus diesem Grunde soll die Temperatur von 160° C., bei welcher nahezu nur ein Additionsprodukt entsteht, nicht überschritten werden.

<h2 style="text-align:center">2. Perillaöl.[5])</h2>

Huile de Perilla. — Perilla oil.

Öl			Fettsäuren				
Spez. Gew. bei 20° C.	Verseif.-Zahl	Jodzahl	Schmelzpunkt	Säurezahl	Mittleres Mol.-Gew.	Jodzahl	Beobachter
0·9306	189·6	206·1	—5° C.	197·7	284	210·6	Wijs

[1]) Compt. rend. 1890. 110. 1273; durch Chem. Zeitg. Rep. 1890. 14. 226.
[2]) Chem. Zeitg. 1894. 18. 1005 u. Zeitschr. f. angew. Chem. 1895. 8. 158.
[3]) The Analyst 1904 19. 2. — Chem. Rev. üb. d. Fett- u. Harz-Ind. 1904. 11. 54.
[4]) Pharm. Zeitg. 1900. 45. 164.
[5]) Wijs, Zeitschr. f. Unters. d. Nahrungs- u. Genußm. 1903. 6. 492. — Chem. Rev. üb. d. Fett- u. Harz-Ind. 1903. 10. 179.

Das Öl stammt aus den kleinen in Japan Ye - Goma oder Se - no - abura genannten Nüssen von Perilla ocymoides *L.* aus der Familie der Labiaten, welche in Englisch-Indien, China und Japan kultiviert wird.

Die ungeschälten Nüßchen enthalten $35.8\,^0/_0$ eines dunkelgelb gefärbten Öles, dessen Geruch und Geschmack an Leinöl erinnert.

Die von Wijs untersuchte Probe hatte $0.48\,^0/_0$ freie Säure, auf Ölsäure berechnet.

Der hohen Jodzahl, welche die des Leinöles übertrifft, entspricht auch ein hohes Sauerstoffabsorptionsvermögen; das Öl absorbiert nach der Methode von Weger über $20.9\,^0/_0$ Sauerstoff. Es hat die merkwürdige Eigenschaft, auf Glas nicht, wie andere Öle, zu haften, sondern, wie das Quecksilber, Tropfen zu bilden. Damit hängt wahrscheinlich zusammen, daß es trotz dieser hohen Jod- und Sauerstoffzahlen nicht so leicht wie das Leinöl trocknet.

Das Perillaöl wird in Japan bei der Lack- und Firnisbereitung, zum Wasserdichtmachen von Kleiderstoffen und Papier verwendet und wird den Preßrückständen des Japanwachses zugesetzt, um die letzten Reste desselben daraus zu gewinnen.

In den Himalaja-Gegenden (Englisch-Indien) dient es zur Rotfärberei und als Speiseöl.

3. Lallemantiaöl.[1])

Huile de Lallemantia. — Lallemantia oil. — Olio di lallemanzia.

Spez. Gew. bei 20⁰—21⁰ C.	Erstarrungspunkt	Verseifungszahl	Jodzahl	Reichertsche Zahl	Hehnerzahl	Beobachter
.0·9336	—35⁰ C.	185	162·1	1·55	93·3	Hanausek
0·9338	—	—	—	—	—	Gomilewski

Fettsäuren.

Erstarrungspunkt	Schmelzpunkt	Jodzahl	Beobachter
11·0⁰ C.	22·2⁰ C.	166·7	Hanausek

Das Öl stammt von der zu den Labiaten gehörigen Lallemantia iberica, *Fisch. et M.*, welche in Vorderasien heimisch ist und in der Umgebung von Kiew kultiviert wird. Es erinnert im Aussehen an das Hanföl, im Geschmack an Sonnenblumenöl.[2])

Die Samen enthalten ca. $33\,^0/_0$ Öl.

Es ist sehr trockenfähig und übertrifft nach Richter in dieser Beziehung selbst das Leinöl. Dem Holzöl steht es jedoch an Trockenfähigkeit nach. Eine auf ein Uhrglas gegossene Probe war nach 9 Tagen mit einer dicken, harzartigen Haut bedeckt.

Durch 3 Stunden auf 150⁰ C. erhitzt, trocknet es schon nach 24 Stunden vollständig. Bei der Livacheschen Probe erfolgt nach 24 Stunden eine Gewichtszunahme von $15.8\,^0/_0$ infolge Sauerstoffabsorption. Dieselbe Probe ergibt bei den Fettsäuren nach 8 Tagen eine Gewichtszunahme von $14\,^0/_0$.

[1]) Hanausek, Zeitschr. d. österr. Apotheker-Ver. 1887. 30. — Richter, Landw. Versuchsstat. 1887. 34. 382. — Zeitschr. f. d. chem. Ind. 1887. 10. 230.

[2]) Gomilewski, Chem. Zeitg. Rep. 1905. 29. 56.

Bei der Elaïdinprobe (10 g Öl, 5 g Salpetersäure von 1·4 spez. Gew. und 1 g Quecksilber) scheidet es nach 3 Minuten langem Schütteln eine dunkelrote, teigige Masse aus.

Das Lallemantiaöl wird in Vorderasien als Speise- und Brennöl verwendet. Auf Grund seiner Trockenfähigkeit könnte es auch als Ersatz des Leinöles Gebrauch finden.

4. Gynocardiaöl.[1])

Spez. Gew. bei 25° C.	Verseifungszahl	Jodzahl	Beobachter
0·925	152·8	197	Power u. Barrowcliff

Das Öl aus den Samen von Gynocardia odorata, einer Flacourtiacee, ist bei gewöhnlicher Temperatur dünnflüssig und besteht aus den Glyceriden der Linolsäure oder deren Isomeren, der Palmitinsäure, Linolen- und Isolinolensäure sowie wenig Ölsäure. Ferner enthält es das Glucosid Gynocardin $C_{13}H_{19}O_9N \cdot 1^1/_2 H_2O$.

Es ist optisch inaktiv. Der Säuregehalt einer Probe betrug 2·47 $^0/_0$, als Ölsäure berechnet. (Siehe auch Chaulmoograöl.)

5. Erdbeerenöl.[2])

Huile de fraises. — Strawberry seed oil. — Olio di fragola.

Spez. Gew. bei 15° C.	Verseifungszahl	Jodzahl	Hehnerzahl	Brechungsindex n_D bei 25° C.	Beobachter
0·9345	193·8	192·3	88·20	1·4790	Aparin

Die bei 100° C. getrockneten Walderdbeeren, Fragaria vesca *L.*, Gattung der Rosaceen, geben an Petroläther 11·64 $^0/_0$ Öl ab, die Samen 20·85 $^0/_0$. Es ist von brauner Farbe, in Äther, Chloroform, Benzol und Petroläther leicht löslich, wenig löslich in Alkohol.

Es gehört, wie auch die Jodzahl zeigt, gleich dem Leinöl zu den trocknenden Ölen. — In den Fettsäuren sind

81·0 $^0/_0$ Linolsäure
10·5 $^0/_0$ Linolensäure und Ölsäure

enthalten.

6. Himbeerkernöl.[3])

Raspberry seed oil.

Spez. Gewicht bei 15° C.	Verseifungszahl	Jodzahl	Reichert-Meißlsche Zahl	Beobachter
0·9317	192·3	174·8	0·0	Krźiźan

Fettsäuren.

Spez. Gew. bei 15° C.	Verseifungszahl	Verseifungszahl d. flüss. Fettsäuren	Jodzahl	Jodzahl der flüss. Fettsäuren	Acetylzahl	Beobachter
0·9114	197·2	206·8	181·3	165·9 (?)	21·9	Krźiźan

[1]) Power und Barrowcliff, Journ. Chem. Soc. London. 1905. 87. 896. — Proceedings Chem. Soc. 1905. 21. 176.
[2]) J. Th. Aparin, Journ. russ. phys. chem. Ges. 1904. 36. 581.
[3]) Krźiźan, Zeitschr. f. öffentl. Chem. 1907. 13. 263.

In den Kernen der Himbeere, Rubus Idaeus *L.*, einer Rosacee, sind 14·6 $^0/_0$ eines stark trocknenden goldgelben Öles enthalten, dessen Geruch an Leinöl erinnert. Linolsäure und Linolensäure sind die Hauptmenge der flüssigen Fettsäuren, während Öl- und Isolinolensäure in unbedeutender Menge, flüchtige Säuren gar nicht vorhanden sind. Phytosterin ist in einer Menge von ca. 0·7 $^0/_0$ darin enthalten. Bei der Livacheschen Probe betrug die Sauerstoffaufnahme nach 2 Tagen 8·4 $^0/_0$.

7. Vogelbeersamenöl.[1])

Spez. Gew. bei 15⁰ C.	Verseifungs- zahl	Jodzahl	Brechungs- index bei 15⁰ C.	Beobachter
0·9317	208·0	128·5	1·4753	L. van Itallie und C. H. Nieuwland

Fettsäuren.

Säurezahl	Jodzahl	Beobachter
230·2 *	137·5 *	Itallie u. Nieuwland

* Jodzahl und Säurezahl stehen in auffallendem Gegensatze zueinander.

Dieses Öl ist aus den Samen von Sorbus aucuparia *L.* (gemeine Eberesche, Drosselbeere, Vogelbeerbaum, Quitzstrauch), Gattung der Rosaceen, in der Menge von 21·9 $^0/_0$ mittels Petroläther extrahierbar.

Es ist eine süß schmeckende, dünnflüssige, hellgelbbraune Flüssigkeit, und trocknet schnell an der Luft.

Der Säuregehalt einer von Itallie und Nieuwland untersuchten Probe betrug 1·18 $^0/_0$ als Ölsäure berechnet.

8. Öl aus den Samen der weißen Akazie.[2])
Huile de l'acacia. — Acacia seed oil.

Anmerkung	Verseif.- zahl	Jodzahl	Hehner- zahl	Reichert-Meißl- sche Zahl	Acetyl- zahl	Beobachter
bei 60⁰ C. mittels siedend. Petroläthers extrah.	192·4	161·0	94·32	1·2	9·4	Jones

Fettsäuren.

Säurezahl	Mittleres Mol.-Gew.	Jodzahl	Beobachter
200·1	280·4	167·0	Jones

Die weiße Akazie, gemeine Robinie, Schotendorn (Robinia Pseudacacia *L.*), Familie der Papilionaceen, wird als Zierpflanze in großem Maßstabe, besonders im südlichen Rußland kultiviert.

---

[1]) L. van Itallie u. C. H. Nieuwland, Pharm. Weekblad. 1906. 43. 389. — Chem. Rev. üb. d. Fett- u. Harz-Ind. 1906. 13. 172.

[2]) Valentin Jones, Mitt. Techn. Gew.-Mus. Wien. 1903. 13. 223. — Chem. Rev. üb. d. Fett- u. Harz-Ind. 1903. 10. 285.

Die Samen, welche keine besondere Verwendung finden, enthalten 13·3 % fettes Öl. Dieses ist starktrocknend und kann in eine Reihe mit dem Leinöl gestellt werden.

Die Fettsäuren bestehen zu 3—7 % aus festen Fettsäuren, Stearin- und Erucasäure, die flüssigen Fettsäuren sind ein Gemisch von Öl-, Linol- und Linolensäure, in welchem die Linolsäure überwiegt.

An der Luft verändert sich das Öl leicht durch Oxydationswirkung.

Die von Jones untersuchte Probe enthielt 0·20 % unverseifbarer Substanz und 1·22 % freie Säure als Ölsäure berechnet.

9. Öl aus den Samen der gelben Akazie.[1]

Anmerkung	Verseif.-Zahl	Jodzahl	Hehner-zahl	Reichert-Meißl-sche Zahl	Acetyl-zahl	Beobachter
bei 60° C. mittels Petroläthers extrah.	190·6	128·9	93·94	2·7	14·9	Jones

Fettsäuren.

Säurezahl	Mittleres Mol.-Gew.	Jodzahl	Beobachter
199·0	281·9	131·7	Jones

Abstammung: Caragana arborescens *L.* (gelbe Akazie, große Caragane, Taubenerbse), hauptsächlich in Sibirien, Zierstrauch; gleichfalls eine Papilionacee.

Die Samen sind eßbar und dienen auch als Geflügelfutter. Sie enthalten 12·4 % eines trocknenden Öles, welches hinsichtlich seiner Trockenfähigkeit in eine Reihe mit dem Hanföl, dem Nuß- und Mohnöl zu stellen ist.

Aus den Fettsäuren können 8·74 % fester Fettsäuren (Palmitin-, Stearin- und Erucasäure) erhalten werden; die flüssigen Fettsäuren sind ein Gemisch von Öl- und Linolsäure.

Dieses Öl verändert sich unter dem Einfluß des Luftsauerstoffes bedeutend weniger wie das der weißen Akazie.

Die von Jones untersuchte Probe enthielt 0·14 % unverseifbare Bestandteile und 1·46 % als Ölsäure berechnete freie Säure.

10. Cedernußöl.

Zirbelnußöl. — Huile de noix de cèdre. — Cedar nut oil. — Olio di noce di cedro.

Dieses Öl stammt aus den Nüssen der Zirbelkiefer (Arve, sibirische Ceder), Pinus Cembra *L.*, welche in den Alpen, Karpaten und in Sibirien heimisch ist.

Es ist goldgelb, besitzt einen angenehmen, milden Geschmack und löst sich leicht in Petroläther, Chloroform, Aceton und Amylalkohol,

---

[1] Valentin Jones, Mitt. Techn. Gew.-Mus. Wien; 1903. 13. 223. — Chem. Rev. üb. d. Fett- u. Harz-Ind. 1903. 10. 285.

schwieriger in Äther, Schwefelkohlenstoff und Benzol, sehr schwer in kaltem Alkohol.

Cedernußöl.

Spez. Gew. bei	Erstarrungs-punkt	Verseif.-zahl	Jodzahl	Hehner-Zahl	Reichert-Meißlsche Zahl	Temperatur-erhöhung bei d. Maumenéschen Probe	Beobachter
0°C.0·9326	—20°C.	191·8	149·5—150·5	93·33	2·0	—	Kryloff
15°C.0·930	—	191·8	159·2	91·97	—	98° (nach Archbutt)	v. Schmoel-ling

Fettsäuren.

Erstarrungs-punkt	Mittleres Mol-Gew.	Jodzahl	Jodzahl d. flüssigen Fettsäuren	Acetylzahl	Beobachter
11·3° C.	290	161·3	184·0	81·9 (nach 6 tägigem Stehen)	v. Schmoelling

Zusammensetzung: Die Fettsäuren setzen, wie Kryloff[1] und v. Schmoelling[2] fanden, beim Stehen einen kristallinischen Niederschlag ab, welcher hauptsächlich aus Palmitinsäure besteht. (Die Elaïdinprobe zeigte die Anwesenheit einer geringen Menge Oleïn.) Bei der Oxydation der flüssigen Fettsäuren entsteht hauptsächlich Sativinsäure und etwas Dioxystearinsäure. Das Cedernußöl besteht daher vornehmlich aus dem Glycerid der Linolsäure neben dem der Palmitinsäure, sehr wenig Linolen-säure- und etwas Ölsäuretriglycerid.

Den Gehalt an flüchtigen Fettsäuren fand v. Schmoelling in einer Probe zu 3·77 %, unverseifbare Bestandteile 1·3 %, flüssige Fettsäuren (bestimmt nach Muter und de Koningh) 87 % und Glycerin 10·01 %.

Kryloff fand einen Säuregehalt von 0·55 %, v. Schmoelling einen von 1·65 % als Ölsäure berechnet.

Ein unter Verwendung von Manganborat als Sikkativ hergestellter Firnis war sehr dickflüssig und trocknete auf einer Glastafel in 48 Stunden.

Das Öl wird in Sibirien als Speiseöl verwendet.

11. Kiefernsamenöl.[3]

Oleum pini pingue. — Huile de pin. — Pine oil.

Spez. Gewicht bei 15° C.	Erstarrungs-punkt	Beobachter
0·9312	—27° C.	De Fontenelle

---

[1] Journ. russ. phys. chem. Ges. 1898. 30. 924. — Journ. Soc. Chem. Ind. 1899. 18. 501.

[2] Chem. Zeitg. 1900. 24. 815.

[3] Zeitschr. f. analyt. Chem. 1894. 33. 364.

Es stammt aus den Samen der gemeinen Kiefer (Föhre), Pinus sylvestris, ist leichttrocknend und kann in der Firnisfabrikation verwendet werden.

12. Fichtensamenöl.[1])

Oleum piceae seminis. — Huile de pignon. — Fir seed oil.

Spez. Gew. bei 15° C.	Erstarrungspunkt	Beobachter
0·9288	—27° C.	Schädler
0·9285	—	De Fontenelle
0·9215	—	De Negri u. Fabris

Dieses aus den Samen der Fichte, Pinus abies (Picea vulgaris), stammende Öl besitzt einen schwachen Terpentingeruch und trocknet verhältnismäßig langsam.

Es wird zu Firnissen und Ölfarben, auch als Brennöl verwendet.

13. Tannensamenöl.[1])

Oleum abietis seminis. — Huile de sapin. — Pitsch oil.

Spez. Gew. bei 15° C.	Erstarrungspunkt	Verseifungszahl	Jodzahl	Temperaturerhöhung b. d. Maumenéschen Probe	Beobachter
0·9215—0·9312	—18° bis —20° C.	191	119—120	98—99°	DeNegri u. Fabris
0·9250	—27° C.	—	—	—	Schaedler

Fettsäuren.

Erstarrungspunkt	Schmelzpunkt	Jodzahl	Beobachter
10°—15° C.	16°—19° C.	121·5	De Negri u. Fabris

Das Öl wird aus den Samen der europäischen Edeltanne (Silbertanne), Pinus abies, Abies pectinata *DC.*, gepreßt, besitzt schwachen Terpentingeruch und ist in seinen Eigenschaften dem Fichtensamenöl und Kiefernsamenöl sehr ähnlich.

Es wird gleichfalls zur Firnisbereitung und als Brennöl verwendet.

14. Chinesisches Holzöl.

Japanisches Holzöl, Ölfirnisbaumöl, Elaeococcaöl, Tungöl. — Oleum Dryandrae. — Huile de bois. — Japanese, Chinese wood oil, tung oil. — Olio di legno del Giappone.

Dieses Öl wird aus den Samen des Ölfirnisbaumes (Bakolystrauches), Aleurites cordata *Müll.* (Aleurites Japonica, Elaeococca vernicia, Elaeococca verrucosa, Dryandra cordata), einer Euphorbiacee in China und Japan gewonnen.

Da es von verschiedenen, wenn auch verwandten Arten stammt,

---

[1]) Zeitschr. f. analyt. Chem. 1894. 33. 364.

sind die Angaben über seine Eigenschaften und Zusammensetzung sehr verschieden.

Die Nüsse enthalten durchschnittlich 48 $\%$ Schalen und 52 $\%$ Kerne. Die Kerne liefern bei der Extraktion ca. 58 $\%$ Öl. Die Ölgewinnung durch die Eingeborenen ist sehr primitiv. Die Nüsse werden geröstet, Schalen und Kerne sodann zwischen Steinen gemahlen und in hölzernen Pressen gepreßt. Das Öl wird hierauf durch Tücher filtriert. Es wird jedoch vielfach fabrikmäßig und auch heiß gepreßt.[1] Bei der ersten Pressung werden ca. 43, bei der zweiten weitere ca. 10 $\%$ Öl gewonnen.

Chinesisches Holzöl.

Spez. Gewicht	Erstarrungspunkt	Verseifungszahl	Jodzahl	Hehner-Zahl	Brechungsindex	Beobachter
Bei 15° C. 0·940	—	211 (?)	—	—	—	Davies u. Holmes
„ „ 0·936	frisches 2—3° C. altes oder extrahiertes —21° C.	155·6 bis 172 (?)	159—161	—	—	De Negri u. Sburlatti
„ 0·9413—0·9432	—	190·7—196·1	155·4—165·6	96·3—96·66	—	Williams
„ 15·5° C. 0·9343 —0·9385	unter —17° C.	194	149·7—165·7	96—96·4	1·503	Jenkins
—	—	194	162	—	—	Ulzer
„ 15° C. 0·9362	—18° C.	—	—	—	—	Cloëz
„ 0·937	—	197	163	—	—	Zucker
„ 0·9413—0·9439	—	190·7—191·4	154·6—158·4	—	—	Kitt

Fettsäuren.

Erstarrungspunkt	Schmelzpunkt	Jodzahl	Bromzahl thermometrisch	Verseifungszahl	Beobachter
31·2° C.	43·8° C.	159·4	—	188·8	De Negri u. Sburlatti
37·1°—37·2° C.	40°—49·4° C.	—	—	—	Williams
34° C.	30°—37° C.	144·1—150·1	21°—22·1° C.	—	Jenkins
31·4° C.	43·8° C.	—	—	—	Zucker
—	35·5°—40° C.	169·5	—	196·4—197·8	Kitt

Das Öl kommt in China in verschiedenen Sorten unter den Namen „Pai Yu", „Hsin Yu", „Hung Yu", „Tong Yu" usw. in den Handel. Man unterscheidet ferner nach der Qualität Kanton- und Hankowöl. Von diesen beiden Sorten ist das Kantonöl geschätzter und teurer.[2]

Das Öl erster Pressung ist hellgelb, das der zweiten Pressung orangefarbig und viscoser als das Öl der ersten Pressung. Aus nicht angefaulten Kernen kaltgepreßtes Öl enthält nur sehr wenig freie Fettsäuren. Solches Öl zeigt auch den charakteristischen, unangenehmen Holzölgeruch und Geschmack nur äußerst schwach. Gut verschlossen aufbewahrt bleibt es auch ziemlich ohne Geruch. Der Luft ausgesetzt nimmt es jedoch bald den charakteristischen Holzölgeruch an. Die angeführte Tatsache bekräftigt die Ansicht Ulzers[3], daß die Ursache

---

[1] Oil, Paint and Drug. Rep. 67. Nr. 1.
[2] Chem. Rev. üb. d. Fett- u. Harz-Ind. 1901. 8. 178.
[3] Chem. Rev. üb. d. Fett- u. Harz-Ind. 1901. 8. 7.

des Geruchs in einer durch den Luftsauerstoff bewirkten Oxydation zu suchen ist. Das frische Holzöl und die Preßrückstände von demselben sollen giftig sein. Nach Hertkorn[1]) verursacht Holzöl auf wunden Hautstellen Abscesse und Eiterungen. Ob diese Wirkung den freien Fettsäuren oder Ölschleimstoffen zuzuschreiben ist, ist eine offene Frage.

Zusammensetzung: Nach Cloëz[2]) besteht es aus den Glyceriden der Ölsäure und der Elaeomargarinsäure, und zwar im beiläufigen Verhältnisse von 25 zu 75 %.

Die Elaeomargarinsäure, $C_{17}H_{31}COOH$, ist eine Isomere der Linolsäure, wie von Kametaka[3]) und von Fokin[4]), von letzterem durch elektrolytische Reduktion der Holzölsäuren, festgestellt wurde.

Der Säuregehalt einer Probe, auf Ölsäure berechnet, wurde von De Negri und Sburlati[5]) zu 1·18 % gefunden. Jenkins[6]) fand in zwei Proben 1·83 resp. 3·84 % auf Ölsäure berechnete, freie Säuren, und Williams[7]) gibt für den auf Ölsäure berechneten Gehalt an freien Säuren im Holzöle die Grenzwerte 2·7—5·3 %. Der Gehalt an unverseifbaren Bestandteilen wurde von Jenkins zu 0·44—0·63 % und von Williams zu 0·49—0·69 % gefunden.

Holzöl löst sich in Äther, Petroläther und Chloroform auf, es ist jedoch beinahe unlöslich in kaltem, absolutem Alkohol, mit welchem es eine opalisierende Flüssigkeit bildet. Dagegen löst es sich in kochendem Alkohol, scheidet sich aber beim Erkalten aus. Ähnlich verhält es sich gegen Eisessig, in dem es sich auch erst beim Kochen löst. Beim Abkühlen wird die Flüssigkeit schon bei 95° C. trübe. Durch Auflösen in Schwefelkohlenstoff und darauffolgendes Abdampfen des Lösungsmittels wird es in eine kristallinische Masse übergeführt.

Die Viscosität zweier Proben fand Jenkins bei 15·5° C., bezogen auf Wasser von der gleichen Temperatur in Redwoods Viscosimeter zu 30·64 resp. 51·1. Eine der beiden erwähnten Proben zeigte die Becchische Reaktion stark, bei der zweiten fiel sie negativ aus. Bei der Valentaschen Probe trat die Trübung der Eisessiglösung bei 44° C. resp. 47° C. ein.

Holzöl gibt keine Elaïdinreaktion, sondern nur eine braunrote Färbung.

Die Trockenfähigkeit ist größer als die des Leinöles. Eine dünne Schicht (4 g auf einer Scheibe von 7 cm Durchmesser) überzog sich beim Erwärmen auf dem Wasserbade schon nach einer Viertelstunde mit einer Haut und floß nach 2 Stunden nicht mehr. Die Gewichtszunahme betrug in 4 Stunden 0·36 % pro Stunde. Leinöl zeigte nach 4 Stunden unter den gleichen Bedingungen weder Hautbildung noch Gewichtszunahme.

[1]) Chem. Zeitg. 1903. 27. 635.
[2]) Bull. Soc. Chim. 26. 286; 28. 23.
[3]) Journ. Chem. Soc. London. 1903. 83. 1042. — Proceeding Chem. Soc. 1903. 19. 200.
[4]) Journ. russ. phys. chem. Ges. 1906. 38. 419.
[5]) Monit. scient. 1897. 11. 678.
[6]) Journ. Soc. Chem. Ind. 1897. 16. 193 u. 684. — The Analyst 1898. 23. 113.
[7]) Journ. Soc. Chem. Ind. 1898. 17. 304.

Das Trockenvermögen ist nicht nur auf die Sauerstoffabsorption zurückzuführen, sondern auch auf die Eigentümlichkeit der Elaeomargarinsäure, sich leicht in die isomere, feste Elaeostearinsäure umzuwandeln. Diese Umwandlung vollzieht sich bereits unter dem Einflusse des Lichtes. Das Öl verwandelt sich auch bei Luftabschluß, wenn es dem Lichte ausgesetzt wird, allmählich in eine feste Masse, ohne an Gewicht zuzunehmen, und ohne daß sich die Verseifungszahl oder Jodzahl wesentlich ändert.

Eine weitere Eigentümlichkeit des Holzöles ist sein Verhalten beim Erhitzen. Es entwickelt von ca. 180° C. angefangen nach und nach Dämpfe. Bei ungefähr 250° C. verwandelt es sich plötzlich in eine klare, feste, elastische Masse. Dieses Festwerden des Holzöles erfolgt auch beim Erhitzen im zugeschmolzenen Glasrohre, also ohne Aufnahme von Sauerstoff.[1]) Kitt[2]) vermutet, daß dieser Vorgang des Festwerdens durch eine Polymerisation und durch eine teilweise Spaltung der Glyceride unter gleichzeitiger Bildung von inneren Anhydriden der Fettsäuren verursacht werde. Die Erscheinung bedarf jedoch noch der chemischen Aufklärung.

Mit zunehmender, beim Erhitzen eintretender Polymerisation wird Holzöl in allen Lösungsmitteln schwieriger löslich. Die thermometrische Bromzahl einer Probe zeigte insofern eine Anomalie, als sie erst mit der Zahl 7 multipliziert die Jodzahl liefert, während bei anderen Ölen dieser Faktor normal 5·7 ist.

Holzöl soll in China oft mit Cottonöl verfälscht und selbst zur Verfälschung von Gurjunbalsam benutzt werden, welcher unter dem Namen „indisches Holzöl" in den Handel kommt.

Das indische Holzöl ist jedoch kein fettes Öl, sondern eine dichte, viscose, fluorescierende Flüssigkeit, zusammengesetzt aus einem ätherischen Öl und einem Harz; es stammt aus dem Holze verschiedener Dipterocarpusarten.

Das Holzöl wird in China und Japan als Firnisöl, zum Wasserdichtmachen des Holzes, zum Kalfatern der Barken und zum Lackieren der Möbel verwendet. Weitere Verwendung findet das Öl als Beleuchtungsmaterial, als Zusatz zu Leinölfirnissen und Lacken, in der Fabrikation wasserdichter Stoffe und in der Wachstuchfabrikation.

Da es in Alkohol beinahe unlöslich ist, kann es nicht zu Spirituslacken verwendet werden.

Einer ausgedehnten Verwendung steht seine Eigenschaft beim Erhitzen zu gelatinieren im Wege, welche besondere Vorsicht bei der Herstellung von Firnissen erforderlich macht, und der unangenehme Geruch, welcher nicht nur dem Holzöl selbst, sondern auch allen daraus hergestellten Erzeugnissen anhaftet.

Von einigen Versuchen zur Desodorisierung des Holzöles, welche

---

[1]) Normann, Chem. Zeitg. 1907. 31. 188.
[2]) Jahresber. d. deutsch. Handelsakad. in Olmütz. 1905. — Chem. Rev. üb. d. Fett- u. Harz-Ind. 1905. 12. 241.

von Ulzer[1]) vorgenommen wurden, ergab das günstigste Resultat das Abblasen mit überhitztem Wasserdampf von 165 ° C. bei nachträglichem Erkaltenlassen unter Luftabschluß. Doch sei nochmals erwähnt, daß durch Oxydation an der Luft der unangenehme Geruch des Öles sich bald wieder einstellt.

Das Öl von Aleurites Fordii *Heussl*[2]) entspricht in seinen physikalisch-chemischen Eigenschaften dem Öl von Aleurites cordata, ist aber heller und gibt beim Eintrocknen einen lichteren Firnis. Einige seiner Konstanten sind: Spez. Gewicht bei 15 ° C.: 0·9404; Verseifungszahl: 191·8; Jodzahl: 166·7; Hehnerzahl: 94·6.

15. Candlenußöl.

Bankulnußöl, Kukuiöl, Landwalnußöl. — Huile de noix de chandelle. — Candle nut oil. — Olio di noci di Bankoul.

Spezifisches Gewicht	Erstarr.-Punkt	Schmelz-punkt	Ver-seifungs-zahl	Jod-zahl	Hehner-zahl	Reichert-Meißlsche Zahl	Acetyl-zahl	Refrakt.-Anz. in Zeiß Butter-refraktometer bei	Beobachter
bei 15 ° C. 0·923	—	—	—	—	—	—	—	—	Cloëz
bei 15 ° C. 0·920 bis 0·926	—	—18°C.	184 bis 187·4	136·3 bis 139·3	—	—	—	15° C. 75·5—76	De Negri
bei 15·5 ° C. 0·9257	—	—	192·6	163·7	95·5	—	9·8	{20° C.78·5 25° C.76 }	Lewkowitsch
bei 15 ° C. 0·9254	15°	—	194·8	114·2	—	1·2	—	—	Fendler
—	—	—	—	146·0	—	—	—	—	Wijs

Fettsäuren.

Erstarrungs-punkt	Schmelzpunkt	Jodzahl	Jodzahl der flüssigen Fett-säuren	Beobachter
13° C.	20° — 21 ° C.	142·7—144·1	—	De Negri
—	—	—	185·7	Lewkowitsch
15·5° C.	18 ° C.	—	—	Fendler

Das Öl wird aus den Samen der in China, Indien, auf Ceylon, Java, den Molukken und in Neu-Caledonien vorkommenden Euphorbiacee Aleurites moluccana *Willd.* (Jatropha moluccana *Ham.*) gewonnen. Die Nüsse (Bankulnüsse, Candlenüsse, Kemirinüsse) enthalten 58—65 % eines dickflüssigen Öles, welches schon bei gewöhnlicher Temperatur Stearin abscheidet.

Die in der Literatur enthaltenen Angaben über dasselbe enthalten manche Widersprüche, welche nur teilweise dadurch zu erklären sind, daß Öle verschiedener Pressung und verschiedener Herkunft untersucht wurden.

Nach Bornemann ist es klar, farblos oder gelblich, von angenehmem Geruch und Geschmack, kann jedoch wegen seiner purgierenden Eigenschaften als Speiseöl nicht verwendet werden.

---

[1]) Chem. Rev. üb. d. Fett- u. Harz-Ind. 1901. 8. 7.
[2]) Bull of the Imp. Inst. 1907. Nr. 2; Farben-Zeitg. 1907. 2. 1495.

Ein von Fendler[1]) durch Extraktion mit Äther erhaltenes Öl war hellgelb, von schwach tranartigem Geruch und kratzendem Geschmack.

Diese frische Probe enthielt nur $0.49\,^0/_0$, eine von Nördlinger[2]) untersuchte drei Jahre alte Probe $56.4\,^0/_0$ freier Fettsäure auf Ölsäure berechnet.

Der Gehalt an in Petroläther unlöslichen Oxyfettsäuren wurde von Lewkowitsch[3]) in einer Probe zu $0.21\,^0/_0$ gefunden.

Das Öl ist in absolutem Alkohol schwer löslich.

Es ist ein starktrocknendes Öl, welches in der Trockenfähigkeit dem Holzöl und dem Leinöl nachsteht.

In dünner Schichte trocknet es zwar bald ein, dagegen blieb eine Probe des Öles 25 Tage lang in einer geschlossenen Glasröhre dem Sonnenlichte ausgesetzt, flüssig, während in gleicher Weise behandeltes Holzöl fest wird (De Negri[4]).

Walker und Warburton[5]) bestimmten nach der Methode von Hehner und Mitchell die aus dem Candlenußöle und seinen Fettsäuren erhältlichen Hexabromide als Maßstab für die Menge der der Linolensäurereihe angehörigen Säuren und somit der Trockenfähigkeit und erhielten aus den Fettsäuren 11.23—$12.63\,^0/_0$, aus dem Öle selbst 7.28—$8.21\,^0/_0$ Hexabromide, während Leinölfettsäuren ca. $29\,^0/_0$, Leinöl ca. $23.5\,^0/_0$ derselben liefert.

Eine von Lach[6]) untersuchte Candlenußölprobe, wohl ein Öl letzter Pressung, war salbenartig, schmolz bei 24^0C. und erstarrte bei 21^0C. Das Fett war hellockergelb, zeigte Wanzengeruch und erstarrte an Licht und Luft hornartig. Es war vollständig löslich in Benzin, wenig löslich in Alkohol.

Lach konstatierte bei der von ihm untersuchten Probe:

die Jodzahl 118
die Hehnerzahl . . . . 94·56
den Schmelzpunkt der Fettsäuren . . . . . . 65·5° C.
und den Erstarrungspunkt der Fettsäuren . . . 56° C.

Die Fettsäuren zeigten amorphes Gefüge. Zur Kerzenfabrikation waren sie nicht verwendbar.

Die Eigenschaft des Öles, ziemlich leicht zu trocknen, bestimmt seine Verwendungsart. Außerdem wird es als Brennöl benutzt.

16. Kekunaöl.[7])

Aus den Samen der Euphorbiacee Aleurites triloba *L.*, welche ca. $50\,^0/_0$ des Öles enthalten; es ist dem Candlenußöl ähnlich, kommt gleichfalls

---

[1]) Zeitschr. f. Unters. d. Nahrungs- u. Genußm. 1903. 6. 1025.
[2]) Fresenius, Zeitschr. f. analyt. Chem. 1889. 28. 183.
[3]) Chem. Rev. üb. d. Fett- u. Harz-Ind. 1901. 8. 156.
[4]) Österr. Chem. Zeitg. 1898. 1. 202.
[5]) The Analyst 1902. 27. 237. — Chem. Rev. üb. d. Fett- u. Harz-Ind. 1902. 9. 256.
[6]) Chem. Zeitg. 1890. 14. 871.
[7]) Journ. Soc. Chem. Ind. 1901. 20. 642.

häufig unter diesem Namen in den Handel und findet als Ersatz für Leinölfirnis und in der Seifenfabrikation Verwendung.

17. Parakautschukbaumöl.

Huile de siphonie élastique, de siringa du Brésil. — Para rubber tree seed oil. — Olio (d'albero) di cacciù.

	Spez. Gew.	Erstarrungspunkt	Schmelzpunkt	Verseifungszahl	Jodzahl des mit Petroläther	Äther extrahierten Öles	Acetylzahl	HehnerZahl	ReichertMeißl-Z.	Beobachter
Extrah.	bei 20°C. 0·9293	21°C.	26°C.	198·07 bis 198·23	127·6 bis 127·9	117·49 bis 117·76	27·9	95·06	0·00	Schroeder
	bei 15°C. 0·9302	—	--	206·1	128·3	—	—	—	—	Dunstan[1]

Fettsäuren.

Erstarrungspunkt	Mittleres Molek.-Gew.	Jodzahl	Beobachter
15° C.	293·3	127·29	Schroeder

Dieses Öl ist in den Samen des Parakautschukbaumes (Hevea brasiliensis *Müller*) Gattung der Euphorbiaceen, enthalten.

Die ungeschälten Samen liefern 20—27 %, die Kerne 42 % Öl durch Extraktion mit Petroläther, durch Auspressen entsprechend weniger.

Das durch Petroläther gewonnene Öl ist klar, hellgelb, dickflüssig, scheidet bereits bei 15° C. kristallinische Bestandteile aus, verflüssigt sich bei 26° C. vollständig und scheidet dann wieder bei 21° C. ein festes Glycerid aus.[1]

Sowohl Ätherextraktion als auch Pressung geben dunkle Öle.[2]

Löslichkeit: In Chloroform, Äther, Xylol, Benzol, Petroläther und Schwefelkohlenstoff ist es leicht, in Aceton und Alkohol weniger löslich.[3]

Zusammensetzung: An gesättigten Säuren wurden Stearin- und Palmitinsäure gefunden, die ungesättigten Säuren sind noch nicht identifiziert, flüchtige Säuren sind abwesend.[2]

Schroeder fand in einer Probe 28·91 % freie Fettsäuren, als Ölsäure berechnet, eine Probe aus Samenmehl enthielt 65·6 % freier Fettsäuren[4] (gleichfalls als Ölsäure berechnet).

Den Glyceringehalt ermittelte **Schroeder** zu 9·49 %, den Gehalt an unverseifbaren Bestandteilen zu 0·705 %.

Das Öl besitzt trocknende Eigenschaften.

---

[1] Proceedings Chem. Soc. 1907. 23. 168.

[2] L. Wray, Malay Mailn. Oil, Paint and Drug Rep.; Chem. Rev. üb. d. Fett- u. Harz-Ind. 1905. 12. 250., macht aufmerksam, daß die Kerne sofort nach dem Trocknen und Zerkleinern gepreßt werden müssen, da sonst das Öl dunkel und trübe wird. Daher sind auch die Kontraste in den Färbungen aus verschieden alten Samen gewonnener Öle sehr bedeutend.

[3] August Schröder, Arch. d. Pharm. 1905. 243. 628. — Chem. Rev. üb. d. Fett- u. Harz-Ind. 1906. 13. 12.

[4] Wiener Seifens.-Zeitg. 1904. 9. — Chem. Rev. üb. d. Fett- u. Harz-Ind. 1904. 11. 82.

Verwendung: Das technische Departement des „Imperial Institute" London hält das Parakautschukbaumöl, da es ähnliche Eigenschaften wie das Leinöl hat, zur Bereitung von Farben und Firnissen, sowie Kautschukersatzmitteln, Linoleum und wasserdichten Materialien, ferner zur Herstellung weicher Seifen geeignet.[1]

18. Manihotöl.[2]

Spez. Gew.	Erstarrungspunkt	Verseifungszahl	Jodzahl nach Hübl	Reichert-Meißlsche Zahl	Refraktometeranz. im Zeißschen Butterrefraktom.	Glycerin	Unverseifbare Bestandteile	Beobachter
bei 15° C. 0·9258 bei 24° C. 0·9945 (?)	beginnt bei + 4° C. sich zu trüben und ist bei —17° C. noch nicht fest. —	188·6 —	137·0 —	0·7 —	bei 40° C. 62·9 —	10·6 °/₀ —	0·90 °/₀ —	Fendler und Kuhn Peckolt

Fettsäuren.

Spez. Gew. bei 25° C.	Erstarrungspunkt	Schmelzpunkt	Säurezahl	Verseifungszahl	Mittleres Mol.-Gew.	Jodzahl	Acetylzahl	Gehalt an festen Fettsäuren	Schmelzp. der festen Fettsäuren	Gehalt an flüssigen Fettsäuren	Jodzahl der flüssigen Fettsäuren
0·8984	+ 20·5° C.	+ 23·5° C.	197·6	200·1	280·7	143·1	20·7	10·97 °/₀	54° C.	89·03 °/₀	163·6

Die in Brasilien heimische Euphorbiacee Manihot Glaziovii *Müll.* liefert Kautschuk.

Die Samenkerne enthalten 35·2 °/₀ (Peckolt fand nur 29·9 °/₀), die Samenschalen 1·31 °/₀ fettes Öl. Da aber die Samenkerne nur 25·5 °/₀ des ganzen Samens ausmachen, beträgt die Fettausbeute aus den Samen nur 9·94 °/₀, ist also relativ gering.

Das durch Ätherextraktion erhaltene Öl ist bei Zimmertemperatur klar und scheidet auch beim längeren Stehen keine festen Bestandteile ab. Die Farbe ist grünlichgelb (olivengrün), der Geruch erinnert an Olivenöl, der Geschmack ist etwas bitter, kratzend.

Es ist klar löslich in Äther, Chloroform, Benzol, Schwefelkohlenstoff, Aceton, Amylalkohol usw., mit Petroläther unter opalisierender Trübung mischbar, unlöslich in absolutem Alkohol und Eisessig.

Es gibt die Elaïdinreaktion nicht.

Auf einer Glasplatte dünn aufgestrichen, trocknet es nach einigen Wochen völlig ein; bei 55° C. schon nach 10 Stunden.

Bei der Livacheschen Probe (Sauerstoffaufnahmevermögen) wurden folgende Gewichtszunahmen zweier Öle konstatiert:

---

[1] Oil, Paint and Drug Rep., 1904. 2. — Chem. Rev. üb. d. Fett- u. Harz-Ind. 1904. 11. 207.

[2] G. Fendler u. O. Kuhn, Ber. d. deutsch. pharm. Ges. 1905. 15. 426. — Chem. Rev. üb. d. Fett u. Harz-Ind. 1906. 13. 33.

	Probe I	Probe II			Probe I	Probe II
nach 2 Tagen . . .	0·61 %	1·03 %	nach 5 Tagen . . .		8·4 %	8.33 %
„ 3 „ . . .	5·00 „	6·58 „	„ 6 „ . . .		8·5 „	8·33 „
„ 4 „ . . .	—	8·33 „	„ 7 „ . . .		8·8 „	—

Ein frisch extrahiertes Öl besaß die Säurezahl 2·18 entsprechend einem Gehalte von 1·10 Prozenten freier Fettsäure, als Ölsäure berechnet.

Eine technische Verwendung des Öles scheint fraglich, da die Samenkerne schwer von den Schalen trennbar sind, so daß die Ausbeute an Öl zu gering ist. In Betracht käme die Verwendung für die Seifenfabrikation.

19. Chinesisches Talgsamenöl, Stillingiaöl.

Huile de Stillingia. — Stillingiaoil. — Olio di Stillingia.

Spez. Gew. bei	Erstarrungspunkt	Verseifungszahl	Jodzahl	Hehnerzahl	Reichert-Meißlsche Zahl	Maumenésche Probe	Spezifische Reaktionstemperatur	Refraktometeranzeige in Zeiß Butterrefraktometer	Brechungsindex	Beobachter
$\frac{15·5°\,C.}{15·5°\,C.}$ 0·9395 $\frac{15°\,C.}{15°\,C.}$ 0·9432	bei 0° noch flüssig	277 (?)	160·7	94.4	—	—	—	89·1	bei 23·5° C. 1·4835	Nash
$\frac{27°\,C.}{15°\,C.}$ 0·9370 $\frac{100°\,C.}{15°\,C.}$ 0·8737	—	210·4	160·6	94·4	0·93	136·5	267	bei 35° C. 75	—	Tortelli und Ruggeri

Fettsäuren.

Erstarrungspunkt	Schmelzpunkt	Säurezahl	Mittleres Molekular-Gewicht	Jodzahl	Jodzahl der flüssigen Fettsäuren	Beobachter
—	—	—	272	165	—	Nash
12·2 (Titer)	14·5	214·2	—	161·9 (Hübl)	178·1 (Hübl)	Tortelli u. Ruggeri
—	—	—	—	181·8 (Wijs)	191·1 (Wijs)	Lewkowitsch

Das chinesische Talgsamenöl stammt aus den Samen derselben Pflanze, von welcher der chinesische Talg gewonnen wird, nämlich von Sapium sebiferum resp. Stillingia sebifera. Nachdem der „Talg", welcher die Samen umgibt, durch Auskochen mit Dampf entfernt worden ist, werden die Kerne gepreßt und liefern dabei ein Öl, welches in China den Namen „Tsé-iéon" oder „Ting-yu" führt.

Die vom „Talg" befreiten Kerne enthalten noch ca. 60 % dieses Öles, welches nach Tortelli und Ruggeri ca. 19 % des ganzen Samengewichtes (Kern + Schale + Talg) beträgt.

Das Öl ist braun und riecht ähnlich wie Holzöl. Es ist, wie man schon aus der Jodzahl schließen kann, ein trocknendes Öl. Auf Glas gestrichen ist es bereits nach drei Tagen fast trocken, nach sechs Tagen hart.

Es ist optisch aktiv und dreht das polarisierte Licht um 4^0 nach links.

Die Viscosität des Öles ist kleiner als die des Rüböles, sie beträgt ungefahr $^3/_5$ derselben.

Eine von Nash[1]) untersuchte Probe enthielt $3 \cdot 1 \, ^0/_0$ freie Fettsäuren als Ölsäure berechnet und $0 \cdot 44 \, ^0/_0$ unverseifbare Bestandteile.

Das Öl scheidet bei 0^0 C. noch kein Stearin ab, dagegen lassen sich die Fettsäuren bei niedrigeren Temperaturen in einen festen und einen flüssigen Teil trennen.

Mit Schwefelsäure gibt es keine bestimmte Farbenreaktion.

Es wird als Leuchtöl und wegen seiner Trockenfähigkeit zur Herung von Firnis verwendet.

20. Johannesiaöl. [2])

Spez. Gewicht	Verseifungszahl	Jodzahl	Beobachter
bei 18^0 C. $0 \cdot 9176$	—	—	Peckolt
—	$188 \cdot 92$—$190 \cdot 03$	$98 \cdot 3$	Niederstadt

Die frischen, reifen, etwa 15 g schweren Samen von Johannesia princeps *Vellozo*, einer Euphorbiacee, enthalten $29 \, ^0/_0$ eines fetten Öles von gelblicher Farbe. Das durch Pressen gewonnene Öl hat einen milden Geschmack, das durch Petroläther extrahierte einen kratzenden Nachgeschmack.

Der Säuregehalt einer von Niederstadt untersuchten Probe betrug $4 \cdot 93\, ^0/_0$ als Ölsäure berechnet.

Es besitzt trocknende Eigenschaften ähnlich dem Mohnöl.

Die frischen Blätter dieser Euphorbiacee enthalten $1 \cdot 2\, ^0/_0$ eines bräunlichen, geruchlosen, unangenehm schmeckenden fetten Öles vom spez. Gew. $0 \cdot 9178$ bei 28^0 C. Es ist in absolutem kaltem Alkohol löslich. Auch in den übrigen Pflanzenteilen fand Peckolt geringe Mengen von Fett und Wachs.

21. Kreuzbeerenöl.[3])

Spez. Gewicht bei 15^0 C.	Verseifungszahl	Jodzahl	Hehnerzahl	Reichert-Meißlsche Zahl	Beobachter
$0 \cdot 9195$	186	155	$95 \cdot 77$	$0 \cdot 89$	Krassowski

Fettsäuren.

Jodzahl	Mittleres Mol.-Gew	Acetylzahl	Beobachter
$160 \cdot 6$	$288 \cdot 9$	$25 \cdot 8$	Krassowski

---

[1]) The Analyst 1904. 29. 110. — Chem. Rev. üb. d. Fett- u. Harz-Ind. 1904. 11. 128.
[2]) Ber. d. deutsch. pharm. Ges. 1902. 12. 144 und 1905. 15. 183.
[3]) N. Krassowski, Journ. russ. phys. chem. Ges. 1906. 38. 144.

Die Samen der Kreuz-, Farb- oder Purgierbeeren, die Früchte von Rhamnus cathartica *L.* (Kreuzdorn, Purgierwegdorn) enthalten ein durch Äther in einer Menge von $8\cdot85\,\%$ extrahierbares Öl. Es ist geruchlos, wenig löslich in Alkohol, leicht löslich in Äther, Chloroform und Benzol.

Die wahrscheinliche Zusammensetzung eines von Krassowski untersuchten Öles ist:

Stearinsäure	$6\cdot00\,\%$
Palmitinsäure	$1\cdot12$ „
Ölsäure	$30\cdot10$ „
Linolsäure	$35\cdot20$ „
Linolen- und Isolinolensäure, vorwiegend letztere . . .	$22\cdot40$ „
Flüchtige Säuren (darunter Buttersäure und eine bei ge- wöhnlicher Temperatur in Blättchen kristallisierende Säure)	$0\cdot24$ „
Glycerinrest (C_3H_2—)	$4\cdot32$ „
Phytosterin	$0\cdot48$ „
Gesättigter Kohlenwasserstoff (farblose Blättchen, Schmelz- punkt 81^0—82^0 C.)	$0\cdot11$ „

22. Sandbeerenöl.[1])

Spez. Gew. bei 15° C.	Erstarrungspunkt	Verseifungs- zahl	Jodzahl	Hehnersche Zahl	Reichert- Wollnysche Zahl	Maumenésche Probe im Tor- tellischen Appa- rat mit Olivenöl verdünnt	Refrakto- meteranzeige in Zeiß Butter- refraktometer
$0\cdot9208$	trübt sich bei —9° C. noch flüssig bei —19° C. butterähnlich bei —23° C. fest bei —27° C.	208	$147\cdot86$	$92\cdot48$	$0\cdot86$	$103\cdot5^0$	bei 25° C. 71

Fettsäuren.

Verseifungszahl	Jodzahl	Beobachter
der flüssigen Fettsäuren		
$198\cdot26$	$155\cdot84$	Sani

Die erdbeerähnlichen Früchte von Arbutus Unedo *L.* (Sandbeere, Erdbeerbaum), einer Ericacee, welche in Griechenland und Süditalien auf Spiritus verarbeitet werden, enthalten in den Samen ein goldgelbes Öl (ca. $39\,\%$ des Samengewichtes), welches einen süßen Geschmack und in frischem Zustande einen charakteristischen Geruch besitzt.

Es gehört zu den trocknenden Ölen. Bei der Elaïdinprobe wird es nicht fest, sondern nimmt auch nach mehreren Tagen nur eine intensive Braunfärbung an.

Es besteht aus den Glyceriden der Palmitin-, Öl-, Linol- und Isolinolensäure. Sani fand die unlöslichen Fettsäuren eines Öles nach folgendem Verhältnis zusammengesetzt:

$$\left.\begin{array}{l} 10\cdot97\,\% \ \text{Palmitinsäure} \\ 3\cdot43 \ \text{„ Ölsäure . . .} \\ 53\cdot75 \ \text{„ Linolsäure . .} \\ 24\cdot33 \ \text{„ Isolinolensäure} \end{array}\right\} \text{in 100 g Öl.}$$

---

[1]) G. Sani, Atti R. Accad. dei Lincei Roma 1905 [5.] 14. II. 619.

23. Leinkrautöl.[1]

Spez. Gew. bei $\frac{20\,^0\,C.}{18\,^0\,C.}$	Verseifungs-zahl	Jodzahl	Hehnerzahl	Acetylzahl nach Lewkowitsch	Beobachter
0·9217	188·6	140·0	94·1	12·3	Fokin

Fettsäuren.

Spez. Gew. bei $\frac{19\,^0\,C.}{19\,^0\,C.}$	Erstarrungs-punkt	Schmelzpunkt	Säure-zahl	Jodzahl	Beobachter
0·903	8·5⁰—13⁰ C.	14⁰—22⁰ C.	201·1	148·5	Fokin

Die Samen des Leinkrautes, Linaria reticulata, einer Scrophulariacee, enthalten 37·5 °/₀ Öl.

Das Öl enthält nach Fokin Linolsäure jedoch keine Linolensäure. In den Samen ist auch ein fettspaltendes Ferment, Lipase, enthalten.

24. Hanföl.[2]

Oleum cannabis. — Huile de chanvre, de chenèvis. — Hemp seed oil. — Olio di canape.

Spez. Gew. bei 15⁰ C.	Erstarrungs-punkt	Verseifungs-zahl	Jodzahl	Temperatur-erhöhg. b. d. Maum Probe	Refraktom.-Anzeige im Oleorefrakt.	Beobachter
0·9255	—	—	—	—	—	Souchère
0·925—0·931	—	—	—	—	—	Allen
0·9276	—	—	—	—	—	Fontenelle
0·9276	—	—	—	—	—	Talanzeff
0·9270	—	—	—	—	—	Chateau
0·9255	—	—	—	—	—	Massie
0·9280	—	192·8	140·5	95—99⁰	—	DeNegri u. Fabris
—	—	193·1	—	—	—	Valenta
—	—	192—194·9	157—166	—	—	Shukoff
—	—	—	143	—	—	v. Hübl
—	—	—	157·5	—	—	Benedikt
—	—	—	—	98⁰	—	Maumené
—	Dick bei —15⁰ C. Erstarrt bei —27⁰ C.	—	—	—	+30bis+34	Jean

Fettsäuren.

Erstarrungs-punkt	Schmelz-punkt	Mittleres Mol.-Gew.	Jodzahl	Acetylzahl	Beobachter
15⁰ C.	19⁰ C.	—	—	—	v. Hübl
14⁰—16⁰ C.	17⁰—19⁰ C.	—	141	—	De Negri u. Fabris
—	—	280·5	—	7·5	Benedikt u. Ulzer
—	—	—	122·2—125·2	—	Morawski u. Demski
—	—	300	—	—	Schestakoff

[1] Fokin, Chem. Rev. üb. d. Fett- u. Harz.-Ind. 1906. 13. 130.
[2] S. Talanzeff, Führer durch die Fettindustrie 1902 Nr. 2. u. 3. — Chem. Rev. üb. d. Fett- u. Harz.-Ind. 1902. 9. 162. — Lidoff; Chem. Rev. üb. d. Fett- u. Harz-Ind. 1900. 7. 120.

Das Hanföl wird aus den Samen des Hanfes, Cannabis sativa *L.*, einer Moracee, gewonnen. Nach der botanischen Nomenklatur sind diese Samen nicht als solche, sondern als die nußartigen Früchte des Hanfes zu bezeichnen, in welchen sich erst der Samen befindet. Die „Hanfsamen" enthalten 30—35 $\%$ Öl, durch Pressen erhält man durchschnittlich 25 $\%$. Werden die feuchten, ungetrockneten Samen einer kalten Pressung unterzogen, so erhält man ein hellgrünes Öl, welches dünnflüssiger ist, als das durch heiße Pressung gewonnene. Letzteres ist dunkelgrün in verschiedenen Abstufungen, je nach der Temperatur, bei welcher die Samen getrocknet wurden. Es ist haltbarer und wird nicht so schnell ranzig, wie das hellgrüne Öl (Talanzeff). Die grüne Farbe rührt von dem Chlorophyllgehalte der Schalen her. Altes Öl ist braungelb.

Das Hanföl hat einen eigentümlichen Geruch, milden Geschmack und trocknet sehr leicht.

Es löst sich in 30 Teilen kalten Alkohols; seine Lösung in 12 Teilen kochenden Alkohols scheidet beim Erkalten Stearin aus.

Das Öl enthält neben den Triglyceriden der Stearinsäure und Palmitinsäure, das Triglycerid der Linolsäure neben wenig Öl-, Linolen- und Isolinolensäureglycerid (Bauer, Hazura und Grüßner). Vorherrschend ist Trilinoleïn, welches bis zu 70 $\%$ in dem Öle enthalten sein kann (Talanzeff).

Der auf Ölsäure berechnete Gehalt an freien Fettsäuren beträgt 0·64—4·82 $\%$; Schestakoff[1]) fand in vier Proben 0·14—1·7 $\%$ (auf mittleres Mol.-Gew. berechnet).

Charakteristische Farbenreaktionen des nicht raffinierten Hanföles sind die folgenden:

Beim Kochen mit Natronlauge vom spez. Gew. 1·340 entsteht eine braungelbe, feste (bei Leinöl eine gelbe, flüssige) Seife.

Schwefelsäure färbt Hanföl (ebenso Leinöl) intensiv grün.

Ein Gemisch von gleichen Teilen konzentrierter Schwefelsäure, rauchender Salpetersäure und Wasser gibt beim Vermischen mit dem fünffachen Volumen Öl eine Grünfärbung, welche sodann in Schwarz übergeht; nach 24 Stunden tritt eine rotbraune Färbung auf.

Konzentrierte Salzsäure färbt frisches Öl grasgrün, älteres gelbgrün.

Reines Hanföl läßt sich leicht an seiner sehr hohen Jodzahl erkennen. Gemenge, welche dieselbe Jodzahl zeigen, könnten in erster Linie mit Hilfe von Leinöl hergestellt werden, das aber im Preise höher steht, so daß umgekehrt Leinöl mit Hanföl verfälscht wird. Außerdem gibt verfälschtes Hanföl nicht die Schwarzfärbung mit Salpeterschwefelsäure.

Über seinen Nachweis in Leinöl siehe dort.

Es findet zur Erzeugung von geringerwertigen Firnissen und auch in der Seifenfabrikation Verwendung. Den Seifen verleiht es eine grüne Farbe. Die besseren Sorten werden in manchen Gegenden Rußlands als Nahrungsmittel gebraucht, mindere Sorten auch als Gasöl und als Brennöl benützt.

---

[1]) Chem. Rev. üb. d. Fett- u. Harz-Ind. 1902. 9. 204.

25. Wal-del-Öl.

Es stammt aus den Samen der Moracee Artocarpus nobilis.

26. Nußöl.

Walnußöl. — Oleum juglandis, Oleum nucum juglandis. — Huile de noix, — Walnut oil, Nut oil. — Olio di noce.

Es wird aus den Samen des gemeinen Walnußbaumes, Juglans regia *L.* gewonnen.

Das Öl ist in den Nußkernen in einer Menge von 40—65 % enthalten.

Das kaltgepreßte Öl ist dünnflüssig, farblos oder hellgrünlichgelb, von angenehmem Geruch und Geschmack, das warmgepreßte ist grünlich von scharfem Geschmack und Geruch.

Das Öl enthält vornehmlich die Glyceride der Linolsäure, der beiden Linolensäuren, der Ölsäure, Myristinsäure und Laurinsäure, letztere in größerer Menge.

Es bedarf mehr als 100 Teile kalten oder ca. 60 Teile heißen Alkohols zu seiner Lösung. Beim Erkalten scheiden sich Kristalle fester Glyceride aus.

Die Säurezahl einer Probe fanden Crossley und Le Sueur[1] zu 10·07 (5·07% als Ölsäure berechnet), Tortelli und Pergami zu 1·1 (resp. 0·55% Ölsäure).

Nußöl wird mit Leinöl, Mohnöl und anderen schwach- oder nicht-trocknenden Ölen verfälscht.

Häufig wird sogenanntes „Nußöl" des Handels durch Aufgießen von Mohnöl auf Walnußkuchen und Erwärmen erhalten.[2]

Eine Verfälschung mit Leinöl erkennt man an der höheren Jod-zahl, durch die Maumenésche Probe und durch folgende von Halphen[3] empfohlene Reaktion:

Man schüttelt $^1/_2$ ccm des zu prüfenden Nußöls mit 10 ccm Äther in einem geschlossenen Reagensglase bis zur Lösung. Dann läßt man aus einer Bürette 1 ccm einer Bromlösung zufließen, die man sich un-mittelbar vorher in der Weise hergestellt hat, daß zu Tetrachlorkohlen-stoff solange Brom hinzugefügt wurde, bis das Volumen um die Hälfte vermehrt war.

Das Reagensglas wird neuerdings geschlossen, einmal umgekippt, um ein homogenes Gemisch zu bekommen und in ein Wasserbad von 25° C. gehalten. Bei Gegenwart von Leinöl trübt sich die Probe in weniger als zwei Minuten und wird dunkel. Die Gegenwart von Nelkenöl stört diese Reaktion nicht. Die für den Reaktionseintritt nötigen Zeiten wurden, wie Seite 674 angegeben, gefunden:

---

[1]) Journ. Soc. Chem. Ind. 1898. 17. 989.
[2]) Oils, Colours and Drysalteries 17. Nr. 6. — Chem. Rev. üb. d. Fett-u. Harz-Ind. 1905. 12. 191.
[3]) Bull. Soc. Chim. 1905. [3.] 33. 571. — Chem. Rev. üb. d. Fett- u. Harz-Ind. 1905. 12. 193.

Nußöl.

Spez. Gewicht bei	Erstarrungs-Punkt	Verseifungszahl	Jodzahl	Hehner-Zahl	Reichert-Meißlsche Zahl	Temperaturerhöhg. b. d. Maumenéschen Probe	Refraktom.-Anz. im Oleorefr.	Butterrefr. bei40°C.	Brech.-Index	Viscos. nach Redwood	Beobachter
12° C. 0·928 } 25° C. 0·919 } 94° C. 0·871 }	—	—	—	—	—	—	—	—	—	—	Saussure
15° C. 0·926	—	—	—	—	—	—	—	—	—	—	Souchère
„ 0·925—0·926	—	—	—	—	—	—	—	—	—	—	Allen
„ 0·9265	—	193·81-197·32	144·5—145·1	—	—	96°	—	—	—	—	DeNegri u.Fabris
„ 0·925—0·9265	—	186—197	142—151·7	—	—	—	—	—	—	—	Kebler
„ 0·9255—0·9260	—	—	147·9—148·4	—	—	—	—	67—68	—	—	Petkow[1]
$\frac{15·5}{15·5}$ 0·9259	—	192·5	143·1	95·44	0·00	—	—	64·8	—	bei 21° C. 231·8 Sek.	Crossley und Le Sueur
—	—	196·0	—	—	—	—	—	—	—	—	Valenta
—	—	188·7	147·9—151·7	—	—	—	—	—	—	—	E. Dieterich
—	—	194·4	—	—	—	—	—	—	—	—	Maben
—	—	—	143	—	—	—	—	—	—	—	v. Hübl
—	—	—	145·7	—	—	—	—	—	—	—	Hazura
—	—	—	143·3	—	—	—	—	—	—	—	Peters
—	—	—	—	—	—	101°	—	—	—	—	Maumené
—	—	—	—	—	—	—	+35bis+36	—	—	—	Jean
—	Dick bei —15° C. Erstarrt bei —27·5° C.	—	—	—	—	—	—	—	—	—	
15° C. 0·9256	—	194·4	132·1 (?)	—	—	110°	—	—	1·4804	—	Blasdale[2]
—	—	188·8	—	—	—	—	—	—	—	—	Tortelli und Pergami
—	—	—	152·0	—	—	—	—	—	—	—	Wijs

Fettsäuren des Nußöls.

Erstarrungs-punkt	Schmelzpunkt	Säurezahl	Verseifungszahl	Mittleres Mol.-Gewicht	Jodzahl	Acetylzahl	Beobachter
16° C.	20° C.	—	—	—	—	—	v. Hübl
—	16°—18° C.	—	—	—	150·05	—	De Negri u. Fabris
—	16°—20° C.	—	—	—	—	—	Kebler
—	—	—	—	273·5	—	7·6	Benedikt u. Ulzer
—	—	200·2	202·8	276·3	—	—	Tortelli u. Pergami

[1] Zeitschr. f. Unters. d. Nahrungs- u. Genußm. 1901. 7. 826. — [2] Journ. Soc. Chem. Ind. 1906. 25. 206.

Für Nußöl I. Pressung, alt . . . . 7 Minuten
„   „   II.   „   11   „
„   „   II.   „   mit 6 %/₀ Leinöl . . . . sofort
„   „   mit 12 %/₀ Nelkenöl . . . . 9 Minuten
„   „   „   „   „   u. 6 %/₀ Leinöl . . weniger als 2   „
„   „   „   20 %/₀   „   11   „

Bellier[1]) gibt ein allgemeines Verfahren zum Nachweis fremder Öle in Nußöl an, welches darauf beruht, daß die festen Fettsäuren bei 17^{0}—18^{0} C. in ca. 70 prozentigem Alkohol in Gegenwart bestimmter Mengen Kaliumacetat geringe Löslichkeit besitzen. Je weniger feste Fettsäuren ein Öl enthält, desto geringer wird daher der Niederschlag sein, der sich unter gleichen, noch näher zu beschreibenden Bedingungen bildet; er ist daher bei Nußöl am geringsten im Vergleich zu den Niederschlägen, welche die meist zur Verfälschung von Nußöl benutzten Öle zeigen.

Die Prüfung wird auf folgende Art durchgeführt: Genau 1·0 ccm des Öles wird mit 5 ccm alkoholischer Kalilauge (16 g reines Ätzkali in 110 ccm 91—93 prozentigem Alkohol) in einem Reagensglase durch Erwärmen, ohne zu kochen, bis zur völligen Klarheit verseift. Dann hält man das Glas zugepfropft eine halbe Stunde im Sandbade auf ca. 70^{0} C., gibt nun soviel einer verdünnten Essigsäure (25 g Eisessig in 75 ccm Wasser) zu, als zur Neutralisation der zugefügten Kalilauge nötig ist — diese Menge hat man vorher mit 5 ccm der Kalilauge und Phenolphthaleïn als Indikator, genau festgestellt —, und bringt das Glas in ein Wasserbad von 25^{0} C. und schließlich nach dem Temperaturausgleich in Wasser von 17^{0}—19^{0} C. unter öfterem Umschütteln. (Es befinden sich nach dieser Neutralisation in dem Lösungsmittel neben neutralem Kaliumacetat, die freien Fettsäuren.) Reines Nußöl gibt hierbei nur einen geringen Niederschlag, der kaum den Boden bedeckt, Mohnöl gibt eine reichliche Fällung, welche das ganze Glas erfüllt, die anderen Öle ebenfalls eine fast momentane starke Fällung.

Von Oliven-, Cotton-, Arachis-, Lein-, Rüb- und Rapsöl lassen sich auf diese Weise wenige Prozente, von Mohnöl etwa 10 %/₀ mit einiger Übung auch geringere Mengen erkennen.

Balavoine[2]) bestätigt die Angaben von Bellier, setzt aber als untere Erkennungsgrenzen für die erstgenannten Öle 5—10 %/₀, für Mohnöl 20 %/₀ fest.

Wie in allen ähnlichen Fällen empfiehlt es sich auch hier, einen Parallelversuch mit unverfälschtem Öle anzustellen.

Der Zusatz von schwach- oder nichttrocknenden Ölen läßt sich außerdem durch eine erniedrigte Jodzahl, der von Sesam- und Cottonöl auch in geringer Menge durch die Farbenreaktionen erkennen.

Das Nußöl findet als Speiseöl und zur Herstellung von Firnissen Verwendung.

---

[1]) Ann. Chim. anal. appl. 1905. 10. 52.
[2]) Schweiz. Wochenschr. f. Chem. u. Pharm. 1906. 44. 224.

27. Schwarznußöl.

Einige Proben des Öles des schwarzen Walnußbaumes, Juglans nigra *L.*, wurden von L. F. Kebler[1]) untersucht und folgende Konstanten erhalten:

Spez. Gew. bei 15° C.	Erstarrungspunkt	Verseifungszahl	Jodzahl	Hehner-Zahl	Reichert-Meißlsche Zahl
0·9215	trübt sich auf −12° C. abgekühlt	190·1—191·5	141·4—142·7	93·77	15 (?)

Der Gehalt an freier Säure, als Ölsäure berechnet, betrug 4·33 bis 4·53 %. Die von Kebler ermittelte hohe Reichert-Meißlsche Zahl steht im Widerspruch mit der niedrigen Verseifungszahl.

28. Saffloröl, Safloröl.

Huile de saflore, de Carthame. — Safflower oil. — Olio di cartamo.

	Spez. Gew. bei	Erstarrungspunkt	Schmelzpunkt	Verseifungszahl	Jodzahl	Hehnerzahl	Reichert-Meißlsche Zahl	Refraktometeranzeige in Zeiß Butterrefrakt. bei 40°C.	Brechungsindex bei 16°C.	Viscosität bei 21°C.	Beobachter
Gepreßtes Öl	0° C. 0·936 15·5°C. 0·916	—	—	172(?)	126	93·87	0·88	—	1·477	—	Tylaikow
Mit Äther extrah. Öl	0° C. 0·934 15·5°C. 0·925	—	—	194	130	90·78	0·69	—	1·477	—	,,
Indisches Öl verschied. Herkunft, 11 Proben	15·5° 0·9251 bis 15·5° 0·9280	—	—	186·6 bis 193·3	129·8 bis 149·9	95·3	—	65·2	—	9·57 bis 10·81	Crossley und Le Sueur
—	20°C. 0·9227	—	—	194 bis 194·8	143 bis 144·5	—	1·45 bis 1·63	—	—	—	Jones[2])
—	—	—	—	195·4	141·6	—	—	—	—	—	Shukoff
Aus den ungeschälten Früchten mit Äther extrahiert (Amani in Deutsch-Ostafrika)	15°C. 0·9266	−13°C. bis unter −18°C.	−5°C.	191·0	142·2	—	0·0	65	—	—	Fendler

Fettsäuren.

Spez. Gew. bei 15° C.	Erstarrungspunkt	Schmelzpunkt	Säurezahl	Mittleres Mol.-Gew.	Acetylzahl	Jodzahl	Jodzahl	Säurezahl	Mittleres Mol.-Gew.	Beobachter
							der flüssigen Fettsäuren			
0·9135	+12°C.	+17°C.	199·0	281·8	52·9	148·2	150·8	191·4	293·1	Fendler
—	—	—	—	297	—	—	—	—	—	Schestakoff[3])

1) Journ. Amer. Chem. Soc. 1901. 73. 173.
2) Chem. Zeitg. 1900. 24. 272.
3) Chem. Rev. üb. d. Fett- u. Harz-Ind. 1902. 9. 204.

Der Safflor, falscher Safran (Carthamus tinctorius) eine einjährige Pflanze aus der Familie der Kompositen, ist meist als Färbepflanze bekannt.

Zum Zwecke der Ölgewinnung wird der Safflor besonders in Afrika, in Frankreich, Italien, Turkistan, im Kaukasus und anderen Gegenden Rußlands, namentlich Südrußlands angebaut,[1] in letzterem als teilweiser Ersatz für die Sonnenblume. Die Öle der beiden Pflanzen haben ähnliche Eigenschaften. — Der Safflor kommt in zwei Varietäten, einer dornigen und einer nichtdornigen, vor. Das Öl wird sowohl aus den Samen der kultivierten, als auch der wildwachsenden Pflanze gewonnen.

Die annähernd birnförmigen Früchte sind von 6—8 mm Länge und 4—5 mm Breite. Die glänzende, grau- bis gelblichweiße Schale ist sehr hart und spröde und umschließt einen weichen, grünlichweißen Samen, von dem sie nur schwierig zu trennen ist. Der Ölgehalt der ungeschälten Samen beträgt $20\text{—}26\,^0/_0$, der der geschälten in den Tropen bis über $50\,^0/_0$. — Mittels hydraulischer Pressen werden nur $17\text{—}18\,^0/_0$ Öl aus den Samen gewonnen.

Das Öl ist in seinen reinen Sorten lichtgelb gefärbt und besitzt einen angenehmen Geruch und Geschmack, ähnlich dem des Sonnenblumenöls. Wie allgemein sind auch hier die aus geschälten Samen gepreßten oder extrahierten Öle schöner, reiner und haltbarer, daher kommt es, daß Fendler[2] bei einem Saffloröl, das er durch Ausäthern von zerstoßenen, nicht geschälten Früchten erhalten hatte, schon nach kurzer Zeit, selbst beim Aufbewahren in geschlossener Flasche, einen sehr unangenehmen, ranzigen und kratzenden Geschmack wahrnehmen konnte.

An Säuren wurden in dem Öle Stearinsäure, Palmitinsäure, Ölsäure und Linolsäure gefunden. Tylaikow[3] vermutet ferner noch die Gegenwart einer kleinen Menge Isolinolensäure.

Tatsächlich erhielten Walker und Waburton[4] aus den Säuren des Saffloröls $0\cdot65\text{—}1\cdot65\,^0/_0$ Hexabromsäuren, welche auf Vertreter der Linolensäurereihe hinweisen.

Der auf Ölsäure berechnete Gehalt an freien Fettsäuren schwankte nach Crossley und Le Sueur[5] bei neun Proben zwischen $0\cdot19$ und $2\cdot08\,^0/_0$, bei einer Probe ergab er sich zu $5\cdot04\,^0/_0$. Tylaikow fand ihn in einer Probe extrahierten Öles zu $0\cdot62\,^0/_0$ und in einem gepreßten Öle zu $5\cdot2\,^0/_0$, Fendler[2] in einem frisch extrahierten Öle zu $5\cdot84\,^0/_0$. Diese Probe enthielt auch $0\cdot708\,^0/_0$ unverseifbare Bestandteile.

Das Saffloröl dreht die Polarisationsebene nach rechts. Crossley und Le Sueur fanden eine Drehung von $+\,4'$ bis $14'$ im 200 mm-Rohr.

---

[1] Über den Anbau des Safflors: Graf A. A. Uwarow „Safflor, eine neue Ölpflanze." Saratow 1897. — W. Gomilewsky, Chem. Rev. üb. d. Fett- u. Harz-Ind. 1902. 9. 256.

[2] Chem. Zeitg. 1904. 28. 867. — Chem. Rev. üb. d. Fett- u. Harz-Ind. 1904. 11. 230.

[3] Nachrichten des Moskauer Landwirtschaftl. Instituts. — Chem. Zeitg. Rep. 1902. 26. 85. — Chem. Rev. üb. d. Fett- u. Harz-Ind. 1902. 9. 106.

[4] The Analyst 1902. 27. 237. — Chem. Rev. üb. d. Fett- u. Harz-Ind. 1902. 9. 256.

[5] Journ. Soc. Chem. Ind. 1898. 17. 989.

Es trocknet in sechs Tagen, bei höherer Temperatur noch früher ein, wenn es in dünner Schicht aufgetragen wird. Die Livachesche Probe ergab folgende Gewichtszunahmen infolge Aufnahme von Sauerstoff (Fendler):

Nach 18 Stunden . . . . . . 0·6 % | Nach 64 Stunden . . . . . 6·4 %
„ 40 „ . . . . . . 4·3 „ | „ 136 „ . . . . . 7·5 „

Es dient wie das Sonnenblumenöl Speise- und Brennzwecken, in Indien auch zum Kalfatern der Schiffe. Auch dürfte es sich zur Herstellung von Lacken und Firnissen verwenden lassen.

Eine aus den Samen von Carthamus oxyacantha gewonnene Probe wurde von Crossley und Le Sueur untersucht und besaß die folgenden Konstanten:

Spez. Gew. bei 15·5⁰ C., bezogen auf Wasser von 15·5⁰ C.: 0·9270.
Verseifungszahl: 189·4.
Jodzahl: 135·49.
Hehner-Zahl: 95·44.
Refraktometeranzeige bei 40⁰ C.: 68·2.
Optische Drehung im 200 mm-Rohr: + 7′.
Viscosität bei 21⁰ C.: 11·57.

Der Säuregehalt als Ölsäure berechnet war 1·84 %.

29. Nigeröl.

Huile de Niger. — Nigerseed oil. — Olio di Niger.

Spez. Gewicht bei	Erstarrungspunkt	Verseifungszahl	Jodzahl	Hehner-Zahl	Reichert-Meißl-Z.	Temperaturerhöhung b. d. Maumenéschen Probe	Refraktom.-Anzeige in Zeiß Butterrefrakt. bei	Beobachter
$\frac{15\cdot5^0\,C.}{15\cdot5^0\,C.}$ 0·9248 bis 0·9263	—	188·9 bis 192·2	126·6 bis 133·8	94·11	0·11 bis 0·63	—	40⁰ C. 63	Crossley und Le Sueur[1]
$\frac{15\cdot5}{99^0\,C.}$ 0·9270 $\frac{}{15\cdot5^0\,C.}$ 0·8738	—9⁰ C.	—	—	—	—	81⁰	—	Allen
—	—	189 bis 191	—	—	—	—	—	Stoddart
—	—	—	132·9	—	—	—	—	Archbutt
—	—	—	133·5	—	—	—	—	{ Wallenstein und Finck
—	—	—	—	—	—	82⁰	—	Baynes

Fettsäuren.

Spez. Gew.	Jodzahl der flüssigen Fettsäuren	Beobachter
bei $\frac{100^0\,C.}{100^0\,C.}$ 0·8886	—	Archbutt
—	147·5	Wallenstein u. Finck

[1] Journ. Soc. Chem. Ind. 1898. 17. 989.

Nigeröl wird aus den Ramtilla- oder Nigersamen von Guizotia oleïfera *D. C.* resp. Guizotia abyssinica *Cass,* einer Composite Indiens und Abessiniens gewonnen.

Der Ölgehalt einer Probe von Guizotia oleifera wurde von Schindler und Waschata[1]) zu 36·33 % festgestellt.

Das Öl ist gelb, hat nußartigen Geschmack und gehört zu den schwächertrocknenden Ölen. Nach Allen trocknet es bei 100° C. rasch ein.

Ein Gemisch von gleichen Teilen Salpetersäure und Schwefelsäure erteilt dem Öle eine schmutzig-braungelbe, nach $^1/_4$—$^1/_2$ Stunde eine schwarzbraune, erst nach vielen Stunden in rotbraun übergehende Färbung (Schädler).

Diese Ölpflanze wird hauptsächlich in Vorder- und Hinterindien kultiviert. Das Öl findet als Speiseöl, Brennöl und Medizinalöl Verwendung. Außerdem soll es als Ersatz des Leinöls und zur Verfälschung von Rüböl dienen.

30. Sonnenblumenöl.

Oleum Helianthi annui. — Huile de tournesol. — Sunflower oil, Turnsol oil. — Olio di girasole.

Aus den Samen der gemeinen Sonnenblume, Sonnenrose, Helianthus annuus *L.* (Composite). Klar, hellgelb, angenehm riechend, von mildem Geschmack (Chateau).

Nach Analysen von R. Windisch[2]) sind die ungarischen Sonnenblumensamen reicher an Öl als die russischer Provenienz. Ihre Kerne, welche zirka die Hälfte des Samengewichtes ausmachen, enthalten nämlich 36·6—53 % Öl, während die russischen Samen nur 23 % enthalten. G. A. Canello[3]) konstatierte in einer Sorte italienischer Samen 29·21 % Öl.

Zusammensetzung. Es besteht aus Linoleïn, Oleïn, Palmitin und wenig Arachin (?). Tolman und Munson konstatierten 3·88 % fester Fettsäuren, Hazura[4]) 92·5 % flüssiger Fettsäuren.

Eine Probe enthielt 0·31 % Unverseifbares und weder freie noch flüchtige Fettsäuren. Tolman und Munson[5]) fanden in zwei Proben 0·95 %, Jean[6]) in einer Probe 3·1 % freie Fettsäuren auf Ölsäure berechnet, und 0·72 % unverseifbare Bestandteile.

Die Sauerstoffabsorption mit Kupfer nach v. Hübl betrug:

nach 2 Tagen 1·97 %,   nach 7 Tagen 5·02 %;

die Sauerstoffabsorption der Fettsäuren:

nach 2 Tagen 0·85 %,   nach 7 Tagen 3·56 %,   nach 30 Tagen 6·3 %.

---

[1]) Nach Wiener Seifens.-Zeitg.: Chem. Rev. üb. d. Fett- u. Harz-Ind. 1905. 12. 223.

[2]) Landw. Versuchsstat. 1902. 57. 305.

[3]) Staz. sperim. agrar. ital. 1902. 35. 753.

[4]) Monatsh. f. Chem. 1889. 10. 190.

[5]) Journ. Americ. Chem. Soc. 1903. 25. 954.

[6]) Ann. Chim. anal. appl. 1901. 6. 166. — Chem. Zeitg. Rep. 1901. 25. 209.

Sonnenblumenöl.

Spezifisches Gewicht bei	Er-starrungs-punkt	Ver-seifungs-zahl	Jodzahl	Hehnerzahl	Temperatur-erhöhung bei der Maumené-schen Probe °C.	Spezifische Reaktions-temperatur	Refraktom.-Anzeige in Zeiß Butter-Refrakto-meter	im Oleo-Refrak-tometer	Bre-chungs-index bei	Beobachter
15° C. 0·9262	—	—	—	—	—	—	—	—	—	Chateau
15° C. 0·924—0·926	—	—	—	—	—	—	—	—	—	Allen
15° C. 0·9258	—	193—193·3	129	95	67·5	—	—	—	—	Spüller
„ 0·9250	—	192	124	—	—	—	—	+ 35	—	Jean
„ 0·926	—	188—189	119·7—120·2	—	72—75	—	—	—	—	De Negri u. Fabris
„ 0·936	—	—	122·5—133·3	—	—	—	—	—	—	Dieterich
„ 0·924 } 90° C. 0·919 }	bei —17°C. teilweise fest	193	135	—	—	—	—	—	—	Holde
—	—	191·9	—	—	—	—	—	—	—	Tortelli u. Pergami
—	—16° bis —18·5°C.	193—194	—	—	—	—	—	—	—	Bornemann
—	—	193—194	129	—	—	—	—	—	60° C. 1·4611	Thörner
—	—	—	—	—	—	—	bei 25° C. 72·2	—	—	Beckurts u. Seiler
2Proben{ 15·5° C. 0·9203	—	191·7	106·2 (?)	—	60·0	166·7	bei 15·5° C. 72·4	—	15·5° C. 1·4737	Tolman u. Munson
—	—	191·3—191·9	134·5	—	—	—	—	—	—	Hazura
15° C. 0·924—0·9265	—	—	127—132	—	—	—	bei 40° C. 62·5—64	—	—	Petkow[1]

Fettsäuren.

Erstarrungs-punkt °C.	Schmelzpunkt °C.	Säurezahl	Verseifungs-zahl	Mittleres Molekular-Gewicht	Jodzahl	Jodzahl der flüssigen Fetts.	Brechungs-index bei	Beobachter
17	23	—	—	—	—	—	—	Bach
18	23	—	—	—	—	—	—	Dieterich
18	22—24	—	—	—	124	—	—	De Negri u. Fabris
17	23	—	201·6	—	133—134	—	60°C. 1·4531	Thörner
—	17—22	—	—	—	—	—	—	Peters
—	22	—	—	—	—	—	—	Jean
—	—	—	201·6	—	133·2—134	—	—	Spüller
—	21·0	—	—	—	—	113·8	—	Tolman u. Munson
—	—	193·4	201·5	278·4	—	—	—	Tortelli u. Pergami

[1] Zeitschr. f. öffentl. Chem. 1907. 13. No. 11. — Chem. Rev. üb. d. Fett- u. Harz.-Ind. 1907. 14. 59.

Salpetersäure vom spez. Gew. 1·37 gibt beim Schütteln mit Sonnenblumenöl keine Färbung, während bei Gegenwart von Cottonöl Braunfärbung eintritt.

Mit konzentrierter Schwefelsäure versetzt, gibt Sonnenblumenöl eine goldgelbe Färbung, welche von einer graublauen, mit violetten Punkten begrenzten Zone umgeben ist.

Alkoholische Silberlösung wird durch das Öl reduziert (Jean).

Sein Flüssigkeitsgrad nähert sich nach Holde[1]) sehr dem des Mohnöls.

Es wird insbesondere in Rußland und Ungarn gewonnen und dient zur Firnisfabrikation und als Brennöl, ferner auch zur Seifenfabrikation, trotzdem es sich ziemlich schwer verseift und eine weiche Seife liefert. In Ostrußland wird es als Speiseöl verwendet. Nach Jolles und Wild[2]) wird es anstatt Cottonöl auch der Margarine zugesetzt.

31. Madiaöl.[3])

Oleum Madiae. — Huile de Madia. — Madia oil. — Olio di Madia.

Spezifisches Gewicht bei 15° C.	Erstarrungs- punkt ° C.	Ver- seifungs- zahl	Jodzahl	Temperatur- erhöhung bei der Maumenéschen Probe	Beobachter
0·9286	—10 bis —11 (heiß gepreßt)	—	—	—	Schädler
—	—25 (kalt gepreßt)	—	—	—	Schädler
0·9285—0·9286	—10 bis —20	192·8	117·5—119·5	96—101° C.	De Negri u. Fabris

Fettsäuren.

Erstarrungspunkt	Schmelzpunkt	Jodzahl	Beobachter
20°—22° C.	23°—26° C.	120·7	De Negri u. Fabris

Es wird aus den Samen der Ölmadie (Madia sativa Mol.), einer Composite, gewonnen und ist dunkelgelb, von eigentümlichem, nicht unangenehmem Geruche (Chateau).

Bei der Elaïdinprobe bleibt es weich. Der Jodzahl nach steht es den schwachtrocknenden Ölen nahe.

Das kaltgepreßte Öl dient als Speiseöl, das warmgepreßte als Brennöl, Schmieröl und in der Seifenfabrikation.

32. Echinopsöl. Distelöl.

Die Samen von Echinops Ritro (Distel), aus der Familie der Compositen, enthalten 27·5 °/₀ Öl von schwach gelblicher Farbe und nicht starker Trockenfähigkeit.

Der Gehalt an freier Säure, als Ölsäure berechnet, wurde von Wijs in zwei Proben zu 4·38 °/₀ und 7·31 °/₀ gefunden.

---

[1]) Mitt. Techn. Vers.-Anst. Berlin 1894. 12. 36.
[2]) Chem. Zeitg. 1893. 17. 49.
[3]) Publ. delle Gabelle II. 189. 107.

Echinopsöl.

Spezifisches Gewicht bei	Verseifungszahl	Jodzahl	Acetyl-zahl	Wegersche Sauerstoff-zahl	Beobachter
15° C. 0·930	194	—	—	—	Greshoff[1]
20° C. 0·9253—0·9285	189·2—190·0	138·1—141·1	26·5	9	J. J. A. Wijs[2]

Fettsäuren.

Er-starrungs-punkt	Schmelzpunkt	Säurezahl	Mittleres Molekular-Gewicht	Jodzahl	Beobachter
39° C.	41° C.	—	—	—	Greshoff
—	11°—12° C.	192·3—192·9	291—292	139·1—143·8	Wijs

Das Öl ist in Petroläther, Äther, Schwefelkohlenstoff und Benzol in jedem Verhältnis löslich, beim Erwärmen im gleichen Volumen Eisessig, ebenso in siedendem Alkohol. Beim langsamen Abkühlen trübt sich die alkoholische Lösung bei 42° C. Beim Schütteln des Öles mit absolutem Alkohol bei 15° C. lösen sich ca. 51 g des vollkommen neutralen Öles in 1000 ccm. Da sich nach Tortelli[3] von den meisten anderen neutralen Ölen nur 15—20 g in 1000 ccm Alkohol lösen, von den Cruciferenölen nur etwa 8 g, so ist dieses Öl als ziemlich leicht löslich in Alkohol zu bezeichnen. Dies steht wahrscheinlich mit der ansehnlichen Acetylzahl im Zusammenhange.

33. Spargelsamenöl.[4]

Huile d'asperges. — Asparagus seed oil.

Spezifisches Gewicht bei 15° C.	Verseifungs-zahl	Jodzahl	Acetylzahl	Refraktometer-anzeige in Zeiß' Butterrefrakto-meter bei 25° C.	Beobachter
0·928	194	137	25·2	75	Peters

Die Samen des Spargels, Asparagus officinalis *L.*, einer Liliacee, enthalten 15·3 °/₀ Öl. Dasselbe ist rötlichgelb und gehört zu den trocknenden Ölen.

Seine festen Fettsäuren sind nur Palmitin- und Stearinsäure, die flüssigen bestehen (wie die Methode von Hazura ergab) aus Öl-, Linol-, Linolen- und Isolinolensäure.

34. Mohnöl.

Oleum papaveris. — Huile d'oeillette, d'oliette, de pavot du pays, Huile blanche. — Poppy oil, Poppy seed oil, Maw oil. — Olio di papavero.

Aus den Samen des Mohnes (Gartenmohn, Magsamen, Schlafmohn), Papaver somniferum *L.*, Gattung der Papaveraceen. Diese Pflanze stammt aus Kleinasien, und wird in Vorderasien, Ostindien, Ägypten, Algier und

---

[1] Verslagen der Kon. Academie van Wetenschappen 1900. 8. 699.
[2] Zeitschr. f. Unters. d. Nahrungs- u. Genußm. 1903. 6. 492. — Chem. Rev. üb. d. Fett- u. Harz-Ind. 1903. 10. 179.
[3] Harz, Landwirtschaftliche Samenkunde S. 869.
[4] W. Peters, Arch. d. Pharm. 1902. 240. 53.

Mitteleuropa hauptsächlich zum Zwecke der Ölgewinnung angebaut. Der Ölgehalt ist bedeutend, er beträgt oft die Hälfte des Samengewichtes.

Kaltgepreßtes „weißes Mohnöl" ist farblos oder schwach goldgelb, fast geruchlos und von angenehmem Geschmack, das „rote Mohnöl" stammt von der zweiten Pressung und ist minderwertig.

Die Mohnölfettsäuren enthalten nach Tolman und Munson[1] $6.67\,^0/_0$ feste Fettsäuren, und zwar Stearin- und Palmitinsäure. Der Rest besteht nach Hazura und Grüßner aus ungefähr $5\,^0/_0$ Linolensäure, $65\,^0/_0$ Linolsäure und $30\,^0/_0$ Ölsäure. Demnach wären die Mohnölfettsäuren wie folgt zusammengesetzt:

$6.67\,^0/_0$ Stearin- und Palmitinsäure,
$28.00\,^0/_0$ Ölsäure, $60.66\,^0/_0$ Linolsäure, $4.67\,^0/_0$ Linolensäure.

An unverseifbaren Bestandteilen, der Hauptsache nach Phytosterin, enthält das Mohnöl ca. $0.5\,^0/_0$.

Das Mohnöl wird nicht leicht ranzig und enthält relativ wenig freie Fettsäuren.

Rechenberg fand im Mohnöl 2.09, Salkowski $2.29\,^0/_0$ freier Fettsäuren, als Ölsäure berechnet. Nördlinger fand in 26 Proben gepreßten Speiseöles $0.70—2.86$, im Mittel $1.92\,^0/_0$, in fünf Proben gepreßten technischen Öles $12.87—17.73$, im Mittel $15.37\,^0/_0$, in fünf Proben extrahierten Öles $2.15—9.43$, im Mittel $4.72\,^0/_0$ freier Fettsäuren. Crossley und Le Sueur[2] konstatierten in vier Proben zwischen 1.60 und $2.77\,^0/_0$ schwankende Mengen an freien Fettsäuren, Schestakoff in zwei Proben 0.24 und $0.40\,^0/_0$.

Gegen Reagenzien ist es sehr indifferent und gibt weder die Baudouinsche noch die Soltsiensche Reaktion.

Reines Mohnöl ist optisch inaktiv (Bishop, Utz).

Mohnöl ist im Handel häufig vermischt mit Sesamöl anzutreffen, welches in geringen Mengen ($1—2\,^0/_0$) als zufällige Verunreinigung zu betrachten ist, da Mohnöl und Sesamöl in vielen Fabriken abwechslungsweise hintereinander gepreßt werden. Dagegen existieren auch „Mohnöle", welchen bis zu $40\,^0/_0$ Sesamöl zugegeben wurde,[3] um das aus minderwertigen Mohnsamen erhaltene Produkt zu verbessern.[4]

Die Beimengung von Sesamöl läßt sich nach Utz durch die Jodzahl, die Refraktometeranzeige, die Baudouinsche und Soltsiensche Reaktion erkennen.

Utz extrahierte Mohnsamen verschiedener Herkunft und fand folgende Jodzahlen (nach Waller):

für indisches Mohnöl 153.48
für levantinisches Mohnöl 157.52
für deutsches Mohnöl 156.94

---

[1] Journ. Amer. Chem. Soc. 1903. 25. 690.
[2] Journ. Soc. Chem. Ind. 1898. 17. 989.
[3] Es sei bemerkt, daß Sesamöl und Sesamsamen im Preise höher stehen als Mohnöl und Mohnsamen.
[4] Utz, Chem. Zeitg. 1903. 27. 1176; 1904. 28. 257. — Chem. Rev. üb. d Fett- u. Harz-Ind. 1904. 11. 16.

Die Jodzahl wird daher durch Sesamöl (Jodzahl 103—116) herabgedrückt. Es ergibt sich daraus, daß wahrscheinlich sämtliche in der Literatur für Mohnöl auffindbaren Jodzahlen, mit Ausnahme derer von Utz, an unreinen Mohnölen festgestellt wurden.

Die Refraktometeranzeigen im Zeißschen Butterrefraktometer und die Brechungsindices sind bei 15° C. für die reinen Mohnöle:

Indisches Mohnöl $n_D = 1\cdot4772$	Refraktometeranzeige	$= 78\cdot1$
levantinisches „ „ $= 1\cdot4774$	„	$= 78\cdot4$
deutsches „ „ $= 1\cdot4774$	„	$= 78\cdot4$
für Sesamöl „ $= 1\cdot4772$	„	$= 73\cdot0$

Sesamöl erniedrigt also die Refraktion von Mohnöl.

Da Sesamöl eine optische Drehung besitzt ($+ 0\cdot8$ bis $+ 1\cdot6$), so beeinflußt es auch in dieser Hinsicht das optisch inaktive Mohnöl.

Reines Mohnöl gibt ferner, wie bereits erwähnt, weder die Baudouinsche noch die Soltsiensche Reaktion.

Utz[1]) schlägt vor, gröbere Verfälschungen durch Sesamöl mittels der letztgenannten Reaktion in folgender Ausführung nachzuweisen:

5 ccm des zu prüfenden Öles werden mit ca. 2·5 ccm Zinnchlorürlösung (Bettendorfs Reagens) in einem Reagensglase, welches einen eingeschliffenen Glasstöpsel besitzt, einmal umgeschüttelt. Hierauf hält man das Reagensglas in lauwarmes Wasser, bis sich Öl und Reagens wieder getrennt haben, und erhitzt das abgeschiedene Reagens etwa 15 Minuten im kochenden Wasserbade in der Weise, daß man das Reagensglas soweit eintauchen läßt, als die Reagensschichte reicht. Eine mehr oder minder intensive Rosa- oder Rotfärbung zeigt Sesamöl an.

Behrens will Mohnöl dadurch von anderen Ölen unterscheiden, daß er 10 g der Probe mit 10 g Salpeterschwefelsäure (1:1) mischt. Es soll sich Mohnöl ziegelrot, Sesamöl grasgrün färben. Diese Angaben sind nach den Versuchen von Utz[2]) unzuverlässig, da auch Sesamöl und andere Öle durch Salpeterschwefelsäure ziegelrote Färbung annehmen. Andés[3]) erhielt die gleiche Reaktion bei Rüllöl oder Leindotteröl.

Mohnöl wird wieder seinerseits zur Fälschung von anderen Ölen verwendet. Seine Auffindung in diesen wird durch sein hohes spezifisches Gewicht und durch seine hohe Jodzahl erleichtert.

Für den Nachweis in Nußöl gibt Bellier[4]) eine Methode an, welche einen Zusatz von $10\,^0/_0$ Mohnöl, bei einiger Übung auch von weniger erkennen läßt (siehe Nußöl).

Die feineren Sorten des Mohnöles werden wegen des angenehmen Geschmackes und der geringen Neigung, ranzig zu werden, als Speiseöl (Salatöl) benützt und auch anderen Speiseölen zugesetzt. Die minderen Sorten finden als Firnisöl, als Brennöl und in der Seifenfabrikation Verwendung.

---

[1]) Apoth.-Zeitg. 1904. 19. 444. — Chem. Rev. üb. d. Fett- u. Harz-Ind. 1904. 11. 179.

[2]) Chem. Zeitg. 1903. 27. 1176. — Chem. Rev. üb. d. Fett- u. Harz-Ind. 1904. 11. 16.

[3]) Chem. Rev. üb. d. Fett- u. Harz-Ind. 1903. 10. 199.

[4]) Ann. Chim. anal. appl. 1905. 10. 52.

Mohnöl.

Spez. Gewicht	Erstarrungspunkt	Verseifungszahl	Jodzahl	Hehnerzahl	Reichert-Meißlsche Zahl	Temperaturerhöhung bei der Maumenéschen Probe	Refraktometeranzeige in Zeiß-Butterrefraktom.	Refraktometeranzeige im Oleorefraktometer	Brechungsindex	Viscosität Sekunden bei 21° C.	Beobachter
bei 15° C. 0·924	—	—	134—135	—	—	—	—	—	—	—	Souchère
bei 15° C. 0·924—0·937 bei 98°—99° C. (W = 15·5° C.) 0·8738	—	—	—	—	—	—	—	—	—	—	Allen
bei 15° C. 0·9262	—	—	—	—	—	—	—	—	—	—	Clarke
bei 15° C. 0·927	—	193·6	136·8—137·6	—	—	87°—85·5°	—	—	—	—	De Negri u. Fabris
bei 15·5° C. (W = 15·5° C.) 0·9255—0·9268	—	189 bis 196·8	133·7—137·1	94·97	0·00	—	bei 40° C. 63·4	—	—	253·9 bis 259·1	Crossley u. Le Sueur[1]
bei 15·5° C. (W = 15·5° C.) 0·9244	—	193·8	134·9	—	—	75·8	bei 15·5° C. 77·8	—	bei 15·5° C. 1·4770	—	Tolman u. Munson[2]
bei 18° C. 0·9245	—	—	—	—	—	—	—	—	—	—	Stilurell
—	—18° C.	—	—	—	—	—	—	—	—	—	Girard
—	—17° bis —19° C.	—	131	—	—	—	—	—	—	—	Shukoff
—	—	—	—	95·38	—	—	—	—	—	—	Dietzl u. Kreßner
—	—	194·6	—	—	—	—	—	—	—	—	Valenta
—	—	192·8	134·0	—	—	—	—	—	—	—	Moore
—	—	197·7	137·6—143·3	—	—	—	—	—	—	—	Dieterich
—	—	193—194	134—135	—	—	—	—	—	bei 60° C. 1·4586	—	Thörner
—	—	—	136	—	—	—	—	—	—	—	v. Hübl
—	—	—	138·6	—	—	—	—	—	—	—	Ulzer
—	—	—	—	—	—	74°	—	—	—	—	Maumené

—	—	—	—	—	—	—	—	—	bei 20° C. 1·4749 bis —1·4789	—	Harvey
—	—	—	—	—	—	—	bei 25° C. 74·5	—	—	—	Mansfeld
—	—	—	—	—	—	—	bei 25° C. 72	—	—	—	Beckurts u. Seiler
—	—	—	—	—	—	—	—	+23·5 bis 35	—	—	Jean
—	—	192—195	133—138	—	—	—	—	—	—	—	Oliveri
—	—	190·1	132·6—136	—	—	—	—	—	—	—	Lewkowitsch
—	—	—	139—141	—	—	—	—	—	—	—	Peters
—	—	—	153·8—157·5	—	—	—	bei 15° C. 78·3	—	bei 15° C. 1·4773	—	Utz[3]
—	—	—	—	—	—	—	—	bei 22° C. +30 bis +35	—	—	Pearmann
bei 15° C. 0·9243	—	192·8	140·0 (Wijs)	—	—	—	bei 25° C. 71·0	—	—	—	Thomson u. Dunlop[4]

Fettsäuren.

Spez. Gewicht bei	Erstarrungspunkt	Schmelzpunkt	Verseif.-Zahl	Mittleres Mol.-Gew.	Jodzahl	Jodzahl der flüssigen Fettsäuren	Acetyl-zahl	Brechungs-index	Beobachter
100° C. / 100° C. 0·8886	—	—	—	—	—	—	—	—	Archbutt
—	16·5° C.	20·5° C.	—	—	—	—	—	—	v. Hübl
—	16·5° C.	20·5° C.	199	—	116·3	—	—	1·4506	Thörner
—	15·4—16·2 (Titer)	—	—	—	—	—	—	—	Lewkowitsch
—	—	20°—21° C.	—	—	139	—	—	—	De Negri u. Fabris
—	—	—	—	279·1	—	—	13·1	—	Benedikt-Ulzer
—	—	—	—	—	—	149·6	—	—	Tortelli u. Ruggeri
—	—	—	—	293	—	—	—	—	Schestakoff[5]

[1]) Journ. Soc. Chem. Ind. 1898. 17. 989. — [2]) Journ. Amer. Chem. Soc. 1903. 25. 690. — [3]) Chem. Zeitg. 1903. 27. 1176. — Chem. Rev. üb. d. Fett- u. Harz-Ind. 1904. 11. 16. — [4]) The Analyst 1906. 31. Nr. 366. — Chem. Rev. üb. d. Fett- u. Harz-Ind. 1906. 13. 280. — [5]) Chem. Rev. üb. d. Fett- u. Harz-Ind. 1902. 9. 204.

Lafay[1]) hat durch Einwirkung von Jodwasserstoff auf Mohnöl ein Jodöl bekommen, welches 40 % Jod enthält und in der Pharmazie verwendet werden soll.

35. Schöllkrautöl.[2])

Spezifisches Gewicht bei	Verseifungszahl	Acetylzahl nach Lewkowitsch	Beobachter
$\frac{19^0\ C.}{19^0\ C.}$ 0·917	198·2	12·6	Fokin

Fettsäuren.

Spezifisches Gewicht bei	Erstarrungspunkt	Schmelzpunkt	Säurezahl	Jodzahl	Beobachter
$\frac{19^0\ C.}{19^0\ C.}$ 0·902	4⁰—6⁰ C.	7⁰—16⁰ C.	201·1	127·3	Fokin

Die Samen des Schöllkrautes, Chelidonium majus, einer Papaveracee, enthalten 40—66 % Öl. Es enthält Linolsäure, jedoch keine Linolensäure. Eine von Fokin untersuchte Probe zeigte sich zur Hälfte (50·4 %) bereits in freie Fettsäuren und Glycerin zerlegt. Der Samen enthält ein fettspaltendes Ferment, Lipase.

36. Argemoneöl.

Huile de Pavot Épineux. — Argemone oil. — Olio di Argemona.

	Spezifisches Gewicht	Säurezahl	Verseifungszahl	Jodzahl	Hehner-Zahl	Refraktometeranzeige im Zeißschen Butterrefraktometer	Beobachter
Argem. mexicana	bei $\frac{15\cdot5^0\ C.}{15\cdot5^0\ C.}$ 0·9247 bis 0·9259	6—83·9	187·8 bis 190·3	119·91 bis 122·53	95·07	bei 40⁰ C. 62·5	Crossley und Le Sueur
Argem. speciosa	bei 15⁰ C. 0·9435	—	200·2	113·3	—	—	Bloemendal

Aus den Samen der in Ost- und Westindien und in Mexiko heimischen Argemone, einer Papaveracee.

Die Samen liefern bei vollständiger Extraktion ca. 37 % fettes Öl, preßt man sie im großen aus, so beträgt die Ausbeute nur ca. 35 %[3]).

Bloemendal[3]) untersuchte ein Öl, das er aus Argemonesamen von Curaçao (Westindien), Var. speciosa, mittels Tetrachlorkohlenstoff extrahiert hatte. Es färbte sich mit konzentrierter Salpetersäure tiefrot. Alkaloïde ließen sich in geringer Menge nachweisen.

Zwei Proben des Öles aus den Samen von Argemone mexicana (mexikanischer Mohn) wurden von Crossley und Le Sueur[4]) untersucht.

---

1) Apoth.-Zeitg. 1901. 16. 426.
2) Fokin, Chem. Rev. üb. d. Fett- u. Harz-Ind. 1906. 13. 130.
3) Pharm. Weekblad 1906. 43. 342.
4) Journ. Soc. Chem. Ind. 1898. 17. 991.

Die Probe mit der niedrigen Säurezahl (siehe Tabelle) besaß eine dunkelorange Farbe, einen schwachen aber charakteristischen Geschmack und war in absolutem Alkohol unlöslich. Die an freier Fettsäure reiche Probe (Säurezahl 83·9) war grünbraun gefärbt und löste sich in 9—10 Volumteilen absoluten Alkohols bereits in der Kälte.

In Indien und Mexiko findet dieses Öl als Brennöl und als Medizinalöl Verwendung.

37. Immergrünbaumöl[1].)

Amoora oil.

Spezifisches Gewicht bei $\frac{15·5\,^0\,C.}{15·5\,^0\,C.}$	Verseifungs-zahl	Jodzahl	Hehner-Zahl	Reichert-Meißlsche Zahl	Refrakto-meteranz. in Zeiß Butter-Refrakto-meter	Brechungs-index bei 40 ^{0} C.	Beobachter
0·9386	189·7	134·86	93·23	1·64	64·5	1·4687	Crossley u. Le Sueur

Dieses aus den Samen des Immergrünbaumes, Amoora Rohituka, hergestellte Öl ist klar und rotbraun gefärbt. Es ist nahezu geschmacklos und besitzt einen schwachen, etwas an Leinöl erinnernden Geruch.

Crossley und Le Sueur fanden den auf Ölsäure berechneten Gehalt an freien Fettsäuren in einer Probe zu 4·28 %.

Es findet in Ostindien als Brennöl und für pharmazeutische Zwecke Verwendung.

38. Mogaröl.[2])

Spez. Gew. bei 17 ^{0} C.	Erstarrungs-punkt	Verseifungs-zahl	Jodzahl	Hehner-Zahl	Reichert-sche Zahl	Acetylzahl nach Lewkowitsch	Beobachter
0·9264	12·7	193·5	135·5	95·5	0·7	15·3	Gerst

Fettsäuren.

Schmelzpunkt	Jodzahl	Beobachter
16 ^{0} C.	137·5	Gerst

Die Samen des kalifornischen „Mogar", eines in Südrußland in großen Mengen als Futtermittel angebauten Krautes, enthalten 2·92 % eines dunkelgrüngelben Öles, welches beim Aufbewahren einen kristallinischen Niederschlag absetzt.

Feste Fettsäuren sind ca. 5·3 % vorhanden. Der Gehalt an freien Fettsäuren, als Ölsäure berechnet, betrug bei einer Probe 4·67 %.

---

[1]) Journ. Soc. Chem. Ind. 1898. 17. 989.
[2]) Westnik shirow prom. 1907. 8. 63. — Chem. Zeitg. Rep. 1907. 31. 387.

39. Margosaöl.

Zedrachöl, Kohambaöl, Veepaöl, Veppamfett, Neemöl. — Huile de Veppam, de Margosa. — Margosa oil, Nimb oil, Kohomba oil.

Spez. Gew. bei	Erstarrungspunkt	Schmelzpunkt	Säurezahl	Verseifungszahl	Jodzahl	Refraktion im Butterrefraktometer	Reichert-Meißlsche Zahl	Beobachter
16°C. (Wasser b. 16°C.) 0·9142 40°C. (Wasser b. 40°C.) 0·9023	—	—	—	196·9	96·6	52°	1·1	Lewkowitsch
15°C. 0·9253	—12°C.	—3°C.	2·42	191·5	135·6	bei 40°C. 65·1	0·77	Fendler

Fettsäuren.

Erstarrungspunkt	Schmelzpunkt	Beobachter
42°C. (Titer)	—	Lewkowitsch
19°C.	22°C.	Fendler

Dieses Öl stammt aus den Samen von Melia azedarach L. (Melia Azadarichta indica *Juss*), dem Paternosterbaum oder chinesischen Holunder. Dies ist ein in Südasien, Australien, Ostafrika, Südeuropa und Nordamerika teils in wildem, teils in kultiviertem Zustande wachsender Baum, welcher eine Höhe von 12—15 Metern erreicht.

Die Früchte, von denen 100 47·5 g wogen, besitzen:

> 36·84 % Fruchtfleisch
> 51·43 ,, Kerngehäuse
> 11·73 ,, Samen.

Der Samen enthält 39·36 % fettes Öl; da dies auf die ganze Frucht berechnet nur 4·62 % ausmacht und außerdem die Samen vom Kerngehäuse sich schwer isolieren lassen, ist eine Gewinnung des Öles durch Auspressen kaum ausführbar.

Eine von Fendler[1]) durch Extraktion mit Äther gewonnene Probe besaß eine hellgrünlichgelbe Farbe, eigenartigen Geruch und scharfen unangenehmen Geschmack. Es trübt sich beim Stehen bei Zimmertemperatur durch eine Ausscheidung von offenbar harzartiger Natur, Die Trübung tritt auch nach öfterem Filtrieren wieder auf.

Das Fett enthält 0·109 % Schwefel.

Die Elaïdinprobe trat nicht ein (Fendler).

Eine von Lewkowitsch[2]) untersuchte Probe war bei Zimmertemperatur fest.

Das Margosaöl dient als Brennöl und zur Seifenfabrikation; es soll

---

[1]) Apoth.-Zeitg. 1904. 19. 521. — Chem. Rev. üb. d. Fett- u. Harz-Ind. 1904. 11. 178. — Chem. Zeitg. Rep. 1904. 28. 209.

[2]) The Analyst 1903. 28. 342. — Chem. Rev. üb. d. Fett- u. Harz-Ind. 1904. 11. 52.

antiseptisch wirken und auch als Tierarzneimittel verwendet werden. Als Speiseöl wäre es schon seines Geschmackes wegen nicht verwendbar.

Die großen Differenzen in den Konstanten der von Fendler und Lewkowitsch untersuchten Proben sind zum Teil vielleicht dadurch erklärbar, daß Fendler ein aus Deutsch-Ostafrika, Lewkowitseh ein aus Indien stammendes Öl analysierte.

40. Bilsenkrautsamenöl.[1])

Huile de jusquiame. — Henbane seed oil. — Olio di henbane.

Spez. Gew. bei 15° C.	Verseifungszahl	Jodzahl	Hehnerzahl	Reichert-Meißlsche Zahl	Acetylzahl	Beobachter
0·929	170	138	94·7	0·99	0·0	Mjoën

Das fette Öl aus den Samen des Bilsenkrautes, Hühnertodkrautes, Hyoscyamus niger *L.*, einer Solanacee, ist schwach gelblichgrün gefärbt, ziemlich dickflüssig, trocknet leicht und besitzt einen milden Geschmack.

Es soll Trioleïn, Tripalmitin und, wie die Jodzahl zeigt, das Triglycerid einer Fettsäure der Linol- oder Linolensäurereihe, deren Natur noch nicht festgestellt ist, enthalten. Mit dieser Zusammensetzung steht jedoch die niedrige Verseifungszahl nicht im Einklange.

Es löst sich in 17 Teilen absoluten Alkohols (Schwanert) und bleibt bei der Elaïdinprobe flüssig (Mjoën).

41. Paprikaöl.

Huile de poivre de Guinée. — Paprica oil. — Olio di paprica.

	Spez. Gewicht bei	Erstarrungspunkt	Verseifungszahl	Jodzahl	Hehner-Zahl	Reichert-Meißlsche Zahl	Acetylzahl	Brechungsexponent bei	Temperaturerhöhung b. d. Maumené-schen Probe	Beobachter
Aus Paprika-pulver extrahiert	15° C. 0·9138 bis 0·9316	—	184·64 bis 189·68	112·03 bis 116·24	90·72	5·2	63·95 bis 66·23	15° C. 1·489 bis 1·490	86°	W. Szigeti[2])
Aus Samen	0·92906	−9°	270*	84·5	92	—	—	21° C. 1·47763	—	R. Meyer[3])

Fettsäuren.

Schmelzpunkt	Erstarrungspunkt	Mittleres Mol.-Gew.	Jodzahl	Mittleres Mol.-Gew. d. festenFettsäuren	Beobachter
22·2° C.	—	282	131·19—132·43	266	W. Szigeti
30° C.	27° C.	—	66*	—	R. Meyer

* Die große Differenz in den angegebenen Verseifungs- und Jodzahlen bedarf noch einer Aufklärung.

---

[1]) Arch. Pharm. 1894. 232. 130; 1896. 234. 286—289. — Chem. Zeitg. Rep. 1894. 18. 96. — Journ. Soc. Chem. Ind. 1897. 16. 340.

[2]) Zeitschr. f. d. landw. Versuchsw. i. Öst. 1902. 5. 1208.

[3]) Vortr. auf d. 75. Versamml. Deutscher Naturf. u. Ärzte: Chem. Zeitg. 1903. 27. 958. — Chem. Rev. üb. d. Fett- u. Harz-Ind. 1903. 10. 254.

Dieses Öl stammt von Capsicum annuum *L.* (Beißbeere, Paprika), zur Gattung der Solanaceen gehörig.

Die Samen enthalten ca. 20 $^0/_0$ Öl. Das Öl gehört zu den trocknenden Ölen. Trotz der von ihm konstatierten niedrigen Jodzahl hat auch R. Meyer trocknende Eigenschaften gefunden.

Bezüglich der Viscosität steht das Paprikaöl dem Rüböl nahe. Das durch Extraktion von Paprikapulver des Handels mit Äther oder Petroläther gewonnene Öl stellt eine dunkelrote, dicke Flüssigkeit von angenehmem Geruche und äußerst scharfem Geschmacke dar.

Es ist leicht löslich in Äther, Petroläther und Schwefelkohlenstoff, dagegen sehr wenig in kaltem, besser in heißem Alkohol; ähnlich ist seine Löslichkeit in Eisessig.

Die Elaïdinprobe liefert eine salbenartige Masse.

Maumenésche Probe: 86° C. Temperaturerhöhung.

Die Säurezahl einer von Szigeti untersuchten Probe wurde zu 6·7 gefunden. Der unverseifbare Anteil besteht wahrscheinlich aus einem Gemenge von Kohlenwasserstoffen und einem Lipochrom.

42. Tabaksamenöl.[1])

Huile de Tabac. — Tabacco seed oil. — Olio di tabacco.

Spez. Gew. bei 15° C.	Er-starrungs-punkt	Ver-seifungs-zahl	Jodzahl	Hehner-Zahl	Maumenésche Probe	Beobachter
0·9232	—25° C.	—	—	—	—	Schübler
6·9232	—25° C.	190	118·6	94·73	100 (Thermalindex am Thermo-oleometer von Tortelli)	Ampola und Scurti

Nichtflüchtige Fettsäuren.

Verseifungszahl	Mittleres Mol.-Gewicht	Beobachter
203	275·8	Ampola u. Scurti

Dieses Öl ist in den Tabaksamen (Nicotiana tabacum *L.*) in einer Menge von 30—32 $^0/_0$ enthalten. Durch Pressen nach vorhergegangener Zerkleinerung erhält man 9—10 $^0/_0$. Das auf diese Art auf kaltem Wege erhaltene Öl hat goldgelbe Farbe und einen charakteristischen Geruch, jedoch nicht den Tabakgeruch. Das durch Extraktion gewonnene Öl ist meist dunkler und von grüner Fluorescenz. Eine von Ampola und Scurti untersuchte Probe hatte 3·49 $^0/_0$ freie Säure, als Ölsäure berechnet. Es besteht hauptsächlich aus den Glyceriden der Ölsäure, Linolsäure und Palmitinsäure und enthält auch eine geringe Menge Stearinsäure. Es ist in 31 Teilen absoluten Alkohols löslich und mischt sich vollständig mit Terpentinöl, Chloroform, Äther und Schwefelkohlenstoff.

---

[1]) G. Ampola u. F. Scurti, Gaz. chim. ital. 1904. 34. II. 315—321. — Oils, Colours and Drysalteries. 17, Nr. 2. — Chem. Rev. üb. d. Fett- u. Harz-Ind. 1905. 12. 53.

Die Elaïdinreaktion tritt nicht ein, das Öl bleibt unter Bildung eines weißlichen Niederschlages flüssig.

Das Tabaksamenöl gehört zu den trocknenden Ölen. Es absorbiert in dünner Schicht (bei der Probe von Livache):

nach 2 Tagen 5·01 % Sauerstoff | nach 4 Tagen 5·84 % Sauerstoff
„ 3 „ 5·61 % „ | „ 14 „ 6·84 % „

Eine weitere Gewichtszunahme erfolgt nicht.

Bei 15° C. beginnt es bereits dickflüssig zu werden und erhärtet bei — 25° C. zu einer gelben Masse. Es entflammt bei 370°—375° C. und wird als Brennöl verwendet.

43. Daturaöl, Stechapfelöl.

Huile de datura. — Datura oil. — Olio di Stramonio.

Spezifisches Gewicht	Erstarrungs-punkt	Verseifungs-zahl	Jodzahl	Beobachter
bei 15° C. 0·9175	unter — 15° C.	186	113	Holde

Das fette Öl der Samen des Stechapfels, Datura Stramonium, Gattung der Solanaceen, wurde von Gérard[1]) in einer Ausbeute von 25 % abgeschieden, von Holde[2]) in einer Menge von 16·7 % durch Extraktion mit Benzol aus den lufttrockenen Samen gewonnen.

Das Öl ist grünlich- bis bräunlichgelb, von eigenartigem Geruche und setzt anfangs viel dunkle, teilweise harzartige Flocken ab.

Die festen Fettsäuren enthalten Daturinsäure, $C_{16}H_{33}COOH$ (von Gérard zuerst isoliert), ferner Palmitinsäure, eine Säure vom Schmelzpunkt 53°—54° C. und über 286 liegendem Molekulargewicht und wahrscheinlich auch ungesättigte Säuren. Dies geht auch daraus hervor, daß die Jodzahl der flüssigen Säuren im Vergleiche mit der Jodzahl des Öles niedrig liegt.

Nach Untersuchungen von Salkowsky[3]) enthält das Daturaöl unzweifelhaft auch Atropin (Daturin), allerdings in derart geringen Mengen, daß es nur physiologisch nachweisbar ist und selbst in der Menge von 1 ccm unter die Haut von Katzen oder Kaninchen gebracht nur Pupillenerweiterung aber keine Krankheitserscheinungen hervorruft.

Es trocknet in dünner Schicht bei Zimmertemperatur nach 23 Tagen noch nicht, nach 35 Tagen wird es teilweise fest und klebrig und trocknet dann bald ganz ein. Bei 50° C. wird es schon nach 13 Stunden fest.

Dies sowie das Absetzen harziger Flocken läßt auf die Anwesenheit von Glyceriden stark ungesättigter trocknender Säuren oder auf molekulare Umlagerungen, wie bei Holzöl, schließen.

---

[1]) Compt. rend. 1890. 110. 305 und 565.
[2]) D. Holde, Mitt. Techn. Vers.-Anst. Berlin 1902. 20. 66. — Chem. Rev. üb. d. Fett- u. Harz-Ind. 1903. 10. 81.
[3]) Mitgeteilt von Holde, Mitt. Techn. Vers.-Anst. Berlin 1903. 21. 59.

44. Indisches Lorbeeröl.

Huile de laurier indien. — Indian laurel oil. — Olio di lauro indico.

Spezifisches Gewicht bei 15° C.	Erstarrungspunkt	Verseifungszahl	Jodzahl	Reichert-Meißlsche Zahl	Beobachter
0·9260	unter —15°C.	170	118·6	—	De Negri u. Fabris
—	—	189·87	86·11	3·01	Eisenstein
—	—	—	90·2 (nach Wijs)	—	Visser

Fettsäuren.

Erstarrungspunkt	Schmelzpunkt	Beobachter
18°—19° C.	24°—26° C.	De Negri u. Fabris

Dieses aus den Früchten von Laurus indica stammende Öl ist eine dicke, braune Flüssigkeit.

Die auf Ölsäure berechnete Menge der freien Fettsäuren betrug in einer von De Negri und Fabris[1]) untersuchten Probe 33 °/₀, in einer von Eisenstein untersuchten 16 °/₀.

45. Celosiaöl.[2])

Huile de Celosia. — Celosia oil. — Olio di Celosia.

Erstarrungspunkt	Verseifungszahl	Jodzahl	Beobachter
— 10° C.	190·5	126·3	De Negri u. Fabris

Fettsäuren.

Erstarrungspunkt	Schmelzpunkt	Beobachter
19°—21° C.	27°—29° C.	De Negri u. Fabris

Dieses aus den Samen des Hahnenkammes, Celosia cristata, einer Amarantacee Ostindiens und Chinas, stammende Öl ist grünlichbraun gefärbt und in Alkohol nur wenig löslich.

46. Coccognidiiöl[3]), Daphneöl.

Spez. Gew.	Verseifungszahl	Jodzahl	Acetylzahl	Beobachter
bei 15° C. 0·9237	196—197	125·9—126·3 (18stündige Einwirkung)	17·6	W. Peters

Abstammung: Aus den Samen eines Seidelbastes, Daphne gnidium, Gattung der Thymeläaceen (Semen Coccognidii).

Das Öl ist von grünlichgelber Farbe.

Von festen Fettsäuren wurden nur Palmitinsäure und Stearinsäure gefunden, von flüssigen neben Ölsäure auch Linol-, Linolen- und Iso-

---

[1]) Chem. Zeitg. Rep. 1896. 20. 161.
[2]) De Negri u. Fabris, Pharm. Post. 1896. 29. 189.
[3]) Peters, Arch. d. Pharm. 1902, 240. 56. — Chem. Rev. üb. d. Fett- u. Harz-Ind. 1902. 9. 82.

linolensäure. Diese Zusammensetzung gibt keine Erklärung für die Acetylzahl.

Das Öl trocknet in dünner Schicht an der Luft zu einer firnisartigen Masse ein.

Es gibt nicht die Elaïdinreaktion.

47. Isanoöl[1]), Unguekoöl.

Spez. Gew. bei 23° C.	Erstarrungspunkt	Temperaturerhöhung bei der Maumenéschen Probe	Beobachter
0·973	unter —15° C.	117°	Hébert

Dieses aus den Samen des Isano- oder Unguekobaumes, einer Oleacee, in dem französischen Kongostaate gewonnene Öl ist rötlich gefärbt, dickflüssig, starktrocknend und besitzt einen fischähnlichen Geruch.

Die Fettsäuren des Öles sind in folgender Weise zusammengesetzt:

15 % Ölsäure,   75 % Linolsäure,   10 % Isansäure.

Die Isansäure[2]) ist eine noch nicht eingehend erforschte Fettsäure von der mutmaßlichen Formel $C_{13}H_{19}COOH$ und dem Schmelzpunkt 41° C.

Das Öl löst sich nur wenig in 90prozentigem Alkohol und gibt beï der Elaïdinprobe eine rötliche, dickbreiige Masse.

Es soll für dieselben Zwecke wie Leinöl Verwendung finden können.

48. Mohambaöl.[1])

Spez Gew. bei 23° C.	Erstarrungspunkt	Temperaturerhöhung bei der Maumenéschen Probe	Beobachter
0·915	unter —15° C.	55°	Hébert

Dieses Öl ist gelb, geruchlos und in 90grädigem Alkohol nur sehr wenig löslich.

Die flüssigen Fettsäuren dürften der Hauptsache nach Ölsäure sein.

Sie scheiden beim Stehen bald eine feste, aus Äther in Blättchen kristallisierende Fettsäure ab, welche bei 34°—35° C. schmilzt und der Bromaufnahme nach in die Ölsäurereihe gehört. Ihre Eigenschaften stimmen mit keiner der bekannten Fettsäuren dieser Reihe überein.

Das Öl liefert bei der Elaïdinprobe eine gelbe, pastenartige Masse.

49. Wauöl, Resedasamenöl.
Huile de gaude. — Weld seed oil.

Das Öl aus den Samen des Wau, auch Färberresede, Gelbkraut genannt, Reseda luteola *Linn.*, Familie der Resedaceen, ist wegen seines Ge-

---

[1]) Hébert, Bull. Soc. Chim. 1896. [3.] 21. 15; 15. 935. — Chem. Zeitg. 1901. 25. 282.

[2]) Ulzer u. Klimont, Allgemeine und physiologische Chemie der Fette, Berlin 1906, S. 111.

haltes an Chlorophyll von grünlicher Farbe, hat bitteren Geschmack und unangenehmen Geruch. Es ist in die Klasse der trocknenden Öle zu rechnen, und wird in der Firnisfabrikation und als Brennöl benützt.

Spez. Gew.	Erstarrungs-punkt
0·9358	— 20 ⁰ C.

II. Schwachtrocknende Öle.

Die schwachtrocknenden Öle zeigen die Eigenschaften der trocknenden in vermindertem Maße. Ihrer chemischen Zusammensetzung nach lassen sich unter ihnen einige Gruppen unterscheiden.

A. Öle, welche durch den Gehalt an Ölsäure, Linolsäure und insbesondere Erucasäure charakterisiert sind (Cruciferenöle).

Der den trocknenden Ölen gegenüber größere Gehalt an Ölsäure, sowie das Vorkommen der Erucasäure erniedrigt die Jodzahl. Da die Erucasäure ein hohes Molekulargewicht besitzt, ist auch die Verseifungszahl auffallend erniedrigt.

1. Nachtviolenöl.[1]

Rotrepsöl. — Huile de julienne. — Garden rocket oil, Dame's violet oil, Olio di Hesperide.

Spez. Gew. bei 15 ⁰ C.	Erstarrungspunkt	Verseifungszahl	Jodzahl	Temperaturerhöhung bei d. Maumené-schen Probe	Beobachter
0·928—0·934	—22 ⁰ C. bis —23 ⁰ C.	191·8	154·9—155·3	125 ⁰	De Negri u. Fabris[1])

Fettsäuren.

Erstarrungspunkt	Schmelzpunkt	Jodzahl	Beobachter
14 ⁰—16 ⁰ C.	20 ⁰—22 ⁰ C.	157	De Negri u. Fabris

Dieses aus den Samen der Nachtviole, Matronenblume oder dem Rotrepse (Hesperis matronalis *Lam.*), einer Crucifere Europas und Mittelasiens, gewonnene Öl ist grün gefärbt und wird beim Aufbewahren braun. Der Geschmack ist etwas bitter.

Bei der Becchischen Probe gibt es eine schwache Bräunung.

Das Nachtviolenöl enthält geringe Mengen Schwefelverbindungen und findet als Brennöl Verwendung.

---

[1]) Ann. del Laborat. chim. delle Gabelle 1891 bis 1892. 151.

2. Leindotteröl, Dotteröl, deutsches Sesamöl, Rapsdotteröl, Rüllöl.

Oleum Camelinae, Oleum Myagri. — Huile de Caméline. — Cameline oil. — Olio di camelina.

Spez. Gew. bei 15° C.	Erstarrungspunkt	Verseifungszahl	Jodzahl	Temperaturerhöhung b. d. Maumenéschen Probe	Refraktometeranzeige im Oleorefraktometer	Viscosität bei	Beobachter
0·9260	—	188	135·3	117°	—	—	De Negri u. Fabris[1]
0·9270	—17° C. bis —18° C.	155(?)	152—153	—	—	—	Shukoff
0·9240	—	—	—	82°	+ 32	—	Jean
0·9329	—	—	—	—	—	—	Clarke
0·9259	—	—	—	—	—	—	Massie
0·9228	—	—	—	—	—	{ 15° C. 13·1 7·5° C. 18·3 }	Schädler
0·9252	—	—	—	—	—	—	Schübler
—	—18° C. bis —19° C.	—	—	—	—	—	Chateau
—	—	—	132·6	—	—	—	Girard
0·9260	—	—	—	—	—	—	Christiani
0·9200	—	—	—	—	—	—	Levallois
—	—	—	142·4	—	—	—	Tortelli u. Ruggeri

Fettsäuren.

Erstarrungspunkt	Schmelzpunkt	Mittleres Mol.-Gew.	Jodzahl	Jodzahl der flüssigen Fettsäuren	Beobachter
14—13° C.	18—20° C.	—	136·8	—	De Negri u. Fabris
—	—	—	—	165·4	Tortelli u. Ruggeri
—	—	291	—	—	Schestakoff[2]

Aus den Samen des Leindotters oder Butterrapses, Myagirum sativum *Linn.* = Camelina sativa *Crantz* (Familie der Cruciferen).

Das Öl ist goldgelb, von schwachem, nicht unangenehmem, eigentümlichem Geruch, vollkommen klar und transparent.

Der Geschmack ist anfangs bitter, verliert sich aber beim Lagern.

Die Fettsäuren des Leindotteröles sind bei gewöhnlicher Temperatur flüssig. Es enthält die Glyceride der Linolsäure, Ölsäure, Palmitinsäure und Erucasäure und nähert sich, wie auch die Jodzahl zeigt, in seinen Eigenschaften den trocknenden Ölen.

Es ist aber, wie Andés[3] zeigte, in dünner Schichte auf Glas gestrichen nach 9 Tagen noch nicht vollständig trocken. Auch mit Bleiglätte, Manganborat oder einem anderen der üblichen Trockenmittel gekocht, gibt es einen schwertrocknenden Firnis. Dagegen machte

---

[1] Zeitschr. f. analyt. Chem. 1894. 33. 55.
[2] Chem. Rev. üb. d. Fett- u. Harz-Ind. 1902. 9. 204.
[3] Chem. Rev. üb. d. Fett- u. Harz-Ind. 1903. 10. 199.

Andés die überraschende Wahrnehmung, daß Leindotteröl in großen Mengen, bis zu gleichen Teilen, mit Leinölfirnis vermischt werden kann, ohne daß die Trockenkraft des letzteren Einbuße leidet.

Alkohol nimmt etwas über 17 $^0/_0$ auf. Der auf Ölsäure berechnete Gehalt an freien Fettsäuren wurde von Shukoff in einer Probe zu 0·4 $^0/_0$ gefunden. Schestakoff[1]) fand 2·1 $^0/_0$ (auf mittleres Molekulargewicht berechnet).

Reaktionen: Salpetersäure, etwas salpetrige Säure enthaltend, färbt ziegelrot, rote, rauchende Salpetersäure schmutzig braunrot.

Schwefelsäure bewirkt anfangs beim Eintropfen der Säure in das Öl eine gelbe Färbung mit bläulichen Adern und gibt später eine orangefarbige, schließlich eine graubräunliche Mischung.

Salpetersäure-Schwefelsäure-Gemisch verursacht bräunlichrote Färbung.

Chlorzink färbt grünlich, Silbernitrat wird geschwärzt.

Seines billigen Preises halber wird es nicht verfälscht, sondern im Gegenteil als Zusatz zu Rüböl benützt, dessen Jodzahl es erhöht.

Es wird zur Herstellung weicher Seifen und auch als Brennöl verwendet.

3. Gartenkressenöl.

Huile de cresson alénois. — Garden cress oil. — Olio di crescione.

	Spez. Gew. bei	Erstarrungspunkt	Verseifungszahl	Jodzahl	HehnerZahl	ReichertMeißlsche Zahl	Temperaturerhöhung b. d.Maumenéschen Probe	Refraktom.Anzeige in Zeiß Butterrefrakt. bei	Brechungsindex	Beobachter
	15°C. 0·924	−15°C.	—	—	—	—	—	—	—	Schädler
	„ 0·920	—	178	108 bis 108·8	—	—	92—95°	—	—	De Negri u. Fabris[2]
	$\frac{15\cdot5\,^0\mathrm{C.}}{15\cdot5\,^0\mathrm{C.}}$ 0·9210	—	181·5	101·72	95·57	0·44	—	40°C. 60·5	1·4622	Crossley u Le Sueur
Extrahiert	20° C. 0·9221	—	185·6	139·1	—	—	—	—	—	} Wijs
Gepreßt .	„ 0·9212	—	186·4	133·4	—	—	—	—	—	

Fettsäuren.

Schmelzpunkt	Säurezahl	Mittleres Mol.-Gew.	Jodzahl	Beobachter
16°—18°C.	—	—	111·40	De Negri u. Fabris[2])
20—21° C.	193·4	290	144·9	} Wijs
—	193·0	291	137·7	

Dieses Öl wird aus den Samen der Gartenkresse, Lepidium sativum *L.*, gewonnen, welche davon ca. 25 $^0/_0$ enthalten.

Es stellt ein eigentümlich riechendes Öl dar, das eine orangegelbe

---

[1]) Chem. Rev. üb. d. Fett- u. Harz-Ind. 1902. 9. 204.
[2]) Ann. del Laborat. chim. delle Gabelle 1893.

Farbe hat, welche bei den extrahierten Ölen dunkler als bei den gepreßten ist. Auch der Geruch ist bei dem extrahierten Öle stärker.

Wie bei allen Cruciferenölen ist die Verseifungszahl ziemlich niedrig, die Jodzahl ziemlich hoch.

Crossley und Le Sueur[1]) fanden den Gehalt einer Probe an freier, auf Ölsäure berechneter Säure zu $2·66 \, ^0/_0$, Wijs[2]) bei einer extrahierten Probe zu $0·51 \, ^0/_0$, bei einer gepreßten zu $0·56 \, ^0/_0$.

Der charakteristische Gartenkressengeruch verschwindet bei der Verseifung und macht einem unangenehmen, fischartigen Geruche Platz, kehrt aber beim Ansäuern, wenn auch etwas verändert, wieder zurück (Wijs).

Das Gartenkressenöl dient als Ersatz für Rüböl zu Beleuchtungszwecken.

4. Hederichöl.[3])

Huile de raphanistre. — Hedge mustard oil. — Olio di rafano.

Spez. Gew. bei 15° C.	Erstarrungspunkt	Verseifungszahl	Jodzahl	Beobachter
0·9175	weit unter — 8°C.	174·0	105	Valenta

Aus den Samen des Hederich, Ackerrettigs, Raphanus raphanistrum *L.*, Gattung der Cruciferen.

Das Öl hat einen milden, hinterher kratzenden Geschmack und rübsenartigen Geruch. Seine Verseifungszahl und Jodzahl stehen denen des Rüböles sehr nahe. Zu seiner Erkennung in reinem Zustande oder in Mischungen mit Rüböl werden 5 g der Probe mit alkoholischer Kalilauge unter Erwärmen teilweise verscift, die Seife durch Filtrieren von dem unverseiften, goldgelb gefärbten, fast geruch- und geschmacklosen Öl getrennt, das Filtrat eingedampft und mit Salzsäure bis zur stark sauren Reaktion versetzt. Waren größere Mengen Hederichöl vorhanden, so färbt sich die Flüssigkeit deutlich grün.

Das Hederichöl wird wie Rüböl verwendet und auch unter diesem Namen, für sich allein oder mit Rüböl gemischt, in den Handel gebracht.

5. Schwarzsenföl.

Oleum Sinapis nigrae. — Huile de moutarde noire. — Black mustard oil. — Olio di senapa nera.

Es wird aus den Samen des schwarzen Senfs, Sinapis nigra, aus der Familie der Cruciferen, erhalten. Die Samen enthalten ca. $20 \, ^0/_0$ fettes Öl. Es ist bräunlichgelb, schmeckt milde und ist meist geruchlos (De Negri und Fabris).

---

[1]) Journ. Soc. Chem. Ind. 1898. 17. 992.
[2]) Zeitschr. f. Unters. d. Nahrungs- u. Genußm. 1903. 6. 492. — Chem. Rev. üb. d. Fett- u. Harz-Ind. 1903. 10. 180.
[3]) Valenta, Dinglers Polyt. Journ. 1883. 247. 36.

Schwarzsenföl.

Spez. Gewicht	Erstarrungspunkt	Verseifungszahl	Jodzahl	Hehnerzahl	Maumenésche Probe	Refraktometeranzeige in Zeiß' Butterrefraktometer	Brechungsindex	Beobachter
bei 15° C. 0·9170	—17·5	—	—	—	—	—	—	Chateau
bei 15° C. 0·9183	—	—	—	—	—	—	—	Clarke
bei 15° C. 0·916—0·920	—	—	—	—	—	—	—	Allen
bei 15° C. 0·9170—0·9175	—	174·0 bis 174·6	106·25 bis 106·57	—	42° bis 43°	—	—	De Negri u. Fabris
bei 15·5° C. (bezogen auf Wass. v. 15·5°C.) 0·9155	—	137·3	98·94	96·5	—	bei 40° C. 59·5	bei 40° C. 1·4655	Crossley u. Le Sueur
—	—	181·1 bis 181·9	114·9 bis 120 (?)	—	—	—	—	Shukoff
—	—	—	—	—	44°	—	—	Girard
—	—	—	96	—	—	—	—	Moore
bei 20° C. 0·9143	—	175·8	122·3	—	—	—	—	Wijs
—	—	—	—	—	—	—	bei 20° C. 1·4742 bis 1·4752*	Harvey
—	—	175·7 bis 176·2	102·2 bis 102·5	—	—	bei 25° C. 69	—	K. Dieterich**)

* Mit Weißsenföl gemischt.

**) Es ist aus der Literatur (Helfenberger Annalen 1903) nicht ersichtlich, ob sich diese Zahlen auf Schwarz- oder Weißsenföl beziehen.

Fettsäuren.

Schmelzpunkt	Erstarrungspunkt	Säurezahl	Mittleres Mol.-Gew.	Jodzahl	Beobachter
16° C.	15·5	—	—	—	Girard
16°—17° C.	—	—	—	109·6	De Negri u. Fabris
—	—	187·1	300	126 5	Wijs

Das Öl des schwarzen Senfes enthält nach Goldschmiedt[1]) die Glyceride·der Behensäure und Erucasäure, ferner Glyceride flüssiger Fettsäuren.

Nördlinger fand den auf Ölsäure berechneten Säuregehalt zweier Senföle zu 0·68 und 1·02 %, eine von Crossley und Le Sueur[2]) untersuchte Probe enthielt 1·85 %, eine von Wijs untersuchte 1·10 % freier Fettsäuren.

De Negri und Fabris haben stets einen Schwefelgehalt im Schwarzsenföle nachgewiesen, durch welchen es sich in den meisten Fällen in Gemischen mit Olivenöl erkennen läßt. Außerdem wird die niedrige Verseifungszahl, hervorgerufen durch den Gehalt an Behen- und Erucasäure, ein Erkennungsmittel für dieses Öl in Gemischen mit Olivenöl abgeben.

Nach De Negri und Fabris geben auch die Reaktionen von Heydenreich und Hauchecour wertvolle Anhaltspunkte.

---

[1]) Wiener Akademieberichte 1870. 2. 451.
[2]) Journ. Soc. Chem. Ind. 1898. 17. 992.

Es dreht die Polarisationsebene nach links; Crossley und Le Sueur fanden bei einem Muster im 200 mm-Rohr die Ablenkung zu — 17′.

Das Öl wird in der Pharmazie und in der Seifenfabrikation benützt.

Nach Fahlberg[1]) wird es neuerdings als Ersatz für Ricinusöl z. B. in Kattundruckereien verwendet. Ferner findet es bei besonders schwierigen Schmierungen als Schmiermittel und in Thüringen als Speise- und feines Salatöl Verwendung.

6. Weißsenföl.

Oleum sinapis albae. — Huile de moutarde blanche. — White mustard oil. — Olio di senapa bianca.

Spez. Gew.	Erstarrungspunkt	Verseifungszahl	Jodzahl	Hehnerzahl	Maumenésche Probe	Refraktometeranzeige in Zeiß' Butterrefraktometer	Brechungsindex	Beobachter
bei 15° C. 0·9142	—16·25°C.	—	—	—	—	—	—	Chateau
bei 15° C. 0·914—0·916	—	—	—	—	—	—	—	Allen
bei 15° C. 0·9145	—8° bis —16° C.	—	—	—	—	—	—	Schädler
„ 15° C. 0·9142	—16° C.	—	—	—	—	—	—	Bornemann
bei 15° C. 0 9125—0·9160	—	170·3 bis 171·4	92·1—93·8	—	44° bis 45°	—	—	De Negri u. Fabris
bei $\frac{15\cdot5°\ C.}{15\cdot5°\ C.}$ 0·9142	—	171·2	96·75	95·86	—	bei 40° C. 85·5	bei 40°C. 1·4649	Crossley u.Le Sueur
bei 20° C. 0 9121	—	175·8	122·3	—	—	—	—	Wijs

Fettsäuren.

Schmelzpunkt	Säurezahl	Mittleres MolekularGewicht	Jodzahl	Beobachter
15°—16° C.	—	—	94·7—95·87	De Negri u. Fabris
—	185·8	302	106·2	Wijs

Dieses aus den Samen von Sinapis alba erhaltene Öl ist hellgelb, nähert sich in seinen Eigenschaften sehr dem Schwarzsenföl und ist von diesem und den anderen Cruciferenölen nur schwierig zu unterscheiden. Die Samen enthalten ca. 30 % fettes Öl.

In dem kaltgepreßten Öle ist nach Schneider, Mailho und De Negri und Fabris[2]) kein Schwefel nachweisbar.

Eine von Wijs[3]) untersuchte Probe enthielt 1·27 %, eine von

---

[1]) Pharm. Post. 1905. 38. 232.
[2]) Zeitschr. f. analyt. Chem. 1894. 33. 554.
[3]) Zeitschr. f. Unters. d. Nahrungs- u. Genußm. 1903. 6. 492.

Crossley und Le Sueur[1]) untersuchte 1·36 % auf Ölsäure berechneter freier Fettsäuren; die letztere zeigte im polarisierten Lichte im 200 mm-Rohr eine Ablenkung von — 9'.

Das Öl wird hauptsächlich als Brennöl verwendet.

7. Indisches Senföl.[2])

Spezifisches Gewicht bei $\frac{15 \cdot 5\,^0\,\text{C.}}{15 \cdot 5\,^0\,\text{C.}}$	Verseifungs- zahl	Jodzahl	Hehner- Zahl	Reichert- Meißlsche Zahl	Refrakto- meter- anzeige in Zeiß'Butter- refrakto- meter	Bre- chungs- index bei 40°C.
0·9158—0·9206	172·10—180·10	101·82—108·29	95·49	0·33—0·89	bei 40° C. 60	1·4659

Das Öl von Sinapis juncea *L.* (Brassica juncea *Hook*), einer Abart von Sinapis nigra ist hellgelb und dreht das polarisierte Licht im 200 mm-Rohr um 18'—25' nach links.

Der auf Ölsäure berechnete Säuregehalt beträgt nach Crossley und Le Sueur 1·87—3·58 %.

Das Öl findet in Indien als Speiseöl und auch als Medizinalöl Verwendung.

8. Rüböl.

Huile de colza. — Rape oil, Colza oil. — Olio di colza.

Die Rüböle werden aus den Samen einiger Varietäten des zur Familie der Cruciferen gehörigen, wilden Feldkohls (Brassica campestris) gepreßt. Die Produkte werden meist sämtlich als Rüböl bezeichnet, man unterscheidet aber häufig in Rüböl und Kohlsaatöl, seltener in Rapsöl, Rübsenöl und Kohlsaatöl.

Schädler unterscheidet:

1. *Kohlsaatöl, Kolzaöl. — Oleum Brassicae. — Huile de Colza. — Colza oil. — Olio di Colza.*
Von *Brassica campestris, Kohlsaat.*

2. *Rapsöl, Repsöl. — Oleum Napi. — Huile de navette. — Rape seed oil. — Rape oil. — Olio di Ravizzone.*
Von *Brassica campestris var. Napus, Raps.*

3. *Rüböl, Rübsenöl. — Oleum Raparum. — Huile de rabette. — Rubsen seed oil. — Rubsen oil. — Olio di rapa.*
Von *Brassica campestris var. Rapa, Rübsen.*

Das raffinierte Rüböl ist hellgelb und besitzt einen charakteristischen Geruch, welcher zu seiner Erkennung dienen kann, und einen unangenehmen Geschmack.

---

[1]) Journ. Soc. Chem. Ind. 1898. 17. 992.
[2]) Crossley u. Le Sueur, Journ. Soc. Chem. Ind. 1898. 17. 992.

Zusammensetzung: Seiner chemischen Zusammensetzung nach besteht es hauptsächlich aus den Glyceriden der Erucasäure, Ölsäure und Stearinsäure.

Kugelige Fettmassen, welche sich aus einem Rüböle bei gewöhnlicher Temperatur abgeschieden hatten, zeigten nach Halenke und Möslinger[1]) bei einem Schmelzpunkte von 38·5⁰ C. die Verseifungszahl 161·76, die daraus abgeschiedenen Fettsäuren bei einem Schmelzpunkte von 34⁰ C. die Verseifungszahl 160·05. Die Ausscheidungen bestanden daher aus dem fast reinen Glyceride der Erucasäure. Reimer und Will[2]) fanden dagegen, daß das Stearin aus älterem Rüböl wesentlich aus Dierucin, dem Diglyceride der Erucasäure, besteht. Durch Lösen in wenig Äther, Filtrieren und Versetzen des Filtrates mit Alkohol erhält man es in Form farbloser, bei 47⁰ C. schmelzender Nadeln.

Nach Reimer und Will[3]) ist die flüssige Säure des Rüböles nicht Ölsäure, sondern Rapinsäure, welche von Zellner als eine Isomere der Ölsäure $C_{18}H_{34}O_2$ bezeichnet wird, während ihr Reimer und Will die Formel $C_{18}H_{34}O_3$ zulegten. Außerdem glaubten Reimer und Will im Rüböle Behensäure nachgewiesen zu haben, Ponzio[4]) und Archbutt[5]) konstatierten jedoch, daß diese Säure Arachinsäure ist. Der Arachinsäuregehalt eines Rüböles wurde von Ponzio zu 0·4⁰/₀ gefunden, während ihn Archbutt bis zu 1·43⁰/₀ angibt.

Der Gehalt an unverseifbaren Bestandteilen (Phytosterin) wurde von Allen und Thomson bis zu 1⁰/₀, von Thomson und Ballantyne zu 0·58—0·70⁰/₀ angegeben. In einem Rapsöl fanden Thomson und Dunlop[6]) 1·02⁰/₀, in einem Ravisonöl sogar 1·65⁰/₀ Unverseifbares.

Den auf Ölsäure berechneten Gehalt an freien Fettsäuren fanden in je einer Probe Rechenberg und Salkowski zu 6·64 resp. 4·28⁰/₀, Nördlinger[7]) in 3 Sorten gepreßter Speiseöle zu 0·53—1·82⁰/₀, im Mittel zu 1·19⁰/₀, in 9 Sorten gepreßter, technischer Öle zu 0·52—6·26⁰/₀, im Mittel zu 2·88⁰/₀, und in zwei extrahierten Ölen zu 0·77 resp. 1·10⁰/₀. Thomson und Ballantyne fanden den Gehalt an freien Fettsäuren in 5 Proben zwischen 2·43 und 6·24⁰/₀, Archbutt in 50 Proben zwischen 1·7 und 5·5⁰/₀, und Crossley und Le Sueur[8]) in 7 Proben zwischen 0·26 und 1·89·⁰/₀ schwankend.

Zumeist die minderen Sorten von Rüböl (Öle zweiter und dritter Pressung) sind schwefelhaltig.

---

[1]) Ber. d. deutsch. chem. Ges. 1886. 19. 3320.
[2]) Ber. d. deutsch. chem. Ges. 1886. 19. 332. — Zeitschr. f. analyt. Chem. 1889. 28. 183.
[3]) Ber. d. deutsch. chem. Ges. 1887. 20. 2388.
[4]) Gaz. Chim. ital. 1894. 24. 595.
[5]) Journ. Soc. Chem. Ind. 1898. 17. 1099.
[6]) The Analyst 1906. 31. 366. — Chem. Rev. üb. d. Fett- u. Harz-Ind. 1906. 13. 280.
[7]) Pharm. Centralhalle 1890. 11. 713.
[8]) Journ. Soc. Chem. Ind. 1898. 17. 992.

Rüböl.

Substanz	Spezifisches Gewicht bei	Erstarrungspunkt	Verseifungszahl	Jodzahl	Hehner-Zahl	Reichertsche Zahl	Temperaturerhöhung b. d. Maumenéschen Probe	Refraktom.-Anz. im Oleo-refraktometer	Refraktom.-Anz. im Butter-refraktometer	Brechungsindex	Beobachter
	15° C. 0.9112—0.9175	— 1° bis — 10° C.	—	—	—	—	—	—	—	—	Schädler
	„ 0.914—0.917	—	175—179	—	—	—	51°—60°	—	—	—	Allen
Kolzaöl	„ 0.9142	—	—	—	—	—	—	—	—	—	} Souchère
Rapsöl	„ 0.9151	—	—	—	—	—	—	—	—	—	
Kolzaöl	„ 0.915—0.917	—	175—177	97.65—102.1	—	—	49°—51°	—	—	—	De Negri u. Fabris
	15.5° C. 0.9133—0.9168	—	170.6—175.3	99.1—105.6	—	—	—	—	—	—	Thomson u. Ballantyne
	„ 0.9132—0.9159	—	170—176.4	100.8—102.4	—	—	55°—64°	—	—	—	Archbutt
Brassica napus	15.5° C./15.5° C. 0.9141—0.9171	—	169.4—173.4	99.66—104.84	—	0—0.4	—	—	bei 40° C. 58.5 bis 59.2	1.4653	Crossley u.
	„ 0.9146	—	167.7	97.7	95.55	0	—	—	58.8	1.4650	Le Sueur
	18° C. 0.9144—0.9168	—	—	—	—	—	—	—	—	—	Stilurell
	23° C. 0.910	—	175.3	98.5—105	—	—	—	—	—	—	E. Dieterich
	99° C./15.5° C. 0.8632	—	—	—	—	—	—	—	—	—	Allen
	100° C. 0.8635	—	177—179	98—100	—	—	—	—	—	bei 60° C. 1.4667	Thörner
	—	— 4° bis — 6.25° C.	—	—	—	—	—	—	—	—	Girard
	15° C. 0.911—0.917	nach 8 Std.: 0° C.	171—179	98—104	—	—	—	—	—	bei 18° C. 1.4725 bis 1.4740 bei 20° C. 1.4735	Holde
	—	—	—	—	—	—	—	—	—	—	Köttstorfer
	—	—	178.7	—	—	—	—	—	—	—	Valenta
	—	—	177	—	—	—	—	—	—	—	Benedikt u. Wolfbauer
	—	—	172—178	98—104	—	—	—	—	—	—	Ulzer
	—	—	170—178	98—102	—	—	—	—	—	—	Shukoff
	—	—	175.5—181 (?)	94.3—110.4	—	—	—	—	—	—	v. Hübl
	—	—	—	100	—	—	—	—	—	—	Moore
	—	—	—	103.6	—	—	—	—	—	—	Wallenstein u. Finck
	—	—	—	101.1	—	—	—	—	—	—	Bensemann
	—	—	—	—	95.1 95.0	—	—	—	—	—	Dietzel u.

											Beobachter
	15° C. 0·9144—0·9172	—	172·1—179·6	99·6—105·1	—	—	—	—	—	—	Eisenstein
	—	—	—	—	—	0·25	—	—	—	—	Reichert
	—	—	—	—	—	0·3—0·4	—	—	—	—	Medicus u. Scherer
	—	—	—	—	—	—	57°—58°	—	—	—	Maumené
	—	—	—	—	—	—	60°—92°	—	—	—	Baynes
	—	—	—	—	—	—	—	+15°bis +18·5°C	—	—	Jean
	—	—	—	—	—	—	—	—	bei25°C. 68	—	Mansfeld
	—	—	—	—	—	—	—	—	—	bei15°C. 1·4720 bis 1·4757	Strohmer
Ravisonöl	—	—	181·3	(Wijs) 118·1	—	—	—	—	bei25°C. 71·0	—	Thomson u. Dunlop
Rapsöl	—	—	175·3 172·2—177·8	(Wijs) 104·5 —	—	—	—	—	bei25°C. 68·0	—	Tortelli u. Ruggeri
	—	—	—	103·6	—	—	—	—	—	—	Wijs
	—	—	—	—	—	—	—	—	—	bei20°C. 1·4726 bis 1·4742	Harvey

Fettsäuren.

Spezifisches Gewicht bei	Erstarrungspunkt ° C.	Schmelzpunkt ° C.	Säurezahl	Verseifungszahl	Mittleres Molekular-Gewicht	Jodzahl	Acetylzahl	Brechungsindex	Beobachter
99° C./15·5° C. 0·8438	18·5	18·3—19·5	—	—	321·2	—	—	—	Allen
100° C./100° C. 0·8758	—	18·5—21	—	—	—	—	—	—	Archbutt
—	12·2	20·1	—	—	—	—	—	—	v. Hübl
—	17—18	Beginn 18—19 Ende 21—22	—	—	—	—	—	—	Bensemann
—	—	17—19	—	—	—	99·8—103·1	—	—	De Negri u. Fabris
—	16	20	—	185	—	97—99	—	bei60°C. 1·4901	Thörner
—	—	—	—	—	307	105·6	—	—	Williams
—	—	—	—	—	314	—	—	—	Valenta
—	—	—	—	—	307	—	6·3	—	Benedikt u. Ulzer
—	—	—	—	—	—	96·3—99·0 Jodzahl der flüssigen Fettsäuren	—	—	Morawski u. Demski
—	—	—	—	—	—	120·7	—	—	Wallenstein u. Finck
—	—	—	176·1—178·8	181·2—183·2	306·2—309·6	—	—	—	Tortelli u. Pergami
—	—	—	—	—	—	—	6—7	—	Tomarchio

Fox und Riddick fanden in einigen Rübölen folgende Schwefelgehalte:

mg pro Liter

Reines braunes Rüböl 203
Mit Schwefelsäure gereinigtes Rüböl 240
Mit „Walkerde" gereinigtes Rüböl 143

Bei der Elaïdinprobe liefert Rüböl eine weiche, butterartige, wenig charakteristische Masse.

Mit Schwefelsäure vom spez. Gewicht 1·624 gibt es eine gelbe, mit Essigsäureanhydrid und Schwefelsäure vom spez. Gewicht 1·530 eine nicht charakteristische, schmutzig-grüne bis braune Färbung. (Holde.)

100 Teile Alkohol lösen nach Jüngst 0·534 Teile Rüböl.

Sehr charakteristisch ist für Rüböl seine Schwerlöslichkeit in Eisessig (vgl. S. 580) und seine verhältnismäßig hohe Viscosität (vgl. S. 582).

Das optische Drehungsvermögen fanden Crossley und Le Sueur bei 6 untersuchten Proben im 200 mm Rohr zwischen 0 und — 10′ schwankend. Eine Probe von Brassica napus drehte das polarisierte Licht um 15′ nach links.

Die Rüböle werden mit Leinöl, Hanföl, Mohnöl, Leindotteröl, Hederichöl, Baumwollsamenöl, Tran, Harzöl und Paraffinöl verfälscht.

Nach Allen erhöhen alle Verfälschungen (mit Ausnahme von Cruciferenölen und Mineralöl) das spezifische Gewicht. Auch hat reines Rüböl eine konstante und größere Viscosität als die zur Verfälschung benützten Öle, so daß die Viscositätsbestimmung eine vorzügliche Prüfungsmethode ist, namentlich, wenn man dabei mit anerkannt reinem Rüböl vergleicht.

Zusätze von Mineralöl und Harzöl werden durch Bestimmung des unverseifbaren Anteiles gefunden.

Der Schmelzpunkt der Fettsäuren wird durch einen Zusatz von Cottonöl erhöht werden, während ihn die starktrocknenden Öle erniedrigen.

Zur Entscheidung der Frage, ob ein reines Cruciferenöl (Rüböl, Hederichöl usw.) vorliege, wird jedoch am besten die Verseifungszahl bestimmt, wobei man sich natürlich vorher von der Abwesenheit von Mineralöl oder Harzöl überzeugen muß. Dieselbe liegt in der überwiegenden Mehrzahl der Fälle zwischen 172 und 175, ist also infolge des Gehaltes an Erucasäureglycerid niedriger wie die der anderen Öle.

Zusätze von Leinöl, Hanföl und Mohnöl zum Rüböl verraten sich außer durch die höhere Verseifungszahl auch durch die höhere Jodzahl und durch die Maumenésche Probe. Die Jodzahlen für reine Rüböle schwanken meist zwischen 98 und 104, die der raffinierten Öle sind meist 2—3 Einheiten niedriger als die der rohen.

Tran wird durch die Reaktion mit Chlor und mit Phosphorsäure und auch durch den Geruch erkannt. Auch die Hexabromidprobe kann infolge des hohen Gehaltes der Trane an stark ungesättigten Verbindungen Aufschluß über die Gegenwart von Tran geben.

Nach Schweißinger wird Rüböl auch mit raffiniertem Fischöl verfälscht. Dasselbe hat reinen, nichtfischigen Geschmack und 0·931 spez. Gew. Die Fettsäuren schmelzen bei 26° C. und erstarren bei 19° C., die Verseifungszahl des Fettes ist 218, die Jodzahl 142. 20 % Fischöl lassen sich noch mit der Cholesterinreaktion nach Salkowski (S. 230) nachweisen. Mit Sicherheit ist jedoch dieser Zusatz durch die Verseifungszahl und die Jodzahl zu konstatieren.

Zum Nachweise von Rüböl oder einem anderen Cruciferenöl in Ölgemischen sind die S. 109 beschriebenen Schwefelproben in der Praxis noch vielfach gebräuchlich; da die Samen der Cruciferen schwefelhältige Substanzen enthalten, sind die Öle in der Tat häufig schwefelhältig. Doch fanden De Negri und Fabris kaltgepreßte Öle schwefelfrei, und ebenso enthalten gut raffinierte Öle des Handels keinen Schwefel, während andererseits mit Schwefelkohlenstoff bereitete Extraktöle (Olivenkernöl usw.) schwefelhaltig sein können.

Rüböl wird in erster Linie als Brennöl und Schmiermaterial, aber auch zur Herstellung von Seifen, als Speiseöl, als Spicköl usw. verwendet.

Oxydiertes Kolzaöl zeigt sowohl äußerlich, wie chemisch wesentliche Unterschiede von dem unveränderten Öle.

Lecocq und Daudervoort[1]) stellten die Analysen solcher Öle zusammen (s. unter „Geblasene Öle" S. 496).

Das oxydierte Kolzaöl stellt eine goldgelbe, sehr viscose Flüssigkeit dar, welche noch den charakteristischen Geruch des Kolzaöles besitzt.

Die mit dem Öle durch die Oxydation vor sich gegangenen Veränderungen drücken sich hauptsächlich in dem erhöhten spezifischen Gewichte, der erhöhten Acetylzahl und Refraktion und in der erniedrigten Jodzahl aus. Die Viscosität, die Crismerzahl und die Löslichkeit in Alkohol sind gleichfalls erhöht.

Ähnliche Veränderungen wie durch die künstliche Oxydation können mit dem Rüböl auch durch das Altern vor sich gehen.

Es seien die Konstanten eines in einer alten Lampe nach mehreren Jahren gefundenen Kolzaöles denen eines frischen Kolzaöles gegenübergestellt:[2])·

	Altes Öl	Frisches Öl
Spez. Gew. bei 15° C.	0·9507	0·9142
Viscosität bei 21° C.	1172	135
„ „ 38° C.	516	55
Flammpunkt	180° C.	246° C.
Zündpunkt	285° C.	333° C.
Verseifungszahl	218	175
Jodzahl	75 31	100 8
Acetylzahl	142 8	—
Freie Säure	2·78	—

---

[1]) Bull. assoc. Belg. chim. 1901. 15. 325. — Chem. Rev. üb. d. Fett- u. Harz-Ind. 1902. 9. 12.

[2]) Oil and Colourmans Journ. 28. Nr. 352. — Chem. Rev. üb. d. Fett- u. Harz-Ind. 1905. 12. 220.

Auch dieses Öl war leichter in Alkohol löslich als frisches Kolzaöl, dagegen nicht so leicht löslich in Petroläther, wie dieses, was in der Gegenwart der durch die Acetylzahl erkennbaren großen Menge von Oxyfettsäuren begründet ist.

9. Rettichöl.

Rettigöl. — Huile de raifort. — Radish seed oil. — Olio di ravano.

	Spez. Gew. bei	Erstarrungs-punkt	Versei-fungs-zahl	Jodzahl	Hehner-Zahl	Reichert-Meißlsche Zahl	Temperatur-erhöhung b. d. Maumené-schen Probe	Refraktom.-Anzeige in Zeiß Butter-refrakt. bei	Bre-chungs-index bei	Beobachter
	15° C. 0·9175	— 10° bis —17·5°C.	—	—	—	—	—	—	—	Schädler
	15° C. 0·9175	—	178·05	95·6 bis 95·9	—	—	51°	—	—	De Negri u. Fabris
	$\frac{15·5°C.}{15·5°C.}$ 0·9163	—	173·8	92·85	95·94	0·33	—	40°C. 57·5	40° C. 1·4642	Crossley u Le Sueur
Varietas niger	20° C. 0·9142	—	179·4	112·4	—	—	—	—	—	Wijs

Fettsäuren.

	Erstarrungs-punkt	Schmelz-punkt	Säure-zahl	Mittleres Mol.-Gew.	Jod-zahl	Beobachter
Varietas niger	13°—15° C.	20° C.	—	—	97·1	De Negri u. Fabris
	—	—	189·5	296	115·3	Wijs

Das Öl stammt aus den Samen des Gartenrettichs, Ölrettichs, Raphanus sativus *L.*, einer Crucifere, welche 45—50% Öl enthält, das durch Auspressen, Schlagen oder Extraktion gewonnen wird. Es ist ein sehr schwach trocknendes Öl von gelber bis lichtbrauner Farbe und einem schwachen, an Rüböl erinnernden Geruch und Geschmack. Seine Zusammensetzung ist der des Rüböles ähnlich. (Es besteht aus den Triglyceriden der Stearin-, Eruca- und Ölsäure. [1])

Crossley und Le Sueur[2] fanden den Gehalt an freien, auf Ölsäure berechneten Fettsäuren in einer Probe zu 3·64%, nach Wijs[3] enthielt eine Probe 1·68%. De Negri und Fabris[4] haben in einer Probe geringe Mengen Schwefel gefunden.

Das optische Drehungsvermögen bestimmten Crossley und Le Sueur zu $+ 17'$.

Frischgeschlagenes Rettichöl dient zu Speisezwecken. Es gibt hellgelbe Seifen von ziemlicher Festigkeit und wird auch zu Beleuchtungszwecken verwendet.

---

[1]) Neueste Erfindungen u. Erfahrungen. — Chem. Rev. üb. d. Fett u. Harz-Ind. 1905. 12. 223.

[2]) Journ. Soc. Chem. Ind. 1898. 17. 992.

[3]) Zeitschr. f. Unters. d. Nahrungs- u. Genußm. 1903. 6. 492. — Chem. Rev. üb. d. Fett- u. Harz-Ind. 1903. 10. 180.

[4]) Zeitschr. f. analyt. Chem. 1894. 33. 555.

10. Jamboöl.[1]

Huile de Jambo. — Jambo oil. — Olio di Jambo.

Spez. Gew. bei 15° C.	Erstarrungspunkt	Verseifungs-zahl	Jodzahl	Hehner-Zahl	Temperaturerhöhung bei der Maumenéschen Probe
0·9150—0·9158	−10° bis −12° C.	172·3	95·2—95·6	96·52	51°—53°

Fettsäuren.

Erstarrungspunkt	Schmelzpunkt	Jodzahl
11°—16° C.	19°—21° C.	96·1—96·2

Dieses einer Brassica-Art entstammende Öl besitzt ähnliche Eigenschaften wie das Rüböl; es ist frei von Schwefel.

B. Schwachtrocknende Öle, welche durch den Gehalt an Ölsäure und Linolsäure oder Oxyfettsäuren charakterisiert sind.

Einige von ihnen, z. B. mehrere Gramineensamenöle, enthalten auch Erucasäure, einige enthalten Oxyfettsäuren und besitzen infolgedessen eine hohe Acetylzahl. Der Gehalt an Oxyfettsäuren ist insbesondere für das Ricinusöl charakteristisch.

Von den in dieser Gruppe beschriebenen Ölen, deren Zusammensetzung näher untersucht wurde, bildet das Crotonöl insofern eine Ausnahme, als in demselben Linolsäure nicht nachgewiesen werden konnte. Andererseits ist aber die hohe Jodzahl ohne die Annahme einer stärker ungesättigten Säure nicht zu erklären.

1. Kürbiskernöl.

Kürbissamenöl. — Huile de courge. — Pumpkin seed oil. — Olio di zucca.

Spez. Gew. bei	Erstar-rungs-punkt	Versei-fungs-zahl	Jodzahl	Hehner-zahl	Acetyl-zahl	Refraktom.-Anzeige in Zeiß Butter-refraktom. bei 25° C.	Beobachter
15° C. 0·9231	−15° C.	188·1	—	—	—	—	Schädler
0·923—0·925	—	188·4 bis 190·2	122·8—130·7	—	—	70·0—72·5	Poda
0·9197—0·9208	—	192·5 bis 195·2	—	—	—	—	Graham
20° C. 0·923	−16° C.	188·7	113·4	96·2	27·2	—	Schattenfroh
—	—	—	121	—	—	—	v. Hübl
—	—	—	121·5	—	—	—	Henriques
—	—	—	116·5—120·5 (Je nach Extraktionsmittel)	—	—	—	Strauß

---

[1] De Negri u. Fabris, Ann. del Laborat. chim. delle Gabelle 1891—92. 137

Fettsäuren.

Erstarrungspunkt	Schmelzpunkt	Mittleres Mol.-Gew.	Beobachter
24·5⁰ C.	28⁰ C.	—	Schädler
—	26·5⁰—28·5⁰ C. (Beginn des Schmelzens) 28·4⁰—29·8⁰ C. (Ende des Schmelzens)	—	Poda
—	—	284·7	Schattenfroh

Dieses Öl wird aus den Samen des gemeinen Kürbisses, Feldkürbisses, Pfebe (Cucurbita pepo *L.*), Gattung der Cucurbitaceen, gewonnen. Der Ölgehalt der Samen, deren äußere Schale 23·5 Gewichtsprozente des ganzen Samens beträgt, ist vom Klima sehr abhängig.

Graham[1]) erhielt durch Extraktion aus den Kernen 25 $^0/_0$, J. Schumow[2]) 35 $^0/_0$ Öl. H. Strauß[3]) konnte mit verschiedenen Lösungsmitteln aus den schalenhaltigen Kernen durchschnittlich 37 $^0/_0$, aus den entschälten 47·7 $^0/_0$ Öl extrahieren.

Das Öl wird hauptsächlich in Ungarn und Südrußland gewonnen. Zur fabriksmäßigen Herstellung werden die Samen im Kollergange zerkleinert, auf 80⁰—90⁰ C. erwärmt und gepreßt. Nach Schumow sollen sie zweckmäßig erst geröstet, enthülst und dann gepreßt werden.

Das Kürbiskernöl ist rötlichgrün, besitzt angenehmen Geschmack und Geruch und ist in Schwefelkohlenstoff, Äther, Choroform und in 20 Teilen absoluten Alkohols klar löslich.

An der Luft trocknet es nach längerer Zeit zu einer gelblichen, durchsichtigen Haut ein.

Eine von Schattenfroh[4]) untersuchte Probe besaß 0·64 $^0/_0$ freie Säure als Ölsäure berechnet. Graham fand in zwei untersuchten Proben (einem durch Extraktion hergestellten Öle und einem Handelsmuster) 9·87 und 1·76 $^0/_0$ freie Säure (als Ölsäure berechnet).

Das Öl zeigt sich nach Strauß sehr indifferent gegen die gewöhnlichen Bleichmittel. Dagegen erhielt dieser durch mehrmalige Behandlung mit Natronlauge ein hellgelbes Öl. Bei diesem Verfahren treten aber durch Verseifung bedeutende Verluste ein, so daß es nicht rationell erscheint.

Dieses Öl ist ein Speiseöl und eignet sich wegen seines angenehmen Geschmackes auch als Konservenöl. Die minderen Qualitäten finden als Brennöl Verwendung.

Nach den Angaben von Poda[5]) soll es öfters mit Cottonöl verschnitten werden, was durch die Halphensche Reaktion leicht nachgewiesen werden kann.

---

[1]) Amer. Journ. f. Pharm. 1901. 73. 352. — Apoth.-Zeitg. 1901. 16. 517.
[2]) Westnik shirow. weschtsch. 1903. 4. 29. — Chem. Zeitg. Rep. 1903. 27. 132. — Chem. Rev. üb. d. Fett- u. Harz-Ind. 1903. 10. 162.
[3]) Chem. Zeitg. 1903. 27. 527. — Chem. Rev. üb. d. Fett- u. Harz-Ind. 1903. 10. 161.
[4]) Zeitschr. f. Nahrungsmittelunters. u. Hyg. 1894. 8. 202.
[5]) Zeitschr. f. Unters. d. Nahrungs- u. Genußm. 1898. 1. 625. — Journ. Soc. Chem. Ind. 1898. 17. 1054.

2. Melonenkernöl.

Huile de graines de melon. — Melon seed oil. — Olio di mellone.

Spez. Gew. bei 15¼ ⁰ C.	Erstarrungspunkt	Schmelzpunkt	Verseifungszahl	Jodzahl	HehnerZahl	Reichert-Meißlsche Zahl	Acetylzahl	Beobachter
—	5·0 ⁰ C.	5·5 ⁰ C.	193·3	101·5	—	—	—	Fendler
0·9276	—	—	190·5	133·3	95·3	1·66	33·7	Lidow

Fettsäuren.

Erstarrungspunkt	Schmelzpunkt	Verseifungszahl	Jodzahl	Beobachter
36·0⁰ C.	39·0⁰C.	—	—	Fendler
—	—	In der Kälte: 192·2 / In der Wärme: 201·5	128	Lidow

Dieses Öl stammt aus den Samen der Melone, Cucumis melo *L.*, welche an der westafrikanischen Küste in großen Mengen wächst und bei uns als Mistbeetpflanze kultiviert wird.

Von Lidow[1]) untersuchte südrussische Melonenkerne enthielten 29·38 $^0/_0$, von Fendler[2]) untersuchte Melonenkerne aus Togo 43·8 $^0/_0$ Öl.

Es ist hellgelb, fast geruchlos und von mildem Geschmack. Lidow fand die Viscosität des Öles im Englerschen Apparate bei 70⁰ C. zu 8·9.

Die von Lidow beobachtete Acetylzahl weist auf das Vorhandensein einer Oxyfettsäure, das verschiedene Verhalten der Fettsäuren beim Verseifen in der Wärme und in der Kälte auf eine komplizierte Fettsäure analog den Polyricinolsäuren oder einer Verbindung der Ricinolsäure mit einer anderen organischen Säure hin (Lidow) (?).

Lidow fand in einer Probe 0·69, Fendler 2·42 $^0/_0$ freie Säure als Ölsäure berechnet.

Das Öl ist als Speiseöl verwendbar.

3. Wassermelonenöl.

Huile de citrouille. — Watermelon oil. — Olio di citriuolo.

Dieses Öl stammt von der Wassermelone, auch Angurie, Arbuse oder Zitrullengurke (Cucumis citrullus = Cucurbita citrillus), deren Saat sich unter dem Namen Bereff oder Beraf im französischen Handel findet. Sie wird in Afrika, Ostindien, in Südeuropa, Ägypten und Nordamerika kultiviert.

Die Samen bestehen zu 38 $^0/_0$ aus Schalen, zu 72 $^0/_0$ aus den ölhaltigen Kernen. Wijs[3]) fand in den ganzen Samen 40·8 $^0/_0$ Öl, in den

---

1) Westnik shirow. weschtsch. 1905. 6. 55. — Chem. Zeitg. Rep. 1905. 29. 294. — Chem. Rev. üb. d. Fett- u. Harz-Ind. 1905. 12. 273.

2) Zeitschr. f. Unters. d. Nahrungs- u. Genußm. 1903. 6. 1025. — Chem. Rev. üb. d. Fett- u. Harz-Ind. 1904. 11. 52.

3) Zeitschr. f. Unters. d. Nahrungs- u. Genußm. 1903. 6. 492. — Chem. Rev. üb. d. Fett- u. Harz-Ind. 1903. 10. 180.

entschälten Kernen 65·8 $^0/_0$. S. Wojnarowskaja und S. Naumowa[1]) erhielten aus den nichtentschälten Samen nur 21·4 $^0/_0$ Öl.

Das Öl hat gelbe Farbe, milden Geschmack und wenig Geruch.

Wassermelonenöl.

	Spez. Gew. bei	Erstarrungspunkt	Verseifungszahl	Jodzahl	Hehner-Zahl	Reichertsche Zahl	Acetylzahl	Temperaturerhöhung bei d. Maumenéschen Probe	Beobachter
Mit Benzin extr.	20° C. 0·9160	—	189·7	118·0	—	—	—	—	Wijs
	15° C. 0·925	—20° C.	196	111·5	96·1	0·4	4·7	50·4° C.	Wojnarowskaja u. Naumowa

Fettsäuren.

Erstarrungspunkt	Schmelzpunkt	Säurezahl	Mittleres Mol.-Gew.	Jodzahl	Beobachter
32° C. (Titer)	34° C.	197·1	284·1	122·7	Wijs

Eine von Wijs[2]) untersuchte Ölprobe enthielt 1·2 $^0/_0$ freie Säure (als Ölsäure berechnet).

Nach Wojnarowskaja und Naumowa sind in dem Öle 0·4 $^0/_0$ freier Sauerstoff enthalten (?).

Das Wassermelonenöl ist ein schwachtrocknendes Öl. Die Gewichtsvermehrung durch Sauerstoffaufnahme betrug bei einer Probe, nach Livache geprüft, 2·7 $^0/_0$.

Die Halphensche und die Baudouinsche Reaktion fallen bei dem Öle negativ aus.

4. Telfairiaöl, Talerkürbisöl, Koëmeöl.[3])
Huile de noix d'Inhambane. — Koëme oil.

Spez. Gew. bei 15° C.	Erstarrungspunkt	Verseifungszahl	Jodzahl	Refraktometeranzeige in Zeiß Butterrefraktometer	Beobachter
0·9180	7° C.	174·8	86·2	bei 25° C. 63—64 „ 50° C. 61—62	Thoms

Fettsäuren.

Erstarrungspunkt	Schmelzpunkt	Beobachter
41° C.	44° C.	Thoms

Die Kerne des in Ostafrika einheimischen Talerkürbisses, Telfairia pedata *Hook*, enthalten 60 $^0/_0$ eines Öles, von welchem etwa 43 $^0/_0$ durch Pressen leicht gewonnen werden können.

---

[1]) Journ. russ. phys. chem. Ges. 1902. 34. 695.

[2]) Zeitschr. f. Unters. d. Nahrungs- u. Genußm. 1903. 6. 492. — Chem. Rev. üb. d. Fett- u. Harz-Ind. 1903. 10. 186.

[3]) Notizbl. d. Botan. Gartens u. Mus. in Berlin. 1898. Nr. 15. — Arch. d. Pharm. 1900. 238. 48. — Koch, Seifenfabrikant, 1907. 27. Nr. 31.

Das anfangs dunkelgefärbte Öl bleicht sehr rasch und ist dann hellgelb und angenehm riechend; es steht den Cruciferenölen ziemlich nahe.

Das Öl soll nach Thoms hauptsächlich aus den Triglyceriden der Stearin-, Palmitin- und Telfairiasäure bestehen. Eine von Thoms untersuchte Probe besaß eine Säurezahl 0·34.

Die Eingeborenen Ostafrikas, welche nach Heckel auf sehr primitive Weise nur 16 % Öl aus den Samen gewinnen, verwenden es als Speiseöl und zum Einschmieren der Haut.

5. Luffaöl.[1])

Huile de Luffa. — Luffa seed oil.

Spez. Gew. bei $\frac{15·5\,^0\ C.}{15·5\,^0\ C.}$	Verseifungszahl	Jodzahl	HehnerZahl	ReichertMeißlsche Zahl	Refraktometeranzeige bei 40⁰ C. in Zeiß' Butterrefraktometer	Brechungsindex bei 40⁰ C.	Beobachter
0 9254	187·8	108·51	94·8	1·43	62	1·4660	Crossley u. Le Sueur

Dieses Öl wird in Ostindien aus den Samen von Luffa aegyptica, einer Cucurbitacee, gewonnen und ist dunkelrötlichbraun gefärbt.

Die von Crossley und Le Sueur untersuchte Probe enthielt 7·25 % freier, als Ölsäure berechneter Fettsäuren.

Es findet als Speiseöl und für medizinische Zwecke Verwendung.

6. Secuaöl, Nhandirobaöl.[2])

Spez. Gew.	Schmelzpunkt	Beobachter
0·9309	—	Schädler
—	21⁰ C.	Hanausek

Die Samen von Feuillea cordifolia *Vell.*, einer Cucurbitacee, enthalten 55—60 % eines weißgelben, klaren Öles, manchmal butterartigen Fettes, mit einem etwas an Rindschmalz erinnernden Geruch und mildem Geschmacke.

Es wirkt purgierend und dient als Brennöl und zum Anstrich von Eisenwaren, um sie vor dem Rosten zu schützen.

7. Sicydiumöl.

Die trockenen Samenkerne von Sicydium monospermum *Cogn.*, einer Cucurbitacee, enthalten 29·95 % fettes Öl vom spezifischen Gewichte 0·927 bei 22⁰ C.

8. Cayaponiaöl.

Die Samenkerne von Cayaponia cabocla *Mart.*, einer Cucurbitacee, enthalten nach Peckolt[3]) 13·66 % eines fetten Öles vom spezifischen Gewichte 0·9683 bei 21⁰ C. Es hat die Konsistenz des Ricinusöls.

---

[1]) Journ. Soc. Chem. Ind. 1898. 17. 992.
[2]) T. F. Hanausek, Zeitschr. d. österr. Apoth.-Vereins. 1877. 15. 279.
[3]) Ber. d. deutsch. pharm. Ges. 1904. 14. 308.

9. Sojabohnenöl.[1]

Huile de Soja. — Soja bean oil, Chinese bean oil. — Olio di Soia.

Spez. Gew. bei 15° C.	Erstarrungs-punkt	Ver-seifungs-zahl	Jodzahl	Hehner-Zahl	Temperatur-erhöhung b.d.Maumené-schen Probe	Beobachter
0·9270	—	192·9	122·2	95·5	61°	Morawski u. Stingl
0·9242	8°—15° C.	192·5	121·3	—	59°—61°	De Negri u. Fabris
0·9264—0·9287	—15·3° bis	207·9 bis	114·8 bis	93·60 bis	102° bis	Korentschewski u.
(4 Proben)	—14·6° C.	212·6	137·2	94·28	116°	Zimmermann

Fettsäuren.

Erstarrungspunkt	Schmelzpunkt	Jodzahl	Beobachter
25° C,	28° C.	115·2	Morawski u. Stingl
23°—25° C.	27°—29° C.	122	De Negri u. Fabris
16°—17·3° C.	20°—21° C.	—	Korentschewski u. Zimmermann

Dieses aus den Samen von Soja hispida *Mönch* (Glycine hispida *Maxim.*), der Sojabohne, gewonnene Öl wird in China und Japan als Speiseöl und als Leuchtöl verwendet.

Es hat eine dunkelbraune Farbe, ist vollkommen in Äther löslich und gibt eine positive Elaïdinreaktion (Korentschewski und Zimmermann[2]). Die hohe Jodzahl weist auf die Anwesenheit ungesättigter Säuren mit mehreren Doppelbindungen hin.

Eine von Morawski und Stingl untersuchte Probe enthielt 0·22 % unverseifbarer Substanz und 2·28 % freier Fettsäuren auf Ölsäure berechnet.

10. Bohnenöl.[3]

Huile de fève. — Bean oil.

Spez. Gew. bei 16° C.	Verseifungs-zahl	Jodzahl	Hehnerzahl	Beobachter
0·9570	188	82	86·9 (?)	R. Meyer

Fettsäuren.

Schmelzpunkt	Jodzahl	Refraktometerzahl	Beobachter
31° C.	115 (?)	bei 26° C. 1·47529	R. Meyer

Dieses Öl (von Phaseolusarten stammend) hat eine grünlichbraune Farbe. Meyer konstatierte in einer Probe die Säurezahl 115, was einem Gehalte von 57·86 % freier Fettsäure (als Ölsäure berechnet) entsprechen würde.

---

[1] Zeitschr. f. analyt. Chem. 1894. 33. 568.
[2] Chem. Zeitg. 1905. 29. 777. — Chem. Rev. üb. d. Fett- u. Harz.-Ind. 1905. 12. 190.
[3] Chem. Zeitg. 1903. 27. 958. — Chem. Rev. üb. d. Fett- u. Harz-Ind. 1903. 10. 255: Vortr. geh. a. d. 75. Versamml. deutsch. Naturf. u. Ärzte.

11. Kleesamenöl.

Huile de trèfle. — Clover oil.

	Säure-zahl	Verseifungs-zahl	Jod-zahl	Hehner-Zahl	Reichert-Meißlsche Zahl	Acetyl-zahl	Beobachter
roter Klee	1·63	189·9	124·3	93·62	3·3	7·7	} Jones
weißer „	1·91	189·5	119·7	93·24	3·5	8·6	

Fettsäuren.

	Säurezahl	Mittleres Mol.-Gew.	Jodzahl	Beobachter
roter Klee	198·1	283·2	126·2	} Jones[1]
weißer „	197·6	283·8	122·2	

Abstammung: Ist in den Samen des roten Klees (Trifolium pratense perenne, Wiesenklee) zu 11·1 %, in den Samen des weißen Klees (Trifolium repens, Feldklee, Schafklee) zu 11·8 % enthalten.

Die festen Fettsäuren enthalten Palmitin- und Stearinsäure, die flüssigen bestehen aus Linolsäure und Ölsäure, welch letztere überwiegt, besonders beim weißen Klee.

Jones fand im Öl des roten Klees 0·19, in dem des weißen Klees 0·16 % unverseifbare Bestandteile.

12. Mucunaöl.[2]

Mit Petrol-äther extrahiert	Spez. Gew.	Er-star-rungs-punkt	Schmelz-punkt	Versei-fungs-zahl	Jod-zahl	Reichert-Meißlsche Zahl	Refraktometer-anzeige in Zeiß Butter-refraktometer	Beobachter
aus frischem Samen	0·865	3·5 ⁰ C.	16⁰ C.	178·22	103·95	0·77	bei 25⁰ C. 66·2	} v. d. Driessen Mareeuw
aus 2 Mon. altem Samen	0·8706	—	—	184·76	98·6	—	—	

Fettsäuren.

	Schmelz-punkt	Verseifungs-zahl	Jodzahl	Acetylzahl	Beobachter
aus frischem Samen	37⁰ C.	195·6	112·9	115·25	} v. d. Driessen Mareeuw
aus 2 Monate altem Samen	—	187·7	107·53	—	

Die Samen von Mucuna capitata *Dc.*, aus der Gruppe der Leguminosen, welche in Niederländisch-Indien den Namen „Bengock" führt, enthalten 2·08 % eines gelben Öles.

Die von Van den Driessen Mareeuw untersuchte Probe enthielt 3·38 % freie Fettsäuren als Ölsäure berechnet.

Nach Van den Driessen Mareeuw bestehen die Fettsäuren aus Ölsäure (?), Palmitinsäure und Stearinsäure. Dies steht jedoch nicht

---

[1] V. Jones, Mitt. Techn. Gew.-Mus. Wien. 1903. 13. 223. — Chem. Rev. üb. d. Fett- u. Harz-Ind. 1903. 10. 285.

[2] W. P. H. Van den Driessen Mareeuw, Pharm. Weekblad 1906. 43. 202.

mit den Daten der Tabelle im Einklang, welche auf die Gegenwart von stärker ungesättigten Säuren und Oxysäuren hinweisen.

13. Owalaöl.[1]

Spezifisches Gewicht bei	Erstarrungs- punkt	Schmelz- punkt	Verseifungs- zahl	Jodzahl	Hehnerzahl	Reichert- Meißlsche Zahl	Acetylzahl	Temperatur- erhöhung b. d. Maumenéschen Probe	Refrakto- meter- anzeige bei 40° C. in Zeiß But- terrefrakto- meter	Bre- chungs- index bei 40°C.
25° C. 0·9119	bei 18°—19° C. weiße flockige Ausscheidungen, bei +4° C. wird es butterartig	wird bei +8° C. ein flüssiger Brei	186·0	99·3	95·6	0·6	37·1	100°	59·2°	1·4654
100° C. 0·8627—0·8637	5°—8° C.	—	182 bis185	94·3 bis 94·4	94·2 bis 95·7	—	—	—	—	—
—	—	—	—	87.67	—	—	—	—	—	—

Fettsäuren.

Erstarrungs- punkt	Schmelzpunkt (Kapillarröhrchen)	Säurezahl
52·1° C.	53·9° C.	185·7
—	52·4—53·4° C.	—
—	50·15	—

Die Samen von Pentaclethra macrophylla *Benth*, einer an der Westküste Afrikas heimischen Mimose, welche den Namen „Graines d'Owala", Owala-Bohnen führen, enthalten 30·4 $^0/_0$ mit Äther extrahierbaren Öles. Das Gewicht der Samenschale ist ca. $^1/_5$ des Gewichtes des ganzen Samens. Aus den geschälten Kernen wurden durchschnittlich 41·6 $^0/_0$ Fett extrahiert.

Das durch Extraktion erhaltene Öl hat eine schwach gelbliche Farbe, angenehmen, hinterher kratzenden Geschmack und angenehm aromatischen, oft jedoch stechenden Geruch.

Der Gehalt an freier Säure betrug in einer Probe 3·63 $^0/_0$ (auf das mittlere Molekulargewicht der Fettsäuren berechnet), die Menge der unverseifbaren Bestandteile 0·54 $^0/_0$.

Das Öl ist in den gewöhnlichen Fettlösungsmitteln klar löslich. Bei Zimmertemperatur ist es flüssig und zeigt nur geringe, weiße, flockige Abscheidungen.

Nach Schädler ist es als Speiseöl, Maschinenöl und in der Seifenfabrikation zu verwenden.

Wie die Untersuchungen des Imperial Institut in England ergaben, läßt sich jedoch der stechende Geruch durch die gewöhnlichen Raffinationsmethoden nicht entfernen. Zur etwaigen Verwendung in der Seifenfabrikation müßten die Bohnen erst entschält werden, damit der braune Farbstoff der Schalen nicht mit in die Seife geht. Das Öl liefert übrigens trotz des hohen Schmelzpunktes seiner Fettsäuren eine ziemlich weiche Seife.

---

[1] K. Wedemeyer, Chem. Rev. üb. d. Fett- u. Harz-Ind. 1906. 13. 210 u. Oil and Colours Trades Journal 1907. 31. Nr. 447/78. — Chem. Rev. üb. d. Fett- u. Harz-Ind. 1907. 14. 221.

14. Bonducnußöl.[1])

Bonduc nut oil, fever nut oil.

Verseifungszahl	Jodzahl
156·52—158·3	89·9

Das Bonducnußöl stammt aus den Samen von Caesalpinia bonducella *Roxb.*, einer Caesalpinee; es ist bräunlichgelb, klar und hat einen ranzigen Geruch.

Eine Probe enthielt 4·9 °/₀ freie, als Ölsäure berechnete Säure.

Das Öl wird zum Brennen und pharmazeutisch verwendet.

15. Maisöl.[2])

Huile de maïs, de papetons. — Maize oil, corn oil. — Olio di mais.

Das aus den Keimen des Mais, Kukuruz, türkischen Weizen, Zea Mays L. gewonnene Öl erster Pressung ist goldgelb, ziemlich dickflüssig und besitzt einen schwachen, an Getreide erinnernden Geruch und Geschmack. Das durch Extraktion der Trester von der Spiritusfabrikation gewonnene Öl ist rotbraun gefärbt. Die Keime enthalten 40—50 °/₀ Öl.

Zusammensetzung: Über die Art der in Maisöl vorhandenen Fettsäuren stehen die Angaben verschiedener Autoren miteinander in starkem Widerspruche.

An unlöslichen Fettsäuren wurden im Maisöle aufgefunden: Stearinsäure und Palmitinsäure (Hoppe-Seyler), Arachinsäure und Hypogäasäure (Vulté und Gibson), Ölsäure (Hoppe-Seyler), Linolsäure und Ricinolsäure (?) (Rokitanski[3]). An löslichen Fettsäuren sollen nach Vulté und Gibson im Maisöle vorkommen: Ameisensäure (?), Essigsäure (?), Capron-, Capryl- und Caprinsäure.

Während aber Vulté und Gibson in den unlöslichen Fettsäuren einer Probe:

27·74 °/₀ feste und
72·26 °/₀ flüssige Fettsäuren

fanden, gibt Hopkins folgende Zusammensetzung an:

3·66 °/₀ Stearinsäure,
44·85 °/₀ Ölsäure,
48·19 °/₀ Linolsäure und Linolensäuren.

Den getreideartigen Geruch und Geschmack verdankt das Maisöl einer geringen Menge eines flüchtigen Öles (Vulté und Gibson).

Den auf Ölsäure berechneten Gehalt an freien Fettsäuren fand Hart in einer Probe zu 0·75 °/₀, Archbutt konstatierte in einer Probe 2·4 °/₀ freie Fettsäuren und Vulté und Gibson fanden in drei untersuchten Proben 1·14, 1·87 und 10·47 °/₀ freie Fettsäuren.

---

[1]) Niederstadt, Ber. d. deutsch. pharm. Ges. 1902. 12. 144.

[2]) Hart, Chem. Zeitg. 1893. 17. 1522. — Spüller, Dinglers Polyt. Journ. 264. 626. — De Negri u. Fabris. Zeitschr. f. analyt. Chem. 1894. 33. 565. — Dulière, Corps gras ind. 1897. 24. 255. — Hopkins, Journ. Amer. Chem. Soc. 1898. 20. 948. — Archbutt, Journ. Soc. Chem. Ind. 1899. 18. 346. — F. Vulté u. H. W. Gibson, Journ. Amer. Chem. Soc. 1900. 22. 453; 1901. 23. 1.

[3]) Rokitansky, Chem. Zeitg. 1894. 18. 804.

Maisöl.

Spez. Gewicht	Erstarrungs-punkt	Verseifungs-zahl	Jodzahl	Hehnerzahl	Reichert-Meißlsche Zahl	Acetyl-zahl	Temperatur-erhöhung b. d. Maumené-schen Probe	Refraktometeranzeige		Beobachter
								in Zeiß Butter-refrakto-meter	im Oleo-refrakto-meter	
bei 15⁰ C. 0·9215	—	188·1—189·2	119·4—119·9	94·7	0·33	—	56⁰ (?)	—	—	Spüller
—	—	—	116·3	—	—	—		—	—	Smetham
bei 15⁰ C. 0·9215—0·9220	—10⁰ bis —15⁰ C.	190·4	111·2—112·6	—	—	—	86⁰	—	—	De Negri und Fabris
bei 15⁰ C. 0·9239	—	—	117	95·7	—	—	—60·5⁰	—	—	Hart
—	—	—	122	—	—	—		—	—	Wallenstein
—	—	198·8—203	122·3 bis 122·55	—	—	—	81⁰ bis 82⁰	bei 25⁰ C. 71·5	bei 22⁰ C. + 22	Dulière
bei 15·5⁰ C. 0·9213—0·9215	—	191·78 bis 192·65	113·27 bis 119·74	88·21 bis 92·78	4·2—9·9 (?)	11·22 bis 11·49	—	—	—	Vulté und Gibson
bei 100⁰ C. 0·8711—0·8756										
bei 15·5⁰ C. 0·9243	—	189·7	122·7	—	—	—	81·6⁰	—	—	Archbutt
bei 15⁰ C. 0·9215	—	—	—	—	—	—	—	—	—	Bornemann
bei 15⁰ C. 0·9245—0·9262	—36⁰ C.(?)	—	—	—	—	—	—	—	—	Hopkins
—	—10⁰ C.	—	—	—	—	—	—	—	—	Schädler
—		—	—	—	—	—	79⁰	—	—	Jean

Fettsäuren.

Spez. Gewicht bei 100⁰ C.	Schmelzpunkt	Erstarrungspunkt	Verseifungs-zahl	Jodzahl	Jodzahl der flüssigen Fettsäuren	Jodzahl der festen Fettsäuren	Beobachter
0·8529	—	—	200·01	120·98	135·97	54·23	Vulté u. Gibson
—	—	—	—	—	140·7	—	Wallenstein u. Finck
—	18⁰—20⁰ C.	14⁰—16⁰ C.	—	113—115	—	—	De Negri u. Fabris
—	20⁰ C.	—	—	—	—	—	Jean
—	16⁰—18⁰ C.	13⁰—14⁰ C.	—	—	—	—	Dulière
—	17⁰—23⁰ C.	—	—	126·4	—	—	Hopkins
—		—	198·4	125	—	—	Spüller

Der Gehalt an unverseifbaren Bestandteilen wurde von verschiedenen Analytikern zu $1.33—1.55\,^0/_0$ [$1.33—1.40\,^0/_0$ (Hopkins) und $1.39—1.43\,^0/_0$ (Vulté und Gibson)] gefunden.

Das Unverseifbare wurde von Hoppe-Seyler und Hopkins für Cholesterin gehalten. Nach den Versuchen von A. H. Gill und Ch. G. Tufts[1]) ist es jedoch mit dem auch in Weizen und Roggen von Burian gefundenen Sitosterin identisch.

Dieser Alkohol hat ein bei $125^0—127^0$ C. schmelzendes Acetat und bietet dadurch die Möglichkeit, Maisöl in anderen Ölen nachzuweisen, deren unverseifbare Bestandteile aus Phytosterin bestehen (siehe Cottonöl). Für genauere Bestimmungen ist jedoch die Differenz in den Schmelzpunkten der Acetate viel zu klein.

Der Lecithingehalt des Maisöles wird für je eine Probe von Vulté und Gibson zu $1.11\,^0/_0$ und von Hopkins zu $1.49\,^0/_0$ angegeben.

Eigenschaften: In Aceton ist Maisöl leicht, in Alkohol und Eisessig schwierig löslich.

Wird zur Lösung des Maisöles in Schwefelkohlenstoff ein Tropfen konzentrierter Schwefelsäure gesetzt, so tritt nach 24 stündigem Stehen eine Violettfärbung auf, welche durch die Natur des Unverseifbaren bedingt sein soll (Vulté und Gibson).

Das Öl selbst zeigt nach Schädler beim Versetzen mit Schwefelsäure eine charakteristische dunkelgrüne Färbung, welche einige Minuten andauert.

Bei der Elaïdinprobe liefert es eine schmalzartige Masse.

Eine dünne Schichte Maisöl trocknet auf einer Glasplstte bei 50^0 C. in 18 Std. ein (Archbutt).

Die bei 20^0 C. in Redwoods Viscosimeter bestimmte, auf Wasser von 20^0 C. bezogene Viscosität wurde von Vulté und Gibson für zwei Proben von Maisöl zu 9.79 resp. 10.57 gefunden.

In Mackeys Ölprüfer (siehe S. 438) geprüft, erwies sich Maisöl als ein etwas weniger feuergefährliches Öl als Cottonöl (Archbutt).

Es findet zu Speisezwecken, in der Seifenfabrikation für Schmier- und Kernseifen, als Brennöl, Spinn- und Maschinenöl Verwendung und wird auch dem Schweineschmalz, dem Baumwollsamenöl und dem Leinöl[2]), dessen Trockenkraft es herabsetzt, verfälschungsweise zugesetzt.

16. Weizenöl.

Huile de blé. — Wheat oil.

Dieses Öl ist in dem Keim des Weizenkorns, Triticum vulgare, in einer Menge von $10—18\,^0/_0$ enthalten. Da der Keim des gewöhnlichen Weizens ca. $8\,^0/_0$ des Korngewichtes beträgt, enthält das Weizenkorn nur $0.8—1.5\,^0/_0$ Öl.[3])

Es ist klar von gelber Farbe und besitzt einen eigentümlichen, an Weizenmehl erinnernden Geruch. Öle verschiedener Herkunft zeigen

---

[1]) Journ. Amer. Chem. Soc. 1903. 25. 251.
[2]) W. Lippert, Leipz. Maler-Zeitg. 1904. — Zeitschr. f. angew. Chem. 1905. 18. 406.
[3]) Snyder, Weekly North western Miller 1904.

Weizenöl.

	Spez. Gew. bei	Erstarrungspunkt	Verseifungszahl	Jodzahl	Reichert-Meißlsche Zahl	Refraktom.-Anzeige in Zeiß Butterrefrakt. bei	Beobachter
Durch Extraktion von Weizenmehl erhalten	15° C. 0·9245	0°—15° C.	182·8	115·2	—	—	De Negri u. Fabris[1]
	100° C. 0·9068	—	166·5	101·5	2·8	25° C. 92	Spaeth[2]

Fettsäuren.

Erstarrungspunkt	Schmelzpunkt	Jodzahl	Beobachter
29·7° C.	39·5° C.	123·3	De Negri u. Fabris

ziemlich große Unterschiede. Rohes Weizenöl hat keine bedeutende trocknende Kraft, übt eine laxierende Wirkung aus und ist zum Ranzigwerden geneigt. Aus diesem Grunde und weil es durch Pressen bisher nicht gewonnen werden konnte, findet es keine industrielle Verwertung.

Eine von De Negri untersuchte Probe enthielt 5·65 % auf Ölsäure berechnete, freie Fettsäure.

17. Sorghumöl[3], Mohrhirsenöl.

	Spez. Gew. bei 15° C.	Schmelzpunkt	Verseifungszahl	Jodzahl	Hehner-Zahl	Reichert-Meißlsche Zahl
Mit Petroläther extrahiert	0·9282	39—40° C.	172·1	98·89	96·1	2·1

Fettsäuren.

Schmelzpunkt	Jodzahl	Jodzahl der festen Fettsäuren	Jodzahl der flüssigen Fettsäuren	Acetylzahl
43—44° C.	101·63	65·01	148·08	9·64 (nach Benedikt-Ulzer)

Das Öl stammt aus den Samen von Sorghum cernuum (Sorghum = Mohrhirse, indisches Korn, Himalajakorn), welche in Turkestan vielfach kultiviert wird.

Es stellt eine gelbliche Masse von eigenartigem Geruch dar, deren Konsistenz etwas härter als die von Vaselin ist, und gehört zu den langsamtrocknenden Ölen.

Die Fettsäuren bestehen nach den Untersuchungen von Andrejew hauptsächlich aus Erucasäure, ferner aus geringeren Mengen Öl-, Ricinol- und Leinölsäure.

Die flüchtigen Fettsäuren enthalten Ameisen- und Valeriansäure, vielleicht auch Caprin- und Laurinsäure.

Eine Probe enthielt nicht unbeträchtliche Mengen freier Fettsäuren und 0·23 % Lecithin.

---

[1] Chem. Zeitg. 1898. 22. 976.
[2] The Analyst 1896. 21. 234.
[3] N. Andrejew, Westnik shirow. weschtsch. 1903. 4. 186. — Chem. Zeitg. Rep. 1903. 27. 263. — Chem. Rev. üb. d. Fett- u. Harz -Ind. 1903. 10. 283.

18. Reisöl.

Huile de riz. — Rice oil. — Olio di riso.

Spez. Gew. bei	Schmelzpunkt	Verseifungszahl	Jodzahl	Reichert-Meißlsche Zahl	Beobachter
—	—	193·2	96·4	—	Smetham[1]
15° C. 0·9075	—	193·1	100·35	—	Browne[2]
99° C. 0·8907	24° C.	193·5	91·55	1·1	„

Unlösliche Fettsäuren.

Schmelzpunkt	Mittleres Mol.-Gew.	Beobachter
36° C.	289·3	Browne

Dieses Öl ist im Reiskorn (Oryza sativa *L.*), hauptsächlich in den Kleieschichten und dem Samenkeim enthalten und beträgt ca. 20% des letzteren. Es wird durch Pressen oder durch Extraktion aus dem Reismehl gewonnen. Ein hinterindisches Reismehl aus Rangun enthielt 15%, amerikanisches $8—12\%$ Öl. Das Reisöl ist ein bei gewöhnlicher Temperatur halbfestes Fett von schmutziggrüner Farbe und starkem Geruch nach Reismehl.

Der Reis enthält, wie auch andere ölhaltige Samen, ein spezielles Ferment, Lipase[3]), welches bewirkt, daß das Öl, wenn die Ölzellen der atmosphärischen Luft ausgesetzt werden, wie beim Keimen des Samens oder bei einer Verletzung oder beim Mahlen desselben, in Fettsäure und Glycerin gespalten wird. Diese Erscheinung geht beim Reisöl in besonders auffallender und rascher Weise vor sich. Während aus ganzen Reiskörnern ausgepreßtes Öl einen nur unbedeutenden Gehalt an freier Säure ergibt, zeigt das Öl aus Reiskleie (dieser Ausdruck ist richtiger als Reismehl) schon unmittelbar nach dem Mahlen einen bedeutenden Säuregehalt, welcher bei alter Reiskleie bis 86% betragen kann.

Das Öl beginnt bei $24° C.$ zu schmelzen, wird jedoch erst bei $47° C.$ völlig klar.

Eine Probe enthielt über 1% unverseifbare Stoffe, welche nach ihrem mikroskopischen Bilde und ihren physikalischen Eigenschaften Phytosterin zu sein schienen; auch eine geringe Menge Phosphorsäure, entsprechend $0·5\%$ Lecithin war vorhanden.

Der Glyceringehalt des frischen Öles ist ca. 10%, der von altem Reisöl sinkt, entsprechend der hohen Säure- und niedrigen Ätherzahl, bis ca. $1·5\%$ herab.

Der hohe Säuregehalt macht das Öl für Speisezwecke und als Schmiermittel ungeeignet; aus dem gleichen Grunde aber und wegen

---

[1]) Journ. Soc. Chem. Ind. 1893. 12. 848.
[2]) Journ. Amer. Chem. Soc. 1903. 25. 948. — Seifenfabrikant 1905. Nr. 31. — Chem. Rev. üb. d. Fett- u. Harz-Ind. 1905. 12. 224.
[3]) Ulzer-Klimont, Allgem. u. physiol. Chem. d. Fette, Berlin 1906. S. 271 ff.

seiner laxierenden Wirkung auf das Vieh ist seine Entfernung aus der als Viehfutter verwendeten Reiskleie erwünscht. Dagegen ist es für die Seifen- und Kerzenfabrikation verwendbar.[1]

19. Gerstensamenöl.
Huile d'orge. — Barley seed oil. — Olio d'orzo.

Spez. Gew.	Säurezahl	Verseifungszahl	Jodzahl	Hehner-Zahl	Beobachter
0·9474	25	280	90	86	R. Meyer-Essen[2]

Fettsäuren.

Verseifungszahl	Jodzahl	Brechungsindex bei 30° C.	Beobachter
280	63·5	1·4745	R. Meyer-Essen

Das Öl aus den Samen der Gerste (Hordeum vulgare) ist von fast bräunlichgelber Farbe. Die hier angeführten Konstanten widersprechen einander sehr und bedürfen noch der Aufklärung.

20. Roggensamenöl.
Huile de seigle. — Rye seed oil. — Olio di segale.

Spez. Gew.	Säurezahl	Verseifungszahl	Jodzahl	Hehner-Zahl	Brechungsindex bei 28° C.	Beobachter
0·9334	40·6	96 *	81·88	88·8	1·47665	R. Meyer-Essen[2]

* Die Angabe der Verseifungszahl dürfte wohl auf einen Druckfehler in der Literaturangabe zurückzuführen sein. Sie dürfte wahrscheinlich durch 196 zu ersetzen sein.

Fettsäuren.

Erstarrungspunkt	Schmelzpunkt	Verseifungszahl	Jodzahl	Brechungsindex bei 26° C.	Beobachter
34° C.	36° C.	199	113	1·47107	R. Meyer-Essen

Das Öl aus den Samen des Roggens (Secale cereale) ist von fast gelbbrauner Farbe.

21. Haferöl.[3]
Huile d'avoine. — Oats oil.

Das Samenöl von Avena sativa ist nach Moljawko-Wisotzki dem Rüböl sehr ähnlich; zwei Dritteile der Fettsäuren des Öles sind Erucasäure, neben welcher auch flüchtige Fettsäuren und Oxyfettsäuren aufgefunden wurden.

---

[1] Siehe auch G. Lutz, Augsb. Seifens.-Zeitg. 1905. 32. 738. — Zeitschr. f. angew. Chem. 1906. 19. 687.

[2] Vortr. geh. a. d. 75. Versamml. deutsch. Naturf. u. Ärzte: Chem. Zeitg. 1903. 27. 958. — Chem. Rev. üb. d. Fett- u. Harz-Ind. 1903. 10. 254.

[3] Chem. Zeitg. 1892. 17. 792.

22. Hirseöl.[1]

Huile de millet, de mil. — Millet seed oil.

Die Hirse, auch Fennich oder Fench genannt, Panicum miliaceum *L.*, enthält wenig Öl, das geschälte Korn nur 4·3 $^0/_0$; das Öl ist um das Keimblatt herum gesammelt. Bei der fabriksmäßigen Reinigung der Hirse von den Hülsen werden auch die Keimblätter entfernt, so daß das Öl sich in dem Abfalle anreichert und dieser 18—25 $^0/_0$ Öl enthält.

Die Zusammensetzung des Hirseöls ist unbekannt; ein großer Gehalt an Ricinolsäure ist nicht unwahrscheinlich.

Beim Stehen scheidet sich ein bei 285° C. schmelzender, kristallinischer Körper aus, welcher bei der Oxydation eine Säure von der Gallussäure ähnlichen Eigenschaften liefert.

Das Hirseöl ist in Alkohol und den anderen Fettlösungsmitteln leicht löslich.

23. Persimonöl, Dattelpflaumenöl.[2]

Spez. Gew. bei 15° C.	Erstarrungspunkt	Schmelzpunkt	Verseifungszahl	Jodzahl	Hehner-Zahl	Reichert-Meißlsche Zahl	Acetylzahl nach Lewkowitsch	Ausdehnungskoeffizient
0·9244	−11°C.	−6° C.	188·0	115·6 (Hübl) 116·8 (Wijs) 114·5 (Hanus)	95·9	0·0	7·15	0·000649

Fettsäuren.

Spez. Gew. bei 15° C.	Erstarrungspunkt (nach Dalican)	Schmelzpunkt	Säurezahl	Molekular-Gewicht	Ausdehnungskoeffizient
0·9033	20·2	23·8	192·7	291·5	0·000663

Das Öl stammt von Diospyrosarten, den nordamerikanischen Persimonpflaumen, deren Früchte auch Persimonen heißen.

Es ist ein schwachtrocknendes Öl von bräunlichgelber Farbe.

Geschmack und Geruch erinnern an heißgepreßtes Erdnußöl. Es enthält jedoch keine Arachinsäure.

Lane fand 9·11 $^0/_0$ fester Fettsäuren, mit der Säurezahl 188·4 und dem Molekulargewicht 289·0 und 85·5 $^0/_0$ flüssiger Fettsäuren mit der Säurezahl 196·7, dem Molekulargewichte 285·0 und einer Jodzahl, welche nach den verschiedenen Methoden bestimmt, zwischen 132·2 und 135·5 schwankte.

---

[1] Westnik, shirow. weschtsch. 1905. 6. 155. — Chem. Zeitg. Rep. 1906. 30. 56. Chem. Rev. üb. d. Fett- u. Harz-Ind. 1906. 13. 86.

[2] N. J. Lane, Journ. Soc. Chem. Ind. 1905. 24. 390. — Chem. Rev. üb. d. Fett- u. Harz-Ind. 1905. 12. 137.

24. Cottonöl oder Baumwollsamenöl.

Oleum Gossypii. — Huile de coton. — Cotton seed oil. — Olio di cotone.

Das Cottonöl wird aus den Samen der verschiedenen Arten der in Nordamerika, Ägypten und Indien gebauten Baumwollstaude (Gossypium *L.*) gewonnen. In den Binnenstaaten der Vereinigten Staaten wird hauptsächlich G. herbaceum, in den Seestaaten G. barbadense angebaut. Außer diesen wären hauptsächlich noch G. religiosum, hirsutum und arboreum zu nennen.

Die der Baumwolle durch Egreniermaschinen entzogenen Samen werden nach dem in Amerika üblichen Verfahren enthülst, in einem Heizapparat gekocht, zu Kuchen geformt und dann hydraulisch gepreßt. Das in England gebräuchliche Verfahren unterscheidet sich von dem amerikanischen dadurch, daß die ganzen Samen, also mit Hülse, der genannten Behandlung unterzogen werden. Die Qualität des Öles ist dadurch etwas geringer.

Eine Tonne (2000 Pfund) Baumwollsaat liefert durchschnittlich:

850 Pfund	Hülsen,	725 Pfund	Baumwollsaatmehl,
25 „	Baumwolle,	275 „	Baumwollsamenöl.

Der Verlust, 125 Pfund betragend, ist Wasser, Staub usw. Der Gehalt an Öl ist jedoch nicht immer so günstig.

D. Tschernewski[1]) prüfte den Ölgehalt von in Mittelasien kultivierten Baumwollstauden verschiedenen Ursprungs und fand in Baumwollsamen amerikanischen und ägyptischen Ursprungs etwa $23\,^0/_0$, in bucharischen (indischen) $17\,^0/_0$ Öl.

Das r o h e Cottonöl stellt eine hellrote bis rotbraune, oft auch schwarze Flüssigkeit von bitterem, ranzigem Geschmack dar. Die Farbe hängt von der Natur und Beschaffenheit der verwendeten Saat und der Höhe der beim Pressen angewendeten Temperatur ab. Das rohe Öl aus der kleinen indischen Saat ist dunkelbraun, das aus der ägyptischen Saat hellrot.

Das Öl enthält Samenmehl, Schleim· und teerige Bestandteile in Suspension. Außerdem sind noch etwa $1\,^0/_0$ eines Farbstoffes, fast $^3/_4\,^0/_0$ Albuminoide und wechselnde Mengen harziger Bestandteile gelöst. Der Gehalt an freien Fettsäuren schwankt von $^3/_4$ bis $8\,^0/_0$.

Indisches Öl setzt $9—13\,^0/_0$ Schleim ab, ägyptisches nur ca. $4\,^0/_0$. Der Bodensatz ist beim indischen Öl lose und von rötlicher Färbung, beim ägyptischen hart und schwarz. Rührt man das rohe Öl mit Kalilauge um, so werden die oberen Schichten, welche mit der Luft in Berührung kommen, erst blau, dann violett bis schwärzlich, dann wird das Öl schwach gelb, und die Lauge trennt sich mit etwas dunklerer Farbe.

Mit konzentrierter Schwefelsäure wird rohes Cottonöl lebhaft rot.

Die Raffinierung strebt an, dem Öle die suspendierten Verunreinigungen, den gelösten Farbstoff und die freien Säuren zu entziehen. Sie besteht in einer Behandlung mit Ätznatron in etwas größerer Menge, als zum Neutralisieren der freien Säure nötig ist. Die Menge der Lauge

---

[1]) Journ. russ. phys. chem. Ges. 1902. 34. 503.

ist verschieden und schwankt im allgemeinen zwischen 4 % vom Gewichte des Öles einer Lauge von 6° Bé und 10% einer Lauge von 15° Bé.

Die Lauge, deren Temperatur 30° C. nicht übersteigen soll, wird in das Öl eingerührt und damit durch einen von unten eingeblasenen, kräftigen Luftstrom 30—40 Minuten in wallender Bewegung erhalten, wobei sich die Masse fast schwarz färbt. Man erwärmt sodann, ohne das Rühren zu unterbrechen, durch Dampfschlangen allmählich auf 40° C. und steigert dann rasch auf 50°—56° C. Dabei scheidet sich die Seife, den Farbstoff und die anderen Verunreinigungen einschließend, in Form dunkler, brauner, fast schwarzer Flocken ab. Diese Erscheinung wird das „Brechen" des Öles genannt. Nach dem Absitzen wird das gelbe Öl abgezogen, durch Filtrieren in Filterpressen von suspendierten Bestandteilen befreit und zur Entfernung der letzten Reste von Seife mit 2—10 % Wasser oder mit Salzwasser von 10° Bé gewaschen. Bei Verwendung des letzteren setzt sich das Öl besser ab und erhält einen besseren Geschmack.[1]

Die Verarbeitung des bei der Raffinierung entstehenden schlammigen Rückstandes „soap stock" wurde bereits im I. Teile besprochen.

Das gereinigte, hell strohgelbe, neutrale Öl wird gewöhnlich „prime" (mitunter „summer yellow oil") genannt, wenn es klar, von angenehmem Geschmack und Geruch und frei von Wasser und Bodensatz ist. Die Farbe wird nach der Lovibondschen Farbenskala gemessen. Die diesbezüglichen Vereinbarungen der „Cotton Seed Crushers Association" setzen folgende Prüfungsweise fest:

Das Öl wird in eine reinweiße 4 Unzen-Probeflasche gegossen, wobei die Tiefe des Öles in der Flasche 130 mm betragen soll. Die Flasche wird in das Tintometer gestellt, das nur weißes reflektiertes Licht empfängt, und bei etwa 70° F. (21° C.) abgelesen. Ist die Farbe tiefer als 35 gelb, 7·1 rot, so ist das Öl nicht als prime zu bezeichnen.

Öle, welche den an „prime" Öle gestellten Anforderungen nicht genügen, werden als „off" Öle, solche, welche die „prime" Öle übertreffen, als „choice" Öle bezeichnet. „Prime" Öle, die nicht ganz geschmacklos sind, werden als „butter oil" bezeichnet.

Durch Behandlung von „summer yellow oil" mit Fullererde, folgendes Filtrieren und eventuelle Nachbehandlung mit verdünnter Sodalösung (zur Entfernung des Geschmackes der Fullererde) wird das reinste Produkt „summer white oil" erhalten. Dieses raffinierte Öl wird in neuen Fässern aus Eichenholz, welche im Innern mit Wasserglas oder Paraffin ausgegossen sind, versandt. Das „winter yellow oil" wird aus dem „summer yellow oil" durch Abkühlen erhalten, wobei das Baumwollstearin auskristallisiert, von welchem das Öl durch Filtrieren getrennt wird. Das Baumwollstearin setzt sich auch bei längerem Lagern des Sommeröles ab. Das „winter yellow oil" wird als Speiseöl verwendet.[2]

---

[1] H. Krümmel, Chem. Zeitg. 1904. 28. 843. — The Oil and Colourmans Journ. 1904. — Chem. Rev. üb. d. Fett- u. Harz-Ind. 1904. 11. 79 u. 279.

[2] Kilgore, Oil, Paint and Drug Rep. Bd. 55. Nr. 26. — ibid. Bd. 60. Nr. 8. — D. Schwartz, Journ. Amer. Chem. Soc. 1906. 28. Nr. 3. — Chem. Rev. üb. d. Fett- u. Harz-Ind. 1906. 13. 142.

Baumwollsamenöl.

	Spezifisches Gewicht bei	Erstarrungs- punkt	Verseifungs- zahl	Jodzahl	Hehner- Zahl	Temperatur- erhöhung bei d. Maumené- schen Probe	Refraktometer- anzeige im Oleo- refrak- tometer	im Butter- refrak- tometer	Bre- chungs- index	Beobachter
	15° C. 0·922—0·930 / 99° C. / 15·5° C. 0·8725	—	191—196·5	—	—	74°—75°	—	—	—	Allen
	15° C. 0·9228	—	195	—	—	—	—	—	—	Valenta
	„ 0·9222	—	191·6—193·5	106·8—108·3	—	—	—	—	—	Thomson u. Ballantyne
	15° C. 0·923—0·925	—	191·8—194·7	106·6—110·8	—	50°—53°	—	—	—	De Negri u. Fabris
	„ 0·922—0·926	—	191—197	106—111	—	—	—	bei 25°C. 67·6 bis 69·4	—	Benedikt u. Wolfbauer
	17° C. 0·923	—	—	—	—	—	—	—	—	Scheibe
Rohes Öl	18° C. 0·9224	—	—	—	—	—	—	—	—	Stilurell
Raffin. Öl	„ 0·9230									
Weißes Öl	„ 0·9288									
	100° C. 0·8672	—	—	—	—	—	—	—	—	Leone u. Longi
	—	0° bis —1° C. Unter 12°C. setzt das Öl Stearin ab. Das von den Ausscheidungen durch Abpressen befreite Öl er- starrt erst bei — 12° C.	—	—	—	—	—	—	—	Benedikt
	—	—	191·2	108·7	—	—	—	—	—	Moore
	—	—	196	102—108·5	—	—	—	—	—	E. Dieterich
	—	—	194—195	—	—	—	—	—	bei 60°C. 1·4570	Thörner
	—	—	193—198	—	—	—	—	—	—	Holde
	—	—	—	106	—	—	—	—	—	v. Hübl
	—	—	—	106—110	—	—	—	—	—	Wilson
	—	—	—	107·8—108	—	—	—	—	—	Wallenstein
	—	—	—	105—110	—	—	—	—	—	Ulzer
	—	—	—	—	95 87	—	—	—	—	Bensemann
24 Proben	20° C. 0·9174—0·9225	—	—	106 0—113·1	—	—	—	—	—	Wijs
	—	—	—	—	—	77°—84°	—	—	—	Baynes

—	—	—	—	—	80°—90°	—	—	—	Wiley
—	—	—	—	—	—	—	—	bei 15°C. 1·4743 bis 1·4752	Strohmer
—	—	—	—	—	—	+20	—	—	Jean
—	—	—	—	—	—	—	bei 25°C. 67·8	—	Beckurts u. Seiler
—	—	—	—	—	—	—	bei 25°C. 67·6 bis 69·4	—	Mansfeld
—	—	195·3—198·3	—	—	—	—	—	—	Tortelli u. Pergami
—	—	—	—	—	—	—	bei 20°C. 79·4	bei 20°C. 1·4780	Utz
—	—	—	—	—	—	—	—	bei 20°C. 1·4722	Harvey

Fettsäuren.

Spezifisches Gewicht bei	Erstarrungspunkt °C.	Schmelzpunkt °C.	Säurezahl	Verseifungszahl	Mittleres Molekular-Gewicht	Jodzahl	Jodzahl der flüssigen Fettsäuren	Acetylzahl	Brechungsindex	Beobachter
99°C./15·5°C. 0·8467	32	35·2	—	—	—	—	—	—	—	Allen
100°C./100°C. 0·8816	—	—	—	—	—	—	—	—	—	Archbutt
—	35·5	38·3	—	203·9	275	—	—	—	—	Valenta
—	30·5	35	—	—	—	—	—	—	—	v. Hübl
—	35	38	—	—	—	—	—	—	—	Bach
—	36	38·5	—	208	—	—	—	—	—	E. Dieterich
—	32—35	35—40	—	201·6	—	112—115	—	—	bei 60°C. 1·4460	Thörner
—	39—40	42—43	—	—	—	—	—	—	—	Bensemann
—	—	34—38	—	—	—	112·8—113	—	—	—	De Negri u. Fabris
—	—	—	—	—	289	115·7	—	—	—	Williams
—	—	—	—	—	280	—	—	16·6	—	Benedikt u. Ulzer
—	—	—	—	—	—	110·9—111·4	—	—	—	Morawski u. Demski
—	—	—	—	—	—	—	136	—	—	Muter u. Koningk
—	—	—	—	—	—	—	146·8—148·2	—	—	Wallenstein u. Finck
—	—	—	194·3—200·9	203·1—204·5	275	—	—	—	—	Tortelli u. Pergami

Es muß 5 Stunden auf 0^0 abgekühlt noch klar und glänzend erscheinen.

Zusammensetzung: Das Cottonöl gehört zu den schwachtrocknenden Ölen und besteht hauptsächlich aus den Triglyceriden der Palmitinsäure, Ölsäure und Linolsäure, nebst sehr geringen Mengen der Linolensäure. Es enthält außerdem noch, wie die Acetylzahl der Fettsäuren zeigt, eine geringe Menge von Oxyfettsäuren (Benedikt und Ulzer). Fahrion[1]) hat in einer drei Jahre alten Probe einen Gehalt von $3\cdot6\,^0/_0$ in Petroläther unlöslicher Oxyfettsäuren gefunden. V. J. Meyer[2]) hat durch fraktionierte Destillation der Fettsäuremethylester gleichfalls die Gegenwart von Palmitin-, Linol- und Ölsäure konstatiert. Daneben vermutet er noch Stearin- und Arachinsäure (?). Papasogli[3]) fand im Cottonöl eine von ihm Cottonolsäure genannte Säure, welche der Ricinolsäurereihe angehören soll.

Beim Erhitzen des Öles bei Luftzutritt steigt der Gehalt an Oxyfettsäuren (s. geblasene Öle im I. Teile).

Nach Fahrion[4]) enthalten die Cottonölfettsäuren ca. 22—$26\,^0/_0$ gesättigte Fettsäuren. Im Öle sind ferner ca. $73\,^0/_0$ ungesättigte Fettsäuren enthalten, von welchen ca. $26\cdot5\,^0/_0$ auf Ölsäure und ca. $46\cdot5\,^0/_0$ auf Linolsäure entfallen.

Das Cottonöl enthält ferner eine geringe Menge eines aldehydartigen unverseifbaren Körpers, welcher sich in Form eines gelben, nach einiger Zeit zu Nadeln erstarrenden Öles erhalten läßt. Derselbe ist in Alkohol leicht löslich, reduziert Silbernitratlösung stark und ist die Ursache des Eintretens der Becchischen Reaktion.

Dupont[5]) hat aus Baumwollsamenöl eine kleine Menge eines mit Wasserdämpfen flüchtigen, öligen, widrig riechenden, schwefelhaltigen, in Äther löslichen Körpers erhalten, und auch Charabot und March[6]) fanden etwas schwefelhaltige Verbindungen im Cottonöl, während nach den Untersuchungen von Raikow[7]), nach welchen sich in den Verbrennungsprodukten des Cottonöles nie Schwefelsäure nachweisen ließ, das Vorkommen schwefelhaltiger Körper im Cottonöl zweifelhaft ist. Raikow hat hingegen im Cottonöl die Gegenwart von kleinen Mengen eines chlorhaltigen Körpers nachgewiesen, welcher die Ursache der charakteristischen Rotfärbung, die Cottonöl beim Versetzen mit Phloroglucin-Vanillingemisch gibt, sein soll. Diese chlorhaltige Verbindung ist in Wasser und Alkohol unlöslich und mit stark überhitztem Wasserdampf nur spurenweise flüchtig.

Salkowski fand in einer Probe Cottonöl $0\cdot29\,^0/_0$ auf Ölsäure berechnete freie Fettsäuren, und Nördlinger in einem Speiseöl $0\cdot15\,^0/_0$ und in zwei gepreßten Ölen $0\cdot42$ und $0\cdot50\,^0/_0$.

---

[1]) Zeitschr. f. angew. Chem. 1892. 5. 172.
[2]) Chem. Zeitg. 1907. 31. 793.
[3]) Publicazione del laborat. chim. delle Gabelle 1893. 90.
[4]) Chem. Zeitg. 1900. 24. 654.
[5]) Bull. Soc. Chim. 1895. [3.] 13. 696.
[6]) Bull. Soc. Chim. 1899. [3.] 21. 552.
[7]) Chem. Zeitg. 1899. 23. 760 u. 802.

Allen und Thomson haben $1·64\,^0/_0$ unverseifbaren Anteil aus einer Probe abgeschieden. Nach Fischer und Peyau[1]) enthält der unverseifbare Anteil Schwefel.

Cottonöl unterscheidet sich von allen anderen Ölen durch den sehr hohen Schmelz- und Erstarrungspunkt seiner Fettsäuren, welche überdies bei der Probe von Livache insofern ein sehr auffallendes Verhalten zeigen, als Cottonöl in zwei Tagen $5·9\,^0/_0$ Sauerstoff aufnimmt, während die Fettsäuren nur $0·8\,^0/_0$ absorbieren. Es gehört zwar zu den schwachtrocknenden Ölen, seine Fettsäuren verhalten sich aber wie die aus nichttrocknenden Ölen dargestellten.

Bei der Elaïdinprobe ergibt es eine gelb bis orange gefärbte Masse von butterartiger Konsistenz.

Zur Erkennung des Cottonöles und zu seinem Nachweise in anderen Ölen und Fetten, insbesondere in Olivenöl und Schweinefett (s. auch dort), zu deren Verfälschung es in größtem Maßstabe verwendet wird, ist eine ganze Reihe von Vorschlägen gemacht worden, über deren Wert noch manche Meinungsverschiedenheit herrscht. Sehr eingebürgert haben sich die Salpetersäurereaktion auf Cottonöl, ferner die Halphensche, Becchische und Milliausche Reaktion.

Salpetersäurereaktion: Salpetersäure von $1·375$ spez. Gew. mit dem gleichen Volumen Öl geschüttelt, bringt in cottonölhaltigen Gemischen eine kaffeebraune Färbung hervor.

Nach Allen ist die Reaktion zuverlässiger, wenn man mit Salpetersäure von $1·4$ spez. Gew. eine halbe Minute schüttelt und dann fünf Minuten stehen läßt. Ebenso färbt sich die Mischung bei der Elaïdinprobe (Souchère, Zecchini).

Holde konnte mit Salpetersäure von der Dichte $1·41$ Zusätze von $20\,^0/_0$ Cottonöl noch mit Sicherheit nachweisen, solche von $10\,^0/_0$ jedoch nicht mehr.

Lewkowitsch[2]) hat jedoch bei einer umfangreichen Versuchsreihe Salpetersäure von der Dichte $1·375$ vorgezogen; er empfiehlt, die Probe nach dem Schütteln mit Salpetersäure 24 Stunden stehen zu lassen; nach dieser Zeit zeigen Cottonöl enthaltende Proben stets eine reine Braunfärbung, während andere Öle, wie Olivenöl, Rüböl usw., nur eine gelbliche Färbung aufweisen.

Feste cottonölhaltige Fette (Talg, Schweineschmalz) werden nach Muter im flüssigen und erstarrten Zustande rot bis rotbraun, wenn man 5 g der geschmolzenen und filtrierten Probe im flüssigen Zustande mit 15 Tropfen Salpetersäure von $1·375$ spez. Gew. behandelt (s. auch Talg).

Vorschläge, die Salpetersäurereaktion in anderer Weise durchzuführen, wurden von Conroy, Levy[3]) u. a. gemacht. Diese Verfahren bieten jedoch keine Vorteile.

Die Salpetersäurereaktion auf Cottonöl tritt auch ein, wenn das cottonölhaltige Fett vorher bis auf 240^0 C. erhitzt worden ist.

---

[1]) Zeitschr. f. Unters. d. Nahrungs- u. Genußm. 1905. 9. 81. — Chem. Rev. üb. d. Fett- u. Harz-Ind. 1905. 12. 82.
[2]) Benedikt u. Lewkowitsch, Chemical Analysis of Oils, Fats and Waxes.
[3]) Chem. Zeitg. Rep. 1888. 12. 238.

Halphens Reaktion.[1]) Gleiche Volumteile des zu untersuchenden Öles, Amylalkohol und Schwefelkohlenstoff, welcher 1% Schwefel gelöst enthält, werden in siedender, konzentrierter Kochsalzlösung durch 10—15 Minuten hindurch erhitzt. Bei Gegenwart von Cottonöl tritt orange bis rote Färbung ein.

Soltsien hat versucht, den Amylalkohol bei der Halphenschen Reaktion wegzulassen, hat aber später, ebenso wie Raikow und Tscherweniwanow[2]) und Wrampelmeyer[3]), welche diese Modifikation nicht für zweckmäßig fanden, den Zusatz des Amylalkohols wieder aufgenommen.[4])

Er empfiehlt[5]) 5 g Öl oder geschmolzenes Fett mit 1 ccm des 1% Schwefel gelöst enthaltenden Schwefelkohlenstoffs und 3 ccm Amylalkohol in ein 20 mm weites Reagensrohr zu bringen, dieses mit einem Luftkühler zu verbinden, in einen zur Hälfte mit Wasser gefüllten Erlenmeyerkolben zu hängen und auf dem Wasserbade zu erhitzen. Während dieser Zeit muß der Inhalt des Röhrchens dem zerstreuten Tageslichte ausgesetzt sein.

Baumwollsamenöl beginnt nach 5 Minuten zu reagieren, nach einer Viertelstunde ist die Reaktion beendigt. Bei Mischungen tritt die Färbung um so später ein, je weniger Baumwollsamenöl sie enthalten. Ein weiterer Zusatz von schwefelhaltigem Schwefelkohlenstoff beschleunigt die Reaktion nicht, mehr als 3 ccm Amylalkohol sind nicht erforderlich.

Holde und Pelgry[6]) führen die Reaktion mit je 2 ccm Öl, Amylalkohol und einer 1 prozentigen Lösung von Schwefel in Schwefelkohlenstoff

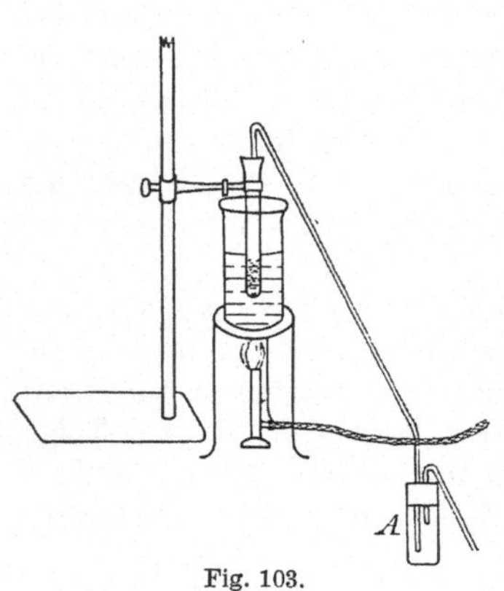

Fig. 103.

in einem Reagensglase, welches zur Hälfte in siedendes Salzwasser getaucht ist, in der durch die beistehende Zeichnung veranschaulichten Weise aus (Fig. 103). In dem tiefstehenden Gläschen A sammelt sich der abdestillierende Schwefelkohlenstoff. Sollte eine rote oder orange Färbung nach 10 Minuten dauerndem Erhitzen noch nicht eingetreten sein, so wird der abgedampfte Schwefelkohlenstoff wiederholt erneuert und je 5 bis 10 Minuten nacherhitzt. Geringe Mengen von Baumwollsamenöl zeigen sich erst bei Wiederholung der Operation. Die Reaktion tritt bei Olivenöl, Rüböl,

[1]) Journ. Pharm. Chim. 6. 390.
[2]) Chem. Zeitg. 1899. 23. 1030.
[3]) Zeitschr. f. Unters. d. Nahrungs- u. Genußm. 1901. 4. 21.
[4]) Zeitschr. f. öffentl. Chem. 1901. 7. 25.
[5]) Soltsien, Pharm. Zeitg. 1903. 48. 19.
[6]) Chem. Rev. üb. d. Fett- u. Harz-Ind. 1899. 6. 25.

Hanföl, Erdnußöl, Mandelöl, Sesamöl, Mohnöl und Tranen nicht ein.
Trane zeigen wohl bei wiederholtem Erhitzen eine schwache Färbung,
wenn man aber das Reagensglas so bewegt, daß die Öllösung an den
Wandungen des Gläschens herabläuft, so ist der zu Täuschungen Veranlassung gebende rötliche Stich in der ablaufenden dünnen Schichte der
Lösung nicht zu bemerken. Dies ist ein Unterschied von Ölen, welche
geringe Mengen Cottonöl enthalten. Die letzteren zeigen nämlich beim
Ablaufen an der Glaswand noch deutliche, rötliche Färbung. Steinmann[1]
führt die Halphensche Reaktion in einem zugeschmolzenen Glasröhrchen aus.

Im Gegensatz zu diesen beiden Versuchsanordnungen halten Kühn
und Bengen[2] die Gegenwart des Schwefelkohlenstoffs zwar für nötig,
destillieren ihn aber ab, weil sonst bei Fettgemischen mit weniger als
$4\,^0/_0$ Cottonöl die Reaktion zu spät eintritt.

Mit Hilfe der Halphenschen Reaktion lassen sich nach Wrampelmeyer selbst in ziemlich dunkel gefärbten Ölen noch $5\,^0/_0$ Cottonöl
nachweisen. Soltsien[3] und Wauters[4] geben sogar an, daß durch
diese Reaktion von dem Geübten noch $0.25\,^0/_0$ Cottonöl in Mischungen
erkennbar sind. Allerdings geben $0.25\,^0/_0$ erst nach 3—4 Stunden Kochdauer die charakteristische Färbung.

Erhitzt man Baumwollsamenöl längere Zeit auf 200^0 C., so wird
die Reaktion bedeutend abgeschwächt (Fischer und Peyau[5]), tritt
aber noch ein bei Ölen, welche vorher auf 210^0 C. erhitzt worden waren,
jedoch nicht mehr bei Ölen, welche durch 10 Minuten hindurch auf
250^0 C. erhitzt wurden (Holde und Pelgry).

Utz[6] konnte jedoch im Gegensatz zu den vorstehenden Angaben
durch mehrere Stunden fortgesetztes Erhitzen auf 170^0—180^0 C. dem
Öle seine Reaktionsfähigkeit gegen das Halphensche Reagens vollständig nehmen.

Da das Öl durch Erhitzen zwar etwas dunkler, an Geschmack und
Geruch aber nicht verändert wird, so muß in Fällen, wo der Verdacht
einer Verfälschung von Ölen mit Cottonöl vorliegt, und die Halphensche
Reaktion ein negatives Resultat gibt, zu anderen Reaktionen gegriffen
werden. Bei tierischen Fetten wird die Bömersche Phytosterin- resp.
Phytosterinacetatprobe herangezogen werden müssen.

Die Cottonölfettsäuren, einige Zeit auf 100^0 C. erhitzt, geben die
Halphensche Reaktion nicht mehr. Licht wirkt auf das Eintreten
der Reaktion bald befördernd und bald hindernd ein. Die Ursache
hiervon ist noch nicht festgestellt.

---

[1] Schweiz. Wochenschr. f. Chem. u. Pharm. 1901. 39. 560. — Ann. Chim.
anal. appl. 1902. 7. 85.

[2] Zeitschr. f. Unters. d. Nahrungs- u. Genußm. 1906. 12. 145. — Chem.
Rev. üb. d. Fett- u. Harz-Ind. 1906. 13. 254.

[3] Zeitschr. f. öffentl. Chem. 1901. 7. 140.

[4] Bull. assoc. Belge chim. 1899. 13. 404.

[5] Zeitschr. f. Unters. d. Nahrungs- u. Genußm. 1905. 9. 81. — Chem.
Rev. üb. d. Fett- u. Harz-Ind. 1905. 12. 82.

[6] Chem. Rev. üb. d. Fett- u. Harz-Ind. 1902. 9. 125.

Durch Behandlung mit Kalilauge oder Schwefelsäure wird die Halphensche Reaktion nicht verhindert. Durch Behandlung mit schwefliger Säure wird das Öl gegen das Halphensche Reagens inaktiv. Der Säuregrad wird dadurch erhöht, das Öl aber sonst nicht viel verändert. Chlor wirkt wie schweflige Säure, das Öl wird aber dabei stark verändert (Fischer und Peyau).

Bloßes Erhitzen auf dem Wasserbade oder Erhitzen auf dem Wasserbade mit Tierkohle kann den die Reaktion veranlassenden Körper weder zerstören noch entfernen (Utz). Gefärbte Öle können daher nach Wauters vor Ausführung der Halphenschen Reaktion mit Knochenmehl entfärbt werden.

Wahrscheinlich verdanken die Salpetersäurereaktion und die Halphensche Reaktion ihre Entstehung ein und demselben Körper, denn eine Probe, welche die Salpetersäurereaktion gegeben hat, gibt nach Entfernung der Salpetersäure die Halphensche Reaktion nicht mehr, und umgekehrt gibt eine Probe, welche die Halphensche Reaktion gegeben hat, nach Entfernung des Amylalkohols die Salpetersäurereaktion nicht mehr (Soltsien).

Der Träger der Reaktion ist wahrscheinlich eine ungesättigte Säure, welche nach Kühn und Bengen[1]) entweder ein Äthylenabkömmling mit normaler Kohlenstoffkette oder ein Acetylenderivat ist. Die Meinung Raikows[2]), daß sie unter Bildung von Thioaldehyden und Ketonen wirke, wird von Halphen[3]) für nicht begründet gehalten.

Bemerkt sei noch, daß Schweinefett von mit Baumwollsamenmehl gefütterten Tieren die Salpetersäurereaktion, die Halphensche Reaktion und auch die nachfolgend beschriebene Becchische Reaktion gibt.[4])

Die Halphensche Reaktion geben außer Cottonöl nur noch das Kapok- und das Baobaböl. Um Cottonöl von diesen in Mischungen zu unterscheiden, zieht Milliau[5]) die Silbernitratreaktion heran, bei welcher diese Öle Unterschiede zeigen (siehe diese Öle und Olivenöl).

Becchische Reaktion. Zur Ausführung dieser, in einer Reihe von Streitschriften angegriffenen und verteidigten Reaktion werden nach Vorschriften der italienischen Kommission[6]) folgende Lösungen hergestellt:

1. 1 g Silbernitrat gelöst in 200 ccm 98 prozentigem Alkohol und versetzt mit 40 ccm Äther und 0·1 g Salpetersäure, und

2. 15 ccm Kolzaöl gelöst in 100 ccm Amylalkohol.

---

[1]) Zeitschr. f. Unters. d. Nahrungs- u. Genußm. 1906. 12. 145. — Chem. Rev. üb. d. Fett- u. Harz-Ind. 1906. 13. 254.

[2]) Chem. Zeitg. 1902. 26. 10. — Chem. Rev. üb. d. Fett- u. Harz-Ind. 1902. 9. 57.

[3]) G. Halphen, Bull. Soc. Chim. 1905. [3.] 33. 108.

[4]) Elton Fulmer, Journ. Amer. Chem. Soc. 1902. 24. 1148 u. 1904. 25. Juli. — Chem. Rev. üb. d. Fett- u. Harz-Ind. 1903. 10. 105. u. 1904. 11. 206. — A. D. Emmett u. H. S. Grindley, Journ. Amer. Chem. Soc. 1905. März. — Chem. Rev. üb. d. Fett- u. Harz-Ind. 1905. 12. 111.

[5]) Les corps gras ind. 1905. 31. Nr. 20. — Chem. Rev. üb. d. Fett- u. Harz-Ind. 1905. 12. 138.

[6]) Zeitschr. f. analyt. Chem. 1894. 33. 561.

Zur Ausführung der Reaktion[1]) werden 10 ccm des Öles mit 1 ccm der Silbernitratlösung gemischt und alsdann 10 ccm der Kolzaöllösung zugefügt. Nach tüchtigem Durchschütteln wird die Mischung in 2 T. geteilt, und die eine Hälfte $^1/_4$ Stunde lang in kochendem Wasser erhitzt. Die erhitzte Probe wird bei Gegenwart von Cottonöl braun. Ihre Farbe wird mit derjenigen der nicht erhitzten Probe verglichen. Nach Papasogli soll der Alkohol, welcher zur Becchischen Probe benützt wird, erst in der Weise gereinigt werden, daß $^1/_4$ Volumen desselben abdestilliert und entfernt, und die Hauptmenge vor der Verwendung noch einige Male über Pottasche destilliert wird. Das Rüböl soll von der ersten Pressung herrühren, nur wenig gefärbt, und durch ein doppeltes Filter im Heißwassertrichter filtriert sein.

Silbernitratlösung und Rüböllösung werden vor jedem Versuch erst ohne Öl geprüft.

Peruzzi, Ridolfi, Roster und Raikow und Tscherweni-wanow[2]) haben die Reaktion geprüft und vollständig zuverlässig gefunden, kein anderes Öl gab unter den gegebenen Bedingungen Dunkelfärbung.

De Negri und Fabris und auch Holde erhielten nach dieser Methode gute Resultate beim Nachweise von Cottonöl in Olivenöl, wenn der Zusatz des ersteren Öles mehr als 10 % betrug.

Nach Wolfbauer[3]) u. a. können in vereinzelten Ausnahmefällen auch Olivenöle manchmal eine Färbung geben; dieselbe soll jedoch erst später als nach $^1/_4$ stündigem Erhitzen auftreten, und die Öle sollen die Eigenschaft, sich zu bräunen, verlieren, wenn sie früher heiß filtriert oder einige Stunden auf 100° C. erhitzt worden waren. Auf 100° C. erhitzte und mehrfach heiß filtrierte Cottonöle hingegen zeigen intensivere Färbungen. [4])

Die Rolle, welche das Kolzaöl bei dieser Reaktion spielt, erklärt Becchi in eigentümlicher Weise. Während frische Cottonöle auf Silbernitratlösungen einwirken, geben ältere, ranzige Öle und die Cottonölfettsäuren keine Reaktion; die letztere soll aber durch Zusatz von Kolzaöl sofort eintreten.

Diese Erfahrung Becchis ist von Milliau, Hehner, Stock, Pattinson, Ritsert, Wesson, Bishop und Ingé und anderen, welche die Probe vornehmlich zur Prüfung des Schweinefettes benützten, nicht berücksichtigt worden, indem sie sämtlich den Rübölzusatz fortlassen.

Die Becchische Reaktion tritt nicht mehr ein, wenn das Cottonöl einige Zeit auf 200° C. oder höher erhitzt wurde (Soltsien).[5]) Holde

---

[1]) Diese Vorschrift nähert sich der von Hehner empfohlenen: The Analyst 1888. 13. 165.

[2]) Chem. Zeitg. 1899. 23. 1030.

[3]) Österr.-ung. Zeitschr. f. Zuckerindustrie u. Landwirtschaft des Centralvereins für Rübenzuckerindustrie in der österr.-ung. Monarchie 1897.

[4]) De Negri u. Fabris, Zeitschr. f. analyt. Chem. 1894. 33. 562.

[5]) Zeitschr. f. öffentl. Chem. 1899. 5. 306. — Gill u. Dennison, Journ. Amer. Chem. Soc. 1902. 24. 397. — Chem. Rev. üb. d. Fett- u. Harz-Ind. 1902. 9. 134.

und Pelgry[1]) führen an, daß nach 10 Minuten dauerndem Erhitzen auf 250⁰ C. Cottonöl die Becchische Reaktion nicht mehr gibt. Bemerkt sei noch, daß nach Soltsien die Becchische Reaktion schwächer eintritt, wenn das dazu verwendete Rüböl, welches unraffiniert sein soll (Wolfbauer), vorher auf 200⁰—250⁰ C. erhitzt worden ist.

Modifikation der Becchischen Probe von Milliau. Milliau[2]) führt die Silbernitratprobe mit den Fettsäuren nach der folgenden Vorschrift aus:

5 ccm der Fettsäuren werden mit 15 ccm 90 grädigem Alkohol im Wasserbade zum beginnenden Sieden erhitzt und 2 ccm Silbernitratlösung (30 g in 100 ccm Wasser) zugefügt. Schon 2 $^0/_0$ Cottonöl geben eine charakteristische, cedernbraune Färbung.

Die Ansichten über die Milliausche Reaktion sind geteilt. Nach Hehner u. a. bietet sie vor der Becchischen Ausführungsweise der Silbernitratreaktion nicht den Vorzug, welchen ihr Wolfbauer u. a. einräumen. Nach Holde und Pelgry versagt sie ebenso wie diese bei Ölen, welche 10 Minuten lang auf 250⁰ C. erhitzt worden sind.

Modifikation der Becchischen Reaktion von Tortelli und Ruggeri. Von anderen Ausführungsarten der Silbernitratreaktion sei hier noch das Verfahren von Tortelli und Ruggeri[3]) beschrieben, nach welchem nur die flüssigen Fettsäuren für die Reaktion verwendet werden:

Das zu prüfende Öl wird verseift, die Seifenlösung mit Essigsäure neutralisiert und mit Bleiacetatlösung gefällt. Die Bleiseifen werden mit Äther behandelt und filtriert. Die ätherische Lösung der Bleiseifen der flüssigen Fettsäuren wird im Scheidetrichter durch Schütteln mit verdünnter Salzsäure entbleit, von der filtrierten ätherischen Lösung der flüssigen Fettsäuren wird der Äther abdestilliert und vom Rückstande etwa 5 ccm in 10 ccm 90prozentigen Alkohols gelöst und mit 1 ccm 5prozentiger, wässeriger Silbernitratlösung geschüttelt. Beim Erwärmen der Mischung auf 60⁰—70⁰ C. im Wasserbade entsteht bei Gegenwart von Cottonöl nach einiger Zeit ein schwarzer Niederschlag. Dieses Verfahren, nach welchem noch 5 $^0/_0$ Cottonöl nachgewiesen werden sollen, wird von Morpurgo[4]) u. a. empfohlen.

Über das Verfahren von Tortelli und Ruggeri zum Nachweise von Cottonöl, Sesamöl und Arachisöl nebeneinander siehe unter Arachisöl. Noch andere Durchführungsvorschriften der Silbernitratreaktion wurden von Wesson[5]) und Pattinson vorgeschlagen.[6])

Inwieweit die Silberprobe zuverlässig ist, ist immer noch fraglich.

---

[1]) Chem. Rev. üb. d. Fett- u. Harz-Ind. 1899. 94.
[2]) Compt. rend. 1888. 106. 550.
[3]) Selmi 1898.
[4]) Zeitschr. f. Nahrungsmittelunters., Hyg. u. Warenkunde 1898. 119.
[5]) Journ. Anal. Chem. 1889. 3. 361.
[6]) Journ. Soc. Chem. Ind. 1889. 8. 30.

Ulzer hat wiederholt Cottonöle in Händen gehabt, welche die Becchische Probe mit oder ohne Zusatz von Kolzaöl nicht gaben. Becchi selbst sagt, daß älteres Öl die Reaktion nur nach Kolzaölzusatz gibt, und verurteilt damit von vornherein die beschriebenen Modifikationen, und auch Wilson[1]) führt an, daß sowohl 13—16 Monate alte Öle die Reaktion ebenso nicht mehr geben wie Öle, durch welche einige Tage Luft hindurchgeblasen wurde, oder wie erhitzte Öle. Auch die Tatsache, daß unter Umständen reines Schweineschmalz bei der Becchischen Reaktion eine schwache Färbung gibt, sei konstatiert (Wesson, s. auch Schweineschmalz).

Gill und Dennison[2]) neigen zu der Ansicht, daß ein schwefelhaltiger Körper die Becchische Reaktion bedingt. Sie ist wohl hauptsächlich eine Reduktionsreaktion, neben welcher vielleicht ein wenig Schwefelsilber gebildet wird, und eine ihrer Modifikationen scheint somit nur dann beweisend, wenn sie positiv ausfällt. Im entgegengesetzten Falle kann trotz des Ausbleibens der Reaktion Cottonöl vorhanden sein. Aber auch das bloße Eintreten einer Färbung zeigt noch nicht immer die Gegenwart von Cottonöl mit Sicherheit an, da unter Umständen auch reines Schmalz sich mehr oder weniger mit Silbernitrat färbt (s. Schweineschmalz). Demnach ist die Salpetersäurereaktion im allgemeinen der Silberprobe vorzuziehen.

Zur Unterscheidung von Kapok- und Baobaböl, für welche die Halphensche Reaktion in Stich läßt, kann nach Milliau die Silbernitratreaktion verwendet werden (siehe daselbst).

Goldchloridprobe. Nach Hirschsohn[3]) mischt man 5 ccm eines auf Cottonöl zu prüfenden Öles mit 10 Tropfen einer Lösung von 1 g Goldchlorid in 200 ccm Chloroform und stellt 20 Minuten in kochendes Wasser ein; bei Gegenwart von selbst nur 1 °/$_0$ Cottonöl tritt eine schöne rote Färbung ein. E. Dieterich[4]) bestätigt diese Angaben und findet überdies, daß Arachis-, Behen-, Mohn-, Sesam- und Nußöl entgegen den Angaben Mörks[5]) und Holdes die Reaktion nicht geben. Doch verliert auch diese Probe dadurch an Wert, daß sie bei erhitztem Baumwollsamenöl nicht mehr eintritt.

Prüfung mit Bleiacetaten. Schüttelt man Cottonöl mit Bleiessig und läßt 12—24 Stunden stehen, so nimmt es eine rötliche Färbung an wie frisch bereitete Myrrhentinktur (Bradford). Nach De Negri und Fabris verhalten sich jedoch manche Proben von reinem Olivenöl ähnlich.

Labiche mischt 25 ccm des geschmolzenen Fettes (z. B. cottonöl-

---

[1]) Journ. Amer. Chem. Soc. 1902. 24. 397. — Chem. Rev. üb. d. Fett- u. Harz-Ind. 1902. 9. 134.
[2]) Chem. News 1889. 59. 33.
[3]) Pharm. Zeitg. Rußl. 1888. 27. 721.
[4]) Helfenberger Annalen 1889. 106.
[5]) Chem. Zeitg. Rep. 1889. 13. 84.

haltiges Schweinefett) mit 25 ccm einer auf ca. 35° C. erwärmten Lösung von 500 g Bleizucker in 1000 g Wasser und 5 ccm Ammoniak von 22° Bé und rührt mehrere Minuten bis zur Bildung einer homogenen Emulsion. Bei Gegenwart von Cottonöl färbt sich die Mischung orangerot. Deiß[1]) weist mit dieser Probe noch 5 % Cottonöl in Olivenöl nach, indem er 10 ccm Öl in 10 ccm Äther löst, mit 5 ccm konzentrierter Bleiessiglösung schüttelt und nach Zusatz von 5 ccm Ammoniak neuerdings schüttelt. Doch genügt nach Deiß die ursprüngliche Probe von Labiche in den meisten Fällen, da der betrügerische Zusatz selten unter 15—20 % beträgt. Nach Bishop und Ingé[2]) gibt älteres Öl bei dieser Reaktion eine ausgeprägtere Färbung als frisches.

E. Dieterich[3]) erhielt nach dem Verfahren von Deiß mit Baumwollsamenöl, Mohnöl und Nußöl orangerote, mit Arachisöl, Sonnenblumenöl, Sesamöl und Olivenöl orange bis gelbe Färbungen. 1—2 Minuten bis zum Rauchen erhitztes Cottonöl gibt die Reaktion nicht. Demnach hält Dieterich die Probe für den sicheren Nachweis von Baumwollsamenöl in Olivenöl für unbrauchbar. Gleicher Ansicht sind auch De Negri und Fabris[4]), Girard[5]) u. a.

Perkins Reaktion.[6]) 0·02—0·03 g gepulvertes Kaliumbichromat werden mit einigen Tropfen konzentrierter Schwefelsäure in einer Porzellanschale durchgemischt, 0·5 g Fett eingerührt und unter dauerndem Rühren mit Wasser verdünnt. Bei Gegenwart von Cottonöl entsteht eine grüne Färbung.

Welmans Reaktion (siehe Unterscheidung pflanzlicher und tierischer Fette). Kühn und Halfpaap[7]) haben die Welmanssche Reaktion bei einer Reihe pflanzlicher Öle überprüft und gefunden, daß von allen Pflanzenölen Baumwollsamenöl die stärkste Grünfärbung gibt und zwar gelbes, das sogenannte Butteröl, am intensivsten, weißes etwas weniger.

Jodzahl. Die Jodzahl des ägyptischen Öles ist höher als die des indischen. Sie steigt oft bis 108, während die des letzteren öfters selbst nur 100 beträgt.

Beim Nachweise von Cottonöl in Fettmischungen wird auch noch oft die Jodzahl der flüssigen Fettsäuren und die Acetylzahl brauchbare Anhaltspunkte liefern.

Wallenstein[8]) fand folgende Jodzahlen für die flüssigen Fettsäuren verschiedener Fette:

[1]) Chem. Zeitg. Rep. 1888. 12. 191.
[2]) Journ. Pharm. Chim. 1888. 8. 348.
[3]) Helfenberger Annalen 1890. 79.
[4]) Zeitschr. f. analyt. Chem. 1894. 33. 562.
[5]) Monit scient. 1889. 3. II. 965.
[6]) The Analyst 1890. 15. 55.
[7]) Zeitschr. f. Unters. d. Nahrungs- u. Genußm. 1906. 12. Heft 8. — Chem. Rev. üb. d. Fett- u. Harz-Ind. 1906. 13. 312.
[8]) Chem. Zeitg. 1894. 18. 1190.

Jodzahl der
flüssigen Fettsäuren

Cottonöl . . . . 146—148
Nigeröl . . . . ‹ . . . . . 147·5
Maisöl . . . . 140·7
Arachisöl . . . . 128·5
Rüböl . . . . 120·7
Europäisches Schweinefett 96
Amerikanisches Schweinefett 105
Talg . . . . 92·5

Einige von Spaeth[1]) bestimmte Acetylzahlen gibt ferner die folgende Zusammenstellung:

Acetylzahl

Baumwollsamenöl (frisch) . . . . 20—20·8
        „   (alt)   23
Schweinefett (frisch) . . . . 4·55—5·5
       „   (alt)   . . . . 5·4—6
Rindertalg . . . . 4·4—5·7

Über die Auffindung von Cottonöl in Ölen und Fetten siehe auch Olivenöl, Schweinefett, Talg.

Von möglicherweise dem Cottonöl verfälschungsweise zugemischtem Leinöl oder Maisöl wird das erstere sich mitunter durch eine erhöhte Jodzahl erkennen lassen. Maisöl wird jedoch bei einem 25 $^0/_0$ nicht übersteigenden Zusatze nach Morpurgo und Götzl[2]) weder durch die Erhöhung der Jodzahl noch durch die Herabsetzung des Schmelzpunktes der Fettsäuren nachgewiesen werden können. Dagegen kann man durch Isolierung und Acetylierung der unverseifbaren Bestandteile noch einen Gehalt von 10 $^0/_0$ Maisöl in Baumwollsamenöl nachweisen (Gill und Tufts[3]). Das Unverseifbare des Maisöles besteht nämlich zum großen Teile aus „Sitosterin", einem Alkohol, dessen Acetat einen höheren Schmelzpunkt als das des Phytosterins hat. Zu seiner Darstellung wird das Unverseifbare mit Essigsäureanhydrid acetyliert und das Acetat aus heißem 95 prozentigem Alkohol umkristallisiert. Der Schmelzpunkt des Sitosterinacetats liegt bei 126° bis 127° C.

Die Methode wird dadurch eingeschränkt, daß wahrscheinlich auch Lein-, Raps- und Sesamöl Sitosterin enthalten, da Bömer aus ihnen Acetate von höherem Schmelzpunkt isolierte, so daß die Abwesenheit dieser Öle vorher festgestellt sein muß.

Verwendung. Zirka drei Viertel der gesamten Cottonölgewinnung werden als Speiseöl, die minderen Qualitäten zur Seifenfabrikation verwendet. Die Speiseöle dürfen beim Raffinieren nicht zu hoch erhitzt werden; sie müssen beim Aufbewahren in ganz reine Fässer gefüllt werden. Gute Seifenöle (meist Öle dritter Qualität) sollen eine helle, goldgelbe Farbe besitzen, welche frei von rotem Stich ist, da sie sonst dunkelgefärbte Seifen liefern.

---

[1]) Forschungsber. ü. Lebensm. u. Bez. z. Hyg. usw. 1895. 2. 226.
[2]) Österr. Chem. Zeitg. 1900. 3. 53.
[3]) Journ. Americ. Chem. Soc. 1903. 25. 254.

Nach **Harrington** und **Tilson**[1]) soll sich das Baumwollsamenöl auch bei der Firniserzeugung verwenden lassen.

Cottonstearin, Cattonölmagarin.
Margarine de caton. — Cotton seed stearine.

Spez. Gew. bei	Erstarrungspunkt	Schmelzpunkt	Verseifungszahl	Jodzahl	Hehner-Zahl	Maumené-sche Probe	Beobachter
15° C. 0·9230	—	—	—	—	—	—	Schädler
37·7°C. 0·9115—0·9120	—	32·2° C.	—	—	95·5	—	Muter
100° C. 0·867	—	30—31°C.	194·6	—	96·3	48°	Hart[2])
—	16° bis 22° C.	26—29°C.	—	88·7	—	—	De Negri u. Fabris[3])
—	—	39° C.	—	—	—	—	Mayer
—	—	—	—	99·2–103·8	—	—	Schweitzer u. Lungwitz
—	—	—	—	88·3—95·0	—	—	Wijs

Fettsäuren.

Erstarrungspunkt	Schmelzpunkt	Jodzahl	Beobachter
21°—23° C.	27°—30° C.	94·3	De Negri u. Fabris

Das Cottonstearin, Cottonölmargarin oder Baumwollstearin wird durch Abkühlen und Abpressen des festen Anteiles des Baumwollsamenöles bei der Bereitung des „winter yellow oil" aus dem „summer yellow oil" gewonnen.

Es ist ein hellgelb gefärbtes Fett von butterartiger Konsistenz und findet hauptsächlich als Speisefett, als Zusatz zu Schweineschmalz und bei der Herstellung von Margarineschmalz Verwendung.

Eine zweite, von dieser vollkommen verschiedene Art „Cottonstearin" wird aus dem bei der Raffination des Baumwollsamenöls hinterbleibenden schwarzen Rückstand durch Behandeln mit konzentrierter Schwefelsäure, Destillation und Abpressen erhalten. (Näheres hierüber im I. Teile.)

25. Kapoköl, Capocköl.
Huile de Capoquier. — Kapok oil. — Olio di Kapok.

Das Kapoköl wird durch Pressen aus den Samen des Kapokbaumes, gemeinen Wollbaumes, Eriodendron anfractuosum *Dec.* (Bombax pentandrum *L.*), gewonnen. Dieser Baum gehört in die Familie der Malvaceen und ist mit den Gossypiumarten (Baumwolle) verwandt. Er ist in

---

¹) Bull. Texas Agr. 1898.
²) Chem. Zeitg. 1893. 17. 1520.
³) Zeitschr. f. analyt. Chem. 1894. 33. 563.

Ostindien, Westindien, Südamerika, hauptsächlich aber in Holländisch-Ostindien vielverbreitet.

Er erinnert mehrfach an die verwandten Gossypiumarten: durch die von ihm gelieferten Pflanzenhaare (Kapok), welche allerdings nicht die Länge und Widerstandskraft der Baumwolle haben und durch das Samenöl, welches dem Cottonöl vielfach ähnlich ist.

Kapoköl.

Spez. Gewicht bei	Er-starrungs-punkt	Hehner-Zahl	Ver-seifungs-zahl	Jod-zahl	Reichert-sche Zahl	Tempera-turerhö-hung b. der Maumené-schen Probe	Refrakto-meter-anzeige	Beobachter
18° C. 0·9199	—	94·9	181	116	—	95°	—	Henriques[1]
15° C. 0·920	—	—	180·2	129·2	—	—	—	G. H.[2]
100° C. 0·8613	29·6	—	205·0	68·5	—	—	bei 40° C. 51·3	Durand u. Baud[3]
15° C. 0·0237	—	95·4	196·5	75·5	3·3	—	—	Philippe
15° C. 0·9300	—	—	200·5	79	—	—	bei 25° C. 68·0	Schindler u. Waschata

Fettsäuren.

Spez. Gew. bei 18° C.	Erstarrungs-punkt	Schmelzpunkt	Verseif.-Zahl	Mittleres Mol.-Gew.	Jod-zahl	Acetyl-zahl	Beobachter
0·9162	23°–24° C.	29° C.	191	293	108	—	Henriques[1]
—	22° C.	27·5° C.	190	295	122·5	—	G. H.[2]
—	32° C.	—	—	—	—	—	Durand u. Baud[3]
—	31·5° C.	35·5°—36° C.	204·8	274	—	86·0(?)	Philippe
—	34° C.	38° C.	202	277	77(?)	—	Schindler u. Waschata

Die Samen (1000 Samenkerne wiegen ca. 43—44·5 g) sind von Erbsengröße, haben eine harte, außen schwarze Schale, die 43—44 % des Gesamtgewichtes ausmacht. Sie enthalten 22—24 % Rohfett. Durch leichtes Quetschen wurden 17·8 % gewonnen.

Das Öl besitzt eine hellgelbe, manchmal grünliche Farbe, schwachen angenehmen Geruch und Geschmack, ist ziemlich dickflüssig und scheidet bei längerem Stehen feste Teile ab. Es ist, von der Farbe abgesehen, auch äußerlich dem Baumwollsamenöl ähnlich.

Reaktionen. Mit Salpetersäure gibt das Kapoköl eine mehr grünbraune Färbung, Cottonöl eine kaffeebraune.

Alkoholische Silbernitratlösung[4] wird von Kapoköl, das in Chloroform gelöst wurde, schon in der Kälte reduziert, von Cottonöl zwar gleichfalls, jedoch weniger rasch und intensiv.

Besonders auffallend ist dieser Unterschied, wenn man mit den

---

[1] Chem. Zeitg. 1893. 17. 1283. — Journ. Soc. Arts 1893. 1030. — Journ. Soc. Chem. Ind. 1894. 13. 147.
[2] Chem. Rev. üb. d. Fett- u. Harz-Ind. 1902. 9. 274.
[3] Ann. Chim. anal. appl. 1903. 8. 328.
[4] E. Milliau, Compt. rend. 1904. 139. 807.

gewaschenen und bei 105⁰ C. getrockneten Fettsäuren arbeitet. Diese reduzieren schon in der Kälte kräftig, Cottonölfettsäuren erst in der Hitze.

Halphensches Reagens (gleiche Teile Öl, Amylalkohol und eine einprozentige Lösung von Schwefel in Schwefelkohlenstoff) erzeugt sowohl mit den Säuren wie mit dem Öle selbst in der Hitze eine intensiv rosa Färbung, ähnlich wie Cottonöl.

Welmans' Reagens[1] (siehe S. 634) erzeugt eine grüne Färbung, welche auf nachherigen Ammoniakzusatz in Blau übergeht.

Belliers Reagens. Resorcin und Formaldehyd geben keine charakteristische Färbung.[1]

Eine von Schindler und Waschata[2] analysierte Probe enthielt 21·2 %, ein von Philippe[3] untersuchtes Muster 5·2 % freie Fettsäuren (als Ölsäure berechnet).

Die Gesamtfettsäuren enthielten ca. 30 % feste und 70 % flüssige Fettsäuren (mit in Äther löslichen Bleisalzen), lösliche Säuren (Planchon-Zahl) 0·37, flüchtige Säuren (Reichertsche Zahl) 3·3.

Das Kapoköl besteht nach Philippe aus den Glyceriden der Palmitinsäure, Ölsäure und einer noch nicht näher bestimmten flüssigen Säure. Es ist ziemlich schwer verseifbar.

Die frisch dargestellten Fettsäuren verbrauchen zu ihrer Neutralisation bedeutend mehr Alkali als die längere Zeit auf 100⁰ C. oder darüber erhitzten. Es ist dies vielleicht auf Anhydrid- oder Lactonbildung zurückzuführen, an der hauptsächlich oder ausschließlich die noch unbekannte Säure beteiligt ist.

Wie die Tabelle zeigt, ist die chemische Eigenart des Öles noch nicht genügend festgestellt. Die Verseifungszahlen variieren zwischen 180 und 205. Die niedrigen Verseifungszahlen lassen sich schwer mit der von Philippe gefundenen Reichertschen Zahl in Einklang bringen. Die auffallendsten Differenzen zeigen die Jodzahlen der Fette sowie der Fettsäuren. Es sei zur teilweisen Erklärung bemerkt, daß die genannten Beobachter durchweg nur je ein Muster untersuchten, welche verschiedener und nicht immer sichergestellter Provenienz waren. Auch mögen die Öle verschieden alt gewesen sein (das von Schindler und Waschata untersuchte Öl stammte aus 2 Jahre altem Samen).

Erwähnt sei auch, daß die Öle mit niedriger Jodzahl durch Extraktion, die mit hoher Jodzahl durch Auspressen gewonnen worden sind.

Die Schmelz- und ebenso die Erstarrungspunkte der Fettsäuren weisen in den vorliegenden Analysen gleichfalls erhebliche Unterschiede auf, welche aber mit denen der Jodzahlen übereinstimmen.

Die Samen des Kapokbaumes werden von Ostindien nach Holland eingeführt und dort auf Öl verarbeitet. Das Öl findet in der Seifenfabrikation Verwendung und ist wegen seines angenehmen Geschmackes auch zu Speisezwecken und insbesondere als Ersatz für Cottonöl ge-

---

[1] E. Durand u. A. Baud, Ann. Chim. anal. appl. 1903. 8. 328.

[2] Zeitschr. f. d. landw. Versuchsw. in Österr. 1904. 7. 643. — Chem. Rev. üb. d. Fett- u. Harz-Ind. 1905. 12. 139. 168. 221.

[3] Monit. scient. 1902. [4.] 16. II. 728. — Ann. Chim. anal. appl. 1903. 8. 18.

eignet, worauf bei der Prüfung von Schweinefett, Olivenöl usw. auf Verfälschung mit Cottonöl zu achten ist.

In Ostindien wird das Kapoköl auch als Brennöl benützt.

26. Affenbrotbaumöl, Baobaböl.

Es stammt aus den Samen des Baobab- oder Affenbrotbaumes (Adansonia digitata *L.*), einer Malvacee des tropischen Afrika, von wo derselbe künstlich nach Amerika und Asien verpflanzt wurde.

Die Samenkerne enthalten 63·2 $^0/_0$ Fett,[1]) gehören also neben der Kopra zu den ölreichsten Samenkernen.

Die Eingeborenen von Madagaskar gewinnen das Baobaböl, indem sie die vorher zerkleinerten Samen mehrere Stunden mit Wasser kochen.

Das so erhaltene Fett ist bei 15° C. eine weißliche, mit Klümpchen durchsetzte Masse, die bei 25° C. zu erweichen beginnt und bei 34° C. vollständig schmilzt.

In flüssigem Zustande hat es die Farbe des tunesischen Olivenöles, einen fast angenehmen Geruch und milden Geschmack, welcher selbst bei einer 8—9 Monate alten Probe noch nichts von Ranzigkeit merken ließ. Diese Eigenschaft läßt das Fett vorteilhaft für Nahrungszwecke erscheinen.

Reaktionen. Becchische Reaktion. Sowohl Fett wie Fettsäuren reduzieren alkoholische Silbernitratlösung wie das Kapoköl und dessen Fettsäuren schon in der Kälte.[2])

Halphensche Reaktion. Wie bei Kapoköl tritt in der Hitze intensive Rosafärbung auf, sowohl wenn das Öl selbst, als auch wenn die Fettsäuren bei der Reaktion in Verwendung kommen (siehe Olivenöl).

27. Chorisiaöl.[3])

Verseifungszahl	Jodzahl	Beobachter
214—218·4	61·4	Niederstadt

Die Samen von Chorisia Peckoltiana *Mart.*, einer Bombacee, geben ein hellgelbes, in der Kälte teilweise erstarrendes Öl von etwas aromatischem Geruch.

Niederstadt fand in einer Probe 6·58 $^0/_0$ freier Fettsäure als Ölsäure berechnet.

28. Paineiraöl.[3])

Verseifungszahl	Jodzahl	Beobachter
131·32—134·68	54·0	Niederstadt

[1]) Balland, Journ. Pharm. Chim. 1904. [6.] 20. 529. — Chem. Rev. üb. d. Fett- u. Harz-Ind. 1905. 12. 53. — Zeitschr. f. angew. Chem. 1905. 18. 1145.
[2]) E. Milliau, Compt. rend. 1904. 139. 807.
[3]) Ber. d. deutsch. pharm. Ges. 1902. 12. 144.

Das Öl der Samen von Paineira de Campa Bombax, einer Bombacee, ist dunkelgelb, klar und hat einen etwas scharfen Geruch. Der Säuregehalt einer Probe, als Ölsäure berechnet, betrug $4\,^0/_0$.

29. Sesamöl, Gergebimöl.

Oleum Sesami. — Huile de sésame. — Gingili oil, Sesamé oil, Teel oil. — Olio di sesamo.

Das Sesamöl wird aus den Samen des morgenländischen Sesams, Vanglopflanze, Sesamum orientale *L.* und *S.*, indicum *L.* (Familie der Bignoniaceen) gewonnen. Die Sesampflanze stammt aus Indien und wird hauptsächlich in Vorder- und Hinterindien, Persien, Japan, Guinea, Nordägypten, Italien, der Türkei, Rumänien, Griechenland, Rußland und Südamerika gepflanzt. Man unterscheidet im Handel indische, afrikanische und levantinische Saat. Die Samen besitzen eine dünne Schale und enthalten ca. 47—$56\,^0/_0$ Öl.

Sprinkmeyer und Wagner[1]) haben folgenden Ölgehalt konstatiert:

	aus indischer,	levantinischer,	afrikanischer Saat
Durch Ätherauszug . . .	$49{\cdot}76\,^0/_0$ Öl,	$50{\cdot}14\,^0/_0$ Öl,	$54{\cdot}14\,^0/_0$ Öl
Durch Petrolätherauszug .	$47{\cdot}57\,^0/_0$ Öl,	$47{\cdot}57\,^0/_0$ Öl,	$52{\cdot}54\,^0/_0$ Öl

Gewöhnlich wird einmal kalt und zweimal warm gepreßt. Das kaltgepreßte Öl von guter Saat ist hellgelb, von mildem Geschmack, geruchlos und gut haltbar.[2]) Die Farbe ist bei dem levantinischen Öl am hellsten, bei dem indischen am dunkelsten, während die des afrikanischen ungefähr die Mitte hält. Warmgepreßtes Öl ist weit dunkler als kaltgepreßtes und von etwas scharfem Geschmack.

Sorgfältig hergestellte Öle werden sehr schwer ranzig. Die feinsten Sorten werden höher geschätzt als bestes Olivenöl.

Sesamöl besteht aus den Glyceriden der Stearinsäure, Palmitinsäure, Ölsäure und Linolsäure. Lane[3]) isolierte $78{\cdot}05\,^0/_0$ flüssige Fettsäuren mit der Jodzahl $139{\cdot}9$.

Die Jodzahl stellt es in eine Gruppe mit dem Cottonöl, von welchem es sich durch den niedrigen Schmelzpunkt seiner Fettsäuren, das Verhalten bei der Probe von Livache, die Farbenreaktionen usw. unterscheidet.

Bei der Elaïdinreaktion wird Sesamöl erst rot und liefert dann eine schmutzig rötlichbraune, dickbreiige Masse.

Nördlinger fand in 14 Sorten gepreßten Speiseöles $0{\cdot}47$—$5{\cdot}75$, im Mittel $1{\cdot}97\,^0/_0$, in 7 Sorten gepreßten, technischen Öles $7{\cdot}17$—$33{\cdot}13$, im Mittel $17{\cdot}94\,^0/_0$, in 7 Sorten extrahierten Öls $2{\cdot}62$—$9{\cdot}71$, im Mittel $4{\cdot}89\,^0/_0$ freie Fettsäuren als Ölsäure berechnet.

---

[1]) Zeitschr. f. Unters. d. Nahrungs- u. Genußm. 1905. 10. 347. — Chem. Rev. üb. d. Fett- u. Harz-Ind. 1905. 12. 246.
[2]) Seifenfabrikant 1901. 395.
[3]) Journ. Soc. Chem. Ind. 1901. 20. 1083.

Zusammenhang zwischen Jodzahl und spezifischem Gewicht. Wijs[1]) bestimmte die spezifischen Gewichte und die Jodzahlen einer großen Zahl von Sesamölen und fand bei 37 Ölen erster Pressung die

Dichte bei 20° C.: 0·9167—0·9210, die Jodzahl 106·1—116·8.

Bei diesen Ölen lag die Jodzahl um so höher, je größer die Dichte war. Bei älteren Ölen erster Pressung erhöht sich mit der Zeit die Dichte, während die Jodzahl abnimmt.

Ferner hatten 12 Öle zweiter Pressung die

Dichte bei 20° C.: 0·9181—0·9205, die Jodzahl 105·2—110·3

und 12 Öle dritter Pressung die

Dichte bei 20° C.: 0·9188—0·9219 und die Jodzahl 103·9—109·8.

Bei gleicher Jodzahl ist das spezifische Gewicht um so höher, je schlechter die Qualität des Öles ist.

So hatten bei einer Jodzahl 108

Öle erster Pressung ein spez. Gew. ca. 0·917
„ zweiter „ „ „ „ „ 0·919
„ dritter „ „ „ „ „ 0·920.

Ein ganz schlechtes Öl, welches bei der Bereitung stark erhitzt und fast schwarz geworden war, hatte die Jodzahl 108·1 und das spez. Gew. 0·9245.

Sesamöl dreht die Polarisationsebene nach rechts. Utz bestimmte die Größe dieser Drehung zu $+0·8°$ für levantinisches, $+1·4°$ für indisches, $+1·6°$ für afrikanisches Sesamöl, Sprinkmeyer und Wagner fanden für Öle der gleichen Provenienz $+1·03°$, $+1·11°$ resp. $+1·42°$. Rakusin beobachtete sogar Drehungen von 1·9° bis 2·4°.

Die wichtigsten Konstanten von drei Sesamölen afrikanischer, indischer und levantinischer Provenienz wurden nach Utz[2]) wie folgt gefunden[3]):

	Afrikanisches Sesamöl	Indisches Sesamöl	Levantinisches Sesamöl
Spezifisches Gewicht bei 15° C.	0·9232	0·9218	0·9220
Polarisation	$+1·6°$	$+1·4°$	$+0·8°$
Jodzahl	106·3	104·8	107·7
Schmelzpunkt der Fettsäuren	24·6—24·8	24·2—24·8	24·6—24·7
Refraktometeranzeige bei 25° C.	67·5	66·2	67·0
„ 40° C.	59·5	58·2	59·1
„ der Fettsäuren bei 25° C.	53·2	53·5	51·0
„ „ „ „ 40° C.	45·0	47·2	45·1

Das Sesamöl enthält neben den genannten Glyceriden noch einige Körper, welche zum Teil für seine Farbenreaktionen von Bedeutung sind:

---

[1]) Zeitschr. f. Unters. d. Nahrungs- u. Genußm. 1902. 5. 1150. — Chem. Rev. üb. d. Fett- u. Harz-Ind. 1903. 10. 104.
[2]) Pharm. Zeitg. 1900. 45. 490. — Chem. Zeitg. Rep. 1900. 24. 200.
[3]) Siehe auch die Gegenüberstellung dieser drei Ölsorten in der großen Tabelle (Sprinkmeyer und Wagner).

Sesamöl.

Spez. Gewicht	Erstarrungspunkt	Verseifungszahl	Jodzahl	HehnerZahl	ReichertMeißlsche Zahl	Temperaturerhöhg. bei der Maumenéschen Probe	Refraktometeranzeige im Butterrefraktometer bei	im Oleorefraktometer	Brechungsindex bei	Polarisation Grade	Beobachter
bei 15° C. 0.9225	—	—	—	—	—	—	—	—	—	—	Souchère
bei 15° C. 0.923—0.924	—	—	—	—	—	—	—	—	—	—	Allen
bei 15° C. 0.9230—0.9237	—4° bis —6° C.	188.5 bis 190.4	107—108	—	—	63° bis 64°	—	—	—	—	De Negri u. Fabris
bei 15° C. 0.921—0.924	—	187—192	—	—	—	—	—	—	—	—	Benedikt und Wolfbauer
bei 15° C. 0.9218—0.9232	—	—	104.8 bis 107.7	—	—	—	20° C. 71.1 / 25° C. 66.2—67.5 / 40° C. 58.2—59.5	—	20° C. 1.4730	+0.8 bis +1.6	Utz
bei 23° C. 0.919	—	—	108 bis 111.7	—	—	—	—	—	—	—	E. Dieterich
bei 15° C. 0.9229	—	186.5 bis 192.7	103.6 bis 116.5(!)	—	—	—	25° C. 63—76	—	—	—	K. Dieterich
—	—5° C.	—	—	—	—	—	—	—	—	—	Girard
—	—	190	—	—	—	—	—	—	—	—	Valenta
—	—	187.6 bis 191.6	106.4 bis 109	—	—	—	—	—	—	—	Filsinger
—	—	192—193	103—105	—	1.2	—	—	—	60° C. 1.4561	—	Thörner
—	—	188—193	106—109	—	—	—	—	—	—	—	Ulzer
—	—	188—190	114—115	—	—	—	—	—	—	—	Shukoff
—	—	—	106	—	—	—	—	—	—	—	v. Hübl
—	—	—	102.7	—	—	—	—	—	—	—	Moore
—	—	—	106—109	—	—	—	—	—	—	—	Holde
—	—	—	—	95.86	—	—	—	—	—	—	Bensemann
—	—	—	—	95.6	—	—	—	—	—	—	Dietzel u. Kreßner
—	—	—	—	—	0.35	—	—	—	—	—	Medicus u. Scherer
—	—	—	—	—	—	68°	—	—	—	—	Maumené
—	—	—	—	—	—	65°	—	—	—	—	Archbutt
—	—	—	—	—	—	—	25° C. 69	—	—	—	Beckurts u. Seiler
—	—	—	—	—	—	—	25° C. 67—68.2	—	—	—	Mansfeld
—	—	—	—	—	—	—	—	—	15° C. 1.4748 bis 1.4762	—	Strohmer
—	—	—	—	—	—	—	—	I. 17	—	—	Jean

	bei 20°C. 0·9170—0·9210	—	—	103·9 bis 114·5	—	—	—	—	—	—	—	Wijs
Indisches Öl	bei 15°C. 0·9225—0·9243	—	188·80 bis 190·18	108·11 bis 110·33	95·23 bis 95·25	0·40	—	25°C. 67·0—69·2 / 40°C. 58·5—60·5	—	—	+1·03	
Levantinisches Öl	bei 15°C. 0·9225—0·9244	—	188·80 bis 189·42	108·21 bis 109·92	95·01 bis 95·62	0·17 bis 0·20	—	25°C. 68·0 / 40°C. 59·5—60·0	—	—	+1·11	Sprinkmeyer u. Wagner
Afrikanisches Öl	bei 15°C. 0·9238—0·9244	—	188·30 bis 189·56	113·94 bis 115·74	95·20 bis 95·86	0·28 bis 0·30	—	25°C. 68·5—69·2 / 40°C. 60·0—60·6	—	—	+1·42	
	—	—	189·2	—	—	—	—	—	—	—	—	Lane
	—	—	—	110·9 (nach Wijs)	—	—	—	—	—	—	—	Visser
	—	—	—	—	—	—	—	—	—	20°C. 1·4727 bis 1·4730	—	Harvey

Fettsäuren.

Erstarrungspunkt	Schmelzpunkt	Verseifungszahl	Mittler. Molek.-Gew.	Jodzahl	Jodzahl der flüssigen Fettsäuren	Acetylzahl	Refraktometeranzeige im Butterrefraktometer bei	Brechungsindex bei 60°C.	Beobachter
22·3°C.	26°C.	—	—	—	—	—	—	—	v. Hübl
28·5°C.	31·5°C.	—	—	—	—	—	—	—	E. Dieterich
18·5°C.	23°C.	—	—	—	—	—	—	—	Allen
25°—26°C.	Beginn: 25°—26°C. Ende: 29°—30°C.	—	—	—	—	—	—	—	Bensemann
20°—22°C.	24°—26°C.	—	—	112	—	—	—	—	De Negri u. Fabris
23·5°C.	25°—32°C.	201·6	—	110—111	—	—	—	1·4461	Thörner
23·4°C.	—	—	—	—	—	—	—	—	Shukoff
—	24·2°—24·8°C.	—	—	—	—	—	25°C. 51—53·5 / 40°C. 45—47·2	—	Utz
—	—	199·3	286	—	—	—	—	—	Valenta
—	—	—	279·5	—	—	11·5	—	—	Benedikt u. Ulzer
—	—	—	—	108·9 bis 111·4	—	—	—	—	Morawski u. Demski
Indische u. levantinische Öle 20·2° bis 23·8°C.	25·2°—29·5°C.	197·04 bis 199·58	—	113·63 bis 115·83	126·28 bis 127·20	—	25°C. 54—55 / 40°C. 45·5—46·8	—	Sprinkmeyer und Wagner
Afrikanische Öle 20·4° bis 22·8°C.	24·5°—26·5°C.	197·54 bis 199·19	—	118·94 bis 120·64	132·59 bis 132·69	—	25°C. 55·4—56·0 / 40°C. 47·2—47·7	—	
21·4 (Titer)	—	—	—	—	139·9	—	—	—	Lane

1. Das Sesamin. Es wurde von Villavecchia und Fabris[1]) aufgefunden und ist ein aus Alkohol oder Chloroform schön kristallisierender, bei 123° C. schmelzender, rechtsdrehender Körper von der Formel $(C_{11}H_{12}O_3)_2$.

Mit Sesamin identisch ist wahrscheinlich der Körper, von welchem J. Tocher[2]) durch Extraktion des Sesamöles mit einem Gemisch von Essigsäure und Alkohol, Einengen der Lösung, Verseifung der kleinen Menge des in Lösung gegangenen Öles und Umkristallisieren des unlöslichen Rückstandes aus Alkohol 0·04—0·06 °/₀ isolierte. Tocher legte aber diesem kristallisierbaren, bei 118° C. schmelzenden Körper die Formel $C_{18}H_{18}O_5$ zu. Er löst sich leicht in Äther, Chloroform, Benzol, Eisessig, Schwefelkohlenstoff und ist in Alkalien und Mineralsäuren unlöslich. Er liefert bei Behandlung mit Salpetersäure Pikrinsäure.

Die Trennung des Phytosterins vom Sesamin im unlöslichen Anteile des Sesamöles kann nach Bömer[3]) mit Hilfe von Äther erfolgen, in welchem das Sesamin schwer, das Phytosterin leicht löslich ist. Das Sesamin bildet nach Bömer dickere Nadeln, welche sich mit Essigsäureanhydrid und konzentrierter Schwefelsäure anfangs blaugrün und dann kirschrot bis rotblau färben, während Phytosterin damit keine Farbenreaktion gibt. Sesamöl enthält nach seinen Angaben 0·2—0·5 °/₀ Sesamin.

2. Ein höherer Alkohol, der bei 137° C. schmilzt und das polarisierte Licht nach links dreht. Villavecchia und Fabris schreiben ihm die Formel $C_{25}H_{44}O$, Canzoneri und Perciabosco[4]) die Formel $C_{26}H_{44}O + \frac{1}{2}H_2O$ zu.

3. Das Sesamol. Dieses ist der Träger der Baudouinschen Reaktion (siehe daselbst). Es ist in einer komplexen Verbindung im Öle enthalten, welche von Merkling, Villavecchia und Fabris, Canzoneri und Perciabosco auf verschiedene Weise dem Öle entzogen, neuerdings von Malagnini und Armanni[5]) durch eine Mischung von Alkohol und Petroläther abgesondert wurde. Diese Verbindung ist ein weißer, in Wasser unlöslicher, in Alkohol, Äther, Chloroform und Eisessig löslicher, in Alkalien sehr wenig löslicher Körper, der in dünnen Blättern kristallisiert und bei 94° C. schmilzt. Von Mineralsäuren wird sie zersetzt. Eines der Spaltungsprodukte ist ein von Kreis als phenolartig erkannter, mit dem Namen „Sesamol" bezeichneter Körper, der von Malagnini und Armanni in reinem Zustande isoliert wurde. Sie erhielten ihn in Form von phenolartig riechenden, bei 57° C. schmelzenden Kristallen und identifizierten ihn als Methylenäther des Oxyhydrochinons, $C_7H_6O_3$

---

[1]) Ann. del Laborat. chim. delle Gabelle 3. 13. — Zeitschr. f. angew. Chem. 1893. 6. 17.

[2]) Pharm. Journ. and Trans. 1893. 23. 700. — Chem. Zeitg. Rep. 1893. 17. 121.

[3]) Zeitschr. f. Unters. d. Nahrungs- u. Genußm. 1899. 5. 705.

[4]) Gaz. chim. ital. 1903. 33. II. 253.

[5]) Chem. Zeitg. 1907. 31. 884.

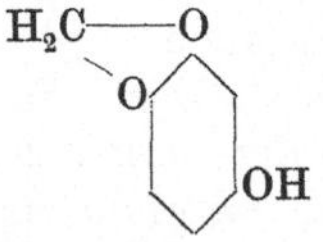

$$H_2C\!-\!\!-\!O$$

sie stellten ihn auch aus Piperonylaldehyd dar.

Das Sesamöl gibt eine intensive Furfurolreaktion (s. Baudouinsche Reaktion) und verbindet sich mit Diazonitranilin direkt. Die erwähnte komplexe Verbindung gibt diese Reaktionen erst nach Zersetzung mit Salzsäure. Ein Fichtenspan mit Sesamol benetzt und in Salzsäure (spez. Gew. 1·19) getaucht, gibt bald eine intensive Grünfärbung (Kreis).[1] Es bildet mit Alkalihydroxyden lösliche Verbindungen, welche durch Kohlensäure wieder zersetzt werden; mit Eisenchlorid gibt es eine braunviolette Färbung.

Das Sesamol ist in einer Menge von ca. 0·5 g aus 1500 g Öl erhältlich.

Baudouinsche Reaktion.[2] Sie ist für Sesamöl besonders charakteristisch.

Man übergießt ca. 0·1 g Zucker mit Salzsäure von 23° Bé (D = 1·18) und schüttelt mit dem doppelten Volumen Öl. Die kleinsten Mengen Sesamöl geben eine rote Färbung, nach dem Absetzen ist die wässerige Schichte rot gefärbt.

Diese Reaktion ist nach Villavecchia und Fabris[3] durch die Einwirkung des Furfurols bedingt, welches aus dem Zucker durch Salzsäure gebildet wird und das mit dem, später von Kreis als „Sesamol" bezeichneten, phenolartigen Körper ein rotgefärbtes Kondensationsprodukt gibt.

Den Einwurf Schneiders[4], daß Salzsäure und Zucker beim gelinden Erwärmen für sich allein dieselbe Färbung geben und Ricinusöl, Olivenöl, Mandelöl, Crotonöl sich ganz ähnlich wie Sesamöl verhalten und die Probe demnach gänzlich unbrauchbar sei, haben Benedikt und andere nicht gerechtfertigt gefunden. Bei Versuchen mit notorisch reinem Olivenöl, bei welchem die Probe übrigens nicht erwärmt werden soll, trat keine Färbung ein, beim Erwärmen färbte sich die Flüssigkeit braun, aber nicht intensiv karmoisinrot wie bei Gegenwart von Sesamöl.

Sprinkmeyer und Wagner[5] erhielten die Baudouinsche Reaktion bei indischem Sesamöl weit stärker als bei levantinischem und afrikanischem.

Ambühl[6] hat darauf hingewiesen, daß unter Umständen alte, stark ranzige Sesamöle bei der Baudouinschen Reaktion anstatt der

<hr>

[1] Chem. Zeitg. 1904. 28. 956.
[2] Zeitschr. f. d. chem. Großgew. 1878. 771.
[3] Ann. del Laborat. chim. delle Gabelle 3. 13. — Zeitschr. f. angew. Chem. 1893. 6. 17.
[4] Kommentar z. österr. Pharmakopöe.
[5] Zeitschr. f. Unters. d. Nahrungs- u. Genußm. 1905. 10. 347. — Chem. Rev. üb. d. Fett- u. Harz-Ind. 1905. 12. 246.
[6] Schweiz. Wochenschr. f. Chem. u. Pharm. 1892. 30. 381.

kirschroten eine indigoblaue Färbung ergeben, eine Tatsache, welche von Kreis[1] u. a. bestätigt wurde. Diese Färbung wurde von den letztgenannten als eine Mischfarbe der normalen roten Farbe der Baudouinschen Reaktion mit der unten angeführten, nach Bishop auftretenden Grünfärbung, welche beim Schütteln von altem Sesamöl mit konzentrierter Salzsäure auftritt, bezeichnet. Die Baudouinsche Probe nimmt mit dem Altern der Öle an Intensität ab, doch konnte Beythien[2] sie noch mit hinreichender Sicherheit bei $^3/_4$ Jahre alten Proben konstatieren, und Ulzer hat sie mit drei Jahre alten Mustern gleichfalls noch sehr intensiv erhalten.

Daß die Farbenintensität der Baudouinschen Reaktion nicht einen Schluß auf den Prozentgehalt einer Ölmischung an Sesamöl zuläßt, wurde von Schumacher-Kopp[3] kanstatiert, ergibt sich übrigens auch aus dem Vorerwähnten von selbst.

Das Entfärben von gefärbten, mit Hilfe der Baudouinschen Reaktion auf Sesamöl zu prüfenden Fetten mit Tierkohle wird von Wauters[4] u. a. empfohlen. Die Wauterssche günstige Beurteilung dieses Vorganges steht jedoch mit den Angaben von Bömer[5] insofern in Widerspruch, als danach getrocknete Tierkohle beim Schütteln mit Sesamöl diesem die ganze Menge des die Baudouinsche Reaktion verursachenden Körpers entzieht.

Nach einer amtlichen Vorschrift zur Untersuchung von Fetten und Käsen sollen salzsäurerötende Farbstoffe, welche der Ausführung der Baudouinschen Reaktion im Wege stehen, dadurch entfernt werden, daß man das geschmolzene Fett so oft mit Salzsäure vom spez. Gew. 1·125 ausschüttelt, bis diese nicht mehr rot gefärbt abfließt.

Gegen diese Methode sprechen sich Soltsien[6], Siegfeld[7] und Fendler[8] aus, welcher ein $10\,^0/_0$ Sesamöl enthaltendes, gefärbtes Fett nach 10maligem Ausschütteln mit dieser Salzsäure noch 15mal mit Salzsäure vom spez. Gew. 1·19 behandeln mußte, um den Farbstoff völlig zu entfernen. Nach dieser Zeit war aber der reagierende Bestandteil des Sesamöles entfernt, so daß die Baudouinsche Reaktion negativ ausfiel.

Modifikation der Baudouinschen Reaktion von Villavecchia und Fabris. In der Erkenntnis, daß das durch die Einwirkung von Salzsäure auf Zucker gebildete Furfurol die Ursache der Baudouinschen Reaktion sei, änderten Villavecchia und Fabris[9]

---

[1] Chem. Zeitg. 1899. 23. 802.
[2] Chem. Zeitg. 1900. 24. 1019.
[3] Chem. Rev. üb. d. Fett- u. Harz-Ind. 1898. 5. 204.
[4] Bull. assoc. Belge chim. 1899. 13. 404.
[5] Zeitschr. f. Unters. d. Nahrungs- u. Genußm. 1899. 2. 708.
[6] Zeitschr. f. öffentl. Chem. 1897. 3. 494.
[7] Milch-Zeitg. 1899. 28. 243. — Zeitschr. f. Unters. d. Nahrungs- u. Genußm. 1900. 3. 112.
[8] Chem. Rev. üb. d. Fett- u. Harz-Ind. 1905. 12. 10.
[9] Ann. del Laborat. chim. delle Gabelle 1893. 3. 13. — Zeitschr. f. angew. Chem. 1893. 6. 505.

diese Reaktion in folgender nach Morpurgo[1]) u. a. zweckmäßiger Weise:

1. 0·1 ccm einer alkoholischen, 2prozentigen Lösung von Furfurol wird in eine Eprouvette gebracht, und 10 ccm des zu prüfenden Öles und 10 ccm Salzsäure vom spez. Gew. 1·19 zugefügt, eine halbe Minute lang tüchtig durchgeschüttelt und absitzen gelassen. Bei Gegenwart von Sesamöl nimmt die wässerige Schichte die charakteristische Färbung an. Die Probe gelingt selbst bei Ölen, welche weniger als 1 $^0/_0$ Sesamöl enthalten. Bei Abwesenheit von Sesamöl ist die untere Schichte farblos oder schmutziggelb gefärbt.

2. 0·1 ccm der alkoholischen Furfurollösung wird mit 10 ccm des zu prüfenden Öles gemischt, 1 ccm Salzsäure zugefügt, tüchtig durchgeschüttelt, 10 ccm Chloroform zugesetzt und gewartet, bis sich die Flüssigkeiten getrennt haben. Die Probe ist ebenso empfindlich wie die unter 1 angeführte.

Da jedoch, wie u. a. Kerp[2]) und Soltsien[3]) zeigten, Salzsäure schon mit Furfurol allein, selbst mit frisch destilliertem Furfurol und auch in alkoholischer Lösung je nach Konzentration, Temperatur und Zeitdauer schwächere bis stärkere Färbungen geben kann, sind die Bedingungen genau einzuhalten.

Breinl[4]) schlug vor, an Stelle von Furfurol andere Aldehyde, und zwar p-Oxybenzaldehyd, Vanillin oder Piperonal anzuwenden; dieser Vorschlag wurde jedoch von Utz[5]) verworfen.

Milliausche Modifikation. Nach Domergue[6]) und Burker[7]) geben die Olivenöle von Tunis und Algier, und nach Lalande und Tambon, Wolfbauer[8]) u. a. auch manche italienische und dalmatiner Olivenöle bei der Baudouinschen Probe eine rosarote Färbung; die bei 110° C. getrockneten Fettsäuren zeigen jedoch diese Reaktion nicht.

Aus diesem Grunde hat Milliau[9]) empfohlen, die Baudouinsche Probe nicht mit dem Öle, sondern mit den daraus dargestellten, bei 105° C. getrockneten Fettsäuren (welche nicht mit Wasser gewaschen werden sollen) vorzunehmen. Auf diese Art kann noch ein Prozent Sesamöl in Ölmischungen nachgewiesen werden.

Da jedoch der die Reaktion hervorrufende Bestandteil des Sesamöls in verdünnten Mineralsäuren, auch in Essigsäure und anderen Säuren etwas löslich ist, und diese beim Abscheiden der Fettsäuren aus den Seifen meist im Überschusse angewendet werden, so werden sich, darauf weist Soltsien[10]) hin, geringe Mengen Sesamöl in Fettgemischen nach

---

[1]) Chem. Zeitg. Rep. 1893. 17. 305.
[2]) Arbeiten a. d. kais. Gesundheitsamte 1897. 15. 284.
[3]) Chem. Rev. üb. d. Fett- u. Harz-Ind. 1906. 13. 7.
[4]) Chem. Zeitg. 1899. 23. 647.
[5]) Pharm. Zeitg. 1900. 45.· 490. — Seifens.-Zeitg. 1905. 32. 114.
[6]) Chem. Zeitg. Rep. 1891. 15. 15.
[7]) Die Seifen-, Öl- u. Fett-Ind. II. 531.
[8]) Österr.-ung. Zeitg. f. Zucker-Ind. u. Landwirtsch. 1897.
[9]) Compt. rend. 1888. 106. 550.
[10]) Chem. Rev. üb. d. Fett- u. Harz-Ind. 1901. 8. 202.

Milliau nicht mehr nachweisen lassen. $1\,^0/_0$ Sesamöl ist jedoch noch deutlich erkennbar.

Tortelli und Ruggeri[1]) haben konstatiert, daß bei Trennung der festen Fettsäuren von den flüssigen die die Baudouinsche Reaktion hervorrufende Substanz sich bei den flüssigen Fettsäuren findet, aus welchem Grunde sie die Verwendung dieser zur Ausführung der Reaktion empfehlen.

Andere Vorschläge zur Ausführung der Baudouinschen Reaktion, welche entweder keine nennenswerten Vorteile bieten, oder dem beschriebenen Verfahren direkt nachstehen, wurden von Levin[2]), Ambühl[3]), Sohn[4]) (welcher anstatt Furfurol Furfuramid verwendet), Tambon[5]) (der den Rohrzucker durch Glycose ersetzt) u. a. veröffentlicht.

Soltsiensche Zinnchlorürreaktion. Von den angeführten Mängeln der verschiedenen „Furfurol"-Reaktionen ist die Soltsiensche Zinnchlorürreaktion frei, welche alle anderen Sesamölreaktionen an Zuverlässigkeit und Empfindlichkeit übertrifft.

Soltsien[6]) verfährt zum Nachweise von Sesamöl in Fett- oder Ölmischungen wie folgt: Zu 2—3 Volumteilen des zu untersuchenden Öles oder Fettes (welches, wenn nötig, vorher am Wasserbade geschmolzen wurde) wird ein Volumteil mit Salzsäure versetzter Zinnchlorürlösung (Bettendorfs Reagens, Ph. G. III) gefügt und das Öl damit kräftig durchgeschüttelt, bis eine Emulsion entsteht. Das Reagensglas wird hierauf in ein heißes Wasserbad gestellt, in welchem sich die Zinnchlorürlösung schnell absetzt. Sie ist je nach dem Gehalte der Mischung an Sesamöl hellhimbeerrot bis dunkelweinrot gefärbt. Bei sehr geringem Gehalte an Sesamöl kann nach wiederholtem Schütteln die anfängliche Färbung wieder verblassen. Reines Olivenöl gibt, in der beschriebenen Weise behandelt, nur eine Gelbfärbung, und ranzige Fette und Öle liefern Braunfärbungen. Olivenöle, welche nach Baudouin rötliche Färbungen liefern, zeigen nach Soltsien die Zinnchlorürreaktion nicht.

Um schnellere Trennung der Emulsion, insbesondere bei Untersuchung fester Fettgemische zu erreichen, mischt Soltsien[7]) das Fett im Reagensglas mit dem doppelten Volumen Benzin und dem halben Volumen Zinnchlorürlösung und schüttelt nicht länger kräftig durch, als bis völlige Mischung eingetreten ist. Hierauf taucht er in Wasser von ca. 40° C. und nach dem Absetzen der Zinnchlorürlösung in Wasser von etwa 80° C., aber nur bis zur Höhe der Zinnchlorürschicht, so daß ein Sieden des Benzins möglichst vermieden ist. Diese Erwärmung wird so lange fortgesetzt, bis die bei Gegenwart von Sesamöl entstandene Rotfärbung der Zinnchlorürlösung nicht mehr zunimmt. Es ist wichtig,

---

[1]) Gaz. chim. ital. 1898. 28. II. 1.
[2]) Chem. Zeitg. 1895. 19. 1833.
[3]) Chem. Zeitg. Rep. 1892. 16. 295.
[4]) Zeitschr. f. Unters. d. Nahrungs- u. Genußm. 1899. 2. 146.
[5]) Journ. Pharm. Chim. 1901. [6.] 13. 57.
[6]) Zeitschr. f. öffentl. Chem. 1897. 3. 63.
[7]) Pharm. Zeitg. 1903. 48. 524. — Zeitschr. f. Unters. d. Nahrungs- u. Genußm. 1904. 7. 422.

eine genügende Menge Zinnchlorür zugesetzt zu haben und nach dem Erwärmen nicht mehr zu schütteln.

Die Soltsiensche Reaktion hat ihre Ursache in der reduzierenden Wirkung des Zinnchlorürs; es ist aber derjenige Bestandteil des Sesamöls, der hierbei in Aktion tritt, nicht mit dem die Baudouinsche Reaktion hervorrufenden Körper identisch.[1] Sesamöl, dem das „Sesamol" durch Salzsäure entzogen wurde, gibt noch die Zinnchlorürreaktion.

Man kann diese Reaktion mit Vorteil auch dort anwenden, wo salzsäurerötende Farbstoffe zugegen sind. Die hierdurch veranlaßte Färbung tritt zwar infolge des Salzsäuregehaltes der Zinnchlorürlösung auf, verschwindet jedoch nach kurzem Durchschütteln infolge Reduktion des Farbstoffes (Fendler[2]).

Da sowohl die Furfurolsalzsäurefärbung als auch die bei der unten-erwähnten Bishopschen Reaktion entstehende Färbung sich durch Zinn-chlorür beseitigen lassen, kann man die Soltsiensche Reaktion auch als Kontrolle dieser Reaktionen verwenden. Nach Verschwinden dieser Fär-bungen tritt die Soltsiensche Färbung hervor.

Ein Nachteil der Soltsienschen Reaktion gegenüber der Bau-douinschen resp. Milliauschen, auf welchen Soltsien selbst aufmerksam macht,[3] ist der, daß freie Fettsäuren auf die himbeerrote Färbung, welche die Reaktion kennzeichnet, von störendem Einfluß sind. Man erhält in solchen Fällen mehr oder weniger Braunfärbung. Man kann daher Fettsäuregemische und alte Öle, welche viel freie Fettsäuren ent-halten, nicht mit Zinnchlorürlösung prüfen.

Von anderen Farbenreaktionen auf Sesamöl, welche jedoch diejenigen von Baudouin und Soltsien an Verläßlichkeit und Empfindlichkeit nicht erreichen, seien noch die folgenden angeführt:

Tocher[4]) schüttelt 15 g Öl mit 15 g einer Lösung von 2 g Pyro-gallussäure in 15 g Salzsäure in einem Rohr mit Glashahn, zieht die untere Schichte ab und kocht sie 5 Minuten. Bei Gegenwart von Sesamöl erscheint die Flüssigkeit weinrot mit blauer Fluorescenz. Silva[5]) hat die Tochersche Reaktion überprüft und gut befunden.

Lalande und Tambon[6]) verwenden Salpetersäure vom spez. Gew. 1·4 als Reagens auf Sesamöl, Crace-Calvert Salpeterschwefel-säure, Behrens eine Mischung von gleichen Teilen konzentrierter Schwefelsäure, Salpetersäure und Wasser; Bellier[7]) führt einige Re-aktionen an, welche jedoch nach Utz[8]) nicht genügend verläßlich und empfindlich sind.

Älteres ranziges Sesamöl gibt mit konzentrierter Salzsäure eine

<hr>

[1]) Kreis, Chem. Zeitg. 1904. 28. 957. — Soltsien, Chem. Rev. üb. d. Fett- u. Harz-Ind. 1906. 13. 138.

[2]) Chem. Rev. üb. d. Fett- u. Harz-Ind. 1905. 12. 10.

[3]) Chem. Rev. üb. d. Fett- u. Harz-Ind. 1901. 8. 202 u. 1906. 13. 29.

[4]) Chem. Zeitg. Rep. 1891. 15. 33 u. 54.

[5]) Bull. Soc. Chim. 1898. 23. 88.

[6]) Journ. Pharm. Chim. 1891. 23. 234.

[7]) Ann. Chim. anal. appl. 1899. 4. 217.

[8]) Chem. Rev. üb. d. Fett- u. Harz-Ind. 1902. 9. 177.

grüne bis blaugrüne Färbung (Bishopsche Reaktion), welche nach Kreis durch die Einwirkung des in Freiheit gesetzten Sesamols auf die Aldehyde des ranzigen Sesamöles entsteht.

Nachweis anderer Öle in Sesamöl.

Verfälschungen des Sesamöls mit trocknenden Ölen werden durch die Erhöhung der Jodzahl und durch die größere Temperaturerhöhung bei der Maumenéschen Probe erkannt.

Cottonöl läßt sich mit Hilfe der Halphenschen Reaktion, der Salpetersäurereaktion und durch den höheren Schmelz- und Erstarrungspunkt der Fettsäuren nachweisen.

Ein Rübölzusatz erniedrigt die Verseifungszahl. Außerdem kann die Bestimmung des Schmelz- und Erstarrungspunktes der Fettsäuren Anhaltspunkte zur Erkennung dieser Verfälschung liefern.

Arachisöl, mit welchem Sesamöl oft verfälscht wird, läßt sich durch die Bestimmung des spezifischen Gewichtes und durch Darstellung der Arachinsäure (s. Arachisöl) nachweisen.

Verwendung des Sesamöls.

Gute Sorten von Sesamöl werden für Speisezwecke und zur Herstellung von Margarine usw. verwendet, geringwertige Sorten finden in der Seifenfabrikation und als Brennöl Verwendung. Bemerkt sei noch, daß bei Verarbeitung des Sesamöles in der Seifenfabrikation ziemlich weiche Seifen erhalten werden.

Die Farbenreaktionen des Sesamöles haben dadurch größere Bedeutung gewonnen, daß sowohl das deutsche, wie das österreichische Gesetz einen Zusatz von 10 % Sesamöl zu Margarine und Schmelzmargarine (Margarinschmalz) verlangen, so daß eine Fälschung von Butter mit Margarine durch die Sesamölreaktionen erkannt werden kann.[1]) (S. auch Kapitel Butter.)

30. Bignoniaöl.[2])

Die Samen von Bignonia flava *Villos* (= Stenelobium stans), einer Bignoniacee, enthalten ein rotbraunes, klares Öl von eigenartigem Geruche. Niederstadt fand in einer Probe 23·3 % freie Fettsäuren (als Ölsäure berechnet).

Verseifungszahl	Jodzahl	Beobachter
185·27—186·09	93·9	Niederstadt

31. Pithecocteniumöl.[2])

Die Bignoniacee, Pithecoctenium echinatum *K. Schumann*, enthält in den Samen ein gelbes Öl, das durch kristallinische Ausscheidungen getrübt erscheint, in der Wärme klar wird.

---

[1]) Allerdings kann nur die Fälschung mit gesetzmäßig hergestellter Margarinebutter ordentlich erkannt werden.

[2]) Niederstadt, Ber. d. deutsch. pharm. Ges. 1902. 12. 144.

Eine Probe enthielt 25·8 °/₀ freie Fettsäuren (als Ölsäure berechnet).

Verseifungszahl	Jodzahl	Beobachter
181·6—184·8	50·7	Niederstadt

32. Bucheckernöl, Buchnußöl, Buchelöl.

Buchenkernöl, Bucheichelöl. — Oleum Fagi silvaticae. — Huile de faînes, de fruits du hêtre. — Beechnut oil. — Olio di faggio.

Spez. Gew. bei 15° C.	Erstarrungs-punkt ° C.	Ver-seifungs-zahl	Jod-zahl	Hehner-Zahl	Tempera-turerhöhung bei der Maumené-schen Probe	Refraktom.-Anzeige im Oleo-refraktom.	Beobachter
0·9225	—17	—	—	—	—	—	Chateau
0·920	—	—	—	—	—	—	Souchère
0·9225	—	—	—	—	—	—	Schübler
0·9205	—	—	—	---	—	—	Massie
0·9220 bis 0·9225	—17 bis —17·5	191—196	111·2	—	63—65°	—	De Negri u. Fabris
—	—	196·25	104·4	95·16	—	—	Girard
—	—	—	—	—	65°	—	Maumené
—	—	—	—	—	—	+ 16·5 bis + 18	Jean
—	—	—	120·1	—	—	—	Wijs
—	—	—	108·72	—	—	—	G. Sani

Fettsäuren.

Er-starrungs-punkt	Schmelz-punkt	Jod-zahl	Beobachter
17° C.	24° C.	—	Girard
—	23° C.	114	De Negri u. Fabris

Das Öl wird aus der Frucht der Rotbuche oder gemeinen Buche, Fagus silvatica *L.*, gewonnen.

Die ganzen Früchte (Kern und Schale) enthalten 23—29 °/₀ Öl, die Kerne, welche zwei Drittel des Gewichtes der Früchte ausmachen, nach König[1]) 42·5 °/₀ Öl.

Es ist blaßgelb bis orange gefärbt, ohne besonderen Geruch, von angenehmem, mildem Geschmacke.[2])

Der Hauptbestandteil . des Öles ist Oleïn; Stearin und Palmitin sind nur in geringer Menge vorhanden.

Reaktionen: Es wird bei der Elaïdinprobe sehr langsam fest und rötlich, später braun. Salpetersäure färbt gelblich, rauchende Salpetersäure gelbrot; nach 24 Stunden zeigt sich geringe Elaïdin-ausscheidung. Schwefelsäure färbt gelblich, rot bis dunkelrot. Zink-chlorid gibt fleischrote Färbung bei gleichzeitiger Verdickung.

---

[1]) Chemie d. menschl. Nahrungs- u. Genußmittel. 4. Aufl. Berlin 1903. I. S. 612. — Landw. Zeitg. f. Westfalen, Lippe 1889. 46. 38.

[2]) G. H., Chem. Rev. üb. d. Fett- u. Harz-Ind. 1905. 12. 11 u. 30.

Auch Zinnchlorid und salpetersaures Quecksilberoxyd geben auffallende Farbenerscheinungen (Chateau).

Eine Mischung von Schwefelsäure und Salpetersäure (1:1) auf die gleiche Menge Öl gegossen, erzeugt an der Trennungslinie eine johannisbeerrote Färbung (bei Mohnöl eine orange, bei Sesam- und Erdnußöl eine citronengelbe, bei Olivenöl keine).

Verwendung. Das Bucheckernöl hat einen sehr geringen Gehalt an freien Fettsäuren und kann lange lagern, ohne ranzig zu werden. Es ist aus diesem Grunde ein vorzügliches Speiseöl. Besonders kommt als solches das aus den geschälten Bucheckern durch kalte Pressung erhaltene Öl in Betracht. Die warme Pressung liefert eine mindere Qualität. Das aus ungeschälten Samen gewonnene Öl hat einen stark adstringierenden Geschmack, welcher durch kräftiges Waschen mit Wasser teilweise verschwindet. Es wird als Brennöl und zu anderen technischen Zwecken verwendet. Die daraus hergestellten Seifen sind ziemlich weich, bekommen beim Lagern eine gelbliche, schließlich eine grünliche Färbung.[1]

Sani[2] fand, daß Buchensamen, welcher vor der Keimung $38 \cdot 19\%$ Fett enthalten hatte, nach der Keimung nur $6 \cdot 28\%$, acht Tage später nur noch $5 \cdot 43\%$ Fett enthielt. Das Fett, welches vor der Keimung flüssig war und die Jodzahl $108 \cdot 72$ zeigte, war nach der Keimung fast fest. Die Jodzahl war auf $57 \cdot 47$ herabgesunken.

33. Eichelöl. — Eicheckernöl.[3]

Huile de gland. — Acorn oil. — Olio di ghiande.

Spez. Gew. bei 15° C.	Erstarrungspunkt	Verseifungszahl	Jodzahl	Temperaturerhöhung bei der Maumenéschen Probe	Brechungsindex	Beobachter
0·9162	— 10° C.	199·3	100·7	60°	1·4731	Blasdale

Fettsäuren.

Schmelzpunkt	Beobachter
25° C.	Blasdale

Dieses dunkelbraune, fluorescierende Öl wird aus den Eicheln von Quercus agrifolia gewonnen.

Bei der Milliauschen Reaktion (s. Cottonöl) gibt es eine schwache Färbung. Die Elaïdinreaktion ist nicht charakteristisch.

---

[1] G. H., Chem. Rev. üb. d. Fett- u. Harz-Ind. 1905. 12. 11 u. 30.
[2] Atti R. Accad. dei Lincei Roma 1904. [5.] 13. II. 382.
[3] Blasdale, Journ. Amer. Chem. Soc. 1895. 17. 935.

34. Citronenkernöl.[1])
Lemon pips oil.

Spez. Gew.	Verseifungszahl	Jodzahl	Acetylzahl	Beobachter
bei 15° C. 0·9	188·35	109·2	13·65	Peters u. Frerichs

Dieses Öl findet sich in den Kernen der Citrone, der Frucht von Citrus Limonum *Risso* (Limonenbaum, Citronenbaum), Gattung der Rutaceen.

Durch Extraktion der Kerne mit Äther erhält man ein hellgelbes, fettes Öl von stark bitterem Geschmack, aus dem sich beim Stehen Kristalle von Limonin, dem Bitterstoffe der Citronenkerne ausscheiden. Durch Extraktion mit niedrig siedendem Petroläther erhält man ein Öl, dessen Geschmack dem des Mandelöls ähnlich ist,

Es besteht aus den Glyceriden der Palmitin-, Stearin-, Öl-, Linol-, Linolen- und Isolinolensäure. Der Jodzahl nach kann der Gehalt an letzteren Säuren nicht bedeutend sein.

35. Apfelsinensamenöl, Orangensamenöl.
Huile d'oranges. — Orange seed oil. — Olio d'arancia.

Spez. Gew.	Säurezahl	Verseifungs-zahl	Jod-zahl	Hehner-Zahl	Brechungsindex	Beobachter
0·923	38·3	229*)	104	95	bei 21° C. 1·47137	R. Meyer-Essen[2])

Fettsäuren.

Verseifungs-zahl	Jod-zahl	Erstarrungs-punkt	Schmelz-punkt	Brechungsindex	Beobachter
280**)	74***)	35° C.	40° C.	1·45741	R. Meyer-Essen

*) Steht mit der Jodzahl nicht in Übereinstimmung.
**) Steht mit der Verseifungszahl des Fettes in Widerspruch.
***) Steht mit der Jodzahl des Fettes in Widerspruch.

Abstammung: Citrus Aurantium *Risso* (Apfelsinenorange), Gattung der Rutaceen, in deren Samen es in einer Menge von 20—28% enthalten ist. Die Farbe des Öles ist gelb.

36. Paranußöl.[3])
Huile de châtaignes de Brésil. — Brazil nut oil. — Olio di noci des Brasile.

Dieses in den Paranüssen (brasilianischen Kastanien, Juvia, Almendron) von Bertholletia excelsa *H. et B.*, einer Lecythidacee Süd-

---

[1]) W. Peters u. G. Frerichs, Arch. d. Pharm. 1902. 240. 659. — Chem. Rev. üb. d. Fett- u. Harz-Ind. 1903. 10. 59. — Journ. Soc. Chem. Ind. 1903 22. 102.

[2]) R. Meyer-Essen, Vortrag auf der 75. Versammlung Deutscher Naturforscher u. Ärzte: Chem. Zeitg. 1903. 27. 958. — Chem. Rev. üb. d. Fett- u. Harz-Ind. 1903. 10. 254.

[3]) De Negri u. Fabris, Zeitschr. f. analyt. Chem. 1894. 33. 559.

amerikas, enthaltene Öl ist nur wenig gefärbt, geruchlos und scheidet bei längerem Stehen Glyceride fester Fettsäuren ab.

Paranußöl.

Spez. Gew. bei 15° C.	Erstarrungspunkt	Verseifungszahl	Jodzahl	Temperaturerhöhung bei der Maumenéschen Probe	Beobachter
0·9185 0·9170—0·9185	— 1° C. 0°—4° C.	— 193·4	— 95—106·2	— 50°—52°	Schädler De Negri u. Fabris
—	—	170·4	90·6	—	Niederstadt

Fettsäuren.

Schmelzpunkt	Jodzahl	Beobachter
28°—30° C.	108	De Negri u. Fabris

Niederstadt[1]) fand in einer Probe 15·9% freier, als Ölsäure berechneter Fettsäuren.

Es findet als Speiseöl und in der Seifenfabrikation Verwendung.

37. Paradiesnußöl.[2])

Huile de noix de paradis. — Paradise nut oil. — Olio di noci del paradiso.

Spez. Gew. bei 15° C.	Erstarrungspunkt	Verseifungszahl	Jodzahl	Refraktometeranzeige in Zeiß Butterrefraktometer	Beobachter
0·8950	4° C.	173·6	71·6	bei 15° C. 61·3—61·5	De Negri

Fettsäuren.

Erstarrungspunkt	Schmelzpunkt	Jodzahl	Acetylzahl	Beobachter
28·5° C.	37·6° C.	72·33	44·1	De Negri

Dieses Öl ist in einer Menge von ca. 50% in den Paradiesnüssen, Sapucajanüssen, den Samen des in Brasilien und Guyana einheimischen, zu den Lecythidaceen gehörigen Paradiesnußbaumes, Lecythis zabucajo *Aubl.*, enthalten.

De Negri fand den auf Ölsäure berechneten Gehalt an freien Fettsäuren in einer Probe zu 3·19%.

38. Lecythisöl.[3])

Verseifungszahl	Jodzahl	Beobachter
198·55	83·15	Niederstadt

[1]) Ber. d. deutsch. pharm. Ges. 1902. 12. 144.
[2]) De Negri, Chem. Zeitg. 1898. 22. 961.
[3]) Niederstadt, Ber. d. deutsch. pharm. Ges. 1902. 12. 144.

Die entschälten Samen der Lecythidacee Lecythis urnigera *Mart.* liefern ein hellgelbes, klares Öl, welches in einer Probe $8 \cdot 9\,^0/_0$ freie, als Ölsäure berechnete Fettsäuren enthielt.

39. Barringtoniaöl.[1])

Spez. Gew. bei 20° C.	Verseifungs-zahl	Jodzahl	Hehner-Zahl	Reichert-Meißlsche-Zahl	Beobachter
0·918	172·63	134·1	95·7	2·09	v. d. Driessen-Marreuw[2])

Die bei 105° C. getrockneten Samen von Barringtonia speciosa, eines in Indien heimischen, zu den Lecythidaceen gehörigen Baumes enthalten $2 \cdot 9\,^0/_0$ fettes Öl.

Es ist von gelber Farbe, löslich in Äther, Petroläther, Chloroform und Schwefelkohlenstoff, fast unlöslich in Methylalkohol.

Die wasserunlöslichen Säuren des Öles bestehen aus Ölsäure, Palmitin- und Stearinsäure. Es muß bemerkt werden, daß sowohl die Verseifungszahl als auch die Jodzahl mit dieser Zusammensetzung in Widerspruch stehen.

Der Säuregehalt wurde von Driessen-Marreuw zu $43 \cdot 76\,^0/_0$, als Ölsäure berechnet, gefunden.

40. Lindenholzöl.[2])
Huile de tilleul. — Basswood oil. — Olio di tiglio.

Spez. Gew. bei 15° C.	Erstarrungspunkt	Verseifungszahl	Jodzahl	Beobachter
0·938	—10° C.	178·1	111	Wiechmann

Fettsäuren.

Erstarrungspunkt der nichtflüchtigen Fettsäuren	Mittleres Molekulargewicht der		Beobachter
	flüchtigen	nichtflüchtigen Fettsäuren	
5·5° C.	92	342	Wiechmann

Dieses im Holze von Tilia americana enthaltene Öl besitzt eine olivenbraune Färbung und ist verhältnismäßig reich an flüchtigen Fettsäuren.

41. Anisöl.[3])

Spez. Gew. bei 15° C.	Verseifungszahl	Jodzahl	Reichert-Meißlsche Zahl	Brechungsindex bei 18° C.	Beobachter
0·924	178·3	105·3	4·47	1·4731	Dewjanow u. Zypljankow

[1]) W. P. H. v. d. Driessen-Marreuw, Pharm. Weekblad 1903. 40. 729. — Schweiz. Wochenschr. Chem. Pharm. 1903. 41. 423. — Chem. Zeitg. Rep. 1903. 27. 254.

[2]) Wiechmann, Amer. chem. Journ. 1897. 17. 305. u. 308.

[3]) N. J. Dewjanow u. N. S. Zypljankow, Journ. d. russ. phys.-chem. Ges. 1905. 37. 624. — Seifens.-Zeitg. 1905. 32. Nr. 42. — Chem. Rev. üb. d. Fett- u. Harz-Ind. 1906. 13. 13.

Fettsäuren.

Erstarrungspunkt	Jodzahl	Beobachter
0° C.	97·3	Dewjanow u. Zypljankow

Die Samen von Pimpinella Anisum *L.*, einer Umbellifere, enthalten, nachdem das ätherische Öl durch Destillation entfernt ist, noch über 25 $^0/_0$ fettes Öl.

Dieses mittels Äther extrahierbare Öl ist eine verhältnismäßig leicht bewegliche, grüngelbliche Flüssigkeit, mit schwachem, eigentümlichem Geruch.

Durch Oxydation der Fettsäuren mit Kaliumpermanganat wird zur Hälfte ein in Äther löslicher Körper, der aus Alkohol umkristallisiert den Schmelzpunkt 113°—114° C. hat, zur Hälfte eine in Äther unlösliche Säure vom Schmelzpunkte 172°—173° C., wahrscheinlich Sativinsäure, erhalten.

Elaïdinprobe: Nach Zusatz der Salpetersäure erstarrt das Öl erst nach 48 Stunden und nimmt dann eine gelbe Farbe an.

42. Coriandersamenöl.

Huile de coriandre. — Coriander seed oil. — Olio di coriandro.

Spez. Gew.	Säure-zahl	Verseifungs-zahl	Jod-zahl	Hehner-Zahl	Brechungsindex	Beobachter
0·9019	15·4	63 (?)	88·3	98 (?)	bei 23° C. 1·46980	R. Meyer-Essen[1])

Fettsäuren.

Verseifungszahl	Jodzahl	Brechungsindex	Beobachter
255 (?)	84·7	bei 29° C. 1·48729	R. Meyer-Essen

Abstammung: Coriandrum sativum *L.* (Koriander, Wanzendill) eine Umbellifere. Die Samen (Schwindelkörner) enthalten 5 $^0/_0$ dieses dunkelgrünen Öles.

43. Dombaöl, Lorbeernußöl.

Tacamahacfett, Njamplungöl. — Huile de Taman. — Laurel nut oil, Domba oil, Alexandrien laurel oil, Pinnay Pun, Poonseed oil, Ponored oil.

Abstammung: Aus den Samen der Guttiferee Calophyllum inophyllum *L.* (Gummiapfel, Schönblatt), eines im tropischen Asien und an den Küsten Ostafrikas heimischen Baumes.

Die Samen der Calophyllumnüsse enthalten wechselnde Mengen

---

[1]) R. Meyer-Essen, Vortrag, gehalten auf d. 75. Versammlung Deutscher Naturforscher u. Ärzte, Chem. Zeitg. 1903. 27. 958. — Chem. Rev. üb. d. Fett- u. Harz-Ind. 1903. 10. 255.

Feuchtigkeit (23—31 %) und 50—60 % Öl. Wegen des hohen Wassergehaltes läßt sich das Öl besser durch Auspressen der getrockneten Samen gewinnen.

Es ist gelbgrün, von schwachem, an Foenum graecum, nach anderen an Cumarin erinnerndem Geruch und bitterem, kratzendem Geschmack.

Dombaöl.

	Spez. Gew.	Erstarrungspunkt	Schmelzpunkt	Verseifungszahl	Jodzahl	Hehner-Zahl	Reichert-Meißlsche Zahl	Refraktometerzahl im Butterrefrakt. bei	Beobachter
das harzhaltige grüne Öl $\}$	bei 15 °C. 0·9428	+ 3 ° C.	+8°C.	196·0	92·8	—	0·13	40 °C. 76	Fendler[1]
das vom Harze befreite gelbe Öl $\}$	—	+ 4 ° C.	+8°C.	191·0	86·0	—	0·18	—	„
—	10° C. 0·94	—	—	199·99	62·3	—	—	—	van Itallie[2]
—	16° C. 0·9315	16—19 °C.	—	{ 285·6 (?) 196·4 } —		90·85	2·07	—	Hooper[3]

Fettsäuren.

Spez. Gew.	Erstarrungspunkt	Schmelzpunkt	Verseifungszahl	Mittleres Mol.-Gew.	Verseif.-Zahl der flüssigen Fettsäuren	Mittleres Mol.-Gew. d. flüssigen Fettsäuren	Jodzahl	Jodzahl der flüssigen Fettsäuren	Acetylzahl	Beobachter
—	+33°C.	+ 38 ° C.	194·0	289·2	190·7	294·2	92·2	114·5	37·2	Fendler
—	—	30—31 °C.	—	—	—	—	—	—	—	van Itallie
bei 16°C. 0·9237 20°C. 0·8688 $\}$	—	37·6°C.	—	—	—	—	—	—	—	Hooper

Es ist in Äther, Petroläther, Chloroform und Schwefelkohlenstoff in jedem Verhältnisse löslich, dagegen nicht in absolutem Alkohol und Eisessig, an welche es den größten Teil der grünen, färbenden Substanz abgibt.

Das frisch gewonnene Öl hat zunächst den Erstarrungspunkt $+ 3$ °C. und den Schmelzpunkt $+ 8$ °C. Läßt man es längere Zeit bei Zimmertemperatur stehen, so scheiden sich reichlich feste Fettsäureglyceride aus. Das Öl wird dann erst bei 40 °C. völlig klar.

Die Säurezahl eines von Fendler frisch extrahierten Öles betrug 28·45.

Die Elaïdinprobe erstarrt nach $2\,^1/_2$ Stunden. Bei der Livacheschen Probe (Sauerstoffaufnahmevermögen) betrug die Gewichtszunahme nach:

18 Stunden . . . . 0·25 %		64 Stunden . . . . 2·32 %
40 „ . . . . 0·71 „		136 „ . . . . 1·84 „

Durch Behandlung mit Sodalösung kann das grüne Öl von dem verunreinigenden Harze befreit werden. Letzteres beträgt etwa 15 % des grünen Calophyllumöles.

---

[1] Apoth.-Zeitg. 1905. 20 6. — Chem. Rev. üb. d. Fett- u. Harz-Ind. 1905. 12. 80.

[2] Nieuw Tijdschr. voor Pharm. 1888. 487. — Pharm Zeitg. 1888. 33. 454.

[3] Pharm. Journ. and Transactions 1888. [3.] 967. 525.

Es wurde aus der sodahältigen, wässerigen Ausschüttelung nach dem Ansäuern mit verdünnter Schwefelsäure durch Äther aufgenommen und nach dem Verdunsten des Äthers isoliert.

Das Harz ist schön dunkelgrün, bei gewöhnlicher Temperatur von butterartiger Konsistenz und löst sich mit hellgrüner Farbe in Alkohol; diese Lösung färbt sich auf Zusatz von verdünnter, alkoholischer Eisenchloridlösung tief dunkelgrünblau. In Ammoniakflüssigkeit ist das Harz ohne Farbenänderung löslich. Die Säurezahl desselben ist 198; dies erklärt, daß die Verseifungszahlen des harzhältigen und harzfreien Öles so wenig voneinander verschieden sind. (Siehe Tabelle.)

Das vom Harze befreite Öl ist von hellgelber Farbe, im übrigen dem harzhältigen Öle ziemlich ähnlich.

Die Fettsäuren bestehen der Hauptsache nach aus Stearin-, Palmitin- und Ölsäure.

Öl und Harz besitzen giftige Eigenschaften (an Fröschen nachgewiesen). Das Öl ist aus diesem Grunde und wegen seines unangenehmen Geschmackes für Speisezwecke nicht geeignet. Es ist leicht verseifbar und wird in seiner Heimat vielfach zum Brennen, zur Seifen- und Kerzenfabrikation und als Heilmittel gegen Rheumatismus verwendet.

44. Kô-Sam-Öl.[1])

Das zu $20^0/_0$ in den Kô-Sam Samen (von Brucea sumatrana, *Roxb.*) vorhandene fette Öl besteht aus den Glyceriden der Öl-, Linol-, Stearin- und Palmitinsäure.

Es enthält einen gesättigten Kohlenwasserstoff, Hentriacontan $C_{31}H_{64}$ (Schmelzp. 67^0—68^0 C.) und einen kristallinischen Körper $C_{20}H_{34}O$ (Schmelzp. 130^0—133^0 C., $[\alpha]_D^{23} = -37 \cdot 7^0$), welcher an Cholesterin gebunden ist und in seiner prozentischen Zusammensetzung mit Quebrachol, Cupreol, Cinchol übereinstimmt.

45. Parapalmöl.[2])

Parabutter. — Huile d'Assay, Beurre d'Assay. — Pinot oil, Para butter.

Die Kerne der gemeinen Kohlpalme, Euterpe oleracea *Mart.* liefern dieses schwachtrocknende Öl.

Parapalmöl.		Fettsäuren.	
Verseifungszahl	Jodzahl	Schmelzpunkt	Beobachter
162·4 (?)	136	12^0 C.	Bassière

Eine von Bassière untersuchte 6 Monate alte Probe enthielt $42^0/_0$ freie Fettsäuren.

---

[1]) Frederick B. Power u. Frederic H. Lees, Pharm. Journ. 1903. [4.] 17. 183.

[2]) Bassière, Journ. Pharm. Chim. 1903. [6.] 18. 323.

46. Comuöl, Patavaöl.[1]

Huile de Comou. — Comou oil.

Verseifungszahl	Jodzahl	Hehner-Zahl	Reichertsche Zahl	Beobachter
169·1 (?)	96·5	95·7	1·2	Bassière

Fettsäuren.

Schmelzpunkt	Molekulargewicht	Beobachter
19° C.	289·1	Bassière

Die Kerne der Palmarten Oenocarpus bacaba *Mart.* und Oenocarpus patava *S.* enthalten ein lichtgelbes Öl.

Eine von Bassière untersuchte Probe enthielt 4·3 °/₀ freie Fettsäuren.

Es wird durch Pressen gewonnen und in der Kerzen- und Seifenfabrikation verwendet (Schaedler).

47. Traubenkernöl.

Huile de raisins. — Grape seed oil. — Olio di vinaccinoli.

Spez. Gewicht bei 15° C.	Erstarrungspunkt ° C.	Verseifungszahl	Jodzahl	Hehner-Zahl	Reichert-Meißlsche Zahl	Temperaturerhöhung bei der Maumenéschen Probe	Refraktom.-Anz. in Zeiß Butter-Refraktometer	Brechungsindex	Beobachter
0·9202	— 15 bis — 17	—	—	—	—	—	—	—	Hollandt
0·9561	—	178·4	94	92·13	0·46	—	—	—	Horn[2]
0·935	— 10 bis — 13	178·5—179	95·8—96·2	—	—	52°—54°	—	—	De Negri u. Fabris[3]
0·926	— 11	—	—	—	—	—	—	—	Jobst
0·9215	—	190	142·8	—	—	81°—83°	bei 25°C. 68·5 / bei 40°C. 60·0 / bei 50°C. 54·5	bei 25°C. 1·4713 / bei 40°C. 1·4659 / bei 50°C. 1·4623	Ulzer u. Zumpfe[4]

Fettsäuren.

Erstarrungspunkt ° C.	Schmelzpunkt ° C.	Verseifungszahl	Jodzahl	Acetylzahl	Beobachter
—	—	187·4	98·65	144·5	Horn[2]
18—20	23—25	—	98·9—99·05	—	De Negri u. Fabris[3]
—	—	—	—	43·7	Ulzer u. Zumpfe

[1] Bassière, Journ. Pharm. Chim. 1903. [6.] 18. 323.
[2] Mitt. Techn. Gew.-Mus. Wien 1891. 185.
[3] De Negri u. Fabris, Zeitschr. f. analyt. Chem. 1894. 33. 566. — Ann. del Laborat. chim. delle Gabelle 1893. 225.
[4] Österr. Chem. Zeitg. 1905. 8. 121. — Chem. Rev. üb. d. Fett- u. Harz-Ind. 1905. 12. 109.

Das Traubenkernöl ist in den Samenkernen der edlen Weinrebe, Vitis vinifera *L.* zu 8—20$^0/_0$ enthalten.

Seine Menge hängt von der Sorte der Weintrauben und den klimatischen Verhältnissen ab.

Die weißen Trauben haben ölreichere Kerne als die blauen, zuckerreiche ölreichere als die zuckerarmen.

Das Öl wird durch kaltes oder warmes Pressen erhalten, kann aber auch durch Petroläther oder Äther extrahiert werden.

Das durch kalte Pressung erhaltene Öl ist goldgelb und süß; stammt es von länger lagernden Kernen, so ist es etwas dunkler und von leicht bitterem Geschmack. Die zweite Pressung (Nachschlagöl) liefert ein braunes, bitteres Öl.[1] Das durch Extraktion gewonnene Öl ist dunkelolivgrün, läßt sich aber durch Tierkohle vollständig entfärben.[2] Das durch Extraktion und das durch heiße Pressung erhaltene Öl besitzt einen unangenehmen Geruch. Die Zahlen der Tabelle (S. 759) beziehen sich auf extrahierte Öle.

Das Öl einer Probe von Kernen aus blaufränkischen Trauben bestand nach den Versuchen von Ulzer und Zumpfe[3] zum größten Teil aus dem Glycerid der Linolsäure. Ferner wurden etwa 10$^0/_0$ Glyceride fester Fettsäuren isoliert, daneben sind noch die Glyceride der Ölsäure, der Linolensäure und wahrscheinlich auch der Ricinolsäure vorhanden. Mit diesen Untersuchungsergebnissen lassen sich die von den anderen Autoren gefundenen Jodzahlen, Verseifungszahlen und Temperaturerhöhung bei der Maumenéschen Probe nicht vereinbaren, auch die von Horn[4] gefundene hohe Acetylzahl, welche auf einen großen Gehalt von Oxyfettsäuren hinweisen würde, dürfte vielleicht darauf zurückzuführen sein, daß die Untersuchung mit einem alten, oxydierten Öle durchgeführt wurde. Sie steht auch mit der Leichtlöslichkeit des Öles in Petroläther in Widerspruch. Erucasäure kann nur in geringer Menge vorhanden sein, nicht aber, wie Fitz[5] behauptet, in einer Menge von nahezu 50$^0/_0$.

Das Öl löst sich bei 70° C. leicht in Eisessig (spez. Gew. 1·0565). Die Lösung trübt sich bei 66·5° C. In Alkohol ist das Öl nur teilweise löslich. Es trocknet nur sehr langsam.

Bei der Storch-Morawskischen Reaktion gibt das Öl eine schöne Grünfärbung.

Horn fand den auf Ölsäure berechneten Gehalt an freien Fettsäuren in einer Probe zu 8·1$^0/_0$.

Das Öl erster Pressung dient zu Speisezwecken, das zweiter Pressung, das heißgepreßte und extrahierte Öl zur Seifenfabrikation und nach der Reinigung mit Schwefelsäure als Brennöl. Es brennt mit wenig leuchtender, aber absolut rauchloser Flamme.[6]

---

[1] G. H., Chem. Rev. üb. d. Fett- u. Harz-Ind. 1903. 10. 219.

[2] Westnik shirow, promyschl. 1906. 7. 51. — Chem. Rev. üb. d. Fett- u. Harz-Ind. 1906. 13. 174.

[3] Österr. Chem. Zeitg. 1905. 8. 121. — Chem. Rev. üb. d. Fett- u. Harz-Ind. 1905. 12. 109.

[4] Mitt. Techn. Gew.-Mus. Wien 1891. 185.

[5] Ber. d. deutsch. chem. Ges. 1871. 4. 444.

[6] G. H., Chem. Rev. üb. d. Fett- u. Harz-Ind. 1903. 10. 219.

48. Ricinusöl.

*Oleum Ricini, Ol. Palmae, Ol. cervinum. — Huile de ricin, de castor. —
Palma christi oil, Castor oil. — Olio di ricino.*

Das Öl wird hauptsächlich in Italien, Kalifornien, Mexiko und
Indien aus den Samen des gemeinen Wunderbaumes, Ricinus communis *L.*
(Familie der Euphorbiaceen), durch Pressen, Extraktion oder Abkochen
gewonnen.

Über den Ölgehalt der Ricinussamen geben die Untersuchungen
von Peckolt[1]) Aufschluß, welcher einige in Brasilien wachsende Varietäten diesbezüglich analysierte.

	Ölgehalt der Samenschalen	Spezifisches Gewicht des Öles	Ölgehalt der geschälten Kerne	Spezifisches Gewicht des Öles
Ricinus communis *L.* var. brasiliensis *Müll.-Arg.*	4·966	0·958	43·29	0·963
Ricinus var. radius *M.-Arg.* .	4·869	0·930	43·29	0·962
„ „ geminus *M.-Arg.* .	2·384	0·966	45·4	0·970
„ „ microcarpus *M.-Arg.*	2·95	0·939	56·17	0·971

Das Öl besitzt einen milden, nachträglich kratzenden Geschmack,
ist sehr dickflüssig und verdickt sich beim Stehen an der Luft noch
mehr, bis es zuletzt in eine zähe Masse übergeht. Es trocknet auch
in dünnen Schichten nicht vollständig ein.

Ricinusöl setzt in sehr kühlen Räumen nach Krafft[2]) 3—4 $^0/_0$
aus Tristearin und Triricinoleïn bestehendes Stearin ab. Es enthält
keine Palmitinsäure, dagegen vielleicht etwas Sebacinsäure. Reines Triricinoleïn ist nach Krafft fest, der flüssige Zustand soll sich durch
Überschmelzung erklären. Hazura und Grüßner haben dagegen nachgewiesen, daß die rohe Ricinusölsäure aus zwei isomeren Säuren, der
Ricinolsäure und Ricinisolsäure besteht,[3]) wahrscheinlich ist die feste
Säure Kraffts mit einer dieser beiden identisch. Nach Juillard[4])
soll sich im Ricinusöl auch Oxystearinsäure vom Schmelzpunkte 141⁰ bis
143⁰ C., nach Haller[5]) auch Dioxystearinsäure finden, welche dieser
mit Hilfe des Methylesters isolierte. Scheurer-Kestner[6]) hat konstatiert, daß beim Verseifen von Ricinusöl mit Wasser bei 150⁰ C. ein
Gemisch von nahezu gleichen Teilen Ricinusölsäuren und Diricinusölsäuren
entsteht. Bei Anwendung von höheren Temperaturen erhält man Tetraund Pentaricinusölsäuren. Je höher polymerisiert die Säuren sind, desto
geringer sind die sauren Eigenschaften. Auch Meyer[7]) hat auf die
leichte Polymerisation der Ricinusölsäuren hingewiesen und bei alten
Säuren eine Abnahme der Säurezahl und der Jodzahl konstatiert.

---

[1]) Ber. d. deutsch. pharm. Ges. 1905. 16. 22.
[2]) Ber. d. deutsch. chem. Ges. 1888. 21. 2730.
[3]) Monatshefte f. Chem. 1888. 9. 476.
[4]) Bull. Soc. Chim. 1895. [3.] 13. 238.
[5]) Compt. rend. 1907. 144. 462.
[6]) Compt. rend. 1891. 213. 201.
[7]) Arch. d. Pharm. 1897. 235. 184.

Ricinusöl.

Spezifisches Gewicht bei	Erstarrungspunkt °C.	Verseifungszahl	Jodzahl	Reichertsche Zahl	Temperaturerhöhung bei d. Maumenéschen Probe	Refraktometeranzeige im Oleorefraktometer	Brechungsindex	Beobachter
12°C. 0·9699 15°C. 0·9611 25°C. 0·9575 94°C. 0·9081	—	—	—	—	—	—	—	Saussure
15°C. 0·9613—0·9736	—	181 bis 181·5	—	—	—	—	—	Valenta
15°C. 0·9655	—	178	84	—	—	—	—	Shukoff
15·5°C. 0·960—0·966 $\frac{99°C.}{15·5°C.}$ 0·9096	—	176 bis 178	—	1·4	—	—	—	Allen
15·5°C. 0·9653—0·9679	—	178·6 bis 180·2	82·6 bis 83·9	—	—	—	—	Thomson und Ballantyne
18°C. 0·9667	—	—	—	—	—	—	—	Stilurell
18°C. 0·9602 20°C. 0·963—0·965	—	180 bis 183	—	—	—	—	—	van Itallie
23°C. 0·964	—	181	84 bis 84·5	—	—	—	—	E. Dieterich
—	—	183	82—83	—	—	—	—	Holde
—	—	186	—	—	—	—	—	Henriques
—	—	179 bis 183	82—84	—	—	—	—	Ulzer
—	—	—	84·4	—	—	—	—	v. Hübl
—	—	—	83·4	—	—	—	—	Wilson
—	—	—	88·2 (n. Wijs)	—	—	—	—	Visser
5 kalt-gepreßte —	—	—	—	—	47°	—	—	Maumené
—	—	—	86·2 bis 87·1	—	—	—	—	Wijs
—	—	—	—	—	46°	—	—	Archbutt
—	—	—	—	—	46° bis 47°	—	—	De Negri und Fabris
—	—	—	—	—	—	+43 bis +46	—	Jean
—	—	—	—	—	—	—	bei 15°C. 1·4795 bis 1·4803	Strohmer
—	—	—	—	—	—	—	bei 60°C. 1·4636	Thörner
—	—17 bis —18	—	—	—	—	—	—	
Amerikanisches —	—10 bis —12	—	—	—	—	—	—	
—	—	—	—	—	—	—	bei 20°C. 1·4783 bis 1·4789	Harvey
15°C. 0·964	—	180·6 bis 191·2	81·17 bis 86·28	—	—	—	—	K. Dieterich
15°C. 0·9631—0·9641	—	—	83·2 bis 85·93	—	—	—	—	Eisenstein

Fettsäuren.

Spezifisches Gewicht bei	Erstarrungspunkt	Schmelzpunkt	Säurezahl	Verseifungszahl	Mittl. Molek.-Gewicht	Jodzahl	Acetylzahl			Brechungsindex	Beobachter
15·5°C. 0·9509 98°C. / 99°C. 0·8960	—	—	—	—	306·6	—	—			—	Allen
—	3° C.	13° C.	—	—	—	—	—			—	v. Hübl
—	—	—	—	—	290 bis 295	—	—			—	Alder Wright
—	—	—	—	—	292	93·9	—			—	Williams
—	—	—	—	—	300	—	{ 153·4—156 Ac.-Säurezahl 142·8 Ac.-Verseif.-Z. 296·2 }			—	Benedikt und Ulzer
—	—	—	—	—	—	86·6 bis 88·3	—			—	Morawski und Demski
—	—	—	—	—	—	87—88	—			bei 60°C. 1·4546	Thörner
—	—	—	183·1 bis 187·0	189·0 bis 191·1	294·3 bis 296·7	—	—			—	Tortelli und Pergami

Der Gehalt an unverseifbaren Bestandteilen wurde von Thomson und Ballantyne in einigen Proben zwischen 0·3 und 0·37 % gefunden.

Nördlinger fand in 9 Sorten gepreßten Öles 0·68—14·61, im Mittel 9·28 %, in 5 Sorten extrahierten Öles 1·18—5·25, im Mittel 2·78 % freier Fettsäuren, auf Ölsäure berechnet, und Ulzer · fand in 18 Proben Ricinusschmierölen den auf Ölsäure berechneten Gehalt an freien Fettsäuren zwischen 3·5 und 6·04 % schwankend.

Bei der Elaïdinreaktion gibt Ricinusöl eine ziemlich weiße, feste Elaïdinmasse. Ein von Meyer hergestelltes, chemisch reines Ricinolsäuretriglycerid gab jedoch keine feste Elaïdinprobe.

Ricinusöl esterifiziert sich beim Erhitzen mit Säuren verhältnismäßig leicht. Lidoff[1]) erhielt durch Erhitzen von Ricinusöl mit entwässerter Oxalsäure ein Öl von der Verseifungszahl 258·9, welches 7·45 % Oxalsäure enthielt. Ein Essigsäureester war dünnflüssig und besaß die Verseifungszahl 257·2, ein Ameisensäureester die Verseifungszahl 288 und ein Stearinsäureester, welcher eine gelbe, wachsähnliche Masse darstellte, besaß die Verseifungszahl 293·6. Das Kondensationsprodukt mit Phthalsäure stellte ein dickes Öl dar, das mit Milchsäure ein Öl von dem Aussehen des Ricinusöles. Beim Erhitzen von Ricinusöl mit Zinkchlorid erhielt Lidoff ein sehr dickes Öl, in welchem sich die Hydroxylgruppen zum Teil unter Wasseraustritt gegenseitig gebunden hatten.

Ricinusöl unterscheidet sich von allen anderen Ölen mit Ausnahme des Traubenkernöls durch die hohe Acetylzahl, so daß man mit Hilfe derselben sowohl seine Reinheit erkennen, als auch die Quantität der meisten Zusätze ermitteln kann.

---

[1]) Chem. Rev. üb. d. Fett- u. Harz.-Ind. 1900. 7. 127.

Charakteristisch ist ferner seine niedrige Verseifungszahl, welche dem Rüböl nahesteht, und die sehr konstante Jodzahl.

Von den physikalischen Eigenschaften des Ricinusöles sind namentlich das hohe spezifische Gewicht, die große Viscosität, das Verhalten gegen Lösungsmittel und das optische Rotationsvermögen zu seiner Prüfung geeignet.

Von allen Pflanzenölen besitzt das Ricinusöl das höchste spezifische Gewicht und die größte Viscosität.

Nach Peter, Deering, Redwood und Rakusin ist es stark rechtsdrehend (Seite 576), und zwar dreht es um 7·6—9·7⁰, resp. um 40·7 Saccharimetergrade, im 200 mm-Rohre nach rechts.

Es ist ferner daran kenntlich, daß es mit absolutem Alkohol und mit Eisessig in jedem Verhältnisse mischbar ist; ferner löst es sich bei 15⁰ C. in 2 Teilen 90prozentigen und in 4 Teilen 84prozentigen Alkohols. Nach v. Itallie[1]) lösen sich 10 ccm Öl bei 20⁰ C. in 24 bis 29·4 ccm 90 prozentigem Weingeiste. Dagegen ist es in Paraffinöl, Petroleum und Petroleumäther nur sehr wenig löslich. Bei 16⁰ C. bewirken 0·5 °/₀ des Öles in diesen Lösungsmitteln schon Trübungen. Dabei nimmt es sein eigenes Volumen Petroleumäther, respektive sein anderthalbfaches Volumen Paraffinöl oder Petroleum auf, der Überschuß des Lösungsmittels schwimmt obenauf (Draper).

Hager erklärt ein Ricinusöl, welches sich in Petroleumäther nicht, in 5 Volumen 90 prozentigen Weingeistes jedoch klar löst, für rein.

Morpurgo[2]) prüft das Verhalten gegen Vaselinöl. Das zu prüfende Öl wird bei 10⁰—15⁰ C. mit dem dreifachen Volumen Vaselinöl geschüttelt. Fremde fette Öle lösen sich im Vaselinöl, Ricinusöl nicht.

Zur zolltechnischen Prüfung schüttelt Finkener[3]) 10 ccm Öl mit 50 ccm Weingeist von 0·829 spez. Gew. bei 17·5⁰ C. in einem graduierten Zylinder. Eine starke Trübung beim Schütteln, welche auch beim Erwärmen auf 20⁰ C. nicht verschwindet, zeigt noch 10 °/₀ fremder Zusätze (Sesamöl, Leinöl, Rüböl, Cottonöl) an.

Klie[4]) verwendet 1 Vol. Öl und 5 Vol. Weingeist von 0·837 spez. Gew., welches genau einzuhalten ist; ebenso wie die Versuchstemperatur von 22⁰—26⁰ C.

Den Entflammungspunkt des Ricinusöls fand Rakusin[5]) zwischen 255⁰ und 270⁰ C.

Wird Ricinusöl so lange auf etwa 300⁰ C. erhitzt, bis 5—10 °/₀ seines Gewichtes abdestilliert sind, so hinterbleibt ein Öl, dessen Löslichkeitsverhältnisse denen des Ricinusöles gerade entgegengesetzt sind. Es ist mit Mineralöl in jedem Verhältnis mischbar, nimmt beliebige Mengen Ceresin und Paraffin auf, ist dagegen in Alkohol und Essigsäure nahezu unlöslich. Sein Erstarrungspunkt liegt bei etwa — 20⁰ C.

---

[1]) Chem. Zeitg. 1890. 14. 367.
[2]) Chem. Zeitg. Rep. 1894. 18. 227.
[3]) Mitt. Techn. Vers.-Anst. Berlin 1886. 141.
[4]) Pharm. Rundschau 1888. 6. 159.
[5]) Chem. Zeitg. 1905. 29. 691.

Die Herstellung dieses „Floricin" genannten Produktes ist von der chemischen Fabrik Flörsheim (Nördlinger) patentiert worden.

Fendler[1]) hat die Veränderungen untersucht, die mit dem Ricinusöl bei der Umwandlung in Floricin vor sich gegangen sind. Er fand eine Erhöhung der Verseifungszahl und der Jodzahl, eine Erniedrigung der Acetylzahl. Oder mit anderen Worten: es ist eine Verringerung des mittleren Molekulargewichtes, eine Vermehrung der Doppelbindungen und ein Verlust an Hydroxylgruppen zu konstatieren. Dies deutet mit Wahrscheinlichkeit darauf hin, das zur Zeit des Abbruches der Destillation bereits eine ansehnliche Menge Undecylensäureglycerid gebildet ist.

Die aus Rüböl, Leinöl, namentlich aber aus Baumwollsamenöl dargestellten oxydierten Öle stehen dem Ricinusöl in bezug auf Dichte und Viscosität nahe, unterscheiden sich aber von ihm durch die kleinere Acetylzahl, die größere Verseifungszahl und die geringere Löslichkeit in Alkohol. Sie sind mit Mineralölen mischbar (siehe Schmieröle).

Ein Zusatz von Harzöl kann mit der Löslichkeitsprobe übersehen werden, doch entdeckt man einen solchen leicht mit Hilfe der quantitativen Reaktionen und beim Schütteln mit dem gleichen Volumen Salpetersäure von 1·31 spez. Gew., wobei harzölhaltiges Ricinusöl fast schwarz wird (Gilbert).

Nach dem Gesagten ist auch die Entdeckung von Ricinusöl in anderen Ölen mittels der quantitativen Reaktionen und der Prüfung auf die Löslichkeitsverhältnisse eine leichte Aufgabe.

Von Vorproben seien übrigens noch die folgenden erwähnt:

Man versetzt einige Tropfen des Öles mit 5—6 Tropfen Salpetersäure und neutralisiert nach Beendigung der Reaktion mit kohlensaurem Natron. Sobald der Geruch nach salpetriger Säure verschwunden ist, tritt, wenn Ricinusöl vorhanden war, der Geruch nach Önanthsäure hervor, den man sich durch einen Parallelversuch mit reinem Ricinusöl ins Gedächtnis ruft (Draper[2]).

Nach Girard breitet sich ein Tropfen Ricinusöl auf Wasser langsam bis an die Gefäßwand aus und macht die Oberfläche silberglänzend und schön irisierend. 20—25$^0/_0$ Ricinusöl in anderen Ölen sind auf diese Weise noch kenntlich. Nur Crotonöl gibt eine ähnliche, noch intensivere Erscheinung.

Das Ricinusöl findet zur Herstellung von Türkischrotöl, von Monopolseife, einem „konzentrierten Türkischrotöl", als Schmiermaterial, in der Seifenfabrikation und in der Medizin Verwendung. Mit Kali- oder Natronlauge verseift, gelangt es auch als Appreturöl, als Färberöl, als Zusatz bei Schlichtemitteln, als Bohröl usw. in den Handel.[3])

Um dem Öle bei der medizinischen Verwendung (als Purgiermittel), zu der natürlich nur die reinsten Öle, also die der ersten, kalten Pressung herangezogen werden, den kratzenden Geschmack zu nehmen, kann das-

---

[1]) Ber. d. deutsch. pharm. Ges. 1904. 14. 135.
[2]) Zeitschr. f. analyt. Chem. 1861. 1. 116.
[3]) Chem. Rev. üb. d. Fett- u. Harz-Ind. 1904. 11. 276.

selbe nach einem Patente der chemischen Fabrik Helfenberg[1]) unter Abkühlung und Druck mit Kohlensäure gesättigt werden. Bei diesem Verfahren sollen sich nach K. Dieterich, ferner nach Tischer und Beddies leicht zersetzbare Kohlensäureester bilden. Die derart behandelten Öle sollen auch eine größere Haltbarkeit und eine höhere Resorbierbarkeit besitzen.

Über das im Ricinussamen vorkommende fettspaltende Enzym siehe Ulzer-Klimont, Allgem. u. physiol. Chemie der Fette u. Öle, Seite 271 ff.

49. Mabeaöl.

Die frischen Samen von Mabea fistuligera *Mart.*, einer Euphorbiacee, enthalten 22·23 % eines orangeroten Öles vom spez. Gewicht 0·9665 bei 25° C. (Peckolt).

Das hohe spezifische Gewicht dieses noch nicht näher untersuchten Öles weist auf Verwandtschaft zum Ricinusöl hin, welchem es auch vom botanischen Standpunkte aus nahe steht.

50. Crotonöl.

Oleum Crotonis, Tiglii. — Huile de croton, de tilly. — Croton oil. — Olio di crotontiglio.

Spez. Gewicht bei	Erstarrungspunkt	Verseifungszahl	Jodzahl	Hehner-Zahl	Reichert-Meißlsche Zahl	Refraktometeranzeige		Beobachter
						in Zeiß Butterrefraktom. bei	im Oleorefraktometer bei	
15° C. 0·942 15° C. 0·9550 (altes Öl) }	—16° C.	—	—	—	—	—	—	Schädler
15·5° C. 0·9375—0·9428	—	210·3 bis 215	101·7 bis 104·7	88·9 bis 89·1	13·3 bis 13·6	40° C. 68	—	Lewkowitsch
100° C. 0·8874 15° C. 0·9437 }	—	215·6	—	—	12·1	27° C. 77·5	22° C. + 35	Dulière[2])
—	—	—	106·6 bis 109·1	—	—	—	—	Wijs

Fettsäuren.

Erstarrungspunkt	Verseifungszahl	Mittleres Mol.-Gew.	Jodzahl	Acetylzahl	Beobachter
18·6—19° C.	—	—	—	—	Lewkowitsch
—	201	278·6	—	—	Benedikt
—	—	—	111·2—111·8	—	Dulière[2])
—	—	—	—	8·5	Benedikt u. Ulzer

Dieses Öl wird aus den Samen von Croton Tiglium *L.* (Familie der Euphorbiaceen) gewonnen. Die Samen des auf Ceylon, den Philippinen, in Ostindien und China kultivierten Baumes, die unter dem

---

[1]) D. R. P. Nr. 109 446, 26. Juli 1899.
[2]) Journ. Soc. Chem. Ind. 1899. 18. 1133.

Namen Grana Tiglii, als Purgier- oder Granatillkörner bekannt sind, enthalten ungefähr $50^0/_0$ Öl.

Es ist bernsteingelb, orangegelb bis braun, sehr dickflüssig, von unangenehmem Geruch, brennt auf der Zunge, bildet auf der Haut Bläschen und ist ein drastisches Purgiermittel.

Zusammensetzung. Diese ist von der anderer Öle so stark abweichend, daß es leicht sein wird, es mit Hilfe der quantitativen chemischen Reaktionen von allen anderen Ölen zu unterscheiden.

Crotonöl[1]) enthält teils in freiem Zustande, teils in Form von Triglyceriden: Stearinsäure, Palmitinsäure, Myristinsäure, Laurinsäure, Valeriansäure (Isobutylameisensäure), Buttersäure, Essigsäure, Ameisensäure, Ölsäure und Tiglinsäure. Außerdem soll es nach Buchheim und Hirschheydt die noch wenig untersuchte, ungesättigte, nicht flüchtige Crotonölsäure, welche sich von der Ölsäure durch die Alkohollöslichkeit ihres Barytsalzes unterscheidet, enthalten. Die Anwesenheit der Crotonölsäure wird aber von manchen Autoren bestritten.

Dagegen haben Dunstan und Boole[2]) aus dem Crotonöl einen harzartigen Körper von der Formel $C_{18}H_{18}O_4$, das Crotonharz, isoliert, welches anstatt dieser hypothetischen Crotonölsäure die purgierende Wirkung des Öles bedingen soll. Dasselbe stellt eine spröde, hellgelbe Masse dar, welche in Wasser, Petroläther und Benzol fast unlöslich, in Alkohol, Äther und Chloroform hingegen leichtlöslich ist und weder saure noch basische Eigenschaften besitzt.

Löslichkeit. Crotonöl ist löslich in Äther, Petroläther und Terpentinöl. Durch die Löslichkeit in Petroläther unterscheidet es sich vom Ricinusöl. Nach Kobert[3]) gibt es Sorten von Crotonöl, die in Alkohol in jedem Verhältnis löslich sind. Die Löslichkeit verschiedener Sorten ist jedoch so ungleich, daß ein bestimmtes Verhältnis nicht festgestellt werden kann. Sie ist abhängig von dem Alter des Öles, ferner davon, ob das Öl aus frischen oder abgelagerten Samen gewonnen worden ist.

Andere Eigenschaften. Das Crotonöl neigt sehr zum Ranzigwerden und dreht nach Peter die Polarisationsebene stark nach rechts, nach Rakusin[4]) um 14 bis 16·4 Saccharimetergrade. Die Reichert-Meißlsche Zahl ist verhältnismäßig hoch. Das Öl gibt keine Elaïdinreaktion.

Verfälschungen und deren Nachweis. Als Verfälschungen kommen hauptsächlich Curcasöl und Ricinusöl in Betracht. Außer den genannten Eigenschaften kann man noch folgendes Verhalten des Crotonöles zur Konstatierung der Anwesenheit fremder Öle heranziehen:

Konzentrierte Schwefelsäure gibt mit Crotonöl eine anfänglich klare Mischung, welche dunkler als das ursprüngliche Öl ist. Dadurch können

---

[1]) Schmidt u. Berendes, Liebigs Annalen 1878. 191. 94. — Geuther u. Fröhlich, Jahrb. d. Chem. 1870. 672.

[2]) Pharm. Journ. 1895. 55. 5.

[3]) Chem. Zeitg. 1887. 11. 416.

[4]) Chem. Zeitg. 1906. 30. 143.

768 Beschreibung und Untersuchung der natürlichen Fette und Wachsarten.

fremde Zusätze erkannt werden, da dieselben das Öl beim Vermischen mit Schwefelsäure sofort bedeutend dunkler, trübe und undurchsichtig machen (Schädler).

Ein Zusatz von Ricinusöl soll nach Maupy[1]) dadurch erkannt werden, daß man eine Probe von etwa 10 g in einer Silberschale mit Ätzkali erhitzt. Ricinusöl liefert hierbei Sebacinsäure und Octylalkohol. Beim Durchrühren der Masse läßt sich der letztere am Geruche erkennen.

Ferner werden auch das spezifische Gewicht, die Jodzahl, die Acetylzahl und die Reichert-Meißlsche Zahl die Reinheit des Öles beurteilen lassen.

Um die Wirksamkeit minderer Qualitäten zu erhöhen, wird ihnen manchmal Euphorbia-Gummiharz zugesetzt. Dieser Zusatz veranlaßt eine milchige Trübung der alkoholischen Lösung beim Verdünnen mit Wasser.[2])

Anwendung, Das Crotonöl wird in der Medizin für Zugpflaster und als Purgiermittel gebraucht.

51. Curcasöl, Höllenöl.

Oleum infernale. — Huile de pignon d'Inde. — Curcas oil, Purging nut oil. — Olio di Curcas.

Spez. Gew. bei	Erstarrungspunkt	Verseifungszahl	Jodzahl	Hehner-Zahl	Reichertsche Zahl	Acetylzahl	Brechungsindex bei 25° C.	Beobachter
15° C. 0·915—0·9192	0° C. (Bei + 9° C. setzen sich weiße Flokken ab.)	230 (?)	127	87·9	0·65	—	—	Horn
„ 0·911	— 8° C.	—	—	—	—	—	—	Girard
„ 0·920	—	210·2	100·9	—	—	—	—	De Negri u. Fabris
„ 0·9199—0·924	—	197 bis 203·6	107·9 bis 110·4	—	—	—	1·4681 bis 1·4689	Klein
15·5° C. 0·9204	— 8° C.	193·2	98·33	95·5	0·11	9 02	—	
0·9203—0·9224	—	—	—	—	—	—	—	Peckolt[3])
—	—	198·35 bis 203	72·75	—	—	—	—	Niederstadt

Fettsäuren.

Erstarrungspunkt	Schmelzpunkt	Jodzahl	Beobachter
27·5° C.	—	—	Lewkowitsch
25·7°—26·5° C.	29·5°—30·5° C.	—	Klein
—	24°—26° C.	105·05	De Negri u. Fabris

Die Samenkerne von Jatropha Curcas *L.* (Brechnuß, Purgiernuß, Pulgueranuß) einer Euphorbiacee, enthalten ca. 45% Öl von der Trocken-

---

[1]) Journ. Pharm. Chim. 1894. 29. 362.

[2]) The Oil and Colourmans Journ., Februar 1903. — Chem. Rev. üb. d. Fett- u. Harz-Ind. 1903. 10. 208.

[3]) Ber. d. deutsch. pharm. Ges. 1906. 16. 176.

substanz[1]). Es ist anfangs fast ungefärbt, wird jedoch an der Luft gelblich bis goldgelb, besitzt einen schwachen, unangenehmen, eigentümlichen Geruch und einen ricinusölähnlichen Geschmack. Das durch Petroläther-Extraktion erhaltene Fett besitzt einen schwach kratzenden Nachgeschmack, dessen Träger eine geringe Menge Harz ist, welche durch Alkohol entfernt werden kann (Peckolt).

Zusammensetzung. Klein[2]) fand im Curcasöl die Glyceride der Palmitinsäure, Stearinsäure, Ölsäure und Linolsäure; außerdem ist die Möglichkeit vorhanden, daß das Öl eine kleine Menge Myristinsäure enthält. Glyceride der Ricinolsäure und Ricinisolsäure konnten von Klein nicht aufgefunden werden. Nach Bouis soll auch das Glycerid der Isocetinsäure im Curcasöl vorhanden sein.

Außerdem enthält es kleine Mengen flüchtiger Fettsäuren, Der Gehalt an unverseifbaren Bestandteilen ergab sich bei einer Probe zu 0.58%.

Der auf Ölsäure berechnete Gehalt an freien Fettsäuren wurde von Klein in fünf untersuchten Proben zwischen 0.57 und 4.96% schwankend gefunden, Niederstadt fand in einer Probe 22.9%.

Eigenschaften. Nach de Negri und Fabris[3]) erfordert es 100 Teile 96 prozentigen Alkohols zur Lösung. Es ist in Petroläther löslich. Die Viscosität (nach Engler) bei 20° C. wurde bei einer Probe zu 9.45 gefunden. Besonders charakteristisch ist seine stark purgierende Wirkung.

Von Ricinusöl unterscheidet es sich durch die geringere Dichte, die geringere Löslichkeit in Alkohol, die Löslichkeit in Petroläther und die höhere Jodzahl (Horn[4]).

Curcasöl, von welchem Portugal jährlich ca. 20000 t produziert, wird als Schmieröl, in der Kerzen- und Seifenfabrikation und zu Beleuchtungszwecken verwendet.

Die von anderer Seite gemachte Angabe, daß es auch zur Verfälschung von Olivenöl dienen soll, wird von Klein in Abrede gestellt.

Die frischen Samenkerne von Jatropha multifida *L.* enthalten 30% Öl vom spez. Gew. 0.914 bei 27° C.

Die bei 100° C. getrockneten Samenkerne von Jatropha oligranda *Müll. Arg.*, enthalten 31.5% Öl vom spez. Gew. 0.910 bei 14° C.

52. Quittensamenöl.[5])

Huile de coing. — Quince oil. — Olio di cotogno.

Spez. Gew. bei 15° C.	Verseifungszahl	Jodzahl	Hehner-Zahl	Reichert-Meißlsche Zahl	Brechungsindex	Beobachter
0·922	181·75	113	95·2	0·5	1·4729	Herrmann

[1]) Ber. d. deutsch pharm. Ges. 1906. 16. 176.
[2]) Zeitschr. f. angew. Chem. 1898. 11. 1012.
[3]) Journ. Soc. Chem. Ind. 1893. 12. 453.
[4]) Zeitschr. f. analyt. Chem. 1888. 27. 164.
[5]) Herrmann, Arch. d. Pharm. 1899. 237. 358.

Die Samen des gemeinen Quittenbaumes, Cydonia vulgaris *Pers.*, Gattung der Rosaceen, enthalten ca. $15\,^0/_0$ dieses gelben, schwach mandelartig riechenden Öles.

Dasselbe enthält nach Herrmann eine flüssige, ungesättigte Fettsäure mit einer Hydroxylgruppe $C_{17}H_{32}(OH)COOH$ (also eine Isomere der Ricinolsäure), welche ein gelbes, schwachriechendes Öl vom spez. Gew. 0·893 bei 15° C. darstellt. Der Äthylester dieser Säure ist ein leicht bewegliches Öl, welches bei 15° C. ein spez. Gew. 0·886 besitzt. Das Quittensamenöl enthält außerdem mindestens zwei gesättigte Fettsäuren, darunter Myristinsäure.

53. Schwarzkümmelöl.[1])

Huile de nigelle. — Small fennel oil. — Olio di nigella.

Spez. Gew. bei $\dfrac{15\,^0C.}{15\cdot5\,^0C.}$	Verseifungszahl	Jodzahl	Hehner-Zahl	Reichert-Meißlsche Zahl	Refraktometeranzeige in Zeiß Butterrefraktometer	Brechungsindex	Beobachter
0·9248	196·40	116·20	88·83	5·40	bei 40° C. 58·5	1·4649	Crossley u. Le Sueur

Dieses aus den Samen des Schwarzkümmels, römischen Corianders, Nigella sativa, einer Ranunculacee, stammende Öl ist rotbraun gefärbt und besitzt einen eigentümlichen, intensiven Geruch. Es setzt beim Stehen feste Triglyceride ab.

Eine von Crossley und Le Sueur untersuchte Probe enthielt $24\cdot46\,^0/_0$ auf Ölsäure berechnete freie Fettsäuren.

Es soll in Ostindien für Speise- und Medizinalzwecke Verwendung finden.

Angeblich soll von derselben Pflanze noch ein zweites Öl im ostindischen Handel vorkommen, welches nahezu farblos und so dickflüssig wie Ricinusöl ist.

III. Nichttrocknende Öle.

Die nichttrocknenden Öle enthalten neben festen Fettsäuren fast ausschließlich Ölsäure und zwar in großer Menge gegenüber den ersteren.

Die festen Fettsäuren sind in den meisten Fällen Palmitin- und Stearinsäure, in manchen finden sich auch geringe Mengen Arachin-, Lignocerinsäure u. a. vor.

Zu den nichttrocknenden Ölen gehören als die wichtigsten die meisten Rosaceenöle, z. B. Aprikosenkernöl, Pfirsichkernöl, Mandelöl, ferner Arachisöl, Haselnußöl, Olivenöl und Olivenkernöl.

---

[1]) Crossley u. Le Sueur, Journ. Soc. Chem. Ind. 1898. 17. 992.

1. Kirschkernöl.[1])

Huile de cerisier. — Cherry kernel oil. — Olio di ciliegie.

Spez. Gew. bei 15° C.	Erstarrungspunkt	Verseifungszahl	Jodzahl	Temperaturerhöhung bei d. Maumenéschen Probe	Beobachter
0·9184	— 19° bis — 20° C.	—	—	—	Schädler
0·9235—0·9238	— 19° bis — 20° C.	195	110	45° C.	De Negri u. Fabris
0·9285	—	193·4	114·3	—	Micko

Fettsäuren.

Erstarrungspunkt	Schmelzpunkt	Verseifungszahl	Mittleres Mol.-Gew.	Jodzahl	Beobachter
15°—17° C.	19°—21° C.	—	—	114·3	De Negri u. Fabris
—	16°—20·6° C.	189	296·2	104·3	Micko

Dieses in den Fruchtkernen von Prunus cerasus in einer Menge von 25—30°/₀ enthaltene Öl besitzt eine gelbe Färbung und mandelähnlichen Geruch und gibt mit Biebers Reagens (s. Mandelöl) eine Braunfärbung. Bei Behandlung mit Salpetersäure vom spez. Gew. 1·4 entsteht eine dunkelrotbraune Färbung. Das extrahierte Öl enthält nach de Negri und Fabris merkliche Mengen von Blausäure. Es findet als Speiseöl, zu Beleuchtungszwecken und zur Verfälschung von Mandelöl Verwendung.[2])

2. Kirschlorbeeröl.[3])

Huile de laurier cerise. — Cherry laurel oil. — Olio di lauroceraso.

Spez. Gew. bei 15° C.	Erstarrungspunkt	Verseifungszahl	Jodzahl	Temperaturerhöhung bei d. Maumenéschen Probe	Beobachter
0·9230	—19° bis —20° C.	194	108·9	44·5° C.	De Negri u. Fabris

Fettsäuren.

Erstarrungspunkt	Schmelzpunkt	Jodzahl	Beobachter
15°—17° C.	20°—22° C.	112·1	De Negri u. Fabris

Dieses den Kernen der Lorbeerkirsche, des Kirschlorbeerbaumes, Prunus laurocerasus *L.*, entstammende Öl ähnelt sehr dem Kirschkernöl und enthält wie dieses merkliche Mengen von Blausäure.

---

[1]) De Negri u. Fabris, Zeitschr. f. analyt. Chem. 1894. 33. 558. — Micko, Chem. Zeitg. Rep. 1893. 17. 78 a. d. Zeitschr. d. österr. Apothekervereines.

[2]) Westnik shirow weschtsch. 1906. 7. 15. — Chem. Rev. üb. d. Fett- u. Harz-Ind. 1906. 13. 111.

[3]) De Negri u. Fabris, Ann. del Laborat. chim. delle Gabelle 1891 bis 1892. 173.

3. Pflaumenkernöl.[1]

Huile de prunier. — Plum kernel oil. — Olio di prugne.

Spez. Gew. bei 15° C.	Erstarrungs-punkt	Verseifungs-zahl	Jod-zahl	Temperatur-erhöhung bei der Maumenéschen Probe	Beobachter
0·9127	—8·7° C.	—	—	—	Schädler
0·9160	—5° bis —6° C.	191·48	100·4	44°—45°	De Negri u. Fabris
0·9195	—	191·55	100·2	—	Micko

Fettsäuren.

Erstarrungs-punkt	Schmelzpunkt	Verseifungs-zahl	Mittleres Mol.-Gew.	Jodzahl	Beobachter
13°—15° C.	20°—22° C.	—	—	102	De Negri u. Fabris
—	12·4°—18·1° C.	200·47	279·3	104·2	Micko

Das Öl wird aus den Fruchtkernen der Pflaume, Prunus domestica und Prunus damascaena, gewonnen, in denen 25—30°/₀ davon enthalten sind. Es ist lichtgelb und nähert sich in seinen Eigenschaften dem Mandelöl.

Der Erstarrungspunkt ist, wie die Tabelle zeigt, sehr niedrig, doch kommen auch Öle vor, welche bei + 9° C. erstarren.[2]

Wegen des Amygdalingehaltes müssen bei der Fabrikation dieselben Vorsichtsmaßregeln wie bei den Ölen der verwandten Fruchtgattungen beobachtet werden. Ein geringer Gehalt an Blausäure wird mit verdünnter Sodalösung entfernt.

Eine von Micko untersuchte Probe besaß einen Gehalt von 0·28°/₀ freier, auf Ölsäure berechneter Fettsäure.

Biebers Reagens (s. Mandelöl) gibt mit Pflaumenkernöl eine rosa Färbung, Salpetersäure vom spez. Gew. 1·4 eine orange Färbung (Micko).

Das Pflaumenkernöl findet als Speiseöl und zu Beleuchtungszwecken Verwendung, in der Parfümerie, in der Seifenfabrikation und schließlich zur Verfälschung oder als Ersatz von Mandelöl.

4. Aprikosenkernöl, Marmottöl.

Oleum Armeniacae. — Huile d'abricotier, de marmotte. — Apricot kernel oil. — Olio di albicocco.

Dieses aus den Fruchtkernen des Aprikosenbaumes (Marille, Alberge, Prunus armeniaca, Armeniaca vulgaris *Lam.*) stammende Öl ist dem Mandelöl sehr ähnlich. Die Kerne enthalten nach verschiedenen Angaben 29—45 °/₀ Öl.[2] Frischgepreßtes Öl ist fast farblos, älteres gelb.

[1] De Negri u. Fabris, Zeitschr. f. analyt. Chem. 1894. 33. 588.
[2] Westnik shirow. weschtsch. 1906. 7. 15. — Chem. Rev. üb. d. Fett- u. Harz-Ind. 1906. 13. 111. — Chem. Zeitg. Rep. 1906. 30. 114.

Aprikosenkernöl.

Spezifisches Gewicht bei	Erstarrungspunkt °C.	Verseifungszahl	Jodzahl	Hehner-Zahl	Reichert-Meißlsche Zahl	Temperaturerhöhung bei der Maumené-schen Probe	Refraktometeranzeige in Zeiß Butter-refraktometer bei	Brechungsindex bei 20° C.	Beobachter
15° C. 0·915	—14	—	—	—	—	—	—	—	Schädler
„ 0·9191	—	192·9	—	—	—	—	—	—	Valenta
„ 0·9204	—20	—	—	—	—	—	—	—	Maben
„ 0·9211	—	193·1	108	—	—	—	—	—	Micko
„ 0·9200	—	192·2	101	—	—	—	—	—	De Negri u. Fabris
—	—20	—	100	—	—	46°	—	—	Girard
15° C. 0·915—0·9211 / 90° C. 0·9010—0·9018 }	—	193·1 bis 215·13 (?)	100—108·67	—	—	42°—46°	{25° C. 65·5—67·0 / 40° C. 58 / 50° C. 52·25}	—	K. Dieterich
15·5°C./15·5°C. 0·9195	—	188	96·02	95·40	0·00	—	40° C. 56·3	—	Crossley u. Le Sueur
—	—	—	100	—	—	—	—	—	v. Hübl
—	—	—	—	—	—	—	25° C. 65·6	—	Beckurts u. Seiler
—	—	—	—	—	—	—	66·6	—	Mansfeld
0·9172—0·9200	—	190·3—198·2	107·4—108·7	—	—	—	40° C. „ 57·0—58·0	1·4715—1·4725	Lewkowitsch
—	—	—	104·2—104·7	—	—	—	—	—	Tortelli u. Ruggeri
—	—	—	100·1	—	—	—	—	—	Wijs
—	—	186·6—191·8	—	—	—	—	—	—	Tortelli u. Pergami
—	—	—	—	—	—	—	—	1·4708—1·4717	Harvey

Fettsäuren.

Spezifisches Gewicht bei	Erstarrungspunkt	Schmelzpunkt	Säurezahl	Verseifungszahl	Mittleres Mol.-Gew.	Jodzahl	Refraktometeranzeige in Zeiß Butterrefraktometer	Beobachter
15° C. 0·9095 / 90° C. 0·8875 }	—	4·5° C.	—	—	—	{99·06 bis 99·82}	bei 25° C. 50·25—56·5 / bei 40° C. 50 / bei 50° C. 41·5 }	K. Dieterich
—	0° C.	4·5° C.	—	—	—	—	—	v. Hübl
—	—	2°—5° C.	—	—	—	103·8	—	De Negris u. Fabris
—	—	13·4°	—	194	288·6	102·6	—	Micko
—	—	bis 18° C.	—	—	—	—	—	
6 Proben	—	—	182·9—199·5	200·1	280·5	—	—	Tortelli u. Pergami

Der Geschmack ist charakteristisch und von dem des Mandelöls verschieden. Der Erstarrungspunkt des Öles liegt ebenso tief wie der des Mandelöles, doch kommen auch Aprikosenkernöle vor, welche schon bei 14° C. erstarren. Schmelz- und Erstarrungspunkt der Fettsäuren liegen meist noch niedriger als beim Mandelöl.

Der auf Ölsäure berechnete Gehalt an freien Fettsäuren wurde von Micko in einer Probe zu 0.32% und von Crossley und Le Sueur in einer Probe zu 3.05% gefunden. K. Dieterich gibt den auf Ölsäure berechneten Gehalt an freien Fettsäuren zu $1.71\text{—}1.80\%$, Tortelli und Pergami zu $0.9\text{—}1.6\%$ an.

Die von Crossley und Le Sueur[1]) untersuchte Probe besaß ein optisches Drehungsvermögen von $+14'$.

Die kritische Lösungstemperatur nach Crismer ergab sich für ein Öl zu 46°—47° C., für die Fettsäuren zu 19.5° C. (K. Dieterich).

Farbenreaktionen: Da das Aprikosenkernöl dem Mandelöl sehr ähnlich ist, wird es häufig zum Verfälschen desselben angewendet. Es gewinnen daher diejenigen Farbenreaktionen an Interesse, welche diese beiden Öle voneinander unterscheiden lassen.

Reaktion nach Nicklès. Diese Reaktion ist von De Negri und Fabris empfohlen worden und soll den Zusatz von noch 10% Aprikosenkernöl zu Mandelöl erkennen lassen. Aprikosenkernöl gibt nach ihr mit gelöschtem Kalk eine bleibende Emulsion, während Mandelöl (ebenso Olivenöl) klar bleibt (?). Pfirsichkernöl gibt die Reaktion weniger scharf.

Reaktion von Bieber: 5 Teile des Öles werden mit einer frisch hergestellten Schwefelsäure-Salpetersäure-Wasser-Mischung (1 : 1 : 1) geschüttelt. Aprikosenkernöl nimmt eine pfirsichblütenrote Farbe an, während Mandelöl unverändert bleibt. (S. Mandel- und Pfirsichkernöl.) Nach Lewkowitsch[2]) ist diese Reaktion nur brauchbar, wenn mehr als $^1/_3$ des Surrogates dem Mandelöl zugesetzt sind.

Von weiteren Farbenreaktionen sei noch erwähnt, daß Salpetersäure vom spez. Gew. 1.4 eine orange Färbung gibt.

Ferner führt K. Dieterich[3]) an, daß das Aprikosenkernöl mit Molybdänschwefelsäure eine rote bis rotbraune Färbung gibt, bei Mabens Reaktion (Zinkchlorid) eine schmutzigbraune Färbung und bei der Elaïdinprobe eine gelbe Masse liefert.

Das Öl wird durch Pressen der Kerne erhalten. Dabei müssen wie bei der Gewinnung von Öl aus bitteren Mandeln, wegen des Vorhandenseins von Amygdalin und Emulsin, Vorsichtsmaßregeln beobachtet werden. Ist dennoch etwas Blausäure in das Öl geraten, so muß dieses nach dem Absetzen mit verdünnter Sodalauge gewaschen werden.[4])

[1]) Journ. Soc. Chem. Ind. 1898. 17. 992.
[2]) The Analyst 1904. 29. 105.
[3]) Vortr. a. d. Vers. deutsch. Naturf. u. Ärzte, Hamburg 1901.
[4]) Westnik shirow weschtsch. 1906. 7. 15. — Chem. Zeitg. Rep. 1906. 30. 114. Chem. Rev. üb. d. Fett- u. Harz-Ind. 1906. 13. 111.

Das Öl wird je nach der Qualität als Speiseöl, für die Parfümerie, Seifensiederei oder als Brennöl benützt.

In großem Maßstabe dient es, wie schon erwähnt, zur Verfälschung von Mandelöl; manche als Mandelöl verkaufte Öle sind nach Lewkowitsch reines Aprikosenkernöl.

5. Pfirsichkernöl.

Oleum persicorum. — Huile persique, de pêche. — Peach kernel oil. — Olio di pesco.

Spezifisches Gewicht bei	Erstarrungspunkt	Verseifungszahl	Jodzahl	Temperaturerhöhung bei der Maumenéschen Probe	Refraktometeranzeige in Zeiß Butterrefraktometer bei	Beobachter
15° C. 0·918	—	191·1—192·5	92·5—93·5	42°—43°	—	De Negri u. Fabris
„ 0·9215	—	191·1	99·7	—	—	Micko
15·5°C. 0·9232	Unter —20⁰C.	189·1	—	—	—	Maben
—	—	.163(?)—192·5	frisches Öl 109·7 (?) / altes Öl 98·6	—	25° C. 67·2 / 40° C. 58·5 / 50° C. 52·2	K. Dieterich
—	—	—	99·5	—	25° C. 66·1	Beckurts u. Seiler
—	—	—	—	—	„ 66·5	Mansfeld
15·5°C. 0·9198	—	191·4	95·24	—	40° C. 57·5	Lewkowitsch
—	—	—	110·1	—	—	Wijs

Fettsäuren.

Schmelzpunkt	Verseifungszahl	Mittleres Mol.-Gew.	Jodzahl	Acetylzahl	Beobachter
3°—5° C.	—	—	94·1	—	De Negri u. Fabris
10°—18·9° C.	200·9	278·8	102	—	Micko
—	—	276·5	—	6·4	Benedikt u. Ulzer
—	205·0	—	—	—	Lewkowitsch

Aus den Kernen der Früchte des Pfirsichbaumes, Amygdalus persica *Rchb.*, welche 32—35 °/₀ Öl enthalten und beim Pressen 30 °/₀ abgeben.

Es ist ein Öl von gelblicher Farbe, mit charakteristischem, von Mandelöl verschiedenem Geschmacke (s. dort).

Der Erstarrungspunkt ist meist sehr niedrig, erreicht jedoch manchmal eine Höhe von + 18° C.[1]

Der auf Ölsäure berechnete Gehalt an freier Säure wird von K. Dieterich[2] zu 2·73—3·27 °/₀ angegeben.

Das Biebersche Reagens (s. Mandelöl) gibt eine pfirsichrote Fär-

---

[1] Westnik shirow weschtsch. 1906. 7. 15. — Chem. Zeitg. Rep. 1906. 30. 114. Chem. Rev. üb. d. Fett- u. Harz-Ind. 1906. 13. 111.

[2] Vortr. i. d. Abt. f. angew. Chem. a. d. Vers. deutsch. Naturf. u. Ärzte, Hamburg 1901.

bung. Nach Micko[1]) soll dieses Reagens anfangs keine Veränderung bewirken und nach einer Stunde eine hellbraune Färbung geben.

Molybdänschwefelsäure gibt eine schwarze und Mabens Reagens (Zinkchlorid) eine purpurbraune Färbung (K. Dieterich).

Die nach Crismer bestimmte kritische Lösungstemperatur wurde zu 41 ° C. gefunden.

Das Pfirsichkernöl hat dieselben Verwendungsgebiete wie das Mandelöl und wird zu dessen Verfälschung benützt.

Andrerseits fand Utz[2]) in einer Probe Pfirsichkernöl Mohnöl.

Zur Erkennung in Mandelöl schlägt Lewkowitsch[3]) die Reaktion von Bieber, Chwolles[4]) die von Kreis angegebene Phloroglucin-Salpetersäurereaktion (s. Mandelöl) vor: das Gemisch färbt sich himbeerrot mit einem Stich ins Violette, wenn Pfirsichöl zugegen ist, Mandelöl gibt nur eine schwach rosarote Färbung.

6. Mandelöl.

Oleum amygdalarum. — Huile d'amandes.. — Almond oil. — Olio di mandorlo.

Das Mandelöl wird aus den Samen der beiden Varietäten des Mandelbaumes, einer Rosacee, Prunus amygdalus var. dulcis und var. amara, den süßen und bitteren Mandeln, welche bis 55 °/₀ Öl enthalten.

F. Coreil[5]) untersuchte die Zusammensetzung frischer Mandeln. Er unterscheidet Mandeln mit harter, halbharter und weicher Schale. (Letztere sind die beliebtesten.) Die ganzen Früchte hatten in dieser Reihenfolge 13, 17 und 18·9 °/₀ Kerne, mit 9·8, 12·4 und 15·4 °/₀ eßbaren Teilen. Die eßbaren Teile hatten einen Gehalt von 12·7, 11·0 und 13·7 °/₀ Fett.

Dasselbe ist leichtflüssig, hellgelb, fast geruchlos und von angenehmem Geschmack; es wird leicht ranzig, was wahrscheinlich in der Anwesenheit eines Fermentes, des Emulsins, seine Ursache hat.

Nach Gusserow soll es kein Stearin enthalten und hauptsächlich aus Triolein bestehen. Die hohen Jodzahlen lassen auf das Vorhandensein anderer ungesättigter Fettsäuren neben Ölsäure schließen. Da die berechnete Jodzahl für reines Triolein 86·13 ist, kann eine Jodzahl von 93—104 nur dann entstehen, wenn Triglyceride von Säuren der Ölsäurereihe mit niedrigerem Molekulargewichte oder von Säuren der Linolsäurereihe oder Linolensäurereihe vorhanden sind. Von Farnsteiner wurden auch tatsächlich Tetrabromide der Linolsäure, entsprechend 5·79 °/₀ Linolsäure, isoliert.

Eine von Salkowski untersuchte Probe Mandelöl enthielt 0·75 °/₀,

---

[1]) Chem. Zeitg. Rep. 1893. 17. 78, nach Zeitschr. d. österr. Apoth.-Vereins.
[2]) Rev. intern. falsific. 1902. 15. 11.
[3]) The Analyst 1904. 29. 105.
[4]) Pharm. Rundschau 1903. 41. 221 d. Schweiz. Wochenschr. f. Chem. u. Pharm. — Chem. Rev. üb. d. Fett- u. Harz-Ind. 1903. 10. 257.
[5]) Ann. Chim. anal. appl. 1905. 10. 21.

mehrere von Lewkowitsch analysierte Proben $0.40-2.60\ ^0/_0$ freie Fettsäuren, als Ölsäure berechnet.

Nach Maben sollen Mandelöle keine Blausäure enthalten (zum Unterschiede von Pfirsichkernöl und Aprikosenkernöl). Dagegen haben De Negri und Fabris[1]) nachgewiesen, daß gepreßte Öle blausäurefrei sind, mit Äther extrahierte jedoch Blausäure enthalten. Diese ist daher nur als ein zufälliger Begleiter der Rosaceenöle anzusehen.

Der Nachweis der Blausäure kann nach De Negri und Fabris in folgender Weise geführt werden:

5 g Öl werden in einer Porzellanschale mit 5 ccm gelbem Schwefelammonium und etwas Ammoniak unter beständigem Umrühren und zeitweiligem Zusatz von ganz verdünntem Ammoniak gekocht, bis der Geruch nach Schwefelammonium verschwunden ist, dann wird durch ein nasses Filter in eine Eprouvette filtriert und nach schwachem Ansäuern mit Salzsäure mit Eisenchloridlösung geprüft. Eine rote Färbung weist auf Blausäure hin.

Das Mandelöl wird in der Medizin, als Cosmeticum, zur Herstellung von Seifen und als Speiseöl verwendet. Häufig ist jedoch „Mandelseife" eine mit Nitrobenzol parfümierte Cocosseife.

Verfälschungen. Das Mandelöl wird vielfach, und zwar insbesondere mit Pfirsich- und Aprikosenkernöl verfälscht. Nach K. Dieterich[2]), und nach Bieber[3]) sind sogar die meisten Mandelöle des Handels Pfirsichkernöle, nach Lewkowitsch[4]) Aprikosenkernöle und ein unter dem Namen „französisches Süßmandelöl" vorkommendes Handelsprodukt sei Aprikosen- oder Pfirsichkernöl, dagegen das unter dem Namen „englisches Mandelöl" verkaufte wirkliches Mandelöl.

Weiter dienen zur Verfälschung dieses Öles Mohnöl, Sesamöl, Nußöl, Baumwollsamenöl, Olivenöl und Specköl.

Besondere Kennzeichen von Mandelöl und Nachweis von Verfälschungen. Besonders charakteristisch für Mandelöl ist der niedrige Schmelz- und Erstarrungspunkt seiner Fettsäuren. Nach den Arbeiten der Pharmakopoekommission des deutschen Apothekervereins müssen die Fettsäuren bei 15⁰ C. dauernd flüssig bleiben, mit dem gleichen Volumen Weingeist eine noch bei 15⁰ C. klare Lösung geben und sich auch mit dem doppelten Volumen Weingeist nicht trüben. Dann sind Zusätze von Olivenöl, Sesamöl, Erdnußöl und Cottonöl ausgeschlossen. Pfirsichkernöl und Aprikosenkernöl verhalten sich hierbei wie Mandelöl. Diese Öle sind jedoch meist bei — 20⁰ C. noch ziemlich dünnflüssig,[5]) während Mandelöl bei dieser Temperatur bereits opak und zähflüssig ist.

Bei der Elaïdinprobe ergibt reines Mandelöl eine weiße, feste Masse, ähnlich wie Olivenöl, wie schon Boyle im Jahre 1661 beobachtete.

---

[1]) Zeitschr. f. analyt. Chem. 1894. 33. 556.
[2]) Helfenberger Annalen 1903. 16 u. 1905. 18. 71.
[3]) Zeitschr. f. analyt. Chem. 1878. 17. 264.
[4]) The Analyst 1904. 29. 105. — Chem. Rev. üb. d. Fett- u. Harz-Ind. 1904. 11. 125.
[5]) Es gibt aber auch Aprikosenkernöle, welche bereits bei 14⁰ C. erstarren.

Mandelöl.

	Spezifisches Gewicht	Erstarrungspunkt °C.	Verseifungszahl	Jodzahl	Hehner-Zahl	Temperaturerhöhung bei der Maumenéschen Probe °C.	Refraktometeranzeige		Brechungsindex	Beobachter
							im Butterrefraktometer	im Oleorefraktometer		
a. bitt. Mandeln	bei 12°C. 0·9168 ⎫	—	—	—	—	—	—	—	—	Mills u. Akitt
a. süß. Mandeln	„ 0·9154 ⎭									
—	bei 15°C. 0·917—0·920	—	—	—	—	—	—	—	—	Chateau
—	bei 15°C. 0·914—0·920	—	—	—	—	—	—	—	—	Allen
—	bei 15°C. 0·9180	—21·5	—	—	—	—	—	—	—	Maben
—	„ 0·9186	—	195·4	—	—	—	—	—	—	Valenta
—	„ 0·9183	—	—	—	—	—	—	—	—	Massie
a. süß. Mandeln	bei 15°C. 0·9190—0·9195	—	190·5—191·2	93—95·4	—	51—52 ⎫	—	—	—	De Negri u. Fabris
a. bitt. Mandeln	bei 15°C. 0·9175—0·9195	—	189·5—191·7	94·1—96·5	—	51—53 ⎭	—	—	—	
—	—	—10	—	—	—	—	—	—	—	Girard
—	—	—10 bis —20	—	—	—	—	—	—	—	Schädler
—	—	—	—	—	96·6	—	—	—	—	West Knight
a. süß. Mandeln	—	—	187·9	98·4	—	—	—	—	—	Moore
—	—	—	190·9	96·2—101·9	—	—	bei 25°C. 64·0—64·8	—	—	E. Dieterich
—	—	—	190—192	—	—	—	—	—	bei 66°C. 1·4555	Thörner
—	—	—	193	98·5	—	—	—	—	—	Ulzer
—	—	—	—	98·4	—	—	—	—	—	v. Hübl
—	—	—	—	96·6—99·2	—	—	—	—	—	Beringer
—	—	—	—	—	—	52—54	—	—	—	Maumené
—	bei 15°C. 0·9190	—	—	97·5	—	53	—	—	—	Del Torre
—	—	—	—	—	—	—	bei 25°C. 64	—	—	Beckurts u. Seiler
—	—	—	—	—	—	—	—	+6	—	Jean
—	—	—	—	—	—	—	—	+7	—	Bruyn u. van Leent
—	bei 15°C. 0·9177—0·9185	—	—	—	95·8 bis 101·26	Temperaturerhöhung bei d. Bromaddition 20·6—21	—	—	bei	Allen u. Brewis

—	—	—	—	98—99	—	—	—	—	—	Peters
a. süß. Mandeln	—	—	—	—	95·8	—	—	—	—	Tortelli u. Ruggeri
—	—	—	—	—	—	17·6	—	—	—	Hehner u. Mitchell
—	—	—	—	—	—	20·25	—	—	—	Bromwell u. Meyer
—	—	—	—	—	—	—	—	bei 22°C. +8 bis +10·5	—	Pearmain
a. süß. Mandeln	bei 15·5° C. 0·9178—0·91995	—	183·3—207·6	96·65—103·6	—	—	bei 40° C. 57·0—57·5	—	bei 20°C. 1·4710 bis 1·4715	Lewkowitsch
a. bitt. Mandeln	bei 15·5° C. 0·9180—0·9183	—	188·6—194·98	102·5—104·2	—	—	bei 40° C. 56·5—57·0	—	bei 20°C. 1·4712 bis 1·4714	
—	bei 20° C. 0·9164	—	—	105·8 (Wijs)	—	—	—	—	—	H. L. Visser[1]
—	—	—	—	98·1 (Wijs)	—	—	bei 25° C. 64·3	—	—	Thomson u. Dunlop[2]
—	—	—	193·6	—	—	—	—	—	—	Tortelli u. Pergami
5 Proben	—	—	—	98·2—100·4	—	—	—	—	—	Wijs
—	—	—	—	—	—	—	—	—	bei 20°C. 1·4702 bis 1·4709	Harvey

Fettsäuren.

	Erstarrungspunkt ° C.	Schmelzpunkt ° C.	Säurezahl	Verseifungszahl	Mittleres Molekulargewicht	Jodzahl	Jodzahl der flüssigen Fettsäuren	Acetylzahl	Brechungsindex	Beobachter
—	5	14	—	—	—	—	—	—	—	v. Hübl
a. süß. Mandeln	—	13—14	—	—	—	93·5—95·5	—	—	—	De Negri u. Fabris
a. bitt. Mandeln	—	13—14	—	—	—	94·1—96·5	—	—	—	
—	—	—	—	204	—	—	—	—	bei 60° C. 1·4461	Thörner
—	—	—	—	200·6	279·6	—	—	—	—	Tortelli u. Pergami
—	—	—	—	—	277·8	—	—	5·8	—	Benedikt u. Ülzer
a. süß. Mandeln	9·5—10·1	—	195·8—207·8	200·7—207·6	—	—	101·7	—	—	Tortelli u. Ruggeri
a. bitt. Mandeln	11·3—11·8	—	196·8—197·1	203·1—203·2	—	—	—	—	—	

[1]) Zeitschr. f. Unters. d. Nahrungs- u. Genußm. 1904. 8. Heft 7. — Chem. Rev. üb. d. Fett- u. Harz-Ind. 1904. 11. 254.
[2]) The Analyst 1906. 31. Nr. 366. — Chem. Rev. üb. d. Fett- u. Harz-Ind. 1906. 13. 280.

Nach Pharm. germanica II sollen 5 Teile reines Mandelöl beim kräftigen Schütteln mit einem Teil verdünnter, rauchender Salpetersäure (hergestellt aus 3 Teilen rauchender Salpetersäure und 2 Teilen Wasser) eine weißliche, keine braune oder rote Mischung geben und sich nach einigen Stunden in eine weiße, starre Masse und eine farblose Flüssigkeit scheiden (Schlickum). Kremel fand, daß das Öl aus bitteren Mandeln weit längere Zeit zum Erstarren braucht als das aus süßen. Nach Vulpius[1]) verhalten sich reine Mandelöle in Bezug auf die Zeitdauer des Festwerdens bei dieser Probe verschieden, doch wird keine sonst unverdächtige Probe später als nach 6 Stunden, keine verdächtige früher als in 12 Stunden fest.

Reaktion von Bieber[2]). Ein Gemisch von gleichen Gewichtsteilen konzentrierter Schwefelsäure, roter rauchender Salpetersäure und Wasser verändert die Farbe des Mandelöles unwesentlich, wenn man einen Gewichtsteil der frisch hergestellten Mischung mit 5 Gewichtsteilen des Öles schüttelt.

Durch Zinkchlorid erleidet Mandelöl keine Farbenänderung (Maben[3]).

Nach Allen können Verfälschungen oft durch die spektroskopische Prüfung erkannt werden, das Absorptionsspektrum des reinen Mandelöls zeigt nämlich keine Bänder und absorbiert das Rot und Violett nur wenig.

E. Dieterich fand bei der Bestimmung der kritischen Lösungstemperatur nach der Methode von Crismer Differenzen zwischen Mandelöl und verwandten Ölen.

Die meisten der Zusätze erhöhen ferner das spezifische Gewicht.

Nachweis von Pfirsich- und Aprikosenkernöl. Nach Lewkowitsch[4]) leistet dazu die Biebersche Reaktion noch die besten Dienste. Reines Mandelöl gibt eine schwach gelblichweiße Färbung, Pfirsichkernöl wird pfirsichblütenrot, dann dunkelorange, ebenso Aprikosenkernöl. Die frischen Öle geben die Reaktion viel stärker als die alten. Nach Lewkowitsch lassen Mischungen mit 25 $^0/_0$ des Zusatzöles die Reaktion nur noch wenig erkennen, nach De Negri und Fabris[5]) werden noch Zusätze von 15 $^0/_0$ deutlich erkannt. Mit Salpetersäure von 1·4 spez. Gew. gibt Mandelöl ein blaßgelbes, Pfirsichkernöl ein rotes Gemisch.

Kremel[6]) erhielt bei Aprikosenkernöl mit der von der Pharm. germanica II vorgeschriebenen Salpetersäuremischung (3 Teile rauchende Salpetersäure, 2 Teile Wasser) eine Gelb- oder Orangefärbung, bei Mandelöl eine weißliche Mischung (s. oben).

Bei der Elaïdinprobe geben Aprikosen- und Pfirsichkernöl mehr oder weniger gelbgefärbte Massen, Mandelöl eine weiße, feste Masse, ähnlich wie Olivenöl.

---

[1]) Arch. d. Pharm. 1886. 225. 59.
[2]) Zeitschr. f. analyt. Chem. 1878. 17. 264.
[3]) Pharm. Journ. 1886. [3.] 16. 199.
[4]) The Analyst 1904. 29. 105. — Chem. Rev. üb. d. Fett- u. Harz-Ind. 1904. 11. 125.
[5]) Zeitschr. f. analyt. Chem. 1894. 33. 556.
[6]) Zeitschr. f. analyt. Chem. 1884. 23. 568.

Nach Maben[1]) ist Zinkchlorid ein gutes Reagens auf Aprikosen- und Pfirsichkernöl. Rührt man nämlich 10 Tropfen Öl mit 5 Tropfen einer durch Auflösen von Zinkoxyd in starker Salzsäure hergestellten gesättigten Zinkchloridmischung mit dem Glasstabe zusammen, so bleibt Mandelöl ungefärbt, Pfirsichkernöl wird purpurbraun, Aprikosenkernöl schmutzigbraun mit Purpurstich. Lewkowitsch erhielt jedoch nach dieser Methode keine brauchbaren Resultate.

Chwolles[2]) empfiehlt die von Kreis angegebene Phloroglucinprobe zur Prüfung auf Pfirsichkernöl. Überschichtet man Salpetersäure vom spez. Gew. 1·4 mit dem gleichen Volumen Pfirsichkernöl und hierauf mit einer einprozentigen Lösung von Phloroglucin in Äther, so färbt sich das Gemisch nach kräftigem Durchschütteln intensiv himbeerrot mit einem Stich ins Violette. Mandelöl gibt nur eine schwache rosa Färbung.

Führt man die Reaktion gleichzeitig an dem verdächtigen Öl und einem garantiert reinen Mandelöl durch, so kann man nach Chwolles noch 10 % Pfirsichkernöl in Mandelöl nachweisen und sogar ein Mandelöl von 10 % Pfirsichkernölgehalt von einem mit 15 % Gehalt unterscheiden, da die Intensität der Färbung mit dem Gehalte an Pfirsichkernöl wächst. Sicher bedarf es jedoch zu so scharfer Erkennung einiger Übung.

Nußöl und Mohnöl. Sie erhöhen die Jodzahl in sehr auffälliger Weise.

Bei der Bieberschen Reaktion geben sie eine noch hellere Färbung als Mandelöl. Nach Haag ist diese Angabe Biebers dahin zu korrigieren, daß Nußöl nicht eine weiße, sondern frischgepreßt eine orangegelbe Mischung gibt.

Salpetersäure von 1·4 spez. Gew. gibt mit diesen beiden Ölen eine weiße Mischung, mit Mandelöl eine blaßgelbe.

Sesamöl und Cottonöl. Sie erhöhen gleichfalls die Jodzahl, wenn auch nicht so sehr wie Nuß- und Mohnöl. Sie sind auch durch die für sie charakteristischen Farbenreaktionen: die Baudouinsche, Halphensche Probe usw. nachweisbar.

Cottonöl erhöht den Schmelz- und Erstarrungspunkt der Fettsäuren; Sesamöl gibt bei der Bieberschen Reaktion eine blaßgelbrote, später schmutzigorangerote Färbung, welche nach De Negri und Fabris noch den Nachweis von 15 % Sesamöl in Mandelöl gestattet, mit Salpetersäure vom spez. Gew. 1·4 ein schmutziggrünlichgelbes, später rotes Gemisch.

Mit Salpetersäure nach Pharm. germanica II (s. oben) tritt Gelb- oder Orangefärbung ein (Kremel).

Andere Öle. Die letztgenannte Reaktion tritt nach Kremel auch mit Olivenkernöl und Arachisöl ein.

Specköl und Olivenöl geben, wenn sie 20 Minuten bei — 5° C. erhalten werden, bereits feste Abscheidungen. Specköl verrät sich ferner durch den Geruch beim Erwärmen.

---

[1]) Pharm. Journ. 1886. [3.] 16. 199.
[2]) Chem. Zeitg. 1903. 27. 33. — Chem. Rev. üb. d. Fett- u. Harz-Ind. 1903. 10. 257.

7. Apfelsamenöl.

Huile de pommier. — Apple seed oil. — Olio di mela.

Spez. Gew.	Säure-zahl	Verseifungs-zahl	Jod-zahl	Hehner-Zahl	Brechungsindex	Beobachter
0·9016	57·4	202 *	135 *	93	bei 21° C. 1·47127	R. Meyer-Essen[1])

Fettsäuren.

Verseifungszahl	Jodzahl	Brechungsindex	Beobachter
288 *	83—86 *	1·47937	R. Meyer-Essen

* Die Verseifungs- und Jodzahlen des Öles und der Fettsäuren stehen nicht miteinander in Einklang.

Abstammung: Apfelbaum (Malus), Gruppe der Rosaceengattung Pirus.

Das Apfelsamenöl ist in den Samen in einer Menge von ca. 20% enthalten und hat dunkelgelbe Farbe. Es dient in Thüringen zu Speise- und Brennzwecken.

8. Birnensamenöl.

Huile de poirier. — Pear seed oil. — Olio di pera.

Spez. Gew.	Säure-zahl	Verseifungs-zahl	Jod-zahl	Hehner-Zahl	Brechungsindex	Beobachter
0·9177	39	113 *	121 *	91	bei 21° C. 1·47176	R. Meyer-Essen[1])

Fettsäuren.

Erstarrungs-punkt	Schmelz-punkt	Verseifungs-zahl	Jodzahl	Brechungsindex	Beobachter
16° C.	25° C.	196 *	101—104 *	1·47078	R. Meyer-Essen

* Die Verseifungs- und Jodzahlen des Öles und der Fettsäuren stehen miteinander in Widerspruch.

Abstammung: Ist in den Samen von Pirus communis (Gemeiner Birnbaum), in einer Menge von ca. 15% enthalten.

Seine Farbe ist gelb. Es wird in Thüringen als Speise- und Brennöl benützt.

9. Java-Mandelöl, Canari-Öl.

Huile de Canaria. — Java almond oil.

Dieses Öl entstammt den Samen von Canarium commune *L.*, einer Burseracee, auf den Molukken heimisch, im tropischen Asien kultiviert. Sein malaiischer Name ist Canari.

Die Samen gleichen im Aussehen und Geschmack den süßen Mandeln (Prunus amygdalus) und enthalten im lufttrockenen Zustande $65—70\%$ Fett. Dieses ist schwach gelblich, hat einen angenehmen milden Geschmack und keinen Geruch.

---

[1]) R. Meyer-Essen, Vortr, a. d. 75. Vers. deutsch. Naturf. u. Ärzte. — Chem. Zeitg. 1903. 27. 958. — Chem. Rev. üb. d. Fett- u. Harz-Ind. 1903. 10. 254.

Java-Mandelöl.

Spez. Gewicht bei $\frac{40^0C.}{40^0C.}$	Erstarrungspunkt	Schmelzpunkt	Verseifungszahl	Jodzahl	Hehner-Zahl	Reichert-Meißlsche Zahl	Acetylzahl	Maumené-sche Probe	Refrakto-meteranzeige in Zeiß Butterrefraktometer	Brechungsindex	Beobachter
0·8953	Beginn: 15° C.	°C. —	193·5	64·7	95·5	0·1	8·4	59°	bei 40°C. 49·5	1·4589	Wedemeyer[1]
0·9050	17° C.	18 bis 28·5	194·3	65·1 bis 65·9	95·4 bis 95·7	0·0	—	—	bei 40°C. 51·1—51·3	—	Pastrovich[2]

Fettsäuren.

Spez. Gewicht bei $\frac{50^0C.}{50^0C.}$	Erstarrungspunkt °C.	Schmelzpunkt °C.	Säurezahl	Verseifungszahl	Jodzahl	Jodzahl der flüssigen Fettsäure	Acetylzahl	Mittleres Molekular-Gewicht	Refrakto-meteranzeige in Zeiß Butter-refraktometer bei 45° C.	Beobachter
—	37·2	40·4	191·1	—	—	—	—	—	—	Wedemeyer[1]
0·8824 bis 0·8827	41·0	—	201·6	204·9 bis 205·2	66·1 bis 67·3	110·4	15·7 bis 16·4	273·7 bis 278·6	35·7—35·8	Pastrovich[2]

Das geschmolzene Öl erstarrt bei 17° C. Nach längerem Stehen scheidet es kugelförmige Aggregate von festen Anteilen ab. Es schmilzt bei 18° C. zu einer schwach opalisierenden Flüssigkeit, welche erst bei 28° C. völlig klar wird.

Die unlöslichen Fettsäuren des Öles bestehen aus

44·6°/₀ festen Fettsäuren vom Schmelzpunkte 54.45° C. und dem mittleren Molekulargewichte 266 und aus

55·4°/₀ flüssigen Fettsäuren.

Ihre vermutliche Zusammensetzung wird von Pastrovich folgenderweise angegeben:

29·5°/₀ Palmitinsäure   43·0°/₀ Ölsäure
15·0°/₀ Stearinsäure   12·5°/₀ Linolsäure.

Linolensäure ist nicht vorhanden.

Der Gehalt einer Probe an freier Säure (als Ölsäure berechnet) betrug 11·46°/₀ (Wedemeyer); Pastrovich, welcher das Öl unverletzter Samen untersuchte, fand nur 0·42—0·66°/₀ freie Säure (als Ölsäure berechnet). Die Menge der unverseifbaren Bestandteile zweier Proben betrug 0·42 resp. 0·46°/₀.

Das Öl gibt weder die Halphensche noch die Baudouinsche Reaktion.

Wegen seines angenehmen Geschmackes dürfte es sich als Speiseöl eignen.

---

[1] Konrad Wedemeyer, Seifens.-Zeitg. 1907. 34. Nr. 2.
[2] Chem. Zeitg. 1907. 31. 781.

10. Kilimandscharo-Nußöl.[1])

Spez. Gew. bei 17°C.	Erstarrungspunkt	Verseifungszahl	Jodzahl	Refraktometeranzeige in Zeiß Butterrefraktom.	Beobachter
0·918	wird bei +8°C. trübe, bei +4°C. fest	184	85·5	bei 25°C. 62·5	Romagnoli

Diese Nüsse finden sich in großer Menge in den afrikanischen Kolonien Italiens. Ihre Samen enthalten ca. 65% Öl, von denen sich 48% durch die erste, kalte Pressung gewinnen lassen.

Das Öl der ersten Pressung ist dunkelgelb und hat einen etwas bitteren Geschmack, den es durch Waschen mit warmem Wasser verliert. Dabei wird es auch etwas heller. Der Geschmack ist nach dem Waschen angenehm und erinnert an Mandel- und Olivenöl.

Der Schmelzpunkt der Fettsäuren ist angeblich 62·5°C.; er steht mit der hohen Jodzahl einigermaßen in Widerspruch, ebenso stehen der Erstarrungspunkt des Fettes und der Schmelzpunkt der Säuren im Gegensatze.

11. Hartriegelöl.[2])

Huile de Cornouiller. — Dog wood oil.

Spez. Gew. bei 15°C.	Erstarrungspunkt	Verseifungszahl	Jodzahl	Temperaturerhöhung bei d. Maumenéschen Probe	Beobachter
0·921	—15°C.	192·05	100·8	52°	De Negri u. Fabris

Fettsäuren.

Erstarrungspunkt	Schmelzpunkt	Säurezahl	Jodzahl	Beobachter
29°—31°C.	34°—37°C.	195·1	102·75	De Negri u. Fabris

Dieses Öl stammt aus den Samen des gemeinen Hartriegels, Cornus sanguinea *L.*, Gattung der Cornaceen; es ist in den Samen in einer Menge von 17—20% enthalten, besitzt eine gelblichgrüne Färbung und wird zum Brennen und in der Seifenfabrikation verwendet.

12. Arachisöl.

Erdnußöl, Katjangöl. — Oleum arachidis. — Huile d'arachide, de pistache de terre. — Arachis-, Ground-nut-, Earth-nut-, Pea-nut-oil. — Olio di arachide.

Das Öl wird aus den Erdnüssen (Erdmandel, Erdeichel, Erdpistacie, Mandubibohne), den in der Erde reifenden Samen von Arachis hypogaea *L.* (Familie der Leguminosen) gewonnen.

Erdnüsse liefert Afrika in großem Maßstabe (Mozambique, Senegal), ferner Indien und die Vereinigten Staaten von Nordamerika, insbesondere Virginia, Georgia, Tennessee und Nord-Karolina, schließlich auch Südamerika und Südeuropa.

---

[1]) L'industria saponiera III. Nr. 3. — Chem. Rev. üb. d. Fett- u. Harz-Ind. 1904. 11. 179.

[2]) De Negri u. Fabris, Ann. del Laborat. chim. delle Gabelle 1891—1892. 181.

Der Ölgehalt der enthülsten Nüsse schwankt zwischen 30 und 52$^0/_0$[1]), Schindler und Waschata[2]) z. B. konstatierten in einer Probe 50·14$^0/_0$, und beträgt im Durchschnitt ca. 40$^0/_0$. In amerikanischen Nüssen wurde er zu 42$^0/_0$ und in Senegalnüssen zu 51$^0/_0$ gefunden.

Gewinnung.[3]) Von dem früheren Verfahren, die Erdnüsse ungeschält zu pressen, ist man fast ganz abgekommen, da der Saft der Schalen dem Öle einen bitteren Geschmack und Geruch verleiht, wodurch es besonders für Speisezwecke unverwendbar wird. Daher werden die Erdnüsse durch eigene Schälmaschinen oder durch Handarbeit zwischen einem Paar schnellrotierender gefurchter Walzen von der äußeren Schale befreit. Das Pressen der enthülsten Kerne wird durch hydraulische Pressen bewerkstelligt. Um die letzten Reste des Öles zu gewinnen, können die Preßkuchen noch mit Schwefelkohlenstoff oder Gasolin extrahiert werden.

Durch Pressen sollen aus 100 kg enthülsten Nüssen ca. 37—40 kg Öl gewonnen werden.

Das rohe Arachisöl ist dickflüssig und trüb und wird noch filtriert und raffiniert.

Die erste Pressung liefert das beste Öl, von angenehmem, an grüne Fisolen erinnerndem Geschmack.

Zusammensetzung. Der flüssige Teil des Erdnußöles besteht aus Triolein und ziemlich viel Trilinoleïn. Schön[4]) konnte im Gegensatze zu Gößmann und Scheven[5]) und Schroeder[6]) keine Hypogaeasäure im Erdnußöl auffinden, während Hazura[7]) auch das Vorkommen von Hypogaeasäure neben Ölsäure für wahrscheinlich hält.

Der feste Anteil des Öles besteht nach Kreiling[8]) vornehmlich aus den Triglyceriden der Lignocerinsäure und Arachinsäure, Caldwell[9]) hat darin auch Palmitinsäure gefunden. Das von Kreiling untersuchte Öl enthielt ungefähr viermal soviel Lignocerinsäure (Schmelzpunkt 80·5^0 C.) als Arachinsäure (Schmelzpunkt 74·5^0 C.). Die erstere ist in Alkohol schwerer löslich als die letztere. Renard[10]) fand in mehreren Proben 4·51—4·98$^0/_0$. und De Negri und Fabris[11]) 4·37—4·80$^0/_0$ Arachinsäure und Lignocerinsäure. Die Angabe Hehners und Mitchells[12]), daß eine Sorte Arachisöl 7$^0/_0$ Stearinsäure enthielt, ist bis jetzt vereinzelt geblieben.

[1]) Chem. Trade Journ. 1901. 365.
[2]) Zeitschr. f. d. landw. Versuchsw. i. Österr. 1904. 7. 643.
[3]) Chem. Rev. üb. d. Fett- u. Harz-Ind. 1902. 9. 268; 1903. 10. 38; nach einem Berichte des amerikanischen Generalkonsuls in Marseille.
[4]) Ber. d. deutsch. chem. Ges. 1888. 21. 878. — Liebigs Annalen 1888. 244. 253.
[5]) Liebigs Annalen 1855. 94. 230.
[6]) Liebigs Annalen 1867. 143. 22.
[7]) Monatsh. f. Chem. 1889. 10. 242.
[8]) Ber. d. deutsch. chem. Ges. 1888. 21. 880.
[9]) Liebigs Annalen 1857. 101. 97.
[10]) Zeitschr. f. analyt. Chem. 1884. 23. 97.
[11]) Zeitschr. f. analyt. Chem. 1894. 33. 552.
[12]) The Analyst 1896. 21. 328.

Arachisöl.

	Spezifisches Gewicht bei	Erstarrungspunkt °C.	Verseifungszahl	Jodzahl	Hehner-Zahl	Reichert-Meißlsche Zahl	Temperatur-erhöhung bei d. Maumenéschen Probe °C.	Spezifische Reaktions-Temperatur	Refraktometeranzeige in Zeiß Butterrefraktometer	Refraktometeranzeige im Oleorefraktometer	Brechungsindex	Beobachter
—	15° C. 0·9163	—	—	—	—	—	—	—	—	—	—	Chateau
—	,, 0·917	—	—	—	—	—	—	—	—	—	—	Souchère
—	15° C. 0·922 } 99° C. / 15·5° C. 0·8673 }	—	—	—	—	—	—	—	—	—	—	Allen
—	15° C. 0·9193	—	191·3	—	—	—	—	—	—	—	—	Valenta
—	15°C. 0·9171—0·9209	—	189·3—192·1	98·4—98·7	—	—	—	105 bis137	—	—	—	Thomson und Ballantyne
—	,, 0·9165—0·9200	—	189·4—193·1	92—101	—	—	45·5—51	—	—	—	—	De Negri u. Fabris
—	,, 0·9170—0·9200	—	190—197	92—101	—	—	—	—	bei 25° C. 65·8 bis 67·5	—	—	Benedikt und Wolfbauer
—	15·5°C./15·5°C. 0·9195—0·9256	—	185·6—194·8	92·43—100·82	95·63	0·0	—	—	bei 40° C. 57·5	—	bei 40° C. 1·4642	Crossley und Le Sueur
—	23° C. 0·917—0·918	—	190·1—197·0	87·3—90·0	—	—	—	—	{ bei 25° C. 64·2 / bei 40° C. 54·8 }	—	{ bei 25° C. 1·4686 / bei 40° C. 1·4624 }	E. Dieterich
15 Muster	—	—	190·3—206·7	85·4—90·5	—	—	—	—	—	—	—	K. Dieterich [1]
—	—	—	196·6	87·3	—	—	—	—	—	—	—	Moore
—	—	—	194—196	94—96	—	—	—	—	—	—	bei 60° C. 1·4545	Thörner
—	—	—	—	—	—	—	—	—	bei 25° C. 66·5	—	—	Beckurts u. Seiler
—	—	—	—	—	—	—	—	—	bei 25° C. 65·8 bis 67·5	—	—	Mansfeld
—	—	—	192—196	87—101	—	—	—	—	—	—	—	Holde
—	—	—	—	103 95·0	—	—	—	—	—	—	—	v. Hübl
—	—	—	—	—	—	—	—	—	—	—	—	Erban

—	—	—	—	98—103	—	—	—	—	—	—	bei 20° C. 1·4698	Harvey
—	—	—	—	98·9	—	—	—	—	—	—	—	Peters
—	—	—	—	—	—	—	—	—	—	—	—	Wallenstein und Finck
—	—	—	—	87—99	—	—	—	—	—	—	—	Ulzer
—	—	—	—	—	95·86	—	—	—	—	—	—	Bensemann
—	—	—	—	—	—	—	67	—	—	—	—	Maumené
—	—	—	—	—	—	—	44	—	—	—	—	Girard
—	—	—	—	—	—	—	47—60	—	—	—	—	Archbutt
—	15° C. 0·9173	—	—	101·3	—	—	58	—	—	—	—	del Torre
—	15° C. 0·911—0·9175	+2 bis +3	—	91·75—94·17	94·87 bis 95·31	0·48 bis 1·60	56—75	—	—	—	—	Sadtler
2 Proben	15·5° C. 0·9187	—	190·8	92	—	—	54·8	132·2	b.15·5°C. 70·6	—	b.15·5°C. 1·4577	Tolman u. Munson
20 Proben erster Pressung	20° C. 0·9118—0·9153	—	—	85·0—99·1	—	—	—	—	—	—	—	Wijs
15 Proben Nachpressungsöle	„ 0·9124—0·9155	—	—	85·5—96·9	—	—	—	—	—	—	—	Wijs
—	—	—	—	—	—	—	—	—	—	—	bei 15° C. 1·4731	Procter
—	—	—	—	—	—	—	—	—	—	+3·5 bis +6·5	—	Jean
—	—	—	—	—	—	—	—	—	—	+4	—	Bruyn u. van Leent
—	—	—	—	—	—	—	—	—	—	+5 bis +7	—	Pearmain
—	—	—	—	—	—	—	—	—	bei 25° C. 63·2 bei 40° C. 54·1	—	bei 25° C. 1·4679 bei 40° C. 1·4620	Utz [2]
—	22° C. 0·911—0·916	—2·5	192·7—194·6	85·6—98·4	—	—	—	—	—	—	—	Schoen
—	—	—	—	83·3—84·1	—	—	—	—	—	—	—	Tortelli u. Ruggeri
—	15° C. 0·9164	—	191·4	87·5 (nach Wijs)	—	—	—	—	bei 25° C. 62·6	—	—	Thomson und Dunlop [3]
—	—	—	188·9—191·0	—	—	—	—	—	—	—	—	Tortelli u. Pergami

50*

[1] K. Dieterich, Helfenberger Annalen 1900—1905. 71. — [2] Apoth.-Zeitg. 1900. 15. Nr. 75. — [3] Thomson u. Dunlop, The Analyst 1906. 31. 281; Chem. Rev. üb. d. Harz- u. Fett-Ind. 1906. 13. 280.

Fettsäuren des Arachisöles.

	Spezifisches Gewicht bei	Erstarrungspunkt °C.	Schmelzpunkt °C.	Säurezahl	Verseifungszahl	Mittleres Mol.-Gew.	Jodzahl	Jodzahl der flüssigen Fettsäuren	Acetylzahl	Refraktometeranzeige i.Zeiß Butterrefraktomet.	Brechungsindex	Beobachter
—	$\frac{99^0\,C.}{15\cdot5^0\,C.}$ 0·8460	28·0	27·8—29·5	—	—	281·8	—	—	—	—	—	Allen
—	100⁰C. 0·8475	—	—	—	—	—	—	—	—	—	—	Archbutt
—	—	23·8	27·7	—	—	—	—	—	—	—	—	v. Hübl
Farbloses Kronenöl }	—	31	35·5	—	—	—	—	—	—	bei 40⁰C. 41·25	bei 40⁰C. 1·4532	E. Dieterich
Gelbes Kronenöl }	—	29	31·5	—	—	—	—	—	—	—	—	
—	—	22—25	27—31	—	—	—	96·5—103·4	—	—	—	—	De Negri u. Fabris
—	—	29—30	—	—	201·6	—	96—97	—	—	—	1·4461	Thörner
—	—	—	31	—	—	—	—	—	—	—	—	Bach
—	—	—	31—32 (Anfang des Schmelzens)	—	—	—	—	—	—	—	—	Bensemann
—	—	—	34—35 (Ende des Schmelzens)	—	—	—	—	—	—	—	—	
—	—	—	—	—	—	281·7	—	—	3·4	—	—	Benedikt-Ulzer
—	—	—	—	—	—	—	95·5—96·9	—	—	—	—	Morawski u. Demski
—	92·5⁰C.0·8436 } 98·5⁰C.0·8468 }	—	30	—	—	—	—	—	—	—	—	Schoen
—	—	27·5—32·5	29—34	—	—	—	—	—	—	—	—	Sadtler
—	—	—	—	—	—	—	—	128·5	—	—	—	Wallenstein u. Finck
—	—	—	—	—	—	—	—	111·0—119·5	—	—	—	Lane
—	—	—	—	—	—	—	—	104·7—123·4	—	—	—	Tortelli u. Ruggeri
2 Proben	—	—	35·3	—	—	—	—	114·6	—	—	—	Tolman u. Munson
—	—	—	—	—	—	—	—	—	—	bei 40⁰C. 40·8	bei 40⁰C. 1·4530	Utz [16])
—	—	—	—	195·2 bis 195·5	200·1	280·4	—	—	—	—	—	Tortelli u. Pergami

Nördlinger fand in 13 Sorten gepreßten Speiseöles 0·85—3·91, im Mittel 1·94 %, in 12 Sorten gepreßten, technischen Öles 3·58 bis 10·61, im Mittel 6·52 %, in 16 Sorten extrahierten Öles 0·95—8·85, im Mittel 4·02 % freie Fettsäuren, auf Ölsäure berechnet. Thomson und Ballantyne geben in 2 Ölen den Gehalt an freien Fettsäuren zu 0·62 resp. 6·20 %, K. Dieterich[1]) in 2 Proben zu 1·68 resp. 1·83 % an, und Crossley und Le Sueur konstatierten in 4 untersuchten Proben den auf Ölsäure berechneten Gehalt an freien Fettsäuren zwischen 1·54 und 8·28 % schwankend. Dagegen beobachteten Tolman und Munson[2]) in 2 Ölen den geringen Gehalt von nur 0·32 % freier Fettsäure, als Ölsäure berechnet.

Verseifungszahl. De Negri und Fabris[3]) haben darauf aufmerksam gemacht, daß die Seifenlösungen bei der Bestimmung der Verseifungszahl bei Arachisöl zum Unterschiede von anderen Ölen infolge der Anwesenheit der hochschmelzenden Säuren verhältnismäßig leicht erstarren. Ein mit nicht weniger als 10 % Arachisöl versetztes Olivenöl zeigt noch, wenn man die Verseifungszahl bestimmt, sofort nach Beendigung der Titration Trübung der Flüssigkeit, und nach kurzer Zeit scheidet sich ein krystallinischer Niederschlag von arachinsaurem Kali aus.

Jodzahl. Wijs[4]) stellte fest, daß die Jodzahl bei Arachisöl deutlich mit zunehmender Dichte wachse, was sich besonders leicht bei den Ölen erster Pressung beobachten läßt. Er fand ferner bei nordwestafrikanischen Erdnußölen eine Jodzahl von gleicher Höhe wie bei Olivenölen. Auch Schnell[5]) fand bei den westafrikanischen Ölen niedrigere Jodzahlen (84·4—85·7) als bei den ostafrikanischen (89·7—95), so daß erstere fast nur aus Oleïn und Arachin bestehen dürften.

Das optische Drehungsvermögen fanden Crossley und Le Sueur[6]) in 4 untersuchten Proben zwischen — 7' und + 24' schwankend.

Nachweis von Arachisöl in anderen Ölen.

Arachisöl wird häufig zu Verfälschungen, insbesondere zu der des Olivenöles benützt. Da es die Jodzahl gar nicht oder wenig, die Refraktometerzahl und das spezifische Gewicht kaum ändert, auch keine charakteristischen Farbenreaktionen gibt, ist man für den Nachweis des Arachisöles in anderen Ölen fast ausschließlich auf die umständlichen Methoden angewiesen, welche das Arachisöl durch seinen Gehalt an der erst bei ca. 75° C. schmelzenden Mischung von Arachinsäure und Lignocerinsäure erkennen lassen.

<hr>

[1]) Helfenberger Annalen. 1905. 71.
[2]) Journ. Chem. Soc. 1906. 25. 954.
[3]) Zeitschr. f. analyt. Chem. 1894. 33. 552.
[4]) Zeitschr. f. Unters. d. Nahrungs- u. Genußm. 1903. 6. 692.
[5]) Apoth.-Zeitg. 1900. 15.
[6]) Journ. Soc. Chem. Ind. 1898. 17. 992.

Probe von Renard[1]. Die hochschmelzenden Säuren werden auf folgende Weise abgeschieden: Man verseift 10 g der Probe, scheidet die Fettsäuren mit Salzsäure ab, löst sie in 90 prozentigem Weingeist und fällt mit Bleizucker. Der Niederschlag wird, um die Bleiseifen der flüssigen Fettsäuren von denen der festen zu trennen, mit Äther extrahiert. Die ersteren gehen in Lösung, und der aus palmitinsaurem, arachinsaurem und lignocerinsaurem Blei bestehende Rückstand wird mit Salzsäure zerlegt. Die Fettsäuren werden nun in 50 ccm Weingeist von $90\,^{0}/_{0}$ in der Wärme gelöst. Nach dem Erkalten scheiden sich bei Anwesenheit von Arachisöl reichlich Kristalle von Arachinsäure und Lignocerinsäure aus, die abfiltriert und zuerst mit 90 prozentigem, dann mit 70 prozentigem Alkohol gewaschen werden, in welchem sie nahezu unlöslich sind. Dann löst man den Filterinhalt in kochendem Alkohol, sammelt das Filtrat in einer Schale, verdampft und wägt den aus Arachinsäure und Lignocerinsäure bestehenden Rückstand. Dazu rechnet man die in 60—70 ccm des 90 prozentigen Weingeistes gelöst gebliebene Arachinsäure.

100 ccm des 90 prozentigen Alkohols lösen

$$\text{bei } 20^{0}\text{ C. } 0\cdot045 \text{ g Arachinsäure}$$
$$,, \quad 15^{0}\text{ C. } 0\cdot022 \text{ g} \qquad ,,$$

Man prüft das Produkt endlich auf seinen Schmelzpunkt, welcher meist bei 70^{0}—71^{0} C. gefunden wird, weil die Säure noch nicht ganz rein ist. Da das Erdnußöl durchschnittlich $1/_{21}$ Arachinsäure und Lignocerinsäure enthält, so ergibt sich der Gehalt der Probe an Arachisöl, wenn man das gefundene Gewicht mit 21 multipliziert. Zum Umkristallisieren genügt nach Archbutt 1 Stunde. Der Schmelzpunkt der reinen Säuren liegt nach demselben Autor zwischen 71^{0} und $72\cdot5^{0}$ C. [2] Das erhaltene Säuregemisch besitzt das mittlere Molekulargewicht $353\cdot6$ bis $354\cdot6$ (den reinen Säuren Arachinsäure und Lignocerinsäure entsprechen die Molekulargewichte $312\cdot3$ und $368\cdot4$). Durch Umkristallisieren aus 90 prozentigem Alkohol wird das Säuregemisch an Lignocerinsäure angereichert.

Modifikationen der Probe von Renard. Die von Renard angegebene Korrektion für die Löslichkeit der Fettsäuren in Alkohol ist nach Tortelli und Ruggeri[3] zu klein. Archbutt[4] konstatierte, daß die Menge der gelösten Fettsäuren um so größer ist, je höher das Gesamtgewicht der erhaltenen Fettsäuren ist.

Nach seinen Angaben muß man die in nebenstehender Tabelle angegebenen Korrekturen nehmen

Er hält es auch für überflüssig, sämtliche Fettsäuren in die Bleisalze überzuführen, und fällt die gesamte Arachinsäure und Lignocerinsäure aus 10 g Fett mit 1 g Bleiacetat.

---

[1]) Zeitschr. f. analyt. Chem. 1884. 23. 97.
[2]) Siehe auch Vierth, Pharm. Zeitg. 1898. 43. 924.
[3]) Journ. Soc. Chem. Ind. 1898. 17. 877.
[4]) Journ. Soc. Chem. Ind. 1898. 17. 1124.

Gewicht des erhaltenen hochschmelzenden Fettsäuregemisches g	100 ccm 90 prozentigen Alkohols lösen bei		
	15° C.	17·5° C.	20° C.
0·1	0·033	0·039	0·046
0·2	0·048	0·056	0·064
0·3	0·055	0·064	0·074
0·4	0·061	0·070	0·080
0·5	0·064	0·075	0·085
0·6	0·067	0·077	0·088
0·7	0·069	0·079	0·090
0·8	0·070	0·080·	0·091
0·9 und mehr	0·071	0·081	0·091

Beim Digerieren mit Äther geht dann die freie Fettsäure, welche (wegen der Unlöslichkeit der Bleisalze der festen Säuren) nur den flüssigen Fettsäuren angehören kann, mit den Bleiseifen der flüssigen Fettsäuren in Lösung.

De Negri und Fabris[1]) führen das Renardsche Verfahren in der folgenden Weise aus:

Die aus 10 ccm Öl dargestellten Fettsäuren werden in 50 ccm 90 prozentigem Alkohol gelöst und in der Kälte mit Bleiacetatlösung gefällt. Nach 12 stündigem Stehen wird dekantiert, der Rückstand mit Äther digeriert und die Flüssigkeit nach dem Absetzen des Niederschlages neuerdings dekantiert; schließlich wird filtriert und der Niederschlag auf dem Filter so lange gewaschen, bis das Filtrat nach dem Abdunsten des Äthers keinen Rückstand mehr gibt. Die Bleisalze werden im Scheidetrichter durch Schütteln mit Äther und verdünnter Salzsäure (1:5) zerlegt. Nach dem Klarwerden des Äthers wird die wässerige Schichte abgelassen, der Äther abdestilliert und der aus den Fettsäuren bestehende Rückstand in 50 ccm 90 prozentigem Alkohol gelöst. Nach dem Erkalten kristallisieren Lignocerinsäure und Arachinsäure aus.

Die nach der Vorschrift von De Negri und Fabris erhaltenen Resultate sind nach Holde[2]) bei Gemischen von Olivenöl und Arachisöl zufriedenstellend, wenn mehr als $10^0/_0$ Arachisöl zugegen sind, werden jedoch unsicher bei geringen Zusätzen von Arachisöl. Im letzteren Falle werden zweckmäßig 40 g Öl genommen, wodurch man eine genügende Menge von Fettsäurekristallen erhält.

Kreis[3]) fällt bei der Renardschen Probe anstatt mit wässeriger mit alkoholischer Bleiacetatlösung.

Tortelli und Ruggeri[4]) haben das Renardsche Verfahren in folgender Weise ausgearbeitet:

20 g des Öles werden am Rückflußkühler mit alkoholischer Kalilauge verseift, die Seifenlösung mit Essigsäure neutralisiert und in eine kochende Lösung von 20 g neutralem Bleiacetat in 300 ccm Wasser eingegossen. Beim darauffolgenden Abkühlen scheiden sich die Bleiseifen

---

[1]) Zeitschr. f. analyt. Chem. 1894. 33. 553.
[2]) Chem. Zeitg. Rep. 1891. 15. 228.
[3]) Chem. Zeitg. 1895. 19. 451.
[4]) Gaz. Chim. ital. 1898. 28. II. 1.

an den Gefäßwänden ab. Sie werden mit Wasser gewaschen und mit 220 ccm Äther am Rückflußkühler gekocht. Nach dem Erkalten wird in einen Scheidetrichter filtriert, der Rückstand nochmals mit 100 ccm Äther erwärmt und abermals filtriert.

In dem Scheidetrichter hat man nun die Bleiseifen der flüssigen Fettsäuren, welche man zu weiteren Untersuchungen verwenden kann.

Die in Äther unlöslichen Bleiseifen der festen Fettsäuren werden in einem zweiten Scheidetrichter bei Gegenwart von Äther durch Schütteln mit verdünnter Salzsäure entbleit. Von der filtrierten, ätherischen Lösung der festen Fettsäuren wird der Äther abdestilliert und der Rückstand in 100 ccm 90 prozentigen Alkohols, dem ein Tropfen verdünnter Salzsäure zugesetzt worden war, bei 60° C. gelöst. Beim Erkalten scheiden sich, wenn Arachisöl zugegen war, sehr feine, büschelförmig angeordnete, silberglänzende Nadeln mit einer reichlichen Menge dünner, perlmutterglänzender Blättchen ab. Andere Öle geben mit Ausnahme von Cottonöl, welches ein amorphes, körniges, mit den beschriebenen Kristallen nicht zu verwechselndes Pulver abscheidet, keine Abscheidung.

Alle diese Methoden gestatten, auch Baumwollsamen- und Sesamöl in Ölmischungen neben Erdnußöl nachzuweisen. Zu diesem Zwecke wird der Äther, welcher die Bleiseifen der flüssigen Fettsäuren enthält, im Scheidetrichter durch Schütteln mit einer verdünnten Säure entbleit und dann filtriert. Nach dem Abdestillieren des Äthers hinterbleiben die flüssigen Fettsäuren, welche sowohl den für das Cottonöl charakteristischen reduzierenden, als auch den die Baudouinsche Reaktion bedingenden Körper des Sesamöles enthalten. Die Gegenwart des Cottonöles wird danach durch die Silberreaktion, die des Sesamöles durch die Furfurol-Salzsäurereaktion nachgewiesen.

Souchère, Bellier[1] u. a. haben das Renardsche Verfahren in der Weise abgeändert, daß sie die abgeschiedenen Fettsäuren direkt aus kochendem Alkohol umkristallisieren. Diese abgekürzten Verfahren geben jedoch für quantitative Bestimmungen weniger günstige Resultate.

Andere Verfahren zur Bestimmung der Arachinsäure (und Lignocerinsäure) in Arachisöl enthaltenden Ölen beruhen auf der Schwerlöslichkeit des arachinsauren (und lignocerinsauren) Kalis in Alkohol (Methode des Pariser städtischen Laboratoriums und die Verfahren von Blarez[2] und Jean[3]).

Jean verfährt zur quantitativen Bestimmung der Arachinsäure und Lignocerinsäure wie folgt:

10 g des Öles werden verseift und die Seife in 100 ccm Alkohol gelöst, welcher bei 12° C. mit arachinsaurem Kali gesättigt wurde. Nach 12 stündigem Stehen bei 15° C. wird filtriert und der Rückstand in gleicher Weise mit 100 ccm desselben Alkohols behandelt. Setzt sich nun wieder ein Niederschlag ab, so wird er filtriert und aus ihm die

---

[1]) Ann. Chim. anal. appl. 1899. 4. 4.
[2]) Bull. assoc. Belge chim. 1897. 11. 67.
[3]) Les Corps gras ind. 1898. 24. 353.

Arachinsäure (und Lignocerinsäure) durch Zusatz von Salzsäure in Freiheit gesetzt, mit Petroläther aufgenommen und nach dem Abdunsten des Petroläthers gewogen. Der Schmelzpunkt des so gewonnenen Säuregemisches beträgt mindestens 72° C.

Herz[1]) erkennt geringe Mengen Arachinsäure noch mit Sicherheit mit dem Mikroskope, indem er die weingeistige Lösung der Fettsäuren auf dem Objektglase verdunsten läßt. Zuerst schießen einzelne kurze Nädelchen an, die sich dann zu ziemlich verästelten Gebilden vereinigen und mit den mehr bogig gerundeten, eisblumenartigen Formen der Stearinsäure nicht verwechselt werden können. Zur Sicherheit vergleicht man das Bild mit den Präparaten, die aus den reinen Säuren hergestellt wurden.

Elaïdinprobe. Das Arachisöl beginnt nach Jach[2]) bei dieser Probe erst nach 24 Stunden zu erstarren. Da das Olivenöl bereits nach 2 Stunden erstarrt, übt eine Beimischung von Arachisöl auf den Zeitpunkt des Festwerdens einen merkbaren Einfluß aus.

Nachweis anderer Öle in Arachisöl.

Arachisöl wird zuweilen mit Sesamöl, Mohnöl, Baumwollsamenöl und Rüböl verfälscht; diese Zusätze können durch Bestimmung der Konstanten und durch die bei den einzelnen Ölen angegebenen Spezialreaktionen meist leicht erkannt werden.

Sesamöl. Am häufigsten findet sich ein Zusatz von Sesamöl in Erdnußöl, es haben sogar zahlreiche Untersuchungen (Soltsien[3]), Wijs[4]), J. Schnell[5]), Fendler[6]), Utz[7]) ergeben, daß Erdnußöl, welches vollkommen frei von Sesamöl ist, im Handel äußerst selten angetroffen wird. Dieser Sesamölzusatz ist in den meisten Fällen nur als zufällige Verunreinigung zu betrachten, und darauf zurückzuführen, daß zum Pressen der beiden Öle die gleiche Apparatur nacheinander angewendet wurde. J. J. A. Wijs[4]) konnte in einem Erdnußöl, welches von der Presse ablief, in der zuerst Sesamöl und dann 4 Tage hindurch Erdnußöl gepreßt worden war, noch Spuren von Sesamöl deutlich nachweisen. Derartige Vorkommnisse führten Tambir[8]) zu der falschen Meinung, daß die Fettsäuren des Arachisöles gleichfalls die Baudouinsche Reaktion (siehe Sesamöl) geben.

Sesamöl wird aber auch absichtlich, insbesondere den feinen Sorten Erdnußöl zugesetzt, da es deren Kältebeständigkeit und Bindefähigkeit (bei der Bereitung von Mayonnaisen) günstig beeinflussen soll (Soltsien[3]). Zur Prüfung des Erdnußöles auf Gegenwart von Sesamöl kann die

[1]) Rep. analyt. Chem. 1886. 604.
[2]) Apoth.-Zeitg. 1894. 9. 876.
[3]) Chem. Rev. üb. d. Fett- u. Harz-Ind. 1901. 8. 202
[4]) Zeitschr. f. Unters. d. Nahrungs- u. Genußm. 1902. 5. 1150.
[5]) Zeitschr. f. Unters. d. Nahrungs- u. Genußm. 1902. 5. 691.
[6]) Zeitschr. f. Unters. d. Nahrungs- u. Gennßm. 1903. 6. 411.
[7]) Südd. Apoth.-Zeitg. 1901. 41. 824.
[8]) Journ. Pharm. Chim. 1901. [6.] 13. 57.

Baudouinsche Furfurolsalzsäurereaktion und die Soltsiensche Zinnchlorürreaktion (siehe Sesamöl) dienen. Da aber die erstgenannte Reaktion viel empfindlicher als letztere ist, so kann man, nach einem Vorschlage von Schnell, Öle, welche die Baudouinsche Reaktion noch geben, dagegen gegen das Soltsiensche Reagens unempfindlich bleiben, als nur zufällig verunreinigt ansehen. Die Soltsiensche Reaktion läßt noch die Gegenwart von $1^0/_0$ und etwas weniger Sesamöl erkennen.

Dagegen ist nach Soltsien die Kontrolle der Baudouinschen Reaktion mit ihrer Modifikation von Milliau, welcher die Fettsäuren zur Furfurolsalzsäurereaktion verwendet, nicht durchführbar, wenn es sich um kleine Mengen Sesamöl handelt, da zur Abscheidung der Fettsäuren wohl Säure im Überschuß verwendet wird und der die Reaktion bedingende Stoff in verdünnten Mineralsäuren, Essigsäure und anderen Säuren löslich ist.

$1^0/_0$ Sesamöl ist allerdings auch nach Milliau noch deutlich nachweisbar.

Auch die Zinnchlorürreaktion ist zur Prüfung der Fettsäuren nicht zu verwenden, da Zinnchlorür auf die Fettsäuren sehr häufig unter starker Bräunung einwirkt. Dieser Übelstand macht sich auch bei alten Ölen, welche viel freie Fettsäuren enthalten, bemerkbar.

Mohnöl ist durch das erhöhte spezifische Gewicht und die erhöhte Jodzahl nachweisbar.

Baumwollsamenöl ist durch die bei diesem Öle angegebenen Spezialreaktionen und durch den erhöhten Schmelzpunkt der Fettsäuren zu erkennen.

Rüböl erniedrigt die Verseifungszahl des Arachisöles und den Erstarrungspunkt seiner Fettsäuren.

Verwendung. Das Öl erster Pressung wird als Speiseöl und in der Margarinefabrikation benützt. Das Öl zweiter Pressung ist vornehmlich als Leuchtöl verwendbar. Die dritte Pressung liefert ein Nachlauföl, welches gleich dem extrahierten in der Seifenfabrikation verarbeitet wird. Die weiche Marseillerseife wird fast ausschließlich aus Arachisöl hergestellt. In säurefreiem Zustande kann das Arachisöl auch als Schmiermittel verwendet werden.[1]

Arachismargarin, Margarin d'arachide.

Es wird durch Abpressen in der Kälte aus Arachisöl erhalten: Eine von Wijs untersuchte Probe zeigte einen Schmelzpunkt von $21 \cdot 5^0$ C. und eine Jodzahl $79 \cdot 4$.

---

[1] Chem. Rev. üb. d. Fett- u. Harz.-Ind. 1902. 9. 268; 1903. 10. 38; nach einem Berichte des amerikanischen Generalkonsuls in Marseille.

13. Californisches Muskatöl.[1])

*Huile de noix de Californie. — Californian nutmeg oil. — Olio di
Noci di California.*

Spez. Gew. bei 15° C.	Verseifungs- zahl	Jod- zahl	Temperaturerhöhung bei der Maumenéschen Probe	Brechungs- index	Beobachter
0·9072	191·3	94·7	77°	1·4766	Blasdale

Fettsäuren.

Schmelzpunkt	Beobachter
19° C.	Blasdale

Dieses Öl wird aus den Früchten von Tumion californicum gewonnen.

Die Elaïdinmasse ist braun gefärbt.

14. Teesamenöl.

Huile de thé. — Tea seed oil. — Olio di té.

	Spez. Gew. bei	Erstarrungs- punkt	Versei- fungszahl	Jod- zahl	Hehner- Zahl	Beobachter
	15°C. 0·917—0·927	— 5° C.	—	—	—	Schädler
	„ 0·920	— 12° C.	194	88	91·5	Itallie[2])
	—	—	195·5	—	—	Davies[3])
Aus Japan	20°C. 0·9110	—	188·3	88·9	—	Wijs

Fettsäuren.

Schmelzpunkt	Säurezahl	Mittleres Mol.-Gew.	Jodzahl	Beobachter
10°—11° C.	195·9	286	90·8	Wijs

Dasselbe stellt ein gelbes dem Olivenöl ähnliches Öl vor, welches
in den Samen der Teepflanze, Camellia theifera, zu 30—45% enthalten
ist, aus denselben durch Pressen gewonnen wird, einen eigentümlichen
aromatischen Geruch und einen mehr oder weniger scharfen, manchmal
süßlichen, etwas zimtartigen Geschmack besitzt.

Eine aus Japan stammende, von Wijs[4]) untersuchte Probe hatte
8·07% freie Säure, als Ölsäure berechnet.

Es gibt eine dem Olivenöl ähnliche Elaïdinreaktion.

Das durch Pressen gewonnene Öl enthält Saponin und kann daher
nicht direkt als Speiseöl Verwendung finden; dagegen ist nach Weil[5])
das durch Extraktion gewonnene Öl frei von Saponin.

---

[1]) Blasdale, Journ. Americ. Chem. Soc. 1895. 17. 935.
[2]) Journ. Soc. Chem. Ind. 1894. 13. 79. — Mann, Oil, Paint and Drug Rep.
Bd. 60. Nr. 15.
[3]) Davies u. Holmes, Chem. Rev. üb. d. Fett- u. Harz-Ind. 1895. 2. 5.
[4]) Zeitschr. f. Unters. d. Nahrungs- u. Genußm. 1903. 6. 492. — Chem. Rev.
üb. d. Fett. u. Harz-Ind. 1903. 10. 180.
[5]) Arch. d. Pharm. 1901. 239. 363.

Das Öl wird in China auch als Brennöl und zur Seifenfabrikation verwendet.

Dem Teesamenöle nahestehend ist das Öl aus den Samen von Camellia oleifera.

Die Samen des steinfruchttragenden Teestrauches, Camellia drupifera *Lour*[1]) enthalten 28—35$^0/_0$ eines nichttrocknenden Öles mit der Jodzahl 68·0, und dem spezifischen Gewichte 0·980. Es dreht das polasierte Licht im 200 mm Rohr um 1·8° nach rechts.

15. Strophantusöl.

Huile de Strophante. — Strophantus seed oil. — Olio di strofanto.

Spez. Gew. bei	Erstarrungspunkt	Schmelzpunkt	Verseifungszahl	Jodzahl	Reichert-Meißlsche Zahl	Beobachter
15° C. 0·9249	— 6° C.	+ 2° C.	194·6	101·6	0·9	Bjalobrsheski
13° C. 0·9254	—	—	187·9	73·02	0·5	Mjoën

Fettsäuren.

Schmelzpunkt	Beobachter
30·2° C.	Bjalobrsheski

Dieses Öl wird aus den Samen von Strophantus hispidus *DC.*, einer Apocynacee, gewonnen, von welchen eine Probe 12·8$^0/_0$ Öl durch Pressen und weitere 9·2$^0/_0$ durch Extraktion mit Äther lieferte. Es ist ziemlich dickflüssig und im auffallenden Lichte bräunlichgrün, im durchgehenden gelbbraun gefärbt. Der Geruch ist eigentümlich narkotisch.

Es besteht nach Mjoën[2]) hauptsächlich aus den Glyceriden der Ölsäure, Stearinsäure und Arachinsäure. Außerdem enthält es eine kleine Menge eines flüchtigen Öles, Phytosterin und eine geringe Menge flüchtiger Fettsäuren (darunter Ameisensäure?). Die von Bjalobrsheski[3]) gefundene Jodzahl (101·6) würde jedoch auf eine wesentlich andere Zusammensetzung hinweisen.

Dem Sonnenlichte ausgesetzt, bleicht es sehr schnell. In Alkohol ist es wenig, in Äther, Chloroform und Petroläther leicht löslich.

Eine von Bjalobrsheski untersuchte Probe besaß eine Säurezahl 24·3, entsprechend 12·2$^0/_0$ freier Fettsäuren als Ölsäure berechnet.

16. Divikaduroöl.

Aus den Samen der Evaäpfel, den sehr giftigen Früchten von Tabernaemontana dichotoma *Roxb.*, einer Apocynacee; es wird zu Einreibungen benützt.

---

[1]) Pottier, Les nouveaux remèdes 1900. 16. 121.
[2]) Arch. d. Pharm. 1894. 234. 283.
[3]) Pharm. Journ. 1901. 40. 199.

17. Pistacienöl.[1])

Huile de pistache. — Pistachio oil. — Olio di pistacchio.

Spez. Gew. bei 15°C.	Erstarrungs-punkt	Verseifungs-zahl	Jodzahl	Temperaturerhöh. bei der Maumené-schen Probe	Beobachter
0·9185	—8° bis —10° C.	191·0–191·6	86·8–87·8	44·5°—45°	De Negri u. Fabris

Fettsäuren.

Erstarrungspunkt	Schmelzpunkt	Jodzahl	Beobachter
13°—14° C.	17°—20° C.	88·9	De Negri u. Fabris

Dieses Öl wird aus den Samen der echten Pistacie, Pimpernuß, Terebinthe, Pistacia vera *L.*, einer Anacardiacee, erhalten; das gepreßte Öl ist goldgelb, das extrahierte grün gefärbt. Alkohol entzieht dem letzteren einen Teil der färbenden Substanz.

Es wird bei der Konfitürenerzeugung verwendet.

Die Samen des Mastixbaumes, Pistacia lentiscus *L.*, liefern gleichfalls ein fettes Öl.

18. Acajouöl.[2])

Huile de noix de Caju. — Cashew apple oil.

Spez. Gew.	Verseifungszahl	Jodzahl	Beobachter
0·916	—	—	Schädler
—	179·5—180·2	60·6	Niederstadt

Die Samen des Cachou- oder Acajoubaumes, Anacardium occidentale *L.* (= Acajuba occidentalis *Gaertn.* = Cassuvium pomiferum *Lam.*), einer Anacardiacee, enthalten 40—50% eines goldgelben Öles, von süßlichem, dem des Mandelöles ähnlichem Geschmack. Es zeigt bei gewöhnlicher Temperatur kristallinische Ausscheidungen, welche sich beim Erwärmen lösen.

Eine von Niederstadt untersuchte Probe zeigte einen Säuregehalt von 30·81% (als Ölsäure berechnet), wohl ein Ausnahmefall, der auf das Alter dieser Probe zurückzuführen ist, da das Acajouöl in Brasilien schon seit Jahrhunderten als Speiseöl Verwendung findet.

19. Rhus-glabra-Öl.[3])

Durch Extraktion mit Äther wird aus den geschälten und gepulverten Samen von Rhus glabra, Gattung der Anacardiaceen, ein hellgelbes, leichtflüssiges, optisch aktives Öl erhalten, das einen eigenartigen Geruch und angenehmen Geschmack besitzt.

---

[1]) De Negri u. Fabris, Zeitschr. f. analyt. Chem. 1894. 33. 565.
[2]) Niederstadt, Ber. d. deutsch. pharm. Ges. 1902. 12. 144.
[3]) G. B. Frankforter u. A. W. Martin, Americ. Journ. Pharm. 1904. 76. 151.

Rhus-glabra-Öl.

	Spez. Gew. bei	Erstarrungspunkt	Verseifungszahl	Jodzahl	Brechungsindex
Fett aus den geschälten Samen	0°C. 0·9312 20°C. 0·9203	} —24°C.	194·7—195·3	85·96—87·86	0°C. 1·48821 15°C. 1·48228
Fett aus den mit Wasser ausgezogenen getrockneten Samenschalen	20°C. 0·9412 35°C. 0·933	} —	179·7	87·2	—

Es ist ein nichttrocknendes Öl, in fast allen organischen Lösungsmitteln löslich und hat ein eigenartiges Absorptionsspektrum.

Der Glyceringehalt wurde zu 8·95 und 9·28% festgestellt.

Die unverseifbaren Bestandteile bestehen vermutlich aus einem höheren, einwertigen Alkohol aus der Gruppe der Cholesterine.

Das Fett der Samenschalen ist von dem eben beschriebenen verschieden. Es wird aus den mit Wasser ausgezogenen und getrockneten Schalen mit Äther in einer Menge von 8·5% gewonnen, und stellt ein schwarzes, bei gewöhnlicher Temperatur halbfestes Öl vor.

Es läßt sich durch Aceton in 2 verschiedene Öle trennen: ein in Aceton lösliches (ca. 80%) hellgelbes, mit dem Samenöl jedoch nicht identisches, und in ein in Aceton unlösliches, schwarzes, halbfestes Öl.

Das Unverseifbare des Schalenöles ist ein einwertiger Alkohol vom Schmelzpunkte 63·5°—64°C., nicht identisch mit dem unverseifbaren Bestandteil des Samenöls.

20. Haselnußöl.

Huile de noisette. — Hazelnut oil. — Olio di nocciuole.

Dieses aus den Haselnüssen, den Früchten des gemeinen Haselstrauches, Corylus avellana *L.*, Gattung der Betulaceen, gewonnene Öl ist goldgelb, durchsichtig und hat den spezifischen Geruch der Haselnüsse.

Spez. Gew. bei 15° C.	Erstarrungspunkt	Verseifungszahl	Jodzahl	Hehner-Zahl	Reichert-Meißlsche Zahl	Temperaturerhöhung bei d. Maumenéschen Probe	Beobachter
0·9243	— 17° C.	—	—	—	—	—	Schädler
0·9170	—	—	—	—	—	—	Massie
0·9146	—	197·1	88·5	—	—	—	Filsinger[1]
0·9170	—	192·8	86·3—86·9	—	—	35—36°	De Negri u. Fabris[2]
0·9164	—	191·4	83·2	—	—	—	Soltsien[3]
—	— 20° C.	—	88	—	—	38°	Girard
0·9169	—	193·7	90·2	95·6	0·99	36·2°	Hanus[4]
—	—	—	83·9	—	—	—	Tortelli u. Ruggeri
—	—	190·9	—	—	—	—	Tortelli u. Pergami[5]

---

[1]) Chem. Zeitg. 1892. 16. 792.
[2]) Zeitschr. f. analyt. Chemie 1894. 33. 558.
[3]) Chem. Zeitg. Rep. 1893. 17. 222; nach Pharm. Zeitg. 1893. 38. 480.
[4]) Chem. Zeitg. Rep. 1899. 23. 226.
[5]) Chem. Rev. üb. d. Fett- u. Harz-Ind. 1902. 9. 183.

Fettsäuren.

Erstarrungspunkt	Schmelzpunkt	Säurezahl	Verseifungszahl	Mittleres Mol.-Gew.	Jodzahl	Jodzahl der flüssigen Fettsäuren	Beobachter
9° C.	17° C.	—	—	—	—	—	Soltsien
—	25° C.	—	—	—	—	—	Girard
—	22—24° C.	—	—	—	90·1	—	De Negri u. Fabris
—	—	200·6	—	279·7	90·6	91·3	Hanus
—	—	197·6	199·7	280·9	—	—	Tortelli u. Pergami
—	—	—	—	—	—	97·6	Tortelli u. Ruggeri

Es besitzt eine dem Olivenöl ähnliche Zusammensetzung und liefert eine weiße, feste Elaïdinmasse. Nach Schädler enthält es eine kleine Menge Arachin, was noch der Bestätigung bedarf. Die Untersuchungen von Hanus ergaben einen Gehalt von

$$85\ \%\ \text{Ölsäure}$$
$$9\ ,,\ \text{Palmitinsäure}$$
$$1\ ,,\ \text{Stearinsäure.}$$

Die hohe Jodzahl der flüssigen Fettsäuren, welche Tortelli und Ruggeri beobachtet haben, läßt jedoch auch auf die Gegenwart stärker ungesättigter Säuren schließen.

Hanus fand $0·5\,\%$ unverseifbare Substanz im Haselnußöl.

Filsinger fand in einer Probe die Säurezahl $3·2$, Tortelli und Pergami konstatierten in einer anderen Probe die Säurezahl $0·18$ (entsprechend $1·61$ resp. $0·09\,\%$ freier Ölsäure).

Eine Verfälschung mit Olivenöl gibt sich durch den erhöhten Erstarrungspunkt zu erkennen.

Es wird als Speiseöl und in der Parfümerie verwendet, seines hohen Preises wegen aber meist durch Süßmandelöl ersetzt. Nach Filsinger wird es auch der Schokolade zugesetzt.

21. Olivenöl.

Baumöl, Provenceröl, Aixeröl, Jungfernöl. — Oleum Olivarum. — Huile d'olive de Provence. — Olive, Sweet, Salad, Virgin oil. — Olio d'oliva.

Das Olivenöl wird aus dem Fleische der Frucht des Ölbaumes (Olea europaea *L.*), Familie der Oleaceen, gewonnen. Die Olivenkultur wird im südlichen Europa, besonders in Italien und Südfrankreich, in sehr großem Maßstabe betrieben. Aber auch im nördlichen Afrika (Marokko) und in Amerika, z. B. in Californien, ist die Olivenzucht eine sehr bedeutende, und in Ostindien haben Veredlungsversuche der wilden Olive sehr gute Resultate ergeben.

Die Oliven enthalten im Fruchtfleische $20—70\,\%$ Öl.

Dieses wird ihnen durch fraktioniertes Pressen, d. h. durch schwaches und stärkeres, kaltes und warmes Pressen entzogen. Manchmal wird mit dem Pressen eine Art Schlemmprozeß in sog. Pastenmühlen kombiniert. Die Preßrückstände werden zu diesem Zwecke mit Wasser zu einer Paste angerieben und diese durch Schlämmen mit Wasser in Bassins

Olivenöl.

	Spezifisches Gewicht bei	Erstarrungs- punkt ° C.	Verseifungs- zahl	Jodzahl	Hehner- Zahl	Reichertsche Zahl	Acetylzahl	Temperatur- erhöhung bei d. Maumené- schen Probe	Spezifische Reaktions- temperatur	in Zeiß' Butter- refrak- tometer	im Oleo- refrakto- meter	Bre- chungs- index	Beobachter
—	12° C. 0·9192 15° C. 0·9177 25° C. 0 9109 50° C. 0·8932 94°C.0·8625—0·8632	—	—	—	—	—	—	—	—	—	—	—	Saussure
Bestes	15° C. 0·9178	—	—	—	—	—	—	—	—	—	—	—	Gallipoli
—	„ 0·9196	—	—	—	—	—	—	—	—	—	—	—	Clarke
—	15° C. 0·914—0·917 15·5°C.0·914—0·917	—	191—196	—	—	—	—	41° bis 43°	—	—	—	—	Allen
Jungfernöl Ordinäres	15° C. 0·9163 „ 0·9160	—	—	—	—	—	—	—	—	—	—	—	Pariser Lab.
Italienisches 70 Proben	15° C. 0·916—0·918	—	185(?)—196	zumeist 82	—	—	—	32° bis 37°	—	—	—	—	De Negri und Fabris
Jungfernöl	„ 0·915—0·9175	—	188—196	82—85	—	—	—	—	—	bei 25°C. 62 bis 62·5	—	—	Benedikt und Wolfbauer
Gewöhnliches	„ 0·9161—0·9181	—	189·5—196	zumeist 83	—	—	—	—	—	—	—	—	Ulzer
Dalmatinisches	„ 0·915—0·917	—	187·1—195·8	80·7 bis 91·5	—	—	—	—	—	—	—	1·4703	Guozdenovič
Indisches	15·5°C. / 15·5°C. 0·9203 (?)	—	190·9	93·67(?)	95·14	0·3	—	—	—	bei 40°C. 56·4	—	bei 40°C. 1·4635	Crossley und Le Sueur
Gelbgrünes Blasses Dunkles	18° C. 0·9144 „ 0·9163 „ 0·9199	—	—	—	—	—	—	—	—	—	—	—	Stilurell
—	20° C. 0·9127	—	—	—	—	—	—	—	—	—	—	—	Long
Provenceröl Baumöl	23° C. 0·912—0·914 —	—	188·7—203·0 196—206 (?)	81·6 bis 84·5	—	—	—	—	—	—	—	—	E. Dieterich
—	100° C. 0·8640	—	191—193	82—83	—	—	—	—	—	—	—	bei 60°C. 1·4548	Thörner
—	—	Beginnt bei +2° C. sich zu trüben, setzt bei —6° C. 28% Stearin ab	—	—	—	—	—	—	—	—	—	—	Chateau
—	—	—	191·8	—	—	—	—	—	—	—	—	—	Köttstorfer
—	—	—	191·7	—	—	—	—	—	—	—	—	—	Valenta
—	—	—	185·2 (?)	83·0	—	—	—	—	—	—	—	—	Moore
—	—	—	190·5—195	79 bis 83·2	—	—	—	—	—	—	—	—	Oliveri

38 Proben	15°C.0·9157—0·9173	—	189·4—193·3	80·0 bis 86·1	—	—	—	—	—	—	—	—	Eisenstein
—	—	—	187·4—197·9	78·3 (?) bis86·04	—	—	—	—	—	—	—	—	K. Dieterich
—	—	—	—	—	95·43	—	—	—	—	—	—	—	West-Knights
—	—	—	—	—	—	0·3	—	—	—	—	—	—	Medicus und Scheerer
—	—	—	—	—	—	—	—	42	—	—	—	—	Maumené
—	—	—	—	—	—	—	—	41—45	—	—	—	—	Archbutt
—	—	—	—	—	—	—	—	40	—	—	—	—	Baynes
—	—	—	—	—	—	—	—	—	—	bei 25°C. 62 bis 62·8	—	—	Mansfeld
—	—	—	—	—	—	—	—	—	—	—	—	bei 15°C. 1·4698	Strohmer
—	—	—	—	—	—	—	—	—	—	—	—	bei 20°C. 1·4670 bis 1·4705	Holde
—	—	—	—	—	—	—	—	—	—	—	0 bis +2	—	Jean
Italienisches Baumöl 18 Proben	15°C.0·9155—0·9180	—	189·6—192·0	79·2 bis 86·1	—	—	—	39·6 bis 49·1	95·6 bis 104·7	b.15·5°C. 67·3 bis 68·5	—	bei 15·5°C. 1·4703 bis 1·4713	Tolman und Munson
Californisches 33 Proben	„ 0·9162—0·9180	—	189·3—194·6	78·5 bis 89·8	—	—	—	38 bis 52·1	94·5 bis 109·7	b.15·5°C. 66·9 bis 69·2	—	bei 15·5°C. 1·4703 bis 1·4718	
Französisches	„ 0·9169—0·9172	—	—	—	—	—	—	—	—	—	—	—	Milliau
Tunesisches	„ 0·9170—0·9196	—	—	—	—	—	—	—	—	—	—	—	
Californisches	„ 0·9140—0·9185	—	—	—	—	—	—	—	—	—	—	—	Colby
Californisches 11 Proben	„ 0·9161—0·9174	—	—	—	—	—	—	—	—	—	—	—	Blasdale
Marokkanisch. aus schwarzen Oliven	15° C. 0·9175	—	193·35	91·40 bis91·70	—	—	—	—	—	—	—	—	Ahrens u. Hett
aus grünen Oliven	„ 0·9170	—	194·10	87·45 bis87·87	—	—	—	—	—	—	—	—	
—	—	—	—	—	—	—	—	44	—	—	—	—	Tortelli
—	15°C.0·9144—0·9161	—	190·7—195·6	83·20 bis 89·1	—	—	—	—	—	bei 25°C. 59·7 bis 62·2	—	—	Thomson und Dunlop
—	„ 0·91736	—	194·0	84·9	95·8	0·86	7·1	47·3	—	bei 25°C. 62·6	—	—	Henseval u. Deny
Algerisches 14 Proben	„ 0·9145—0·9169	—2° bis +4°C.	—	79 bis 89·9	95·5	—	—	—	—	—	—	—	Dugast
—	—	—	—	—	—	—	—	—	—	bei 20°C. 64·5	—	bei 20°C. 1·4688	Utz
—	—	—	—	85·0 (n. Wijs)	—	—	—	—	—	—	—	—	Visser
6 Proben	—	—	—	82·0 bis 86·6	—	—	—	—	—	—	—	—	Wijs
—	—	—	—	—	—	—	—	—	—	—	—	bei 20°C. 1·4687 bis 1·4693	Harvey

Fettsäuren des Olivenöls.

	Spezifisches Gewicht bei	Erstarrungspunkt °C.	Schmelzpunkt °C.	Säurezahl	Verseifungszahl	Mittleres Molekular-Gewicht	Jodzahl	Jodzahl der flüssigen Fettsäuren	Acetylzahl	Brechungsindex	Beobachter
—	99° C. 15·5° C. 0·8430	21	23·98—26	—	—	279·4	—	—	—	—	Allen
—	100° C. 100° C. 0·8749	—	—	—	—	—	—	—	—	—	Archbutt
—	—	21·2	26	—	—	—	—	—	—	—	v. Hübl
—	—	nicht unter 22	26·5—28·5	—	—	—	—	—	—	—	Bach
—	—	23·5 bis 24·6	26—28·5	—	—	—	—	—	—	—	E. Dieterich
—	—	17—22	24—27	—	—	—	—	—	—	—	De Negri u. Fabris
—	—	21—22	26—28	—	193	—	87—88	—	—	bei 60°C. 1·4410	Thörner
—	—	—	22	—	—	—	—	—	—	—	Pariser Labor.
—	—	—	Anfang des Schmelzens: 23—24 Ende: 26—27	—	—	—	—	—	—	—	Bensemann
—	—	—	—	—	197·1	284·1	—	—	4·7	—	Benedikt u. Ulzer
—	—	—	—	—	—	286	90·2	—	—	—	—
—	—	—	—	—	—	—	86·1	—	—	—	Morawski und Demski
Californisches	—	—	19·2—31·0	—	—	—	—	88·9 bis 99·6	—	—	Tolman und Munson
Italienisches	—	—	21·6—29·3	—	—	—	—	89·8 bis 98·4	—	—	
—	—	21·2	26·7	200·0	210·6	—	87·7	—	10·75	—	Henseval u. Deny
Algerisches	—	21—27	—	—	—	—	—	—	—	—	Dugast

in die schwereren und in die ölhaltigen leichteren Bestandteile getrennt.
Die letzteren werden gesammelt und gepreßt.[1])

Häufiger ist jedoch die Extraktion der Rückstände, welche noch
10—16 % Öl enthalten, mit Schwefelkohlenstoff. In neuerer Zeit wird auch
hier, wie allgemein zur Ölextraktion, Tetrachlorkohlenstoff vorgeschlagen.

An manchen Orten läßt man die Oliven vor dem Pressen einen
Gärungsprozeß durchmachen, wodurch man zwar eine größere Ausbeute
an Öl, aber ein viel freie Säure enthaltendes Öl erhält.

Die Öle werden dadurch weiter gereinigt, daß man sie der Ruhe
überläßt, wodurch sich Verunreinigungen zu Boden setzen können, und
dann filtriert. Technische Öle können vorher auch mit Schwefelsäure
behandelt werden.

---

[1]) Ber. d. General-Konsuls R. P. Skinner, Oil, Paint and Drug. Rep. 1903. —
Chem. Rev. üb. d. Fett- u. Harz-Ind. 1903. 10. 188.

Es kommen sehr verschiedene Sorten Olivenöl in den Handel, deren Güte von sehr vielen Umständen abhängig ist, so von der Varietät der Oliven, dem Grade der Reife, der Art des Einsammelns, der Art der Gewinnung, der Stärke des Pressens usw.

Die feinste Sorte stammt von der ersten, ganz schwachen Pressung und heißt Jungfernöl (huile vierge). Daran reihen sich das Provencer- und Aixeröl. Diese Sorten werden als Speiseöle benützt. Durch stärkeres oder warmes Auspressen erhält man das Baumöl, dessen bessere Qualitäten noch als Speiseöl, dessen schlechtere als Brennöl, in der Seifenfabrikation usw. verwendet werden.

Verschiedene aus den Preßrückständen gewonnene Produkte werden Lavatöle (Olio lavato), Nachmühlenöle, Höllenöle (huile de l'enfer), Sottochiari usw. genannt.

Tournantöl ist ein aus vergorenen Oliven dargestelltes Produkt, welches viel freie Säure enthält und dadurch die Fähigkeit erhalten hat, beim Schütteln mit Sodalösung eine sehr vollständige Emulsion zu geben, die sich auch bei längerem Stehen nicht trennt.

Die durch Extraktion mit Schwefelkohlenstoff gewonnenen Öle führen den Namen Sulfuröle (Olio sulfurico).

Die Farbe des reinen Olivenöles schwankt zwischen farblos und goldgelb; zuweilen ist es von Chlorophyll grün gefärbt. Nach Tolomei[1] ist im Fleisch der Oliven ein „Olease" genanntes Enzym enthalten, welches bei Gegenwart von Sauerstoff die sog. Gärung der Oliven hervorruft. Die Olease geht auch in das Olivenöl über und bewirkt, daß das Öl unter Abscheidung gefärbter Massen sich fast völlig entfärbt.

Die Wirkung der Olease wird durch Belichtung sehr gefördert. Wird durch Schütteln mit Wasser dem Öle die Olease entzogen, so behält dieses auch im Lichte seine Farbe bei.

Der Geschmack des reinen Olivenöles ist mild und angenehm, nur einzelne Sorten, wie beispielsweise die Öle von Puglia, besitzen auch in frischem Zustande einen bitteren, kratzenden Geschmack, der aber nach einigem Stehen verschwindet. Diese Öle sollen nach Canzoneri[2] neben Camphenen, welche den Geruch bedingen, ein flüchtiges, zum großen Teile aus Eugenol bestehendes Öl, ferner Brenzcatechin (?), Gallussäure, Tannin und einen Körper enthalten, welcher mit Ammoniak eine rote und mit Eisenchlorid eine violette Färbung gibt.

Zusammensetzung. Olivenöl enthält bis zu ca. 28 $^0/_0$ fester Glyceride, unter denen das der Palmitinsäure vorherrscht. Tolman und Munson fanden jedoch in californischen Ölen (38 Proben) nur 2·02—12·96 $^0/_0$, in italienischen Ölen (18 Proben) 5·01—17·72 $^0/_0$ fester Fettsäuren.

Nach Milliau enthalten die tunesischen Öle mehr feste Triglyceride als die europäischen.

Die Gegenwart des Stearinsäuretriglycerides wird von Hehner und Mitchell[3] in Abrede gestellt. Außerdem enthält das Olivenöl kleine

---

[1] Atti Acc. d. Lincei, 1896. [5.] 5. I. 122.
[2] Gaz. chim. ital. 1897. 27. II. 1.
[3] The Analyst 1896. 21. 328.

Mengen von Arachin und nach Holde und Stange[1]) etwa $1^1/_2$ % eines festen, gemischten Glycerides mit der Verseifungszahl 196·1 und der Jodzahl 30, welches vielleicht als Oleodimargarin anzusprechen ist. Die flüssige Fettsäure dieses gemischten Glycerides wurde als Ölsäure erkannt, und für die feste Fettsäure wurde die Formel $C_{17}H_{34}O_2$ festgestellt.

Die etwa 72 % betragenden Triglyceride flüssiger Fettsäuren wurden lange Zeit für reines Triolein gehalten. Hazura und Grüßner haben jedoch nicht unbeträchtliche Mengen Linolsäure (ca. 6 %) im Olivenöl aufgefunden. Nur dadurch erklärt sich auch die hohe Jodzahl des Olivenöles. Da Triolein 86·2 % Jod addiert, müßte die Jodzahl des Öles bei einem Oleïngehalt von 72 % 62·0 sein, sie ist aber statt dessen im Mittel 82·8.

Der Gehalt an flüchtigen Fettsäuren als Ölsäure berechnet beträgt nach Dugast[2]) 0·18—1·69 %.

Der unverseifbare Anteil des Olivenöles, welcher von Thomson und Ballantyne in zwölf Proben zwischen 1·04 und 1·42 %, von Thomson und Dunlop[3]) in fünf Proben zwischen 1·24 nnd 1·62 %, von Huwart[4]) zwischen 0·7 und 0·8 % gefunden wurde, besteht nicht, wie lange Zeit angenommen wurde, zum größten Teile aus Cholesterin, sondern, wie Bömer, Soltsien[5]) und auch Gill und Tufts[6]) gezeigt haben, aus Phytosterin.

Sani[7]) fand im unverseifbaren Anteil neben Phytosterin ein noch nicht näher untersuchtes Öl, unlöslich in Wasser und verdünntem Alkohol, löslich in absolutem Alkohol besonders in der Wärme, sehr leicht löslich in Äther, Benzin und Schwefelkohlenstoff.

Salkowski konstatierte in einem Olivenöl 1·17, Rechenberg 1·66 % und Crossley und Le Sueur 1·27 % freier Fettsäuren auf Ölsäure berechnet. Nach Allen enthalten die Olivenöle 2·2—25·1, im Mittel 8·05 % freier Fettsäuren, während Nördlinger drei Sorten mit 3·87—27·16, im Mittel mit 12·97 % zur Untersuchung bekam. Thomson und Ballantyne konstatierten in 11 Proben 3·86—11·28 %, Thomson und Dunlop in 12 Proben 0·36—16·61 % freier Fettsäuren, und Ulzer fand in 18 Proben weniger als 5 %, in 51 Proben 5—10 %, in 30 Proben 10—15 %, in 5 Proben 15—20 %, in 2 Proben 20—25 % und in einer Probe 36 % auf Ölsäure berechneter, freier Fettsäuren. Nach Allen sind Olivenöle mit mehr als 5 % freier Fettsäuren als Maschinenschmieröle unbrauchbar. Der Ölverband der österreichischen Baumwollspinner verlangt jedoch, daß die Säurezahl der zu Schmierzwecken zu benützenden Öle nicht über

---

[1]) Ber. d. deutsch. chem. Ges. 1901. 34. 2402. — Mitt. Techn. Vers-Anst. Charlottenburg 1901. 18. 115.

[2]) Rev. Chim. pure et appl. 1904. 7. 25.

[3]) The Analyst 1906. 31. 281. — Chem. Rev. üb. d. Fett- u. Harz-Ind. 1906. 13. 280.

[4]) Les Corps gras ind. 1904. 30. 194.

[5]) Zeitschr. f. öffentl. Chem. 1901. 7. 184.

[6]) Journ. Amer. Chem. Soc. 1903. 25. 498.

[7]) Staz. sperim. agrar. ital. 1902. 35. 701.

16 liege, was einem Maximalgehalt von ca. 8·1 $^0/_0$ freier Fettsäure auf Ölsäure berechnet entsprechen würde.

Durch hohen Säuregehalt zeichnen sich die Öle jener Oliven aus, welche vor dem Pressen einer langen Lagerung, verbunden mit einer Gärung, ausgesetzt werden, und die Öle aus vergorenen Preßrückständen. Auch die Olivenöle aus Marokko sind aus diesem Grunde säurereich. Die Oliven werden daselbst nämlich in Haufen von 2—3 Meter Höhe geschichtet und mit Salz gemischt von der Reife ab (August—September) bis zum Januar der Gärung überlassen. Erst um diese Zeit wird mit dem Pressen begonnen.[1]) 2 Proben frischgepreßter marokkanischer Öle enthielten nach Ahrens und Hett 4·12 $^0/_0$ (aus schwarzen Oliven) resp. 5·81 $^0/_0$ (aus grünen Oliven) freier als Ölsäure berechneter Säure. Dieser Säuregehalt ist den oben angegebenen gegenüber eigentlich nicht als hoch zu bezeichnen. Dagegen fanden Thomson und Dunlop in einem marokkanischen Öle (Mogador) 24·72 $^0/_0$ freier Fettsäuren.

Verwendung. Die feinen Olivenöle werden als Speiseöle, die feinsten auch öfter in der Uhrenindustrie verwendet. So wird beispielsweise das erstklassige, sehr reine Öl von Montpellier, welches durch langes Lagern erhöhten Wert erhalten hat, in Amerika unter dem Namen „sweet oil" als Uhrenöl benützt. An dieser Stelle sei auch erwähnt, daß nur sehr reine Öle sich beim Lagern halten ohne ranzig zu werden.

Die größte Verwendung finden die technischen Öle in der Seifenindustrie, zu Schmier- und Brennzwecken, zur Herstellung von Türkischrotölen usw.

Physikalische und chemische Untersuchung des Olivenöles.

Die physikalischen und chemischen Eigenschaften des Olivenöles variieren natürlich mit der Qualität desselben. Hierzu kommt jedoch noch, daß einige Olivenöle, wie z. B. die tunesischen und californischen, in manchen ihrer Konstanten große Abweichungen von den normalen Werten zeigen, so daß dadurch die Grenzen, innerhalb welcher sich die chemischen und physikalischen Größen reiner Olivenöle bewegen, so weit werden, daß der Nachweis von Verfälschungen erschwert wird. Es wird daher immer nötig sein, eine größere Reihe der Konstanten zu bestimmen.

1. Das spez. Gew. des reinen Olivenöles ist bei 15° C. 0·914 bis 0·917, steigt aber bei heißgepreßten Baumölen, die mehr Palmitin enthalten, bis 0·920, ja selbst bis 0·925. Ranzige Öle haben nach Allen ein geringeres spezifisches Gewicht, je 5 $^0/_0$ freier Fettsäuren erniedrigen dasselbe um ca. 0·0007. Ist das spezifische Gewicht einer Sorte hellen Olivenöles größer als 0·917, so ist eine Verfälschung mit Sesamöl, Cottonöl oder Mohnöl wahrscheinlich, dagegen werden Zusätze von Arachisöl oder Rüböl durch die Dichtenbestimmung nicht angezeigt, weil die Unterschiede zu gering sind.

Zur Dichtenbestimmung des Olivenöles sind eigene Aräometer (Oleo-

---

[1]) C. Ahrens u. P. Hett, Zeitschr. f. öffentl. Chem. 1903. 9. 284. — Chem. Rev. üb. d. Fett- u. Harz-Ind. 1903. 10. 257

meter) konstruiert worden, so von Lefèbre, Gobley, Fischer, Langlet und anderen, die entweder die spezifischen Gewichte oder nach verschiedenen Prinzipien. berechnete Grade angeben. Bei einigen befinden sich· Marken an jenen Stellen der Skala, bis zu welchen das Aräometer in den wichtigsten Ölen einsinkt (s. auch S. 71 u. ff.).

Souchère[1]) glaubt mit Hilfe des Lefèbreschen Oleometers nicht nur Olivenöl von anderen Ölen unterscheiden zu können, sondern auch den Gehalt des Olivenöles an einem fremden Öle, wenn dessen Natur bekannt ist, quantitativ bestimmen zu können. Dies ist für Rüböl (Kolzaöl) und Erdnußöl gewiß unrichtig und auch für andere Öle sehr zweifelhaft. Trotzdem sei die von Souchère entworfene Tabelle hier angeführt.

Name des Öles	Spez. Gew. des reinen Öles	$^{10}/_{100}$	$^{20}/_{100}$	$^{30}/_{100}$	$^{40}/_{100}$	$^{50}/_{100}$
Olivenöl . . .	0·9153	—	—	—	—	—
Kolzaöl	0·9142	0·91519	0·91508	0·91497	0·91486	0·91475
Sesamöl	0·9225	0·91602	0·91674	0·91741	0·91818	0·91890
Cottonöl . . .	0·9230	0·91607	0·91684	0·91761	0·91838	0·91915
Erdnußöl . . .	0·9170	0·91547	0·91564	0·91581	0·91598	0·91615

Auf je 100 Teile Olivenöl sind 10, 20, 30, 40 und 50 Teile eines anderen Öles zugesetzt, und das spez. Gew. bei 15° C. ermittelt.

Im Pariser städtischen Laboratorium wird nach einer Mitteilung von Muntz das von Langlet konstruierte „Aréomètre thermique" zur Untersuchung von Olivenöl angewendet. Dasselbe ist so konstruiert, daß die Angaben der Spindel und des im Innern des Instrumentes befindlichen Thermometers in reinem Olivenöl bei jeder Temperatur gleich sind. Die beiden Angaben differieren jedoch voneinander, wenn das Öl verfälscht ist. Dadurch können schon kleine Zusätze von Sesamöl, Cottonöl, Mohnöl oder Hanföl erkannt werden, wogegen auch bedeutende Verfälschungen mit Erdnußöl und Rüböl übersehen werden können. Bei reinem Olivenöl beträgt der Fehler des Instrumentes, d. i. die Differenz zwischen Thermometer und Spindelangabe, nach Muntz im Maximum 1 Grad, liegt aber meist unter 0·5 Graden.

2. Erstarrungspunkt und Härte des erstarrten Olivenöles. Wie aus der Tabelle S. 565 u. ff. hervorgeht, erstarrt Olivenöl bei einer höheren Temperatur als die als Verfälschungen in Betracht kommenden Öle.

Der Härtegrad des erstarrten Olivenöles kann nach Serra Carpi[2]) zur Erkennung seiner Reinheit dienen, indem alle fremden Öle, sowie verfälschte Olivenöle eine weit geringere Härte besitzen. Die Prüfung wird in folgender Weise vorgenommen: Die Probe wird durch 3 Stunden auf — 20° C. gehalten, dann stellt man mit Hilfe einer geeigneten Vorrichtung ein zylindrisches, unten konisches Eisenstäbchen von 1 cm Länge

---

[1]) Monit. scient. 1897. 11. 791.
[2]) Zeitschr. f. analyt. Chem. 1884. 23. 566.

und 2 mm Durchmesser darauf und beschwert es, bis es vollständig einsinkt. Dazu war bei reinstem Olivenöl eine Belastung mit 1700 g, bei
weniger guten Sorten eine solche von nicht ganz 1000 g, bei Baumwollsamenöl nur eine von 25 g notwendig. Auch der Apparat von Legler
(S. 55) ließe sich hier verwenden. Nach Goldberg[1]) werden jedoch
bei der Untersuchung von Mischungen von Olivenöl mit Cottonöl durch
Bestimmung des Erstarrungspunktes des Öles keine guten Resultate erhalten.

3. Der Schmelzpunkt und der Erstarrungspunkt der Fettsäuren werden nach den S. 563 ff. gegebenen Daten Anhaltspunkte zur Entdeckung von Cotton- und Arachisöl in Olivenöl bieten, doch dürfte
es sich empfehlen, die gefundenen Werte nicht mit den in den Tabellen
enthaltenen zu vergleichen, sondern selbst noch Kontrollversuche mit
reinen Ölen durchzuführen. Für Mischungen von Olivenöl mit anderen
Ölen gab Bach folgende Schmelz- und Erstarrungspunkte der freien
Fettsäuren an:

Fettsäuren aus:	Schmelzpunkt:	Erstarrungspunkt:
Reinem Olivenöl	26·5⁰—28·5⁰ C.	Über 22 ⁰ C.
Olivenöl mit 20 % Sonnenblumenöl	24 ⁰ C.	„ 18 „
„ „ 20 % Cottonöl	31·5 „	„ 28 „
„ „ 33¹/₃ % Rüböl	23·5 „	„ 16·5 „

E. Dieterich findet dagegen, daß Zusätze von selbst 25 % nur mit
geringer Sicherheit zu erkennen sind und die Bestimmung demnach wenig
Wert hat, da hochprozentige Zusätze auf andere Weise leicht zu erkennen
sind. E. Dieterich macht folgende Angaben über die Schmelz- und Erstarrungspunkte von Fettsäuregemischen:

Fettsäuren aus:	Schmelzpunkt:	Erstarrungspunkt:
Olivenöl (Durchschnitt aus 19 Proben)	26⁰—28·5⁰ C.	23·5⁰—24·6⁰ C.
75 % Olivenöl 25 % Erdnußöl	29 ⁰ C.	26 ⁰ C.
75 „ „ 25 „ Cottonöl	30 „	27·3 „
75 „ „ 25 „ Sonnenblumenöl	25 „	20·5 „
75 „ „ 25 „ Sesamöl	28 „	25 „
75 „ „ 25 „ Leinöl	24·5 „	19·5 „
75 „ „ 25 „ Rüböl	23 „	19 „

Bemerkt sei noch, daß De Negri und Fabris[2]) bei der Untersuchung von 213 Proben von Olivenöl den Schmelzpunkt der Fettsäuren
bei gepreßten Ölen zwischen den Grenzen 24⁰ und 27⁰ C., und bei extrahierten Ölen zwischen den Grenzen 25⁰ und 29⁰ C. liegend fanden.
Die letzteren enthalten somit mehr Triglyceride fester Fettsäuren.

4. Das elektrische Leitvermögen des Olivenöles ist weit geringer
als das aller anderen Pflanzenöle, nach Rousseau 675 mal kleiner
als das des sonst schlechtest leitenden Öles, so daß die Prüfung des
elektrischen Leitvermögens einen sehr sicheren Schluß auf die Reinheit
der Probe ziehen läßt. Palmieri hat zu diesem Zwecke ein leicht zu
handhabendes „Diagometer" konstruiert.

---

[1]) Chem. Zeitg. 1897. 21. 304.
[2]) Zeitschr. f. analyt. Chem. 1894. 33. 548.

5. Olivenöl hat unter den in Betracht kommenden Pflanzenölen den kleinsten Brechungsexponenten (vgl. Tabelle auf S. 574 u. ff.), weshalb Leone und Longi[1]) vorschlagen, das Öl durch Bestimmung desselben auf seine Reinheit, namentlich auf Beimengungen von Baumwollsamenöl und Sesamöl zu prüfen.

Eine Anzahl von 106 Olivenölproben, welche von Oliveri[2]) mit Amagat und Jeans Oleorefraktometer untersucht wurden, ergaben zwischen 0 und 2 schwankende Ablenkungen. Die Ablenkungen der in erster Linie in Betracht kommenden, zu Fälschungszwecken benützten Öle zeigt die folgende Tabelle:

Baumwollsamenöl	18	Erdnußöl	7·5
Sesamöl	15·5	Mohnöl	28·5
Kolzaöl	26·5		

Nach derselben wird die Gegenwart von Erdnußöl sich nur dann konstatieren lassen, wenn der Zusatz 25 % überschreitet.

Mansfeld hat eine Anzahl von Ölen bei 25° C. mit dem Zeißschen Refraktometer geprüft und die folgenden Resultate gefunden:

	Refraktometeranzeige		Refraktometeranzeige
Olivenöl	62·0—62·8	Cottonöl	67·6—69·4
Arachisöl	65·8—67·5	Mohnöl	72—77
Sesamöl	67·0—68·2	Ricinusöl	41—44
Rüböl	68·0		

Freie Fettsäuren erniedrigen die Refraktionszahl, wie folgende Zahlen zeigen (Thomson und Dunlop[3]):

		Olivenöl aus Mogador	Olivenöl italienisch
	Gehalt an freien Fettsäuren	24·72 %	16·61 %
Refraktometeranzeige in Zeiß' Butterrefraktometer	vor Entfernung der freien Fettsäuren	60·50	59·70
	nach Entfernung der freien Fettsäuren	63·40	61·00

Weitere Angaben über die refraktometrische Untersuchung einer Reihe von Ölen s. S. 574 ff.

Dalmatinerolivenöle verhalten sich, wie Guozdenovič bei Untersuchung von 60 reinen Proben fand, etwas abweichend, indem für diese bei 50° C. in Zeiß Butterrefraktometer Refraktometeranzeigen zwischen 61·7 und 64·1 erhalten wurden.

6. Die Löslichkeitsverhältnisse des Olivenöles. Olivenöl kann von Ricinusöl und Olivenkernöl durch deren leichte Löslichkeit in Alkohol und Eisessig, von Rüböl, Rapsöl, Hederichöl durch

[1]) Gaz. chim. ital. 1886. 16. 393.
[2]) Staz. sperim. agrar. ital. 1893. 24. 387; durch Chem. Zeitg. Rep. 1893. 17. 180.
[3]) The Analyst 1906. 31. 281. — Chem. Rev. üb. d. Fett- u. Harz-Ind. 1906. 13. 280.

deren Verhalten gegen Eisessig (S. 580) unterschieden werden. Wie man das Verhalten der freien Fettsäuren gegen Alkohol-Essigsäure zu seiner Prüfung benützen kann, ist schon S. 579 erwähnt worden. Nachzutragen wäre hier nur noch, daß mit mindestens 25 °/$_0$ Cottonöl oder Sesamöl versetzte Olivenöle bei dieser Prüfungsmethode körnige Niederschläge geben, geringere Zusätze aber nicht kenntlich sind. Für Rüböl liegt die Grenze der Kenntlichkeit bei 50 °/$_0$. (S. auch die Prüfung auf Arachisöl.)

7. Babcock, Blasdale und zuletzt H. Abraham[1]) schlagen vor, die Viscosität von Seifenlösungen, welche aus einer gewissen Menge Öl verseift mit einer bekannten Menge Kalihydrat hergestellt worden sind, zur Erkennung von Olivenöl und seiner Verfälschungen zu benützen. Die Viscosität der aus Olivenöl hergestellten Seifenlösung ist sehr hoch, während die meisten zur Verfälschung herangezogenen ähnlich zusammengesetzten Öle, wie z. B. Lardöl, Seifenlösungen mit kleiner Viscosität geben. Über die Brauchbarkeit dieser ziemlich komplizierten Untersuchungsmethode liegen noch keine Urteile vor.

8. Die Verseifungszahl wird, wenn sie erniedrigt ist und Zusätze von unverseifbaren Substanzen nicht zugegen sind, mit Sicherheit nur auf die Gegenwart von Cruciferenölen, insbesondere Rüböl schließen lassen.

9. Die Jodzahl gibt ein ausgezeichnetes Mittel zur Erkennung reinen Olivenöles, indem fast alle zur Verfälschung gebrauchten Öle höhere Jodzahlen zeigen. Hübl fand die Jodzahlen von 20 Proben Olivenöl sehr übereinstimmend, nämlich zwischen 81·6—84·5 liegend, und De Negri und Fabris[2]) fanden die Jodzahlen von 203 untersuchten Olivenölen im Maximum mit 88.

Nach Dugast[3]) sinkt die Jodzahl bei belichteten oder auf 60° C. erhitzten Olivenölen, weshalb kaltgepreßte Öle eine höhere Jodzahl haben als heißgepreßte. (Dies kann aber auch auf den Umstand zurückgeführt werden, daß durch die heiße Pressung mehr hochschmelzende Triglyceride dem Preßgut entzogen werden.) Auch durch das Altern der Öle nimmt die Jodzahl ab (Pajetta[4]).

Vom Reifegrad und dem Orte des Wachstums der Pflanze wird die Jodzahl nur in geringem Maße beeinflußt, dagegen erheblich von der Varietät der Olive und der Herstellungsweise des Öles; bei gepreßten Ölen ist die Jodzahl entsprechend dem niedrigeren Schmelzpunkt der Fettsäuren, welchen solche Öle zeigen, eine höhere als bei den mit Lösungsmitteln extrahierten Ölen. Die aus dem Fruchtfleisch gepreßten Öle haben eine nur wenig niedrigere Jodzahl wie die samt den Kernen gepreßten Öle.

Was die Varietät der Olive anbelangt, so gibt es diesbezüglich Sorten, deren Öle stets Jodzahlen 85—88 besitzen. In Dalmatinerölen wurde

---

[1]) Journ. Amer. Chem. Soc. 1903. 25. 968. — Chem. Rev. üb. d. Fett- u. Harz-Ind. 1903. 10. 258.
[2]) Zeitschr. f. analyt. Chem. 1894. 33. 548.
[3]) Rev. Chim. pure et appl. 1904. 7. 25.
[4]) Gaz. chim. ital. 1905, 35. II. 53.

von Guozdenovič[1]) das Maximum der Jodzahl zu 91·5 gefunden. Insbesondere eine in Dalmatien vielfach kultivierte Varietät (Sitnice) zeigte Jodzahlen, welche an der oberen Grenze liegen.

Marokkanische Öle zeigen ebenfalls eine außergewöhnlich hohe Jodzahl, deren Maximum von Ahrens und Hett[2]) zu 91·7 gefunden wurde. Thomson und Dunlop[3]) fanden sogar die Jodzahl eines marokkanischen Öles (Mogador) zu 94·3 (nach Wijs).

Amerikanische Öle[4]) und unter diesen insbesondere californische Öle zeichnen sich im allgemeinen auch durch hohe Jodzahlen aus.

Von diesen Ausnahmsfällen abgesehen werden jedoch die Jodzahlen der Olivenöle 85 nicht übersteigen, so daß sich Zusätze von trocknenden Ölen bis zu 5 °/₀, und solche von Cotton-, Sesam-, Arachis- und Rüböl bis zu 15 °/₀ zumeist schon erkennen lassen.

Bemerkt sei hier noch, daß Lavendelöl, Rosmarinöl und Terpentinöl, welche häufig zu Denaturierungszwecken den Olivenölen in kleiner Menge zugesetzt werden, die Jodzahlen der Öle erhöhen (Bach).

Entsäuerte Öle, Sulfur- und Lavatöle zeigen im allgemeinen niedere Jodzahlen (Bach). Wird Olivenöl durch Abkühlen in die festen und flüssigen Glyceride getrennt, so zeigen diese beiden Anteile nicht sehr große Unterschiede in der Jodzahl (Goldberg[5]). Todeschini und Calderario[6]) fanden für den schwerer schmelzbaren Anteil einiger Olivenöle die Jodzahl zwischen 79·1 und 79·71 und für den leichter schmelzbaren zwischen 82·3 und 83·6 schwankend.

10.   Die Temperaturerhöhung beim Vermischen von Olivenöl mit konzentrierter Schwefelsäure nach Maumené (s. S. 617 ff.) kann insofern einen Anhaltspunkt über die Reinheit des Öles geben, als das Olivenöl im Vergleiche zu den meisten zu seiner Verfälschung angewendeten Ölen den niedrigsten Erhitzungsgrad aufweist. (Siehe auch Tabelle auf S. 619 ff.)

In der nachstehenden Tabelle sind die nach der ursprünglichen Maumenéschen Methode gefundenen sowie die durch das Tortellische Thermoleometer (s. S. 622)[7]) angezeigten Temperaturerhöhungen angeführt.

	Nach Maumené	Nach Tortelli
Olivenöl	{ 32—52·1 (?) } { meist um 40 }	44
Cottonöl	50 (?)—84	78·0
Sesamöl	63—68	71·3

---

[1]) Protokoll d. III. Vers. österr. Nahrungsmittelchemiker u. Mikroskopiker in Wien am 4. April 1897.

[2]) Zeitschr. f. öffentl. Chem. 1903. 9. 284. — Chem. Rev. üb. d. Fett- u. Harz-Ind. 1903. 10. 257.

[3]) The Analyst 1906. 31. 281. — Chem. Rev. üb. d. Fett- u. Harz-Ind. 1906. 13. 280.

[4]) Bach, Zeitschr. f. öffentl. Chem. 1897. 3. 169.

[5]) Chem. Zeitg. 1897. 21. 263.

[6]) L'Orosi 1898. 21. 331.

[7]) Boll. Chim. Farm. 1904. 43. 193. — Chem. Rev. üb. d. Fett- u. Harz-Ind. 1905. 12. 166.

	Nach Maumené	Nach Tortelli
Kolzaöl	} 49—92 (?) {	61·2
Rapsöl		60·8
Arachisöl	45·5—67	50·6
Traubenkernöl	52—54	73·6
Maisöl	56 (?)—86	82·0
Leindotteröl	117	103·2

11. Die **Elaïdinprobe** hat **Legler**[1]) so modifiziert, daß sie zur Untersuchung von Olivenölproben dienen kann. Die Elaïdinmasse aus reinem Olivenöl ist sehr fest und äußerst licht, und zeigt manchmal einen ganz schwachen, grünlichen Stich, die der anderen nichttrocknenden Öle ist schmierig und orange bis bräunlich gefärbt, so daß sich bei der Messung des Härtegrades reiner oder verfälschter Öle sehr bedeutende Differenzen ergeben. Um vergleichbare Zahlen zu erhalten, verwendet **Legler** seinen Apparat (s. S. 55). Bemerkt sei hier noch, daß nach **Gintl** 14 Tage lang dem Sonnenlichte ausgesetztes Olivenöl mit salpetriger Säure keine feste Elaïdinmasse mehr liefern soll.

Massie und **Wolfbauer** führen die Elaïdinreaktion in folgender Weise aus:

Von dem zu prüfenden Olivenöle werden 10 g in eine mit eingeschliffenem Glasstöpsel versehene Eprouvette gebracht, welche ca. 15 cm Höhe und 3 cm Weite hat, 5·3 ccm Salpetersäure von der Dichte 1·410 zugesetzt, zwei Minuten lang geschüttelt und dann stehen gelassen, bis sich Öl und Säure voneinander getrennt haben; alsdann wird 1 g Quecksilber zugesetzt, dieses auflösen gelassen, durch 4 Minuten hindurch geschüttelt und die eingetretene Färbung nach einer Stunde beobachtet. Reines Olivenöl gibt eine eigelbe Färbung, während bei Zusätzen von minderwertigen Ölen die Färbung ins Braune übergeht.

12. **Farbenreaktionen des reinen Olivenöles.** Auf die Unsicherheit der meisten Farbenreaktionen ist schon wiederholt hingewiesen worden, sie sollen auch bei der Untersuchung des Olivenöles nur zur Bestätigung des auf anderem Wege gefundenen Resultates benützt werden. Auf mit Rosmarinöl denaturiertes Olivenöl sind die Farbenreaktionen nach **Gintl** nicht anwendbar.

In vielen Fällen werden die **Baudouinsche Reaktion** (s. auch S. 744) auf Sesamöl und die **Halphensche Reaktion** nebst der Salpetersäurereaktion (s. auch S. 727 ff.) auf Cottonöl gute Dienste leisten. Eine von **Brullé**[3]) angegebene Reaktion auf Samenöle sei hier nur erwähnt, sie wurde nämlich später von ihrem Entdecker wieder aufgegeben. Desgleichen sind die Reaktionen nach **Heydenreich**, **Hauchecorne** und **Becchi** (s. Cottonöl) nach **De Negri** und **Fabris**[4]) für die Prüfung von Olivenölen auf ihre Reinheit nicht besonders verläßlich.

---

[1]) Chem. Zeitg. 1884. 8. 1657.
[2]) Zeitschr. f. analyt. Chem. 1887. 26. 565.
[3]) Compt. rend. 1888. 106. 1017.
[4]) Zeitschr. f. analyt. Chem. 1894. 33. 550.

13. Prüfung auf Kupfer: Im Handel kommt unter dem Namen Malagaöl zuweilen mit Grünspan gefärbtes Öl vor, in welchem Cailletet[1]) den Kupfergehalt in der Weise findet, daß er 0·1 g Pyrogallussäure in 5 ccm Äther löst und mit 10 ccm Öl schüttelt. Die Mischung färbt sich braun und scheidet pyrogallussaures Kupfer aus. Kupferfreie Öle zeigen weder Bräunung noch Trübung. Sicherer läßt sich das Kupfer nach S. 114 nachweisen und quantitativ bestimmen.

Passerini[2]) untersuchte Öle aus Oliven, die mit Kupferkalkbrei (mit 0·5—1 °/$_0$ CuSO$_4$) behandelt worden waren. Er fand als Maximalkupfergehalt 0·5 mg pro kg Öl.

Nachweis der einzelnen Verfälschungsmittel.

Olivenöl wird am häufigsten mit Rüböl, Sesamöl, Cottonöl und Arachisöl verfälscht. Außerdem kommen noch Mohnöl, Maisöl, Leindotteröl, Traubenkernöl, Sonnenblumenöl, Mandelöl, Senföl, auch Cocosnußöl, Palmkernöl und Schweinefett als fälschende Zusätze vor.

Ihr Nachweis ist oft dadurch erschwert, daß mehrere Öle gleichzeitig zugesetzt sind, deren analytische Eigentümlichkeiten, z. B. hohe oder niedere Jodzahl, sich gegenseitig aufheben.

Im folgenden sind die Prüfungsmethoden auf jedes einzelne der am häufigsten zur Verfälschuug des Olivenöles benützten Öle zusammengestellt.

Rüböl. Ein Zusatz von Rüböl wird an der Jodzahl, dem Schmelz- und Erstarrungspunkte der Fettsäuren, der Löslichkeit der Fettsäuren und an der herabgedrückten Verseifungszahl erkannt.

Kolzaöl ist in Essigsäure weniger löslich als Olivenöl. Dies benützt Milliau[3]) in der Weise, daß er das fragliche Öl mit Essigsäure gemischt erwärmt. Bei 100° C. findet sowohl für Olivenöl wie auch für Kolzaöl eine vollkommene Lösung statt. Kühlt man jedoch ab, so scheidet sich das letztgenannte Öl sofort aus, während Olivenöl bei viel niederer Temperatur noch klar gelöst bleibt.

Der Schwefelgehalt der Probe kann namentlich bei Schmierölen zur Erkennung eines Rübölzusatzes dienen, doch ist schon darauf hingewiesen worden, daß gut raffinierte Rüböle keinen Schwefel enthalten.

Andrerseits gibt das aus den Preßrückständen der Olivenölfabrikation durch Extraktion mit Schwefelkohlenstoff gewonnene Öl, das Sulfuröl, Pulpaöl, ebenfalls die Schwefelreaktion. Diese Öle charakterisieren sich übrigens durch eine dunkle Farbe und einen unangenehmen Geruch und lösen sich in Alkohol ziemlich leicht auf, ihre Jodzahl liegt etwas tiefer als die der anderen Olivenöle (bei 79—80), während die des Rüböles bedeutend höher liegt.

---

[1]) Zeitschr. f. analyt. Chem. 1879. 18. 628.
[2]) Staz. sperim. agrar. ital. 1906. 38. 1033.
[3]) Bull. de la Direction de l'Agriculture et du Commerce Tunis 1903. 493. Seifens.-Zeitg. 1904. 31. 77.

Schneider[1]) weist noch $2\,^0/_0$ Rüböl im Olivenöl nach, indem er 1 Vol. Öl in 2 Vol. Äther löst, mit 20—30 Tropfen einer gesättigten, weingeistigen Silbernitratlösung versetzt, stark schüttelt oder umrührt und im Dunkeln stehen läßt. Ist der Rübölzusatz groß, so wird die untere Schicht bräunlich, endlich fast schwarz, bei wenig Rüböl erst nach 12 Stunden deutlich braun. Am entschiedensten tritt die Reaktion nach dem Verdunsten des Äthers hervor.

Es hat sich jedoch herausgestellt, daß diese Reaktion, welche übrigens nicht allen Cruciferenölen eigen ist (Senföl gibt sie z. B. nicht), unsicher ist, indem Cottonöl ganz ähnliche Erscheinungen hervorruft. (S. Cottonöl.)

Sesamöl. Charakteristisch sind das spezifische Gewicht, die Löslichkeitsverhältnisse der Fettsäuren, die Jodzahl und die Probe nach Baudouin. Bemerkt sei hier jedoch, daß manche Sorten von Olivenöl bei der Baudouinschen Reaktion schwache Färbungen geben. Dies wurde für Öle aus Algier und Tunis von Milliau und von Domergue, für manche italienische Olivenöle von Villavecchia und Fabris, für Duraolivenöl von Silva[2]) und für Olivenöl von Puglia von Canzoneri[3]) konstatiert. Aus diesem Grunde wird es sich empfehlen, die Reaktion mit den Fettsäuren (s. Sesamöl) auszuführen.[4])

Cottonöl. Man beachte zu dessen Nachweis das spezifische Gewicht, den Schmelzpunkt und Erstarrungspunkt der Fettsäuren, die Jodzahl, die Halphensche Reaktion und die Salpetersäurereaktion (s. Cottonöl), das Verhalten bei der Probe nach Livache (s. S. 594), die Elaïdinreaktion und eventuell den größeren Gehalt an Phytosterin (Hehner). Die Becchische Reaktion, die wie a. a. O. angegeben, nicht bei jedem Baumwollsamenöl positiv ausfällt und schon dadurch an Wert verliert, ist in der ursprünglichen Form für den Nachweis von Cottonöl in Olivenöl nicht gut verwendbar, weil, wie Tolman[5]) und andere fanden, auch Olivenöle, die frei von Baumwollsamenöl sind, bei dieser Reaktion Bräunung zeigten. Tolman schlägt daher folgende Vorbehandlung des zu prüfenden Öles vor. 25 ccm Öl werden mit der gleichen Menge 95prozentigen Alkohols gelinde erwärmt und stark geschüttelt. Nachdem sich die Flüssigkeiten getrennt haben, wird die alkoholische Lösung möglichst vollständig abgegossen und der Rückstand erst mit 2prozentiger Salpetersäure, dann mit Wasser gewaschen. Die freien Fettsäuren, welche wahrscheinlich der Anlaß der Bräunung des Olivenöles sind, werden durch den Alkohol entfernt. Führt man die Becchische Reaktion mit dem derart gereinigten Öle durch, so gibt sie gute Resultate, da das Baumwollsamenöl sein Verhalten gegen das Becchische Reagens nicht geändert hat.

---

[1]) Dinglers Polyt. Journ. 1861. 161. 465.
[2]) Bull. Soc. Chim. 1898. [3.] 23. 88.
[3]) Gaz. chim. ital. 1897. 27. II. 1.
[4]) Chem. Zeitg. 1902. 26. 523. — Bull. de la Direction de l'Agriculture et du Commerce. Tunis 1903. 493. — Seifens.-Zeitg. 1904. 31. 77.
[5]) Journ. Amer. Chem. Soc. 1902. 24. 396.

Da auch Kapok- und Baobaböl die Becchische Reaktion geben, ist es notwendig, auf die Unterschiede der Reaktion bei diesen Ölen hinzuweisen, obwohl sie kaum in Olivenölen anzutreffen sein werden.

Löst man die Öle in Chloroform, so werden Kapok- und Baobaböl von alkoholischer Silbernitratlösung schon in der Kälte reduziert, Cottonöl zwar auch, jedoch weniger rasch und intensiv. 5 % Cottonöl zeigen nur eine leichte Bräunung nach 30 Minuten.

Führt man jedoch die Reaktion mit den gewaschenen und bei 105° C. getrockneten Fettsäuren aus, so erhält man bei Gegenwart von Kapok- oder Baobaböl bereits in der Kälte eine kräftige Reduktion, während Cottonöl erst beim Erhitzen reagiert.

Die **Halphensche Reaktion** verläuft bei diesen Ölen ähnlich wie bei Cottonöl, so daß sie zur Unterscheidung nicht herangezogen werden kann (Milliau[1]).

Durch die **Elaïdinreaktion** lassen sich nach Langoli[2]) noch weniger als 7 % Cottonöl in Olivenöl nachweisen. Die Reaktionsmasse ist nicht so fest wie bei reinem Öl und hat eine Orangefarbe.

Eine näherungsweise Berechnung des Cottonölgehaltes in einer Mischung von diesem Öle mit Olivenöl gestattet die Jodzahl, wenn das Olivenöl nicht eine abnormal hohe Jodzahl besaß. F. Nicola[3]) nimmt die durchschnittliche Jodzahl für Olivenöl zu 81·93, diejenige für Wintercottonöl zu 108·7 und die für Sommercottonöl zu 106·3 an und findet die Cottonölmenge x der Mischung in Prozenten nach der Gleichung

$$x = \frac{100\,(J - n)}{m - n},$$

wobei m die Jodzahl des Cottonöles, n die Jodzahl des Olivenöles und J die gefundene Jodzahl der Mischung bedeutet.

Arachisöl. Mit Arachisöl verfälschtes Olivenöl besitzt in der Regel eine höhere Jodzahl. Jach[4]) benützt auch die Elaïdinprobe als ein Erkennungsmittel, indem Olivenöl bei derselben bereits nach zwei Stunden erstarrt, während Arachisöl erst nach 24 Stunden zu erstarren beginnt. Am sichersten ist jedoch der Nachweis der Arachinsäure (und Lignocerinsäure), von welcher Säure Olivenöl nur eine verschwindend kleine Menge enthält.

Holde[5]) verwendet für diese Probe bei nur 5—10 % Zusatz 40 g Öl, da sonst das abgeschiedene Säuregemenge von Arachinsäure und Lignocerinsäure zur Schmelzpunktbestimmung nicht ausreicht. Außerdem sind die aus den Bleisalzen abgeschiedenen Fettsäuren, falls ihr

---

[1]) Compt. rend. 1904. 139. 807. — Chem. Rev. üb. d. Fett- u. Harz-Ind. 1905. 12. 138.

[2]) Giorn. Farm. Chim. 1902. 51. Nr. 2. — Chem. Rev. üb. d. Fett- u. Harz-Ind. 1902. 9. 233.

[3]) Giorn. Farm. Chim. usw. 1901. 50. 97.

[4]) Apoth.-Zeitg. 1894. 9. 876.

[5]) Mitt. Techn. Vers.-Anst. Berlin 1891. 9. 105. — Chem. Zeitg. Rep. 1891. 15. 228.

Schmelzpunkt nicht schon über 70 ⁰ C. liegen sollte, so lange aus 90 prozentigem Alkohol umzukristallisieren, bis keine Erhöhung des Schmelzpunktes mehr stattfindet. Weitere Proben, insbesondere das Verfahren von Tortelli und Ruggeri zum gleichzeitigen Nachweise von Sesamöl, Cottonöl und Arachisöl in Olivenöl siehe unter Arachisöl.

Nach Herz kommt ein aus Olivenöl und Arachisöl gemischtes Tafelöl unter dem Namen Nut-sweet-oil in den Handel.

Ricinusöl läßt sich durch Bestimmung des spezifischen Gewichts und vor allem an der erhöhten Acetylzahl der Fettsäuren erkennen. Außerdem steigt bei Zusatz von Ricinusöl die Löslichkeit des Öles in Alkohol.

V. D. Vetere[1] verfährt zum Nachweise von Ricinusöl in Olivenöl wie folgt:

In einem in $^1/_{10}$ ccm geteilten Reagensglase werden 5 ccm konzentrierter Salzsäure (1·186) und 10 ccm des zu untersuchenden Öles kräftig geschüttelt. Nur bei Mischungen von Olivenöl oder Samenölen mit Ricinusöl bildet die Flüssigkeit nach längerem Stehen drei Schichten, von denen die untere aus Salzsäure, die obere aus Olivenöl oder dem Samenöle und die mittlere aus dem zugefügten Ricinusöle, welches etwas Salzsäure aufgenommen hat, besteht. Die Größe der mittleren Schichte gibt annähernd die Menge des zugesetzten Ricinusöles an.

Auch Amagat und Jeans Oleorefraktometer und die Bestimmung der Temperatur, bei welcher eine Mischung des Öles mit Eisessig nach der Methode von Valenta (s. S. 580) sich zu trüben beginnt, geben, wie die folgende Tabelle zeigt, gute Anhaltspunkte zur Erkennung von Ricinusöl.

Menge		Volumen der mittleren Schichte in Kubikzentimetern	Grade der Ablenkung im Refraktometer	Temperatur der Trübung nach Valenta in ⁰ C.
des Olivenöles in Prozenten	des Ricinusöles in Prozenten			
100	0	—	1	95
90	10	0·5	5	85
85	15	1·2	7	80
80	20	1·8	8.5	35
70	30	2·9	12·5	26
60	40	3·9	16	bei gewöhnl. Temp. löslich

Curcasöl wird nach Hiepe[2] in Portugal zur Verfälschung des Olivenöles benützt. $10\,^0/_0$ dieses Zusatzes lassen sich noch an der intensiv rotbraunen Färbung erkennen, welche das Öl nach einiger Zeit annimmt, wenn man es mit Salpetersäure und metallischem Kupfer behandelt. Ein Zusatz dieses Öles erhöht die Verseifungszahl und die Jodzahl.

---

[1] Selmi 1894. 4. 48; durch Chem. Zeitg. Rep. 1894. 18. 104.
[2] Rep. d. analyt. Chem. 5. 326.

Specköl verändert die Viscosität, erhöht den Schmelzpunkt der Fettsäuren und verursacht Speckgeruch beim Erwärmen.

Trocknende Öle werden sich durch die Jodzahl und die Temperaturerhöhung bei der Maumenéschen Probe erkennen lassen.

Mineralöl wird durch Ermittlung des unverseifbaren Anteiles bestimmt. Nach Angaben von Orlow[1]), der von 101 untersuchten Olivenölproben 72 Proben mit Mineralöl verfälscht fand, scheint diese Verfälschung in Rußland häufig vorzukommen.

Tournantöl.

Tournantöl wird auf seinen Gehalt an freien Fettsäuren (im Mittel 25 $^0/_0$, auf Ölsäure berechnet) geprüft. Verfälschungen geben sich durch die erhöhte Jodzahl zu erkennen (vgl. Beisp. auf S. 544).

Nachweis von Sulfurölen in Preßölen.

Halphen[2]) benützt die Gegenwart von Schwefel oder Schwefelverbindungen in den durch Extraktion mit Schwefelkohlenstoff gewonnenen Olivenölen, um deren Gegenwart in gepreßten Ölen nachzuweisen. Diese Verbindungen gehen durch Erhitzen mit Natronlauge in Hyposulfite über. Man erwärmt zu diesem Zwecke 50 ccm Öl auf dem Drahtnetze langsam auf 110° C., gibt unter Umrühren 12 ccm einer Lösung von 100 g alkoholischer Natronlauge in 75 ccm Wasser hinzu und erhitzt unter weiterem Umrühen langsam (7—10 Minuten) auf 160° C. Man läßt auf 110° C. abkühlen, gießt 200 ccm heißes Wasser hinzu und nach dem völligen Erkalten 200 ccm einer gesättigten wässerigen Natriumsulfatlösung. Zu der milchigen homogenen Masse gibt man 20 ccm Kupfersulfatlösung (100 g in 300 ccm Wasser) und filtriert durch ein Faltenfilter. Ist das Filtrat nicht grün, sondern gelb, so gibt man noch einige Zehntelkubikzentimeter Kupfersulfatlösung bis zur Grünfärbung hinzu und filtriert, wenn nötig, nochmals.

Die klare Flüssigkeit versetzt man mit 5 ccm einer Lösung von 1 Volumen einer 1prozentigen Silbernitratlösung und 5 Volumen Eisessig und erhitzt sie langsam zum Kochen. Nach dem Erkalten übersättigt man mit Ammoniak, filtriert und wäscht mit ammoniakhältigem Wasser aus. Ein Rückstand von Schwefelsilber auf dem Filter zeigt Sulfuröl an. Ein etwaiger Schwefelgehalt kann jedoch auch von Cruciferenölen herrühren, weswegen deren Abwesenheit konstatiert werden muß. Die Verwandlung der Seife in das Kupfersalz vor dem Fällen mit Silbernitrat ist deswegen nötig, weil auch gepreßte Olivenöle häufig einen braunen Niederschlag mit Silbernitrat geben, der wahrscheinlich von der Reduktion organischer Silbersalze herrührt. Auf die beschriebene Weise werden diese organischen Substanzen in teilweise unlösliche Kupferverbindungen übergeführt.

---

[1]) Jahresber. d. Moskauer städt. Sanitätsstat. 1900; nach Chem. Zeitg. Rep. 1900. 24. 86.

[2]) Journ. Pharm. Chim. 1905. [6.] 22. 54. — Chem. Rev. üb. d. Fett- u. Harz-Ind. 1905. 12. 245.

22. Olivenkernöl.

Huile de noyaux d'olive. — Olive kernel oil. — Olio di noccioli d'oliva.

Spez. Gew. bei 15 ⁰ C.	Verseifungs- zahl	Jodzahl	Reichert- Meißlsche Zahl	Acetyl- zahl	Brechungsexpo- nent bei 25 ⁰ C.	Beobachter
0·9184—·09191	182·3—183·8	87—87·8	1·6—2·35	—	1·4682—1·4688	Klein
0·9202	188·5	—	—	—	—	Valenta
—	—	81·8	—	—	—	v. Hübl
—	—	—	—	22·5	—	Benedikt

Die aus den Olivenkernen erhaltbare Ölmenge dürfte etwa ein Fünftel des Ölgehaltes der Olive betragen.

Das durch Pressen oder durch Extraktion mit Schwefelkohlenstoff aus den Kernen gewonnene Öl (Panello) ist in seiner Zusammensetzung dem Olivenöl nahestehend, dem es sich auch in der Jodzahl nähert.

Es unterscheidet sich vom Olivenöl durch seine dunkelgrünlich-braune Farbe und leichte Löslichkeit in Alkohol und in Eisessig. Doch ist es nicht wie Ricinusöl in allen Verhältnissen mit Alkohol mischbar. Eine Probe gab z. B. bei einem Zusatz bis zu 3·5 Teilen eine klare Mischung, mit 4 Volumteilen Alkohol eine schwache, mit 5 Volumteilen eine starke Trübung, welche bei weiterem Alkoholzusatz wieder ver-schwand. Die Ursaehe der Löslichkeit ist wahrscheinlich zum Teil in dem meist großen Gehalt an freien Fettsäuren zu suchen. Eine von Benedikt untersuchte Probe besaß einen auf Ölsäure berechneten Ge-halt an freien Fettsäuren von 45·3 %. Klein[1]) gibt den Gehalt an freier, auf Ölsäure berechneter Fettsäure zu 1—1·78 % an. Bemerkt sei noch, daß an freier Fettsäure reiche Proben von Olivenkernöl öfters bei gewöhnlicher Temperatur erstarren. Das Olivenkernöl gibt eine sehr feste Elaïdinmasse.

Der bisweilen hohe Gehalt an freier Fettsäure hat die Annahme geschaffen, daß ein Gehalt des Olivenöles an Olivenkernöl dieses weniger haltbar macht. Diese Ansicht ist nach Klein irrig. Passerini[2]) fand, daß Jungfernöl zwar in Berührung mit den Kernen nach längerer Zeit saurer wird, und daß diese Säurezunahme dem Kerngehalt proportio-nal aber nicht von Bedeutung ist, wenn der Prozentgehalt der Olive an Kernen den normalen von 12 % nicht überschreitet.

Zu erwähnen wäre noch, daß Olivenkernöle des Handels oft harz-artige Körper enthalten und die Liebermann-Storchsche Reaktion geben. Ob diese Körper den Kernen entstammen oder nicht, wäre noch fest-zustellen.

23. Javaolivenöl.[3])

Die Javaolive ist der Samen einer Sterculiacee.

Durch Extraktion erhält man

---

[1]) Zeitschr. f. angew. Chem. 1898. 11. 847.
[2]) Staz. sperim. agrar. ital. 1904. 37. 600.
[3]) Konrad Wedemeyer, Zeitschr. f. Unters. d. Nahrungs- u. Genußm. 1906. 12. 210. — Chem. Zeitg. Rep. 1906. 30. 418.

aus der harten Samenschale 9·8 % eines gelben, butterartigen, weichen Fettes,
„ den fleischigen Kotyledonen 46·6 % eines flüssigen hellgelben Öles,
„ dem ganzen Samen 30·3 % eines flüssigen hellgelben Öles.

Javaolivenöl.

Spez. Gew. bei 15° C.	Verseifungszahl	Jodzahl	Hehner-Zahl	Reichert-Meißlsche Zahl	Acetylzahl der Fettsäuren nach Benedikt-Ulzer	Temperaturerhöhung bei der Maumenéschen Probe	Brechungsindex bei 40° C.	Viscosität nach Engler bei 20° C.	Beobachter
0·9260	187·9	76·6	95·6	0·8	23·5	158°	1·4654	16·52	Wedemeyer

Die Zahlen der Tabelle beziehen sich auf Öl, welches durch Pressung gewonnen wurde.   Dasselbe sieht dem Olivenöl ähnlich, hat schwach ranzigen Geruch, angenehmen Geschmack und ist in Äther und Petroläther in jedem Verhältnis löslich, dagegen nicht in 95 prozentigem Alkohol.

Bei gewöhnlicher Temperatur ist es flüssig.

Eine Probe enthielt 0·17 % unverseifbare Bestandteile und 2·6 % freie Fettsäuren (berechnet auf das mittlere Molekulargewicht der Säuren des Öles).

Wenn man das Öl auf 240°—245° C. erhitzt, tritt weitere Selbsterhitzung ein, und das Öl verwandelt sich in eine zähe, kirsch-gummiartige Masse, welche völlig unlöslich ist.   Diese Selbsterhitzung kann, wenn man nicht kühlt, zur vollständigen Zersetzung, ja sogar zur Selbstentzündung führen.

Das Öl soll von den Eingeborenen Javas zu Genußzwecken und zum Brennen benützt werden.

24. Basiloxylonöl.[1])

Verseifungszahl	Jodzahl	Beobachter
196—198·5	76·4	Niederstadt

Die Samen von Basiloxylon brasiliensis *K. Schumann*, einer Sterculiacee enthalten ein dunkelgelbes Öl, das einen kristallinischen Bodensatz zeigt, doch in der Wärme klar wird.   Der Säuregehalt einer Probe war 8·34 % (als Ölsäure berechnet).

25. Holunderbeerenöl.

Holunderöl. — Huile de sureau. — Elderberry oil. — Olio di sambucco.

Spez. Gew. bei 15° C.	Erstarrungspunkt	Schmelzpunkt	Verseifungszahl	Jodzahl	Hehner-Zahl	Reichert-Meißlsche Zahl	Acetylzahl	Brechungsexponent bei 20° C.	Beobachter
0·9072	— 8° C.	0° C.	209·3	81·44	91·75	1·54	—	—	Byers u. Hopkins
0·9171	3—4° C.	—	196·8	89·5	95	1·8	15·5	1·472	Zellner

[1]) Ber. d. deutsch. pharm. Ges. 1902. 12. 144.

Fettsäuren.

Schmelzpunkt	Verseifungszahl	Jodzahl	Verseifungszahl	Jodzahl	Schmelzpunkt	Mittleres Mol.-Gew.	Beobachter
			der flüssigen Fettsäuren		der acetylierten Fettsäure		
38° C.	—	—	—	·	—	—	Byers u. Hopkins
43° C.	204·8	93	188·2	120·4	47°—49° C.	286	Zellner

Dieses aus den Beeren des roten oder Traubenholunders (Sambucus racemosa arborescens) aus der Gattung der Caprifoliaceen, mit Äther extrahierbare Öl ist gelb gefärbt, wird jedoch beim Stehen oder Erwärmen dunkler und riecht im warmen Zustande deutlich nach Holunder.

Steht es längere Zeit bei 15° C., so scheidet sich eine weiße Masse von kristallinischer Struktur aus, die allem Anscheine nach mit Tripalmitin identisch ist.

Die Fettsäuren einer von Byers und Hopkins[1]) untersuchten Probe bestanden aus:

$22 \cdot 0\,^0/_0$ Palmitinsäure,
$73 \cdot 6\,^0/_0$ Ölsäure und Linolensäure,
$3 \cdot 0\,^0/_0$ Capron-, Capryl- und Caprinsäure.

Aus einem von Zellner[2]) analysierten Holunderbeerenöl wurden dagegen Fettsäuren mit folgender Zusammensetzung isoliert:

$21\,^0/_0$ feste Fettsäuren (Palmitinsäure, aber auch Arachinsäure und geringe Mengen einer Säure von kleinerem Molekulargewicht),
$79\,^0/_0$ flüssige Fettsäuren (davon zirka zwei Drittel Ölsäure, neben welcher Linolsäure und Oxysäuren, aber keine Linolensäuren anwesend zu sein scheinen).

Diese Probe enthielt $1 \cdot 59\,^0/_0$ freier, auf Ölsäure berechneter Fettsäuren, die erst erwähnte $6 \cdot 65\,^0/_0$, und $0 \cdot 66\,^0/_0$ unverseifbare Bestandteile. Dem unverseifbaren Anteile, welcher in hellgelben, hexagonalen Tafeln kristallisiert, verdankt das Öl seinen eigenartigen Geruch.

Es gleicht vielfach dem Olivenöl.

26. Kaffeebohnenöl.[3])

Huile de café. — Coffee berry oil. — Olio di caffè.

Es ist in den Kaffeebohnen, den Samen des Kaffeebaumes (Coffea arabica *L.*, aus der Familie der Rubiaceen) in einer Menge von $10—13\,^0/_0$ enthalten.

Das Öl besitzt eine grünlichbraune Färbung und einen schwachen an Kaffeebohnen erinnernden Geruch.

---

[1]) Journ. Americ. Chem. Soc. 1902. 24. 771.
[2]) Monatsh. f. Chem. 1902. 23. 937. — Journ. Soc. Chem. Ind. 1903. 22. 101.
[3]) Zeitschr. f. analyt. Chem. 1894. 33. 569. — Ann. del Laborat. chim. delle Gabelle 1893. 253.

Kaffeebohnenöl.

Spez. Gew. bei 15°C.	Erstarrungspunkt	Verseifungszahl	Jodzahl	Reichert-Meißlsche Zahl	Temperaturerhöhung bei der Maumenéschen Probe	Refraktometeranzeige in Zeiß Butterrefraktometer bei 25°C.	Brechungsindex	Beobachter
0·9510 bis 0·9525	3°—6°C.	165·1 bis 173·37	79 bis 87·34	—	53°—55°	—	—	De Negri u. Fabris[1]
—	—	176·2 bis 177·3	83·5 bis 89·8	1·65 bis 1·7	—	76·5—79·25	1·4777 bis 1·4778	Spaeth[2]

Fettsäuren.

Erstarrungspunkt	Schmelzpunkt	Verseifungszahl	Jodzahl	Beobachter
34°—36°C.	37°—41°C.	172—178	88·82—90·35	De Negri u. Fabris[1]

Es besteht aus den Glyceriden der Ölsäure, Palmitinsäure und Stearinsäure,[3] enthält eine geringe Menge unverseifbarer Bestandteile und ähnelt in seinen Eigenschaften dem Olivenöl.[2] Die niedrige Verseifungszahl steht jedoch mit dieser Zusammensetzung nicht im Einklang.

Eine von Hilger untersuchte Probe enthielt 7% freie Fettsäuren auf Ölsäure berechnet, und Spaeth fand in einigen Proben den Gehalt an freien Fettsäuren zwischen 2·25 und 2·29% schwankend.

Béla von Bitto[4] untersuchte den Ätherextrakt der inneren Fruchtschale der Kaffeefrucht (des Endocarpiums). Die Farbe dieses Extraktes war schwach gelblich.

Er hatte eine Säurezahl 82·7, Verseifungszahl 141·2(?).

Ferner wurde die Gegenwart von phosphorhaltigen Verbindungen entsprechend 0·58% Lecithin der Trockensubstanz, nachgewiesen.

Die Bohnen eines von A. Chevalier[5] beschriebenen Kaffeebaumes Zentralafrikas, Coffea excelsa *A. Chev.*, enthalten nach den von Hondas ausgeführten Analysen 12·58% Fett.

27. Strychnosöl, Brechnußfett.

Dieses Öl kann aus den geschälten Samen des Krähenaugenbaumes, Strychnos nux vomica *L.*, Gattung der Loganiaceen, den Krähenaugen oder Brechnüssen[6] dadurch gewonnen werden, daß man dieselben mit

---

[1] Zeitschr. f. analyt. Chem. 1894. 33. 569. — Ann. del. Laborat. chim. delle Gabelle 1893. 253.

[2] Zeitschr. f. angew. Chem. 1895. 8. 469. — Chem. Zeitg. Rep. 1895. 19. 292.

[3] Hilger, Chem. Zeitg. 1895. 19. 776.

[4] Journal f. Landw. 1904. 52. 93.

[5] Compt. rend. d. l'Acad. des sciences 1905. 140. 517.

[6] Siehe auch Curcasöl, Seite 768.

Äther auszieht, durch mehrmaliges Behandeln mit verdünnten Säuren die Alkaloïde (Strychnin und Brucin) entfernt und den Äther verdunstet. Auf diese Weise werden ca. $4\,^0/_0$ Fett erhalten.

Strychnosöl.

Spez. Gew. bei	Schmelzpunkt	Verseifungszahl	Jodzahl	HehnerZahl	ReichertMeißlsche Zahl	ReichertWollnysche Zahl	Beobachter
20° C. 0·8826	28° C. erweicht bei 29° C.; ist klar bei 31·2'' C.	159—160·3 (166·2 { nach Entfern. der Alkaloide } 69·4)	64·2	94·86	1·71 bis 1·76	—	A. Schroeder
100° C. 15·5° C. 0·8638	—	168·9—170·6	73·8—79·3	95·2	—	0·70 bis 1·33	Harvey u. Wilkie

Fettsäuren.

Säurezahl	Mittleres Molekulargewicht	Mittleres Molekulargewicht der löslichen Fettsäuren	Jodzahl	Jodzahl der flüssigen Fettsäuren	Acetylzahl	Beobachter
194·59	288	—	74·3	83·8	42·23	Schroeder
—	281·2	281	—	94·0—96·2	11·68—16·99	Harvey u. Wilkie

Dasselbe ist gelblichbraun, hat im geschmolzenen Zustande schwache Fluorescenz, charakteristischen Geruch und unangenehmen, aber nicht bitteren Geschmack. Schroeder[1]) konstatierte tiefgrüne Farbe, starke Fluorescenz und äußerst bitteren Geschmack, was vielleicht darauf zurückzuführen ist, daß das von ihm untersuchte Fett noch $3\cdot18\,^0/_0$ Alkaloide enthielt; die schwache Fluorescenz des erst erwähnten Öles rührte vielleicht auch von Spuren Alkaloïd her. (?)

Schroeder erhielt bei der Analyse eines Musters $8\cdot6\,^0/_0$ feste Glyceride, $74\cdot47\,^0/_0$ flüssige Glyceride (einschließlich der Glyceride der geringen Mengen flüchtiger Fettsäuren und der freien Fettsäuren) und $16\cdot93\,^0/_0$ unverseifbare Bestandteile.

Eine etwas andere Zusammensetzung dem Mengenverhältnis nach zeigt das von Harvey und Wilkie[2]) untersuchte Öl, welches $24\cdot2\,^0/_0$ feste Fettsäuren, $58\cdot4\,^0/_0$ flüssige Fettsäuren, $8\cdot8\,^0/_0$ Glycerin und 12 bis $12\cdot4\,^0/_0$ unverseifbare Bestandteile nebst kleinen Mengen flüchtiger Säuren lieferte.

Charakteristisch ist in beiden Fällen der hohe Gehalt an unverseif-

---

[1]) Arch. d. Pharm. 1905. 243. 628. — Chem. Rev. üb. d. Fett- u. Harz-Ind. 1906. 13. 12.

[2]) Journ. Soc. Chem. Ind. 1905. 24. 718. — Chem. Rev. üb. d. Fett- u. Harz-Ind. 1905. 12. 189.

baren Bestandteilen. Sie bestehen nach Schroeder aus Phytosterin, neben einer kolophoniumähnlichen Masse.

Harvey und Wilkie beschreiben das Unverseifbare als eine gelbe, wachsartige, klebrige, dem wasserfreien Wollfett ähnliche Substanz von unangenehmem Geruche. Die hohe Jodzahl und das Aussehen deuten darauf hin, daß nicht reines Phytosterin vorliegt. Nach dem Reinigen mit Alkohol gibt diese Substanz Farbenreaktionen, die denen des Phytosterins und Cholesterins ähnlich sind. Die charakteristischen Kristalle waren jedoch nicht zu erhalten.

Konstanten des Unverseifbaren.

Jodzahl	Acetylzahl	Beobachter
89·1—112·9	105·9	Harvey u. Wilkie

Der hohe Gehalt an Unverseifbarem hat die Acetylzahl und die niedrige Verseifungszahl des Öles zur Folge.

Die festen Fettsäuren sind dem Schmelzpunkt nach wahrscheinlich Stearinsäure, die flüssigen Ölsäure, obwohl die von Harvey und Wilkie gefundene Jodzahl der flüssigen Fettsäuren auf das Vorhandensein niedrigmolekularer, ungesättigter Fettsäuren oder, was wahrscheinlicher ist, auf die Gegenwart weniger gesättigter Säuren schließen läßt (Linol- und Linolensäurereihe).

Die flüchtigen Fettsäuren sind eine gelbe, dünne Flüssigkeit aus der sich Blättchen und Körnchen ausscheiden. Sie enthalten Buttersäure und Caprinsäure.

Der Gehalt an freien Fettsäuren wurde von Sidney C. Gadd[1] mit 8·46—9·59, von Harvey und Wilkie in 3 Proben mit 6·9 %, 35·4 % und 56·7 %, von Schroeder in einer Probe mit 13·79 % (als Ölsäure berechnet) gefunden. Er ist also hoch und nimmt beim Aufbewahren bedeutend zu. Die letztgenannte Probe enthielt nach einigen Wochen 34·85 % freie Fettsäuren.

Die Löslichkeitsverhältnisse des Öles sind normal.

Die Haare der Nux vomica-Samen enthalten 10—15 % Fett, welches sich von dem eben beschriebenen Strychnosfett dadurch unterscheidet, daß es neutral ist und sich leichter in 70prozentigem Alkohol löst (H. Wipell Gadd und Sydney C. Gadd[2]).

28. Ungnadiaöl.[3]

Spez. Gew. bei 15° C.	Erstarrungspunkt	Verseifungszahl	Jodzahl	Hehner-Zahl	Beobachter
0·9120	— 12° C.	191—192	81·5—82	94·12	Schädler

[1] Pharm. Journ. 1905. [4.] 21. 134.
[2] Pharm. Journ. 1904. [4.] 19. 246
[3] Schädler, Pharm. Zeitg. 1889. 34. 340.

Fettsäuren.

Erstarrungspunkt	Schmelzpunkt	Jodzahl	Beobachter
10° C.	19° C.	86—87	Schädler

Es entstammt den Samen der Sapindacee Ungnadia speciosa in Texas, ist hellgelblich und dünnflüssig und enthält ca. 75 $^0/_0$ Oleïn neben 22 $^0/_0$ Palmitin und Stearin.

29. Sapindusöl.[1]

Spez. Gew. bei 15° C.	Verseifungszahl	Jodzahl	Hehner-Zahl	Reichert-Meißlsche Zahl
0·911	170·21 (?)	65·08	80·05 (?)	0·7

Dieses Öl ist in dem von der Schale befreiten Embryo von Sapindus Rarak *D. C.* in einer Menge von 26·17$^0/_0$ von May konstatiert worden. Es ist ein gelbes, nicht trocknendes Öl.

Die wasserunlöslichen Fettsäuren waren folgendermaßen zusammengesetzt:

80·5$^0/_0$ Ölsäure,
15·6$^0/_0$ Palmitinsäure,
3·9$^0/_0$ Stearinsäure.

30. Paulliniaöl.[2]

Paullinia trigona *Vell.*, eine Sapindacee, enthält in den Samen ein hellgelbes Öl. Der Säuregehalt einer Probe war 8·27$^0/_0$ als Ölsäure berechnet, die Jodzahl 57·6.

31. Behenöl.

Moringaöl, Soringaöl. — Oleum Balaninum. — Huile de Ben, Huile de Ben ailé. — Ben oil.

Aus den Samen der Behennuß oder ägyptischen Eichel, Moringa pterygosperma s. oleïfera s. Guilandina Moringa (Familie der Moringaceen).

Aus Kernen, welche ca. 70$^0/_0$ des Gesamtgewichtes der Samen betragen, konnten mittels Petroläther 36·4$^0/_0$ Öl gewonnen werden.[3]

Das durch sorgfältige Pressung erhaltene Öl ist schwach gelblich, geruchlos und von schwach süßem Geschmack.

71·1$^0/_0$ der wasserunlöslichen Fettsäuren sind Ölsäure. Neben Oleïn enthält das Behenöl noch Palmitin, Stearin und das Glycerid einer hochschmelzenden Säure, nach Völcker[4] der Behensäure, welche bei 83°—84° C. schmilzt.

Lewkowitsch gibt die Jodzahl der flüssigen Fettsäuren mit 97·53 an, was auf die Gegenwart noch einer anderen ungesättigten Säure neben Ölsäure schließen ließe.

---

1) O. May, Arch. d. Pharm. 1906. 244. 25.
2) Niederstadt, Ber. d. deutsch. pharm. Ges. 1902. 12. 144.
3) Arch. d. Pharm. 1906. 244. 159. — Chem. Rev. üb. d. Fett- u. Harz-Ind. 1906. 13. 139.
4) Liebigs Annalen 1847. 64. 342.

Behenöl.

	Spez. Gew. bei 15°C.	Erstarrungspunkt	Säurezahl	Verseifungszahl	Jodzahl	Reichert-Meißlsche Zahl	Hehnerzahl	Refraktometeranzeige im Butterrefraktom.	Beobachter
	0·9120	scheidet schon b. +7°C. Krystalle aus, erstarrt bei 0°C. vollständig	—	—	—	—	—	—	Chateau
	0·9161	—	—	—	80·8*	—	—	—	} Mills
	0·9198	—	—	—	84·1*	—	—	—	}
	0·9127	8·8	—	187·7	72·2	—	—	50·0	Lewkowitsch[1]
	0·9120	—	13·5 (6·8 % Ölsäure)	187	72·4	0·49	95·2	—	Itallie und Nieuwland[2]
bei 0°C. fester Anteil	0·9184	—	—	185·6 bis 186·2	109·9	—	—	59·0	} Lewkowitsch[1]
bei 0°C. flüss. Anteil	0·9200	—	—	184·6	111·8	—	—	60·5	}
bei 10–12°C. flüss. Anteil	0·9129	—	9·9 (4·9 % Ölsäure)	187·4	—	—	—	—	Itallie und Nieuwland[2]

* Aus der Bromzahl berechnet.

Fettsäuren.

Titer	Beobachter
37·2—37·8	Lewkowitsch[1]

Das aus dem Öl erhaltene Phytosterin besaß den Schmelzpunkt 134°—135°C. [2])

Das Öl wird sehr schwer ranzig und ist dieser Eigenschaften wegen als Uhrenöl sehr geschätzt. Außerdem findet es in der Parfümindustrie, insbesondere bei der Erzeugung des natürlichen Rosenöls, Jasminöls, Veilchenöls usw. zur Extraktion derselben Verwendung. In Westindien wird es auch als Salatöl benützt.

Das durch starke Pressungen gewonnene Öl hat dunklere Färbung, bitteren Geschmack und purgierende Eigenschaften. Es wird in Indien gegen Rheumatismus angewendet.

32. Caŷ-doc-Öl. [3])

Das Öl der Samen von Garcinia Tonkinensis (Cây-doc-Baum), aus der Familie der Clusiaceen, in Tonkin, ist zähflüssig, von brauner Farbe und schwachem Geruch.

---

[1]) The Analyst 1903. 28. 343. — Chem. Rev. üb. d. Fett- u. Harz-Ind. 1904. 11. 52.

[2]) Arch. d. Pharm. 1906. 244. 159. — Chem. Rev. üb. d. Fett- u. Harz-Ind. 1906. 13. 139.

[3]) Les corps gras ind. 1903. 29. Nr. 13. — Chem. Rev. üb. d. Fett- u. Harz-Ind. 1903. 10. 83.

Das Rohöl enthält noch eine größere Menge Harz und $4.6\,^0/_0$ eines ätherischen Öles. Infolge des Harzgehaltes ist es nicht vollkommen verseifbar, sondern enthält $1.2\,^0/_0$ unverseifbare Bestandteile, die beim Lösen der Seife in Wasser zurückbleiben. Die Seife hat einen angenehmen Geruch, der wahrscheinlich von der Verseifung eines Esters herrührt.

Verseifungs-zahl	Jodzahl	Reichertsche Zahl
198·3	67·14	0·53

Die Fettsäuren bestehen größtenteils aus Ölsäure, Myristin-, Palmitin- und Stearinsäure. Sie schmelzen bei 7^0 C., das Gemisch der festen Fettsäuren bei 55^0 C.

Der Gehalt an Ölsäure beträgt $43.9\,^0/_0$, der an Glycerin $11.96\,^0/_0$ (?).

Die Säurezahl wurde zu 93 gefunden, woraus der Gehalt an freier Säure, als Ölsäure berechnet, sich zu $46.82\,^0/_0$ ergibt; es sind jedoch an dieser Säurezahl auch die Harzsäuren beteiligt.

Das Öl spielt im Handel keine Rolle, doch kann man eine braune, der Palmölseife ähnliche Seife daraus herstellen, welche viel Wasser aufzunehmen vermag. Das Harz wirkt bei der Verwendung der Seife nicht schädlich.

33. Madolöl

ist ein dickes Öl aus den Samen der Guttifere Garcinia echinocarpa, welches als Brennöl und als Wurmmittel verwendet wird.

34. Caricaöl, Melonenbaumöl.[1]

Spez. Gew. bei 25^0 C.	Verseifungszahl	Jodzahl
0·8815	185·64—187·52	50·7 (?)

Die Samen von Carica papaya *L.*, einer Caricacee der Tropenwelt, enthalten nach Peckolt $7.4\,^0/_0$ eines dunkelgelben Öles, ohne Geruch und Geschmack.

Der Säuregehalt einer Probe war $42.1\,^0/_0$, als Ölsäure berechnet.

35. Aegiphilaöl.[1]

Spezifisches Gewicht	Verseifungszahl	Jodzahl
bei 26^0 C. 0·9579	198·8—200	64·1—64·2

Die Samen von Aegiphila obducta *Vellozo*, einer Verbenacee, enthalten $21.64\,^0/_0$ fettes Öl. Der Säuregehalt einer Probe betrug $36.45\,^0/_0$, als Ölsäure berechnet.

---

[1] Peckolt, Ber. d. deutsch. pharm. Ges. 1903. 13. 21. — Niederstadt, Ber. d. deutsch. pharm. Ges. 1902. 12. 144.

36. Lindensamenöl.[1]

Lime-tree seed oil.

Ist in den Samen der verschiedenen Lindenarten (Tilia *L.*), Tilia parvifolia, Tilia ulmifolia, bis zu 58 % enthalten.

Es hat einen angenehmen Geschmack, ist geruchlos und wird auch an der Luft schwer ranzig.

Bei — 21·5 ⁰ C. ist es noch flüssig.

Die chemische Zusammensetzung ist noch nicht bekannt.

37. Apeibaöl.[2]

Die Samen der Tiliacee Apeiba Tibourbou *Aubl.* enthalten ein rubinfarbiges, angenehm riechendes Öl, das in Südamerika gewonnen wird.

Dichte bei 17·5 ⁰ C. = 0·908.

38. Kapuzinerkressenöl.[3]

Huile de cresson d'Inde. — Tropaeolum oil. — Olio di tropeolo.

Jodzahl: 73—74·5.

Dieses Öl ist in den Samen der Kapuzinerkresse (türkischen, spanischen Kresse), Tropaeolum majus *L*), Gattung der Tropäolaceen, enthalten. Nach Gadamer soll es hauptsächlich aus Trierucin bestehen. Eine von dem Genannten untersuchte Probe enthielt 1 % Phytosterin.

39. Inoyöl.[4]

Spez. Gew. bei	Verseifungszahl	Jodzahl	Hehner-Zahl	Reichert-Meißlsche Zahl	Beobachter
15 ⁰ C. 0·896	184·49	89·75	93·0	1·45	—
20 ⁰ C. 0·9091	188	93·0	—	—	Edie[5]

Fettsäuren.

Erstarrungspunkt: 22 ⁰ C.

Dieses Öl ist in den Inoykernen, den Samen von Poga oleosa, in einer Menge von ca. 60 % enthalten.

Das mittelst Petroläther-Extraktion erhaltene Öl ist hellgelb, hat einen unangenehmen Geschmack und einen eigenartigen Geruch.

Während eine Probe auch bei längerem Stehen keine festen Bestandteile abschied, setzten sich bei einer anderen beim Abkühlen über Nacht ca. 25 % einer weißen festen Masse ab. Die Jodzahl dieses

---

[1]) Westnik. shirow. weschtsch. 1905. 6. 155. — Chem. Zeitg. Rep. 1906. 30. Nr. 4. — Chem. Rev. üb. d. Fett- u. Harz-Ind. 1906. 13. 87. — Schädler, Technolog. d. Fette u. Öle S. 578.

[2]) T. F. Hanausek, Zeitschr. d. österr. Apoth.-Vereins 1877. 202.

[3]) Gadamer, Arch. d. Pharm. 1899. 237. 471.

[4]) Oil and Colourm. Journ. 1907. 31. Nr. 431. — Chem. Rev. üb. d. Fett- u. Harz-Ind. 1907. 14. 58.

[5]) Oil and Colour Trade Journ. 1907. 31. Nr. 450. — Chem. Rev. üb. d. Fett- u. Harz-Ind. 1907. 14. 170.

festen Anteiles war 78·2, läßt also noch auf die Anwesenheit einer ansehnlichen Menge ungesättigter Verbindungen schließen; die Jodzahl des flüssigen Anteiles betrug 95·8, die Verseifungszahlen beider Anteile waren einander gleich.

Der Säuregehalt des von Edie untersuchten Inoyöles betrug 28·2% als Ölsäure berechnet.

40. Carpatrocheöl.[1])

Verseifungszahl	Jodzahl	Beobachter
235·2—238	74·9	Niederstadt

Das Öl der Samen von Carpatroche brasiliensis *Endl.* ist hellbernsteingelb, klar und zeigt einen kristallinischen Bodensatz. Es hat einen angenehmen Geruch. In einer Probe des Öles wurden von Niederstadt 9·4% freie Fettsäuren (als Ölsäure bereehnet) beobachtet.

41. Kastanienöl.

Die frischen Kastanien (von Castanea vulgaris *Lam.*) enthalten bei einem Wassergehalt von ca. 45% ungefähr 2% Fett (Tomei[2]). Comte[3]) fand im Kastanienmehl mit ca. 12% Wasser 2·65—2·85% Fett.

Die Roßkastanien (von Aesculus hippocastanum *Linn.*) enthalten im getrockneten Samen 7% Rohfett; es ist durch die bitteren Substanzen der Roßkastanie verunreinigt. Durch Petroläther kann es in ein braunes, fast ganz in Alkalien lösliches Harz und ein grünliches, geschmackloses Öl getrennt werden. Dieses beträgt ca. 6% des Samengewichts und besitzt die Jodzahl 108 (Laves[4]).

42. Duhuduöl,

aus den Samen von Celastrus paniculatus, einer Celastracee, ist ein dunkelrot gefärbtes, beim Stehen teilweise erstarrendes Fett, das als nervenanregendes Heilmittel verwendet wird.

43. Iriyaöl,

aus der Rinde von Myristica iriya, findet als Heilmittel gegen Hautkrankheiten Verwendung.

44. Doranaöl,

aus dem Holze der Dipterocarpacee Dipterocarpus glandulosus, ein dunkelfarbiges, harziges Öl, das als Heilmittel gegen Lepra und als Ersatz für Gurjunbalsam verwendet wird.

---

[1]) Niederstadt, Ber. d. deutsch. pharm. Ges. 1902. 12. 144.
[2]) Staz. sperim. agrar. ital. 1904. 37. 185.
[3]) Journ. Pharm. Chim. 1905. [2.] 22. 200.
[4]) Verh. a. d. Versamml. deutsch. Naturf. u. Ärzte 1902. II. 2. Hälfte.

45. Senegawurzelöl, Klapperschlangenwurzelöl.[1])

Spez. Gew. bei 18° C.	Verseifungs- zahl	Jodzahl	Hehner- Zahl	Reichert-Meißl- sche Zahl	Acetyl- zahl	Beobachter
0·9616	193·51 bis 194·14	81·65—82·05 78·13—78·61 (nach Entfernung des Unverseifbaren)	85·8	6·43	44·46	Schroeder

Dieses Öl ist in der Wurzel von Polygala Senega *L.*, der Senega- oder Klapperschlangenwurzel, welche aus Nordamerika stammt und arzneilich benützt wird, in einer Menge von 4·55 % enthalten. Es ist ein dickflüssiges, doch nicht erstarrendes Öl von tiefdunkelbrauner Farbe, mildem Geschmack und schwach ranzigem Geruche.

Auffallend sind die Acetylzahl und der hohe Gehalt an unverseifbarer Substanz.

Das Öl besteht der Hauptsache nach aus Triglyceriden. An unverseifbaren Substanzen sind 12·78 % in einer Probe konstatiert worden. Die flüssigen Fettsäuren sind hauptsächlich Ölsäure (entsprechend ca. 79·29 % Oleïn), ihre Jodzahl ist 82·4, die festen (Schmelzpunkt 61° C.) vorwiegend Palmitinsäure (entsprechend ca. 7·93 % Palmitin). Die flüchtigen Säuren enthalten Essigsäure und Valeriansäure und scheiden beim Stehen Salicylsäure (?) aus.

Infolge des Gehaltes an einer harzartigen Substanz trübt sich die alkoholische Seifenlösung auf Wasserzusatz und bekommt ein emulsionsartiges Aussehen. Der harzartige Körper ist in Petroläther unlöslich und bleibt beim Lösen des Öles in Petroläther als glänzend schwarze Masse zurück. Das so gereinigte Öl ist vollständig klar und von gelbbrauner Farbe.

Das Öl ist in Petroläther zum größten Teile, in Äther, Chloroform, Benzol, Aceton und Schwefelkohlenstoff leicht löslich. Schwieriger ist es in Alkohol und Xylol löslich.

Die verhältnismäßig hohe Acetylzahl ist der Zusammensetzung nach durch den unverseifbaren Körper bedingt.

46. Erdmandelöl.
Huile de souchet comestible. — Cyperus oil.

Spez. Gew. bei 15° C.	Erstarrungs- punkt	Verseifungs- zahl	Jodzahl	Beobachter
0·924	unter 3° C.	—	—	Schädler
—	unter 0° C.	—	—	Hell u. Twerdomedoff
—	—	224—225·5	62·3	Niederstadt

Die Wurzelknollen von Cyperus esculentus, einer Cyperacee, enthalten 20—28 % eines bräunlichgelben Öles von nicht unangenehmem, gewürzartigem, an gebrannten Zucker erinnerndem Geruch.

---

[1]) August Schroeder, Arch. d. Pharm. 1905. 243. 628. — Chem. Rev. üb. d. Fett- u. Harz-Ind. 1906. 13. 12.

Es besteht nach **Hell** und **Twerdomedoff**[1]) aus den Glyceriden der Ölsäure und Myristinsäure.

Niederstadt[2]) fand in einer Probe 20·66 % freie Fettsäure als Ölsäure berechnet. Der Gehalt an freier Fettsäure ist jedoch nicht immer so groß, sonst wäre seine Verwendung als feinstes Speiseöl in Ägypten und Italien nicht denkbar. Es wird auch in der Seifenfabrikation verwendet.

47. Farnkrautöl.

Huile de fougère. — Fern oil.

Das Öl von **Aspidium filix mas**, dem männlichen Farnkraut, besteht nach Untersuchungen von **Katz**[3]) aus den Glyceriden der Palmitin-, Cerotin- und Ölsäure. Die festen Säuren (Palmitin- und Cerotinsäure) sind nur in einer Menge von 4·5 % der Gesamtfettsäuren vorhanden. Dies steht auch mit der Jodzahl 85·4 ziemlich im Einklange.

P. Farup[4]) untersuchte das Öl von **Aspidium spinulosum** und stellte fest, daß der Hauptbestandteil Trioleïn ist. In den flüssigen Fettsäuren wurden außer Ölsäure noch ca. 4 % Linolsäure nachgewiesen und etwas Isolinolensäure vermutet. Feste Fettsäuren sind nur in sehr geringer Menge vorhanden. Schließlich enthält das Öl noch Phytosterin.

48. Fett des Panna-Rhizoms von Aspidium Athamanticum.[5])

Das Panna-Rhizom von Aspidium Athamanticum enthält 3·4 % fettes Öl, welches das spez. Gew. 0·917 bei 15° C. besitzt, bei 2·3° C. erstarrt und bei 11·5° C. schmilzt.

Pilzöle.

Die in den Pilzen enthaltenen Fette bestehen wegen der Anwesenheit eines fettspaltenden Ferments zum großen Teile aus freien Fettsäuren, welche zum Teil schon in den frischen Pilzen nachweisbar sind. Die unverseifbaren Bestandteile enthalten einen ergosterinartigen Körper.

Eine Ausnahme bildet nur das Öl des Mutterkornes. Dieser Pilz ist aber auch in botanischem Sinne von den anderen, im folgenden erwähnten verschieden.

49. Mutterkornöl.[6])

Huile de seigle ergoté. — Secale oil. — Olio di segale cornuta.

Dieses aus dem Mutterkorn, Secale cornutum, erhaltene Öl zeichnet sich durch einen verhältnismäßig hohen Gehalt an Oxyfettsäuren aus.

---

[1]) Ber. d. deutsch. chem. Ges. 1889. 22. 1742.
[2]) Ber. d. deutsch. pharm. Ges. Berlin 1902. 12. 144.
[3]) Archiv d. Pharm. 1898. 236. 655.
[4]) Archiv d. Pharm. 1904. 242. 17. — Chem. Rev. üb. d. Fett- u. Harz-Ind. 1904. 11. 107.
[5]) A. Altan, Journ. Pharm. Chim, 1903. [6.] 18. 497.
[6]) Mjoën, Arch. Pharm. 1894. 234. 278.

Eine von Mjoën untersuchte Probe besaß eine Säurezahl von 4·95, was einem Gehalt von 2·49 % freier Säure, als Ölsäure berechnet, entspricht.

Mutterkornöl.

Spez. Gew. bei 15° C.	Verseifungs-zahl	Jodzahl	Hehnerzahl	Reichert-Meißl-sche Zahl	Acetyl-zahl	Beobachter
0·9254	178·4	71·08	96·31	0·20	62·9	Mjoën

Fettsäuren.

Schmelzpunkt	Mittleres Mol.-Gew.	Jodzahl	Acetylzahl	Beobachter
39·5—42° C.	306·8	75·09	75·1	Mjoën

50. Fliegenpilzöl.

Spez. Gew. bei 15° C.	Er-starrungs-punkt	Schmelz-punkt	Ver-seifungs-zahl	Jod-zahl	Hehner-Zahl	Reichert-Meißlsche zahl	Brechungs-exponent bei 20° C.
0·9166	8—9° C.	8—9° C.	227	82	97·93	4·4	1·460—1·470

Fettsäuren.
Schmelzpunkt: 10° C.

Durch Extraktion der getrockneten Fliegenpilze (Amanita musca-ria *L*.) mit Petroläther erhält man ein braunes Öl mit ganz schwacher grünlicher Fluorescenz, welches 6 % des lufttrockenen Materiales oder 0·87 % der frischen Pilze beträgt. Aus frischen Pilzen gewonnen ist es hellgelb. Die Anwesenheit eines fettspaltenden Fermentes ruft eine weitgehende Spaltung des Pilzfettes hervor, so daß dieses der Haupt-menge nach aus freien Fettsäuren besteht; das von Heinisch und Zellner[1]) untersuchte Fett hatte die Säurezahl 177; die Fettsäuren bestehen zu 90 % aus Ölsäure, zu 10 % aus Palmitinsäure; Linol- und Linolensäuren sind nicht vorhanden. Außerdem enthält das Fett Glyceride der genannten Fettsäuren, kleine Mengen Buttersäureglycerid (bekanntlich werden die Glyceride niedrig molekularer Fettsäuren von den fettspaltenden Fermenten schwerer zerlegt),[2]) ferner Lecithin, minimale Mengen Ergosterin und andere unverseifbare Substanzen. Das durch Petroläther erhaltene Rohfett enthält außerdem noch geringe Mengen brauner, harziger Bestandteile und ein ätherisches Öl von starkem, besonders beim Erwärmen hervortretendem Geruch, wie er auch kochen-den, eßbaren Pilzen eigen ist.

Das Öl zeigt die Elaïdinreaktion in ausgezeichneter Weise.

Konzentrierte Schwefelsäure gibt eine tiefrotbraune Färbung, welche mit Wasser in Gelbgrün umschlägt. Diese Reaktion ist wahrscheinlich durch Ergosterin hervorgerufen.

---

[1]) Monatshefte f. Chemie 1904. 25. 537 und 1905. 26. 727.
[2]) Ulzer-Klimont, Allgemeine u. physiol. Chemie der Fette, Berlin 1906. 272.

51. Parasolpilzfett.[1])

Der Parasolpilz, Lepiota procera, Familie der Leucosporeen, enthält im lufttrockenen Zustande $3.21\,^0/_0$ eines blaßgelben, größtenteils festen Fettes.

Die Verseifungszahl einer Probe betrug 202.6, die Säurezahl 153.5, es waren also $75.7\,^0/_0$ des Fettes gespalten.

Die Fettsäuren sind halbfest und von weißer Farbe, im Unverseifbaren ist ein ergosterinartiger Körper vorhanden.

52. Wollschwammfett.[1])

Im lufttrockenen Wollschwamme, Galorrheus vellereus, Familie der Leucosporeen, sind $8.46\,^0/_0$ eines gelben, größtenteils festen Fettes enthalten.

Eine Probe zeigte eine Verseifungszahl 174.2, eine Säurezahl 131.6, es waren demnach $75.5\,^0/_0$ des Fettes gespalten.

Die gelblichen Fettsäuren sind ziemlich fest. Ein ergosterinartiger Körper ist reichlich vorhanden.

53. Samtfußfett.[1])

Der Samtfuß, Rhymovis atrotomentosa, Familie Dermii, besitzt einen Fettgehalt von $3\,^0/_0$. Das Fett hat eine gelbliche Farbe, ist halbfest und reich an unverseifbaren Körpern, unter welchen sich in großer Menge eine ergosterinartige Substanz befindet.

Die Verseifungszahl einer Probe war 150.2, die Säurezahl 75.1. Es waren sohin $50\,^0/_0$ des Fettes gespalten.

Die Fettsäuren sind gelblich und halbfest.

54. Eierschwammöl.[1])

Der Eierschwamm, Cantharellus cibarius, Familie Cantharelli, enthält in lufttrockenem Zustande $3.94\,^0/_0$ eines tiefgelben, dicken Öles von charakteristischem Geruche.

Die Verseifungszahl ist 214.4, die Säurezahl einer Probe wurde zu 102.9 gefunden, es waren demnach $48\,^0/_0$ des Fettes gespalten.

Die Fettsäuren stellen ein gelbliches Öl dar. Die Menge der einen ergosterinartigen Körper enthaltenden, unverseifbaren Bestandteile ist, der hohen Verseifungszahl entsprechend, gering.

55. Löcherpilzfett.[1])

Im Löcherpilze, Boletus elegans, Familie der Polyporeen, sind in lufttrockenem Zustande $2.52\,^0/_0$ eines dunklen, größtenteils festen und kristallinischen Fettes enthalten, welches in einer Probe eine Verseifungszahl 176.6 und eine Säurezahl 132.5 zeigte, demnach zu $75\,^0/_0$ gespalten war.

Es enthält einen ergosterinartigen Körper.

---

[1]) Zellner, Monatsh. f. Chem. 1906. 27. 295.

56. Semmelschwammöl.[1]

Der Semmelschwamm, Polyporus confluens, Familie der Polyporeen, enthält $22 \cdot 82^0/_0$ Öl. Das Rohfett ist tief rotbraun und sehr dickflüssig. Die Hauptmenge ist unverseifbar und stellt einen harzartigen, in Alkohol leicht löslichen Körper dar. Wegen des großen Gehaltes an unverseifbaren Bestandteilen ist die Verseifungszahl niedrig. Sie war bei einer Probe $76 \cdot 17$, die Säurezahl $45 \cdot 06$, es waren demnach $59 \cdot 1^0/_0$ des verseifbaren Anteiles gespalten.

Die Fettsäuren haben eine blaßgelbe Farbe.

57. Stachelpilzöl.[1]

Der zur Familie der Hydneen gehörige Stachelpilz, Hydnum repandum, weist in lufttrockenem Zustande einen Fettgehalt von $4 \cdot 65^0/_0$ auf. Das Stachelpilzöl ist gelb und hat eine feste Ausscheidung. Ein ergosterinartiger Körper ist nachweisbar.

Die Verseifungszahl einer Probe betrug $191 \cdot 0$, die Säurezahl $126 \cdot 7$, es waren demnach $66 \cdot 3^0/_0$ gespalten.

Die gelben Fettsäuren sind halbfest.

58. Bärentatzenöl.[1]

Die gelbe Bärentatze, Clavaria flava, Familie der Clavariaceen, enthält $3 \cdot 06^0/_0$ eines blaßgelben Öles, aus welchem sich ein fester Körper ausscheidet.

Bei einer Probe war die Verseifungszahl $228 \cdot 2$, die Säurezahl $122 \cdot 4$, demnach der gespaltene Anteil $53 \cdot 6^0/_0$.

Es ist auch hier ein ergosterinartiger Körper vorhanden.

Die Fettsäuren sind gelblich und der Hauptmenge nach flüssig.

59. Staubpilzfett.[1]

Im warzigen Staubpilze, Lycoperdon gemmatum, Familie der Gasteromyceten, sind im lufttrockenem Zustande $1 \cdot 18^0/_0$ eines halbfesten, blaßgelben Öles enthalten.

Die Verseifungszahl einer Probe war $223 \cdot 2$, die Säurezahl $120 \cdot 2$, demnach der gespaltene Anteil $53 \cdot 8^0/_0$.

Die Fettsäuren sind halbfest und von blaßgelber Farbe.

Im Unverseifbaren ist ein ergosterinartiger Körper vorhanden.

IV. Feste Fette.

A. Ölsäuregruppe.

Diese Gruppe unterscheidet sich in ihrer Zusammensetzung im wesentlichen von der vorhergehenden nur durch den geringeren Gehalt an Glyceriden flüssiger Säuren, also nur quantitativ, nicht qualitativ.

---

[1] Zellner, Monatsh. f. Chem. 1906. 27. 295.

1. Palmöl.

Palmfett, Palmbutter. — Oleum Palmae. — Beurre, huile de palme. — Palm oil. — Olio di palma.

Spezifisches Gewicht bei	Erstarrungspunkt ⁰ C.	Schmelzpunkt ⁰ C.	Verseifungszahl	Jodzahl	Hehner-Zahl	Reichertsche Zahl	Refraktometeranzeige in Zeiß Butterrefraktometer	Brechungsexponent bei 60⁰C.	Beobachter
15⁰ C. 0·945	—	—	—	—	—	—	—	—	Schaedler
„ 0·947	—	32	—	—	—	—	bei 40⁰ C. 47	—	Marpmann
18⁰ C. 0·946	—	—	—	—	—	—	—	—	Stilurell
$\frac{50⁰\,C.}{15·5⁰\,C.}$ 0·8930 } $\frac{98⁰\,C.}{15·5⁰\,C.}$ 0·8586 }	—	—	—	—	—	—	—	—	Allen
100⁰ C. 0·8600	—	36—37	201 bis 202	51·5	—	—	—	1·4510	Thörner
—	—	30—42·5	—	—	—	—	—	—	Winnem
—	—	—	202·0 bis 202·5	—	—	—	—	—	Valenta
—	—	—	196·3	—	—	—	—	—	Moore
—	—	—	—	51·5	—	—	—	—	v. Hübl
—	—	—	—	51·0 bis 52·4	—	—	—	—	Wilson
—	—	—	—	—	95·6	—	—	—	Hehner
—	—	—	—	—	—	0·5	—	—	Medicus u. Scheerer
—	31—39	35—43	200·8 bis 205·52	53·18 bis 57·44	—	0·742—1·87 (Reichert-Meißl)	—	—	Fendler
—	—	—	196·4 bis 206·7	34·15 bis 58·50	94·97 bis 98·74	—	—	—	Eisenstein u. Rosauer

Fettsäuren.

Spezfisches Gewicht bei	Erstarrungspunkt	Schmelzpunkt ⁰ C.	Verseifungszahl	Mittleres Molekular-Gewicht	Jodzahl	Beobachter
$\frac{98—99⁰\,C.}{15·5⁰\,C.}$ 0·8369	45·5⁰ C.	50·	—	270	—	Allen
$\frac{100⁰\,C.}{100⁰\,C.}$ 0·8701	—	—	—	—	—	Archbutt
—	43⁰ C.	47·75	206·5 bis 207·3	—	—	Valenta
—	42·7⁰ C.	47·8	—	—	—	v. Hübl
—	{ Durchschnittlich 44·13⁰ C., meist 44·5⁰—45·0⁰C., selten 39⁰—41⁰C. oder 44·5⁰—46·2⁰C. }	—	—	—	—	De Schepper u. Geitel
—	42⁰—43⁰ C.	47—48	204	—	53·3	Thörner
—	—	—	—	273	—	Tate
—	—	—	—	263	53·4	Williams
—	—	—	—	270	—	Marpmann
—	42·0⁰—49·15⁰ C.	—	—	—	—	Eisenstein u. Rosauer

Dieses Fett wird aus dem Fruchtfleische der Ölpalme, Elaeis guineensis oder melanococca (Familie der Palmen), welche in ganz West- und Zentralafrika heimisch ist, aber auch in Amerika gepflegt wird, ferner von Astrocaryum vulgare und Astrocaryum acaule, Pflanzen, welche in Guayana vorkommen, gewonnen.

Das Fruchtfleisch macht je nach der Varietät der Palme 24 bis 70 $\%$ der ganzen Frucht aus. Der große Ölgehalt des Fruchtfleisches sei durch vier Beispiele illustriert, welche Fendler[1]) bekannt gibt, der vier in Togo vorkommende Varietäten untersucht hat.

Bezeichnung der Varietät	Ölgehalt des Fruchtfleisches
De	66·5
De de bakui	58·5
Se de	59·2
Afa de	62·9

Elaeis guineensis ist nach Preuß[2]) die einzige Nutzpflanze der Welt, welche ohne Kultur in ununterbrochener Zeitfolge viele Jahrzehnte hindurch und ohne die geringste Erschöpfung zu zeigen, reiche Erträge liefert.

Die Gewinnung des Öles durch die Eingeborenen ist sehr primitiv. Die reifen Früchte werden zerschnitten, in Haufen durch einen Monat hindurch einem Gärungsprozeß überlassen und hierauf in großen Kesseln mit Wasser erhitzt. Das Fruchtfleisch wird dann von den Kernen getrennt, zerquetscht und neuerdings mit Wasser gekocht; das Palmöl sammelt sich auf der Oberfläche im geschmolzenen Zustande und wird abgeschöpft.

Bei dieser Bereitungsweise gehen oft zirka zwei Drittel des in den Früchten vorhandenen Palmöles verloren. Daher werden in neuerer Zeit Maschinen konstruiert, welche das Schälen und Schneiden des Fruchtfleisches vornehmen sollen.

Frisch gepreßt ist es von butterartiger Konsistenz, dunkel- bis orangegelb, schmeckt süßlich und riecht schwach nach Veilchenwurzel.

Die Hauptbestandteile des Palmöles sind freie Palmitinsäure, Palmitin und Oleïn. Außerdem enthalten die Fettsäuren nach Hazura und Grüßner eine kleine Menge Linolsäure, Benedikt und Hazura[3]) konnten aus den Oxydationsprodukten der flüssigen Fettsäuren 0·6 $\%$ Sativinsäure erhalten, ein Beweis, daß Linolsäure im Palmöl zugegen ist, und nach Nördlinger[4]) neben Palmitinsäure etwa 1 $\%$ Stearinsäure und 1 $\%$ Heptadecylsäure $C_{17}H_{34}O_2$.

Sehr charakteristisch ist der große Gehalt an freien Fettsäuren, welcher schon in frischem Palmöl 12 $\%$ betragen kann, während in ganz

[1]) Ber. d. deutsch. pharm. Ges. 1903. 13. 115. — Chem. Zeitg. Rep. 1903. 27. 128.
[2]) Preuß, Tropenpflanzen 1902. S. 465.
[3]) Monatsh. f. Chem. 1889. 10. 353.
[4]) Zeitschr. f. angew. Chem. 1895. 8. 19.

altem der Zerfall in Fettsäuren und Glycerin manchmal beinahe vollständig
ist. Nördlinger fand in einer älteren Ölprobe 50·82 %, Fendler in den
vier genannten Proben 54·06, 55·07, 55·38 und 57·18 % freier Fettsäuren, auf Ölsäure berechnet, und aus der nachstehend angeführten
Tabelle über die Zusammensetzung verschiedener Palmöle von Duclos[1])
ist aus dem niedrigen Glyceringehalte vieler Proben ersichtlich, daß
der Gehalt an freien Fettsäuren häufig noch höher ist. Das Glycerin
scheidet sich beim Zerfall des Palmöles zum größten Teile als solches
aus und kann durch Abgießen oder Ausziehen mit Wasser gewonnen
werden.

Herkunft	Glycerin %	Titer der Fettsäuren	Verunreinigung und Feuchtigkeit %
Lagos	8·85—9·50	44·15	0·90
Whidah	8·0—8·3	43·30	0·50—1·15
Congo	1·0	46·40	1·60
Benin	7·40	43·90	1·70
Grand Popo	7·15	43·00	1·35—2·50
Half Jack	8·25	40·20	2·10
Kamerun	8·60	44·05	2·40
Loanda	8·0	44·50	2·50
Grand Bassam	8·0	41·0	2·50
Old Calabar	8·65	43·90	2·56
Niger	5·0—5·8	44·35	2·80
Petit Popo	8·0	43·70	2·90
Akkra	6·55	43·50	2·41—6·0
Brass	6·0	43·80	2·70—4·40
Addah	7·90	43·65—44	3·18
Rio Pongo	8·0·	43·0	3·41
Aghweye Anaboe	6·0	44·0	3·43
Sherboro	7·10—8·0	42·7	3·50
Quittah	7·50	43·0	3·60
New Calabar	5·0—6·7	44·65	3·94
Bonny e Opo	8·45	44·50	4·30
Danve e Dress	8·0	40·0	4·50
Winnebah	3·0—6·0	43·5	5·0
Lahoo	7·40	40·2	5·6
Appam	4·0	43·6	5·0—6·0
Sierra Leone	7·0	43·1	6·3
Fernando Po	6·0	44·5	6·0—8·0
Saltpond	2·50	44·2	7·1—17·0
Dixcove	5·0	42·5	9·0
Monrovia	6·10	41·4	12·7

Eine ähnliche Zusammenstellung rührt von Y. de Schepper und
Geitel[2]) her.

Die hohe Säurezahl gibt sich außer in dem erniedrigten Glyceringehalt des gewaschenen Fettes in der erhöhten Hehnerzahl zu erkennen,
was aus den von Eisenstein und Rosauer durchgeführten Analysen

---

[1]) Courtier assermenté, Paris; nach Marazza-Mangold, Stearinindustrie,
Weimar 1896. 162.
[2]) Dinglers Polyt. Journ. 1882. 245. 293.

einer Reihe von Palmölsorten hervorgeht. Aus dieser Tabelle ist auch der Zusammenhang der hohen Säurezahl mit der mehr oder minder sorgfältigen Gewinnungsweise zu ersehen, da die Säurezahl mit dem Gehalt an Wasser und Verunreinigungen steigt. (Siehe auch Ulzer-Klimont, Allgem. u. physiol. Chem. der Fette, Kapitel über Ranzidität).

An dieser Stelle sei auch darauf hingewiesen, daß die Probenahme aus Palmölfässern eine besondere Sorgfalt erfordert. Das Palmöl ist nämlich im heißen Klima seiner Heimat, wie aus dem Namen ersichtlich, flüssig und wird auch so in die Fässer gefüllt. Während des Transportes haben das in ihm enthaltene Wasser und der Schmutz Zeit, sich zu Boden zu setzen. Ist dann das Fett erstarrt, befindet sich im größeren Teile des Fasses ein relativ reineres Palmöl und auf einer, meist der dem Spundloch gegenüberliegenden Seite, die Hauptmenge der Verunreinigungen.

Herkunft	Säurezahl	Verseifungs-zahl	Jodzahl	Hehner-Zahl	Freie Fettsäuren %	Neutralfett %	Glycerin %	Titer ° C.	Wasser %	Anorganische Verunreinigungen %	Organische Verunreinigungen %	Summe der Verunreinigungen %
New Calabar . . .	102·90	204·1	51·20	96·53	49·27	50·73	5·53	46·05	2·94	0·37	0·73	4·04
Popo Togo (Lome) .	84·85	202·9	52·78	95·98	40·88	59·12	6·44	46·19	2·55	0·20	0·41	3·16
Sinoe (feinstes Liberia)	79·19	201·3	56·38	95·97	38·25	61·75	6·68	42·80	0·90	0·02	0·14	1·06
Liberia (minder) . .	120·40	203·7	58·50	97·11	57·99	42·01	4·56	42·00	2·66	0·15	0·35	3·16
Kamerun	39·47	200·2	41·83	95·58	16·45	83·55	8·79	46·08	1·32	0·09	0·36	1·77
Lagos	30·23	196·4	36·87	94·97	14·81	85·19	9·08	45·60	1·05	0·06	0·18	1·29
Puam-Puam	93·85	203·6	52·78	96·13	44·95	55·05	5·00	45·38	1·93	0·18	0·31	2·42
Grand Bassa . . .	147·00	205·3	51·38	97·31	70·66	29·34	3·19	42·75	6·10	0·86	1·06	8·02
Old Calabar	49·89	199·3	52·80	96·13	24·19	75·81	8·17	45·85	1·03	0·18	0·22	1·43
Congo	181·69	202·8	34·39	98·74	89·16	10·84	1·15	49·15	3·00	0·43	0·25	3·68
Adda	112·70	203·2	51·97	96·65	54·33	45·67	4·95	45·70	2·50	0·13	0·46	3·09
Saltpond	178·40	206·7	34·15	95·84	85·76	14·24	1·55	47·60	3·80	2·35	1·12	7·27
Sherbro	127·10	201·4	54·20	95·90	61·50	38·50	4·06	43·30	2·70	0·70	0·25	3·65
Benin	83·90	198·2	53·18	95·35	41·24	58·76	6·25	44·98	1·04	0·22	0·52	1·78

Charakteristisch ist der verhältnismäßig große Gehalt an einem Lipochrom, welches die unten beschriebenen Farbenreaktionen bedingt. An der Luft bleicht der Farbstoff bald aus, durch Verseifen wird er nicht zerstört, so daß frisches Öl eine gelbe Seife gibt, welche auch noch den Geruch des Palmöls zeigt.

I. Longsdon Garle und C. Charlewood Frye[1]) haben auf ein Verfahren, Palmöl durch Einblasen von ozonisierter Luft in der Wärme zu entfärben, ein englisches Patent erhalten.

Der Farbstoff des Palmöles ist die Ursache einer Anzahl von Farbenreaktionen.

Schwefelsäure färbt blaugrün.

Bei der Chloroform-Schwefelsäureprobe (s. Dorschlebertran

―――――――

[1]) Englisches Patent Nr. 28 682.

S. 911 und Cholesterin S. 230) färbt sich der nach S. 630 erhaltene Ätherextrakt blau.

Chlorzink gibt mit dem geschmolzenen. Fette beim Umrühren eine dunkelgrasgrüne Färbung.

Salpetersaures Quecksilberoxyd färbt zeisiggelb, dann hellgrün, zuletzt lichtstrohgelb.

Palmöl wird in sehr großen Mengen in der Seifen- und Kerzenfabrikation verwendet und nach dem Erstarrungspunkte der Fettsäuren bewertet. Außerdem kommt für die Wertbestimmungen, von dem Gehalt an Verunreinigungen abgesehen, auch die Säurezahl in Betracht, weil der Ertrag an Glycerin mit ihr in Zusammenhang steht. (Siehe auch I. Teil S. 195 u. 304 ff.) Es dient auch als Färbemittel für andere Öle.

2. Kakaobutter.

Kakaoöl. — Beurre de cacao. — Cacao butter. — Burro di cacao.

Dieses Fett wird aus den Samen des Kakao- oder Schokoladenbaumes, Theobroma cacao *L.*, einer Sterculiacee gewonnen. Davies und Lellan[1]) untersuchten geröstete Kakaobohnen verschiedener Herkunft auf ihren Fettgehalt und fanden diesen zwischen 51·33 und 56·57 $^0/_0$ schwankend. Dies sind jedoch nicht die äußersten Grenzen. Der Durchschnittsgehalt wird von Welmans[2]) zu 55 $^0/_0$ angegeben.

Die Kakaobutter wird den Bohnen bei der Bereitung des Kakaopulvers durch hydraulische Pressen entzogen. Zu diesem Zwecke werden die Kakaobohnen geröstet, geschält und entweder gleich fein gemahlen oder nach D.R.P. 89 251 zunächst grob gemahlen und erst nach dem ersten Pressen fein gemahlen und wieder abgepreßt. Es bleibt der „entölte" Kakao zurück, welcher aber immer noch mehrere Prozente Fett enthält. Häufig werden auch fettreiche Kakaopulver hergestellt.

Um „leichtlösliches" Kakaopulver herzustellen, wird den Kakaobohnen vor oder während des Mahlens Wasser, häufig aber auch Alkali- oder Pottaschelösung zugesetzt und dann eine Erhitzung des Mahlgutes über 100° C. vorgenommen, wodurch z. B. die Stärke in leichtlösliche Form übergeführt wird und die Fette emulgiert und zum mindesten die freien Fettsäuren verseift werden. Eine Folge davon ist, daß Kakaobutter häufig Alkalien resp. Seife enthält.[3])

Die Kakaobutter ist gelblichweiß, nach längerem Liegen gelb, ziemlich hart und hat einen angenehmen Geschmack und Geruch.

Zusammensetzung. Sie enthält neben Stearin, Palmitin, Laurin[4]) auch die Glyceride der Arachinsäure[5]), Linolsäure[6]), ferner Ameisensäure,

---

[1]) Journ. Soc. Chem. Ind. 1904. 23. 480. — Chem. Rev. üb. d. Fett- u. Harz-Ind. 1904. 11. 151.

[2]) Zeitschr. f. öffentl. Chem. 1903. 9. 206.

[3]) Paul Pollatschek, Chem. Rev. üb. d. Fett- u. Harz-Ind. 1903. 10. 5.

[4]) Nach Traub (Wagners Jahresber. 1893. 1159) ist die Gegenwart der Laurinsäure in der Kakaobutter zweifelhaft.

[5]) Specht u. Gößmann, Liebigs Annalen 1854. 90. 126. — Traub, Wagners Jahresber. 1883. 1159.

[6]) Benedikt u. Hazura, Monatsh. f. Chem. 1889. 10. 353.

Kakaobutter.

	Spezifisches Gewicht bei	Erstarrungspunkt °C.	Schmelzpunkt °C.	Verseifungszahl	Jodzahl	Hehner-Zahl	Reichertsche Zahl	Refraktometeranzeige i. Zeiß Butterrefraktomet.	Brechungsindex	Kritische Lösungstemperatur nach Crismer	Beobachter
Frisch Alt	15°C. 0.950—0.952 0.945—0.946	}20	—	—	—	—	—	—	—	—	Hager
	15°C. 0.970	—	32.5	—	—	—	—	bei40°C. 47	—	—	Marpmann
	15°C. 0.964—0.976	—	30—32 steigt auch bis 34.5	—	27.9 bis 37.5	—	—	—	—	—	E. Dieterich
	—	—	26.5 bis 35.0	193.20 bis 203.72	33.89 bis 38.50	—	—	—	—	—	K. Dieterich
	50°C./15.5°C. 0.892 98°C./15.5°C. 0.8577 100°C./15°C. 0.857	—	—	—	—	—	1.6	—	—	—	Allen
	100°C. 0.8580	23	32—33	198 bis 200	34	—	—	—	bei60°C. 1.4496	—	Thörner
	—	27.3	33.5	—	—	—	—	—	—	—	Rüdorff
	—	21.5 bis 23	28—30	193.55	36.62	—	—	—	—	—	De Negri und Fabris
	—	—	30—33	—	—	—	—	—	—	—	Herbst
	—	—	32.10 bis 33.6	192bis 202	33.4 bis 37.5 meist 35 bis 37	—	—	—	—	—	Filsinger
	—	—	34—35.5	—	—	—	—	—	—	—	Wimmel
	—	—	29	—	—	94.59	—	—	—	—	Bensemann
Gepreßte Butter Extrahiertes Fett	—	—	34—35 selten 33—36 32—34	—	34 bis 38	—	—	—	—	—	Welmans
	—	—	—	—	34.5 (Wijs)	—	—	—	—	—	Visser
	—	—	—	—	—	—	0.3	—	—	—	Lewkowitsch
	—	—	—	—	34	—	—	—	—	—	v. Hübl
	—	—	—	—	34	—	—	bei40°C. 46 bis 46.5	—	—	Mansfeld
Bahiakakaofett	—	—	—	—	41.7	—	—	bei40°C. 46 bis 47.8	bei40°C. 1.4565 bis 1.4578	—	Strohl
	—	—	—	—	—	—	—	—	—	71.5 bis 74.5	Crismer
	20°C. 0.9702	—	—	—	—	—	—	—	—	—	Rakusin[1]
	—	—	—	—	—	—	—	bei40°C. 41.8	bei40°C. 1.4537	—	Utz

[1] Chem. Zeitg. 1905. 29. 139. — Chem. Rev. üb. d. Fett- u. Harz-Ind. 1905. 12. 53.

Fettsäuren der Kakaobutter.

Erstarrungspunkt ⁰ C.	Schmelzpunkt ⁰ C.	Verseifungszahl	Jodzahl	Brechungsexponent	Beobachter
51·0	52	—	—	—	v. Hübl
45—47	48—50	—	39·1	—	De Negri u. Fabris
46—47	49—50	198	32·6	bei 60⁰C. 1·422	Thörner
—	Beginn: 48—49 Ende: 51—52 Beginn: 49—50 Ende: 52—53	—	—	—	Bensemann

Essigsäure und Buttersäure; Kingzett[1]) glaubte außerdem noch Theobrominsäure in der Kakaobutter gefunden zu haben, Graf[2]) hat jedoch die Abwesenheit dieser Säure konstatiert.

Dieses Fett ist relativ reich an gemischten Glyceriden. Klimont[3]) isolierte durch fraktionierte Kristallisation aus Aceton und Chloroform Oleodistearinsäureglycerid

$$C_3H_5(C_{18}H_{35}O_2)_2C_{18}H_{33}O_2$$

mit dem Schmelzpunkt 44⁰ C. und Oleodipalmitinsäureglycerid

$$C_3H_5(C_{16}H_{31}O_2)_2C_{18}H_{33}O_2$$

mit dem Schmelzpunkt 37⁰—38⁰ C. Außerdem sind wahrscheinlich noch andere gemischte Glyceride vorhanden. Fitzweiler[4]) konnte 6 % Oleodistearin vom Schmelzpunkte 44·5⁰—55⁰ C. gewinnen.

Die Kakaobutter wird verhältnismäßig schwierig ranzig. Klimont führt dies auf das Vorhandensein der genannten gemischten Glyceride zurück, bei welchen die Doppelbindung des vielleicht mittelständigen Ölsäurerestes durch die Reste der gesättigten Säuren geschützt wird.

CH_2-Palmitinsäurerest

CH-Ölsäurerest

CH_2-Palmitinsäurerest.

E. Dieterich fand die Säurezahl bei verschiedenen Proben zu 1·0 bis 2·3, K. Dieterich zu 3·2—25·36.

1 g frisch ausgelassener Kakaobutter braucht 0·06—0·25 ccm $^1/_{10}$-Normallauge zur Neutralisation. Eine Probe, welche im frischen Zustande von 0·06 ccm $^1/_{10}$-Normallauge neutralisiert wurde, verbrauchte nach sechsmonatlichem Stehen in mit Pergamentpapier verschlossenen Gläsern 0·22 ccm. Durch das gebräuchliche Entwässern und Filtrieren im Dampftrichter erhöht sich der Säuregehalt zuweilen bis auf das Doppelte, weshalb man längeres Erhitzen vermeiden soll (E. Dieterich).

---

1) Chevalier u. Baudrimont, Dictionnaire des adultérations 195.
2) Arch. d. Pharm. 1888. 26. 830.
3) Ber. d. deutsch. chem. Ges. 1901. 34. 2636. — Monatsh. f. Chem. 1902. 23. 51; 1904. 25. 929; 1905. 26. 536.
4) Arb. a. d. Kais. Gesundheitsamte 1902. 18. 371.

Dieses Fett löst sich in 5 Teilen kochenden, absoluten Alkohols, während es in 90prozentigem Alkohol nur zum geringen Teile löslich ist (Unterschied von Cocosbutter. Hager).

Geschmolzene Kakaobutter zeigt nach dem Erstarren ein erniedrigtes spezifisches Gewicht. Dasselbe erreicht erst nach 4—8 Tagen, öfters auch 3—4 Wochen, wieder sein Maximum (Welmans[1]).

Die Jodzahl von einigen reinen Sorten von Kakaobutter wurde von Filsinger[2]) bestimmt.

Sorte	Jodzahl	Sorte	Jodzahl
Kauka	36·2—36·7	Porto Plata	36·6—36·9
Bahia	36·8—37·1	Ariba	35·1—36·8

Kakaobutter wird öfters mit Nierenfett (Talg), Wachs, Stearinsäure und Paraffin verfälscht.

Gereinigtes Cocosöl ist ein gebräuchlicher Zusatz zu Kakaobutter und kommt manchmal unter dem Namen „Schokoladenbutter" in den Handel (Filsinger[3]).

Dikafett, welches bei 30°—31°C. schmilzt und milde schmeckt, eignet sich als Surrogat der Kakaobutter, doch ist dasselbe sehr selten zu erhalten und fast ebenso teuer wie Kakaobutter. Auch Fette, welche neben den genannten Produkten Japanwachs enthalten, kommen zuweilen als Kakaobutterersatz in den Handel.

Posetto[4]) hat ein unter dem Namen „Kakaobutter 5" in der Form von Broten und Tafeln in den Handel gebrachtes Surrogat, welches schwachen Geruch und salzähnlichen Geschmack besaß und muschligen Bruch zeigte, untersucht und die folgenden Konstanten gefunden:

Schmelzpunkt 34°—35·5°C.
Verseifungszahl 237.
Jodzahl 7·8.
Reichert-Meißlsche Zahl 5·5.

Das genannte Produkt löste sich teilweise in 95prozentigem Alkohol. Der in Alkohol schwerer lösliche Anteil und der leichter lösliche Anteil besaßen folgende Konstanten:

In Alkohol schwerer lösl. Teil:
Schmelzpunkt 54°—56°C.
Verseifungszahl 214—215·5.
Jodzahl 4—4·5.
Reichert-Meißlsche Zahl 0.

In Alkohol leichter lösl. Teil:
Schmelzpunkt 27°—29°C.
Verseifungszahl 242—245.
Jodzahl 8·5—8·8.
Reichert-Meißlsche Zahl 6·8—7.

Aus dem beschriebenen Verhalten schloß Posetto auf eine Mischung von ca. 70—75 % Cocosfett mit 25—30 % Japanwachs. (Siehe a. S. 879.)

Im allgemeinen sind zum Nachweise der früher erwähnten Zusätze die quantitativen Reaktionen am zuverlässigsten. Wachs und Paraffin lassen sich durch Bestimmung des unverseifbaren Anteiles nachweisen

---

[1]) Seifenfabrikant 1901. 4 u. 5.
[2]) Chem. Zeitg. 1890. 14. 716.
[3]) Zeitschr. f. analyt. Chem. 1896. 35. 519. — Chem. Zeitg. 1890. 14. 507.
[4]) Giorn. Farm. Chim. 1901. 50. 337.

und erniedrigen die Verseifungszahl und Jodzahl. Cocosöl erhöht die Verseifungszahl sowie die Reichert-Meißlsche Zahl und erniedrigt die Jodzahl. Pflanzenöle erhöhen die Jodzahl. Stearinsäure erhöht die Säurezahl und erniedrigt die Jodzahl. Andere Fette, namentlich Talg (durch welchen der unverseifbare Anteil cholesterinhaltig wird), lassen sich mit diesen Reaktionen nicht mit Sicherheit entdecken. Zu ihrem Nachweis benützt man in der Apothekerpraxis das verschiedene Verhalten des reinen und des verfälschten Kakaofettes gegen Lösungsmittel.

1. Die Ätherprobe. Björklund[1]) übergießt ca. 3 g des Fettes in einem Reagensrohre mit dem doppelten Gewichte Äther, verschließt mit einem Korke und versucht die Masse bei 18° C. durch Umschütteln in Lösung zu bringen. Bei Gegenwart von Wachs bildet sich eine trübe Flüssigkeit, welche sich beim Erwärmen nicht verändert. Ist die Flüssigkeit klar, so stellt man das Rohr in Wasser von 0° C. und beobachtet die Zeit, nach welcher sie anfängt, sich milchig zu trüben oder weiße Flocken abzusetzen, ferner die Temperatur, bei welcher die aus dem Wasser herausgenommene Probe wieder klar wird. Wenn sich die Lösung bei 0° C. nach 10—15 Minuten trübt und bei 19°—20° C. wieder klar wird, so ist die Kakaobutter rein. Für eine Kakaobutter, welche 5 % Rindstalg enthielt, waren diese Werte: 8 Minuten und 22° C.; bei einem Gehalt von 10 % Talg 7 Minuten und 25° C. usw.

Nach Kremel[2]) muß die Lösung nur 3 Minuten klar bleiben.

Die Pharm. Germ. II verlangt, daß die Probe, in zwei Teilen Äther gelöst, während eines Tages bei 12°—15° C. klar bleibt. Nach Dieterich soll man sich mit zwölfstündigem Klarbleiben begnügen, da auch echtes Öl nach 12—24 Stunden geringe Ausscheidungen gibt. Dikafett hält die Ätherprobe aus.

Filsinger[3]) hat die Ätherprobe in folgender Weise modifiziert: 2 g des Fettes werden in einem graduierten Röhrchen geschmolzen, mit 6 ccm einer Mischung von 4 Teilen Äther und 1 Teil Weingeist (von 0·810 spez. Gew.) geschüttelt und beiseite gestellt. Reines Fett gibt eine auch bei 0° C. klar bleibende Lösung. Lewkowitsch[4]) verwirft die Filsingersche Modifikation der Ätherprobe.

2. Die Anilinprobe. Nach Hager[5]) erwärmt man ca. 1 g Kakaofett mit 2—8 g Anilin bis zur Lösung und läßt, wenn die Zimmertemperatur 15° C. ist, 1 Stunde, wenn dieselbe 17°—20° C. beträgt, $1\frac{1}{2}$—2 Stunden stehen. Reines Kakaofett schwimmt als flüssige Schichte auf dem Anilin. Enthält das Kakaofett Talg, Stearinsäure oder wenig Paraffin, so setzen sich körnige oder schollige Partikeln in der Ölschichte ab, die bei gelindem Agitieren an den oberen Wandungen hängen bleiben. Ist Wachs oder viel Paraffin vorhanden, so erstarrt die Fettschichte, war viel Stearinsäure zugesetzt, so findet überhaupt

---

[1]) Zeitschr. f. analyt. Chem. 1864. 3. 233.
[2]) Pharm. Post 1899. 22. 5.
[3]) Zeitschr. f. analyt. Chem. 1880. 19. 247.
[4]) Journ. Soc. Chem. Ind. 1899. 18. 556.
[5]) Zeitschr. f. analyt. Chem. 1880. 19. 246.

keine Trennung in 2 Schichten statt, sondern das Ganze erstarrt zu einer kristallinischen Masse.

Bei reinem Kakaofett erstarrt die Ölschichte erst nach vielen Stunden. Man macht überdies einen Parallelversuch mit notorisch reinem Kakaofett.

P. van der Wielen[1]) hat untersucht, welchen Einfluß die Zumischung von je 10 % der gebräuchlichen Fälschungsmittel auf die Konstanten der Kakaobutter und auf die Anilinprobe nimmt. Utz[2]) hat auch noch die Refraktion dieser Mischungen bestimmt.

	Erstarrungspunkt ° C.	Schmelzpunkt ° C.	Säurezahl	Verseifungszahl	Jodzahl	Anilinprobe nach Hager	Brechungsindex bei 40°C.	Skalenteile des Butterrefraktometers
Kakaobutter	26	32	1·62	193	34·9	Nach 4 Std. 2 helle Lagen	1·4578	47·7
„ mit 10% Olivenöl . .	25	29	—	194	40·3	„ „ „ „	1·4590	49·5
„ „ „ fest. Paraffin	25	30	—	176	32·5	„ 1 Std. die ob. Lage fest	1·4572	46·9
„ „ „ flüss. „	—	—	—	—	—	—	1·4554	44·3
„ „ „ Rindertalg .	26·5	31·5	—	196	36·8	Nach 4 Std. die ob. Lage trüb	1·4574	47·2
„ „ „ Hammeltalg	—	—	—	—	—	—	1·4575	47·3
„ „ „ Cocosöl . . .	24	32	—	202	33·7	Nach 4 Std. 2 helle Lagen	1·4562	45·5
„ „ „ Wachs . . .	29	33	3·4	189	33·9	{ Es bilden sich keine 2 Lagen, wird sehr rasch steif	Weißes Wachs 1·4576 Gelbes Wachs 1·4580	47·5 48·0
„ „ „ Stearinsäure	26	33	23·1	200	32·6	{ Nach 4 Std. die obere Lage mit kristallinischer Abscheidung	1·4562	45·5

Es kann demnach zuweilen auch die Refraktion einen Fingerzeig dafür geben, ob reine oder verfälschte Kakaobutter vorliegt.

Verwendung. Kakaobutter wird in der Schokoladenfabrikation zur Erzeugung von Kakaoüberzugsmassen und in der Pharmazie verwendet.

Eine Kakaobutter der Provenienz „Samana" schied beim langsamen Erkalten eine leichtflüssige Fraktion aus, welche selbst bei wochenlangem Stehen im Keller nicht erstarrte. Besonders auffallend war ihre hohe Jodzahl: 53·06—58·80. Auch die Refraktometerzahl im Zeißschen Butterrefraktometer war erhöht: 50·45 bei 40° C., der Schmelzpunkt dagegen sehr niedrig, ca. 12° C. Das spezifische Gewicht bei 17·5° C. betrug 0·906 (Strube[3]).

Das Fett der Kakaoschalen (Kakaoschalenbutter) besitzt nach Filsinger[4]) eine höhere Jodzahl (39—40) und meist auch eine hohe Säurezahl. Die letztere betrug bei einer Probe 56.

---

[1]) Pharm. Weekblad 1902. 39. Nr. 26.
[2]) Chem. Zeitschr. 1902. 2. 19. — Chem. Rev. üb. d. Fett- u. Harz-Ind. 1902. 9. 259.
[3]) Zeitschr. f. öffentl. Chem. 1905. 11. 215. — Chem. Rev. üb. d. Fett- u. Harz-Ind. 1905. 12. 191.
[4]) Chem. Zeitg. 1895. 19. 578.

3. Sterculia-chicha-Fett. [1])

Verseifungszahl	Jodzahl	Beobachter
193·2—195·1	79·0	Niederstadt

Das Fett der Samen von Sterculia chicha *St. Hil.*, einer Sterculiacee, ist fest, kristallinisch und hat einen etwas ranzigen Geruch. Der Säuregehalt einer Probe betrug .11·41 %, als Ölsäure berechnet.

4. Myricawachs.

Myrtenwachs, Myrtlewachs, Kap-Beerenwachs. — Cera mirica. — Cire de Myrica. — Myrtle wax, Laurel wax, Bayberry tallow.

	Spezifisches Gewicht bei	Erstarrungspunkt °C.	Schmelzpunkt °C.	Verseifungszahl	Jodzahl	Reichert-Meißlsche Zahl	Refraktom.-Anzeige in Zeiß Butterrefraktom. bei 40°C.	Brechungsindex	Beobachter
	15°C. 1·0135	—	48	—	—	—	55	—	Marpmann
	—	—	—	—	10·7	—	—	—	Mills
	$\frac{98°—99°C.}{15·5°C.}$ 0·875	39·5—43	40·5—44	205·7 bis 211·5	—	—	—	—	Allen
Aus M. cerifera mit Petroläther extrahiert	$\frac{98°—99°C.}{15·5°C.}$ 0·878 $\frac{22°C.}{15·5°C.}$ 0·9806	45	48	217	3·9	0·5	—	bei80°C. 1·4363	Smith u. Wade
Kap-Beerenwachs *)	$\frac{99°C.}{15°C.}$ 0·8741	—	40·5	211·1	1·06	—	—	—	Imperial Institut [2])

*) Wahrscheinlich auch von Myricaarten.

Fettsäuren.

Spezifisches Gewicht	Erstarrungspunkt	Schmelzpunkt	Mittleres Molekular-Gew.	Beobachter
bei $\frac{99°C.}{15·5°C.}$ 0·8370	46·0°C.	47·5°C.	243·0	Allen
—	—	—	243·0	Marpmann
—	—	47·5	236·1	Imperial Institut

Das Myrtenwachs wird durch Auskochen der Beeren verschiedener Myricaarten (M. cerifera, auch Kerzenbeerstrauch, Wachsgagel genannt, M. carolinensis, M. caracassana, M. cordifolia und M. lacinata) gewonnen; es bildet den Überzug dieser Beeren. Die Heimat der Pflanze ist Nordamerika, Neugranada, das Kap.

Es ist durch Chlorophyll grünlich gefärbt und überzieht sich beim Liegen mit einer weißlichen bis bräunlichen Haut.

Nach Smith und Wade [3]) besteht das Myricawachs hauptsächlich

[1]) B. Niederstadt, Ber. d. deutsch. pharm. Ges. 1902. 12. 144.
[2]) Oil and Colourm. Journ. 1907. 1573. — Chem. Zeitg. Rep. 1907. 31. 387.
[3]) Journ. Amer. Chem. Soc. 1903. 25. 629. — Chem. Rev. üb. d. Fett- u. Harz-Ind. 1903. 10. 210.

aus Palmitin, neben wenig Glyceriden niederer Fettsäuren und etwas freier Säure. Ölsäure und flüchtige Säuren sind höchstens in geringen Mengen vorhanden, Stearinsäure konnte nicht nachgewiesen werden.

Der Schmelzpunkt ist je nach dem Alter der Beeren, der Zeit der Wachsgewinnung und dem Alter der Probe verschieden, er steigt bis 57°C. Smith und Wade sehen den Grund hierfür in einer Veränderung, wie sie bei vielen Fetten bei längerem Stehen eintritt. Sie fanden eine Säurezahl 30·7, während Deering eine Säurezahl 3—4·4 (entsprechend 1·5—2·2 Prozenten freier Fettsäure auf Ölsäure berechnet) konstatierte.

Da dieses „Wachs" fast ausschließlich aus Triglyceriden besteht, ist es als Fett zu bezeichnen. Allen fand in einer Probe Myrtenwachs 13·38% Glycerin.

Das Myrtenwachs findet als Kerzenmaterial Verwendung.

Das in die Tabelle aufgenommene Kap-Beerenwachs ist, wie kleine Versuche in der Industrie zeigten, zur Kerzenfabrikation zwar nicht besonders, dagegen zur Seifenfabrikation geeignet und liefert eine harte, weiße Seife.

5. Micheliafett.

Spezifisches Gewicht	Schmelzpunkt	Verseifungszahl	Jodzahl	Beobachter
0·903	44—45°C.	—	—	J. Sack[1]
—	—	196—199·36	66·0	B. Niederstadt[2]

Dieses Fett stammt von Michelia champaca, einem wegen seiner wohlriechenden Blüten in Niederländisch-Indien angebauten Baume, aus der Familie der Magnoliaceen. Es ist wahrscheinlich mit dem Fette identisch, welches unter dem Namen „Minjak tjampaka" von den Eingeborenen Sumatras bereitet wird.

Niederstadt beschreibt das Öl der Fruchtschale dieses Baumes (siehe Tabelle). Es hat die Säurezahl 52·6, ist braunrot, klar mit kristallinischem Bodensatz. Der Geruch ist eigenartig.

Das von Sack untersuchte Fett war dunkelbraun, hatte Butterkonsistenz, enthielt 2·6% Wasser, 0·2% Asche und bestand nach der Analyse aus 70% Triolein und 30% Tripalmitin.

6. Chailletiafett.[3]

Die stark giftigen Früchte von Chailletia toxicaria *Don.*, welche unter den Eingeborenen Sierra Leones unter dem Namen „Magbewi" oder „Manǎk" bekannt sind, enthalten 1·83% eines gelben Fettes.

Dasselbe enthält Oleodistearin mit dem Schmelzpunkt 43°C.

Es konnten in diesem Fette außer Ölsäure und Stearinsäure noch geringe Mengen Ameisensäure und Buttersäure, sowie eine kleine Menge Phytosterin (Schmelzpunkt 135°—148°C.) nachgewiesen werden.

---

[1] Pharm. Weekblad 1903. 40. 103. — Chem. Rev. üb. d. Fett- u. Harz-Ind. 1903. 10. 83.

[2] Ber. d. deutsch. pharm. Ges. 1902. 12. 144.

[3] F. B. Power u. F. Tutin, Journ. Americ. Chem. Soc. 1906. 28. 1170.

7. Chinesischer Talg.

Stillingiatalg, vegetabilischer Talg. — Oleum Stillingiae. — Suif d'arbre, Suife végétal de Chine. — Vegetable tallow of China. — Sego di Stillingia.

Er wird aus den Früchten des in China und den anliegenden Inseln heimischen, chinesischen Talgbaumes, Stillingia sebifera *Juss.* (Croton sebiferum *Linn.*, Sapium sebiferum), einer Euphorbiacee, gewonnen. Die drei in einer Frucht enthaltenen Samen gleichen in Größe und Form dem kleinkörnigen Perlkaffee und sind äußerlich mit einer mehr oder weniger dicken, harten, schmutzigweißen Talgschicht bedeckt. Sie werden in große mit Löchern versehene Holzzylinder gebracht und mit Wasserdampf behandelt, wobei der Talg abfließt. Derselbe wird nochmals geschmolzen, filtriert und kommt in harten, brüchigen, außen rötlich bestäubten, innen mattweißen Stücken in den Handel. Im reinen Zustande macht er keinen Fettfleck und ist geruch- und geschmacklos.

Tortelli und Ruggeri erhielten 22 %, Schindler und Waschata[1] 37 % dieses Fettes aus den Samen.

Der Talg führt bei den Eingeborenen den Namen „pi-yu" oder „pi-iéon". Aus den vom Talg befreiten Samen wird durch Auspressen noch das Talgsamenöl (ting-yu) (siehe Seite 667) gewonnen. Durch Kombination des Auskochens und Auspressens wird eine Mischung von ting-yu und pi-yu erhalten, welche Mou-iéon genannt wird und gleichfalls als chinesischer Pflanzentalg in den Handel kommt. Sie unterscheidet sich von dem eigentlichen chinesischen Pflanzentalg äußerlich durch geringere Härte und durch die mehr gelbe Farbe.[2]

Nach Maskelyne besteht der chinesische Talg ausschließlich aus Palmitin und Oleïn, und auch Hehner und Mitchell konnten in einer untersuchten Probe keine Stearinsäure nachweisen.

Dagegen ergab eine von Klimont[3] durchgeführte Untersuchung, daß das Fett von Stillingia sebifera kein flüssiges Ölsäureglycerid, wohl aber ansehnliche Mengen von Dipalmitinölsäureglycerid $C_3H_5(C_{16}H_{31}O_2)_2C_{18}H_{33}O_2$ enthalte. Er erhielt diesen Körper durch mehrmaliges Umkristallisieren aus Aceton. Der Schmelzpunkt des gemischten Glycerides lag bei 29·2° C. Auch Oleodistearin konnte Klimont im Stillingiatalg nachweisen.

De Negri und Fabris[4] geben den auf Ölsäure berechneten Gehalt an freien Fettsäuren zu 1·2 % und De Negri und Sburlati[5] zu 1·1 % an. Gianolio fand denselben in einer alten Probe zu 2·8 %. Zay und Musciacco[6] konstatierten in einem chinesischen Talg 11·31 %, Rosauer und Eisenstein in mehreren Handelsmustern durchschnittlich 7·9 % freie Fettsäuren.

[1]) Zeitschr. f. d. landw. Versuchsw. in Österr. 1904. 7. 643. — Chem. Rev. üb. d. Fett- u. Harz-Ind. 1905. 12. 223.

[2]) L. Myddelton Nash, The Analyst 1904. 29. 110. — Chem. Rev. üb. d. Fett- u. Harz-Ind. 1904. 11. 128.

[3]) Monatsh. f. Chem. 1903. 24. 408 u. 1905. 26. 563.

[4]) Selmi 1894. 32.

[5]) Chem. Zeitg. Rep. 1897. 21. 5.

[6]) Staz. sperim. agrar. ital. 1903. 36. 169.

Chinesischer Talg.

Spezifisches Gewicht	Erstarrungspunkt °C.	Schmelzpunkt °C.	Verseifungszahl	Jodzahl	HehnerZahl	ReichertMeißlsche Zahl	Acetylzahl	Absoluter Wärmegrad	Spez.Reakt.-Temp.	Refraktometeranzeige in Zeiß Butterrefraktometer bei	Brechungsindex bei 60°C.	Beobachter
bei 15° C. 0·9182—0·9217	27·2—31·1	36·5—44·1	198·5 bis 202·2	28·5—37·74	—	—	—	—	—	—	—	De Negri u. Sburlati
bei 15°C. 0·9185	—	44	—	—	—	—	—	—	—	40° C. 41	—	Marpmann
—	26·7	44·5	—	—	—	—	—	—	—	—	—	Thomson u. Wood
—	27—34	37—44	179 (?)	45·2—53	—	—	—	—	—	—	—	De Negri u. Fabris
—	—	—	196	28·1—48·9	—	—	—	—	—	—	—	Gianolio
—	—	—	—	44—46	—	—	—	—	—	—	1·4503	Mecke
—	—	36·4	203·5	27·6	—	—	—	—	—	—	—	Klimont
bei 15°C. 0·9186 „ $\frac{100° C.}{15° C.}$ 0·8600	37·7	52·5	231 (?)	19·0	93·45	0·69 (Wollny)	43·5	30°	83°	{46° C. 40} {50° C. 38}	—	Zay u. Musciacco
—	—	—	205·8	40·33	—	—	—	—	—	—	—	Rosauer u. Eisenstein

Fettsäuren.

Erstarrungspunkt °C.	Schmelzpunkt °C.	Verseifungszahl	Jodzahl	Mittleres Molekulargewicht	Beobachter
34—42	39—47	181·2—182·1	47—54·8	—	De Negri u. Fabris
45·2—47·9	53·0—56·9	202·0—208·5	30·31—39·50	—	De Negri u. Sburlatti
—	56—57	—	—	—	Mayer
52·5 (Titer)	—	—	—	—	Rosauer u. Eisenstein
53·0	55·0	240·1 (?)	—	231·4 (?)	Zay u. Musciacco

Mecke[1]) erhielt bei einer Probe chinesischen Talges von weicher Konsistenz und bräunlicher Farbe, mit einer Jodzahl 44—46, also einem wahrscheinlich mit Stillingiaöl gemischten Produkte, bei der Furfurolreaktion (siehe Sesamöl) eine intensive Rötung. Dennoch war diese Reaktion nicht für die Anwesenheit von Sesamöl beweisend, denn der Talg gab die Soltsiensche Zinnchlorürreaktion nicht. Ferner war der die Reaktion gebende Körper mit Eisessig ausschüttelbar und ging nach der Verseifung des Auszuges in das Benzin über. Die Fettsäuren gaben die Furfurolreaktion nicht mehr, Sesamölfettsäuren geben sie.

Bei der Welmansschen Reaktion resultiert eine schwachgrünliche Färbung.

Die große Verschiedenheit der Untersuchungsergebnisse des chinesischen Talges sind auf den erwähnten Umstand zurückzuführen, daß ihm häufig in größeren oder kleineren Mengen Stillingiaöl beigemischt ist, welches als starktrocknendes Öl insbesondere auf die Jodzahl großen Einfluß nimmt. Daraus dürfte sich mit großer Wahrscheinlichkeit auch die Angabe erklären, daß dem chinesischen Talg öfters bis zu 30 $^0/_0$ Leinöl zugesetzt werden. Das von Zay und Musciacco untersuchte Produkt mit der Jodzahl 19 zeigte sich gegen das polarisierte Licht völlig inaktiv und war daher wahrscheinlich frei von Stillingiaöl.

Der chinesische Talg findet in der Kerzen- und Seifenfabrikation ausgedehnte Verwendung.

8. Malabartalg.

Vateriafett, Pineytalg, Pflanzentalg. — Suif de Piney. — Malabar, Piney tallow, White dammar of South India. — Sego di Piney.

Spez. Gew. bei	Erstarrungspunkt ⁰ C.	Schmelzpunkt ⁰ C.	Verseifungszahl	Jodzahl	Hehner-Zahl	Reichert-Meißlsche Zahl	Refraktometeranzeige i. Zeiß Butterrefraktometer bei 40⁰ C.	Brechungsindex bei 40⁰ C.	Beobachter
15⁰ C. 0·915	—	—	191·9	—	—	—	—	—	Höhnel u. Wolfbauer
—	30·5	36·5	—	—	—	—	—	—	Vierthaler u. Bottura
100⁰ C. 0·8900 bis 100⁰ C. 0·8907	} — {	37 bis 37·5	188·7 bis 189·3	37·82 bis 39·63	95·14 bis 95·21	0·22 bis 0·44	47·5	1·4575	Crossley u. Le Sueur
15⁰ C. 0·9160	—	36·5	—	—	—	—	42	—	Marpmann
—	—	—	—	{ 30·5 bis 44·8 }	—	2·2	—	—	Pastrovich

Fettsäuren.

Erstarrungspunkt	Schmelzpunkt	Jodzahl	Beobachter
54·8⁰ C.	56·6⁰ C.	—	Höhnel u. Wolfbauer
51·8⁰—57·3⁰ C.	—	47·4	Pastrovich

---

[1]) Zeitschr. f. öffentl. Chem. 1904. 10. 8.

Das Fett wird aus den „Butterbohnen", den Samen von Vateria indica *L.* (Kopalbaum, Talgbaum), einer Dipterocarpacee, gewonnen, indem dieselben geröstet, gemahlen und mit Wasser ausgekocht werden.[1])

Der Malabartalg ist in frischem Zustande grünlichgelb, bleicht an der Luft rasch aus und scheidet an der Oberfläche feine weiße Kristallnadeln (Palmitinsäure?) aus. Er riecht sehr angenehm, hat eine körnige, kristallinische Struktur und steht an Härte und Zähigkeit dem Schaftalge nahe.

In seiner Zusammensetzung steht er der Kokumbutter von Garcinia indica sehr nahe. Mittels Alkohol können ihm ca. 2 % eines flüchtigen, angenehm riechenden Öls entzogen werden. Das zurückbleibende reine Fett besteht aus

ca. 75 % Palmitin,
25 % Oleïn.

Eine von Höhnel und Wolfbauer[2]) untersuchte Probe enthielt 19 % freier Fettsäuren auf Ölsäure berechnet; Crossley und Le Sueur[3]) fanden den Gehalt an freien Fettsäuren in zwei untersuchten Proben zu 1·3 und 3·86 %. Pastrovich konstatierte in einer Probe die Gegenwart von 4·88 Prozenten eines wachsähnlichen, unverseifbaren Körpers.

Malabartalg läßt sich mit Alkalien leicht verseifen. Er wird in seiner Heimat als Speisefett verwendet. Außerdem findet er in der Seifen- und Kerzenfabrikation Verwertung. Die aus ihm hergestellten Kerzen brennen langflammig und verbreiten dabei einen angenehmen, aromatischen Geruch.

9. Borneotalg.

Tenkawangfett, Tangkawangfett. — Suif végétal de Borneo. —
Borneo tallow. — Sego di Borneo.

Der Borneotalg wird aus den Früchten einiger Dipterocarpusarten Indo-Chinas und Holländisch-Ostindiens gewonnen, von denen die wichtigsten Shorea aptera *Burch* und Isoptera Borneensis *Scheff* sind. Er ist in Holländisch-Ostindien unter dem Namen „Minjak Tangkawang" bekannt.

Das Fett, das in den Früchten zu 40—50 % enthalten ist, wird diesen von den Eingeborenen auf folgende Weise entzogen:[4])

Nachdem die harten Früchte von den Bäumen gefallen sind, lagert man sie in feuchte Räume. Dort bleiben sie so lange, bis die Schalen aufgebrochen sind und die Samen zu keimen beginnen. Man trocknet sie nun an der Sonne, befreit die Kerne von den Schalen und hängt sie in Körben über kochendes Wasser. Nachdem die Kerne weich

---

[1]) M. Lemarié, Oils, Colours and Drysalteries 1904. 6. — Chem. Rev. üb. d. Fett- u. Harz-Ind. 1904. 11. 127.
[2]) Wagners Jahresber. 1884. 1186.
[3]) Journ. Soc. Chem. Ind. 1899. 18. 991.
[4]) M. Lemarié, Oils, Colours and Drysalteries 1904. 6. — Chem. Rev. üb. d. Fett- u. Harz-Ind. 1904. 11. 127.

geworden sind, werden sie ausgepreßt. Das abfließende Fett wird in ausgehöhlte Bambusstäbe gegossen, wodurch es die zylindrische Form erhält, welche man im Handel antrifft.

Borneotalg.

	Spez. Gew. bei 15°C.	Erstarrungspunkt	Schmelzpunkt	Verseifungszahl	Jodzahl	Hehner-Zahl	Refraktometeranzeige	Beobachter
—	—	—	Beginn d. Schmelzens: 35°—36° C. Ende des Schmelzens: 42° C.	—	—	95·7	bei 40° C. —	Geitel
Shorea aptera . .	—	—	31° C.	191·2	—	95·5	—	} Heim
Isoptera Borneensis	—	—	—	192·2	—	95·3	—	
—	—	—	34·5₀—34·7° C.	—	—	—	—	Klimont
aus niederl. Indien	0·963	bei 27° schwache Trübung, erstarrt bei 26—27° C.	36·5°—41·5°C.	191·5	29·2	—	45·7	Behrend

Fettsäuren.

	Erstarrungspunkt	Schmelzpunkt	Mittleres Molekulargewicht	Refraktometeranzeige bei 60°C.	Beobachter
—	53·5°—54° C.	—	283·7	—	?
Shorea aptera . .	51° C.	55° C.	268	—	} Heim
Isoptera Borneensis	51° C.	55° C.	256	—	
aus niederl. Indien	48·5—51° C.	54—55° C.	—	25·3	Behrend

Das Fett ist von grünlicher oder gelblichweißer Farbe, mildem Geruch und Geschmack. Die zylindrischen Stücke bleichen rasch an der Oberfläche. Der Borneotalg besitzt eine körnig-kristallinische Struktur und ist auf der Oberfläche oft reichlich mit feinen, weißen Stearinsäurenadeln bedeckt.

Zusammensetzung. Bei einer von Geitel[1]) untersuchten Probe bestanden die Fettsäuren aus

ca. 66 °/₀ Stearinsäure,
34 °/₀ Ölsäure.

Heim[2]) fand in einem Fett von

Shorea aptera 16·7 °/₀ Ölsäure und 78·8 °/₀ fester Fettsäuren

und in einem solchen von

Isoptera borneensis 18 °/₀ Ölsäure und 77·3 °/₀ fester Fettsäuren.

In beiden Fällen war

der Erstarrungspunkt der festen Fettsäuren 61° C.
„ Schmelzpunkt „ „ „ 63° C.

Klimont[3]) hat Tristearin, Tripalmitin, Distearinsäureölsäureglycerid vom Schmelzpunkte 44° C. und Dipalmitinsäureölsäureglycerid vom Schmelzpunkte 33°—34° C. im Borneotalge nachgewiesen.

<hr>

[1]) Journ. Soc. Chem. Ind. 1888. 7. 391.
[2]) Chem. Rev. üb. d. Fett- u. Harz-Ind. 1902. 9. 14. — Les corps gras ind. 1902. 29. Nr. 4.
[3]) Monatsh. f. Chem. 1904. 25. 929 u. 1905. 26. 563.

Eine von Behrend[1]) untersuchte Probe enthielt $11\,^0/_0$ freie Fettsäure (als Ölsäure berechnet).

Verwendung. Der Borneotalg wird von den Eingeborenen als Speisefett und sonst als Schmiermittel und in der Kerzenfabrikation verwendet.

10. Kokumbutter, Goabutter.[1])

Beurre de Cocum. — Kokum butter. — Sego di Kokum.

Spez. Gew. bei	Erstarrungspunkt ° C.	Schmelzpunkt ° C.	Verseifungszahl	Jodzahl	Hehner-Zahl	Reichert-Meißlsche Zahl	Refraktometeranzeige i.Zeiß' Butterrefraktometer bei 40 ° C.	Brechungsindex	Beobachter
40°C. 0·8952 98°C. 0·8574 }	37·6 bis 37·9	41—42	191·3	33·1	95·59	1·54	—	bei25°C. 1·4628	Heise
$\frac{100°C.}{100°C.}$ 0·8889	—	42	186·8	34·21	94·59	0·11	46	bei40°C. 1·4565	Crossley u. Le Sueur
—	—	40	—	—	—	—	—	—	Hartwich

Fettsäuren.

Erstarrungspunkt	Schmelzpunkt	Mittleres Mol.-Gew.	Beobachter
59·4 ° C.	60—61 ° C.	282	Heise

Die Kokumbutter wird aus den Samen der in Ostindien heimischen Guttifere Garcinia indica *Choisy* gewonnen. Sie kommt in eigroßen, schmutzigweißen Stücken in den Handel, welche ziemlich viel Verunreinigungen enthalten.

Nach Heise besteht sie hauptsächlich aus Oleodistearin C_3H_5 $(C_{18}C_{35}O_2)_2(C_{18}H_{33}O_2)$. Sie enthält außerdem noch sehr geringe Mengen Glyceride flüchtiger Fettsäuren. Eine von Heise untersuchte Probe enthielt $10·5\,^0/_0$ freier Fettsäuren, auf Ölsäure berechnet. Crossley und Le Sueur[2]) fanden in einer Probe $3·56\,^0/_0$ freier Fettsäuren.

11. Mkanifett.

Suif de Mkany. — Mkanyi fat. — Sego di Mkany.

Spez. Gew. bei	Erstarrungspunkt	Schmelzpunkt	Verseifungszahl	Jodzahl	Hehner-Zahl	Reichert-Meißlsche Zahl	Beobachter
15°C. 0·9298 100°C. 0·8606 }	36° C.	42° C.	186·6 bis 191·7	38·7 bis 41·0	—	—	Henriques u. Künne[3])
40°C. 0·8926 $\frac{98°C.}{15°C.}$ 0·85606 }	30·4°—38° C.	40°—41° C.	190·45	41·9	95·65	1·21	Heise[4])

[1]) Nach einer privaten Mitteilung.
[2]) Arb. a. d. kais. Gesundheitsamte 1897. 13. 302. — Hartwich, Chem. Zeitg. 1892. 16. 1031.
[3]) Journ. Soc. Chem. Ind. 1898. 17. 993.
[4]) Chem. Rev. üb. d. Fett- u. Harz-Ind. 1899. 6. 45.
[5]) Arb. a. d. kais. Gesundheitsamte 1896. 12. 540.

Fettsäuren.

Erstarrungspunkt	Schmelzpunkt	Jodzahl	Beobachter
61·4°—61·6° C.	61·5° C.	42·1	Henriques u. Künne
57·5° C.	59° C.	—	Heise

Dieses Fett wird aus den Samen des in die Klasse der Guttiferen gehörigen Talgbaumes, Stearodendron Stuhlmanni *Engl.*, in Ostafrika gewonnen.

Es kommt in großen, kompakten Stücken von der Form der Straußeneier in den Handel. Die Klumpen sind äußerlich oft mit Bastgewebe bedeckt. Das gelblichweiße, harte, schwach aromatisch schmeckende Fett enthält meist viel Wasser und Schmutz.

Zusammensetzung: Es besteht nach Heise ähnlich wie die Kokumbutter hauptsächlich aus Oleodistearin. Palmitinsäure fehlt gänzlich. Eine von Heise untersuchte Probe enthielt 11·66 % freier Fettsäuren, auf Ölsäure berechnet. Henriques und Künne fanden in zwei Proben den Gehalt an freier Fettsäure zu 5·8 resp. 10·35 %.

An unverseifbaren Bestandteilen enthielten 2 Proben 0·49 und 1·21 % (Henriques und Künne).

Verwendung: Das Mkanifett gibt für die Seifenfabrikation ein sehr gutes Material ab, da zwei Drittel seiner Fettsäuren Stearinsäure sind.

12. Sheabutter.

Schibutter, Galambutter, Bambukbutter, vegetab. Talg. — *Beurre de Cé, de Shée, Suif de Noungou.* — *Galam, Shea butter.* — *Burro di Seha.*

Die Sheabutter ist in den Samen des Schibaumes, Butyrospermum Parkii (auch Bassia Parkii, Bassia Nungu oder Bassia Djava genannt), aus der Familie der Sapotaceen, in einer Menge von 42—50·0 % enthalten.

Vom Gesamtgewichte der in Form, Farbe und Größe den Roßkastanien gleichenden Sheanüssen entfällt ca. $^1/_3$ auf die harte Schale, $^2/_3$ auf den Kern. Dieser enthält 64—72 % Fett (Schindler und Waschata[1]).

Die Sheabutter wird in der Heimat des Schibaumes, dem nördlichen tropischen Afrika (Senegal, Niger, weißer Nil) von den Eingeborenen auf primitive und unrationelle Weise gewonnen.

Das Fett hat bei gewöhnlicher Temperatur Butterkonsistenz, ist grauweiß, zäh und klebrig und von aromatischem Geruch.

Besonders charakteristisch ist sein Gehalt an 3—6 % eines wachsartigen Körpers.[2]

Die Angabe Stohmanns[2], daß das Fett aus Tristearin und Trioleïn im Verhältnis von 7 : 3 besteht, entspricht den in der Literatur auffindbaren Jodzahlen (s. Tabelle) nicht. Unter der Voraussetzung, daß kein Glycerid anderer ungesättigter Fettsäuren außer dem der Ölsäure zugegen ist, müßte mehr als die Hälfte des Fettes aus Trioleïn bestehen.

---

[1]) Zeitschr. f. d. landw. Versuchsw. in Österr. 1904. 7. 643. — Chem. Rev. üb. d. Fett- u. Harz-Ind. 1905. 12. 221.

[2]) Muspratt, Chemie. 4. Aufl. III. 574.

Sheabutter.

Spezifisches Gewicht	Er- starrungs- punkt	Schmelz- punkt	Ver- seifungs- zahl	Jodzahl	Hehner-Zahl	Refraktometer- anzeige in Zeiß Butter- refraktometer	Beobachter
bei 15° C. 0·953-0·955	23·5° C.	28°—29°C.	—	—	—	—	Schaedler
bei 15° C. 0·9552	—	29° C.	.	—	—	bei40°C. 39	Marpmann
bei 15° C. 0·9175 (?)	17°—18°C.	25·3° C.	192·3 (?)	—	94·76	—	Valenta
bei 98—99° C./15·5° C. 0·859	—	28° C.	—	—	—	—	Allen
—	—	23—23·3° C.	—	—	—	—	Stohmann
—	—	26·5° C.	186·5	53·8	—	—	Fischer
bei 15° C. 0·9177	—	—	—	67·2	—	—	Milliau
—	—	—	178·8	56·2—56·9	—	—	Lewkowitsch
—	—	—	182·4	—	—	—	Kassler
bei 98—99° C. 0·8963	27° C.	31° C.	181	52·5	—	bei40°C. 49	Schindler u. Waschata

Fettsäuren.

Erstarrungspunkt	Schmelzpunkt	Verseifungszahl	Jodzahl	Beobachter
38° C.	39·5° C.	—	—	Valenta
—	56° C.	—	—	Stohmann
52·5° C.	56·5° C.	—	—	Milliau
47° C.	52° C.	194	54·5	Schindler u. Waschata
53·75—53·8	—	—	56—57·2	Lewkowitsch
48·6	—	—	55·6	Kassler

Der auf Ölsäure berechnete Gehalt an freien Fettsäuren wurde in je einer Probe von Kassler zu 4·61 %, von Fischer zu 11 %, von Schindler und Waschata zu 14·5 % gefunden.

Die Sheabutter ist nach Versuchen von Kassler[1]) ein gutes Rohmaterial für die Kerzenfabrikation. Sie soll häufig mit Kokumbutter verfälscht sein.

13. Illipetalg.[2])

Illipéstalg, Illipeöl, Bassiaöl, Mahuabutter. — Beurre d'Illipé. — Mahua seed oil, Illipébutter. — Burro di Illipé.

Das Fett aus den Samen von Bassia latifolia *Roxb.* ist schmalzartig, im frischen Zustande gelb, bleicht aber an der Luft rasch aus und wird ranzig. Die besten Illipenüsse stammen aus Pontianak. Daran reihen sich diejenigen von Sarawak, Singkawar, Siak und der Insel Sam-

---

[1]) Augsb. Seifens.-Zeitg. 1902. 29. 311.
[2]) Valenta, Dinglers Polyt. Journ. 1884. 251. 461. — De Negri u. Fabris, Zeitschr. f. analyt. Chem. 1894. 33. 572.

bas, während China nur minderwertige Ware exportiert.[1]) Das Fett besitzt einen durchdringenden Geruch, der beim Erhitzen teilweise verschwindet. Unter dem Mikroskope lassen sich Fettsäurekristalle erkennen.

Illipetalg.

Spezifisches Gewicht	Erstarrungspunkt	Schmelzpunkt	Verseifungszahl	Jodzahl	Hehner-Zahl	Reichert-Meißlsche Zahl	Refraktometeranzeige in Zeiß Butterrefraktometer	Brechungsquotient	Beobachter
bei 15° C. 0·9175	17·5 bis 18·5° C.	25·3° C.	192·3	—	—	—	—	—	Valenta
bei 15° C. 0·917	—	25·5° C.	—	—	—	—	bei 40° C. 55	—	Marpmann
bei $\frac{100° C.}{100° C.}$ 0·8943bis 0·8981	—	23 bis 29° C.	187·4 bis 194	53·43 bis 67·85	94·69 bis 94·95	0·44 bis 0·88	bei 40° C. 51·8 bis 52·4	bei 40° C. 1·4605bis 1·4609	Crossley u. Le Sueur
—	19 bis 22° C.	28 bis 31° C.	199·9	60·4	—	—	—	—	De Negri u. Fabris
—	—	—	—	29·9	—	—	—	—	Becker

Fettsäuren.

Erstarrungspunkt	Schmelzpunkt	Beobachter
38° C.	39·5° C.	Valenta

Der Illipetalg enthält nach Valenta viel freie Fettsäuren und nur wenig Glycerin (3·09 $^0/_0$). 100 Teile der Fettsäuren bestehen aus 63·5 Teilen Ölsäure und 36·5 Teilen fester Fettsäuren, vornehmlich Palmitinsäure.

Nördlinger fand in einer Probe 28·54 $^0/_0$ freier Fettsäuren, auf Ölsäure berechnet, und neun von Crossley und Le Sueur[2]) untersuchte Proben enthielten 1·23—17·83 $^0/_0$ freier Fettsäuren.

Der Illipetalg wird in England, Deutschland, Italien und Österreich in immer größerer Menge in der Kerzen- und Seifenfabrikation verwendet.

In Ostindien wird er auch als Speisefett benützt.

14. Mowrahbutter.

Beurre de Mowrah, Huile de Mowrah. — Mowrah seed oil. — Burro di Mowrah.

Die Mowrahbutter wird aus den Samen der Sapotacee Bassia longifolia *L.* gewonnen, welche ca. 50 $^0/_0$ davon enthalten. Sie ist dem Illipetalg sehr ähnlich und kommt häufig mit diesem gemischt in den Handel.

---

[1]) Becker, Zeitschr. f. öffentl. Chem. 1897. 3. 545.
[2]) Journ. Soc. Chem. Ind. 1898. 17. 993.

Mowrahbutter.

Spezifisches Gewicht bei 50° C.	Erstarrungspunkt	Schmelzpunkt	Verseifungszahl	Jodzahl	Hehner-Zahl	Beobachter
—	17·5—18·5	25·3° C.	192·3	—	94·76	Valenta[1]
0·9175	36° C.	42° C.	188·4	50·1	—	De Negri u. Fabris[2]

Fettsäuren.

Erstarrungspunkt	Schmelzpunkt	Beobachter
38° C.	39·5° C.	Valenta
40° C.	45° C.	De Negri u. Fabris

Sie führt auch den Namen Mé-Öl und findet in der Kerzen- und Seifenindustrie, ferner auch als Mittel gegen Hautkrankheiten Verwendung.

15. Phulwarabutter.

Fulwabutter, Karitébutter. — Beurre de Phulwara, de Fulware. — Phulwara butter, Indian butter.

	Spezifisches Gewicht	Schmelzpunkt	Verseifungszahl	Jodzahl	Hehner-Zahl	Reichert-Meißlsche Zahl	Refraktometeranzeige in Zeiß-Butterrefraktometer	Refraktometeranzeige im Oleorefraktometer	Brechungsexponent	Beobachter
	bei $\frac{100° C.}{100° C.}$ 0·8970	39° C.	190·8	42·12	94·86	0·44	bei 40° C. 48·2	—	1·4570	Crossley u. Le Sueur[3]
Durch Auskochen mit Wasser gewonnen	—	30° C.	175 (?)	19·75 (?)	91·2 (?)	1·19	—	+18°	—	Jean[4]
Durch Extraktion mit Petroläther	—	30° C.	175 bis 176 (?)	—	—	2·6	—	+22°	—	
	bei 15° C. 0·9550	49° C.	—	—	—	—	43	—	—	Marpmann

Fettsäuren.

Erstarrungspunkt	Beobachter
54·5° C. (Titer)	Jean

Die Analysen von Jean differieren stark gegen die von Crossley und Le Sueur. Auffallend niedrig sind in der Analyse von Jean die Verseifungszahl, Jodzahl und Hehner-Zahl. Der Schmelzpunkt steht im Widerspruch zur Jodzahl.

---

[1] Dinglers Polyt. Journ. 1884. 251. 461.
[2] Zeitschr. f. analyt. Chem. 1894. 33. 572.
[3] Journ. Soc. Chem. Ind. 1898. 17. 993.
[4] Ann. Chim. anal. appl. 1906. 11. 201. — The Analyst 1906. 31. Nr. 365. — Chem. Rev. üb. d. Fett- u. Harz-Ind. 1906. 13. 221.

Dieses Fett wird aus den Samen des in Ostindien heimischen und auch an den subtropischen Gestaden Afrikas verbreiteten Butterbaumes, Bassia butyracea *Roxb.*, von der Gattung der Sapotaceen, gewonnen. Die Früchte dieses Baumes, die Kariténüsse, enthalten einen öligen Samen mit $51\,^0/_0$ Fett, welches die Eingeborenen derart gewinnen, daß sie die Samen zerkleinern und mehrere Stunden mit Wasser kochen.[1]

Die Phulwarabutter stellt ein weißes, pastenartiges Fett dar, hat schwachen Geruch und adstringierenden Geschmack.[2] Ihre Reinigung wird wie die des Cocosfettes durchgeführt.

Eine von Crossley und Le Sueur[3] untersuchte Probe enthielt $4\cdot14\,^0/_0$ freier Fettsäuren, auf Ölsäure berechnet, eine von Jean[2] analysierte $4\cdot53\,^0/_0$.

Von den unlöslichen Fettsäuren sind nach Jean $76\,^0/_0$ fest und $24\,^0/_0$ flüssig.

Der Glyceringehalt beträgt $8\cdot85\,^0/_0$.

Die Phulwarabutter enthält keine Caprylsäure und keine Capronsäure, gibt auch nicht die Silberreaktion (Unterschied von Cocosbutter; siehe Butter Seite 976).

Der Gehalt an Glycerin wurde in einer Probe zu $8\cdot85\,^0/_0$ gefunden.

Die Phulwarabutter wird als Speisefett und häufig zur Verfälschung von Butter verwendet. Sie bewirkt in dieser Rechtsdrehung, Erniedrigung der Verseifungszahl, der Reichert-Meißlschen Zahl, Erhöhung der Hehnerschen Zahl und der Zahlen nach Muntz und Coudon (s. Butter). Sie soll ferner angeblich auch zur Verfälschung von Schweineschmalz und Kakaobutter benützt werden.

Die Phulwarabutter findet schließlich auch in der Kerzen- und Seifenfabrikation Verwertung.

16. Njatuotalg.[4]

Schmelz-punkt	Säure-zahl	Verseifungs-zahl	Jod-zahl	Hehner-zahl	Glycerin-gehalt	Beobachter
38^0—40^0C.	4·2	201·5	34·3	95·9	10·48	De Jong u. Tromp de Haas

Fettsäuren.

Schmelzpunkt	Säurezahl	Mittleres Mol.-Gew.	Beobachter
60^0 C.	203	276	De Jong u. Tromp de Haas

---

[1] Balland, Journ. de pharm. et chim. 1904. 20. 529. — Seifens.-Zeitg. 1905. 43. Nr. 3. — Chem. Rev. üb. d. Fett- u. Harz-Ind. 1905. 12. 53.

[2] Ann. Chim. anal. appl. 1906. 11. 201. — The Analyst 1906. 31. Nr. 365. — Chem. Rev. üb. d. Fett- u. Harz-Ind. 1906. 13. 221.

[3] Journ. Soc. Chem. Ind. 1898. 17. 993.

[4] A. W. K. de Jong u. W. R. Tromp de Haas, Chem. Zeitg. 1904. 28. 780. — Chem. Rev. üb. d. Fett- u. Harz-Ind. 1904. 11. 205.

Die Sapotacee Palaquium oblongifolium ist ein auf Malakka, Sumatra, Borneo wachsender Baum, welcher Guttapercha liefert.

Die Samenkerne, welche 85 % des Samens ausmachen, enthalten 32·5 % eines harten, weißen Fettes des Njatuotalges, welches aus

57·5 % Stearin,   36 % Oleïn,   6·5 % Palmitin

besteht.

17. Balamtalg,[1]

ein bitteres, gelbliches Fett, zu 45 % in den Samen von Palaquium Pisang (Sumatra) enthalten.

18. Sunteitalg,[1]

ein weißes, weiches Fett, aus den Samen von Palaquium oleosum auf Sumatra gepreßt.

19. Njavebutter, Njariöl.[2]

Spez. Gew. bei 40° C.	Erstarrungspunkt	Verseifungszahl	Jodzahl	HehnerZahl	ReichertMeißlsche Zahl	Acetylzahl	Temperat.Erhöhung bei d. Maumenéschen Probe	Refraktometeranzeige in Zeiß' Butterrefraktometer bei 40° C.	Brechungsindex
0·8979	Bei 31° C. zeigen sich Ausscheidungen, bei 19° C. erstarrt es butterartig	185·3	56·1	96·1	1·2	13·4	55°	52·0	1·4606

Fettsäuren.

Erstarrungspunkt	Schmelzpunkt	Säurezahl
44·1° C.	46·6° C.	201·7

Die Njavebutter stammt von den Samen eines der Familie der Sapotaceen angehörigen Baumes, Mimusops Njave (Westafrika) und nähert sich in ihren Eigenschaften der Sheabutter, welche aus den Früchten von Bassia Parkii, ebenfalls einer Sapotacee, gewonnen wird.

Aus den Samen, welche nach Engler 56 % Butter liefern, konnte Wedemeyer mit Äther ca. 50 % Fett extrahieren; dasselbe ist weiß und bei Zimmertemperatur fest. Im geschmolzenen Fette zeigen sich bei 31° C. Ausscheidungen, bei 19° C. erstarrt es butterartig. Der schwach ranzige Geruch erinnert an Sheabutter.

Der Säuregehalt einer Probe war 19·15 % (als Ölsäure berechnet). Die Menge des Unverseifbaren wurde zu 3·66 % gefunden.

20. Surinfett.[3]

Dieses Fett stammt wahrscheinlich von den Samen einer Spezies von Palaquium aus der Gattung der Sapotaceen.

---

[1] J. Lewkowitsch, The Analyst. 1906. 31. Januar. — Chem. Rev. üb. d. Fett- u. Harz-Ind. 1906. 13. 34.

[2] Konr. Wedemeyer, Chem. Rev. üb. d. Fett- u. Harz-Ind. 1907. 14. 35.

[3] J. Lewkowitsch. The Analyst 1906. 31. Januar. — Chem. Rev. üb. d. Fett- u. Harz-Ind. 1906. 13. 34.

Surinfett.

Spez. Gew. bei	Erstarrungspunkt	Schmelzpunkt	Verseifungszahl	Jodzahl	Reichert-Wollnysche Zahl	Unverseifbares	Beobachter
$\frac{60^{\circ}\,C.}{60^{\circ}\,C.}$ 0·9021	beginnt bei 48·9° C. zu erstarren, ist fest bei 43·9° C.	56·1° C.	179·5	42·31	0·55	4·54 %	Lewkowitsch

Fettsäuren.

Erstarrungspunkt	Mittleres Mol.-Gew.	Beobachter
59·1	284·9	Lewkowitsch

Eine untersuchte Probe enthielt 43·2 % freie Fettsäuren und 4·54 % Unverseifbares.

58·2 % der Fettsäuren waren Stearinsäure, der Rest wahrscheinlich Ölsäure. Diese Zusammensetzung steht in Widerspruch mit dem hohen Erstarrungspunkte der Fettsäuren.

Der hohe Gehalt an festen Fettsäuren macht das Fett für die Kerzenfabrikation geeignet. Das Unverseifbare, das möglicherweise nur durch unvorsichtige Herstellung des Fettes entstanden ist, würde allerdings die technische Ölsäure minderwertig machen.

21. Chironjiöl.

Das Fett aus den Samen von Buchanania latifolia ist orange gefärbt und dem Fette von Bassia latifolia sehr ähnlich. Crossley und Le Sueur fanden für zwei untersuchte Proben die folgenden Konstanten:

Spez. Gew. bei $\frac{100^{\circ}\,C.}{100^{\circ}\,C.}$	Schmelzpunkt	Verseifungszahl	Jodzahl	Hehner-Zahl	Reichert-Meißlsche Zahl	Refraktometeranzeige in Zeiß Butterrefraktometer bei 40° C.	Brechungsquotient
0·8941—0·8943	32° C.	191·8 bis 195·4	54·73 bis 59·92	94·87 bis 95·80	0·33	48·8	1·4584

Der auf Ölsäure berechnete Säuregehalt der beiden untersuchten Proben betrug 3·78 und 10·09 %.

Dieses Fett findet in Indien als Speisefett Verwendung.

22. Sawarrifett.[1]

Huile de noix de Souari. — Sawarri fat. — Burro di noci di Souari.

Dieses in den „Butternüssen" oder Souari, den Nüssen von Caryocar tomentosum (Caryocar nuciferum *L.*) aus der Gattung der Ternströmiaceen, enthaltene Fett ist farblos und besitzt einen angenehmen, nußartigen Geschmack. Eine von Lewkowitsch untersuchte Probe enthielt 2·4 % freier Fettsäuren, als Ölsäure berechnet. Es besteht aus

---

[1] Lewkowitsch, Journ. Soc. Chem. Ind. 1890. 9. 844. — Chem. Zeitg. 1889. 13. 592.

den Triglyceriden der Palmitinsäure und Ölsäure und enthält außerdem Oxyfettsäuren.

Sawarrifett.

Spez. Gew. bei $\frac{40^0\,C.}{15^0\,C.}$	Erstarrungspunkt	Schmelzpunkt	Verseifungszahl	Jodzahl	Hehner-Zahl	Reichertsche Zahl
0·8981	23·3°—29°C.	29·5°—35·5°C.	199·51	49·5	96·91	0·65

Fettsäuren.

Erstarrungspunkt	Schmelzpunkt	Mittleres Mol.-Gew.	Jodzahl
46°—47° C.	48·3°—50° C.	272·8	51·5

23. Akeeöl.[1])

Huile d'Akee. — Akee oil. — Olio di Akee.

Spez. Gew. bei 100° C.	Erstarrungspunkt	Schmelzpunkt	Verseifungszahl	Jodzahl	Hehner-Zahl	Reichertsche Zahl
0·859	20° C.	25°—35° C.	194·6	49·1	93	0·9

Fettsäuren.

Erstarrungspunkt	Schmelzpunkt	Verseifungszahl	Jodzahl
38°—40° C.	42°—46° C.	207·7	58·4

Dieses aus dem Samenmantel der Samen von Blighia sapida, einem an der Westküste von Afrika einheimischen, zu den Sapindaceen gehörigen Baume, gewonnene Fett ist gelb, butterartig und besitzt einen schwachen Geruch und unangenehmen Geschmack. Eine von Holmes und Garsed untersuchte Probe enthielt 10·05 $^0/_0$ als Ölsäure berechneter freier Fettsäuren.

24. Makassaröl.

Schleicheriafett. — Huile de Macassar. — Macassar oil. —
Olio di Macassar.

Dieses Fett stammt aus den Samen der in Ostindien einheimischen Sapindacee Schleicheria trijuga *Willd.* (auch Cusambium spinosum oder Stadmannia sideroxylon *Bl.* oder Mellicocca trijuga *Juss*), in ihrer Heimat Kusam oder Kusumbha genannt, und führt in Indien auch den Namen Ketjakiöl.

Van Itallie[2]) fand den Fettgehalt der ungeschälten Samen zu 36 $^0/_0$, Poleck[3]) denjenigen der geschälten Samen zu 68 $^0/_0$.

Das Fett wird an der Malabarküste durch Auskochen gewonnen. Es stellt bei gewöhnlicher Temperatur eine gelblichweiße Masse von Butterkonsistenz vor.

---

[1]) Holmes u. Garsed, Apoth.-Zeitg. 1901. 16. 51.
[2]) Ned. Tijdschrift voor Pharmacie 1889. 147.
[3]) Pharm. Centralhalle 1891. 32. 396.

Makassaröl.

Spezifisches Gewicht bei 15° C.	Erstarrungspunkt ° C.	Schmelzpunkt ° C.	Verseifungszahl	Jodzahl	Hehner-Zahl	Reichert-Meißlsche Zahl	Beobachter
0·924	—	{ Beginn: 22 Ende: 28 } 230		53·0	91·4	—	van Itallie
0·942	10	28	—	—	—	—	Glenck[1]
—	—	21—22	—	—	—	—	Thümmel
—	—	{ Beginn: 21 Ende: 28 } —		—	—	—	Poleck
—	—	22	215·3	55·0	91·55	9	Wijs
—	—	—	—	69·1	—	—	Roelofsen[2]

Fettsäuren.

Schmelzpunkt	Verseifungszahl	Jodzahl	Beobachter
54°—55° C.	—	—	van Itallie
52°—54° C.	191·2—192	58·9	Wijs

Zusammensetzung. Es besteht nach van Itallie aus den Glyceriden der Ölsäure, Arachinsäure, Laurinsäure nebst geringen Mengen derjenigen der Buttersäure und Essigsäure. Nach Poleck ist von flüchtigen Säuren nur Essigsäure vorhanden; die Zusammensetzung der unlöslichen Fettsäuren gibt Poleck wie folgt:

70 % Ölsäure,
5 „ Palmitinsäure und
25 „ Arachinsäure.

Wijs[3] fand unter den flüchtigen Säuren neben Essigsäure etwas Buttersäure. Die unlöslichen Fettsäuren bestanden in der von ihm untersuchten Probe aus 45 % fester Fettsäuren und 55 % flüssiger Fettsäuren (mit der Jodzahl 103·2).

Der Glyceringehalt einer Probe wurde von van Itallie zu 6·3 % gefunden, und der Gehalt an unverseifbaren Bestandteilen betrug nach Wijs bei einer Probe 3·12 %.

Der auf Ölsäure berechnete Gehalt an freien Fettsäuren ergab sich für je eine Probe zu 8·3 % (van Itallie), 3·12 % (Poleck) und 9·6 % (Wijs).

Sowohl Poleck als auch Thümmel[4] konnten in dem Fette kleine Mengen von Blausäure nachweisen, und zwar Poleck 0·03—0·05 % und Thümmel 0·047 %.

Bei Behandlung mit salpetriger Säure färbt sich das Fett rot.

Das durch Kaltpressen gewonnene Fett ist klar, von dunkelbrauner Farbe und nußartigem Geruch und angenehmem Geschmack. Beim Lagern wird es schon nach wenigen Stunden dick und scheidet ein Fett

---

[1] Chem. Zeitg. Rep. 1894. 18. 9.
[2] Amer. Chem. Journ. 1896. 16. 467.
[3] Zeitschr. f. physik. Chem. 1899. 31. 255.
[4] Apoth.-Zeitg. 1889. 4. 518.

aus, welches bei gewöhnlicher Temperatur butterartige Konsistenz besitzt und eine graue Färbung zeigt.[1])

Das Makassaröl soll in Ostindien u. a. als Mittel zur Beförderung des Haarwuchses und gegen Hautkrankheiten verwendet werden. Es dient ferner Beleuchtungszwecken, dürfte aber auch für die Kerzen- und Seifenindustrie Verwendung finden können.

25. Rambutantalg.[2])

Suif de Rambutan. — Rambutan tallow. — Sego di Rambutan.

Spezifisches Gewicht bei 18 °C.	Erstarrungspunkt °C.	Schmelzpunkt °C.	Verseifungszahl	Jodzahl	Hehner-Zahl	Reichert-Meißlsche Zahl	Acetylzahl	Beobachter
0·9236	38—39	42—46	193·8	39·4	92·00	2·2	10·3	Baczewski

Fettsäuren.

Erstarrungspunkt °C.	Schmelzpunkt °C.	Verseifungszahl	Mittleres Molekular-Gewicht	Jodzahl	Beobachter
57	58—61	186·4	300·9	41·0	Baczewski

Der Rambutantalg wird aus den Samen von Nephelium lappaceum *L.*, einem auf Malakka und den Sundainseln heimischen Baume der Gattung der Sapindaceen, gewonnen. Sie geben an Äther ca. 38 °/₀ dieses Fettes ab. Es ist von gelber Farbe und schon für das freie Auge von kristallinischer Struktur.

Die Fettsäuren sollen aus Arachinsäure, wenig Stearinsäure und ca. 45·5 °/₀ Ölsäure bestehen.

Baczewski fand in einer Probe Rambutantalg eine Säurezahl 42·9, was auf Ölsäure berechnet einen Gehalt von 21·56 °/₀ freier Säuren entspricht.

26. Mafuratalg.[3])

Graisse de Mafouraire. — Mafura tallow. — Sego di Mafura.

Erstarrungspunkt	Schmelzpunkt	Verseifungszahl	Jodzahl	Beobachter
25°—37° C.	35°—42° C.	200·08—220·96	44·85—46·14	De Negri und Fabris

Fettsäuren.

Erstarrungspunkt	Schmelzpunkt	Jodzahl	Beobachter
44°—48° C.	51°—55° C.	46·92—48·19	De Negri und Fabris

---

[1]) Calcutta Capital d. Oil, Paint and Drug. Rep. Bd. 69. Nr. 23. — Chem. Rev. üb. d. Fett- u. Harz-Ind. 1906. 13. 174.

[2]) Baczewski, Monatsh. f. Chemie 1895. 16. 866. — Siehe auch Oudemans, Journ. f. prakt. Chem. 1866. 99. 418.

[3]) De Negri u. Fabris, Ann. del Lab. chim. delle Gabelle 1891—1892. 271.

Dieses Fett wird aus den Samen von Mafureira oleifera (Trichilia emetica Vahl) durch Auspressen gewonnen; es ist meist braungelb gefärbt und geschmacklos, und entwickelt beim Schmelzen einen unangenehmen Geruch.[1]

Die Fettsäuren bestehen nach Villon aus 55 $^0/_0$ Ölsäure und 45 $^0/_0$ Palmitinsäure.

Der Mafuratalg wird zur Seifenfabrikation verwendet.

27. Carapafett, Andirobaöl.

Beurre de Carapa. — Carapa oil. — Olio di Carapa.

Spezifisches Gewicht bei	Erstarrungs-punkt ^{0} C.	Schmelz-punkt ^{0} C.	Ver-seifungs-zahl	Jodzahl	Hehner-zahl	Beobachter
15^0 C. 0·912	—	30·7	—	—	95·5	Milliau[2]
—	36	31	239 (?)	72·1 (?)	—	Hanau[3]
—	18	23—25	—	—	—	Schaedler
$\frac{12\cdot5^0 \text{C.}}{12\cdot5^0 \text{C.}}$ 0·9225	—	—	195·6	Bromzahl: 41	93·7	Deering[4]

Fettsäuren.

Schmelzpunkt	Beobachter
56·4^0 C.	Milliau
38·9^0 C.	Deering

Dieses aus den Samen einiger Carapaarten (Carapa guianensis *Aubl.*), der Gattung der Meliaceen erhältliche Fett wird in Brasilien, an der Westküste von Afrika, im französischen Sudan und in Indien gewonnen.

Es ist ein festes, weißes, halb durchsichtiges, beinahe geruch- und geschmackloses Fett.

· Die festen Fettsäuren bestehen nach Milliau zu 80$^0/_0$ aus Stearinsäure und zu 20$^0/_0$ aus Palmitinsäure. Sie besitzen einen Schmelzpunkt von 69^0 C.

Die flüssigen Fettsäuren betragen 49$^0/_0$ der Gesamtfettsäuren und sind fast ausschließlich Ölsäure.

Diese Angaben stimmen mit der Jodzahl nicht überein.

Der auf Ölsäure berechnete Gehalt an freien Fettsäuren betrug in einer Probe 11·3$^0/_0$.

Dieses Fett dient als Heilmittel und ist als Brennöl, in der Stearin- und Seifenfabrikation sehr verwendbar.

Carapa guineensis *Sweet*, am Senegal und in Guinea heimisch, liefert das Tulucunaöl, ein Fett von butterartiger Konsistenz.

---

[1] Zeitschr. f. analyt. Chem. 1894. 33. 571.
[2] Milliau, Les Corps gras ind. 1899. 129.
[3] Hanau, Ann. del Laborat. chim. delle Gabelle 1891—1892. 271.
[4] Deering, Journ. Soc. Chem. Ind. 1898. 17. 1156.

28. Pongamöl,[1]) Korungöl.

Huile de Korung. — Korung oil.

Anmerkung	Spezifisches Gewicht bei	Verseifungszahl	Jodzahl	Reichert-Meißlsche Zahl	Refraktom.-Anzeige im Butterrefraktometer	Unverseifbares %	Beobachter
Ölprobe aus Indien	$\frac{15^0 C.}{15^0 C.}$ 0·9369 $\frac{40^0 C.}{40^0 C.}$ 0·9240	183·1	89·4	1·1	bei 40⁰ C. 70	6·96	Lewkowitsch
Mit Äther extrahiert	$\frac{40^0 C.}{40^0 C.}$ 0·9352	178	94·0	—	78	9·22	

Fettsäuren.

	Schmelzpunkt	Beobachter
Mit Äther extrahiertes Öl	44·4	Lewkowitsch

Dieses Öl stammt von den Früchten der Papilionacee Pongamia glabra, *Vent.* (Dahlbergia arborea *Roxb.*), den Pongambohnen (Ostindien).

Die Bohnen enthalten 33·7% Öl, welches auch die Namen Kanoogamanoo, Kanoogoo, Kannga-Karra, Kannga-Chettu, Kannygoo, Korungöl und Kagoööl führt.

Es ist butterartig, hat eine schmutziggelbe Farbe und einen durch ein Harz hervorgerufenen bitteren Geschmack.

Eine aus Indien stammende Probe hatte 0·5%, eine im Laboratorium aus den Bohnen durch Ätherextraktion erhaltene 3·05% freie Fettsäuren (als Ölsäure gerechnet). Der Gehalt an unverseifbaren Bestandteilen ist beim Pongamöle auffallend hoch.

Das Öl wird in Indien zu Leucht- und medizinischen Zwecken verwendet.

29. Calabarfett.

Aus dem Fette der Calabarbohne (Physostigma venenosum *Balf*), einer Papilionacee, wurde von Hesse[2]) ein phytosterinähnlicher Körper vom Schmelzpunkte 133⁰ C. isoliert, welches Windaus und Hauth[3]) in zwei Anteile zerlegt haben: in einen bei 136⁰—137⁰ C. schmelzenden Anteil, der sich mit dem aus Weizenkeimlingen gewonnenen Sitosterin, identisch erwies und aus einem bei 170⁰ C. schmelzenden Anteil, welchen seine Entdecker Stigmasterin nannten. Ersteres beträgt 80%, letzteres 20% des phytosterinähnlichen Körpers.

---

[1]) J. Lewkowitsch, The Analyst 1903. 28. 342. — Chem. Rev. üb. d. Fett- u. Harz-Ind. 1904. 11. 52.

[2]) Liebigs Annalen 1878. 192. 175.

[3]) Ber. d. deutsch chem. Ges. 1906. 39. 4378.

30. Chaulmoograöl.

Beurre de Chaulmougra. — *Chaulmoogra oil.* — *Olio di Chaulmugra.*

Spezifisches Gewicht	Erstarrungs-punkt	Schmelz-punkt	Verseifungs-zahl	Jodzahl	Beobachter
—	—	26°C.	232.42	92·45	Schindelmeiser
—	14—17°C.	—	—	—	Lemarié
bei 25°C. 0·951 } „ 45°C. 0·940 }	—	22—23°C.	213	103·2	Power u. Gornall

Fettsäuren.

Schmelzpunkt	Säurezahl	Jodzahl	Beobachter
44—45°C.	215	103·2	Power u. Gornall

Das Chaulmoograöl wurde ursprünglich den Samen von Gynocardia odorata (Siehe Seite 655) zugeschrieben. Desprez[1] gibt an, daß es von den Samen von Gynocardia Prainii stamme, welche vermischt mit den Samen verschiedener Hydnocarpusarten in den Handel kommen. Schließlich haben Power und Gornall[2] die das Öl liefernden Samen als einer in Burmah heimischen Pflanze Taraktogenos Kurzii *King* angehörig erkannt.

Die Samen liefern durch Auspressen 30·9°/₀ fettes Öl. Es ist bei Zimmertemperatur fest, von gelblicher Farbe.

Zusammensetzung. Schindelmeiser[3] hat bei der Verseifung Palmitinsäure-, Hypogäa- und Coccinsäure(?) abgespalten, ferner eine bei 29°C. schmelzende Säure der Reihe $C_nH_{2n-2}O_2$, die Gynocardiasäure $C_{21}H_{40}O_2$. Diese Bezeichnung sowie der Name Gynocardiaöl, welcher für das Öl noch allgemein gebraucht wird, rühren von der ursprünglichen Ansicht her, daß das Öl von Gynocardiaarten stamme.

Mit dem Befunde Schindelmeisers stehen die Untersuchungen von Power und Gornall einigermaßen in Widerspruch. Die Fettsäuren bestehen nach diesen der Hauptsache nach aus Homologen einer Serie $C_nH_{2n-4}O_2$, welche einen geschlossenen Ring und eine Doppelbindung besitzt. Das höchste Homologe dieser Serie wurde in reinem Zustande erhalten und Chaulmoograsäure genannt. Sie entspricht der Formel $C_{18}H_{32}O_2$, schmilzt bei 68°C., siedet bei 247°—248°C. (bei 20 mm Druck) und ist optisch aktiv, $[\alpha]_D = +56°$.

Vermutlich ist auch ein nahes Homologes der Chaulmoograsäure von der allgemeinen Formel $C_nH_{2n-4}O_2$, jedoch mit zwei Doppelbindungen, zugegen.

Palmitinsäure wurde gleichfalls nachgewiesen, dagegen keine Hypogäasäure. Die Gynocardiasäure halten Power und Gornall für ein Gemisch mehrerer Substanzen; Undecylsäure und Oxysäuren sind nicht vorhanden.

Das Öl enthält geringe Mengen Phytosterin.

---

[1] Journ. Soc. Chem. Ind. 1900. 19. 1025. — Chem. and Druggist 1900. 57. 512.

[2] Proceedings Chem. Soc. 1904. 20. 135.

[3] Ber. d. deutsch. pharm. Ges. 1904. 14. 164. — Chem. Rev. üb. d. Fett- u. Harz-Ind. 1904. 11. 124.

Infolge des Gehaltes an Chaulmoograsäure und deren Homologen ist das Chaulmoograöl optisch aktiv. In Chloroformlösung ist $[\alpha]_D^{15}$ des Öles $= + 52^0$, der Fettsäuren $+ 52\cdot6^0$.

Der als Ölsäure berechnete Säuregehalt einer von Power und Gornall untersuchten Probe betrug $11\cdot95\,^0/_0$, der einer von Schindelmeiser untersuchten $12\cdot51\,^0/_0$.

Nach Hirschsohn[1]) kommen Verfälschungen des Öles mit Cocosöl, Palmöl und Vaselin vor. Die beiden ersteren werden durch eine Erniedrigung der Jodzahl, Cocosöl auch durch eine Erhöhung der Verseifungszahl, Vaselin durch den Nachweis der unverseifbaren Bestandteile leicht erkannt werden.

Das Öl wird therapeutisch gegen Lepra und verschiedene andere Hautkrankheiten angewendet.

Die Unsicherheit bezüglich der Abstammung der das Chaulmoograöl liefernden Samen lassen es ungewiß erscheinen, ob die von Lemarié[2]) besprochenen „Krebao"-Samen von Gynocardia oder von Taraktogenos stammten. Bei der Pressung liefern diese Samen, welche von den Chinesen „ta-fung-tze" genannt werden und unter der Bezeichnung „diaphong-tu" medizinischen Zwecken dienen, $30\,^0/_0$ Öl, während durch Extraktion $50\!-\!52\,^0/_0$ gewonnen werden können.

Das frische Öl ist weiß, geruch- und geschmacklos. Altes oder solches, welches aus alten Samen gewonnen worden ist, ist hellbraun und besitzt einen Geruch, der an Vogelleim erinnert.

Durch Pressung gewonnenes Öl bleibt bis 17^0 C., durch Extraktion gewonnenes nur bis 14^0 C. fest.

Das Öl wird in Indochina, Siam u. a. O. hauptsächlich als Mittel gegen Rheumatismus, Gicht und Hautkrankheiten verwendet.

31. Hydnocarpusöl. [3])

Durch Pressen erhalten aus:	Spezifisches Gewicht bei 25 ° C.	Schmelzpunkt ° C.	Verseifungszahl	Jodzahl	Drehungsvermögen (in Chloroform)	Beobachter
Hydnocarpus Wightiana . .	0·958	22—23	207	101·3	$[\alpha]_D = + 57\cdot5$	Power u. Barrowcliff
Hydnocarpus anthelmintica	0·953	24—25	212	86·4	„ $+ 52\cdot5$	

Das Öl stammt aus den Samen von Hydnocarpus Wightiana und Hydnocarpus anthelmintica. Die Samen der erstgenannten Pflanze lieferten beim Pressen $32\cdot4\,^0/_0$, bei der Ätherextraktion $41\cdot2\,^0/_0$ Öl, die der anderen beim Pressen $16\cdot3\,^0/_0$, bei der Extraktion $17\cdot6\,^0/_0$ Öl.

---

[1]) Pharm. Centralhalle 1903. 44. 627.

[2]) Oils, Colours and Drysalteries 1904. 6. — Chem. Rev. üb. d. Fett- u. Harz-Ind. 1904. 11. 126.

[3]) Frederick Belding Power u. Marmaduke Barrowcliff, Journ. Chem. Soc. London 1905. 87. 884.

Der Säuregehalt wurde zu 1·91 resp. 3·77 $\%$, als Ölsäure berechnet, gefunden.

Das Öl ist dem Chaulmoograöl (aus Taraktogenos Kurzii) sehr ähnlich und hat auch eine ähnliche Zusammensetzung.

Es besteht der Hauptsache nach aus Glyceriden der Chaulmoograsäure $C_{17}H_{31}COOH$, ferner einer Säure $C_{15}H_{27}COOH$, welche von Power und Barrowcliff Hydnocarpussäure genannt wird. Diese kristallisiert aus Alkohol in Blättchen, welche bei 60° C. schmelzen und starkes Drehungsvermögen besitzen: $[\alpha]_D = +68°$ (1·3063 g in 25 ccm Chloroform).

Ferner scheinen in dem Öl noch kleine Mengen Säuren der Linol-, Öl- und Palmitinsäurereihe enthalten zu sein.

Das Öl dient medizinischen Zwecken (Wurmmittel).

32. Makuluöl

aus den Samen der Bixinee Hydnocarpus venenata, besitzt die Konsistenz weicher Butter, ist in Indien unter dem Namen Thertagöl bekannt und wird als Heilmittel gegen Lepra benützt.

33. Kadamfett.[1]
Kadam seed fat.

Spezifisches Gewicht bei 15° C.	Schmelzpunkt	Beobachter
0·919	21° C.	J. Sack

Dieses Fett ist in den Samenkernen von Hodgsonia (Trichosanthes) Kadam *Miq.*, einer Schlingpflanze auf Sumatra aus der Familie der Cucurbitaceen, in einer Menge von 68 $\%$ enthalten.

Das Fett ist weiß, dickflüssig und hat weder Geruch noch Geschmack. Es besteht aus 80 $\%$ Trioleïn und 20 $\%$ Tripalmitin.

Ein anderes von Sack untersuchtes Muster enthielt die beiden Triglyceride im umgekehrten Verhältnis, nämlich 80 $\%$ Tripalmitin und 20 $\%$ Trioleïn. Dementsprechend unterscheiden sich die Proben auch in der Konsistenz. Vermutlich war dieses Muster nur der feste Anteil, der sich nach dem Abkühlen des durch Auskochen bereiteten Kadamfettes ausgeschieden hatte. Er war schwach gelb gefärbt.

34. Anisospermafett.

Die getrockneten Samen von Anisosperma passiflora *Manso*, einer Cucurbitacee, enthalten 20·83 $\%$ eines talgartigen Fettes vom spez. Gew. 0·902 bei 22° C.

35. Rübensamenfett.[2]

Der Samen der Zuckerrübe (Beta vulgaris *L.*), enthält 17·82 $\%$ Glyceride. Das Rohfett ist fast vollständig verseifbar und enthält nur geringe Mengen freier Fettsäuren.

---

[1] J. Sack, Pharm. Weekblad 1903. 40. 313.
[2] Strohmer u. Fallada, Österr. Zeitschr. f. Zucker-Ind. u. Landw. 1906. 35. 12.

36. Psidium-Guajava-Fett.[1])

Verseifungszahl	Jodzahl
137	199 (?)

Die Blätter von Psidium Guajava *Raddi* (Djamboeblätter) = Psidium sapidissimum *Jacq.*, einer in Westindien und Südamerika einheimischen Myrtacee, enthalten 6 % eines gelbgrünen, aromatisch riechenden Fettes von Wachskonsistenz, das in Chloroform vollkommen, in Äther und Alkohol unvollkommen löslich ist.

Altan fand in einer Probe die Säurezahl 95.

B. Myristinsäure-Gruppe.

Die Fette dieser Gruppe entstammen der Pflanzenfamilie der Myristicaceen und sind durch ihren großen Gehalt an Trimyristin ausgezeichnet.

1. Muskatbutter.[2])

Oleum Myristicae, Oleum Nucistae. — Beurre de muscade. — Nutmeg butter, mace butter. — Burro di noce moscata.

Die Muskatbutter wird aus den Muskatnüssen, den Samen des in die Gattung der Myristicaceen gehörigen Muskatnußbaumes, Myristica officinalis *Linn.* (= M. moschata *Thumb.*, Myristica fragrans *Houtt.*) gewonnen.

Balland[3]) fand in den Kernen von Muskatfrüchten Französisch-Indiens 25—29 % Fett.

Die in Europa aus den Muskatnüssen bereitete Muskatbutter kommt namentlich von Holland aus in würfelförmigen Stücken in den Handel. In Deutschland wird das Fett zumeist durch Extraktion gewonnen.

Die Muskatbutter hat Talgkonsistenz, ist weißlich und besitzt den starken Geruch und Geschmack der Nüsse. Kalter Alkohol löst sie unter Hinterlassung von ca. 45 % festen Fettes (Myristin) auf. Aus dem Rückstand kann man durch Umkristallisieren aus Äther reines Myristin gewinnen. Dasselbe schmilzt bei 55° C. Der flüssige, in Alkohol lösliche Anteil des Fettes besteht hauptsächlich aus Oleïn und einem unverseifbaren, ätherischen Öle, welches 4—8 % der Muskatbutter beträgt und die niedrige Verseifungszahl veranlaßt. Siedender Alkohol und die übrigen gewöhnlichen Lösungsmittel für Fette lösen die Muskatbutter vollständig auf.

---

[1]) Pharm. Post 1904. 37. 713.

[2]) Man findet häufig auch den Namen Macis oder Macisbutter angewendet. Da man aber unter Macis oder „Muskatblüte" eigentlich den Samenmantel (arillus) versteht, welcher ein ätherisches Öl, das Macisöl oder Muskatblütenöl liefert, so wären diese Bezeichnungen besser zu vermeiden.

[3]) Journ. Pharm. Chim. 1903. [6.] 18. 294.

Muskatbutter.

Spezifisches Gewicht	Erstarrungspunkt °C.	Schmelzpunkt °C.	Verseifungszahl	Jodzahl	Reichert-Meißlsche Zahl	Refraktometeranzeige in Zeiß Butterrefraktometer	Brechungsindex	Beobachter
bei 15° C. 0·945—0·996	—	38·5 bis 51	154 bis 161	40 bis 52	—	—	—	E. Dieterich
bei 15° C. 0·994	—	50	—	—	—	bei 40°C. 38	—	Marpmann
bei $\frac{98°-99°\,\mathrm{C.}}{15·5°\,\mathrm{C.}}$ 0·898	—	—	—	—	—	—	—	Allen
—	41·7 bis 41·8	47 bis 48	—	—	—	—	—	Rüdorff
—	41·5 bis 42	43·5 bis 44	—	—	—	—	—	Wimmel
—	—	—	148·2 bis 191·4	50·4 bis 50·8	1—4·2	—	—	Späth
—	—	—	—	31	—	—	—	v. Hübl
Mehrere Proben	—	—	43 bis 57	159·60 bis 174·51	33·37 bis 45·70	—	bei 50°C. 58—59	—	K. Dieterich
—	—	—	—	—	—	bei 40°C. 66·4 bis 67·2	bei 40°C. 1·4700 bis 1·4705	Utz
—	—	—	—	60·7 bis 64·6 (Wijs)	—	—	—	Visser
—	—	—	—	48·0 bis 65·1	—	—	—	Wijs

Fettsäuren.

Erstarrungspunkt	Schmelzpunkt	Beobachter
40° C.	42·5° C.	v. Hübl

E. Späth[1]) hat eine Anzahl von Fetten aus verschiedenen Muskatnußproben untersucht und folgende Resultate gefunden:

Provenienz	Schmelzpunkt in °C.	Verseifungszahl	Jodzahl	Reichert-Meißlsche Zahl	Refraktometeranzeige in Zeiß' Butterrefraktometer bei 40° C. Skalenteile
Banda . . .	25—26	170—173	77·8—80·8	4·1—4·2	76—82
Bombay . .	31—31·5	189·4—191·4	50·4—53·5	1—1·1	48—49
Menado . .	25·5	169·1	76·9—77·3	—	74—74·8
Penang . . .	26	171·8—172·4	75·6—76·1	—	84·5—85
Makassar . .	25—25·5	171·8—172·4	75·6—76·1	—	78·5
Zanzibar . .	25·5—26	169·9—170·5	76·2—77	—	77·5
Samenbruch .	25·5	170·0—171·2	79·4—80·5	—	77—80
Samenschalen	28·5—29	148·2—148·8	71·3—73·4	1·6—1·7	80—82

[1]) Forschungsber. üb. Lebensm. u. Bez. z. Hyg. 1895. 2. 148.

Wie man aus dieser und der ersten Tabelle sieht, variieren die Konstanten der Muskatbutter in ausgedehntem Maße. Insbesondere weicht das Produkt aus Bombay von den anderen Sorten bedeutend ab.[1]) Die Bestimmung der Konstanten ist daher für die Feststellung der Reinheit nicht besonders geeignet.

Hager schlägt vor, zum Nachweis von Verfälschungen einen Teil Muskatbutter in 20—25 Teilen siedenden Alkohols zu lösen. Beim Erkalten scheidet sich der größte Teil des Myristins ab. Man bringt es auf ein Filter, wäscht mit kaltem Alkohol aus und erhält so ziemlich reines Myristin, das, wie oben erwähnt, bei 55° C. schmilzt und eine weiße, fast pulverförmige Masse darstellt, die sich nicht fettig anfühlt und auf Papier keinen Fettfleck erzeugt. War jedoch irgend ein Fett oder Vaseline zugesetzt, so löst sich im heißen Alkohol nicht alles. Ein Teil geht aber in Lösung und scheidet sich beim Erkalten mit dem Myristin ab, welches nun beim Aufdrücken auf Papier einen Fettfleck hinterläßt. Außerdem wird der Schmelzpunkt des Myristins herabgedrückt. Wachs läßt sich auf diese Weise nicht erkennen (Utz[2]).

Utz[2]) hat die Bestimmung des Brechungsindex zur Erkennung der Reinheit herangezogen. Die meisten in Betracht kommenden Materialien sind von merkbarem Einfluß auf das Brechungsvermögen. Die Gegenwart des ätherischen Öles stört die Bestimmung nicht. Ein Zusatz von Schweinefett, Kakaobutter, Cocosfett, Olivenöl, Rindertalg oder Hammeltalg erniedrigt, ein Zusatz von Lanolin, Paraffin, Vaselin oder Wachs erhöht die Refraktometeranzeige, und zwar jeweils im Verhältnis des Zusatzes.

			Skalenteile des Butter-refraktometers bei 40° C.	Brechungs-index
Muskatbutter			67·0	1·4704
„	mit 10 %	Schweinefett	63 8	1·4684
„	„ „	Kakaobutter	64 7	1·4689
„	„ „	Cocosfett	61 8	1·4671
„	„ „	Lanolin	68 6	1·4714
„	„ „	Olivenöl	63 2	1 4680
„	„ „	Paraffin. liquid	67·2	1·4705
„	„ „	Rindertalg	63·2	1 4680
„	„ „	Hammeltalg	63·5	1·4682
„	„ „	Paraffin ungt.	68 9	1·4716
„	„ „	Vaselin, weiß	69·2	1·4718
„	„ „	„ gelb	69·1	1·4717
„	„ „	Wachs, weiß	69 2	1·4718
„	„ „	„ gelb	69 5	1·4720

Diese Tabelle zeigt zwar, daß ein Zusatz anderer Fette die Refraktion einer Muskatbutter herabdrückt, da aber, wie die Tabelle von

---

[1]) Späth, Forschungsber. über Lebensm. u. Bez. z. Hyg. 1895. 3. 291. — Ludwig u. Haupt, Zeitschr. f. Unters. d. Nahrungs- u. Genußm. 1905. 9. 200. — Busse, Arbeiten a. d. Kais. Gesundheitsamte 1896. 12. 628. — Späth, Zeitschr. f. Unters. d. Nahrungs- u. Genußm. 1906. 11. 447.

[2]) Chem. Rev. üb. d. Fett- u. Harz-Ind. 1903. 10. 11.

Späth (s. Seite 867) erweist, diese Refraktometeranzeige selbst sehr verschieden sein kann, ist diese Prüfung kaum brauchbar. Vielleicht würde die Bestimmung der Konstanten des sich unter bestimmten Verhältnissen aus siedendem Alkohol abscheidenden Teiles eher Anhaltspunkte zur Erkennung von Verfälschungen geben.

Nach Schädler wird die Muskatbutter vielfach mit Ukuhubafett versetzt. Ein solcher Zusatz soll sich nach demselben Autor an der prachtvollen Rotfärbung der Probe mit konzentrierter Schwefelsäure oder Phosphorsäure erkennen lassen.

Nach Krasser[1]) wird auch das Fett von Myristica argentea häufig zur Verfälschung der Muskatbutter benützt.

Die Muskatbutter wird in der Pharmazie verwendet.

2. Ukuhubafett.[2])

Urukabafett, Bikuhybafett, Ukuabafett. — Graisse d'Ucuhuba. — Ucuhuba fat. — Sego di Ucuhuba.

Spez. Gew. bei 15° C.	Erstarrungspunkt	Schmelzpunkt	Verseifungszahl	Jodzahl	Hehnerzahl	Refraktometeranzeige in Zeiß' Butterrefraktometer bei 40° C.	Beobachter
0·9120	—	43° C.	—	—	—	54	Marpmann
—	32°—32·5° C.	42·5°—43° C.	—	—	—	—	Nördlinger
—	—	39° C.	219—220	9·5	93·4	—	Valenta

Fettsäuren.

Schmelzpunkt	Beobachter
42·5°—43° C.	Nördlinger
46° C.	Valenta

Das Fett stammt von Myristica becuhyba s. officinalis *Schott*. Die Früchte („überseeische Nüsse") sind mit den „Ölnüssen" (von Myristica surinamensis) nicht identisch.

Das Fett ist gelbbraun, aromatisch riechend. Es enthält nach Valenta Myristinsäure und Ölsäure (10·5 %), sonst keine anderen Fettsäuren, aber ein ätherisches, mit Wasserdämpfen flüchtiges Öl und einen harzartigen, dem Perubalsam ähnlich riechenden Stoff. Derselbe löst sich in Äther, heißem Alkohol, Petroleumäther und Chloroform. Daneben ist noch eine geringe Menge einer wachsartigen Substanz enthalten. Der Gehalt an freien Fettsäuren betrug in einer Probe 8·8 %. Das Fett färbt sich mit konzentrierter Schwefelsäure prachtvoll rot (Peckolt).

3. Venezuelensisches Ölnußfett.

Dieses Fett wird aus den Samen von Virola venezuelensis *Warb.* gewonnen, welche davon ca. 47·5 % enthalten. Es ist weiß und fast

[1]) Zeitschr. d. österr. Apoth.-Vereins 1897. 35. 824.
[2]) Nördlinger, Ber. d. deutsch. chem. Ges. 1885. 18. 2617. — Valenta, Zeitschr. f. angew. Chem. 1889. 2. 1.

geruchlos und liefert nach dem Umkristallisieren aus Äther bei 54° bis 55° C. schmelzendes, fast reines Trimyristin. Die Fettsäuren zeigten einen Schmelzpunkt von 53° C.

Ölsäure konnte in einer von Thoms und Mannich[1]) untersuchten Probe nicht nachgewiesen werden.

Eine diesem Fette äußerst ähnliche Zusammensetzung besitzt nach Reimer und Will[2]) auch das Fett von Myristica surinamensis, welches gleichfalls aus fast reinem Trimyristin besteht.

C. Laurinsäure-Myristinsäure-Gruppe.

Die Fette dieser Gruppe haben infolge ihres hohen Gehaltes an Fettsäuren von niedrigem Molekulargewichte eine besonders hohe Verseifungszahl. Ihr Gehalt an ungesättigten Säuren, daher auch die Jodzahl sind gering.

1. Palmkernöl.

Kernöl. — Huile de palmiste. — Palm nut oil, Palm kernel oil. — Sego di noce di palma.

Das Palmkernöl wird aus den Samen der das Palmöl liefernden Palmen gewonnen. Die Palmkerne machen je nach der Varietät der Palme, von der Schale befreit, 9—25 % der ganzen Frucht aus und enthalten nach Nördlinger[3]) 43—55 % Fett.

Fendler[4]) fand z. B. in den Kernen von 4 aus Togo stammenden Varietäten der Ölpalme folgende Ölmengen:

Bezeichnung der Varietät	Ölmenge
De	43·7
De de bakui	49·1
Se de	49·2
Afa de	45·5

Das Öl wird durch Pressen oder durch Extraktion gewonnen.

Es ist je nach seiner Gewinnungsmethode weiß oder gelblich, von angenehmem Geruch und Geschmack. In frischem Zustande enthält es keine freien Fettsäuren, es wird aber leicht ranzig.

Salkowski fand den auf Ölsäure berechneten Säuregehalt von 2 Palmkernölproben zu 13·39 und 13·26 %, Nördlinger in 27 Sorten gepreßten Öls 3·30—17·65, im Mittel 6·95 %, in 10 Sorten extrahierten Öls 4·17—11·42, im Mittel 8·49 %, Pastrovich in einer Probe extrahierten Öls 9·5 % und Fendler in den 4 obengenannten Proben 3·19 bis 4·13 % freier Fettsäuren.

---

[1]) Ber. d. deutsch. pharm. Ges. 1901. 11. 263; nach Apoth.-Zeitg. 1901. 16. 411.
[2]) Ber. d. deutsch. chem. Ges. 1888. 21. 2011.
[3]) Zeitschr. f. angew. Chem. 1895. 8. 19.
[4]) Ber. d. deutsch. pharm. Ges. 1903. 13. 115. — Chem. Zeitg. Rep. 1903. 27. 128.

Palmkernöl.

Spez. Gew. bei	Erstarrungspunkt °C.	Schmelzpunkt °C.	Verseifungszahl	Jodzahl	Hehner-Zahl	Reichert-Meißlsche Zahl	Refraktometeranzeige in Zeiß Butterrefraktometer bei 40°C.	Brechungsexponent bei 60°C.	Beobachter
Altes Öl 15°C. 0·952	20·5 { 25—26 / 27—28 }		—	—	—	—	—	—	Schädler
15°C. 0·955	—	26	—	—	—	—	36	—	Marpmann
40°C. / 15·5°C. 0·9119 — 99°C. / 15·5°C. 0·8731	—	—	—	—	—	4·8	—	—	Allen
100°C. 0·867	—	25—26	246 bis 250	13 bis 14 }	—	—	—	1·4431	Thörner
—	—	23—28	247·6	10·3 bis 17·5 }	—	—	—	—	Valenta
—	—	—	249	14·2	—	5·6	—	—	Ulzer
—	—	—	241·4	15·7	—	4·9	—	—	Pastrovich
—	—	—	—	12·3	—	—	36·5	—	Beckurts u. Seiler
Aus Togo } —	{ 23 bis 24	28—30	246·31 bis 250·00	14·9 bis 16·8	—	5·85 bis 6·82 }	—	—	Fendler
—	—		—	—	91·1	5·0	—	—	Lewkowitsch

Fettsäuren.

Erstarrungspunkt	Schmelzpunkt	Verseifungszahl	Mittleres Molekular-Gewicht	Jodzahl	Brechungsexponent bei 60°C.	Beobachter
24·6°C.	—	—	221	—	—	Pastrovich
—	25°—28·5°C.	258—265	211	13·4—13·6	—	Valenta
—	20·7°C.	264	—	12	1·4310	Thörner
—	—	—	211	—	—	Marpmann
—	—	—	—	12·07	—	Morawski u. Demski

Der Fettsäuregehalt steigt in altem Öl bis zu 58% (Valenta).

Nach Oudemanns[1]) enthält das Palmkernöl ca. 26·6% Trioleïn, 33·0% Triglyceride der Stearinsäure, Palmitinsäure und Myristinsäure und 44·4% Triglyceride der Laurinsäure, Caprinsäure, Caprylsäure und Capronsäure. Aus der Jodzahl jedoch ergibt sich übereinstimmend mit direkten Destillationsversuchen Valentas[2]) der Gehalt an Ölsäure viel niedriger. Der wichtigste Bestandteil ist die Laurinsäure.

Palmkernöl nähert sich in seinen Eigenschaften sehr dem Cocosfett, besitzt wie dieses eine sehr hohe Verseifungszahl und findet dieselbe Verwendung.

Hauptsächlich wird es zur Herstellung von Seifen verwendet, welche von Cocosölseifen nicht zu unterscheiden sind. Feine Sorten werden aber auch neben Cocosnußöl bei der Fabrikation der Pflanzenbutter verwendet. Die letztere Verwendungsart wurde von einer Seite bezweifelt.

---

[1]) Journ. f. prakt. Chem. 1875. 11. 393.
[2]) Zeitschr. f. angew. Chem. 1889. 2. 334.

2. Cocosfett.

Koprafett, Cocosöl, Cocosnußöl, Cocosbutter. — *Oleum Cocois.* — *Huile, Beurre de coco.* — *Cocoanut oil.* — *Burro di cocco.*

Das Cocosnußfett ist das Fett der Fruchtkerne (Kopra) von Cocos nucifera, der Cocospalme und von C. butyracea. Am besten ist das Cochinöl, an welches sich das Ceylonöl und zuletzt das indische Öl reiht.

Nach Lahache[1]) enthält Kopra

$$
\begin{array}{ll}
\text{von Cochinchina} & 70\ \%\ \text{Öl,} \\
\text{„ Sansibar} & 69\ \%\ \text{„} \\
\text{„ Ceylon} & 68\ \%\ \text{„} \\
\text{„ Manila} & 66{\cdot}25\ \%\ \text{Öl.}
\end{array}
$$

Im großen werden 54—61 % gewonnen. Zur Speisefettfabrikation wird nur gepreßtes, und zwar Öl erster Pressung benützt.

Die Früchte werden nach der zweimal des Jahres stattfindenden Ernte von der Schale befreit. Das frische Endosperm liefert das sog. „Klapperöl", welches in Indien als Speisefett Verwendung findet. Meist werden jedoch die geschälten Früchte erst getrocknet. Das getrocknete Endosperm gibt das „Koprafett", welches in Indien als Lampenöl und zu billigen Salben verwendet wird. Nach Europa wird nur Koprafett transportiert. Ein großer Teil des Koprafettes jedoch wird in Europa selbst gepreßt.

In Deutschland wird Cocosöl u. a. in Bremen, Magdeburg und Groß-Gerau gepreßt. In Frankreich ist die Zentrale des Cocosölhandels und der Fabrikation Marseille. Das kaltgepreßte Öl schmilzt schon unterhalb 20° C. und erstarrt bei 15° C. Das warmgepreßte Öl besitzt einen bedeutend höheren Schmelzpunkt. Die erste Pressung gibt ein gelbliches Öl, welches mit Knochenkohle oder mit Walkererde gebleicht werden kann. Im Jahre 1880 wurden von Jeserich und Meinert die ersten Versuche, Cocosöl zu reinigen und als Speisefett zu verwenden, durchgeführt.

Das rohe Öl enthält neben flüchtigen Fettsäuren eine kleine Menge eines stark riechenden, wahrscheinlich durch Oxydation der Glyceride der niederen Fettsäuren (?) entstandenen Körpers, Farbstoff und ein Alkaloid, welches ihm einen bitteren Geschmack verleiht. Die Reinigung zerfällt in das „Entsäuern" (zumeist mit Hilfe von Ätznatronlösung hoher Konzentration) und das „Desodorisieren", welch letzteres mit Hilfe von überhitztem Wasserdampf vorgenommen wird.

Die gereinigten Fette kommen unter den Namen „Mannheimer Cocosbutter", „Pflanzenbutter", „Lactine", „Vegetalin", „Palmin", „Laureol", „Kunerol", „Gloriol" usw. in den Handel. Manche dieser Fette enthalten nur die leichter schmelzbaren Bestandteile des Cocosfettes, das „Cocosmargarin".

---

[1]) Rev. Chim. pure et appl. 1905. 9. 309.

Cocosöl.

Spezifisches Gewicht bei	Erstarrungspunkt °C.	Schmelzpunkt °C.	Verseifungszahl	Jodzahl	Hehner-Zahl	Reichertsche Zahl	Reichert-Meißlsche Zahl	Acetylzahl	Refraktometeranzeige in Zeiß' Butterrefraktometer bei	Brechungsexponent bei	Beobachter
18°C. 0·9250	—	—	—	—	—	—	—	—	—	—	Stilurell
$\frac{40°C.}{15·5°C.}$ 0·9115 $\frac{99°C.}{15·5°C.}$ 0·8736 $\frac{100°C.}{15°C.}$ 0·863	16 bis 20·5	20 bis 28	—	—	—	3·5—3·7	—	—	—	—	Allen
100°C. 0·8700	22 bis 23	23 bis 24	255—260	9—9·5	—	—	7·5	—	—	60°C. 1·4410	Thörner
—	14 bis 20	23 bis 28	253·4 bis 262·0	8·0—8·6	—	—	3 (?) bis 7	—	—	—	De Negri u. Fabris
—	15·7 bis 19·5	—	257·3 bis 268·4 Mittel: 261·3	—	—	—	—	—	—	—	Valenta
—	—	26·2 bis 26·4	—	—	—	—	—	—	—	—	Filsinger
—	—	26·5	—	—	—	—	—	—	40°C. 34·4	—	Marpmann
—	—	—	250·3 gewaschen: 246·2	—	—	—	—	—	—	—	Moore
—	—	—	254 bis 263·5	8·4—9·2	—	—	7·5 bis 8·5	—	—	—	Ulzer
—	—	—	257·4	8	—	—	7·8	—	—	—	Pastrovich
—	—	—	—	8·9	—	—	—	—	—	—	v. Hübl
—	—	—	—	8·97 bis 9·35	—	—	—	—	—	—	Wilson
—	—	—	—	9	—	—	—	—	40°C. 33·5	—	Beckurts u. Seiler
—	—	—	—	—	83·75	—	—	—	—	—	Jean
—	—	—	—	—	—	3·7	—	—	—	—	Reichert
—	—	—	—	—	—	—	—	—	40°C. 35·5	—	Mansfeld
—	—	—	—	7·68 bis 8·08	—	—	—	—	—	—	Lane[1]
100°C. 0·863	25·5	26	—	8·7	—	—	—	—	—	—	Lahache
30°C. 0·9080	—	24·3	260·0	8·56	92·2	—	7·69	9·50	—	38·7°C. 1·44931	Reijst
—	—	—	—	—	—	—	—	—	40°C. 36·3	40°C. 1·4497	Utz
—	—	—	—	8·3 (nach Wijs)	—	—	—	—	—	—	Visser
—	—	—	—	8·16 bis 9·32	—	—	—	—	—	—	Wijs
—	21 bis 20·5	23 bis 25	242·1	8·47	90·5	—	6·5	—	—	—	Haller u. Youssoufian
—	—	—	254·6 bis 268·9	8·3—8·9	—	—	—	—	—	—	Eisenstein

[1] Journ. Soc. Chem. Ind. 1904. 23. 1019.

Fettsäuren (unlöslich).

Spezifisches Gewicht bei	Erstarrungspunkt °C.	Schmelzpunkt °C.	Verseifungszahl	Mittleres Molekular-Gewicht	Jodzahl	Jodzahl der flüssigen Fettsäuren	Acetylzahl	Beobachter
$\frac{98°—99° C.}{15·5° C.}$ 0·8354	—	—	—	—	—	—	—	Allen
—	20·4	24.6	—	—	—	—	—	v. Hübl
—	19·0—21·8	24·7	—	—	—	—	—	Valenta
—	16—18	24·25 bis 27	—	—	—	—	—	De Negri u. Fabris
—	20	24—25	258	—	8·5–9·0	—	—	Thörner
—	22·4—23	—	—	—	8·3	—	—	Pastrovich
—	—	—	—	196—204	—	—	—	Alder Wright
—	—	—	—	201	9·3	—	—	Williams
—	—	—	—	203	—	—	—	Marpmann
—	—	—	—	—	8·39 bis 8·79	—	—	Morawski u. Demski
—	—	—	—	—	—	54·0	—	Wallenstein u. Finck
40° C. 0·8800	—	25·9	273·30	207·6	—	—	0·1	Reijst

Im Gegensatze zu dem rohen Cocosfette, welches einen unangenehmen, scharfen, kratzenden Geschmack besitzt, sind die gereinigten Fette fast säurefrei und geschmacklos, oder sie haben einen schwachen, an Nußkerne erinnernden Geschmack. Sie sind meist rein weiß und durchscheinend oder körnig.

Zusammensetzung. Das Cocosfett unterscheidet sich von allen anderen, häufiger verwendeten, festen Fetten, mit Ausnahme des Palmkernöls, durch seine ganz abweichende chemische Zusammensetzung.

Es enthält von ungesättigten Säuren nur die Ölsäure, deren Anwesenheit von Flückiger[1]) angezweifelt wurde, von Ulzer aber durch die Isolierung der Dioxystearinsäure nach Oxydation der flüssigen Fettsäuren mit Permanganat in alkalischer Lösung, von Reijst[2]) durch Darstellung der Dioxystearinsäure auf dem Wege über die Bromverbindung nachgewiesen erscheint.

Der Gehalt an den Triglyceriden der Myristinsäure ist entgegen den Angaben Göreys[3]) ein beträchtlicher (Ulzer[4]). Auch der Gehalt an Laurinsäuretriglycerid ist ungewöhnlich groß. Außerdem enthält das Cocosfett die Triglyceride der Capron-, Capryl- und Caprinsäure. Buttersäure dagegen ist nach Reijst nicht anwesend.

Zu demselben Resultat kamen Haller und Youssoufian[5]) durch fraktionierte Destillation der Methylester der Säuren. Sie geben ferner die Menge der vorhandenen Palmitin- und Stearinsäure zu nur 1 °/₀ an.

---

[1]) Zeitschr. fe analyt. Chem. 1894. 33. 571.
[2]) Pharm. Weekblad 1906. 43. 117. — Rec. trav. chim. Pays Bas 1906. 25. 271.
[3]) Liebigs Annalen 1848. 66. 315.
[4]) Chem. Rev. üb. d. Fett- u. Harz-Ind. 1899. 6. 11.
[5]) Compt. rend. d. l'Acad. des sciences 1906. 143. 803

Eine von Ulzer untersuchte Probe von gereinigtem Cocosöl (Palmin) enthielt $2.32\,^0/_0$ Triglyceride leicht flüchtiger Fettsäuren (hauptsächlich der Capron- und Caprylsäure) und ca. $10.45\,^0/_0$ Triolein, während der Rest der Hauptmasse nach aus Trilaurin und Trimyristin bestand, neben welchen Glyceriden auch noch Caprinsäureglycerid zugegen war. Das mittlere Molekulargewicht wurde für die bei Bestimmnng der Reichert-Meißlschen Zahl abdestillierten, leichtflüchtigen Fettsäuren zu 123.3 und die Menge dieser Fettsäuren zu $2.09\,^0/_0$ gefunden. Eine von Ulzer untersuchte Probe von Kunerol ergab für die leichtflüchtigen Fettsäuren (welche bei der Reichert-Meißlschen Zahl abdestilliert werden) ein mittleres Molekulargewicht von 121.5. Die Menge der leichtflüchtigen Fettsäuren betrug für diese Probe $2.02\,^0/_0$. Farnsteiner[1]) gibt die leichtflüchtigen Fettsäuren einer Probe von Laureol zu $2.07\,^0/_0$ und deren mittleres Molekulargewicht zu 156.8 an.

Gehalt an freien Fettsäuren. Salkowski fand den auf Ölsäure berechneten Gehalt an freier Fettsäure in einer Probe Rohfett zu $2.96\,^0/_0$, und Pastrovich fand in einer Probe $4.75\,^0/_0$ freier Fettsäuren. Ebensoviel fand Reijst. Der Gehalt an freien Fettsäuren kann jedoch in schlechten Sorten bis $25\,^0/_0$ betragen. Das gereinigte Fett enthält keine freien Fettsäuren oder nur Spuren von solchen.

Man war lange der Meinung, daß Cocosfett leichter ranzig werde als andere Fette. Der größte Teil der freien Säuren und die übrigen Erscheinungen der Ranzidität, z. B. der üble Geruch (siehe Ulzer-Klimont, „Allgemeine und physiologische Chemie der Fette‟ Seite 212 ff.), entstehen jedoch in der Kopra vor dem Pressen vermutlich durch Pilze (Aspergilli). Ist der Säuregehalt anfänglich hoch, so nimmt auch die Ranzidität in höherem Maße zu. Das gereinigte Cocosnußöl, welches also praktisch frei von freien Fettsäuren ist, steht bezüglich seiner Haltbarkeit mit den anderen vegetabilischen Ölen und Fetten auf einer Stufe (Herbert und Walker[2]).

Das Cocosnußfett besitzt eine ungewöhnlich hohe Verseifungszahl, durch welche es von den meisten anderen Fetten leicht unterschieden werden kann.

Das spezifische Gewicht ist größer als das der meisten anderen Fette. Herz fand das spezifische Gewicht eines Cocosspeisefettes im Vergleiche zu Butterfett und Margarin bei 35^0 C. wie folgt:

Cocosfett: 0·9124,
Butterfett: 0·9121,
Margarin: 0·9017.

Ferner zeichnet es sich ähnlich der Kakaobutter durch seine verhältnismäßig große Löslichkeit in Alkohol aus, indem es bei 60^0 C. schon von zwei Teilen 90prozentigem Alkohol aufgenommen wird.

Es läßt sich durch Kochen mit verdünnten Laugen nicht gut ver-

---

[1]) Chem. Rev. üb. d. Fett- u. Harz-Ind. 1898. 5. 195.
[2]) The Philippine Journ. of Science 1906. 1. 117. — Amer. Soap. Journ. 1906. Sept. — Chem. Zeitg. Rep. 1906 30. 132 u. 374. — Chem. Rev. üb. d. Fett- u. Harz-Ind. 1906. 13. 114 u. 314.

seifen, dagegen verseift es sich mit starken Laugen unter mäßiger Erwärmung (kalte Verseifung). Die Seifen lassen sich nur mit einem sehr großen Überschuß von Kochsalz aussalzen und bilden dann eine sehr harte, feste Masse.

Fresenius fand den Schmelzpunkt von Cocosölspeisefett zu 26.5^0 C., den Erstarrungspunkt zu 19.5^0 C., den Schmelzpunkt der Fettsäuren zu 25.25^0 C. und den Erstarrungspunkt der Fettsäuren zu 19.0^0 C., Ambühl gibt den Schmelzpunkt eines solchen Fettes zu 24^0 bis 25^0 C. an.

Ulzer gibt folgende Konstanten zweier Cocosspeisefette an:

	Reichert-Meißlsche Zahl	Verseifungszahl	Jodzahl
Palmin	8·5	259·9	9·1
Kunerol	8·3	258·8	9·2

Fendler[1]) teilt die Verseifungszahlen und Jodzahlen einer Reihe von Cocosspeisefetten mit, z. B.:

	Verseifungszahl	Jodzahl		Verseifungszahl	Jodzahl
Vegetaline	259·8	7·9	Hodor	258·5	8·2
Leda-Speisefett . .	260·1	8·5	Fruchtin	258·8	7·1
Nussin	258·5	8·2	Crêmin	260·8	8·3
Selekta	258·2	8·0	Sanin	257·5	9·3
Nucifera	257·9	9·1	Daphnin	259·0	8·9
Parveol	260·9	8·3	Estol	258·5	10·6
Priol	260·7	7·9	Jennil	255·7	11·4
Palmin	259·2	8·6	Palmarol	259·0	10·2
Laureol	258·7	7·8			

J. J. Reijst hat die analytischen Daten eines Rohfettes mit denen zweier Cocosspeisefette und von Cocosstearin verglichen.

	Rohfett	Vegetalin	Nutreïn	Cocosstearin
Dichte bei 30^0 C. . . .	0·9080	0·9090	0·9050	0·9105
Schmelzpunkt	24.3^0 C.	24.3^0 C.	21.8^0 C.	27·7
Säurezahl	9·42	0·042	4·32	3·06
Verseifungszahl . . .	260·0	262·8	260·9	254·0
Jodzahl	8·56	8·55	8·57	2·90
Hehner-Zahl	92·2	92·1	90·8	93·4
Reichert-Meißlsche Zahl	7·69	7·69	7·91	6·08
Acetylzahl	9·50	1·90	8·75	6·10
n_D bei 38.7^0 C.	1·44931	1·44980	1·45003	1·44978
Für die in Wasser unlöslichen Fettsäuren:				
Dichte bei 40^0 C. . . .	0·8800	0·8800	0·8755	0·8805
Schmelzpunkt	25.9^0 C.	26.1^0 C.	24.3^0 C.	27.5^0 C.
Verseifungszahl	273·30	272·58	271·4	266·7
Mittleres Molekul.-Gew.	207·6	206·02	206·9	210·5
Acetylzahl	0·1	2·0	12·0	7·33

Die hohen Acetylzahlen der Säuren von Nutreïn und Stearin rühren von längerem Stehen dieser Säuren in Berührung mit Luftsauerstoff her.

---

[1]) Chem. Rev. üb. d. Fett- u. Harz-Ind. 1906. 13. 272.

Die Verdaulichkeit der Cocosbutter ist nach Lührig[1]) dieselbe wie die des Butterfettes und der Margarine.

Die Cocosbutter wird nicht nur für sich allein als Speisefett verwendet, sondern bildet auch einen häufigen Bestandteil gemischter Speisefette. Sie dient als Zusatz bei der Margarinefabrikation und wird unter Zugabe von Milch, Eigelb, Kochsalz, Farbstoffen usw. selbst zu als „Cocosmargarine" und „Cocosschmelzmargarine" zu bezeichnenden Produkten verarbeitet (Fendler[2]). Die aus der Cocosbutter hergestellten butter- und rindschmalzartigen Produkte fallen eigentlich unter das Margarinegesetz. Die Konstanten geben die besten Aufschlüsse bei der Untersuchung von Speisefetten, denen Cocosbutter zugefügt ist, indem sich jeder Zusatz durch die erhöhte Verseifungszahl und die erniedrigte Jodzahl verrät. (Siehe ferner Butter und Schweinefett.)

Zur Unterscheidung reiner Cocosbutter von Gemischen mit animalischen Fetten kann außerdem auch die Löslichkeit in Alkohol und die Reichert-Meißlsche Zahl benützt werden, zur Erkennung von Cocosfett in Butter seien besonders die Bestimmung der „neuen Butterzahl" und die Methode von Muntz und Coudon erwähnt.

Zum Nachweise von fremden Beimischungen in Cocosöl verwendet Paulmyer[3]) die verschiedene Löslichkeit der Fettsäuren in Essigsäure auf folgende Weise:

10 g einer verdünnten Essigsäure, welche 81·18 $^0/_0$ Essigsäure und 18·82 $^0/_0$ Wasser enthält, werden mit 5 g der zu prüfenden Fettsäure auf dem Wasserbade erwärmt. Bei Gegenwart reiner Cocosölfettsäure wird die Flüssigkeit bei 33° C. plötzlich klar. Erwärmt man um einige Grade weiter und kühlt dann unter Umrühren ab, so trübt sich die Flüssigkeit wieder bei 33° C. Diese Temperatur wird als „kritische Löslichkeitstemperatur" notiert. Bei sämtlichen übrigen Fettsäuren mit Ausnahme des Ricinusöles liegt nach Angabe des Autors die kritische Löslichkeitstemperatur höher (eine Folge der leichten Löslichkeitsverhältnisse der niedrigmolekularen Myristin- und Laurinsäure).

Kritische Löslichkeitstemperaturen der Fettsäuren.

Cocosöl	33°C.	Olivenöl	93°C.
Erdnußöl	90°C.	Cottonöl	82·5°C.
Sesamöl	89°C.	Mafuratalg	88°C.
Nigeröl	85°C.	Palmkernöl	49°C.
Ricinusöl	13·5°C.	Stearinsäure des Handels	94°C.
Rapsöl	107°C.	Ölsäure des Handels	98°C.
Leinöl	72°C.		

Bei Gemischen dieser Fettsäuren steht die Änderung der kritischen Löslichkeitstemperatur in einem proportionalen Verhältnis zu den vorhandenen Quantitäten der einzelnen Fettsäuren. Die kritische Löslichkeitstemperatur gleicher Teile Cocosöl- und Arachisölfettsäuren ist 61·5° C.

---

[1]) Zeitschr. f. Unters. d. Nahrungs- u. Genußm. 1899. 5. 622.
[2]) Chem. Rev. üb. d. Fett- u. Harz-Ind. 1906. 13. 272. — Apoth.-Zeitg. 1904. Nr. 46 u. 95. — Chem. Rev. üb. d. Fett- u. Harz-Ind. 1904. 11. 183 u. 1905. 12. 56.
[3]) La Savonnerie Marseillaise 6. Nr. 62. — Seifens.-Zeitg. 1906. 33. 286.

Diese Zahlen gelten nur für eine verdünnte Essigsäure von der angegebenen Konzentration. Für jede andere Verdünnung ist eine neue Tabelle anzulegen.

Das Verhalten von Cocosöl bei gleichzeitiger Einwirkung von Phloroglucin und Resorcin in saurer Lösung wird von Milliau[1]) zum Nachweis von Beimischungen empfohlen.

Man mischt in einem graduierten 15 ccm-Röhrchen 4 ccm Cocosfett mit 2 ccm einer ätherischen, gesättigten Phloroglucinlösung durch kreisförmiges Bewegen, hierauf mit 2 ccm einer gleichfalls gesättigten Lösung von Resorcin in Petroläther. Beide Lösungen werden vor dem Versuche frisch bereitet. Man hängt das Röhrchen einige Augenblicke in Wasser, welches eine Temperatur von 10° C. besitzt, gibt 4 ccm reiner Salpetersäure (40° Bé) hinzu, gießt die Flüssigkeit in ein 15 mm weites Röhrchen um und schüttelt 5 Sekunden kräftig. Falls keine Reaktion eintritt, wiederholt man in Zwischenräumen das kräftige Schütteln. Reines Kopraöl färbt sich hierbei gar nicht oder nur vorübergehend schwach rosa. Samenöle dagegen, ebenso Talg, Naphthaöle und Harzöle rufen sogar in Mengen von weniger als 5 % eine lebhafte, johannisbeerrote Färbung hervor.

Terpentinöl und Harz wirken störend. Von ihrer Abwesenheit muß man sich vorher überzeugen. Reine Butter und Palmkernöl verhalten sich wie Kopraöl.

Die Reaktion ist von dem Alter der Öle unabhängig. Es ist wie bei allen Farbenreaktionen empfehlenswert, zum Vergleiche reine Öle heranzuziehen.

Außer zu Genußzwecken wird Cocosöl hauptsächlich in der Seifenfabrikation verwendet, und selten auch durch Pressen in „Oleïn", „Cocosöl" für die Herstellung von Seifen und in „Stearin", „Cocosstearin" für die Kerzenfabrikation getrennt. Eine Probe des ersteren zeigte nach Allen[2]) eine Reichertsche Zahl von 5·6, eine des letzteren eine solche von 3·1. Der Erstarrungspunkt lag beim „Oleïn" zwischen 4° und 8° C., beim „Stearin" zwischen 21·5° und 26° C. (Siehe Tabelle auf S. 876.)

Das Cocosfett bildet ein beliebtes Mittel zur Verfälschung und zum Ersatz von Kakaobutter.[3]) (Siehe auch Seite 840.)

Ein Cocosstearin, welches als Kakaobutterersatz dienen soll, ergab bei der Untersuchung durch Ulzer[4]) eine Säurezahl 0·5, eine Verseifungszahl 255·1 und eine Jodzahl 5·4.

Aus der geringen Veränderung der Verseifungszahl (siehe auch die Tabelle) geht hervor, daß durch das Pressen nur eine geringe Menge

---

[1]) Compt. rend. de l'Acad. des sciences 1905. 140. 1702. — Les Corps gras ind. 1905. 32. 18. — Bull. de la Direction de l'Agric. et du Comm. Tunis 1905. 9. 214. — Seifens.-Zeitg. 1905. 32. 744.

[2]) Commerc. Org. Analysis 137.

[3]) Mayenburg, Chem. Zeitg. Rep. 1894. 18. 158. — Pharm. Zeitg. 1894. 39. 390. — Pollatschek, Chem. Rev. üb. d. Fett- u. Harz-Ind. 1903. 10. 5.

[4]) Chem. Rev. üb. d. Fett- u. Harz-Ind. 1903. 10. 277.

der Glyceride der niedrig molekularen Fettsäuren, jedoch eine größere Menge der Glyceride der Ölsäure entfernt werden.

Malacarne[1]) gibt die Analyse von „Cacaoline", einem Kakaobutterersatzmittel, bekannt, welches wahrscheinlich gleichfalls ein Cocosfett ist, von dem ein Teil der Glyceride der niedrig schmelzenden Fettsäuren, d. i. der flüchtigen und ungesättigten Fettsäuren, entfernt wurde. Infolgedessen unterscheiden sich Jod- und Reichertsche Zahl von der des Cocosfettes. Von Kakaobutter ist Cacaoline außerdem noch durch den niedrigen Schmelzpunkt der Fettsäuren und die hohe Verseifungszahl zu unterscheiden:

Schmelzpunkt variiert zwischen . . . . 29—33° C.
„ der Fettsäuren . . . . . 28—30° C.
Säurezahl . . . . 0·56—0·67
Verseifungszahl . . . . 248—257
Jodzahl . . . . 4·2—5
Reichertsche Zahl . . · . . . . 2·8—4·0
Refraktionszahl (Zeiß-Wollny) bei 40° C. 35.

3. Öl von Cocos arcocomioides.[2])

Verseifungszahl	Jodzahl	Beobachter
290·85—294·7	4·9	Niederstadt

Das Öl der Nußkerne dieser Palme ist hellgelb und klar. Eine Probe hatte die bedeutende Säurezahl 131·3.

4. Cohuneöl.[3])
Huile de Cohune. — Cohune oil.

Erstarrungspunkt	Schmelzpunkt	Jodzahl
15°—16° C.	18°—20° C.	12·9—13·6

Fettsäuren.
Schmelzpunkt: 27°—30° C.

Die Kerne der Cohunepalme, Attalea Cohune *Mart.*, enthalten zirka 40 % eines gelben Fettes, welches dem Cocosöl ziemlich ähnlich ist.

5. Maripafett.
Huile de maripa. — Maripa fat.

Das Maripafett stammt von einigen Attaleaarten, und zwar von Attalea maripa *Aubl.*, Attalea excelsa *Mart.* und Attalea spectabilis. Es ist farblos bis hellgelb, hat milden Geruch und Geschmack.

Es wird zu Speisezwecken und in der Pharmazie verwendet.

---

[1]) Giorn. farm. chim. 1902. 51. Nr. 8. — Chem. Rev. üb. d. Fett- u. Harz-Ind. 1902. 9. 259.
[2]) Niederstadt, Ber. d. deutsch. pharm. Ges. 1902. 12. 144.
[3]) Bull. Imper. Inst. 1903. 25.

Maripafett.

Spezifisches Gewicht bei $\frac{100\,^0\,C.}{15\cdot5\,^0\,C.}$	Erstarrungspunkt ^{0} C.	Schmelzpunkt ^{0} C.	Verseifungszahl	Jodzahl	Hehner-Zahl	Reichert-Meißlsche Zahl	Beobachter
0·8686	—	23	259·5	9·49	—	—	Bassière[1]
—	24—25	26·5—27	270·5	17·4	88·88	4·45	v. d. Driessen-Marreeuw[2]

Fettsäuren.

Spezifisches Gewicht bei $\frac{100\,^0\,C.}{15\cdot5\,^0\,C.}$	Erstarrungspunkt ^{0} C.	Schmelzpunkt ^{0} C.	Jodzahl	Beobachter
0·823	25	27·5—28·5	12·2	v. d. Driessen-Marreeuw

6. Muritifett.[3]
Huile de Muriti.

Spez. Gew. bei 25 ^{0} C.	Erstarrungspunkt	Schmelzpunkt	Säurezahl	Verseifungszahl	Jodzahl	Reichert-Meißlsche Zahl	Beobachter
0·9136	17 ^{0} C.	25 ^{0} C.	1·69	246·2	25·2	5·0	Fendler

Fettsäuren.

Schmelzpunkt	Beobachter
54·5	Fendler

Die Fruchtkerne von Mauritia vinifera *Mart.*, Acrocomia vinifera, einer auch „Coyol" genannten Palme Nicaraguas, enthalten 48·66 $^0/_0$ Fett (mit Äther extrahiert). Seine Farbe ist hellgelb, der Geschmack und Geruch angenehm mild. Es scheidet bei Zimmertemperatur reichlich federförmige Kristalle aus und erstarrt bei längerem Stehen vollständig.

Es ist dem Cocosfette bis zu einem gewissen Grade ähnlich und enthält vermutlich Myristinsäure.

7. Mocayaöl.
Mocayabutter, Macasubaöl. — Huile de Mocaya. — Mocaya oil. — Burro di Mocaya.

Erstarrungspunkt	Schmelzpunkt	Verseifungszahl	Jodzahl	Reichert-Meißlsche Zahl	Beobachter
22 ^{0} C.	24 ^{0}—29 ^{0} C.	240·6	24·63	7·0	De Negri u. Fabris[4]
—	32·5 ^{0} C.	—	—	—	Sack[5]

[1] Journ. Soc. Chem. Ind. 1903. 22. 1137.
[2] Nederl. Tijdschr. Pharm. 1899. 12. 245.
[3] G. Fendler, Zeitschr. f. Unters. d. Nahrungs- u. Genußm. 1903. 6. 1025. — Chem. Rev. üb. d. Fett- u. Harz-Ind. 1904. 11. 52.
[4] Giorn. farmac. 1896. Nr. 12.
[5] Inspectie van den Landbouw in West-Indie Bulletin Nr. 5.

Fettsäuren.

Erstarrungspunkt	Schmelzpunkt	Verseifungszahl	Beobachter
20°—22° C.	23°—25° C.	254	De Negri u. Fabris

Das Mocayaöl wird aus den Samen der in Westindien und Südamerika einheimischen Palme, Acrocomia sclerocarpa *Mart.* (Cocos sclerocarpa, Cocos aculeata *Jacq.*, Bactris minor *Gaertn.*, Macawbaum, Mucuja, Macahuba, Macasubapalme, „Kaumakka"), gewonnen.

Die Kerne einer von Sack[1]) untersuchten Samenprobe enthielten 24·8 %, das Fruchtfleisch nur 0·4 % Fett, während Schädler den Fettgehalt des Samens zu 60—70 % angibt.

Es besteht nach Sack aus:

$$17·5 \text{ % Trioleïn,}$$
$$82·5 \text{ % Trilaurin}$$

und stellt ein weißes, angenehm riechendes, dem Cocosöl äußerst ähnliches Fett vor.

Das Mocayaöl wird zur Seifenfabrikation genommen.

8. Affendornfett.[2])

Die Kerne von Bactris Plumeriana *Mart.*, einer besonders in Surinam heimischen Palme, welche dort unter dem Namen Keeskeesimakka (Affendorn) bekannt ist, enthalten 34·8 % eines Fettes, welches bei 32° C. schmilzt und aus 13·6 % Trioleïn und 86·4 % Trilaurin besteht.

9. Gewürzbuschöl.[3])

Fieberbuschöl. — Fever bush seed oil, Spice bush seed oil.

Schmelzpunkt	Verseifungszahl	Reichert-Meißlsche Zahl	Beobachter
26° C.	284·4	1·3	Caspari[5])

Aus den Samen des in den Vereinigten Staaten häufig vorkommenden Gewürzholzes, auch Gewürzbusch oder Fieberbusch genannt (Lindera Benzoïn resp. Benzoïn odoriferum oder Laurus Benzoïn), werden durch Pressen und Extrahieren der Rückstände 45·6 % eines gelbgefärbten Fettes von ziemlich kristallinischer Beschaffenheit gewonnen, welches leicht in Alkohol, Benzin und Aceton, schwieriger in Methylalkohol löslich ist.

Dieses Fett besteht nach Caspari aus den Glyceriden der Laurin-, Caprin- und Ölsäure, erstere sind vorherrschend.

Bemerkt sei, daß das Öl der Beeren ca. 4 % eines kampferartig riechenden, ätherischen Öles enthält.

---

[1]) Inspectie van den Landbouw in West-Indie 1906. Bulletin Nr. 5.
[2]) J. Sack, Inspectie van den Landbouw in West-Indie 1906. Bulletin Nr. 5.
[3]) Oil, Paint and Drug Rep. 1902. — Amer. Chem. Journ. 1902. 27. 291. — Chem. Rev. üb. d. Fett- u. Harz-Ind. 1902. 9. 211.

10. Dikafett.

Dikabutter, Dikaöl, Adikafett, Obaöl, wildes Mangoöl. — Huile, Beurre de Dika. — Dika butter, Dika, Oba, wild Mango oil.

Spez. Gew. bei	Erstarrungspunkt ° C.	Schmelzpunkt ° C.	Verseifungszahl	Jodzahl	Reichert-Wollny-sche Zahl	Unverseifbares %	Refraktometeranzeige in Zeiß' Butterrefraktometer bei 40 ° C.	Beobachter
40° C. 0·9140	29·4—27·2	38·9	244·5	5·2	0·42	0·73	—	Lewkowitsch[1]
—	34·8	41·6	173 (?)	—	—	—	—	Heckel[2]
—	—	30—31	—	—	—	—	—	Hamel-Roos
—	—	29	—	30·9—31·3	—	—	—	Dieterich
15° C. 0·9100	—	30	—	—	—	—	63	Marpmann

Fettsäuren.

Erstarrungspunkt	Mittleres Mol.-Gew.	Beobachter
34·8° C.	214	Lewkowitsch[1]

Das Fett wird aus den Samen des Mangobaumes, Ibabaumes, Obabaumes, Mangifera gabonensis *Aubry-Lecomte*, nach anderen von Irvingia gabonensis, Barteri, *Hooker* gewonnen, welche aber wahrscheinlich mit Mangifera identisch sind. Dieser Baum gehört der Gattung der Anacardiaceen an und ist in Westafrika (Sierra Leone bis Gaboon) heimisch.

Die Kerne enthalten 54—65 % Fett.

Die Eingeborenen gewinnen die Dikabutter durch Auskochen der Kerne mit Wasser und Abheben der Fettschicht. Die frische Butter ist weiß, mildriechend, von angenehmem, kakaoartigem Geschmack, wird aber beim Aufbewahren leicht gelb und ranzig.[3]

Ein ziemlich frisches Fett enthielt nur 3·35 % freie Fettsäuren (Lewkowitsch). Ein Dikafett von Borneo zeigte die Säurezahl 17·3 (entsprechend 8·7 % freie Ölsäure), ein anderes von Westafrika 19·6 (entsprechend 9·9 % freie Ölsäure), doch waren diese Muster schon ranzig (Dieterich).

Dikabutter besteht nach Oudemans[4] aus Myristin und Laurin und soll kein Oleïn enthalten. Letztere Angabe ist jedoch für die von Lewkowitsch und von Dieterich untersuchten Proben unrichtig, da sich aus den Jodzahlen ein Gehalt von ca. 5·7 resp. ca. 34 % Trioleïn berechnen läßt.

Dikafett verhält sich bei der von der Pharm. Germ. II vorgeschriebenen Ätherprobe ganz wie Kakaofett und ist daher in Gemischen mit diesem schwer nachzuweisen.

Es ist leicht verseifbar und wird zur Kerzenfabrikation und statt

[1] The Analyst 1905. 30. 394. — Chem. Rev. üb. d. Fett- u. Harz-Ind. 1906. 13. 13.
[2] 2° Mémoire des Annales du Musée et de l'Institut Colonial de Marseille.
[3] M. Lemarié, Oils, Colours and Drysalteries 1904. 6.
[4] Journ. f. prakt. Chem. 1860. 81. 356.

des Cocosöles bei der Herstellung der Marineseifen verwendet, da es reich an niedrigmolekularen Fettsäuren ist, deren Alkaliseifen durch die Salze des Meerwassers nicht aussalzbar sind.

11. Cay-Caywachs, Irvingia-Butter, Cochinchinawachs.[1])

Die Steinfrüchte des indochinesischen Wachsbaumes, Irvingia Harmadiana, malayana, Oliveri, schließen einen ölhaltigen Kern ein, welcher von den Eingeborenen zu Brei zerrieben, erwärmt und ausgepreßt ein Fett liefert, das unter dem Namen Cay-Caywachs in den Handel kommt.

Die ganzen Samen enthalten $10.6\,^0/_0$, die Kerne $52—56.7\,^0/_0$ Fett.

Es ist graugelb, bleicht an der Luft etwas, schmilzt bei $37.5^0—38^0$ C. und erstarrt bei $35.5^0—36^0$ C.

In kaltem Alkohol, Äther, Schwefelkohlenstoff und Benzol ist es leicht löslich.

Eine Probe enthielt nach Vignoli $70\,^0/_0$ (?) freier Fettsäuren, von welchen $30\,^0/_0$ Ölsäure waren.

Das Fett ist vollständig verseifbar, die Seife ist weiß, perlmutterglänzend und in Alkohol leicht löslich. Es eignet sich gut zur Kerzenfabrikation.

12. Taririfett.[2])

Schmelzpunkt: 47^0 C.

Dieses Fett wird aus den Samen von Picramnia Sow oder Tariri *(Aublet)* gewonnen, welche davon etwa $67\,^0/_0$ enthalten.

Es löst sich in siedendem Äther und kristallisiert daraus in prächtigen, perlmutterglänzenden Kristallen, wodurch es sich von anderen Fetten unterscheidet.

Eine Probe enthielt $95\,^0/_0$ Fettsäuren, darunter die von Arnaud isolierte, bei 50.5^0 C. schmelzende Taririnsäure $C_{17}H_{31}COOH$, eine Isomere der Linolsäure.

13. Japanwachs.

Sumachwachs, Japantalg. — Cera japonica. — Cire de Japon. —
Japan wax, tallow. — Cera giapponera.

Das Japanwachs ist keine Wachsart, sondern ein Fett. Es wird aus den Früchten einiger Sumacharten (Rhus succedanea, R. acuminata, R. vernicifera, R. sylvestris) gewonnen und kommt in kleinen Scheiben oder Tafeln in den Handel.

Eine Probe von Rhus succedanea enthielt $6.5\,^0/_0$ festes Wachs, der gewöhnliche Gehalt ist jedoch $22—26\,^0/_0$.

Die Gewinnung wird nach verschiedenen Methoden vollzogen. Entweder werden die Früchte zwischen Mühlsteinen zerquetscht, mit Dampf behandelt und von Zeit zu Zeit gepreßt oder vor dem Behandeln mit Dampf mit Dreschflegeln geschlagen, getrocknet, geröstet und gemahlen. Nach einem dritten Verfahren wird die gequetschte Masse in großen Kesseln mit Wasser gekocht und das Wachs von der Oberfläche abge-

---

[1]) Apoth.-Zeitg. 1898. 13. 169. — M. Lemarié, Oils, Colours and Drysalteries 1904. 6. — Chem. Rev. üb. d. Fett- u. Harz-Ind. 1904. 11. 126.
[2]) Bull. Soc. Chim. 1892. 7. 233. — Chem. Zeitg. Rep. 1892. 16. 30.

schöpft. Endlich kann das Wachs auch durch Extraktion mit Schwefelkohlenstoff oder Äther gewonnen werden, wodurch man Wachs mit heller, grüner Farbe erhält.

Aus den Preßrückständen werden die Wachsreste nach Zusatz von 10 % Perillaöl durch abermaliges Auspressen gewonnen. Das auf diese Art erhaltene Produkt ist natürlich weicher (Lemarié[1]).

Japanwachs.

	Spezifisches Gewicht bei	Erstarrungs-punkt °C.	Schmelz-punkt °C.	Versei-fungs-zahl	Jod-zahl	Refrakto-meteranzeige in Zeiß' Butter-refraktometer	Beobachter
Sehr altes	15° C. 0·977—0·978 „ 0·963—0·964	—	—	—	—	—	Hager
	„ 0·978	—	51	—	—	bei 40°C. 47	Marpmann
	„ 0·975	—	—	220 bis 232 (?)	7·8 bis 8·8	—	K. Dieterich
Ge-bleich-tes	„ 0·970—0·980 „ 1—1·006	45·5 bis 46	53·5—54·5 Das Wachs wird schon 10—12 Grade unter seinem Schmelz-punkte durchsichtig	—	—	—	Schädler
	„ 0·984—0·993 $\frac{60\,^{\circ}\text{C.}}{15\cdot5\,^{\circ}\text{C.}}$ 0·9018 $\frac{98\,^{\circ}\text{C.}}{15\cdot5\,^{\circ}\text{C.}}$ 0·8755 $\frac{100\,^{\circ}\text{C.}}{15\cdot5\,^{\circ}\text{C.}}$ 0·873	53·0	—	214 bis 221·3	—	—	Allen
	—	50·8	50·4—51·0	—	—	—	Rüdorff
	—	—	52·5—54·5	—	—	—	Wimmel
	—	—	50—53	218 bis 222	9·1 bis 10·5	—	Ulzer
	—	—	52·6—53·4	220 bis 222·1	10·6 bis 11·3	—	Bernheimer u. Schiff
	—	—	—	—	10·6 (nach Wijs)	—	Visser
	—	—	—	222·4	—	—	Becke
	—	—	—	220	4·2	—	v. Hübl
	—	—	—	222	—	—	Valenta
	—	—	—	216·7 bis 220·1	—	—	Ahrens u. Hett
Selbst extra-iertes	—	—	—	206·6 bis 212	11·9 bis 12·8	—	Ahrens u. Hett
Ge-bleich-tes	—	—	—	—	7·6	—	Ahrens u. Hett

---

[1]) Oils, Colours and Drysalteries 1904. 6. — Chem. Rev. üb. d. Fett- u. Harz-Ind. 1904. 11. 127,

Fettsäuren.

Spezifisches Gewicht bei	Erstarrungs- punkt °C.	Schmelz- punkt °C.	Mittleres Molekular- Gewicht	Beobachter
$\frac{99\,^{0}\text{C.}}{15\cdot5\,^{0}\text{C.}}$ 0·8482	53·0—56·5	56—57	265·3	Allen
—	57	—	—	Ulzer
—	—	—	265	Marpmann

Das Japanwachs ist blaßgelb, hart, von muscheligem, etwas glänzendem Bruch. Bei längerem Liegen wird es dunkler gelb und überkleidet sich mit einem weißen Staube, welcher aus prismatischen mikroskopischen Kriställchen besteht. Auch das Wachs selbst zeigt unter dem Mikroskope eine charakteristische kristallinische Struktur.

In siedendem Alkohol ist es leicht löslich, die Lösung erstarrt beim Erkalten zu einer körnig kristallinischen Masse. Äther, Benzin und Petroleumäther lösen es leicht auf.

Das Japanwachs ist bis auf einen geringen Rest leicht verseifbar. Ulzer fand in einer Probe 1·31 $^{0}/_{0}$ unverseifbarer Bestandteile.

Das Japanwachs besteht hauptsächlich aus den Glyceriden der Palmitinsäure und der Japansäure[1] (welch letztere wahrscheinlich in Form eines gemischten Glycerides zugegen sein dürfte) und enthält nach Allen 8·4 $^{0}/_{0}$ löslicher Fettsäuren, auf Caprylsäure berechnet. Außerdem enthält es bis 13 $^{0}/_{0}$ freier Palmitinsäure.

Stearinsäure- und Arachinsäureglycerid sind im Japanwachs nicht zugegen. Die Annahme der Gegenwart von Arachinsäure im Japanwachs dürfte darauf zurückzuführen sein, daß das Kaliumsalz der Japansäure, einer zweibasischen, wahrscheinlich der Bernsteinsäurereihe angehörigen Säure von der Formel $C_{20}H_{40}(COOH_2)$[2] durch seine Schwerlöslichkeit in Alkohol eventuell mit dem Kaliumsalze der Arachinsäure verwechselt werden kann. (S. auch Ulzer-Klimont, Allgem. u. physiolog. Chemie d. Fette, Seite 79.)

Den Glyceringehalt hat Allen nach der Permanganatmethode sehr hoch, nämlich zu 11·59—14·71 $^{0}/_{0}$ gefunden, weshalb er meint, daß das Japanwachs Diglyceride enthalte, doch ließen sich solche nach den S. 71 u. ff. beschriebenen Verfahren nicht auffinden.

Der hohe Glyceringehalt ist daher wahrscheinlich durch die Anwesenheit niedrig-molekularer Fettsäuren uud der zweibasischen Japansäure zu rechtfertigen.

Der auf Ölsäure berechnete Gehalt an freien Fettsäuren wurde in je einer Probe von Hübl zu 9·13 $^{0}/_{0}$, von Nördlinger zu 3·87 $^{0}/_{0}$ und in fünf von Ulzer untersuchten Proben zwischen 6·9 und 10·2 $^{0}/_{0}$ schwankend gefunden.

Der Aschengehalt des Japanwachses schwankt zumeist zwischen 0·02 und 0·08 $^{0}/_{0}$.

---

[1] Eberhardt, Inaugural-Dissert. 1888. — Geitel u. van der Wandt, Journ. f. prakt. Chem. 1900. 61. 151.

[2] Die von Eberhardt angegebene Formel $C_{20}H_{38}O_4$ wird von Geitel verworfen.

Kleinstück[1]) hat das spezifische Gewicht des Japanwachses bei verschiedenen Temperaturen bestimmt und gefunden, daß es bei 16° bis 18° C. so schwer als Wasser, bei niedrigeren Temperaturen schwerer, bei höheren leichter als dieses ist. Umgeschmolzenes und wieder erkaltetes Japanwachs ist schwerer, beim Liegen nimmt es wieder die normale Dichte an. Kleinstück fand folgende spezifische Gewichte:

Bei °C.	Abgelagert	Frisch umgeschmolzen	Wasser
4	—	—	1·00000
6·5	—	1·00237	0·99995
7·2	1·00737	—	0·99991
17·0	—	0·99123	0·99884
17·5	0·99846	—	0·99875
23·0	—	0·98747	0·99762
26·5	0·98615	0·98683	0·99674

Der Ausdehnungskoeffizient des Japanwachses ist somit weit größer als der des Wassers.

Mit den anderen festen Fetten kann es in reinem Zustande schon seinem äußeren Ansehen nach nicht verwechsel werden. Eine Verfälschung mit Talg kann an dem niedrigeren Schmelzpunkt und der weit höheren Jodzahl erkannt werden. Nach Stohmann[2], soll es häufig mit 15—30 % Wasser verfälscht in den Handel kommen, und Lawall[3]) hat die Beobachtung gemacht, daß Japanwachs oft mit Stärke verfälscht wird, welche beim Lösen des Wachses in Chloroform hinterbleibt.

In Japan wird Japanwachs viel zur Kerzenfabrikation und zum Polieren von Holzwaren verwendet, in Europa als Zusatz zur Zündhölzchenmasse, sowie auch zu Polierzwecken. Man setzt es auch dem Bienenwachs bei der Kerzenerzeugung zu, weil dieses sich dann leichter gießen läßt.[4]) Über seinen Nachweis im Bienenwachs s. dort.

14. Lorbeerfett.[5])

Beurre de laurier. — Laurel oil. — Burro di lauro.

Spez. Gew. bei	Erstarrungspunkt	Schmelzpunkt	Verseifungszahl	Jodzahl	Reichertsche Zahl	Beobachter
15°C. 0·93317	—	—	—	—	—	Cloëz
—	24°C.	33°—36°C.	—	—	—	Villon
—	25°C.	32°—34°C.	197·5	67·8	—	De Negri u. Fabris
—	—	—	198·9	—	1·6	Allen
—	—	—	—	49	—	v. Hübl
25°C. 0·9305 } 30°C. 0·9260 } —		—	201·68—208·74	73·9—74·6	Reichert-Meißlsche Zahl: 3·0—3·1	Eisenstein

[1]) Chem. Zeitg. 1890. 14. 1304.
[2]) Muspratts Chemie, 4. Aufl. III. 571.
[3]) Amer. Journ. Pharm. 1896. 68. 1.
[4]) Oils, Colours and Drysalteries 1904. 6. — Chem. Rev. üb. d. Fett- u. Harz-Ind. 1904. 11. 127.
[5]) Zeitschr. f. analyt. Chem. 1894. 33. 569.

Dieses aus den Beeren des Lorbeerbaumes, Laurus nobilis *L.*, in einer Menge von ca. 25 % erhaltene Fett besitzt eine grüne Farbe, butterartige Konsistenz, bitteren Geschmack und eigentümlichen aromatischen Geruch. Es besteht hauptsächlich aus Trilaurin, enthält jedoch auch Myristin und in kleinen Mengen Harz, Chlorophyll und ein ätherisches Öl, dem es seinen Geruch verdankt. Das ätherische Öl kann dem Fette durch Alkohol entzogen werden.

Eisenstein fand in zwei Proben die Säurezahlen 3·96 und 10·42, entsprechend einem Gehalt von 2·0 resp. 5·2 % freier Fettsäure (als Ölsäure berechnet).

Das Öl wird vielfach mit Talg, Schweineschmalz usw. verfälscht. Im allgemeinen werden animalische Fette den Schmelzpunkt erhöhen und die Jodzahl vermindern.

Es wird in der Pharmazie, zur Bereitung von Fliegenpapier und als Gewürz verwendet.

15. Tangkallakfett.

Cylicodaphnefett. — Beurre de Tangkallak. — Tangkallak fat.

	Spez. Gew. bei 41° C.	Erstarrungspunkt	Schmelzpunkt	Verseifungszahl	Jodzahl	Hehner-Zahl	Reichert-Meißlsche Zahl	Beobachter
Extrahiert	0·8734 —	27° C. —	46·2° C. 37° C.	268·2 —	2·2 —	76·05(?) —	1·47 —	Schroeder[1] Sack[2]

Dieses Fett wird aus den getrockneten Samen von Lepidadenia Wightiana *Nees*, eines in Hinterindien, Java und den benachbarten Inseln verbreiteten Baumes, gewonnen. Der Baum wird in älteren Werken meist unter dem Namen Cylicodaphne sebifera *Bl.*, Litsaea sebifera *Bl.* oder Tetranthera calophylla *Miq.* angeführt. Die Samen enthalten 36—51 % des Fettes, welches in geschmolzenem Zustande schwach gelblich ist, bei 27° C. zu einer fast weißen, spröden Masse erstarrt, die aus nadelförmigen Kristallbüscheln besteht. Nach Sack[2] ist die Konsistenz butterartig. Geruch und Geschmack sind nicht charakteristisch.

Sack fand das Fett aus

13·4 % Trioleïn und
86·6 „ Trilaurin

bestehend. Dies stimmt mit den Beobachtungen Gorkoms[3] überein.

Nach den Untersuchungen von Schroeder[1] würde das Fett folgendermaßen zusammengesetzt sein:

95·96 % Trilaurin,
2·6 „ Trioleïn,
1·44 „ unverseifbare Substanzen.

---

[1] Arch. d. Pharm. 1905. 243. 628. — Chem. Rev. üb. d. Fett- u. Harz-Ind. 1906. 13. 11. — Vgl. auch Oudemans, Zeitschr. f. Chem. 1867. 286.
[2] Pharm. Weekblad 1903. 40. 4.
[3] Nat. Tijdschr. Ned. Ind. 18. 410.

Der aus absolutem Alkohol abgeschiedene Teil des Unverseifbaren wurde als Phytosterin erkannt.

Die Säurezahl bestimmte Schroeder in einer Probe mit 3·35, was 1·68 °/₀ freier Ölsäure oder 1·20 °/₀ freier Laurinsäure entsprechen würde.

Entsprechend dem niedrigen Molekulargewichte der Laurinsäure (200) ist der Glyceringehalt des Fettes relativ hoch. Er wurde von Schroeder in einer Probe zu 13·03 °/₀ gefunden.

Die Löslichkeit des Fettes ist ziemlich groß. Bei 20° C. löst es sich in gleichen Mengen Äther, Chloroform, Schwefelkohlenstoff oder Xylol, in 1¹/₂ Teilen Benzol, 10 Teilen Aceton und 15 Teilen Alkohol. Die Löslichkeit nimmt bei sinkender Temperatur ab und ist bei 4° C. nur zirka ein Fünftel der eben angegebenen.

Das Tangkallakfett ist als Rohmaterial für die Seifen- und Kerzenfabrikation geeignet.

B. Tieröle und Tierfette.

I. Eigentliche Tieröle.

Die eigentlichen Tieröle besitzen im allgemeinen niedrige Jodzahlen und zeigen dementsprechend ein Verhalten, welches sich demjenigen der nichttrocknenden Pflanzenöle nähert.

1. Ochsenklauenöl, Rinderfußöl.

Oleum pedum tauri. — Huile de pieds de boeuf. — Neats foot oil. — Olio di piede di bove.

Das Ochsenklauenöl ist ein hellgelbes, geruchloses Öl von angenehmem Geschmack und wird sehr schwer ranzig.

Es besteht aus ca. 80 °/₀ Trioleïn und ca. 20 °/₀ Tripalmitin und Tristearin, ersteres vorwiegend.

Wenn es rein ist, ändert es sich beim Aufbewahren im Dunkeln wenig, bei Gegenwart fremder organischer Körper wird jedoch die Bildung freier Säuren begünstigt.

Es wird selbst in verschlossenen Flaschen vom Lichte gebleicht. Die aus solchem Öle hergestellten Fettsäuren sind jedoch immer noch gefärbt.

Bei der Belichtung scheint eine Oxydation der Ölsäure neben der Bildung von Stearolacton aus der oxydierten Ölsäure vor sich zu gehen.

Diese Lactonbildung kann vielleicht der Grund für die anscheinend langsame Entstehung freier Fettsäure sein (J. M. Coste und E. T. Shelbourn[1]).

Der Gehalt an freier, auf Ölsäure berechneter Fettsäure wurde in je einer Probe von Coste und Parry[2] zu 3·5 °/₀ und von Coste und Shelbourn zu 0·75 °/₀ gefunden.

---

[1] Oil, Colours and Drysalteries, Journ. Soc. Chem. Ind. 1903. 22. 775. — Chem. Rev. üb. d. Fett- u. Harz-Ind. 1903. 10. 236.

[2] Journ. Soc. Chem. Ind. 1898. 17. 4.

Ochsenklauenöl.

Spezifisches Gewicht bei	Erstarrungspunkt °C.	Verseifungszahl	Jodzahl	Hehner-Zahl	Reichert-Meißlsche Zahl	Temperaturerhöhung b. d. Maumené-schen Probe	Refraktom.-Anzeige im Butterrefraktometer bei 20°C.	im Oleorefraktometer	Brechungsindex bei 20°C.	Beobachter
15°C. 0·914—0·916 / 99°C./15·5°C. 0·8619	—	—	—	—	—	—	—	—	—	Allen
15·5°C. 0·9163—0·9174	—	189 bis 197	65·2 bis 72·4	95·3 bis 95·5	—	51 bis 58	—	—	—	Coste u. Parry
18°C. 0·9142	—	—	—	—	—	—	—	—	—	Stilurell
—	0—1·5	—	—	—	—	—	—	—	—	Schädler
—	—	194 bis 199	66 bis 77·6	—	—	—	—	—	—	Holde und Stange
—	—	—	70 bis 70·7	—	—	—	—	—	—	Wilson
15°C. 0·9152—0·9165	10	—	—	—	—	47 bis 58·5	—	—3 bis —4	—	Jean
—	—	—	—	—	—	43	—	—	—	Archbutt
15·5°C. 0·9164	—	197·1	70	95·2	1·04	—	64·2	—	1·4681	Coste und Shelbourn
15°C. 0·914—0·919	—	—	66 bis 72·9	—	—	42·2 bis 49·5	—	—	—	Gill u. Rowe[1]
—	—	—	—	—	—	—	—	—	1·4677 bis 1·4687	Harvey

Fettsäuren.

Spez. Gew. bei 15·5°C.	Erstarrungspunkt °C.	Schmelzpunkt °C.	Verseifungszahl	Jodzahl	Beobachter
0·8742—0·8800	26·1	28·5—30	191·7—201·1	68·4—75·8	Coste u. Parry
0·8713—0·8749	—	—	202·9—206·3	63·6—77	Coste u. Shelbourn
—	—	29·8—30·8	—	61·98—63·26	Jean
—	16—26·5	—	—	63·6—69·5	Gill u. Rowe

Das Ochsenklauenöl kommt vielfach gemischt mit den Klauenölen von Schafen, Pferden und Schweinen im Handel vor. Angaben zur sicheren Unterscheidung dieser Öle fehlen noch.

Von verfälschungsweise zugesetzten Ölen seien Trane, Mohnöl, Cottonöl, Rüböl und Mineralöl erwähnt.

Trane können durch den Geruch, die Jodzahl, die Temperaturerhöhung bei der Maumenéschen Probe und das Verhalten gegen Chlor erkannt werden, welches Klauenöle bleicht, Trane jedoch schwärzt.

Pflanzenöle werden durch Untersuchung des unverseifbaren Anteiles erkannt, welcher bei Pflanzenölen aus Phytosterin, bei Klauenölen aus Cholesterin besteht. Zum Umkristallisieren des unverseifbaren Anteiles

---

[1] Journ. Amer. Chem. Soc. 1902. 24. 466.

sind nach Holde und Stange[1]) bei einem Zusatz von Tranen 2—3, bei Zusätzen von Pflanzenölen oft 12 Kristallisationen nötig, um einen konstanten Schmelzpunkt zu erzielen.

Das Ochsenklauenöl wird zum Einfetten von Leder und zu Schmierzwecken, wenn es rein ist insbesondere zum Schmieren feiner Maschinenteile benützt.

2. Hammelklauenöl.

Oleum ovis pedum. — Huile de pieds de mouton. — Sheeps foot oil.

Spez. Gewicht bei 15 ° C.	Erstarrungspunkt	Temperatur-erhöhung bei der Maumenéschen Probe	Refraktometer-anzeige im Oleo-refraktometer	Beobachter
0·9175	0°—1·5° C.	—	—	Schaedler
—	—	49·5°	0	Jean

Dieses aus Hammelklauen gewonnene Öl ist dem vorher beschriebenen Öle in hohem Grade ähnlich.

3. Pferdefußöl.

Oleum pedum equorum. — Huile de pieds de cheval. — Horses foot oil.

Spez. Gewicht bei 15 ° C.	Jodzahl	Temperatur-erhöhung bei der Maumenéschen Probe	Beobachter
0·913	—	—	Schaedler
0·927	90·3	—	Amthor u. Zink
—	—	38°	Jean

Dieses Öl ist den beiden vorstehend beschriebenen Ölen sehr ähnlich und wird vielfach mit denselben vermischt.

4. Eieröl.

Huile d'oeufs. — Egg oil. — Olio di uovo.

Dieses Öl kann durch Auspressen oder Extraktion des Eigelbes des gekochten Hühnereies erhalten werden. Kitt[2]) erhielt bei Verwendung von Äther als Extraktionsmittel 19 % Öl, Ulzer bei einer Extraktion mit Petroläther 26 % Öl. Jean[3]) fand, daß die Menge des extrahierbaren Fettes sehr vom Lösungsmittel abhänge. Er erhielt mit Petroläther aus getrocknetem Eigelb 48·24 %, dagegen mit Chloroform 57·66 % Fett, andere Extraktionsmittel gaben dazwischenliegende Mengen.

Das Öl ist gelb gefärbt und scheidet beim Abkühlen Kristalle ab. Das von Kitt durch Extraktion erhaltene Öl besaß eine orangegelbe Färbung und war halbfest. Aussehen und Zusammensetzung des Öles ist nach der Gewinnungsweise (gepreßt oder extrahiert) verschieden.

---

[1]) Mitt. Techn. Vers.-Anst. Berlin 1900. 18. 255.
[2]) Chem. Zeitg. 1897. 21. 303.
[3]) Ann. Chim. anal. appl. 1903. 8. 51.

Eieröl.

Spez. Gewicht	Verseifungszahl	Jodzahl	Hehner-Zahl	Reichert-Meißlsche Zahl	Refraktometeranzeige in Zeiß Butterrefraktometer	Brechungsexponent	Beobachter
bei 15° C. 0·9144	190·2	72·1	95·16	0·4	—	—	Kitt
bei $\frac{100°\,C.}{15°\,C.}$ 0·881	184·4—186·7	68·5	—	0·66	bei 25° C. 68·5	bei 25° C. 1·4713	Spaeth
—	191·2	73·2	—	—	—	—	Ulzer
—	—	64—77	—	—	—	—	Laves

Fettsäuren.

Schmelzpunkt	Verseifungszahl	Mittleres Molekulargewicht	Jodzahl	Acetylzahl	Beobachter
36—39° C.	194—195·8	285	72·9—74·6	11·9	Kitt
36° C.	—	—	72·6	—	Spaeth

Nach Kodweiß und nach Gobley besteht es aus den Triglyceriden der Ölsäure, Palmitinsäure und Stearinsäure und aus Cholesterin. Berzelius vermutete im Eieröl auch flüchtige Fettsäuren, während Gobley deren Abwesenheit bewies. Kitt schließt aus einer nicht unbeträchtlichen Acetylzahl einer von ihm untersuchten Probe auf die Gegenwart von Oxyfettsäuren und gibt die folgende quantitative Zusammensetzung für die durch Verseifen und Säurezusatz erhaltene Mischung der Fettsäuren mit Cholesterin:

Ölsäure . . . . . . 81·8 %		Oxyfettsäure . . . 6·4 %
Palmitinsäure . . 9·6 ,,		Cholesterin . . . . 1·6 ,,
Stearinsäure . . . 0·6 ,,		

Laves[1]) fand, daß außer Öl-, Palmitin- und Stearinsäure noch eine Säure mit mehr als 18 Kohlenstoffatomen im Fette des Eigelb vorhanden sei. Ferner konstatierte er neben freiem Cholesterin auch chemisch gebundenes.

Nach Laves löst sich Lecithin nur in der Wärme in erheblichem Maße im Eieröl, scheidet sich aber beim Erkalten größtenteils wieder aus, wodurch es sich erklärt, daß das in der Kälte gepreßte Öl einen geringeren Lecithingehalt besitzt.

Den Lecithingehalt fand Kitt zu 0·2 %, den auf Ölsäure berechneten Gehalt an freien Fettsäuren zu 0·6 %. Das Eieröl enthält außerdem noch einen in die Gruppe der Lipochrome gehörigen Farbstoff, dem es seine Färbung verdankt.

Es gibt bei der Elaïdinprobe eine feste Elaïdinmasse.

---

[1]) Pharm. Zeitg. 1903. 48. 814.

5. Jacaré-fett, Alligatoröl.[1]

Durch Auskochen des in dünne Scheiben geschnittenen Fleisches der Alligatoren wird ein Öl von rötlicher Farbe gewonnen, welches nach Schädler ca. 60 % Oleïn, sowie 0·02 % Jod enthält. Das spezifische Gewicht ist 0·928. Es wird mit Tranen zusammen in der Sämischgerberei verwendet.

6. Chrysalidenöl.[2]

Spez. Gewicht bei $\frac{40\,^0\,\mathrm{C.}}{40\,^0\,\mathrm{C.}}$	Verseifungszahl	Jodzahl	Beobachter
0·9105	190·0—194·0	116·3—117·8	Lewkowitsch

Fettsäuren.

Erstarrungspunkt	Mittleres Molekulargewicht	Beobachter
34·5⁰ C.	281·7	Lewkowitsch

Die Seidenspinnerpuppen liefern beim Extrahieren mit Fettlösungsmitteln dieses Öl. Ein Muster enthielt 27·32 % Öl. Es hat eine dunkelgelbe bis dunkelbraune Farbe und einen entfernt an Fischöl erinnernden Geruch. Beim längeren Stehen scheiden sich reichlich feste Bestandteile aus, welche bei dem im Laboratorium gewonnenen und daher reineren Produkt kristallinisch, bei dem im großen dargestellten amorph sind.

Durch Filtration über Bleicherde läßt sich das Produkt bedeutend aufhellen.

Lewkowitsch untersuchte zwei Proben dieses Öles, ein Laboratoriums- und ein Handelsprodukt. Dieselben enthielten 4·86 resp. 2·61 % unverseifbare Bestandteile, welche sich als Cholesterin erwiesen,[3] und 31·57 resp. 13·82 % freie Fettsäure als Ölsäure berechnet.

II. Öle der Seetiere (Trane).
Von Henrik Bull.

Die weitaus meisten der in den Seetieren enthaltenen Öle sind Glyceride, einige bestehen zum Teil oder vorwiegend aus Verbindungen von Fettalkoholen mit Fettsäuren, sind also flüssige Wachse. (Siehe Seite 1051 ff.).

Die Öle der ersten Gruppe haben ein höheres spezifisches Gewicht, etwa von 0·915—0·935, als die der zweiten Gruppe — mit einem spezifischen Gewichte von 0·85 und darüber. Das gleiche gilt für die Verseifungszahlen. Eine Bestimmung einer oder beider dieser Konstanten wird daher alsbald Aufschluß geben, zu welcher Gruppe das untersuchte Öl gehört.

---

[1] Oil and Colourm. Journ. 1906. 29. No. 385.
[2] Zeitschr. f. Unters. d. Nahrungs- u. Genußm. 1906. 12. 659.
[3] Zeitschr. f. Unters. d. Nahrungs- u. Genußm. 1907. 13. Heft 9. — Chem. Rev. üb. d. Fett- u. Harz-Ind. 1907. 14. 170.

Aus Zweckmäßigkeitsgründen teilt man, wie auch Lewkowitsch vorschlägt, die aus Seetieren gewonnenen Öle (Glyceride) in die drei Gruppen a) Fischöle, b) Leberöle und c) Trane ein.

Die meisten dieser Öle sind bei gewöhnlicher Temperatur flüssig; nur ganz wenige, z. B. gewisse Sorten von Walöl und Seytran, zeigen einen Bodensatz von „Stearin".

Sie haben im allgemeinen einen fischigen oder tranigen Geruch; einzelne können jedoch in ganz frischem Zustande sogar einen angenehmen Geruch besitzen. Die gewonnenen Öle sind farblos bis hellgelb; einige Leberöle können eine grünliche Färbung zeigen; Lachsöl ist rötlich; das Öl des kleinen Meerkrebses Calanus Finmarchicus, ist lebhaft bis tief rot. Die Farbe der technischen Öle variiert durch alle Nuancen von Weiß bis Dunkelbraun. Die braune Farbe ist hauptsächlich durch die Gegenwart von Oxyfettsäuren — freier sowie gebundener — bedingt. Es ist nun bei allen technischen, nicht raffinierten Ölen eine allgemeine Regel, daß ein Öl um so mehr freie Fettsäuren enthält, je dunkler es gefärbt ist.

Die sofort nach dem Absterben des Tieres durch Auskochen usw. bereiteten Öle enthalten bloß Spuren freier Fettsäuren. Die Bildung der freien Fettsäuren im toten Körper setzt sofort nach dem Absterben ein und vollzieht sich auch bei kühler Temperatur mit wahrnehmbarer Geschwindigkeit innerhalb einiger Tage; es ist dies ein autolytischer Prozeß. Den braunen Ölen kann man zwar die Farbe, nicht aber die freie Fettsäure durch Bleicherde und ähnl. nehmen.

Das Verhalten der Öle gegen organische Lösungsmittel wie Alkohol, Eisessig usw., zur chemischen Unterscheidung zu benützen, führt bei den Tranen nicht zum Ziele, da eine Verschiedenheit in der Löslichkeit hauptsächlich durch einen größeren oder kleineren Gehalt an freien Fettsäuren hervorgerufen wird. Die Verseifungszahlen geben, außer zur Erkennung der flüssigen Wachse, nur selten Aufschluß. In dieser Hinsicht scheinen die Schmelzpunkte der Fettsäuren etwas besser geeignet zu sein; indessen muß man hier berücksichtigen, ob und in welchem Grade das „Stearin", das sind die festen Bestandteile, dem Fette entzogen worden ist. Die Bestimmung der Jodzahl leistet bei weitem die beste Hilfe bei der Untersuchung der Öle der Seetiere; indessen erhält man bei derselben nur ein allgemeines Bild, ob die konstituierenden Fettsäuren sich mehr oder weniger aus ungesättigten Säuren zusammensetzen, über die Gliederung dieser Fettsäuren in Säuren der Ölsäure, der Linol- und Linolensäurereihe usw. erfährt man dadurch wenig.

Es gibt nun zwei Mittel, unsere Kenntnisse in dieser Richtung zu erweitern: 1. Abscheidung und Bestimmung der Bromide (Deca-, Octo- und Hexabromide) der Glyceride oder der Fettsäuren daraus, und 2. Bestimmung der stark ungesättigten Fettsäuren nach der Methode von Bull[1]), darauf beruhend, daß die wasserfreien Natronsalze dieser Fett-

---

[1]) Siehe Seite 119 ff.

säuren in absolutem, ganz wenig Alkohol enthaltendem Äther erheblich löslich sind. Durch diese Reaktion kann man z. B. Leinöl scharf von Fischölen unterscheiden.

In der Literatur finden sich manche Angaben, wonach man die Öle der Seetiere durch gewisse Farbenreaktionen, die sie mit Phosphorsäure, Schwefelsäure, Salpetersäure und Natronlauge geben, von anderen Ölen unterscheiden kann. Neuere Untersuchungen von Holde[1]) und Lewkowitsch zeigen, daß jene älteren Angaben nicht zuverlässig sind. Sirupöse Phosphorsäure gibt mit Harzöl ungefähr die gleiche Färbung wie mit Ölen von Seetieren. Lewkowitsch[2]) zeigt nun, daß jene Färbung nicht für die Öle selbst, sondern für die Verunreinigungen derselben charakteristisch sind, und daß diese durch Raffinieren entfernt werden können.

Diese letzte Angabe kann Verfasser bestätigen. Ganz dunkler Lebertran kann z. B. mittels Magnesium - Aluminiumhydrosilicat in ein fast farbloses Öl verwandelt werden, bei dem die Probe mit Schwefelsäure nicht die für ungereinigten Lebertran charakteristische Färbung gibt. Charakteristisch ist, daß ein derart raffiniertes Öl den ursprünglichen Gehalt an freier Fettsäure beibehält und man daher imstande ist, aus der Säurezahl einen gewissen Schluß auf den Ursprung des Öles zu ziehen.

Bei der Maumenéschen Probe zeigen die Trane bedeutende Temperaturerhöhungen.

Die in diesen Ölen vorkommenden Fettsäuren sind noch lange nicht genügend studiert. Verhältnismäßig wenig Fischöle zeigen hohe Reichert-Meißlsche Zahlen (so der Delphin- und Meerschweintran) und enthalten somit beträchtliche Mengen niederer Fettsäuren. Die Hauptmenge der gesättigten festen Fettsäuren bildet die Palmitinsäure; außerdem hat Verfasser im Dorschleberöle Myristinsäure und Stearinsäure in kleinerer Menge gefunden. Aus den hohen Jodzahlen dieser Öle ersieht man, daß dieselben hauptsächlich ungesättigte Fettsäuren enthalten. Von Säuren der Ölsäurereihe hat Verfasser mit Sicherheit nachgewiesen: Eine Säure $C_{16}H_{30}O_2$ (Erstarrungspunkt 1^0 C.), Ölsäure, Gadoleïnsäure $C_{20}H_{38}O_2$ und Erucasäure. Diese drei letztgenannten Säuren scheinen in den wichtigsten Ölen der Seetiere in beträchtlicher Menge enthalten zu sein. Da die Gadoleïnsäure (Schmelzpunkt $24 \cdot 5^0$ C.) und besonders die Erucasäure (Schmelzpunkt 34^0 C.) in Äther schwerlösliche Bleisalze geben, erhält man sie regelmäßig den gesättigten Fettsäuren beigemischt, wenn man letztere als Bleisalze abscheidet. Dies ist eine einfache Erklärung, warum solche Fettsäuren immer eine gewisse Jodaufnahme zeigen. Möglicherweise könnte dieses Verhalten zur Charakterisierung der Trane gegenüber anderen Ölen verwendet werden.

Die von Fahrion[3]) anfänglich infolge des Vorkommens der Dioxysäure $C_{17}H_{32}O_2(OH)_2$, Schmelzpunkt 114^0—116^0 C. in den Oxydations-

---

[1]) Mitt. Techn. Vers.-Anst. Berlin 1890. 8. 19.
[2]) Journ. Chem. Soc. Ind. 1894. 23. 617.
[3]) Chem. Zeitg. 1893. 17. 521 u. 684.

produkten vertretene Ansicht, das Sardinenöl enthalte eine Säure $C_{17}H_{32}O_2$, die Asellinsäure, hat derselbe[1]) fallen lassen, nachdem Ljubarsky[2]) nachwies, daß jene Dioxysäure als eine eutektische Verbindung von Dioxyderivaten der Physetölsäure und der Ölsäure aufzufassen sei. Auch Verfasser[3]) meint, die Physetölsäure (sie bildet ein in kaltem Alkohol ziemlich leicht lösliches Bariumsalz) im Haifischtran nachgewiesen zu haben. Endlich hat Verfasser[4]) eine flüssige Fettsäure $C_{17}H_{32}O_2$ (deren Bariumsalz in Äther unlöslich ist) im Waltran sowie im Heringsöl nachgewiesen; dieselbe gibt nach neueren Untersuchungen eine Dioxysäure $C_{17}H_{32}O_2(OH)_2$ vom Schmelzpunkt 121·5° C.

Es kann indessen keinem Zweifel unterliegen, daß noch andere Glieder der Ölsäurereihe in den Ölen der Seetiere enthalten sind. Die Existenz der Döglingsäure ist indessen zweifelhaft. Auch Heyerdahls[5]) Jecoleïnsäure $C_{19}H_{36}O_2$ kann nach des Verfassers[6]) Untersuchungen nicht im Dorschleberöl enthalten sein. Linol- und Linolensäure sind noch nicht in den Tranen nachgewiesen worden. Fahrion[7]) vermutet Jecoleïnsäure $C_{18}H_{30}O_2$ im Sardinenöl.

Durch Bromierung der rohen Fettsäuren des Dorschleberöles erhielt Heyerdahl[8]) ein in den gebräuchlichen Lösungsmitteln unlösliches Bromid $C_{17}H_{26}O_2Br_8$ und schließt daraus auf die Gegenwart der Terapinsäure $C_{17}H_{26}O_2$. Verfasser[9]) hat beobachtet, daß die Natronsalze der stark ungesättigten Fettsäuren bei Gegenwart von wenig (1 Teil) ca. 98prozentigem Alkohol in absolutem Äther (6 Teilen) leicht löslich sind und schließt aus den Säurezahlen und Jodzahlen auf die Existenz der Säuren $C_{20}H_{32}O_2$ und $C_{24}H_{40}O_2$ im Heringsöl sowie der ersteren im Dorschleberöl. Da diese Fettsäuren wahrscheinlich teilweise oxydiert waren, sind diese Molekulargewichtsangaben vielleicht etwas zu hoch gegriffen. In neuester Zeit hat Mitsumaru Tsujimoto[10]) aus dem japanischen Heringsöl (aus Clupea palassi *C.* und *W.*), dem Walöl aus Racheanectis glauca *Cope*) und aus dem japanischen Sardinenöl das gleiche Bromid $C_{18}H_{28}Br_8O_2$ erhalten; durch Reduktion mittels Zinkstaub und alkoholischer Salzsäure erhielt derselbe daraus in geringer Ausbeute die freie Säure $C_{18}H_{28}O_2$ mit ungefähr der richtigen Jodzahl. Nach Beobachtungen des Verfassers geht die Reduktion leicht und quantitativ vor sich, wenn man das nicht getrocknete Bromid mit Äther und ganz wenig Eisessig versetzt, Zinkstaub zugibt und unter zeitweiligem Umschütteln einige Tage stehen läßt.

Gegen die Annahme des verhältnismäßig kleinen Moleküles $C_{18}H_{28}O_2$

[1]) Chem. Zeitg. 1899. 23. 1048.
[2]) Journ. f. prakt. Chem. 1898. 26.
[3]) Aarsberetning for Forsögsstationen for Fiskeriprodukter i Bergen 1904.
[4]) Aarsberetning for Forsögsstationen for Fiskeriprodukter i Bergen 1906.
[5]) Cod liver oil and Chemistry.
[6]) Ber. d. deutsch. chem. Ges. 1906. 39.
[7]) Chem. Zeitg. 1893. 17. 521.
[8]) Cod liver oil and Chemistry.
[9]) Chem. Zeitg. 1899. 23. 996.
[10]) The Journal of the College of Engeneering. Imp. Univ. of Tokio.

spricht die geringe Flüchtigkeit dieser stark ungesättigen Fettsäuren mit Wasserdämpfen.

a) Fischöle.

Die Fischöle werden aus dem ganzen Körper der Fische gewonnen.

Bei manchen Fischen enthält das Fleisch nur sehr wenig Fett, z. B. beim Dorsch nur ca. $^1/_3\,^0/_0$, während die Leber sehr fettreich ist. In solchen Fällen wird nur das Fett der Leber gewonnen. Wie der Verfasser gefunden hat, hat eine Erhöhung des Fettgehaltes des Fischfleisches eine . Erniedrigung des spezifischen Gewichtes des letzteren zur Folge, und zwar herrscht hier bei einer und derselben Tiergattung eine so große Regelmäßigkeit, daß man aus dem spezifischen Gewichte mit einer Genauigkeit von etwa $1\,^0/_0$ direkt auf den Fettgehalt schließen kann. In dieser Hinsicht mag es von Interesse sein, die wichtigsten Relationen beim Hering, bei der Sprotte und der Makrele anzuführen, welche aus einem großen Analysenmaterial hervorgegangen sind; hier sei nur kurz angegeben, welche spezifischen Gewichte die genannten Fische haben würden, wenn sie kein Fett und wenn sie $25\,^0/_0$ Fett enthielten:

Fettgehalt	Spezifisches Gewicht		
	des Herings	der Sprotte	der Makrele
$0\,^0/_0$	1·075	1·0737	1·076
$25\,^0/_0$	1·035	1·032	1·0394

Eine für jede Fischgattung konstruierte Wage[1]) erlaubt die Bestimmung des Fettgehaltes in wenigen Minuten, ohne Anwendung von Gewichten oder von Berechnungen.

Die Fische, welche für die Gewinnung von Fischölen verwendet werden, werden entweder speziell für diesen Zweck gefangen, oder man verarbeitet die zu Nahrungszwecken gefangenen, wenn sie durch zu langes Lagern verdorben sind oder wegen zu großen Angebotes nicht verkauft werden können. Da das Rohmaterial manchmal bereits stark in Verwesung übergegangen ist, wird die Qualität des erhaltenen Öles eine sehr verschiedene sein. Früher hat man an manchen Orten die Fische behufs Ölgewinnung in großen Mengen angehäuft und der Verwesung überlassen, wodurch sich braunes Öl in großer Menge von selbst abgeschieden hat. Neuerdings ist man mehr zum Koch- und Preßverfahren übergegangen; dazu kommt, daß die Fischer heute den Fang fast ausnahmslos in frischem Zustande ans Land bringen, so daß die Qualität der Fischöle im allgemeinen erheblich besser geworden ist. Die Farbe ist heller und der Geruch weniger widrig.

Das lange Lagern des Fischfleisches vor der Ölgewinnung veranlaßt nicht allein Bildung von freien Fettsäuren, von Oxyfetten und Oxyfettsäuren, sondern die freie Fettsäure verbindet sich, wie Verfasser

---

[1]) Norsk Fiskeritidende 1896. 554.

gefunden hat, teilweise mit den im Fischfleisch vorhandenen basischen Bestandteilen; es bilden sich fettsaure Salze, hauptsächlich mit Kalk, aber auch mit Magnesia. Die Fettsäure nimmt fast den ganzen Kalkgehalt des Fischfleisches für sich in Anspruch. Dies ist unter anderem auch in erster Linie die Ursache des unter dem Namen „Reifung" bekannten Prozesses beim Pökeln. Infolgedessen enthalten alle technischen Fischöle eine geringe Menge fettsaurer Salze. Einer ätherischen Lösung des Öles kann man die Basenbestandteile leicht durch Schütteln mit verdünnter Salzsäure entziehen, um ihre Gesamtmenge titrimetrisch oder ihre einzelnen Bestandteile gewichtsanalytisch zu bestimmen.

1. Menhadenöl.

Huile de menhaden. — Menhaden oil. — Olio di menhaden.

Spezifisches Gewicht bei	Säurezahl	Verseifungszahl	Jodzahl	Mit alkohol. Natronlauge Unverseifbares	Stark ungesättigte Fettsäuren		Beobachter
					%	Jodzahl	
15° C. 0·9311	0	188·8	172·6	1·4 %	23·1	342	Bull
15° C. 0·9284	10·8	193	139·2 (?)	2·2 %	12·2	302	Bull
15·5° C. 0·9311	—	189·3	160	—	—	—	Thomson und Ballantyne
15·5° C. 0·9320	—	192	147·9	—	—	—	Allen
15·5° C. 0·9307 bis 0·9316	3·8	—	170·4 bis178·8	—	—	—	Parker Mc Ilhiney

Das Menhadenöl wird an der Long-Island-Küste Nordamerikas aus dem Fleische von Alosa Menhaden *Cuv.* dargestellt. Dieser Fisch ist etwas größer als der Hering und wird an der ganzen atlantischen Küste von Maine (Bay of Fundy) bis Florida (Mosquito Inlet) angetroffen; er wiegt 300—500 Gramm, seine Länge beträgt 30—38 cm. In der Chesapeakebay zeigt sich der Menhaden zuerst, etwa im März oder April; an der Küste von Maine erscheint er im Monat Juni und verläßt dieselbe im Monat November oder Dezember. Der Fang geschieht mittels Dampfern, die mit großen Netzen ausgerüstet sind. Die Fische werden mit Wasser gekocht und die gekochte Fischmasse hydraulisch gepreßt; man verwendet hierzu eigentümliche Preßkörbe aus schmiedeeisernen Stäben, die in der Mitte mit einem aus demselben Materiale hergestellten Rohr versehen sind. Diese Körbe ruhen auf Rädern und können auf Schienen bewegt werden. Die Fischmasse wird nachher in anderen größeren Körben einer weiteren, bedeutend kräftigeren Pressung unterworfen.

Man unterscheidet folgende Marken: „prime crude", „brown strained", „light strained", gebleichtes weißes Winteröl.

Temperaturerhöhung bei der Maumenéschen Probe		Refraktometeranzeige im Butterrefraktometer		Beobachter
° C.	Beobachter	bei ° C.	Skalenteile	
126	Allen	25	80·7	Liverseege
123—128	Archbutt	40	71·3	„

Fahrion fand in drei Sorten den Gehalt an unverseifbarer Substanz zwischen 0·61 und 1·43 Prozenten. Auffallend ist das hohe spezifische Gewicht, die hohe Jodzahl und der große Gehalt an stark ungesättigten Fettsäuren.

Der Glyceringehalt wurde von Allen zu 11·1 $^0/_0$ bestimmt. (Die Verseifungszahl 192 gibt durch Berechnung bloß 10·5 $^0/_0$.)

Die Sauerstoffaufnahme bei der Livacheschen Probe betrug bei einem von Jean untersuchten Öle nach drei Tagen 5·45 $^0/_0$. Wegen seiner Trockenfähigkeit wird es zum Verfälschen von Leinöl verwendet. Andererseits wird Menhadenöl zuweilen mit Mineralöl und Harzöl verfälscht.

2. Sardinenöl. Japanisches Fischöl.

Huile de sardine, Huile de Japon. — Sardine oil, Japan fish oil. —
Olio di sardine, Olio di sardine di Giappone.

	Spez. Gew.	Verseifungszahl	Jodzahl nach Wijs (W), nach Hübl (H)	Hehner-Zahl	Refraktometeranzeige im Oleorefraktometer	Brechungsexponent	Beobachter
Sardinenöl	bei 15·5°C. 0·9316 bis 0·9318	194·81 bis 196·16	(W) 180·5 bis 187·3	—	—	bei 20°C. 1·4802 bis 1.4808	Mitsumaru Tsujimoto
Sardinenöl	bei 15°C. 0·933	—	(H) 193·2	95·6 bis 97·08	—	—	Fahrion
Sardinenöl	bei 15°C. 0·9279 bis 0·9338	190·6 bis 193·7	(H) 156·2 bis 171·3	—	—	—	Bull und Lillejord
Sardinenöl	—	—	—	—	bei 45°C. 50—53	—	Jean
Japan. Fischöl	bei 15°C. 0·9272 bis 0·9283	189 bis 191·4	(H) 134·1 bis 138·3	—	—	—	Bull und Lillejord
Japan. Fischöl	bei 15°C. 0·916	—	(H) 100 bis 164	95·52 bis 97·04	—	—	Fahrion
Japan. Fischöl	bei 15°C. 0·916	189·8 bis 192·1	(H) 121·5	—	—	—	Lewkowitsc

Fettsäuren.

	Schmelzpunkt °C.	Säurezahl	Mittleres Molekulargewicht	Beobachter
Sardinenöl	35·4—36·2	—	—	Mitsumaru Tsujimoto
Sardinenöl	27·6—28·2	—	—	Lewkowitsch
Sardinenöl	—	177·2—185·2	285·7—299·5	Fahrion
Japan. Fischöl	—	180·0—189·1	281·7—296·6	Fahrion

Das Sardinenöl wird in Japan durch Kochen und darauffolgendes Pressen des Fleisches der Sardine, Clupanodon melanosticta T und S, dargestellt;[1]) das Öl wird, zunächst vom Wasser getrennt und dann durch Einblasen von Dampf gereinigt (um die mit Wasserdampf flüchtigen Träger des Geruches zu entfernen).

Die Produktion Japans ist etwas zurückgegangen, seitdem die Entwicklung der Eisenbahnen es ermöglicht hat, die Sardine mehr für Nährzwecke zu verwenden. Der jährliche Export nach Europa beträgt jedoch immer noch ca. 1430 Tonnen. Nach derselben Quelle wird das Sardinenöl in Japan vielfach noch mit anderen Fischölen vermischt. Die hier zunächst angeführten Analysen von Mitsumaru Tsujimoto beziehen sich auf Öl von unzweifelhafter Echtheit, und zwar ist Nr. 1 von Chita, Nr. 2 von Chōshi und Nr. 3 von Hakodaté.

	Nr. 1.	Nr. 2	Nr. 3
Spezifisches Gewicht bei 15·5° C. .	0·9347	0·9318	0·9316
Säurezahl	1·32	8·22	5·15
Freie Säure als Ölsäure berechnet	0·66 %	4·13 %	2·59 %
Verseifungszahl	195·76	196·16	194·81
Jodzahl (nach Wijs)	180·7	180·57	187·25
Brechungsindex bei 20° C.	1·4808	1·4802	1·4807
Schmelzpunkt der Fettsäuren (nach der Capillarmethode)	35·4° C.	36·2° C.	35·8° C.

Durch Bromierung einer 10prozentigen Lösung in Eisessig bei etwa 5° C., Filtrieren und Auswaschen mit reichlichen Mengen Äther erhielt Mitsumaru Tsujimoto 47·09 %, 44·24 % und 44·88 % eines Bromids von der Zusammensetzung $C_{18}H_{28}O_2Br_8$, das in den gebräuchlichen Lösungsmitteln unlöslich war und sich bei 200° C. bräunte, ohne zu schmelzen.

Die folgende Analysenreihe verdanken wir Fahrion:

	I	II	III	IV	V	VI	VII	VIII
	Jodzahl (nach Hübl)	Säure-zahl	Hehner-Zahl	Oxy-dierte Fett-säuren %	Unver-seif-bares %	Fettsäuren frei von oxydierten Fettsäuren %	Mole-kular-gewicht der Säuren VI	Säure-zahl der Säuren VI
Japanisches Fischöl — Hell	164	10·8	95·52	1·16	0·52	93·84	282·8	185·8
Braun . . .	157·6	34·2	96·58	0·75	0·67	95·16	281·7	189·1
Hell	135·7	12·3	97·04	0·41	0·82	95·81	295·7	181·4
Rötlichbraun	108·5	34·5	96·82	0·62	0·86	95·34	296·6	180·0
Gelb	100	28·2	96·51	0·49	0·79	95·23	290·2	183·8
Japanisches Sardinenöl — Gelb	191·7	19·2	95·60	0·61	0·48	94·51	285·7	185·2
Rötlich . .	167·9	21·7	96·55	1·35	1·01	94·19	297·7	177·2
Rötlichgelb .	160·9	4·6	97·08	0·94	0·63	95·51	299·5	179·5

Nachstehend folgen einige von Bull in Gemeinschaft mit Lillejord ausgeführte Analysen; die Proben entstammen der japanischen Abteilung der Fischereiausstellung in Bergen 1898; daß sie nicht alle Sardinen-

---

[1]) Mitsumaru Tsujimoto: The Journal of Tokyo Imperial University 1906.

öle sind, dürfte, ebenso wie bei den Proben Fahrions, aus den Jodzahlen hervorgehen.

	Spezifisches Gewicht bei 15° C.	Säurezahl	Verseifungszahl	Jodzahl nach Hübl	Enthält ungesättigte Fettsäuren in %	mit Jodzahl	Mit alkoholischem Natron Unverseifbares %
Hell . . .	0·9283	2·2	189·0	134·1	12·1	285·8	2.0
Rötlich .	0·9338	2·3	193·7	162·4	20·6	328·0	1·6
Rötlich .	0·9279	12·0	191·9	156·2	17·4	324·0	1·9
Hell . . .	0·9272	14·4	191·4	138·3	14·4	305·2	1·8
Bräunlich	0·9324	13·7	190·6	171·3	26·4	358·3	1·0

Walker und Warburton[1]) erhielten bei einer Probe japanischen Fischöls 21—22 % „hexabromierte" Glyceride; die Fettsäuren gaben 23—23·3 % eines Bromides, das sich bei 200° C. schwärzte, ohne zu schmelzen. Bei einer anderen Probe lieferte das Glycerid 49—53·3 % und die Fettsäure 38—39·3 % des bromierten Produktes. Nach Mitsumaru Tsujimoto enthalten die gemischten Fettsäuren des Sardinenöls etwa 13—14 % der stark ungesättigten Fettsäure $C_{18}H_{28}O_2$, der Clupanodonsäure. Diese, aus dem Bromid durch Reduktion mit Zinkstaub und alkoholischer Salzsäure dargestellt, besaß eine Jodzahl 344·4 (statt 367·7).

Das raffinierte Sardinenöl soll u. a. für sich oder in Mischung mit Leinöl zur Herstellung von billigen Malerfarben Verwendung finden. In Spanien wird dieses Fett auf dem Lande auch vielfach zur Hausbeleuchtung benützt.

3. Sprottenöl.

Huile de spratt. — Sprat oil.

Henseval und Deny verdanken wir nachstehende Daten über das Öl von Clupea sprattus, das in Belgien fabrikmäßig durch Kochen und Pressen dargestellt wurde.

Spez. Gew.	Säurezahl	Verseifungszahl	Jodzahl	Hehner-Zahl	Reichertsche Zahl	Acetylzahl	Maumenésche Probe	Refraktom.-Anzeige in Zeiß' Butterrefraktometer	Glycerin	Unverseifbare Bestandteile
0·9274	6·885	194·5	122·5—142	95·1	1·4	8·8	96·5°	bei 25° C. 76	10·48 %	1·36 %

Fettsäuren.

Erstarrungspunkt	Schmelzpunkt	Säurezahl	Verseifungszahl	Jodzahl	Acetylzahl
25·4° C.	27·9° C.	196·3	200·8	147·6	8·4

---

[1]) The Analyst 1902. 27. 237.

Servais hat bei einem nicht vom Stearin befreiten Öle eine Jodzahl 158·9 beobachtet.

4. Heringsöl.

Huile de haring. — Herring oil. — Olió di aringhe.

Herkunft	Anzahl der Proben	Spez. Gew. bei 15°C.	Säurezahl	Verseifungszahl	Jodzahl	Brechungsindex	Unverseifbares	Schmelzpunkt der Fettsäuren	Ätherunlösliche Bromfettsäuren %	Beobachter
Deutschland	1	—	44·6	—	123·5	—	0·99	—	—	Fahrion[1]
England . .	1	0·9391	40·2	184·8	132·7	—	—	—	—	
Japan . .	4	0·9202 bis 0·9310	10·8 bis 15·7	184·7 bis 193·7	131 bis 142	—	—	—	—	Bull u. Lillejord[2]
„ . .	2 {	0·9215	1·8	170·9	131·0	—	—	—	—	
		0·9222	8·2	175·9	141·4	—	—	—	—	
„ . .	*	0·9251	2·02	190·46	123·44	1·4747	0·87	31·5°C.	21·7	Mitsumaru Tsujimoto[3]
„ . .	—	0·9178	10·42	185·85	103·09	1·4720	1·81	30·5°C.	12·68	

* Von clupea palassi *C.* u. *V.*

Das Heringsöl wird aus dem gewöhnlichen Hering, Clupea Harengus, durch Kochen und Auspressen gewonnen. Man verwendet den frischen Hering (bei niederen Preisen) und Abfälle von der Herstellung von Pökelheringen, besonders von derjenigen kleinen Sorte, die als „Bismarckheringe" verwendet werden. Je nach der Güte des Ausgangsmaterials variiert die Qualität innerhalb weiter Grenzen; die Farbe kann hellgelb bis dunkelbraun sein.

Die bei der Fabrikation verwendeten Pressen sind entweder hydraulische oder Schraubenpressen; man hat Korbpressen und Packpressen; letztere geben ein weniger verunreinigtes Öl als erstere. Der Preßrückstand wurde früher ausschließlich als Dünger benützt, jetzt wird er vielfach als Viehfutter verwendet.

Aus der gekochten Fleischmasse kann man das Öl auch durch Zentrifugieren gewinnen; durch dieselbe Manipulation läßt sich auch mit Vorteil das Öl vom Wasser scheiden.

Das Heringsöl wird vornehmlich in der Lederindustrie verwendet.

Die erste von Mitsumaru Tsujimoto untersuchte Probe der obigen Tabelle (spez. Gew. 0·9251) wird als unzweifelhaft rein bezeichnet. Bei der zweiten, deren Natur von der ersten sehr stark abweicht, wird nichts über die Reinheit gesagt. Beide Öle kamen aus der gleichen Gegend, Hokkaido. Nach Ansicht des Verfassers dürfte das zweite Öl vorwiegend aus Haifischleberöl bestehen.

---

[1] Chem. Zeitg. 1899. 23. 162.
[2] Chem. Zeitg. 1899. 23. 1043.
[3] The Journal of Tokio Imperial University 1906.

5. Weniger bekannte Fischöle.

	Französischer Name	Englischer Name	Tiername	Spezifisches Gewicht	Säurezahl	Verseifungszahl	Jodzahl	Hehner-Zahl	Unverseifbares	Mittleres Molekulargewicht der Fettsäuren	Erstarrungspunkt der Fettsäuren ° C.	Schmelzpunkt der Fettsäuren ° C.	Beobachter
Stich-lingsöl	Huile de trois-épines	Stickle-back oil	Gastero-steus	—	21·6	183·2 bis 190·7	162	95·78	1·73 mit NaOH	287·4	—	—	Fah-rion[1]
Störöl	Huile d'estur-geon	Sturgeon oil	Accipen-ser sturio	bei 15°C. 0·9236	0·23	186·3	125·3	—	1·78 mit NaOH	—	—	—	Bull und Lillejord[2]
Königs-fischöl	Huile de chryso-tose	Sunfish oil	Lampris luna	bei 15°C. 0·901	2·15	147·6	102·7	—	24·12 mit NaOH	—	—	—	
—	—	Cramp-fish oil	—	bei 15°C. 0·909	0·79	148·2	107·3	—	21·97 mit NaOH	—	—	—	
—	Huile de Centro-lophe pompile	Blackfish body oil	Centro-lophus pompilus	bei 15°C. 0·9266	0·75	203·4	126·9	—	2·01	—	—	—	
Karpfen-öl	Huile de carpe	Carp oil	Cyprinus carpio	bei 27·2 ° C. 0·917	—	202·3	84·3	—	—	277·7	28	33·4	Zda-rek[3]

b) Leberöle.

Charakteristisch für die Leberöle ist der beträchtliche Gehalt an Cholesterin. Frische Leberöle geben, in Schwefelkohlenstoff gelöst, mit konzentrierter Schwefelsäure eine blaue Färbung; bei ranzigen Ölen wird die Farbe purpurrot.

1. Dorschleberöl.

Lebertran, Kabliaulebertran, Stockfischlebertran. — Oleum jecoris aselli. — Huile de foie de morue, de Bergen. — Cod liver Oil. — Olio di fegato di merluzzo.

Echtes Dorschleberöl gewinnt man ausschließlich aus der Leber des Dorsches, Gadus morrhua. Je nach der Darstellungsart unter-scheidet man zwei Sorten von Dorschleberölen:

1. durch Zerfallenlassen der Leber dargestellte, sog. natürliche Medizinallebertrane;

2. durch Erhitzen dargestelltes Öl, Dampf-Medizinallebertran.

Die erste Sorte zerfällt wiederum, je nach der Farbe, in a) helles, b) blankes und c) braunblankes Öl. Außerdem gibt es Dorschleber-

---

[1]) Chem. Zeitg. 1899. 23. 162.
[2]) Chem Zeitg. 1899. 23. 1043.
[3]) Zeitschr. f. physiol. Chem. 1903. 460.

öle, die hauptsächlich wegen eines unangenehmen Geschmackes nicht für medizinische Zwecke Verwendung finden können und daher industriell verwertet werden. In Deutschland kommen nur die hellen medizinalen Sorten in den Handel, die dunklen medizinalen Sorten gehen mehr nach romanischen Ländern.

Bis vor kurzem kam fast alles medizinale Öl aus Norwegen; seitdem haben auch Neufundland, Irland und die Färörinseln angefangen, solche Öle zu fabrizieren.

Zur Herstellung von gutem Öl kann man nur die gesunde Leber der am gleichen Tage gefangenen Fische verwenden. Auf den Lofoten findet regelmäßig jedes Jahr ein bedeutender Fang von Dorschen statt — man bekommt nur diesen Fisch —, und zwar so dicht an der Küste, daß die Fischer jeden Tag ihren Fang ans Land bringen können. Ganz ähnliche Verhältnisse findet man nördlich von den Lofoten, in Finnmarken, wo auch ein beträchtliches Quantum Dorschleberöl fabriziert wird.

Behufs Gewinnung der natürlichen medizinalen Dorschleberöle werden die Lebern in offenen Fässern gesammelt und hier der natürlichen Zersetzung überlassen. Ein Teil des Fettes tritt alsbald aus dem Zellgewebe aus und sammelt sich an der Oberfläche; von hier wird das Öl zeitweise abgeschöpft und in Fässern gesammelt. Die ersten Partien sind hell, die späteren dunkler. Beim Abschöpfen wird es nach Farbe und Geschmack sortiert.

Das helle natürliche Öl hat im guten Zustande einen ganz angenehmen Geschmack; es schmeckt frischer als das Dampföl und zeigt einen schwachen Stich ins Gelbliche. In wenig Öl liefernden Jahren begnügt man sich mit einer schwach bräunlichgelben Ware. Das braunblanke Öl pflegt einen etwas bitteren, aber pikanten Geschmack zu haben. Alle drei Qualitäten des natürlichen Öles halten sich bei 0° C. und darunter noch klar, enthalten also wenig „Stearin".

Charakteristisch für die natürlichen Medizinalleberöle ist deren Gehalt an freien Fettsäuren, und zwar gilt, nach den bisherigen Erfahrungen des Verfassers, der Satz, daß der Gehalt an freier Fettsäure mit der Intensität der Farbe wächst. Aus der Farbe kann man somit ungefähr auf den Gehalt an freier Fettsäure schließen.

Bei einer Anzahl Proben schwankte die Säurezahl wie folgt:

Bei Dampfmedizinaldorschlebertran	0·72—1·45
„ hellem natürlichem Medizinallebertran . .	8·2 —12·6
„ blankem „ „	. . 11·9 —15·9
„ braunblankem natürlichem „	. . . 19·2 —36·8

Diese Daten können bei der Untersuchung künstlich entfärbter Öle von Interesse sein; eine höhere Säurezahl wird die ursprüngliche Natur des Öles verraten.

Dampfleberöl. Dasselbe wird, wie oben erwähnt, durch Ausschmelzen der Lebern bei höherer Temperatur dargestellt. Die Lebern müssen frisch sein; auch soll es zweckmäßig sein, die Lebern vor dem Ausschmelzen kurze Zeit in Wasser zu legen, um Gallenstoffe zu entfernen. Das Ausschmelzen geschieht entweder **im Wasserbad** oder **durch Einleiten von Dampf in die Lebermasse.** Die erste Methode, welche angeblich das beste Öl in größter Ausbeute geben soll, wird auf den **Lofoten** und südlich davon ausgeführt, die zweite Methode ausschließlich in **Finnmarken.**

Bei der **Wasserbadmethode** verwendet man als Wasserbad einen gußeisernen Kessel, welcher entweder direkt durch eine darunter angebrachte kleine Feuerung oder durch Einleiten von Dampf geheizt wird. Als Behälter für die Lebern dient ein aus Weißblech gefertigter Kessel von etwa 200—400 Liter Inhalt, welcher am Rande mit dem Wasserbad verschraubt wird. Beim Ausschmelzen steigert man die Temperatur allmählich, rührt häufig um und schöpft das Öl nach und nach von der Oberfläche ab. Man gießt es zweckmäßig gleich durch ein Tuchfilter, um feste Partikel zu entfernen, läßt es dann einige Tage in offenen Behältern stehen und zieht erst dann das nun geklärte Öl in die Versandfässer ab; diese sind Tonnen aus Weißblech, die von einem gewöhnlichen hölzernen Faß umgeben sind. Wegen des großen Ausdehnungskoeffizienten des Öles dürfen die Fässer nicht vollgefüllt werden.

Bei der direkten Methode, der sog. **Finnmarksmethode,** kommen die Lebern in hohe, hölzerne, nach unten verjüngte Bottiche, in denen Dampfrohre bis auf den Boden reichen; man erhitzt zum Kochen, und zwar im Laufe etwa einer halben Stunde. Es ist klar, daß man mit Hilfe dieser Methode leicht große Quantitäten Lebern verarbeiten kann.

Das auf eine dieser Arten dargestellte Öl wird nun von den höher schmelzenden Anteilen befreit; man setzt es entweder der Winterkälte aus oder kühlt es durch Kältemischungen (vielfach verwendet man Eis und Kochsalz) auf einige Grade unter 0 und filtriert bei dieser Temperatur durch Filtersäcke oder Filterpressen ab. Das erhaltene „Stearin" wird schließlich in hydraulischen Packpressen gepreßt.

E. H. **Wild** und A. Et. **Robb** haben ein englisches Patent (Nr. 25683) auf die Gewinnung von Lebertran genommen. Nach demselben[1]) wird das Öl aus der Leber in einem Vakuum mit Dampfmantel ausgeschmolzen und läuft durch ein Vakuumfilter in einen Tankwagen, wo eine rasche Abkühlung auf 4° C. erfolgt. Das Öl wird hierauf durch Filtration in Filtersäcken vom „Stearin" befreit. Bemerkenswert ist, daß diese Säcke dicht nebeneinander aufgehängt sind, wodurch jedenfalls die Luftoxydation in hohem Grade gehindert wird. Die Anwendung des Vakuums beim Ausschmelzen kann ebenfalls wegen der Verminderung der Oxydation durch die Luft vorteilhaft sein.

Die Produktion von Dampfleberöl nimmt in Norwegen von Jahr zu Jahr auf Kosten der natürlichen Medizinalleberöle zu und kann, je nach dem Fischfang, von etwa 8000 bis über 40000 Tonnen im Jahre steigen. Die ganze Produktion an Leberölen macht in Norwegen

---

[1]) Chem. Zeitg. Rep. 1906. 30. 276.

gegen 80000 Tonnen aus. Der Fettgehalt der Lebern ist auch in verschiedenen Jahren sehr verschieden; nach Untersuchungen des Verfassers findet man häufig Schwankungen von 10—60 % im Fettgehalt. Die fettarmen Lebern geben beim Schmelzen absolut kein Öl.

Das aus dem Leberöl dargestellte „Stearin" findet in der Seifenindustrie Verwendung. Die Eigenschaften desselben hängen hauptsächlich von der Art des Auspressens des Öles ab. Lewkowitsch fand, daß die Jodzahlen solcher Stearine zwischen 94 und 102 schwankten. Dies weist auf die Anwesenheit bedeutender Mengen von Glyceriden ungesättigter Fettsäuren hin. Die gesättigten Säuren bestehen vorwiegend aus Palmitinsäure mit wenig Stearinsäure.

Verfasser hat die Abscheidung des Stearins verfolgt und dabei nachstehende Analysenwerte ermittelt:

Nr.		Ursprüngliches Öl	Kalt filtriertes Öl	Transtearin
1	Verseifungszahl	185	184·43	189·4
2	Jodzahl nach Wijs	161·2	162·8	114·4
3	Stark ungesättigte Fettsäuren . . . . . %	11·76	12·43	5·55
4	Mit alkoh. Natron Unverseifbares . . . %	2·15	1·90	2·05
5	Fettsäurebromide . . . . %	30·37	31·8	18·42
6	Fettsäuren aus ätherunl. Bleisalz . . . . %	12·53	11·29	25·92
7	„ „ „ „ , Jodzahl . .	12·2	13·2	9·4
8	„ „ „ „ , Säurezahl .	212·4	210·4	213·7
9	Gesättigte Fettsäuren. %, ber. aus 6, 7 u. 8	10·94	9·72	23·4

Das Transtearin enthält noch sehr viel unausgepreßtes Öl. Wenn man ersteres aus der anderthalbfachen Menge Petroläther bei — 20° C. umkristallisiert, gewinnt man ein schönes geruchloses Fett mit einer Ausbeute von 38 %. Das Fett gab die Verseifungszahl 194·8 und die Jodzahl 35·9; es gab kein ätherunlösliches Fettsäurebromid. Somit kann man aus den Werten 5 den Gehalt des Transtearins an nicht ausgepreßtem Öl berechnen (gef. 57·1 % Öl und 42·1 % festes Fett). In letzterem ermittelt man, ebenfalls durch Berechnung, die Verseifungszahl zu 196·2 und die Jodzahl zu 47·8. Da bei der Prüfung des obenerwähnten festen Fettes nur gesättigte Fettsäuren und Säuren der Ölsäurereihe gefunden werden konnten. kann man aus den eben berechneten Werten auch das gegenseitige Verhältnis der in den 42·1 % Fett enthaltenen Fettsäuren ermitteln. Auf 46 Teile gesättigter Fettsäuren berechnen sich 54 Teile Fettsäuren der Ölsäurereihe. Von diesen Säuren scheinen Palmitinsäure und Ölsäure vorzuwiegen.

Flüchtige Fettsäuren kommen im Dorschleberöle jedenfalls nur in sehr geringen Mengen vor. Die Reichert-Meißlschen Zahlen von guten Ölen sind stets sehr niedrig.

Von den festen gesättigten Fettsäuren hat Verfasser die Myristinsäure, die Palmitinsäure und Stearinsäure in größerer Menge isoliert. Von den ungesättigten wurden mit Bestimmtheit nur folgende Repräsentanten der Ölsäurereihe nachgewiesen: eine neue Säure

$C_{16}H_{30}O_2$ vom Schmelzpunkt -1^0 C. (?), Ölsäure, Gadoleïnsäure $C_{20}H_{38}O_2$ vom Schmelzpunkt 24^0 C., und endlich Erucasäure; die beiden letzten Säuren geben in Äther schwer lösliche Bleisalze. Bei einer früheren Untersuchung meinte Verfasser eine bei $24·5^0$ C. schmelzende Säure $C_{21}H_{40}O_2$ isoliert zu haben. Wegen der geringen Menge konnte indessen dies nicht als endgültig bewiesen betrachtet werden.

Was die stärker ungesättigten Fettsäuren des Dorschleberöles betrifft, so vermutet Fahrion die Asellinsäure $C_{17}H_{32}O_2$ in demselben. Heyerdahl erhielt durch Bromieren der Fettsäuren ein in den gebräuchlichen Lösungsmitteln unlösliches Bromid von der Zusammensetzung $C_{17}H_{26}Br_8O_2$ und nahm daher die Gegenwart der dazugehörigen Fettsäure, der Terapinsäure $C_{17}H_{26}O_2$ zu etwa $20\,{}^0/_0$ im Dorschleberöl an.

Verfasser schied diejenigen Fettsäuren ab, deren Natronsalze in einem Gemisch von absolutem Äther mit wenig Alkohol löslich waren; durch fraktionierte Destillation mit Wasserdampf erhielt er Fettsäuren, deren Säurezahlen und Jodzahlen annähernd auf folgende Fettsäuren stimmten:

Flüchtig mit Wasserdampf von	Fettsäure	Säurezahl: Gefunden	Berechnet	Jodzahl: Gefunden	Berechnet
160^0 C.:	$C_{20}H_{30}O_2$	181·0	185·6	317·0	336·0
180^0 C.:	$C_{23}H_{36}O_2$	164·2	162·9	369·0	368·6

Wäre Terapinsäure zugegen gewesen, so hätte sich dieselbe in größerer Menge bei den leichter flüchtigen Partien finden müssen, was nicht der Fall war. Es scheint bewiesen zu sein, daß Säuren der Reihe $C_n H_{2n-10} O_2$ existieren und im Dorschleberöl anwesend sind. Sie zeichnen sich durch sehr große Oxydierbarkeit aus. Bull hat zwei Methoden für die nähere Untersuchung und Scheidung der im Dorschleberöle enthaltenen Fettsäuren angegeben.

Dorschleberöl.

	Spezifisches Gewicht	Verseifungszahl	Jodzahl	Hehner-Zahl	Temperaturerhöhung b.d.Maumenéschen Probe	Spezifische Reaktionstemperatur	Refraktometeranzeige in Zeiß' Butter-refraktometer	im Oleo-refrakto meter	Beobachter
Medizinalöl	bei 15^0 C. 0·922—0·927	—	—	—	—	—	—	—	Kreml
11 Proben reiner Dampfleberöle	bei 20^0 C. 0·9202—0·9246	183·8—186·0	148·7—174·7	—	—	—	bei 25°C. 75—85	—	Bull
9 Proben heller natürlicher Medizinalöle (rein)	bei 20^0 C. 0·9223—0·9240	183·9—186·7	156·4—165·8	—	—	—	bei 25°C. 76 bis 78·5	—	„
4 Proben blanke natürliche Medizinalöle (rein)	bei 20^0 C. 0·9218—0·9235	185·3—186·5	154·0—165·1	—	—	—	bei 25°C. 76—78	—	„

	Spezifisches Gewicht	Verseifungszahl	Jodzahl	Hehner-Zahl	Temperaturerhöhung b.d.Maumenéschen Probe	Spezifische Reaktionstemperatur	Refraktometeranzeige in Zeiß Butterrefraktometer	Refraktometeranzeige im Oleorefraktometer	Beobachter
2 Proben braunblanke natürliche Medizinalöle (rein)	bei 20° C. 0·9217—0·9220	184·4—184·7	157·5—158·0	—	—	—	—	—	Bull
16 Proben reiner Dampfleberöle	bei 15° C. 0·9243—0·9273	—	151·6—168·0	—	—	—	—	—	"
12 Proben reiner blanker Medizinalöle	bei 15° C. 0·9240—0·9273	183—185·4	148·0—164·7	—	—	—	—	—	"
Japanisches Dampfleberöl	bei 15° C. 0·9263	186·2	135	—	—	—	—	—	"
—	bei 15·5° C. 0·923—0·930 bei 99° C. 0·8742	182—187	—	—	113°	—	—	—	Allen
—	bei 15·5° C. 0·9249—0·9265	—	158·7—166·6	—	—	243 bis 272	—	—	Thomson u. Ballantyne
Deutscher Medizinallebertran	bei 15° C. 0·9228	—	134·8	—	—	—	—	—	Bull u. Sörvig
Medizinalöl	—	—	135—167	95·3	—	—	—	—	Lewkowitsch
—	—	—	154·5—181·3	—	—	—	—	—	Wijs
—	—	—	153·5—168·4	—	—	—	—	—	Parey u. Sage
Medizinalöl	—	—	—	96·5	—	—	—	—	Fahrion
Hellesnatürliches Medizinalleberöl	—	—	—	95·12 bis 95·14	—	—	—	—	Bull u. Koch
Dampfleberöl	—	—	—	95·72	—	—	—	—	"
—	—	—	—	—	116°	—	—	—	Baynes
—	—	—	—	—	—	—	bei 15° C. 81·3 bis 86·7	—	Utz
—	—	—	—	—	—	—	bei 20°C. 77·5 bis 83·2	—	"
—	—	—	—	—	—	—	bei 25°C. 75	—	Mansfeld
—	—	—	—	—	—	—	bei 40°C. 71	—	"
—	—	—	—	—	—	—	—	bei 22°C. 38—53	Jean
—	—	—	—	—	—	—	—	bei 22°C. 38—40	Carcano
—	—	—	—	—	—	—	—	bei 22°C. 40—46	Pearmain
—	—	—	—	—	—	—	—	bei 22°C. 43·5 bis 45	Douzard

Bei der einen Methode[1]) verseift man mit wasserfreiem, alkoholischem Kali und bewirkt eine derartige Trennung der Alkalisalze (zuerst der Kali-, dann der Natronsalze), daß man:

A. Fettsäuren, deren Kaliumsalze aus Alkohol kristallisieren,
B.   „   „   Natriumsalze „.   „   „
C.   „   „   „   ätherlöslich sind,
D. die übrigen Fettsäuren:

erhält.

Aus 1000 g Dorschleberöl wurden die in nachstehender Tabelle gegebenen Fettsäuren mit den daselbst angeführten Analysenwerten erhalten:

Fettsäuren	Gewicht g	Säurezahl	Jodzahl
A	334	194·2	67·5
B	375	190	135·6
C	120	167	322·4
D	69	169	347

Wie die Jodzahlen andeuten, erzielt man derart eine angenäherte Trennung der Fettsäuren. Ein großer Übelstand bei dieser Methode ist, daß die Fettsäuren während des Arbeitens mit den alkoholischen Seifenlösungen durch den Luftsauerstoff stark oxydiert werden. Einen in dieser Hinsicht besseren Weg bietet die zweite Methode, welche darin besteht, daß man die Fettsäuremethylester[2]) einer sorgfältigen fraktionierten Destillation in einem geeigneten Apparat[3]) bei ca. 10 mm Quecksilberdruck unterwirft. Bei diesem Druck werden bis zu einer Temperatur von 245° C. etwa 80 $^0/_0$ der Ester verflüchtigt, und es gelingt eine fast vollständige Trennung der Fettsäuren nach der Zahl ihrer Kohlenstoffatome im Molekül: C_{14}, C_{16}, C_{18}, C_{20} und C_{22} zu erzielen. Nach meiner Ansicht bietet diese Trennung ein sehr geeignetes Mittel, um die Fettsäuren der Seetieröle kennen zu lernen.

Die Physetölsäure sowie die Jecoleïnsäure Heyerdahls sind wahrscheinlich nicht im Dorschleberöl enthalten. Letztere wäre zweifelsohne (nach Heyerdahl sollen 20 $^0/_0$ anwesend sein), wenn in irgend erheblicher Menge zugegen, bei der Vakuumdestillation als eine deutliche Fraktion erschienen, was nicht der Fall war.

Bei der „Hexabromidprobe" waren die erhaltenen Mengen an bromierten Glyceriden nach Hehner und Mitchell 56·23 $^0/_0$, nach Walker und Warburton 33·7—35·3 $^0/_0$, nach Bull und Koch 40—47·1 $^0/_0$, für Seileberöl 64 $^0/_0$. Beim Bromieren der Fettsäuren aus einem Dorschleberöle erhielten Hehner und Mitchell 18 $^0/_0$ eines Bromides mit 62·91 $^0/_0$ Brom, Walker und Warburton erhielten 29·8—30·4 $^0/_0$ an

---

1) Chem. Zeitg. 1899. 23. 996.
2) Chem. Zeitg. 1900. 24. 814.
3) Berichte d. deutsch. chem. Ges. 1906. 39. 3570.

bromierten Fettsäuren und Bull und Koch 35·4—39 $^0/_0$. Letztere fanden in einem Bromid einer stark ungesättigten Fettsäure aus Dorschleberöl 72·81 $^0/_0$ Brom; ein aus der gesamten Fettsäure eines Medizinaldorschleberöls dargestelltes Bromid (30 $^0/_0$ Ausbeute) enthielt 71·85 $^0/_0$ Brom. Diese beiden Werte sind so hoch, daß sie den Bromgehalt der Octobromide $C_{18}H_{28}Br_8O_2$ (69·84 $^0/_0$ Br) oder $C_{17}H_{26}Br_8O_2$ (70·59 $^0/_0$ Br) übertreffen. Das Bromid $C_{20}H_{30}Br_{10}O_2$ enthält 72·57 $^0/_0$ Br. Eine zwanglose Erklärung, wieso man ätherunlösliche Fettsäurebromide des Dorschleberöls mit relativ niederem Bromgehalt (Heyerdahl: 70·9 $^0/_0$ Br) erhalten kann, ist die, daß man ein Bromid einer teilweise oxydierten Fettsäure vor sich hat. Das Bromid mit einem Bromgehalt von 72·81 $^0/_0$ war weiß. Dasselbe muß wohl als ein Decabromid aufgefaßt werden. Die Bromide der Dorschleberfettsäuren können durchaus nicht als Stütze für die Meinung dienen, daß Säuren der Reihe $C_nH_{2n-6}O_2$ darin enthalten seien; der hohe Bromgehalt spricht entschieden dagegen.

Der Dampflebertran enthält nur geringe Mengen freier Fettsäuren, etwa ein halbes Prozent; Parry und Sage fanden 0·34—0·60 $^0/_0$, Salkowsky 0·24—0·69 $^0/_0$. Nach Heyerdahl hat die Erhitzungsdauer der Leber nur sehr wenig Einfluß auf die Menge der gebildeten Fettsäuren, und zwar fand derselbe, daß letztere umgekehrt proportional der ersteren sei. Dieser Befund läßt sich sehr wohl dadurch erklären, daß die Bildung der Fettsäuren ein enzymatischer Prozeß ist; bei der nach und nach eintretenden höheren Ausschmelztemperatur wird das Enzym vernichtet, wodurch die Menge der sich bildenden Fettsäuren kleiner wird. An der im Dampfleberöle enthaltenen Menge freier Fettsäuren kann man erkennen, ob die verwendeten Lebern frisch gewesen sind oder nicht. Das Unverseifbare des Dorschleberöles besteht vorwiegend aus Cholesterin und kann bei den ganz hellen Ölen in wechselnder Menge vorhanden sein. Der Gehalt desselben in einem aus einer mageren Leber gewonnenen Öl kann etwa 2 $^0/_0$ und darüber betragen, bei einer fetten Leber scheint der Gehalt des Öles an unverseifbaren Bestandteilen etwa 0·6—1 $^0/_0$ auszumachen. Bei einem hellen Dorschleberöle soll das Unverseifbare bei gewöhnlicher Temperatur fest oder wenigstens halbfest sein. Die braunen Öle, welche ausschließlich in der Lederfabrikation Anwendung finden, haben gewöhnlich einen bedeutend höheren Prozentgehalt an Unverseifbarem; dasselbe bildet sich augenscheinlich bei der Darstellungsweise, bei welcher man Leberreste oder Leberöle von geringer Qualität in offenen Pfannen mit direktem Feuer hoch erhitzt.

Nach Gautier und Mourges sind im blanken Dorschleberöle ca. 0·035—0·05 $^0/_0$ organische Basen enthalten, und zwar Butylamin, Isoamylamin, Hexylamin und Dihydrolutidin, ferner die nichtflüchtigen Basen Morrhuin und Asellin und schließlich die stickstoffhaltige Morrhuinsäure. Heyerdahl hat auch Trimethylamin nachgewiesen. Nach Salkowski ist die färbende Substanz im Dorschleberöl ein Lipochrom. Die Leberöle enthalten geringe Mengen von Aschenbestandteilen; De Jongh fand u. a.:

in braunem Öl . . . . 0·0817 %/₀ CaO,
braunblankem Öl . . . . . 0·0678 „ „
hellem Öl . . . . 0·1515 „ „

Außerdem fanden sich sehr kleine Mengen von Magnesia und Natron, von Chlor, Jod, Schwefel und Phosphor vor. Die Jodmenge war in dem braunblanken Öl (0·0406 %) etwas größer als in dem hellen (0·0374 %).

Unverseifbares in Dorschleberöl.

Art des Öles	Anzahl der Proben	Farbe	Unverseifbares %	Beobachter
Medizinaldampfleberöl	3	farblos-hellgelb	0·61—0·98	Fahrion [1]
„ [2]	2	—	0·87—0·90	Bull und Sörvig
„ [2]	3	—	1·27—1·35	„ „ „
„ [2]	1	—	1·64	„ „ „
„ [3]	7	—	1·04—1·30	„ „ „
Natürl. Medizinalleberöl	3	hellgelb bis rötlichgelb	0·54—1·44	Fahrion
„ „	—	gelb	0·87	Thomson u. Ballantyne
Techn. Öl	2	„	0·65—1·18	Fahrion
„ „ englisch . .	1	gelbrot	2·62	„
„ „ „ . .	—	—	0·6—0·78	Lewkowitsch
„ „ neufundländ.	—	—	1·50	Thomson u. Ballantyne
Braunblankes Öl . .	3	braun	1·82—2·68	Fahrion
			Mit alkohol. Natron [4] Unverseifbares	
Medizinaldampfleberöl [3]	13	—	1·3—2·6	Bull und Sörvig
„ [3]	2	—	2·85	„ „ „
Natürl. Medizinalleberöl	4	hellgelb	1·85—2·65	Bull und Lillejord
„ blankes „	2	gelb	2·15—2·22	„ „ „
Braunblankes, techn. .	3	—	3·45—7·83	„ „ „
Braunes Leberöl . .	2	—	7·46; 7·89	„ „ „

Man schrieb früher den therapeutischen Wert des Leberöls hauptsächlich dem in geringer Menge in demselben enthaltenen Jod zu. Jetzt ist man wohl allgemein von dieser Ansicht abgekommen und schreibt die therapeutische Wirkung den im Öle enthaltenen Fettsäuren zu. Man schätzt es als vorzügliches Nahrungsmittel, da es leicht vom Magensaft emulgiert und leicht verdaut wird. Die Eigenschaft, daß manche Medizinalöle Aufstoßen verursachen, will Heyerdahl auf die Anwesenheit von Oxyfetten und Oxyfettsäuren zurückführen. Die Bildung dieser Körper durch Einwirkung des Luftsauerstoffs will er dadurch verhindern, daß er das Ausschmelzen der Leber im Kohlensäurestrom vornimmt. Dieser Vorschlag ist jedenfalls sehr beachtenswert.

[1] Zeitschr. f. angew. Chem. 1893. 6. 140.
[2] Reine im Laboratorium ausgeschmolzene Öle.
[3] Unzweifelhaft reine Dorschleberöle des Handels.
[4] In Lewkowitsch, Analyse der Öle und Fette werden an manchen Stellen unter dem Namen Bull gewisse Prozente an Unverseifbarem angeführt; es soll dort richtig „durch alkoholisches Natron Unverseifbares" heißen.

Untersuchung von Medizinaldorschleberöl.

Säurezahl. Freie Fettsäuren sollen nur in geringer Menge vorhanden sein, besonders bei Dampfleberöl; bei natürlichem Medizinalleberöl ist der Gehalt beträchtlich höher — etwa achtmal so hoch.

Von großer Wichtigkeit ist die Bestimmung der Jodzahl. Die Jodzahl nach Hübls Methode ermittelt soll nicht unter 148, nach Wijs nicht unter 154 liegen. Gute Medizinalöle pflegen Jodzahlen (nach Wijs) zwischen 160 und 166 zu haben. Als eine Seltenheit mag angeführt werden, daß Verfasser beim Schmelzen einer Dorschleber im Laboratorium ein Öl mit der Jodzahl 203 (nach Wijs) und dem spez. Gew. 0·9335 bei 15° C. erhielt.

Leberöle[1]) verschiedener Gadusarten.

Leberöl von	Lateinischer Tiername	Anzahl Proben	Verseifungszahl	Anzahl Proben	Jodzahl	Anzahl Proben	Mit alkoholischer Kalilauge Unverseifbares Prozente	Anzahl Proben	Reichert-Meißlsche Zahl
Dorsch	Gadus morrhua	4	182·8 bis 186·5	4	160·7 bis 203	5	0·90—1·64	4	0·48—0·86
Sei (Köhler)	Gadus virens	4	187·3 bis 189·25	4	162·4 bis 177·9	8	0·70—0·86	4	0·38—0·52
Brosme	Brosmius Brosme	4	185·4 bis 187·8	4	152·2 bis 162·4	4	0·67—0·92	4	0·32—0·41
Schellfisch	Gadus aeglefinus	2	186·3; 187·0	2	177·5 bis 187·7	2	0·57; 0·89	2	0·35—0·47

Ein Zusatz von Haifischleberöl kann leicht an der Menge des Unverseifbaren erkannt werden. Weit schwieriger gestaltet sich der Nachweis der Leberöle anderer Gadusarten. Nach einer Analyse von Mann ist angenommen worden, das Leberöl des Seifisches, Gadus virens, das nicht selten dem Dorschleberöl beigemengt wird, könne an der großen Menge von Unverseifbarem erkannt werden; dem ist jedoch nicht so. Vorstehende Analysen von Leberölen verschiedener Gadusarten (ausgeführt in der Bergener Versuchsstation von Sörvig und Bore) zeigen eine auffallende Ähnlichkeit der Öle unter sich; die Menge des Unverseifbaren ist beim Dorschleberöle am größten. Das Unverseifbare gibt mit rauchender Salpetersäure sowie, in Chloroform gelöst, mit konz. Schwefelsäure Reaktionen, die vielleicht zur Identifizierung benützt werden könnten: 1) Man löst eine kleine Quantität Unverseifbares mit einem Tropfen rauchender Salpetersäure durch Reiben. 2) Zur Lösung in wenig Chloroform setzt man einen Tropfen konz. Schwefelsäure, worauf bei den verschiedenen Ölen folgende Färbungen auftreten:

---

[1]) Sämtliche Öle wurden im Laboratorium ausgeschmolzen.

	Dorsch	Sei	Brosme
Mit Salpetersäure 1·5	Intensiv blaue, bald verschwindendeFarbe.	Rötliche, bald verschwindende Farbe.	Violette, bald verschwindende Farbe.
Mit Schwefelsäure konz.	Stark blau, nach einigen Minuten braun.	Braun, nach einigen Minuten rot.	Rötlich, nach einigen Minuten intensiv rot.

Reaktion nach Kremel: Etwa 10 Tropfen Dorschleberöl werden auf einem Uhrglas mit 1—2 Tropfen rauchender Salpetersäure zusammengerieben; Dorschlebertran wird feurigrosa, nach ein paar Minuten citronengelb. Dagegen hat Verfasser gefunden, daß man bei reinem Dorschleberöl als Endreaktion auch eine schmutzige, bräunlichgelbe Farbe erhalten kann. Seileberöl wird aber zuletzt intensiv braungelb; große Quantitäten Seileberöl, etwa 50 $^0/_0$, wird man somit wahrscheinlich erkennen können. Das Brosmenöl gibt die gleiche Reaktion wie das Öl vom Dorsch. Gibt ein Öl die richtige Reaktion mit rauchender Salpetersäure, so ist Seileberöl sowie Robbentran ausgeschlossen. Vegetabilische Öle werden leicht durch die Phytosterinacetatprobe entdeckt, und bei den nichttrocknenden Ölen werden die Jodzahlen einen Fingerzeig geben. Beim Leinöl versagt die Jodzahl und die Hexabromidprobe. Es ist von Interesse, daß hier die vom Verfasser ausgearbeitete Methode zur Abscheidung und Bestimmung der stark ungesättigten Fettsäuren (s. S. 119 ff. u. 908) eine scharfe Scheidung zwischen Leinöl (und anderen vegetabilischen Ölen) und Leberölen erlaubt. Auch die Fischöle unter sich zeigen bedeutende Unterschiede.

Von 18 unzweifelhaft reinen Proben Dorschleberöl des Handels enthielten 13 Proben 12·1—13·5 $^0/_0$ an stark ungesättigten Fettsäuren, 3 Proben 14·7—15·5 $^0/_0$ und 2 Proben bloß 11·5 und 11·9 $^0/_0$.

Von anderen 11 im Jahre 1902 untersuchten reinen Dorschleberölen des Handels gab eine Probe (mit der hohen Jodzahl 181·3 nach Wijs) sogar 16·53 $^0/_0$; der niederste Wert bei diesen Proben war 11·8, bei einem Öle mit der niederen Jodzahl (Wijs) 154. (Die Jodzahl nach Hübl wurde zu 148·7 bestimmt.) Ein als Dorschleberöl verkauftes Öl mit der Jodzahl 135 (Hübl) und 6·5 $^0/_0$ ungesättigten Fettsäuren wurde als Längleberöl (Molva vulgaris) identifiziert.

Ein anderes Öl mit der Jodzahl 141·3 und 21·7 $^0/_0$ (!) an ungesättigten Fettsäuren konnte deswegen nicht als Dorschleberöl angesprochen werden. Diese Angaben mögen genügen, um zu zeigen, daß die Bestimmung der stark ungesättigten Fettsäuren interessante Aufschlüsse über die Natur des Öles geben kann.

In nachstehender Tabelle finden sich Analysen von (7) Leberölen (vom Verfasser und Koch ausgeführt). Dieselben enthalten u. a. die Schmelzpunkte der rohen, sowie der daraus isolierbaren, gesättigten Fettsäuren. Sie mögen vielleicht bei vergleichenden Analysen von Wert sein. Bei der Bestimmung der Hexabromide wurde insofern von der Hehner und Mitchellschen Vorschrift abgewichen, als das Auswaschen fünfmal mit je 5 ccm einer Mischung aus 1 Teil Eisessig und 5 Teilen

Analysenergebnisse einiger Fischleberöle.

	Glyceride					Gesamte Fettsäuren			Fettsäuren der ätherunlöslichen Bleisalze		
	Spezifisches Gewicht bei 15° C.	Verseifungszahl	Jodzahl	Unverseifbares (KOH) %	Ätherunlösliches Bromid %	Ätherunlösliches Bromid %	%	Schmelzpunkt °C	%	Schmelzpunkt °C	Jodzahl %
Dampfleberöl[1]	0·9270	185·1	161·9	0·87	45	39	95·72	26·5	13·25	49	9
Natürliches Medizinalleberöl, hell I	0·9262	185·6	159·3	0·71	47·1	38	95·14	25	11·53	49·7	9·5
Natürliches Medizinalleberöl, hell II	0·9245	184·8	156·3	0·60	40	35·4	95·12	25·2	11·86	50	10·2
Brosmenleberöl[5]	0·9264	185·05	154·6	1·02	40·4	36	95·34	29·2	16·00	50	8·6
Seileberöl[3]	0·9300	185·9	180·6	0·76	64	51	95·70	31	18·4	51	7·1
Eishaileberöl[2] (B)	0·9165	153·0	131·4	13·2	20	16·7	92·06	20·9	4·12	46·5	12·6
„ [2] (O)	0·9182	150·4	125·8	13·65	15·1	13·9	92·51	20	4·48	46·5	13

	Spezifisches Gewicht bei 15° C.	Verseifungszahl	Jodzahl	Unverseifbares (KOH) %	Reichertsche Zahl	Acetylzahl	Hehner-Zahl	Säurezahl	Beobachter
Eishaileberöl[2]	0·9163	161	114·6	10·2	—	—	86·9	—	Lewkowitsch
„ [2]	0·9186	164·7	116·6	15·06	—	—	—	—	Mann
„ [2]	0·9105—0·9130	146·1—148·1	111·9—114·9	—	—	—	—	2·6—6·2	Bull u. Lillejord
Haifischleberöl (Japan)	0·9156—0·9177	163·4—163·5	128·3—136·5	—	—	—	—	0·88—1·5	„ „ „
„ „	0·9158	157·2	90 [9]	—	—	—	—	—	Eitner
Seileberöl[3]	0·925	177—181	123—137 (?)	—	—	—	—	1·26—1·68	Kremel
„ [3]	0·9272	186·1	139·1 [9] (?)	6·52 (!)	0·7	—	—	2·7	Mann
„ [3]	0·9254—0·9268	183·7—186·7	162·2	—	—	—	—	7·2—21·6	Bull u. Lillejord
„ 4 Proben [3]	—	187·3—189	162·4—177·9	0·70—0·86	0·38—0·52	—	—	—	Bull u. Bore
Längleberöl[4]	0·9231	181·6	122·8 (?)	6·44 (!)	0·7	—	—	0·58	Mann
„ [4]	0·9200	184·1	132·6	—	—	—	—	10·9	Bull u. Lillejord
Brosmenleberöl[5]	0·9222	180·4	130·1 [9] (?)	4·92 (!)	1·9	—	—	0·26	Mann
„ 4 Proben [5]	—	185·4—187·8	152·2—162·4	0·67—0·92	0·32—0·42	—	—	—	Bull und Bore
Schellfischleberöl, 2 Pr. [6]	—	186·3—187	177·5—187·7	0·57—0·89	0·35—0·47	—	—	—	„ „ „
„ [6]	0·9298	188·8	154·2	1·1	—	—	93·3	—	Lewkowitsch
„ [6]	0·934 (15° C.)	193	179	—	—	—	—	—	Liverseege
„ [6]	0·9318	191·2	160	2·42	1·1	—	—	5·3	Mann
Glattrochenleberöl[7]	0·9307	185·4	157·3	—	0·97	10·6	94·7	—	Lewkowitsch
Thunfischleberöl[8]	—	—	155·9	1—1·8	—	—	95·79	0·2—34	Fahrion

[1] Die Analysen der 7 erstangeführten Öle sind von Bull und Koch. Die lateinischen Namen der Fische sind: [2] Laemargus microcephalus, [3] Gadus virens, [4] Molva vulgaris, [5] Brosmius brosme, [6] Gadus Aeglefinus, [7] Raja batis und [8] Thynnus vulgaris. [9] Diese Jodzahlen sind zu niedrig; dies geht deutlich aus den spezifischen Gewichten hervor.

trockenen Äthers vorgenommen wurde. Die Öle 1, 3 und 5 dieser Reihe waren im Laboratorium dargestellt und nicht vom „Stearin" befreit.

c) Trane.

1. Robbentran.

Huile de phoque. — Seal oil. — Olio di foca.

°C.	Spezifisches Gewicht	Verseifungszahl	Jodzahl	Hehner-Zahl	Reichertsche Zahl	Temperaturerhöhung bei der Maumenéschen Probe	Unverseifbares %	Feste Fettsäuren %	Feste Fettsäuren Schmelzpunkt °C	Bromide der Fettsäuren %	Bromide der Glyceride %	Brechungsexponent im Oleorefraktometer bei 22°C.	Brechungsexponent im Butterrefraktometer	Beobachter
15	0·925	178 bis 179	127; 128	95·45	—	—	—	9·81; 10·23	57; 57·5	19·8; 19·9 [1]	27·54; 27·92 [1]	—	—	Kremel
15	0·9249 bis 0·9270	183·9 bis 190·5	148·2 bis 159·4	94·7 bis 95·46	—	—	0·6; 0·65	8·75; 11·96	49; 49·5	27·4; 30·7	34·4; 35·5	—	—	Bull
15	0·9249 bis 0·9263	190·7 bis 196·2	129·5 bis 141	92·8 bis 94·2	0·07 bis 0·22	—	—	—	—	—	—	—	—	Chapmann u. Rolfe
—	—	—	146·2	95·96	—	—	0·79	—	—	—	—	—	—	Fahrion
99	0·8733	—	—	—	—	—	—	—	—	—	—	—	—	} Allen
15·5	0·9240 bis 0·9290	—	—	—	—	92°	—	—	—	—	—	—	—	
15·5	0·9244 bis 0·9261	189·3 bis 192·8	142·2 bis 152·4	—	—	212° bis 229°	0·38 bis 0·5	—	—	—	—	—	—	Thomson u. Ballantyne
—	—	—	130·6	—	—	—	—	—	—	—	—	—	—	Lewkowitsch
—	—	189 bis 196	—	—	—	—	—	—	—	—	—	—	—	Stoddart u. Deering
—	—	—	—	—	—	—	—	—	—	—	—	8; 15	—	Jean
—	—	—	—	—	—	—	—	—	—	—	—	30—36	—	Pearmain
—	—	—	—	—	—	—	—	—	—	—	—	32	—	Dowzard
—	—	—	—	—	—	—	—	—	—	—	—	bei 25°C. 72·7	—	} Liverseeg
—	—	—	—	—	—	—	—	—	—	—	—	bei 40°C. 64·0	—	

[1]) Bestimmungen von Walker u. Warburton.

Der Robbentran wird aus dem Speck verschiedener Arten von Robben gewonnen.

Die größte Bedeutung hat wohl der Neufundländer Robbentran. Nach dem Gesetz tötet man dort fast ausschließlich ganz junge ca. 2 bis 3 Wochen alte Robben. Ein Schiff kann während kaum einer Woche einen Fang von 20—30 Tausend Robben machen. Durch einige rasche Schnitte fällt der Speck vom Leibe ab; diesen läßt man liegen, den Speck bringt man an Bord. Die Gewinnung des Öles wird in großen Fabriken in St. Johns durchgeführt. Mit großen Messern trennt man den Speck vom Fell. Der Speck passiert dann 2—3 Paare scharf geriffelter Walzen, wodurch ein feiner, gleichmäßiger Brei entsteht; derselbe fließt in einen Korb, welcher in einem großen hölzernen Bottiche steht, in den fortwährend Dampf eingeleitet wird. Nur das Öl und das Wasser gehen durch die Wand des Korbes hindurch, während die festen Partikel zurückbleiben.

Das Öl wird in St. Johns in großen, ca. 1 m hohen, oben offenen Behältern durch Belichten gebleicht. Indessen ist auch das ungebleichte Neufundländer Öl gewöhnlich wenig gefärbt. Die Robbentrane anderen Ursprunges sind meistens stärker gefärbt, weil der Speck längere Zeit an Bord des Schiffes aufgespeichert bleibt; während dieser Zeit tritt ein Teil des Öles von selbst aus dem Speck. Nach der Heimkehr wird der alte übelriechende Speck aus den Schiffen ans Land gebracht und in sehr großen eisernen Behältern mittels Dampf ausgekocht. Auch bei den Robbentranen gilt als Regel: je dunkler die Farbe, desto größer ist der Gehalt an freien Fettsäuren. Die festen Fettsäuren der Robbentrane sollen nach Ljubarsky aus Palmitin- und Stearinsäure, die flüssigen aus Ölsäure und Hypogaeasäure bestehen. Bull fand in zwei Proben 7·8 und $12\,^0/_0$ Fettsäuren mit den Jodzahlen 306 und 330. Die von Walker und Warburton sowie von Bull beobachtete Bildung größerer Mengen ätherunlöslicher Fettsäurebromide deuten auch hier auf stark ungesättigte Fettsäuren hin. Die besten Sorten Robbenöle dienen als Brennöl in Leuchttürmen. Man hat auch versucht, dieses Öl zum Verfälschen von Dorschleberöl zu verwenden, jedoch ohne Erfolg. Angeblich sollen sich die beiden Öle nach längerer Zeit wieder entmischen.

Robbentrane werden manchmal mit Harzöl oder Mineralöl verfälscht. Geringere Sorten Robbentran finden in der Seifenindustrie und wahrscheinlich auch in der Lederindustrie Verwendung.

2. Walfischtran.

Huile de baleine. — Whale oil. — Olio di balena.

Walfischtran wird vorzugsweise aus dem Speck, mitunter aber auch aus dem Fleisch und den Knochen der Wale gewonnen. Ursprünglich dienten diesem Fange der Biscayer Wal, Balaena biscayensis, dann der grönländische oder echte Wal („right whale"), Balaena mysticetus, jetzt sind diese wertvollen Bartenwale selten geworden, und man fängt statt ihrer in den nördlichen Meeren den Finnfisch, Balaenoptera musculus, den Blauwal, Balaenoptera sibbadaldii und wohl auch den Balaenoptera borealis und den Megaptera Boops.

Bis 1904 fand an der nördlichen Küste Norwegens ein bedeutender Walfang statt. Seitdem ist der Fang durch ein Gesetz in Norwegen verboten worden, und diese Industrie ist nach den Faröerinseln und nach Spitzbergen übergesiedelt; an ersterem Orte betreibt man die Fabrikation am Lande in Fabriken, an letzterem geschieht die Gewinnung an Bord von

58*

	Spezifisches Gewicht	Verseifungs- zahl	Jodzahl	Hehner-Zahl	Reichertsche Zahl	Temperatur- erhöhung bei der Maumenéschen Probe	Spezifische Reaktions- temperatur	Refraktometer anzeige im Butter- refrak- tometer	im Oleo- refrak- tomet〔
Weißfisch, Delphinapterus leucas	bei 15⁰ C. 0·9268	201·6	127·4*)	—	—	—	—	—	—
Echter Südwaltran	„ 0·9257	183·1	136·0(?)	—	—	—	—	—	—
Grönländ. Waltran	„ 0·9234	185·0	117·4	—	—	—	—	—	—
Waltrane von Finnmarken, wahrscheinlich aus dem Finnfisch	„ 0·9162 bis 0·9205	182·1—188·6	89—104	—	—	—	—	—	—
In Glasgow raffinierte Waltrane	„ 0·9214 bis 0·9272	160—185·9	113·2—125·3	—	—	—	—	—	—
—	„ 0·9193	188·8	110·1	—	—	—	157	—	—
—	bei15·5⁰C. 0·9221 bis 0·9225	187·9—194·2	121·3—127·7	—	—	—	—	—	—
Grönländischer Waltran	bei15·5⁰C. 0·9307 bei 98—99⁰ C. 0·8725	188·5—224·4	—	—	—	91·3⁰	—	—	—
Rachianectis glauca, *Cope* (Balaenida)	bei15·5⁰C. 0·9254	192·58	146·55	—	—	—	—	—	—
—	—	—	—	93·58 bis 95·18	—	—	—	—	—
Echter Südwaltran	—	—	—	—	—	85–86⁰	—	—	—
„ „	—	—	—	—	—	92⁰	—	—	—
—	—	—	—	—	—	61⁰	—	—	30·〔
—	—	—	—	—	—	—	—	—	42—
·	—	—	—	—	—	—	{ bei 25⁰C. 65 bei 40⁰C. 56 }	—
—	—	—	—	93·5	0·7bis 2·04	—	—	—	—
—	—	—	—	—	—	—	—	—	—

*) Die Jodzahlen der ersten vier Reihen sind alle zu niedrig und dürften wahrscheinlich um 10 °/₀ erhöht werden.

Schiffen, die nur für diesen Zweck eingerichtet sind; diese Schiffe dienen auch als Magazine für die ganze Menge des erzeugten Öles.

Nach dem letztgenannten Prinzipe hat man auch große Expeditionen nach Südpolargegenden ausgerüstet, wo der Südwal, Balaena australis, den übrigens nicht so wertvollen, südlichen Walfischtran liefert. Auch von Island aus wird ein großer Walfang betrieben.

Wenn ein Wal nach der Anlage geschleppt ist, wird der Speck in schweren langen Streifen losgeschnitten und letztere in Zerkleinerungs- maschinen — in Europa guillotinähnlichen Apparaten, in Japan wahr- scheinlich durch die auch für die Zerkleinerung von Neufundländer Robbenspeck benützten geriffelten Walzen — weiter zerteilt.

trane.

Brechungs-index bei 20° C.	Unverseif-bar mit NaOH %	Feste Fett-säuren %	Schmelz-punkt der festen Fett-säuren ° C.	Stark unge-sättigte Fettsäuren %	Bromide aus den Glyceriden	Bromide aus den Fettsäuren	Beobachter
—	1·75	—	—	11·8	—	—	Bull u. Lillejord
—	1·46	—	—	19·5	—	—	,, ,,
—	2·11	—	—	7·2	—	—	,, ,,
—	2·36—3·4	—	—	4·3—5·9	—	—	,, ,,
—	1·89—3·22	—	—	5·13—7·07	—	—	,, ,,
—	—	—	—	—	—	—	Thomson u. Ballantyne
—	—	—	—	—	—	—	Schweitzer u. Lungwitz
—	—	—	—	—	—	—	Allen
1·4762	—	—	—	—	—	27·81	Bull u. Koch
—	—	13·16—20·48	47·5—51·5	—	12·6—21·4	10·3—20·6	
—	—	—	—	—	—	—	Dobb
—	—	—	—	—	—	—	Archbutt
—	—	—	—	—	—	—	Jean
—	—	—	—	—	—	—	Pearmain
—	—	—	—	—	—	—	Liverseege
—	—	—	—	—	16·0	12·4	Lewkowitsch
—	—	—	—	—	25	—	Hehner u. Mitchell

Diese Speckstücke werden in großen, zylindrischen, oben offenen, schmiedeeisernen Behältern durch Einleiten von Dampf während etwa 8 Stunden stark gekocht. Das nun abgeschiedene Öl gibt bei frischem Speck den Waltran Nr. 1. Der verbleibende unzersetzte Speck gibt beim weiteren Auskochen Waltran Nr. 2, ebenso der Speck von nicht frischer Qualität.

In neuester Zeit kocht man den Speck in geschlossenen Kesseln unter Druck; die dabei verbleibenden Reste sind dann so ausgenützt, daß sie als wertlos ins Meer geworfen werden.

Die Knochen werden durch Maschinen in kleine Stücke zerschlagen; durch Ausdämpfen oder durch Auskochen mit Wasser gewinnt man daraus den Waltran Nr. 3, dessen Qualität sich nach der Qualität der angewandten Knochen richtet. Auch aus dem Fleisch und den

Eingeweiden gewinnt man in manchen Fabriken Tran; manchmal dämpft man Fleisch und Knochen gemeinsam im gleichen Apparat. Das Fleisch wird in Stücke geschnitten, welche mehrere Kilogramm schwer sind, und auf Bleche gelegt; diese werden zu mehreren etagenförmig in schräger Stellung auf einen Wagen gelegt und etwa vie solcher Wagen in den Digestor hineingeschoben. Nachdem der Deckel zugemacht, läßt man durch viele Stunden Dampf von etwa 3 Atm. einwirken. Je nach der Qualität der Rohmaterialien ist das Öl hell- oder dunkelbraun und wird als Waltran Nr. 2 bis 4 sortiert. Dem auszukochenden Fleisch mischt man gern Speckseite hinzu. In neuester Zeit sind fast nur Waltran Nr. 1 und 3 auf den Markt gekommen; dies ist wahrscheinlich durch die oben angedeutete intensiver geleitete Fabrikation bedingt. Da das Fleischöl bei der Herstellung mit Wasse und Wasserdampf von hoher Temperatur in sehr innige Berührung kommt, muß es beträchtliche Mengen freier Fettsäuren enthalten; indessen bedeutet die Anwendung der schräg gelegten Bleche jedenfalls in Bezug auf die Herabsetzung der erwähnten Verseifung einen großen Fortschritt.

Aus dem Specköle scheiden sich beim Stehen große Mengen „Stearin" ab; dasselbe wird an die Seifensiedereien abgegeben. Auch der Waltran selbst wird in großer Menge zur Herstellung von Kaliseifen gebraucht, er wird aber auch in der Lederindustrie und als Brennöl benützt.

Der amerikanische Walfang wurde früher hauptsächlich an der Nordostküste, jetzt mehr an der Nordwestküste betrieben. Die Gewinnung der Öle geschieht an Bord, die Raffinierung in New Bedford oder in San Francisco.

Was die chemischen Eigenschaften der Waltrane betrifft, so können dieselben je nach der Walgattung und der Art der Herstellung sehr verschieden sein. Letztere hat, wie oben gesagt, einen großen Einfluß auf den Gehalt an freien Fettsäuren. Die hellen Sorten enthalten nur wenig freie Fettsäuren, etwa $^1/_4$—$1^0/_0$. Bei den ganz dunklen Sorten können die freien Fettsäuren sogar mehr als $50^0/_0$ betragen. Die Specköle scheinen weniger „Stearin" und jedenfalls weniger freie Fettsäuren als die Fleischöle zu enthalten. Die Jodzahl eines Waltranes wird davon abhängig sein, ob und in welchem Grade das „Stearin" entfernt ist. Aber vor allem scheint die Jodzahl von der Walart abzuhängen.

Nach der Art ihrer Nahrung teilt man die Wale in:

1. Planktonwale (Biscayerwal, grönländischer Wal, Blauwal [Balaenoptera sibbaldii], Seiwal [Balaenoptera borealis und Megaptera Boops]);

2. tintenfischjagende Wale (Entenwal, Cachelot und Grindewal[1]) [Globiocephalus melas]);

3. fischjagende Wale (Finnfisch, Balaenoptera rostrata und die Delphine) ein.

Bezüglich der zweiten Gruppe ist bekannt, daß der Entenwal und

---

[1] Norwegischer Name, gewöhnlicher schwarzer Delphin?

der Cachelot flüssige Wachse enthalten; das gleiche gilt für das Kopföl der dritten Gruppe.

Bei der ersten Gruppe dürfte der kleine Krebs Calanus finmarchicus zu gewissen Jahreszeiten die Hauptnahrung ausmachen. Dieser Krebs enthält nach Verfassers Untersuchungen große Mengen eines intensiv rot gefärbten flüssigen Wachses.

Dieses auf verschiedene Weise gewonnene Wachs enthält ca. 43 bis 58 % mit Kali Unverseifbares und ca. 52·7—55·65 % Fettsäuren. Die Jodzahl des Wachses liegt zwischen 127 und 163, diejenige des Unverseifbaren zwischen 66·1 und 89·8, die der freien Fettsäuren zwischen 165 und 182. Die Verseifungszahl schwankt zwischen 105·8 und 119·4.

Scoresby fand den Magen des grönländischen Wales von kleinen Krebsen ganz angefüllt. Man darf wohl folgern, daß die stark ungesättigten Fettsäuren dieser Nahrung sich in dem Fette des Wales vorfinden wird. Daß die große Menge des Unverseifbaren nahezu verschwunden ist, ist eine Tatsache, zu der man analoge Fälle aufweisen kann. Es ist nun sehr bemerkenswert, daß aus dem echten Südwaltran 19·5% einer Fettsäure isoliert werden konnten (Bull), deren Jodzahl 315·6 war, während 10 Proben Waltran anderer Provenienz nur 4·3—8·8% solcher Fettsäuren (mit Jodzahlen von 226—300) ergaben; die große Mehrzahl jener Proben entstammte jedenfalls dem Finnfisch, also einem fischjagenden Wale. Wie wir später sehen werden, haben auch die übrigen Öle dieser Gruppe niedrige Jodzahlen. Den vorstehenden Ausführungen nach ist es höchst wahrscheinlich, daß alle Trane von Planktonwalen höhere Jodzahlen besitzen als diejenigen der fischjagenden Wale. Diese Verhältnisse bedürfen indessen noch eines eingehenden Studiums.

Über die Fettsäuren liegen folgende Angaben vor:

Schmelzpunkt. Jean: 27⁰ C.; Schweizer und Lungwitz: 14⁰ bis 18⁰ C.; Bull und Koch: 26·5⁰ C.; 33·5⁰ C.

Erstarrungspunkt (Titer). Lewkowitsch: 22·9⁰—23·9⁰ C.

Spezifisches Gewicht bei 100⁰ C. Archbutt: 0·8922 (Wasser 100⁰ C. = 1).

Jodzahl. Schweizer und Lungwitz: 130·3—132.

Jodzahl der flüssigen Fettsäuren. Clapham: 144·7.

Über die Fettsäuren des Waltranes (Verseifungszahl 188, Jodzahl 104) hat Verfasser einige Untersuchungen ausgeführt. Von festen Fettsäuren wurde nur Palmitinsäure gefunden und von Säuren der Ölsäurereihe Erucasäure, Gadoleïnsäure(?), Ölsäure und außerdem eine neue Säure, die Margarolsäure[1]) $C_{17}H_{32}O_2$ mit in Äther sowie in Alkohol

---

[1]) Säurezahl: 206·3 und 211·1; Jodzahl 92·1 (Theorie: 209·0 und 94·8); mit Kaliumpermanganat eiskalt in alkal. Lösung oxydiert: Dioxysäure $C_{17}H_{32}(OH)_2O_2$ vom Schmelzpunkt 121⁰—122⁰ C. in reinweißen aber etwas matten Kristallen.

$C_{17}H_{32}(OH)_2O_2$ Berechnet: 67·47 % C.   11·36 % H.

Gefunden: 67·22 %; 68·05 % C. 11·56 %; 11·30 % H.

sehr schwer löslichem Bariumsalz. Die Säure erstarrt bei etwa -8^0 C. und findet sich auch im Heringsöl.

Da nach den bisherigen Versuchen alle Waltrane — sowie die Fettsäuren aus denselben — Bromide geben, welche in Äther unlöslich sind und bei 200^0 C. noch nicht schmelzen, so scheinen dieselben einen meist geringen Prozentsatz an Fettsäuren $C_nH_{2n-8}O_2$ oder $C_nH_{2n-10}O_2$ zu enthalten.

Zurzeit vermag man Waltran nicht scharf von anderen Tranen, z. B. Robbentranen, zu unterscheiden. Die Menge des Unverseifbaren scheint jedoch bei ersteren größer zu sein[1] (1·36—1·54) als bei den letzteren (0·6 und 0·65)[2]; Geruch und Geschmack geben indessen einen sicheren Aufschluß; die Bestimmung der Bromide dürfte in Verbindung mit der Jodzahlbestimmung zu empfehlen sein; bei Südwaltran dürften hier interessante Tatsachen zu erwarten sein. Der Nachweis von Harzöl geschieht durch Ermittelung des Unverseifbaren.

3. Delphintran.

Oleum Delphini. — Huile de dauphin. — Dolphin oil, Blackfish oil. — Olio di delfino.

Der aus dem ganzen Körper des schwarzen Delphins, Delphinus globiceps *Lam.* (Globicephalus melas?) gewonnene Tran ist nach Schädler blaßgelb und scheidet beim Stehen bei 3^0—5^0 C. Cetin (Palmitinsäure-Cetylester) aus. Der flüssige Anteil enthält viel Valeriansäuretriglycerid. Bull fand unter den flüssigen Fettsäuren des Körperöles $14·3^0/_0$ einer Säure mit der Säurezahl 313·2 und der Jodzahl 285·4. Hieraus berechnen sich etwa $4·7^0/_0$ Valeriansäure und $9·6^0/_0$ einer stark ungesättigten Säure; ferner fand er im Körperöl $2·01^0/_0$ mit Nation Unverseifbares.

	Körperöl		Kinnbackenöl
Reichertsche Zahl		5·6	65·92
Hehner-Zahl		93·07	66·28
Verseifungszahl	203·4	197·3	290
Jodzahl	126·9	99·5	32·8
Spez. Gew. bei 15^0 C.	0·9266		
	(Bull)	(Moore)	(Moore)

Aus den Kinnbacken gewinnt man den Delphinkinnbackentran, Blackfish jaw oil. Derselbe ist strohgelb, dünnflüssig, klar, von nicht unangenehmem Geruch und zeichnet sich durch einen hohen Gehalt an flüchtigen Fettsäuren aus. Dieses Öl ist ein geschätztes Schmieröl für feine Maschinen, Uhren usw.

---

[1]) Verfasser.
[2]) Fahrion fand in einem gelblichroten norweg. Waltran (bloß) $0·65^0/_0$
     „   „   „   „   gelblichbraunen „   „ $1·26^0/_0$
     „   „   „   „   braunen   „   „ $1·37^0/_0$
Thomson u. Ballantyne fanden in hellem „   „ $1·22^0/_0$
Lewkowitsch fand in raffinierten Ölen . . . . $0·92$—$3·72^0/_0$

Bull und Sörvig haben Öle aus dem Schwertfisch, Orca gladiator, untersucht, und zwar aus dem Bauch-, Rücken- und Oberkieferspeck:

	Säurezahl	Verseifungszahl	Jodzahl	Reichertsche Zahl
Bauchspeck	0·63	211·9	86·4	13·8
Rückenspeck	0·78	208·5	91·7	12·1
Oberkieferspeck . . .	0·89	257·8	63·3	43·7

4. Meerschweintran.

Braunfischtran. — Huile de marsouin. — Porpoise oil. — Olio di porco marino.

	Spezifisches Gewicht °C.	Verseifungszahl	Jodzahl	Reichertsche Zahl	Hehner-Zahl	Temperaturerhöhung bei d. Maumenéschen Probe	Beobachter
Körperöl	15 0·9258	195	119·4	—	—	—	Bull
	— —	—	—	23·45	—	—	Steenbuch
	15·5 0·9256	216—218·8	—	11—12	—	50	Allen
	16 0·937	—	—	—	—	—	Chevreul
	99 0·8714	—	—	—	—	—	Allen
Kinnbackenöl (filtriert)	— —	253·7	49·6	47·77	72·05	—	} Moore [1]
	— —	272·3	30·9	56	68·41	—	
	15 0·9258	269·3	21·5	—	—	—	Bull
	— —	—	—	65·8	—	—	Steenbuch
Kinnbackenöl (nicht filtriert)	} — —	143·9	76·8	2·08	96·5	—	Moore

Der aus dem ganzen Leib des Meerschweines oder Braunfisches, Delphinus phocaena, *Linn* (oder Phocaena communis) ausgekochte Tran ist blaßgelb bis braun und enthält Physetölsäure (?), Ölsäure, Valeriansäure, Palmitinsäure und Stearinsäure.

Wie beim Delphintran ist der Kinnbackentran verschieden vom Körperöl, indem ersterer beträchtliche Mengen flüchtiger Fettsäuren und Fettalkohole enthält.

Aus einem Kieferöle isolierte Bull 16·4 $^0/_0$ mit Natron Unverseifbares und 21·1 $^0/_0$ einer Säure mit der Säurezahl 367·8 und der Jodzahl 31·3. Dieses Öl, welches einer Raffinerie in New Bedford entstammte, war in jedem Verhältnisse in Alkohol löslich und dürfte daher mittelst Alkohol gereinigt worden sein.

Ein Körperöl aus der gleichen Fabrik enthielt 3·7 $^0/_0$ mit Natron Unverseifbares und 19·48 $^0/_0$ Fettsäuren mit der Jodzahl 322·5 und der Säurezahl 191·4. Versetzt man eine Probe des Kieferöles mit dem gleichen Volumen doppelt normalen Natriumalkoholates, so entwickelt sich sofort der intensive Geruch von Valerian- (oder Butter?) -säureester, woran alle Delphinkieferöle kenntlich sind.

Raffiniertes Kieferöl dient als unübertroffenes Schmiermittel für Chronometer und feine Maschinenbestandteile.

Nach Henriques und Hansen [2] ist das äußere Hautfett reicher an flüchtigen Fettsäuren als das innere.

---

[1] Journ. Soc. Chem. Ind. 1890. 9. 331.
[2] Skand. Arch. f. Physiol. 1900. 11.

III. Feste, tierische Fette.

Die festen, tierischen Fette lassen sich in zwei Gruppen teilen, in die Milchfette und in die eigentlichen Körperfette. Beider Beschaffenheit ist von der Nahrung des Tieres nicht unbeeinflußt, die Zusammensetzung der Körperfette außerdem noch von der Lage im Körper abhängig.

A. Milchfette.

1. Kuhbutterfett.

Milchfett. — Beurre de vache. — Butter fat. — Burro di vacca.

Das Butterfett ist in der Milch der Kühe in Form kleiner, mit dem Wasser und den übrigen Milchbestandteilen emulgierter Fettkügelchen enthalten. Bei ruhigem Stehen oder durch Ausschleudern mittels Zentrifugalmaschinen scheidet sich der Rahm ab, welcher das Fett angereichert enthält. Aus diesem wird durch Schlagen in Buttermaschinen, deren einfachste durch das Butterfaß repräsentiert wird, die Butter gewonnen.[1] Bei diesem Vorgang ballen sich die Fettkügelchen zusammen. Sie werden dann von der Buttermilch getrennt und durch Kneten unter Wasser in Knetmaschinen von den übrigen Milchbestandteilen, dem Caseïn, Milchzucker, verschiedenen Salzen usw. gereinigt.

Von den Theorien über das Buttern sei die von Siedel[2] angeführt. Die kleinen, in der Milch suspendierten Fettröpfchen werden durch das Schlagen und Stoßen einander genähert, so daß sie sich zu immer größeren Häufchen zusammenballen. Durch das Schlagen wird die physikalische Beschaffenheit der Milch geändert. Die Oberflächenspannung wird geringer, die Milch zähflüssiger. Infolgedessen können die zu Häufchen vereinigten Fettröpfchen dem Schlage schwer ausweichen und vereinigen sich leichter zu größeren Tropfen, die fest werden, sobald sie eine bestimmte Größe erreicht haben. Die festgewordenen Tropfen rufen infolge ihrer besonderen Anziehungskraft auf die übrigen Milchbestandteile eine Veränderung der Flüssigkeit hervor.

Der Gehalt der Milch an Fett ist von verschiedenen Umständen abhängig. Es spielt hierbei die Rasse, das Alter, der Gesundheitszustand, die Nahrung und die seit der Geburt verstrichene Zeit, die Lactationsperiode, eine Rolle.

Der Fettgehalt der Milch beträgt 3—6 %, meist jedoch 3—4 %.

Spindler untersuchte Milchproben, welche den ungewöhnlich hohen Fettgehalt von 6·4 g in 100 ccm zeigten.

Teyxeira[3] fand in Milch, welche aus Ställen der Stadt stammte, mehr Fett als in Milch aus Ställen des Landes.

Der Fettgehalt der Milch ist zu Beginn des Melkens am kleinsten

---

[1] Butterpulver ist mit Curcuma gefärbtes Kaliumbitartrat oder Natriumbicarbonat, welches angeblich das Buttern erleichtern soll.

[2] Hildesheimer Molkerei-Zeitg. 1902. Nr. 28; siehe auch Hesse, Milch-Zeitg. 1902. 31. 737.

[3] Staz. sperim. agrar. ital. 1906. 39. 706.

und steigt bis gegen Ende (Ackermann[1]). Die Abendmilch zeigt einen größeren Fettgehalt als die Morgenmilch (Richmond[2]). 13936 Proben gaben im Durchschnitt:

Morgenmilch . . . 3·53 %,
Abendmilch . . . 3·91 % Fett.

Ferner ist der Fettgehalt der Milch auch von der Jahreszeit abhängig.

Richmond[3]) zeigte durch die Untersuchung von mehreren Tausend Milchproben der Aylesbury Dairy Company in London, daß Kuhmilch im Winter einen größeren Fettgehalt aufweise als im Sommer. Sherman[4]) kam durch eine über fünf Jahre sich erstreckende Versuchsreihe, die er mit der Abendmischmilch einer aus 600 Kühen bestehenden amerikanischen Milchherde vornahm, zu demselben Resultate.

Er erhielt folgende Durchschnittswerte:

Januar . . . 5·57 % Fett		Juli . . . . 5·24 % Fett	
Februar . . . 5·52 „ „		August . . . 5·26 „ „	
März . . . . 5·46 „ „		September . 5·33 „ „	
April . . . . 5·42 „ „		Oktober . . . 5·36 „ „	
Mai . . . . 5·40 „ „		November . . 5·38 „ ··	
Juni . . . . 5·33 „ „		Dezember . . 5·52 „ „	

Durchschnitt 5·42 % Fett.

Der Prozentgehalt an Fett erreichte also im Juli ein Minimum, im Januar ein Maximum.

Nach Ujhelyi[5]) hängen diese jahreszeitlichen Schwankungen mit der Zeit des Kalbens zusammen, welches gewöhnlich im Frühjahr stattfindet.

In dieser Zeit ist die Milch am dünnsten und wird erst im Herbst beim Trockenwerden der Kühe wieder besser.

Fettreiche Nahrung erhöht den Fettgehalt der Milch (Soxhlet).

Die Butter kommt in den Handel:

1. als Streichbutter; diese enthält 10—20 % Milchteile, in Mittel- und in Norddeutschland ist ihr meistens Kochsalz zugesetzt;

2. als Kochbutter, eine geringe Sorte Streichbutter, welche meistens aus kleineren Betrieben stammt, oder durch langes Lagern gelitten hat;

3. als Pack- oder Faktoreibutter; diese wird durch Vermischen verschiedener Buttersorten für den Export hergestellt; meistens werden dabei größere Mengen Salz und Wasser eingeknetet;

4. als Butterschmalz (Schmelzbutter, Rindschmalz); dasselbe wird dadurch erhalten, daß man Butter so lange in geschmolzenem Zustande bei möglichst niedriger Temperatur erhält, bis sich das Wasser und die Eiweißkörper abgeschieden haben; das klare Fett wird abgezogen und filtriert. Da die Milchteile, welche

---

[1]) Chem. Zeitg. 1901. 25. 1160.
[2]) The Analyst 1901. 26. 310 u. 1902. 27. 240.
[3]) The Analyst 1899. 24. 197.
[4]) Journ. Amer. Chem. Soc. 1906. 28. 1719.
[5]) Milchwirtschaftl. Centralbl. 1906. 2. 303.

Butterfett.

Spezifisches Gewicht bei	Erstarrungspunkt °C.	Schmelzpunkt °C.	Verseifungszahl	Jodzahl	Hehner-Zahl	Reichert-Meißlsche Zahl	Refraktometeranzeige in Zeiß' Butterrefraktometer	Brechungsindex	Kritische Lösungstemperatur °C.	Beobachter
15° C. 0·936—0·940	—	—	—	—	—	—	—	—	—	Hager
0·9270	—	—	—	—	—	—	—	—	—	Winter-Blyth
0·926	—	—	—	—	—	—	—	—	—	Casamajor
37·8° C. 0·911—0·913	—	29·5—34·7	—	—	—	—	—	—	—	Bell
$\frac{100°C.}{100°C.}$ 0·9094—0·9140	—	—	—	—	—	—	—	—	—	
$\frac{40°C.}{15·5°C.}$ 0·9041	—	—	—	—	—	—	—	—	—	Königs
$\frac{100°C.}{15°C.}$ 0·865—0·868	—	—	—	—	—	—	—	—	—	
$\frac{99°C.}{15·5°C.}$ 0·8677	—	—	—	—	—	—	—	—	—	
$\frac{100°C.}{15°C.}$ 0·867—0·870	—	—	—	—	—	25—30·4	—	—	—	Allen
$\frac{100°C.}{100°C.}$ 0·9099—0·9132	—	—	—	—	—	—	—	—	—	
$\frac{100°C.}{100°C.}$ 0·901—0·904	—	—	—	—	—	—	—	—	—	Wolkenhaar
„ 0·9105—0·9138	—	—	—	—	—	—	—	—	—	Muter
—	19·5 bis 25·5	31·0—32·5	—	—	—	—	—	—	—	Wimmel
—	20—23	28—33	225 bis 230	28—32	—	—	—	bei 60° C. 1·445 bis 1·448	—	Thörner
—	—	29·4—33·3	—	—	—	—	—	—	—	Cameron
—	—	33·1	229·7	36·6	87·2	—	bei 40° C. 43·4	—	—	Pastrovich
—	—	—	227	—	—	—	—	—	—	Köttstorfer
—	—	—	221·5 bis 223·4	—	—	—	—	—	—	Valenta u. a.
—	—	—	221 bis 225	—	—	—	—	—	—	Seyda u. Woy
—	—	—	220 bis 245	—	—	—	—	—	—	Fischer
$\frac{100°C.}{100°C.}$ 0·8665	—	31·0—31·5	227·7	—	88·6	24·0	—	—	—	Strohmer

—	—	—	—	—	26·0 bis 35·1	—	—	—	—	—	v. Hübl
—	—	—	—	—	32·8 bis 38·0	—	—	—	—	—	Moore
Sehr alte Butter	—	—	—	—	19·5 (?)	—	—	—	—	—	
—	—	—	—	—	25·7 bis 37·9	—	—	—	—	—	Woll
Mittel aus 56 Proben	—	—	—	—	33·32	—	—	—	—	—	
—	—	—	—	—	33	—	—	bei40⁰ C. 40·5	—	—	Beckurts u. Seiler
—	—	—	—	—	—	86·5 bis 87·5	—	—	—	—	Hehner
—	—	—	—	—	—	bis 90	—	—	—	—	Fleischmann u. Vieth
—	—	—	—	—	—	88·08	—	—	—	—	West Knights
—	—	—	—	—	—	—	25·4 bis 31·5	bei 40⁰ C. 41·6—44·4 zumeist 43·0	—	—	Mansfeld
—	—	—	—	—	—	—	27·23 bis 31·79	—	—	—	Prager u. Stern
—	—	—	—	—	—	—	26—31	—	—	—	Sendtner
—	—	—	—	—	—	—	26·1 bis 32·78	—	—	—	Seiler u. Heuß
Niederländische Butter, insbesondere Herbstbutter	—	—	—	—	—	—	auch unter 25	—	—	—	van Rijn
—	—	—	—	—	—	—	—	bei 35⁰ C. 44·8—47 im Mittel 46	—	—	Besana
—	—	—	—	—	—	—	—	bei 40⁰ C. 40·5—44	—	—	Delaite
—	—	—	—	—	—	—	—	—	—	99—101	Crismer
—	—	—	—	—	—	—	—	bei 40⁰ C. 41·3—41·7	bei 40⁰ C. 1·4533 bis 1·4536	—	Utz

Butterfett, unlösliche Fettsäuren.

Erstarrungs-punkt	Schmelz-punkt	Versei-fungs-zahl	Jod-zahl	Acetyl-zahl	Brechungs-exponent bei 60 ° C.	Beobachter
35·8 ⁰ C.	38 ⁰ C.	—	—	—	—	v. Hübl
37·5⁰—38⁰ C.	—	—	—	—	—	Pariser Laborat.
33⁰—35 ⁰ C.	38⁰—40⁰ C.	210—220	28—31	—	1·437—1·439	Thörner
37·4 ⁰ C.	—	—	—	11·5	—	Pastrovich
—	Anfang des Schmelzens: 41⁰—43⁰ C. Ende des Schmelzens: 43⁰—45⁰ C.	—	—	—	—	Bensemann
—	—	—	—	9·6	—	Wachtel
—	—	—	—	18·2 (?)	—	Bondzyński u. Rufi
—	39·1—40·0	—	—	—	—	Strohmer

eine Hauptursache der geringen Haltbarkeit der Butter sind, entfernt worden sind, ist das Butterschmalz sehr lange haltbar;

5. als Prozeß- oder Renovated-Butter;[1]) dieselbe wird aus alter Butter in der folgenden Weise gewonnen: Die ranzige Butter wird zunächst mit Natriumbicarbonat zur Neutralisation der freien Säure versetzt und dann so lange mit lauwarmem Wasser gewaschen, bis das überschüssige Alkali und die gebildete Seife entfernt ist. Das Butterschmalz wird hierauf mit Wasser oder mit Milch zusammengebracht und durchgeblasen; das rahm-artige Gemisch wird durch Einspritzen von Eiswasser abgekühlt, und die abgekühlte Masse wie gewöhnliche Butter geknetet und gesalzen.

Nach Heß und Doolittle[2]) unterscheidet sich die Prozeßbutter von der frischen Butter durch das Gerinnsel, welches sich beim Auf-schmelzen bildet. Dieses ist bei der Naturbutter gleichmäßig und nicht körnig, bei der Prozeßbutter dagegen flockig und körnig. Naturbutter schmilzt, über einer Pfanne erhitzt, unter ruhigem Schäumen ein, während Prozeßbutter stößt und spritzt. Bei gelinder Temperatur kann man beobachten, daß Naturbutter klar abschmilzt, während Prozeßbutter vollständig undurchsichtig wird.

Zusammensetzung.

Nicht geschmolzene Marktkuhbutter enthält nach König[3]) unter normalen Verhältnissen (Mittel von 351 Analysen):

Fett . . . . . . 83·70 % | Milchzucker . . . 0·5 %
Kaseïn . . . . . 0·76 „ | Salze . . . . . . 1·59 „
Wasser . . . . . 13·45 %.

Doch schwankt die Zusammensetzung, von der Bereitungsweise abhängig, sehr bedeutend; der Fettgehalt schwankt zwischen 70 und 91 %, der Wassergehalt im allgemeinen zwischen 8 und 18 %.

---

[1]) Chem. Rev. üb. d. Fett- u. Harz-Ind. 1901. 8. 9.
[2]) Journ. Amer. Chem. Soc. 1900. 22. 3.
[3]) Chemie der menschlichen Nahrungs- u. Genußm. 4. Aufl. Bd. II. 1904.

Gesalzene Butter enthält zumeist bis zu $3\,^0/_0$ Kochsalz, Dauerbutter, welche langes Lagern aushalten soll, häufig mehr. Der Kochsalzgehalt ist im allgemeinen sehr verschieden, da er durch die Geschmacksrichtung der Konsumenten beeinflußt wird.

Die Fettsäuren des Butterfettes bestehen der Hauptmasse nach aus Stearin-, Palmitin- und Ölsäure, nach neueren Untersuchungen sind auch Myristin- und Laurinsäure Hauptbestandteile. Ferner sind im Butterfett Essigsäure, Buttersäure, Capronsäure, Caprylsäure, Caprinsäure und Arachinsäure nachgewiesen worden. Bondzynski und Rufi[1]) haben darin auch Oxyfettsäuren gefunden.

Wanklyn[2]) glaubte, daß der feste Anteil der Butterfettsäuren nicht aus Stearinsäure und Palmitinsäure, sondern vornehmlich aus Aldepalmitinsäure $n(C_{16}H_{30}O_2)$ bestehe, eine Annahme, welche jedoch bisher noch nicht bewiesen werden konnte.

Der Ölsäuregehalt der Butter wird von Asbóth[3]) mit 32·32 bis $37\cdot4\,^0/_0$ angegeben.

Zu einem auffallenden Resultate kamen Partheil und Ferié[4]) welche die Fettsäuren des Butterfettes nach der Lithiummethode (siehe Seite 179) zu identifizieren suchten. Sie fanden in zwei Butterproben mit den Jodzahlen 35·24 und 36·43 und den Reichert-Meißlschen Zahlen 33·1 und 28·6:

Stearinsäure . . . 6·62 resp. $10\cdot49\,^0/_0$	Laurinsäure . . . 16·40 resp. $14\cdot88\,^0/_0$
Palmitinsäure . . 18·24 „ 14·45 „	Ungesättigte Säuren 30·67 „ 33·14 „
Myristinsäure . . 11 08 „ 11·88 „	Davon höher unges. 5·70 „ 4·15 „

Auffallend ist die relativ geringe Menge Stearinsäure und die große Menge Myristinsäure, sowie der höher als Ölsäure ungesättigten Fettsäuren. Dieses Resultat bedarf noch der Bestätigung.

Auch Siegfeld[5]) kommt auf Grund der Molekulargewichtsbestimmung der unlöslichen Fettsäuren zu dem Schlusse, daß das Butterfett Myristinsäure und zwar in einer Menge von $22\cdot94$—$30\cdot7\,^0/_0$ (4 Proben) enthalte, dagegen keine oder nur sehr wenig Stearinsäure.

Gemischte Glyceride. Nach Bell dürfte die Butter gemischte Ester des Glycerins enthalten. Extrahiert man Butterfett mit heißem Alkohol, so geht einFett (2—$3\,^0/_0$ vom Gewichte der Butter) in Lösung, welches bei $15\cdot5^0$ C. schmilzt und 13—$14\,^0/_0$ löslicher neben 79—$80\,^0/_0$ unlöslichen Fettsäuren enthält. Mischt man der Butter hingegen Tributyrin zu, so läßt sich dasselbe vollständig mit Alkohol extrahieren.

Der niedrige Schmelzpunkt des extrahierten Fettes rührt nicht von einem höheren Ölsäuregehalt her, da die Fettsäuren desselben höher

---

[1]) Zeitschr. f. analyt. Chem. 1891. 30. 1.
[2]) Chem. News 1891. 63. 73.
[3]) Chem. Zeitg. 1896. 20. 91.
[4]) Arch. d. Pharm. 1903. 241. 545.
[5]) Milchwirtsch. Centralbl. 1907. 3. 288. — Chem. Zeitg. Rep. 1907. 31. 411.

als die Butterfettsäuren schmelzen. Diese Tatsachen bekräftigen **Bells** Annahme, daß wahrscheinlich ein Oleopalmitobutyrat vorliegt.

In Übereinstimmung damit haben **Blyth** und **Robertson**[1]) aus der Butter ein kristallinisches Glycerid von der Formel

$$C_3H_5(C_4H_7O_2)(C_{16}H_{31}O_2)(C_{18}H_{35}O_2)$$

abgeschieden.

Flüchtige Fettsäuren. Besonders charakteristisch für die Butter ist ihr außergewöhnlich hoher Gehalt an Glyceriden der flüchtigen Fettsäuren. Sie nimmt dadurch eine Ausnahmestellung unter den Fetten ein. Unter den tierischen Fetten enthalten nur einige Trane, unter den pflanzlichen insbesondere das Cocosfett und das Palmkernöl beträchtliche Mengen an Glyceriden flüchtiger Fettsäuren.

Duclaux[2]) fand in acht Buttersorten $2 \cdot 08 — 2 \cdot 26\,^0/_0$ Capronsäure und $3 \cdot 38 — 3 \cdot 60\,^0/_0$ Buttersäure.

Henriques[3]) fand in Butter von normaler **Reichert-Meißlscher** Zahl $5 — 6\,^0/_0$ und in Butter von anormaler **Reichert-Meißlscher** Zahl $4 — 5\,^0/_0$ flüchtiger und löslicher Fettsäuren mit einem mittleren Molekulargewichte von $93 \cdot 3 — 99 \cdot 8$.

Farnsteiner[4]) konstatierte $5 \cdot 4 — 5 \cdot 5\,^0/_0$ flüchtige Fettsäuren mit einem mittleren Molekulargewichte von $97 \cdot 6 — 100 \cdot 5$.

Die Resultate von **Henriques** und **Farnsteiner** stimmen mit denen von **Duclaux** gut überein; wesentlich höher ist der Gehalt an flüchtigen Fettsäuren nach folgenden Angaben von **Violette**; diese Zahlen sind aber weniger wahrscheinlich, da die Methode, nach der sie gefunden worden sind, nicht einwandfrei ist.

Violette[5]) gibt die Zusammensetzung einer Anzahl von Butterproben wie folgt an:

Glyceride	Gute Buttersorten			Mindere Buttersorten				
	I $^0/_0$	II $^0/_0$	III $^0/_0$	IV $^0/_0$	V $^0/_0$	VI $^0/_0$	VII $^0/_0$	VIII $^0/_0$
Butyrin	6·94	6·09	6·28	5·76	5·28	5·49	5·45	5·00
Caproïn	4·06	3·58	3·70	3·39	3·09	3·23	3·10	2·94
Glyceride anderer flüchtiger Fettsäuren	3·06	3·22	2·96	3·16	3·06	2·53	3·16	3·15
Glyceride nichtflüchtiger Fettsäuren	85·98	86·62	86·60	86·93	88·10	88·10	87·60	88·42

Andere Bestandteile. Reines Butterfett enthält außerdem geringe Mengen von Farbstoff, Cholesterin, Phytosterin und Lecithin.

---

[1]) Chem. Zeitg. 1889. 13. 128.
[2]) Compt. rend. 1886. 102. 1022.
[3]) Chem. Rev. üb. d. Fett- u. Harz-Ind. 1898. 5. 169.
[4]) Chem. Rev. üb. d. Fett- u. Harz-Ind. 1898. 5. 195.
[5]) Journ. Soc. Chem. Ind. 1890. 9. 1157.

Die unverseifbaren Bestandteile des Butterfettes bestehen zum größten Teil aus Cholesterin. Bömer fand in 7 Proben 0·3116 bis 0·4066 $^0/_0$ Rohcholesterin, im Mittel 0·3512 $^0/_0$, Kirsten[1]) in 19 Proben 0·35—0·51 $^0/_0$, Huwart[2]) 0·33—0·44 $^0/_0$. Das Alter der Kühe hat gar keinen oder nur geringen Einfluß auf den Cholesteringehalt der Butter. Dagegen ist dieser bei Beginn der Lactationsperiode kleiner als gegen Ende.

Ein Phytosteringehalt der Butter ist infolge der Pflanzennahrung nach Kirsten nicht ausgeschlossen, aber unwahrscheinlich.

Der Lecithingehalt der Butter, aus dem Phosphorsäuregehalte berechnet, wird von Wrampelmeyer[3]) zu 0·017 $^0/_0$ angegeben, während er nach den Bestimmungen von Schmidt 0·15—0·17 $^0/_0$ betragen soll. Pollatschek[4]) fand sogar in 3 Proben durchschnittlich 0·38 $^0/_0$ (?) Lecithin.

Nach Jaeckle[5]) enthält das reine Fett frischer Butter gar kein Lecithin. Da in der Milch größere Mengen Lecithin vorhanden sind, nimmt er an, daß das Lecithin in der Milch an Eiweißstoffe gebunden ist und in dieser fettunlöslichen Form in die Butter übergeht. Bei beginnendem Ranzigwerden werden geringe Mengen Lecithin frei und können, da sie fettlöslich sind, nach Isolierung des Butterfettes in diesem gefunden werden. Jaeckle fand in den Fetten älterer Tafel- und Kochbutter 0·0035—0·0135 $^0/_0$ Lecithin.

Schließlich ist im Unverseifbaren noch ein gelber Farbstoff enthalten.

Butterfett enthält auch in frischem Zustande freie Fettsäuren (s. Bestimmung des Säuregehaltes).

Frische Kuhbutter besteht, wie die mikroskopische Betrachtung lehrt, aus durchsichtigen, vollkommen runden Fettkügelchen. In älterer Butter hat Hassal Kristalle gefunden. Man nimmt dieselben nach Mylius[6]) am besten wahr, wenn man das Fett im Polarisationsmikroskope bei gekreuzten Nicols betrachtet, wobei nur die Kristalle in dem sonst dunklen Gesichtsfelde hell beleuchtet erscheinen.

Das Erstarren geschmolzener Butter geht nicht ganz gleichmäßig vor sich, sondern es findet dabei eine Art fraktionierter Kristallisation statt. Die an den Wandungen der Gefäße liegenden, zuerst erstarrenden Anteile haben eine etwas andere Zusammensetzung als die im Innern befindlichen, länger flüssig bleibenden. Beim Erstarren größerer Mengen Schmelzbutter geht diese Entmischung zuweilen so weit, daß sich daraus ein Öl, das „Butteröl", abscheidet, welches man auch erhält, wenn man geschmolzene Butter bei 20° C. erstarren läßt und abpreßt.

Blyth und Robertson haben aus Butterfett 45·5 $^0/_0$ Butteröl und 54·5 $^0/_0$ festes Fett gewonnen.

---

[1]) Zeitschr. f. Unters. d. Nahrungs- u. Genußm. 1902. 5. 833.
[2]) Les corps gras ind. 1904. 30. 194.
[3]) Chem. Zeitg. Rep. 1893. 17. 160; nach Landw. Versuchsstat. 1893. 42. 437.
[4]) Chem. Rev. üb. d. Fett- u. Harz-Ind. 1904. 11. 28.
[5]) Zeitschr. f. Unters. d. Nahrungs- u. Genußm. 1902. 5. 1062.
[6]) Ber. d. deutsch. chem. Ges. 1879. 12. 270.

Beim Liegen der Butter an der Luft tritt anfänglich häufig der Geruch nach Buttersäureäther auf, später nimmt die Butter den Geruch des Talges und dessen weiße Farbe an.

Die Farbe der Butter ist unter anderem besonders von der Jahreszeit abhängig. Winterbutter ist beinahe weiß, Sommerbutter (sog. Grasbutter) gelb.

Zusätze und Verfälschungen.

Die Zusätze, welche zur Butter gemacht werden, sind sehr verschiedener Natur:

Als grobe Verfälschungen sind Ton, Kreide, Gips, Stärke, Mehl, Kartoffelbrei, zerriebener, weißer Käse usw. nachgewiesen worden.

Besonders häufig ist die Verfälschung durch künstliche Erhöhung des Wassergehaltes; die sog. Packbutter enthält bis zu 40 $^0/_0$ Wasser. Zur leichteren Bindung des Wassers mischt man zuweilen auch Caseïn, Borax, Wasserglas, Alaun bei.

Um die Butter haltbarer zu machen, werden ihr außer Kochsalz manchmal auch noch Borsäure, Salicylsäure oder Formaldehyd zugesetzt.

Zum Gelbfärben verwendet man die sog. Butterfarben (s. Seite 258 u. 944). Die künstliche Färbung der Butter ist eine Unsitte, gegen die, da sie allgemein gebräuchlich ist, nicht eingeschritten werden kann. Gleichwohl kann es Fälle geben, wo auch die künstliche Färbung mit unschädlichen Farbstoffen als Fälschung aufzufassen ist, z. B. wenn garantiert frische Grasbutter durch alte, künstlich gefärbte Winterbutter ersetzt wurde.[1]

Die nicht fettartigen Zusätze können meist leicht qualitativ und quantitativ bestimmt werden.

Die wichtigste Verfälschung ist die mit fremden Fetten. Zur Verfälschung der Streichbutter dient die Margarine; zur Verfälschung der Schmelzbutter dienen alle billigen Fette: Talg, Schweinefett, Cocosfett, Oleomargarin usw. Das Vermischen von Streichbutter mit Margarine erfordert gewisse Einrichtungen, Knetvorrichtungen, die Margarine kann auch nur in Großbetrieben hergestellt werden, welche aber leicht kontrolliert werden können; es kann daher bewirkt werden, daß nur solche Margarine in den Handel kommt, die einen leicht nachweisbaren Stoff enthält, welcher Mischbutter sofort als solche kenntlich macht. (Über die diesbezüglichen Vorschläge siehe I. Teil S. 272.) In Österreich und Deutschland wurde nach dem Vorschlage von H. Bremer[2] das Sesamöl akzeptiert, da auch noch sehr geringe Mengen desselben mit Hilfe der Furfurolsalzsäurereaktion leicht nachgewiesen werden können. Das deutsche Margarinegesetz vom 15. Juni 1897 und das österreichische vom 20. Oktober 1901 bestimmen, daß in 100 Teilen der zur Herstellung

---

[1] Ver. z. einh. Unters. u. Beurt. v. Nahr.- u. Genußm. f. d. Deutsche Reich 1897. 98.

[2] Pharm. Wochenschr. 1897. 151.

der Margarine angewandten Fette mindestens 10 Teile Sesamöl enthalten sind.

Durch diese Gesetze ist ein ziemlich kräftiger Schutz gegen die Vermischung von Streichbutter mit Margarine geboten, allerdings nur gegen die Vermischung mit solcher Margarine, welche ordnungsgemäß, d. h. mit $10\,^0/_0$ Sesamöl hergestellt worden ist.

Der Nachweis der fremden Fette ist oft sehr schwierig.

Die Sesamölprobe und die Bestimmung des Brechungsindex eignen sich sehr gut dazu, verdächtige von nicht verdächtigen Proben zu trennen; das spezifische Gewicht läßt nur grobe Verfälschungen erkennen; die Hehnersche Zahl und die Köttstörfersche Zahl geben häufig eine gute Grundlage für die Beurteilung des Butterfettes, mit ihnen reicht man aber nicht aus, da nach Moore Gemenge aus Oleomargarin und aus Cocosnußöl hergestellt werden können, welche dieselbe Hehnersche und Köttstorfersche Zahl zeigen wie Butter. Die Reichert-Meißlsche Zahl an und für sich und insbesondere in Verbindung mit den Ergebnissen der vorhergenannten Methoden gibt in den meisten Fällen Aufschluß über die Reinheit einer Butter. Deuten die erhaltenen Resultate darauf hin, daß die Butter rein, aber anormal (siehe unten) sei, so muß dem Ursprung der Butter nachgeforscht und durch Untersuchung einer unter Kontrolle hergestellten Butter geprüft werden, ob diese Butter ähnliche anormale Werte zeigt, wie die untersuchte Butter.

Es werden immer wieder neue Methoden zur Untersuchung der Butter ausgearbeitet und vorgeschlagen, die Literatur darüber ist so angewachsen, daß eigene Spezialwerke[1]) darüber erschienen sind. Einige Methoden zur Prüfung des Butterfettes mögen als Vorproben in der Hand des minder Geübten insofern Wert haben, als sie eventuell die genauere Prüfung durch den Chemiker veranlassen können, andere seien hier wieder angeführt, weil sich aus ihnen vielleicht Verwendungen in der Fettanalyse überhaupt ergeben können. Endlich ist die Möglichkeit nicht ausgeschlossen, daß es der Kunstbutterfabrikation — nach Steenbuch vielleicht durch Beimischung von raffiniertem Meerschweintran, oder aber durch Zusatz von Triglyceriden flüchtiger Fettsäuren, falls diese hinreichend billig erzeugt werden könnten — gelingen wird, auch Produkte mit der richtigen Reichert-Meißlschen Zahl herzustellen. Dann wird man neben der Bestimmung dieser Zahl auch noch andere Prüfungen anstellen müssen. Die folgende Zusammenstellung macht keinen Anspruch auf Vollständigkeit.

Anormale Butter.

Es finden sich häufig Butterproben, welche, trotzdem sie zweifellos unverfälscht sind, in mancher Hinsicht bei der Prüfung Werte ergeben, welche sehr von denen normaler Butter abweichen. Es ist dies auf

---

[1]) Sell, Arb. a. d. Kais. Gesundheitsamte 1886. — Girard und Bevans, La Magarine. Paris 1888. — Besana Carlo: Sui Metodi a distinguere il burro artificiale dal burro naturale. Lodi 1888. — Zune, Traité général d'analyse des beurres, Paris 1892.

verschiedenartige teilweise noch nicht aufgeklärte Gründe zurückzuführen, z. B. auf die Fütterung. Diese Unregelmäßigkeiten erstrecken sich meist über mehrere physikalische und analytische Größen, z. B. auf das spezifische Gewicht, die Refraktometerzahl, die Reichert-Meißlsche Zahl, das Molekulargewicht der nichtflüchtigen, wasserunlöslichen Fettsäuren, die Verseifungszahl. Am auffälligsten ist gewöhnlich die Erniedrigung der Reichert-Meißlschen Zahl. (Siehe auch bei den einzelnen Konstanten.)

.   Solche Butter ist in Geschmack, Geruch und Konsistenz normal.

Letzteres hat seinen Grund darin, daß nach Kreis[1]) mit der Erniedrigung der Reichert-Meißlschen Zahl immer eine Erhöhung des Oleïngehaltes zusammenfällt, z. B. enthielt Butter

$$
\begin{array}{llll}
\text{mit der Reichert-Meißlschen Zahl } 19{\cdot}6 & 51{\cdot}5\,^{0}/_{0} \text{ Oleïn} \\
,,\quad\quad,,\quad\quad\quad,,\quad\quad\quad,,\ 22{\cdot}1 & 48{\cdot}0\,^{0}/_{0}\quad,, \\
,,\quad\quad,,\quad\quad\quad,,\quad\quad\quad,,\ 23{\cdot}7 & 45{\cdot}8\,^{0}/_{0}\quad,, \\
,,\quad\quad,,\quad\quad\quad,,\quad\quad\quad,,\ 25{\cdot}1 & 42{\cdot}5\,^{0}/_{0}\quad,, \\
,,\quad\quad,,\quad\quad\quad,,\quad\quad\quad,,\ 26{\cdot}7 & 43{\cdot}0\,^{0}/_{0}\quad,, \\
\end{array}
$$

Das Vorkommen derartiger Abweichungen von den normalen physikalischen und chemischen Konstanten hat schon vielfach zu Fälschungen Anlaß gegeben.

Untersuchung der Butter.

Probenahme.

Sehr wichtig ist die Probenahme. Die Proben müssen von verschiedenen Stellen des zu untersuchenden Gebindes genommen werden, von der Oberfläche, vom Boden und aus der Mitte. Die Menge der Gesamtprobe soll nicht unter 100 g betragen. Von der Gesamtprobe sind die zur Untersuchung erforderlichen Mengen so zu nehmen, daß sie der durchschnittlichen Zusammensetzung entsprechen; man nimmt zu diesem Behufe von möglichst vielen Stellen der zu untersuchenden Probe mit einem blanken Messer ohne Anwendung starken Druckes dünne Scheiben ab. Ist das Milchserum in der Butter in Form von größeren Tropfen enthalten, so erleidet man dabei leicht Verluste an Wasser. In diesem Falle empfiehlt es sich, die zu untersuchende Probe in einer Reibschale durch vorsichtiges Reiben gut zu vermischen; die Butter nimmt dabei eine salbenartige Konsistenz an, und das Wasser, von dem anfangs ein Teil ausgepreßt wird, wird sehr gleichmäßig in der Butter verteilt. Man kann auch die Butter in ein weithalsiges Stöpselglas bringen, dieses verschließen und in 40°—50° C. warmes Wasser setzen, bis die Butter dickflüssig geworden ist; dann bringt man das Glas in eine Schüttelmaschine und läßt die Butter unter fortwährendem Schütteln erstarren.

Die Untersuchung der Butter zerfällt in zwei Teile, von denen sich der erste mit der Bestimmung der Nichtfette (Wasser, Caseïn usw.), der zweite mit der Untersuchung des Fettes selbst befaßt.

---

[1]) Verhandl. d. Naturforschenden Gesellsch. in Basel 1898. 12. 108.

Bestimmung der Nichtfette.
Wasser.

Der Wassergehalt wird wie gewöhnlich durch Trocknen bei 100°—120°C. ermittelt. Nach den Vereinbarungen bayrischer Chemiker trocknet man unter öfterem Umrühren 6 Stunden bei 100°C., Vuaflart[1]) trocknet 24 Stunden bei 100°C. Nach Henzold[2]) trocknet man für die Wasserbestimmung die Probe durch 2 Stunden hindurch mit grobkörnigem Bimsstein, der das Fett aufsaugt.

Wimmel verfährt zur näherungsweisen Wasserbestimmung in der Butter wie folgt: 10 g Butter werden in 30 ccm mit Wasser gesättigtem Äther in einer Bürette gelöst, und die abgesonderte Wassermenge in ein enges, kubiziertes Glasrohr, welches 5 ccm gesättigter, mit einer geringen Menge Essigsäure angesäuerter Kochsalzlösung enthält, gebracht. Die Volumzunahme der wässerigen Schichte entspricht dem Wassergehalte der Butter und wird abgelesen.

Gerber verwendet zur annähernden Bestimmung des Wassergehaltes eigene graduierte Prüfer: in diese wird zunächst verdünnte Schwefelsäure gebracht und deren Volumen bei 15°C. bestimmt; darauf werden in den Prüfer ca. 5 g Butter gebracht, die Butter wird geschmolzen und mit der Säure kräftig durchgeschüttelt. Die Säure mischt sich mit dem Wasser und wird durch Zentrifugieren abgeschieden. Das Volumen der Säurewasserschichte bei 15°C. minus dem der Säure allein gibt den Wassergehalt in Prozenten an, wenn genau 5 g Butter zur Untersuchung verwendet worden sind, sonst erfährt man den Prozentgehalt durch eine einfache Rechnung. Die Resultate stimmen mit der Gewichtsanalyse nach Gerber auf ca. 0·5°/₀ überein. Hesse[3]) fand jedoch Unterschiede bis 2·3°/₀.

Gray[4]) verwendet den in Fig. 104 abgebildeten Apparat. Auf dem Kölbchen A sitzt mittels eines Kautschukpfropfens die unten erweiterte, graduierte Röhre B, welche in ihrem schmalen Teile von dem Kühlmantel C umgeben ist. Das kalibrierte Rohr ist mit einem gut eingeschliffenen Glasstopfen D verschließbar.

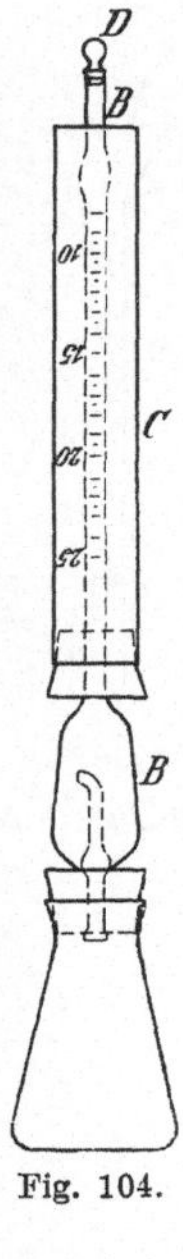

Zur Ausführung der Wasserbestimmung werden 5—10 g Butter in das Kölbchen A gewogen, 6 ccm einer Mischung von 5 Teilen Amylacetat und einem Teil Amylvalerianat hinzugefügt. Man schließt nun das Kölbchen mittels des Stopfens an die Röhre B an und treibt durch Erhitzen die Wasserdämpfe in diese Röhre, wo sie kondensiert werden und sich im erweiterten Teile sammeln. Man achtet dabei, daß die Dämpfe nicht über die Marke 15 steigen. Die letzten Reste werden schließlich durch

Fig. 104.

---

[1]) Rev. intern. falsific. 1906. 19. 20.
[2]) Chem. Zeitg. Rep. 1891. 15. 51.
[3]) Milchwirtschaftl. Centralbl. 1905. 1. 433.
[4]) United States Department of Agriculture. Bureau of animal Industry. Circular Nr. 100. 1906.

die kochende Reagenzienmischung in die Röhre getrieben. Der ganze Vorgang ist nach 5—8 Minuten beendet. Nun setzt man den Glasstopfen D auf, nimmt die Röhre vom Kolben A weg, kehrt sie um und bringt durch schleudernde Bewegung das Wasser in den jetzt unteren Teil. Hat sich das Wasser vom Reagens getrennt, so kann man ablesen. Die Teilung des Rohres ermöglicht es, bei Anwendung von 10 g Butter direkt den Wassergehalt in Prozenten abzulesen. Andernfalls muß man umrechnen.

Marcusson hat zur Bestimmung des Wassers in Mineralölen und anderen Ölen und Fetten die Destillation mit Xylol empfohlen. Diese Methode wenden Sjollema und später Aschmann und Arend[1]) auch zur Bestimmung des Wassers in Butter an.

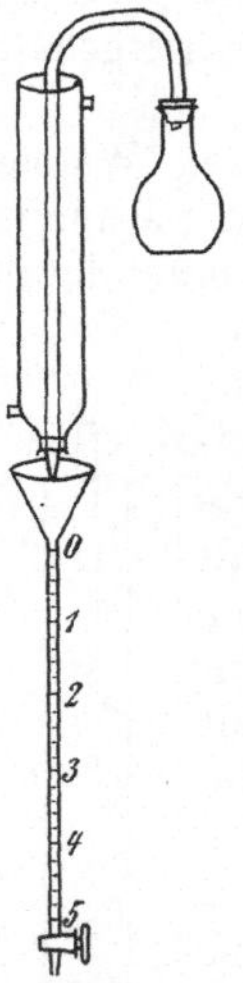

Der von den letzteren benützte Apparat ist in Fig. 105 abgebildet. Die Meßröhre ist in $^1/_{20}$ ccm geteilt und bis an den Trichter mit Quecksilber gefüllt.

Es werden 20—25 g Butter und 75 ccm Xylol in den Kolben gebracht. Den Inhalt hält man anfangs in schwachem Sieden. Ist der größte Teil des Wassers übergegangen, so treibt man die Destillation unter Vermeidung des Stoßens lebhafter und entfernt anhaftende Wassertröpfchen aus der Kühlröhre durch Ablassen des Kühlwassers bis auf einige Kubikzentimeter. Nach 20—25 Minuten unterbricht man die Destillation und läßt mehrere Stunden stehen. Ist nach dieser Zeit das Xylol in der Vorlage klar geworden, so läßt man aus der Meßröhre das Quecksilber so weit abfließen, daß das Wasser vollständig in dem graduierten Teile gesammelt ist und die Oberfläche am Nullpunkte steht.

Etwa am Trichter anhaftende Wassertröpfchen stößt man mit einer in Xylol getauchten Federfahne abwärts, liest bei 15° C. ab und berechnet aus dem Volumen den Prozentgehalt.

Fig. 105.

Da sich eine kleine Wassermenge der Bestimmung entzieht, ist zur gefundenen Wassermenge die in nachstehender Tabelle angegebene Differenz als Korrektur hinzuzuzählen.

Abgewogen g Wasser	Abgelesen	Differenz
1	0·93	0·07
2	1·91	0·09
3	2·90	0·10
4	3·89	0·11
5	4·89	0·11

Marcusson schlägt an Stelle dieses graduierten Trichterrohres einen graduierten Zylinder vor, der nach beendigter Destillation zur Trennung der Flüssigkeiten in warmes Wasser gestellt wird.

---

[1]) Chem. Zeitg. 1906. 30. 953.

Eine schnelle Methode, die allerdings nicht auf große Genauigkeit Anspruch machen kann, schlägt Patrick[1] vor. 12—16 g der Probe werden in einem 190 mm langen und 35 mm weiten Reagensglase über offener Flamme vorsichtig erhitzt, bis keine Dämpfe mehr abgegeben werden, wobei zu achten ist, daß sich die Butter nicht merklich dunkler färbt. Der Gewichtsverlust entspricht dem Wassergehalt.

Bruce Warren[2] bestimmt den Wassergehalt aus der Differenz, indem er die Quantität des Fettes und des in Schwefelkohlenstoff unlöslichen Rückstandes bestimmt und die Summen beider von 100 abzieht.

Nach den für das Deutsche Reich geltenden amtlichen Vorschriften[3] hat man folgenderweise zu verfahren: 5 g Butter werden auf einer mit feinkörnigem, ausgeglühtem Bimsstein bedeckten, tarierten, flachen Nickelschale abgewogen und möglichst gleichmäßig verteilt. Die Schale wird in einen Soxhletschen Trockenschrank mit Glycerinfüllung oder einen Vakuumtrockenapparat gestellt. Nach einer halben Stunde wird die im Trockenschrank erfolgte Gewichtsabnahme festgestellt; fernere Gewichtskontrollen erfolgen nach weiteren Intervallen von je 10 Minuten, bis keine Gewichtsabnahme mehr zu bemerken ist; zu langes Trocknen ist zu vermeiden, da alsdann durch Oxydation des Fettes wieder Gewichtszunahme eintritt.

Der Wassergehalt soll nicht mehr als $18\,^0/_0$ betragen. Zumeist liegt er zwischen 8 und $18\,^0/_0$, die untere Grenze ist ca. $5\,^0/_0$. (Siehe S. 942.)

Caseïn, Milchzucker und anorganische Salze.
(In Äther unlöslicher Rückstand.)

Zur Bestimmung des in Äther unlöslichen Rückstandes extrahiert man ca. 20 g der getrockneten Probe mit Äther, Chloroform, Schwefelkohlenstoff oder Benzin und wägt den Rückstand auf einem tarierten Filter.

War die Butter rein, so besteht dieser Rückstand nur aus Caseïn, Milchzucker und anorganischen Salzen. Caseïn wird jedoch auch zu Fälschungszwecken der Butter in Form von Weichquark zugegeben, um die Wasseraufnahmefähigkeit zu erhöhen.[4] Man extrahiert den Rückstand mit Wasser, welchem man ganz wenig Essigsäure zusetzt, trocknet und wägt. Das Zurückgebliebene ist Caseïn mit einer geringen Menge von Salzen, welche durch Einäschern bestimmt und abgezogen wird.

Bruce Warren bestimmt das Caseïn direkt, indem er den beim Lösen von 10 g Fett in Schwefelkohlenstoff verbleibenden Rückstand auf einem Asbestfilterchen sammelt, trocknet, wägt und mit Wasser

---

[1] Journ. Amer. Chem. Soc. 1906. 28. 1611.
[2] Chem. News 1887. 56. 222.
[3] Anweisung zur chemischen Untersuchung von Fetten und Käsen. Bekanntmachung des Reichskanzlers vom 1. April 1898, Centralbl. f. d. Deutsche Reich 1898. 26. 201.
[4] Rev intern. falsific. 1906. 19. 20.

extrahiert. Der nun verbleibende Rest wird mit warmer, verdünnter Lauge gewaschen, bis alles Caseïn gelöst ist, das Filtrat mit verdünnter Salzsäure ausgefällt und der aus Caseïn bestehende Niederschlag auf einem tarierten Filter gesammelt und gewogen. Oder man wäscht den nach der Extraktion mit Lauge verbleibenden Rest mit Wasser, trocknet, wägt und erfährt den Caseïngehalt aus der Differenz.

Nach König kann der Caseïngehalt aus einer nach Kjeldahl ausgeführten Stickstoffbestimmung in dem ätherunlöslichen Anteile durch Multiplikation des Stickstoffgehaltes mit 6·25 gefunden werden. Er schwankte bei 302 Proben zwischen 0·19 und 4·78 %.

Nach der amtlichen Anweisung zur Untersuchung von Fetten hat man bei der Bestimmung des Caseïns, des Milchzuckers und der Mineralbestandteile in der folgenden Weise zu verfahren:

5—10 g Butter werden in einer Schale unter häufigem Umrühren etwa 6 Stunden im Trockenschranke bei 100° C. vom größten Teile des Wassers befreit; nach dem Erkalten wird das Fett mit etwas absolutem Alkohol und Äther gelöst, der Rückstand durch ein gewogenes Filter von bekanntem geringem Aschengehalte filtriert und mit Äther hinreichend nachgewaschen. Der getrocknete und gewogene Filterinhalt ergibt die Menge des wasserfreien Nichtfettes (Caseïn, Milchzucker, Mineralbestandteile).

Zur Bestimmung der Mineralbestandteile wird das Filter samt Inhalt in einer Platinschale mit kleiner Flamme verkohlt. Die Kohle wird mit Wasser angefeuchtet, zerrieben und mit heißem Wasser wiederholt ausgewaschen; den wässerigen Auszug filtriert man durch ein kleines Filter von bekanntem, geringem Aschengehalte. Nachdem die Kohle ausgelaugt ist, gibt man das Filterchen in die Platinschale zur Kohle, trocknet beide und verascht sie. Alsdann bringt man die filtrierte Lösung in die Platinschale zurück, verdampft sie nach Zusatz von etwas Ammoniumcarbonat zur Trockne, glüht ganz schwach, läßt im Exsikkator erkalten und wägt.

Zieht man den auf diese Weise ermittelten Gehalt an Mineralbestandteilen von der Gesamtmenge von Caseïn, Milchzucker nnd Mineralbestandtteilen ab, so erhält man die Menge des im wesentlichen aus Caseïn und Milchzucker bestehenden „organischen Nichtfettes".

Zur Ermittlung eines etwaigen Gehaltes an Chlornatrium bestimmt man in dem wässerigen Auszuge der Asche, bzw. bei hohem Gehalte an Chlornatrium in einem abgemessenen Teile des auf ein bestimmtes Volumen gebrachten Aschenauszuges das Chlor entweder gewichtsanalytisch durch Fällen der mit Salpetersäure angesäuerten Lösung mit Silbernitratlösung oder maßanalytisch durch Titrieren der neutralen Lösung mit $^1/_{10}$-normal-Silbernitratlösung unter Verwendung von Kaliummmonochromat als Indikator.

Zur Bestimmung des Caseïns wird aus 5—10 g Butter durch Behandeln mit Alkohol und Äther und darauffolgendes Filtrieren durch ein schwedisches Filter die Hauptmenge des Fettes entfernt. Das Filter nebst Inhalt gibt man in einen Kjeldahlkolben, fügt 25 ccm konzentrierte Schwefelsäure und 0·5 g Kupfersulfat hinzu und erhitzt zum Sieden, bis die Flüssigkeit farblos geworden ist. Alsdann übersättigt man die saure Flüssigkeit in einem geräumigen Destillierkolben mit ammoniakfreier Natronlauge, destilliert das daraus freigemachte Ammoniak über, fängt es in einer angemessenen, überschüssigen Menge $^1/_{10}$-normal-Schwefelsäure auf und titriert die Schwefelsäure unter Verwendung von Methylorange, Kongorot oder Cochenille als Indikator zurück. Durch Multiplikation der gefundenen Menge des Stickstoffes mit 6·25 erhält man die Menge des vorhandenen Caseïns.

Der Milchzucker wird aus der Differenz von organischem Nichtfett und Caseïn berechnet.

Will man das Chlornatrium allein bestimmen, so kann man so verfahren, daß man etwa 10 g Butterfett mit ebensoviel Stearinsäure oder Paraffin, etwa 50 ccm Wasser und einigen Tropfen Salpetersäure in einer Schale unter Umrühren bis zum Schmelzen der Fette erwärmt, erkalten läßt, den Fettkuchen abhebt und abspült, die Flüssigkeit filtriert und mit Silbernitrat fällt.

Der so ermittelte Chlornatriumgehalt fällt gewöhnlich etwas höher (ca. 0·1 $^0/_0$) aus, als der nach den amtlichen Vorschriften ermittelte, da sich beim Veraschen doch immer etwas Kochsalz verflüchtigt.

Bestimmung des Fettgehaltes.

Der Fettgehalt wird entweder indirekt bestimmt, indem man die für Wasser, Caseïn, Milchzucker und Mineralbestandteile gefundenen Werte von 100 abzieht, oder er wird direkt nach S. 45 ff. oder einer der folgenden Methoden ermittelt.

Hefelmann[1]) verfährt zur Bestimmung des Fettgehaltes wie folgt: In eine 18 mm weite, graduierte, unten kugelförmig erweiterte Röhre, deren Teilung oberhalb der Kugel beginnt und bis 100 ccm reicht, werden 2—25 g Butter, welche sich in einem kurzen, 1 cm weiten Glasröhrchen befinden, gebracht, 10 ccm Salzsäure (1:1) zugesetzt, bis zur völligen Lösung des Caseïns erwärmt und auf 30° C. erkalten gelassen. Hierauf wird so viel warmes Wasser zugesetzt, daß die Fettschichte in den graduierten Teil der Röhre steigt, nach dem Erkalten mit Äther geschüttelt und ein aliquoter Teil der Ätherfettlösung zur Fettbestimmung verwendet.

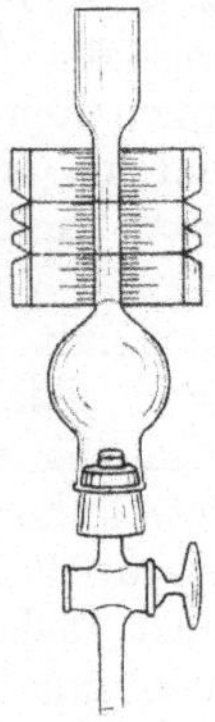

Ein ähnlicher Apparat ist das Galaktolipometer von Lohnstein[2]) (Fig. 106), welches, wie der Name sagt, ursprünglich zur Bestimmung des Fettgehaltes der Milch bestimmt ist, aber von Lohnstein auch für Butter empfohlen wird.

Fig. 106.

0·5 g Butter werden mit 10 ccm Wasser und 1·2 ccm einer 15 prozentigen Kalilauge im Reagensglas mäßig geschüttelt, nach Zugabe von ca. 10 ccm Äther 10—12 mal umgeschwenkt und in das unten geschlossene Lipometer gegossen. Man spült das Reagensglas mit 1 bis

---

[1]) Zeitschr. f. analyt. Chem. 1896. 35. 101.
[2]) Allg. Med. Central-Zeitg. 1905. Nr. 4.

2 ccm Äther nach, läßt nach der Trennung der Schichten die trübe, wässerige Schicht abfließen und wäscht die Ätherschichte zweimal mit Wasser. Nun wird der Apparat 2 Stunden auf dem Wasserbade bei einer Temperatur von 40^0—50^0 C. gehalten und hierauf durch Zugabe von heißem Wasser die Fettschicht in den Skalenteil gehoben. An der linken Millimeterteilung kann man die Länge der Fettschichte, an der rechten Skala direkt den Fettgehalt der Butter ablesen. Der Apparat soll eine Genauigkeit von $0.2\,^0/_0$ gestatten.

Gerber hat zur Bestimmung des Fettgehaltes eigene Butyrometer konstruiert. Es werden darin etwa 5 g Butter mit 10 ccm Schwefelsäure ($d = 1.820$—1.825) zur Lösung der Eiweißkörper gemischt, und das Fett durch Zentrifugieren ausgeschieden; um eine klare Fettschichte zu erhalten, wird vorher 1 ccm Amylalkohol zugesetzt. Sind genau 5 g abgewogen worden, so liest man direkt die Fettprozente ab, ist mehr oder weniger abgewogen worden, so muß das abgelesene Resultat auf 5 g umgerechnet werden. Nach Gerber[1]) schwankten bei 10 Proben die Abweichungen von der Gewichtsanalyse zwischen 0.12 und $0.57\,^0/_0$ und betrugen im Mittel $0.31\,^0/_0$.

Diese Bestimmung ist eine Ergänzung der auf Seite 933 beschriebenen Gerberschen Wasserbestimmung in Butter.

Cornalba[2]) und Hesse[3]), welche die Methode von Gerber kontrolliert haben, finden sie nicht brauchbar, da sie nach den Versuchen des ersteren um etwa $2\,^0/_0$ höhere, nach denen des letzteren sogar manchmal um $3.4\,^0/_0$ verschiedene Werte gegenüber der Gewichtsmethode liefern.

Dem Verfahren von Hefelmann ist die Methode von Hesse[4]) ähnlich: Es werden 1.5—2 g der gut durchgemischten Butter in einem ungefähr 3 cm langen, halbzylindrischen Wägeschiffchen, welches durch Aufspalten einer dünnwandigen Glasröhre erhalten wurde, abgewogen und in einen Schüttelzylinder geschoben. Durch Zufügen von etwa 8 ccm heißen Wassers, wenn nötig durch Einstellen des Gefäßes in warmes Wasser wird die Butter zum Schmelzen gebracht. Nun mischt man mit 1 ccm Ammoniak und darauffolgend mit 10 ccm Alkohol gut durch, bis sich die Eiweißstoffe aufgelöst haben. Man läßt jetzt die Mischung abkühlen und schüttelt mit 25 ccm Äther, darauf mit 25 ccm Petroläther gut durch. Ist die Fettlösung klar geworden, so hebt man sie soweit als möglich in ein Kölbchen ab, fügt nochmals 50 ccm Äther hinzu, hebert ohne durchgeschüttelt zu haben ab, schüttelt hierauf mit einer Mischung von 25 ccm Äther und ebensoviel Petroläther durch und fügt diese Lösung nach dem Absetzen und Klarwerden zu den Abheberungen ins Kölbchen. Nach dem Verdunsten der Lösungsmittel wägt man das zurückgebliebene Fett.

[1]) Milchzeitg. 1898. 27. 291.
[2]) Staz. sperim. agrar. ital. 1906. 39. 119.
[3]) Milchwirtsch. Centralbl. 1905. 1. 433.
[4]) Zeitschr. f. Unters. d. Nahrungs- und Genußm. 1904. 8. Nr. 11. — Chem. Rev. üb. d. Fett- u. Harz-Ind. 1905. 12. 14.

Ähnlich verfahren Fröhner[1] und Burr[2]. Auch sie bringen das Nichtfett mit Ammoniak in Lösung, schütteln hierauf mit Äther und Benzin aus und bestimmen in einem aliquoten Teile das Fett. Es entspricht dieses Verfahren der Gottlieb-Röseschen Methode zur Bestimmung des Fettgehaltes in der Milch. 10 Doppelbestimmungen Burrs zeigten Differenzen von durchschnittlich nur $0·047\,^0/_0$ Fett, im Maximum von $0·12\,^0/_0$.

Burr stellte auch fest, daß der Zusatz von Ammoniak die Bestimmung nicht durch Bildung von Ammoniakseife störe.

Bestimmung des Gehaltes an Wasser, Fett und ätherunlöslichem Anteil in einer Probe.

Spaeth[3] bestimmt den Wassergehalt, den Fettgehalt und den ätherunlöslichen Anteil in einer einzigen Probe und verwendet dazu den in Fig. 107 abgebildeten folgenden Apparat:

Ein Glasschiffchen, welches in ein Wägegläschen mit durchlöchertem Boden und Stöpsel eingesetzt werden kann, wird bis zu einem Drittel mit erbsengroßen Stücken ausgeglühten Bimssteines angefüllt, die untere Seite des Glasgefäßes mit einer 1—2 cm dicken Schicht feinfaserigen Asbestes bedeckt und das Ganze bei 105° C. getrocknet. Hierauf wird eine Durchschnittsprobe von 8—10 g Butter in das Schiffchen eingewogen und 2—2$^1/_2$ Stunden bei einer 100° C. nur wenig übersteigenden Temperatur getrocknet. Nach dem Erkalten des Schiffchens wird dasselbe in das Glasgefäß gegeben und gewogen und aus der Differenz der Wassergehalt berechnet.

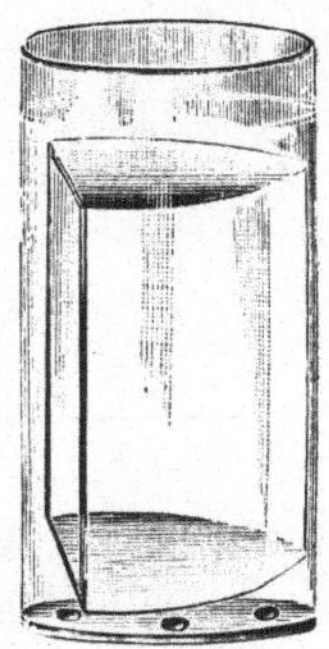

Die Bestimmung des Fettgehaltes kann dann sofort mit derselben Probe ausgeführt werden, indem man die ganze Vorrichtung in einem Soxhletschen Extraktionsapparat 4—6 Stunden mit Äther extrahiert, den Äther abdestilliert, den Rückstand bei 100°—105° C. durch 2 bis 2$^1/_2$ Stunden hindurch trocknet und wägt.

Der ätherunlösliche Teil (Caseïn, Albumin, Salze usw.) kann nach dem Trocknen und Wägen des Apparates

Fig. 107.

leicht zur Kontrolle bestimmt werden. Er wurde nach diesem Verfahren von Spaeth in einer Anzahl von Proben zu $1·30—4·96\,^0/_0$ gefunden. Durch Extraktion des Rückstandes mit Wasser und Bestimmung des Chlorgehaltes der Lösung kann auch der Chlornatriumgehalt der Probe ermittelt werden.

Dominikiewicz[4] vereinigt auf ähnliche Weise wie Spaeth die gewichtsanalytische Bestimmung der einzelnen Bestandteile der Butter.

---

[1] Chem. Zeitg. 1906. 30. 1250.
[2] Milchwirtsch. Centralbl. 1905. 1. 248. — Zeitschr. f. Unters. d. Nahrungs- u. Genußm. 1905. 10. 286.
[3] Zeitschr. f. angew. Chem. 1893. 6. 513.
[4] Zeitschr. f. Unters. d. Nahrungs- u. Genußm. 1906. 12. 274.

Er konstruierte hierzu den in Fig. 108 und 109 abgebildeten Apparat (zu beziehen von Fr. Hugershoff in Leipzig).

In einen glasierten, dem Goochschen Tiegel ähnlichen Porzellantiegel (Fig. 108) mit Siebboden *(b)* wird ein becherartig geformtes, getrocknetes und gewogenes Papierfilter *f* so eingelegt, daß es an der Innenwand des Tiegels anliegt. Auf das Filter kommt ein Porzellansiebchen *s* und darauf zuerst eine Schicht von kleineren, dann eine von größeren (etwa 5 mm Durchmesser besitzenden) abgesiebten, mit Salzsäure gut ausgewaschenen und ausgeglühten Bimssteinstückchen. Der Tiegel kommt in den Trichter des Apparates (Fig. 109), welcher einen Glashahn besitzt und mit dem unteren, breiteren Teil in ein Kölbchen von 100—120 ccm Inhalt eingeschliffen ist. Dieses Kölbchen ist mit Tubus und Glasstopfen versehen.

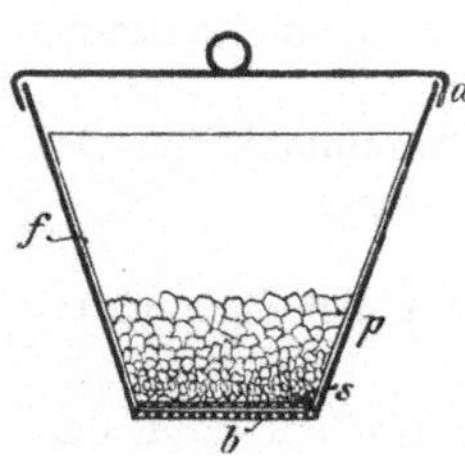

Fig. 108.

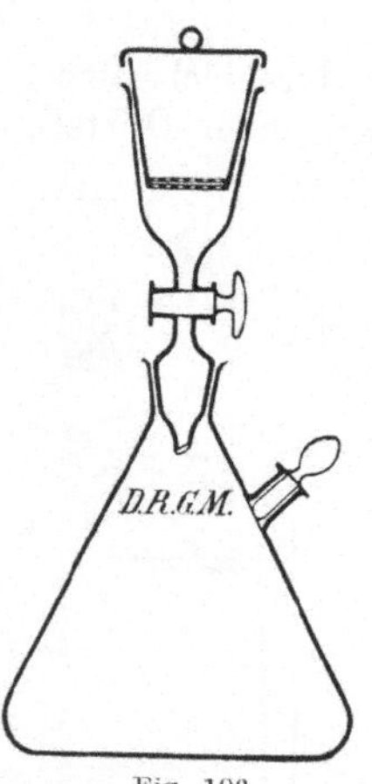

Fig. 109.

Man wägt 5—6 g Butter in dem mit Deckel bedeckten Tiegel genau ab, setzt den Tiegel ohne Deckel auf den gleichfalls gewogenen Glasteil und stellt alles in einen Wassertrockenschrank. Hahn und Tubus sind geöffnet, und nun tropft das reine Fett in das Kölbchen, während das Caseïn an der Oberfläche des Bimssteines haften bleibt. Das Wasser ist nach ca. 3 Stunden verdampft. Der Gewichtsverlust des ganzen Apparates ergibt den Wassergehalt.

Nun schließt man den Hahn und setzt den Tiegel in den zur Hälfte mit wasserfreiem Äther gefüllten Trichter. Nach 10 Minuten währender Extraktion läßt man den Äther ab und wiederholt die Operation so oft, bis eine Probe des zuletzt abfließenden Äthers ohne Rückstand auf einer Glasplatte verdampft. Nach halbstündigem Trocknen bei 90° C. wird der Tiegel samt Deckel gewogen. Die Gewichtszunahme ergibt die Menge des Nichtfettes (Caseïn, Milchzucker und Mineralstoffe).

Glüht man jetzt den Tiegel und berücksichtigt dabei das früher mitgewogene, jetzt verbrannte Filter, so erhält man die Menge der Mineralbestandteile.

Diese Bestimmung kann auch in einer neuen Probe, welche nur durch Erwärmen des Tiegels vom größten Teile des Fettes befreit ist, vorgenommen werden.

Durch Ausziehen des Glührückstandes mit Wasser geht das Chlornatrium in Lösung und kann gewichts- oder maßanalytisch bestimmt werden.

Soll das Caseïn bestimmt werden, so wäscht man den Tiegel, welcher das Nichtfett enthält, mit heißer verdünnter Essigsäure und hierauf mit Wasser aus. Die Lösung enthält die Mineralstoffe und den Milchzucker. Das zurückbleibende Caseïn wäscht man mit Alkohol, hierauf mit Äther

und trocknet es. Die Gewichtszunahme des Tiegels ergibt den Caseïngehalt. Die nach dieser Methode erhaltenen Zahlen für den Caseïngehalt
sind jedoch nach Dominikiewicz' eigener Angabe niedriger als die nach
Kjeldahl, ohne daß ersterer dafür eine Erklärung angeben kann.

Destilliert man schließlich noch von der ätherischen Lösung im
Kölbchen den Äther ab, so erhält man durch Wägung den Fettgehalt
der Butter.

Soltsien[1]) benützt die Eigenschaft des Acetons, sowohl mit Wasser
mischbar als auch fettlösend zu sein, zur Trennung des Nichtfettes von
Wasser und Fett.

Die gewogene Buttermenge von etwa 10 g wird in einen gewogenen
weithalsigen Erlenmeyer-Kolben mit Glasstöpsel gebracht und nach
Zusatz von 50—75 ccm eines Gemisches gleicher Volumina Aceton (Siedepunkt 56°—58° C.) und absoluten Äthers unter Aufsetzen eines Kühlrohres am Wasserbade gelinde erwärmt.

Wasser und Fett lösen sich meist schnell und vollständig. Man
fügt noch 10—15 ccm absoluten Äthers hinzu, um die Nichtfettstoffe
sicher gänzlich abgeschieden zu haben, kühlt ab und filtriert durch ein
gewogenes, aschefreies Filter in einen Destillierkolben, welcher vorher
mit einigen Bimssteinstücken gewogen worden ist. (Die Bimssteinstücke
haben den Zweck, ein Stoßen bei der späteren Destillation zu verhindern.)
Erlenmeyer-Kolben und Filter werden mit ca. 50 ccm des Aceton-
Äther-Gemisches unter gelindem Erwärmen und schließlich mit ca. 25 ccm
absoluten Äthers nachgewaschen. Der größte Teil des Nichtfettes bleibt
in dem Erlenmeyer-Kolben, welcher nach Vertreibung der letzten Reste
des Äthers auf siedendem Wasserbade mittels Handblasebalges gewogen
wird. Auf dem Filter befinden sich kaum mehr als 0·01 g Nichtfett.

Die Destillation des Aceton-Äther-Gemisches erfolgt auf dem Wasserbade. Ist kein Sieden des Kolbeninhaltes mehr bemerkbar, so werden
auf dem lebhaft siedenden Wasserbade die letzten Wasserreste mittels des
Blasebalges aus dem Kolben entfernt. Derselbe wird hierauf bis zum
konstanten Gewichte getrocknet. Seine Gewichtszunahme entspricht dem
Fettgehalt.

Die Menge des Wassers wird aus der Differenz bekannt. Im Nichtfette können noch Einzelbestandteile, z. B. Chlornatrium, bestimmt werden.

Fahrion[2]) empfiehlt zur Bestimmung der drei Hauptbestandteile
der Butter 2·5—3 g Butter in einem gewogenen Platintiegel unter Umrühren mit einem gleichfalls gewogenen Glasstab über einer kleinen
Flamme so lange zu erhitzen, bis das Fett klar ist. Der Gewichtsverlust
ergibt den Wassergehalt.

Das Fett wird auf übliche Art mit Petroläther ausgezogen, nach
dem Verdunsten des Lösungsmittels eine Stunde auf dem Wasserbade
getrocknet und gewogen. Das Nichtfett wird auf gewogenem Filter
gesammelt und dieses sowohl wie der Platintiegel bei 100°—105° C.

---

[1]) Chem. Rev. üb. d. Fett- u. Harz-Ind. 1905. 12. 125.
[2]) Chem. Zeitg. 1906. 30. 267.

getrocknet. Die Gewichtszunahme entspricht dem Nichtfettgehalt. Nach dem Veraschen des Filters und dem Glühen des Tiegels erhält man die Asche. Zieht man diese von dem Nichtfettgehalt ab, so erfährt man den Gehalt der Butter an organischem Nichtfett.

Was die Beurteilung der Butter nach dem Gehalt an Nichtfetten anbelangt, so ist zu bemerken, daß richtig behandelte, unverfälschte Butter mindestens 80 $^0/_0$ Fett enthält.

Durch Bekanntmachung des deutschen Reichskanzlers vom 1. März 1902 wird bestimmt, daß Butter, die in 100 Gewichtsteilen weniger als 80 Gewichtsteile Fett oder in ungesalzenem Zustande mehr als 18, in gesalzenem Zustande mehr als 16 Gewichtsteile Wasser enthält, gewerbsmäßig nicht verkauft oder feilgehalten werden darf.

Konservierungsmittel.

Borsäure. 10 g Butter werden mit alkoholischem Kali in einer Platinschale verseift, die Seifenlösung wird eingedampft und verascht. Die Asche wird mit Salzsäure übersättigt. In die salzsaure Lösung taucht man einen Streifen gelbes Curcumapapier und trocknet das Papier auf einem Uhrglas bei 100° C. Bei Gegenwart von Borsäure zeigt die eingetauchte Stelle des Curcumapapieres eine rote Färbung. (Amtliche Anweisung für das Deutsche Reich.)

Man kann die Borsäure in der Asche natürlich auch quantitativ bestimmen. In England ist der Zusatz von $0·5$ $^0/_0$ Borsäure zur Butter gestattet und daher daselbst der quantitative Nachweis der Borsäure nötig.

Zu diesem Zwecke extrahiert Monhaupt[1]) das Fett im Scheidetrichter mit heißem Wasser, macht den wässerigen Auszug alkalisch, verdampft die Lösung, verascht einen bestimmten Teil des Rückstandes und stellt in diesem die Anwesenheit resp. die Menge der Borsäure fest.

Richmond und Harrison[2]) bestimmen den Gehalt an Borsäure auf folgende Weise:

Ca. 25 g Butter werden in ein Stöpselglas eingewogen und so viel Wasser zugegeben, daß die Wassermenge, einschließlich der in der Butter enthaltenen, gleich dem Gewicht der eingewogenen Butter ist. Ist der Wassergehalt der Butter nicht bekannt, so kann man 13 $^0/_0$ als Durchschnittswert annehmen. Man fügt nun 10—15 ccm Chloroform hinzu, erwärmt und läßt die Schichten sich trennen. Je 1 ccm der wässerigen Schicht entspricht einem Gramm Butter. Man macht eine gemessene Menge alkalisch, dampft ein, glüht, löst in Wasser, filtriert, neutralisiert nach Zusatz von Methylorange, kocht auf, setzt Glycerin zu und titriert. Das vorherige Veraschen ist nötig, da man sonst zu hohe Resultate bekommt.

Mit Benützung einer Methode von Denigès[3]) gestaltet sich die Bestimmung der Borsäure folgendermaßen:

<hr>

1) Chem. Zeitg. 1905. 29. 362.
2) The Analyst 1902. 27. 179.
3) Journ. Pharm. Chim. 1895. [6.] 2. 49.

Zu 25 g Butter werden in einem Becherglase 25 ccm einer Lösung gegeben, welche in 100 ccm 6 g Milchzucker und 4 ccm Normalschwefelsäure enthält. Man mischt gut in der Wärme und titriert nach der Trennung der Schichten 20 ccm in der Siedehitze mit Halbnormalnatronlauge unter Verwendung von Phenolphthaleïn als Indikator bis zur beginnenden Rötung. Hierauf fügt man 12 ccm Glycerin zu und titriert nochmals bis zur beginnenden Rötung.

Hat man die Titration in der Siedehitze durchgeführt, so ist der Umschlag konstant und genügend scharf.

Die Differenz der beiden Titrationen vermindert um die Alkalimenge, welche von 12 ccm Glycerin verbraucht werden und multipliziert mit 0·0368, gibt die in 20 ccm der wässerigen Flüssigkeit enthaltene Borsäuremenge. Diese mit $\dfrac{100 + {}^0\!/_0\ \text{Wasser}}{20}$ multipliziert gibt den Prozentgehalt der Borsäure in der Butter.

Salicylsäure. Man mischt in einem Probierröhrchen 4 ccm Alkohol von 20 Volumprozent mit 2—3 Tropfen einer verdünnten Eisenchloridlösung, fügt 2 ccm geschmolzenes Butterfett hinzu und mischt die Flüssigkeiten, indem man 40—50 mal umschüttelt. Bei Gegenwart von Salicylsäure färbt sich die untere Schichte violett.

Zum quantitativen Nachweis von Salicylsäure extrahiert man im Pariser städtischen Laboratorium 20 g Butter in der Wärme wiederholt mit einer Lösung mit Natriumbicarbonat. Die wässerigen Lösungen, welche die Salicylsäure in Form ihres Natronsalzes enthalten, werden mit verdünnter Schwefelsäure angesäuert und mit Äther ausgeschüttelt, der Äther wird verdunstet, der Rückstand in etwas Wasser gelöst und mit salpetersaurem Quecksilberoxydul versetzt, wobei sich ein in Wasser nahezu unlöslicher Niederschlag bildet. Man bringt ihn auf ein Filter, wäscht ihn mit Wasser aus und versetzt ihn mit verdünnter Schwefelsäure, wobei wieder Salicylsäure frei wird, die man neuerdings mit Äther in Lösung bringt. Man verdampft, bringt den Rückstand bei 80° bis 100° C. bis nahe zur Trockene, extrahiert ihn mit säurefreiem Benzin, welches die anderen Säuren nicht löst, dekantiert, verdünnt mit dem gleichen Volumen 95prozentigen Alkohols und titriert mit $^1\!/_{10}$-Normalkalilauge und Phenolphthaleïn. 1 ccm $^1\!/_{10}$-Normallauge entspricht 0·0138 g Salicylsäure.

Formaldehyd. 50 g Butter werden in einem Kölbchen von etwa 250 ccm Inhalt mit 50 ccm Wasser versetzt und erwärmt. Nachdem die Butter geschmolzen ist, destilliert man unter Einleiten von Wasserdampf 25 ccm Flüssigkeit ab. 10 ccm Destillat werden mit 2 Tropfen ammoniakalischer Silberlösung versetzt; nach mehrstündigem Stehen im Dunkeln entsteht bei Gegenwart von Formaldehyd eine schwarze Trübung. (Die ammoniakalische Silberlösung erhält man durch Auflösen von 1 g Silbernitrat in 30 ccm Wasser, Versetzen der Lösung mit verdünntem Ammoniak, bis sich der anfangs entstehende Niederschlag eben wieder gelöst hat, und Auffüllen der Lösung mit Wasser auf 50 ccm.)

Nach Mayrhofer[1]) ist man bei der Prüfung auf Formaldehyd nach dieser Vorschrift leicht Täuschungen ausgesetzt, da auch ranzige Butter ein Destillat gibt, das Silberlösungen schwärzt.

Stärkezucker. In Amerika wird nach Crampton[2]) Stärkezucker als Konservierungsmittel für Butter verwendet; er fand in Exportbutter $3 \cdot 36$—$10 \cdot 02\,^0/_0$ Stärkezucker. Der Stärkezucker wird neben dem Milchzucker im wässerigen Auszuge mit Fehlingscher Lösung in bekannter Weise bestimmt.

Nach den Vereinbarungen der deutschen Nahrungsmittelchemiker sind alle Konservierungsmittel, außer Chlornatrium, zu beanstanden.

Über die Bestimmung eines Zusatzes von Stärke, Mehl usw. s. S. 44.

Farbstoffe.

Die Sommerbutter (Grasbutter) ist gelb, die Winterbutter nahezu weiß und wird zum Verkaufe meistens gefärbt. Die naturgelbe Butter bleicht bei Licht- und Luftzutritt rasch aus, und zwar am Sonnenlichte nach Soxhlets Versuchen in $^1/_2$ cm hoher Schicht schon in 8 Stunden. Sie ist dann weiß und talgartig.

Die Gegenwart fremder Farbstoffe erkennt man durch Schütteln der geschmolzenen Butter mit absolutem Alkohol oder mit Petroleumäther vom spez. Gew. $0 \cdot 638$. Nicht künstlich gefärbtes Butterfett erteilt diesen Lösungsmitteln keine oder nur eine schwach gelbliche Färbung, während sie sich bei gefärbtem Butterfette deutlich gelb färben.

Zum Nachweise der meist benützten Teerfarbstoffe werden 2—3 g Butterfett in 5 ccm Äther gelöst und die Lösung in einem Probierröhrchen mit 5 ccm konzentrierter Salzsäure vom spez. Gew. $1 \cdot 125$ kräftig geschüttelt. Bei Gegenwart von Azofarbstoffen färbt sich die sich unten absetzende Salzsäureschichte deutlich rot.

Moore[3]) und Martin[4]) wenden Weingeist und Schwefelkohlenstoff an. Martin versetzt 15 Teile Methyl- oder Äthylalkohol unter Schütteln allmählich mit 2 Teilen Schwefelkohlenstoff und schüttelt 25 ccm dieser Mischung mit 5 g Fett. Es bilden sich zwei Schichten, eine Schwefelkohlenstoffschichte, welche das Fett enthält, und eine alkoholische, welche hei Gegenwart fremder Farbstoffe gefärbt erscheint.

Nach Stebbins[5]) hat das Verfahren von Martin den Nachteil, daß sich etwas Fett in Alkohol löst, wodurch die nachherige Prüfung des Verdampfungsrückstandes mit Schwefelsäure beeinträchtigt wird, und daß man etwa vorhandenes Carotin (aus Mohrrübensaft) übersehen kann, da dasselbe in Schwefelkohlenstoff leicht, in Alkohol schwer löslich ist. Er schlägt daher folgendes Verfahren vor:

---

[1]) Zeitschr. f. Unters. d. Nahrungs- u. Genußm. 1898. 1. 552.
[2]) Journ. Amer. Chem. Soc. 1898. 20. 201; durch Zeitschr. f. Unters. d. Nahrungs- u. Genußm. 1899. 2. 148.
[3]) The Analyst 1886. 11. 163.
[4]) The Analyst 1887. 12. 70.
[5]) Journ. Amer. Chem. Soc. 1887. 9. 41.

50 g des filtrierten Fettes werden in einem engen Becherglase auf dem Wasserbade geschmolzen, 5—10 g feingepulverte Walkererde (weißer Bolus) eingerührt, 2—3 Minuten sorgfältig durchgerührt und bis zum völligen Absitzen auf dem Wasserbade belassen. Man gießt möglichst viel Fett ab, gibt 20 ccm Benzol zu, rührt durch, läßt absitzen, gießt das Benzol auf ein Filter ab und wiederholt das Waschen mit Benzol, bis alles Fett entfernt ist. Das Filter wird mit Benzol gewaschen, die Filtrate werden vereinigt. In ihnen ist das Carotin enthalten, auf welches wie unten angegeben geprüft wird. Die Walkererde wird auf dem Wasserbade von Benzol befreit, dreimal mit ca. 20 ccm 94prozentigem Alkohol ausgekocht, die Auszüge in einer tarierten Schale verdampft, der Rückstand bei 100° C. getrocknet und gewogen.

Erkennung der Natur des Farbstoffes.

Die auf dem einen oder anderen Wege erhaltenen alkoholischen Auszüge werden verdampft und die Rückstände geprüft.

Nach dem Berichte des Pariser städtischen Laboratoriums hat man vornehmlich auf Curcuma, Orlean und Safran zu prüfen.

Bei Gegenwart von Curcuma wird der Rückstand mit einigen Tropfen Ammoniak braungelb, mit Salzsäure rotbraun.

Orlean gibt einen braunroten Rückstand, der sich in konzentrierter Schwefelsäure mit blauer Farbe löst.

War die Butter mit Safran gefärbt, so entsteht ein orangefarbiger Niederschlag, wenn man den in wenig Wasser gelösten Rückstand mit Bleiessig versetzt.

Die beiden erstgenannten Farbstoffe werden gegenwärtig in Frankreich am meisten verwendet, indem unter dem Namen „Jaune gras" (Fettgelb) ein Präparat zum Färben der Butter in den Handel kommt, welches durch Digestion von Orlean mit Sesamöl hergestellt wird. Man fügt demselben auch Curcuma hinzu, um orangegelb oder strohgelb zu erzielen. 5 Tropfen der filtrierten Mischung reichen hin, um 1 kg Butter zu färben.

Leeds[1]) löst 100 g Butter oder Kunstbutter in 300 ccm reinem Petroleumäther von 0·638 spez. Gew., trennt die Lösung im Scheidetrichter von Wasser und Salz und wäscht darin wiederholt mit Wasser, im ganzen mit 100 ccm.

Die Lösung wird im Winter im Freien, im Sommer in eiskaltem Wasser 12—15 Stunden stehen gelassen, wobei viel Stearin auskristallisiert, sodann klar abgegossen und mit 50 ccm $^{1}/_{10}$-Normalkalilauge geschüttelt, wodurch die Farbstoffe dem Petroleumäther entzogen werden. Die wässerige Schichte wird abgelassen, sehr sorgfältig mit Salzsäure versetzt, bis die Lösung gegen Lackmus eben sauer reagiert, und dadurch die Farbstoffe mit einer ganz geringen Menge der Fettsäuren gefällt. Man filtriert sie auf ein tariertes Filter, wäscht mit kaltem Wasser, trocknet und wägt.

---

[1]) The Analyst 1887. 12. 150.

Von „Butterfarben" werden 5 g in 20—25 ccm Petroleumäther gelöst, und die Lösung mit 10 ccm einer 4 prozentigen Kalilösung geschüttelt.

Zur Unterscheidung der Farbstoffe verwendet Leeds deren alkoholische Lösung, von welcher er 2—3 Tropfen mit ebensoviel von den Reagenzien mischt (s. die folgende Tabelle).

Farbstoff	Konzentrierte Schwefelsäure	Konzentrierte Salpetersäure	Salpetersäure und Schwefelsäure	Konzentrierte Salzsäure
Orlean	Indigoblau, geht in Violett über	Blau, beim Stehen farblos	Wie mit Salpetersäure	Unverändert, schmutziggelb oder braun
Orlean mit entfärbter Butter	Blau, dann grün und violett	Blau, dann grün und farblos	Entfärbt	Ebenso
Curcuma[1])	Rein violett	Violett	Violett	Violett, beim Verdampfen der Salzsäure kehrt die ursprüngliche Farbe wieder
Curcuma mit entfärbter Butter	Violett bis purpurn	Violett bis rötlich violett	Wie mit Salpetersäure	Sehr schön violett
Safran	Violett b. kobaltblau, dann schnell rötlichbraun	Hellblau, wird schnell rötlichbraun	Wie mit Salpetersäure	Gelb, dann schmutziggelb
Safran mit entfärbter Butter	Dunkelblau, wird schnell rötlichbraun	Blau, dann grün und braun	Blau, wird schnell purpurn	Ebenso
Mohrrübe	Umbrabraun	Entfärbt	Gibt Dämpfe von salpetriger Säure und Geruch nach verbranntem Zucker	Unverändert
Mohrrübe mit entfärbter Butter	Rötlichbraun bis purpurn, ähnlich Curcuma	Gelb, dann entfärbt	Wie mit Salpetersäure	Bräunlich
Ringelblume	Dunkelviolettgrün, bleibend	Blau, geht sofort in schmutziggelbgrün über	Grün	Grün bis gelblichgrün
Safflorgelb	Hellbraun	Teilweise entfärbt	Entfärbt	Unverändert
Anilingelb	Gelb	Gelb	Gelb	Gelb
Martiusgelb	Blaßgelb	Gelb mit rötlichem Niederschlag	Gelb	Gelber Niederschlag, welcher beim Behandeln mit Ammoniak u. Glühen verpufft
Viktoriagelb	Teilweise entfärbt	Teilweise entfärbt	Teilweise entfärbt	Die Farbe kehrt beim Neutralisieren mit Ammoniak wieder.

[1]) Curcuma wird mit Ammoniak rötlichbraun, nach dem Vertreiben des Ammoniaks kehrt die Farbe wieder.

Vandriken[1]) mischt 2 ccm Butterfett mit dem gleichen Volumen Äther und fügt 10 Tropfen Amylnitrit hinzu. Butter, die keinen künstlichen Farbstoff enthält, wird dabei vollständig entfärbt, Mohrrübensaft und Curcuma werden nicht verändert, Safranfarbe wird schwach verändert, Orlean wird entfärbt.

Die Ergebnisse der Farbstoffuntersuchung werden jedenfalls mit einer gewissen Vorsicht zu verwerten sein, wenn die Reaktionen nicht ganz scharf ausfallen.

Physikalische Methoden zur Untersuchung der Butter und des Butterfettes auf ihre Reinheit.

Löslichkeit.[2])

Physikalische Methoden zur Untersuchung der Butter und des Butterfettes auf ihre Reinheit.

Auf der verschiedenen Löslichkeit des Butterfettes und der zu seiner Verfälschung benützten anderen Fette begründen sich die folgenden Butterproben.

In Alkohol. Münzel[3]) löst 1 g des Fettes in 12·5 g absoluten Alkohols (von 0·797 spez. Gew.) im Wasserbade und verschließt mit einem Korke, in den ein bis an den Boden der Eprouvette reichendes Thermometer eingesetzt ist. Man nimmt die Eprouvette heraus, trocknet sie rasch ab und beobachtet, bei welcher Temperatur das Fett zu erstarren anfängt.

Münzel erhielt folgende Resultate:

	Beginn des Erstarrens
Reine Butter	34⁰ C.
„ „ mit 10 % Pferdefett	37 „
„ „ „ 20 „ „	40 „
„ „ „ 30 „ „	44 „
„ „ „ 10 „ Talg	40 „
„ „ „ 20 „ „	43 „
„ „ „ 30 „ „	46 „
„ „ „ 10 „ Schweinefett	38 „
„ „ „ 20 „ „	41 „
„ „ „ 30 „ „	43 „
Margarinbutter	56 „
Butter mit 25 % Oleomargarin	40 „
„ „ 50 „ „	48 „

Crismer-Zahl.[4]) Die nach Seite 104 vorgenommene Bestimmung der kritischen Lösungstemperatur des Butterfettes in Alkohol vom spez. Gew. 0·8195 ergab nach Crismer 99⁰—101⁰ C. Asbóth[5]), welcher das Verfahren zur Butterprüfung empfiehlt, hat für Butterfett

---

¹) Apoth.-Zeitg. 1901. 16. 375.
²) Eine Reihe von Eigenschaften ist rasch, ohne großen analytischen Apparat bestimmbar. Ihre Konstatierung dient deshalb als Vorprobe bei der Ermittlung von Verfälschungen. Hierher gehören besonders die Löslichkeitsverhältnisse, das Verhalten beim Schmelzen und die Farbenreaktion, speziell die Sesamölreaktionen.
³) Zeitschr. f. analyt. Chem. 1882. 21. 436.
⁴) Bull. assoc. Belge chim. 1895. 9. 145.
⁵) Chem. Zeitg. 1896. 20. 686.

Zahlen von 94°—106° C. und für Margarine solche von 122°—125° C. erhalten. Nach seinen Angaben besteht der Hauptvorteil der Methode darin, daß weder das Lösungsmittel noch der zu lösende Körper abgewogen werden muß.

Die kritische Lösungstemperatur einer Mischung ist näherungsweise das arithmetische Mittel der kritischen Lösungstemperaturen der Komponenten.

Versuche, die kritische Lösungstemperatur mit verschieden stark verdünntem Alkohol zu bestimmen, zeigten, daß die kritischen Lösungstemperaturen nach Maßgabe der Verdünnung des Alkohols steigen.

Crismer[1]) hat seine Methode weiter ausgebaut und an 103 Mustern erprobt; allein auch mit ihr können nur dann Zusätze von fremden Fetten mit Sicherheit erkannt werden, wenn diese mehr als 35 °/₀ betragen.

Vandam[2]) hat gezeigt, daß die Menge der in Alkohol bei 60° C. löslichen Säuren bei Cocosfett viel größer ist als bei Butter und Margarine. Er fand die Sättigungskapazität der in Alkohol löslichen Säuren, ausgedrückt in Kubikzentimetern $^1/_{10}$-Normalkalilauge für 5 g Fett:

Anzahl der Kubikzentimeter $^1/_{10}$-Normalkalilauge:

bei 5 Butterproben	10·33—11·1
„ Cocosfett	44·2
„ Margarine	3·6

Nach Ranwez[3]) sind die Differenzen noch größer, wenn man in den in Alkohol löslichen Säuren die in Wasser löslichen Säuren ermittelt. Er fand die Sättigungskapazität dieser

für Butter zu . .	4·6—5·2	
„ Cocosfett „ . .	42·0	
„ Margarine „ . .	3·1 ccm $^1/_{10}$-Normalkalilauge für 5 g Fett.	

Dubois und Padé empfehlen die verschiedene Löslichkeit der Fettsäuren in Alkohol zur Butteruntersuchung.

In Äther. Horsley[4]), Ballard, Husson, Filsinger[5]) haben die verschiedene Löslichkeit reiner und verfälschter Butter in Äther oder Ätheralkohol zur Butterprüfung verwendet. E. Scheffer[6]) hält eine Mischung von 40 Vol. Fuselöl und 60 Vol. Äther von 0·725 spez. Gew. für denselben Zweck geeignet.

In Toluol. Bockairy[7]) verwendet Toluol und Alkohol gleichzeitig zur Unterscheidung der Butter von minderwertigen Fetten. Violette[8]) erhielt jedoch mit dem Verfahren von Bockairy keine guten Resultate.

In Essigsäure. Nach Allen kann Valentas Eisessigmethode S. 578 zur Butterprüfung verwendet werden. Erhitzt man nämlich 3 ccm Butterfett mit ebensoviel Eisessig und rührt während des Erkaltens

[1]) Bull. assoc. Belge chim. 1897. 11. 453.
[2]) Ann. de Pharm. de Louvain 1901. 201.
[3]) Ann. Pharm. 1901. 7. 241; durch Chem. Zeitg. Rep. 1901. 25. 240.
[4]) Zeitschr. f. analyt. Chem. 1863. 2. 100.
[5]) Zeitschr. f. analyt. Chem. 1880. 19. 236.
[6]) Pharm. Rundschau 1886. 248.
[7]) Bull. Soc. Chim. 1888. 49. 331. — Chem. Zeitg. Rep. 1888. 12. 83.
[8]) Chem. Zeitg. 1894. 18. 639.

mit dem Thermometer, so beobachtet man, daß bei Kuhbutter bei 56⁰—61·5⁰ C. Trübung eintritt, bei Margarine aber schon bei 98⁰ bis 100⁰ C.

In Phenol. Crook[1]) verwendete Carbolsäure als Lösungsmittel; seine Angaben wurden von Lenz im wesentlichen bestätigt:

0·648 g des filtrierten Fettes werden in einem kubizierten Reagenszylinder durch Einstellen in Wasser von ca. 66⁰ C. geschmolzen, mit 1·5 ccm flüssiger Carbolsäure (bestehend aus 373 g kristallisierter Carbolsäure und 56·7 g Wasser) geschüttelt und im Wasserbade erwärmt, bis die Mischung durchsichtig geworden ist. Nach einigem Stehen bei gewöhnlicher Temperatur hat man entweder eine klare Lösung (Butter), oder zwei, durch eine klare Scheidelinie getrennte Schichten (Rinder-, Hammel-, Schweinefett). Das Volumen der unteren Schichte beträgt bei:

	Crook	Lenz
Rinderfett	49·7 ⁰/₀	— ⁰/₀
Hammelfett	44·0 „	39·1 „
Schweinefett	49·6 „	37·0 „

Nach genügender Abkühlung zeigt sich mehr oder weniger Absatz in der oberen Schicht. Bei 5 ⁰/₀ Schweinefett beobachtete Lenz die Trennung in zwei Schichten nicht mehr, jedoch traten nach 24 Stunden kristallinische Ausscheidungen in etwas anderer Art als bei Butter auf.

In Benzol. Dubois und Padé wenden auch die verschiedene Löslichkeit der Fettsäuren in Benzol zur Unterscheidung der Butter von anderen Fetten an.

Schmelzpunkt des Butterfettes, der Butterfettsäuren und Verhalten der Butter beim Schmelzen.

Der Schmelzpunkt des Butterfettes und der daraus hergestellten Fettsäuren ist nach A. Mayer[2]) in hohem Grade von der Fütterung abhängig. Leicht verdauliche Kohlehydrate erniedrigen den Schmelzpunkt, Stroh und Futterkuchen oder saures Futter erhöhen ihn.

Nach Lupton[3]) erhöht sich der Schmelzpunkt des Fettes bei Fütterung mit Baumwollsamenkuchen um 8⁰—9⁰ C. Henriques und Hansen[4]) haben gefunden, daß der Schmelzpunkt des Butterfettes durch Verfüttern einer Emulsion von Leinöl ganz bedeutend erhöht wird, sie haben als höchsten Schmelzpunkt 39·0⁰ C. erhalten. Die von verschiedenen Forschern ermittelten Schmelzpunkte und Erstarrungspunkte für Butterfett und dessen Fettsäuren sind auf S. 924 ff. angegeben.

Das Schmelzen der Naturbutter geht unter Bräunen und Schäumen vor sich. Die Butter schäumt so lange, als noch Wasser entweicht. Dennoch ist das Wasser nicht die alleinige Ursache des Schäumens,

[1]) Zeitschr. f. analyt. Chem. 1880. 19. 369.
[2]) Chem. Zeitg. Rep. 1892. 16. 50; aus Milchzeitg. 1892. 21. 49.
[3]) Chem. Zeitg. Rep. 1891. 15. 195; aus Journ. Amer. Chem. Soc. 1891. 13. 134.
[4]) Oversigt o. d. kgl. Danske Vidensk. Selsk. Forhandl. 1899. 4. 333.

denn die meisten Margarinesorten und Gemische von anderen Fetten mit Wasser schäumen nicht; das Wasser entweicht in diesen Fällen stoßweise unter Spritzen. Nach Fendler[1]) ist der Lecithingehalt der Butter die wahrscheinliche Ursache ihres Schäumens und der Milchzuckergehalt die des Bräunens. Tatsächlich kann auch bei Margarine durch Zusatz von Eigelb oder Lecithin ein Schäumen hervorgerufen werden. Die geringe Menge Milchzucker, wie sie in der Milch der Milchmargarine enthalten ist, verursacht ebenfalls Bräunen (siehe auch Seite 260).

Wird die Butter beim Schmelzen durchsichtig, so spricht dies mit einer gewissen Wahrscheinlichkeit für Naturbutter. Doch selbst wenn sie stark trübe wird, ist sie nicht unbedingt verfälscht. Wenn sie ganz undurchsichtig wird, ist mit Wahrscheinlichkeit auf Margarine oder eine Mischung von Butter mit einer größeren Menge von Margarine zu schließen.

Diese Schmelzprobe wurde von Bischoff[2]) aufgestellt und von Hehner[3]) für unbrauchbar erklärt. In Preußen ist sie von der Polizeibehörde als Vorprüfung für verdächtige Proben vorgeschrieben.

Bei stärkerem Erhitzen entfärbt sich nach Drumel[4]) jede Butter, auch wenn sie mit Pflanzenfarbstoffen gefärbt ist, und nimmt nach dem Erkalten das Aussehen des Schweineschmalzes an; Margarine und mit Margarine gemischte Butter verhalten sich nicht so.

Butter, welche mit Wasser und Caseïn verfälscht ist, ist an dem starken Gerinnsel von Caseïn und Wasser zu erkennen, welches sich in der geschmolzenen Butter bemerkbar macht (Racine[5]).

Spezifisches Gewicht.

Es ist bereits erwähnt worden, daß das spezifische Gewicht allein raffinierte Verfälschungen nicht erkennen läßt; es bietet aber immerhin einen wertvollen Anhaltspunkt für die Beurteilung der Butter und wird daher noch vielfach bestimmt.

Das spezifische Gewicht des Butterfettes ist höher als das der meisten zur Verfälschung verwendeten Fette. Das des reinen Butterfettes ist ziemlich konstant, für die kleinen Abweichungen gilt nach Adolf Mayer die Regel, daß der höheren Reichert-Meißlschen Zahl auch das größere spezifische Gewicht entspricht.

Die Bestimmung bei gewöhnlicher Temperatur, wie sie Casamajor[6]) empfiehlt, ist jetzt allgemein aufgegeben, man ermittelt das spezifische Gewicht des geschmolzenen Butterfettes, und zwar zumeist bei 100^0 C. Über die Art der Ausführung s. S. 76 ff.

---

[1]) Chem. Rev. üb. d. Fett. u. Harz-Ind. 1904. 11. 122.
[2]) Chem. Zeitg. 1893. 17. 1550.
[3]) Chem. Zeitg. 1893. 17. 1550.
[4]) Bull. assoc. Belge chim. 1897. 11. 411.
[5]) Zeitschr. f. öffentl. Chem. 1906. 12. 169.
[6]) Chem. Centralbl. 1882. 252.

Bell bestimmt das spezifische Gewicht der Probe bei 37·8°C. = 100°F., bei welcher Temperatur das spezifische Gewicht der Butter bei 0·911 bis 0·913, das des Oleomargarins und anderer Fette bei 0·90136 bis 0·90384 liegt.

Königs nimmt die Bestimmung bei 100° C. vor und findet für reine Butter 0·866—0·868, für verfälschte Butter und andere Fette 0·859—0·865 spez. Gew. (Wasser von 15° = 1).

Sell[1]) hat ebenfalls das auf Wasser von 15° C. bezogene spezifische Gewicht bei 100° C. bestimmt und folgende Werte gefunden:

Butterfett . . . 0·866—0·868	Schweinefett . . . 0·860—0·8605
Rinderfett . . . 0·859—0·8605	Oleomargarin . . 0·859—0·860

Sell toleriert im Marktverkehr noch Butter von 0·865—0·866 spez. Gew. bei 100° C., nicht aber solche von weniger als 0·865.

Allen findet das spezifische Gewicht bei 99° C., bezogen auf Wasser von 15°C., für Butterfett: 0·867—0·870, für Oleomargarin 0·8585—0·8525.

Alle Angaben stimmen somit befriedigend untereinander überein.

Das spezifische Gewicht bei 100° C., bezogen auf Wasser von 100° C., ist von Bell, Muter und Allen bestimmt worden:

	Bell	Muter	Allen
Butterfett . .	0·9094—0·9140	0·9105—0 9138	0·9099—0·9132
Oleomargarin .	0·9014—0·9038	0·903 —0·906	0·902 —0·905

Violette[2]) hat vorgeschlagen, das Gewicht von einem Kubikzentimeter Butter bei 100° C. im luftleeren Raume zu ermitteln (reelle Dichte). Nach seinen Angaben schwankt dasselbe für reine Butter zwischen 0·86320 und 0·86425 und für Margarin zwischen 0·85766 und 0·85865. Die reelle Dichte von Mischungen ist genau das Mittel der beiden reellen Dichten der Komponenten. Bei Heunahrung liefern die Kühe Butterfett von geringerer reeller Dichte (0·86320), bei Nahrung, welche reich an Nährstoffen ist, solche mit 0·86425. Eine Butter von einer schlecht genährten Kuh zeigte die reelle Dichte 0·86265. Im allgemeinen wechseln die spezifischen Gewichte der Butter aus derselben Gegend um dieselbe Jahreszeit nur wenig. Die untere Grenze der reellen Dichte für Butter wird von Violette zu 0·86265 angegeben.

Nach Adolf Mayer, welcher mit gewöhnlichen Aräometern bei 100° C. (oder richtiger bei der Siedetemperatur des Wassers) mißt und dabei Zahlen erhält, die natürlich keinen absoluten, sondern nur einen relativen Wert besitzen, muß man bei diesen Messungen auch den Barometerstand berücksichtigen, da das spezifische Gewicht bei einer Differenz von 2 mm im Barometerstand schon um 0·0001 differiert, somit für die häufig vorkommende Differenz von 40 mm schon um 0·002, während der ganze Unterschied zwischen den spezifischen Gewichten der Natur- und Kunstbutter nur 0·007 beträgt.

---

[1]) Arb. a. d. Kais. Gesundheitsamte 1885. I. 504.
[2]) Chem. Zeitg. 1894. 18. 639.

Skalweit[1]) hat nach der Seite 77 beschriebenen Methode die „scheinbare Dichte" einiger Fette bei verschiedener Temperatur ermittelt. Die Differenzen sind bei 35° C. die größten, weshalb er diese Temperatur zur Prüfung empfiehlt.

Temperatur	Schweine-schmalz	Margarine	Kunstbutter	Kuhbutter
35° C.	0·9019	0·9017	0·9019	0·9121
50 „	0·8923	0·8921	0·8923	0·9017
60 „	0·8859	0·8857	0·8858	0·8948
70 „	0·8795	0·8793	0·8793	0·8879
80 „	0·8731	0·8729	0·8728	0·8810
90 „	0·8668	0·8665	0·8663	0·8741
100 „	0·8605	0·8601	0·8598	0·8672

Nach Moore läßt sich eine Verfälschung der Butter mit einer Mischung von Oleomargarin und Cocosöl auf diese Weise nicht nachweisen, da das spezifische Gewicht des Cocosnußöles (0·9167 bei 37·7° C.) genügend hoch ist, um die Mischung auf das spezifische Gewicht der Butter (0·911 bei 37·7° C.) zu bringen.

Dasselbe gilt von Verfälschungen mit anderen Pflanzenölen, namentlich mit Erdnußöl, Sesamöl und Mohnöl.

Bestimmung des Volumens der Fettsäuren.

Zaloziecki[2]) bestimmte das Volumen der Fettsäuren aus je 10 g von verschiedenen Fetten und fand, daß dasselbe dem verschiedenen spezifischen Gewichte der Fette entsprechend verschieden ist; Butter ergibt ein kleineres Fettsäurevolumen als ihre Surrogate. Zaloziecki gründete darauf ein Butterprüfungsverfahren, sichere Resultate sind jedoch damit nicht zu erhalten.

Emulsionsfähigkeit der Butter.

Deguide, Graftiau und Hardy[3]) schlagen vor, die Emulsionsfähigkeit der Butter zu benützen, um sie von Margarine und anderen Ölen und Fetten zu unterscheiden. Die Emulsionsfähigkeit ist von der Oberflächenspannung abhängig. Zwei Körper gleicher Oberflächenspannung können ohne weiteres Zutun eine Emulsion bilden. Das Butterfett, welches mit der Milch sich in Emulsion befindet, hat die gleiche oder fast gleiche Oberflächenspannung, wie diese. Gibt man Butter zu entrahmter Milch und erwärmt langsam unter Umrühren, so bildet sich leicht bei 37·5° C. eine vollständige Emulsion.

---

[1]) Rep. d. anal. Chem. 1887. 6.
[2]) Chem. Rev. üb. d. Fett- u. Harz-Ind. 1897. 4. 119.
[3]) Bull. Assoc. Belge chim. 1902. 16. — Bull. Acad. roy. Belgique 1902. 16. 336. — Journ. Pharm. Chim. 1902. [6.] 16. 372. — Chem. Rev. üb. d. Fett- u. Harz-Ind. 1903. 10. 60.

Margarine oder ein anderes Fett geht im gleichen Falle keine Emulsion mit der Milch ein. Es bleiben große Fettkugeln von der Milch getrennt. Eine quantitative Trennung der Butter von hinzugefügtem Fett ist aber auf diesem Wege nicht durchführbar.

Prüfung mittels des Oleogrammeters.

Zum Nachweise von tierischen Fetten in Butterfett bestimmt Brullé die Unterschiede in der Härte des mit rauchender Salpetersäure unter genau einzuhaltenden Bedingungen behandelten Fettes, welche mit Hilfe des „Oleogrammeters" ermittelt werden.

Lobry de Bruyn[1]) und andere haben jedoch mit dem Brulléschen Verfahren keine guten Resultate erzielt.

Prüfung mittels des Polarisationsmikroskopes.

Eine von Pennetier[2]) angegebene und von Pouchet empfohlene Vorprobe bei der Prüfung von Butterfett beruht auf der Anwendung des Polarisationsmikroskopes.

Zwischen einem Objektträger und einem Deckglase wird eine kleine Menge der zu untersuchenden Butter zerquetscht, über das so erhaltene durchsichtige Präparat ein $^1/_5$ mm dickes Blättchen Selenit gelegt und dann unter dem Polarisationsmikroskop mit gekreuzten Nicols untersucht.

Bei reiner, frischer Butter zeigt sich im Gesichtsfelde ein Aggregat von sehr feinen Körnchen, welche gleichförmig rötlich bis violett gefärbt sind. Margarine oder mit Margarine versetzte Butter zeigen regenbogenartig gefärbte Körner. Geschmolzene oder alte Butter zeigt jedoch ähnliche Färbungen, ebenso wie Butter, welche Zusätze von Borsäure, Salicylsäure, Milchzucker, Traubenzucker usw. erhalten hat.[3]) Butter, welche während des Aufbewahrens die kristallinische Struktur angenommen hat, zeigt gleichfalls Färbungen wie Margarin.

Es reicht sohin auch diese Methode nicht aus, um mit Sicherheit Verfälschungen nachweisen zu können.

Refraktometrische Untersuchung.

Alexander Müller[4]), Skalweit[5]) sowie Amagat und Jean[6]), Hefelmann[7]), Mansfeld[8]) und andere haben die refraktometrische Untersuchung zur Butterprüfung empfohlen.

Jean[9]) präpariert die Butterprobe zur Untersuchung im Oleorefraktometer wie folgt: 25—30 g der Probe werden in einer Porzellanschale

---

[1]) Chem. Zeitg. 1894. 18. 1334.

[2]) Staz. sperim. agrar. ital. 1892. 22. 131 u. 23. 38; durch Chem. Zeitg. Rep. 1893. 17. 7.

[3]) Besana, Staz. sperim. agrar. ital. 1894. 26. 601.

[4]) Arch. d. Pharm. 1886. 224. 210.

[5]) Rep. d. anal. Chem. 1886. 181. 235.

[6]) Compt. rend. 1889. 109. 616. — Rev. intern. falsific. 1891. 4. 83. 99.

[7]) Pharm. Centralhalle 1894. 35. 469.

[8]) Forschungsber. ü. Lebensm. u. Bez. z. Hyg. usw. I. Jahrg. Heft 3.

[9]) Chimie analytique des matières grasses, Paris 1892. 465.

bei einer 50° C. nicht übersteigenden Temperatur geschmolzen, durchgerührt, absitzen gelassen, unter Dekantation das geschmolzene Fett über Baumwolle durch einen Heißwassertrichter filtriert und noch warm in das Prisma des Apparates gebracht. Hierauf wird mit dem Thermometer gerührt, bis das Fett die Temperatur von 45° C. angenommen hat, und die Ablenkung beobachtet.

Naturbutter zeigt eine Ablenkung von 30 Oleorefraktometergraden nach links, Ochsennierenfett von 17°, Margarine von 14°—15°.

Sehr zahlreiche Butterproben französischer und belgischer Herkunft schwankten zwischen 29° und 31°. Lobry de Bruyn und Leent fanden für holländische Butter Ablenkungen von — 25° bis — 30°, für Margarine solche von — 10° bis — 20° und für Cocosbutter — 52°, so daß Gemische von Cocosbutter und Margarine auf diesem Wege nicht von Naturbutter zu unterscheiden sind.

Jean hat nachgewiesen, daß Ablenkungen bis zu — 25° herab bei reiner Butter dann vorkommen können, wenn die Tiere mit Ölkuchen, namentlich Leinölkuchen gefüttert werden. In solchen Fällen ist eine chemische Analyse der Probe vorzunehmen.

Zusätze von Pflanzenölen sind auf refraktometrischem Wege verhältnismäßig leicht zu entdecken, da dieselben Ablenkungen nach rechts geben. Bei derartigen Zusätzen gibt das Oleorefraktometer nach Jean sogar bessere Resultate als die Reichert-Meißlsche Zahl.

Ellinger[1]) hat zu verschiedenen Jahreszeiten eine Anzahl von Butterproben mit Amagat und Jeans Oleorefraktometer untersucht und folgende mittlere Ablenkungen gefunden:

Februar bis Juni . . . . — 30·5°
September und Oktober . . . . — 27°
November . . . . — 30·5°
Dezember . . . . — 33°

Nach seinen Untersuchungen liegen die Grenzwerte für reine Butter sohin ebenso wie nach denjenigen von Violette[2]) und Vuaflart[3]) weiter auseinander. Ersterer gibt dieselben mit — 26° bis — 33°, letzterer mit — 25° bis — 34° an.

Weite Verbreitung hat das Butterrefraktometer von Zeiß (s. S. 95) zur Butterprüfung gefunden. Es ist von Wollny, Mansfeld[4]) u. a. zur Butterprüfung besonders empfohlen worden und auch in der amtlichen Anweisung zur Untersuchung der Fette für das Deutsche Reich zur Butterprüfung vorgeschrieben.

Das Butterrefraktometer ist eine Abänderung des Abbeschen Refraktometers, bei welchem die Prismen durch einen Strom warmen Wassers auf eine bestimmte Temperatur gebracht werden können.

In Fällen, wo ein häufiger Gebrauch des Instruments notwendig

---

[1]) Journ. f. prakt. Chem. 1891. 44. 157.
[2]) Chem. Zeitg. 1894. 18. 639.
[3]) Rev. intern. falsific. 1906. 19. 20.
[4]) Forschungsber. ü. Lebensm. u. Bez. z. Hyg. usw. I. Jahrg. Heft 3.

erscheint, empfiehlt es sich, eine Vorrichtung zur Erzeugung des Warmwasserstromes anzuwenden, welche bequemer in ihrem Gebrauche ist, und gestattet, für beliebig lange Zeit die Temperatur des durchfließenden Wassers annähernd konstant zu erhalten.

Als solche Vorrichtung kann der von der Firma Zeiß in Jena für diesen Zweck konstruierte Heizapparat empfohlen werden, welcher auch in der erwähnten amtlichen Anweisung beschrieben ist. (S. S. 96.)

Zur Beleuchtung des Apparates dient das Tageslicht oder Lampenlicht.

Bei Benützung des Apparates wird das Prismengehäuse geöffnet und dessen eine Hälfte zur Seite gelegt. Die Prismen werden nun mit weicher, reiner Leinwand unter Benützung von etwas Alkohol oder Äther mit größter Sorgfalt gereinigt und die ersten zwei bis drei Tropfen des geschmolzenen, filtrierten, klaren Butterfettes auf die Prismenfläche des in dem einen Gehäuseteil enthaltenen Prismas gebracht, wobei der Beobachter zweckmäßig den Apparat mit der linken Hand so weit aufrichtet, daß die genannte Fläche nahezu horizontal zu liegen kommt. Nachdem der Apparat wieder geschlossen wurde, wird der Spiegel derart gestellt, daß die Grenzlinie, welche den links gelegenen, hell erleuchteten Teil des Gesichtsfeldes von dem rechts gelegenen, dunklen trennt, deutlich zu sehen ist.

Nun überzeugt man sich, daß der Zwischenraum zwischen den Prismenflächen überall gleichmäßig mit Butterfett ausgefüllt ist. Die Grenzlinie nähert sich in kurzer Zeit, meist schon nach einer Minute einer festen Lage. Man notiert alsdann das Aussehen der Grenzlinie und die Lage derselben auf der 100 teiligen Skala, wobei die Zehntel Skalenteile noch bequem durch Schätzung ermittelt werden können, und liest gleichzeitig den Stand des Thermometers ab.

Naturbutter unterscheidet sich in dem Apparate von den zur Verfälschung verwendeten Fetten sowohl in der Refraktion, als auch in der Dispersion.

Nach Wollny[1]) zeigt Naturbutter im Butterrefraktometer bei 25° C. eine Ablenkung von 49·5—54 Skalenteilen. Außerdem erscheint der Rand der scharfen Grenzlinie für die totale Reflexion bei reiner Butter völlig ungefärbt, bei Margarine, welche ein größeres Dispersionsvermögen besitzt, blau, bei Fetten mit geringerem Zerstreuungsvermögen rotgelb. Das Auftreten eines gefärbten, namentlich eines blauen Saumes bei einer Probe ist daher schon geeignet, den Verdacht einer Fälschung zu erwecken.

Die Refraktion ist von der Temperatur abhängig, so zwar, daß bei ·40° C. reines Butterfett im Butterrefraktometer schon eine Ablenkung von 41·6—44·4 Skalenteilen zeigt.

Für jeden Grad Temperaturerhöhung tritt bei Naturbutter eine Verschiebung der Grenzlinie für die totale Reflexion nach links um 0·55 Skalenteile ein, während dieselbe für Margarine von Mansfeld zu 0·52 Skalenteilen gefunden wurde.

---

[1]) Pharm. Centralhalle 1894. 35. 469.

Wollny fand in Skalenteilen ausgedrückt für Naturbutter, Margarine und Mischbutter die folgenden Werte:

Naturbutter 49·5—54·0 Skalenteile bei 25° C.
Margarine   58·0—66·4   „   „ 25° „
Mischbutter 54·0—64·8   „   „ 25° „

Ergibt die Refraktometerablesung von Butterfett bei 25° C. für die Lage der Grenzlinie höhere Werte als 54·0, so wird nach Wollny durch die chemische Untersuchung die Butter stets als verfälscht erkannt werden. In der Praxis werden zweckmäßig schon alle Proben, welche Werte über 52·5 hinaus ergeben, als verdächtig bezeichnet und der chemischen Untersuchung unterworfen werden.

Zur Umrechnung der an der Okularskala abgelesenen Skalenindices kann die folgende Tabelle dienen:

Sk.-T.	n_D	Δ	Sk.-T.	n_D	Δ
0	1·4220		50	1·4593	
10	1·4300	8·0	60	1·4659	6·6
20	1·4377	7·7	70	1·4723	6·4
30	1·4452	7·5	80	1·4783	6·0
40	1·4524	7·2	90	1·4840	5·7
50	1·4593	6·9	100	1·4895	5·5

Mansfeld hat bei einer Reihe von Butterproben die Refraktion bei 40° C. und die Reichert-Meißlsche Zahl ermittelt und nachstehende Resultate erhalten:

No.	Gattung	Reichert-Meißlsche Zahl	Refraktion bei 40° C.	Befund
1	Butter	31·5	41·6	echt
2	„	30·8	42·3	„
3	„	29·8	43·6	„
4	„	28·7	44·2	„
5	„	28·6	44·2	„
6	„	28·6	41·6	„
7	„	28·2	43·0	„
8	„	28·1	44·0	„
9	„	27·9	43·5	„
10	„	27·1	44·1	„
11	„	27·0	42·5	„
12	„	26·8	44·4	„
13	Rindschmalz	26·7	43·3	„
14	Butter	26·7	43·7	„
15	„	26·4	42·1	„
16	Rindschmalz	26·3	43·2	„
17	„	26·2	43·1	„
18	Butter	25·4	44·0	„
19	„	—	43·1	„
20	„	—	42·3	„
21	„	—	43·0	„

No.	Gattung	Reichert-Meißlsche Zahl	Refraktion bei 40° C.	Befund
22	Rindschmalz	24·4	41·6	auf Grund der
23	,,	24·3	42·4	Reichert-Meißlschen
24	,,	23·9	42·5	Zahl verdächtig
25	Rindschmalz	22·6	45·1	18 % fremde Fette
26	Butter	7·2	46·6	76 % ,, ,,
27	Rindschmalz	6·5	47·1	78 % ,, ,,
28	,,	3·7	48·6	89 % ,, ,,
29	Surrogat	3·1	49·2	91 % ,, ,,
30	Rindschmalz	3·0	49·0	91·5 % ,, ,,
31	Kunstbutter	2·3	48·6	94 % ,, ,,
32	Oleomargarin	1·2	48·6	—

Nach J. Delaite[1]) ist eine Butter, welche im Butterrefraktometer bei 40° C. eine höhere Refraktometeranzeige als 44° liefert, als verdächtig zu bezeichnen.

Für Deutschland ist als höchste Refraktometerzahl 44·2° bei 40° C. festgesetzt.

Für holländische Butter ist diese Zahl nach A. Lam[2]) zu niedrig. Fortgesetzte Untersuchungen haben ergeben, daß die Refraktometerzahl für holländische Butter im Jahresmittel für das Jahr 1898 um 1·3° und für das Jahr 1899 um 1·7° der Zeißschen Skala höher war als 44·2°; Lam fordert daher, daß 46·0° bei 40° C. als höchste Refraktometerzahl für unverdächtige Butter festgesetzt werde.

Für italienische Butter hat Besana[3]) die Refraktometerzahl 44·8°—47° bei 35° C. gefunden, während er für Oleomargarin 50° bis 51° angibt.

Es ist zu bemerken, daß bei der refraktometrischen Untersuchung von Butter und auch von Schweinefett weniger der absolute Wert der im Fernrohr abgelesenen Skalenteile in Betracht kommt, als vielmehr die Differenz (nach Größe und Vorzeichen), welche man erhält, wenn man die der Versuchstemperatur zugehörige „höchst zulässige Zahl" (s. unten die Tabelle) von der im Fernrohr abgelesenen Zahl subtrahiert.[4]) Diese Differenz ist nämlich innerhalb weiter Grenzen unabhängig von der Versuchstemperatur, und es hängt nur von dem Vorzeichen dieser Differenz ab, ob die untersuchte Probe als rein (—) oder als verdächtig (+) anzusprechen ist. In der Größe der positiven Zahlen erhält man gleichzeitig einen Maßstab der Vergleichung für die Stärke des Verdachtes.

Die folgende Tabelle gibt die oberen Grenzen der für reine Butter bei verschiedenen Temperaturen noch zulässigen Skalenteile:

---

[1]) Chem. Zeitg. Rep. 1895. 19. 57.
[2]) Chem. Zeitg. 1900. 24. 394.
[3]) Staz. sperim. agrar. ital. 1894. 26. 601.
[4]) Mitt. aus d. opt. Werkstätte v. Carl Zeiß in Jena.

Temp.	Sk.-T.	Temp.	Sk.-T,	Temp.	Sk.-T.	Temp.	Sk.-T.
45° C.	41·5	40° C.	44·2	35° C.	47·0	30° C.	49·8
44 ,,	42·0	39 ,,	44·8	34 ,,	47·5	29 ,,	50·3
43 ,,	42·6	38 ,,	45·3	33 ,,	48·1	28 ,,	50·8
42 ,,	43·1	37 ,,	45·9	32 ,,	48·6	27 ,,	51·4
41 ,,	43·7	36 ,,	46·4	31 ,,	49·2	26 ,,	51·9
40 ,,	44·2	35 ,,	47·0	30 ,,	49·8	25 ,,	52·5

Es wird jetzt auch dem Butterrefraktometer ein zweites Thermometer (Fig. 110) beigegeben, auf welchem anstatt der Temperaturgrade die ihnen nach der Tabelle entsprechenden höchsten Refraktometerzahlen für Butter angegeben sind; dieses Spezialthermometer enthält noch eine zweite Skala, welche die den Temperaturen entsprechenden, höchsten Refraktometergrade für reines Schweinefett angibt. Beim Ablesen dieses Spezialthermometers ist zu beachten, daß die Gradzahlen von oben nach unten zu nehmen sind, da die Refraktometerzahlen mit steigender Temperatur abnehmen. Durch dieses Thermometer wird die Arbeit mit dem Apparat ungemein vereinfacht. Man liest die Skala im Fernrohr und die am Thermometer ab und zieht die am Thermometer abgelesenen Grade von den im Fernrohr abgelesenen Graden ab; ist die Differenz positiv, so ist die Butter verdächtig, ist sie negativ, so ist die Butter nicht verdächtig.

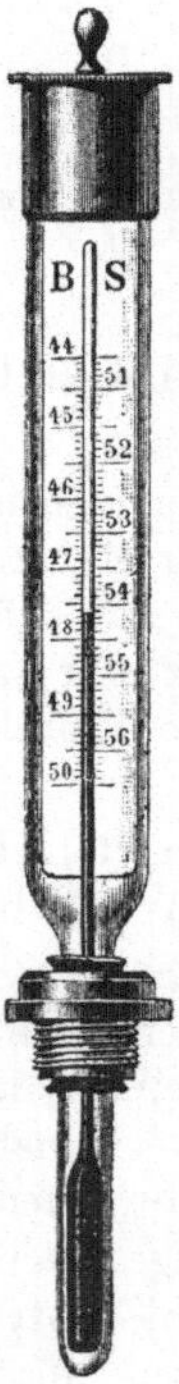

Um auch noch Zehntelgrade scharf ablesen· zu können, kann nach Löwe[1]) eine Mikrometerschraube am Apparat angebracht werden, welche eine Verschiebung des Objektivs ermöglicht.

Nach Annacker[2]) ist man imstande, 20—30 Butterprüfungen in der Stunde im Butterrefraktometer vorzunehmen, welch letzteres ein vorzügliches Selektionsinstrument[3]) bei der Butteruntersuchung abgibt, mit Hilfe dessen man in der Lage ist, rasch unverdächtige Proben von verdächtigen zu scheiden. Die letzteren werden alsdann der chemischen Analyse zugeführt.

Hoton[4]) findet, daß die Differenz aus der Refraktometerzahl der Butter und der daraus isolierten Fettsäuren einen konstanten Wert besitzt. Er schlägt vor, diesen Umstand zum Nachweis von Margarine oder Cocosfett in Butter zu benützen, da die entsprechende Differenz bei diesen Fetten größer ist.

Sie beträgt nämlich

bei Butter . . . . 10°—11°
bei Margarine . . . . 13°—14°
bei Cocosfett . . . . 15°—16°

Fig. 110.

---

[1]) Zeitschr. f. Unters. d. Nahrungs- u. Genußm. 1905. 9. 15.
[2]) Zeitschr. f. angew. Chem. 1893. 6. 252.
[3]) Besana, Staz. sperim. agrar. ital. 1894. 26. 601.
[4]) Rev. intern. falsific. 1906. 19. 115.

Ein Parallelismus zwischen der Refraktion und dem Gehalt an flüchtigen Fettsäuren ist nicht konstatiert worden,[1]) wohl aber ist ein solcher zwischen der Refraktion und dem Jodaufnahmsvermögen vorhanden. Wie die v. Hüblsche Jodzahl, scheint auch die Refraktion der Fette ein Maß für den Gehalt an ungesättigten Verbindungen abzugeben. Wie die Jodzahl, wird auch die Refraktionszahl durch Verfüttern von Stoffen, welche reich an Fetten mit hoher Jodzahl und hoher Refraktionszahl sind, stark erhöht.

Thörner hat die Brechungsexponenten des Butterfettes und einiger anderer Fette in Pulfrichs Refraktometer bei 60° C. bestimmt und folgende Werte gefunden:

	Brechungsexponenten bei 60° C.		Brechungsexponenten bei 60° C.
Wasser	1·3287	Palmkernöl	1·4435
Hammeltalg	1·4504	Cottonöl	1·4570
Rindertalg	1·4527	Olivenöl	1·4548
Schweineschmalz	1·4539	Butterfett	1·4477
Palmöl, roh	1·4501		

Viscosimetrische Butterprüfung.

Killing[2]) hat einen Apparat, welcher in erster Linie zur viscosimetrischen Butterprüfung dienen soll, konstruiert (s. Seite 70). Mit Hilfe desselben wird ein für allemal die Auslaufzeit für destilliertes Wasser von 20° C. festgestellt und diese gleich 100 gesetzt. Ist beispielsweise die Auslaufzeit für destilliertes Wasser von 20° C. = 80·33 Sek. im Mittel, und die mittlere Auslaufzeit für Butterfett von 40° C. = 222 Sek., so ist die Viscositätszahl $\dfrac{222 \times 100}{80·33} = 276·3$. Nach Killing besitzt die Naturbutter eine mittlere Viscositätszahl von 278·5, Margarine eine solche von 314·7.

Der Killingsche Apparat ist gleichfalls als ein der Vorprüfung dienender Apparat anzusehen.

Kryoskopische Methode der Butterprüfung; Bestimmung des mittleren Molekulargewichtes des Butterfettes.

Garelli und Carcano[3]) fanden bei Versuchen mit Beckmanns Apparat unter Benützung von Benzol als Lösungsmittel (14—15 g) als Konstante der Molekulardepression des Benzols den Wert 53.

Die mit reiner Butter angestellten Versuche ergaben ein zwischen 696 und 716 liegendes mittleres Molekulargewicht, während dasjenige des Oleomargarins sich zu 780—883 ergab.

Die Molekulargewichte der Mischungen von Butter mit 20, 25, 33 und 50 % Margarine wurden zu 716, 720, 738 und 749 gefunden. Diese Methode läßt daher nur Beimengungen von mehr als 20 % erkennen.

---

[1]) Hefelmann, Pharm. Centralhalle 1894. 35. 33 u. Beckurts u. Seiler, Arch. f. Pharm. 1895. 233. 423; durch Zeitschr. f. angew. Chem. 1895. 8. 612.
[2]) D. R. P. Nr. 31624.
[3]) Staz. sperim. agrar. ital. 1893. 25. 77; durch Chem. Zeitg. Rep. 1894. 18. 6.

Pouret fand mit dem Raoultschen Apparat für reines Butterfett ein mittleres Molekulargewicht von 640 und für Margarinefett ein solches von 840; das von Pouret ermittelte mittlere Molekulargewicht für reines Butterfett ist somit ebenfalls niedriger als das aus der Verseifungszahl berechnete (744).

Peschges[1]) wiederholte die Versuche und fand, daß bei Verwendung von Benzol als Lösungsmittel sowohl für Butterfett, als auch für Margarinefett das mittlere Molekulargewicht um ca. 100 niedriger als das aus der Verseifungszahl berechnete gefunden wird, daß aber mit Äther damit identische Resultate erhalten werden.

Da die Köttstorfersche Methode bequemer auszuführen ist, ist sie der kryoskopischen Methode vorzuziehen.

Quartaroli[2]) verwendet Eisessig zur Bestimmung der Gefrierpunktserniedrigung: 5—6 g des geschmolzenen und filtrierten Fettes werden in einem ungefähr 50 ccm fassenden Kolben mit 50 ccm Eisessig gemischt und während 24 Stunden in dem gut verschlossenen Kolben der Ruhe überlassen. Nach dieser Zeit wird rasch filtriert und in der gesättigten Lösung sofort die kryoskopische Bestimmung vorgenommen. Die Gefrierpunktserniedrigung schwankt bei natürlicher Butter zwischen 0·54 und 0·57 und sinkt auch nach 3 Wochen nicht unter 0·50. Bei Margarine ist sie bedeutend kleiner und schwankt zwischen 0·17 und 0·20. Mischungen von Margarine und Butter geben mittlere Zahlen. Nach Quartaroli sind auf diese Weise noch 10 $^0/_0$ Margarine in Butter zu erkennen.

Chemische Methoden zur Untersuchung der Butter und des Butterfettes auf ihre Reinheit.

Die Art ihrer Ausführung ist in Abschnitt VII des I. Teiles ausführlich beschrieben worden.

Bestimmung des Säuregehaltes.

Der Säuregrad feiner Butter schwankt nach Köttstorfer zwischen 3° und 4·9° (Anzahl Kubikzentimeter Normallauge, welche zur Neutralisation von 100 g Fett gebraucht werden). Alte Butter enthält mehr freie Fettsäuren. B. Fischer[3]) beanstandet schon Proben mit 5·4 bis 6 Säuregraden. Nach Stockmeier und Merkel[4]) ist Butter von 8 Säuregraden im Handel zu beanstanden; Mansfeld[5]) beanstandet Butterproben mit 8 Säuregraden und erklärt solche mit 10 Säuregraden bereits für ungenießbar.

Solange eine schädliche physiologische Wirkung der freien Fettsäuren in nicht ranzigem Butterfett nicht nachgewiesen ist, kann jedoch im

---

[1]) Arch. f. Pharm. 1901. 239. 358.
[2]) Staz. sperim. agrar. ital. 1904. 37. 18. — Chem. Rev. üb. d. Fett- u. Harz-Ind. 1904. 11. 78.
[3]) Zeitschr. f. angew. Chem. 1890. 3. 697.
[4]) Schweißinger, Zeitschr. f. angew. Chem. 1890. 3. 697.
[5]) Chem. Zeitg. 1894. 18. 764.

allgemeinen eine Butter auf Grund des Säuregehaltes allein nicht als verdorben erklärt werden.[1]) Nach dem Bericht der Jahresversammlung schweizerischer analyt. Chemiker[2]) soll denn auch erst Butter beanstandet werden, welche mehr als 10 Säuregrade aufweist und ranzig riecht und schmeckt. Umgekehrt kann eine Butter verdorben und wegen widerlichen Geschmackes ungenießbar sein, ohne einen hohen Säuregrad zu zeigen; es ist dies besonders dann der Fall, wenn sie im Sonnenlichte oder in der Wärme aufbewahrt worden war (s. Ulzer-Klimont, Allgemeine u. physiolog. Chemie d. Fette, S. 216).

Die Acidität der Butter rührt nach Bondzynski und Rufi[3]) der Hauptmasse nach von unlöslichen Fettsäuren her, wie die in der folgenden Tabelle zusammengestellten Analysenresultate einiger Butterproben zeigen, bei denen nach dem Umschmelzen mit Wasser sowohl Fett als auch Waschwasser untersucht wurden.

Probe Nr.		Verbrauch an ccm $^1/_{20}$-Normallauge für 10 g Butterfett	Verbrauch an ccm $^1/_{20}$-Normallauge für die löslichen Säuren	Freie, feste Fettsäuren in Proz.	Freie Ölsäure in Proz.
1		5·48 ccm	—	—	—
2		5·51 ,,	—	0·50	0·17
3	22. Mai	4·90 ,,	—	0·27	0·159
	1. Juni	11·40 ,,	—	1·29	0·47
	11. Juni	30·00 ,,	1·6	3·60	0·71

Verseifungszahl.

Die Verseifungszahl ist infolge des Gehaltes der Butter an Glyceriden niedrigmolekularer Fettsäuren höher als die der zu ihrer Verfälschung benützten Fette, mit Ausnahme des Cocosfettes.

Die Verseifungszahl von reinem Tributyrin z. B. ist 556·3. Es ist daraus leicht ersichtlich, wie sehr ein Gehalt an beträchtlichen Mengen Glyceriden niedrig molekularer Fettsäuren die Verseifungszahl eines Fettes erhöht.

Köttstorfer[4]) verbrauchte zur Verseifung von 1 g Butterfett 221·52—232·4 mg Kalihydrat und berechnete daraus die mittlere Verseifungszahl 227.

Für die anderen Fette ist die mittlere Verseifungszahl 195·5, so daß man aus der Formel

$$x = 100 \cdot \frac{227 - n}{227 - 199·5} = 3·17 \ (227 - n)$$

die Prozente zugesetzten Fettes annähernd berechnen kann, wobei aber schon durch Schwankungen in der Zusammensetzung des reinen Butterfettes Fehler von $+ 10\,^0/_0$ und mehr vorkommen können.

Moore hat gezeigt, daß Gemische von Oleomargarin und Cocos-

---

[1]) Vereinb. z. einh. Unters. u. Beurt. von Nahrungs- u. Genußm. für das Deutsche Reich 1897. 98.
[2]) Chem. Zeitg. 1894. 18. 1480.
[3]) Zeitschr. f. analyt. Chem. 1890. 29. 1.
[4]) Zeitschr. f. analyt. Chem. 1879. 18. 199.

nußöl die richtige Zahl (227) geben können, so daß ein solches Gemenge mit Hilfe der Köttstorferschen Methode nicht von echter Butter zu unterscheiden ist.

Die untere Grenze der Verseifungszahl für reine Butter wird von verschiedenen Forschern sehr verschieden angegeben; die niedrigen Werte, welche gefunden worden sind, sind als Ausnahmsfälle zu bezeichnen.

Seyda und Woy[1]) nehmen die untere Grenze der Verseifungszahl reiner Butter zu 221 an, bezeichnen jedoch Proben mit Verseifungszahlen von 221—225 bereits als verdächtig. Fischer[2]) fand bei 123 Butterproben als niedrigste Verseifungszahl 220, und Samelson[3]) gibt in einem Ausnahmsfalle die Verseifungszahl einer reinen Butter mit 216 an. Baumert und Falke[4]) haben aus der Milch von Kühen, welche mit Emulsionen von Sesamöl und von Mandelöl gefüttert worden waren, Butter erhalten, deren Fett die Verseifungszahl 205 und 208·5 zeigte.

Nach Seyda und Woy zeigten von 185 Butterproben

7	Proben	eine	Verseifungszahl von	221·5	—223
13	„	„	„	„ 223	—225
13	„	„	„	„ 225	—226
28	„	„	„	„ 226	—228
39	„	„	„	„ 228	—230
52	„	„	„	„ 230	—233 und
33	„	„	„	über 233	

Bei 123 von Fischer analysierten Butterproben wurde die Verseifungszahl

in	4	Fällen	zu	220	in	6	Fällen zu	230
„	2	„	„	221	„	11	„ „	231
„	5	„	„	222	„	14	„ „	232
„	6	„	„	223	„	7	„ „	233
„	10	„	„	224	„	2	„ „	234
„	5	„	„	225	„	3	„ „	235
„	3	„	„	226	„	3	„ „	236
„	14	„	„	227	„	3	„ „	237
„	15	„	„	228	„	1	Falle „	238
„	8	„	„	229	„	1	„ „	245

gefunden.

Seyda und Woy halten die Verseifungszahl des Butterfettes bei der Begutachtung desselben für zuverlässiger als die Reichert-Meißlsche Zahl; nach ihren Angaben kann nämlich die letztere bei anormaler Butter sehr niedrig sein, während die Verseifungszahl oft nur wenig gedrückt ist.

Jedenfalls wird in zweifelhaften Fällen die Verseifungszahl nach der refraktometrischen Prüfung, der Bestimmung der Reichert-Meißlschen Zahl und der neuen Butterzahl in erster Linie bei der Beurteilung eines Butterfettes herangezogen werden müssen.

Cocosölhaltige Mischungen können auch eine richtige Verseifungszahl besitzen.

[1]) Chem. Zeitg. 1894. 18. 906.
[2]) Chem. Zeitg. 1895. 19 284.
[3]) Chem. Zeitg. 1895. 19. 1626.
[4]) Zeitschr. f. Unters. d. Nahrungs- u. Genußm. 1898. 1. 665.

Gehalt an Gesamtfettsäuren.

Die sonst übliche, später zu besprechende Bestimmung der unlöslichen Fettsäuren (Hehner-Zahl) bei der Butter macht aus dem Grunde Schwierigkeiten, weil diese Fettsäuren enthält, welche an der Grenze der löslichen und unlöslichen Fettsäuren stehen, d. h. in Wasser nur sehr wenig löslich sind, so daß eine scharfe Trennung fast nicht möglich ist. Der Begriff der in Wasser löslichen und unlöslichen Fettsäuren fällt bei Fetten mit hoher Reichert-Meißlscher Zahl mit dem der flüchtigen und nichtflüchtigen Fettsäuren weniger als sonst zusammen. Die Reichert-Meißlsche Zahl, welche die Ergänzung der Hehner-Zahl bilden sollte, ist es aus dem genannten Grunde bei der Butter nicht. Daher schlägt Fahrion[1]) die Bestimmung der Gesamtfettsäuren in Form ihrer Kalium- oder Natriumsalze vor.

2—3 g Fett werden verseift und die alkoholfreie Seifenlösung in einen Scheidetrichter gespült. Nach dem Erkalten setzt man die Fettsäuren durch Salzsäure in Freiheit und schüttelt diese zuerst mit 25 ccm, dann mit 15 ccm Äther oder Petroläther aus. Man läßt das Lösungsmittel verdunsten, neutralisiert mit Normalkalilauge oder Natronlauge (Phenolphthaleïn als Indikator). Nun vertreibt man auch den Alkohol, trocknet den Abdampfrückstand 3 Stunden bei 105°—110° C. und wägt. Aus dem Gewichte der Seifen *(a)* und der Anzahl Kubikzentimeter Normallauge, die zur Neutralisation verbraucht worden sind *(n)*, läßt sich die Menge der Fettsäuren *(F)* berechnen:

$$F = a - 22\,n, \text{ wenn Normalnatronlauge,}$$
$$F = a - 38\,n, \text{ wenn Normalkalilauge}$$

zur Neutralisation verwendet worden ist.

Ihr mittleres Molekulargewicht ist $\dfrac{a - 22\,n}{n}$ resp. $\dfrac{a - 38\,n}{n}$.

Die Ausbeuten sind größer, wenn man mit Äther arbeitet als bei Petroläther, da die Buttersäure wahrscheinlich vollständiger in die Ätherlösung geht.

Der am leichtesten flüchtige Anteil der flüchtigen Fettsäuren entzieht sich auch bei Fahrions Methode der Bestimmung.

Gehalt an ungesättigten Fettsäuren (Jodzahl).

Die Bestimmung der Jodzahl hat zur Butterprüfung wenig Anwendung gefunden, weil dieselbe für verschiedene Buttersorten sehr beträchtlich schwankt. v. Hübl fand z. B. 26—35·1, im Mittel 31, Moore 19·5—38, Woll[2]) 25·7—37·9, im Mittel aus 56 Proben 33·32, Williams[3]) bei 30 Proben 32·25—38·91, im Mittel 35·24, Thörner[4]) 28—32, Morse[5]) 24·2—44·8. Durch Verfütterung von Stoffen, welche

---

[1]) Chem. Zeitg. 1906. 30. 267.
[2]) Zeitschr. f. analyt. Chem. 1888. 28. 532.
[3]) The Analyst 1889. 14. 104.
[4]) Chem. Zeitg. 1894. 18. 1154.
[5]) Chem. Zeitg. Rep. 1893. 17.·79; aus Journ. Anal. et Appl. Chem. 1893. 7. 1.

Fette mit hoher Jodzahl enthalten, wird auch Butter mit erhöhter Jodzahl erhalten. Henriques und Hansen haben bei ihren bereits erwähnten Fütterungsversuchen mit Emulsionen von Leinöl Butterfett mit Jodzahlen bis zu 58, während einer kurzen Periode sogar solche mit der Jodzahl 70·4 erhalten. Auch Gogitidse[1] fand, daß bei Leinölfütterung die Jodzahl des Butterfettes steigt und nach dem Aussetzen der Leinölfütterung wieder langsam fällt. Baumert und Falke haben bei ihren Fütterungsversuchen mit Emulsionen von Sesamöl und Mandelöl Butterfett mit den Jodzahlen 54·4 und 52·4 erhalten, bei Cocosfettfütterung dagegen erhielten sie ein Butterfett mit der Jodzahl 36·1.

Die zur Verfälschung der Butter benützten animalischen Fette haben sämtlich höhere Jodzahlen, dagegen hat Cocosöl die Jodzahl 8·9, so daß sich leicht Mischungen mit der richtigen Jodzahl herstellen lassen.

v. Asbóth[2] bestimmte den Ölsäuregehalt der Butter und verschiedener anderer Fette und fand für:

Kuhbutter	Min. 33·72	Max.	37·397 %	Ölsäure	
Margarinbutter	„ 45·481	„	45·995	„	„
Oleomargarin	„ —	„	42·606	„	„
Schweinefett	„ 56·911	„	58·082	„	„
Gänsefett	„ 64·974	„	67·290	„	„
Rindertalg	„ 33·034	„	33·953	„	„

Gehalt an nichtflüchtigen, wasserunlöslichen Fettsäuren (Hehner-Zahl).

Die wichtige, unterscheidende Eigenschaft der Butter, ihr hoher Gehalt an flüchtigen Fettsäuren, hat zur notwendigen Folge, daß die Menge der nichtflüchtigen, wasserunlöslichen Fettsäuren geringer ist als in den meisten anderen Fetten.

Hehners[3] Versuche ergaben 86·5—87·5 %, manchmal bis 88 % unlösliche Fettsäuren; als Mittelzahl wird meist 87·5 genommen. Da manche Buttersorten viel Laurinsäure enthalten, die sich in kochendem Wasser sehr träge löst und aus den unlöslichen Fettsäuren nur sehr schwer entfernt werden kann, so findet man leicht zu hohe Zahlen, was man jedoch vermeidet, wenn man nach der Vorschrift von Fleischmann und Vieth (S. 141) arbeitet.

Mainsbrecq[4] hat gefunden, daß die Bestimmung der Hehnerschen Zahl einer Butter verschiedene Resultate gibt, je nachdem man die zur Abscheidung der Fettsäuren angesäuerte Lösung verschieden lang auf dem Wasserbade erwärmt, und je nachdem man die Fettsäuren mehr oder weniger lang auswäscht. Er schlägt daher für die erstere Operation $1\frac{1}{2}$ Stunden unter Rühren vor, die letztere Operation soll dann abgebrochen werden, wenn 100 ccm Waschwasser nicht mehr als 0·2 ccm $\frac{1}{10}$-Normallauge zur Neutralisation verbrauchen. Nach Henriques[5] hat auch die Art des Trocknens der Fettsäuren einen großen Einfluß

[1] Zeitschr. f. Biologie 1904. 45. 353.
[2] Chem. Zeitg. 1897. 21. 312.
[3] Zeitschr. f. analyt. Chem. 1877. 16. 145.
[4] Bull. assoc. Belge chim. 1898. 12. 226.
[5] Chem. Rev. üb. d. Fett- u. Harz-Ind. 1898. 5. 169.

auf das Resultat; er trocknet die Fettsäuren im Vakuumexsikkator bei Zimmertemperatur.

Fleischmann und Vieth fanden, daß unverfälschte Butter manchmal bis zu 90 $^0/_0$ unlöslicher Fettsäuren liefert. West-Knights[1]) fand als obere Grenze 88·08 $^0/_0$. Ranzige Butter soll nach Fleischmann und Vieth genau dieselben Zahlen geben wie frische; diese Angaben stehen jedoch mit den von J. Bell erhaltenen Analysenresultaten, nach welchen die Hehnersche Zahl in ranzigen Proben größer ist, als in nicht-ranzigen, in Widerspruch. Butteröl enthält 85·05—85·23 $^0/_0$ unlöslicher Fettsäuren.

Nach diesen Ergebnissen betrachten Fleischmann und Vieth Butter mit einer über 90 liegenden Hehnerschen Zahl als verfälscht, mit der Zahl 88—90 als zweifelhaft und mit einer unter 88 liegenden Zahl als echt.

Moore fand aber, daß mit Cocosnußöl und Oleomargarin Mischungen hergestellt werden können, welche die richtige Hehnersche Zahl geben. Eine Mischung aus 50 Teilen Butterfett, 27·5 Teilen Oleomargarin und 22·5 Teilen Cocosöl lieferte z. B. 89·5 $^0/_0$ unlöslicher Fettsäuren.

Sieht man von der Verfälschung mit Cocosöl ab und legt der Rechnung für Butterfett die Hehnersche Zahl 87·5, für fremde Fette 95·5 zugrunde und hat man für die Probe die Hehnersche Zahl a gefunden, so kann man den Prozentgehalt an fremden Fetten nach der Formel

$$x = 12 \cdot 5 \, (a - 87 \cdot 5)$$

berechnen. Das Resultat hat aber bei den großen Schwankungen, welche die Hehnersche Zahl bei notorisch reinen Buttersorten zeigt, nur geringen Wert.

Gehalt an flüchtigen, löslichen Fettsäuren (Reichert-Meißlsche Zahl).

Die Reichert-Meißlsche Zahl gibt, wie bereits im I. Teile, S. 132 ausgeführt, zwar nicht den Gehalt an flüchtigen Fettsäuren an, ist aber ein Maß für diesen Gehalt, wenn sie stets unter gleichen Versuchsbedingungen ausgeführt wird. Wegen der großen Menge der im Butterfett enthaltenen flüchtigen Fettsäuren ist die Reichert-Meißlsche Zahl bei diesem Fette in der Regel sehr hoch; sie wurde jedoch beim Vergleiche der Ergebnisse von einigen Tausend Butteruntersuchungen durchaus nicht so konstant gefunden, als Reichert ursprünglich angenommen hat, da die Art der Nahrung, die Jahreszeit, der Zeitpunkt der Lactationsperiode, die Ranzidität der Butter, die Art des Ausschmelzens usw. von größerem oder geringerem Einfluß auf den Gehalt an flüchtigen Fettsäuren sind.

Reichert selbst gibt die Zahl 28·00 für 5 g reiner Butter mit einer wahrscheinlichen Abweichung von $+0·9$ an. Meißl fand für 5 g unverdächtiger Butter die untere Grenze 26, im Mittel 28·78, Reichardt 27·6—29·4.

---

[1]) Zeitschr. f. analyt. Chem. 1881. 20. 466.

Die Grenzen für reines Butterfett sind nach Sendtner 24—32·8, nach Corbetta (178 Proben) 26·1—31·4, nach Nilson (797 Proben) 22·9—41·0, nach Seiler und Heuß 26·18—32·78, nach Ambühl 28·1 bis 31·1, nach Vieth 26·1—30·8, nach Mansfeld (88 Proben) 24·42 bis 33·15. Als Minimum für italienische Butter fanden Spalanzani 20·63, Vigna 20·68, Maissen und Rossi 21·56, Longi 22·55, Sartori 23·59; Samelson[1]) fand in einem Ausnahmsfall bei reiner Butter die Reichert-Meißlsche Zahl 21·6, Vieth eine solche von 20·4.

Weitere Ausnahmsfälle, bei welchen die Reichert-Meißlsche Zahl besonders niedrig gefunden wurde, sind von Seyda und Woy[2]), Morse[3]), Falk und Leonhard[4]) und anderen beobachtet worden. Derartig niedrige Zahlen kommen jedoch verhältnismäßig selten vor; Nilson fand in 797 Fällen 32 mit 24·00—24·96 und nur 12 mit 22·90—23·86.

Da die Eigenschaften der Butter sehr von dem Körperbefinden der Kühe abhängig sind, so mögen solche niedrige Zahlen oft dadurch begründet sein, daß die Butter von einer einzigen Kuh herstammt, welche vielleicht vorübergehend in einem kränklichen Zustande war.

Nach Morse[5]) und auch nach Nilson verringern sowohl vorgerückte Lactationsperiode als auch Fütterung mit Baumwollsamenkuchen den Gehalt an flüchtigen Fettsäuren; auch Lupton[6]) hat einen gleichen Einfluß der Fütterung mit Baumwollsamenkuchen konstatiert.

Nach den Untersuchungen von Soxhlet[7]) findet unter dem Einflusse von fettreicher Nahrung eine Steigerung des Fettgehaltes der Milch statt, und die aus solcher Milch bereitete Butter besitzt eine abnormale Zusammensetzung, welche sich in einem außerordentlich niedrigen Gehalte an flüchtigen Fettsäuren äußert. In einem Falle war der Gehalt an flüchtigen Fettsäuren so niedrig wie in einem Gemenge von normaler Butter mit ca. 40 °/₀ Margarine.

Henriques und Hansen[8]) haben an zwei Kühe, welche frisch gekalbt hatten, Emulsionen von Leinöl verfüttert und gefunden, daß dadurch der Fettgehalt der Milch nur vorübergehend gesteigert wurde, daß sich aber die Zusammensetzung des Milchfettes stark änderte, indem der Schmelzpunkt und die Jodzahl stiegen, die Reichert-Meißlsche Zahl sank; die niedrigste Reichert-Meißlsche Zahl, welche bei diesen Versuchen beobachtet wurde, war 12·5.

Baumert und Falke[9]) haben bei den bereits erwähnten Fütterungsversuchen mit Emulsionen von Sesam-, Cocos- und Mandelöl Butterfett mit Reichert-Meißlschen Zahlen von 16·3, 19·3 und 17·5 erhalten.

Nilson fand, daß die Reichert-Meißlsche Zahl vom ersten bis

---

[1]) Chem. Zeitg. 1895. 19. 1626.
[2]) Chem. Zeitg. 1894. 18. 906.
[3]) Chem. Zeitg. Rep. 1893. 17. 79; aus Journ. Analyt. and Applied Ch. 1893. 1.
[4]) Zeitschr. f. angew. Chem. 1890. 3. 728.
[5]) Chem. Zeitg. Rep. 1893. 17. 79.
[6]) Chem. Zeitg. Rep. 1891. 15. 195; nach Journ. Amer. Chem. Soc. 1891. 13. 134.
[7]) Wochenbl. d. landw. Vereines in Bayern Nr. 40. vom 2. Okt. 1896.
[8]) Oversigt o. d. Danske Vidensk. Selsk. Forhandl. 1899. 4. 333.
[9]) Zeitschr. f. Unters. d. Nahrungs- u. Genußm. 1898. 1. 665.

zum vierzehnten Monat der Lactationsperiode von 33·44 auf 25·42 sank. Auch nach Vieth[1]) steht das Vorschreiten der Lactationsperiode mit dem Rückgange der flüchtigen Fettsäuren in Zusammenhang.

Beim Eintritt der Brunst und bei manchen Krankheiten ist eine deutliche Depression wahrnehmbar.

Außerdem hängt der Gehalt an flüchtigen Fettsäuren noch von der Rasse, von dem Klima, von der Jahreszeit und von der Viehhaltung ab. Die Stallwärme scheint die Bildung der flüchtigen Fettsäuren zu begünstigen, es findet bei dem Übergang von der Weide- zur Stallfütterung eine Zunahme und umgekehrt bei dem Übergang von der Stallfütterung zur Weidefütterung eine Abnahme der Reichert-Meißlschen Zahl statt. Nach Vieth ist die Reichert-Meißlsche Zahl in der Zeit vom Juni bis zum November niedriger als in der übrigen Zeit des Jahres. Ähnliche Beobachtungen wurden auch von Hehner[2]) und von Kreis gemacht. Nach Reinsch und Bolm[3]) nimmt die Reichert-Meißlsche Zahl im Oktober ihren tiefsten Stand ein. Van Rijn[4]) hat gefunden, daß von 428 untersuchten Butterproben, von denen die Mehrzahl in den letzten vier Monaten des Jahres hergestellt worden waren, mehr als 50 % Reichert-Meißlsche Zahlen unter 25 zeigten, er schreibt diese Erscheinung dem Umstande zu, daß das Vieh im Herbste zu lange auf der Weide bleibt.

Nach Planchon nimmt der Gehalt an flüchtigen Fettsäuren beim Ausschmelzen zu. Eine Butter mit 3·92 % flüchtigen, auf Buttersäure berechneten Fettsäuren enthielt nach zweistündigem Erwärmen auf 50° C. 4·17 %, nach vierzehnstündigem Erwärmen 4·80 % flüchtige Fettsäuren. Deshalb soll man möglichst rasch und bei möglichst niedriger Temperatur ausschmelzen.

Ranzige Butter enthält nach Corbetta[5]) weniger flüchtige Fettsäuren als frische, doch ist die Abnahme der Reichert-Meißlschen Zahl nicht sehr bedeutend, z. B. nach $2^1/_2$ Monaten von 28·0 auf 26·3.

Auch Fischer[6]), Virchow, Schweißinger und andere haben beobachtet, daß ranzige Butterproben niedrigere Reichert-Meißlsche Zahlen besitzen.

Nach Medicus und Scheerer[7]) ist auch auf richtige Probenahme Wert zu legen; eine untersuchte Schmelzbutter, die ursprünglich die Zahl 14·0 gab, zeigte im Innern des Gefäßes die Zahl 17·3, außen 13·3.

Als Minimum für reine Butter pflegt man in Deutschland 24, in Italien 20, in Schweden 23 anzunehmen. Auch Sendtner empfiehlt 23 als Grenzzahl.

Die von Swaving[8]) vorgeschlagene Grenzzahl 19 und die von

---

[1]) Milchzeitg. 1898. 28. 785.
[2]) Chem. Zeitg. 1892. 16. 318.
[3]) Ber. d. chem. Unters.-Amtes Altona f. d. Jahr 1902.
[4]) Zeitschr. f. angew. Chem. 1901. 6. 125.
[5]) Chem. Zeitg. 1890. 14. 406.
[6]) Chem. Zeitg. 1894. 18. 704.
[7]) Zeitschr. f. analyt. Chem. 1884. 23. 565.
[8]) Landw. Vers. Stat. 39. 127; durch Zeitschr. f. angew. Chem. 1891. 4. 504.

Seyda und Woy[1]) empfohlene Grenzzahl 18 für reine Naturbutter sind wohl zu tief. Delaite[2]) und andere bezeichnen bereits Butter mit einer unter 26 liegenden Reichert-Meißlschen Zahl als verdächtig.

Es ist nicht möglich, für die Reichert-Meißlsche Zahl eine feste Grenze anzugeben, jenseits welcher mit Sicherheit auf den Zusatz fremder Fette geschlossen werden könnte. Im allgemeinen kann aber, übereinstimmend mit den an der k. k. landwirtschaftlich-chemischen Versuchsstation in Wien mit dem Reichert-Meißlschen Verfahren in der Originalausführung gemachten, reichen Erfahrungen, eine Butter, welche eine höhere Reichert-Meißlsche Zahl als 26 besitzt, ohne weiteres als echt angesehen werden, während eine Butter, welche eine niedrigere Reichert-Meißlsche Zahl als 26 besitzt, deshalb allein noch nicht sofort als verfälscht erklärt werden kann, sondern behufs endgültiger Entscheidung einer weiteren Untersuchung nach anderen Methoden zu unterziehen ist.

Bis zur Reichert-Meißlschen Zahl 24 herab kann eine Butter zwar als verdächtig, aber noch immer als unbeanstandbar gelten. Fällt die nähere Untersuchung ungünstig aus, so wird die fragliche Butter auch, wenn die Reichert-Meißlsche Zahl größer als 24, jedoch kleiner als 25 ist, als verfälscht erklärt. Bei zweifelhaften Untersuchungsergebnissen wird eine Butter mit etwas höherer oder niedrigerer Zahl als 24, je nach der sonstigen Sachlage, soweit sie bekannt ist, entweder als echt passieren gelassen oder „insolange als der Verfälschung verdächtig erklärt, bis der Gegenbeweis erbracht oder nachgewiesen worden ist, daß unverfälschte Butter gleicher Abstammung dasselbe Verhalten zeigt" (Meißl). Es muß in solchen Fällen eventuell auf den Produktionsort zurückgegangen und nachgeforscht werden, ob nicht bereits Arbeiten von Versuchsstationen vorliegen, welche das Auftreten ungewöhnlich niedriger Reichert-Meißlscher Zahlen für die betreffende Gegend erklären, nötigenfalls ist eine Stallprobe vorzunehmen; eine solche hat aber nur dann Wert, wenn seit der Herstellung der beanstandeten Butter noch kein zu großer Zeitraum verflossen ist.

Nach dem Verfahren von Goldmann (S. 137) erhält man selbstverständlich höhere Zahlen, man verbraucht sodann 35·0—43·2 ccm für Butterfett, 0·78—0·92 ccm für Margarine.

Kreis und Baldin[3]) haben konstatiert, daß die Unterschiede in der Barytzahl nach König und Hart (S. 140) größer sind als die Unterschiede in der Reichert-Meißlschen Zahl. Nach Laves[4]) besitzt jedoch die König und Hartsche Methode zwei Fehler:

1. Die schwer löslichen Barytsalze der mittleren Fettsäuren lösen sich, wenn bei gleicher Flüssigkeitsmenge weniger Butterfett zugegen ist, in verhältnismäßig größerem Maße, als wenn die zu untersuchende Probe mehr Butterfett enthält.

---

[1]) Chem. Zeitg. 1894. 18. 906.
[2]) Chem. Zeitg. Rep. 1895. 19. 57.
[3]) Zeitschr. f. analyt. Chem. 1895. 34. 474.
[4]) Arch. d. Pharm. 1893. 231. 356.

2. Die Extraktion des Verdampfungsrückstandes in der Schale ist ungenügend und je nach der Art der Ausführung mehr oder weniger unvollständig.

Nach Seiler und Heuß[1]) sollen die flüchtigen Fettsäuren in der Butter im Wasserdampfstrome völlig abdestilliert werden. Für diesen Fall wurden für reine Butter die Grenzzahlen 30·2—38·0 erhalten.

Wrampelmeyer[2]) verseift das Butterfett mit Glycerinnatronlauge, zersetzt mit Schwefelsäure und destilliert in ca. $1^1/_2$ Stunden $1^1/_2$ l mit Wasserdampf ab. Seine Zahlen sind für Butter um 5—6 Einheiten, für Margarine nur unbedeutend höher als die nach Reichert-Meißl gewonnenen Zahlen.

Vandam empfiehlt die von Leffman und Beam u. a. vorgeschlagene Methode zur Bestimmung der Reichert-Meißlschen Zahl der Butter. Diese verwenden nämlich gleichfalls Glycerin an Stelle des Alkohols, da die alkoholische Kalilauge zersetzend auf die in der Butter enthaltenen hochmolekularen Säuren einwirke.

Henriques[3]) hat vorgeschlagen, bei der Bestimmung der Reichert-Meißlschen Zahl der Butter die Verseifung auf kaltem Wege vorzunehmen (s. S. 130).

Reichert und Meißl berechnen auch die Quantität des zugesetzten, fremden Fettes aus der Reichert-Meißlschen Zahl.

Legt man der Rechnung nach Meißl den für 5 g Butter ermittelten, mittleren Wert 28·78 zugrunde, so ist der Gehalt der Probe an Butterfett:

$$B = \frac{100\,(n - b)}{28 \cdot 78 - b},$$

wobei n die zur Absättigung des Destillates von 5 g der Probe verbrauchte Anzahl Kubikzentimeter $^1/_{10}$-Normallauge, b die 5 g des zugesetzten Fettes entsprechende Anzahl Kubikzentimeter $^1/_{10}$-Normallauge ist. Für die meisten Fette soll man nach Meißl b im Durchschnitte gleich 3 setzen können, doch ist diese Zahl jedenfalls zu hoch gegriffen.

Sendtner[4]) hat zuerst darauf aufmerksam gemacht, daß eine derartige Berechnung infolge der geringen Konstanz der Reichert-Meißlschen Zahl ganz unzulässig ist.

Durch Bestimmung der flüchtigen Fettsäuren mit Hilfe der Reichert-Meißlschen Zahl wird im allgemeinen mit Sicherheit erst ein Zusatz von 20 $^0/_0$ fremder Fette in Butterfett erkannt werden.[5])

Eine Verfälschung mit Oleomargarin-Cocosnußöl-Gemisch, welche, wie erwähnt, nach keiner anderen Methode leicht erkannt werden kann, wird durch das Reichert-Meißlsche Verfahren sehr leicht nachgewiesen, da 5 g Cocosnußöl nur 7—8 ccm $^1/_{10}$-Normallauge zur Absättigung der darin enthaltenen flüchtigen Fettsäuren benötigen. Eine

---

[1]) Schweiz. Wochenschr. f. Chem. u. Pharm. 1894. 32. 285 u. 297.
[2]) Landw. Vers. Stat. Breslau. 49. 215.
[3]) Zeitschr. f. angew. Chem. 1895. 8. 724.
[4]) Rep. d. analyt. Chem. 3. 345.
[5]) Chem. Zeitg. 1887. 11. 210.

Mischung von 50 $^0/_0$ Butterfett, 22·5 $^0/_0$ Cocosöl und 27·5 $^0/_0$ Oleomargarin zeigte z. B. die Reichert-Meißlsche Zahl 17·4.

Bei Butter oder Buttersurrogaten, welchen Glyceride flüchtiger Fettsäuren, wie z. B. Mono-, Di- und Tributyrin, zugesetzt worden waren, wird die Reichert-Meißlsche Zahl natürlich beeinflußt.[1]

Muter glaubte, daß ein Parallelismus zwischen der Reichert-Meißlschen Zahl und der Refraktion bestehe, Hefelmann[2] und Beckurts und Seiler[3] haben jedoch einen solchen nicht beobachtet.

Butteröl enthält mehr flüchtige Fettsäuren als die Butter selbst und hat somit eine höhere Reichert-Meißlsche Zahl.

Bestimmung des mittleren Molekulargewichts der flüchtigen löslichen und der nichtflüchtigen unlöslichen Fettsäuren.

Henriques[4] warf als der erste die Frage auf, ob die bei Butterfett beobachteten, anormal niedrigen Reichert-Meißlschen Zahlen durch eine geringere Menge der flüchtigen Fettsäuren oder durch ein höheres, mittleres Molekulargewicht derselben verursacht werden; wäre nämlich deren Menge konstant und nur ihr mittleres Molekulargewicht verschieden, so würde es leicht sein, durch Bestimmung der Menge der flüchtigen Fettsäuren auch Butter mit anormal niedriger Reichert-Meißlscher Zahl als rein zu erkennen. Henriques dampfte die neutrale Seifenlösung, welche beim Titrieren des bei dem Reichert-Meißlschen Verfahren erhaltenen Destillats bleibt, ein, trocknete den Rückstand bei 105°—110° C. bis zur Gewichtskonstanz, wog ihn und berechnete aus den gefundenen Milligrammen Kaliseife durch Multiplikation mit dem Faktor $\dfrac{2 \cdot 2}{100}$ die sog. Seifenzahl, d. i. die Menge Kaliseife, welche den in 100 g Butter enthaltenen, flüchtigen Fettsäuren entspricht. Daraus ermittelte er den Prozentgehalt an flüchtigen, löslichen Säuren und deren mittleres Molekulargewicht nach den Formeln:

$$f = a - \frac{76\,b}{1000},$$

$$m = \frac{1000\,a}{2\,b} - 38,$$

worin a die Seifenzahl und b die Reichert-Meißlsche Zahl bedeutet. Er fand in Butter von normaler Reichert-Meißlscher Zahl 4—5 $^0/_0$, in solcher von anormaler Reichert-Meißlscher Zahl 5—6 $^0/_0$ flüchtiger und löslicher Fettsäuren, das Molekulargewicht derselben schwankte in allen Fällen zwischen 93·3 und 99·8, nur bei ranziger Butter fand er das Molekulargewicht dieser Säuren niedriger: 87·4—88·7. Da sich nach diesem Ergebnis auf den Prozentgehalt an flüchtigen Fettsäuren keine

[1] Chem. Zeitg. 1894. 18. 1125.
[2] Pharm. Centralhalle 1894. 35. 469.
[3] Arch. d. Pharm. 1895. 233. 423.
[4] Chem. Rev. üb. d. Fett- u. Harz-Ind. 1898. 5. 169.

neue Butteruntersuchungsmethode aufbauen ließ, führte er die analogen Bestimmungen bei den unlöslichen Säuren aus und fand, daß die normalen Butterfette 86·5—89·1 $^0/_0$, die anormalen 88·96—90·68 $^0/_0$ unlöslicher Fettsäuren enthielten, und daß bei allen frischen Butterfetten das mittlere Molekulargewicht dieser Säuren, welche er im Vakuumexsikkator ohne Temperaturerhöhung trocknete, zwischen 256·3 und 263·0 lag, während ranzige Butter höhere Zahlen (267·4) ergab. Da die Buttersurrogate reich an Stearin- und an Palmitinsäure sind, sprach er die Hoffnung aus, daß sich ihre Gegenwart durch das erhöhte mittlere Molekulargewicht der unlöslichen Säuren erkennen lasse.

Farnsteiner[1]) hat durch Wägung der Barytsalze der flüchtigen Fettsäuren in einem Butterfett 5·4—5·5 $^0/_0$ flüchtiger Fettsäuren mit einem mittleren Molekulargewichte von 97·6—100·5 gefunden, während ein Cocosfett (Laureol) mit der Reichert-Meißlschen Zahl 6·6 nur 2·07 $^0/_0$ flüchtiger Fettsäuren mit einem mittleren Molekulargewichte von 156·8 enthielt.

Juckenack[2]) hat gefunden, daß die nichtflüchtigen unlöslichen Fettsäuren von reinem Butterfett ein mittleres Molekulargewicht von ca. 261, die von Margarine, Rinderfett und Pflanzenölen ein solches von ca. 280 haben, so daß man aus dem mittleren Molekulargewichte der nichtflüchtigen Fettsäuren erkennen kann, ob eine Butter mit anormal niedriger Reichert-Meißlscher Zahl rein ist oder nicht.

Olig und Tillmans[3]) haben jedoch bei der Untersuchung selbsthergestellter Butter aus der Milch holländischer Kühe gefunden, daß das mittlere Molekulargewicht der nichtflüchtigen Fettsäuren im Sommer meist, wenn auch nicht immer, unterhalb der von Juckenack angegebenen Grenze liegt, im Herbst sie aber meist überschreitet, so daß es nicht möglich ist, eine Butter als verfälscht zu erklären, wenn das Molekulargewicht der nichtflüchtigen Säuren die Zahl 261 überschreitet.

Gehalt an flüchtigen unlöslichen Fettsäuren. (Neue Butterzahl.)

Bei der Bestimmung der Reichert-Meißlschen Zahl werden nicht alle flüchtigen löslichen Fettsäuren gewonnen, da die Destillation in einem willkürlich gewählten Momente unterbrochen wird. Tatsächlich wird bei Fortsetzung der Destillation mehr Kalilauge zur Neutralisation des Destillates verbraucht.

Es bleiben aber ferner die flüchtigen unlöslichen Fettsäuren völlig unberücksichtigt. Die vorgeschriebene Filtration schließt sie von der Titration aus.

Auf der Ermittlung dieser unlöslichen flüchtigen Fettsäuren beruht eine Reihe von Methoden, welche hauptsächlich zum Nachweis von Cocosfett in Butter dienen sollen, da der Gehalt an flüchtigen unlös-

---

[1]) Chem. Rev. üb. d. Fett- u. Harz-Ind. 1898. 5. 195.
[2]) Chem. Rev. üb. d. Fett- u. Harz-Ind. 1899. 6. 112.
[3]) Zeitschr. f. Unters. d. Nahrungs- u. Genußm. 1904. 8. 728. — Chem. Rev. üb. d. Fett- u. Harz-Ind. 1905. 12. 53.

lichen Fettsäuren im Verhältnis zu den flüchtigen löslichen Fettsäuren im Cocosfett groß, in der Butter klein ist.

Cocosfett kann nach Reychler[1]) dadurch erkannt werden, daß bei reiner Butter auf 100 Moleküle der gesamten flüchtigen Fettsäuren, welche nach Analogie der Reichert-Meißlschen Zahl gewonnen werden, 90 Moleküle, bei Cocosfett dagegen nur 32 Moleküle löslicher Fettsäuren kommen.

Auch Wauters[2]) hat eine Methode zur Erkennung einer Beimischung von Cocosfett in Butter ausgearbeitet, welche die Feststellung des Verhältnisses der in Wasser löslichen und unlöslichen flüchtigen Fettsäuren benützt.

Jean[3]) hält es für besser, nicht wie Wauters von den Gesamtfettsäuren auszugehen, da sich ein Teil der in Wasser unlöslichen Fettsäuren durch den Wasserdampf in flüchtige Fettsäuren zersetzen könnte (?). Er geht von den wasserlöslichen Fettsäuren aus, die er derart darstellt, daß er 5 g Fett mit alkoholischer Kalilauge verseift, nach der Vertreibung des Alkohols die Kaliseife durch Fällung mit Magnesiumsulfat in die Magnesiaseife verwandelt und diese nach dem Erkalten filtriert. Das Filtrat, welches die Magnesiaseifen der löslichen Fettsäuren enthält, wird ähnlich wie bei der Bestimmung der Reichert-Meißlschen Zahl nach Zusatz von verdünnter Schwefelsäure destilliert, das Destillat wird filtriert, das Filtrat mit $^1/_{10}$-Normallauge titriert. Der beim Filtrieren des Destillates zurückgebliebene Filterrückstand wird in Alkohol gelöst und gleichfalls titriert.

Das größte Interesse von diesen Methoden erweckt jedoch die der Bestimmung der „neuen Butterzahl" nach Polenske[4]). Sie beruht auf demselben Prinzipe wie die vorerwähnten Methoden.

Unter „neuer Butterzahl" (Polenskescher Zahl) versteht man die Anzahl Kubikzentimeter einer $^1/_{10}$-Normalkalilauge, welche nötig ist, um die flüchtigen, in Wasser unlöslichen Fettsäuren von 5 g Butter zu neutralisieren.

Schon an dem Aussehen der bei Bestimmung der Reichert-Meißlschen Zahl überdestillierenden unlöslichen Fettsäuren kann man Schlüsse auf die Reinheit der Butter ziehen. Kühlt man nämlich das Destillat auf 15° C. ab, so bleiben diese Fettsäuren ölig, wenn 10 oder mehr Prozent von Cocosfett beigemischt sind, und bilden eine halbfeste, undurchsichtige Masse, wenn eine reine Butter mit normaler Reichert-Meißlscher Zahl vorliegt.

Polenske erklärt diese Erscheinung dadurch, daß bei Cocosfett größere Mengen von Caprilsäure, bei Butter dagegen von Caprinsäure in den flüchtigen Fettsäuren vorhanden sind.

Da das Cocosnußöl eine relativ niedrige Reichert-Meißlsche

---

[1]) Bull Soc. Chim. 1901. [3.] 25. 142.
[2]) Bull. assoc. Belge chim. 1901. 15. 258.
[3]) Ann. Chim. anal. appl. 1903. 8. 441.
[4]) Arbeiten a. d. kais. Gesundheitsamte 1904. 20. 545. — Chem. Rev. üb. d. Fett- u. Harz-Ind. 1904. 11. 53.

Zahl (6·8—7·7) und eine hohe Polenskesche Zahl (16·8—17·8) besitzt, macht sich eine Beimengung von Cocosnußfett zu Butter durch eine Verkleinerung der Reichert-Meißlschen Zahl und eine Erhöhung der neuen Butterzahl bemerkbar, und zwar bei letzterer deutlicher, weil sie nicht so großen Schwankungen unterliegt wie die Reichert-Meißlsche Zahl. Die folgende Tabelle veranschaulicht diese Verhältnisse.

Verbrauch von ccm $^1/_{10}$-Normalkalilauge zur Neutralisation der

	löslichen flüchtigen Säuren (Reichert-Meißlsche Zahl)	unlöslichen flüchtigen Säuren (Polenskesche Zahl)	löslichen flüchtigen Säuren (Reichert-Meißlsche Zahl)	unlöslichen flüchtigen Säuren (Polenskesche Zahl)	löslichen flüchtigen Säuren (Reichert-Meißlsche Zahl)	unlöslichen flüchtigen Säuren (Polenskesche Zahl)	löslichen flüchtigen Säuren (Reichert-Meißlsche Zahl)	unlöslichen flüchtigen Säuren (Polenskesche Zahl)
	reine Butter		dieselbe Butter mit 10% Cocosnußöl		dieselbe Butter mit 15% Cocosnußöl		dieselbe Butter mit 20% Cocosnußöl	
1	19·9	1·35	18·7	2·4	18·1	2·9	17·6	3·3
2	21·1	1·4	19·7	2·3	19·2	3·0	18·5	3·6
3	22·5	1·5	21·0	2·5	20·4	2·9	19·8	3·5
4	23·3	1·6	22·0	2·5	21·5	3·1	21·0	3·7
5	23·4	1·5	22·3	2·4	21·7	3·1	21·2	3·7
6	23·6	1·7	22·5	2·5	21·9	3·3	21·4	4·0
7	24·5	1·6	23·3	2·5	22·4	3·1	21·7	3·7
8	24·7	1·7	23·8	2·9	22·9	3·5	22·1	3·9
9	24·8	1·7	23·5	2·7	22·7	3·2	—	—
10	24·8	1·6	23·4	2·5	22·8	3·0	22·1	3·6
11	25·0	1·8	23·0	2·7	23·3	3·1	21·8	3·6
12	25·1	1·6	23·5	2·5	23·1	3·0	22·5	3·8
13	25·2	1·6	23·4	2·6	22·9	3·0	22·3	3·7
14	25·3	1·8	24·0	2·9	23·5	3·5	22·6	4·1
15	25·4	1·9	24·2	3·0	23·7	3·6	22·6	4·1
16	25·6	1·7	24·1	2·7	23·3	3·1	22·7	3·7
17	25·4	1·7	23·8	2·6	23·0	3·1	—	—
18	26·2	1·9	25·0	3·1	24·2	3·6	23·6	4·0
19	26·5	1·9	25·0	2·9	24·1	3·5	23·2	4·1
20	26·6	1·8	25·4	2·9	24·6	3·3	23·9	3·8
21	26·7	2·0	25·2	3·2	24·5	3·6	23·7	4·2
22	26·8	2·0	24·8	3·0	24·2	3·4	23·5	4·0
23	26·9	2·1	25·2	2·9	24·1	3·6	23·2	4·2
24	26·9	1·9	24·9	2·9	24·0	3·3	23·3	4·0
25	27·5	1·9	25·7	2·7	24·9	3·3	24·0	3·9
26	27·8	2·2	26·0	3·1	25·0	3·7	—	—
27	28·2	2·3	26·1	3·1	25·1	3·8	24·5	4·4
28	28·4	2·3	26·5	3·5	25·7	4·0	25·1	4·5
29	28·8	2·2	26·8	3·3	26·0	3·9	—	—
30	28·8	2·5	27·1	3·5	26·3	4·0	25·4	4·7
31	29·4	2·6	27·6	3·8	26·9	4·2	—	—
32	29·6	2·8	27·5	3·8	26·2	4·2	25·5	4·9
33	29·5	2·5	27·4	3·5	26·6	4·1	25·4	4·7
34	30·1	3·0	27·8	3·8	26·9	4·4	26·2	5·0

Man sieht aus dieser Tabelle, daß für gleiche Reichert-Meißlsche Zahlen die Polenskesche Zahl um ca. 0·10—0·15 für je 1% beigemischten Cocosnußöles größer ist. Es gelingt auf diese Weise, den beiläufigen Gehalt an Cocosnußöl, und zwar schon von 10% aufwärts nachzuweisen.

Um jedoch zu vergleichbaren Resultaten zu kommen, ist es nötig, die Vorschrift des Verfahrens und die Maße des dabei zu verwendenden Apparates genau einzuhalten. Polenske schreibt folgenden Vorgang vor: 5 g des filtrierten Butterfettes werden wie bei der Bestimmung der Reichert-Meißlschen Zahl nach Leffmann und Beam mit 20 g Glycerin und 2 ccm Natronlauge (erhalten durch Auflösen von 100 Gewichtsteilen Natriumhydroxyd in 100 Gewichtsteilen Wasser, Absetzenlassen des Ungelösten und Abgießen der klaren Lösnng) in einem etwa 300 ccm fassenden Kolben verseift. Man unterstützt die Verseifung durch Erhitzen über freier Flamme. Die Masse gerät ins Sieden, das mit starkem Schäumen verbunden ist. Nach 5—8 Minuten ist das Wasser verdampft, das Schäumen läßt nach, und die Mischung wird vollkommen klar. Dies ist das Zeichen, daß die Verseifung der Butter vollendet ist. Man erhitzt noch kurze Zeit und spült die an den Wänden des Kolbens haftenden Teilchen durch wiederholtes Umschwenken herab. Dann läßt man die flüssige Seife auf 80°—90° C. abkühlen und fügt 90 ccm Wasser von derselben Temperatur hinzu. Es entsteht meist sofort eine klare Seifenlösung. Wenn dies nicht der Fall ist, bringt man die noch ungelösten Seifenteile durch gelindes Erwärmen auf dem Wasserbade in Lösung. Die Lösung muß klar und nahezu farblos sein. (Alte, vertalgte und ranzige Fette geben eine braune Seifenlösung. Sie sind von der weiteren Untersuchung ausgeschlossen.) Man versetzt die heiße Seifenlösung mit 50 ccm verdünnter Schwefelsäure (25 ccm konzentrierte Schwefelsäure in einem Liter enthaltend), fügt 0·6—0·7 g gepulverten Bimsstein hinzu und verbindet den Kolben sofort auf die in Fig. 111 ersichtliche Weise mit dem Kühler. Die Destillation wird so geleitet, daß die erforderlichen 110 ccm in 19—21 Minuten überdestilliert sind. Den Zufluß des Kühlwassers regelt man so, daß die Temperatur der in den Kolben tropfenden Flüssigkeit höchstens 20°—23° C. beträgt. Sobald 110 ccm überdestilliert sind, ersetzt man den Kolben durch einen 25 ccm-Meßzylinder.

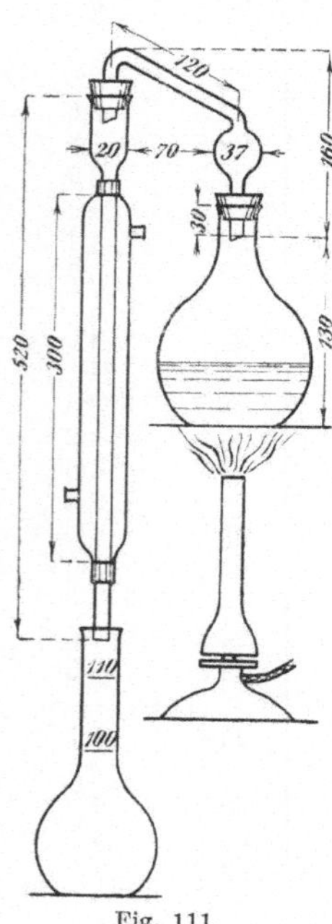
Fig. 111.

Der Kolben mit dem Destillat wird nun, ohne daß man vorher den Inhalt mischt, möglichst vollständig in Wasser von 15° C. getaucht, so daß sich die Marke 110 ca. 3 cm unter der Oberfläche des Kühlwassers befindet. Nach ungefähr 5 Minuten bewegt man ihn im Wasser so stark, daß die Öltropfen, gebildet durch die unlöslichen flüchtigen Fettsäuren, längs der Wandung des Kolbens an die Oberfläche der Flüssigkeit steigen. Nach weiteren 10 Minuten kann man bereits beobachten, ob diese Fettsäuren eine halbfeste Konsistenz haben oder ölig bleiben. Man verkorkt den Kolben und mischt dessen Inhalt durch vier- bis fünfmaliges völliges Umkehren des Gefäßes, vermeidet aber dabei heftige Erschütterungen. Schließlich filtriert man durch ein Filter von 8 cm Durchmesser und titriert 100 ccm des Filtrates mit $^1/_{10}$-Normalkalilauge. Man erhält so die Reichert-Meißlsche Zahl.

Um die löslichen Fettsäuren völlig zu entfernen, wäscht man das Filter dreimal mit je 15 ccm Wasser, welches vorher nacheinander das Kühlrohr, den darunter gestellten Meßzylinder und den 110 ccm-Kolben passiert hat. Hierauf läßt man dreimal je 15 ccm neutralisierten 90 prozentigen Alkohol denselben Weg machen, füllt aber das Filter immer erst dann von neuem, bis die vorhergegangene Füllung durchfiltriert ist. Der Alkohol nimmt hierbei sämtliche flüchtigen, wasserunlöslichen Säuren auf, wird in einem Titrierkolben gesammelt und gibt nach Titration mit $^1/_{10}$-Normalkalilauge die Polenskesche Zahl.

Harris[1]) erklärt diese Methode für die beste zum Nachweis von Cocosfett in Butter, wenn 10 oder mehr Prozent beigemischt sind. Für geringere Zusätze ist außerdem die Bömersche Phytosterinacetatmethode durchzuführen. Es ist jedoch bei der Methode von Polenske unbedingt nötig, die vorgeschriebene Arbeitsweise einzuhalten. So darf z. B. der gepulverte Bimsstein nicht durch Bimssteinstücke ersetzt werden, weil sonst infolge Siedeverzuges noch andere Säuren flüchtig werden.

Auch Hesse[2]), welcher prüfte, in welcher Weise Abweichungen von den Ausmessungen des Apparates die Polenskesche Zahl beeinflussen, betont die Notwendigkeit, die Vorschrift genau einzuhalten. Er setzt den Wert für die höchstzulässige Polenskesche Zahl für eine bestimmte Reichert-Meißlsche Zahl um 0·8 höher als Polenske. Besonders zur Zeit des Futterwechsels dürfen nach Hesse die Grenzen nicht so eng gezogen werden, um einen Schluß auf Zusatz von Cocosfett zu machen. (Über die neuesten Versuche betr. die Polenskesche Zahl s. Nachtrag.)

Gleichfalls auf der Feststellung des Verhältnisses der löslichen und unlöslichen flüchtigen Fettsäuren beruht die Methode von Muntz und Coudon[3]). Zur Zersetzung der Seifen vor der Destillation wird in diesem Falle Phosphorsäure verwendet.

Die Durchführung dieser Methode gestaltet sich auf folgende Weise: Die Butter wird ohne Umrühren ruhig bei 60° C. geschmolzen, dekantiert, filtriert und noch flüssig in 2—3 trockene Flaschen gebracht, die man, vor Licht geschützt, geschlossen aufbewahrt. 10 g des geschmolzenen Butterfettes werden mit 5 ccm einer konzentrierten Kalilauge verseift, indem man mindestens 20 Minuten rührt und dann ungefähr gleichlang bei 70°—80° C. stehen läßt. Hierauf bringt man die Seife mit 200 ccm destilliertem Wassers in einen Destillationskolben, erwärmt etwas unter Schütteln und fügt 30 ccm einer Phosphorsäurelösung von der Dichte 1·15 zu, die man durch Lösen von sirupöser Phosphorsäure (45° Bé) in der doppelten Menge Wasser dargestellt hat.

---

[1]) The Analyst 1906. 31. 368. — Chem. Rev. üb. d. Fett- u. Harz-Ind. 1906. 13. 312.
[2]) Milchwirtschaftl. Centralbl. 1905. 1. 13.
[3]) Les corps gras ind. 1904. 30. 307 u. ff.

Durch einviertelstündiges Evakuieren in der Kälte wird vor der Destillation die von der Kalilauge absorbierte und durch die Phosphorsäure in Freiheit gesetzte Kohlensäure entfernt. Hierauf verbindet man mit einem Fraktionieraufsatz (Muntz und Coudon schlagen das Le Belsche Rektifikationsrohr vor) und dem Kühler und destilliert genau 200 ccm ab, was ungefähr $1\,^1/_2$ Stunden währen soll. Das Destillat soll nun 24 Stunden stehen, um eine vollständige Abscheidung der unlöslichen Fettsäuren zu bewirken und dadurch ein klares Filtrat zu erhalten. Es wird nach dieser Zeit filtriert, mit wenig Wasser nachgewaschen und mit Kalkwasser oder Kalilauge unter Benützung von Phenolphthaleïn als Indikator titriert. Man vereinigt ferner die unlöslichen flüchtigen Fettsäuren, indem man den zum Auffangen des Destillates benützten Kolben, das Filter und den Kühler mit Alkohol ausspült. Die so erhaltene Lösung wird mit derselben Titerflüssigkeit titriert.

Das Verhältnis $\dfrac{\text{Unlösliche Säuren}}{\text{Lösliche Säuren}} \times 100$ kann nun als Maß für die Reinheit der Butter, bei Verdacht auf Verfälschung mit Cocosfett gelten.

Es ist hierbei nicht nötig, den Titer der Kalilauge oder des Kalkwassers zu kennen, denn es genügt, die bei den beiden Titrationen verbrauchte Anzahl Kubikzentimeter miteinander in Proportion zu setzen. Sind also a resp. b ccm verbraucht worden, so lautet obige Formel

$$100\,\frac{a}{b}\,.$$

Dieser Wert schwankt für reine Butter nach Muntz und Coudon zwischen 10 und 15, nach Vuaflart[1]) zwischen 5·3 und 18·8 und beträgt im Mittel 12·1. Für Cocosöl schwankt der Wert zwischen 250 und 314·7. Es lassen sich nach Muntz und Coudon noch $10\,^0/_0$ Cocosöl mittels dieser Methode nachweisen.

Die Methode leidet sehr darunter, daß das Destillat vor dem Filtrieren so lange Zeit stehen muß. Um dies überflüssig zu machen und bei sofortigem Filtrieren dennoch ein klares Filtrat zu erhalten, schüttelt Robin[2]) das Destillat mit einer erbsengroßen Menge Kaolin oder noch besser Talk 15—20 Sekunden lang tüchtig durch.

Jean[3]) fand, daß die beschriebene Methode gute Resultate beim Nachweis von Cocosfett in Butter selbst bei Gegenwart von Margarine gebe. So gab z. B. eine Butter, gemischt mit $4·5\,^0/_0$ „Vegetaline" und $10·5\,^0/_0$ Margarine, $1·07\,^0/_0$ unlösliche Säuren und die „Verhältniszahl" 23·4.

Die Silberzahl.[4]) Auch der Methode von Wijsman und Reijst liegt die Beobachtung zugrunde, daß das Cocosfett einen größeren Gehalt an schwerflüchtigen Fettsäuren enthält, als Butter. Sie verstehen unter Silberzahl die Anzahl Kubikzentimeter $^1/_{10}$-Normalsilber-

<hr>

[1]) Rev. intern. falsific. 1906. 19. 20.
[2]) Ann. Chim. anal. appl. 1906. 11. 62.
[3]) Les corps gras ind. 1905. 31. 242.
[4]) Pharm. Weekblad 1906. 43. 117 und Zeitschr. f. Unters. d. Nahrungs-u. Genußm. 1906. 11. 267.

nitratlösung, welche zur Ausfällung der im Destillat der Reichert-
Meißlschen Zahl enthaltenen, durch Silbernitrat fällbaren Fettsäuren,
auf 5 g Butter bezogen, verbraucht werden. Es wird das bei der
Reichert-Meißlschen Zahl erhaltene, mit $^1/_{10}$-Normalkalilauge titrierte
Filtrat mit einem Überschuß der Silbernitratlösung versetzt und nach
dem Abfiltrieren der gefällten Silbersalze dieser Überschuß auf geeignete
Weise zurücktitriert; so erhält man die „erste Silberzahl". Man verfährt
nun mit einer zweiten Probe wie bei der Bestimmung der Reichert-
Meißlschen Zahl, destilliert 100 ccm ab, gibt 100 ccm Wasser in den
Destillierkolben, destilliert nochmals 100 ccm ab und wiederholt diesen
Vorgang, so daß man schließlich 300 ccm Destillat erhalten hat.
Man filtriert und verfährt mit 250 ccm wie bei der Bestimmung der ersten
Silberzahl. Das Resultat vermehrt um den fünften Teil gibt die „zweite
Silberzahl". Da Buttersäure kein unlösliches Silbersalz gibt, dagegen
die schwerflüchtigen im Cocosnußöl in größerer Menge als in Butter
enthaltenen Fettsäuren fast ganz unlösliche Silbersalze liefern, soll
schon bei Beimengungen von $5^0/_0$ Cocosfett die zweite Silberzahl größer
sein als die erste, bei reiner Butter aber ebensogroß oder niedriger.
Die absolute Größe der Silberzahlen kommt dabei nicht in Betracht,
nur ihr Verhältnis ist maßgebend.

Jean[1]), Lührig[2]) und Svoboda[3]) haben die Methode von Wijs-
mann und Reijst überprüft und halten sie für ungeeignet zum Nachweis von Cocosnußöl in Butter. Zu demselben Resultate kommen auch
Morgenstern und Wolbring.[4])

Nachweis der unverseifbaren Bestandteile.

Wie zu Anfang dieses Kapitels erwähnt, besteht das Unverseifbare
des Butterfettes hauptsächlich aus Cholesterin. Die Anwesenheit von
Phytosterin konnte noch nie mit Sicherheit in reinem Butterfett nachgewiesen werden, obwohl die Möglichkeit, daß dieses mit dem Nahrungsfett
in das Milchfett gelange, nicht ausgeschlossen werden kann. Aus diesem
Grunde ist das Vorhandensein von Phytosterin im Unverseifbaren des
Butterfettes ein sicheres Zeichen für die Anwesenheit von Pflanzenfett.

Nach Bömer[5]) eignet sich die Phytosterinacetatprobe (siehe Schweinefett) in hervorragendem Maße zum sicheren Nachweise von Pflanzenfetten
oder von mit Pflanzenfetten hergestellter Margarine in Butter. Mit Hilfe
dieser Methode kann man noch $10^0/_0$ Pflanzenfett in der Butter nachweisen (Siegfeld[6]).

Vereinigung mehrerer quantitativer Bestimmungen in einer Operation.

Speziell für die Butteruntersuchung werden stets neue Modifikationen der beschriebenen Verfahren ersonnen, welche den Zweck haben,

---

[1]) Ann. Chim. anal. appl. 1906. 11. 121.
[2]) Zeitschr. f. Unters. d. Nahrungs- u. Genußm. 1906. 12. 588.
[3]) Zeitschr. f. Unters. d. Nahrungs- u. Genußm. 1907. 13. 15.
[4]) Zeitschr. f. Unters. d. Nahrungs- u. Genußm. 1907. 13. 184.
[5]) Zeitschr. f. Unters. d. Nahrungs- u. Genußm. 1901. 4. 1095.
[6]) Zeitschr. f. Unters. d. Nahrungs- u. Genußm. 1904. 7. 577.

die Arbeit etwas abzukürzen oder dem Resultat durch gleichzeitige Bestimmung von zwei oder drei dieser Zahlen größere Sicherheit zu geben.

Perkins[1]) hat z. B. die Methoden von Hehner, Reichert und Köttstorfer kombiniert.

Morse und Burton[2]) verwenden zur Ausführung ihrer Butterprüfung vier Titerflüssigkeiten:

1. Salzsäure Nr. I, von welcher 1 ccm = 20 mg Kalihydrat,
2. Salzsäure Nr. II, von welcher 1 ccm = 2 mg Kalihydrat,
3. Alkoholische Kalilauge Nr. I (95 prozentiger Alkohol), welche annähernd ebenso stark wie die Salzsäure Nr. I und auf dieselbe gestellt ist,
4. Alkoholische Kalilauge Nr. II, entsprechend der Salzsäure Nr. II.

1—2 g des getrockneten, filtrierten, während des Erstarrens gut umgerührten Fettes werden in einem Erlenmeyerkolben von 250 ccm Inhalt mit so viel Kalilauge Nr. I, als genau 40 ccm Salzsäure Nr. I entspricht, 20 Minuten auf dem Wasserbade erhitzt und zur Bestimmung der Verseifungszahl mit Salzsäure Nr. I zurücktitriert.

Man vertreibt den Alkohol auf dem Wasserbade, fügt genau soviel Salzsäure Nr. II hinzu, als der Berechnung nach zum Freimachen der Fettsäuren notwendig ist, und setzt ein 5 mm weites, 400 mm langes Rückflußrohr auf den Kolben auf, welches oben umgebogen und mit einem kleinen, zum Teil mit Wasser gefüllten U-Rohr verbunden ist. Man erhitzt, bis die Flüssigkeit klar ist, filtriert durch ein doppelt starkes mit heißem Wasser befeuchtetes Filter, wäscht, bis das Filtrat 1 l ausmacht, und vereinigt den Inhalt des U-Rohres mit dem Filtrat.

Die unlöslichen Säuren werden in heißem, 50 prozentigem Alkohol gelöst, in den Kolben zurückgebracht und mit Kalilauge Nr. I, die löslichen mit Nr. II titriert.

Da es nur auf das Verhältnis der zur Neutralisation der unlöslichen und der löslichen Fettsäuren verbrauchten Kalimengen ankommmt, braucht man weder die Butter zu wägen, noch die absolute Größe der Titer zu kennen.

Nach der Anweisung zur chemischen Untersuchung von Fetten und Käsen für das Deutsche Reich kann die Bestimmung der Reichert-Meißlschen Zahl und die der Köttstorferschen Zahl in der folgenden Weise verbunden werden.

Man löst 20 Gewichtsteile möglichst blanke Stangen mit Alkohol gereinigten Ätzkalis in etwa 60 Gewichtsteilen absoluten Alkohols durch anhaltendes Schütteln in einer verschlossenen Flasche auf. Sodann läßt man absetzen und gießt die obere klare Flüssigkeit durch Glaswolle oder Asbest ab. Ihr Gehalt an Kaliumhydroxyd wird bestimmt und die Lösung darauf so weit mit Wasser und Alkohol verdünnt, daß sie in je 10 ccm etwa 1·3 g Kaliumhydroxyd und einen Alkoholgehalt von ungefähr 70 Volumprozenten aufweist.

Ferner vermischt man verdünnte Schwefelsäure mit Wasser und Alkohol in der Weise, daß eine alkoholische Normalschwefelsäure (49 g H_2SO_4 im Liter) in 70-volumprozentigem Alkohol erhalten wird.

<hr>

[1]) Moore, Journ. Amer. Chem. Soc. 1889. 11. 144.
[2]) Journ. Amer. Chem. Soc. 1888. 10. 322.

Genau 5 g Butterfett werden darauf in einem starkwandigen Kolben von Jenaer Glas von etwa 300 ccm Inhalt abgewogen und mit einer genau geeichten Pipette 10 ccm der vorstehend beschriebenen, alkoholischen Kalilauge mit der Vorsicht hinzugemessen, daß man nach Ablauf von nahezu 10 ccm erst 1—2 Minuten wartet, bevor man auf den Ablaufstrich genau einstellt. Der Kolben wird sodann mit einem 1 m langen, ziemlich weiten Kühlrohre versehen, welches oben durch ein Bunsensches Ventil abgeschlossen ist, und auf ein siedendes Wasserbad gebracht.

Sobald der Alkohol in das Kühlrohr destilliert und die ersten Tropfen zurücklaufen, schwenkt man den Kolben über dem Wasserbade kräftig, jedoch unter Vermeidung des Verspritzens an den Kühlrohrverschluß, so lange um, bis eine gleichmäßige Lösung entstanden ist. Dann setzt man den Kolben noch mindestens 5, höchstens 10 Minuten lang auf das Wasserbad, schwenkt während dieser Zeit noch einige Male gelinde um und hebt den Kolben vom Wasserbade. Nachdem der Kolbeninhalt so weit erkaltet ist, daß kein Alkohol mehr aus dem Kühlrohr zurücktropft, läßt man durch das Bunsensche Ventil Luft eintreten, nimmt das Kühlrohr ab und titriert sofort nach Zusatz von 3 Tropfen Phenolphthaleïnlösung mit der alkoholischen Normalschwefelsäure bis zur rotgelben Farbe. Dann setzt man noch 0·5 ccm Phenolphthaleïnlösung zu und titriert mit einigen Tropfen der alkoholischen Normalschwefelsäure scharf bis zur reingelben Farbe. Die verbrauchten Kubikzentimeter Schwefelsäure werden von der in einem blinden Versuche für 10 ccm Kalilauge ermittelten Säuremenge abgezogen, und die Differenz durch Multiplikation mit $0·2 = 56·14 \times 11·23$ auf die Verseifungszahl umgerechnet.

Beispiel: 10 ccm alkoholische Kalilauge

$= 22·80$ ccm alkoholische Normalschwefelsäure,

5·0 g Butterfett zurücktitriert mit 2·95 ccm alkoholischer Normalschwefelsäure; somit

$$22·80 - 2·95 = 19·85 \text{ und}$$
$$19·85 \times 11·23 = 222·9 \text{ Verseifungszahl.}$$

Zu dem Kolbeninhalte werden darauf etwa 10 Tropfen der alkoholischen Kalilauge hinzugegeben und der Alkohol im Wasserbade unter Schütteln des Kolbens, schließlich durch Einblasen von Luft, in möglichst kurzer Zeit vollständig verjagt. Die trockene Seife wird in 100 ccm kohlensäurefreien Wassers unter Erwärmen gelöst, dann auf etwa 50° C. abgekühlt. Hierauf wird die Seife mit Schwefelsäure zersetzt, wonach die flüchtigen Fettsäuren abdestilliert werden, so wie dies auf S. 135 beschrieben ist.

2. Büffelkuhbutterfett.

Die Büffelkuhmilch ist bedeutend fettreicher als die der gewöhnlichen Kühe. Windisch[1] fand durchschnittlich 7·66 °/₀ Fett. Ujhelyi[2] untersuchte die Milch von 30 Büffelkühen ein Jahr hindurch einmal im Monat und fand häufig über 9 °/₀, einmal sogar 11·6 °/₀ Fett, während der

---

[1] Zeitschr. f. Unters. d. Nahrungs- u. Genußm. 1904. 8. 273.
[2] Milch-Zeitg. 1903. 32. 529.

Büffelkuhbutterfett.

Spez. Gew. bei 100° C.	Erstarrungspunkt	Schmelzpunkt	Verseifungszahl	Jodzahl	Hehner-Zahl	Reichert-Meißlsche Zahl	Beobachter
—	29° C.	38° C.	—	—	—	26·2	Pizzi [1]
0·8692	—	—	229·0	36·75	88·19	34·2	Petkow [2]
—	19·8	31·3	222·4	—	—	30·4	Strohmer

niedrigste Fettgehalt 4·6 % betrug. Die Milch war in den Monaten Oktober bis Dezember relativ am ärmsten, in den Monaten Mai und Juni am reichsten an Fett.

Bei der Untersuchung der Milchproben einer einzelnen Büffelkuh zeigten sich im Laufe der Zeit größere Schwankungen im Fettgehalt als bei Kuhmilch. Dies ist auf die größere Empfindlichkeit der Büffel zurückzuführen. Der Fettgehalt der Büffelbutter ist von dem der Kuhbutter nicht sehr verschieden und beträgt nach König im Mittel 81·6 %.

3. Gamoosebutter.

Die Gamoose-Butter, welche von einem Tiere stammt, das in Ägypten die Stelle der europäischen Kuh vertritt, zeigt nach einer Analyse von Richmond [3] die folgende Zusammensetzung:

Hehner-Zahl: 86·9—87·5. Reichert-Meißlsche Zahl: 34·7—35. Verseifungszahl: 220·4—231·7. Jodzahl: 32—35.

4. Ziegenbutterfett.

Spez. Gew.	Erstarrungspunkt ° C.	Schmelzpunkt ° C.	Verseifungszahl	Jodzahl	Hehner-Zahl	Reichert-Meißlsche Zahl	Brechungsindex	Beobachter
—	31	36·5	—	—	—	28·6	—	Pizzi [4]
bei 15° C. 0·9312 / bei 100° C. 0·8669	24·31	27—38·5	221·6	30·4—34·6	86·5—87·3	23·1—25·4	1·4569	Solberg

Der Fettgehalt der Ziegenmilch beträgt nach Ujhelyi [5] 3·82 bis 4·62 %, im Durchschnitt 4·01. Bei altmelkenden Ziegen steigt er gelegentlich auf 5·4—6·5 %. König [6] gibt sogar 7·55 % als Höchstgehalt an. Buttenberg und Tetzner [7] fanden in Morgenmilch durchschnittlich 3·04 %, in Abendmilch 3·67 % Fett (fünf Ziegen). Der Fettgehalt der Ziegenbutter beträgt nach König im Mittel 82·11 %.

5. Schafbutterfett.

Die Schafmilch hat einen höheren Fettgehalt als die Kuhmilch. Trillat und Forestier [8] fanden 6·98—7·40 % Butterfett.

[1] Staz. sperim. agrar. ital. 1894. 26. 615.
[2] Zeitschr. f. Unters. d. Nahrungs- u. Genußm. 1901. 4. 826.
[3] Chem. Zeitg. 1891. 15. 1794.
[4] Staz. sperim. agrar. ital. 1894. 26. 615.
[5] Milch-Zeitg. 1905. 34. 403.
[6] Chem. d. menschl. Nahr.- u. Genußm. 4. Aufl. II. Bd.
[7] Zeitschr. f. Unters. d. Nahrungs- u. Genußm. 1904. 7. 270.
[8] Compt. rend. 1902. 134. 1517.

Schafbutterfett.

Spez. Gew. bei 100°C.	Erstarrungspunkt	Schmelzpunkt	Verseifungszahl	Jodzahl	Hehner-Zahl	Reichert-Meißlsche Zahl	Refr.-Zahl bei 40°C.	Beobachter
0·8693	—	—	227·8	35·14	88·5	26·7	44·4	Petkow[1)
—	12°C.	29°—30°C.	—	—	—	32·9	—	Pizzi[2)

6. Stutenbutterfett.

Dieses Fett besitzt nach Pizzi[3)] die Reichert-Meißlsche Zahl 11·2.

7. Eselinbutterfett.

Die Eselinmilch ist sehr arm an Butterfett. Wagner[4)] untersuchte im Laufe von 5 Jahren 392 Proben der Eselinmilch und fand im Maximum 0·7 %, im Mittel 0·125 % Fett. Etwas mehr, nämlich 1·15 %, konstatierte Ellenberger[5)]. Das aus der Milch gewonnene Butterfett hat nach Pizzi[6)] die Reichert-Wollnysche Zahl 13·1.

8. Kamelstutenbutterfett.

Die Kamelstutenmilch enthält nach Barthe[7)] 5·38 % Fett (Durchschnitt von 7 Analysen). Die daraus hergestellte Butter ist fest, vollkommen farblos oder schwach grauweiß und hat einen eigentümlichen Geruch.

Vamvakas[8)] fand folgende physikalische und chemische Konstanten der Kamelbutter:

Schmelzpunkt . . . . 38° C. | Schmelzpunkt der Fettsäuren 47° C.
Verseifungszahl . . . . 208 | Gehalt an flüchtigen „ 8·6 %
Jodzahl . . . . 55·10 | „ „ festen (?) „ 88·29 %
Oleorefraktometerzahl 20

9. Renntierkuhbutterfett.

Dieses Fett besitzt nach Solberg folgende Konstanten:

Spez. Gew. bei	Erstarrungspunkt	Schmelzpunkt	Verseifungszahl	Jodzahl	Hehner-Zahl	Reichert-Meißlsche Zahl	Brechungsindex
15°C. 0·9428 100°C. 0·8640	34°—39°C.	37°—42°C.	219·2	25·1	86—89	31·4	1·4647

10. Fett der Frauenmilch.
Von K. Glaessner.

Was zunächst den Fettgehalt der Frauenmilch anbelangt, so haben ihn Söldner und Camerer[9)] zu 3·28 % gefunden. Reyher[10)] hat

[1)] Zeitschr. f. Unters. d. Nahrungs- u. Genußm. 1901. 4. 826.
[2)] Staz. sperim. agrar. ital. 1894. 26. 615.
[3)] Staz. sperim. agrar. ital. 1894. 26. 615.
[4)] Zeitschr. f. Unters. d. Nahrungs- u. Genußm. 1906. 12. 658.
[5)] Arch. Anat. Phys. [His-Engelmann] Physiol. Abt. 1902. 313.
[6)] Staz. sperim. agrar. ital. 1894. 26. 615.
[7)] Journ. Pharm. Chim. 1905. [6.] 21. 386.
[8)] Ann. Chim. anal. appl. 1905. 10. 350.
[9)] Zeitschr. f. Biol. 1892. 33. 43. u. 535; 1895. 36. 277.
[10)] Jahrbuch f. Kinderheilk. 1905. 61. 601.

den Ätherextrakt der Frauenmilch in verschiedenen Zeitpunkten der Lactation bestimmt.

Camerer:		Ätherextrakt	Reyher:		Ätherextrakt
8.— 11.	Tag	3·14 %	115.	Tag	4·59 %
20.— 40.	„	3·90 „	116.	„	4·59 „
70.—120.	„	3·09 „	170.	„	4·76 „
170.	„	3·11 „	186.	„	4·98 „
			208.	„	5·98 „
			214.	„	5·00 „
			221.	„	5·58 „
			225.	„	5·60 „

Irtl[1]) findet den Fettgehalt der normalen Frauenmilch zu 3·74 %, den der Übergangsmilch (am Schluß der Lactation) zu 5·07 %. Nach dem Alter der Frauen liegen die Verhältnisse folgendermaßen:

Bei Frauen zwischen:

16 und 20 Jahren beträgt der Fettgehalt der Milch im Mittel 3·37 %
20 „ 30 „ „ „ „ „ „ „ „ „ 3·86 „
30 „ 40 „ „ „ „ „ „ „ „ „ 3·50 „

Zwischen dem Fettgehalte der Milch Erstgebärender und Mehrgebärender ist ein nennenswerter Unterschied nicht konstatiert worden.

Edlefsen[2]) hat den Unterschied im Fettgehalt und der Fettzusammensetzung zwischen Kuh- und Frauenmilch beleuchtet. Er findet in der Frauenmilch Armut an flüchtigen Säuren und Vorwiegen der Ölsäure, daher auch des flüssigen Fettes vor dem festen. Das Fett ist ferner in der Frauenmilch viel feiner emulgiert als in der Kuhmilch.

Eingehendere Untersuchungen des Frauenmilchfettes verdanken wir Laves[3]). Das von ihm geprüfte Frauenmilchfett enthielt an Gesamtfettsäuren 95·1 %, davon waren flüchtige Fettsäuren 1·48 %. Von den flüchtigen Fettsäuren waren in Wasser löslich 50·2 %, unlöslich 49·8 %.

Das Fett enthielt 49·4 % Ölsäure. Das mittlere Molekulargewicht der wasserunlöslichen, nichtflüchtigen Fettsäuren war 265. Dies weist darauf hin, daß außer Stearinsäure, Ölsäure und Palmitinsäure noch eine Säure von niedrigerem Molekulargewicht, wahrscheinlich Myristinsäure, vorhanden ist.

Das Frauenmilchfett ist somit im Vergleiche mit anderen Milchfetten arm an flüchtigen und wasserlöslichen Säuren und reich an ungesättigten Säuren. Die flüchtigen Säuren enthalten außer Spuren von Buttersäure Capron-, Capryl- und Caprinsäure in annähernd gleicher Menge. Unter den nichtflüchtigen, unlöslichen Fettsäuren befinden sich Palmitin-, Stearin- und Ölsäure und wahrscheinlich auch Myristinsäure.

Der Schmelzpunkt dieser Fettsäuren liegt bei 37°—39° C., der des Fettes selbst bei 30°—31° C.

Vergleicht man die erhaltenen Werte mit denen des Kuhmilchfettes, so treten die Unterschiede besonders deutlich hervor.

---

[1]) Arch. f. Gynaekologie 1896. 50. 368.
[2]) Münchner med. Wochenschrift 1901. 48. 7.
[3]) Zeitschr. f. physiol. Chem. 1894. 19. 369.

	Kuhmilch	Frauenmilch
Flüchtige Fettsäuren	$10\,^0/_0$	$1\cdot4\,^0/_0$
Davon lösliche Fettsäuren . .	$90\,^0/_0$	$50\cdot2\,^0/_0$
Ölsäuregehalt	$31\cdot75$—$47\cdot85\,^0/_0$	$49\cdot4\,^0/_0$
Schmelzpunkt	41^0—44^0 C.	37^0—39^0 C.

Interessant ist, daß sich die Zusammensetzung des Milchfettes auch durch den Einfluß von selbst geringen Mengen fremden Fettes, das als Nahrung zugeführt wird, ändert. Derartige Versuche hat u. a. Gogitidse[1]) angestellt. Er verabreichte Hanföl und Leinöl an stillende Frauen und bestimmte darauf die Jodzahl des erhaltenen Milchfettes, welche durch den bedeutenden Gehalt dieser Öle an Glyceriden stark ungesättigter Fettsäuren bedeutend erhöht wurde.

Tag		Jodzahl des Milchfettes
1.		68·70
2.	Vorperiode	66·40
3.		64·83
4.		62·74
5.	30 g Leinöl	66·35
6.	25 g „	71·97

Ähnliche Beobachtungen haben Engel und Plaut[2]) gemacht. Durch das Nahrungsfett konnten diese Autoren den Schmelzpunkt sowie das Jodaufnahmevermögen des Milchfettes sehr beeinflussen. Beides erleidet proportionale Schwankungen. Daß diese und ähnliche Versuche auch einen eminent praktischen Wert für rationelle Ammenernährung haben, da man so in die Lage versetzt wird, ein Milchfett von beliebiger Zusammensetzung zu schaffen, liegt auf der Hand.

Die Vorstufe der Frauenmilch bildet bekanntlich das sog. Colostrum, dessen Fett auch schon Gegenstand der Analyse gewesen ist. Es zeigt nach Eichelberg[3]) eine viel höhere Jodzahl als das Fett der Frauenmilch:

	Colostralfett	Frauenmilchfett
Jodzahl	60	40—50

Die Jodzahl fällt bei Beginn der eigentlichen Milchsekretion.

B. Körperfette.

1. Menschenfett.

Von K. Glaessner.

Beim gesunden Menschen ist der Fettgehalt des Körpers beträchtlichen Schwankungen unterworfen; er beträgt 9—23 $^0/_0$ des Körpergewichts. Wir haben zwischen größeren Fettreservoirs und dem Fett zu unterscheiden, das sich verteilt in nahezu sämtlichen Organen vorfindet. Größere Fettanhäufungen sind im Unterhautzellgewebe, in der

---

[1]) Zeitschr. f. Biologie 1905. 46. 403.
[2]) Wiener klin. Wochenschr. 1906. 19. 898.
[3]) Arch. f. Kinderheilk. 1907. 43. 1.

Bauchhöhle und im Bindegewebe, das die quergestreiften Muskeln und den Herzmuskel durchsetzt, zu finden. Das Fettgewebe enthält ca. 80 bis 90 % Fett; das Unterhautfettgewebe enthält überhaupt 35—40 % des Gesamtfettes des Körpers, in den Fettdepots der Bauchhöhle sind ca. 30 %, im Bindegewebe um und zwischen den Muskelfasern etwa 10 % des Gesamtfettes vorhanden, das übrige Fett verteilt sich auf die einzelnen Organe, unter welchen die Leber als ein bedeutendes Fettdepot gelten kann. Der Fettgehalt des Menschen schwankt sowohl nach Alter und Geschlecht, als auch nach der Rasse. Bekannt ist, daß das Fett, da es ein sehr schlechter Wärmeleiter ist, im kalten Klima ein gewisses Schutzmittel gegen die Erniedrigung der Körpertemperatur darstellt. Aber auch im Stoffwechsel ist ein größeres oder kleineres Fettdepot nicht gleichgültig. Fettreiche Personen zersetzen im Hunger weniger Eiweiß, daher ihre größere Widerstandsfähigkeit bei Nahrungsentziehung.

Von besonderem Interesse sind die Unterschiede in der Zusammensetzung des Fettes des Erwachsenen und des Säuglings, das Fett der Menschenhaare und das sog. Leichenwachs. Von geringerem chemischem Interesse sind die Fettarten in den Organen und die Veränderungen der Fette unter pathologischen Verhältnissen; dafür bieten diese dem Physiologen desto mehr Forschungsstoff.

a) Das Fett des Erwachsenen.

	Spez. Gewicht	Erstarrungspunkt ° C.	Schmelzpunkt ° C.	Verseifungszahl	Hehner-Zahl	Reichert-Meißlsche Zahl	Jodzahl	Refraktometeranzeige	Beobachter
—	bei 25 ° C. 0·9033	15·0	17·5	195	—	0·6	61·5	—	Mitchell
Bauchfellfett des Mannes	—	—	—	196·25	94·4	1·97	66·3	—	
Brustfett des Mannes	—	—	—	193·6 bis 195·1	94·1 bis 96	1·58 bis 2·12	64·45 bis 66·31	—	Partheil und Ferié
Nierenfett des Mannes	—	—	—	194·4	94·98	1·09	57·89	—	
Bauchfellfett der Frau	—	—	—	194·2 bis 198·1	94·98 bis 95·52	1·12 bis 1·38	58·5 bis 63·12	—	
Brustfett der Frau	—	—	—	195·0	93·92	2·07	57·21	—	
Fett des Unterhaut-Zellgewebes	0·9179	—	—	193·3 bis 199·9	—	0·25 bis 0·55	62·5 bis 73·3	bei 40° C. 50·2 bis 52·3	Jaeckle
—	bei 19° C. 0·912	12—15	20—22	—	93·3	—	—	—	Lebedeff

Fettsäuren.

Erstarrungspunkt	Schmelzpunkt	Jodzahl	Jodzahl der festen Fettsäuren	Jodzahl der flüssigen Fettsäuren	Beobachter
30·5° C.	35·5° C.	64	37 (?)	92·1	Mitchell

Das Fett des Erwachsenen ist bei Zimmertemperatur von salbenartiger Konsistenz — etwas weicher wie Butterfett — und, wie aus dem Schmelzpunkte ersichtlich, im lebenden Körper in flüssigem, und zwar tröpfchenförmigem Zustande vorhanden. Es besitzt fahlgelbe Farbe, ist nahezu geruchlos und besteht, von geringfügigen anderen Beimengungen abgesehen, nur aus Glyceriden der Ölsäure, Palmitin- und Stearinsäure. Außer diesen Fettsäuren wurden noch geringe Mengen von Linolsäure nachgewiesen. Unter den festen Fettsäuren vermutet Mitchell auch die Gegenwart von Spuren von Myristinsäure, deren Vorhandensein indes von Partheil und Ferié[1]) in Abrede gestellt wird.

Zusammensetzung der Fettsäuren.

	Ölsäure %	Palmitinsäure %	Stearinsäure %	Beobachter
Unterhaut-Zellgewebe	86·21	7·63	1·93	Langer
	70·90	18·5	6·2	Jaeckle
	68·70	26·60		Lebedeff[2])
	70·40	24·60		Mitchell

Da die Langerschen[3]) Zahlen älteren Datums sind und die Provenienz des von ihm untersuchten Fettes nicht klar ist, dürften wohl die drei letzterwähnten, gut miteinander übereinstimmenden Analysen das richtige Bild von der Zusammensetzung der Fettsäuren darbieten, zumal diese Werte auch der Jodzahl und dem Schmelzpunkte entsprechen. Wegen des Mißverhältnisses dieser beiden Größen sind auch die von Partheil und Ferié angeführten Zahlen erst einer Nachprüfung bedürftig. Diese Autoren führen für Bauchfell- und Nierenfett folgende Werte an:

	Bauchfell	Niere
Stearinsäure	12·46	12·30
Palmitinsäure	27·12	29·25
Ungesättigte Säuren .	52·93	49·07

Mit großer Wahrscheinlichkeit besteht der feste Anteil des Menschenfettes hauptsächlich aus Tripalmitin. Außerdem ist die Gegenwart von Dioleostearin wahrscheinlich. Ob auch ein Palmito-Oleoglycerid vorhanden ist, ist noch nicht genügend sichergestellt.

Der Säuregehalt ist im frischen Menschenfett klein. Jaeckle findet 0·19 % freie Fettsäure als Ölsäure berechnet, Mitchell in einer älteren Probe 3·16 % freie Fettsäuren.

Außer den Glyceriden der Fettsäuren ist Lecithin (0·084 %) und in Übereinstimmung mit den anderen animalischen Fetten Cholesterin (0·24 %) im Menschenfett enthalten (Jaeckle[4]).

---

[1]) Arch. f. Pharm. 1903. 241. 545.
[2]) Pflüger. Arch. f. d. ges. Physiol. 1882. 31.
[3]) Monatshefte f. Chem. 1881. 2. 382.
[4]) Zeitschr. f. physiol. Chem. 1902. 36. 53.

Die Eigenschaften des Menschenfettes schwanken nach Geschlecht und Körperregion, wie folgende Analysen (Partheil und Ferié) zeigen.

Mann.

	Bauchfell	Brust	Brust	Niere
Jodzahl	66·3	66·31	64·95	57·89
Reichert-Meißlsche Zahl .	1·97	2·12	1·58	1·09
Verseifungszahl	196·25	195·1	193·6	194·4
Hehnersche Zahl	94·4	96	94·1	94·98

Frau.

	Bauchfell	Bauchfell	Brust
Jodzahl	63·12	58·5	57·21
Reichert-Meißlsche Zahl .	1·38	1·12	2·07
Verseifungszahl	198·1	194·2	195·0
Hehnersche Zahl	95·52	94·98	93·92

Was die flüchtigen Fettsäuren betrifft, so wird ihr Vorkommen im Menschenfett von einigen Autoren in Abrede gestellt, von anderen mit Beziehung auf die Reichert-Meißlsche Zahl angenommen.

b) Säuglingsfett.

Das Säuglingsfett unterscheidet sich vom Fett Erwachsener durch den höheren Schmelzpunkt und den höheren Gehalt an Glyceriden fester Fettsäuren. Dies wird durch folgende Analysen von Langer illustriert:

	Kind	Erwachsener
Ölsäure	65·04 %	86·21 %
Palmitinsäure .	27·81 „	7·63 „
Stearinsäure . .	3·15 „	1·93 „

Der Ölsäuregehalt scheint indes in diesen beiden Analysen viel zu hoch gegriffen, wenn auch der Unterschied zwischen dem Fette des Kindes und dem Erwachsener deutlich ausgeprägt ist. Ein weiterer Unterschied ist nach Langer[1]) der höhere Gehalt an flüchtigen Fettsäuren, hauptsächlich Capronsäure und Buttersäure.

Die Untersuchungen Jaeckles bringen nähere Details über die Unterschiede zwischen Säuglings- bzw. Kinderfett und dem Fett Erwachsener:

	Erwachsener	Kind
Refraktometeranzeige bei 40° C. . .	50·2—52·3	47—48·8
Verseifungszahl	193·3—199·9	204·2—204·4
Säurezahl	0·22—1·03	0·72
Jodzahl	62·5—73·3	47·3—58·1
Ölsäure	69·6%—81·6%	52·7%—64·7%
Freie Säure (als Ölsäure berechnet)	0·19%—0·52%	0·36%
Reichert-Meißlsche Zahl	0·25—0·55	1·75—3·40

Der Gehalt an Ölsäure nimmt mit dem Alter des Säuglings zu und

---

[1]) Maly, Jahresber. d. Tierchem. 1882. 11. 40.

erreicht ungefähr am Ende des 2. Lebensjahres den Wert des Fettes der Erwachsenen. Ebenso verhält sich der Schmelzpunkt.

Nach Knöpfelmacher[1]) beträgt der Ölsäuregehalt des Säuglingsfettes beim Neugeborenen $43·3\,^0/_0$, am Ende des 2. Lebensmonates bereits $65\,^0/_0$.

Siegert[2]) hat das Anwachsen des Ölsäuregehaltes mit Hilfe der Jodzahl bestimmt:

Alter	Zahl der Fette	Grenzwerte der Jodzahl	Mittelwert
Neugeboren	12	38·8—49·2	43·31
1 Monat	7	38·1—48·7	42·5
2 ,,	6	38·45—51·4	46·9
3 ,,	2	41·5—53·5	47·5
4 ,,	8	41·5—58·9	53·2
5 ,,	3	42·3—47·8	45·5
6 ,,	4	47·6—51·47	49·9
7—8 ,,	4	46·1—52·9	48·9
9 ,,	2	51·7—57·8	54·75
10—11 ,,	2	55·5—61·6	58·55
12 ,,	2	61·0—63·7	62·35

Dobotawkin[3]) zeigt, daß die festen Fettsäuren sogar bis zum 4. Lebensjahr eine kontinuierliche Abnahme erfahren. Auch hier spielt, wie beim Erwachsenen, der Körperteil bei der Zusammensetzung des Fettes eine Rolle:

Alter des Kindes	Fett vom Oberarm		Fett der Wade	
	Flüssige Fettsäuren $^0/_0$	Feste Fettsäuren $^0/_0$	Flüssige Fettsäuren $^0/_0$	Feste Fettsäuren $^0/_0$
totgeboren	52·72	39·61	53·5	39·4
1 Monat 4 Tage	64·11	28·6	66·72	26·37
3 ,, 13 ,,	73·78	16·7	73·36	19·51
5 ,, 27 ,,	77·78	13·49	79·98	12·5
1 Jahr	78·23	21·74 (?)	77·96	14·7
2 ,,	76·57	18·0	79·06	14·96
3 ,,	82·22 (?)	10·67	81·58 (?)	6·84 (?)

Knöpfelmacher und Lehndorff[4]) haben auf Grund von Experimenten bewiesen, daß der Ölsäuregehalt bzw. die Jodzahl des Säuglingsfettes auch vom Ernährungszustande abhängig ist. Das Hautfett von Kindern, die mit Frauenmilch ernährt werden, hat eine höhere Jodzahl als das Fett solcher Kinder, die mit Kuhmilch aufgezogen werden; die kleinsten Jodzahlen weist das Fett künstlich ernährter Kinder auf.

---

[1]) Jahrb. f. Kinderheilk. 1897. 45. 177.
[2]) Hofmeisters Beitrag z. chem. Physiol. u. Pathol. 1902. I. 183.
[3]) Inaug.-Dissert. Petersburg.
[4]) Zeitschr. f. exp. Path. u. Ther. 1906. II. 132.

c) Organfette.

Unter den Organfetten spielt das Fett der Leber und des Herz-muskels eine Rolle in der Pathologie, da größere Anhäufungen der-selben (Fettinfiltration) oder Ersatz des normalen Zellprotoplasmas durch Fett (Fettdegeneration) bei Erkrankungen und Vergiftungen der mannig-fachsten Art vorkommen.

Über den Fettgehalt der Leber macht Perl[1]) folgende Angaben:

	Wasser	Fett	Andere feste Stoffe
Normale Leber	77·0	2·0—3·5	20·7—19·5
Fettdegeneration . . .	81·6	8·7	9·7
Fettinfiltration	61·6—62·1	19·5—24·0	18·4—14·0

Nach Noël Paton[2]) soll das Leberfett an Ölsäure ärmer sein als z. B. das Fett des Unterhautgewebes, es hat deshalb auch einen höheren Schmelzpunkt.

Auch beim Herzmuskel kommen ähnliche Prozesse vor. Linde-mann[3]) und Rosenfeld[4]) haben in der Frage, ob das beim ver-fetteten Herzen vorkommende Fett Transportfett ist oder nicht, einen entgegengesetzten Standpunkt eingenommen. Es sei hier eine Analyse Lindemanns angeführt:

	Säurezahl	Verseifungszahl	Jodzahl	Reichert-Meißlsche Zahl
Degenerationsfett . . .	18·35	257·4	108·55 (?)	23·9
Normales Herzfett . .	7·3	202·3	61·1	2·0
Infiltrationsfett	3·76	201·8	70·8	0·93

Rosenfeld findet im degenerierten Herzmuskel 20·7 % Fett, im gesunden 15·4 %. Die Jodzahlen betragen:

$$\left.\begin{array}{l} 67\cdot8\text{—}75\cdot7 \text{ im gesunden} \\ 63\cdot1\text{—}75\cdot5 \text{ im kranken} \end{array}\right\} \text{Herzen.}$$

Da das Depotfett eine Jodzahl 60·9—66·3 besitzt, so ist ihre Er-niedrigung beim kranken Herzen wohl auf Fettransport zurückzuführen.

Das Fett des Ohrenschmalzes ist in neuerer Zeit Gegenstand der Untersuchung gewesen. Lamois und Martz[5]) fanden im Ohren-schmalz 40·6 % Fett, 18·33 % freie Fettsäuren und 40·7 % Cholesterin.

Einen interessanten Befund bei manchen Wasserleichen bildet das sog. Leichenwachs (Adipocire). Dasselbe ist eine aus Fettsäuren,

---

[1]) Centralbl. f. d. med. Wissensch. 1873. 11. 801.
[2]) Journ. of physiol. 1896. 19. 167.
[3]) Zeitschr. f. Biol. 1897. 38. 405.
[4]) Centralbl. f. inn. Med. 1902. 22. 145.
[5]) Ann. d. malad. d. oreilles 1897. 6. — Centralbl. f. d. med. Wissensch. 1898. 1.

Ammoniak- und Kalkseifen bestehende Masse, in welche eiweißreiche Körperteile bisweilen umgewandelt werden. Kratter und Lehmann[1]) haben gezeigt, daß eiweißreiche Gewebe durch anhaltende Einwirkung von Wasser in Leichenwachs übergeführt werden können. An der Entstehung des Adipocire kann sich nach Salkowski[2]) auch das Fett in der Weise beteiligen, daß sich das Oleïn unter Bildung von festen Fettsäuren, wahrscheinlich unter Mitwirkung von Bakterien, zersetzt. Letzteres wird allerdings von Boeri[3]) bestritten, der an lange Zeit unter Abschluß von Mikroben vergrabenen Muskeln neugebildetes Fett nachweisen konnte, dessen Bildung auch mikrochemisch bestimmbar war.

d) Haarfett.

Aus dem Menschenhaar gelang es R. Meyer[4]) durch Extraktion mit Benzol ein etwa 2 % des Haargewichtes betragendes, bräunliches, trübes Öl zu gewinnen, das bei 27° C. klar wurde und den Geruch des Haares in verstärktem Maße zeigte.

Die Jodzahl schwankte zwischen 57·21 und 68·3, die Verseifungszahl zwischen 194·2 und 200.

Die unlöslichen Fettsäuren zeigten einen Schmelzpunkt von 35° C. und einen Erstarrungspunkt von 23° C. Die Verseifungszahl betrug 200 und die Jodzahl 68.

R. Meyer teilt z. B. folgende Analyse eines Haarfettes mit:

Die Molekularrefraktion betrug $n\,\dfrac{28}{D} = 1\text{·}47\,009$,

    „ Reichert-Meißlsche Zahl 2·3,
    „ Verseifungszahl 200,
    „ Hehnersche Zahl 93 % inklusive 3 % Unverseifbarem, aus welchem Cholesterin isoliert wurde,
    die Jodzahl 67.

2. Rinderfett, Rindertalg.

Rindstalg, Unschlitt. — Sebum bovinum. — Suif de boeuf. — Beef tallow. — Sego di bove.

Die Gewinnung des Rindertalges und die Unterscheidung der einzelnen Sorten wurde bereits im ersten Teile dieses Buches ausführlich besprochen.

Der Rindertalg ist schwach gelblich oder grauweiß und auch in dünnen Schichten undurchsichtig. 1 Teil Talg löst sich in 40 Teilen Alkohol von 0·821 spez. Gew.

Bis vor kurzer Zeit wurde angenommen, daß der Rindertalg und der Hammeltalg nur aus Stearin, Palmitin und Oleïn bestehe, Hansen hat jedoch aus demselben folgende gemischte Glyceride isoliert:

---

[1]) Zeitschr. f. Biolog. 1880. 16.
[2]) Festschr. f. Virchow 1891.
[3]) Sperimentale 1902. 1.
[4]) Zeitschr. d. österr. Apoth.-Vereins 1905. 43. 978.

	Schmelzpunkt	Verseifungszahl	Jodzahl
ein Distearopalmitin	62·5° C.	195·65	—
„ Dipalmitostearin	55° C.	200·2	—
„ Dipalmitooleïn	48° C.	202·7	30·18
und „ Stearopalmitooleïn	42° C.	195·0	29·13

Die Zusammensetzung des Talges ist je nach der Körperstelle eine verschiedene, das Taschenfett ist das weichste, das Eingeweidefett das härteste.

L. Mayer[1]) fand bei der Untersuchung des Fettes von verschiedenen Stellen eines dreijährigen, ungarischen Ochsen die in der nachstehenden Tabelle angeführten Werte.

Bezeichnung des Fettes	Fettsäuren in Prozenten	Verseifungszahl des Fettes	Verseifungszahl der Fettsäuren	Schmelzpunkt des Fettes nach Pohl ° C.	Erstarrungspunkt des Fettes nach Pohl ° C.	Schmelzpunkt der Fettsäuren nach Pohl ° C.	Erstarrungspunkt der Fettsäuren nach Dalican ° C.	Stearinsäure von 54·8° C. Schmelzpunkt in Prozenten	Ölsäure von 5·4° C. Erstarrungspunkt in Prozenten
Eingeweidefett . . .	95·7	196·2	201·6	50·0	35·0	47·5	44·6	51·7	48·3
Lungenfett	95·4	196·4	204·1	49·3	38·0	47·3	44·4	51·1	48·9
Netzfett	95·8	193·0	203·0	49·6	34·5	47·1	43·8	49·0	51·0
Herzfett	96·0	196·2	200·3	49·5	36·0	46·4	43·4	47·5	52·5
Stichfett	95·9	196·8	203·6	47·1	31·0	43·9	40·4	38·2	61·8
Taschenfett	95·4	198·3	199·6	42·5	35·0	41·1	38·6	33·4	66·8

Die folgende Tabelle von Fastrovich enthält gleichfalls Analysenresultate von Rindertalgen von verschiedenen Körperstellen:

	Talgtiter	Jodzahlen
Rindertalg von den Lungen	44·95° C.	42·17
„ „ „ Bandeln	44·9 „	41·38
„ vom Netz	44·6 „	42·12
„ von den Taschen	40·7 „	48·27
„ (Bankausschnitt)	40·5 „	48·17

Auch die Untersuchungen von Hefelmann und Mauz[2]) geben ein Bild von der Verschiedenheit des Fettes verschiedener Körperstellen und des mit verschiedenen physiologischen Funktionen betrauten Fettes:

	Schlachtreifes Rind			
	Intramuskuläres Fett		Extramuskuläres Fett	
	Refraktometerzahl bei 40° C.	Jodzahl	Refraktometerzahl bei 40° C.	Jodzahl
Kaumuskel	54·2	58·5	48·0	43·6
Vorderschenkel	55·0	59·2	51·0	50·1
Rückenmuskel	50·1	45·9	47·2	41·1
Bauchmuskel	49·6	43·7	47·2	36·8
Hinterschenkel	53·0	57·7	49·1	46·8
Niere	—	—	47·2	38·2

[1]) Wagners Jahresber. 1880. 844.
[2]) Zeitschr. f. öffentl. Chem. 1906. 12. 63.

Rindertalg.

Spezifisches Gewicht bei	Erstarrungspunkt °C.	Schmelzpunkt °C.	Verseifungszahl	Jodzahl	Hehner-Zahl	Reichert-Meißlsche Zahl	Temperaturerhöhung bei d. Maumené-schen Probe	Refraktometeranzeige in Zeiß' Butterrefraktometer	Brechungsquotient	Beobachter
15°C. 0·943—0·952	—	47·6—48·5	—	35·6—38·9	—	—	—	—	—	Dieterich
„ 0·925—0·929	—	—	—	—	—	—	—	—	—	Hager
$\frac{50°C.}{15·5°C.}$ 0·8950 $\frac{98°C.}{15·5°C.}$ 0·8626	—	—	—	—	—	—	—	—	—	Allen
100°C. 0·860—0·861	—	45—46 manchmal 42—43; nie unter 40	—	—	—	—	—	—	—	Wolkenhaar
$\frac{100°C.}{15°C.}$ 0·860	—	—	—	—	—	—	—	—	—	Königs
„ 0·860	37	43—49	195	38—40	—	—	—	—	bei 60°C. 1·4510	Thörner
—	37	—	—	—	—	—	—	—	—	Chateau
—	36—38	42·5—43	—	—	—	—	—	—	—	Wimmel
—	37	43—44·5	—	—	—	—	—	—	—	Beckurts u. Oelze
—	27—35	43·5—45	—	—	—	—	—	—	—	Rüdorff
—	—	—	195·7—200	35·4—36·4	—	—	—	—	—	Filsinger
—	—	—	193·2—198	—	—	—	—	—	—	Köttstorfer
—	—	—	195—198·4	39—41·2	—	—	—	—	—	Ulzer
—	—	—	—	40·0	—	—	—	—	—	v. Hübl
—	—	—	—	43·3—44	—	—	—	—	—	Wilson
Australischer Berliner . . .	—	—	—	45·2 38·3 }	—	—	—	—	—	Wallenstein u. Finck
—	—	—	—	—	95·6	—	—	—	—	Bensemann
—	—	—	—	—	95·4—96	—	—	—	—	Mayer
—	—	—	—	—	—	0·50	—	—	—	—
—	—	—	—	—	—	—	—	bei 40°C. 49	—	Mansfeld
—	—	—	—	—	—	—	—	„ 45	—	Beckurts u. Seiler
—	—	—	190·6—198·4	32·7—43·6	94·7—96·1	—	—	—	—	Eisenstein u. Rosauer
—	—	—	—	—	—	—	—	bei 40°C. 43·9	bei 40°C. 1·4551	Utz
$\frac{100°C.}{15°C.}$ 0·794	—	—	—	55·8—56·7	—	—	35°	—	—	Gill u. Rowe[1]

[1] Die Angaben von Gill und Rowe scheinen sich auf Talgöl zu beziehen. — Journ. Amer. Chem. Soc. 1902. 24. 466.

Rindertalg, Fettsäuren.

Spez. Gew. bei	Erstarrungspunkt °C.	Schmelzpunkt °C.	Mittleres Molekular-Gewicht	Jodzahl	Jodzahl der flüssigen Fettsäuren	Beobachter
$\frac{100°C.}{100°C.}$ 0·8698	—	—	—	—	—	Archbutt
—	43·5—45	—	—	—	—	Dalican
—	44·5	—	—	—	—	de Schepper u. Geitel
—	43	45	—	—	—	v. Hübl
—	43—45	45	—	—	—	Thörner
—	43·9—45	—	—	—	—	Ulzer
—	39·3—46·6	—	—	—	—	Shukoff
—	—	{ Anfang: 43—44 Ende: 46—47 }	—	—	—	Bensemann
—	—	44·5—46	—	—	—	Beckurts u. Oelze
—	—	—	270—285	—	—	Ald. Wright
—	—	—	—	41·3	—	Williams
—	—	—	—	25·9 (?)—32·8	—	Morawski u. Demski
—	—	—	—	—	92·2—92·4	Wallenstein u. Finck
—	34·5—37·5	—	—	54·6—57·0	—	Gill ū. Rowe [1]

Der Gehalt an freien Fettsäuren ist im Rindertalg sehr verschieden. Deering fand die Säurezahl in 20 Proben zwischen 3·5 und 50, Eisenstein und Rosauer in 7 Proben zwischen 4·6 und 38·1 schwankend. In der großen Mehrzahl der Fälle liegt sie nach Ulzer zwischen 2 und 7.

Untersuchung des Talges.

Die Bestimmung des Gehaltes an Wasser und Nichtfetten geschieht in gewöhnlicher Weise (vgl. S. 42 ff.). Die Nichtfette bestehen in nicht verfälschtem Talg aus Hautfragmenten, Leimsubstanz und phosphorsaurem Kalk. Shukoff fand den Gehalt an Wasser und Nichtfetten in Ia Petersburger Stadttalg zu 0·5 %, in IIa Petersburger Stadttalg zu 1—3 %.

Weiches Ausschnittunschlitt wird zuweilen in der Weise verfälscht, daß man ihm im geschmolzenen Zustande etwas Kalk einrührt, wodurch es härter wird, indem sich Kalkseife bildet. Diese Beimengung bleibt bei der zur Bestimmung der Nichtfette vorgenommenen Extraktion des Fettes mit Äther oder Chloroform zum größten Teile im Rückstande, in welchem dann eine Kalkbestimmung ausgeführt wird.

Die Untersuchung des getrockneten und filtrierten Fettes wird nicht nur zum Nachweise etwa vorhandener Verfälschungen, sondern auch zur Wertbestimmung ausgeführt.

Wertbestimmung. Der Talg ist um so wertvoller, je höher

---

[1] Die Angaben von Gill u. Rowe scheinen sich auf Talgöl zu beziehen. — Journ. Amer. Chem. Soc. 1902. 24. 466.

sein Schmelzpunkt und der Schmelzpunkt und Erstarrungspunkt (Talgtiter) seiner Fettsäuren liegt. In erster Linie ausschlaggebend ist der Talgtiter.

Je höher nämlich der Erstarrungspunkt der Fettsäuren ist, desto reicher ist der Talg an den für die Kerzenfabrikation wertvolleren festen Fettsäuren, was sich auch in der erniedrigten Jodzahl bemerkbar macht. Folgende Analysen von Eisenstein und Rosauer machen dies ersichtlich:

	Wasser	Asche	Säure-zahl	Versei-fungszahl	Jodzahl	Titer
Pariser Ausschnittalg . . .	0·43	0·01	4·60	197·0	42·62	44·55
Wiener „	0·30	0·03	9·00	197·4	42·00	43·30
Budapester „	0·35	0·01	6·24	197·6	37·48	45·20
Grazer Kerntalg	0·23	0·02	38·06	196·3	35·51	46·80
Triester „	0·49	0·01	8·10	190·6	32·74	47·05

Zur Bestimmung des Talgtiters stehen die Methoden von Dalican, Wolfbauer und Shukoff in Anwendung (s. S. 86 ff.).

Dalican fand folgende Talgtiter für Talg und talgähnliche Fette:

Pariser Talg	43·5° C.	Rindertalg (Odessa)	44·5° C.
Gewöhnlicher Rindertalg . .	44 „	Hammeltalg (Odessa) . . .	45 „
Rindertalg (Nierenfett) . . .	45·5 „	Talg aus New York	43·2 „
Gewöhnlicher Hammeltalg .	46 „	Rindertalg (Buenos-Ayres) .	44·5 „
Hammeltalg (Nierenfett) . .	48 „	Hammeltalg (Buenos-Ayres) .	45 „
Knochenfett	42·5 „	Florentiner Talg	44 „
Russischer Talg	43·5 „	Wiener Talg	44·5 „

Nach de Schepper und Geitel haben die Fettsäuren von Talg und Fetten, welche zu seiner Verfälschung dienen können, folgende Erstarrungspunkte:

	° C.
Talg	40·0—46
Oleomargarin	38·0—44
Preßtalg	50·5
Hammeltalg	46·1
Rindertalg	44·5
Suif d'épluchures[1]	40·7—42·3
Knochenfett	40·3
Baumwollstearin	40·05
Baumwollsamenöl	34·0
Cocosnußöl	23·0
Stearin grease	44·0

Shukoff[2] führt folgende Erstarrungspunkte für die Fettsäuren von Talg und zu seiner Verfälschung verwendeten Fetten an:

---

[1] Suif d'épluchures ist ein von Frankreich aus in den Handel gebrachtes Fett, welches beim Trocknen nach schwefliger Säure riecht, grüne Farbe zeigt, und wahrscheinlich durch Vermischen eines tierischen Fettes mit schlechtem Olivenöl hergestellt ist.

[2] Chem. Rev. üb. d. Fett- u. Harz-Ind. 1901. 8. 229.

	⁰ C.
Rindertalg	42·8
Stadttalg aus St. Petersburg I a	45—46·6
Stadttalg aus St. Petersburg II a	39·3—43·2
Hammeltalg von Orenburg	42·4
Hammeltalg aus dem Süden	46·8
Benzinknochenfett	40—42
Benzinknochenfett aus Pferdeknochen	38·2
Weißes Naturknochenfett	40—44·5
Cocosfett	22·6—22·7

Moser von Moosbruch[1]) teilt folgende an der k. k. landw. Versuchsanstalt in Wien gefundene Erstarrungspunkte verschiedener Talgfettsäuren mit:

Talge	Rasse oder Schlag und Alter in Monaten									
	Shorthorn-Vollblut (38)	Shorthorn-Holländer (25)	Berg-schecken(84)	Egerländer (72)	Mürzthaler (66)	Allgäuer (48)	Mariahofer (56)	Ungarisch (podol.) (60)	Ungarisch (podol.) (84)	Ungarisch (podol.) (77)
Schmelzpunkt der Fettsäuren (⁰ C.)	43·9	39·2	45·2	41·5	43·9	47·3	40·0	43·8	39·7	40·4
Erstarrungspunkt der Fettsäuren (⁰ C.)	42·2	36·6	43·0	39·4	41·5	44·6	37·9	41·5	37·7	37·9
Feste Fettsäuren in 100 Gewichtst. Fett (Dalican)	41	—	43·7	—	39	49·8	—	39	—	—

Ein größerer Gehalt an freien Fettsäuren beeinträchtigt nach L. Mayer der Wert des Talges, indem dann die durch Kalkverseifung hergestellten Fettsäuren dunkel sind. Man bestimmt die Menge der freien Fettsäuren nach Seite 165, wobei man das mittlere Molekulargewicht der Talgfettsäuren zu 275 annimmt (über die Wertbestimmung des Talges siehe auch S. 304 ff).

Nachweis von Verfälschungen. Der Talg kann mit Harz, Harzöl, Paraffin, Palmkernöl, Cocosöl, Baumwollstearin, Wollfett, Hammeltalg usw. verfälscht sein. Kennt man den Preis des Fettes, so wird man das eine oder andere dieser Verfälschungsmittel von vornherein ausschließen können.

Der Nachweis und die Bestimmung von Harz, Harzöl und Paraffin geschieht nach den gewöhnlichen Methoden.

Cocosnußöl und Palmkernöl. Ein Gehalt des Talges an diesen beiden Fetten ist an der sehr erhöhten Verseifungszahl leicht zu erkennen, da dieselbe für Talg ca. 196, für Cocosöl aber 242·1—268·9 und für Palmkernöl 241·4—250·0 beträgt. Außerdem werden für solche Zusätze der Schmelzpunkt und der Erstarrungspunkt der Fettsäuren und die Jodzahl herabgedrückt.

Rödiger[2]) weist diese Fette im Talg unter Benützung der Eigen-

---

[1]) Ber. d. landw. chem. Vers.-Anst. Wien 1882. 1883.
[2]) Chem. Zeitg. 1882. 6. 118.

schaft ihrer Seifen, sich schwerer als die Talgseife aussalzen zu lassen, nach. Diese Probe gibt jedoch nur in der Hand eines erfahrenen Praktikers brauchbare Resultate.

Der feste Anteil des destillierten Wollfettes (das Wollstearin) wird nach L. Mayer[1]) gleichfalls zur Verfälschung des Talges benützt. Um denselben nachzuweisen, wird die Probe verseift und mit Äther ausgeschüttelt. Der nach dem Abdampfen mit Äther verbleibende Rückstand wird (S. 230) auf Cholesterine geprüft. Da kein anderes Fett so beträchtliche Mengen Cholesterine enthält wie Wollfett, so ist diese Probe ganz zuverlässig. Eine mit Wollfett versetzte Fettprobe gibt, in Essigsäureanhydrid gelöst und mit einigen Tropfen konzentrierter Schwefelsäure versetzt, eine grüne Lösung.[2]) Im destillierten Wollfett finden sich keine Triglyceride, sondern nur freie Fettsäuren (meist Stearinsäure und Isoölsäure), infolgedessen ist der Gehalt eines damit verfälschten Unschlittes an freien Fettsäuren sehr groß. Die aus solchem Unschlitte gewonnenen Fettsäuren werden schon nach einigen Tagen gelb und zeigen den von der Anwesenheit flüchtiger Fettsäuren herrührenden, charakteristischen Geruch des Wollfettes.

Ziegen- und Bockstalg, welcher im Handel oft als Hammeltalg bezeichnet wird, ist viel geringwertiger als echter Hammeltalg. Nach L. Mayer kommt eine Mischung von $70\,{}^{0}/_{0}$ solchen „Hammeltalges" und $30\,{}^{0}/_{0}$ Cottonöl als Rindertalg in den Handel. Diese Mischung kann weder durch den Schmelzpunkt der Fettsäuren (45^{0} C.) noch durch die Verseifungszahl oder Jodzahl vom echten Rindertalg unterschieden werden. Zum Nachweise des Cottonöles (s. dort) werden die Halphensche Reaktion, die Salpetersäurereaktion und die Bestimmung der Jodzahl der flüssigen Fettsäuren dienen.

Cottonstearin wird in gleicher Weise nachgewiesen.

Wolkenhaar hält die Salpetersäurereaktion für unzuverlässig, weil weniger sorgfältig ausgeschmolzener, unverfälschter Talg sich ähnlich verhält, und findet sie nur dann einigermaßen maßgebend, wenn der Schmelzpunkt der Probe gleichzeitig unter 40^{0} C., das spez. Gew. über 0·861 liegt.

Es dürfte sich empfehlen, solchen unreineren Talg vor der Prüfung sorgfältig zu filtrieren, da dann wohl die färbenden Verunreinigungen zurückgehalten werden.

Nach Mayer gelingt der Nachweis dieser Verfälschung auch, wenn man die geschmolzene Probe im Trockenkasten bei 35^{0} C. kristallisieren läßt und nach ca. 18 Stunden durch ein Tuch abpreßt. Das Filtrat prüft man auf den Schmelzpunkt der Fettsäuren, welcher bei mit Cottonöl verfälschtem Unschlitt unter 39^{0}—40^{0} C. liegt, und auf die Jodzahl. Dieselbe ist für das Filtrat aus cottonölhaltigem Unschlitt erhöht, meist 75—80, aus reinem Unschlitt ca. 55.

Vgl. überdies auch den Nachweis von Cottonöl in Schweinefett. Über den Nachweis von Rindertalg in Schweinefett siehe daselbst.

---

[1]) Dinglers Polyt. Journ. 1883. 247. 305.
[2]) Rep. f. analyt. Chem. 1886. 127.

Talgöl.

Huile de suif. — Tallow oil.

Preßt man den Talg bei niedriger Temperatur ab, so erhält man das bei gewöhnlicher Temperatur flüssige Talgöl.

Gill und Rowe[1]) geben folgende Analysenresultate bekannt:

	Spezifisches Gewicht	Jodzahl	Eisessig-probe nach Valenta °C.	Temperatur-erhöhung bei d. Maumené-schen Probe °C.	Spezifische Temperatur-reaktion	Fettsäuren	
						Erstar-rungspunkt (Titer) °C.	Jodzahl
3Proben	bei 100° C. 0·794	55·8—56·7	71·0—75·7	35·0	72·9	34·5—37·5	54·6—57·0
	bei 15° C. 0·916	57·0	47·0	43·0	—	39	—

3. Hammelfett, Hammeltalg, Schöpsentalg.

Sebum ovillum. — Suif de mouton. — Mutton tallow. — Sego di Montone.

Spezifisches Gewicht	Erstar-rungspunkt °C.	Schmelz-punkt °C.	Versei-fungs-zahl	Jodzahl	Hehner-Zahl	Bre-chungs-quotient	Beobachter
bei 15° C. 0·937—0·940	—	—	—	—	—	—	Hager
bei 15° C. 0·937—0·961	—	47—49	—	34·8—37·7	—	—	E. Dieterich
bei $\frac{100°C.}{15°C.}$ 0·860	—	—	—	—	—	—	Königs
„ 0·858	40—41	44—45	195·2	32·7	—	bei 60°C. 1·4501	Thörner
—	32—36 (die Temperatur steigt um einige Grade)	46·5—47·4	—	—	—	—	Rüdorff
—	32—36	44—45·5	—	36	—	—	Beckurts u. Oelze
—	—	50—51	—	—	95·54	—	Bensemann
—	—	47—50·5	—	—	—	—	Wimmel
—	—	—	196·5	38·2—39·8	—	—	Ulzer
—	—	—	—	35·2—46·2	—	—	Wilson
—	—	—	—	38·6	—	—	Wallenstein u. Finck
—	—	—	—	30·96	93·91	—	Eisenstein u. Rosauer
—	—	—	—	—	—	bei 40°C. 1·4550	Utz

---

[1]) Soap Gazette and Parfumer 1906. 8. 19. — Chem. Rev. üb. d. Fett- u. Harz-Ind. 1906. 13. 86.

Fettsäuren.

Er-starrungs-punkt °C.	Schmelz-punkt °C.	Versei-fungs-zahl	Jodzahl	Jodzahl der flüssigen Fettsäuren	Brechungs-index	Beobachter
45—46 \\ auch 43·20 ∫	—	—	—	—	—	Dalican
46·1	—	—	—	—	—	Schepper u. Geitel
41·0	46—47	210	34·8	—	bei 60° C. 1·4374	Thörner
43·8—46·3	—	—	—	—	—	Ulzer
42·4—46·8	—	—	—	—	—	Shukoff
—	Anfang: 49—50 Ende: 53—54	—	—	—	—	Bensemann
—	45—47	—	—	—	—	Beckurts u. Oelze
—	—	—	—	92·7	—	Wallenstein u. Finck
49·8 (Titer)	—	—	31	—	—	Eisenstein u. Rosauer

Unter dem Namen Hammeltalg kommt das Fett der Hammel und Schafe, aber auch das der Ziegen in den Handel.

Der Hammeltalg kommt dem Rindertalg in seinen Eigenschaften sehr nahe, nur liegen die Schmelz- und Erstarrungspunkte des Fettes und der Fettsäuren meist höher als bei diesem, was aus den Tabellen auf Seite 993 u. 994 zu ersehen ist.

Folgende Tabelle enthält die Titer- und Jodzahlen einiger Hammeltalgproben:

	Jodzahl	Titer (Erstarrungs-punkt der Fettsäuren)	Beobachter
Türkischer Hammeltalg	33·71	47·1	
Dalmatinischer „	35·57	48·6	Pastrovich
„ „	35·78	47·25	
„ „	36·88	49·6	
„ „	30·96	49·8	Eisenstein u. Rosauer

Chevreul und Braconnat konstatierten in einer Probe einen Gehalt von 80% fester und 20% flüssiger Triglyceride. Diese Resultate stehen jedoch mit der Jodzahl nicht im Einklange. Der letzteren nach ist der Ölsäuregehalt bedeutend höher.

Hansen[1] hat aus dem Hammeltalge ebenso wie aus dem Rindertalge ein Distearopalmitin, ein Dipalmitostearin, ein Dipalmitooleïn und ein Stearopalmitooleïn isoliert.

Zwei von Ulzer untersuchte Proben enthielten 0·72 und 1·8% freier Fettsäuren auf Ölsäure berechnet. Fischer fand in drei älteren Proben den auf Ölsäure berechneten Gehalt an freien Fettsäuren zwischen 6·1 und 9·3 schwankend.

---

[1] Arch. f. Hyg. 1902. 42. 1. — Chem. Zeitg. Rep. 1902. 26. 93.

Die Zusammensetzung des Fettes von verschiedenen Körperstellen zweier Hammel gibt Moser von Moosbruch[1]) wie folgt an:

| | | Fett | | 1 g Fett beansprucht zur Verseifung Kalihydrat in mg | der Fettsäuren | | Gemenge der drei Fettarten nach deren Mengenverhältnis im Körper | | | | | |
| | | | | | | | | des Fettes | | 1 g Fett beansprucht zur Verseifung Kalihydrat in mg | der Fettsäuren | |
	von	Schmelzpunkt in °C.	Erstarrungspunkt in °C.		Schmelzpunkt in °C.	Erstarrungspunkt in °C.	Mengenverhältnis	Schmelzpunkt in °C.	Erstarrungspunkt in °C.		Schmelzpunkt in °C.	Erstarrungspunkt in °C.
Hammel Nr. 1	Nieren	54·0	40·9	195·2	56·2	51·9	3					
	Netz und Darm	52·0	38·9	194·8	54·9	50·6	10	51·6	39·8	194·2	53·8	49·6
	Fetthaut	48·6	34·9	194·4	50·7	46·2	5					
Hammel Nr. 2	Nieren	55·0	40·7	194·8	56·5	51·9	2					
	Netz und Darm	52·9	39·2	194·6	55·8	50·4	12	52·4	38·4	194·8	54·0	48·1
	Fetthaut	49·5	34·1	194·2	51·1	43·7	3					

Schaftalg besitzt nach Lidow[2]) eine um 11·2 % höhere Viskosität als Rindertalg.

4. Hirschfett, Hirschtalg.

Graisse de cerf. — Stag fat. — Sego di cervo.

	Spezifisches Gewicht	Erstarrungspunkt °C.	Schmelzpunkt °C.	Verseifungszahl	Jodzahl	Reichertsche Zahl	Beobachter
	—	48	49—49·5	—	20·5	—	Beckurts u. Oelze[3])
Edelhirsch 2 Individuen	0·9670	39—40	51—52	199·9	25·7	1·66	Amthor u. Zink[4])
Damhirsch 4 Individuen	0·9615	40	52—53	195·6	26·4	1·70	

Fettsäuren.

	Spezifisches Gewicht	Erstarrungspunkt ₀C.	Schmelzpunkt °C.	Verseifungszahl	Jodzahl	Acetylzahl	Beobachter
	—	—	49·5	—	—	—	Bekurts u. Oelze
Edelhirsch 2 Individuen	0·9685	46—48	50—52	201·3	23·6	16·4	Amthor u. Zink
Damhirsch 4 Individuen	0·9524	47—48	50—53	201·4	28·2	18·4	

Der in der Pharmazie mitunter angewendete Hirschtalg besitzt gegenüber dem Rindertalg und Hammeltalg einen größeren Gehalt an Glyceriden fester Fettsäuren; er unterscheidet sich dementsprechend

---

[1]) Ber. d. landw. chem. Vers.-Anst. Wien 1882. 1883.
[2]) Chem. Zeitg. Rep. 1905. 29. 319.
[3]) Arch. d. Pharm. 1895. 233. 249.
[4]) Zeitschr. f. analyt. Chem. 1897. 36. 1.

von den genannten Fetten meist auch durch seine niedrige Jodzahl, den höheren Schmelzpunkt und höheren Erstarrungspunkt der Fettsäuren und das verhältnismäßig hohe spezifische Gewicht.

Amthor und Zink[1]) fanden die Säurezahl des frischen Edelhirschfettes zu 3·5, des ein Jahr alten zu 5·9. Bei dem von ihnen untersuchten Damhirschfette waren diese Größen 2·90 resp. 5·3.

Wachtel[2]) fand die Acetylzahl der Fettsäuren eines 28 Jahre alten Edelhirschtalges zu 40·1, die Reichertsche Zahl zu 8 (?) und die Säurezahl zu 64·7.

5. Rehfett.[3])
Graisse de chevreuil. — Roebuck fat.

Spezifisches Gewicht bei 15° C.	Erstarrungspunkt °C.	Schmelzpunkt °C.	Verseifungszahl	Jodzahl	Hehner-Zahl	Reichertsche Zahl	Beobachter
0·9659	39—41	52—54	199·0	32·1	95·8	0·99	Amthor u. Zink

Fettsäuren.

Spezifisches Gewicht bei 15° C.	Erstarrungspunkt °C.	Schmelzpunkt	Verseifungszahl	Jodzahl	Acetylzahl	Beobachter
0·9622	49—50	62—64	200·5	27·9 (?)	12·5	Amthor u. Zink

Die vorstehenden Konstanten sind Mittelwerte der Fette von sechs Individuen.

Das Rehfett ist dem Hirschtalg sehr ähnlich und beinahe so fest wie Walrat.

Die Säurezahl schwankt bei den von Amthor und Zink untersuchten Proben zwischen 1·74 und 3·3 (die letzte Zahl bezieht sich auf ein $1^1/_2$ Jahre altes Fett).

6. Elchfett, Elentiertalg.
Graisse d'élan. — Elk fat.

Spez. Gew. bei 15° C.	Erstarrungspunkt	Schmelzpunkt	Verseifungszahl	Jodzahl	Reichertsche Zahl	Beobachter
0·9625	37°—38° C.	49°—52° C.	195·1	35·0	0·78	Amthor u. Zink[4])
—	—	—	200	35·9	—	Shukoff[5])

Fettsäuren.

Spez. Gew. bei 15° C.	Erstarrungspunkt	Schmelzpunkt	Verseifungszahl	Jodzahl	Acetylzahl	Beobachter
0·9584	48°—50° C.	53°—55° C.	201·4	27·8	16·2	Amthor u. Zink
—	46·7° C.	—	—	—	—	Shukoff

[1]) Zeitschr. f. analyt. Chem. 1897. 36. 1.
[2]) Chem. Zeitg. 1890. 24. 904.
[3]) Amthor u. Zink, Zeitschr. f. analyt. Chem. 1897. 36. 1.
[4]) Zeitschr. f. analyt. Chem. 1897. 36. 1.
[5]) Chem. Rev. üb. d. Fett- u. Harz-Ind. 1901. 8. 229.

Den Gehalt an unverseifbaren Bestandteilen fand Shukoff in einer Probe zu 0.23%.

Der Gehalt an freien Fettsäuren auf Ölsäure berechnet wird für ein frisches Fett von Amthor und Zink zu 0.43% und für ein zwei Jahre altes Fett zu 1.65% angegeben. Shukoff fand den Gehalt an freien Fettsäuren in einer Probe zu 1.8%.

7. Renntierfett.[1]
Reindeer fat.

Erstarrungspunkt	Schmelzpunkt	Verseifungszahl	Jodzahl
45·73⁰ C.	47·8⁰ C.	194·4—198·8	31·36—35·80

Fettsäuren: Jodzahl 34·5.

Das Renntierfett zeichnet sich besonders durch einen hohen Gehalt an Tristearin aus; die Fettsäuren einer von Karassew untersuchten Probe (wahrscheinlich einer Mischung von Nieren- und Epidermalfett) bestanden aus

61.1% Stearinsäure,
1.4% Palmitinsäure,
38.5% Ölsäure.

Die Säurezahl zweier von Karassew untersuchten Proben betrug 4·35 resp. 5·3, entsprechend 2·19 resp. 2.67% freier Säuren als Ölsäure berechnet.

Das Renntierfett bildet kein Handelsprodukt. Es wird hauptsächlich als Speisefett und zur Herstellung von Kerzen verwendet.

8. Gemsenfett.[2]
Graisse de chamois. — Chamois fat.

Spez. Gew. bei 15⁰ C.	Erstarrungspunkt	Schmelzpunkt	Verseifungszahl	Jodzahl	Reichertsche Zahl	Beobachter
0·9697	42⁰—43⁰ C.	54⁰—56⁰ C.	203·3	25	1·8	Amthor u. Zink

Fettsäuren.

Spez. Gew. bei 15⁰ C.	Erstarrungspunkt	Schmelzpunkt	Verseifungszahl	Jodzahl	Acetylzahl	Beobachter
0·9546	51⁰—52⁰ C.	57⁰—58⁰ C.	206·5	24·4	7·5	Amthor u. Zink

Das Gemsenfett ist ein graugelbes, sehr festes Fett von etwas scharfem, bockartigem Geruch.

Die Säurezahl einer von Amthor und Zink untersuchten, von mehreren Individuen stammenden Probe wurde zu 3·2 entsprechend 1.61% freier Säure, als Ölsäure berechnet, gefunden.

---

[1] Tischtschenko, Journ. d. russ. techn. Ges. 1900. 34. 63. — Zeitschr. f. angew. Chem. 1900. 13. 167. — Karassew, Chem. Zeitg. 1899. 23. 659.
[2] Amthor u. Zink, Zeitschr. f. analyt. Chem. 1897. 36. 1.

9. Schweinefett.

Schweineschmalz. — Axungia Porci, Adeps suillus. — Graisse de porc, Saindoux. — Lard. — Strutto.

In Deutschland wird Schweinefett nur vereinzelt im Großbetriebe gewonnen; der größte Teil des in Deutschland erzeugten Schmalzes wird in den einzelnen Schlächtereien durch Ausschmelzen von Schweinerohfett, meist in Kesseln über freiem Feuer, dargestellt. Man verwendet dazu die im Innern des Körpers angesetzten Fettpartien: das Eingeweidefett (Gekrösefett), das Netzfett (Liesen, Flohmen, Schmer, Filz), das Nierenfett usw.; den Bauch- und den Rückenspeck verwendet man nur selten für diesen Zweck, da dieser als solcher in geräuchertem Zustande viel besser verwertet wird.

Ähnlich liegen die Verhältnisse in den anderen Ländern Europas, nur aus Ungarn und aus Rumänien kommen größere Mengen Schmalz in den Handel.

In den Vereinigten Staaten Nordamerikas dagegen wird das Schweineschmalz in großen Schlachthäusern (Packinghouses) fabrikmäßig hergestellt und nach allen Ländern exportiert. Ein großer Teil des in Deutschland gehandelten Schmalzes stammt denn auch aus Nordamerika. In Amerika werden alle fetten Teile des Schweines auf Schmalz verarbeitet, es wird also auch Speck, soweit er nicht als solcher exportiert werden kann, ausgeschmolzen, auch das Kopf-, das Fußfett usw. werden verwertet. Nach den verwendeten Fettpartien und nach der Herstellungsweise unterscheidet man hauptsächlich:

1. Neutral Lard. Dasselbe wird aus Netz- und Gekrösefett (leafs) durch Ausschmelzen im Wasserbade bei 40°—50° C. gewonnen; es ist weiß, schmeckt milde (neutral) und ist das teuerste Schweinefett; es dient auch zur Margarinefabrikation.

2. Neutral Lard Imitation. Es wird aus Speck, bzw. Speckabschnitten, so wie das Neutral Lard gewonnen; es ähnelt dem Neutral Lard sehr, ist aber wesentlich weicher (öliger) als dieses. Auch die Imitation wird fast nur in der Margarinefabrikation verwendet.

3. Choice Lard. Dieses soll aus den Liesen, die nicht auf Neutral Lard verarbeitet werden, durch Ausschmelzen in Kesseln hergestellt werden, welche von außen durch Dampf geheizt werden. Meistens wird es jetzt wie das folgende Steam Lard durch Ausschmelzen mit direktem Dampf hergestellt.

4. Prime Steam Lard (Western Steam Lard, Westernschmalz). Dasselbe wird aus den Rückständen von der Neutral-Lardfabrikation, welche noch sehr fetthaltig sind, und aus allen fetten Teilen des Schweines, die nicht anders verwertet werden können, dadurch hergestellt, daß diese Teile in geschlossenen, eisernen Kesseln durch unmittelbare Einwirkung von Dampf bei einem Druck von $2^1/_2$—$2^3/_4$ Atmosphären ausgeschmolzen werden. Das Prime Steam Lard hat gewöhnlich einen Stich

Schweinefett.

	Spezifisches Gewicht bei	Erstarrungspunkt °C.	Schmelzpunkt °C.	Verseifungszahl	Jodzahl	Hehner-Zahl	Reichert-Meißlsche Zahl	Refraktometeranzeige in Zeiß Butter-refraktometer	Refraktometeranzeige im Oleo-refraktometer	Brechungsexponent	Kritische Lösungstemperatur °C.	Beobachter
	15°C. 0·931—0·932	—	—	—	—	—	—	—	—	—	—	Hager
	„ 0·934—0·938 90°C. 0·894—0·897 }	—	36—45·5	—	49·9—63·8	—	—	—	—	—	—	E. Dieterich
	15°C. 0·934—0·9380	—	36—40	—	46—64 meist 57—62	—	—	bei 40°C. 50—51·2	—	—	—	Benedikt u. Wolfbauer
	40°C./15·5°C. 0·8985 98°C. 0·8608 }	—	—	—	—	—	—	—	—	—	—	Allen
	50°C. 0·8818 69°C. 0·8811 94°C. 0·8628 }	—	—	—	—	—	—	—	—	—	—	Saussure
	50°C. 0·890	—	—	—	—	—	—	—	—	—	—	Bockairy
	100°C./15°C. 0·861	—	42—48	—	—	—	—	—	—	—	—	Königs
	„ 0·8614	—	—	—	—	—	—	—	—	—	—	Gladding
	—	32	41·5—42	—	—	—	—	—	—	—	—	Wimmel
	—	26	—	—	—	—	—	—	—	bei 60°C. 1·4539	—	Thörner
	—	27·1 bis 29·9	—	—	—	—	—	—	—	—	—	Goske
	—	—	40·5	—	—	—	—	—	—	—	—	Buff
	—	—	45—46	—	—	95·8	—	—	—	—	—	Bensemann
	—	—	—	195·8	—	—	—	—	—	—	—	Köttstorfer
Amerikanisches	—	—	—	195·3—196·6	—	—	—	—	—	—	—	Valenta
Europäisches	—	—	—	193—200	57—70 47—60 }	—	—	—	—	—	—	Geißenberger
Amerikanisches	—	—	—	195·5	61·5	95·1	—	bei 40°C. 49·7—51	—	—	—	Pastrovich
	—	—	—	—	59·0	—	—	—	—	—	—	v. Hübl
	—	—	—	—	57·1—60·0	—	—	—	—	—	—	Wilson
	—	—	—	—	56·9—59·0	—	—	—	—	—	—	Engler u. Rupp
	—	—	—	—	62·4	—	—	—	—	—	—	Schweitzer

											Beobachter
—	—	—	—	59—62	—	—	bei 40° C. 50·4—51·2	—	—	—	Mansfeld
—	—	—	—	bis 64	—	—	bei 25° C. 56·8—58·5 bei sehr altem Fett: 61·35	—	—	—	Spaeth
—	—	—	—	—	96·15	—	—	—	—	—	West Knights
—	—	—	—	—	—	—	bei 40° C. 50	—	—	—	Beckurts u. Seiler
—	—	—	—	—	—	—	—	12·5	—	—	Jean
—	—	—	—	—	—	—	—	—	—	124 bis 124·5	Crismer
—	—	—	—	—	—	—	bei 40° C. 51·9	—	bei 40° C. 1·4606	—	Utz
—	—	—	—	51·5 (nach Wijs)	—	—	—	—	—	—	Visser

Fettsäuren.

	Spez. Gew. bei	Erstarrungs-punkt	Schmelzpunkt	Mittleres Molekular-Gewicht	Jod-zahl	Jodzahl der flüssigen Fettsäuren	Brechungs-index bei 60° C.	Beobachter
	$\frac{99^\circ C.}{15 \cdot 5^\circ C.}$ 0·8445	39·0° C.	44° C.	278	—	—	—	Allen
	—	34° C.	35° C.	—	—	—	—	Mayer
	—	37°—40° C.	40°—42·5° C.	—	—	—	—	Benedikt u. Wolfbauer
	—	35° C.	37°—38° C.	—	—	—	1·4395	Thörner
Amerikanisches	—	39·6° C.	—	—	—	—	—	Pastrovich
	—	—	Anfang: 43°—44° C. Ende: 46°—47° C.	—	—	—	—	Bensemann
	—	—	—	—	64·2	—	—	Williams
Europäisches	—	—	—	—	—	93—96	—	Wallenstein u. Finck
Amerikanisches	—	—	—	—	—	103—105	—	
	—	—	—	—	—	92	—	Mansfeld
Deutsches	—	—	—	—	—	93·5—103·7	—	Bömer
Amerikanisches	—	—	—	—	—	95·2—104·9	—	
Amerikanisches	—	—	—	—	—	100—106	—	Geißenberger

ins Grüne, manchmal sieht es auch etwas grau oder schwach gelb aus. Es ist meistens körnig, da es wenigstens im Winter keinem besonderen Kühlverfahren unterworfen wird, wodurch die schwerer schmelzbaren Glyceride auskristallisieren. Es hat einen hervortretenden Geschmack (Röstgeschmack).

Das Prime Steam Lard wird sowohl in Amerika, als auch in Deutschland einer Umarbeitung (Raffination, Umbraten) unterworfen, um ihm ein den Konsumenten gefälliges Aussehen zu geben.

In Amerika wird es für sich allein oder nach einem Zusatz von Lard stearine mit Fullererde gebleicht und in Kühlapparaten gekühlt. Dieses sog. Pure Lard ist blendend weiß, etwas grießlich und von fast speckartiger Konsistenz.

In Deutschland wird es für sich allein oder nach einem Zusatz von Lard stearine, von deutschem oder einem anderen europäischen Schmalz entweder mit Wasser durchgekocht und nach dem Abscheiden des Wassers so gekühlt, daß es im Striche matt ist und dann als raffiniertes oder als umgebratenes Schmalz bezeichnet, oder es wird mit Zwiebeln und mit Gewürzen (Majoran, Thymian, Lorbeer usw.) erhitzt und nach dem Filtrieren so gekühlt, daß es sich glatt streichen läßt und blank ist; dann führt es den Namen Bratenschmalz.

Zusammensetzung.

Das Schweineschmalz besteht mit größter Wahrscheinlichkeit der Hauptmenge nach aus gemischten Glyceriden der Öl-, Palmitin- und Stearinsäure.

Amerikanisches Schweineschmalz enthält auch Trilinoleïn. In europäischem Schweineschmalz konnten Benedikt und Hazura keine Linolsäure finden. Fahrion[1]) hat jedoch solche nachgewiesen. Auch nach den Untersuchungen von Wallenstein und Finck[2]), welche für mitteleuropäisches Schweinefett eine innere Jodzahl von 93—96 fanden, und nach denen von Bömer[3]), welcher für deutsches Schweinefett eine innere Jodzahl von 93·5—103·7 konstatierte, erscheint das Vorhandensein von Linolsäure in europäischem Schweinefett nachgewiesen.

Partheil und Ferié[4]) fanden in amerikanischem Schweinefett nach der Lithiummethode (siehe Seite 179) gleichfalls Fettsäuren, die stärker ungesättigt sind als Ölsäure.

Außerdem wären nach diesen Analysen, die jedoch noch der Bestätigung bedürfen, überraschend große Mengen Myristin- und Laurinsäure im amerikanischen Schweinefette vorhanden. Das von Partheil und Ferié bekannt gegebene Mengenverhältnis der Fettsäuren in einer Probe mit der Jodzahl 65·78 ist folgendes:

---

[1]) Chem. Zeitg. 1893. 17. 610.
[2]) Chem. Zeitg. 1894. 18. 1189.
[3]) Zeitschr. f. Unters. d. Nahrungs- u. Genußm. 1898. 1. 538.
[4]) Arch. d. Pharm. 1903. 241. 545.

$$\begin{array}{lr}
\text{Stearinsäure} & 8{\cdot}40\ ^0/_0 \\
\text{Palmitinsäure} & 4{\cdot}48\ " \\
\text{Myristinsäure} & 14{\cdot}35\ " \\
\text{Laurinsäure} & 11{\cdot}68\ " \\
\text{Ungesättigte Säuren} & 54{\cdot}05\ " \\
\text{Davon stärker ungesättigte} & 10{\cdot}03\ "
\end{array}$$

Allen und Thomson fanden im Schweinefett ca. $0{\cdot}23\ ^0/_0$ unverseifbarer Substanz.

Die Zusammensetzung des Schweinefettes variiert je nach den Körperstellen, welchen das Fett entnommen wurde, nach der Fütterung der Tiere, dem Klima usw.

Unterschiede in der Zusammensetzung des Fettes verschiedener Körperteile.

Henriques und Hansen[1]) haben durch eine Reihe von Untersuchungen gefunden, daß sich beim Schwein, ebenso wie bei anderen Tieren (Hund, Kuh, Gans, Delphin), die chemische Zusammensetzung des Körperfettes allmählich verändert, wenn man von der Haut aus der Mitte des Körpers näher rückt; zunächst unter der Haut findet sich das am leichtesten, innerlich das am schwersten schmelzbare Fett, und zwischen diesen beiden Extremen finden sich vielfache Übergänge.

Nach Mansfeld[2]) zeigte Schweinefett von verschiedenen Körperstellen in Zeiß' Butterrefraktometer folgende Refraktometeranzeigen und Jodzahlen:

		Refraktometeranzeige bei 40° C.	Jodzahl
Schweinefett aus Speck		51·2	65·6
"	" Bauchfilz	50·4	60·0
"	" Eingeweidefilz	49·0	53·0

Spaeth gibt für Rücken- und Nierenfett im Mittel aus den Analysen der Fette von acht Tieren folgende Zusammenstellung an:

	Spez. Gew. b. 100° C. (Wasser von 15° C. = 1)	Schmelzpunkt	Schmelzpunkt der Fettsäuren	Jodzahl	Jodzahl der Fettsäuren
Rückenfett	0·8607	33·8° C.	40° C.	60·58	61·90
Nierenfett	0·8590	43·2° C.	43·2° C.	52·60	54·20

Schmalz aus verschiedenen Teilen eines und desselben amerikanischen Schweines zeigte folgende Jodzahlen:[3])

aus Eingeweidefett		57·34
" Liesenfett		52·55
" den Füßen		77·28
" dem Kopf		85·03

Einfluß der Fütterung und der Lebensweise auf die Zusammensetzung des Schweinefettes.

Fütterungsversuche von Klein[4]) zeigten, daß Maiskeimmehl ebenso wie Maiskuchen eine Erhöhung der Jodzahl, dagegen Fischmehl bei längerer Fütterung eine Erniedrigung der Jodzahl herbeiführen. Die

---

[1]) Skand. Arch. f. Physiol. 1900. 11. 160.
[2]) Forschungsber. üb. Lebensm. u. Bez. z. Hyg. usw. I. Heft 3.
[3]) Windisch, Arbeiten a. d. kais. Gesundheitsamte 1896. 12. 621.
[4]) Milch-Zeitg. 1902. 31. 369.

Ernährung mit Palmkernkuchen führt zu einer besseren Qualität des Fettes als die mit Maiskuchen.[1]) Wie weit die in den Preßkuchen enthaltenen Ölreste und deren charakteristische Bestandteile in das Fett des Schweines übergehen, sei bei der Prüfung des Schweinefettes auf Verfälschungen besprochen.

Im Südwesten der Vereinigten Staaten leben die Schweine in fast vollkommener Freiheit. Ihre Lebensweise und ihre Nahrung ist der der Wildschweine sehr ähnlich. Dem entspricht auch eine größere Ähnlichkeit in der Zusammensetzung des Schmalzes, was sich insbesondere in der erhöhten Jodzahl ausdrückt (Richardson[2]).

Gehalt an freien Fettsäuren.

Der Gehalt des Schweinefettes an freien Fettsäuren ist sehr verschieden; er hängt von der Behandlung des Rohfettes, von der Art des Ausschmelzens und von den Einflüssen ab, welchen das ausgeschmolzene Fett ausgesetzt ist.

Wird das Rohfett vor dem Ausschmelzen bei niedriger Temperatur aufbewahrt und bald eingeschmolzen, so erhält man unter sonst gleichen Umständen ein Fett mit wesentlich niedrigerer Säurezahl, als von einem Rohfett, das längere Zeit bei höherer Temperatur aufbewahrt worden ist. E. Dieterich[3]) fand bei Versuchen mit Rohfett folgende Säurezahlen:

	Schweinefett aus rohem Schmer	aus rohem Speck
Sofort ausgeschmolzen und untersucht . . .	0·504	0·504
Zu Brei gemahlen, 4 Wochen bei 30°—35° C. aufbewahrt, dann geschmolzen und untersucht	10·920	57·775
Zu Brei gemahlen, 8 Wochen bei 30°—35° C. aufbewahrt, dann geschmolzen und untersucht	16·936	79·688

Schweinefett, das aus Rohfett ausgeschmolzen worden ist, welches längere Zeit der Einwirkung höherer Temperatur ausgesetzt war, riecht faulig.

Wird das Rohfett bei niedriger Temperatur ausgeschmolzen, so hat das ausgeschmolzene Fett eine niedrigere Säurezahl als solches, welches bei hoher Temperatur ausgeschmolzen worden ist. Den höchsten Säuregehalt weisen Schweinefette auf, die mit Dampf unter Druck ausgeschmolzen worden sind:

Neutral Lard	enthält ca. 0·2—0·4 % freie Fettsäuren,
Metzgerschmalz	„ „ 0·4—0·1 „ „ „
Prime Steam Lard . .	„ „ 0·5—1·5 „ „ „

auf Ölsäure berechnet.

Prime Steam Lard enthält manchmal auch mehr freie Fettsäuren, ohne daß nach dem Geruche auf Verwendung verdorbenen Rohfettes

---

[1]) O. Lemmermann u. G. Linkh. Landw. Jahrb. 1903. 32. 635.
[2]) Journ. Amer. Chem. Soc. 1904. 26. 372.
[3]) Chem. Rev. üb. d. Fett- u. Harz-Ind. 1899. 6. 168.

oder auf nachträgliche Zersetzung geschlossen werden könnte. Der Grund dafür ist in der Anwendung zu hohen Druckes beim Ausschmelzen zu suchen.

Das Verderben des Schweinefettes.

(Siehe auch Ulzer-Klimont, Allg. u. physiol. Chemie der Fette, Seite 212 ff.)

Auch bei Schweinefett gilt bezüglich des Fettsäuregehaltes die Regel, daß es auf Grund eines hohen Gehaltes an freien Fettsäuren allein nicht als verdorben und ungenießbar erklärt werden kann; nur Geruch und Geschmack haben darüber zu entscheiden.

Reines ausgeschmolzenes Schweinefett ist sehr haltbar; enthält es aber auch nur geringe Mengen Kondenswasser, was bei Prime Steam Lard manchmal vorkommt, so verdirbt es rasch. Es wird, wahrscheinlich durch Veränderung der Eiweißkörper, zumeist „stänkerig", ohne daß der Gehalt an freien Fettsäuren merklich stiege, dann tritt eine Zersetzung und ein Steigen des Fettsäuregehaltes ein.

Wird Schweinefett der Einwirkung von Licht und Luft ausgesetzt, so wird es ranzig.

Den Prozeß des Ranzigwerdens hat Spaeth[1]) beim Schweinefett eingehend studiert.

An der Bildung freier Säure nehmen die sämtlichen vorhandenen Triglyceride Anteil. Die Jodzahl nimmt mit der fortschreitenden Zersetzung der ungesättigten Fettsäuren ab, die Refraktometeranzeige nimmt zu, und der Schmelzpunkt steigt.

Die folgende Tabelle zeigt die Abnahme der Jodzahl und die Zunahme des Gehaltes an freier Säure bei einer Anzahl von Proben im Zeitraum von 3 Jahren.

Probe	Jodzahl 1893	Oleïngehalt aus der Jodzahl berechnet in Prozenten	Jodzahl 1894	Oleïngehalt aus der Jodzahl berechnet in Prozenten	Jodzahl 1896	Oleïngehalt aus der Jodzahl berechnet in Prozenten	Freie Säure 1893	1894	1896
							ccm Norm. KOH für 100 g Fett		
1	63·25	73·3	53·80	62·3	39·26	45·5	0·6	6·4	32·0
2	61·15	70·8	55·45	64·2	39·37	45·6	0·45	2·75	23·0
3	62·90	73·2	51·85	60·0	39·56	42·30	0·75	7·80	31·6
4	62·95	73·2	48·80	56·5	29·41	34·1	0·80	11·60	51·0
5	57·25	66·4	49·40	57·3	26.51	30·75	1·25	6·70	36·0
6	55·80	64·7	47·80	55·44	31·19	36·18	0·35	6·00	30·0
7	60·10	69·7	51·04	59·20	41·08	47·65	0·45	8·40	23·0
8	55·80	64·7	37·50	43·50	22·97	26·64	0·55	21·20	41·3
9	52·30	60·5	52·20	60·50	40·91	47·45	1·45	1·80	10·0
10	57·08	66·21	46·70	54·17	33·69	39·08	0·55	9·60	30·0
11	51·75	60·0	36·71	42·85	21·56	25·00	1·60	15·40	46·0
12	63·61	73·77	49·0	58·3	38·04	44·12	0·65	9·60	33·0
13	52·35	60·7	46·85	54·34	36·48	42·31	0·60	4·20	18·0
14	60·95	70·11	52·72	61·15	36·03	42·51	0·50	7·60	32·0

Die Jodzahlen des flüssigen Anteiles der Fettsäuren erniedrigen sich beim Ranzigwerden des Schweinefettes gleichfalls; Spaeth fand bei

---

[1]) Zeitschr. f. analyt. Chem. 1896. 35. 471.

5 drei Jahre alten Proben von Schweinefett die Jodzahlen der flüssigen Fettsäuren (innere Jodzahl) zwischen 64·3 und 74·6 schwankend, während dieselbe bei frischem mitteleuropäischem Schweinefett innerhalb der Grenzen 93 und 96 liegt.

Die Erhöhung der Refraktometeranzeige bei 7 zwei Jahre alten ranzigen Schweinefetten fand Spaeth wie folgt:

Bezeichnung des Fettes	Refraktometeranzeige bei 25 º C.	
	im J. 1894	im J. 1896
1	59·35	62·60
2	60·21	62·30
3	60·49	62·45
4	57·71	58·75
5	60·35	62·70
6	61·35	63·10
7	58·14	63·10

Die Acetylzahl einer alten ranzigen Probe eines Schweinefettes wurde von Spaeth zu 47·9, und die Reichert-Meißlschen Zahlen in 8 Proben von sehr alten Fetten zwischen 1·32 und 10·1 schwankend gefunden.

Der Schmelzpunkt erhöhte sich bei alten, oxydierten Schweinefetten nach Spaeth ebenfalls, wie dies die folgende Tabelle zeigt:

Bezeichnung des Fettes	Schmelzpunkt im offenen Röhrchen bestimmt	
	1893 º C.	1896 º C.
1	34	38·5
2	39	39·5
3	36	39·5
4	33·5	38·5
5	40·5	40·5
6	31·5	33

Physikalische und chemische Merkmale des reinen und des verfälschten Schweinefettes.

Zur Verfälschung des Schweineschmalzes dienen: Wasser, Preßtalg, Rindertalg, Hammeltalg, gebleichtes (weißes) Cottonöl, seltener Erdnußöl und Sesamöl, nach einigen Angaben auch Maisöl. Aus Amerika sind früher unter der Bezeichnung „Refined Lard" oder „Compound Lard" Gemische eingeführt worden, welche gar kein Schweinefett enthalten haben; sie waren ihrer Zusammensetzung nach das, was jetzt, den polizeilichen Vorschriften entsprechend, als Kunstspeisefett bezeichnet wird.

Wasserhaltiges Schmalz knistert beim Einschmelzen über einer Flamme.

Der Nachweis des Zusatzes fremder Fette ist häufig sehr schwer zu führen, da die Verfälschungen oft mit großer Vorsicht gemacht werden.

Kunstschmalzproben, welche kein Schweinefett, sondern nur Preßtalg (Rinderstearin) und Cottonöl oder Erdnußöl enthalten, erstarren nach Langfurth[1]) grobkristallinisch, während Schweinefett feinkristallinisch mit matter, faltiger Oberfläche erstarrt.

---

[1]) Chem. Zeitg. 1888. 12. 1660.

Nach Soltsien[1]) gibt besonders die dem Schweinefett eigentümliche Kontraktion beim Erstarren der geschmolzenen Probe einen Anhaltspunkt betreffs der Reinheit des Fettes.

Man schmilzt das Fett bei gelinder Wärme in einer kleinen Porzellanschale und läßt schnell erkalten. Reines Schweinefett zeigt in der Mitte eine starke Vertiefung mit ziemlich scharf markierten Rändern. Bei Speckschmalz zeigt sich hierbei radiale Struktur, bei Schmerschmalz sind die Radien durch wulstige, konzentrische Ringe unterbrochen.

Dieses Kennzeichen ist aber hauptsächlich nur für europäisches Schmalz zu verwenden, da nur die festeren amerikanischen Schweineschmalze unter Falten- und Wulstbildung, dagegen die weicheren mit ebener Oberfläche erstarren.

Spezifisches Gewicht. Das spezifische Gewicht von cottonölhaltigem Schweinefett ist höher als das des reinen Fettes, es liegt nämlich über 0·861 bei 100⁰ C. Derselbe Unterschied zeigt sich, wenn man den flüssigen Anteil des Fettes isoliert, indem man 1 Kilo Schmalz in Leinwand auspreßt und die Flüssigkeit filtriert. Kunstschmalz gibt 30—40 %/₀ Öl von 0·916—0·918 spez. Gew. bei 18⁰ C., während reines Schmalzöl 0·912—0·914 spez. Gew. hat.

Pattinson[2]) findet folgende spezifische Gewichte bei 99⁰ C., bezogen auf Wasser von 15·5⁰ C.: Schweineschmalz 0·860—0·861, Cottonöl 0·868—0·8725, Rinderstearin 0·857. Ebenso erhöhen die gleichfalls in Amerika gebräuchlichen Verfälschungen mit Baumwollstearin und Cocosöl das spezifische Gewicht. Allen findet bei 99⁰ C. folgende auf Wasser bei 15·5⁰ C. bezogene spezifische Gewichte: Schweinefett 0·860 bis 0·861, Cocosöl 0·868—0·874, Arachisöl 0·8673. Ferner bei 100⁰ F. = 37·8⁰ C., bezogen auf Wasser von derselben Temperatur: Schweinefett 0·905—0·907, Cocosöl 0·910—0·916, Cottonstearin 0·911—0·912.

Schmelzpunkt Für den Schmelzpunkt des Schweinefettes sind als äußerste Grenzen 33·8⁰—48⁰ C. anzugeben; in der überwiegenden Mehrzahl der Fälle schwankt er jedoch zwischen 36⁰ und 40⁰ C. (Benedikt und Wolfbauer).

Erstarrungspunkt. Die von Goske[3]) ermittelten Erstarrungspunkte einer Anzahl von Fetten nach Dalican sind in der folgenden Tabelle zusammengestellt:

	Erstarrungspunkt ⁰ C.
Metzgerschmalz	27·10—28·62
„	26·64—29·34
„	29·10—29·95
Dampfschmalz	24·10—26·00
„	25·05—25·50
„	26·04—27·06
„	24·90
„	23·67—26·18
Verfälschtes Schweineschmalz	30·50

---

[1]) Pharm. Zeitg. 1894. 39. 350; durch Chem. Zeitg. Rep. 1894. 18. 130.
[2]) Journ. Soc. Chem. Ind. 1889. 8. 30.
[3]) Chem. Zeitg. 1892. 16. 1560.

Erstarrungspunkt
⁰ C.

Verfälschtes Schweineschmalz	. . . .	29·90—30·15
„ „	. . . .	31·95—33·00
„ „	. . . .	35·90—36·58
„ „	. . . .	35·50—35·75
„ „	. . . .	29·73—29·80

Es ist selbstverständlich, daß eine Erhöhung des Erstarrungspunktes, welche durch einen Talgzusatz bedingt ist, beispielsweise durch einen Zusatz von Schmalzöl aufgehoben werden kann.

Der Erstarrungspunkt der Fettsäuren mag in manchen Fällen, wie etwa bei Zusatz von Maisöl, die Probe als verdächtig erscheinen lassen, doch werden in diesem Falle die folgenden Bestimmungen sichereren Aufschluß geben.

Mit Hilfe des spezifischen Gewichtes, des Schmelz- und Erstarrungspunktes des Fettes und des Erstarrungspunktes der Fettsäuren lassen sich nur ganz grobe Verfälschungen erkennen.

Die refraktometrische Prüfung. Diese wird oftmals direkt Verfälschungen erkennen lassen, bei geringen Zusätzen von Rinder- und Hammeltalg jedoch keinen Aufschluß geben.

Amagat und Jean[1]) fanden für verschiedene Fette im Oleorefraktometer folgende Ablenkungen:

Ablenkung in
Refraktometergraden

Schweinefett	— 12·5
Schweinefettstearin	— 10 bis — 11
Rindertalg	— 16
Kälbertalg . . . . : . .	— 19
Cottonöl	+ 20
Cottonstearin	+ 25
Cocosfett	— 54

Nach Dupont[2]) ergaben französische Proben von Schweinefett im Oleorefraktometer größere Ablenkungen als amerikanische. Ebenso zeigten Proben von verschiedenen Körperstellen verschiedene Ablenkungen.

Bei der Prüfung einer Anzahl von Fetten in Zeiß' Butterrefraktometer bei 40⁰ C. erhielt Mansfeld[3]) die folgenden Refraktometeranzeigen. (Siehe nebenstehende Tabelle.)

Spaeth[4]) fand bei Schweinefett, Rindertalg und Cottonöl folgende Refraktometeranzeigen bei 25⁰ C.:

Refraktometeranzeige

Schweinefett	56·8—58·5
Rindertalg	54·1—55·8
Baumwollsamenöl	67·5—68·8

Bei der refraktometrischen Untersuchung von Schweinefett kommt ebenso wie bei Butter weniger der absolute Wert der im Fernrohr abgelesenen Skalenteile in Betracht, als vielmehr die Differenz (nach Größe und Vorzeichen), welche man erhält, wenn man die der Versuchstempe-

---

[1]) Monit. Scient. 1890. [4.] 4. 346.
[2]) Bull. Soc. Chim. 1895. [3.] 13. 775.
[3]) Forschungsber. üb. Lebensm. u. Bez. z. Hyg. usw. 1894. 1. Heft 3.
[4]) Forschungsber. üb. Lebensm. u. Bez. z. Hyg. usw. 1894. 1. 344.

	Refraktometer- anzeigen bei 40° C.	Jodzahl
Schweinefett aus:		
a) Speck	51·2	65·6
b) Speckfilz	50·7	62·3
c) Bauchfilz	50·4	60·0
d) Eingeweidefilz	49·0	53·0
Filz	50·2	61·4
Filz	50·4	60·5
Filz	48·6	—
Amerikanisches Schweinefett	51·4	62
Amerikanisches Schweinefett	51·9	66·0
Rindertalg	49	40
Cottonöl	61·0	106
Pferdefett	53·7	81
Cocosfett	35·5	8·9

ratur zugehörige „höchst zulässige Zahl" von der im Fernrohr abgelesenen Zahl subtrahiert.[1])

Man bedient sich daher zweckmäßig auch bei der Prüfung von Schweinefett des dem Refraktometer beigegebenen Thermometers mit besonderer Einteilung (s. Butter), dessen Skala S die den Temperaturen entsprechenden höchsten Refraktometerzahlen für Schweinefett angibt, und bestimmt die Differenz zwischen den Angaben des Fernrohres und des Thermometers. Ist sie positiv, so ist das Fett verdächtig, ist sie negativ, so ist das Fett nicht verdächtig.

Hefelmann[2]) hat, nachdem Spaeth den Beweis erbracht hatte, daß stark ranzige Schweinefette eine erhöhte Refraktion geben, vorgeschlagen, in solchen Fällen die Schweinefette durch Schmelzen mit trockener Soda am Wasserbade zu entsäuern, zu filtrieren und dann erst zur refraktometrischen Untersuchung zu benützen. Doch konnte Hefelmann selbst bei Einhaltung dieser Vorsichtsmaßregeln bei sehr ranzigen Schweinefetten keine normalen Refraktometeranzeigen erhalten.

Hefelmann hat eine große Anzahl von Schweinefetten refraktometrisch geprüft. Die nachstehende Tabelle enthält die Ergebnisse der Untersuchungen eines Teiles der Proben und normiert den großen Wert des Refraktometers bei der Analyse von Schweinefetten.

Einen ausschlaggebenden Wert hat jedoch die Refraktometerprobe für sich allein nicht; sie kann nur zur Vorprüfung herangezogen werden.

Die Jodzahl. Sie schwankt zwischen äußerst weiten Grenzen, da, wie bereits erwähnt worden ist, der Gehalt des Schweinefettes an Oleïn und Linoleïn von der Fütterung nnd davon abhängt, ob das Schmalz durch Ausschmelzen bestimmter Fettpartien oder des ganzen Körperfettes gewonnen worden ist.

---

[1]) Mitt. aus d. opt. Werkstätte von C. Zeiß in Jena, Pharm. Centralhalle 1895. 36. Nr. 31.

[2]) Pharm. Centralhalle 1894. 35.

Bezeichnung	Butterrefraktometrische Prüfung			Chemische Prüfung			Gutachten auf Grund	
	Temperatur in Celsiusgraden	Höchste zulässige Refraktion bei der Versuchstemperatur	Gefundene Refraktion	Jodzahl	Becchis Probe	Welmans Probe	der refraktometrischen Prüfung	der chemischen Prüfung
A. Notorisch reine Schweinefette.								
Bauchfett	39·0	51·6	49·4	54·7	negativ	negativ	—	—
Schmer	30·0	56·7	54·8	52·8	,,	,,	—	—
Gekröse	30·0	56·7	53·9	48·95	,,	,,	—	—
Rückenspeck	30·0	56·7	55·0	56·9	,,	,,	—	—
Bauchspeck	31·0	54·7	51·1	58·2	,,	,,	—	—
B. Handels-Schweinefette.								
Amerikan. S. Radbruch . .	30·5	56·4	54·9	—	,,	,,	rein	rein
,, ,, ,, . .	31·0	56·1	55·1		,,	,,		
Schweineschmalz	38·0	52·1	51·0	—	,,	,,	,,	,,
,, ...	37·0	52·7	52·0	—	,,	,,	,,	,,
Ohne Bezeichnung . . .	39·5	51·3	50·0	—	,,	,,	,,	,,
,, ,, ...	39·0	51·6	50·2	—	,,	,,	,,	,,
,, ,, ...	39·0	51·6	50·6	—	,,	,,	,,	,,
,, ,, ...	36·0	53·3	52·4	—	,,	,,	,,	,,
,, ,, ...	39·5	51·3	50·0	—	,,	,,	,,	,,
,, ,, ...	40·0	51·0	49·6	—	,,	,,	,,	,,
,, ,, ...	40·0	51·0	50·0	—	,,	,,	,,	,,
,, ,, ...	39·5	51·3	51·2	—	,,	,,	,,	,,
,, ,, ...	40·0	51·0	49·8	—	,,	,,	,,	,,
Hamburger S. Imperial . .	38·0	52·1	54·7	75·3	starke Reduktion	starke Reduktion	verdächtig	verfälsch
Amerikan. S. Markish Special	36·5	53·0	52·5	64·6	negativ	negativ	rein	rein
Fairbank-Schmalz	31·0	56·1	60·3	84·5	starke Reduktion	starke Reduktion	verdächtig	verfälsch
Boston-Schmalz	31·0	56·1	55·5	65·2	negativ	negativ	rein	rein
Eßfett Ba.	35·0	53·8	56·2	77·7			verdächtig	verfälsch
,, Be.	36·0	53·3	54·9	72·2			,,	,,
,, Harrison	38·0	52·1	54·0	72·96	starke Reduktion	starke Reduktion	,,	,,
,, P.	38·0	52·1	53·8	73·1			,,	,,
Kunstfett	30·0	56·7	58·0	81·6			,,	,,
Prima Fett	30·5	56·4	60·1	86·3			,,	,,
Ottenser Fett (Pflanzenfett)	37·0	52·7	55·1	78·9			,,	,,
A, ohne Bezeichnung . . .	40·0	51·0	56·1	87·5			,,	,,
B, ,, ,, . . .	40·0	51·0	50·3	62·0	negativ	negativ	rein	rein
C, ,, ,, . . .	40·0	51·0	50·4	61·2	,,	,,	,,	,,
D, ,, ,, . . .	40·0	51·0	50·7	63·5	,,	,,	,,	,,
Ohne Bezeichnung . . .	40·0	51·0	49·9	—	,,	,,	,,	,,
,, ,, ...	38·0	52·1	52·2	—	,,	,,	,,	,,
Amerikan. Speisefett . . .	36·5	53·1	54·5	—	starke Reduktion	starke Reduktion	verdächtig	verfälscl
Amerik. S. ohne Bezeichnung	34·0	54·4	53·8	63·4	negativ	negativ	rein	rein
,, ,, ,, ,,	34·3	54·2	53·9	64·1	,,	,,	,,	,,
,, ,, ,, ,,	34·5	54·2	53·2	—	,,	,,	,,	,,
,, ,, ,, ,,	34·5	54·2	53·2	—	,,	,,	,,	,,
Hamburger Stadtschmalz .	40·0	51·0	51·0	67·2	Reduktion	Reduktion	zweifelhaft	verfälscl

K. Dieterich[1]) hat für selbstausgelassenes deutsches Schweinefett Jodzahlen von 48—55 (nach Hübl-Waller) gefunden, und Geißenberger gibt für deutsches Schweinefett, welches durch Ausschmelzen von in Berlin gekauften Mickern und Liesen im Großbetriebe gewonnen wurde, Jodzahlen von 47—53 (v. Hübl) an.

Die amerikanischen Schmalzsorten haben wesentlich höhere Jodzahlen:

Neutral Lard . . . . . . zeigt Jodzahlen von 57—62 (v. Hübl)
Neutral Lard Imitation . „ „ „ 65—70 „
Prime Steam Lard . : . „ „ „ 63—66 „
letzteres ausnahmsweise auch bis 68.

Bei Prime Steam Lard muß der Probenahme ganz besondere Aufmerksamkeit gewidmet werden, da sich oft Schmalzöl und Schmalzstearin ziemlich weitgehend geschieden haben.

Richardson[2]) berichtet sogar über ein reines amerikanisches Schweinefett, dessen Jodzahl 85 betrug.

Da nun die im Handel befindlichen Schmalzsorten teils einheimisches Schmalz allein, teils umgebratenes Prime Steam Lard allein und teils Mischungen des letzteren mit Lard stearine und mit inländischem Schmalz vorstellen, so kommen für die Grenzen, innerhalb deren die Jodzahl liegen kann, so weit auseinanderliegende Werte (47 und 85) in Betracht, daß es unmöglich ist, auf Grund der Jodzahl allein über die Reinheit eines Schmalzes ein Urteil abzugeben; um so mehr als sich durch Mischen von Rindertalg, Hammeltalg, Preßtalg einerseits und Schmalzöl oder einem Pflanzenöl andrerseits leicht Mischungen herstellen lassen, deren Jodzahl innerhalb der Grenzen für reines Schweinefett liegt.

In den Vereinbarungen zur einheitlichen Untersuchung und Beurteilung von Nahrungs- und Genußmitteln, sowie Gebrauchsgegenständen für das Deutsche Reich (1897, I. p. 104) ist als oberste Grenze für die Jodzahl des Schweinefettes die Jodzahl 64 festgesetzt. Diese oberste Grenze genügt, wenn es sich um die Untersuchung der im Handel befindlichen raffinierten (umgebratenen) Schmalzsorten handelt, da diese Gemische von Prime Steam Lard mit härteren Sorten Schmalz, oder mit Lard stearine, oder Gemische verschiedener Partien Prime Steam Lard vorstellen; aber auch bei diesen Schmalzsorten darf auf eine Jodzahl über 64 allein hin eine Verfälschung noch nicht als nachgewiesen betrachtet werden. Für Rohschmalz ist die oberste Grenze von 64 nicht ausreichend, da einzelne Sorten, z. B. Neutral Lard Imitation, fast stets höhere Jodzahlen als 64 haben.

Im allgemeinen kann gesagt werden, daß die Jodzahl dem Fabrikschemiker, der den Ursprung des Schmalzes kennt, wertvolle Anhaltspunkte für die Untersuchung des Schmalzes liefern kann, daß sie aber für den öffentlichen Chemiker, der meistens Proben ganz unbekannten Ursprungs zu untersuchen hat, sehr wenig Wert hat.

---

[1]) Helfenberger Annalen 1897. 12. 145 u. 331; durch Zeitschr. f. Unters. d. Nahrungs- u. Genußm. 1898. 1. 565.
[2]) Journ. Amer. Chem. Soc. 1904. 26. 372.

Innere Jodzahl. Einen etwas sichereren Aufschluß über die Reinheit eines Schmalzes gibt die Jodzahl des flüssigen Anteils der Fettsäuren (innere Jodzahl). (S. Seite 173 ff.)

Nach Muter und Koningh ist diese bei reinem Schweinefett 94, bei Talg 90, bei Cottonöl 136. Damit in Übereinstimmung gibt Asboth[1]) die Grenze für reines Schweinefett mit 94 an.

Nach Asboth läßt sich aus der Jodzahl der flüssigen Fettsäuren der Cottonölgehalt annähernd berechnen, wenn man annimmt, daß Cottonöl 70 $^0/_0$ flüssige Säuren und Schweinefett 54·3 $^0/_0$ enthält. Hat man nach Muter und Koningh die innere Jodzahl gleich i gefunden, so ist der Gehalt der flüssigen Fettsäuren an Cottonölfettsäure:

$$x : 100 = i - 94 : 136 - 94$$

und

$$x = \frac{100\,i - 9400}{42}.$$

Da das Fett weiters a Prozente und reines Cottonöl 70 $^0/_0$ flüssige Fettsäuren enthält, so ist der Cottonölgehalt C des Fettes:

$$C = \frac{a}{70}\,x = \frac{10\,a\,(i - 94)}{294}.$$

Nach dieser Formel läßt sich der Cottonölgehalt auch berechnen, wenn außer Schweinefett noch andere Fette animalischer Abkunft, wie Preßtalg, Talg usw., vorhanden sind.

Wallenstein und Finck[2]) haben die Methode von Muter und Koningh zur Abscheidung der flüssigen Fettsäuren etwas modifiziert, um eine Oxydation der flüssigen Fettsäuren zu vermeiden. Sie verfahren in folgender Weise:

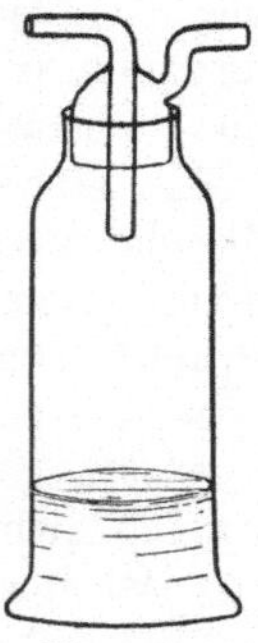

Zirka 3 g Fett werden mit 30 ccm etwa halbnormaler alkoholischer Kalilauge in einem 250 ccm fassenden Kölbchen durch $^1/_4$ stündiges Kochen verseift, nach Zusatz von Phenolphthaleïn mit Essigsäure (1 : 10) genau neutralisiert und die Seifenlösung in dünnem Strahle unter Umrühren in kochende Bleiacetatlösung (30 ccm 10 prozentige Lösung in 200 Teilen Wasser) eingegossen.

Das Becherglas samt Inhalt wird alsdann unter fortwährendem Rühren durch Einstellen in kaltes Wasser rasch abgekühlt. Man läßt hierauf einige Stunden stehen, bis die Flüssigkeit beinahe klar geworden ist, gießt sie ab und

Fig. 112.

wäscht den Niederschlag durch Dekantation ohne Benützung eines Filters mit siedendem Wasser bis zum Verschwinden der Bleireaktion aus. Die Bleiseife wird mit Filtrierpapier gut abgetrocknet, mit 110 ccm Äther in eine Drechselsche Gaswaschflasche, deren Grundrohr um zwei Dritteile verkürzt wurde (Figur 112), gebracht, und bleibt, nach-

---

[1]) Chem. Zeitg. 1890. 14. 93.
[2]) Chem. Zeitg. 1894. 18. 1190.

dem die Waschflasche mit Wasserstoffgas gefüllt worden ist, luftdicht verschlossen 12 Stunden stehen. Die Lösung bleibt bei dieser Arbeitsweise bei weißem Fett nahezu farblos, während sie sich beim Arbeiten an der Luft immer dunkelgelb färbt. Sie wird durch ein Faltenfilter abgegossen und das Filtrat mit 40 ccm Salzsäure (1:4) im Scheidetrichter durchgeschüttelt. Nach dem Waschen der Ätherschichte kommt dieselbe ins Becherglas, in welchem sich noch einige Tropfen Wasser abscheiden, und wird durch ein trockenes Faltenfilter in ein Kölbchen gegossen. Das Kölbchen wird in ein siedendes Wasserbad gesetzt, der Äther im Kohlensäurestrome abdestilliert und die Fettsäuren eine Stunde lang im Kohlensäurestrom getrocknet. Von den flüssigen Fettsäuren wird in gewöhnlicher Weise die Jodzahl bestimmt.

Wallenstein und Finck fanden nach diesem Verfahren für eine Anzahl von Fetten die folgenden, inneren Jodzahlen:

	Innere Jodzahl (Jodzahl der flüssigen Fettsäuren)	Äußere Jodzahl (Jodzahl des Fettes)
Berliner Rindertalg	92·2	38·3
Australischer Rindertalg	92·4	45·2
Ungarischer Hammeltalg	92·7	38·6
Amerikanisches Schweineschmalz (Western Steam Lard)	104·5	65·4
Berliner Schweinefett	96·6	52·7
Ungarisches Schweinefett	96·2	60·4
Wiener Schweinefett	95·2	60·9
Rumänisches Schweinefett	96·0	59·5
Amerikanisches, weißes Cottonöl	147·5	108·8
Nordamerikanisches, gelbes Cottonöl	147·3	107·8
Englisches, weißes Cottonöl	146·8	106·5
Ägyptisches, gelbes Cottonöl	148·2	108·0
Deutsches, weißes Cottonöl	147·1	107·7
Peruanisches, gelbes Cottonöl	147·8	106·8
Rüböl	120·7	101·1
Arachisöl	128·5	98·9
Nigeröl	147·5	133·5
Maisöl	140·7	122·0
Cocosfett	54·0	8·4

Wallenstein und Finck haben demnach höhere Werte gefunden als Muter und Koningh. Nach Wallenstein und Finck liegt die innere Jodzahl für mitteleuropäisches Schweinefett zwischen 93 und 96, und die für amerikanisches Schweinefett zwischen 103 und 105. Nach ihnen ist ein Zusatz von Pflanzenölen in Schweinefett ausgeschlossen, wenn die innere Jodzahl niedriger als 96 ist. Es ist hingegen ein solcher erwiesen, wenn dieselbe höher als 105 ist.

Innerhalb der Grenzen 96 und 105 wird sich jedoch nur dann ein sicherer Schluß ziehen lassen, wenn man die Provenienz des Schweinefettes in dem Gemische kennt.

Bömer[1]) hat das Verfahren von Wallenstein und Finck nachgeprüft und gefunden, daß das Trocknen der Fettsäuren im Kohlen-

---

[1]) Zeitschr. f. Unters d. Nahrungs- u. Genußm. 1898. 1. 538.

säurestrome besonders wichtig ist. Er hat für deutsches Schweinefett eine innere Jodzahl von 93·5—103·7, für amerikanisches Schweinefett eine solche von 95·2—104·9 gefunden, Geißenberger gibt für Prime Steam Lard eine innere Jodzahl von 100—106 an.

Die innere Jodzahl des Schweinefettes schwankt zwar in engeren Grenzen als seine äußere Jodzahl, aber die Schwankungen sind noch genügend groß, um eventuell Verfälschungen mit weniger als 20 $^0/_0$ Cottonöl nicht erkennen zu lassen.

Es müssen daher bei Schweinefett stets auch qualitative Prüfungen vorgenommen werden.

Spezielle Methoden zum Nachweis von Baumwollsamenöl in Schweinefett.

Unter den Pflanzenfetten ist das gebräuchlichste Verfälschungsmittel des Schweinefettes weißes Cottonöl. Dieses kann durch die Salpetersäureprobe oder durch die Proben von Welmans, Becchi und Halphen, ferner durch die Phytosterin- und Phytosterinacetatprobe nachgewiesen werden.

Über die Ausführung der Salpetersäureprobe siehe Cottonöl. Die Salpetersäureprobe eignet sich nur zum Nachweis größerer Mengen Cottonöl.

Über die Ausführung der Welmansschen Probe siehe S. 634.

Bei vielen Schweinefetten tritt eine schwache, „milchblaue" Färbung ein, welche durch brenzliche Stoffe verursacht wird. [1] Das einzige tierische Fett, welches bei der Welmansschen Probe eine ausgesprochene Farbenreaktion gibt, ist nach Tenille der Lebertran. [2] Utz [3] u. a. erhielten die Reaktion aber auch bei manchen notorisch reinen, anderen tierischen Fetten, weshalb sie nicht zu empfehlen ist. Bei sehr geringen Zusätzen von Cottonöl tritt die Reaktion nicht ein. [4] Im allgemeinen werden erst Zusätze über 15 $^0/_0$ mit Sicherheit zu erkennen sein.

Über die Ausführung der Becchischen Reaktion siehe Cottonöl.

Nach Wallenstein und Finck [5] geben Fette, welche mit Zwiebeln, Gewürz usw. gebraten werden, bei dieser und auch bei der Welmansschen Probe und der Salpetersäureprobe Färbungen, welche leicht Veranlassung zu Trugschlüssen geben können.

Nach Goske [6] können Proben von Schweineschmalz, welche behufs Raffinierung mit Luft durchgearbeitet wurden, oder solche, welche mit Soda oder Boraxlösung behandelt wurden, eine ganz schwache Bräunung geben, welche jedoch mit der Cottonölreaktion nicht verwechselt werden kann. Auch diese schwache Reaktion soll nicht eintreten, wenn das Fett vor der Prüfung mit warmem Wasser gewaschen wird.

Nach Bevan [7] soll auch Schweinefett, welches längere Zeit der Luft ausgesetzt war, eine starke Silbernitratreaktion geben.

[1] Möllinger, Chem. Zeitg. 1892. 16. 725.
[2] Journ. Amer. Chem. Soc. 1895. 17. 33.
[3] Chem. Rev. üb. d. Fett- u. Harz-Ind. 1902. 9. 231.
[4] C. Fresenius, Chem. Zeitg. 1896. 20. 130.
[5] Chem. Zeitg. 1894. 18. 1189.
[6] Chem. Zeitg. 1896. 20. 21.
[7] The Analyst 1894. 19. 88.

Ranziges Schmalz reduziert Silbernitratlösung, auch wenn es rein ist, da die ranzigen Fette nach den neueren Untersuchungen aldehydartige Substanzen enthalten. Ranziges Schmalz darf daher nicht direkt mit dem Becchischen Reagens geprüft werden.

E. Dieterich[1]) hat gefunden, daß Baumwollsamenöl, welches einige Minuten lang so stark erhitzt worden ist, daß es raucht, durch die Silbernitratprobe nicht mehr angezeigt wird. Diese Beobachtung ist von Mecke und Wimmer[2]) bestätigt und auch im kaiserlichen Gesundheitsamte in Berlin[3]) für richtig befunden worden. Es ist aber sehr fraglich, ob ein hoch erhitztes Öl noch dem Schmalz zugesetzt werden kann, ohne dessen Geschmack zu schädigen.

Nach Raikow und Tscherweniwanow[4]) gibt Cottonöl auch nach der Behandlung mit überhitztem Wasserdampf die Becchische Reaktion nicht mehr.

Nach Tortelli und Ruggeri[5]) können aber auch Zusätze von erhitztem Baumwollsamenöl erkannt werden, wenn die flüssigen Fettsäuren des Schmalzes mit Silbernitrat geprüft werden. Sie stellen sich zu diesem Behufe größere Mengen der flüssigen Fettsäuren her und prüfen sie in der auf Seite 732 beschriebenen Weise.

Über die Ausführung der Halphenschen Reaktion siehe Cottonöl.

Die Halphensche Probe ist sehr empfindlich, bei einem Zusatz von $^1/_2\,^0/_0$ Baumwollsamenöl tritt schon eine deutliche Rosafärbung auf.

Nach Langfurth[6]) kann die Menge des Öles durch kolorimetrischen Vergleich festgestellt werden, wenn man reines Schweineschmalz mit Cottonöl in steigender Menge, und zwar von $0.25—30^0/_0$, vermischt und diese Mischungen mit der zu untersuchenden Probe gleichzeitig und unter denselben Bedingungen ansetzt. Hierbei ist jedoch zu bedenken, daß verschiedene Cottonöle die Reaktion in verschiedener Stärke geben. Soltsien[7]) konstatierte, daß gelbes Cottonöl viel stärker reagiert als weißes.

Auch die Halphensche Reaktion tritt bei überhitztem Baumwollsamenöl nicht mehr ein.[8])

Die Halphensche Reaktion wird heute von den meisten Chemikern mit Recht allen anderen Farbenreaktionen vorgezogen; jedoch auch sie allein kann niemals dazu dienen, eine Schmalzprobe zu beanstanden, weil sie, ebenso wie die Becchische Reaktion und die Salpetersäureprobe, auch

---

[1]) Helfenberger Annalen 1890. 79.
[2]) Zeitschr. f. angew. Chem. 1894. 7. 518.
[3]) Windisch, Arbeiten a. d. kais. Gesundheitsamte 1896. 12. 618.
[4]) Chem. Zeitg. 1899. 23. 1025; durch Zeitschr. f. Unters. d. Nahrungs- u. Genußm. 1900. 3. 438.
[5]) Ann. del Laborat. chim. delle Gabelle Roma 1900. 4. 249; durch Zeitschr. f. Unters. d. Nahrungs- u. Genußm. 1901. 4. 461.
[6]) Zeitschr. f. angew. Chem. 1901. 14. 685.
[7]) Seifens.-Zeitg. 1905. 32. 702.
[8]) Holde u. Pelgry, Chem. Rev. üb. d. Fett- u. Harz-Ind. 1899. 6. 90. — Raikow u Tscherweniwanow, Chem. Zeitg. 1899. 23. 1025. — Stryzowski, Pharm. Post 1899. 23. 736; durch Zeitschr. f. Unters. d. Nahrungs- u. Genußm. 1900. 3. 439.

bei einem Schmalze positiv ausfallen kann, welches von Schweinen herrührt, die mit Baumwollsamenkuchen gefüttert worden sind. Langfurth[1]) und Soltsien[2]) haben aus Amerika Teile des Netzes und des Speckes von Schweinen, welche mit Baumwollsamenkuchen gefüttert und in Gegenwart eines deutschen Konsularbeamten geschlachtet worden waren, in versiegelten Dosen erhalten, das Fett ausgeschmolzen und untersucht. Beide haben gefunden, daß das so gewonnene Schmalz sich mit Salpetersäure braun färbte, das Becchische Reagens reduzierte, mit Halphens Reagens eine starke Rotfärbung gab, mit Welmans Reagens dagegen nicht reagierte und kein Phytosterin enthielt.

Umfassende Fütterungsversuche von Fulmer[3]) haben ergeben, daß je nach der Menge des der täglichen Nahrung zugesetzten Baumwollsaatmehles die Färbung der Halphenschen Reaktion in einer Stärke auftritt, welche einem Gehalte von $0 \cdot 4{-}15^0/_0$ Cottonöl im Schweinefett entsprechen würde. Die Färbung tritt im Fette aller Körperteile, am stärksten im Nierenfett, am schwächsten im Eingeweidefett auf. Selbst nachdem die Ölkuchenfütterung 5 Monate aufgegeben war, zeigte das Schmalz noch deutlich die Reaktion. Bei dieser Fütterung geht aber nur der die Halphensche Reaktion bedingende Bestandteil des Cottonöles in das Schweinefett über, denn an dessen Zusammensetzung hatte sich nichts geändert.

Da das Welmanssche Reagens gleichfalls keine einwandfreien Resultate gibt, bleibt nur der Nachweis des Vorhandenseins von Phytosterin über, um unzweifelhaft entscheiden zu können, ob ein Schmalz mit Baumwollsamenöl versetzt ist oder nicht. Die Becchische und die Halphensche Probe haben aber als leicht und rasch ausführbare Vorprobe immer noch einen großen Wert.

Farnsteiner, Sendrich und Buttenberg[4]) haben unzweifelhaft nachgewiesen, daß bei der Verfütterung von Baumwollsamenkuchen und anderen Pflanzensamenpreßkuchen, selbst wenn sie reich an Öl sind, das Phytosterin nicht in das Fett der Schweine übergeht, so daß bei Durchführung des Bömerschen Phytosterinacetatverfahrens mit Sicherheit auf die Anwesenheit eines pflanzlichen Öles geschlossen werden kann, wenn das isolierte Acetat einen Schmelzpunkt von 117^0 C. oder darüber zeigt. Zu demselben Schlusse kam auch Virchow[5]) durch Fütterungsversuche.

Über die Ausführung der Phytosterin- und Phytosterinacetatprobe siehe S. 630 ff.

Mit Hilfe dieser beiden Proben lassen sich noch sehr geringe Mengen

---

[1]) Zeitschr. f. angew. Chem. 1901. 14. 685.
[2]) Zeitschr. f. öffentl. Chem. 1901. 7. 104; durch Zeitschr. f. Unters. d. Nahrungs- u. Genußm. 1901. 4. 979.
[3]) Journ. Amer. Chem. Soc. 1904. 26. 837. — Chem. Rev. üb. d. Fett- u. Harz-Ind. 1904. 11. 206.
[4]) Zeitschr. f. Unters. d. Nahrungs- u. Genußm. 1906. 11. 1. — Chem. Rev. üb. d. Fett- u. Harz-Ind. 1906. 13. 34.
[5]) Zeitschr. f. Unters. d. Nahrungs- u. Genußm. 1899. 2. 599.

Baumwollsamenöl, bezw. Pflanzenfett überhaupt, nachweisen. Bömer[1] empfiehlt, die beiden Proben nebeneinander auszuführen, um dadurch unter Umständen einen Anhaltspunkt über die Menge des vorhandenen Pflanzenfettes zu erhalten. Die Phytosterinacetatprobe ist etwa zwei bis dreimal so empfindlich wie die Phytosterinprobe. Bömer konnte mit Hilfe der Phytosterinacetatprobe noch $1\,^0/_0$ Pflanzenfett in Schweinefett nachweisen.

Auch überhitztes Cottonöl, welches die Halphensche Reaktion nicht mehr gibt, kann durch diese Methode aufgefunden werden.[2]

Die Erkennung von Baumwollsamenöl durch die Phytosterinacetatprobe wird in neuerer Zeit wiederholt durch einen Zusatz von Paraffin verhindert, so daß Schweinefett, welches durch den positiven Ausfall der Halphenschen Reaktion auf die Gegenwart von Baumwollsamenöl hinwies, dennoch ein „Cholesterin"acetat mit sehr niedrigem Schmelzpunkt gab. So haben Olig und Tillmans[3] in 16 Schmalzproben, welche eine schwache Halphensche, deutliche Welmanssche Reaktion gaben, die Refraktion 2·3—2·6 und normale Jodzahl hatten (die Fette waren gleichzeitig mit Cottonöl und Talg verfälscht), die Gegenwart von Paraffin in einer Menge bis $2\,^0/_0$ nachgewiesen, welches sich bei der Durchführung der Phytosterinacetatprobe mit dem „Unverseifbaren" abschied und den Schmelzpunkt des Phytosterinacetats natürlich erniedrigte.

In solchen Fällen wird ein erhöhter Gehalt an unverseifbaren Bestandteilen, der nach Allen und Thomson sonst ca. $^1/_4\,^0/_0$ beträgt, auf eine derartige Verfälschung hinweisen.

Um auch in diesen Fällen die Phytosterinacetatprobe mit Erfolg durchführen und gleichzeitig den Zusatz von Paraffin quantitativ feststellen zu können, trennt Polenske[4] die Alkohole von den Kohlenwasserstoffen durch Petroläther, in welchem die ersteren schwerer löslich sind.

Die Ausführung der Methode ist folgende:

Der aus 100 g Schweineschmalz erhaltene, in Äther gelöste unverseifbare Bestandteil wird in ein zylindrisches Gefäß von etwa 6 cm Höhe und 8 ccm Rauminhalt gebracht und der Äther verdunstet; der bei 100^0 C. getrocknete Rückstand bedeckt nur den Boden des Gläschens und wird mit 1 ccm Petroläther übergossen. Nach 10 Minuten langem Stehen wird der Rückstand mit einem Glasstabe zerkleinert und nach weiterem 20 Minuten langem Stehen die Flüssigkeit in ein zweites zylindrisches Gefäß durch entfettete Watte abfiltriert. Glasstab, Gläschen und Trichter werden fünfmal mit je 0·5 ccm Petroläther nachgewaschen und die Petrolätherauszüge vereinigt. Der am Glasstabe, im Gläschen

---

[1] Zeitschr. f. Unters. d. Nahrungs- u. Genußm. 1901. 4. 1095.

[2] L. M. Tolman, Journ. Amer. Chem. Soc. 1905. 27. 589. — Chem. Rev. üb. d. Fett- u. Harz-Ind. 1905. 12. 138.

[3] Zeitschr. f. Unters. d. Nahrungs- u. Genußm. 1905. 9. 595.

[4] Arbeiten a. d. kais. Gesundheitsamte 1905. 22. 576. — Chem. Zeitg. Rep. 1905. 29. 344. — Chem. Rev. üb. d Fett- u. Harz-Ind. 1905. 12. 303.

und im Trichter befindliche Rückstand, der eine reinweiße Farbe besitzt, wird in Äther gelöst, die Lösung in einem Glasschälchen verdunstet, der Rückstand bei 100° C. getrocknet und mit Essigsäureanhydrid in bekannter Weise acetyliert. Unter Verwendung von je 1 ccm absolutem Alkohol für jede Kristallisation werden alsdann 3—4 Kristallisationen hergestellt und von der zweiten Kristallisation ab die Schmelzpunkte bestimmt.

Die Petrolätherauszüge werden verdunstet, der Rückstand bei 100° C. getrocknet und mit 5 ccm konzentrierter Schwefelsäure übergossen. Hierauf wird das mit einem Glasstopfen und einer Gummikappe verschlossene Gläschen eine Stunde lang in ein Glycerinwasserbad von 104°—105° C. gestellt. Nach dem Erkalten wird der Inhalt des Gläschens dreimal mit je 10 ccm Petroläther ausgeschüttelt. Die vereinigten Petrolätherauszüge werden dreimal mit je 10 ccm Wasser gewaschen; dem zweiten Waschwasser werden einige Tropfen Chlorbariumlösung zugesetzt. Der Rückstand des Petrolätherauszuges — festes oder flüssiges Paraffin — wird nach dem Trocknen gewogen.

Maisöl wird durch den Schmelzpunkt des Sitosterolacetates (127° bis 128° C.) erkannt werden.[1] Dagegen wird sich kaum entscheiden lassen, ob Maisöl oder überhitztes Baumwollsamenöl dem Schweinefett zugesetzt worden ist, da letzteres die Halphensche Reaktion nicht mehr gibt.[2]

Spezielle Methoden zum Nachweis von Cocosfett in Schweinefett.

Schweineschmalz ist in Alkohol wenig, Cocosfett bedeutend leichter löslich. Liegt reines Schweinefett vor, so wird der geringe, beim Ausschütteln mit Alkohol in Lösung gehende Teil eine bedeutend höhere Jodzahl, eine auffallende positive Refraktion und eine annähernd gleichbleibende Verseifungszahl zeigen.[3] Ist jedoch Cocosfett zugegen, so wird der in Lösung gehende Anteil hauptsächlich aus diesem bestehen und daher eine höhere Verseifungszahl, niedrigere Jodzahl und negative Refraktion besitzen.

Mecke[4] hat auf diese Weise in einem Bratenschmalz Cocosfett nachgewiesen. Dasselbe hatte die Refraktometerzahl — 2·6, die Jodzahl 54·6. Es wurde im geschmolzenen Zustande mit Alkohol ausgeschüttelt. Die alkoholische Lösung gab einen Rückstand mit der

Refraktometerzahl — 6·7,
Jodzahl 39·5,
Verseifungszahl 235.

Ein von Hoton[5] angegebenes Verfahren zur Erkennung von Cocosfett in Schweinefett beruht auf dem refraktometrischen Verhalten der in Essigsäure löslichen Anteile.

[1] Journ. Amer. Chem. Soc. 1907. 29. 921.
[2] Chem. Zeitg. Rep. 1907. 31. 411. (Anmerkung des Referenten der Chem. Zeitg.)
[3] F. Morrschöck, Zeitschr. f. Unters. d. Nahrungs- u. Genußm. 1904. 7. 586. — Chem. Rev. üb. d. Fett- u. Harz-Ind. 1904. 11. 151.
[4] Zeitschr. f. öffentl. Chem. 1904. 10. 8.
[5] Rev. intern. falsific. 1905. 18. 85.

Man erhitzt 5 g Fett mit 10 ccm Essigsäure (spez. Gew. 1·055) unter Schütteln auf 60⁰ C., läßt dann auf 40⁰ C. abkühlen, gibt die untere Flüssigkeit in eine flache Schale und wiederholt mit der oberen das Verfahren. Die jetzt resultierende untere Schichte bringt man in eine zweite Schale, die obere in eine dritte. Die drei Schalen erhitzt man bei 70⁰—80⁰ C. bis zum Verschwinden des Essigsäuregeruches, was 30—40 Minuten beansprucht. Von den drei Teilen bestimmt man im Zeißschen Butterrefraktometer die Refraktion. Die drei Fraktionen zeigen fallende Refraktion bei reinem Schweinefett z. B. 50·5, 49·7, 49·3, steigende bei reinem Cocosfett, z. B. 34·2, 35, 35·6.

Bei einem Gemisch von $85\,^0/_0$ Schweinefett, und $15\,^0/_0$ Cocosfett ist die Refraktion der ersten Ausschüttelung niedriger als die des Rückstandes, zeigt also das umgekehrte Verhalten wie reines Schweinefett, z. B. 46·0, 46·6, 48·3.

Spezielle Methoden zum Nachweis anderer tierischer Fette im Schweinefett.

Von tierischen Fetten kommen als Verfälschungsmittel Preßtalg, gewöhnlicher Rinder- und Hammeltalg und Oleomargarin in Betracht. Diese können nach Husson[1]) und Belfield[2]) durch die Untersuchung der aus Äther erhaltenen Kristalle im Schweinefett nachgewiesen werden.

Die Kristalle werden wie folgt hergestellt:[3])

Je nach dem Erstarrungspunkte der Schmalzprobe werden 1—2 g des Fettes in ein Reagensglas gebracht, 10 ccm Äther zugefügt und, nachdem alles gelöst ist, das Reagensglas mit einem Baumwollpfropf verstopft. Hierauf läßt man durch 6 Stunden an einem kühlen Orte kristallisieren. Sobald der Boden des Gefäßes mit Kristallen bedeckt ist, wird die überstehende Flüssigkeit, welche noch ganz klar sein muß, abgegossen und an deren Stelle einige Kubikzentimeter klares Öl (Arachis- oder Cottonöl, Soltsien[4]) verwendet Paraffinöl) zugegeben. Hierauf werden einige gut ausgebildete Kristalle mit etwas Öl auf einen Objektträger gebracht, ein Deckgläschen vorsichtig darauf gedrückt und das Präparat bei 300 facher Vergrößerung beobachtet.

Rinderstearin und Hammelstearin kristallisieren in ziemlich festen Krusten, Schweinestearin in zarten, losen Aggregaten.

Rinderstearinkristalle zeigen bei der mikroskopischen Beobachtung große pferdeschweifartige Büschel, welche sich, von einem Punkte ausgehend, erweitern und teils gerade, teils gebogen sind. Die Büschel bestehen aus vielen einzelnen Nadeln, welche mitunter in nicht ganz scharfe Spitzen auslaufen. Schweinestearin aus amerikanischem Schmalz kristallisiert gleichfalls häufig in büschelförmigen Anordnungen. Die Kristalle stellen jedoch wohl ausgebildete rhomboidische Platten dar,

---

[1]) Journ. Pharm. Chim. [4.] 27. 100. — Siehe auch Wiley, Lard and Lard Adulteration 1889.

[2]) Rep. f. analyt. Chem. 1883.

[3]) Goske, Chem. Zeitg. 1892. 16. 1560.

[4]) Chem. Rev. üb. d. Fett- u. Harz-Ind. 1906. 13. 240.

welche ebenfalls von einem Knotenpunkte ausgehen und am Ende schräg abgeschnitten sind (unter einem Winkel von 115° C.). Die Platten treten außerdem auch vielfach in einzelnen größeren und kleineren Exemplaren auf.

Metzgerschmalz kristallisiert nach Goske[1] in Nadeln, die jedoch bedeutend länger sind als die des Talgstearins.

(Photographien der Kristalle in der Arbeit von Kreis u. Hafner, Zeitschr. f. Unters. d. Nahrungs- u. Genußm. 1904. 7. 641.)

Geißenberger hat zahlreiche Proben von deutschem Dampfschmalz geprüft und daraus stets ähnliche Tafeln wie aus amerikanischem Schmalze erhalten (angewandte Vergrößerung: 560).

Nach Hehner[2] soll Netzfett vom Schweine haarförmige Kristalle liefern, welche denen von Rindertalg ähneln; Wallenstein und Finck konnten jedoch auch bei diesem Fette, welches übrigens für sich allein nicht verschmolzen wird, durch starkes Zerreiben des Präparates die schief abgeschnittenen Enden der Kristalle nachweisen.

Enthält ein Schmalz Talg, so rühren die zuerst auskristallisierenden Partien hauptsächlich vom Rinderstearin her, etwas später kristallisiert Hammelstearin, und die Kristalle weisen die für dieses charakteristische Form auf. Je nach der Größe des Talgzusatzes zeigt das mikroskopische Bild bloß Talgstearinkristalle oder Talgstearinbüschel neben Schmalzstearintafeln. Man kann mit der Kristallisationsmethode 5—10 $^0/_0$ Preßtalg, 10—15 $^0/_0$ Talg und 20—25 $^0/_0$ Oleomargarin im Schweinefett nachweisen; geringere Zusätze können nicht nachgewiesen werden.

Nach anderen Vorschriften wird die Kristallisation des zu untersuchenden Schweinefettes aus anderen Lösungsmitteln empfohlen. So wird nach Gladding[3] das geschmolzene Fett in einer Mischung aus zwei Teilen absolutem Alkohol und einem Teil Äther unter gelindem Erwärmen gelöst und dann der Kristallisation überlassen. Das auskristallisierte Stearin wird aus Äther nochmals umkristallisiert.

Nach Mansfeld[4] läßt man die zu untersuchende Probe aus Benzol kristallisieren. Hierbei soll Schweineschmalz einzelne oder zu Büscheln vereinigte Kristalle, Rindertalg hingegen blumenkohlartige Kristallmassen liefern.

Ballo[5] empfiehlt den Vorschlag von Glöckner, einen Talgzusatz durch Bestimmung der beim Erstarren eingeschlossenen Luftmenge zu ermitteln. Schweinefett bekommt nämlich beim langsamen Erstarren niemals Risse, Talg dagegen wird, ob langsam oder rasch abgekühlt, stets rissig. Die eingeschlossene Luftmenge soll durch Schmelzen des Fettes ausgetrieben und aufgefangen werden. Ihre Menge soll als Maß der Verfälschung dienen können. Auf diese Weise sollen noch wenige Prozente Talg nachgewiesen werden können (?).

---

[1] Chem. Zeitg. 1895. 19. 1035.
[2] Chem. Zeitg. 1894. 18. 1189.
[3] Chem. Zeitg. 1896. 20. 83.
[4] Zeitschr. f. Nahrungsmitteluntersuchung usw. 1895. 9. 200.
[5] Zeitschr. f. Nahrungsmitteluntersuchung usw. 1897. 11. 193.

Kreis und Hafner[1]) haben nachgewiesen, daß die beiden Fettarten aus Äther tatsächlich Kristallisationen liefern, die auch chemisch voneinander verschieden sind, und zwar gibt Rinder- und Hammeltalg Palmitodistearin, Schweinefett Heptadecyldistearin.

Dennoch kann diese Methode noch nicht als einwandfrei, insbesondere zur Erkennung kleiner Beimengungen von Rinderstearin erklärt werden, da, wie aus dem vorhergehenden ersichtlich, auch Schmalz, insbesondere deutsches Schmalz, Nadeln liefert, die zu Verwechslungen Anlaß geben können, und andrerseits Soltsien[2]) aus Talg neben den charakteristischen Nadeln auch rhombische Täfelchen erhielt. Diese letztere Beobachtung kann allerdings wohl den Nachweis von Schmalz in Talg, aber nicht den von Talg in Schmalz stören.

Gleichfalls zu den Verfälschungen muß man die Beimengung verdorbener Fette (Schmalz oder Talg) rechnen, wie sie Olig und Tillmans[3]) beobachtet haben. Derartige Fettmischungen können nach der Meinung dieser Autoren durch Behandlung mit Soda vom schlechten Geruch und Geschmack befreit und dadurch verkaufsfähig gemacht werden. Wenn man das Fett mit Wasser auskocht, so erhält man in solchen Fällen trübe, wässerige Lösungen, welche auch durch Filtration nicht klar zu erhalten sind, was in einem Gehalt an Seife seine Ursache hat.

Schmalzöl und Solarstearin.

Durch Auspressen des Schweinefettes bei niedriger Temperatur kann man es in Schmalzöl (Specköl, Huile de graisse, Lard oil) und in einen festen Anteil, das sogenannte Solarstearin (Lardstearine), trennen; letzteres wird in den Schmalzraffinerien den weichen Schmalzsorten zugesetzt, außerdem findet es in der Kunstspeisefettfabrikation und in der Kerzenfabrikation Verwendung.

Die Jodzahl des Lardstearins liegt zwischen 44 und 49.

Das Schmalzöl dient als Speiseöl, Brennöl und Maschinenschmieröl. Sein Gehalt an freien Fettsäuren hängt von demjenigen des Westernschmalzes ab, aus dem es gepreßt worden ist.

Eine Probe Schmalzöl zeigte nach Allen die Dichte 0·915, nach Schweitzer und Lungwitz[4]) soll seine Dichte bei 15·5° C. zwischen 0·9130 und 0·9190 liegen, nach Duyk[5]) ist seine Dichte bei 14° C. 0·916.

Es beginnt bei 10° C. fest zu werden. Seine Refraktometerzahl bei 40° C. ist 52 (Duyk).

Seine Jodzahl liegt zwischen 70 und 76; sie hängt von der Temperatur ab, bei welcher das Öl gepreßt worden ist.

Seine Verseifungszahl liegt zwischen 191 und 196 (Moore).

---

[1]) Zeitschr. f. Unters. d. Nahrungs- u. Genußm. 1904. 7. 641.
[2]) Chem. Rev. üb. d. Fett- u. Harz-Ind. 1906. 13. 240.
[3]) Zeitschr. f. Unters. d. Nahrungs- u. Genußm. 1905. 9. 595.
[4]) Zeitschr. f. angew. Chem. 1895. 8. 300.
[5]) Bull. assoc. Belge chim. 1901. 15. 18.

Es verhält sich gegen Salpetersäure und bei der Elaïdinprobe ähnlich wie Olivenöl, beim Vermischen mit Schwefelsäure (50 g Öl und 10 ccm Schwefelsäure, 1·88) tritt nach **Duyk** eine Temperaturerhöhung von 47° C. ein.

10. Wildschweinfett.[1)]
Graisse de sanglier. — Wild boar fat.

Spez. Gew. bei 15° C.	Erstarrungs- punkt	Schmelzpunkt	Verseifungszahl	Jodzahl	Reichertsche Zahl
0·9424	22°—23° C.	40°—44° C.	195·1	76·6	0·68

Fettsäuren.

Spez. Gew. bei 15° C.	Erstarrungs- punkt	Schmelzpunkt	Verseifungszahl	Jodzahl	Acetylzahl
0·9333	32·5°—33·5° C.	39°—40° C.	203·6	81·2	29·3

Dieses Fett (von Sus Scrofa, *L.*) ist viel weicher als das Fett des zahmen Schweines. Die Farbe ist hell graugelb.

Eine frische Probe enthielt 1·31 %, eine $1^1/_2$ Jahre alte Probe 2·26 % freie Fettsäuren (als Ölsäure berechnet).

Das Wildschweinfett hat die Eigenschaft, selbst in gut verschlossenem Glase eine zähe Haut, die abgehoben werden kann, zu bilden. Auf eine Glasplatte ausgestrichen wurde es nach etwa 8 Tagen ziemlich, nach weiteren 6 Tagen vollständig fest. Das Wildschweinfett ist sonach ein trocknendes Fett und unterscheidet sich schon hierdurch wesentlich von dem Fett des Hausschweines. Die Jodzahl der von dem im Glase befindlichen Fett abgehobenen Haut war 40·2, die des auf einer Glasplatte eingetrockneten Fettes (nach 50 Tagen abgehoben) 26.

11. Rindermarkfett.
Medulla. — Graisse de moëlle de boeuf. — Beef marrow fat. —
Grasso di medollo di bove.

Spez. Gew. bei 15° C.	Erstarrungs- punkt	Schmelz- punkt	Verseifungs- zahl	Jodzahl	Reichert- sche Zahl	Beobachter
0·9311—0·938	29°—31° C.	37°—45° C.	195·8—198·1	39·2—50·9	1·1	Zink

Fettsäuren.

Spez. Gew. bei 15° C.	Erstarrungspunkt	Schmelzpunkt	Verseifungs- zahl	Jodzahl	Beobachter
0·930—0·9399	37·9°—38° C.	44°—46° C.	204·5	—	Zink
—	—	45·1° C.	201	44·3	Valenta[2)]

[1)] Amthor u. Zink, Zeitschr. f. analyt. Chem. 1897. 36. 5.
[2)] Zeitschr. f. d. chem. Ind. 1887. 2. 265.

Es stammt aus den Röhrenknochen des Rindes. Nach Thümmel[1]) enthält es keine Medullinsäure, welche Säure Eylerts in dem Fette annahm. Die Fettsäuren bestehen aus ca. 40 °/$_0$ Ölsäure, 35 °/$_0$ Stearinsäure und 25 °/$_0$ Palmitinsäure.

Der auf Ölsäure berechnete Gehalt an freien Fettsäuren wurde von Zink in einer frischen Probe zu 0·8 °/$_0$, in einer älteren zu 0·95 °/$_0$ gefunden.

Das Rindermarkfett findet zur Herstellung von Pomaden Verwendung.

12. Knochenfett.

Graisse d'os, suif d'os. — Bone fat. — Grasso d'ossa.

Das durch Auskochen von frischen Knochen bereitete Fett ist weiß bis gelblich, von schwachem Geruch und Geschmack und weicher Konsistenz. Es wird schwer ranzig und bildet deshalb ein sehr geschätztes Schmiermaterial.

Für solches Fett wurden die folgenden Konstanten gefunden:

Spez. Gew. bei 15·5° C.: 0·914—0·916 (Allen).

Schmelzpunkt: 21°—22° C. (Schädler).

Erstarrungspunkt: 15°—17° C. (Schädler).

Verseifungszahl: 190·9 (Valenta).

Jodzahl: 46·3—49·6 (Wilson), 48—55·8 (Valenta).

Die größten Mengen des in den Handel kommenden Knochenfettes werden aus alten, teilweise in Fäulnis übergegangenen Knochen entweder durch Auskochen (Naturknochenfett, Sudfett) oder durch Extraktion (Extraktions- oder Benzinknochenfett) gewonnen. Die kleineren Knochensiedereien verarbeiten überdies noch Knochenabfälle und setzen dieselben dem Knochenfett zu.

Das Extraktionsfett ist dunkelbraun, riecht unangenehm und enthält große Mengen freier Fettsäuren, ferner Kalkseifen, Cholesterin, milch- und buttersauren Kalk, aus dem Benzin stammende Kohlenwasserstoffe und färbende Verunreinigungen. Reines Sudfett ist schwach bräunlich und enthält neben freien Fettsäuren und Neutralfett nur geringe Mengen der genannten Stoffe. Beide Arten von Knochenfett werden manchmal einer nachträglichen Raffinierung durch Kochen mit verdünnter Schwefelsäure unterzogen (raffiniertes Knochenfett).

Extraktionsfett ist schwer zu bleichen und zu desodorisieren, Sudfett leichter.

Valenta[2]) hat eine Anzahl von Knochenfetten untersucht und die auf Seite 1026 (erste Tabelle) angegebenen Zahlen gefunden.

Troicky[3]) gibt die in der nachstehenden zweiten Tabelle angeführten Zahlen. Er gibt im Gegensatze zu Valenta dem mit leichtem Benzin extrahierten Knochenfett den Vorzug. Dasselbe enthält weniger Wasser und Asche und mehr feste Fettsäuren als das ausgekochte. Mit schwerem

---

[1]) Arch. d. Pharm. 1890. 228. 280. — Chem. Zeitg. Rep. 1890. 14. 191.
[2]) Zeitschr. f. d. chem. Ind. 1887. 2. 265.
[3]) Chem. Zeitg. Rep. 1890. 14. 239.

Art der Gewinnung	Nr.	Wasser in Proz.	Fettsäuren in Proz.	Freie Fettsäuren in Proz.	Schmelzpunkt der Fettsäuren ° C.	Verseifungszahl der Fettsäuren	Jodzahl der Fettsäuren	Anmerkungen
Extraktionsfette	1	6·31	89·8	25·8	41·5	206	52·1	Asche 1·35 %, Fett sehr unrein, fast schwarz, übelriechend.
	2	2·20	93·7	—	42·3	204·5	50·9	Asche 1·85 %, Fett braun.
	3	2·55	91·5	18·7	41·7	205	51·3	Asche 2·01 %.
	4	—	—	—	42·0	205	48	Fettsäuren, aus 1 destilliert.
	5	17·0	93·5	26·5	41·5	200	51·3	Asche 1·3 %, ziemlich dunkel.
	6	1·33	—	24·6	41·5	206·1	55·8	Asche 0·11 %.
	7	—	92·9	18·4	41·8	205·8	52·8	Sehr dunkel.
	8	—	92·3	20·1	42·0	205	—	
Sudfette	9	2·05	90·4	14·8	41·5	207	54·5	
	10	3·08	90·7	21·9	41·7	206	52·8	

Benzin extrahiertes Knochenfett hat allerdings eine dunklere Farbe und unangenehmen Geruch.

Gattungen	Wasser in Proz.	Asche in Proz.	Fettsäuren in Proz.	Verseifungszahl	Jodzahl	Erstarrungspunkt der Fettsäuren ° C.	Ölsäure in Proz.	Stearin in Proz.
1. Naturware von besserem Aussehen	1·20	0·31	93·20	187·0	57·2	39·0	59·19	34·02
2. Kessel- oder Naturware	0·47	0·94	94·40	194·3	56·0	40·2	58·69	35·71
3. Mit Benzin extrahiert	0·58	0·56	94·12	193·8	52·0	40·9	54·34	39·78
4. Naturware aus Steppenknochen . .	0·84	2·40	86·10	172·0	50·3	42·65	48·08	38·02
5. Mit Benzin extrahiert aus Steppenknochen	0·78	1·25	91·30	188·7	51·5	40·75	52·20	39·10
6. Mit Benzin extrahiert	0·85	1·76	91·00	181·0	54·8	40·0	55·36	35·64
7. Mit Benzin extrahiert	1·82	1·52	92·40	185·6	55·8	40·1	57·24	35·16
8. Mit Benzin extrahiert	0·91	1·06	92·85	187·0	55·2	40·9	56·90	35·95
9. Naturware aus Pferdeknochen . .	1·52	1·82	91·50	184·0	62·7	36·1	63·69	27·81

Shukoff[1]) fand für russische Knochenfette die folgende Zusammensetzung:

Bezeichnung	Wasser und Verunreinigungen in Proz.	Titer der Fettsäuren ° C.	Gehalt an freien Fettsäuren in Proz.
Reines Benzinknochenfett aus St. Petersburg	0·65—1·0	40—42	30—40
Benzinknochenfett aus Südrußland (gewöhnlich ziemlich unrein, viel Kalkseifen und auch Wasser enthaltend)	3—4, in seltenen Fällen auch noch mehr bis zu 16	40—42	30—40
Benzinknochenfett aus Pferdeknochen .	3—4	38·2	—
Weißes Naturknochenfett aus St. Petersburg von der Gelatinefabrikation . .	0·3—1·5	40—44·5	20—30

---

[1]) Chem. Rev. üb. d. Fett- u. Harz-Ind. 1901. 8. 229.

Einige Knochenfettanalysen von Shukoff und Schestakoff enthält die folgende Tabelle.

Knochenfett	Reines Fett	Wasser	Beimengungen organisch	anorganisch	Unverseifbares	Titer
	%	%	%		%	° C.
St. Petersburg	98·65	1·20	0·15		1·80	39·9
„	99·00	0·85	0·15		0·82	39·9
„	99·10	0·80	0·10		0·52	40·2
Russisches	99·15	0·75	0·10		0·50	42·5
„	97·30	2·47	0·10	0·40	1·07	40·3
„	96·60	3·85	0·05	0·50	1·12	39·1
Süd-Russisches	94·35	4·50	0·25	0·90	1·40	41·4
„	92·45	6·55	0·30	0·70	1·20	40·9
„ (Lodz)	93·35	6·37	0·08	0·20	1·26	39·7
Englisches, helles	98·20	1·42	0·25	0·75	0·56	39·3
Melted Stuff	97·04	2·15	0·30	0·15	—	39·8

Schließlich seien noch einige von Eisenstein und Rosauer durchgeführte Knochenfettanalysen angeführt:

Herkunft	Wasser %	Aschenrückstand %	Hehner-Zahl	Säurezahl	Freie Fettsäuren als Ölsäure berechnet %	Verseifungszahl	Jodzahl	Erstarrungspunkt der Fettsäuren (Titer) ° C.
Niederösterreich .	0·77	0·76	92·41	41·90	21·06	194·0	55·55	39·60
Bayern	1·59	0·96	95·49	75·60	38·00	189·6	50·43	41·90
Ungarn	2·01	0·51	92·69	31·73	15·82	193·4	53·07	40·60
Kroatien	1·91	0·02	92·05	82·32	41·37	198·6	48·57	41·90
„	1·25	0·04	91·98	64·80	32·57	195·6	57·76	40·20
Krain	3·47	2·32	91·73	98·90	49·71	184·9	47·16	42·30

Untersuchung des Knochenfettes. [1])

Wasserbestimmung. Zirka 5 g der Probe werden in einer flachen Glasschale bei 105° C. bis zum konstanten Gewicht getrocknet. Zumeist genügen 6 Stunden Trockenzeit (Mennicke). Zu bemerken ist, daß insbesondere die Kalkseifen das Wasser sehr stark zurückhalten. Da die Extraktionsknochenfette gewöhnlich noch eine kleine Menge Benzin enthalten, wird der Wassergehalt durch Verflüchtigung dieses Benzins ein wenig zu hoch gefunden. Das Wasser kann auch nach Bestimmung des Reinfettes und der fremden Beimengungen aus der Differenz berechnet werden.

Bestimmung des Reinfettes und der fremden Beimengungen. Etwa 10 g Fett werden in einem kleinen Erlenmeyerkolben mit 3 bis 5 Tropfen starker Salzsäure gemischt und auf dem Wasserbade ungefähr eine Stunde bei öfterem Umschütteln gelinde erwärmt.

---

[1]) Shukoff und Schestakoff, Chem. Rev. üb. d. Fett- u. Harz-Ind. 1898. 5. 5 und 21. — Mennicke, Chem. Zeitg. 1900. 24. 917 u. 923.

Die Mischung wird hierauf mit 40 ccm leichtflüchtigem Petroläther versetzt und geschüttelt, bis das Fett gelöst ist und der Säuretropfen sich am Boden abgesetzt hat. Die petrolätherische Lösung wird hierauf durch ein gewogenes Filter in ein zweites Kölbchen filtriert und zwei- bis dreimal nachgewaschen. Der Petroläther wird aus dem Filtrate abdestilliert und das zurückgebliebene Fett unter Durchblasen eines Kohlensäurestromes bei 100°—110° C. bis zum konstanten Gewicht getrocknet. Den im ersten Kölbchen zurückgebliebenen Säuretropfen und Schmutz spült man mit Wasser auf das früher benützte Filter und bestimmt nach dem Waschen mit Wasser und Trocknen bei 100° C. organische und anorganische, fremde Beimengungen (Shukoff und Schestakoff).

Bestimmung der Asche und deren Kalkgehaltes. Die Veraschung wird in einer Platinschale vorgenommen, nachdem das Fett vorher durch Trocknen vom Wasser befreit worden ist. Die Asche besteht zum größten Teile aus Calciumcarbonat und Calciumoxyd. Durch Titration der Asche läßt sich das Gesamtcalciumoxyd bestimmen und aus demselben näherungsweise die Kalkseifenmenge berechnen. Manchmal wird eine Eisenoxydbestimmung in der Asche von Wert sein, durch welche konstatiert werden kann, ob das etwa stark saure Fett aus den Apparaten Eisen aufgenommen hat (Mennicke). Bemerkt sei noch, daß zwar die Hauptmenge des Kalkes, aber nicht aller Kalk in Form von Kalkseifen zugegen ist. Die als Kalkseifen vorhandenen Fettsäuren befinden sich im Reinfette.

Sollten in der Asche Sand und Calciumphosphat vorhanden sein, so werden diese Körper in bekannter Weise ermittelt.

Bestimmung der unverseifbaren Bestandteile. 5 g Fett werden in einer kleinen Porzellanschale mit 25 ccm einer 8 prozentigen, alkoholischen Natronlauge zur Trockene verdampft; nach Zusatz von 80 ccm Wasser wird die Lösung in einem Scheidetrichter mit 80 ccm Äther ausgeschüttelt. Sollten sich die Schichten nicht trennen, so hilft man mit einer möglichst geringen Menge Alkohol nach. Nach dreimaliger Extraktion wird die ätherische Lösung, ohne mit Wasser gewaschen worden zu sein, eingedampft. Der Rückstand wird mit Normalnatronlauge alkalisch gemacht, in Petroläther gelöst und die Lösung durch ein trockenes Filter filtriert und eingedampft. Der so erhaltene unverseifbare Rückstand ist aschefrei.

Wird die Bestimmung des unverseifbaren Anteiles nach Allen und Thomson ausgeführt, so erhält man zu hohe Resultate, weil der Äther Seife löst. Nach dem Verfahren von Morawski und Demski erhält man zu niedrige Resultate, weil der Petroläther nicht das ganze Cholesterin aus der Seifenlösung aufnimmt (Shukoff und Schestakoff).

Shukoff und Schestakoff fanden in verschiedenen Knochenfetten durch Umkristallisieren des festen Anteiles der unverseifbaren Bestandteile 0·2—0·6 % Cholesterin.

Amerikanische Knochenfette haben oft einen Gehalt von 3—6 Prozent Unverseifbarem. Schicht und Halpern[1]) haben die Beobachtung gemacht, daß für solche Knochenfette das Verfahren von Morawski und Demski, aber auch das von Spitz und Hönig (s. I. Teil S. 213) nicht ausreicht. Petroläther, welcher Seife gelöst enthält, nimmt diese großen Mengen unverseifbarer Bestandteile nur unvollständig auf, andrerseits ist durch Wasser allein die Seife nicht gänzlich aus dem Petroläther entfernbar.

Infolgedessen schreiben Schicht und Halpern den auf S. 216 angegebenen Analysengang vor.

Erstarrungspunktbestimmung der Fettsäuren. Dieselbe erfolgt nach den Methoden von Dalican, Wolfbauer oder Shukoff (s. S. 86 ff.).

Nachweis von fremden Fetten. Von solchen kommen häufig Lederfette (Mischungen von Tran, Talg, Degras usw.), Pferdefett und Klauenöl vor. Mennicke empfiehlt zu diesem Nachweise die Jodzahlbestimmung. Nach seinen Angaben besitzt Knochenfett eine Jodzahl 44—62 (im Mittel 53), Pferdefett ca. 79, Pferdefußöl ca. 74, Talg 42, Knochenöl und Ochsenklauenöl 68—74 und Tran über 100. Knochenfett wird namentlich zur Kerzenfabrikation benützt (s. Stearin).

Knochenöl.[2])

Das Knochenöl wird aus dem Knochenfett gewonnen, indem man dieses durch Filtrieren von suspendierten Verunreinigungen, durch Soda von freien Fettsäuren, durch doppeltchromsaures Kalium von färbenden Verunreinigungen und durch Abkühlen und Pressen von der Hauptmenge der festen Bestandteile (Stearin) befreit.

Man erhält dadurch ein „kältebeständiges" Öl.

Der Erstarrungspunkt ist um so niedriger, je tiefer die Kühltemperatur bei dem Preßprozesse war.

Das spezifische Gewicht einer rohen Probe betrug 0·9318, das einer raffinierten 0·9006 (Rakusin[3]).

Das Knochenöl wird ungemischt als feinstes Schmiermaterial, zum Verbessern von Mineral-Schmierölen, insbesondere Zylinderölen und bei der Lederverarbeitung (Chromgerbung, Degras) verwendet.

13. Pferdefett.[4])

Graisse de cheval. — Horse fat. — Grasso di cavallo.

Reines Pferdefett ist gelb gefärbt und zeigt, je nach dem Körperteile, von dem es stammt, eine größere oder geringere Konsistenz. Kammfett ist bei 15° C. halbflüssig, scheidet beim Stehen feste Tri-

---

[1]) Chem. Zeitg. 1907. 31. 279.
[2]) Hartl, Chem. Rev. üb. d. Fett- u. Harz-Ind. 1905. 12. 214.
[3]) Chem. Zeitg. 1906. 30. 1248.
[4]) Lenz, Zeitschr. f. analyt. Chem. 1889. 28. 441. — Filsinger, Chem. Zeitg. 1892. 16. 792. — Kalmann, Chem. Zeitg. 1892. 16. 922. — Amthor u. Zink, Zeitschr. f. analyt. Chem. 1892. 31. 381.

Pferdefett.

Spez. Gew. bei	Erstarrungspunkt ° C.	Schmelzpunkt ° C.	Verseifungszahl	Jodzahl	Reichert-Meißlsche Zahl	Refraktom.-Anzeige in Zeiß' Butterrefraktometer bei 40 ° C.	Temperaturerhöhung bei d. Maumenéschen Probe	Beobachter
15° C. 0·9189	—	Kammfett 15	197·1	84	—	—	—	Filsinger
$\frac{98°—99° C.}{15° C.}$ 0·861	—	—	—	—	—	—	—	Allen
—	20 bis 30	34—39	197·8 bis 199·5	78·84 bis 81·60	0·44 bis 0·76	—	—	Amthor u. Zink
—	—	20	—	—	—	—	—	Lenz
—	—	—	195·1 bis 196·8	86·1	1·64 bis 2·14	—	—	Kalmann
—	—	—	—	79	—	—	—	Mennicke
—	—	—	—	—	—	53·7	—	Mansfeld
—	—	—	—	65 bis 94	—	51·5—59·8	—	Nußberger
—	—	—	—	54·3 bis 90·7	—	54·3—68·8	—	Hefelmann u. Mauz
15° C. 0·916—0·922 100° C. 0·798—0·799 }	—	—	—	75·1 bis 86·3	—	—	46° bis 54·7°	Gill u. Rowe[1]

Fettsäuren.

Erstarrungspunkt	Schmelzpunkt	Jodzahl	Acetylzahl	Beobachter
37·3°—37·7° C.	37·5°—39·5° C.	83—87·1	12—14	Kalmann
30°—33° C.	36°—42° C.	74·41—83·88	6·64—13·74	Amthor u. Zink
25°—35° C.	—	72·3—82·1	—	Gill u. Rowe

glyceride ab und besitzt einen schwachen, eigenartigen Geruch. Eingeweidefett ist meist mehr braungelb gefärbt.

Pferdefett findet hier und da als geringwertiges Speisefett und vielfach als Maschinenfett und Lederfett Verwendung.

Einige Analysen von Pferdefett, welche von Amthor und Zink und von Kalmann ausgeführt wurden, sind in der nebenstehenden Tabelle zusammengestellt.[2]

Nußberger[3] fand für Pferdefett von verschiedenen Körperteilen die folgenden Jodzahlen und Refraktometeranzeigen:

	Kammfett	Nierenfett	Speck	Aus Magerfleisch extrahiertes Fett
Jodzahl	80—94	81—84	80—90	65—79
Refraktometeranzeige bei 40° C.	52·5—55·2	51·5—54·2	52·5—55	55·2—59·8

---

[1] Journ. Amer. Chem. Soc. 1902. 24. 466.
[2] E. Marazza u. C. Mangold, Die Stearin-Industrie. Weimar 1896.
[3] Chem. Rundschau 1896. 61. — Zeitschr. f. analyt. Chem. 1897. 36. 269.

| | Nach Amthor und Zink | | | | Nach Kalmann | |
| | Fett von | | | | Eingeweide-fett | Brustfett |
	Nieren	Kamm	Speck	Fuß		
Konsistenz	salbenartig weich	butter-ähnlich	fast butter-ähnlich	halb-flüssig	—	—
Farbe	goldgelb	tieforange	goldgelb	hellgelb	braun-gelb	hellgelb
Dichte bei 15⁰ C. . .	0·9320	0·9330	0·9319	0·9270	—	—
Schmelzpunkt	39⁰ C.	34⁰—35⁰ C.	36·37⁰ C.	—	—	—
Erstarrungspunkt . .	22⁰ C.	30⁰ C.	20⁰ C.	—	—	—
Schmelzpunkt der Fett-säuren	36⁰—37⁰ C.	41⁰—42⁰ C.	39⁰—40·5⁰ C.	—	37·5⁰ C.	39·5⁰ C.
Erstarrungspunkt der Fettsäuren . . .	30⁰—30·5⁰ C.	32⁰—33⁰ C.	31⁰—32·5⁰ C.	—	37·7⁰ C.	37·3⁰ C.
Hehnersche Zahl . . .	95·47	95·42	94·78	—	97·8	96·0
Reichertsche Zahl . .	0·33	0·22	0·38	—	—	—
Reichert-Meißlsche Zahl	—	—	—	—	1·64	2·14
Verseifungszahl . . .	198·7	199·5	197·8	—	196·8	195·1
Säurezahl	1·73	2·44	1·84	—	—	—
Acetylzahl	6·64	13·74	11·62	—	14	12
Jodzahl	81·09	74·84	81·60	90·30	86·1	86·1
Jodzahl der Fettsäuren	83·88	74·41	83·37	—	87·1	83·0
Verseifungszahl der Fettsäuren	—	—	—	—	202·6	202·7

und Henriques und Hansen[1]) erhielten für das Fett von verschiedenen Körperteilen die folgenden Jodzahlen:

$$\begin{aligned}
\text{Mähnenfett} &\ldots\ldots 87\cdot6 \\
\text{Nierenfett} &\ldots\ldots 84\cdot7 \\
\text{Gekrösefett} &\ldots 81\cdot3
\end{aligned}$$

Als Beispiel für die Verschiedenheit der Zusammensetzung des Fettes bei verschiedenen Individuen derselben Art, und an verschiedenen Muskeln desselben Individuums, ferner der mit verschiedenen physiologischen Aufgaben betrauten Fette desselben Muskels sei noch die von Hefelmann und Mauz[2]) aufgestellte Tabelle gebracht:

	Mageres, abgetriebenes Roß				Vollfleischiges, fettes Roß				Mittelfette Rosse			
									1. Roß		2. Roß	
	Intramuskuläres Fett		Extramuskuläres Fett		Intramuskuläres Fett		Extramuskuläres Fett		Intramuskuläres Fett		Extramuskuläres Fett	
	Refraktometerzahl bei 40⁰ C.	Jodzahl	Refraktometerzahl bei 40⁰ C.	Jodzahl	Refraktometerzahl bei 40⁰ C.	Jodzahl	Refraktometerzahl bei 40⁰ C.	Jodzahl	Refraktometerzahl bei 40⁰ C.	Jodzahl	Refraktometerzahl bei 40⁰ C.	Jodzahl
Kaumuskel . . .	65·7	78·1	68·8	58·2	64·2	59·8	62·2	66·2	59·0	78·5	60·9	83·4
Vorderschenkel .	62·4	88·3	66·1	54·3	56·8	73·7	54·5	85·6	—	—	—	—
Rückenmuskel .	60·8	78·8	55·8	90·7	57·2	63·9	55·0	85·5	—	—	—	—
Bauchmuskel . .	63·4	88·3	55·4	87·1	57·1	68·0	54·3	85·1	—	—	—	—
Hinterschenkel .	62·9	70·9	56·0	87·4	57·6	71·1	54·3	84·5	—	—	—	—

[1]) Skand. Arch. f. Physiol. 1900. 11.
[2]) Zeitschr. f. öffentl. Chem. 1906. 12. 63.

14. Pferdemarkfett.

Graisse de moëlle de cheval. — Horse marrow fat.

Spez. Gewicht bei 15⁰ C.	Erstarrungspunkt	Schmelzpunkt	Verseifungszahl	Jodzahl	Reichertsche Zahl	Beobachter
0·9204—0·9221	20⁰—24⁰ C.	35⁰—39⁰ C.	199·7—200	77·6—80·6	1·0	Zink[1]

Fettsäuren.

Spez. Gewicht bei 15⁰ C.	Erstarrungspunkt	Schmelzpunkt	Verseifungszahl	Jodzahl	Beobachter
0·9182—0·9289	34⁰—36⁰ C.	42⁰—44⁰ C. 33·5	210·8—217·6 208·1	71·8—72·2 75	Zink Valenta[2]

Es stammt aus den Röhrenknochen des Pferdes. Seine Farbe ist hellgelb.

15. Kamelfett.

Graisse de chameau. — Camel fat.

Henriques und Hansen[3] haben das Fett von verschiedenen Körperstellen des Kameles untersucht und folgende Jodzahlen und Erstarrungspunkte gefunden:

	Jodzahl	Erstarrungspunkt
Hautfett	38·7	34·5⁰ C.
Omentfett	36·5	35·0⁰ C.

16. Bärenfett.

Graisse d'ours. — Bear fat.

Das Fett des Bären (des gemeinen, braunen Bären, Ursus arctos *L.*) ist in frischem Zustande rein weiß, später gelblich gefärbt, klar und fast halb durchscheinend und von grobkörniger Struktur.

Es sieht dem Schweinefett sehr ähnlich. Das Bauchfett ist klarer und weicher als das Nierenfett; sein Geruch ist schwach angenehm und erinnert an frischen Speck.

	Spez. Gewicht bei	Erstarrungspunkt	Verseifungszahl	Jodzahl	Hehnerzahl	Reichert-Meißlsche Zahl	Refraktometeranzeige im Zeißschen Butterrefraktometer bei	Beobachter
Bauchfett	25⁰ C. 0·9104	Bei 0⁰ C. eine salbenartige Masse	194·9	98·5	—	1·66	{ 25⁰ C. 61·2 40⁰ C. 53	Raikow[4]
„	15⁰ C. 0·9209							
Nierenfett	„ 0·9211		200·4	106·5 bis 107·4	—	1·15	{ 25⁰ C. 61·2 40⁰ C. 53	
„	„ 0·9156	Bei 15⁰ C. vaselinartig	191	80·7	94·5	0·33	{ 20⁰ C. 60·8 50⁰ C. 45·5	Schneider u Blumenfeld

[1] Forschungsber. üb. Lebensm. u. Bez. z. Hyg. usw. 1896. 441.
[2] Zeitschr. f. d. chem. Ind. 1887. 265.
[3] Skand. Arch. f. Physiol. 1900. 11.
[4] Chem. Zeitg. 1904. 28. 273. — Chem. Rev. üb. d. Fett- u. Harz-Ind. 1904. 11. 108.
[5] Chem. Zeitg. 1906. 30. 53. — Chem. Rev. üb. d. Fett- u. Harz-Ind. 1906. 13. 56.

Fettsäuren.

Spez. Gewicht bei	Erstarrungspunkt	Schmelzpunkt	Säurezahl	Jodzahl	Acetylzahl	Refraktometeranzeige im Zeißschen Butterrefraktometer bei	Beobachter
Bauchfett —	—	32⁰—32·25⁰C.	—	—	—	—	} Raikow [1]
Nierenfett —	—	30·5⁰—31⁰ C.	—	—	—	—	
„　　15⁰ C. 0·9347	36·1⁰ C.	37·5⁰ C.	203	76·5	5·7	{ 40⁰ C. 43·0 / 50⁰ C. 37·6	} Schneider u. Blumenfeld [2]

Der Säuregehalt eines frischen, von Raikow untersuchten Fettes wurde zu 1·15 $^0/_0$ (auf Ölsäure berechnet) bestimmt, ein von Schneider und Blumenfeld [2]) untersuchtes Fett hatte 15·38 $^0/_0$ freie Säure (Ölsäure).

In Alkohol ist Bärenfett nur wenig löslich.

Die Konstanten des Bärenfettes unterscheiden sich ziemlich von denen des Hunde-, Fuchs- und Katzenfettes, also dem Bären nahestehender Tiere. Das spezifische Gewicht und der Schmelzpunkt sind niedriger, die Jodzahl höher. Es ist dies auf die Nahrung des Bären zurückzuführen.

17. Hundefett.[3]

Graisse de chien. — Dog fat.

Spez. Gew. bei 15⁰ C.	Erstarrungspunkt	Schmelzpunkt	Verseifungszahl	Jodzahl	HehnerZahl	Reichertsche Zahl	Beobachter
0·9230	20⁰—21⁰ C.	38⁰—40⁰ C.	196·4	58·7	95·7	0·63	Amthor u.
0·9229	22⁰—25⁰ C.	37⁰—40⁰ C.	194·4	58·3	95·6	0·51	Zink
—	26⁰ C.	40⁰ C.	—	—	—	—	Schulze u. Reinecke
—	—	—	—	79·7 bis 82·6	—	—	Henriques u. Hansen
—	—	48⁰—52⁰ C.	—	41—47	—	—	Rosenfeld

Fettsäuren.

Spez. Gew. bei 15⁰ C.	Erstarrungspunkt	Schmelzpunkt	Verseifungszahl	Jodzahl	Acetylzahl	Beobachter
0·9248	34⁰—35⁰ C.	39⁰—40⁰ C.	198	50·2	9·5	Amthor u.
0·9309	35⁰—36⁰ C.	39⁰—41⁰ C.	200·3	50·1	12·3	Zink

Es ist ein sehr weiches, weißes, körniges Fett, welches sich mit der Zeit in einen festen und flüssigen Anteil scheidet. Mit zunehmendem Alter vereinigen sich aber die verschiedenen Schichten, und die ganze Masse wird wieder fest.

Schulze und Reinecke[4]) geben folgende Elementarzusammen-

---

[1]) Chem. Zeitg. 1904. 28. 273. — Chem. Rev. üb. d. Fett- u. Harz-Ind. 1904. 11. 108.

[2]) Chem. Zeitg. 1906. 30. 53. — Chem. Rev. üb. d. Fett- u. Harz-Ind. 1906. 13. 56.

[3]) Amthor u. Zink, Zeitschr. f. analyt. Chem. 1897. 36. 1.

[4]) Liebigs Annalen 1867. 142. 205.

setzung einer Probe an: $76\cdot63\ ^0/_0$ C, $12\cdot05\ ^0/_0$ H, $11\cdot32\ ^0/_0$ O. (Schmelz-punkt 40^0 C., Erstarrungspunkt 26^0 C).

Die Jodzahl des Hundefettes von verschiedenen Körperstellen wurde von Henriques und Hansen[1]) wie folgt gefunden:

	Jodzahl
Hautfett	82·6
Nierenfett	81·4
Omentfett	79·7
Gekrösefett	79·9
Herzfett	79·9

Rosenfeld fand folgende Zahlen:

	Schmelzpunkt	Jodzahl
Hautfett	48^0 C.	47
Omentfett	52^0 C.	41—42

Die von verschiedenen Forschern gefundenen Jodzahlen des Hunde-fettes zeigen somit sehr bedeutende Differenzen.

Der Gehalt an freier Säure, als Ölsäure berechnet, betrug bei zwei frischen Fettproben $1\cdot10$ resp. $0\cdot70\ ^0/_0$, bei einem etwa zwei Jahre alten Fette $1\cdot51\ ^0/_0$.

18. Fuchsfett.[2])

Graisse de renard. — Fox fat.

Spez. Gew. bei 15^0 C.	Erstarrungs-punkt	Schmelz-punkt	Verseifungs-zahl	Jodzahl	Reichert-sche Zahl	Beobachter
0·9412	24^0—26^0 C.	35^0—40^0 C.	191·7	75·3u.84	1·3	Amthor u. Zink

Fettsäuren.

Spez. Gew. bei 15^0 C.	Erstarrungs-punkt	Schmelz-punkt	Verseifungs-zahl	Jodzahl	Acetyl-zahl	Beobachter
0·9492	36^0—37^0 C.	41^0—43^0 C.	205·7	65·4	43·1	Amthor u. Zink

Die untersuchten Proben stammen von zwei Individuen von Canis vulpes *L.*

Ein frisches Fett hatte die Säurezahl $5\cdot9$, ein zwei Jahre altes die Säurezahl $15\cdot9$. Diese Zahlen entsprechen einem Gehalt von $2\cdot97\ ^0/_0$ resp. $7\cdot99\ ^0/_0$ freier Säure, als Ölsäure berechnet.

Es ist ein salbenartig weiches, körniges Fett von weißer Farbe mit schwachem Stich ins Rötliche.

19. Luchsfett.[3])

Graisse de lynx. — Lynx fat.

Spez. Gew. bei 15^0 C.	Verseifungs-zahl	Jodzahl	Hehner-Zahl	Reichert-Meißlsche Zahl	Refrakto-meteranzeige bei	Beobachter
0·9248	190·22	110·6	95·77	0·43	{ 20^0 C. 70 { 45^0 C. 55·5	Schneider u. Blumenfeld

[1]) Skand. Arch. f. Physiol. 1900. 11.

[2]) Amthor u. Zink, Zeitschr. f. analyt. Chem. 1897. 36. 1.

[3]) C. Schneider **u.** S. Blumenfeld, Chem. Zeitg. 1906. 30. 53. — Chem. Rev. üb. d. Fett- u. Harz-Ind. 1906. 13. 57.

Fettsäuren.

Spez. Gew. bei 15° C.	Erstarrungs-punkt	Schmelz-punkt	Säure-zahl	Jodzahl	Acetyl-zahl	Refrakto-meteranzeige bei	Beobachter
0·9412	35° C.	35·5° C.	202·7	111·8	7·67	35° C. 53·9 45° C. 48·3	Schneider u. Blumenfeld

Das Fett des Luchses (Lynx europaeus) ist bei Zimmertemperatur eine halbflüssige, körnige Masse. Es besitzt einen unangenehmen Geruch. Eine Probe enthielt 0·41 $^0/_0$ freier, als Ölsäure berechneter Fettsäure. Die Jodzahl ist auffallend hoch.

20. Hauskatzenfett.[1]

Spez. Gew. bei 15°C.	Erstarrungs-punkt	Schmelz-punkt	Versei-fungs-zahl	Jod-zahl	Hehner-Zahl	Reichert-sche Zahl	Beobachter
0·9304	24°—26°C.	39°—40°C.	190·7	54·5	96	0·9	Amthor u. Zink
—	—	38°C.	—	—	—	—	Schulze u. Reinecke

Fettsäuren.

Spez. Gew. bei 15°C.	Erstarrungs-punkt	Schmelz-punkt	Jod-zahl	Acetyl-zahl	Beobachter
0·9251	35°—36°C.	40°—41°C.	54·8	10	Amthor u. Zink

Die Säurezahl eines frischen Fettes von Felis domestica *Briss.* war 2·3, entsprechend 1·16 $^0/_0$, die eines etwa 1 Jahr alten Fettes 25·6, entsprechend 12·87 $^0/_0$ freier, als Ölsäure berechneter Fettsäure.

Es ist ein weißes, weiches, körniges Fett mit einem Stich ins Graugelbliche.

Schulze und Reinecke geben als Elementarzusammensetzung eines Katzenfettes an: 75·56 $^0/_0$ C, 11·90 $^0/_0$ H, 11·44 $^0/_0$ O.

21. Wildkatzenfett.[1]

Spez. Gew. bei 15°C.	Erstarrungs-punkt	Schmelz-punkt	Verseifungs-zahl	Jod-zahl	Reichert-sche Zahl	Beobachter
0·9304	26°—27°C.	37°—38°C.	199·9	57·8	2·5	Amthor u. Zink

Fettsäuren.

Spez. Gew. bei 15°C.	Erstarrungs-punkt	Schmelz-punkt	Verseifungs-zahl	Jod-zahl	Acetyl-zahl	Beobachter
0·9366	36°—37°C.	40°—41°C.	203·8	58·8	19·5	Amthor u. Zink

Die Säurezahl des frischen Fettes von Felis Catus *L.* wurde zu 9·3 gefunden, entsprechend 4·67 $^0/_0$ freier, als Ölsäure berechneter Säure.

Es ist ein schmutzig graugelbes Fett, körnig, etwas fester wie Schweinefett und ähnlich dem der Hauskatze.

[1] Amthor u. Zink, Zeitschr. f. analyt. Chem. 1897. 36. 1.

22. Iltisfett.[1]

Graisse de putois. — Polecat fat.

	Jodzahl	Beobachter
Von einem Individuum	62·8	Amthor u. Zink

Fettsäuren.

	Erstarrungspunkt	Schmelzpunkt	Jodzahl	Beobachter
Von einem Individuum	26⁰—27⁰ C.	34⁰—40⁰ C.	60·6	Amthor u. Zink

Das Iltisfett (von Putorius foetidus *Gray*) ist ein flüssiges, schmutzig-gelbes Fett mit grünlicher Fluorescenz.

23. Edelmarderfett.[1]

Graisse de martre. — Pine marten fat.

	Spez. Gew. bei 15⁰ C.	Erstarrungs-punkt ⁰ C.	Schmelz-punkt ⁰ C.	Versei-fungs-zahl	Jod-zahl	Hehner-Zahl	Reichert-sche Zahl	Beobachter
Von drei Individuen	0·9345	24—27	33—40	204	70·2	93	1·1	Amthor u. Zink

Fettsäuren.

Erstarrungspunkt	Schmelzpunkt	Jodzahl	Beobachter
35⁰—37⁰ C.	39⁰—43⁰ C.	53	Amthor u. Zink

Der Edelmarder (Mustela Martes *L.*) besitzt ein bräunlichgelbes, ziemlich weiches Fett.

Die Säurezahl des frischen Fettes wurde zu 11·9 resp. 13·4 konstatiert.

24. Dachsfett.[1]

Graisse de blaireau. — Badger fat.

	Spez. Gew. bei 15⁰ C.	Erstar-rungs-punkt ⁰ C.	Schmelz-punkt ⁰ C.	Versei-fungs-zahl	Jod-zahl	Hehner-Zahl	Reichert-sche Zahl	Beobachter
Frisches Fett	0·9226	17—19	30—35	193·1	71·3	96	0·36	Amthor u. Zink
8—10 Jahre altes Fett	0·9331	16—18	35—38	202·3	75·1	—	0·81	,, ,,

Fettsäuren.

	Spez. Gew. bei 15⁰ C.	Erstar-rungs-punkt ⁰ C.	Schmelz-punkt ⁰ C.	Versei-fungs-zahl	Jod-zahl	Acetyl-zahl	Beobachter
Frisches Fett	0·9230	28—30	34—36	193·7	73	13·1	Amthor u. Zink
8—10 Jahre altes Fett	0·9457	30—31	35—37	207·1	61·9	32·6	,, ,,

[1] Amthor u. Zink, Zeitschr. f. analyt. Chem. 1897. 36. 1.

Das Fett von Meles Taxus *Pall.* stellt ein hellzitronengelbes, weiches Fett dar, welches sich mit der Zeit in einen festen und einen flüssigen Anteil scheidet.

Amthor und Zink fanden die Säurezahl eines frischen Fettes zu 5·3, die eines $1^{1}/_{2}$ Jahre alten Fettes zu 7·2 und die eines 8—10 Jahre alten Fettes zu 4·5.

25. Vielfraßfett.[1]

Graisse de glouton. — Glutton fat.

	Spez. Gewicht bei 15°C.	Erstarrungspunkt °C.	Schmelzpunkt °C.	Verseifungszahl	Jodzahl	Hehner-Zahl	Reichert-Meißlsche Zahl	Refraktometeranzeige bei	Beobochter
Körper-fett	0·9153	22—24	28—30	193·3	54·36	95·4	0·12	{ 30°C. 54·2 / 45°C. 46·1	Schneider u.
Nieren-fett	0·9230	—	—	193·3	50·82	95·8	—	{ 45°C. 45·2 / 50°C. 42·7	Blumenfeld

Fettsäuren.

	Spez. Gewicht bei 15°C.	Erstarrungspunkt °C.	Schmelzpunkt °C.	Säurezahl	Jodzahl	Acetylzahl	Refraktometeranzeige bei	Beobachter
Körper-fett	0·9118	37·5	40—41	203·4	55·5	3·0	{ 45°C. 31·9 / 50°C. 29·2	Schneider u.
Nieren-fett	—	—	40—41	203·3	52·8	—	{ 45°C. 31·7 / 50°C. 29·0	Blumenfeld

Während das Nierenfett des Vielfraßes (Gulo borealis) schwach gelblich ist, stellt das Fett des Unterhautgewebes ein reinweißes, nicht sehr festes Fett von schwachem, unangenehmem Geruche dar. Das Nierenfett ist etwas fester.

Der Gehalt an freier, als Ölsäure berechneter Fettsäure einer Probe Körperfett wurde zu 2·94 $^{0}/_{0}$ bestimmt.

26. Hasenfett.

Graisse de lièvre. — Hare fat.

Spezifisches Gewicht	Erstarrungspunkt °C.	Schmelzpunkt °C.	Verseifungszahl	Jodzahl	Hehner-Zahl	Reichertsche Zahl	Refraktometeranzeige im Butterrefraktometer	Beobachter
bei 15°C. 0·9288 bis 0·9397	17—23	35—40	198·3 bis 205·8	81·1 bis 119·1	95·2	0·74—2·4	—	Amthor u. Zink[2]
bei 100°C. 0·861	28—30	44—46	—	—	95·5	2·64 (Reichert Meißlsche Zahl)	bei 40°C. 49	Drumel[3]

[1] C. Schneider u. S. Blumenfeld, Chem. Zeitg. 1906. 30. 53. — Chem. Rev. üb. d. Fett- u. Harz-Ind. 1906. 13. 57.

[2] Zeitschr. f. analyt. Chem. 1897. 36. 1.

[3] Bull. assoc. Belge chim. 1896. 10.

Fettsäuren.

Spezifisches Gewicht bei 15°C.	Erstarrungspunkt °C.	Schmelzpunkt °C.	Verseifungszahl	Jodzahl	Acetylzahl	Refraktometeranzeige im Butterrefraktometer	Beobachter
0·9361	36—40	44—47	209	88·4—97·9	34·8	—	Amthor u. Zink
—	39—41	48—50	—	—	—	bei 40°C. 36	Drumel

Das Fett des Hasen (Lepus vulgaris *L.*) ist weiß bis orangegelb gefärbt, scheidet beim Stehen ein dickes Öl ab, besitzt einen eigentümlichen Geruch und milden Geschmack und verblaßt am Lichte.

Die Säurezahl des frischen Fettes wurde von Amthor und Zink zu 1·39—3·60, die eines 6 Monate alten Fettes zu 8 gefunden.

In dünner Schichte auf eine Glasplatte gestrichen trocknet es schon nach 8 Tagen zu einem ziemlich festen Firnis ein. Die nach 38tägigem Trocknen bestimmte Jodzahl des Fettes wurde von Amthor und Zink zu 19·4 gefunden.

27. Hauskaninchenfett.[1)

Graisse de lapin domestique. — Tame rabbit fat.

Spezifisches Gewicht bei 15°C.	Erstarrungspunkt	Schmelzpunkt	Verseifungszahl	Jodzahl	Reichertsche Zahl	Beobachter
0·9342	22°—24°C.	40°—42°C.	202·6	69·6	2·8	Amthor u. Zink

Fettsäuren.

Spezifisches Gewicht bei 15°C.	Erstarrungspunkt	Schmelzpunkt	Verseifungszahl	Jodzahl	Acetylzahl	Beobachter
0·9264	37°—39°C.	44°—46°C.	218·1	64·4	31	Amthor u. Zink

Die Säurezahl des frischen Fettes war 6·2.

Es ist ein ziemlich festes, körniges Fett, weiß mit schwachem Stich ins Rötliche, das mit der Zeit ganz verblaßt.

28. Wildkaninchenfett.[1)

Graisse de lapin sauvage. — Wild rabbit fat.

	Spezifisches Gewicht bei 15°C.	Erstarrungspunkt °C.	Schmelzpunkt °C.	Verseifungszahl	Jodzahl	Reichertsche Zahl	Beobachter
Von einer Anzahl von Individuen	0·9345—0·9435	17—22	35—38	198·3 bis 200·3	96·9—102·8	0·7	Amthor u. Zink

Fettsäuren.

Spezifisches Gewicht bei 15°C.	Erstarrungspunkt °C.	Schmelzpunkt °C.	Verseifungszahl	Jodzahl	Acetylzahl	Beobachter
0·9426	35—36	39—41	209·5	101·1	41·7	Amthor u. Zink

[1) Amthor u. Zink, Zeitschr. f. analyt. Chem. 1897. 36. 1.

Es ist ein schmutziggelbes, sehr weiches Fett, welches beim Stehen ähnlich wie das Hasenfett, ein dickes, gelbes Öl abscheidet.

Amthor und Zink konstatierten die Säurezahl des frischen Fettes zu 4·7—9·7.

In dünner Schicht auf eine Glasplatte gestrichen, trocknete es schon nach 7 Tagen zu einer ziemlich festen Haut ein, die nach weiteren 6 Tagen ganz fest war. Das Wildkaninchenfett ist also ein trocknendes Fett und unterscheidet sich durch diese Eigenschaft in charakteristischer Weise vom Fett des zahmen Kaninchens. Die nach 50 tägigem Trocknen des Fettes bestimmte Jodzahl war 26.

29. Taubenfett.[1]

Graisse de pigeon. — Pigeon fat.

Jodzahl	Beobachter
82·1	Amthor u. Zink

Fettsäuren.

Erstarrungspunkt	Schmelzpunkt	Beobachter
33⁰—34⁰ C.	38⁰—39⁰ C.	Amthor u. Zink

Die Zahlen beziehen sich auf das Fett eines Individuums. Es ist ein hellgraugelbes, halbflüssiges Fett.

30. Hühnerfett, Haushuhnfett.[1]

Graisse de poule. — Chicken fat.

	Spez. Gew. bei 15⁰ C.	Erstarrungspunkt	Schmelzpunkt	Verseifungszahl	Jodzahl	Reichertsche Zahl	Beobachter
Von vier Individuen, Italiener Rasse	0·9241	21⁰—27⁰ C.	33⁰—40⁰ C.	193·5	66·2; 65·3 77·2; 58·0	1	Amthor u. Zink

Fettsäuren.

	Spez. Gew. bei 15⁰ C.	Erstarrungspunkt	Schmelzpunkt	Verseifungszahl	Jodzahl	Acetylzahl	Beobachter
Von vier Individuen, Italiener Rasse	0·9283	32⁰—34⁰ C.	38⁰—40⁰ C.	200·8	64·6	45·2	Amthor u. Zink

Es ist ein hellzitronengelbes, körniges, sehr weiches Fett.

Ein frisches Fett hatte 0·6°/₀ freie Fettsäuren (als Ölsäure berechnet). Zaitschek[2] untersuchte, welchen Einfluß die Nahrung auf

---

[1] Amthor u. Zink, Zeitschr. f. analyt. Chem. 1897. 36. 1.
[2] Pflügers Arch. 1903. 98. 614.

das Fett des Haushuhnes habe. Das Fett eines mit Milch und Mais genährten Huhnes ergab mit Ausnahme der Jodzahl, Hehnerzahl und der Refraktometeranzeige Werte, die höher waren als beim Fett eines nur mit Mais gefütterten Huhnes. Nach der Fütterung mit Vollmilch hatte das Fett eine Zusammensetzung, welche sich der des Butterfettes näherte, von dem Gehalte an flüchtigen Fettsäuren abgesehen, der nicht vermehrt war.

31. Truthahnfett.[1])

Graisse de dindon. — Turkey fat.

Spez. Gewicht bei 15 ⁰ C.	Verseifungszahl	Jodzahl	Reichertsche Zahl	Beobachter
0·9220	200·5	81·15	2·2	Amthor u. Zink

Fettsäuren.

Spez. Gewicht bei 15 ⁰ C.	Erstarrungspunkt	Schmelzpunkt	Verseifungszahl	Jodzahl	Beobachter
0·9385	31⁰—32⁰ C.	38⁰—39⁰ C.	210·1	70·7	Amthor u. Zink

Diese Zahlen beziehen sich auf das Fett eines Individuums von Meleagris Gallopavo *L.*

Die Säurezahl einer Probe betrug 4, entsprechend $2\,^0/_0$ freier Säure (als Ölsäure berechnet).

Dieses Fett ist ein hellgelbes Öl, welches eine geringe Menge eines weißen, kristallinischen Bodensatzes abscheidet.

32. Auerhahnfett.[1])

Graisse de coc bruyère. — Wood-cock fat.

Spez. Gewicht bei 15 ⁰ C.	Verseifungszahl	Jodzahl	Reichertsche Zahl	Beobachter
0·9296	201·6	121·1	2·1	Amthor u. Zink

Fettsäuren.

Spez. Gew. bei 15 ⁰ C.	Erstarrungspunkt	Schmelzpunkt	Verseifungszahl	Jodzahl	Acetylzahl	Beobachter
0·9374	25⁰—28⁰ C.	30⁰—33⁰ C.	199·3	120	45·3	Amthor u. Zink

Das untersuchte Fett stammte von mehr als 100 Individuen von Tetrao Urogallus *L.*

Das Auerhahnfett ist ein hellgelbes, ganz flüssiges Fett, welches nach einigem Stehen einen geringen kristallinischen Bodensatz abscheidet.

Die Säurezahl der von Amthor und Zink untersuchten Probe war 5·9, entsprechend $2·97\,^0/_0$ freier, als Ölsäure berechneter Fettsäure.

In dünner Schicht auf eine Glasplatte aufgestrichen, trocknet das Auerhahnfett allmählich zu einem Firnis ein, der aber immer etwas

---

[1]) Amthor u. Zink, Zeitschr. f. analyt. Chem. 1897. 36. 1.

klebrig bleibt. Nach 14 Tagen war die Trocknung schon sehr deutlich bemerkbar. Die Jodzahl des auf einer Glasplatte aufgestrichenen Fettes war nach 95 tägigem Trocknen 29·7. Das Auerhahnfett ist also ein, wenn auch etwas langsam trocknendes Fett.

33. Wasserhuhnfett.[1]

Spez. Gew. bei 15° C.	Verseifungs- zahl	Jodzahl	Hehner- Zahl	Reichert- Meißlsche Zahl	Refrakto- meteranzeige bei	Beobachter
0·9163	192·6	87·12	95·2	0·35	{ 25° C. 62·9 40° C. 54·8	Schneider u. Blumenfeld

Fettsäuren.

Spez. Gew. bei 15° C.	Erstarrungs- punkt	Schmelzpunkt	Jodzahl	Refrakto- meteranzeige bei	Beobachter
0·9151	30·5° C.	33·5°—34·5° C.	84·8*	{ 35° C. 44·7 45° C. 39·9	Schneider u. Blumenfeld

* Die Fettsäuren scheinen während ihrer Isolierung einer Oxydation ausgesetzt gewesen zu sein, da die Jodzahl der Fettsäuren normalerweise höher sein sollte als die des Fettes.

Das Wasserhuhn, Fulica atra, hat ein weiches, hellgelbes, fast geruchloses Fett, welches sich nach einiger Zeit in einen weißen festen und einen gelben flüssigen Anteil scheidet.

34. Kranichfett.[1]

Graisse de grue. — Crane fat.

Spez. Gew. bei 15° C.	Verseifungs- zahl	Jodzahl	Hehner- Zahl	Reichert- Meißlsche Zahl	Refrakto- meteranzeige bei	Beobachter
0·9222	191·2	71·25	95·7	0·13	{ 20° C. 61·5 45° C. 47·6	Schneider u. Blumenfeld

Fettsäuren.

Spez. Gew. bei 15° C.	Erstarrungs- punkt	Schmelz- punkt	Säure- zahl	Jodzahl	Acetyl- zahl	Refrakto- meteranzeige bei	Beobachter
0·9005	29·3° C.	31° C.	201	73·5	1·35	{ 30° C. 40·8 45° C. 32·8	Schneider u. Blumenfeld

Das Fett des Kranichs (Grus cinerea) ist von weißer Farbe, geruchlos und hat eine salbenartige Konsistenz.

Der Gehalt einer Probe an freien Fettsäuren, als Ölsäure berechnet, war 4·69 %.

---

[1] C. Schneider u. S. Blumenfeld, Chem. Zeitg. 1906. 30. 53. — Chem. Rev. üb. d. Fett- u. Harz-Ind. 1906. 13. 57.

35. Gänsefett.[1]

Graisse d'oie. — Goose fat. — Goose grease.

Spez. Gewicht bei	Erstarrungspunkt ° C.	Schmelzpunkt ° C.	Verseifungszahl	Jodzahl	HehnerZahl	ReichertMeißlsche Zahl	Refraktometeranzeige in Zeiß' Butterrefraktometer bei 40° C.	Beobachter
15° C. 0·9227	18—22	25—26	—	—	—	—	—	Schädler
„ 0·9274	18—20	32—34	193·1	64·7 (Brustfett) 70·5 (Bauchfett)	—	1·96	—	Amthor u. Zink
15·5°C. 0·9228 bis 0·9300	18·2	28·9—30·4 (Beginn des Schmelzens)	191·2 bis 193·0	58·7—66·4	94·5 bis 95·3	0·2 bis 0·3	50—50·5	Rözsényi
$\frac{37\cdot8\,°C.}{37\cdot8\,°C.}$ 0·909	—	—	184 bis 198	—	92·4 bis 95·7	—	—	Young
—	—	33—34	—	—	95·88	—	—	Bensemann
—	—	—	192·6	—	—	—	—	Valenta
—	—	—	—	71·5	—	—	—	Erban u. Spitzer

Fettsäuren.

Spez. Gew. bei 15° C.	Erstarrungspunkt	Schmelzpunkt	Verseifungszahl	Jodzahl	Acetylzahl	Beobachter
0·9257	31°—32° C.	38°—40° C.	202·4	65·3	27 (Bauchfett)	Amthor u. Zink
—	—	35·2°—39° C.	—	—	—	Rözsényi
—	—	37°—41° C.	—	—	—	Bensemann

Das Fett der Hausgans (Anser domesticus *L.*) ist blaßgelb, körnig und ziemlich weich; das Bauchfett ist etwas weicher als das Brustfett.

Nach Lebedeff[2] enthält es je nach dem Körperteil 61·2—68·7 % Ölsäure und 21·2—32·8 % Palmitin- und Stearinsäure in Form ihrer Triglyceride. Außerdem enthält es eine sehr geringe Menge löslicher Fettsäuren. Nach Young soll der auf Ölsäure berechnete Gehalt an löslichen Fettsäuren 0·7—3·5 % betragen.

Weiser und Zaitschek[3] fütterten Gänse einerseits mit Besenhirsekörnern, andrerseits mit Mais. Obwohl das Fett der Besenhirsekörner bei gewöhnlicher Temperatur fest ist und sich auch sonst von dem Maisöl unterscheidet, hatte das Gänsefett in beiden Fällen die gleiche Zusammensetzung.

Langbein[4] fand die Säurezahl eines etwa 10 Jahre alten Gänsefettes zu 5·2, entsprechend 2·61 %, und Amthor und Zink[5] fanden

<hr>

1) Rözsényi, Chem. Zeitg. 1896. 20. 218. — Amthor u. Zink, Zeitschr. f. analyt. Chem. 1897. 36. 1.
2) Zeitschr. f. physiol. Chem. 1882. 6. 142.
3) Pflügers Arch. 1902. 93. 128.
4) Muspratts Chem. 4. Aufl. III. Bd. 504.
5) Zeitschr. f. analyt. Chem. 1897. 36. 1.

für frisches Brustfett eine Säurezahl 0·59, entsprechend 0·3 °/₀ freier, als Ölsäure berechneter Säure.

Die Verschiedenheit der Jodzahl des Gänsefettes, je nach dem Körperteil, dem es entstammt, ergibt sich aus den folgenden Angaben von Henriques und Hansen:[1]

	Jodzahl
Hautfett	81·3
Intermusk. Fett	78·3
Abdominalfett	73·7

36. Wildgansfett.[2]

Graisse d'oie sauvage. — Wild goose fat.

	Spez. Gew. bei 15°C.	Erstarrungs-punkt	Verseifungs-zahl	Jod-zahl	Reichert-sche Zahl	Beobachter
Fett einer Wildgans, welche 2 Jahre lang in der Gefangenschaft gelebt hatte	—	—	—	99·6	—	Amthor u. Zink
	0·9158	18°—20°C.	196·0	67	0·59	,, ,,

Fettsäuren.

	Spez. Gew. bei 15°C.	Erstarrungs-punkt	Schmelz-punkt	Versei-fungs-zahl	Jod-zahl	Ace-tyl-zahl	Beobachter
Fett einer Wildgans nach zweijähriger Gefangenschaft	—	33°—34°C.	34°—40°C.	—	—	—	Amthor u. Zink
	0·9251	32°C.	36°—38°C.	196·4	65·1	41·6	,, ,,

Das Wildgansfett (von Anser ferus *Brünn.*) ist ein orangegelbes Öl. Das Fett einer Wildgans, welche zwei Jahre in der Gefangenschaft gelebt hatte, war ein schön zitronengelbes Öl, welches nach kurzer Zeit einen kristallinischen, weißen Bodensatz abschied.

Die Säurezahl des frischen Fettes war 0·86.

37. Hausentenfett.[2]

Graisse de canard. — Domestic duck fat.

	Erstarrungspunkt	Schmelzpunkt	Jodzahl	Beobachter
Von einem Individuum	22°—24°C.	36°—39°C.	58·5	Amthor u. Zink

Hellgelbes, körniges, sehr weiches Fett.

Langbein fand die Säurezahl eines etwa 10 Jahre alten Entenfettes zu 3·1.

38. Wildentenfett.[2]

Graisse de canard sauvage. — Wild duck fat.

	Erstarrungs-punkt	Verseifungs-zahl	Jod-zahl	Reichert-sche Zahl	Beobachter
Von mehreren Individuen	15°—20°C.	198·5	84·6	1·3	Amthor u. Zink

---

[1] Skand. Arch. f. Physiol. 1900. II.
[2] Amthor u. Zink, Zeitschr. f. analyt. Chem. 1897. 36. 1.

Fettsäuren.

Erstarrungspunkt	Schmelzpunkt	Beobachter
30°—31° C.	36°—40° C.	Amthor u. Zink

Das Wildentenfett (von Anas boscas *L.*) ist ein orangegelbes Öl; die Säurezahl des frischen Fettes war 1·5.

39. Starenfett.[1])

Graisse d'étourneau. — Starling fat.

Erstarrungspunkt	Schmelzpunkt	Verseifungszahl	Jodzahl	Beobachter
15°—18°C.	30°—35° C.	209·2	83·7	Amthor u. Zink

Fettsäuren.

Erstarrungspunkt	Schmelzpunkt	Jodzahl	Beobachter
30°—31° C.	38°—39° C.	79·4	Amthor u. Zink

Das Starenfett (von Sturnus vulgaris *L.*) ist ein bräunlichgelbes, halbflüssiges Fett.

40. Meerschildkrötenfett.[2])

Graisse de tortue de mer. — Turtle fat.

Spezifisches Gewicht bei 42·5° C.	Erstarrungspunkt	Schmelzpunkt	Verseifungszahl	Jodzahl	Reichert-Meißlsche Zahl	Beobachter
0·9198	10° C.	23°—27°C.	209	112	4·6	Zdarek

Fettsäuren.

Erstarrungspunkt	Schmelzpunkt	Mittleres Molekulargewicht	Jodzahl	Acetylzahl	Beobachter
28·2° C.	30·2° C.	268	119	8·7	Zdarek

Das Mesenterialfett der Meerschildkröte, Thalassochelys corticata *Rond.*, enthält Spuren einer unverseifbaren, in Äther löslichen Substanz, welche die Cholesterinreaktion gibt.

41. Zibet.[3])

Civette. — Civet. — Zibetto.

Das Sekret der Zibetkatze, Viverra *L.*, schmilzt bei 36°—37° C. Es ist in den gewöhnlichen Fettlösungsmitteln leicht löslich, wenig in kaltem, leichter in heißem Alkohol, Methylalkohol und Aceton, unlöslich in Wasser, Säuren und Alkalien.

---

[1]) Amthor u. Zink, Zeitschr. f. analyt. Chem. 1897. 36. 1.
[2]) E. Zdarek, Zeitschr. physiol. Chem. 1903. 37. 460.
[3]) Bull. Soc. Chim. 1902. [3.] 27. 997.

Bei der Verseifung mit alkoholischer Kalilauge liefert es 55—70 $\%$ freier Fettsäuren vom Schmelzpunkte 39° C.

Es ist optisch inaktiv und liefert bei der Wasserdampfdestillation Skatol.

Nach Burgess[1] besteht Zibet der Hauptsache nach aus einer kaum flüchtigen Fettsäure von vaselinartiger Konsistenz. Seine Verseifungszahl schwankt zwischen 33 und 114. Zibet wird mit Butter, Schmalz, weicher Seife und Vaseline verfälscht.

C. Wachsarten.

I. Pflanzenwachse.

1. Carnaubawachs.

Cearawachs. — Cire de Carnauba. — Carnauba wax. — Cera di carnauba.

Spezifisches Gewicht bei	Erstarrungspunkt °C.	Schmelzpunkt °C.	Säurezahl	Verseifungszahl	Ätherzahl	Jodzahl	Kritische Lösungstemperatur °C.	Refraktometeranzeige in Zeiß'Butterrefraktometer	Beobachter
15°C. 0·999	—	—	—	—	—	—	—	—	Maskelyne
„ 0·990	—	—	—	—	—	—	—	—	Husemann u. Hilger
„ 0·990	—	85	—	—	—	—	—	bei 40°C. 66	Marpmann
$\frac{90°C.}{15·5°C.}$ 0·8500 $\frac{98°C.}{15·5°C.}$ 0·8422	—	85	4—8	80 bis 84	76	—	—	—	Allen
—	frisch gereinigt 80—81 alt 86—87	85—86 90—91	—	—	—	—	—	—	Schaedler
—	—	84·1	—	—	—	—	—	—	Mills u. Akitt
—	—	84	—	—	—	—	—	—	Wiesner
—	—	83 bis 83·5	—	—	—	—	—	—	Stürcke[2]
—	—	—	4	79	75	—	—	—	v. Hübl
—	—	—	6·5	86·5	80	10·1	—	—	Ulzer
—	—	—	—	93·1	—	—	—	—	Becker
—	—	—	—	94·5 bis 95	—	—	—	—	Valenta[3]
—	—	—	—	—	—	—	154 bis 154·5	—	Crismer
Roh —	—	84	5	88·3	—	—	—	—	Radcliffe[1]
Gebleicht —	—	61	0·56	33 bis 34	—	13·17 (Wijs)	—	—	

[1] The Analyst 1903. 28. 101.
[2] Liebigs Ann. 1884. 223. 283.
[3] Zeitschr. f. analyt. Chem. 1884. 23. 257.
[1] Journ. Soc. Chem. Ind. 1906. 25. 158. — Chem. Rev. üb. d. Fett- u. Harz-Ind. 1906. 13. 86.

Das Carnaubawachs scheidet sich an der Innenseite der Blätter der in Brasilien heimischen Carnauba- oder Wachspalme, Coripha cerifera *Linn.* (Copernicia cerifera *Mart.*) in Gestalt eines schuppigen Pulvers aus. Zu seiner Gewinnung werden die Blätter abgeschnitten und in der Sonne getrocknet. Hierauf werden sie gespalten und so lange geklopft, bis kein Pulver mehr abfällt. Dieses wird zur Reinigung mit Wasser ausgekocht, in Formen gegossen und dann erstarren gelassen. Die Blätter können während 6 Monaten zweimal monatlich abgeschnitten werden. 2000 Blätter liefern 16 kg Wachs.[1])

Das rohe Wachs ist schmutzig grünlich oder gelblich, sehr hart und brüchig und läßt sich zu Pulver zerreiben. Es löst sich in Äther und in kochendem Alkohol vollständig auf, die Lösungen erstarren beim Erkalten unter Abscheidung einer bei 105°C. schmelzenden, kristallinischen Masse, beim Verbrennen hinterläßt es ca. 0·43 % Asche.

Das Carnaubawachs besteht vornehmlich aus Cerotinsäure-Myricylester, etwas freier Cerotinsäure und Myricylalkohol, welcher dem Wachs durch kalten Alkohol entzogen werden kann.

Stürcke bestreitet die Anwesenheit freier Cerotinsäure, doch spricht die Säurezahl für deren Vorkommen im Carnaubawachs.

Ferner enthält es nach Stürcke[2]) einen bei 59° C. schmelzenden Kohlenwasserstoff, einen Alkohol $C_{27}H_{56}O$, einen zweiwertigen Alkohol $C_{25}H_{52}O_2$, die Carnaubasäure $C_{24}H_{48}O_2$ und eine Oxysäure $C_{21}H_{42}O_3$ oder deren Lacton.

Es läßt sich auch mit alkoholischer Kalilauge nur sehr schwer verseifen; dies dürfte der Grund der geringen Übereinstimmung sein, welche die oben angeführten Verseifungszahlen zeigen.

Nach Allen und Thomson sind 54·87 % des Carnaubawachses nicht verseifbar, nach Stürcke 55 %.

Es wird zur Kerzen- und Wachsfirnisfabrikation und zu Phonographenwalzen verwendet.

Valenta[3]) hat die Schmelzpunkte von Mischungen von Carnaubawachs mit Stearinsäure, Ceresin und Paraffin bestimmt:

Der Zusatz von Carnaubawachs vom Schmelzpunkte 85° C. beträgt in Prozenten	Mischungen von Carnaubawachs mit		
	Stearinsäure vom Schmelzpunkte 58·5° C.	Ceresin vom Schmelzpunkte 72·7° C.	Paraffin vom Schmelzpunkte 60·13° C.
	° C.	° C.	° C.
5	69·75	79·10	73·90
10	73·75	80·56	79·20
15	74·55	81·60	81·10
20	75·20	82·53	81·50
25	75·80	82·95	81·70

Somit erhöht ein Zusatz von 5 % Carnaubawachs zu einer der

---

[1]) Diario de Pernambuco d. Oils, Colours and Drysalteries 1905.
[2]) Liebigs Ann. 1884. 223. 283.
[3]) Zeitschr. f. analyt. Chem. 1884. 23. 257.

genannten Substanzen deren Schmelzpunkt sehr bedeutend, weitere Zusätze weniger; die Mischungen sind glänzender und fester als die zum Vermischen mit Carnaubawachs verwendeten Körper.

2. Palmwachs.[1])

Cire de palmier. — Palm wax. — Cera di palma.

Der Stamm der Wachspalme, Ceroxylon andicola, und der Klopstockpalme, Klopstockia cerifera, schwitzt namentlich an der Basis der Blätter ein Wachs aus, welches eine Dicke von 6 mm erreichen kann und oft durch eine darauf wachsende Flechte rötlich gefärbt ist. Es wird durch Abkratzen der vorher meist gefällten Stämme gewonnen und stellt ein grauweißes Pulver vor, welches durch Schmelzen über freiem Feuer und Auskochen mit Wasser noch gereinigt wird. Es hat ein spezifisches Gewicht von 0·992—0·995 bei 15° C., erweicht zwar schon durch die Wärme der Hand, schmilzt aber erst bei 102°—105° C. In seiner Härte und Sprödigkeit gleicht es dem Carnaubawachs. Der Bruch ist muschelig.

Das Palmwachs besteht nur zu einem Drittel aus wachsartiger Substanz, zwei Drittel sind harzige Substanzen. Von diesen kann es durch Auflösen in viel kochendem Alkohol befreit werden. Es scheidet sich beim Erkalten als weiße, etwas kristallinische Gallerte aus. Durch Umkristallisieren aus Alkohol noch weiter gereinigt, stellt dieses Wachs eine weißgelbe, dem Bienenwachs ähnliche Masse vor, welche bei 72° C. schmilzt. Es besteht zum Teil aus dem Cerylester der Cerotinsäure und dem Melissylester der Palmitinsäure.

Das Palmwachs kann wegen seines hohen Harzgehaltes nur mit einem Zusatz von Talg, welcher seine Brennbarkeit und Sprödigkeit herabdrückt, für die Kerzendarstellung verwendet werden. Auch zur Fabrikation von Wachszündhölzchen wird es wegen des schönen, hellen Lichtes, das es bei wenig Rauchentwicklung liefert, und wegen des angenehmen Harzgeruches benützt.

3. Raphiawachs.[2])

Cire de Raphia. — Raphia wax.

Spez. Gewicht	Schmelzpunkt	Beobachter
ca. 0·950	82° C.	Jumelle
—	80° C.	Haller

Die Blätter der den Raphiabast liefernden Palme, Raphia Ruffia *Mart.* (Raphia pedunculata *T. B.*) enthalten ein Wachs, welches aus den Blattresten nach Entfernung des Bastes gewonnen werden kann, wenn man sie trocknet und in großen Tüchern klopft.

Es ist dem Carnaubawachs ähnlich, hat eine gelbe bis braune Farbe, ist sehr spröde und läßt sich daher leicht pulvern.

---

[1]) Bonastre, Journ. de Pharm. 14. 349. — Boussingault, Ann. de Chim. et de Phys. 1903. 29. 333.

[2]) H. Jumelle, Compt. rend. 1905. 141. 1251.

In siedendem Alkohol ist es zu ca. 90 $^0/_0$ löslich, scheidet sich jedoch beim Erkalten als weiße Masse aus, welche beim Trocknen wieder zerreiblich und beim Schmelzen wieder braun wird.

In kaltem Alkohol und in den anderen Fettlösungsmitteln ist es unlöslich oder fast unlöslich.

Das beste Lösungsmittel scheint siedendes Benzol zu sein, welches das Wachs völlig aufnimmt. Unter 10 mm Druck destilliert das Wachs zwischen 280° und 300° C. über. Das Destillat ist schwach rosa gefärbt und entspricht, so wie das Rohprodukt und der in Alkohol lösliche Teil, der Formel $C_{20}H_{42}O$. Es ist seinem Verhalten nach ein Alkohol und ist dem derselben Formel entsprechenden, aus Arachinsäuremethylester durch Reduktion mit Natrium in absolutem Alkohol erhaltenen Arachisalkohol zwar ähnlich, jedoch nicht mit ihm identisch (Haller[1]).

4. Pisangwachs.[2]

Cire de pisang, de bananier. — Plantain wax.

Spez. Gewicht bei 15° C.	Schmelzpunkt	Säurezahl	Verseifungszahl	Beobachter
0·903—0·970	79°—81° C.	2—3	109	Greshoff u. Sack

Dieses Wachs wird auf ähnliche Weise wie das Carnaubawachs aus den Blättern einer Musaart gewonnen. Es ist weiß, von kristallinischer Struktur, in siedendem Alkohol wenig, in siedendem Terpentinöl, Amylalkohol und Schwefelkohlenstoff jedoch leicht löslich.

Bei der trockenen Destillation liefert es einen Kohlenwasserstoff $C_{16}H_{34}$ und eine von der Cerotinsäure verschiedene Säure $C_{27}H_{54}O_2$ vom Schmelzpunkt 58° C. Greshoff und Sack haben aus diesem Wachse die Pisangcerylsäure $C_{24}H_{48}O_2$ vom Schmelzpunkt 71° C. und den Pisangcerylalkohol $C_{31}H_{28}O$ vom Schmelzpunkt 78° C. isoliert.

Es ist demnach der Hauptmenge nach der Pisangcerylester der Pisangcerylsäure.

5. Gondangwachs,[3] Javanisches Pflanzenwachs.

Spezifisches Gewicht bei 15° C.: 1·015.

Es stammt von Ficus ceriflua und bildet außen braune, innen gelbliche Stücke. Das durch Umkristallisieren aus siedendem Alkohol, in welchem es bei dauerndem Kochen zum größten Teile löslich ist, gereinigte Wachs schmilzt bei 61° C.

Greshoff und Sack haben aus diesem Wachse die Ficocerylsäure von der Formel $C_{13}H_{26}O_2$ und dem Schmelzpunkt 57° C. und den Ficocerylalkohol $C_{17}H_{28}O$ vom Schmelzpunkt 198° C. isoliert.

Bei der trockenen Destillation des Wachses wurde neben Essig-

---

[1] Compt. rend. 1907. 144. 594.

[2] Greshoff u. Sack, Rev, trav. chim. des Pays-Bas et de la Belge 1901. 19. 65. — Chem. Zeitg. Rep. 1901. 25. 177.

[3] Rec. trav. chim. des Pays-Bas et de la Belge 1901. 20. 65. — Chem. Zeitg. Rep. 1901. 25. 177.

säure, Propionsäure und Wasser eine ölige Flüssigkeit erhalten, welche einen Kohlenwasserstoff $C_{14}H_{26}$, eine bei 55° C. schmelzende Säure $C_{12}H_{24}O_2$ und einen bei 51° C. schmelzenden Alkohol $C_{44}H_{88}O$ enthielt.

6. Okubawachs.[1])

Spezifisches Gewicht bei 15° C.: 0·920.

Schmelzpunkt: 40° C.

Es stammt aus den Nüssen der Früchte des in Brasilien einheimischen Okubastrauches Myristica ocuba *H. B.* Die Nüsse werden zerquetscht und mit Wasser ausgekocht, wobei das Wachs schmilzt und an die Oberfläche steigt. Die Samen liefern ca. 20 % des weißen zur Herstellung von Kerzen geeigneten, dem Bienenwachse ähnlich aussehenden Wachses.

Dieses Wachs scheint kein reines Wachs, sondern ein Gemenge von Wachs, Fett und einem Harz zu sein.

In kaltem Alkohol ist es schwer, in siedendem Alkohol und Äther hingegen leicht löslich.

7. Flachswachs.[2])
Cire de lin. — Flax wax.

Spez. Gew. bei 15° C.	Schmelzpunkt	Verseifungszahl	Jodzahl	Hehner-Zahl	Reichert-Meißlsche Zahl	Beobachter
0·9083	61·5° C.	101·5	9·61	98·3	9·27	Hoffmeister

An der Oberfläche der unversponnenen Flachsfaser befindet sich eine wachsartige Substanz, welche ihr die Geschmeidigkeit („Griffigkeit") und den charakteristischen Geruch verleiht.

Es ist eine je nach der Darstellung weiße, gelbliche bis grünlichbraune Masse, von intensivem, beinahe unangenehmem Flachsgeruch und mattem, wachsartigem Bruch.

In Alkohol löst es sich teilweise, in Chloroform nur schwer, in allen übrigen Fettlösungsmitteln dagegen leicht und vollständig.

Zusammensetzung: Der sog. unverseifbare Rückstand beträgt 81·32 % des Wachses und besteht aus einem ceresinähnlichen Kohlenwasserstoffgemenge vom spez. Gew. 0·9941 bei 10° C. und dem Schmelzpunkte 68° C., ferner aus Cerylalkohol und Phytosterin. Der übrige Teil ist ein Gemenge der verschiedenen Fettsäuren, der Hauptmenge nach Palmitinsäure, außerdem Stearinsäure und Ölsäure. Das weiter von Hoffmeister angeführte Vorkommen von Linol-, Linolen und Isolinolensäure ist in nennenswerter Menge nach der niedrigen Jodzahl ausgeschlossen. Überdies ist eine kleine Quantität eines scheinbar aldehydartigen, flüchtigen Körpers vorhanden.

Der Gehalt an freier Säure wurde von Hoffmeister zu 27·39 %, als Ölsäure berechnet, gefunden (Säurezahl 54·49), was im Widerspruch mit dem hohen Gehalt an unverseifbaren Substanzen steht.

---

[1]) Organ f. d. Öl- u. Fetthandel 1901. 35. — Chem. Rev. üb. d. Fettu. Harz-Ind. 1901. 8. 213.
[2]) C. Hoffmeister, Ber. d. deutsch. chem. Ges. 1903. 36. 1047.

8. Curcaswachs.

Das auf der Rinde von Jatropha curcas befindliche Wachs wurde von J. Sack[1]) als ein Gemisch von Melissylalkohol und dem Melissinsäureester des Melissylalkohols erkannt.

9. Schellackwachs.[2])

Aus Körnerlack im Laboratorium hergestelltes Wachs:

Schmelzpunkt: 59°—60° C.

Verseifungszahl: 57·6.

Acetylzahl: 57·4.

Technisches Schellackwachs:

Säurezahl: 2—4.

Verseifungszahl: 126·4.

Acetylzahl: 5·4.

Jodzahl: 32·8.

Das im Laboratorium aus Körnerlack hergestellte, gelbgrau gefärbte Wachs wurde in der Weise erhalten, daß der Körnerlack mit verdünnter Sodalösung gekocht wurde, wobei sich das Schellackwachs, dessen Ausbeute 0·5—1 °/₀ vom Körnerlack betrug, an der Oberfläche sammelte. An Wachsalkoholen wurden in dieser Probe Cerylalkohol und Myricylalkohol nachgewiesen. Das mittlere Molekulargewicht der Fettsäuren, welche ein schmieriges Aussehen zeigten, wurde zu 278 gefunden.

Die Fettsäuren dürften aus Stearinsäure, Palmitinsäure und Ölsäure bestehen. Der Acetylverseifungszahl 115 und der Verseifungszahl 57·6 nach konnte der Gehalt an freien Wachsalkoholen auf ca. 50 °/₀ geschätzt werden.

Das technische Schellackwachs besaß, wie die oben angegebenen Konstanten des gereinigten Wachses zeigen, eine völlig andere Zusammensetzung. Dasselbe enthielt gleichfalls an Wachsalkoholen Cerylalkohol und Myricylalkohol, aber, wie die kleine Acetylzahl zeigte, nur äußerst wenig in freiem Zustande. Die Säure dieses Wachses war hart, spröde und schwerer als Wasser. Sie war dem Kolophonium sehr ähnlich, dessen Säurezahl 146 sie auch besaß.

Dieses Wachs konnte sohin als ein „Harzwachs" bezeichnet werden. Der wahrscheinliche Erklärungsgrund der eigentümlichen Zusammensetzung dieses Wachses dürfte vielleicht der sein, daß der Schellack mit Kolophonium zusammengeschmolzen wurde, wobei sich dieser interessante Körper bildete.

10. Tuberkelwachs.

Die trockenen Tuberkelbacillenkörper, wie sie bei der Bereitung des Tuberkulins erhalten werden, enthalten (im Mittel von 4 Bestimmungen) 38·95 °/₀ eines wachsartigen Körpers von folgenden Eigenschaften:

Schmelzpunkt	Verseifungszahl	Jodzahl	Hehner-Zahl	Reichert-Meißlsche Zahl	Beobachter
46° C.	60·7	9·92	74·23	2·01	Kresling

---

[1]) Inspectie van den Landbouw in West-Indie 1906. Bull. Nr. 5.
[2]) Benedikt u. Ulzer, Monatsh. f. Chem. 1888. 9. 579.

Die Zusammensetzung wird von Kresling[1]) wie folgt angegeben

$$\begin{array}{ll}
\text{Freie Fettsäuren} & 14\cdot38\;\%\\
\text{Ester} & 77\cdot25\;\text{„}\\
\text{Wachsalkohole} & 39\cdot10\;\text{„ (Schmelzp. }43\cdot5^0\text{—}44^0\,\text{C.)}\\
\text{Lecithin} & 0\cdot16\;\text{„}\\
\text{In Wasser lösliche Stoffe} & 7\cdot3\;\text{„}
\end{array}$$

Zwischen dem Wachsgehalt der Tuberkelbacillen verschiedener Tiere zeigen sich große Unterschiede. Geschwächte Bacillen haben einen größeren Wachsgehalt als virulente.[2])

II. Tierwachse.

A. Flüssige Tierwachse.

1. Spermacetiöl.[3])

Walratöl. — Oleum Cetacei. — Huile de Cachelot, de Spermaceti. — Sperm oil.

Spezifisches Gewicht bei	Verseifungszahl	Jodzahl	Reichertsche Zahl	Temperaturerhöhung b. d. Maumenéschen Probe	Refraktometeranzeige im Oleorefraktometer	Brechungsindex bei 20° C.	Beobachter
15·5°C. 0·875—0·884 } 99°C./15·5°C. 0·833 }	—	—	1·3	45°—47°	—	—	Allen
15·5°C. 0·875—0·890	—	—	—	—	—	—	Lobry de Bruyn
—	123—147, im Mittel 132	—	—	—	—	—	Deering
—	132·5	81·3	—	—	—	—	Thomson u. Ballantyne
—	117	—	—	—	—	—	Holde
—	—	84	—	51°	—	—	Archbutt
—	—	—	—	—	—12 bis —17·5	—	Jean
			Reichert-Meißlsche-Zahl				
—	—	—	—	—	—	1·4646-1·4655	Harvey
20°C. 0·8781	150·3	62·2	0·6	—	—	—	Fendler

Fettsäuren.

Spez. Gew. bei 15·5° C.	Schmelzpunkt	Mittleres Mol.-Gew.	Jodzahl	Beobachter
0·899	—	281—294	—	Allen
—	13·3	305	88·1	Williams
0·8999	18·8	237·7	68·64	Fendler

Spermacetiöl wird aus dem Tran des Pottwals, Physeter macrocephalus, gewonnen. Derselbe scheidet beim Stehen in der Kälte einen festen Anteil, den Walrat (s. dort) ab, welcher von dem flüssigen Spermacetiöl abfiltriert wird.

---

[1]) Arch. des Sc. biolog. St. Petersb. 1903. 9. 359.
[2]) Schweinitz u. Dorset, Journ. Amer. Chem. Soc. 1903. 25. 354.
[3]) Allen, Commercial Organic Analysis 1886.

Das Öl ist hellgelb, dünnflüssig und in seinen besseren Sorten fast geruchlos. Es besteht zum größten Teil aus Estern einatomiger Fett-alkohole, mit einer Säure der Ölsäurereihe, welche Hofstädter[1]) für Physetölsäure hält, was nach Fendler[2]) nicht zutrifft. Daneben hat Hofstädter kleine Mengen einer festen Fettsäure, von Valeriansäure und Glycerin gefunden. Nach Allen sollen jedoch nur Spuren von Glycerin vorhanden sein; dagegen bestätigt Fendler die Gegenwart von Glycerin.

Nach Lewkowitsch[3]) enthält Spermacetiöl ca. 25 $^0/_0$ primärer Alkohole. Allen gibt den Gehalt des Spermacetiöles an Alkoholen mit 35 $^0/_0$ und den an Fettsäuren mit 60—65 $^0/_0$ an. Fendler fand 39 $^0/_0$ Alkohole; die Fettsäuren bestehen nach demselben Forscher aus 85·78 $^0/_0$ flüssigen Fettsäuren (mittl. Molekulargewicht 245·6, Jodzahl 75·6) und 14·22 $^0/_0$ festen Fettsäuren (mittl. Molekulargewicht 231·6).

Die Alkohole sind nach den Untersuchungen von Lewkowitsch ungesättigter Natur. Ihre Jodzahlen schwanken zwischen 46·48 und 84·90 und die Verseifungszahlen ihrer Acetylprodukte zwischen 161·4 und 190·2.

Der Gehalt an freien Fettsäuren ist im Spermacetiöl ein sehr geringer, 0·11—0·42 $^0/_0$ (Deering).

Für die Prüfung des Spermacetiöles auf seine Reinheit sind maß-gebend:

Das auffallend niedrige spezifische Gewicht, welches alle Zusätze mit Ausnahme anderer flüssiger Wachse und der Mineralöle zu entdecken gestattet.

Die niedrige Verseifungszahl, welche durch Zusatz fetter Öle erhöht, durch Mineralöle erniedrigt wird.

Gleichzeitige Zusätze von fettem Öl oder Tran und Mineralöl, wie solche von Lobry de Bruyn[4]) konstatiert worden sind, können jedoch eine normale Verseifungszahl bedingen. In solchen Fällen wird die Ermittlung des Prozentsatzes an Unverseifbarem und die Acetylzahl und Jodzahl des Unverseifbaren Klarheit schaffen. Die Löslichkeit des unverseifbaren Anteiles in Alkohol wird ferner um so geringer sein, je größer die zugesetzte Mineralölmenge war.

Andrerseits bewirken die in absolutem Alkohol völlig löslichen Wachsalkohole, welche ca. 40 $^0/_0$ des Spermacetiöles ausmachen, daß die sonst in Alkohol unlöslichen Mineralöle vom absoluten Alkohol aufgenommen werden und so, wenn sie nicht in größerer Menge zugegen sind, auch gänzlich übersehen werden können. Daher schlägt L. M. Nash[5]), welcher diese Beobachtung gemacht hat, vor, zur diesbezüglichen Untersuchung des Spermacetiöles nicht absoluten Alkohol, sondern einen solchen vom spez. Gew. 0·8345 zu benützen.

[1]) Liebigs Ann. 1854. 91. 177.
[2]) Chem. Zeitg. 1905. 29. 555.
[3]) Chem. Zeitg. 1893. 17. 1453.
[4]) Chem. Zeitg. 1893. 17. 1453.
[5]) The Analyst 1904. 3. — Chem. Rev. üb. d. Fett- u. Harz-Ind. 1904. 11. 54.

Zur Prüfung des unverseifbaren Anteiles werden 5 g Öl mit 25 ccm alkoholischer Natronlauge gekocht, mit Wasser verdünnt, mit Petroläther ausgeschüttelt, abdestilliert und der Rückstand gewogen und mit dem $2^1/_2$ fachen Volumen Essigsäureanhydrid eine halbe Stunde lang gekocht. Auch das Mineralöl löst sich beim Kochen im Essigsäureanhydrid ganz auf, scheidet sich jedoch beim Abkühlen fast völlig wieder ab. Aus der Lösung der Acetylprodukte der Alkohole im Essigsäureanhydrid scheiden sich durch Erwärmen mit Wasser die Acetylprodukte der Alkohole ab.

Konzentrierte Schwefelsäure färbt braun, beim Umrühren wird die Farbe dunkler und violettstichig. Haifischlebertran, der als Verfälschung dient, wird erst violett, beim Umrühren rot bis rotbraun.

Spermacetiöl ist bei gewöhnlicher Temperatur dünnflüssiger als alle fetten Öle, seine Viscosität nimmt aber bei höherer Temperatur beträchtlich weniger ab. Allen fand z. B. die Ausflußzeiten bei 15·5° C., 50° C. und 100° C. für Spermacetiöl zu 80, 47 und 38, für Rüböl zu 261, 80 und 45 Sekunden.

Spermacetiöl ist, da es schwer ranzig wird und nicht verharzt, ein sehr geschätztes Spindelöl.

2. Döglingtran.

Döglingöl, Entenwalöl. — Oleum Physeteris. — Huile de l'hyperoodon. — Arctic sperm oil, Bottlenose oil.

Spezifisches Gewicht bei	Verseifungszahl	Jodzahl	Reichertsche Zahl	Temperaturerhöhung bei der Maumenéschen Probe	Beobachter
15° C. 0·880	—	—	—	—	Goldberg
„ 0·8808 93°—99° C. 0·8274 15·5° C.	} 126	—	1·4	41°—47°	Allen
15° C. 0·8799	130·4	82·1	—	—	Thomson u. Ballantyne
—	123—134	80·4	—	42°	Archbutt
—	121·5	—	—	—	Bull
—	—	80—85	—	—	Winnem

Das Döglingöl[1]) oder der Döglingtran stammt vom Entenwal, Hyperoodon rostratus, und von Hyperoodon diodon, *Lacépède*. Der Entenwal (Bottlenose) wird im Nordeismeer viel gefangen. Der „Tran" wird meist sofort in Kochkesseln, welche sich auf den Fangschiffen befinden, ausgekocht. Das so gewonnene „Süßöl" ist hell gefärbt und besitzt einen angenehmen Geruch. Das feste Wachs (Spermacet) wird aus der Handelsware soweit als möglich entfernt. Schottische Öle enthalten davon nur sehr wenig, norwegische Öle mehr. Der nicht sofort ausgeschmolzene Speck liefert ein rotes, nach Fäkalien riechendes Öl, da er im Sommer eine Art Gärung durchmacht. Dieses dunkle Öl wird in eisernen, flachen Kesseln der Sonne ausgesetzt, wo es ausbleicht.

---

[1]) Goldberg, Chem. Zeitg. Rep. 1890. 14. 295.

Der Geruch dieses Öles bleibt jedoch schlecht und ist schwer zu entfernen. Auch dieses Öl enthält viel Spermacet, von dem es sich nur schwierig vollständig trennen läßt.

Bei 5° C. wird das Döglingöl dickflüssig. In seinen Eigenschaften steht es dem Spermacetiöle äußerst nahe.

Es soll nach Scharling hauptsächlich aus dem Dodekatyläther der Döglingsäure bestehen, was jedoch noch der Bestätigung bedarf. Goldberg hat die Gegenwart des Palmitinsäurecetylesters im Döglingöl konstatiert; derselbe scheidet sich beim Abkühlen aus dem Öle aus.

Nach Goldberg lösen 100 Teile kochenden Alkohols (spez. Gew. 0·812) 0·40 Teile des Öles.

Die Säurezahl fand Winnem[1]) für Süßöl zu 0·5—1, für gebleichtes Öl zu 2·5—3. Eine von Bull[2]) untersuchte Probe besaß die Säurezahl 3·4. Den Glyceringehalt dieser Probe fand Bull zu 1·75 %.

Das Döglingöl, welches auch unter dem Namen „Arktisches Spermacetiöl" in den Handel kommt, wird als Verfälschungsmittel für Spermacetiöl vielfach benützt; es eignet sich nach Goldberg und Boeck insbesondere für medizinische Zwecke.[3])

3. Bürzeldrüsenöl.[4])

Der Ätherextrakt der Bürzeldrüse ist ein gelbes bis bernsteinfarbiges, neutrales Öl, welches beim Stehen einen festen Körper ausscheidet. Es ist frei von Cholesterin und seinen Estern, enthält nur wenige Glyceride, dagegen die Hauptmenge der Fettsäuren an Octadekylalkohol gebunden; das Sekret der Bürzeldrüse ist daher den flüssigen Wachsarten zuzuzählen.

Der Octadekylalkohol beträgt 40—45 % des Bürzeldrüsenextraktes.

Die Fettsäuren der Bürzeldrüse bestehen aus Ölsäure, geringen Mengen Caprylsäure, denen vermutlich Palmitinsäure, Stearinsäure, sowie optisch-aktive Isomere der Laurin- und Myristinsäure beigemischt sind. Letztere sind nicht in reinem Zustande isoliert worden.

B. Feste Tierwachse.

1. Wollfett.[5])

Wollschweißfett. — Suint. — Wool fat, wool grease.

Die Hautdrüsen des Schafes sondern ein Fett ab, welches die Wolle durchtränkt und nebst den anderen Verunreinigungen (dem Wollschweiß, Kot usw.) vor der Verarbeitung der Wolle entfernt werden muß.

---

[1]) Chem. Rev. üb. d. Fett- u. Harz-Ind. 1901. 8. 199.
[2]) Chem. Zeitg. 1900. 24. 845.
[3]) Chem. Zeitg. Rep. 1894. 18. 123; nach Apoth.-Zeitg. 1894. 9. 313.
[4]) F. Röhmann, Beitr. z. chem. Physiol. u. Pathol. 1904. 5. 110.
[5]) G. Hefter, Rohes Wollfett u. Lanolin, Die chem. Ind., 1894. 17. 149. — W. Herbig, Die Verwert. d. Abfallprod. d. Wollwäsch., Zeitschr. ges. Textil-Ind. 1899/1900. 3. 71. — Donath u. Margosches, Das Wollfett, seine Gewinnung, Zusammensetzung, Untersuchung, Eigenschaften u. Verwertung, Samml. chem. u. chem.-techn. Vortr., herausgeg. v. Ahrens 1901. 6. Heft 2—4. — Margosches, Techn. Fortschritte a. d. Gebiete d. Wollfettes, Zeitschr. ges. Textil-Ind. 1903/04. 7. Heft 21—25. — Chem. Rev. üb. d. Fett- u. Harz-Ind. 1903. 10. 103.

Das Wollfett führt diesen Namen nicht mit Recht, da es vermöge seiner chemischen Zusammensetzung als Wachs bezeichnet werden muß.

Es ist in wechselnder Menge in der Wolle enthalten. Von Einfluß ist hierbei hauptsächlich die Rasse des Schafes und das Klima.

Abstammung resp. Art der Wolle	Prozentgehalt an Fett	Analyse von
Wolle eines in der Ebene gezogenen Schafes	7·17	Märcker u. Schulze[1]
Wolle des Vollblut-Rambouilletschafes .	14·66	„ „
Pechschweißwolle	34·19	Schulze u. Barbieri[2]
Merinowolle	27	Ed. Heiden[3]
Rohwolle aus Neuseeland	16·6	Herbig[4]
„ vom australischen Festland . .	16	„
„ aus Südamerika (Buenos-Ayres)	13·2	„
„ aus Rußland (Schweißwolle) .	6·6	„

Gewinnung. Die Gewinnung des rohen Wollfettes erfolgt entweder durch Extraktion mit flüchtigen Lösungsmitteln (Schwefelkohlenstoff, Tetrachlorkohlenstoff, Naphtha, Benzin, Amylalkohol, Äther) oder, und zwar in hervorragendem Maße, durch Waschen. Als Waschmittel verwendete man ursprünglich gefaulten Harn, jetzt Alkalicarbonatlösungen, welche kein freies Alkali enthalten dürfen, oder Seifenlösungen.

Diesem Waschen geht ein Entschweißen durch Behandeln mit Wasser voraus, welches die Wolle vom Wollschweiße (den in Wasser löslichen Verunreinigungen, hauptsächlich Kalisalzen) befreit, dann folgt noch ein Spülen mit Wasser. Alle drei Operationen werden meist in der sogenannten Leviathanwollwaschmaschine vorgenommen.

Die Wollwaschwässer sind als eine Emulsion des Wollfettes in einer Seifenlösung zu betrachten. Um das Wollfett daraus zu isolieren, schlägt man gewöhnlich einen von den zwei folgenden Wegen ein.

Durch Zusatz von Schwefelsäure werden die Seifen zersetzt. Das Gemisch von neutralem Wollfett und Fettsäuren wird filtriert, hierauf kalt gepreßt, um das Wasser zu entfernen, dann warm gepreßt, wobei die groben, festen Verunreinigungen zurückbleiben.

Der zweite Weg ist der, daß die Alkaliseifen durch Fällung mit Chlorcalcium in unlösliche Kalkseifen verwandelt werden und das Gemisch des Wollfettes und der Kalkseifen durch Zusatz von Salzsäure in ein Gemisch von Wollfett und freien Fettsäuren verwandelt wird (Vohl[5]).

An Stelle des Chlorcalciums wurde auch Magnesiumsulfat in Vorschlag gebracht, ferner von Neumann eine Fällung mit Kalkmilch unter nachherigem Zusatz von Magnesiumsulfat und Ferrosulfat (?).

Die so erhaltenen Rohfette sind stark wasserhaltig und dunkel gefärbt. Sie werden daher häufig einer teilweisen Reinigung unterzogen, indem man sie mit Schwefelsäure und hierauf mit Wasser kocht und

---

[1]) Journ. f. prakt. Chem. 1869. 108. 193.
[2]) Journ. f. Landw. 1879. 27. 125.
[3]) Landw. Vers.-Stat. 1866. 8. 450.
[4]) Dinglers Polyt. Journ. 1894. 292. 44.
[5]) Dinglers Polyt. Journ. 1867. 185. 465.

dieses längere Zeit abstehen läßt. Schließlich kann noch ein Bleichen des' Fettes mit einer Lösung von Kalium- oder Natriumbichromat in verdünnter Schwefelsäure erfolgen, wobei sehr darauf zu achten ist, daß zur Erzielung einer innigen Mischung der Bleichflüssigkeit und des Bleichgutes die Temperatur den Schmelzpunkt des Fettes nicht viel übersteigt.

Die vorläufige Reinigung des Wollfettes wird in der norddeutschen Wollkämmerei und Kammgarnspinnerei in Bremen wie folgt vorgenommen:

Das von den Waschmaschinen ablaufende Waschwasser wird von Ton, Sand, Wollfasern usw. befreit und mit saurer Chlorcalciumlösung gefällt. Der sich ausscheidende „Suinter" besteht aus Schmutzbestandteilen der Wolle, Erdalkaliseifen und unverseiftem Fett. Er wird geschlämmt. Die spezifisch leichteren Anteile, welche zugleich die niedriger schmelzenden sind, werden erst vom Wasser weggeführt, während die Erdalkaliseifen und ein Teil des Wollwachses zurückbleiben.

Das aus diesem Prozesse resultierende Wollfett hat natürlich einen höheren Schmelzpunkt.

Das Wollfett stellt im rohen Zustande eine schmierige, unangenehm riechende, gelbe oder braune Masse dar, welche durch die Fähigkeit, Wasser in größerer Menge in sich aufzunehmen, ausgezeichnet ist.

Zusammensetzung. Aus der Beschreibung der Gewinnungsmethoden ist leicht ersichtlich, daß es auf die Zusammensetzung des Wollfettes von bedeutendem Einfluß ist, ob es durch Extraktion oder durch Waschen mit Alkalicarbonat- oder Seifenlösung und nachherige Behandlung mit Mineralsäuren gewonnen wurde. Im ersten und zweiten Fall enthält es Kalisalze von Fettsäuren, die ihm aber schon von Natur aus angehörten, im letzteren Falle fehlen diese Salze, dagegen enthält es die Fettsäuren der zum Waschen verwendeten Seife, welche 20—28$^0/_0$ des Handelswollfettes ausmachen.

Dieser Unterschied macht sich insbesondere in der erhöhten Säurezahl bemerkbar.

Vollständig aufgeklärt ist die Zusammensetzung des Wollfettes noch immer nicht.

Es besteht der Hauptsache nach aus Fettsäureestern einwertiger Alkohole und den Komponenten dieser Ester, also freien Fettsäuren und freien Alkoholen.

Von Fettsäuren finden sich — von den aus der Waschseife stammenden Fettsäuren sei natürlich abgesehen — nach G. de Sanctis[1])

vornehmlich: Palmitinsäure,
Cerotinsäure;

wenig: Capronsäure,
Ölsäure;

sehr geringe Mengen: Stearinsäure,
Isovaleriansäure,
Buttersäure

---

[1]) Gaz. chim. ital. 1894. 24. 14.

Wollfett.

Abstammung des Wollfettes	Schmelzpunkt °C.	Säurezahl	Verseifungszahl	Gesamt-Säurezahl *	Jodzahl	Reichert-Meißlsche Zahl	Unverseifbarer Anteil (Alkohole) %	Refraktion bei 40° C.	Beobachter
Neuseeland	—	14·29	106 bis 108·8	—	—	—	43·3 bis 43·9	—	Herbig
Australien	—	15·48	102·5 bis 103·5	—	—	—	—	—	
„	—	—	—	101·0	20·2	6·7	—	—	Ulzer u. Seidel[1]
Südamerika	—	13·22	88·2 bis 91·38	—	—	—	43·1 bis 43·6	—	Herbig
„	—	—	—	96·7	21·1	9·9	—	—	Ulzer u. Seidel
Rußland	—	13·90	77·8 bis 78·3	—	—	—	38·7 bis 39·1	—	Herbig
—	—	—	98·3	—	—	—	—	—	Allen
—	—	—	—	114·8 bis 121·2	—	—	—	—	Cochenhausen
—	38·5	10·65	146·02	105·58	23·69	5·91	—	1·4786	Utz
—	—	—	—	—	35·3 (nach Wijs)	—	—	—	Visser

* Siehe Seite 1062.

und nach **Darmstaedter** und **Lifschütz**[2]) auch:

Myristinsäure,
Carnaubasäure;

ferner eine Dioxyfettsäure $C_{30}H_{60}O_4$, die Lanocerinsäure und eine Säure $C_{16}H_{32}O_3$, die Lanopalminsäure genannt wurde.

Die von **Bornträger**[3]) in den Wollfettsäuren vermutete Gegenwart von **Margarinsäure** ist, wie auch **Fahrion**[4]) erwähnt, höchst zweifelhaft. Die Angabe **Bornträgers**, daß das Wollfett 62·3 % Ölsäure enthält, ist als unrichtig zu bezeichnen.

Die **Alkohole** des Wollfettes sind außer:

Cholesterin,
Isocholesterin,
Cerylalkohol

nach **Marchetti**[5]) noch ca. 10 % Lanolinalkohol $C_{12}H_{24}O$ und nach

---

[1]) Zeitschr. f. angew. Chem. 1896. 9. 349.
[2]) Ber. d. deutsch. chem. Ges. 1896. 29. 618. 1474 u. 2890.
[3]) Zeitschr. f. analyt. Chem. 1900. 39. 505.
[4]) Chem. Zeitg. 1900. 24. 978.
[5]) Gaz. chim. ital. 1895. 25. I. 22. — Ber. d. deutsch. chem. Ges. 1896. 29. 19.

Darmstaedter und Lifschütz[1]) ein Carnaubylalkohol genannter Alkohol $C_{24}H_{50}O$, welcher durch Oxydation in Carnaubasäure übergeführt wird.

Außerdem soll das Wollfett nach denselben Autoren ein hydratisiertes Cholesterin und drei weitere noch nicht näher untersuchte Alkohole enthalten.

Die größere Menge der Alkohole ist ungesättigter Natur. v. Cochenhausen[2]) hat versucht, zur Eruierung der gesättigten, einwertigen Alkohole im Wollfette und zu ihrer Trennung von den ungesättigten Alkoholen die Schwefelsäureverbindungen der Alkohole darzustellen. Er fand auf diese Weise $\pm$ $^0/_0$ gesättigter Alkohole im Wollfette, von welchen ein Teil Cerylalkohol ist.

Das „Weichfett", welches ca. 85—90 $^0/_0$ des Wollfettes ausmacht, enthält nach Darmstaedter und Lifschütz[3]):

ca. 40—45 $^0/_0$ Fettsäuren,
„ 55—60 „ Alkohole.

Lewkowitsch[4]) hat ferner im Wollfett die Gegenwart von Lactonen konstatiert. Außerdem enthält es eine kleine Menge Kalisalze niedriger Fettsäuren.

Glycerin konnte von G. de Sanctis, Benedikt, Utz und anderen nicht nachgewiesen werden.

Die Gegenwart von stickstoffhaltigen Körpern, welche Lidoff[5]) nachgewiesen zu haben glaubte — er gibt den Stickstoffgehalt des Wollfettes zu $1{\cdot}5$—3 $^0/_0$ an —, wurde von Darmstaedter und Lifschütz in Abrede gestellt.

Nach der Behandlung von Wollfett mit Alkali in der Kälte fand Henriques[6]) im unverseiften Anteile die Gegenwart eines mit Bisulfit reagierenden Körpers aldehydartiger Natur.

Gereinigtes Wollfett.

Lanolinum anhydricum Liebreich. — Adeps Lanae. — Lanesin. — Aguine.

Die Verfahren, das rohe Wollfett zu reinigen, zielen hauptsächlich auf den Endzweck hin, ein neutrales Wollfett herzustellen, welches frei von jeder Verunreinigung, von freien Fettsäuren und Seifen ist.

Die zu diesem Zwecke nötigen Operationen können sowohl mit den Wollwaschwässern selbst, welche, wie erwähnt, als natürliche Emulsionen des Rohlanolins bezeichnet werden können, vorgenommen werden, wie mit künstlichen, aus käuflichem Rohfette hergestellten Emulsionen.

Nach einer durch das deutsche Reichspatent 22516 vom 20. Oktbr. 1882 und das deutsche Reichtspatent 38444 vom 17. Novbr. 1885 ge-

---

[1]) Ber. d. deutsch. chem. Ges. 1896. 29. 618. 1474 u, 2890.
[2]) Dinglers Polyt. Journ. 1897. 303. 283.
[3]) Ber. d. deutsch. chem. Ges. 1898. 31. 97.
[4]) Chem. Zeitg. Rep. 1896. 20. 65.
[5]) Journ. d. russ. phys. chem. Ges. 29. 214 u. 308.
[6]) Zeitschr. f. angew. Chem. 1897. 10. 366 u. 398.

schützten Methode werden die Wollwaschwässer, nachdem man eventuell die gelösten Seifen durch Salze der alkalischen Erden gefällt hat, durch Zentrifugieren in eine rahmartige und eine wässerige Schichte getrennt. Die erstere wird durch Erwärmen in wasserfreies Fett und Wasser geschieden, die Fettschichte wiederholt gewaschen und das Rohlanolin mit siedendem Aceton extrahiert. Man gewinnt durch Abdestillieren der Lösung das säurefreie Wollfett, welches durch Zusammenkneten mit Wasser das Lanolin ergibt.

Das Verfahren ist vielfach abgeändert worden.

Die physikalischen und chemischen Konstanten von gereinigtem Wollfett sind in der folgenden Tabelle zusammengestellt.

	Spezifisches Gewicht bei	Erstarrungs-punkt ° C.	Schmelz-punkt ° C.	Säurezahl	Verseifungs-zahl	Gesamt-Säurezahl	Jodzahl	Hehner-Zahl	Reichert-Meißlsche Zahl	Acetyl-Verseifungs-zahl	Refrakto-meteranzeige bei 40° C.	Beobachter
	15° C. 0·973	—	—	—	—	—	—	—	—	—	—	Schädler
	98·5° C. / 15·5° C. 0·9017	—	—	—	98·3	—	—	—	—	—	—	Allen
	—	—	36 bis 41	0·54	—	—	—	—	—	—	—	Benedikt
	—	—	39 bis 42·5	—	—	—	—	—	—	—	—	Stöckhardt
	—	—	—	0·8 bis 1·33	105	—	16	—	—	108·7 bis 122·5	—	Ulzer
Vier Proben	15° C. 0·9322 bis 0·9442	37·5 bis 40·0	35·5 bis 37·1	0·28 bis 0·7	84·24 bis 98·28	72·88 bis 76·38	15·32 bis 17·61	—	4·68 bis 6·88 (Reichertsche Zahl)	—	1·4781 bis 1·4822	Utz [1]
Russisches	50° C. 0·912	38 bis 39·8	40 bis 41·5	4·31	127	—	15	91·4	6·16	—	—	Lomidse [2]

Das gereinigte Wollfett stellt eine lichtgelbe, durchscheinende Masse von schwachem, nicht unangenehmem Geruche und salbenartiger Konsistenz vor, welche nicht ranzig wird. Es ist nur wenig löslich in Alkohol, leicht in Chloroform und Äther.

Seine wertvollste Eigenschaft ist die Fähigkeit, bedeutende Wassermengen aufzunehmen und damit haltbare Emulsionen zu bilden.

Das käufliche Lanolin ist gereinigtes Wollfett, welches einen Wassergehalt von 20—25 % besitzt und infolge desselben eine weiße Farbe zeigt. Es hat die Eigenschaft, sich mit weiter zugesetztem Wasser durch Zusammenkneten vermischen zu lassen, ohne seine salbenartige Konsistenz zu verlieren.

---

[1] Chem. Rev. üb. d. Fett- u. Harz-Ind. 1906. 13. 249 u. 275.
[2] Pharm. Journ. 1901. 40. 487. — Chem. Zeitg. Rep. 1902. 26. 43. — Chem. Rev. üb. d. Fett- u. Harz-Ind. 1902. 9. 83.

E. Dieterich[1]) hat die „Wasseraufnahmefähigkeit" des Lanolins und einiger anderer Fette und Fettmischungen in der Weise ermittelt, daß er je 100 g derselben bei 15° C. so lange mit Wasser versetzte, als die Mischung noch homogen blieb.

In dieser Weise behandelt, nimmt Lanolin 105 $^0/_0$ Wasser auf. Die höchste Wasseraufnahmefähigkeit hat ein Gemisch von 80 Teilen Lanolin. anhydr. und 20 Teilen Olivenöl (320 $^0/_0$ Wasser). Große Mengen Wasser werden ferner von einer Mischung aus 20 Teilen weißem Wachs und 80 Teilen Ölsäure (228 $^0/_0$) und von Butterfett (165 $^0/_0$) aufgenommen, während Schweinefett nur 15 $^0/_0$, Paraffinsalbe nur 4 $^0/_0$ Wasser aufnimmt. Zusätze von Bienenwachs erhöhen die Wasseraufnahmefähigkeit der Fette.

Das wasserhältige Lanolin schmilzt beim Erhitzen auf dem Wasserbade und scheidet sich in Wollfett und Wasser.

Benedikt hat eine Probe von Adeps lanae analysiert und folgende Resultate gefunden:

Wassergehalt	9·91 $^0/_0$
Asche	0·017 „
Freie Fettsäuren auf Ölsäure berechnet	0·27 „
Glycerin	0·0 „
Schmelzpunkt	36°—41° C.

Der Wassergehalt in einer Probe von Lanolinum anhydricum wurde von Ulzer zu 0·39 $^0/_0$, derjenige in einer Probe von Adeps lanae zu 0·76 $^0/_0$ gefunden. Utz fand in 4 Proben gereinigten Wollfettes den Wassergehalt zwischen 0·32 und 0·51 $^0/_0$ schwankend. Ein von Lomidse untersuchtes russisches Lanolin enthielt 26·68 $^0/_0$ Wasser.

Das relativ hohe spezifische Gewicht des käuflichen Lanolins findet nach Rakusin in dem Wassergehalt seine Erklärung.

Die erwähnte Probe des russischen Lanolins zeigte bei einer Temperatur von 42°—48° C. eine Rechtsdrehung von 8·8°, bei einer niedrigeren Temperatur hörte jedoch die Polarisation auf.

Rakusin konstatierte an Lanolin eine Rotationskonstante von + 10·2 bis + 11·2 Saccharimetergraden.

Die Konsistenz einer Probe von Lanolinum anhydricum und einer Probe von Adeps lanae wurde von Ulzer vergleichsweise mit Hilfe des Leglerschen Apparates bestimmt, wobei sich das Verhältnis 3 : 1 ergab.

Gereinigtes Wollfett und Lanolin zeigen die Cholesterinreaktionen (S. 230).

Lanolin bildet eine ausgezeichnete Salbengrundlage, weil es nicht ranzig wird, sich mit viel Wasser und allen Medikamenten gut mischen läßt und besser als alle anderen Fette von der Haut aufgenommen wird.

Untersuchung des rohen und gereinigten Wollfettes.

Wasserbestimmung. Zu derselben werden von Wollfett 10 g bei 100°—110° C. bis zum konstanten Gewichte getrocknet. Bei Lanolin, bei welchem die Wasserbestimmung nicht mehr als 30 $^0/_0$ ergeben

---

[1]) Helfenberger Ann. 1889.

darf, werden 10 g der Probe zuerst unter mehrmaligem Zusatz kleiner Mengen Alkohol auf dem Wasserbade und dann bei 100°—110° C. im Luftbade getrocknet.

Utz[1]) verwendet mit gutem Erfolge den Apparat von Gerber, wie er auch zur Bestimmung des Wassergehaltes in der Butter benützt wird (siehe daselbst), auf folgende Weise:

Man füllt in den Butterwasserprüfer verdünnte Schwefelsäure (1:1) bis zur Marke 0, zentrifugiert etwa 2 Minuten lang, um alle Säure von den Wandungen in den unteren Teil des Apparates zu bringen, notiert den Stand der Säure an der Skala und fügt nun mittels des dazugehörigen Glasbecherchens das genau gewogene Lanolin (ca. 5 g) ein.

Man erwärmt nun den Butterwasserprüfer in einem auf ca. 50° C. erwärmten Wasserbade, bis das Fett vollständig geschmolzen ist, und zentrifugiert 3—4 Minuten. Nach dem Erkalten wird der Stand des Wassers an der Skala abgelesen. Bei Verwendung von genau 5 g Lanolin ergibt dieser direkt den Prozentgehalt an Wasser, im anderen Falle läßt sich der Wassergehalt des Wollfettes leicht durch eine einfache Rechnung feststellen.

Die Asche, welche in gewöhnlicher Weise bestimmt wird, betrug bei einer Probe von Lanolinum Liebreich nach E. Dieterich 0·05 °/₀; Lomidse[2]) fand in einer russischen Probe Lanolin 0·078 °/₀ Asche.

Lanolinum anhydricum enthält in der Regel keine wägbaren Mengen von Asche. Rohes Wollfett dagegen hat wechselnde Mengen. So z. B. fand Utz in einer Probe 0·30 °/₀ Asche.

Säurezahl. Die Säurezahl des rohen Wollfettes ist davon beeinflußt, ob das Wollfett durch Extraktion oder durch Waschen mit Seife aus der Wolle gewonnen wurde. Da in diesem Falle die Fettsäuren der Seife sich gleichfalls in dem Fette befinden, so ist dadurch die Säurezahl bedeutend höher. v. Cochenhausen fand für ein derartiges Wollfett den Wert 49·46. Für extrahierte Wollfette fand Herbig die Säurezahlen:

14·29 (Neuseeland), 13·22 (Südamerika),
15·48 (Australien), 13·90 (Rußland).

Dieser Unterschied entfällt bei den gereinigten Produkten, da durch den Reinigungsprozeß die Seifenfettsäuren entfernt werden.

Der Gehalt an freier Säure wird durch Titration der ätherischen Lösung von 10 g Fett mit alkoholischer $^{1}/_{10}$-Normallauge bestimmt. Die Säurezahl des Lanolins soll nicht zu hoch sein und nach B. Fischer 2·8 nicht übersteigen. Ulzer fand die Säurezahl einer Probe von Lanolinum anhydricum zu 0·80, diejenige einer Probe von Adeps lanae zu 1·33, Benedikt gibt für eine Probe von Adeps lanae die Säurezahl 0·54, Utz für 4 Proben die Säurezahlen 0·28—0·70 an, und Lomidse fand für eine russische Lanolinprobe eine Säurezahl 4·31.

Verseifungszahl. Bei der Bestimmung der Verseifungszahl auf die übliche Art zeigen sich häufig Unregelmäßigkeiten in der Weise,

---

[1]) Chem. Rev. üb. d. Fett- u. Harz-Ind. 1906. 13. 249 u. 275.
[2]) Pharm. Journ. 1901. 40. 487. — Chem. Zeitg. Rep. 1902. 26. 43. — Chem. Rev. üb. d. Fett- u. Harz-Ind. 1902. 9. 83.

daß die Verseifungszahl um so größer wird, je länger die Erhitzung dauert. Man hat dies meist auf schwere Verseifbarkeit des Wollfettes zurückgeführt. Henriques wollte diese Erscheinung damit erklären, daß die alkoholische Kalilauge bei längerem Erhitzen angreifend auf die Wollfettalkohole wirke, was aber sowohl von Herbig als auch von Lewkowitsch bestritten wird.

Gegen die allgemein ausgesprochene schwere Verseifbarkeit spricht nach Herbig[1] auch der Umstand, daß die reinen hochmolekularen Ester, aus denen das Wollfett zusammengesetzt ist, wie z. B. Cerotinsäurecholesterinester, Cerotinsäurecerylester und Palmitinsäurecholesterinester schon nach 5 Minuten mit alkoholischer Kalilauge vollständig verseift sind, wenn man sie vorher in Petroläther löst. Er schlägt daher eine derartige Verseifungsmethode für Wollfette vor. Für die Brauchbarkeit dieser Methode fehlen noch Analysenbelege.

Gesamtsäurezahl. Dieser Unsicherheit wegen haben Ulzer und Seidel anstatt der Bestimmung der Verseifungszahl die Bestimmung der Gesamtsäurezahl nach Benedikt und Mangold[2] vorgeschlagen. Zu deren Bestimmung wird das Wollfett mit konzentrierter Kalilauge verseift, die Seife mit Säuren zersetzt und die abgeschiedene Masse, wie zur Bestimmung der Säurezahl titriert.

v. Cochenhausen findet die Gesamtsäurezahl für rohes Wollfett zu 114·8—121·2, Utz zu 105·58, Ulzer und Seidl für ein rohes Wollfett südamerikanischer Provenienz zu 96·7, für australisches zu 101·0.

Für gereinigtes Wollfett fand Utz für 4 Proben die Werte zwischen 72·88 und 76·38.

Jodzahl. Dieselbe ist, wie die Tabellen zeigen, ziemlich niedrig, sie wird durch Zusatz fetter Öle natürlich erhöht. Bei Rohfett auch in dem Falle, wenn dasselbe die Seifenfettsäuren enthält.[3]

Bestimmung der unverseifbaren Bestandteile (Fettalkohole[4]).

Zur Bestimmung des unverseifbaren Anteiles verfährt Herbig[4] wie folgt:

Eine gewogene Menge der Probe wird mit alkoholischer Kalilauge verseift, mit Chlorcalciumlösung versetzt (wobei nur ein geringer Überschuß der Chlorcalciumlösung zu verwenden ist), verdünnt, filtriert, der Niederschlag mit sehr verdünntem Alkohol gewaschen, bei möglichst niedriger Temperatur im Vakuum getrocknet und mit Aceton extrahiert.

Nach dem Abdestillieren des Acetons wird der Rückstand bei 105° C. getrocknet und gewogen.

Den Gehalt an festen Alkoholen hat Kleinschmidt in einer Probe Lanolin zu 53·7, in Lanolin. puriss. zu 41·9 gefunden.

Die Gegenwart von fremden Neutralfetten wird sich in Wollfett durch eine erhöhte Verseifungszahl, durch ein niedrigeres Brechungs-

---

[1] Zeitschr. f. öffentl. Chem. 1898. 4.
[2] Chem. Zeitg. 1891. 15. 474.
[3] Herbig, Dinglers Polyt. Journ. 1896. 302. Heft 1.
[4] Dinglers Polyt. Journ. 1895. 297. 135 u. 160; 1896. 301. 114.

vermögen und durch die Glycerinbestimmung ermitteln lassen. Kohlenwasserstoffe (wie z. B. Paraffin, Vaselin) erniedrigen die Verseifungszahl. Außerdem können sie nach den auf S. 229 ff. angegebenen Methoden nachgewiesen werden.

Weitere Verarbeitung und Verwertung des Wollfettes.

Die weitere Verarbeitung des Wollfettes ist entweder mit einer weitgehenden Teilung in einzelne Bestandteile oder Gruppen von solchen, oder sogar mit einer teilweisen chemischen Veränderung desselben verbunden.

Zu den letzteren Operationen gehört die Destillation des Wollfettes.

Destilliertes Wollfett.

Das durch Destillation mit überhitztem Wasserdampf aus Wollfett erhaltene „destillierte Wollfett" besteht hauptsächlich aus freien Fettsäuren, enthält jedoch außerdem noch Cholesterine, Cholesterinester und Kohlenwasserstoffe.

Nach Lewkowitsch[1]) werden bei der Destillation die Ester in freie Säuren und Kohlenwasserstoffe gespalten. Das destillierte Wollfett kann durch Abkühlen und Kristallisieren analog den destillierten Fettsäuren aus Talg, Palmöl usw. in einen flüssigen und festen Anteil getrennt werden, von denen der erstere als Schmälzöl hauptsächlich zum Einfetten von Wollgarnen vor dem Verspinnen, der letztere in der Kerzen- und Seifenfabrikation Verwendung findet.

Die Zusammensetzung und einige äußere Eigenschaften des flüssigen Anteiles des Destillationsproduktes, des Wollöles, Wolloleïns oder Wollfettoleïns sind in folgender Tabelle wiedergegeben[2]):

Bezeichnung	Äußere Erscheinung im 15 mm-Reagensglas	Spez. Gew. bei 15 ° C.	Verseifbare Bestandteile	Unverseifbare Bestandteile		Sonstige Bestandteile
				Kohlen-wasser-stoffe	Fett-alko-hole	
Reines destill. Wolloleïn	mäßig zähflüssig, braun, klar, grün fluorescierend, nach Wollfett riechend	0·9060	41·5°/₀ Fettsäuren [Jodzahl 35·2 Mol.-Gew. 276]	52·7	5	0·8°/₀ Wasser u. in Wasser lösliche Bestandteile
Französisches Oleïn	mäßig zähflüssig, braun, durchscheinend, nicht fluorescierend, nach Wollfett riechend	0·9042	51°/₀ Fettsäuren [Jodzahl 42 5 Mol.-Gew. 299]	38	9	2°/₀ Wasser und in Wasser lösliche Bestandteile, Spuren von Mineralsäure
Englisches Oleïn (enthält Harz)	zähflüssig, braun, undurchsichtig, nicht fluorescierend, nach Wollfett riechend	0·9275	10°/₀ Fichtenharz 41°/₀ Fettsäuren [Jodzahl 45·9 Mol.-Gew. 298]	33	12	4°/₀ Wasser, geringe Mengen in Wasser löslicher Bestandteile, Spuren von Mineralsäure

[1]) Journ. Soc. Chem. Ind. 1889. 8. 90.
[2]) J. Marcusson, Mitt. Techn. Vers.-Anst. Berlin. 1903. 21. 48.

Der feste, dem „Stearin" ähnliche Anteil des destillierten Wollfettes, das Wollstearins oder Wollfettstearin, zeigt starke Cholesterinreaktion und besitzt eine verhältnismäßig hohe Jodzahl.

v. Hübl fand für ein derartiges Produkt die folgenden, physikalischen und chemischen Konstanten:

Schmelzpunkt: 42·1⁰ C.

Erstarrungspunkt: 40⁰ C.

Verseifungszahl: 169·8.

Jodzahl: 36·0.

Schmelzpunkt der Fettsäuren: 41·8⁰ C.

Erstarrungspunkt der Fettsäuren: 40⁰ C.

Hurst fand in 3 Proben

das spez. Gew. bei 15·5⁰ C.: 0·9044—0·9193,
den Schmelzpunkt: 48⁰—57⁰ C.,
den Erstarrungspunkt: 45⁰—53·5⁰ C.

und den Gehalt an freien Fettsäuren (auf Stearinsäure berechnet) zu 72·13—88·6 %.

Die Untersuchung des destillierten Wollfettes, des „Wollöles" und des „Wollstearines" hat sich auf die Bestimmung der freien Fettsäuren, der Ester und des aus Kohlenwasserstoffen und Cholesterinen bestehenden, unverseifbaren Rückstandes zu erstrecken.

Über das Verhältnis des Gehaltes an freien Fettsäuren und Estern geben die Säurezahl und die Verseifungszahl respektive die Ätherzahl Aufschluß.

Um Mineralöl und Harzöl in Wollfettoleïnen nachzuweisen, isoliert J. Marcusson[1]) vor allem die unverseifbaren Bestandteile und kocht dieselben mit Essigsäureanhydrid aus. Die darin unlöslichen Kohlenwasserstoffe werden nun weiter untersucht. Die Kohlenwasserstoffe des Wollfettoleïns, welche ja bei der Destillation aus den ungesättigten Alkoholen des Wollfettes entstanden sind, haben eine bedeutende Jodzahl, während diese bei Mineralölen meist unter 6 liegt, selten über 14 hinausgeht. Liegt daher die Jodzahl der anhydridunlöslichen Anteile des Wollfettoleïns bedeutend unter 60, so liegt Verdacht auf Mineralöl vor. Ähnlich verhält es sich mit dem Drehungsvermögen. Da Maschinenöle das polarisierte Licht wenig oder gar nicht drehen, so ist auf die Anwesenheit von Mineralöl zu schließen, wenn das Drehungsvermögen des genannten Anteiles wesentlich unter +18⁰ liegt.

Für die Anwesenheit von Harzöl sind Drehungsvermögen und Jodzahl nicht maßgebend. Auch nicht die Morawskische Reaktion, da die anhydridunlöslichen Bestandteile selbst starke Farbenreaktionen geben.

Zum Nachweis von Harzöl in diesen in Essigsäureanhydrid unlöslichen Bestandteilen gibt Marcusson folgende Erkennungszeichen an:

---

[1]) Mitt. Techn. Vers.-Anst. Berlin 1904. 22. 96. — Chem. Rev. üb. d. Fett- u. Harz-Ind. 1904. 11. 255.

1. Den charakteristischen Geruch des Harzöles.
2. Die Erhöhung des spezifischen Gewichtes: die Oleïnanteile haben das spez. Gew. 0·905—0·912 gegen 0·97—0·98 des Harzöles.
3. Erhöhung der Alkohollöslichkeit.
4. Die Bestimmung des Brechungsexponenten der im gleichen Raumteile kalten 96prozentigen Alkohols löslichen Teile der fraglichen Oleïnanteile; der Brechungsexponent geht bei Gegenwart größerer Mengen Harzöles über 1·53 hinaus.

Marcusson schließt von diesen Untersuchungsmethoden die englischen Wollfettoleïne vorläufig aus.

Andere Verarbeitungsmethoden.

Ein Verfahren zur Verarbeitung des Wollfettes unter Verwendung von alkoholischem Kali oder alkoholischem Ammoniak auf Fettsäuren und Seifen einerseits und Fettalkohole bzw. „Lanoglycerin" andrerseits wurde von C. Schmidt[1]) patentiert.

Nach Jaffé und Darmstaedter[2]) kann das Wollfett durch Auflösen in Fuselöl und Abkühlen der Lösung in mehrere Bestandteile zerlegt werden. Durch das Abkühlen scheiden sich die härteren, wachsartigen Bestandteile, das Wollwachs, ab, während die weniger harten Bestandteile, das Weichfett, in Lösung bleiben.

Nach Ekenberg und Monten[3]) (D.R.P. 81552) wird das Wollfett in drei Bestandteile mit verschiedenen Schmelzpunkten zerlegt, indem man das geschmolzene Fett bis auf 35° C. ab, kühlen läßt, bei dieser Temperatur preßt und zentrifugiert und denselben Vorgang bei 40°—45° C. wiederholt.

Hierbei wird ein bei 25°—29° C. schmelzender Anteil (Cholaïn), ein bei 37°—38° C. schmelzender Anteil (Cholepalmin) und eine wachsähnliche, weiße oder wenig gefärbte Masse (Cholecerin) vom Schmelzpunkte 49°—55° C. erhalten.

Die erste Partie kann als Schmiermaterial, die zweite in der Kerzen- und Seifenfabrikation und die dritte als Wachssurrogat Verwendung finden.

Maertens (D.R.P. 110634 vom 14. Mai 1895) verwendet Alkohol und Aceton zur Zerlegung des neutralen Wollfettes in Bestandteile verschiedener Eigenschaften und Verwendungsart.

Durch kalten Alkohol geht zunächst ein flüssiger oder halbflüssiger, gefärbter, harzartig klebriger Körper in Lösung, welcher als Riemen- oder Lederzurichtungsmittel verwendbar ist.

Der Rückstand ist eine undurchsichtige fette, feste oder halbflüssige Substanz, welche für pharmazeutische und Toilettenpräparate Anwendung finden kann.

Behandelt man diesen Rückstand mit Aceton, so geht in dieses ein Produkt über, das als Wolleinfettungsmittel brauchbar ist (Schmelz-

---

[1]) D.R.P. Nr. 99502 u. Zus.-Pat. D.R.P. Nr. 107732.
[2]) D.R.P. Nr. 76613 v. 23. Juni 1892.
[3]) Zeitschr. f. angew. Chem. 1895. 8. 396.

punkt 10^0—$26 \cdot 7^0$ C.), und bleibt ein Körper zurück (Schmelzpunkt ca. 50^0 C.), welcher für Salben, kosmetische Zwecke und zur Zurichtung gewisser feiner Ledersorten Anwendung finden kann.

Lifschütz (D. R. P. 163254 und Zus.-Pat. 171178) zerlegt Wollfett dadurch, daß er es z. B. in Benzin löst und in der Wärme über reiner Knochenkohle stehen läßt. Es wird von der Knochenkohle derjen'ge Teil des Wollfettes zurückgehalten, ca. 20—$25\,^0/_0$, welcher Wasser leicht absorbiert, während die restlichen 75—$80\,^0/_0$ Wasser schwerer absorbie en.

Die Fähigkeit, Wasser aufzunehmen, ist in dem in der Knochenkohle gebliebenen Teile dem Wollfett gegenüber natürlich sehr erhöht. Durch geeignete Lösungsmittel, z. B. Aceton, Äther oder durch Alkalien kann dieses Produkt von der Kohle getrennt werden.

K. Dieterich[1]) untersuchte einige Proben „Wollfettwachs" (schwerer schmelzbare Anteile des ungereinigten Wollfettes) und erhielt folgende Resultate:

Provenienz	Spez. Gew. bei 15^0 C.	Schmelzpunkt	Säurezahl	Verseifungszahl	Jodzahl
England	—	58^0 C.	$53 \cdot 2$	$109 \cdot 2$	$16 \cdot 6$
Deutschland	—	53^0—54^0 C.	$137 \cdot 2$	$169 \cdot 5$	$15 \cdot 5$
„	$0 \cdot 8914$	59^0 C.	$139 \cdot 68$—$140 \cdot 81$	$153 \cdot 06$—$153 \cdot 84$	$15 \cdot 21$—$15 \cdot 58$
Belgien	—	58^0—60^0 C.	$84 \cdot 00$	$120 \cdot 40$	$25 \cdot 10$
„	$0 \cdot 9860$	58^0—60^0 C.	$92 \cdot 02$—$93 \cdot 05$	$141 \cdot 20$	$26 \cdot 11$

Das englische Wollfettwachs stellte eine dunkelbraungrüne, klebrige, die deutschen Proben eine leberbraune, beim Schneiden bröckelnde, die belgischen eine wachsgelbe, weiche, knetbare, beim Schneiden am Messer klebende Masse dar.

Sämtliche Proben waren in Chloroform bei gewöhnlicher Temperatur leicht lösl ch, lösten sich in Äther, Benzin, Benzol, Amylalkohol und 96 prozent'gem Alkohol erst beim Erwärmen und schieden sich aus diesen Lösungsmitteln beim Erkalten zum Teil wieder aus.

Die Zahlen der Tabelle zeigen, daß die unter dem Namen „Wollfettwachs" im Handel vorkommenden Produkte von überaus wechselnder Zusammensetzung sein können.

Zu den bereits erwähnten Verwendungsarten wäre noch hinzuzufügen, daß man das Wollfett oder daraus gewonnene Produkte noch zur Herstellung von Lederfetten, von konsistenten Maschinenfetten, Zylinderschmiermitteln, Rostschutzmitteln, zum Wasserdichtmachen von Geweben und zu ähnlichen Zwecken teilweise mit gutem Erfolge verwendet.

Insektenwachse.
Von Georg Buchner.

Diese Gruppe umfaßt die Bienenwachse (gewöhnliches Bienenwachs, ostindisches Bienenwachs), Hummelwachs, Meliponen- und Trigonenwachs, Dammar- oder Kotawachs, Cicadenwachs und chinesisches Insektenwachs.

---

[1]) Helfenberger Ann. 1903.

Verschiedene Insekten liefern als Ausscheidungsprodukt ihres Körpers einen eigenartigen, klebrigen, zähen, plastischen, von den Fetten (Glyceriden) verschiedenen Stoff, der seit alters her mit dem Namen „Wachs" — „cera" bezeichnet wird.

Hierher gehören vor allem die zur Ordnung der Hautflügler (Hymenoptera) gehörigen Immen (Apiden[1]), zu denen im engeren Sinne die eigentlichen Bienen und deren Varietäten, die Apisarten (Apinen), im weiteren Sinne auch die Hummeln (Bombinae), Trigonen (Trigonae) und Meliponinen (Meliponae) zu rechnen sind, dann die zur Ordnung der Halbflügler (Hemiptera, Rhynchota) gehörigen Cicaden (Cicade laternina) und die Wachsschildläuse (Coccus ceriferus).

Die Hauptbestandteile dieser Wachsarten sind Ester der Fettsäuren mit einwertigen Alkoholen; und zwar finden wir hier die höchsten bekannten Glieder, sowohl der Fettsäurereihe, als auch der einatomigen Alkohole. Ihr Bau ergibt sich aus den durch die Einwirkung von Alkalien resultierenden hydrolytischen Spaltungsprodukten; ihre Hydrolyse erfolgt schwerer als die der Glyceride.

Wirtschaftliche Bedeutung hat bisher bei uns nur das Wachs der Bienen im engeren Sinne (Apinen) erhalten, das Bienenwachs, das in großen Mengen erzeugt und dessen Erzeugung von den Menschen geleitet wird. Seine Handelsbedeutung ist daraus zu ersehen, daß die Gesamteinfuhr nach Deutschland im Jahre 1904 1421500 kg, im Jahre 1905 1737000 kg betrug. Das Bienenwachs hat den höchsten Preis von fast allen Wachsarten. Bei dem von den Apinen erzeugten Bienenwachs muß man unterscheiden zwischen dem gewöhnlichen Bienenwachs, welches von der entwicklungsgeschichtlich höchststehenden Biene, der Apis mellifica, und deren Varietäten geliefert wird, und dem indischen Bienenwachs, welches von den entwicklungsgeschichtlich direkt unter der Apis mellifica stehenden Bienen (Nebenzweige), Apis dorsata, florea und indica, erzeugt wird. Beide Bienenwachsarten unterscheiden sich durch das verschiedene Verhältnis ihrer im großen und ganzen gleichen Bestandteile und liefern deshalb verschiedene analytische Daten (siehe später). Bezüglich der allgemeinen chemischen und physikalischen Eigenschaften, der Verarbeitbarkeit und des Handelswertes verhält sich das indische Wachs dem gewöhnlichen Bienenwachs ebenbürtig.

Im deutschen Zollgebiet betrug vom 1. Januar bis Ende September 1906 die Einfuhr von Bienen- und anderem Insektenwachs in 100 Kilo netto: 21760 (Ausfuhr 3894), von aus Bienen- und anderem Insektenwachs zubereiteten Wachsstumpfen 1011 (Ausfuhr 9854).

2. Bienenwachs (Wachs der Apinen).

I. Gewöhnliches Bienenwachs (der Apis mellifera).

a) Rohwachs.

Gelbes Wachs. Cera citrina. Cera flava.
Cire d'abeilles. Cire jaune. Beeswax. Yellowwax.

Das gewöhnliche Bienenwachs wird von der entwicklungsgeschichtlich am höchsten stehenden Biene, der Haus- oder Honigbiene, Apis mellifica oder mellifera (auch A. cerifera, domestica, gregaria ge-

---

[1] 4500 Arten.

nannt), und deren Varietäten, so der italienischen Apis ligustica (Ligurien) und der auf Madagaskar und Isle de France heimischen Apis unicolor, sowie der ägyptischen Honigbiene (Apis fasciata) und der in Südamerika und Westindien lebenden Apis pallida geliefert.

Zur Ernährung der Bienen dienen einerseits die süßen Nektarien (Honig), andrerseits der Blütenstaub verschiedener Pflanzen.

Die jüngeren Arbeitsbienen (verkümmerte Weibchen) saugen aus den Nektarien der verschiedensten Blüten Wasser und Honig. Dieser gelangt nur in den sog. Vormagen und wird später nach seiner Verarbeitung durch den Mund in die Zellen (Waben) entleert. Den Blütenstaub (Pollen) bürsten die Bienen mit der Zunge von den Blüten ab, feuchten ihn etwas mit Honig und Speichel an (Einfluß des Speicheldrüsenfermentes), erfassen ihn mit den Beißzangen, schnellen ihn in die Schäufelchen oder Körbchen der Hinterbeine, kleben ihn dann mittels des ersten und zweiten Fußpaares höschenartig an und tragen ihn fort.

Im Bienenstock werden diese Blütenstaubansammlungen abgenommen, verzehrt oder durchgearbeitet und aufbewahrt (Bienenbrot[1]).

Über die Bildung des Bienenwachses finden wir verschiedene sich gegenüberstehende Anschauungen.

Während die Mehrzahl der Forscher, gestützt auf eingehende experimentelle chemische Untersuchungen die Annahme vertritt, daß das Bienenwachs von den Bienen aus zuckerhaltiger Nahrung produziert wird[2]) (Liebig schreibt: „Wir kennen keinen schöneren Beweis der Fettbildung aus Zucker als den Prozeß der Wachsbildung in den Bienen"), sucht Voit den Nachweis zu erbringen, daß die Bienen das Wachs nicht aus Kohlehydraten bilden, sondern aus dem eiweißhaltigen Pollen[3]) und stützt sich dabei auf Versuche von Berlepsch[4]).

Dagegen nehmen Swamerdamm[5]), Maraldi[6]) und Réaumur[7]) und später Hoppe-Seyler[8]) an, daß das Bienenwachs aus den Pflanzen, in denen es sich fertig gebildet befinde, bloß durch die Bienen zusammengetragen werde. Durch die Untersuchungen Schneiders[9]) ergab sich, daß die Bienen das Wachs jedenfalls nicht mit dem Pollen eintragen. Da bekannt ist, daß Bienen bei bloßer wachsfreier Honignahrung kurze Zeit Wachs produzieren und bei Zugabe von Pollen zu wachsfreiem Honig die Wachsproduktion auf die Dauer anhält, so ist es klar, daß, wenn im Pollen das Wachs nicht zugeführt wird, die Bienen es selbst produzieren müssen. Nach Schneider können die Bienen das Wachs nicht, wie Voit meint, aus dem Eiweiß des Pollens produzieren.

Sicher festgestellt ist, daß nach einer Wartezeit von 18—24 Stunden und bei einer hohen Temperatur an den vier letzten Bauchringen (Chitinschichte), den sog. Spiegeln (nach Hunter[10]) mit Drüsen versehene Taschen)

---

[1]) Über Pollen und Bienenbrot: Dr. Dönhoff, Bienenzeitg. 1856. 148. — Assmus, Bienenzeitg. 1866. 223. — W. v. Schneider, Ann. d. Chem. u. Pharm. 1872. 162. 235. — Über die Fermente in den Bienen, in Bienenbrot und Pollen: E. Erlenmeyer, Buchners neues Repertorium der Pharmazie 1874. 23. 610.

[2]) Huber, Nouvelles observations sur les abeilles II, chap. I; Grundlach, Die Naturgeschichte der Bienen, Cassel 1842; Dumas und Milne Edwards, „Über die Bildung des Wachses der Bienen", Journ. f. prakt. Chem. 1844. 31. 5.

[3]) C. Voit, Über die Fettbildung im Tierkörper.

[4]) Bienen-Zeitg. 1854. S. 241.

[5]) Biblia naturae et Collect. Acad. V. p. 237.

[6]) Observations sur les Abeilles Mem. de l'Acad. des Sienc. année 1712.

[7]) Mémoire pour servir à l'Histoire des Insectes V. p. 403.

[8]) Ber. d. deutsch. chem. Ges. 1871. 4. 810.

[9]) Über Pollen und Wachsbildung, Ann. d. Chem. u. Pharm. 1872. 162. 235.

[10]) Philosophical Transactions 1792.

das Wachs in Form weißer, durchsichtiger Schüppchen (Lamellen) wie
Elfenbeinplättchen hervortritt. Mit diesen Wachsschüppchen bauen die
Bienen ihre sechseckigen Zellen, die sog. Honigwaben. Nach Fleischmann besitzen die Bienen keine eigentlichen Drüsen zur Wachserzeugung;
sie besitzen nur Hautepithelzellen dicht unter dem Chitinkleide der
Bauchwand. Diese Zellen müssen zuerst das Chitin, später das Wachs
produzieren.

Bei dieser Arbeit sind sich die Bienen gegenseitig behilflich. Der Fersen-
henkel des Unterschenkels hat eine breite, mit scharfen Spitzen besetzte Greif-
fläche; dieser gegenüber am unteren Ende des Oberschenkels befindet sich ein
zierlicher Chitinkamm mit zahlreichen Zinken. Beide bewegen sich gegeneinander
wie eine Zange, die sog. Wachszange. Hiermit erfassen die Bienen die Wachs-
lamellen. (Nach Dumas wogen 8 Lamellen einer Biene 0·0015 g.) Bei der
Apis mellifica rechnet man bei der Wachserzeugung auf 10—14 kg Honig 1 kg
Wachs. Im Herbst werden die Bienenstöcke von den Imkern zum größten Teil
entleert (Wachsernte). Außer dem Blütenstaub, den sie verarbeiten, sammeln
die Bienen von den harzigen Blattknospen (Pappeln, Roßkastanien, Birken u. a.)
eine harzige Masse, das sog. Kleb-, Stopf-, Vorwachs oder Propolis, welche
sie zum Verkleben der Löcher benützen, und zum Inkrustieren unliebsamer
Fremdkörper (s. S. 1114).

Das Bienenwachs wird aus den durch Auslaufenlassen, Abpressen,
Ausschleudern oder Zentrifugieren[1]) vom Honig befreiten Wachswaben
durch Umschmelzen in heißem Wasser und Ausgießen in flache, meist
hölzerne Gefäße, deren Boden mit Wasser bedeckt ist, in Form von
größeren, verschieden gestaltigen Kuchen oder Broten erhalten. Dieses
Rohwachs, welches je nach der Herkunft mehr oder weniger große
Mengen von mechanischen Verunreinigungen, wie z. B. tote Bienen,
Nymphenhäutchen, Pollen (Blütenstaub), Staub, Schmutz, Erde, Pflanzen-
teile der verschiedensten Art u. dgl., enthält, kommt in Broten oder
Blöcken, auch in Stangen oder in unregelmäßigen Stücken in Säcken,
Kisten oder Körben verpackt in den Handel. Die ausländischen Wachs-
sorten weisen oft sehr hohen Schmutzgehalt (Sand, Erde usw.) auf (siehe
S. 1092), da dieselben oft direkt in Löcher in der Erde ausgegossen werden.
Werden Kunstwaben angewendet, so enthält das Rohwachs natürlich,
sofern dieselben nicht aus reinem Bienenwachs hergestellt sind, die Bestandteile der Kunstwaben (Ceresin, Paraffin usw.). Die Kunstwaben
machen nach Berg ca. $^1/_3$ vom Gewichte der ganzen honigfreien
Wabe aus.

Bei der großen Verbreitung der Bienenzucht liefern fast alle Länder
größere oder geringere Mengen Rohwachs. Als Hauptproduktions-
länder und Ausfuhrorte gelten gegenwärtig folgende:

In Europa: Deutschland, Türkei (Konstantinopel), Italien (Mailand,
Livorno), Frankreich (Marseille, Languedoc, Alpes, Landes, Bretagne).

In Asien: Syrien (Beirut, Aleppo, Alexandrette), Singapore, Ceylon.

In Afrika: Marokko (Marokko, Mogador), Westafrika (Sierra Leone,
Gambia, Kamerun, Senegal (Conakry), Angola (Benguela, Loanda, Mossa-

---

[1]) Sonderung d. Honigs vom Wachs, Zentrifugalapparat v. F. v. Hruschka,
Eichstädt, Bienenzeitg. 1865. 236. 279; 1866. 20. 270. 272.

medes), Senegambien (Bissao), Ostafrika (Mozambique, Mombassa, Zanzibar, Madagaskar), Ägypten (Alexandria, Kairo).

In Amerika: Californien, Mexiko, Cuba (Habana, St. Domingo), Haïti, Brasilien, Chile (Valparaiso), Tahiti.

In Australien: Melbourne, Sydney (gering).

Haupthandelsorte: In Algier, Triest, Wien, Genua, Marseille, Havre, London, Liverpool, Lissabon kaufen die deutschen Agenten ausländisches Wachs; über Hamburg, Bremen, Frankfurt a. M., Cöln kommen große Mengen afrikanisches, indisches, ostasiatisches und südamerikanisches Wachs auf den deutschen Markt. (S. auch Tabelle II S. 1124 ff., welche zugleich die bekannt gewordenen analytischen Daten enthält, und Th. Chateau: Die Fette. Leipzig 1864. S. 297 ff. Beschreibung der Wachssorten.)

b) Gereinigtes (geklärtes, geläutertes oder raffiniertes) Wachs.

Das Rohwachs wird von den Wachsindustriellen und Wachsziehern vor der weiteren Verwendung und Verarbeitung einer Waschung und Reinigung von den in demselben stets in größerer oder kleinerer Menge vorhandenen mechanischen Verunreinigungen unterworfen, was durch einfaches Umschmelzen mit Wasser geschieht, früher in Kesseln mit direkter Feuerung, jetzt in größeren Industrien wohl überall mittels Dampf.[1]

Im großen werden die Wachskuchen, nachdem sie vorher zerkleinert wurden, zumeist in großen Bottichen aus Holz (Pitchpine) über Wasser durch Erhitzen mit direktem Dampf (Hartbleirohre) umgeschmolzen, wobei dem Wasser meist etwas Schwefelsäure. Salzsäure oder Oxalsäure zugesetzt wird. Es wird hierdurch aus verschiedenen Gründen die Klärung befördert. Dabei wird mit langen Holzstäben oder besser durch Rührwerke (aus Holz) eine gute Durchmischung herbeigeführt. Wenn alles Wachs geschmolzen ist, wird der Bottich mit Holzdeckel und Tüchern bedeckt, um das Wachs möglichst lange im flüssigen Zustande zu erhalten und so den suspendierten Verunreinigungen, Schmutz, Bienenleichen, Bienenbrut usw., lange Gelegenheit zu geben, sich zu Boden zu setzen. Nach ca. 12 Stunden wird das Wachs, das in den oberen Teilen vollständig klar und blank geworden ist, durch Hähne, welche sich in verschiedener Höhe des Bottichs befinden, abgelassen, solange es klar läuft und entweder als raffiniertes Wachs in mit Wasser befeuchtete Holzformen gegossen oder sofort zur Bleiche (s. später) verwendet. Wenn das Wachs gegen das Ende schmutzig zu laufen beginnt, wird dasselbe als sog. Schmutzwachs oder Kotwachs (Wachskot) eigens gesammelt. Diese Rückstände werden, wenn größere Mengen angesammelt sind, nochmals mit Wasser umgeschmolzen, das Klare abgezogen, der schmutzige Anteil in Tuchsäcken oder mit Stroh geschichtet in Topfpressen u. dgl. ausgepreßt (Preßwachs). Der Preßrückstand ist ziemlich pulveriger Natur und enthält immer noch beträchtliche Mengen Wachs (10—15 und mehr Prozente). Diese Preßrückstände werden gesammelt und in eigenen Extraktionsanlagen mit Benzin und anderen Lösungsmitteln extrahiert und so das sog. Extraktionswachs erhalten. Über dieses Wachs, dessen Zusammensetzung meist etwas von dem gewöhnlichen Bienenwachs abweicht, wobei aber auch die Art des verwendeten Extraktionsmittels eine große Rolle spielt (siehe später und auch Tabelle II).

---

[1] Siehe auch Fortschritte u. Neuerungen in d. Wachs-Ind. mit d. einschl. Patentliteratur, Seifens.-Zeitg. 1900. 27. 379 ff. v. Georg Buchner, ferner Apparate v. W. Schuller, D. R. P. Nr. 33777 v. 19. 5. 1885; V. Rösel, D. R. P. Nr. 62726 v. 7. 4. 1891; H. Bruder, D. R. P. 62922 v. 10. 5. 1891.

Physikalische Eigenschaften des Bienenwachses.

Das Bienenwachs zeichnet sich vor allem durch seine hervorragenden plastischen Eigenschaften aus.

Die Farbe des Bienenwachses ist sehr verschieden; dieselbe rührt im wesentlichen von dem Material, also den Blüten her, aus denen das Wachs aufgesammelt wurde. Wir finden hellgelbe (z. B. Belladi, Smyrna, Jaffa, Türkei, Levante, Schweden, Schlesien, Chile, Benguela, Sassi usw.), grünlichgelbe (Ostindien, Amerika), dunkelgelbe (Deutschland, Belgien, Marokko, Mogador, Italien, Cuba, Frankreich [Crocusfelder] usw.), rotgelbe (Italien, Frankreich) und dunkelbraunschwarze (Madagaskar, St. Domingo) Wachssorten.

Der Geruch des Bienenwachses ist sehr verschieden. Die europäischen Wachssorten weisen meist einen sehr feinen, angenehmen honigartigen Geruch auf, viele ostindische und italienische Wachse einen Blumen- und Fliedergeruch, während die aus'ändischen Sorten meist einen wenig aromatischen, stumpfen, muffigen Geruch besitzen.

Das Bienenwachs ist nahezu geschmacklos; beim Kauen klebt reines Bienenwachs nicht an den Zähnen (Unterscheidung von reinem und verfälschtem Wachs, sog. Kauprobe der Wachsindustriellen).

Das reine Bienenwachs bildet durchscheinende, auf dem Bruche feinkörnige Massen, ist in der Kälte brüchig und spröde und im allgemeinen von bedeutender Härte. In der warmen Hand geknetet wird es sehr plastisch und knetbar, gleichförmig, durchscheinend, ohne besonderen Glanz (paraffinhaltiges Wachs glänzt stark), schwach klebrig; es läßt sich lange in der warmen Hand kneten, ohne die Finger zu beschmutzen oder zu verschmieren (Unterschied von talghaltigem Wachs); beim Ausziehen des gekneteten Wachses in dünne Schichten hat dasselbe einen feinen, kurzen Bruch (paraffinhaltiges Wachs läßt sich lange ausziehen; stearinsäure- und ceresinhaltiges Wachs wird beim Kneten porzellanartig weiß und bröcklig). Die Bruchfläche des reinen Bienenwachses nimmt Kreidestrich an (talghaltiges Wachs nicht); heiß auf Papier aufgetragen gibt Wachs einen bleibenden, durchscheinenden Fettfleck.

Das Bienenwachs besitzt einen hohen Ausdehnungskoeffizienten. Nach Kleinstück[1]) dehnt sich das Bienenwachs in Gestalt eines Stabes von 625 mm Länge beim Erwärmen von —6° C. auf 22° C. um 3 mm aus (Japantalg unter gleichen Verhältnissen um 4 mm).

Bei nahezu gleicher chemischer Zusammensetzung und gleichen analytischen Daten haben die verschiedenen Wachssorten meist etwas verschiedene physikalische Eigenschaften und sehr verschiedene Struktur. So kann man sehr weiche, besonders harte und sehr plastische Wachssorten unterscheiden. Was die Qualität betrifft, so sind viele der ausländischen Wachssorten besser, feiner, auch bleichfähiger (letzteres gilt besonders für die asiatischen und südamerikanischen Wachse, z. B. Belladi, Chile) als die deutschen Wachsarten, welche besonders wegen

---

[1]) Chem. Zeitg. 1890. 14. 1303.

der schönen gelben Farbe, der Festigkeit und Härte geschätzt werden,

Die italienischen und afrikanischen Wachse sind meist weich, die letzteren oft fast schmierig (Marokko u. dgl.); Mozambique, Haïti u. a. sind feste, harte Wachse, Benguelawachs, das ostindische Wachs (Gheddawachs) sind sehr zähe, plastische und ergiebige Wachse (strong waxes), besonders geeignet zur Herstellung von Kerzen und andern Wachsfabrikaten, insbesondere zum Ausguß bei der Kerzenfabrikation. Da man eine Menge reiner Wachssorten mit den erwähnten verschiedenen Eigenschaften zur Verfügung hat, wählen die Wachsindustriellen für die jeweiligen Fabrikate das geeignete Material aus oder stellen entsprechende Mischungen der einzelnen reinen Wachssorten her, z. B. auch Mischungen aus gewöhnlichem Bienenwachs und ostindischem Wachs, s. d.[1]

Das Wachs brennt angezündet mit leuchtender Flamme; es läßt sich mit allen Fetten und Ölen zusammenschmelzen.

In ätherischen Ölen, z. B. Lavendelöl, Terpentinöl, ferner in Chloroform, Äther, Schwefelkohlenstoff, Benzin (insbesondere Benzin vom Siedepunkt 100°—150° C.), Benzol, Tetrachlorkohlenstoff ist das Bienenwachs in der Wärme leicht und vollständig löslich. Das beste Lösungsmittel für Wachs ist der Tetrachlorkohlenstoff. Aceton löst in der Wärme verhältnismäßig schwierig. Bei gewöhnlicher Temperatur lösen diese Stoffe das Bienenwachs nur teilweise. Chloroform löst bei gewöhnlicher Temperatur von reinem Bienenwachs nur ca. 25 $^0/_0$, Äther nur ca. 50 $^0/_0$[2]. Auf ersteres Verhalten gründete A. Vogel[3], auf letzteres Robineaud[4] ein Prüfungsverfahren des Wachses.

Die Struktur des nach dem Verdunsten einiger Tropfen der Lösung des Bienenwachses in Chloroform auf dem Objektträger verbleibenden Rückstandes wurde von Long[5] zur Erkennung grober Verfälschungen benützt, indem Zusätze wie Paraffin die kristallinische Struktur des Bienenwachses verwischen, Talg und Stearinsäure andere Kristallisationen geben.

Diese wie alle anderen vorgeschlagenen physikalischen Methoden zur Wachsprüfung sind unsicher[6] und können entbehrt werden.

Den verschiedenen, besonders den Wachsindustriellen angepriesenen Mitteln zur Erkennung von Verfälschungen des Bienenwachses, welche sich auf das Verhalten des reinen und des mit Zusätzen versetzten Wachses gegen Lösungsmittel, wie z. B. Benzin, Terpentinöl usw., stützen, ist, wenn sich dabei auch Verschiedenheiten erkennen lassen, ein Wert zur sicheren Beurteilung von Bienenwachs nicht zuzusprechen.

In Wasser ist das Bienenwachs vollständig, in Alkohol bei gewöhnlicher Temperatur nahezu unlöslich (es lösen sich nur Spuren

---

[1] Siehe auch Chateau. Fette und Wachsarten, Leipzig 1864.
[2] G. Buchner, Chem. Zeitg. 1907. 31. 45.
[3] Buchners Repertor. d. Pharmacie 1849. 3. Reihe 2. 117.
[4] Dinglers Polyt. Journ. 1862. 163. 80.
[5] Chem. Zeitg. 1885. 9. 1504.
[6] Vgl. auch Röttger, Chem. Zeitg. 1890. 14. 1442. 1473; 1891. 15. 45.

Cerotinsäure). Heißer Alkohol löst alle Cerotinsäure, neben geringen Mengen Melissinsäure (rohe Cerotinsäure, auch Cerin genannt) Farbstoffen, einer klebrigen, aromatischen Substanz (Ceroleïn) und Spuren der übrigen Wachsbestandteile (Myricin usw.) auf.

Lackmuspapier wird von dieser Lösung nur schwach gerötet, mit Alkali gerötetes Phenolphthaleïnpapier aber entfärbt. Beim Erkalten scheiden sich die gelösten Bestandteile (hauptsächlich Cerotinsäure) in dünnen Nadeln nahezu vollständig, bei Verwendung von 80 prozentigem Alkohol so vollständig aus, daß das kalte Filtrat auf Zusatz von Wasser nur schwach opalescierend getrübt wird, oder daß zur Neutralisation der im 80 prozentigen Alkohol von 1 g Wachs verbliebenen Wachssäuren nur 3·6 bis 4,0 mg Kaliumhydroxyd verbraucht werden (Unterschied von Stearinsäure, Palmitinsäure u. dgl.; Buchner).

Ist das Wachs mit künstlichen Farbstoffen versetzt, so bleiben dieselben im Alkohol. Ähnlich verhält sich auch das Wachs gegen Methylalkohol.[1])

Das spezifische Gewicht (s. Tabelle) von Wachsproben wird im gereinigten Wachs mit hinreichender Genauigkeit am einfachsten nach der zuerst von Fresenius und Schulze angegebenen, als Hagersche bekannt gewordenen Alkoholschwimmethode (siehe Seite 75) ausgeführt. Dabei muß mit größter Vorsicht gearbeitet werden.

Sehr zweckmäßig kann das spezifische Gewicht des Wachses nach Bohrisch und Richter[2]) mit Hilfe der Mohrschen Wage bestimmt werden. Man stellt durch vorsichtiges Eingießen des geschmolzenen Wachses in mit Korkstopfen verschlossene Papierhülsen kleine Wachszylinder luftfrei her. Nach 24 Stunden werden dieselben (ca. 1 cm Durchmesser und 3 cm Länge) an dem Drahte des einen Schenkels der Mohrschen Wage befestigt, gewogen und dann, in absolutem Alkohol untergetaucht, wieder gewogen. Beträgt das absolute Gewicht des Wachses a Gramme, das Gewicht nach dem Eintauchen in Alkohol b Gramme und das spezifische Gewicht des Alkohols c, so ist das spezifische Gewicht des Wachses

$$x = \frac{a \cdot c}{a - b}.$$

Außerdem bedient man sich des Pyknometers[3]) oder bestimmt Gewicht und Volumen in einem kalibrierten Zylinder.[4])

Die Bestimmung des spezifischen Gewichtes bildet eine Vervollständigung der Wachsuntersuchung. Es können jedoch leicht Kompositionen hergestellt werden, welche das spezifische Gewicht des Bienenwachses aufweisen.

Die Bestimmung des Schmelzpunktes (s. Tabelle) des Bienenwachses geschieht am einfachsten im offenen oder einseitig geschlossenen Kapillarröhrchen 24 Stunden nach Einschluß des Wachses, oder nach der Methode von Bensemann (siehe Seite 82).

---

[1]) T. Marie, Trennung der freien Säuren des Bienenwachses, Chem. Zeitg. Rep. 1895. 19. 127.

[2]) Pharm. Centralh. 1906. 47. 208.

[3]) Mastbaum, Zeitschr. f. angew. Chem. 1902. 15. 929; Dietze, Pharm. Centralh. 1898. 39. 37.

[4]) M. Rakusin, Chem. Zeitg. 1905. 29. 122; s. auch Fokin, Chem. Zeitg. Repert. 1902. 26. 154 und M. Stern, Zeitschr. f. Unters. d. Nahrungs- u. Genußm. 1906. 490.

1074 Beschreibung und Untersuchung der natürlichen Fette und Wachsarten.

Von den Händlern und Fabrikanten wird viel die Tropfmethode angewandt. Hierbei wird das erwärmte Thermometer in das geschmolzene Wachs getaucht und für gleichmäßige Verteilung auf dem Quecksilbergefäß gesorgt. Das so vorbereitete Thermometer wird dann in ein leeres Reagensrohr, dieses in ein langsam zu erwärmendes Wasserbad gebracht. Als Schmelzpunkt gilt die Temperatur beim Abtropfen des Wachses.[1]

Der Schmelzpunkt des Wachses ist ein ziemlich einheitlicher, d. h. die Intervalle betragen höchstens 1^0—2^0 C. Dabei läßt sich noch folgendes beobachten: Klar- und Durchsichtigwerden, ohne gleichzeitiges Abtropfen, deutet auf Paraffin oder Ceresin, Flüssigwerden aber nicht Klarwerden (größere Schmelzpunktsintervalle) deuten auf die Gegenwart höher schmelzender Körper, z. B. Carnaubawachs. Die Schmelzpunktbestimmung kann daher einen wertvollen Fingerzeig bei der Wachsuntersuchung bieten, es lassen sich aber leicht Kompositionen herstellen, welche den Schmelzpunkt des Bienenwachses zeigen.

Reines Wachs zeigt im Zeißschen Butterrefraktometer, wenn das bei 66^0—72^0 C. erhaltene Ablesungsresultat auf 40^0 C. reduziert wird, Refraktometerzahlen von 42^0—46^0.

Chemie des Bienenwachses.[2]

Das Bienenwachs ist keine einheitliche Substanz, sondern stellt ein Gemisch von verschiedenen Körpern dar. Soviel man heute darüber

[1] Siehe ferner Chem. Zeitg. 1899. 23. 597; Chercheffsky und Berg, ebenda 1903. 27. 753.

[2] **Literatur der hauptsächlichsten Arbeiten über die Analyse und Beurteilung des Bienenwachses seit 1888.**
G. Buchner, Chem. Zeitg. 1888. 12. 1276.
Röttger, Chem. Zeitg. 1889. 13. 1375.
G. Buchner, Chem. Zeitg. 1890. 14. 1707.
Röttger, Chem. Zeitg. 1890. 14. 606 u. 1442 (Pflanzenwachs).
Röttger, Chem. Zeitg. 1891. 15. 45 (Harz).
Benedikt u. Mangold, Chem. Zeitg. 1891. 15. 474 (Gesamtsäurezahl).
Mangold, Chem. Zeitg. 1891. 15. 800 (insbesondere Kohlenwasserstoff-Bestimmung).
Röttger, Chem. Zeitg. 1892. 16. 1837.
Benedikt, Chem. Zeitg. 1892. 16. 1922.
G. Buchner, Chem. Zeitg. 1892. 16. 1922.
Mansfeld. Zeitschr. d. allgem. österr. Apoth.-Vereins 1892. 327.
G. Buchner, Chem. Zeitg. 1893. 17. 919.
Kremel, Chem. Zeitg. 1894. 18. 1516 (Refraktometer).
Mansfeld, Chem. Zeitg. 1894. 18. 1592.
G. Buchner, Chem. Zeitg. 1895. 19. 1422 (Kompositionen mit normalen Zahlen).
Henriques, Zeitschr. f. angew. Chem. 1896. 9. 231 (kalte Verseifung).
G. Buchner, Zeitschr. f. öffentl. Chem. 1897. 3 (kalte Verseif. u. Indisches Wachs).
Seyda u. Woy, Zeitschr. f. öffentl. Chem. 1897. 3.
Beythien, Pharm. Centralhalle 1897. 38. 850.
Weinwurm, Chem. Zeitg. 1897. 21. 519 (Ceresin, Paraffin).
Dieterich, Helfenberger Ann. 1897.
J. Werder, Chem. Zeitg. 1898. 22. 38 u. 59 (Refraktion).
C. Dieterich, Chem. Zeitg. 1898. 22. 729 (Jodzahl).
Dietze, Pharm. Centralhalle 1898. 39. 37.
Morpurgo, Chem. Zeitg. 1898. 22. 108 (Refraktion).
C. Dieterich, Pharm. Zeitg. 1900. 45. 92.
C. Dieterich, Chem. Zeitg. 1900. 24. 995.
A. Fumaro, Zeitschr. f. Unters. d. Nahrungs- u. Genußm. 1900. 3. 282.
Eichhorn, Chem. Zeitg. Rep. 1900. 24. 376.

weiß, besteht dasselbe der Hauptsache nach aus roher Cerotinsäure[1])
(Cerin), welche nach T. Marie 30—40 $^0/_0$ homologe Säuren enthält, und

Einhorn, Zeitschr. f. analyt. Chem. 1900. 39.
J. Werder, Chem. Zeitg. 1900. 24. 967 (Unverseifbare Stoffe, Ätherextrakt).
G. Buchner, Chem. Zeitg. 1901. 25. 21 u. 37.
Frerichs, Apoth.-Zeitg. 1901. 16.
K. Dieterich, Chem. Zeitg. 1902. 26. 554.
Ragnar Berg, Chem. Zeitg. 1902. 26. 605.
K. Dieterich, Chem. Zeitg. 1903. 27. 66 u. Helfenberger Ann.
Ragnar Berg, Chem. Zeitg. 1903. 27. 60 u. 80.
Fendler, Apoth.-Zeitg. 1903. 18. 370.
Mastbaum, Zeitschr. f. angew. Chem. 1903. 16. 647.
S. M. v. d. Haar, Chem. Centralbl. 1903. I. 1318.
Prescher, Pharm. Centralhalle 1904. 45. 785.
Grünhut, Zeitschr. f. öffentl. Chem. 1904. 10. 22.
Wiebelitz, Pharm. Zeitg. 1904. 49. 513.
Kühl, Pharm. Zeitg. 1904. 49. 492.
Spaeth, Pharm. Centralhalle 1904. 45. 63.
Cohn, Zeitschr. f. öffentl. Chem. 1904. 10. 404; 1905. 11. 58.
Schwarz, Zeitschr. f. öffentl. Chem. 1905. 11. 6 u. 301.
G. Buchner, Chem. Zeitg. 1905. 29. Nr. 3 u. Nr. 7 (Indisches Wachs).
Lidow, Chem. Zeitg. Rep. 1905. 29. 19.
Grohmann, Pharm. Zeitg. 1905. 50. 158.
G. Buchner, Chem. Zeitg. 1906. 30. 43 (Indisches Wachs).
Borisch u. Richter, Pharm. Centralhalle 1906. 47. 213 ff. u. 52. 1065.
Chronologisch angeordnete Bibliographie des Bienenwachses und seiner Verfäl-
    schungen siehe auch Journ. Soc. Chem. Ind. 1892. 11. 756.
Über die Verseifung des Bienenwachses:
    G. Buchner, Chem. Zeitg. 1907. 31. 126.
    Bohrisch, Chem. Zeitg. 1907. 31. 191.
    G. Buchner, Chem. Zeitg. 1907. 31. 271.
    Bohrisch, Chem. Zeitg. 1907. 31. 351.
    Berg, Chem. Zeitg. 1907. 31. 537.
    G. Buchner, Chem. Zeitg. 1907. 31. 631.
    Berg, Chem. Zeitg. 1907. 31. 705.

Ältere Untersuchungen:

John, Buchholz u. Brandes, Ettling u. a. (Gmelin Kraut, Handbuch d. organ.
    Chem. 7. 2129.)
Boudet u. Boissenot, Dinglers Polyt. Journ. 1827. 23. 524.
Untersuch. d. versch. Wachsarten. B. Lewy, Dinglers Polyt. Journ. 1845. 36.
Ch. Gerhards, Dinglers Polyt. Journ. 1845. 36. 82. Über Destillation der fetten
    Körper. A. Bung u. L. R. Le Cann, Dinglers Polyt. Journ. 1827. 23. 515.

Neuere Untersuchungen:

Brodie, Liebigs Ann. 67. 180. 71. 144.
Schalfejeff, Ber. d. deutsch. chem. Ges. 1876. 9. 278. 1688.
Nafzger, Liebigs Ann. 224. 225.
Schwalbe, Liebigs Ann. 235. 106.
Marie, Journ. Soc. Chem. Ind. 1894. 13. 207; 1895. 14. 579; 1896. 15. 362.
    Annal. chim. phys. 1896. [7.] 7. 145—250.
Henriques, Ber. d. deutsch. chem. Ges. 1897. 30. 1415.
Jirmann, Über Darstellung hochmolekularer Kohlenwasserstoffe aus Bienenwachs,
    Inaug.-Diss., Heidelberg 1899.

[1]) Cerotinsäure $C_{25}H_{51}COOH$ Schmelzpunkt 78,5^0 C., Molekulargewicht 396.
Trennung d. freien Säuren d. Bienenwachses, T. Marie, Chem. Zeitg. Rep. 1895. 19.
127. Palmitinsäure-Melissylester $C_{30}H_{61}C_{16}H_{31}O_2$ Schmelzpunkt 72^{0}C. Molekular-
676. Säurezahl 83·0. Melissylalkohol $C_{30}H_{62}O$. Cerylalkohol $C_{26}H_{54}O$.

Palmitinsäure-Melissylester (Myricin), sowie Kohlenwasserstoffen, von denen Schwalb das Heptacosan ($C_{27}H_{56}$, Schmelzpunkt 60·5° C.) und das Hentriacontan ($C_{31}H_{64}$, Schmelzpunkt 67°C.) isoliert hat.

Daneben finden sich noch geringe Mengen freier Melissinsäure ($C_{30}H_{60}O_2$), Melissylalkohol, Cerylalkohol und ein Alkohol unbekannter Zusammensetzung, ferner ungesättigte Fettsäuren, verschiedene Farbstoffe und Riechstoffe sowie geringe Mengen einer klebrigen, aromatisch riechenden Substanz, Ceroleïn genannt. (Elementarzusammensetzung des Bienenwachses: 79·3°/₀ C, 13·2°/₀ H, 7·5°/₀ O.)

Das Verhältnis der freien Säuren, also hauptsächlich Cerotinsäure, zu dem hauptsächlichsten Ester, dem Palmitinsäure-Melissylester, beträgt nach den grundlegenden Untersuchungen Hehners 14:86. Der Gehalt an Kohlenwasserstoffen 12—15 °/₀, der Gehalt an Fettsäuren 46 bis 47 °/₀, der Gehalt an „unverseifbaren Stoffen", d. i. Kohlenwasserstoffen und Alkoholen 52—55 °/₀.

Der Hauptbestandteil des Bienenwachses stellt sich also dar als Fettsäureester eines einwertigen Alkohols, als welche zuerst Brodie (1848) die Wachsarten charakterisiert hatte. Wir finden hier die höchsten bekannten Glieder sowohl der Fettsäurereihe wie der gesättigten einatomigen Alkohole. Dabei treten hier mehrere homologe Glieder der Reihe nebeneinander auf, und darin liegt der Grund der Schwierigkeit der Untersuchung und glatten Trennung der Einzelbestandteile, also in der großen Ähnlichkeit der Eigenschaften der hochmolekularen Fettsäuren und Alkohole.

Die Zusammensetzung des Bienenwachses ergibt sich aus den durch die Einwirkung von Alkalien resultierenden hydrolytischen Spaltungsprodukten. Die Hydrolyse des Bienenwachses erfolgt schwieriger als diejenige der Glyceride.

Obwohl sich fast alle Länder (siehe Tabelle II) und somit die verschiedensten Pflanzen und Bienen an der Wachsproduktion beteiligen, so schwankt die chemische Zusammensetzung des Bienenwachses doch nur innerhalb sehr enger Grenzen, mit einigen Ausnahmen, z. B. ostindisches Wachs, indem eine Verschiebung des Mengenverhältnisses der Bestandteile eintritt.

Über den Schmelzpunkt erhitzt, ist das Wachs nicht unzersetzt destillierbar. Es entwickeln sich sauer und stechend riechende Dämpfe; bei 236° C. tritt Sieden ein, dabei entsteht aber kein Acroleïn. (Unterschied von den Fetten, z. B. Talg, Japantalg, deren Gegenwart im Bienenwachs durch den Acroleïngeruch beim Erhitzen oder Brennen zu erkennen ist.)

Bei der trockenen Destillation[1]) erhält man zuerst ein farbloses wässeriges Destillat (Wachsgeist), dann ein dickflüssiges, leicht erstarrendes Öl (Wachsbutter) und ein dünnflüssiges, brenzliches Öl (Wachsöl).

Wachsbutter besteht der Hauptsache nach aus Palmitinsäure $C_{16}H_{32}O_2$ und Melen $C_{30}H_{60}$, sowie anderen öligen Zersetzungsprodukten des

---

[1]) Liebigs Annalen 1832. 2. 255.

Wachses. Greshoff und Sack[1]) isolierten aus dem zumeist kristallinisch erstarrenden Destillat einen bei 240°—250° C. übergehenden Kohlenwasserstoff der Formel $C_{15}H_{30}$, einen festen Körper $C_7H_{14}O_2$ vom Schmelzpunkte 63° C., und einen ungesättigten, bei 56° C. schmelzenden Körper. Beim Erhitzen von reinem Bienenwachs mit Kaliumhydrosulfat tritt kein Acroleïn auf (Unterschied von talghaltigem Wachs). Mit verdünnten Säuren läßt sich das Bienenwachs unverändert umschmelzen. 40prozentige Schwefelsäure läßt das Wachs noch unverändert. Bei höheren Konzentrationen tritt bereits Bräunung ein. (Konzentrierte Schwefelsäure verkohlt das Wachs bei 160° C.) Auch gegen Oxydationsmittel, wie z. B. belichteten Sauerstoff, Wasserstoffsuperoxyd, Kaliumpermanganat, Kaliumbichromat in saurer Lösung ist das Wachs sehr beständig, die im Wachs enthaltenen Farbstoffe dagegen nicht. Hierauf beruht die Bleiche des Bienenwachses (siehe später). Dagegen ist das Bienenwachs sehr empfindlich gegen Alkalien.

Sehr schwache alkalische Lösungen, wie z. B. Boraxlösung, lassen das Bienenwachs beim Erwärmen zum größten Teile unverändert, führen aber doch zum geringeren Teile feine Verteilung (Emulsionierung) des Wachses herbei; trotzdem scheidet sich das Wachs beim Erkalten als feinverteilte Masse nahezu vollständig auf der Oberfläche der Lösung ab. (Wachs, welches Glyceride, z. B. Talg oder Japantalg, enthält, wird mehr oder weniger emulgiert, so daß kein Absetzen mehr stattfindet. Ähnlich verhält sich Sodalösung.)[2])

Beim Kochen des Bienenwachses mit Lösungen von kohlensauren Alkalien wird unter Kohlensäureentwicklung lediglich die freie Cerotinsäure (bzw. die freien Wachssäuren) abgesättigt. In der entstandenen Lösung der cerotinsauren Alkalien (Seife) werden die übrigen Wachsbestandteile auf das feinste verteilt, emulgiert, ohne von den Alkalicarbonaten weiter angegriffen zu werden.[3]) (Sog. Wachsemulsionen, Wachsseifen oder Wachsseifenemulsionen der Technik.) Die unverseiften Wachsbestandteile setzen sich aus diesen Emulsionen nicht mehr ab (5·1 g krist. Soda sättigen die Wachssäuren von 100 g Wachs ab). Wässerige Lösungen von Ätzalkalien sättigen ebenfalls beim Erhitzen zuerst die freien Wachssäuren ab; dann wird aber je nach der Konzentration der Laugen und nach der Kochdauer der Ester des Bienenwachses teilweise oder ganz, wenn auch schwierig, hydrolysiert. Lösungen von Ätzalkalien in Alkohol hydrolysieren das Bienenwachs vollständig

---

[1]) Rec. trav. chim. des Pays-Bas et de la Belge 1901. 20. 65. — Chem. Zeitg. Rep. 1901. 25. 177.

[2]) Eine kritische Besprechung dieser unsicheren, früher zur Wachsprüfung empfohlenen Proben (Dullo, Marx, Pharm. Germ., Hager, Donath) gibt Röttger, Chem. Zeitg. 1890. 24. 85.

[3]) Aus diesem Grunde kann man die mit Bienenwachs, Wasser, Soda oder Pottasche hergestellten technischen Produkte ganz gut mit dem Ausdruck „Wachsseifenemulsionen" bezeichnen, da die Emulgierung der Hauptbestandteile des Bienenwachses mit Hilfe des vorher gebildeten cerotinsauren Alkalis, welches ganz den Charakter einer Seife aufweist, vermittelt wurde.

beim Kochen, um so leichter und vollständiger, je stärker, also wasserfreier, der Alkohol ist, und je energischer das Kochen ausgeführt wird. Kaliumhydroxyd erweist sich hierbei günstiger als Natriumhydroxyd. Es resultieren ca. 53—54 $^0/_0$ Wachsalkohole und Kohlenwasserstoffe. Befindet sich das Bienenwachs in Lösung, z. B. in Benzin, so wird dasselbe von alkoholischer Ätzalkalilösung bei gewöhnlicher Temperatur in 12—24 Stunden vollständig verseift (sog. kalte Verseifung, siehe später). Wenn Bienenwachs durch alkoholische Ätzkalilösung durch längeres Erhitzen am Rückflußkühler vollständig verseift, dann der Alkohol verjagt wird, erhält man eine trockene Masse, die im wesentlichen aus cerotinsaurem und palmitinsaurem Kali, Melissylalkohol und Kohlenwasserstoffen besteht. Mittels Petroläther (Siedepunkt 60^0—90^0 C.) werden hieraus der Melissylalkohol und die Kohlenwasserstoffe vollständig ausgezogen. (Benzol und Ligroïn eignen sich wegen des geringeren Lösungsvermögens weniger hierzu.)

Zweckmäßig ist es, nach der Verseifung mit alkoholischer Kalilösung den Alkohol abzudunsten und durch öfteres Aussalzen mit Kochsalz die Kalisalze in die entsprechenden Natronsalze überzuführen, welche härter und zur Extraktion geeigneter sind. Gleichzeitig entfernt man hierdurch das überschüssige Kali. Wenn man im Bienenwachs mittels Soda die freien Wachssäuren absättigt, was leicht geschehen kann durch Behandlung von z. B. 10 g Wachs, 1 g Natriumcarbonat, 30 g Wasser, 10 g Seesand im Wasserbad und Austrocknen des Ganzen, lassen sich aus der trockenen Seife mit Lösungsmitteln, z. B. Petroläther, die Kohlenwasserstoffe und der Wachsester extrahieren (Buchner).

Obwohl die Esterverbindungen des Bienenwachses beim Kochen mit alkoholischen Ätzalkalien vollständig hydrolysiert werden, wird in der Praxis das Wachs doch unverseifbar genannt, weil die Verseifungsprodukte beträchtliche Mengen unverseifbarer Stoffe (Melissylalkohol und Kohlenwasserstoffe) enthalten, welche an sich in Wasser unlöslich sind. Wenn aber der Verseifungsrückstand des Wachses zum größten Teil vom Alkohol befreit und mit einer größeren Menge kochendem Wasser versetzt wird, erhält man doch bei reinem Bienenwachs eine nahezu klare oder höchstens schwach trübe Flüssigkeit, da die unverseifbaren Anteile von der Lösung des cerotinsauren und palmitinsauren Kalis (Seife) in feinster Verteilung gehalten werden, so daß die Flüssigkeit den Eindruck einer fast klaren Lösung macht. Erst bei Anwesenheit größerer Mengen von zugesetzten Kohlenwasserstoffen, (z. B. 15 $^0/_0$ Paraffin, Ceresin und mehr) scheiden sich diese als ölige Schichte auf der wässerigen Flüssigkeit aus.

Schmilzt man Wachs mit Ätzkali und erhitzt die erhaltene verseifte Masse mit Kalikalk auf 250^0 C. (so lange, bis sich kein Wasserstoff mehr entwickelt), so werden die Wachsalkohole in die Kalisalze der entsprechenden Fettsäuren verwandelt. Aus der erhaltenen Masse kann man durch Äther die Kohlenwasserstoffe des Wachses rein erhalten, aus dem Volumen des Wasserstoffes die Wachsalkohole berechnen. (Siehe das Verfahren v. Buisine S. 209 u. 1103).

Beim Verbrennen von gelbem Bienenwachs in der calorimetrischen Bombe erhält man einen Mittelwert von 10312 Calor.[1])

Jod wird von Bienenwachs nach Maßgabe seines Gehaltes an ungesättigten Fettsäuren aufgenommen (1 g Wachs ca. 8—11 Milligramm Jod).

Die Wachsuntersuchung stützt sich vor allem auf die Ergebnisse, welche bei der quantitativen hydrolytischen Spaltung oder Verseifung mit alkoholischer Kalilösung erhalten werden. Hierbei wird festgestellt, wieviele Milligramme Kaliumhydroxyd einerseits zum Absättigen der freien Wachssäuren (Cerotinsäure) = Säurezahl, andrerseits zur Hydrolyse des Palmitinsäure-Melissylesters (Wachsester) = Ätherzahl oder Esterzahl für 1 g Wachs nötig sind. Säurezahl + Ätherzahl bilden die Verseifungszahl.

Es hat sich ergeben, daß trotz der Verschiedenartigkeit der Wachssorten hierbei ziemlich gleiche, in verhältnismäßig engen Grenzen schwankende Werte erhalten werden.

Becker[2]) war der erste, der die Verseifung des Wachses in Anwendung brachte und fand, daß dieselbe für die Untersuchung des Bienenwachses verwendbar sei. O. Hehner[3]) und v. Hübl[4]) bearbeiteten das Wachs fast gleichzeitig in derselben Richtung. Hierbei berechnete Hehner das Resultat der Verseifung in der Weise, daß er die Menge Ätzkali, welche zur Sättigung der freien Wachssäuren nötig ist, auf Cerotinsäure, die Mengen Ätzkali, welche zur Verseifung des Palmitinsäure-Melissylesters nötig ist, auf diesen berechnete, unter der Annahme, daß 1 ccm Normallauge 0·41 g Cerotinsäure neutralisiert und 0·676 g Myricin zerlegt. Hierbei fand er die auf Seite 1080 stehenden Ergebnisse. Die Summe der beiden Werte ist fast ausnahmslos größer als 100.

In ähnlicher Weise stellt auch Buisine[5]) das Resultat seiner Untersuchungen dar. (Tabelle A Seite 1081).

v. Hübl drückte zuerst die Resultate der Verseifung in der Weise aus, daß er die Anzahl Milligramme Ätzkali, welche zur Absättigung der freien Wachssäuren für je 1 g Wachs nötig sind, als Säurezahl, die zur Verseifung des Wachsesters für 1 g Wachs nötigen Milligramme Ätzkali als Ätherzahl, die Summe von beiden als Verseifungszahl, das Verhältnis zwischen Säure- und Ätherzahl als Verhältniszahl bezeichnete.

Diese Art, die Verseifungsresultate auszudrücken, hat allgemeine Annahme gefunden und kommt in erster Linie für die Beurteilung einer Wachsprobe in Betracht. Hierbei fand v. Hübl die in der Tabelle B, S. 1081 wiedergegebenen Resultate, indem er seine Verseifungsmethode auch auf die zur Verfälschung des Bienenwachses gebräuchlichen Stoffe ausdehnte und die Ergebnisse tabellarisch zusammenstellte. Ebenso verfuhr Allen. (Siehe dieselbe Tabelle.)

---

[1]) Sokolow, Zeitschr. f. Unters. d. Nahrungs- u. Genußm. 1905. 626.
[2]) Dinglers Polyt. Journ. 1879. 234. 79.
[3]) The Analyst 1883. 8. 16. — Dinglers Polyt. Journ. 1884. 168.
[4]) Dinglers Polyt. Journ. 1883, 249. 338.
[5]) Monit. scient. 1890. [4.] 4. 1134.

Wachssorte	Cerotin-säure %/0	Myricin %/0	Summe %/0
Wachs aus Hertfordshire	14·35	88·55	102·90
„ „ „	14·86	85·95	100·81
„ „ Surrey	13·22	86·02	99·24
„ „ Lincolnshire	13·56	88·16	101·72
„ „ Buckinghamshire	14·64	87·10	101·74
„ „ Hertfordshire	15·02	88·83	103·85
„ „ New Forest	14·92	89·87	104·79
„ „ Lincolnshire	15·49	92·08	107·57
„ „ Buckinghamshire	15·71	89·02	104·73
„ „ Amerika	15·16	88·09	103·25
„ „ Madagaskar	13·56	88·11	101·67
„ „ Mauritius	13·04	88·28	101·32
„ „ „	12·17	95·68	107·85
„ „ „	13·72	96·02	109·74
„ „ Jamaika	13·49	85·12	98·61
„ „ „	14·30	85·78	100·08
„ „ Mogador	13·44	89·00	102·44
„ „ Melbourne	13·92	89·24	103·16
„ „ „	13·18	87·47	100·65
„ „ Sydney	13·06	92·79	105·85
„ „ „	13·16	88·62	101·78
G. Buchner berechnete ähnlich für einwandfreies			
Wachs aus Bayern	13·47	91·45	104·92
„ „ Rußland	12·78	84·90	97·68

Die Art, wie die Verseifung ausgeführt wird, ist im Grunde noch
dieselbe, wie sie von den genannten Autoren zuerst vorgenommen wurde.
Über die Art der Verseifung und die zu beobachtenden Kautelen hat
sich eine umfangreiche Literatur[1]) gebildet. Als Ergebnis der bisherigen
Erfahrungen darf folgendes als sicher gelten. Man verfährt am besten
wie folgt:

Man benützt genau eingestellte $^1/_2$-Normalschwefelsäure oder Salzsäure und $^1/_2$-normale alkoholische Kalilösung (Kaliumhydroxyd hat sich
vorteilhafter erwiesen als Natriumhydroxyd). Diese Lauge wird am
besten so hergestellt, daß man ca. 30—35 g reines Kaliumhydroxyd in ca.
200 ccm absolutem Alkohol löst, die Lösung filtriert und mit absolutem
Alkohol zu 1 Liter auffüllt. Auf diese Weise erhält man eine lange
Zeit hellgelb bleibende Kalilösung.[2]) Absoluter Alkohol ist nicht durchaus erforderlich, aber empfehlenswert; doch soll der Alkohol mindestens
96prozentig sein. Diese Lösung wird entweder genau $^1/_2$-normal eingestellt oder, da der Titer sich doch etwas ändert, am besten stets
empirisch auf die Säure bewertet. In den ersten 8 Tagen verändert
sich der Titer sehr merkbar, später bleibt derselbe lange Zeit konstant.
Die Kalilösung ist daher einige Zeit vor dem Gebrauch herzustellen.

---

[1]) Siehe Seite 1075.
[2]) Siehe auch Seite 129.

Tabelle A.

Wachssorte	Säure-zahl	Ver-seifungs-zahl	Äther-zahl	Ver-hältnis-zahl	Säurezahl, berechnet auf Cerotin-säure	Ätherzahl, berechnet auf Myricin	Ätherzahl, berechnet auf Palmitin-säure	Cerotin-säure + Myricin	Wasser-stoff für 1 g Wachs	=Melissyl-alkohol	Melissyl-alkohol zu Palmitin-säure	Jodzahl = Ölsäure	Kohlen-wasser-stoffe
Nord	19·02	91·2	72·18	3·74	13·90	86·97	32·93	100·87	—	—	—	8·28 = 9·1	—
„	19·56	94·3	74·74	3·80	14·30	90·06	34·10	104·36	57·5 ccm	56·58	1·65	—	12·98 %
Somme . . .	19·48	91·7	72·22	3·70	14·24	87·02	32·95	101·26	53·5 „	52·64	1·59	9·97 = 10·90	13·39 %
Gatônois . .	20·50	93·6	73·10	3·56	15·01	88·08	33·35	103·04	54·5 „	53·62	1·60	11·01 = 12·11	12·72 %
Bretagne . .	20·59	92·8	72·21	3·55	15·05	87·01	32·94	102·06	53·6 „	52·74	1·60	10·2 = 11·2	13·78 %
Normandie .	20·01	94·7	74·60	3·71	14·69	89·89	34·03	104·53	55·1 „	54·21	1·58	—	13·68 %

Säurezahl × 7·308 = Cerotinsäure.
Ätherzahl × 12·05 = Palmitinsäure-Melissylester (Myricin).
ccm Wasserstoff für 1 g Wachs × 0·984 = Melissylalkohol.

Gatinois
$\begin{cases} \text{Cerotinsäure} = 15\cdot01 \\ \text{Palmitinsäure} = 33\cdot35 \\ \text{Melissylalkohol} = 53\cdot62 \\ \text{Kohlenwasserstoffe} = 12\cdot72 \end{cases}$
114·70

Tabelle B.

	v. Hübl				Allen				Durchschnittswerte nach anderen Autoren			
	Säure-zahl	Äther-zahl	Ver-seifungs-zahl	Ver-hältnis-zahl	Säure-zahl	Äther-zahl	Ver-seifungs-zahl	Ver-hältnis-zahl	Säurezahl	Ätherzahl	Verseifungs-zahl	Verhältnis-zahl
Bienenwachs, gelbes . . .	20	75	95	3·75	20	75	95	3·75	19—21	72—76	91—97	3·6—4·1
„ chem. gebleicht	—	—	—	—	24	71	95	2·96	—	—	—	—
Spermazet	—	—	—	—	Spuren	128	128	—	—	—	—	—
Carnaubawachs.	4	75	79	19	4—8	76	80—84	9·5—15·5	2—5	71—78	76—80	14·2—39
Chin.Wachs (Insektenwachs)	—	—	—	—	Spuren	63	63	—	—	80·4—93	80·4—93	—
Japanwachs	20	200	220	10	20	195	215	9·75	20	200—207	220—227	10—10·8
Myrtenwachs (Lorbeer oder grünes Wachs)	—	—	—	—	3	205	208	68·3	3—30·7	130—186·3	133—217	43·3
Talg und Preßtalg	4	191	195	48	10	185	195	18·5	—	—	—	—
Stearinsäure, technische . .	195	0	195	—	200	0	200	0	—	—	—	—
Kolophonium (Harz) . . .	110	1·6	112	0·015	180	10	190	9·0556	130—164	16—36	146—190	0·13—0·26
Paraffin und Ceresin . . .	0	0	0	—	0	0	0	—	—	—	—	—

Siehe auch die Tabellen auf Seite 1124 ff.

Auf die genaue Einstellung dieser Normallösungen ist alle Sorgfalt zu verwenden, da 0·1 ccm z. B. bei der Bestimmung der Säurezahl schon einen Fehler von 0·7 ausmacht.

Man bringt 3—4 g von mechanischen Verunreinigungen befreites Wachs (bei Einwage von 3·6 g Wachs kann man die auf Seite 1084—1087 beigefügten Tabellen zur Berechnung bei verschiedenem Kalititer benützen) in einen Erlenmeyerkolben von ca. 250 ccm Inhalt aus gutem Glas (am besten Jenenser Geräteglas, sog. Schottsche Kolben, die zweckmäßig vor der ersten Benützung mit wässeriger Kalilauge ausgekocht werden). Nun fügt man ca. 70 ccm reinen (säurefreien!) Alkohol von mindestens 96 $^0/_0$, sowie ca. 1 ccm 1prozentige Phenolphthaleïnlösung[1]) zu. Man erwärmt auf dem Wasserbade oder auf dem Asbestdrahtnetz, bis das Wachs geschmolzen ist, läßt unter öfterem Umschütteln kurze Zeit, etwa 1 bis 2 Minuten, in der Wärme verweilen und titriert nun mit der alkoholischen Kalilösung, bis schwache aber deutliche Rötung der Flüssigkeit eintritt, welche auch bei kurzem Erwärmen (bis zur Klärung) bestehen bleibt. Tritt hierbei Entfärbung ein, so wird weiter tropfenweise Kalilösung zugefügt, bis die Rötung beim kurzen Erwärmen bis zum einmaligen Aufkochen bestehen bleibt. —

Es ist unvermeidlich, daß sich während der Titration infolge von Abkühlung Ausscheidungen in der Flüssigkeit ergeben, welche Flüssigkeit einschließen. Deshalb ist ein nachträgliches kurzes Erwärmen bis zur Klärung unerläßlich. Ein Angriff des Esters ist in dieser kurzen Zeit nicht zu befürchten.

Die zur Absättigung der freien Säuren verbrauchten Kubikzentimeter Kalilösung werden notiert. Bei genau $^1/_2$-Normalkalilösung geben die verbrauchten Kubikzentimeter Kalilösung mit 7 multipliziert die Säurezahl, bei empirisch eingestellter Kalilösung muß entsprechend umgerechnet werden (siehe auch Tabelle).

Man fügt sodann, ohne die Bürette aufzufüllen, alkoholische Kalilösung bis zum Stand 30—35 ccm zu (die Bürette ist verschlossen zu halten) und erhält am Asbestdrahtnetz mindestens eine Stunde lang, vom Moment des Kochens an, in lebhaftem Kochen, entweder offen unter zweckmäßigem Verschluß mit einem Glastrichterchen und öfterem Ersatz des verdampfenden Alkohols oder besser in der Weise, daß man als Rückflußkühler eine $1^1/_2$ m lange, weite Glasröhre verwendet. Noch besser ist es nach Woy einen Müllerschen Extraktor einzuschalten,

---

[1]) Die meisten auch dunklen Wachse lassen sich gut mit Phenolphthaleïn als Indikator titrieren, da die Wachsfarbstoffe nur wenig in den Alkohol übergehen. Bei mit künstlichen Farbstoffen versetzten Wachsen, bei sehr dunklen Wachsen und dunklen (schwarzen) Wachsmischungen kann man Phenolphthaleïn als Indikator nicht mehr benützen. Man wendet dann mit Vorteil als Indikator Alkaliblau (siehe Seite 8) an. Auch kann man in solchen Fällen mit Säure übertitrieren und dann unter Anwendung der Tüpfelmethode unter Benützung von rotem Lackmuspapier mit Alkali rücktitrieren. Außerdem kann man die allerdings sehr umständliche Methode von P. Mc Ilhiney (Zeitschr. f. anal. Chem. 1900. 11. 724) benützen.

oder nach G. Buchner einen Soxhletschen Extraktionsapparat auf-
zusetzen.

In letzterem Falle erreicht man den Vorteil, daß die Kalilösung
zeitweise konzentriert auf das Wachs einwirkt, und daß ein Teil des
Alkoholes (ca. 40—50 ccm) wiedergewonnen werden kann.

Man titriert nun mit $^1/_2$-Normalsäure unter öfterem Erwärmen,
damit die Mischung homogen und dünnflüssig bleibt, bis zur bleibenden
Entfärbung und dann mit $^1/_2$-Normalkalilösung bis zur bleibenden
schwachen, aber deutlichen Rötung. (Die saure Flüsssigkeit stößt beim
Erwärmen meist stark, was bei der alkalischen Lösung nicht der Fall
ist.) Man liest nun nach einigen Minuten den Stand an den Büretten ab.
Zieht man bei Verwendung von genau normalen Lösungen die verbrauchte
Menge Säure von der Kalilösung ab und multipliziert die Differenz mit 7,
so erhält man die Verseifungszahl. Subtrahiert man von dieser die anfangs gefundene Säurezahl, so ergibt sich die Äther- oder Esterzahl.
Letztere dividiert durch die Säurezahl ergibt die Verhältniszahl. Bei
empirisch eingestellter Kalilösung ist natürlich erst umzurechnen. Bei
dieser Endtitration sollen mindestens 50 ccm Alkohol vorhanden sein zur
Vermeidung etwaiger, durch die wässerige Säurelösung verursachter
Dissociation der Seifenlösung, wodurch erhebliche Fehler entstehen
könnten.[1]) Bei Verwendung von mindestens 96 prozentigem Alkohol und
einer Kalilösung in absolutem Alkohol kann man sicher sein, in einer
Stunde den Wachsester vollständig hydrolysiert zu haben. Der Verseifungsrückstand wird für weitere Bestimmungen, welche damit ausgeführt werden können, zurückgestellt (siehe später).

Einige Chemiker (Berg, Bohrisch, s. Literatur) halten eine mindestens dreistündige Kochdauer für nötig, um das Maximum des Kali-
verbrauches zu erreichen, welches nach ihren Angaben in manchen
Wachssorten bei einstündiger Kochdauer nicht erhalten wird; sie unterscheiden deshalb leichter und schwerer verseifbare Wachse. Es ist richtig,
daß man bei manchen Wachsen bei dreistündiger Kochdauer ein kleines
Plus an Kali gegenüber der einstündigen Kochdauer erhält. Dieser
kleine Mehrverbrauch an Kali ist so zu deuten, daß manche Wachse
geringe Mengen nicht näher gekannter Stoffe enthalten, welche bei mehrstündiger Kochdauer geringe Mengen Kali verbrauchen; für die Beurteilung einer Wachsprobe bei der Handelsanalyse ist dieser geringe
Kalimehrverbrauch bei mehrstündiger Kochdauer ohne Belang. In Zweifel-
fällen und bei Schiedsanalysen wird man ohnedies, der Sicherheit halber,
den Verseifungsversuch unter Anwendung längerer Kochdauer wiede.holen.

Die Annahme, daß es schwer verseifbare Bienenwachsarten gäbe,
kann nach den Erfahrungen des Verfassers nicht aufrecht erhalten
werden, vorausgesetzt, daß die Bedingungen, welche die vollständige Verseifung eines Wachses in einer Stunde garantieren,
eingehalten werden, also:

---

[1]) S. Schwarz, Zeitschr. f. öffentl. Chemie 1905. 11. 302. — Siehe auch Cohn,
Hydrolyse des palmitins. Natrons. Ber. d. deutsch. chem. Ges. 1905. 38. 3781.

A. Tabelle für Säure- und Ätherzahl.

(Berechnet von Dr. Frank-Kammenetzky.)

Bei Einwage von 3·6 g Substanz (Wachs) entsprechen die ccm $^1/_2$-normal-Kalilauge mit dem Titer 20·0—22·5 den Säure- bzw. Ätherzahlen.

Titer:	20·0	20·1	20·2	20·3	20·4	20·5	20·6	20·7	20·8	20·9	21·0	21·1	21·2
ccm 1	7·777	7·739	7·7008	7·663	7·625	7·588	7·551	7·515	7·478	7·443	7·407	7·372	7·738
» 2	15·554	15·478	15·4016	15·326	15·250	15·176	15·102	15·030	14·956	14·886	14·814	14·744	14·676
» 3	23·331	23·217	23·1024	22·989	22·875	22·764	22·653	22·545	22·434	22·329	22·221	22·416	22·014
» 4	31·108	30·956	30·8032	30·652	30·500	30·352	30·204	30·060	29·912	29·772	29·628	29·488	29·352
» 5	38·885	38·695	38·5040	38·315	38·125	37·940	37·755	37·575	37·390	37·215	37·035	36·860	36·690
» 6	46·662	46·434	46·2048	45·978	45·750	45·528	45·306	45·090	44·863	44·658	44·442	44·232	44·028
» 7	54·439	54·173	53·9056	53·641	53·375	53·116	52·857	52·605	52·346	52·101	51·835	51·604	51·366
» 8	62·216	61·912	61·6064	61·304	61·000	60·704	60·408	60·120	59·824	59·544	59·856	58·976	58·704
» 9	69·993	69·651	69·3072	68·967	68·625	68·292	67·959	67·635	67·302	66·987	66·663	66·348	66·042
» 11	85·547	85·129	84·7088	84·293	83·875	83·468	83·061	82·665	82·258	81·873	81·477	81·092	80·718
» 12	93·324	92·868	92·4096	91·956	91·500	91·056	90·612	90·180	89·736	89·316	88·884	88·464	88·056
» 13	101·101	100·607	100·1104	99·619	99·125	98·644	98·163	97·695	97·214	96·759	96·291	95·836	95·394
» 14	108·878	108·346	107·8112	107·282	106·750	106·232	105·714	105·210	104·692	104·202	103·698	103·208	102·732
» 15	116·655	116·085	115·5120	114·945	114·375	113·820	113·265	112·725	112·170	111·645	111·105	110·58	110·070
» 16	124·432	123·824	123·2128	122·608	122·000	121·408	120·816	120·240	119·648	119·088	118·512	117·952	117·408
» 17	132·209	131·563	130·9136	130·271	129·625	128·926	128·367	127·755	127·126	126·531	125·919	125·324	124·746
» 18	139·986	139·302	138·6144	137·934	137·250	136·584	135·918	135·270	134·604	133·974	133·326	132·696	132·084
» 19	147·763	147·041	146·3152	145·597	144·875	144·172	143·469	142·785	142·082	141·417	140·733	140·068	139·422
» 0·25	1·9442	1·9347	1·9252	1·9157	1·9062	1·8970	1·8877	1·8787	1·8695	1·8607	1·8517	1·8430	1·8345
» 0·35	2·7219	2·7086	2·6953	2·6820	2·6687	2·6558	2·6428	2·6302	2·6173	2·6050	2·5924	2·5802	2·5683
» 0·45	3·4996	3·4825	3·4653	3·4483	3·4312	3·4146	3·3979	3·3817	3·3651	3·3493	3·3331	3·3174	3·3021
» 0·55	4·2773	4·2564	4·2354	4·2146	4·1937	4·1734	4·1530	4·1332	4·1129	4·0936	4·0738	4·0546	4·0359
» 0·65	5·0550	5·0303	5·0055	4·9809	4·9562	4·9322	4·9081	4·8847	4·8607	4·8379	4·8145	4·7918	4·7697
» 0·75	5·8327	5·8042	5·7756	5·7472	5·7187	5·6910	5·6632	5·6362	5·6085	5·5822	5·5552	5·5290	5·5035
» 0·85	6·6104	6·5781	6·5457	6·5135	6·4812	6·4498	6·4183	6·3877	6·3563	6·3265	6·2959	6·2662	6·2373
» 0·95	7·3881	7·3520	7·3157	7·2798	7·2437	7·2086	7·1734	7·1392	7·1041	7·0708	7·0336	7·0034	6·9711

A. Tabelle für Säure- und Ätherzahl. (Fortsetzung.)

Titer:	21·3	21·4	21·5	21·6	21·7	21·8	21·9	22·0	22·1	22·2	22·3	22·4	22·5
ccm 1	7·303	7·269	7·235	7·202	7·168	7·136	7·103	7·070	7·039	7·007	6·975	6·944	6·913
„ 2	14·606	14·538	14·470	14·404	14·336	14·272	14·206	14·140	14·078	14·014	13·950	13·888	13·826
„ 3	21·909	21·807	21·705	21·606	21·504	21·408	21·309	21·210	21·117	21·021	20·925	20·832	20·739
„ 4	29·212	29·076	28·940	28·808	28·672	28·544	28·412	28·280	28·156	28·028	27·900	27·776	27·652
„ 5	36·515	36·345	36·175	36·010	35·840	35·680	35·515	35·350	35·195	35·035	34·875	34·720	34·565
„ 6	43·818	43·614	43·410	43·212	43·008	42·816	42·618	42·420	42·234	42·042	41·850	41·664	41·478
„ 7	51·121	50·883	50·645	50·414	50·176	49·952	49·721	49·490	49·273	49·049	48·825	48·608	48·391
„ 8	58·424	58·152	57·880	57·616	57·344	57·088	56·824	56·560	56·312	56·056	55·800	55·552	55·304
„ 9	65·727	65·421	65·115	64·818	64·512	64·224	63·927	63·630	63·351	63·063	62·775	62·496	62·217
„ 11	80·333	79·959	79·585	79·222	78·848	78·496	78·133	77·770	77·429	77·077	76·725	76·384	76·043
„ 12	87·636	87·228	86·820	86·424	86·016	85·632	85·236	84·840	84·468	84·084	83·700	83·328	82·956
„ 13	94·939	94·497	94·055	93·626	93·184	92·768	92·339	91·910	91·507	91·091	90·675	90·272	89·869
„ 14	102·242	101·766	101·290	100·828	100·352	99·904	99·442	98·980	98·546	98·098	97·650	97·216	96·782
„ 15	109·545	109·035	108·525	108·030	107·520	107·040	106·545	106·050	105·584	105·105	104·625	104·160	103·695
„ 16	116·848	116·304	115·760	115·232	114·688	114·176	113·648	113·120	112·623	112·112	111·600	111·104	110·608
„ 17	124·151	123·573	122·995	122·434	121·856	121·312	120·751	120·190	119·662	119·119	118·575	118·048	117·521
„ 18	131·454	130·842	130·230	129·636	129·024	128·448	127·854	127·260	126·701	126·126	125·550	124·992	124·434
„ 19	138·757	138·111	137·465	136·838	136·192	135·584	134·957	134·330	133·740	133·133	132·525	131·936	131·347
„ 0·25	1·8257	1·8172	1·8087	1·8005	1·7920	1·784	1·7757	1·7675	1·7597	1·7517	1·7437	1·7360	1·7282
„ 0·35	2·5560	2·5441	2·5322	2·5207	2·5088	2·4976	2·4860	2·4745	2·4636	2·4524	2·4412	2·4304	2·4195
„ 0·45	3·2863	3·2710	3·2557	3·2409	3·2256	3·2112	3·1963	3·1815	3·1676	3·1531	3·1387	3·1248	3·1108
„ 0·55	4·0166	3·9979	3·9792	3·9611	3·9424	3·9248	3·9066	3·8885	3·8715	3·8538	3·8362	3·8192	3·8021
„ 0·65	4·7469	4·7248	4·7027	4·6813	4·6592	4·6384	4·6169	4·5955	4·5754	4·5545	4·5337	4·5136	4·4934
„ 0·75	5·4772	5·4517	5·4262	5·4015	5·3760	5·3520	5·3272	5·3025	5·2793	5·2552	5·2312	5·2080	5·1847
„ 0·85	6·2075	6·1786	6·1497	6·1217	6·0928	6·0656	6·0375	6·0095	5·9832	5·9559	5·9287	5·9024	5·8760
„ 0·95	6·9378	6·9055	6·8732	6·8419	6·8096	6·7792	6·7478	6·7165	6·6871	6·6566	6·6262	6·5968	6·5673

B. Reduktionstabelle für $^1/_2$-normal-Schwefelsäure auf den Titer 20·1—22·5 der $^1/_2$-normal-Kalilösung.

Titer:	20·1	20·2	20·3	20·4	20·5	20·6	20·7	20·8	20·9	21·0	21·1	21.2
ccm 1	1·005	1·010	1·015	1·020	1·025	1·030	1·035	1·040	1·045	1·050	1·055	1·060
„ 2	2·010	2·020	2·030	2·040	2·050	2·060	2·070	2·080	2·090	2·100	2·110	2·120
„ 3	3·015	3·030	3·045	3·060	3·075	3·090	3·105	3·120	3·135	3·150	3·165	3·180
„ 4	4·020	4·040	4·060	4·080	4·100	4·120	4·140	4·160	4·180	4·200	4·220	4·240
„ 5	5·025	5·050	5·075	5·100	5·125	5·150	5·175	5·200	5·225	5·250	5·275	5·300
„ 6	6·030	6·060	6·090	6·120	6·150	6·180	6·210	6·240	6·270	6·300	6·330	6·360
„ 7	7·035	7·070	7·105	7·140	7·175	7·210	7·245	7·280	7·315	7·350	7·385	7·420
„ 8	8·040	8·080	8·120	8·160	8·200	8·240	8·280	8·320	8·360	8·400	8·440	8·480
„ 9	9·045	9·090	9·135	9·180	9·225	9·270	9·315	9·360	9·405	9·450	9·495	9·540
„ 11	11·055	11·110	11·165	11·220	11·275	11·330	11·385	11·440	11·495	11·550	11·605	11·660
„ 12	12·060	12·120	12·180	12·240	12·300	12·360	12·420	12·480	12·540	12·600	12·660	12·720
„ 13	13·065	13·130	13·195	13·260	13·325	13·390	13·455	13·520	13·585	13·650	13·715	13·780
„ 14	14·070	14·140	14·210	14·280	14·350	14·420	14·490	14·560	14·630	14·700	14·770	14·840
„ 15	15·075	15·150	15·225	15·300	15·375	15·450	15·525	15·600	15·675	15·750	15·825	15·900
„ 16	16·080	16·160	16·240	16·320	16·400	16·480	16·560	16·640	16·720	16·800	16·880	16·960
„ 17	17·085	17·170	17·255	17·340	17·425	17·510	17·595	17·680	17·765	17·850	17·935	18·020
„ 18	18·090	18·180	18·270	18·360	18·450	18·540	18·630	18·720	18·810	18·900	18·990	19·080
„ 19	19·095	19·190	19·285	19·380	19·475	19·570	19·665	19·760	19·855	19·950	20·045	20·140
„ 0·25	0·2512	0·252	0·2537	0·255	0·2562	0·257	0·2587	0·260	0·2612	0·262	0·2637	0·265
„ 0·35	0·3517	0·353	0·3552	0·357	0·3587	0·360	0·3622	0·364	0·3657	0·367	0·3692	0·371
„ 0·45	0·4522	0·454	0·4567	0·459	0·4612	0·463	0·4657	0·468	0·4702	0·472	0·4747	0·477
„ 0·55	0·5527	0·555	0·5582	0·561	0·5637	0·566	0·5692	0·572	0·5747	0·577	0·5802	0·583
„ 0·65	0·6532	0·656	0·6597	0·663	0·6662	0·669	0·6727	0·676	0·6792	0·682	0·6857	0·689
„ 0·75	0·7537	0·757	0·7612	0·765	0·7687	0·772	0·7762	0·780	0·7837	0·787	0·7912	0·795
„ 0·85	0·8542	0·858	0·8627	0·867	0·8712	0·875	0·8797	0·884	0·8882	0·892	0·8967	0·901
„ 0·95	0·9547	0·959	0·9642	0·969	0·9737	0·978	0·9832	0·988	0·9927	0·997	1·0022	1·007

B. Reduktionstabelle für $^1/_2$-normal-Schwefelsäure auf den Titer 20·1—22·5 der $^1/_2$-normal-Kalilösung. (Fortsetzung.)

Titer:	21·3	21·4	21·5	21·6	21·7	21 8	21·9	22·0	22·1	22·2	22·3	22·4	22·5
ccm 1	1·065	1·070	1·075	1·080	1·085	1·090	1·095	1·100	1·105	1·110	1·115	1·120	1·125
„ 2	2·130	2·140	2·150	2·160	2·170	2·180	2·190	2·200	2·210	2·220	2·230	2.240	2·250
„ 3	3·195	3·210	3·225	3·240	3·255	3·270	3·285	3·300	3·315	3·330	3·345	3·360	3·375
„ 4	4·260	4·280	4·300	4·320	4·340	4·360	4·380	4 400	4·420	4·440	4·460	4·480	4·500
„ 5	5·325	5·350	5·375	5·400	5·425	5·450	5·475	5·500	5·525	5·550	5·575	5·600	5·625
„ 6	6·390	6·420	6·450	6·480	6·510	6·540	6·590	6·600	6·630	6·660	6·690	6·720	6·750
„ 7	7·455	7·490	7·525	7·560	7·595	7·630	7·665	7·700	7·735	7·770	7·805	7·840	7·875
„ 8	8·520	8·560	8·600	8·640	8·680	8·720	8·760	8·800	8·840	8·880	8·920	8·960	9·000
„ 9	9·585	9·630	9·675	9·720	9·765	9·810	9·855	9·900	9·945	9·990	10·035	10·080	10·125
„ 11	11·715	11·770	11·825	11·880	11·935	11·990	12·045	12·100	12·155	12·210	12·265	12·320	12·375
„ 12	12·780	12·840	12·900	12·960	13·020	13·080	13·140	13·200	13·260	13·320	13·380	13·440	13·500
„ 13	13·845	13·910	13·975	14·040	14·105	14·170	14·235	14·300	14·365	14·430	14·495	14·560	14·625
„ 14	14·910	14·980	15·050	15·120	15·190	15·260	15·330	15·400	15·470	15·540	15·610	15·680	15·750
„ 15	15·975	16·050	16·125	16·200	16·275	16·350	16·425	16·500	16·575	16·650	16·725	16·800	16·875
„ 16	17·040	17·120	17·200	17·280	17·360	17·440	17·520	17·600	17·680	17·760	17·840	17·920	18·000
„ 17	18·105	18·190	18·275	18·360	18·445	18·530	18·615	18·700	18·785	18·870	18·955	19·040	19·125
„ 18	19·170	19·260	19·350	19·440	19·530	19·620	19·710	19·800	19·890	19·980	20·070	20·160	20·250
„ 19	20·235	20·330	20·425	20·520	20·615	20·710	20·805	20·900	20·995	21·090	21·185	21·280	21·375
„ 0·25	0·2662	0·267	0·2687	0·270	0·2712	0·272	0·2737	0·275	0·276	0·277	0·278	0·280	0·281
„ 0·35	0·3727	0·374	0·3762	0·378	0·3797	0·381	0·3832	0·385	0·386	0·388	0·390	0·392	0·3937
„ 0·45	0·4792	0·481	0·4837	0·486	0·4882	0·490	0·4927	0·495	0·497	0·499	0·501	0·504	0·501
„ 0·55	0·5857	0·588	0·5912	0·594	0·5967	0·599	0·6022	0·605	0·607	0·610	0·613	0·616	0·618
„ 0·65	0·6922	0·695	0·6987	0·702	0·7052	0·708	0·7117	0·715	0·718	0·721	0·724	0·728	0·731
„ 0·75	0·7989	0·802	0·8062	0·810	0·8137	0·817	0·8212	0·825	0·828	0·832	0·836	0·840	0·843
„ 0·85	0·9052	0·909	0·9137	0·918	0·9222	0·926	0·9307	0·935	0·939	0·943	0·947	0·952	0·956
„ 0·95	0·0117	1·016	1·0212	1·026	1·0307	1·035	1·0402	1·045	1·049	1·054	1·059	1·064	1·068

1. die Verwendung von mindestens 96 prozentigem Alkohol und einer Kalilösung, welche am besten mit absolutem Alkohol, mindestens aber mit 96 prozentigem Alkohol ohne jeden Wasserzusatz hergestellt ist;
2. **lebhaftes Kochen** (am besten auf dem Asbestdrahtnetz bei ca. 80 mm hoher Gasflamme);
3. genügender Überschuß von Kalilösung

(die Ph. G. IV schreibt bei der Wachsprüfung viel zu wenig Kalilösung und nur halbstündige Verseifungsdauer vor. Nach diesen Angaben sind keine einwandfreien Resultate zu erhalten.) Reines Bienenwachs ist unter den geschilderten Umständen meist bereits in $^1/_2$ Stunde vollständig verseift. Ceresin- und paraffinhaltiges Wachs braucht etwas länger als reines Wachs, da die in Alkohol unlöslichen Wachsester von den Kohlenwasserstoffen eingehüllt und geschützt werden, ist aber in einer Stunde doch verseift.

Statt der alkoholischen Kalilösung wurde von Beythien[1]) eine Lösung von Natriumalkoholat empfohlen. (Die Natriumsalze der Bienenwachsfettsäuren sind jedoch schwieriger ‚löslich als die entsprechenden Kalisalze.) Einhorn[2]) schlägt für die Verseifung statt Äthylalkohol reinen Amylalkohol vor. Derselbe eignet sich sehr gut, insbesondere auch für Carnaubawachs, da er die Wachsarten vollständig löst und so die Hydrolyse schneller vor sich gehen läßt. Es ist aber dabei immer ein Kontrollversuch mit dem angewandten Amylalkohol notwendig, da derselbe frisch destilliert anfangs zwar keine Zahlen gibt, aber nach einigen Monaten verharzt und dann hohe Ätherzahlen (bis zu 40 und mehr) aufweist.

Die von Henriques[3]) vorgeschlagene **kalte Verseifung**, wobei 2 g Wachs in 25 ccm hochsiedendem Petroleumbenzin (Siedepunkt 100°—150° C.) oder Benzol in der Wärme gelöst, nach der Titration der freien Säure mit überschüssiger alkoholischer Kalilösung versetzt, auf dem Wasserbade bis zum Klarwerden erwärmt, dann 12—24 Stunden bei gewöhnlicher Temperatur der Ruhe überlassen, darauf zu Ende titriert werden, gibt bei der Befolgung aller Kautelen zwar zur Beurteilung einer Probe mit der heißen Verseifung genügend übereinstimmende Zahlen, bietet aber für die Untersuchung des Bienenwachses gegenüber der heißen Verseifung keine besonderen Vorteile.[4])

Benedikt und Mangold[5]) gaben eine Methode an, welche eine Modifikation der v. Hüblschen Arbeitsweise darstellt. Dieselbe, welche von E. Dieterich und Röttger[6]) nachgeprüft wurde, bietet keinerlei Vorzüge vor der ursprünglichen v. Hüblschen Methode, wenn letztere unter Beachtung der angegebenen Kautelen ausgeführt wird. Bei der genannten Modifikation wird das Wachs mit konzentriertem, wässerigem Kalihydrat verseift, die Seife mit Säure zersetzt und dann die gesamte Säurezahl der Fettsäuren festgestellt, welche mit der v. Hüblschen Verseifungszahl nahezu übereinstimmt.

v. Hübl machte folgende Angaben:

Die Säurezahl liegt bei gelbem Bienenwachs meist zwischen 19

---

[1]) Pharm. Centralhalle 1895. 36. 850.
[2]) Zeitschr. f. analyt. Chemie 1900. 39. 640.
[3]) Zeitschr. f. angew. Chemie 1896. 9. 221.
[4]) S. auch G. Buchner, Zeitschr. f. öffentl. Chemie 1897. 3. 57 u. K. Dieterich, Chem. Rev. üb. d. Fett- u. Harz-Ind. 1897. 4. 261 und Bohrisch und Richter, Pharm. Centralhalle 1906. 47. 273.
[5]) Chem. Zeitg. 1881. 5. 15.
[6]) Chem. Zeitg. 1892. 16. 1839.

und 21 und ist am häufigsten 20 und die Ätherzahl zwischen 73 und 76 und ist am häufigsten 75.

Die höheren und niedrigeren Zahlen sollen meist zusammen vorkommen, so daß das Verhältnis der Ätherzahl zur Säurezahl zumeist zwischen 3·6 und 3·8 schwankt und durchschnittlich mit 3·70 angenommen werden kann.

Für reines, nur aus Cerotinsäure und Myricin bestehendes Wachs berechnet sich die Verseifungszahl 90—91, das Wachs muß somit noch andere Stoffe als die genannten enthalten. Die niedrigsten Zahlen zeigen aus alten, dunkelgelben Waben gewonnene Produkte, ihre Verseifungszahlen liegen meist bei 93, die spezifischen Gewichte unter 0·960. Wachs aus weißen Waben von hohem, spezifischem Gewichte hat die Zahl 96, die Verhältniszahl bleibt aber stets die gleiche.

v. Hübl bemerkt ferner folgendes:

Findet man die Verseifungszahl unter 92 und ist zugleich die Verhältniszahl die des reinen Wachses, so ist Ceresin und Paraffin beigemischt.

Ist die Verhältniszahl größer als 3·8, so ist wahrscheinlich Japanwachs, Carnaubawachs oder Unschlitt zugesetzt. Ist dabei die Säurezahl kleiner als 20, so ist Japanwachs ausgeschlossen. Ist die Verhältniszahl kleiner als 3·6, so ist Stearinsäure oder Harz zugesetzt.

Die Angaben v. Hübls sind im großen und ganzen allseitig bestätigt worden, wenn sich im Lauf der Zeit auch Ausnahmen ergeben haben. Es kommen nämlich Bienenwachssorten vor, welche Zahlen aufweisen, die etwas unter die v. Hüblschen Zahlen heruntergehen, oder dieselben etwas übersteigen (s. Tabelle II), ohne daß dieselben irgend nachweisbare Zusätze enthalten.

So fand Mangold sonst einwandfreie Wachse aus Ungarn mit den Zahlen 23·0, 67·6, 90·6, 2·89, Buchner solche aus Afrika mit den Zahlen 19·92, 79·43, 99·35, 3·98 [1]), Dietze [2]) eine Reihe von Wachsarten, insbesondere auch afrikanische (tunesische) mit den Zahlen 17·4—20·5, 69·7—81·2, 90—98·4, 3·93—4·5.

Die Wachsprüfung nach v. Hübl allein ist nicht in allen Fällen ausreichend, um verfälschtes von echtem Wachs zu unterscheiden, da es keiner Schwierigkeit unterliegt, Fettgemische mit der richtigen Verhältniszahl herzustellen, welche keine Spur Bienenwachs enthalten.

Eine Mischung von

> 37·5 Teilen Japanwachs (Säurezahl 20, Ätherzahl 200),
> 6·5　　,,　　Stearinsäure (Säurezahl 195) und
> 56·0　　,,　　Ceresin

gibt z. B. folgende Zahlen:

37·5 Teile Japanwachs in 100 Teilen der Mischung bedingen die Ätherzahl 75 und die Säurezahl 7·5. Zu letzterer ist noch die 6·5 Teilen

---

[1]) Chem. Zeitg. 1901. 25. 3.
[2]) Pharm. Centralhalle 1898. 39. 37.

Stearinsäure entsprechende Säurezahl mit 12·7 zu addieren, die Säurezahl der Mischung ist somit 20·2, die Verhältniszahl 3·71. Eine ähnliche Komposition mit normalen Zahlen kann erhalten werden aus: 38·0 g Preßtalg, 10·2 g Stearinsäure und 51·8 g Ceresin oder Paraffin.

Von einer solchen oder ähnlichen Mischung könnte man somit reinem Wachs beliebige Quantitäten zumischen, falls die v. Hübl'sche Wachsprobe allein maßgebend wäre.

Da reine Wachssorten vorkommen, welche von den für die meisten Wachsarten geltenden v. Hüblschen Grenzzahlen mehr oder weniger abweichen, ohne verfälscht zu sein (s. S. 1089 und ostindisches Gheddawachs), und da andrerseits leicht Kompositionen mit normalen Wachszahlen hergestellt und dem Bienenwachse beigemischt werden können, genügt die Feststellung der Hüblzahlen allein nicht zur maßgebenden Beurteilung einer Wachsprobe. Dieselben können nur in Verbindung mit den qualitativen Reaktionen (s. später) auf Zusätze, wie Stearinsäure, Harz, Glyceride, Neutralstoffe u. dgl., zur Beurteilung dienen. Ein Wachs mit abweichenden Hüblzahlen darf nur dann beanstandet werden, wenn die vermuteten Zusätze auch nachgewiesen werden; siehe auch bei gebleichtem Wachs, wo solche Abweichungen häufig vorkommen. Es soll vor der rein schematischen Anwendung der Grenzzahlen bei der Beurteilung des Bienenwachses gewarnt werden; es muß neben einwandfreier Feststellung der Zahlen eine eingehende Untersuchung (siehe später) und eine Beurteilung nach dem Gesamtbild der Analyse vorgenommen werden. Das spezifische Gewicht und der Schmelzpunkt können ebensowenig zur alleinigen Beurteilung des Bienenwachses benützt werden wie die Hüblzahlen, da mit Leichtigkeit Kompositionen herzustellen sind, welche wie normale Hüblzahlen, so auch den Schmelzpunkt und das spezifische Gewicht des reinen Bienenwachses besitzen. Doch bilden diese Bestimmungen eine wertvolle Ergänzung der Wachsuntersuchung. In manchen Fällen wird die Bestimmung der Jodzahl einer Wachsprobe herangezogen werden. Man verwendet hierzu 0·75—1·0 g Substanz, löst in 40 ccm Chloroform, und verfährt weiter wie bei der Bestimmung der Jodzahl in Fetten.[1]) Bei der Handelsanalyse werden vor allem die Hüblzahlen festgestellt und die qualitativen Prüfungen auf Zusätze von Stearinsäure, Glyceriden, Neutralstoffen usw. ausgeführt und auf vollständige Löslichkeit in warmem Chloroform oder Tetrachlorkohlenstoff geprüft; eventuell werden noch spezifisches Gewicht, Schmelzpunkt und Refraktometerzahl bestimmt. In zweifelhaften Fällen wird die Untersuchung erweitert durch Bestimmung der Buchnerzahl (s. bei Prüfung auf Stearinsäure), durch quantitative Bestimmung der Kohlenwasserstoffe nach Buisine oder Ahrens und Hett, der unverseifbaren Stoffe (Ätherextrakt) nach Werder, der Jodzahl, nähere Identifizierung der Kohlenwasserstoffe durch Schmelzpunkt und Jodzahl, Glycerinbestimmung usw.

---

[1]) Siehe auch Berg, Chem. Zeitg. 1903. 27. 753 und K. Dieterich, Helfenberger Annalen 1903.

Verhalten des Verseifungsrückstandes.

Bei reinem Wachs ist nach einstündigem Kochen mit alkoholischer Kalilösung eine klare, infolge des Überschusses von Alkali und der Gegenwart von Phenolphthaleïn rote Lösung entstanden. Bei mit Neutralstoffen (Paraffin, Ceresin) versetztem Bienenwachs sind am Boden des Kolbens größere und kleinere Kugeln von diesen Stoffen zu sehen.[1]) Eine sehr gute Kontrollprobe auf die Anwesenheit von größeren Mengen von Neutralstoffen kann man mit dem schwachroten Verseifungsrückstand nach der Endtitration wie folgt anstellen. Man kocht den Alkohol zum größten Teil ab und füllt den Erlenmeyer-Kolben mit siedendem Wasser auf. Bei reinem Wachs bleibt nun der Kolbeninhalt vollständig klar oder wird nur schwach trübe.[2]) Bei größeren Mengen von Neutralstoffen (über 15 $\%$) scheiden sich diese als ölige Schichte im Kolbenhalse aus, können nach dem Erkalten herausgenommen, gewogen und identifiziert werden. Das erhaltene Gewicht stimmt annähernd mit den berechneten Mengen der Neutralstoffe überein.

Bei glycerid- oder stearinsäurehaltigen Wachsen ändern sich indes diese Verhältnisse, weil bei solchen Wachsen bei der Verseifung mehr fettsaure Alkalien entstehen, welche größere Mengen Neutralstoffe in feinster Verteilung zu halten vermögen (Buchner) (s. später bei Neutralstoffen).

Der Verseifungsrückstand kann ferner noch zur Prüfung auf Glycerin (s. bei Glyceriden) und zur Bestimmung der unverseifbaren Stoffe (Ätherextrakt) (s. bei diesem) verwendet werden.

Bei dieser Art der Behandlung beobachtete Verfasser bei einigen vollständig verseiften ausländischen Wachsproben (Ägypten) eine klare Lösung, in der sich am Boden des Kolbens eine weiße, flockige Substanz ablagerte. Soweit die kleine Menge eine Identifizierung zuließ, handelt es sich um einen hochschmelzenden Alkohol (90° C.), vielleicht Cerylalkohol. Diese Wachse zeigten schwach erniedrigte Zahlen.

Übersicht:

Das Bienenwachs gibt bei der Verseifung:

1. normale Zahlen. Es kann reines, unverfälschtes Bienenwachs vorliegen, aber auch eine Mischung von Bienenwachs und einer Komposition mit normalen Zahlen.

Die ergänzenden Bestimmungen und Prüfungen werden Aufschluß geben.

2. schwach abweichende Zahlen. Es kann reines, unverfälschtes Bienenwachs vorliegen, welches vom gewöhnlichen Bienenwachs etwas abweichende Daten aufweist, oder ein Bienenwachs, welches infolge geringer, belangloser Verunreinigungen dieses Verhalten zeigt (s. auch gebleichtes Wachs). Die ergänzenden Bestimmungen und Prüfungen geben Aufschluß. Natürlich kann auch eine Komposition mit schwach abweichenden Zahlen vorhanden sein.

---

[1]) A. Dlusski, Chem. Zeitg. Rep. 1900. 24. 30. — Ginsburg, ebenda 1899. 23. 256.
[2]) Weinwurm, Chem. Zeitg. 1897. 21. 519. — Werder, Chem. Zeitg. 1900. 24. 967. — S. auch S. 1078. bei Chemie des Bienenwachses.

3. anormale Zahlen. Es liegt entweder ein verfälschtes Bienenwachs vor oder ein in den analytischen Daten vom gewöhnlichen Bienenwachs abweichendes Bienenwachs, z. B. indisches Wachs, allein oder in Mischung mit gewöhnlichem Bienenwachs.

Auch hierüber geben die ergänzenden Bestimmungen und Prüfungen Aufschluß.

Durchschnittsprobe.

Da das Rohwachs ebenso in großen einheitlichen Blöcken als auch in vielen teils gleichartigen, teils ungleichartigen größeren Stücken in Säcken verpackt in den Handel kommt, ist von seiten der Wachsindustriellen und Händler für die Untersuchung, soll diese maßgebend sein, vor allem auf die Herstellung einer richtigen Durchschnittsprobe zu achten. Am besten wäre es, den Inhalt der Säcke zusammenzuschmelzen; da dies aber nur selten angängig ist, sollen von den verschiedenen Säcken mindestens vom Boden, der Mitte und den obenliegenden Stücken, noch besser aber von allen großen Stücken kleine Stückchen entnommen werden, die dann durch Zusammenschmelzen gemischt zur Analyse kommen.

Für die Wachsuntersuchung muß das Wachs rein und klar sein. Einheitliche, klare Stücke können direkt zur Analyse genommen werden. Aus mehreren Stücken bestehende Proben werden zur Erlangung eines brauchbaren Durchschnittsmusters in Wasser umgeschmolzen (gleiche Gewichtsteile Wachs und Wasser) und bedeckt langsam erkalten gelassen. Der erstarrte Wachskuchen wird von dem abgesetzten Schmutz durch Abschaben befreit und das reine Wachs zur Analyse verwendet. Die Reaktion des nach dem Umschmelzen erhaltenen Wassers darf nicht sauer sein, sonst muß das Umschmelzen so lange wiederholt werden, bis ein säurefreies Waschwasser erzielt ist. Wachs, das sich nicht klärt, kann durch Umschmelzen mit Wasser, dem ca. 5 $^0/_0$ Schwefelsäure oder Salzsäure zugesetzt wurde, klar erhalten werden. Natürlich ist dann mehrmaliges Umschmelzen in Wasser erforderlich. Eventuell kann Rohwachs auch im Heißwassertrichter filtriert oder mit warmem Chloroform oder Tetrachlorkohlenstoff gelöst, filtriert und vom Lösungsmittel befreit werden. Mit einem erwärmten Messer lassen sich am besten die erforderlichen Stücke für die Untersuchung abschneiden (s. auch S. 1116, Wachswaren, Wachskerzen).

Es kommen hier und da ausländische Rohwachse zur Untersuchung, welche mit gummiartigen Stoffen, mit Harzen, auch kautschuk- und guttaperchaartigen Harzen verunreinigt sind. Letztere Körper setzen sich meist beim Umschmelzen mit verdünnten Säuren ab; bei gummi- oder gummiharzhaltigen Proben wird die Klärung des Wachses durch Emulsionsbildung verhindert; bei diesen gelingt die Klärung mit höherprozentiger Salzsäure (20 $^0/_0$), auch mit Chlorcalciumlösung. Auch mit kalk- und eisenhaltigem Sand verunreinigte Wachsproben kamen dem Verfasser vor; bei diesen leistet ebenfalls 20 prozentige Salzsäure behufs Klärung die besten Dienste.

Verfälschungen des Bienenwachses durch Zusätze von erdigen Substanzen (Füllstoffen oder Beschwerungsmitteln, wie z. B. Sand, Schmutz, Steine, Bienenleichen [Rossen], Holz, Schwefelpulver, Bleiweiß, Ocker, Knochenpulver, Holzmehl, Mehl, Wasser), wie solche in der Literatur

beschrieben sind, kommen gegenwärtig wohl nur ganz selten vor. Dennoch
fand Berg[1]) ein mit 38·8 % Roggenmehl verfälschtes Wachs (s. auch
S. 1121 Anm.). Derartige Zusätze ergeben sich leicht beim Umschmelzen des
Wachses in Wasser (bleibende Trübungen und Bodensatz) und beim
Lösen der Wachsprobe in warmem Chloroform oder Tetrachlorkohlenstoff als Rückstand und können auf letztere Weise leicht quantitativ
bestimmt werden.

Die Bestimmung des im Bienenwachse enthaltenen Schmutzes
(sog. Abgang, der in manchen Fällen bis zu 20 % und mehr betragen
kann) geschieht durch Umschmelzen einer gewogenen Durchschnittsprobe
in Wasser auf dem Wasserbad, eventuell unter Zusatz von etwas verdünnter Schwefelsäure und langsames Erkaltenlassen (zugedeckt) in möglichst hoher Schichte. Den erkalteten Wachskuchen befreit man durch
vorsichtiges Abschaben von dem auf seiner Unterseite abgelagerten
Schmutz. Da dem letzteren immer noch etwas Wachs anhängt, wird
dasselbe entweder nochmals in heißem Wasser umgeschmolzen und das
erhaltene Wachs dem reinen Wachskuchen beigegeben, oder man behandelt den noch wachshaltigen Schmutz mit warmem Chloroform oder
Tetrachlorkohlenstoff, filtriert, wäscht nach und trocknet den Schmutz
bei 100° C.[2])

Wasserbestimmung.[3])

Es kommen Fälle vor, in denen das Wachs mit Wasser beschwert ist.

Gibt sich dies auch schon durch das ganze Verhalten des Wachses
kund (Wassertropfen beim Kneten des Wachses, schlechter Zusammenhang usw.), so ist doch auch eine Wasserbestimmung hin und wieder
auszuführen. Hierzu wird das Wachs auf dem Wasserbade oder im
Trockenschrank 1—2 Stunden auf ca. 100° C. erhalten. Auch kann das
Verfahren von Davis[4]) benützt werden, welches in einem Trocknen mit
Filtrierpapier im Wägegläschen bei 110° C. besteht.

Bestimmung von Stearinsäure in Bienenwachs.

Wenn man reines Bienenwachs mit 80 prozentigem Alkohol erwärmt,
bis dasselbe geschmolzen ist, dann unter öfterem Umschütteln mehrere
Stunden erkalten läßt, so werden nahezu alle Wachsbestandteile, insbesondere auch die in warmem 80 prozentigem Alkohol lösliche Cerotinsäure
bis auf Spuren abgeschieden. Das Filtrat gibt deshalb auf Zusatz von
destilliertem Wasser nur eine schwache Opalescenz, welche sich auch nach
12 stündigem Stehen und öfterem Durchschütteln nicht verstärkt und

---

[1]) Chem. Zeitg. 1902. 26. 310.
[2]) Vor kurzem kam dem Verf. ein Benguelawachs vor, welches sich bei
der Analyse als reines Bienenwachs erwies. Bei der chem. Bleiche schieden
sich aus dem Wachs ca. 0·3 % eines kautschuk- und guttaperchaähnlichen
Harzes ab.
[3]) Direkte Bestimmung des Wassers in Fetten siehe Aschman und Arend,
Chem. Zeitg. 1906. 30. 953, und J. Marcusson, Toluol- bzw. Xylolmethode, Mitteil.
d. k. Materialprüfungsa. Groß-Lichterfelde West 1905. 23. 58 u. dieses Buch, S. 43 u.
[4]) Chem. Zeitg. Rep. 1901. 25. 255.

keinerlei Ausscheidungen zeigt. Dieses Filtrat enthält nur so wenig Cerotinsäure, daß zur Neutralisation desselben für 1 g Wachs 3·6—4·1 Milligramm Kalihydrat nötig sind (G. Buchner).

Eine Ausnahme hiervon bilden einige sehr weiche, insbesondere afrikanische Wachssorten (Mogador usw.), welche auf diese Weise behandelt, nach mehreren Stunden, besonders beim öfteren starken Durchschütteln sehr geringe amorphe, gelbliche Ausscheidungen geben; ferner manche chemisch gebleichte Wachssorten, welche sehr geringe Mengen Palmitinsäure enthalten (siehe gebleichtes Wachs).

Enthält ein Wachs Stearinsäure, so bleibt bei der eben geschilderten Behandlung die Stearinsäure in Lösung und wird durch Zufügen von Wasser zum Filtrat in Form einer schneeweißen kristallinischen Masse ausgefällt.

Diese Prüfung auf Stearinsäure wird nach dem von Röttger[1]) modifizierten Verfahren von Fehling[2]) in folgender Abänderung ausgeführt (Buchner):

3 g Wachs werden mit 10 ccm 80prozentigem Alkohol (850 ccm 96prozentigem Alkohol und 190 ccm dest. Wasser) unter beständigem Umschütteln erwärmt, bis das Wachs geschmolzen ist; sodann wird das Ganze unter beständigem Schütteln in kaltes Wasser gestellt, so daß ein feinverteilter, dünner Brei entsteht (aber keine Klumpen, die viel Flüssigkeit einschließen). Man läßt nun unter öfterem Umschütteln 1—2 Stunden (am besten 12—24 Stunden) stehen, filtriert dann und setzt zum Filtrat ein mehrfaches Volumen destilliertes Wasser. Bei Anwesenheit von belangreichen Mengen Stearinsäure findet sofort reichliche Ausscheidung statt. Dieselben können eventuell abfiltriert, umkristallisiert und durch Bestimmung des Schmelzpunktes oder der Säurezahl identifiziert werden. Bei sehr geringen Mengen Stearinsäure treten die Ausscheidungen oft erst nach 12 Stunden und öfterem Durchschütteln auf, welches die Ausfällung der Stearinsäure befördert. Wenn ein Wachs bei dieser Probe nach 2 bis 6 Stunden, wobei öfteres starkes Schütteln nicht zu unterlassen ist, keine Ausscheidungen oder nur einige kaum sichtbare Flöckchen zeigt, kann man sicher sein, daß irgend belangreiche Mengen Stearinsäure nicht zugegen sind. Auf diese Weise können 0·5—1% Stearinsäure (= 5—10% Kompositionen mit normalen Zahlen) nachgewiesen werden. Bemerkbar machen sich meist noch 0·2% Stearinsäure.

Es sei nochmals (siehe oben) auf die amorphen Ausscheidungen mancher Wachse und mancher chemisch gebleichten Wachsproben hingewiesen.

Ist dem Wachse nur Stearinsäure beigemengt, so ergibt sich dies schon aus der erhöhten Säure- und Verseifungszahl, der erniedrigten Äther- und Verhältniszahl. (Außerdem sind das spezifische Gewicht, die Buchnerzahl und die Jodzahl erhöht.)

Ein Wachs mit 20% Stearinsäure hat z. B. eine Säurezahl 55,

---

[1]) Chem. Zeitg. 1890. 14. 606.
[2]) Dinglers Polyt. Journ. 1858. 147. 227.

Ätherzahl 60, Verseifungszahl 115, Verhältniszahl 1·1. Größere Mengen Stearinsäure machen das Wachs bei der Knetprobe porzellanartig weiß und schmierig.

Die v. Hüblsche Methode gestattet, vorausgesetzt, daß ein Zusatz von Harz und anderen Stoffen ausgeschlossen ist, die Quantität des Stearinsäurezusatzes näherungsweise zu berechnen. Die Säurezahlen von reinem Bienenwachs und Stearinsäure sind 20 und 195, die der Probe sei gleich s gefunden. Der Stearinsäuregehalt K ist dann:

$$K = \frac{100\,(s-20)}{175}.$$

Liegt beispielsweise ein Wachs mit den Zahlen: S.-Z. 64·5, Ä.-Z. 23·5 vor, so ergibt folgende Rechnung die Zusammensetzung.

Da 75 Ä.-Z. = 100 Wachs so sind 23·5 Ä.-Z. = 30 Wachs; den $30\,^0/_0$ Wachs entspricht eine S.-Z. von 6. Diese von der gefundenen Säurezahl abgezogen 64·5 — 6 = 58·5 gibt die auf die Stearinsäure entfallende Säurezahl, welcher ca. $30\,^0/_0$ Stearinsäure entsprechen. Der Rest sind zugesetzte Neutralstoffe (Ceresin oder Paraffin), also: ca. $30\,^0/_0$ Wachs, ca. $30\,^0/_0$ Stearinsäure, ca. $40\,^0/_0$ Neutralstoffe. Es sei bemerkt, daß diese Berechnungen nur annähernd der Wirklichkeit entsprechen, da man ja nicht die genauen Zahlen der angewandten Produkte kennt und sich auf die mittleren Zahlenwerte stützt.

Hat man ein Wachs, welches normale Hüblzahlen gibt, aber dennoch beträchtliche Mengen Stearinsäure enthält, so kann auf Grund der Zahlen keine Berechnung vorgenommen werden. Es kommt dann das von G. Buchner angegebene Verfahren in Betracht, welches eigentlich eine Stearinsäurebestimmung ist. Die Resultate können entweder in Milligrammen Kalihydrat für 1 g Wachs ausgedrückt werden, welche Zahl nach dem Vorgang von Ahrens und Hett „Buchnerzahl" genannt wird, oder werden auf Stearinsäure umgerechnet. Das Buchnersche Verfahren[1]) gründet sich darauf, daß bei reinem Bienenwachse, wenn es mit 80prozentigem Alkohol in der Siedehitze behandelt wird, nach dem Erkalten des Alkohols nur eine geringe Menge Cerotinsäure in Lösung bleibt, während die Säuren, welche in Wachskompositionen enthalten sind (Stearinsäure, Harzsäure), gelöst bleiben und durch Titration bestimmt werden. Die Vorschrift zur Ausführung des Verfahrens ist folgende:

Man bringt in ein Kölbchen 5 g des zu untersuchenden Wachses, fügt 100 ccm 80 prozentigen Alkohols zu und bestimmt das Gewicht des Kölbchens samt Inhalt. Hierauf erwärmt man zum schwachen Sieden, erhält darin 5 Minuten, bringt den Kolben in kaltes Wasser und läßt vollständig abkühlen; man läßt mindestens 2 Stunden unter öfterem Umschütteln stehen, ehe man filtriert (nach Berg noch besser 12 Stunden), wobei sicher nahezu alle Cerotinsäure ausgefallen ist (Berg).

---

[1]) Chem. Zeitg. 1895. 19. 1422.

Der abermals gewogene Kolben wird nun mit 80 prozentigem Alkohol auf das ursprüngliche Gewicht ergänzt, der Kolbeninhalt durch ein trockenes Faltenfilter filtriert und 50 ccm vom Filtrate mit alkoholischer $^1/_{10}$-normal-Kalilauge titriert. Nach diesem Verfahren wurden für eine Anzahl von Materialien, welche gewöhnlich zur Herstellung von Wachskompositionen benützt werden, die folgenden Säurezahlen gefunden:

	Säurezahl
Reines Bienenwachs gelb	3·6—3·9[1]
„ „ weiß	3·7—4·1[1]
Palmenwachs	1·7—1·8
Carnaubawachs	0·76—0·87
Japantalg	14·93—15·3
Preßtalg	1·1
Kolophonium	150·3
Stearinsäure	65·8
Wachskomposition I mit normalen, v. Hüblschen Zahlen aus Stearinsäure, Preßtalg und Ceresin	21·4
Wachskomposition II mit normalen, v. Hüblschen Zahlen aus Stearinsäure, Japantalg und Ceresin	17·8
Wachskomposition III mit normalen, v. Hüblschen Zahlen aus Harz, Preßtalg und Ceresin	22·0
Reines Bienenwachs mit 25 % der Wachskomposition I	8·42

Für den Fall, daß die nach Buchner bestimmte Säurezahl einer Mischung von Bienenwachs mit einem Kunstwachse von normalen, v. Hüblschen Zahlen bekannt ist, kann am besten nach Kißling[2] aus diesen Daten der Prozentgehalt an reinem Bienenwachs auf folgende Weise berechnet werden. Bezeichnet x den Prozentgehalt der Probe an reinem Bienenwachs und y die Säurezahl, welche man durch Abzug der dem Gehalte an Bienenwachs entsprechenden Säuremenge von der Säurezahl der Probe erhält, so ergeben sich für die obenerwähnte Mischung von Bienenwachs mit Wachskomposition I die folgenden beiden Gleichungen:

$$1. \quad 8·4 - \frac{x \cdot 3·8}{100} = y$$

und

$$2. \quad 100\, y = 21·4\,(100 - x),$$

woraus sich

$$x = 73·9\,\%$$

berechnet.

Man kann auch die Menge der Stearinsäure direkt erfahren, wenn man die Buchnerzahl unter Benützung der v. Hüblschen Zahlen auf Stearinsäure berechnet. Man habe z. B. eine Komposition mit normalen Zahlen aus Talg, Stearinsäure und Neutralstoffen, welche die Buchnerzahl 21·4 liefert. Unter Zugrundelegung der Zahl 195 für Stearinsäure erhält man für diese Komposition einen Stearinsäuregehalt von 10·9 %. — (Die Komposition enthält 10·2 %).

---

[1] Ulzer fand in einem Falle für eine Probe reinen, weißen Bienenwachses die Buchnersche Säurezahl 5·0, Berg für gelbes deutsches Wachs 2·6—3·3, für ital. Wachs 4·59—6·27.

[2] Chem. Zeitg. 1895. 19. 1682.

Holde empfiehlt zur Identifizierung der Stearinsäure den Auszug in 80-prozentigem Alkohol mit alkoholischer Natronlauge zu neutralisieren, dann mit Benzin aus 50prozentiger alkoholischer Lösung das Unverseifte auszuschütteln, aus der Seifenlösung die Fettsäure auszuscheiden und durch Molekulargewicht und Schmelzpunkt zu charakterisieren.

Alle Wachskompositionen z. B. Gewerbewachs, Kunstwachs usw., die im Handel vorkommen, enthalten Stearinsäure oder Harz.

Bei der Konstatierung kleinster Stearinsäuremengen muß man sehr vorsichtig sein.

Bestimmung von Harzen in Bienenwachs.
(insbesondere Fichtenharz, Kolophonium, Gallipot, Dammar).

Wachs, welches einigermaßen belangreiche Mengen Harz enthält, besitzt meist dunklere Farbe, weist besonders beim Erwärmen Harzgeruch auf, klebt beim Kauen an den Zähnen, und ist bei der Knetprobe klebrig und schmierig. Erhält man bei der Stearinsäureprobe auf Zusatz von Wasser zum Filtrat eine gelbliche, stark milchige Trübung ohne Abscheidung, so ist die Anwesenheit von Harz wahrscheinlich. Am sichersten weist man das Harz durch die Liebermann-Storchsche (Morawski) Reaktion nach, s. Seite 242 (wobei zu beachten ist, daß das mit Essigsäureanhydrid erwärmte Wachs vollständig erkaltet sein muß, ehe man die Reaktion mit Schwefelsäure anstellt). Außerdem kann die alte Donathsche Reaktion angewandt werden.[1]

Schmidt[2]), Röttger[3]) und Buchner[4]) empfehlen zum Nachweis von Harz im Bienenwachs folgende Ausführung:

5 g der Probe werden mit der 4—5fachen Menge Salpetersäure (1·32—1·33) eine Minute lang gekocht. Die abgekühlte Flüssigkeit wird mit dem gleichen Volumen Wasser verdünnt und mit Ammoniak stark alkalisch gemacht. Bei reinem Wachs ist die abgegossene Flüssigkeit gelb gefärbt, bei Gegenwart von Harz mehr oder weniger rotbraun. Eventuell kann auch der durch 50prozentigen Alkohol aus dem Wachse extrahierte Anteil, welcher das Harz enthält, zur Probe verwendet werden.

Nach Röttger kann mit Hilfe dieser Reaktion noch $1^0/_0$ Kolophonium mit Sicherheit nachgewiesen werden.

Bei sehr dunklen Wachssorten kann man das Wachs mit 80prozentigem Alkohol erwärmen und ganz wie bei der Stearinsäureprobe verfahren. Im Filtrat kann man dann das Harz nachweisen, indem man das Lösungsmittel verdunstet usw. Durch Wägen des Rückstandes kann das Harz auch quantitativ bestimmt werden. Zur quantitativen Bestimmung des Harzgehaltes, insbesondere bei Gegenwart von Stearinsäure, können außerdem die Methoden von Gladding (S. 245) und Twitchell (S. 247) benützt werden, nur muß in diesem Falle die verseifte Probe in bekannter Weise zuerst von den Wachsalkoholen und den anderen unverseifbaren Bestandteilen befreit und nach Abscheidung des Gemenges

---

[1]) Otto Protz, Leoben 1879, Die Prüfung der Schmiermaterialien.
[2]) Ber. d. deutsch. chem. Ges. 1885. 18. 835.
[3]) Chem. Zeitg. 1891. 15. 45.
[4]) Chem. Zeitg. 1893. 17. 918.

von Fettsäuren und Harzsäuren mit einer Säure dieses Gemenge der Analyse unterworfen werden.[1]) Durch die Gegenwart von Harz werden, wenn solches allein zugegen ist, die Säure-, Verseifungs-, Buchner-, Jod-, Refraktometerzahl, der Schmelzpunkt und das spezifische Gewicht erhoht, dagegen die Äther- und Verhältniszahl erniedrigt. Das Harz läßt sich in diesem Falle aus den v. Hüblschen Zahlen ähnlich wie die Stearinsäure berechnen. In Kompositionen mit normalen Zahlen kann das Harz ganz analog wie die Stearinsäure aus der Buchnerzahl berechnet werden. (Dammar S.-Z. 22—32.) Hier und da kommen schwach harzhaltige, sonst einwandfreie Wachssorten (meist außereuropäische) zur Beobachtung (Verunreinigung vom Ursprungslande her). Sonst findet man Harz häufig in Kunstprodukten.[2]) Sollen Gemische von Harz, Fett und Wachs getrennt werden, so verfährt man ganz ähnlich wie Seite 249 beschrieben.

Künstliche Farbstoffe in Bienenwachs.

Dem Bienenwachs und den Wachskompositionen werden hier und da gelbe Farbstoffe, insbesondere gelbe Teerfarbstoffe (Anilinfettfarben, wie Sudan und dergl.) zugesetzt. Diese ze'gen sich meist schon bei der Anstellung der Stearinsäureprobe, indem hierbei das alkoholische Filtrat bei reinem Bienenwachs nahezu farblos ist, bei gefärbtem Wachs hingegen mehr oder weniger starke Gelbfärbung zeigt, welche entweder auf Säure- oder auf Alkalizusatz in Rot- oder Rotviolett umschlägt. Manche dieser Farbstoffe können bei Feststellung der Hüblzahlen sehr störend wirken, ja die Erkennung des Endpunktes bei der Titration unmöglich machen, da sie selbst keinen scharfen Farbenumschlag zeigen, außerdem aber noch den Farbenumschlag des Phenolphthaleïns nicht deutlich erkennen lassen. In solchen Fällen benützt man als Indikator Alkaliblau (siehe S. 8).

Bestimmung von Wollfettwachs in Bienenwachs.

Durch Wollfettwachs wird die Säurezahl des Bienenwachses stark erhöht, ganz ähnlich, wie dies durch die Stearinsäure geschieht. Identifiziert wird das Wollfettwachs durch die Liebermannsche (Essigsäureanhydrid und Schwefelsäure) oder Hager-Salkowskische (Chloroform-Schwefelsäure) Cholesterin- und Isocholesterinreaktion. Bei der Untersuchung des Wachses nach Buisine durch Isolierung der Kohlenwasserstoffe befindet sich nach Lewkowitsch das Cholesterin, im Falle Wollfett im Bienenwachs vorhanden ist, bei den extrahierten Kohlenwasserstoffen.[3])

Bestimmung von Montanwachs in Bienenwachs.

Montanwachs, hauptsächlich aus der hochmolekularen Fettsäure $C_{29}H_{58}O_2$ (Montansäure), Schmelzpunkt 83^0—84^0 C. bestehend (Säurezahl 100—102, Ätherzahl $= 0$), kommt als Verfälschungsmittel des Bienen-

---

[1]) Holde, Zeitschr. f. angew. Chem. 1902. 15. 560.
[2]) K. Dieterich, Chem. Zeitg. 1902. 26. 554.
[3]) Wollfett, Bestimmung in Seifen, Seifens.-Zeitg. 1906. 33. 882.

wachses wohl nicht in Betracht, da es das letztere sehr hart und brüchig (pulverig) macht. Charakteristisch ist sein petrolähnlicher Geruch und seine hohe Säurezahl, sowie sein hoher Schmelzpunkt, ähnlich dem des Carnaubawachses.

Bestimmung von Carnaubawachs in Bienenwachs.
(Cerotinsäure-Melissylester.)

Schon geringe Mengen Carnaubawachs ändern die äußeren Eigenschaften des Bienenwachses so merklich, insbesondere wird dasselbe so hart, daß eine Verfälschung des Bienenwachses schon deshalb, außerdem auch wegen des hohen Preises des Carnaubawachses ausgeschlossen erscheint. Dagegen findet sich das letztere häufig in technischen Wachskompositionen, wie solche z. B. viel in der Lederindustrie usw. Anwendung finden. Belangreiche Mengen Carnaubawachs im Bienenwachs verraten sich durch den charakteristischen Geruch des ersteren, der beim Erwärmen bis zur Dampfentwicklung auftritt.

Carnaubawachshaltiges Bienenwachs ist in warmem Chloroform nicht vollständig löslich. Das spezifische Gewicht ist erhöht, ebenso der Schmelzpunkt; hierbei ist insbesondere charakteristisch, daß bei der Schmelzpunktbestimmung große Intervalle zwischen Anfang und Ende des Schmelzens auftreten; solche Proben beginnen z. B. bei 68° C. zu schmelzen, bleiben aber trübe und werden erst bei 80° C. klar. Die Weinwurmsche Probe (Siehe Seite 1109) wird durch Carnaubawachs beeinflußt. Carnaubawachs erniedrigt die Säure- und Verseifungszahl des Bienenwachses, erhöht die Refraktometerzahl, während die Jodzahl und Ätherzahl unverändert bleiben. Eventuell ist die Untersuchung der freien und gebundenen Fettsäuren und der neutralen Ester auszuführen.

Nach Marpmann ergibt Carnaubawachs bei 40° C. eine Refraktometeranzeige 66, Bienenwachs eine solche von 42—46. Prosio[1]) nimmt die refraktometrische Prüfung bei 64° C. vor. Bei dieser Temperatur ist die Refraktometeranzeige für reines Bienenwachs meist 30·5—31·5, ein Zusatz von Carnaubawachs erhöht sie über 32.

In wichtigen Fällen wird vielleicht auch das folgende, einigermaßen umständliche Verfahren von Allen einzuschlagen sein:

Man neutralisiert die mit Alkohol übergossene, erwärmte Probe nach Zusatz von Phenolphthaleïn genau mit alkoholischer Kalilauge, läßt erkalten, sammelt den unverseift gebliebenen Anteil und verseift denselben mit alkoholischer Kalilauge. Die Lösung wird mit Bleizucker gefällt, der Niederschlag mit Petroleumäther extrahiert und endlich mit heißer Salzsäure zersetzt. Reines Bienenwachs liefert bei 62° C. schmelzende Palmitinsäure, Carnaubawachs bei 79° C. schmelzende Cerotinsäure.

Hierzu bemerkt Henriques ganz richtig, daß bei Gemischen beider Säuren der Schmelzpunkt wenig entscheidend sein dürfte und die Bestimmung der Säurezahl eher angezeigt ist. Diejenige der Palmitinsäure beträgt 218·8, die der Cerotinsäure 141·7. Nach Berg liefert das Allensche Verfahren keine brauchbaren Resultate.

Für Carnaubawachs-Bienenwachsmischungen kann eventuell auch die Acetylzahl verwertet werden (Carnaubawachs 55·24, Bienenwachs 15·24).

---

1) Staz. sperim. agrar. ital. 1901. 34. 122. — Chem. Zeitg. Rep. 1901. 25. 221.

Noch sei bemerkt, daß unter „raffiniertem oder gebleichtem Carnaubawachs“ im Handel eine Ware vorkommt, welche gebleicht ist und meist 10—30 $\%$ Carnaubawachs und 70—90 $\%$ Kohlenwasserstoffe (Paraffin oder Ceresin) enthält. Die Säurezahl wird durch den Raffinationsprozeß stark herabgedrückt, wogegen die Ätherzahl hierdurch nicht beeinflußt wird, so daß in solchen Mischungen die gefundene Ätherzahl dem vorhandenen Carnaubawachs entspricht.

Nachweis von Walrat im Bienenwachse.

Ein Zusatz von Walrat zum Bienenwachs kommt wohl wegen des hohen Preises des Walrats und seiner Eigenschaft, das Wachs härter, spröder und kristallinisch zu machen, als Verfälschung nicht in Betracht. In technischen Kompositionen würde die Untersuchung der unverseifbaren Anteile Aufschluß erteilen.

Nachweis und Bestimmung eines Gehaltes von Glyceriden im Bienenwachse.
(Als solche kommen insbesondere Talg, Preßtalg und Japantalg in Betracht.)

Reines Bienenwachs enthält keine Glyceride. Als belanglose Verunreinigung enthalten manche, insbesondere ausländische Wachssorten, Spuren oder sehr geringe Mengen Talg oder andere Glyceride, welche, wenn die Hüblzahlen nicht belangreich dadurch verändert sind, keine Rolle spielen.. So wird am Ursprungsort das geschmolzene Wachs oft in mit Öl oder Talg ausgestrichene Holzfässer gegossen, damit das Wachs leichter aus den Formen geht. Die sichere Erkennung vorhandener Glyceride beruht auf dem Nachweis und der Bestimmung des Glycerins. Reines Bienenwachs gibt, wenn man dasselbe in einem kleinen Porzellanschälchen unter beständigem Umrühren mit geschmolzenem Kaliumbisulfat stark erhitzt, sauer und stechend riechende, brenzliche und schwefeldioxydhaltige Dämpfe — aber kein Acroleïn.

Glyceridhaltiges Wachs, auf gleiche Weise behandelt, gibt die charakteristischen scharfen Dämpfe von Acroleïn, welche starke Reizerscheinungen auf die Schleimhäute hervorrufen. Auf diese Weise gelingt es, schon 1—2 $\%$ Talg im Bienenwachs nachzuweisen. Außerdem dient zur Erkennung des Acroleïns die Probe von Lewin.[1] Hiernach tränkt man Filtrierpapier mit einer Lösung von Nitroprussidnatrium, der etwas Piperidin zugefügt wurde. Dieses Papier wird durch die Dämpfe von Acroleïn blau bis blaugrün gefärbt; die Farbe wird durch Ammoniak violett, durch Natronlauge rosaviolett, dann rotbraun, durch Mineralsäuren rostbraun, durch Eisessig blaugrün, durch Wasserstoffsuperoxyd schmutzigbraun. Noch empfindlicher ist der Nachweis von Glycerin, wenn man nach G. Buchner[2] den mit Schwefelsäure stark angesäuerten Rückstand von der v. Hüblschen Verseifungsprobe in einer Porzellanschale abdampft, mit Wasser digeriert, filtriert, bis auf einige

---

[1] Ber. d. deutsch. chem. Gesellsch. 1899. 32. 3388.
[2] Chem. Zeitg. 1893. 17. 918.

Kubikzentimeter abdampft und diesen Rückstand mit Kaliumhydrosulfat erhitzt. Die Gegenwart von Glyceriden gibt sich durch den Acroleïngeruch oder die Acroleïnreaktion zu erkennen. Die genaue Ermittlung des Gehaltes einer Wachsprobe an Glyceriden geschieht durch die Bestimmung des Glycerins, welches etwa 10 $^o/_0$ vom Gewichte der Glyceride beträgt. Nach Verseifung des Wachses und Entfernung der Mischung von Wachsalkoholen, Kohlenwasserstoffen und Fettsäuren durch Erhitzen mit verdünnter Schwefelsäure befindet sich das Glycerin in der sauren Flüssigkeit. Über die Bestimmung desselben siehe S. 192 ff.[1]

Gottlieb[2] hat den Nachweis von Neutralfetten (speziell von Talg) in Wachs auf deren Gehalt an Oleïn gegründet. 15 g Wachs werden mit 100 g Kalilauge von 1·20 spez. Gew. durch Kochen verseift, die Seife mit Säure zersetzt, die obenaufschwimmende, aus Fettsäuren und Wachsalkoholen bestehende Schichte nach dem Erkalten abgenommen, im Wasserbade geschmolzen und mit feingepulverter Bleiglätte digeriert. Die Bleiseife wird mit Äther extrahiert, wobei neben Wachsalkoholen nur das Bleisalz der aus dem zugesetzten Fett stammenden Ölsäure in Lösung gehen kann. Bei Gegenwart von nur 8 $^o/_0$ Talg in Wachs erzeugt in die ätherische Lösung eingeleiteter Schwefelwasserstoff schon einen starken, schwarzbraunen Niederschlag.

Man kann die Lösung auch noch vom Schwefelblei abfiltrieren, eindunsten und den Rückstand auf Ölsäure prüfen. Er gibt, wenn Fett vorhanden war, auf Papier einen bleibenden Fettfleck, was nicht der Fall ist, wenn das Wachs rein war. Da Bienenwachs nach den neueren Untersuchungen aber selbst Säuren der Ölsäurereihe enthält, hat diese Probe einen zweifelhaften Wert.

Sind dem Bienenwachs nur Glyceride zugesetzt, so ergibt sich deren Anwesenheit und Menge leicht aus der erhöhten Äther- und Verseifungszahl nach v. Hübl. So zeigt z. B. ein Bienenwachs mit 10 $^o/_0$ Talg die Zahlen: 18·4, 87·0, 105·4, 4·6.

Der Talggehalt eines Bienenwachses kann, wenn das Wachs keine anderen Zusätze enthält, nach der Formel:

$$T = \frac{100 \, (V - w)}{t - w}$$

berechnet werden, wobei $T =$ Talggehalt, V die gefundene Verseifungszahl, w die Verseifungszahl des Bienenwachses, t die Verseifungszahl des Talges bedeutet.

Da $t - w = (195 - 95) = 100$ ist, kann die Formel wie folgt reduziert werden:

$T = V - w$, d. h. Talggehalt $=$ gefundene Verseifungszahl minus der Verseifungszahl des Bienenwachses.

Zur Trennung von Wachs und Fett wird man am besten wie folgt verfahren: Man behandelt das Gemisch mit Wasser und Soda und trocknet im Wasserbade ein (Seite 1077); hierdurch werden die freien Säuren, insbesondere die Cerotinsäure des Wachses, abgesättigt. Den trockenen Rückstand extrahiert man mit Petroläther. In diesen gehen dann das Fett und die Wachsbestandteile über, exklusive der bereits abgeschiedenen Cerotinsäure, die sich als Natriumsalz im Rückstande befindet und isoliert werden kann. Nach Abdunsten des Lösungsmittels behandelt man die Masse 1—2 Tage auf dem Wasser-

---

[1] Siehe auch Spaeth, Südd. Apoth.-Zeitg. 1903. 373 ff.
[2] Polizeilich-chem. Skizzen.

1102 Beschreibung und Untersuchung der natürlichen Fette und Wachsarten.

bade mit 5 prozentiger Natronlauge unter beständigem Ersatz des verdampfenden Wassers. Die Wachsbestandteile, also hauptsächlich Palmitinsäure-Melissylester und Kohlenwasserstoffe, bleiben unverändert, in der Lösung befinden sich die Natronseifen der im Fette vorhandenen Fettsäuren und Glycerin (Buchner).

Die Glyceride werden dem Bienenwachse entweder in Form von Talg bzw. Preßtalg oder von Japantalg zugesetzt.

Talg. Talghaltiges Wachs besitzt, besonders beim längeren Kneten, den charakteristischen ranzigen Talggeruch und wird dabei weich und schmierig.

Talg erhöht die Äther- und Verseifungszahl, ebenso die Jodzahl und die Refraktometerzahl, erniedrigt die Säurezahl, das spezifische Gewicht und den Schmelzpunkt sowie die Buchnerzahl.

Japantalg.[1]) Japantalghaltiges Wachs weist den charakteristischen Geruch dieses Fettes auf, macht sich aber beim Kneten weniger bemerkbar, da der Japantalg sehr bienenwachsähnliche Beschaffenheit hat. Japantalg erhöht die Äther- und Verseifungszahl sowie das spezifische Gewicht und die Buchnerzahl, läßt die Säurezahl, Jodzahl, Refraktometerzahl ungeändert oder verändert dieselben nur sehr belanglos. Der Schmelzpunkt wird erniedrigt.

Nach Röttger[2]) kann die Bestimmung der Löslichkeit des Bienenwachses in Äther (Robineaud-Dullo), wenn die Gegenwart dieser Wachsverfälschung sichergestellt ist, zur annähernden quantitativen Bestimmung des Japantalges dienen.

Der glimmende Docht einer talg- oder japantalghaltigen Wachskerze verbreitet Acroleïngeruch.

Unverseifbare Stoffe (Kohlenwasserstoffe, z. B. Paraffin, Ceresin)
im Bienenwachse.[3])

(In der Wachsindustrie werden die Zusätze von Kohlenwasserstoffen in Form von Paraffin und Ceresin unter dem Namen „Neutralstoffe" zusammengefaßt.)

Vor allem ist zu berücksichtigen, daß das Bienenwachs als unverseifbare Stoffe (abgesehen von dem bei der Hydrolyse sich abspaltenden Melissylalkohol) 12·5—14·5 % feste Kohlenwasserstoffe (Schmelzpunkt 49·5°—55·2° C., Jodzahl 22—22·5) enthält, welche sich von den üblichen Zusatzstoffen Paraffin und Ceresin chemisch nicht nennenswert unterscheiden (letztere besitzen Schmelzpunkte von 40°—72°C. und Jodzahlen 3·9—4·0); ferner, daß die zugesetzten Kohlenwasserstoffe verschiedene Eigenschaften aufweisen, je nachdem sie in Form von Paraffin (Schmelzpunkt 40°—42° C., 46°—48° C., 50°—52° C.) oder Ceresin (60°—62° C., 64°—66° C., 70°—72° C.) oder als Mischung von beiden zugesetzt sind.

Die sicherste Methode, um derartige Zusätze zum Bienenwachs festzustellen, beruht in der quantitativen Bestimmung und Identifizierung der Kohlenwasserstoffe im Bienenwachs, wozu sich die Methoden von

---

[1]) Über einige Beobachtungen an japanischem Wachs (Japantalg) Kleinstück, Chem. Zeitg. 1890. 14. 1303. — Zur Unterscheidung der verschiedenen Sorten Pflanzenwachs, Bayer. Ind.- u. Gewerbeblatt 1893. 21.

[2]) Chem. Zeitg. 1890. 14. 1442 ff.

[3]) Unterscheidung von Ceresin u. Paraffin siehe F. Ulzer u. F. Sommer, Chem. Zeitg. 1906. 30. 142.

Buisine und von Ahrens und Hett vortrefflich eignen. Bei der Methode von Buisine können gleichzeitig durch Feststellung des Volumens des entwickelten Wasserstoffes die Fettalkohole (insbesondere der Melissylalkohol) bestimmt werden. Auch können nach Werder die Gesamtmengen der sogenannten unverseifbaren Stoffe (Kohlenwasserstoffe, Wachsalkohole) ermittelt werden.

Findet man bei diesen Bestimmungen größere Mengen Kohlenwasserstoffe, als dem reinen Bienenwachse zukommen, so können dieselben als zugesetzt gelten. Da aber die Kohlenwasserstoffe des Bienenwachses in gewissen Grenzen (s. oben) schwanken, so sind auch nach dieser sonst vollständig einwandfreien Methode Zusätze von unter $5\,^0/_0$ Paraffin oder Ceresin sehr schwierig festzustellen, solange man nicht das ursprüngliche Wachs, welches verschnitten wurde, zum Vergleiche hat.

Methoden von Buisine, Ahrens und Hett und Werder: Ziemlich genau kann der Gehalt eines Wachses an Ceresin oder Paraffin nach A. und P. Buisine[1]) resp. Ahrens und Hett bestimmt werden. 2—10 g der Probe werden nach S. 209 mit Kalikalk auf 250^0 C. erhitzt. Hierbei setzt man nach G. Buchner zweckmäßig von Anfang an ein gleiches Gewicht der Masse grobkörnigen Quarzsand zu. Will man nicht gleichzeitig die Quantität der Fettalkohole kennen, so kann man den ganzen zum Aufsammeln des Wasserstoffes dienenden Apparat weglassen. Der Kolben, in welchem das Erhitzen vorgenommen wird, ist mit einem kurzen Rückflußrohr zu versehen, weil sich sonst beträchtliche Mengen der Kohlenwasserstoffe verflüchtigen (Ulzer).

Die Menge der bei diesem Erhitzen unzersetzt gebliebenen Kohlenwasserstoffe erhält man in der Weise, daß man die festgebackene verseifte Kalikalkmasse samt der Eprouvette fein zerreibt, in einem Soxhletschen Extraktionsapparat mit Petroleumäther extrahiert und den Rückstand nach dem Abdestillieren des Petroleumäthers und nach dem Trocknen bei 110^0 C. als Kohlenwasserstoffe wägt.

Der Kohlenwasserstoffgehalt des gelben Bienenwachses schwankt nach Ahrens und Hett zwischen $12{\cdot}7$ und $17{\cdot}5\,^0/_0$, ein Zusatz von $5\,^0/_0$ Ceresin oder Paraffin wird demnach meist schon zu erkennen sein.

Wenn k der Kohlenwasserstoffgehalt des Bienenwachses, K der gefundene Kohlenwasserstoffgehalt eines fraglichen Gemisches ist, so berechnet sich die Menge C des zugesetzten Kohlenwasserstoffes nach der Formel $C = \dfrac{100\,(K-k)}{100-k}$, oder da reines Bienenwachs 12 bis $14{\cdot}5\,^0/_0$,

im Mittel $13{\cdot}5\,^0/_0$ Kohlenwasserstoffe enthält, ist $C = \dfrac{100\,K-1350}{86{\cdot}5}$

Kennt man umgekehrt den Kohlenwasserstoffgehalt (C) und die Gesamtsäurezahl (S) des Gemisches, so kann man die Gesamtsäurezahl

---

[1]) Moniteur scient. 1890. [4.] 4. 1134. — Apparat siehe S. 210 bei Fettalkoholen.

(Sm) des zur Mischung verwendeten Bienenwachses nach der Formel

$$Sm = \frac{100\,S}{100 - C} \text{ berechnen.}$$

Mangold versetzte ein Bienenwachs mit 8 $^0/_0$ Ceresin und fand nach der Methode von Buisine 19·9 $^0/_0$ Kohlenwasserstoff; daraus berechnet sich nach der obigen Formel 7·4 $^0/_0$ statt 8 $^0/_0$ Ceresin.

Ahrens und Hett[1]) führen die Buisinesche Bestimmung der Kohlenwasserstoffe im Bienenwachse in folgendem Apparate (Fig. 113) aus: Zwei starkwandige, zylindrische, unten halbkugelig abgeschmolzene Röhren aus hartem Glase von 20 cm Länge und 2 cm Durchmesser dienen als Zersetzungsgefäße. Zum Erhitzen der Röhren findet ein kleiner, doppelwandiger Ofen aus starkem Kupferblech Verwendung. Der innere Heizkessel hat 10 cm Durchmesser und 14 cm Höhe; 4 cm über dem Boden befindet sich, von einem Blechringe getragen, ein Drahtnetz, auf dem die Zersetzungsröhren und das Thermometer ruhen. An den oberen Rand des Heizkessels ist der äußere Schutzmantel angelötet; dieser ist dicht unter dem Rande mit einem Kranze kleiner Löcher versehen, aus denen die Heizgase entweichen; im übrigen ist er mit Asbestpappe umkleidet. Bedeckt ist der Apparat mit einer Scheibe aus Asbestpappe, in der die nötigen Öffnungen für Röhren und Thermometer ausgestanzt sind. Der Ofen steht auf einem Dreifuß und kann durch einen gewöhnlichen Bunsenbrenner mit Leichtigkeit auf 260° C. gebracht und bei dieser Temperatur erhalten werden.

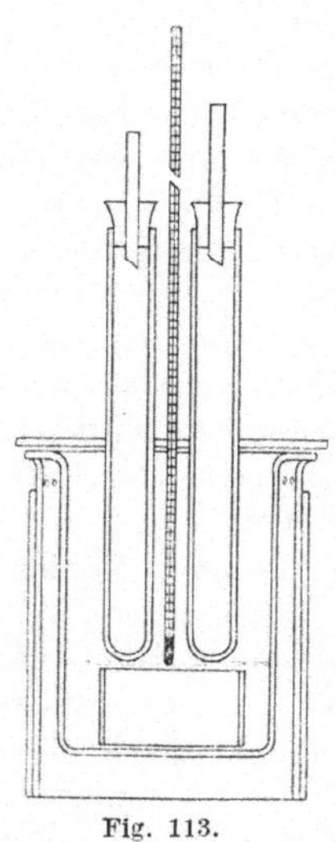

Fig. 113.

Zur Bestimmung der Kohlenwasserstoffe wird 1 g des zu untersuchenden Wachses in das Zersetzungsrohr gebracht und dieses in den Ofen eingesetzt, der dann auf ca. 100° C. geheizt wird. Nachdem das Wachs geschmolzen ist, wird das Rohr herausgenommen und 3·5—4 g zerstoßenes Ätzkali langsam und unter Drehen des Rohres zugefügt. Das flüssige Wachs wird von dem Ätzkali augenblicklich aufgesaugt. Auf die Mischung werden noch 2 g körniger Kalikalk gestreut. Das Ätzkali ist vor dem Zerstoßen durch Erhitzen in einer Silberschale zu entwässern. Es soll körnig, nicht pulverig verwendet werden. Pulveriges Ätzkali bildet leicht Klumpen und läßt unzersetztes Wachs an die Oberfläche steigen.

Das Rohr wird nun mit einem Gummistopfen, in dessen Durchbohrung sich ein kurzes Glasröhrchen befindet, verschlossen und in den Ofen zurückgebracht; an das Glasröhrchen ist ein Gasableitungsrohr angeschlossen, dessen Ende in Wasser taucht. Die Temperatur in dem Zersetzungsraume wird nun langsam bis auf etwa 260° C. gesteigert und so lange annähernd auf dieser Temperatur gehalten, bis keine Gas-

---

[1]) Zeitschr. f. öffentl. Chem. 1899. Heft 5.

entwicklung mehr bemerkbar ist; dieser Zeitpunkt wird nach etwa $^3/_4$ Stunden, vom Beginne der Zersetzung an gerechnet, erreicht. Nachdem nach Entfernung der Flamme und des Ableitungsrohres das Zersetzungsrohr genügend abgekühlt ist, werden 3 ccm Wasser auf die poröse Schmelze gegeben, der Stopfen wieder aufgesetzt und wieder ca. 2 Stunden auf etwa 100° C. erwärmt, um die Schmelze aufzuweichen. Die Masse kann dann leicht mit Hilfe eines dünnen, unten meißelartig zugeschärften Eisenstabes fast quantitativ aus dem Rohr in eine Porzellanschale überführt werden; sie wird dort zu einem feinen Brei zerrieben, das Rohr mit gebranntem Gips gehörig ausgerieben, dieser mit der Hauptmenge vereinigt und damit gut gemischt. Nachdem die Masse durch 1 bis 2stündiges Stehen in der Wärme vollständig trocken geworden ist, wird sie mit einem Messer von der Schale losgelöst, zu feinem Pulver zerrieben und dieses in einen ca. 300 ccm fassenden Kolben gebracht. Alle benützten Gegenstände werden mit Äther in denselben Kolben abgespült, wozu im ganzen etwa 100 ccm Äther nötig sind. Das Pulver wird ca. $^1/_2$ Stunde lang am Rückflußkühler mit Äther gekocht, wodurch alle Kohlenwasserstoffe in Lösung gebracht werden. Nach dem Abkühlen wird durch ein geräumiges, dichtes Filter in ein gewogenes Kölbchen filtriert, gründlich mit Äther nachgewaschen, der Äther abdestilliert und der Rückstand kurze Zeit bei 100° C. getrocknet und gewogen.

Wurden in einer Probe p Prozente Kohlenwasserstoffe gefunden und bedeutet C den Ceresin- oder Paraffinzusatz, so ist bei Annahme eines mittleren Kohlenwasserstoffgehaltes von 15·1 % im natürlichen Wachse nach Mangold:

$$C = \frac{100\,p - 1510}{86\cdot5}\,.$$

Die Kohlenwasserstoffe aus reinem Bienenwachse schmelzen bei 49·5°—55·2° C. und haben eine Jodzahl 20·1—22·5.[1])

Werder[2]) bestimmt zur Konstatierung von Paraffin und Ceresin im Bienenwachse die Summe von Kohlenwasserstoffen und Wachsalkoholen nach der folgenden Vorschrift: 2 g Wachs werden in einem Kolben durch einstündiges Kochen mit 5 ccm alkoholischer Normallauge und 15 ccm Alkohol am Rückflußkühler verseift; die Lösung wird in eine Schale gebracht, auf 15 ccm konzentriert, mit Sand gemischt, getrocknet und dann durch 3 Stunden hindurch mit wasserfreiem Äther im Soxhletapparat extrahiert. Der Rückstand der ätherischen Lösung (d. i. die Summe von Kohlenwasserstoffen und Wachsalkoholen) wurde bei 21 untersuchten, reinen Proben zu 48·55—53·01 % gefunden. Der Schmelzpunkt des Ätherextraktes lag zwischen 71° und 74° C. Auch auf diese Art können in der Mehrzahl der Fälle noch Zusätze von 5 % Paraffin und Ceresin nachgewiesen werden (s. Tabelle II).

---

[1]) A. u. P. Buisine geben die Jodzahl 22·05 und den Schmelzpunkt 49·5°C. an, Ahrens u. Hett 20·1 und 55·2°C.

[2]) Chem. Zeitg. 1900. 24. 967.

Eine andere Methode, die im Prinzipe von F. M. Horn herrührt, ist folgende: Wachs enthält 53—54 $\%$ unverseifbare Bestandteile (hauptsächlich Myricylalkohol und Kohlenwasserstoffe). Man verseift 3—4 g Wachs mit alkoholischer Kalilauge, vermischt mit Seesand und bringt zur Trockene. Der Rückstand wird mit Petroläther im Soxhletapparat extrahiert, der Petroläther abdestilliert, der Rückstand getrocknet und gewogen. Um dann den Myricylalkohol zu entfernen, wird mit 5 ccm Eisessig eine Stunde am Rückflußkühler gekocht, wodurch der Alkohol in die Acetylverbindung übergeführt und löslich wird. Man gießt das Ganze in eine kalibrierte Röhre und wäscht mit siedendem Eisessig nach, dann wird die Röhre mit einem Stopfen verschlossen, im Wasserbade erhitzt und durchgeschüttelt. Wenn sich das Volumen der obenaufschwimmenden Kohlenwasserstoffe nicht mehr ändert, wird dasselbe abgelesen. 1 ccm entspricht 0·73 g Paraffin; dies von den oben gefundenen unverseifbaren Bestandteilen abgezogen, gibt den Myricylalkohol, woraus sich indirekt wieder der Wachsgehalt berechnen läßt.

Die Methoden zur Bestimmung des Unverseifbaren, bei welchen die wässerige Seifenlösung mit Lösungsmitteln, z. B. Äther u. dgl., ausgeschüttelt wird, sind bei Wachs nicht verwendbar. Es muß stets der getrocknete Verseifungsrückstand ausgezogen werden.

Die Trennung des unverseifbaren Anteiles des Bienenwachses, also der Kohlenwasserstoffe von den Wachsalkoholen, kann außer nach der besprochenen Methode von Hett-Buisine auch durch Essigsäureanhydrid bewerkstelligt werden, indem der Verseifungsrückstand mit Säuren zersetzt und der getrocknete Rückstand mit Essigsäureanhydrid acetyliert wird. Aus der Acetylzahl kann direkt der Hydroxylgehalt (Alkohole) berechnet werden, wenn, wie bei Wachs, keine Oxyfettsäuren vorhanden sind.

Da nach Sokolow gelbes Bienenwachs beim Verbrennen in der calorimetrischen Bombe[1]) einen Mittelwert von 10312 Cal. (südasiatisches Wachs: Makassar und Kalkutta 10107—10293 Cal.) ergibt, Paraffine und Ceresine aber verhältnismäßig höhere Wärmemengen, nämlich 11234 Cal. liefern, so muß, was durch Versuche bestätigt wurde, der Wärmeeffekt von Wachs, das Paraffin enthält, sich steigern, und zwar bei einem Zusatz von 1 $\%$ Paraffin um ca. 9·2 Cal. Nach Sokolow kann der Ceresin- bzw. Paraffingehalt eines Wachses für die Praxis genügend genau calorimetrisch bestimmt werden.

Da diese Bestimmungen umständlich und zeitraubend sind und man einfachere Verfahren kennt, derartige Zusätze zu erkennen und deren Menge, sofern sie von Belang ist (wenigstens sehr annähernd), zu bestimmen, so werden dieselben meist nur in zweifelhaften Fällen zur Untersuchung herangezogen.

Wachs, welches niedrigschmelzende Kohlenwasserstoffe (Paraffine) enthält, hat (besonders beim Erwärmen) einen eigenen petrolartigen Geruch, ist auf der Schnittfläche glänzend, beim Kneten glatt, schlüpfrig und läßt sich in die Länge ziehen. Wachs, welches höher schmelzende Kohlenwasserstoffe (Ceresin) enthält, ist beim Kneten, wenigstens am Anfang, nicht durchscheinend, sondern weist porzellanartige, bröckelige und meist rauhe Schnittflächen auf.

---

[1]) Zeitschr. f. Unters. d. Nahrungs- u. Genußm. 1906. 11. 626.

Fast jedes Wachs zeigt, wenn es sehr heiß gegossen wird, nach dem Erkalten auf der Oberfläche mehr oder weniger abgerundete, vertiefte Zeichnungen (netzartig). Ceresinhaltiges Wachs dagegen zeigt nach dem Schmelzen beim Erkalten auf der Oberfläche netzartige Erhöhungen (Berg). Ceresin- und paraffinhaltiges Wachs ist in warmem Chloroform meist vollständig löslich. (Ceresin ist schwer löslich in Äther, Chloroform und Benzol (ca. 1 : 40—1 : 50).

Wachs, welches nur einen Zusatz von irgend belangreicher Menge Paraffin oder Ceresin erhalten hat, zeigt gleichmäßig erniedrigte Hüblzahlen, so daß die Verhältniszahl die des normalen Bienenwaches bleibt, erniedrigte Buchner, Jod- und Refraktometerzahl (letztere insbesondere bei Paraffingehalt).

Die Wachsprüfung nach v. Hübl (s. auch S. 1079) gestattet oft noch Zusätze von Paraffin oder Ceresin bis zu 8—10% mit Bestimmtheit zu entdecken, bei Zusätzen unter 8, namentlich aber unter 5% werden die Abweichungen in der Säure- und Verhältniszahl zu gering, als daß man die Probe mit Sicherheit als verfälscht erklären könnte. Bei 5—8% Zusatz wird das Wachs höchstens als verdächtig erklärt werden können. Speziell bei Bienenwachs rentieren aber auch die kleinsten Ceresinzusätze, da die Preisdifferenz eine sehr bedeutende ist.

So leicht der Nachweis und die Bestimmung größerer Mengen von Kohlenwasserstoffen (Ceresin, Paraffin) im Bienenwachs ist, so schwierig, ja oft unmöglich ist der Nachweis und die Bestimmung weniger Prozente dieser Körper. Würde man die Hüblzahlen einer ursprünglich reinen Rohwachsprobe kennen, so könnte durch abermalige Bestimmung derselben jeder Zusatz von Kohlenwasserstoffen, wäre derselbe noch so gering, ermittelt werden. Denn ein Bienenwachs mit den ursprünglichen Zahlen 20, 75, 95, zeigt nach Zusatz von:

a) 1% Kohlenwasserstoffen die Zahlen 19·8, 74·2, 94·0
b) 3%   „   „   „   19·4, 72·65, 92·05
c) 5%   „   „   „   19·0, 71·25, 90·25

Kennt man aber, was meist der Fall ist, die Zahlen einer Bienenwachsprobe vor dem erfolgten Zusatze nicht, so ist der Nachweis solch kleiner Mengen von Kohlenwasserstoffen mit Sicherheit nicht zu führen; denn die Hüblzahlen der verschiedenen Bienenwachssorten bewegen sich in gewissen, nicht allzu engen Grenzen. So liegen die Zahlen der Wachsprobe b trotz der zugefügten 3% Kohlenwasserstoffe noch in den normalen Grenzen, und auch eine Mengenbestimmung der vorhandenen Kohlenwasserstoffe könnte nur dann den einwandfreien Nachweis des stattgehabten Zusatzes bringen, wenn der Kohlenwasserstoffgehalt der ursprünglichen Rohwachsprobe bekannt wäre, da ja auch der Gehalt der Bienenwachssorten an Kohlenwasserstoffen in gewissen Grenzen (12·5 bis 17·3%) sich bewegt. Auf Grund der Weinwurmprobe allein Schlüsse zu ziehen, ist sehr gewagt, da man ja auch das Verhalten der ursprünglichen, unversetzten Wachsprobe bei der Weinwurmprobe nicht kennt, die verschiedenen Wachssorten aber hierin sich nicht gleich verhalten.

Die Zahlen der Wachsprobe c gehen bereits unter die Minimalgrenzen der normalen Bienenwachssorten herab, bieten aber auch für die einwandfreie Beurteilung große Schwierigkeiten.

Man könnte daran denken, daß es beim Bienenwachs, ähnlich wie beim Wein, möglich wäre, für die verschiedenen Sorten gewisse Normen festzustellen, welche die Beurteilung in dieser Hinsicht erleichtern könnten. Zurzeit scheint dies nach der vorhandenen Statistik nicht angängig, da die Wachssorten ein und desselben Landes bereits in den bekannten Grenzen schwanken. Immerhin wird es von Wert sein, für die Beurteilung von Wachsproben die Mittelwerte der betreffenden Provenienz (siehe Tabelle II) heranzuziehen.

Hat man mit Hilfe des v. Hüblschen Verfahrens größere Mengen Paraffin oder Ceresin in Wachs nachgewiesen, so kann man ihre Quantität annähernd berechnen. Nimmt man die mittlere Verseifungszahl des reinen Wachses zu 95 an, und ist die Verseifungszahl k der Probe bedeutend niedriger gefunden worden, so ergibt sich deren Paraffin- oder Ceresingehalt in Prozenten aus der Gleichung

$$P = 100 - \frac{100\,k}{95}.$$

Ein belangreicher Gehalt einer Wachsprobe an zugesetzten Kohlenwasserstoffen macht sich schon bei der Verseifung bemerkbar; Mengen über $15\,^0/_0$ können direkt nach der Verseifung durch heißes Wasser abgeschieden und nach dem Erkalten zur Wägung gebracht werden (siehe S. 1078). Dieser Vorgang ist als Kontrolle sehr zu empfehlen. Abscheidung tritt jedoch nach des Verfassers (G. Buchner) Erfahrung erst bei einem Gehalt von über $15\,^0/_0$ Kohlenwasserstoffen ein.

Auf diese Art der Kohlenwasserstoffabscheidung gründet sich auch das Ceresinometer von Blarez[1]), das aber jedenfalls erst Resultate ersehen läßt, wenn der Kohlenwasserstoffgehalt (Zusatz) über $15\,^0/_0$ liegt. Dieses stellt ein zylinderförmiges, unten zu einer Kugel aufgeblasenes Gefäß dar. In demselben werden 5 g Wachs mit 50 ccm alkoholischer Kalilauge verseift; das Volumen der öligen Schichte wird abgelesen und für 0·1 ccm der Graduierung 0·08 g Ceresin berechnet. Hierüber liegen keine weiteren Erfahrungen vor; jedenfalls ist dieser Apparat nur für größere Zusätze zu gebrauchen.

Auch die Methode von M. Buchner[2]) kann zur Erkennung größerer Mengen von Kohlenwasserstoffen gut herangezogen werden.

Man kocht das fragliche Wachs mit konzentrierter, alkoholischer Kalilauge (1 Teil Kalihydrat auf $2^1/_2$—3 Teile 90 prozentigem Alkohol) einige Minuten in einem weiten Proberöhrchen und läßt dann, am besten nach Umfüllung in ein enges Proberöhrchen, um das Erstarren zu verhindern, längere Zeit im erwärmten Wasserbade verweilen. Bei reinem Wachs bleibt die Lösung klar, während bei kohlenwasserstoffhaltigem die Kohlenwasserstoffe als Ölschichte auf der meist stark ge-

---

[1]) Revue int. falsific. 1897. 10. 161.
[2]) Zeitschr. f. analyt. Chemie 1880. 19.

.färbten Kalilösung schwimmen und selbst nach dem Erstarren durch die hellere Färbung von der verseiften Masse unterschieden werden können. Sollte die Trennung der Flüssigkeitsschichten nicht bald eintreten und die Flüssigkeit selbst trübe sein, so erfolgt die Scheidung auf Zusatz von wenig Alkohol und Erhitzen im Wasserbade sofort.

Unter gewissen Einschränkungen kann das Verfahren von Weinwurm[1]) zum Nachweis von Kohlenwasserstoffen empfohlen werden.

Diese Methode beruht darauf, daß eine heiße wässerige Glycerinlösung die unverseifbaren Anteile (Kohlenwasserstoffe und Wachsalkohole) des verseiften Bienenwachses klar in Lösung hält, während Zusätze von Ceresin oder Paraffin abgeschieden werden und Trübungen verursachen. Zur Ausführung werden 5 g Wachs mit 25 ccm alkoholischer $^1/_2$-normal-Kalilösung verseift; darauf wird der Alkohol durch Einhängen des Kolbens ins Wasserbad vollständig verjagt; man fügt sodann 20 ccm Glycerin zu, erwärmt bis zur Lösung im Wasserbade und setzt 100 ccm kochend heißes Wasser zu. Bei reinem Bienenwachs erhält man klare bis durchscheinende Lösungen, welche gestatten, bedrucktes Papier deutlich lesen zu können. Bei Anwesenheit von $5^0/_0$ Harz oder Kohlenwasserstoffen erhält man eine trübe Lösung, welche das Lesen von Druckschrift nicht mehr zuläßt. Nach den Erfahrungen des Verfassers (G. Buchner) muß hierbei der Alkohol möglichst vollständig verjagt werden, ehe Glycerin und siedendes Wasser zugefügt werden, um einheitliche Resultate zu erhalten.

Die von Henriques[2]) beschriebene Modifikation des Weinwurmschen Verfahrens kann, wie der Autor später selbst[3]) ausführte, nicht empfohlen werden.

Im allgemeinen wird der negative Ausfall der Weinwurmprobe als Beweis dafür gehalten, daß das Wachs keine Kohlenwasserstoffe zugesetzt enthält, während aus eintretender Trübung sichere Schlüsse für einen solchen Zusatz nur mit Vorsicht gezogen werden sollen. Andrerseits hat Verfasser beobachtet, daß die von Weinwurm angegebene Grenze, bei welcher Trübung eintritt, durch glyceridhaltiges Wachs hinaufgeschoben wird. Diese Probe kann daher nur als Vorprobe gelten. Auch gilt sie nicht ausschließlich für Kohlenwasserstoffe (Paraffin, Ceresin), da auch Carnaubawachs ähnliche Trübungen veranlaßt.

Kremel und später Werder[4]) haben die refraktometrische Untersuchung des Bienenwachses zum Nachweise von Paraffin und Ceresin empfohlen. Nach Werder soll das bei 66^0—72^0 C. erhaltene Ablesungsresultat auf 40^0 C. reduziert werden. Reine Wachse ergaben hierbei (reduzierte) Refraktometerzahlen von 42^0—46^0, Paraffin hingegen 22.5^0. Funaro[5]) fand für 40^0 C. die Refraktometerzahl in Zeiß' Butterrefraktometer zwischen 42^0 und 45^0 schwankend.

---

1) Chem. Zeitg. 1897. 21. 519.
2) Zeitschr. f. öffentl. Chem. 1897. 3. 274.
3) Siehe Lunge, Untersuchungen.
4) Chem. Zeitg. 1898. 22. 38 u. 59.
5) L'Orosi 1899. 22. 109.

Marpmann[1]) bestimmt, um höhere Temperaturen zu vermeiden, die Refraktometeranzeige der mit dem gleichen Gewichte Pfefferminzöl gemischten Probe bei 40° C. (Siehe S. 100.)

In der folgenden Tabelle sind die Refraktometeranzeigen von Bienenwachs und einigen seiner Verfälschungsmittel nach Marpmann zusammengestellt:

	Refraktometeranzeige bei 40° C.
Bienenwachs verschiedener Provenienz (11 Sorten) . .	44°—45°
„ (von Westafrika)	46°
„ (von Cuba)	42°
Chinawachs	46°
Carnaubawachs	66°
Stearinsäure	42·6°
Japanwachs	47°
Ceresin (weiß, vom Schmelzpunkt 78° C.)	41°
Paraffin (vom Schmelzpunkt 43° C.)	22 5°

Auch die Bestimmung des spezifischen Gewichts kann zur Erkennung eines größeren Paraffin- oder Ceresinzusatzes dienen. Die Bestimmung wird am besten mittels der Schwimmprobe in verdünntem Alkohol ausgeführt; derselbe wirkt bei gewöhnlicher Temperatur während der Versuchsdauer auch auf reines Paraffin nicht merklich lösend.

Reines Wachs muß in Weingeist von 0·961, jedenfalls aber in Weingeist von 0·955 spez. Gew. untersinken.

Buchner[2]) gibt folgende spezifische Gewichte für Wachs und Ceresin an:

Gelbes Wachs	0·959
Weißes Wachs	0·955
Ceresin	0·858—0·901

und verlangt demnach, daß reines Wachs in Weingeist von 0·950 spez. Gew. untersinke.

Die Berechnung der Quantität des Zusatzes aus dem spezifischen Gewicht der Probe gibt sehr unsichere Resultate, weil die spezifischen Gewichte von Wachs, noch mehr aber die von Paraffin und Ceresin schwanken.

Wagner[3]) hat eine Tabelle über die spezifischen Gewichte von Mischungen von Wachs mit einem Paraffin von dem ungewöhnlich niedrigen spez. Gew. 0·871 entworfen.

Wachs	Paraffin	Spezifisches Gewicht
0 %	100 %	0·871
25 „	75 „	0·893
50 „	50 „	0·920
75 „	25 „	0·942
80 „	20 „	0·948
100 „	0 „	0·969

E. Dieterich[4]) bestimmte die spezifischen Gewichte von Mischungen von Wachs und Ceresin und erhielt folgende Resultate:

---

[1]) Chem. Rev. üb. d. Fett- u. Harz-Ind. 1901. 8. 65.
[2]) Dinglers Polyt. Journ. 1879. 231. 272.
[3]) Zeitschr. f. analyt. Chem. 1866. 5. 280.
[4]) Wagners Jahresber. 1882. 1028.

Gelbes Wachs %	Gelbes Ceresin %	Spez. Gew. der Mischung	Weißes Wachs %	Weißes Ceresin %	Spez. Gew. der Mischung
100	0	0·963	100	0	0·973
90	10	0·961	90	10	0·968
80	20	0·9575	80	20	0·962
70	30	0·953	70	30	0·956
60	40	0·950	60	40	0·954
50	50	0·944	50	50	0·946
40	60	0·937	40	60	0·938
30	70	0·933	30	70	0·934
20	80	0·931	20	80	0·932
10	90	0·929	10	90	0·930
0	100	0·922	0	100	0·918

Die älteren Methoden zur Bestimmung von Ceresin und Paraffin in Wachs, die sich auf das Verhalten des Wachses beim Erwärmen mit Schwefelsäure gründen, wobei Wachs vollständig verkohlt wird, während gewöhnliches Paraffin gar nicht, sogenanntes weiches Paraffin aber weit schwerer angegriffen wird (Dullo[1], Liès Bodart[2]), Hager[3]) und andere), geben so unsichere Resultate, daß sie nicht mehr angewendet werden:

Mehr oder weniger große Mengen von Kohlenwasserstoffen können in das Wachs ohne Wissen der Bienenzüchter durch Verwendung der vielfach große Mengen Paraffin oder Ceresin enthaltenden Kunstwaben gelangen.

Indisches Wachs (siehe Seite 1120) **im gewöhnlichen Bienenwachs.**
(Gheddawachs, Singaporewachs.)

Es liegt keinerlei Grund vor, Mischungen aus gewöhnlichem reinem Bienenwachs und aus reinem indischem Bienenwachs zu beanstanden (siehe Seite 1090).

Derartige Mischungen zeigen erniedrigte Säurezahl, erhöhte Ätherzahl und Verhältniszahl und normale oder schwach erhöhte Verseifungszahl.

In manchen Fällen sind Spuren von Glyceriden deutlich nachweisbar, bei gebleichter Ware auch Spuren Palmitinsäure (von der chemischen Bleiche stammend), die sich bei der Stearinprobe bemerkbar machen. So zeigte ein gebleichtes Wachs, das sonst einwandfrei war, die Zahlen 13·9, 86·4, 100·3, 6·2, es ließen sich auch Spuren von Glyceriden nachweisen und die Stearinsäureprobe gab nach einigen Stunden schwach positiven Ausfall. Die Weinwurmprobe fiel negativ aus, ebenso gab der zum größten Teil vom Alkohol befreite Verseifungsrückstand beim Versetzen mit kochendem Wasser keinerlei Ausscheidung. Das Wachs bestand aus ca. 60 % reinem gewöhnlichem Bienenwachs und 40 % reinem in-

---

[1]) Zeitschr. f. analyt. Chem. 1863. 2. 510.
[2]) Zeitschr. f. analyt. Chem. 1866. 5. 252.
[3]) Zeitschr. f. analyt. Chem. 1870. 9. 419.

dischem Gheddawachs mit belanglosen Verunreinigungen von Glyceriden und Stearinsäure bzw. Palmitinsäure. Ein derartiges Wachs kann man mit Recht als reines Bienenwachs erklären (siehe auch Seite 1090).

Die Menge des in einer Mischung aus reinem, gewöhnlichem Bienenwachs mit reinem Gheddawachs vorhandenen Gheddawachses kann man nach der Formel

$$G = \frac{100\,(bs - es)}{bs - gs}$$

berechnen, wenn bs die mittlere Säurezahl des gewöhnlichen Bienenwachses (20), es die gefundene Säurezahl der Wachsmischung, gs die mittlere Säurezahl des Gheddawachses bedeutet. Da letztere meist 7 beträgt und $20 - 7 = 13$, kann man die Formel wie folgt vereinfachen:

$$G = 100\,\frac{(bs - es)}{13}.$$

(Für die Berechnungen legt man am besten ein Gheddawachs mit den Zahlen S.-Z. 7·0, Ä.-Z. 86·0, V.-Z. 93·0 zugrunde.)

Kompositionen mit normalen Bienenwachszahlen.
(*Kunstwachs — Gewerbewachs usw.*)

Wie Seite 1089 ausgeführt, können durch Mischung von Talg oder Japantalg, Stearinsäure oder Harz und Neutralstoffen (Paraffin, Ceresin) Kompositionen hergestellt werden, welche die gleichen Hüblzahlen wie das Bienenwachs aufweisen, auch das gleiche spezifische Gewicht und den gleichen Schmelzpunkt zeigen wie das Bienenwachs. Diese Mischungen kommen unter der Bezeichnung Kunst-, Kompositions- oder Gewerbewachs farblos oder mit Teerfarbstoffen gelb gefärbt in den Handel. An und für sich verraten sie sich schon beim Kneten als Kompositionen; sie verschmieren vollständig an den warmen Fingern und entbehren jeder Plastizität, welche schon bei Gegenwart von $10\,^0/_0$ Bienenwachs merkbar auftritt. Durch die Prüfung auf Stearinsäure, Glyceride, Neutralstoffe sind sie leicht zu erkennen, durch die Ermittlung der Buchnerzahl bzw. der Stearinsäure, sowohl an sich als in Mischung mit Bienenwachs, leicht quantitativ zu bestimmen (siehe Seite 1095).

Es finden sich auch Kompositionen (Kunstwachs) im Handel, welche keine normalen Bienenwachszahlen aufweisen.[1])

Knetprobe.

Es ist stets vorteilhaft, neben der chemischen Untersuchung der Wachsproben die äußeren Eigenschaften derselben bei der Knetprobe festzustellen. Man wird hierbei auf manches aufmerksam, auch vor manchem Fehler geschützt. Man knetet ca. 0·5 g Wachs zwischen den Fingern, bis es eine plastische Masse darstellt. Reines Bienenwachs wird hierbei vollständig homogen, durchscheinend, hat keinen besonderen Glanz, gibt bei noch so langem Kneten nichts an die Finger ab,

---

[1]) K. Dieterich, Chem. Zeitg. 1902. 26. 554.

verschmiert nicht, beim Auseinanderziehen zeigt sich kurzer feiner Bruch. Beim Kauen klebt es nicht an den Zähnen, der Geruch ist wachsartig ohne Nebengeruch.

	deutet auf:
Das geknetete Wachs wird sehr glänzend und durchsichtig, schlüpfrig, läßt sich lange auseinanderziehen, Geruch oft petrolartig.	Paraffin
Das geknetete Wachs wird weißlich, porzellanartig, unhomogen.	Ceresin oder Stearinsäure
Das geknetete Wachs klebt und hat Harzgeruch.	Harz
Das geknetete Wachs schmiert und riecht talgig, ranzig,	Talg
oder eigentümlich ranzig, schwach aromatisch.	Japantalg

Hat man z. B. ein Wachs mit stark erhöhter Ätherzahl und kann auch Glyceride durch die Acroleïnprobe nachweisen, sieht aber, daß das Wachs sich bei der Knetprobe vollständig normal verhält, also nicht schmiert, nicht nach Talg riecht, so kann man sicher sein, daß es sich nur um eine belanglose Verunreinigung, aber um keine Verfälschung mit Talg handelt; für die erhöhte Ätherzahl muß dann eine andere Erklärung gesucht werden (Gheddawachs).

Man muß bei der Beurteilung des Bienenwachses auf Grund der Untersuchungsergebnisse unterscheiden zwischen belanglosen Verunreinigungen, wie sie in verschiedener Weise bei den vielen Manipulationen in das Wachs kommen können, die das Wachs vom Rohwachs bis zur fertigen Wachsware durchzumachen hat, und zwischen Verfälschungen.

Zu den Verunreinigungen sind zu rechnen bei weißem Wachs Spuren Stearinsäure, Palmitinsäure und Talg, welche durch die chemische Bleiche und die Naturbleiche in das Wachs gelangen können (aber nicht müssen), bei gelbem Wachs Spuren Talg, die bei ausländischem Rohwachs oft beobachtet werden (siehe Seite 1100), und geringe Mengen von Kohlenwasserstoffen, die durch Kunstwaben ins Wachs gelangen können. Als Verunreinigung kann man solche Mengen dieser Körper betrachten, welche die Hüblzahlen nicht belangreich ändern. In der Regel muß das gelbe Wachs strenger beurteilt werden als das gebleichte; z. B. ist schon eine geringe Menge Stearinsäure im gelben Wachs verdächtiger als dieselbe Menge im gebleichten Wachs, weil bei letzterem für deren Vorhandensein durch die bei der energischen chemischen Bleiche eingetretene Hydrolyse eine Erklärung gefunden werden kann. Im gelben Wachs tritt aber ohne absichtlichen Zusatz keine Stearinsäure und Palmitinsäure auf.

Bei der Beurteilung von Wachsproben soll man stets eingedenk sein, daß das Bienenwachs kein einheitlicher Körper ist, daß die Bienen, welche von den verschiedensten Pflanzen sammeln, allerlei Verunreinigungen mit dem Blütenstaub einbringen, und daß gummi- und harzartige Stoffe und dergleichen ins Wachs gelangen und kleine Abweichungen der Zahlen bedingen können. Ebenso ist zu berücksichtigen, daß größere und geringere Abweichungen in den Zahlen außer durch gefälschte Kunstwaben, durch einen Gehalt eines Wachses an Extraktionsbienenwachs (s. d.) und durch ostindisches Bienenwachs verursacht werden können.

Die oft an den Sachverständigen herantretende Frage, ob bei nicht mit Sicherheit nachweisbaren Zusätzen geringe Abweichungen in den Zahlen auf einen absichtlichen Zusatz oder eine zufällige Verunreinigung oder ein an sich anormales Wachs schließen lassen, ist in den wenigsten Fällen eindeutig zu beantworten. Es dürfte aber nicht unberechtigt sein, wenn der Wachsindustrielle in solchen Fällen bei abweichenden Zahlen, gleichviel wodurch bedingt, eine Wertverminderung erblickt und demnach das betreffende Wachs den Zahlen entsprechend niederer bewertet. Eine Ausnahme bildet natürlich das ostindische Wachs als eigenartiges Bienenwachs an und für sich und in seinen Mischungen.

Das Extraktionsbienenwachs[1]

(siehe Seite 1070) stellt ein dunkelbraunes, mehr oder weniger weiches, schmieriges Wachs von charakteristischem, muffigem Geruche dar. Beim Umschmelzen mit Wasser gibt es an letzteres etwas gelben Extrakt ab und riecht meist noch etwas nach den Extraktionsmitteln. Da bei der Extraktion auch von den den Wachsrückständen beigemengten Stoffen (Schmutz, Stroh, Bienenleichen u. dgl.) mehr oder weniger (Fette usw.) extrahiert und dem Wachse beigemengt werden, zeigt das Extraktionswachs eine größere oder geringere Abweichung von dem gewöhnlichen Bienenwachs. Es hat meist eine etwas höhere Säurezahl (23—27), welche von Ulzer auf eine enzymatische Esterspaltung zurückgeführt wird, erniedrigte Äther- und Verseifungszahl, höhere Buchnerzahl und höhere Jodzahl 31—39, bei der Weinwurmprobe auf Kohlenwasserstoffe (Paraffin, Ceresin) verhält es sich wie ein Wachs mit ca. 5 $^0/_0$ dieser Stoffe.

Auch die Art des bei der Extraktion benützten Lösungsmittels hat auf die Zusammensetzung des Extraktionswachses nach meinen Versuchen (Buchner) großen Einfluß, da nicht alle Lösungsmittel die verschiedenen Wachsbestandteile in gleicher Menge lösen und so Verschiebungen der Bienenwachsbestandteile eintreten können.

Klebwachs (Vorwachs, Propolis).

Als solches bezeichnet man das zum Verschließen der Zellen dienende Produkt. (s. S. 1069) Dasselbe besteht nach Greshoff und Sack[2] aus:

84 $^0/_0$ eines aromatischen Harzes,
12 „ Wachs,
4 „ alkohollöslichen Verunreinigungen.

---

[1]) W. Hirschel, Chem. Zeitg. 1904. 28. 212 u. 480. — R. Löwy, Chem. Zeitg. 1904. 28. 348.

[2]) Rev. Trav. chim. de Pays-Bas 1903. 139.

Gebleichtes Wachs.[1]

(Cera alba, Cire blanche, Virgin or white wax.) — (Naturbleiche, chemische
Bleiche; Wachswaren, Wachskerzen.)

Zur Bleiche wird stets geklärtes, geläutertes Rohwachs (siehe S. 1070)
verwendet.

Beim Liegen an der Sonne bleicht das Wachs an der Oberfläche
und wird heller; manche Wachssorten bleichen oberflächlich schon beim
langen Aufbewahren aus.

Bei der Bleiche des Wachses handelt es sich darum, die verschiedenen Farbstoffe desselben zu entfernen, ohne daß dabei das Wachs
selbst bemerkenswerte Veränderungen erleidet. Es geschieht dies dadurch, daß die aus den Blüten stammenden verschiedenen Farbstoffe des
Wachses entweder durch den belichteten, feuchten Sauerstoff der Luft
(Naturbleiche), durch physikalische Prozesse — Farbstoffabsorption
durch Tierkohle, Aluminiummagnesiumhydrosilikat[2]) (Fullererde, Bleicherde, Walkerde) — oder durch Oxydationsmittel (chemische Bleiche) in
farblose Verbindungen übergeführt oder in Form unlöslicher Verbindungen
aus dem Wachse abgeschieden werden. Da der größte Teil des Bienenwachses im gebleichten Zustande verwendet wird (Kerzen, Wachsstöcke,
Wachslichter), bildet die Bleiche desselben eine wichtige Aufgabe der
Wachsindustrie. Die schonendste Bleiche ist zweifellos die Naturbleiche.

Hierbei erteilt man dem Wachs vor allem eine große Oberfläche,[3]) indem man es in papierdünne Bänder oder Späne oder auch in dünnste Fäden
oder kleinste Körner verwandelt. Es geschieht dies sehr einfach dadurch, daß
man das geschmolzene Wachs in einem Strahl auf einen hölzernen Zylinder
fallen läßt, der zum Teil in kaltes Wasser taucht und langsam um seine Achse
gedreht wird, oder daß man das Wachs tropfenweise in Wasser fallen läßt.
Die aus dem Wasser genommenen Wachsbänder werden auf mit Leinen be-
spannten hölzernen Rahmen in dünner, gleichmäßiger Schichte ausgebreitet,
unter wiederholtem Begießen mit Wasser der Sonne ausgesetzt. Durch öfteres
Umwenden wird für Erneuerung der Oberfläche gesorgt. Zur Beschleunigung der

---

[1]) Literatur über Wachsbleiche.

Davidsohn, Wachsbleiche mit Chlorkalk und verdünnter Schwefelsäure. Dinglers
    Polyt. Journ. 1827. 23. 523 u. 24. 279. — Bayer. Kunst- u. Gewerbeblatt
    1824. 257; 1831. 682 u. 1832. 622.
Schmidt u. Ingenohl, Über Bleichen des Bienenwachses mit Salpeter und
    Schwefelsäure. Dinglers Polyt. Journ. 1844. 94. 167.
Desgl. Watson, Bleichen durch Chamäleon. London, Journal of arts 1842.
    22. 36.
Smitt. Dinglers Polyt. Journ. 1860. 157. 56. (Chrombleiche.)
Solly. Dinglers Polyt. Journ. 1840. 78. 160. (Verd. Schwefelsäure u. Salpeter.)
Rambo. Journ. Soc. Chem. Ind. 1897. 16. 150.
A. u. P. Buisine. Bull. Soc. Chim. 1890. 4. 465.
Chateau, Fette u. Wachse. Leipzig 1864. (W. Gerhard.)
Oils, Colours u. Drysalteries 1904. 12. — Chem. Rev. üb. d. Fett- u. Harz-Ind.
    1904. 11. 207.
Seifens.-Zeitg. 1906. 27. 565.

[2]) Franz. Patent Nr. 365355. 17. April 1906. E. Weingärtner Englewood,
U. S. A.

[3]) Siehe auch G. Buchner, Fortschritte und Neuerungen in der Wachs-
Industrie, Seifens.-Zeitg. 1900. 21.

Bleiche werden die teilweise gebleichten Späne umgeschmolzen, von neuem gebändert und nochmals der Sonne ausgesetzt. Manche Wachszieher setzen nach alter Sitte dem Wachs zur Beschleunigung des Bleichens (als Sauerstoffüberträger, Katalysator) und um dem gebleichten Wachs die Sprödigkeit zu nehmen, 2—5 % Talg, manchmal auch etwas Terpentinöl zu. Die Naturbleiche dauert je nach den Witterungsverhältnissen 4—6 Wochen.

Auch mit Tierkohle hat man versucht, dem Wachs den Farbstoff zu entziehen.

Um die Bleiche rascher zu bewerkstelligen, war man von jeher bemüht, den Bleichprozeß künstlich durch chemische Agentien auszuführen.

Zur chemischen Bleiche des Bienenwachses hat man verwendet: Unterchlorigsauren Kalk oder unterchlorigsaures Natron und verdünnte Schwefelsäure oder Salzsäure, Chlorsäure (Chlorsaures Kali und verdünnte Schwefelsäure), Salpeter und Schwefelsäure, Chromsäure (Natrium- oder Kaliumbichromat und verdünnte Schwefelsäure), Wasserstoffsuperoxyd, Natriumsuperoxyd und verdünnte Schwefelsäure sowie Kaliumpermanganat. Die Bleichen, bei denen Chlor auftritt, haben sich nicht bewährt, da das so gebleichte Wachs, abgesehen von dem eigenartigen Geruche und der am Lichte statthabenden Bräunung, mehr oder weniger chloriert wird, so daß dann beim Verbrennen Salzsäureentwicklung auftritt.

Dagegen liefern die Sauerstoffbleichen gute Resultate. Insbesondere werden in der Großindustrie das Permanganatverfahren und das Chromatverfahren angewandt.[1])

Die genau ausgebildeten Verfahren, welche allein tadellose Resultate liefern, werden von den Industriellen geheim gehalten. Auch das elektrolytische Bleichverfahren (Sauerstoffbleiche) wurde zur Wachsbleiche herangezogen. Zur Bleiche im Großbetriebe eignen sich natürlich nur leicht und glatt ausführbare Verfahren.

Bei richtiger chemischer Bleiche, d. h. bei einem auf wissenschaftlicher Grundlage aufgebauten, mit aller Vorsicht ausgeführten Bleichverfahren, bei welchem das Wachs keiner zu energischen Einwirkung von Chemikalien ausgesetzt und nach der Bleiche für die vollständige Entfernung aller Bleichmittel Sorge getragen wird, ist das chemisch gebleichte Wachs nach der Erfahrung des Verfassers dem naturgebleichten vollständig ebenbürtig. Die Riechstoffe des Bienenwachses werden bei der chemischen Bleiche mehr verändert als bei der Naturbleiche, und bei zu energischer Bleiche erhält das Wachs grobkörnige, fast kristallinische Struktur.

Weißes Scheibenwachs kann direkt zur Analyse genommen werden. Dennoch ist es gut, sich durch Umschmelzen in Wasser zu überzeugen, ob die Wachsprobe rein und frei von etwa anhängenden Säuren (von der Bleiche) ist. Wachswaren, z. B. Kerzen, müssen stets zur Erzielung einer richtigen Durchschnittsprobe umgeschmolzen und gemischt werden, da dieselben oft aus verschiedenen Schichten bestehen.

Da das Bienenwachs infolge seines großen Ausdehnungskoeffizienten nach dem Erkalten stark schwindet und auch an die Gefäßwände stark anklebt, ist dasselbe zum Gießen von Kerzen sehr wenig geeignet. Daher werden Wachskerzen nicht gegossen, sondern, wie der technische Ausdruck lautet, gezogen. Es wird der Docht mit geschmolzenem Wachse überzogen bis die Kerze die nötige Dicke erreicht hat, dann wird auf nassen Steinplatten ausgerollt, zuletzt

---

[1]) **Smitt**, Dinglers Polyt. Journ. 1860. 157. 56.

zwischen Tüchern poliert, d. h. der Glanz erzeugt. Wachskerzen bestehen stets aus verschiedenen Schichten, indem zum Vorguß (für die inneren Schichten) ein etwas weicheres Wachs, zum Ausguß (für die äußeren Schichten) etwas härteres, höher schmelzendes Wachs verwendet wird.

Das gebleichte Wachs ist durch die bei den verschiedenen Bleichverfahren mehr oder weniger eintretenden unvermeidlichen Verluste an nicht näher bekannten flüchtigen Bestandteilen etwas dichter, härter, fester und spröder als das gelbe Wachs, von schwachem (Naturbleiche) oder auch verändertem (chemische Bleiche) Wachsgeruch und glattem, feinkörnigem, bei chemisch gebleichtem Wachs oft grobkörnigem, fast kristallinischem Bruche. In Wasser umgeschmolzen muß das Wachs vollständig klar schmelzen und darf an das Wasser keine Säuren (von der Bleiche herrührend) u. dgl. abgeben. Geringe Veränderungen erleidet das Wachs bei jeder Bleiche, was schon aus den geringen Abweichungen im spezifischen Gewichte und im Schmelzpunkte dem gelben Wachse. gegenüber hervorgeht (s. Tabelle I).

Schon bei der schonendsten Bleiche, der Naturbleiche, werden durch den belichteten Sauerstoff nach Buisine nicht nur die Farbstoffe oxydiert, sondern es binden auch die ungesättigten Verbindungen des Wachses, die Säuren der Ölsäurereihe und die nicht gesättigten Kohlenwasserstoffe. mehr oder weniger Sauerstoff, wodurch sie in gesättigte Verbindungen übergehen. (Veränderung der Jodzahl, welche bei gebleichtem Wachs oft teils erniedrigt, merkwürdigerweise aber auch mitunter erhöht gefunden wird.)

Nach Buisine schmelzen die Kohlenwasserstoffe des gelben Wachses bei 49·5° C. und nehmen 22 % Jod auf. Die Kohlenwasserstoffe des naturgebleichten Wachses schmelzen bei 51·5°—53° C. und nehmen 14·3—15 % Jod auf.

Das gebleichte Wachs kann in den analytischen Daten, insbesondere in der Säurezahl, Ätherzahl, Verseifungszahl und Verhältniszahl dem ursprünglichen gelben Wachs entweder nahezu gleich sein, oder es kann ganz bemerkbare Verschiedenheiten aufweisen. Es richtet sich das ganz nach der Art der Bleiche. Naturgebleichtes Wachs zeigt meist mit dem Rohwachs übereinstimmende Hübl- und Jodzahlen und einen etwas erniedrigten Gehalt an Kohlenwasserstoffen.

Im allgemeinen kann man sagen, daß die Naturbleiche und die Permanganatbleiche (wenn richtig ausgeführt) die schonendsten sind, das Wachs am wenigsten alterieren und die analytischen Daten nicht oder nur wenig verändern. Bei der energischen Chromatbleiche treten diese Veränderungen merkbar hervor, so daß dieselben bei Beurteilung der Wachsprobe in Betracht gezogen werden müssen.[1] (Siehe Tabelle I und II.)

---

[1] Über die Änderungen der analyt. Daten des Bienenwachses bei der Bleiche siehe Buchner, Chem. Zeitg. 1888. 12. 1276; Röttger, Chem. Zeitg. 1889. 13. 1375; Berg, Chem. Zeitg. 1902. 26. 605; A. u. P. Buisine, Bull. Soc. Chim. 1890. 4. 465; ferner: Mangold, Medicus, Allen, Valenta, Dieterich, Henriques.

Nach Buisine zeigen z. B.:

	Schmelz-punkt °C.	Säure-zahl	Ver-seifungs-zahl	Jod-zahl	1 g Wachs liefert ccm Wasserstoff	Kohlen-wasserstoffe in Prozenten
Reines gelbes Wachs	63—65	19—21	91—95	10—11	52·5—55	13—14
Unter Zusatz von 3—5 % Talg gebleicht	63·5—64	21—23	105—115	6—7	53·5—57	11—12
Reines gelbes Wachs	63·5	20·17	93·5	10·9	53	13·5
Dasselbe mit 5 % Terpentinöl gebleicht	63·5	20·2	100·4	6·8	54·9	12·4
Dasselbe mit H_2O_2 gebleicht .	63·5	19·87	98·4	6·3	56·1	12·5
Reines gelbes Wachs	63	20·40	95·1	11·2	54·5	14·3
Dasselbe mit Tierkohle entfärbt	63	19·71	93·2	11·4	53·6	13·3
Dasselbe mit Permanganat ent-färbt	63·7	22·63	103·3	2·6	—	—
Reines gelbes Wachs mit Per-manganat entfärbt . . .	63·5	21·96	99·2	5·8	55·5	13·3
Dasselbe mit Bichromat entfärbt	63·2	21·86	98·9	7·9	51	13·2
„ „ „ „	64	23·43	107·7	1·1	53·6	11·8

In der Regel findet bei energischem Bleichen eine schwache Hydrolyse des Wachsesters statt, so daß die Verseifungszahl nahezu gleichbleibt, während zwischen Säurezahl und Ätherzahl Verschiebungen in der Weise eintreten, daß die Säurezahl auf Kosten der Ätherzahl erhöht, die Verhältniszahl erniedrigt wird. Dies ist das Charakteristische für die Veränderungen durch die Bleiche.

Z. B.: Deutsches Wachs zeigte die Zahlen:

vor der Bleiche   20·3   76·51   96·81   3·77,
nach der Bleiche   23·8   73·08   96·88   3·07.

Gebleichtes Wachs mit den Zahlen:

25·0   70·0   95·0   2·8 oder
26·0   69·0   95·0   2·7

kommt nicht selten vor und darf nicht beanstandet werden, solange keine Zusätze nachweisbar sind. Dies gilt natürlich auch für das chemisch gebleichte indische Wachs, bei welchem meist auch die Säurezahl auf Kosten der Ätherzahl ansteigt.

In naturgebleichtem Wachs befinden sich manchmal wie erwähnt bis 5 % Talg, welche aus technischen Gründen bei der Bleiche zugesetzt werden und die Äther- und Verseifungszahl erhöhen. Solches Wachs darf natürlich nicht als verfälscht betrachtet werden.

Chemisch gebleichtes Wachs hat außerdem meist eine etwas veränderte Jodzahl, etwas erniedrigte Refraktometerzahl, erhöhtes spezifisches Gewicht, erhöhten Schmelzpunkt und erhöhte Buchnerzahl; es kann sogar geringe Mengen Palmitinsäure, welche sich bei der Stearinsäureprobe bemerkbar machen, enthalten.

Nach Mitteilungen Bergs wurde fast bei allen von ihm gebleichten Wachsen die Jodzahl erhöht.

Nur die auch sonst ziemlich merkwürdigen italienischen Wachssorten erleiden eine Erniedrigung ihrer Jodaufnahmefähigkeit, ebenso alle natur- oder durch Permanganat gebleichten Wachse. Die Buchnersche Zahl wird durch die Natur- sowie durch die Permanganatbleiche ein wenig herabgesetzt. Bei der Chromsäurebleiche wird dieses Fallen durch die tiefgehende Hydrolyse nicht nur aufgehoben, sondern in den meisten Fällen tritt sogar ein Steigen ein. Auch hierbei bilden die italienischen Wachssorten eine Ausnahme, indem trotz der hohen Säurezahl die Buchnersche Zahl, wie in dem in der Tabelle aufgenommenen Falle, gleich bleibt oder gar sinkt. Die Refraktion des Wachses bleibt nach Naturbleiche oder Permanganatbleiche gewöhnlich unverändert oder zeigt sogar Tendenz zu steigen. Auch hier zeigen die italienischen Wachse ein anderes Verhalten, indem ihre Refraktion nicht nur, wie bei anderen Wachssorten, nach der Chromsäurebleiche, sondern auch nach der Natur- und der Permanganatbleiche sinkt. Bei dem naturgebleichten sowie bei dem mit Permanganat gebleichten Wachs zeigt der Schmelzpunkt Neigung zu sinken, während bei dem mit Chromsäure gebleichten Wachs der Schmelzpunkt oft um ein Beträchtliches steigen kann. So stieg in einem Falle derjenige eines marokkanischen Wachses auf $64.5°$—$65°$ C., ja es kamen sogar einige Fälle vor, in denen der Schmelzpunkt bis auf $68°$ C. stieg.

Bei gebleichtem Wachse und aus solchem hergestellten Wachswaren, z. B. Kerzen, muß man bei der Beurteilung sehr vorsichtig sein und auch zwischen belanglosen Verunreinigungen und absichtlichen Zusätzen unterscheiden und die Technik der Wachsindustrie in Betracht ziehen. Beispielsweise darf Kerzenwachs mit der Säurezahl bis 24—25, Spuren Stearinsäure, Palmitinsäure oder Talg (von der Naturbleiche herrührend) noch nicht beanstandet werden, sofern sich das Wachs sonst einwandfrei erweist.

Bei gebleichtem Wachse sind minimale Mengen Stearinsäure, welche sich erst nach 6 Stunden oder noch längerer Zeit nach öfterem Schütteln bei der Stearinsäureprobe bemerkbar machen, sofern das Wachs sonst einwandfrei ist, als belanglos zu erachten.

Rohwachs, welches als Verunreinigung einige Prozent Talg enthält, kann bei energischer chemischer Bleiche, z. B. bei der Chromsäurebleiche (wobei ziemlich starke Schwefelsäure verwendet wird) infolge der Hydrolyse der Glyceride nach der Bleiche erhöhte Säurezahl und damit erhöhte Verseifungszahl und erniedrigte Ätherzahl aufweisen, auch schwache Stearinsäurereaktion zeigen.

Bezüglich der Veränderungen der analytischen Daten bei der chemischen Bleiche ist es von Belang, ob ein kleiner Bleichversuch vorgenommen oder die Bleiche im großen ausgeführt wird.

Die Hauptverwendung findet das Bienenwachs in gebleichtem Zustande in den katholischen Ländern zur Herstellung von Kirchenkerzen, da die katholische Kirche nur die Verwendung von Kerzen aus reinem Bienenwachs (opera apum) gestattet; ferner dient das Bienenwachs zur Herstellung von Wachsstöcken und Nachtlichtern, in der Pharmazie und Kosmetik zur Bereitung von Salben, Pflastern, Pomaden, Ceraten, kosmetischen Präparaten, in der Technik zur Herstellung von Möbel- und Fußbodenwachs, Schuhcremen, Lederwichsen, Modellierwachs, Wachsfiguren, Baumwachs, Siegelwachs, Wandmalereien (Pompei), in der Fabrikation von Buntpapieren, Appreturen, Wachspapieren, künstlichen Blumen usw., für Wachsmassen für Kupferstecher und Lithographen, Glühwachs für Goldarbeiter, Poliment für Vergolder u. dgl.

II. Ostindisches Bienenwachs[1])

(sog. Ghedda- oder Geddawachs) (der *Apis dorsata*, *Apis florea* und *Apis indica*),
auch Singaporewachs genannt.

Das indische Wachs ist ein echtes Bienenwachs. Es stammt nach
D. Hooper[2]) hauptsächlich von drei Bienenarten: Apis dorsata, florea
und indica, zumeist aber von ersterer. Nach v. Buttel-Reepen sind
die Bienen Apis dorsata und florea nicht direkte Vorfahren der Apis
mellifica, sondern Nebenzweige, die sich sehr früh trennten, auch indica
dürfte sich schon früh abgezweigt haben.

Dieses Wachs stammt aus Vorderindien (Britisch-Indien), wird über
Bombay ausgeführt und besonders in Hamburg, Bremen und Marseille
gehandelt (meist als Geddawachs fakturiert).

Das ostindische Wachs stellt ein hell-lichtgelbes oder grünlichgelbes,
oft fast weißes, festes, zähes, plastisches, geschmeidiges und doch hartes
Wachs mit angenehmem oft fliederartigem Geruche dar, das sich sehr
zur Verarbeitung, insbesondere zur Kerzenfabrikation eignet. Die Plastizität ist größer als die des gewöhnlichen Bienenwachses. Deshalb ist
das ostindische Wachs viel als Zusatz· zu brüchigen oder weichen,
insbesondere afrikanischen Wachssorten gebraucht.

Verschiedene indische Wachsarten nach Hooper.[2])

Ursprung		Schmelz-punkt ⁰ C.	Säure-zahl	Versei-fungs-zahl	Jodzahl (nach Hübl)
Apis dorsata 23 Proben	Mittel	63·1	7·0	96·2	6·7
	Maximum	67·0	10·2	105·0	9·9
	Minimum	60·0	4·4	75·6	4·8
Apis indica 7 Proben	Mittel	63·25	6·8	96·2	7·4
	Maximum	64·0	8·8	102·5	9·2
	Minimum	62·0	5·0	90·0	5·3
Apis florea 5 Proben	Mittel	64·2	7·5	103·2	8·8
	Maximum	68·0	8·9	130·5	11·4
	Minimum	63·0	6·1	88·5	6·6

Im allgemeinen gilt für dieses Wachs alles, was beim gewöhnlichen
Bienenwachs ausgeführt wurde. Aus den bei der Hydrolyse erhaltenen
Daten geht hervor (eine vollständig durchgeführte Analyse dieses Wachses
liegt bis jetzt nicht vor), daß die Menge der freien Säure in diesem
Wachs gegenüber dem gewöhnlichen Bienenwachs stark vermindert ist
(stark erniedrigte Säurezahl), wogegen die Menge des Esters und die
Verhältniszahl entsprechend erhöht sind, während die Verseifungszahl
nahezu die des gewöhnlichen Bienenwachses ist, so daß also innerhalb
der gewöhnlichen, manchmal etwas erhöhten Verseifungszahl eine Verschiebung zwischen freier Säure und Ester stattgefunden hat (s. auch
chemisch gebleichtes Wachs).

Analytische Daten dieses Wachses siehe Tabellen I und II.

[1]) G. Buchner (Über das indische Gheddawachs) Zeitschr. f. öffentl. Chem.
1897. 570. Chem. Zeitg. 1905. 29. 7. 1906. 30. 43. — Berg, Chem. Zeitg. 1903.
27. 756.
[2]) Agricultural Ledger, Kalkutta 1904. 73ff.

Additional material from *Analyse der Fette und Wachsarten*
ISBN 978-3-642-89151-9, is available at http://extras.springer.com

Nach den Versuchen **Buchners** stellt sich die Zusammensetzung
des indischen Gheddawachses mit den Zahlen: 7·03, 89·74, 96·77, 12·82
im Vergleich zum gewöhnlichen Bienenwachs wie folgt:

	Gheddawachs		Gewöhnl.
	I	II	Bienenwachs
Cerotinsäure	5·13	5·13	14·28
Palmitinsäure	37·87	35·98	32·95
Melissylalkohol (bestimmt nach Buisine)	65·09	61·50	52·64
Kohlenwasserstoffe . . .	8·65	8·65	13·39

Das reine indische Wachs hat manchmal sehr geringe Mengen Glyceride als Verunreinigung, bei der **Weinwurm**probe bleibt die Lösung
oft vollständig klar, öfters erhält man beträchtliche Trübungen (aber
keine öligen Abscheidungen).

Während vor einigen Jahren fast nur reines Gheddawachs zur Untersuchung kam, beobachtete Verfasser in der letzten Zeit häufig Gheddawachs, das mit Kohlenwasserstoffen versetzt war.[1] Ist in manchen
Fällen der Nachweis leicht zu führen wie in folgendem Beispiel:

	Säurezahl	Ätherzahl	Verseifungszahl	Verhältniszahl
Reines Gheddawachs	6·6	88·5	95·1	13·4
Mit ca. 30 % Kohlenwasserstoffen versetztes Gheddawachs . .	5·6	64·9	70·5	11·6

so ist bei den weiten Grenzen, in denen sich die Zahlen dieses Wachses
bewegen, die Feststellung nicht immer leicht. Einen guten Anhalt gibt
aber das Verhalten des Verseifungsrückstandes. Wird derselbe (s. S. 1091)
vom größten Teile des Alkohols befreit, dann mit siedendem Wasser aufgefüllt, so scheiden sich bei einigermaßen nennenswertem Gehalt an
zugesetzten Kohlenwasserstoffen im Halse des Kolbens letztere in Form
einer Ölschichte ab und können nach dem Erkalten herausgenommen
und gewogen, sowie auf den Schmelzpunkt geprüft werden. Diese Art
der Identifizierung der Kohlenwasserstoffe gelingt bei Gheddawachs
schon bei geringerem Gehalt als bei gewöhnlichem Bienenwachs. So
zeigte z. B. ein Gheddawachs, das auf Grund der Zahlen 9·76, 85·79,
95·55, 8·7 ohne weiteres nicht zu beanstanden gewesen wäre, eine Abscheidung von 0·5 g Kohlenwasserstoffen vom Schmelzpunkt 76°—78° C.
für 3·6 g Wachs, also rund 14 %.

Bei der Beurteilung des Gheddawachses ist große Vorsicht nötig,
insbesondere auch bei Beurteilung von Mischungen aus gewöhnlichem
Bienenwachs und Gheddawachs.

Mischungen aus Gheddawachs und gewöhnlichem Bienenwachs liefern
annähernd die in der Tabelle Seite 1122 angegebenen Zahlen.

Noch sei bemerkt, daß nach **Hooper** in einem der Pundschab-
distrikte dem Wachs ein Achtel des Gewichtes Sesamöl (wohl auch andere
Fette, z. B. das in Indien und Japan viel gebrauchte Perillaöl) zugesetzt
wird, ehe es in Form von Wachskuchen auf den Markt gebracht wird.

Die Tatsache, daß technisch vorzügliches Bienenwachs mit ganz
bedeutend von den gangbaren in- und ausländischen Wachsarten ab-

---

[1] Auch mit 50 % Mehl versetzte Stücke kamen zur Untersuchung. Diese
befanden sich unter reinem Gheddawachs.

Gheddawachs $^0/_0$	Bienenwachs (gewöhnliches) $^0/_0$	Säurezahl	Ätherzahl	Verseifungs- zahl
10	90	18·5	76·3	94·8
20	80	17·6	77·6	95·2
30	70	15·5	79·0	94·5
40	60	14·1	80·3	94·4
50	50	12·6	81·6	94·2
60	40	11·1	83·0	94·1
70	30	9·7	84·3	94·0
80	20	8·2	85·6	93·8
90	10	6·7	87·0	93·7

weichenden analytischen Daten in nicht unbedeutender Menge vorkommt und in Deutschland eingeführt wird, muß den Analytiker bei der Beurteilung der analytischen Ergebnisse zu besonderer Vorsicht mahnen; nie darf ein Wachs auf Grund von vom Normalen abweichenden Zahlen allein beurteilt werden.

Für gebleichtes indisches Wachs gilt selbstverständlich all das bei dem gebleichten gewöhnlichen Bienenwachs Gesagte. Insbesondere wird auch bei chemisch gebleichtem indischem Wachs meist die Säurezahl erhöht usw.

Mischungen von reinem, unverfälschtem, gewöhnlichem Bienenwachs mit reinem, unverfälschtem, indischem Bienenwachs kommen jetzt aus den oben angeführten Gründen vielfach vor; es liegt kein Grund vor, dieselben trotz ihrer abweichenden, analytischen Zahlen zu beanstanden, da das indische Bienenwachs ein dem gewöhnlichen Bienenwachs vollständig ebenbürtiges Wachs darstellt. Es ergeben sich allerdings vielfache Anstände, da die abweichenden Zahlenergebnisse bei den Industriellen Mißtrauen erregen; es wäre deshalb von Vorteil, wenn derartige Mischungen als solche deklariert würden.

3. Wachs anderer Apiden.

Während man bei den solitären Apiden (Grabwespen, Prosopis, Ceratina, Xylocopa, Osmia papaveris, Halictus usw.) eine Wachsausscheidung nicht beobachtet hat, findet man bei den sozialen Apiden zunächst bei den Hummeln (entwicklungsgeschichtlich[1]) ein Übergangsglied von den solitären Apiden zu den Apinen), ferner bei den Meliponinen und Trigonen das selbstbereitete Wachs. Dieses wird aber noch nicht rein, sondern gemischt mit Pollen und Harz zum Nestbau verwendet. Die Meliponinen schwitzen bereits Wachs aus.

Diese Arten Insektenwachs sollen hauptsächlich über Singapore ausgeführt und häufig mit Fetten verfälscht werden.

Hummelwachs.

Das Hummelwachs ist dunkel, fast schwarz, etwas klebrig, von starkem, unangenehmem Geruch, schwer bleichbar. Charakteristisch insbesondere durch den Geruch. Nach Ahrens und Hett nähert sich das Hummelwachs dem ostindischen, nach Berg dem gewöhnlichen Bienenwachs.

Ahrens und Hett[2] geben für Hummelwachs die Daten:

Spez. Gew.	Säurezahl	Verseifungszahl	Verhältniszahl	Kohlenwasserstoffe
0·973	7·8	48·3	5·2	25·1

[1] Beiträge zur Lebensweise der solitären und sozialen Bienen, von Dr. H. v. Buttel-Reepen, Leipzig 1903.

[2] Zeitschr. f. angew. Chem. 1900. 13. 153.

Berg gibt folgende Werte an:

	Säure-zahl	Äther-zahl	Versei-fungs-zahl	Ver-hältnis-zahl	Buch-ner-Zahl	Jodzahl	Refrakto-meter-zahl	Schmelz-punkt ⁰ C.
Maximum	19·39	76·65	95·9	3·95—4·0	9·18	16·1	51·6	63
Mittel	19—19·2	76—76·5	95—95·5	3·93	5—7	15·8—15·9	50—51	62
Minimum	18·41	73·71	92·12	3·91	4·92	15·76	49·5	62

(Row label: 19 Proben)

S. auch E. E. Sundwik, ,,Das Wachs der Hummeln'', Chem. Zeitg. Rep. 1898. 22. 321.

Meliponinen- und Trigonenwachs.

Nach Müller (s. v. Buttel-Reepen S. 112) schwitzen unsere stachellosen Honigbienen Wachs aus. Es sind die Verhältnisse hier ähnlich wie beim Hummel-wachs. Nach Hooper gibt das Wachs von Trigona (3 Proben) folgende Zahlen:

	Schmelz-punkt	Säurezahl	Verseifungs-zahl	Jodzahl
Maximum	76 ⁰ C.	22·9	110·4	49·6
Mittel	66 ,,	16·1	73·7	30·2
Minimum	70·5 ,,	20·8	92·05	42·2

Dazu gehört auch nach Hooper das sog. Dammar- oder Kotawachs, das von den kleinen, stachellosen Dammar- oder Kotabienen, welche zur Gattung Melipona oder Trigona gehören, geliefert wird. Dieses Wachs ist zäh und dunkel gefärbt und gibt nach Hooper folgende Zahlen:

Schmelzpunkt	Säurezahl	Ätherzahl	Jodzahl
70·5⁰ C.	20·8	89·6	42·2

4. Cicadenwachs.

Das von den Cicaden produzierte Wachs liefert nach Ahrens und Hett folgende Zahlen:

	Spez. Gew.	Säurezahl	Verseifungszahl	Verhältniszahl	Kohlenwasserstoffe
I	0·965	7·8	95·9	11·29	10·6
II	0·965	7·3	97·95	12·41	8·2

Bezüglich des wenig bekannten Wachses der Ceroplastes ceriferus und Ceroplastes rubeus gibt Lewkowitsch folgende Daten an:

	Spez. Gew. bei	Schmelzpunkt
Ceroplastes ceriferus, ausgepreßt . .	15⁰ C. 1·04	60⁰ C.
,,　　　,,　　 extrahiert . . .	—	55 ,,
Ceroplastes rubeus, ausgepreßt . . .	23⁰ C. 1·03	60 ,,
,,　　　,,　　 extrahiert	—	55 ,,

Das Wachs der Bacillariaceen (Diatomeen), die man in fast allen stehenden oder langsam fließenden Gewässern, so im Bodenschlamm der meisten Seen und Flußmündungen, in allen Meeren, in den Torfmooren usw. in großen Mengen antrifft, enthält nach den Untersuchungen von G. Krämer und A. Spilker[1] mehr esterartige Verbindungen, welche den Pflanzenwachsen nahe-stehen, deren organische Säuren aber, ähnlich der Abiëtinsäure, außer Kohlen-oxyd und Kohlensäure noch Wasser abzuspalten vermögen; sicher festgelegt aber ist der leichte Übergang des Diatomeenwachses und aller damit verwandten Arten von Pflanzenwachs und Erdwachs in Petroleumkohlenwasserstoffe.

---

[1] Ber. d. deutsch. chem. Ges. 1899. 32. 2940.

Insektenwachse.

Name und Abstammung des Wachses	Zahl der Proben	Spezifisches Gewicht bei 15° C.	Schmelzpunkt °C., event. Erstarrungspunkt °C.	Refraktometerzahl bei 40° C.	Säurezahl	Ätherzahl
A. Bienenwachs.						
I. Gewöhnl. Bienenwachs.						
a) Rohwachs.						
Europa:						
Deutschland	—	0·960—0·961	63·5	—	19·22	72—77
„ . . . . . Max.	1427	—	65·0	45·0	21·77	79·17
„ . . . . . Mittel	1427	—	63·5—64·5	44·3—44·7	19·2—20·4	72·0—77·0
„ . . . . . Min.		—	63·0	43·9	18·27	69·64
Bayern	—	0·964	—	—	18·67	71·53
					18·37	75·98
					18·50	75·81
Hannover	—	0·966	—	—	19·08	72·12
Hessen	—	0·964	—	—	19·15	72·74
Holstein	—	0·965	—	—	20·40	73·45
„ . . . . . . Max.	14	—	—	—	20·44	71·91
„ . . . . . . Min.	14	—	—	—	18·29	73·00
Frankreich:						
Bretagne	—	—	—	—	20·12	75·35
„	—	—	—	—	20·59	72·21
Gatinois	—	—	—	—	20·50	73·10
Nord	—	—	—	—	19·02	72·18
„	—	—	—	—	19·56	74·74
Normandie	—	—	—	—	20·01	74·60
Sonne	—	—	—	—	19·48	72·22
Italien . . . . Max.	77	—	65·0	45·6	23·64	81·16
„ . . . . Mittel	77	—	64·5	44·5—44·9	21·0—21·5	75·0—77·5
„ . . . . Min.		—	64·0	44·0	20·16	72·80
Corsica	1	—	66·5	44·1	19·74	78·05
Montenegro	—	0·960	64·0	—	20·2	72·7
Portugal	—	0·966	E.-P.	—	18·37	73·47
Carregal do Sal (Minho) . .	—	0·8146 b. 100°	64·2 62·2	—	18·13	77·78
	—	—	64·4 62·8	—	18·09	70·49
	—	0·8146 „	65·0 63·0	—	18·13	72·85
	—	0·8216 „	64·4 62·0	—	20·85	73·61
	—	0·8149 „	65·5 63·2	—	17·82	72·45
Caracedas de Anciao (Douro)	—	0·8130 „	64·2 62·7	—	17·21	72·08
Carvalha (Douro)	—	0·8145 „	65·0 62·75	—	17·78	72·44
Anadia (Coimbra)	—	0·8173 „	65·0 63·4	—	18·01	75·78
Ermexinde (Minho)	—	0·8153 „	64·0 61·0	—	19·63	70·95
Fundao (Beira Beisea) . . .	—	0·8156 „	65·0 63·3	—	19·25	73·53
Lordello (Douro)	—	0·8159 „	64·0 62·4	—	19·34	72·70
		0·8151 „	64·0 62·1	—	19·01	72·76
Porto	—	0·8135 „	64·5 62·9	—	16·71	71·91
Serpa (Alemeeja)	—	0·8191 „	65·0 63·2	—	17·59	74·22
Villa Franca de Hira . . .	—	0·8168 „	64·2 62·9	—	20·53	74·73
Urzellina de S. Jorge (Azoren)	—	0·8126 „	64·2 63·0	—	18·21	70·84

(Tabelle II.)

Verseifungszahl	Verhältniszahl	Buchnerzahl	Jodzahl	Kohlenwasserstoffe	Schmelzpunkt der abgeschied. und umkrist. Cerotinsäure	Acetylzahl	Ätherextrakt nach Werder = Summe der unverseifbaren Stoffe	Analytiker
93—97	3·7—3·8	—	—	—	—	—	—	Dietze
101·36	4·16	3·92	8·47	—	—	—	—	} Berg
92·0—97·0	3·6—3·8	2·6—3·3	7·5—8·0	—	—	—	—	
91·00	2·89	2·02	7·00	—	—	—	—	
90·30	3·84	—	—	15·2	—	—	—	Ahrens u. Hett
94·35	4·15	—	—	13·44	—	—	—	} Buchner
94·31	4·10	—	—	—	—	—	—	
91·20	3·78	—	—	15·2	—	—	50·00°/₀	} Ahrens u. Hett
91·89	3·80	4·70	—	17·3	—	—	—	
93·85	3·65	4·34	—	15·3	—	—	—	
92·35	3·50	—	—	—	—	—	—	} Buchner
91·29	3·99	—	—	—	—	—	—	
95·47	3·7	—	—	—	—	—	—	
92·8	3·5	—	10·2	13·78	—	—	—	
93·6	3·56	—	11·1	12·72	—	—	—	
91·2	3·79	—	8·28	—	—	—	—	} Buisine
94·3	3·82	—	—	12·98	—	—	—	
94·7	3·72	—	—	13·68	—	—	—	
91·7	3·70	—	9·97	13·39	—	—	—	
102·6	3·91	6·27	13·8	—	—	—	49·40°/₀	
98·0—99·0	3·5—3·8	5·0—6·0	10·75—12·75	—	—	—	—	} Berg
94·15	3·20	4·59	10·37	—	—	—	—	
97·79	3·95	5·16	10·82	—	—	—	—	
92·7	3·6	—	—	—	—	—	—	Dietze
91·84	4·00	4·48	—	15·0	—	—	—	Ahrens u. Hett
95·91	4·29	1·8	6·7	—	—	—	—	
88·58	3·89	—	—	—	—	—	—	
90·98	4·02	1·1	9·5	—	—	—	—	
94·46	3·53	5·0	6·9	—	—	—	—	
90·27	4·07	2·6	8·9	—	—	—	—	
89·29	4·19	1·9	8·8	—	—	—	—	
90·17	4·08	2·1	8·3	—	—	—	—	
93·79	4·21	—	8·1	—	—	—	—	} Mastbaum
90·58	3·61	3·4	14·0	—	—	—	—	
92·78	3·82	1·2	7·7	—	—	—	—	
92·04	3·76	1·6	12·7	—	—	—	—	
91·77	3·82	1·5	8·9	—	—	—	—	
88·62	4·30	1·5	13·4	—	—	—	—	
92·81	4·22	2·6	11·0	—	—	—	—	
95·26	3·64	3·7	11·4	—	—	—	—	
89·05	3·89	2·7	12·1	—	—	—	—	

Name und Abstammung des Wachses	Zahl der Proben	Spezifisches Gewicht bei 15° C.	Schmelzpunkt ° C., event. Erstarrungspunkt ° C.	Refraktometerzahl bei 40° C.	Säurezahl	Ätherzahl
Spanien . . . . Max.	} 5 {	—	66·5	44·6	19·67	79·38
„ . . . . Min.		—	66·5	44·3	19·32	76·65
„	—	—	—	—	21·2	70·3
Palenzia	1	—	64·0	44·2	19·40	75·60
Türkei	—	0·965	—	—	19·60	72·58
Rußland	—	—	—	—	17·23	75·98
„	—	—	—	—	17·76	74·60
„ . . . . Max.	} 19 {	0·9640	63·7	—	23·4	79·1
„ . . . . Min.		0·9410	60·5	—	17·5	65·9
„ . . . . Mittel		0·9589	62·5	—	21·5	73·3
Schweden	1	—	63·5	43·9	20·09	76·72
Polen (Galizien) . . . Max.	} 19 {	—	63·5	44·0	19·67	81·20
„ „ . . . Mittel		—	63·5	43·2—43·7	19·2—19·5	76·5—78·0
„ „ . . . Min.		—	63·0	43·2	19·11	76·44
Afrika:						
Abessinien . . . . . . Max.	} 5 {	—	64·5	44·7	21·0	80·78
„ . . . . . . Min.		—	63·5	44·5	19·94	76·40
„ . . . . . roh	—	0·958	65·0	—	20·8	72·7
„ . . umgeschmolz.	—	0·958	64·2	—	18·9	75·7
Ägypten	1	—	63·4	44·0	19·49	77·62
Algier	—	—	—	—	19·0	70·3
„	—	—	—	—	18·96	75·456
„	—	—	—	—	19·25	75·93
„ . . . . Max.	} 28 {	—	64·5	45·2	21·14	79·24
„ . . . . Mittel		—	63·5	44·6—44·8	20·0—20·5	78·5—79·0
„ . . . . Min.		—	63·0	44·4	19·74	78·05
Benguela	—	—	—	—	20·59	74·45
„	—	0·961	63·0	—	19·3	73·8
„ . . . . . Max.	} 4 {	—	64·0	45·9	20·58	77·07
„ . . . . . Min.		—	63·5	45·2	20·31	76·93
Bissao	—	0·959	63·5	—	20·9	74·5
„ Wadda . . . . Max.	} 2 {	—	65·5	44·8	21·14	78·89
„ „ . . . . Min.		—	65·0	44·6	20·93	78·75
Casablanca . . . . . . Max.	} 5 {	—	63·5	44·6	21·14	81·06
„ . . . . . . Min.		—	63·0	44·4	19·88	79·17
„	—	0·959	E.-P. 63·5 63·5 Dr. John	—	18·6	76·2
Madagaskar	—	0·960	E.-P. 64·0 64·0 Dr. John	—	21·1	76·9
„	—	0·970	—	—	20·3	76·5
„ . . . . . Max.	} 18 {	—	65·5	45·2	19·95	84·94
„ . . . . . Mittel		—	64·5—65·0	44·7—45·0	18·5—19·5	78·0—81·0
„ . . . . . Min.		—	64·0	44·5	17·50	76·02
„		—	—	—	19·08	74·18

Verseifungs-zahl	Verhältnis-zahl	Buchnerzahl	Jodzahl	Kohlen-wasser-stoffe	Schmelzpunkt der abgeschied. und umkrist. Cerotinsäure	Acetyl-zahl	Ätherextrakt nach Werder = Summe der unver-seifbaren Stoffe	Analytiker
98·70	4·11	3·70	10·98	—	—	—	—	} Berg
96·04	3·94	3·25	10·76	—	—	—	—	
91·5	3·30	—	—	—	—	—	—	Buchner
95·00	3·80	4·26	12·05	—	—	—	—	Berg
92·18	3·78	3·36	15·0	—	—	—	50·24 %	Ahrens u. Hett
93·21	4·41	—	—	—	—	—	—	} Buchner
92·36	4·20	—	—	—	—	—	—	
100·5	4·19	3·2	—	—	—	—	—	} A. P. Lidow
88·1	2·81	1·6	—	—	—	—	—	
93·5	3·71	2·2	—	—	—	—	—	
96·81	3·82	3·02	9·35	—	—	—	50·23 %	Berg
100·73	4·15	6·72	7·13	—	—	—	—	} Berg
96·0—97·5	3·9—4·0	5·2—5·6	6·5—6·9	—	—	—	—	
95·90	3·61	4·82	5·78	—	—	—	—	
101·50	4·3	5·04	12·66	—	—	—	—	} Berg
96·39	3·83	4·14	10·41	—	—	—	—	
93·5	3·5	—	—	—	—	—	—	} Dietze
94·6	4·0	—	—	—	—	—	—	
97·11	3·98	2·80	7·98	—	—	—	51·89 %	Berg
89·3	3·7	—	—	—	—	—	—	} Buchner
94·416	3·98	—	—	—	—	—	—	
95·18	3·9	—	—	—	—	—	—	
100·01	4·1	4·92	11·19	—	—	—	—	} Berg
98·5—99·5	3·8—3·9	4·5—4·6	9·0—10·5	—	—	—	—	
98·35	3·70	2·68	8·14	—	—	—	—	
98·04	3·76	—	—	—	—	—	—	Buchner
93·1	3·8	—	—	—	—	—	—	Dietze
97·51	3·80	4·82	11·31	—	—	—	—	} Berg
97·02	3·74	4·79	10·76	—	—	—	—	
95·4	3·6	—	—	—	—	—	—	Dietze
99·89	3·77	4·48	11·32	—	—	—	—	
99·82	3·72	4·26	10·68	—	—	—	—	} Berg
100·94	4·08	5·15	13·01	—	—	—	—	
99·7	3·75	4·93	9·56	—	—	—	—	
94·8	4·1	—	—	—	—	—	—	Dietze
98·0	3·65	—	—	—	—	—	—	Dietze
96·8	3·77	5·91	12·8	—	—	—	—	Ahrens u. Hett
103·84	4·49	4·81	10·25	—	—	—	—	} Berg
97·0—101·0	4·0—4·3	4·0—4·5	9·0—10·0	—	—	—	—	
95·20	3·81	3·58	8·62	—	—	—	—	
93·26	3·8	—	—	—	—	—	—	Buchner

Name und Abstammung des Wachses	Zahl der Proben	Spezifisches Gewicht bei 15° C.	Schmelzpunkt ° C., event. Erstarrungspunkt ° C.	Refraktometerzahl bei 40° C.	Säurezahl	Ätherzahl
Marokko . . . . Max.	} 212 {	—	65·0	45·7	21·56	84·91
„ . . . . Mittel		—	63·5	44·7—45·2	19·8—21·3	75·5—78·5
„ . . . . Min.		—	63·0	44·4	18·75	73·16
„	—	0·968	—	—	20·94	77·95
„	—	—	—	—	19·06	74·78
„	—	—	—	—	18·70	74·30
Mazagan I	—	0·962	64·0	—	21·7	81·0
„ II	—	0·962	64·0	—	22·0	80·5
Mogador I	—	0·961	E.-P. 64—65 61	—	19·92	79·39
„ II	—	—	—	—	19·92	79·47
„ . . . . . Mittel	—	—	—	—	19·92	79·43
„	—	—	—	—	18·48	78·74
„ . . . . . . Max.	} 184 {	—	E.-P. 64·0 51·0	45·2	22·47	84·84
„ . . . . Mittel		—	Dr.John 63·5	44·4—45·0	19·6—21·5	76·5—78·5
„ . . . . . . Min.		—	62·5	44·2	19·32	73·26
Mombossa	—	—	—	—	19·25	75·18
Mozambique	—	0·958	63·0	—	20·0	74·0
„	1	—	64·5	44·7	20·23	81·86
„	—	0·967	—	—	18·80	76·10
Ostafrika-Deutsch	—	0·965	62·0	—	20·0	73·3
„ „	2	0·9645	E.-P. 62·5 62·0	—	17·48	72·32
„ „	—	0·9489	62·5 61·5	—	18·20	66·16
„ „ . . . Max.	} 4 {	—	64·5	44·9	21·56	80·85
„ „ . . . Min.		—	63·0	44·3	19·39	76·48
Sierra Leone	1	—	64·0	44·5	21·28	80·08
Tanger	—	—	—	—	19·43	76·20
„ I	—	—	—	—	20·6	78·8
„ II	—	—	—	—	20·6	79·7
Tunis	—	0·965—0·9765	61—64	—	17·4—20·5	69·7—81·2
„	—	0·961	64·0	—	20·2	74·9
„	—	—	—	—	19·43	72·92
„	—	—	—	—	19·43	76·22
„	—	—	—	—	19·633	75·50
„	1	—	—	—	18·90	72·38
Westafrika-Deutsch	1	—	65·0	44·4	20·09	76·23
Südafrika:						
Angola	—	0·960	63·5	—	19·6	73·3
Sansibar	—	0·959	63·0	—	19·9	75·0
„	—	—	—	—	18·6	74·75
„	—	—	—	—	18·21	74·36
„	—	—	—	—	17·45	73·79
„	—	—	—	—	19·2	79·2

Verseifungszahl	Verhältniszahl	Buchnerzahl	Jodzahl	Kohlenwasserstoffe	Schmelzpunkt der abgeschied. und umkrist. Cerotinsäure	Acetylzahl	Ätherextrakt nach Werder = Summe der unverseifbaren Stoffe	Analytiker
106·47	4·14	7·39	13·25	—	—	—	52·09 %	} Berg
95·5—98·0	3·75—3·95	5·3—6·1	10·5—12·7	—	—	—	—	
92·54	3·41	3·81	8·61	—	—	—	—	
98·89	3·72	3·80	—	13·2	—	—	—	Ahrens u. Hett
93·84	3·92	—	—	—	—	—	—	} Buchner
93·0	4·0	—	—	—	—	—	—	
102·8	3·8	—	—	—	—	—	—	} Dietze
102·5	3·7	—	—	—	—	—	—	
99·31	3·98	—	11·65	—	—	—	—	
99·39	3·99	—	—	—	—	—	—	} Buchner
99·35	3·98	—	—	—	—	—	—	
96·72	4·2	—	—	—	—	—	—	
104·51	4·30	5·49	12·69	—	—	—	—	
96·5—98·0	3·8—4·0	5·25—4·5	10·5—12·0	—	—	—	—	} Berg
92·96	3·56	3·70	8·97	—	—	—	—	
94·43	3·9	—	—	—	—	—	—	Buchner
94·0	3·7	—	—	—	—	—	—	Dietze
101·99	4·4	3·58	11·32	—	—	—	—	Berg
94·90	4·5	3·80	—	14·1	—	—	—	Ahrens u. Hett
93·3	3·9	—	—	—	—	—	—	Dietze
89·80	4·1	—	7·50	—	78—79	—	—	} Fendler
84·36	3·6	—	6·10	·—	78—79	—	—	
102·41	4·16	5·82	9·99	—	—	—	—	
100·10	3·75	4·03	8·38	—	—	—	—	} Berg
101·36	3·76	3·02	8·50	—	—	—	—	
95·63	3·9	—	—	—	—	—	—	Buchner
99·4	3·8	—	—	—	—	—	—	} Dietze
100·3	3·9	—	—	—	—	—	—	
90·0—98·4	3·93—4·50	—	6·7—17·12	—	—	—	krit. Lösungstemperatur 87—89·5°	Bertainchaud u. Mareille
95·3	3·7	—	—	—	—	—	—	Dietze
92·35	3·7	—	—	—	—	—	—	
95·65	3·9	—	—	—	—	—	—	} Buchner
95·142	3·85	—	—	—	—	—	—	
91·28	3·83	3·59	9·72	—	—	—	—	Berg
96·32	3·79	4·36	10·25	—	—	—	—	Berg
92·9	3·7	—	—	—	—	—	—	} Dietze
94·9	3·8	—	—	—	—	—	50·71 %	
93·35	4·0	—	—	—	—	—	—	
92·57	4·08	—	—	—	—	—	—	} Buchner
95·24	4·27	—	—	—	—	—	—	
99·0	4·02	—	—	—	—	—	—	

Name und Abstammung des Wachses		Zahl der Proben	Spezifisches Gewicht bei 15° C.	Schmelzpunkt ° C., event. Erstarrungspunkt ° C.	Refraktometerzahl bei 40° C.	Säurezahl	Ätherzahl
Amerika:							
Argentinien	Max.	} 4 {	—	64·0	44·1	19·89	78·02
„	Min.		—	64·0	43·9	19·39	76·86
Brasilien		—	—	—	—	17·6	74·3
„		—	—	—	—	19·1	72·8
„	Max.	} 47 {	—	66·5	44·0	19·67	78·89
„	Mittel		—	65·5	43·5	18·9—19·2	76·5—77·5
„	Min.		—	64·5	43·5	18·76	74·20
„	I	—	0·962	63·5	—	19·6	69·9
„	II	—	0·963	63·5	—	18·3	72·2
Californien	Max.	} 5 {	—	65·5	44·1	19·11	76·72
„	Min.		—	65·0	44·0	18·90	75·25
Chile		—	0·960	65·0	—	19·7	71·7
„		—	0·965	—	—	18·81	71·29
„		—	—	—	—	20·68	70·91
„	Max.	} — {	—	64·5	44·1	21·35	78·89
„	Mittel		—	64·5	43·6	19·5—20·0	73·5—76·0
„	Min.		—	6·40	43·4	19·29	72·59
Cuba		—	0·961	E.-P. 64·0 60·0	—	20·2	75·0
„	Max.	} 3 {	—	65·0	44·6	19·4	80·85
„	Min.		—	64·0	44·0	18·2	75·04
St. Domingo . . . hell		—	0·962	63·5	—	19·8	73·7
„ . . . dunkel		—	0·960	63·5	—	20·3	74·1
„ Handelsmuster		—	0·960	63·5	—	20·0	73·8
„	Max.	} 5 {	—	65·0	45·1	21·63	77·42
„	Min.		—	65·0	44·6	19·81	74·69
„		—	0·967	—	—	20·11	73·34
Haïti	Max.	} 4 {	—	E.-P. 65·5 63·0 Dr. John	43·9	20·16	77·42
„	Min.		—	64·5	43·9	20·09	73·29
„		—	—	—	—	20·10	73·60
Valdivia	Max.	} 5 {	—	65·0	43·4	20·30	77·28
„	Min.		—	64·5	42·9	19·59	75·81
Nord-Carolina		—	—	—	—	20·10	75·20
Süd-Carolina		—	—	—	—	20·20	75·60
Asien:							
Belladi	Max.	} 24 {	—	64·5	44·3	21·07	79·80
„	Mittel		—	64·5	44·2	20·50	76·0—78·0
„	Min.		—	64·0	43·9	20·01	73·50
Palästina	Max.	} 3 {	—	65·5	44·3	21·70	81·99
„	Min.		—	65·0	43·9	21·56	81·13
Jaffa		—	—	—	—	18·77	71·27
Kaiffa	Max.	} 2 {	—	65·5	44·6	20·28	79·10
„	Min.		—	65·0	44·4	20·16	78·82
Persien		—	—	—	—	20·3	72·8
Smyrna		1	—	64·5	44·3	21·28	76·30

Verseifungszahl	Verhältniszahl	Buchnerzahl	Jodzahl	Kohlenwasserstoffe	Schmelzpunkt der abgeschied. und umkrist. Cerotinsäure	Acetylzahl	Ätherextrakt nach Werder = Summe der unverseifbaren Stoffe	Analytiker
97·62	3·96	3·28	9·60	—	—	—	—	} Berg
96·40	3·85	3·14	9·42	—	—	—	—	
91·9	4·2	—	—	—	—	—	51·85%	} Buchner
91·9	3·8	—	—	—	—	—	—	
97·79	4·17	2·80	9·60	—	—	—	—	} Berg
96·0—96·5	4·0—4·1	2·5—2·6	9·0—9·5	—	—	—	—	
93·31	3·79	2·46	7·81	—	—	—	—	
89·5	3·6	—	—	—	—	—	—	} Dietze
90·5	3·9	—	—	—	—	—	—	
95·31	3·99	3·58	10·76	—	—	—	—	} Berg
94·15	3·98	3·42	9·60	—	—	—	—	
91·4	3·6	—	—	—	—	—	—	Dietze
90·10	3·29	2·00	—	15·1	—	—	—	Ahrens u. Hett
91·57	3·4	—	—	—	—	—	—	Buchner
97·02	3·99	3·46	7·25	—	—	—	—	} Berg
94·5—96·0	3·7—3·8	2·9—3·0	7·0	—	—	—	—	
92·33	3·55	2·46	6·78	—	—	—	—	
95·2	3·7	—	—	—	—	—	—	Dietze
99·89	4·24	3·14	10·98	—	—	—	—	} Berg
93·24	4·12	2·12	9·46	—	—	—	—	
93·5	3·7	—	—	—	—	—	49·80%	} Dietze
94·4	3·65	—	—	—	—	—	—	
93·8	3·7	—	—	—	—	—	—	
97·79	3·91	4·59	10·82	—	—	—	—	} Berg
94·64	3·52	2·68	9·84	—	—	—	—	
93·45	3·65	2·69	—	14·25	—	—	—	Ahrens u. Hett
97·51	3·85	3·02	9·19	—	—	—	—	} Berg
93·45	3·02	2·13	8·46	—	—	—	—	
93·70	3·7	—	—	—	—	—	—	Buchner
96·67	3·98	2·34	9·11	—	—	—	—	} Berg
95·11	3·87	2·12	8·37	—	—	—	—	
95·30	3·74	2·5	—	—	—	—	—	} Buchner
95·80	3·77	2·6	—	—	—	—	—	
100·52	3·85	3·42	9·82	—	—	—	49·50%	} Berg
95·5—98·5	3·6—3·7	3·20—3·30	8·7—9·5	—	—	—	—	
93·8	3·56	3·0	8·51	—	—	—	—	
103·69	3·77	3·81	9·65	—	—	—	—	} Berg
102·69	3·74	3·36	9·27	—	—	—	—	
90·04	3·8	—	—	—	—	—	—	Buchner
99·26	3·92	3·36	7·98	—	—	—	—	} Berg
99·10	3·89	3·14	7·39	—	—	—	—	
93·1	3·6	—	—	—	—	—	—	Buchner
97·58	3·58	3·58	10·84	—	—	—	—	Berg

Name und Abstammung des Wachses	Zahl der Proben	Spezifisches Gewicht bei 15 ° C.	Schmelzpunkt ° C., event. Erstarrungspunkt ° C.	Refraktometerzahl bei 40 ° C.	Säurezahl	Ätherzah
Australien: Max.	} 4 {	—	64·5	44·3	19·25	77·70
Min.		—	64·0	43·9	18·76	75·08
b) Preßwachs.						
	—	—	—	—	21·24	59·82
c) Extraktionswachs.						
	—	—	—	—	20·72	71·23
	—	—	—	—	23·6	70·6
	—	—	—	—	23·3	65·4
	—	—	—	—	20·87	59·71
	—	—	—	—	28·35	73·18
			E.-P.			
	—	0·971	69 48—50	—	25·8	75·8
	—	0·984	71·2	—	22·1	69·4
	—	0·970	71·5	—	21·9	70·9
	—	0·972	71—72	—	24·7	75·5
	—	0·975	72·5	—	24·3	77·5
	—	0·953	62·5	—	23·3	68·7
	—	0·954	62·5	—	25·8	68·7
	—	0·957	61·3	—	27·1	66·7
	—	0·941	59—60	—	15	49·2
	—	0·952	64	—	16·5	50·2
	—	0·949	60	—	25·7	67·2
d) Gebleichtes Wachs.						
Naturbleiche.						
	—	—	—	—	19·91	75
	—	—	—	—	19·8	74·2
	—	—	—	—	19·9	—
Mittel	—	—	—	—	19·87	74·9ξ
Echtes gelbes Wachs	—	—	63—64	—	19—21	72—7
Luftbleiche, Zusatz 3—5 % Talg	—	—	63·5—64	—	21—23	84—9
Echtes gelbes Wachs	—	—	63·5	—	20·17	73·3ξ
Luftbleiche, Zus. 5 % Terpentinöl	—	—	63·5	—	20·2	80·2
Wasserstoffsuperoxyd	—	—	63·5	—	16·87	78·5ξ
Echtes gelbes Wachs	—	—	·63	—·	20·40	74·7(
Durch Tierkohle entfärbt . . .	—	—	63	—	19·71	73·4ξ
Chemische Bleiche.						
Durch Permanganat gebleicht .	—	—	63·7	—	22·63	80·6'
„ „ „ .	—	—	63·5	—	21·96	77·2·
„ Bichromat gebleicht . .	—	—	63·2	—	21·86	77·0·
„ „ „ .	—	—	64	—	23·43	84·2'
Chemische Bleiche I	—	—	—	—	21·97	76·4
	—	—	—	—	22·0	·75·9
	—	—	—	—	22·1	
Mittel	—	—	—	—	22·02	76·1·
II	—	—	—	—	24·2	74·8
	—	—	—	—	23·8	74·5
	—	—	—	—	23·9	74·5
	—	—	—	—	24·1	—
	—	—	—	—	24·0	74·5
Bienenwachs, weiß	—	—	—	—	22·4	76·1
Chemische Bleiche	—	—	—	—	24·0	71·0

Verseifungs-zahl	Verhältnis-zahl	Buchnerzahl	Jodzahl	Kohlen-wasser-stoffe	Schmelzpunkt der abgeschied. und umkrist. Cerotinsäure	Acetyl-zahl	Ätherextrakt nach Werder = Summe der unver-seifbaren Stoffe	Analytiker
96·95	4·04	2·24	9·71	—	—	—	—	} Berg
94·64	4·0	2·02	9·23	—	—	—	—	
81·06	2·8	—	—	—	—	—	—	Buchner
91·95	3·44	—	—	—	—	—	—	} Buchner
94·2	3·0	—	—	—	—	—	—	
88·7	2·8	—	—	—	—	—	—	
80·58	2·9	—	—	—	—	—	—	
101·53	2·6	—	—	—	—	—	—	
101·6	2·94	13·2	—	—	—	—	—	} Hirschel
91·5	3·14	10·1	—	—	—	—	—	
92·8	3·24	10·2	—	—	—	—	—	
100·2	3·06	11·1	—	—	—	—	—	
101·8	3·19	11·2	—	—	—	—	—	
92·0	2·95	11·9	31·1	—	—	—	—	
94·5	2·66	12·9	37·3	—	—	—	—	
93·8	2·46	13·2	39·6	—	—	—	—	
64·2	—	—	—	—	—	—	—	
66·7	—	—	—	—	—	—	—	
92·9	—	—	—	—	—	—	—	
94·91	3·2	—	—	—	—	—	—	} Buchner
94·0	3·7	—	—	—	—	—	—	
—	—	—	—	—	—	—	—	
94·82	3·77	—	—	—	—	—	—	
91—95	3·78—3·52	—	10—11	13—14	—	—	—	} Buisine
105—115	4·0—4·0	—	6—7	11—12	—	—	—	
93·5	3·63	—	10·9	13·5	—	—	—	
106·4	3·97	—	6·8	12·4	—	—	—	
98·4	3·90	—	6·3	12·5	—	—	—	
95·1	3·66	—	11·2	14·3	—	—	—	
93·2	3·72	—	11·4	13·3	—	—	—	
103·3	3·56	—	2·6	—	—	—	—	} Buisine
99·2	3·51	—	5·8	13·3	—	—	—	
98·9	3·52	—	7·9	13·2	—	—	—	
107·7	3·59	—	1·1	11·8	—	—	—	
98·37	3·4	—	—	—	—	—	—	
97·90	3·4	—	—	—	—	—	—	
—	—	—	—	—	—	—	—	} Buchner
98·17	3·45	—	—	—	—	—	—	
99·0	3·0	—	—	—	—	—	—	
98·3	3·1	—	—	—	—	—	—	
98·4	3·1	—	—	—	—	—	—	
—	—	—	—	—	—	—	—	
98·56	3·10	—	—	—	—	—	—	Henriques
98·5	3·41	—	—	—	—	—	—	Allen
95·0	2·96	—	—	—	—	—	—	

Name und Abstammung des Wachses	Zahl der Proben	Spezifisches Gewicht bei 15° C.	Schmelzpunkt °C., event. Erstarrungspunkt °C.	Refraktometerzahl bei 40° C.	Säurezahl	Ätherza[hl]
II. Indisches Wachs. Rohwachs.						
a) Gheddawachs.	—	0·9668	63—65	—	7·03	89·7…
	—	—	—	—	9·23	90·2…
	—	—	—	—	8·40	89·6…
	—	—	E.-P. 59·5	—	7·40	89·8…
	—	—	—	—	7·80	85·5…
	—	—	—	—	10·50	88·7…
	—	—	—	—	7·00	88·3…
	—	—	—	—	6·01	86·8…
	—	—	—	—	6·83	86·8
	—	—	—	—	6·42	81·9
	—	—	—	—	6·54	75·2
	—	—	—	—	7·26	83·1
	—	—	—	—	9·03	89·9
	—	—	—	—	6·79	87·6
	—	—	—	—	6·13	85·6
	—	—	—	—	10·57	88·3
	—	—	—	—	6·89	88·9
	—	—	—	—	7·66	85·0
	—	—	—	—	6·89	90·8
	—	—	—	—	6·89	89·2
	—	—	—	—	9·06	92·8
	—	—	—	—	9·18	100·8
	—	—	—	—	7·44	103·0
	—	—	—	—	8·40	92·2
	—	—	—	—	10·62	90·3
	—	—	—	—	9·90	92·6
	—	—	—	—	12·20	90·5
Max.		—	63·5	44·8	8·96	99·4
Mittel	} 418 {	—	63·5	44·3—44·7	7·0—7·5	89·0—…
Min.		—	63·0	44·1	6·30	86·2
b) Tonkin (Cochinchina). Max.		—	63·5	45·1	8·41	89·8
Mittel	} 281 {	—	63·5	44·9—45·0	7·5—7·7	86·5—
Min.		—	63·0	44·7	7·21	85·7
c) Unter dem Namen „Chinesisches Wachs“ im Handel befindlich, dem indischen Wachse sich nähernd.	—	—	65·0	—	6·10	77·2
	—	—	66·0	—	6·01	76·1
	—	—	66·0	—	7·55	86·1
	—	—	—	—	6·28	83·8
	—	—	—	—	6·40	90·2
	—	—	62—63	—	5·33	90·2
	—	—	—	—	7·51	84·0
	—	—	—	—	8·72	111·4
	—	—	—	—	9·74	107·0
Max.	} 4 {	—	66·5	45·5	9·52	96·8
Min.		—	66·0	45·4	9·03	94·4
d) Rangon	—	—	—	—	6·01	77·0
e) Anam	—	0·964	61·0	—	7·8	86·0
B. Wachs anderer Insekten.						
Hummelwachs . . . . Max.		—	63·0	51·6	19·39	76·
„ . . . . Mittel	} 19 {	—	62·0	50·0—51·0	19·0—19·2	76·0—
„ . . . . Min.		—	62·0	49·5	18·4	73·
„	—	0·973	—	—	7·8	40·
Cicadenwachs I	—	0·965	—	—	7·8	88·
„ II	—	0·965	—	—	7·3	90·

Verseifungs-zahl	Verhältnis-zahl	Buchnerzahl	Jodzahl	Kohlen-wasser-stoffe	Schmelzpunkt der abgeschied. und umkrist. Cerotinsäure	Acetyl-zahl	Ätherextrakt nach Werder = Summe der unver-seifbaren Stoffe	Analytiker
96·77	12·8	1·5	10	8·6	—	—	—	
99·44	10·0	—	—	—	—	—	—	
98·00	10·6	—	—	—	—	—	—	
97·20	12·0	—	—	—	—	—	—	
93·30	11·0	—	—	—	—	—	—	
99·20	8·3	—	—	—	—	—	—	
95·40	12·0	—	—	—	—	—	—	
92·80	14·4	—	—	—	—	—	—	
93·70	12·7	—	—	—	—	—	—	
88·35	12·8	—	—	—	—	—	—	
81·77	11·5	—	—	—	—	—	—	
90·37	11·4	—	—	—	—	—	—	
98·95	10·0	—	—	—	—	—	—	
94·39	13·0	—	—	—	—	—	—	Buchner
91·70	14·0	—	—	—	—	—	—	
98·91	8·3	—	—	—	—	—	—	
96·84	13·0	—	—	—	—	—	—	
92·71	11·1	—	—	—	—	—	—	
97·69	13·1	—	—	—	—	—	—	
96·16	12·9	—	—	—	—	—	—	
101·90	10·2	—	—	—	—	—	—	
109·04	12·3	—	—	—	—	—	—	
110·53	14·0	—	—	—	—	—	—	
100·60	11·0	—	—	—	—	—	—	
100·92	8·5	—	—	—	—	—	—	
102·50	9·3	—	—	—	—	—	—	
102·70	7·4	—	—	—	—	—	—	
106·10	14·95	3·0	9·29	—	—	—	—	
96·0—101·5	12·5—13·5	2·25—2·75	8·5—8·7	—	—	—	—	Berg
93·59	10·00	2·02	7·16	—	—	—	—	
97·02	12·33	3·58	9·07	—	—	—	—	
94·0—96·0	11·7—11·9	2·9—3·3	8·4—8·7	—	—	—	—	Berg
93·27	11·4	2·67	6·96	—	—	—	—	
83·30	12·1	—	—	—	—	—	—	
82·12	12·6	—	—	—	—	—	—	
93·70	11·4	—	—	—	—	—	—	
90·20	13·9	—	—	—	—	—	—	
96·70	15·6	—	—	—	—	—	—	Buchner
95·61	17·9	—	—	—	—	—	—	
92·14	11·26	—	—	—	—	—	—	
120·17	12·78	—	—	—	—	—	—	
117·4	11·06	—	—	—	—	—	—	
105·07	10·02	6·16	12·17	—	—	—	—	Berg
104·37	9·96	6·08	11·98	—	—	—	—	
83·0	12·1	—	—	—	—	—	—	Buchner
94·40	11·0	—	6·0	10·5	—	—	—	Bellier
95·90	4·00	9·18	16·10	—	—	—	—	
95·0—95·5	3·95—4·0	5·0—7·0	15·8—15·9	—	—	—	—	Berg
92·12	3·93	4·92	15·76	—	—	—	—	
48·3	5·2	—	—	25·1	—	—	—	
95·9	11·29	—	—	10·6	—	—	—	Ahrens u. Hett
97·95	12·41	—	—	8·2	—	—	—	

5. Chinesisches Insektenwachs.[1]

Chinesisches Wachs, Chinesisches Baumwachs. — Cire d'insectes. — Insect wax, Chinese wax, Chinese vegetable wax. — Cera d'insetti.

Spez. Gew. bei	Erstarrungs- punkt	Schmelzpunkt	Verseifungs- zahl	Refraktometer- anzeige in Zeiß Butterrefrakto- meter bei 40°C.	Beobachter
15°C. 0·970 99°C. 0·810 / 15·5°C.	} 80·5°—81°C.	81·5°—83°C.	63·0	—	Allen
15°C. 0·970	—	82°C.	—	46	Marpmann
„ 0·926	—	82°—83°C.	—	—	Gehe
—	—	81°C.	77·91	—	Herbig
—	—	81·5°—83°C.	80·5—93	—	Henriques

Das Insektenwachs wird von dem auf der chinesischen Esche, Fraxinus chinensis, lebenden Coccus ceriferus *Fabr.* produziert.

Dieses Wachs kommt in großen, runden Broten in den Handel, ist rein weiß bis gelblich, geschmacklos, glänzend und kristallinisch und besitzt einen schwachen, an Talg erinnernden Geruch. Es sieht dem Walrat ähnlich, ist aber spröder und härter und pulverisierbar.

Es besteht nach B r o d i e aus fast reinem Cerotinsäure-Cerylester.[2] Nach H e r b i g ist jedoch das Vorkommen einer zweiten, hochmolekularen Säure ($C_{29}H_{58}O_2$?), ferner dasjenige einer niedrigen Säure und endlich das eines zweiten Alkohols in dem Wachse wahrscheinlich.

Das Insektenwachs ist in siedendem Chloroform und Tetrachlorkohlenstoff leicht löslich und kristallisiert beim Erkalten in kleinen, nadelförmigen Blättchen. In Alkohol und Aceton ist es selbst in der Siedehitze nur äußerst wenig löslich, desgleichen in Äther und Petroläther. Es ist sehr schwer verseifbar.

In China und Japan wird es seiner Schwerschmelzbarkeit halber hauptsächlich als Kerzenmaterial benützt. Es soll ferner zum Appretieren von Papier und Baumwollwaren, zum Glänzendmachen von Seide, als Politurlack zum Polieren von Steatitskulpturen und zum Überziehen von Pillen Verwendung finden.[3]

Wachse der Seetiere.

Von diesen ist bis jetzt nur der Walrat von Bedeutung und eingehender untersucht.

6. Walrat.

Spermazet. — Sperma Ceti, Cetaceum. — Cétine, Ambre blanc, Blanc de baleine. — Spermaceti, Cetin. — Spermaceto.

Der Walrat wird aus dem Potwaltran (s. dort) gewonnen. Er bildet eine schön glänzende, weiße, durchscheinende, blättrig-kristallinische, spröde Masse, die im geschmolzenen Zustande, auf Papier gebracht, einen Fettfleck macht.

---

[1] Zeitschr. f. analyt. Chem. 1895. 34. 765 u. Dinglers Polyt. Journ. 1896. 301. 114. — Zeitschr. f. öffentl. Chem. 1898. 4. Heft 12.
[2] Brodie, Liebigs Ann. 1848. 67. 199.
[3] Chem. Rev. üb. d. Fett- u. Harz-Ind. 1897. 4. 290.

Walrat.

Spez. Gew. bei	Erstarrungspunkt °C.	Schmelzpunkt °C.	Säurezahl	Verseifungszahl	Jodzahl	Kritische Lösungstemperatur	Beobachter
15° C. 0·960	—	—	—	—	—	—	K. Dieterich
„ 0·943	—	—	—	—	—	—	Schaedler
15°C. 0·905(?)—0·945	—	42—47	je nach dem Alter 0—5·17	125·8 bis 134·6	—	—	Lymann u. Kebler[1]
15·5°C./60°C. 0·8358 98°C. 0·8086	} 48·0	49·0	—	128	—	—	Allen
—	43·4 bis 44·2	43·5—44·1	—	—	—	—	Rüdorff
—	—	44—44·5	—	—	—	—	Wimmel
—	—	45	—	—	—	—	Barfoed
—	—	—	—	108·1	—	—	Becker
—	—	—	—	130·6 bis 131·4	—	—	Henriques
—	—	—	—	—	—	117°C.	Crismer
—	—	—	—	—	5·9 (Wijs)	—	Visser
15° C. 0·8922	—	—	—	—	—	—	Rakusin
15° C. 0·942	—	42	—	134·0	9·3 (v.Hübl)	—	Fendler[2]

In kaltem, 98prozentigem Alkohol ist er sehr wenig, in 90prozentigem ganz unlöslich, löst sich dagegen in heißem Alkohol leicht auf und kristallisiert beim Erkalten aus.

Der Hauptbestandteil des Walrates ist das bei 48·9°—55° C. schmelzende Cetin d. i. Palmitinsäure-Cetylester, außerdem enthält er noch geringe Mengen von ähnlichen Estern und von Glyceriden der Laurinsäure, Myristinsäure und Stearinsäure,[3] von welchen das Cetin durch Umkristallisieren aus Alkohol getrennt werden kann. Auf diese Weise gereinigtes Cetin gibt im Gegensatze zum gewöhnlichem Spermazet beim Erhitzen keinen Acroleïngeruch. Walrat läßt sich mit alkoholischer Kalilauge leicht verseifen; verdünnt man die Lösung mit Wasser, so fällt Cetylalkohol aus.

Man kann den Walrat nicht leicht verfälschen, weil er durch jeden Zusatz seine Eigenschaften sehr auffallend ändert, weniger durchscheinend wird und seine kristallinische Struktur verliert. Zu seiner Prüfung auf Zusätze von Stearinsäure, Talg, Paraffin und Bienenwachs kann man übrigens wie beim Bienenwachs vorgehen, wobei zu bemerken ist, daß er keine oder nur äußerst geringe Mengen von freien Fettsäuren enthält.

---

[1] Chem. Zeitg. Rep. 1896. 20. 88; aus Amer. Journ. Pharm. 1896. 68. 7.
[2] Chem. Zeitg. 1905. 29. 555.
[3] Heintz, Liebigs Ann. 1854. 92. 291.

Zur raschen Prüfung auf Stearinsäure[1]) schmilzt man die Probe in einer Schale, rührt einige Augenblicke mit etwas Ammoniak um, läßt erkalten, hebt den Fettkuchen ab und säuert die Flüssigkeit mit Salzsäure an, wobei sich die Stearinsäure abscheidet. Auf diese Weise läßt sich noch 1 $^0/_0$ Stearinsäure nachweisen. Außerdem würde Stearinsäure die Säurezahl sehr erhöhen. Die Gegenwart von Talg könnte an der erhöhten Verseifungszahl und an der Jodzahl erkannt werden.

Der Walrat findet in der Kerzenindustrie Verwendung.

Nachtrag.

Zu Seite 693:

Styraxöl.[2])

Spez. Gew. bei 15° C.	Verseifungs- zahl	Jodzahl	Hehnerzahl	Beobachter
0·974	180·8	127·0	91·0	Asahina

Die Samenkerne von Styrax Obassia *Sieb* et *Zucc.* geben an Äther 18·2$^0/_0$ Öl ab. Eine von Asahina untersuchte Probe enthielt 4·6$^0/_0$ freie Säure als Ölsäure berechnet. Auffallend ist die hohe Jodzahl gegenüber der kleinen Verseifungszahl.

Zu Seite 756:

Myrtensamenöl.[3])

Die Samen der Myrte, Myrtus communis *L.*, aus der Familie der Myrtaceen, enthalten neben einem ätherischen Öl 12—15$^0/_0$ eines fetten Öles, welches durch Äther oder Schwefelkohlenstoff als gelbe, leicht erstarrende Flüssigkeit extrahierbar ist.

Spez. Gew. bei 15° C.	Verseifungs- zahl	Jodzahl	Hehnerzahl	Reichert- Meißlsche Zahl	Temperatur- erhöhung im Tortellischen Thermooleo- meter	Beobachter
0·9244	199·84	107·45	95·31	9·65	39°	Scurti u. Perciabosco

Nach der Methode von Hazura untersucht, erwies sich das Öl aus den Glyceriden der Öl-, Linol-, Myristin- und Palmitinsäure zusammengesetzt, enthielt jedoch keine Stearinsäure.

Es ist in Äther, Schwefelkohlenstoff und Terpentinöl leicht, dagegen schwer in Alkohol löslich.

Bei der Elaïdinprobe liefert es unter fast völliger Entfärbung einen gelblichen Niederschlag, jedoch keine zusammenhängende, feste Masse.

---

[1]) Les corps gras ind. 13. 207.
[2]) Asahina, Arch. d. Pharm. 1907. 245. 325.
[3]) F. Scurti u. F. Perciabosco, Gaz. chim. ital. 1907. 37. I. 483.

zu Seite 758:

Öl der Früchte von Brucea antidysenterica *Lam.*

Spez. Gew. bei $\frac{18^0 C.}{18^0 C.}$	Verseifungs-zahl	Jodzahl	Beobachter
0·9025	185·4	81·5	Power u. Salway.[1]

Die Früchte von Brucea antidysenterica *Lam.*, welche in Abyssinien gegen Diarrhöe und Fieber angewendet werden, enthalten 22·16 % eines fetten Öles. Die Fettsäuren desselben bestehen hauptsächlich aus Öl-säure, daneben sind geringe Mengen einer noch ungesättigteren Säure, wahrscheinlich Linolsäure, größere Mengen Palmitin- und Stearinsäure, wenig Essig- und Buttersäure vorhanden. Ferner ist ein Phytosterin $C_{20} H_{34} O, H_2 O$ vom Schmelzpunkte 135—136° C. anwesend. Der Säure-gehalt einer Probe, als Ölsäure berechnet, betrug 1·16 %.

Zu Seite 782:

Catappaöl, wildes Mandelöl.[2]

Huile de Badamier. — Jungle almond oil.

Das Catappaöl stammt vom wilden indischen oder javanischen Mandelbaum, Terminalia Catappa *Linn.*, Gattung der Combretaceen, dessen Samen, tropische Mandeln, bis 50 % davon enthalten.

Es kommt an Feinheit und Milde des Geschmackes dem Mandel-öl gleich, ist fast geruchlos und wird schwer ranzig. Diese Eigen-schaften machen es zu einem guten Speiseöl.

Werden die Kerne mit den Schalen gepreßt, so erhält man ein bräunlich gelbes Öl, ein hellgelbes, wenn die Kerne allein gepreßt werden.

Das spezifische Gewicht des Öles ist 0·918 bei 15° C. Es besteht aus Stearin und Oleïn und scheidet nach Schädler schon bei 5° C. feste Bestandteile ab.

Zu Seite 844:

Niamfett.[3]

Spezifisches Gewicht bei $\frac{40^0 C.}{40^0 C.}$	Schmelzpunkt	Verseifungs-zahl	Jodzahl	Beobachter
0·9063—0·9105	24° C.	190·1—195·6	68·1—78·2	Lewkowitsch

Fettsäuren.

Erstarrungs-punkt	Mittleres Mol.-Gew.	Beobachter
42·5° C.	283·7	Lewkowitsch

[1] Pharmaceutical Journ. 1907. [4.] 25. 126.
[2] Rangoon Gazette d. Oil, Paint and Drug. Rep. 1906. 70. Nr. 8. — Chem. Rev. üb. d. Fett- u. Harz-Ind. 1906. 13. 283.
[3] Journ. Chem. Soc. Ind. 1907. — Chem. Zeitg. 1907. 31.

Die Samen von Lophira alata *Banks*, einer in Senegambien, Sierra Leone und dem ägyptischen Sudan heimischen Ochnacee, enthalten ca. 40 $\%$ eines weichen butterartigen Fettes. Ein von den Eingeborenen hergestelltes Fett enthielt 2·9 $\%$ freie Säure, als Ölsäure berechnet, und 1·38 $\%$ unverseifbarer Bestandteile, ein von Lewkowitsch aus den Kernen extrahiertes Fett, 9·33 $\%$ freie Säure und 1·49 $\%$ Unverseifbares.

Das Fett dient den Eingeborenen als Speisefett und als Haaröl.

Zu Seite 874 (Cocosfett):

Paulmyer[1]) findet im Cocosfette eine größere Menge Palmitinsäure. Nach seinen Untersuchungen sind die Cocosfettsäuren folgendermaßen zusammengesetzt:

0·25 $\%$ Capronsäure.
0·25 $\%$ Caprylsäure.
19·50 $\%$ Caprinsäure.
40·00 $\%$ Laurinsäure.
24·00 $\%$ Myristinsäure.
10·60 $\%$ Palmitinsäure.
5·40 $\%$ Ölsäure.

wobei jedoch zu beachten ist, daß die beiden erstgenannten bei der Isolierung der Fettsäuren zum Teil verloren gegangen sind, so daß der Gehalt an diesen Fettsäuren zugunsten der übrigen zu niedrig angegeben ist.

Zu Seite 975 (Butterfett):

Arnold[2]) verbindet auf folgende Weise die Ermittlung der Verseifungszahl mit dem Polenskeschen Verfahren:

5 g Fett werden mit 10 ccm alkoholischer Kalilauge in einem 300-ccm-Kolben, dessen Gewicht bekannt ist, auf dem Wasserbade verseift.

Die verwendete Kalilauge (Bremer) wird folgendermaßen hergestellt: 200 g Ätzkali werden in 200 ccm Wasser gelöst, die Carbonate durch eine Lösung von 15 g Ätzbaryt in 60 ccm Wasser und nach dem Absetzen das überschüssige Bariumhydroxyd durch eine Lösung von 10 g Natrium in 40 ccm Wasser ausgefällt. Man läßt erkalten und füllt ohne zu filtrieren mit vorher über Ätzkali destilliertem 95 prozentigem Alkohol so weit auf, daß der Alkoholgehalt des Gemisches ungefähr 70 Volumprozente beträgt. Nach mehrtägigem Stehen bei möglichst niedriger Temperatur filtriert man über Asbest und verdünnt eventuell mit 70 prozentigem Alkohol so weit, daß der Alkaligehalt 145 bis 151 g Ätzkali im Liter entspricht. Die Lauge ist also ungefähr 2·5 fach normal.

Die Verseifungszahl wird in üblicher Weise bestimmt. Hierauf fügt man zu der alkoholischen Seifenlösung noch einen halben Kubikzentimeter der alkoholischen Kalilauge, genau 20 g Glycerin und zur Verhinderung des Schäumens beim Erhitzen ein linsengroßes Paraffinstückchen. Man verjagt den Alkohol durch Erhitzen über freier Flamme, wobei es nicht schadet, wenn sich der Alkohol an der Mündung des Kolbens entzündet, und füllt mit Wasser so weit auf, daß das Gewicht des Kolbeninhaltes 115 g beträgt. Zu diesem Zwecke ist das Gewicht des leeren Kolbens

---

[1]) La Savonnerie Marseillaise 1907 Nr. 78. Chem. Rev. üb. d. Fett- u. Harz-Ind. 190. 714. 199.

[2]) Zeitschr. f. Unters. d. Nahrungs- u. Genußm. 1907. 14. 147.

vor dem Versuche festgestellt worden. Zur Seifenlösung setzt man 50 ccm Schwefelsäure (25:1000), 0·6 bis 0·7 g Bimssteinpulver und destilliert unmittelbar darauf genau 110 ccm ab. Die weitere Durchführung ist der von Polenske beschriebenen gleich. Während der Destillation steht der Kolben auf einem Asbestteller, aus dem eine kreisrunde Scheibe von 6·5 cm Durchmesser herausgeschnitten ist. Das Erhitzen erfolgt dadurch über freier Flamme, ohne daß eine Zersetzung der Flüssigkeit erfolgen kann, da auch gegen das Ende der Destillation der von der Flamme umspülte Kolbenteil vollständig mit Flüssigkeit erfüllt ist.

Zu Seite 975:

Arnold[1]) teilt die Speisefette nach der Höhe ihrer Polenskeschen Zahl in folgende Gruppen ein:

A. Rindsfette, Schweinefette, butter- und cocosfettfreie Margarinen, Speiseöle. Ihre Polenskesche Zahl ist nur wenig von dem Werte 0·5 verschieden und verdankt ihre Entstehung kleinen Mengen überdestillierter Palmitinsäure.

B. Butterfette, deren Polenskesche Zahl von der Capryl-, Caprin-, Laurin- und Myristinsäure, vielleicht auch der Palmitinsäure bedingt wird.

C. Cocosfett. Die Polenskesche Zahl ist hauptsächlich durch die Laurin- und Myristinsäure hervorgerufen. Verwendet man unter sonst gleichen Bedingungen nur 0·5 g Butter zur Bestimmung dieser Konstanten und bestimmt dann das Molekulargewicht der Säuren, so wird, da hierbei Caprylsäure zumeist gelöst bleibt und von Cocosfett hauptsächlich die genannten Säuren überdestillieren, die Anwesenheit von Cocosfett in Butter auch auf diese Weise konstatiert werden können.

D. Mischungen von Speisefetten. Die Bestimmung der „Myristin-Laurinsäurezahl" (Anwendung kleiner Fettmengen zur Destillation) gibt auch hier wertvolle Anhaltspunkte.

Zu Seite 994 und 1020:

Um kleine Mengen von Cocosfett und Butterfett in Rindsfett, Schweinefett oder Margarine nachzuweisen, extrahiert Arnold[2]) 150 g Fett mit 1100 ccm 95prozentigem Alkohol 1 Stunde am Rückflußkühler, filtriert nach mehrstündigem Stehen und destilliert den Alkohol ab. Das so erhaltene „Alkoholfett" besteht aus: 1. leichtflüchtigen Fettsäuren, 2. unverseifbaren Körpern (Rohcholesterin), 3. Olein und 4. freien Fettsäuren. Es sind daher die Refraktometer- und Jodzahlen, die Reichert-Meißlschen und Polenskeschen Zahlen höher, die Verseifungszahlen kleiner als beim Ausgangsfette und gestatten den Nachweis auch von kleinen Mengen der im Alkohol leichter löslichen Fette (Butter und Cocosfett).

---

[1]) Zeitschr. f. Unters. d. Nahrungs- u. Genußm. 1907. 14. 147.
[2]) Zeitschr. f. Unters. d. Nahrungs- u. Genußm. 1907. 14. 147.

Autorenregister.